替代残基（替代发生的总的残基位点的百分比）

序列（原始氨基酸）

	A	R	N	D	C	Q	E	G	H	I	L	K	M	F	P	S	T	W	Y	V
A	■			28			31	33							31					
R		■							50			58			25					
N	33		■	47					33			33				33	33			
D	44		22	■		47	34	22				28			25					
C	(66)				■															
Q						■	56	30		40		70								
E	50					44	■		38			41	24							
G	51			33				■	30			27			36					
H						26			■	26		30			22	22				
I	39									■	58									46
L	21									23	■	23	28							30
K	23	21	28			31	23			21		■	21							
M	22									22	89		■	22						45
F										22	61			■						
P	50			43			57	43				21			■					
S	49		24				24	36				24				■	40			
T	32						28	24				24				52	■			
W	(40)											(40)		(60)				■		
Y										(33)				(50)					■	
V	36								21	43	21									■

图 3.28 球蛋白的替换频率

（摘自 Zuckerkandl 和 Paul-ing,1965，第 118 页）。氨基酸按照三字母缩写并根据 字母顺序列出。对应着来自人类、其他灵长类动物、马、牛、猪、七鳃鳗和鲤鱼的数十种血红蛋白和肌球蛋白序列比对中的原始氨基酸。数字代表着残基位点发生给定 替换的百分比。例如，在所有的丙氨酸位点中，有 33% 的位点被观察到发生了甘氨酸的替换。位点上从来没有观察到的替换用红色方框标注。极少发生的替换（百分比 <20%）用空白方框标注（数值未给出）。"非常保守"的替换（百分比 ≥ 40%)用灰色方框标注。例如，89% 的甲硫氨酸位点被替换成亮氨酸。相同的替换用黑色方框标注。带括号的数字说明样本数量较小，提示利用这些数据得到结论需要谨慎

[来源 : Zuckerkandl 和 Paul- ing (1965)]

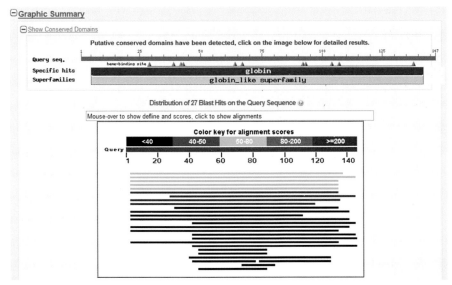

图 4.8 BLAST 搜索结果的图像总结。其中显示了保守的结构区段（图中显示了与球蛋白家族的匹配）颜色标记的匹配区段。在图中，x 轴代表了查询序列的长度（β 球蛋白的 147 个氨基酸残基），各个数据库的匹配区段被标记成了不同的颜色（例如五个得分在 50~80 的匹配被标记成了绿色），还有查询序列匹配的长度（图中五个被标记成绿色的数据库匹配中的一个与查询序列全长相匹配）。这个图像对于总结各个数据库匹配结果十分有用

（图片来源：BLAST, NCBI）

（a）图像视图

Color key for alignment scores

| <40 | 40-50 | 50-80 | 80-200 | >=200 |

Query

1   40   80   120   160   200

（b）匹配的列表

Sequences producing significant alignments:

Select: All None Selected:6

↕ Alignments ▤ Download ∨ GenPept Graphics Distance tree of results Multiple alignment ⚙

	Description	Max score	Total score	Query cover	E value	Max ident	Accession
☑	retinol-binding protein 4 precursor [Homo sapiens]	420	420	100%	1e-150	100%	NP_006735.2
☑	apolipoprotein D precursor [Homo sapiens]	55.5	55.5	76%	1e-09	28%	NP_001638.1
☑	glycodelin precursor [Homo sapiens] >ref|NP_002562.2| glycodelin precursor [Homo s	40.0	40.0	62%	5e-04	26%	NP_001018059.1
☑	protein AMBP preproprotein [Homo sapiens]	35.0	35.0	54%	0.034	23%	NP_001624.1
☑	complement component C8 gamma chain precursor [Homo sapiens]	32.3	32.3	56%	0.18	25%	NP_000597.2
☑	lipocalin-15 precursor [Homo sapiens]	28.5	28.5	53%	3.4	23%	NP_976222.1

（c）RBP4 和 C8G 的比对细节

complement component C8 gamma chain precursor [Homo sapiens]

Sequence ID: ref|NP_000597.2| Length: 202 Number of Matches: 1

Range 1: 33 to 139 GenPept Graphics   ▼ Next Match ▲ Previous Match

Score	Expect	Method	Identities	Positives	Gaps
32.3 bits(72)	0.18	Compositional matrix adjust.	28/114(25%)	49/114(42%)	8/114(7%)

```
Query  24  VSSFRVKENFDKARFSGTWYAMAKKDPEGLFLQDNIVAEFSVDETG-QMSATAKGRVRLL  82
               +S+ + K NFD +F+GTW +A       +   AE +    Q +A A   R L
Sbjct  33  ISTIQPKANFDAQQFAGTWLLVAVGSACRFLQEQGHRAEATTLHVAPQGTAMAVSTFRKL  92

Query  83  NNWDVCADMVGTFTDTEDPAKFKMKYWGVASFLQKGNDDHWIVDTDYDTYAVQY  136
               +   +C +  + DT   +F ++      +G   + +TDY ++AV Y
Sbjct  93  DG--ICWQVRQLYGDTGVLGRFLLQARDA-----RGAVHVVVAETDYQSFAVLY  139
```

图 4.16 使用人类 RBP 作为查询序列，数据库设置为人类蛋白质参考序列数据库，进行 BLASTP 搜索得到的结果。
（a）图像视图显示一共有六个匹配，其中 RBP4 自身序列（红线）具有最高的分值，与查询序列全长相匹配。
（b）BLASTP 输出结果包括一系列的比对。通过观察 E 值发现，除了 RBP 蛋白自己，搜索可能成功找到了真正的旁系同源物，C8G 的比对期望值 E 为 0.18，可能与 RBP 是同源的？
（c）RBP4 和 C8G 的双序列比对结果作为 BLASTP 结果输出的一部分，显示有 25% 的氨基酸序列一致性，以及一个在如 RBP4 的脂质运载蛋白中非常保守的 GXW 模体（红方框处）
（图片来源：BLASTP，NCBI）

（a）比对 9 种球蛋白（DSSP 颜色：折叠，α 螺旋，卷曲，3/10 螺旋）

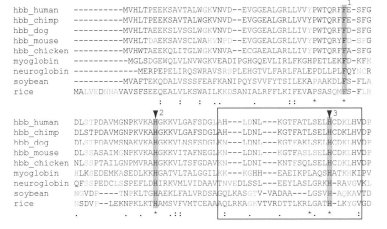

（b）用 MUSCLE（3.8）比对九种球蛋白

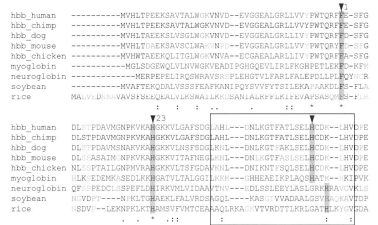

（c）用 ProbCons（1.12 版本）比对九种球蛋白

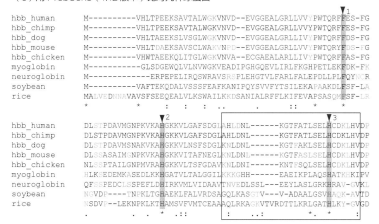

（d）T-COFFEE（Expresso version_10.00）比对九种球蛋白

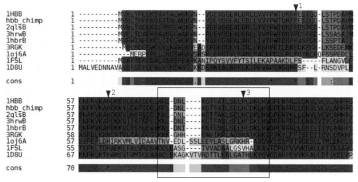

图 6.7

九个球蛋白的多重序列比对，分别使用（a）MA-FFT、（b）MUSCLE、（c）Probcons 和（d）T-COFFEE。序列的颜色编码根据基于蛋白质数据库网站 PDB（第 13 章）所提供的由 DSSP（Kabsch 和 Sander,1983）预测的二级结构。二级结构特征包括：折叠（绿色）、空（无特征，黑色）、3/10- 螺旋（褐色）、卷曲（青色）和 α 螺旋（红色）。箭头指示人类 β 球蛋白的 phe44、his72 和 his104 残基（如图 6.5 所示）。注意这些程序在比对 α 螺旋和其他二级结构的相应区域、高度保守的残基位置（箭头 1~3）、空位的数量和位置（方框区域）时的能力是有差异的。用于进行这些比对的蛋白质（在在线文档 6.3 中给出）如下，包括具有完全相同或接近相同的序列的 RefSeq 序列号和蛋白质数据库查询号：① hbb_hu-man（人类，NP_000509.1，HBB）；② hbb_chimp（黑猩猩，XP_508242.1，无结构）；③ hbb_dog（狗，NP_001257813.1，2QLS | B）；④ hbb_mouse（小鼠，NP_058652.1，3HRW | B）；⑤ hbb_chicken（鸡,NP_990820.1,1HBR | B）；⑥肌红蛋白（人类，NP_005359.1，3GGK）；⑦神经球蛋白（人类，NP_067080.1，1OJ6 | A）；⑧大豆 球蛋白（GlycinemaxleghemoglobinA，NP_001235928.1，1FSL）和 ⑨ 水稻（Oryza-sativa(japonica 栽培品种）非共生植物血红蛋白 NP_001049476.1，1D8U）。每个比对的前三分之二被展示

（a）SAMTools `tview` 命令使 BAM 文件中读段可视化（碱基质量视图）

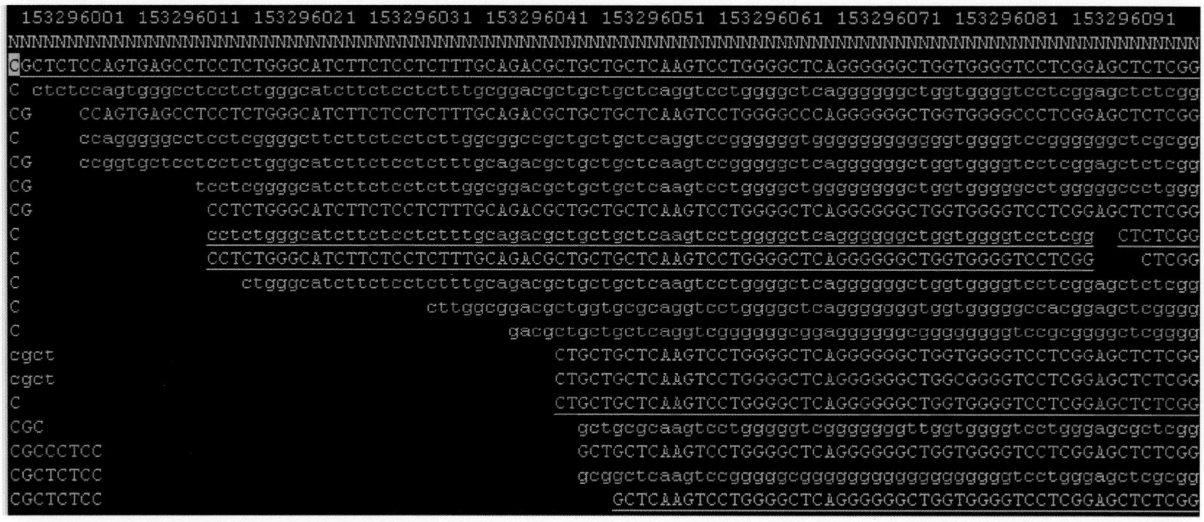

（b）SAMTools `tview` （回帖质量视图）

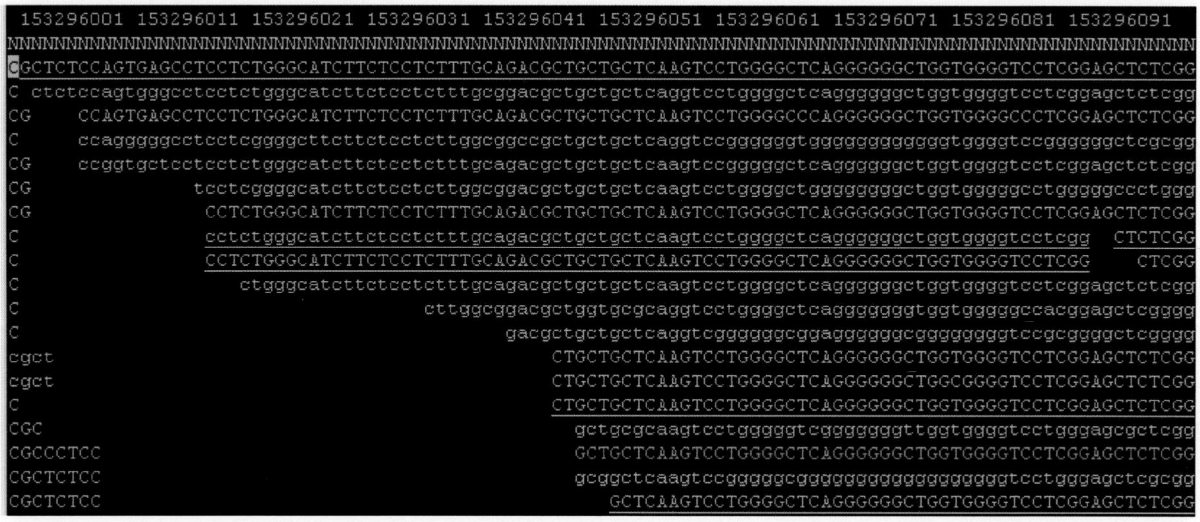

图 9.14 使用 SAMTools 在感兴趣的基因组坐标下查看 BAM 文件中的序列读段。通过使用 samtoolstview 命令，你可以以全基因组视角查看读段。通过使用帮助菜单了解相关的命令，你可以查看同一读段以（a）碱基质量或（b）回贴质量不同颜色显示。读段深度较左侧相对较低。按照质量得分被标记为蓝色 （0~9）、绿色（10~19）、黄色 （20~29）或白色（≥ 30）。下划线表示次要读段或孤读段。此查看器可用于快速评估感兴趣的基因组座的质量，例如具有单核苷酸变异的位置

（资料来源：SAMTools）

（a）使用 MUMmer 对米米病毒和妈妈病毒进行比对

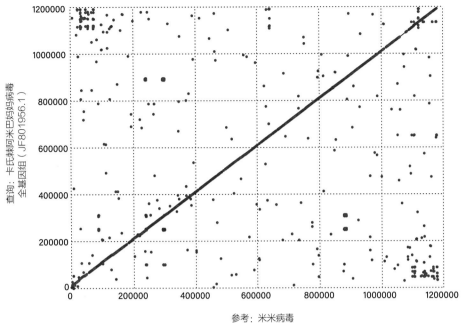

（b）对米米病毒和穆沃克病毒进行比对

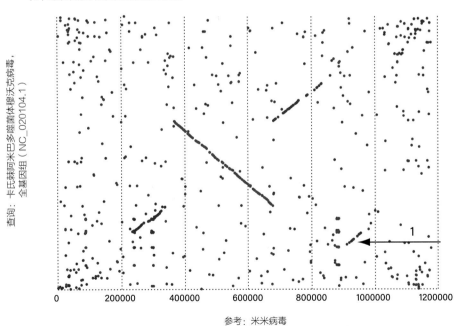

图16.16 使用 MUMmer 软件进行 Mb 级别的病毒基因组序列的比较。（a）*Acanthamoebapolyphaga* Mimivirus（编号，*x* 轴）与 *Acanthamoeba castel laniimamavirus* 查询号（*y* 轴）的比较。注意，两个基因组在很大程度上是共线的。（b）*Acanthamoebapolyphaga* Mim-ivirus（编号）与 *Acanthamoebapolyphaga mou mouvirus*（查询号）的比较。正向 MUM 用红色表示，反向 MUM 用蓝色表示。在两个基因组的正中间附近有明显的倒置以及易位（箭头 1）

（本图使用 MUMmer 创建）

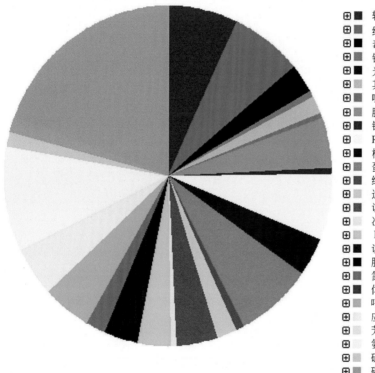

亚系统分类分布   压系统特征统计

⊞ ■ 辅因子、维生素、辅基、色素(285)
⊞ ■ 细胞壁与细胞囊(268)
⊞ ■ 毒性、疾病和防御(114)
⊞ ■ 钾代谢(29)
⊞ ■ 光合作用(0)
⊞ ■ 其他(63)
⊞ ■ 噬菌体，噬菌体，转座因子，质粒(21)
⊞ ■ 膜运输(184)
⊞ ■ 铁的获取与代谢(29)
⊞ ■ RNA代谢(245)
⊞ ■ 核苷与核苷酸(149)
⊞ ■ 蛋白质代谢(295)
⊞ ■ 细胞分化与细胞周期(36)
⊞ ■ 运动性与趋化性(79)
⊞ ■ 调节和细胞信号(163)
⊞ ■ 次生代谢(26)
⊞ ■ DNA代谢(126)
⊞ ■ 调节子(11)
⊞ ■ 脂肪酸、脂质和异丙肾上腺素(133)
⊞ ■ 氮代谢(76)
⊞ ■ 休眠与产卵(5)
⊞ ■ 呼吸(191)
⊞ ■ 应激反应(189)
⊞ ■ 芳香化合物的代谢(6)
⊞ ■ 氨基酸及其衍生物(393)
⊞ ■ 硫代谢(58)
⊞ ■ 磷代谢(54)
⊞ ■ 碳水化合物(750)

图 17.13   服务器如 RAST 服务器执行的细菌和古细菌基因组的自动注释。原始的核苷酸序列作为输入，输出包括功能注释（如此处所示）以及被赋予的功能的表格描述 [资料来源：SEED/RAST，基因组解释团体以及阿贡国家实验室 (TheFelowshipfortheInterpretation of Genomes 和 ArgonneNationalLaboratory)] （a）Genome Workbench 搜索视图：查询 *sacharomyces cerevisiae*

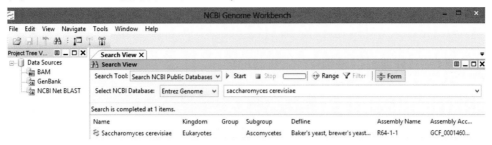

（b）12 号染色体上基因的 Genome Workbench 视图

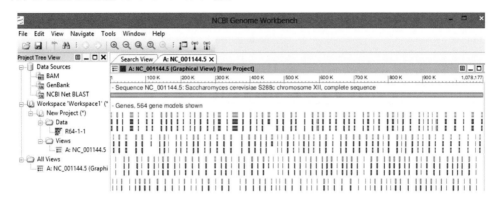

（c）在图形视图可获取更多数据轨

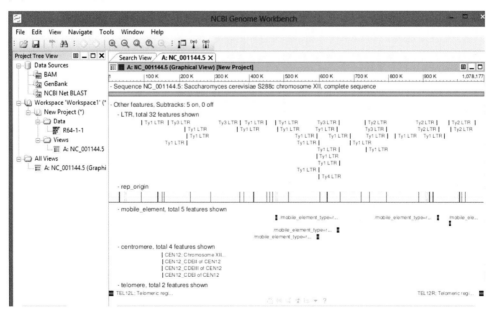

图18.6　NCBI Genome Workbench 可被用来分析感兴趣的序列。（a）在搜索页面中选择"Entrez Genome"，并且键入"sacharomyces cerevisiae"（不包含引号），按下回车键将该基因组加载到左侧边栏 Data 子文件夹中。（b）数据集会被赋予一个组装名称（R64-1-1）。（在电脑上）右击左侧边栏的 R64-1-1 并选择"open new view（打开新视图）"，选择"graphical view（图形视图）"，可以看到一个包含 16 条染色体以及线粒体染色体的列表；选择第 12 号染色体（NC_001144.5）。染色体的全局视图如图所示；绿色、蓝色、红色条带分别对应基因、mRNA 和蛋白数据。显而易见，最大的酵母蛋白 midasin 排在基因模型的第一行，拥有约 350000 个碱基对（箭头 1）。（c）其他数据轨可以通过菜单栏显示（箭头 2），包括长末端重复序列、复制起始点、移动元件、着丝粒元件（箭头 3）和端粒

（来源：Genome Workbench, NCBI）

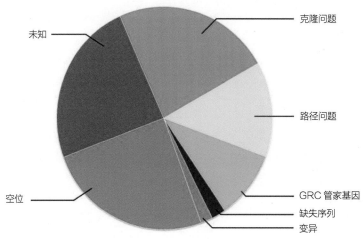

NCBI36 NC_000004.10 (chr4) Tiling Path

GRCh37 NC_000004.11 (chr4) Tiling Path

GRCh37 NT_167250.1 (UGT2B17 alternate locus)

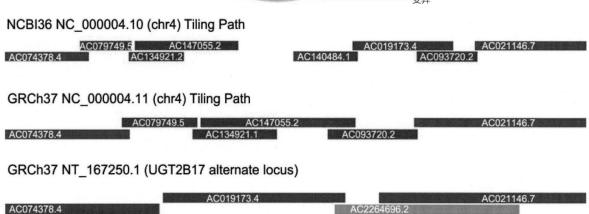

图 20.5 在 GRCh38 之前的版本中基因组参考序列委员会（GRC）解决的问题（2013 年 12 月）。顶部：问题类别。克隆问题：单克隆有单一的核苷酸差异或错误组装。路径问题：覆瓦式路径是不正确的，必须进行更新。 GRC 管家基因：必须对覆瓦式路径进行调控。丢失序列：所有的序列都应该放置在组装上。变异：另一个等位基因也需要被表示出来。空位：需要对空位进行填充。底部：路径问题的示例。NCBI 的表示是一个混合单倍型，如覆瓦式路径所示。对于 GRCh37，覆瓦式路径还包括另外的位点。蓝色的克隆是被锚定的（包括所有的三条通路）。GRCh37 中红色的克隆对应一个插入的路径；深灰色的克隆在一段缺失的路径里（在底部）。一个浅灰色的克隆，没使用 NCBI36，来自于 GRCh37 交替基因座的一部分
[来源 :Church 等 (2011)]

生物信息学
与功能基因组学

（原著第三版）

BIOINFORMATICS AND
FUNCTIONAL GENOMICS
third edition

（美）乔纳森·佩夫斯纳　著
（Jonathan Pevsner）

田卫东　赵兴明　主译

化学工业出版社

·北京·

Bioinformatics and Functional Genomics，third edition/by Jonathan Pevsner
ISBN 9781118581780
Copyright© 2015 by John Wiley & Sons Inc. All rights reserved. This translation published under license.

本书中文简体字版由 John Wiley & Sons Inc. 授权化学工业出版社独家出版发行。

未经许可，不得以任何方式复制或抄袭本书的任何部分，违者必究。

北京市版权局著作权合同登记号：01-2016-5179

图书在版编目（CIP）数据

生物信息学与功能基因组学/（美）乔纳森·佩夫斯纳
(Jonathan Pevsner) 著；田卫东，赵兴明主译.—北京：
化学工业出版社，2019.9（2025.1重印）
书名原文：Bioinformatics and Functional Genomics
ISBN 978-7-122-34410-6

Ⅰ.①生… Ⅱ.①乔… ②田… ③赵… Ⅲ.①生物
信息论-关系-基因组-研究 Ⅳ.①Q811.4②Q343.1

中国版本图书馆 CIP 数据核字（2019）第 082317 号

责任编辑：邵桂林　　　　　　　　　　　　装帧设计：史利平
责任校对：宋　玮

出版发行：化学工业出版社（北京市东城区青年湖南街 13 号　邮政编码 100011）
印　　装：北京盛通数码印刷有限公司
880mm×1230mm　1/16　印张 58½　彩插 4　字数 1908 千字　　2025 年 1 月北京第 1 版第 10 次印刷

购书咨询：010-64518888　　售后服务：010-64518899
网　　址：http://www.cip.com.cn
凡购买本书，如有缺损质量问题，本社销售中心负责调换。

定　　价：298.00 元　　　　　　　　　　　　　　　　　版权所有　违者必究

本书翻译人员

主　　译　田卫东　赵兴明

其他参译（排名不分先后）

李柏逸　张　丰　王　潇　尹天舒　黎籽秀　窦亚光　孙　慧

陈晓庆　杜含笑　刘鹏飞　晏紫君　吴　侯　彭　瑛　冯宇昊

黄丹阳　杨　晶　张　雨　邱　悦

译者序

生物信息学是一门集数学、计算机科学和生物学的工具与技术于一体的新型交叉学科，其研究范畴涵盖了生物信息的获取、处理、存储、分配，及分析和解释等各个方面。目前，生物信息与大数据分析不仅已经渗透于生物学研究的各个领域，也在推动精准医学等临床医学前沿研究领域的发展中发挥着越来越广泛的应用，并且还在与包括深度学习和人工智能在内的新型计算机信息技术领域进行着深度融合。在此过程中，生物信息前沿理论在不断突破，应用领域也在不断拓展，让人眼花缭乱，无所适从。由美国约翰霍普金斯大学医学院 Jonathan Pevsner 教授编著的《Bioinformatics and Functional Genomics》涵盖了生物信息学领域的各个专题，从生物信息学的发展历史到前沿理论和前沿研究领域都进行了全方位、系统的介绍，不仅适合初学者的学习需求，也对专业研究人员具有很高的参考价值。

鉴于该著作的权威性、及时性及易读性，出版后受到了广大生物信息学领域和相关专业领域读者的欢迎，目前已由 Wiley Blackwell 出版了第三版。该著作的第一版曾由清华大学孙之荣教授主持翻译，并在化学工业出版社出版，在国内受到了广泛的欢迎。

在孙之荣教授的推荐下，化学工业出版社邀请本人主持该书第三版的翻译。在没有对全书翻译难度有足够认识的情况下，我接受了本书的翻译邀请。在真正进入翻译过程后，我才深刻体会到翻译过程中的诸多不易。全书译文不仅要能正确反映原文含义，还要文字通顺、符合中文读者习惯。书中涉及许多理论、公式、图、表和专业术语，需要大量的相关背景知识来保证译文的准确性。书中还涵盖了大量的生物学理论和技术的介绍，因而需要保证相关专业名词的译文与其他学科的已有译文保持一致。

在翻译过程中，本人课题组的十数名研究生、研究人员从初始的章节翻译，到之后一遍又一遍的再斟酌、校对及重译，花费了大量时间，付出了辛苦劳动。在此，对参与该书翻译的所有翻译人员致以诚挚的感谢，并特别感谢在其中做出了突出贡献的尹天舒、杨晶、黄丹阳、晏紫君等人。

为提高翻译的质量，本书在翻译过程中经历了相当长时间的反复校译。尽管这样，由于书中涵盖了大量不同领域的专业内容，在目前的翻译版本中仍可能会出现某些语句不很通顺或译文不妥的情况，在此向读者致以深深的歉意。

最后，也特别感谢本书责任编辑邵桂林老师给予我们的支持和鼓励。

复旦大学生命科学学院

田卫东

第三版前言

当这本书的第一版于 2003 年出版时，人类基因组计划（Human Genome Project）刚刚完成，耗资近 30 亿美元。当第二版于 2009 年出版时，第一个个体基因组序列（J. Craig Venter）刚刚发表，耗资约 8000 万美元。

让我告诉你一个非凡的故事吧。现在是 2015 年，获得一个个体的完整基因组序列仅需几千美元。斯特奇-韦伯综合征（Sturge-Weber syndrome）是一种罕见的神经皮肤疾病（影响大脑和皮肤），有时会使人虚弱：一些患者必须进行大脑半球切除术（切除一半大脑）以减轻严重的癫痫发作。我们从 3 个患有斯特奇-韦伯综合征的个体处获得配对样本：身体中受影响的部位（例如面部、颈部或肩部，发生的葡萄酒色斑）和推测未受影响的部位的活检。我们将 DNA 纯化并对这 6 套全基因组进行测序，比较了匹配的样本对，并鉴定出是 *GNAQ* 基因中一个碱基对的突变导致了斯特奇-韦伯综合征。这种突变是体细胞的、嵌合的以及激活性的：体细胞的，是因为它在发育过程中发生，而不是从父母处遗传得到；嵌合的，是因为它只影响身体的一部分；而激活性的，是因为 *GNAQ* 编码一种蛋白质，这种蛋白质的突变形式会启动信号级联。我们发现，该基因的突变也会导致葡萄酒色斑胎记（影响着全球每 300 人中的 1 人或者说全球约 2300 万人）。当时我实验室的研究生 Matt Shirley 进行了生物信息学分析，从而得出了这一发现。他分析了约 7000 亿个 DNA 碱基。在找到突变后，他通过对几十个样本重新测序来确认它，测序覆盖深度通常超过 10000 倍。我们在 2013 年的《新英格兰医学杂志》（*New England Journal of Medicine*）上报道了这些发现。

这个故事说明了生物信息学和基因组学领域的几个方面。首先，我们处于 DNA 序列的可用性呈爆炸性增长的时期。这使我们能够以前所未有的方式解决生物学问题。第二，虽然获取 DNA 序列的成本很低，但知道如何分析它们是至关重要的。本书的一个目标就是介绍序列分析。第三，生物信息学为生物学服务：我们只有在一些生物过程（如处于疾病状态）的背景下才能解释 DNA 序列变异的重要性。在 *GNAQ* 突变的例子中，该基因编码一种蛋白质（称为 Gαq），我们可以使用生物信息学工具对这种蛋白质进行大量深入的研究；我们可以评估它的三维结构，与它相互作用的蛋白质和化学信使，以及它所参与的细胞途径。第四，生物信息学和基因组学为我们提供了希望。对于斯特奇-韦伯综合征患者和葡萄酒色斑胎记患者，我们希望对这些疾病的分子水平的理解将引导治疗。

本书由一位生物学家撰写，他利用生物信息学工具帮助理解生物医学研究问题。我将在解决生物问题的背景下介绍相关概念。与早期版本相比，本书强调了 Linux（或 Mac）平台上的命令行软件，并辅以基于网络的一些方法。在"大数据"时代，以生物医学科学为知识核心的人与那些以计算机科学为重点的人之间存在着很大的分歧。我希望本书有助于弥合这两种文化之间的分歧。

写这样一本书是一种美妙而不断学习的经历。感谢我实验室中过去和现在的成员，他们教了我许多，包括 Shruthi Bandyadka（有关 R 的建议）、Christopher Bouton、Carlo Colantuoni、Donald Freed（有关下一代测序或 NGS 的大量建议）、Laurence Frelin、Mari Kondo、Sarah McClymont、Nathaniel Miller、Alicia Rizzo、Eli Roberson、Matt Shirley（也提供了有关 NGS 的大量建议）、Eric Stevens 和 Jamie Wangen。关于具体章节的建议，我感谢：国家生物技术信息中心（NCBI）的 Ben Busby 对第 1 章、第 2 章和第 5 章的建议以及对第 9 章和第 10 章的详细评论；NCBI 的 Eric Sayers 和 Jonathan Kans 在第 2 章中提出的有关 EDirect 的建议；Heiko Schmidt 在第 7 章中就 TREE-PUZZLE 和 MrBayes 提出的建议；Joel Benington 对第 8 章和第 15～19 章的详细评论以及有关教学的有益讨论；Harold Lehmann 对各种信息学领域的指导；以及 N. Varg 对所有章节的有用评论。感谢多年来参与生物信息学和基因组学课程教学的同事。我从这些老师那里学到了很多东西，包括 Dimitri

Avramopoulos、Jef Boeke、Kyle Cunningham、Garry Cutting、George Dimopoulos、Egert Hoiczyk、Rafael Irizarry、Akhilesh Pandey、Sean Prigge、Ingo Ruczinski、Alan Scott、Alan F. Scott、Kirby D Smith、David Sullivan、David Valle 和 Sarah Wheelan。我很感谢与我一起教授基因组学研讨会的教师，包括 Elana Fertig、Luigi Marchionni、John McGready、Loris Mulroni、Frederick Tan 和 Sarah Wheelan。本书包括数千篇参考文献，但我还是要向更多没有引用其工作成果的同事道歉。我还引用了 900 个网站，并再次向我未包括在内的许多开发者道歉。

我也感谢 Kennedy Krieger 研究所总裁兼首席执行官 Gary W Goldstein 博士的支持。Kennedy Krieger 研究所每年遇到 22000 多名患者，其中大多数孩童患有神经发育障碍，从常见病症（如自闭症谱系障碍和智力残疾）到罕见的遗传性疾病。我有动力尝试应用生物信息学和基因组学的工具来帮助这些孩子。这个观点指导了我对这本书的写作，这本书大体上强调了生物信息学和基因组学中的所有主题与人类疾病的相关性。我们希望基因组学将引发对这么多可怕疾病的分子基础的理解，而这反过来可能有一天会引导更好的诊断、预防、治疗乃至治愈。

我很高兴地感谢 Wiley-Blackwell 的编辑——Laura Bell、Celia Carden、Beth Dufour、Elaine Rowan、Fiona Seymour、Audrie Tan 和 Rachel Wade——在整个项目中给予的慷慨支持。我很感激他们对本书价值的所有奉献。

就个人而言，我感谢我的妻子 Barbara 在我编写这本书的漫长过程中给予我的爱和支持。最后致我的女儿 Ava 和 Lillian：我希望你们永远受到启发，对我们周围的世界永远充满好奇和疑问。

谨以此书献给我的家人们：我的父母 Aihud 和 Lucille，我的妻子 Barbara，我的女儿 Kim、Ava 和 Lillian，以及我的侄女 Madeline。

关于配套网站

本书附有一个配套网站：

www. wiley. com/go/pevsnerbioinformatics

读者可以访问该网站以获取补充信息，例如书中所有图形和表格的 PowerPoint 文件，以及自测测验和章末问题的解答。

作者还为本书维护着一个综合网站：

www. bioinfbook. org

该网站提供讲座文件（PowerPoint 和视听格式）、本书所引用的 900 多个网页链接和 130 多本电子文档，以及如何执行许多基本操作的视频播客。

目录

第1部分

DNA、RNA 和蛋白质序列的分析

## 第1章

引　言

看透了如此多的秘密，我们已停止相信尚有不可知之物。然而，那不可知之物却仍然坐在那里，冷静地舔着自己的嘴唇。

——*H. L. Mencken*

学习目标

通过阅读本章你应该能够：
- 定义生物信息学
- 解释生物信息学的范畴
- 解释为何球蛋白可以作为一个有用的例子阐释这一学科
- 描述何为基于网页和基于命令行的生物信息学手段

NIH Bioinformatics Definition Committee 的结果报告见 http://www.bisti.nih.gov/docs/CompuBioDef.pdf（http://bioinfbook.org 的链接 1.1）。NHGRI 定义见 http://www.genome.gov/19519278（链接 1.2）。

生物信息学是一个新的交叉领域，代表了分子生物学和计算机学科正在发生的巨大变革。这里，笔者将生物信息学定义为使用计算机数据库和计算机算法来分析蛋白质、基因和组成生物体的所有脱氧核糖核酸（DNA）的完整集合（基因组）的学科。生物学的一个主要挑战是如何解释由基因组测序计划、蛋白质组学和其他大规模分子生物学方法所产生的海量的序列和结构数据。生物信息学工具包括许多计算机程序，可帮助揭示与大分子结构和功能、生化通路、疾病过程以及进化相关的各种生物学问题背后的基本机制。

根据美国国立卫生研究院（NIH）的定义，生物信息学是"研究、开发或应用计算工具和方法来拓宽对生物、医学、行为学或健康数据的使用，也包括用于获取、储存、组织、分析和可视化这些数据的计算工具和方法。"其相关学科计算生物学则是"开发和应用数据分析和理论方法、数学建模以及计算模拟技术来研究生物学、行为学和社会系统。"另一个来自美国国家人类基因组研究所（NHGRI）的定义是，"生物信息学是生物学的一个分支，关注对在核酸和蛋白序列数据中所发现的信息的采集、存储、显示和分析。"

Russ Altman（1998）、Altman 和 Dugan（2003）提供了生物信息学的两种定义。第一种定义涉及遵循分子生物学中心法则的信息流（图 1.1）。第二种定义涉及基于科学方法所传送的信息流。第二个定义涵盖了如下问题：设计、验证和分享软件；存储和分享数据；设立可重复的研究流程；解释实验结果。

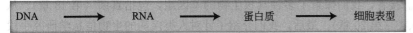

分子生物学中心法则

DNA ⟶ RNA ⟶ 蛋白质 ⟶ 细胞表型

基因组中心法则

基因组 ⟶ 转录组 ⟶ 蛋白质组 ⟶ 细胞表型

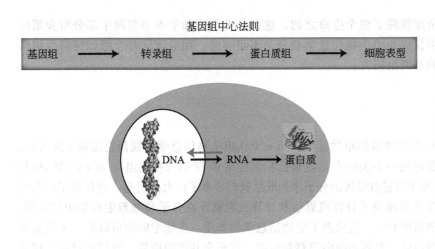

图 1.1 认识生物信息学领域的第一个视角是细胞。当分子序列数据出现并开始改变传统生物学之时，生物信息学作为一个学科应运而生。包括 EMBL（the European Biologu Laboratory）、GenBank、SRA（the Sequence Read Archive）、DDBJ（the DNA Database of Japan）在内的诸多数据库中存放着数以千万亿计（10^{15}）的 DNA 序列。同时，对应的基因表达（RNA）和蛋白质数据库也已建立。生物信息学领域的一个主要焦点就是研究分子序列数据，从而对广泛的生物学问题可获得更深刻的认识

生物信息学主要聚焦于分析分子序列，而基因组学和功能基因组学即为两个与其紧密关联的学科。基因组学的目标是鉴定和分析一个生物体的全部 DNA 序列，即其基因组。由 DNA 编码的基因可以被表达为核糖核酸（ribonucleic acid，RNA）转录本，并在大多数情况下会接着被翻译成蛋白质。功能基因组学描述了如何使用全基因组实验方法来研究基因和蛋白质功能。对人类和其他物种来说，目前已经可以获得并描述单个个体的基因组，RNA 集合（转录组）、蛋白组、甚至代谢物集合与表观遗传变化集合的信息，及栖息于身体中的各种生物体（微生物组）的物种分类信息（Topol，2014）。

本书的目标是阐释生物信息学和基因组学的理论及实践。本书专门针对生物学科学生进行特别设计，以帮助他们学会使用计算机程序和数据库来解决与蛋白质、基因和基因组相关的生物学问题。生物信息学是一门整合性的学科，我们对于单个蛋白质和基因的研究和理解是我们对理解一些生物学中更广泛的问题所进行的更大规模努力中的部分环节。而这些更广泛的生物学问题包括结构与功能的关系、发育和疾病等。对于计算机科学家来说，本书解释了开创和应用某些计算机算法和数据库的动因。

1.1　本书的组织架构

本书共有三个主要部分。第 1 部分（第 1~7 章）解释了如何获取生物序列数据，尤其是 DNA 和蛋白质序列（第 2 章）。一旦获取了序列，我们展示了如何比较两个序列（双序列比对；第 3 章）和如何比较多个序列（主要通过 BLAST（Basic Local Alignment Search Tool）；第 4~5 章）。我们也介绍了多重序列比对（第 6 章），并展示了如何在系统发生树中将多重比对的蛋白质或核苷酸进行可视化呈现（第 7 章）。因此第 7 章介绍了分子进化这个主题。

第 2 部分描述了针对 DNA、RNA 和蛋白质的功能基因组学的分析手段，及如何决定基因功能（第 8~14 章）。生物学中心法则表明，DNA 可转录为 RNA，并进而翻译成蛋白质。第 8 章介绍了染色体和 DNA，而第 9 章则描述了二代测序技术（着重于实用数据分析）。我们接着阐述了针对 RNA（包括编码与非编码 RNA）的生物信息学分析手段（第 10 章），并进而描述了应用芯片和 RNA 测序技术对 mRNA 进行定量（即获取基因表达谱）。同样，我们着重于实用数据分析方法（第 11 章）。在介绍完 RNA 之后，我们从蛋白质家族角度来考虑蛋白质，并介绍了针对单个蛋白质的分析（第 12 章），及对蛋白质结构的分析（第 13 章）。我们通过概述飞速发展的功能基因组学领域来对第二部分进行总结（第 14 章），内容综合了目前对基因组、转录组和蛋白质组进行描述的各种手段。

第 3 部分则涵盖了对生命树的基因组分析（第 15~21 章）。自 1995 年起，数千个物种的基因组已被测序完成。这些物种包括病毒、细菌、古细菌等原核生物，以及真菌、动物、植物等真核生物。第 15 章提供了对于已

完成基因组测序的研究的概览。我们介绍了可以用于研究病毒（第 16 章）、细菌和古细菌（第 17 章；这是生命三大分支中的两支）的生物信息学资源。接着，我们探索了多种真核生物的基因组，包括真菌（第 18 章）、从寄生生物到灵长类生物（第 19 章）和人类（第 20 章）。最后，我们介绍了针对人类疾病的生物信息学研究手段（第 21 章）。

　　本书的第三部分从基因组学的角度横跨了整个生命之树。这部分非常依赖于本书前两个部分所介绍的生物信息学工具。笔者认为在本书中仅仅介绍生物信息学自身是不足够的，而应该同时介绍如何将生物信息学工具和原理应用于所有生命体的基因组研究。

1.2　生物信息学：全景

　　我们可以从三个视角来总结生物信息学和基因组学领域。第一个认识生物信息学的视角是细胞（图 1.1）。这里我们遵从中心法则。生物信息学领域的一个关注点是收集已积累的诸多 DNA（基因组）、RNA（转录组）和蛋白质序列（蛋白质组）。这些百万至千万亿数量级的分子序列既给我们带来了巨大的机遇，也带来了巨大的挑战。处理分子序列数据的生物信息学手段涉及了计算机算法和计算机数据库在分子和细胞生物学中的应用。这样的研究手段有时也被称为功能基因组学方法。这代表了生物信息学的本质：生物学问题可以从多个层面来进行研究；这些层面小到单个基因和蛋白质，大到细胞内通路和网络，甚至全基因组应答。我们的目标是理解如何对单个基因和蛋白，以及如何对数千个基因或蛋白质的集合来进行研究。

　　在细胞之后，我们接着聚焦于单个生物体，也即认识生物信息学领域的第二个视角（图 1.2）。每个生物体在发育的不同阶段及在机体的不同部位（对于多细胞生物体）都发生变化。例如，尽管有时我们可以认为基因是影响一些如眼睛颜色或身高等性状的静态实体，但基因实际上在不同时间和空间、不同生理状态下都在受到动态的调控。在疾病状态下及应对各种内在和外在刺激时，基因表达都会发生变化。目前已有很多生物信息学工具可被用于研究与个体相关的广泛的生物学问题，如已有很多不同组织和不同条件下的基因和蛋白表达数据库。而功能基因组学中的一个最强大的应用就是使用 DNA 芯片或 RNA 测序来衡量生物样本中数以千计的基因的表达水平。

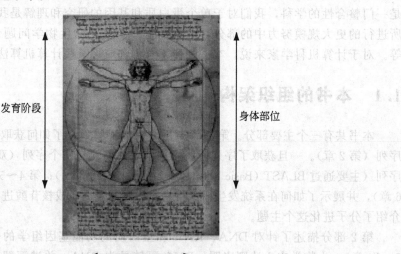

图 1.2　认识生物信息学领域的第二个视角是生物体。将我们的视野从细胞水平拓宽到生物体水平后，我们可以考量表达为 RNA 转录本和蛋白产物的基因组成的个体基因组（基因的集合）。对于一个生物个体，生物信息学工具可被用于描述其发育过程中的变化、身体不同部位的差异和各种生理或病理状态中的变化。

发育阶段

身体部位

生理或病理状态

　　认识生物信息学的最大的视角则是生命之树（图 1.3；另见第 15 章）。目前世界上存活着数百万个物种。它们可以被划分为三大分支，即细菌、古细菌和真核生物。分子序列数据库中目前存放了约 30 万种不同物种的 DNA 序列。数千种生物的全基因组序列也已被公布。针对这些数据我们学到的一个重要信息就是生命在分子水平上的根本一致性。我们也越来越认识到比较基因组学的威力。通过分析 DNA 序列，我们了解了染色体如何演化，及其如何通过重复、缺失、重排乃至全基因组重复而被塑造（第 8 章，第 18～19 章）。

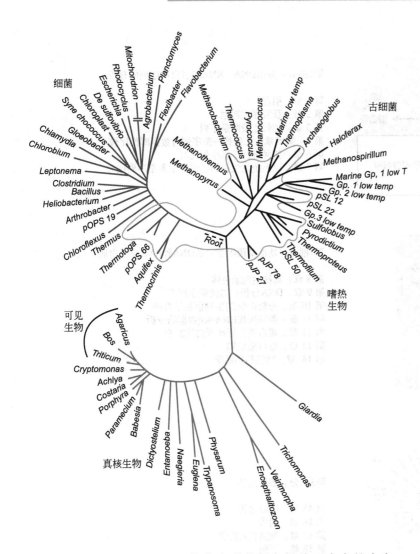

图 1.3 认识生物信息学领域的第三个视角是生命之树。生物信息学的研究范畴涵盖了地球上三个主要分支内（细菌、古细菌和真菌）所有的生命。病毒由于并不完全符合生命的定义，没有在图中展示。对于所有的物种，收集和分析分子序列信息使我们得以描述组成每个物种的完整DNA（基因组）。在此基础上，我们可以研究物种之间及同一物种内不同个体之间的序列变化，并由此推测出地球上生命的进化史。上图改编自 Barns 等（1996），Hugenholtz 和 Pace（1996），Pace（1997）

图 1.4 基于这三个认识生物信息学的视角描绘了本书的内容。

一个贯穿本书的例子：球蛋白（Globins）

在整本书中，我们都将聚焦球蛋白基因家族，将其作为一个贯穿始终的阐释生物信息学和基因组学概念的例子。球蛋白家族是生物学中被研究得最好的基因家族之一。

• 历史上，血红蛋白是最早被研究的蛋白质之一，在 19 世纪 30 年代和 40 年代即已被 Gerardus Johannes Mulder、Justus Liebig 等人进行了描述。

• 肌红蛋白是肌肉组织中结合氧分子的一种球蛋白，是第一个通过 X 光晶体衍射技术解析出结构的蛋白质（第 13 章）。

• 血红蛋白是由四个球蛋白亚基组成的四聚物（在成人中最主要形式是 $\alpha_2\beta_2$）。它是脊椎动物血液中主要的氧运输蛋白，其蛋白质结构也是最早被描述的蛋白结构之一。肌红蛋白、α 球蛋白和 β 球蛋白序列之间的比较是多重序列比对的最早应用之一（第 6 章），也促成了用于对蛋白质相关性进行打分的氨基酸替换矩阵的开发（第 3 章）。

• DNA 测序技术在 20 世纪 80 年代开始出现后，人类 16 号染色体上（α 球蛋白）和 11 号染色体上（β 球蛋白）的球蛋白区域属于最早被测序和分析的一批区域。各种球蛋白基因在不同发育时间点上（从胚胎到胎儿到成人）都被精巧地调控，并存在组织特异性表达。我们将在阐述基因表达调控时讨论这些基因区域。

• 尽管血红蛋白和肌红蛋白仍是被研究得最好的球蛋白，其同源蛋白家族已经扩展至多个类别，包括植物球蛋白、非脊椎动物的血红蛋白（其中一些蛋白的一个蛋白分子包含多个球蛋白结构域），细菌同源

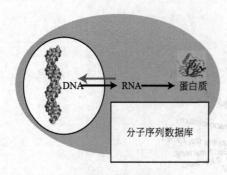

第1部分：分析DNA、RNA和蛋白质序列的分析

第 1 章：引言
第 2 章：获取序列数据
第 3 章：如何比较两条序列
第 4、第 5 章：如何将一条序列与数据库作比较
第 6 章：如何进行多重序列比对
第 7 章：以系统发生树的形式展示多重序列比对

第2部分：功能基因组学：从DNA到RNA到蛋白质

第 8 章：真核生物染色体
第 9 章：DNA分析：二代测序技术
第 10 章：分析RNA的生物信息学方法
第 11 章：微阵列和RNA-seq数据的分析
第 12 章：蛋白质分析和蛋白质家族
第 13 章：蛋白质结构
第 14 章：功能基因组学

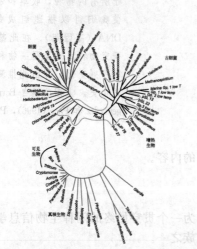

第3部分：基因组学

第 15 章：生命之树
第 16 章：病毒
第 17 章：细菌和古细菌
第 18 章：真菌
第 19 章：真核生物，从寄生虫到植物到灵长类动物
第 20 章：人类基因组
第 21 章：人类疾病

图 1.4　本书中各章节概览

二聚体血红蛋白（由两个球蛋白亚基构成），以及在细菌、古细菌和真菌中的黄素血红蛋白。因此，球蛋白家族对于我们探索生命之树具有重要价值（第 15～21 章）。

1.3　各章节的组织架构

　　本书的各个章节不仅致力于提供生物信息学理论知识，而且提供如何使用计算机数据库和算法的实用指导。每一章都提供了丰富的网络资源。每章末尾有简要的展望、常见问题和给学生的建议。展望部分描述了各章相关主题的发展速度。例如，第 2 章（获取序列信息）的展望中写到，数据库中存放的 DNA 序列数正经历爆炸式的增长。而相对的是，对整个生物信息学领域至关重要的双序列比对的方法（第 3 章）早在 20 世纪 70 年代和 80 年代便已牢固建立。另一方面，即使是如多序列比对（第 6 章）和分子系统发生学（第 7 章）中一些很基本的计算操作，却也有数十种新的、不断提高的算法正在被快速地引进。例如，隐马尔科夫模型和贝叶斯方法正被应用于解决许多种不同的生物信息学问题。

每一章的常见问题部分介绍了生物学家使用生物信息学工具时可能会遇到的一些常见困难。一些错误可能看起来微不足道，例如在用一个蛋白序列去搜索一个 DNA 数据库时会发生的错误。另一些碰到的困难则更难以觉察，例如在选择不同的参数进行多重序列比对时可能人为导致一些错误。确实，由于生物信息学领域极大地依赖于分析序列数据，因而有必要充分认识到在数据的产生、收集、存储和分析过程中会产生各种错误。这里，对于很多搜索和分析，我们都明确了其可能产生的假阳性和假阴性。

每一章都包含了多选练习题，来测试读者对章节材料的理解。我们也提供一些问题，需要读者去应用该章节描述的概念来解决。这些问题可以构成一个生物信息学课程上机实验的基础。

在每一章末尾的参考列表之前，我们也列出了对推荐文章的讨论。这个"推荐读物"部分包含了一些经典论文，这些经典论文展示了各章所描述的基本原理是如何被发现的。我们也突出标明了特别有帮助的回顾性文章和研究论文。

1.4 对学生和教师的建议：练习，寻找一个基因，研究一个基因组

本书针对两个独立的课程：第一个课程是生物信息学简介（本书第一部分和第二部分，即第 1～14 章），第二个课程是基因组学简介（本书第三部分，即第 15～21 章）。在一定程度上，生物信息学这一学科服务于传统生物学，帮助提出和回答关于蛋白质、基因和基因组的问题。本书的第三部分从基因和基因组的角度审视了生命之树。这部分的工作如果没有第一部分和第二部分所描述的生物信息学工具，则无法得以开展 。

学生们通常会对某个研究领域产生兴趣，如某个基因、某个生理过程、某个疾病或某个基因组等。笔者希望，在学习贯穿本书的蛋白及其他蛋白和基因的过程中，学生们可以同时将所学的生物信息学原理应用于他们自己感兴趣的研究问题中去。

本书中所描述的网站都放在本书的主页上（http://www.bioinfbook.org），并列在"链接"中。这个网站包含了 900 个网址，并按章节分类。该站点同时存放了每一章对应的在线文档。例如，如果读者在本书中看到一个系统发生树或一个序列比对的图例，可以很容易地在该网站获取原始数据并自己绘制出此图。

Johns Hopkins 大学的生物信息学课程还要求每个学生在该课程的最后一天之前发现一个新基因。学生需要从任意一个感兴趣的蛋白序列开始，使用数据库搜索来找到一个前人没有描述过的编码蛋白的基因组 DNA（这个问题在第 4 章有详细描述（在 http://www.bioinfbook.org/chapter4 的在线文档 4.5 中有总结）。学生可选择基因名字和相应蛋白，并描述关于该生物体的信息以及该基因以前未被描述的证据。之后，学生可以对该新蛋白（或基因）进行多重序列比对，并构建一个可展示其与其他已知序列关系的系统发生树。

每年都会有一些初学者对完成这个练习有些担心，但最终所有人都可以成功完成这个练习。这个练习的好处在于，它使得学生主动去使用生物信息学基本原理。很多学生都会选择与他们自己研究领域相关的某个基因（或蛋白）。

对于基因组学课程来说，学生可以选择一个感兴趣的基因组，并对如下 5 个方面进行深入描述（介绍见第 15 章开头部分）：

① 描述该基因组的基本特征，如它的基因组大小、染色体数目和其他特征。
② 进行比较基因组学分析以研究该物种与相邻物种的关系。
③ 描述通过基因组分析所学习到的生物学原理。
④ 描述与人类疾病的关联。
⑤ 描述在基因组分析中所用到的关键数据库或算法等生物信息学信息。

教授生物信息学和基因组学时值得注意的是学习这些新原理的学生的多样性教育背景。每一章，我们都会提供与该章主题内容相关的背景知识。每一章末尾所列出的一些关键研究论文可供较高级别的学生参考。这些论文都是技术文章，把它们与各章节一起阅读可使得学生更深入地理解所学内容。

1.5 生物信息学软件：两种风格

针对生物信息学，目前有两种极为不同的手段：一种是基于网络的工具，另一种是基于命令行的工具（图 1.5）。基于网络的工具有时也被称为"点击工具"，使用这些工具并不需要具备编程知识，可以直接上手使用。

图 1.5 生物信息学资源。基于网络的工具或"点击工具"列在左侧，包括主要门户网站（如 NCBI 和 EBI）、主要基因组浏览器（如 Ensembl 和 UCSC）、数据库和特异的网站。基于命令行的工具资源列在右侧，包括编程语言（例如 Biopython、BioPerl 和 R 语言）以及命令行软件（通常通过 Linux 操作系统进行使用）

基于网络的或图形用户界面（GUI）　　　命令行（通常在Linux系统）

中心资源 (NCBI, EBI, DDBJ)

数据分析软件：序列、蛋白质、基因组

基因组浏览器 (NCBI, UCSC, Ensembl)

GUI 软件 (Partek, MEGA, RStudio, BioMart, IGV)

处理数据文件

编程语言: BioPerl, Python, R, Biopython

Galaxy (web access to NGS tools, browser data)

二代测序工具

这些网站的网址是 NCBI，http://ncbi.nlm.nih.gov（链接 1.3）；EBI，http://www.ebi.ac.uk/（链接 1.4）；Ensembl，http://www.ensembl.org/（链接 1.5）和 UCSC，http://genome.ucsc.edu/（链接 1.6）。关于大量数据库的信息，请参阅 NAR 杂志年度 1 月发行册，http://nar.oxfordjournals.org/（链接 1.7）。

基于命令行的工具的学习过程可能具有较为陡峭的学习曲线，但差不多总是可以为执行程序提供更多选择。它们更适用于分析目前生物信息学中常见的大规模数据集。由于使用者可以将命令行工具的每个分析步骤都记录下来，即使是对于较小的数据集，命令行工具也可以让使用者更灵活更精准地完成任务，并更容易进行重复地研究。

基于网络的软件

生物信息学领域非常依赖于互联网来获取序列数据、获取用以分析分子数据的软件、及整合生物学相关的各种资源和信息。我们将描述一系列相关网站。首先，我们关注存储 DNA 和蛋白质数据的主要公共数据库，包括：

① 美国国家生物技术信息中心（National Center for Biotechnology Information，NCBI），存储了 GenBank 及其他资源；

② 欧洲生物信息学研究所（European Bioinformatics Institute，EBI）；

③ Ensembl，包含了一个基因组浏览器和用于研究数十个基因组的资源；

④ 加州大学圣克鲁兹分校（University of California at Santa Cruz，UCSC）基因组生物信息站点，包括一个网络浏览器和针对多个物种的表格浏览器。

贯穿本书所有章节，我们将介绍近 1000 个与生物信息学相关的网站。网站的主要优势在于容易链接、更新迅速、可视化效果适应大众需求和使用简便（因为总的来说不需要编程技能、命令行技能或使用 Linux 类型的操作系统）。

命令行软件

命令行工具具有截然不同的、非常重要的优势。针对生物学的高通量技术产生的大数据和小数据集都需要进行细致分析。命令行软件有如下特点：

① 操作系统通常是 Linux（一种与 Unix 相似的运行环境）。MAC 操作系统（POSIX 兼容）也与 Linux 系统相当。尽管 Windows 类型的操作系统很流行，它们却不适用于大多数命令行程序。本书中，笔者假定读者并不具有 Unix 的背景知识。从第 2 章起，笔者通过提供诸多软件的命令行使用案例来为指导读者逐渐熟悉 Linux 的使用。

② 编程语言在生物信息学中被广泛使用，例如使用 Perl（或 BioPerl；Stajich，2007），Python（以及 Biopython）和 R 去处理数据。学习这些语言很重要，因为这对于能够编写程序脚本并完成一系列任务极其有用。上百个生物信息学应用都具有相应的程序模块。例如，BioConductor 项目目前拥有超过 1000 个程序包，可用于解决很多问题。学习 R 具有较陡峭的学习曲线。笔者为此推荐了可用的书籍、文章和网站。然而，未能熟练掌握 R 语言的人也可以使用一些 R 程序包。例如，在第 8 章中我们使用 R 程序包"Biostrings"来提取染色体特征信息，在第 11 章中我们使用 R 程序包来分析来自芯片和二代测序的基因表达数据集。一旦读者学会使用了一些程序包，他们在此基础上就可以更容易地学会更多的程序包。

③ Unix 系统的命令行提供了 Bash 语句，也是 Linux 和 Mac OS X 操作系统默认的命令行语句。本书中我们介绍了多个 bash 脚本。Bash 有一系列用途，可以完成诸如对数据表进行排序、调换数据表、计行数和列数、合并数据、或使用正则表达式等任务。我们在框 2.3 及第 9 章关于二代测序分析中都可见到 Bash 命令案例。

读者应该选用哪种操作系统？Linux 对于许多生物信息学专家来说都是必要的，因为他们往往需要应用具有大内存 RAM 的 Linux 系统来访问非常大的数据集（例如 TB 级别的数据）。笔者建议在笔记本电脑或虚拟机中安装 Bio-Linux 操作系统。对于许多第一次接触生物信息学的学生来说，Macintosh O／S 比较合适，因为此系统提供了一个类 Unix 终端。对于 Windows 用户而言，Cygwin 可提供类 Unix 环境。如果读者有权限访问一个 Linux 服务器，则可以在 Windows 或 Mac 环境中使用 PuTTY 等软件来访问该服务器。

我们可以进一步对使用命令行软件和使用编程语言进行区分。学习 Perl、Python 或其他语言对进行生物信息学操作具有巨大的益处（Dudley 和 Butte，2009）。然而，即使读者不编程，也应该了解关于如何获取、存储、处理和探索大型文件的基本信息。生物信息学和基因组学研究中使用的许多文件都太大，而基本不能通过基于网络或基于 GUI（图形界面）的软件来进行高效处理。另外，许多由软件工具生成的文件也需要对其结构进行某种程度上的重新处理后才能用于进一步研究（例如，利用其他软件工具对处理过的数据进行分析）。对于很多学生来说，如何使用命令行语句来处理文件已成为必须要学习的东西。

整合两种风格

许多生物信息学资源可用于弥合基于网络的软件与命令行软件这两种不同的风格。本书对两种软件都进行了介绍（表 1.1）。例如，NCBI 提供了基于 Web 的 Entrez 数据库，让用户输入查询来获取信息。NCBI 还提供了 EDirect，这是用于访问数据库的一组命令行程序（见第 2 章）。同样，Ensembl 提供了使用 Perl 应用程序编程接口（APIs）的编程访问方式。再举一个例子，Galaxy 提供了各种使用范围广泛的基于网络的工具，而这些工具在 Galaxy 以外都属于在 Linux 环境中运行的命令行软件。

对你来说什么是最好的工具？每个从事生物信息学工作的人都应该决定他或她想要解决的问题，然后再选择合适的工具。如果你正在处理二代测序数据，那

POSIX 是可移植操作系统的首字母缩写，它给出操作系统间维护兼容性的标准。

学习 Unix 的资源链接见 http://bioinfbook.org/chapter1

Bio-Linux8（2014 年 7 月的版本）可在 http://environmentalomics.org/bio-linux/（链接 1.8）获取。Cygwin 可在 http://www.cygwin.com（链接 1.9）获取。Putty 可在 http://www.putty.org（链接 1.10）获取。

指导学习编程语言的优秀网站，包括 Code School（https://www.codeschool.com，链接 1.11），Code Academy（https://www.codecademy.com，链接 1.12），Data Camp（https://www.datacamp.com，链接 1.13），以及 Software Carpentry（http://software-carpentry.org，链接 1.14）. Rosalind 则通过解决问题的过程来提供生物信息学指导（http://rosalind.info/problems/locations/，链接 1.15）。

么学习如何在 Linux 操作系统中使用软件工具就非常必要。如果你在这方面是新手，那你可以先使用更方便的 Galaxy 工具来熟悉这些数据和相应的算法，并逐步过渡到基于 Linux 的工具。如果你正在做系统发生学研究，你可以从使用 MEGA 软件入手来学习不同的处理方法，之后可以使用命令行软件来进行贝叶斯分析以补足之前的分析（见第 7 章）。

在本书中，我们将使用示例来尝试帮助弥合这两种风格。在第 8 章中，我们会同时介绍 BioMart（Ensembl 提供的一种将几百个数据库连接的基于网络的资源）和 biomaRt（执行 BioMart 查询的 R 程序包）。

表 1.1 本书各章节使用的一些基于网络（或图形界面）的软件与命令行软件一览表

部分:章节	主题	网页版或 GUI 软件	命令行软件
Ⅰ:2	获取信息	BioMart Genome Workbench	EDirect
Ⅰ:3	双序列比对	BLAST	BLAST＋ Biopython needle (EMBOSS) water (EMBOSS)
Ⅰ:4	BLAST	BLAST	BLAST＋
Ⅰ:5	数据库搜索	DELTA-BLAST Megablast	HMMER
Ⅰ:6	多重比对	Pfam，MUSCLE	MAFFT
Ⅰ:7	系统发生	MEGA	MrBayes
Ⅱ:8	染色体	Galaxy	geecee (EMBOSS) isochore (EMBOSS)
Ⅱ:9	二代测序	Galaxy、SIFT、PolyPhen2	SAMTools、tabix、VCFtools
Ⅱ:10	RNA	RNAfam、tRNAscan	
Ⅱ:11	RNAseq	Galaxy	Affy(R package) RSEM
Ⅱ:12	蛋白质组学	ExPASy	pepstats (EMBOSS)
Ⅱ:13	蛋白质结构	Cn3D、Pymol	psiphi (EMBOSS)
Ⅱ:14	功能基因组学	FLink、Cytoscape	
Ⅲ:15	生命之树		Velvet (assembly)
Ⅲ:16	病毒		MUMmer (alignment)
Ⅲ:17	细菌和古细菌	MUMmer	GLIMMER (gene-finding)
Ⅲ:18	真菌	YGOB	Ensembl (variants)
Ⅲ:19	真核生物基因组		
Ⅲ:20	人类基因组		PLINK
Ⅲ:21	人类疾病	OMIM、BioMart	EDirect、MitoSeek

我们也将看到，生物信息学界在不断完善现有的软件并开发新的方法。界内经常举办一些"竞赛"。组织者获得一些问题的金标准"真相"，如解析一个蛋白质结构或组装一个基因组等，然后邀请界内成员在一定时限内来竞争解决这些问题。通过比较基于不同方法的结果，组织者可以评估每个软件的性能（即真阳性和假阳性，真阴性和假阴性），并通过定义灵敏度与特异性来了解选用何种工具。竞赛案例见表 1.2。

表 1.2 生物信息学中重要的评价竞赛

名字/首字母缩写	竞赛	所在章节
Alignathon	比较全基因组比对方法	6
EGASP	ENCODE 基因组注释评价项目	8
Assemblathon	比较基因组组装软件的效果	9
GAGE	基因组组装金标准评价	9
ABRF	生物分子资源设施组织（ABRF）磷酸化评估	12
CASP	结构预测的重要评估	13
CAFA	蛋白功能的重要评估	14
CAGI	基因组解释的重要评估	14

学习生物信息学编程的新范例

学习一种编程语言以协助生物信息学研究是一个极好的主意。你可能需要运行用 R 或 Python 语言（如在本书中）写的程序，或者你可能需要编写自己的代码来处理数据以解决一些任务。除了提供书籍和课程外，很多网站还以教程或课程的形式提供在线培训。David Searls（2012a，2014）审阅了很多这样的在线资源，包括有数万学生注册的大型开放式网络课堂（慕课，MOOCs）等。Searls（2012b）推荐了进行在线学习的十条规则。简言之，这些规则包括：制定一个计划；有选择性；管理你的学习环境；做阅读；做练习；做评估；优势探索（如方便性）；主动接触他人；记录你的成绩；对可以学到的内容有较为实际的期待。这些规则也适用于阅读如本书一般的教科书。

生物信息学中的可重复研究

科学就其本质而言，是累积渐进的。无论你是使用基于网络的还是基于命令行的工具，在进行研究时都应保证该研究可被其他研究人员重复。这有利于你的工作的累积与进展。在生物信息学领域，这意味着如下内容。

- 工作流应该有据可查。这可能包括在电脑中保留文本文档以便复制和粘贴复杂命令、网址或其他形式的数据。许多人选择保留传统的手写的实验笔记本，但是现在越来越需要同时保存某些形式的电子记录。

- 为了方便你的工作，存储在计算机上的信息应被妥善整理。框 2.3 中介绍了 Nobel 的一篇文章（2009），此文章对如何整理文件提供了指导。

- 数据应该可被他人使用，特别是存储高通量数据的存储库。这方面的例子包括 NCBI 的 Gene Expression Omnibus（GEO）和 Sequence Read Archive（SRA）、ArrayExpress 和 EBI 的 European Nucleotide Archive（ENA）。

- 元数据和数据一样同等重要。元数据是指数据集相关的信息。对于一个已被测序的细菌基因组而言，元数据可能包括该细菌被分离的位置信息、培养条件，以及它是否致病等信息。在一个关于人类大脑的基因表达的研究中，元数据可能包括死后采样时间、性别、疾病表型和 RNA 分离方法等。元数据为统计分析提供关键信息，使研究者可以探索各种参数对结果的影响。

- 所使用的数据库应做好记录。由于数据库的内容可随时间改变，所以记录版本号和获取日期非常重要。

- 软件应做好记录。对于已被认可的软件包，应提供版本号。进一步记录使用软件的具体步骤，可使他人能够独立重复你所做的分析。为了共享软件，许多研究人员使用如 GitHub 等软件存储库。

Git 是软件开发中最流行的发布版本控制系统。它使得科学工作者可以获取具有特定版本的软件。Github 上具有公开和非公开项目。可在 http://github.com（链接 1.16）获取。截至 2015 年初，它拥有大约两千万个存储库和八百万用户。

1.6 生物信息学和其他信息学学科

近年来，包括医学信息学、卫生保健信息学、护理信息学和图书馆信息学等在内的其他信息学领域也出现了快速发展（图 1.6）。生物信息学与这些学科有一些重合，但也有非常明显的区分：生物信息学的关注点在于 DNA 及其他生物分子。我们还可以区分工具使用者（例如，使用生物信息学软件研究基因功能的生物学家，或使用电子健康记录的医学信息学家）与工具制造者（例如，建立数据库、创建信息技术基础设施或写计算机软件的人）。相比其他信息学科，在生物信息学中，越来越多的工具使用者也成为工具制造者。

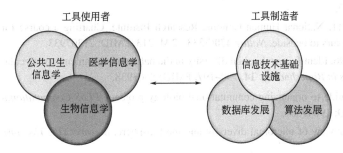

图 1.6 工具使用者（Tool users）和工具制造者（Tool makers）。"信息学"这个概念近年来已经被应用到越来越多的学科，包括生物信息学、公共卫生信息学、医学信息学和图书馆信息学。这些学科中的每一个都涉及对越来越大的数据集的系统化和分析。生物信息学和基因组学的关注点是蛋白质、基因，尤其是基因组

1.7 对学生的建议

生物信息学和基因组学领域极为广泛。你需要决定你想要研究什么范畴的问题，并决定什么技术最适合于解决这些问题。在图 1.5 中，你可以看到许多种可用的工具和方法。随着我们逐步讲解书中的各个章节，你可能会逐渐清楚哪个工具是

Biostars 是 2009 年由宾州州立大学的 Istvan Albert 建立的。可在 http://www.biostars.org（链接 1.17）访问 Biostars。

你需要的。笔者鼓励你们尽可能积极地使用这本教科书。当我们讨论一个网站或软件程序包时，你可以以此为契机来深入探索它。

在学习和研究中，有很多获取帮助的方法。推荐尝试 Biostars——这是一个网络论坛，在其中你可以发布问题、获得界内其他人提供的答案、探索教程等（Pernell 等，2011）。截至 2015 年，已有超过 16000 名注册用户在 Biostars 发布了超过 125000 个帖子。加入 Biostars 或其他生物信息学论坛可以帮助你找到其他遇到类似问题的人。

NAR 数据库专刊的网址是 http://nar. ox-fordjournals. org/（链接1.18).

推荐读物

Dudley 和 Butte（2009）为学习高效的生物信息学编程技巧（包括使用开源软件和 Unix）提供了极好的指导。在过去五年中，对生物信息学领域的全局概述相对较少。这可能是因为生物信息学的范围越来越大。但数以千计的综述文章中包含了很多专门的生物信息学主题。在第 2～21 章中，笔者都会提供一些近期的综述性文章。

2011 年，Eric Green、Mark Guyer 及他们在美国国家人类基因组研究所的同事发表了一篇值得强烈推荐的文章——"从碱基对到临床，绘制一个基因组医学蓝图"（Green 等，2011）。该文介绍了基因组学的成果，并对未来十年进行了展望。

每年一月，《Nucleic Acids Researc》都会出版一个描述诸多核心的生物信息资源的数据库专刊（Fernández-Suárez 等，2014）。该期刊的网站上提供了众多文献的链接。

参 考 文 献

Altman, R.B. 1998. Bioinformatics in support of molecular medicine. *Proceedings of AMIA Symposium* **1998**, 53–61. PMID: 9929182.

Altman, R.B., Dugan, J.M. 2003. Defining bioinformatics and structural bioinformatics. *Methods of Biochemical Analysis* **44**, 3–14. PMID: 12647379.

Barns, S.M., Delwiche, C.F., Palmer, J.D., Pace, N.R. 1996. Perspectives on archaeal diversity, thermophily and monophyly from environmental rRNA sequences. *Proceedings of the National Academy of Sciences, USA* **93**(17), 9188–9193. PMID: 8799176.

Dudley, J.T., Butte, A.J. 2009. A quick guide for developing effective bioinformatics programming skills. *PLoS Computational Biology* **5**(12), e1000589. PMID: 20041221.

Fernández-Suárez, X.M., Rigden, D.J., Galperin, M.Y. 2014. The 2014 Nucleic Acids Research Database Issue and an updated NAR online Molecular Biology Database Collection. *Nucleic Acids Research* **42**(1), D1–6. PMID: 24316579.

Green, E.D., Guyer, M.S. 2011. National Human Genome Research Institute. Charting a course for genomic medicine from base pairs to bedside. *Nature* **470**(7333), 204–213. PMID: 21307933.

Hugenholtz, P., Pace, N.R. 1996. Identifying microbial diversity in the natural environment: a molecular phylogenetic approach. *Trends in Biotechnology* **14**, 190–197. PMID: 8663938.

Noble, W.S. 2009. A quick guide to organizing computational biology projects. *PLoS Computational Biology* **5**(7), e1000424. PMID: 19649301.

Pace, N.R. 1997. A molecular view of microbial diversity and the biosphere. *Science* **276**, 734–740. PMID: 9115194.

Parnell, L.D., Lindenbaum, P., Shameer, K. *et al*. 2011. BioStar: an online question & answer resource for the bioinformatics community. *PLoS Computational Biology* **7**(10), e1002216. PMID: 22046109.

Searls, D.B. 2012a. An online bioinformatics curriculum. *PLoS Computational Biology* **8**(9), e1002632. PMID: 23028269.

Searls, D.B. 2012b. Ten simple rules for online learning. *PLoS Computational Biology* **8**(9), e1002631. PMID: 23028268.

Searls, D.B. 2014. A new online computational biology curriculum. *PLoS Computational Biology* **10**(6), e1003662. PMID: 24921255.

Stajich, J.E. 2007. An Introduction to BioPerl. *Methods in Molecular Biology* **406**, 535–548. PMID: 18287711.

Topol, E.J. 2014. Individualized medicine from prewomb to tomb. *Cell* **157**(1), 241–253. PMID: 24679539.

COMMENTARII. 123

admodum fecernantur, exponam. Res eſt parvi laboris. Farina ſumitur ex optimo tritico, modice trita, ne cribrum furfures ſubeant; oportet enim ab his eſſe quam expurgatiſſimam, ut omnis miſturæ tollatur ſuſpicio. Tum aquæ puriſſimæ permiſcetur, ac ſubigitur. Quod reliquum eſt operis, lotura abſolvit. Aqua enim partes omnes, quaſcumque poteſt ſolvere, ſecum avehit; alias intactas relinquit.

Porro hæ, quas aqua relinquit, contrectatæ manibus, preſſæque ſub aqua reliqua, paullatim in maſſam coguntur mollem, & ſupra, quam credi poteſt, tenacem: egregium glutinis genus, & ad opificia multa aptiſſimum; in quo illud notatu dignum eſt, quod aquæ permiſceri ſe amplius non ſinit. Illæ aliæ, quas aqua ſecum avehit, aliquandiu innatant, & aquam lacteam reddunt; poſt paullatim deferuntur ad fundum, & ſubſidunt; nec admodum inter ſe cohærent; ſed quaſi pulvis vel leviſſimo concuſſu ſurſum redeunt. Nihil his affinius eſt amylo; vel potius ipſæ veriſſimum ſunt amylum. Atque hæc ſcilicet duo ſunt illa partium genera, quæ ſibi Beccarius propoſuit ad chymicum opus faciendum, quæque ut ſuis nominibus diſtingueret, glutinoſum alterum appellare ſolebat, alterum amylaceum.

Tanta eſt autem horum generum diverſitas, ut ſi utrumque vel digeſtione, vel deſtillatione reſolvas, & principia, unde conſtant, chymicorum more, elicias, non ex una ac ſimplici, ſed ex duabus longiſſimeque inter ſe diverſis rebus prodiiſſe videantur; cum enim amylacea pars ſuum præ ſe genus ferat, eaque principia oſtendat, quæ a vegetabili natura duci ſolent; glutinoſa originem quaſi detrectat ſuam, ac ſe per omnia ſic præbet, quaſi eſſet ab animante quopiam profecta. Quod ut melius intelligatur, generatim primum ſcire convenit, quam diſſimiliter vegetabilia atque animantia in digeſtionibus deſtillationibuſque ſe præſtent.

In digeſtionibus, quas lenis & diuturnus calor facit, animantium partes numquam ad veram abſolutamque fermentationem perducuntur; ſed putrefiunt teterrime ſemper. Vegetabilia quaſi ſua ſponte fermentantur, neque putreſcunt, niſi ars adiuvet; eaque inter fermentandum manifeſta acoris indicia præbent, quæ nulla ſunt in animalibus, dum putreſcunt. Fermentatione autem confecta, vinoſum aut acetoſum liquorem vegetabilia largiuntur; animalia, ſi putrefiant, urinoſum.

Q 2

第 2 章介绍了访问分子数据的方法。这些数据包括关于 DNA 和蛋白质的信息。第一批研究蛋白质的科学家包括 Iacopo Bartolomeo Beccari（1682～1776）。他是一名意大利哲学家和医生，发现了蛋白质是蔬菜的一个组成部分。此图片是从《Bologna Commentaries》的第 123 页，由一个秘书基于 1728 年 Beccari 的一个讲座（Zanotti，1745）而写就。Beccari 从小麦面粉中分离出了面筋（植物蛋白）。以 "Res est parvi laboris"（"这事很容易"；见实心箭头处）开始的段落，其翻译如下（Beach，1961，第 362 页）：

纯化面筋只需较少工序。面粉取自最好的小麦，之后被适度磨碎，已使得麸皮不会透过筛子。这是因为把麸皮完全去除才可以保证混合物中的所有残留物（traces）都被去除。然后，将其用纯水混合并揉好。清洗在此过程中留下的东西。水可带走所有能够溶解的物质。在此之后，用手和着残留的水来按压洗后剩下的物质。慢慢地，面团状物质会形成，具有令人难以相信的黏性，像某种不同寻常的胶水，可适用于许多用途；特别值得注意的是，此物质不能再与水混合在一起。在清洗时，被水带走的物质一段时间后会浮起来，使水呈现乳白色；但再过一段时间后，这些物质沉淀到了底部，也不以任何方式彼此黏附；它们如同粉末一般，即使最轻的接触也会将其向上扬起。没有比这个更像淀粉的了，或者更确切地说，这确实是淀粉。这些明显是 Beccari 通过化学实验所展示的两类物质，他通过名字区分这两类物质，一个被恰如其分地称作胶质（glutinous）（见空心箭头处），另一类称为淀粉质（amylaceous）。

除了把面筋纯化外，Beccari 还基于"动物性物质"和"植物性物质"在加热或蒸馏时不同的分解情况而将其识别为一种"动物性物质"，而非"植物性物质"淀粉。一个世纪以后，Jons Jakob Berzelius 提出了蛋白质这个词；他还提出假说，植物可以形成被草食性动物食用的"动物性材料"。

来源：Zanotti（1745）。

第 2 章

序列数据的获取和相关信息

蛋白质序列中可获取的数据信息在生物学和生物化学领域都是全新的事物，其无论在数量、浓缩的信息容量和概念的简化性方面都是前所未有的。在过去四年时间里，我们已经发行了一个年刊《Atlas of Protein Sequence and Structure》，其最新一期的内容包含了来自不同实验室的上百名研究者所确定的近500 条完整或部分蛋白质序列信息。

——Msargret Dayhoff（1969），第 87 页

 学习目标

通过阅读本章你应该能够：
- 定义分子数据库的类型；
- 定义索引编号和 RefSeq 标识符的意义；
- 描述主要的基因组浏览器和使用它们来研究基因组区域的特点；
- 使用数据来研究单个基因（或蛋白质）和大量基因/蛋白质的信息。

2.1 生物数据库的入门介绍

所有生命体共有的特征是繁殖和进化的能力。一个物种基因组的定义是该物种内包含编码 RNA 分子和蛋白质的基因在内的所有 DNA 的集合。第一个能独立存活的生物体的基因组在 1995 年被测定，该生物体是名为流感嗜血杆菌（*Haemophilus influenzae*）的细菌（Fleischmann 等，1995；第 15 和第 17 章）。在此后的数年里，数以千计的物种的全基因组测序被完成，从而进入了获取生物数据和信息访问的新时代。目前，公共数据库已收集了百万亿（$>10^{15}$）的 DNA 核苷酸数据，并很快会达到兆级别（$>10^{18}$ 碱基）的数量。这些数据来自于超过三十万个物种（Benson 等，2015）。本章的目的是介绍存储这些数据的数据库及从这些数据库中提取信息的方法。

目前 DNA 测序的方法主要有两种（第九章会详细介绍）。自 20 世纪 70 年代始，双脱氧链终止法（"Sanger 测序法"）一直都是最主要的测序方法。但 2005 年后，二代测序技术（NGS）开始问世，可产生比以前多许多个数量级的测序数据。更大规模测序数据的获取（每个碱基的测序价格也比原来更加低廉）给生物信息学和基因组学的大多数领域都带来影响。同时，这也给数据的获取、分析、存储和发布带来了很多新的挑战。研究者对太字节（terabyte，TB）规模的数据集合进行研究已经变得十分常见。

在本章（及本书），我们会介绍在思考获取数据时的两种思路。第一种思路是从基因、蛋白或相关分子出发。以人类 β 球蛋白为例，有一个对应的基因座（locus）（在 11 号染色体上）包含 β 球蛋白基因

（*HBB*）及其相关的基因组元件，如启动子和内含子等。人和人之间在序列上存在极大变异（这些变异包括单核苷酸变异，DNA 重复元件的差异与染色体拷贝数之间的差异）。在特定的组织中（及发育中的特定时间点），β 球蛋白基因会被转录成 mRNA，并可能会被翻译成 β 球蛋白。β 球蛋白是血红蛋白的一个亚基，而血红蛋白是一个四聚体结构蛋白，在正常状态和疾病状态下会有不同的功能。所有关于 β 球蛋白基因、RNA 和蛋白质的信息都可以从在本章中介绍的数据库和资源中获得。

第二种思路则是从与感兴趣的问题相关的大型数据集出发。这里，我们举三个例子：

① 我们可能想要研究目前发现的人类 β 球蛋白基因上发生的所有变异。

② 某病人可能在特定基因上发生突变。而要想评估该突变所导致的功能性变化，我们有可能需要在特定组织的细胞中收集所有成千上万的转录本。这可以通过基因芯片或 RNA 测序（见第 11 章）来实现。在此之后，我们可能会从中鉴定出一组受调控的转录本，并把它们的蛋白产物对应到某些细胞通路中来进行分析和研究。

③ 我们还有可能对与血红蛋白功能相关的某 100 个基因进行 DNA 测序。如 Entrez、BioMart 和 Galaxy（下文介绍）等数据库和资源可以帮助我们对大数据集的处理。从这些数据库或数据资源里，你可以获取、存储和分析特定数据集，这些数据集合可能包含涉及一些已知的分子信息（如在人类第 11 号染色体上所有已知的蛋白编码基因）或是一些新的信息（例如你得到的实验数据可以用于注释这些信息，并与已知数据进行比较）。

> 我们会用官方基因符号来作为基因名字，例如 HBB。对于人类的基因，是由 HUGO 基因命名委员组织（Gene Nomenclature Committee，HGNC）（http://www.genenames.org，链接 2.1）（Gray 等，2013）来命名的。网站也为什么时候使用基因名的大写、斜体提供了指导。对于其他物种（如，酵母，第十八章）规定各不相同。

2.2 集中存储 DNA 序列的数据库

公共数据库中存有多少 DNA 序列？这些数据被存储在哪里？我们先从 1982 年至今负责存储核酸序列的三个主要数据库来进行介绍（图 2.1）。这三个数据库是：

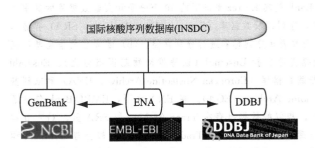

图 2.1 NCBI 的 GeneBank，欧洲分子生物学实验室的 EMBL-Bank 及日本 DNA 数据库的 DDBJ，这三大核苷酸收集数据库都由国际核酸序列数据库（International Nucleotide Sequence Database Collaboration，INSDC）来进行协调

（1）GenBank 数据库，由位于美国 Bethesda 的国立卫生研究院（NIH）下属的国家生物技术信息中心（NCBI）开发和维护（NCBI Resource Coordinators，2014；Benson 等，2015）。

（2）欧洲分子生物学实验室（EMBL）-核苷酸序列存储数据库（EMBL-Bank）。该数据库同时也是位于英国 Hinxton 的欧洲生物信息研究所（EBI）所建立的欧洲核苷酸数据库（ENA）的一部分（Pakseresht 等，2014；Brooksbank 等，2014）。

（3）日本 DNA 数据库（DDBJ），由日本三岛国立遗传学研究所开发和维护（Ogasawara 等，2013；Kosuge 等，2014）。

以上三大数据库都由国际核苷酸序列数据库（INSDC）来进行合作协调（Nakamura 等，2013；图 2.1）。这些数据库每日都会更新共享数据。GenBank、EMBL-Bank 和 DDBJ 都分别被列为 NCBI、EBI 和 DDBJ 的数据库。除这三大数据库外，NCBI、EBI 和 DDBJ 还会提供其他各种资源来帮助进行序列数据的研究（见图 2.2）。

> NCBI 网址：http://www.ncbi.nlm.nih.gov/，GenBank 网址：http://www.ncbi.nlm.nih.gov/。DDBJ 网址：http://www.ddbj.nig.ac.jp/，EMBL-Bank 网址：http://www.ebi.ac.uk/。你可以通过 http://www.insdc.org/. 访问 INSDC 你可以通过本书的网站（http://bioinfbook.org，链接 2.2-2.6）访问以上网站。

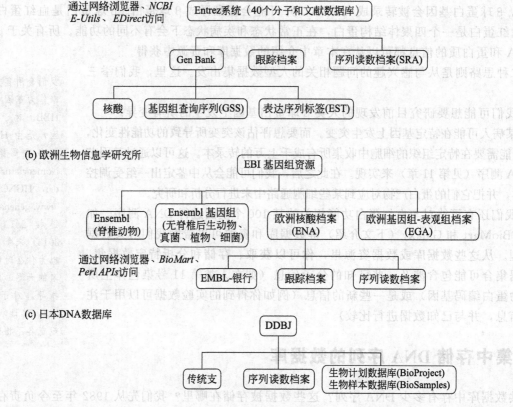

(a) 美国国立生物技术信息中心

通过网络浏览器、*NCBI E-Utils*、*EDirect*访问

Entrez系统（40个分子和文献数据库）

Gen Bank　　跟踪档案　　序列读数档案(SRA)

核酸　　基因组查询序列(GSS)　　表达序列标签(EST)

(b) 欧洲生物信息学研究所

EBI 基因组资源

Ensembl（脊椎动物）　　Ensembl 基因组（无脊椎后生动物、真菌、植物、细菌）　　欧洲核酸档案(ENA)　　欧洲基因组-表观组档案(EGA)

通过网络浏览器、*BioMart*、*Perl APIs*访问

EMBL-银行　　跟踪档案　　序列读数档案

(c) 日本DNA数据库

DDBJ

传统支　　序列读数档案　　生物计划数据库(BioProject) 生物样本数据库(BioSamples)

图 2.2　DNA 序列在三大数据库之间共享。(a) 美国国立生物技术信息中心（National Center for Biotechnology Information，NCBI）收藏的 GenBank 是其 Entrez 系统下的 40 个分子和文献数据库的其中之一。The Trace Archive 存储序列的跟踪信息，序列读段数据库（Sequence Read Archive，SRA）存储二代测序数据。GenBank 把核苷酸、基因组序列和表达序列标签进行分别存储。(b) 欧洲生物信息学研究所（European Bioinformatics Institute）的数据资源包括 Ensembl（以脊椎动物基因组为主）、Ensembl 基因组（包括更广泛的物种信息）、欧洲核苷酸数据库（European Nucleotide Archive，ENA）和欧洲基因组-表型组数据库（European Genome-Phenome Archive，EGA）。在 ENA 之下，EMBL-Bank 包括了和 NCBI 的 GenBank 里一样的原始序列数据。相似的数据也存在 Trace Archive 和 SRA 里。(c) 日本 DNA 数据库（DDBJ）也包括一个 SRA 数据库。DDBJ 的传统（Trad）数据库每天都会与 GenBank 和 EMBL-Bank 进行共享，同步相同的原始数据。以上这些不同的数据库都可以通过网页浏览或是如 Edirect（用命令行来登入 Entrez 数据库）程序来获取信息。

可以通过 http://www.ncbi.nlm.nih.gov/genbank/tbl2asn2/（链接2.7）获取 tbl2asn。

学术界的研究人员可以直接向 NCBI、EBI 和 DDBJ 的序列存储库提交序列信息。质量控制可通过在提交时遵循提交指南得到保证，并通过如 RefSeq 的项目来得到保证。RefSeq 项目主要负责协调不同的提交数据之间的差异。对于 GeneBank 来说，NCBI 提供了命令行工具——tbl2asn 来自动产生序列记录。

　　图 2.3 展示了在数据存储库中 DNA 存量的增长。1982 年 GeneBank（也代表了 EMBL-Bank 和 DDBJ 所含数据）开始接受数据提交，包括了数千个提交人员所提交的序列。在过去 30 多年以来，GenBank 存储数据的碱基个数大约每 18 个月会翻一倍。

　　GenBank、EMBL-Bank 和 DDBJ 也收集通过全基因组乌枪测序技术（WGS）所产生的各种完整或不完整的基因组（或染色体）序列数据。其数据库的 WGS 分支包含了由高通量测序产生的序列数据。WGS 数据自 2002 年开始出现，但这些数据并没有被 GenBank/EMBLB/DDBJ 发布的各个版本考虑录入。如图 2.3 所展示，WGS 序列中包含的 DNA 碱基对数目现在已超过 Genbank 的存量。

2015 年，GenBank 数据库碱基数量达到一千八百八十亿（含有约一亿八千一百万条序列）。通过访问 http://www.ebi.ac.uk/ena/about/statistics（链接 2.8）来看 EMBL-Bank 数据增长的统计。

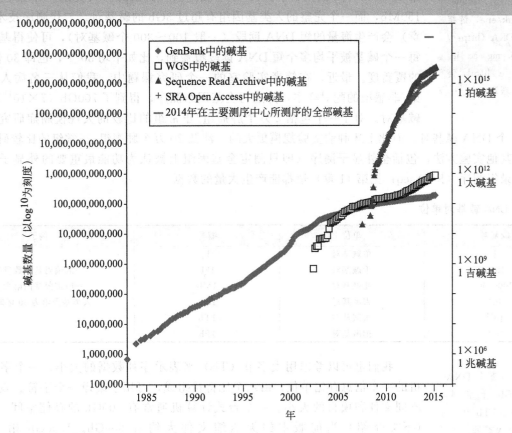

图 2.3　各数据存储库的 DNA 序列的增长。图中数据展示了 GenBank（蓝色菱形）从版本 3（1982/12）到版本 206（2015/2）的 DNA 核苷酸个数。图中还展示了从 2002 年由全基因组乌枪法所测得的 DNA 序列（空心黑正方）。NCBI 的 SRA 数据也在图中展示，包括全部数据（红三角形）和对外公开的数据（紫十字型）。图上的数据来自于 GenBank 的版本注释信息，见 http://www.ncbi.nlm.nih.gov/Genbank，及 SRA 的注释信息，见 http://www.ncbi.nlm.nih.gov/Traces/sra/sra.cgi? 主要的序列中心在 2014 年测序得到的所有 DNA 碱基数以绿线展示（约 40Pb）。这个数据是根据 Broad 研究所的测序数量约占所有主要测序中心的 9%（图 15.10）估计得到。如果还考虑到公司等其他测序来源在高通量测序数据上的产出数据，则这个估计数字还会有极大增加。根据 NCBI 的信息，SRA 当前版本（2015/3）包含 3.5×10^{15} 碱基个数，大致对应约 2.3×10^{15} 字节的大小

　　审视图 2.3，我们可看出序列读段数据库（Squence Read Archive，SRA）所收集的数据量要远大于 GenBank 和 WGS 数据库中的数据量之和；而事实上，SRA 目前的 DNA 碱基个数是这两个数据库的 3000 多倍。SRA 收录的每个序列读段都相对较短（一般为 50～400 个碱基对），这反映二代测序技术（在第 9 章有详细介绍）的特点。大部分的 SRA 数据都是公开的（比如横跨生命树的各种不同物种的测序序列），这些数据在图 2.3 被标识为对外公开的碱基。有些数据是取自于不同的人，可潜在鉴定出特定临床患者或研究参与者的身份。因而，对这些数据的获取会有限制，需要同意遵守伦理准则的合格研究人员向特定的委员会提出申请。图 2.3 展示 NCBI 的 SRA 数据，包括了全部和那些对外公开的数据。

我们会在第 15 章讨论 WGS。想了解更多访问 http://www.ncbi.nlm.nih.gov/genbank/wgs（链接 2.9）。截止到 2015 年 2 月，NCBI 上 WGS 的数据有八千七百三十亿碱基。

<table>
<tr><td>

除了 SRA，二代测序数据被存储，并可从 ENA（http://www.ebi.ac.uk/ena，链接 2.10）和 DRA（http://trace.ddbj.nig.ac.jp/dra/index_e.html，链接 2.11）获取。

</td></tr>
</table>

为理解如此大量的 DNA 碱基的意义，我们这里来看几个例子（表 2.1）。第一个被完全测定的真核生物全基因组（酿酒酵母，*Saccharomyces cerevisiae*；见第 19 章），序列有大约 1300 万个碱基对（13Mb）。人类的一个染色体平均有 150Mb，而一个完整的人类基因组有超过 3Gb 的碱基对。二代测序技术（见第 9 章）会产生海量的短 DNA 读段（一般 100～300 个碱基对），可使得基因组上的每一个碱基被平均多个短 DNA 读段覆盖到，比如平均 30 个，也即 30 倍（30×）的覆盖度。最近，在笔者实验室的一个研究课题中，我们从三名病人获得了感染/非感染的配对样本，并进行全基因组测序，得到了 700Gb（7×10^{11}）的 DNA 碱基对。对于一个包括 2 万个肿瘤组/正常组的比较的大规模癌症研究，则可以产生 10^{16} 个 DNA 碱基对。而比上述肿瘤实验规模更大的，涉及 20 万个肿瘤组/正常组的比较研究正在计划之中。其他实验方法，包括全外显子测序（即只测定全基因组上被认为功能最重要的外显子区段的序列）和转录组测序（RNAseq；见第 11 章）也都能产生大量的数据。

表 2.1　DNA 碱基对单位

碱基对	单位	缩写	例子
1	单碱基对	1bp	
1000	千碱基对	1kb	一般编码基因数量级
1000000	兆碱基对	1Mb	一般细菌基因组大小
10^9	吉碱基对	1Gb	人类基因组为 30 亿碱基
10^{12}	太碱基对	1Tb	
10^{15}	拍碱基对	1Pb	

<table>
<tr><td>

1Mb 为一百万个 DNA 碱基。1Gb 十亿个 DNA 碱基。1Tb 为一千亿个 DNA 碱基。

</td></tr>
</table>

我们也可以考虑用太字节（TB）来表示序列数据的大小。一个字节是计算机的一个信息存储单位，由八个比特符组成，可用于编译一个字符。表 2.2 展示不同文件和项目的大小。一个台式计算机通常有 500Gb 的存储空间。GenBank（下文介绍）当前版本的无压缩文件大约有 600Gb。1000Gb 相当于一兆（1000Gb=1Tb），这个级别的存储量是某些研究人员在研究一个人的全基因组时的数量级。1000Tb 相当于 1Pb（1000Tb=1Pb）。大规模测序计划，如测定 10000 个人的全基因组，可能需要几个 Pb 的存储量。

表 2.2　文件大小范围及典型例子

大小	缩写	字节数量	例子
单字节		1	1 字节通常为 8 位,用于对文本的单个字符进行编码
千字节	1kb	10^3	记录多达 1000 个字符的文本文件的大小
兆字节	1MB	10^6	记录多达 100 万个字符的文本文件的大小
吉字节	1GB	10^9	600GB;GenBank 大小（未压缩的原始文件）ftp://ftp.ncbi.nih.gov/genbank/gbrel.txt(链接 2.84)
太字节	1TB	10^{12}	385TB;美国国会图书馆网络档案（http://www.loc.gov/webarchiving/faq.html）(链接 2.85) 464TB;由千人基因组项目产生的数据（http://www.1000genomes.org/faq/how-much-disk-space-used-1000-genomes-project）(链接 2.86)
拍字节	1PB	10^{15}	1PB:TCGA 数据库大小 5PB;NCBI 中 SRA 数据大小 15PB;CERN 物理设施（靠近日内瓦）一年处理数据量（http://home.web.cern.ch/about/computing）(链接 2.87)
艾字节	1EB	10^{18}	世界范围内已经处理了 2.5EB 数据量

2.3　DNA、RNA 和蛋白质数据库

由于 DDBJ、EMBL-Bank 和 GenBank 包含的信息一致，我们先从 GenBank 开始讨论。GenBank 是一个包含绝大多数已知公开的 DNA 和蛋白质序列（Benson 等，2015），但不包括二代测序数据的公共数据库。除存储这些数据外，GenBank 还包含文献和生物学注释信息。GeneBank 的数据都可以从 NCBI 上免费获取。

GenBank、 EMBL-Bank 和 DDBJ 中的物种

GenBank 中收录了超过 31 万个不同物种的数据，而且每个月还会录入超过 1000 个新物种的数据（Benson 等，2015）。GenBank 中包含的物种的个数见表 2.3。我们会在第 15～19 章中对细菌、古细菌和真核生物进行详细的定义。简而言之，真核生物都有细胞核并且通常是多细胞的，而细菌没有细胞核。古细菌是单细胞生物，它不同于真核生物和细菌，是生物界的第三大分支。病毒含有核酸（DNA 或 RNA），但只能在宿主细胞中复制，处于生命体定义的边界地带。

表 2.3　GenBank 分类代表

界	上级分类	属	种	下级分类	总共
古细菌	143	140	525	0	808
细菌	1370	2611	13331	819	18131
真核生物	20443	67606	297207	22608	407864
真菌	1550	4620	29450	1128	36748
后生动物	14670	45517	145044	11428	216659
植物界	2622	14680	113529	9789	140620
病毒	618	442	2349	0	3409
总和	22603	70806	313443	23427	430279

注：来源于 GenBank，NCBI，http://www.ncbi.nlm.nih.gov/Taxonomy/txstat.cgi。

表 2.4　GenBank 中十大测序最多物种

词条数量	碱基数量	物种	常用名称
20614460	17575474103	*Homo sapiens*	人类
9724856	9993232725	*Mus musculus*	小鼠
2193460	6525559108	*Rattus norvegicus*	大鼠
2203159	5391699711	*Bos taurus*	牛
3967977	5079812801	*Zea mays*	玉米
3296476	4894315374	*Sus scrofa*	猪
1727319	3128000237	*Danio rerio*	斑马鱼
1796154	1925428081	*Triticum aestivum*	小麦
744380	1764995265	*Solanum lycopersicum*	番茄
1332169	1617554059	*Hordeum vulgare subsp. vulgare*	大麦

注：来源于 GenBank，NCBI，ftp://ftp.ncbi.nih.gov/genbank/gbrel.txt（GenBank release 194.0）。

我们可以看到 GenBank 存有相当多的数据量并且数据量还在快速增长。从表 2.3 中我们可以看到 GenBank 中大多数物种为真核生物。在 GenBank 收录的微生物中，细菌的属种个数是古细菌的 25 倍。

> 我们会在第 15 章讨论不同物种的全基因组测序是如何选择的。

表 2.4 展示了 GenBank 中 10 个测序数据最多的物种的条目数和 DNA/RNA 碱基对数（不包括叶绿体和线粒体的数据）。这些物种包括了在生物研究中最常用的模式生物。显而易见，科学界正在研究一系列的哺乳动物（如人类、小鼠、牛）、其他脊椎动物（如鸡、青蛙）和植物（如玉米、水稻、小麦、酿酒葡萄）。不同的物种会被用于许多不同领域的研究。表 2.4 中没有列出细菌、古细菌、真菌和病毒的原因是因为他们的基因组相对较小。

为帮助对可用的信息进行组织和管理，GenBank 中记录的每条序列的名字后都列有其数据文件类型

以及主要的索引编号（我们会在下面会讨论索引编号）。下面的编码用以定义数据文件类型。

① PRI：primate sequences 灵长类的序列

② ROD：rodent sequences 啮齿类的序列

③ MAM：other mammalian sequences 其他哺乳类的序列

④ VRT：other vertebrate sequences 其他脊椎动物的序列

⑤ INV：invertebrate sequences 非脊椎动物的序列

⑥ PLN：plant，fungal，and algal sequences 植物，真菌和藻类的序列

⑦ BCT：bacterial sequences 细菌的序列

⑧ VRL：viral sequences 病毒的序列

⑨ PHG：bacteriophage sequences 噬菌体的序列

⑩ SYN：synthetic sequences 人工合成的序列

⑪ UNA：unannotated sequences 未经注释的序列

⑫ EST：expressed sequence tags 表达序列标签

⑬ PAT：patent sequences 专利序列

⑭ STS：sequence-tagged sites 序列标签位点

⑮ GSS：genome survey sequences 基因组测序序列

⑯ HTG：high-throughput genomic sequences 高通量基因组序列

⑰ HTC：high-throughput cDNA sequences 高通量 cDNA 序列

⑱ ENV：environmental sampling sequences 环境样品序列

⑲ CON：constricted sequences 压缩序列

⑳ TSA：transcriptome shotgun assembly sequences 转录组鸟枪法拼接序列

1996 年国际人类基因组测序协会采用百慕大原则，呼吁快速公开原始基因组序列。你可以通过 http://www.genome.gov/10506376（链接 2.12）了解这些原则的最近版本。

见 http://www.gene-names.org（链接 2.1）.

GenBank、EMBL-Bank 和 DDBJ 存储的数据类型

在 GenBank、EMBL-Bank 和 DDBJ 中存有海量的分子序列。我们在下文中将介绍 GenBank 中基本的数据类型，然后将讨论如何从 GenBank 中获取你需要的数据。

我们从一个例子开始，假定我们需要找到人类 β 球蛋白的序列。这里要注意的一点是，DNA、RNA 和蛋白质序列被分别存在不同的数据库中。此外，在每个数据库内部，也会有多种展现数据的形式。例如，β 球蛋白可以在 DNA 层面上（例如基因）进行描述，也可以在 RNA 层面［作为信使 RNA（即 mRNA）］或蛋白质层面上进行描述（如图 2.4）。由于 RNA 相对来说比较不稳定，通常会被转换成互补 DNA（cDNA）的形式。有一系列的数据库收录了 RNA 转录本对应的 cDNA 序列。

从 DNA 开始，第一个任务是学习基因（和其基因产物，包括蛋白）的正式名称和符号。β 球蛋白的正式名称是"血红蛋白，β"，其符号为 *HBB*。（从某种观点来说，并没有"血红蛋白基因"这样的东西，这是由于球蛋白基因编码出球蛋白，而这些蛋白和血红蛋白结合才形成不同类型的血红蛋白。也许"球蛋白，β"可能是一个更合适的正式名称）。对于人类和许多其他物种来说，其 RNA 或 cDNA 通常与基因同名（如 *HBB*），然而蛋白名称可以与基因不同且不用斜体表示。常见的是，不同研究人员研究同一基因或蛋白却赋予这一基因或蛋白不同的名称。因而，人类基因组组织（HUGO）基因命名委员会（HGNC）承担着给基因和蛋白命名正式名称的艰巨任务。

在以下的部分里，β 球蛋白作为我们的例子会有不同的表述方式。

人类 11 号染色体是一个中等大小染色体，包含约 1800 个基因，长约 134×10^6 bp。

基因组 DNA 数据库

基因位于染色体上，是遗传的功能单位（在第 8 章中有详细定义）。基因是一段 DNA 序列，包含调控区域、编码蛋白质的外显子和内含子。人类基因的

大小一般在 10～100kb。以人类 *HBB* 基因为例，该基因位于 11 号染色体上（见第 8 章真核生物染色体）。β球蛋白基因可以作为一个长 DNA 片段的一部分，如黏粒载体、细菌人工染色体（BAC）或酵母人工染色体（YAC）。这些长 DNA 片段都包含多个基因。BAC 是一个相当长的 DNA 片段（通常超过 200kb），可被克隆在细菌中。相似地，YAC 是用作在酵母中克隆的长片段 DNA。BAC 和 YAC 可被用作对大片段基因组进行测序的载体。

HTGS 主页为 http://www.ncbi.nlm.nih.gov/HTGS/（链接 2.15），该数据库的序列可以通过 BLAST（见第 4 和 5 章）来搜索。

目前有来自 1000 多个物种的三千八百万 GSS 词条（2015/2）。有三分之一词条被四个主要物种占有（小鼠 *Mus musculus*，海洋生物宏基因组，玉米 *Zea mays* 和人类）。可以通过 http://www.ncbi.nlm.nih.gov/nucgss（链接 2.14）访问该数据库。

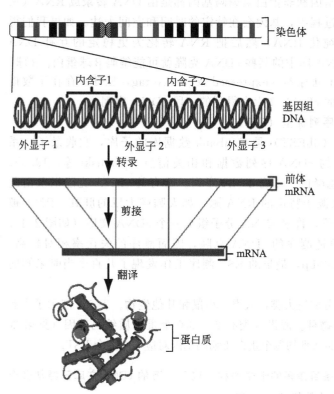

数据库

基因组结构变异数据库

GenBank
序列读段档案库
基因组勘测序列数据库
高通量基因组序列数据库
序列标签位点数据库
单核苷酸多态数据库

表达序列标签数据库
特异基因数据库
基因表达集图谱
基因表达集数据库

全球蛋白质资源库
蛋白质数据银行
保守结构域数据库

图 2.4 存储在不同数据库（右列）里的数据可以用生物学中的中心法则来理解：基因组 DNA（以染色体的形式组织，第一行）包括了编码蛋白质的基因，蛋白编码基因可转录为前体信使 RNA，经加工后成为成熟信使 RNA，并被翻译成蛋白质。图中蛋白质结构的索引编号为 1HBS（见 Cn3D 软件，第 13 章）。想要了解更多有关这些不同的数据库，可搜索 NCBI 主页上资源的字母列表。
［来源：NCBI（http://www.ncbi.nlm.nih.gov/）］

DNA 层面数据：序列标签位点（STSs）

NCBI 的探针数据库包含序列标签位点的数据，序列标签位点是较短的（长度通常为 500bp）并且能够获取 DNA 序列数据和图谱数据的基因组标志性序列（Olson 等，1989）。包括灵长类和啮齿类在内的数百个物种的 STSs 已被获得。因为 STS 有时具有多态性并包含短的重复序列（见第 8 章），所以它们对于图谱研究很有帮助。

访问探针数据库（Probe database）http://www.ncbi.nlm.nih.gov/probe（链接，2.13）。在数据库中以限定词 "unists" ［属性］ 搜索 STSs。到 2015 年 2 月时，存有 300,000 个人类 STSs。

DNA 层面数据：基因组勘测序列（GSSs）

对 NCBI 核苷酸库进行的所有搜索其结果都会被分为三个部分：GSS、EST 和 CoreNucleotide ［即剩余核苷酸序列；见图 2.2(a)］。GenBank 中的 GSS 部分包括源于基因组的序列（不同于 EST，EST 是源于 cDNA ［mRNA］）。GSS 部分收录如下几类数据类型（见第 8 和 15 章）：

- 随机的"单次测序"的基因组测序序列
- 黏粒/BAC/YAC 末端序列
- 外显子捕捉的基因组序列

在 DNA 数据库中，对于来源于 RNA 的 DNA，协会规定用四种 DNA 碱基（鸟嘌呤，腺嘌呤，胸腺嘧啶，胞嘧啶；G，A，T，C）表示。与胸腺嘧啶（T）对应的 RNA 的碱基尿嘧啶（U）是不使用的。

在 2015 年 2 月，Gen-Bank 约有 76000000 ESTs。我们会在第十章进一步讨论 ESTs。

为了搜索 β 球蛋白，可以到 http://www.ncbi.nlm.nih.gov，选择 "All Databases"，点击 "UniGene"，选择 "human"，之后可以进入 β globin 或 HBB。UniGene 的索引编号为 Hs.523443。值得注意 Hs 是 *Homo sapiens.* 缩写。UniGene 的 HBB 词条在 http://www.ncbi.nlm.nih.gov/UniGene/clust.cgi?UGID=914190&TAXID=9606&SEARCH=β% 20globin（链接 2.16）。想了解典型 EST 的 DNA 序列，可以从 UniGene 网页上点击 EST 索引编号（如，AA970968.1），之后会链接到 NCBI（http://www.ncbi.nlm.nih.gov/nucest/3146258；链接 2.17）的 GenBank 词条。

- Alu 聚合酶链反应（PCR）序列

DNA 层面数据：高通量基因组序列（HTGS）

为了让科学界更快地得到目前还 "未完成的" 基因组序列数据，人们建立了 HTGS 数据库。它是由三个跨国核酸序列数据库（DDBJ、EMBL 和 GenBank）合作建立的。HTGS 数据库记录了由高通量测序中心测序产生的未完成的 DNA 序列。

RNA 数据

我们已经介绍了 DDBJ、EMBL 和 GenBank 中一些基本的 DNA 序列数据，接下来我们介绍 RNA 水平的数据。

RNA 层面数据：与表达基因相对应的 cDNA 数据库

蛋白质编码基因、假基因和非蛋白质编码基因都是由 DNA 转录成 RNA（见第 8 章和第 10 章）。发育过程中，基因会在特定的时间和空间表达。如果我们得到一个组织（如肝脏），纯化 RNA，然后把 RNA 转化为更稳定的互补 DNA（cDNA），一些这样的 cDNA 库中的某些 cDNA 克隆就可能编码 β 球蛋白。β 球蛋白 RNA 作为一个表达序列标签（expressed sequence tag，EST）存在于数据库中，即作为一个从特定的 cDNA 文库中得到的一段 cDNA 序列。

RNA 层面数据：表达序列标签（ESTs）

表达序列标签数据库（dbEST）是 GenBank 数据库的子库，它收录了一系列物种中的 "单次测序" 的 cDNA 序列数据和相关信息（Boguski 等，1993）。一个 EST 是一个 cDNA 克隆的一部分 DNA 序列。所有的 cDNA 克隆以及由此而来的所有 EST 数据都来源于特定的 RNA 源，如人脑或大鼠的肝脏。RNA 被转换成更稳定的 cDNA 分子，许多 cDNA 分子组成一个 cDNA 文库（如图 2.4）。通常 EST 是随机选择的单链测序的 cDNA 克隆，因而测序的失误率相对较高。EST 的长度通常在 300～800bp，最早的 EST 测序工作发现了几百个当时未知的基因（Adams 等，1991）。

目前 GenBank 把 EST 分成三大类：人类、小鼠和其他生物。表 2.5 展示了含有最多 EST 测序数据的十个物种。假设人类有 20,300 个蛋白质编码基因（见第 20 章），约有 870 万个 EST，那么平均每个蛋白质编码基因对应 400 多个 EST。

表 2.5 已被测序的 EST 条目最多的十个物种。成千上万的 cDNA 文库已经从多个生物中产生，目前公共条目总数超过 4100 万个

物种	常用名称	EST 数量
Homo sapiens	人类	8704790
Mus musculus + domesticus	小鼠	4853570
Zea mays	玉米	2019137
Sus scrofa	猪	1669337
Bos taurus	牛	1559495
Arabidopsis thaliana	拟南芥	1529700
Danio rerio	斑马鱼	1488275
Glycine max	大豆	1461722
Triticum aestivum	小麦	1286372
Xenopus (Silurana) tropicalis	非洲爪蟾	1271480

注：来源于 NCBI，http://www.ncbi.nlm.nih.gov/dbEST/dbEST_summary.html（dbEST release 130101）。

RNA 层面数据：UniGene（特异基因）

UniGene 项目的目的是通过把 EST 自动分成不冗余的集合从而创造出基因源簇，这样最终只会有一个 UniGene 簇对应到一个物种中每一基因上。有些基因表达极少，即在 UniGene 簇上可能只有一个 EST，而对于高表达的基因则会有成千上万个 EST。第 10 章中我们会详细介绍 UniGene 簇（关于基因表

达）。表 2.6 展示目前 UniGene 中含有的 142 物种的 19 个类群。

表 2.6　GenBank 中 19 个门和 142 个物种代表

门	物种数量	例子	门	物种数量	例子
脊索动物	42	马	担子菌	1	新型线黑粉菌
棘皮动物	2	紫色海胆	领鞭毛虫	1	*Monosiga ovata*
节肢动物	19	蜜蜂	链形植物	50	玉米
软体动物	2	加利福尼亚海兔	绿藻	2	莱茵衣藻
环节动物	2	庞贝蠕虫	顶复动物	1	刚地弓形虫
线虫	2	线虫	硅藻	1	三角褐指藻
扁形动物	3	曼森血吸虫	卵菌纲	2	马铃薯晚疫病菌
海绵动物	1	大堡礁海绵	网星动物	1	盘基网柄菌
刺丝胞	3	新星海葵	纤毛虫	2	草履虫
子囊菌	5	粗糙脉孢霉			

注：来源于 UniGene，NCBI（2013 年 4 月）。

对于人类 β 球蛋白只有一个 UniGene 条目，但目前有超过 2400 个人类 EST 和 β 球蛋白基因相对应。如此大量的 EST 数目反映出 β 球蛋白基因在已经被测序的 cDNA 文库中表达量非常多。UniGene 簇是一个基因的数据库条目，这个数据库条目包含了所有和这个基因对应的 EST（图 2.5）。

现在普遍认为人类约有将近 20300 个蛋白质编码基因（第 20 章）。UniGene 簇的数量应该与基因一样多，但是 UniGene 簇的数量（目前有 130000）却是比基因的数量多了许多。这种差异主要有以下三个原因：

① 基因组的大部分序列转录水平特别低（请见第 8 和第 10 章 ENCODE 项目的介绍）。目前（UniGene build 235 版本），64000 个人类 UniGene 簇只含有一个 EST，约 100000 个 UniGene 簇仅含有 1~4 个 EST。这些可能反映了与未知生物学相关的罕见转录事件。

② 一些 DNA 可能在建立 cDNA 库的时候被转录出来，但是并不对应真实的转录本，因此可能是克隆过程中的副产品。我们将在第 8 章中讨论用哪些标准来定义真核生物基因。可变剪切（第 10 章）可能会引入新的基因簇，因为被剪切掉的外显子和序列的其他部分并没有同源性。

③ 一个 ESTs 簇可能对应于一个基因不同的部分，这种情况下，2 个或更多 UniGene 簇很可能会对应同一个基因（见图 2.5）。当完成全基因组测序后，这样 2 个 UniGene 簇应该要聚成一个簇，因此 UniGene 簇的个数可能随着时间的推移逐渐变少。

信息的获取：蛋白质数据库

在很多情况下，你会对获得蛋白质序列感兴趣。NCBI 中的蛋白质数据库包含了从 GenBank 数据库中翻译的编码区域和其他外部数据库的蛋白质序列，如 UniProt（UniProt Consortium 2012）、PIR（Protein Information Resource）、SWISS-PROT、PRF（Protein Research Foundation）和 PDB（Protein Data Bank），EBI 同样通过这些主要的数据库提供了关于蛋白质的信息。我们下面会介绍如何从一个权威而广用的数据库——Uniprot 上获取蛋白数据的方法。

UniProt 数据库

Universal Protein Resource（UniProt）是最全面、集中的蛋白质序列编目录（Magrane 和 UniProt 协会，2011），在 2002 年由众多机构合作完成。它由三个关键数据库组成：

① Swiss-Prot 数据库被认为是注释最好的蛋白质数据库，蛋白质结构和功能

我们是以 β 球蛋白作为特殊例子。如果你只想要输入"globin"作为搜索关键字，你会简单地获得来自任何一个数据库更多的结果。在 UniGene，搜索"globin"会得到不同物种的与不同球蛋白基因对应的将近 200 个条目。

从 EBI 进入 UniProt 可访问 http://www.ebi.ac.uk/uniprot/（链接 2.21），从主要蛋白质组学数据库 ExPASy 访问 UniProt 访问 http://web.expasy.org/docs/swiss-prot_guideline.html（链接 2.22）。2014 年九月发布的版本 2014_09 UniProtKB 包含了八千四百万序列词条，约两百七十亿氨基酸。其他的统计数据可以通过 ftp://ftp.uniprot.org/pub/databases/uniprot/relnotes.txt（链接 2.23）获得。

由专家描述。

② TrEMBL Nucleotide Sequence Database Library 提供 Swiss-Prot 没有收录的蛋白质的自动化注释（不是人工手动）。基因组测序项目使得我们可以获得大量蛋白质序列，基于这些大量的蛋白序列，从而建立了 TrEMBL。

③ Protein Sequence Database 由 PIR 维护，这是另一个由专家注释的蛋白质数据库。

(a)

UGID:914190 UniGene Hs.523443 *Homo sapiens* (human) HBB Order cDNA clone, Links

Hemoglobin, beta (HBB)

Human protein-coding gene HBB. Represented by 2363 ESTs from 234 cDNA libraries. Corresponds to reference sequence NM_000518.4. [UniGene 914190 - Hs.523443]

SELECTED PROTEIN SIMILARITIES

Comparison of cluster transcripts with RefSeq proteins. The alignments can suggest function of the cluster.

	Best Hits and Hits from model organisms	Species	Id(%)	Len(aa)
XP_508242.1	PREDICTED: hemoglobin subunit beta isoform 2	*P. troglodytes*	100.0	146
NP_000509.1	HBB gene product	*H. sapiens*	100.0	146
NP_001188320.1	hemoglobin subunit beta-1-like	*M. musculus*	83.7	146
NP_001091375.1	uncharacterized protein LOC100037217	*X. laevis*	61.9	146
NP_571095.1	ba1 gene product	*D. rerio*	52.7	147
	Other hits (2 of 21) [Show all]	Species	Id(%)	Len(aa)
NP_001157900.1	HBB gene product	*M. mulatta*	95.9	146
NP_001162318.1	HBB gene product	*P. anubis*	95.2	146

GENE EXPRESSION

Tissues and development stages from this gene's sequences survey gene expression. Links to other NCBI expression resources.

EST Profile: Approximate expression patterns inferred from EST sources.
[Show more entries with profiles like this]

GEO Profiles: Experimental gene expression data (Gene Expression Omnibus).

cDNA Sources: blood; mixed; muscle; placenta; bone marrow; lung; brain; spleen; pancreas; connective tissue; pharynx; eye; ovary; uterus; liver; bone; heart; prostate; mammary gland; kidney; uncharacterized tissue; skin; adipose tissue; intestine; stomach; umbilical cord; adrenal gland; nerve; vascular; thymus; testis; embryonic tissue; pituitary gland; parathyroid; ganglia; thyroid; lymph node; pineal gland; ear

(b)

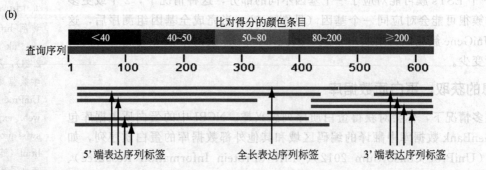

图 2.5 UniGene 数据库包含人类和其他真核物种的表达序列标签（ESTs）簇。(a) 人类 HBB UniGene 条目表明从 234 个不同的 cDNA 文库中鉴定出 2363 个 ESTs。UniGene 给出了蛋白质相似性，并且总结了基因的表达，包括 HBB 的空间和时间的表达谱。(b) EST 回贴到一个特定的基因和其他的 ESTs。组成 UniGene 簇的 ESTs 的数量从 1 到 1000 多。每一个簇平均有 100 个 ESTs。有时候，不同的 UniGene 簇对应同一基因不同的区域（尤其是序列很长的基因）。这里人类 β 球蛋白（HBB）的 mRNA（NM_000518.4）作为查询条目进行 BLAST（第 4 章），并从超过 2000 个的可获得的 ESTs 中搜索并选择了 9 个 ESTs，其中有四个是 5' 端表达序列标签，有三个是 3' 端表达序列标签（含 poly A 尾）和一个全长表达序列标签，他们索引编号分别是 AA985606.1、AA910627.1、AI089557.1、AI150946.1、R25417.1、R27238.1、R27242.1、R27252.1、R31622.1、R32259.1。

Hinxton 的 EBI 和 Geneva 的 SIB 共同创立了 SwissProt 和 TrEMBL。PIR 是 NBRF (National BiomedicalResearch Foundation) 在华盛顿的分部 (http://pir. georgetown. edu/，链接 2.19)。PIR 是由 Margaret Dayhoff 创建的，我们会在第三章描述他的工作。UniProt 网址为 http://www . uniprot. org (链接 2.20)。

在新的基因组序列中识别蛋白编码蛋白基因，UniGene 项目起到非常重要的作用。我们在 15 章进行讨论。

EBI 提供了许多蛋白质数据库，列在 http://www.ebi. ac. uk/services/ proteins (链接 2.18)。

UniProt 数据库有三个数据层：

① UniProt Knowledgebase (UniProtKB) 是一个中心数据库，分为手动注释 UniProtKB/Swiss-Prot 和计算机注释 UniProtKB / TrEMBL 数据库。

② UniProt Reference Clusters (UniRef) 提供基于 UniProtKB 的非冗余参考簇，可提供序列间一致性至少为 50%、90%、100% 的 UniRef 簇的成员。

③ UniProt Archive 即 UniParc，是一个稳定的、非冗余的、有多种来源的 (包括模式生物数据库、专利局、RefSeq 和 Ensembl) 蛋白质序列的数据库。

你可以直接从其网站或从 EBI 或 ExPASy 访问 UniProt，搜索 β 球蛋白会得到几十条结果。目前 RefSeq 索引编号是不显示的，所以对于一个给定的查询可能不清楚哪一条序列是原型序列。

生物信息学领域核心数据库：NCBI 和 EBI

我们已经在上文介绍了核心数据库中 DNA 的数量和 DNA、RNA 和蛋白质序列类型，接着我们会介绍 2 个生物信息学领域核心数据库：NCBI 和 EBI。图 2.2 展示了 NCBI、EBI 和 DDBJ 中 DNA 数据库的相互关系。

NCBI 介绍

NCBI 建立了公共数据库，进行计算生物学研究，开发用于分析基因组数据的软件工具，发布生物医学信息 (Sayers，2012；NCBI Resource Coordinators，2014)。以下是重要的资源：

• PubMed 是 NLM (National Library of Medicine) 提供的搜索服务，它提供了来自 MEDLINE (Medical Literature，Analysis and Retrieval System Online) 和其他相关数据库的超过 2400 万条的引用，同时提供了许多在线期刊的链接。

• Entrez 将科学文献、DNA、蛋白质序列数据库、蛋白质三维结构数据、种群研究数据集以及全基因组组装数据整合成一个紧密偶联的系统。PubMed 是 Entrez 中专门针对文献的部分。框 2.1 是搜索 Entrez 数据库的一些窍门。

• BLAST (basic local alignment search tool) 是 NCBI 序列相似性搜索工具，是为了支持分析核酸和蛋白质数据库而设计的 (Altschul 等，1990，1997)。BLAST 由一套相似性搜索程序组成，这套搜索程序搜索可以获得的序列数据库，无论是蛋白质还是 DNA 序列。我们将在第 3～5 章讨论 BLAST。

• OMIM (online mendelian inheritance in man，OMIM) 是一个人类基因和遗传疾病的目录。Victor McKusick 和他的同事共同创建这个数据库，并且由 NCBI 为了其能在万维网上分享进行开发 (Amberger 等，2011)。这个数据库包含了详细的参考信息，其中还包含 PubMed 文章和序列信息的链接。我们将在第 21 章讨论 OMIM (有关人类疾病)。Books：NCBI 提供 200 多本在线书籍。NCBI 上可搜索上这些书，且可以连接到 PubMed。关于生物信息方面，我们在本章结尾处推荐了几本书。

在 NCBI 教育网站 http://www. ncbi. nlm. nih. gov/Education/ (链接 2.24) 和 PubMed 主页 (http://www. ncbi. nlm. nih. gov/pubmed，链接 2.25) 里可以得到关于 Entrez，PubMed 或是其他 NCBI 资源很有用的教程指导。你也可以通过 NCBI 主页的教育链接 (http://www. ncbi. nlm. nih. gov) 获得这些教程指导。

蛋白质数据库 (The Protein Data Bank，PDB) (http:// www. rcsb. org/pdb/链接 2.26) 是处理和存储生物分子结构数据的单一的全球数据库。我们在第 13 章会进行探讨。

● Taxonomy：NCBI 的 Taxonomy 网站包含了生物（古细菌、细菌、真核生物和病毒，见图 2.6）的主要分类的分类浏览器。网站还提供了一系列分类信息，如遗传编码和分类资源以及其他附加信息，如灭绝物种的分子数据和分类系统最近的变更。我们将在第 7 章（关于进化的部分）和第 15～19 章（关于基因组和生命之树的部分）访问这些网站。

● Structure：NCBI 的 Structure 网站对 MMDB 数据库（Molecular Modelling Database）进行维护。这是一个大分子三维结构的数据库，提供了对这些结构的可视化工具和进行比较分析的工具。MMDB 包含了 PDB 数据库中的由实验确定的生物大分子结构数据。NCBI 的 Structure 资源还包含 PDBeast（MMDB 内的分类网站）、Cn3D（一个三维结构可视化工具）以及一个允许对结构进行比较的向量比对搜索工具（VAST）（见第 13 章蛋白质结构）。

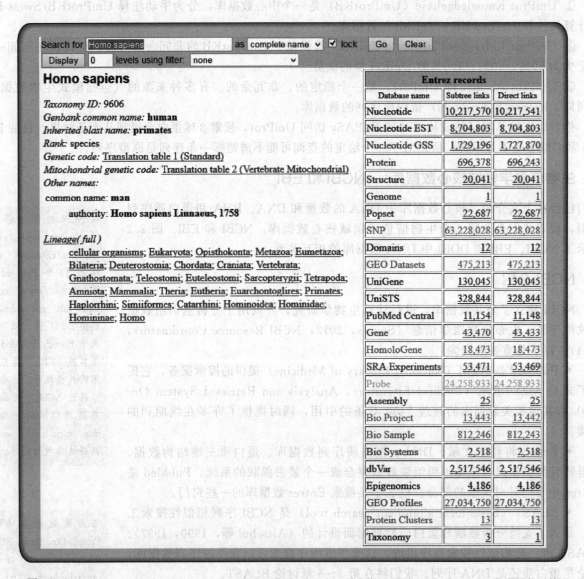

图 2.6　在 NCBI Taxonomy Browser 上人类的词条展示了关于属和种的信息以及 Entrez 记录的链接。点击这些链接，可以获取限定在该物种的一系列的蛋白质、基因、DNA 序列、结构和其他类型的数据。这是一个从特定物种（感兴趣的物种或亚物种）中找寻蛋白质和基因的好方法，可以排除其他物种的数据

（来源：Taxonomy Browser，NCBI）

Ensembl 是 EBI 和 WTSI 的一个联合项目（http://www.ensembl.org，链接 2.27）。Ensmbl 相关的项目包括，后生动物（http://metazoa.ensembl.org/，链接 2.28）、植物（http://plants.ensembl.org/，链接 2.29）、真菌（http://fungi.ensembl.org/，链接 2.30）、原生生物（http://protists.ensembl.org/，链接 2.31）和细菌（http://bacteria.ensembl.org/，链接 2.32）。

框 2.1　使用 Entrez 数据库的窍门

- 布尔运算符中的 AND、OR 和 NOT 必须大写。默认情况下，假定 AND 连接 2 个术语；主题词自动组合。
- 执行引号框起来的词组搜索，这样可以限定输出。因此重复执行有或者无引号的搜索是一个好主意。
- 布尔运算符从左到右进行处理。如果添加圆括号，则将被作为单位术语处理而不是按顺序处理。NCBI Gene 中用"globin AND promoter OR enhancer"搜索会产生 31000 个结果，然而用"globin AND（promoter OR enhancer）"搜索只产生 66 个结果。
- 如果从对某一特定物种（或是选择一类物种，如灵长类或病毒）获得结果感兴趣，先尝试在 TaxBrowser 选择该物种。添加搜索词 human [ORGN] 会限制输出结果只为人类。或者，可以使用人类分类标示符——9606：txid9606 [Organism：exp]。
- 可以添加很多限定词。在 NCBI Protein 中，搜索 500000：999999 [分子质量]，会显示出质量从 500000 到 1000000 道尔顿的蛋白质。为了查看我想研究的 10000 到 50000 道尔顿的蛋白质，只要输入 010000：050000 [分子质量] pevsner j（010000 [MOLWT]：050000 [MOLWT] AND pevsner j [Author] 产生等价的结果）。
- 可以用星号来截断字符，你可以搜索以特定文本字符串开头的所有记录。例如，在 NCBI Nucleotide 查询"globin"有 6777 个结果。查询"glob *"会有 490358 个结果。这些词条包括了物种 *Chaetomium globosum* 或单词"global"的条目。
- 牢记任何 Entrez 查询都可以用于 BLAST 搜索进而限制输出结果。

欧洲生物信息学研究所（European Bioinformatics Institute，EBI）

EBI 在其范围和使命上可以与 NCBI 相媲美，拥有与之互补和独立的数据。EBI 有六个核心分子数据库（Brooksbank 等，2014）：（1）EMBL-Bank 是 DNA 和 RNA 序列的数据库，其与 GenBank 和 DDBJ 相互补（Brooksbank 等，2014）；（2）Swiss-Prot 和（3）TrEMBL 是两个蛋白质数据库，将在第 12 章进一步描述；（4）MSD 是蛋白质结构数据库（见第 13 章）；（5）Ensembl 是主要的基因组浏览器之一（下面介绍）；（6）ArrayExpress 是世界上 2 个基因表达数据库之一，另一个数据库为 NCBI 的 Gene Expression Omnibus，这两个数据库将在第 10 章介绍。

> 可以通过 http://www.ebi.ac.uk/（链接 2.5）来访问 EBI。

贯穿整本书的重点是 NCBI 和 EBI 网站，在许多情况下，这些网站从相同的原始数据开始，然后通过大范围的生物信息学应用提供组织、分析和展现数据的不同方式。当我们致力于解决一个问题时，如研究一个特定基因的结构或功能，搜索这两个网站的丰富的数据库通常是很有帮助的。这两个机构都对特定序列进行专业的功能注释和数据库的专业管理。NCBI 和 EBI 正在逐渐提供这两个数据库资源的整合，从而这两个网站的信息可以更容易地连接起来。

Ensembl

Ensembl 成立于 1999 年，致力于注释人类基因组，目前已经注释了 70 多个脊椎动物。与 Ensembl 相关的项目所包含的物种已从昆虫到细菌，达数百个物种。

2.4　信息的获取：用于标记和鉴别序列的索引编号

当你在研究一个与基因或蛋白质相关的问题时，你也许需要查找一些数据库条目的相关信息。你可以通过从文献中获取的信息或者感兴趣的特定序列的名字来开始问题的研究。如果你有一段原始的氨基酸或核酸序列，我们将在第 3～5 章讨论如何对其进行分析。现在我们要讨论的问题是如何从数据库中提取你感兴趣的基因或蛋白信息。

框 2.2 索引编号种类

记录种类	索引格式样例
GenBank/EMBL/DDBJ 核酸序列	一个字母加五个数字（如 X02775）；2 个字母加六个数字（如 AF025334）
GenPept 序列（包含氨基酸从以下数据库翻译过来 GenBank/ EMBL/DDBJ，有编码区域注释）	三个字母加五个数字（如 AAA12345）
SwissProt 和 PIR 蛋白质序列	通常一个字母加五个数字（如 P12345）Swissprot 是字母数字混搭
Protein Research Foundation 蛋白质序列	一串数字（通常为六或七个）加一个字母（如 1901178A）
RefSeq 核酸序列	2 个字母，下划线加六个或以上数字（如 mRNA（NM_*）：NM_006744；基因组 DNA 叠群（NT_*）：NT_008769）
RefSeq 蛋白质序列	2 个字母，下划线加六个或以上数字（如 NP_006735）
蛋白质结构	PDB 索引号通常为一个数字加三个字母（如 1TUP）。可能会有其他字母与数字的混合形式（或全是数字）。MMDB 号通常为四个数字（如 3973）。

很多索引编号后面带后缀（如 NP_006735.1），表示版本号。

在 Sanger 测序中通常都是测双链，然而 ESTs 的测序一般都是测单链，因此测单链会有较高的错误率。我们会在第九章讨论测序错误。

为了比较三个肌红蛋白 RefSeq 词条在 DNA 和蛋白质层面上的不同，可以访问 http://www.bioinfbook.org/chapter2 并选择在线文档 2.1。另一个例子，人类的 HBA1 和 HBA2 在物理上是完全不同的基因但却编码出相同的蛋白质序列。HBA1 和 HBA2 的 RefSeq 索引编号分别为 NP_000549.1 和 NP_000508.1。

DNA 和蛋白质序列记录的一个重要特征是它们都被打上了索引编号作为标签。索引编号是一段由约 4～12 个数字和/或字母组成的编号，每个索引编号与一个分子的序列记录（有些序列纪录会更长）相对应。索引编号也可能用来作为其他条目的标签，如蛋白质结构或基因表达实验结果（第 10 和 11 章）。不同数据库中的分子的索引编号有各自不同格式（框 2.2）。这些格式之所以不同，是因为每一个数据库都有各自的系统。当你开始探索这些数据库，从中提取 DNA 和蛋白质数据的时候，你需要尽快熟悉这些索引编号的不同格式。一些数据库中（图 2.2）的索引编号可以区分该条目为核酸还是蛋白质序列。

以一个常见的分子——β 球蛋白为例，这个分子对应了几千个索引编号（图 2.7），其中很多编号与 β 球蛋白相匹配的 EST 和其他 DNA 片段相对应。你如何来衡量这些序列或蛋白质数据的质量呢？有些序列是全长的，有些则是片段。有些序列发生自然变异，如单核苷酸多态性（SNP，见第 8 章）或者是可变剪切（第 10 章）。许多序列条目含有错误信息，特别是在 EST 读段的末端。当我们比较来自基因组和来自 mRNA 的 β 球蛋白质序列时，我们也许希望它们能完美匹配（或近乎完美），但正如我们将看到的那样，结果往往会有差异（第 10 章）。

除了索引编号，NCBI 还为记录内的每条序列指定一个唯一的序列识别号码。GenInfo（GI）编号被连续分配给每个被处理的序列。例如，与 NM_000518.4 相关联的 β 球蛋白的 DNA 序列对应的基因识别号码为 GI：28302128。索引编号中的后缀".4"代表版本号；NM_000518.3 则有不同的基因标识号码，GI：13788565。

参考序列（RefSeq）项目

在分子序列的管理中，最重要的一项成就是 RefSeq。RefSeq 的目的是为每一个基因的正常（即没有突变）转录本和正常的蛋白质产物提供最有代表性的序列（Pruitt 等，2014）。因为 GenBank 是一个档案数据库，往往是高度冗余的，因此可能会有数百个 GenBank 索引编号对应到同一个基因。然而对于一个给定的基因或基因产物，只会有一个 RefSeq 条目；如果基因有可变剪切或是在不同的基因座上，则会有几个 RefSeq 条目。

beta globin　　　　　　　　　　　　　　　　　　　　⊗ 　Search

About 75,478 search results for "beta globin"

Literature		
Books	339	books and reports
MeSH	4	ontology used for PubMed indexing
NLM Catalog	10	books, journals and more in the NLM Collections
PubMed	8,827	scientific & medical abstracts/citations
PubMed Central	18,185	full-text journal articles

Health		
ClinVar	163	human variations of clinical significance
dbGaP	1,368	genotype/phenotype interaction studies
GTR	18	genetic testing registry
MedGen	13	medical genetics literature and links
OMIM	119	online mendelian inheritance in man
PubMed Health	21	clinical effectiveness, disease and drug reports

Genomes		
Assembly	0	genomic assembly information
BioProject	19	biological projects providing data to NCBI
BioSample	21	descriptions of biological source materials
Clone	32,086	genomic and cDNA clones
dbVar	214	genome structural variation studies
Epigenomics	24	epigenomic studies and display tools
Genome	351	genome sequencing projects by organism
GSS	3	genome survey sequences
Nucleotide	3,276	DNA and RNA sequences
Probe	125	sequence-based probes and primers
SNP	789	short genetic variations
SRA	13	high-throughput DNA and RNA sequence read archive
Taxonomy	0	taxonomic classification and nomenclature catalog

Genes		
EST	2,042	expressed sequence tag sequences
Gene	113	collected information about gene loci
GEO DataSets	148	functional genomics studies
GEO Profiles	3,828	gene expression and molecular abundance profiles
HomoloGene	4	homologous gene sets for selected organisms
PopSet	59	sequence sets from phylogenetic and population studies
UniGene	41	clusters of expressed transcripts

Proteins		
Conserved Domains	8	conserved protein domains
Protein	2,316	protein sequences
Protein Clusters	0	sequence similarity-based protein clusters
Structure	404	experimentally-determined biomolecular structures

Chemicals		
BioSystems	283	molecular pathways with links to genes, proteins and chemicals
PubChem BioAssay	45	bioactivity screening studies
PubChem Compound	0	chemical information with structures, information and links
PubChem Substance	186	deposited substance and chemical information

图 2.7　Entrez 搜索引擎（通过 NCBI 主页）提供 40 个不同的 NCBI 数据库的搜索结果的链接。很多基因和蛋白质会有数千个索引编号。RefSeq 项目在为基因的正常转录本（无突变）和不同的野生型蛋白质序列提供一个最具有代表性的序列方面尤其重要

（来源：Entrez 搜索引擎，NCBI）

等位变异，如一个基因上的单碱基突变，是没有不同的 RefSeq 索引编号的。然而在 OMIN 和 dbSNP（第 8 和 21 章）会记录这些等位变异。

GI 编号可以在 NCBI 上查阅 http://www. ncbi. nlm. nih. gov/Sitemap/sequenceIDs. html（链接 2.33）。

　　以人类肌红蛋白为例，它有三个 RefSeq 条目（NM_005368.2、NM_203377.1 和 NM_203378.1），分别对应了不同的剪切变体。每个剪切变体都涉及单个基因座的不同外显子的转录。在这个例子里，三个转录本恰好编码具有相同氨基酸序列的相同蛋白质。这些转录本的来源有很大差异，可能在不同的生理条件下受到调控及表达。因此虽然每个蛋白质序列有着相同的氨基酸残基，但被分配了其特有的蛋白质索引编号（分别是 NP_005359.1、NP_976311.1 和 NP_976312.1）。

　　RefSeq 条目是由 NCBI 的工作人员人工审核后得到的数据，几乎没有冗余性（Pruitt 等，2014）。RefSeq 条目有不同的状态（预测的、暂时的、验证过的），但在每一个状态下，RefSeq 条目都是为了统一序列记录。你可以通过格式来辨认 RefSeq 条目，如 NP_000509（P 代表 β 球蛋白）或者 NM_006744（M 代表 β 球蛋白 mRNA）。相应的 XP_12345 和 XM_12345 格式表示这些序列不是基于实验证据。RefSeq 不同的格式在表 2.7 展示，与人类 β 球蛋白对应的标识符在表 2.8 展示。

目前有 22 种 RefSeq 索引格式。该方法包括专家人工核对、自动化核对或半自动核对。缩写：BAC，细菌人工染色体；WGS，全基因组鸟枪法（见 15 章）。摘自 http://www.ncbi.nlm.nih.gov/refseq/about/.

在 NCBI 核苷酸上执行搜索 NM_000588.1，并了解这个索引编号的校正历史纪录。第三章我们会学到如何比较 2 个序列；可以把 NM_000558.1 和 NM_000558.3 之间做序列比对就会找到两者之间的差异，或者看 http://www.bioinfbook.org/chapter2 中的在线文档 2.2。如果你不指定 BLAST 版本号，那么默认就是最新的版本。

表 2.7 RefSeq 条目索引编号的格式

分子	索引格式	基因组
全基因组	NC_123456	完整的基因组分子,包括基因组,染色体,细胞器和质粒
基因组 DNA	NW_123456 或 NW_123456789	基因组组装中间物
基因组 DNA	NZ_ABCD12345678	全基因组鸟枪序列数据集合
基因组 DNA	NT_123456	基因组组装中间物(BAC 和/或 WGS 序列数据)
mRNA	NM_123456 或 NM_123456789	转录产物;编码蛋白质的成熟 mRNA 转录本
蛋白质	NP_123456 或 NM_123456789	蛋白质产物(全长为主)
RNA	NR_123456	非编码转录本(例如,结构 RNA,转录假基因)

表 2.8 人类β球蛋白对应的 RefSeq 索引编号 （改编自 http://www.ncbi.nlm.nih.gov/refseq/about/）

分类	索引编号	大小	描述
DNA	NC_000011.9	135006516 bp	基因组重叠群
DNA	NM_000518.4	626 bp	对应 mRNA 的 DNA
DNA	NG_000007.3	81706 bp	参考基因组
蛋白质	NP_000509.1	147 个氨基酸	蛋白质

VEGA 是人类和脊椎动物分析和注释（Human and Vertebrate Analysis and Annotation，HAVANA）项目是由 Wellcome Trust Sanger Institute 构建的。有三个主要入口可以访问 HAVANA 注释：Ensembl、UCSC 和 VEGA。VEGA 可以通过 http://vega.sanger.ac.uk/（链接 2.37）访问。HAVANA 可以通 http://www.sanger.ac.uk/research/projects/vertebrategenome/havana/（链接 2.38）.过访问。在 NCBI 中，可以以 Gene 资源中获取 Vega 注释信息。

LRG 读作 "large"。可以通过 http://www.lrg-sequence.org（链接 2.34）来访问该项目，通过 http://www.ncbi.nlm.nih.gov/refseq/rsg/（链接 2.35）来访问 RefSeqGene。

在 http://www.ncbi.nlm.nih.gov/projects/CCDS/（链接 2.36）可以了解到 CCDS 项目。截至 2014 年 10 月，这项目有 18,800 个人类基因 ID（超过 30,000 个 CCDS ID）。

对于给定的序列，GenBank 和 RefSeq 条目提供的都是最新的版本。例如，NM_000558.3 是当前人类 α_1 血红蛋白的 RefSeq 标识符。我们在上面提到，这里的后缀 ".3" 为版本号。默认情况下，如果你不要求特定的版本号，则提供最新的版本。

RefSeqGene 和基因座参考基因组项目（LRG）

虽然 RefSeq 项目在参考序列的定义上有至关重要的作用，但依然会存在一些限制。如果研究人员在报道 RefSeq 索引编号时忽略了版本号，那么便会因为一些序列的版本号改变而造成歧义。例如，一名患者的 β 球蛋白基因在特定核苷酸位置上发生突变，这个基因对应的是 NM_000518.3，但（经常）版本号并没有给出。由于变异信息是基于特定的版本号，一旦随后记录更新成 NM_000518.4，研究这个变异的任何人都不能确定变异位点的正确位置。

为了解决基因变异报告的这些担忧，我们引入了基因座参考基因组（Locus Reference Genomic，LRG）序列格式（Dalgleish 等，2010）。这个项目的目的是定义可用作基因参考标准的基因组序列，代表了一个标准的等位基因。这个项目没有使用版本号，而且序列记录是固定的，与参考基因组组装的更新相互独立。在对这个问题的相关回应中，RefSeq 项目被扩展到包含 RefSeq-Gene。

共识编码序列（CCDS）项目

共识编码序列（CCDS）项目的建立是想鉴别出一组核心的蛋白质编码序列，为一套标准的基因注释提供依据（Farrell 等，2014）。CCDS 项目由四个组织（EBI、NCBI、Wellcome Trust Sanger 研究所和 UCSC）合作建立。当前，CCDS 项目已被应用在人类和小鼠基因组上。相比于 RefSeq，它的应用范围较为有限，但其优势在于它提供了关于最佳支持的基因的金标准以及专家拓展注释，这提高了数据库的质量（Harte 等，2012）。

脊椎动物基因组注释（VEGA）项目

正确注释每个基因组是十分重要的，尤其是在定义基因的位点和其他所有特征的时候。脊椎动物基因组注释（Vertebrate Genome Annotation，VEGA）数据库针对人类、小鼠和其他选定的脊椎动物提供（专家）手动注释的高质量的基因组注释（Harrow 等，2014）。

如果在 VEGA 网站搜索 HBB，只会搜到一个人类的条目。这一结果的展示主要包括两点：①一个转录视图展示了诸如 cDNA、编码序列和蛋白结构域等信息；②一个基因视图展示了直系同源基因和替代等位基因的数据信息。

2.5 利用 NCBI 的基因资源进行基因信息的获取

如何在不同数据库中数量多到令人眼花燎乱的蛋白质和 DNA 序列中进行浏览呢？一个新兴的特征是数据库之间的关联日益紧密，提供了数据库相互之间各种各样简便的链接，同时也提供很多有效进行 DNA、RNA 和蛋白质分析的算法的链接。NCBI 的基因资源（以前叫作 Entrez Gene 和更早以前的 LocusLink）作为主要门户特别有用。这是一个含有基因座描述信息的标准（curated）数据库（Maglott 等，2007）。你可以获取关于官方命名、别名、序列索引编号、表型、酶学委员会（EC）编号、OMIM 编号、UniGene 簇、HomoloGene（一个报告真核生物直系同源的数据库）、图谱位置和相关网站等信息。

为了阐述 NCBI Gene 的使用方式，我们将在下文以搜索人类 β 球蛋白为例。图 2.8 为 NCBI Gene 的搜索结果。值得注意的是，在执行检索的过程中将检索条件限制为感兴趣的特定物种可以更加方便（这可以通过 NCBI Gene 网页的"limit"选项来实现）。"Links"按钮（图 2.8 的右上方）能够提供其他数据库中 β 球蛋白的相关信息的获取。点击人类 β 球蛋白条目的主链接，会显示以下信息（图 2.9）：

> 在第 8 章，我们会讨论基因的定义和复杂特性，如可变剪切位点、假基因、腺苷酰位点、其他调控位点和外显子和内含子的结构。

- 在右上角会有一个 β 球蛋白条目的目录表，下面是 NCBI 数据库中关于 β 球蛋白条目的进一步链接（如蛋白质和核酸数据库及 PubMed）和外部链接（如 Ensembl 和 UCSC；见第 8 章）。
- Gene 数据库给出了人类 β 球蛋白的官方符号（HBB）和名字。
- 提供了基因结构的示意图，可以超链接到 Map Viewer（请看下文的"NCBI 上的 Map Viewer"）。
- 提供 β 球蛋白的功能的简要描述，将其定义为球蛋白家族的一个载体蛋白。
- 提供 RefSeq 和 GenBank 索引编号。

> 你可以在 VEGA 网页 http://vega. sanger. ac. uk/Homo_sapiens/Gene/ Summary? g = OTTHUMG00000066-678；r = 11；5246694-5250625（链接 2.39）查看 HBB。HBB 的 NCBI 基因词条也包含了 VEGA 结果的链接。

图 2.10 展示了（对于 β 球蛋白）NCBI Protein 记录的标准、默认形式。通过更改显示选项可以很容易得到不同格式。点击选项卡 [如图 2.10(a)]，可以获得蛋白质（或 DNA）序列常用的 FASTA 格式，如图 2.11 所示。还要注意的是，点击 NCBI Protein 或 NCBI Nucleotide 记录中的 CDS（编码序列）链接 [如图 2.10(b) 左上方所示]，可以得到编码特定蛋白质的核苷酸，这些特定的蛋白质通常以甲硫氨酸（ATG）开始，以终止密码子（TAG、TAA 或 TGA）结束。这可用于应用，包括多重序列比对（第 6 章）和分子系统发生（第 7 章）。

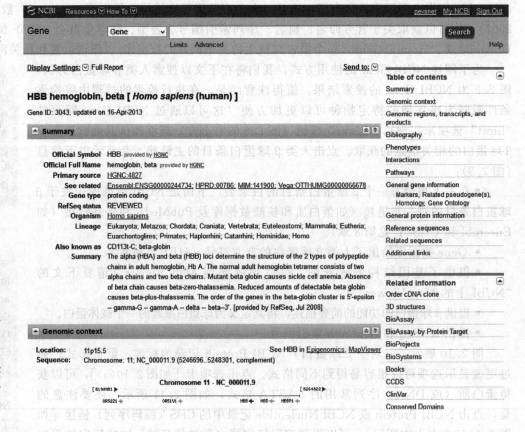

图 2.8 在 NCBI Gene 上搜索 "beta globin" 的结果 (通过 Entrez 搜索),提供了包含人类、小鼠和一些蛙类在内的不同物种的信息。链接提供从其他各个数据库访问关于 β 球蛋白的信息 (来源:NCBI Gene)

图 2.9 关于人类 β 球蛋白的 NCBI Gene 的部分条目。提供的信息包括基因结构,染色体位置和蛋白质功能的概括。RefSeq 索引编号也会提供 (未展示),可以点击目录 (右上角) 中的 "Reference sequences" 来获取 RefSeq 索引编号。选项栏 (右栏) 提供了其他数据库的链接,包括 PubMed、OMIM (第 21 章)、UniGene (第 10 章)、变异数据库 (dbSNP;第 20 章)、Homolo-Gene (关于同源蛋白的信息;第 6 章)、基因本体数据库 (第 12 章) 和 EBI 的 Ensembl viewers (第 8 章)

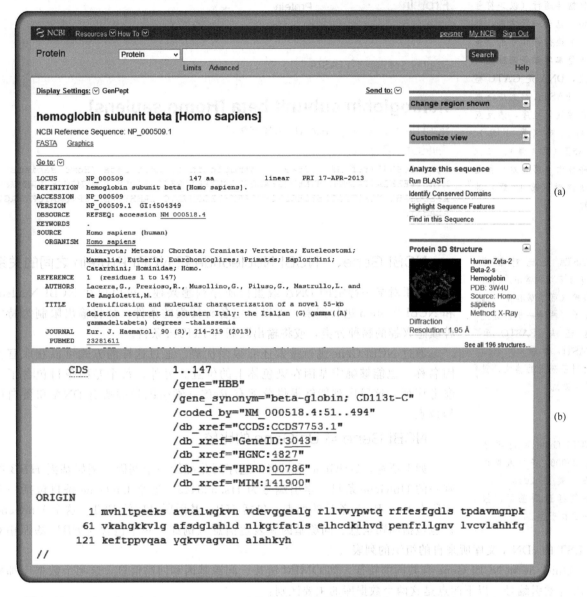

图 2.10　人类 β 球蛋白的 NCBI Protein 记录的展示。这是任意蛋白质的一个典型的条目。（上面部分）记录的顶部，记载着包括蛋白质的长度（147 个氨基酸）、分类（PRI 或灵长类）、索引编号（NM_00059.1）、物种（*H. sapiens*）、参考文献、球蛋白的功能评论和到其他数据库的链接（右侧）在内的关键的信息。在页面顶部，显示选项允许以各种格式获取此记录，如 FASTA（图 2.11）。（下面部分）记录的底部，含有其他信息，如编码序列（coding sequence，CDS）。氨基酸序列以单字母氨基酸编码的形式在最底部展现出来（虽然这里不是 FASTA 格式）

（来源：NCBI Protein entry）

Gene 可以通过 NCBI 主页（选择 All Databases）来访问。截至 2014 年，1500 万个基因被分成 12000 类。我们会在后面的章节探讨 NCBI Gene 的许多资源，如基因链接信息资源（第 8 章）、表达数据如 RNA-seq 的获取（第 11 章）、蛋白质（第 12 章）、通路数据链接（第 14 章）和疾病相关性（第 21 章）。

图 2.11 蛋白质条目可以以 FASTA 格式显示。这包括标题行（以＞符号开始）包含一行文本，然后一个换行符和序列（蛋白质是单字母氨基酸编码格式，DNA 是 GATC 格式）。FASTA 格式广泛用于各种软件程序，涉及双序列比对（第 3 章）、BLAST（第 4 章）、二代测序技术（第 9 章）和蛋白质组学（第 12 章）等主题。

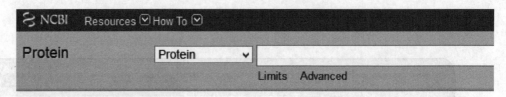

Display Settings: ⊙ FASTA

hemoglobin subunit beta [Homo sapiens]

NCBI Reference Sequence: NP_000509.1

GenPept　Graphics

```
>gi|4504349|ref|NP_000509.1| hemoglobin subunit beta [Homo sapiens]
MVHLTPEEKSAVTALWGKVNVDEVGGEALGRLLVVYPWTQRFFESFGDLSTPDAVMGNPKVKAHGKKVLG
AFSDGLAHLDNLKGTFATLSELHCDKLHVDPENFRLLGNVLVCVLAHHFGKEFTPPVQAAYQKVVAGVAN
ALAHKYH
```

FASTA 是比对程序（第 3 章）和常用序列的格式（第 4 章和全书的在线文档进一步描述）。这还与 FASTQ 和 FASTG 相关（用于二代测序分析的格式，见第 9 章）。

NCBI Gene、 NCBI Nucleotide 和 NCBI Protein 之间的关系

如果对某一特定的 DNA 或蛋白质序列感兴趣，可以前往 NCBI Nucleotide 和 NCBI Protein 进行搜索。可以设定各种搜索的条件，如将输出限制为特定物种或感兴趣的物种分类，或将输出限制为 RefSeq 条目。

通过 NCBI Gene 进行搜索还有很多优势。通过这样的方式可以获取官方基因名称，也能够确定基因在染色体上的位置。另外，每个基因条目包含了一段参考序列，这段序列能够提供分配有 RefSeq 索引编号的所有 DNA 和蛋白质变异位点。

NCBI Gene 与 UniGene 的比较

NCBI Gene 目前收录了 200000 多个人类词条（截至 2015 年），还包括预测基因、假基因和表型。

如上所述，UniGene 项目将一组序列分配给一个基因。例如基因 *HBB* 拥有唯一的 UniGene 条目，索引编号为 Hs.523443。这个 UniGene 条目包括一个涵盖所有 GeneBank 条目的列表，包括 *HBB* 基因所对应的 EST。这个 UniGene 条目也包括回贴信息、同源基因和表达信息（例如，一个包含与 *RBP* 基因相对应的 EST 的 cDNA 文库所来自的组织的列表）。

UniGene 和 NCBI Gene 有共同的特征，如 OMIM 链接、同源基因和回贴信息，这两个数据库都提供 RefSeq 索引编号。以下四点是这两个数据库的主要区别：

HomoloGene 可以从 NCBI 主页点击 All Databases 或是 http://www. ncbi. nlm. nih. gov/entrez/ query. fc-gi? db = homologene（链接 2.40）获得。68 号版本（2014 年）有超过 230000 同源组（包括 19000 个人类同源组）。我们会在第 3 章定义同源的概念。

① UniGene 有详细的基因表达信息；按照特定的 EST 进行测序构成的 cDNA 文库区域分布情况会被罗列出来。

② UniGene 列出与一个基因相对应的 EST，允许对它们进行详尽研究。

③ Gene 也许针对某个特定基因给出更加固定的描述信息；如上所述，UniGene 条目可能会因全基因组测序工作的进行而受到毁坏。

④ Gene 比 UniGene 条目更少，但是其中的收录信息被人工审核的范围更广。

NCBI Gene 和 HomoloGene

HomoloGene 数据库提供一组来自一系列完整测序的真核生物基因组的注释的蛋白质。蛋白质经过比较（通过 BLAST；见第 4 章），被分成不同的同源组，然后将蛋白质比对结果（the protein alignments）匹配到相应的 DNA 序列上。

我们可以通过 NCBI Gene 网页上的链接找到感兴趣的基因/蛋白质的 HomoloGene 条目。

在 HomoloGene 数据库中搜索 "hemoglobin" 会得到数十个与肌红蛋白、α 球蛋白和 β 球蛋白相匹配的结果。点击 β 球蛋白组，可以获得来自人类、大猩猩、狗、小鼠和鸡的具有 RefSeq 索引编号的蛋白质列表。对双序列比对的分数进行概括，并提供相应的链接，序列信息可供下载（以全基因组 DNA、mRNA 和蛋白质的格式），并以蛋白质多重序列比对的形式进行展示（第 6 章）。

2.6　使用命令行进行 NCBI 数据的获取

除了使用浏览器对 NCBI、EBI、Ensembl 和其他生物学网站进行数据的获取之外，我们也可以使用命令行工具对这些数据库进行访问。在下文我们将介绍命令行的使用，和一个允许命令行访问 Entrez 数据库的工具，即 Entrez Direct（EDirect）。

使用命令行软件

许多生物信息软件包都是为了使用命令行操作而设计的，这些软件包有很多应用，如 BLAST（第 4 章）、序列比对（第 6 章）、系统发生（第 7 章）、DNA 分析（第 8 章）、二代测序分析（第 9 章）、RNA-seq（第 11 章）、基因组比较（第 16 章）和基因组注释（第 17 章）。

目前有三个主流操作系统：Windows、Mac OS 和 Unix。在计算机上每个操作系统均可以管理资源，执行任务并提供用户界面。Linux 与 Unix 很相似，特别是对于生物信息方面进行数据集和软件操作的用户来说，有以下优点：

- 这个系统是免费的操作系统。
- 经过数千个程序员的开发，目前的应用程序和界面体验都可以媲美学生更加熟悉的 Windows 和 Mac OS 系统。

> Bash 指的是 Bourne-again shell。

- 这个系统可以是高度制定化和灵活的。
- 在生物信息的应用方面，Linux 非常适合处理有百万行的表格，或是需要高度复杂的操作的少量数据。
- 微软 Excel 限制了表格的行数，更重要的是还会自动默认改变数字和名称。然而在 Unix 环境下，表格是不受限制的（只受限于硬盘空间大小），也不会自动更改格式。

用户可以通过命令处理器来输入命令行。Bash 是 Unix 内核自带的命令处理器，也是 Linux 和 Mac OS 的默认命令处理器。

> Cygwin 可以从 http://www.cygwin.com/（链接 2.41）获得。

你可以通过笔记本电脑或是台式电脑来使用 Linux，或连到 Linux 服务器上。例如，Windows 系统可以利用 SSH 客户端（如 PuTTY）来连到 Linux 服务器上。PuTTY 是一个免费的能让一台机器连到另一台机器上开源终端。PuTTY 可以通过在个人电脑上的 Windows 打开一个窗口，产生一个会话客户端用于输入命令行，并且接收远程 Linux 机器的结果。

Mac OS 系统的自带终端（Applications > Utilities > Terminal），是基于 Unix 内核的（被称为可移植操作系统接口或 POSIX 兼容）。对于很多生物信息领域的研究人员来说，因为 Mac 的终端可以访问大量基于 Unix 构建的工具和资源，所以相较于 PC，Mac OS 更加受青睐。

对于 PC 用户，Cygwin 可以在微软 Windows 系统上提供类似 Unix 环境和命令行界面。我们会在本书中展示少量基于 PC 的命令行工具，大部分介绍的工具是基于 Linux 和 Mac OS 的。

在框 2.3 中，我们会介绍几个常用命令行操作，打开终端并尝试使用它们，此外在本书中你们还可以看到其他常用的命令行。

框 2.3　Linux 命令

> 我们通过六个主题来探索命令行环境。# 表示注释，任何注释文本都不被执行（如果 # 出现在一行的开头，那么整行都会被无视；如果出现在行的中间部分，那么只有 # 之前的会被执行）。$ 符号表示 Unix 命令提示符，提示你是否在 Linux 或 Mac OS 上工作；有时其他系统会有其他符号来提示。

(1) 显示当前的位置和移动位置

```
$ pwd # print working directory
/home/pevsner # this is your beginning working directory
$ cd /home/pevsner/mysubdirectory # change directory
# This results in a new command prompt; enter pwd to confirm that you have moved down
  into a subdirectory.
$ cd .. # The current directory is represented by a single dot (.). Using two dots
  (..) we change to the parent directory
$ cd ~ # Use this from any location to return to the home directory, e.g., /home/
  pevsner
```

根据下面代码，查看当前目录下的文件

```
$ ls # list contents in a directory
$ ls -l # list files in the "long" format including file sizes and permissions
$ ls -lh # list files including file sizes (in human readable format) and permissions
```

(2) 帮助。尝试查看使用指南（man命令）（在 Mac OS 可以使用info命令）。man 命令会出现非常多的信息，所以在刚使用一个新命令时，要找到感兴趣的功能往往比较困难，因此很多人更依赖于使用搜索引擎（通常是 google）来查找他们想要解决的问题。有一些非常不错的论坛，如 Biostar（http://www. biostars. org），在这些论坛上你可以阅读其他人提出的问题和相应的答案。

```
$ man pwd # type q to exit any man entry
$ man cd
$ man ls
```

(3) 权限。当你使用ls-l查看当前目录时，前十个字符显示了权限信息。例如：

```
$ ls -lh
total 20K
-rw-rw-r--. 1 pevsner pevsner 1.5K Sep 24  2013 9globins.txt
drwxrwxr-x. 2 pevsner pevsner   43 Oct 17 09:09 ch01_intro
drwxrwxr-x. 3 pevsner pevsner  103 Apr 19 15:35 ch04_blast
```

前 10 个字符由两部分组成，一部分是第一个字符即 "d" 表示为目录，或 "-" 表示为一个普通文件，在这例子中，包含了两个目录和一个文件；另一部分由三组三个字母组成（r、w、x分别为可读、可写、可执行），表示文件权限，即文件所有者的权限、文件所属组的权限和其他用户对文件的权限。这些权限可以指定谁可以读，可以写或可以执行，用户需日常检查或升级权限。

```
$ sudo chmod ugo+rwx path/to/file
```

新手应注意使用sudo命令，它允许有些使用者作为超级用户执行一些命令，例如设置权限。sudo命令使用时要求输入管理员密码。

chmod指的是改变一个或多个文件的存取模式并且改变文件或目录的权限，例如让文件可以被每个人使用。ugo＋rwx 命令是让用户（user，u）、组（group，g）、其他人（others，o）都可以有读、写、执行的权限。

(4) 创建目录

```
$ mkdir myproject
```

你可以用多种方式管理你的数据。William Noble（2009）曾提过一个很棒的建议，即创建一些子文件夹，如doc（储存文档）、data（储存改过的数据集，如序列记录或比对文件）、results（储存实验过程中的数据）、src（储存存源代码）和bin（储存编译的二进制文件或脚本），这样会方便一些不熟悉你工作的人检查你的文件，并且了解你做了什么工作以及为什么这样做。

(5) 创建文本。目前有很多优秀的编译器。nano命令对初学者来说可能会比较容易上手，它提供了一些有用的提示来辅助使用者的编译和存储。这里我们使用vim命令。

```
$ man vim # get information on vim usage
$ vlm mydocument.txt # we create a text file called mydocument.txt
# In the vim text editor,
# press :h for a main help file
# press i to insert text
# press Esc (escape key) to leave insert mode
# press :wq to write changes and quit
```

（6）导入文件。熟练打开浏览器进入 NCBI > Downloads > FTP：RefSeq > Mitochondrion > ftp：//ftp. ncbi. nlm. nih. gov/refseq/release/mitochondrion/mitochondrion. 1. protein. faa. gz，然后复制数据所在位置的链接，方便之后的粘贴。

```
$ wget ftp://ftp.ncbi.nlm.nih.gov/refseq/release/mitochondrion/mitochondrion.1.pro-
  tein. faa.gz
# Your file will be downloaded into your directory! On a Mac try curl in place of wget.
```

EDirect 文档列了一些基本的 Unix 文档处理命令，如关于文件排序（sort）、删除重复行（uniq）、模式匹配（grep）等。

框 2.4 使用 NCBI 的 EDIRECT：命令行访问 ENTREZ 数据库

Entrez 系统现在含有 40 个数据库，包括我们之后会遇到的核酸与蛋白记录数据库（本章）、多重序列比对数据库（HomoloGene and Conserved Domain Database，第 6 章）、基因表达数据库（Gene Expression Omnibus，第 9 章）、蛋白质数据库（第 12 章）和蛋白质结构数据库（第 13 章）。访问这些数据库一个简单的方法就是网页搜索。

在很多情况下，需要结构性界面来进行大规模的查询。例如，假设你有一个含有 100 个感兴趣基因的列表（也许它们在基因表达研究中有显著的调控作用，或者它们有来自全基因组序列的感兴趣的变异）。NCBI 提供 2 个方法进行查询：①The Entrez Programming Utilities（E-utils）可以让你在 Entrez 数据库中搜索和获取信息。使用软件时将 NCBI 的 E-util 服务器能够识别的固定链接提供给 NCBI。我们可以用 Biopython、Perl 或其他语言来完成这件事；②EDirect 也可以通过命令行访问 Entrez 数据库，这比 E-utils 更加方便，灵活和容易。

Edirect（E-utils）程序如下。

① Einfo：数据库统计信息。这提供了一个各领域的数据库中可用的记录。例如，你可以判断在 PubMed 里有多少个记录。Einfo 也可以给出查询数据库的链接。

② Esearch：文本搜索。当你提供一个搜索文本（例如，"globin"），它会返回一个 UID 列表，之后可以在 Esummary、Efetchc 或 Elink 上使用。

③ Epost：上传 UID。你需要有一个 UID 列表，例如可以是感兴趣的 PMID。你可以上传这些 UID 并存在 History Server。

④ Esummary：文档综述下载。当你提交 UID 列表，Esummary 会返回相应的文档综述。

⑤ Efetch：数据记录下载。Esearch 和 Efetch 结合使用会更有效率。Elink：Entrez 链接。

⑥ EGQuery：全局查找。给定一个文本查询，程序会报告每个 Entrez 数据库查到的记录数。同样，当你进入 NCBI 主页上输入一个文本查询，你可以看到各种各样的数据库匹配信息。

⑦ Espell：拼写提示。

尝试使用 EDirect。首先安装好 EDirect，然后查看 NCBI 网站上的指南和例子，可以尝试重复这一章的例子。当你需要在 NCBI 网站上搜索 Entrez 时候，看看能不能使用 EDirect 这个工具。你可以在 EDirect 网站中复制并运行下面的代码（在 http://bioinfbook.org/ 的第 2 章中也有此代码），你会发现下载的脚本在你的主目录下的 edirect 文件夹中。

```
cd ~
perl -MNet::FTP -e \
  '$ftp = new Net::FTP("ftp.ncbi.nlm.nih.gov", Passive => 1); $ftp->login;
   $ftp->binary; $ftp->get("/entrez/entrezdirect/edirect.zip");'
unzip -u -q edirect.zip
rm edirect.zip
export PATH=$PATH:$HOME/edirect
./edirect/setup.sh
```

Entrez Direct 可以从 FTP（ftp：//ftp. ncbi. nlm. nih. gov/ entrez/entrezdirect/；链接 2.42）上下载。EDirect 文件在 http：//www . ncbi. nlm. nih. gov/books/ NBK179288（链接 2.43）有提供。NCBI 开发的 Edirect 可以简单的访问 NCBI 的 Entrez Programming Utilities（E-utilities），这是一套服务器端程序，使用一个固定的链接来提供了一个到 Entrez 数据库的稳定的接口。Edirect 可以在命令行中完成几乎任何 E-utilities 任务，而不需要编程经验。访问 http：//www. ncbi. nlm. nih. gov/books/nbk25500/（链接 2.44）来了解更多关于 E—utilities 并更深入了解 EDirect 的功能。

当你如框 2.4 描述的那样下载 EDirect，那么在任何目录下它的脚本都可以使用。如果你需要将 edirect 文件夹移动到其他的位置，你也可以编辑一个 . bash_ profile 配置文件，更新设置 PATH 环境变量的语句。这个语句的通用模式如下：export PATH= $ HOME/ subdirectory_ with_edirect_ scripts：$ PATH：。

用 EDirect 访问 NCBI 数据库

EDirect 是一套可以在 Unix 环境下进行查找的 Perl 脚本，其中 Unix 环境包括了 Linux 和 Mac 电脑（也可以在有 Cygwin Unix 模拟环境的 Windows 电脑中运行）。EDirect 能运行不同的命令行和参数（在终端窗口）来访问不同的 Entrez 数据库。可以在主目录下创建一个 edirect 文件夹进行安装，安装相当简单（见框 2.4），在 Linux 电脑上，打开终端窗口，通常就是在主目录下。下面的 # 表示不是一个命令。

```
$ cd edirect # navigate to the folder with edirect scripts
$ ls # ls is a utility that lists entries within a directory
README      edirutil    einfo      epost      esummary
econtact    efetch      elink      eproxy     nquire
edirect.pl  efilter     enotify    esearch    xtract
```

Edirect 上有各种各样不同的脚本可供使用。

EDirect 有方便您浏览 Entrez 数据库的功能（esearch、elink、efilter），检索功能（summary、efetch），从 XML 提取文件的功能（xtract）和其他功能，如使用 epost 命令上传独特标示符或索引标号。我们接下来举几个例子，展示如何利用 EDirect 从 NCBI 上获取文件。

EDirect 例子 1

在 PubMed 上输入 J. Pevsner 作者和专业名词 GNAQ 来检索文章，可以取得概要形式的结果，结果首先会在屏幕上显示，并且传到一个 example1. out 的文件夹。$ 符号表示 Unix（或 Linux、MAC OS）命令行的起点。

```
$ esearch -db pubmed -query "pevsner j AND gnaq" | efetch -format docsum
1: Shirley MD, Tang H, Gallione CJ, Baugher JD, Frelin LP, Cohen B, North
PE, Marchuk DA, Comi AM, Pevsner J. Sturge-Weber syndrome and port-
wine stains caused by somatic mutation in GNAQ. N Engl J Med. 2013 May
23;368(21):1971-9. doi: 10.1056/NEJMoa1213507. Epub 2013 May 8. PubMed
PMID: 23656586; PubMed Central PMCID: PMC3749068.
```

这里我们用管道符号（|）将结果从 esearch 传送到 efetch，这样我们便能将文献摘要输出为特定的格式，即 docsum。我们还可以用 > 符号将结果传送到一个文件中（称作 example1. txt）。

```
$ esearch -db pubmed -query "pevsner j AND gnaq" | efetch -format docsum >
example1.txt
```

你可以从屏幕上查看查询结果，或只看部分结果，并将其传到文件夹中。less 命令一次可以展示一页的结果，另用空格键查看下一页。在 Linux 系统上输入 $ man less 可以使用手动工具（man）查看 less（或其他功能）的更多用法（或在 Mac 上尝试 $ info less）。用不加参数的 head 命令可以展示文件的前十行。

EDirect 例子 2

用 PubMed 搜索，不将结果传递到 efetch，而是传递到 less，这样可以直接在屏幕上展示不同的查询有多少结果。

```
$ esearch -db pubmed -query "pevsner j" | less
<ENTREZ_DIRECT>
  <Db>pubmed</Db>

<WebEnv>NCID_1_142748046_130.14.18.34_9001_1391877213_1550387237</WebEnv>
  <QueryKey>1</QueryKey>
  <Count>99</Count>
  <Step>1</Step>
</ENTREZ_DIRECT>
(END)
```

　　用这些命令搜 PubMed 中 J. Pevsner 作为作者的文章显示有 99 篇。类似的方式搜索 "hemoglobin" 得到约 155000 篇，"bioinformatics" 得到约 131000 篇，或 "BLAST" 得到约 23000 篇。不用管道符 | 将结果发送到 less，我们依然可以把结果发送到一个文件夹中，如 > myoutput. txt 中。

EDirect 例子 3

　　用 PubMed 搜索哪位作者在生物信息领域中发表软件数量最多。EDirect 提供一个很有用的功能，称 sort-uniq-count-rank。Unix 环境对于这样大列表排序和计数很有优势。一些 Unix 常用的命令可以结合使用，会使任务更为简便。sort-uniq-count-rank 功能能够读文本行，并以字母进行排序，计算不重复行的个数，并重新以行数排序。

　　现在我们准备来搜索 PudMed 文章，用 "bioinformatics" 作为 Medical Subjects Headings browser（MeSH，在下文 "PubMed 搜索案例" 中介绍）的主题搜索及 "software" 为标题/摘要（the [TIAB] indexed field）的关键搜索。我们用 esrarch 来搜 PubMed 并把结果以可拓展标识语言（XML）格式输出（"管道" 或 |）到 efetch。我们进一步用 xtract 来获得作者的姓和名的首字母，最后用 sort-uniq-count-rank 来列出结果。

```
$ esearch -db pubmed -query "bioinformatics [MAJR] AND software [TIAB]" |
efetch -format xml | xtract -pattern PubmedArticle -block Author -sep " "
-tab "\n" -element LastName,Initials | sort-uniq-count-rank
29 Aebersold R
27 Wang Y
22 Deutsch EW
22 Zhang J
21 Chen Y
21 Martens L
20 Wang J
19 Zhang Y
18 Smith RD
17 Hermjakob H
17 Wang X
15 Li X
15 Zhang X
14 Chen L
14 Li C
14 Li L
14 Yates JR
13 Durbin R
13 Liu J
13 Salzberg SL
13 Sun H
13 Zhang L
```

　　发布关于生物信息软件的文献最多的作者（根据我们选择的特定的检索标准）有 Ruedi Aebersold（蛋白质组学的先驱）、Eric Deutsch（系统生物学研究院）、Lennart Martens（蛋白质组学与系统生物学）、Henning Hermjakob（欧洲生物信息研究所）、Richard Durbin（Wellcome Trust Sanger 研究院）和 Steven Salzberg（Johns Hopkins 大学）。

EDirect 例子 4

　　在蛋白质数据库进行与查询词条 "hemoglobin" 相匹配的条目检索，并且将得到的结果以 FASTA 的格式传递到 head 命令行来查看前六行的输出结果。

```
$ esearch -db protein -query "hemoglobin" | efetch -format fasta | head -6
# the -6 argument specifies that we want to see the first 6 lines of
# output; the default setting is 10 lines
>gi|582086208|gb|EVU02130.1| heme-degrading monooxygenase IsdG [Bacillus
anthracis 52-G]
MIIVTNTAKITKGNGHKLIDRFNKVGQVETMPGFLGLEVLLTQNTVDYDEVTISTRWNAKEDFQGWTKSP
AFKAAHSHQGGMPDYILDNKISYYDVKVVRMPMAAAQ

>gi|582080234|gb|EVT96395.1| heme-degrading monooxygenase IsdG [Bacillus
anthracis 9080-G]
MIIVTNTAKITKGNGHKLIDRFNKVGQVETMPGFLGLEVLLTQNTVDYDEVTISTRWNAKEDFQGWTKSP
```

虽然我们搜的是蛋白质数据库，但是我们其实也可以搜其他多种 Entrez 数据库。

EDirect 例子 5

找到与"hemoglobin"查询词条相关的 PubMed 论文，用 elink 找到与这些论文相关的论文，并用 elink 找到蛋白质。

```
esearch -db pubmed -query "hemoglobin" | \
elink -related | \
elink -target protein
```

这个例子展示了 \ 字符可被用来将命令语句分隔在不同行进行输入。

EDirect 例子 6

列出人类第 16 号染色体上的基因，并包含它们的起始和终止位点。

```
$ esearch -db gene -query "16[chr] AND human[orgn] AND alive[prop]"
| esummary | xtract -pattern DocumentSummary -element Id -block
LocationHistType -match "AssemblyAccVer:GCF_000001405.25" -pfx "\n"
-element AnnotationRelease,ChrAccVer,ChrStart,ChrStop > example6.out
```

输出结果被存入"example6.out"文件（你也可以用其他名字来命名输出文件）。我们可用 head -5 来看输出的前五行结果。

```
$ head -5 example6.out
999
105 NC_000016.9     68771127     68869444
4313
105 NC_000016.9     55513080     55540585
64127
```

这个例子展示了没有编程经验的人也可以使用复杂的命令（从 EDirect 的网页文件中复制复杂命令，并粘贴到计算机终端提示中来进行执行）。

EDirect 例子 7

找到一组物种在分类学上的属名及其对应的 BLAST 分支。在第 14 章我们会探讨 8 个模式生物。首先，我们要创建一个文件来罗列这些物种（你可以通过输入 vim organism.txt 或 nano organism.txt 在一个文件编辑器中创立编辑文本；你也可以在 http://bioinfbook.org 找到创建好的文件）。我们可以用 cat（catalog）来显示该文件的内容。

```
$ cat organisms.txt
Escherichia coli
Saccharomyces cerevisiae
Arabidopsis thaliana
Caenorhabditis elegans
Drosophila melanogaster
Danio rerio
Mus musculus
Homo sapiens
```

接着，我们可以编写一个名为 taxonomy.sh 的 shell 脚本（该脚本在 NCBI 的 Edirect 网站及本书的网站都有提供）。

```
$ cat taxonomy.sh
#!/bin/bash
#EDirect script
while read org
  do
    esearch -db taxonomy -query "$org [LNGE] AND family [RANK]" < /dev/
null |
    efetch -format docsum |
    xtract -pattern DocumentSummary -lbl "$org" -element ScientificName
Division
  done
```

要执行该程序脚本，我们需要有合适的权限（见框 2.3）。我们可以先用 ls-lh 命令（列出长格式的目录内容）来检查该文件的权限，然后在修改权限后使该脚本成为可执行脚本。

```
$ ls -lh taxonomy.sh
-rw-rw-r-. 1 pevsner pevsner 244 Oct 17 17:00 taxonomy.sh
$ chmod ugo+rwx taxonomy.sh
$ ls -lh taxonomy.sh
-rwxr-xr-x. 1 pevsner pevsner 244 Oct 17 17:00 taxonomy.sh
```

如果该文件在 read/write/execute 组别中标有 x，则表示其为可执行。在这种情况下，我们就可以用 print 命令来输出这个物种列表（用 cat 命令），并使用管道符号（|）命令把结果传递到我们的 shell 脚本中。

```
$ cat organisms.txt | ./taxonomy.sh
Escherichia coli              Enterobacteriaceae        enterobacteria
Saccharomyces cerevisiae      Saccharomycetaceae        ascomycetes
Arabidopsis thaliana          Brassicaceae              eudicots
Caenorhabditis elegans        Rhabditidae               nematodes
Drosophila melanogaster       Drosophilidae             flies
Danio rerio                   Cyprinidae                bony fishes
Mus musculus                  Muridae                   rodents
Homo sapiens                  Hominidae                 primates
```

2.7　信息的获取：基因组浏览器

　　基因组浏览器是一个有图形界面的数据库，可以把序列信息及其他数据转化成染色体位置坐标的函数来进行展示。在第 16～20 章，我们会重点介绍病毒、细菌、古细菌和真核生物的染色体。基因组浏览器已成为把基因组相关信息进行组织管理的必备工具。这里，我们简要介绍三个主流的基因组浏览器（包括 Ensembl、UCSC 和 NCBI），并讲述如何使用这几个浏览器来获取感兴趣的基因或蛋白质信息。

我们会在第 9 和 15 章详细讨论基因组的装配。NCBI 在 http://www.ncbi.nlm.nih.gov/genome/annotation_euk/process/（链接 2.45）描述真核生物基因组注释的过程。

基因组组装

　　在使用 UCSC、Ensembl 或其他基因组浏览器时，对于任意一个被研究的物种都会有一个对应的"基因组组装"。一个基因组组装指的是所获得的一个物种的 DNA 序列按照染色体的形式进行的一种组装。对于一个特定物种的基因组，其组装只会几年发布一次。这个组装里会包括对基因组的注释，即信息的分配，如基因的起始和终止位置、外显子、DNA 重复元件或其他基因组特征。当你使用基因组浏览器时，你可以尝试探索可用的基因组组装。在有些情况下，最好能使用最新版本的基因组组装。然而，旧版本常会有更丰富的注释信息，而不同的组装版本也会有不同类别的信息。

GRC 网址 http://www.genomereference.org（链接 2.46）。

　　基因组参照联盟（GRC）负责维护人类、小鼠和斑马鱼的参照基因组。最新的人类基因组组装版本是 2013 发布的 GRCh38（也称为 hg38）。之前的版本分别是 2009 年发布的 GRCh37（也称为 hg19）和 2006 年发布的 GRCh36（也称为 hg18）。对于任意一个基因组组装，我们必须明确以下几点：

GRCh37/hg19 中，MHC 在 6 号染色体的 29.6 Mbp 到 33.1 Mbp 位置。

　　●每个染色体的座标（起始和终止位置）是什么？人类 HBB 基因在 11 号染色体上有 1606bp 长，其起始位置和终止位置在 2009 年 2 月发布的 GRCh37 版本中为 chr11：5246696-5248301 而在 2006 年 4 月发布的上一个版本，即 GRCh36 版本中则是 chr11：5203272-5204877。

> UCSC Genom Browser 可 从 http://genome. ucsc. edu（链接 2.47）获得。你可以在图 5.16 和图 6.10 中看到它的例子。我们遇到的是如埃博拉病毒（第 16 章）和癌症（第 21 章）这样的专门版本。

- 基因组序列中包括有多少空位（gap），它们可否被完全弥补？染色体上如近端着丝粒的短臂、端粒和着丝粒等区域包含高度重复序列，很难获得精确的序列排列（见第 8 章）。

- 基因组上的结构变异位点是如何被展现的？非功能位点（如假基因）的多态性又如何展现？我们会在第 8 章中对结构变异进行定义。

- 一个基因组组装中有多少是错误的碱基，它们可否被发现并更正？如果参照基因组组装的错误率是 100000 个碱基中有一个错误，那么对于 30 亿个碱基对的序列，我们期望会有 30000 的错误位点。随着对参照基因组的测序深度（见第 9 章描述）的持续增加，错误率会不断降低。

有些基因座很难在基因组组装上被标识，例如主要组织相容性复合体（MHC）在人群中多样性太强以至于无法用一个一致认可的基因座来代表。为此，定义出首选和备选的基因座，而有些基因（如 HLA-DRB3）只会出现在备选基因座上。针对特定版本的基因组组装会发布相关补丁（如 GRCh37 的补丁 10 也简称为 GRCh37.p10），其中包括纠正错误、展示由于等位基因多样性所出现的替代基因座以及尽可能少的涉及到染色体坐标的变化。

UCSC Genome Browser

UCSC 浏览器目前支持 36 个脊椎和非脊椎动物基因组的分析，是目前针对人类和其他重要物种（如小鼠）应用最广泛的基因组浏览器。UCSC Genome Browser 提供了不同分辨率（从精细的几个碱基对到横跨整个染色体的数亿碱基对的分辨率）的染色体位置图形视图。每个染色体视窗内同时可以有定位在水平方向的各种注释数据轨。有数百张用户可选的注释数据轨，这些数据轨来自不同的类别，如回贴、测序、与表型及疾病的关联性、基因、表达、基因组比较和基因组变异等。这些注释数据轨使得 UCSC Genome Browser 在研究上具有很高的深度和灵活性。关于 UCSC Genome Browser 的文献包括对其功能的总览综述（Pevsner，2009；Karolchik 等，2014）、对其中可供变异分析的资源的综述（Thomas 等，2007）、关于其 Table Browser 的综述（Karolchik 等，2004）和其 BLAT 工具的综述（Kent，2002）（第 5 章）。

> Ensembl（http://www. ensembl. org，链接 2.27）是 由 Wellcome Trust Sanger Institute（WTSI；http://www. sanger. ac. uk/，链接 2.48）和 EBI（http:// www. ebi. ac. uk/，链接 2.49）赞助。Ensembl 聚焦脊椎动物的基因组，虽然它的基因组浏览器格式被用于许多其他真核生物的基因组的分析。

这里举个如何使用 UCSC Genome Browser 的例子：进入 UCSC 生物信息学网站，点击 Genome Browser，将 clade（group）选成 Vertebrate，将 genome 选为 human，将 assembly 选为 March 2009（或其他版本），在 "position or search term" 输入 hbb ［如图 2.12(a)］。点击 submit，就会得到位于 11 号染色体上对应 β 球蛋白的一组已知基因和一个 RefSeq 基因条目［如图 2.12(b)］。点击该 RefSeq 的链接，就可以看到在 11 号染色体上跨越 1600bp 的 β 球蛋白基因，并能对 β 球蛋白基因（包括周围的调控元件）、它的信使 RNA（见第 8 章）和蛋白做进一步分析［如图 2.12(c)］。

Ensembl Genome Browser

Ensembl 项目提供关注各种真核生物的一系列综合的网站（Flicek 等，2014）。对于大多使用者来说，Ensembl Genome Browser 在广泛性和重要性上和 UCSC Genome Browser 是相当的。对于新手来说，同时访问这两个网站会很有帮助。Ensembl 项目的目的是自动分析和注释基因组数据（见第 15 章）并能以浏览器的形式来展示基因组数据。

我们可以从 Ensembl 的主页开始进行探索。选择 Homo sapiens，并在文本搜索框输入 β 球蛋白的基因符号——"hbb"，会产生一个 β 球蛋白及其基因的链接（我们会在后续的章节再介绍 Ensembl 内的资源）。这个条目包含有很多关于 HBB 的特征，包括标识符、DNA 序列及与其他数据库的链接等。Ensembl 提供了一套固定的标识符（见表 2.9）。

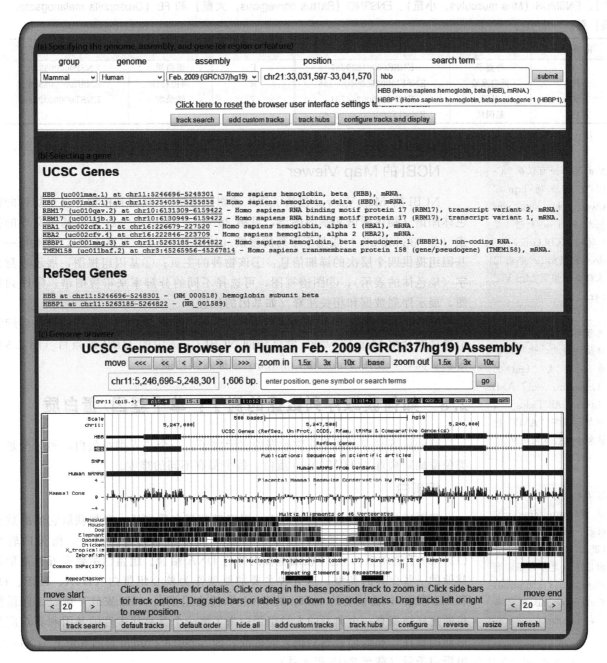

图 2.12　UCSC Genome Browser 的使用。（a）从数十个物种（主要是脊椎动物）和基因组组装出发，输入查询词条如 "β globin"（如图所示）、索引编号或染色体位置。（b）点击提交后就会显示一组已知基因及 RefSeq 基因。（c）点击 β 球蛋白的 RefSeq 链接会打开一个窗口，显示在 11 号染色体上的 1606 个碱基对。在窗口中也会显示一系列水平数据轨，包括一组 RefSeq 基因和 Ensembl 的预测基因；外显子用粗条带展示，箭头表示转录方向（从右到左，指向端粒酶或 11 号染色体的短臂末端）

［来源：UCSC Genome Browser（http://genome.ucsc.edu）. Courtesy of UCSC.］

表 2.9 Ensembl 固定标识符。人类的条目的前缀是 ENS，其他物种的条目前缀包括 ENSBTA（Bos taurus，牛）、ENSMUS（Mus musculus，小鼠）、ENSRNO（Rattus norvegicus，大鼠）和 FB（Drosophila melanogaster，果蝇）等。

前缀特征	定义	人类 β 球蛋白的例子	前缀特征	定义	人类 β 球蛋白的例子
E	外显子	ENSE00001829867	P	蛋白质	ENSP00000333994
FM	蛋白家族	ENSFM00250000000136	R	调控特性	ENSR00000557622
G	基因	ENSG00000244734	T	转录本	ENST00000335295
GT	基因树	ENSGT00650000093060			

注：来源于 Ensembl Release 76；Flicek 等（2014）。

Map Viewer 可以从 NCBI 主页访问 http://www.ncbi.nlm.nih.gov/mapview/（链接 2.50）。NCBI Gene, Nucleotide, Protein 中的记录都会链接到 Map Viewer。

想了解 NCBI Protein 更详细的查询，你可以把命令写成 "txid9606〔Organism：exp〕AND histone〔All Fields〕."。布尔运算符 "AND" 默认包含在搜索项之间。

组蛋白质序列数据库可以从 http://research.nhgri.nih.gov/histones/（链接 2.51）获得。它由国家人类基因组研究所的 David Landsman，Andy Baxevanis 和同事一起创立的。

你可以在 http://www.expasy.org/links.html（链接 2.52）找到大型的特殊数据库，Life Science Directory 在瑞士生物信息研究所（SIB）的 ExPASy 蛋白质组学服务器上。

NCBI 的 Map Viewer

NCBI 的 Map Viewer 包括了后生动物（动物）、真菌和植物等多个物种的染色体图谱（物体图谱和基因图谱，见第 20 章）。Map Viewer 允许基于文本的搜索（如 "β globin"）或基于序列的搜索（如用 BLAST，见第 4 章），并对每一个基因组提供四个层次的详细信息：①该物种的主页；②基因组视图，展示表意文字（染色体的表示）；③图谱视图，可选择不同的分辨率来审视图谱；④序列视图，展示序列数据和相关注释（如基因的位置）

NCBI Gene 资源内的基因条目中提供了到图形视图的路径。我们会在后续章节再详细介绍 Map Viewer。尝试访问 NCBI Gene 中的 *HBB* 的条目（图 2.9），滚动页面，并使用 Tools 和 Configure 来探索其功能。

2.8 如何获取序列数据的例子：单个基因/蛋白质

我们接下来探讨两个获取数据的实际例子。一个是人类组蛋白，另一个是人类免疫缺陷病毒-1(HIV-1)pol 蛋白，每个都有不同的难度。

组蛋白

蛋白质的生物复杂性极为惊人。对于某些蛋白质来说，要想获取它们的数据很有难度。从名字上来说，组蛋白可能是最为熟知的蛋白之一。组蛋白较小（12～20 千道尔顿），定位在细胞核内并与 DNA 结合。组蛋白主要有五种亚型及其他的一些变异的类型；这五种主要的亚型作为核心组蛋白（H2A、H2B、H3 和 H4 家族），被长度约 147bp 的 DNA 和接头组蛋白（H1 家族）缠绕。假设你想通过仔细探查一个典型的人类组蛋白来了解一个具有代表性的基因和其对应蛋白质的特性，那么你会遇到很大的挑战，因为 NCBI Protein 目前收录了 470000 个组蛋白条目（截至 2015 年 4 月）。

在 NCBI Protein 网站和 Taxonomy Browser 上可把输出结果限定在某个物种或其他感兴趣的分类组。GenBank 中每个物种或分类组（如界、门、纲、目、科、属、种）都对应唯一的分类标识符。在链接到 *Homo sapiens*，我们可得到其标识符为 9606，物种谱系和在 Entrez 上的记录的总结（如图 2.6）。

用字符串（"txid9606〔Organism：exp〕histone"）在 NCBI Protein 上搜索，目前可得到超过 8000 个人类组蛋白，其中超过 2000 个有 RefSeq 索引编号。这其中有一些是组蛋白去乙酰酶和组蛋白乙酰转移酶。把查询改为 "txid9606〔Organism：exp〕AND histone〔All Fields〕NOT deacetylase NOT acetytransferase"，我们会得到 1700 多个有 RefSeq 索引编号的蛋白质。

如何进一步搜索？

1. NCBI Gene 中每个组蛋白的条目都会由 RefSeq 提供一个关于对应的蛋白质家族的概述。我们在图 2.9 中就看到球蛋白的一个例子。

2. 你可以随意挑选一个组蛋白并进行研究，即使你不知道它是否具有代表性。

3. 网上有很多专业的、经过专家人工审核的针对基因、蛋白质、疾病和其他感兴趣的分子特征的数据库。在组蛋白质序列数据库（Marinño-Ramiírez 等，2011）中可发现人类基因组中有 113 个组蛋白基因，其中包含一个在染色体 6p 上 56 个紧邻的基因簇。这些信息对于理解组蛋白家族很有帮助。

4. 还有一些如 Pfam 和 InterPro 等专门针对蛋白质家族的数据库。我们会在第 6 章（多序列比对）和第 12 章（蛋白质组学）进行介绍。这些数据库提供了关于蛋白质和基因家族的简洁描述以及其中代表性的蛋白质和基因。

我们会在关于病毒的第 16 章进一步探索 HIV-1 生物信息方法。

HIV-1 pol

HIV-1 的 RNA 依赖性 DNA 聚合酶（Frankel 和 Young，1998）是一个反转录酶，其编码基因称为 *pol*（意指 polymerase）。对于这样一个反转录酶，如何来获取它的 DNA 和蛋白质序列？

2014 年 10 月，NCBI Nucleotide 中关于 "hiv-1" 查询有 600000 条结果。

在 NCBI 官网首页上输入 "hiv-1"（不用输入双引号，大小写都可以）后，所有 Entrez 数据库都会被搜索。在 Nucleotide 分类下会得到超过 50 万个条目。点击 Nucleotide 来查看这些结果。其中有 3000 多个条目有 RefSeq 标识符；尽管这样可以大大缩小搜索的范围，但从如此多匹配结果中并不容易找到 HIV-I pol。NCBI Nucleotide 结果中出现过多条目的一个原因是为了识别 HIV-1 基因组的变异，其基因组已经被重新测序过上千次。另一个原因则是包括小鼠和人类在内的很多物种都存在对应 HIV-1 的结果，而这些结果也都会被输出。

我们可以再次利用物种过滤来使输出结果被限定在 HIV。现在，我们只剩下一个 RefSeq 条目（NC_001802.1）。这个条目对应的序列是由 9181 个碱基构成的 HIV-1 基因组序列，只编码包括 gag-pol 在内的 9 个基因。鉴于 HIV-1 pol 有上千个变异体，这个例子很好的证明了 RefSeq 项目的意义：可以保证学术界针对同一个参考序列来进行探索。

从 NCBI Genome 或其他 Entrez 页面可以尝试不同的选项。例如，NCBI Genome 中的 NC_001802.1 可以以简便的表格呈现；从 NCBI Nucleotide 或 Protein 可以选择 Graph 获得的 HIV-1 基因组和基因及其蛋白示意图。九个蛋白质的表格可以从 http://www.ncbi.nlm.nih.gov/genome/proteins/10319?project_id=15476（链接 2.53）获得。

另外一个替代的策略是，在 Entrez 得到的 HIV-1 的结果中，选择基因组、组装版本或物种分类页面，然后链接到 NCBI Genome 中 HIV-1 的唯一页面。通过基因组注释报告，可找到该基因组编码的 9 个基因（9 个蛋白）的表格。这 9 个基因在 NCBI Genome 记录中都有详尽的信息。以 gag-pol 为例子，其记录中有 7 个不同的 RefSeq 条目，包括 gag-pol 前体蛋白（NP_057849.4，长度是 1435 个氨基酸）和 HIV-1 pol 的成熟蛋白质（NP_789740.1，长度是 996 个氨基酸）。

要注意的是，NCBI 中的其他数据库并不适合查找病毒反转录酶的序列。比如 UniGene 没有收录病毒信息，OMIM 只收录人类的条目（例如，人类基因组中可能与 HIV 易感性的基因），不过 UniGene 和 OMIM 的确是有与 HIV 相关的基因的链接，如真核逆转录酶。

我们将看到 Entrez 条目可以限制 BLAST 搜索（第 4 章）；你可以在 BLAST 中输入分类标示符来限制任一物种或你感兴趣的分类组的输出。

如何访问数据集：区域和特征的大规模查询

思考把一个基因（或元件）和多个基因（元件）进行对比

在很多情况下，我们只对单个基因感兴趣。比如在整本书中我们都把 β 球蛋白基因（*HBB*）和血红蛋白作为基因和其相关蛋白产物的典型例子。

但在很多其他情况下，我们也会对由很多基因、蛋白质或其他任何元件组成的集合感兴趣。

- 完整的人类球蛋白基因都包括哪些基因？
- 这些基因都位于哪条染色体上？

11 号染色体上有多少外显子，每个外显子内部会出现多少重复元件？

显然，如果每次只查询一个基因的信息不仅枯燥、低效，也很容易产生错误。现在有很多生物信息学工具可以帮助我们来收集全基因组范围的信息。这里我们重点介绍两个资源：Ensembl 数据库（包括 BioMart 工具资源）和 UCSC Genome Browser（以及 Table Browser）。这两个重要资源相互补充，效用相当，都提供了功能强大的搜索选项。但他们在格式上有很大差异，所提供访问的数据集虽然相似，但可能并不完全一样。这两个资源都可以通过 Galaxy 进行访问，下文会具体介绍。

BioMart 项目

BioMart 项目提供了对多个数据库中的海量数据的便捷访问。这个项目的建立基于以下两个原则（Kasprzyk，2011）。第一个原则是"数据不可知性的建模"：在从各种范畴（包括第三方数据库）引入非常多的数据集合后，使用一种关联模式来访问这些数据。这个关联模式可将一个查询条目（例如一个基因的名字或染色体上的一个基因座）连接到与其相关的信息（例如基因结构的注释），即使产生这些信息的各个项目采用了不同的方式来处理数据。第二个原则是数据联合的形式，即将许多不同的数据库联合成一个单一、完整、虚拟的数据库。这样，当你使用 BioMart 搜索某个信息时，就有可能对与该信息相关的数百个资源（如本章已介绍的 RefSeq、Ensembl、HGNC、LRG、UniProt 和 CCDS 等资源）进行搜索，而 BioMart 看起来却是一个单一的数据库资源。

通过之后的习题 [2-4]～[2-6]，我们将展示从 BioMart 提取信息的两种不同方式。在第 8 章，我们会讲解利用 R 的 **biomaRt** 软件包来访问 BioMart。

使用 UCSC Table Browser

UCSC Table Browser 与 UCSC Genome Browser（Karolchik 等，2014）同样重要和有用。UCSC Table Browser 使得在 UCSC Genome Browser 上可视的同套数据可以以精确和完整的表格形式来进行呈现。这些表格可以被下载、浏览和查询。例如，将基因组设定成人类基因组（clade：Mammal；genome：Human；assembly：GRCh37/hg19；图 2.13a，箭头 1 所指），并选择一个数据轨如 RefSeq genes。感兴趣的区域可以定义为整个基因组（genome）、ENCODE 区域（ENCODE Pilot regions，见第 8 章）或者用户定义的某个区域（图 2.13a，箭头 2 所指）。在定位框（箭头 3 所指）中，可以输入感兴趣的基因名。输出格式可以设成 BED（即可拓展浏览数据格式，见下面描述）或其他几种格式（图.2.13b）。另外，你可以通过选择 Galaxy 或 Great（箭头 4 所指）的链接将结果传送到其他程序。图 2.13c 展示了以上选择后的 BED 格式输出结果。对于任意一个 Table Browser 查询条目，你都可得到输出结果的大小（箭头 5）的总结信息，也可通过点击 "get output" 来得到纯文本格式的 html 或（如果你愿意）一个压缩文件。

自定义数据轨：BED 文件的多用途性

基因组浏览器可展示不同类别染色体特征的信息，包括基因、调控区域、变异和保守信息等。我们有可能需要对这些信息进行自定义，这是基于以下两个主要原因：要获取给定类别的信息（如与一组外显子在特定距离范围内的所有 microRNA），或要上传我们感兴趣的信息（如微阵列芯片实验的结果所发现的受调控的那些 RNA 转录本，或我们通过实验获得的许多其他类型的数据结果）。

当我们分析二代测序数据时（第 9 章），我们也会遇到 BED 文件。BED 文件包括了 DNA 测序实验的信息（也可能是 RNA 测序或 RNA-seq 相关实验的信息）。我们会通过几种方式来探索分析 BED 文件的 BEDTools 软件，例如如何用该工具来展现重叠区域。

实际上自定义数据轨有许多文件格式，BED 文件［图 2.13（c）中展示的 Table Browser 的输出用 BED 展示］只是最常用的格式。BED 文件可以被上传到 UCSC，然后用 Genome Browser 来展示，或者再用 Table Browser 来进行分析。BED 格式要求文件必须包含 3 项内容（列）：染色体号、染色体起始位置和染色体终止位置。其他可选内容如下。

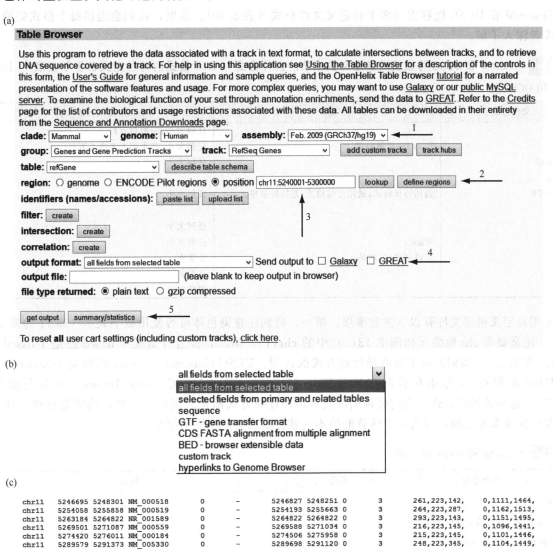

图 2.13　UCSC Genome Browser 提供了一个与之互补且同样有用的 Table Browser。（a）Table Browser 提供包括进化枝、基因组和基因组组装的选项（箭头 1 所指），例如 GRCh37（也叫 hg19）（我们会在第 20 章讨论人类基因组组装）。组（例如基因）、数据轨（例如 RefSeq 基因）和感兴趣的区域（箭头 2 所指）都可以进行选择。注意在位置框中（箭头 3 所指）你也可以输入基因名称（例如 HBB），再点击"look up"后，对应基因的坐标就会被输入位置框。下一步，选择输出格式（箭头 4 所指）。点击"summary statistics"（箭头 5 所指）可以查看你的查询中出现多少元素，或点击"get output"以获得完整的结果。（b）各种可用输出格式的例子。这些格式通常还有另一个网页来提供额外的选择（例如，序列可包括 DNA 或蛋白质；一个 BED 文件可包括一个完整的基因、编码外显子、或其他选项）。（c）一个 BED 文件输出的例子。BED 文件用途多样，可以被二代测序软件（第 9 章）等很多工具继续进行进一步的分析。

［来源：UCSC Genome Browser（http：//genome. ucsc. edu）］

- 第 4 列：名字。如在我们的例子中 RefSeq 标识已给。（要得到对应的基因符号，一种方法是把该列表输入到 BioMart 中）。
- 第 5 列：分数。范围从 1 到 1000，分数越高灰度越深。
- 第 5 列：正负链。我们例子中都是负链 (-)。
- 第 7、8 列：加粗起始和加粗终止位置。这样可以加粗显示某些特定位置，比如基因上的编码区域。
- 第 9 列：RGB 颜色值。RGB（红绿蓝）输出值（如 0、255、0）可用于指定输出结果的颜色。
- 第 10~12 列：区块数目，区块大小，区块起始。显示每行有多少区块（如外显子）、区块大小和区块的起始位置。

Ensembl 和 UCSC 能够支持多个自定义文件格式（表 2.10）。这里，我们会提供每个格式的网页文档以供读者深入了解。

表 2.10 Ensembl 和 UCSC 可以使用自定义数据轨的文件格式。GTF 格式的两种定义都显示在表中（来自 Ensembl 和 UCSC）。

文件格式	定义	文件一般大小
BAM		任何大小；一般百万行
BED	Browser 扩展数据	任何大小；几十到上千或百万行
BedGraph		任何大小
bigBed		
GFF/GTF	通用特征格式，通用传输格式，基因转换格式	任何大小
MAF		
PSL		任何大小
WIG	Wiggle	任何大小
BAM	二进制比对/回贴	非常大
BigWig		非常大
VCF		非常大

使用自定义格式文件有以下注意事项。第一，特别注意染色体可否使用数字表示（如 11 为第 11 号染色体），还是要有 chr 前缀 [如图 2.13(c) 中的 chr11]？第二，位置计数是 0-based 还是 1-based（见表 2.11）。在框 2.5，我们解释了这两种计数方式的区别。UCSC Genome Browser 用的是 1-based 的计数方式，HBB 基因在 11 号染色体的起始位置是 5246696，而在 UCSC Table Browser 中其起始位置为 5246695。这不是错误，这里我们要说明的是这两种计数方式都是常用的。当然，搞清楚计数方式对于分析基因组变异非常重要，因为一个核苷酸的不同就会造成完全不同的结果。

表 2.11 1-based 和 0-based 计数

数据来源	系统	链接
Python	0-based	
UCSC browser(BED 或其他格式)	0-based	
UCSC 数据(BED 或其他格式)	0-based	
BAM 文件(第 9 章)	0-based	http://samtools. sourceforge. net/SAM1. pdf(链接 2.88)
Ensembl	1-based	http://www. ensembl. org/Help/Faq? id=286(链接 2.89)
UCSC browser(坐标格式)	1-based	http://genome. ucsc. edu/FAQ/FAQtracks. html(链接 2.90)
BLAST(第 4 章)	1-based	
GFF 文件(第 9 章)	1-based	
VCF 文件(第 9 章)	1-based	http://www. 1000genomes. org/wiki/Analysis/Variant%20Call%20 Format/vcf-variant-call-format-version-41(链接 2.91)

注：来源于 http://alternateallele. blogspot. com/2012/03/genome-coordinate-cheat-sheet. html（链接 2.92）。

框 2.5　1-based 和 0-based 计数方式

计算核苷酸的位置出乎意料地复杂。如果我们在 UCSC Genome Browser （GRCh37/hg19 build） 输入 HBB，我们可以看到，该基因跨越 1606 个碱基对，坐标是 chr11：5246696－5248301。但如果你链接到 UCSC Table Browser，在 Region 选项下选择这个位置 （chr11：5246696-5248301），并选择 BED （浏览框扩展数据） 输出格式，结果是 chr11：5246695-5248301。你可以尝试任何基因或基因座！对于上面的例子，现在在第一个位置是以 5 而不是以 6 结束，表示有一个碱基对的差异。为什么？

事实上，有两种不同的方式来计数坐标位置。第一种是 1-based 计数方式，认定第一个碱基的位置为 1。我们假设 1 号染色体以 GATCG 核苷酸串起始，其位置就会是 chr：1-5。而该区间的长度为结束位置－开始位置＋1 （也即 5－1＋1 ＝5）。TCG 的位置则是 3-5。这种 1-based 的计数方式被 Ensembl 和 UCSC Genome Browser 采纳，也用于在第九章会提到的 GFF、GTF 和 VCF （这些是提供基因组变异的信息的文件） 这些文件格式中。BLAST （第 3～5 章） 用的也是 1-based 计数方法，R 语言也如此。1-based 计数的好处是比较直观并且我们也习惯这么用，缺点是在计算区间长度时，如果直接用最大值 （5） 减去最小值 （1） 会得到错误的长度 4。

另一种计数方式则是 0-based 计数方式。UCSC Genome browser 中的 BED 文件采用了这种方式，其他一些展示基因组数据的格式也采用了该方式。BAM/SAM 文件 （第 9 章） 存储了核苷酸序列回贴到参考基因组的结果，也使用 0-based 计数方式。python 语言也是。在我们这个简单的例子中，GATCG 用 0-based 计数方式的位置为 chr：0-4。结束位置为 5，这样区间长度为结束位置减去开始位置 （这里 5－0 ＝5）。5 减去 0 会得到正确的区间长度 5。

表 2.11 列举了几个采用 1-based 或 0-based 计数方式的数据库。0-based 计数的 BED 格式也是 "半开放"，也即开始位置是包含性的，而结束位置则不是。对于 5 个核苷酸的区间位置，1-based 是 1：5，而在 0-based 的 BED 格式中则开始位置是 0，结束位置是 5。

Galaxy：可重复的、基于网页的高通量研究

Galaxy 是基于网页的分析平台，可接受包括如 BioMart 和 UCSC Table Browser 等多个来源的输入文件。访问 Galaxy 网页，我们可以看到它有三个版块：工具 （左）、显示 （中间） 和浏览历史 （右）。Galaxy 的主要优势在于：

① 它提供了大量整合的工具可用于多种类型数据 （尤其是大规模的高通量数据） 的输入和分析。

② 它是基于网页的，提供了大量在其他平台上需要通过命令行来执行的软件包 （对于想了解这些软件的用户，它至少提供了一个简便的软件版本可供使用和研究）。

③ 它促进了可重复性研究，这是因为你的每一个分析步骤都会被记录、储存并与他人共享。

Galaxy 团队已经发表了如何使用 Galaxy 的系列论文 （Blankenberg 等，2011；Goecks 等，2010，2013；Hillman-Jackson 等，2012），包括它在二代测序序列分析的应用 （Goecks 等，2012） 及其 Tool Shed 和 Tool Factory 工具 （Lazarus 等，2012） 等。

要检验 Galaxy 使用，从工具列表里点击 "Get Data"，然后选取 UCSC Table Browser，之后其会在 Galaxy 中间的窗口显示出来。选取人类 β 球蛋白 （hbb），并设定格式为序列，选取蛋白质序列，然后将结果输出到 Galaxy。在 Galaxy 上，序列记录会出现在右边的历史窗口，可通过点击眼睛图案的图标显示出来。然后，你可以选择数百种工具来做进一步分析。

我们可能会在如下的场景下遇到 Galaxy：

- 我们可以获取蛋白质序列 （如从 UCSC） 并进行序列比对 （第 3 章习题 3.3）。
- 它在基因组 DNA 序列比对时非常有用。
- 在对染色体进行探索时，我们可获取人类基因组上的微卫星序列；我们可以创制一个表格，包含它们在基因组上的位置并对其排序找出其中最长的一个 （第 8 章习题 8.1）。

在 http://usegalaxy.org （链接 2.61） 可以访问 Galaxy。

NLM 网址 http://www.nlm.nih.gov/ （链接 2.61），PubMed 网址 http://www.ncbi.nlm.nih.gov/pubmed/ （链接 2.63）。在 2013 年，执行了超过 25 亿次 MEDLINE/PubMed 搜索 （可看 http://www.nlm.nih.gov/bsd/bsd_key.html，链接 2.64）。

在 http://www.nlm.nih.gov/bsd/pubmed_tutorial/m1001.html （链接 2.65） 提供了 PubMed 的教程。

在 http://www. nlm. nih. gov/bsd/index _ stats _ comp. html（链接 2.66）描述了 MEDLINE 的增长。尽管多国对 MEDLINE 都做出贡献，但英语书写的文章从 1996 开始的 59％上升到 2014 年 的 93％（http://www. nlm. nih. gov/bsd/medline _ lang _ distr. html，链接 2.67）。

- 在分析二代测序数据（第 9 章）时，我们可以输入 FASTQ 文件（还可以在 Galaxy 使用 FASTQC 做质量分析），执行序列比对，并分析 BAM 和 VCF 文件（第 9 章）。
- Galaxy 因含有 RNA-seq 数据分析的成套软件而被大家所常用。基于命令行操作的软件如 Bowtie 和 BWA（见第 11 章）都可以在 Galaxy 上使用。

2.9 生物医学文献的获取

美国国家医学图书馆（NLM）是全球最大的医学图书馆。NLM 在 1971 年创立了书目数据库—MEDLINE（Medical Literature，Analysis，and Retrieval System Online 中文译名：医学文献分析和联机检索系统）。目前 MEDLINE 收录了来自超过 5600 个生物医学期刊中发表的超过两千四百万篇生命科学领域的期刊论文，可通过 NCBI 旗下的 PubMed 数据库免费访问。MEDLINE 和 PubMed 都提供数据库访问，而 PubMed 更包含了对论文全文的链接。PubMed 还提供了对 NCBI 所维护的各种整合的生物分子数据库的数据访问和链接。这些整合的数据库囊括了 DNA 和蛋白质序列、基因组回贴数据和蛋白质的三维结构信息。

PubMed 搜索案例

在 PubMed 上搜索 "beta globin"（用双引号）可得到约 6700 条结果。框 2.6 描述了如何在 PubMed 上使用布尔操作符的信息。当然，还有许多其他方法来限定搜索内容。使用过滤器（左边框）这一功能，并尝试限定结果只显示可以从 PubMed 上免费获取的文章。

框 2.6 维恩图展示针对假设的搜索词条 1 和词条 2 的布尔操作符 AND、OR 和 NOT。

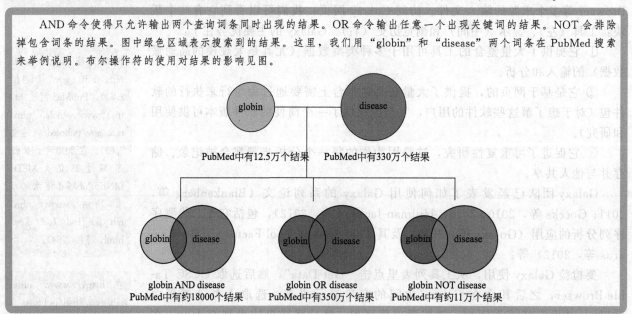

AND 命令使得只允许输出两个查询词条同时出现的结果。OR 命令输出任意一个出现关键词的结果。NOT 会排除掉包含词条的结果。图中绿色区域表示搜索到的结果。这里，我们用 "globin" 和 "disease" 两个词条在 PubMed 搜索来举例说明。布尔操作符的使用对结果的影响见图。

PubMed 中有12.5万个结果　　PubMed 中有330万个结果

globin AND disease
PubMed 中有约18000个结果

globin OR disease
PubMed 中有350万个结果

globin NOT disease
PubMed 中有约11万个结果

MeSH 网址为 http://www.ncbi.nlm.nih.gov/mesh（链接 2.68）；你也可以通过包含 PubMed 网页的 NCBI 网站来访问 MeSH。

医学主题词（The Medical Subject Headings，MeSH）浏览器提供了方便的方式来用于重点关注或拓展某一搜索。MeSH 是一个严格限定的词汇同义词辞典，含有 26000 个单词描述（主题词）。在 PubMed（或 NCBI 主页）上，选择 MeSH 并输入 "beta globin"，会显示一系列包括 "beta-Globins" 的可能相关的主题。通过添加 MeSH 词条，可以针对感兴趣的信息让搜索的结果更加突出重点并更加结构化。Lewitter（1998）、Fielding 和 Powell（2002）探讨过进行有效的 MEDLINE 搜索的策略，如避免 MeSH 术语中的不一致，并在敏感性（发现相关性文章）和特异性

（排除不相关性文章）中间找到一个平衡点。例如，对于一个还没有被很好索引的主题，把 MeSH 词条与一个文本关键词结合可能会很有帮助。有时截断单词来搜索也会有帮助，例如"therap＊"加入了一个通配符，使得我们可获得单词的不同变体，如 therapy、therapist 和 therapeutic 等。

2.10　展望

生物信息学是一个新兴的领域，其定义特征是数据库中生物信息的不断累积。三大主要的传统 DNA 数据库——GenBank、EMBL-Bank 和 DDBJ，每一年会增加数百万新序列及数十亿个核苷酸信息。与此同时，二代测序技术正在产生数量更加巨大的 DNA 信息 。一个正在对 10 个人的个人基因组测序的实验室可能一个月内便产生一万亿碱基对 DNA 序列（1 terabase）。

在这一章中，我们描述了寻找单个基因（以 β 球蛋白为例）及基因集合的 DNA 和蛋白质序列信息的方式。还有很多其他来源的数据库和资源，其中有些是网站，有些则是通过编程语言（如 R 包或 NCBI E-Utilities）进行访问。越来越得到认可的是并没有一个唯一正确的方式来获取信息，有许多方法都是可行的。此外，数据库资源，如本章中描述的那些（例如，NCBI、ExPASy、EBI/EMBL 和 Ensembl），都是紧密相关的并相互提供访问链接。

2.11　常见问题

在获取序列和文献信息时，会碰到许多常见问题。在任何搜索中，最重要的第一步是明确你的目标：例如，明确你想要的是蛋白质还是 DNA 序列数据。一个常见的问题是数据库搜索会返回太多信息，这个问题可以通过学习如何添加适当的限制条件来进行特定的搜索而得到解决。

令人惊讶的是学生们经常一开始就研究错误的基因。浏览人类基因组组织（HUGO）和基因命名委员会（HGNC）的网站（http://www.genenames.org，链接 2.69）是一个好方法。他们展示了人类基因的官方基因符号并带有到重要数据资源（如 Ensembl 和 NCBI）的相关链接。给定一组感兴趣的基因的符号，你可以把包括这些符号的一个文本文件上传到 BioMart 来确认所有的符号是否正确 。

2.12　给学生的建议

建议你访问主要的生物信息学网站（EBI、NCBI、Ensembl、UCSC），并花大量时间来深入探索每一个。你可能有一个感兴趣的蛋白质、基因、通路、疾病、物种或其他主题。如果是这样，你可以学习一切与这个主题相关的东西；你应该了解所有可知的东西。如果你不能确定一个特定的主题，则可以把注意力集中在我们所举例的研究较多、很著名的蛋白质——β 球蛋白。尝试对比一次研究一个基因和一组基因（或蛋白质或其他分子）。当我们提到用 BioMart 进行批量查询时，你们可以尝试来自己操作。后续，我们将会在包含数千甚至数百万行数据的高通量数据集上进行研究。其实，查询一百万个（索引编号）就跟查询一百个一样轻松。如果你有问题，试试 Biostars（http://www.biostars.org；链接 2.70），看是否有其他人提出类似的问题，或注册账号并发布自己的问题。

2.13　网络资源

你可以通过访问本书的网站（http://www.bioinfbook.org）来找到网页链接、网页文档（PPT、PDF）、视听文件的讲座和额外的链接。主要网站通常会提供如教程和网站概述等大量信息的接口。这些网站包括 Ensembl（http://www.ensembl.org/info/，链接 2.71）、EBI（http://www.ebi.ac.uk/training/，链接 2.72）、NCBI（http://www.ncbi.nlm.nih.gov/guide/training-tutorials/，链接 2.73）和 UCSC Genome Bioinformatics（http://genome.ucsc.edu/training.html，链接 2.74）。至于文献检索，国家医学图书馆提供了 PubMed 教程（http://www.nlm.nih.gov/bsd/disted/pubmedtutorial/，链接 2.75）

和精彩的在线培训资源（http://www.nlm.nih.gov/bsd/disted/pubmed.html，链接 2.76）。

问题讨论

[2-1] 数据库中会有哪些类型的错误？如何评估这些错误？

[2-2] 有大量研究人员向 GenBank 提交数据，GenBank 如何进行数据质量调控？

习题/计算机实验

[2-1] 这个问题的目的是向你介绍如何使用 Entrez 与相应的 NCBI 资源。人类有多少蛋白大于 300000 道尔顿？序列最长的人类蛋白是什么？有几种不同的方法可以解决这些问题。

（1）从 NCBI 主页选择数据资源的字母列表或下拉菜单找到 Protein，并在左侧边栏用过滤器来限制词条为人类。

（2）输入格式为 xxxxxx：yyyyyy [molwt] 的命令来限制输出特定分子量大小的蛋白质；例如，002000：010000 [molwt] 表示将会输出分子量为 2000～10000 的蛋白质。

（3）作为另一种不同的方法，搜索 30000：50000 [Sequence Length]

（4）你可以在 NCBI Gene（http://www.ncbi.nlm.nih.gov/gene/7273，链接 2.77）上阅读到更多关于人类最长序列蛋白——titin（肌联蛋白，NP_596869.4）的信息。蛋白质平均长度为几百个氨基酸，而 titin 却长达 34423 个氨基酸。

（5）阅读 NCBI 手册的章节，对利用 NCBI Entrez 检索进行更多探索。（http://www.ncbi.nlm.nih.gov/books/NBK44864/，链接 2.78）

[2-2] 这个问题的目的是从 NCBI 网站获取信息。人类 β 球蛋白的 RefSeq 索引编号是 NP_000509。到 NCBI 中（http://www.ncbi.nlm.nih.gov/），查看黑猩猩（*Pan troglodytes*）β 球蛋白的 RefSeq 索引编号是什么？

（1）有几种不同的方法来解决这个问题。可以进入 NCBI 主页输入 chimpanzee globin；或使用 NCBI Protein 的物种限制条件，或使用 Taxonomy Browser 来找到黑猩猩的 NCBI Gene 条目。

（2）HomoloGene（http://www.ncbi.nlm.nih.gov/homologene，链接 2.38）是一个了解一系列相关真核蛋白质的很好的资源。可以用 HomoloGene 找到包括黑猩猩的 β 球蛋白的 β 球蛋白集合。

[2-3] 这个练习的目的是熟悉 EBI 的网站和如何使用它来访问信息。

（1）访问网站（http://www.ebi.ac.uk/，链接 2.5）。在主查询框中输入 hemoglobin beta（或查询 human hemoglobin beta）。

（2）查看结果，探索关于通路、基因组、核苷酸和蛋白质序列、蛋白结构、蛋白质家族以及其他更多信息的不同链接。

[2-4] 如何从 BioMart 获取信息：β 球蛋白基因座。

（1）访问 http://www.ensembl.org 并从中链接到 BioMart。

（2）首先选择一个数据库；我们会选择 Ensembl Genes 71。

（3）选择数据集：Homo sapiens genes（GRCh37.p10）。注意还有其他可用数据集。

（4）选择一个过滤条件。这里的选择包括区域、基因、转录事件、表达、多物种比较、蛋白质结构域与变异。选择 "region" 为第 11 号染色体，并输入基因起始位置（Gene Start）（碱基对）：5240000 和基因结束位置（Gene End）：5300000。（注意，这个区域跨越 6 万个碱基，对应 chr11：5240001-5300000。）

（5）选择属性。选择下面的特征属性。在 "Gene" 中选择 Ensembl Gene ID 和 GC％含量。在 "External" 选择外部参考 CCDS ID、HGNC symbol（这是官方基因符号）和 HGNC ID。

（6）在左上角点击 "Count"。至此，有 8 个基因符合这些标准。

（7）要查看结果可选择 "Results"。注意你可以把你的结果以多种格式（如用逗号分隔或 CSV 文件格式）输出从而进行进一步操作（如转换成 BED 文件）。

[2-5] BioMart：如何利用列表。这个练习的目的是了解通过上传感兴趣的基因标识名从而获取 BioMart 上的基因信息的步骤。如问题 [2-4] 的步骤，但过滤条件选择为 Gene（而不是 region），选择 ID

列表限制并下拉菜单至 HGNC 符号，然后浏览有基因符号的文本列表。查看网页文档 2.5 的文本文件中所列出 13 个人类球蛋白的基因官方符号（*CYGB*、*HBA1*、*HBA2*、*HBB*、*HBD*、*HBE1*、*HBG1*、*HBG2*、*HBM*、*HBQ1*、*HBZ*、*MB*、*NGB*）。你也可以手动输入这些基因符号。选择不同于问题 [2-4] 的属性参数，这样你就可以进一步探索 BioMart 资源。

[2-6] 从 Ensembl 获取信息。

(1) 访问 Ensembl 人类资源。

(2) 在主搜索框中输入 11：5240001-5300000。结果页面会显示几个面板。最上面，整个 11 号染色体都会显示。我们选择的区域在该染色体上哪里？该区域位于哪个染色体条带？

(3) 下一个面板展示了区域的更细致信息。所显示区域有多大？有多少碱基对？一般情况，编码嗅觉受体的基因缩写成 OR 和在其后面紧接着的数字和字母（如，OR51F1）。我们所选择的 60kb 长区域两侧大约有多少嗅觉基因？是否可以知道具体有多少 OR 在该区域内？

(4) 接着我们看所选的区域（11：5240001- 5300000）。注意会有各种水平数据轨（与 UCSC Genome Browser 相似）。

[2-7] 从 UCSC 获取信息。血红蛋白是个四聚体，由 2 个 α 球蛋白亚基和 2 个 β 球蛋白亚基组成。对于 α 球蛋白，有 2 个相关的人类基因（官方的基因名称是 *HBA1* 和 *HBA2*）。用 UCSC Genome Browser（http：//genome. ucsc. edu/）来确定 *HBA1* 和 *HBA2* 之间的基因间区域的长度。

[2-8] 从 UCSC 获取信息。人类 β 球蛋白的基因上的重复 DNA 元件是什么类型？这个练习的目的是让你熟悉使用 UCSC Genome Browser。作为用户，你需要选择要显示的数据轨。尽可能多次访问探索，搞明白 Genome Browser 上面主要的分类信息。在 Genome Browser 上进行操作时，你可能会需要在 GRCh37 和 GRCh38 两个基因组组装版本上进行切换。切换时，可在 "View" 的下拉菜单中选择 "In other genomes (convert)"，并执行以下步骤。

(1) 访问 http：//genome. ucsc. edu/cgi-bin/hgGateway。设置 clade 为 Mammal，genome 为 Human，assembly 为 NCBI37/hg19，并在 "gene" 框输入 hbb（β 球蛋白）后点击提交。注意 HBB 是官方基因符号，但也可以用小写 hbb 进行搜索。用 NCBI Gene（或 HGNC 网页 http：//www. genenames. org）来查找你感兴趣基因的官方基因符号。

(2) 点击 " default tracks" 按钮。记住你在查看的位置（11 号染色体，染色体短臂或 "p" 臂起点附近跨越 1606 个碱基对）。注意有 10 多个置于水平方向的数据轨。

(3) 其中一个数据轨是 "Repeating Elements by Repeat- masker"，有 2 个黑色的区块。右击区块并选择 " Full"。或者向下滚动，选择 "Variation and Repeats"，定位在 "RepeatMasker"，并把下拉菜单设置从 "dense" 改成 "full"。也要注意的是，点击蓝色标题 "RepeatMasker" 可以访问描述 RepeatMasker 的程序及其在 UCSC Genome Browser 使用事项的网页。

(4) 查看 RepeatMasker 输出结果。选择一个答案。

(a) 没有重复元件

(b) 有一个 SINE 元件和一个 LINE 元件

(c) 有一个 LTR 元件和一个卫星元件

(d) 有一个 LINE 元件和一个低复杂度元件

(e) 有很多个重复元件

[2-9] 从 UCSC Table Browser 获取信息。人类 β 球蛋白上有多少 SNP？可以用 UCSC Table Browser 解决这个问题。Table Browser 和 Genome Browser 一样实用。它输出的表格而非视图。通常通过 Genome Browser 来可视化计量元素是不切实际（或者不准确）的。我们又经常希望能够获得在一些染色体区域或整个基因组上有关遗传特征的量化信息。这里，我们关心单核苷酸多态性（SNPs）相关问题，后者指在一个种群内的不同个体上存在不同的核苷酸（也就是多态性）所对应的那些位点。我们可进行如下步骤。

(1) 从 UCSC Genome Browser 的 HBB 区域开始，然后点击上方的 " Tables"。或者是到 UCSC 网页（http：//genome. ucsc. edu）点击 Tables。设置 clade 为 Mammal，genome 为 Human，assembly 为 NC-BI37/hg19，group 为 Variation，tracks 为 AIISNPs（142），table 为 SNP142 和 region 为 chr：5246696-

5248301 的位置信息。如果没有设置位置信息，可以在 position 中输入 hbb，点击"lookup"，这样正确的位置就会被输入。

（2）想查看该问题的答案，点击"summary/ statistics"。条目计数会告诉你一共有多少 SNP。

（3）想以表格形式查看答案，把"output"设置成"all fields from selected table"，并确保"Send output to Galaxy/GREAT"没有选上，然后点击"get output"。SNPs 会以表格形式输出包括染色体、开始和结束位置等的信息。

（4）尝试不同输出选项，如 bed 文件或自定义数据轨。你也可以输出信息到文件并保存到你的计算机。

[2-10] 从 Galaxy 获取信息。在第 21 号染色体上，最大的 RefSeq 基因有多大？用 Galaxy 解决该问题。

（1）首先访问 Galaxy（http://usegalaxy.org）。也可以进行注册（在 User）。

（2）左侧侧边栏，选择"Get Data"，然后选"UCSC Main Table Browser"。

（3）设置 clade（Mammal）、genome（Human）、assembly（GRCh37 或 GRCh38）、group（Genes and Gene Prediction Tracks）、track（RefSeq Genes）、table（RefGene）、region（点击 position 输入 chr21，不带双引号），然后点击 position 右边的"lookup"。在 output format 选"BED-browser extensible data"，最后点击"Send output to Galaxy"。

（4）另外，可以点击"summary/statistics"来快速查看 21 号染色体对应多少个蛋白质。（目前的答案是 636）

（5）在页面的左下角，单击"get output"，注意你有多种输出选项；选择"BED"，然后单击"Send query to Galaxy"。

（6）Galaxy 中央面板会通知你：工作已被添加到队列中。

（7）右侧面板会显示你的数据集历史。点击 dataset header（1：UCSC Main on Human：refGene (chr21：1-46944323)）来查看区域的数量和纵列标题。点击"眼睛"图标，在中央视窗中查看你的数据。

（8）下一步，弄明白基因大小。首先，添加新列。在面板左侧点击"Text Manipulation"，然后点"Compute an expression on every row"。在每个基因的结束位置减去开始位置，将值添加到 $c3 - c2$。在"Round result?"选"Yes"并点击"Execute"。

（9）新数据集生成，名为"Compute on data 1"。基因大小会出现在新的第 13 列上。在 Galaxy 左侧栏点击"Filter and Sort"，点击"Sort data in ascending or descending order"并选择查询；列（c13）；特性（按数值排序）；顺序（降序）；最后点击"Execute"。

（10）新数据集生成。点击眼睛图标查看你在 Galaxy 主面板上的电子表格。答案就在第一行上。或者到"Text Manipulation"选择"Cut columns from a table"，把这几列（c5、c6、c7、c8、c9、c10、c11、c12）剪切掉。这可以清理你的表格，使之更容易查看第 13 列的基因长度。

自测题

[2-1] 以下哪个不是正确的索引编号格式（注意：要回答这个问题，你并不需要查找以下这些索引编号所对应的特定条目。）

（a）rs41341344；

（b）J03093；

（c）1PBO；

（d）NT_030059；

（e）以上都是正确格式。

[2-2] 问题：索引编号为 NM_005368.2 的人类基因在哪个染色体上？提示：尝试参考 NCBI Gene 上的链接。选一个答案。

（a）11p15.5；

（b）2q13.1；

(c) Xq28；

(d) 21q12；

(e) 22q13.1

[2-3] 目前 UniGene 上大约有多少人类基因簇？

(a) 大约 8000；

(b) 大约 20000；

(c) 大约 140000；

(d) 大约 400000

[2-4] 你对某个基因很感兴趣，并想知道知道该基因在哪个组织中表达。以下哪个资源最能够回答帮助该问题？

(a) UniGene；

(b) Entrez；

(c) PubMed；

(d) PCR

[2-5] 一个基因是否有可对应多个 UniGene 基因簇？

(a) 是；

(b) 否

[2-6] 下面哪个数据库是源于 mRNA 信息的？

(a) dbEST；

(b) PBD；

(c) OMIM；

(d) HTGS

[2-7] 下面哪个数据库可以用来获取人类疾病的文本信息？

(a) EST；

(b) PBD；

(c) OMIM；

(d) HTGS

[2-8] RefSeq 和 GenBank 有何区别？

(a) RefSeq 含有不同实验室和测序项目所提交的公开的 DNA 序列；

(b) GenBank 提供了非冗余数据；

(c) GenBank 序列数据是源于 RefSeq；

(d) RefSeq 序列数据是源于 GenBank 并提供非冗余的经过校正的数据

[2-9] 如果你想获取文献信息，访问哪个网站最佳？

(a) OMIM；

(b) Entrez；

(c) PubMed；

(d) PROSITE

你可以访问 NAR 数据库期刊 http://nar.oxfordjournals. org/（链接 2.79）。NCBI 手册 "Entrez Sequences Help" 在线上 http://www. ncbi. nlm. nih. gov/books/NBK44864/（链接 2.80）。其他帮助还有 "MyNCBI Help"（http://www. ncbi. nlm. nih. gov/books/NBK3843/，链接 2.81） and PubMed Help（http://www. ncbi. nlm. nih. gov/books/NBK3830/，链接 2.82）。NCBI 手册可获得 http://www. ncbi. nlm. nih. gov/books/NBK143764/（链接 2.83）。

推荐读物

生物信息学数据库发展非常迅速。每年一月份，《核酸研究》（Nucleic Acids Research）期刊的第一期会包括近 100 篇关于数据库的论文。这些论文包括对 NCBI（NCBI Resource Coodinators，2014）、GenBank（Benson 等，2015）和 EMBL（Cochrane 等，2008）等数据库的描述。Gretchen Gibney 和 Andreas Baxevanis（2011）写了一篇名为 "Searching NCBI Databases Using Entrez" 的论文，可以作为非常好的使用教程。NCBI 网站提供了非常丰富的网页文档，包括 Entrez Sequences Help 等。

参 考 文 献

Adams, M. D., Kelley, J.M., Gocayne, J.D. *et al.* 1991. Complementary DNA sequencing: Expressed sequence tags and human genome project. *Science* **252**, 1651–1656. PMID: 2047873.

Altschul, S. F., Gish, W., Miller, W., Myers, E. W., Lipman, D. J. 1990. Basic local alignment search tool. *Journal of Molecular Biology* **215**, 403–410. PMID: 2231712.

Altschul, S. F., Madden, T.L., Schäffer, A.A. *et al.* 1997. Gapped BLAST and PSI-BLAST: A new generation of protein database search programs. *Nucleic Acids Research* **25**, 3389–3402. PMID: 9254694.

Amberger, J., Bocchini, C., Hamosh, A. 2011. A new face and new challenges for Online Mendelian Inheritance in Man (OMIM®). *Human Mutations* **32**(5), 564–567. PMID: 21472891.

Beach, E.F. 1961. Beccari of Bologna. The discoverer of vegetable protein. *Journal of the History of Medicine* **16**, 354–373.

Benson, D.A., Clark, K., Karsch-Mizrachi, I. *et al.* 2015. GenBank. *Nucleic Acids Research* **43**(Database issue), D30–35. PMID: 25414350.

Blankenberg, D., Coraor, N., Von Kuster, G. *et al.* 2011. Integrating diverse databases into an unified analysis framework: a Galaxy approach. *Database (Oxford)* **2011**, bar011. PMID: 21531983.

Boguski, M. S., Lowe, T. M., Tolstoshev, C. M. 1993. dbEST: database for "expressed sequence tags." *Nature Genetics* **4**, 332–333. PMID: 8401577.

Brooksbank, C., Bergman, M.T., Apweiler, R., Birney, E., Thornton, J. 2014. The European Bioinformatics Institute's data resources 2014. *Nucleic Acids Research* **42**(1), D18–25. PMID: 24271396.

Cochrane, G., Akhtar, R., Aldebert, P. *et al.* 2008. Priorities for nucleotide trace, sequence and annotation data capture at the Ensembl Trace Archive and the EMBL Nucleotide Sequence Database. *Nucleic Acids Research* **36**, D5–12. PMID: 18039715.

Dalgleish, R., Flicek, P., Cunningham, F. *et al.* 2010. Locus Reference Genomic sequences: an improved basis for describing human DNA variants. *Genome Medicine* **2**(4), 24. PMID: 20398331.

Farrell, C.M., O'Leary, N.A., Harte, R.A., *et al.* 2014. Current status and new features of the Consensus Coding Sequence database. *Nucleic Acids Research* **42**(1), D865–872. PMID: 24217909.

Fielding, A. M., Powell, A. 2002. Using Medline to achieve an evidence-based approach to diagnostic clinical biochemistry. *Annals of Clinical Biochemistry* **39**, 345–350. PMID: 12117438.

Fleischmann, R. D., Adams, M.D., White, O. *et al.* 1995. Whole-genome random sequencing and assembly of *Haemophilus nsemble* Rd. *Science* **269**, 496–512. PMID: 7542800.

Flicek, P., Amode, M.R., Barrell, D. *et al.* 2014. Ensembl 2014. *Nucleic Acids Research* **42**(1), D749–755. PMID: 24316576.

Frankel, A. D., Young, J. A. 1998. HIV-1: Fifteen proteins and an RNA. *Annual Reviews of Biochemistry* **67**, 1–25. PMID: 9759480.

Gibney, G., Baxevanis, A.D. 2011. Searching NCBI databases using Entrez. *Current Protocols in Bioinformatics* **Chapter** 1, Unit 1.3. PMID: 21633942.

Goecks, J., Nekrutenko, A., Taylor, J., Galaxy Team. 2010. Galaxy: a comprehensive approach for supporting accessible, reproducible, and transparent computational research in the life sciences. *Genome Biology* **11**(8), R86. PMID: 20738864.

Goecks, J., Coraor, N., Galaxy Team, Nekrutenko, A., Taylor, J. 2012. NGS analyses by visualization with Trackster. *Nature Biotechnology* **30**(11), 1036–1039. PMID: 23138293.

Goecks, J., Eberhard, C., Too, T. *et al.* 2013. Web-based visual analysis for high-throughput genomics. *BMC Genomics* **14**, 397. PMID: 23758618.

Gray, K.A., Daugherty, L.C., Gordon, S.M. *et al.* 2013. Genenames.org: the HGNC resources in 2013. *Nucleic Acids Research* **41**(Database issue), D545–552. PMID: 23161694.

Harrow, J.L., Steward, C.A., Frankish, A. *et al.* 2014. The Vertebrate Genome Annotation browser 10 years on. *Nucleic Acids Research* **42**(1), D771–779. PMID: 24316575.

Harte, R.A., Farrell, C.M., Loveland, J.E. *et al.* 2012. Tracking and coordinating an international curation effort for the CCDS Project. *Database* **2012**, bas008. PMID: 22434842.

Hillman-Jackson, J., Clements, D., Blankenberg, D. *et al.* 2012. Using Galaxy to perform large-scale interactive data analyses. *Current Protocols in Bioinformatics* **Chapter** 10, Unit10.5. PMID: 22700312.

Karolchik, D., Hinrichs, A.S., Furey, T.S. *et al.* 2004. The UCSC Table Browser data retrieval tool. *Nucleic Acids Research* **32**(Database issue), D493–496. PMID: 14681465.

Karolchik, D., Barber, G.P., Casper, J. *et al.* 2014. The UCSC Genome Browser database: 2014 update. *Nucleic Acids Research* **42**(1), D764–770. PMID: 24270787.

Kasprzyk, A. 2011. BioMart: driving a paradigm change in biological data management. *Database* (Oxford) **2011**, bar049. PMID: 22083790.

Kent, W.J. 2002. BLAT: the BLAST-like alignment tool. *Genome Research* **12**(4), 656–664. PMID: 11932250.

Kosuge, T., Mashima, J., Kodama, Y. *et al.* 2014. DDBJ progress report: a new submission system for leading to a correct annotation. *Nucleic Acids Research* **42**(1), D44–49. PMID: 24194602.

Lampitt, A. 2014. Hadoop: A platform for the big data era. Deep Dive Series, Infoworld.com. Available at: http://www.infoworld.com/d/big-data/download-the-hadoop-deep-dive-210169?idglg=ifwsite_na_General_Deep%20Dive_na_lgna_na_na_wpl (accessed 30 January 2014).

Lazarus, R., Kaspi, A., Ziemann, M., Galaxy Team. 2012. Creating reusable tools from scripts: the Galaxy Tool Factory. *Bioinformatics* **28**(23), 3139–3140. PMID: 23024011.

Lewitter, F. 1998. Text-based database searching. *Bioinformatics: A Trends Guide* **1998**, 3–5.

Maglott, D., Ostell, J., Pruitt, K.D., Tatusova, T. 2007. Entrez Gene: gene-centered information at NCBI. *Nucleic Acids Research* **35**, D26–31. PMID: 17148475.

Magrane, M., UniProt Consortium. 2011. UniProt Knowledgebase: a hub of integrated protein data. *Database* (Oxford) **2011**, bar009. PMID: 21447597.

Mariño-Ramírez, L., Levine, K.M., Morales, M. *et al.* 2011. The Histone Database: an integrated resource for histones and histone fold-containing proteins. *Database* **2011**, article ID bar048, doi:10.1093/database/bar048.

Nakamura, Y., Cochrane, G., Karsch-Mizrachi, I., International Nucleotide Sequence Database Collaboration. 2013. The International Nucleotide Sequence Database Collaboration. *Nucleic Acids Research* **41**(Database issue), D21–24. PMID: 23180798.

NCBI Resource Coordinators. 2014. Database resources of the National Center for Biotechnology Information. *Nucleic Acids Research* **42**(Database issue), D7–17. PMID: 24259429.

Noble, W.S. 2009. A quick guide to organizing computational biology projects. *PLoS Computational Biology* **5**(7), e1000424. PMID: 19649301.

Ogasawara, O., Mashima, J., Kodama, Y. *et al.* 2013. DDBJ new system and service refactoring. *Nucleic Acids Research* **41**(Database issue), D25–29. PMID: 23180790.

Olson, M., Hood, L., Cantor, C., Botstein, D. 1989. A common language for physical mapping of the human genome. *Science* **245**, 1434–1435.

Pakseresht, N., Alako, B., Amid, C. *et al.* 2014. Assembly information services in the European Nucleotide Archive. *Nucleic Acids Research* **42**(1), D38–43. PMID: 24214989.

Pevsner, J. 2009. Analysis of genomic DNA with the UCSC genome browser. *Methods in Molecular Biology* **537**, 277–301. PMID: 19378150.

Pruitt, K.D., Brown, G.R., Hiatt, S.M. *et al.* 2014. RefSeq: an update on mammalian reference sequences. *Nucleic Acids Research* **42**(1), D756–763. PMID: 24259432.

Rose, P.W., Bi, C., Bluhm,W.F. *et al.* 2013. The RCSB Protein Data Bank: new resources for research and education. *Nucleic Acids Research* **41**(Database issue), D475–482. PMID: 23193259.

Sayers, E.W., Barrett, T., Benson, D.A. *et al.* 2012. Database resources of the National Center for Biotechnology Information. *Nucleic Acids Research* **40**(Database issue), D13–25. PMID: 22140104.

Thomas, D.J., Trumbower, H., Kern, A.D. *et al.* 2007. Variation resources at UC Santa Cruz. *Nucleic Acids Research* **35**(Database issue), D716–720. PMID: 17151077.

UniProt Consortium. 2012. Reorganizing the protein space at the Universal Protein Resource (UniProt). *Nucleic Acids Research* **40**, D71–D75.

Zanotti, F.M. 1745. De Bononiensi Scientiarum et Artium Instituto Atque Academia Commentarii. Bononiae, Bologna.

第3章

双序列比对

蛋白质中一个可被接受的点突变指的是一种氨基酸被另一种氨基酸所替代，且这个过程是被自然选择所接受的。它是以下两个过程产生的结果：一个是编码蛋白质的某个氨基酸的基因模板发生突变；另一个是该物种接受新的基因型作为主要基因型。为了成为可被接受的突变，这种新的氨基酸往往需要行使与原来的氨基酸相似的功能。因此，我们常观察到不断发生相互替换的氨基酸之间具有相似的化学和物理性质。

——*Margaret Dayhoff*（1978，第 345 页）

学习目标

通过本章的学习，你将能够：

- 理解同源（包括直系同源和旁系同源）的定义；
- 阐释如 PAM（Accepted point mutation，可被接受的点突变）矩阵的生成方法；
- 比较 PAM 和 BLOSUM 打分矩阵的用途；
- 理解动态规划定义，并解释全局（Needleman-Wunsch）和局部（Smith-Waterman）序列比对算法是如何工作的；
- 在 NCBI 网页上进行蛋白质或 DNA 的双序列比对

3.1 引言

对于一个基因或者蛋白质而言，最基本的一个问题是找到它是否同其他基因或者蛋白质具有相关性。两个蛋白质在序列水平的相关表明二者是同源的。相关性还可能意味着它们具有共同的功能。通过对多种 DNA 和蛋白质序列的研究，有可能发现一组生物分子之间共同的结构域（domains）或模体（motifs）。蛋白质和基因相关性分析可以通过序列对比来完成。当我们完成对多个物种的基因组测序后，一个重要的工作是找到特定物种内和物种之间的蛋白质在进化上的相关性。

在这一章中我们将介绍双序列比对。我们会从进化的角度描述如何比对两条氨基酸（或者核苷酸）序列。下面我们将介绍一系列用于双序列比对的算法和程序。

作为例子，可以将人类 β 球蛋白（NP_000509.1）作为 DELTA-BLAST 的查询序列和植物 RefSeq 蛋白质进行比对；我们将在第 5 章学习如何操作。这会产生许多显著的匹配结果。而在相关 DNA 的编码区域（NM_000518.4）进行 BLASTN 搜索，则不会有显著的匹配结果。但当用 BLASTN 来查询与人类共同祖先较近的生物（如鱼）时，也会出现许多显著匹配结果。

蛋白质比对：通常比 DNA 比对包含更丰富的信息

如果要在比对 DNA 序列和比对其所编码的蛋白质序列之间选择，比较蛋白质序列可以给我们带来更多的信息。理由有多条：①DNA 序列中的许多变化（尤其是在密码子的第三个位点的变化）并不会改变它所编码的氨基酸；②进一步来说，许多氨基酸具有类似的生物物理性质（例如赖氨酸和精氨酸都是碱性氨基酸）。我们可以使用打分系统来确定相关氨基酸之间的相似度和相关关系（详见本章）。从这个角度而言，DNA 序列信息量相对较少：比对蛋白质可以发现同源序列，而比对蛋白对应的 DNA 序列无法做到（Pearson，1996）。

当分析一条核苷酸编码序列时，我们倾向于研究它编码的蛋白质。在第 4 章（关于 BLAST 搜索）中，我们发现在 DNA 世界和蛋白质世界之间相互切换是很容易的。例如，NCBI BLAST 网站上的 TBLASTN 工具可以从 DNA 数据库中搜索与给定蛋白质序列相关的 DNA 序列。这种查询是通过把每条 DNA 序列翻译成它可能编码的六条蛋白质序列来实现的。

然而，在一些情况下，比对核苷酸序列比较合适。例如，在确定给定 DNA 序列和 DNA 数据库中序列的一致性时，在搜索多态性时，在分析所克隆的 cDNA 片段的一致性时，在比较调控区域时，或者在其他许多情况下，核苷酸的比较就显得重要。

定义：同源性，相似性，一致性

让我们来考察球蛋白（globin）家族。我们从人类肌红蛋白（Myoglobin，NCBI 索引编号 NP_005359.1）和 β 球蛋白（β globin，NCBI 索引编号 NP_000509.1）开始。这两个蛋白进化距离较远，但具有显著的相关性。索引编号从 NCBI 的 Gene 数据库中获得（第 2 章）。肌红蛋白和血红蛋白（α 链、β 链，以及其他链）被认为在约 4.5 亿年前发生分化，接近人类和软骨鱼谱系的分化时间（图 19.22）。

具有共同进化祖先的两条序列称为同源序列。同源性没有程度之分：一对序列要么是同源的要么是非同源的（Reeck 等，1987；Tautz，1998）。同源的蛋白质几乎总是在三维结构上有显著的相似性。X 射线结晶学测量发现，人类肌红蛋白和 β 球蛋白（血红蛋白 β 亚基）在结构上有极大的相似性（图 3.1）。当两条序列同源时，他们的氨基酸或者核苷酸序列常常有显著的相似性。同源性是定性的推断（表示序列同源与否），而一致性与相似性则是数量推断，用于描述序列的相关性。值得一提的是，两个分子即使没有统计学上显著的氨基酸（或核苷酸）一致性，它们也可能是同源的。例如，以球蛋白家族为例，所有的成员都是同源的，但是一些成员发生了很大的分化，以至于它们的序列之间没有可识别的一致性片段（比如人类 β 球蛋白和脑红蛋白只有 22％ 的氨基酸相似性）。Perutz 及其同事证明：尽管肌红蛋白和 α 球蛋白之间仅有 26％ 的氨基酸相似性，但是每个球蛋白单链与肌红蛋白具有完全相同的形状。总体而言，蛋白质三维结构的分化速率比两个蛋白质氨基酸序列的分化速率缓慢得多（Chothia 和 Lesk，1986）。在序列相似度低的情形下，如何识别蛋白的空间同源性是生物信息学一大非常有挑战的问题。

同源蛋白质可能是直系同源或旁系同源。直系同源序列是：在物种分化过程中，相同的祖先序列被保留到各个分化物种中的序列。图 3.2 显示了由肌红蛋白的直系同源序列构建的进化树，包括人类和大鼠的肌红蛋白序列。人类和啮齿类大约在 9 千万年前（90 MYA）分化（见第 19 章），那时单个肌红蛋白祖先基因随着物种分化开始分离。直系同源被认为具有相似的生物学功能。比如，人类和

如果两个基因（或蛋白质）由一个共同的祖先进化而来，那么这两个基因（蛋白质）是同源的。

Sudhir Kumar 及其同事开发的网站 http://timetree.org（链接 3.1）提供了整个生命树的物种分歧时间估计（Hedges 等，2006）。

研究人员用同功性（analogous）指代那些非同源但由于偶然情况具有一定相似性的蛋白质。我们认为这种蛋白质并不来自于同一个共同祖先。

产生图 3.2 和图 3.3 的蛋白质序列，详见在线文档 3.1 和 3.2，以及 http://www.bioinfbook.org/chapter3。

一般来说，当我们考虑其他旁系家族时，假定他们具有共同的功能。例如载脂蛋白：大约都是 20 千道尔顿的蛋白质，具有用于运输疏水性配体的疏水性结合口袋。其成员包括视黄醇结合蛋白（视黄醇转运蛋白）、载脂蛋白 D（胆固醇转运蛋白）和气味结合蛋白（从外侧鼻腺分泌的气味转运蛋白）。

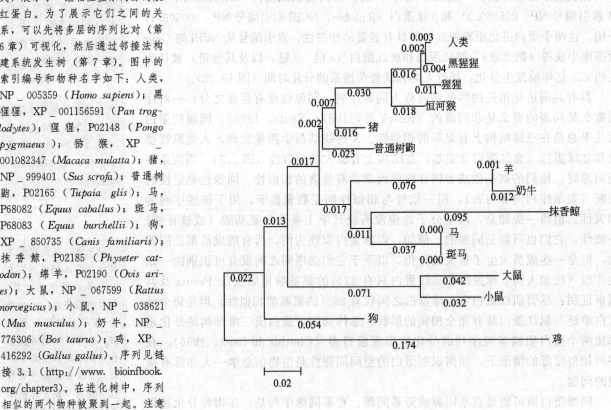

(a) 人类肌红蛋白 (3RGK)

(b) 人类血红蛋白四聚体 (2H35)

(c) 人类β球蛋白 (2H35亚基)

(d) β球蛋白和肌红蛋白的双序列比对

图 3.1 展示了下述蛋白的三维结构：（a）肌红蛋白（索引编号 3RGK）；（b）血红蛋白四聚物（2H35）；（c）血红蛋白的β亚基和（d）肌红蛋白和β球蛋白的三维结构的重叠图。这些图片由程序 Cn3D 绘制生成（见第 13 章）。这些蛋白具有同源性（有一个共同祖先），它们有非常相似的三维结构。然而，这些蛋白质氨基酸序列的双序列比对表明它们有非常低的一致性

图 3.2 通过多重序列比对的方式，展示了一组相互直系同源的肌红蛋白。为了展示它们之间的关系，可以先将多层的序列比对（第 6 章）可视化，然后通过邻接法构建系统发生树（第 7 章）。图中的索引编号和物种名字如下：人类，NP _ 005359（*Homo sapiens*）；黑猩猩，XP _ 001156591（*Pan troglodytes*）；猩猩，P02148（*Pongo pygmaeus*）；猕猴，XP _ 001082347（*Macaca mulatta*）；猪，NP _ 999401（*Sus scrofa*）；普通树鼩，P02165（*Tupaia glis*）；马，P68082（*Equus caballus*）；斑马，P68083（*Equus burchellii*）；狗，XP _ 850735（*Canis familiaris*）；抹香鲸，P02185（*Physeter catodon*）；绵羊，P02190（*Ovis aries*）；大鼠，NP _ 067599（*Rattus norvegicus*）；小鼠，NP _ 038621（*Mus musculus*）；奶牛，NP _ 776306（*Bos taurus*）；鸡，XP _ 416292（*Gallus gallus*）。序列见链接 3.1（http://www. bioinfbook. org/chapter3）。在进化树中，序列相似的两个物种被聚到一起。注意到随着全基因组测序（第 15～20 章）的持续进行，对于大部分直系同源的蛋白质（及家族），其数量都将会显著增长

我们因此定义处于同一个物种内部的同源基因为旁系同源基因。但是我们需要更深一步思考球蛋白的例子。人 α 球蛋白和 β 球蛋白是旁系同源的，鼠的 α 球蛋白和 β 球蛋白也是如此。人 α 球蛋白和鼠 α 球蛋白是直系同源的。那么，人 α 球蛋白和鼠 β 球蛋白是什么关系呢？它们可以被认为是旁系同源关系，因为 α 球蛋白和 β 球蛋白产生于基因复制事件而不是物种形成事件。然而它们并不是旁系同源，因为它们不在一个物种内。因此将他们简单称为"同源"更加合适，反映了它们来自同一个祖先。Fitch（1970，第 113 页）提出研究系统发生时也需要研究直系同源（见第 7 章）。

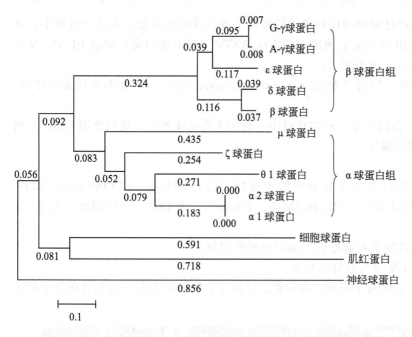

图 3.3　旁系同源人类球蛋白：每个蛋白都来自人类，每一个都是球蛋白家族的成员。这个无根树由 MEGA 内部的邻接法生成（见第 7 章）。这些蛋白和他们的 RefSeq 编号如下：δ 球蛋白（NP _ 000510）、G-γ 球蛋白（NP _ 000175）、β 球蛋白（NP _ 000509）、A-γ 球蛋白（NP _ 000550）、ε 球蛋白（NP _ 005321）、ζ 球蛋白（NP _ 005323）、α1 球蛋白（NP _ 000549）、α2 球蛋白（NP _ 000508）、θ1 球蛋白（NP _ 005322）、血红蛋白 μ 链（NP _ 001003938）、细胞球蛋白（NP _ 599030）、肌红蛋白（NP _ 005359）和神经球蛋白（NP _ 067080）。使用了泊松修正模型（见第 7 章）

大鼠的肌红蛋白都负责在肌肉细胞中运输氧气。旁系同源序列是通过诸如基因复制这样的机制产生的同源序列。比如，人类 α-1 球蛋白（索引编号 NP _ 000549.1）是 α-2 球蛋白（索引编号 NP _ 000508.1）的旁系同源；事实上，这两种蛋白质的氨基酸相似度为 100%。人类 α-1 球蛋白和 β 球蛋白也是旁系同源（在图 3.3 中的所有蛋白都相互旁系同源）。每个球蛋白的特征都不尽相同，包括：在机体内的分布区域，基因在发育过程中的表达时序，以及表达量等方面。球蛋白作为氧气运载蛋白，都具有独特但相似的功能。

同源性的概念可追溯到 19 世纪（框 3.1）。Walter M. Fitch（1970，第 113 页）定义了这些术语。他写道："同源性应包含两个子类。当同源性来源于基因复制等事件，两份同源拷贝在一个物种的历史上是平行演化的（如 α 球蛋白和 β 球蛋白），这样的序列应该被称为旁系同源序列。当同源是物种形成的结果，基因的演化史反映了物种的进化史（如人类和小鼠的 α 血红蛋白），这样的序列应该被称作直系同源序列。"

框 3.1　关于"同源"概念的历史

Richard Owen（1804—1892）是首先使用"同源"一词的生物学家之一。他将同源定义为"在不同的物种体内具有不同形态和功能的相同器官"（Owen，1843，第 379 页）。Charles Darwin（1809-1882）也在 *The Origin of Species or The Preservation of Favoured Races in the Struggle for Life*（1872）的第六版中定义了同源。他写道：

"同源身体部分（器官）早在胚胎发育时期就已存在关联性。这一关联不仅在不同的动物之间存在，如人类的手臂，四足动物的前肢和鸟的翅膀；也在同一物种内部存在，如四足动物的前肢和后肢之间，一个线虫的体节和附属器官之间。后者被称为连续同源。满足上述关系的两个部分被认为具有同源关系，二者互为彼此的同源物。在不同的植物中，花的不同组成部分是同源的，总体上，花的组件也被认为与叶子互为同源关系。"

如要回顾"同源"这一概念的演化历史，可以参见 Hossfeld 和 Olsson（2005）的著作。

BLAST 系列的程序在 NCBI 的网站上可以获取，http://www. ncbi. nlm. nih. gov/ BLAST/（链接 3.2）。我们将在第 4 章讨论不同的选择来使用基本局部比对搜索工具（BLAST）。

值得一提的是，直系同源序列和旁系同源序列并不一定具有相同的功能。在第 8 到 14 章中，我们将给出基因和蛋白质功能的各种定义。在后面的章节中，我们会顺着生命树去探索基因组（第 15～20 章）。在所有的基因组序列计划中，直系同源物和旁系同源物都是通过数据库搜索所确定的。如果两条 DNA（或者蛋白质）序列的比对结果分数较高，那么它们就被定义为同源 DNA（或者蛋白质），这将在第四章讨论（见第 4 章）。但是，一些同源蛋白质之间可能具有完全不同的功能。

我们可以通过双序列比对评估任意两个蛋白质的相关性。在这个过程中，我们把两条序列并排在一起比较。一种实用的方法是使用 NCBI BLASTP（对于蛋白质）或者 BLASTN 工具（对于核苷酸）（Tatusova 和 Madden）。步骤如下：

① 选择 BLASTP 来对比两个蛋白质。勾选"Align two or more sequences"（对比两个或多条序列）选项。

② 输入序列或者它们的索引编号。在图 3.4 所示的比对中，对于人类 β 球蛋白，我们使用 FASTA 格式的序列；对于肌红蛋白，我们使用索引编号。

③ 根据需要设置可选参数：

我们在"比对算法：全局和局部"部分讨论全局和局部序列比对。

• 你可以从以下 8 个打分矩阵中选择：BLOSUM90、BLOSUM80、BLO-SUM62、BLOSUM50、BLOSUM45、PAM250、PAM70、PAM30。我们选择 PAM250。

• 你可以改变空位起始罚分和空位延伸罚分。

• 对于 BLASTN 搜索，你可以改变奖分与罚分的标准。

• 此外，你可以改变其他的参数，如序列字符数、期望值、过滤参数和释放参数。我们将在第 4 章讨论更多的细节。

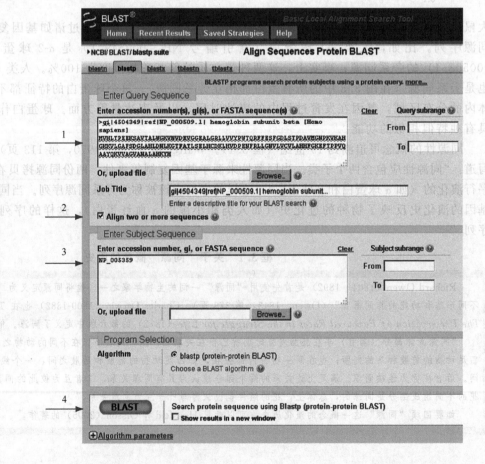

图 3.4　NCBI 网页上的 BLAST 工具允许比较两个 DNA 或者蛋白质序列。此处程序设置为 BLASTP 来比较两个蛋白（箭头 2）。人类 β 球蛋白（NP_000509）以 FAS-TA 格式输入（箭头 1），人类肌红蛋白（NP_005359）以索引编号输入（箭头 3）。点击 BLAST 来开始搜索（箭头 4），注意使用左下处的选择来查看和调整算法参数（来源：BLAST，NCBI）

④ 点击 "align"（比对）。输出结果包括使用单字母氨基酸代码的双序列比对结果［图 3.5(a)］。注意 FASTA 形式使用单字母氨基酸代码；这些缩写详见框 3.2。

(a)
```
Score = 43.9 bits (102),  Expect = 1e-09, Method: Composition-based stats.
Identities = 37/145 (25%), Positives = 57/145 (39%), Gaps = 2/145 (1%)

                       ▼                                      ▼
Query  4    LTPEEKSAVTALWGKVNVD--EVGGEALGRLLVVYPWTQRFFESFGDLSTPDAVMGNPKV  61
     ───→   L+ E V +WGKV D   G E L RL  +PT  F+ F L +D+ + +
Sbjct  3    LSDGEWQLVLNVWGKVEADIPGHGQEVLIRLFKGHPETLEKFDKFKHLKSEDEMKASEDL  62

Query  62   KAHGKKVLGAFSDGLAHLDNLKGTFATLSELHCDKLHVDPENFRLLGNVLVCVLAHHFGK  121
     ───→   K HG  VL A  L   + +     L++ H K + +   ++ VL
Sbjct  63   KKHGATVLTALGGILKKKGHHEAEIKPLAQSHATKHKIPVKYLEFISECIIQVLQSKHPG  122

Query  122  EFTPPVQAAYQKVVAGVANALAHKY  146
     ───→   +F   Q A K +    +A Y
Sbjct  123  DFGADAQGAMNKALELFRKDMASNY  147
```

(b)
```
Score = 18.1 bits (35),  Expect = 0.015, Method: Composition-based stats.
Identities = 11/24 (45%), Positives = 12/24 (50%), Gaps = 2/24 (8%)

Query  12   VTALWGKVNVD--EVGGEALGRLL  33
            V +WGKV D   G E L RL
Sbjct  11   VLNVWGKVEADIPGHGQEVLIRLF  34
```

match	4	11	5	6		6	5	4	5	sum of matches: +60 (round up to +61)
		6	4						4	
mismatch	-1	1		0		-2	-2	-4	0	sum of mismatches: -13
		-2			0		-3		0	
gap open				-11						sum of gap penalties: -13
gap extend				-2						
										total raw score: 61 - 13 - 13 = 35

图 3.5　人类 β 球蛋白（query，查询序列）和肌红蛋白（subject，对照序列）的双序列比对。(a) 图 3.4 中的搜索比对结果。注意到这个比对是局部的（并未比较两个蛋白的全部序列），两条序列间有许多一致性位点（位于查询序列和对照序列间的氨基酸；见有箭头的行）。这个比对包含了内部空位（用破折号表示）。(b) 说明了原始分的计算方法：仅仅使用了 β 球蛋白（Hemoglobin B, HBB）第 12～33 位氨基酸［在 (a) 中两个三角形间绿色阴影的部分］这一完全匹配区域进行局部比对的结果得出。原始分数是 35，修正后的分数为 36；原始分表示匹配区域得分的总和（在这个例子中原始分由 BLOSUM62 矩阵取得）。在计入错配分数，空位开始罚分（本次搜索中设置为 －11）和空位延长罚分（－1）后，原始分数被转化为比特分数

　　仅凭肉眼观察来比对这两条序列是不实际的。而且，如果我们允许比对中有空位出现以表示序列中出现的删除和插入，那么可能匹配的情况数会呈指数增长。显然，我们需要计算机算法来实现序列比对（见框 3.3）。在图 3.5(a) 中展示的双序列比对中，β 球蛋白序列位于上部（见 "query" 一栏），肌红蛋白位于下部（见 "subject" 一栏）。中间一行会显示在对比中出现的相同的氨基酸。比如，在待比对的序列的最前处，残基 WGKV 在两条序列中是相同的。我们可以对两条序列中相同的残基进行计数；在这个例子中，两个蛋白质有 25％ 的一致性（145 个蛋白质残基中有 37 个残基相同）。一致性用以表示两条氨基酸（或者核苷酸）序列发生变化的程度。需要注意的是上述比对只能叫做局部双序列比对，因为两个蛋白质中仅有一段序列被比对：每条序列中的首部和尾部氨基酸残基没有用以比对。全序列比对需要包括两条序列中所有的残基。

　　双序列比对的另一特点是一些比对上的残基相似，但不相同。它们相似，是因为它们拥有相似的生物化学性质；相似的残基对可能具有相近的结构或功能。比如，在该比对的第一行我们可以发现丝氨酸和苏氨酸［在图 3.5(a) 中，T 和 S 被 "＋" 相连］对应；除此之外我们也可以发现亮氨酸和缬氨酸残基对应。这些是保守性替换（conservative substitutions）。具有相似性质的氨基酸包括基本的氨基酸（K、R、H），酸性氨基酸（D、E），羟基化氨基酸（S、T）和疏水性氨基酸（W、F、Y、L、I、V、M、A）。在本章的后面部分我们还会看到对比比对好的氨基酸进行打分的方法。在 β 球蛋白和肌红蛋白片段的双序列比对中，你能看到每对

残基都被赋予一个分值，对于匹配的残基给予了相对高的分值，而对于错配的残基会给予负分。

框 3.2　20 种常见氨基酸的结构、单字母缩写、三字母缩写

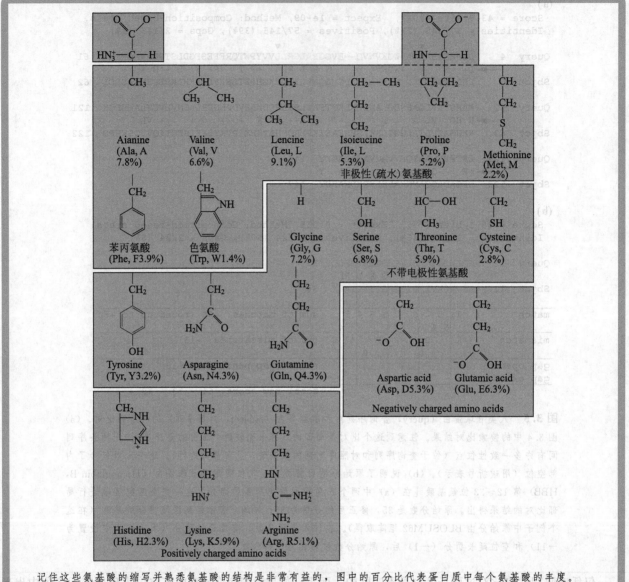

记住这些氨基酸的缩写并熟悉氨基酸的结构是非常有益的，图中的百分比代表蛋白质中每个氨基酸的丰度。

框 3.3　算法与程序

　　算法（*algorithm*）是程序内部的一个结构化的步骤（Sedgewick，1988）。例如，许多算法可以用于双序列比对。计算机程序（*program*）是一系列指令的集合，它使用一个（或多个）算法来解决一项任务。例如，BLAST 程序（第 3～5 章）使用一系列算法来执行序列比对。我们在第 7 章中会介绍其他程序使用算法来生成系统发生树。

　　要解决一系列的生物信息学问题，计算机程序是必需的，因为这些问题需要数百次操作。程序使用的算法提供了程序自动执行的方法。贯穿全书，可以发现我们使用了数百种程序，每一种程序都涉及到各种不同的算法。每一种程序和算法都被用来解决一项特定的任务：用于两条蛋白质序列比对的算法不能用于一条序列和数据库中的千万蛋白质序列的比对。

　　为什么用于比较两条序列的算法不能用于比较上万条序列？有些问题固有的复杂性，使得使用穷举法占用大量的计算机内存或者需要过长的计算时间。一个启发式算法对最佳答案采取近似策略，并不需要穷尽考虑每一种可能的结果。图 3.2 中的 13 个蛋白组成一棵树的不同方式有 10 亿种以上（见第 7 章），但在数秒内找到最优解是启发式算法要解决的问题。

两个蛋白质序列的相似百分比（*percent similarity*）是相同和相似残基对所占的百分比之和。在图 3.5(a) 中，有 57 个比对上的氨基酸残基是相似的。一般地，考虑两条蛋白质序列之间的一致性比相似性更有用，因为相似性的计算取决于不同氨基酸残基之间相似程度的定义方式。

总而言之，双序列比对是调整两条序列的排列方式以达到最大程度一致性的过程（在氨基酸比对的情况下，还需要达到最大程度的保守性）。双序列比对的目的是衡量两个分子的相似性程度和同源的可能性。比如，我们可以说两个蛋白质具有 25% 的氨基酸一致性和 39% 的氨基酸相似性。如果两条序列一致性足够大，那么这两序列有可能是同源的。说两条序列有一定程度的同源性永远是不对的，因为它们要么同源，要么不同源。类似地，把两序列描述为"高度同源"也是不合适的，相反，我们可以说它们之间高度相似。关于用期望值来评估两条序列匹配偶然发生的可能性的更多讨论，详见"双序列比对的统计显著性"章节（第 4 章）。这些分析为衡量两个蛋白质是同源的假设提供了证据。最终两个蛋白质是否同源的最强有力的证据来自于结合进化分析的结构研究。

空位

进化中发生的突变可以导致我们所研究的两条蛋白质序列发生分化。双序列比对是发现这些突变的一种有效方法。最常见的突变包括替换（*substitutions*）、插入（*insertions*）和缺失（*deletions*）。在蛋白质序列中，当突变导致一种氨基酸的密码子变成另一种密码子时会发生替换。替换会导致不同的氨基酸被比对在一起，例如丝氨酸和苏氨酸。氨基酸残基的添加或移除导致插入和缺失的发生，在比对中通常由加在其中一条序列中的短横线表示。插入和缺失（即使只有一个字符长度）在序列比对中均被认为是空位。

在我们比对人类 β 球蛋白和肌红蛋白时，发现一个空位 [图 3.5(a)，在箭头之间]。空位可以出现在蛋白质的两端或者中间。添加空位的作用之一是使得比对后的两条序列全长一致。空位的添加有助于构建一个比对，用于模拟已经发生的进化中的变化。

一个典型的打分方案有两种空位罚分，称为仿射空位代价。其中一种罚分为 $-a$，对应起始一个空位的代价 [在图 3.5(b) 的例子中为 -11]。另一种罚分为 $-b$，对应延伸一个空位的代价。延伸了 k 个残基长度的空位对应罚分为 $-(a+bk)$，而一个长度为 1 的空位对应罚分为 $-(a+b)$。

> 由于趋同进化，两个蛋白（不论起源是否相同）可能拥有相似的结构。分子进化学（基于序列分析）对评估这种可能性十分重要。

> 关于 NCBI 上关于放射空位罚分的描述可以参见：http://www. ncbi. nlm. nih. gov/blast/html/sub _ matrix. html（链接 3.3）

框 3.4　Dayoff 的蛋白质超家族

　　Dayhoff（1978，第 3 页）研究了聚成 71 个系统发生树的 34 个蛋白质"超家族"。这些蛋白从高度保守的蛋白质（比如组蛋白和谷氨酸脱氢酶；见图 3.10）到具有高突变接受率的蛋白质 [比如免疫球蛋白（Ig）链和 κ 酪蛋白；见图 3.11] 都有涉及。Dayhoff 首先比对了蛋白质家族，然后统计比对中一个氨基酸被另一个氨基酸取代的次数。下表列出了他们研究的部分蛋白质及其突变接受率。全序列表参见表 7.1。进化速度（用单位时间内的可接受点突变 PAM 来衡量）在进化最快和最慢的蛋白质家族中相差接近 400 倍，但在同一个家族内部物种间的差异只有 2～3 倍。此表被授权使用。

蛋白质	可接受点突变数/亿年	蛋白质	可接受点突变数/亿年
K 免疫球蛋白 C 区	77	胰蛋白酶	5.9
K 酪蛋白	33	胰岛素	4.4
表皮生长因子	26	细胞色素 c	2.2
血清白蛋白	19	谷氨酸脱氢酶	0.9
血红蛋白 α 链（亚基）	12	组蛋白 H3	0.14
肌红蛋白	8.9	组蛋白 H4	0.10
神经生长因子	8.5		

可以推断共同祖先的序列（见第 7 章）。

Dayhoff（1978）参考了书籍《蛋白质序列和结构地图集》。这是一本 25 章节的书（有多个作者），主要介绍蛋白质家族。1966 年版仅有几十个蛋白质序列（细胞色素 C，其他呼吸蛋白，组蛋白，一些酶如溶菌酶、肽激素、激肽和血纤维蛋白肽）。1978 年的版本则包含了约 800 种蛋白序列。

图 3.6 地球上生命历史的纵览。具体参见第 15 章和 19 章。基因/蛋白序列的分析需要在进化背景下进行。哪些物种有直系同源基因？这些物种是什么时候进化出来的？人类和细菌的球蛋白有何关联

Dayhoff 等集中研究一致性大于等于 85% 的蛋白质；因此他们可以进行高置信度的比对。在"全局序列比对：Needleman-Wunsch 算法"的部分，我们将看到 Needleman-Wunsch 算法（1970）如何找到蛋白序列的最优比对。

双序列比对，同源性和生命进化

如果两个蛋白质是同源的，那么它们有一个共同的祖先。通常，我们观察到的蛋白质（或基因）序列来自现存的物种。我们可以比较不同物种（如人类、马和鸡）的肌红蛋白序列，并且发现这些序列是同源的（图 3.2）。这意味着存在一个祖先物种，它拥有肌红蛋白基因，而且存在于人类和鸡分化之前的时期（约 3.1 亿年前，见第 19 章）。这个祖先物种的后代包括许多脊椎动物。使用双序列比对对蛋白质（或 DNA）序列的同源研究涉及到对蛋白质（或基因）的进化历史的探究。

地球上生命进化的时间尺度的简要概览见图 3.6（详细讨论参见第 15 章）。不同物种的分化是通过对多种来源的数据（尤其是化石记录）进行分析后建立起来的。在 35 亿年前或者更早形成的岩石中发现了细菌的化石（Schopf，2002）；产甲烷菌作为另一个生命域——古细菌域的代表，它的化石发现于 30 亿年前形成的岩石中。最后一个主要的生命域——真核生物域的物种也几乎在同一时期出现。以球蛋白为例，除了在图 3.2 中展示的脊椎动物球蛋白之外，还包括植物球蛋白，这些植物球蛋白与后生动物球蛋白一定有相同的祖先（出现在大约在 15 亿年前）。细菌和古细菌中也有许多球蛋白，表明球蛋白家族的出现时间大约是 20 亿年前。

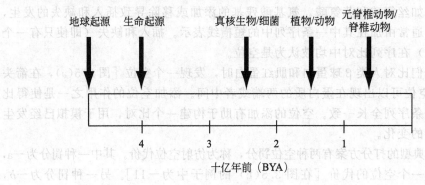

3.2 打分矩阵

当比对两个蛋白质时，它们应被赋予什么样的分数？在图 3.5(a) 描述的 β 球蛋白和肌红蛋白的对比中，匹配和错配碱基分别被赋予特定的分数；这些分数是如何得出的？Margaret Dayhoff（1966，1978）提供了一个可用于衡量蛋白质中进化变化发生的模型。我们下面将详细介绍 Dayhoff 模型中的 7 个步骤（参考 Dayhoff 在 1978 年发表的文章）。这为任意蛋白质之间的双序列（不论近源还是远源相关）比对的量化打分系统提供了基础。接下来，我们会描述 Steven Henikoff 和 Jorja G. Henikoff 的 BLOSUM 矩阵。大多数的数据库搜索方法，如 BLAST 和 HMMER（见第 4 和第 5 章）都以某种形式依赖于 Dayhoff 模型所得到的关于进化的启发。

Dayhoff 模型第一步：可接受点突变（PAM）

Dayhoff 和同事思考如何为比对好的氨基酸残基赋予分数。他们采用的策略是对几百种蛋白质进行归类，并比较了许多蛋白质家族中进化上紧密相关的蛋白质。他们考虑了一个这样的问题：当比对两个同源蛋白序列时，可观察到哪些特定的氨基酸替换？他们定义了可接受点突变（accepted point mutation）这一概念：在蛋白质中被自然选择接受的单个氨基酸替换。可接受点突变简称为 PAM（因为比 APM 更容易发音）。

被自然选择接受的氨基酸变化必须满足以下两种情况：①基因发生 DNA 变异，使得基因编码另一种不同的氨基酸；②整个种群都接受这种变化，改变后的蛋白质作为种群内蛋白质的优势形式。

那么，哪些点突变是被进化过程所接受的？直观上，如丝氨酸到苏氨酸等保守性取代最有可能被接受。为了明确所有可能的变化，Dayhoff 和同事研究了 71 组进化高度相关的蛋白质中的 1572 种变化（框 3.4）。因而，他们对"可接受"突变的定义是基于经验观察到的氨基酸替换。他们的方法包含系统发育分析，不是简单地将两个氨基酸残基进行对比，而是将它们与推断的共同祖先序列进行对比（图 3.7，框 3.5）。

图 3.8 中展示氨基酸替换的经验观察结果，描述了任意一对氨基酸对 (i, j) 比对在一起的频率。考察该表可发现那些不太可能发生的替换（例如，半胱氨酸和色氨酸只有极少替换），以及像天冬酰胺和丝氨酸这样可以接受频繁替换的氨基酸。如今，我们能使用远多于从前的数据来生成这样一个表（参见图 2.3 和 DNA 序列存储库爆炸性增长的事实）。多个研究团队已经生成了 PAM 矩阵的更新版本（Gonnet 等，1992；Jones 等，1992）。虽然如此，1978 年的分析结果整体上是正确的。图 3.8 中最大的误差发生在某些罕见的残基替换（比如半胱氨酸和天冬氨酸之间），这些替换在 1978 年的频率表中频率为 0（在所有可能的 190 种互换中，有 35 种互换从未被观察到）。

在 SwissProt 网页 http://www.expasy.ch/sprot/relnotes/relstat.html（链接 3.4）中可以查询到关于每种氨基酸替换发生频率的最新估计。所有蛋白的氨基酸组成可以在在线文档 3.3 中看到（http://www.bioinfbook.org/chapter3），上述链接对应 UniProtKB/Swiss-Prot 蛋白质知识库（版本 51.7）。

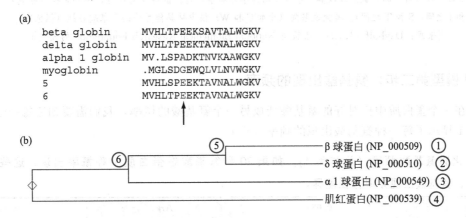

图 3.7 Dayhoff 用于计算氨基酸替换的方法。（a）人类 α1 球蛋白序列、β 球蛋白序列、δ 球蛋白序列和肌红蛋白序列的局部多重序列比对。四列中 α1 球蛋白和肌红蛋白的不同氨基酸残基用红色标出（如箭头处的配对的 A 与 G）。（b）展示了四个现存序列的系统发生树（标记为 1～4）和两个代表祖先序列的内部节点（标记为 5 和 6）。祖先序列使用 PAUP 软件通过最大简约法（第 7 章）来确定，结果在（a）中显示。很显然这个分析说明：在每列标红的氨基酸残基上，α1 球蛋白和肌红蛋白之间的差异并不是由变异直接导致的，而是从它们的共同祖先开始，残基就已开始分化。例如，在（a）中的箭头表示一个祖先谷氨酸进化成丙氨酸或者甘氨酸，但是不能认为是丙氨酸直接突变成了甘氨酸

框 3.5　用于比对氨基酸序列的系统发生方法

Dayhoff 和同事们没有比较一个残基直接突变为另一个的概率。相反，他们用最大简约分析法（见第 7 章）构建了系统发生树。然后，他们描述了两个比对好的残基来自一个共同祖先残基的概率。利用这种方法，他们能够减少在一对比对好的残基中可能发生多重替换这一混淆效应。以 α1 球蛋白、β 球蛋白、δ 球蛋白和肌红蛋白之间的四序列比对为例，直接比较可以发现许多氨基酸替换，比如 ala←→gly，asn←→leu，lys←→leu，以及 ala←→val［图 3.7(a)］。然而，对这 4 个蛋白的系统发生分析提供了对代表祖先序列的内部节点的估计。在图 3.7(b) 中，外部节点对应四个现存的蛋白被标记，而内部节点 5 和 6（对应推测的祖先序列）也被标记。在图 3.7(a) 中高亮的四个氨基酸位点中，祖先序列表明一个谷氨酸（Glu）残基在 α1 球蛋白和肌红蛋白中分别变化为丙氨酸（Ala）和甘氨酸（Gly），但是 Ala 和 Gly 之间没有发生直接替换［图 3.7(a) 箭头］。因而，在考虑到进化视角后，Dayhoff 方法能够更加精确。

此外，为了避免蛋白家族序列中存在多重替换这一复杂因素，Dayhoff 等聚焦于分析进化上紧密相关的多重序列比对。比如，他们在分析球蛋白家族时，对 α 球蛋白和 β 球蛋白进行了分别分析。

	A Ala	R Arg	N Asn	D Asp	C Cys	Q Gln	E Glu	G Gly	H His	I Ile	L Leu	K Lys	M Met	F Phe	P Pro	S Ser	T Thr	W Trp	Y Tyr	V Val
R	30																			
N	109	17																		
D	154	0	532																	
C	33	10	0	0																
Q	93	120	50	76	0															
E	266	0	94	831	0	422														
G	579	10	156	162	10	30	112													
H	21	103	226	43	10	243	23	10												
I	66	30	36	13	17	8	35	0	3											
L	95	17	37	0	y	75	15	17	40	253										
K	57	477	322	85	0	147	104	60	23	43	39									
M	29	17	0	0	0	20	7	7	0	57	207	90								
F	20	7	7	0	0	0	0	17	20	90	167	0	17							
P	345	67	27	10	10	93	49	50	7	43	43	4	7							
S	772	137	432	98	117	47	86	450	26	20	32	168	20	40	269					
T	590	20	169	57	10	37	31	50	14	129	52	200	28	10	73	696				
W	0	27	3	0	0	0	0	13	0	0	0	0	0	10	0	17	0			
Y	20	3	36	0	30	0	0	40	13	23	10	0	0	260	0	22	23	6		
V	365	20	13	17	33	27	37	97	30	661	303	17	77	0	50	43	186	0	17	
	A Ala	R Arg	N Asn	D Asp	C Cys	Q Gln	E Glu	G Gly	H His	I Ile	L Leu	K Lys	M Met	F Phe	P Pro	S Ser	T Thr	W Trp	Y Tyr	V Val

图 3.8 表格中的数字为可接受点突变数目乘以 10。可接受点突变数目是通过统计相关性高的蛋白质序列中发生的 1572 个氨基酸替换所得到的。氨基酸以其三字母编码的字母顺序排列。值得注意的是，一些替换（绿色）经常被接受（如 V 和 I 之间，S 和 T 之间）。其他氨基酸（比如 C 和 W）很少被其他另外的氨基酸替换（橘色）

［来源：Dayhoff（1972）。已获得 National Biomedical Research Foundation 的授权］

Dayhoff 模型第二步：氨基酸出现的频率

为了计算在一个蛋白质中比对好的氨基酸变成另一个氨基酸的概率，我们需要知道每一个氨基酸出现的频率。表 3.1 显示了每一种氨基酸出现的频率（f_i）。

表 3.1 归一化的氨基酸频率（总和为 1）。如果 20 种氨基酸在蛋白质中等概率出现，这些值都是 0.05（5%）。事实上，氨基酸出现频率存在差异。

Gly	0.089		Arg	0.041
Ala	0.087		Asn	0.040
Leu	0.085		Phe	0.040
Lys	0.081		Gln	0.038
Ser	0.070		Ile	0.037
Val	0.065		His	0.034
Thr	0.058		Cys	0.033
Pro	0.051		Tyr	0.030
Glu	0.050		Met	0.015
Asp	0.047		Trp	0.010

注：来源于 Dayhoff（1972）。已获得 National Biomedical Research Foundation 的授权。

Dayhoff 模型第三步：氨基酸的相对突变率

Dayhoff 等计算了各个氨基酸的相对突变率（表 3.2）。这简要地描述了在一段较短进化时间内每种氨基酸发生突变的频率。（此处我们强调进化时间短，是因为这个分析涉及到进化上紧密相关的蛋白质序列）。为了计算相对突变率，他们把观察到每种氨基酸发生突变的次数（m_i）除以该氨基酸总的出现频数（f_i）。

为什么有些氨基酸比另一些氨基酸更容易发生突变？不容易发生突变的氨基酸残基可能在蛋白质结构或功能上承担着重要的角色，如果被其他残基替换将会对机体产生危害。（在第 21 章中我们会看到许多人类疾病，从囊肿纤维症到与自闭症相关的 Rett 综合征，都是由某个蛋白质中的单个氨基酸替换导致的）。相反，最容易突变的氨基酸（天冬酰胺、丝氨酸、天冬氨酸和谷氨酸）在蛋白质中的功能很容易被其他残基补偿。图 3.8 展示了最常见的氨基酸替换，包括谷氨酸对天冬氨酸（都是酸性氨基酸），丝氨酸对丙氨酸、丝氨酸对苏氨酸（都是羟基化氨基酸）和异亮氨酸对缬氨酸（都是疏水性氨基酸而且残基大小相近）。

表 3.2	氨基酸相对突变率。丙氨酸的值被人为设定为 100		
Asn	134	His	66
Ser	120	Arg	65
Asp	106	Lys	56
Glu	102	Pro	56
Ala	100	Gly	49
Thr	97	Tyr	41
Ile	96	Phe	41
Met	94	Leu	40
Gln	93	Cys	20
Val	74	Trp	18

注：来源于 Dayhoff (1972)。已获得 National Biomedical Research Foundation 的授权。

蛋白质中发生的替换也能从遗传密码的角度来理解（框 3.6）。观察一下氨基酸替换只需要一个核苷酸发生变化的情形是多么常见：天冬氨酸由 GAU 或者 GAC 编码，第三个位置变为 A 或 G 将导致密码子改为编码谷氨酸。值得注意的是，在 5 个最不容易突变的氨基酸中，其中的四个（色氨酸、半胱氨酸、苯丙氨酸和酪氨酸）仅有两个或一个密码子对应。编码色氨酸的三个碱基中任何一个发生突变都会导致该氨基酸的变化。这些氨基酸的低突变率说明这种类型的替换是自然选择所不容许的。在 8 个最不容易突变的氨基酸中（表 3.2），只有一个（亮氨酸）有 6 个密码子。Dayhoff 等也指出，在图 3.8 观察到的互换中，有相当数量（20%）的互换需要两个核苷酸的变化。在其他情况下（如甘氨酸和色氨酸之间），仅需一个核苷酸的变化就能导致替换。但甘氨酸与色氨酸的互换从未在实验中被观察到，可能是由于这种变化不被自然选择所接受。

框 3.6　标准遗传密码子

表中描述了 64 种可能的密码子以及它们的使用频率和它们对应的氨基酸单字母。碱基总共有四种（A、C、G、U），每个密码子由 3 个碱基组成，所以共有 $4^3 = 64$ 种密码子。

Second nucleotide

	T	C	A	G	
T	TTT Phe 171 TTC Phe 203 TTA Leu 73 TTG Leu 125	TCT Ser 147 TCC Ser 172 TCA Ser 118 TCG Ser 45	TAT Tyr 124 TAC Tyr 158 TAA Ter 0 TAG Ter 0	TGT Cys 99 TGC Cys 119 TGA Ter 0 TGG Trp 122	T C A G
C	CTT Leu 127 CTC Leu 187 CTA Leu 69 CTG Leu 392	CCT Pro 175 CCC Pro 197 CCA Pro 170 CCG Pro 69	CAT His 104 CAC His 147 CAA Gln 121 CAG Gln 343	CGT Arg 47 CGC Arg 107 CGA Arg 63 CGG Arg 115	T C A G
A	ATT Ile 165 ATC Ile 218 ATA Ile 71 ATG Met 221	ACT Thr 131 ACC Thr 192 ACA Thr 150 ACG Thr 63	AAT Asn 174 AAC Asn 199 AAA Lys 248 AAG Lys 331	AGT Ser 121 AGC Ser 191 AGA Arg 113 AGG Arg 110	T C A G
G	GTT Val 111 GTC Val 146 GTA Val 72 GTG Val 288	GCT Ala 185 GCC Ala 282 GCA Ala 160 GCG Ala 74	GAT Asp 230 GAC Asp 262 GAA Glu 301 GAG Glu 404	GGT Gly 112 GGC Gly 230 GGA Gly 168 GGG Gly 160	T C A G

（左侧纵向标注：First nucleotide；右侧纵向标注：Third nucleotide）

取自 the International Human Genome Sequencing Consortium（2001），已获得授权。

需要注意遗传密码的一些特征。氨基酸可以由 1 个（M、W）、2 个（C、D、E、F、H、K、N、Q、Y）、3 个（I）、4 个（A、G、P、T、V）或者 6 个（L、R、S）密码子确定。UGA 在很少的情况下编码硒代半胱氨酸（简写为 Sec，单字母简写为 U）。

在每一个由 4 个密码子组成的区块中，往往有一个密码子的使用频率很低。例如，编码 F、L、I、M 和 V 的密码子（即中间是 U 的密码子，也位于遗传密码表的第一列），腺嘌呤（A）在密码子的第三个位置上使用得相对较少。而对于胞嘧啶（C）处于中间位置的密码子，第三个位置是鸟嘌呤（G）的机会就很低。

也需要注意在很多情况下，突变导致的是氨基酸的保守性改变（或者根本不变）。以苏氨酸（ACX）为例，密码子上第三个位置的任何突变都不会改变编码氨基酸，这是其"摇摆"特性导致的。如果苏氨酸密码子的第一个核苷酸从 A 变成 U，那么苏氨酸就被保守地替换成了丝氨酸；如果第二个核苷酸从 C 变成 G，那么苏氨酸也会被替换成丝氨酸。类似的保守替换模式也能在整个第一列的密码子中发现，整个第一列密码子对应的所有残基都是疏水氨基酸。D、E，K、R 都是带电氨基酸，它们也会发生保守性替换。

在不同生物的基因之间及在同一生物内的不同基因之间，密码子的使用是不同的。值得注意的是，上图展示的是标准遗传密码，而有些生物使用另外的遗传密码。在 NCBI 的 Taxonomy 网页中（http://www.ncbi.nlm.nih.gov/Taxonomy/taxonomyhome.html/，链接 3.20）可以找到二十多种替代的遗传密码。一个非标准密码的例子是，脊椎动物线粒体基因组使用 AGA 和 AGG 作为终止密码子（而不是标准密码子所对应的精氨酸），使用 ATA 编码甲硫氨酸（而不是异亮氨酸），使用 TGA 编码色氨酸（而不是作为终止密码子）。

Dayhoff 模型第四步：进化距离为 1PAM 的突变概率矩阵

接下来，Dayhoff 和同事们利用这些可接受突变数据（见图 3.8）和每个氨基酸出现的概率，构建了突变概率矩阵（*mutation probability matrix*）M（图 3.9）。

	A Ala	R Arg	N Asn	D Asp	C Cys	Q Gln	E Glu	G Gly	H His	I Ile	L Leu	K Lys	M Met	F Phe	P Pro	S Ser	T Thr	W Trp	Y Tyr	V Val
A	98.7	0.0	0.1	0.0	0.0	0.0	0.1	0.2	0.2	0.0	0.1	0.0	0.0	0.0	0.2	0.4	0.3	0.0	0.0	0.2
R	0.0	99.1	0.0	0.0	0.0	0.1	0.0	0.0	0.1	0.0	0.0	0.2	0.0	0.0	0.1	0.1	0.0	0.1	0.0	0.0
N	0.0	0.0	98.2	0.4	0.0	0.0	0.1	0.1	0.2	0.0	0.0	0.1	0.0	0.0	0.0	0.2	0.1	0.0	0.0	0.0
D	0.1	0.0	0.4	98.6	0.0	0.1	0.5	0.1	0.0	0.0	0.0	0.0	0.0	0.0	0.0	0.1	0.0	0.0	0.0	0.0
C	0.0	0.0	0.0	0.0	99.7	0.0	0.0	0.0	0.0	0.0	0.0	0.0	0.0	0.0	0.0	0.1	0.0	0.0	0.0	0.0
Q	0.0	0.1	0.0	0.1	0.0	98.8	0.3	0.0	0.2	0.0	0.0	0.1	0.0	0.0	0.1	0.0	0.0	0.0	0.0	0.0
E	0.1	0.0	0.1	0.6	0.0	0.4	98.7	0.0	0.0	0.0	0.0	0.1	0.0	0.0	0.0	0.0	0.0	0.0	0.0	0.0
G	0.2	0.0	0.1	0.1	0.0	0.0	0.1	99.4	0.0	0.0	0.0	0.0	0.0	0.0	0.0	0.2	0.0	0.0	0.0	0.1
H	0.0	0.1	0.2	0.0	0.0	0.2	0.0	0.0	99.1	0.0	0.0	0.0	0.0	0.0	0.1	0.0	0.0	0.0	0.3	0.0
I	0.0	0.0	0.0	0.0	0.0	0.0	0.0	0.0	0.0	98.7	0.1	0.0	0.2	0.1	0.0	0.0	0.1	0.0	0.0	0.3
L	0.0	0.0	0.0	0.0	0.0	0.1	0.0	0.0	0.0	0.2	99.5	0.0	0.5	0.1	0.0	0.0	0.0	0.0	0.0	0.2
K	0.0	0.4	0.3	0.1	0.0	0.1	0.1	0.0	0.0	0.0	0.0	99.3	0.2	0.0	0.0	0.1	0.1	0.0	0.0	0.0
M	0.0	0.0	0.0	0.0	0.0	0.0	0.0	0.0	0.0	0.1	0.1	0.0	98.7	0.0	0.0	0.0	0.0	0.0	0.0	0.0
F	0.0	0.0	0.0	0.0	0.0	0.0	0.0	0.0	0.1	0.1	0.1	0.0	0.0	99.5	0.0	0.0	0.0	0.0	0.3	0.0
P	0.1	0.1	0.0	0.0	0.0	0.1	0.0	0.0	0.0	0.0	0.0	0.1	0.0	0.0	99.3	0.1	0.0	0.0	0.0	0.0
S	0.3	0.1	0.3	0.1	0.1	0.0	0.1	0.2	0.1	0.0	0.0	0.0	0.0	0.2	0.2	98.4	0.4	0.1	0.0	0.0
T	0.2	0.0	0.0	0.0	0.0	0.0	0.0	0.0	0.0	0.1	0.0	0.1	0.1	0.0	0.1	0.3	98.7	0.0	0.0	0.1
W	0.0	0.0	0.0	0.0	0.0	0.0	0.0	0.0	0.0	0.0	0.0	0.0	0.0	0.0	0.0	0.0	0.0	99.8	0.0	0.0
Y	0.0	0.0	0.0	0.0	0.0	0.0	0.0	0.0	0.0	0.0	0.0	0.0	0.0	0.2	0.0	0.0	0.0	0.0	99.5	Sec
V	0.1	0.0	0.0	0.0	0.0	0.0	0.0	0.0	0.0	0.3	0.2	0.0	0.1	0.0	0.0	0.0	0.0	0.0	0.0	99.0

（表头上方标注：Original amino acid；左侧竖排标注：Replacement amino acid）

图 3.9 PAM1 突变概率矩阵。原始氨基酸 j 按列排布，替代氨基酸 i 按行排布。Dayhoff 等将值乘以 10000（提供更高的精度）；此处我们乘以 100。举例来说，第一格的值 98.7 表示在一个 PAM1 对应的进化时间区间内，Ala 仍然是 Ala 的概率为 98.7%。

[来源：Dayhoff（1972）。已获得 National Biomedical Research Foundation 的授权]

矩阵元素 M_{ij} 表示在给定的进化间隔内，氨基酸 j（列）被替换为氨基酸 i（行）的概率。在图 3.9 给定的例子中，进化间隔为一个 PAM。PAM 被定义为进化分化的单位，对应两条蛋白质序列中 1% 的氨基酸发生了变化。值得注意的是，PAM 矩阵的进化间隔是基于氨基酸分化的百分比，而不是基于年的单位。对于不同的蛋白质家族，1% 氨基酸的分化所对应的时间是不同的（见图 7.5 关于分子时钟的介绍）。

观察图 3.9 会发现几个重要的特征。

最高分位于从左上到右下的对角线上。每列值和为 100%。最左上角的值 98.7 代表当原序列包含一个丙氨酸时，在一个 PAM 的进化距离内，有 98.7% 的概率替换氨基酸仍然是丙氨酸。图中可以看到丙氨酸有 0.3% 的可能性被替换成丝氨酸。最容易发生突变的氨基酸是天冬氨酸（见表 3.2），它仅有 98.22%

的可能性保持不变。最不容易发生突变的氨基酸是色氨酸，它有 99.76% 的可能性保持不变。

不在矩阵中对角线上的元素的值可以根据公式（3.1）来求得：

$$M_{ij} = \frac{\lambda m_j A_{ij}}{\sum_i A_{ij}} \tag{3.1}$$

式（3.1）中，M_{ij} 表示原始氨基酸 j 被第 i 行中的氨基酸替换概率。A_{ij} 对应图 3.8 中在可接受点突变矩阵 PAM1 中的元素。λ 是一个比例常量（在下面会有讨论），m_j 是第 j 个氨基酸的突变率（表 3.2）。我们可以进一步化简图 3.9 中对角线元素 M_{jj} 的计算值：

$$M_{jj} = 1 - \lambda m_j \tag{3.2}$$

式（3.2）中 M_{jj} 是原始氨基酸 j 未被替换保持不变的概率。以上两个公式可以通过观察突变概率矩阵的第一列来理解，这一列中对应的原始氨基酸是丙氨酸。概率总和（所有元素加和）是 1，或当用百分比表示时，每列的总和是 100%。丙氨酸发生变化的概率，等同于第一行所有元素的总和减去丙氨酸保持不变的概率，实际上等于丙氨酸的突变率。

对于每一个原始氨基酸，很容易观察到最有可能替换它的氨基酸是什么。这些数据和双序列比对非常相关，因为它们是构成打分系统的基础（在 Dayhoff 模型步骤的 5~7 步中有详述）：在一个比对中，合理的氨基酸替换会被加分，而不可能发生的氨基酸替换则会被罚分。

几乎所有分子序列数据都来自于现存生物。我们可以推测祖先序列，如框 3.5 和第 7 章所述。然而通常对于对比好的残基 i 和残基 j，我们不知道哪个突变成为哪个。Dayhoff 和同事假设可接受氨基酸的突变没有方向性，即两个方向突变的概率是相等的。在 PAM1 矩阵中，由于使用的蛋白质都是进化相关的蛋白质，所以祖先残基与比对上的两个残基完全不同的可能性是很低的。

Dayhoff 模型第五步：　PAM250 和其他 PAM 矩阵

PAM1 矩阵的构建是基于进化紧密相关的蛋白质序列的比对，这些蛋白质序列间有平均 1% 的氨基酸变化。为了确保多重序列比对的有效性，每个家族的蛋白质都要求至少 85% 的氨基酸一致性。然而，我们也经常对氨基酸序列一致性远远小于 99% 的蛋白质间的相互关系感兴趣。为此，我们可以构建适用于任意氨基酸一致性的概率矩阵。考虑进化上紧密相关的蛋白质，如图 3.10 中的甘油醛-3-磷酸脱氢酶（GADPH）蛋白。由于在这些蛋白质中，从一个残基到另一个残基的突变极为罕见，所以一个用于比对紧密相关蛋白的打分系统就应该准确地反映这个情况。在图 3.9 所示的 PAM1 突变概率矩阵中，一些（如色氨酸到苏氨酸的替换）替换十分罕见，以至于它们从来没有在 Dayhoff 的数据中被观察到。

用来生成图 3.10 的 GAPDH 序列和用来生成图 3.11 的 κ 酪蛋白序列可在在线文档 3.4 和 3.5 中找到，http://www.bioinfbook.org/chapter3.

```
NP 002037.2      164  IHDNFGIVEGLMTTVHAITATQKTVDGPSGKLWRDGRGALQNII  207
XP 001162057.1   164  IHDNFGIVEGLMTTVHAITATQKTVDGPSGKLWRDGRGALQNII  207
NP 001003142.1   162  IHDNFGIVEGLMTTVHAITATQKTVDGPSGKMWRDGRGAAQNII  205
XP 893121.1      168  IHDNFGIMEGLMTTVHAITATQKTVDGPSGKLWRDGRGAAQNII  211
XP 576394.1      162  IHDNFGIVEGLMTTVHAITATQKTVDGPSGKLWRDGRGAAQNII  205
NP 058704.1      162  IHDNFGIVEGLMTTVHAITATQKTVDGPSGKLWRDGRGAAQNII  205
XP 001070653.1   162  IHDNFGIVEGLMTTVHAITATQKTVDGPSGKLWRDGRGAAQNII  205
XP 001062726.1   162  IHDNFGIVEGLMTTVHAITATQKTVDGPSGKLWRDGRGAAQNII  205
NP 989636.1      162  IHDNFGIVEGLMTTVHAITATQKTVDGPSGKLWRDGRGAAQNII  205
NP 525091.1      161  INDNFEIVEGLMTTVHATTATQKTVDGPSGKLWRDGRGAAQNII  204
XP 318655.2      161  INDNFEIVEGLMTTVHATTATQKTVDGPSGKLWRDGRGAAQNII  204
NP 508535.1      170  INDNFGIIEGLMTTVHAVTATQKTVDGPSGKLWRDGRGAGQNII  213
NP 595236.1      164  INDTFGIEEGLMTTVHATTATQKTVDGPSKKDWRGGRGASANII  207
NP 011708.1      162  INDAFGIEEGLMTTVHSLTATQKTVDGPSHKDWRGGRTASGNII  205
XP 456022.1      161  INDEFGIDEALMTTVHSITATQKTVDGPSHKDWRGGRTASGNII  204
NP 001060897.1   166  IHDNFGIIEGLMTTVHAITATQKTVDGPSSKDWRGGRAASFNII  209
```

图 3.10　13 个生物的甘油醛 3-磷酸脱氢酶（GAPDH）蛋白的部分序列比对，按顺序分别为：人类（*Homo sapiens*）、黑猩猩（*Pan troglodytes*）、狗（*Canis lupus*）、小鼠（*Mus musculus*）、大鼠、3 个突变型（*Rattus norvegicus*）、鸡（*Gallus gallus*）、果蝇（*Drosophila melanogaster*）、蚊子（*Anopheles gambiae*）、线虫（*Caenorhabditis elegans*）、裂殖酵母（*Schizosaccharomyces pombe*）、酿酒酵母（*Saccharomyces cerevisiae*）、真菌（*Kluyveromyces lactis*）和水稻（*Oryza sativa*）的序列。每一列中有至少一个氨基酸变化的用箭头指出。序列编号在图中给出。这个比对由 NCBI 的 HomoloGene 中输入关键词"gadph"搜索创建

类似于 Pfam（第 6 章）的数据库总结了整个生命树中基因/蛋白家族的系统分布。

不同物种间的直系同源 κ 酪蛋白是一个保守性相对较低的蛋白质家族（图 3.11）。在这些蛋白的多重序列比对中，有一部分氨基酸位点非常保守，但绝大多数位点的保守性较差，在比对结果中还可以看到很多空位的引入。此外，一些位点出现 4 个或 5 个不同的残基类型（图中双三角形所示）。在这个家族中，替换可能非常频繁。为反映这种发生在进化远缘相关的蛋白质中的氨基酸替换，Dayhoff 等构建了如 PAM100、PAM250 等 PAM 矩阵。

```
          ▼                ▼▼    ▼           ▼              ▼
mouse   AIPNPSFLAMPTNENQDNTAIPTIDPITPIVST--PVPTM------ESIVNTVANPEAST
rabbit  S--HPFFMAILPNKMQDKAVTPTTNTIAAVEPT--PIPTT------EPVVSTEVIAEASP
sheep   PHPHLSFMAIPPKKDQDKTEIPAINTIASAEPTVHSTPTT------EAVVNAVDNPEASS
cattle  PHPHLSFMAIPPKKNQDKTEIPTINTIASGEPT--STPTT------EAVESTVATLEDSP
pig     PRPHASFIAIPPKKNQDKTEIPAINSIATVEPT--IVPATEPIVNAEPIVNAVVTPEASS
human   PNLHPSFIAIPPKKIQDKIIIPTINTIATVEPT--PAPAT------EPTVDSVVTPEAFS
horse   PCPHPSFIAIPPKKLQEITVIPKINTIATVEPT--PIPTP------EPTVNNAVIPDASS
          .  :  *:*: .::*:      *   *:*:.  .*    *:   *. .  ::
```

图 3.11 7 个 κ 酪蛋白的多重序列比对。可以看出这 7 个蛋白代表了一个非常不保守的蛋白质家族。我们只显示了部分比对结果。注意到只有八列残基是完全保守的（用下方的星号表示），比对中还存在不同长度的空位。在一些氨基酸位点中（对应一列），有四种不同的氨基酸残基（倒三角所示）；在另外两个位点中，存在五种不同的残基（倒双箭头所示）。这些序列的比对使用了工具 MUSCLE 3.6（见第 6 章）。序列依次对应人类（NP_005203）、马（*Equus caballus*；NP_001075353）、猪（*Sus scrofa*；NP_001004026）、绵羊（*Ovis aries*；NP_001009378）、兔子（*Oryctolagus cuniculus*；P33618）、牛（*Bos taurus*；NP_776719）和小鼠（*Mus musculus*；NP_031812）

那么，PAM1 以外的其他 PAM 矩阵是如何得到的？事实上，在公式（3.1）和公式（3.2）中比例常量 λ 对图 3.9 的 PAM1 矩阵中每一列都适用。在该矩阵中，λ 被设定来对应 1 个 PAM 的进化距离。我们可以通过增大 λ 来得到一个更大的进化距离。通过对 λ 倍乘，我们可以得到 PAM2、PAM3、PAM4 等 PAM 矩阵。遗憾的是，这种方法在进化距离更大时不适用（比如 PAM250，也即在序列长度为 100 的两个比对好的蛋白质中发生了 250 个氨基酸变化）。问题在于，简单改变 λ 并不能反映多重替换。Dayhoff 等为解决这一问题，使用了矩阵的乘法：为了其他 PAM 矩阵，他们将利用 PAM1 矩阵进行推算，将 PAM1 矩阵自乘数次至数百次（框 3.7）。到今天，这个方法仍然有效，尽管其需要 PAM1 矩阵足够精确以避免误差的放大。

框 3.7　矩阵乘法

矩阵是数字的有序序列。一个行数为 i，列数为 j 的矩阵的例子如下：

$$\begin{bmatrix} 1 & 2 & 4 \\ 2 & 0 & -3 \\ 4 & -3 & 6 \end{bmatrix}$$

在对称矩阵中（如上例）$a_{ij} = a_{ji}$。这意味着所有对应的非对角元素是相等的。矩阵可以相加、相减或者相乘。如果第一个矩阵 M_1 的列数和第二个矩阵 M_2 的行数相等，那么两个矩阵可以相乘。

我们可以在 R 中查看 PAM 矩阵。尝试围绕 PAM1 矩阵进行运算操作。

由于 PAM1 矩阵并不能从 R 包中或 NCBI 的 ftp 上直接调用，我们在在线文档 3.10（http://bioinfbook.org）中提供了 pam1.txt。将其导入到 RStudio 中以考查其性质，并查看它的前五行和前五列：

```
> dim(pam1) # this shows the dimensions of the matrix
[1] 20 20
> length(pam1) # this displays the length
[1] 20
> str(pam1) # this displays the structure of pam1; just the first several
# lines are shown here
'data.frame':    20 obs. of 20 variables:
$ A: num 0.9867 0.0001 0.0004 0.0006 0.0001 ...
$ R: num 0.0002 0.9913 0.0001 0 0.0001 ...
```

```
...
> pam1 # this shows the full matrix (not shown here)
> pam1[1:5,1:5] # this displays the first five rows and columns
        A      R      N      D      C
1 0.9867 0.0002 0.0009 0.0010 0.0003
2 0.0001 0.9913 0.0001 0.0000 0.0001
3 0.0004 0.0001 0.9822 0.0036 0.0000
4 0.0006 0.0000 0.0042 0.9859 0.0000
5 0.0001 0.0001 0.0000 0.0000 0.9973
```

随后，将 PAM1 突变概率矩阵自乘 250 次，生成名为 pam250 的数据框。由此，我们便得到了 PAM250 矩阵。

```
> pam250 <- pam1^250 # we multiply the PAM1 matrix by itself 250 times
> pam250[1:5,1:5] # we view the first five rows and columns
            A          R          N          D          C
[1,] 0.03517888 0.0000000 0.00000000 0.00000000 0.0000000
[2,] 0.00000000 0.1125321 0.00000000 0.00000000 0.0000000
[3,] 0.00000000 0.0000000 0.01121973 0.00000000 0.0000000
[4,] 0.00000000 0.0000000 0.00000000 0.02872213 0.0000000
[5,] 0.00000000 0.0000000 0.00000000 0.00000000 0.5086918
```

　　为了理解不同 PAM 矩阵的意义，我们不妨考虑最极端的例子。当 PAM 等于 0 时，这个矩阵是单位对角矩阵（图 3.12，上部分），这是因为没有氨基酸发生突变。PAM 也可以十分大（比如，PAM 大于 2000，或者令 PAM1 矩阵自乘无限次）。在最终的 PAM∞ 矩阵中，任何氨基酸出现的概率都相等，并且每行的所有值都接近同一个数值，这个数值就是氨基酸的出现频率（图 3.12，下部分）。我们在表 3.1 中描述这些背景频率。

原始氨基酸

PAM0	A	R	N	D	C	Q	E	G
A	100	0	0	0	0	0	0	0
R	0	100	0	0	0	0	0	0
N	0	0	100	0	0	0	0	0
D	0	0	0	100	0	0	0	0
C	0	0	0	0	100	0	0	0
Q	0	0	0	0	0	100	0	0
E	0	0	0	0	0	0	100	0
G	0	0	0	0	0	0	0	100

（左侧纵向标注：替代氨基酸）

原始氨基酸

PAM∞	A	R	N	D	C	Q	E	G
A	8.7	8.7	8.7	8.7	8.7	8.7	8.7	8.7
R	4.1	4.1	4.1	4.1	4.1	4.1	4.1	4.1
N	4.0	4.0	4.0	4.0	4.0	4.0	4.0	4.0
D	4.7	4.7	4.7	4.7	4.7	4.7	4.7	4.7
C	3.3	3.3	3.3	3.3	3.3	3.3	3.3	3.3
Q	3.8	3.8	3.8	3.8	3.8	3.8	3.8	3.8
E	5.0	5.0	5.0	5.0	5.0	5.0	5.0	5.0
G	8.9	8.9	8.9	8.9	8.9	8.9	8.9	8.9

（左侧纵向标注：替代氨基酸）

图 3.12　PAM0 矩阵（上表）和 PAM∞（下表）的部分展示。PAM∞ 矩阵（即 PAM1 矩阵自乘无穷次），每行的值收敛于取代后氨基酸的标准化出现频率（见表 3.1）。类似地，PAM2000 矩阵中的元素也收敛于相同的值。使用 PAM2000 矩阵做比较的蛋白往往关联性很差。与之相反，在 PAM0 中没有突变，蛋白质的所有残基都处在完美的保守状态

　　PAM250 十分重要（图 3.13）。它是 PAM1 矩阵自乘 250 次以后得到的，而且它也是 BLAST 数据库搜索常用的矩阵（第 4 章）。这个矩阵所对应的是当蛋白质共享 20％ 的氨基酸一致性时的进化距离。我们不妨将 PAM250 这个矩阵与 PAM1 突变可能性矩阵（图 3.9）进行对比，我们可以发现很多信息量都丢失了。PAM250 矩阵从左上到右下的对角线元素依然比其他地方的值要高，但是与 PAM1 矩阵相比，对角线元素与非对角线元素相差并不悬殊。下面我们来举例说明如何解读 PAM250 矩阵：如果原始氨基酸是丙氨酸，那么仅仅只有 13％ 的概率第二条序列也会是丙氨酸。事实上，这几乎与丙氨酸替换成甘氨酸的概率相等（12％）。对于最不易突变的氨基酸——色氨酸和半胱氨酸，这些残基在这个进化距离内维持不变的概率则高于 50％。

Dayhoff 模型第六步：从突变概率矩阵到相关优势值矩阵

　　Dayhoff 等还定义了相关性优势值矩阵。其旨在解决的问题如下：对于任意一个突变概率矩阵中的元

图 3.13 PAM250 突变概率矩阵。在这个进化距离下，对于一个原始的氨基酸（列），只有约 1/5 在替换到一个新的氨基酸（行）时没有发生变化。注意图中矩阵每项的值相对于图 3.11 所示的 PAM1 矩阵发生了变化，但每列所有项之和仍为 100
［来源：Dayhoff（1972）。已获得 National Biomedical Research Foundation 的授权］

		A	R	N	D	C	Q	E	G	H	I	L	K	M	F	P	S	T	W	Y	V
	A	13	6	9	9	5	8	9	12	6	8	6	7	7	4	11	11	11	2	4	9
	R	3	17	4	3	2	5	3	2	6	3	2	9	4	1	4	4	3	7	2	2
	N	4	4	6	7	2	5	6	4	6	3	2	5	3	2	4	5	4	2	3	3
	D	5	4	8	11	1	7	10	5	6	3	2	5	3	1	4	5	5	1	2	3
	C	2	1	1	1	52	1	1	2	2	2	1	1	1	1	2	3	2	1	4	2
	Q	3	5	5	6	1	10	7	3	7	2	3	5	3	1	4	3	3	1	2	3
替代氨基酸	E	5	4	7	11	1	9	12	5	6	3	2	5	3	1	4	5	5	1	2	3
	G	12	5	10	10	4	7	9	27	5	5	4	6	5	3	8	11	9	2	3	7
	H	2	5	5	4	2	7	4	2	15	2	2	3	2	2	3	3	2	2	3	2
	I	3	2	2	2	2	2	2	2	2	10	6	2	6	5	2	3	4	1	3	9
	L	6	4	4	3	2	6	4	3	5	15	34	4	20	13	5	4	6	6	7	13
	K	6	18	10	8	2	10	8	5	8	5	4	24	9	2	6	8	8	4	3	5
	M	1	1	1	1	0	1	1	1	1	2	3	2	6	2	1	1	2	1	1	2
	F	2	1	2	1	1	1	1	1	3	5	6	1	4	32	1	2	2	4	20	3
	P	7	5	5	4	3	5	4	5	5	3	3	4	3	2	20	6	5	1	2	4
	S	9	6	8	7	7	6	7	9	6	5	4	7	5	3	9	10	9	4	4	6
	T	8	5	6	6	4	5	5	6	4	6	4	6	8	3	6	8	11	2	3	6
	W	0	2	0	0	0	0	0	0	1	0	1	0	0	1	0	1	0	55	1	0
	Y	1	1	2	1	3	1	1	1	3	2	2	2	2	15	1	2	2	3	31	2
	V	7	4	4	4	4	4	4	4	5	15	10	4	10	5	5	5	7	2	4	17

（表头上方标注：原始氨基酸）

素 M_{ij}，氨基酸 j 在一个同源序列中变成氨基酸 i 的概率是多少？

$$R_{ij} = \frac{M_{ij}}{f_i} \tag{3.3}$$

公式（3.3）描述了一个优势比（框 3.8）。对于分子 M_{ij}，Dayhoff 等考虑一系列进化变化的模型得出目标频率。分母，也即归一化频率 f_i 则是氨基酸残基 i 在第二条序列中随机出现的频率。

框 3.8　统计学概念：优势比（odds ratio）

Dayhoff 等（1972）使用优势比来生成打分矩阵。突变概率矩阵的元素 M_{ij} 表示在矩阵设定的进化距离内，氨基酸 j 变为氨基酸 i 的可能性。标准频率 f_i 提供了氨基酸 i 在该位置发生的概率。公式（3.3）显示的关联比值矩阵可以表示成 $R_{ij} = M_{ij}/fi$，其中 R_{ij} 表示关联优势比。

公式（3.3）根据生物统计学意义，也可以写作：

$$真实比对的概率 = \frac{P(两序列配对|序列之间发生直接氨基酸替换)}{P(两序列配对|序列随机配对)}$$

等式的右侧可以为读作：在两序列之间发生氨基酸替换（氨基酸 j 替代为氨基酸 i）下二序列比对在一起的条件概率，除以两序列随机配对在一起的条件概率。优势比的比值比可以是任何正数比值。

一个事件发生的概率（probability）是期望发生的事件次数与尝试次数的比值；概率值介于 0 和 1 之间。优势值（odds）和概率是相近的两个概念：概率表示事件真实发生的可能性，优势值则表示事件为真和事件为假的比率。概率为 0 时比值为 0，概率为 0.5 比值为 1.0；概率为 0.75 时比值为 75 : 25 或 3。优势值和概率的关系如下：

$$优势值 = \frac{概率}{1-概率} \qquad 概率 = \frac{优势值}{1+优势值}$$

在相关性优势值矩阵中，R_{ij} 值等于 1 意味着氨基酸替换（比如丙氨酸被天冬酰胺替换）发生的概率与随机相当。如果其值大于 1，则意味着两个残基在序列比对中出现在一起的机会大于随机期望值（如丝氨酸到苏氨酸的保守性替换）；如果小于 1，则说明把这两个氨基酸的比对在一起是不太可能的。在两个蛋白质序列比对过程中，需要先确定每个比对位点上的 R_{ij} 值，然后把这些位点上的值相乘才能得到比对的总分数。

Dayhoff 模型第七步：对数优势值（log-odds）打分矩阵

相关性优势值矩阵的对数形式叫做对数优势值矩阵。对数优势值的公式为：

$$s_{ij} = \log_{10} R_{ij} = \log_{10}\left(\frac{M_{ij}}{f_i}\right) \tag{3.4}$$

一个对数优势值矩阵的元素包括了在两个序列上，任意位点的两个残基（包括相同氨基酸）对齐时所打的分数（s_{ij}）。M_{ij}（也可以写成 q_{ij}）是氨基酸 j 被替换为氨基酸 i 的替换频率。q_{ij} 还有一个别称叫做"目标频率"，是从如图 3.9（PAM1）和图 3.13（PAM250）中所展示的突变概率矩阵之一所推导出来的。q_{ij} 为正值，且每列总和为 1。背景频率 f_i 是指在该位点上被替换氨基酸 i 在独立情况下随机出现的背景概率。

PAM250 的对数优势值矩阵可参见图 3.14。图中的对数比值都进行了就近取整。这里使用对数比较方便，是因为它可以在我们比对两个序列时，将每一个位点的分数相加来得到总的比对分数。（如果不使用对数，我们就需要将每一个位点的分数相乘，会给计算带来很多麻烦）

可以试着通过运用公式（3.4）来理解一个突变概率矩阵（图 3.13）是如何被转换成一个对数优势值矩阵（图 3.14）的。例如要计算半胱氨酸替换到亮氨酸的打分，其突变概率值在 PAM250 突变概率矩阵中为 0.02（图 3.13），而亮氨酸归一化频率为 0.085（表 3.1），因此我们可得到：

$$s_{(cysteine,\,leucine)} = 10 \times \log_{10}\left(\frac{0.02}{0.085}\right) = -6.3 \tag{3.5}$$

注意与图 3.13 的突变概率矩阵不同，对数优势值矩阵是对称的。在比对两个序列时，这两条序列的先后顺序不影响结果。在另一个例子中，原始的赖氨酸被精氨酸（精氨酸的频率为 4.1%）替代的突变概率为 0.09，用公式（3.4）可得到对数优势值分数为 3.4（与图 3.14 中值为 3 相当）。在矩阵中的值都被取整。

A	2																			
R	-2	6																		
N	0	0	2																	
D	0	-1	2	4																
C	-2	-4	-4	-5	12															
Q	0	1	1	2	-5	4														
E	0	-1	1	3	-5	2	4													
G	1	-3	0	1	-3	-1	0	5												
H	-1	2	2	1	-3	3	1	-2	6											
I	-1	-2	-2	-2	-2	-2	-2	-3	-2	5										
L	-2	-3	-3	-4	-6	-2	-3	-4	-2	2	6									
K	-1	3	1	0	-5	1	0	-2	0	-2	-3	5								
M	-1	0	-2	-3	-5	-1	-2	-3	-2	2	4	0	6							
F	-3	-4	-3	-6	-4	-5	-5	-5	-2	1	2	-5	0	9						
P	1	0	0	-1	-3	0	-1	0	0	-2	-3	-1	-2	-5	6					
S	1	0	1	0	0	-1	0	1	-1	-1	-3	0	-2	-3	1	2				
T	1	-1	0	0	-2	-1	0	0	-1	0	-2	0	-1	-3	0	1	3			
W	-6	2	-4	-7	-8	-5	-7	-7	-3	-5	-2	-3	-4	0	-6	-2	-5	17		
Y	-3	-4	-2	-4	0	-4	-4	-5	0	-1	-1	-4	-2	7	-5	-3	-3	0	10	
V	0	-2	-2	-2	-2	-2	-2	-1	-2	4	2	-2	2	-1	-1	-1	0	-6	-2	4
	A	R	N	D	C	Q	E	G	H	I	L	K	M	F	P	S	T	W	Y	V

图 3.14 PAM10 的对数优势值矩阵。高 PAM 值（如 PAM250）在比对远缘蛋白质时有用。许多两两比对、多重序列比对和数据库搜索（如 BLAST）的算法都允许你从包括 PAM250、PAM70 和 PAM30 在内的各种 PAM 矩阵中进行选择
（改编自 NCBI，ftp://ftp. ncbi. nlm. nih. gov/blast/matrices/）

PAM250 中的值的意义是什么？在该矩阵中，色氨酸与色氨酸比对的得分为 +17，这意味着它比在一个两序列比对中把色氨酸与任意氨基酸随机匹配的概率大 50 倍。从公式（3.4）出发，令 $s_{i,j} = +17$，令替换概率 q_{ij}/p_i 为 x，那么 $+17 = 10\log_{10} x$；$+1.7 = \log_{10} x$；$10^{1.7} = x = 50$。

一个为 -10 的分数意味着在一个真实反映同源性（来自同一祖先序列）的双序列比对的结果中，该分数对应的两个配对氨基酸所发生的概率大致相当于这两个氨基酸偶然比对在一起的概率的 1/10。0 表示是中性的。而 +2 表示氨基酸替换发生的频率是偶然发生的频率的 1.6 倍（$+2 = 10\log_{10} x$；$x = 10^{0.2} = 1.6$）。

在图 3.14 中的对数优势值打分矩阵中的最高值是色氨酸（17，相同氨基酸）和半胱氨酸（12），而最大的罚分值也与这两个残基的替换有关。当两条序列被比对好并确定 s_{ij} 分数后，这个分数即是在比对结果中所有被匹配的残基的分数之和。

"目标频率" q_{ij} 是在给定特定程度的进化距离作为参考后所估算出来的。例如，在把人类 β 球蛋白与高同源性的黑猩猩 β 球蛋白进行对比时，在比对结果中任意一个氨基酸残基发生完全匹配的可能性都非常高；然而，在对比人类 β 球蛋白和一个细菌的球蛋白时，完全匹配的可能性很低。如果在一个高同源性的双序列比对中，丝氨酸被比对到苏氨酸的频率是 5%，那么目标频率 $q_{S,T}$ 应为 0.05。如果在一个同源性

不高的双序列比对中，丝氨酸被配对到苏氨酸的频率可能较高，假定为 40%，那么目标频率 $q_{S,T}$ 应为 0.4。

　　通过比较 PAM250 矩阵（图 3.14）和 PAM10 矩阵（图 3.15），我们可以更容易理解不同 PAM 矩阵是如何给氨基酸替换打分的。在 PAM10 矩阵中，相同氨基酸残基的替换值比在 PAM250 矩阵中的值高；比如在前者中，丙氨酸到丙氨酸的替换值是 7，而在后者中则为 2。

　　PAM10 矩阵中氨基酸错配的罚分更高。比如，PAM10 中天冬氨酸到精氨酸的突变打分为 -17，而在 PAM250 则为 -1。甚至在 PAM250 矩阵中某些为正数的替换在 PAM10 被打为负分。比如谷氨酸到天冬氨酸在 PAM10 矩阵中为 -5，而在 PAM250 则为 +1。

	A	R	N	D	C	Q	E	G	H	I	L	K	M	F	P	S	T	W	Y	V
A	7																			
R	-10	9																		
N	-7	-9	9																	
D	-6	-17	-1	8																
C	-10	-11	-17	-21	10															
Q	-7	-4	-7	-6	-20	9														
E	-5	-15	-5	-0	-20	-1	8													
G	-4	-13	-6	-6	-13	-10	-7	7												
H	-11	-4	-2	-7	-10	-12	-9	-13	10											
I	-8	-8	-8	-11	-9	-11	-8	-17	-13	9										
L	-9	-12	-10	-19	-21	-8	-13	-14	-9	-4	7									
K	-10	0	-2	-8	-20	-6	-7	-10	-10	-9	-11	7								
M	-8	-7	-15	-17	-20	-7	-10	-12	-17	-3	-2	-4	12							
F	-12	-12	-12	-21	-19	-19	-20	-12	-9	-5	-5	-20	-7	9						
P	-4	-7	-9	-12	-11	-6	-9	-12	-10	-10	-11	-11	-13	-13	8					
S	-3	-6	-2	-7	-6	-7	-7	-4	-9	-10	-12	-7	-8	-9	-4	7				
T	-3	-10	-5	-8	-11	-9	-9	-10	-11	-5	-10	-6	-7	-12	-7	-2	8			
W	-20	-5	-11	-23	-22	-22	-24	-21	-9	-20	-9	-18	-19	-7	-20	-8	-19	13		
Y	-11	-14	-7	-17	-7	-18	-11	-20	-6	-6	-9	-12	-17	-1	-20	-10	-9	-8	10	
V	-5	-11	-12	-11	-9	-10	-9	-9	-1	-5	-13	-4	-12	-9	-10	-6	-22	-10	8	
	A	R	N	D	C	Q	E	G	H	I	L	K	M	F	P	S	T	W	Y	V

图 3.15 PAM10 的对数优势值矩阵。低 PAM 值在比对近缘相关蛋白质时有用。把这个矩阵和 PAM250 矩阵比较（图 3.14）可以发现 PAM10 矩阵中等同匹配的分值更大，而错配的罚分也更大（改编自 NCBI, ftp://ftp.ncbi.nlm.nih.gov/blast/matrices/）

3.3　在双序列比对中，PAM 矩阵的实用性

　　我们可以通过进行一系列进化上近缘相关和远缘相关的蛋白之间的全局比对来证明 PAM 矩阵的实用性。对于进化上紧密相关的蛋白，我们选用了人类 β 球蛋白（NP_000509.1）和黑猩猩 β 球蛋白（XP_508242.1）；这两个蛋白的氨基酸 100% 匹配。二者之间的比对总分从利用 PAM10 矩阵运算得到的约 590 分，以近似线性方式下降到利用 PAM250 矩阵得到 200 分和用 PAM500 矩阵的 100 分（图 3.16，黑线所示）。在该两序列比对中，没有错配或者空位。低 PAM 矩阵（比如 PAM10）会得到高比对分数是由于其更高的相对熵（详见 "Percent Identity 和 Relative Entropy" 一节）。PAM10 矩阵因而适用于比较进化上紧密相关的蛋白。接下来，我们考虑进化上相对远缘蛋白间的双序列比对，如人类 β 球蛋白和 α 球蛋白（NP_000549.1）的比对（图 3.16，红线所示）。在使用不同的 PAM 矩阵比对后，PAM70 矩阵得到最高的总分。低的 PAM 矩阵（比如从 PAM10 到 PAM60）得到的总分较低，是因为这两个序列只有 42% 的氨基酸一致，而错配在低 PAM 矩阵中被赋予较大负分。综上所述，不同打分矩阵的区别在于它们对于具有不同亲缘性的蛋白（DNA）序列具有不同的敏感性。在比较两条序列时，有可能需要使用几种不同的打分矩阵来进行重复比对。一个序列比对程序无法做到一步到位地为所有待比对序列选择合适的打分矩阵。与之相反，这些程序通常都会从一个使用条件较为宽泛的打分矩阵（比如 BLOSUM62）开始。我们会在下面部分详述 BLOSUM 系列打分矩阵。

> 注意公式 3.6 和公式 3.7 的分母包括 p_i 和 p_j，表示两个比对氨基酸的背景可能值。这由 Henikoff 和 Henikoff（1992）和 Karlin 和 Altschul（1990）和别人（由 Altschul 等综述，2005）。

PAM 的重要替代者：　BLOSUM 打分矩阵

　　除了 PAM 矩阵外，另一个非常常用的打分矩阵是块替代矩阵（Block substitution matrix，BLOSUM）系列。Henikoff 和 Henikoff（1992，1996）使用了 BLOCKS 数据库，该数据库包括了超过 500 组远缘相关蛋白序列的局部多重序列比对（块）。因此，他们的工作实际上集中在远缘相关蛋白的保守区域（块）上。BLOSUM 打分规则使用了以 2 为底数的对数比值：

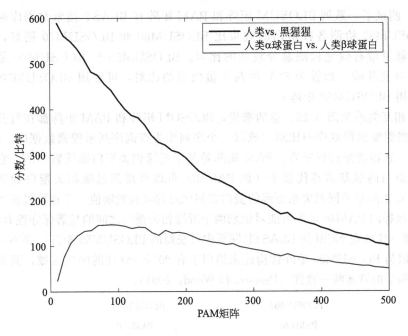

图 3.16　使用一系列不同可接受点突变 PAM 矩阵得到全局双序列比对打分。使用一系列可接受点突变 PAM 矩阵（x 轴）对两个近缘相关球蛋白（人类和黑猩猩 β 球蛋白；黑线）比对并计算比特分数（y 轴）。对于两个远缘相关蛋白（人类 α 和 β 球蛋白；红线），比特分数在低 PAM 矩阵中较小（比如 PAM1 和 PAM20）的原因是因为错配罚分很严格

$$S_{ij} - 2 \times \log_2 \left(\frac{q_{ij}}{p_{ij}} \right) \qquad (3.6)$$

公式（3.6）在形式上与公式（3.4）类似。Karlin 和 Altschul（1990）和 Altschul（1991）已经表明替代矩阵通常可以用对数优势值形式来描述，如公式（3.7）所示：

$$S_{ij} = \left(\frac{1}{\lambda} \right) \ln \left(\frac{q_{ij}}{p_i p_j} \right) \qquad (3.7)$$

其中 S_{ij} 代表氨基酸 i 和 j 比对的分数，q_{ij} 是正数的目标频率，q_{ij} 加和为 1。λ 是一个正数参数，反映了矩阵的量度。我们将在描述 BLAST 结果的基本统计学原理时再次讲到 λ［第 4 章，公式（4.5）］。

BLOSUM62 矩阵是 NCBI 的 BLAST 蛋白搜索程序所默认的打分矩阵。它把在一个比对中氨基酸一致性≥62% 的所有蛋白质合并成一条序列。如果一块比对的球蛋白直系同源物中包含氨基酸一致性分别为 62%、80% 和 90% 的序列，那么它们都将被合并成一条序列。一致性＜62% 的蛋白质序列在 BLOSUM62 矩阵的替换频率中权重很大（因此，这个矩阵就可以用于评价一致性小于 62% 的蛋白质）。BLOSUM62 矩阵如图 3.17 所示。

PAM 矩阵是以 10 为底的对数的比值比的十倍。BLOSUM 矩阵是以 2 为底的对数比值比的两倍。BLOSUM 分数因此没有相同比例下 PAM 分数大。事实上，这个比例差异不重要，因为比对分数通常由原始分数转化为标准比特分数（第 4 章）。

	A	R	N	D	C	Q	E	G	H	I	L	K	M	F	P	S	T	W	Y	V
A	4																			
R	-1	5																		
N	-2	0	6																	
D	-2	-2	1	6																
C	0	-3	-3	-3	9															
Q	-1	1	0	0	-3	5														
E	-1	0	0	2	-4	2	5													
G	0	-2	0	-1	-3	-2	-2	6												
H	-2	0	1	-1	-3	0	0	-2	8											
I	-1	-3	-3	-3	-1	-3	-3	-4	-3	4										
L	-1	-2	-3	-4	-1	-2	-3	-4	-3	2	4									
K	-1	2	0	-1	-3	1	1	-2	-1	-3	-2	5								
M	-1	-1	-2	-3	-1	0	-2	-3	-2	1	2	-1	5							
F	-2	-3	-3	-3	-2	-3	-3	-3	-1	0	0	-3	0	6						
P	-1	-2	-2	-1	-3	-1	-1	-2	-2	-3	-3	-1	-2	-4	7					
S	1	-1	1	0	-1	0	0	0	-1	-2	-2	0	-1	-2	-1	4				
T	0	-1	0	-1	-1	-1	-1	-2	-2	-1	-1	-1	-1	-2	-1	1	5			
W	-3	-3	-4	-4	-2	-2	-3	-2	-2	-3	-2	-3	-1	1	-4	-3	-2	11		
Y	-2	-2	-2	-3	-2	-1	-2	-3	2	-1	-1	-2	-1	3	-3	-2	-2	2	7	
V	0	-3	-3	-3	-1	-2	-2	-3	-3	3	1	-2	1	-1	-2	-2	0	-3	-1	4

图 3.17　Henikoff 和 Henikoff（1992）的 BLOSUM62 打分矩阵。这个矩阵把所有比对中氨基酸一致性大于等于 62% 的蛋白质合并成一条序列。在检测远缘相关蛋白上，BLOSUM62 比其他 BLOSUM 矩阵和各种 PAM 矩阵效果要好。因此，它是大多数数据库搜索程序（如 BLAST，第 4 章）的默认打分矩阵
［来源：Henikoff & Henikoff（1992）。已获得 S. Henikoff 的授权］

　　Henikoff 和 Henikoff（1992）测试了一系列 BLOSUM 矩阵和 PAM 矩阵在 BLAST 搜索数据库时检测蛋白质的能力。他们发现 BLOSUM62 检测各种蛋白的效果比 BLOSUM60 和 BLOSUM70 稍好，比 PAM 矩阵好得多。他们的矩阵能够灵敏有效地检测总分较低的比对。BLOSUM50 和 BLOSUM90 是在 BLAST 搜索另一些常用的矩阵（对氨基酸一致性为 50％ 的两个蛋白质的比对，可使用 BLOSUM50 矩阵。FASTA 序列比对程序默认使用 BLOSUM50 矩阵）

　　PAM 矩阵和 BLOSUM 矩阵的相互关系见图 3.18。总的来说，BLOSUM 矩阵和 PAM 矩阵都在打分系统中使用对数比值。任何情况下，当需要执行双序列比对（或以一个序列作为查询序列来搜索数据库）时，应基于查询序列和匹配序列可能的一致程度来选择矩阵。PAM 矩阵是基于近缘相关蛋白家族数据的，它们涉及到这样一个假设，即近源相关蛋白的氨基酸替代概率（如 PAM10）可以外推到远缘相关蛋白的概率（如 PAM250）。相比之下，BLOSUM 矩阵基于同源关系更远的蛋白之间比对的经验观察值。注意可以在 NC-BI 中的 BLASTP（第 4 章）搜索中选择的 PAM30 矩阵可能对识别两个近缘相关蛋白之间的显著保守性有用。然而，一个高分值的 BLOSUM 矩阵（比如在 NCBI 的 BLASTP 网页中可获得的 BLOSUM80 矩阵）并不一定适用于近缘相关序列的打分。这是因为 BLOSUM80 矩阵被构建来适用于有 80％ 一致性的序列区域，而在这个有限的区域之外，两个蛋白只有很少的氨基酸一致性（Pearson 和 Wood，2001）。

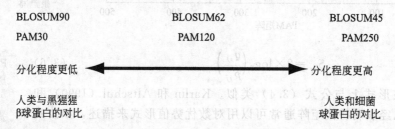

图 3.18　PAM 矩阵和 BLOSUM 矩阵概要。高值的 BLOSUM 矩阵和低值的 PAM 矩阵最适合用来研究高度保守的蛋白，比如大鼠和小鼠的 β 球蛋白。低值的 BLOSUM 矩阵（如 BLOSUM45）或者高值的 PAM 矩阵最适合于检验远缘相关蛋白。请记住在 BLOSUM45 矩阵中，一个蛋白质家族中所有氨基酸一致性大于 45％ 的成员被聚到一起，这样可允许矩阵集中于氨基酸一致性小于 45％ 的蛋白。

双序列比对和检测限度：“模糊区域”

一次变化（hit）表示由突变导致的一个氨基酸的改变。我们将在第 7 章中讨论突变（包括在同一个核苷酸位置的多次改变）（见图 7.15）。我们将在第 21 章讨论与人类疾病相关的突变。

图 3.19 中的曲线在大约 15％ 以下的氨基酸一致性时趋于一渐近线。如果比较蛋白时不允许空位出现，那么这条渐近线将趋于 5％（或者氨基酸的平均背景概率）。

　　当我们在比较两个蛋白序列时，在它们之间的差异导致它们的关系不能辨认之前有多少突变会发生？当我们比较甘油醛-3-磷酸脱氢酶时，很容易发现他们的关系（图 3.10）。然而，当我们比较人类 β 球蛋白和肌红蛋白时，他们的关系就不是很明显（图 3.5）。直观上，存在某一点，使得两个同源蛋白之间的分化如此之大，以至于它们的比对结果不能够被认为是显著的。

　　决定双序列比对的检测限度最好的方法是通过统计检验来评估一个偶然发现的匹配的概率。这些在下面的“双序列比对的统计显著性”和第 4 章中进行了描述。我们把注意力特别集中在期望值（E）上。把两条序列的氨基酸一致性百分比（分化百分比）和它们的进化距离相比，也十分有用。

　　假设两条蛋白序列各为 100 个氨基酸的长度，将其中一条序列固定，在另一条序列中引入不同数目的突变，那么两条序列分化的图形趋势呈一种负指数形式（图 3.19）（Dayhoff，1978；Doolittle，1987）。如果两条序列有 100％ 的氨基酸一致性，则它们每 100 个残基中发生 0 次变化。如果它们有 50％ 的氨基酸一致性，则意味着它们每 100 个残基中平均发生 80 次变化。或许有人认为 50％ 的氨基酸一致性对应每 100 个残基中平均发生 50 次变化。但是，任何一个位置都可能发生多次变化。因此，一致性百分比不是蛋白质序列中发生突变数目的确切指标。当一个蛋白每 100 个氨基酸发生 250 次变化时（如 PAM250 所示），它可能会和原蛋白质有 20% 的一致性，但这仍可能被认为是显著相关的。如果一个蛋白质每 100 个氨基酸发生 360 次变化时（PAM360），那么它可能进化到让两个蛋白之间的氨基酸一致性只有 15%，以至于直接的双序列比对中不能够识别它们之间的显著相关性。PAM250 矩阵假设每 100 个氨基酸内发生 250 次点突变。如图 3.19 所示，这对应于"模糊区域"。在这个差异水平上，要评价两个蛋白的同源性通常比较困难。其他技术，包括多重序列比对（第 6 章）和结构预测（第 13 章），通常对评价这种情况的同源性可能有用。PAM 矩阵包含 PAM1 到 PAM250 甚至更高。每个 PAM 矩阵都对应每 100 个氨基酸中特定数量的氨基酸变化（表 3.3，图 3.19）。以比较人类 α 球蛋白和肌红蛋白为例，这些蛋白质的长度大约为 150 个氨基酸残基，自从它们发生分化以来，可能经历过 300 多次氨基酸替换（Dayhoff 等，1972，第 19 页）。假设每 150 个氨基酸上发生 345 次变化（这相当于每 100 个氨基酸中发生 230 次变化）。额外的 100 次变化将只会导致十余个的差异（Dayhoff 等，1972）。

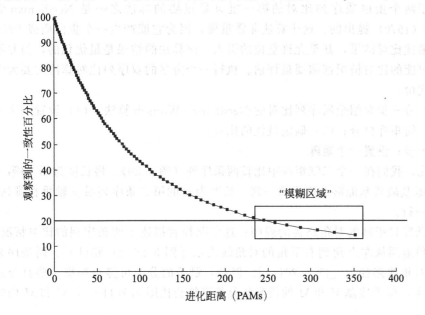

图 3.19 两个随机趋异蛋白序列以负指数方式变化。该图显示了两序列每百个残基中观察到的相同残基的数目（y 轴）和必须发生变化的次数（以 PAM 为单位的进化距离）的关系。模糊区域（Doolittle，1987）是指对应于两个蛋白质有约 20% 的氨基酸一致性时的进化距离。具有这种氨基酸序列一致性程度的蛋白质可能是同源的，但是同源性难以检测。数据来自 Dayhoff（1978；见表 3.3）

表 3.3 两个比对蛋白质序列每百个残基中观察到的有差异氨基酸的数目和进化差距的关系。发生变化的次数以 PAM 为单位

每百个残基中观察到的差异数目	进化距离/PAM	每百个残基中观察到的差异数目	进化距离/PAM
1	1.0	45	67
5	5.1	50	80
10	10.7	55	94
15	16.6	60	112
20	23.1	65	133
25	30.2	70	159
30	38.0	75	195
35	47	80	246
40	56		

注：来源于 Dayhoff（1972），已获得 National Biomedical Research Foundation 的授权。

3.4 比对算法：全局和局部

至今为止，我们的讨论集中于给两个蛋白质比对进行打分的矩阵。这包括产生匹配、错配和空位的分值。我们也需要一个合适的算法来执行比对。当比对两个蛋白质时，可能会出现很多种比对的情况。

主要有两种比对类型：全局和局部比对。我们接下来会讨论这两种方法。全局比对，例如 Needleman-Wunsch（1970）的方法，会对每个蛋白质或 DNA 的全部序列进行比对。局部比对，例如 Smith-

两条长为 n 的序列，存在大约 $2^{2n}/\sqrt{\pi n}$ 种可能的全局比对 (Durbin 等，2000；Ewins 和 Grant，2001)。对于两条长为 1000 的序列，存在 10^{600} 种可能的比对。对于两条长为 200 个氨基酸残基的蛋白质，可能比对的数目超过 6×10^{58}。

Needleman-Wunsch 方法是一种动态规划算法。被称为"动态"是因为比对是基于逐个残基搜索的最优比对。"规划"一词是指使用一系列规则来确定这个比对。

Waterman (1981) 的方法，对两条序列间最大相似的区域进行比对。我们在图 3.5 中观察人类 β 球蛋白和肌红蛋白的局部比对。在许多情况下，我们倾向于局部比对，因为仅需要对两个蛋白质的一部分进行比对（我们将在第 12 章中学习蛋白质模块化的性质）。大多数数据库搜索算法，比如 BLAST（第 4 章），使用的是局部比对算法。

每种方法都能保证找到两个蛋白质或 DNA 序列比对的一个或多个最优解。然后我们将描述两种快速搜索算法——BLAST 和 FASTA。BLAST 是一种局部比对的简化形式，因为算法是快速且容易获取的，因此受到欢迎。

全局序列比对： Needleman-Wunsch 算法

用于两个蛋白质序列比对的第一批且最重要的算法之一是 Needleman 和 Wunsch (1970) 提出的。这个算法非常重要，因为它能产生一个蛋白质或 DNA 序列的最优比对结果，甚至允许空位的引入。该算法的结果是最优化的，但并不是所有可能的比对情况都需要被评估。执行一个穷尽的双序列比对算法需要太多的计算代价。

我们分三步介绍全局序列比对的 Needleman-Wunsch 算法：(1) 设置一个矩阵；(2) 给矩阵打分；(3) 确定最优的比对。

第一步：设置一个矩阵

首先，我们在一个二维矩阵中比较两条序列（图 3.20）。将长度为 m 的第一条序列沿 x 轴水平排列，使各个氨基酸残基能够对应于每一列。长度为 n 的第二条序列沿 y 轴垂直排列，使各个氨基酸残基能够对应于每一行。

我们将会在下文描述寻找一条穿过矩阵的对角路径的规则；这条路径就描述了两条序列的比对情况。两条一致的序列的最佳比对可简单地用从左上角到右下角的对角线表示［图 3.20(a) 和(b)］。两条序列间的任意错配仍会被表示在这条对角线路径上［图 3.20(c)］。但是，赋予的分数可能会根据一些打分系统被调整。在图 3.20(c) 的例子中，赋予残基 V 和 M 的错配的分数可能会比图 3.20(b) 中 M 和 M 的精确匹配的分数低。

(a)

图 3.20 使用 Needleman-Wunsch 动态规划算法(1970)为两条氨基酸序列执行全局双序列比对。(a) 两条序列的比对可以用一条穿过矩阵的对角路径表示，必要时这条路径在水平或垂直方向的偏离反映了比对中引入的空位；(b) 两条一致的序列形成的路径正好是矩阵的对角线；(c) 如果存在错配（或者多个错配），即使打分系统可能会惩罚错配的出现，比对路径仍然会是一条对角线；如果 (d) 中比对的第一条序列或 (e) 中比对的第二条序列上出现一个空位，那么比对的路径会包含一条垂直或水平的线

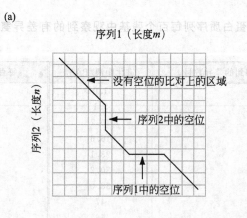

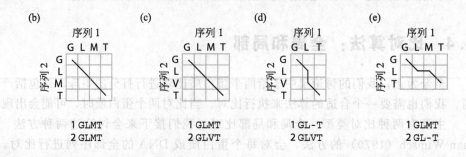

空位在这个矩阵中用水平或垂直路径表示，如图 3.20(a)、图 3.20(d)、图 3.20(e) 所示。出现在上方序列的任何空位用一条垂直的线表示［图 3.20(a)、图 3.20(d)］，出现在下方序列的任何空位用一条水平的线表示［图 3.20(a)、图 3.20(e)］。这些空位可以是任意长度的，空位可以出现在序列中间也可以在两端。

第二步：给矩阵打分

这个算法的目的是确定一个最佳的比对。我们设置两个矩阵：一个是氨基酸一致性矩阵，另一个是打分矩阵。我们创建一个 $(m+1)*(n+1)$ 维的矩阵［第一条和第二条序列分别位于 x 轴和 y 轴；如图 3.21(a)］。空位第一行和第一列是空位罚分（每个空位的罚分为 -2）。这使得我们能够引入一个任意长度的终止空位。一致的氨基酸出现的位置会被涂色［图 3.21(a)，灰色填充单元格］，这被称为一致性矩阵。对于两条完全相同的序列，会在矩阵的对角线上出现一系列灰色填充单元格。

随后，我们定义一个打分系统［图 3.21(b)］。我们的目标是找到最佳比对从而去确定穿过矩阵的分数最高的路径。这通常需要找到的路径尽可能穿过多的有一致的氨基酸的位置和少的空位。在每个位置 (i,j) 上［比如矩阵中的每一格，图 3.21(b)］会出现四种可能的情况：

① 两个残基可能被完美匹配（比如是一致的）；在这个例子中得分是 $+1$；
② 它们可能是错配；此处我们定义得分是 -2；
③ 第一条序列上可能会引入空位，我们定义得分是 -2；
④ 第二条序列上可能会引入空位，我们也定义得分是 -2。

在比对序列的每个位置上，Needleman-Wunsch 算法为上述的每种可能提供了一个对应的分值。算法同时也定义了一套用于描述我们在矩阵中如何移动的规则。

参考图 3.21(c) 中的右下角的单元格。有以下几条规则来决定最佳分数：

• 首先，i 和 j 都必须增加。因此我们评估从三个位置（上面、左边和左上角）移动到给定的单元格 F(i,j) 的分数。违背序列内部的氨基酸（或核苷酸）的线性排列是没有意义的。

• 可以允许空位在任意几个位置连续出现；一个打分系统可能包含单独空位的产生和空位延长的罚分。

• 指定的分数可能来自打分矩阵，例如 BLOSUM62。

当我们开始比对例子中的两条序列时，因为是两个 F 残基的比对，我们给单元格的分值是 $+1$［图 3.21(d)］。在两条序列中的任意一条引入空位的操作都必定会造成空位罚分和一个更低的分数。我们在图 3.21 中用红色箭头标明了最佳路径（分值最高）。我们向右行进到下一个单元格，选择 -1 作为单元格的得分［最佳路径从左侧来，即 $+1$（来自前一个单元格）-2（存在空位）$=-1$］而不是另外两种路径得到的 -4 和 -6［图 3.21(e)］。分析每个单元格可能的分数的过程将沿着每一行进行［图 3.21(f)］直到整个矩阵被填满［图 3.21(g)］。

第三步：确定最优匹配

在填满矩阵之后，比对是通过回溯法确定的。回溯是从矩阵的右下方（蛋白质的羧基端或核酸序列的 3′ 端）开始的。在我们的例子中，这里的分数为 -4，对应于两个谷氨酸残基的比对。对于这个单元格和其他任意一个单元格，我们可以推断最佳分数是从三个邻近单元格中哪一个单元格得来的。这个过程在图 3.22(a) 中描述，其中红色箭头代表每个单元格最佳分数得出的路径。因此，我们确定了对应于实际比对的一条路径（见粉色填充的单元格）。在图 3.22(b) 中，我们仅仅展示了最佳分数是来自哪个单元格的箭头。这是用于定义双序列比对的最佳路径的一种不同的方法。我们建立从羧基端到氨基端的比对，包括两条序列中的空位。这个打分

这个算法有时也被称为 Needleman-Wunsch-Sellers 算法。Sellers（1974）提出了一个相关的比对算法（该算法集中于最小化差异性，而不是最大化相似性）。Smith 等（1981）指出 Needleman-Wunsch-Sellers 方法在数学上是等价的。

注意在线性代数中，单位矩阵是一类特殊的矩阵，左上至右下对角线上的值为 1。对于序列比对，氨基酸一致矩阵是表示两条序列氨基酸相同的位置的简单矩阵，如图 3.20b 所示。

全局双序列比对的 Needle 程序是 EMBOSS 包的一部分，可在 European Bioinformatics Institute（http://www. ebi. ac. uk/ emboss/align/, 链接 3.5）或 Galaxy（http://usegalaxy. org，链接 3.6）中获取。在 EMBOSS 网页的应用中有进一步的描述（http://emboss. sourceforge. net/，链接 3.7）。 E. coli 和 S. cerevisiae 蛋白的 FASTA 格式的全局和局部比对在网络资源 3.6 中（http:// www. bioinfbook. org/ chapter3）。

系统保证了最终的比对（图 3.22）是最优的。可能存在多个比对的最佳分数是相同的，尽管这种情况在使用如 BLOSUM62 这样的打分矩阵时很少发生。

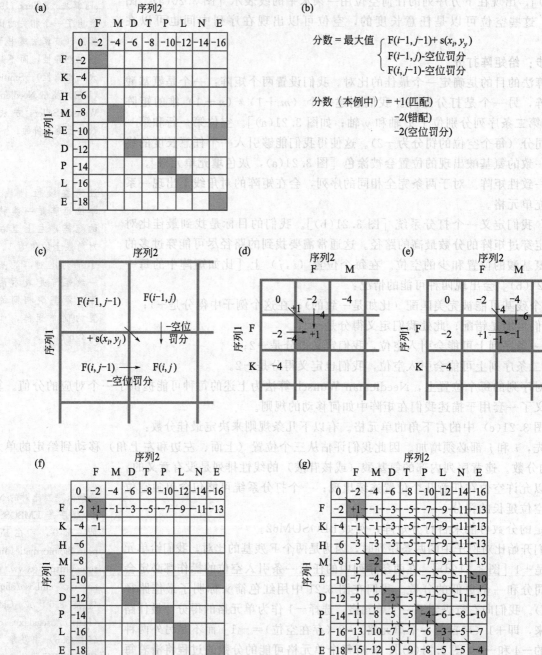

图 3.21　使用 Needleman-Wunsch 动态规划算法（1970）为两条氨基酸序列执行全局双序列比对。（a）对于长度为 m 的序列和长度为 n 的序列，我们创建（m＋1）×（n＋1）维的矩阵，在第一行和第一列添加空位罚分。每个空位罚分是－2。有一致性的单元格为灰色填充。（b）在这个例子的打分系统中匹配的得分是＋1，错配的得分是－2，空位罚分是－2。在每一个单元格中，使用回溯算法取三个方向的值中的最大值作为分数。（c）对每个单元格 F(i,j)，我们计算来自左上单元格的路径的分数〔我们将该单元格分数与 F(i,j) 的分数相加〕，来自左侧单元格的路径的分数（包括空位罚分）和来自正上方单元格的路径的分数（也包括空位罚分）。（d）为了计算第二行和第二列的单元格分数，我们在三个分数＋1、－4 和－4 中选取最大值。最佳分数（＋1）来自红色箭头的路径，我们保留最佳路径的信息，得到每个单元格的分数从而为了之后进行双序列比对的构建。（e）为了计算第二行、第三列的分数，我们再次取－4、－1 和－4 的最大值，最佳分数来自于左侧的单元格（红色箭头）。（f）我们开始沿着矩阵的第一行添加分数。（g）完整的矩阵包括最优比对的总体的分数（－4，见右下的单元格，对应于每个蛋白的羧基端）。红色箭头表示每个单元格最高分值的来源

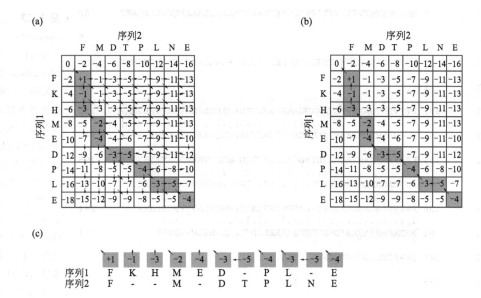

图 3.22　利用动态规划算法进行两个氨基酸序列的全局双序列比对：给矩阵打分和使用回溯方法获得比刘结果。(a) 图 3.21(g) 显示比刘的结果。粉色高亮的单元格表示最佳分数的来源。(b) 在另一种等价表示的方式中，箭头指回最佳分数来源的单元格。(c) 这种回溯的过程可以让我们确定最优比对。垂直或者水平的箭头对应于空位插入的位置，而对角线对应于精确匹配（或者错配）。注意最后的分数（−4）等于匹配（6×1＝6）、错配（在本例中为 0）和空位（5×−2＝−10）的总和。

有一系列实现全局比对算法的程序（见本章末尾的网络资源）。一个例子是 EMBOSS 的 Needle 程序，它可以通过 Galaxy 获得（框 3.9）。输入两个细菌球蛋白家族：一个来自 *Streptomyces avermitilis* MA-4680（NP ＿ 824492.1，260 个氨基酸）；另一个来自 *Mycobacterium tuberculosis* CDC1551（NP ＿ 337032.1，134 个氨基酸）。选择空位的产生和延长对应的罚分，每一条序列以 FASTA 格式粘贴进输入框。全局比对的结果包括一致性百分比和两个蛋白质的相似性的描述、比对的长度和引入的空位数 [图 3.23(a)]。

框 3.9　EMBOSS

　　EMBOSS (European Molecular Biology Open Software Suite) 是一个收录可免费获取的 DNA、RNA 和蛋白质序列分析程序的集合（Rice 等，2000），在 36 个类中有超过 200 个程序。EMBOSS 的主页（http://emboss. sourceforge. net/，链接 3.21）描述了不同的软件包。许多在线服务器能够提供 EMBOSS，包括 Galaxy。你也可以访问站点，如 http://emboss. bioinformatics. nl/（链接 3.22）和 http://www. bioinformatics2. wsu. edu/emboss/（链接 3.23）。

　　在 Galaxy 中使用 EMBOSS 进行双序列比对，尝试以下步骤：

　　① 访问 Galaxy [https://main. g2. bx. psu. edu/（链接 3.24）] 并登录。

　　② 在左侧边栏（Tools menu）选择 Get Data 并选择 UCSC Main。从人类基因组（hg19）中选择 RefGenes 表，输入 hbb 的位置（点击 "lookup"，坐标 chr11：5246696-5248301 被加入），设置输出模式为 "sequence"，检查发送给 Galaxy 的框。当你点击 "Get output" 时，选择蛋白和提交。重复步骤 2 来导入 HBA2 蛋白。对于 Galaxy 中的两个蛋白，使用 Edit Attributes（在历史栏里的铅笔图标）来重命名序列 hbb 和 hba2。

　　③ 在工具栏中选择 EMBOSS，滚动选择 Smith-Waterman 局部比对算法的 water 工具。也可以在 Tools 搜索框中输入 "water"。选择两个蛋白，使用默认设置，点击 Execute，返回双序列比对结果。

　　一旦你在 Galaxy 中输入一条或多条序列，探索一些其他的 EMBOSS 工具。

Needleman-Wunsch 算法是动态规划算法的一个例子（Sedgewick，1988）。这表明最佳路径（比如最佳比对）是通过逐步延长最佳子路径得到的，即在比对的每一步都选择拥有最佳分数的残基对，最终的目标是沿着矩阵对角线找到一条拥有最大分值的路径，这条路径指的就是最佳比对。

(a)

```
NP_824492.1     1 MCGDMTVHTVEYIRYRIPEQQSAEFLAAYTRAAAQLAAAPQCVDYELARC    50

NP_337032.1     1                                                        0

NP_824492.1    51 EEDFEHFVLRITWTSTEDHIEGFRKSELFPDFLAEIRPYISSIEEMRHYK   100

NP_337032.1     1                                                        0

NP_824492.1   101 PTTVRGTGAAVPTLYAWAGGAEAFARLTEVFYEKVLKDDVLAPVFEGMAP   150
                  :.|......:..|.|:.||||::|..:.:..||.:|.:||.|.:   |
NP_337032.1     1      MEGMDQMPKSFYDAVGGAKTFDAIVSRFYAQVAEDEVLRRVY----P    43

NP_824492.1   151 EH-----AAHVALWLGEVFGGPAAYSETQGGHGHMVAKHLGKNITEVQRR   195
                  |:     |.:|...:|.|..|.|:...||:|.||.|:|:|:..:||||
NP_337032.1    44 EDDLAGAEERLRMFLEQYWGGPRTYSE-QRGHPRLRMRHAPFRISLIERD    92

NP_824492.1   196 RWVNLLQDAADDAGLPT-DAEFRSAFLAYAEWGTRLAVVYFSGPDAVPPAE   244
                  .|:.::..:...|..| |.|.|.|.|.|......|   :.|.
NP_337032.1    93 AWLRCMHTAVASIDSETLDDEHRRELLDYLEMAAHSLV--NSPF        134

NP_824492.1   245 QPVPQWSWGAMPPYQP   260

NP_337032.1   135                   134
```

(b)

```
NP_824492.1   113 TLYAWAGGAEAFARLTEVFYEKVLKDDVLAPVFEGMAPEH-----AAHVA   157
                  :.|...||||.:.|.|:.:..:.|:.:.|.:|:||..|.   ||.
NP_337032.1    10 SFYDAVGGAKTFDAIVSRFYAQVAEDEVLRRVY----PEDDLAGAEEERLR   55

NP_824492.1   158 LWLGEVFGGPAAYSETQGGHGHMVAKHLGKNITEVQRRWVNLLQDAADD   207
                  :...:|.|..|.|:...||:|.||.|:|:|:..:||||.|:.::..:
NP_337032.1    56 MFLEQYWGGPRTYSE-QRGHPRLRMRHAPFRISLIERDAWLRCMHTAVAS   104

NP_824492.1   208 AGLPT-DAEFRSAFLAYAE   225
                  ...:| |.|.|.|.|.|.
NP_337032.1   105 IDSETLDDEHRRELLDYLE   123
```

图 **3.23** 从 *Streptomyces avermitilis* MA-4680（NP_824492）和 *Mycobacterium tuberculosis* CDC1551（NP_337032）中得到的细菌蛋白包含球蛋白区域的全局双序列比对。打分矩阵是 BLOSUM62。比对的蛋白一致性为 15.7%（39/266 比对的残基），相似性为 22.6%（60.266）和空位为 51.9%（138/266）。(b) 这两条序列的局部的双序列比对缺乏未配对的氨基末端和羧基末端延长，并显示了 30% 的一致性（35/115 比对的残基）。在 (b) 中的比对与 (a) 中的阴影部分有关。在 (a) 中的箭头表示在局部比对中无法被比对上的一致的残基。在执行局部比对（如 BLAST 所做，第 4 章）中，一些真正比对的区域可能因此被错过

局部序列比对： Smith-Waterman 算法

局部比对 Smith-Waterman 算法（1981）是最严格的两条蛋白质或者两条 DNA 序列部分比对的算法。局部序列比对在许多情况下非常有用，比如数据库搜索时我们希望比对蛋白质的结构域（而不是整条序列）。一个局部序列比对算法类似于全局比对算法，两条蛋白质被排列在一个矩阵中，然后沿着对角线搜索最佳路径。然而，从中间某个位置开始的比对不存在罚分的情况，比对不需要延长至序列的两端。

对于 Smith-Waterman 算法，构造一个在顶部多一行和左侧多一列的矩阵。对于长度为 m 和 n 的序列，矩阵的维度为 $m+1$ 和 $n+1$。该算法对矩阵每个位置的打分规则，与 Needleman-Wunsch 算法中使用的略有不同。每个单元格的分值是前面对角线的分值或引入一个空位得到的分值中的最大值。但是，分值不能为负数：这是 Smith-Waterman 算法引入的一条规则，如果所有其他打分选择都是负值，那么给这个单元格赋值为 0。分数 S(i,j) 是从下面四个可能值中选出的最大值（图 3.24）：

① 单元格 i-1，j-1 处的分值（沿对角线左上处的分值）加上单元格 S[i,j] 的分值（该单元格包括匹配和错配两种比对情况）。

② S(i,j-1)（即左边的单元格）减去一个空位罚分。

③ S(i-1,j)（即上面的单元格）减去一个空位罚分。

④ 0。

这个条件保证了矩阵中不存在负值。相反地，全局对比时空位与错配的罚分会导致负分值经常出现（注意本章中的对数比值矩阵）。

图 3.24 展示了一个利用局部比对算法来比对两个核苷酸序列的例子，该算法改编自 Smith 和 Water-man 的原始算法。第一行和第一列被赋值为 0。得分最大的比对可以从矩阵中的任意位置开始和结束（两

个氨基酸的线性顺序不能被破坏）。这个过程是为了找出矩阵中的最大值［这个值是 3.3，图 3.24（a）］。该分值最大的单元格是比对的末尾部分（核苷酸的 3′端或者蛋白质羧基端）。这个位置不一定要像全局比对中一样必须出现在最后一行或最后一列。回溯过程是从最大值的位置开始，向上向左或沿对角线直到碰到一个为 0 的单元格为止。这个过程确定了比对起始位置，且它不一定位于矩阵的左上角。

(a)

序列1

		C	A	G	C	C	U	C	G	C	U	U	A	G
	0.0	0.0	0.0	0.0	0.0	0.0	0.0	0.0	0.0	0.0	0.0	0.0	0.0	0.0
A	0.0	0.0	1.0	0.0	0.0	0.0	0.0	0.0	0.0	0.0	0.0	0.0	1.0	0.0
A	0.0	0.0	1.0	0.7	0.0	0.0	0.0	0.0	0.0	0.0	0.0	0.0	1.0	0.7
U	0.0	0.0	0.0	0.7	0.3	0.0	1.0	0.0	0.0	0.0	1.0	1.0	0.0	0.7
G	0.0	0.0	0.0	1.0	0.3	0.0	0.7	0.0	1.0	0.0	0.0	0.7	1.0	1.0
C	0.0	1.0	0.0	0.0	2.0	1.3	0.3	1.0	0.3	2.0	0.7	0.3	0.3	0.3
C	0.0	1.0	0.7	0.0	1.0	3.0	1.7	1.3	1.0	1.3	1.7	0.3	0.0	0.0
A	0.0	0.0	2.0	0.7	0.0	1.7	2.7	1.3	1.3	0.7	1.0	1.3	1.3	0.0
U	0.0	0.0	0.7	1.7	0.3	1.3	2.7	2.3	1.0	1.0	1.7	2.0	1.0	1.0
U	0.0	0.0	0.3	0.3	1.3	1.0	2.3	2.3	2.0	0.7	1.7	2.7	1.7	1.0
G	0.0	0.0	0.0	1.3	0.0	1.0	0.7	2.0	3.3	2.0	1.7	1.3	2.3	2.7
A	0.0	0.0	1.0	0.0	1.0	0.7	0.3	0.7	2.0	3.0	1.7	1.3	2.3	2.0
C	0.0	1.0	0.0	0.7	1.0	2.0	0.7	1.7	1.7	2.0	2.7	1.3	1.0	2.0
G	0.0	0.0	0.7	1.0	0.3	0.7	1.7	0.3	2.7	1.7	2.7	2.3	1.0	2.0
G	0.0	0.0	0.0	1.7	0.7	0.3	0.3	1.3	1.3	2.3	1.3	2.3	2.0	2.0

序列2（左侧纵向标注）

图 3.24　Smith-Waterman（1981）的局部序列比对算法。（a）在这个例子中，矩阵来自于两条 RNA 序列（CAGCCUCGC-UUAG 和 AAUGCCAUUGACGG）。但是这不是一个单位矩阵［如图 3.21（a）所示］，核苷酸一致的位置为灰色阴影（或者在局部比对区域中的粉色阴影）。此处的打分规则是匹配 +1，不匹配 -1/3，空位罚分为不匹配和匹配的差值（一个空位 -1.3）。矩阵的得分即是四种可能的非负得分中的最大值。矩阵中的最大值（3.3）对应于最佳局部比对的开始，比对的残基（绿色字体）向上做延伸，直到碰到一个 0 分值为止。（b）由矩阵得到的局部序列比对。注意这个比对包括匹配、一个错配和一个空位。（c）将全局比对得出的比对结果和局部比对的结果做比较。注意，它包含了两条完整的序列

［来源：改编自 Smith 和 Waterman（1981）。已获得来自 Elsevier 的授权］

(b)

序列1　GCC-UCG
序列2　GCCAUUG

(c)

序列1　CA-GCC-UCGCUUAG
序列2　AAUGCCAUUGACG-G

图 3.23（b）展示了利用 Smith-Waterman 算法对两个蛋白进行局部比对的例子。将它与图 3.23（a）的全局比对结果比较，注意到它的比对区域比较短，但一致性百分比和相似性百分比较大。同时注意到局部比对算法忽略了几个相同的匹配残基［图 3.23（a），箭头］。因为有些数据库搜索如 BLAST（第 4 章）是基于局部比对算法进行的，所以在选择搜索参数后，可能会有一些保守的序列不会被比对出来。

Smith-Waterman 算法的快速、启发式版本：FASTA 和 BLAST

尽管 Smith-Waterman 算法能够保证找到两条序列的最佳比对，但是它存在速度较慢的问题。对于双序列比对，速度通常不是问题。当一个双序列比对算法应用于一条序列（一个查询序列）与整个数据库比对时，算法的速度将是一个严重的问题，并且可能会有几个数量级的差异。

许多算法有一个参数 N，指的是它所处理的数据量（Sedgewick，1988）（例如序列比对时的序列长度——译者注）。这个参数很大程度上影响算法执行任务时所需要的时间。如果任务所需时间和 N 成正比，那么 N 加倍时所需时间也加倍。如果任务所需时间与 N 的平方（N^2）成正比，当 $N=1000$ 时，所需时间就是百万量级时间单位。对于 Needleman-Wunsch 和 Smith-Waterman 算法，比对两条序列所需计算机空间和计算时间都至少和两条序列长度的乘积（$m \times n$）成正比。搜索一个大小为 N 的数据库时，这个值就是 $m \times N$。

Gotoh（1982），Myers 和 Miller（1988）改进的算法需要 $O(mn)$ 的时间和 $O(n)$ 的空间。不同于之前整个矩阵被载入内存，该算法忽略了小于某个阈值下的分值，使得算法专注于搜索过程中能得到的最大分值的部分。

FASTA 表示 FAST-All，指的是它对所有序列（如蛋白质或者核酸）快速比对的能力。

另一种有用的描述方法是O-表示法（称为大O表示法），它提供一种对算法执行时间上限的近似估计。Needleman-Wunsch算法需要O(mn)步，Smith-Waterman算法需要O(m^2n)步。随后，Gotoh（1982）、Myers和Miller（1988）改进了算法，使得所需时间和空间变小。

有两个可以代替Smith-Waterman算法的局部序列快速比对算法，即FASTA（Pearson和Lipman，1988）和BLAST（Basic Local Alignment Search Tool；Altschul等，1990）。这两个算法进行比对时所需时间相对较少。节省时间的原因是FASTA和BLAST在执行严格的比对之前先扫描数据库以发现可能的匹配序列来缩减搜索范围。这是一种启发式的算法（框3.3），它牺牲灵敏度以换取更大的运行速度；与Smith-Waterman算法不同的是，它们并不能保证找到最佳对比。

由Pearson和Lipman（1988）提出的FASTA搜索算法通过以下4步实现。

① 建立一个包括数据库中短氨基酸或核苷酸片段的查询表。这些短片段的长度由参数$ktup$决定。如果蛋白质搜索时设置$ktup=3$，查询序列就以三个氨基酸为一个区块，到查询表中查找可能匹配上的以3个氨基酸为单位的片段。FASTA程序对一个给定的$ktup$值，产生10个最高分值的片段。

② 利用打分矩阵比如PAM250对这10个匹配的区域重新打分，并允许保守性替换。

③ 如果高分区域属于同一个蛋白质，则将他们连接在一起。

④ 然后FASTA对得分最高的片段执行全局（Needleman-Wunsch算法）或局部（Smith-Waterman算法）比对流程，这样可以优化查询序列与数据库的最优匹配的比对。

因此 数据库搜索时使用的是有所限制的动态规划算法，FASTA之所以能快速返回结果是因为它只评估了一部分潜在的比对结果。

局部比对搜索工具（BLAST）

BLAST是一个局部比对搜索工具，用于将一条查询序列与一个数据库进行比对，但不引入空位（Altschul等，1990）。当前BLAST的版本已经允许引入空位。我们在第4章提供了一个对两个蛋白质进行比对的例子（图3.4和图3.5），并详细介绍了BLAST，同时描述了启发式算法。

利用点阵图进行双序列比对

除了展示双序列比对结果外，BLAST还会输出一个点阵图（或者点矩阵），这是图形化比对两个序列的方法。一个蛋白质或者氨基酸序作为x轴，另一条为y轴，一致性的位置通过点来打分。两条序列间的一致性区域会形成对角线。人类细胞球蛋白和其自身比对的部分BLAST结果展示见图3.25（a）。我们使用Junier和Pagni开发的在线Dotlet程序来展示点阵图（2000；在线文档3.7）。Dotlet可以调节窗口大小，具有缩放功能，拥有许多打分矩阵，且有一个可以调节像素密度的直方图窗口，这些特征支持通过人工调节优化图形信噪比。

我们可以通过检测一个由2148个氨基酸组成的来自蜗牛（*Biomphalaria glabrata*）的罕见血红蛋白来进一步说明点阵图的作用。它包含了13个球蛋白重复序列（Lieb等，2006）。当我们利用默认的BLOSUM62矩阵将其与人类细胞球蛋白（190个氨基酸）比对时，BLAST的输出结果显示人类细胞球蛋白（x轴）与蜗牛蛋白有12次匹配（y轴）[图3.25（b）]；遗漏了一个重复序列。通过把打分矩阵换成BLOSUM45，我们可以看到所有13个蜗牛血红蛋白重复序列 [图3.25（c）]。从该区域双序列的点阵图 [图3.25（c）x轴上的位置1，第一个红色箭头] 可以很明显地看到在起始区域存在空位

参数$ktup$表示多元，如二元、三元或者四元（$k=2$，$k=3$，$k=4$）。$ktup$值通常是3～6（核苷酸序列）、1～2（氨基酸序列）。一个小的$ktup$值搜索敏感度高，但需要更多的时间。

University of Virginia的William Pearson提供在线FASTA程序。访问http://fasta.bioch.virginia.edu/fasta_www2/fasta_list2.shtml（链接3.8）。另一个试用FASTA的地址是European Bioinformatics Institute的网页，http://www.ebi.ac.uk/fasta33/（链接3.9）。

Dotlet是一个基于web的对角点图工具，在Swiss Institute of Bioinformatics（http://myhits.isb-sib.ch/cgi-bin/dotlet，链接3.10）中提供。由Marco Pagni和Thomas Junier编写。这个网页提供试用Dotlet来可视化重复区域、转化区域、外显子和内含子、终端、移码和低复杂区域。

蜗牛球蛋白的编号是CAJ44466.1，人类细胞球蛋白的编号是NP_599030.1。

[图 3.25(d)]：前 128 个蜗牛细胞球蛋白的氨基酸序列是与人类细胞球蛋白不相关的，因此不与之匹配。利用 Dotlet，在蜗牛细胞球蛋白与自身或者人类细胞球蛋白的比对中所有的 13 个重复区段都是很明显的（在线文档 3.7）。

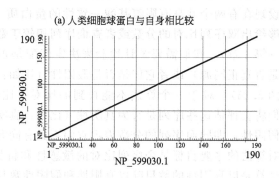

(a) 人类细胞球蛋白与自身相比较

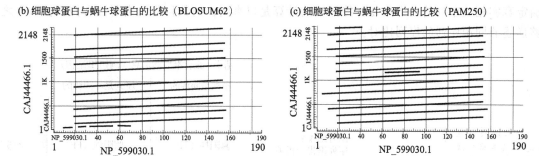

(b) 细胞球蛋白与蜗牛球蛋白的比较（BLOSUM62）

(c) 细胞球蛋白与蜗牛球蛋白的比较（PAM250）

(d) 双序列比对（人类细胞球蛋白与蜗牛球蛋白的一个重复）

haemoglobin type 1 [Biomphalaria glabrata]

Sequence ID: emb|CAJ44466.1| Length: 2148 Number of Matches: 15

Range 1: 1529 to 1669 GenPept Graphics

Score	Expect	Method	Identities	Positives	Gaps
55.0 bits(189)	4e-13	Composition-based stats.	36/141(26%)	83/141(58%)	4/141(2%)

```
Query  18    ELSEAERKAVQAMWARLYANCEDV---GVAILVRFFVNFPSAKQYFSQFKHMEDPLEMER   74
             LSE++R+A+++ W RL A   ++V   GV ++++FF N+P+ ++ F++F ++
Sbjct  1529  GLSETDRRALDSSWKRLTAGENGVQKAGVNLVLWFFNNIPNMRERFTKFDANQADDALRA   1588

Query  75    SPQLRKHACRVMGALNTVVENLHDPDKVSSVLALVGKAH-ALKHKVEPVYFKILSGVILE   133
             P+++K+   ++G+L++ +++++DP + + + V+ AH ++  V  YF LS I
Sbjct  1589  DPEFQKQVNVIVGGLKSFLDSVNDPIALQANMDRVAEAHLSMDPVVGVPYFSALSQNIHR   1648

Query  134   VVAEEFASDFPPETQRAWAKL   154
             +  ++   ++ +AW+ L
Sbjct  1649  FIEISLGVTADSDESQAWTDL   1669
```

图 3.25　NCBI BLASTP 程序输出的点矩阵图允许对蛋白质双序列比对结果中匹配区域的可视化展示。该程序使用方法如图 3.4 中所述。（a）对于人类细胞球蛋白（NP_599030.1，长为 190 个氨基酸）与自身的比对来说，输出的点矩阵图中包含了 x 轴对应的序列 1 和 y 轴对应的序列 2（它们都是细胞球蛋白），在对角线上出现的数据点展示了氨基酸序列的一致性。（b）对于人类细胞球蛋白与蜗牛 *Biomphalaria glabrata* 的球蛋白（索引编号为 CAJ44466，长为 2148 个氨基酸）的比对来说，人类细胞球蛋白序列（x 轴）与蜗牛细胞球蛋白内部的重复序列共匹配了 12 次。这次搜索中默认使用了 BLOSUM62 打分矩阵。（c）将打分矩阵变化为 PAM250 后，使得所有蜗牛球蛋白的 13 个重复序列都能与人类细胞球蛋白成功匹配。（d）双序列比对显示蜗牛球蛋白重复序列和人类细胞球蛋白的第 18～154 个残基相匹配。点图反映出，x 轴上对应的人类细胞球蛋白的第 1～17 个和第 155～190 个残基［见（c）中的红色箭头］未能与蜗牛序列匹配上。BLASTP 输出了所有的双序列比对结果的集合，图中展示了第一段比对结果

（来源：BLASTP，NCBI）

当我们比较病毒基因组序列时，我们会在第 16 章中会遇到点图。我们也会在第 18 章看到点图。来自酿酒酵母的染色体的蛋白质序列由在 BLASTP 系统的搜索得到。图 18.10 的点图显示了许多对角线，代表了同源区域。这证明了整个酵母基因组复制发生在超过一亿年前。

3.5　双序列比对的统计显著性

我们如何才能判断两条序列的比对在统计上是显著的？我们先在局部比对中讨论这个问题，随后在全局比对中进行讨论。

假设现在有两个共享有限氨基酸一致性的蛋白质（比如 20％～25％）。比对算法能够给出双序列比对的分数或者查询序列相较于数据库中所有序列的最佳比对分数（第 4 章）。我们需要统计检验来决定匹配是否为真阳性（比如：两个比对蛋白是否真正同源）或者它们是否是假阳性（比如：它们是通过算法偶然比对上的；图 3.26）。对于一个算法不能找到的比对，比如因为分数达不到某些阈值，我们将会评估这些序列是否为真阴性（比如：真实情况下不相关）或者它们是否是假阴性，即同源序列的分数表示它们不具有同源性。

比对算法的主要目标是令序列比对的敏感性和特异性最大化（图 3.26）。敏感性的计算是以真阳性的数目除以真阳性和假阴性数目之和。这是衡量一个算法能正确确定真实相关序列的一个尺度。特异性的计算是以真阴性的数目除以真阴性和假阳性数目之和。这个值能够描述非同源序列的序列比对。

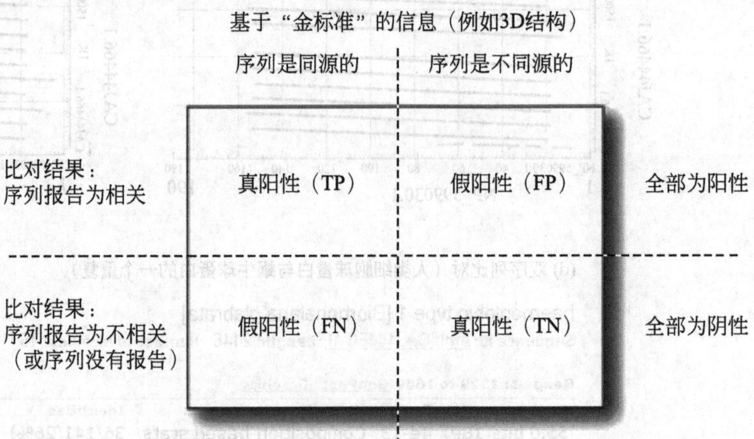

图 3.26　序列比对，包括双序列比对（本章）或者数据库搜索比对（第 4 章），它们的结果被分为真或假以及阳性或阴性。图中所示的比对结果统计分析是评估比对结果是否是真阳性（即同源序列）的主要方法。理想的比对算法能够最大化灵敏度和特异度

	基于"金标准"的信息（例如3D结构）		
	序列是同源的	序列是不同源的	
比对结果：序列报告为相关	真阳性（TP）	假阳性（FP）	全部为阳性
比对结果：序列报告为不相关（或序列没有报告）	假阳性（FN）	真阳性（TN）	全部为阴性

PRSS，由 William Pearson 编写，可在 http://fasta. bioch. virginia. edu/fasta _ www2/fasta _ www. cgi? rm＝shuffle（链接 3.11）中获取。在线文档 3.8（http://www. bioinfbook. org/chapter3.）中有一个 PRSS 输出人类 β 球蛋白和肌红蛋白比较的例子。

全局比对的统计显著性

当我们比对两条蛋白，比如人类 β 球蛋白和肌红蛋白时，我们获得一个分数。我们可以利用假设检验来评估这个分数是否为偶然出现的。为了做假设检验，我们首先声明一个零假设（H_0），即两条序列没有相关性。根据这个假设，β 球蛋白和肌红蛋白的比对分数 S 可以表示为一个偶然出现。随后我们声明一个备择假设（H_1），即它们确实相关。我们选择一个显著值 α，通常为 0.05，作为定义统计显著的阈值。判断我们的分数是否偶然发生的第一种方法是将这个分数和许多与 β 球蛋白或者肌红蛋白相关的被认定不是同源的其他蛋白质（或 DNA 序列）的分数进行比较。第二种方法是将序列与一个随机生成的序列集合进行比对。第三种方法是随机获取两条蛋白序列中的一条序列（比如肌红蛋白），然后获得一个与 β 球蛋白相关的分数；通过重复这个过程 100 次，我们可以获得一个平均值（x）和随机选择肌红蛋白与 β 球蛋白进行比较的分数的样本标准差（s）。我们可以用随机分数的标准偏差来表示真实分数和随机分数平均值的差。Z 值（框 3.10）的计算公式如下：

$$Z = \frac{x - \mu}{s} \tag{3.8}$$

其中 x 是指两条序列比对的分数，μ 表示随机打乱得到的序列比对的平均分数；s 是这些值的标准差。我们可以用比如 PRSS 的算法来进行这种随机打乱的测试。它不仅计算了全局双序列比对的分数，同时也展示了一个蛋白质和一个随机的（混乱的）另一个蛋白质版本的比较。

如果这个分数是正态分布的，Z 统计值可以被转化为一个期望值。如果 $Z = 3$，我们可以查询标准统计的表格来看到群体（即这些分数）的 99.73% 在该平均值的三个标准偏差范围内，平均值加上三个标准差后的右侧部分只占 0.13%。我们可以在 750 次随机中偶尔看到这个特殊的分数出现一次（概率为 0.13%）。这种方法存在的问题是，如果分数的分布脱离了高斯分布，估计的显著性水平就会是错误的。对于全局（不是局部）双序列比对，分布通常不是高斯分布；因此还没有一个严格的统计方法来估计双序列比对的显著值。通过 Z 值我们可以总结出什么？如果 100 个随机蛋白的比对分数都比两个比对蛋白的真正分数小，这表明这种情况偶然出现的概率（p）小于 0.01（我们因此可以拒绝零假设，即拒绝两个蛋白质序列不是显著相关的。）然而，考虑到 Z 值对序列分数的适用性，通过统计显著得出的结论必须谨慎得出。

另一种情况是多重序列比对的问题。如果我们比较一个查询序列，比如 β 球蛋白，和数据库里的一百万条蛋白质，我们用一百万次机会去寻找查询序列和数据库一些条目的高分匹配。在这种情况下，我们需要适当调整显著性水平 α，即零假设被拒绝的可能性要提高到更严格的水平。一种方法叫做 Bonferroni 矫正，即将 α（通常 $p < 0.05$）除以尝试次数（10^6）来设置一个新的阈值，定义统计显著性水平为 $0.05/10^6$（或 5×10^{-8}），Bonferroni 矫正能够应用于 BLAST 统计检验的概率值的计算（见第 4 章），我们同时也会在微阵列数据分析中遇到不同的矫正方法（见第 11 章）。

对于局部双序列比对，最好地定义统计显著性的方法是估计期望值（E 值），这与概率值相近（p 值）。与全局比对的情况相对，局部比对是对分布分数彻底的描述。E 值表示匹配数有一个详细值（或更好的）来评估偶然发生的情况。比如，如果一个 β 球蛋白和肌红蛋白的双序列比对的值和关联的 E 值 10^{-3} 相关，这个详细值（或更好的）可以被认为在一千次中发生一次。这种方法在 BLAST 家族程序中可以使用；我们在第 4 章中讨论 E 值的细节。

框 3.10　统计概念：Z 值

常见的钟形曲线是高斯分布或者标准分布。X 轴是一些测量值，比如 β 球蛋白和 100 次随机肌红蛋白的比对分数。Y 轴是概率密度（当考虑测量一个完整的随机肌红蛋白集合时）或者是尝试次数（当考虑一定数量的随机肌红蛋白时）。平均值由将所有分数相加然后除以双序列比对的个数得到；显然这是一个高斯分布。对于一系列数据点 $x_1, x_2, x_3 \cdots x_n$，平均值 $\bar{x}$ 是总数除以 n，或者：

$$\bar{x} = \frac{\sum\limits_{i=1}^{n} x_i}{n}$$

样本方差 s^2 表示数据点和平均值的差异。这与该数据点与数据平均值的平方相关，公式如下：

$$s^2 = \frac{1}{n-1} \sum\limits_{i=1}^{n} (x_i - \bar{x})^2$$

样本标准差 s 是方差的开方，因此它的单位和数据点相同，定义如下：

$$s = \sqrt{\frac{\sum\limits_{i=1}^{n} (Y_i - m)^2}{N-1}}$$

需要注意 s 是样本标准差（而不是群体标准差 σ），s^2 是样本方差。群体方差是指每个值偏离平均值的平方的平均值，而样本方差包括测量数目 N 的校正；m 是样本均值（而不是群体均值，μ）。Z 值（也叫作标准值）描述了每个标准差到平均标准差的距离：

$$Z_i = \frac{x_i - \bar{x}}{s}$$

如果你将 β 球蛋白和肌红蛋白比较，你可以得到一个基于一些打分系统的分数 [比如 43.9，如图 3.5(a) 所示]。随机打乱肌红蛋白序列 1000 次（维持肌红蛋白的长度和构成），测量 β 球蛋白和这些随机序列进行比对的 1000 个分数，你可以得到一个随机序列的均值和标准差。参考 Motulsky（1995）和 Cumming 等（2007），可以获取更多的统计概念。

大鼠的编号是 NP＿620258.1，牛气味结合蛋白的编号是 P07435.2。与大鼠相似的人类蛋白编号是 EAW50553.1。这些蛋白的比对在在线文档 3.9（http://www.bioinfbook.org/chapter3.）中。

局部比对的统计显著性

大多数数据库搜索程序，比如 BLAST（第 4 章）均是基于局部比对的。另外，许多双序列比对程序也是利用局部比对来比较两条序列。

百分比一致性和相对熵

判断两条序列是否在进化上显著相关的一种方法是考虑它们的百分比一致性。考虑两条蛋白质序列的百分比一致性可以获得它们之间相关度的信息。举例来说，一个来自大鼠和奶牛的气味结合蛋白的全局双序列比对仅有 30％的一致性，尽管两者都能够以相似的结合度与气味结合（Pevsner 等，1985）。大鼠蛋白质和与人类中亲缘关系最近的直系同源蛋白质只有 26％的一致性。从统计的观点看，百分比一致性的方法在"模糊区域"的作用有限；这种方法没有提供一系列严格的规则来推测同源性，而且会出现很多假阳性或假阴性结果。在一段短区域中的高度一致性并不意味着进化上的显著性，反过来，低的百分比一致性也有可能反映同源性。因此仅用氨基酸百分比一致性不足以证明（或排除）同源性。

当然，有时候考虑百分比一致性可能会有用。一些研究者认为如果两个蛋白质的氨基酸在超过 150 个氨基酸的范围内具有超过 25％的一致性时，它们很可能是进化显著相关的（Brenner 等，1998）。如果我们考虑长度只有 70 个氨基酸的比对时，通常我们认为如果这两条序列的氨基酸一致性有 25％，那么它们也是"显著相关"的。然而，Brenner 等（1998）证明这是错误的，一定程度上是因为目前海量的分子序列数据库增加了这种比对偶然发生的可能性。对于长度为 70 个氨基酸残基的比对，以 40％的氨基酸一致性作为评估两个蛋白质是同源的（Brenner 等，1998）的阈值是合理的。在一个较长的范围（比如 70～100 个氨基酸残基），如果两个蛋白质的氨基酸一致性为 20％～25％时，那么它们就落在"模糊区域"（图 3.19），而在这个区域内很难确定它们是否同源。两个完全不相干的蛋白质比对时，也经常会有 10％～20％的一致性，由于空位引入能够极大提高序列比对质量，所以这种情况尤易发生。

Altschul（1991）从信息理论的角度评估了比对分数。目标频率可以作为进化距离的一个函数。丙氨酸和苏氨酸比对在 PAM10（－3，见图 3.15）和 PAM250 矩阵（＋1，见图 3.14）被赋予不同的分数。目标和背景分布的相对熵（H）测量了每一个比对的氨基酸位置上存在的信息，而且一般可以区分真正的比对和随机的比对（框 3.11）。在 PAM10 矩阵中，H 的值为 3.43 比特。假设 30 比特的信息量已能够在一个数据库搜索中把一个真正的比对和偶然比对区分，那么用 PAM10 矩阵，这个比对的长度就需要至少 9 个残基以上（图 3.27）。如果使用 PAM250 矩阵，那么相对熵是 0.36 对应的是至少需要长度为 83 个残基的比对才能区真正的和偶然的比对。

框 3.11　相对熵

Altschul（1991）估计，对于两个平均大小的蛋白质，我们需要 30 比特的信息量来区分真实比对和偶然比对（假设对特定大小的数据库使用一个蛋白质）。对于每一个有特定目标频率 q_{ij} 和背景分布 $p_i p_j$ 的替换矩阵，可以推导出相对熵 H 如下（Altschul，1991）：

$$H = \sum_{i,j} q_{i,j} s_{i,j} = \sum_{i,j} q_{i,j} \log_2 \frac{q_{ij}}{p_i p_j}$$

其中 H 对应于与一个特定的评分矩阵相关的目标和背景分布的信息量（单位 NAT）。如图 3.27 中显示，高的 H 值能够更容易将目标从背景频率中区分出。这个分析与 PAM1 和 PAM250 突变概率矩阵（图 3.9 和图 3.13）对角线的分析一致，在 PAM250 矩阵比 PAM1 显然有极少的信号。

我们从第 5 章可以看到打分矩阵（"谱"）可以针对特定的序列比对来进行定义，从而能够极大提高搜索的灵敏度。我们也可以从第 5 章和第 6 章看到多重序列比对比双序列比对能提供更加高的敏感度。

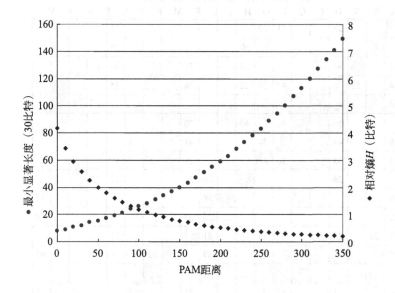

图 3.27 相对熵（*H*）与 PAM 距离有函数关系。对于低值的 PAM 矩阵（比如 PAM10），以比特为单位的相对熵是高的，能够满足序列比对统计显著的最小长度是短的（比如大约 10 个氨基酸）。使用 PAM10 矩阵时，即使只有一个相对较短区域氨基酸残基被比较，两个近缘相关蛋白也能够被检测为同源的。对于 PAM250 和其他数值较高的 PAM 矩阵，相对熵（或序列包含的信息量）低，因此需要更长的氨基酸区域（比如 80 个残基）来进行比对才能够检测出两个蛋白的显著关系。改编自 Altschul（1991）

3.6　展望

DNA 或蛋白质序列的双序列比对是生物信息学的最基本操作之一。双序列比对使得任意两序列之间的相关性能够被测定。而且相关性程度的测定可以帮助提出它们是否具有同源性（来自于同一个进化祖先）的假说。本书其余部分几乎所有的主题非常依赖于序列比对。在第 4 章中，我们将介绍如何利用查询序列搜索大型的 DNA 和（或）蛋白质数据库，数据库搜索一般会包括非常大量的局部序列比对系列，其比对结果会按照相关性程度从高到低进行排列。

双序列比对的算法开发于 20 世纪 70 年代，是从 Needleman 和 Wunsch（1970）提出的全局比对步骤开始的。Dayhoff（1978）提出了 PAM 打分矩阵，允许比较和评估两条远缘相关的分子序列。打分矩阵是所有双序列（多序列）比对中不可或缺的部分，对它的选择可以极大地影响比对的结果。局部序列比对在 20 世纪 80 年代被提出（见 Sellers，1974；Smith 和 Waterman，1981；Smith 等，1981）。在实际操作上，现今双序列比对都仅来自于少数几个软件，其中大多都是可以免费获得的。

现有的双序列比对算法的敏感度和特异度还有待继续评估。目前，双序列比对研究领域还在进一步发展，包括屏蔽低复杂度序列的方法（在第 4 章讨论）和在比对时对空位进行罚分的理论模型。

Joshua Lederberg 帮助 Zuckerkandl 和 Pauling 生成了图 3.28 的矩阵。他们使用 IBM7090 电脑，这是早期基于晶体管技术的商业电脑之一。这个电脑价格为 300 万美元。内存有 32768 二进制字符或者大约 131000 字节。了解更多 Lederberg 1985 年的诺贝尔奖，见 http://nobelprize.org/nobel_prizes/medicine/laureates/1958/（链接 3.12）。

3.7　常见问题

双序列比对算法附带的可选参数可以极大地影响结果。如果使用 BLAST 2 Sequences 的默认参数对人类 RBP4 和牛的 β-乳球蛋白进行同源比较，则检测结果不匹配。

任意两条序列都可以被比对，即使它们不相关。在一些情况下，两个蛋白质即使在超过 100 个氨基酸长度的序列中有超过 30％的氨基酸一致性，它们也不是同源（进化上相关的）的。评价序列比对的生物学意义总是很重要的，这可能包括寻找共同的细胞功能、共同的整体结构，或者如果可能的话，相似的三维结构的证据。

图 3.28　球蛋白的替换频率（摘自 Zuckerkandl 和 Pauling，1965，第 118 页）。氨基酸按照三字母缩写并根据首字母顺序列出。对应着来自人类、其他灵长类动物、马、牛、猪、七鳃鳗和鲤鱼的数十种血红蛋白和肌球蛋白序列比对中的原始氨基酸。数字代表着残基位点发生给定替换的百分比。例如，在所有的丙氨酸位点中，有 33% 的位点被观察到发生了甘氨酸的替换。位点上从来没有观察到的替换用红色方框标注。极少发生的替换（百分比＜20%）用空白方框标注（数值未给出）。"非常保守"的替换（百分比≥40%）用灰色方框标注。例如，89% 的甲硫氨酸位点被替换成亮氨酸。相同的替换用黑色方框标注。带括号的数字说明样本数量较小，提示利用这些数据得到结论需要谨慎（参见彩色插图）。[来源：Zuckerkandl 和 Pauling（1965）]

替代残基(替代发生的总的残基位点的百分比)

序列（原始氨基酸）

	A	R	N	D	C	Q	E	G	H	I	L	K	M	F	P	S	T	W	Y	V
A				28			31	33					31							
R									50				58				25			
N	33			47					33				33			33	33			
D	44		22				47	34	22				28		25					
C	(66)																			
Q				56			30		40			70								
E	50			44					38				41		24					
G	51		33				30						27			36				
H			26								26	30				22	22			
I	39												58							46
L	21								23				23	28						30
K	23	21	28				31		21				21							
M	22								22	22	89									45
F									22		61									
P	50		43				57	43					21							
S	49		24					24	36				24				40			
T	32		28					24					24			52				
W	(40)								(40)				(60)							
Y									(33)				(50)							
V	36										21		43	21						

考虑两个比对好的蛋白质，每个长度为 100 个氨基酸。当它们具有 50% 的氨基酸一致性时，则平均有 80 次变化发生。我发现这个概念会使许多同学感到疑惑。解释如下，观察到的变化数（每 100 个比对好的残基有 50 个不同）并不能反映发生的多重替换。举例来说，上述蛋白可能是老鼠和人类的球蛋白。大约九千万年以前，某种毛发稀少的物种分成了两个群体，最终导致了新物种的形成，即灵长类和啮齿类谱系的出现。在蛋白的某个位置上，其共同的祖先中有一个丙氨酸突变成了苏氨酸，其后在啮齿类谱系中突变成了天冬酰胺。在百万年间，虽然在那个给定的位置发生了两次变化，但我们仅观察到了一次变化。我们将在第七章的系统发育和进化中进一步探索这个概念。

当两个蛋白共享 20% 的氨基酸一致性时（属于"模糊区域"），他们有 80 个可观察到的差异。然而，Dayhoff（1978）估计有 250 次（平均）变化发生。因此，PAM250 矩阵被认为是检测远缘相关蛋白的有效方式。

3.8　给学生的建议

从使用 NCBI 的 BLAST 网站比较两条序列开始。选择两个近缘相关蛋白和两个远缘相关蛋白；变化打分矩阵或者其他参数会产生什么样的影响？对于我们讨论的每一个话题，试着获取实践经验。比如，选择一些局部比对好的蛋白家族成员，因为它们共享一个同源区域，所以这些蛋白质家族也可以进行全局比对。你可以通过改变局部比对的搜索参数来包含更大或更小的比对区域吗？同时也尝试不同的比对工具，从各种网站到 R 或者 Python。在第 4 章，我们介绍在命令行中使用 BLAST＋来进行任意一次 BLAST 搜索，你也可以用 BLAST＋来进行双序列比对。

3.9　网络资源

双序列比对可以通过全局或局部比对算法的软件包来实现。在所有的例子中，两个蛋白或两个氨基酸序列直接被比较。

许多网站提供了基于网络的双序列局部比对算法，基于全局比对（表 3.4）或局部比对（表 3.5）。这些网站包括 EBI 和 NCBI，Baylor College of Medicine（BCM）的服务器，ExPASy 的 SIM 程序和 Georgetown University 的 Protein Information Resource（PIR）的 SSEARCH。上机实验问题［3-4］用 R 介绍了双序列比对。

表 3.4 全局双序列比对算法

程序	网站	链接
BLAST	NCBI	http://www.ncbi.nlm.nih.gov/BLAST/
Needle EMBOSS package（global pairwise alignment）	EBI	http://www.ebi.ac.uk/Tools/emboss/
Water EMBOSS package（local pairwise alignment）	EBI	http://www.ebi.ac.uk/emboss/align/
Pairwise	Two Sequence Alignment Tool（global 和 local options）	http://informagen.com/Applets/Pairwise/
Stretcher	Institut Pasteur；global alignment	http://bioweb2.pasteur.fr/docs/EMBOSS/stretcher.html

表 3.5 局部双序列比对算法

来源	描述	链接
BLAST	NCBI	http://www.ncbi.nlm.nih.gov/BLAST/
est2genome	来自 Institut Pasteur 的 EMBOSS 程序；比对表达序列标签和基因组 DNA	http://bioweb.pasteur.fr/docs/EMBOSS/est2genome.html
LALIGN	查询两条序列中多个匹配子段	http://www.ch.embnet.org/software/LALIGN_form.html
Pairwise	双序列比对工具（全局和局部）	http://informagen.com/Applets/Pairwise/
PRSS	来自 University of Virginia（Bill Pearson）	http://fasta.bioch.virginia.edu/fasta_www2/fasta_www.cgi?rm＝shuffle
SIM	来自 ExPASy 的蛋白质比对工具	http://web.expasy.org/sim/
SSEARCH	位于 Protein Information Resource	http://pir.georgetown.edu/pirwww/search/pairwise.shtml

问题讨论

［3-1］如果你想要比较任意两个蛋白，是否存在一个"正确"的打分矩阵供你选择？如何知道哪个打分矩阵是最合适的？

［3-2］许多蛋白质（或 DNA）序列有独立的结构域（我们将在第 12 章讨论结构域）。考虑一个蛋白质有一个进化速度快的结构域以及一个进化速度慢的结构域，将该蛋白与另一条蛋白质（或 DNA）序列进行双序列比对时，你会使用两个独立的比对打分矩阵（如 PAM40 和 PAM250）还是使用一个"中间"的矩阵？为什么？

［3-3］在 Margaret Dayhoff 和他的同事公布带有打分矩阵的蛋白质数据集的几年前，Emile Zuckerkandl 和 Linus Pauling（1965）为当时数十个已有的球蛋白序列提供了一个打分矩阵（图 3.28）。这张图的行（y 轴）显示了原始的球蛋白氨基酸，列显示了观察到发生替换的氨基酸。如果至少 20％的位置发生了替换，那么该单元格就填上一个数值。注意红色阴影的单元格，此处的氨基酸替换未被观察到。灰色阴影的单元格，此处的氨基酸替换被定义为是非常保守的。如何比较这些矩阵中的数据和 Dayhoff 及他同事们描述的矩阵中的数据？哪些替换发生最少，哪些替换发生最频繁？如果现在让你填这这幅图中的表，你会如何？

［3-4］前五个计算机实验习题（下面）指导你用五种不同方法进行双序列比对。如果你想要比对两条蛋白或者 DNA 序列，你如何选择最适合的方法？换句话说，这些不同的方法有什么优势和缺陷？

［3-5］PAM1 矩阵（图 3.9）是单向的：一个氨基酸变化的概率，比如丙氨酸变为精氨酸的概率不同

于精氨酸变为丙氨酸的概率。为什么？对数优势值矩阵，比如 PAM10（图 3.15）是双向的。

习题/计算机实验

对于问题［3-1］～［3-3］和问题［3-5］，我们使用补充方法进行球蛋白的双序列比对。

［3-1］获取人类 HBA 和 HBB 蛋白序列。首先在 NCBI 的 BLAST 网站上进行双序列比对，然后使用 EBI 网站的比较工具。变化打分矩阵（比如尝试不同的 PAM 和 BLOSUM 矩阵），并且记录得分、空位的数目、百分比一致性和比对上的区域长度的影响。对于 NCBI 的 BLASTP 程序，注意它的双序列比对输出结果包括一个点阵图。

［3-2］在 UCSC 网站进行双序列比对。①进入 http://genome.ucsc.edu（链接 3.13）。进入基因组浏览器，选择人类基因组 hg19，输入"hbb"进行查询。这应该使你定位到 chr11：5，246，696-5，248，301（1606 个碱基对的区域构成了 β 球蛋白基因，*HBB*）。②点击框来设置界面为默认的轨道。③在"Comparative Genomics"下选择 Placental Chain/Net，并设置显示为全屏。通过点击 Placental Chain/Net 的顶部，你可以看到一系列的选项。设置 Chains 和 Nets 为全屏显示，选择物种 horse（取消选定其他物种），点击 submit。④现在显示的是人类/马的 chained 比对和比对网。

［3-3］通过 Galaxy 和 UCSC 使用 EMBOSS 工具进行双序列比对。在这个练习中我们使用 EMBOSS 包 needle 进行全局比对，使用 EMBOSS 包 water 进行局部比对。这两个工具均可从 Galaxy 公共网络服务器上获得（还有一百多个其他 EMBOSS 工具）。框 3.9 介绍 EMBOSS，并解释如何利用 Galaxy 从 UCSC 的 Table Browser 中导入 β 球蛋白（HBB）和 α 球蛋白（HBA2），进而对它们进行比对。该历史记录被储存在 https://main.g2.bx.psu.edu/u/pevsner/h/ pairwise-alignment-via-ucsc-and-emboss（链接 3.14）。注意，Galaxy 是一个基于网络的平台，该平台可提供上百种生物信息工具使用，包括二代测序数据分析软件。要使用 Galaxy，请访问 http://use- galaxy.org，之后即可到达公共服务器。确保创建一个用户名并登陆。这将会使你在不同工作站中随时进行你的工作。

［3-4］利用 R 查看打分矩阵，并进行双序列比对。在这个练习中，我们从安装 Biostrings 包开始。在第 2 章中介绍如何安装 R 和 RStudio。

```
> getwd() # Get (show) the working directory
# Use setwd() to change it to any location
> source("http://bioconductor.org/biocLite.R")
> biocLite("Biostrings")
> library(Biostrings)
# Install the Biostrings library
> data(BLOSUM50)
# load the data for the BLOSUM50 matrix
> BLOSUM50[1:4,1:4]
# view the first four rows and
# columns of this matrix
> nw <- pairwiseAlignment(AAString("PAWHEAE"),
AAString("HEAGAWGHEE"), substitutionMatrix =
```

```
BLOSUM50, gapOpening = 0, gapExtension = -8)
# create object
# nw aligning two amino acid strings with the
# specified matrix and gap penalties
> nw # view the result.
# Try repeating this alignment with
# different gap penalties and scoring matrices.
# Biostrings includes 10 matrices (PAM30 PAM40,
# PAM70, PAM120, PAM250, BLOSUM45, BLOSUM50,
# BLOSUM62, BLOSUM80, and BLOSUM100).
> compareStrings(nwdemo) # view the alignment
```

［3-5］使用 Python（一种免费使用的编程语言）进行双序列比对。使用 Biopython 时，它提供了多样的计算工具（Cock 等，2009）。你需要安装三个程序：①Python；②Numpy（Python 中用以进行科学计算的包）和③Bioptyhon（这提供了 Python 框架下详细的生物信息应用程序）。可以从 http://

www. python. org（链接 3.15）、http://www. numpy. org/（链接 3.16）和 http://biopython. org（链接 3.17）下载这三个程序。如果你使用 PC，可以打开一个具有用户友好界面的环境，称为 IDLE（Python's Integrated DeveLopment Environment）。对于 Mac，打开终端窗口，输入 python，会看到命令提示符（>>>）。访问 http://biopython. org/DIST/docs/tutorial/ Tutorial. html（链接 3.18）来获取关于安装 Biopython 的信息，以及包括双序列比对在内的许多基本生物信息应用的手册，尝试以下命令（我的注释以♯开头并且是绿色文本）：

```
$ python # launch python from a terminal
Python 2.7.5 (default, Mar  9 2014, 22:15:05)
Type "copyright", "credits" or "license()" for
more information.
>>> from Bio import pairwise2
>>> from Bio.SubsMat import MatrixInfo as
matlist
>>> matrix = matlist.blosum62
# specify the scoring matrix
>>> help(matlist)
```

```
# This shows a list of available matrices
>>> gap_open = -10 # set the affine gap penal-
ties
>>> gap_extend = -1
>>> hbb = "VTALWGKVNVDEVGGEALGRLL"
# This is part of beta globin from Fig.3.5b
>>> mb = "VLNVWGKVEADIPGHGQEVLIRLF"
# This is part of myoglobin from Fig.3.5b
>>> alns = pairwise2.align.globalds(hbb, mb, ma-
trix, gap_open, gap_extend)
>>> top_aln = alns[0]
>>> aln_hbb, aln_mb, score, begin, end = top_aln
>>> print aln_hbb+'\n'+aln_mb
# the '\n' command inserts a line break
VTALWGKVNVDEVGG--EALGRLL
VLNVWGKVEADIPGHGQEVLIRLF
```

我们使用 Python 的 pairwise2 模块。它可以进行全局的和局部的双序列比对。和图 3.5（b）比较结果，注意到空位的位置不同。试着把空位延伸罚分从－0.5 提高到－2。比对会发生什么变化？Python 的 pairwise2 模块的文档从 http://biopy- thon. org/DIST/docs/api/Bio. pairwise2-module. html 中获取。

[3-6] 使用 NCBI 的氨基酸搜索工具。①访问 http://www. ncbi. nlm. nih. gov/Class/Structure/aa/aa＿ explorer. cgi（链接 3.19）。②选择 Biochemical Properties 表。哪个氨基酸最多（是 9.94% 亮氨酸吗?)？使用这个表格来进行自我检测，确保你知道 20 种氨基酸的单字母、三个字母缩写，以及它们的结构。③酪氨酸是一个疏水氨基酸吗？为了得出结论，使用 Common Substitutions 表。考查缬氨酸（一个疏水残基），将结果按照疏水性排序，并查看酪氨酸的位置。你也可以考查 Structure 和 Chemistry 表。

[3-7] 许多工具都可用以处理序列。访问 Sequence Manipulation Suite（http://www. bio- informatics. org/sms2/index. html）（链接 3.20）可以获得大量的工具（将这些工具与 EMBOSS 中的工具比较）。GGAATTCC 的反向互补序列是什么？

自测题

[3-1] 匹配下列氨基酸和它们的单字母符号：

天冬酰胺　　　　Q
谷氨酰胺　　　　W
色氨酸　　　　　Y
酪氨酸　　　　　N
苯丙氨酸　　　　F

[3-2] 直系同源的定义为：

(a) 在不同物种中共享同一祖先基因的同源序列；

(b) 几乎没有氨基酸序列一致性但是有较大的结构相似性的同源序列；

(c) 同一物种中由基因复制产生的同源序列；

(d) 同一物种中相似并且通常功能冗余的同源序列

[3-3] 根据 PAM 打分矩阵，下列哪个氨基酸最不容易突变？

(a) 丙氨酸；

(b) 谷氨酰胺；

(c) 甲硫氨酸；

(d) 半胱氨酸

[3-4] PAM250 矩阵被定义为在一个进化的分化事件中，两条同源序列之间有多少百分比的氨基酸是随着时间而发生变化的？

(a) 1%；

(b) 20%；

(c) 80%；

(d) 250%

[3-5] 下面哪个句子最好地描述了两条序列之间的全局比对和局部比对的差异？

(a) 全局比对通常用于比对 DNA 序列，而局部比对通常用于比对蛋白质序列

(b) 全局比对允许空位，而局部比对不允许空位

(c) 全局比对寻找全局最大化，而局部比对选择局部最大化

(d) 全局比对比对整条序列，而局部比对寻找最佳匹配子序列

[3-6] 你有两个远缘相关蛋白。BLOSUM 或 PAM 矩阵之间哪个最适合来比较它们？

(a) BLOSUM45 或 PAM250；

(b) BLOSUM45 或 PAM1；

(c) BLOSUM80 或 PAM250；

(d) BLOSUM80 或 PAM1

[3-7] BLOSUM 打分矩阵与 PAM 打分矩阵比较，它的最大区别在哪里？

(a) 它最好用于比对近缘相关蛋白；

(b) 它基于来自近缘相关蛋白的全局多重序列比对；

(c) 它基于来自远缘相关蛋白的局部多重序列比对；

(d) 它结合了局部和全局比对的信息

[3-8] 判断题：具有 30% 氨基酸序列一致性的两个蛋白质有 30% 的同源性。

[3-9] 全局比对算法（比如 Needleman-Wunsch 算法）可以确保找到最优比对。这样的一种算法：

(a) 把两条比较的蛋白放到一个矩阵中，然后通过穷举每一种可能的比对组合来找到最优值；

(b) 把两条比较的蛋白放到一个矩阵中，然后通过迭代递归的方法来找到最优值；

(c) 把两条比较的蛋白放到一个矩阵中，然后通过寻找最优子路径的方法来找到最优匹配；

(d) 能用于蛋白质，但不能用于 DNA 序列。

[3-10] 数据库搜索中或双序列比对中，敏感度的定义为：

(a) 搜索算法寻找真阳性（即同源序列）和避免假阳性（即不相关序列，但具有高的相似的分值）的能力；

(b) 搜索算法寻找真阳性（即同源序列）和避免假阳性（即没有被报道的同源序列）的能力；

(c) 搜索算法寻找真阳性（即同源序列）和避免假阴性（即不相关序列，但具有高相似的分值）的能力；

(d) 搜索算法寻找真阳性（即同源序列）和避免假阴性（即没有被报道的同源序列）的能力

推荐读物

我们从同源性概念开始介绍本章，同源性这个词经常被误用。Reeck 等（1987）用一页纸的文章对同源性和相似性进行了权威且标准的定义。Tautz（1998）和 Pearson（2013）提供了与系统发育相关的同源性其他讨论。Willian Pearson 的文章对序列比对进行了精彩的论述（包括 E 值，我们将在第 4 章中提到）。他的早期文章（Pearson，1996）提供了相似性分数、敏感度和选择度的统计学描述，以及如 Smith-Waterman 和 FASTA 的搜索程序的描述。

对于双序列比对算法的研究，一个重要的历史性起始点是 Margaret O. Dayhoff 和他的同事在 1878 年出版的一本著作（Dayhoff，1978）。这本著作的大部分内容由蛋白质序列数据集和系统发育重建组成。第 22 章蛋白质序列和结构数据集介绍了可接受点突变的概念，而第 23 章描述了各种 PAM 矩阵。Russell F. Doolittle（1981）也就序列比对进行了清晰且深入的综述。在 20 世纪 90 年代早期，更多的蛋白质序列出现，Steven 和 Jorja Henikoff（1992）提出了 BLOSUM 矩阵。这篇文章对使用这些打分矩阵进行了精彩的专业介绍，实用性地比较了 PAM 和 BLOSUM 的表现。在本书的之后章节（第 4 章和第 5 章），我们将会在数据搜索中广泛地用到这些矩阵。

最早描述全局比对的算法是由 Needleman 和 Wunsch（1970）专业地提出，随后 Smith 和 Waterman（1981）和 Smith 等（1981）提出了局部比对算法。双序列比对的敏感度（识别远缘相关序列的能力）和选择度（规避不相干序列的能力）的问题是由 Pearson 和 Lipman 在 1988 年的一篇介绍 FASTA 程序的文章中提出。

瑞士生物信息学院的 Marco Pagni 和 C. Victor Jongeneel（2001）对序列打分统计学进行了精彩的综述。其中包括了对 BLAST 打分统计学的讨论，这和第 4 章和第 5 章中的内容相关。

最后，Steven Brenner、Cyrus Chothia 和 Tim Hubbard（1998）比较了数种双序列比对的方法。这篇文章作为了解如何评估不同算法的手段被高度推荐（比如，我们将在第 6 章见到用于多重序列比对的相似方法）。阅读这篇文章可以帮助展示为什么统计分值比其他的搜索参数（原始分数或一致性百分比）在解析双序列比对结果时更加有效。有关序列比对的更新综述，详见 Stormo（2009）。

参　考　文　献

Altschul, S.F. 1991. Amino acid substitution matrices from an information theoretic perspective. *Journal of Molecular Biology* **219**(3), 555–565. PMID: 2051488.

Altschul, S. F., Gish, W., Miller, W., Myers, E. W., Lipman, D. J. 1990. Basic local alignment search tool. *Journal of Molecular Biology* **215**, 403–410.

Altschul, S.F., Wootton, J.C., Gertz, E.M. *et al.* 2005. Protein database searches using compositionally adjusted substitution matrices. *FEBS Journal* **272**(20), 5101–5109. PMID: 16218944.

Anfinsen, C. 1959. *The Molecular Basis of Evolution*. John Wiley & Sons, Inc., New York.

Brenner, S. E., Chothia, C., Hubbard, T. J. 1998. Assessing sequence comparison methods with reliable structurally identified distant evolutionary relationships. *Proceedings of National Academy of Sciences, USA* **95**, 6073–6078.

Chothia, C., Lesk, A. M. 1986. The relation between the divergence of sequence and structure in proteins. *EMBO Journal* **5**, 823–826.

Cock, P.J., Antao, T., Chang, J.T. *et al.* 2009. Biopython: freely available Python tools for computational molecular biology and bioinformatics. *Bioinformatics* **25**(11), 1422–1423. PMID: 19304878.

Cumming, G., Fidler, F., Vaux, D.L. 2007. Error bars in experimental biology. *Journal of Cell Biology* **177**, 7–11.

Darwin, C. 1872. *The Origin of Species by Means of Natural Selection or the Preservation of Favoured Races in the Struggle for Life*. John Murray, London.

Dayhoff, M.O. (ed.) 1966. *Atlas of Protein Sequence and Structure*. National Biomedical Research Foundation, Silver Spring, MD.

Dayhoff, M. O. (ed.) 1978. *Atlas of Protein Sequence and Structure*. National Biomedical Research Foundation, Silver Spring, MD.

Dayhoff, M.O., Hunt, L.T., McLaughlin, P.J., Jones, D.D. 1972. Gene duplications in evolution: the globins. In: *Atlas of Protein Sequence and Structure*, volume **5** (ed. Dayhoff, M.O.). National Biomedical Research Foundation, Washington, DC.

Doolittle, R. F. 1981. Similar amino acid sequences: Chance or common ancestry? *Science* **214**, 149–159.

Doolittle, R. F. 1987. *OF URFS AND ORFS: A Primer on How to Analyze Derived Amino Acid Sequences.* University of Science Books, Mill Valley, CA.

Durbin, R., Eddy, S., Krogh, A., Mitchison, G. 2000. *Biological Sequence Analysis.* Cambridge University Press, Cambridge.

Ewins, W.J., Grant, G.R. 2001. *Statistical Methods in Bioinformatics: An Introduction.* Springer-Verlag, New York.

Fitch, W.M. 1970. Distinguishing homologous from analogous proteins. *Systematic Zoology* **19**(2), 99–113. PMID: 5449325.

Gonnet, G. H., Cohen, M. A., Benner, S. A. 1992. Exhaustive matching of the entire protein sequence database. *Science* **256**, 1443–1445.

Gotoh, O. 1982. An improved algorithm for matching biological sequences. *Journal of Molecular Biology* **162**, 705–708.

Hedges, S.B., Dudley, J., Kumar, S. 2006. TimeTree: a public knowledge-base of divergence times among organisms. *Bioinformatics* **22**, 2971–2972.

Henikoff, S., Henikoff, J. G. 1992. Amino acid substitution matrices from protein blocks. *Proceedings of National Academy of Sciences, USA* **89**, 10915–10919.

Henikoff, J. G., Henikoff, S. 1996. Blocks database and its applications. *Methods in Enzymology* **266**, 88–105.

Hossfeld, U., Olsson, L. 2005. The history of the homology concept and the "Phylogenetisches Symposium". *Theory in Biosciences* **124**(2), 243–253. PMID: 1704635.

International Human Genome Sequencing Consortium. 2001. Initial sequencing and analysis of the human genome. *Nature* **409**, 860–921.

Jones, D.T., Taylor, W.R., Thornton, J.M. 1992. The rapid generation of mutation data matrices from protein sequences. *Computer Applications in the Biosciences* **8**, 275–282.

Junier, T., Pagni, M. 2000. Dotlet: diagonal plots in a web browser. *Bioinformatics* **16**(2), 178–179. PMID: 10842741.

Karlin, S., Altschul, S.F. 1990. Methods for assessing the statistical significance of molecular sequence features by using general scoring schemes. *Proceedings of the National Academy of Sciences, USA* **87**, 2264–2268.

Lieb, B., Dimitrova, K., Kang, H.S. *et al.* 2006. Red blood with blue-blood ancestry: intriguing structure of a snail hemoglobin. *Proceedings of the National Academy of Sciences, USA* **103**(32), 12011–12016. PMID: 16877545.

Motulsky, H. 1995. *Intuitive Biostatistics.* Oxford University Press, New York.

Myers, E. W., Miller, W. 1988. Optimal alignments in linear space. *Computer Applications in the Biosciences* **4**, 11–17.

Needleman, S. B., Wunsch, C. D. 1970. A general method applicable to the search for similarities in the amino acid sequence of two proteins. *Journal of Molecular Biology* **48**, 443–453.

Owen, R. 1843. *Lectures on the Comparative Anatomy and Physiology of the Invertebrate Animals, Delivered at the Royal College of Surgeons in 1843.* Longman Brown Green and Longmans, London.

Pagni, M., Jongeneel, C. V. 2001. Making sense of score statistics for sequence alignments. *Briefings in Bioinformatics* **2**, 51–67.

Pearson, W. R. 1996. Effective protein sequence comparison. *Methods in Enzymology* **266**, 227–258.

Pearson, W.R. 2013. An introduction to sequence similarity ("homology") searching. *Current Protocols in Bioinformatics* **Chapter** 3, Unit 3.1. PMID:23749753.

Pearson, W. R., Lipman, D. J. 1988. Improved tools for biological sequence comparison. *Proceedings of the National Academy of Sciences, USA* **85**, 2444–2448.

Pearson, W. R., Wood, T. C. 2001. Statistical significance in biological sequence comparison. In *Handbook of Statistical Genetics* (eds D. J.Balding, M.Bishop, C.Cannings). Wiley, London, pp. 39–65.

Pevsner, J., Trifiletti, R.R., Strittmatter, S.M., Snyder, S.H. 1985. Isolation and characterization of an olfactory receptor protein for odorant pyrazines. *Proceedings of the National Academy of Sciences, USA* **82**, 3050–3054.

Reeck, G. R., de Haën, C., Teller, D.C. *et al.* 1987. "Homology" in proteins and nucleic acids: A terminology muddle and a way out of it. *Cell* **50**, 667.

Rice, P., Longden, I., Bleasby, A. 2000. EMBOSS: The European molecular biology open software suite. *Trends in Genetics* **16**, 276–277.

Sedgewick, R. 1988. *Algorithms*. Addison-Wesley Longman, Reading, MA.

Schopf, J.W. 2002. When did life begin? In: *Life's Origin: The Beginnings of Biological Evolution* (ed. Schopf, J.W.). University of California Press, Berkeley.

Sellers, P. H. 1974. On the theory and computation of evolutionary distances. *SIAM Journal of Applied Mathematics* **26**, 787–793.

Smith, T. F., Waterman, M. S. 1981. Identification of common molecular subsequences. *Journal of Molecular Biology* **147**, 195–197.

Smith, T. F., Waterman, M. S., Fitch, W. M. 1981. Comparative biosequence metrics. *Journal of Molecular Evolution* **18**, 38–46.

Stormo, G.D. 2009. An introduction to sequence similarity ("homology") searching. *Current Protocols in Bioinformatics* **Chapter** 3, Unit 3.1 3.1.1-7. PMID: 19728288.

Tatusova, T. A., Madden, T. L. 1999. BLAST 2 Sequences, a new tool for comparing protein and nucleotide sequences. *FEMS Microbiology Letters* **174**, 247–250.

Tautz, D. 1998. Evolutionary biology. Debatable homologies. *Nature* **395**, 17, 19.

Zuckerkandl, E., Pauling, L. 1965. Evolutionary divergence and convergence in proteins. In: *Evolving Genes and Proteins* (eds Bryson, V., Vogel, H.J.). Academic Press, New York, pp. 97–166.

第 4 章

局部比对搜索基本工具 BLAST

BLAST 算法的中心思想是把注意力集中在分数至少为 T 的、包含一个长度为 w 的单词对的片段对。

——*Stephen Altschul et al.*（1990）

BLAST 是第一个将严密的统计学用于局部比对打分的程序。在这之前，人们已经开发了多种打分的系统，但人们并不清楚各个方法的独特优势。我曾经猜测，人们提出的每一个打分系统都在一定程度上是具有特定目标频率的对数概率打分系统。而在最好的打分系统中，目标频率是观察到的真实蛋白的精确比对结果。数学家 Sam Karlin 证明了我这个猜测，并推导出针对 BLAST 输出结果 E-value 的统计方法。由此促进了 David Lipman，Gene Myers，Webb Miller 和 Warren Gish 的算法创新，使 BLAST 具有空前的灵敏度和计算效率。

——*Stephen Altschul*，*quoted in Altschul* 等（2013）

学习目标

通过阅读本章你应该能够：

- 学会在 NCBI 网站上进行 BLAST 搜索；
- 理解 BLAST 各个参数的用途；
- 理解 BLAST 搜索的三个步骤（整理，扫描/延伸，回溯）；
- 理解 Blast E 值和分数的数学关系；
- 阐明 BLAST 搜索的策略。

4.1 引言

基本局部比对搜索工具（BLAST）是 NCBI 的一个主要工具，可用来将一个蛋白质或者 DNA 序列与各种数据库中其他序列进行比对（Altschul 等，1990，1997）。BLAST 搜索是了解一个蛋白质或基因的一个最基本的方法，其搜索可揭示在相同或不同物种中有哪些相关序列存在。NCBI 网站提供了一些学习 BLAST 的优秀资源。

NCBI 上的资源包括可以通过 BLAST 主页访问的使用指南和教学课程（http://blast. ncbi. nlm. nih. gov/，链接 4.1 at http://bioinf- book. org）。

在第 3 章中，我们介绍了如何进行两个蛋白质或核酸序列的双序列比对。BLAST 搜索允许用户选择一个序列（记为查询），再将此查询序列与选定的数据库（记作目标）进行双序列比对。典型的情况下，BLAST 搜索会对上千万的序列进行评估（搜索一个默认的 DNA 数据库，就会涉及到 500 亿个核苷酸），并返回最相关的匹配结果。

　　由于我们通常对识别如蛋白质结构域这样的局部匹配区域更感兴趣，所以 Needleman-Wunsch（1970）的全局比对算法不适用于数据库搜索。虽然 Smith-Waterman（1981）局部比对算法可以发现最优的双序列比对，但由于它计算过于密集，因而也不适用于数据库搜索。本章介绍的 BLAST 提供了一种局部比对策略，同时兼顾了计算速度和灵敏度，而且它还提供了方便的互联网使用方式以及命令行操作工具。

　　BLAST 是一套程序，允许你输入一个查询序列，并将其与数据库中的 DNA 或蛋白质序列进行比较。一个 DNA 序列可以被转换成 6 个潜在蛋白质（见"步骤 2：选择一个 BLAST 程序"）。BLAST 的算法包括了将蛋白质序列与动态翻译的 DNA 序列数据库进行比对，或反过来进行比对的策略。BLAST 程序输出了代表查询序列与数据库序列的局部比对的高打分的片段对（HSPs）。BLAST 搜索具有非常广泛的应用，包括：

　　• 对于一个特定的蛋白质或核酸序列，寻找已知的直系同源和旁系同源序列。除了 α 球蛋白、β 球蛋白和肌红蛋白外，还有哪些其他已知的球蛋白？当一个新的细菌基因组被测序完成，并且几千个蛋白质被鉴定后，其中多少个蛋白质是旁系同源的？有多少个被预测的基因在 GenBank 中找不到显著相关的匹配结果？

　　• 对于一个特定的物种，确定其存在的蛋白质和基因。在植物中有没有球蛋白？在鱼类中是否有反转录酶基因（如 *HIV-1 Pol* 基因）？在某些情况下，要寻找远缘同源物需要使用特殊的类似于 BLAST 的方法，我们将在第 5 章描述其中一些方法。

> 可以通过 http://blast. ncbi. nlm. nih. gov/（链接 4.1）访问 BLAST 网站。或者通过访问 NCBI 的主页面（http://www. ncbi. nlm. nih. gov），然后点击 BLAST 按钮。

　　• 确定一个 *DNA* 或蛋白质序列的身份。例如，你可能开展了一个 RNAseq 实验（如第 11 章），并发现其中一个 RNA 序列在你用的实验条件下受到了显著的调控。可以用这个序列搜索一个蛋白质数据库，来发现与它所编码的蛋白质最相关的蛋白。

　　• 发现新基因。例如，对基因组 DNA 的 BLAST 搜索可能发现一个 DNA 编码了一个从未报道过的蛋白质。在本章中，我们将展示如何通过 BLAST 搜索发现新基因。

　　• 对于一个特定的基因或蛋白，确定有哪些变种已经被描述。例如，许多病毒都有极强的突变能力；我们可以用 BLAST 来探索 *HIV-1 Pol* 的已知突变体。

　　• 考察可能发生选择性剪接的表达序列标签（*ESTs*）。NCBI 有一个可用 BLAST 搜索的 EST 数据库。事实上，还有数十个类似的专业数据库可供搜索，这些数据库包含了来自特定物种、特定组织、特定染色体、特定 DNA 种类（type）（如非编码区）或特定功能种类的核酸及蛋白质序列。

> 按照 2015 年 2 月的统计，你可以以几秒钟之内对包含约 2500 万个蛋白质序列（超过 80 亿个氨基酸残基序列）的数据库进行搜索。对于 DNA 序列的搜索，默认的非冗余的数据库中当前存在约 3000 万个序列和超过 880 亿个碱基。注：如果你搜索一个序列，如 NP＿000509，若不带序列版本号，则默认使用最新版本的序列。

　　• 探索对一个蛋白质结构和/或功能起重要作用的氨基酸残基。BLAST 搜索的结果可以是多重序列比对（见第 6 章），揭示了如半胱氨酸等可能起重要生物学意义的保守残基。

　　基于网页版的 BLAST 搜索一般由以下 4 个步骤组成：

　　① 选择一个感兴趣的序列，将其粘贴、输入或上传至 BLAST 网站的输入栏中。

　　② 选择一个 BLAST 程序（常见的有 BLASTP、BLASTN、BLASTX、TBLASTX 和 TBLASTN）。

　　③ 选择一个用于搜索的数据库。常见的选择是去冗余（*nr*）数据库，但还有许多其他数据库可供选择。

　　④ 选择对搜索和输出结果进行调整的参数，包括替换矩阵、筛选低复杂度的序列以及将搜索范围限制在某些特定的物种中等。

　　让我们先从一个具体的例子来对 BLAST 搜索步骤进行理解。选择链接"Standard protein-protein BLAST［blastp］."然后，你将会看到一个输入框；输入人类 β 球蛋白的索引编号（NP＿000509.1）；点击"BLAST"按钮开始搜索（图 4.1）。搜索结果中会出现与人类 β 球蛋白紧密相关的蛋白质。下面我们具体介绍 BLAST 搜索的一些实际情况。

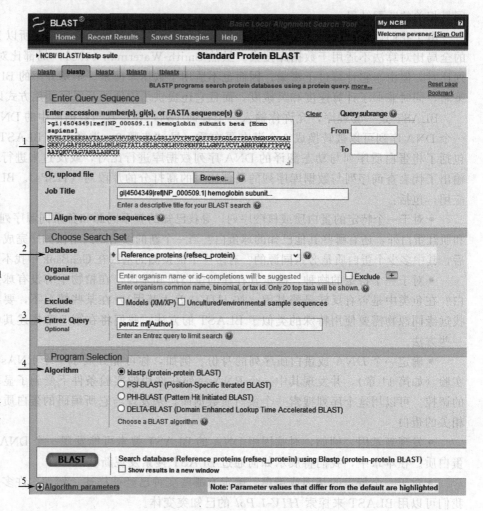

图 4.1 这是 NCBI 网站上 BLASTP 搜索的主页。如图中所示，序列可以用索引编号、GI 标识符或者 FASTA 格式的序列等形式输入（箭头 1）。接着，如果没有选择默认设置，就必须选择一个数据库（箭头 2；这里选择的数据库是 RefSeq 蛋白数据库）。搜索可以被限制在某一特定物种或物种分类组，而且 Entrez 查询可被用作进一步集中搜索（箭头 3）。在这里，我们将搜索限制在作者是 Max Perutz 有关的结果。我们将在本章中讨论 BLASTP 算法（箭头 4），在第 5 章讨论 PSI-BLAST、PHI-BLAST 和 DEL-TA-BLAST 算法。许多搜索参数都是可以被调整的（箭头 5）（图片来源：BLASTP，NCBI）

4.2 BLAST 搜索步骤

步骤 1：选定感兴趣的序列

FASTA 格式在 http://www.ncbi.nlm.nih.gov/BLAST/blastcgihelp.shtml（链接 4.3）上有更深入的介绍。不要混淆 FASTA 格式与我们在第 3 章中介绍的 FASTA 程序。对于 BLAST 搜索，查询的序列可以为大写或者小写，也可以带着间隔与数字。如果查询 DNA 序列，BLAST 算法则会对两条单链都进行搜索。

BLAST 搜索的第一步是选定要查询的 DNA 或者蛋白质序列。有两种主要的数据输入方式：一是剪切并粘贴 DNA 或蛋白质序列（如 FASTA 格式），二是使用索引编码［如一个 RefSeq 或 GenBank（GI）的标识符］。FASTA 格式序列以单行描述性文字开始，并紧接着多行序列数据。描述行与序列数据以位于首位的标识符"＞"区分。建议每行的长度小于 80 个字符。图 2.9 展示了一个 FAS-TA 格式序列的例子。

在一个 BLAST 搜索中输入索引编号通常会更便捷些。注意，BLAST 程序能够识别并忽略出现在你输入序列字母中间的数字，而且 BLAST 允许你搜索整条查询序列中的部分区段，如某个感兴趣的结构域。

步骤 2：选择 BLAST 程序

NCBI 的 BLAST 程序家族包含了 5 个主要程序。见图 4.2。

① BLASTP 程序将一个氨基酸的查询序列与一个蛋白质数据库比对。注意这类搜索有专门与蛋白搜索相关的可选参数，例如对各种 PAM 和 BLOSUM 打分矩阵的选择。

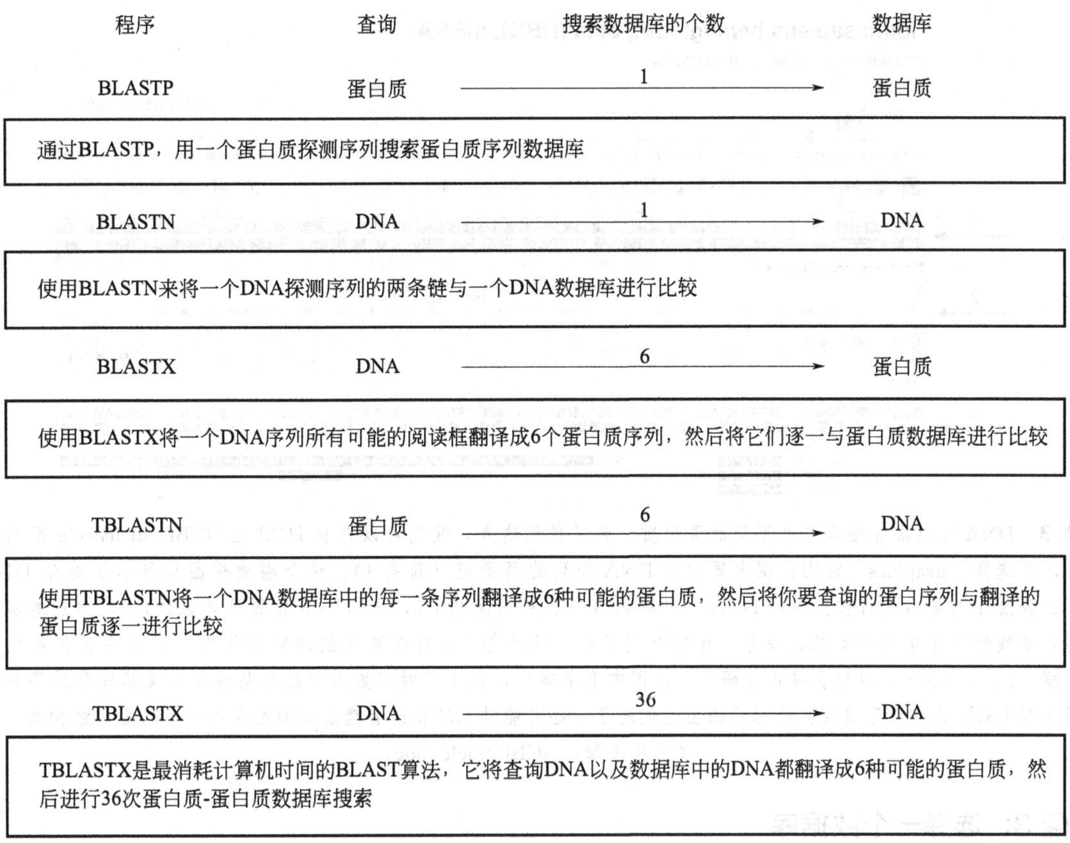

程序	查询	搜索数据库的个数	数据库
BLASTP	蛋白质	1 ⟶	蛋白质

通过BLASTP，用一个蛋白质探测序列搜索蛋白质序列数据库

BLASTN	DNA	1 ⟶	DNA

使用BLASTN来将一个DNA探测序列的两条链与一个DNA数据库进行比较

BLASTX	DNA	6 ⟶	蛋白质

使用BLASTX将一个DNA序列所有可能的阅读框翻译成6个蛋白质序列，然后将它们逐一与蛋白质数据库进行比较

TBLASTN	蛋白质	6 ⟶	DNA

使用TBLASTN将一个DNA数据库中的每一条序列翻译成6种可能的蛋白质，然后将你要查询的蛋白序列与翻译的蛋白质逐一进行比较

TBLASTX	DNA	36 ⟶	DNA

TBLASTX是最消耗计算机时间的BLAST算法，它将查询DNA以及数据库中的DNA都翻译成6种可能的蛋白质，然后进行36次蛋白质-蛋白质数据库搜索

图 4.2　对 5 个主要的 BLAST 算法的总结。后缀 P 代表着蛋白质（例如 BLASTP 中的 P），N 代表着核苷酸序列，X 代表的是一个可被翻译成 6 种蛋白质序列的 DNA 序列。前缀 T 表示"翻译"，即将一个 DNA 数据库动态翻译成 6 种可能的蛋白质序列

② BLASTN 程序用于核酸查询序列和核酸数据库间的比对。

另外三种 BLAST 算法是基于 DNA 和蛋白质的基本关系。任何 DNA 序列都会被翻译成 6 种可能的阅读框（双链 DNA 序列，每条链各 3 种情况。如图 4.3）。在 BLAST 算法中，一个 DNA 查询序列能够被翻译成蛋白质序列，整个 DNA 序列数据库也可能被翻译，或两者都发生。这三种算法最后都将执行蛋白质-蛋白质的比对。

③ BLASTX 程序将一个核酸的查询序列按所有可能的阅读框翻译成蛋白质序列，再与一个蛋白质序列数据库进行对比。如果你有一个 DNA 序列，想知道其编码的蛋白质（如果有编码的话），你就可以使用 BLASTX 程序。它会把 DNA 序列自动翻译成 6 种可能的蛋白质（如图 4.2 和图 4.3），然后逐一地与蛋白质数据库中的每个成员进行比较。

④ TBLASTN 程序将一个蛋白质查询序列与一个以所有可能的阅读框动态翻译成蛋白质的核酸序列数据库进行对比。你可以用这个程序来判断一个 DNA 数据库是否存在能编码与所感兴趣的查询蛋白质高度相似的蛋白质的序列。例如你可以查找一个特定物种的基因组测序计划产生的基因组 DNA 数据库中是否也存在编码 β 球蛋白的 DNA 序列的匹配。

⑤ TBLASTX 程序将一个核酸查询序列的 6 个翻译框与一个核酸序列数据库的每个序列的 6 个翻译框进行比较，因此计算十分密集。假设在某个情况下，你有一段 DNA 序列在数据库中没有明显的匹配，但你想要知道这个序列编码的蛋白质在表达序列标签数据库中是否存在远缘但统计显著的匹配结果，这时 BLASTX 程序可能比 BLASTN 更加灵敏，可能帮助发现你想要的结果。

UniGene 使用 BLASTX 对其数据库中每条核酸序列与来自基因组测序的物种中所有已知的蛋白质序列进行比较。E 值阈值（将在"BLAST 算法：局部配对搜索统计与 E 值"一节中提到）设为 10^{-6}。见网站 http://www. ncbi. nlm. nih. gov/ UniGene/ help. cgi?item= protest（见链接 4.4）。

我们在第 10 章中讨论表达序列标签（ESTs）。在比较完所有的阅读框后，TBLASTX 能帮助你识别 ESTs 中移码突变。

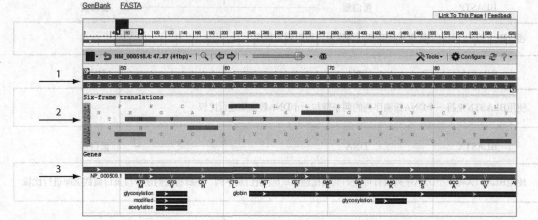

图 4.3　DNA 可以潜在编码 6 个不同的蛋白质。为了说明这点，我们可以查看 HBB 在 NCBI Nucleotide 网站中的条目，并选择 "graphics" 视图；图中显示了 DNA 序列的两条链（箭头 1）。这个缩放视图只展示了部分 HBB 序列。三种潜在的蛋白质可被上面的 DNA 单链编码（分别从阅读框＋1，＋2，＋3 位置开始翻译），其对应的灰色标记的氨基酸使用了单字母氨基酸缩写。在这个例子中，阅读框＋3 对应真实翻译的操作框（在箭头 2 位置）。注：阅读框＋1、＋2 和－3 中包含终止密码子。在图中下半部分，包含了对应蛋白质的氨基酸序列及其核苷酸序列（匹配阅读框＋3）；图中最下部深黑色标记的位点代表了一些可能是乙酰化或者糖基化的位点和一个球蛋白结构域

（图片来源：NCBI Nucleotide）

步骤 3：选择一个数据库

　　BLAST 网站上显示了所有可以用于比对的数据库。对于蛋白质数据库的搜索（BLASTP 和 BLASTX），默认的选择是非冗余（*nr*）数据库。该数据库整合了 GenBank、Protein Data Bank（PDB）、SwissProt、PIR 和 PRF（见第 2 章对于这些数据库的介绍）的蛋白质记录。另一个选择是只搜索 RefSeq 蛋白。表 4.1 总结了在 NCBI 中可供 BLAST 搜索的蛋白质数据库，并列举了每个蛋白质数据库中蛋白质序列的大致数量。

表 4.1　标准 BLAST 搜索可以使用的蛋白质序列数据库。其中 PDB 指蛋白质数据库。♯代表了数据库中大致的序列个数。从 BLAST，NCBI 网站（http://blast.ncbi.nlm.nih.gov/）得到

数据库	描述	♯序列数目
nr	所有 GenBank CDC 翻译产物＋ PDB ＋ SwissProt ＋ PIR ＋ PRF 数据库中去冗余序列,不包括从 WGS 项目得到的环境样本	6500 万
参考蛋白质	NCBI 蛋白质参考序列	5000 万
UniProtKB/SwissProt	去冗余的 UniProtKB/SwissProt 序列	45 万
获专利的蛋白质序列	GenBank 的专利部分的蛋白质序列	130 万
蛋白质数据库	PDB 蛋白质数据库	77000
宏基因组蛋白质	WGS 代谢组项目（env_nr）中的蛋白质	650 万
转录组	转录组鸟枪法装配（TSA）得到的序列	77 万

　　对于 DNA 数据库的搜索（BLASTN、TBLASTN、TBLASTX），默认数据库是核酸非冗余（*nr/nt*）数据库。这个数据库包括了 GenBank、EMBL、DDBJ、PDB、RefSeq 中的核苷酸序列。然而 *nr* 数据库没有包含 EST、序列标签位点（STS）、全基因组序列（WGS）、基因勘测序列（GSS）、转录组的鸟枪组装（TSA）、专利，或者高通量基因组测序（HTGS）数据库中的条目。其他常用的选项包括人类（或小鼠）基因组加转录组数据库或 EST 数据库。

　　nr 数据库来自于几个主要的蛋白质与 DNA 数据库的融合。这些数据库经常包含同样的序列，通常只有一个序列被 *nr* 数据库保留，但它会有多个索引编号对应（即使在 *nr* 数据库可能有两个序列看起来一

样，但它们也应该至少有某些细微的差别）。*nr* 数据库是搜索目前绝大多数序列首选的数据库。

表 4.2 提供了在 NCBI 上可被标准 BLAST 搜索的所有核苷酸数据库。

表 4.2 标准 BLAST 搜索可以使用的 DNA 序列数据库。♯代表了数据库中大致的序列个数。从 NCBI 网站 (http://blast. ncbi. nlm. nih. gov/) 得到

数据库	描述	序列数目
人类基因组 ＋ 转录本	人类 NCBI 注释和所有组装后的序列	55000
小鼠基因组 ＋ 转录本	小鼠 NCBI 注释和所有组装后的序列	N/A
nr/nt	所有 GenBank＋EMBL＋DDBJ＋PDB＋RefSeq 数据库中的序列（但不包括 EST、STS、GSS、WGS 和 TSA，或者 0、1、2 阶段的 HTGS 序列）	45 万
refseq-rna	NCBI 转录组标准（reference）序列	350 万
refseq-genomic	NCBI 基因组标准序列	270 万
NCBI 基因组	NCBI 染色体序列	28000
表达序列标签(EST)	GenBank＋EMBL＋DDBJ 数据库的 EST 部分	7500 万
基因组勘测序列(GSS)	基因组勘测序列，包括单次基因组数据、外显子捕捉序列和 Alu PCR 序列	3600 万
高通量基因组序列(HTGS)	未完成的高通量基因组序列数据；0、1、2 阶段的序列	153000
专利序列	GenBank 的专利部分的 DNA 序列	2100 万
蛋白质数据银行(PDB)	PDB DNA 数据库	8000
alu	人类 Alu 重复元件	325
序列标签位点(STS)	GenBank｜EMBL｜DDBJ 数据库的 STS 部分	130 万
Whole-genome shotgun(wgs)	全基因组鸟枪装配序列	11600 万
Transcriptome Shotgun Assembly(TSA)	转录组鸟枪法装配(TSA)得到的序列	1500 万
16S ribosomal RNA sequences(Bacteria and Archaea)	细菌和古细菌的 16S rRNA 序列	7500

步骤 4a: 选择搜索参数

我们首先从标准的蛋白质-蛋白质 BLAST 搜索入手。除了要决定输入哪个序列，以及哪个数据库之外，还有许多其他参数可以调整。

① *Query* （查询序列），除了不同的格式外（如索引编号、GI 编号或 FASTA 格式），你也可以选择一段氨基酸或核酸序列进行搜索。

② *Limit by Entrez Query* （用 *Entrez Query* 来限定搜索）。任何一个 NCBI 网站下 BLAST 搜索范围都可以用 Entrez 搜索所用的名词来进行限定。输入名词 "Perutz MF ［Author］"，然后用 β 球蛋白作为查询进行 BLASTP 搜索（图 4.1，箭头 3）。同没有用条目限定之前所得到的上百条匹配相比，添加限定条件之后得到的匹配结果数目都对应了诺贝尔奖得主 Max Perutz 的工作。同时，BLAST 搜索也可以用物种进行限定，常用的物种包括 Archaea （古细菌）、Metazoa （后生动物/多细胞动物）、Bacteria （细菌）、Vertebrata （脊椎动物）、Eukaryota （真核生物、哺乳动物、高等植物、啮齿动物、真菌、灵长类动物等）。BLAST 搜索也可以被限定到任何一个属、种，或其他的物种分类学类别。

我们以人胰岛素 （NP ＿ 000198.1）作为查询序列来展示选择不同参数对 BLASTP 结果的影响。这个查询是一个长度为 110 个氨基酸的蛋白质前体（如图 7.3 所示的正被处理的多肽片段）。我们把输出结果限定在果蝇（*Drosophila melanogaster*）的 RefSeq 蛋白 ［在 Organism （物种）搜索框输入物种名，或输入 txid：7227］。图 4.4 展示了 BLAST 网页所列举的各种选项。

③ *Max target sequence* （最多展示的目标序列数目）。默认值是 100，你也可以选择其他数字。

④ *Short queries* （短查询序列）。如果选择这个选项，期望值和字段长度就

如果你打算将你的 BLAST 搜索限制于某一特定的物种或一类物种，在"organism"栏目中输入物种名字的一部分或全部，然后在下拉框中找到具体的物种。也可以直接输入特定的分类学 ID。可以在 NCBI 主页面上端的条栏中点击分类学浏览（http://www. ncbi. nlm. nih. gov/Taxonomy/taxonomyhome. html/）。从页面的列表中查找被研究过的物种，你可以通过查找的方式找到所有物种的分类学 ID （txid）。例如 txid10090 代表老鼠、txid9606 代表人类、txid33090 代表 Viridiplantea （植物界）。

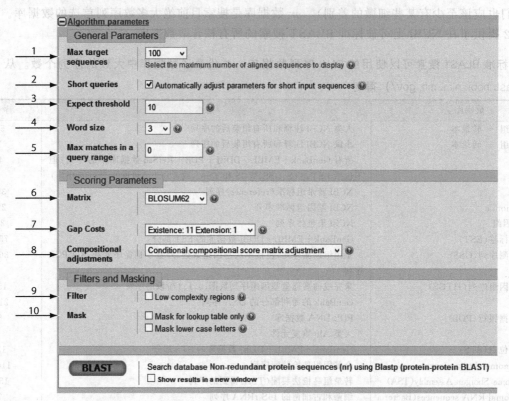

图 4.4 BLASTP 搜索可用的参数。箭头编号对应正文中的编号

（图片来源：BLASTP，NCBI）

> 期望值的英文为 expect value，有时候也写成 expectation value。我们将在接下来的章节中用具体的例子来解析 E 值。注：正如下文所讨论的，当期望值 E 远高于 0.05 时，表示生物学相关性或同源匹配。

会被自动调整。

⑤ *Expected threshold*（期望值阈值）。期望值 E 是在一个数据库搜索中大于等于比对分数 S 的偶然发生的不同比对的个数。考察图 4.5（a）中的最佳匹配（人胰岛素和果蝇胰岛素类似蛋白肽链 3 的匹配），比对的分数为 31.6 比特，期望值 E 为 0.05。这表明，在使用特定搜索参数的情况下（包括数据库大小和所选的打分矩阵），随机得到一个大于等于 31.6 比特的比对分数仅会在 20 次中出现一次。一般情况下，数据库搜索的 E 值<0.05 被认为统计上显著。

BLASTN、BLASTP、BLASTX 和 TBLASTN 的默认期望值（E 值）为 10。在这个 E 值下，随机情况下期望看到 10 个其分数大于等于比对分数 S 的匹配结果（这里假定了你在搜索数据库时使用了一个和你真实查询有相似长度的随机查询序列）。当期望值选项改变为一个较小的数字（如 0.01），你会得到比原来少的匹配结果，但同时偶然匹配也比较少。提高 E 值将会返回更多的结果。考虑到是一个非常短的蛋白质/核苷酸查询序列（如 10 个氨基酸），此次查询不会得到一个大的分数，而且由于分数和期望值是反相关的（见公式 4.5），所以 E 值不可能小。确实，E 值为 50、100 也可能对应一个有生物学意义的数据库匹配。当你在 BLASTP 中选择 "Short query" 这一选项时，E 值可能要被设为 200000（在 BLASTN 中 E=1000）。我们会在 BLAST 搜索统计值的讨论中描述更多关于 E 值的细节（见本章中下面 "BLAST 算法：局部比对搜索统计值和 E 值" 部分），包括对于用不同 E 值进行搜索的比较。

⑥ *Word size*（单词长度）。对于蛋白质检索，单词长度可选 3（默认）或 2。当一个查询序列被用于搜索数据库时，BLAST 算法会首先将该查询序列分割成一系列特定长度（单词长度）的短序列（单词）。对于 BLASTP 而言，一个大的单词长度将会得到更精确的搜索结果。

给定一个单词长度后，完美匹配的单词会被延伸以得到 BLAST 输出结果。实际操作中，单词长度可被保持为 3，但如果你的查询序列很短（如短氨基酸片段），那么单词长度应改为 2。把单词长度从 3 改为 2 对人类胰岛素与其线虫同源蛋白的比对（或分数）没有影响。

(a) 默认：条件组成打分矩阵调整

Insulin-like peptide 3 [Drosophila melanogaster]
Sequence ID: ref|NP_648360.2| Length: 120 Number of Matches: 1

Range 1: 32 to 114 GenPept Graphics

Score	Expect	Method	Identities	Positives	Gaps
31.6 bits(70)	0.050	Compositional matrix adjust.	21/88(24%)	40/88(45%)	12/88(13%)

```
Query  29  HLCGSHLVEALYLVCGERGFFYTPKTRREAEDLQVGQVELGGGPGAGSLQPLALEGSLQ-  87
               LCG L EL  +C  + +   T+R ++   Q++ G      L+L + S+Q
Sbjct  32  KLCGRKLPETLSKLCV---YGFNAMTKRTLDPVNFNQID--GFEDRSLLERLLSDSSVQ   86

Query  88  ------KRGIVEQCCTSICSLYQLENYC  109
                 + G+ ++CC   C++ ++  YC
Sbjct  87  LKTRRLRDGVFDECCLKSCTMDEVLRYC  114
```

(b) 不进行组成调整（默认筛选掉低复杂度的区段）

Insulin-like peptide 3 [Drosophila melanogaster]
Sequence ID: ref|NP_648360.2| Length: 120 Number of Matches: 1

Range 1: 33 to 114 GenPept Graphics

Score	Expect	Identities	Positives	Gaps
33.5 bits(75)	0.009	21/87(24%)	40/87(45%)	12/87(13%)

```
Query  30  LCGSHLVEALYLVCGERGFFYTPKTRREAEDLQVGQVELGGGPGAGSLQPLALEGSLQ--  87
           LCG L EL  +C  + +   T+R ++   Q++ G      L+L + S+Q
Sbjct  33  LCGRKLPETLSKLCV---YGFNAMTKRTLDPVNFNQID--GFEDRSLLERLLSDSSVQML  87

Query  88  -----KRGIVEQCCTSICSLYQLENYC  109
               + G+ ++CC   C++ ++  YC
Sbjct  88  KTRRLRDGVFDECCLKSCTMDEVLRYC  114
```

(c) 基于组成的统计学分析

Insulin-like peptide 3 [Drosophila melanogaster]
Sequence ID: ref|NP_648360.2| Length: 120 Number of Matches: 1

Range 1: 33 to 114 GenPept Graphics

Score	Expect	Method	Identities	Positives	Gaps
30.4 bits(67)	1e-04	Composition-based stats.	21/87(24%)	40/87(45%)	12/87(13%)

```
Query  30  LCGSHLVEALYLVCGERGFFYTPKTRREAEDLQVGQVELGGGPGAGSLQPLALEGSLQ--  87
           LCG L EL  +C  + +   T+R ++   Q++ G      L+L + S+Q
Sbjct  33  LCGRKLPETLSKLCV---YGFNAMTKRTLDPVNFNQID--GFEDRSLLERLLSDSSVQML  87

Query  88  -----KRGIVEQCCTSICSLYQLENYC  109
               + G+ ++CC   C++ ++  YC
Sbjct  88  KTRRLRDGVFDECCLKSCTMDEVLRYC  114
```

图 4.5 图中所示的 BLASTP 搜索双序列比对展示了选择不同成分矩阵和筛选选项时的效应。此处，人类胰岛素（NP_000198.1）被用作 BLASTP 的查询序列，搜索被限定在果蝇的 RefSeq 蛋白。(a) 默认设置发现一个匹配的果蝇胰岛素蛋白，其分数为 31.6 比特，E 值为 0.05。(b) 和 (c) 分别展示了没有成分的调整及有成分调整的结果。三个搜索的期望值都用红框标出

对于核苷酸搜索而言，单词长度的默认值为 11，但也可以增加（单词长度 15）或减少（单词长度 7）。

对于核苷酸搜索而言，减少单词长度会得到更多的结果，但搜索会变慢。在 NCBI 的两个替代程序——MegaBLAST 以及不连续的 MegaBLAST 算法（见第 5 章），单词长度被增加了。对于 MegaBLAST，单词长度的默认值为 28，且可被设定为高达 256。非常长的单词长度一般不会得到很多的匹配，所以会提高搜索的速度。这对数据库中找到非常长的查询序列（如成千上万个核苷酸）的近似精确匹配结果非常有用。

⑦ *Max matches in a query range*（查询区域内的最大匹配数）。有时在一个感兴趣区域内的匹配会被蛋白质中其他区域出现的频繁匹配所掩盖。这个选项允许我们抛弃数据库中的冗余匹配。

⑧ *Matrix*（矩阵）。对于 BLASTP 蛋白-蛋白搜索，有 8 个氨基酸替换矩阵可供选择：PAM30、PAM70、PAM250、BLOSUM45、BLOSUM50、BLOSUM62（默认）、BLOSUM80 和 BLOSUM90。其他备选的 BLAST 服务器（在第 5 章中关于高级 BLAST 搜索的内容中有所讨论）提供了许多其他的替换矩阵。

> MegaBLAST（第 5 章）使用了非仿射的空位罚分机制，即对存在的空位不降低分值。我们将在第 6 章多重序列比对中进一步探讨空位的问题。

有时，我们也建议用多种不同的矩阵来尝试进行 BLAST 搜索。例如，在第 3 章所述的 PAM40 和 PAM250（图 3.16）有完全不同的性质，适用于不同相似度的序列。对于很短的查询（如 15 个或更少的氨基酸残基），建议使用 PAM30 矩阵（在 NCBI BLASTP 网站上会被自动选择）。

对于 BLASTN，默认的打分系统为匹配＋2 分、错配−3 分。还有很多其他的打分系统，如 Megablast 方法的默认值为匹配值＋1、错配值−1（第 5 章）。对于每种打分系统，BLAST 程序家族都提供了

适当的空位打开和延伸罚分。

⑨ *Gap costs*（空位成本）。空位是一次比对中，为弥补一个序列相对于另一个的插入或缺失所引入的空格（第 3 章）。由于单个突变事件可以导致多于一个残基的插入或缺失，因此空位的出现本身比空位的长度带来的影响更大。所以，空位的引入会被给予很高的罚分，而对于空位的后续位置则给予一个较小的罚分。为了防止一次比对中出现太多的空位，引入一个空位会导致比对分数被减去一个固定的常数（空位分数）。在比对打分时，也会给空位的延续给予罚分。

以从恶性疟原虫得到的非常亲水的、富含半胱氨酸的蛋白质或 AT 富集的序列为例（见网络文档 4.1、4.2 或 4.3，http://www.bioinfbook.org/chapter4）。我们在第 19 章中讨论恶性疟原虫，其每年能导致百万人死亡。

空位分数一般是空位打开罚分（Gap opening penalty，G）和空位延伸罚分（Gap extension penalty，L）的加和。对于一个长度为 n 的空位，那么空位罚分为 $G+Ln$。一般地，空位成本被设定为：G 为 10～15，L 为 1～2。这叫做仿射空位罚分，其中引入一个空位的罚分要远大于延伸一个空位的罚分。

⑩ *Compositional adjustment*（组成校正）。这个选项的默认值为"条件组成矩阵校正"，用于改善 E 值统计量的计算（见本章"BLAST 算法：局部比对搜索的统计学和 E 值"部分）。一些蛋白质（无论是查询序列或是数据库匹配）存在不标准的组成，例如疏水或半胱氨酸富集的区域。对于一些物种，在整个基因组上有比例很高的鸟嘌呤-胞嘧啶（GC）或腺嘌呤-胸腺嘧啶（AT）组成。如疟原虫 *Plasmodium falciparum* 的基因组有 80.6% 是 AT，且蛋白质也偏向于在 AT 富集密码子表达。一个标准矩阵（如 BLOSUM62）是不适用于两个存在不标准组成的蛋白质之间的比对，其目标频率 q_{ij} 需要在使用新的背景频率 $p_i p_j$ 的情况下进行校正（Yu 等，2003；Yu 和 Altschul，2005）。在 BLASTP 搜索中，一个默认的选项是使用基于序列组成的统计方法。针对每个数据库序列产生一个些微区别的打分系统，其中所有的分数均由分析、确定的常数进行缩放（Schäffer 等，2001）。这个选项可广泛应用于任何的蛋白质 BLAST 搜索，包括使用位置特异性打分矩阵的 PSI-BLAST 和 DELTA-BLAST 搜索（见第 5 章）。

组成校正普遍大幅提高了 BLAST 搜索的准确性（Schäffer 等，2001；Altschul 等，2005）。我们可以用受试者工作特征（ROC）曲线量化其改进的效果，通过将真阳性（利用独立的标准，如专家人工检查）与假阳性的数量进行作图（Gribskov 和 Robinson，1996）。为了使用基于组成的统计量，在 BLASTP 搜索使用一个条件组成打分矩阵进行校正。这样的操作在特定的情况下（如两段序列长度相差极大）可以减少假阳性结果的数量。在那样的情况下，长的序列相较于短的序列的组成会存在显著差异。

例如我们将人类胰岛素序列与果蝇基因组比对，如果没有进行成分调整，期望值 E 会从 0.05 降到 0.009 ［图 4.5(b)］。引入基于组成统计量后，期望值 E 提高了 500 倍且达到了 1×10^{-4} ［图 4.5(c)］。改善效果的量级取决于你选择的具体查询序列的组成情况，对于一些搜索，尝试多种组成校正会非常有帮助。注意图 4.5(b) 和图 4.5(c) 中所示改变的设置对于比对区域的长度或空位的影响很微小。

我们在第 8 章中探索重复 DNA 序列。网络文档 4.4（http://www.bioinfbook.org/chapter4）提供了超过十几个好例子，用以描述重复 DNA 和蛋白质序列

⑪ *Filters*（筛选）。筛选可以遮盖查询序列中的低复杂度（或组成高度偏差）的部分（Wootton 和 Federhen，1996）。低复杂度序列被定义为含有常见的无信息量的蛋白质或核苷酸序列重复，例如核苷酸重复（CACACACA…）、Alu 序列或一段富集一或两种氨基酸组成的蛋白质片段。疏水氨基酸的重复会形成一个常见的跨膜结构域，在搜索中这样的序列会得到大量统计学上显著但生物学上无关的数据库匹配结果。通过筛选遮盖的其他模体包括一些富酸、富碱或富集脯氨酸的区域。

BLASTP 和 BLASTN 搜索提供了若干种主要的选项。值得一提的是，筛选是针对查询序列，而非整个数据库。其中一种是筛选掉低复杂度区域。对于蛋白质查询序列，常用 SEG 程序进行筛选。对于核酸查询序列，常用 DUST 程序进行筛选。还有一种方法是筛选重复片段（仅适用于 BLASTN 搜索）。这可以有效避免在数据库中对含有 Alu 重复片段或其他 DNA 重复片段的查询序列进行搜索时得到假的数据库匹配。

⑫ *Masking*（遮盖）。"mask for lookup table only"选项会对超过阈值的与数据库匹配的单词进行遮盖。这样能够避免匹配到低复杂度序列或重复的片段。BLAST 也会再进行一次不遮盖处理的扩展搜索

（即使匹配包括低复杂度的片段也能够继续延长）。"mask lower case letters" 选项允许你在大写字母组成的 FASTA 格式的查询序列中，通过输入小写字母对你选择的需要筛选掉的残基进行遮盖。在人类胰岛素序列与果蝇基因组比对的例子中，这些选项的效果甚微。而对于另一些序列（例如有跨膜片段的序列能够在数据库中找到上千条潜在的匹配结果），这些选项对结果的影响是非常大的。

步骤 4b：选择格式参数

BLAST 搜索有许多调整输出格式的选项（Boratyn 等，2013）。以将人类 β 球蛋白（NP＿000509.1）作为查询序列进行蛋白质-蛋白质 BLASTP 搜索为例，将目标数据库限制为小鼠（*Mus musculus*）的 RefSeq 蛋白质序列。搜索的结果会以几个主要部分输出（图 4.6）。结果最上方是 BLAST 搜索的种类、对查询序列和数据库的介绍以及一个按物种排列的结果输出链接。点击 "Search Summary" 按钮后，就可以看到搜索的细节，诸如单词长度、期望值阈值、打分矩阵以及基于组成的统计量（图 4.7）。

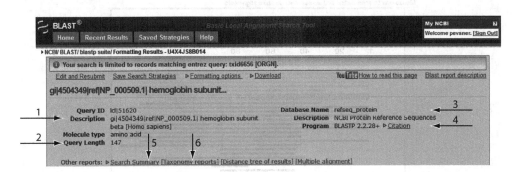

图 4.6　BLAST 输出结果的上半部分展示查询序列信息（箭头 1）、查询序列的长度（箭头 2）、使用的数据库（箭头 3）、使用的 BLAST 程序（本次使用了 BLASTP 2.2.28，箭头 4）。在底部的链接包括了搜索的总结（箭头 5），结果的分类学报告（箭头 6）

（图片来源：BLAST，NCBI）

搜索参数	
程序	blastp
单词大小	3
期望值	10 ← 1
匹配集大小	100
空位成本	11, 1
矩阵	BLOSUM62 ← 2
字符串过滤	F
遗传密码	1
窗口大小	40
阈值	11 ← 3
组成统计	2

数据库	
发布日期	Jun 12, 2013 10:46 AM
字母数	6910040539 ← 4
序列数	19996853
查询序列检索号	txid10090 [ORGN]

Karlin-Altschul 统计值		
λ	0.320339	0.267
K	0.136843	0.041
H	0.422367	0.14
α	0.7916	1.9
α_V	4.96466	42.6028
δ		43.6362

图 4.7　BLAST 搜索总结。在顶部位置显示了搜索使用的参数，例如使用了哪种搜索程序、期望值（箭头 1）、打分矩阵（箭头 2）、设置的阈值（箭头 3），是否使用了筛选条件。中间部分显示了使用的数据库信息，在这个例子中包括了 69 亿个氨基酸残基（箭头 4），且输出物种被限制为 txid10090（小鼠）。底部显示了 Karlin-Altschul 统计量，包括 lambda、K 和 H

（图片来源：BLAST，NCBI）

通常 BLAST 输出的中间部分会提供关于结果的图示总结（图 4.8）。其包括保守区域以及基于颜色编码的总结、沿 x 轴表示查询序列的长度。下方的每一个条表示与查询序列匹配的一个数据库蛋白质（或核苷酸）序列。每一个条与查询序列线性图的相对位置使得用户可以查看数据库匹配序列比对上查询序列上单个或者多个区域的程度。最相似的匹配标示为最顶层的红色。空白区域（如果有）对应于在同一个数据库条目中找到的两个或多个不同的相似区域内的非相似序列。

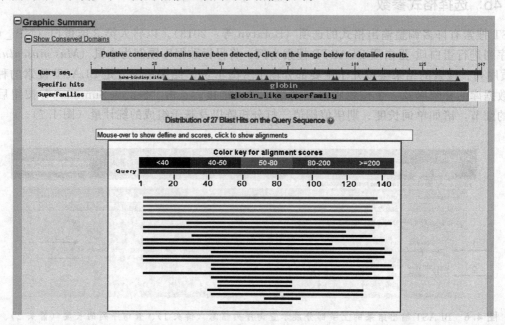

图 4.8　BLAST 搜索结果的图像总结。其中显示了保守的结构区段（图中显示了与球蛋白家族的匹配），颜色标记的匹配区段。在图中，x 轴代表了查询序列的长度（β 球蛋白的 147 个氨基酸残基），各个数据库的匹配区段被标记成了不同的颜色（例如五个得分在 50～80 的匹配被标记成了绿色），还有查询序列匹配的长度（图中五个被标记成绿色的数据库匹配中的一个与查询序列全长相匹配）。这个图像对于总结各个数据库匹配结果十分有用（参见彩色插图）

（图片来源：BLAST，NCBI）

图 4.9 中表格详细描述了比对结果。表中的结果根据期望值 E 升序排序，因而最显著的比对结果（E 值最小）排在最上面。这个表格的每一栏对应着描述（名字与物种）、比对分数、期望值 E、一致性百分比和索引编号。用户可以通过勾选每一行最左边方框来选择几个序列从而进行更深入的研究，如距离树或多重比对。图 4.10 中的例子是人类 β 球蛋白在节肢动物（昆虫）的 RefSeq 蛋白质数据库进行比对的结果，我们将最上面的 8 个片段勾选上并进行多重比对。页面同时显示了各种链接（如链接到 Map Viewer、Gene 和 UniGene）以及多重比对结果，用户也可以构建一棵树（图中没有展示）。

Sequences producing significant alignments:

Select: All None Selected:2

⇅ Alignments 📥 Download ⌄ GenPept Graphics Distance tree of results Multiple alignment ⚙

Description	Max score	Total score	Query cover	E value	Max ident	Accession
☑ PREDICTED: cytoglobin-2-like isoform 1 [Bombus terrestris] >ref|XP_003396833.1| PREDIC	59.7	59.7	91%	1e-10	29%	XP_003396832.1
☑ PREDICTED: cytoglobin-2-like isoform 1 [Bombus impatiens] >ref|XP_003494220.1| PREDI	58.5	58.5	97%	3e-10	28%	XP_003494219.1
☐ PREDICTED: globin-like [Megachile rotundata]	57.8	57.8	89%	6e-10	29%	XP_003707185.1
☐ PREDICTED: globin-like [Apis florea]	53.9	53.9	89%	1e-08	30%	XP_003690810.1
☐ globin 1 [Apis mellifera]	52.8	52.8	89%	4e-08	30%	NP_001071291.1
☐ PREDICTED: cytoglobin-2-like isoform 1 [Bombus terrestris] >ref|XP_003396831.1| PREDIC	45.1	45.1	89%	2e-05	26%	XP_003396830.1
☐ PREDICTED: neuroglobin-like, partial [Acyrthosiphon pisum]	42.4	42.4	80%	2e-04	23%	XP_001946608.2
☐ globin, putative [Ixodes scapularis]	42.7	42.7	90%	2e-04	25%	XP_002414906.1

图 4.9　一个典型的 BLASTP 输出显示了一系列的数据库中与查询序列相匹配的序列。提供数据库条目（例如 NCBI Protein 条目）与查询序列进行双序列比对结果的链接。每一个匹配的比特分数和期望值 E 都显示在右方，列表顶部显示的匹配结果具有最高的比特分数和最低的期望值

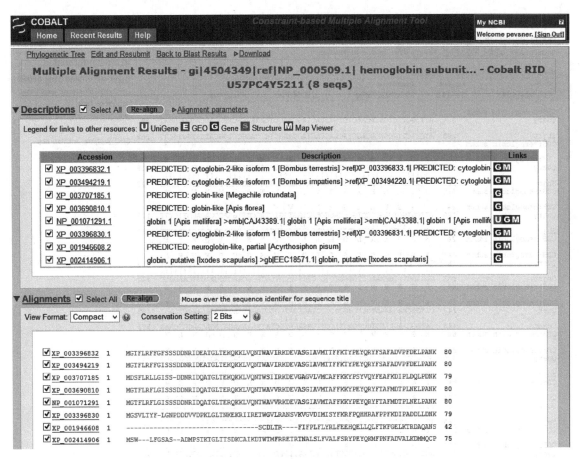

图 4.10　BLASTP 搜索（或其他 BLAST 家族搜索）结果底部含有一系列的双序列比对匹配结果（如图 4.5）。使用重设格式的选项，结果可以以多重序列比对的方式显示出来，如图中就是以一组球蛋白比对的方式输出。也可以选择其他输出格式，让用户能够直观地看到在一个蛋白质家族中的相似区域和趋异区域

（图片来源：BLASTP，NCBI）

BLAST 搜索输出结果的下部由一系列的双序列比对组成，如图 4.5 中所示。这里可以检查查询序列（输入序列）与匹配序列（查询序列比对上的数据库匹配序列）的双序列比对的情况。提供 4 种评分分数：比特分数、期望分数、一致性百分比和阳性（相似性百分比）。

BLAST 输出结果可以在不重新执行完整的 BLAST 搜索的情况下而重新设定格式以提供一系列不同的输出选项。而且对相似序列的数量和对应的描述的数量也可以进行修改。有许多选项可以将比对上序列进行可视化（包括多重序列比对）。可视化展示对于判断特定的氨基酸残基在某一 DNA 或蛋白质家族中是否是保守的尤其有用。对于核苷酸序列搜索（如 BLASTN），通过选择 CDS（编码序列）不但可以显示双序列比对的特征，还可以显示相应的蛋白质位置（如果有相应的信息）。例如，在人类 β 球蛋白（NM_000518.4）与人类 RefSeq 核苷酸序列数据库的搜索结果中包括人类 β 球蛋白与 ε-1-球蛋白（NM_005330.3）的比对结果，结果也包括相应的蛋白质信息（图 4.11）。

从 BLAST 的主页面（http://blast.ncbi.nlm.nih.gov/，链接 4.1）点击 "Help" 键，然后进入页面 "Download BLAST Software and Databases."关于 BLAST＋ 的 NCBI 在线书籍可访问 http://www.ncbi.nlm.nih.gov/books/NBK1762/（链接 4.6）。

客户端 BLAST

NCBI 网站上的网页版 BLAST 是最为常用的。除此之外，你也可以下载 BLAST＋，一个可在本地通

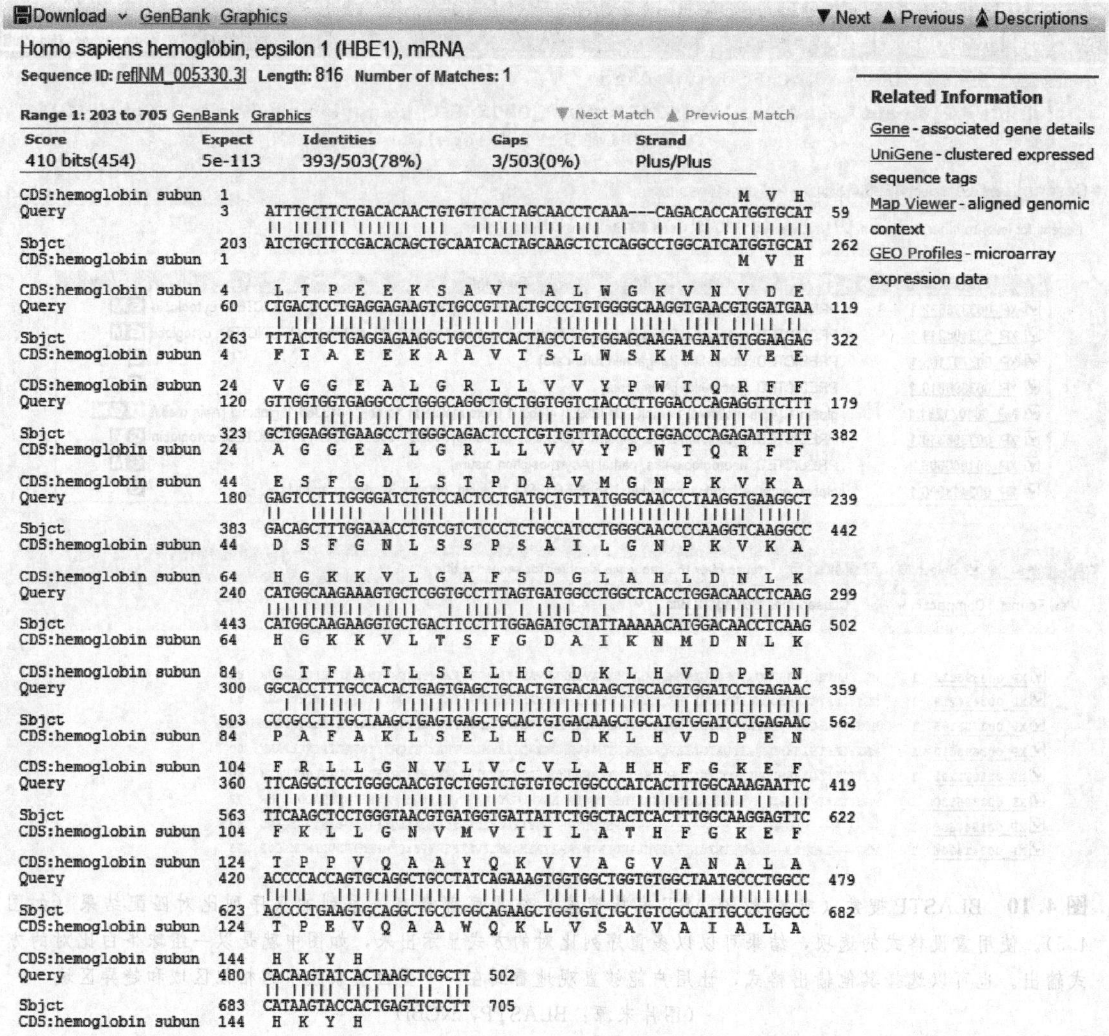

图 4.11　对于 BLASTN 搜索，使用重新格式化页面上的编码序列（CDS）选项能显示出与查询条目的编码区域的氨基酸序列相匹配的目标区段（即数据库中匹配的区段）。在这里，人类 β 球蛋白的 DNA 序列（NM_000518）是查询序列，图中显示与其最接近的 ε-1 球蛋白序列。图中展示了对应的蛋白质序列，紫色表示错配

（图片来源：BLASTN，NCBI）

过命令端执行的 BLAST 服务（Camacho 等，2009）。你可以使用 BLAST＋进行自定义数据库搜索、进行大批量检索（即使用大量的检索条目）、使用自定义脚本执行复杂的检索策略或使用你自己的计算机集群来提高检索性能。

你可以使用 FTP 站点下载 BLAST 数据库（从网站 http://www. ncbi. nlm. nih. gov/ guide/data-software/或者 ftp：//ftp. ncbi. nlm. nih. gov/blast/db/）。这些数据库已经被编辑为适合 BLAST 搜索的格式。

　　下载 BLAST＋的指南在 NCBI 网站的 BLAST 页面中和 NCBI 的帮助页面都有链接。你可以安装各种文件和目录，其中包括一个 bin 文件夹，含有大量的可执行程序。将这些可执行程序（被称为 blastp 和 blastn）拷贝到你的主目录 bin 文件夹下（例如从 BLAST 目录输入 $ cp * ～/bin。其中 $ 是 UNIX 或 Mac 终端命令提示符，cp 是拷贝命令，* 指的是当前目录下所有的文件都会被拷贝）。这将允许你在任何位置执行这些被拷贝的程序。

　　我们以人类 β 球蛋白为例搜索蛋白质数据库来示范如何在 Linux 环境下（其与 Mac 环境非常接近）使用 BLAST＋。我们有三个任务：①获取蛋白质数据

库，②得到蛋白查询条目，③执行搜索。

①　选择 RefSeq 蛋白质数据库。一个方法是进入 NCBI 主页（或 BLAST 页面）的下载部分，找到 RefSeq 蛋白质数据库的链接。你可以利用命令例如wget来下载数据库。除此之外，另一个更为推荐的方法是使用 Perl 脚本（名为update_blastdb.pl，其包含在 BLAST＋安装包内）来下载数据库。创建一个新的目录（称之为 database），然后进入该文件夹执行下载命令。注意其中♯代表的是添加的命令行中的注释：

```
$ mkdir database # this creates a new directory
$ cd database/ # we navigate into that directory
# Enter the following, without arguments, to see a help document.
$ update_blastdb.pl
# Next get a list of all available databases
$ update_blastdb.pl --showall
$ update_blastdb.pl --showall | less
```

因为直接输入—showall参数，会在电脑屏幕中输出太多行而在普通电脑上不方便查看，所以我们使用管道符（｜）将—showall的结果发送到less命令中。这让我们一次只查看一页输出结果。想要知道更多关于less或者其他命令行的功能，输入 $ man less 来参考其操作指南。showall命令的输出结果中有我们想使用的refseq_protein数据库和一些其他的数据库。

```
$ update_blastdb.pl refseq_protein
```

输入上面的一行命令行后，我们请求的数据库将会以一系列以tar. gz为后缀的约 600GB 大小的文件形式下载，这意味着它们是压缩文档。我们使用tar命令来解压下载的文件（其中-x是指从压缩的文件中提取文件，-v 是指详细显示输出内容，-z是指用gzip筛选压缩文档，-f用于指定压缩文件）到当前目录下。

> 下载的数据库包含 md5 检验码，可以用来验证下载的数据库的完整性。

```
$ tar -zxvf refseq_protein.00.tar.gz
```

解压后的数据库有一系列的扩展文件。我们仅简单地使用-db refseq_protein参数。

②　我们使用人类 β 球 RefSeq 蛋白（NP_000509）作为查询序列。获得查询序列的一种方法是在 NCBI 的网站（或者类似的网站）中找到蛋白质序列，然后复制、粘贴到一个文本编辑器中（例如，在 Linux 使用vim或者nano指令）。我们在此使用 EDirect 来实现这个功能（参见第 2 章）。我们将蛋白质序列以 FASTA 格式输出到一个名为hbb. txt的文件。

```
$ esearch -db protein -query "NP_000509" | efetch -format fasta > hbb.
txt
$ cat hbb.txt # cat is the concatenate utility that we use to print the
# file
>gi|4504349|ref|NP_000509.1| hemoglobin subunit beta [Homo sapiens]
MVHLTPEEKSAVTALWGKVNVDEVGGEALGRLLVVYPWTQRFFESFGDLSTPDAVMGNPKVKAHGKKVLG
AFSDGLAHLDNLKGTFATLSELHCDKLHVDPENFRLLGNVLVCVLAHHFGKEFTPPVQAAYQKVVAGVAN
ALAHKYH
```

③　现在我们开始执行搜索。首先使用-h参数来查看帮助文档。

```
$ blastp --h # Get help
$ blastp -query hbb.txt -db ./database/refseq_protein -out mysearch1
# Note that we use ./ to specify the directory location of the
# executable which is within the executable directory
```

当搜索完成后，我们可以使用下面命令行来查看结果：

```
$ less mysearch1
```

这个输出结果与网页端的 BLASTP 搜索相似（包含一系列与查询序列显著相似的序列，以及比特分数、期望值 E 和双序列比对的结果)。

此时，重新使用 blastp --h 来探索许多可用的命令行选项。例如，这个数据库当前有 27715879 个序列和总计 9753871274 个字节。在之前搜索结果中，最佳匹配项是其本身，对应的比特分数是 301 比特，以及期望值 E 是 2×10^{-102}。你可以调整很多搜索参数，例如期望值 E 阈值、字符长度、空位开放和延伸罚分以及打分矩阵。你也可以调整输出格式（包括输出成 HTML）。将数据库大小变成默认数据库大小的千分之一。

```
$ blastp -query hbb.txt -db ./database/refseq_protein -dbsize 9750000 -out
mysearch2
```

如果数据库是原来的千分之一，输出结果会是怎么样的呢？因为搜索结果出现在一个包含更少可能匹配的库中，任何搜索结果将会变得更加具有显著性。事实上最高匹配项的期望值 E 为 2×10^{-105}，比我们的第一次搜索结果小了 1000 倍。这从数学上可以用公式（4.5）来解释：我们将等式右侧除以 1000，从而解释了为什么等式左侧的期望值 E 相应减小。

4.3 BLAST 算法使用局部比对搜索的策略

BLAST 搜索可以找到一个数据库中与输入的查询序列相匹配的项。全局相似性算法可以得到两个序列比对的整体最优结果。这些算法，如 GAP 程序，最适用于寻找那种包含大段的低相似性序列的匹配。相反地，BLAST 这样的局部相似性算法可以找到相对短的比对结果。局部比对的方法对于数据库搜索非常有用，因为很多查询序列具有一些结构域、活性位点或其他模体这样一些和其他蛋白具有局部区域而不是全局相似性的部分。数据库中通常拥有一些能与查询序列局部匹配的 DNA 和蛋白质序列片段。

BLAST 算法组成部分：列表、扫描、延伸

BLAST 搜索算法在一个查询序列与一个数据库序列之间找到匹配关系，然后双向延伸匹配区段（Altschul 等，1990，1997）。搜索结果既包括数据库中高度相关的序列也包括了边缘性相关的区域，并用一个打分图来描述查询序列与每个数据库匹配之间的相关程度。BLASTP 算法可以描述为以下 3 个阶段（Camacho 等，2009；图 4.12）：

① 蛋白质搜索中，BLAST 编译一个初步的两两比对序列，称为字段对。

② 算法在整个数据库中扫描达到某个阈值分数 T 的字段对。若扫描出结果，则使用有空位和无空位比对方法延伸匹配区段。BLAST 延伸这些字段对来寻找分数超过阈值 S 的结果，此时，将这些结果都输出给用户。这里分数是通过打分矩阵（如 BLOSUM62）并考虑空位罚分而计算出来的。

③ 回溯的结果会展示出插入或者缺失位点，以及不匹配的区段。

在 Steven Altschul、David Lipman 及其同事们发表的关于 BLAST 的文章中，阈值参数用 T 表示（Altschul 等，1990，1997）。在用命令行运行的 BLAST＋程序中，阈值参数可以通过 -threshold 选项来控制。你可以在网页端 BLAST 搜索结果中看到阈值的大小（图 4.7，箭头 3）。

在第 1 阶段中，BLASTP 算法编译了一个由查询序列生成的固定长度为 w 的字段列表。使用比对序列的分数建立一个阈值 T。那些分数大于等于阈值的片段将被视为匹配项；那些低于阈值的片段就不再进一步处理。蛋白质搜索中，字段大小默认值通常为 3，由于氨基酸共有 20 种，可能的字段共有 $20^3=8000$ 个。如上文所述（参见选项 3），BLAST 使用者可以自行修改"字段大小"参数。可以通过降低分数阈值 T 来找到更多的初始双序列比对。这样将会增加 BLAST 查询所需的时间，也可能提高了查询的灵敏度。

对 BLASTN 来说，第 1 阶段有少许不同。阈值分数不与字段共同使用。反之，该算法要求字段精确匹配。默认字段大小为 11（使用者可自行调整为 7 或 15）。降低字段长度将有效实现降低阈值分数的目的。指定一个更小的字段将导致更慢但更精确的搜索。

在第 2 阶段中，将达到阈值 T 的片段对构成的列表编译完后，BLAST 算法将对整个数据库进行扫描来找到匹配。这要求 BLAST 扫描数据库的索引来找到

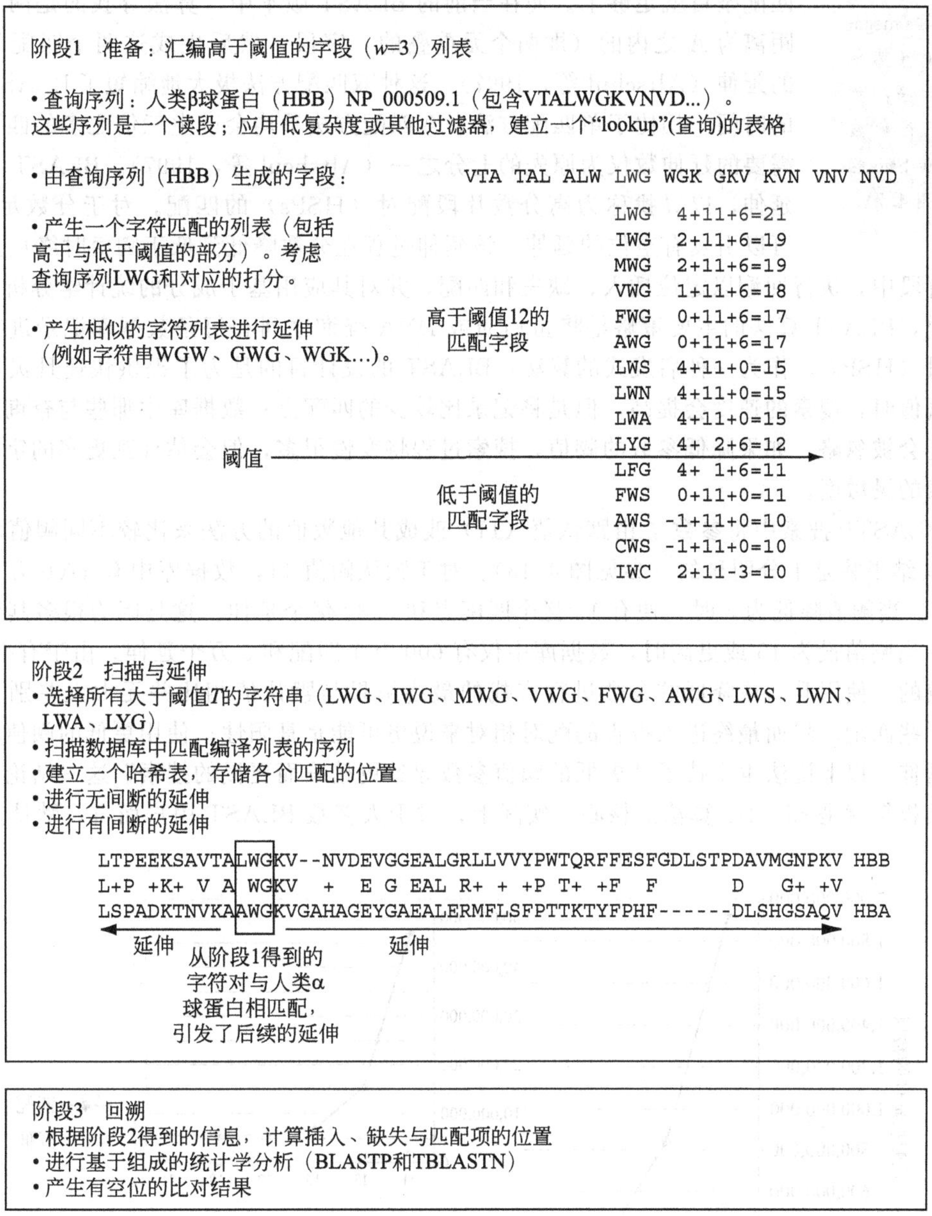

阶段1 准备：汇编高于阈值的字段（*w*=3）列表

- 查询序列：人类β球蛋白（HBB）NP_000509.1（包含VTALWGKVNVD...）。
这些序列是一个读段；应用低复杂度或其他过滤器，建立一个"lookup"(查询)的表格

- 由查询序列（HBB）生成的字段：   VTA TAL ALW LWG WGK GKV KVN VNV NVD

- 产生一个字符匹配的列表（包括
高于与低于阈值的部分）。考虑
查询序列LWG和对应的打分。

- 产生相似的字符列表进行延伸
（例如字符串WGW、GWG、WGK...）。

	LWG 4+11+6=21
	IWG 2+11+6=19
	MWG 2+11+6=19
	VWG 1+11+6=18
高于阈值12的	FWG 0+11+6=17
匹配字段	AWG 0+11+6=17
	LWS 4+11+0=15
	LWN 4+11+0=15
	LWA 4+11+0=15
	LYG 4+ 2+6=12

阈值 ————

	LFG 4+ 1+6=11
低于阈值的	FWS 0+11+0=11
匹配字段	AWS -1+11+0=10
	CWS -1+11+0=10
	IWC 2+11-3=10

阶段2 扫描与延伸
- 选择所有大于阈值*T*的字符串（LWG、IWG、MWG、VWG、FWG、AWG、LWS、LWN、LWA、LYG）
- 扫描数据库中匹配编译列表的序列
- 建立一个哈希表，存储各个匹配的位置
- 进行无间断的延伸
- 进行有间断的延伸

```
LTPEEKSAVTALWGKV--NVDEVGGEALGRLLVVYPWTQRFFESFGDLSTPDAVMGNPKV HBB
L+P +K+ V A WGKV + E GEAL R+ + +P T+ +F F    D  G+ +V
LSPADKTNVKAAWGKVGAHAGEYGAEALERMFLSFPTTKTYFPHF------DLSHGSAQV HBA
```
←延伸   延伸→

从阶段1得到的
字符对与人类α
球蛋白相匹配，
引发了后续的延伸

阶段3 回溯
- 根据阶段2得到的信息，计算插入、缺失与匹配项的位置
- 进行基于组成的统计学分析（BLASTP和TBLASTN）
- 产生有空位的比对结果

图 4.12 原始 BLAST 程序算法的基本流程。在起始阶段，查询序列（如人类β球蛋白）被拆分成一系列指定长度（例如 *w*=3）的字段，编译所有大于等于阈值（例如 *T*=11）的字符串。若干个可能的字符串已经列在了图中（从 LWG 到 IWC）；在 BLAST 搜索中，共有 8000 个大小为 3（*w*=3）的字符串。对于给定的字符串，例如包含 LWG 的序列，将会编译数据库中大于等于阈值 *T*（如 12）的区段到一个列表。在这个例子中，展示 15 个字符串及其 BLOSUM62 矩阵分数，其中有 10 个大于阈值，5 个小于阈值。阶段 2 中，扫描数据库来找到匹配编译的字符列表的输入。有空位与无空位延伸都会进行计算，尽管（出于提高效率的目的）这些位点没有被存储。对数据库同时进行双向延展来找到高分片段匹配（HSPs）。如果一个 HSP 的分值达到特定阈值 *S*，那么就会作为 BLAST 结果输出。阶段 3 中，我们进行回溯延伸过程，记录插入、缺失的部分。需要注意的是这个特定的例子中字符匹配引发的后续延伸并不是精确匹配（见方框中 LWG 残基与 AWG 相匹配）。对蛋白质搜索设置阈值 *T* 的主要目的是能留下既精确又相关的匹配而不是不准确的匹配，作为延伸的起点。在核苷酸 BLASTN 搜索中，相比于达到阈值的字符串，精确匹配是更加重要的

对于参数 A，默认值是 0（BLASTN 和 mega-BLAST）或 40（其他的 BLAST 程序，如 BLASTP）。这个参数可以在 Window Size 栏目中看到（见图 4.7）。

与编译列表中的片段相对应的条目。在原始版本 BLAST 运行结果中，找到一个匹配条目就足够了。而在当前的 BLAST 版本中，算法寻找的是两个间隔在一定距离为 A 之内的（即两个无重叠的）字段，然后生成这两个匹配的一个无空位的延伸（Altschul 等，1997）。这种双匹配方法极大地缩短了 BLAST 搜索所需要的时间。相比于单匹配方法，双匹配方法平均会产生三倍之多的匹配，但该算法需要的延伸数仅为原先的七分之一（Altshcul 等，1997）。BLAST 从匹配点开始延伸，以寻找称为高分数片段配对（HSPs）的匹配。对于分数足够高的匹配，可以引发有空位的延伸。该延伸过程在分数降低到低于阈值时终止。

在第 3 阶段中，执行回溯以定位插入、缺失和匹配，并对其应用基于成分的统计学分析。

总的来说，BLAST 算法的主要策略是将蛋白质或 DNA 查询序列和每条数据库记录进行比对，以形成高分片段对（HSPs）。作为一种启发式的算法，BLAST 的设计目的是为了提供快速且灵敏的搜索。当增大参数的阈值时，搜索的速度会提高，但是将记录比较少的匹配点；数据库中那些与查询序列关系比较远的匹配可能会被忽略。如果降低参数的阈值，搜索过程将变慢很多，但会估计到更多的字段匹配结果且同时提高搜索的灵敏度。

可以在 BLASTP 搜索中将参数 f 由默认值（11）改成其他数值的方法来比较不同阈值水平下的影响（图 4.13）。其结果将是十分明显的（参见图 4.13）。对于默认阈值 11，数据库中有 4700 万个匹配点以及 180 万个延伸。当阈值降低为 3 时，便有 19 亿个匹配点和 5.82 亿个延伸。这是因为很多其他的字段的分数也高于 T。当阈值设为 15 或更高时，数据库中仅有 600 万个匹配和 5 万个延伸。由于有空位的 HSP 的数量是可比较的，使用升高或降低的参数进行查找的最终结果与默认值相比并无太大差别。在阈值较高时，会错过一些匹配，然而最终进入报告的配对相对来说更可能是真阳性；使用更低的阈值时，会有更多一些的成功延伸。以上说法也支持了"更低的阈值参数导致更精确而更慢的搜索"这一结论。这种灵敏度和速度之间的权衡就是 BLAST 算法的核心。实际上，对于大多数 BLAST 用户而言，默认阈值参数通常是合适的。

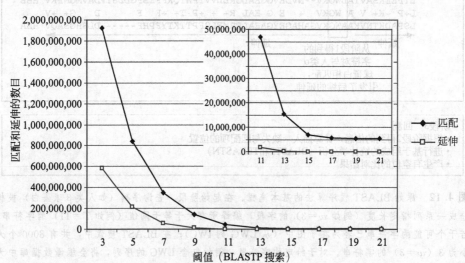

图 4.13 改变阈值（x 轴）对数据库中匹配（黑色的曲线）和延伸（红色的曲线）的数目的影响。这个例子中使用人类 β 球蛋白作为查询序列进行 BLASTP 搜索

BLAST 算法：局部比对搜索的统计学和期望值 E

因为要量化地衡量比对是代表着显著的匹配还是仅仅是随机期望中发生的事件，我们关心 BLAST 搜索的统计学显著性。已经为局部比对程序（包括 BLAST 搜索在内）开发了严格的统计学检验方法（Altschul 等，1990，1994，1997；Altschul 和 Gish，1996；Pagni 和 Jongeneel，2001）。

上文中我们已经讲解了如何以 HSP 来分析两个蛋白质序列间局部的、无空位的比对。使用替换矩阵可以对每个指定的比对残基对给定一个特定的概率值，从而对整个比对给出一个总的分数。用查询序列与

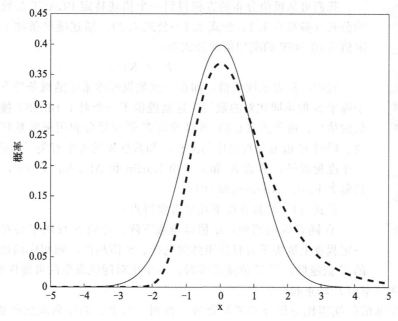

图 4.14　正态分布（实线）与极值分布（点线）的比较。将一个查询序列与一系列统一长度的随机序列比较，得分通常会符合极值分布（而不是正态分布）。两条曲线下的积分面积均为 1。对于正态分布而言，均值 μ 作为中心，位于零点，获得某个特定分数 x 的概率 Z 由 x 减去均值与标准差 σ 的比值来表示：$Z = (x-\mu)/\sigma$。与正态分布相比，极值分布是不对称的，向右倾斜。极值分布符合公式 $f(x) = (e^{-x})(e^{-e^{-x}})$。极值分布的形状由特征值 μ 和延迟参数 λ（$\mu = 0$；$\lambda = 1$）决定

一个长度统一的随机序列的数据库进行比对，将其得分进行作图后，形状是一个极值分布图（参见图 4.14，图中将它与正态分布进行了比较）。正态分布（又称高斯分布）形成我们熟悉的钟形曲线。极值分布则向右倾斜，其右尾以 x 的速率衰减（而不是像正态分布那样按照 x^2 衰减）。这一分布的性质对于我们对 BLAST 的统计学了解是至关重要的，因为这一分布性质能使我们能够估计一个搜索的最高得分（例如处于分布右侧某一特定值）随机出现的可能性。

框 4.1

图 4.14 所示的极值分布图形可以用两个参数来描述：特征值 μ 和延迟常数 λ。极值分布有时也被称为 Gumbel 分布（根据在 1958 年第一个对其描述的人的名字）。Altschul 与 Gish（1996）、Pagni 与 Jongeneel（2001）都对极值分布在 BLAST 中的应用进行了评述。对于两个随机序列 m 和 n，得分 S 的累积分布函数可由下面公式描述：

$$P(S < x) = \exp(-e^{-\lambda(x-u)}) \tag{4.1}$$

（注意特征值 u 与该分布的最大值相关，尽管它并非均值 μ。）为了使用此公式，我们需要知道或者估算出参数 μ 和 λ 的值。对于无空位对比，参数 μ 依赖于所比较的序列的长度，定义为：

$$\mu = \ln Kmn/\lambda \tag{4.2}$$

式中，m 和 n 分别表示比对的两个序列的长度。联立方程（4.1）和方程（4.2），得到随机观测到一个等于或大于 x 的得分的概率公式为：

$$P(S \geq x) = 1 - \exp(-kmne^{-\lambda x}) \tag{4.3}$$

我们的目标是理解对整个数据库 BLAST 搜索得到的某个结果单独随机发生的可能性。得分大于等于 x 的无空位比对的数量由参数 $Kmne^{-\lambda x}$ 来描述。在数据库搜索的定义中，m 和 n 分别指查询序列的长度（以残基数表示）和整个数据库的长度。乘积 mn 定义了搜索空间的大小。搜索空间表示了查询序列可以和数据库中任意序列进行比对的所有位点。由于一个序列的末端一般不太可能出现在一个均值化长度的比对中，BLAST 算法计算有效的搜索空间时要在 m 和 n 上减去一个比对的平均长度 L（Altschul 和 Gish，1996）：

$$有效搜索空间 = (m-L)(n-L) \tag{4.4}$$

如上所示（参见"客户端 BLAST"），你可以使用 BLAST＋来调整有效搜索空间。

我们可从极值分布的方程得到一个描述特定 BLAST 分数随机出现的可能性的公式（参见栏 4.1，公式 4.1～公式 4.4）。描述随机条件下得分至少为某个特定值 S 的 HSP 的期望值的公式为：

由于正态分布按照 x^2 快速收尾，如果尝试用正态分布来描述一个 BLAST 搜索结果的显著性（如通过估算搜索结果高于平均值多少个标准差）将高估比对的显著性。

公式（4-5）在网页 （http：//www. ncbi. nlm. nih. gov/BLAST/tuto-rial/Altschul-1. html）可以看到相关的描述。

$$E = Kmne^{-\lambda S} \qquad (4.5)$$

式中，E 表示期望值，即在一次数据库搜索中随机条件下期望发生的得分大于等于 S 的不同比对的数目。这就提供了一个对于 BLAST 搜索中假阳性结果数量的估计。由公式（4.5）可以看出 E 值与得分和用来度量打分系统的参数 λ 有关。同时 E 值也与查询序列的长度和数据库的长度有关。参数 K 是搜索空间的一个度量因子。参数 K 和 λ 是由 Karlin 和 Altschul（1990）提出的，因此经常被称为 Karlin-Altschul 统计量。

公式（4.5）具有以下几个重要特点：

① 随着 S 的增加，E 值呈指数下降。分数 S 反映了每对比较的相似性并在一定程度上取决于对打分矩阵的选择。S 值越高，则相应的比对质量越高，相应的 E 值越低。当 E 值接近零时，一个比对随机发生的可能性也就会接近于 0。我们将在下面把 E 值和概率值 P 联系起来。

② 一对随机的氨基酸的期望比对得分必须是负值。否则，两个长的序列匹配将累计很大的正得分，从而使它们表现出假阳性的显著相关。

③ 查询使用的数据库的大小以及查询序列的长度将影响某个特定比对随机发生的可能性。考虑一个 E 值为 1 的 BLAST 结果。这个值表示，对于这样一个特定大小的数据库中只能期望随机出现一个匹配。如果数据库有原来 2 倍那么大，则随机找到一个得分大于等于 S 的可能性就会变成原来的 2 倍。

④ 公式（4.5）中包含的理论是根据无空位比对推导出来的。对于无空位序列，BLAST 计算了 λ、K 和 H（熵值，参见图 3.27）。公式（4.5）也同样适用于有空位的局部比对的情况（例如一个 BLAST 搜索的结果）。对于有空位的比对，λ 和 K 以及熵 H 是不能像无空位比对中那样被分析和计算出来的，相反，它们必须通过模拟来估计。

用比特分数来说明原始分数的意义

一份典型的 BLAST 输出报告中包含 E 值、原始分数和比特分数。原始分数是由所选择的矩阵和空位罚分参数计算得到的。比特分数 S' 是由原始分数通过对描述打分系统的统计变量进行归一化处理后得到的。所以来源于不同的比对，甚至是使用不同打分矩阵进行的 BLAST 搜索得到的比特分数之间是具有可比性的。一个 BLAST 搜索的原始分数必须对其参数（如被查询数据库的大小）进行归一化处理。原始分数与比特分数的关系式为：

$$S' = (\lambda S - lnK)/ln2 \qquad (4.6)$$

式中 S' 是比特分数，其具有一套标准单位。E 值与一个给定的比特分数的关系为：

$$E = mn \times 2^{-S'} \qquad (4.7)$$

为什么要使用比特分数呢？首先，原始分数不具有单位，而且实际意义不大。比特分数表明了使用的打分系统，并包含了一次比对的内在信息内容。因此比特分数使得用不同数据库搜索（即使使用了不同的打分矩阵）也可以进行比较。第二，如果你知道了数据库空间的大小 m 与 n 的乘积（BLAST 算法中使用的有效搜索空间的大小，详见前文所述），就可以通过比特分数来知道 E 值的大小。

BLAST 算法：E 值与 P 值间的关系

P 值是指进行相同比对时，随机序列的得分大于等于查询序列得分的概率。它是将观测得到的比对分数 S，与用相同长度的随机序列作为查询序列进行数据库搜索进行比较得到的 HSP 得分的期望分布相联系而计算得到的。显著性最高的是那些接近 0 的 P 值。P 值与 E 值是反映比对显著性的两种不同方式。找到一个具体给定 E 值的 HSP 的概率为：

$$p = 1 - e^{-E} \qquad (4.8)$$

表 4.3 列出了一些 E 值以及与之对应的 P 值。虽然 BLAST 结果中只列出了 E 值而不是 P 值，但二者通常是等价的，特别是在值很小（即匹配度很高）的情况下。使用 E 值的优势则在于，相对于在 P 值中 0.99326205 对于 0.99995460 的差别，在 E 值则转化成更容易理解的 5 对于 10 的差别了。

有一些 BLAST 服务使用 p 值作为输出结果。

表 4.3　使用方程 (4.8) 得到的 BLAST 搜索 p 值与 E 值的关系。小的 E 值和 p 值对应密切

E	p	E	p
10	0.99995460	0.1	0.09516258
5	0.99326205	0.05	0.04877058
2	0.86466472	0.001	0.00099950
1	0.63212056	0.0001	0.0001000

通常使用一个低于 0.05 的 P 值来定义具有统计显著性（即拒绝你的查询序列与任何数据库中的序列都不相关的零假设）。因此一个小于 0.05 的 E 值可能被认为是显著的。

可以通过保守的校正来达到 E 值的要求。我们已经在第 3 章中讨论过概率值（p 值），并将在第 11 章中讨论微阵列数据分析时重新提及这一话题。显著性水平 α 通常被设定为 0.05，在此情况下，$p=0.05$ 指的是某个事件（例如，蛋白序列与其在一个数据库中的匹配分数）随机发生的概率为 1/20。零假设是你的查询序列与数据库序列不同源，备择假设是两者同源。当 P 值足够小的时候（例如 $p<0.05$），我们可以拒绝空假设。当你对一个有 100 万条蛋白质的数据库进行搜索时，有很大的概率能为输入序列找到匹配序列。100 万个蛋白质的百分之五即是 50000 个蛋白质，所以我们可以认为当 $p=0.05$ 时获得的很多比对结果都是出于随机。在微矩阵数据分析中也出现相同的情况，当我们比较两个样本（例如正常样本与患病样本）后测量 20000 个基因对应的 RNA 转录水平。1000 个转录的 RNA（即 5%）可能出现随机导致的差异表达。

这些情况涉及了多重比对：你并非假设你的查询序列将与数据库中的某一特定序列相匹配，而是想知道你的查询序列能否匹配到数据库中的任何一条序列。一种方法就是通过校正显著性水平 α 来进行多重验证。一种非常保守的方法（称为 Bonferroni 校正）是用 α 除以测量的次数（即，将 α 除以数据库比对的数目）。在 BLAST 搜索的案例中，如公式 (4.5) 所示，这一过程已被自动完成，因为 E 被除以了有效搜索空间。

除了 BLAST 相关的多重比对校正，一些搜索者认为将显著性水平 α 从 0.05 调整到某个更低的值是合理的。在分析一个完整的微生物基因组时，BLAST 或者 FASTA 搜索的 E 值如果低于 10^{-4}（Ferretti 等，2001）或者低于 10^{-5}（Ermolaeva 等，2001；Colbourne 等，2011；Huang 等，2013），就被认为是显著的。在人类基因组分析中，Smith-Waterman 比对使用的 E 值的阈值是 10^{-3}，TBLASTN 搜索使用的阈值为 10^{-6}（国际人类基因组测序组织，2001）。你可以自行选择在解读 BLAST 结果时的保守程度。

4.4　BLAST 的搜索策略

一般性概念

BLAST 搜索是一种用来对蛋白质或者 DNA 序列数据库进行搜索的工具。我们已经介绍了其基本流程：你必须要明确自己想要解决什么问题、明确你想要输入的 DNA 或者蛋白质、选择想要搜索的数据库以及想要使用的 BLAST 算法。现在将要讨论一些关于 BLAST 搜索策略的基本原则（Altschul 等，1994）。我们将以珠蛋白、脂类运载蛋白和 HIV-1 pol 的搜索为例来说明这些问题。关键的问题包括：如何评估 BLAST 搜索结果的统计显著性；当搜索得到了太少或太多的结果时，如何调整 BLAST 程序的参数。使用 RBP4 的 DNA（NM_006744.3）或蛋白（NP_006735.2）序列进行搜索的过程总结在图 4.15。

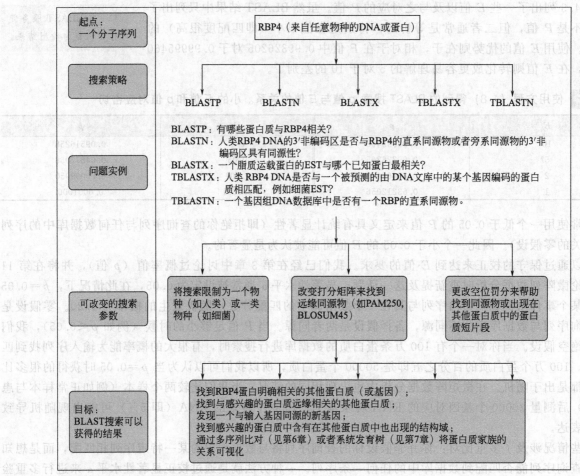

分子序列：RBP(或者是任意物种的DNA或蛋白)

图 4.15 BLAST 搜索策略概览。执行 BLAST 搜索可以处理数百个问题，从研究一个有机体的基因组到评价单个基因的序列变异等

BLAST 搜索的原则

如何评价搜索结果的显著性

当完成了一次 BLAST 搜索时，如何判断哪些数据库匹配是正确的呢？为了回答这个问题，我们首先要定义一个与查询序列具有同源性（由一个共同祖先演化而来）的真阳性序列作为一个数据库匹配。同源性是基于由搜索结果的统计评估支持的序列相似性推出的。我们通过使用统计学的分值（如期望值）而不是配对的百分比的方法，降低数据库搜索的算法错误率（Gotoh，1996；Brenner，1998；Park 等，1998），因而我们关注于 E 值的检验。

判断基因或蛋白质之间同源性的问题不能仅仅依赖于序列，还需要使用生物学上的标准来支持同源性的推导。可以用对蛋白质的结构和功能的评估来补充 BLAST 的结果。即使是那些有着相近三维结构的蛋白质，其真正有亲缘关系的蛋白质序列也可能存在很大的差别。因此我们认为数据库搜索（和双序列比对）可能会得出一定数量的假阴性匹配结果。脂类运载蛋白家族的很多成员，如 RBP4 和气味分子结合蛋白（OBP）只有非常有限的序列一致性，但它们的三维结构十分相似，而且它们作为疏水性配体载体的功能也被认为是相同的。

让我们考察一个使用人类 RBP4 蛋白质作为查询序列，只限制于 RefSeq 数据库中的人类蛋白质的BLAST 搜索。这次搜索得到 6 个结果。最好的结果是 RBP4 本身，E 值为 $1×10^{-150}$。之后的匹配结果的 E 值为 $1×10^{-9}$、$5×10^{-4}$、0.034，但是其中两个 E 值没有统计学显著性（0.18、3.4）。第五个匹配结果显示补体成分 γ（complement component gamma gene，NP_000597）蛋白仅仅与 RBP4 有 25% 的氨基酸序列一致性，仅有 114 个氨基酸残基相匹配 [匹配序列内部还带有三个空位区域，见图 4.16(c)]。这说明这两个蛋白质不是同源的，然而真实情况是它们的确是同源的。为了确定两个蛋白质或 DNA 序列是否同源，我们可以提出以下几个问题：

① 期望值是不是显著？在这个具体的例子里是不显著的，因为蛋白质序列相差较大。其他搜索工具如 DELTA-BLAST 和 HMMER（基于隐形马尔卡夫模型，将在第 5 章中提到）可以为距离较远的序列匹配赋予更高的分值和更低的 E 值。

② 两个蛋白质是不是具有相近的大小。实际上同源蛋白质并不总要求具有相同的大小，可能会出现两个蛋白质只共享有限的一个相同结构域的情况。同BLAST 一样的局部比对工具能够找到两个蛋白质之间有限的重叠区段。然而，拥有一个对两个蛋白质同源的可能性的生物学上的直觉是非常重要的。一个由 1000 个氨基酸组成的具有跨膜结构域的蛋白质不太

人类 RBP4 蛋白的编号是 NP ＿ 006735.2。DELTA-BLAST 程序（第 5 章）产生了一个超过 52 比特的得分，一个有 182 个氨基酸残基的比对区域，以及 RBP4 的同一个匹配与补体成分 8-gamma 的比对 E 值为 $2×10^{-8}$。

(a) 图像视图

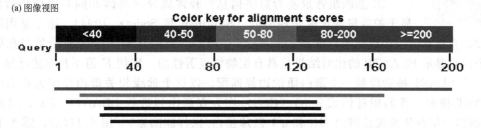

(b) 匹配的列表

Sequences producing significant alignments:

Select: All None　Selected:6

Alignments 　Download ∨　GenPept　Graphics　Distance tree of results　Multiple alignment

Description	Max score	Total score	Query cover	E value	Max ident	Accession
retinol-binding protein 4 precursor [Homo sapiens]	420	420	100%	1e-150	100%	NP_006735.2
apolipoprotein D precursor [Homo sapiens]	55.5	55.5	76%	1e-09	28%	NP_001638.1
glycodelin precursor [Homo sapiens] >ref|NP_002562.2| glycodelin precursor [Homo s	40.0	40.0	62%	5e-04	26%	NP_001018059.1
protein AMBP preproprotein [Homo sapiens]	35.0	35.0	54%	0.034	23%	NP_001624.1
complement component C8 gamma chain precursor [Homo sapiens]	32.3	32.3	56%	0.18	25%	NP_000597.2
lipocalin-15 precursor [Homo sapiens]	28.5	28.5	53%	3.4	23%	NP_976222.1

(c) RBP4 和 C8G 的比对细节

complement component C8 gamma chain precursor [Homo sapiens]
Sequence ID: ref|NP_000597.2|　Length: 202　Number of Matches: 1

Range 1: 33 to 139 GenPept　Graphics　　　　▼ Next Match　▲ Previous Match

Score	Expect	Method	Identities	Positives	Gaps
32.3 bits(72)	0.18	Compositional matrix adjust.	28/114(25%)	49/114(42%)	8/114(7%)

```
Query  24  VSSFRVKENFDKARFSGTWYAMAKKDPEGLFLQDNIVAEFSVDETG-QMSATAKGRVRLL  82
               +S+ + K NFD  +F+GTW +A       +    AE +    Q +AA   R L
Sbjct  33  ISTIQPKANFDAQQFAGTWLLVAVGSACRFLQEQGHRAEATTLHVAPQGTAMAVSTFRKL  92

Query  83  NNWDVCADMVGTFTDTEDPAKFKMKYWGVASFLQKGNDDHWIVDTDYDTYAVQY  136
            +    +C + +  DT   +F ++         +G    +TDY ++AV Y
Sbjct  93  DG--ICWQVRQLYGDTGVLGRFLLQARDA-----RGAVHVVVAETDYQSFAVLY  139
```

图 4.16　使用人类 RBP 作为查询序列，数据库设置为人类蛋白质参考序列数据库，进行BLASTP 搜索得到的结果。（a）图像视图显示一共有六个匹配，其中 RBP4 自身序列（红线）具有最高的分值，与查询序列全长相匹配。（b）BLASTP 输出结果包括一系列的比对。通过观察 E 值发现，除了 RBP 蛋白自己，搜索可能成功找到了真正的旁系同源物，C8G 的比对期望值 E 为 0.18，可能与 RBP 是同源的？（c）RBP4 和 C8G 的双序列比对结果作为 BLASTP 结果输出的一部分，显示有 25% 的氨基酸序列一致性，以及一个在如 RBP4 的脂质运载蛋白中非常保守的 GXW 模体（红方框处）（参见彩色插图）

（图片来源：BLASTP，NCBI）

可能和 RBP 蛋白同源，因为绝大多数的脂类运载蛋白长度都接近 200 个氨基酸（20～25 千道尔顿）。

③ 这两个蛋白质是否具有相同的模体或特征信号？在这个例子里，RBP4 和 NP_000597 都有一个甘氨酸-X-色氨酸［GXW；X 表示任意氨基酸残基，见图 4.16(c) 方框处］的特征信号，这个特征信号是脂质运载蛋白超家族共有的。

④ 这两个蛋白质能否作为一个合理的多重序列比对的一部分？注意你可以针对选择的 BLAST 结果构建多重序列比对，如结果表格所示［图 4.16(b)］。

⑤ 这两个蛋白质是否共有一个相似的生物学功能？像所有的载脂蛋白一样，这两个蛋白都是小的、亲水性的、含量丰富的分泌蛋白分子。

⑥ 这两个蛋白质是否具有相似的三维结构？虽然载脂蛋白序列是多样的，它们却共享着一个非常保守的结构——像一个杯状的花萼的结构。这个结构可以使它们在亲水性的环境中运输疏水性配体（参见第 13 章）。

⑦ 基因组背景能否提供信息？补体成分 γ 基因如同其他载脂蛋白一样，外显子的数量和长度是相似的（Kaufman 和 Sodetz，1994）。这个基因匹配到染色体片段 9q34.3，直接与另一个载脂蛋白的基因相邻（*LCN12*），此外还有十余个载脂蛋白在染色体片段 9q34 上。这个信息显示 BLASTP 的比对结果是具有生物学显著性的，即使 E 值不具有统计显著性。

⑧ 如果一个 BLAST 搜索得到一个蛋白质的边缘匹配，以这个远缘相关蛋白质作为查询序列再进行一次新的 BLAST 搜索。我们用补体成分 8γ（C8G）作为查询序列进行 BLASTP 搜索，发现了几种与 RBP4 相似的蛋白（络合物形成糖蛋白 HC 和 α-1-微球蛋白/尿抑胰酶素）［图 4.17(a)，图 4.17(b)］。这一结果增加了 RBP4 与补体成分 8γ 是一个蛋白质超家族的同源蛋白的可信度。如果 BLASTP 的比对结果显示补体成分 8γ 是其他蛋白质家族的一个成员，这可能表明其与 RBP4 并不相关。

当我们使用补体成分 8γ 作为查询序列进行搜索，结果会出现一些并非同源的蛋白。一个非同源的蛋白是肌腱蛋白-X-1 型，其有 4242 个氨基酸残基，并且不包括 GXW 模体［图 4.17(c)］。另一个非同源结果是成神经细胞瘤增强序列，它与查询序列有 44％ 的氨基酸相似性，但是仅有一段长为 41 个氨基酸的重叠。我们使用成神经细胞瘤增强序列作为查询序列进行 BLASTP 搜索，可以看到其为 Sec39 超家族的一部分，并无与载脂蛋白相关的注释。

历史上，早期的数据库搜索会经常得到意想不到的结果。1984 年，β-肾上腺素受体被发现与视紫红质蛋白是同源的（Dixon 等，1986）。这是一个令人惊奇的结果，因为这两种受体在结构和细胞定位上有很明显的不同：视紫红质蛋白是一个视网膜特异的光受体，而肾上腺素受体可以与肾上腺素以及去甲肾上腺素结合，刺激下游级联信号传导从而引起环腺苷酸（cAMP）的产生。蛋白质序列的比对发现视紫红质蛋白和 β-肾上腺素受体都是一个与配体结合、启动第二信使级联反应的蛋白质超家族的原型成员。另一个令人吃惊的发现是一些参与转导哺乳动物细胞的病毒基因实际上是来自其宿主物种。对人类上皮生长因子受体进行测序，发现它与鸟类逆转录致癌基因 *v-erb-B* 是同源的（Downward 等，1984）。还有很多数据库搜索例子能够揭示出乎意料的蛋白质同源关系。而在许多其他情况下，报道的同源关系是假阳性结果。假阳性误差率会偶尔导致匹配结果与真实情况不符的出现，我们可以通过比较潜在的同源蛋白的三维结构来作为评估这两个蛋白质是否真正同源的一个评价标准。

如何解决结果过多的问题

在 BLAST 搜索中经常遇到的一种情况就是程序返回的结果过多，目前有许多方法可以用于限制结果的数量，但是为了从中做出恰当的选择，你必须关注你要回答的问题是什么。

- 选择一个 "refseq" 数据库，这样所有返回的结果中都会有一个 RefSeq 编号。这样通常可以去掉冗余的数据库匹配结果。

- 适用时，利用物种的类别来限制返回的数据库结果。一个简单的方法是选择感兴趣的物种的分类学编号（txid），这样能够去除无关的信息。如果利用 BLAST

人类 C8γ 的三维结构索引编号是 1IW2，RBP4 的索引是 1RBP。我们将在第 13 章中讨论蛋白质数据 Bank 的序号。

我们将在第 12 章中定义模体与序列特征和在第 7 章中定义种系发生树。

到 NCBI 基因网站，输入 "rhodopsin" 将物种限制为人类，这里会出现 700 多个匹配，大部分这个家族的受体蛋白质都具有 7 个跨膜区段。我们将在第 12 章中学习如何研究蛋白质家族。

(a) 图像视图

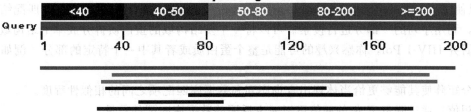

Color key for alignment scores

| <40 | 40-50 | 50-80 | 80-200 | >=200 |

Query

1　　40　　80　　120　　160　　200

(b) 匹配的列表

Sequences producing significant alignments:

Select: All None Selected:0

Alignments　Download ∨　GenPept　Graphics　Distance tree of results　Multiple alignment

Description	Max score	Total score	Query cover	E value	Max ident	Accession
complement component C8 gamma chain precursor [Homo sapiens]	412	412	100%	3e-147	100%	NP_000597.2
lipocalin-15 precursor [Homo sapiens]	69.7	69.7	76%	1e-14	34%	NP_976222.1
protein AMBP preproprotein [Homo sapiens]	68.9	68.9	80%	1e-13	25%	NP_001624.1
retinol-binding protein 4 precursor [Homo sapiens]	33.1	33.1	52%	0.12	25%	NP_006735.2
tenascin-X isoform 1 precursor [Homo sapiens]	30.0	30.0	39%	1.5	31%	NP_061978.6
neuroblastoma-amplified sequence [Homo sapiens]	29.6	29.6	20%	2.1	44%	NP_056993.2
neutrophil gelatinase-associated lipocalin precursor [Homo sapiens]	28.9	28.9	75%	2.9	21%	NP_005555.2
HBS1-like protein isoform 1 [Homo sapiens]	28.5	28.5	25%	5.4	33%	NP_006611.1

(c) 与非同源蛋白质的比对细节

Download ∨　GenPept　Graphics

tenascin-X isoform 1 precursor [Homo sapiens]

Sequence ID: ref|NP_061978.6|　Length: 4242　Number of Matches: 1

Range 1: 3255 to 3330 GenPept　Graphics　▼ Next Match ▲ Previous Match

Score	Expect	Method	Identities	Positives	Gaps
30.0 bits(66)	1.5	Compositional matrix adjust.	25/81(31%)	36/81(44%)	6/81(7%)

```
Query  73   TTLHVAPQGTAMAVSTFRKLD-GICWQVRQLYDGTGVLGRFLLQARDARGAVHVVVAETD   131
            T L V P+   +AV+       G+ W V Q      G     FL+Q RDA+G     V   D
Sbjct  3255 TPLPVEPRLGELAVAAVTSDSVGLSWTVAQ-----GPFDSFLVQYRDAQGQPQAVPVSGD   3309

Query  132  YQSFAVLYLERAGQLSVKLYA   152
            ++ AV L+ A      L+
Sbjct  3310 LRAVAVSGLDPARKYKFLLFG   3330
```

Download ∨　GenPept　Graphics

neuroblastoma-amplified sequence [Homo sapiens]

Sequence ID: ref|NP_056993.2|　Length: 2371　Number of Matches: 1

Range 1: 2323 to 2360 GenPept　Graphics　▼ Next Match ▲ Previous Match

Score	Expect	Method	Identities	Positives	Gaps
29.6 bits(65)	2.1	Compositional matrix adjust.	18/41(44%)	23/41(56%)	3/41(7%)

```
Query  49   GTWLLVAVGSACRFLQEQGHRAEATTLHVAPQGTAMAVSTF   89
            G W   +G   R L+E GH AEA +L +A +GT  A  TF
Sbjct  2323 GRWDAEELG---RHLREAGHEAEAGSLLLAVRGTHQAFRTF  2360
```

图 4.17　使用 C8G 作为查询序列对人类蛋白质 nr 数据库进行 BLASTP 搜索。（a）图像视图显示一共有八个匹配，包括了得分最高的查询序列本身（红线）和若干个仅与部分片段相符的低分匹配（黑线）。（b）匹配的列表，包括了 RBP4 和其他载脂蛋白家族。这次"互补"的搜索支持了 C8G 是 RBP4 同源物的猜想。这里有三个匹配并非同源物（箭头标记处），其期望值偏高，且并不是载脂蛋白家族。（c）C8G 与两个非同源的蛋白的比对细节显示，这些蛋白对于载脂蛋白而言过大（4242 个与 2371 个氨基酸残基）。tenascin X 亚型-1 并不包含特征片段 GXW，且相同的区段仅仅含有 41 个残基。这说明在 BLAST 搜索之后很有必要再次验证结果是否具有同源性。期望值 E 提供了一个统计学意义上的参考数字，但是还是需要与生物学属性相结合进行考虑。这个例子中，RBP4 和 C8G 或者其他载脂蛋白具有亲水性和可溶性，以及其他相似的属性和三维结构（见第 13 章）

（图片来源：BLASTP，NCBI）

服务器的选项功能通过选择物种限制搜索，系统将执行同样规模的搜索，相反地，如果你选择的是特定物种的数据库进行搜索，那么搜索的速度将大大提高（在第 5 章中，我们展示了一些特定物种的 BLAST 服务器）。你可以使用 "exclude" 功能（图 4.1），忽略从感兴趣的某一物种或组别返回的匹配结果。

• 适用时，利用序列的一部分进行搜索。可以将一个多结构域的蛋白质拆分成单个结构域序列进行搜索。如果你在研究 HIV-1 Pol，你感兴趣的可能是整个蛋白质或者其中一个特定的部分，例如反转录酶的结构域。

• 调整打分矩阵使其能够更恰当体现出查询序列和数据库匹配项之间的相似性程度。

• 调整期望值，通过降低 E 值的阈值可以减少返回的数据库匹配的数量。

如何解决结果过少的问题

很多基因或者蛋白质都只有很少甚至没有具有统计显著性的数据库匹配结果。当新的微生物和病毒基因组测序完成时，预测一半的蛋白质都不能和其他任何蛋白质相匹配（见第 16、第 17 章）。可以用来增加 BLAST 搜索返回的数据库匹配数目的几个方法是：去掉 Entrez 限制，提高期望值的阈值，尝试使用 PAM 值更高的或 BLOSUM 值更低的打分矩阵。我们可以在 NCBI 网站里面搜索目前所有可获取的数据库（如 HTGC 和 GSS）。很多不同物种基因组测序中心维护着可用于 BLAST 搜索的独立数据库。这些会在第 5 章进行详述（高级 BLAST 搜索）。此外，有很多数据库搜索算法比 BLAST 更为灵敏，其中包括位置特异矩阵（PSSMs）和隐马尔可夫模型（HMMs），这些算法也将在第 5 章中进行详述。

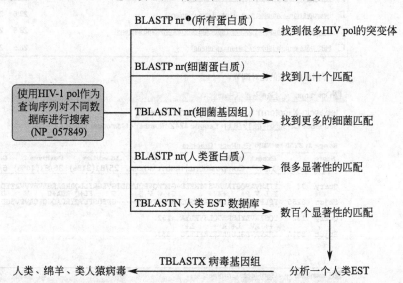

图 4.18 以 HIV-1 pol 作为查询序列的 BLAST 搜索的概述。从图中可以看出，我们可以进行一系列的 BLAST 搜索去研究一个特定基因、特定蛋白或特定物种相关的问题。BLAST 搜索的返回数据库匹配数目范围可以是零个到上千个，这取决于查询序列、数据库和搜索参数本身的性质

多结构域蛋白（HIV-1 pol）的 BLAST 检索

HIV-1 的 Gag-Pol 蛋白（NP_05789.4）有 1435 个氨基酸残基，包括蛋白酶、反转录酶和整合酶（integrase）结构域。因此这个蛋白是一个非常典型的多结构域蛋白。图 4.18 总结了对这样一个病毒蛋白可以进行搜索的几个种类。

当用这个蛋白在去冗余蛋白质数据库进行 BLASTP 搜索会发生什么呢？输入 RefSeq 编号（NP_057849）并点击提交。程序会报告已检测到的公认的保守结构域，蛋白质示意图中指出了各个结构域的位置 [图 4.19(a)]。点击这些结构域的任意一个链接，将链接到 NCBI 保守结构域数据库（NCBI Conserved Domain Database）或者链接到 Pfam 和 SMART 数据库（参见第 6 章和第 12 章）。继续 BLAST 搜索，我们可以得到很多个匹配项，但是它们的期望值都是极低的并且均与不同的 HIV 病毒隔离群相对应。将输出的格式结果重整为 "query-anchored with dots for identities" 是一种可以查看这些病毒蛋白高保守

---

❶ nr：去冗余的。

(a) 图像视图

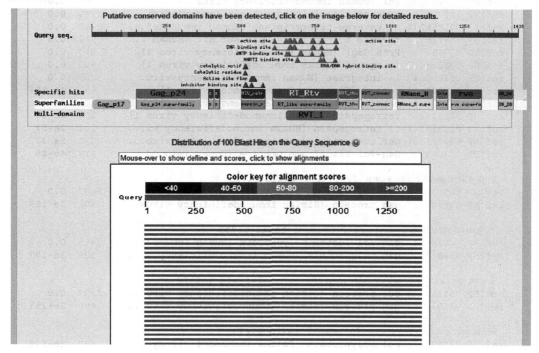

(b) 匹配列表（点代表着与查询序列一致）

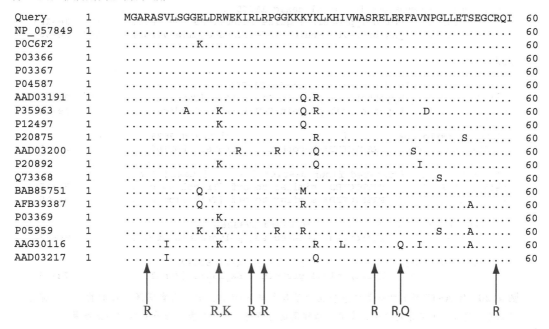

图 4.19　对病毒的 HIV-1 pol（NP_057849）进行 BLASTP 搜索。（a）图像显示了蛋白质中的保守区域。这些区域可以通过点击进入 NCBI 的保守结构域数据库（第 5、第 6 章）。这些链接指向蛋白质区域（Gag_p17，Gag_p24）以及缩写词，包括反转录病毒天冬氨酰蛋白酶（rvp）、反转录酶（RNA 依赖性 DNA 合成酶）（rvt）、核酸酶 H（rnaseH）、整合酶核心结构域（rve）。图中下部黑色长条单杠显示这里有许多与病毒蛋白质非常接近的匹配。（b）BLAST 比对结果的选项里包括像查询序列-锚定这样的表格，其中点表示数据库里匹配上查询序列的条目的残基。这张图突出了病毒蛋白质中偶尔出现的序列差异。箭头指向表明了精氨酸（R）的位置是非常保守的或是有些时候可以被替换成赖氨酸（K）或谷氨酰胺（Q）

（图片来源：BLASTP，NCBI）

```
Human immunodeficiency virus 1 [viruses] taxid 11676
ref|NP_057849.4| Gag-Pol [Human immunodeficiency virus 1]          2971  0.0
ref|NP_789740.1| Pol [Human immunodeficiency virus 1]              2052  0.0
ref|NP_705927.1| reverse transcriptase [Human immunodefici...      1149  0.0
ref|YP_001856242.1| reverse transcriptase [Human immunodef...      1149  0.0
ref|NP_789739.1| reverse transcriptase p51 subunit [Human ...       912  0.0
ref|NP_057850.1| Pr55(Gag) [Human immunodeficiency virus 1]         908  0.0
ref|NP_705928.1| integrase [Human immunodeficiency virus 1]         602  0.0
ref|YP_001856243.1| integrase [Human immunodeficiency viru...       602  0.0
ref|NP_579880.1| capsid [Human immunodeficiency virus 1]            481  4e-156
ref|NP_579876.2| matrix [Human immunodeficiency virus 1]            271  7e-81
ref|NP_705926.1| retropepsin [Human immunodeficiency virus 1]       204  2e-57
ref|YP_001856241.1| retropepsin [Human immunodeficiency vi...       204  2e-57
ref|NP_579881.1| nucleocapsid [Human immunodeficiency viru...       130  5e-32
ref|NP_787043.1| Gag-Pol Transframe peptide [Human immunod...       119  4e-28

Simian immunodeficiency virus [viruses] taxid 11723
ref|NP_687035.1| Gag-Pol [Simian immunodeficiency virus]           1687  0.0
ref|NP_054369.1| gag protein [Simian immunodeficiency virus]        502  1e-159

Human immunodeficiency virus 2 [viruses] taxid 11709
ref|NP_663784.1| gag-pol fusion polyprotein [Human immunod...       1675  0.0
ref|NP_056837.1| gag polyprotein [Human immunodeficiency v...        523  3e-167

Simian immunodeficiency virus SIV-mnd 2 [viruses] taxid 159122
ref|NP_758887.1| pol protein [Simian immunodeficiency viru...       1377  0.0
ref|NP_758886.1| gag protein [Simian immunodeficiency viru...        486  2e-153

Feline immunodeficiency virus [viruses] taxid 11673
ref|NP_040973.1| pol polyprotein [Feline immunodeficiency ...        489  2e-148
ref|NP_040972.1| gag protein [Feline immunodeficiency virus]        158  8e-38

Equine infectious anemia virus [viruses] taxid 11665
ref|NP_056902.1| pol polyprotein [Equine infectious anemia...        424  1e-123
ref|NP_056901.1| gag protein [Equine infectious anemia virus]       154  2e-36

///

Candida albicans SC5314 [ascomycetes] taxid 237561
ref|XP_888860.1| hypothetical protein CaO19_6468 [Candida ...         90  2e-15
ref|XP_721310.1| hypothetical protein CaO19.6468 [Candida ...         86  1e-14

Sus scrofa (wild boar, ...) [even-toed ungulates] taxid 9823
ref|XP_003482346.1| PREDICTED: hypothetical protein LOC100...         90  2e-15

Tribolium castaneum (rust-red flour beetle) [beetles] taxid 7070
ref|XP_001815322.1| PREDICTED: similar to orf [Tribolium c...         89  5e-15
ref|XP_001808495.1| PREDICTED: similar to orf [Tribolium c...         88  8e-15

Candida dubliniensis CD36 [ascomycetes] taxid 573826
ref|XP_002421195.1| retrovirus-related Pol polyprotein fro...         88  6e-15

Moniliophthora perniciosa FA553 [basidiomycetes] taxid 554373
ref|XP_002387985.1| hypothetical protein MPER_13056 [Monil...         88  7e-15
```

图 4.20 BLASTP 搜索的分类学报告显示了各个与 HIV-1 查询序列有同源片段的物种。大部分匹配的是病毒，少部分是兔子、真菌、猪和昆虫的序列。"///"表示部分省略的匹配结果

性的方式 [图 4.19(b)]。这种视图可以突出显示凭经验观察到的特定氨基酸替换，如有 5 个精氨酸残基所在位置是高度保守的，在 6 个序列中一个位置上的精氨酸都被替换成了赖氨酸，还有一个位置上的精氨酸偶尔会被替换成谷氨酰胺 [图 4.19 (b)，箭头所指]。这些位置特异的氨基酸替换频率的差异反映选择性进化压力，是 PSI-BLAST 和 DELTA-BLAST 方法的基础（第 5 章）。

这些高度保守的 Gag-Pol 的 HIV-1 突变体会对我们评估非 HIV-1 的匹配项的能力造成困扰。我们可以重新进行 BLASTP 搜索，设置数据库为 RefSeq 蛋白质数据库。这时可以发现 Gag-pol 蛋白的直系同源蛋白质在不同病毒物种之间变得很明显。在 BLASTP 搜索结果主页面点击分类学报告，可以惊奇地看到甚至在野猪（*Sus scrofa*）、赤拟谷盗（*Tribolium castaneum*）和一组真菌中也存在一些同源蛋白质（图 4.20）。

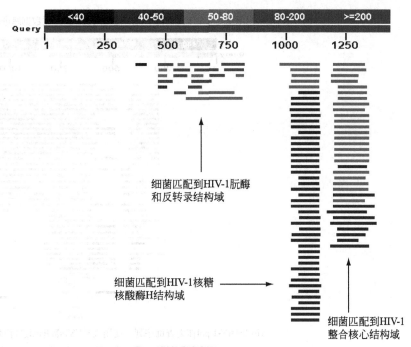

图 4.21　使用 HIV-1 Pol 作为一条查询序列,将输出物种限制为细菌。BLASTP 搜索的结果输出图像使我们能够识别细菌与 HIV-1 中结构域的匹配情况。我们可在图中清晰地看到重叠部分的长度和细菌序列的数目

要想了解更多有关 Pol 蛋白在整个生命树中的分布情况,我们可能会进一步提出问题,即有哪些细菌蛋白和 HIV-1 病毒 Pol 多聚蛋白是相关的。利用 NP_057849 作为查询序列重新进行 BLASTP 搜索,限制物种选项(txid2[Organism])为"细菌"。这里,BLAST 搜索结果的图像视图是很有帮助的,它能展示病毒 Pol 蛋白的两个结构域与大多数已知细菌序列都可以匹配上,它们分别对应于 500~800、1000~1150 以及 1200~1300Pol 蛋白的氨基酸残基区域(图 4.21)。将输出结果与 HIV-1 Pol 蛋白的结构域架构进行对比[图 4.19(a)],我们发现尤其是核糖核酸酶 H 和整合酶这两个 HIV-1 核心结构域能与很多细菌蛋白相匹配。你可以观察双序列比对结果从而证实这些病毒蛋白和细菌蛋白是同源的,通常在跨越150 多个氨基酸残基长度范围内共享约 30% 的一致性。

现在让我们把注意力转到可能与 HIV-1 Pol 蛋白同源的人类蛋白质。BLASTP 搜索的步骤与我们在上文搜索细菌是相同的,除了我们只需要把物种条件限制为人类(*Homo sapiens*)非冗余蛋白质。有趣的是,搜索结果中出现了很多个人类蛋白质匹配[图 4.22(a)],其中很多匹配结果能涵盖这个病毒蛋白的大部分。这些人类蛋白质已经被注释成 gag-ropvirus-pol-env 蛋白、聚合酶、内源反转录病毒蛋白、逆转录酶和核酸结合蛋白。

那么这些人类基因是否表达呢?如果表达,它们会产生 RNA 转录本,可用来自 cDNA 文库的 ESTs 来表现这些转录本的特征。用病毒 Pol 蛋白来检索人类 ESTs;使用带有 TBLASTN 算法的 translating BLAST 网站是有必要的,必须在设置数据库为 EST 的同时设置物种为人类。结果会得到成百上千个转录活跃的、被预测会编码与病毒 Pol 蛋白同源的蛋白质的人类转录本[图 4.22(b)],这些转录本与 HIV-1 Gag-Pol 蛋白的三个区段相对应。在第 10 章中,我们将会讲述如何评估这些 ESTs 从而确认它们在体内哪里或是在发育的哪个阶段表达。

这些与 HIV-1Pol 蛋白同源的人类 ESTs 会不会和其他病毒 Pol 蛋白更加密切相关?要回答这个问题,选择一个我们发现与 HIV-1 Pol 蛋白相关的人类 EST[图 4.22(b);我们选择编号是 BX509809.1 的EST,因为它的 E 值最低,为 5×10^{-29}]。将这个 EST 序列编号作为 TBLASTX 搜索的查询序列,将数据库限制为 refseq_genomic、物种限制为病毒后进行搜索。目前,这样的搜索会鉴别出一些与我们查询序列相关性显著但有限的病毒(如考拉反转录病毒、香蕉条纹病毒)。我们最开始用 HIV 病毒序列作为参考序列进行 BLAST 搜索,然后进一步利用一系列 BLAST 搜索对 HIV-1Pol 蛋白的生物学意义进行深入探索。

(a) 以HIV-1 pol作为查询序列，使用人类nr蛋白质数据库进行BLASTP搜索

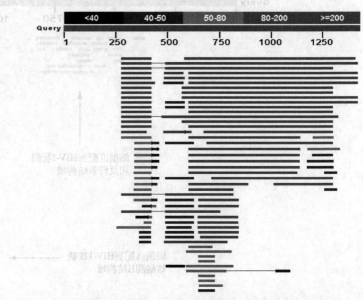

(b) 以HIV-1 pol作为查询序列，使用人类ESTs数据库进行TBLASTN搜索

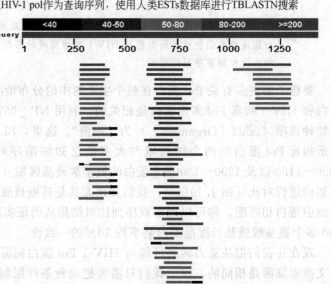

图 4.22 （a）以 HIV-1 pol 作为查询序列，使用人类 nr 蛋白质数据库进行 BLASTP 搜索的图像结果。值得注意的是，很多人类蛋白质有很高的匹配分数。（b）是否存在人类转录表达的蛋白质与 HIV-1 pol 匹配的情况呢？（b）为以 HIV-1 pol 作为查询序列，使用人类 ESTs 数据库进行 TBLASTN 搜索得到的结果。结果显示，很多人类基因非常活跃的被转录并产生与 HIV-1 pol 同源的蛋白质

4.5 使用 BLAST 预测基因：找到新基因

生物学上一个基本的问题就是发现一个新基因。传统上，基因和蛋白质的识别是通过分子生物学和生物化学手段实现的。从文库中克隆互补 DNA 或者纯化蛋白质并基于像酶活这样的生化标准进行测序，如酶的活性。这些实验生物学方法还是必需的，生物信息学方法也可以为发现新基因提供有用的信息。我们这章所讲的发现"新"基因是指发现一些数据库中还未被注释过的 DNA 片段。你可以出于以下原因想要找出一些新基因：

① 你想要研究一个之前还未被刻画过的球蛋白或者载脂蛋白，也许在一个特定的感兴趣的物种上，如植物或古细菌。

② 你感兴趣的一种载脂蛋白，其在仓鼠泪液中被描述过，那么在人类的泪液中是否也有新的尚未被

发现的基因编码了此载脂蛋白呢？

③ 你想要研究病毒是否拥有球蛋白或者脂质转运蛋白。如果有，这会给你一个关于这类载体蛋白家族进化的新视角。

④ 你在研究某种糖代谢异常的疾病，作为研究的一部分，你需要对来源于一些机体的细胞系中的糖运输进行研究。你已知葡萄糖转运蛋白可以通过一些生物化学的方法检测（如糖摄取速率）以及在 GenBank 已经存储了一类葡萄糖转运基因（和蛋白质）家族。而当克隆并在细胞中表达了所有的转运蛋白后，发现没有一种重组蛋白能够转运你所感兴趣的糖类。于是猜想一定还有至少一种尚未被报道的转运蛋白。那是否有方法在数据库中搜索找到编码新转运蛋白的基因呢？

一个解决上述问题常用的策略呈现在图 4.23 中。我称此为"找到新基因"项目，从 2000 年开始就使用此策略作为教学练习。几千名学生成功尝试了这个策略，并把结果总结于一个文档中。步骤具体如下：

① 选择一个你感兴趣的蛋白质的名字，包括对应的物种和访问编号。在下面例子中，我们将选择以人类 β 球蛋白为例，并打算搜索找到一个新的球蛋白基因。

② 选择一个由基因组 DNA 或者表达序列标签（ESTs）组成的 DNA 数据库，在 NCBI 或者其他网站上进行 TBLASTN 搜索。将 BLAST 搜索得到的结果保存在文档中。

"找到新基因项目"总结在网络文档 4.5 中。这里描述的 β 球蛋白"找到新基因项目"可从网络文档 4.6 获得（http://www. bioinfbook. org/chapter4）。

如果适当，将字体更改为 Courier 大小为 10，以便显示整齐的结果。你还可以对 BLAST 输出的结果进行截屏。如果有许多页，则不必打印所有 BLAST 结果。

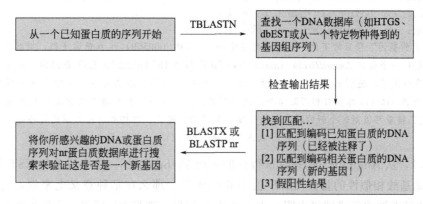

图 4.23　如何通过 BLAST 搜索找到一个新基因的总结。从一个已知蛋白质的序列（如人类 β 球蛋白）开始，查找一个 DNA 数据库进行 TBLASTN 搜索。注意的是，在人类、酵母、大肠杆菌这类被深入研究的基因组中很难发现一些新的基因，所以建议搜索一些尚未被研究或是尚未被很好注释的数据库。TBLASTN 搜索会得到两类显著的匹配结果：①找到的 DNA 序列编码了已知的被注释了的蛋白质。②找到 DNA 序列编码相关蛋白质（新的基因与对应的新的蛋白质）。③将推断的新基因的 DNA 序列对 nr 蛋白质数据库进行 BLASTX 搜索来验证这是否是一个新基因。这可以用来证实：DNA 序列的确编码了一个与上述任意一个蛋白质都没有很好匹配的蛋白质

在 BLAST 搜索结果中，会清晰地指出由一些 DNA 序列编码的蛋白质序列一段具有同源性的匹配。这时我们很有必要去检测一些比对的匹配区段，包括比对 E 值和比对的分数。通常来说这一步对于学生们是最困难的，因为这要求你们对如何解析 BLAST 的结果一定要有一种"感觉"。你需要区别出与你查询序列一个最完美的匹配（不是新的基因）、一个比较好的匹配（是否为新的基因取决于下面的第四步）以及一个不同源的匹配。

我们使用了人 β 球蛋白（NP＿000509）作为查询序列，来作为发现新基因的例子，对线虫的 ESTs 数据库进行 TBLASTN 搜索。我们将在第 10 章介绍 ESTs，ESTs 是一些短的 DNA 片段，长度通常为 800bp 左右，对应于在特定机体的一些区域或一些发育阶段表达的基因。例如已经存在了人胎儿和成年鼠脑的 ESTs 数据库。通过将输出限制为线虫的 ESTs，我们发现一个具有统计显著性 E 值的匹配［图 4.24(a)，

(a) 以人类β球蛋白作为查询序列，使用线虫ESTs蛋白质数据库进行TBLASTN搜索

Ac_EH1r_01A07_M13 Adult Anguillicola crassus Anguillicola crassus cDNA clone Ac_EH1r_01A07
Sequence ID: gb|JK511422.1| Length: 559 Number of Matches: 1

Range 1: 40 to 483 GenBank Graphics　　　　　　　　▼ Next Match ▲ Previous Match

Score	Expect	Method	Identities	Positives	Gaps	Frame
149 bits(375)	6e-44	Compositional matrix adjust.	69/148(47%)	97/148(65%)	1/148(0%)	+1

```
Query  1    MVHLTPEEKSAVTALWGKVNVDEVGGEALGRLLVVYPWTQRFFESFGDLSTPDAVMGNPK  60
            MV  T E +A+ +LW K+NV+E+G +A+ RLL+V PWTQR F +FG+LST  A++N K
Sbjct  40   MVEWTDAEHTAILSLWKKINVEEIGPQAMRRLLIVCPWTQRHFANFGNLSTAAAIMNNEK  219

Query  61   VKAHGKKVLGAFSDGLAHLDNLKGTFATLSELHCDKLHVDPENFRLLGNVLVCVLAHHFG  120
            V  HG V+G   + ++D++K  + LS +H +KLHVDP+NFRLL  +   +A FG
Sbjct  220  VAKHGTTVMGGLDRAIQNMDDIKNAYRELSVMHSEKLHVDPDNFRLLSEHITLCMAAKFG  399

Query  121  -KEFTPPVQAAYQKVVAGVANALAHKYH  147
             EFT  VQ A+QK + V +AL +YH
Sbjct  400  PTEFTADVQEAWQKFLMAVTSALGRQYH  483
```

(b) 用线虫的EST进行BLASTX比对的结果显示了最近的已知蛋白质匹配在一个脊椎动物中。

RecName: Full=Hemoglobin anodic subunit beta; AltName: Full=Hemoglobin anodic beta chain
Sequence ID: sp|P80946.1|HBBA_ANGAN Length: 147 Number of Matches: 1

Range 1: 1 to 147 GenPept Graphics　　　　　　　　▼ Next Match ▲ Previous Match

Score	Expect	Method	Identities	Positives	Gaps	Frame
290 bits(742)	2e-97	Compositional matrix adjust.	136/147(93%)	141/147(95%)	0/147(0%)	+1

```
Query  43   VEWTDAEHTAILSLWKKINVEEIGPQAMRRLLIVCPWTQRHFANFGNLSTAAAIMNNEKV  222
            VEWT+ E TAI  S W KIN +EEIGPQAMRRLLIVCPWTQRHFANFGNLSTAAAIMNN+KV
Sbjct  1    VEWTEDERTAIKSKWLKINIEEIGPQAMRRLLIVCPWTQRHFANFGNLSTAAAIMNNDKV  60

Query  223  AKHGTTVMGGLDRAIQNMDDIKNAYRELSVMHSEKLHVDPDNFRLLSEHITLCMAAKFGP  402
            AKHGTTVMGGLDRAIQNMDDIKNAYR+LSVMHSEKLHVDPDNFRLL+EHITLCMAAKFGP
Sbjct  61   AKHGTTVMGGLDRAIQNMDDIKNAYRQLSVMHSEKLHVDPDNFRLLAEHITLCMAAKFGP  120

Query  403  TEFTADVQEAWQKFLMAVTSALGRQYH  483
            TEFTADVQEAWQKFLMAVTSAL RQYH
Sbjct  121  TEFTADVQEAWQKFLMAVTSALARQYH  147
```

图 4.24　"寻找新基因"项目的实例：使用人类 β 球蛋白 （NP_000509） 作为查询序列，对线虫的 ESTs 数据库进行搜索。（a） 一个来自 *Anguillicola crassus* （GenBank 编号 JK511422.1） EST 数据的匹配结果。（b） 使用（a） 中得到的序列编号，进行 BLASTX nr 搜索。结果显示最好的匹配结果是一个脊椎动物球蛋白。但是因为并没有搜索到与 *A. crassus* 球蛋白相匹配结果，这说明我们发现了一个新的尚未被描述过的编码线虫球蛋白的 DNA 序列。我们接着可以对这个新的球蛋白的长度、同源物、进化、结构和功能方面进行描述

（图片来源：NCBI）

编号为 JK511422.1，从 Anguillicola crassus 得到的一段 559bp 片段]。这个线虫的 EST 编码一个与人类 β 球蛋白有 47% 的氨基酸相似性的蛋白质，E 值为 6×10^{-44}。那么在某种意义上来说，这个"新的"线虫的蛋白是不是真的尚未被注释成球蛋白呢？点击线虫的编号，选择 BLAST，并与非冗余数据库进行一次 BLASTX 搜索。搜索的结果显示，最好的匹配结果证实了这确实是一个新的蛋白并且为球蛋白的同源物，但并不是线虫蛋白而是欧洲鳝鱼的一个球蛋白。

③ 收集疑似新蛋白的有关信息。最基本的是要根据第二步得到"新蛋白"的蛋白质序列。在一些例子中，你可以通过 BLAST 搜索去得到更完整的"新蛋白"的序列。

选择"新蛋白"的名字（例如 Anguillicola 球蛋白），然后搜索该蛋白来自什么物种。值得一提的是，只有非常小的概率能从酵母、老鼠或人中发现新的基因，因为这些物种的基因基本上已经被注释了。最有可能的情况是从一些刚刚被测序的物种基因组中发现新的基因，例如细菌、苔藓或者原生动物。

④ 证实基因及其对应的蛋白质是新发现的。从该项目的目的出发，"新"的定义如下：使用 EST 中的 DNA 序列按照上文描述在去冗余 （nr） 数据库中进行 BLASTX 搜索。另一种策略是，用编码后的蛋白质序列 （第三步） 作为查询序列在 NCBI 的去冗余 （nr） 数据库中进行 BLASTP 搜索。

● 如果在同一物种中，查询序列与数据库中的一个蛋白有 100% 的氨基酸一致性，那么该查询蛋白质不是新发现的（即使该匹配对应到的蛋白质被注释为"unknown"）。已经有人发现并注释了这条蛋白质序列，并为其分配了一个索引编号。

● 如果查询蛋白与其最佳匹配蛋白的一致性低于 100%，那么该查询蛋白质有可能是新发现的，并且你已经成功了。

• 如果查询序列与来自不同物种的一个蛋白有 100％ 的一致性，并且该匹配不符合第一条，那么你已经成功发现一个新基因。

• 如果没有数据库匹配来自步骤（1）的原始查询序列，则表明你发现了一个与原始序列不同源的 DNA/蛋白质。你需要从头开始。

关于这个项目还有一些更多的步骤，涉及到的主题我们将在后面的章节中提到。

⑤ 用你新发现的蛋白质、你的原始查询蛋白质，和该家族的其他蛋白质成员进行多重序列比对。在一个多重序列比对中，通常用到的蛋白质数量的最小值为 5 或 10，合理的最大值为 30。我们将在第 6 章中介绍多重序列比对。

⑥ 用如邻接法、最大简约法、最大似然法，或者贝叶斯推论法构建一个系统发育树（见第 7 章）。自助法和树定根法可选。使用任一程序（如 MEGA、Phylip 或 MrBayes）来完成。

⑦ 预测你新发现的蛋白质的二级和三级结构（见第 13 章），并将其与已知的结构比较。

⑧ 确定该基因受到的进化选择是正向还是负向（见第 7 章）。

⑨ 探讨你新发现的基因的重要性。关于这个基因/蛋白质家族，你学到了什么？将"发现新基因"项目作为教学工具的主要优点是：a. 这个项目需要你了解何时以及如何使用 BLAST 系列程序（如 TBLASTN，BLASTX）；b. 这个项目让你熟悉多种可供搜索的数据库（如 EST、基因组 DNA 和去冗余数据库）；c. 这个项目要求你解析不同类型的 BLAST 的输出结果。对于许多初次 TBLASTN 搜索而言，使用感兴趣的蛋白质作为查询序列容易发现新基因；某些情况下不容易发现新基因，可能是因为相关的同源物不存在或因为合适的数据库没有被用以搜索。这时应该以一个不同的蛋白质序列作为查询序列重新开始搜索。

4.6　展望

BLAST 搜索已经成为一种不可或缺的工具，用以分析一个 DNA 或蛋白质序列与公共数据库中数百万或甚至数万亿条序列的关系。所有的数据库检索工具都面临敏感度（即最少化假阴性结果的能力）和选择度（即最少化假阳性结果的能力）以及检索时间的问题。随着近年来公共数据库数目的指数级增长，BLAST 工具已经发展成为提供一种快速、可靠的用以筛选数据库的方式。对于蛋白质搜索，我们关注于 BLASTP。然而，对于用蛋白质查询序列进行更常规搜索的大多数生物学家而言，他们更倾向于使用第 5 章中介绍的 DELTA-BLAST 或 HMMER 程序。这是因为这些程序构建的打分矩阵更优。

4.7　常见问题

在 BLAST 搜索中要避免几个常见的问题。在 BLAST 初学者中，最常见的错误是在错误的数据库中搜索蛋白质或 DNA 序列。理解基本的 BLAST 算法也是很重要的，图 4.2 对这些概念进行了总结。

BLAST 搜索中非常重要的问题是判断一次匹配结果是否显著。每一个潜在的 BLAST 匹配都应该与查询序列进行比较，来评估其在统计学层面和生物学层面的合理性。如果两个蛋白质具有相似的域结构（即模体或结构域；见第 12 章）或者其他共同特征，那么它们更可能是同源的。

4.8　对学生的建议

BLAST 搜索是快捷和简单的。请练习很多、很多次搜索。探索所有可选的参数，并阅读 NCBI 或其他文档来学习这些参数的作用。

如果你未曾使用过 Linux 系统，请找一台 Linux 机器，安装 BLAST＋（Mac O/S 和 Windows 机器也可以运行）。其安装说明文档很详细。请用合适的方式下载数据库（简单地使用上文介绍过的 Perl 脚本，或在 Linux 环境下使用 wget 命令，或在 PC 和 Mac 上进行下载）。使用 EDirect（如上文所述）得到

FASTA格式的一条或多条查询序列（你也可以使用编辑器，如nano或vim）。接着请在命令行进行一系列的搜索。一旦你能在Linux上使用一个程序，那么使用许多其他的程序会变得更加简单。如果你有疑问，试着去Biostars（http://www.biostars.org）搜索相关的问题和回答；如需要，你可提出自己的问题。

4.9 网络资源

BLAST搜索的主页是国家生物技术信息中心（http://blast.ncbi.nlm.nih.gov/）。这个网站提供了一些主要程序的链接（BLASTN、BLASTP、BLASTX、TBLASTN和TBLASTX）。NCBI网站其他专用的BLAST程序将在第5章中提到。

一个重要的网络资源就是NCBI BLAST网站提供的BLAST指南、课程和参考文献。一个实用性的BLAST指南可从http://www.ncbi.nlm.nih.gov/books/NBK1734/（链接4.10）得到。

问题讨论

[4-1] 为什么没有人提供"Basic Global Alignment Search Tool（BGAST）"来补充BLAST？BGAST会成为一种有用的工具吗？它在设置时可能会遇到哪些计算上的困难？（值得一提的是，一些工具确实结合了全局和局部搜索策略。我们在第5章中介绍HMMER软件，我们介绍的另一个例子是来自于Robert Edgar的USEARCH http://www.drive5.com）。

[4-2] 你认为一个显著的期望值应该是1、0.05还是10^{-5}？这是否依赖于你所进行的特定的搜索？

[4-3] 为什么如BLAST的数据库程序一定要在敏感度和选择度之间进行权衡？BLASTP算法是如何解决这个问题的呢？

问题/上机实验

[4-1] 在本题中，我们探索BLASTP的参数在短的蛋白质查询序列上的影响。让我们使用仅12个氨基酸的查询序列（PNLHGLFGRKTG）在NCBI上进行一次BLASTP搜索。默认地，参数被设置为短查询序列。观察比对结果。E值的阈值是多少？字段大小是多少？打分矩阵是什么？这些参数与默认参数有什么差别？

[4-2] 蛋白质搜索往往会获得比DNA搜索更多的信息。使用RBP4（NP_006735）进行BLASTP搜索，将输出结果限制在节肢动物（Arthropoda）。之后再使用RBP4的核苷酸序列进行BLASTN搜索。对于这个查询序列，仅选择相应DNA编码区段的核苷酸［为此，请访问NCBI的Nucleotide页面，找到编码序列（CDS）的链接，并选择FASTA格式］。哪种搜索信息量更大？在每次搜索中，有多少个数据库匹配结果的E值小于1.0？

[4-3] 这题我们介绍如何批量处理查询序列。我们可以用基于网络的BLAST（如本问题）或本地安装的BLAST＋来同时搜索多个查询序列。苔藓是苔藓植物门中的植物，包括其基因组已被测序的非种子植物小立碗藓（Physcomitrella patens）（Rensing等，2008）。这类苔藓是否含有任何球蛋白？如果有，人类的哪一种球蛋白与其最相关？①获得所有人类球蛋白的检索编号。有多种方法可以做这件事，包括使用β球蛋白和神经球蛋白作为查询序列进行BLASTP。其他方法包括DELTA-BLAST（第5章）和Pfam（第6章）。网络文档4.7提供了这些索引编号。②将所有检索编号作为查询条件进行BLASTP搜索，将它们输入到查询序列框。将输出结果限制到苔藓的RefSeq蛋白质。③每条查询的结果在下拉菜单中显示（一次显示一个）。目前，除了血红蛋白mu亚基外，人类所有的球蛋白都与苔藓蛋白质具有显著但亲缘关系较远的匹配。（例如，人类epsilon球蛋白和匹配到的苔藓蛋白XP_001786089.1的期望值为0.01。用苔藓蛋白进行的BLASTP搜索的结果证实了它与很多被注释的植物球蛋白相关）。值得一提的是，仅有一个人类蛋白质（神经球蛋白，NP_001030585.1）和苔藓蛋白（例如P. patens被预测的蛋

白质 XP_001764902.1）有非常强的匹配关系（E 值为 2×10^{-10}，长度为 138 个氨基酸残基有 27％的一致性）。

[4-4] 在命令行中使用 BLAST＋工具集运行 BLASTP。先使用默认参数进行搜索，再把有效数据库大小分别改成缩小为原来的 1/1000 和放大 1000 倍后，观察 E 值有什么改变。使用帮助函数探索不同的输出格式，例如使用 - outfmt 2 来实现多重比对格式的输出。

[4-5] BLAST＋对于批量查询序列是有用的。创建一个包含三条蛋白质序列的名为 3proteins. txt 的文本文件。这三条蛋白质序列为人类 β 球蛋白、牛的嗅觉分子结合蛋白和疟原虫（*Plasmodium falciparum*）的细胞色素 b（这个可以在在线文档 4.8 中得到）。使用 BLASTP 对这三个蛋白质进行搜索，数据库为蛋白质 RefSeq 数据库。输出的文件中包含着三个独立的 BLASTP 搜索的结果。

[4-6] 对于你在问题 [4-5] 中进行的搜索，如果你选择了一个更适合的打分矩阵用以查找远缘相关蛋白，结果将会怎么样？

[4-7] HIV-1 的 Pol 蛋白与 HIV-2 的 Pol 蛋白亲缘关系更近还是与类人猿免疫缺陷性病毒（SIV）更相近？使用 BLASTP 程序来搜索后回答这个问题。提示：试着输入检索命令"NOT hiv-1 [Organism]"以关注非 HIV-1 匹配的搜索结果。

[4-8] "冰人（iceman）"是一个生活在 5300 年前的人，1991 年他的尸体在意大利阿尔卑斯山被发现。科研人员在他的衣物上发现了一些真菌，并对其进行了测序。与真菌在 DNA 上最为接近的现代物种是什么呢？

[4-9] 你执行了一次 BLAST 搜索，得到了一个匹配的 E 值约为 10^{-4}。请问 E 值的意义是什么，它的大小依赖于哪些参数？

自测题

[4-1] 你有一条较短的、普通的、双链的 DNA 序列，从根本上说，它可以潜在编码多少种蛋白质？

（a）1；

（b）2；

（c）3；

（d）6

[4-2] 你有一段 DNA 序列。你想知道在主要的蛋白质数据库（即"nr"，去冗余数据库）中哪个蛋白质与这个 DNA 编码的蛋白质最相似，你应该用哪一个程序？

（a）BLASTN；

（b）BLASTP；

（c）BLASTX；

（d）TBLASTN；

（e）TBLASTX

[4-3] BLAST 搜索的哪一个输出结果提供了关于 BLAST 搜索中假阳性个数的估计？

（a）E 值；

（b）比特分数；

（c）一致性百分比；

（d）阳性百分比

[4-4] 将下列 BLAST 搜索程序与它们的正确描述连线。

BLASTP	（a）使用核苷酸查询序列对核苷酸序列数据库进行搜索；
BLASTN	（b）使用蛋白质查询序列对翻译后的核苷酸序列数据库进行搜索；
BLASTX	（c）使用核苷酸翻译后的查询序列对蛋白质数据库进行搜索；
TBLASTN	（d）使用蛋白质查询序列对蛋白质数据库进行搜索；
TBLASTX	（e）使用核苷酸翻译后的查询序列对翻译后的核苷酸序列数据库进行搜索

[4-5] 改变下列 BLAST 的哪个参数会得到更少的搜索结果？

(a) 关闭低复杂度过滤；

(b) 将期望值的阈值从 1 变成 10；

(c) 提高阈值；

(d) 将打分矩阵从 PAM30 变为 PAM70

[4-6] 你可以用任意 Entrez 条目来限制 BLAST 搜索。例如，你可以将结果限制在包含一个研究者的名字中。

(a) 正确

(b) 错误

[4-7] 极值分布

(a) 描述了一条查询序列在数据库中进行搜索后得分的分布；

(b) 比正态分布的总面积大；

(c) 是对称的；

(d) 其形状可以用两个常量来描述，即 μ（平均数）和 λ（衰减常数）。

[4-8] 当 BLAST 检索的 E 值减小时

(a) K 值也在减小；

(b) 得分倾向于变大；

(c) 概率 p 值倾向于变大；

(d) 极值分布偏斜度减小

[4-9] BLAST 算法整理了一个代表 3 个氨基酸的"字符"列表（对于蛋白质搜索来说），等于或高于阈值 T 的字符被定义为：

(a) "hits"，被用于浏览数据库以找到精确匹配，该匹配随后可被延伸；

(b) "hits"，被用于浏览数据库以找到精确或部分匹配，该匹配随后可被延伸；

(c) "hits"，两者互相比对；

(d) "hits"，被作为原始分数被报道

[4-10] 标准化的 BLAST 分数（也称为比特分数）

(a) 是没有单位的；

(b) 与使用的打分矩阵无关；

(c) 可在不同的 BLAST 搜索之间比较，即使使用了不同的打分矩阵；

(d) 可在不同的 BLAST 搜索之间比较，但前提是使用相同的打分矩阵

推荐读物

　　BLAST 搜索在 Stephen Altschul 和其同事的一篇经典的论文（1990）中被介绍。这篇论文描述了 BLAST 搜索的理论基础及其结果表现的基本问题，包括灵敏度（精确度）和速度。对原始 BLAST 算法的一些重要修正在之后被介绍出来，包括空位 BLAST 的提出（Altschul 等，1997）。这篇论文包括了在第 5 章关于专门的位点特异性打分矩阵的讨论。

　　Ian Korf 和 Mark Yandell、Joseph Bedell（2003）撰写了一本精彩的著作，叫做 *BLAST*。由 William Pearson（1996）撰写的题为"有效的蛋白质序列比较"的文章也对数据库搜索进行了较早的有用的介绍。Altschul 等（1994）发表了一篇备受推崇的文章——"在搜索分子序列数据库中的问题。"瑞士生物信息学协会的 Marco Pagni 和 C. Victor Jongeneel（2001）撰写了一篇关于序列比对统计学的技术概要。这篇文章包括了有关极值分布、随机序列的使用、有空位与无空位的局部比对，以及 BLAST 统计学的内容。比对统计学也可见于 Stephen Altschul 和 Warren Gish（1996）撰写的一篇综述。

　　NCBI 网站提供了在线书籍，包括"BLAST Help"（http://www.ncbi.nlm.nih.gov/books/NBK1762/，链接 4.6）。来自 NCBI BLAST 网站上帮助部分的"序列相似性打分的统计学"（http://www.ncbi.nlm.nih.gov/BLAST/tutorial/Altschul-1.html，链接 4.9）提供了一个极好的资源。

参 考 文 献

Altschul, S. F., Gish, W. 1996. Local alignment statistics. *Methods in Enzymology* **266**, 460–480.

Altschul, S. F., Gish, W., Miller, W., Myers, E. W., Lipman, D. J. 1990. Basic local alignment search tool. *Journal of Molecular Biology* **215**, 403–410.

Altschul, S. F., Boguski, M. S., Gish, W., Wootton, J. C. 1994. Issues in searching molecular sequence databases. *Nature Genetics* **6**, 119–129.

Altschul, S. F., Madden, T.L., Schäffer, A.A. *et al.* 1997. Gapped BLAST and PSI-BLAST: A new generation of protein database search programs. *Nucleic Acids Research* **25**, 3389–3402.

Altschul, S.F., Wootton, J.C., Gertz, E.M. *et al.* 2005. Protein database searches using compositionally adjusted substitution matrices. *FEBS Journal* **272**, 5101–5109.

Altschul, S., Demchak, B., Durbin, R. *et al.* 2013. The anatomy of successful computational biology software. *Nature Biotechnology* **31**(10), 894–789. PMID: 24104757.

Berman, P., Zhang, Z., Wolf, Y.I., Koonin, E.V., Miller, W. 2000. Winnowing sequences from a database search. *Journal of Computational Biology* **7**(1–2), 293–302. PMID: 10890403.

Boratyn, G.M., Camacho, C., Cooper P.S. *et al.* 2013. BLAST: a more efficient report with usability improvements. *Nucleic Acids Research* **41**(Web Server issue), W29–33. PMID: 23609542.

Brenner, S. E. 1998. Practical database searching. *Bioinformatics: A Trends Guide* **1998**, 9–12.

Camacho, C., Coulouris, G., Avagyan, V. *et al.* 2009. BLAST+: architecture and applications. *BMC Bioinformatics* **10**, 421 (2009). PMID: 20003500.

Colbourne, J.K., Pfrender, M.E., Gilbert, D. *et al.* 2011. The ecoresponsive genome of Daphnia pulex. *Science* **331**(6017), 555–561. PMID: 21292972.

Dixon, R. A., Kobilka, B.K., Strader, D.J. *et al.* 1986. Cloning of the gene and cDNA for mammalian beta-adrenergic receptor and homology with rhodopsin. *Nature* **321**, 75–79.

Downward, J., Yarden, Y., Mayes, E. *et al.* 1984. Close similarity of epidermal growth factor receptor and v-*erb*-B oncogene protein sequences. *Nature* **307**, 521–527.

Ermolaeva, M. D., White, O., Salzberg, S. L. 2001. Prediction of operons in microbial genomes. *Nucleic Acids Research* **29**, 1216–1221.

Ferretti, J. J., McShan, W.M., Ajdic, D. *et al.* 2001. Complete genome sequence of an M1 strain of *Streptococcus pyogenes*. *Proceedings of the National Academy of Science, USA* **98**, 4658–4663.

Gotoh, O. 1996. Significant improvement in accuracy of multiple protein sequence alignments by iterative refinement as assessed by reference to structural alignments. *Journal of Molecular Biology* **264**, 823–838.

Gribskov, M., Robinson, N.L. 1996. Use of receiver operating characteristic (ROC) analysis to evaluate sequence matching. *Computational Chemistry* **20**, 25–33.

Gumbel, E. J. 1958. *Statistics of Extremes*. Columbia University Press, New York.

Huang, Y., Li, Y., Burt, D.W. *et al.* 2013. The duck genome and transcriptome provide insight into an avian influenza virus reservoir species. *Nature Genetics* **45**(7), 776–783. PMID: 23749191.

International Human Genome Sequencing Consortium. 2001. Initial sequencing and analysis of the human genome. *Nature* **409**, 860–921.

Karlin, S., Altschul, S. F. 1990. Methods for assessing the statistical significance of molecular sequence features by using general scoring schemes. *Proceedings of the National Academy of Science, USA* **87**, 2264–2268.

Kaufman, K.M., Sodetz, J.M. 1994. Genomic structure of the human complement protein C8 gamma: homology to the lipocalin gene family. *Biochemistry* **33**(17), 5162–5166. PMID: 8172891.

Korf I., Yandell M., Bedell, J. 2003. *BLAST*. O'Reilly Media, Sebastopol, CA.

Needleman, S. B., Wunsch, C. D. 1970. A general method applicable to the search for similarities in the amino acid sequence of two proteins. *Journal of Molecular Biology* **48**, 443–453.

Pagni, M., Jongeneel, C. V. 2001. Making sense of score statistics for sequence alignments. *Briefings in Bioinformatics* **2**, 51–67.

Park, J., Karplus, K., Barrett, C. *et al.* 1998. Sequence comparisons using multiple sequences detect three times as many remote homologues as pairwise methods. *Journal of Molecular Biology* **284**, 1201–1210.

Pearson, W. R. 1996. Effective protein sequence comparison. *Methods in Enzymology* **266**, 227–258.

Rensing S.A., Lang, D., Zimmer, A.D. *et al.* 2008. The *Physcomitrella* genome reveals evolutionary insights into the conquest of land by plants. *Science* **319**(5859), 64–69. PMID: 18079367.

Schäffer, A.A., Aravind, L., Madden, T.L. *et al.* 2001. Improving the accuracy of PSI-BLAST protein database searches with composition-based statistics and other refinements. *Nucleic Acids Research* **29**, 2994–3005.

Smith, T. F., Waterman, M. S. 1981. Identification of common molecular subsequences. *Journal of Molecular Biology* **147**, 195–197.

Wootton, J. C., Federhen, S. 1996. Analysis of compositionally biased regions in sequence databases. *Methods in Enzymology* **266**, 554–571.

Yu, Y.-K., Altschul, S.F. 2005. The construction of amino acid substitution matrices for the comparison of proteins with non-standard compositions. *Bioinformatics* **21**, 902–911.

Yu, Y.-K., Wootton, J.C., Altschul, S.F. 2003. The compositional adjustment of amino acid substitution matrices. *Proceedings of the National Academy of Science, USA* **100**, 15688–15693.

第5章

高级数据库搜索

对于很多查询序列，PSI-BLAST 扩展都极大地提高了发现相似度低的但生物学上明确相关的序列的灵敏度。PS_BLAST 保留了统计数据的准确性，其每一次迭代所需计算时间与空位 BLAST 相当，而且可被完全自动化迭代使用。这些发展应可极大地增强数据库搜索对分子生物学家的有效利用。

——*Altschul* 等（1997）

不是通过搜索从查询序列中获得的数据结构而获得种子序列片段（如 BLAST），研究者相反地可搜索从数据库中获得的数据结构来获得种子序列片段。

——*Morgulis* 等（2008）评论 BLAT、SSAHA 和 MegaBLAST

我们描述了一种分块排序的、无缺失的数据压缩算法……该算法是基于对一个输入文本分块的进行可逆转换的应用。这种可逆转换本身并不压缩数据，而是把数据进行重排从而使得数据可以被一些如前移编码之类的简单算法来进行压缩。

——Burrows 和 Wheeler（1994）

 学习目标

通过阅读本章你应该能够：

- 定义位置特异性打分矩阵（PSSM）；
- 解释位置特异性迭代 BLAST（PSI-BLAST）和 DELTA-BLAST 怎样大幅提升蛋白质 BLAST 蛋白搜索的灵敏度；
- 描述谱隐马尔科夫模型（profile Hidden Markov Models（HMMs））并解释其与 BLAST 相比在数据库搜索中的优势；
- 解释空位种子的策略怎样提升 DNA 搜索的灵敏度；
- 描述数以百万计的二代测序数据是怎样比对到参考基因组上的。

5.1 引言

我们在第 3 章和第 4 章中分别介绍了双序列比对和 BLAST。BLAST 搜索可以使我们从一个数据库中找出感兴趣的蛋白质或基因。BLAST 搜索可以有很多种用途，在本章中我们将介绍几种高级的数据库搜索技术。

使用人类肌红蛋白（NP_005359）作为 BLASTP 查询序列在人类 RefSeq 数据库中搜索，不能在结果中发现 β 球蛋白。

我们首先介绍五种主要的 NCBI BLAST 程序所不足以解决的三个问题。

① 我们知道肌球蛋白与 α 球蛋白和 β 球蛋白都是同源的。它们都隶属于脊椎动物球蛋白超家族。我们已经在图 3.1 中知道肌球蛋白与 α 球蛋白和 β 球蛋白都有相似的三维结构。然而，如果你用 β 球蛋白（NP_000509.1）作为查询序列，利用 BLASTP 进行搜索［限定输出物种为人类并设定数据库为 nr（nonredundant，去冗余）或 Refseq］，并不能找到肌球蛋白。但幸运地是，像 DELTA-BLAST 和 HMMER 这样的程序可以轻松地发现同源但进化关系远缘的蛋白。

> 可以从 NCBI 主页或 http://www.ncbi.nlm.nih.gov/mapview/获取 Map Viewer，目前提供 150 个特定物种 BLAST 网站。

② 假定我们想要把一个长序列（20000 个以上碱基对）与一个数据库进行比对。或者，假定我们也想进行两个长序列之间的双序列比对，比如比对人类第 20 号染色体（6.2 千万个碱基对）和小鼠第 2 号染色体。我们需要一个速度比 BLASTN 更快的算法，还需要对全局和局部比对都进行探索。对于这个问题，我们能预计到比对结果的某些区域是高度保守的，而其他区域则可能具有很大程度的分化。随着数千个基因组的完全测序，找到针对上述问题的搜索和比对方法就变得非常重要。

> 在线文档 5.1 见 http://www.bioinfbook.org/chapter5，列出了物种特异性的 BLAST 服务器。

③ 一个典型的二代测序实验会生成大量的短读段（100～400 个碱基对），而这些读段都需要被比对到一个参考基因组（比如约有 30 亿个碱基对的人类基因组）。如果利用 BLASTN 来完成这个任务，就需要整整几周时间，但一些速度很快的工具则可以在几分钟或几小时内完成。

本章先简要介绍针对许多不同类型的研究问题的特殊 BLAST 的资源。然后，我们会介绍 PSI-BLAST、DELTA-BLAST 和隐马尔科夫模型，这些工具可用于发现远缘蛋白。之后，我们会可用于比对基因组 DNA 的 BLAST-类似工具。

5.2　特殊 BLAST 的网站

到现在为止，我们已经使用过了 NCBI 网站的一些 BLAST 资源（见第 3、第 4 章）。还有一些其他相关程序，包括物种特异性 BLAST 网站、允许用户搜索特定种类分子的 BLAST 网站及一些特殊的数据库搜索算法。

物种特异性 BLAST 网站

我们已经知道在 NCBI 网站上标准的比对搜索得到的输出结果可以被限定于某一特定的物种。聚焦在数十种重要物种的 BLAST 搜索可以在 NCBI Map Viewer 网站实现。

很多数据库包含来自于一个特定物种的分子序列，并常常提供物种特异性 BLAST 服务器。有些情况下，这些数据库收入了还未被收在 GenBanK 的未完成测序的序列。如果一个蛋白质或 DNA 序列在进行标准 NCBI BLAST 搜索后没有获得匹配结果，你可以在这些专门数据库中进行更彻底地搜索。另外，在"特殊 BLAST-相关算法"部分中，我们将看到其中一些数据库可能会有特殊的输出格式并提供搜索算法。

Ensembl BLAST

Ensembl 计划是由桑格研究所和欧洲生物信息中心联合发起的。Ensembl 网站提供了为研究人类基因组和其他基因组所需的丰富的数据资源（见第 15、第 19 和第 20 章）。Ensembl BLAST 服务器允许用户搜索 Ensembl 数据库。作为一个例子，可以把 FASTA 格式的人类 β 球蛋白（序列号 NP_000509）氨基酸序列粘贴到 Ensembl 来进行 TBLASTN 搜索。结果包括了一个图形，显示了按染色体排列的数据库匹配结果的染色体位置（图 5.1）。这种显示方式可以方便地展示最佳匹配在染色体上的位置，包括 β 球蛋白所在的第 11 号染色体。图 5.2 展示比对结果的一个总结，着重强调基因座。可以看到在第 16 号染色体上有一些合理的高分匹配，对应的是 α 球蛋白基因所在区域。输出的链接中包括了查询序列与每个匹配的双序列比对结果和一个到 ContigView 的链接，这个基因组浏览器包含了各式各样的图和数十种不同领域的信息（比如染色体条带意符、邻近基因展示、到蛋白质和 DNA 数据库的链接、多态性、小鼠同源基因以及表达数据等）。

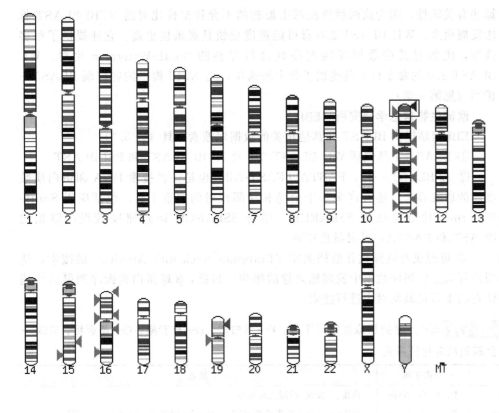

图 5.1 在 Ensembl 数据库中用 TBLASTN 搜索人类 β 球蛋白得到的输出结果。结果以染色体图片格式呈现。最佳匹配位于第 11 号染色体的短臂（红色的框和箭头）。在其他染色体上较弱的旁系同源匹配也可在图中看到（橙色的箭头）

Links	Query			Chromosome				Stats			
	Start	End	Ori	Name	Start	End	Ori	Score	E-val	%ID	Length
[A] [S] [G] [C]	31	106	+	Chr:11	5247804	5248031	-	652	4.0e-94	98.68	76
[A] [S] [G] [C]	31	124	+	Chr:11	5255155	5255445	-	646	2.5e-65	81.63	98
[A] [S] [G] [C]	31	110	+	Chr:11	5275504	5275746	-	532	2.4e-82	75.31	81
[A] [S] [G] [C]	13	121	+	Chr:11	5290606	5290980	-	529	9.2e-41	56.25	128
[A] [S] [G] [C]	31	110	+	Chr:11	5270580	5270822	-	527	7.3e-82	75.31	81
[A] [S] [G] [C]	32	104	+	Chr:11	5264339	5264557	-	436	5.9e-73	72.97	74
[A] [S] [G] [C]	101	147	+	Chr:11	5246831	5246962	-	360	4.0e-94	91.49	47
[A] [S] [G] [C]	65	147	+	Chr:11	5254197	5254418	-	323	7.2e-35	55.95	84
[A] [S] [G] [C]	1	45	+	Chr:11	5248123	5248251	-	272	9.1e-42	80.00	45
[A] [S] [G] [C]	105	147	+	Chr:11	5289702	5289830	-	266	1.1e-25	74.42	43
[A] [S] [G] [C]	65	147	+	Chr:11	5274510	5274728	-	263	2.3e-25	50.59	85
[A] [S] [G] [C]	31	143	+	Chr:16	226926	227237	+	260	1.7e-15	35.54	121
[A] [S] [G] [C]	31	143	+	Chr:16	223122	223433	+	256	4.4e-15	35.59	118

图 5.2 Ensembl BLAST 网站提供的输出结果，包括得分、E 值、到比对结果的链接（A）、查询序列（S）、基因组（匹配）序列（G）和 Ensembl ContigView（C）

Welcome Trust 桑格研究所（WTSI）

WTSI 在基因测序领域有很重要的地位。其网站提供了针对逾 100 个物种的 BLAST 搜索。还提供针对脊椎动物基因组注释 [Vertebrate Genome Annotation (VEGA)]计划的 BLAST 服务器。该计划致力于对有选择的脊椎动物基因组（目前有人类、黑猩猩、小鼠、大鼠、狗、猪、斑马鱼等）进行高质量人工注释。

特殊的 BLAST-相关算法

我们已经详细介绍了 NCBI 的标准 BLAST 算法。但除这些算法外，还存在很多其他的相关算法。

WU BLAST 2.0
WU BLAST 2.0 由华盛顿大学的 Warren Gish 开发。它与传统的 NCBI BLAST

Wellcome Trust Sanger 研究所网站是 http://www.sanger.ac.uk/（链接 5.2），EBI 网址 http://www.ebi.ac.uk/（链接 5.3），Ensembl 人类 BLAST 网址 http://www.ensembl.org/Homo_sapiens/blastview(链接 5.4)，Ensembl 小鼠及其他物种 BLAST 也可以在 http://www.ensembl.org/（链接 5.5)找到。

WTSI BLAST 在线资源 http://www. sanger. ac. uk/resources/software/ blast/(链接 5.6)。VEGA 主页 http://vega. sanger. ac.uk/(链接 5.7)。

WU BLAST 2.0，又名 AB-BLAST,是 Advanced Biocomputing 有限公司 的软件，网址是 http:// www. advbiocomp. com/ (链接 5.8)。

EBI 的工具网址 http://www. ebi. ac. uk/ Tools/sss/(连接 5.9)

算法有关联性，因为这两种算法都由最初的不允许空位比对的 NCBI BLAST 算法发展而来。WU BLAST 2.0 有可能速度更快且灵敏性更高。它还提供了很多选项，比如对某些数据库匹配序列进行完整的 Smith-Waterman 比对。WU BLAST 2.0 的命令行工具提供了数十种选项，与 NCBI 提供的客户端 BLAST＋相当（见第 4 章）。

欧洲生物信息学研究所（EBI）

EBI 网站提供 BLAST 和其他相关的数据库搜索工具（表 5.1）：

① BLAST 工具包括 WU BLAST 2.0 及 NCBI BLAST 和 PSI-BLAST。

② 和 BLAST 一样，FASTA（FAST-All）也是一种搜索 DNA 和蛋白质数据库的启发算法。还有许多基于全局和局部比对的搜索工具，包括应用 Smith-Waterman 比对算法的 SSEARCH。尽管 SSEARCH 运行速度较慢，但相比 BLAST 和 FASTA，其灵敏度更高。

③ 可提供对欧洲核苷酸档案库（European Nucleotide Archive）的搜索，使用户可从二代测序数据中发现感兴趣的序列。目前，β 球蛋白查询序列可以快速地在约 1 万亿碱基对中进行搜索。

表 5.1 EBI 上序列相似度搜索工具。P—蛋白质，N—核苷酸，G—基因组，WGS—全基因组鸟枪法序列

种类	工具	查询序列	描述
FASTA	FASTA	P, N, G, WGS	快速、启发式、局部比对搜索
	SSEARCH	P, N, G, WGS	最优(不是基于启发式的)局部比对工具(应用 Smith-Waterman 算法)
	PSI-SEARCH	P	结合 SSEARCH 与 PSI-BLAST 构建谱来寻找远缘关系
	GGSEARCH	P, N	基于 Needleman-Wunsch 的全局最优比对算法
	GLSEARCH	P, N	最优比对工具(查询序列基于全局，数据库序列基于局部)
	FASTM/S/F	P, N, 蛋白质组	分析短的查询肽链
BLAST	NCBI BLAST	P,N,向量	快速、启发式、局部比对搜索
	WU-BLAST	P,N	相对于 NCBI BLAST 有更高的敏感度
	PSI-BLAST	P	位点特异的迭代 BLAST 用于寻找远源关系
ENA 序列搜索		N	欧洲核苷酸数据库快速搜索

来源：http://www.ebi.ac.uk/Tools/sss/. Accessed April 2015.

PSI-BLAST 工具可以 通过蛋白质 BLAST 页 面 http://www. ncbi. nlm. nih. gov/BLAST (链接 5.10)运行，也可 以在 EBI 提供的网址 http://www. ebi. ac. uk/Tools/sss/psiblast/ (链接 5.11)以及巴斯 德研究所提供的网址上 找 到（ http://mobyle. pasteur. fr/cgi-bin/portal. py? ♯ forms:: psiblast，链接 5.12）。

专门的 NCBI BLAST 网站

NCBI 上 BLAST 的主要网站还提供了一系列专门的搜索，如针对免疫球蛋白、载体、单核苷酸多态性（SNPs，见第 8 章），或原始基因组序列的跟踪档案（第 15 章）等进行搜索。例如，IgBLAST 可报告与查询序列最相关的 3 个生殖系 V 基因、2 个 D 和 2 个 J 基因。

二代测序数据的 BLAST

我们会在第 9 章介绍二代测序（NGS）和存储二代测序数据的序列读段档案库［Sequence Read Archive（SRA）］。你可以对 NGS 读段进行网页版的 BLAST。在 NCBI 主页上，输入搜索条目 NA12878，这个条目是一个进行过充分研究的个人基因组（基于多个测序技术）的标识符。链接到 SRA 后，可看到其已包括超过 400 个条目。在结果列表中，点击一个或多个框［比如选择 "High-coverage whole-exome sequencing of CEPH/UTAH female individual（HapMap: NA12878）"］。选择 "Send to" 和 "BLAST" 的链接后，会出现一个标准的 BLAST 页面，在那里你可以用一个感兴趣的查询序列，如对应 β 球蛋白的 NM＿000518.4，来对一套二代测序数据进行搜索。

5.3 寻找远缘相关蛋白质：位置特异性迭代 BLAST（PSI-BLAST）和 DELTA-BLAST

很多同源蛋白都只有有限的序列一致性。这些蛋白质可能具有同一种三维结构（基于 X 射线衍射），但是在双序列比对中看不出它们有明显的相似性。我们已经知道打分矩阵对与不同进化距离的蛋白匹配颇为敏感。例如，我们已经比较了 PAM250 和 PAM10 的打分矩阵（图 3.14 和图 3.15），并且看到了 PAM250 矩阵给探测远缘相关的蛋白质提供了一个更好的打分系统。因此，在进行数据库搜索时，可以通过改换打分矩阵来探测远缘相关的蛋白质。尽管如此，数据库中很多蛋白质由于相关性太小，以至于很难用标准的 BLASTP 方法来检测。在很多其他的情况，虽然可以检测到匹配蛋白，但是否同源并不明确。在图 4.16 中，我们看到输入条目 RBP4 用 BLASTP 进行搜索得到了一个统计学上不显著（$E=0.18$）的匹配——同源补体成分 8 gamma，尽管该蛋白是一个真实的同源蛋白。我们希望有一个算法可以让真阳性的远缘相关蛋白在统计上显著，而同时能够减少假阳性（被算法认为相关但实际上无关的蛋白）和假阴性（被算法认为无关但实际相关的蛋白）。

位置特异性迭代 BLAST（简称为 PSI-BLAST 或 ψ-BLAST）是一种特殊的 BLAST 搜索，它比常规的 BLAST 搜索往往要更加灵敏（Altschul 等，1997；Zhang 等，1998；Schäffer 等，2001）。PSI-BLAST 使用的目的是更深入地搜索数据库，以发现一个与你感兴趣的蛋白远缘相关的匹配蛋白。在很多情况下，当一个基因组被完整测序，需要寻找预测蛋白的同源物，这时，就需要用到 PSI-BLAST。

> 我们在图 4.10 已经看过了从 BLAST 输出一个多重序列比对，在第 6 章将深入研究这一主题。

PSI-BLAST 有以下 5 个步骤。

① 一个常规 BLASTP 使用某个打分矩阵（如默认的 BLOSUM62 矩阵）对你的查询序列（如 RBP）在一个目标数据库中进行搜索。PSI-BLAST 也是从一个蛋白查询序列对 NCBI 网站上的某个数据库进行搜索来开始的。

> PSSM 的发音有时是 "possum"。

② PSI-BLAST 利用基于成分的统计数据从起始的（如 BLASTP）搜索的结果中构建一个多序列比对。然后，基于该多序列比对，它会构建专门的、个体化的搜索矩阵［也叫做一个谱（profile）］。

③ 得到的位置特异性打分矩阵（PSSM）会被用来进行再一次搜索（而不是用原始的蛋白）。

④ PSI-BLAST 对数据库匹配的统计显著性进行评估。其评估基本上是用我们前述关于有空位比对所涉及的参数。

⑤ 以上搜索被重复迭代，一般迭代 5 次。在每次迭代时，一个新的谱被用来查询。迭代次数必须由用户选择，通过点击 "Run PSI-BLAST Iteration" 实现。你可在任意时刻停止迭代，如只发现较少的新结果或由于程序收敛而不再产生新结果。

框 5.1 PSI-BLAST 的目标频率

总的分数是从每个特定列位置的打分得来。而每个特定列位置上的得分为 $\log(q_i/p_i)$，其中 q_i 是在该位置上发现该氨基酸残基 i 的概率，而 p_i 则是该氨基酸的背景频率（Altschul 等，1997）。该公式的关键在于如何估计目标频率 q_i。这是通过应用伪计数方法的两个步骤（Tatusov 等，1994）得来。首先，伪计数频率 g_i 由每一列位置得来：

$$g_i = \sum_j \frac{f_j}{p_j} q_{ij}$$

其中 f_j 是观察频率，p_j 是背景频率，q_{ij} 是隐含在替换矩阵中的目标频率［见公式（3.4）和公式（3.7）］。第二步，计算目标频率 q_i（对应于在某一列位置上出现残基 i 的可能性）：

$$q_i = \frac{\alpha f_i + \beta g_i}{\alpha + \beta}$$

其中 α 和 β 分别是赋予观察频率 f_i 和伪计数残基频率 g_i 的相对权重。在估计好目标频率后，便可以对于给定的比对位置赋分 $\ln(q_i/p_i)/\lambda$。Altschul 等在 2009 年进一步说明保守性越强的列位置需要越少的伪计数；这样的校正可以提升检测结果的准确性。

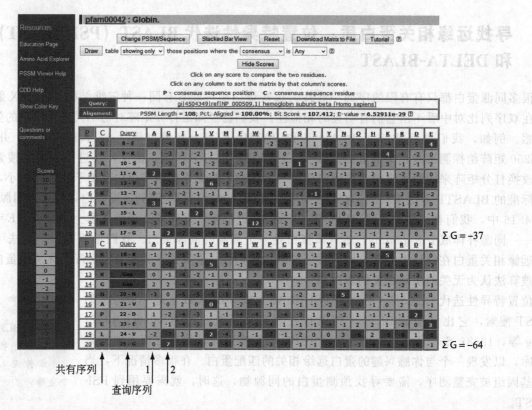

图 5.3 位置特异性打分矩阵（PSSM）的矩阵视图。利用 NCBI 的 PSSM 可视化工具查询 pfam00042 [CDD（Conserved Domain Database）中的球蛋白家族]，再把人类 β 球蛋白（NP_000509）被用来与该 PSSM 比对，选择矩阵视图来显示结果。行按照序列位置顺序（标题为 P 的列，一共显示了 20 个位置）进行排列，共有序列对应位置上的氨基酸显示在标题为 C 的列，查询序列上对应的位置和其所比对的氨基酸或空位显示在标题为 query 的列。列中还包括了 20 种氨基酸（列标题从 A 到 E）。从箭头 1 和 2 所指，可以看到一个氨基酸在不同位置会被赋予显著不同的分数（详见正文描述）。图的右侧可以看到甘氨酸残基在位置 20 和位置 10 上 20 种氨基酸的总分数之后都为负数，而位置 20 上的得分要明显更小，表明位置 20 上的甘氨酸要更加保守。在位置 10 上匹配一个甘氨酸的得分是＋2，而在位置 20 上面得分则是＋7

NCBI PSSM Viewer 网址为 http://www.nc-bi.nlm.nih.gov/Class/Structure/pssm/pssm_viewer.cgi（链接 5.13）。

当我们检视一个多重序列比对的结果时，我们通常会发现在比对中的一些列位置上某个给定的氨基酸残基具有特异的替换模式。我们在图 4.19 中给了一个突出例子，其中精氨酸残基在比对的某些位置上完全保守，而在其他位置则可以被其他氨基酸残基替换。PSSM 可以反映这种位置特异性信息。

对于一个序列长度为 L 的查询蛋白，PSI-BLAST 会构造一个维度为 $L \times$ 20 的 PSSM。每个 PSSM 矩阵行数为 L，对应了查询蛋白的序列长度。冗余序列（序列一致性大于 94％ 的两序列）在构建矩阵时会被清除，这样可以保证非常近源的序列不会对位置特异性打分矩阵的构造造成过大的偏差。空位赋分与 BLASTP 一样，没有位置特异性。从一个多重序列比对（框 5.1）中可以得到一个唯一的打分矩阵（谱）。在每次迭代中，PSI-BLAST 都会创建一个不同的打分矩阵。

用户可以自行调节阈值，可以试一试将 E 值阈值调为 0.5 或者 0.00005，然后观察结果有哪些变化。如果将阈值调得很低，那么结果中只能看到紧密相关的同源蛋白，而阈值调得过高，结果中会出现一些假阳性。

PSSM 看起来像什么呢？NCBI 教育网站上提供一个 PSSM 可视化的工具。图 5.3 所示的是人类 β 球蛋白和一个球蛋白家族的比对结果。该蛋白家族的共有序列被列在一列中（图中标题为 P 的列列出了该 PSSM 的前 20 个序列位置）。查询序列（β 球蛋白）在比对中的结果被放置在另一列，之后的 20 列代表了 20 种氨基酸。表中数值代表了每种氨基酸在 PSSM 的某个序列位置上的赋分。丙氨酸（箭头 1 所指）在我们的查询序列中出现了两次，得分分别是＋2 和＋3。在共有序列中，丙氨酸出现了 3 次（第 3、第 7、第 16 号位置），其在 PSSM 中所对应的赋予的得分分别是＋3、＋3 和＋1。丙氨酸在不同位置赋予的得分不同揭示了 PSSM 的主要特征。在赋予的得分是＋3 的位置，该家族中许多蛋白都倾向于出现丙氨酸。而在赋予的得分是＋1 的位置上，丙氨酸则没有那么保守（β 球蛋白这个位置上是缬氨酸）。甘氨酸（箭头 2 所指）在共有序列位置 10 和 20 赋予的得分分别是＋2 和＋7，其区别是巨大的。横向看位置 10 这一行，20 种氨基酸总得分是－37（负数表明在该位置上发生甘氨酸与其他氨基酸比对的概率要远小于随机）；在位置 20 上，20 种氨基酸总赋分便是－64，表明该位置上不选择甘氨酸会有极高罚分，也表明该位置对于甘氨酸有极强的倾向性。以上这些例子展示了 PSI-BLAST 的一个主要的优势：PSSM 反映了对在不同位置上每种氨基酸替换出现概率的更个体化的估计。

表 5.2 PSI-BLAST 比 BLASTP 找到了更多的 E 值显著的匹配。图中展示了利用人类 β 球蛋白作为 PSI-BLAST 的查询序列，搜索真菌 RefSeq 数据库（txid：4751；2015 年二月）所得到的结果。第 5～10 次迭代（并没有在表中显示）的结果与第 3、4 次结果类似

迭代次数	E 值≤0.005 匹配个数	E 值＞0.005 匹配个数
1	9	54
2	182	22
3	206	41
4	207	24

下面我们展示 PSI-BLAST 令人注目的结果。在 NCBI 中 BLAST 页面上输入 β 球蛋白的蛋白索引编号，选择 PSI-BLAST 并将 RefSeq 数据库设置为真菌。使用默认参数，我们得到了 60 多个匹配结果（表 5.2），其中 9 个的 E 值低于入选阈值（默认值为 0.005）。检查发现这些蛋白都叫做假定蛋白（来自不同真菌物种），不能从名字上辨别是否是球蛋白。数十个数据库匹配结果高于入选阈值，没有显著 E 值。这些蛋白中有一些实际上是球蛋白远缘相关蛋白（比如 flavohemoprotein 和一种曲霉菌蛋白"细菌血红蛋白"）。它们与球蛋白有相似的三维结构，也具有相关的载体蛋白，因而是真正的球蛋白。其余匹配结果则可能是真阴性。

> 白假丝酵母蛋白的编号是 XP_711954.1。

在此一步骤中，PSI-BLAST 与标准的 BLASTP 没有什么区别，都用到了氨基酸替换矩阵如 BLOSUM62。但 PSI-BLAST 从此步中的匹配结果选择了满足入选阈值的匹配蛋白，并在此基础上构建了多重序列比对。通过分析该多序列比对，PSI-BLAST 就建立了 PSSM，以查询序列作为打分谱的序列位置模板。

在下一步，PSI-BLAST 建立的独特的打分谱（PSSM）就被用来下一次迭代的搜索。点击"run PSI-BLAST iteration 2"框后，该特制打分谱就会被用来进行搜索。新得到的匹配蛋白会被加入到比对结果中去。在表 5.2 中，我们可以看到第二次迭代中满足阈值的匹配蛋白数目从 9 扩大到 182。再一次迭代之后，这个数目会上升到 206。检查发现，匹配蛋白均是真正的球蛋白家族成员。当搜索达到平台期后可以停止迭代，或者可以继续迭代直到程序收敛。迭代停止表明已找不到更多的匹配蛋白。如此，PSI-BLAST 程序就会结束。

PSI-BLAST 的这个搜索获得了什么效果？在一系列位置特异性迭代后，在数据库中找到了超 200 个的匹配，包括很多远缘相关的蛋白。通过人 β 血红蛋白（HBB）与最佳匹配——一个来自白假丝酵母菌的假定蛋白之间的比对，我们能够了解搜索的灵敏性是如何增加的。在第一轮 PSI-BLAST 中，该比对的分数是 43.5 比特，期望值是 4e-04（即 4×10^{-4}），在长度为 87 个残基的比对中有 24 个一致，3 个为空位 [图 5.4 (a)]。第二轮迭代后，该比对的分数上升到 136 比特，期望值则下降到 10^{-36} [图 5.4 (b)]，比对长度也增加了（110 个残基长度），虽然空位数目因为比对长度的增加而有所上升。第三轮迭代后，该比对的期望值变成 2×10^{-33} [图 5.4 (c)]（期望值没有进一步降低的原因可能是由于调整后的 PSSM 对于一些入选的其他真菌球蛋白可能有偏好性）。相比于第一次迭代，由于使用为这个蛋白家族特别定制的打分矩阵，该比对的期望值出现了非常明显的下降。可以注意到从第三次迭代开始，PSSM 使得人类蛋白

(a) PSI-BLAST第一次迭代匹配（人β球蛋白vs.白色念珠菌球蛋白）

hypothetical protein CaO19.4459 [Candida albicans SC5314]
Sequence ID: ref|XP_711954.1| Length: 563　Number of Matches: 1
▶ See 1 more title(s)

Range 1: 338 to 424 GenPept　Graphics

Score	Expect	Method	Identities	Positives	Gaps
43.5 bits(101)	4e-04	Composition-based stats.	24/87(28%)	42/87(48%)	3/87(3%)

```
Query  59  PKVKAHGKKVLGAFSDGLAHLDNLK---GTFATLSELHCDKLHVDPENFRLLGNVLVCVL  115
               P K     + G S ++ L+NL        A L+LH  L+++  +F+L+G V
Sbjct 338  PSIKHQAANMAGILSLTISQLENLSILDEYLAKLGKLHSRVLNIEEAHFKLMGEAFVQTF  397

Query 116  AHHFGKEFTPPVQAAYQKVVAGVANAL  142
               FG +FT ++ + K+  +AN L
Sbjct 398  QERFGSKFTKELENLWIKLYLYIANTL  424
```

(b) PSI-BLAST第二次迭代（人β球蛋白vs.白色念珠菌球蛋白）

Range 1: 315 to 424 GenPept　Graphics

Score	Expect	Method	Identities	Positives	Gaps
136 bits(343)	1e-36	Composition-based stats.	27/110(25%)	48/110(43%)	6/110(5%)

```
Query  39  TQRFFESFG-DLST--PDAVMGNPKVKAHGKKVLGAFSDGLAHLDNLK---GTFATLSEL  92
               +  F   +L + P    P+K     + G S ++ L+NL       A L
Sbjct 315  SSLFCRQLYFNLLSKDPTLEKMFPSIKHQAANMAGILSLTISQLENLSILDEYLAKLGKL  374

Query  93  HCDKLHVDPENFRLLGNVLVCVLAHHFGKEFTPPVQAAYQKVVAGVANAL  142
               H   L+++   +F+L+G V      FG +FT  ++ + K+   +AN L
Sbjct 375  HSRVLNIEEAHFKLMGEAFVQTFQERFGSKFTKELENLWIKLYLYIANTL  424
```

(c) PSI-BLAST第三次迭代（人β球蛋白vs.白色念珠菌球蛋白）

Range 1: 281 to 426 GenPept　Graphics

Score	Expect	Method	Identities	Positives	Gaps
128 bits(321)	2e-33	Composition-based stats.	28/146(19%)	50/146(34%)	6/146(4%)

```
Query   5  TPEEKSAVTALWGKVNVDEVGGEALGRLLVVYPWTQRFFESFGDLS---TPDAVMGNPKV  61
               +        +          + RL   +  F            P    P+
Sbjct 281  SRRRIIKRKSSRNVNGSGSTNTNIMTRLDSTTIASSLFCRQLYFNLLSKDPTLEKMFPSI  340

Query  62  KAHGKKVLGAFSDGLAHLDNLK---GTFATLSELHCDKLHVDPENFRLLGNVLVCVLAHH  118
               K     + G S ++ L+NL       A L+LH   L+++  +F+L+G V
Sbjct 341  KHQAANMAGILSLTISQLENLSILDEYLAKLGKLHSRVLNIEEAHFKLMGEAFVQTFQER  400

Query 119  FGKEFTPPVQAAYQKVVAGVANALAH  144
               FG +FT  ++ + K+   +AN L H
Sbjct 401  FGSKFTKELENLWIKLYLYIANTLLQ  426
```

Range 2: 212 to 240 GenPept　Graphics

Score	Expect	Method	Identities	Positives	Gaps
32.6 bits(73)	1.7	Composition-based stats.	3/29(10%)	12/29(41%)	0/29(0%)

```
Query   2  VHLTPEEKSAVTALWGKVNVDEVGGEALG  30
               + L +   +       W ++ ++E  + +
Sbjct 212  LQLNKHQIDLLRYTWNQMLLEESNEDEIF  240
```

图 5.4　利用基于 PSSM 的累积迭代，PSI-BLAST 搜索可以发现远缘相关蛋白。(a) 以人类 β 球蛋白（NP_000509）作为查询序列，在第一次迭代后，可得到一个注释为假设蛋白的真菌球蛋白（XP_711954.1）。(b) 当进行到第二次迭代时，两序列比对的长度增加，比对的比特分升高而期望值下降。(c) 在第三次迭代时，比对结果横跨了蛋白质的两个区域，分别对应了 146 和 29 个氨基酸残基长度。在第四次迭代（没有放在图中）时，这两个区域被拼接成一个跨度为 146 个氨基酸残基的一个单一的比对片段（19% 氨基酸一致性）

的末端残基与白假丝酵母菌球蛋白相比对。在第四次迭代时，这两个区域便连接在一起，从而得到了一个包含 6 个空位的长度为 146 个残基的比对结果。

　　图 5.5 可以形象地帮助我们理解 PSI-BLAST 的过程。把数据库中每一个球蛋白看做是空间中的一个点。以 β 球蛋白作为查询，在不限定任何物种范围的情况下，起始的 BLASTP 搜索可以找到其他直系同源（如鸡、鱼等）和旁系同源球蛋白（如 α 蛋白）。PSI-BLAST 的 PSSM 协助我们找到了许多其他球蛋白。HBB 作为查询，BLASTP 只找到少于 10 个的真菌球蛋白，但 PSI-BLAST 则找到了数百个。

　　PSI-BLAST 搜索的迭代次数与数据库返回的匹配数目有关。每一次 PSI-BLAST 迭代后，返回结果可显示哪些序列可与 PSSM 匹配。

PSI-BLAST 的错误：污染问题

> 污染是 Schäffer 等在 2001 年定义的。

> Wootton 和 Federhen (1996) 对 SEG 进行了描述。

　　PSI-BLAST 搜索错误的主要来源是无关序列的虚假扩增。这个问题大多出现在当查询蛋白（或 PSI-BLAST 迭代后产生的序列谱）包含有高度偏好性氨基酸组成的区域时。当返回结果中包含了一个新序列，即使其比选入阈值稍高，也会被整合入下一个打分谱，从而会在下一次迭代中被程序发现。如果该新序列不是查询序列的同源蛋白，那么就会污染 PSSM。当 5 次迭代后，PSI-BLAST 的 PSSM 发现了至少一个 E 值小于 10^{-4} 的假阳性匹配，我们则认为发生了污染。

　　有三个措施可用来停止 PSI-BLAST 搜索的污染。

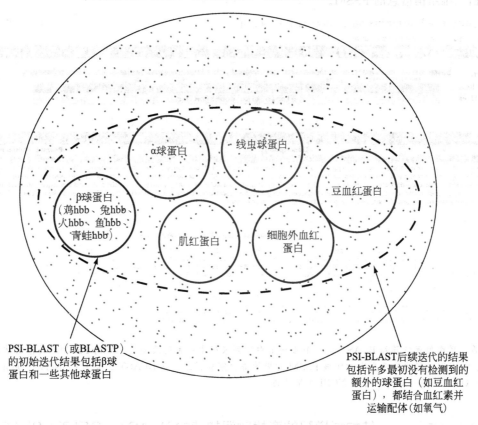

所有的球蛋白
（主要的四组：球蛋白、细菌样球蛋白、原球蛋白和藻胆蛋白体）

PSI-BLAST（或BLASTP）的初始迭代结果包括β球蛋白和一些其他球蛋白

PSI-BLAST后续迭代的结果包括许多最初没有检测到的额外的球蛋白（如豆血红蛋白），都结合血红素并运输配体（如氧气）

图 5.5　PSI-BLAST 算法通过发现序列一致性较低的同源蛋白来提升数据库搜索的灵敏度。在本图中，每个点代表一个球蛋白。球蛋白相关家族共有四个（球蛋白、细菌样球蛋白、原球蛋白和藻胆蛋白体，见第 12 章）。椭圆内代表球蛋白（如 α、β 球蛋白，肌红蛋白和豆血红蛋白）。所有这些蛋白来自同一家族，因而都是同源的。以人类 β 球蛋白为查询序列，标准 BLASTP 搜索会返回那些在序列一致性上与查询蛋白较相似的匹配结果（左划圆圈里）。返回结果中可能还包含了其他一些球蛋白（如 α 球蛋白等）。但如豆血红蛋白等很多其他同源蛋白则没有包含在返回结果中。标准 BLASTP 搜索灵敏性的主要限制因素是其依赖于标准的 PAM 和 BLOSUM 打分矩阵。在 PSI-BLAST 搜索时，PSSM 产生的打分系统是特别对应以查询序列进行搜索找到的一组匹配结果。虽然 PSI-BLAST 第一次迭代会得到与标准 BLASTP 一样的结果，但在接下来的每次 PSI-BLAST 迭代都会用到一个特制的打分矩阵，从而使得搜索可发现进化上更远缘的同源蛋白

　　① 使用一个过滤算法来去除有组成偏好性的氨基酸区域。这些"低熵"区域包含了具有高碱性、酸性或残基富集的氨基酸片段，如富含脯氨酸。NCBI 网站上提供了 SEG 程序，可用于此目的，对查询序列发现的数据库匹配进行过滤。
　　② 将入选阈值从默认值（如 $E=0.005$）调整为一个较低的值（如 $E=0.0001$）。这样可减少假阳性的出现，但是也会导致某些真阳性不被发现。
　　③ 肉眼检查每一次 PSI-BLAST 迭代的结果。PSI-BLAST 输出结果中的每一个匹配蛋白都有一个复选框。选择并删除可疑序列。例如，查询蛋白可能包含一个无规卷曲区域，从而导致一些包含该区域的非同源蛋白（如肌浆球蛋白）得到满足入选阈值的 E 值。

CDD 网址 http://www. ncbi. nlm. nih. gov/cdd（链接 5.14）或通过 http://blast. ncbi. nlm. nih. gov/，链接 5.15）可以找到。目前 CDD 中有超过 5 万个比对模型（PSSM），会在第 12 章进一步讲解。

反向位置特异性 BLAST（RPS-BLAST）

　　反向位置特异性 BLAST 可把一个查询蛋白序列与一个预先定义好 PSSM 数据库进行比对。其目的是鉴别查询序列中保守的蛋白质结构域。RPS-BLAST 被包含在 NCBI 的 Conserved Domain Database（CDD）数据库中（Marchler-Bauer 等，2013）。一个典型的例子是用人 β 球蛋白作查询序列可以找到球蛋

白家族（图 5.6），PSSM 注释来源于 CDD 和蛋白质家族数据库 PFAM（见第 6 章）。CDD 包含经人工审核的包括蛋白三维结构信息的 PSSM。

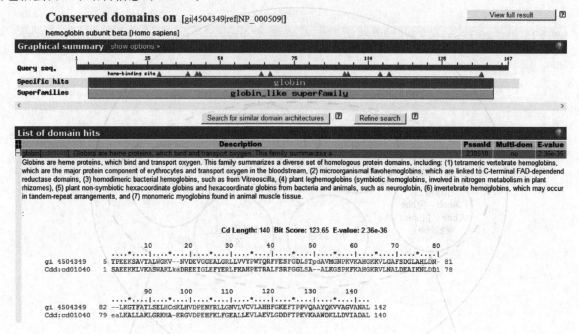

图 5.6 反向位置特异性 BLAST 用一个查询蛋白序列来搜索一系列预先定义好的 PSSM。其输出结果包含 *E* 值、与查询序列的双序列比对和该 PSSM 对应的蛋白家族描述。该 BLAST 工具为 Conserved Domain Database（CDD）的一部分，可在 NCBI 网站获得

SCOP（见第 13 章）的网址在 http://scop.mrc-lmb.cam.ac.uk/scop/（链接 5.16），是由 Cyrus Chothia 和同事们开发的。Park 等（1998）利用 PDBD40-J 数据库，这一数据库包含氨基酸相似度≤40% 的已知结构的蛋白质。DELTA-BLAST 在包括 ASTRAL 的几个数据库中进行测试，目前 SCOP ＋ ASTRAL 的最新版本（1.75B）包括超过 4000 个蛋白质家族、约 2000 个超家族和约 1200 个蛋白质折叠，具体信息见 http://scop.berkeley.edu/（链接 5.17）和第 13 章。

结构域增强的查找时间加速的 BLAST（DELTA-BLAST）

以上我们介绍了 PSI-BLAST 和 RPS-BLAST，现在我们介绍在 NCBI 网站上最灵敏和准确的蛋白质搜索工具：结构域增强的查找时间加速的 BLAST，即 DELTA-BLAST（Boratyn 等，2012）。每个 BLAST 工具都利用一个蛋白质作为查询序列，PSI-BLAST 以迭代的方式自动产生多序列比对并生成 PSSM。DELTA-BLAST 先利用 RPS-BLAST 来搜索预先计算好的 PSSM 库，然后利用得到的新的 PSSM 来搜索蛋白质数据库。DELTA-BLAST 具有很多优势：

• 它可以产生比 PSI-BLAST 更大、更完整的 PSSM。这是因为它是基于质量高的人工审核的 CDD 数据库。

• 它比 BLASTP 和 PSI-BLAST 更加灵敏，包括可更灵敏地搜索远缘相关蛋白。

• 它速度快。虽然 DELTA-BLAST 允许多次迭代，但是其表现在一次迭代之后就会大幅度变差（Boratyn 等认为这种情况有时会发生是由于当 PSSM 被应用于一个包含极度分化家族成员的蛋白家族时，可能会丢失灵敏性）。

• 它比 BLASTP 得到的序列比对质量更好。

下面是体现 DELTA-BLAST 性能的一个例子。首先将 β 球蛋白作为查询序列，用 BLASTP 在人类 RefSeq 数据库中搜索匹配蛋白。返回结果包括了 10 个 *E* 值较低的血红蛋白。用 DELTA-BLAST 来进行搜索后发现了除这些血红蛋白之外的两个更加远缘球蛋白（神经球蛋白和肌球蛋白），使得搜索变得完整。

另外一个例子，将 β 球蛋白作为查询序列，在植物 RefSeq 数据库中进行搜索。BLASTP 只得到一个显著匹配（双子叶植物蒺藜苜蓿的豆血红蛋白，*E* 值为 0.024）。而用 DELTA-BLAST 则得到 58 个显著

的匹配蛋白（E 值范围为 1×10^{-25} 至 5×10^{-6}）。

总体来说，DELTA-BLAST 远远优于 BLASTP。在少数情况下，当蛋白质查询序列在 CDD 中找不到匹配的 PSSM 时，DELTA-BLAST 的结果就会和一个典型的 BLASTP 搜索结果一样。除了在线版本之外，可单机运行 BLAST＋的程序包提供了 DELTA-BLAST 程序。

PSI-BLAST 和 DELTA-BLAST 的性能评估

为评估 PSI-BLAST 和 DELTA-BLAST 的性能，我们可对一些包含结构信息的数据库如 SCOP 和 ASTRAL 等进行搜索。这些数据库收录了已知同源的远缘相关蛋白（尽管一些蛋白质在氨基酸序列上具有很低的一致性，但它们有相似的三维结构）。这些数据库中的同源关系构成了真阳性结果的"金标准"，同时也

> PHI-BLAST 在 NCBI BLASTP 网站上可以看到。

可以帮助我们确定假阳性结果的数量。获得的信息可以被用于绘制受试者工作特征曲线 ROC（receiver operating characteristic）(Gribskov 和 Robinson，1996)。Schäffer (2001) 和 Park (1998) 等人绘制了 PSI-BLAST 的 ROC，Boratyn (2012) 等人绘制了 DELTA-BLAST 的 ROC。可以看到 DELTA-BLAST 的灵敏度要优于 PSI-BLAST、BLASTP 和其他一些程序：在给定数量的假阳性（如一个假阳性）条件下，DELTA-BLAST 可以发现三倍于 BLASTP 所发现的同源蛋白质。

模式匹配发起的 BLAST（PHI-BLAST）（模式识别 BLAST）

> 看一下图 5.7(a) 的比对结果并试着生成并检验自定的模式，模式的相关规则在第 12 章，描述见 http://www.ncbi.nlm.nih.gov/blast/html/PHIsyntax.html（链接 5.18）上有讲解，PHI-BLAST 的具体应用例子在网络文档 5.2，见 http://www.bioinfbook.org/chapter5。

很多时候一个你所感兴趣的蛋白可能包含了某个氨基酸残基模式或"特征信号"氨基酸残基，这可帮助我们判断该蛋白质属于某家族。例如，特征信号可以是酶的一个活性位点、可识别一个蛋白质家族的结构或功能域的一串氨基酸序列，或者甚至是一个功能未知的特征信号（比如在脂质运载蛋白家族里面总会出现的 GXW 氨基酸，这三个氨基酸连在一起，其中 X 指任意氨基酸）。模式匹配发起的 BLAST（PHI-BLAST）是一种特殊的 BLAST 程序，可查找到既包含匹配模式又与查询序列相关的匹配结果（Zhang 等，1998）。PHI-BLAST 比简单使用对应某个模式的短序列作为查询进行搜索更有用，因为这种简单搜索可能会找到许多和查询蛋白无关的匹配或许多随机的匹配。尽管 DELTA-BLAST 灵敏性高，但它不会输出关于用户所选的模式的相关信息。

考虑用人类蛋白质 RBP4 作为查询项来对 refseq 数据库进行 BLASTP 搜索。返回结果（2015 年 2 月份的版本）表明有 7 个匹配的 E 值小于 0.05。我们已知有很多细菌脂质运载蛋白与人类 RBP4 是远缘相关的（可被 DELTA-BLAST 确认的）。选择 7 个之中打分最高的的三个细菌蛋白，把它们与人类 RBP4 蛋白进行双序列比对 [图 5.7 (a)]。这些比对结果使我们知道哪些氨基酸残基是人类 RBP4 蛋白和这些细菌蛋白质所共有的。聚焦这三个保守的氨基酸残基 NFD 及几乎所有脂质运载蛋白共有的 GXW 氨基酸模式，我们可以定义一个被 RBP4 蛋白、这三个细菌脂质运载蛋白和可能其他许多细菌的脂质运载蛋白所共有的氨基酸模式（或特征信号）。定义一个特征信号的目的是为了使得我们可以定制 PSI-BLAST 算法，以使其能搜索到包含有特征信号的蛋白。

特征信号或模式如何被定义？我们并不期望该特征信号在所有细菌脂质运载蛋白中一样，因此我们会引入一定程度的模糊度。我们可以定义任何我们需要的模式。从图 5.7 (a) 中的多序列比对出发，我们可以定义一个模式——NDFX (5) GXW [YF]。X (5) 表明这五个位置上可以是任意一种氨基酸残基；[YF] 表明在该模式的最后一个位置上的氨基酸残基必须是酪氨酸或苯丙氨酸中的一个。注意你所选择的模式一定不能出现得太频繁；算法只允许在数据库中出现频率小于每 5000 个残基出现 1 次的模式。一般来说，X 选择 4 个完全确定的残基或平均背景概率 ≤5.8% 的 3 个残基的模式都是可以接受的（Zhang 等，1998）。

我们使用 PHI-BLAST 并输入 NFDX (5) GXW [YF] 这一"PHI pattern"[图 5.7 (b)]。BLAST 搜索的输出结果被限定在一个包含该氨基酸模式的数据库蛋白子集。我们得到了包含细菌脂质运载蛋白的 28 个 E 值小于 0.05 的匹配蛋白。PHI-BLAST 的双序列比对结果与 PSI-BLAST 输出的格式是一样的，但前者用一系列的星号来展示查询序列及每个数据库序列匹配到 PHI 模式的位置信息 [图 5.7 (c)]。接下来的 PSI-HLAST

不再使用 PHI 的氨基酸模式，而使用了搜索特异的 PSSM，可成功地找到一个细菌脂质运载蛋白的大家族。

(a) 人RBP4和三个细菌同源物的多重序列比对

```
MUSCLE (3.8) multiple sequence alignment

NP_006735.2    -MKWVWALLLLAALGSGRAERDCRVSSFRVK--ENFDKARFSGTWYAMAKK
WP_010388720.1 ---MKLAFKTALFITAMFLLSACTSAPEGITPVKNFDLEKYQGKWYEIARL
WP_008992866.1 MKAKNKILIAACAIGLGALLNSCASIPKNAKAVKNFDIDRYLGTWYEIARF
YP_003021245.1 -MKKLSLLLSLLFTG-------CVGIPENVKPVDNFDVHRYLGKWYEIARL
               :          .       *      .:.***.:.*.**.:*.
```

(b) PHI模式

NFDX(5)GXW[YF]

(c) PHI-BLAST的结果示例（星号匹配PHI）

outer membrane lipoprotein (lipocalin) [Pseudoalteromonas sp. SM9913]
Sequence ID: ref|YP_004064995.1| Length: 177 Number of Matches: 1
▸ See 1 more title(s)

Range 1: 31 to 109 GenPept Graphics

Score	Expect	Identities	Positives	Gaps
21.4 bits(63)	8e-05	21/80(26%)	40/80(50%)	1/80(1%)

```
Pattern       ***********
Query   31  ENFDKARFSGTWYAMAKKDPEGLFLQDNIVAEFSVDETGQMSATAKGRVRLLNNWDVCAD  90
            +NFD  ++ G WY +A+ D       + + A +S+++ G +   KG +      WD A+
Sbjct   31  KNFDLEKYQGKWYEIARLDHSFEQGMEQVTATYSINDDGTVKVLNKGFISKEQKWDE-AE  89

Query   91  MVGTFTDTEDPAKFKMKYWG  110
            + F + D  FK+ ++G
Sbjct   90  GLAKFVENADTGHFKVSFFG  109
```

图 5.7　选择一个模式并进行 PHI-BLAST 搜索。(a) 人类 RBP4 蛋白（NP_006735）被用作 BLASTP 的查询序列，在细菌序列中进行搜索，之后多序列比对得到三个细菌脂质运载蛋白（水蛭交替单胞菌 gammaproteobacterium WP_010388720.1，黄杆菌属 Galbibacter WP_008992866 和地杆菌属 deltaproteobacterium YP_003021234）。将这四条序列一起进行评估可以得到在一个蛋白质家族中始终出现的一个氨基酸残基的短序列模式，这个模式用于随后新的 PHI-BLAST 搜索，来提高敏感度和特异性。用 MUSCLE（见第 6 章）进行比对，图中展示了比对的一部分。可以明显看到恒定的 GXW 模体（在框中），这在脂质运载蛋白中是非常典型的。可以选择包含这些氨基酸残基或更多残基的 PHI 模式。举例来说，我们选择模式 NFDX（5）GXW [YF]，在这个模式中，NFD 之后允许 5 个任意氨基酸，然后接着是 GXW，最后面的位置上可以是 Y 或者与之紧密相关的氨基酸残基 F。用户可以自行选择模式。(b) 在 NCBI 蛋白质比对界面选择 PHI-BLAST 后输入 PHI 模式。(c) 搜索数据库，星号表示选中的模式，在某些情况下使用 PHI 模式会返回其他搜索工具未找到的结果

马尔可夫马尔可夫链最先由俄国数学家 Andrei Andreyevich Markov (1856—1922) 提出，Gary Churchill（1989）和 Anders Krogh，David Haussler 和同事们在生物信息学领域引入 HMM 概念（Krogh 等，1994）。

PHI-BLAST 算法根据跨越输入模式和其上下游的 A_1 区域和 A_2 区域得到的双序列比对 A_0 进行统计分析。该序列比对结果利用有空位的延伸进行打分。针对对应这些区域分别计算得分 S_0、S_1 和 S_2，PHI-BLAST 的分数根据 $S_0'=S_1+S_2$（忽略 S_0）来进行排序。这个比对的统计数据与用来进行 BLASTP 搜索的统计数据紧密相关（Zhang 等，1998）。

5.4　谱搜索：隐马尔可夫模型

DELTA-BLAST 使用特制的打分矩阵，因为矩阵在某种意义上有位置特异的性质，这个性质取决于特定的输入序列。因此 DELTA-BLAST 在寻找显著相关的比对残基时，比 PAM 和 BLOSUM 矩阵更加灵敏。PSSMs 是谱的一个例子，Gribskov 和其他人（Gribskov 等，1987，1990）介绍了这一概念。谱隐马尔可夫模型（Profile hidden Markov models，

HMMs）在生成用于识别远缘序列相似度的位置特异性打分系统时，比 PSSMs 更通用（Baldi 等，1994；Eddy，1998，2004；Krogh，1998；Birney，2001；Schuster-Böckler 和 Bateman，2007；Yoon，2009）。HMMs 已经被广泛应用于从语音检测到声呐的一系列信号检测问题。在生物信息学领域，HMMs 已经被用于各式各样的应用：序列比对、蛋白质结构预测、蛋白质跨膜区域预测、染色体拷贝数变化分析和基因发现算法等。

谱 HMM 的主要优势在于它是一个概率模型。这意味着它评估在比对中的一个给定位点上发生匹配、错配、插入和缺失（即空位）的可能性。通过开发一个基于已知序列的统计学模型，我们可以使用谱 HMM 来描述一个特定序列（即使是之前未知的序列）与模型相匹配的可能性。相比之下，DELTA-BLAST 不能指定一个完整的概率模型。

谱 HMM 可以将一个多序列比对转换成一个位置特异性评分系统。谱 HMM 的一个常见应用是在谱 HMMs 的一个数据库中查询一条感兴趣的单一蛋白质序列。其另一个应用是在一次数据库搜索中将一个谱 HMM 作为查询条目。PFAM 和 SMART（第 6 章和第 12 章）是基于 HMMs 构建的优质数据库的例子。

马尔可夫链是一种数据结构，由一个初始状态，一个有限的、离散的可能状态集合和描述如何从一个状态到下一个状态移动的转移函数组成。计算模型的这种类型也被称为有限状态机。马尔可夫链的一个基本特征是过程在任意给定的单位时间占用一个状态，并保持在这个状态或转移到下一个可允许的状态。考虑人类和小鼠 β 球蛋白的核苷酸比对，从启动密码子开始，关注 T（人类）匹配上 C（小鼠）的位置［图 5.8（a）］。一个马尔可夫模型显示出任意一个核苷酸（A，C，G，T）变成另外一个核苷酸的转移概率［图 5.8（b）］。每一个包含核苷酸的圆圈表示一种状态，16 个箭头表示转移到另一个状态的概率，这 16 个概率可以被总结为一个转移矩阵表格［图 5.8（c）］。该矩阵与 Dayhoff 和同事们开发的氨基酸突变概率矩阵相似（第 3 章）。

(a)

查询序列：hbb（人）

目标序列：hbb（小鼠）

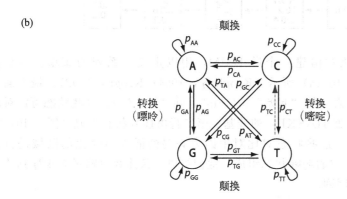

(b)

(c)

	A	**C**	**G**	**T**
A	p_{AA}	p_{AC}	p_{AG}	p_{AT}
C	p_{CA}	p_{CC}	p_{CG}	p_{CT}
G	p_{GA}	p_{GC}	p_{GG}	p_{GT}
T	p_{TA}	p_{TC}	p_{TG}	p_{TT}

图 5.8 隐马尔可夫模型描述用以比对核苷酸（如图中所示）或者氨基酸的转移概率。对于蛋白质而言，这与 PSI-BLAST 使用的位置特异打分矩阵在概率上是相关的。(a) 将人类 β 球蛋白（NP_000509.1）和对应的 DNA 序列（NM_000518.1）与小鼠 β 血红蛋白成熟主链（Hbb-b1）（NP_001265090.1 和 NM_001278161.1）进行比对。一次转移用矩形框代表。(b) 四种核苷酸 GATC（在圆圈中）代表状态，对应的 16 个箭头表明潜在的状态转移（核苷酸替换）。观察到的比对包括 T→C 的替换（一次转移用虚箭头表示）。(c) 一个转移矩阵可以用以展示 16 种变化中每一种变化对应的概率

就隐马尔克夫模型（HMM）而言，我们不能直接观察状态，但是我们确实可从观察的结果中推断隐藏的状态。就分子序列来说，观察到的状态是多序列比对中氨基酸（或核苷酸）的位置，隐藏的状态则是匹配状态、插入状态和缺失状态。合在一起，这样的状态为蛋白或者核苷酸家族的序列定义一个模型。

　　因此一个 HMM 包含一系列被定义的状态。考虑从五个球蛋白的比对中得到的 5 个氨基酸残基 [图 5.9 (a)]。一个 HMM 可通过估算 5 个位置上每一个氨基酸出现的概率得到 [图 5.9 (b)]。从这个意义而言，HMM 方法与 PSI-BLAST 的位置特异打分矩阵的计算相似。从 HMM 概率，可以为一个相关查询序列（如 HARTV）的任一特定模式的出现计算一个得分 [图 5.9 (c)]。HMM 是一个可被用以描述在一个序列中每一个位置所处"状态"的模型 [图 5.9 (d)]。

(a)

1D8U	HAMSV
1OJ6A	HIRKV
2hhbB	HGKKV
1FSL	HAEKL
2MM1	HGATV

(b)

		位置			
概率	1	2	3	4	5
p(H)	1.0				
p(A)		0.4			
p(I)		0.2			
p(G)		0.4			
p(M)			0.2		
p(R)			0.2		
p(K)			0.2		
p(E)			0.2		
p(A)			0.2		
p(S)				0.2	
p(K)				0.6	
p(T)				0.2	
p(V)					0.8
p(L)					0.2

图 5.9 展示了 5 种球蛋白的比对。(a) 这 5 种球蛋白是大米（*Oryza sativa*）的非共生植物血红蛋白（蛋白质数据库索引编号 1D8U）、人类神经球蛋白（1OJ6A）、人类 β 球蛋白（2hhbB）、大豆 *Glycine max* 的豆血红蛋白（1FSL）以及人类肌红蛋白（2MM1）。(b) 计算出现在每一比对列上的每一个残基的概率。(c) 从这些概率，可计算出任一查询序列（如 HARTV）的得分。注意，实际得分也将考虑空位和其他参数。也需要注意，这是一个位置特异打分系统，例如在位置 3 和位置 4 出现赖氨酸的概率是不一样的。(d) 比对中每个位置相关的概率可以用代表状态的盒子来呈现

(c)

$$p(HARTV) = (1.0)(0.4)(0.2)(0.2)(0.8) = 0.0128$$
优势对数得分 $= \ln(1.0) + \ln(0.4) + \ln(0.2) + \ln(0.2) + \ln(0.8) = -4.357$

(d)

> HMMER 软件会有详细的指导材料和文档帮助你顺利运行这些命令行。

　　初始的多序列比对构建一个谱 HMM，用以定义一系列的概率。一个谱 HMM 的结构如图 5.10 (a) 所示（Krogh 等，1994；Krogh，1998）。最下面一行是一系列的主要状态（从"起始" m1～m5，到"结束"）。这些状态可能对应着一条氨基酸序列（如 HAEKL）的残基。第二行由插入状态组成（图 5.10，标注 i_1～i_5 的菱形框）。这些状态对比对中因为必要的插入而变化的区域进行建模。第三行（最上面）由圆形表示的对应于空位的删除状态组成。他们提供一条途径以略过多重序列比对中的一列（或多列）。发射产生比对中的观察序列。

> 在 ftp://ftp.ncbi.nlm.nih.gov/refseq/H_sapiens/mRNA_Prot/（链接 5.19）找一个 FASTA 格式的人蛋白质文件（后缀.faa）。后缀.gz 说明这个文件是压缩的，用 gunzip 命令解压缩。你可以在 NCBI 主页上看到该数据库或者其他数据库（搜索以下载）。当你找到了感兴趣的数据库，拷贝位置链接（在窗口化机器上右击），然后用 wget 程序将数据库下载到 Linux 机器上。而基于 windsows 的系统需要 Putty 这样的软件。

　　HMM 的序列是由一系列状态定义的，状态受两个主要参数（转移概率和发射概率）影响。转移概率描述沿着马尔可夫链的隐藏状态序列的路径 [图 5.10 (a)，实箭头]。每一个状态也有一个"符号发射"概率分布，用以匹配一个特定的氨基酸残基。HMM 的符号序列是一条与多序列比对中共有序列相似的观察序列。需要注意的是，不同于 PSI-BLAST，谱 HMMs 包含与插入和缺失相关的概率。HMM 被叫作"隐藏"模型，是因为它既包含观察符号（例如被 HMM 建模的一个序列中的氨基酸残基），又包含一个从观察序列按概率推测的隐藏状态序列。

(a)

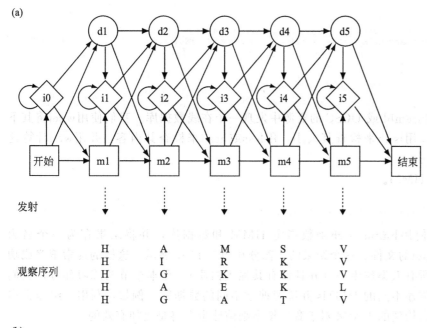

发射

观察序列

H	A	M	S	V
H	I	R	K	V
H	G	R	E	V
H	A	E	K	L
H	G	A	T	V

(b)

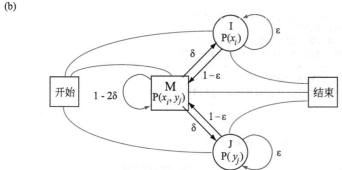

图 5.10　隐马尔可夫 HMM 模型的结构图。（a）HMM 由一系列与概率相关联的状态组成。"主要状态"由底部的方框表示（从开始到结束，之间是 m1～m5）。这些主要状态塑造多序列比对中的列，概率分布是氨基酸的频率［见图 5.9（d）］。"插入状态"用菱形框出，代表插入。例如，在多序列比对中，一些蛋白质可能有一段氨基酸插入区域，这些将由插入状态建模。"删除状态"（d1～d5）代表比对中的空位。根据 Krogh 等改编，并经过 Elsevier 出版社的许可；（b）成对隐马尔可夫模型（Pair-HMM）用于序列 X（残基 X_i）和 Y（残基 Y_i）的比对。状态 M 对应两个氨基酸的比对，这一个状态发射出两个字母。状态 I 对应一个位置，在这个位置上残基 x_i 比对到一个空位。状态 J 对应一个位置，在这个位置上残基 y_i 比对到一个空位。在状态 M，发射概率函数 $P(x_i, y_j)$ 的对数对应于一个替换打分矩阵。转移罚分 δ 和 ε 定义转移概率

HMMER 网址 http://hmmer.janelia.org/（链接 5.20），由 Sean Eddy 开发，可以在 UNIX、Windows 和 MacOS 系统上运行，我们会在第 6 章讲解如何生成多序列比对作为 HMMER 的输入。
HMMER 网站版 http://hmmer.janelia.org（链接 5.21）。用户也可以使用巴斯德研究所的 hmmalign 软件 http://mobyle.pasteur.fr/cgi-bin/portal.py? #forms::hmmalign，链接 5.22）。

　　HMM 也可被应用于成对比对［图 5.10（b）］。除了起始和终止状态，有一个对应的发射概率为 x_i，y_j 的匹配状态 M，用以发射一个比对上的残基对 (i, j)。状态 I 有一个发射概率 p_i，用以发射匹配上一个空位的符号 i；状态 J 对应着匹配上一个空位的符号 j。空位可能以 ε 概率被延伸。比对的建模过程包括从起始到结束基于最高转移概率的序列状态选择，以及基于发射概率的匹配残基添加。

HMMER 软件：命令行和网页版

　　谱 HMMs 是重要的，因为它们提供一个有效的方法对远缘相关同源蛋白进行数据库搜索。因此，HMM 方法对 BLAST 搜查工具进行了补充。谱 HMMs 可以定义一个蛋白质或基因家族，并且谱 HMMs 数据库是可用以搜索的。在实际操作中，HMMs 可以用 HMMER 程序（可用于 Windows、MacOS/X 或 Linux 平台，在下面的例子我们使用 Linux，并依照用户手册中的一个例子）创建。你可以利用 hmmbuild 命令读取一个多序列比对来创建一个谱 HMM。

```
$ ./hmmbuild -h # provides brief help documentation
$ ./hmmbuild globins4.hmm ../tutorial/globins4.sto
```

　　hmmbuild 函数使用四个多序列比对球蛋白的集合作为输入创建一个 HMM（叫作 globins4.hmm）。我们可以在数据库中搜索这个 HMM。我们首先找到一个合适的数据库，在这个例子中人类 RefSeq 蛋白

质的格式为 FASTA 格式。

```
$ wget ftp://ftp.ncbi.nlm.nih.gov/refseq/H_sapiens/mRNA_Prot/human.protein
.faa.gz
$ gunzip human.protein.faa.gz
$ wc -l human.protein.faa
302761 human.protein.faa
```

因此，我们在一个如 NCBI、Ensembl 或 UCSC 的资源中发现一个在线数据库。我们使用wget将其下载，并用gunzip将其解压。我们可以用ls-lh来检查其大小，用less或head来检查其内容，并用wc-l计算这个文件有多少行（这个文件有 302761 行）。

下面我们在数据库中搜索这个 HMM。

```
$ ./hmmsearch globins4.hmm human.protein.faa > globins4.out
```

我们会在第 8 章（真核生物染色体）和第 10 章（基因表达）讨论外显子和内含子。

我们使用hmmsearch函数指定 HMM 和数据库，并将结果存为一个名为 globins4.out的文件。这个结果的一部分在图 5.11 中展示。这样的搜索策略成功地找到了所有人类球蛋白（并且没有其他蛋白质）。在本章节的练习部分，我们可以练习创建不同的 HMMs 并练习搜索不同的数据库。例如，利用一组非常多样的球蛋白构建的 HMM 对于我们搜索细菌球蛋白将是更加有效的。

```
# hmmsearch :: search profile(s) against a sequence database
# HMMER 3.1b1 (May 2013); http://hmmer.org/
# Copyright (C) 2013 Howard Hughes Medical Institute.
# Freely distributed under the GNU General Public License (GPLv3).
# - - - - - - - - - - - - - - - - - - - - - - - - - - - - - - - - - - - -
# query HMM file:                    globins4.hmm
# target sequence database:          /mnt/reference/human.protein.faa
# - - - - - - - - - - - - - - - - - - - - - - - - - - - - - - - - - - - -

Query:       globins4  [M=149]
Scores for complete sequences (score includes all domains):
    --- full sequence ---
    E-value  score  bias    Sequence                 Description
    -------  -----  ----    --------                 -----------
    3.3e-64  216.6  0.0     ref|NP_000509.1|         hemoglobin subunit beta [Homo sa
      7e-61  205.8  0.0     ref|NP_000510.1|         hemoglobin subunit delta [Homo s
    2.3e-60  204.2  1.3     ref|NP_000508.1|         hemoglobin subunit alpha [Homo s
    2.3e-60  204.2  1.3     ref|NP_000549.1|         hemoglobin subunit alpha [Homo s
    6.2e-60  202.8  0.3     ref|NP_976311.1|         myoglobin [Homo sapiens]
    6.2e-60  202.8  0.3     ref|NP_976312.1|         myoglobin [Homo sapiens]
    6.2e-60  202.8  0.3     ref|NP_005359.1|         myoglobin [Homo sapiens]
    4.8e-55  186.9  0.0     ref|NP_000175.1|         hemoglobin subunit gamma-2 [Homo
    1.4e-54  185.4  0.4     ref|NP_005321.1|         hemoglobin subunit epsilon [Homo
    2.1e-54  184.8  0.1     ref|NP_000550.2|         hemoglobin subunit gamma-1 [Homo
    4.9e-48  164.2  0.2     ref|NP_005323.1|         hemoglobin subunit zeta [Homo sa
    1.7e-40  139.7  0.1     ref|NP_005322.1|         hemoglobin subunit theta-1 [Homo
    1.8e-39  136.4  0.2     ref|NP_599030.1|         cytoglobin [Homo sapiens]
      5e-35  121.9  0.3     ref|NP_001003938.1|      hemoglobin subunit mu [Homo sapi
      3e-08   35.0  0.0     ref|NP_067080.1|         neuroglobin [Homo sapiens]
    ------ inclusion threshold ------
       0.14   13.4  0.0     ref|NP_001371.1|         dedicator of cytokinesis protein
       0.25   12.6  0.8     ref|NP_006737.2|         sex comb on midleg-like protein
       0.28   12.4  0.8     ref|NP_001032629.1|      sex comb on midleg-like protein
```

图 5.11 HMMER 程序可以使用多序列比对作为输入生成谱 HMM。其程序是从网站 http://hmmer.janelia.org/获取，并安装在 Linux 服务器上。将四种脊椎的动物球蛋白进行多重比对后，利用 hmmbuild 程序生成谱 HMM。HMMER 程序通过对所有人类 RefSeq 蛋白质搜索的输出结果包括所有已知的球蛋白。使用不同 HMM 搜索相同的数据库或者搜索其他数据库可能会得到不同的结果

UCSC 基因组浏览器网址 http://genome.ucsc.edu（链接 5.23），选择人类基因组 GRCh37 并输入 chr11：5245001—5295000 定义 50kb 长度的片段位置。对于 BLAT 这样的工具（见下面），查询序列不能超过 25000 碱基对；网页文档 5.3 和 5.4 同时提供了 50000 碱基对和 25000 碱基对的查询序列文件。

默认地，对于每一个构建的模型所产生的谱 HMM，相对于 HMM 是全局性的，但相对于其在数据库中匹配的序列是局部性的。HMM 模型不分别调用 Needleman-Wunsch（全局）和 Smith-Waterman（局部）算法，而是使用一个兼具两者性质的模型（有时被称为"glocal"）。你可以通过构建一个 HMM 来调整 HMMER 搜索的灵敏度。例如，一个对应于序列和 HMM 的局部 HMM 专注于局部比对而非完整的结构域比对。

hmmcalibrate 程序将 5000 条随机序列比对到谱 HMM 上，将分数比对到一个极值分布（第 4 章），并计算出对于估算数据库匹配的统计学显著性非常必要的参数。隐马尔可夫谱能够被用通过 hmmsearch 程序进行数据库搜索。

Sean Eddy 和同事已经介绍 HMMER3 软件中两个主要的改进。首先，由于包括启发式的"multiple segment Viterbi"（Eddy，2011）在内的一系列的创新，使得软件目前的运行速度可以与 BLAST 相媲美。这是算法中没有产生空位的版本，因为算法使用了生成没有空位比对的谱。这个谱与图 5.10（a）中不包括插入和缺失状态的谱（所有匹配-匹配转移概率均被设为 1）是相似的。这个启发式算法与 BLAST 相似。其次，之前提到的 HMMER 网页版，其运行速度与 BLAST 运行速度一样（Finn 等，2011）。图 5.12 展示网页版的 HMMER 用以搜索 β 球蛋白匹配结果的一个例子。

BLASTZ 的作者现在将其称作 LASTZ，然而很多发表物和网站会继续使用前者。

(a) HMMER 网页输出

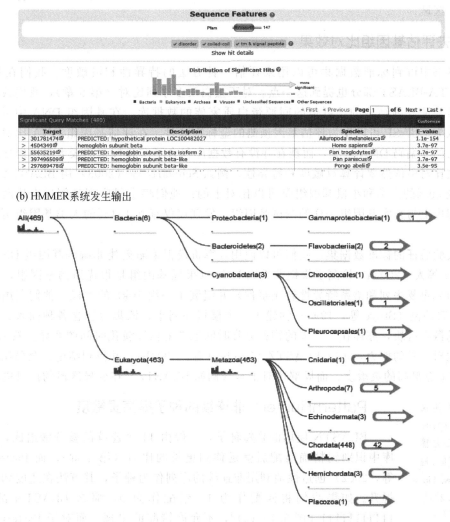

(b) HMMER 系统发生输出

图 5.12　HMMER 程序可以在网站上运行。在服务器上输入人类 β 球蛋白（NP_000509）序列，输出结果包括显著匹配和展示位点系统发生的几个工具

（来源：Howard Hughes Medical Institute，2013。经 HHMI 许可再版）

Pollard 等的数据网址是 http://rana.lbl.gov/ AlignmentBenchmarking /data.html（链接 5.24）。ROSE 网址是 http://bibi-serv.techfak.uni-bielefeld. de/rose/（链接 5.25）。

5.5 用类似于 BLAST 的比对工具快速搜索基因组 DNA

随着基因组 DNA 数据库数量的增长，用同一或其他物种的蛋白质序列或长 DNA 序列对数据库进行搜索变得越来越普遍。这是一个很专业的问题。

① 基因组 DNA 包括外显子（编码序列的区域）和内含子（非编码序列的区域），理想情况下一个比对工具应该能在基因组 DNA 中找到外显子。

② 基因组 DNA 往往包含一些测序引入错误，比对时应该考虑这一点。

③ 我们希望对近缘相关的物种的基因组 DNA 进行比较（如小鼠和大鼠），或者比较远缘的物种（如鱼和番茄）。在任何比较中，都会发生基因组变化（例如删除、重复、倒置或易位）。需要有相应的算法来解决，诸如 1 千万碱基对（Mb）中就会含有 1Mb 的倒置的问题。

④ 算法需要找到 DNA 序列之间很小的差异，比如单核苷酸多态性（SNP，第 8 章）。

已经有一些类似 BLAST 的算法被开发出来去满足这些需求，这些算法可以实现双序列比对和/或利用一个查询序列搜索整个数据库。我们利用来自人 11 号染色体短臂上一段长度为 5 万碱基对的查询序列来阐释这些程序的效果。这段区域包括 5 个球蛋白基因（*HBE1*、*HBD*、*HBB*、*HBG2* 和 *HBG1*，分别对应着 ε、δ、β、γ₂ 和 γ₁ 球蛋白）和一个 β 球蛋白假基因 *HBBP1*，可以在 UCSC Genome Browser 上很方便地浏览这一区域。

用标准集去评估基因组比对效果

我们在这这本书中讲到标准数据集可以用来评估一种方法的特异性和灵敏度。我们在本章前面 PSI-BLAST 和 DELTA-BLAST 部分也提到这一点。对于蛋白质多序列比对（第 6 章），我们找到几个包含由 X 光晶体学严格验证三维结构的、可信的同源蛋白质家族的数据库。在基因组 DNA 中寻找基因（第 8 章）时，我们认为 EGASP 可以作为评估基因预测的金标准软件。在评估基因组 DNA 比对工具时，数据中总会包含很大的非编码 DNA 区域，而现在并没有数据库包含了实验校正的较大基因组区域的比对。尽管如此，在每次比对中依然要计算灵敏度和特异性。例如 Schwartz 等（2003）用 BLASTZ 比较人类与小鼠基因组，发现 39% 的人类和小鼠基因组是可以比对上的；他们将小鼠序列颠倒过来从而得到一个在大小和组成复杂程度上与真实基因组一样的测试基因组，发现仅仅有 0.164% 的人类基因组可以与颠倒后的基因组比对上。

与其收集实验验证的标准数据集，我们可以使用计算机模拟策略创建非编码基因组 DNA 的一个标准数据集。Pollard 等人（2004a）检测了果蝇非编码 DNA（果蝇基因组是很优质的基因组，因为其缺少脊椎动物拥有的祖先重复序列和谱系特异性转座事件）并组装了一组 10kb 的片段。他们利用序列进化随机模型（ROSE）软件包（Stoye 等，1998）创建了一个模拟序列集，该集合包含各种插入、删除、点替换和受约束序列的散在区块，亦即在一个大的物种分歧时间范围上估计演化时间的变异。然后他们测试了 8 种成对基因组比对工具的能力，包括 BLASTZ（Prollard 等，2004b），并得到结论：全局比对工具（例如 LAGAN）总体上有最高的灵敏度，而局部比对工具（例如 BLASTZ）在变异区段的比对更加精确。

PatternHunter: 非连续的种子提高灵敏度

PatternHunter 的其他模型还有例如 1110100 1010011011 与正文描述的稍微有些不同，网址是 http://www.bio-infor.com（链接 5.26）。

BLASTN 使用的是短种子，一般由 11 个连续的核苷酸组成，在 DNA 数据库中识别到精确匹配后就延伸到更长的比对（第 4 章）。而 PatterHunter（Ma 等，2002）创造性地利用非连续的序列作为种子，其算法在速度和灵敏度上均有提升。如果我们将匹配作为 1，错配作为 0，那么 BLASTN 的单词格式是 11111111111 [图 5.13（a）]，不允许错配的出现。而对于 PatternHunter 来说，种子的格式是 110100110010101111 [图 5.13（b）]，同样都有 11 个匹配位点，但是是分布在 18 个核苷酸位点的范围内。当一条序列和数据库序列进行比对的时候，如果在 0 的位置上面出现错配，那么这个错配会被忽视，延伸会继续下去。如果我们认为一段含有 64 个核苷酸长度的序列有 70% 的一致性，即 Ma 等人所描述过的，那么提高灵敏度的理由就会变得很清楚。用 BLASTN 得到至少一个匹配的概率是 0.30，而用不连续种子模型的概率是 0.466，在图 5.13（c）中可以看到给定一定数量相似度，灵敏度会上升。在 64 个核苷酸内部的区域，连续种子模型会因为在共享一组 1 的相邻种子中出现错配而被破坏，而不连续种子模型中发生在不同位置的匹配会帮助提升灵敏度，这是因为在相邻种子匹配之间会共享的碱基很少，使得匹配比使用连续种子模型更加独立。

这样创新性的策略同样被应用于其他同源蛋白质搜索算法，如 BLASTZ 和 MegaBLAST，在后面的章节会提到。

(a)
```
11111111111
ATGGTGCATCT　（种子的示例）（延伸）
ATTGTGCATCT　（错配的示例）（不延伸）
```

(b)
```
110100110010101111
ATGGTGCATCTGACTCCT　（种子的示例）（延伸）
ATTGTGCATCTGACTCCT　（可接受的匹配的示例）（延伸）
```

(c)

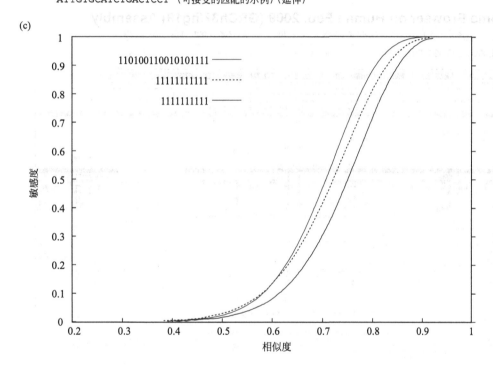

图 5.13　PatternHunter 使用不连续种子提高数据库搜索的敏感度。（a）在经典 BLASTN 搜索中使用的 11 个单词长度，连续出现匹配的氨基酸对应于一连串的 1，对于查询序列来说，如果目标序列有一个单核苷酸替换，则不会再有完全匹配且序列将不会得到延伸。（b）Ma 等的方法是采用不连续种子，1 代表匹配，0 代表该位置被忽略。对于图中所示出现一些核苷酸错配，方法依旧认为匹配是成功的并继续延伸序列。（c）对相似度与敏感度进行作图，在连续 10 个字符种子（蓝线）、连续 11 个字符种子（黑色虚线）和不连续 11 个字符种子（红线）中，可以看到不连续种子在一定范围相似度对应的敏感度更高

BLASTZ

BLASTZ 是用于比对人类和小鼠基因组 DNA 序列，经过改装的引入空位的 BLAST 程序（Schwartz 等，2003）。这个方法在比对不同物种长基因组序列方面很有用。对于引入空位的 BLAST 程序，其搜索短的"几乎完全"的匹配并且不允许空位将其延伸，然后用动态规划算法实现进一步的延伸。BLASTZ 的功能如下：

① 谱系特异性的散在重复序列（见第 8 章）会被从两个序列中移除。为了提升运行速度，当一部分人类基因组与小鼠基因组多个区域进行比对时，人类基因组会被动态遮盖。这对处理有大量高度相关基因（如锌指基因或嗅觉感受器基因）的小鼠基因组很有帮助。

② 用 12 个单词长度来匹配（完全一致或允许一个转换）并不允许空位将其延伸，当得分超过某一阈值，延伸会允许出现空位。借鉴 PatternHunter，BLASTZ 使用的是 19 个连续位置中包含 12 个匹配的种子，即 1110100110010101111。

③ 对于邻近成功比对的区段在重复第二步时使用的是更低的（更灵敏）单词长度，比如 7。

> 转换是指嘌呤之间（A↔G）或嘧啶之间（C↔T）的变化，颠换是指嘌呤与嘧啶之间（A↔C、A↔T、G↔C 或 G↔T）的变化，转换比颠换更容易发生（见第 7 章）。

> 我们会在第 6 章继续讲解这一区域的多序列比对。

你可以在 Pennsylvania State University 的 Webb Miller 的网站 http://www.bx.psu.edu/miller_lab/(链接 5.27)获取 LASTZ 和 BLASTZ。

BLASTZ 可以将小鼠基因组（25 亿个碱基对）与人类基因组（28 亿个碱基对，Schwartz 等，2003）进行比对。为了完成这一目标，人类基因组被分成约 3000 个长 1Mb 的片段，小鼠基因组被分成约 100 个长 30Mb 的片段。不同物种之间的 BLASTZ 比对结果可以在 UCSC Genome Browser 上面呈现。在图 5.14 中可以看到，对于包含人类 HBB 基因的 5 万个碱基对序列，以下是比对结果常见特征：①染色体带（11p15.4）；②这一区域中包含的基因（HBB，HBD，HBG1，HBE1）；③脊椎动物保守部分，可以看到多个物种在球蛋白基因的位置（和某些非编码区域和调控区域）有高分的保守区域；④鸡基因组链，代表 BLASTZ 比对很好的区域；⑤斑马鱼（进化枝为真骨鱼类）、鸡（进化枝为恐龙类）和负鼠（进化枝哺乳纲）网状结构，代表高分的几条链。通过点击链或网可以看到成对比对的结果。在这个例子中，物种之间每个比对结果中有几块清晰的基因组 DNA 序列比对区域，与这些区域相隔的是比对结果不太可靠的区域。

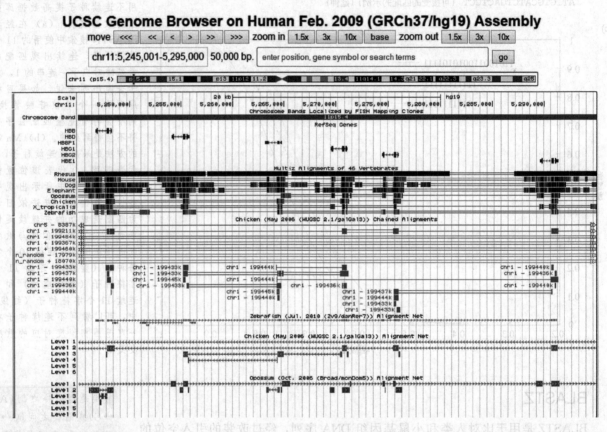

图 5.14　可以使用 UCSC Genome Browser 可视化 BLASTZ 比对的基因组序列。设置人类参考基因组为 GRCh37/hg19，并展示 11 号染色体的 50000 个碱基对。数据轨信息包括：①碱基对位置；②染色体臂（11 号染色体短臂 15.4 位置）；③这一区域内的参考基因（6 个）；④脊椎动物的多物种的基因组比对和保守性（预先计算的 BLASTZ 结果可以展示总体保守性得分以及人类与 46 种物种如恒河猴、小鼠、狗、大象、负鼠、鸡、青蛙和鱼等的基因组比对情况）；⑤与鸡基因组的比对情况和⑥在与其他物种 BLASTZ 比对时得到的一个最高分匹配的总结（斑马鱼、鸡和负鼠）。需要注意的是 UCSC Genome Browser 上面的数据轨可以被交互式地添加或删除，上面的信息也会以或多或少的压缩形式显示。在这张图可以明显地看出 50000 碱基对区域中高度保守的区域对应于球蛋白基因，而基因间区倾向于有较低的保守性

　　BLASTZ 还被用于很多项目，比如将灭绝的猛犸象 13 亿个碱基对的 DNA 与现代非洲象进行比对（Poinar 等，2006），和人类 22 号染色体的转录单位分析（Lipovich 和 King，2006）。BLASTZ 程序也可以在本地使用。

Enredo 和 Pecan

在第 6 章中我们会介绍在 Ensembl 上用于基因组 DNA 多序列比对的软件：Enredo（生成大规模成对全基因组比对的同源图谱）、Pecan（使用一致性原则进行多序列比对）和 Ortheus（重建祖先序列，Paten 等，2008）。比对的结果比基于其他准则的其他软件更加精确。

MegaBLAST 和不连续 MegaBLAST

MegaBLAST 是 NCBI 上一个被优化用于快速比对长 DNA 查询序列的工具。相对于 BLASTN 默认的单词长度为 11，这个程序提供默认的单词长度为 28（最大可调至 256）(Zhang 等，2000)。这样极大地提高了 MegaBLAST 的运行速度，因为单词长度与启动延伸所需的一个精确匹配的最短长度是相关的。BLASTN 的单词长度较小，这提高了灵敏度却降低了速度。对于 MegaBLAST 程序，你还可以定义输出的相似度百分比阈值（如只有 99%、90% 或 80% 一致性的比对结果），也可以定义相应的匹配和错配的得分。举例来说，对于共有 95%～99% 一致性的序列，匹配得分是 +1，而错配得分是 -3；对于共有 85%～90% 一致性的序列，错配得分则为 -2。该方法还应用非仿射空位参数，对于空位开放的惩罚分数是 0（导致 MegaBLAST 速度很快但会和更多的空位匹配），而空位延伸惩罚则基于所选的匹配和错配的得分。

> 通过猕猴（taxid:9544）、阿努比斯狒狒（taxid:9555），或倭黑猩猩的 DNA 序列（taxid:9597）来试用 MegaBLAST，你也可以尝试改变单词的长度，最大可调至 256。

不连续 MegaBLAST 是 NCBI 上为了比对更多远缘相关基因组序列的工具，它利用 Ma 等（2002）开发的 PatternHunter 的策略，即使用不连续字符。这个工具对于比较相对趋异进化（来自不同物种）的序列是很有用的。

我们可以通过这样一个例子说明 MegaBLAST 的功能，我们选取人 11 号染色体短臂上长 5 万碱基对的 DNA 片段作为查询序列，在猩猩非冗余（缩写 *nr/nt*）核苷酸数据库中进行搜索。这段查询序列拥有 5 个球蛋白基因（*HBE1*、*HBD*、*HBB*、*HBG2* 和 *HBG1*）和一个 β 球蛋白假基因（*HBBP1*）。利用 MegaBLAST 的默认参数（单词长度为 28，匹配得分为 +1，错配得分为 -2，空位开放和延伸罚分为 0），我们发现大猩猩与人类 DNA 查询序列有 80%～97% 核酸一致性（图 5.15）。

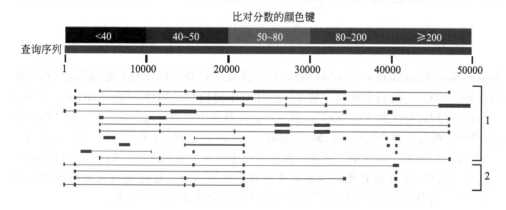

图 **5.15** MegaBLAST 是 NCBI 上面一个专门用于快速搜索基因组数据库中长的 DNA 查询序列的工具。图上展示的是在非冗余猩猩基因组中比对涵盖人类 β 球蛋白基因的 5 万碱基对的 DNA 查询序列所得的结果，区域 1 是与猩猩球蛋白基因和假基因匹配的区域，区域 2 是重复序列

类 BLAST 比对工具（BLAT）

BLAT 是一种极快速的基因组 DNA 搜索工具（Kent，2002），类似 SSA-HA2。BLAT 算法在一定程度上是 BLAST 的镜面。BLAST 将查询序列分解成一些单词，然后在数据库中根据一定阈值进行搜索。两个近端的匹配会被延伸，而 BLAT 则将整个基因组 DNA 数据库分解成单词的索引，这些单词包含基因组中所有非重叠 11-mers（重复 DNA 序列除外）。BLAT 然后会在数据库中利用这些单词来搜索相关一个查询序列。BLAT 所用的数据库索引策略也被 SSAH2 和后续的 MegaBLAST 采用（Morgulis 等，2008）。

> BLAT 网址为 http://genome.ucsc.edu（链接 5.28）。

除此之外，BLAT 还有以下性质：

- BLAST 会在出现 2 个匹配的时候激发延伸，而 BLAT 则需要多个匹配才可以。

- BLAT 的出现是为了找到与查询序列相似达 95％以上的匹配，尽管它和 Megablast，Sim4 和 SSA-HA 在一定程度上相似，但是速度却有数量级的提升。

- BLAT 会搜索内含子与外显子的边界，实质上是建立了一个基因结构的模型。它利用 mRNA 序列得到每一个核苷酸（从生物学角度来说非常贴切），而不是搜索得分最高的片段对。

图 5.16 所示是将人类 β 球蛋白作为查询序列的 BLAT 搜索的结果。人类基因组 DNA 在 6 个框架中被翻译，其中最好的匹配是在 11 号染色体上面编码 HBB 蛋白的 *HBB* 基因。通过调整基因组浏览器的坐标可以显示 β 球蛋白基因座区域的 5 万个碱基对，我们也可以看到 BLAT 可以找到编码其他相关球蛋白的基因。

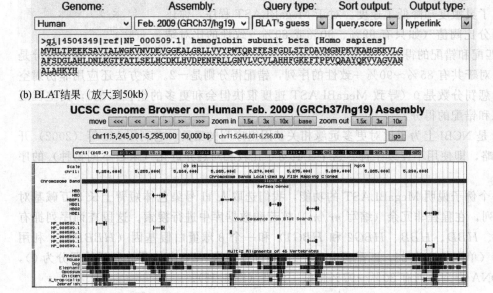

(a) BLAT查询序列（蛋白质或DNA）

(b) BLAT结果（放大到50kb）

图 5.16 UCSC 基因组生物信息学网站上的类 BLAST 比对工具（BLAT）。（a）可以粘贴 DNA 或蛋白质序列，或者以文本文件形式上传。输出设置包括一个可以获取基因组浏览视图的超链接选项。（b）浏览器视图包括一个自定义数据轨（"Your Sequence from BLAT Search"），其显示了关于人 11 号染色体上一个 5 万碱基对片段上的 5 个球蛋白基因（*HBB*、*HBD*、*HBG*1、*HBG*2 和 *HBE*1）的一系列搜索匹配

LAGAN

LAGAN（Limited Area Global Alignment of Nucleotides，有限区域核苷酸全局比对）是基因组 DNA 成对比对的一种方法（Brudno 等，2003）。我们会在第 6 章多序列比对中讨论它的同伴 Multi-LAGAN。LAGAN 分三个步骤进行一个全局双序列比对［图 5.17（a）］：第一，它在两条序列中首先生成局部比对从而识别一组锚［图 5.17（b）］，这样的策略允许多个短的不精确单词的匹配而不是长的精确单词匹配；第二，LAGAN 生成粗略的全局图谱，包含根据得分排序的最大锚的集合；第三，它计算最终的全局比对，被限制在粗略图谱定义的有限区域运行。这样的搜索策略可以避免 Needleman-Wunsch 算法利用两条输入序列进行全局比对的低效率。

SSAHA2

SSAHA2 可以在 En-sembl 网址 http://ge-nome.ucsc.edu（链接 5.28）找到，也可以在主页 http://www.sa-nger.ac.uk/resources/software/（链接 5.30）找到。一个哈希表包括的数据（DNA 数据库中长度为 14 个核苷酸的单词列表）和相关信息（每一个单词的基因组 DNA 位置）。

Hashing 算法进行序列搜索和比对（Sequence Search and Alignment by Hashing Algorithm，缩写 SSAHA）是为了快速搜索大型 DNA 数据库（Ning 等，2001）。它被广泛应用于将二代测序读段对应到参考基因组上，输入的文件包括 FASTA 格式的基因组参考序列（例如人基因组）。SSAHA2 将 DNA 数据库转换为固定单词长度的哈希表，双序列比对则可以在哈希表中快速寻找匹配。FASTQ 格式的序列读段（见第 9 章）会被对应到参考基因组上，在序列读段中精确匹配的种子会被识别并会利用改良的 Smith-Water-man 算法对其进行比对。

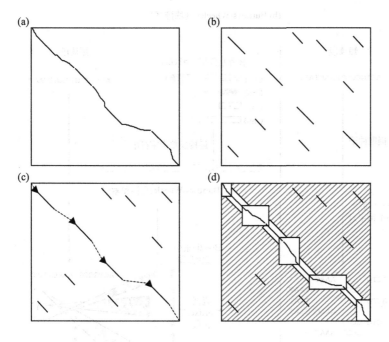

图 5.17　LAGAN 算法用于基因组 DNA 序列的双序列比对。(a) LAGAN 使用组合的局部/全局策略进行两条序列的全局比对，x、y 轴对应的是两条 DNA 查询序列的物理位置（染色体坐标）；(b) 局部比对策略可以识别保守区域（斜向下实线），需要注意的是如果任意序列出现颠倒会产生坡度向上的线；(c) 局部比对片段会连成链。锚或比对区域得分排序最大集合会被识别并连接以形成粗略的全图；(d) LAGAN 计算箱型区域中的最佳匹配，并忽略阴影区域 [改编自 Brudno 等 (2003)]

5.6　将二代测序读段与参考基因组比对

从 20 世纪 70 年代开始一直到现在，双脱氧测序（桑格测序）是一种很重要的测定 DNA 核苷酸序列的方法。在 2005 年出现二代测序（Next-generation sequencing，NGS）技术，此后这一项技术革命使得 DNA 序列信息井喷式地增加。当我们对一个约有 30 亿个碱基对的人类单倍基因组进行测序时，需要有足够的覆盖深度，如对于一个碱基对需要有平均 30 倍的覆盖深度（这对于获得可靠的碱基识别是很有必要的，因为测序的读段在基因组中是分布不均的）。对于 900 亿个的碱基对序列，每一个读段的长度约为 100 个碱基对，在这样的情况下会出现 9 亿条读段。我们会在第 9 章讲解这些读段是如何生成并进行序列比对的。在这里我们问：这些读段是怎样与参考基因组相比对的？参考基因组一般的格式是 FASTA，而我们所期待的输出就是每一个读段所对应的基因组坐标集合。

在进行比对的时候我们需要考虑匹配和错配。不是所有的读段都能在基因组特定位置匹配上。有些情况下这是因为基因组区域会有一些重复（例如约 5% 的人类基因组有片段性重复，而且约一半的基因组包含其他种类的 DNA 重复）。也预期每一个基因组可能会出现单核苷酸变异位点，以及由于技术错误而产生的变异。

同时我们也必须考虑速度因素。基因组和测序读段容量都非常大，会导致在应用动态规划算法（如 Smith-Waterman 算法）时耗费很长时间而降低该算法的适用性。所以需要引入索引，两个主要的形式是哈希表和后缀树 (图 5.18)(Trapnell 和 Salzberg，2009；Li 和 Homer，2010)。

基于哈希表的比对

哈希表索引过程利用的是"种子延伸"策略，这在 BLAST 中已有所描述（图 4.12）。具体的方法如图 5.18（a）所示，它需要两种输入数据：参考基因组序列和大量的短序列片段。BLAST 中哈希表索引方法为：将所有参考基因组序列中 k-mer 的位置（BLASTN 默认设置为 11-mers）存储在哈希表中，并扫描搜寻与种子（seed）精确匹配的 k-mer，然后用动态程序进行比对延伸。空位种子被经常用来提高比对灵敏度。

最早使用这一方法的是 MAQ (Li 等，2008)，首先对片段设立索引并建立多个哈希表，然后搜索哈希表来识别数据库中的匹配区段。运用多个哈希表可以保证所有的包含 0、1 或 2 个错误匹配的读段都会被识别（比如有一个 16 个碱基对的片段被分成 4 个更小的种子，如果没有错误匹配，所有四个种子会完美比对；如果有一个错误匹配，剩余三个会完美比对；如果有两个错误匹配，剩余两个或三个会完美比对。通过将所有 6 种种子的基因组与参考基因组进行比对，读段所在位置可以允许至多 2 个错误匹配，如

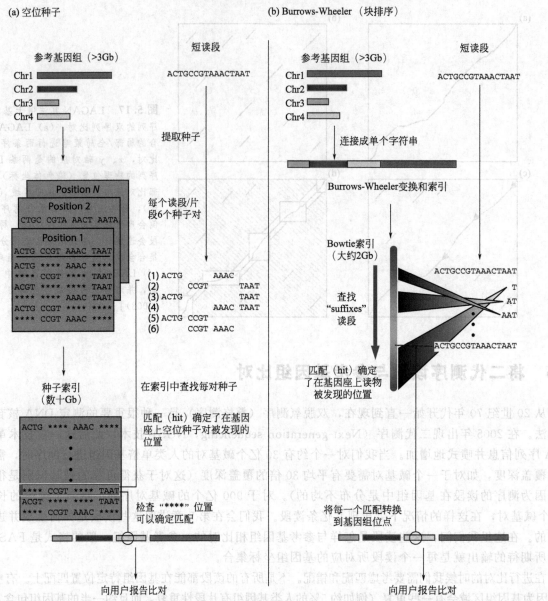

图 5.18 短片段比对器将大量短片段（如 5 亿条读段，每条长度为 150 个碱基对）比对到参考基因组（如单倍体人基因组参考序列，约有 30 亿个碱基对）上的两种策略。(a) 基于哈希表的空位种子索引算法。将参考基因组和短序列读段分割成同样长度的种子片段，来自短读段的种子两两组合并存储在哈希表中用于扫描参考基因组，每个与种子索引匹配的序列都有一个指定的基因组位置。(b) BWA2 和 Bowtie 软件利用 Burrows-Wheeler 转换来有效表示参考基因组，参考基因组被串联成字符串，并利用 Burrows-Wheeler 转换来进行转换（图 5.19），建立索引。从 3' 端的碱基开始比对一直延续至 5' 端，这种方法相对于空位种子策略速度更快

果允许 3 个错误匹配，依旧会有 57％ 的匹配区段被识别）。

　　其他利用哈希表的软件工具有 ELANDv2（Illumina 的比对工具）和 SSAHA2。这种方法存在的一个缺点就是需要数以万计字节的内存来储存编入索引的读段。

基于 Burrows-Wheeler 转换的比对

　　使用后缀树和后缀数组是提高比对速度的一种方法。两种非常流行的比对工具是 BWA 和 Bowtie2，均能够将序列片段与参考基因组进行比对。BWA 针对短序列读段提供的工具是 BWA-backtrack（Li 和 Durbin，2009），而针对长序列片段提供的工具是更加精准的 BWA-MEM（Li 和 Durbin，2010）。Bowtie2 是一种速度极快且节省内存的比对工具（Langmead 等，2009；Langmead 和 Salzberg，2012）。BWA 和 Bowtie2 均考虑片段的长度、测序错误率、空位罚分并综合考虑读段的局部与全局比对。

这一类比对工具的关键特征是只需要利用不到 2G 内存就可以实现对大到人类基因组的参考基因组的索引。首先利用 Burrows-Wheeler 变换（BWT）对参考基因组进行变换和压缩，这是一种无损压缩方法，即可以由压缩后的数据还原出完整的原始序列。我们参考 Burrows 和 Wheeler 的原文将变换的具体步骤展现在图 5.19 中：给定一个字符串，我们首先生成一个 $N \times N$ 的矩阵，矩阵中每一行对应的是该字符串的循环移位序列，然后对这些序列按照字典排序法进行排序，生成新的矩阵 M。我们将矩阵 M 的第一列定义为 F，最后一列定义为 L，我们可以对矩阵 M 进行有效压缩，令人惊奇的是只要用字符串 F 和 L 的信息或者索引，就能很快重新还原矩阵 M。BWT 方法自身并不会压缩数据，但它存储数据的格式会让压缩过程变得快速和高效。

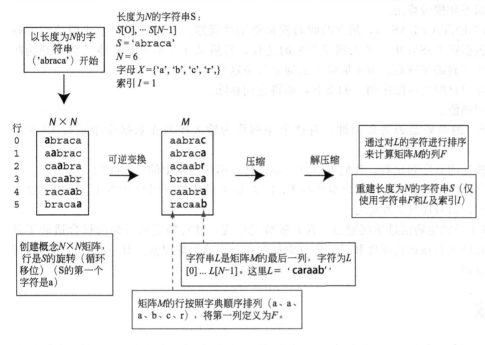

图 5.19 Burrows-Wheeler 转换（BWT）。对于一个字符串，例如参考基因组上基因组 DNA 序列，通过压缩转换和解压缩还原出原始字符串。输入一个包含 N（$N=6$）个字母的字符串 S，我们构建一个由 S 的循环移位序列按照词典顺序排序后生成的 $N \times N$ 的矩阵，通过对该矩阵压缩和解压缩可以还原出原始的字符串〔改编自 Burrows and Wheeler (1994)〕

为什么 BWT 是高效的？Burrows 和 Wheeler（1994）举例说明了一段包含很多个"the"单词的文档是如何使用 BWT 进行排序的。当对循环移位的列表进行排序时，所有以"he"开头的字符都会排在一起，因而很多字符以"t"结尾。L 里面的任意局部区域都倾向出现高比例的有限的字符集，这样会使压缩与解压变得容易。

当短序列与 BWT 变换后的基因组进行比对时，3′ 端碱基最先与基因组进行比对搜索〔图 5.18（b）所示，胸腺嘧啶 T 所对应的宽条带说明在基因组有很多位置都可以与 T 相匹配〕。接下来与 AT 匹配的位置被识别，然后是与 AAT 匹配的位置，最后整条片段会被匹配到一个或多个基因组位置上。如果没有找到精确匹配，BWA 和 Bowtie2 会在允许出现错误匹配的情况下重复这一过程（默认一个读段可以允许出现 2 个错误匹配位点）。Bowtie（Bowtie2 前一版本）的速度比 MAQ 快 30 倍。

5.7　展望

随着 BLAST 搜索已经成为一个研究蛋白质和基因的基础工具（第 4 章），人们开发了许多特殊的 BLAST 应用，包括不同的算法（如 DELTA-BLAST 的 PSSM 和 HMMER 的隐马尔可夫模型）和特殊数据库（如许多物种的专门数据库）。目前，以人 β 球蛋白作为查询序列进行 BLASTP 检索时，不能显著匹配到人肌红蛋白，而 DELTA-BLAST 和 HMMER 都可以轻易找到。这凸显了位置特异性打分矩阵和构建基于 HMM 的数据库的必要性。我们会在第 6 章和第 12 章重点讲解一个这样的数据库——Pfam。

DNA 序列数据的指数级增长为我们带来了海量的基因和蛋白质信息（图 2.3）。BLAST 并不能搜索大量的基因组 DNA，而其他的方法可以通过使用更长的单词长度（如在 MegaBLAST 中）、空位种子以及数据库和（或）查询序列的索引实现这一目的。短序列比对工具是为了将数以百万计的短序列比对到参考基因组上而专门设计的，典型的应用包括寻找单核苷酸突变位点和基因组结构变异位点。我们将会在第9章使用到短序列比对工具。它们在今后多年内仍然是重要的生物学基础工具，尤其是在基因组测序步伐不断加速的今天。

5.8　常见问题

对于任何生物信息学问题，必须要明确对数据库进行查询的目标，即为了实现什么目的？一旦定下目标，就能够选择合适的数据库和搜索算法。

对于 PSI-BLAST（和 DELTA-BLAST），最大的问题就是假阳性问题。一旦找到一个比期望阈值好的伪匹配序列，那它就被包括在 PSSM 中，进入到接下来的迭代，然后又几乎不可避免地又会找到伪匹配序列，并增大数据库中匹配到的序列数。可采取以下措施来避免这个问题：

- 在结果中检查是否有明显的伪匹配序列。如果有，则将它们移除。
- 使用一个合适的期望阈值。
- 为了判断 PSI-BLAST 的结果是否为假阳性，将这个序列作为输入序列在数据库中进行 BLAST "逆"搜索。
- 通过进行第3章所描述的双序列比对，我们可以进一步评估数据库搜索中的边缘匹配。

对于 PHI-BLAST，最常见的问题就是新用户对选择 PHI-BLAST 模式的规则没有感觉，而解决这个问题最好的方法就是用不同的信号序列多加练习。

对于基因组 DNA（对于任意生物信息学问题也一样）领域的研究，针对特定的目标选择合适的工具是很重要的，我们介绍的几种工具在运行速度和灵敏度方面都存在一定的利弊权衡。有一些则是为分析特殊长度或组成的序列而开发的。

5.9　给学生的建议

我们在本章介绍了蛋白质（或 DNA）数据库搜索所需的一系列工具，如 PSI-BLAST、DELTA-BLAST 和 HMMER。选择一个你喜欢的蛋白质（例如 β 球蛋白），尝试每一种工具，观察这些工具是如何评估灵敏度和特异度的。可以选择一个研究比较充分的蛋白小家族，这样可以对真阳性和真阴性（也包括假阳性和假阴性）有一个清晰的判定。仔细阅读以上工具相关的核心论文。估算每一个工具在进行数据库搜索时候会倾向于遗漏多少真正的匹配序列。

5.10　网络资源

我们在本章介绍不同种类 BLAST 及相关的搜索工具，用于 BLAST 搜索的特定物种数据库，专注于特定分子的 BLAST 网站和其他搜索数据库的工具（例如 DELTA-BLAST、HMMER、MegaBLAST 和 BLAT）。这些资源的链接网址见 http://www.bioinfbook.org/chapter5。

问题讨论

[5-1] BLAT 是一个相当快速和准确的程序，为什么它没有替代掉 BLAST 或者至少和 BLAST 一样得到普遍使用呢？它适用于蛋白质搜索吗？

[5-2] 在 PSI-BLAST 算法最初在进行多序列比对后，对于互相之间序列一致性大于 98% 的序列只保留一条，其余删除（Altschul 等，1997），最近的一次修改将该阈值调整为了 94%，如果将其调整为75%，你认为将会出现什么情况？如何在实践中测试你的想法？

习题/计算机实验

[5-1] 创造一个人工蛋白质序列：人类 RBP4 蛋白拼接上人类蛋白激酶 Cα 的 C2 功能域（网络文档

5.5 中的一个例子），将这个拼接成的序列输入 PSI-BLAST 或 DELTA-BLAST 中进行搜索。一般情况下，这些程序总能够匹配出多个结构域吗？自然界存在既有 lipocalin 又有 C2 功能域的蛋白质吗？

　　[5-2] 这道题是为了将 BLASTP 和 DELTA-BLAST 作比较。疟疾寄生虫 *Plasmodium vivax* 有一个为其所特有的多基因家族 *vir*（Del Portillo 等，2001）。这些基因有 600～1000 个拷贝，他们可能会通过抗原变异导致慢性感染。将 *vir1* 在非冗余数据库（物种限定为 *Plasmodium vivax*）中进行 BLASTP 搜索，然后用同样的输入进行 DELTA-BLAST 搜索。每次搜索大约多少个蛋白质的 E 值小于 1×10^{-10}？

　　[5-3] 真菌中有球蛋白吗？用 PSI-BLAST 搜索人类 β 球蛋白（NP_000509）并限定数据库为非冗余真菌（taxid：4751）数据库。对于结果中含有球蛋白结构域的真菌蛋白，其序列长度的大致范围是多少？在真菌球蛋白中出现的非球蛋白结构域有哪些？这些不相关的结构域能导致蛋白质损坏吗？能或不能，为什么？在第一次迭代结果有若干匹配序列（E 值低于阈值 0.005），经过几次迭代之后会有几十个匹配序列，其中包括黄素血红蛋白（每个含有一个球蛋白结构域）。这些真菌蛋白所含的球蛋白结构域相比于脊椎动物来说，与细菌的同源蛋白更相关。大多数的真菌黄素血红蛋白都比较长（超过 400 个氨基酸，有时可以达到 1000 个氨基酸）并有多个其他结构域，然而在 PSI-BLAST 迭代中只利用了球蛋白结构域的信息。

　　[5-4] 进行 HMMER 搜索，首先生成两个不同的 HMM，从网络文档中分别下载包含脊椎动物、细菌和真菌球蛋白集合 5.6 和 5.7，网址是 http：//www. bioinfbook. org/chapter5。这些文档中含有作为 HM-MER 的输入的多序列比对结果。

　　当我们将脊椎动物的 α 球蛋白和 β 球蛋白进行多序列比对并据此构建 HMM 后，利用构建好的 HMM 在人 RefSeq 数据库中搜索可以找到许多匹配序列，其中包括人类肌球蛋白（用 BLASTP 不能找到）；然而当 HMM 是基于细菌和真菌球蛋白比对结果所生成时，输出结果只有一个蛋白质序列且匹配结果并不显著。如果将人类球蛋白和细菌、真菌球蛋白结合起来进行比对生成 HMM，则可以轻而易举地搜索到人类球蛋白。因此 HMM 模型对于用于多序列比对时所采用的序列种类非常敏感。

　　利用 HMMER 工具分别基于①脊椎动物球蛋白②细菌和真菌球蛋白③细菌、真菌和脊椎动物球蛋白进行搜索，输出结果存储在网络文档 5.8、5.9 和 5.10 中，网址是 http：//www. bioinfbook. org/chapter5。匹配的人类肌球蛋白在③中的得分要比①中高，且 E 值要比①中低。这个搜索是在人类 RefSeq 数据库收录的全部蛋白中进行的，你可以访问 NCBI 官网或直接进入网址 http：//www. ncbi. nlm. nih. gov/Ftp/利用 FTP 下载 NCBI 数据库，并把这些数据库放在 HMMER 工具输入序列所在的路径中。

　　[5-5] 我们之前用 HIV-1 Pol（NP_057849）作为索引序列进行了一系列 BLAST 搜索。用这个蛋白质进行 BLASTP 搜索，在分类报告中查看哪些病毒与之相匹配。然后，用 DELTA-BLAST 重复这一搜索，通过对比这两次搜索得出的分类报告你观察到了什么？DELTA-BLAST 搜索结果中有非病毒序列吗？你认为会找得到吗？

　　[5-6] 用人类 RBP4（NP_006735）在细菌和 RefSeq 数据库进行 PHI-BLAST 搜索，首先采用是 PHI 中的 GXW [YF] X [VILMAFY] A [RKH] 模式搜索并存储输出结果，然后换成 GXW [YF] [EA] [IVLM] 模式再进行一次搜索，两次的结果有哪些差异？选择一个细菌蛋白与人类 RBP4 进行成对匹配，E 值会是多少呢？为什么它们会有差别？

自测题

[5-1] DELTA-BLAST 非常适合在下列哪些情况使用？

（a）在大鼠数据库中找到人类某种蛋白质的同源蛋白；

（b）扩展数据库搜索以找到额外的蛋白质；

（c）扩展数据库搜索以找到额外的 DNA 序列；

（d）使用模式或标记来扩展蛋白质搜索

[5-2] 下列 BLAST 程序中哪一个使用氨基酸标记来搜索属于同一家族的蛋白质？

（a）PSI-BLAST；

（b）PHI-BLAST；

（c）MS BLAST；

(d) WormBLAST

[5-3] 下列哪一个 BLAST 程序最适用于分析免疫球蛋白？

(a) RPS-BLAST；

(b) PHI-BLAST；

(c) IgBLAST；

(d) ProDom

[5-4] 在位置特异性打分矩阵中列标题有 20 个氨基酸，每一行则代表序列的氨基酸位置，在矩阵中每个氨基酸残基的得分是基于：

(a) PAM 或 BLOSUM 矩阵

(b) 在多序列比对中出现的频率

(c) 背景出现的频率

(d) 邻近氨基酸残基的得分

[5-5] 利用 PSI-BLAST 搜索时，索引序列和数据库在相同长度序列（比如 50 个氨基酸残基）上的比对结果会被赋予一个分值。即使比对的氨基酸残基没有变化，在连续的几次 PSI-BLAST 迭代中双序列比对的得分也有可能会发生高低变化。

(a) 上述表述是对的

(b) 上述表述是错的

[5-6] 当比对结果中包含有伪匹配序列时（假阳性结果），我们称位置特异性打分矩阵为"污染"。下面哪一个方法可以最大程度减少矩阵污染？

(a) 降低 E 值的阈值

(b) 去掉筛选步骤

(c) 使用更短的索引序列

(d) 减少迭代次数

[5-7] HMMER 在蛋白质搜索方面最大的优势是？

(a) 它利用包含氨基酸替换、插入、删除的全概率模型来更精确寻找能匹配到的远缘蛋白质

(b) 它将氨基酸替代矩阵转换成对数概率表，这样可以提升搜索的灵敏度和特异度

(c) 它利用位置特异性打分矩阵

(d) 它利用连续的迭代

[5-8] 如果你想找到与查询序列相关的远缘蛋白质，下列哪个方法会更容易实现你的目的？

(a) 使用 DELTA-BLAST，因为你可以指定一个具有选择性的标记对相关蛋白进行筛选

(b) 使用 PSI-BLAST，因为位置特异性打分矩阵可能是最敏感的

(c) 使用 BLASTP，因为你可调整评分矩阵使得敏感度最大化

(d) 使用物种特异数据库，因为这些数据库更可能会包含远缘相关的蛋白序列

[5-9] 下面哪一个步骤对于验证一个序列是否是新基因是至关重要的？

(a) 进行 PSI-BLAST 搜索

(b) 查看 EST 数据库来观察该基因在哪些数据中有所表达

(c) 查看 NCBI 基因数据库观察该基因的其他家族成员有没有已经被注释

(d) 在适当的数据库中对这个序列进行 BLAST 搜索来观察是否有人已经描述过这个蛋白质

推荐读物

在这一章我们介绍了一系列 BLAST 工具网站和 BLAST 相关的软件，很多网站都会提供在线文档。除此之外，PSI-BLAST 在 Altschul 等人所发表的一篇优秀的文章中有详细介绍（1997）（参见第 4 章的推荐读物）。针对 PSI-BLAST 的后续修改在 Schäffer 等人所发表的一篇文章中有相关介绍（2001）；DELTA-BLAST 的相关文章参见 Boratyn 等人在 2012 年发表的文章；Benjamin Schuster-Böckler 和 Alex Bateman 于 2007 年发表的文章中对隐马尔科夫模型有一个精彩的介绍；Trapnell 和 Salzberg 在 2009 年发

表的一篇文章中介绍了短序列比对（2009）。

参 考 文 献

Altschul, S. F., Madden, T.L., Schäffer, A.A. *et al.* 1997. Gapped BLAST and PSI-BLAST: A new generation of protein database search programs. *Nucleic Acids Research* **25**, 3389–3402. PMID: 9254694.

Altschul, S.F., Gertz, E.M., Agarwala, R., Schäffer, A.A., Yu, Y.K. 2009. PSI-BLAST pseudocounts and the minimum description length principle. *Nucleic Acids Research* **37**(3), 815–824. PMID: 19088134

Baldi, P., Chauvin, Y., Hunkapiller, T., McClure, M.A. 1994. Hidden Markov models of biological primary sequence information. *Proceedings of the National Academy of Sciences, USA* **91**(3), 1059–1063. PMID: 8302831.

Boratyn, G.M., Schäffer, A.A., Agarwala, R., Altschul, S.F., Lipman, D.J., Madden, T.L. 2012. Domain enhanced lookup time accelerated BLAST. *Biology Direct* **7**(1), 12. PubMed PMID: 22510480.

Brudno, M., Do, C.B., Cooper, G.M., Kim, M.F., Davydov, E., NISC Comparative Sequencing Program, Green, E.D., Sidow, A., Batzoglou, S. 2003. LAGAN and Multi-LAGAN: efficient tools for large-scale multiple alignment of genomic DNA. *Genome Research* **13**, 721–731.

Burrows, M., Wheeler, D.J. 1994. A block-sorting lossless data compression algorithm. *SRC Research Report* **124**, 1–18.

Churchill, G.A. 1989. Stochastic models for heterogeneous DNA sequences. *Bulletin of Mathematical Biology* **51**(1), 79–94. PMID: 2706403.

del Portillo, H. A., Fernandez-Becerra, C., Bowman, S. *et al.* 2001. A superfamily of variant genes encoded in the subtelomeric region of *Plasmodium vivax*. *Nature* **410**, 839–842. PMID: 11298455.

Eddy, S.R. 1998. Profile hidden Markov models. *Bioinformatics* **14**(9), 755–763. PMID: 9918945.

Eddy, S.R. 2004. What is a hidden Markov model? *Nature Biotechnology* **22**(10), 1315–1316. PMID: 15470472.

Eddy, S.R. 2011. Accelerated Profile HMM Searches. *PLoS Computational Biology* **7**(10), e1002195. PMID: 22039361.

Finn, R.D., Clements, J., Eddy, S.R. 2011. HMMER web server: interactive sequence similarity searching. *Nucleic Acids Research* **39**, W29–W37 (2011). PMID: 21593126.

Flicek, P., Amode, M.R., Barrell, D. *et al.* 2014. Ensembl 2014. *Nucleic Acids Research* **42**(1), D749–755. PMID: 24316576.

Gribskov, M., Robinson, N.L. 1996. Use of receiver operating characteristic (ROC) analysis to evaluate sequence matching. *Computational Chemistry* **20**, 25–33.

Gribskov, M., McLachlan, A.D., Eisenberg, D. 1987. Profile analysis: detection of distantly related proteins. *Proceedings of National Academy of Sciences, USA* **84**(13), 4355–4358. PMID: 3474607.

Gribskov, M., Lüthy, R., Eisenberg, D. 1990. Profile analysis. *Methods in Enzymology* **183**, 146–159. PMID: 2314273.

Kent, W. J. 2002. BLAT—the BLAST-like alignment tool. *Genome Research* **12**, 656–664.

Krogh, A. 1998. An introduction to hidden Markov models for biological sequences. In *Computational Methods in Molecular Biology* (eds S. L.Salzberg, D. B.Searls, S.Kasif), pp. 45–63. Elsevier, Amsterdam.

Krogh, A., Brown, M., Mian, I.S., Sjolander, K., Haussler, D. 1994. Hidden Markov models in computational biology. Applications to protein modeling. *Journal of Molecular Biology* **235**, 1501–1531.

Langmead, B., Salzberg, S.L. 2012. Fast gapped-read alignment with Bowtie 2. *Nature Methods* **9**, 357–359. PMID: 22388286.

Langmead, B., Trapnell, C., Pop, M., Salzberg, S.L. 2009. Ultrafast and memory-efficient alignment of short DNA sequences to the human genome. *Genome Biology* **10**(3), R25. PMID: 19261174.

Li, H., Durbin, R. 2009. Fast and accurate short read alignment with Burrows-Wheeler transform. *Bioinformatics* **25**(14), 1754–1760. PMID: 19451168.

Li, H., Durbin, R. 2010. Fast and accurate long-read alignment with Burrows-Wheeler transform. *Bioinformatics* **26**(5), 589–595. PMID: 20080505.

Li, H., Homer, N. 2010. A survey of sequence alignment algorithms for next-generation sequencing. *Briefings in Bioinformatics* **11**(5), 473–483. PMID: 20460430.

Li, H., Ruan, J., Durbin, R. 2008. Mapping short DNA sequencing reads and calling variants using mapping quality scores. *Genome Research* **18**(11), 1851–1858. PMID: 18714091.

Lipovich, L., King, M.C. 2006. Abundant novel transcriptional units and unconventional gene pairs on human chromosome 22. *Genome Research* **16**, 45–54.

Ma, B., Tromp, J., Li, M. 2002. PatternHunter: faster and more sensitive homology search. *Bioinformatics* **18**, 440–445. PMID: 11934743.

Marchler-Bauer, A., Zheng, C., Chitsaz, F. *et al.* 2013. CDD: conserved domains and protein three-dimensional structure. *Nucleic Acids Research* **41**(D1), D348–D352. PMID: 23197659.

Morgulis, A., Coulouris, G., Raytselis, Y. *et al.* 2008. Database indexing for production MegaBLAST searches. *Bioinformatics* **24**(16), 1757–1764. PMID: 18567917.

Ning, Z., Cox, A. J., Mullikin, J. C. 2001. SSAHA: A fast search method for large DNA databases. *Genome Research* **11**, 1725–1729.

Park, J., Karplus, K., Barrett, C. *et al.* 1998. Sequence comparisons using multiple sequences detect three times as many remote homologues as pairwise methods. *Journal of Molecular Biology* **284**, 1201–1210. PMID: 9837738.

Paten, B., Herrero, J., Beal, K., Fitzgerald, S., Birney, E. 2008. Enredo and Pecan: genome-wide mammalian consistency-based multiple alignment with paralogs. *Genome Research* **18**(11), 1814–1828. PMID: 18849524.

Poinar, H.N., Schwarz, C., Qi, J., Shapiro, B., Macphee, R.D., Buigues, B., Tikhonov, A., Huson, D.H., Tomsho, L.P., Auch, A., Rampp, M., Miller, W., Schuster, S.C. 2006. Metagenomics to paleogenomics: large-scale sequencing of mammoth DNA. *Science* **311**, 392–394.

Pollard, D.A., Bergman, C.M., Stoye, J., Celniker, S.E., Eisen, M.B. 2004a. Benchmarking tools for the alignment of functional noncoding DNA. *BMC Bioinformatics* **5**, 1–17.

Pollard, D.A., Bergman, C.M., Stoye, J., Celniker, S.E., Eisen, M.B. 2004b. Correction: Benchmarking tools for the alignment of functional noncoding DNA. *BMC Bioinformatics* **5**, 73.

Schäffer, A.A., Aravind, L., Madden, T.L. *et al.* 2001. Improving the accuracy of PSI-BLAST protein database searches with composition-based statistics and other refinements. *Nucleic Acids Researcg* **29**, 2994–3005. PMID: 11452024.

Schuster-Böckler, B., Bateman, A. 2007. An introduction to hidden Markov models. *Current Protocols in Bioinformatics* **Appendix 3**, Appendix 3A. PMID: 18428778.

Schwartz, S., Kent, W.J., Smit, A., Zhang, Z., Baertsch, R., Hardison, R.C., Haussler, D., Miller, W. 2003. Human-mouse alignments with BLASTZ. *Genome Research* **13**, 103–107.

Simon, J.F. 1846. *Animal Chemistry with Reference to the Physiology and Pathology of Man*. G.E. Day, transl. Sydenham Society, London.

Stoye, J., Evers, D., Meyer, F. 1998. Rose: generating sequence families. *Bioinformatics* **14**, 157–163.

Tatusov, R.L., Altschul, S.F., Koonin, E.V. 1994. Detection of conserved segments in proteins: iterative scanning of sequence databases with alignment blocks. *Proceedings of the National Academy of Sciences, USA* **91**, 12091–12095.

Trapnell, C., Salzberg, S.L. 2009. How to map billions of short reads onto genomes. *Nature Biotechnology* **27**(5), 455–457. PMID: 19430453.

Wilming, L.G., Gilbert, J.G., Howe, K. *et al.* 2008. The vertebrate genome annotation (Vega) database. *Nucleic Acids Research* **36**(Database issue), D753–760. PMID: 18003653.

Wootton, J. C., Federhen, S. 1996. Analysis of compositionally biased regions in sequence databases. *Methods in Enzymology* **266**, 554–571.

Ye, J., Ma, N., Madden, T.L., Ostell, J.M. 2013. IgBLAST: an immunoglobulin variable domain sequence analysis tool. *Nucleic Acids Research* **41**(Web Server issue), W34–40. PMID: 23671333.

Yoon, B.J. 2009. Hidden Markov models and their applications in biological sequence analysis. *Current Genomics* **10**(6), 402–415. PMID: 20190955.

Zhang, Z., Schäffer, A. A., Miller, W. *et al.* 1998. Protein sequence similarity searches using patterns as seeds. *Nucleic Acids Research* **26**, 3986–3990.

Zhang, Z., Schwartz, S., Wagner, L., Miller, W. 2000. A greedy algorithm for aligning DNA sequences. *Journal of Computational Biology* **7**, 203–214.

Yoon, B.J. 2009. Hidden Markov models and their applications in biological sequence analysis. *Current ... 10(6), 402–415. PMID: 20190955.

Zhang, Z., Schäffer, A. A., Miller, W. et al. 1998. Protein sequence similarity searches using ... seeds. *Nucleic Acids Research 26, 3986–3990.

第 6 章

多重序列比对

渐进比对可以被描述为迭代地使用 Needleman 和 Wunsch 双序列比对算法以实现一系列蛋白质序列的多重序列比对，并构建描述它们关系的进化树。先假设认为这些序列共享一个相同的祖先，树由取自多重序列比对的多个矩阵构建而来。该种方法的优势在于更依赖新近趋异的序列之间的比较，而非那些在远古时期进化的序列。

—*Da-Fei Feng* 和 *Russell F. Doolittle*（1987 年，第 351 页）

学习目标

通过阅读本章，你应该能够：

- 理解使用 ClustalW 进行多重序列比对（MSA）的三个主要阶段；
- 描述几种其他的多重序列比对（MSA）程序（如 Muscle、ProbCons 以及 TCoffee），了解它们如何工作，对比它们与 ClustalW 的异同；
- 理解进行基准研究的重要性，并且理解关于 MSA 的几个基本结论；
- 理解关于基因组区域的 MSA 的几个问题。

6.1 引言

当我们在研究一个蛋白质或基因时，一个基本的问题就是：它与其他哪些蛋白质相关联。生物学中的序列常以家族的形式存在。这些家族可能包含同一物种内的相关基因（同源基因）、同一种群内的序列（例如，多态性变异）或者其他物种的基因（同源基因）。序列之间彼此的分歧来源于基因组内重复或来源于新物种形成产生的直系同源等。我们已经学习了蛋白质或核酸内部的双序列比对（第 3 章），我们也看到了作为 BLAST 或其他数据库搜索工具的编译或输出结果的多个相关序列（第 4 章、第 5 章）。我们也将在分子系统发生（第 7 章）、蛋白质功能域（第 12 章）以及蛋白质结构（第 13 章）等层次探究多重序列比对。

在这一章节中，我们将从三个方面探讨多重序列比对的一般性问题。首先，我们将描述对一组感兴趣的同源蛋白质进行多重序列比对的五种方法。其次，我们将探讨用于多重序列比对的数据库，例如 Pfam，即蛋白质家族数据库（the protein family database）。第三，我们将讨论基因组 DNA 的多重序列比对。对来自不同物种的大片段的染色体区域进行比对，或对单一基因组内不同的重复区域进行比对，是典型的比较基因组学问题。

由于同源序列通常保持了相似的结构和功能，因而多重序列比对就显得很有意义（Edgar 和 Batzoglou，2006；Do 和 Katoh，2008；Pirovano 和 Heringa，2008；Kemena 和 Notredame，2009）。与双序列比对相比，多重序列比对具有更强大的功能。因为两条原本可能彼此无法匹配上的序列可以借助它们与第三条序列的关系比对在一起，因而引入仅通过双序列比对无法获取的信息。因此，我们可以定义基因或蛋白质家族的成员，并且鉴定出它们的保守区域。如果我们知道了某个蛋白质的一个特点（如：血红蛋白运输氧），那么当我们鉴定出同源蛋白质时，我们可以预估它有相似的功能。通过 DNA 或者互补 DNA（即 cDNA）（参见第 8 章）测序，我们已经识别了绝大多数蛋白质。因此，绝大多数蛋白质的功能是通过与其他已知蛋白的同源性推测，而非从生物化学或细胞生物学方面（功能学上的）的测定结果得到的。

多重序列比对的定义

表征一个蛋白质家族的结构域（domain）或模体（motif）是由多重序列比对所产生的一组同源序列定义的。多重序列比对就是一组 3 条或多条可以部分或整体相匹配的蛋白质（或核酸）序列。同源的残基以序列的长度排成一列。这些对齐的残基在进化意义上是同源的：它们可能来自一个共同的祖先。从结构的角度来看，我们也认为同一列中的残基是同源的：比对上的残基在三维结构中也倾向于占据互相对应的位置。

对于高度相关的一组蛋白质（或 DNA）序列，即使用肉眼都很容易完成多重序列比对。我们已经见过高度相关序列的比对（参见图 3.10，GAPDH）。一旦序列之间显示出一些差异，多重序列比对的问题就很难解决了。特别是空位区域的数量和位置很难确定。我们在 κ-酪蛋白中就看到过这样的现象（图 3.11），在本章中，我们将检测 5 个远缘球蛋白的一个具有挑战性的区域。实际上，你必须：①选择同源序列进行比对；②选择一个实现了合理的客观评分功能的软件（即，诸如使一系列双序列比对得分最大化的一个指标）；③选择合适的参数，例如空位打开和延伸罚分；④根据需求解释输出结果并重新运行分析。

对于一个蛋白质家族并不一定有一个"正确"的比对结果（Löytynoja，2012）。这是因为，尽管蛋白质结构往往会随时间变化，但是蛋白质序列通常比结构变化得更快。观察人类 β 球蛋白和肌红蛋白，我们看到它们只共享了 25% 的氨基酸一致性（图 3.5），但三维结构却几乎一样（图 3.1）。在进行多重序列比对时，识别由家族中蛋白质的三维结构所定义的应当互相匹配的氨基酸残基可能是无法实现的。我们通常没有高分辨率的结构数据，我们依赖序列数据进行比对。类似地，我们通常也无法获得定义结构域的功能数据（如构成一个酶的催化位点的特定氨基酸），再一次说明我们需要依赖序列数据。可以比较仅使用序列数据进行的多重序列比对结果，然后对那些蛋白质搜索已知的结构。对于给定的一对存在分歧但显著相关的蛋白质序列（如，共享 30% 的氨基酸序列的两个蛋白质），Chothia 和 Lesk（1986）发现，大约 50% 的氨基酸残基在二者的结构中是可以重叠的。

一个多重序列比对的特点是其具有氨基酸残基比对上的列。这种比对可以通过氨基酸残基的特性确定，比如：

① 存在高度保守的氨基酸残基，如可以形成二硫键的半胱氨酸。

② 存在保守的模体，如跨膜跨度或免疫球蛋白功能域。我们将在第 12 章遇到一个蛋白质结构域和模体的例子（如蛋白质功能位点数据库）。

③ 存在蛋白质二级结构的保守特征，如有助于形成 α 螺旋、β 折叠或者过渡域的残基。

④ 存在显示了插入或缺失的一致模式的区域。

多重序列比对的典型应用和实际策略

什么时候使用多重序列比对？为什么使用多重序列比对？

① 如果所研究的蛋白质（或基因）与一大组蛋白质相关，那么这组蛋白质成员通常可以提供关于该蛋白可能的功能、结构、进化方面的信息。

② 大多数蛋白质家族有远缘的成员。与双序列比对相比，多重序列比对的方法相较于双序列比对可以更灵敏地发现同源关系（Park 等，1998）。对蛋白质的整体谱（如在第 5 章中描述的用于 DELTA-BLAST 和隐马尔可夫模型）取决于精确地进行多重序列比对。

③ 在查看任何一种数据库搜索的输出结果（如 BLAST 搜索）时，多重序列比对格式对于显示保守的残基与模体十分有用。

④ 每一个人类的基因组存在大约 11000 个非同义单核苷酸突变（导致氨基酸替代），其中大约 300 个被预测为有害的突变（请见第 9 章和第 21 章）。评价突变是否有害的算法通常依赖于 DNA 和（或）蛋白

质的多重序列比对以评估跨物种的保守度——有害的变异倾向于发生在更保守的位点。

⑤ 对于种群数据的研究可以为许多涉及进化、结构及功能的生物问题提供深入的理解。

⑥ 当任意一个物种的完整基因组被测序时，研究的一个主要部分是定义所有基因产物属于哪个蛋白质家族。数据库搜索高效地执行多重序列比对，使每一个新的蛋白质（或基因）可以与所有其他已知的基因家族做比对。

⑦ 我们将在第 7 章中看到，系统发育算法如何从使用多重序列比对结果作为原始数据开始，并生成系统发育树的。生成树的最关键部分是产生一个最优的多重序列比对。

⑧ 很多基因的调控区域包含转录因子结合位点和其他保守元件的共有序列。许多这样的区域的鉴定是基于使用多重序列比对检测到的保守的非编码序列。

基准：评估多重序列比对的算法

我们描述了五种不同的方法来产生多重序列比对。如何评估各种算法的精度和性能属性？性能取决于多个因素，包括比对序列的数量、它们的相似度，以及插入和缺失的数量和位置等。基准测试提供了一个重要的答案。一些数据库存放了蛋白质二级结构或者三级结构（将会在第 13 章介绍），包括已知同源的远缘相关蛋白质，并且可以使用结构数据来决定多重序列比对程序的精确程度。我们首先描述一系列著名的比对方法，然后描述基准测试的结果。

我们探索了一系列远缘与近缘 FASTA 格式的球蛋白序列。6.1 和 6.2 可见于在线文档 http://www.bioinfbook.org/chapter6。你有很多种方式简单地获得一组 FASTA 格式的序列。比如从 NCBI 的 HomoloGene（真核生物蛋白质），或者你可以选择任何一个在 NCBI Protein（或 NCBI Nucleotide）利用 BLAST 搜索 FASTA 格式蛋白质序列的子集。

6.2　五种主要的多重序列比对方法

多重序列比对的方法有很多种；在过去的十年中，有许多程序已被开发出来（Batzoglou 在 2005 年，Do 和 Katoh 在 2008 年撰写了综述）。我们考虑五种算法：①精确法；②渐进比对方法（如 ClustalW）；③迭代的方法（如 PRALINE、IterAlign、MUSCLE）；④基于一致性的方法（如 MAFFT、ProbCons）；⑤基于结构的方法，其包含一个或多个已知的蛋白质三维结构以便于产生多重序列比对（如 Expressp）。③到⑤描述的程序经常会出现重叠；例如，所有方法都依赖于渐进比对，有部分结合了迭代和基于结构的方法。所有的程序提供速度和精度的权衡。MUSCLE 和 MAFFT 是最快的，因此也是最适合做大量序列比对的工具。ProbCons 和 T-COFFEE，尽管慢一些，但在许多应用中更加精确。

我们将探索对同一组球蛋白序列使用不同程序时将会如何进行不同的比对，并尝试评估哪一种比对方法是最精确的。一个相关的问题是错误匹配可能导致的结果。潜在地，关键残基（如酶活性位点的氨基酸，一个球蛋白上的血红蛋白结合残基，或者一个突变后会导致疾病的保守残基）的保守性可能被忽略。系统发育推断（第 7 章）可能会受到影响，因为所有的分子系统发育算法都依赖于多重序列比对作为输入。蛋白质结构预测（第 13 章）通常是同源建模的第一步，其会受到错误的多序列比对的严重影响。

尽管本地安装的程序通常允许你使用一个更完整的选项包，我们探讨的程序也可以通过网站界面使用。所有的网站界面允许你以 FASTA 格式粘贴 DNA、RNA 或者蛋白质序列，或者上传一个包含这些序列的文本文件。

请注意在大多数数据库搜索时，例如 BLAST，依赖于局部的比对策略，许多多重序列比对专注于全局比对或者一种局部与全局的组合策略。

多重序列比对的精确法

Needleman 和 Wunsch（1970）描述的用于双序列比对的动态规划算法确保了识别最优的全局比对。多重序列比对的精确法使用了动态规划，尽管比对矩阵不是二维而是多维的。其目标是最大化每对序列比对得分的加和。精确法可以生成最优比对，但在时间和空间上对于过多的序列是不可行的。对于 N 个序列，计算的时间要求是 $O(2^N L^N)$，其中，N 是序列的数量，L 是序列的平均长度。一个精确的多重序列比对在处理超过四个或五个中等大小蛋白质会消耗多到难以实现的时间。我们随后将讨论的非精确算法，在计算上可行。举个例子，ClustalW 的时间复杂度是 $O(N^4 + L^2)$，MUSCLE 的时间复杂度是

$O(N^4 + NL^2)$。尽管它们很快，但这些启发式算法并不能保证产生最优比对。

渐进多重序列比对方法

最常用的多重序列比对算法来源于渐进比对法。由 Fitch 和 Yasunobu（1975）提出，由将其应用于 5S 核糖 RNA 序列的比对的 Hogeweg 和 Hesper（1984）描述。该方法由 Da-Fei Feng 和 Russell Doolittle（1987，1990）推广。它被叫做"渐进"的原因是该方法在策略上需要计算所有待比对的蛋白质（或核苷酸序列）序列间的两两比对得分，开始于两个最相似的序列，然后渐进地添加更多的序列参与比对。这种方法的好处是，它允许快速地比对成百上千个序列。一个主要的限制是最终的比对结果依赖于添加序列的顺序。因此这种算法不能保证提供最精确的比对。

从 20 世纪 90 年代至今，ClustalW（Thompson 等，1994；Larkin 等，2007）是最流行的基于网页的多重序列比对程序。尽管大多数学者推荐更新的、表现更优的程序（如 MAFFT、ProbCons、MUSCLE 以及 T-COFFEE），我们还是以 ClustalW 为例解释渐进比对法。它分三个阶段进行。我们使用五个远缘球蛋白的序列比对来说明这一过程。序列信息从 NCBI protein 中选取，并以 FASTA 格式粘贴到文本文件（图 6.1）。结果在图 6.2 和图 6.3 中展示。之后我们也比对了五个高度相关的球蛋白（图 6.4 和图 6.5）。在这个特定的例子中，我们挑选了已经通过 X 射线晶体学获得的其相应三维结构的蛋白质。这有助于同时从进化角度和结构角度分析比对的精确度。

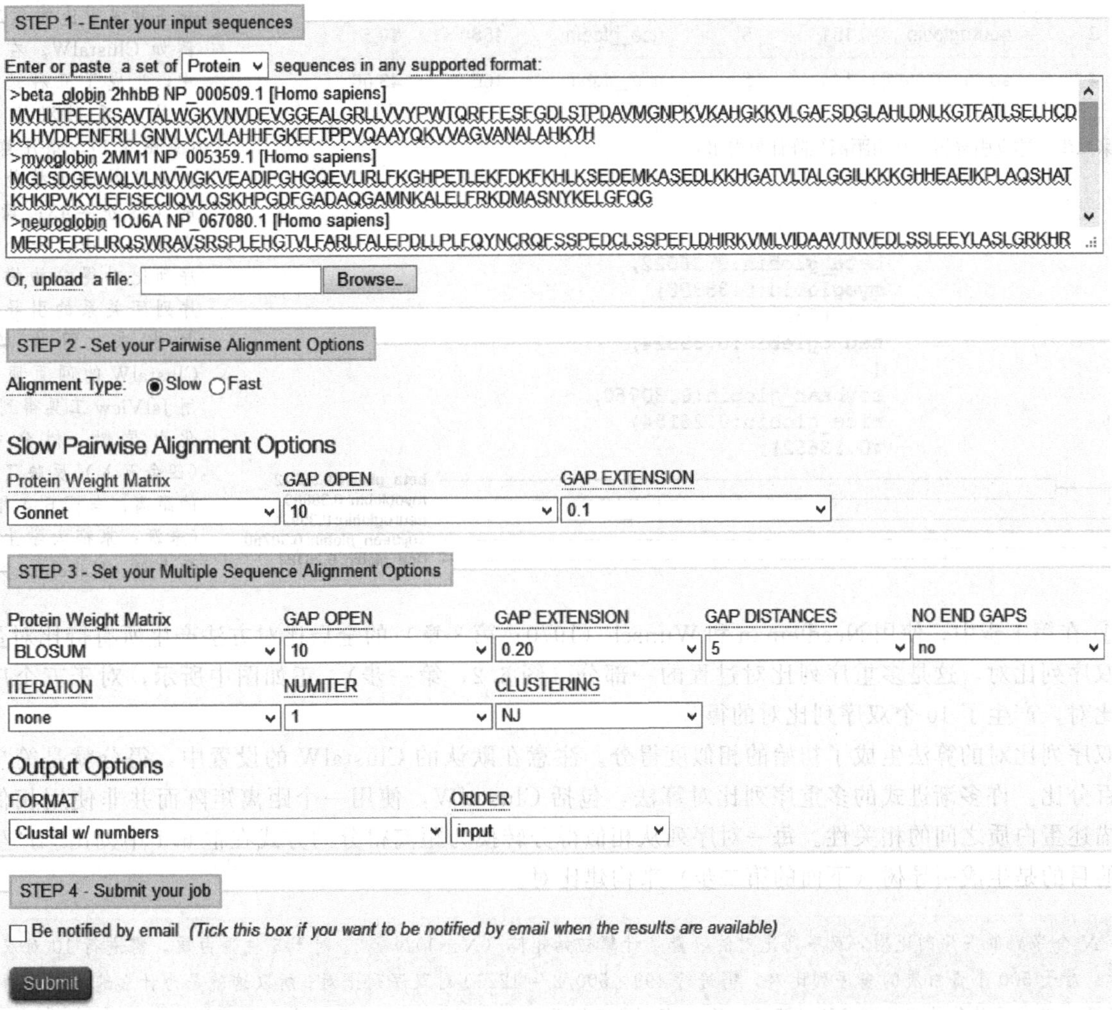

图 6.1　使用 ClustalW 进行五种远缘球蛋白的多重序列比对。五种远缘球蛋白序列来自 Entrez（NCBI），以 FASTA 格式粘贴而来

（来源：ClustalW，欧洲生物信息学会）

1994 年发表的 ClustalW 论文已经被引用超过 4 万 8 千次（截至 2015 年 2 月）。它被存放在欧洲生物信息学会的网站，但不再更新（http://www.ebi.ac.uk/Tools/，链接 6.1）。这个网站中专门强调了 Clustal Omega（Sievers 等，2011 年）可以同时处理几千条序列，例如 EMBOSS 程序 emma 的服务器（http://embossgui.sourceforge.net/demo/emma.html，链接 6.2）和 Galaxy（http://usegalaxy.org，链接 6.3），以及完整的 MEGA 软件（见上机实验问题 6.1，在 http://www.megasoftware.net/，链接 6.4）。

(a) 第一步：一系列双序列比对

SeqA ⇕	Name ⇕	Length ⇕	SeqB ⇕	Name ⇕	Length ⇕	Score ⇕
1	beta_globin	147	2	myoglobin	154	25.17
1	beta_globin	147	3	neuroglobin	151	15.65
1	beta_globin	147	4	soybean_globin	144	13.19
1	beta_globin	147	5	rice_globin	166	21.09
2	myoglobin	154	3	neuroglobin	151	16.56
2	myoglobin	154	4	soybean_globin	144	8.33
2	myoglobin	154	5	rice_globin	166	12.99
3	neuroglobin	151	4	soybean_globin	144	17.36
3	neuroglobin	151	5	rice_globin	166	18.54
4	soybean_globin	144	5	rice_globin	166	43.06

(b) 第二步：建立引导树（利用距离矩阵计算得出）

```
(
(
beta_globin:0.36022,
myoglobin:0.38808)
:0.06560,
neuroglobin:0.39924,
(
soybean_globin:0.30760,
rice_globin:0.26184)
:0.13652);
```

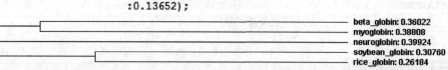

beta_globin: 0.36022
myoglobin: 0.38808
neuroglobin: 0.39924
soybean_globin: 0.30760
rice_globin: 0.26184

图 6.2 Feng 和 Doolittle（1987 年）的渐进比对方法被多种多重比对程序采用，例如 ClustalW。在第一步中，生成了五种远缘球蛋白的一系列双序列比对（见图 6.1）。请注意最佳比对分值是两个植物球蛋白的（得分 = 43；箭头 1）。在第二步中，一个基于双序列比对得分的描述五种序列间关系的引导树被计算出来。图中展示了 ClustalW 的网页服务器使用 JalView 工具得到的图形化引导树。树分支长度（四舍五入）反映了序列间的距离；与图 6.4 相比较。（来源：京都大学生物信息学中心、Kanehisa 实验室）

① 在第 1 步中，使用 Needleman 和 Wunsch（1970；第 3 章）的全局比对方法产生所有待比对蛋白质间的双序列比对，这是多重序列比对过程的一部分（图 6.2，第一步）。正如图中所示，对于五个序列的多重比对，产生了 10 个双序列比对的得分。

双序列比对的算法生成了初始的相似度得分。注意在默认的 ClustalW 的设置中，得分就是简单的一致性百分比。许多渐进式的多重序列比对算法，包括 ClustalW，使用一个距离矩阵而并非使用相似度矩阵来描述蛋白质之间的相关性。每一对序列从相似得分转换为距离得分的方式在框 6.1 中列出。产生距离度量的目的是生成引导树（下面的第二步）来构建比对。

对于 N 个序列的多序列比对，双序列比对的数量是计算初始矩阵 $(N-1)N/2$。对于 5 种蛋白质，需进行 10 对双序列比对。对于 500 个蛋白质的多序列比对，需进行 $499 \times 500/2 = 12250$ 对双序列比对；所以这就是为什么速度是值得关注的问题。相对于其他的方法如 MUSCLE，ClustalW 速度较慢，但如下所述，对于大多数典型应用的速度，ClustalW 是相当合理的。

```
CLUSTAL 2.1 multiple sequence alignment

beta_globin        ----------MVHLTPEEKSAVTALWGKVN--VDEVGGEALGRLLVVYPWTQRFFESFG-  47
myoglobin          ----------MGLSDGEWQLVLNVWGKVEADIPGHGQEVLIRLFKGHPETLEKFDKFK-  48
neuroglobin        ------------MERPEPELIRQSWRAVSRSPLEHGTVLFARLFALEPDLLPLFQYNCR  47
soybean_globin     ----------MVAFTEKQDALVSSSFEAFKANIPQYSVVFYTSILEKAPAAKDLFSFLA-  49
rice_globin        MALVEDNNAVAVSFSEEQEALVLKSWAILKKDSANIALRFFLKIFEVAPSASQMFSFLR-  59
                               :    :   :    :   ..    .     ::   *    *.

beta_globin        DLSTPDAVMGNPKVKAHGKKVLGAFSDGLAHLDNLKGTFAT------LSELHCDKLHVDP 101
myoglobin          HLKSEDEMKASEDLKKHGATVLTALGGILKKKGHHEAEIKP------LAQSHATKHKIPV 102
neuroglobin        QFSSPEDCLSSPEFLDHIRKVMLVIDAAVTNVEDLSSLEEY---LASLGRKHRAVGVKLS 104
soybean_globin     --NGVDPT--NPKLTGHAEKLFALVRDSAGQLKASGTVVAD----AALGSVHAQKAVTDP 101
rice_globin        --NSDVPLEKNPKLKTHAMSVFVMTCEAAAQLRKAGKVTVRDTTLRLGATHLKYGVGDA 117
                      .     . .. *  .::      :          *. *
```

图 6.3　五种远缘球蛋白的多重序列比对。输出结果来自于 ClustalW，采用 Feng 和 Doolittle 的渐进比对算法得到。在第 3 阶段，通过进行渐进序列比对产生多重序列比对。首先，两个最接近的序列被匹配（大豆和水稻的球蛋白）。接下来，基于它们在引导树中的位置，按顺序添加其他序列。星号表示氨基酸残基在列中 100% 保守的位置；冒号表示保守的取代位置；点表示较不那么保守的取代位置。这些蛋白质是人类 β 球蛋白（索引编号 NP＿000509；蛋白质数据库标识符 2hhb），人类肌红蛋白（NP＿005359；3RGK），人类神经球蛋白（NP＿067080；1OJ6A），大豆血红蛋白（来自大豆 1FSL）和非共生植物血红蛋白（来自水稻；1D8U）。基于 X 射线晶体学识别出的 α 螺旋区域（在第 13 章中定义）以红色字体表示。三个高度保守的残基用箭头和粗体蓝色字母表示：肌红蛋白的 phe44、his65 和 his93。这两个组氨酸在协调与血红蛋白基团的结合的蛋白质中是非常重要的。绿色框围起的是第二个组氨酸，包括下游的 5 个氨基酸（至羧基末端），上游的 17 个氨基酸（到 α 螺旋区域的末端）。我们用这个框内的比对结果讨论比较 ClustalW 与其他比对程序（图 6.6）

在我们的例子中，可以注意到最优的双序列全局比对得分得自于水稻和大豆球蛋白（图 6.2，箭头 1）。对于一组近缘的 β 球蛋白，即使是对于来自于分歧时间在 3 亿年前的鸟类和哺乳类的序列，都有很高的得分（图 6.4）。

② 在第 2 步中，利用距离（或相似度）矩阵计算出一棵引导树。构建引导树有两种主要的方式：算术平均不加权成对组别法（UPGMA）以及邻接法。我们在第 7 章中将定义这些算法。树的两个主要特征是拓扑结构（即分支的顺序）和分支的长度（可以被画出来，成比例地展示进化距离）。因此树可以用来反映参与多重比对的多个序列的相关程度。

> 通过 NCBI 上的 BLAST 两两比对（见图 6.2 或图 6.4），可以确认 ClustalW 比对结果的好坏。

在 ClustalW 中，使用书面格式（称为 Newick 格式）和图形输出描述树（图 6.2 和图 6.4，第 2 步）。相较于人类、大猩猩、狗以及小鼠的 β 球蛋白，鸡的序列得分最低，这在引导树的位置上有所体现（图 6.4，第 1 步和第 2 步）。也可以在 ClustalW 站点上使用 JalView 选项以图形化地展示一棵树。引导树通常并不被认为是真正的系统发育树，而被看作 ClustalW 在第三阶段中用来向正在进行的多序列比对加入新序列的次序的模版。利用基于待比对序列的百分比一致率得到的距离矩阵估计出一棵引导树。相反，一个系统发育树几乎总是包含一个用以解释通常发生在匹配的氨基酸（核苷酸）位点的多重取代的模型，将会在第 7 章讨论。

③ 在第 3 步中，基于引导树上出现的顺序进行一系列步骤，创建多重序列比对。算法首先从引导树中选择两个最相近的序列进行双序列比对。这两个序列出现在树的叶子节点，即现存序列的位置。例如，水稻球蛋白和大豆球蛋白的比对。下一个序列被加入双序列比对（用以形成三个序列的比对组，有时被称作一个谱）或者被用来做另一个双序列比对。某些时候，谱与其他谱比对。比对渐进地进行，

网站 http://msa.cgb.
ki. se(链接 6.5)包括用
于比对的 Kalign，用于
查看的 Kalignvu 以及
评估多重序列比对的
Mumsa（Lassmann and
Sonnhammer，2006）。
Kalign 在欧洲生物信息
学研究所中也有链接
（http://www.ebi.ac.uk/
kalign/）（链接 6.6）。

(a) 第1步：一系列的双序列比对（近缘球蛋白）

SeqA	Name	Length	SeqB	Name	Length	Score
1	human_NP_000509	147	2	Pan_troglodytes_XP_508242	147	100.0
1	human_NP_000509	147	3	Canis_familiaris_XP_537902	147	89.8
1	human_NP_000509	147	4	Mus_musculus_NP_058652	147	80.27
1	human_NP_000509	147	5	Gallus_gallus_XP_444648	147	69.39
2	Pan_troglodytes_XP_508242	147	3	Canis_familiaris_XP_537902	147	89.8
2	Pan_troglodytes_XP_508242	147	4	Mus_musculus_NP_058652	147	80.27
2	Pan_troglodytes_XP_508242	147	5	Gallus_gallus_XP_444648	147	69.39
3	Canis_familiaris_XP_537902	147	4	Mus_musculus_NP_058652	147	78.91
3	Canis_familiaris_XP_537902	147	5	Gallus_gallus_XP_444648	147	71.43
4	Mus_musculus_NP_058652	147	5	Gallus_gallus_XP_444648	147	66.67

(b) 第2步：创建一棵引导树（由距离矩阵得到）

图 6.4　近缘球蛋白的多重序列比对的例子，利用由 ClustalW 进行的 Feng 和 Doolittle 的渐进序列比对方法。将这些比对分数与远缘蛋白的分数相比较（图 6.2），注意双序列比对分数都更高，并且距离（由引导树上的分支长度反映）短得多。
资料来源：京都大学生物信息中心，Kanehisa 实验室。

```
(
(
(
human_NP_000509:0.00000,
Pan_troglodytes_XP_508242:0.00000)
:0.05272,
Canis_familiaris_XP_537902:0.04932)
:0.03231,
Mus_musculus_NP_058652:0.12075,
Gallus_gallus_XP_444648:0.21259);
```

human_NP_000509: 0.00000
Pan_troglodytes_XP_508242: 0.00000
Canis_familiaris_XP_537902: 0.04932
Mus_musculus_NP_058652: 0.12075
Gallus_gallus_XP_444648: 0.21259

```
CLUSTAL 2.1 multiple sequence alignment

human_NP_000509             MVHLTPEEKSAVTALWGKVNVDEVGGEALGRLLVVYPWTQRFFESFGDLS 50
Pan_troglodytes_XP_508242   MVHLTPEEKSAVTALWGKVNVDEVGGEALGRLLVVYPWTQRFFESFGDLS 50
Canis_familiaris_XP_537902  MVHLTAEEKSLVSGLWGKVNVDEVGGEALGRLLIVYPWTQRFFESFGDLS 50
Mus_musculus_NP_058652      MVHLTDAEKSAVSCLWAKVNPDEVGGEALGRLLVVYPWTQRYFDSFGDLS 50
Gallus_gallus_XP_444648     MVHWTAEEKQLITGLWGKVNVAECGAEALARLLIVYPWTQRFFASFGNLS 50
                            ***  *  **. :: **.***  *.***.***:*******:* ***.**

human_NP_000509             TPDAVMGNPKVKAHGKKVLGAFSDGLAHLDNLKGTFATLSELHCDKLHVD 100
Pan_troglodytes_XP_508242   TPDAVMGNPKVKAHGKKVLGAFSDGLAHLDNLKGTFATLSELHCDKLHVD 100
Canis_familiaris_XP_537902  TPDAVMSNAKVKAHGKKVLNSFSDGLKNLDNLKGTFAKLSELHCDKLHVD 100
Mus_musculus_NP_058652      SASAIMGNPKVKAHGKKVITAFNEGLKNLDNLKGTFASLSELHCDKLHVD 100
Gallus_gallus_XP_444648     SPTAILGNPMVRAHGKKVLTSFGDAVKNLDNIKNTFSQLSELHCDKLHVD 100
                            :. *::.*. *:*****.: :*:.: :***:*.** **********

human_NP_000509             PENFRLLGNVLVCVLAHHFGKEFTPPVQAAYQKVVAGVANALAHKYH 147
Pan_troglodytes_XP_508242   PENFRLLGNVLVCVLAHHFGKEFTPPVQAAYQKVVAGVANALAHKYH 147
Canis_familiaris_XP_537902  PENFRLLGNVLVCVLAHHFGKEFTPQVQAAYQKVVAGVANALAHKYH 147
Mus_musculus_NP_058652      PENFRLLGNAIVIVLGHHLGKDFTPAAQAAFQKVVAGVATALAHKYH 147
Gallus_gallus_XP_444648     PENFRLLGDILIIVLAAHFSKDFTPECQAAWQKLVRVVAHALARKYH 147
                            ****:***. :: **.*.:*.**   ***:*:*  ** *****
```

图 6.5　五个紧密相关的直系同源物的 β 球蛋白的多重序列比对（参见图 6.4）。输出是 ClustalW 使用 Feng 和 Doolittle 的渐进比对算法得到的屏幕截图。箭头分别对应于人类 β 球蛋白 phe44、his72 和 his104 残基，绿色框对应于与图 6.3 中相同的区域。着色方案（来自 ClustalW 程序）包括酸性氨基酸（蓝色），碱性氨基酸（洋红色）和疏水性残基（红色）的基团。星号突出显示了所有五种球蛋白中保守的数十个位置。

（资料来源：京都大学生物信息中心，Kanehisa 实验室）

直到达到树的根结点，所有的序列都已完成比对。这时我们得到了一个完整的多重序列比对（图 6.3 和图谱 6.5，第 3 步）。

在五个远缘球蛋白的比对中，注意到一个高度保守的苯丙氨酸被比对到两个在大多数球蛋白中调节与血红蛋白结合的组氨酸上（图 6.3，箭头）。第二个组氨酸的区域很容易出现错配，我们将会探索其他的程序怎样处理这个区域。对于一组近缘的球蛋白，保守度太高以至于没有空位，因此如何进行比对都不太会出现错配（图 6.5）。

Feng-Doolittle 方法包含一个准则"一旦出现一个空位，永远有一个空位"。首先比对最近缘的一对序列。当距离更远的序列加入比对时，会有很多种产生空位的方式。"一旦出现一个空位，永远有一个空位"规则的理由是，在确定空位时，两个最初被匹配的序列应当被赋予最高的权重。ClustalW 动态地确定位置特异的空位罚分，以增加在先前存在的空位位点再出现新空位的可能性。这使得整体比对出现一个块状的结构，在减少空位的数量方面比较高效。

注意 ClustalW 对序列加权有两个不同的意思。"一旦出现一个空位，永远有一个空位"规则主要强调最相近的序列的空位选择。另外，一系列非常相近的序列的权重被降低（减少它们对比对的影响）。

框 6.1　相似性矩阵与距离矩阵

代表蛋白质或核酸序列的树通常可以显示各种序列之间的差异。一种测量距离的方法是计算双序列比对中的错配数。另一种方法是将相似度分数转换为距离分数，Feng 和 Doolittle 的渐进比对采用这种方法。相似性得分是根据参与多重比对的蛋白质序列间生成的一系列双序列比对计算得到的。通过以下方式将两个序列（i，j）之间的相似度分数 S 转换为距离分数 D：

其中

$$D = -\ln S_{\text{eff}} \tag{6.1}$$

$$S_{\text{eff}} = \frac{S_{\text{real}(ij)} - S_{\text{rand}(ij)}}{S_{\text{iden}(ij)} - S_{\text{rand}(ij)}} \times 100 \tag{6.2}$$

这里，$S_{\text{real}(ij)}$ 描述了观察到的两个比对序列 i 和 j 相似性得分；$S_{\text{iden}(ij)}$ 是两个序列与自身比较分数的平均值（如果序列 i 与 i 相比，得到 20 的分数，序列 j 与 j 相比得到分数是 10，那么 $S_{\text{iden}(ij)} = 15$）；$S_{\text{rand}(ij)}$ 是源自于许多（例如，1000）序列的随机排列得到的平均比对分数；S_{eff} 是一个归一化的分数。如果序列 i，j 没有相似性，则 $S_{\text{eff}} = 0$，并且距离是无限大的。如果序列 i，j 是一致的，则 $S_{\text{eff}} = 1$，并且距离为 0。

插入的罚分是否应该与缺失相同？不，根据 Löytynoja 和 Goldman（2005）：一个缺失事件通常在发生的时候被罚分一次，但一个单独的插入事件在发生的时候可能导致其他全部序列的多重惩罚。这种高罚分的结果是很多多重序列比对几乎没有空位，而得到不切实际的比对结果。Löytynoja 和 Goldman（2005）介绍了一种成对隐马尔科夫模型方法来区分插入和缺失。他们指出此方法生成空位与系统发育情况是一致的，尽管比对的结果与 ClustalW 相比显得不那么简洁。他们的方法可以应用在蛋白质、RNA 或 DNA 序列的比对，但它在应用于基因组 DNA 比对时尤其有用。在这种情况下，在传统的渐进比对法中可能发生过度拟合，例如当一个序列有长插入时。Löytynoja 和 Goldman（2005）的方法由 Higgins 等人进行综述（2005），后者提供了一种可含有更多空位并且可能更精确地基于诸如外显子正确匹配等标准的多重序列比对方法。

ClustalW 利用一系列额外特征来优化比对（Thompson 等，1994）。计算每一个蛋白质（或 DNA）序列与引导树根节点的距离，同时那些最密切相关的序列通过一个乘法因子进行降权。这种调整确保了这样一种情况，即如果在一次比对中包括一组高度相关的序列和另一组分散的序列，则高度相关序列不会因权重过高影响最终的多重序列比对。其他的调整包括使用一系列打分矩阵，这些矩阵被应用于依赖相似性的蛋白质的双序列比对，并对序列长度差异实现了补充。

很多其他的算法使用渐进比对方法的改进方法。例如，Kalign 使用字符串匹配算法来实现 ClustalW 十倍的速度（Lassmann 和 Sonnhammer，2005）。Kalign 在比对 100 个长度为 500 个残基的蛋白质序列时用时小于 1 秒。

迭代法

迭代法利用渐进比对的策略计算一个次优解，之后利用动态规划或其他方法修正比对结果直到解收敛。一个初始树被划分并且重新比对了两侧的谱。因此这些方法构造一个初始比对，之后修改并尝试改进它，利用一些目标函数来最大化分数（图 6.6）。

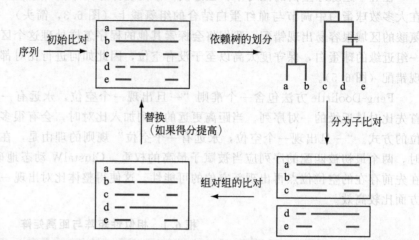

图 6.6　MAFFT 使用的迭代细化方法。进行渐进比对，然后通过树依赖的分割，将树划分为子比对。分隔部分被重新比对，然后子序列进行比对。如果客观得分提高了，则这个新的比对方式将取代初始比对并重复此过程 ［根据 Katoh 等（2009 年）重绘，得到 Springer 许可］

从 NCBI、Ensembl 或其他网站（例如，保存 BLAST 或 HomoloGene 产生一个文本文件）中获得一组序列，或使用在线文档 6.3 得到九个球蛋白序列。将序列粘贴到 Linux 编辑器中（如 vim 或 nano）。http://mafft. cbrc. jp/ alignment/software/（链接 6.7）中有下载和安装 MAFFT 的说明。安装后，请键入 mafft-h 查看选项列表。在 EBI 网站，http://www. ebi. ac. uk/Tools / msa / mafft /（链接 6.8）也有 MAFFT 的链接（参数选择更新）。

渐进比对法存在固有的局限性，在比对过程中一旦出现错误就无法更正，迭代法可以克服这一限制。在标准的动态规划中，引导树树枝的顺序可能是次优的，或是打分参数导致空位被放置到错误的地方。迭代修复可以随机寻找更优的解（根据一些度量标准，如成对得分加和或者 SPS，寻找最大的得分）或者系统地从一个初始生成的谱中提取和重新比对序列。使用迭代法的程序例子有 MAFFT（Multiple Alignment using Fast Fourier Transform，使用快速傅里叶变换进行多重序列比对；Katoh 等，2005），Iteralign（Karlin 和 Brocchieri，1998），PRALINE（Profile ALIgNmEnt；Heringa，1999；Simossis 和 Heringa，2005），以及 MUSCLE（MUltiple Sequence Comparison by Log-Expectation，使用期望对数进行多重序列比较；Edgar，2004a，b）。

MAFFT 基于最近的基准研究，被认为是高精确度的多重序列比对包中的一个例子。它提供了一套具有可更快或更精确的选择的工具（Katoh 等，2009；Katoh 和 Standley，2013）。它包括渐进比对法：①类似 ClustalW 的单轮渐进法（被称作 FFT-NS-1），但在细化步骤使用了一个快速傅立叶变换；②双轮方法（FFT-NS-2），首先生成多重序列比对，之后通过比对结果计算细化的距离，形成第二次渐进比对；③一种称作 PartTree 的非常快速的渐进式比对方法在比对大量序列（大约 5 万）时很有用。渐进式的比对使用匹配的 6-元组（6 个残基的字符串）来计算成对距离。这种方法被叫做 k-mer 计数。一个 k-mer（也被叫做一个 k 元组或字符）是一个长度为 k 的连续子序列。k-mer 计数非常快，因为它不需要比对。一旦所有的双序列比对计数完成，初始的距离矩阵可以被重新计算，产生一个更可靠的渐进比对。在迭代细化的步骤中，计算并优化一个加权成对分数。MAFFT 允许的选项包括全局或局部双序列比对。

举一个实际的例子，我们可以利用多种工具比对九个球蛋白，并且看到它们产生了不同的比对结果，即使使用的是诸如 MUSCLE、MAFFT、ProbCons 或 T-COFFEE 等业内领先的程序。尽管其中大部分比对程序都可以在网络上使用，MAFFT 被设计成命令行程序（当然也可以通过网络服务器使用它）。我们获取九个球蛋白，将它们放到一个运行 Linux 系统的计算机中的文本文件里，进行渐进比对，然后将结果输出到名为 msa1.txt 的文件。

```
$ home/msa$ mafft --retree 2 --maxiterate 0 betaglobins.txt > msa1.txt
```

　　在 MAFFT 比对结果中，九个球蛋白包括比对得较好的保守残基，这些残基包含两个对结合氧至关重要的组氨酸残基［图 6.7 (a)，箭头 1～3］。比对结果包括一系列出现在末端和中间的空位，并且二级结构特征（如 α 螺旋）通常匹配得很好，尽管这一部分没有被 MAFFT 特别分析。

> PRALINE 可以从 http://www.ibi.vu.nl/programs/pralinewww/（链接 6.9）获得。

> 在阶段 1 中三角距离矩阵的思想是 (A，B) 的距离估量值等于 (A，C) 加 (B，C) 的距离。这是对近缘相关序列的一个很好的近似，但在阶段 2 中使用 Kimura 的距离校正会使得精度更高。通过网络服务器访问 http://www.drive5.com/muscle/（链接 6.10）或者 http://www.ebi.ac.uk/Tools/msa/muscle/（链接 6.11）可以下载或访问 MUSCLE。至 2014 年，Edgar (2004a，2004b) 的 MUSCLE 论文已有 12000 篇文献引用。

(a) 比对9种球蛋白（DSSP颜色：折叠，α螺旋，卷曲，3/10螺旋）

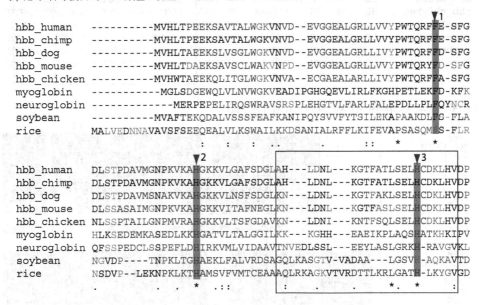

(b) 用MUSCLE（3.8）比对九种球蛋白

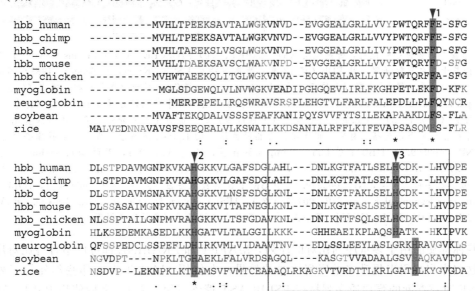

图 6.7

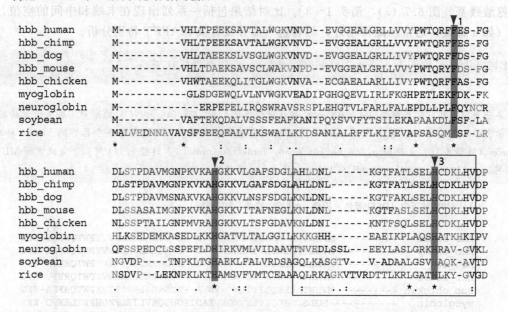

(c) 用ProbCons （1.12版本）比对九种球蛋白

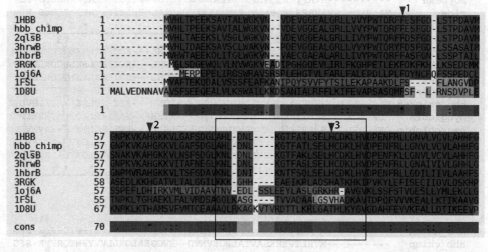

(d) T-COFFEE （Expresso version_10.00）比对九种球蛋白

图 6.7 九个球蛋白的多重序列比对，分别使用 （a） MAFFT、（b） MUSCLE、（c） Probcons 和 （d） T-COFFEE。序列的颜色编码根据基于蛋白质数据库网站 PDB （第 13 章）所提供的由 DSSP （Kabsch 和 Sander，1983）预测的二级结构。二级结构特征包括：折叠（绿色）、空（无特征，黑色）、3/10-螺旋（褐色）、卷曲（青色）和 α 螺旋（红色）。箭头指示人类 β 球蛋白的 phe44、his72 和 his104 残基（如图 6.5 所示）。注意这些程序在比对 α 螺旋和其他二级结构的相应区域、高度保守的残基位置（箭头 1~3）、空位的数量和位置（方框区域）时的能力是有差异的。用于进行这些比对的蛋白质（在在线文档 6.3 中给出）如下，包括具有完全相同或接近相同的序列的 RefSeq 序列号和蛋白质数据库查询号：①hbb _ human （人类，NP _ 000509.1，HBB）；②hbb _ chimp （黑猩猩，XP _ 508242.1，无结构）；③hbb _ dog （狗，NP _ 001257813.1，2QLS ｜ B）；④hbb _ mouse （小鼠，NP _ 058652.1，3HRW ｜ B）；⑤hbb _ chicken （鸡，NP _ 990820.1，1HBR ｜ B）；⑥肌红蛋白 （人类，NP _ 005359.1，3GGK）；⑦神经球蛋白 （人类，NP _ 067080.1，1OJ6 ｜ A）；⑧大豆球蛋白 （Glycine max leghemoglobin A，NP _ 001235928.1，1FSL）和⑨水稻 [Oryza sativa （japonica 栽培种）非共生植物血红蛋白 NP _ 001049476.1，1D8U]。每个比对的前三分之二被展示（参见彩色插图）

除了那些你提交的用于多重序列比对的序列，MAFFT 和 PRALINE 都可以整合待比对序列的同源序列的信息。这些序列被用来提升多重序列比对的效果；在使用 MAFFT 时，那些额外的序列之后会被移除。PRALINE 对被查询的蛋白质序列执行 PSI-BLAST 搜索（第 5 章），之后使用 PSI-BLAST 结果进行渐进比对。PRALINE 也允许整合预测中的二级结构信息。

自 2004 年推出以来，Robert Edgar （2004a，4b）的 MUSCLE 程序就以其精确度和出色的速度而流行起来，尤其是涉及大量序列的多重序列比对。例如，1000 个平均长度为 282 个残基的蛋白质序列在一个台式电脑上比对耗时 21 秒（Edgar，2004a）。MUSCLE 操作分为三个阶段。

① 使用渐进多重序列比对产生一个粗略的比对结果。为了完成这个目标，算法利用一致比率（通过每一对序列的全局比对得到）或者 k-mer 计数来计算每对序列的相似度。基于相似度，MUSCLE 计算了三角距离矩阵，之后利用 UPGMA 或者邻接近邻法（见第 7 章）构建一棵有根树。序列参照分支的顺序被渐进地加入多重序列比对中。

② MUSCLE 改进树并且构建了一个新的渐进比对（或者一个新的比对集合）。利用一致比率评估每一对序列的相似度，并使用 Kimura 距离矩阵（在第 7 章中讨论）构建树。在比对两个序列时，多重氨基酸（或核苷酸）的替换可能发生在任何指定的位置，Kimura 距离矩阵提供了这种变换的模型。每一棵建好的树都会与步骤（1）中的树做比较，这样会形成一个改进了的渐进比对。

③ 通过系统地分割树以获得子集，引导树被迭代精炼；删除树的一条边（或枝）以创建二分树。之后 MUSCLE 提取一对结果（多重序列比对），重新比对它们（进行谱-谱的比对；见框 6.2）。这个算法基于成对得分的加和是否增加来接受或者拒绝新产生的比对。树所有的边都被系统地分析并且删除以创建二分树。这种迭代细化的步骤是迅速的，并且已经在先前显示了可以增加多重序列比对的精准度（Hirosawa 等，1995）。

总的来说，MUSCLE 是一个优秀的程序，但在我们比对九个球蛋白时，一个结合氧的关键组氨酸残基没有在几个远缘球蛋白中比对出来 [图 6.7 (b)，箭头 3]。

基于一致性的方法

在使用 Feng-Doolittle 方法进行渐进比对时，双序列比对得分被计算出来并用于构建一个树状结构。基于一致性的方法采用了一种不同的方法，其利用有关多重序列比对的信息，正如生成多重序列比对以指导双序列比对那样。我们讨论两种基于一致性的多重序列比对算法：ProbCons（Do 等，2005）和 T-COFFEE（Notredame 等，2000）。MAFFT 还包括一个使用基于一致性得分的迭代式改进方法（Katoh 等，2005），以及 Ensembl 算法 Pecan（将在 "通过 Ensembl 分析基因组 DNA 比对" 部分进行讨论）使用一致法比对基因组 DNA。

框 6.2 使用 MUSCLE 算法的谱-谱比对

MUSCLE 算法的名字 [通过对数期望（log expectation）的进行多重序列比对] 中包括对数期望这个短语。与 ClustalW 一样，MUSCLE 衡量序列之间的距离（Edgar，2004a，b）。在算法的第三阶段，MUSCLE 通过删除引导树的边以形成二分结构，然后提取一对谱并进行重新比对。这里使用了多个打分函数来优化比对的多对列。对于氨基酸类型 i 和 j，p_i 是 i 的背景概率，p_{ij} 是 i 和 j 被比对在一起的联合概率，S_{ij} 是来自替换矩阵的得分，f_i^x 是第一个谱中 i 在第 x 列中被观察到的频率，f_G^x 是第 x 列中空位被观察到的频率，α_i^x 是基于观察到的频率 f 得到的此家族中观察到的残基 i 在 x 位置被估测的概率 [注意，如第 3 章所述，$S_{ij} = \log (p_{ij}/p_i p_j)$] MUSCLE、ClustalW 和 MAFFT 使用谱成对求和（PSP）打分函数：

$$PSP^{xy} = \sum_i \sum_j f_i^x f_j^y S_{ij} \tag{6.3}$$

PSP 是序列中每对碱基的替换矩阵得分的序列加权和（每个碱基来自双序列比对的每一列）。PSP 函数最大化了成对求和目标的得分。MUSCLE 在它的 PSP 函数中使用两个 PAM 矩阵。MUSCLE 还采用了一个新的对数期望（LE）分数，定义如下：

$$LE^{xy} = (1 - f_G^x)(1 - f_G^y) \log \sum_i \sum_j f_i^x f_j^y \frac{p_{ij}}{p_i p_j} \tag{6.4}$$

其中因子（$1 - f_G$）是某一列的占用率。这能够促使比对上的列是占用率高的列（即含有空位更少的列），同时含有很多空位的列的权重会降低。Edgar（2004a）提出这样显著提高了比对的准确性。

一致性的思想是：对于序列 x、y 和 z，如果残基 x_i 比对上 z_k，z_k 比对上 y_j，那么 x_i 应该比对上 y_j。基于一致性的方法在对双序列比对进行打分时参考了多个序列的信息内容，例如，基于 z_k 均与 x_i 和 y_i 比对上的信息进行 x_i 与 y_i 比对得分的校正。这种方法的独特之处在于它整合了来自多重序列比对的证据去指导双序列比对（Do 等，2005）。根据 Wallace 等（2005）在综述中给出的注释，给定序列 x 和 y，x 序列的残基 i 和 y 序列的残基 j 被比对到一起的可能性是：

$$P(x_i \sim y_j | x, y) \tag{6.5}$$

对每一对氨基酸计算上述的后验概率。一致性变换进一步结合额外的残基数据（例如，给定 x 和 y 是如何单独比对上 z 的信息），以改进两个残基比对的估计：

$$P(x_i \sim y_j \mid x,y,z) \approx \sum_k P(x_i \sim z_k \mid x,z)P(y_j \sim z_k \mid y,z) \qquad (6.6)$$

基于标准集研究，使用基于一致性的方法最终生成的多重序列比对往往比用渐进法得到的结果更精确。

ProbCons 算法包含 5 步。

ProbCons 的链接网址如下：http://probcons. stanford.edu/（链接 6.12）。

① 该算法计算了每一对序列的后验概率矩阵。这涉及在图 5.10 中描述的成对隐马尔科夫模型。这个 HMM 有三个状态：M（对应于序列 x 和 y 的两个比对上的位置），I_x（一个在 x 上的残基比对上一个空位），以及 I_y（一个在 y 上的残基比对上一个空位）。存在一个从特定状态起始的起始概率，一个从初始状态再到下一个残基的转移概率，以及下一个残基比对上的输出概率。

② 计算每一个双序列比对的准确度期望。准确度期望等于正确比对的残基对的数目除以较短序列的长度。比对是根据 Needleman-Wunsch 动态规划算法实现的，但并不使用 PAM 或者 BLOSUM 打分矩阵。分数的赋予是基于相应的残基的后验概率的，且空位罚分为 0 分。

Cédric Notredame, Desmond Higgins, Jaap Heringa and colleagues 开发了 T-COFFEE 算法，它的链接网站如下：http://www.tcoffee.org（链接 6.13）。在欧洲生物信息学研究所 http://www.ebi.ac.uk/Tools/msa/tcoffee/（链接 6.14），和瑞士生物信息学研究所及巴黎 the Centre National de la Recherche Scientifique 中心也有 T-COFFEE 的链接。

③ 利用"概率一致性转换"对每一个双序列比对的质量得分进行重新估计。这一步采用了所有双序列比对中确定的保守残基的信息，因此能够使用更加准确的替换分数。

④ 利用层次聚类法构建一个准确度期望的引导树（类似于 ClustalW 使用的方法）。这个引导树是基于相似性的（而不是距离）。

⑤ 按照引导树给出的顺序，渐进地对序列进行比对（类似 ClustalW）。也可以进一步迭代式改进。

Do 等人（2005）对 BAliBASE、PREFAB 以及 SABmark 标准数据集进行测试检验，发现 ProbCons 要优于其他六种多重序列比对算法，包括 ClustalW、DIALIGN、T-COFFEE、MAFFT、MUSCLE 以及 Align-m。

将 ProbCons 应用在我们的 9 个球蛋白，注意到它（像 MAFFT 一样）能够正确放置关键残基的列，但所有三种程序在空位放置的处理上非常不同 [图 6.7 (a) ～图 6.7 (c)，方框区域]。

参看网页版的 M—COFFEE 文档，查看 5 种远缘球蛋白的输出。

T-COFFEE 是"基于树的用以评价比对结果的一致性目标的函数"（tree-based consistency objective function for alignment evaluation）的缩写。T-COFFEE 首先生成一个由双序列比对构成的库。默认状态下这个库包括所有可能的输入序列的双序列全局比对（使用 Needleman-Wunsch 算法），以及 10 个分数最高的局部比对。每一对比对好的残基被赋予了一个权重。这些权重被用来重新计算生成一个"扩增库"，形成一个位置特异性替换矩阵。这个程序之后利用渐进法计算一个多重序列比对，生成距离矩阵，计算一个邻接引导树，并且使用动态规划算法和来自于扩增库的替换矩阵。

我们在第 4 章描述了 BLAST，我们将在第 13 章描述 PDB。

T-COFFEE 包括一套相关的比对和分析工具。M-COFFEE（Meta-COFFEE）结合了多达 15 个不同的多重序列比对方法的输出（Wallace 等，2006；Moretti 等，2007）。其中包括 T-COFFEE、ClustalW、MAFFT、MUSCLE 以及 ProbCons。M-COFFEE 使用了基于一致性的方法估计一个共有比对，这被认为比其他独立的方法更精确。通过增加结构信息（在下一部分讨论），准确性甚至可以进一步提升。

基于结构的方法

三级结构的进化比一级序列缓慢。例如，人类 β 球蛋白和肌红蛋白的序列一致性非常有限（在"模糊区域"），但从结构上可以看出它们是明显相关的。使用一个或多个待比对蛋白质的三维结构信息可能提高多重序列比对的准确度。可以让用户整合结构信息的算法包括 PRALINE（Simossis 和 Heringa，2005）和 T-COFFEE 的 Expresso 模块（Armougom 等，2006b）。

Robert Edgar 网站提供了下载收集蛋白质序列比对的基准数据集：http://www.drive5.com/bench/（链接 6.16），包括 BALIBASE v3、PREFABv4、OXBENCH 和 SABRE。你可以直接进入 BAliBAS，网址如下：http://www-bio3d-igb-mc.u-strasbg.fr/balibase/（链接 6.17）；HOMSTRAD 的网址如下：http://tardis.nibio.go.jp/homstrad/（链接 6.18）；SABmark 的网址如下：http://bioinformatics.vub.ac.be/databases/databases.html（链接 6.19）；以及 SABmark 和 Ox-Bench 网址如下 http://www.compbio.dundee.ac.uk/downloads/oxbench/（链接 6.20）。

当你在 T-COFFEE 网站使用 Expresso 模块时，需要提交一系列序列（通常是以 FASTA 格式）。程序将自动使用 BLAST 在 Protein Data Bank（PDB）中搜寻每一个序列，得到的匹配（氨基酸一致性＞60％）被用来提供一个指导生成多重序列比对的模板。对于我们的 9 个球蛋白，序列比对结果恰好保留了关键残基，并包含展示所有双序列结构比对之间一致的颜色编码的结果〔大部分结果都是好的，以红色表示；图 6.7（d）〕。

结构方面的信息也被用来评估已经完成的多重序列比对的准确度。这可以在已知结构的蛋白质家族作为基准集的研究中进行（请看下一部分）。在另一种方法中，你可以整合结构信息去评价 T-COFFEE 程序包（O'Sullivan 等，2003；Armougom 等，2006c）的 iRMSD-APDB 服务器进行蛋白质多重序列比对的质量。在用于比对的蛋白质中，获得至少两个结构已知蛋白质的 PDB 编号是必须的。例如，我们可以通过使用 BLASTP 搜索 NCBI，将搜索数据库限制为 PDB，可获得之前提到的 5 种远缘相关球蛋白的索引编号。之后，使用 T-COFFEE 或其他工具进行多重序列比对。最后，向 T-COFFEE 网站的 APDB 服务器输入这个比对结果（在序列名称处使用 PDB 索引编号）。输出的结果包括比对的质量分析，质量分析是基于所有拥有结构信息的序列的双序列比较以及每一个蛋白质的平均质量评估的。评估两个结构比对结果的主要方法是评价它们的均方根偏差（RMSD；请看第 13 章）。RMSD 是一个用来测度两个比对上的氨基酸残基上 α 碳原子位置附近的指标。Notredame 和同事开发了一种分子内 RMSD 的评估方法 iRMSD（Armougom 等，2006a）。

> iRMSD-APDB 服务器是 T-COFFEE 工具的一部分（http://www.tcoffee.org）（链接 6.15）。5 种远缘和近缘球蛋白可用于 APDB 服务器的输入序列，及详细的输出可见于在线文档 6.5 和 6.6 在 http://www.bioinfbook.org/chapter6。

对于使用 iRMSD-APDB 服务器分析的一组远源的五个球蛋白，79％成对的列能够被评估，列的比对中 51％是正确的（根据 APDB），所有被评估的列的平均 iRMSD 是 1.07 埃（Ångstroms）。这种分析不依赖于参考比对，而是涉及一个比对结果中结构的叠加计算。

6.3 用标准数据集进行研究：方法，发现和挑战

生物信息领域使用大量的算法去分析数据，如双序列比对、数据库搜索、评价 RNA 转录水平或预测蛋白质功能。许多软件包都可以用来分析数据。我们怎么知道哪个软件更值得信任？用标准集进行研究是一个重要的方法。我们可以获得"金标准"的正确答案，由高可信度的真阳性关系组成，之后比较软件程序去客观地评判哪一个是最精确的。

基准数据集可能包含不同类别的多重序列比对，如不同长度、趋异程度不同、不同长度的插入或缺失（插入缺失）以及不同的模体（比如内部重复）。McClure 等（1994）最早进行了多重序列比对的基准数据集研究，评估了全局比对相较于局部比对的优势。最近 Aniba 等（2010）对基准数据集研究进行综述，尤其考虑到多重序列比对方面的基准数据集。他们强调了以下评价标准数据集的质量的因素：

- 关联性：基准数据集应该包括用户在使用软件时实际遇到的任务。
- 可解性：任务不应该太简单（比如比对氨基酸一致率＞50％的蛋白质）或者太难（比如比对氨基酸一致率或结构一致率非常有限的蛋白质）。
- 可伸缩性：有些任务是小规模的，而有些任务需要分析大量的蛋白质。
- 可获得性：基准数据库应该是公开的。
- 独立性：用于构建基准数据库的方法不应该被用于进行序列比对。

• 可拓展：基准数据集应能随着时间的改变而拓展以适应新的问题。

已有一些公认的可用于多重序列比对的基准数据集。已有的基准数据集包括 BAliBASE（第一个大型标准数据集；Thompson 等，2005）、HOMSTRAD（Mizuguchi 等，1998）、OXBench（Raghava 等，2003）、PREFAB、SABmark（Van Walle 等，2005）以及 IRMBASE（基于虚拟的数据集）。常用的方法是基于已知三维结构的蛋白质获得比对结果，三维结构是通过 X 射线衍射结晶技术获得的（第 13 章）。因此可以对被定义为结构同源的蛋白质进行研究。这就使得评估各种多重序列比对算法如何成功找到蛋白质之间的远源关系成为可能。对于氨基酸一致率达到 40％ 或以上的蛋白质来说，大部分多重序列比对算法产生的结果都十分相似。对于更多的远源相关蛋白质，这些算法则产生了十分不同的比对结果，基准数据集可用于比较准确度。局部比对的策略则在比对长度不同的序列时表现更好。

多重序列比对算法在一个基准数据集中的表现可以通过一些客观的打分函数评估。一个常用的方法是衡量成对加和得分（框 6.3）。得分等于在目标和参考比对中都比对上残基对的数目，除以在参考比对中总共的残基对的数目。成对加和得分的劣势是在面对大量序列时是不实用的，没有使用演化模型，并且它是基于假定在标准数据集中的蛋白质具有相似的结构域组成的全局比对（Edgar 和 Batzoglou，2006）。几种替代的可选方案已经被提出（Edgar，2010；Blackburne 和 Whelan，2012）。

Löytynoja（2012）强调三维结构可以在它们的核心区域被可靠地比对（叠加），它通常是疏水的并且进化缓慢。然而，基准数据集以核心区外的结构比对为基础可能会具有误导性。Edgar（2010）提出了改进基准数据集的一些方法，包括以下几点：丢弃具有太高氨基酸一致性的序列数据以保证信息含量；丢弃结构未知的序列；丢弃结构分歧太大的序列中同源性不确定或者残基对应不确定的；评估具有保守的二级结构的区域；注意识别容易在基准数据集中被错误比对的多结构域的蛋白。今后将会持续产生基准数据集以增强它们在评价比对软件方面的功能。

6.4 多重序列比对的数据库

我们已经讨论了构建多重序列比对的不同方法。我们接下来会详细介绍预先计算好的多重序列比对数据库，它们中的大部分是可获取的。可以用文本（比如关键词搜索）在其中进行搜索，也可以使用查询序列。查询可以使用已知序列（比如肌红蛋白或 RBP）或者新的蛋白质（比如你发现的一个新的载脂蛋白或球蛋白的原始序列）。在一些数据库中，你提供的序列会被整合入一个特定的预先计算好的蛋白质家族的多重序列比对中。

框 6.3　评估多重序列比对

Thompson 等（1999a，b）提出了两种评估多重序列比对的主要方法。第一种方法是比对和分数（SPS，sum-of-pairs scores）。当程序进行相较于 BAliBASE 或其他参考比对的成功序列比对，序列比对分值会增加。SPS 方法假定列是有统计独立性的。在 M 列中进行 N 个序列的比对时，将第 i 列表示为 A_{i1}，$A_{i2}\cdots A_{iN}$。对于每对残基 A_{ij} 和 A_{ik}，如果它们也能比对上参考序列，则记为 1 分（$p_{ijk}=1$），如果它们不能比对上（$p_{ijk}=0$），则分值记为 0。然后对于整个第 i 列，分值 S_i 由下式给出：

$$S_i = \sum_{j=1, j\neq k}^{N} \sum_{k=1}^{N} p_{ijk} \tag{6.7}$$

对于整个多重序列比对，SPS 定义为：

$$SPS = \frac{\sum_{i=1}^{M} S_i}{\sum_{i=1}^{M_r} S_{ri}} \tag{6.8}$$

其中 S_{ri} 是对应参考比对中第 i 列的 S_i 分值，M_r 代表参考序列比对中的列数。

第二种方法是创建一个列得分（CS，column score）。对于第 i 列，如果所有的残基都比对上参考序列，则 $C_i = 1$，否则 $C_i = 0$：

$$CS = \sum_{i=1}^{M} \frac{C_i}{M} \tag{6.9}$$

　　SPS 和 CS 被用于评估多重序列比对算法的表现。Gotoh（1995）和其他人进一步描述了加权比对和分数，能够校正由一个群体中部分成员分化引起的序列有偏差的分布。Lassmann 与 Sonnhammer（2005）指出如果仅仅单个序列比对出错，则 CS 为 0，因此 CS 方法可能有些过于严格。

　　一个距离矩阵必须符合下列三个条件：

　　① 当且仅当 $x=y$（一致）时，$d(x,y)=0$

　　② $d(x,y)=d(y,x)$（这保证对称性）

　　③ $d(x,z) \leqslant d(x,y)+d(y,z)$（三角不等式）

　　Blackburne 与 Whelan（2012）指出 SPS 不是真正的度量分数，因为这些相异性分数违背了对称性和一致性。

Pfam：基于谱隐马尔科夫模型构建的蛋白质家族数据库

> Pfam 由以下研究者所维护：Alex Bateman、Ewan Birney、Lorenzo Cerrutti、Richard Durbin、Sean Eddy 和 Erik Sonnhamer。Pfam 有三个站点：http://pfam. sanger. ac. uk/（UK，链接 6.21）、http://pfam. janelia. org/（US，链接 6.22）和 http://pfam

　　Pfam 是最全面的蛋白质家族数据库之一（Punta 等，2012）。这是一个整合了多序列比对和蛋白质家族谱隐马尔科夫模型的数据库。这个数据库支持文本（蛋白质名称或关键词）或全序列数据搜索。基于隐马尔科夫模型的方法和学者人工核对的结合使 Pfam 成为最值得信赖并被广泛使用的蛋白质家族资源。

　　Pfam 包含两个数据库。Pfam-A 是一个以多重序列比对和谱隐马尔科夫模型为形式的人工编辑的蛋白质集合。HMMER 软件（第 5 章）用于实现搜索。对于每一个家族，Pfam 提供的特征 ［图 6.8（a）］包括：一个概述；结构域组成，反映了蛋白质结构域的体系结构（第 12 章）；多样的可供查看和下载的比对形式；一个谱隐马尔科夫模型的描述；物种数据；以及结构数据。完整比对文件可能很大；对于球蛋白，目前有 6000 种蛋白收录于 Pfam 中，并在完整的比对中 Pfam 的前 20 个家族目前包含 80000～360000 个序列。种子比对包含数量少一些的代表性家族成员（比如在球蛋白中有 73 个）。在 Pfam-A 中的序列以家族划分聚类，分配固定的索引编号（比如 PF00042 代表球蛋白），并被精心地管理。其他的蛋白质序列经自动比对并存放在 Pfam-B，在那里他们不会被注释或分配永久的索引编号。Pfam-B 作为一个有用的补充数据库，使得数据库更加全面。对于所有 Pfam 家族，基本隐马尔科夫模型均可从主输出页面访问。

> 麻风分枝杆菌是一种引起麻风的细菌。其球蛋白的索引编号是 NP_301903

　　我们可以通过 Wellcome Trust Sanger Institute 网站搜索球蛋白来探索 Pfam 的主要特征。访问数据库的主要方式包括按家族浏览、键入蛋白质序列搜索（蛋白质索引编号或者序列）以及键入文本搜索。在首页，选择基于文本搜索然后键入 "globin"（球蛋白）。结果总览中包括链接到 Pfam 以及相关数据库的入口（InterPro，将会在之后描述；Protein Data Bank 以及氏族，在第 13 章中介绍）。Pfam 中的蛋白质可以同为一个家族的成员。一些蛋白质，比如抹香鲸肌红蛋白和一种麻风病致命菌麻风分枝杆菌的球蛋白，分属于不同的家族（分别为球蛋白和细菌样球蛋白）。这两个家族远缘相关并被定义同为一个更大氏族的成员。

> 你可以用一个 DNA 序列查询 Pfam 网站，或者进入查看更多的选项：Go to http://pfam. sanger. ac. uk/search（链接 6.24）。

　　输出包括该球蛋白家族的概况，包括典型成员结构的描述，Pfam 索引编号，家族成员，以及来自于 InterPro 数据库的球蛋白家族描述（下文中讨论）。Pfam 条目还包括对比对、结构域、物种分布，以及系统进化树的获得。比对结果可以看作一个种子集，包含代表性家族成员中的核心组合 ［图 6.8（b）］；或是全集，包含所有已知的家族成员；或代表性蛋白质组（Chen 等，2011）。比对结果可以以多种格式检索，包括空位比对（在浏览家族区域比对时有用）或非空位比对（当输入其他多序列比对程序时有用，这在本章之前讨论过）。JalView 是一种灵活的输出格式。在选择这个选项后，按下 JalView 按钮。一个 Java 小应用允许你浏览、分析以及采用多种方式保存多重序列比对的结果。这个小应用将会展示采用主成分分析法（PCA）得到的家族比对结果 ［图 6.9（a）］。我们将在第 11 章（图 11.10）介绍 PCA，这是一种将高维数据减少到两（或三）维的技术。在这里，每个多序列比对中的蛋白质都根据一种距离矩阵表示为空间中的一个点，极端值很容易被识别出来。相似的信息可以使用 Java 应用通过系统发育树表示出来 ［图 6.9（b）；见第 7 章］。

SMART 网址如下：http://smart.embl-heidelberg.de/（链接 6.25）。网站中现存有超过 1100 个 HMM。它是由 Peer Bork 和他的同事开发的。

SMART

简易分子构架研究工具 The Simple Modular Architecture Research Tool (SMART) 是一个与细胞信号转导、细胞外结构域，以及染色质功能（Letunic 等，2012）相关的蛋白质家族数据库。如同 Pfam，SMART 利用 HMMER 软件实现了谱隐马尔科夫模型。SMART 可以用于普通模式（提供针对 Swiss-Prot，SP-TrEM，以及可靠的 Ensembl 蛋白质组的搜索）或者在基因组模式（提供针对 Ensembl 中拥有完整蛋白质测序的多细胞生物物种或 Swiss-Prot 中的其他物种的搜索，包括真核生物、细菌和古细菌）。

(a) Pfam比对

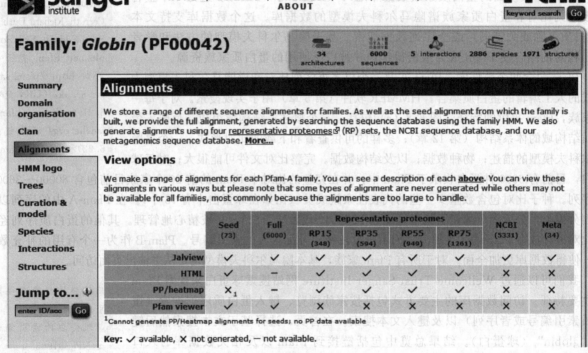

(b) Pfam种子比对

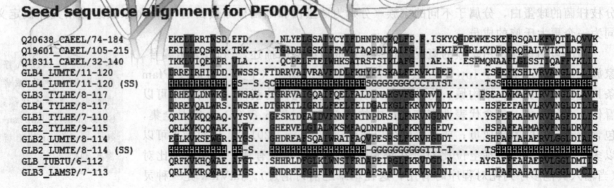

图 6.8 Pfam 数据库是一个全面而权威的用以研究蛋白质家族的资源。(a) 展示典型球蛋白起始页面。顶部栏显示了蛋白质的结构（例如球蛋白的结构域）、序列、相互作用、物种和结构的链接。左侧栏提供了比对和其他信息的链接。这些比对结果可以以种子比对（此例中由 73 个代表性球蛋白组成）、完全比对或代表性蛋白质组的形式下载。在 HTML 视图下单击种子比对可以开始多序列比对；部分过程在 (b) 图中示出。对于那些已知结构的条目，二级结构（标为 SS）被展示出来〔以深黑色底纹标示，各类简写：H 表示螺旋，T 表示折叠，S 表示卷曲，G 表示 3/10 螺旋。图 6.7 (a)~(c)〕

（资料来源：PFAM。由 Bateman 博士提供）

与 Pfam 相似，SMART 数据库可以使用序列、关键词或浏览提供的结构域进行搜索。使用 SMART 鉴别出的结构域被广泛地注释以功能类型、三级结构以及分类学相关信息。

用 JalVies 进行球蛋白的 Pfam 种子比对的可视化展示：

> CDD 的网址如下：http://www.ncbi.nlm.nih.gov/Structure/cdd/cdd.shtml（链接 6.26）或者通过 BLAST 的主页访问：http://www.ncbi.nlm.nih.gov/BLAST/（链接 6.27）。CDD 可以在 NCBI 中将一个蛋白质查询序列输入到 DART 中进行检索。

> InterProproject 是由包括 EBI 和 Wellcome Trust Sanger Institute 在内的等 8 个机构所资助的。它的网址如下：http://www.ebi.ac.uk/interpro/（链接 6.29）。（2015 年 4 月），包括约 27000 个条目，代表了大约 7500 个结构域，18500 个家族，300 个重复物，100 个活性位点，70 个结合位点和 15 个翻译后修饰位点。

(a) 主成分分析　　　　　　　　　　　　　(b) 邻接树

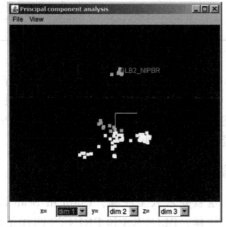
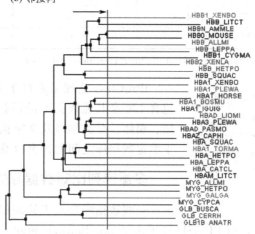

图 6.9　Pfam 比对可以以 JalView 的 Java 视图格式检索。Pfam JalView 应用可显示任何 Pfam 蛋白家族的多序列比对。在家族内可以使用多种算法探索蛋白质的关系。(a) 将在第 11 章深入介绍的主成分分析（PCA），基于例如蛋白质的百分比一致性的特征来实现蛋白质间的关系可视化。视图可以沿 x、y 和 z 轴旋转并显示百分比的变化。在此例中，PCA 显示了在种子比对中该组五个球蛋白（包括大鼠钩虫球蛋白，高亮显示为 GLB2_NIPBR）彼此相似但不完全相同。(b) 显示了通过邻接法构建的系统发育树（第 7 章）。单击该树放置一条竖直指示条（箭头所示），其右边的点显示了节点颜色。移动此指示条让您选择种子中序列某些子集进行分析 [JalView 的 Java 视图由 Waterhouse 等提出（2009）]

保守结构域数据库

保守结构域数据库（CDD）是一个 NCBI 工具，它允许基于序列或基于文本对 Pfam 和 SMART 进行查询。CDD 通过比较目标序列与一组位置特异性打分矩阵（PSSMs），进行反向位置特异性 BLAST（RPS-BLAST）。RPS-BLAST 与 PSI-BLAST 相关（第 5 章），但它是独特的，因为它从预先筛选的序列中搜索信息。CDD（以及 RPS-BLAST）的主要目的是鉴别所查询序列中的保守结构域，我们在第 5 章（图 5.6）中提供了一个例子。DELTA-BLAST 是 NCBI 里最灵敏的蛋白质-蛋白质搜索工具，它使用 CDD 搜索的结果构建 PSSM，并用其对序列数据库进行搜索。

整合多序列比对资源：　InterPro 和 iProClass

多序列比对数据库的一个主题是（虽然每个数据库都有自己特定的算法和搜索格式，但它们能很好地整合再一起），综合考虑到每一种数据库提供的独特算法和搜索格式，并把它们很好地整合在一起。另一个重要的理念是每个单独的数据库，如 Pfam 和 PROSITE，开发出独特的方法来解决蛋白质的分类和分析问题。一些数据库使用隐马尔科夫模型；一些关注于蛋白质结构域，还有一些关注更小的模体。整合好的资源允许你使用几种相关联的算法平行探索一个蛋白质的特征。

至少有两种综合资源数据库已经被开发出来，它们整合了绝大多数多重比对数据库。InterPro 数据库提供了交叉引用 BLOCKS（表 6.1；Hunter 等，2012）的 PROSITE、PRINTS、ProDom、Pfam 以及 TIGRFAMs 的整合资源。

表 6.1　InterPro（版本 51.0）所基于的数据库（选择最接近的 100 个条目）

数据库	内容（条目）	数据库	内容（条目）
PANTHER 9.0	60000	TIGRFAMs 15.0	4500
Pfam 27.0	14800	CATH-Gene3D 3.50	2600
PIRSF 3.01	3300	SUPERFAMILY 1.75	2000
PRINTS 42.0	2000	UniProtKB 2015_04	47300000
ProDom 2006.1	1900	UniProtKB/Swiss-Prot 2015_04	531000
PROSITE 20.105 patterns	1300	UniProtKB/TrEMBL 2015_04	46715000
PROSITE 20.105 profiles	1100	GO Classification	27000
SMART 6.2	1000		

注：来源于 http://www.ebi.ac.uk/interpro/release_notes.html。

你可以根据以下网站进入 iProClass：http://pir.georgetown.edu/pirwww/dbinfo/iproclass.shtml（链接 6.30）。

iProClass 整理了来自于 UniProtKB 以及 NCBI 蛋白质记录的信息报告以及包含 170 个其他数据库的链接（Wu 等，2004）。它提供包括蛋白质家族、结构域、模体、分类学以及文字描述的信息。类似 iProClass 以及 InterPro 的资源对于鉴定数据库之间的冲突以及蛋白质家族大小的定义是很有帮助的。

多重序列比对数据库的管理：手动与自动

一些数据库是人工管理的，这就要求人工注释。Pfam 由 Sean Eddy 和同事们共同注释，而 PROSITE 则由 Amos Bairoch 和同事们注释。BLOCKS 和 PRINTS 同样是由人工注释的。显然，人工注释是困难的，但是这种方法在判断蛋白质家族成员时有很大的优越性。DOMO、ProDom 等程序则可以自动完成注释工作。错误的配对或者无关序列的引入在自动注释中可能造成问题，正如在有关 PSI-BLAST 和 DELTA-BLAST（第 5 章）讨论的一样。尽管如此，自动注释对于大数据集的详尽分析是有价值的。

6.5　基因组区域的多重序列比对

人类 2 号染色体是人类的第二大染色体，含有 2.43 亿碱基对（243Mb）。它对应黑猩猩（*Pan troglodytes*）的 2a 和 2b 染色体

随着数以千计的测序计划完成或正在进行，全基因组序列正迅速被测定。这些测序计划在本书的第三部分（第 15～21 章）有相关的描述。在基因组测序完成后，一个基本的问题是比对全基因组或者部分基因组序列。在一些情况下，近缘的物种基因组被拿来做比对，如人类和大猩猩（*Pan troglodytes*）（这两个物种在 500 万～700 万年前分歧），或者分歧时间较近的不同菌株的酵母（*Saccharomyces cerevisiae*）。在另一些例子中，高度分歧的物种基因组被拿来比对，比如人类（*Homo sapiens*）和单孔类动物（*monotremes*）[例如，鸭嘴兽（*Ornithorhynchus anatinus*）] 在 2.1 亿年以前产生分歧。我们将在第 17 章（关于细菌和古细菌）讨论细菌基因组的比对。

一个进行基因组多重序列比对的基本动机是鉴定被正选择影响（相应地在一个给定的物种世系中迅速变化）或者负选择影响（相应地高度保守以及相较中性突变而言突变累积速率更慢）的 DNA 序列。我们将在第 7 章介绍正选择和负选择。我们还会在第三部分中看到比较基因组分析被用来识别被认为具有较为重要功能的基因组之间的保守区域。实践中，基因组区域的多重序列比对通常使用我们已经讨论过的渐进比对的策略。基因组区域的多重序列比对问题和传统的多重序列比对相比

有几处不同：

- 在传统的多重序列比对中，我们已经考查了分析数百甚至数千条长度不大于 1000 个或 2000 个的蛋白质和核苷酸序列的程序。而对于基因组比对，我们需要分析的序列数较少（也许是几十个），但单序列长度可能达到几百万或几千万个碱基对。相较两个或有限个物种之间的基因组比对，比对更多物种的序列可以提升多重序列比对在直系同源区域的精确度（Margulies 等，2006）。

- 近缘物种（例如分歧时间在 1 千万年以内的物种）的基因组 DNA 比对通常是直接的，但对于分歧程度更高的物种（如人类和小鼠、人类和鱼），通常包含明显的岛状保守区段（通常包含外显子和保守的非编码元件），这些区段被保守性低的区域隔开。这就产生了关于多重序列比对中"锚"的思想，这一思想将在下面进行讨论。

- 真核生物基因组充斥着重复的 DNA 元件，如 DNA 转座子、长和短的散在核苷酸元件（LINEs，SINEs；第 8 章）。这样的重复区域以一种谱系特异的方式产生并可能占据基因组的很大一部分。它们在基因组多重序列比对中必须被考虑在内。

- 染色体位点容易受到染色体片段动态重排的影响，如重复、删除、倒位和易位等。这些重排经常涉及数百万个碱基对。这种染色体变异常常发生在特定个体内（作为人类疾病的主要病因之一），也可能作为特定物种的特征被固定下来（例如人类 2 号染色体对应于黑猩猩的两个分离的近端着丝染色体，这可能源于古猿在 500 万～700 万年以前的染色体融合事件）。在基因组区域的多重序列比对时，常常找到大片的明显缺失或倒位，这成为了比对算法的一个挑战。

- 相较于前述的基于蛋白质结构的基准数据集，基因组的比对没有基准集。然而，对于每一种算法而言定义灵敏度（同源关系从输入中被检测到的比例）和特异度（同源关系中真阳性的比例）是十分重要的。两种方法被用来检测基因组比对（Blanchette 等，2004）。第一种方法关注已知特征的生物学序列（如外显子），但这种方法并不能提供如何正确比对不保守区域的信息。第二种方法使用模拟数据，而模拟不同进化速率和不同基因组特征（如：重复元件）是一个挑战。

使用 UCSC 分析基因组 DNA 比对

我们不妨以位于 11 号染色体的人类 β 球蛋白基因为例来说明创建和探索基因组区域多重序列比对的意义。当我们在第 5 章介绍基因组 DNA 双序列比对的 BLASTZ 算法时曾经展示过这一区域。我们使用 UCSC 基因组浏览器（UCSC Genome Browser）来可视化 5 万个碱基长度的部分多重序列比对中，各个物种相对人类的保守程度（图 5.14）。此浏览器允许用户横跨不同尺度（从单个核苷酸到整个染色体）和不同真核生物物种以选择感兴趣的注释数据轨进行展示。进入 Genome Browser 后，我们可以再次考察这一长度约 2400 碱基对、包含 β 球蛋白基因的区域［图 6.10（a）］。UCSC 的脊椎动物多重比对和保守性数据轨

要找到这个基因组区域，进入 http://genome.ucsc.edu（链接 6.31）并选择 hbb（在第 8 章进一步讨论）。点击保护轨道［图 6.10（a），箭头 2］进行下载多重序列比对。

（Vertebrate Multiz Alignment and Conservation track）包含多个物种的序列比对和保守性分析结果，其中一个含有 46 个物种的子集被展示在图中。多重比对基于由两个子程序组成的 PHAST 程序包（Siepel 等，2005；Pollard 等，2010），两个子程序如下：①PhastCons，是一个基于隐马尔可夫模型的算法，可评估单个序列和周边序列中的核苷酸，它的给分（范围 0～1）代表了负选择的可能性；②phyloP，衡量了单个位点的保守性，它的给分反映加速进化、中性或者缓慢进化的位点。Multiz 指的是一个整合了动态规划算法以实现比对序列区块的程序。它是 Threaded Blockset Aligner（TBA）（Blanchette 等，2004）程序的组成部分之一。

保守性数据轨峰值的不同意味着在脊椎动物中（包括小鼠、狗、青蛙和鸡），编码的外显子区域是高度保守的，而大部分的基因间区是不保守的。一些保守的非编码区域是显而易见的［例如，图 6.10（a），箭头 1］，可能代表了保守调控功能域。通过放大至 100 个碱基尺度，一个多重序列比对结果将被展现出来［图 6.10（b）］，在此例中比对结果包含了编码起始甲硫氨酸的 ATG 密码子（箭头 2）。

有关 HBB 区域 MAF 文件的示例，从下载 UCSC 浏览器；见在线文档 6.7。

(a) *HBB*基因（放大到1.5倍，可显示2409个碱基对）

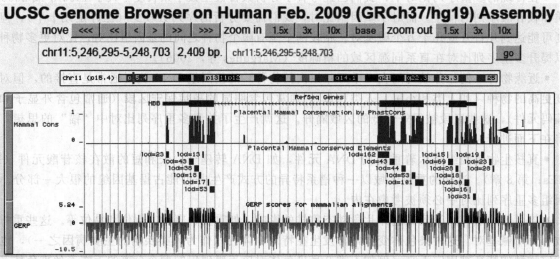

(b) *HBB*基因的100个碱基对

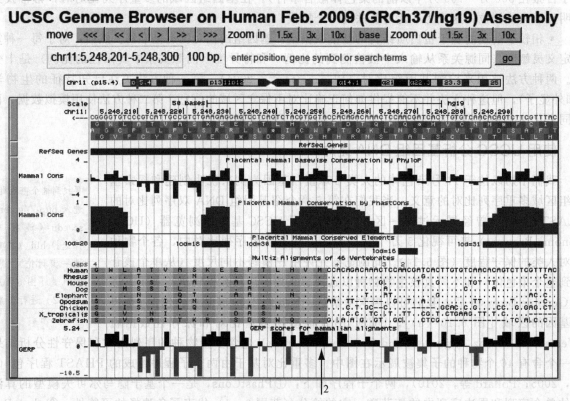

图 6.10　人类 β 球蛋白基因（*HBB*）和其他脊椎动物直系同源物的多重序列比对。（a）β 球蛋白基因（缩小 1.5 倍）在 UCSC 基因组浏览器的结果图。外显子由参考基因组数据轨轨道中的区域表示，并且在一组脊椎动物基因中倾向于高度保守。图中显示了三个脊椎动物保守的数据轨（图中的 Placental Mammal Conservation by PhastCons、Placental Mammal Conserved Elements，以及 GERP 得分）。这些分析结果表明外显子区域有一定的保守性，其他保守的非编码区（例如，箭头 1）可能代表调控元件。（b）100 个碱基对的缩放视图显示了相同的数据轨，以及 46 个脊椎动物（图中显示 9 个）的多重比对。比对的核苷酸显示在右半部分，而氨基酸以起始甲硫氨酸开始（箭头 2），并向左延伸，与蛋白质 NP＿000509.1、MVHLTPEEKS 的起点匹配。注意点击图中的不同区域（例如，在 PhastCons 轨道的一个峰），可以下载多重序列比对数据

（来源：http://genome.ucsc.edu，UCSC 供图）

图 6.10（a）、图 6.10（b）还展示了基因组进化速率谱（GERP，Genomic Evolutionary Rate Profiling）得分（Davydov 等，2010）。它们都是在一次基因组 DNA 多重比对中对在一列单独的碱基位置的约束性分值。GERP++ 软件使用最大似然进化速率估计法为特定的位置打分，该软件被用来识别覆盖了＞7％的人类基因组的 130 万个约束元件。

Table Browser 是 UCSC Genome Browser 的补充。设置 Table Browser 以切换到 GRCh37/hg19 基因组组装，选择 Comparative Genomics group and the Conservation track，接着查看位于第 11 号染色体上血红蛋白 β 链信息的多个输出表格。对于表"Multiz Align"，输出的格式包括多重序列比对格式（MAF）。这是一个标准的存储基因组比对的格式。每一个 MAF 文件可能包含多个区块（也许会重叠），包括基因组对于每一个物种的坐标。（相较 BED 和 GFF 文件，负链的坐标是相对于反向互补计数的）。

使用 Galaxy 分析基因组 DNA 比对

Galaxy 提供了一系列用于全基因组多重序列比对的工具（Blankenberg 等，2011）。

- 它包括比对提取器。这允许你检索感兴趣的比对，可以通过裁剪区块来将区块限制在感兴趣的区域内。

- Galaxy 提供格式转换器。一个 MAF 文件可以被转为 FASTA（包含一个或多个模块）。一个 MAF 文件可以被转化为一个从 0 开始、半开放、类似于 BED 格式的区间格式（参考框 2.5）。

- 它提供了用于连接相邻的区块的 MAF 装订器，以及过滤工具和覆盖率计算器。

作为一个说明 Galaxy 使用方法的例子，我们可以从 UCSC Table Browser 开始（Gene 和 Gene Prediction 数据轨，Vega genes）选择 hbb（位置是 GRCh37/hg19 的 chr11：5，246，696-5，248，301）选择 BED 输出格式，并且将输出文件传送给 Galaxy（coding exons only，仅编码的外显子）。在 Galaxy 的工具菜单中选择"Fetch Alignments"之后选择"Extract Pairwise MAF Blocks"来转换基因组区域至其他物种（例如小鼠）的相应区域。选择"Extract MAF Blocks"允许你从 46 个物种中进行选择。选择"MAF Coverage Stats"展示出大体良好的这 46 个物种的高保守的外显子覆盖率。如果我们之后选择 Tools ＞ Convert Formats ＞ MAF to FASTA，我们可以将多个序列输出到 FASTA 格式。

> 在线文档 6.8 和 6.9 显示了来自 MAF 的比对输出结果（人/小鼠）和多个序列提取（人，大猩猩，小鼠，兔，马，狗）

使用 Ensembl 分析基因组 DNA 比对

Ensembl 和 UCSC 在基因组比对工具共享相同的物种树。然而，Ensembl 提供一系列在某些方面比 UCSC 表现更好的新型工具。Ewan Birney 和他的同事开发了几个用于基因组 DNA 比对的流程。我们以人类 *HBB* 基因为例开始探索 Ensembl。Ensembl 提供了一系列选项，包括基因组比对 ［图 6.11（a），箭头 1］。这些选项包括一系列成对基因组比对的工具，如 BLASTZ（Kent 等，2003；Schwartz 等，2003）和 translated BLAT。

对于灵长类、兽类哺乳动物或羊膜动物类的比对，EPO 分析也是一个可用的选项 ［图 6.11（a），箭头 2］。图 6.11（b）展示了一个球蛋白的 DNA 比对。EPO 流程是依据 Enredo、Pecan 和 Ortheus 三个工具构建的（Paten 等，2008a，b）：首先，Enredo 工具通过探测重排列、删除以及重复，生成基因组的共线性分段。这一步在参考基因组（例如人类）和感兴趣的比较基因组（例如小鼠）之间产生锚（anchors）（通常长度约为 100 个碱基对）。Paten 等（2008a）评估了这种方法的表现，这种方法的覆盖度（例如，祖先重复碱基成功比对上的比例）和精确度（祖先重复碱基被完整覆盖的比例）要高于 Multiz。第二步，Pecan 工具利用一致性的方法（在之前有描述）建立了多重序列比对。第三步，Ortheus 重新构建了基于全基因组的祖先序列。Ortheus 使用系统发育模型预测一个系统发育树每一个节点的祖先节点，提高了辨别插入和缺失的能力。

> 关于 EPO 流程的描述可访问 http://useast. ensembl. org/info/genome/ compara/epo_anchors_ info. html（链接 6.32）

　　Ortheus 是调用系统发育方法的多重序列比对工具之一。通过考察一个人类和小鼠 β 球蛋白的 DNA 双序列比对，我们是无法知道一个空位是否对应着一个插入或缺失［图 6.12（a）］，同样也不可能知道二者的祖先序列。利用多个物种之间的序列比对推断祖先序列则可以回答这些问题［图 6.12（b）］。我们还可以从多重序列比对中获取更多的信息［图 6.12（c）］，但它们的数量有限，这是因为它们没有明确的插入和缺失事件，或者复杂（例如重叠）的插入与缺失。Ortheus 产生出一个依据概率的多重序列祖先比对［图 6.12（d）］。这有利于从系统发生的角度调整和重建插入与缺失。

<table>
<tr><td>Alignathon 的网址如下：http://compbio. soe. uc-sc. edu/alignathon（链接6.33）。</td></tr>
</table>

Alignathon 大赛评估各种全基因组比对方法

　　Alignathon 大赛被设计用来评估一系列全基因组序列比对的工具（Earl 等，2014）。组织者提供给参加者三个数据集：一个模拟古猿进化史的数据集，一个模拟哺乳动物进化史的数据集，以及一个包含 20 个苍蝇基因组的真实数据。共有 35 个工具被提交给赛方，包括被主流浏览器使用的比对工具（例如，UCSC 基因组浏览器使用的 MULTIZ，Ensembl 使用的 EPO），以及很多其他工具，例如 VISTA-LAGAN（见图 8.17）和 ProgressiveMauve（图 15.12）。对于近缘的灵长类序列来说，比对结果是非常相似的，而结果在亲缘关系较远的基因组之间有相当多的差别。尽管特定的数据集并不一定是让每个软件包发挥最佳性能，以及在比对黄金标准缺失的情况下很难统计评估正确的比对方法，但 Alignathon 计划提供了一个机会去评估这些软件的表现。

(a) HBB基因的 Ensembl条目

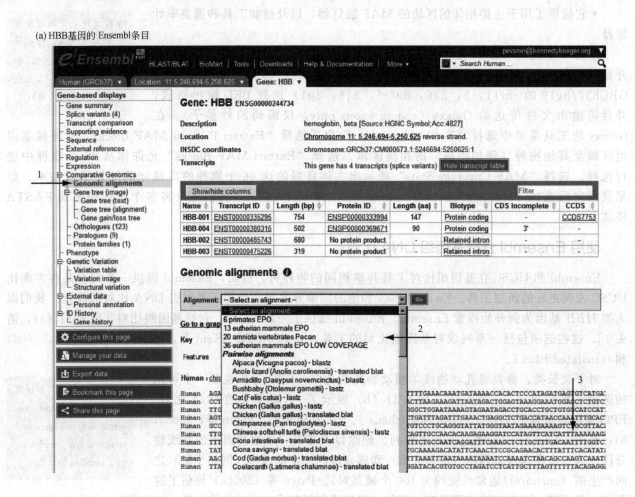

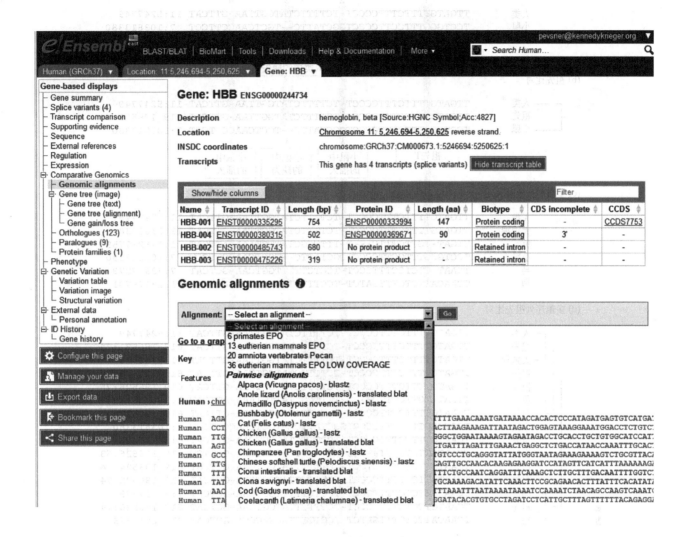

(b) Ensembl 的多序列比对 (基于Enredo/Pecan/Ortheus软件)

Homo sapiens	11:	5246983	TTCATACCTCTT-ATCTTCCTCCCACAGCTCCTGGGCAACGTGCTGG
Gorilla gorilla gorilla	11:	5181973	TTCATACCTCTT-GTCTTCCTCCCACAGCTCCTGGGCAATGTGCTGG
Pongo abelii	11:	65239065	TTCATACCTCTT-GTCTCCCTCCCACAGCTCCTGGGCAATGTGCTGG
Oryctolagus cuniculus	1:146237264		TTCATACCTTCT--TCTCTTTTCTACAGCTCCTGGGCAACGTGCTTG
Mus musculus	7:103812810		TTGATGGTTCTT--CCATCTTCCCACAGCTCCTGGGCAATATGATCG
Bos taurus	15:	49339417	CCCCTTGCTTAATG-TCTTTTCCACAGCTCCTGGGCAACGTGCTAG
Bos taurus	15:	49074455	CCCTTGCTTAATG-TCTTTTCCACAGCTCCTGGGCAACGTGCTGG
Sus scrofa	9:	5633260	CCCTTGCTTTTTA-TCTCTCTCCACAGCTCCTGGGCAACGTGATAG
Equus caballus	7:	73936736	CCCCCTCTTT-TT-TCTCTTCCCACAGCTCCTGGGCAACGTGCTGG
Canis lupus familiaris	21:	28179266	CACATGCCTCTTG-TCT--TCCCCACAGCTGCTGGGCAACGTGTTGG

图 6.11 在 Ensembl 网站上分析多序列比对结果。(a) 在搜索人类 β 球蛋白 (*HBB*) 之后，选择"基因组比对"(箭头 1)，然后选择来自诸如 6 个灵长类动物或 36 个真兽亚纲哺乳动物的序列组 (箭头 2)。比对序列的外显子部分以红色 (箭头 3) 显示。(b) 显示了 Enredo/Pecan/Ortheus 流程结果的一部分

[来源：Ensembl Release 73，Flicek et al (2014)，经 Ensembl 许可转载]

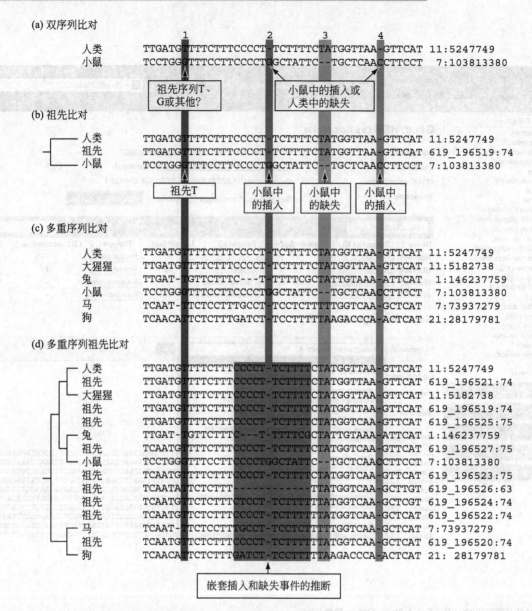

图 6.12 Ensembl 的 EPO 流程的 Ortheus 程序提供了系统发育方面的多重序列比对，包括祖先序列的重建。图中展示了人类 β 球蛋白部分区域的比对。(a) 在人类和小鼠 DNA 之间的双序列比对中，尚不清楚是否比对上的 T 和 G 残基来源于祖先序列的 T、G 或其他核苷酸（参见第 1 列）。尚不清楚空位是否对应于其中一个或另一物种中的插入或缺失。(b) 通过推断祖先的人类/小鼠序列，我们可以推断祖先的等位基因，并指定空位位置是否对应于任一物种中的插入或缺失。(c) 多序列比对提供进一步的证据以解决进化关系中的含混之处。(d) 多序列祖先比对包括关于系统发育中的每个节点的信息并且明确地解决起源的问题，如插入、缺失和复杂事件（例如嵌套插入/删除）。注意每个序列的右侧显示了染色体和位置（或祖先序列标识符和位置）。因为有多个内部节点，所以多条祖先序列被给定（在第 7 章中介绍）。你可以通过查看 *HBB* 基因组比对结果来观察该图所示的序列，如图 6.11 所示；并在图中选择 "13 eutherian mammals EPO"，然后点击 "Configure this page" 添加或删除物种以及推断的祖先序列

（来源：Ensembl Release 73；Flicek 等（2014）。经 Ensembl 许可转载）

6.6 展望

多重序列比对是针对可能划分在一起的蛋白质家族（或核酸家族）的操作。在多重序列比对的结果图中，行对应序列，列对应残基。在列中比对上的残基意味着共享进化祖先，并且/或者共享相同的三维结构位置。多重序列比对能够满足多种研究目的，包括鉴别保守的有重要功能的残基。生物信息学界有极大的热情去研究新的方法并产生准确的多重序列比对，包括渐进式的比对，以及基于迭代、一致性和（或）

结构信息的比对。一个一般性的结论是，大多数的程序在近缘序列比对时效果都非常好（例如，共享大于40％的氨基酸的序列）。对于更远缘的序列，现有的程序性能差距较大，特别是空位所在处。对于一般的用户而言，有两个建议：尝试多种多重序列比对程序；尝试引入多种参数，例如，空位的罚分。

多重序列比对这一学科的内部分支正在迅速发展改变。基因组 DNA 序列的分析是多重序列比对的一项重大挑战；另一项挑战则是基准数据集在评判新算法的精确度时并不总是可用的。

多重序列比对好的蛋白质家族数据库，例如 Pfam 和 InterPro，正在迅速扩大，并且它们也在成为越来越重要的工具。这些数据库经常具备严谨的人工注释。一个普遍的趋势是数据库将提供许多比对资源的整合。

6.7　常见问题

一个常见问题是在一组用作多重序列比对的序列中有一个或多个序列和其他序列并不同源。对于远缘成员的多重序列比对来说，不同的程序给出差异巨大的结果是非常常见的。一个重大挑战在于你可能无法借助结构或共享进化历史来评估哪一个比对结果是最精确的：空位尤其难以确定位置；而最紧凑的比对（有最少的空位）未必最真实反映待比对序列的进化历史。作为上述挑战的一个例子，ProbCons、MAFFT，以及 MUSCLE 全部采用不同的方法来设定末端空位（缺失）与序列中部空位的不同罚分。你可能说不存在唯一正确的方法，但这就是一个说明为什么不同程序产生不同比对结果的例子。

建立一个合适的多重序列比对对于分子系统发育的研究尤为重要。比对结构构成了构建进化树的原始数据（见第 7 章）。这说明了确定不同算法特异性和敏感性的基准研究（benchmark studies）十分重要。也有很多人（Aniba，2010；Edgar，2010）关注现在的基准研究。

6.8　给学生的建议

用于进行蛋白质（和 DNA 序列）多重序列比对的工具数量非常多，这让我们在选择它们时产生困惑。原则上，基准研究为专家和初学者选择合适的工具提供了一个重要的帮助。那么决定使用工具特异性和敏感性的标准是什么？阅读提供基准研究的文章，以及那些解释现有的基准研究、并对现有研究提出挑战的文章可以找到答案。（例如，Edgar，2010；Löytynoja，2012）

为了获得蛋白质多重序列比对的深入理解，你可以选择一组远缘蛋白质序列。（如果它们太相近，大多数工具都能给出相近的结果）。检验比对结果，并且尝试去感受哪一种比对更好。学者使用他们的经验和判断来定期地人工调节比对方法和参数。通过学习比对，你可以成为专家，学习什么样的目标函数来评估哪些是优越的，以及识别哪些比对可被改进，比对中包含了哪些错误。

我们展示了一些用于基因组 DNA 比对的工具，包括 PhastCons、phyloP 以及 GERP 分数，可以在 UCSC Genome Browser 和 UCSC Table Browser 中获得。请记住每一个工具都有一个相关的配置页面，详细介绍了该程序做了什么以及对输出结果的解释。每一个工具都有参考文献和外部资源的链接。积极探索这些资源，以了解更多关于每个工具的长处和局限性。

讨论题

[6-1] Feng 和 Doolittle 引入（"Once a gap，always a gap"）"一旦有空位，总是有空位"规则，大意是两条亲缘关系最近的序列应在引入空位时应给予最重的罚分。是否有必要引入这条规则？迭代求精（iterative refinement）是如何打破这个规则的？

[6-2] BLAST 搜索可以整合 HMM 吗？在 Pfam 中 DELTA-BLAST 怎样做到与基于 HMM 的搜索方法不同？

[6-3] 你将如何对基因组 DNA 构建一个基准数据集？你需要考虑什么特征（例如蛋白质与 DNA、保守程度、染色体重排）？

自测题

[6-1] 基准确定（Benchmarking）指的是：

(a) 从高度相关的蛋白形成的可信比对出发，制造一个多序列比对（MSAs）集合；

(b) 从具有确定的三级结构的蛋白质中进行 MSA，允许基于结构验证 MSA；

(c) 具有算法的一组 MSA，随后用于完善三级结构预测；

(d) 做一组已知蛋白质的 MSA，根据结构标准，将蛋白质划分为不同蛋白家族

[6-2] 为什么 ClustalW（使用 Feng 和 Doolittle 渐进序列比对算法的一个程序）不会报告期望值？

(a) ClustalW 实际上会报告期望值；

(b) ClustalW 使用全局比对，全局比对下 E 值的统计量不适用；

(c) ClustalW 使用局部比对，局部比对下 E 值的统计量不适用；

(d) ClustalW 使用组合的全局和局部比对，此时 E 值统计量不适用

[6-3] "一旦出现一个空位，永远有一个空位"的 Feng-Doolittle 方法确保：

(a) 空位不会不适当地被插入序列填补；

(b) 在构建多重序列比对时，进化早期分化的序列会被优先排序；

(c) 在多重序列比对中，近缘的序列之间出现的空位被保存；

(d) 在多重序列比对中，远缘的序列之间出现的空位将被保存

[6-4] 如何提高多序列比对程序的性能？

(a) 通过进行 PSI-BLAST；

(b) 加入二级结构数据；

(c) 通过加入关于三维结构的数据；

(d) 以上都是

[6-5] 什么是基于一致性方法（如 ProbCons）的主要优势？

(a) 它们包含了基于特定位置的得分矩阵信息；

(b) 它们包含了基于蛋白质三维结构的信息，信息通常取自 X 射线晶体研究；

(c) 它们执行基本信息之间的比对，且比对算法极快；

(d) 它们包括基于多序列比对的信息以指导双序列比对

[6-6] Pfam-A 和 Pfam-B 的主要区别是

(a) Pfam-A 是手动创建，而 Pfam-B 是自动创建；

(b) Pfam-A 使用隐马尔可夫模型，而 Pfam-B 不是；

(c) Pfam-A 提供全长蛋白质比对，而 Pfam-B 比对蛋白片段；

(d) Pfam-A 整合了来自 SMART 和 PROSITE 的数据，而 Pfam-B 没有

[6-7] Ensembl 的 Enredo/Pecan/Ortheus 流程包括 Ortheus 工具以重建祖先序列。以下哪一个是它的优点？

(a) 它是"可发现系统发育信息的"，意味着它准确推断祖先序列；

(b) 它利用蛋白质和 DNA 信息建模祖先序列；

(c) 它创建系统发育树，打乱它们，然后迭代重建它们；

(d) 它使用有放回的抽样序列提高精度

[6-8] 与比较更小的 DNA 或蛋白质区块（如 ClustalW 程序）相比，以下哪个是比对较大的基因组 DNA 的算法的特征？

(a) 它们通常不能对来自高度分化生物的 DNA 序列进行比对，例如几亿年前分化的物种；

(b) 它们通常使用渐进比对并且实质上相似；

(c) 它们通常使用锚去帮助保守度较低的区域的比对（例如那些产生于非编码区，缺失区或反向区域的非保守区域）；

(d) 他们专门接受非常长的输入

推荐阅读

Da-Fei Feng 和 Russell F. Doolittle（1987）针对多序列的渐进比对方法是早期的一篇重要文章。这项工作强调多序列比对和蛋白质进化之间的关系。因此与第 7 章中我们的系统发育的处理相关。Doolittle

(a) 蛋白质反应的测试管

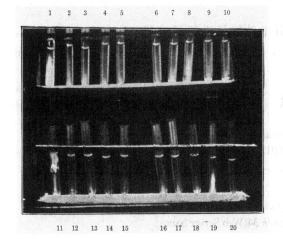

(b) 16000 次测试的描述

In the following pages the results of precipitin tests with haematosera are given in the zoological order of the antisera, the tests made by other observers being summarized in each case, the results of my tests following.

The number of tests, made by me with 30 antisera produced, is given in the following table, the total number of tests being 16,000.

Antiserum for	No. of tests therewith	Antiserum for	No. of tests therewith
Man	825	Ox	790
Chimpanzee	47	Sheep	701
Ourang	81	Horse	790
Cercopithecus	733	Donkey	94
Hedgehog	383	Zebra	94
Cat	785	Whale	94
Hyaena	378	Wallaby	691
Dog	777	Fowl	792
Seal	358	Ostrich	649
Pig	818	Fowl-egg	789
Llama	363	Emu-egg	630
Mexican Deer	749	Turtle	666
Reindeer	69	Alligator	468
Hog Deer	699	Frog	551
Antelope	686	Lobster	450
	7751		8249

	7751
	8249
Total number of tests	16,000

(c) 发现（部分）

Class **MAMMALIA**
1. *Order* **PRIMATES**
　ANTISERA FOR………

1. *Suborder* **ANTHROPOIDEA**

					Man	Chimpanzee	Ourang	Monkey	Hedgehog	Cat	Hyaena	Dog	Seal	Pig	Llama	Hog-deer	Mexican-deer	Antelope	Sheep	Ox	Horse	Wallaby
Fam. Hominidae	**25**	778.	*Homo sapiens.* G. N., cut (N) 12. vi. 02		+15 D	* 120 d	·	·	·	·	·	·	·	* 60 tr	·	tr?	tr	tr	tr	tr	tr	
European	**26**	779.	,, ,, E. G., cut (Gardner) 13. v. 02		+15 D	* 240 tr	·	·	·	·	·	·	·	* 60 tr	·	·	tr	tr	tr	tr	tr	
	27	785.	,, ,, C. C., wound (N) 16. v. 02		+30 tr	/	·	·	·	tr?	·	·	·	* 40	·	·	tr	·	·	·	·	
	28	786.	,, ,, B. C., cut (N) 31. v. 02		+30 d	240 tr	30 tr	·	·	tr?	·	·	·	? 40	·	·	240 tr	·	·	·	·	
Mongolian	**29**	327.	,, ,, Chinaman, beri-beri London (Daniels) 14. xii. 01		+D	* 240 tr	40	·	·	* 15 tr?	·	·	·	×	·	·	·	·	·	·	·	
	30	380.	,, ,, Chinaman, beri-beri Shanghai, China (Stanley) ca. 27. xi. 01		+D	* 240 tr	40	·	·	tr?	·	·	·	*	·	·	·	?	·	·	·	
E. Indian	**31**	381.	,, ,, Punjaub Sikh Shanghai, China (Stanley) 20. x. 01		+D	* 240 tr	·	·	·	tr	·	·	·	×	·	/	·	/	·	·	·	
	32	328.	,, ,, E. Indian, Punjaub London (Daniels) 13. xii. 01		+D	* 240 tr	40	·	·	* 15 tr?	·	·	·	×	·	65	·	·	·	·	·	
Negro	**33**	819.	,, ,, Negro Lagos, Africa (Strachan) 16. ii. 02		+30 d	? tr	× 30 tr?	·	·	* 15 tr?	* 15	* 35 tr	× 40	·	50 tr	·	·	·	·	* 240 tr	
	34	820.	,, ,, 16. ii. 02		+30 d	? tr	× 30 tr?	·	·	× 15 tr?	* 15	* 35 tr	× 40	·	45 tr	·	·	·	·	* 240 tr	
	35	821.	,, ,, 16. ii. 02		+30 d	? tr	× 30 tr?	·	·	× 15 tr?	* 15	* 35 tr	× 40	·	45 tr	·	·	·	·	* 240 tr?	

(表头：Mammalia)

在二十世纪前半叶，基于分子数据的主要系统发育分析是 George Nuttall 及其同事开创的杰出的沉淀试验。将抗血清与来自各种物种的血清样品一起温育，记录沉淀反应所需的时间以及反应强度。（a）进行反应的样品试管（Nuttall，1904，板 I）。（b）摘自 Nuttall（1904，第 160 页），描述了他进行的 16000 次测试。（c）Nuttall 的 92 页数据摘要部分（1904 年，第 222~223 页）。900 列（其中 11 个显示在此）表示所测试的血液样品，列对应于从 30 个物种获得的抗血清（其中 18 个显示在此处）。这些值表示反应所需的时间（以分钟为单位）。对照表示反应程度（＋表示最大，·表示无反应）。字母 D 表示试管中存在的沉积物。Nuttall 使用这些数据来推断各种哺乳动物、鸟类、爬行动物、两栖动物和甲壳类动物的系统发育关系。在 20 世纪 50 年代和 60 年代，氨基酸序列的比较大大取代了用于系统发育分析的免疫测试。

［来源：Nuttall（1904）］

（2000）也有了一个关于自己对序列分析、系统发育和生物信息学等的描述，其中提到了他对比对算法的发展历史十分感兴趣。

以下人的优秀的文章对多序列比对进行了综述，并对其中的挑战进行了解释：Löytynoja（2012），Kemena 和 Notredame（2009），Pirovano 和 Heringa（2008），Do 和 Katoh（2008），Edgar 和 Batzoglou（2006）。

参 考 文 献

Aniba, M.R., Poch, O., Thompson, J.D. 2010. Issues in bioinformatics benchmarking: the case study of multiple sequence alignment. *Nucleic Acids Research* **38**(21), 7353–7363. PMID: 20639539.

Armougom, F., Moretti, S., Keduas, V., Notredame, C. 2006a. The iRMSD: a local measure of sequence alignment accuracy using structural information. *Bioinformatics* **22**, e35–39.

Armougom, F, Moretti, S., Poirot, O. *et al.* 2006b. Expresso: automatic incorporation of structural information in multiple sequence alignments using 3D-Coffee. *Nucleic Acids Research* **34**(Web Server issue), W604–608. PMID: 16845081.

Armougom, F., Poirot, O., Moretti, S. *et al.* 2006c. APDB: a web server to evaluate the accuracy of sequence alignments using structural information. *Bioinformatics* **22**, 2439–2440. PMID: 17032685.

Batzoglou, S. 2005. The many faces of sequence alignment. *Briefings in Bioinformatics* **6**(1), 6–22. PMID: 15826353.

Blackburne, B.P., Whelan, S. 2012. Measuring the distance between multiple sequence alignments. *Bioinformatics* **28**(4), 495–502. PMID: 22199391.

Blanchette, M., Kent, W.J., Riemer, C. *et al.* 2004. Aligning multiple genomic sequences with the threaded blockset aligner. *Genome Research* **14**, 708–715. PMID: 15060014.

Blankenberg, D., Taylor, J., Nekrutenko, A., Galaxy Team. 2011. Making whole genome multiple alignments usable for biologists. *Bioinformatics* **27**(17), 2426–2428. PMID: 21775304.

Chen, C., Natale, D.A., Finn, R.D. *et al.* 2011. Representative proteomes: a stable, scalable and unbiased proteome set for sequence analysis and functional annotation. *PLoS One* **6**(4), e18910. PubMed PMID: 21556138.

Chothia, C., Lesk, A. M. 1986. The relation between the divergence of sequence and structure in proteins. *EMBO Journal* **5**, 823–826.

Davydov, E.V., Goode, D.L., Sirota, M. *et al.* 2010. Identifying a high fraction of the human genome to be under selective constraint using GERP++. *PLoS Computational Biology* **6**(12), e1001025. PMID: 21152010.

Do, C.B., Katoh, K. 2008. Protein multiple sequence alignment. *Methods in Molecular Biology* **484**, 379–413. PMID: 18592193.

Do, C.B., Mahabhashyam, M.S., Brudno, M., Batzoglou, S. 2005. ProbCons: Probabilistic consistency-based multiple sequence alignment. *Genome Research* **15**, 330–340.

Doolittle, R. F. 2000. On the trail of protein sequences. *Bioinformatics* **16**, 24–33.

Earl, D., Nguyen, N.K., Hickey, G. *et al.* 2014. Alignathon: A competitive assessment of whole genome alignment methods. *Genome Research* **24**(12), 2077–2089. PMID: 25273068.

Edgar, R. C. 2004a. MUSCLE: a multiple sequence alignment method with reduced time and space complexity. *BMC Bioinformatics* **5**, 113.

Edgar, R. C. 2004b. MUSCLE: multiple sequence alignment with high accuracy and high throughput. *Nucleic Acids Research* **32**, 1792–1797.

Edgar, R.C. 2010. Quality measures for protein alignment benchmarks. *Nucleic Acids Research* **38**(7), 2145–2153. PMID: 20047958.

Edgar, R.C., Batzoglou, S. 2006. Multiple sequence alignment. *Current Opinion in Structural Biology* **16**(3), 368–373. PMID: 16679011.

Feng, D. F., Doolittle, R. F. 1987. Progressive sequence alignment as a prerequisite to correct phylogenetic trees. *Journal of Molecular Evolution* **25**, 351–360.

Feng, D. F., Doolittle, R. F. 1990. Progressive alignment and phylogenetic tree construction of protein sequences. *Methods in Enzymology* **183**, 375–387.

Fitch, W.M., Yasunobu, K.T. 1975. Phylogenies from amino acid sequences aligned with gaps: the problem of gap weighting. *Journal of Molecular Evolution* **5**, 1–24.

Flicek, P., Amode, M.R., Barrell, D. *et al.* 2014. Ensembl 2014. *Nucleic Acids Research* **42**(1), D749–755. PMID: 24316576.

Gotoh, O. A. 1995. Weighting system and algorithm for aligning many phylogenetically related sequences. *Computer Applications in the Biosciences* **11**, 543–551.

Heringa, J. 1999. Two strategies for sequence comparison: profile-preprocessed and secondary structure-induced multiple alignment. *Computational Chemistry* **23**, 341–364.

Higgins, D.G., Blackshields, G., Wallace, I.M. 2005. Mind the gaps: progress in progressive alignment. *Proceedings of the National Academy of Science, USA* **102**, 10411–10412.

Hirosawa, M., Totoki, Y., Hoshida, M., Ishikawa, M. 1995. Comprehensive study on iterative algorithms of multiple sequence alignment. *Computer Applications in the Biosciences* **11**(1), 13–18. PMID: 7796270.

Hogeweg, P., Hesper, B. 1984. The alignment of sets of sequences and the construction of phyletic trees: an integrated method. *Journal of Molecular Evolution* **20**(2), 175–186. PMID: 6433036.

Hunter, S., Jones, P., Mitchell, A. *et al.* 2012. InterPro in 2011: new developments in the family and domain prediction database. *Nucleic Acids Research* **40**(Database issue), D306–312. PMID: 22096229.

Kabsch, W., Sander, C. 1983. Dictionary of protein secondary structure: pattern recognition of hydrogen-bonded and geometrical features. *Biopolymers* **22**(12), 2577–2637. PMID: 6667333.

Karlin, S., Brocchieri, L. 1998. Heat shock protein 70 family: multiple sequence comparisons, function, and evolution. *Journal of Molecular Evolution* **47**, 565–577.

Katoh, K., Standley, D.M. 2013. MAFFT multiple sequence alignment software version 7: improvements in performance and usability. *Molecular Biology and Evolution* **30**(4), 772–780. PMID: 23329690.

Katoh, K., Kuma, K., Toh, H., Miyata, T. 2005. MAFFT version 5: improvement in accuracy of multiple sequence alignment. *Nucleic Acids Research* **33**, 511–518.

Katoh, K., Asimenos, G., Toh, H. 2009. Multiple alignment of DNA sequences with MAFFT. *Methods in Molecular Biology* **537**, 39–64. PMID: 19378139.

Kemena, C., Notredame, C. 2009. Upcoming challenges for multiple sequence alignment methods in the high-throughput era. *Bioinformatics* **25**(19), 2455–2465. PMID: 19648142.

Kent, W.J., Baertsch, R., Hinrichs, A., Miller, W., Haussler, D. 2003. Evolution's cauldron: duplication, deletion, and rearrangement in the mouse and human genomes. *Proceedings of the National Academy of Science, USA* **100**(20), 11484–11489. PMID: 14500911.

Larkin, M.A., Blackshields, G., Brown, N.P., Chenna, R., McGettigan, P.A. *et al.* 2007. Clustal W and Clustal X version 2.0. *Bioinformatics* **23**(21), 2947–2948. PMID: 17846036.

Lassmann, T., Sonnhammer, E.L. 2005. Kalign: an accurate and fast multiple sequence alignment algorithm. *BMC Bioinformatics* **6**, 298.

Lassmann, T., Sonnhammer, E.L. 2006. Kalign, Kalignvu and Mumsa: web servers for multiple sequence alignment. *Nucleic Acids Research* **34**(Web Server issue), W596–599.

Letunic, I., Doerks, T., Bork, P. 2012. SMART 7: recent updates to the protein domain annotation resource. *Nucleic Acids Research* **40**(Database issue), D302–305. PMID: 22053084.

Löytynoja, A. 2012. Alignment methods: strategies, challenges, benchmarking, and comparative overview. *Methods in Moleulcar Biology* **855**, 203–235. PMID: 22407710.

Löytynoja, A., Goldman, N. 2005. An algorithm for progressive multiple alignment of sequences with insertions. *Proceedings of the National Academy of Science, USA* **102**, 10557–10562.

Margulies, E.H., Chen, C.W., Green, E.D. 2006. Differences between pair-wise and multi-sequence alignment methods affect vertebrate genome comparisons. *Trends in Genetics* **22**, 187–193.

McClure, M. A., Vasi, T. K., Fitch, W. M. 1994. Comparative analysis of multiple protein-sequence alignment methods. *Molecular Biology and Evolution* **11**, 571–592.

Mizuguchi, K., Deane, C.M., Blundell, T.L., Overington, J.P. 1998. HOMSTRAD: a database of protein structure alignments for homologous families. *Protein Science* **7**, 2469–2471.

Moretti, S., Armougom, F., Wallace, I.M., Higgins, D.G., Jongeneel, C.V., Notredame, C. 2007. The M-Coffee web server: a meta-method for computing multiple sequence alignments by combining alternative alignment methods. *Nucleic Acids Research* **35**(Webserver issue), W645–648.

Needleman, S. B., Wunsch, C. D. 1970. A general method applicable to the search for similarities in the amino acid sequence of two proteins. *Journal of Molecular Biology* **48**, 443–453.

Notredame C., Higgins D.G., Heringa. J. 2000. T-Coffee: A novel method for fast and accurate multiple sequence alignment. *Journal of Molecular Biology* **302**, 205–217.

O'Sullivan O., Zehnder, M., Higgins, D. *et al.* 2003. APDB: a novel measure for benchmarking sequence alignment methods without reference alignments. *Bioinformatics* **19** Suppl 1, i215–221. PMID: 12855461.

Park, J., Karplus, K., Barrett, C. *et al.* 1998. Sequence comparisons using multiple sequences detect three times as many remote homologues as pairwise methods. *Journal of Molecular Biology* **284**, 1201–1210. PMID: 9837738.

Paten, B., Herrero, J., Beal, K., Fitzgerald, S., Birney, E. 2008a. Enredo and Pecan: genome-wide mammalian consistency-based multiple alignment with paralogs. *Genome Research* **18**(11), 1814–1828. PMID: 18849524.

Paten B., Herrero, J., Fitzgerald, S. *et al.* 2008b. Genome-wide nucleotide-level mammalian ancestor reconstruction. *Genome Research* **18**(11), 1829–1843. PMID: 18849525.

Pirovano, W., Heringa, J. 2008. Multiple sequence alignment. *Methods in Molecular Biology* **452**, 143–161. PMID: 18566763.

Pollard, K.S., Hubisz, M.J., Rosenbloom, K.R., Siepel, A. 2010. Detection of nonneutral substitution rates on mammalian phylogenies. *Genome Research* **20**(1), 110–121. PMID: 19858363.

Punta, M., Coggill, P.C., Eberhardt, R.Y. *et al.* 2012. The Pfam protein families database. *Nucleic Acids Research* Database Issue **40**, D290–D301.

Raghava, G.P., Searle, S.M., Audley, P.C., Barber, J.D., Barton, G.J. 2003. OXBench: a benchmark for evaluation of protein multiple sequence alignment accuracy. *BMC Bioinformatics* **4**, 47.

Schwartz, S., Kent, W.J., Smit, A. *et al.* 2003. Human-mouse alignments with BLASTZ. *Genome Research* **13**(1), 103–107. PMID: 12529312.

Siepel, A., Bejerano, G., Pedersen, J.S. *et al.* 2005. Evolutionarily conserved elements in vertebrate, insect, worm, and yeast genomes. *Genome Research* **15**(8), 1034–1050. PMID: 16024819.

Sievers, F., Wilm, A., Dineen, D. *et al.* 2011. Fast, scalable generation of high-quality protein multiple sequence alignments using Clustal Omega. *Molecular Systems Biology* **7**, 539 (2011). PMID: 21988835.

Simossis, V.A., Heringa, J. 2005. PRALINE: a multiple sequence alignment toolbox that integrates homology-extended and secondary structure information. *Nucleic Acids Research* **33**(Web Server issue), W289–294.

Thompson, J. D., Higgins, D. G., Gibson, T. J. 1994. CLUSTAL W: Improving the sensitivity of progressive multiple sequence alignment through sequence weighting, position-specific gap penalties and weight matrix choice. *Nucleic Acids Research* **22**, 4673–4680.

Thompson, J. D., Plewniak, F., Poch, O. 1999a. A comprehensive comparison of multiple sequence alignment programs. *Nucleic Acids Research* **27**, 2682–2690.

Thompson, J. D., Plewniak, F., Poch, O. 1999b. BAliBASE: A benchmark alignment database for the evaluation of multiple alignment programs. *Bioinformatics* **15**, 87–88.

Thompson, J.D., Koehl, P., Ripp, R., Poch, O. 2005. BAliBASE 3.0: latest developments of the multiple sequence alignment benchmark. *Proteins* **61**, 127–136.

Van Walle, I., Lasters, I., Wyns, L. 2005. SABmark: a benchmark for sequence alignment that covers the entire known fold space. *Bioinformatics* **21**(7), 1267–1268. PMID: 15333456.

Wallace, I.M., Blackshields, G., Higgins, D.G. 2005. Multiple sequence alignments. *Current Opinion in Structural Biology* **15**(3), 261–266. PMID: 15963889.

Wallace, I.M., O'Sullivan, O., Higgins, D.G., Notredame, C. 2006. M-Coffee: combining multiple sequence alignment methods with T-Coffee. *Nucleic Acids Research* **34**(6), 1692–1699. PMID: 16556910.

Waterhouse, A.M., Procter, J.B., Martin, D.M., Clamp, M., Barton, G.J. 2009. Jalview Version 2: a multiple sequence alignment editor and analysis workbench. *Bioinformatics* **25**(9), 1189–1191. PMID: 19151095.

Watson, H.C., Kendrew, J.C. 1961. The amino-acid sequence of sperm whale myoglobin. Comparison between the amino-acid sequences of sperm whale myoglobin and of human hemoglobin. *Nature* **190**, 670–672. PMID:13783432.

Wu, C.H., Huang, H., Nikolskaya, A., Hu, Z., Barker, W.C. 2004. The iProClass integrated database for protein functional analysis. *Computational Biology and Chemistry* **28**, 87–96.

Wallace, I.M., Blackshields, G., Higgins, D.G. 2005. Multiple sequence alignment. Current Opinion in Structural Biology 15(3), 261–266. PMID: 15963885.

Wallace, I.M., O'Sullivan, O., Higgins, D.G., Notredame, C. 2006. M-Coffee: combining multiple sequence alignment methods with T-Coffee. Nucleic Acids Research 34(6), 1692–1699. PMID: 16556910.

Waterhouse, A.M., Procter, J.B., Martin, D.M., Clamp, M., Barton, G.J. 2009. Jalview Version 2—a multiple sequence alignment editor and analysis workbench. Bioinformatics 25(9), 1189–1191. PMID: 19151095.

Wilson, R.C., Randau, L.C. 2002 ... between the amino-acid se... 670–672. PMID: 15364352.

Wu, C.H., Huang, H., Nikolskaya, A., Hu, Z., Barker, W.C. 2004. The PIRSF integrated database for protein functional analysis. Computational Biology and Chemistry 28, 87–96.

第 7 章

分子水平的系统发育和进化

若无进化之据，生物无理可谈。

—*Theodosius Dobzhansky*（1973）

学习目标

学完本章你应该能够：

- 描述分子钟理论并解释它的重要性；
- 定义正选择和负选择并检验其是否在感兴趣的序列中存在；
- 描述系统发育树的类型及其组成部分（枝、叶、根）；
- 利用基于距离和基于字符的方法构建系统发育树；
- 解释几种不同方法构建和评估系统发育树的原理。

7.1 分子进化介绍

进化是生物群体随时间推移不断改变，进而导致其后代在结构和功能上不同于祖先的理论。进化也可被定义为一种生物过程。通过这种生物过程，生物通过遗传得到了决定物种的形态和生理特征。早在 1859 年，查尔斯·达尔文就发表了其标志性的学术著作——《论物种之起源（源于自然选择或对优势种族的保留）》。

我们在第 15 章讨论生命之树，你可以在线阅读 Charles Darwin 的原始版本，网址如下：http://literature.org/authors/darwin-charles/the-origin-of-species/（链接 7.1）

由于每个物种新生的个体数会远远超出其可能生存的个体数，进而会引起频繁的生存竞争。于是，任何生物的变异，无论如何微小，只要它在复杂多变的生活条件下对个体有利，就能使个体获得更多的生存机会并因而被自然选择保留下来。根据严格的遗传法则，任何被自然选择保留下来的变异都倾向于繁殖其新的、改进后的类型。

进化是一种变化的过程。遗传通常是保守的——后代与其亲本相像，但身体的结构和功能会在一代又一代繁殖的过程中发生变化。物种的变化可通过如下三个主要机制发生（Simpson，1952）。

- 生长条件影响发育。突发事故和导致疾病的感染物等环境因素在自然界是不可遗传的（尽管个体对于疾病或环境刺激的应答反应在某种程度上受遗传控制，其相关内容将在第 21 章予以讨论）。
- 有性繁殖的机制确保将上一代的变化传递给下一代。当后代继承来自双亲的染色体时，包括基因在内的 DNA 序列可通过重组发生重排。
- 受选择的突变及遗传漂变可导致基因及更大范围上的染色体发生改变。

在分子水平上，进化是突变受到选择的过程。分子进化是研究生命树的不同分支上基因和蛋白质所发生的改变的理论。该学科也利用来自现今生物的数据来重建物种的进化史。

系统发育是对物种进化关系的推断。传统上，系统发育推断是通过比较许多不同物种的形态学特征来进行的（Mayr，1982）。但分子序列数据也能被用于系统发育的分析。被推断出的物种间进化关系通常以树的形式呈现，可为过去发生的生物事件提供假说。

7.2　分子系统发育与进化的法则

分子系统发育的目标

所有的生命形式都有一个共同的起源，并都属于生命之树的一部分。所有物种中超过 99％都已灭绝（Wilson，1992）。现存物种中，相较于亲缘关系较远的生物而言，亲缘关系相近的生物起源于更近的共同祖先。原则上，应存在一棵精确描述物种进化的生命树。系统发育的一个目标就是为所有物种推断出正确的生命树。历史上，人们对系统发育的分析来自于可观察的表型特征，例如翅膀或脊髓的出现或消失。近些年来，系统发育分析也依赖于可定义基因和蛋白质家族的分子序列数据。系统发育的另一个目标是推断或估算物种的分歧时间，这个分歧时间是从它们所拥有的最近的共同祖先开始算起。

尽管生命树提供了一个形象的比喻，但我们关于进化的定义并不是基于一定会存在唯一一棵树的推测。相反，进化是一个基于突变和选择的过程。我们在第 17 章将看到基因可以在物种间发生横向转移，这使得生物获得基因和性状的方式更加复杂。在许多情况下，人们对生命树的描述是一颗密集的、互相连接的灌木丛（或者网状树），而不是一棵已经被明确定义好分支的简单的树（Doolittle，1999）。

一棵真实的生命树描绘了在进化过程中真实发生的历史事件。但要得到这样一棵真实的树基本上是不可能的。相反，我们可绘制出经推断得到的树，这些树描绘了历史事件的假说版本。这样的树基于某些模型，描述了由目前可用数据所推断的一系列进化事件。

生命树有三条主要的分支：细菌、古细菌和真核生物。我们将在第 15 章探索整棵树。在本章中，我们则以利用系统发育树评估一个家族内的同源蛋白质（或者同源核苷酸序列）的相互关系为题进行探讨。任何一组同源蛋白质（或核苷酸序列）都可在一棵系统发育树中被描述。

在第 3 章中，我们对同源蛋白的定义是两个来自一个共同祖先的蛋白质。在执行一次 BLAST 搜索后，你可以得到几个具有高得分（期望值低）的蛋白，这些匹配的蛋白可被认为是可能具有相似功能的相关蛋白。然而，把直系同源和旁系同源蛋白放在进化的情境下进行考察对于我们理解同源关系会非常有用。我们已运用了多种方法来研究蛋白质之间的关系：基于 Dayhoff 得分矩阵的双序列比对（第 3 章）、BLAST 搜索（第 4、5 两章），以及多序列比对（第 6 章）。我们将在之后的第 12、13 两章探讨如何识别相关蛋白质的折叠问题。这些所有的方法都依赖于进化模型来解释所观察到的分子序列间的相似和差异性。

历史背景

历史上，球蛋白是我们理解生物化学和分子进化中最为重要的蛋白质家族。血红蛋白和肌红蛋白分别于 19 世纪 30 年代和 40 年代被鉴定出来，而其各自的结晶体也在 19 世纪时为进行物种间的比较研究而获得（笔者在在线文档 7.1 描述了这部分历史）。球蛋白是最早被测序和最早使用 X-射线晶体学进行分析的蛋

"Phylogeny"（系统发育）一词来源于希腊语 *phylon*（表示种族、类别的意思）和 *geneia*（表示起源的意思）。Ernst Haeckel（第 15 章卷首插图为其所绘制的生命树）创造了"系统发育"、生物学分类"门"及"生态学"三个术语。他同时提出"个体发生是系统发育简短而快速的重演。这种过程是由遗传（物种的产生）及适应（物种的维持）共同作用得到的生理学功能所决定的"（Haeckel，1900，81 页）。详情可参见 http://www.ucmp.berkeley.edu/history/haeckel.html（链接 7.2）。

尽管我们已经利用系统发育树对病毒的所有子类群进行了研究，但是我们一般不把病毒考虑进生命树的一部分（详见第 16 章）。

图 7.1 的 13 条蛋白质序列详见在线文档 7.2，http://www.bioinfbook.org/chapter7。我们在本章以这些序列为例。相似的系统发育树由 Zuckerkandl 和 Pauling（1965）报道。

白之一（第 13 章）。在 Ingram（1961）和其他科学家对球蛋白序列进行鉴定之后，Eck 和 Dayhoff（1966）利用简约法分析（定义见下文"系统发育推断：最大简约法"）构建了球蛋白家族的系统发育树。我们利用系统发育树介绍了旁系同源（图 3.3 的各种人类球蛋白）和直系同源（各物种的肌红蛋白；图 3.2）的概念。图 7.1 展示了来自于多个物种的 13 种球蛋白的系统发育分析，该图基于 Dayhoff 等于 1972年发表的论文重新绘制。我们将在本章后续部分继续对这 13 条序列进行系统发育分析。图 7.2（也来自于 Dayhoff 等，1972）进一步提供了球蛋白基因发生复制事件（例如，一个祖先球蛋白基因经复制而形成新的谱系，导致现代 α 球蛋白和 β 球蛋白的形成）的时间线，以及物种形成的时间线［例如，现代鱼类和人类在约 4 亿年（或 400MYA）前享有一个共同的脊椎动物祖先］。这些研究主要集中在系统发育树的两个方面。第一，系统发育树可以描绘特定蛋白亚家族，如 α 球蛋白、β 球蛋白及肌红蛋白之间的相关性。第二，系统发育树可以描绘物种间的相关性，可帮助推断生命形式及基因和基因产物的进化历史。我们将在"物种树与基因/蛋白质树"部分对物种树和基因树的关系进行详细描述。

图 7.1　20 世纪 60 年代，一些研究组对球蛋白的系统发育进行了开创性的研究。Dayhoff 等（1972）曾用最大简约法分析来推断 13 个球蛋白的关系和历史，图中的树即来自于经过修改后的他们的研究成果。序列间所观察到的差异百分比使用了表 3.3 的 PAM 矩阵中的数据进行校正。箭头 1 所指的节点对应于脊椎动物球蛋白最近的共同祖先，而箭头 2 所指的节点对应了昆虫和脊椎动物球蛋白的祖先（详见正文）
［来源：Dayhoff 等（1972），改编获得 National Biomedical Research Foundation 许可］

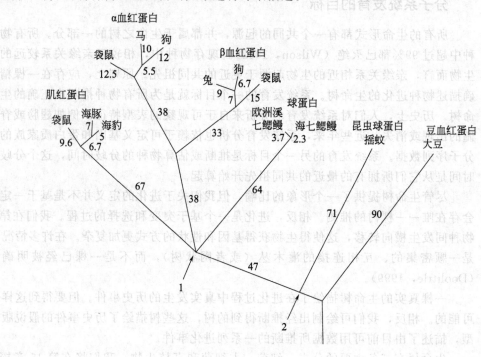

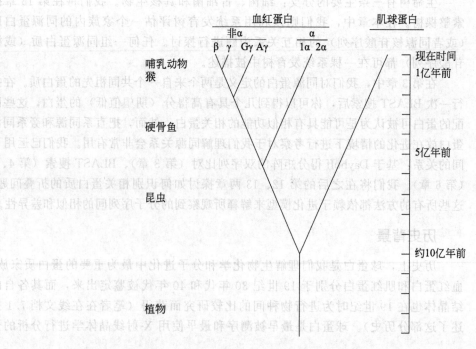

图 7.2　Dayhoff（1972）总结了在进化时间情境下球蛋白亚家族间的相互关系。物种形成事件的时间由基于化石的研究推断得出
［来源：Dayhoff 等（1972）］

Frederick Sanger "因其在蛋白质结构研究上的突出贡献，尤其是在胰岛素研究方面" 而获得了 1958 年的诺贝尔化学奖（详见 http://www.nobelprize.org/nobel_prizes/chemistry/laureates/1958/。1980 年他又 "因为其在核苷酸测序工作方面的突出贡献" 而与 Paul Berg 和 Walter Gilbert 一起分享了该年的诺贝尔化学奖。

从 20 世纪 50 年代开始对胰岛素的研究也使我们对分子进化的理解有了长足的进步。胰岛素是一种由胰岛细胞分泌的小分子蛋白，通过结合肌细胞和肝细胞上的胰岛素受体来激发对葡萄糖的摄取。Frederick Sanger 及其同事在 1953 年解析了胰岛素的氨基酸序列，这是人类第一次完成了对蛋白质的测序。成熟的具有生物学活性的胰岛素蛋白由两个亚基组成，这两个亚基分别称作 A 链和 B 链，它们通过分子间的二硫键共价结合。最近的研究表明，人类的前胰岛素原分子由一条信号肽、B 链、一段被称作 C 肽链的插入序列和 A 链组成 [图 7.3 (a)]。C 肽链的两端各有一对二元氨基酸残基 [精氨酸-精氨酸或赖氨酸-精氨酸，详见图 7.3 (a)、(b)] 作为它的蛋白酶切位点。

图 7.3 的蛋白质序列详见在线文档 7.3。

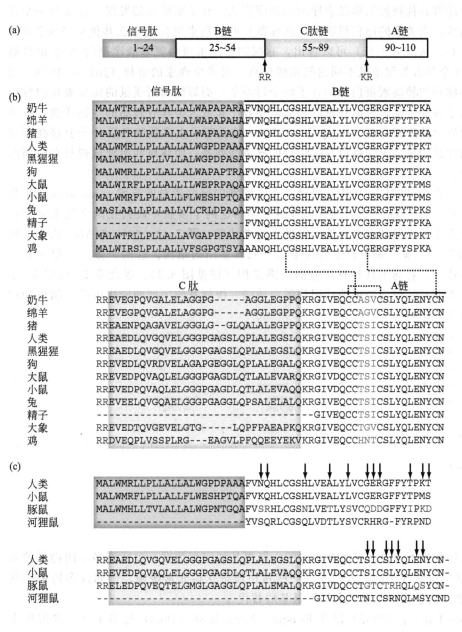

图 7.3 从 20 世纪 50 年代始，对胰岛素的研究极大地促进了我们对分子进化的理解。(a) 人类胰岛素分子由一个信号肽片段（用于细胞间转运，由 1～24 个氨基酸残基组成）、B 链、C 肽链和 A 链组成。C 肽链两端分别有一个二元氨基酸残基对（RR、KR）组成的蛋白酶切位点。成熟的胰岛素蛋白的 A 链和 B 链之间通过共价二硫键连接。(b) 12 个物种的胰岛素蛋白多序列比对。氨基酸替代以非随机模式发生。值得注意的是，胰岛素 A 链的氨基酸残基除发生分歧的三列（A 链，绿色字体标出的残基）外，在不同的物种间几乎是完全保守的。然而，编码所插入的 C 肽链的核苷酸替代率大约是 B 链和 A 链编码区域的 6 倍（Kimura, 1983），这也可从图中 C 肽链对应的多序列比对中区域的空位看出。半胱氨酸之间的二硫键在图中用虚线表示。图中序列的索引编号分别是：NP_000198（人类）、NP_001008996.1（黑猩猩）、NP_062003.1（大鼠）、NP_001123565.1（狗）、NP_001172013.1（小鼠）、NP_001075804.1 兔子、NP_001103242.1（猪）、NP_990553.1（鸡）、NP_001172055.1（奶牛）、P01318.2（绵羊）、XP_003422420.1（大象）和 P67974.1（巨头鲸）。(c) 豚鼠（*Cavia porcellus*，NP_001166362.1）和河狸鼠（*Myocastor coypus*，P01330.1）的胰岛素蛋白序列的进化速率大约比其他物种快 7 倍左右。图中对人类、小鼠、豚鼠及河狸鼠的胰岛素序列进行了比对。图中箭头标记了豚鼠序列（紫色）与人类和/或者小鼠序列存在差异的 18 个氨基酸的位置

Sanger 等人对五个物种（母牛、绵羊、猪、马、鲸鱼）的胰岛素蛋白进行了测序。结果立即明确表明 A 链和 B 链在不同物种中高度保守，而氨基酸的差异性只限于三个残基上，这三个残基位于 A 链的一个二硫键成环区域中［图 7.3 (b)，蓝绿色］。这表明氨基酸替代并非随机发生，某些改变能显著影响生物学活性，而另一些改变则不会有显著影响（Anfinsen，1959）。二硫键成环区域内的差异性被认为是"中性"改变（Jukes 和 Cantor, 1969，86 页；Kimura, 1968）。之后，当把有生物学活性的 A 链和 B 链序列与功能上较不重要的 C 肽链比较时，发现了显著的差异。Kimura（1983）研究发现 C 肽链的进化速率为 2.4×10^{-9}/（氨基酸位点·年），大约为 A 链和 B 链进化速率 $[0.4 \times 10^{-9}$/（氨基酸位点·年）]的六倍。在核苷酸水平上，编码 C 肽链的 DNA 区域的进化速率同样比对应的 A 链和 B 链区域快了大约六倍（Li，1997）。

随着其他物种的胰岛素序列的测序完成，有了更惊人的发现。豚鼠与一个存在高度近缘关系的豚鼠科物种（河狸鼠）的胰岛素进化速率比其他物种快将近 7 倍左右。从图 7.3（c）可以看出，豚鼠的胰岛素蛋白氨基酸序列的 A 链和 B 链有 18 个与人类和小鼠不同的氨基酸位点。对这个现象的解释（Jukes，1979）是其他物种的胰岛素蛋白都结合了两个锌原子，而豚鼠和河狸鼠的胰岛素蛋白没有与两个锌原子结合。河狸鼠的胰岛素相较于猪或人类具有较弱的生物活性，并且主要以单体形式存在（Bajaj 等，1986）。这就暗示大多数胰岛素分子上存在很强的功能性约束，来保持可与锌结合的氨基酸残基，而豚鼠和河狸鼠则只有较弱的约束。

早在 20 世纪 50 年代，另外一个实验室的研究者对催产素（vasopressin）和加压素（oxytocin）进行测序时发现，虽然这两个多肽片段只在两个氨基酸位置上存在差异，但却有着截然不同的生物学功能（图 7.4）。1960 年 Max Perutz 和 John Kendrew 分别解析了血红蛋白和肌红蛋白的结构。这两个蛋白质都是氧分子载体，二者同源且具有相似的三维结构（详见图 3.1）。因此至 20 世纪 60 年代，人们开始较为清晰地认识到蛋白质的一级氨基酸序列的变化可能对结构和功能有重要影响。

图 7.4 人类催产素（Oxytocin）（NP_000906.1，20~28 个氨基酸残基）和精氨酸加压素（Arginine vasopressin）（NP_000481.2，20~28 个氨基酸残基）只在两个氨基酸位置上存在差异，但它们却有着截然不同的生物学功能。在 20 世纪 60 年代对这些多肽序列的比较使得一级氨基酸序列决定蛋白质功能的重要性得到了人们的认可。图中显示的是利用 BLASTP 进行双序列比对的结果
（来源：NCBI）

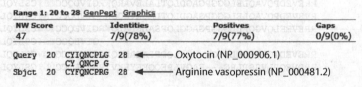

vasopressin-neurophysin 2-copeptin preproprotein [Homo sapiens]
Sequence ID: ref|NP_000481.2| Length: 164 Number of Matches: 1
▶ See 5 more title(s)

Range 1: 20 to 28 GenPept Graphics

NW Score	Identities	Positives	Gaps
47	7/9(78%)	7/9(77%)	0/9(0%)

Query 20 CYIQNCPLG 28 ◀—— Oxytocin (NP_000906.1)
        CY QNCP G
Sbjct 20 CYFQNCPRG 28 ◀—— Arginine vasopressin (NP_000481.2)

分子钟假说

20 世纪 60 年代，人们已经积累了大量的可溶性蛋白的一级氨基酸序列数据，包括许多不同物种的血红蛋白、细胞色素 C 和血纤维蛋白肽等序列。人们发现一些蛋白质进化得非常缓慢，例如许多物种的细胞色素 C 蛋白，而另外一些蛋白质家族则积累了大量的氨基酸替代。

Emil Zuckerkandl 和 Linus Pauling（1962）以及 Emanuel Margoliash（1963）提出了分子钟的概念（见 Zuckerkandl 的综述，1987）。该假说认为对于每一个给定的基因（或者蛋白质）而言，其分子进化速率是近似恒定的。在一个开创性的研究中，Zuckerkandl 和 Pauling 观察了人类球蛋白的差异氨基酸的数量，包括：β 球蛋白和 δ 球蛋白（大约有 6 个差异），β 球蛋白和 γ 球蛋白（约 36 个差异），β 球蛋白和 α

球蛋白（约 78 个差异），以及 α 球蛋白和 γ 球蛋白（约 83 个差异）。他们也比较了人类和大猩猩（α 球蛋白和 β 球蛋白）间的氨基酸差异，分别观察到 2 个或 1 个差异。他们通过化石证据了解到人类和大猩猩自一千一百万年前的共同祖先开始发生分歧。利用此分歧时间作为校准点，他们估测了 β 球蛋白和 δ 球蛋白来自于约四千四百万年前（MYA，百万年）其共同祖先的基因复制；β 球蛋白和 γ 球蛋白来自 260MYA 前的一个共同祖先蛋白；α 球蛋白和 β 球蛋白于 565MYA 发生分歧；α 球蛋白和 γ 球蛋白于 600MYA 发生分歧。

　　1971 年 Richard Dickerson 进行的一个相关研究证明了分子钟的存在（图 7.5）。他分析了 3 种存在大量序列数据的蛋白质：细胞色素 C、血红蛋白和血纤维蛋白肽。对于每种蛋白质，他都将该蛋白质在两个物种间的差异氨基酸位点数目相对于该两个物种的分歧时间（以百万年为单位）进行作图。这些物种的分歧时间都是从古生物学证据中估计得到的。

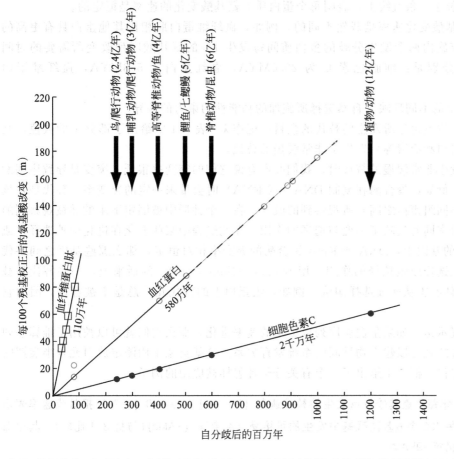

图 7.5 不同蛋白质间氨基酸差异数目（y 轴）和物种分歧时间（x 轴）的比较显示不同蛋白家族具有不同的进化速率。某些蛋白质（如许多物种的细胞色素 C 蛋白）进化得非常缓慢；而另一些蛋白质（如血红蛋白）则以适中的速率进化着；还有一些蛋白质（如血纤维蛋白肽）会发生快速的替代。这种现象被描述为分子钟假说，由 Zuckerkandl 和 Pauling（1962），Margoliash（1963）及其他研究者在 20 世纪 60 年代提出。不同物种的分歧时间（用箭头标示）主要来自化石证据的估算。MY 表示过去的百万年［改编自 Dickerson（1971）并得到 Elsevier 授权］

　　当估算一组序列间差异氨基酸（或核酸）的数目时，需要用一个模型来解释替代事件发生的过程；我们将在本章后面解决这个问题。当我们在检查 PAM 矩阵时（第 3 章），我们已经意识到突变事件实际发生的次数是超过我们直接观测到的差异的。我们可以看到对应两个长度为 100 个氨基酸构成的蛋白质，当它们的氨基酸一致性为 50% 时，它们可能实际上经历了平均 80 次的替代（图 3.19）。值得一提的是，Zuckerkandl 和 Pauling（1962）基于他们的分析目的假定了观察到的差异个数反映了实际发生的替代次数。但他们也承认实际情况要更加复杂，因为任一给定的位点都可能发生多次替代："因此，α 链和 β 链在从其共同祖先进化出来之后，实际发生的有效突变事件的数量也许要显著地大于它们目前表面上所呈现的状况"（Zuckerkandl 和 Pauling，1962，204 页）。Margoliash 和 Smith（1965，233 页）以及 Zuckerkandl 和 Pauling（1965，150 页）因而建议对观察到的和实际发生的差异之间的关系要进行修正。Dickerson（1971；图 7.5）使用了该修正方法。该图的 y 轴对应经修正后的每 100 个氨基酸残基中的差异

方程(7.1)的修正公式在 Margoliash 和 Smith（1965）的原始文章中是不正确的，但是在 Dickerson（1971）中被正确使用，并被 Fitch 和 Ayala（1994）进一步讨论。

氨基酸数目，记作 m。m 值计算方法如下：

$$\frac{m}{100} = -\ln\left(1 - \frac{n}{100}\right)$$

(7.1)

该公式可以写成如下形式：

$$\frac{n}{100} = 1 - e^{-(m/100)}$$

(7.2)

公式中，m 是一个蛋白质中每 100 个氨基酸片段中发生改变的所有氨基酸数目；n 则是每 100 个氨基酸所观察到的氨基酸变化数目。这个修正对不能被直接观察但实际发生的氨基酸残基变化进行了调整，例如发生在同一个位点上的两个或多个氨基酸的改变（见下文"基于 DNA，RNA，或蛋白质的树"）。

从该图（图 7.5）的结果可以得出如下一些结论（Dickerson，1971）：

① 每个蛋白质的数据都位于一条直线上，表明每个蛋白质上氨基酸变化的速率是恒定的。

② 不同蛋白质的平均氨基酸变化速率是截然不同的。例如，血纤维蛋白肽相比其他蛋白具有更高的替代速率。在每一种蛋白质家族内两个发生分歧的蛋白质间每发生 1% 的氨基酸序列改变所需要的时间［百万年（MYA）为单位］分别是：细胞色素 C 为 20.0MYA，血红蛋白为 5.8MYA，血纤维蛋白为 1.1MYA。

③ 蛋白质家族的变化速率的不同反映了自然选择所施加的功能性约束力的差异。

氨基酸替代的速率是每个位点每年所发生的替代的数目，记作 λ。表 7.1 中给出了部分 λ 的数值，其中可看到部分蛋白质（如组蛋白和泛素等）发生了非常缓慢的替代。

注意，当我们说组蛋白发生非常缓慢的替代时，我们并没有说它们的突变率很低。突变是导致序列发生改变的一个生物化学过程。例如，聚合酶在复制 DNA（或 RNA）时会带来一定的突变率。替代是在核酸或蛋白质序列中（例如在不同组蛋白之间）所观察到的改变。在一个种群中被固定下来的并被观察到的替代会以一定速率发生，该速率同时反映了突变与选择的作用，在此过程中某些变化在进化中被选择（或被淘汰）。如果在一个生物体的基因中，DNA 或 RNA 聚合酶的突变率相对恒定，那么那些基因之间替代速率的不同可能主要是由于正选择或负选择的作用。用 Susumu Ohno（1970）的话来说，一些替代是被"禁止"的，因为它们对生物体有害从而被选择淘汰。例如，组蛋白上的替代几乎总是不被容许，因为它们都是致死的。

分子钟假说的一个重大提示是：如果蛋白质序列以恒定的速率进化，那么它们就可以被用于推算序列发生分歧的时间。通过这种方式就可以建立物种间的系统发育关系。这就类似于用测定放射元素半衰期的方法来鉴定地质标本的所属年代。框 7.1 给出了一个有关分子钟怎样被应用的例子。

表 7.1　各种蛋白质中每 10^9 年每个氨基酸位点发生的替代速率（$\lambda \times 10^9$）。Dayhoff（1978）把替代速率表示为在大约一亿年的进化历程中每 100 个氨基酸残基中发生的可接受点突变率（PAMs）（与框 3.4 比较）。其中血清白蛋白的突变接受率为在每亿年 19PAMs

蛋白质	进化速率	蛋白质	进化速率
血纤维蛋白肽		促甲状腺素 β 链	
生长激素		甲状旁腺激素	
免疫球蛋白 κ 链 C 区域		小清蛋白	
κ 酪蛋白		胰蛋白酶	
免疫球蛋白 γ 链 C 区域		促黑细胞激素 β	
前垂体激素 β 链		α 晶体球状蛋白 A 链	
免疫球蛋白 λ 链 C 区域		安多酚	
乳白蛋白		细胞色素 b5	
表皮生长因子		胰岛素（除了豚鼠和河狸鼠）	
生长激素		降血钙素	
胰腺核糖核酸酶		（垂体）后叶激素运载蛋白	
血清白蛋白		质体蓝素	

续表

蛋白质	进化速率	蛋白质	进化速率
磷脂酶 A2		乳酸脱氢酶	
泌乳刺激素		腺苷酸激酶	
碳酸酐酶 C		细胞色素 C	
血红素 α 链		肌钙蛋白 C	
血红素 β 链		骨骼肌	
胃泌激素		α 晶状体球蛋白 B 链	
溶菌酶		胰高血糖素	
肌球蛋白		谷氨酸脱氢酶	
淀粉样蛋白 AA		组蛋白 H2B	
神经生长因子		组蛋白 H2A	
酸蛋白酶		组蛋白 H3	
髓磷脂基础蛋白		泛素	
		组蛋白 H4	

注：来源于 Dayhoff 等（1978），数据的使用经过国家生物医学研究基金会和哥伦比亚授权。

分子钟假设并不适用于所有的蛋白质，有许多例外和限制需要注意：

- 不同物种可能有不同的分子进化速率。例如，某些病毒序列要比其他生命形式有非常快速的变化。

- 分子钟对于不同基因（见表 7.1），甚至一个基因的不同部分（例如图 7.3；也参见下文"阶段 3：DNA 和氨基酸替代模型"中关于 γ 参数的讨论）都可能不同。指引分子钟的主要推动力是自然选择。啮齿动物一般比灵长类动物有较快的分子钟，这可能是因为它们较短的世代时间和较高的代谢率。

> 我们将在第 18 章（酵母：*S. cerevisiae*）和第 19 章（真核基因组）讨论完整基因组的复制，以及后续、快速的突变和基因缺失。

- 一个基因只有在进化历程中仍保持其生物学功能时，分子钟才适用。基因可能失去生物学功能（例如假基因）从而导致核苷酸（或氨基酸）序列较快的变化。进化速率有时会在基因复制发生后加速。例如，基因复制产生 α-血红蛋白和 β-血红蛋白后，较高的氨基酸替代速率很可能改变了基因的功能，允许某些球蛋白在特定的发育阶段高表达。

框 7.1 核苷酸替代率 R 和分歧时间 T

核苷酸替代率 r 是每年每个位点上发生核苷酸替代的个数。氨基酸替代率也可以用类似公式计算。核苷酸替代率差别很大，因此描述某个区域是否进化缓慢或快速具有一定的意义。r 被定义为：

$$r = \frac{K}{2T} \tag{7.3}$$

其中 T 是两个来自于一个共同祖先的现存序列的分歧时间。公式中用 $2T$ 反映了从一个共同祖先到两支分离谱系的分歧时间。T 有时可以从基于化石（古生物学）的数据得到。例如，进化出现代人和啮齿类的谱系发生分歧的时间在大约九千万年前。K 是每个位点上的替代数目。大鼠和人类的 α-球蛋白每个位点上有 0.093 个非同义替代的差异（Graur 和 Li，2000）；非同义变化是可以导致编码某个特定氨基酸的改变的 DNA 替代。给定 K 和 T 的值，我们可以估算 r：

$$r = \frac{0.093 \text{ 次替换/位点}}{2(9 \times 10^7 \text{ years})} \tag{7.4}$$

我们因此计算得到血红蛋白的 α 链每年每个位点的非同义核苷酸替代率为 0.52×10^{-9}。我们也可以用公式（7.3）来估算给定了 r 和 K 值的两条序列的分歧时间（$T = K/2r$，Graur 和 Li，2000）。

尽管存在这些问题，分子钟假说仍然被证明在大多数已被使用的先例中是有用和有效的。Fitch 和 Ayala（1994）基于 67 个蛋白质序列给出了 Cu、Zn 过氧化物歧化酶的较为准确的分子钟。然而，要从分子钟理论获得正确的推断，需要对多个参数进行调整。

检验一个分子序列是否具有类似于分子钟行为的一种使用办法是使用 Tajima 的相对速率检验（1993；

框7.2）。对于来自于三个物种的相同蛋白质或DNA/RNA序列的A、B、C三个序列，假定A和B序列分别来自我们希望可以比较进化相对速率的两个物种，C是来自外群的序列，并假定O是A和B的共同祖先[图7.6（a）]。Tajima检验推断在A和B谱系中是否存在加速进化，其零假设为A和B有等同的进化速率。给定序列对AB、AC和BC之间所观察到的替代数，我们就可以推断OA、OB、和OC的距离，并由此检验OA和OB相对速率相等的零假设[图7.6（b）~7.6（d）]。MEGA软件的程序中包含了Tajima相对速率检验（Tamura等，2013）。我们将在本章用MEGA进行系统发育分析。我们在习题/计算机习题（7.1）中提供了一个如何使用此检验的例子，包括如何将序列导入MEGA进行比对，并进行Tajima检验。

(a)

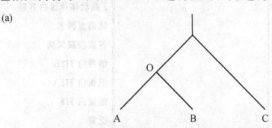

(b)

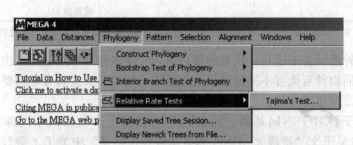

(c)

图7.6 相对速率检验用于检验两条序列是否符合分子钟假设，也即氨基酸或核苷酸的替代率在进化时间内保持近似恒定。（a）Tajima（1993）提出一种相对速率检验的方法，用于检测来自两个物种（A和B）的蛋白质或核苷酸序列是否以相似的相对速率进化。A和B来自于一个共同祖先（O），同时外群（C）的序列已知。通过测算AB、AC和BC的替代率，就可以推断OA和OB的速率并进行卡方（χ^2）检验，检测二者的速率是否一致（零假设）或者其中一支以相对较快或较慢的速率进化，从而不符合分子钟行为。有关该方法的细节参见Kimura（1993）以及Nei和Kumar（2000，193~195页）。（b）MEGA软件可以进行Tajima检验。图中给出了MEGA软件系统发育分析的下拉菜单。（c）MEGA中的检验允许用户指定组别A、B和外群C。图中的例子是比较人类与黑猩猩的线粒体DNA序列，将红猩猩的DNA作为外群。（d）输出结果包括一个列出替代个数的表格以及χ^2检验的p值。本例中p值小于0.05，表明我们可以拒绝零假设，即人类与黑猩猩序列并不存在类似分子钟的行为。本例在本章结尾的问题（7.1）展示[来源：MEGA版本5.2，Tamura等（2013）；由S. Kumar提供]

(d)

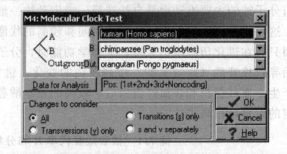

Table. **Results from the Tajima test for 3 Sequences [1].**

Configuration	Count
Identical sites in all three sequences (m_{iii})	712
Divergent sites in all three sequences (m_{ijk})	3
Unique differences in Sequence A (m_{iij})	31
Unique differences in Sequence B (m_{iji})	49
Unique differences in Sequence C (m_{iij})	100

Note: The equality of evolutionary rate between _human (Homo sapiens)_ and _chimpanzee (Pan troglodytes)_ is tested using _orangutan (Pongo pygmaeus)_ as an outgroup in Tajima' relative rate test in MEGA4 [1, 2]. The χ^2 test statistic was 4.05 ($P = 0.04417$ with 1 degree[s] of freedom). P-value less than 0.05 is often used to reject the null hypothesis of equal rates between lineages.

正选择和负选择

达尔文的进化论表明，在表型水平上，一个种群中对于生存有利的性状会被自然选择保留下来（正选择），而削弱适应力的性状则会被选择淘汰（负选择）。例如，在几百万年前的一个长颈鹿种群中，那些脖子较长的长颈鹿可以取食到更高的植物叶子，也因而比脖子较短的成员更能成功繁衍后代，也就是说存在对长颈鹿身高的正选择。

框 7.2　TAJIMA 的相对速率检验

Tajima（1993）提出一种检验方法，可检验来自两个谱系（例如人和黑猩猩）的 DNA 或蛋白质序列是否以相同的速率进化。这是一种分子钟的检验：零假设是二者具有相同的进化速率；如果我们以 p 值以 0.05 的阈值拒绝零假设，则其中一支谱系进化速率显著快或慢于另一支谱系。对于 A、B 和 C 三条蛋白质或 DNA 序列，令 A、B 为来自两个待比较物种的序列，C 作为外群的序列。例如，我们在比较人类和黑猩猩的线粒体 DNA 序列时，可以将红猩猩的线粒体 DNA 作为外群。图 7.6（a）以树的形式展现了 A、B 和外群 C 的关系。观察到的位点 n_{ijk} 分别具有核苷酸的数量为 i、j、k。n_{ijk} 与 n_{jik} 的期望值应该相等，即

$$E(n_{ijk}) = E(n_{jik}) \tag{7.5}$$

如果该等式成立，则每年的速率是恒定的；如果不成立，则速率不恒定。我们可以测算序列 A 上不同于 B 和 C 的残基个数 m_1；相似地，m_2 对应序列 B 不同于 A 和 C 的残基位点个数。把 C 作为外群，m_1 和 m_2 的期望值应相等，即

$$E(m_1) = E(m_2) \tag{7.6}$$

该等式可用卡方分析检验：

$$\chi^2 = \frac{(m_1 - m_2)^2}{m_1 + m_2} \tag{7.7}$$

并得到 p 值。如果 $p < 0.05$，无论我们使用了何种替代模型，在 5% 的阈值下都会拒绝分子进化钟假设。分子进化遗传分析（MEGA）软件中包含 Tajima 的相对速率检验（Tamura 等，2013）。对于图 7.6 所示的线粒体序列的分析，A（人）序列含有 31 个独特的序列差异，B（黑猩猩）含有 49 个独特差异，所以 χ^2 检验的统计值为 4.05。计算公式如下：

$$\chi^2 = \frac{(31 - 49)^2}{31 + 49} \tag{7.8}$$

该统计值对应自由度为 1 时的 p 值为 0.04，表明我们可以拒绝谱系间具有相同速率的零假设。在进行 Tajima 检验时，选择一个与待比较的两种生物具有合适的进化距离的外群是比较重要的。例如，倭黑猩猩（*Pan paniscus*）与人类和黑猩猩的进化距离就过于接近，因为这三个物种均在 500 万～700 万年前发生分歧；如果这里外群物种与内群物种有某些相近特征就会带来一些问题。另一种极端的例子是，大鼠或者小鼠与人类和黑猩猩的分歧时间过久，因为它们在约 9 千万年前就已经与灵长类谱系分开。因此合适的外群选择可以是一些灵长类，例如红猩猩或大猩猩；通常，我们应选择最近的真实外群。

在分子水平上，一个较为常见的进化观点认为正选择和负选择也作用在 DNA 序列上。一个编码某种酶的基因可能会发生复制（详见第 18 章和第 19 章），随后的核苷酸变化可能导致其中某个复制后的基因编码一种对生存有利的具有全新生物学功能的酶，并因而被自然选择保留下来。溶菌酶进化过程中的两次事件就被认为受到了这种正选择的作用。溶菌酶可以分解细菌肽聚糖连接从而作为一种抗菌蛋白质存在于如牛奶、唾液和眼泪中。大约在两千五百万年前，溶菌酶基因发生复制，并在山羊、牛及鹿的祖先的胃部形成了一种新的消化功能。在一千五百万年前的叶猴等以树叶为食的猴类中也独立出现了该新功能（Jollès 等，1990）。在这两个事件中，在溶菌酶形成了新功能后，由于正选择的作用其氨基酸替代率都变快了。其他一些正选择的例子包括灵长类的核糖核酸酶基因（Zhang 和 Gu，1998）和植物的 MEDEA 基因（Spillane 等，2007）。总体来说，通过正选择，经历了"选择性清除"的变异会变得更加普遍（Cutter 和 Payseur，2013）。

有多种方法可用于评估序列数据是否发生了选择。其中一种方法是基于编码蛋白质的 DNA 既会发生同义替代也会发生非同义替代的事实。对于一个给定的密码子中的一个核苷酸变化，同义替代并不导致该密码子对应的氨基酸的改变。例如，我们看一下人、黑猩猩、小鼠和狗的 β 球蛋白 DNA 序列 5′ 端（蛋白质的氨基端；图 7.7）的比对结果。在第三个密码子中人和狗序列的核苷酸 CAT 编码组氨酸。改变该密码子的第三个位置导致了黑猩猩和小鼠的序列中形成了 CAC，但并不改变其对应的氨基酸。其他的同义改变也显而易见（图 7.7，红色的核苷酸）。非同义替代则会改变对应的氨基酸。例如，人和黑猩猩的 β 球蛋白有一个编码脯氨酸的密码子 CCT，但是相应狗的序列上发生了一个替代变成密码子（GCT）编码丙氨酸（图 7.7，第 6 个密码子）。

SNAP 可以从 HIV 序列数据库网站的工具菜单中获得（http://www.hiv.lanl.gov）（链接 7.6）。在线文档 7.5 给出了 12 条球蛋白 DNA 编码序列（11 条肌红蛋白同源序列加一条胞红蛋白序列作为外群）；见 http://www.bioinfbook.org/chapter7。该文件包含了上述序列的多序列比对结果。我们将在后续的例子中使用这些序列。在线文档 7.6 提供了一个如何使用 SNAP 软件通过上述四条球蛋白编码序列来检验选择压力的例子，而在线文档 7.7 展示的是用 MEGA 软件进行选择压力检验的例子。Datamonkey 可以在 http://www.datamonkey.org/上获得（链接 7.7）。

人类	M V H L T P E E K S A V
黑猩猩	M V H L T P E E K S A V
小鼠	M V H L T D A E K S A V
狗	M V H L T A E E K S L V

人类	5′ AACAGACACC ATG GTG CAT CTG ACT CCT GAG GAG AAG TCT GCC GTT 3′
黑猩猩	5′ AACAGACACC ATG GTG CAC CTG ACT CCT GAG GAG AAG TCT GCC GTT 3′
小鼠	5′ AACAGACATC ATG GTG CAC CTG ACT GAT GCT GAG AAG TCT GCT GTC 3′
狗	5′ AACAGACACC ATG GTG CAT CTG ACT GCT GAA GAG AAG AGT CTT GTC 3′
密码子	1　2　3　4　5　6　7　8　9　10　11　12

图 7.7　我们可以利用 DNA、RNA 或蛋白质序列数据来构建系统发育树。通常，DNA 序列在系统发育分析中比蛋白质可以提供更多的信息。例如，我们把三个物种的 β 球蛋白序列按照其 DNA 的 5′端（对应其蛋白质的氨基端）进行比对。在 5′ 和 3′ 不编码蛋白的非翻译区，通常存在较小的选择压力来维持特定的核苷酸（某些调控元件可能会高度保守）。此处，只有一个核苷酸位置发生变化（箭头所指）。在蛋白编码区域，在氨基酸位置 6、7 和 11 上有多个氨基酸残基发生变化（见箭头）。这些差异可能为系统发育分析提供一些信息。然而，还有更多信息量大的核苷酸变化，使得我们的注意力限制在了编码区域。六个位置上发生了同义核苷酸变化（蓝色的核苷酸；见密码子 3、7 和 10～12），这些变化不改变所编码的氨基酸。也有六个位置上发生了非同义核苷酸变化，这些变化导致了编码氨基酸的改变（红色的箭头和核苷酸）。其中一个非同义变化中（如狗的序列中的密码子 6），相对于灵长类序列的一个单核苷酸改变 C→G，就导致了氨基酸的改变。在另外三个非同义变化的密码子中，有两个核苷酸相对于灵长类序列发生了改变。β 球蛋白序列来自人类（GenBank 序列号 NM_000518.4）、黑猩猩（*Pan troglodytes*；XM——508242.3）、小鼠（*Mus musculus*；NM_016956.3），以及狗（*Canis lupus familiaris*；NM_001270884.1）

涉及框 3.6 的遗传密码。

把非同义位点上的平均非同义替代率（$\hat{d}_N$）与同义位点上的平均同义替代率（$\hat{d}_S$）进行比较有可能发现存在正选择或负选择的证据。如果 $\hat{d}_S$ 大于 $\hat{d}_N$，表明 DNA 序列受到负选择或净化选择。负选择限制了相应氨基酸序列上的改变；这种情况的发生代表一个蛋白质的结构和/或功能的某些方面至关重要而不能容忍替代的发生。当 $\hat{d}_N$ 大于 $\hat{d}_S$，这表明发生了正选择。一个正选择的例子就是一个复制后的基因在选择压力下进化出新的功能。

很多计算机程序都评估同义对非同义的比值。其中一个是"同义非同义分析程序"（Synonymous Nonsynonymous Analysis Program，SNAP），其要求的输入是基于密码子比对的核苷酸序列（Korber，2000）。Datamonkey 是一个工具包，包含了判定是否受到了正选择或负选择的稳健最大似然法（Delport 等，2010）。MEGA 应用 Nei 和 Gojobori（1986）的方法来检验序列是受到正选择、负选择还是中性选择等零假设（Tamura 等，2013）。

人们对于在全基因组水平检测正选择或负选择有相当大的兴趣。有很多方法被采用（Nielsen，2005，Sabeti 等，2006）。例如，Bustamante 等（2005）研究了 39 个个体的 11000 个基因的 DNA 序列，并报道了 9% 的多信息位点发生了快速的氨基酸进化。对于很多近期被测序的基因组（例如人、黑猩猩、狗、鸡、大鼠基因组），分析哪些基因受到正选择是基因组分析的一个基本内容（详见第 19 章）。

正选择和负选择也可以利用病毒，在高度压缩的时间尺度下进行研究。1978 年，有 500 名女性不慎感染了丙型肝炎病毒（HCV）。Stuart Ray 及其同事（2005）对原始接种液和来自于感染后约 20 年的 22 名女性的 HCV 基因组中的 5.2kb 部分序列进行了测序。他们展示了受到正选择和负选择的座位，这些座位反映了病毒通过进化来提高对于其宿主的适应度。例如，已知表位上的氨基酸替代与有针对该表位的人白细胞抗原（HLA）等位基因的个体的共有序列发生了分歧，揭示了一种免疫选择的机制。在另一项研究中，Cox 等（2005）研究了感染之前、感染中和感染之后的 HCV 序列的变异情况。他们发现氨基酸替代反映了对 T 细胞识别的逃逸；在那些有持续性感染的个体中，有对表位的选择压力使得出现了非同义改变。Ray 等（2005）和 Cox 等（2005）的结果为系统发育纵向研究的有效性提供了实例，并且他们揭示了通过正选择和自然选择影响病毒适应性的机制。

通常人的基因组含有大约三百五十万个 SNPs，大部分位于基因间区（位于基因外部）。对于外显子上的 SNPs，大约一万一千个属于同义突变，大约一万一千个属于非同义突变。详见第 20 章。

分子进化的中性理论

所有物种都存在大量 DNA 多态性，这些多态性很难用传统的自然选择学说来解释。我们将通过本书第三部分所介绍的生命之树来探究这一问题。在第 8 章，我们将会讨论单核苷酸多态性（SNPs），这是一种极为普遍的多态性形式，在大多数情况下并不受选择。相似地，正常个体中也会发现很多染色体拷贝数变异（第 8 章），包括长至百万个碱基对的 DNA 区域的缺失或复制。大多数拷贝数变异看起来是偶发性、良性的，且没有受到正选择或负选择的压力。

在 20 世纪 60 年代的几十年间，主要的分子进化模型认为基因上的大部分变化是以符合达尔文理论的模式来受到选择或淘汰的。Motoo Kimura（1968，1983）提出了一种不同的模型来解释 DNA 层面的进化。Kimura（1968）注意到氨基酸替代率为在 100 个残基长度的蛋白质中平均约 28×10^6 年出现一个变化。他进一步估算认为相应的核苷酸替代率一定会非常高（平均每两年在一个种群的基因组中就出现一个碱基对的 DNA 替代）。

Kimura 的结论是，大部分观测到的 DNA 替代一定是中性或近中性的，而分子水平上引起进化改变（或变异性）的主要原因是突变等位基因的随机漂变。大部分非同义突变都是有害的，也因此未能在种群中所观察到的替代中被发现。在这种叫做中性进化理论的模型下，正的达尔文选择只起到了非常有限的作用。确实，从中性假说的角度出发是可以解释分子钟的存在的，因为大部分氨基酸替代都是中性的（替代因此被自然选择所容忍，并以某种具有分子钟性质的模式发生改变。如果替代主要在正选择或负选择的作用下发生，则它们不可以解释类似于分子钟的进化）。自他 1983 年著作出版后的几十年中，中性假说持续在多个物种中得到了检验。我们将在第 8 章讨论真核生物染色体时介绍其中部分研究。

> 计算 α 和 β 球蛋白、细胞色素 c，以及磷酸丙糖脱氢酶的蛋白质家族的替代率是 Kimura（1968）计算的基础。

> 你可以从 http://www.megasoftware.net/ 网站上下载到适用于任何系统的 MEGA。九条球蛋白编码序列（以及它们的序列号）可以在 http://bioinfbook.org 的在线文档 7.8（链接 7.8）获得。9 个 globin_cds.meg 文件可从在线文档 7.9 获得；MEGA 一旦启动，你可以直接将这个文件输入给 MEGA。这九条球蛋白 DNAs 对应的是我们在第 6 章研究的 9 条球蛋白蛋白质。（图 7.1 查看到的 13 条球蛋白中的一些蛋白的 DNA 序列至今未知。）

7.3　分子系统发育：树的特征

分子系统发育利用分子生物学技术研究物种或分子间的进化关系。许多其他技术也被用于研究进化，包括形态学、解剖学、古生物学和生理学。这里我们重点关注用分子序列数据来研究系统发育树，并首先介绍用于描述树的特征的一些专业术语。

树的拓扑结构和枝长

任何系统发育树都包含两大主要信息：拓扑结构和分枝长度。一棵树的拓扑结构定义了蛋白质（或其他研究对象）在树中所呈现的关系。例如，拓扑结构展示了两个同源蛋白质序列的共同祖先。枝长有时候（但不总是）反映了树中研究对象之间的相关程度。

我们以 9 条球蛋白编码序列为例来定义树的主要部分以及树的主要类型。图 7.8（a）～图 7.8（d）中的四棵树全部来自相同的输入数据集（一个多序列比对），给我们查看和分析数据提供了多种选择方式。你可以通过下面的步骤使用 MEGA（Tamura 等，2013）来构建同样这四棵树。①安装 MEGA 软件。②复制这九条 DNA 序列。③在 MEGA 中选择比对（Align）>编辑（Edit）/构建序列（Build Alignment）>创建新的比对序列（Creat A New Alignment）>DNA［见图 7.9（a），图 7.9（b）］，并把这些序列粘贴到比对浏览器（Alignment Explorer）。④选中序列并选择比对（Alignment）>使用 MUSCLE（密码子）比对［Align by MUSCLE（codons）］。使用默认参数，并选择计算。⑤保存比对序列［通过数据（Data）>保存会话（Save Session）来创建一个后缀为 .mas 的文件］并选择数据（Data）>输出比对序列（Export Alignment）>MEGA 格式，将比对序列保存为 9globin_cds.meg。⑥选择系统发育（Phylogeny）>构建（Construct）/测试邻接树（Test Neighbor-Joining Tree）［图 7.9（a）］。之后会出现一个有多个选项的对话框［图 7.9（c）］；选择计算（Compute），就会产生一个系统发育树。

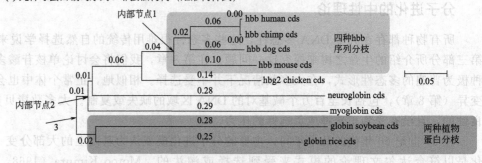

(a) 九种球蛋白编码序列：邻接法构树（矩形树样式）

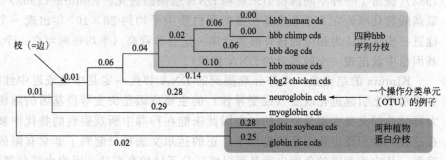

(b) 九种球蛋白编码序列：邻接法构树（"仅拓扑结构"树类型）

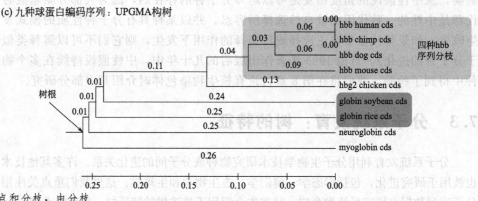

(c) 九种球蛋白编码序列：UPGMA构树

图7.8 系统发育树包括节点和分枝，由分枝长度和拓扑结构所定义。图中的树由MEGA软件构建，输入序列为9条球蛋白DNA编码序列，在利用MUSCLE进行多序列比对后，通过四种不同的方法来构建或展示了系统发育树。（a）邻接（Neighbor-joining, NJ）树。图中对两个进化分枝高亮，并标记了两个内部节点。枝长以每个位点的核苷酸差异个数为单位，通过p-距离校正法计算而得。（b）图中的树按照（a）的方法构建但在展示时选择了仅展示其拓扑结构的选项。枝长值也显示出来[与（a）相同]，但是并不与图上的枝长成比例。可以注意到，操作分类单位（OTUs，也即9条现存的序列）现在被整齐地排列在树的右侧。图中标记了一个典型的分枝的例子。（c）相同数据集被用于构建树，但构树方法为UPGMA而不是NJ法。可以注意到β球蛋白（hbb）分枝保持了相同的拓扑结构，但两个植物球蛋白（用灰色背景高亮）呈现出了不同的拓扑结构（与脊椎动物的球蛋白而不是与脑球蛋白和肌红蛋白拥有共同祖先，这种情况不太切合实际）。UPGMA树有根树。（d）利用NJ法构建的树（a）以径向树的形式展示

[来源：MEGA版本5.2, Tamura等（2013）；软件的使用感谢S. Kumar]

(d) 九种球蛋白编码序列：邻接法构树（径向树样式）

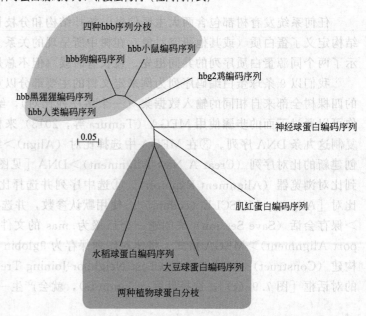

(a) MEGA主对话框

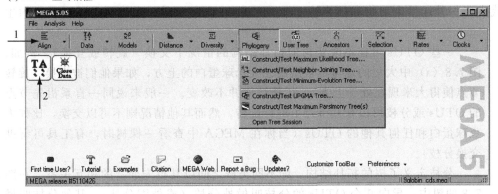

(b) 比对编辑器

(c) 分析选项（用于构建邻接树）

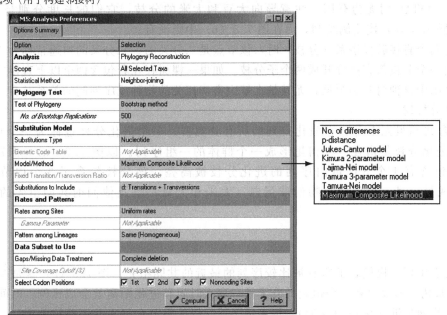

图 **7.9** 使 用 MEGA 构建并分析系统发育树。(a) 主要对话框有一个输入并比对 DNA 或蛋白质序列的选项（箭头1）。数据一旦输入即可查看（箭头 2）和编辑（例如，你可能想包含或删除特定的分类群或序列位点）。图中展示了系统发育分析的下拉菜单。(b) 比对编辑器。将待分析的序列保存成文本文档留待后续研究是一个好的做法。(c) 构建邻接树的分析选项。其他的构树和分析方法也会出现相似的偏好设置框。模型或方法选项见图右侧
［来源：MEGA 版本 5.2，Tamura 等 (2013)；感谢 S. Kumar］

　　系统发育树是一个由边和点组成的图。每个分枝（也叫作边）都连接两个节点。节点代表了分类单位（taxa 或 taxons）；节点（node，这个概念来源于拉丁语 "knot"）是两个或多个分枝的交叉点或终点。对于我们来说，分类群一般指 DNA 或蛋白质序列。操作分类单位（operational taxonomic unit，OTU）是指外部节点或叶节点上对应的现存分类群；OTUs 是我们在分析一棵树时可知的核苷酸或蛋白质序列。内部节点代表了我们可以推断但很少能观察到的祖先序列（例如来自灭绝物种的 DNA 序列，将在第 15 章讨论）。

　　参考图 7.8 中的树。每棵树包含了 9 个 OTUs（球蛋白），这 9 个 OUTs 定义了该树的外部节点。此外，每棵树还包含有内节点，每个内节点代表了所推断的 OTUs 的祖先节点。例如，内节点 1［图7.8 (a)］对应的球蛋白 DNA 序列是小鼠、狗、黑猩猩和人的 β 球蛋白的祖先序列（想像有这样一只覆

有皮毛的小生物在漫步在1亿年前的世界）。节点1就代表那只生物的β球蛋白序列。随着一系列的物种形成事件，狗类、啮齿类和灵长类谱系出现，它们的β球蛋白序列都发生了改变，成为我们今天看到的序列。内节点2代表了一种比后生动物和植物约1500MYA（十五亿年前）前发生分歧还要早的生物的祖先序列。

> 多叉分枝（multifurcation）又叫多枝性（polytomy）。多叉分枝树的意思是非二元性。以Rokas等（2005）的多叉分枝树为例，他们认为许多后生动物中的属无法确定，反映了许多动物族群由于快速扩散而导致的暂时性挤压。Philippe及其同事（Baurain等，2007）认为系统发育树中存在这种多叉分枝树的原因是样本量不够。多叉分枝树的例子见文图7.29。

一些OTUs可在不改变树的拓扑结构的情况下交换（旋转或互换）。例如，图7.8（a）中大豆的球蛋白被绘制在大米球蛋白的上方，如果他们被交换（旋转节点使得大米现在处于上方），拓扑结构并不改变。一般来说同一直系祖先节点的OTUs或分枝可以在其节点上进行旋转。然而其他情况则不可以交换，比如大豆球蛋白和任何其他的OTUs（当你在MEGA中查看一棵树时，有工具可帮助交换分枝）。

分枝定义了树的拓扑结构，即不同类群之间以其祖先而言的相互关系。在图7.8的树中，导向9个OTUs的分枝叫做外分枝（或外围分枝）。其他分枝叫做内分枝。

每棵树都应该定义枝长。在某些树中，枝长代表了核苷酸或氨基酸在那条分枝上所发生改变的个数。图7.8（a）、图7.8（c）、图7.8（d）提供了比例尺，枝长是以每个位点上的差异碱基为单位。这种形式（系统发育图，phylogram）有助于直观地展示树中不同的蛋白质之间的相关性。图7.8（b）中的枝长不成比例，表明它们并不与差异数目成比例。以这种形式来展示树（进化分枝图，cladogram）具有将OTUs在垂直纵列上整齐对齐的优点。该形式在有很多OTUs时尤为有用。注意导向大豆和大米的分枝：它们的长度分别是0.28和0.25（表示枝长），在图7.8（a）按比例绘制，而在图7.8（b）中则没有。

当一个内节点只有两个直接后代谱系（分枝）时，该节点是二分叉的。二分叉的树通常称为二叉树或叉状分枝树；其中任何一个分枝都直接分开成两个子分枝。如果一棵树存在着包含两个以上直接后代的节点就称为多叉树。在文献中这种树并不罕见，尤其是在解决密切相关的物种或序列间的关系时有一定挑战性的情况下会出现多叉分枝树。

一个进化分枝包含共同祖先本身和它演化得到的所有分类群。一个进化分枝也称为一个单系群。对于我们来说，一个进化分枝是指在一棵树里形成一个群体的一组序列。以图7.8（a）～图7.8（d）的任一树为例，一个包含有4个β球蛋白序列的进化分枝被高亮，该分枝包含了3个内节点。鸡 *HBG2* 不是该分枝的成员。另一个包括植物的球蛋白（大米和大豆）以及他们的共同祖先的进化分枝也在图中被高亮。

树根

系统进化树可以是有根树，根代表了所有被比较序列的最近的共同祖先。图7.8（c）就是9条球蛋白DNA序列组成的有根树。假设存在一个恒定的分子钟，那么时间和进化距离就会成比例：时间的方向是从最古老（在根部）指向最近（在OTUs处）。很多情况下，树的根节点现在并不能被确定，一些构建进化树的算法因而不去猜测根节点的位置。有根树以外的另一个选择就是无根树［图7.8（a）、图7.8（b）和图7.8（d）］。无根树可以确定OTUs之间的相互关系，但它不能确定完整的进化历程或对共同祖先进行推测。

> 在线文档7.5中我们把人细胞球蛋白作为11条非常相近的肌球蛋白DNA序列的外群。

你可以选择为一棵无根树添加树根。主要有两种方法，分别是确定外群，或从中点定根。为了确定外群，需要得到已知的一条或多条序列，这些序列是早于其余所有序列之前发生分歧的。参考图7.8（a）、图7.8（b）、图7.8（d）。鉴于植物在约1500MYA与脊椎动物分枝分开，两个植物的球蛋白在图中可以被用来选择确定根的位置［图7.8（a）的箭头3标记了可被放置根的位置］。第二种方式是通过中点定根方式来放置树根。这里，最长的分枝被选定为最合适放置根的分枝。

枚举树和选择搜索策略

可以描述十二条蛋白质序列相互关系的树的数量多得惊人。知道构建一棵树可能的数量是非常重要的。其中只有一棵"真实"树能够代表蛋白质分子序列（甚至物种之间）的进化历程。树的可能数量对于决定应用哪种构树算法非常有用。

框 7.3　有根树和无根树的数量

由 Cavalli-Storza 和 Edwards（1967）提出：n 个 OTUs（$n \geqslant 3$）的无根二叉树的数量（N_U）

$$N_U = \frac{(2n-5)!}{2^{n-3}(n-3)!} \qquad (7.9)$$

n 个 OTUs（$n \geqslant 2$）的有根二叉树的数量（N_R）为：

$$N_R = \frac{(2n-3)!}{2^{n-2}(n-2)!} \qquad (7.10)$$

例如，对于四个 OTUs，N_R 等于 $(8-3)! / (2^2)(2)! = 5! /8 = 15$。有根树和无根树的可能数量（最多 50 个 OTUs）见下表。该值用 MatLab 软件计算。

OTU 的数量	有根树的数量	无根树的数量	OTU 的数量	有根树的数量	无根树的数量
2	1	1	8	135135	10395
3	3	1	9	2027025	135135
4	15	3	10	34489707	2027025
5	105	15	15	213458046676875	8×10^{12}
6	945	105	20	8×10^{21}	2×10^{20}
7	10395	945	50	2.8×10^{76}	3×10^{74}

为了给出直观的印象，仅仅几十个分类群相对应可能的进化树的巨大数量，可参见与之相同数量级的宇宙中所有质子的数量为 10^{79}。

有根树和无根树的可能存在数量在框 7.3 有详细描述。对于 2 个 OTUs，只可能存在一棵树。对于 3 个 OTUs，可能构造出一棵无根树或三棵有根树（图 7.10）。对于 4 个 OTUs，可能构造出的树上升到三棵无根树或 15 棵有根树（图 7.11）。

(a)

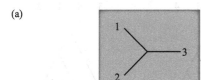

(b)

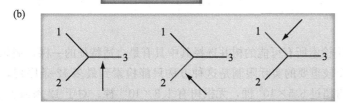

(c)

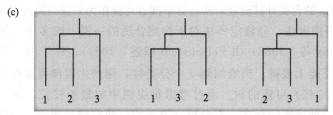

图 7.10　对于三个操作分类群（比如三条比对后的蛋白质序列 1～3），存在（a）一棵可能的无根树。（b）任意一条边可以选作树根（见箭头所指），来自（c）相对应的可能的有根树

［来源：MEGA 版本 5.2，Tamura 等（2013）；感谢 Kumar 使用软件］

一些系统发育研究项目为上千个分类群构建了进化树。详见深度绿色植物计划（Deep Green plant project）：http://ucjeps. berkeley. edu/bryolab/GPphylo/（链接 7.9）。核糖体数据库：http://rdp. cme. msu. edu/（链接 7.10）包括了对超过二百七十万个核糖体 RNA 序列的分析。作为典型分析，你可以分析几十个分类群。如果你想通过 Pfam（版本 27.0）现有的球蛋白构一棵系统发育树，你可以利用种子算法比对中可用的 73 个蛋白或全体比对中可用的所有 6000 个蛋白。

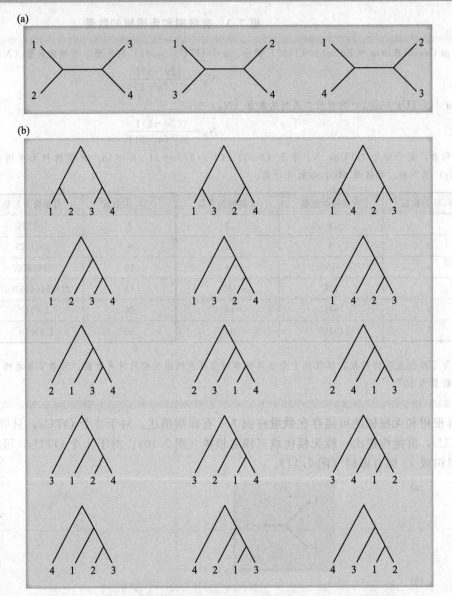

图 7.11 对于四个操作分类单元（比如四条比对好的蛋白质序列 1～4），存在（a）三棵可能的无根树以及（b）15 棵可能的有根树。这些树中只有一棵为真实树，即其拓扑结构真实地描绘了这些序列的进化过程。

与分枝定界法类似，Needleman-Wunsch 法通过成对比对找寻最优亚枝，而不会穷尽评估所有可能的亚枝。

穷举检索法检索所有可能的树并选择其中具有最合适特征的一棵，例如所有枝长总和最短。一个较重要的实际限制是这种方法只能检索到最多 12 条序列，此时可推测出来的有根树超过 6.5×10^8 棵，无根树有 1.3×10^{10} 棵。对于 12 条或少于 12 条的分类群，一台标准的台式计算机能对所有穷举搜索可能作为候选的树进行评估。

不通过穷举搜索法，分枝定界法对于找到合适的一棵（或多棵）树提供了精确的算法（Penny 等，1982；由 Felsenstein 综述，2004）。对于用三个分类群构树，该方法的一个不同之处是只有一个可能无根树。当增加到 4 个分类群，则产生四棵可能的树。再增加到 5 个分类群时，就有三乘五（也就是 15 棵）可能的树。通过考虑每组树中的最短枝长，就可以有效地找到最优树的候选树。该方法允许这样一种策略的存在，不对树（或亚树）执行穷尽搜索也可以得到得分低于潜在最优树得分的树。这个方法的名字指的是搜索程序到达的边界，此时搜索程序一旦找到一棵得分次优的亚树时即停止。

多于12条的序列一般使用启发式算法来找最优树。启发式算法能够探索所有可能树的子集，丢弃大部分在拓扑结构上不合理、不可用的树。利用这种方法可以构建拥有几百甚至上千条蛋白质（或 DNA）序列的系统发育树。一个关于启发式算法如何工作的例子是：给定数据集，算法要寻找到具有最短总枝长的树（也就是最大简约树）。这种搜索方法不遍历评估所有可能的树，取而代之的是对拓扑结构进行一系列重排。一旦一棵进化树获得了特定的分数，该算法可以将这个分数作为上限并丢弃掉那些重排后枝长不可能比它短的所有进化树。

(a)

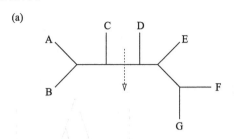

(b)

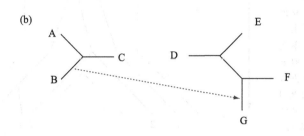

(c)

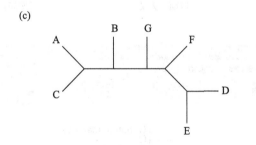

图 7.12　利用子树对分-重连法（tree bisection reconnection，TBR）进行分枝交换。(a) 在构建好一棵树后，从分枝处对分形成两棵亚树。(b)、(c) 将来自每棵亚树的一条分枝结合重连。评估所有可能的对分情况，以及所有可能的重连模式。目的是找出最优树。
（来源：PAUP 使用指南的重绘。感谢 D. Swofford）

使用启发式算法的方法有很多。逐步加成法增加了分类群（如分支定界法所述）及后续的分枝在最短的树上的交换。决定选择哪三个分类群作为初始树，可以任意决定（例如，根据序列输入的顺序）、随机决定，或者由三个最相关的分类群决定。另一个启发式算法是分枝交换法。在"子树切断-重连"法中，一棵树从分枝处切断产生两棵亚树。通过系统地将来自于每棵亚树的分枝组成所有可能的分枝对而将这两棵亚树重新连接在一起（图 7.12）。启发式算法对搜索时间和搜索结果的置信度进行了内部权衡。我们可以假设它们提供了一棵接近于"最优树"的树。

> 关于物种分歧时间的估计参见 http://www.timetree.org（链接 7.11）。

7.4　树的类型

物种树与基因/蛋白质树

物种在进化，基因（和蛋白质）也在发生进化。分子进化分析会由于两个物种发生分歧的时间而复杂化。物种形成是两个新物种从单个祖先物种衍生而来的过程，直到两物种发生生殖隔离（图 7.13）。在一个物种树中，一个内部节点代表一个物种形成事件。例如，对于一个包含人和小鼠的分类群的物种树，人和小鼠被一个节点连接，该节点对应的是人和小鼠最近的一个生活在 90MYA 的共同祖先。在一个基因（或蛋白质）树中，一个内部节点代表一个祖先基因分歧形成两个新的不同序列基因（或蛋白质）。系统发育软件如 MEGA 可以重建出祖先 DNA 或蛋白质序列节点，该节点是现在经推断所得出的。一组球蛋白序列的例子如图 7.14 所见。对于一个包含了大鼠和小鼠肌红蛋白序列的树，连接这两个分类群的节点代表了存在于大鼠-小鼠发生物种分歧（约 25MYA）时的祖先啮齿类的序列。大部分情况下这条祖先序列是未知但可以被推断出来。祖先状态的重建易受到各种人为操作的影响，尤其当树中某些分枝的进化率非常快的时候（Cunningham 等，1998）。

图 7.13 物种树和蛋白质（或基因）树之间具有复杂的关系。一个物种形成的例子是产生现代人和啮齿类的谱系分歧，该事件可回溯到特定的时间（如 90MYA）。物种形成一旦发生，这些物种则从生殖上产生隔离。图中虚线代表这个事件（横向箭头所指）。对一组特定的同源蛋白进行系统发育分析的难点在于基因复制在物种形成之前或之后都可能发生。本质上所有的系统发育分析中，现存的蛋白（OTUs）都是来自现今存活物种的序列。重建蛋白家族的历史与重建每个物种的历史同样重要。在上述例子中，存在两条人的旁系同源序列和三条大鼠的旁系同源序列。蛋白质 1 和蛋白质 5 的分歧远远早于两个物种的分歧。蛋白质 2 和蛋白质 3 的分歧与物种分歧的时间重合。蛋白质 4 和蛋白质 5 在最近才发生分歧，晚于物种分歧的时间。我们可以重建物种树和蛋白（或基因）树 [改编自 Graur 和 Li（2000），基于 Nei（1987）；经 Sinauer Associates and Columbia University Press 允许重制]

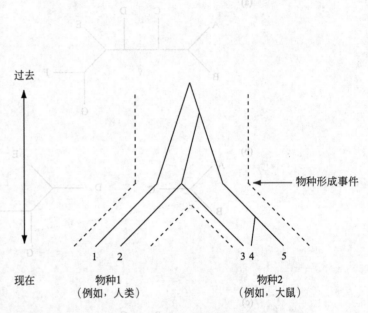

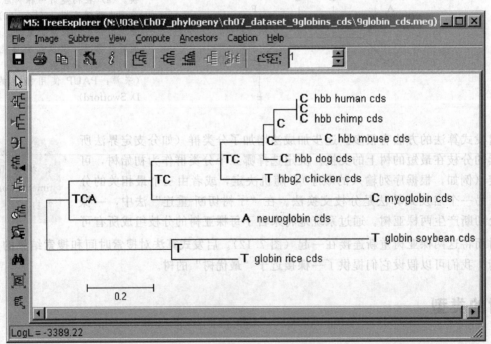

图 7.14 利用 MEGA 重建祖先序列。利用最大似然法构建九条球蛋白 DNA 序列树，选用所有位点均一速率的 Tamura-Nei 模型。树的结果以 Newick 格式保存，并作为祖先选项输入 [见图 7.9（a）顶端] 以及工具 "Infer Ancestral Sequences（ML）" 输入。该树在单个位点上显示推断祖先序列的状态（从可能性最高的位点到可能性最低的位点）。完整数据集可以电子表格形式输出

[来源：MEGA 版本 5.2；Tamura 等（2013），感谢 S. Kumar 使用软件]

对于一棵系统发育树的诠释应该依据历史事件（Baum 等，2005）。参考图 7.8（a）的球蛋白树。来自于鸡的球蛋白比人的 β 球蛋白更接近于小鼠的 β 球蛋白吗？并非如此：小鼠和人的球蛋白是共享一个共同祖先进化分枝的成员（见内部节点 1），而它们的祖先是哺乳动物和鸡的球蛋白的最近共同祖先的后代。在系统发育学中对于树的诠释与生物学中的其他领域（如芯片数据分析，第 11 章）不同，在其他领域对于树的分析中，连接待分析样本或基因的节点并没有历史意义。

在一个遗传多态性群体中，基因复制事件在物种形成前后都会发生。一个蛋白质（或基因）树在两个方面会不同于物种树（Graur 和 Li，2000）：①来自于两个物种的两个基因的分歧可能发生在物种形成事件之前，这就可能引起系统发育分析中对于枝长的过长估计；或者②基因树的拓扑结构与物种树存在差异。尤其是，通过研究一棵基因树去重建一棵物种树可能是比较困难的。分子钟可以被用于估算基因树上的基因发生分歧的时间，但是这个时间不能假定为也是物种形成的时间。

利用单一蛋白质（或基因）重建一棵系统发育树会得到很复杂的结果。因为这个原因，很多研究者利用大量不同的蛋白质（或者基因）家族来构建进化树，以此来估算不同物种之间的相互关系。另一个可以被采用的策略是产生级联蛋白质（或 DNA）序列。例如，Balduf 等（2000）利用四个级联蛋白序列来构建了一棵真核细胞的综合系统发育树（图 19.1）。这种策略产生了以蛋白质平均枝长为权重的树，哪些序列被选择包含进树里会对结果造成影响。

在查看一棵系统发育树时，了解使用何种数据类型构树是非常重要的。检查树的比例尺也非常重要（如果有的话），比例尺的单位描述的可能是每个位点的替代数目（也可能是每条分枝的替代数目）、经历时间或其他量度。

基于 DNA、 RNA，或蛋白质的树

当你用分子序列数据构建一棵系统发育树时，你可以用 DNA、RNA 或蛋白质序列。一种常见的情形是，你可能想要评估一组分子（例如球蛋白）的关系。选择研究蛋白质还是 DNA 一部分取决于你所问的问题。有时候，蛋白质研究更合适；你也许更想要研究蛋白质的多重序列比对，或者蛋白质相对于 DNA 有更低的替代速率，可能使得蛋白质对于跨物种的研究更加合适。但在其他许多情形下，研究 DNA 会比蛋白质得到更多的信息。原因有如下几点：

> 共源性状（synapomorphy）是指多个分类群共享的一种特征状态。趋同性（Homoplasy）是指独立出现的一种特征状态（如通过趋同替代或回复替代），并不是来自于一个共同的祖先（即非同源）。详见 Graur 和 Li（2000）。

- DNA 包含了同义和非同义突变的研究，如上文所讨论（图 7.7）；
- DNA 替代包括了那些序列比对中直接可见的替代，如单核苷酸替代、连续替代，以及并发替代（在图 7.15 中有描绘）。通过参考一条祖先序列来分析两条序列 [图 7.15（a），图 7.15（b）]，使得从在直接比对两条（或更多）序列时未出现的突变中能够推断出更多的信息。这些突变历程包括并行替代、趋同替代，以及回复替代 [图 7.15（c）]。
- 非编码区（如基因的 5′ 和 3′ 非翻译区，或内含子；见图 7.7）可以利用分子系统发育学来分析。对于非编码 DNA 的某些部分，基本没有保持核苷酸序列的进化选择压力，从而这些区域的差别很大。也就是说，核苷酸的替代率等于中性进化速率。在另一些情况下，存在很多保守的核苷酸，这可能是由于一些调控元件的存在，例如转录因子结合域。

> 我们将在第 10 章描述几种核苷酸 RNA 数据库。这些数据库是系统发育分析中重要的序列来源。

- 在分子系统发育研究中也研究过假基因，例如估算进化的中性速率。假基因的定义是不编码功能蛋白质的基因（详见第 8 章）。类似地，不活跃的 DNA 转座子和其他重复 DNA 元件被作为"分子化石"，被用来探知物种形成时间以及染色体的进化。
- 转换和颠换的速率可以被估算（框 7.4）。在比较一组灵长类物种（人，黑猩猩，和大猩猩）的线粒体 DNA 时，转换占到了 92%（Brown 等，1982）。转换在核 DNA 中的发生频率也远远大于颠换，这反映了多样的核苷酸替代模型（见下方）。

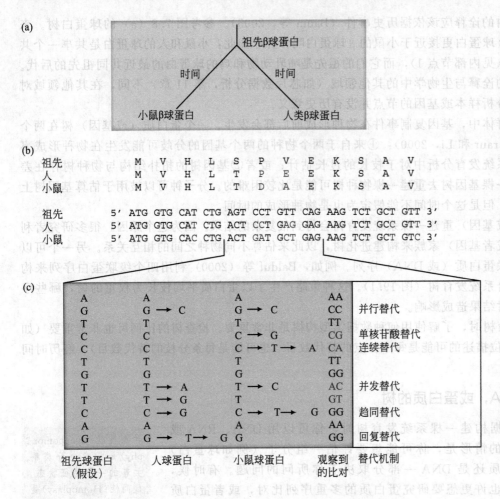

图 7.15 序列发生突变的多种类型。(a) 假设有一条祖先序列，该序列来自人类与鼠类的 β 球蛋白在过去的时间 T 发生分歧前的最后一个共同祖先的序列。我们可以推断该祖先的核苷酸和氨基酸序列。(b) 给出人和鼠类 β 球蛋白编码序列的一部分（数据来自图 7.7）。氨基酸水平有两个可见错配，核苷酸水平有七个可见错配。该区域发生的突变次数可能超过七次。处于展示目的，选择了推测的祖先蛋白和 DNA 序列来展示。(c) 通过比较推测的祖先序列与观察到的人类和鼠类的序列可以展示出几种突变机制。核苷酸替代、连续替代，以及并发替代可以解释所有的可见突变（标红核苷酸）。并行、趋同以及回复替代的发生并不产生可见错配。在本例中，有四处可见突变（核苷酸标红），而实际上发生了 13 处突变[(a)、(c) 数据来自 Graur 和 Li (2000)]

框 7.4 转换和颠换

转换是两个嘌呤核苷酸之间发生替代（A 变 G 或 G 变 A）或两个嘧啶之间发生替代（C 变 T 或 T 变 C）。颠换是嘌呤与嘧啶之间发生替代（如 A 变 C，C 变 A，G 变 T；共有八种可能的颠换）。国际理论与应用化学联合会（The International Union of Pure and Applied Chemistry，IUPAC；http://www.iupac.org）对科学中常用的符号进行了定义。四种核苷酸的简写分别是腺嘌呤（A）、胞嘧啶（C）、鸟嘌呤（G），以及胸腺嘧啶（T）。附加的简写有不特指或未知的核苷酸（N），不特指的嘌呤核苷酸（R）以及不特指的嘧啶核苷酸（Y）。

你可以用 MEGA 软件包计算转换和颠换速率。在 MEGA 中打开一个蛋白质编码 DNA 比对文件。访问"序列数据编辑"，在"统计"下拉菜单中，选择"核苷酸对频率（有向）"。输出成表格的形式，有可识别的核苷酸对的数量、转换及颠换对，以及它们的比值。或者，使用"模式"下拉菜单，并选择"计算转换/颠换偏差"。

我们将在第 18 章展示真菌的整个基因组如何复制。该结果由 BPASTP 搜索完成。BLASTP 对所有酿酒酵母蛋白质进行相互搜索，最终找到多条染色体上序列的保守区块（详见图 18.10）。这里，BLASTN 搜索灵敏度欠缺，无法找到不同染色体间的同源序列。

虽然使用 DNA 来分析具有很多优点，人们有时还是更倾向于使用蛋白质来进行系统发育研究。两个生物体之间的进化距离可能会大到用任何 DNA 序列都无法估计。也就是说，所有可能的核苷酸的位点都发生变化（甚至是多次发生），以至于系统发育的信号丢失。DNA 只有四种状态，而蛋白质有 20 种状态（氨基酸），所以其拥有更强的系统发育信号。我们可以看到，用 BLASTP 在植物中比对人的球蛋白，比用 BLASTN 比对更加灵敏（第 4 章）。对于更加紧密相关的序列，例如小鼠和大鼠的 β 球蛋白，基于 DNA 的系统发育研究则比蛋白质研究更加合适，基于 DNA 研究的优点在前文已经讨论过。

无论选择核苷酸还是氨基酸进行系统发育研究，字符改变所产生的影响均可被定义。无序字符是一个核苷酸或氨基酸，经过一步就变成另一个字符。有序字符是必须通过一步或更多中间步骤才能变成一个不同的字符。部分有序字符在起始值和最终值之间经过了可变的或不确定数目的状态。核苷酸是无序字符：任何一个核苷酸都可以经过一步就变成任一个其他的核苷酸 [图 7.16 (a)]。氨基酸是部分有序的。如果你查看一下遗传密码,你会发现一些氨基酸可以通过一步单个核苷酸替代变成一种不同的氨基酸,然而另一些氨基酸的变化需要两个或甚至三个核苷酸的替代 [图 7.16 (b)]。

(a)

	A	C	T	G
A	0	1	1	1
C	1	0	1	1
T	1	1	0	1
G	1	1	1	0

(b)

	A	C	D	E	F	G	H	I	K	L	M	N	P	Q	R	S	T	V	W	Y
A	0	2	1	1	2	1	2	2	2	2	2	2	1	2	2	1	1	1	2	2
C		0	2	3	1	1	2	2	3	2	3	2	2	3	1	1	2	2	1	1
D			0	1	2	1	1	2	2	2	3	1	2	2	2	2	2	1	3	1
E				0	3	1	2	2	1	2	2	2	1	2	2	2	1	2	2	2
F					0	2	2	1	3	1	2	1	2	2	1	2	1	1	2	1
G						0	2	2	2	2	2	1	2	1	1	1	1	1	1	2
H							0	2	2	1	3	1	1	1	1	2	2	2	2	
I								0	1	1	1	2	2	2	1	1	1	3	2	
K									0	2	1	1	2	1	1	2	2	2		
L										0	1	2	1	1	1	2	1	1	2	
M											0	2	2	2	1	2	1	1	2	3
N												0	2	2	2	1	1	2	3	1
P													0	1	1	1	1	2	2	2
Q														0	1	2	2	2	2	2
R															0	1	1	2	1	2
S																0	1	2	1	1
T																	0	2	2	2
V																		0	2	2
W																			0	2
Y																				0

图 7.16　(a) 核苷酸或 (b) 氨基酸的步长矩阵,描述从一个字符变为另一个字符所需步数。对于氨基酸来说,从一个残基变为另一个残基需要一到三个核苷酸的突变 [摘自 Graur 和 Li (2000),使用经过允许]

7.5　系统发育分析的五个步骤

分子系统发育分析可以被分为 5 个步骤:①选择可供分析的序列;②同源蛋白质或核苷酸序列的多重序列比对;③确定核苷酸或氨基酸进化的统计模型;④构建进化树;⑤进化树的评估。这些步骤将在下文进行讨论。

第一步: 序列获取

我们已经讨论了关于选择 DNA、RNA 和蛋白质序列做分子系统发育研究的问题。你可以从多个地方获得这些序列,包括:

- NCBI 的 HomoloGene 中包含了上千条真核蛋白质家族。HomoloGene 条目可以作为序列在 FASTA 格式中查看(或者作为多序列比对)。

- 可以选择来自于 BLAST 家族的蛋白质,在 NCBI 的 Protein 或 NCBI 的 Nucleotide 中查看,结果是以 FASTA 格式存储。序列也许可以从欧洲生物信息学中心(European Bioinformatics Institute)或 Ensembl 获得。

- 来源于多种数据库的序列可以以 FASTA 格式输出(或者作为多序列比对)。对于 RNA,数据库有 Rfam 和 InterPro(第 6 章)。对于病毒,例子包括人的免疫缺陷病毒和丙型肝炎病毒的参考数据库。

你可以到 http://www.hiv.lanl.gov/(链接 7.12)查看 HIV 序列数据库,http://hcv.lanl.gov/ 为 HCV 的数据库。

第二步：多重序列比对

多重序列比对（参见第 6 章）是系统发育关系分析中的关键步骤。在许多情况下，比对成一列的核苷酸或氨基酸残基表明它们共享一个共同的祖先。如果你错误地比对了一组序列，你仍然可能生成一棵进化树。但是，这样建立的进化树似乎没有任何生物学意义。如果你建立的多重序列比对中包含非同源序列，非同源序列仍然会被整合到系统发育树中去。

ReadSeq 于 1993 年发布第一个版本，该程序由 Don Gillbert 编写。多个 ReadSeq 服务器在线可用，如 EBI（http://www.ebi.ac.uk/Tools/sfc/readseq/，链接 7.14）以及 NIH（http://www-bimas.cit.nih.gov/molbio/readseq/，链接 7.15）。该软件可以从 SourceForge 下载（http://sourceforge.net/projects/readseq/，链接 7.16）。

为系统发育分析需要准备多重序列比对。在构建和编辑比对时，需要注意几个比较重要的方面。让我们以一个特别的 13 个球蛋白为例子来介绍其中的注意事项。我们在图 7.1 中展示了这些蛋白质的系统发育树。来自于该树的多序列比对在图 7.17 中展示。其中有很多值得我们注意的特征：

① 仔细检查所有参与比对的序列，确保其中所有的序列都是同源的。有时一条序列很可能与其他序列距离很远，与它们是非同源的关系。你可以通过成对比对（期望值是否显著?）、BLAST 搜索或检查蛋白质是否为 Pfam 家族的成员来更进一步验证你的推测结果。如果检测发现这个序列明显是非同源的序列，我们就应该将其从多重序列比对中删除。

② 一些多重序列比对的程序可能将距离较远的序列排除在其他序列之外。如果必须包含该序列，可以降低空位的产生和/或空位的延伸罚分来容纳多重比对中同源关系较远的序列。第 6 章已经讨论过，在可能的情况下，将蛋白质的结构信息整合入比对当中的方法。在一些情况下，存在一组蛋白质拥有相同同结构域，但结构域之外的序列则毫无关系；你可用诸如 MEGA 的软件将你的分析仅仅局限在同源结构域的区域。这些程序允许你将任何特殊的残基从系统发育分析中选入或剔除。

在线文档 7.10（http://www.bioinfbook.org/chapter7）包括 13 条准随机选择的蛋白质序列。如果你把序列输入进 MEGA 你可以利用 ClustalW 进比对，并构建一棵树。你可以区分这棵树与使用一组同源蛋白所构建的树吗？

③ 很多基因的完整序列是不可知的。无论是否可能，对于系统发育分析的多重序列比对数据，应该严格限制于来自所有待研究的分类群中可用的蛋白质（或核苷酸）序列部分。

④ 比对中会存在末端和内部空位（图 7.1，箭头）。一个空位可能代表某些序列中的插入事件或另一序列的缺失事件。大部分系统发育算法是不预先估算缺失和插入事件的（也叫作插入缺失：indels）。大部分专家认为应该将任何一组多重序列比对中任何位置上产生的空位删除掉，软件一般默认会删除不完整数据的位置。

⑤ 本例中，值得引起注意的是包括三个肌红蛋白、三个 α 球蛋白、三个 β 球蛋白，和四个其他球蛋白在内的序列。直觉上，我们期待这些球蛋白序列在系统发育树中可以被区分出来，事实也的确如此（图 7.1 和图 7.2）。确实，我们通过多重序列比对的结果可以来观察到这种差异性。在肌红蛋白，α 球蛋白和 β 球蛋白中存在独特的氨基酸差异位点（图 7.17，空心圆及红色字母的列）。其他的位置在这些蛋白质中高度保守（用钻石符号标出的列），这些蛋白质家族具有紧密相关的结构。系统发育树（图 7.1）是这些亲缘关系的可视化表示。任何时间从任何角度观察一个多重序列比对和一棵进化树的结果，我们都能获得相似的信息。

很多构树程序可以将多重序列比对作为输入。ReadSeq 是一款方便的程序，可以将多重序列比对转换成与大部分常用系统发育分析包相兼容的格式。

第三步：　DNA 和氨基酸替代模型

系统发育分析依赖于 DNA 或氨基酸替代模型。这些程序有的隐晦难懂，有的简单直接。对于基于距离的方法，我们运用统计模型来估算 DNA 或氨基酸在一系列两两序列比对中发生改变的数目。对于最大似然法和贝叶斯（Bayesian）方法，我们把统计模型应用到单个字符（残基）上来，目的是评估最可能的

图 7.17　我们通过引入 13 个球蛋白的多重序列比对来介绍构树方法，由 MAFFT（FFT-NS-1 v5.861）所做。图中序列对应的是图 7.1 的序列。图中有三个肌红蛋白（红大袋鼠 *Macropus rufus*，P02194；鼠海豚 *Phocoena phocoena*，P68278；灰海豹 *Halichoerus grypus*，P68081），三个 α 球蛋白（马 *Equus caballus*，P01958；东方大灰袋鼠 *Macropus giganteus*，P01975；狗 *Canis lupus*，P60529），三个 β 球蛋白（狗 *Canis lupus*，XP _ 537902；兔 *Oryctolagus cuniculus*，NP _ 001075729；东方大灰袋鼠 *Macropus giganteus*，P02106），两个鱼类球蛋白（欧洲河七鳃鳗 *Lampetra fluviatilis*，690951A；海七鳃鳗 *Petromyzon marinus*，P02208），一个昆虫球蛋白（蚊幼虫 *Chironomus thummi thummi*，P02229），以及一个植物的豆血红蛋白（大豆 *Glycine max*，711674A）。比对中的空位（实心箭头）无法通过系统发育轻易阐释，可能代表插入或缺失。有四个位置是 100%保守的（空心菱形）。在其他多个位置上氨基酸可以区分肌红蛋白、α 球蛋白、β 球蛋白，以及其他的球蛋白（例子见空心圆下方的列，某些情况下比对列完美地区分开这些组别）。图 3.2 和本章的系统发育树以图形化方式展示了这些蛋白间的关系

（来源：MAFFT。软件使用得到 K. Katoh 允许）

拓扑结构，以及其他特征，例如一条分枝上的替代率。对于最大简约法，找到最优树的标准是基于最短枝长，同时单个字符也会被评估，这对于大部分的统计模型都不可用。

　　定义一组核苷酸（或氨基酸）序列相关性的最简单的方法就是比对成对的序列，并且统计差异个数。分歧度有时也被叫做 Hamming 距离。对于序列长度为 N、差异位点数为 n 的比对，分歧度 d 的定义公式如下：

$$d = \frac{n}{N} \times 100 \tag{7.11}$$

本章的前面我们已经讨论到使用这种计算类型的例子，即 Zuckerkandl 和 Pauling（1962）统计了人的 β 球蛋白和 δ 球蛋白、γ 球蛋白、α 球蛋白不同的氨基酸个数。Hamming 距离计算很简单，但是它忽略了大量关于序列进化关系的信息。主要原因是字符的差异与不等同于距离：两条序列间的差异很容易检测，但是包含了多个突变的遗传距离并不能被直接观察到。像图 7.15 中所展示的，图中有许多突变的发生，我们无法通过对差异个数的计数来测得分歧的估算。我们也讨论了由 Margoliash 和 Smith（1965）以及 Zuckerkandl 和 Pauling（1965）提出的 Dickerson（1971）的修正补充方法；详见公式（7.1）和公式（7.2）。在 MEGA 软件中，该方法是指泊松校正（Poisson correction；详见 Nei 和 Kumar，2000，第 20页）。距离 d 的泊松校正是假设所有位点的替代率是相等的，并且氨基酸出现的频率也是相等的。该方法使用下面的公式来修正单个位点上的多次替代：

$$d = -\ln(1-p) \tag{7.12}$$

式中，d 指的是距离，p 指差异残基的比例。我们做如下假设（Uzzell 和 Corbin，1971）。首先，在全基因组中观察到一个变化的概率虽然很小但是几乎都是相等的。对于某些恒定的 λ，该概率与时间间隔 $\lambda \Delta t$ 的长度成比例。因此未观察到差异的概率就是 $1 - \lambda \Delta t$。第二，我们假设核苷酸或氨基酸发生改变的数目在时间间隔 t 中是恒定不变的。当一个突变发生，该事件并不影响同一个位点上另一个突变发生的概率。第三，我们假设改变是独立发生的。公式（7.12）由泊松分布推导出，泊松分布是描述当事件发生的概率很小时该事件随机发生时的分布。泊松分布被用来对许多现象建立模型，例如随着时间推移的放射性衰变。它的公式如下：

$$P(X) = \frac{e^{-\mu}\mu^{X}}{X!} \tag{7.13}$$

式中，$P(X)$ 是 X 在每单位时间中发生的概率，μ 代表随时间改变的总体平均数，e 约等于 2.718（Zar，1999）。

让我们考虑一个不同的替代模型是如何影响对 13 个球蛋白距离度量的实际的例子。我们把蛋白质导入 MEGA 并选择 Distance 菜单 [图 7.9（a）]，计算 13 个蛋白质间的两两距离。我们可以看到每条序列的氨基酸差异数目 [图 7.18（a）]，将几条成对比较后紧密相关或距离较远的序列高亮。接下来我们估算基于 Hamming 距离的差异 [公式（7.11）；在 MEGA 中叫做 p-distance；图 7.18（b）]。当我们接着使用泊松校正时，紧密相关的序列（如两个七鳃鳗的球蛋白）距离值与 Hamming 距离相当 [图 7.18（c），红色虚线框]。然而，用泊松校正估算的距离较远的序列的进化分歧存在很大差别 [图 7.18（c），红色实线框]。选择不同的模型将会导致构建的系统发育树完全不同。我们利用球蛋白数据集，既可以通过 p-distance [图 7.19（a）]也可以通过泊松校正 [图 7.19（b）]来构建邻接树（定义详见下文"通过基于距离的方法构树：邻接法"）。注意在本例中两棵树的拓扑结构是相同的，但是枝长不同。用 p-distance 校正得到的最优树的总枝长是 2.81，然而泊松分布得到的树的总枝长是 4.93。这种差异对于系统发育树的诠释会产生很大的影响。

为了对 DNA 序列中发生的替代构建模型，Jukes 和 Cantor（1969，第 100 页）提出了一个相当有用的校正公式：

$$D = -\frac{3}{4}\ln\left(1 - \frac{4}{3}p\right) \tag{7.14}$$

这里举例说明如何使用公式（7.14）：假定 60 个核苷酸残基的比对中有 3 个差异核苷酸。正常的 Hamming 距离是 3/60＝0.05。Jukes-Cantor 校正使 $D = -(3/4)\ln[1-(4 \times 0.05/3)] = 0.052$。在该例中，校正的使用对结果影响较小。如果有 30/60 个核苷酸差异，则 Jukes-Cantor 校正为 $-(3/4)\ln[1-(4 \times 0.5/3)] = 0.82$，变化显著。

(a) 差异数量

	1	2	3	4	5	6	7	8	9	10	11	12
1. mbkangaroo P02194 Macropus rufus [red...												
2. mbharbor porpoise P68278 Phocoena pho...	19											
3. mbgray seal P68081 Halichoerus grypus	16	12										
4. alphahorse P01958 Equus caballus	84	84	84									
5. alphakangaroo P01975 Macropus gigante...	85	87	84	24								
6. alphadog P60529 Canis lupus familiari...	88	88	86	22	27							
7. betadog XP 537902 Canis lupus familia...	80	79	78	66	69	67						
8. betarabbit NP 001075729 Oryctolagus c...	80	81	78	64	67	65	16					
9. betakangaroo P02106 Macropus giganteu...	83	82	80	68	69	66	25	28				
10. globinlamprey 690951A Lampetra fluvia...	88	92	88	77	77	76	83	83	81			
11. globinsealamprey P02208 Petromyzon ma...	89	91	89	76	77	76	83	85	81	8		
12. globinsoybean 711674A Glycine max (so...	98	97	97	93	93	93	87	90	90	93	94	
13. globininsect P02229 Chironomus thummi...	87	88	86	92	93	97	92	90	94	88	89	91

(b) p距离

	1	2	3	4	5	6	7	8	9	10	11	12
1. mbkangaroo P02194 Macropus rufus [red...												
2. mbharbor porpoise P68278 Phocoena pho...	0.17											
3. mbgray seal P68081 Halichoerus grypus	0.14	0.11										
4. alphahorse P01958 Equus caballus	0.74	0.74	0.74									
5. alphakangaroo P01975 Macropus gigante...	0.75	0.77	0.74	0.21								
6. alphadog P60529 Canis lupus familiari...	0.78	0.78	0.76	0.19	0.24							
7. betadog XP 537902 Canis lupus familia...	0.71	0.70	0.69	0.58	0.61	0.59						
8. betarabbit NP 001075729 Oryctolagus c...	0.71	0.72	0.69	0.57	0.59	0.58	0.14					
9. betakangaroo P02106 Macropus giganteu...	0.73	0.73	0.71	0.60	0.61	0.58	0.22	0.25				
10. globinlamprey 690951A Lampetra fluvia...	0.78	0.81	0.78	0.68	0.68	0.67	0.73	0.73	0.72			
11. globinsealamprey P02208 Petromyzon ma...	0.79	0.81	0.79	0.67	0.68	0.67	0.73	0.75	0.72	0.07		
12. globinsoybean 711674A Glycine max (so...	0.87	0.86	0.86	0.82	0.82	0.82	0.77	0.80	0.80	0.82	0.83	
13. globininsect P02229 Chironomus thummi...	0.77	0.78	0.76	0.81	0.82	0.86	0.81	0.80	0.83	0.78	0.79	0.81

(c) 泊松校正

	1	2	3	4	5	6	7	8	9	10	11	12
1. mbkangaroo P02194 Macropus rufus [red...												
2. mbharbor porpoise P68278 Phocoena pho...	0.18											
3. mbgray seal P68081 Halichoerus grypus	0.15	0.11										
4. alphahorse P01958 Equus caballus	1.36	1.36	1.36									
5. alphakangaroo P01975 Macropus gigante...	1.40	1.47	1.36	0.24								
6. alphadog P60529 Canis lupus familiari...	1.51	1.51	1.43	0.22	0.27							
7. betadog XP 537902 Canis lupus familia...	1.23	1.20	1.17	0.88	0.94	0.90						
8. betarabbit NP 001075729 Oryctolagus c...	1.23	1.26	1.17	0.84	0.90	0.86	0.15					
9. betakangaroo P02106 Macropus giganteu...	1.33	1.29	1.23	0.92	0.94	0.88	0.25	0.28				
10. globinlamprey 690951A Lampetra fluvia...	1.51	1.68	1.51	1.14	1.14	1.12	1.33	1.33	1.26			
11. globinsealamprey P02208 Petromyzon ma...	1.55	1.64	1.55	1.12	1.14	1.12	1.33	1.40	1.26	0.07		
12. globinsoybean 711674A Glycine max (so...	2.02	1.95	1.95	1.73	1.73	1.73	1.47	1.59	1.59	1.73	1.78	
13. globininsect P02229 Chironomus thummi...	1.47	1.51	1.43	1.68	1.73	1.95	1.68	1.59	1.78	1.51	1.55	1.64

图 7.18　序列间进化分歧的估算。MEGA 软件包包括选择核苷酸或氨基酸替代模型的菜单。相似的选项在其他软件包（如 PHYLIP）中也有。(a) 每条序列的氨基酸差异显示在对角线以下，该差异基于 13 个球蛋白的成对分析（见图 7.17 的图注可知其序列号）。两个极为相关的球蛋白（几乎没有差异）用虚线框标出，而两个分歧度较大的球蛋白（有多个差异氨基酸）用实线框标出（对角线上可以标出标准误估计）。(b) 通过用 p-distance 选项计算每个位点的差异氨基酸数量估算进化分歧度。值得注意的是，每个格子（对角线以下）中的数字代表可见差异氨基酸个数除以数据集中氨基酸总数（本例中为 113，其中包含缺口的列均从最终的数据矩阵中删除）。例如，分类群 1（袋鼠球蛋白）和 12（大豆球蛋白）的比较得到的数值 0.87 以实线框展示，是由 98 除以 113 获得。(c) 用泊松校正估算进化分歧度。值得注意的是，序列分歧度越大，估算的进化距离也大幅增加。这种估算相对于简单的 Hamming 距离更加符合实际情况，导致产生的进化树具有不同的枝长和拓扑结构

［来源：MEGA 版本 5.2；TamuraDENG（2013）。感谢 S. Kumar］

图 7.19　不同的氨基酸替代模型对系统发育树的影响。来自 13 个球蛋白用邻接法构建的系统发育树，树的构建基于图 7.18 的距离信息。这些树分别用（a）p-distance 或（b）泊松校正构建。枝长以推断每棵树的进化距离为单位。总枝长在（a）中为 2.81，（b）中为 4.93。树用 MEGA 软件构建。自助法的自助值设置为 500 次重复，以识别事件的百分比（红色标识），其中推断树上每条分枝受到自助树的支持。例如，在（b）图中，自助实验百分之百支持了马、狗和袋鼠的 α 球蛋白处于同一分枝。然而，包含马和狗的 α 球蛋白的分枝只有 52% 的自助重复支持。这表明有 48% 的自助树在这组蛋白质中加入了袋鼠 α 球蛋白。由此我们推断，对于不同的紧密相关的马/狗的蛋白质与袋鼠的蛋白质共享同一祖先的说法无法得到有力支持。一般来说，自助值通过对数据集的重复抽样可以评估推断得到的树的拓扑结构的可靠性

［来源：MEGA 版本 5.2，Tamura 等（2013）。感谢 S. Kumar］

(a) p距离校正后的邻接树

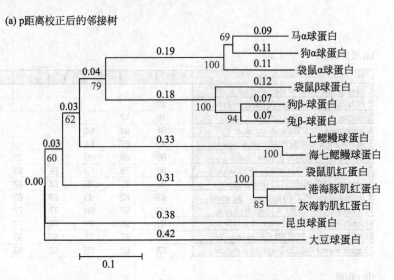

(b) 泊松校正后的邻接树

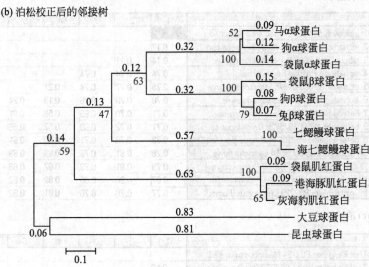

Jukes-Cantor 单参数模型描述了每个核苷酸突变成另一种核苷酸的概率［图 7.20（a）］。该模型做了最简单的假设，即每个残基变成另外三个残基中的任何一个的可能性是相等的，并且四种碱基出现的频率相等。因此该模型假设转换和颠换的速率相等。这种校正对于极相近的序列的影响是微乎其微的，但是对于距离较远的序列的影响相当大。当差异超过 70% 时，很难估计校正后的距离。这与随机比对的序列中发现的差异百分比相近。

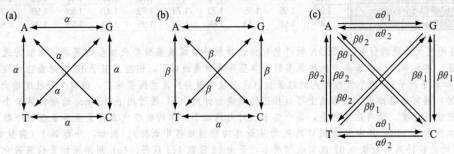

图 7.20　核苷酸替代模型。（a）Jukes-Cantor 进化模型校正了比对中的叠加差异。该模型假设每个核苷酸残基变为另外三种残基的可能性是相等的，且四种碱基以相等的比例存在。转换率 α 等于颠换率 β。（b）在 Kimura 双参数模型中，α 不等于 β。通常颠换被赋予更大的权重。（c）Tamura 模型，该模型用于解释 GC 含量的多变性。这是一个更为复杂的核苷酸替代模型的例子。需要注意的是，核苷酸替代具有不同的参数，而且这些参数多是有向的（例如核苷酸 T 到 C 的变化速率不同于 C 到 T）

很多比 Jukes-Cantor 更加成熟的模型被开发出来。通常，转换速率大于颠换速率；对于真核生物的核 DNA 来说这种差异要达到两倍之多。Kimura（1980）双参数模型调整了转换和颠换的比率，该模型赋予颠换更大的权重，用于解释引起蛋白质编码区的非同义改变的可能性［图 7.20（b）］。在 DNA 的任何区域（包括非编码序列），转换/颠换比率对于构造双螺旋中的嘌呤-嘌呤或嘧啶-嘧啶对的生物物理阈值做出了校正。例如，Tamura（1992）将双参数模型进一步扩展到对 DNA 序列的鸟嘌呤和胞嘧啶含量的调整［图 7.20（c）］。我们在本书的第三部分会看到 GC 含量在不同的物种以及一个物种基因组的不同染色体区域中存在很大的差异。

比对中给定位置上核苷酸替代的差异代表一种类型的 DNA 变异，我们已经讨论了一些修正这种差异发生的方法。替代率随着整条序列的长度的变化而经常发生变化。这代表了第二种明确的 DNA 突变类型，我们也可以对这些变化构建模型。一些位点（比对好的残基的列）是相对不变的，然而另外一些位点则容易经历替代。

- 由于遗传密码的简并性，大部分密码子的第三个位置的替代率总是高于第一个和第二个密码子位置。
- 一些蛋白质区域具有保守的结构域。我们看图 7.3 的一个胰岛素同源基因的例子。病毒、免疫球蛋白基因，以及线粒体基因组通常拥有超高的突变区域。
- 非编码 RNAs（第 10 章）通常具有功能约束的颈环结构，包含了低替代率的高度保守位点。

框 7.5　gamma 分布

数学中，通常用 gamma 分布（Γ）对偏斜分布的连续性变量构建模型。gamma 分布被用来对蛋白质位点间速率变化建模。给定一个位点的替代速率 r，Γ 分布的概率密度函数如下（Zhang 和 Gu，1998）：

$$g(r)=\frac{(\alpha/\mu)^a}{\Gamma(\alpha)}r^{a-1}e^{-(\alpha/\mu)r} \tag{7.15}$$

等式中的两个参数是平均速率 $\mu[\mu=E(r)]$ 和形状参数 α。这里 $E(r)$ 是平均替换速率（或 r 的期望值）。α 的值小代表位点间的变异速率程度高。在 Zhang 和 Gu（1998）的研究中，α 值较高的基因包括 C-kit 原癌基因（$\alpha=3.45$）和 α 球蛋白（$\alpha=1.93$），而 α 值较低的基因包括组蛋白 H2A（$\alpha=0.19$）和 $\beta2$ 甲状腺激素受体（$\alpha=0.21$）。

R 编程语言中，你可以用 stats 包调用 gamma 分布，命令如下：

```
> x=seq(0,10,length=101)
> plot(x,dgamma(x,shape=2)
> lines(x,dgamma(x,shape=0.25))
```

你也可以用微软 Excel 中的 gammadist 函数展示 gamma 分布。

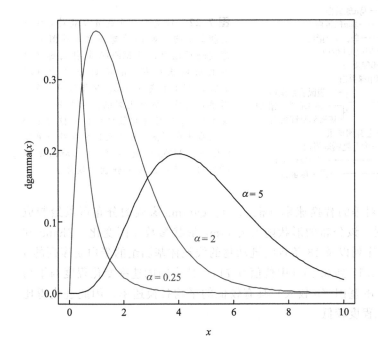

图 7.21　描述替换速率（x 轴；从低到高）与频率分布（y 轴）的 gamma 分布，该分布依赖于形状参数 α。当 α 很小时（如 $\alpha=0.25$），大部分核苷酸的替换率很低，且可见变异多由相对极少的进化较快的核苷酸位点引起。当 α 很大时（如 $\alpha=5$），快速和缓慢进化的核苷酸位点都很少，且位点间速率变化很小。该图用 R 编程语言 stats 包的 dgamma 函数绘制（来源：R 基金会，来自 http://www.r-project.org）

ModelTest 和 ProtTest 以及 jModelTest2（Darriba 等，2012）均由 DavidPosada 及其同事开发，在 http://darwin. uvigo. es/our-software/（链接 7.17）可见。该网站包括供在线分析的服务器。在线文档 7.11（http://www.bioinfbook.org/chapter7）展示了来自 ModelTest 的输出文件的一个例子，是来自 11 条肌红蛋白编码序列的 56 个替换模型的分析结果。在线文档 7.12 展示了 13 个球蛋白的 ProtTest 输出结果。Los Alamos 国家实验室的丙型肝炎病毒（HCV）序列数据库（http://hcv. lanl. gov/，链接 7.18）提供了 Findmodel 工具，该工具是基于网络的 ModelTest 补充工具，可以接受 DNA 序列作为输入文件。该工具可以展示超过二十四个模型，网址为 http://hcv. lanl. gov/content/sequence/findmodel/findmodel. html（链接 7.19）。

(a) 泊松校正后的邻接树，且gamma分布形状参数α=0.25

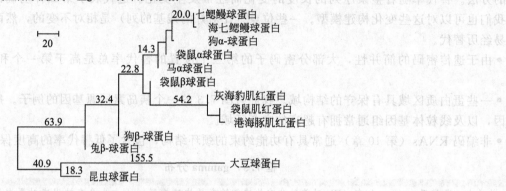

(b) 泊松校正后的邻接树，且gamma分布形状参数α=1

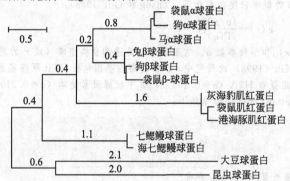

(c) 泊松校正后的邻接树，且gamma分布形状参数α=5

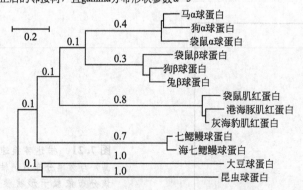

图 7.22 改变 Γ 分布的 α 参数对系统发育树的影响。对 13 个球蛋白（见图 7.1）序列进行比对，用 MEGA 软件的邻接法及泊松校正构树，α 参数分别为（a）0.25、（b）1 或（c）5。需要注意不同 α 对估计的枝长的巨大影响。也需要注意 α 球蛋白、β 球蛋白和肌红蛋白分枝的拓扑结构也有所不同。比例尺以替换数为单位〔来源：MEGA 版本 5.2，Tamura 等（2013）。感谢 S. Kumar 使用软件〕

    gamma（Γ）模型用于解释多个位点上不对等的替换速率（框 7.5）。gamma 家族的分布可以绘制成替换速率（x 轴）与频率（y 轴，图 7.21）图。该分布的形状随着 gamma 形状参数 α 而变化。Zhang 和 Gu（1998）测量了 51 条脊椎动物的核基因组序列以及 13 条各哺乳动物的线粒体基因组的蛋白质序列的 α 值。他们报道了这 51 条核基因的值的范围从 0.17 到 3.45（中位值 0.71）。位点间的速率变化程度与平均替换速率负相关。位点间的速率变化程度较高的基因（α 较大）具有较低的平均替换速率，因此进化得比较缓慢。快速进化的蛋白质位点间的速率变化程度较低。

当我们用 MEGA 或其他软件构建 13 条球蛋白序列的系统发育树时，我们可以确定位点间的速率变化是一致的（所以不需要引入 gamma 分布），或者我们可以将形状参数 α 设置成任何正值。对于一组球蛋白，我们利用相同的邻接法和泊松校正，但是设置不同的 gamma 分布，使得形状参数分别为 $\alpha=0.25$、$\alpha=1$ 或 $\alpha=5$，构建得到的树在枝长和拓扑结构上完全不同［图 7.22（a）～（c）］。

对几十个甚至超过 100 个核苷酸或氨基酸替换的模型进行评估，以及将评判标准应用到针对一种特殊的分析选择最优模型方面，已经是很常规的方法。例如，ModelTest 程序利用 log 似然比检验来比较不同的模型（Posada 和 Crandall，1998；Posada，2006）。log 似然比检验是对两个模型间的拟合度进行统计性检验。ModelTest 系统检测了多达 56 个突变模型。为了比较相对简单的模型和相对复杂的模型，需要计算零假设模型（L_0）及备择假设模型（L_1）的似然分数。似然比检验的统计值为：

$$\delta = -2\log\Lambda \tag{7.16}$$

其中，

$$\Lambda = \frac{\max[L_0(\text{Null Model}|\text{Data})]}{\max[L_1(\text{Alternative Model}|\text{Data})]} \tag{7.17}$$

> Λ 是希腊字母，对应 L。

该检验统计值符合卡方（χ^2）分布，给定自由度（等于相对复杂的模型中额外的参数的个数）就可以得到概率值。作为一种替换 log 似然比检验的方法，ModelTest 还使用了 Akaike 信息标准（Akaike information criterion，AIC；Posada 和 Buckley，2004）。该方法将最小的 AIC 值作为最优拟合模型：

$$\text{AIC} = -2\ln L + 2N \tag{7.18}$$

式中，L 是使用 N 个经独立调整后的参数的模型里的最大似然值。使用这种方式，可以获得最优的最大似然分数，然而参数过多（N 增加）则会因 $2N$ 项增大而受到惩罚。

对于蛋白质序列，我们可以使用 ProtTest 软件来评估 13 条球蛋白序列的比对（用 MAFFT 进行比对）。ProtTest 评估了 12 个不同的氨基酸替换矩阵（Abascal 等，2005；Darriba 等，2011）。对于 13 个球蛋白 ProtTest 选择了 LG＋G＋F［图 7.23（a）］。这种选择指的是 Le 和 Gascuel（2008）的 LG 矩阵（＋G 评定了变化速率的概率，＋F 使用了数据集中观察到的氨基酸频率）。MEGA 中可以进行比较分析，对氨基酸替换模型进行排序，选择最低的 AIC 值作为最优模型。

第四步：构树方法

构建系统发育树的方法多种多样，很多书籍（Durbin 等，1998；Nei 和 Kumar，2000；Felsenstein，2004；Yang，2006；Baxevanis 和 Ouellette，2009；Lemey 等，2009；Hall，2011）及文献（Felsenstein，1988，1996；Nei，1996；Thornton 和 DeSalle，2000；Bos 和 Posada，2005；Whelan，2008；Yang 和 Rannala，2012）都进行了综述。

构建系统发育树常用的四种方法：距离法、最大简约法、最大似然法，及贝叶斯法。距离法从成对的序列比对入手，用序列间的距离推断所有分类群之间的相关性。最大简约法是一种基于字符的方法，通过对残基列的多重序列比对分析找到总枝长最短的树，用这些树解释观察到的字符差异。最大似然法和贝叶斯法是基于统计的方法，用以推断可以解释观测数据的最优树。

分子系统发育可以捕捉并可视化发生在同源 DNA、RNA 或蛋白质分子上的序列变异。系统发育分析中最常用的软件工具如下。这些软件工具的功能都极其多样，为构树提供了多种方法。

- PAUP（用简约法进行系统发育，Phylogenetic Analysis Using Parsimony）由 David Swofford 等（1996）开发。
- MEGA（分子遗传进化分析，Molecular Genetic Evolutionary Analysis）的文章由 Sudhir Kumar、Koichiro Tamura 和 Masatoshi Nei（Tamura 等，2013）所著述。Nei 和 Kumar 所著的精品教材《Molecular Evolution and Phylogenetics》中解释了有关 MEGA 的许多概念。

> Phylip 网址为 http://evolution.genetics.washington.edu/phylip/general.html（链接 7.20）。MEGA 的下载网址为 http://www.megasoftware.net/（链接 7.21）。TREE-PUZZLE 网址为 http://www.tree-puzzle.de/（链接 7.22）。MrBayes 网址为 http://mrbayes.sourceforge.net/index.php（链接 7.23）。Hoseph Felsenstein 提供了包含 200 个系统发育软件链接的网页，网址为 http://evolution.genetics.washington.edu/phylip/software.html（链接 7.24）。

(a) 氨基酸替换的112个模型的ProtTest最低（最高）得分（13个球蛋白）

```
*******************************************************
Best model according to AIC: LG+G+F
*******************************************************
Model        deltaAIC*    AIC        AICw    -lnL
-------------------------------------------------------
LG+G+F       0.00         5883.41    0.52    -2898.71
LG+I+G+F     0.37         5883.78    0.43    -2897.89
LG+I+F       5.04         5888.45    0.04    -2901.23
LG+F         10.15        5893.56    0.00    -2904.78
RtREV+I+G+F  23.23        5906.65    0.00    -2909.32
RtREV+G+F    23.90        5907.31    0.00    -2910.65
Dayhoff+G+F  26.95        5910.37    0.00    -2912.18
RtREV+I+F    26.99        5910.40    0.00    -2912.20
DCMut+G+F    27.28        5910.69    0.00    -2912.34
Dayhoff+I+G+F 28.08       5911.49    0.00    -2911.75
```

(b) 氨基酸替换的MEGA模型（13个球蛋白）

M5: Find Best-Fit Substitution Model (ML)

Table. Maximum Likelihood fits of 48 different amino acid substitution models

Model	Parameters	BIC	AICc	*lnL*	(+I)	(+G)	*f*(A)	*f*(R)	*f*(N)
WAG+G	24	4964.195	4836.725	-2393.968	n/a	5.07	0.087	0.044	0.039
WAG+I	24	4965.561	4838.092	-2394.652	0.03	n/a	0.087	0.044	0.039
WAG	23	4967.943	4845.755	-2399.515	n/a	n/a	0.087	0.044	0.039
WAG+G+I	25	4968.408	4835.661	-2392.403	0.02	7.77	0.087	0.044	0.039
Dayhoff+G+I	25	4970.283	4837.535	-2393.340	0.02	6.81	0.087	0.041	0.040
Dayhoff+G	24	4990.568	4863.098	-2407.155	n/a	4.99	0.087	0.041	0.040
JTT+G	24	5003.961	4876.492	-2413.852	n/a	5.25	0.077	0.051	0.043
JTT+I	24	5004.353	4876.884	-2414.048	0.03	n/a	0.077	0.051	0.043
JTT+G+I	25	5005.191	4872.444	-2410.795	0.03	6.48	0.077	0.051	0.043
Dayhoff+I	24	5013.028	4885.559	-2418.385	0.03	n/a	0.087	0.041	0.040

图 7.23 进化模型的评估。（a）ProtTest 软件对多个氨基酸替换矩阵和进化模型进行评估，以选择给定比对序列的最适模型（这里，由 MAFFT 比对的 13 个球蛋白序列被评估）。（b）MEGA 也可以评估多个进化模型。对于两个软件包来说，Akaike 信息标准（AIC）均被用于寻找最适模型
[来源：（a）ProtTest 软件。（b）MEGA 版本 5.2，Tamura 等（2013）。感谢 S. Kumar 使用软件]

• PHYLIP（系统发育分析推断包，the PHYLogeny Inference Package），由 Joseph Felsenstein 开发，该软件是最为广泛使用的系统发育程序之一。Felsenstein 曾写过一本优秀的书《推断系统发育》。

• TREE-PUZZLE 由 Korbinian Strimmer、Arndt von Haeseler 和 Heiko Schmidt 开发。该软件用的是一种系统发育研究中基于模型的最大似然法。

• MrBayes 由 John Huelsenbeck 和 Fredrik Ronquist 开发。该软件用的是系统发育研究中的另一种基于模型的方法——贝叶斯估计。MrBayes 估算一个叫做后验概率分布的统计量，也就是在观测数据的基础上得到的树的概率。

距离法

距离法从计算分子序列间两两距离出发进行树的构建（Felsenstein，1984；Desper 和 Gascuel，2006）。该方法用所有比对蛋白质序列的成对分数矩阵构造系统发育树。其目的是为了找到这样一棵树，该树的枝长与其对应观测距离尽可能近。主要的基于距离的方法包括算术平均的非加权-成对组法（un-weighted-pair group method with arithmetic mean，UPGMA）以及邻接法（neighbor-joining，NJ）。系统发育分析中基于距离的方法计算快速，所以在分析含大量序列时尤为有用（例如，超过 50 甚至几百或上千条序列）。

这些方法使用一些距离矩阵，例如序列间氨基酸的差异数目，或者距离分数（详见框 6.3）。一个距

离矩阵有三点性质：①一个点到其自身的距离必须为 0，也就是 $D(x,x)=0$；②点 x 到 y 的距离必须等于 y 到 x 的距离，也就是 $D(x,y)=D(y,x)$；③三角不等式 $D(x,y) \leqslant D(x,z) + D(z,y)$ 必须适用于该矩阵。虽然相似度对构树也很有用，距离（若依照上述性质，距离就不同于相似度差异）为描述对象间的相互关系提供了很好的特性（Sneath 和 Sokal，1973）。

任意两条序列 i，j 间观测距离记作 d_{ij}。分类群 i 和 j 在树上的总枝长记作 d'_{ij}。这两个距离理想状况下应该是相等的，但是某些现象（例如单个位点上的多次替换）会引起 d'_{ij} 与 d_{ij} 的不同。基于观测数据的距离及枝长拟合度可以通过以下公式估算（详见 Felsentstein，1984）：

$$\sum_i \sum_j w_{ij}(d_{ij} - d_{ij})^2 \tag{7.19}$$

我们的目的是使该值最小化，当树的枝长与距离完全相同时，该值为 0。对于 Cavalli-Sforza 和 Edwawrds（1967）$w_{ij}=1$，而对于 Fitch 和 Margoliash（1967）$w_{ij}=1/d_{ij}^2$。

我们可以检查图 7.17 的多序列比对以及图 7.1 的树来思考分子系统发育上距离法的必要性。该方法中可以计算多序列比对中两两蛋白质对的氨基酸相似度百分比。某些序列对，例如狗和兔的 β 球蛋白，由于亲缘关系相近会被置于树中相近的地方。另一些序列对，例如昆虫的球蛋白和大豆的球蛋白，由于亲缘关系远于其他序列而会被置于树中较远的位置。从某种意义上来说，我们可以横向来看图 7.17 的序列，计算整条序列的距离度量值。该方法丢弃了大部分有关字符的信息（如残基中比对好的列），相反概括了序列的整体相关性的信息。相对地，最大简约法、最大似然法和贝叶斯方法则评估了字符信息。推断系统发育的所有策略都必须提出一些简化的假设，但是尽管如此，基于距离的方法中越简单的方法所产生的系统发育树，越经常与基于字符的方法所产生的树相像。

基于距离的 UPGMA 法

我们在这里介绍 UPGMA 法的原因是该方法的构树流程相对直观，并且 UPGMA 树在生物信息学领域得到了广泛的应用。然而，大部分系统发育学家构建距离树时使用的算法是邻接法（将在下面部分进行描述）。我们可以在 MEGA 中用 phylogeny 菜单构建一棵 UPGMA 树［图 7.9（a）］。UPGMA 基于距离矩阵对序列进行聚类。随着聚类的进行就可以逐渐组装成一棵树。图 7.8（c）展示了利用 9 个球蛋白构成的 UPGMA 树。正如我们所期望的，α 球蛋白、β 球蛋白、七鳃鳗球蛋白以及肌红蛋白被聚集到一个单独的进化分枝中。两个最相关的蛋白质（七鳃鳗球蛋白）被最近地聚到了一起。

> 我们在第六章描述了利用距离矩阵构建引导树的方法。

UPGMA 算法由 Sokal 和 Michener（1958）开发，其运算流程如下。给定五条序列，其距离可以通过平面上的点间的距离代表。我们也用距离矩阵的形式展示这五条序列。一些蛋白质序列（如 1 和 2）非常相似，而其他一些（如 1 和 3）则相距较远。UPGMA 按如下步骤对序列进行聚类（摘自 Sneath 和 Sokal，1973，230 页）：

① 我们从距离矩阵出发，找出最相似的一组（如最相关的两个 OTUs：i 和 j）。所有的 OTU 被赋予相同的权重。如果存在几个相等的距离最小的序列对，则随机选择其中一对。从图 7.24（a）可以看到 OTUs1 和 2 距离最近。

② 将 i 和 j 合并形成新的一组 ij。本例中，组 1 和 2 距离最近（0.1）所以被聚成一个组 [1,2；详见图 7.24（b）]。该过程导致形成了一个新的聚类后的距离矩阵，该矩阵比原始矩阵减少了一行和一列。未参与到新的聚类形成中的其他点的距离保持不变，例如，在图 7.23（b）的距离矩阵中，分类群 3 和 4 仍然保持 0.3 的距离。聚类后的分类群 (1,2) 到其他 OTUs 的距离是 OTU1 和 OTU2 到其他 OTUs 的平均值。OTU1 到 OTU4 的原始距离是 0.8，OTU2 到 OTU4 的原始距离是 1.0，所有 OUT (1,2) 到 OTU4 的距离是 0.9。

③ 将 i 和 j 在初始树上通过一个新的节点连接起来。这个节点代表了聚类组 ij。连接 i 到 ij 和 j 到 ij 的分枝的长度是 $D_{ij}/2$。本例中，OTUs1 和 2 通过节点 6 连接，OTU 和节点 6 的距离是 0.05 ［图 7.24（b），右侧］。我们将内部节点标记为 6 是因为我们把数字 1~5 保留给 x 轴上树的端节点。

图 7.24 UPGMA 法的解释。这是一种基于对序列聚类的简单快速的构树方法。(a) 每条序列被赋予属于自己的聚类组。基于某些度量标准的距离矩阵将每个对象间的距离量化。图中的圆圈代表这些序列。(b) 距离最近的分类群（序列 1 和 2）被识别并连接在一起。这使得我们命名一个内部节点 [右侧，(b) 中的节点 6]。将分类群 1 和 2 当作一个聚类组后重构距离矩阵。我们可以继续识别下一个最相近的序列（4 和 5；距离标为红色）。(c) 最近的两条序列（4 和 5）又合并成一个聚类组，再次重构距离矩阵。右侧树中的分类群 4 和 5 现在被一个新的节点 7 连接。我们进一步找出下一个最小的距离（值为 0.3，红色字体），该距离对应于分类群 3 到聚类组（4，5）的距离。(d) 最新形成的聚类组（聚类组 4、5 中加入了序列 3）在新产生的树中表示为节点 8。最后。(e) 所有的序列被连接在一棵有根树上

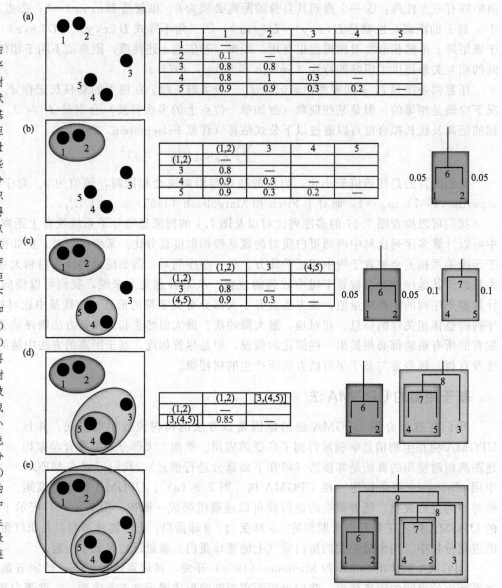

关于 UPGMA 的细节描述见在线文档 7.13：ht-tp://www.bioinfbook.org/chapter7/。

④ 找出下一个距离最小的节点 [OTUs4 和 OTUs5 之间，图 7.24（b）]，并将这些分类群合并产生第二个聚类后的距离矩阵 [图 7.24（c）]。在这步中，可能有两个 OTUs 加入到原先的聚类组中（如果它们有相同的最小距离），也有可能是一个单独的 OTU（记作 i）被聚到一个组中（记作 jk），或者是两个聚类组被聚类在一起（ij，kl）。一个单独的 OUT i 到一个聚类组（记作 jk）的距离简单计算为 ij 和 ik 的平均距离。在这个过程中，新的距离矩阵形成，树被继续构建。图 7.24（c）中，矩阵中最小距离为 0.3，对应的是 OTU3 到合并后的 OTU4、OTU5 的距离。图 7.24（d）中的图示、距离矩阵和树分别展示了这个过程。

⑤ 继续以上步骤直到仅剩下两个聚类组，最后将这两个组聚到一起。

图 7.24 展示了用 UPGMA 方法构建的来自 13 条球蛋白序列的树，其中图 7.18（c）展示了经过泊松校正后的距离。我们把利用该数据集如何进行 UPGMA 计算的 12 个表格放在了辅助网站上。比较图 7.18（c）和图 7.24 可以注意到两个距离矩阵上最相近的 OTUs（七鳃鳗和海七鳃鳗的球蛋白）在 UPGMA 树上具有最短的枝长。第二个最相近的组（鼠海豚和灰海豹）具有第二短的枝长。两个 OTUs 的聚类组对于袋鼠的肌红蛋白具有共同的最短枝长。这些关系在系统发育树中可以得到可视化的展示。

UPGMA 方法的一个关键性假设是核苷酸或氨基酸替换速率对于树上的所有分枝来说都是恒定的。也就是说，分子钟适用于所有的进化谱系。如果该假设成立，枝长可以被用来估计发生分歧的日期，而且

基于序列的树模拟物种树。UPGMA 是有根树，因为该方法是基于分子钟假设的。如果分子钟假设不再成立，树上的不同分枝的替换速率并不相等，则用该方法会构建出错误的树。需要注意的是，其他方法（包括邻接法）不会自主定根，但是我们可以通过选择一个外类群或利用中点定根的方法给树定根。

　　UPGMA 方法是一种在很多应用（包括基因芯片数据分析，详见第 11 章）中得到广泛使用的基于距离的方法。在系统发育分析中使用分子序列数据，UPGMA 方法简化的假设容易使得其结果不及其他基于距离的方法（如邻接法）精确。我们用 UPGMA 方法为 9 条球蛋白 DNA 序列构建一棵有根树［图 7.8（c）］。与邻接法不同，UPGMA 将两个植物球蛋白放在了生物学上不太合理的位置。

基于距离的构树方法：邻接法

　　邻接法是一种基于距离方法构建树的方法（Saitou 和 Nei，1987）。它同时产生树的拓扑结构和枝长。首先，我们把在无根、二叉树上通过一个单独的内部节点 X 连接的一对 OUTs 定义为邻居。如图 7.1 的球蛋白树所示，鼠海豚和海豹的肌红蛋白属于一对邻居，而袋鼠的肌红蛋白并不是一个邻居，因为它与前两个蛋白质被两个节点分开。通常来说，一棵树的邻居对的数目由特定的拓扑结构决定。对于一个具有 N 个 OTUs 的二叉树来说，可能产生 $N-2$ 个邻居对。邻接法首先产生一棵完整的树，该树包含了所有的 OTUs，呈星状且没有层次结构［图 7.25（a）］。进行所有 $N(N-1)/2$ 的成对比较，找出最相近的两条序列。这些 OTUs 提供了最短枝长和［详见图 7.25（b）的分类群 1 和 2］。此时将 OTUs 1 和 OTUs 2 看做一个单独的 OUT，再找出下面一对具有最短枝长和的 OTUs 对。有可能是两个 OTUs 如 4 和 6，或者一个单独的 OUT 如 4 与新形成的包含 OTUs 1 和 2 的进化分枝构成新对。该树具有 $N-3$ 个内部分枝，邻接法继续识别最近的邻居，直到所有的 $N-3$ 个分枝被识别。

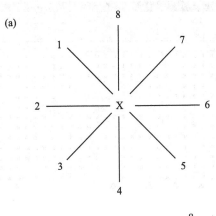

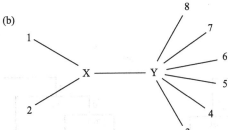

图 7.25 NJ 法是一种基于距离的算法。(a) OTUs 首先被聚成一棵星状树。"邻居"指的是在一棵无根、多叉树上通过一个单独的内部节点连接的 OTUs。(b) 两个最相近的 OTUs 被识别，如 OTUs1 和 2。这些邻居通过内部枝 XY 与其他 OTUs 相连。(b) 中被选为邻居的 OTUs 产生的枝长和最短。这个过程被一直重复直到一棵完整的树产生［摘自 Saitou 和 Nei（1987），得到牛津大学出版社的允许］

　　这个过程从一棵星状树开始，不断寻找并加入邻居，直到一棵树的拓扑结构完全生成。我们在框 7.6 中描述了枝长是如何计算的。邻接算法在对 OTUs 进行聚类的每一步时会最小化枝长总和，但是最终得到的树并不一定是总枝长最小的那棵。因此邻接法的结果可能与最小进化策略或最大简约法不同（将在下文讨论）。除非我们指定一个外类群或使用中点定根，否则邻接法产生的是无根树的拓扑结构（因为邻接法不需要进化速率恒定的假设）。

　　我们已经展示了几个 13 个球蛋白的邻接树的例子（图 7.8、图 7.19、图 7.22）。该算法在研究大量分类群时尤其有用。文献中有许多使用邻接法构树的例子，例如 1918 年关于流感病毒的研究（Taubenberger 等，2005）。此外还有很多其他可用的基于距离的方法，一些研究对此进行了系统的比较（Hollich 等，2005；Desper 和 Gascuel，2006）。

框7.6 邻接法构树的枝长

Saitou 和 Nei（1987）定义的枝长和如下：令 D_{ij} 等于 OTUs i 和 j 间的距离，令 L_{ab} 等于节点 a 和 b 间的枝长。图 7.25（a）中树的枝长 S 为：

$$S = \sum_{i=1}^{N} L_{iX} = \frac{1}{N-1} \sum_{i<j} D_{ij} \qquad (7.20)$$

该结果遵循这样的事实，即在计算整体距离时，每条分枝都被计算了 $N-1$ 次。对于图 7.25（b）的树，节点 X 和 Y 的枝长（记做 L_{XY}）为：

$$L_{XY} = \frac{1}{2(N-2)} \left[\sum_{k=3}^{N} (D_{1k} + D_{2k}) - (N-2)(L_{1X} + L_{2X}) - 2\sum_{i=3}^{N} L_{iY} \right] \qquad (7.21)$$

等式（7.21）的方括号里的第一项是包括 L_{XY} 在内的所有距离之和，其他几项排除掉不相关的枝长。Saitou 和 Nei（1987）提供了有关该树的整体枝长细节的进一步分析。

> 简约一词（来源于拉丁文 parcerea，"俭省的"意思）指的是在逻辑公式中假设的简单性。

系统发育推断：最大简约法

最大简约法的主要思想是最优树应该具有尽可能最短的枝长（Czelusniak 等，1990）。基于形态特征的简约法由 Henning 描述（1966），Eck 和 Dayhoff（1966）使用最大简约法产生了系统发育树，如图 7.1 所示。根据最大简约理论，相较于复杂的分子进化理论，进化中的一组序列倾向于发生尽可能少的改变。因此我们要对观测数据找到最简约的解释。系统发育学的假设是，基因间的关联性具有嵌套层次，其可以反映在序列中共有的特征中的层次分布上。最简约的树被认为最恰当地描述了来源于共同祖先的蛋白质（或基因）之间的相互关系。

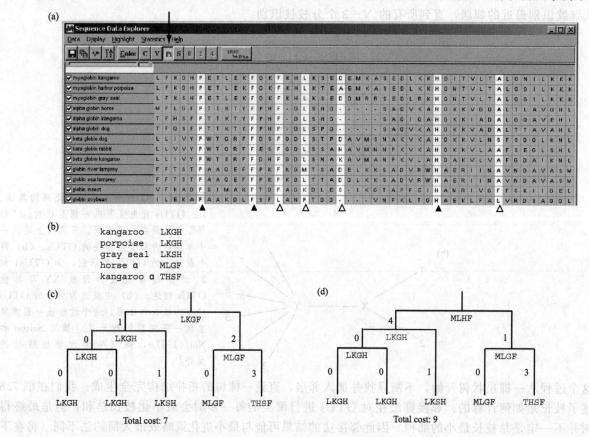

图 7.26 最大简约法原理。（a）简约分析中有许多比对的残基列属于信息位点。然而，完全保守的残基列（实心箭头）以及少于有两个不同的残基且每个残基至少出现两次这样的列都属于非信息位点（空心箭头）。13个球蛋白的比对用 MEGA 软件查看，并展示了所选择的简约法-信息字符（箭头所指）。其他的选项包括查看保守或变异位点。（b）来自五个不同物种的四个氨基酸残基的例子［来自（a）的左上方］。最大简约法找出最简单（最简约）的进化历程，通过这样的历程，这些序列才可能由祖先序列进化而来。（c，d）两棵树显示了可能的祖先序列。（c）中的树自它的共同祖先需要发生 7 次变化，而（d）中的树需要 9 次变化。因此最大简约法会选择（c）中的树

［来源：MEGA 软件 5.2，Tamura 等（2011）。感谢 S. Kumar 使用 MEGA 软件］

最大简约法的步骤如下：

• 确定信息位点。如果一个位点是保守的（例如图 7.17，钻石符号），那么该位点为非信息位点。MEGA 软件具有一个用于查看简约法-信息位点选项 ［图 7.26（a），箭头］。非信息位点包含了保守位点 ［图 7.26（a），实心箭头］。而信息位点是比对后的一列位置上至少存在两种状态（例如，两种不同的氨基酸残基）的位点，并且至少有两个分类群分别处于这两种状态。非信息位点如图 7.26（a）所示，空心箭头。

• 构树。每棵树都被赋予一个 "代价"，其中代价最低的树会被寻找出来。在评估一定合理数量的分类群（如 12 个或更少）时，所有可能的树都会被评估，其中枝长最短的树会被选出。必要时，可以进行启发式的搜索，即忽略那些不可能包含最短枝长的大家族的树，以降低搜索的复杂度。

• 统计发生改变的数目并选择枝长最短的树。

简约分析法假设字符间是相互独立的。一棵完整的树的枝长是单个字符的长度 l_j 的总和：

$$L = \sum_{j=1}^{C} w_j l_j \tag{7.22}$$

式中，C 是字符的总数目，通常赋予每个字符的权重 w_j 为 1。该权重可能会在某些情况下不同，例如，核苷酸的颠换比转换具有更大的罚分。

为了说明最大简约法如何工作，我们以五条比对后的氨基酸序列为例 ［图 7.26（b），取自图 7.26（a）的左上角］。用两棵可能的树来描述这几条序列 ［图 7.26（c），图 7.26（d）］；每棵树都被赋予一条假定为祖先节点的序列。两棵树中的其中一棵 ［图 7.26（c）］在解释如何从假定的共同祖先进化得到观测序列时所需要的改变更少。本例中，每个位点被独立对待。

一个叫做 "长枝吸引"（Long-branch attraction）的人为影响有时会在系统发育推断中发生，而简约法尤其容易受到这种影响。在重建蛋白质或 DNA 序列的系统发育关系时，枝长指的是两个分类群间发生替换的数量。简约算法假设所有的分类单群以相同的速率进化，并且所有的字符提供了相同的信息量。长枝吸引是一个进化速度快的分类群在树中被聚到一起的现象，这并不是由于它们紧密相关，而是由于它们都发生了很多的突变而人为引起的。参考图 7.27 的真实树，分类群 2 代表的是一个改变速度快于分类群 1 和 3 的 DNA 或蛋白质。外类群（根据定义）较分类群 1、2 和 3 相互之间的距离更远。最大简约算法可能会产生一棵分类群 2 被另一棵长枝（外群）吸引的树，这是因为这两个分类群上具有大量的替换数目。无论两个长枝何时出现，它们都可能相互吸引。这也许也可以解释我们的 UPGMA 树里植物球蛋白被包含进来是明显的人为影响 ［图 7.8（c）］。

真实树　　　　　　　　推断树

外群　　　　　　　　　　　　　　　　外群
1　　　　　　　　　　　　　　　　　　2
2　　　　　　　　　　　　　　　　　　1
3　　　　　　　　　　　　　　　　　　3

图 7.27　长枝链吸引。真实树中包括了一个相较于其他分类群进化更快的分类群（标为 2）。它与分类群 3 共享一个共同祖先。然而，在推断树中分类群 2 与其他分类群分开，因为它被外类群的长枝所吸引 ［摘自 Philippe 和 Laurent（1998），经过艾斯维尔出版社同意］

基于模型的系统发育推断：最大似然法

最大似然法被用来寻找具有产生观测数据集的最大可能树的拓扑结构和枝长。在比对好的序列中，对每个残基计算一个似然分数，其中包括某些核苷酸和氨基酸替换过程的模型。最大似然法是目前可用的计算最为复杂但也是最为灵活的方法之一（Felsentein，1981）。当一棵树的不同分枝上发生过多的进化改变时，最大似然法往往无法适用。相反，最大似然法为所有分枝上发生的多样性的进化改变提供了统计模型。例如，最大似然法可以被用来估计一棵树上单个分枝的正选择和负选择。

TREE-PUZZLE 程序使用了计算上易处理的最大似然法（Strimmer 和 von Haeseler，1996；Schmidt 等，2002）。该程序允许你指定多种核苷酸或氨基酸替换以及速率异质性的模型（例如，Γ 分布）。这个程序包含三步。第一步，TREE-PUZZLE 简化重建树为一系列的 4 条序列（quartets sequences）。对于 4 条序列 A、B、C、D 来说有三种可能的拓扑结构 ［图 7.11（a）］。在最大似然法的步骤

在 R 中尝试下面的命令：

```
> choose(12,4)
[1] 495
```

在线文档 7.14（http://www.bioinfbook.org/chapter7）提供了一个文件，展示如何将 13 个球蛋白变为 TREE-PUZZLE 程序的输入文件格式。在线文档 7.15 展示的是 TREE-PUZZLE 的输出文件。

Nguyen 等（2015；PMID25371430）介绍了 IQ-TREE，是一种较快速的利用最大似然法构建系统发育树的方法。IQ-TREE 包含了许多策略（"uphill"用于执行重排以增加树的可能数量，"downhill"用于对树进行抽样以避免局部最优）。因此该方法快速且效率高（地找到具有最大可能性的树）。该研究者同时开发了 UFboot，一种超快速的自展近似法（Minh 等，2015；PMID 23418397）。IQ-TREE 和 UFboot 在线下载网址为 http://www. cibiv. at/software/iqtree。

Heiko Schmidt、korbinian Strimmer 和 Arndt von Haeseler 的 TREE-PUZZLE 程序网址见 http://www. treepuzzle. de/。你也可以用 DNAML（Phylip）、PAUP 和 MEGA 进行最大似然法分析（或 quartet puzzling）。PhyML（Guindon 等，2010）在线网址为 http://www. hiv. lanl. gov/content/sequence/PHYML/interface. html（链接 7.25）。

中，该程序重建所有 4 条序列所构建的树。对于 N 条序列，一共有 $\binom{N}{4}$ 种可能的 4 条序列的排列组成；例如，对于 12 条肌球蛋白 DNA 序列，一共有 $\binom{12}{4}$ 种或 495 种 4 条序列排列组成。4 条序列所形成的三种拓扑结构由它们的后验概率被赋予权重。

$\binom{n}{k}$ 是二项式系数，被称为"C_n^k（n choose k）"。该公式描述了组合的个数，也就是，从 n 个元素中取出 k 个元素有多少种可能的选择。给定阶乘函数（factorial functions）$n!$ 和 $k!$ 我们可以将二项式系数写成

$$\binom{n}{k} = \frac{n!}{k!(n-k)!}$$

对于 $\binom{12}{4}$，相应的公式为 $\dfrac{12!}{4!(8)!} = \dfrac{12 \times 11 \times 10 \times 9}{4 \times 3 \times 2 \times 1} = 495$

第二步被称为 4 条序列原型步骤。在第二步中，产生了大批量中间树。该程序从其中一组 4 条序列构建的树入手。因为这棵树有四条序列，就还剩下 $N-4$ 条序列。这些序列被按部就班地加入到从第一步中获得的基于第一组 4 条序列构建的树的分枝中。原型允许对所构建树内部的每条分枝进行可靠度估计，这种估计对于基于距离法或简约法构建的树并不适用。在第三步中，程序产生一棵大致一致的树，并估算枝长与最大似然值。

要使用 TREE-PUZZLE，我们可以从 TREE-PUZZLE 的网站上下载并安装该程序（例如，安装在一个叫做 TREE-PUZZLE 的文件夹中），然后将一组以 Phylip 格式保存的比对后的蛋白质序列放入该文件夹中。你可以用本书网站上提供的 13 条比对好的球蛋白序列来尝试这个程序，根据 Schmidt 和 von Haeseler（2007）的建议，运行如下命令：

```
$ puzzle 13globins.phy
```

针对分析类型、外类群的选择、进化模型、Γ-分布或其他速率异质模型，以及其他特点，该程序有多种选项。输出结果包含三个文件，分别是一个距离矩阵、一个原型报告文件，以及一个可以用独立的程序如 Tree-View 或 Phylip 的 DrawTree 程序绘制的树文件［图 7.28 (a)］。需要注意的是，TREE-PUZZLE 提供了树的分枝的可靠度值，该值与 bootstraps 不同（详见下文"步骤 5：评估树"）。

TREE-PUZZLE 程序也允许一种叫做似然映射（likelihood mapping）的选项，该选项描述了内部分枝的可靠度以及一种可视化多序列比对的系统发育内容的方法（Strimmer 和 von Haeseler，1996）。quartet 拓扑结构的权重总和为 1，似然映射将它们画在一个三角平面上。在这幅图中，每个点对应一个 quartet，该 quartet 根据其三个后验权重在空间上定位［图 7.28 (b)］。对于 13 条球蛋白序列，9.7％的 quartets 没有被解释（如三角形的中心所示）。另外的 0.3％＋0.4％＋0.1％的 quartets 被部分解释。对于 12 条肌红蛋白 DNA 编码序列，只有 3％的 quartets 未被解释（未显示）。似然映射总结了数据集中固有的强度（或者反过来来是模糊性），我们为此执行 tree puzzling。

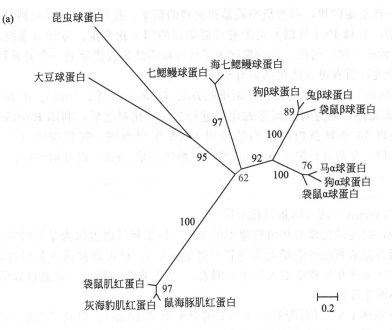

(a)

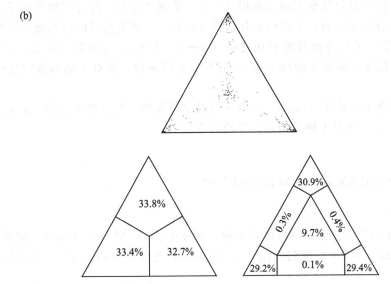

(b)

图 7.28　用 quartet puzzling 进行最大似然推断的系统发育树。任一树上分类群的四条或多条序列都可以代表 quartet 序列（A、B、C、D），如图 7.11（b）。auartet 序列在树中有三种可能的拓扑结构。quartet puzzling 应用最大似然标准来找到最可能的树。（a）13 个球蛋白的发育树由 TREE-PUZZLE 程序构建。分枝的可靠值见图。（b）似然映射（在 TREE-PUZZLE 中）表明 quartets 被成功解释的频率。顶端的三角形中有 495 个点，对应于所有可能的 quartets。每个 quartet 具有三个后验权重被映射到三角形中。对于 13 个球蛋白的分析，只有 9.7% 的 quartets 未被解释。似然映射用于评估 quartets 中给定的数据集被成功分析的能力（来源：TREE-PUZZLE）

树的推断：贝叶斯方法

贝叶斯推断是一种用于复杂模型不确定性建模的统计方法。通常我们利用一些概率模型计算观测数据的概率（例如掷硬币的结果）。该概率以 P 表示（数据｜模型），也就是给定模型下数据的概率（the probability of the data given the model）。[也可以读作"基于给定模型，数据的概率"（the probability of the data conditional upon the model）]。相反，贝叶斯推断根据数据（即基于诸如给定的多序列比对之类的观测）来寻找树的概率。其假设形式是 P（模型｜数据）、P（假设｜数据），或者在我们的例子中是 P（树｜数据）。根据贝叶斯定理（Huelsenbeck 等，2002）：

$$\Pr[树｜数据]=\frac{\Pr[数据｜树]\times\Pr[树]}{\Pr[数据]} \tag{7.23}$$

MrBayes 网址为 http://mrbayes.sourceforge.net/（链接 7.26）。程序由 Fredrik Ronquist 和 John Huelsenbaeck 开发。直到 2014 年底，MrBayes 于 2001 和 2003 发表的两篇文章已经被超过 28000 篇文章引用。在线文档 7.17 展示了如何把 13 个球蛋白变为 MrBayes 输入格式，在线文档 7.18 展示了输出。详见 http://www.bioinfbook.org/chapter7。

系统发育的贝叶斯估计关注的是一个称作树的后验概率分布的量，即 Pr［树｜数据］。（读作"给定数据下观察到的树的概率") 对于一棵给定的树，后验概率就是树正确的概率，我们的目标是找到具有最大概率的树。在等式 (7.23) 的右边，分母 Pr［数据］是所有可能的树的归一化常量。分子由系统发育的先验概率 Pr［树］和似然值 Pr［数据｜树］组成。这些项代表了贝叶斯系统发育推断的一个显著特征：用户指定了树的先验概率分布（尽管允许所有可能的树都具有相同的权重）。

实际操作时，我们可以使用 MrBayes 软件程序应用贝叶斯推断方法（Ronquist 等，2012）。有四个步骤。首先，读取 Nexus 数据文件。该文件可通过对感兴趣的序列进行多序列比对之后，利用 ReadSeq 等工具转成 Nexus 格式来得到。我们以 13 条球蛋白的蛋白质编码 DNA 序列为例。安装程序（在 PC、Linux 或 Mac O/S 上），打开终端窗口，在命令行输入 mb（或者有些情况下是. /mb）以开始程序。

```
MrBayes > execute globins.nex
```

命令 "execute" 读入球蛋白比对序列。

进行该分析的流程在在线文档 7.16（http://www.bioinfbook.org/chapter7)中描述。

第二步，指定进化模型和树构建中的参数。该步骤可以被认为是贝叶斯方法的强项（因为你的判断可能帮助你选择合适的参数），也可以被认为是贝叶斯方法的弱点（因为这在过程中引入了主观因素）。所有先验知识不一定要包含信息；也可以选择保守设置。

包含 DNA（编码或不编码）、核糖体 DNA（对配对的茎环域的分析见第 10 章），以及蛋白质的数据的选项都可以被执行。在进行分析前，需要对似然模型的参数指定一个先验概率分布。在分析核苷酸序列时有六种类型的参数设置作为模型的先验概率分布：①树的拓扑结构（例如，一些节点可以被当做一直存在）；②枝长；③四种核苷酸的固定频率；④六种核苷酸替换速率（A↔C，A↔G，A↔T，C↔G，C↔T，以及 G↔T）；⑤固定位点的比例；以及⑥速率变动的 gamma 分布的形状参数。你对于如何指定这些参数的决定也许会具有一定的主观性。

作为蛋白质研究中指定一个参数的例子，使用 "prset" 命令来设置先验概率。混合选项参数 "aamodelpr" 在氨基酸速率矩阵中进行抽样，是一种对十种模型进行平均的方法：

```
MrBayes > prset aamodelpr=mixed
```

或者，利用变量 "fixed" 指定一个特定的矩阵（例如 Dayhoff' s）。

```
MrBayes > prset aamodelpr=fixed(dayhoff)
```

第三步，运行分析。该步骤由 "mcmc"（蒙特卡洛马尔可夫链，Monte Carlo Markov Chain）调用。你可以包括一系列可选变量，例如 MCMC 分析中所用到的循环（"ngen"）或链（"nchains"）的个数。

```
MrBayes > mcmc nchains=4 ngen=300000
```

图 7.19(a)展示的树来自于 MrBayes 的 sume 输出。图 7.29(b)的树是对 MrBayes 的输出文件中的一个（globins. nex. con. tre)进行处理得到的，用 Andrew Rambaut 及其同事的 FigTree 图形查看器绘制。FigTree 网址为 http://tree.bio.ed.ac.uk/software/figtree/（链接 7.27）。

可能的系统发育树的后验概率作为所有可能的树的一种概括被理想地计算出来。对于每棵树，所有的枝长的组合和替换模型参数也被估算出来。实际上这个概率并不能由分析确定，但是可以通过 MCMC 近似推断。这是通过从后验分布中抽取多个样本实现的（Huelsenbeck 等，2002）。MrBayes 从独特的、随机起始的树出发，同时运行两个独立的分析。这帮助我们确定分析中包含了来自于后验概率分布的合适的抽样。最终两个分析应该达到趋同。MCMC 分析通过三个步骤执行。第一步，随机选择一棵树作为一条马尔科夫链的起始；第二步，推断出一棵新树。第三步，接受具有某种概率的新树。通常，MCMC 的迭代会进行数万到数十万次。马尔科夫链访问一棵特定树的时间的比例是对那棵树的一个后验概率的估计。某些作者警告说 MCMC 算法可能给出误导性的结果，尤其当数据具有矛盾性的系统发育信号时（Mossel 和 Vigoda，2005）。在 MCMC 分析中，你会观察到分裂频率的平均标准偏差逐渐降低，在本例中降到 0.12～0.005。第四步，用 "sump" 对运行的参数进行概括，并用 "sumt" 对 MCMC 分析中的树进行概括：

```
MrBayes > sump
MrBayes > sumt
```

　　参数的概括包括收敛性诊断，如参数是否缺少样本数，以及哪种模型更合适。MrBayes 提供了多种额外的输出文件，用于提供相关信息，诸如在 MCMC 搜索中发现的一系列树（对最适树通过后验概率值进行排序）、系统发育图、枝长（以每个位点的期望替换个数为单位），以及分枝的可靠值。贝叶斯分析的概括统计量也会被提供。13 条球蛋白的例子以系统发育图［图 7.29（a）］或径向树［图 7.29（b）］展示。该径向树代表了一棵一致树并且包含了内部分枝的可靠值。

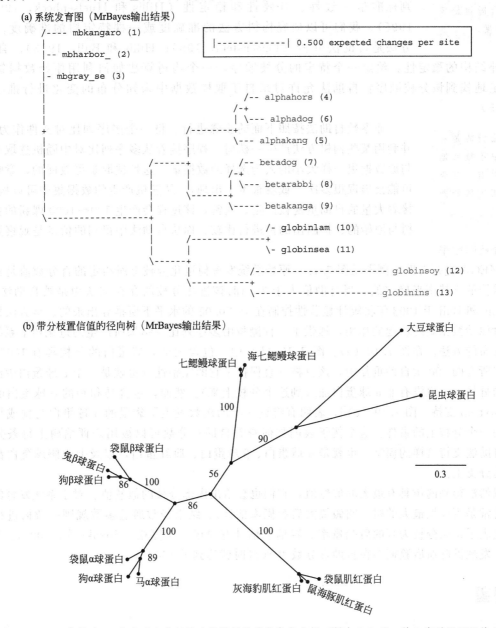

图 7.29　利用 MrBayes 软件对 13 个球蛋白进行贝叶斯推断的系统发育分析（版本 3.2.2）。输入序列用 EBI 的 MAFFT 比对（见第 6 章）。氨基酸模型（保持默认设置）为泊松分布，其中 20 种状态对应不同的氨基酸且替换速率相同。先验参数包括相等的固定的氨基酸状态频率、所有拓扑结构相等的概率，以及非约束的枝长。蒙特卡洛马尔可夫链进行了 1000000 次实验来估算后验概率。（a）系统发育图的输出展示了包含多个球蛋白亚型的分枝。注意肌球蛋白未被解释。（b）树文件可从 Mr-Bayes 中输出并利用 FigTree 软件查看。这里显示的是一棵无根径向树。节点用实心圆表示。分枝信誉值（枝上的数值）给包含肌球蛋白、α 球蛋白、β 球蛋白，以及七鳃鳗球蛋白的分枝的支持为 100%，给昆虫球蛋白和大豆球蛋白的分枝的支持为 90%。连接三个未解释的肌球蛋白的节点是多分叉的。比例尺为每个氨基酸位点的 0.3 个期望差异

（来源：MrBayes。感谢 J. Huelsenbeck 和 F. Ronquist）

系统发育的贝叶斯推断类似于最大似然法，因为两种方法都寻求一个叫做似然值的量，与给定树的条件下观察到的数据成比例。该方法的不同之处在于贝叶斯推断包括了指定先验信息，以及使用 MCMC 来估计后验概率分布。尽管它们在近期才被开发出来，利用贝叶斯方法研究系统发育变得越来越普遍。

第五步：评估树

准确度指一棵树与真实树的相近程度。我们将在第 11 章讲微阵列数据分析时讨论精确度和准确度。

你构建好一棵系统发育树之后，如何评价它的准确度？准确度的主要评判标准是一致性、有效性和稳定性（Hillis 和 Huelsenbeck，1992；Hillis，1995）。我们可以研究构树方法的准确度或一棵特定树的准确度。最常见的方法是自助法分析（Felsenstein，1985；Hillis 和 Bull，1993）。自助法描述了树的拓扑结构的稳定性：给定一个特定的分枝顺序，一个构树算法如何利用原始数据集的随机重排方法稳定地找到该分枝顺序？自助法允许对来自于取样数据中未知分布的变化进行推断（Felsenstein，1985）。

参数自展法指的是从原始样本中不放回地随机重复抽样。与非参自展法相比该法并不常用。

非参数自助法按照下面的步骤进行。将一个多序列比对文件作为输入数据，并利用某些构树方法产生一棵树。程序接着从多序列比对中随机选取几列，产生与原数据集一样大小的人为选择的数据集。这种选取是可放回的，意味着某些列可能会出现很多次（或者根本不出现）。从随机产生的数据集中可以构成一棵树。接着大量的自助重复被产生；通常，该过程会产生 100～1000 棵新的树。将自助树与原始的、推断出的树进行比较。你从自助法中得到的信息是观察到的原始树上的每条分枝的频率。

利用 MEGA 进行自助的例子见图 7.19。原始系统发育树进化分枝上所给定的百分数值是根据自助法对其拓扑结构的支持率来确定的。当自助值大于 70% 时该进化分枝的存在被认为是被自助法所支持的。该值是 Hillis 和 Bull 于 1993 年将统计显著性控制在 $P<0.05$ 的水平下所推导出来的。该方法检测了随机权重特征对原始数据矩阵所起的作用，提供了一种测量由多序列比对结果所产生的进化树上系统发育信号强弱及其分布的方法。在图 7.19（a）、图 7.19（b）中，包含三个 α 球蛋白的分枝具有 100% 的自助支持，表明在所有的 500 次自助重复中，该分枝一直保持了它的完整性（也就是三个 α 球蛋白中没有一个被放到不同的分枝上，也没有非 α 球蛋白加入到这个分枝上来）。然而，包含马和狗的 α 球蛋白的分枝只有 52% 的 bootstrap 支持［图 7.19（b）］，表明有将近一半的次数发生了袋鼠的 α 球蛋白与狗或马的同源序列出现在同一个分枝上的事件。这个例子表明如何查看自助百分数可以被用来评估树上每条分枝的稳定性。注意自助法支持这样的模型，也就是 α 球蛋白、β 球蛋白、肌红蛋白，以及七鳃鳗球蛋白都被分配到各自独特的分支上。

最大似然法得到的树具有最大的似然值，它们也会给出内部分枝的似然值。对于系统发育的贝叶斯推断，结果通常是可能性最大的树（叫做最大后验概率估计）。结果经常通过多数规则一致树进行概括，该树中的值代表了每条分枝为真的后验概率。置信度估计有时候过于宽松（Suzuki 等，2002）。例如，Mar 等（2005）发现贝叶斯后验概率在自助百分数为 80% 时就达到了 100%。

7.6　展望

分子系统发育分析是理解蛋白质（和核苷酸）序列进化方式和相互关系的基础工具。其中主要供分析的输出形式就是系统发育树，其事实上是对多重序列比对结果的一种图形化表示。随着目前 DNA 和蛋白质序列数据的快速增长趋势，伴随着系统发育树的可视化冲击，使得系统发育分析变得越来越重要并且得到了较为广泛的应用。我们将在第 15～19 章探索生命之树的基因组时对系统发育的实例进行详细描述。

分子系统发育的领域包括许多概念上完全不同的方法，其中一些在本章中有所提及（距离、最大简约、最大似然，以及贝叶斯方法）。这些方法的软件工具都在不断更新中。因此，获得多序列比对结果并利用所有的四种构树方法及各种替换模型进行系统发育分析是合理可行的。而最大简约法与基于模型的方法孰优孰劣仍然处在争论当中（例如，Kolaczkowski 和 Thornton，2004；Steel，2005）。

7.7　常见问题

基于分子序列数据的系统发育树的质量依赖于序列数据的质量以及多序列比对的结果。选择合适的核苷酸或氨基酸替换模型进行系统发育分析也是至关重要的。对于模型选择中不需要过少或过多的参数的重要性一直是该领域热门的争论话题之一。而且，构树方法的选择（从距离到最大简约、最大似然和贝叶斯方法）可能会产生具有不同拓扑结构和枝长的最优树。与已知结构的蛋白质的多序列比对不同，很少有作为金标准的基准数据集用来对最真实的树进行客观定义。

实际上，对于许多已经发表的系统发育树，构建树所用的多序列比对结果无法获得，评估已发表的树的质量具有一定的挑战性。一个 28 个系统发育专家组成的团队开始为系统发育分析指定报告准则（叫做"关于系统发育分析的最少信息"，Minimum Information about a Phylogenetic Analysis，或 MIAPA；Leebens-Mack 等，2006）。该标准可能在某一天要求那些报道树的人不仅提供构树所用的模型的描述，还要提供所使用的数据。

每种方法都有潜在的问题。邻接树对于距离较远的序列可能会产生错误，因为它们无法解释高度变异性的序列。贝叶斯和最大似然法均依赖于对于参数的合适的先验选择，以及核实的估计。最大简约法本质上对于系统发育没有提供统计模型。

最后，你对于系统发育分析的输出结果的解读至关重要。每种重构树的方法都包含了许多假设，也具有潜在的局限性。学习如何对作为图形反映了分类间的历史关系的树进行解释也非常重要；例如，对于一棵蛋白质序列构建的树，内部节点对应的是推断到的祖先的序列。

7.8　给学生的建议

虽然现在存在许多主流的系统发育软件包，我建议你们主要学习其中两个：MEGA 和 MrBayes。这两个软件都非常流行。截至 2015 年 MEGA 已经被下载超过一百一十万次，而 MrBayes 的文章在 2001 到 2003 年间被引用量超过两万五千次。MEGA 为系统发育分析提供了精彩的介绍，包括比较树的距离矩阵以及利用多种方法构树。MrBayes 提供的方法与生物信息领域应用到的贝叶斯分析背后的思维方式是非常相似的。

对于 MEGA 和 MrBayes，尝试下面四种办法。①阅读每种工具附带的文件。②阅读软件作者的文章。③尽可能多地构建和分析树。可以尝试一些球蛋白序列（从本章的网络资源中可以获得），或者选择自己的数据。④从文献中找感兴趣的文章——也许可以从 MEGA 或 MrBayes 软件作者所写的文章开始——并找到几个已发表的系统发育树的实例。阅读这些文章并理解如何构建并解释系统发育树。尽管构树的原始数据几乎从不随文章的发表提供（虽然数据应该被要求提供），但是大部分情况下你应该可以从公共数据库上找到相应的 DNA、RNA 或蛋白质序列，并尝试构建与发表的树相同的树。这些办法可以帮助你熟悉系统发育方法及范围。更广泛来说，你将通过系统发育分析学到如何阐释生物学原理的一系列领域。

7.9　网络资源

全球互联网上最好的系统发育资源的起点就是 Joseph Felsenstein 的网站（http://evolution.genetics.washington.edu/phylip/software.html；链接 7.24）。该网站列出了 400 个软件包及 50 个网页服务器，由系统发育方法、计算平台，及数据类型进行组织。本章列出的所有的主要软件工具均在该网站上给出网址，并

Los Alamous 指南见 http://www.hiv.lanl.gov/content/sequence/TUTORIALS/TREE_TUTORIAL/Tree-tutorial.html（链接 7.28）。

且这些网址大部分都包含了详细的文档以及实例，进一步阐述了软件的实际操作及作者对于系统发育的特定方法的概念问题的讨论。

Los Alamos 国家实验室的 HIV 序列数据库（将在有关病毒的第 16 章进行讨论）提供了一个有关构建及解读系统发育树的在线指南。

问题讨论

[7-1] 如果多序列比对中含有非常错误的区域，那么利用基于距离或基于字符的方法用该比对序列推断一棵系统发育树很可能产生什么样的结果？

[7-2] 是否存在这样的基因（或蛋白），使得你所期望的利用基于距离的构树方法产生的结果会与基于字符的方法有很大的差异？

[7-3] 你如何检测一个特定的人基因（或蛋白）是否受到正选择？你会选择让哪个物种用于与人序列比较？

[7-4] 我们在第 3 章展示了两个相似度为 50% 的蛋白平均每 100 个比对残基中存在约 80 个差异。Jukes-Cantor 校正对于 DNA 序列是否显示了同样的现象？

问题/计算机习题

[7-1] 为了确定人和黑猩猩的线粒体 DNA 序列在谱系间是否具有相等的进化速率，用 MEGA 中的 Tajima 相对速率测试来检测这一问题。

（1）获得 MEGA 软件。

（2）从在线文档 7.19（http://www.bioinfbook.org/chapter7）获得人，黑猩猩，倭黑猩猩，红猩猩，大猩猩，及长臂猿的线粒体 DNA 序列。

（3）选择合适的外群进行 Tajima 测试，概率值是否显著（<0.05）？

[7-2] 用 MEGA 软件进行系统发育分析。

（1）访问 NCBI 的保守结构域数据库（http://www.ncbi.nlm.nih.gov/cdd）。

（2）输入 lipocalins（或者其他你选择的蛋白家族；你也可以从 Ensembl、HomoloGene，或 Pfam 开始）。

（3）选择 mFasta 格式并点击 "Reformat"。结果为多序列比对。把结果复制到文本编辑器中（如 NotePad＋＋），然后对序列进行简单命名。

（4）如图 7.9 把文件输入（或粘贴序列）到 MEGA。比对序列并保存为 .mas 和 .meg 格式。

（5）选择 Phylogeny＞Construct/Test to create neighbor-joining，maximum likelihood，或其他的树。

（6）对于你构建的每棵树，阅读说明。尝试一下树工具（例如，置根、翻转节点，显示或隐藏枝长，互换展现格式）。

（7）进行自助。找出支持水平低的分枝。这种情况为何会发生？

[7-3] 对 Python 感兴趣的学生，可以探索一下 ETE 编程工具包，该程序可以自动操作、分析，及可视化展示系统发育树。网址为 http://pythonhosted.org/ete2/（链接 7.29），包括文档，获取 ETE 以及一份使用指南。

自测题

[7-1] 根据分子钟假说

（a）所有蛋白质以相同、恒定的速率进化

（b）所有蛋白质以匹配的化石记录速率进化

（c）对于每种给定的蛋白质，分子进化速率像钟逐渐停止一样逐渐减慢

（d）对于每种给定的蛋白质，分子进化速率在所有进化谱系中保持近似恒定

[7-2] 系统发育树的两个主要特征是

（a）分枝和节点

（b）拓扑结构和枝长

（c）分枝和根

（d）比对和自助

[7-3] 下面哪一个是基于字符的系统发育算法？

（a）邻接法

（b）Kimura

（c）最大似然法

（d）PAUP

[7-4] 构建系统发育树的两种基本方法为基于距离法和基于字符法。二者的主要区别是

（a）基于距离法主要概括了整条蛋白或 DNA 序列的相关度，而基于字符法并没有

（b）基于距离法只能用于 DNA 数据而基于字符法可用于 DNA 或蛋白数据

（c）基于距离法使用简约法而基于字符法没有

（d）基于距离法的枝长与时间成正比而基于字符法没有

[7-5] 操作分类单元（OTU）的例子是

（a）多重序列比对

（b）蛋白质序列

（c）分枝

（d）节点

[7-6] 对于给定的一对 OTUs，下面哪个是正确的？

（a）校正后的遗传距离大于或等于替代比例

（b）替代比例大于或等于校正后的遗传距离

[7-7] 大部分转换总是比颠换获得更大的权重

（a）正确

（b）错误

[7-8] 构建和分析一棵系统发育树最常见的错误之一是

（a）用差的多重序列比对作为输入

（b）尝试推断树中基因（或蛋白）的进化关系

（c）尝试推断基因（或蛋白）与其他基因（或蛋白）分歧的时间

（d）假设分枝为单源

[7-9] 你有 1000 条包含 500 个残基的病毒 DNA 序列，你想知道这些序列中是否有相同（或接近相同）的序列。下面最有效的方法是：

（a）BLAST

（b）最大似然系统发育分析

（c）邻接法系统发育分析

（d）Popset

推荐读物

系统发育优秀的综述见 Yang 和 Rannala（2012）以及 Yang（2006）和 Felsenstein（2004）的著作。系统发育进展的综述见 Blair 和 Murphy（2011）。Sudhir Kumar，Koicihro Tamura 及其同事讨论了系统发育学中的统计问题（Kumar 等，2012）。

关于系统发育的贝叶斯推断，Ronquist（2004）和 Huelsenbeck 等（2002）发表了精彩的文章。

参 考 文 献

Abascal, F., Zardoya, R., Posada, D. 2005. ProtTest: selection of best-fit models of protein evolution. *Bioinformatics* **21**(9), 2104–2105. PMID: 15647292.

Anfinsen, C. B. 1959. *The Molecular Basis of Evolution*. John Wiley and Sons, New York.

Bajaj, M., Blundell, T.L., Horuk, R. *et al.* 1986. Coypu insulin. Primary structure, conformation and biological properties of a hystricomorph rodent insulin. *Biochemical Journal* **238**(2), 345–351. PMID: 3541911.

Baldauf, S. L., Roger, A. J., Wenk-Siefert, I., Doolittle, W. F. 2000. A kingdom-level phylogeny of eukaryotes based on combined protein data. *Science* **290**, 972–977.

Baum, D.A., Smith, S.D., Donovan, S.S. Evolution. 2005. The tree-thinking challenge. *Science* **310**, 979–980.

Baurain, D., Brinkmann, H., Philippe, H. 2007. Lack of resolution in the animal phylogeny: closely spaced cladogeneses or undetected systematic errors? *Molecular Biology and Evolution* **24**, 6–9. PMID: 17012374.

Baxevanis, A. D., Ouellette, B. F. 2009. *Bioinformatics*, 3rd edition. Wiley-Interscience, New York.

Blair, C., Murphy, R.W. 2011. Recent trends in molecular phylogenetic analysis: where to next? *Journal of Heredity* **102**(1), 130–138. PMID: 20696667.

Bos, D.H., Posada, D. 2005. Using models of nucleotide evolution to build phylogenetic trees. *Developmental and Comparitive Immunology* **29**, 211–227.

Brown, W.M., Prager, E.M., Wang, A., Wilson, A.C. 1982. Mitochondrial DNA sequences of primates: tempo and mode of evolution. *Journal of Molecular Evolution* **18**, 225–239.

Bustamante, C.D., Fledel-Alon, A., Williamson, S. *et al.* 2005. Natural selection on protein-coding genes in the human genome. *Nature* **437**, 1153–1157. PMID: 16237444.

Cavalli-Sforza, L. L., Edwards, A. W. F. 1967. Phylogenetic analysis: models and estimation procedures. *American Journal of Human Genetics* **19**, 233–257.

Cox, A.L., Mosbruger, T., Mao, Q. *et al.* 2005. Cellular immune selection with hepatitis C virus persistence in humans. *Journal of Experimental Medicine* **201**, 1741–1752. PMID: 15939790.

Cunningham, C.W., Omland, K.E., Oakley, T.H. 1998. Reconstructing ancestral character states: a critical reappraisal. *Tree* **13**, 361–366.

Cutter A.D., Payseur B.A. 2013. Genomic signatures of selection at linked sites: unifying the disparity among species. *Nature Reviews Genetics* **14**(4), 262–274. PMID: 23478346.

Czelusniak, J., Goodman, M., Moncrief, N. D., Kehoe, S. M. 1990. Maximum parsimony approach to construction of evolutionary trees from aligned homologous sequences. *Methods in Enzymology* **183**, 601–615.

Darriba, D., Taboada, G.L., Doallo, R., Posada, D. 2011. ProtTest 3: fast selection of best-fit models of protein evolution. *Bioinformatics* **27**(8), 1164–1165. PMID: 21335321.

Darriba, D., Taboada, G.L., Doallo, R., Posada, D. 2012. jModelTest 2: more models, new heuristics and parallel computing. *Nature Methods* **9**(8), 772. PMID: 22847109.

Darwin, C. 1859. *The Origin of Species by Means of Natural Selection*. John Murray, London.

Dayhoff, M. O. 1978. *Atlas of Protein Sequence and Structure*. National Biomedical Research Foundation, Silver Spring, MD.

Dayhoff, M.O., Hunt, L.T., McLaughlin, P.J., Jones, D.D. 1972. Gene duplications in evolution: the globins. In: *Atlas of Protein Sequence and Structure 1972* (ed. Dayhoff, M.O.), National Biomedical Research Foundation, Washington, DC, Vol. 5.

Delport, W., Poon, A.F., Frost, S.D., Kosakovsky Pond, S.L. 2010. Datamonkey 2010: a suite of phylogenetic analysis tools for evolutionary biology. *Bioinformatics* **26**(19), 2455–2457. PMID: 20671151.

Desper, R., Gascuel, O. 2006. Getting a tree fast: Neighbor Joining, FastME, and distance-based methods. *Current Protocols in Bioinformatics* **Chapter 6**, Unit 6.3. PMID: 18428768.

Dickerson, R. E. 1971. Sequence and structure homologies in bacterial and mammalian-type cytochromes. *Journal of Molecular Biology* **57**, 1–15.

Dobzhansky, T. 1973. Nothing in biology makes sense except in the light of evolution. *American Biology Teacher* **35**, 125–129.

Doolittle, W.F. 1999. Phylogenetic classification and the universal tree. *Science* **284**, 2124–2129.

Durbin, R., Eddy, S., Krogh, A., Mitchison, G. 1998. *Biological Sequence Analysis*. Cambridge University Press, Cambridge.

Eck, R.V., Dayhoff, M.O. 1966. *Atlas of Protein Sequence and Structure*. National Biomedical Research Foundation, Silver Spring, MD.

Felsenstein, J. 1981. Evolutionary trees from DNA sequences: A maximum likelihood approach. *Journal of Molecular Evolution* **17**, 368–376.

Felsenstein, J. 1984. Distance methods for inferring phylogenies: a justification. *Evolution* **38**, 16–24.

Felsenstein, J. 1985. Confidence limits on phylogenies: An approach using the bootstrap. *Evolution* **39**, 783–791.

Felsenstein, J. 1988. Phylogenies from molecular sequences: Inference and reliability. *Annual Review of Genetics* **22**, 521–565.

Felsenstein, J. 1996. Inferring phylogenies from protein sequences by parsimony, distance, and likelihood methods. *Methods in Enzymology* **266**, 418–427.

Felsenstein, J. 2004. *Inferring Phylogenies*. Sinauer Associates, Sunderland MA.

Fitch, W.M., Margoliash, E. 1967. Construction of phylogenetic trees. *Science* **155**(3760), 279–284. PMID: 5334057.

Fitch, W.M., Ayala, F.J. 1994. The superoxide dismutase molecular clock revisited. *Proceedings of the National Academy of Science, USA* **91**(15), 6802–6807. PMID: 8041700.

Graur, D., Li, W.-H. 2000. *Fundamentals of Molecular Evolution*. Sinauer Associates, Sunderland, MA.

Guindon S., Dufayard, J.F., Lefort, V. *et al.* 2010. New algorithms and methods to estimate maximum-likelihood phylogenies: assessing the performance of PhyML 3.0. *Systematic Biology* **59**(3), 307–321. PMID: 20525638.

Haeckel, E. 1900. *The Riddle of the Universe*. Harper and Brothers, New York.

Hall, B. G. 2011. *Phylogenetic Trees Made Easy. A How-To for Molecular Biologists*. Sinauer Associates, Sunderland, MA.

Hennig, W. 1966. *Phylogenetic Systematics*. University of Illinois Press, Urbana.

Hillis, D. M. 1995. Approaches for assessing phylogenetic accuracy. *Systematic Biology* **44**, 3–16.

Hillis, D. M., Huelsenbeck, J. P. 1992. Signal, noise, and reliability in molecular phylogenetic analyses. *Journal of Heredity* **83**, 189–195.

Hillis, D. M., Bull, J. J. 1993. An empirical test of bootstrapping as a method for assessing confidence in phylogenetic analysis. *Systematic Biology* **42**, 182–192.

Hollich, V., Milchert, L., Arvestad, L., Sonnhammer, E.L. 2005. Assessment of protein distance measures and tree-building methods for phylogenetic tree reconstruction. *Molecular Biology and Evolution* **22**, 2257–6422.

Huelsenbeck, J.P., Larget, B., Miller, R.E., Ronquist, F. 2002. Potential applications and pitfalls of Bayesian inference of phylogeny. *Systematic Biology* **51**, 673–688. PMID: 12396583.

Ingram, V.M. 1961. *Hemoglobin and its Abnormalities*. Charles C. Thomas, Springfield, IL.

Jollès, J., Prager, E.M., Alnemri, E.S. *et al.* 1990. Amino acid sequences of stomach and nonstomach lysozymes of ruminants. *Journal of Molecular Evolution* **30**, 370–382. PMID: 2111849.

Jukes, T.H. 1979. Dr. Best, insulin, and molecular evolution. *Canadian Journal of Biochemistry* **57**(6), 455–458. PMID: 383230.

Jukes, T. H., Cantor, C. 1969. Evolution of protein molecules. In *Mammalian Protein Metabolism*. (eds H. N.Munro, J. B.Allison). Academic Press, New York, pp. 21–132.

Kimura, M. 1968. Evolutionary rate at the molecular level. *Nature* **217**, 624–626.

Kimura, M. 1980. A simple method for estimating evolutionary rates of base substitutions through comparative studies of nucleotide sequences. *Journal of Molecular Evolution* **16**, 111–120.

Kimura, M. 1983. *The Neutral Theory of Molecular Evolution.* Cambridge University Press, Cambridge.

Kolaczkowski, B., Thornton, J.W. 2004. Performance of maximum parsimony and likelihood phylogenetics when evolution is heterogeneous. *Nature* **431**(7011), 980–984. PMID: 15496922.

Korber B. (2000). HIV signature and sequence variation analysis. In *Computational Analysis of HIV Molecular Sequences* (eds A. G.Rodrigo, G. H.Learn), pp. 55–72. Kluwer Academic Publishers, Dordrecht, Netherlands.

Kumar S., Filipski, A.J., Battistuzzi, F.U. *et al.* 2012. Statistics and truth in phylogenomics. *Molecular Biology and Evolution* **29**(2), 457–472. PMID: 21873298.

Le, S.Q., Gascuel, O. 2008. An improved general amino acid replacement matrix. *Molecular Biology and Evolution* **25**(7), 1307–1320. PMID:18367465.

Leebens-Mack, J., Vision, T., Brenner, E. *et al.* 2006. Taking the first steps towards a standard for reporting on phylogenies: Minimum Information About a Phylogenetic Analysis (MIAPA). *OMICS* **10**, 231–237. PMID: 16901231.

Lemey, P., Salemi, M., Vandamme, A.-M. 2009. *The Phylogenetic Handbook: A Practical Approach to Phylogenetic Analysis and Hypothesis Testing*, 2nd edition. Cambridge University Press, Cambridge.

Li, W.-H. 1997. *Molecular evolution.* Sinauer Associates, Sunderland, MA.

Mar, J.C., Harlow, T.J., Ragan, M.A. 2005. Bayesian and maximum likelihood phylogenetic analyses of protein sequence data under relative branch-length differences and model violation. *BMC Evolutionary Biology* **5**, 1–20.

Margoliash, E. 1963. Primary structure and evolution of cytochrome *c. Proceedings of the National Academy of Science, USA* **50**, 672–679.

Margoliash, E., Smith, E.L. 1965. Structural and functional aspects of cytochrome c in relation to evolution. In *Evolving Genes and Proteins* (eds V.Bryson and H.J.Vogel), pp. 221–242. Academic Press, Inc., New York.

Mayr, E. 1982. *The Growth of Biological Thought. Diversity, Evolution, and Inheritance.* Belknap Harvard, Cambridge, MA.

Mossel, E., Vigoda, E. 2005. Phylogenetic MCMC algorithms are misleading on mixtures of trees. *Science* **309**, 2207–2209.

Nei, M. 1987. *Molecular Evolutionary Genetics.* Columbia University Press, New York.

Nei, M. 1996. Phylogenetic analysis in molecular evolutionary genetics. *Annual Review of Genetics* **30**, 371–403.

Nei, M., Gojobori, T. 1986. Simple methods for estimating the numbers of synonymous and nonsynonymous nucleotide substitutions. *Molecular Biology and Evolution* **3**, 418–426.

Nei, M., Kumar, S. 2000. *Molecular Evolution and Phylogenetics.* Oxford University Press, New York.

Nielsen, R. 2005. Molecular signatures of natural selection. *Annual Review of Genetics* **39**, 197–218.

Nuttall, G. H. F. 1904. *Blood Immunity and Blood Relationship.* Cambridge University Press, Cambridge.

Ohno, S. 1970. *Evolution by Gene Duplication.* Springer-Verlag, New York.

Penny, D., Foulds, L.R., Hendy, M.D. 1982. Testing the theory of evolution by comparing phylogenetic trees constructed from five different protein sequences. *Nature* **297**, 197–200.

Philippe, H., Laurent, J. 1998. How good are deep phylogenetic trees? *Current Opinion in Genetics and Development* **8**, 616–623.

Posada, D. 2006. ModelTest Server: a web-based tool for the statistical selection of models of nucleotide substitution online. *Nucleic Acids Research* **34**(Web Server issue), W700–W703.

Posada, D., Crandall, K. A. 1998. MODELTEST: Testing the model of DNA substitution. *Bioinformatics* **14**, 817–818.

Posada, D., Buckley, T.R. 2004. Model selection and model averaging in phylogenetics: advantages of akaike information criterion and bayesian approaches over likelihood ratio tests. *Systematic Biology* **53**, 793–808. PMID: 15545256.

Ray, S.C., Fanning, L., Wang, X.H. *et al.* 2005. Divergent and convergent evolution after a common-source outbreak of hepatitis C virus. *Journal of Experimental Medicine* **201**, 1753–1759. PMID: 15939791.

Rokas, A., Kruger, D., Carroll, S.B. 2005. Animal evolution and the molecular signature of radiations compressed in time. *Science* **310**, 1933–1938.

Ronquist, F. 2004. Bayesian inference of character evolution. *Trends in Ecology and Evolution* **19**, 475–481.

Ronquist F., Teslenko, M., van der Mark, P. *et al.* 2012. MrBayes 3.2: efficient Bayesian phylogenetic inference and model choice across a large model space. *Systematic Biology* **61**(3), 539–542. PMID: 22357727.

Sabeti, P.C., Schaffner, S.F., Fry, B. *et al.* 2006. Positive natural selection in the human lineage. *Science* **312**, 1614–1620. PMID: 16778047.

Saitou, N., Nei, M. 1987. The neighbor-joining method: A new method for reconstructing phylogenetic trees. *Molecular Biology and Evolution* **4**, 406–425.

Schmidt, H.A., von Haeseler, A. 2007. Maximum-likelihood analysis using TREE-PUZZLE. *Current Protocols in Bioinformatics* **Chapter 6**, Unit 6.6. PMID: 18428792.

Schmidt, H. A., Strimmer, K., Vingron, M., von Haeseler, A. 2002. Tree-Puzzle: Maximum likelihood phylogenetic analysis using quartets and parallel computing. *Bioinformatics* **18**, 502–504.

Simpson, G. G. 1952. *The Meaning of Evolution: A Study of the History of Life and of Its Significance for Man.* Yale University Press, New Haven.

Sneath, P.H.A., Sokal, R.R. 1973. *Numerical Taxonomy.* W.H. Freeman & Co., San Francisco.

Sokal, R.R., Michener, C.D. 1958. A statistical method for evaluating systematic relationships. *University of Kansas Science Bulletin* **38**, 1409–1437.

Spillane, C., Schmid, K.J., Laoueillé-Duprat, S. *et al.* 2007. Positive darwinian selection at the imprinted MEDEA locus in plants. *Nature* **448**, 349–352. PMID: 17637669.

Steel, M. 2005. Should phylogenetic models be trying to "fit an elephant"? *Trends in Genetics* **21**, 307–309.

Strimmer, K., von Haeseler, A. 1996. Quartet puzzling: A quartet maximun likelihood method for reconstructing tree topologies. *Molecular Biology and Evolution* **13**, 964–969.

Suzuki, Y., Glazko, G.V., Nei, M. 2002. Overcredibility of molecular phylogenies obtained by Bayesian phylogenetics. *Proceedings of the National Academy of Science, USA* **99**, 16138–16143.

Swofford, D. L., Olsen, G. J., Waddell, P. J., Hillis, D. M. 1996. Molecular systematics: Context and controversies. In *Molecular Systematics*, 2nd edition (eds D. M.Hillis, C.Moritz, B. K.Mable). Sinauer Associates, Sunderland, MA.

Tajima, F. 1993. Simple methods for testing the molecular evolutionary clock hypothesis. *Genetics* **135**, 599–607.

Tamura, K. 1992. Estimation of the number of nucleotide substitutions when there are strong transition-transversion and G+C-content biases. *Molecular Biology and Evolution* **9**, 678–687.

Tamura, K., Stecher, G., Peterson, D., Filipski, A., Kumar, S. 2013. MEGA6: Molecular Evolutionary Genetics Analysis version 6.0. *Molecular Biology and Evolution* **30**(12), 2725–2729. PMID: 24132122.

Taubenberger, J.K., Reid, A.H., Lourens, R.M. *et al.* 2005. Characterization of the 1918 influenza virus polymerase genes. *Nature* **437**, 889–893. PMID: 16208372.

Thornton, J. W., DeSalle, R. 2000. Gene family evolution and homology: Genomics meets phylogenetics. *Annual Review in Genomics and Human Genetics* **1**, 41–73.

Uzzell, T., Corbin, K.W. 1971. Fitting discrete probability distributions to evolutionary events. *Science* **172**, 1089–1096.

Whelan, S. 2008. Inferring trees. *Methods in Molecular Biology* **452**, 287–309. PMID: 18566770

Wilson, E. O. 1992. *The Diversity of Life.* W. W. Norton, New York.

Yang, Z. 2006. *Computational Molecular Evolution* (Oxford Series in Ecology and Evolution). Oxford University Press, New York.

Yang, Z., Rannala, B. 2012. Molecular phylogenetics: principles and practice. *Nature Reviews Genetics* **13**(5), 303–314. PMID: 22456349

Zar, J. H. 1999. *Biostatistical Analysis*. Fourth edition. Prentice Hall, Upper Saddle River, NJ.

Zhang, J., Gu, X. 1998. Correlation between the substitution rate and rate variation among sites in protein evolution. *Genetics* **149**, 1615–1625.

Zuckerkandl, E. 1987. On the molecular evolutionary clock. *Journal of Molecular Evolution* **26**(1–2), 34–46. PMID: 3125336

Zuckerkandl, E., Pauling, L. 1962. Molecular disease, evolution, and genic heterogeneity. In *Horizons In Biochemistry* (eds M.Kasha, B.Pullman). Albert Szent-Gyorgyi Dedicatory Volume. Academic Press, New York.

Zuckerkandl, E., Pauling, L. 1965. Evolutionary divergence and convergence in proteins. In *Evolving Genes and Proteins* (eds B.Bryson, H.Vogel). Academic Press, New York, pp. 97–166.

第 2 部分

DNA、RNA 和蛋白质在全基因组层次上的分析

第8章

DNA：真核染色体

科学是在自然现象之间建立因果关系（比如在一个基因突变与疾病之间）。仪器的发展使得我们更有能力去观察自然现象。因此，开发可提高我们观察自然现象能力的仪器在科学发展中起到了至关重要的作用，显微镜就是在生物领域的一个典范。自然界对于人类基因组发生了前所未有的改变：人类基因组更适合被描述为一个符号序列。除了如测序仪和DNA芯片阅读器等高通量仪器以外，计算机和相关软件也成为了观察基因组的仪器，从而导致了生物信息学的蓬勃发展。然而，由于我们（观察者）和被观察现象之间的隔离在增长（如从生物体到细胞到基因组），仪器可能只能通过现象所留下的印迹来间接地捕获现象。因此，我们需要对仪器进行校准：把现实与（通过仪器）观察到的现象之间的差别考虑进来。我们正在用仪器来观察基因序列；更具体地说，对计算机程序进行校准来识别人类基因组序列中的基因。

——Martin Reese 和 Roderic Guigó（2006，第一段），介绍 Encyclopedia of DNA Elements（ENCODE）项目

由于作为分隔序列（如包括假基因在内的基因间DNA）的唯一要求是非转录和/或非翻译，这些序列是不可能由于正向选择而产生的。我们的观点是它们是自然界实验失败的残留物。地球上散落了许多已灭绝物种的化石；我们的基因组中也充斥着已灭绝基因的残骸是否是一个奇迹？

——Susumu Ohno，《在我们的基因组中存在的如此多"垃圾"DNA》

（So Much "Junk" DNA in our Genome，1972，第368页）

 学习目标

通过阅读本章你应该能够：

- 定义真核基因组特征，比如 C 值；
- 定义重复 DNA 的五个主要类型和生物信息资源来学习它们；
- 描述真核基因；
- 解释调节区域的一些类别；
- 使用生物信息学工具比较真核 DNA；
- 定义单核苷酸多态性（SNPs）和分析 SNP 数据；
- 比较和对照测量染色体改变的方法。

8.1 引言

真核生物是以核膜包裹的细胞核和细胞骨架为特征的单细胞或多细胞生物。基因组DNA被组装成染

色体，在这一章节中，我们将从生物信息学的角度探索这一主题。本书后面章节中，我们将从包括酿酒酵母的真菌（第 18 章）开始介绍几个特定的真核生物基因组。然后，我们会从更广泛的角度来介绍真核生物（第 19 章），包括最简单原始的单细胞真核生物到植物和后生动物（动物）。

在第 15 章的开头，我们将介绍基因组学领域的五个基本角度。针对真核染色体，这五个观点如下所述。

角度 1：把基因组信息分类。我们考察基因组的大小、非编码 DNA（如重复 DNA）和编码 DNA（基因）。对于一个给定的基因组 DNA 片段，我们要解决注释问题：该片段上存在多少重复 DNA 序列，它们是什么类型？存在多少蛋白编码基因或 RNA 基因？

角度 2：对比较基因组信息进行分类。比较基因组学如何帮助我们理解随着时间推移所发生的染色体重塑？

角度 3：生物学法则。染色体功能和染色体突变（包括染色体重复、插入、易位）背后的内在机制是什么？更广泛地说，当我们考察基因组 DNA 时，我们想要回答物种进化的分子基础。

角度 4：与人类疾病的相关性。染色体变异是以什么方式与疾病相关的？

角度 5：生物信息学方面。从基因组浏览器到基因发现算法，哪些生物信息学工具可用于了解染色体？

在第 15 章中，我们会建议参与基因组学课程的同学完成一个项目。在这个项目里，他们要选择一个基因组或一个感兴趣的物种或一个基因，然后从这五个角度来进行分析。这些主题与美国国家基因组研究所的 Eric Green 和他的同事（Green 和 Guyer，2011）对于基因组学研究的未来所概括的远景是一致的。在他们的展望中，他们提出了五个顺序的但又互相有重叠的基因组研究领域：①了解基因组的结构；②理解基因组的生物学；③理解疾病的生物学；④推动医学科学的进步和⑤提高医疗的效力。本章节的内容对于我们理解基因组的结构及其生物学具有十分重要的意义，并可帮助进一步推动我们对疾病的理解。

> 真核生物的同义词包括 eucaryotae、eucarya、eukarya 和 eukaryotae。这个词源于希腊语 eu-（"真"）和 karutos（"有坚果"，这是指核）。目前有一个争论是否应该不再使用原核生物这个词。在它的位置，我们指的是细菌和古细菌。参见第 15 章中的讨论。

> 在 http://www.genome.gov/sp2011/（链接 8.1）了解更多有关基因组学的 NHGRI 战略计划。

真核生物与细菌、古细菌的主要区别

真核生物与细菌和古细菌有着相同的祖先，但当我们比较它们时，我们会发现它们有一些显著的区别（Vellai 和 Vida，1999；Watt 和 Dean，2000；Cavalier-Smith，2002；Katz，2012）。表 8.1 中列出在基因组特征上的一些不同之处。

• 细菌、古细菌和真核生物都有极其丰富多样的生命形式。只有很少的细菌或者古细菌的生命形式是可以被人的肉眼所看见的，而且很多真核生物也是单核的微生物。大多数我们能看到的生命形式是多细胞生物真核生物（如植物和动物）。

• 真核细胞具有细菌和古细菌所不具备的三个细胞特征：①一个由膜包被的核体；②一套由细胞内膜包被的细胞器系统；③细胞骨架，包括肌动蛋白、微管蛋白和分子马达等元件。注意，细菌和古细菌缺少产生能量的细胞器，不能进行细胞内吞。通过内吞，细胞外的物质可以进入细胞内（Vellai 和 Vida，1999）。

> 有性繁殖称为合子，即雄性和雌性配子的单倍体染色体结合形成合子（即受精卵）的过程。

• 大多数真核生物进行有性繁殖，但也有一些进行无性繁殖（比如蛭形轮虫）。细菌没有配子融合，不能通过性交换 DNA。

• 真核基因组的大小有很大差别，横跨了 5 个数量级（表 8.2）。相反，大多数古细菌和细菌的基因组大小都在 0.2～13Mb（见第 15 章和第 17 章）。81 36 A 6 3 5

• 细菌和古细菌基因组中大部分都是编码蛋白质的基因，只有很少的重复序列和非编码 DNA。例如，大肠杆菌基因组只有 0.7% 由非编码重复序列组成（Blattner 等，1997）。相反，很多真核基因组内包含了大量非编码 DNA。表 8.1 给出了一些例子。

表 8.1　几个完成测序的细菌和真核基因组的一些特征。摘自 Gardner 等 (2002)、Blattner 等 (1997)，International Human Genome Sequencing Consortium (2001，2004) 和 http://www.ensembl.org/

特征	E. coli K-12	Parasite[1]	Yeast[2]	Slime Mold[3]	Plant[4]	Human[5]
基因组大小/Mb	4.64	22.8	12.5	8.1	115	3324
GC 含量/%	50.8	19.4	38.3	22.2	34.9	41
编码基因数	4288	5268	5770	2799	25498	20774
基因密度/(kb/基因)	0.95	4.34	2.09	2.60	4.53	27
编码百分比	87.8	52.6	70.5	56.3	28.8	1.3
内含子数	0	7406	272	3578	107784	53295
重复/%	<1	<1	2.4	<1	14	46

①恶性疟原虫；②酿酒酵母；③盘基网柄菌；④拟南芥；⑤智人。

- 细菌和古细菌都是单倍体，即只有一套染色体。真核生物可以是单倍体、双倍体 (2×；有两套染色体) 或者其他倍数性 (如三倍体；3×)。这种高倍数性质给予了真核生物更多样的进化机制，如杂种优势 (Watt 和 Dean，2000)。
- 基因组的组织方式不同。大多数的细菌和古细菌基因组是环形的，并通常有伴随质粒 (图 17.1)。真核生物的基因组一般都被组织成线性的染色体。真核生物通常有多个染色体 (从几个到一百个不等)，每一条染色体有一个着丝点，并在两段各有一个端粒。细菌和古细菌的染色体中没有这些特征，但也有报道发现类似着丝粒的元件 (Hazan 和 Ben-Yehuda，2006)。细菌分离 DNA 的机制目前尚不清楚。

8.2　真核生物基因组和染色体的一般特征

C 值矛盾：为什么真核生物的基因组大小有如此大的差异

C 值以碱基对或皮克 (pg) 级 DNA 测量进行。一皮克 DNA 对应于约 1Gb。

真核生物的单倍体基因组大小 (C 值) 在不同物种间有很大的差异。表 8.2 显示了几个不同类别的真核生物基因组的 C 值范围，表 8.3 给出了部分真核生物基因组的 C 值大小。有些真核生物的基因组很小，例如小孢子虫 (Encephalitozoon cuniculi) (2.9Mb；第 18 章)，而有些真核生物的基因组则非常大，可有数千亿个碱基对。阿米巴原虫等单细胞原生生物的 C 值可有高达 20000 倍之多的巨大差异。动物界的 C 值差异大约在 3000 倍左右。

表 8.2　真核生物门或类的物种的基因组大小。注意，0.001Gb (吉比特) 等于 1Mb。将皮克数的值乘以 0.9869×10⁹ 以获得 Gb。改编自 Graur 和 Li (2000)，经 Sinauer Associates、Animal Genome Size Database of TR Gregory (http://www.genomesize.com) 和国家生物技术信息中心 (National Center for Biotechnology Information) (http://www.ncbi.nlm.nih.gov) 许可

分类	门，纲或分类	基因组大小范围(Gb)	基因组比(最高/最低)
所有真核生物	—	0.003~686	228667
囊泡虫类	—	—	22333
	顶复虫类	0.009~201	22333
	纤毛虫类	0.024~8.62	359
	鞭毛藻类	1.37~98	72
硅藻类		0.035~24.5	700
变形虫		0.035~686	19600
眼虫门		0.098~2.35	24
真菌/微孢子目		0.003~1.47	490

续表

分类	门, 纲或分类	基因组大小范围（Gb）	基因组比（最高/最低）
动物	—	—	3325
	海绵动物	0.059～1.78	30
	刺胞动物	0.227～1.83	8
	昆虫	0.089～9.47	106
	板鳃类	1.47～15.8	11
	多骨鱼	0.345～133	386
	两栖动物	0.93～84.3	91
	爬行动物	1.23～5.34	4
	鸟类	1.67～2.25	1
	哺乳类	1.7～6.7	4
	扁盘动物	0.04	—
植物	—	—	6140
	藻类	0.080～30	375
	蕨类	0.098～307	3133
	裸子植物	4.12～76.9	19
	被子植物	0.050～125	2500

表 8.3 各种真核物种的基因组大小（C 值）。改编自 Graur 和 Li（2000），经 Sinauer associates、NCBI（http://www.ncbi.nlm.nih.gov）、Cameron 等（2000）和 Database of Genome Sizes（http://www.cbs.dtu.dk/databases/DOGS/）授权

物种	常用名	C 值/Gb	物种	常用名	C 值/Gb
Saccharomyces cerevisiae	酵母	0.012	*Xenopus laevis*	非洲爪蟾	3.1
Neurospora crassa	真菌	0.043	*Homo sapiens*	人	3.3
Dysidea crawshagi	海绵	0.054	*Nicotania tabacum*	烟草植物	3.8
Caenorhabditis elegans	线虫	0.097	*Locusta migratoria*	飞蝗	6.6
Drosophila melanogaster	果蝇	0.12	*Paramecium caudatum*	纤毛虫	8.6
Paramecium aurelia	纤毛虫	0.19	*Allium cepa*	洋葱	15
Oryza sativa	稻	0.47	*Truturus cristatus*	疣螈	19
Strongylocentrotus purpuratus	海胆	0.80	*Thuja occidentalis*	西方巨头雪松	19
Gallus domesticus	鸡	1.23	*Coscinodiscus asteromphalus*	中心硅藻	25
Erysiphe cichoracearum	白粉菌	1.5	*Lilium formosanum*	百合	36
Boa constrictor	蛇	2.1	*Amphiuma means*	两趾蝾螈	84
Parascaris equorum	蛔虫	2.5	*Pinus resinosa*	加拿大红杉	68
Carcharias obscurus	沙虎鲨	2.7	*Protopterus aethiopicus*	石花肺鱼	140
Canis familiaris	狗	2.9	*Amoeba proteus*	变形虫	290
Rattus norvegicus	鼠	2.9	*Amoeba dubia*	变形虫	690

　　但出乎意料的是，C 值大小与生物的复杂程度之间并没有明显的相关性。该不相关性不仅在不同物种之间存在，例如洋葱（*Allium cepa*）基因组与人基因组，在表型非常相似的物种之间也存在。有些生物如 *Fugu rubripes*（一种河豚，基因组大小为 400Mb）具有极其紧凑的基因组，但是其近亲物种（如肺鱼 *Protopterus aethiopicus*，其基因组大小约为 130000Mb）在生物学上有相似的复杂度，但有大好几个数量级的基因组。这种相关性缺失的现象叫 C 值悖论（Hartl, 2000；Hancock, 2002；Kidwell, 2002；Knight, 2002）。

有关植物 *C* 值的在线数据库,请访问 http://data. kew. org/cvalues/(链接 8.2)。目前(2015 年 2 月)它列出了超过 8500 个物种的数据。动物基因组大小数据库(来自 T. Ryan Gregory)在 http://www. genomesize. com/(链接 8.3)。

通常在中期研究染色体,这时它们是最稠密的。对于人类研究,通常从血细胞或羊膜采集样品。使用染料或使用特定的 DNA 探针通过荧光原位杂交(FISH)方法,这是染色体可视化最常见的方法。

表意文字是核型的图表。核型是中期来自细胞的染色体的图像(通常是照片),其中每个染色体是一对姐妹染色单体。核型以数字顺序显示染色体,短臂(p 臂)向上定向。对于人类,短臂被称为"p"(对应"小"的法语),而 q 臂(长臂)被命名为在 p 之后的字母。染色体(和染色体核型)的在线数据库包括 Ensembl 基因组浏览器(http://www. ensembl. org/,链接 8.4),表意文献专辑(http://www. pathology. washington . edu/research/cyto-pages/链接 8.5)和 KaryotypeDB(http:// www. nenno. it/karyotypedb/,链接 8.6)。

缺失 11q 综合征导致三角形(三角形头)、鲤鱼形口和心脏缺陷(Jones,1997)。

许多真核生物的基因组都在 10 年前被测序完成,包括秀丽隐杆线虫(1998)、黑腹果蝇(2000)、人类(2001)以及小鼠(2002)(见第 15 章和第 19 章)。对这些基因组的全基因组水平的研究给 *C* 值悖论提供了一个明确的答案:基因组内充满了大量非编码 DNA 序列,从而导致了基因组大小存在巨大差异。一个主要的假说是,这些额外的在首次提出时被 Susumu Ohno(1972)称为"垃圾"的 DNA,对生物(或物种)的适应性很少或不发挥作用。当然,一些基因间区域包含某些调控基因表达等重要功能的 DNA 元件。对于大量的基因组 DNA 来说,要评估其是否有重要功能性作用的一种途径是测定 DNA 座有多大程度受到选择的约束。在人类基因组中,大约有 10% 被认为受到选择的约束使之在物种间保持保守。

上述对 *C* 值悖论的解释最近十年来已经在相当程度上被大家接受(Eddy,2012)。但 2012 年的 ENCODE 计划对该解释提出了质疑。下面,我们将讨论 ENCODE 计划对于 *C* 值悖论的解释及其与传统解释的不同之处。

真核生物基因组以染色体的形式组织

基因组 DNA 组织成多条染色体。起初,染色体从形态上被定义为细胞核在有丝分裂开始时解体所形成的主体,而该主体在有丝分裂结束时又会形成细胞核(Waldeyer,1888;Darlington,1932)。至 19 世纪 80 年代时,人们已经清楚细胞核是指导细胞分裂进程的细胞器,而且植物和动物都发生有丝分裂(Lima-de-Faria,2003)。要在细胞遗传学上看到染色体不是一件容易的事情。在 20 世纪 20 年代,有报道称人类有 48 条染色体,而直到 Joe Hin Tjio 和 Albert Levan(1956)报道称人类二倍体染色体的个数为 46 条,该说法才被纠正过来。

当我们在探索许多已被完全测序的真核生物基因组时,把染色体的结构和容量描述清楚对我们的工作会很有帮助。我们参照用 Wright 染液进行染色的人类细胞分裂中期的染色体核型[图 8.1(a)]。许多染料可以在染色体上产生带状染色,包括 Q 带(经过氮芥喹叶及其衍生物染色)和 G 带(经过 Giemsa 染料染色,Wright 染液就是其中的一种)。这些染液对整个染色体区域进行染色并产生特征性的带状染色。一个条带被定义为染色体上与周边区段在颜色上可明显区别(较深或较浅)的一个区域。

真核生物染色体有几个主要的特征。最明显的标志是两个端粒(染色体末端)和着丝粒。端粒是由染色体末端重复序列组成的串联结构。端粒通过防止染色体末端降解和阻止染色体末端融合来维持染色体的稳定性。很多染料都不能对着丝粒染色,其显示为一个缢痕。着丝粒可能是中间着丝(位于染色体中心区域)或者近端着丝(靠近端粒)。在人细胞中,五条染色体的着丝粒是靠近端粒的,分别是 13、14、15、21 和 22 号染色体。在一些物种内,如小鼠(Mus musculus),所有的染色体着丝粒都是靠近端粒的。

人类的 1~22 号染色体是常染色体,X 和 Y 染色体是性染色体。图 8.1(a)中的特定核型分析显示 11q 的染色体末端半合子性缺失。对于一个整倍体(正常的)个体,其每个细胞核里每一条常染色体都有两个拷贝,而在半合子缺失中仅有一个拷贝,纯合子缺失则没有拷贝。通过常规的核型分析,小至几百万碱基对的缺失或重复可以通过染色体带型肉眼观察到。图 8.1(b)显示 21 号染色体(约 48 Mb)有三个拷贝。

在细胞核内,染色体往往以散乱结构存在,并仅占据有限空间,该空间被称为染色体区。Meaburn 和 Misteli(2007)提供了染色体和基因组的空间组织形式的概述,包括使用染色体荧光探针来观察染色体形态。Trask(2002)、Speicher 和 Carter(2005)、Dolan(2011)和 South(2011)编写了人类细胞遗传学的概述。

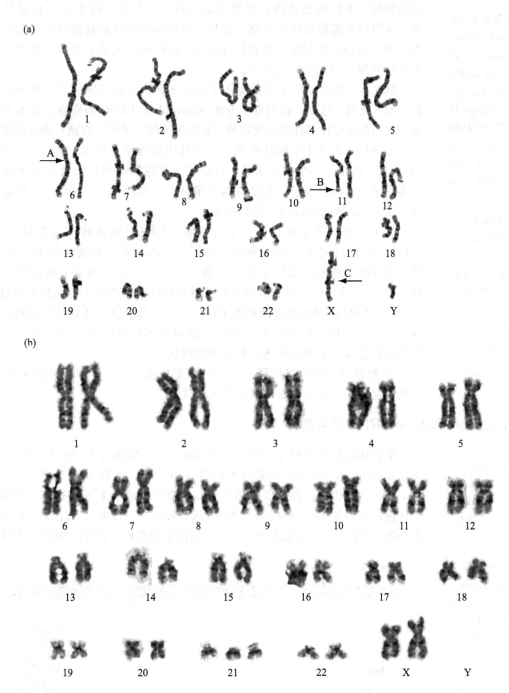

图 8.1　人类核型的实例。（a）图中所示染色体用 Wright 染色。着丝粒为染色体中的凹痕（参见箭头 A 和 C）。该染色体核型的来源人具有染色体 11q 端粒部分的半合缺失，导致数百万碱基对 DNA 的丢失（箭头 B）。（b）具有 21 三体综合征的女性的核型（唐氏综合征）。注意，图中 21 号染色体有三个拷贝。

使用基因组浏览器分析染色体

　　染色体的二倍数在每个物种中都是恒定的，但在个别水平上可能会存在变异。在第 18 章中我们将探索酿酒酵母的 16 条染色体，包括使用一些可提供图形展示的数据库如 NCBI、MIPS 和 SGD。人类染色体的二倍数是 46（也即在体细胞内有 23 对染色体）。其他一些物种的染色体核型图示可在线获得。

　　各种 DNA 数据库（第 2 章）存储了来自多个物种的数十亿甚至数万亿的 DNA 碱基对。对于一个特图谱查看器可以在 http://www.ncbi.nlm.nih.gov/mapview/（链接 8.7）上获得。dbVar 在 http://www.ncbi.nlm.nih.gov/dbvar（链接 8.8）；输入对 HBB 的查询，当浏览器打开时，单击轮形设置链接以从大量注释选项中进行选择。我们以前在第 2 章中介绍了 Genome Workbench（http://www.ncbi.nlm.nih.gov/tools/gbench/，链接 8.9），在第 9 章，我们展示了如何通过将 BAM 文件上传到该浏览器来查看下一代测序读段。

定的物种，不管其是真菌、植物还是动物，一个必不可少的工具是基因组浏览器。基因组浏览器可用来存储、收集、处理和展示原始数据及基于数据注释的分析结果。注释包含添加一些特征性信息，这些信息包括实验确定或者计算预测的重复序列或基因或变异位点等。

现在有一些基因组浏览器提供了对许多真核生物基因组在广度和深度上的覆盖，如下所列。这里，我们重点介绍 Ensembl 和 UCSC 的资源。在本书的第三部分，我们会介绍许多针对其他物种（如后生动物、植物、真菌）的基因组浏览器。

① NCBI 为几十个物种提供了一个地图浏览器（Map Viewer）（Wolfsberg，2011）。它包括了一个图形示意、可添加或删除的数据轨以及把每个基因对应到许多数据库资源的链接。它还有基因组结构变异数据库（dbVar）和基因组工作台（Genome Workbench）的浏览器。

② Ensembl 计划提供了一个包含很多注释数据的地图浏览器（Flicek 等，2014）。人类 11 号染色体的视图包括了其基因组特征概要，如 GC 含量、SNPs 和编码基因与非编码基因的含量［图 8.2（a）］。链接到基于染色体位置的浏览器［图 8.2（b）］后，可查看或下载数百个特征数据轨以进行细致的染色体分析。

③ UCSC 基因组浏览器提供了一个入口可选择感兴趣的基因组和染色体区域（Kuhn 等，2013；Meyer 等，2013）。基因组浏览器的主页面提供了对感兴趣染色体的描述及一系列用户选择的注释数据轨。

④ 脊椎动物基因组注释（Vega）数据库提供了一个基因组浏览器，提供了一些特定脊椎动物基因组的高质量人工注释。

利用 BioMart 和 biomaRt 分析染色体

Ensembl（http://www.ensembl.org，链接 8.10）是 EMBL-EBI 和 Sanger 研究所之间的联合项目。

染色体的数据也可以表格的形式获得。一个资源是 UCSC 的表格浏览器，它可以提供 UCSC 基因组浏览器底层的表格。另一个资源是 BioMart，可以通过 Ensembl 主页访问。你可以使用 BioMart 来应对成千上万的查询。例如，给定 5 个球蛋白基因的 HGNC 代号（如 HBB、HBD、HBE1、HBG1 和 MB），我们想知道它们的 GC 含量是多少，它们在蛋白质数据库（PDB）中的标识符是什么？

UCSC 基因组生物信息学站点是 http://genome.ucsc.edu/（链接 8.11）。我们在本章中进一步探讨，并且已经看到基因组和表浏览器和 BLAT 的实例（图 2.12、图 5.14、图 5.16、图 6.10）。

(a) Ensembl:染色体概要

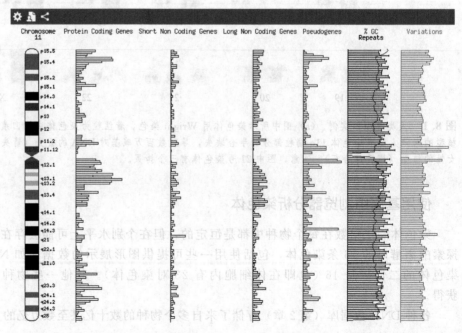

(b) Ensembl: 区域概述

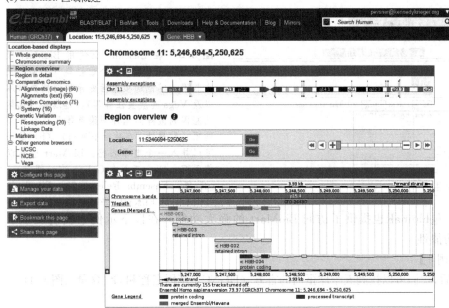

Vega 可以在 http://
vega. sanger. ac. uk/
（链接 8.12）上获得。

图 8.2　使用 Ensembl（版本 73，2013 年 9 月）的人类 11 号染色体的视图。这是几
个主要基因组浏览器（UCSC 和 NCBI）之一，提供了非常广泛的查看和分析选项。
(a) 11 号染色体的概述。可以点击齿轮状"Configue（配置）"图标（左上角）来更
改设置（例如添加或重新格式化数据集）。(b) 水平方向的表意图形（上部）显示了
11 号染色体，红色条表示 HBB（在本例中搜索的基因）的位置。区域概览（右下图）
包括了 HBB 外显子。注意有 155 个数据轨目前是被关闭的。这些都可以通过齿轮形
状的链接来访问。左侧栏包括了大量附加显示选项。数据可以被导入或导出。此外，
有丰富的选项可以对页面配置，并有导向其他浏览器的链接
　　　　［来源：Ensembl Release 73，Flicek 等（2014）；经 Ensembl 许可转载］

在 BioMart 主页上进行如下操作。①选择一个数据库（我们选择 Ensembl Genes73）。②选择一个数据集
（我们选择 Homo Sapiens 基因，GRCh37. p12 为 GRC 人类基因组组装的当前版本）。③选择过滤选项。
这确定了输入信息。在基因（Gene）栏，选择"ID list limit（ID 列表限制）"并输入 5 个球蛋白基因符
号［图 8.3（a）］。你也可以上传包含感兴趣条目的一个文本文件。注意，在下拉菜单中，你必须指定 HG-
NC 代号。④选择属性。这些是我们所希望搜索的。在 Gene＞Ensembl 下选择 Ensembl Gene ID 和 GC%含
量。在 External＞External References 下，选择 HGNC 基因符号和 PDB ID。⑤点击计数。如预期我们获得了
5 个基因的输出结果。点击结果，我们查询的数据可以被查看［图 8.3（b）］或以多种表格格式下载。

(a) Ensembl的BioMart: 特殊的过滤器(输入你想要使用的查询)

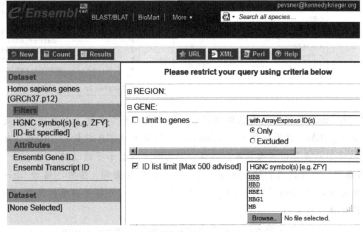

图 8.3

(b) BioMart输出

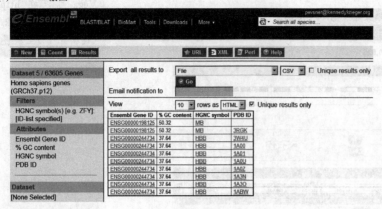

图 8.3 在 Ensembl 上使用 BioMart 服务。(a) 用户选择一个数据集(例如,人类基因;其他选项包括变异和调控数据库以及 Vega 高质量注释等)、过滤器(包括从基因到微阵列元件到染色体区域等许多选项)和属性(有数千个可用)。(b) 结果可以导入一个电子表格。BioMart 也可以使用 Get Data 工具在 Galaxy 内访问[来源:Ensembl Release 73,Flicek 等(2014);经 Ensembl 许可转载]

> GRC 是指基因组研究联盟(参见第 15 和 20 章)。

R 包 biomaR 也提供了访问 BioMart 的强大功能。在以下示例中我们展示了其多功能性。

【例1】

给定一组 NCBI 基因标识符后,我们可以找到五个球蛋白的官方(HGNC)基因名称和 GC 含量(图 8.4)。

> 使用过时或不正确的基因符号分析基因是令人惊讶的常见错误。当我们选择诸如 HBG1 和 MB 的基因符号时,我们可以通过将它们单独输入到 http://www.genenames.org(链接 8.13)中来确定它们是官方的 HGNC 符号。或者,我们可以在 BioMart 或 biomaRt 中添加查询它们,如本节所述,甚至分析具有成千上万个基因符号的文本确定所有的基因符号的确是正确的。

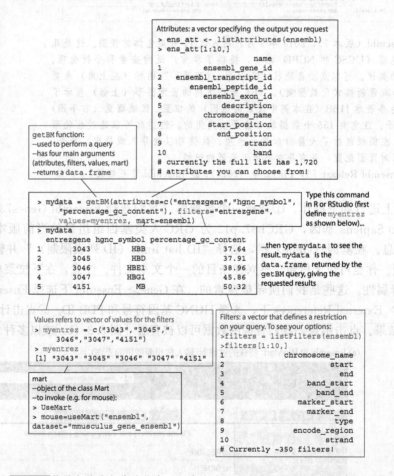

图 8.4 使用 R 包 biomaRt 获得有关染色体的信息。图中央有两个方框。上面的方框定义了输出文件名(我们称之为 mydata)和命令 getBM。我们提供了 attributes(我们要求的信息向量),filters(对查询的限制),values(定义查询)和 mart(我们希望查询的数据库)的值。下面的方框显示了通过键入 mydata(然后按回车键)得出的结果。biomaRt 非常通用,允许跨越物种和数据库进行成千上万的查询。注意,诸如 filter(紧接着按下回车键)之类的命令显示特定文件,而 filter [1:10,] 显示特定的行和列(方括号内给出范围);此处显示行 1:10,并且由于未输入列值,默认显示所有列

(资料来源:R 基金会,从 http://www.r-project.org)

我们首先安装 R 和 RStudio，然后指定希望使用的 R 包。

　　要进行查询，我们将使用getBM函数。这需要我们组合四个主要参数：①属性（我们想要产生的查询结果输出）；②过滤（用来限制输入的过滤向量，例如仅在特定染色体或数据库或物种上进行搜索）；③用于过滤的值，例如基因标识符的向量；和④mart，我们使用useMart创建 mart（例如，搜索 Ensembl 或 Vega）。下面的 R 命令以红色（＞）的提示符开始；命令是蓝色的，注释是绿色的，前方带有一个标记符 ♯。

首先，访问 biomaRt 页面：http://www.bioconductor.org（链接 8.14）。它包括下载 biomaRt 和小插件的说明。你也可以使用 RStudio 安装软件包。下面的例子是从 biomaRt 网站改编的。在线文档 8.1（在 http://bioinfbook.org/chapter8），下面的 R 代码作为文本文件是可以使用的（所以你可以将命令粘贴到你自己的 R 会话窗口）。

```
> source("http://bioconductor.org/biocLite.R")
> biocLite("biomaRt")
> library("biomaRt")
# We need to choose a BioMart database.
> listMarts()
# Choices include ensembl, vega, unimart, or many others.
> ensembl <- useMart("ensembl")
> listDatasets(ensembl)
# We can browse the datasets and select human
> ensembl = useDataset("hsapiens_gene_ensembl", mart=ensembl)
```

　　我们需要选择一个或多个过滤器来限制我们查询到的感兴趣的领域，如一个染色体，一个区域或一组标识符。首先我们来看看可用的过滤器。

```
> filters = listFilters(ensembl)
# Look at the first seven rows of filters,
# then at the last few rows with the tail function.
> filters[1:7,]
     name                        description
1    chromosome_name             Chromosome name
2    start                       Gene Start (bp)
3    end                         Gene End (bp)
4    band_start                  Band Start
5    band_end                    Band End
6    marker_start                Marker Start
7    marker_end                  Marker End
> tail(filters)
     name                        description
296  with_transmembrane_domain   Transmembrane domains
297  with_signal_domain          Signal domains
298  germ_line_variation_source  limit to genes with germline variation
                                 data sources
299  somatic_variation_source    limit to genes with somatic variation
                                 data sources
300  with_validated_snp          Associated with validated SNPs
301  so_parent_name              Parent term name
```

　　因此，大约有 300 个过滤器可供选择。接下来我们查看输出的可用属性：

```
> attributes = listAttributes(ensembl)
> attributes[1:5,]
     name                   description
1    ensembl_gene_id        Ensembl Gene ID
2    ensembl_transcript_id  Ensembl Transcript ID
3    ensembl_peptide_id     Ensembl Protein ID
4    ensembl_exon_id        Ensembl Exon ID
5    description            Description
> tail(attributes)
     name                   description
1144 phase                  phase
1145 cdna_coding_start      cDNA coding start
1146 cdna_coding_end        cDNA coding end
1147 genomic_coding_start   Genomic coding start
1148 genomic_coding_end     Genomic coding end
1149 is_constitutive        Constitutive Exon
```

图 8.4 中的分析值是通过创建具有 Entrez 基因标识符列表的文件来获得的。然后我们准备执行搜索：

```
> mydata = getBM(attributes=c("entrezgene","hgnc_symbol", "percentage_gc_content"), filters=
  "entrezgene", values=myentrez,mart=ensembl)
```

这个脚本将创建一个名为mydata的文件（你可以为它命名为任何名称）。getBM函数执行查询。属性指定你要查询的输出，我们在本例中使用的人类 Ensembl 数据集，有 1720 种不同类型的信息可以获取。在这个特定的例子中我们查询的值是我们五个基因的 NCBI Entrez 标识符。

【例 2】

位于人类 21 号染色体的基因的 HGNC 基因标识符是什么？

```
> chrom=21
# You could use chrom=c(21,22) to specify two chromosomes
> getBM(attributes="hgnc_symbol", filters="chromosome_name", values=chrom,mart=ensembl)
  hgnc_symbol
1   MIR548X
2   PPI AP22
3   SLC6A6P1
# We truncate this output of HGNC symbols from chromosome 21.
```

【例 3】

在 11 号染色体 *HBB* 基因周围的 100000 个碱基对区域中的 Ensembl 基因是什么？它们所在染色体带是什么？是什么链？它们是什么类型的基因？

```
> getBM(c("hgnc_symbol","band","strand","gene_biotype"),
  filters=c("chromosome_name","start","end"),
  values=list(11,5200000,5300000), mart=ensembl)
   hgnc_symbol    band      strand      gene_biotype
1                 p15.4     1           antisense
2                 p15.4     -1          misc_RNA
3  HBBP1          p15.4     -1          pseudogene
4                 p15.4     -1          sense_overlapping
5  OR52A1         p15.4     -1          protein_coding
6  OR51V1         p15.4     -1          protein_coding
7  HBB            p15.4     -1          protein_coding
8  HBD            p15.4     -1          protein_coding
9  HBG1           p15.4     -1          protein_coding
10 HBG2           p15.4     -1          protein_coding
11 HBE1           p15.4     -1          protein_coding
```

注意：我们可以增加更多的属性信息（如，在 "band" 后增加 "start_position"，"end_position"）。

【例 4】

人类 11 号染色体 100000 个碱基对区域的基因在大鼠的同源物是什么？

```
> getBM(c("rnorvegicus_homolog_ensembl_gene"),
  filters=c("chromosome_name","start","end"),
  values=list(11,5200000,5300000), mart=ensembl)
 [1] "ENSRNOG00000029978" "ENSRNOG00000015940"
"ENSRNOG00000049424" "ENSRNOG00000047098"
 [5] "ENSRNOG00000048955" "ENSRNOG00000031230"
"ENSRNOG00000048992" "ENSRNOG00000030879"
 [9] "ENSRNOG00000030784" "ENSRNOG00000029286"
```

【例 5】

在人类 11 号染色体的 50kb 区域中，有哪些旁系基因？因为这个区域包括 β 球蛋白基因，所以我们可能还期望能获得包括在 16 号染色体位置上的 α 球蛋白基因。

对于某些查询，使用 BioMart（或其他基于在线的软件）就足够了。在许多其他情况下，特别是当我们有一组包含许多基因（或任何其他感兴趣的特征）的列表时，使用诸如biomaRt的程序会更容易。通过使用脚本，你搜索出错的可能性会更小，结果会保存到一个文件中，方法更可能是可重复的，数据在 R 中也可以很容易地绘制成图表（例如，计算机实验练习 8.3、8.4 和 8.11）。

```
> getBM(attributes=c("hsapiens_paralog_chromosome",
+ "hsapiens_paralog_chrom_start","hsapiens_paralog_chrom_end"),
filters=c("chromosome_name","start","end"),
values=list(11,5250000,5300000), mart=ensembl)
  hs_paralog_chromosome hs_paralog_chrom_start hs_paralog_chrom_end
1     NA        NA           NA
2     16        202686       204502
3     16        222846       223709
4     16        230452       231180
5     16        226679       227521
6     16        203891       216767
7     11        5253908      5256600
8     11        5289582      5526847
9     11        5274420      5667019
10    11        5269313      5271122
11    11        5246694      5250625
# The + sign indicates a line break in the R code
# For clarity the column titles hsapiens… are truncated to hs…
```

利用 ENCODE 计划分析染色体

　　人类基因组序列的初始版本是由公共联盟（国际人类基因组测序联盟，International Human Genome Sequencing Consortium，2001）和 Venter 等（2001）分别公开发表。显然，对基因组 DNA 序列的功能元件进行注释是异常复杂的。DNA 元件百科全书（The Encyclopedia of DNA Elements，ENCODE）旨在研究人类和其他基因组的特性（ENCODE 项目联盟，2004）。ENCODE 项目联盟等（2007）在一篇有超过 250 名共同作者的文章里，发表了关于 1% 的基因组的发现，表明有 35 个研究组建成了 200 多个数据集，共选择了人类基因组的 44 个区域，跨越了 3000 万碱基。在生产阶段，ENCODE 项目联盟等（2012）报道了关于整个基因组的发现，并在同一时间发表了 30 篇文章。

　　接下来，我们介绍 ENCODE 计划的内容、他们主要的结论以及你可以在哪里发现、分析、研究 ENCODE 的数据和著作。

　　① ENCODE 计划的内容。ENCODE 项目的目标是生成一个人类基因组（以及模式生物如果蝇、蠕虫和小鼠的基因组）中所有功能元件的综合目录，重点在于对大量不同的细胞类型进行大范围实验。自 2015 年起，进行了大约 4600 次实验，实验重点在大量不同细胞类型上进行广泛的研究。这个项目的关键在于其专注于功能元件，这些功能元件被定义为编码 RNA 或蛋白质的基因组片段或具有生物化学特征（例如染色质修饰）的基因组片段。对功能的强调使该项目可能与其他产生 DNA 序列的方法形成对比。两种基本方法（测序/注释基因组 DNA 和定义 DNA 中的功能元件）可以用于构建丰富的 DNA 元件目录（如基因结构或重复 DNA 元件）。ENCODE 项目的内容包括重新定义基因（参见本章末尾）和转录（参见第 10 章关于 RNA 的专题）的含义。

modENCODE 项目网站是 http://www.genome.gov/modencode/（链接 8.15）。

访问 UCSC 的 ENCODE 网站：http://genome.ucsc.edu/ENCODE/（链接 8.16）。所赞助 ENCODE 项目的国家人类基因组研究在 http://www.gengen.gov/10005107（链接 8.17）上提供了信息。参见自然网站 http://www.nature.com/encode/（链接 8.18）。

　　② ENCODE 的主要结论。Stamatoyannopoulos（2012）提供了关于 ENCODE 项目的主要结论概述，以及它的重要性和未来方向。结论如下所示（来自 ENCODE 项目联盟等，2007，2012）：

　　a. 人类基因组被广泛地转录。我们将在第 10 章讨论这个话题。虽然外显子序列在基因组中小于 3%，但 RNA 转录物则是从 62% 的基因组中产生的。

　　b. 人类基因组序列的 80.4% 是功能性活跃的，功能性活跃是指至少有一种 RNA 和/或染色质相关事件参与到至少一种细胞类型。这可能是 ENCODE 项目的主要单一结论，反对意见已经提出（见下一节）。先前的估计表明大约 10% 的人类基因组是功能性活跃的（如 Smith 等，2004），而不是 ENCODE 项目认为的 80.4% 的人类基因组。事实上，ENCODE 联盟认为，80.4％的估计是保守的，因为并没有进行所有细胞类型或生理条件的实验。

c. 鉴定出了许多新的非编码转录物，其中有些与编码蛋白质基因重叠，表征一组长的非编码 RNA（Derrien 等，2012）。

d. 详细鉴定和表征出了新的转录起始位点。围绕转录起始位点的调节序列是对称分布的。之前，人们认为有一个偏向基因上游的调节序列。

e. 组蛋白修饰和染色质可及性预测的转录起始位点的存在和活性。基因组中 56.1％的序列富含组蛋白修饰。

f. 由 ENCODE 定义的功能元件占人类基因组的 80.4％。如果我们排除 RNA 元件和组蛋白元件，那么功能元件占基因组的 44.2％。这些区域包含转录结合位点以及由随着下一代测序（ChIP-Seq）染色质免疫共沉淀定义的 DNA 结合位点。该联盟报道了 410 万对 DNase I 内切酶高度敏感的位点并估计这是真实总数的一半。

g. 人类基因组中 5％的核苷酸处于哺乳动物的进化约束。在这些受限碱基中，有实验证据的功能约 60％，并不是所有处于进化限制下的基因都能被实验证明其功能性。

ENCODE 已经扩展到小鼠基因组（Mouse ENCODE Consortium 等，2012）。它还包括模式生物（modENCODE）项目，其产生了果蝇基因组（黑腹果蝇）和线虫（Caenhorabditis elegans）的详细功能注释。我们将在第 19 章描述这些项目。

③ 如何找到 ENCODE 数据。UCSC 基因组生物信息学网站是浏览和挖掘 ENCODE 数据的重要资源库（Rosenbloom 等，2013）。它还支持下载原始数据和处理后的数据文件。还有许多数据集在 NCBI 的 GEO 数据库和 NCBI 的 SRA 数据库中可获得。Nature 杂志还提供了一个广泛的 ENCODE 浏览器，这个浏览器拥有许多资源包括已发表论文的链接。ENCODE 项目联盟（2011）也提供了针对项目的用户指南。

ENCODE 的评论文章：重提 C 值悖论以及功能定义

ENCODE 计划联盟等（2012）已经提出了一些质疑，他们声称 80.4％的人类基因组的是具有功能的，而且垃圾 DNA 的概念已经过时。这种争论凸显了功能的不同定义。

一个反对意见是，垃圾 DNA 可能具有生物化学活性［如 ENCODE 计划（图 8.5）所描述的］，但不具有进化意义上的功能（Niu 和 Jiang，2013）。ENCODE 定义的功能并不区分生物学上重要的活性（例如一个球蛋白基因编码一个球蛋白）和在"垃圾" DNA 中发现的活性，例如组成人类基因组一半的转座元件的活性。

Sean Eddy（2012）指出，按照 ENCODE 的生物化学活性的定义，填充人类基因组大量区域的转座子是被预期具有生物化学功能的：许多转座序列被活跃地转录和调节，并且它们也被一些宿主介导的染色质修饰所活跃地抑制。Eddy（2013）对比了两种观点：①特异的、可再现的生化现象一定具有生物学意义上的功能；②生物学是"嘈杂的"并且背景生物化学活性是可以被接受的。为了检测这些模型，他提出了一个随机基因组计划，将一百万个随机合成的 DNA 碱基引入细胞。他预测它将展示出如 ENCODE 计划所报道的那样具有功能的生物化学性质（例如转录、转录因子结合、组蛋白修饰），尽管这些功能将不具有生物学意义。他预测，这些作用甚至会是细胞类型特异性的，因为每个细胞都有自己的调节机制。其实，Eddy 提出的阴性对照实验很可能揭露了 ENCODE 的假阳性结果。Niu 和 Jiang（2013）和 Graur 等（2013）也从具有进化意义的功能中区分出了 ENCODE 定义的生化功能。

Ford Doolittle（2013）提出了一个不同思路的实验。假设 ENCODE 计划扩展到一组紧凑的小基因组（例如红鳍东方鲀，400Mb）和大基因组（例如，肺鱼或各种巨型植物或原生生物基因组）。他预测两个可能的结果。首先，功能元件的数量在不考虑 C 值的情况下可以是恒定的（类似地，蛋白质编码基因的数量通常不与基因组大小成比例）。在该结果中，每千个碱基的功能元件的密度很大程度上将在如此大的基因组中变小，还将被大量的垃圾 DNA 包围。第二个结果是由 ENCODE 定义的功能元件数目与 C 值成比例增加（不依赖于生物体的复杂度）。肺鱼有比红鳍东方鲀（Takifugu）紧凑的小基因组大 300 倍的基因组和多 300 倍的功能元件，能认为肺鱼比红鳍东方鲀有更大的生物复杂度吗？

这些关注点使得 Doolittle（2013）以及 Niu 和 Jiang（2013）、Graur 等（2013）和 Eddy（2013）考虑到了功能的定义。一种定义暗示了进化选择效应：一种性状（或基因组特征）的功能反映了其曾经（或正在）受到正向自然选择的效应。*FOXP2* 是人类谱系中的基因，与语言行为相关（Lai 等，2001）。虽然在其他脊椎动物中它是保守的，但是在人类中它在语言行为中是被自然选择的，具有选择性功能。如果一些效应是偶然发生的（例如，直立行走的灵长类动物的下背痛），我们不把它们叫做"功能"。从序列角度来看，我们通常通过检测进化保守性来推断其受到的选择作用。

第二种定义功能的方式是基于因果作用。元件常常通过被切除进行研究：如果一段 DNA 区域被删除（或阻止其固有活性，如阻止表达），某些效应随之消失，我们可以为这个 DNA 元件指定一个因果关系。Doolittle 建议大多数生物学家将显示这样因果关系的实验作为提供一种选择效应的间接证据。Graur 等（2013）引用了 DNA 序列 TATAAA 的实例。这段序列具有我们熟悉的由自然选择维持的选择效应功能，即结合转录因子。如果出现另一个由突变产生的序列碰巧与 TATAAA 非常相似，它可能结合转录因子（具有基于因果作用的功能），但不具有任何适应性或非适应性效应（因此不具有选择效应功能）。

功能的第三个定义基于存在事件（用评论家的话来说）。一个结构或元件因为存在，所以必须是具有功能的，无论其是内含子、Alu 元件，或内源性逆转录病毒。这些多样的元件可以被活跃地转录。Doolittle 觉得这种仅仅基于存在的功能定义，就是 ENCODE 联盟定义了超过 80% 的基因组具有功能的主要意义。对于 Graur 等（2013）来说，根据基于活性的功能定义，人类基因组可以认为是由 100% 的功能 DNA 组成的，因为 100% 的 DNA 通过 DNA 多聚酶被转录。这会把 ENCODE 的结论扩展到荒谬的程度。我们将在第 12 章和第 14 章重新回到定义功能的主题。

> TATAAA 通常在多腺苷酸化位点的上游发生。

8.3 真核生物染色体的 DNA 重复片段

真核生物基因组包含非编码和重复 DNA 序列

> 我们回到第 12 章中定义功能的主题（在蛋白质功能的上下文中，见图 12.18）。在第 14 章中，我们讨论功能的定义和功能的方法（涉及 ENCODE 项目和其他来源）；见图 14.17。

细菌和古细菌的基因组具有基因和额外的、相对较小的基因间区。通常，这些基因组是环形的，且基因组 DNA 中每 1000 个碱基对的长度中就几乎有一个基因（第 17 章，表 8.1）。相反地，真核生物基因组包含了小部分的蛋白质编码基因和大量的非编码 DNA。这些非编码物质包括重复 DNA、编码具有各式功能 RNA 的基因、打断外显子且来自成熟 RNA 转录本的剪接的内含子，以及基因间区。

重复 DNA 序列可以占据真核基因组的极大部分（Richard 等，2008）。这些序列由不同长度的重复核苷酸组成（Jurka，1998）。我们也将在分析人类基因组时讨论这些重复性序列（第 20 章）。在哺乳动物中，多达 60% 的基因组 DNA 是重复的，在一些酵母中也达到了 20%。在真核生物的 DNA 中识别出重复DNA 元件对于基因组分析是非常重要的。这些重复序列可以对基因组的结构产生巨大的影响，包括染色体重排及调控转录的能力。它们通常对疾病非常重要，在删除或复制染色体片段的重组中扮演底物的角色。重复序列也在基于来自不同物种的比较基因组分析的进化研究中作为"分子化石"起到作用（第 20 章）。

> Britten 和 Kohne（1968）使用几种技术区分单链和双链 DNA，例如羟基磷灰石色谱（磷酸钙柱），放射性标记的 DNA 片段与固定化 DNA 滤膜上的 DNA 结合，以及分光光度法。DNA 重新结合的速率是孵育时间 t 和 DNA 浓度 C_0 的函数。$C_0 t$ 图显示了保持单链的 DNA 片段与 $C_0 t$ 值的比值，它是图 8.6 所示数据的基础。

Britten 和 Kohne（1968）进行了一些定义真核生物 DNA 重复序列特性的最早的实验。他们从很多物种中纯化出基因组 DNA，剪断，并分离双链。在合适的盐度、温度、时间条件下，对 DNA 链重退火。他们检测了 DNA 重连率，发现不少真核生物（但是几种病毒或细菌并没有）DNA 重连成几个不同的片段。许多真核生物 DNA 重连得极快。对于小鼠的基因组来说，有 10% 的基因组 DNA 快速重连，包含了大约 100 万份拷贝（图 8.6，箭头 A）。这些高度重复的DNA 序列位于染色体的被称为异染色质的高度浓缩部分（Redi 等，2001；Avramova，2002）。另外 20% 的 DNA 重连成含 1000～100000 份不同 DNA 种类的片段（箭头 B）。最后，70% 的 DNA 序列是唯一的，只含有一个单拷贝（箭头 C）。这些 DNA 组成常染色质，在染色体里处于并不高度浓缩的部位，因此是可以转录的基因。染色体的带型（图 8.1）对应着异染色质和常染色质的区域。异染色质区域缺乏（或活跃地抑制）基因表达，尽管一些表达基因已经在很多物种（从果蝇到人类）的异染色质区域被发现（Yasuhara 和 Wakimoto，2006）。

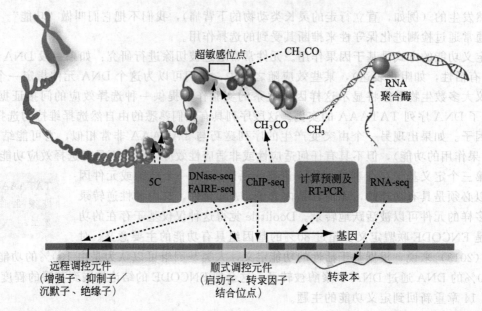

超敏感位点　　CH₃CO

CH₃CO

RNA
聚合酶

CH₃

| 5C | DNase-seq FAIRE-seq | ChIP-seq | 计算预测及 RT-PCR | RNA-seq |

基因

远程调控元件
（增强子、抑制子/
沉默子、绝缘子）

顺式调控元件
（启动子、转录因子
结合位点）

转录本

图 8.5　ENCODE 计划旨在归纳收录人类基因组（以及小鼠、果蝇和线虫的基因组）中的功能元件。收录内容包括控制生物过程如转录的调控 DNA 元件，以及在 RNA 和蛋白质水平上起作用的元件。该图展示了一条带 DNA 解旋的染色体（左上），显示了被 ENCODE 计划使用的技术类型：5C（染色体构象捕获碳拷贝）、DNA-seq、FAIRE-seq、ChIP-seq、反转录多聚酶链反应（RT-PCR）和 RNA-seq

（来源：ENCODE，由 UCSC 提供）

Barbara McClintock 在 1983 年被授予了一项诺贝尔奖，因为她发现了玉米（Zea mays）中的移动遗传元件。你可以在 http://www.nobel.se/medicine/laureates/1983/（链接 8.20）上了解更多关于这一开创性工作的信息。

Dfam 可在 http://dfam.janelia.org/（链接 8.19）获取。

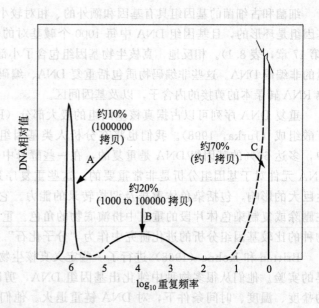

图 8.6　基因组 DNA 的复杂度可以通过变性然后复性 DNA 来估计。该图（来自 Britten 和 Kohne，1968 的重新绘制）描绘了小鼠基因组 DNA 的相对数量（y 轴）与重复 DNA 频数的对数。数据源自 $C_0 t_{1/2}$ 曲线，其描述了在特定时间和 DNA 浓度时，基因组 DNA 的百分比。大的 $C_0 t_{1/2}$ 值意味着较慢的重连反应。很明显有三种类型。快速重连的成分占小鼠基因组 DNA 的 10%（箭头 A），并且表示高度重复的卫星 DNA。中间成分占小鼠基因组 DNA 的约 20%，并且包含具有 1000 至 100000 拷贝的重复序列。慢速重连成分，占小鼠基因组的 70%，对应独特的单拷贝 DNA。尽管在物种之间存在明显的差异，Britten 和 Kohne（1968）获得的来自其他真核生物的谱图与之相似。经许可使用

[来源：Britten 和 Kohne (1968)，经 AAAS 许可转载]

将在下章节介绍的 RepeatMasker 软件已经作为识别重复 DNA 的工具被广泛使用。这个软件已被广泛应用于重复 DNA 序列的特征识别。最近，在这个领域的领先研究者（包括 Robert Finn、Arian Smit、Jerzy Jurka 和 Sean Eddy）介绍了 Dfam 数据库，这是一个依赖隐马尔可夫模型的重复 DNA 数据库（Wheeler 等，2013）。他们报道人类基因组有 54.5% 的区域被重复序列覆盖。

研究重复性序列的起源和功能是非常有趣的。重复序列的发生有哪些不同的种类？它们从哪里并在何时起源的？它们混杂的增长是有逻辑的，还是无目的地增加？我们正在开始了解真核生物基因组（包括人类基因组）重复序列的范围和特性。重复 DNA 在过去被称为"垃圾 DNA"或者"自私 DNA"，反映了它在基因组中扩张的倾向。然而，重复 DNA 很可能在染色体结构、重组事件和某些基因的功能中起重要作用（Makalowski，2000；见下文）。

真核生物中有五个重复 DNA 的主要类型（Jurka，1998；Maka- lowski，2000；IHGSC，2001；Kidwell，2002；Jurka 等，2007）。

散在重复序列（起源于转座子的重复序列）

总共，散在重复 DNA 占人类基因组的大约 45%（见第 20 章，由 Jurka 等，2007；Rebollo 等，2012；综述）。这些重复 DNA 可以由拷贝 RNA 中间产物（反转录元件）或者 DNA 中间产物（DNA 转座子）生成（表 8.4）。当 mRNA 被反转录后插入到基因组中，基因也可以被拷贝到反转录转座的位置。因为缺少内含子，这些基因可以被鉴定出来，同时它们两侧含有小片段的重复序列。表 8.5 给出了一些哺乳动物中转座子基因的例子。

散在重复序列可以分成 4 个类别（Ostertag 和 Kazazian，2001；Kidwell，2002；见图 20.9、图 20.10、表 20.5）。

- 长末端重复（LTR）转座子，是由 RNA 反转录而成的元件，它们也被称为类反转录病毒元件。LTR 转座子在元件的两端有长达数百个碱基对的 LTR。
- 长散在元件（LINEs），编码了具有反转录活性的酶，还可以编码其他蛋白质。在哺乳动物中，LINE1 和 LINE2 最常见。
- 短散在元件（SINEs），也是由 RNA 产生的元件。在灵长类动物中发现的 Alu 重复序列，就是 SINEs 的著名例子。我们将在下文见到 Alu 重复序列的一个例子。
- DNA 转座子，占人类基因组的大约 3%。

我们可以用 USCS 基因组浏览器来展示散在重复序列。一个包括了 β 球蛋白（HBB）基因的 13000bp 的区段在图 8.7（a）中展示。用 RepeatMasker 软件包事先计算重复序列的相关信息，展示了 SINE、LINE、LTR 和 DNA 转座子元件以及其他类别的重复 DNA（简单重复序列、低复杂度的 DNA 和卫星 DNA）。通过点击 UCSC 基因组浏览器上端的表格链接，可以访问表格浏览器 [图 8.7（b）]。可以选择 BED 输出格式 [图 8.7（c）]，并通过点击"get output"按钮，可以得到一个以制表符分隔的文件列表，列表中包含 RepeatMasker 识别出的所有元件以及元件对应的基因组位置。通过点击"Sequence"输出选项直接进入一个对话框 [图 8.8（a）]，从中可以获得 RepeatMasker 序列 [其中的一部分在图 8.1（b）中展示]。这些序列包括例如 A-富集、AT-富集的重复区段，以及一些重复序列模式，例如（TA）n，（CA）n，或（TAAAA）n，其中 n 表示模式出现的次数。另外的一些重复模式（例如 L1 元件）[图 8.8（b）下端] 不容易被肉眼识别。

RepeatMasker 通过 RepBase 数据库搜索感兴趣的 DNA 序列，RepBase 是一个存储已知的重复序列以

反转录转座子（也称为返转座或逆转录因子）是通过用 RNA 中间体逆转录的过程将其自身复制到基因组位置的转座元件。该过程类似于逆转录病毒的过程。

以术语"retropseudo-gene"检索 NCBI 核苷酸产生大约 70 次点击（2015 年 2 月），而"ret-rotransposed"产生 120 次点击。然而，使用术语"反转录转座子"的搜索产生 >325000 个核心核苷酸匹配，>21000 个表达序列标签和 >100000 个基因组调查序列。

RepBase 从 1990 年开始由 Jerzy Jurka 和同事负责更新。RepeatMasker 是由 Arian Smit 和 Phil Green 编写的，可以在 http://www.repeatm-asker.org/ 使用（链接 8.22）。遗传信息研究所（GIRI）的检测服务器在 http://www.girinst.org/censor/index.php（链接 8.23）可用。Re-peatMasker 服务器可在系统生物学研究所（ht-tp://www.repeatmas-ker.org/，链接 8.24）和 NCKU 生物信息中心（中国台湾）（http://www.binfo.ncku.edu.tw/RM/RepeatMasker.php，链接 8.25）在线获得。（8.25）。

及真核 DNA 低复杂度区段的数据库。一些程序（包括 RepeatMasker 和在 GIRI 的 Censor Server）提供 DNA 序列对这个数据库进行有效搜索的接口（Smit，1999；Jurka，2000）。

我们可以利用一个 RepeatMasker 服务器来分析在 β 球蛋白位点的人类第 11 号染色体的 50000 个碱基对的重复 DNA。输出格式包括表 8.6 列出的总结文件，以及用 Smith-Waterman 算法得到的具体分值表格、重复序列的类型信息（例如 *SINE/Alu*，LTR 或简单重复序列）。

我们使用的基因组 DNA 的 50000 个碱基可以作为在线文档 8.2 在 http://www.bioinfbook.org/chapter8 获得。

表 8.4 重复序列种类和转座元件的例子。改编自 Kidwell (2002)，已获 Springer Science 和 Business Media 许可

纲	亚纲	总科	举例	估计大小/bp
反转录转座子(RNA 中介元件)	LTR 反转录转座子	Ty1-copia	Opie-1(玉米)	3000~12000
	非 LTR 反转录转座子	LINEs	LINE-1(人)	1000~7000
		SINEs	Alu(人)	100~500
DNA 转座子	剪切复制转座子	Mariner-Tc1	*C. elegans* 的 Tc1	1000~2000
	P		Drosophila 的 P	500~4600
	螺旋环转座子	Helitrons	A. thaliana, O. sativa, 和 C. elegans 的 Helitrons	5500~17500

表 8.5 由反转录转座产生的哺乳动物基因的实例。逆转录基因缺乏内含子，并且它们通常具有同向重复和聚腺嘌呤尾。Chr，染色体；aDaM，解联蛋白和金属蛋白酶；Cetn，中心蛋白，eF-手蛋白；谷氨酸脱氢酶；pdha2，丙酮酸脱氢酶（脂酰胺）α2；Supt4h，ty 4 同源物（酿酒酵母）的抑制剂。改编自 Betrán 和 Long (2002)，用逆转录假基因关键字搜索 Entrez (NCBI) 获得

转座子基因			原始基因			分布	年龄/Ma
基因名	RefSeq	染色体	基因名	RefSeq	染色体		
ADAM20	NM_003814	14q	*ADAM9*	NM_003816	8p	人，非猕猴	<20
Cetn1	NM_004066	18p	*Cetn2*	NM_004344	Xq28	哺乳类	>75
Glud2	NM_012084	Xq	*Glud1*	NM_005271	10q	人，非鼠	<70
Pdha2	NM_005390	4q	*Pdha1*	NM_000284	Xq	有胎盘类	约 70
SRP46	NM_032102	11q	*PR264/SC35*	NM_003016	17q	人，类人猿	约 89
Supt4h2	NM_011509	10	*Supt4h*	NM_009296	11	鼠	<70

(a) 在13000碱基对的β球蛋白基因座内的基因和重复元件

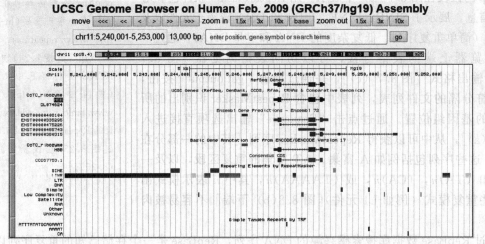

BLAST 搜索使用 SEG 和/或 DUST 程序来定义和掩盖重复的 DNA 序列，以及检测和掩蔽低复杂度蛋白质序列（第 4 章）。

小鼠基因组包含一个编码甘油醛 3-磷酸脱氢酶（Gapdh；NM_008084.2）的功能基因和至少 400 个分布在 19 条染色体上的假基因（小鼠基因组测序联盟等，2002）。有功能的 *Gapdh* 基因被列出，其分配到小鼠染色体 7（小鼠基因组测序联盟等，2002），但目前（2015 年 2 月）它的基因在 NCBI 和 En-sembl 分配到染色体 6。许多假基因的存在增加了分配正确的染色体基因座的困难。

(b) 使用UCSC表格浏览器访问关于重复元件的表格形式的数据

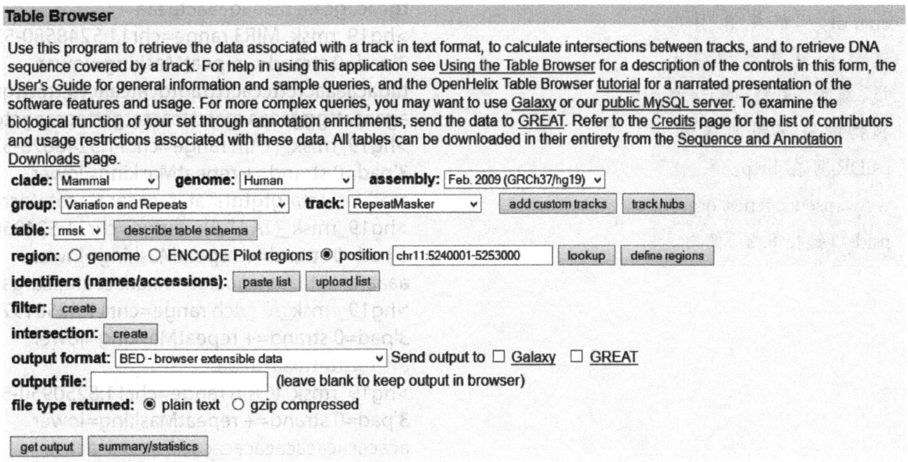

(c) 表格浏览器输出形式的选项

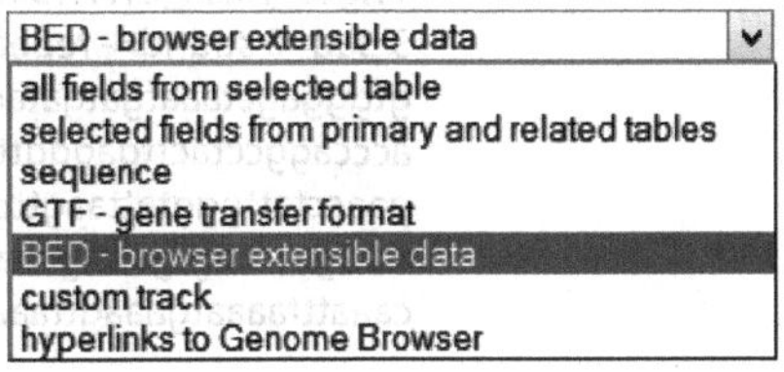

图 8.7　散在及其他重复的 DNA 元件由 UCSC 基因组浏览器和表浏览器显示并制成表格。（a）显示 11 号染色体的 β 球蛋白区域中 13000 个碱基的区域（chr11：5240001～5253000）。RepeatMasker 轨道设置为 "full"，显示了几个重复的 DNA 元件（如 SINE、LINE、LTR 和 DNA 转座子）的位置，还显示了基因轨道（对于 RefSeq、UCSC 基因、Ensembl 基因预测、GENCODE 和共有编码序列或 CCDS 项目）。注意基因模型略有不同。（b）从基因组浏览器到表浏览器的链接允许你访问并以表格形式输出此（或其他）信息。（c）表浏览器输出格式包括在 UCSC 站点详细定义的浏览器可扩展数据（BED）文件。另见图 2.13

（来源：http://genome.ucsc.edu，由 UCSC 提供）

(a) UCSC表格浏览器序列输出

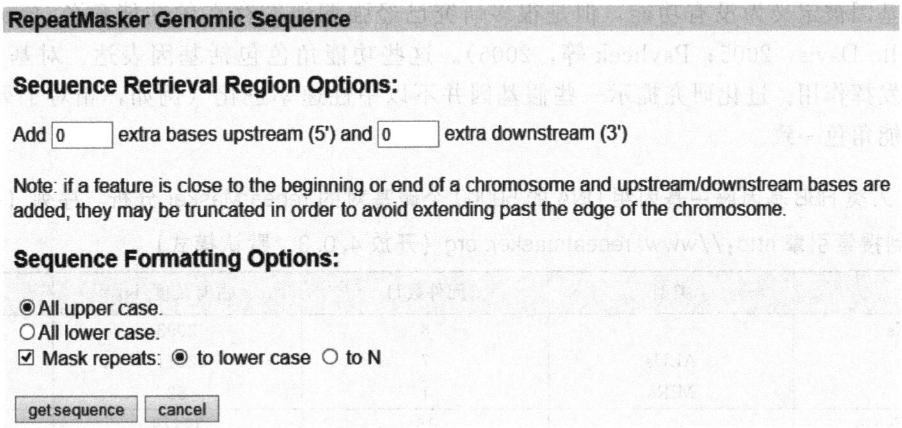

图 8.8

Mark Gerstein 的实验室提供了一个假基因网站（http://www. pseudogene. org/，链接 8.26）。这包括浏览器和在人类、蠕虫、果蝇、酵母和植物的假基因的描述。psiDR 可在 http://www. pseudogenes. org/psidr/（链接 8.27）使用。

(b) RepeatMasker确认的重复序列

>hg19_rmsk_A-rich range=chr11:5247588-5247663 5'pad=0
3'pad=0 strand=+ repeatMasking=lower
gagaagaaaaaaaaagaaagcaagaattaaacaaaagaaaacaattgtta
tgaacagcaaataaaagaaactaaaa
>hg19_rmsk_MIR3 range=chr11:5248580-5248673 5'pad=0
3'pad=0 strand=- repeatMasking=lower
tagacaaaactcttccacttttagtgcatcaacttcttatttgtgtaata
agaaaattgggaaaacgatcttcaatatgcttaccaagctgtga
>hg19_rmsk_(TA)n range=chr11:5248828-5248877 5'pad=0
3'pad=0 strand=+ repeatMasking=lower
atatatatatatatgtgtgtatatatacacacatacatatacatatatat
>hg19_rmsk_(TAAAA)n range=chr11:5249689-5249736 5'pad=0
3'pad=0 strand=+ repeatMasking=lower
aaaataaaataaaataaaataaaataaaacaataaaatgaaataaaat
>hg19_rmsk_AT_rich range=chr11:5250197-5250218 5'pad=0
3'pad=0 strand=+ repeatMasking=lower
attttattttattataaatttaaa
>hg19_rmsk_(CA)n range=chr11:5250950-5250984 5'pad=0
3'pad=0 strand=+ repeatMasking=lower
acacacacacacacacacacacacacacacacaca
>hg19_rmsk_AT_rich range=chr11:5251357-5251384 5'pad=0
3'pad=0 strand=+ repeatMasking=lower
aattaattaattaaaatgaaataaaat
>hg19_rmsk_L1PA15 range=chr11:5252059-5252285 5'pad=0
3'pad=0 strand=- repeatMasking=lower
gtgggagctaaatgatgatacacatggacacaaaaaatagatcaacagac
acccaggcctacttgagggttgagggtgggaagagggagacgatgaaaaa
gaacctattgggtattaagttcatcactgagtgatgaaataatctgtaca
tcaagacccagtgatatgcaatttacctatataacttgtacatgtacccc
caaatttaaaatgaaagttaaaacaaa

图 8.8 RepeatMasker 输出。（a）序列检索选项包括几种格式选项，例如屏蔽重复序列来减少检索量。（b）由 RepeatMasker 识别的序列包括富含核苷酸的重复序列、重复模体如（TAAAA）n、SINE 和 LINE 元件

（来源：RepeatMasker）

经过加工的假基因

这些基因并不被活跃地转录或翻译（Echols 等，2002；Harrison 和 Gerstein，2002）。它们曾经是有功能的基因，但由于它们缺少蛋白质产物而被定义为假基因。它们由于存在一个终止密码子或移位造成一个开放阅读框的中断而可以被识别出来。主要有两种类型的假基因。经过加工的假基因通过一个 RNA 作为媒介由反转录转座事件产生（也就是由具有反转录酶活性的 LINEs 调节的随机插入事件）。未经加工的假基因是复制基因的残留物。

虽然假基因被定义为没有功能，但是很多研究已经强调他们存在的功能角色（Balakirev 和 Ayala，2003；Castillo-Davis，2005；Pavlicek 等，2006）。这些功能角色包括基因表达、对基因功能进行调控，以及对重组发挥作用。进化研究提示一些假基因并不以中性速率进化（例如，相对于灭绝的重复元件），这与一些功能角色一致。

表 8.6 在人类 HBB 基因座中基因组 DNA 的 50000 个碱基对的 repeatMasker 分析。序列（在线文档 8.2 中给出）被输入到搜索引擎 http：//www. repeatmasker. org（开放 4.0.3，默认模式）

元件	类型	元件数目	占有长度/bp	序列百分比
SINEs		8	2093	4.19
	ALUs	7	2011	4.02
	MIRs	1	82	0.16
LINEs		16	12279	24.56
	LINE1	12	11419	22.84
	LINE2	4	860	1.72
	L3/CR1	0	0	0

续表

元件	类型	元件数目	占有长度/bp	序列百分比
LTP 元件		5	1556	3.11
	ERVL	1	513	1.03
	ERVL-MaLRs	2	669	1.34
	ERV_classI	2	374	0.75
	ERV_classII	0	0	0
DNA 元件		1	248	0.5
	hAT-Charlie	1	248	0.5
	TcMar-Tigger	0	0	0
未分类		0	0	0
总散在重复			16176	32.35
小 RNA		0	0	0
卫星		0	0	0
简单重复	repeats:	18	824	1.65
低复杂度		3	363	0.73

注：大多数插入或缺失的重复片段在一个元件中计数。

作为 ENCODE 计划的一部分，GENCODE 计划定义了人类假基因的表达水平、转录因子的结合、RNA 聚合酶Ⅱ的结合，以及染色质标记（Pei 等，2012）。他们给出结论认为一些假基因保留了部分活性，例如作为非编码 RNA 具有调控功能。他们也提供了假基因修饰资源（psiDR）以对假基因进行注释。我们将在本章的后面部分讨论假基因的来源，并在第 18 章中讨论整个酵母基因组的复制以及随后快速的基因缺失而生成假基因。

人类基因组中假基因的数目显著接近预测的蛋白质编码基因的数目。例如，1 号染色体具有 3141 个蛋白质编码基因和 991 个假基因（Gregory 等，2006）；2 号染色体具有 1346 个基因和 1239 个假基因（Hillier 等，2005）；而最小的常染色体 21 号染色体具有 225 个已知和预测的基因和 59 个假基因（Hattori 等，2000）。

> 根据 Ensembl（装配 GRCh38），在人类基因组中有～20300 个蛋白质编码基因和～14200 个假基因。

你可以在 UCSC 基因组浏览器中激活假基因轨道。图 8.9（a）显示了包含 β 球蛋白基因座的 15000 个碱基对的片段。RefSeq 轨道显示了三个基因（球蛋白基因 *HBD* 和 *HBG*1 以及在它们两侧的假基因 *HBBP*1），而 Ensembl 和 GENCODE 基因轨道显示了几个额外的基因模型。一个假基因轨道也被展示出来，显示为 *HBBP*1。对于任何 UCSC 基因组浏览器轨道，你可以单击下拉菜单上方的"pseudogenes"标签访问关于方法和引文的更多细节。该假基因对应于检索编号 NR＿001589.1，并在 NCBI 的 Gene 中被注释为 β 球蛋白假基因 1（官方的基因符号 *HBBP*1）。以更高的放大倍数观察 *HBBP*1 [一个 2000 个碱基对的视图，图 8.9（b）] 揭示了假基因结构的更多细节；通过点击它，该基因模型的细节和关于其表达以及 RNA 折叠特性的信息可以被获取。

你也可以在 R 里直接分析重复序列（或任何其他感兴趣的基因组特征），安装 biomaRt，指定感兴趣的基因组（例如人类）、区域和特征。

简单序列重复

这些微卫星序列（通常长度在 1～6bp）和小卫星序列（通常长度在 12～500bp 的重复序列）包含了短的序列，例如（A）*n*、（CA）*n*，或（CGG）*n*。我们通过人类基因组 DNA 的 RepeatMasker 分析结果看到这些重复序列的例子（图 8.8）。复制滑脱是简单重复序列可能发生的一种机制（Richard 等，2008）。

(a) β球蛋白假基因HBBP1 的区域(15000碱基对视图)

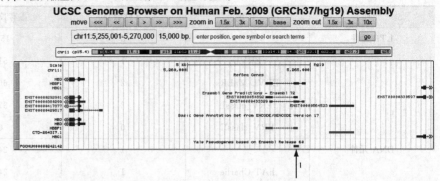

(b) HBBP1(2000碱基对视图)

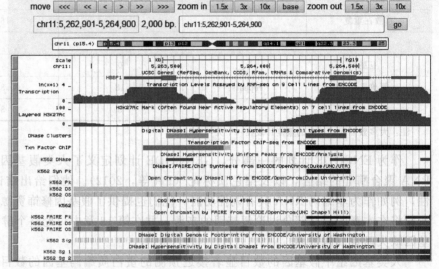

图 8.9 在 UCSC 基因组浏览器中观察假基因。(a) β 球蛋白区域的 15000 碱基对视图 (chr11: 5255001～5270000)。注意,假基因的共有注释轨道以及 RefSeq、Ensembl 和 GENCODE 基因轨道均被激活。有一个假基因显而易见,即 β 球蛋白假基因 1 (HBBP1)。其两侧是 HBD (到 5′端) 和 HBG1 (在 3′边缘)。Yale 假基因轨道指出了该假基因 (箭头 1);单击其条目显示更多信息,包括该条目的状态是 "不明确的" (未示出)。(b) HBBP1 的详细视图 (在 chr11 显示 2 千个碱基: 5262901～5264900) 包括 HBBP1 的调控和表达的广泛的 ENCODE 注释。例如,显示了组蛋白修饰 (例如 H3K27AC) 和 DNaseI 超敏感位点
(来源:http://genome.ucsc.edu,由 UCSC 提供)

很多功能都已经被归因于简单重复序列,从影响转录因子结合到影响狗和酵母的形态学特征(Kashi 和 King,2006 的综述)。

简单重复序列在不同的物种中具有特定的长度和组成偏好性。例如,(AT)*n* 在拟南芥中尤其普遍,(CT/GA)*n* 倾向于在线虫中出现(Schlötterer 和 Harr,2000)。在黑果蝇 (*Drosophila virilis*) 中,微卫星序列的密度和长度远大于在黑腹果蝇 (*D. melanogaster*) 和在人类 (*H. sapiens*) 中的序列。在人类基因组中,简单重复序列引起了人们的极大兴趣,因为它们通常在不同个体间体现了多态性,可以用来作为遗传学标志。一些三碱基的重复序列 (如 CAG) 的延伸也与超过 12 种疾病相关,包括亨廷顿疾病 (Huntington disease) (Cummings 和 Zoghbi,2000)。我们将在第 21 章中讨论这些问题(关于人类疾病)。以小脑共济失调和惊厥为特征的一种疾病(脊髓小脑性共济失调 10 型,SCA10)是由于 ATTCT 序列的延伸,这段重复序列位于染色体 22q13.31 区域中脊髓小脑性共济失调蛋白 10 基因的第 9 号内含子中 (Matsuura 等,2000)。尽管这段区域在正常个体中有 10～29 个 ATTCT 序列的重复,而 SCA10 患者的基因组在这个位置上有该序列从几百到 4500 个的重复。

片段重复

片段重复通常被定义为两个基因组区域在长度超过 1Kb 的范围共享至少 90％核苷酸一致性，尽管它们有时组成了长度为 200 或 300 千碱基对（kb）的片段（Bailey 等，2001）。这些重复在染色体内和染色体之间均可发生。人类基因组的常染色质部分由约 5.3％的重复区段组成（She 等，2004）。这包括约 150 个百万碱基对。在"产生复制、删除和倒位的机制"我们将讨论片段复制（也称为低拷贝重复）可能导致基因被删除、复制或倒位的机制。一个实际的考虑是在全基因组乌枪法测序后，片段的重复区域的拼接（特别是那些长度＞ 15 千碱基对和共享序列一致性＞ 97％）是有问题的（She 等，2004）。因此，基于全基因组乌枪法进行的拼接可能会低估复制的程度（包括重复的基因），低估了常染色质的长度，以及不足以体现富含重复序列区域的大小，这些富含重复序列的区域包括近端着丝粒区域和亚端粒区域。

我们可以使用 UCSC 基因组浏览器对 β 球蛋白基因座 ［图 8.10 （a）］和 α 球蛋白基因座 ［图 8.10 （b）］

(a) 11号染色体的β球蛋白基因座的片段重复

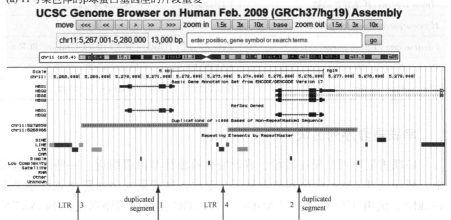

(b) 16号染色体的α球蛋白基因座的片段重复

图 8.10 在 UCSC 基因组浏览器上可视化的片段重复。（a）β 球蛋白区域包括一个片段重复区域（显示染色体 11p15.4 上的 13000 个碱基对；chr11：5267001～5280000）。这两个区域（箭头 1 和 2）通过可以介导串联重复的长末端重复（LTR，箭头 3 和 4）在 5′端侧接。（b）显示了 26 千碱基的区域（chr16：202001～228000）。两对片段重复的区域是明显的。对于第一对，该区域包含 HBZ 基因（箭头 1），虽然表达的序列标签（参见第 10 章）被定位于此（未显示），但是重复区域没有注释基因（箭头 2）。第二个区段重复的对（箭头 3 和 4）包括 α 球蛋白基因 *HBA2* 和 *HBA1*；这些编码的蛋白质具有 100％的氨基酸同一性

（来源：http：//genome. ucsc. edu，由 UCSC 提供）

查看片段重复。在 β 球蛋白基因座，紧邻的 HBG1 和 HBG2 基因代表片段复制。对于 16 号染色体上的 α 球蛋白基因座，HBZ 基因（zeta 球蛋白）是串联复制产生的小于 10000 个碱基对的假基因。通过点击基因组浏览器输出上的片段重复块，就可以访问重复块的确切基因组坐标以及两者的全局双序列比对。

表 8.7 来自几个真核生物的端粒重复序列

生物体	端粒重复	参考
Arabidopsis thaliana，其他植物	TTTAGGG	McKnight 等，1997
Ascaris suum（线虫类）	TTAGGC	Jentsch 等，2002
Euplotes aediculatus, *Euplotes crassus*, *Oxytricha nova*（纤毛虫类）	TTTTGGGG	Jarstfer 和 Cech，2002；Shippen-Lentz 和 Blackburn，1989；Melek 等，1994
Giardia duodenalis，*Giardia lamblia*	TAGGG	Upcroft 等，1997；Hou 等，1995
Guillardia theta（隐藻类）	[AG]₇AAG₆A	Douglas 等，2001
Homo sapiens，其他脊椎动物	TTAGGG	Nanda 等，2002
Hymenoptera，*Formicidae*（蚁）	TTAGG	Lorite 等，2002
Paramecium，*Tetrahymena*	TTGGGG，TTTGGG	McCormick-Graham 和 Romero，1996
Plasmodium falciparum	AACCCTA	Gardner 等，2002
Plasmodium yoelii yoelii	AACCCTG	Carlton 等，2002

串联重复序列区块

串联重复序列出现在端粒、着丝粒和核糖体基因群附近。一些端粒重复序列见表 8.7。在人类的端粒中，短序列 TTAGGG 序列被重复了几千次。这些重复序列跨越累计达 20kb（而在老鼠中它们跨越 25～150kb）。试用 TTAGGG TTAGGG TTAGGG 作为搜索序列进行 BLASTN 搜索，限制搜索结果为人类的基因组，并设置去除低复杂度的过滤，得到的结果为数千个 BLAST 条目，其中大部分来自端粒序列，如图 8.11 中所述。

在线文档 8.5 显示了在 β 球蛋白基因座处的两个区段重复的嵌段之间的全局成对对齐。见 http://www.bioinfbook.org/chapter8。

```
>gi|224514922|ref|NT_024477.14| Homo sapiens chromosome 12 genomic
contig, GRCh37.p13 Primary Assembly (displaying 3' end)
CGGGAAATCAAAAGCCCCTCTGAATCCTGCGCACCGAGATTCTCCCCAGCCAAGGTGAGGCGGCAGCAGT
GGGAGATCCACACCGTAGCATTGGAACACAAATGCAGCATTACAAATGCAGACATGACACCGAAAATATA
ACACACCCCATTGCTCATGTAACAAGCACCTGTAATGCTAATGCACTGCCTCAAAACAAAATATTAATAT
AAGATCGGCAATCCGCACACTGCCGTGCAGTGCTAAGACAGCAATGAAAATAGTCAACATAATAACCCTA
ATAGTGTTAGGGTTAGGGTCAGGGTCCCGGTCCGGGTCGGGGTCCGGGTCCGGGTCAGGGTGA
GGGTTAGGGTTAGGGTTAGGGTTAGGGTTAGGGTTAGGGTTAGGGTTAGGGTTAGGGTTAGGGTTAGGGT
TAGGGTTAGGGTTAGGGTTAGGGTTAGGGTTAGGGTTAGGGTTAGGGTTAGGGTTAGGGTTAGGGTTAGG
GTTAGGGTTAGGGTTAGGGTTAGGGTTAGGGTTAGGGTTAGGGTTAGGGTTAGGGTTAGGGTTAGGGTTA
GGGTTAGGGTTAGGGTTAGGGTTAGGGTTAGGGTTAGGGTTAGGGTTAGGGTTAGGGTTAGGGTTAGGGT
TAGGGTTAGGGTTAGGGTTAGGGTTAGGGTTAGGGTTAGGGTTAGGGTTAGGGTTAGGGTTAGGGTTAGG
GTTAGGGTTAGGGTTAGGGTTAG
```

图 8.11 在 NCBI 网站使用 TTAGGGTTAGGGTTAGGG 作为查询序列（即三个 TTAGGG 重复）进行人类基因组（所有拼接）数据库的 BLASTN 搜索。搜索结果有数百个基因组骨架的匹配。该图显示了一个实例（NT_024477.14），对应于有许多 TTAGGG 重复序列的位于染色体 12q 的端粒。这些发生在基因组重叠群序列的 3′ 端

（来源：BLASTN、NCBI）

端粒重复由端粒酶合成，端粒酶是具有特异性逆转录酶活性的核糖核蛋白。

着丝粒是染色体上一个缢缩的位置，它为纺锤体的微管丝提供了附着点，使得在细胞进行有丝分裂和减数分裂时染色体能分离开来（Choo，2001）。所有的真核生物染色体都有功能的着丝粒，虽然其主要的核苷酸序列在物种间不是非常保守。在人类的基因组中，着丝粒的 DNA 包含了长为 171bp 的 α 卫星 DNA 序列重复，共 1～4Mb。几乎所有的真核生物着丝粒都可以与组蛋白 H3 相关的蛋

白（在脊椎动物中称为 CENP-A）结合。这个蛋白质-DNA 复合体形成着丝粒染色质区块，这种区块对着丝粒（纺锤体纤维结合的位置）的功能行使是必不可少的。

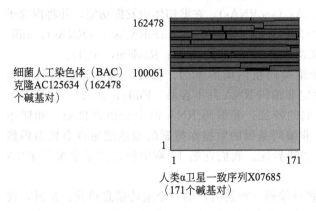

细菌人工染色体（BAC）克隆 AC125634（162478 个碱基对）

162478

100061

1

1　　　　　　171

人类α卫星一致序列 X07685
（171 个碱基对）

图 8.12　α 卫星 DNA 的重复性质。将人类 α-卫星 DNA（X07685）的共有序列与比对上染色体 9q 的近着丝粒区域的 BAC 克隆（AC125634）进行比较。使用 NCBI 的 BLASTN，并显示点图。注意：连续 60 千碱基对的 BAC 克隆（y 轴）重复地匹配卫星共有序列

（来源：BLASTN、NCBI）

人类 α-卫星的共有序列的 GenBank 索引编号为 X07685。该序列（171bp）与来自近着丝粒区域的一个典型细菌人工染色体（BAC）克隆的比对戏剧性地显示了卫星序列重复的频率（图 8.12）。非冗余数据库的一次 BLASTN 搜索，将搜索序列作为查询序列并关闭过滤设置，可以搜出数千个数据库匹配。如果从你搜索的输出中排除属于人类的条目，你会发现人类 α-卫星序列与其他灵长类匹配。然而，人类序列与非灵长类序列仅具有非常少的保守性，具有不显著的期望值。

卫星 DNA 是所有已知真核生物的着丝粒的特征，只有两个已知的例外。一个例外是，在酵母（*S. cerevisiae*）基因组中，整个着丝粒序列一共只有几百 bp 的长度。第二个例外是新着丝粒——一种异常的着丝粒，它有功能正常的着丝粒，在有丝分裂中稳定，但是缺少 α-卫星 DNA 序列（Amor 和 Choo，2002；Marshall 等，2008）。目前已经描述超过 90 种人类的新着丝粒，许多涉及三体或四体（额外的染色体拷贝）。作为恒河猴、猕猴的基因组分析的一部分，Ventura 等（2007）描述了当常规着丝粒失活时出现的进化上新的着丝粒。他们报告说，从猕猴和人类谱系分化后的 2500 万年中，出现了 14 个进化上的新着丝粒，并仅在其中一个物种中存在。

> 我们在第 4 章描述了 Expect 值。要执行此搜索，请尝试在 NCBI Genome Workbench 上的 Net BLAST（安装说明可在 NCBI 网站获得）使用 "Search Tool"（设置为 NCBI 核苷酸），为了发现 X07685，右键单击该条目 "添加到项目"，并使用此序列创建一个新项目（它出现在左边栏中的数据文件夹中）。右键单击 "运行工具" 并选择 megaBLAST 搜索。查看结果（使用对齐总结视图）。

8.4　真核生物染色体的基因含量

基因的定义

通过考虑非编码 DNA 和重复 DNA，我们从真核生物的基因组出发开始我们的分析。一个基因组的编码区域是让研究者非常感兴趣的，因为它们很大程度上决定了所有物种的表型。理解真核基因组的两个最大挑战就是定义什么是基因和在基因组 DNA 中鉴定出基因。我们首先定义不同类型的基因，然后给出鉴定它们的准则：

• 编码蛋白质的基因形成基因的一个主要种类。一些准则被用来判断一条 DNA 序列是否是一个编码蛋白的基因。最主要的要求是该 DNA 序列必须含有一个长度至少为 90bp（对应 30 个编码氨基酸的密码子，或者 3ku 的蛋白质）的开放阅读框（ORF）。Frith 等（2006）识别出大量短的蛋白质（少于 100 个氨基酸）。在被识别的 3701 个蛋白质中，仅有 232 个与一个老鼠 International Protein Index 或 Swiss-Prot 数据库匹配。

• 假基因不编码有功能的基因产物（正如上文讨论），即便如此，一些重要的例外情况已经被讨论。

• 许多种非编码基因不编码蛋白质，而是编码有功能的 RNA 分子（Eddy，2001，2002）。这些基因包括转运 RNA（tRNA）基因，它们将信息从 mRNA 的三联体密码子翻译成为氨基酸。tRNAscan-SE 软件以每 15Gb 产生一个假阳性的错误率（Lowe 和 Eddy，1997）鉴定出基因组 DNA 序列中 99%～100%

的 tRNA 基因。图 10.5 展示了 tRNAscan-SE 服务器的一个例子。

● 我们在第 10 章中讨论了一系列其他类型的非编码基因。这些非编码基因包括在翻译中执行功能的核糖体 RNA（rRNA）基因；在核内执行功能的小核仁 RNAs（snoRNAs）；在剪切体中发挥功能，并将内含子从初生的 RNA 转录本中移除的小核 RNAs；以及长度约为 21～25 个核苷酸的 microRNAs（miRNAs），miRNA 在各个物种中广泛保守，可能作为其他 RNA 的反义调控子（Ambros，2001；Ruvkun，2001）。

在基因组 DNA 的注释过程中，人们通常注重介绍编码蛋白质的基因。但是，现在知道编码各类 RNA 产物的非编码基因有各种重要的功能。此外，鉴定非编码 RNA 并不容易（Eddy，2002），尽管 EN-CODE 计划联盟等（2012）运用了多种方法去描述它们的特征。非编码 RNA 的全长也许极短（如微小 RNA），也没有 ORF 来帮助定义非编码基因的边界。非编码基因的数据库搜索的敏感度也许会比编码蛋白质的基因低，因为氨基酸的打分矩阵更具有敏感性和特异性。我们在第 10 章中讨论关于非编码 RNA 的数据库，例如 Rfam。

通常，一个基因被定义为位于一个特定染色体位置并编码一种蛋白质的一个遗传信息单元。最近，我们已经意识到一个基因座的选择性剪接会产生多个转录本，我们已经鉴定出大量的非编码 RNA，并且已经观察到在整个基因组范围（包括没有被注释为基因的转录活性区）内的普遍转录现象。鉴于 ENCODE 计划（ENCODE 计划联盟等，2007 年，2012 年）的意义以及完成的基因组序列的分析，基因的传统定义受到挑战。Gerstein 等（2007）提出"基因是编码一组具有潜在重叠功能产物的基因组序列集合"（该定义是含糊的，并且受到术语"相关"和"潜在"的影响）。ENCODE 计划的 Djebali 等（2012）写道："…我们会提议将转录本视为遗传的基本原子单位。同时，术语基因将表示一个更高层次的概念，用以捕获所有有助于一个给定表型性状的转录物（最终从其基因组定位中分离）。"Stamatoyannopoulos（2012）写道："尽管基因在常规上已被认为是基因组组织的基本单位，但是基于 ENCODE 的数据，现存的一个令人信服的说法是，这个单位不是基因，而是转录本。"

基因是编码 RNA 产物的 DNA 序列，编码的 RNA 产物可能会进一步被翻译成蛋白质产物。基因组序列构成与一个细胞或者一个物种的表型相关的基因型。ENCODE 计划拓展了我们对转录复杂性的认识，这包括编录了大量的被转录的基因组，与发现了来自多个基因组座的许多 RNA 转录本。通过将转录本称为"遗传基本单位"，ENCODE 作者认为基因的产物比基因本身更重要。术语"原子"的使用表示隐喻；在早期的隐喻中，DNA 就像一个房子的蓝图，指定在房子中承担各种功能的产品（建造管道、清除垃圾、制造隔间）。ENCODE 计划可能认为蓝图很复杂，以至于只有当它们被翻译（作为转录本时），它们才成为功能性的蓝图。

在真核基因组中寻找基因

RNA 聚合酶Ⅰ合成大多数核糖体 RNA；RNA 聚合酶Ⅱ合成信使 RNA 和小核 RNA(snRNA)；和 RNA 聚合酶Ⅲ合成 5S rRNA 和转运 RNA（第 10 章）。

在真核基因组中寻找蛋白质编码基因是一个比在细菌和古细菌中寻找蛋白质编码基因复杂得多的问题（Picardi 和 Pesole，2010；Alioto，2012）。因为细菌基因一般对应长的开放阅读框（ORFs），而大多数的真核基因包括外显子和内含子。一个经典的由 RNA 聚合酶Ⅱ转录得到的真核基因的结构在图 8.13（a）中总结。远端上游和（或）下游增强子和沉默子，以及近端（更临近）的启动子元件调控转录。CCAAT 盒以及一个 TATA 盒为启动子元件，其中 TATA 盒通常位于转录起始位点上游 20～30bp，而 CCAAT 盒在 5′端更远处。几种不同类型的外显子有如下多种：

① 非编码的外显子，即 DNA 的 5′非编码区或 3′非编码区。

② 起始编码外显子，包括从起始甲硫氨酸到第一个 5′剪切位点。

③ 基因内外显子，从 3′剪切位点开始到 5′剪切位点结束。

④ 末端外显子，从 3′剪切位点到终止子。

⑤ 单外显子基因，这种类型基因没有内含子，从起始密码子开始到终止密码子结束［见图 8.13(b)，表 8.5］。

内含子基于其剪接机制被分成 4 个类别：①自动催化的类别Ⅰ，存在于原生生物，细菌以及细菌噬菌体中；②类别Ⅱ，存在于真菌和陆生植物线粒体以及细菌和古细菌中；③剪接体内含子，存在于编码核前体 mRNA 的基因中；④tRNA 内含子，存在于真核细胞核以及古细菌中（Haugen 等，2005；Roy 和 Gilbert，2006）。真核剪接体内含子的密度变化范围覆盖两个数量级，从真菌中每个基因＜0.1～5.5 个内含子到微型后生动物每个基因 2.6～9.3 个内含子（Roy，2006）。一个有趣的问题包括内含子获得和失去的机制，对内含子大小的选择压力及其进化史（Jeffares 等，2006；Pozzoli 等，2007）。虽然内含子被认为在真核进化晚期出现，但是在原始原生动物兰伯氏贾第鞭毛虫 *Giardia lamblia* 的基因组中发现单个内含子（见第 19 章）以及在其密切相关的 *Carpediemonas membranifera* 基因组中发现了几个内含子（Nixon 等，2002；Simpson 等，2002）。

除了内含子的问题外，真核基因占基因组的比例远远小于细菌以及古细菌的基因占基因组的比例。真核生物编码蛋白质的外显子在线虫和昆虫基因组中只占 25%，而人类和小鼠中只占不到 3%。第 13 号染色体有最低的蛋白质编码基因密度（平均每 1Mb 中有 6.5 个基因，38Mb 的区域中仅有 3.1 个基因/Mb；Dunham 等，2004）。第 19 号染色体有最高的基因密度，即平均每 1Mb 中有 26 个基因（Grimwood 等，2004）。

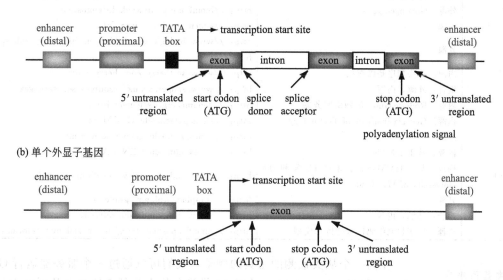

图 8.13　（a）真核基因预测算法区分几种外显子，包括：位于非编码区的外显子，包含一个起始密码子的起始编码外显子，基因内外显子，与包含一个终止密码子的末端外显子。这些外显子被建立在预测基因的模型中。（b）在一些情况下，基因具有单一外显子并且是无内含子的。外显子和内含子通常具有 GT/AG 边界，但是这种基因的结构可能仍然难以进行从头预测

大多数人类基因是可变剪接的（Buratt 等，2013）。如果可获得对应于可变剪接同种型的 EST，则这些序列可以映射到外显子。

在真核生物中，识别蛋白编码基因的算法可以分成两个主要的类：外在性方法和内在性方法（Stein，2001；Brent，2008；Picardi 和 Pesole，2010；Alioto，2012）。外在性方法依赖于与外在数据的比较，包括将表达序列标签比对到基因座的 RNA 研究，或者定义基因结构的蛋白质序列研究。另一种基于外在方法鉴定基因的形式是通过比对两个亲缘关系相近的物种基因组（Novichkov 等，2001；Morgenstern 等，2002）。通过人类 DNA 和河豚（*F. rubripes*）DNA 的比较，可能会发现将近 1000 个新的人类基因（Aparicio 等，2002；Hedges 和 Kumar，2002）。内在性（也称为从头预测）方法采用基于基因组 DNA 的信号或模式来搜索外显子和内含子。外在性和内在性方法通常被一起使用。

使用 RNA 数据非常有助于注释真核基因，有时被作为金标准用以鉴定对应于外显子的基因组座（并因此用以注释外显子/内含子边界）。直到二代测序的出现，这种方法依赖于 cDNA 文库（在第 10 章介绍）；近年来，RNA-seq 已经被使用。这些方法有明显的不足：

- EST 序列的质量有时很低，通常只有一条链上的克隆被测序，而且经常有序列上的错误。
- 高表达的基因通常不均衡出现，尽管一些 cDNA 文库已经被归一化（第 10 章）。

- 如果 RNA-seq 没有足够的测序深度，表达量低的转录本可能不会被完全识别。
- ESTs 并不提供关于基因定位的信息。

我们在第 17 章讨论了在细菌和古细菌中注释基因的 GLIMMER 程序。

内在性的方法也被广泛用于注释基因组 DNA。有相当比例的预测基因既没有可被鉴定的同源基因，也没有可以使用的 EST 序列，因此必须使用从头预测（内在性）的方法来鉴定编码蛋白质的基因。

有许多预测真核基因的程序可用，部分程序见表 8.8。这些程序通常产生基因结构（外显子、内含子、可变剪接）的模型，并识别其他特征，例如 CpG 岛（在特定距离例如超过 300 个碱基对上，CpG 二核苷酸出现的频率高于预期的区域）。通常这些程序包括使用 RepeatMasker 搜索以识别 DNA 重复序列的种类，以及使用 BLAST 或类似 BLAST 的工具搜索以识别有助于建模基因结构的已知基因，蛋白质和表达序列标签。

表 8.8　在真核 DNA 中寻找基因的算法。改编自 picardi 和 posole（2010），获得 Springer 的许可

程序	描述	URL
AAT	分析和自动化工具	http://aatpackage.sourceforge.net/
ASPIC	外源。网络服务器	http://srv00.ibbe.cnr.it/ASPicDB/index.php
AUGUSTUS	外源。Göttingen 大学	http://bioinf.uni-greifswald.de/augustus/
Eugène	外源	http://eugene.toulouse.inra.fr/
Exogean	外源	http://www.biologie.ens.fr/dyogen/spip.php? rubrique4&lang=fr
FgeneSH	内源。从头测序基因查找	http://www.softberry.com/berry.phtml
GAZE	组合：外源，内源	http://www.sanger.ac.uk/resources/software/gaze/
geneid	内源。Roderic Guigó 的网络服务器	http://genome.crg.es/geneid.html
GeneMark	内源。Georgia Institute of Technology	http://exon.gatech.edu/GeneMark/
GenomeScan	外源	http://genes.mit.edu/genomescan.html
Genscan	内源。基于 HMMs	http://genes.mit.edu/GENSCANinfo.html
GlimmerHMM	内源。基于 HMM 推广。来自 TIGR 和 the University of Maryland	http://cbcb.umd.edu/software/glimmerhmm/
GRAILEXP	外源	http://compbio.ornl.gov/grailexp/
JIGSAW	组合：外源，内源	http://www.cbcb.umd.edu/software/jigsaw/
Xpound	内源。用于检测编码区域的概率模型	http://mobyle.pasteur.fr/cgi-bin/portal.py? #forms∷xpound

我们从人类基因组构建 GRCh37/hg19（可作为在线文档 8.6 获得）的 β 球蛋白区（chr11：5245001-5295000）获得 50000 个碱基对的 DNA。该区域包括根据 RefSeq 的 HBB、HBD、HBBP1、HBG1、HBG2 和 HBE1。（用于 HGB2 和 HBE1 的 GENCODE 版本 17 模型分别进一步扩展数百千碱基到位置约 5530000 和约 5670000）。GENSCAN 服务器可在 http://genes.mit.edu/GENSCAN.html（链接 8.29）上获得。在在线文档 8.7 中给出其输出结果。

作为一个从头预测的工具的例子，我们可以通过一个服务器运行 GENSCAN（Burge 和 Karlin，1998），上传 11 号染色体上跨越 β 球蛋白基因的 50kb 的 DNA 序列。所得到的注释结果部分匹配到了已知的球蛋白基因簇，并且包括了在具有开放阅读框的基因间区域中的一个外显子的预测，这一基因间区域虽有开放阅读框但没有表达序列标签或其他基于 RNA 数据的支持。

在基因组中寻找编码蛋白质基因的难度可以通过注释一个典型的真核基因组例子来说明：水稻基因组的亚种籼稻 *indica* 和山茶 *japonica*。Yu 等（2002）将他们组装的水稻基因组（*indica*）的草图版本提交到 FGeneSH web 服务器时，他们获得了 75659 个基因预测。其中只有 53398 个预测是完整的（具有初始和终端外显子），约 7500 个预测的基因只有一个初始外显子，约 11000 个预测的基因只有一个终端外显子，约 3400 个预测的基因既没有初始外显子也没有终端外显子。此外，他们报告称外显子与内含子的边界经常不能被精确地确定。然而，当从草图序列中获得完整的序列时，估计的基因内容显著地提高。Sasaki 等（2002）获得了水稻 1 号染色体（亚种粳稻 *japonica*）的完整序列，并预测了这一染色体有 6756 个基因。相比之下，这个基因组的草图版本只预测到了 4467 个基因。草案序列中几千个空位的存在阻碍了准确预测完整基因的能力。

注释基因方法的另一个例子，果蝇的 12 个基因组联盟（2007）报道了十个果蝇物种的测序，产生了总共 12 个果蝇相关基因组。以不同的深度对基因组进行测序，从超过 10× 覆盖度到只有 2.9× 覆盖度。他们使用四种不同的从头开始

预测基因的算法，三个是基于同源性的依赖于良好注释的果蝇基因组序列的预测方法，另一个预测方法（称为 Gnomon）是结合了从头开始和基于同源性的证据和基因模型组合器（称为 GLEAN），其将所有预测的基因调和成一组共有模型。通过用微阵列测量 RNA 转录物水平来部分评估预测的质量（第 11 章）。

在真核生物基因组中寻找基因： EGASP 大赛

ENCODE 基因组注释评估项目（EGASP）是一个注释基因的竞赛项目，其旨在客观地测试一系列发现基因的软件的性能。GENCODE 联盟通过严格地把所有的编码蛋白质的基因回帖到 ENCODE 基因区域，创建了一个"金标准"。通过谨慎地运用一系列实验技术如互补链的 5′端快速扩增和反转录聚合酶链式反应（RT-PCR），使得这一计划取得了成功。共有 434 个编码位点作为 GENCODE 参考集的一部分而被注释。仅仅只有 40％的 GENCODE 注释是在 RefSeq 和 Ensembl 注释集内，这反映了大量的含有唯一外显子的可变剪切异构体被发现。

在基于实验证据的，给定 ENCODE 区域的深层次注释时，EGASP 竞赛的参赛小组使用原始数据预测基因，但这些小组没有预先访问注释结果的权利（Guigo 等，2006；Harrow 等，2006）。这将会允许假阳性和假阴性错误率被评估。注释特征（核苷酸、外显子或者基因）预测正确的比例将作为灵敏度，而且预测的特征被注释的比例作为特异度。最成功的基因预测方法在 70％的基因水平（至少发现了一个正确的外显子/内含子结构）、45％的转录水平（正确预测了所有的可变剪切体）、90％的编码核苷酸水平获得了最大的灵敏度。在许多经过计算预测的外显子中，仅仅有约 3％的外显子能被实验证实，这表明过高预测仍然是一个基础问题。

在 UCSC 基因组浏览器网站上，我们能查看 EGASP 竞赛的结果（图 8.14）。尽管完整的基因模型的预测存在大量的变异，但是对外显子的识别还是普遍存在很好的一致性。

我们分别在第 12 章和第 13 章讨论蛋白质组学和蛋白质结构(CASP)的其他竞赛。GENCODE 项目网站是 http://genome.imim.es/gencode/（链接 8.30），包括一个基因组浏览器。GENCODE 团队以与 Sanger 研究所的人类和脊椎动物分析注释（HAVANA）团队合作的方式工作（http://www.sanger.ac.uk/HGP/havana/，链接 8.31）。

JIGSAW 可以从 http://cbcb.umd.edu/software/jigsaw/（链接 8.32）找到。有关 JIGSAW 方法的详细信息，请参见在线文档 8.8。

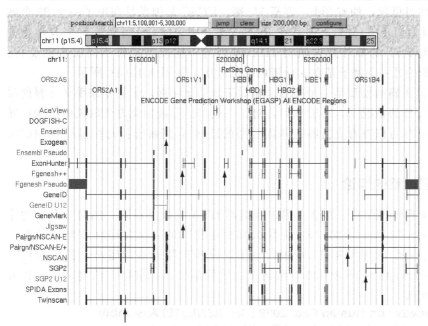

图 8.14　在 EGASP 竞争中，蛋白质编码基因在 ENCODE 区域中被实验验证。各种寻找基因的软件工具被独立用于预测基因的结构。ENCODE 区域由人类 11 号染色体短臂上的 β 球蛋白的一百万个碱基对组成。x 轴显示了 20000 个碱基对的一部分和参考序列的数据轨，y 轴显示了来自 19 个软件程序的 EGASP 预测结果。许多程序预测了未经实验证实的外显子和/或整个基因结构，如图中箭头所示位置。因此，过拟合仍然是预测软件的一个问题，更大的问题是在少于所有基因的一半中产生完整的、正确的基因模型

（来源：ENCODE，由 UCSC 提供）

GENCODE 竞赛中最佳的执行程序之一是由 Jonathan Allen、Steven Salzberg 和同事编写（Allen 和 Salzberg，2005；Allen 等，2006）的 JIGSAW。JIGSAW 是一个综合性的程序，把不同来源的证据结合加入到一个基因结构的模型中。它把来自其他基因预测程序（通常三个或更多）以及序列比对数据和内含子剪接位点预测程序结合进模型。它允许单独的信号类型，包括起始密码子、终止密码子和剪接点（内含子 5′ 和 3′ 末端的受体和供体位点）。在一个 JIGSAW 的模型中，使用一个线性组合器为每个证据来源分配一个权重，使证据的综合最大化（Allen 等，2004），这可以不使用训练集而完成。在另一种模型中，JIG-SAW 使用一个需要训练集的统计组合器，去评估各种证据组合的准确性（具有已知基因的实例）。一旦模型被训练，它将被应用于数据集。

对于 EGASP 竞赛，JIGSAW 的预测基于对各种输入的训练，这些输入包括由 UCSC 注释数据库（GENEID、SGP、TWINSCAN 和 GENSCAN）使用的基因发现程序以及 GeneZilla 和 GlimmerHMM 程序。它把人类和非人类来源的表达证据、GC 百分比、序列保守性和多种基因组特征进一步整合，其中基因组特征有 TATA 框、信号肽序列、内含子相和 CpG 岛。令人惊讶的是，补充的一些类别的信息（如对非翻译区域的训练）是减少了精度而并不是提高了精度（Allen 等，2006）。

研究蛋白编码基因的三个资源： RefSeq、 UCSC Genes 和 GENCODE

在 UCSC 基因组浏览器上，我们可以比较和对比关于编码蛋白质位点的三个主要的资源：
① 在第 2 章我们介绍过的 RefSeq 项目。
② UCSC 基因集来源广泛（如 RefSeq、GenBank、CCDS、Rfam），比 UCSC 的 RefSeq 数据轨多 10% 的基因，是其非编码基因的 4 倍、可变剪切体的 2 倍。
③ GENCODE 项目（Harrow 等，2012）包含了高质量的人工注释及自动注释。

在图 8.7(a) 中显示了 HBB 基因座的各种数据轨，其中有几个存在显著的差异。在 Ensembl 和 GENCODE 数据轨中，HBB 基因的 5′ 区域比在 RefSeq 或 CCDS 的数据轨中拥有更长转录本。一个 Ensembl 转录本比其他任何转录本延伸得更远，约有 2kb，直至 5′ 端。UCSC 基因条目列出了一个 23 个碱基对的一个单一外显子反义基因（称为 DL074624），但其在 RefSeq 集合中未注释，并且在许多其他物种中缺乏同源物。人类 mRNA 和人类 EST 的额外数据轨对 HBB 基因的不同模型提供不同层次的支持。GENCODE 和 RefSeq 之间存在差异的另一个例子是在 α 球蛋白基因簇中，如图 8.15(a) 所示。

当基因模型不同时，辨别哪个是正确的模型是一个挑战。相对于自动化注释，依靠专家手动注释的项目通常产生优越的结果。在每一个特殊的情况下，不管如何，对于一般（计算或生化方法的灵敏度和特异性）和一个特定的研究问题（例如，你可以查看支持特定基因模型的证据），理解支持每个基因模型的实验数据是有用的。

真核生物中的蛋白编码基因：新的悖论

对于 C 值悖论的解释通常是基于不同真核生物基因组中非编码 DNA 的数量不同。然而一个新的悖论又产生了（Claverie，2001；Betrán 和 Long，2002）：为什么真核生物间的表型存在巨大差异却有着非常相似大小的蛋白质组？当我们在第 18 章和第 19 章中讨论不同真核生物的基因组时，我们看到一些简单的生物，如蠕虫和苍蝇含有大约 13000～20000 个编码蛋白质的基因，而植物、鱼类、小鼠和人

(a) 人类α珠蛋白基因簇中的CpG岛

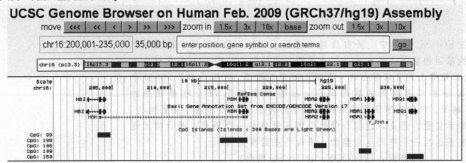

(b) 与HBA1相关的CpG岛

```
>chr16:226174-227254
CGTCCGGGTGCGCGCATTCCTCTCCGCCCCAGGATTGGGCGAAGCCTCCCGGCTCGCACT
CGCTCGCCCGTGTGTTCCCCGATCCCGCTGGAGTCGATGCGCGTCCAGCGCGTGCCAGGC
CGGGGCGGGGGTGCGGGCTGACTTTCTCCCTCGCTAGGGACGCTCCGGCGCCCGAAAGGA
AAGGGTGGCGCTGCGCTCCGGGGTGCACGAGCCGACAGCGCCCGACCCCAACGGGCCGGC
CCCGCCAGCGCCGCTACCGCCCTGCCCCCGGGCGAGCGGGATGGGCGGGAGTGGAGTGGC
GGGTGGAGGGTGGAGACGTCCTGGCCCCCGCCCCCGCGTGCACCCCCAGGGGAGGCCGAGC
CCGCCGCCCGGCCCCGCGCAGGCCCCGCCCGGACTCCCCTGCGGTCCAGGCCGCGCCCC
GGGCTCCGCGCCAGCCAATGAGCGCCGCCCGGCCGGGCGTGCCCCCGCGCCCCAAGCATA
AACCCTGGCGCGCTCGCGGCCCGGCACTCTTCTGGTCCCCACAGACTCAGAGAGAACCCA
CCATGGTGCTGTCTCCTGCCGACAAGACCAACGTCAAGGCCGCCTGGGGTAAGGTCGGCG
CGCACGCTGGCGAGTATGGTGCGGAGGCCCTGGAGAGGTGAGGCTCCCTCCCCTGCTCCG
ACCCGGGCTCCTCGCCCGCCCGGACCCACAGGCCACCCTCAACCGTCCTGGCCCCGGACC
CAAACCCCACCCCTCACTCTGCTTCTCCCCGCAGGATGTTCCTGTCCTTCCCCACCACCA
AGACCTACTTCCCGCACTTCGACCTGAGCCACGGCTCTGCCCAGGTTAAGGGCCACGGCA
AGAAGGTGGCCGACGCGCTGACCAACGCCGTGGCGCACGTGGACGACATGCCCAACGCGC
TGTCCGCCCTGAGCGACCTGCACGCGCACAAGCTTCGGGTGGACCCGGTCAACTTCAAGG
TGAGCGGCGGGCCGGGAGCGATCTGGGTCGAGGGGCGAGATGGCGCCTTCCTCGCAGGGC
AGAGGATCACGCGGGTTGCGGGAGGTGTAGCGCAGGCGGCGGGCTGCGGGCCTGGGCCCTC
G
```

图 8.15 CpG 岛与许多真核基因的表达调控相关。(a) 图显示了人类 16 号染色体上的 α 球蛋白基因簇 (在 UCSC 基因浏览器上 16 号染色体的第 200001 至 235000 位置上的 35000 个碱基对的窗口)。五种基因中的每一种都具有相关的 CpG 岛，CpG 岛定义为具有 50% 或更大的 GC 含量、长度大于 200 碱基对，以及观察到的 CpG 二核苷酸与预期的 CpG 二核苷酸的比例＞0.6。(b) 通过点击 HBA2 CpG 岛，访问其 DNA 序列 (chr16：222、370～223、447)。CpG 二核苷酸以粉红色突出显示
(来源：http://genome. ucsc. edu，由 UCSC 提供)

类的基因仅仅稍多一些 (大约 20000～40000 个) (Harrison 等，2002)。为什么人类这种比昆虫和线虫复杂得多的生物种类却没有比昆虫和线虫多约 2 倍的基因数目？高等的真核生物可能具有更复杂的基因调控模式，例如可变剪接模式。独特的基因结构也往往更复杂，例如，相对于昆虫，人的平均蛋白质往往有多个结构域。

8.5　真核生物基因组的调控区域

> VISTA Enhancer 浏览器在 http://enhancer. lbl. gov (链接 8.33) 可获得。

基因组调控因子数据库

除了预测基因的存在之外，预测基因组 DNA 特征的存在也是重要的，例如有启动子、增强子、沉默子、绝缘子和基因座控制区 (Maston 等，2006；Pennacchio 等，2013)。这样的调控元件有时被称为顺式调节模块 (CRM)。与寻找蛋白编码基因相比，识别调控元件是困难的，因为感兴趣的 DNA 序列可能非常短 (例如，少于十几个碱基对的转录因子结合位点)，并且 DNA 序列在物种之间有不同程度的保守性。有一些识别调控元件的算法和存储基因组特征集合的数据库，表 8.9 列出了这些资源的一部分，包括与 ENCODE 联合开发和使用的软件工具。

> 在计算机实验室练习 (8.11) 中，我们使用 R 包计算基因组 DNA 中的二核苷酸频率。

CpG 岛代表调控元件的一个实例。在许多基因组中，双核苷酸胞嘧啶之后出现鸟嘌呤 (CpG) 的概率大约是正常的 1/5，部分是因为胞嘧啶残基可以通过自发脱氨作用转换为胸腺嘧啶。CpG 二核苷酸上的胞嘧啶残基通常被甲基化，这又导致了包括组蛋白脱乙酰酶的蛋白复合物的募集，该蛋白复合物能够去除组蛋白的乙酰基并因此抑制活性转录。CpG 岛是高密度的未甲基化 CpG 二核苷酸的区域，通常出现在持续活性的"管家"基因的转录起始位点附近的上游 (5′) 调节区域。定义 CpG 岛的标准是：GC 含量≥50%，长度≥

表 8.9 用于识别基因组 DNA 中启动子区域特征的软件。额外的资源总结在 http://www. oreganno. org/oregano/Otherresources. jsp（链接 8.50）和 http://www. gene- regulation. com/pub/programs. html（链接 8.51）。ENCODE 软件工具在 https://www. encodeproject. org/software（链接 8.52）中描述

程序	描述	URL
AliBaba2	预测未知 DNA 序列中转录因子结合位点	http://www. gene-regulation. com/pub/programs. html
ENCODE 软件：ENCODE-motifs	转录因子数据库	http://www. broadinstitute. org/~pouyak/motif-disc/ human/
ENCODE 软件：Factorbook	转录因子的 ChIP-Seq 数据的 Wiki-风格资源	http://www. factorbook. org/mediawiki/ index. php/ Welcome_to_factorbook
ENCODE 软件：HaploReg	分析单倍型块的工具	http://www. broadinstitute. org/ mammals/haploreg/haploreg. php
ENCODE 软件：RegulomeDB	在非编码区鉴定 DNA 特征和调控元件	http://regulome. stanford. edu/
ENCODE 软件：Spark	表观基因组数据	http://sparkinsight. org/
Eukaryotic Promoter Database（EPD）	注释真核生物 POL II 启动子的非冗余集合,其中转录起始位点已被实验确定	http://epd. vital-it. ch/
Open REGulatory ANNOtation database（ORegAnno)	综合,开放,基于社团的资源	http://www. oreganno. org
Promoter 2. 0 Prediction Server	Technical University of Denmark	http://www. cbs. dtu. dk/services/ promoter/
Regulatory Sequence Analysis Tools（RSAT）	Université Libre de Bruxelles	http://rsat. ulb. ac. be/rsat/
Transcriptional Regulatory Element Database（TRED）	Cold Spring Harbor Laboratory	http://rulai. cshl. edu/cgi-bin/TRED/tred. cgi? process=home
TRANSFAC	转录因子数据库,其基因结合位点和 DNA 结合谱	http://gene-regulation. com/index2

200 个碱基对，以及观察到的与预期的 CpG 二核苷酸的数目比例 > 0.6 的 DNA 区域。图 8.15 (a) 是使用 UCSC 基因组浏览器显示人类 α 球蛋白基因座中的 5 个 CpG 岛，每一个都在一个 α 球蛋白基因附近。这些岛屿的每一个 CpG 二核苷酸密度是明显高的 [图 8.15 (b)]。

> ORegAnno 在 http://www. oreganno. org（链接 8.34）可在线用。在线文档 8.9 列出了 ORegAnno 中几类调控元件的定义。

　　UCSC 基因组浏览器提供了丰富的额外资源。在注释数据轨的 "Regulation" 类别中，有几十个数据轨可用 [图 8.16 (a)]。图 8.16 (b) 显示了 β 球蛋白的小区域中的（15000 个碱基对）部分元件。例如，Open REGulatory ANNOtation 数据库（ORegAnno）从文献中汇总了调控元件，并有一个专业人员进行校验的过程 (Griffth 等，2008)。在 ORegAnno 中的信息包括启动子、增强子、转录因子结合位点和调节多态性。另一个例子中，7× 潜在的调节数据轨是基于对七种生物（人、黑猩猩、恒河猴、小鼠、大鼠、狗和牛；King 等，2005；Taylor 等，2006）进行比对，并计算潜在的调控分数确定的。数值基于来自可变阶数马尔科夫模型的转移概率的对数比率和一个训练集的使用。如果多序列比对中的约束（保守）残基与已知的调控元件的相似性比祖先的重复序列（其作为中性进化 DNA 的模型）与已知的调控元件的相似性更强，则它们可能会具有调节潜能。King 等评估 β 球蛋白基因座的调控区域，其包括 23 个实验测定的 CRM；其中的三个或四个在大鼠和小鼠中保守，并且只有四个在鸡中保守。调控潜能的方法（根据估计的灵敏度和特异性）比其他

完全依赖于物种间基因座保守性的方法执行效果更好。

　　UCSC 基因组浏览器中 "Regulation" 类别选项包括了 ENCODE 数据轨 [图 8.16（a）]。点击这些标题中的任一个，提供对数据轨的访问，数据轨中包含了特征以及方法和文献引用。你可以进一步选择数据

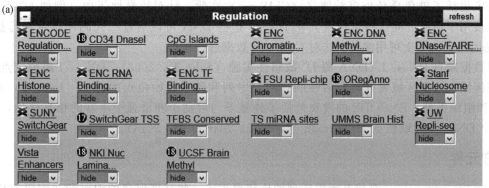

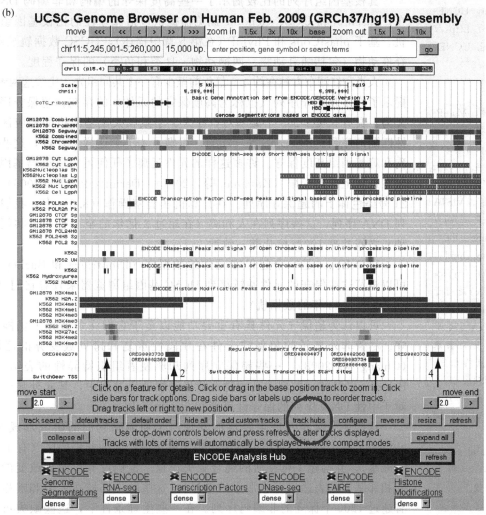

图 8.16　基因组 DNA 中的调控元件。（a）UCSC 基因组浏览器（GRCh37/hg19 装配）在 "Regulation" 类别中包括 24 条注释数据轨，其中许多包括染色质修饰的分析。（b）显示了 β 球蛋白和 δ 球蛋白基因座（在 chr11：5245001～5260000 的位置为 15000 个碱基），其中一些注释数据轨开放：ORegAnno（箭头 1～4 显示了调控元件）和 SwitchGear（显示两个转录起始位点）。这些数据轨突出了围绕这些基因的调控元件。此外，你可以打开数据轨中心（黑色圆圈）并打开大量的 ENCODE 分析数据（请参见图底部的轨道选项）。其中许多都是开放的，并显示了各种调控特征

（来源：http://genome.ucsc.edu，由 UCSC 提供）

轨中心［见图 8.16（b），红色圆圈］以访问大量其他的数据集，包括 ENCODE 分析中心。这提供了对来自数百个实验数据的访问，包括基因组分割，RNA-seq，转录因子和组蛋白修饰。［图 8.16（b）；Gerstein 等，2012；Wang 等，2012］。

这些选项包括了染色质免疫沉淀测序（ChIP-seq）实验，针对特异性蛋白（例如 DNA 结合转录因子）的抗体被用于免疫沉淀这些蛋白及其靶 DNA。这些 DNA 可以通过二代测序技术进行扩增和鉴定。在 UCSC 基因组浏览器上可用多种方法对 ChIP-seq 数据进行显示。

另一组数据来自 DNase I（DNA 酶 I）敏感性实验（Sabo 等，2006）。DNase I 超敏位点揭示了可接近的基因组区域，这些区域尤其具有活性顺式调控序列和转录起始位点的特征（John 等，2013）。根据 125 个细胞和组织类型，ENCODE 的发现包括了外显子与启动子和增强子丰富的相互作用，以及收集了约 2190 万个 DNase I 超敏位点（Thurman 等，2012；Mercer 等，2013）。

超保守元件

你可以访问 UCNEbase，网址为 http://ccg.vital-it.ch/UCNEbase/（链接 8.35）。

PipMaker 和 MultiPipMaker 可在 http://pipmaker.bx.psu.edu/pipmaker/（链接 8.36）上获得。（"Pip"代表"百分比同一性图"。）VISTA（算法的可视化工具）位于 http://genome.lbl.gov/vista/index.shtml（链接 8.37）。mVISTA（主 VISTA）是用于可视化基因组比对的程序，而 rVISTA（调节 VISTA）用于比对转录因子结合位点的程序。AVID 是 VISTA 工具使用的对齐算法（Bray 等，2003）。VISTA 浏览器在线的，请访问 http://pipeline.lbl.gov/cgi-bin/gateway2（链接 8.38）；典型输出如图 8.17 所示。这允许人-小鼠，小鼠-大鼠和人-大鼠基因组 DNA 比较。VISTA 还提供了用于增强子元件的浏览器（http://enhancer.lbl.gov/；链接 8.39）。

真核基因组序列的比较揭示了一些高度保守的编码和非编码 DNA 序列的存在。Ensembl 和 UCSC Genome 浏览器提供包括保守性的比较基因组的注释数据轨。基于 phastCons 和 PhyloP（在第 5 章中描述），UCSC 数据轨显示多达 46 种脊椎动物（包括哺乳动物、两栖动物、鸟类和鱼类）的保守程度。

人类和红鳍东方鲀在约 4.5 亿年前至少有一个共同祖先，比较这两者的基因组，揭示了许多超保守序列（也称为高度保守的元件）的存在。超保守序列有时被定义为：具有长度≥200 个碱基对，在人、小鼠和大鼠基因组的相应区域能够一致性匹配的序列。Bejerano 等（2004）识别了 481 个这样的片段，这些大部分也在狗和鸡基因组高度保守。许多这样的元件远离了任何蛋白质编码基因，且这些区域在进化上高度受限（Katzman 等，2007）。Dermitzakis 等（2003）也描述人类 21 号染色体上的超保守序列。在计算机实验室操作（8.9）中，我们识别了一系列 DNA 序列，这些序列在人和鸡（在超过 3 亿年前至少有一个共同的祖先的物种）之间共享 100%核苷酸一致性。

UCNEbase 是一个超保守元件的数据库（Dimitrieva 和 Bucher，2013）。你可以浏览这些保守的元件并链接到 UCSC 基因组浏览器来查看它们（包括 Bejerano 等的 2004 年的数据轨）。

可以认为超保守元件具有重要功能以至于它们在负选择下仍能如此高度保守。尽管非外显子的超保守元件在片段性重复和拷贝数变异的区域所剩无几（Chiang 等，2008），一些超保守序列却驱使着组织特异性的表达。McLean 和 Bejerano（2008）发现哺乳动物在啮齿动物进化过程中，其非外显子保守元件相对于中性 DNA 序列的保守性可能在 300 倍以上。

这些关于保守元件重要性的发现与早期删除它们的研究形成对比。例如，Nóbrega 等（2004）从小鼠基因组中删除了两个大的非编码区（有 1511 千和 845 千碱基），并构建了可存活的纯合缺失小鼠。他们没有检测到改变的表型（以及和相邻基因的表达只有非常小的差异）。这些缺失区域在人类和啮齿动物之间含有超过 1200 个保守的非编码序列。在一些生理条件下，这些缺失可能会导致大的表型后果；然而，这项研究表明大部分染色体 DNA 是潜在可有可无的。

非保守元件

在分析基因组 DNA 的调控区域时，一个关注点是识别保守的非编码区作为功能重要基因座的候选物。Fisher 等（2006）研究斑马鱼的 RET 基因附近的调节区域，并使用转基因实验鉴定一系列硬骨鱼的序列，这些序列指导 ret 特异性的报道基因表达。令人惊讶的是，即使在人和斑马鱼序列之间没有检测到保守性，一系列人类非编码序列也能够驱动斑马鱼的基因表达。这突出了我们对转录因子结合的了解较少，并表明基于序列保守性检测，大量重要的功能调控序列不能被识别出（Elgar，2006）。ENCODE 的观点是功能重要的基因座（基于生物化学测定）倾向于非保守（ENCODE 计划联盟等，2007，2012）。安德鲁·麦卡伦、伊万 Ovcharenko 和同事扩大了 Fisher 等（2006）的发现，该发现表明在缺乏可检测序列的情况下，人类/斑马鱼可以保留共同的调节功能。相反，许多高度保守的区域没有表明具有生化的功能（见 Stamatoyannopoulos，2012）。

8.6　真核生物 DNA 的比较

注释和解释多个生物基因组的 DNA 意义的一种强有力的方法是比较基因组学。当我们分析一些近期分歧（例如，人类和黑猩猩在 5 MYA 分开）或远缘分歧（例如，蚊子和果蝇在 250 MYA 分开；Zdobnov 等，2002）的生物基因组时，比对基因组序列有助于确定保守区域。这样的分析可以提供关于蛋白质编码基因和其他 DNA 特征的存在和进化的丰富信息，以及关于染色体进化的大量信息。

源自共同祖先的不同生物的基因是直系同源（第 3 章）。在比较来自两个（或更多）生物的基因组序列时，我们可能希望分析在每个物种中具有直系同源基因的区域，这样的区域称为具有保守的共线性。共线性表示两个或更多个基因座出现在同一染色体上，不管它们是否是遗传连锁。这个定义指的是单个物种中基因沿着染色体的排列。"保守共线性"是指直系同源基因（即在两个物种中）的发生是共线性的。如人类第 10 号染色体和小鼠第 19 号染色体上的邻近基因 RBP4 和 CYP26A1 的出现代表保守共线性。

> Synteny 来源于希腊语词根，意思是"同一线程"或"同一条带"。一个常见的错误是当它们共享保守的同源性时，将直向同源基因称为共线性的。（Passarge 等，1999）。

为了分析保守的线性区域（或甚至更大的基因组 DNA 区域，该区域不一定含有蛋白质编码基因），有必要对基因组 DNA 进行成对比对和多重序列比对。在第 17 章我们讨论了细菌和古细菌的方法，在第 5 章我们讨论了包括 PatternHunter、BLASTZ、MegaBLAST、BLAT、LAGAN 和 EPO 等算法，用于对大的 DNA 查询序列与包含基因组 DNA 的数据库做比较。

还有其他强大的工具用于比较真核生物中的基因组 DNA，包括 PipMaker（Schwartz 等，2000）、VISTA（Mayor 等，2000；Frazer 等，2003）和 MUMmer（Kurtz 等，2004；参见第 16 章和 17 章）。每个程序的目标是比对长序列（例如，数千到数百万个碱基对），同时可视化保守区段（外显子和假定的调控区域）以及大规模基因组的变化（反转、重排、重复）。了解保守序列特征的顺序和方向非常重要。图 8.17 显示了 VISTA 浏览器对于人类 11 号染色体的输出，包括 β 球蛋白和 δ 球蛋白基因。这包括与黑猩猩、小鼠和鸡的基因组进行了比对，突出了保守的外显子和保守的非编码区域。

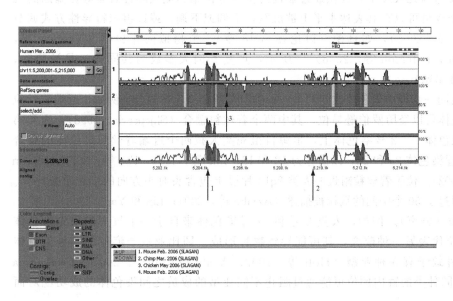

图 8.17　用于比对基因组 DNA 序列的 VISTA 程序可通过网络浏览器获得，可用文本或 DNA 序列（最多 300000 个碱基）查询。这里显示了人类 β 球蛋白和 δ 球蛋白基因区域的查询的输出。x 轴显示位于人类 11 号染色体的核苷酸位置，y 轴显示人和黑猩猩、小鼠和鸡之间的核苷酸一致性的百分比。图中也显示了多种外显子（例如箭头 1）和保守的非编码序列（例如箭头 2）。人和黑猩猩具有几乎一致的序列，但是分歧的区域也易于观察到（例如箭头 3）。通过点击链接（未示出），VISTA 数据可以在 UCSC 基因组浏览器的版本上输出（来源：VISTA, http://genome.lbl.gov/vista/index.shtml；由 VISTA 提供）

8.7　染色体 DNA 的变化

我们可能认为染色体是不变的实体，它们明确了每一个物种的基因组。然而，在跨越大的时间尺度（数百万年）、年代之间，群体中的个人之间，甚至个体的一生中，它们在许多方面是动态的。在真核生物中发生广泛的细胞遗传变化，这允许对重排的不同类型、机制和后果进行评估（Coghlan 等，2005）。

染色体的动态性：全基因复制

当我们比较相近物种的基因组时，我们可以观察到许多类型的染色体变化。其中一个是染色体倍性的改变。在真核生物中，正常生殖细胞是单倍体，而体细胞通常是二倍体。因此，个体内的不同细胞可具有不同的倍性。倍性是细胞中染色体组的数量，并且可以通过许多方式发生改变。一些单细胞真核生物（如酿酒酵母）可以在单倍体或二倍体状态中生长。三倍体果蝇是可存活的（但生育力降低）。虽然我们在一个个体内区分生殖细胞和体细胞中的倍性状态，但是倍性也可以在体细胞内发生变化。例如，人类中有一小部分肝细胞通常是三倍体。一般来说，甚至一个染色体的额外生殖细胞系的拷贝会使哺乳动物致死。

整个物种的倍性改变的戏剧性方法之一是通过全基因组复制。通常，有丝分裂或减数分裂错误可导致二倍体配子形成，使其有两套染色体。这些可能与单倍体配子融合形成不稳定的三倍体合子，但也可能形成稳定的四倍体合子。当一个物种内发生全基因组重复时，其结果的专业术语称为同源多倍体。这种巨大的事件发生在酵母中；我们将在第 18 章回顾全基因组重复的证据，并进行分析和可视化它的计算工具。各种原生动物、植物和鱼类基因组也经历了全基因组复制。对于纤毛草履虫，基因组序列分析表明已经至少存在三个全基因组复制事件（Aury 等，2006；第 19 章）。

> 由于大量的重复基因没有被删除（Aury 等，2006；第 19 章），所以草履虫是特殊的。

两个不同物种的基因组可以融合产生新的物种（异源多倍体；Hall 等，2002）。这种现象已经在许多植物（Comai，2000）、动物和真菌中被描述。例如，植物 Arabidopsis suecica 来源于 A. 拟南芥和 Cardaminopsis aerenosa 基因组的融合（Lee 和 Chen，2001；Lewis 和 Pikaard，2001）。另一个实例是异源多倍体的骡子，其是雄驴（Equus asinus，$2n=62$）和雌马（Equus caballus，$2n=64$）交配的杂交种。骡子不能繁殖，因为它们是不育的（它们不能产生功能性半倍体配子；参见 Ohno，1970）。

Ohno（1970）猜想在早期脊椎动物进化时，脊椎动物复杂性的增加是由于两轮全基因组重复导致的，这被称为 2R 假说（在 Dehal 和 Boore，2005；Panopoulou 和 Poustka，2005 中综述）。Ohno 认为，复制提供了通过突变和选择形成的遗传物质从而向生物体引入新功能（Prince 和 Pickett，2002；Taylor 和 Raes，2004）。成为多倍体有三个优势（Comai，2005）：①杂种的性能有时表现出相对于其亲本有所提高，这种现象称为杂种优势；②基因冗余发生，提供通过显性野生型等位基因掩蔽隐性有害等位基因的机会。另外，重复的基因对的一个成员可以在其表达水平上被沉默，上调或下调，或以组织特异性方式调节（Adams 和 Wendel，2005；Li 等，2005），如真菌（讨论在第 18 章）、植物拟南芥和稻（Thomas 等，2006）和鱼类（Brunet 等，2006；Paterson 等，2006）中所示，重复基因大多数的共同命运是被删除；③自体受精可能成为可能（无性繁殖）。

> 在人类 21 三体综合征（唐氏综合征）中，21 号染色体的拷贝与另一个近端着丝粒染色体融合并不罕见。

在同一物种中染色体改变的另一种类型是两个染色体融合。例如，近端着丝粒的染色体可以经历罗伯逊易位，其中两个着丝粒融合（Slijepcevic，1998）。人类第二大染色体——2 号染色体上，是源自祖先类人猿两个近端着丝粒染色体的融合（黑猩猩染色体 2a 和 2b，以前称为 12 和 13；Ijdo 等，1991；Fan 等，2002；Martin 等，2002）。位于着丝粒附近的人类 2q13 片段上包含头对头方向的端粒重复序列。已有超过了 50 个中间的端粒被描述（Azzalin 等，2001；Lin 和 Yan，2008）。

除了融合，染色体可以分裂（分离）。例如，人类 3 号和 21 号染色体来自于一个较大的祖先染色体（Muzny 等，2006）。染色体倒位代表另一种改变，其可能导致物种形成。冈比亚蚊子疟蚊的 2 号染色体上有不同种类的臂内倒位，该种蚊子有 5 种亚型（Holt 等，2002；Ayala 和 Coluzzi，2005；Nwakanma 等，2013），其 2 号染色体上不同种类的臂内倒位可能通过阻止不同亚型的成员之间染色体的成功配对而导致物种的形成。

　　现有数百个真核基因组序列的可用性导致许多祖先基因组可以被重建。例如，Kohn 等（2006）描述了 1 亿年前在哺乳动物种类爆发之前的真兽哺乳亚纲的染色体亚型。Murphy 等（2005）比较了八个物种（人、马、猫、狗、猪、牛、大鼠和小鼠）的染色体结构并推测了它们祖先染色体的结构。他们具有进化断裂位点的特征，特别在是亚端粒和近端着丝粒区。

　　大规模的染色体改变可能导致新物种的形成（物种形成）。Susumu Ohno（1970）提供了一个例子。图 8.18（a），图 8.18（b）显示了 Mus poschiavinus（$2n = 26$）和家鼠小家鼠（$2n = 40$）的核型。祖先 M. poschiavinus 与 M. musculus 可能已经形成生殖隔离，因此不能够杂交。此时其染色体经历罗伯逊易位，从而形成染色体数量减少的新基因组。F1 代形成一系列七个三价染色体［每个含有来自 poschiavinus 的一个中间着丝粒的染色体和来自 musculus 的两个近端着丝粒的染色体；图 8.18（c）］，这将导致其不能存活。

(a) 普通雄性家鼠（Mus musculus, $2n = 40$）

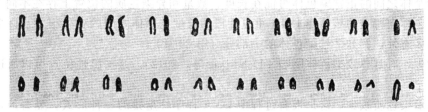

(b) 雄性烟草小鼠（Mus poschiavinus, $2n = 26$）

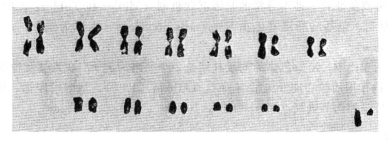

(c) 来自种间F1杂交雄性第一次减数分裂中期

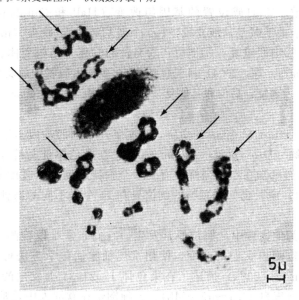

图 8.18 罗伯逊融合通过两个近端着丝粒染色体融合创建一个中间着丝粒染色体。（a）正常小鼠，小家鼠的核型（$2n = 40$）。（b）雄性烟草小鼠（Mus poschiavinus，$2n = 26$）的核型。其较小的染色体数量源自罗伯逊融合事件。（c）来自种间 F1 杂种的雄性第一减数分裂中期。注意七个三角形（用箭头指示）。每个代表一个 poschiavinus 中心着丝粒染色体和两个 musculus 近端着丝粒染色体［来源：Ohno（1970），转载自 Springer Science ＋Business Media］

在 http://dgv.tcag.ca/dgv/app/home（链接8.40）可以访问 DGV。

个体基因组的染色体变异

近缘物种的基因组比较揭示了涉及单一染色体的许多染色体变化。在个体的水平上，染色体发生许多改变，有时将会导致疾病。

• 个体可以获得整个染色体的一份额外拷贝。例如，唐氏综合征是由 21 号染色体的三体性（一式三份）引起的 [图 8.1（b）]。我们将在第 21 章讨论这种混乱的类型。非整倍体（异常数量的染色体拷贝的存在）经常发生，并且通常是由染色体不分离导致（Hassold 和 Hunt，2001）。

• 可能发生单亲二倍体，其中一对同源染色体是从一个亲本获得的。我们在下面的"SNP 微阵列"中更详细地讨论这一点。单亲二体性往往与人类的疾病相关（Kotzot，2001，2008）。

• 染色体的一部分可能被删除。可能是末端的缺失或者是中间片段的缺失；11 号染色体长臂的末端缺失的实例显示于图 8.1（a）中（箭头 B）。

• 片段重复经常发生（如上所述；参见第 20 章）。

• 任何真核物种的个体之间的正常染色体可能在长度、数量和异染色质的位置上存在不同。例如，五个人类近端着丝粒的染色体短臂上的核糖体 DNA 重复片段的长度在个体之间的变化很大。许多人类染色体在群体中显示巨大的多态性，例如 7 号染色体的一部分（第 20 章）。

• 脆性位点经常发生，有时导致染色体断裂（Debatisse 等，2012）。这些脆性位点可以通过显性的孟德尔形式遗传。

• 一些真核生物显示染色质减少，这是发育过程中 DNA 程序性重排的一种形式。显著地，体细胞中的染色体可以片段化，然后丢失一些染色体片段。因此，体细胞染色体具有不同的结构组织和比种系细胞更小的基因数。染色质减少可能象征着一种不寻常的基因沉默机制（Müller 和 Tobler，2000），这种现象已经在至少 10 种线虫中观察到，包括马肠道寄生虫 Parascaris univalens（也称为蛔虫，megalocephala）和猪寄生虫蛔虫（Ascaris suum）。

在染色体经历的许多功能变化中，X 染色体的剂量补偿是一个突出的例子。在人类女性 X 染色体一份拷贝通过 X 染色体失活中心的作用而被功能性失活（XCI；Latham，2005）。基因组印记，即基因的母本或父本拷贝选择性沉默，是另一种调节机制（Morison 等，2005）。

结构变异：六种类型

结构变异（SV）包括 DNA 拷贝数、方向或位置的基因组改变（Hall 和 Quinlan，2012；Liu 等，2012）。结构变体的大小通常定义为大于 1 千碱基，或片段＞100 个碱基对插入/缺失（indels）。结构变化的六个主要形式是：①插入；②缺失；③串联重复；④倒位；⑤易位和⑥复杂结构变体。UCSC 的结构变化数据轨、基于基因组变异的数据库（Iafrate 等，2004）目前包括从 50 多种出版物中收集的结构变异数据。这些包括基因组插入（例如重复）、缺失、倒位、易位和其他复杂的重排（Hall 和 Quinlan，2012）。

倒置

A. H. Sturtevant（1921），Thomas Hunt Morgan 的学生，绘制了一系列的基因图谱和报道了拟果蝇（Drosophila simulans）相对于黑腹果蝇（Drosophila melanogaster）在染色体Ⅲ上具有倒位。这个例子突出了染色体可塑性的另一个特征：虽然已知在黑腹果蝇中有 500 个独特的倒位（高度多态性物种），但是在拟果蝇（单形态；Aulard 等，2004）中，已知的独特的倒位只有 14 个。不同的物种对经历的染色体改变呈现不同的倾向。

你可以在 NCBI 的在线人类孟德尔遗传（OMIM）网站（条目306700）了解这种血友病。我们在第 21 章中描述 OMIM。

在人类和其他物种中，倒位经常发生。它们非常难以检测，因为即使 DNA 测序也未必能检测出它们的改变，使用常规细胞遗传学方法可能无法检测出它们。Stefansson 等（2005）描述了在染色体 17q21.31 上发生的 900 千碱基片段的倒位多态性（来自 44.1～45.0Mb）。这种倒位在欧洲人中是常见的，在欧洲其处于正选择压力下。令人惊讶的是，染色体上倒位片段在两个谱系（H1 和 H2）中具有不同方向，这种分歧早在 300 万年前就发生了。作为另一个例子，单个基因的倒位导致严重的血友病发生（Antonarakis 等，1995）。

Pavel Pevzner 和同事使用小的倒位片段作为进化特征从而进行系统发育分析，这是一个创新的方法（Chaisson 等，2006）。他们估计每百万碱基在每 66 万年的进化历程中将会发生一次微小的倒位，并且他们开发了区分微倒位与回文和方向重复序列的方法（对来自反向链上的直向同源序列进行局部比对）。这种方法仅限于对具有足够保守性的序列进行分析从而允许清除直系同源的任务，但其系统发育重建与传统方法相匹配。

形成复制、缺失和插入突变的机制

在二十世纪前半个世纪，提出了各种详细的模型去解释基因如何重复、删除或倒位（Darlington，1932）。一个主要的现用模型是由低拷贝重复介导的非等位基因同源重组（即通过片段重复；Stankiewicz 和 Lupski，2002；Bailey 和 Eichler，2006）。大约 10～50 千碱基的重复 DNA 序列，其发生在两个（或更多）不同的染色体基座，可导致不等交换（图 8.19）。这些交叉可以发生在染色体内或在姐妹染色单体之间（图 8.19，列）。低拷贝重复的方向影响发生的重排的性质；这些重复可以正向发生，也可以是反向重复，或者它们可以具有复杂结构（图 8.19，行）。

我们检查图 8.19（a）中正向重复的例子。术语"非等位基因同源重组"是指染色体之间的减数分裂重组。一条染色体具有标记为 AB 和 CD 的重复序列，而另一条染色体具有 ab 和 cd 的重复序列。重复序列即使当它们是非等位基因时也可以组合（例如，AB 和 ab 是等位基因而 AB 和 CD 是非等位基因）。尽管如此，它们是同源的，因此能够配对。在图 8.19（a）中的 X 指示的交叉事件之后，一个副本包含 ab-cBCD，因此发生了序列重复，而另一个副本具有来自交叉的 Ad 事件因此发生了序列删除。

如图 8.19 所示，许多其他结果可能由不平等的交换产生。以这种方式，片段重复（低拷贝重复）已经是促进基因组进化的主要力量，包括基因家族的出现。在第 21 章我们提出六个模型，通过这些模型造成的删除（或重复或倒置）可能导致疾病（Lupski 和 Stankiewicz，2005）。其他情况下的基因组重排，例如改变基因的剂量或将两个基因融合在一起，可以为生物体提供有利的和具有选择性的创新。

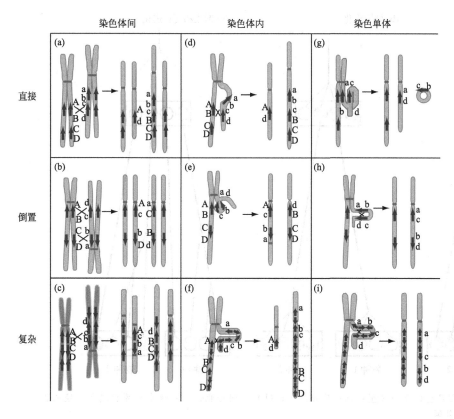

图 8.19 产生基因组重排的机制。基于低拷贝重复（LCR）或片段重复的非等位基因同源重组（NAHR）引起这些变化。LCR 的取向可以是涉及 DNA 间交换的头对头（顶行）、头对尾（中间行）或复合方向（底行），所述 DNA 交换是染色体间的（左列）、染色体内的（中间列）或染色单体内的（右栏）。对于九种情况中的每一种，显示了染色体构型以及染色体构型是不等交换的产物。（a）直接有序重复之间的不等交叉导致重复和删除。（b）形成倒置的机理。（c）反向重复序列之间的染色体间交换导致倒位，并可导致重复和缺失。（d）直接重复的错配导致染色体内缺失/重复。（e）倒置由反向重复序列之间的染色体内不等同交换引起。（f）复杂重复导致染色体内缺失/重复。（g）由于同向低拷贝重复导致的染色单体错配导致的缺失和无着丝粒片段。（h）反向重复的染色单体内的环导致反转。（i）复杂重复导致染色单体内的配对错误和倒置。从 Stankiewicz 和 Lupski（2002）重新绘制，经 Elsevier 许可

片段重复区域通常包含 Alu 重复序列 (Bailey 和 Eichler, 2006)。中心体周围和亚端粒区域富集了片段性重复序列, 在 42 个亚端粒区域中有 30 个存在染色体间片段性重复序列 (由 Bailey 和 Eichler 总结, 2006)。

形成基因家族的模型

基因组的一个突出方面是多基因家族的出现。多基因家族 (也称为超家族) 由一组旁系同源物组成, 例如球蛋白基因。Nei 和 Rooney (2005) 评论了这个主题, 并为他们的演化描述了三个独立的模型。

> hsp70Aa 的 DNA 和蛋白 RefSeq 登录号是 NM_ 169441 和 NP_731651, 而 对于 hslp70Ab, 它们是 NM_080059 和 NP _524798。

① 根据趋异进化模型, 基因家族的成员随着重复基因拥有新的功能而逐渐发生分歧 [图 8.20 (a)]。例如在图 3.3 中所示, 系统发生树展示了 α 球蛋白和 β 球蛋白组具有多个各自的成员。这些球蛋白中的一些在特异发育阶段表达。

② 根据协同进化模型, 基因家族的所有成员以协同的方式而不是以独立地方式进化 [图 8.20 (b)]。这种设想的一个例子是串联重复的核糖体 DNA 基因。我们在第 10 章中描述人类 rDNA 重复的结构 (图 10.7)。Donald Brown 和其他人的工作表明, 核糖体 DNA 簇在一个物种内的基因间区域比在两个相关的非洲爪蟾 (青蛙) 物种之间更相似。当这种基因簇的一个成员获得突变时, 该变化将扩散到其他成员。可以发生这种情况的一种机制是不等的交换。另一个提出的机制是基因转换。基因转换, 即一个基因 (或其他 DNA 元件) 作为供体, 并通过单向重组的形式, 它介导第二个基因形成第一个基因的拷贝的转化。通过协同进化机制发生进化的基因家族的例子包括灵长类 U2snRNA 基因、非洲爪蟾 (其具有 9000 至 24000 个成员) 或人类 (其具有大约 500 个成员) 中的 5S RNA 基因和黑腹果蝇的热休克蛋白基因。hsp70Aa 和 hsp70Ab 是一对反向串联重复基因, 在黑腹果蝇和拟果蝇 (D. simulans) 中几乎相同的。他们的种内同一性可以作为基因转换的一个例子。

③ 由 Masatoshi Nei 和其他人提出了诞生死亡演化模型 [参见 Nei 和 Rooney, 2005; 图 8.20(c)]。根据这个模式, 新基因通过基因复制产生。一些重复序列保留在基因组中, 而其他是失活的 (成为假基

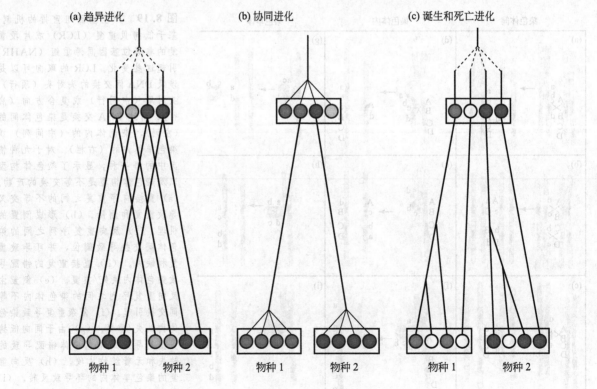

图 8.20 多基因家族中重复基因产生的三个模型: (a) 趋异进化; (b) 协同进化; (c) 诞生和死亡进化。空心圆圈代表功能基因; 实心圆代表假基因

[来源: Nei 和 Rooney (2005), 经 Annual Reviews 许可转载]

因）或被删除。这个模型的提出解释了主要组织相容性复合物基因的演变（MHC）。MHC蛋白结合外源或自身肽并将其呈递T淋巴细胞作为免疫应答的一部分，特别是MHC I类基因由于在肽结合区上的阳性选择而具有高度多态性（Hughes和Nei，1989）。生死模型是一种不同于协同进化的机制，其解释了基因多样性的产生、发散和演化，并解释了生物体如何通过重复基因获得新的功能。

根据Nei和Rooney的研究，大多数基因家族都服从于诞生死亡进化模型。在一些情况下，如组蛋白基因和泛素，诞生死亡过程伴随着非常强的纯化选择，这能保全蛋白质序列。这种选择压力，而不是基因转化或不等交叉的均质性质，说明了这些蛋白质的巨大保守性。在其他情况下，协同进化和诞生死亡进化混合发生，例如在α球蛋白基因中，HBA1和HBA2基因编码相同的蛋白质，这可能是因为基因转化。

> 在线文档8.10列出了Nei和Rooney引用的一些基因家族。

个体基因组的染色体变异：　SNPs

SNP代表全部基因组中最常见的变异形式之一。图8.21显示了来自NCBI的SNP（dbSNP）的Entrez数据库中β球蛋白基因的两个SNP的实例。按照惯例，每个变种（在这两种情况下的C或G）表示为群体中主要和次要等位基因的A或B。大多数SNP是具有一定范围的群体频率的双等位基因（即在给定位置有两个而不是三个或四个变体）。二倍体样本（例如人）可能的基因型是AA或BB（纯合）或AB（杂合）。在半合子缺失的区域（其中两个染色体拷贝中有一个被删除），或在本质为半合子的雄性X染色体上，基因型是A或B，但不会是杂合的（图8.21）。

> HapMap网站是http://www.hapmap.org（链接8.41）。目前（2015年5月）dbSNP版本42包括约113万个人类RefSNP；见http://www.ncbi.nlm.nih.gov/SNP/snp_summary.cgi（链接8.42）。

HapMap计划的目的是识别人类基因组中的SNP，这使得超过三百万个SNP被确定（国际HapMap联盟，2005，2007）。该资源可通过HapMap数据库获取，最初侧重于四个不同种群（来自北欧、非洲、日本和中国）的基因分型。SNP数据用于描述种群间和种群内的变异，包括共享等位基因（单倍型）的结构，以表征重组率和编码区中非同义和同义SNP的进化。

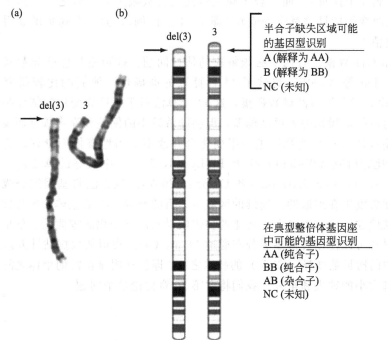

(a)　(b)

del(3)　3

半合子缺失区域可能的基因型识别
A (解释为AA)
B (解释为BB)
NC (未知)

del(3)　3

在典型整倍体基因座中可能的基因型识别
AA (纯合子)
BB (纯合子)
AB (杂合子)
NC (未知)

图 8.21 SNP微阵列实验提供了关于染色体拷贝数（基于杂交强度）和基因型（基于在每个SNP位置检测到的等位基因）的信息。(a) 来自半合子缺失（即两个染色体拷贝之一的一部分缺失）患者的3号染色体的染色体组型。用箭头指示缺失区域。(b) 3号染色体的图形示意。在大多数染色体中，存在四种可能的基因型：AA或BB（纯合基因型），AB（杂合子）或NC（未知）。在删除区域中有三种可能的基因型：A的底层状态（由当前软件包解释为双等位基因型，AA），B（解释为BB）或未知。可以没有AB基因型（除非有技术故障）。一些软件包检测纯合SNP的延伸，其在存在减少的拷贝数的情况下对应于半合子缺失。注意，人类男性X染色体本身是半合子，除了那些代表基因分型错误的基因型之外，不预计AB基因型

8.8　测定染色体变化的技术

　　几十年来，核型分析一直是染色体可视化的重要技术。如今，临床遗传学实验室通常使用核型分析来评估非整倍体的发生和一些小的变化（比如微缺失和微复制）。通常，小于约 3 百万个碱基对的缺失因为太小而不能被检测到。只有当染色体倒位足够大以至于破坏条纹型时，才能被检测到。易位可以是平衡的（如果两个染色体区域交换）或不平衡的（如果遗传物质发生了获得或丢失）。

　　荧光原位杂交（Fluorescence in situ hybridization，FISH）极大程度上提高了分辨率。细菌人工染色体克隆（BAC），通常由插入到约 10000 个碱基对的克隆载体中的大约 200000 个碱基对的基因组 DNA 组成，可以用荧光染料标记，然后在显微镜载玻片上探测中期染色体的扩散。FISH 已被用于细化染色体异常的信息，如微缺失和易位。

　　1992 年，Kallioniemi 等进行了比较基因组杂交（CGH），其中来自两个样品（例如一个患病和一个表观正常）的基因组 DNA 被分离，用绿色或红色荧光染料标记，并与正常染色体分裂相杂交。这种技术显示了 DNA 序列的增益或缺失的区域，包括在肿瘤细胞系中看到的扩增。

阵列比较基因组杂交

　　阵列 CGH（aCGH）是 CGH 技术到微阵列的高通量延伸，可用于检测确定染色体位点处的拷贝数变化。它将 FISH 的高分辨率与染色体全长的核型分析结合。aCGH 平台可以由数千个固定在玻璃微阵列表面上的 BAC 克隆或寡核苷酸组成。从测试样品（例如从细胞系或血液样品中分离的 DNA）和参考样品中纯化基因组 DNA。如果测试样品 DNA 用红色染料标记，参照物用绿色染料标记，则在杂交时，信号强度可以比较。如果发生放大或缺失，则对数信号强度偏离零值。拷贝数增加或减少的区域可以小至一个单一探针（例如，对于一个 SNP 阵列的一个碱基对，或 BAC 阵列的约 200000 个碱基对）。该变化还可以扩大到整个染色体臂或整个染色体。图 8.22 显示了 2 号染色体上微缺失的一个实例。这导致了许多基因的半合子损失和患者的智力障碍。

　　一种简单的方法是利用比率阈值来确定扩增或缺失的区域。对于一个拷贝的扩增，预期信号量将增加 1.5 倍（从整倍体状态下的 2 个拷贝到 3 个拷贝），而半合子缺失将使拷贝数减少为二分之一（从 2 个拷贝到 1 个拷贝）。在 $\log_2$ 标度上，未改变的拷贝数对应于值 0（即 1∶1 的比例），而一个拷贝的获得和丢失分别对应于 +1 和 −1 的 $\log_2$ 强度值。

　　许多统计方法被开发用于分析 aCGH 数据。有两个必须解决的估计问题：推断染色体变异数及其统计学意义，并确定这些事件的边界。Lai 等（2005）测试了 11 种算法的准确性。他们的比较研究包括 ROC 曲线、绘制假阳性率与真阳性率。对于许多测试数据集，这 11 个算法对于拷贝数变化的估计结果差异显著。这些算法能更好地检测具有良好信噪比的大尺度偏差，但会随着较小的偏差和噪声数据而发生摆动。一些算法不能检测到特定的扩增或缺失；其他算法把一组变化合并或不适当地将他们分开。总的来说，Lai 等（2005）的研究和另一个比较研究（Willenbrock 和 Fridlyand，2005）中最好的算法之一是循环二进制分割法（CBS；Olshen 等，2004；Ven- katraman 和 Olshen，2007）。该方法将基因组分成相同拷贝数的区域，假定染色体获得或缺失发生在离散的、连续的区域中，目的是确定将染色体分成片段的拷贝数变化位点。一个似然比统计量检验在给定位置处存在变化的替代假设和没有变化的零假设。如果检验统计量超过某个阈值，则拒绝零假设；可以使用置换参考分布通过 Monte Carlo 模拟从数据估计方差。

　　aCGH 是用于发现人类基因组中的拷贝数变异（CNV）的技术之一。即使在明显正常的个体之间也存在惊人的变化量，具有大量的巨碱基大小的缺失和重复。我们将在第 20 章讨论这个问题。

SNP 芯片

　　SNP 有许多应用，包括绘制基因和基因组中的多态性图谱，选择标记以识别在大分离群体中有感兴趣的等位基因的个体，发现基因组区域和分离性状之间的关联（第 20 章）。一个基本应用是测定基因组 DNA 样品中的染色体变化。存在几种技术来测量微阵列上的大量 SNP，例如来自 Illumina 的单碱基延伸

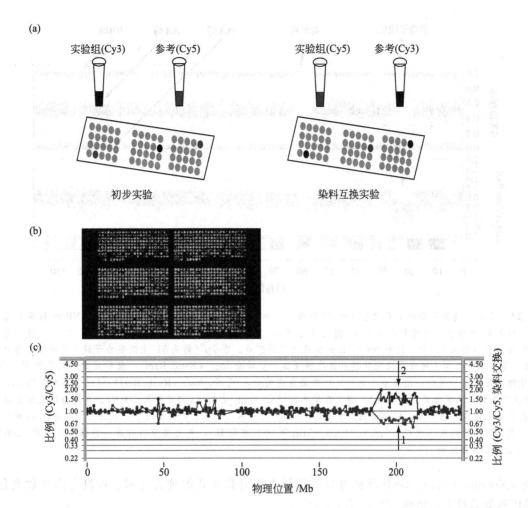

图 8.22　阵列比较基因组杂交（aCGH）允许检测染色体获取和缺失。（a）实验设计。从测试样品（例如来自患者）和参考样本（例如来自明显正常对照的库）中分离基因组 DNA。将 DNA 片段化，然后用不同颜色的荧光染料（如 Cy3 和 Cy5）标记。在平行染料交换实验中，用相反的染料标记测试和参考样品。将样品在含有多达数万个细菌人工染色体（BAC）克隆的显微镜载玻片上共孵育，每个克隆通常跨越 200000 个碱基对并有已知的染色体位置。许多最近阵列包含密集装载的寡核苷酸，尽管该图描绘了 BAC 克隆。杂交、洗涤和图像分析之后，阵列上的大多数 BAC 具有可比较数量的 Cy3 和 Cy5 染料（在两个载玻片上表示为灰色斑点）。测试样品中的缺失与参考样本中相对更多的 Cy5 染料相关，见左侧载玻片中的两个红点。在染料交换中，这两个斑点显示为黑色，提供一个独立的验证。测试样品中的扩增产生相对更多的 Cy3 染料（见左侧载玻片中的黑点，其在右侧的染料交换实验中显示为红色）。（b）来自扫描仪的 aCGH 图像示例。其输出包括电子表格，其包括每个 BAC 克隆的 Cy3 和 Cy5 通道中信号强度的量。（c）2 号染色体的输出示例。x 轴对应于 2 号染色体（从 p 末端到 q 末端），y 轴对应于来自初始实验和染料交换的 Cy3/Cy5 比例。因此，两组数据点是叠加的。测试样品来自于具有约 23 百万碱基（从染色体 2q32.2～q34 中的 190.5～213.8Mb）序列缺失的患者。因为一组相邻 BAC 上减小的信号强度比，所以该缺失是明显的（箭头 1）。如预期所料，染料交换实验表明镜像偏差（箭头 2）

策略和来自 Affymetrix 的基于寡核苷酸的杂交策略。图 8.23 是使用 Illumina 平台的 SNP 数据集的一个例子。该实验提供了关于染色体拷贝数（基于杂交强度测量）和基因型（基于 AA、AB 或 BB 基因型）的信息，存在缺乏杂合 SNP 的半合子缺失的特征谱。

　　SNP 阵列可以提供关于多种染色体变化的信息，除了那些可以由 aCGH 或传统细胞学检测的。一个例子是单亲二倍体，其中两个同源染色体从一个亲本遗传。二倍体是指两个拷贝，与零个（空白）、一个（单体）、三个（三体）或四个（四体）相对。照例，每个染色体有两个拷贝，但是单个染色体的两个拷贝仅来自一个亲本（单亲二倍体）。因为每个亲本都有一个给定常染色体的两个拷贝，结果可能是单亲异源异型（其中来自母亲或父亲的两个拷贝不同）或单亲同种异型（其中两个拷贝是相同的）。这也与人类的

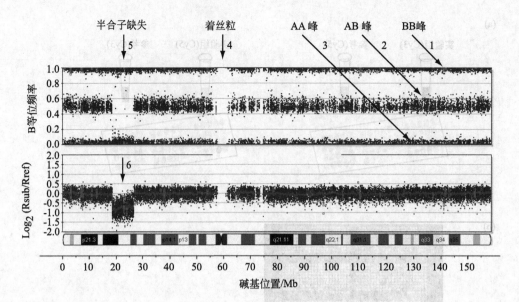

图 8.23 半合子缺失患者的 7 号染色体的 SNP 谱。上半部分显示了来自染色体上数千个 SNP 的 B 等位基因频率，包括 BB（B 等位基因频率接近 1.0；箭头 1）、杂合 AB（箭头 2）或纯合 AA（箭头 3）。在一些异染色质区域，如着丝粒（箭头 4）中，没有 SNP，因此曲线缺少数据点。在 7p（箭头 5）上的半合子缺失区域中，基本上没有 AB。下半部分显示了对应于染色体拷贝数的强度值。y 轴是 $\log_2$（Rsub/Rref），表示受试者（即该患者样品）的强度值与对照组（例如一组明显正常个体）的强度值的 $\log_2$ 比率。$\log_2$（Rsub/Rref）倾向于具有接近 0.0 的值（因此受试者和对照数据能一一对应），但是在缺失区域中，$\log_2$ 值为 -1.0（参见箭头 6）。在纯合缺失的区域（即缺失两个拷贝，未示出）中，$\log_2$ 值倾向于接近 -5.0。在三体（未示出）的情况下，额外的拷贝导致 B 等位基因频率分裂成四个数据轨（对应于 AAA、AAB、ABB 和 BBB 基因型），并且强度值升高。数据来自具有 550000 个 SNP 的 Illumina 微阵列

疾病相关（Kotzot，2001）。SNP 阵列可以显示没有拷贝数变化的纯合区域。在没有拷贝数变化的情况下，其原因可能是单亲二倍体（Ting 等，2007）。

二代测序

现在可以用相对低廉的价格对一个个体的整个基因组（全基因组测序）或外显子收集（全外显子测序）进行测序。这种方法相对于核型分析、aCGH 和 SNP 阵列有以下优点：

• WGS（和编码区的 WES）允许我们测定所有等位基因。相比之下，几乎所有的 SNP 阵列都专注于常见的变异；因此 WGS 和 WES 更加全面。

• 与 SNP 阵列和 aCGH 不同，WGS 和 WES 提供了核苷酸序列，这包括了关于单核苷酸变体（SNV，与 SNP 同义）、短插入/缺失事件（插入缺失）、结构变体和杂合性的信息。

也还有几个显著的缺点：

• 使用 WGS（和 WES）非常难以检测平衡和不平衡的染色体易位，但是这些容易通过细胞遗传学检测。

• WGS 和 WES 不太适合于检测兆碱基规模的变体，如非整倍体。以此类推，如果你想了解城市中的交通模式，交通直升机可以提供一个有用的主要事件概述（aCGH、SNP 阵列），而在城市里，每个街道和胡同的街道视角提供这样密集的信息，而在大图（WGS，WES）中很难观察到。

因此，一些研究人员将二代测序与其他技术（如 SNP 阵列）相结合。

8.9 展望

生物学最广泛的目标之一是了解每种生命的本质：发育、代谢、内稳态、繁殖和行为的机制是什么？基因组测序没有直接回答这些问题。相反，我们必须首先试着注释基因组序列，以估计其内容，然后我们

试着解释这些在各种生理和进化过程中的功能。

来自所有主要真核生物分化的代表性物种的基因组序列现在变得可获取，这将对真核生物学的所有方面产生巨大的影响。对于进化的研究，我们将进一步理解突变和选择，及促使基因组进化的力量。

随着全基因组被测序，我们逐渐意识到非编码和编码 DNA 的本质。真核基因组的主要部分是被重复 DNA 占据，包括转座子。蛋白质编码基因的数目从真菌中的约 2000 种到植物和哺乳动物中的数万种。许多这些蛋白质编码基因中在每个物种内是旁系同源的，使得对于许多真核生物而言，"核心蛋白质组"大小可能在 10000 个基因的数量级上。新的蛋白质因基因家族的扩展或编码蛋白质结构域 DNA 的重新组合而出现。

8.10　常见问题

基因组学研究的巨大需求是继续开发算法去发现蛋白编码基因、非编码 RNA、重复序列、在基因组内重复的序列块，以及在基因组之间共享的保守共线性区，然后我们可以表征不同发育阶段、身体区域和生理状态中的基因功能。通过这些方法，我们可以提出和检测有关真核生物功能、进化和生物适应性的假设，并因此从基因组数据中提炼生物学意义。

我们目前处于基因组学领域刚开始的几年。许多新的教训正在出现：

• 基因组序列的草图版本是非常有用的资源，但是基因注释是一个持续的过程，随着一条序列完成经常会得到显著改善。

• 预测基因组 DNA 中蛋白质编码基因的存在是非常困难的。这在缺乏基因表达的补充实验数据（例如表达的序列标签信息）的情况时尤其如此。

• 我们对非编码 RNA 分子的本质知之甚少。

• 大部分真核基因组由重复的 DNA 元件组成。片段重复提供了一个创造性的进化机会，以混合染色体之间和染色体内的 DNA。

• 比较基因组学在定义每个真核基因组的特征时非常有用。

可以理解，大家对成千上万的真核基因组测序有很大的热情。然而，一个问题是二代序列技术（在第 9 章中介绍）依赖于相对较短的读段（通常使用大小最多 500 个碱基对的插入片段的文库）。Alkan 等（2011）将基于短读段技术的数个人类基因组的 de novo 拼接与这些基因组的深度表征参考进行比较。他们报道，de novo 拼接比参考基因组短约 16%，确认的重复序列缺失 > 99.1%（> 2300 编码外显子缺失）。本章介绍了在分析基因组序列时必须考虑到真核染色体的重复 DNA 含量和其他特征。

8.11　给学生的建议

有很多方法来研究染色体和 DNA。想想你正在试图解决的问题，从而选择适当的分析路线。对于如何处理我们在本章中涉及的材料，我有三个建议。①进一步深入钻研 Ensembl 基因组浏览器、UCSC Genome 和 Table Browser，或其中两者。②熟悉 Galaxy。例如，从 Galaxy 开始，从 UCSC Table Browser 或 BioMart 中导入数据，并分析它以研究一系列问题（例如，"有多少 microRNAs 在外显子中注释？"）。③我们介绍了 R 包 biostrings 和 biomaRt；尝试熟悉这些，以了解 R 如何工作并探索其功能，然后浏览 Bioconductor 网站，了解数百种其他可用的 R 软件包。

ENCODE 计划极大地促进了我们对染色体特征的了解，包括基因和其规则。一个使你深入了解该计划的方法是阅读一些 ENCODE 研究文献，从 Nature 开始。如果你带着感兴趣的问题开始，或者从 β 球蛋白开始，这会十分有帮助。尝试在 UCSC Genome Browser 中探索 ENCODE 集合（hub）和其他数据轨。

8.12　网络资源

我们已经介绍了许多真核生物的关键资源和其基因组测序网站。一个很好的起点是 Ensembl 网站

(http://www.ensembl.org/，链接 8.43)，其目前包括小鼠、大鼠、斑马鱼、河豚、蚊子和其他基因组的入口。UCSC Genome Browser 有一个杰出的用户指南（http://genome.ucsc.edu/training/index.html，链接 8.44）和许多其他训练资源。ENCODE 资源的主要入口在 National Human Genome Research Institute（http://www.genome.gov/10005107，链接 8.45）。另一个有用的入口是 Nature 杂志（http://www.nature.com/encode/，链接 8.46）。

问题讨论

[8-1] 如果没有任何种类的重复 DNA，各种真核生物（人、小鼠、植物、寄生虫）的基因组在大小、基因含量、基因顺序、核苷酸组成或其他特征方面如何比较？

[8-2] 如果有人给你 1Mb 的真核生物基因组 DNA 序列，如何鉴别这一物种？（假设你不能使用 BLAST 直接识别物种）。区分来自昆虫或鱼的原生动物寄生虫基因组的 DNA 序列的特征是什么？

[8-3] 下面的计算机实验问题包括使用网站和 R。对于哪些问题，你可以使用这两种方法：对于哪些问题，你特别需要使用 Web 资源或 R，而不是另一种？

问题/计算机实验

[8-1] 这个问题鼓励你通过 Galaxy 探索 UCSC Table Browser。人类基因组中有多少个微卫星，在 Table Browser 中哪一个是最长的？①访问 UCSC Table Browser。对于 "Variation and Repeats" 组，将区域设置为 "Genome"，输出到 BED 文件，并将请求发送到 Galaxy（每个全基因有一个 BED 记录）。②在 Galaxy 中，使用 Tools＞Text Manipulation＞Compute an expression on every row。减去 c3－c2（结束位置减去开始位置，凑整结果），生成新列（c5）。③在 Tools＞Filter and Sort＞Sort 基于列 c5 的降序排序。最大的卫星元件（chr19：43167386～43167883）几乎延伸到 500 个碱基对，全部由 AT 残基的重复模式组成。

[8-2] 这个问题利用 R 来搜索 DNA 中的模式。β 球蛋白编码序列的前 15 个核苷酸（在人 11 号染色体上；chr11：GRCh37/hg19 的 5248237～5248251）是 5′-ATGGTGCATCTGACT-3′（该基因在底链上转录，因此顶链序列是 5′-AGTCAGATGCACCAT-3′）。这种模式经常出现在 11 号染色体上吗？如不是，出现在哪里？此练习的更详细版本在在线文档 8.11 中提供。安装 R 和 RStudio（如上所述），并将你的工作目录设置为你喜爱的文件夹，然后下载人类基因组参考序列并安装 biostrings 包。

```
> source("http://bioconductor.org/biocLite.R")
> biocLite("BSgenome.Hsapiens.UCSC.hg19")
# this may take about 30 minutes to download.
> biocLite("Biostrings")
```

```
> library("BSgenome.Hsapiens.UCSC.hg18") # This
    loads the required packages BSgenome, IRanges
> installed.genomes()
[1] "BSgenome.Hsapiens.UCSC.hg19" # our package
    is installed!
available.genomes() # note all the available
    genomes including hg17 hg18 hg19
BioC_mirror = http://bioconductor.org
Change using chooseBioCmirror().
 [1] "BSgenome.Alyrata.JGI.v1"
 [2] "BSgenome.Amellifera.BeeBase.assembly4"
 [3] "BSgenome.Amellifera.UCSC.apiMel2"
…
> ?available.genomes
# get help on how to install a particular genome
> Hsapiens # this will show us information about
    the genome we selected and its chromosomes
> seqnames(Hsapiens) # list the various
    chromosomes and unplaced sequences.
```

```
 [1] "chr1" …
> Seqinfo(Hsapiens)# this also describes the
  chromosomes
> mypattern15rev <- DNAString("AGTCAGATGCACCAT")
# We specify a pattern, in this case consisting
  of 15 bases
> mypattern15rev # Display the bases
 15-letter "DNAString" instance
seq: AGTCAGATGCACCAT
> matchPattern(mypattern15rev, HsapiensSchr11)
 Views on a 135006516-letter DNAString subject
subject: NNNNNNNNNNNNNNNNNNNNNNNNNNNN…
NNNNNNNNNNNNNNNNNNNNNNNNNNN
views:
   start    end width
[1] 5248237 5248251    15 [AGTCAGATGCACCAT]
[2] 5255649 5255663    15 [AGTCAGATGCACCAT]
```

　　因此有两个匹配。第二个匹配是否对应于一个不同的球蛋白基因？如果重复搜索会发生什么，如果允许最多两个不匹配呢？尝试这个：

```
> matchPattern(mypattern15rev, HsapiensSchr11,
  max.mismatch=2)
```

　　[8-3] 这个问题的目的是获得一个典型的数据集（在该例中，一个从在球蛋白基因座的 70000 碱基对区域中反向的重复 DNA 表格），并在 R 中绘制结果。①进入 UCSC Table Browser。设置基因组和构建人类 GRCh37/hg19；使用组 "Variation and Repeats"、数据轨 "RepeatMasker"、位置 chr11：5230001～5300000，输出格式 "select fields from selected table"，输出文件名 ucsc_chr11_repeats.txt，并单击 "get output"。当提示时，选择以下字段：swScore（Smith Waterman 对齐分数）、genoStart 和 genoEnd（基因组位置）、strand（＋或－方向）、repName、repClass 和 repFamily（每个重复的名称、类别和家族）。由于你指定了输出文件名，因此将返回纯文本文件，你可以将其保存到目录中。输出文件有 91 行和一个标题，你应该自己获得这个文件，但也可在在线文档 8.12 中获取。注意，输出列包括 Smith-Waterman 的得分（swScore）、重复类和重复家族。②打开 RStudio，并将工作目录设置为保存文件的位置。通过工作区面板导入此文本文件（指定有标题行），检查此数据集的一些基本属性。③ 绘制重复类的箱线图。

```
> dim(ucsc_chr11_repeats3)
[1] 91 7
> str(ucsc_chr11_repeats3)
'data.frame':    91 obs. of 7 variables:
 $ X.swScore: int 208 1218 189 1691 12383 1530
   12383 4149 266 797 …
 $ genoStart: int 5230215 5230647 5231331
5232000
   5232660 5234055 5234278 5235524 5236584
   5236631 …
 $ genoEnd : int 5230295 5231194 5231407 5232286
   5234055 5234278 5235526 5236191 5236624
   5236773 …
 $ strand  : Factor w/ 2 levels "-","+": 2 1 1
2 1
   1 1 2 2 1 …
 $ repName : Factor w/ 51 levels "(A)n","(CA)
n",..:
   48 29 49 13 38 36 38 10 23 …
 $ repClass : Factor w/ 7 levels "DNA","LINE",
   "Low_complexity",..: 6 2 6 6 2 2 2 5 6 …
 $ repFamily: Factor w/ 11 levels "Alu","ERV1",
   "ERVL",..: 9 6 9 16 6 6 6 6 10 1 …
```

```
> plot(x = ucsc_chr11_repeats3$repClass,
  y = ucsc_chr11_repeats3$X.swScore,
  main = "Repeat classes in the human beta
    globin locus",
  col = "pink",
  xlab = "repeat class",
  ylab = "SW score")
```

哪个重复类具有最高的平均 Smith-Waterman 分数？你可以通过观察图，或者调用tapply命令确定平均值和其他总结数据。

```
> tapply(ucsc_chr11_repeats3$X.swScore,
ucsc_chr11_repeats3$repClass, mean)
> tapply(ucsc_chr11_repeats3$X.swScore,
ucsc_chr11_repeats3$repClass, range)
```

[8-4] 在本练习中，我们将在 RStudio 中使用 R 包Genome-Graphs绘制 β 球蛋白基因的结构，并绘制该基因在 11 号染色体符号上的位置。我们将从 Biomart 中提取信息。更多相关信息，请浏览 bioconductor. org 网站上的 GenomeGraphs 小插图，以及 Steffen Durinck 和 James Bullard 撰写的用户指南。

```
> source("http://bioconductor.org/biocLite.R")
> biocLite("GenomeGraphs")
> options(width=50)
> library(GenomeGraphs)
> mart <- useMart("ensembl", dataset="hsapiens_
  gene_ensembl")
> gene <- makeGene(id = "ENSG00000244734",
  type="ensembl_gene_id", biomart = mart)
> gdPlot(gene) # save the output as Rplot1
  (a .png file)
> transcript <- makeTranscript
  (id = "ENSG00000244734", type="ensembl_
  gene_id", biomart = mart)
> gdPlot(list(gene, transcript)) # save the
  output as Rplot2 (a .png file)
> minusStrand <- makeGeneRegion(chromosome = 11,
  start = 5246696, end = 5248301, strand = "-",
  biomart = mart)
> genomeAxis <- makeGenomeAxis(add53 = TRUE)
  # Add53 shows 5' and 3' ends
> gdPlot(list(genomeAxis, minusStrand))
# This shows a plot with brown boxes for [exons]
  and genomic coordinates. Save it as Rplot3.
> minStrand <- makeGeneRegion( chromosome = 11,
  start = 5200000, end = 5250000, strand = "-",
  biomart = mart)
> ideogram <- makeIdeogram(chromosome = 11)
> genomeAxis <- makeGenomeAxis(add53=TRUE,
  add35=TRUE)
> gdPlot(list(ideogram, minusStrand, genomeAxis,
  minStrand))
# save as Rplot4.png
```

[8-5] 本练习的目的是熟悉 UCSC 的 ENCODE 资源。访问 ENCODE Experism Matrix 网站（http://encodeproject. org/ENCODE/data-Matrix/ encodeDataMatrixHuman. html）（链 接 8.47）。这 包 括 GM12878 BAM 和 BAM 索引（BAI）文件；我们将在第 9 章中学习如何查看和操作 BAM 文件。该矩阵网站有可点击框，例如 GM12878（一个 HapMap 个人）的 DNase-seq 和许多其他试验。点击这样的框，并在 UCSC Genome Brower 查看数据。选择特定基因（如 HBB），你能从 ENCODE 数据矩阵中了解它的规则吗？

[8-6] 分析 BAC 克隆中的开放阅读框。

（a）从 Entrez 检索典型的 Mus musculus 细菌人工染色体（BAC）（例如，选择 BAC T18A20，GenBank 登录号 AC009324）

- 注意近似大小（单位：千字节）。这是一个大的还是小的 BAC？
- 注意其中蛋白质的近似数量。细菌每千个碱基有约一个基因。在这个真核 DNA 中每千碱基有多少基因？

（b）转到 NCBI 的 ORF Finder

- 在主页查看左侧边栏。选择 "Tools for data mining"，那么你会看到 ORF Finder。
- 或者，从主页面，查看顶部的左侧边栏。选择 "Site map"，你也会找到一个指向 ORF Finder 的链接。
- 粘贴你的 BAC 的登录号，单击 ORF 搜索器。

（c）在 NCBI 的 ORF Finder 中，点击最大的 ORF 序列

- 这一序列由多少氨基酸组成？
- 它的分子量（千道尔顿）是多少？
- 这种蛋白质是小的、平均的还是大的？
- 这个推定的基因是由 BAC 的哪条链转录的？总体来说，顶部或底部链上是否有更多或者大致相同的 ORF？

（d）使用 NCBI 上的 ORF Finder，使用给出的默认参数 BLAST 搜索（c）的 ORF

- 该 BLAST 结果揭示了与 Mus 蛋白的许多匹配。但是，请注意，如果你使用此 ORF 作为查询项执行标准 BLASTP 搜索，会发现与许多种类的匹配。你还将看到与 Conserved Domain Database 的匹配。

[8-7] 人着丝粒通常包含数千个碱基对的 171bp 重复，称为 α 卫星（登录号 X07685）。首先对非冗余数据库执行 BLASTN 搜索。你观察到了什么样的数据库匹配？第二，将 BLAST 搜索限制为非人类。在灵长类动物、啮齿动物或植物中有匹配吗？为什么基因重复具有这种系统发育分布；你认为每个物种有自己独特的着丝粒特点吗？

[8-8] 我们进一步探索人着丝粒区。在局部染色体区域（例如在着丝粒的 5Mb 内；She 等，2004）存在重复片段的富集。在 11 号染色体的着丝粒附近存在多少重复片段？这个区域的数字是否大于整体染色体平均值？①转到 UCSC Genome Browser，查看人类 GRCh37/hg19 构建，并查看坐标 chr11：48000001～58000000（跨度为 10 Mb）。②在 Table Browser 中查看片段重复的数据；查看摘要。这个区域包括 3.4Mb 的间隙（着丝粒导致），328 个重复跨越大约 1.8Mb（每 Mb 182 个重复）。③对 11 号染色体整体重复该 Table Browser 分析。每 135 Mb（14 个每 Mb）有 1933 个节段复制。

[8-9] 识别在鸡和人类基因组之间共享 100% 一致性的超保守元件。有几种方法，请尝试以下步骤：①进入 UCSC Genome Bioinformatics 网站（http：// genome. ucsc. edu），选择 Table Browser，将进化枝设置为脊椎动物进化枝，将基因组设置为鸡，将组设置为 "Comparative Genomics"，将轨道设置为 "Most Conserved"，在 "region" 下选择全基因组。②如果你获得此时的总结统计数据，则有超过 95 万项，其中包括一系列保守水平的数据。输出格式为 "all fields from selected table"。单击过滤器按钮，选择 ≥900（从 1 到 1000 的刻度）的分数。现在只有六项（在鸡染色体 1、2、5 和 7）。这些在在线文档 8.13 中列出，网址为 http：//www. bio-infbook. org/chapter8。③将输出格式更改为 "hyperlinks to Genome Browser"，现在可以访问显示这些超保守元件的 Genome Browser，通过单击注释数据轨，你可以查看高度保守的 DNA 的多个序列比对。

[8-10] 哪些基因在人类基因组中表达最大程度的拷贝数增加或减少？①使用 UCSC Table Browser DGV Structural Variation trace（在 Variation and Repeats 组中），将区域设置为基因组。总计/统计选项显示 hg19 中有 >200000 个项目。②通过单击 "create" 选择过滤器选项，使用下拉菜单选择 "observedGains" >100，"observedLosses" >100，点击提交，总计/统计选项卡显示现在有 18 个结果。"Get output" 选项卡允许你查看 18 个条目。这些包括高度多态性 HLA 基因和 LILRA6（染色体 19q 上的白细胞免疫球蛋白样受体基因）。请参阅在线文档 8.14。你还可以在 UCSC Genome Browser 中查看这些基因中的一个基因及其 DGV 轨迹，以了解巨大的拷贝数变异。

[8-11] 二核苷酸 CG 通常称为 CpG（p 表示两个残基之间的磷酸酯键）。在人类基因组中，CpG 二核

苷酸以非常低的频率（比其他二核苷酸小约 5 倍）发生。在人类 11 号染色体上 β 球蛋白（HBB）基因座上所有二核苷酸出现的频率是多少？要回答这个问题，需要获得 FASTA 格式的 DNA 序列，将其导入 R 包 SeqinR，并使用计数函数。这个问题在 Avril Coghlan 的在线书中描述，可在 http：// a-little-book-of-r-for-bioinformatics. readthedocs. org/en/latest/src/chapter1. html（链接 8.48）查看。另见 SeqinR 文档：http：//SeqinR. r-forge. r-proj- ect. org/（链接 8.49）。①在 chr11 上选择 60000 个碱基对的区域：5240001 ～5300000，包括 HBB 和其他球蛋白基因。你可以通过 Table Browser（选择 output format＞sequence）或从 Genome Browser（view＞DNA）访问 DNA 序列。你还可以查看 SeqinR 文档，以获取有关从 R 中的 NCBI 获取序列的说明。②打开 R 会话窗口。我们将工作目录更改为包含 FASTA 序列的目录。

```
> dir() # Looking at the directory we confirm
    the sequence file is present
[1] "chr11_60kb"
# Next we install SeqinR and load its library.
> source("http://bioconductor.org/biocLite.R")
> biocLite("SeqinR")
> library("SeqinR")
> globinDNA <- read.fasta(file = "chr11_60kb")

# we read the FASTA formatted file into an R
    object called globinDNA
> globinseq <- globinDNA[[1]]
> length(globinseq) # We confirm the length of
    this sequence is 60 kb
[1] 60000
> count(globinseq,1) # the count function
    reports the frequency of each nucleotide
   a     c     g     t
18714 12002 11453 17831
> count(globinseq,2) # we specify we want to
    know the frequency of all dinucleotides
  aa   ac   ag   at   ca   cc   cg   ct   ga   gc   gg   gt
6470 3103 4271 4870 4443 2932  406 4221 3615 2282
ta   tc   tg   tt
2660 2896 4186 3685 4116 5843
```

注意，CpG 二核苷酸的频率确实显著低于所有其他二核苷酸的频率。我们还可以用这些结果（称为 mydinucleotides）创建一个表对象，并查看特定结果。我们可以把结果绘制成图。

```
> mydinucleotides <- count(globinseq,2)
> mydinucleotides[["cg"]]
[1] 406
> plot(mydinucleotides)
```

自测题

[8-1] C 值悖论是

（a）在一些基因组中核苷酸 C 出现频率低

（b）各种真核生物的基因组大小与生物体的蛋白质编码基因的数量相关性差

（c）各种真核生物的基因组大小与器官的生物学复杂性相关性差

（d）各种真核生物的基因组大小与生物体的进化时代相关性差

[8-2] 数百或数千个序列重复，每个由约 4～8 个核苷酸的单元组成，这些通常在哪里发现

（a）穿插重复

（b）处理的假基因

（c）端粒

（d）在段重复区域

[8-3] 你正在测序新描述的生物体（黏液霉菌）的基因组时，如果使用 RepeatMasker 来评估其重复的 DNA 含量，可能会发生什么？你将 RepeatMasker 的默认设置为人类 DNA 的设置

（a）RepeatMasker 应该成功地识别基本上所有的重复 DNA。各种重复 DNA 元件在生物体之间足够相似，从而允许此软件在你的黏液霉菌 DNA 上工作。

（b）RepeatMasker 应该识别大多数重复 DNA。然而，由于某些类型的重复是物种特异的，很可能会有许多假阳性和假阴性结果

（c）RepeatMasker 不能识别大多数重复 DNA。大多数类型的重复序列是高度物种特异的。有必要为你的黏液霉菌 DNA 训练 RepeatMasker 算法，以使程序工作

（d）不可能预测，因为重复 DNA 在生物体之间可能是或可能不是可变的

[8-4] 基因的定义是什么？使用最近作为 ENCODE 计划的一部分而引入的定义

（a）基因是位于特定染色体位置并编码一种蛋白质的遗传信息的单位

（b）基因是位于特定染色体位置并编码一种或多种蛋白质产物的遗传信息的单位

（c）基因是编码一组相关的潜在重叠功能产物的基因组序列的联合

（d）基因是编码一种或多种功能产物的遗传信息的单位

[8-5] 对于内在（从头）基因寻找算法，从真核基因组 DNA 中预测蛋白质编码基因的是非常困难的。主要问题是什么？

（a）外显子/内含子边界难以预测

（b）内含子的长度可以是许多千碱基

（c）编码区的 GC 含量不总是与非编码区的 GC 含量区分开

（d）以上所有

[8-6] 超级保守元件的一些属性是什么？

（a）它们具有可变长度（从 50 到＞1000 个碱基对），并且几乎完全保守

（b）它们具有可变长度（从 50 到＞1000 个碱基对），几乎完全保守，并且通常对应于蛋白质编码区

（c）它们具有≥200 个碱基对的长度，并且在相对密切相关的物种（如大鼠和小鼠）之间完全或几乎完全保守

（d）它们具有≥200 个碱基对，并且在相对遥远的相关物种（如人和啮齿动物）之间是完全或几乎完全保守的

[8-7] 两个不同的真核物种的基因组有时可以合并，创造一个全新的物种

（a）真

（b）假

[8-8] 根据 Ohno 的 2R 假说，全基因组复制（多倍体）提供了几个优点，以下哪项不是优势？

（a）杂交种可以比其父母更成功地繁殖

（b）基因可能变得冗余，允许新功能出现

（c）自我受精可能成为可能

（d）自体受精的生物可能变得能够杂交

[8-9] 关于形成新的基因家族已经提出了几种机制，根据出生死亡进化模型

（a）新基因通过基因复制产生，随后是功能性多样性或失活

（b）随着基因复制后的渐进过程，基因获得新功能

（c）基因家族的成员以协同的方式进化

（d）新基因以协同的方式出现并且获得新功能，这取决于其他重复基因的死亡

[8-10] 单核苷酸多态性（SNP）阵列可以可靠地检测以下所有现象，除了：

（a）缺失

（b）重复

（c）倒置

（d）单亲等位异体

推荐读物

我们对真核染色体的理解已经通过基因组的测序和分析进行了转变。ENCODE 计划联盟论文在 2004 年（介绍该项目）和 2007 年（描述了分析 1% 人类基因组结果的概述）提供了背景，Stamatoyannopoulos（2012）提供了后续阶段的重要概述和观点。ENCODE 计划联盟（2012）在一篇主要论文中总结了他们的主要发现，ENCODE 计划协会（2011）也为项目提供了有用的用户指南。

对从比较基因组学角度来看重复 DNA 的综述，可参见 Richard 等（2008）。

参 考 文 献

Adams, K.L., Wendel, J.F. 2005. Novel patterns of gene expression in polyploid plants. *Trends in Genetics* **21**, 539–543. PMID: 10731132.

Alioto, T. 2012. Gene prediction. *Methods in Molecular Biology* **855**, 175–201. PMID: 22407709.

Alkan, C., Sajjadian, S., Eichler, E.E. 2011. Limitations of next-generation genome sequence assembly. *Nature Methods* **8**(1), 61–65. PMID: 21102452.

Allen, J.E., Pertea, M., Salzberg, S.L. 2004. Computational gene prediction using multiple sources of evidence. *Genome Research* **14**, 142–148. PMID: 14707176.

Allen, J.E., Salzberg, S.L. 2005. JIGSAW: integration of multiple sources of evidence for gene prediction. *Bioinformatics* **21**, 3596–3603. PMID: 16076884.

Allen, J.E., Majoros, W.H., Pertea, M., Salzberg, S.L. 2006. JIGSAW, GeneZilla, and GlimmerHMM: puzzling out the features of human genes in the ENCODE regions. *Genome Biology* **7** Suppl 1, S9.1–S9.13. PMID: 16925843.

Ambros, V. 2001. microRNAs: Tiny regulators with great potential. *Cell* **107**, 823–826.

Amor, D. J., Choo, K. H. 2002. Neocentromeres: Role in human disease, evolution, and centromere study. *American Journal of Human Genetics* **71**, 695–714.

Antonarakis, S. E., Rossiter, J.P., Young, M. *et al.* 1995. Factor VIII gene inversions in severe hemophilia A: Results of an international consortium study. *Blood* **86**, 2206–2212. PMID: 7662970.

Aparicio, S., Chapman, J., Stupka, E. *et al.* 2002. Whole-genome shotgun assembly and analysis of the genome of *Fugu rubripes*. *Science* **297**, 1301–1310. PMID: 12142439.

Aulard, S., Monti, L., Chaminade, N., Lemeunier, F. 2004. Mitotic and polytene chromosomes: comparisons between *Drosophila melanogaster* and *Drosophila simulans*. *Genetica* **120**, 137–150.

Aury, J.M., Jaillon, O., Duret, L. *et al.* 2006. Global trends of whole-genome duplications revealed by the ciliate *Paramecium tetraurelia*. *Nature* **444**, 171–178. PMID: 17086204.

Avramova, Z. V. 2002. Heterochromatin in animals and plants. Similarities and differences. *Plant Physiology* **129**, 40–49.

Ayala F.J., Coluzzi, M. 2005. Chromosome speciation: humans, *Drosophila*, and mosquitoes. *Proceedings of the National Academy of Science, USA* **102** Suppl. 1, 6535–6542. PMID: 15851677.

Azzalin, C. M., Nergadze, S. G., Giulotto, E. 2001. Human intrachromosomal telomeric-like repeats: Sequence organization and mechanisms of origin. *Chromosoma* **110**, 75–82.

Bailey, J.A., Eichler, E.E. 2006. Primate segmental duplications: crucibles of evolution, diversity and disease. *Nature Reviews Genetics* **7**, 552–564.

Bailey, J. A., Yavor, A. M., Massa, H. F., Trask, B. J., Eichler, E. E. 2001. Segmental duplications: Organization and impact within the current human genome project assembly. *Genome Research* **11**, 1005–1017.

Balakirev, E.S., Ayala, F.J. 2003. Pseudogenes: are they "junk" or functional DNA? *Annual Review of Genetics* **37**, 123–151.

Bejerano, G., Pheasant, M., Makunin, I. *et al.* 2004. Ultraconserved elements in the human genome. *Science* **304**, 1321–1325.

Benson, G. 1999. Tandem repeats finder: A program to analyze DNA sequences. *Nucleic Acids Research* **27**, 573–580.

Betrán, E., Long, M. 2002. Expansion of genome coding regions by acquisition of new genes. *Genetica* **115**, 65–80.

Blattner, F. R., Plunkett, G. 3rd, Bloch, C.A. *et al.* 1997. The complete genome sequence of *Escherichia coli* K-12. *Science* **277**, 1453–1474. PMID: 9278503.

Bray, N., Dubchak, I., Pachter, L. 2003. AVID: A Global Alignment Program. *Genome Research* **13**, 97–102.

Brent, M.R. 2008. Steady progress and recent breakthroughs in the accuracy of automated genome annotation. *Nature Reviews Genetics* **9**(1), 62–73. PMID: 18087260.

Britten, R. J., Kohne, D. E. 1968. Repeated sequences in DNA. *Science* **161**, 529–540.

Brunet, F.G., Roest Crollius, H., Paris, M. *et al.* 2006. Gene loss and evolutionary rates following whole-genome duplication in teleost fishes. *Molecular Biology and Evolution* **23**, 1808–1816. PMID: 16809621.

Buratti, E., Baralle, M., Baralle, F.E. 2013. From single splicing events to thousands: the ambiguous step forward in splicing research. *Briefings in Functional Genomics* **12**(1), 3–12. PMID: 23165350.

Burge, C. B., Karlin, S. 1998. Finding the genes in genomic DNA. *Current Opinion in Structural Biology* **8**, 346–354. PMID: 9666331.

Cameron, R. A., Mahairas, G., Rast, J.P. *et al.* 2000. A sea urchin genome project: Sequence scan, virtual map, and additional resources. *Proceedings of the National Academy of Science, USA* **97**, 9514–9518. PMID: 10920195.

Carlton, J. M., Angiuoli, S.V., Suh, B.B. *et al.* 2002. Genome sequence and comparative analysis of the model rodent malaria parasite *Plasmodium yoelii yoelii*. *Nature* **419**, 512–519. PMID: 12368865.

Castillo-Davis, C.I. 2005. The evolution of noncoding DNA: how much junk, how much func? *Trends in Genetics* **21**, 533–536.

Cavalier-Smith, T. 2002. Origins of the machinery of recombination and sex. *Heredity* **88**, 125–141.

Chaisson, M.J., Raphael, B.J., Pevzner, P.A. 2006. Microinversions in mammalian evolution. *Proceedings of the National Academy of Science, USA* **103**, 19824–19829.

Chiang, C.W., Derti, A., Schwartz, D. *et al.* 2008. Ultraconserved elements: analyses of dosage sensitivity, motifs and boundaries. *Genetics* **180**(4), 2277–2293. PMID: 18957701.

Choo, K. H. 2001. Domain organization at the centromere and neocentromere. *Developmental Cell* **1**, 165–177.

Claverie, J. M. 2001. Gene number. What if there are only 30,000 human genes? *Science* **291**, 1255–1257.

Coghlan, A., Eichler, E.E., Oliver, S.G., Paterson, A.H., Stein, L. 2005. Chromosome evolution in eukaryotes: a multi-kingdom perspective. *Trends in Genetics* **21**, 673–682. PMID: 16242204.

Comai, L. 2000. Genetic and epigenetic interactions in allopolyploid plants. *Plant Molecular Biology* **43**, 387–399.

Comai, L. 2005. The advantages and disadvantages of being polyploid. *Nature Reviews Genetics* **6**, 836–846.

Cummings, C. J., Zoghbi, H. Y. 2000. Trinucleotide repeats: Mechanisms and pathophysiology. *Annual Review of Genomics and Human Genetics* **1**, 281–328.

Darlington, C.D. 1932. *Recent Advances in Cytology*. P. Blakiston's Son & Co., Philadelphia.

Debatisse, M., Le Tallec, B., Letessier, A., Dutrillaux, B., Brison, O. 2012. Common fragile sites: mechanisms of instability revisited. *Trends in Genetics* **28**(1), 22–32. PMID: 22094264.

Dehal, P., Boore, J.L. 2005. Two rounds of whole genome duplication in the ancestral vertebrate. *PLoS Biology* **3**, e314.

Dermitzakis, E. T., Reymond, A., Lyle, R. *et al.* 2002. Numerous potentially functional but non-genic conserved sequences on human chromosome 21. *Nature* **420**, 578–582. PMID: 12466853.

Derrien T., Johnson, R., Bussotti, G. *et al.* 2012. The GENCODE v7 catalog of human long noncoding RNAs: analysis of their gene structure, evolution, and expression. *Genome Research* **22**(9), 1775–1789. PMID: 22955988.

Dimitrieva, S., Bucher, P. 2013. UCNEbase–a database of ultraconserved non-coding elements and genomic regulatory blocks. *Nucleic Acids Research* **41**(Database issue), D101–109. PMID: 23193254.

Djebali, S., Davis, C.A., Merkel. A. *et al.* 2012. Landscape of transcription in human cells. *Nature* **489**(7414), 101–108. PMID: 22955620.

Dolan, M. 2011. The role of the Giemsa stain in cytogenetics. *Biotechnic and Histochemistry* **86**(2), 94–97. PMID: 21395494.

Doolittle, W.F. 2013. Is junk DNA bunk? A critique of ENCODE. *Proceedings of the National Academy of Science, USA* **110**(14), 5294–5300. PMID: 23479647.

Douglas, S., Zauner, S., Fraunholz, M. *et al.* 2001. The highly reduced genome of an enslaved algal nucleus. *Nature* **410**, 1091–1096. PMID: 11323671.

Drosophila 12 Genomes Consortium. 2007. Evolution of genes and genomes on the *Drosophila* phylogeny. *Nature* **450**, 203–218.

Dunham, A., Matthews, L.H., Burton, J. *et al.* 2004. The DNA sequence and analysis of human chromosome 13. *Nature* **428**, 522–528. PMID: 15057823.

Echols, N., Harrison, P., Balasubramanian, S. *et al.* 2002. Comprehensive analysis of amino acid and nucleotide composition in eukaryotic genomes, comparing genes and pseudogenes. *Nucleic Acids Research* **30**, 2515–2523. PMID: 12034841.

Eddy, S. R. 2001. Non-coding RNA genes and the modern RNA world. *Nature Reviews Genetics* **2**, 919–929.

Eddy, S. R. 2002. Computational genomics of noncoding RNA genes. *Cell* **109**, 137–140.

Eddy, S.R. 2012. The C-value paradox, junk DNA and ENCODE. *Current Biology* **22**(21), R898–899. PMID: 23137679.

Eddy, S.R. 2013. The ENCODE project: missteps overshadowing a success. *Current Biology* **23**(7), R259–261. PMID: 23578867.

Elgar, G. 2006. Different words, same meaning: understanding the languages of the genome. *Trends in Genetics* **22**, 639–641.

ENCODE Project Consortium. 2011. A user's guide to the encyclopedia of DNA elements (ENCODE). *PLoS Biology* **9**(4), e1001046. PMID: 21526222.

ENCODE Project Consortium, Birney, E., Stamatoyannopoulos, J.A. *et al.* 2007. Identification and analysis of functional elements in 1% of the human genome by the ENCODE pilot project. *Nature* **447**, 799–816. PMID: 17571346.

ENCODE Project Consortium, Bernstein, B.E., Birney, E. *et al.* 2012. An integrated encyclopedia of DNA elements in the human genome. *Nature* **489**(7414), 57–74. PMID: 22955616.

Fan, Y., Linardopoulou, E., Friedman, C., Williams, E., Trask, B. J. 2002. Genomic structure and evolution of the ancestral chromosome fusion site in 2q13–2q14.1 and paralogous regions on other human chromosomes. *Genome Research* **12**, 1651–1662.

Fisher, S., Grice, E.A., Vinton, R.M., Bessling, S.L., McCallion, A.S. 2006. Conservation of RET regulatory function from human to zebrafish without sequence similarity. *Science* **312**, 276–279.

Flicek, P., Ahmed, I., Amode, M.R. *et al.* 2013. Ensembl 2013. *Nucleic Acids Research* **41**(Database issue), D48–55. PMID: 23203987.

Flicek, P., Amode, M.R., Barrell, D. *et al.* 2014. Ensembl 2014. *Nucleic Acids Research* **42**(1), D749–755. PMID: 24316576.

Frazer, K. A., Elnitski, L., Church, D. M., Dubchak, I., Hardison, R. C. 2003. Cross-species sequence comparisons: A review of methods and available resources. *Genome Research* **13**, 1–12.

Frith, M.C., Forrest, A.R., Nourbakhsh, E. *et al.* 2006. The abundance of short proteins in the mammalian proteome. *PLoS Genetics* **2**, e52. PMID: 16683031.

Gardner, M. J., Hall, N., Fung, E. *et al.* 2002. Genome sequence of the human malaria parasite *Plasmodium falciparum*. *Nature* **419**, 498–511. PMID: 12368864.

Gerstein, M.B., Bruce, C., Rozowsky, J.S., Zheng, D., Du, J., Korbel, J.O., Emanuelsson, O., Zhang, Z.D., Weissman, S., Snyder, M. 2007. What is a gene, post-ENCODE? History and updated definition. *Genome Research* **17**, 669–681.

Gerstein, M.B., Kundaje, A., Hariharan, M. *et al.* 2012. Architecture of the human regulatory network derived from ENCODE data. *Nature* **489**(7414), 91–100. PMID: 22955619.

Graur, D., Li, W.-H. 2000. *Fundamentals of Molecular Evolution*. Sinauer Associates, Sunderland, MA.

Graur, D., Zheng, Y., Price, N. *et al.* 2013. On the immortality of television sets: "function" in the human genome according to the evolution-free gospel of ENCODE. *Genome Biology and Evolution* **5**(3), 578–590. PMID: 23431001.

Green, E.D., Guyer, M.S. 2011. National Human Genome Research Institute. Charting a course for genomic medicine from base pairs to bedside. *Nature* **470**(7333), 204–213. PMID: 21307933.

Gregory, S.G., Barlow, K.F., McLay, K.E. *et al.* 2006. The DNA sequence and biological annotation of human chromosome 1. *Nature* **441**(7091), 315–321. PMID: 16710414.

Griffith, O.L., Montgomery, S.B., Bernier, B. *et al.* 2008. ORegAnno: an open-access community-driven resource for regulatory annotation. *Nucleic Acids Research* **36**, D107–D113. PMID: 18006570.

Griffiths-Jones, S., Bateman, A., Marshall, M., Khanna, A., Eddy, S. R. 2003. Rfam: An RNA family database. *Nucleic Acids Research* **31**, 439–441.

Grimwood, J., Gordon, L.A., Olsen, A. *et al.* 2004. The DNA sequence and biology of human chromosome 19. *Nature* **428**, 529–535. PMID: 15057824.

Guigo, R., Flicek, P., Abril, J.F. *et al.* 2006. EGASP: the human ENCODE Genome Annotation Assessment Project. *Genome Biology* **7**, S2.1–31. PMID: 16925836.

Hall, A. E., Fiebig, A., Preuss, D. 2002. Beyond the *Arabidopsis* genome: Opportunities for comparative genomics. *Plant Physiology* **129**, 1439–1447.

Hall, I. M., Quinlan, A. R. 2012. Detection and interpretation of genomic structural variation in mammals. *Methods in Molecular Biology* **838**, 225–248. PMID: 22228015.

Hancock, J. M. 2002. Genome size and the accumulation of simple sequence repeats: Implications of new data from genome sequencing projects. *Genetica* **115**, 93–103.

Harrison, P. M., Gerstein, M. 2002. Studying genomes through the aeons: Protein families, pseudogenes and proteome evolution. *Journal of Molecular Biology* **318**, 1155–1174.

Harrison, P. M., Kumar, A., Lang, N., Snyder, M., Gerstein, M. 2002. A question of size: The eukaryotic proteome and the problems in defining it. *Nucleic Acids Research* **30**, 1083–1090.

Harrow, J., Denoeud, F., Frankish, A. *et al.* 2006. GENCODE: producing a reference annotation for ENCODE. *Genome Biology* **7** Suppl 1, S4.1–9. PMID: 16925838.

Harrow, J., Frankish, A., Gonzalez, J.M. *et al.* 2012. GENCODE: the reference human genome annotation for The ENCODE Project. *Genome Research* **22**(9), 1760–1774. PMID: 22955987.

Hartl, D. L. 2000. Molecular melodies in high and low C. *Nature Reviews Genetics* **1**, 145–149.

Hassold, T., Hunt, P. 2001. To err (meiotically) is human: the genesis of human aneuploidy. *Nature Reviews Genetics* **2**, 280–291.

Hattori, M., Fujiyama, A., Taylor, T.D. *et al.* 2000. The DNA sequence of human chromosome 21. *Nature* **405**(6784), 311–319. PMID: 10830953.

Haugen, P., Simon, D.M., Bhattacharya, D. 2005. The natural history of group I introns. *Trends in Genetics* **21**, 111–119.

Hazan, R., Ben-Yehuda, S. 2006. Resolving chromosome segregation in bacteria. *Journal of Molecular Microbiology and Biotechnology* **11**(3–5), 126–139. PMID: 16983190.

Hedges, S. B., Kumar, S. 2002. Genomics. Vertebrate genomes compared. *Science* **297**, 1283–1285.

Hillier, L.W., Graves, T.A., Fulton, R.S. *et al.* 2005. Generation and annotation of the DNA sequences of human chromosomes 2 and 4. *Nature* **434**(7034), 724–731. PMID: 15815621.

Holt, R. A., Subramanian, G. M., Halpern, A. *et al.* 2002. The genome sequence of the malaria mosquito *Anopheles gambiae. Science* **298**, 129–149. PMID: 12364791.

Hou, G., Le Blancq, S. M., Yaping, E., Zhu, H., Lee, M. G. 1995. Structure of a frequently rearranged rRNA-encoding chromosome in *Giardia lamblia. Nucleic Acids Research* **23**, 3310–3317.

Hughes, A. L., Nei, M. 1989. Nucleotide substitution at major histocompatibility complex class II loci: evidence for overdominant selection. *Proceedings of the National Academy of Science, USA* **86**, 958–962.

Iafrate, A.J., Feuk, L., Rivera, M.N. *et al.* 2004. Detection of large-scale variation in the human genome. *Nature Genetics* **36**(9), 949–955. PMID: 15286789.

Ijdo, J. W., Baldini, A., Ward, D. C., Reeders, S. T., Wells, R. A. 1991. Origin of human chromosome 2: An ancestral telomere–telomere fusion. *Proceedings of the National Academy of Science, USA* **88**, 9051–9055.

International HapMap Consortium. 2005. A haplotype map of the human genome. *Nature* **437**, 1299–1320.

International HapMap Consortium *et al.* 2007. A second generation human haplotype map of over 3.1 million SNPs. *Nature* **449**, 851–861.

International Human Genome Sequencing Consortium. 2001. Initial sequencing and analysis of the human genome. *Nature* **409**, 860–921.

International Human Genome Sequencing Consortium. 2004. Finishing the euchromatic sequence of the human genome. *Nature* **431**, 931–945.

Jarstfer, M. B., Cech, T. R. 2002. Effects of nucleotide analogues on *Euplotes aediculatus* telomerase processivity: Evidence for product-assisted translocation. *Biochemistry* **41**, 151–161.

Jeffares, D.C., Mourier, T., Penny, D. 2006. The biology of intron gain and loss. *Trends in Genetics* **22**, 16–22.

Jentsch, S., Tobler, H., Muller, F. 2002. New telomere formation during the process of chromatin diminution in *Ascaris suum. International Journal of Developmental Biology* **46**, 143–148.

John, S., Sabo, P.J., Canfield, T.K. *et al.* 2013. Genome-scale mapping of DNase I hypersensitivity. *Current Protocols in Molecular Biology* **Chapter 27**, Unit 21.27. PMID: 23821440.

Jones, K. L. 1997. *Smith's Recognizable Patterns of Human Malformation.* W. B. Saunders, New York.

Jurka, J. 1998. Repeats in genomic DNA: Mining and meaning. *Current Opinion in Structural Biology* **8**, 333–337.

Jurka, J. 2000. Repbase update: A database and an electronic journal of repetitive elements. *Trends in Genetics* **16**, 418–420.

Jurka J., Kapitonov V.V., Kohany O., Jurka M.V. 2007. Repetitive sequences in complex genomes: structure and evolution. *Annual Reviews in Genomics and Human Genetics* **8**, 241–259. PMID: 17506661.

Kallioniemi, A., Kallioniemi, O.P., Sudar, D. *et al.* 1992. Comparative genomic hybridization for molecular cytogenetic analysis of solid tumors. *Science* **258**, 818–821.

Kashi, Y., King, D.G. 2006. Simple sequence repeats as advantageous mutators in evolution. *Trends in Genetics* **22**, 253–259.

Katz, L.A. 2012. Origin and diversification of eukaryotes. *Annual Review of Microbiology* **66**, 411–427. PMID: 22803798.

Katzman, S., Kern, A.D., Bejerano, G. *et al.* 2007. Human genome ultraconserved elements are ultraselected. *Science* **317**, 915.

Kidwell, M. G. 2002. Transposable elements and the evolution of genome size in eukaryotes. *Genetica* **115**, 49–63.

King, D.C., Taylor, J., Elnitski, L. *et al.* 2005. Evaluation of regulatory potential and conservation scores for detecting cis-regulatory modules in aligned mammalian genome sequences. *Genome Research* **15**, 1051–1060.

Knight, J. 2002. All genomes great and small. *Nature* **417**, 374–376.

Kohn, M., Högel, J., Vogel, W. *et al.* 2006. Reconstruction of a 450-My-old ancestral proto-karyotype. *Trends in Genetics* **22**, 203–210.

Kotzot, D. 2001. Complex and segmental uniparental disomy (UPD): Review and lessons from rare chromosomal complements. *Journal of Medical Genetics* **38**, 497–507.

Kotzot, D. 2008. Complex and segmental uniparental disomy updated. *Journal of Medical Genetics* **45**(9), 545–556. PMID: 18524837.

Kuhn, R.M., Haussler, D., Kent, W.J. 2013. The UCSC genome browser and associated tools. *Briefings in Bioinformatics* **14**(2), 144–161. PMID: 22908213.

Kurtz, S., Phillippy, A., Delcher, A.L. *et al.* 2004. Versatile and open software for comparing large genomes. *Genome Biology* **5**, R12.

Lai, C.S., Fisher, S.E., Hurst, J.A., Vargha-Khadem, F., Monaco, A.P. 2001. A forkhead-domain gene is mutated in a severe speech and language disorder. *Nature* **413**(6855), 519–523. PMID: 11586359.

Lai, W.R., Johnson, M.D., Kucherlapati, R., Park, P.J. 2005. Comparative analysis of algorithms for identifying amplifications and deletions in array CGH data. *Bioinformatics* **21**, 3763–3770.

Latham, K.E. 2005. X chromosome imprinting and inactivation in preimplantation mammalian embryos. *Trends in Genetics* **21**, 120–127.

Lee, H. S., Chen, Z. J. 2001. Protein-coding genes are epigenetically regulated in *Arabidopsis* poly-ploids. *Proceedings of the National Academy of Science, USA* **98**, 6753–6758.

Lewis, M. S., Pikaard, C. S. 2001. Restricted chromosomal silencing in nucleolar dominance. *Proceedings of the National Academy of Science, USA* **98**, 14536–14540.

Li, W.H., Yang, J., Gu, X. 2005. Expression divergence between duplicate genes. *Trends in Genetics* **21**, 602–607.

Lima-de-Faria, A. 2003. *One Hundred Years of Chromosome Researach and What Remains to be Learned.* Kluwer Academic Publishers, Boston.

Lin, K.W., Yan, J. 2008. Endings in the middle: current knowledge of interstitial telomeric sequences. *Mutation Research* **658**(1–2), 95–110. PMID: 17921045.

Liu, P., Carvalho, C.M., Hastings, P.J., Lupski, J.R. 2012. Mechanisms for recurrent and complex human genomic rearrangements. *Current Opinion in Genetics and Development* **22**(3), 211–220. PMID: 22440479.

Lorite, P., Carrillo, J. A., Palomeque, T. 2002. Conservation of (TTAGG)(n) telomeric sequences among ants (Hymenoptera, Formicidae). *Journal of Heredity* **93**, 282–285.

Lowe, T. M., Eddy, S. R. 1997. tRNAscan-SE: A program for improved detection of transfer RNA genes in genomic sequence. *Nucleic Acids Research* **25**, 955–964.

Lupski, J.R., Stankiewicz, P. 2005. Genomic disorders: molecular mechanisms for rearrangements and conveyed phenotypes. *PLoS Genetics* **1**(6), e49. PMID: 16444292.

Makalowski, W. 2000. Genomic scrap yard: How genomes utilize all that junk. *Gene* **259**, 61–67.

Marshall, O.J., Chueh, A.C., Wong, L.H., Choo, K.H. 2008. Neocentromeres: new insights into centromere structure, disease development, and karyotype evolution. *American Journal of Human Genetics* **82**(2), 261–282. PMID: 18252209.

Martin, C. L., Wong, A., Gross, A. *et al.* 2002. The evolutionary origin of human subtelomeric homologies: or where the ends begin. *American Journal of Human Genetics* **70**, 972–984. PMID: 11875757.

Maston, G.A., Evans, S.K., Green, M.R. 2006. Transcriptional regulatory elements in the human genome. *Annual Review of Genomics and Human Genetics* **7**, 29–59.

Matsuura, T., Yamagata, T., Burgess, D.L. *et al.* 2000. Large expansion of the ATTCT pentanucleotide repeat in spinocerebellar ataxia type 10. *Nature Genetics* **26**(2), 191–194. PMID: 11017075.

Mayor, C., Brudno, M., Schwartz, J.R. *et al.* 2000. VISTA: Visualizing global DNA sequence alignments of arbitrary length. *Bioinformatics* **16**, 1046–1047. PMID: 11159318.

McCormick-Graham, M., Romero, D. P. 1996. A single telomerase RNA is sufficient for the synthesis of variable telomeric DNA repeats in ciliates of the genus *Paramecium*. *Molecular and Cellular Biology* **16**, 1871–1879.

McKnight, T. D., Fitzgerald, M. S., Shippen, D. E. 1997. Plant telomeres and telomerases. A review. *Biochemistry (Mosc.)* **62**, 1224–1231.

McLean, C., Bejerano, G. 2008. Dispensability of mammalian DNA. *Genome Research* **18**(11), 1743–1751. PMID: 18832441.

Meaburn, K.J., Misteli, T. 2007. Cell biology: chromosome territories. *Nature* **445**, 379–381.

Melek, M., Davis, B. T., Shippen, D. E. 1994. Oligonucleotides complementary to the *Oxytricha nova* telomerase RNA delineate the template domain and uncover a novel mode of primer utilization. *Molecular and Cellular Biology* **14**, 7827–7838.

Mercer, T.R., Edwards, S.L., Clark, M.B. *et al.* 2013. DNase I-hypersensitive exons colocalize with promoters and distal regulatory elements. *Nature Genetics* **45**(8), 852–859. PMID: 23793028

Meyer, L.R., Zweig, A.S., Hinrichs, A.S. *et al.* 2013. The UCSC Genome Browser database: extensions and updates. *Nucleic Acids Research* **41**(D1), D64–69. PMID: 23155063.

Morgenstern, B., Rinner, O., Abdeddaïm, S. *et al.* 2002. Exon discovery by genomic sequence alignment. *Bioinformatics* **18**, 777–787. PMID: 12075013.

Morison, I.M., Ramsay, J.P., Spencer, H.G. 2005. A census of mammalian imprinting. *Trends in Genetics* **21**, 457–465.

Mouse ENCODE Consortium, Stamatoyannopoulos, J.A., Snyder, M. *et al.* 2012. An encyclopedia of mouse DNA elements (Mouse ENCODE). *Genome Biology* **13**(8), 418. PMID: 22889292.

Mouse Genome Sequencing Consortium, Waterston, R.H., Lindblad-Toh, K., *et al.* 2002. Initial sequencing and comparative analysis of the mouse genome. *Nature* **420**(6915), 520–562. PMID: 12466850.

Müller, F., Tobler, H. 2000. Chromatin diminution in the parasitic nematodes *Ascaris suum* and *Parascaris univalens*. *International Journal of Parasitology* **30**, 391–399.

Murphy, W.J., Larkin, D.M., Everts-van der Wind, A. *et al.* 2005. Dynamics of mammalian chromosome evolution inferred from multispecies comparative maps. *Science* **309**, 613–617. PMID: 16040707.

Muzny, D.M., Scherer, S.E., Kaul, R. *et al.* 2006. The DNA sequence, annotation and analysis of human chromosome 3. *Nature* **440**, 1194–1198. PMID: 16641997.

Nanda, I., Schrama, D., Feichtinger, W. *et al.* 2002. Distribution of telomeric (TTAGGG)(n) sequences in avian chromosomes. *Chromosoma* **111**, 215–227. PMID: 12424522.

Nei, M., Rooney, A.P. 2005. Concerted and birth-and-death evolution of multigene families. *Annual Review of Genetics* **39**, 121–152.

Niu, D.K., Jiang, L. 2013. Can ENCODE tell us how much junk DNA we carry in our genome? *Biochemical and Biophysical Research Communications* **430**(4), 1340–1343. PMID: 23268340.

Nixon, J. E., Wang, A., Morrison, H.G. *et al.* 2002. A spliceosomal intron in *Giardia lamblia*. *Proceedings of the National Academy of Science, USA* **99**, 3701–3705. PMID: 11854456.

Nóbrega, M.A., Zhu, Y., Plajzer-Frick, I., Afzal, V., Rubin, E.M. 2004. Megabase deletions of gene deserts result in viable mice. *Nature* **431**, 988–993.

Novichkov, P. S., Gelfand, M. S., Mironov, A. A. 2001. Gene recognition in eukaryotic DNA by comparison of genomic sequences. *Bioinformatics* **17**, 1011–1018.

Nwakanma D.C., Neafsey, D.E., Jawara, M. *et al.* 2013. Breakdown in the process of incipient speciation in *Anopheles gambiae*. *Genetics* **193**(4), 1221–1231. PMID: 23335339.

Ohno, S. 1970. *EvolutionbyGene Duplication*. SpringerVerlag, Berlin.

Ohno, S. 1972. So much "junk" DNA in our genome. *Brookhaven Symposia in Biology* **23**, 366–370. PMID: 5065367.

Olshen, A.B., Venkatraman, E.S., Lucito, R., Wigler, M. 2004. Circular binary segmentation for the analysis of array-based DNA copy number data. *Biostatistics* **5**, 557–572.

Ostertag, E. M., Kazazian, H. H., Jr. 2001. Twin priming: A proposed mechanism for the creation of inversions in L1 retrotransposition. *Genome Research* **11**, 2059–2065.

Panopoulou, G., Poustka, A. J. 2005. Timing and mechanism of ancient vertebrate genome duplications: the adventure of a hypothesis. *Trends in Genetics* **21**, 559–567.

Passarge, E., Horsthemke, B., Farber, R. A. 1999. Incorrect use of the term synteny. *Nature Genetics* **23**, 387. PMID: 10581019.

Paterson, A.H., Chapman, B.A., Kissinger, J.C. *et al.* 2006. Many gene and domain families have convergent fates following independent whole-genome duplication events in *Arabidopsis*, *Oryza*, *Saccharomyces* and *Tetraodon*. *Trends in Genetics* **22**, 597–602.

Pavlicek, A., Gentles, A.J., Paces, J., Paces, V., Jurka, J. 2006. Retroposition of processed pseudogenes: the impact of RNA stability and translational control. *Trends in Genetics* **22**, 69–73.

Pei B., Sisu, C., Frankish, A. *et al.* 2012. The GENCODE pseudogene resource. *Genome Biology* **13**(9), R51. PMID: 22951037.

Pennacchio, L.A., Bickmore, W., Dean, A., Nobrega, M.A., Bejerano, G. 2013. Enhancers: five essential questions. *Nature Reviews Genetics* **14**(4), 288–295. PMID: 23503198.

Pevsner J., Reed R.R., Feinstein P.G., Snyder S.H. 1988. Molecular cloning of odorant-binding protein: member of a ligand carrier family. *Science* **241**(4863), 336–339. PMID: 3388043.

Picardi, E., Pesole, G. 2010. Computational methods for ab initio and comparative gene finding. *Methods in Molecular Biology* **609**, 269–284. PMID: 20221925.

Pozzoli, U., Menozzi, G., Comi, G.P., Cagliani, R., Bresolin, N., Sironi, M. 2007. Intron size in mammals: complexity comes to terms with economy. *Trends in Genetics* **23**, 20–24. PMID: 17070957.

Prince, V.E., Pickett, F.B. 2002. Splitting pairs: the diverging fates of duplicated genes. *Nature Reviews Genetics* **3**, 827–837.

Rebollo R., Romanish M.T., Mager D.L. 2012. Transposable elements: an abundant and natural source of regulatory sequences for host genes. *Annual Review of Genetics* **46**, 21–42. PMID: 22905872.

Redi, C. A., Garagna, S., Zacharias, H., Zuccotti, M., Capanna, E. 2001. The other chromatin. *Chromosoma* **110**, 136–147.

Reese, M.G., Guigó, R. 2006. EGASP: Introduction. *Genome Biology* **7** Suppl 1, S1.1–1.3.

Richard, G.F., Kerrest, A., Dujon, B. 2008. Comparative genomics and molecular dynamics of DNA repeats in eukaryotes. *Microbiology and Molecular Biology Review* **72**(4), 686–727. PMID: 19052325.

Rosenbloom K.R., Sloan, C.A., Malladi, V.S. *et al.* 2013. ENCODE data in the UCSC Genome Browser: year 5 update. *Nucleic Acids Research* **41**(Database issue), D56–63. PMID: 23193274.

Roy, S.W. 2006. Intron-rich ancestors. *Trends in Genetics* **22**, 468–471.

Roy, S.W., Gilbert, W. 2006. The evolution of spliceosomal introns: patterns, puzzles and progress. *Nature Reviews Genetics* **7**, 211–221.

Ruvkun, G. 2001. Molecular biology. Glimpses of a tiny RNA world. *Science* **294**, 797–799.

Sabo, P.J., Kuehn, M.S., Thurman, R. *et al.* 2006. Genome-scale mapping of DNase I sensitivity in vivo using tiling DNA microarrays. *Nature Methods* **3**, 511–518.

Sasaki, T. *et al.* 2002. The genome sequence and structure of rice chromosome 1. *Nature* **420**, 312–316.

Schlötterer, C., Harr, B. 2000. *Drosophila virilis* has long and highly polymorphic microsatellites. *Molecular Biology and Evolution* **17**, 1641–1646.

Schwartz, S., Zhang, Z., Frazer, K.A. *et al.* 2000. PipMaker: a web server for aligning two genomic DNA sequences. *Genome Research* **10**, 577–586. PMID: 10779500.

She, X., Jiang, Z., Clark, R.A., Liu, G., Cheng, Z., Tuzun, E., Church, D.M., Sutton, G., Halpern, A.L., Eichler, E.E. 2004. Shotgun sequence assembly and recent segmental duplications within the human genome. *Nature* **431**, 927–930.

Shippen-Lentz, D., Blackburn, E. H. 1989. Telomere terminal transferase activity from *Euplotes crassus* adds large numbers of TTTTGGGG repeats onto telomeric primers. *Molecular and Cellular Biology* **9**, 2761–2764.

Simpson, A. G., MacQuarrie, E. K., Roger, A. J. 2002. Eukaryotic evolution: Early origin of canonical introns. *Nature* **419**, 270.

Slijepcevic, P. 1998. Telomeres and mechanisms of Robertsonian fusion. *Chromosoma* **107**, 136–140.

Smit, A. F. 1999. Interspersed repeats and other mementos of transposable elements in mammalian genomes. *Current Opinion in Genetics and Development* **9**, 657–663.

Smith, N.G., Brandström, M., Ellegren, H. 2004. Evidence for turnover of functional noncoding DNA in mammalian genome evolution. *Genomics* **84**(5), 806–813. PMID: 15475259.

South, S.T. 2011. Chromosomal structural rearrangements: detection and elucidation of mechanisms using cytogenomic technologies. *Clinics in Laboratory Medicine* **31**(4), 513–524. PMID: 22118734.

Speicher, M.R., Carter, N.P. 2005. The new cytogenetics: blurring the boundaries with molecular biology. *Nature Reviews Genetics* **6**(10), 782–792. PMID: 16145555.

Stamatoyannopoulos, J.A. 2012. What does our genome encode? *Genome Research* **22**(9), 1602–1611. PMID: 22955972.

Stankiewicz, P., Lupski, J.R. 2002. Genome architecture, rearrangements and genomic disorders. *Trends in Genetics* **18**(2), 74–82. PMID: 11818139.

Stein, L. 2001. Genome annotation: From sequence to biology. *Nature Reviews Genetics* **2**, 493–503.

Stefansson, H., Helgason, A., Thorleifsson, G. *et al.* 2005. A common inversion under selection in Europeans. *Nature Genetics* **37**, 129–137. PMID: 15654335.

Sturtevant, A.H. 1921. A case of rearrangement of genes in *Drosophila*. *Proceedings of the National Academy of Science, USA* **7**, 235–237).

Taylor, J.S., Raes, J. 2004. Duplication and divergence: the evolution of new genes and old ideas. *Annual Review of Genetics* **38**, 615–643.

Taylor, J., Tyekucheva, S., King, D.C. *et al.* 2006. ESPERR: learning strong and weak signals in genomic sequence alignments to identify functional elements. *Genome Research* **16**, 1596–1604.

Thomas, B.C., Pedersen, B., Freeling, M. 2006. Following tetraploidy in an *Arabidopsis* ancestor, genes were removed preferentially from one homeolog leaving clusters enriched in dose-sensitive genes. *Genome Research* **16**, 934–946.

Thurman, R.E., Rynes, E., Humbert, R. *et al.* 2012. The accessible chromatin landscape of the human genome. *Nature* **489**(7414), 75–82. PMID: 22955617.

Tjio, J.H., Levan, A. 1956. The chromosome number of man. *Hereditas* **42**, 1–6.

Ting, J.C., Roberson, E.D., Miller, N.D. *et al.* 2007. Visualization of uniparental inheritance, Mendelian inconsistencies, deletions, and parent of origin effects in single nucleotide polymorphism trio data with SNPtrio. *Human Mutation* **28**, 1225–1235.

Trask, B.J. 2002. Human cytogenetics: 46 chromosomes, 46 years and counting. *Nature Reviews Genetics* **3**, 769–778.

Upcroft, P., Chen, N., Upcroft, J. A. 1997. Telomeric organization of a variable and inducible toxin gene family in the ancient eukaryote *Giardia duodenalis*. *Genome Research* **7**, 37–46.

Vassetzky, N.S., Kramerov, D.A. 2013. SINEBase: a database and tool for SINE analysis. *Nucleic Acids Research* **41**(Database issue), D83–89. PMID: 23203982.

Vellai, T., Vida, G. 1999. The origin of eukaryotes: The difference between prokaryotic and eukaryotic cells. *Proceedings of the Royal Society of London, B: Biological Science* **266**, 1571–1577.

Venkatraman, E.S., Olshen, A.B. 2007. A faster circular binary segmentation algorithm for the analysis of array CGH data. *Bioinformatics* **23**, 657–663.

Venter, J. C., Adams, M.D., Myers, E.W. *et al.* 2001. The sequence of the human genome. *Science* **291**, 1304–1351. PMID: 11181995.

Ventura, M., Antonacci, F., Cardone, M.F. *et al.* 2007. Evolutionary formation of new centromeres in macaque. *Science* **316**, 243–246. PMID: 17431171.

Waldeyer, W. 1888. Über Karyokinese und ihre Beziehungen zu den Befruchtungsvorgängen. *Arch. mikrosk. Anat.* **32**, 1–122.

Wang, J., Zhuang, J., Iyer, S. *et al.* 2012. Sequence features and chromatin structure around the genomic regions bound by 119 human transcription factors. *Genome Research* **22**(9), 1798–1812. PMID: 22955990.

Watt, W. B., Dean, A. M. 2000. Molecular-functional studies of adaptive genetic variation in prokaryotes and eukaryotes. *Annual Review of Genetics* **34**, 593–622.

Wheeler T.J., Clements, J., Eddy, S.R. *et al.* 2013. Dfam: a database of repetitive DNA based on profile hidden Markov models. *Nucleic Acids Research* **41**(Database issue), D70–82. PMID: 23203985.

Willenbrock, H., Fridlyand, J. 2005. A comparison study: applying segmentation to array CGH data for downstream analyses. *Bioinformatics* **21**, 4084–4091.

Wolfsberg, T.G. 2011. Using the NCBI Map Viewer to browse genomic sequence data. *Current Protocols in Human Genetics* **Chapter** 18, Unit18.5. PMID: 21480181.

Yasuhara, J.C., Wakimoto, B.T. 2006. Oxymoron no more: the expanding world of heterochromatic genes. *Trends in Genetics* **22**, 330–338.

Yu, J., Hu, S., Wang, J. *et al.* 2002. A draft sequence of the rice genome (*Oryza sativa* L. ssp. *indica*). *Science* **296**, 79–92. PMID: 11935017.

Zdobnov, E. M., von Mering, C., Letunic, I. *et al.* 2002. Comparative genome and proteome analysis of *Anopheles gambiae* and *Drosophila melanogaster*. *Science* **298**, 149–159. PMID: 12364792.

第9章

二代测序数据的分析

全基因组测序技术的发展和测序数据的免费公开极大地改变了生物学和生物医学研究。测序和其他基因组学数据具有使人类生活和社会的许多方面发生大幅进步的潜力，包括理解、诊断、治疗和预防疾病，或推进农业、环境科学及修复，以及有助于我们理解进化和生态系统。

——革命性的基因测序技术——The 1000 Genome，RFA-HG-10-012，National Human Genome
Research Institute（http://www.nhgri.nih.gov）。

孩子们喜欢玩拼图，他们常常尝试所有可能的碎片然后将匹配的碎片放到一起从而完成拼图。生物学家们竟然也用相同的方法来聚集基因，两者的主要区别在于基因碎片的数量更大。在过去的 20 年，DNA 序列的基因碎片组合主要遵循"重叠-布局-一致"的模式。组装序列碎片时，尝试所有可能的碎片与重叠（overlap）这一步骤对应，而把碎片拼在一起与布局（layout）这一步骤对应。我们的新算法 EULER 与这种思路完全不同——我们不尝试将碎片匹配，也无需重叠的步骤。取而代之的，我们采用了非直觉（甚至有人说是孩子气的）的方法：我们将现有的碎片剪切成更小的有规律的形状。尽管这种方法确实看起来不切实际，但我们是有意这么做的。这样操作利用（DNA 测序背景下的）多项式算法使得拼图问题从布局问题转变为了欧拉回路问题。

——*Pavel Pevzner* 等（2001）

 学习目标

通过阅读本章你应该能够：
- 解释测序技术如何形成 NGS 数据；
- 描述 FASTQ、SAM/BAM 和 VCF 数据格式；
- 比较将 NGS 数据与参考基因组比对的各种方法；
- 描述基因组变异的类型及其定义过程；
- 解释比对、组装和变异识别中的错误；
- 解释预测某个基因组中变异的功能后果的方法。

9.1 引言

二代测序（NGS）技术使生物学发生了一场革命。在 NGS 技术众多的应用中，以下方面尤其有意义。生物的中心法则在 20 世纪 50 年代提出后被认为是非常有用的模型，而 NGS 的实用性扩展到了

DNA、RNA 和蛋白质领域（Shendure 和 Lieberman Aiden，2012）。

① NGS 技术使整个生命树的基因组 DNA 测序成为可能。对于任何物种，通过全基因组序列，我们可以确定参考基因组（即代表整个物种的典型样本）作为起点来研究基因组特征和评估基因组变异。

② NGS 技术使对个体的基因组的重测序变得日常。我们可以将个体基因组序列和参考基因组序列比较（例如，将患有同种疾病的 100 个人的基因组序列和参考基因组序列比较）。这使得我们能够找到基因组范围内的各种物种的个体基因组变异。这被应用在千人基因组计划、千牛计划和 1001 植物基因组计划中。

可以从 http://bioinf-book. org. 中的 http://1000genomes. org/（链接 9.1）、http://www. 1000bullgenomes. com/（链接 9.2）和 http://www. 1001genomes. org/（链接 9.3）浏览到这些项目。

③ 我们可以比较一个个体不同类型的细胞中的基因组差异。这使得我们能观察到体细胞突变，即在受精卵形态之后在发育过程中形成的变异，而不是继承个体父母的生殖细胞突变。体细胞突变在癌症研究中十分重要，此时我们可以对同一个人的肿瘤组织和非肿瘤部分分别进行测序。

④ NGS 技术在 RNA（即 RNA-seq）中的应用使得检测能够达到 RNA 转录组的水平。我们在第 10 章中介绍了 RNA，在第 11 章中，我们将介绍 RNAseq 技术和相关的芯片技术。

⑤ 地球上的大多数生物是单细胞生物，不能在实验室中作为单独的物种培养。通过宏基因组学，可以将 NGS 技术应用于环境样本，这在很多情况下使得对不同生态位（如从人体内脏、海水中或土壤中）的生物进行广泛或深入的研究成为可能。

⑥ 在本章结尾，还有许多特殊的 NGS 技术的应用实例（见本章末尾）。其中一个例子是染色质免疫共沉淀紧接着进行 NGS（称为 ChIP-Seq），用于启动子区域的 DNA 序列识别（Park，2009）。另一种应用是 DNA 甲基化区域的识别。

常用的人类外显了富集的工具来自 Agilent（SureSelect，见 http://www. genomics. agilent. com/，链接 9.4）、NimbleGen（SeqCap，见 http://www. nimblegen. com/seqcapez/，链接 9.5）和 Illumina（TruSeq，见 http://www. illumina. com/truseq. ilmn，链接 9.6）。

在本章中，我们首先介绍 NGS 技术。随后，我们展示了包含源数据获取、组装、比对、变异识别和解释等主要问题的流程图。我们还将介绍主要的文件格式（例如 FASTQ、SAM/BAM、VCF）和一些序列比对（例如 BWA）、变异识别（例如 SAMtools、GATK）、变异分析（例如 VCFtools）和变异功能预测（例如 SIFT、PolyPhen2、Variant Effect Predictor 即 VEP）的常用软件。

在 DNA 测序的研究中，我们可以从三个部分来考虑。首先，可以对全基因组进行测序。虽然人类的基因组有大约 3.2 千兆碱基，但其中的大多数是重复的，一般只有不到三十亿对碱基需要被测序。这样的一次实验会覆盖包括占全基因组 3% 的外显子区域的同时包括内含子区域和大量的基因间隔区域。第二，可以对外显子组进行测序。这包含了大约 20300 个人类蛋白编码基因中的大部分。有三个常用的平台，它们都采用与外显子区域互补的生物素化寡核苷酸。外显子在测序之前先被捕获或富集。第三，一个感兴趣的区域可以被定向和测序。为了帮助解释 NGS 数据分析是如何进行的，我们会研究一个由我的实验室生成的相对较小的数据集。我与 Illumina 公司合作开发了一个有针对性的自闭症测序模板，其中只涉及之前推测与自闭症有关的 101 个基因的外显子。在本书的网站上我提供了样本文件（有 FASTQ、BAM、VCF 格式）。若对全基因组和全外显子序列感兴趣，可以参看千人基因组计划和欧洲生物信息协会（EBI）的主要公开的资源和 NCBI 的资源。

大多数生物信息学家喜欢用 Linux 操作系统或者相关的 Mac OS 终端环境进行分析。这有以下好处：这是一个方便大数据文件导入、存储和分析的操作系统；命令行环境可以使用户通过程序的功能设置来执行程序；以及一个可以建立集群以优化存储、分析和任务分配的架构。

一些 NGS 分析可以通过网站或者图形界面（GUI）程序进行，比如 Galaxy、UCSC、NCBI 的 Genome Workbench 和 Ensembl 的 VEP。我们也会介绍这些基于网络的工具。

9.2　DNA 测序技术

在 1869 年，Johann Friedrich Miescher（1844～1895）发现了核酸。他将他们称为核蛋白质，因为它们出现在所有细胞核中。Holley（1965）等完成了第一个分子（酵母的丙氨酸 tRNA）的全核酸序列测序，他们提纯了 tRNA，然后把它用一系列核糖核酸酶处理。另一个里程碑式的发现是在 1970 年，Ray Wu 开发了一种引物延伸策略来对 DNA 核苷酸进行测序，这后来成为了 Sanger 测序的基础。在 1971 年，Wu 测定了 λ 噬菌体 DNA 两个黏性末端的序列（Wu，1970；Wu 和 Taylor，1971）。

Sanger 测序

Sanger 和他的同事们（1977）发明了最常用的 DNA 测序技术，现在被称为 Sanger 测序法或双脱氧核苷酸测序（图 9.1）。该方法的原理是获得感兴趣的一个模板（例如 DNA 片段或者互补 DNA），将其变

(a) 双脱氧核苷酸（ddNTPs）（dNTP的-OH被2'核糖位置处的ddNTP的-H替换）

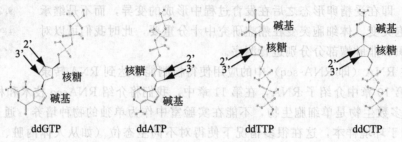

(b) 引物延伸，加入ddNTP时的链终止、分离、检测

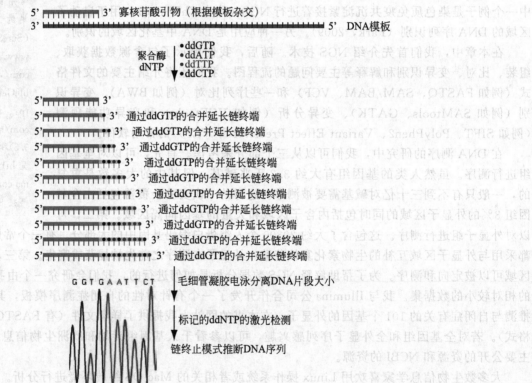

图 9.1　Sanger 法的 DNA 测序。(a) 四个修改过的双脱氧核苷酸（ddNTP）碱基的结构：2',3'-二脱氧鸟苷-5-三磷酸（ddGTP），2',3'-二脱氧腺苷-5-三磷酸（ddATP），2',3'-二脱氧胸苷-5-三磷酸（ddTTP）和 2',3'-二脱氧胞苷-5-三磷酸（ddCTP）。ddNTP 核糖的 2 号和 3 号位为氢离子，而 DNA 中则为 3' 羟基。(b) 一个寡核苷酸引物（蓝色）（例如长度为 22 个核苷酸的 22 聚体或合成核酸）根据单链模板（红色）杂交，然后在 dNTPs 存在的情况下利用 DNA 聚合酶扩展，并加入有限数量的四种 ddNTPs 中的一种。链终止发生在含有 ddNTP 的一个位点。最终的合成片段可以通过例如毛细血管电泳的方法分离，检测分离后的产品可以推断出 DNA 序列（底部）。本例中的序列（GGTGAATTCT）来自 β 球蛋白（图 9.2），结构来自于 NCBI 的 NIH PubChem Open Chemistry Database（http://pubchem.ncbi.nlm.nih.gov/；compounds 446577，65304，65051，and 119119）

性生成单链 DNA，在其中加入寡核苷酸引物（通常大约 20 个核苷酸长并与被测序链互补）。在 DNA 聚合酶 I（Klenow 片段）和四个 2'-脱氧核苷（dNTPs）的作用下，合成第二条链。这种合成能通过添加双脱氧核苷酸，如 2'，3'-脱氧胸苷三磷酸 [ddTTP，图 9.1（a）]抑制。伴随四种 dNTP 有不同的反应，包括 ddATP、ddGTP 或者 ddCTP。每一个双脱氧核苷酸可以被缺乏 3'-羟基核糖基的聚合酶合并，从而作为链终结者防止任何进一步的扩展。ddTTP 的反应包含一系列扩展片段，每一个片段共享相同的 5'末端，但在不同的位置终止，带有 T 残端。四个反应进行后，DNA 片段基于大小被分开，从而序列被推测出 [图 9.1（b）]。样品通过毛细管电泳行进到 DNA 测序机内的检测区域，其中的激光激发荧光，使得与碱基对应的荧光被发射出来。改进方法包括使用更好的微流体分离设备和优越的荧光检测设备（Metzker，2005）。在其 1977 年的文章中，Sanger 等表示他们可以在一系列反应中读取多达 300 个碱基。目前读段可以达到接近 800 个或者更多个的碱基。

从 1970 年代到 2003 年人类基因组序列的完成，Sanger 测序法是基因组测序的主要方法。一个典型的测序设备可以产生非常高质量的读段（错误率小于每碱基 1%；如下所示）。大多数大型的基因测序中心仍然使用高通量 Sanger 测序来达成许多自定义的应用，比如查证感兴趣的克隆序列。

你可以在 http://www.3700.com（链接 9.7）中查看标准的 Sanger 测序仪器：Applied Biosystems 3730。

图 9.2 展示了一个典型的 Sanger 读段（对应于人类 β 球蛋白基因）。除了 FASTA-格式的核苷酸序列，每个碱基都被给予了一个质量分数（见"主题 2：从生成测序数据到 FASTQ"）。对于质量分数低的区域，很难准确地检测核苷酸并且错误率高。例如，质量分数为 20（Q20）表示有 10^{-2} 或 1% 的错误率。质量分在 Q20 以下的碱基通常被认为是值得怀疑的，无论其是从 Sanger 测序还是二代测序得出的。本章中所描述的软件工具可以过滤掉给定阈值以下的碱基。

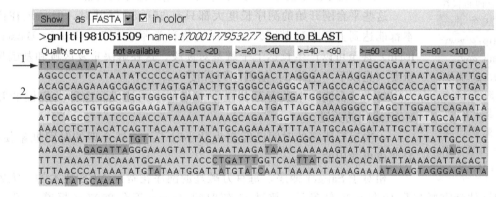

(a) 从 Trace Archive（NCBI）中得到的 β 球蛋白基因组 DNA：FASTA 格式

(b) 从 Trace Archive（NCBI）中得到的 β 球蛋白基因组 DNA：碱基质量分数

图 9.2

(c) 序列轨道（低质量读段区域）　　　　　　　　(d) 序列轨道（高质量读段区域）

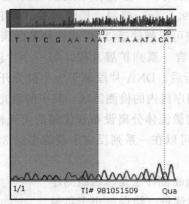 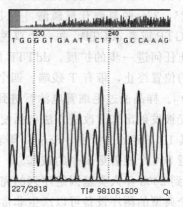

图 9.2 Sanger 测序的碱基质量分数。(a) 在 NCBI 的 Trace Archive 数据库中，一个序列读段被称为数据轨（编号 ti | 981051509）。这个数据库包含了基因组测序项目的原始文件；这个数据轨通过由 megaBLAST 在这个数据库中搜索人类 β 球蛋白（NM＿000518.4）获得。图中显示了核苷酸，根据质量分数做了颜色标识。(b) PHRED-scaled 质量分数的展示（底部行已经被删除）。每一个核苷酸都被赋予了一个质量分数。前 21 个碱基的序列轨道在 (c) 中［见 (a) 中的箭头 1］和在 (d) 中可知中间部分的碱基质量分数很高［见 (a) 中的箭头 2］。(c)、(d) 的比例相同。具有二义性和难以阅读的读段的质量分数低（来源：megaBLAST，NCBI）

二代测序技术

Sanger 读段和基于电泳和毛细管平台的相似数据储存在 NCBI 的 Trace Archive 中 http://www .ncbi.nlm.nih.gov/ Traces/trace.cgi（链接 9.8）。截止到 2014 年 10 月，它包含了 21 亿个数据轨。在第 15 章中，我们会利用 Perl 脚本搜索 Trace Archive。

近年来，出现了一系列强大的新型测序技术。他们统一被称为二代测序。表 9.1 比较了五种常用的 NGS 技术以及 Sanger 测序的性能。

这些平台刚开始的测序长度大都只有 35～50 碱基对，但是现在读段长度基本都能达到上百个碱基对。太平洋生物科学平台（The Pacific Biosciences platform）甚至可以产生长达上千碱基对读段。这在解决重复区域和基因拼接中十分重要（见以下"主题 3：基因序列拼接"）。

每个平台能产生数百万甚至数十亿的序列读段。这种大规模的并行输出是 NGS 成功的关键。

一次运行所需的时间已经变为数小时了。这样合理的时间框架使得 NGS 实验变成更常用的工具。

相对于 Sanger 测序，每百万碱基的测序花费是 NGS 技术的一大特点。人类基因组计划被估计需要花费 10 亿～30 亿美元，超过 15 年时间（Levy 等在 2007 年报道），而一个个体的第一个基因组测序需要花费 8 千万美元。而现在，我们只需花费 2000 美元（图 9.3）来获取全基因组测序。这反映了每百万碱基测序花费的急速下降。

表 9.1 二代测序技术和 Sanger 测序技术的比较。改编自公司网站（http://en.wikipedia.org/wiki/DNA＿sequencer）和每种技术的文献

技术	读段长度/bp	每次运行产生的读段	每次运行时间	每百万碱基的花费/美元	精确度/%
Roche 454	700	1 百万	1 天	10	99.90
Illumina	50～250	<30 亿	1～10 天	约 0.10	98
SOLiD	50	约 14 亿	7～14 天	0.13	99.90
Ion Torrent	200	<500 万	2 小时	1	98
Pacific Biosciences	2900	<75000	<2 小时	2	99
Sanger	400～900	N/A	<3 小时	2400	99.90

每种技术引入不同的特征的错误，影响数据分析时识别出的变异。Mark DePristo 等（2011）通过使用我们将要说明的 GATK 包展示了数据。Michael Snyder 和他的同事们（Clark 等，2011）也通过使用三种不同的外显子富集方法分析外显子来显示这一点。捕获方法在目标选择，寡核苷酸诱饵长度和诱饵密度等特征方面不同。

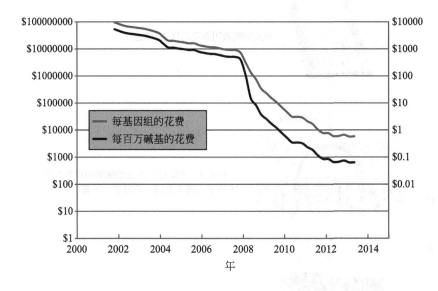

图 9.3 DNA 测序费用的下降。DNA 序列的每百万碱基的花费如上所示，最低质量分数为 Q20（或 PHRED20）。每基因组的花费取决于一个人类基因组的大小。y 轴取了对数。改编自 Kris Wetterstrand，"DNA Sequencing Costs: Data from the NHGRI Genome Sequencing Program"（available at http://www . genome. gov/sequencingcosts/）

循环可逆终止：Illumina

Illumina 技术在 HiSeq 仪器中的一次运行可以产生 1Tb 的 DNA 测序序列（1000Gb）。HiSeq X 10 仪器每一次运行可以产生多达 1.8Tb 的数据。我的实验室有一个小型的测序仪器（一台 MiSeq），每运行一次可以在 24 小时内产生 5Gb 的 DNA。

Illumina 测序基于循环可逆终止技术工作，其功能如下所示（图 9.4）：（a）基因组 DNA 提纯后被随机打断。这一步可以通过物理方法完成，如声波法、剪切法，或者雾化法，通常进一步通过长度分选随机打断的 DNA 片段。在两端都接上接头。（b）单链 DNA 片段共价连接到流动细胞通道的表面。（c）加入 DNA 聚合酶和未标记的脱氧核苷酸产生固相"桥扩增"，其中模板 DNA 使两端连接到通道表面形成 U 形环。（d）双链桥生成。双链分子变性，然后继续扩增以形成高度簇集的模板 DNA。（e）加入四个标记的可逆终端（包含引物和 DNA 聚合酶）。在给定的循环中，一个可逆终端只能被加入一个模板。与 Sanger 测序一样，在特殊的不能延长的碱基处会产生链终止。（f）在激光的激发下，第一个碱基的身份被记录。（g）在第二个循环中，可逆终端被去除（保护）。所有四个标记的可逆终端和聚合酶再次被加入流细胞中。这个循环被重复。

Illumina 系统能迅速产生大量的测序数据。它的读长在 150 碱基或者更长，这能使得它更加适合于重测序项目（Bentley 等，2008），从而使双末端读段生成 600 个碱基对成为可能。相对于 Sanger 测序，这种方法的主要好处是该技术具有可扩展性，不需要用凝胶电泳。相对于焦磷酸测序（在接下部分描述），这种方法的好处是在一个循环中所有四个碱基都能出现，连续的 dNTP 添加使得均聚物片段被精准读取。

目前，在所有二代测序产生的数据中，Illumina 平台的数据占了大约 80%。

焦磷酸测序

焦磷酸测序是表现突出的一种有效的新替代技术（Rothberg 和 Leamon，2008）。首先由 Hyman 提出（1988），并成为了 454 生命科学公司的技术核心，

下一代测序技术也被称为二代测序技术，因为这是 Sanger 技术随后的技术。三代测序技术代表目前新兴的测序工具。

你可以通过 http://www.illumina.com/（链接 9.9）了解更多的 Illumina 系统知识。

454 Life Sciences Corp. 的网站是 http://www.454.com/（链接 9.10）。

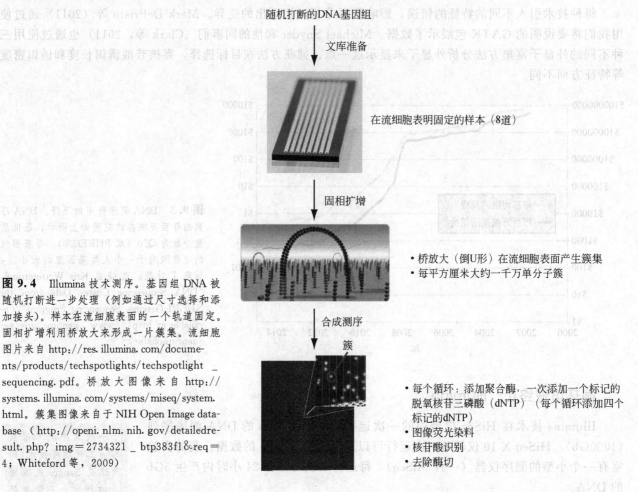

随机打断的DNA基因组

文库准备

在流细胞表明固定的样本（8道）

固相扩增

- 桥放大（倒U形）在流细胞表面产生簇集
- 每平方厘米大约一千万单分子簇

合成测序

簇

- 每个循环：添加聚合酶，一次添加一个标记的脱氧核苷三磷酸（dNTP）（每个循环添加四个标记的dNTP）
- 图像荧光染料
- 核苷酸识别
- 去除酶切

图 9.4 Illumina 技术测序。基因组 DNA 被随机打断进一步处理（例如通过尺寸选择和添加接头）。样本在流细胞表面的一个轨道固定。固相扩增利用桥放大来形成一片簇集。流细胞图片来自 http://res. illumina. com/documents/products/techspotlights/techspotlight _ sequencing. pdf。桥放大图像来自 http://systems. illumina. com/systems/miseq/system. html。簇集图像来自于 NIH Open Image database（http://openi. nlm. nih. gov/detailedresult. php? img＝2734321 _ btp383f1&req＝4；Whiteford 等，2009）

产生了引人注目的基因组测序结果（Margulies 等，2005）。该公司通过测序仪的单次运行对整个生殖支原体基因组（580069 个碱基）进行测序和组装，达到了 96％的覆盖率和 99.96％的准确度。虽然 454 公司的 Roche Diagnostics Corporation 很快将淘汰这项技术，但我们认为它是测序的主要力量。截至 2014 下半年，超过 3000 篇发表的文章表明使用了这种技术。

焦磷酸测序的一个主要特征就是，它在一次反应中只加入一个 dNTP。操作过程如图 9.5 所示。DNA 被固化在一个珠子中，平均捕获一个用 PCR 技术放大的单链模板。这种模板被放在小（皮升体积）的井中，每盘有 160 万个井，每一次循环加入一个 dNTP 进入井中。反应混合物包含模板 DNA、一段序列引物、四种酶（DNA 聚合酶、ATP 硫酸化酶、荧光素酶、三磷酸腺苷双磷酸酶）和 5'-磷酰硫酸（APS）和荧光素 [图 9.5（a）]。在每一个循环中，加入一个 dNTP，合并成初始链直到需要不同的 dNTP [图 9.5（b）]。加入每种 dNTP 后，生成等摩尔数量的焦磷酸盐（PPi）。这个 PPi 通过 ATP 硫酸化酶 [图 9.5（c）]转化为 ATP，ATP 促进由荧光素酶介导的从荧光素到氧化荧光素和产生光的转化 [图 9.5（d）]。发出的光被电荷耦合相机检测到 [图 9.5（e）]。随时间的推移，检测光量来表示核苷酸在何位置发生合并，因为考虑到这个过程的数量因素，两个核苷酸的合并产生两倍光的输出。三磷酸腺苷双磷酸酶降解了未合成的 dNTP 和多余的 ATP，为重复的循环清理系统保证低的背景噪音 [图 9.5（f）]。dNTP 的过程系统地加在不同的周期，但 dATPαS 用来代替 dATP，因为这可以被 DNA 聚合酶 I 高效利用，但又不是荧光素酶的作用物。图 9.5（g）展示了 GACCGTTC 序列的输出原理图。

焦磷酸测序有许多优势：①它非常快速，且相对于 Sanger 测序每碱基的测序价格较低；②一次实验的运行可以产生 600 百万碱基的原始核苷酸序列数据；③DNA 分于无需细胞克隆米扩大，这对于宏基因组学和原始基因组研究十分有效；④读段的精度非常的高。

焦磷酸测序也有许多缺点。测序读段非常短（几百碱基对），这使得全基因组拼接变得困难。另一个缺点是这种机器无法对均聚物测序（例如一串完全相同的核苷酸）。Huse 等（2007）比较了大约 340000

测序读段和已知序列的参考模板来计算错误率。错误包括均聚物、插入、删除和错配。尽管这些错误分散在每一个读段的各个地方，他们发现有 82% 的读段没有错误，只有小部分有不成比例的大量错误。通过识别和移除这种低质量的数据，他们可以将总体的精确度从 99.5% 提高到 99.75%，甚至更高。

454 技术的应用包括一些原始的 DNA 和宏基因组学测序项目，比如尼安德特人基因组测序和识别在明尼苏达州的一个矿山中微生物群落（Edwards 等，2006，在第 15 章中也有提到）。

(a) 测序引物杂交到单链DNA模板

　　5'...GGACATATCG 3' (引物)
　　3'...GGACATATCCCTGGCAAG... 5'

(b) 焦磷酸促进的脱氧核苷酸合成

$$(DNA)_n + dNTP \xrightarrow{\text{DNA 聚合酶}} (DNA)_{n+1} + PPi$$

(c) 焦磷酸转化为ATP（APS是腺苷5磷酸的底物）

$$PPi + APS \xrightarrow{\text{ATP 硫酸化酶}} ATP$$

(d) ATP转化为光的光子

$$荧光素 + ATP \xrightarrow{\text{荧光素酶}} 氧荧光素 + 光$$

(e) 光的检测

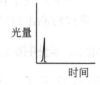

(f) 移除序列循环间的ATP和脱氧核苷酸

$$ATP \xrightarrow{\text{三磷酸腺苷双磷酸酶}} ADP + AMP + 磷酸盐$$

$$dNTP \xrightarrow{\text{三磷酸腺苷双磷酸酶}} dNDP + dNMP + 磷酸盐$$

(g) 通过一系列循环决定DNA序列

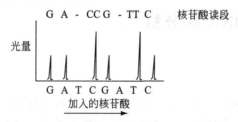

图 9.5　焦磷酸测序。（a）单链 DNA 模板固定在珠子中，通过 PCR 技术扩增。在转化为一个小井之后，引物、附加酶、底物和一种四种脱氧核苷酸（dGTP、dCTP、dTTP 或者用修饰后的核苷酸 dATPγS 代替 dATP）被添加。（b）DNA 聚合酶 I 催化单脱氧核苷酸的加入，释放焦磷酸（PPi）。（c）ATP 硫酸化酶将底物（APS）和 PPi 转化为三磷酸腺苷（ATP）。（d）荧光素酶，存在于底物荧光素和 ATP 中，产生氧化荧光素和光。（e）电耦合相机检测荧光并且提供随时间推移的强度测量。y 轴与脱氧核苷酸数量成正比，从而检测在模板的该位置有 0、1、2 或者更多的 dNTP 发生。（f）三磷酸腺苷双磷酸酶切割 ATP，清理连续循环系统。（g）一系列从循环中发出的光即模板的 DNA 序列可读段。当前技术可以获得达到 1000 碱基的最长读段。因为整个过程并行处理，可以通过这个技术生成数以百万计的高质量序列碱基对。

> N 代表任意核苷酸残余。N 可能代表一个随机选择的残留（比如在寡核苷酸合成时）该处的碱基不能被确定（例如因为测序技术的缺陷），或者任意碱基（例如 GNNNC 代表 G 和 C 被三个碱基分开的膜体）。

连接法测序：　ABI SOLiD 色彩空间

> SOLiD 技术描述可见 http://www.appliedbiosystems.com（链接9.11）。

生物系统 ABI SOLiD 的应用极大地提高了测序精度，且极大地降低了错误率。文库构建准备过程和其他测序技术相似。基因组 DNA 被剪切，接头被连接，微乳液 PCR 产生克隆珠，每一个珠子包含一个单独的插入序列。其他技术利用 DNA 聚合酶来结合标记的双脱氧核苷酸链终端。而 SOLiD 完全不同，通过连接而不是合成来产生序列。在每个反应中加入混合的退化寡核苷酸，得到 3～5Ns（任意残基）跟随着 1/16 特定的连接 3' 端的二核苷酸。每一个寡核苷酸（包含 $n=16$ 个可能的二核苷酸）附属于一种染料（$n=4$）。每种单独的颜色不代表一种碱基，而是对应四种可能的二核苷酸。通过访问每个碱基位置两次，该碱基可以被确定下来。这种方法参考利用了"色彩空间"的概念。尽管，色彩空间产生了一系列数据分析的挑战（包括拼接问

Ion Torrent 由 Life Technologies 公司出售。你可以在 http://lifetechnologies.com（链接 9.12）中了解更多。需注意的是,这种技术产生的序列读段需要用 Ion Torrent 自定义的定位工具。

题,Flicek 和 Birney,2009),它仍以非常低的错误率取得优势。

半导体测序：利用测 pH 值来进行基因组测序

半导体测序的思路非常简单。当 DNA 聚合酶将一个核苷酸结合入 DNA 的一条链,便释放一个氢离子。测序仪器本质上是一个有 120 万井的 pH 仪,可以区别四种不同碱基的合成(Rothberg 等,2011)。它可以通过电压信号的增强识别两个或以上的碱基合成,但局限是这种技术在均聚物测量时准确率很低。这种方法无需扫描,通过相机和光源的辅助,直接通过离子传感器检测半导体芯片的化学反应。

太平洋生物科学（Pacific Biosciences）：长读段单分子测序

Pacific Biosciences 的主页是 http://www.pacicbiosciences.com/（链接 9.13）。

太平洋生物科学公司使得利用 DNA 聚合酶和四个可区分的标记的脱氧核苷三磷酸进行 DNA 分子的实时测序成为可能(dNTP;Eid 等,2009)。这种方法测量了 DNA 聚合酶的活动,直接地观察到核苷酸结合的过程(以每秒 4.7 个碱基的速度)。这种方法依赖于零模式波导纳米光子结构:通过将聚合酶加入井底部可以检测单荧光素,它可与 DNA 分子相互作用,并受一定强度(10^{-21}L)的激光照射处理后发生活化反应。在这个有限空间内,可以检测到浓度为 $10\mu M$ 的 dNTP。

该技术的一大好处是读长可以达到平均 5000 个碱基对,有时候可以达到 20kb。Koren 等(2013)报道了通过利用这种长读段来拼接细菌和古细菌的基因组可以达到很高的精确度。我们在下面的"主题 3:基因拼接"部分有所展示。另一个好处是在进行 DNA 序列检测的同时可以进行表观遗传的分析。例如,它可以检测出腺嘌呤和胞嘧啶的甲基化。

Complete Genomics: 自拼接 DNA 纳米阵列

见 http://www.completegenomics.com/（链接 9.14）,BGI 公司(http://www.genomics.cn/en/index,链接 9.15)。Complete Genomics 网页现在提供一系列的分析工具,有 69 个全人类基因组数据。

Complete Genomics 公司发明了一种产生高精度基因组序列的平台(Drmanac 等,2010)。基因组 DNA 是片段化的,克隆到循环载体,单链载体包含插入序列的数百个拷贝,来拼接成自拼接 DNA 纳米球。然后通过称为组合探针锚定测序的拼接化学过程进行测序。Complete Genomics 公司进一步扩展了他们的技术,到了仅用 10~20 个人类细胞集来完成全基因组测序,并允许精确的单体型分析(Peters 等,2012)。

9.3 二代测序的基因组 DNA 的分析

二代测序数据分析概述

Stein(2011)和 Pabinger 等(2014)提出了二代测序数据分析的概述。我们在图 9.6 中展示了测序分析的大致框架,并在下面检验了 11 个主题。①实验设计和样本准备,这其中生物学家扮演了至关重要的角色。

下一个阶段往往发生在核心设备中,工作流程由专家进行。然而,生物学家需要理解进行的所有步骤,因为这是实验结果的基础。②测序数据和 FASTQ 形式文件的生成,同时也包含了 FASTQ 数据的质量评估。这些质量分数高于恰当的阈值(比如千分之一的错误率)吗?③基因组拼接(如果需要)。④针对参考基因组进行序列比对,包括读段深度的测量和重复 DNA 的比对。⑤SAM、BAM 格式和 SAMtools 软件:存储和分析比对完的序列。⑥单核苷酸变异识别。⑦结构变异识别,是否存在插入/缺失、倒置,或者别的复杂变异。⑧利用变异识别格式(VCF)来汇总所有变异。⑨观察二代测序数据,利用 IGV、BEDTools 和 bidBED 这类基因算法来观察。

最后一步通常也是生物学家负责的。⑩解释变异的生物学意义,这可以通过验证研究来进行,比如候选疾病等位基因的目标测序。⑪保存数据(保存和分析)。

这 11 个主题也有许多变化。比如,一些研究涉及家谱、体细胞突变,或者其他基因主题;一些研究涉及相关技术,比如 ChIP-Seq、RNA-seq 和甲基化的研究。我们将在本章中简要描述其中一些主题。

图 9.6 所示的框架非常简洁。我们将利用这个流程图来说明基础数据的处理。目前最新颖的流程图是 Genome Analysis Toolkit（GATK；McKenna 等,2010；DePristo 等,2011；Van der Auwera 等,2013）,已经被很多专家采用。我们在图 9.7 处展示了 GATK 的工作流程,并解释了为什么这种方法的灵敏度很关键,特别是在进行分析基因组序列的时候。

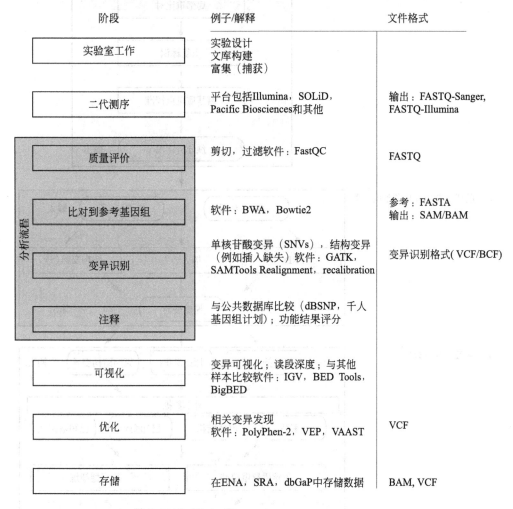

图 9.6　二代测序实验工作流程:从实验设计到数据分析。
我们在本章中描述了软件工具和数据格式

主题 1:实验设计和样本准备

为了对感兴趣的 DNA 序列进行测序,基因组 DNA 须被提纯并处理成文库的形式。对于全基因组测序（WGS）,基因组 DNA 是明显片段化的（经过雾化或者机械剪切）,保证了片段长度在一定的所需范围内（比如 300 个碱基对）。对于目标序列,基因组 DNA 区域被富集（"捕获"）。一个普遍的方法是,要选择外显子富集的区域进行 DNA 测序则需要进行全外显子测序。这对编码区域突变的研究十分有效。另一种方法是有针对性的特定位点的测序。这可以对感兴趣的一系列基因进行测序,比如我们在本章中研究的 101 个自闭症基因,或者宏基因组中的 16S 核糖体 DNA 研究（第 15～17 章）。另一个应用是与疾病相关目标区域测序（比如全基因组关联研究或 GWAS,在第 21 章中提到）。

> 侵犯隐私是指访问某人的房子查看他们的衣橱。违反机密是指你告诉别人你看到的。

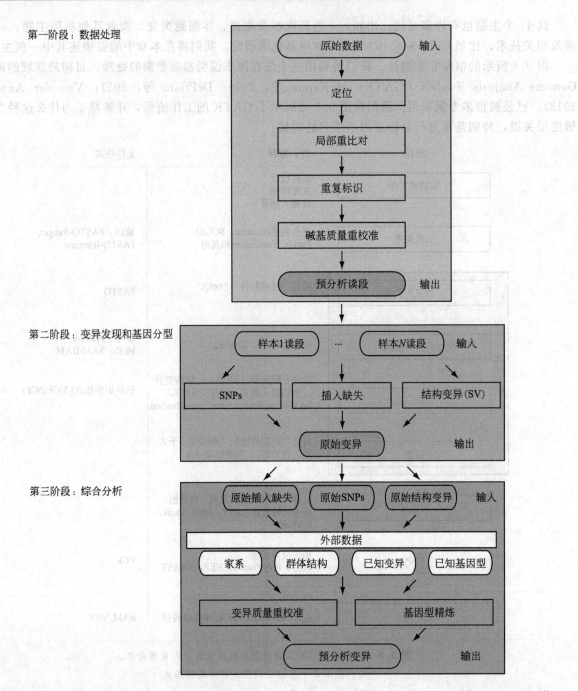

图 9.7　利用 GATK 的二代 DNA 测序的变异发现和基因分型工作流程。在第一个阶段，原始读段（FASTQ 格式）被定位到参考基因组，重组和复制的读段被移除，碱基质量分数被重校准。在第二个阶段，变异被定义为三类，有单核苷酸多态性（SNP）、插入/缺失（indel）、结构变异（SV）。在第三个阶段，变异的质量分数被重校准，基因型在外部数据源中被精炼。GATK 引入的步骤极大地减少了假阴性率和假阳性率。[经 Macmillan Publishers 的许可，改编自 DePristo 等 (2011)]

　　基因组测序的一个主要好处是它可能会解决许多与基因相关的疾病。美国的许多和人类有关的研究中，必须要获得机构审查委员会（Institutional Review Board）的批准。对于临床研究，无需 IRB 批准，但是必须参考病人权益保护指南，且实验室必须获取从事临床研究的资格。这有许多重要的问题需要考虑，比如以下几个方面。

　　知情同意：参加者是否了解获取基因组信息的潜在风险与好处？

　　隐私：如果测序数据被存储在数据库中，比如 NCBI 的 dbGap（第 21 章）数据库，隐私是否能被保证？隐私包括其他人对一个人信息的获取限制。曾有人建议采用样本不完全测序来保证隐私。

机密性：如果基因组信息包含了一个人的基因组，这个信息是会被保护还是被滥用？

数据所有权：如果一个孩子的基因组被测序了，通常他的父母的基因组也会被测序。这用来检测变异是否从父母继承而来，哪个变异发生了 de novo（因此具有潜在临床相关性）。如果有意外的发现，比如在不相关条件下发现了病人的癌症基因突变？如果在研究重点是在孩子的基因组上，但是在父母的基因组中有很重要相关的研究发现？

一旦基因组 DNA 被提纯和定量，打包生成文库。通常生成双末端文库；其中，DNA 插入的大小也经挑选，从 5' 到 3' 端（序列只有一端时有可能导致插入）。双末端文库的好处是配对的读段可以被配对到特定的基因组位置。如果那个位置超出预期的远，这可能表明样本在该处发生了插入，如果读段比期望的近，这可能是在样本的该处发生了缺失。我们在下面的"主题 7：变异识别：结构变异"讨论了结构变异探索。

主题 2：从生成的测序数据到 FASTQ

当基因组 DNA 被测序，原始图像文件被特定生成用于解释在给定的片段或读段（Ledergerber 和 Dessimoz，2011）中对应哪个核苷酸。对于大多数用户，FASTQ 文件（相比于原始的图像文件）代表了其他分析方法展示的原始读段。同 FASTA 格式相似，FASTQ 格式包括序列串，由每个读段的核苷酸序列组成。FASTQ 也包含每一个碱基的相关质量分数。我展示了自闭症基因测序实验的两个 FASTQ 文件（正向和反向读段）和在下面"主题 5：SAM/BAM 格式和SAMtools"和"主题 8：变异汇总：VCF 格式和 VCFtools"中提到的其他三个文件形式（.sam、.bam、.bai 和 .vcf）。你可以从课本网站上拷贝它们到你的Linux 机器（或 Mac 或 PC）中来学习它们。我们首先利用 ls 命令来列出我们文件夹下的所有文件，利用-lh 来用人性化的格式显示他们。

> 两个 FASTQ 文件在 http://bioinfbook.org 中的在线文档 9.1 和 9.2 可以获得。FASTQ 格式可见 http://maq.sourceforge.net/fastq.shtml（链接 9.16）。

```
$ ls -lh
total 1.5G
-rwxrwxr-x. 1 pevsner pevsner 326M Oct 17 15:52 mysample1.bam
-rwxrwxr-x. 1 pevsner pevsner 3.0M Oct 17 15:52 mysample1.bam.bai
-rwxrwxr-x. 1 pevsner pevsner 574M Oct 17 15:52 mysample1_R1.fastq
-rwxrwxr-x. 1 pevsner pevsner 573M Oct 17 15:52 mysample1_R2.fastq
-rwxrwxr-x. 1 pevsner pevsner 55K Oct 17 15:52 mysample1.vcf
```

这表明了每一个 FASTQ 文件大概有 570MB（如果压缩成 mysample1 _ R1.fastq.gz 文件，占用230MB）。我们用计数程序 wc-l（-l 代表行数）来看每一个 FASTQ 文件大概有 720 万行。接下来，我们用 head 来看一个文件的前几行。

```
$ head mysample1_R1.fastq
@M01121:5:000000000-A2DTN:1:1101:19726:2176 1:N:0:2
GNGCTAACTCTGGCTGAAGGACTAGCTAACGCTGCTGGGACAGAGGCTTTGAGGGGGCCTGCCCCACTGTTTAT
TCTCAGAGCTGGCATATGGGGAGAGGTGGGTGA
+
A#>>AAAFFBFFGGGG1EGGFGHHHHHGHHFGGE?EFHGHGAE0BEEFHHF2AGEGCGCFFGHEFFGHHHGHG
HHGGGHHHHEHFH/GHHGHFEEAE>E/FGEEG</
```

每一个 FASTQ 文件的 4 行记成一个部分。第一行，以@标志开头，代表了记录。它可以有选择地包含序列长度或者测序仪器等信息。第二行是一段序列（在上面的例子中），包括了核苷酸 G、A、T、C，还有许多 N 代表了不确定的核苷酸（如例子中的第二个位置）。第三行以"+"开头，只有这一个字符（如这个例子所示），它可以包含更多的信息。第四行是与每一个碱基相关的质量分数。每一个质量分数被分配了一个字符，整个质量分数的字符串长度必须和序列长度相等。

> 如果你希望在 Linux 中分析一个 FASTQ 文件，注意@代表每个记录的第一行，+代表每个记录的第三行，但是他们可能在第四行中代表一个碱基质量分数。因此使用 grep 工具提取信息时要小心。

Cock 等（2010）评估了 FASTQ 文件格式的三种不同形式：Sanger 标准形式（这是现在最常用的形式）；Illumina（由 Solexa, Inc. 在 2004 年发明）和 Illumina

1.3＋FASTQ 格式。三种格式有不同的意义，因为它们的质量分数缩放程度不同。标准的 Sanger 形式基于质量分数 Q，也被称为 PHRED 分数，定义如下：

$$Q_{PHRED} = -10 \times \lg(P_e) \qquad (9.1)$$

式中 P_e 表示估计的碱基识别错误可能性。PHRED 分数在 1988 年由 Phil Green 和同事们提出，用来描述 Sanger 测序的碱基质量分数。这个定义在 Sanger 的 FASTQ 格式中使用。利用 ASCII 码的 33～126 来表示质量分数是 0～93。这在图 9.8 中列出。值 93，代表了这个碱基识别发生错误可能性为 $10^{-9.3}$，即这个读段很有可能是正确的。Q_{30} 表示了 1：1000（10^{-3}）的错误率，这是一个高质量读段常设的最小阈值。对于上述例子中的前四个核苷酸 GNGC，质量分数 A＃＞＞代表了 Sanger FASTQ 值为 32、2、29 和 29。说明 N 有一个非常低的质量分数。

2004 年 Solexa 定义质量分数如下：

$$Q_{Solexa} = -10 \times \lg\left(\frac{P_e}{1-P_e}\right) \qquad (9.2)$$

这种格式利用 ACII 在 59126 范围（偏移 64），值的范围从-5 到 62。它可以与 Sanger FSTQ 格式互换（Cock 等，2010）。

$$Q_{PHRED} = 10 \times \lg(10^{Q_{Solexa}/10}+1) \qquad (9.3)$$

有转化 FASTQ 格式的一些工具，比如 Maq（Li 等，2008）。NCBIA 有将 Solexa 转化为 Sanger 格式 FASTQ 文件。

图 9.8 使用 ASCII 编码符号的 FASTQ 质量分数。这个表格显示了 1～127 的 ASCII 符号（Char 列代表字符）。0～31 的字符（不用于打印）没有显示。十进制 31 代表空格，随后的字符（十进制 33～126）被用来代表 Sanger 的 FASTQ 格式的碱基质量分数。例如，GATC 的质量分数为 28、30、25 和 31，他们的质量分数符号为 =?: @（改编自 http://www.lookuptables.com）

Dec	Char	Dec	Char	Sanger FASTQ	Dec	Char	Sanger FASTQ	Dec	Char	Sanger FASTQ
0	Non-printing	32	Space		64	@	31	96	.	63
1	Non-printing	33	!	0	65	A	32	97	a	64
2	Non-printing	34	"	1	66	B	33	98	b	65
3	Non-printing	35	#	2	67	C	34	99	c	66
4	Non-printing	36	$	3	68	D	35	100	d	67
5	Non-printing	37	%	4	69	E	36	101	e	68
6	Non-printing	38	&	5	70	F	37	102	f	69
7	Non-printing	39	'	6	71	G	38	103	g	70
8	Non-printing	40	(	7	72	H	39	104	h	71
9	Non-printing	41	)	8	73	I	40	105	i	72
10	Non-printing	42	*	9	74	J	41	106	j	73
11	Non-printing	43	+	10	75	K	42	107	k	74
12	Non-printing	44	,	11	76	L	43	108	l	75
13	Non-printing	45	-	12	77	M	44	109	m	76
14	Non-printing	46	.	13	78	N	45	110	n	77
15	Non-printing	47	/	14	79	O	46	111	o	78
16	Non-printing	48	0	15	80	P	47	112	p	79
17	Non-printing	49	1	16	81	Q	48	113	q	80
18	Non-printing	50	2	17	82	R	49	114	r	81
19	Non-printing	51	3	18	83	S	50	115	s	82
20	Non-printing	52	4	19	84	T	51	116	t	83
21	Non-printing	53	5	20	85	U	52	117	u	84
22	Non-printing	54	6	21	86	V	53	118	v	85
23	Non-printing	55	7	22	87	W	54	119	w	86
24	Non-printing	56	8	23	88	X	55	120	x	87
25	Non-printing	57	9	24	89	Y	56	121	y	88
26	Non-printing	58	:	25	90	Z	57	122	z	89
27	Non-printing	59	;	26	91	[	58	123	{	90
28	Non-printing	60	<	27	92	\	59	124			91
29	Non-printing	61	=	28	93	]	60	125	}	92
30	Non-printing	62	>	29	94	^	61	126	~	93
31	Non-printing	63	?	30	95	_	62	127	DEL	

发现和观察 FASTQ 文件

观察 FASTQ 文件可以帮助我们知道它们的格式和大小，也就可以知道该如何处理它们。你可以访问 NCBI 的序列阅读文件（SRA）来从一大批实验中获得 FASTQ 文件。NCBI 提供了 SRA ToolKit，这是可以下载文件的程序，或者你可以根据研究兴趣浏览文件。

根据 NCBI 的下载指南使用 SRA Toolkit。在 Linux 或 OS X 系统的电脑中，可以进入 bin 文件夹，通过 fastq-dump 命令来从一个 SRA 文件中下载数据，入口为 SRR390728。注意，有六种 SRA 入口类型。①SRA 是一个 SRA 的提交入口。这是一个装有其他五种类型的内容的虚拟容器。②SRP 是一个 SRA 的学习入口，包含了项目的元数据，也就是学习概况。③SRX 是一个 SRA 的实验入口，包括元数据，平台和实验细节。④SRS 是一个 SRA 的样本入口，描述了物理样本。⑤SRZ 是一个历史 SRA 分析入口，包括了一个序列数据文件和元数据。⑥SRR 是一个 SRA 的运行入口，包括了测序数据，例如我们将会用到的 SRR390728。一个给定的实验可能会有多个系列（SRR 文件）。我们将用-X3 参数来说明我们只希望打印前三点，用-Z 参数使得他们有一个标准输出。

```
$ fastq-dump -X 3 -Z SRR390728
Read 3 spots for SRR390728
Written 3 spots for SRR390728
@SRR390728.1 1 length=72
CATTCTTCACGTAGTTCTCGAGCCTTGGTTTTCAGCGATGGAGAATGACTTTGACAAGCTGAGAGAAGNTNC
+SRR390728.1 1 length=72
;;;;;;;;;;;;;;;;;;;;;;;;;;;;;9;;665142;;;;;;;;;;;;;;;;;;;;;;;;;;;;96&&&&(
@SRR390728.2 2 length=72
AAGTAGGTCTCGTCTGTGTTTTCTACGAGCTTGTGTTCCAGCTGACCCACTCCCTGGGTGGGGGGACTGGGT
+SRR390728.2 2 length=72
;;;;;;;;;;;;;;;;4;;;;3;393.1+4&&5&&;;;;;;;;;;;;;;;;;;;;<9;<;;;;464262
@SRR390728.3 3 length=72
CCAGCCTGGCCAACAGAGTGTTACCCCGTTTTTACTTATTTATTATTATTATTTTGAGACAGAGCATTGGTC
+SRR390728.3 3 length=72
-;;;8;;;;;;;,*;;';-4,44;;:&,1,4'./&19;;;;;669;;99;;;;-;3;2;0;+;7442&2/
```

随后，我们加入-fasta 参数来输出 FASTA 格式的三个条目，数字 36 表示我们希望每一行输出 36 个碱基：

```
$ fastq-dump -X 3 -Z SRR390728 -fasta 36
Read 3 spots for SRR390728
Written 3 spots for SRR390728
>SRR390728.1 1 length=72
CATTCTTCACGTAGTTCTCGAGCCTTGGTTTTCAGC
GATGGAGAATGACTTTGACAAGCTGAGAGAAGNTNC
>SRR390728.2 2 length=72
AAGTAGGTCTCGTCTGTGTTTTCTACGAGCTTGTGT
TCCAGCTGACCCACTCCCTGGGTGGGGGGACTGGGT
>SRR390728.3 3 length=72
CCAGCCTGGCCAACAGAGTGTTACCCCGTTTTTACT
TATTTATTATTATTATTTTGAGACAGAGCATTGGTC
```

你也可以通过欧洲核苷酸档案（ENA）来获取 FASTQ 文件。进入一个档案搜索"1000genomes exome."（我们之所以搜索外显子是因为它们相对较小）。获取第一个文件（样本编号 SRS001696），然后点击下载按钮"Fastq files (galaxy)"。这会直接带你进入 Galaxy 页面，展示了你历史登记的 FASTQ 文件（有 620 万序列）。在 Galaxy 中，点击眼睛图标来浏览文件，你还可以用工具菜单来进一步研究这些数据。

FASTQ 数据的质量评估

评估测序数据的质量有很多工具，包括 FastQC 和 ShortRead。下面是测序错误的几种类型：

NCBI 的 SRA 网站是 http://www.ncbi.nlm.nih.gov/sra/（链接 9.18）。这个网站包括了具体的在 Linux，OSX 或 Windows 机器上安装和使用 SRA ToolKit 的介绍文件。

这六个文件类型应用于 SRA 数据。第一个字母 S 表示参考 NCBI-SRA。对于 EMBL-SRA 数据的第一个字母是 E。比如 ERR015959 代表测序数据一次 ENA 运行结果。数据来自于日本 DDBJ-SRA 的 DNA 数据库的第一个字母为 D。

ENA 主页在 European Bioinformatics Institute 的网址是 http://www.ebi.ac.uk/ena/（链接 9.19）。你指向的 Galaxy 页面是 https://usegalaxy.org/（链接 9.20）。

FastQC 的网站是 http://www.bioinformatics.babraham.ac.uk/projects/fastqc/（链接 9.21）。

剪切的许多常用工具列在 http://omictools.com（链接 9.22；Henry 等，2014）中。

① 错误随着读段长度的增长呈现函数关系的增长。例如，对于 Illumina 技术，周期的增加使得区分信号和核苷酸结合产生的信噪比变得十分困难。

② 错误和 GC 含量存在函数关系。

③ 错误可能在均聚物位置发生。焦磷酸测序和 Ion Torrent 技术都会受这个错误的影响。

FastQC 软件提供了质量控制分析。数据从 FASTQ 文件中导入（或者从 SAM/BAM；见"主题 5：SAM/BAM 格式和 SAMtools"），然后在单链交互模式下分析（对于数量小的 FASTQ 文件）或对于数量大的文件用非交互模式分析。输出包括以下方面：

① 基础统计。这包括了例如序列长度，GC 含量比例等信息。

② 每个碱基序列的质量。这相对于碱基位置（x 轴）有一个质量分数（y 轴）。

③ 每个序列质量分数相对于质量分数的平均值（x 轴）有一个序列个数（y 轴）。

过表达序列。你可以复制这些序列，将其保存为文本文件。然后你可以尝试 BLAT（如果你知道过表达序列的物种）、BLASTN（通过物种匹配搜索）、batch BLAST 和其他工具。

在这个 FASTG 例子中，有开始和结束行；两个框架（chr1 和 chr2）；在 4 和 6 碱基中的间隙被指定了缺省值 5；一个二义性的碱基被指定为 C 但它可能是 G（见[1:alt:allele|C,G]），可能是因为两种等位基因出现个数相同；在 8 和 12 的 AT 二核苷酸中有一段延伸，给定 10 个重复的主要表现形式（见[20: tandem: size = （10, 8..12）|AT]）；表达式 [1:alt|A,T,TT] 表示在该位置会出现 A 或 T 或 TT。值得注意的是任何 FASTG 字符串都可以被转化为 FASTA，但会丢失一些潜在二义性的信息。

k-mer 含量：这显示了一系列 5-mers（五个碱基串）点的数据，通过相关富集（y 轴）相对于读段位置（按照碱基对；x 轴）。预期的 5-mer 频率（从整个序列的碱基组成决定）可以与观察到的频率比较。k-mer 的数量可以被减少（比如，质量低的读段减少了重复序列的个数）或者增加（比如，当 5-mers 在读段的特殊位点过表达，如在读段 5'端序列中加入的标记的附近区域）。

你可以在 Linux 服务器上运行 FastQC。输入如下命令：

```
$ fastqc mysample1_R1.fastq
```

该分析需要几秒钟来完成。你可以用一系列的工具来修剪（或掩盖）序列读段。当你的读段中的碱基对质量分数低时，或它们包含可能影响下游变异识别的引物或者接头时，修剪是很有必要的。

FastQC 通过 Galaxy 也可以使用。在左侧选择 Tools＞NGS：QC＞FastQC 和 execute the FASTQ file。在 HTML 文件中提供了一系列的图。

FASTG：比 FASTQ 包含信息更多的一种格式

FASTQ 格式提供了基因组序列的线性表达。有一个工作组提出了一个替代的 FASTG 格式（G 代表了图）。不同于 FASTQ，FASTG 格式可以展示等位基因多态性，也可以展示拼接的缺陷，即多种序列的拼接版本是否可能。

以下是 FASTG 文件格式的一个例子：

```
#FASTG:begin;
#FASTG:version=1.0:assembly_name="tiny example";
>chr1:chr1;
ACGANNNNN[5:gap:size=(5,4..6)]CAGGC[1:alt:allele|C,G]TATACG
>chr2;
4
ACATACGCATATATATATATATATATATAT[20:tandem:size=(10,8..12)|AT]TCAGG
CA[1:alt|A,T,TT]GGAC
#FASTG:end;
```

主题 3：基因拼接

基因拼接提供了横跨整个染色体（外染色体元素，如细胞器基因组和质粒）的基因组的共识表达。在一个已进行拼接的基因组上进行二代测序（当我们知道是对一个人的基因组测序）比对到参考基因组上，人类的参考基因组已被拼接好，所以进一步的拼接是不需要的。相反，当我们检测一个之前没有参考序列的物种时，需要进行 de novo 拼接。

Genome Reference Consortium（GRC）的主页是 http://www.ncbi.nlm.nih.gov/projects/genome/assembly/grc/（链接 9.24）。我们在第 20 章讨论了 GRC（图 20.5，表 20.4）。NCBI 在 http://www.ncbi.nlm.nih.gov/assembly/（链接 9.25）中提供了拼接资源，包括了主题概述和术语词汇表。查看 GRC N50 统计见 http://www.ncbi.nlm.nih.gov/projects/genome/assembly/grc/human/data/?build=37（链接 9.26）。

全基因组拼接包括有机体的基因组 DNA 片段分割，然后组建各种大小的文库（常常大小在 2kb 到 50kb 甚至大于 100kb）。在一种方法中，克隆插入的末端被测序（产生配对读段）。当读段被比对时，它们像 NCBI 的全基因组鸟枪法分割一样被有组织地堆叠在一起。重叠区域可以被排序和定位到拼接框架（也称为超级叠连群）。这可能会包含可估计大小的间隔。基因拼接的全局统计包括：①框架的总数（包括已知和位置的定位）；②框架的 N50（当框架拼接的长度达到总长度的 50% 的配对碱基的长度）；③叠连群的总数；④叠连群的 N50（当叠连群的拼接长度达到 50% 的叠连群长度）。N50 是拼接结果的测量，数字越大说明拼接越完整。

当我们在本书的第三部分中检测生命树的基因组时，我们会研究一个完整基因组拼接的 N50 数据。基因组参考联合会（Genome Reference Consortium，GRC）对每一个人类染色体做了 N50 拼接。对于 11 号染色体（有 HBB 基因集），N50 有大约 41.5 百万碱基，而在之前的拼接（如 NCBI35）中要比现在的短几百万碱基。

Flicek 和 Birney（2009）、Miller 等（2010）、Li 等（2012）、Paszkiewicz 和 Studholme（2010）、Henson 等（2012）和 Nagarajan 和 Pop（2013）都评估过许多拼接软件。我们在第 15 章提供了一个利用 Velvet 拼接法的具体例子（拼接 *E.coli* 基因）。拼接工具高速变化，处理不同类型的测序数据、可扩展性和结果的能力也有所变化。表 9.2 列举了部分工具。二代测序技术产生的短读段向序列拼接提供了挑战（Alkan 等，2011b）。

表 9.2 基因拼接的软件

拼接工具	参考	URL
ABySS	Simpson 等（2009）	http://www.bcgsc.ca/platform/bioinfo/software
ALLPATHS-LG	Gnerre 等（2011）	http://www.broadinstitute.org/software/allpaths-lg/blog/
Bambus2	Koren 等（2011）	http://www.cbcb.umd.edu/software
CABOG	Miller 等（2008）	http://www.jcvi.org/cms/research/projects/cabog/overview/
SGA	Simpson 和 Durbin（2012）	https://github.com/jts/sga
SOAPdenovo	Luo 等（2012）	http://soap.genomics.org.cn/soapdenovo.html
Velvet	Zerbino 和 Birney（2008）	http://www.ebi.ac.uk/~zerbino/velvet/

两个序列拼接的主要方法是：重叠/布局/一致性方法和 de Bruijn 图。以图 9.9（a）中的八个读段为例（来源于 Henson 等，2012）。重叠图中每一个节点代表一个读段［图 9.9（b）］。边对应重叠数（此处 $k=5$，即重叠数为 5 或者更多的碱基）。边具有传递性：大的重叠可以包含一系列小的重叠（见曲线箭头）。拼接工具利用重叠/布局/一致性方法实现所有读段的拼接来决定重叠区域。

在一个 de Bruijn 图中［图 9.9（c）］，序列被打断成固定长度 k 的串。每一个节点和一个 k-mer 关联，比如图中的 $k=5$。连续地，一条边将一对 k-mer 分开。相邻的节点共享 $k-1$ 个字母（比如，在我们的例子中，前两个长度为 5 的节点共享 CCTG 碱基）。相对于一些路径的节点进行基因拼接，拼接程序来重定义路径。例如，如果路径相对于序列 1 到 3 有显著的小的读段深度，表示该路径代表的序列 4 和序列 5 可能相邻。

Pavel Pevzner（2001）和同事们青睐的 de Bruijn 图方法，在真核生物中常发生的重复 DNA 区域拼接中特别有效。给定一个有四个不同片段和一个重复的区域，执行三次［图 9.10（a）］，重叠/布局/一致性方法发现了每一条读段的节点［图 9.10（b）］。重复 DNA 在两个节点连接中有许多方法。Pevzner 等建议将 DNA 视作一条线，将重复区域覆盖在胶水中，使他们结合在一起［图 9.10（c）］。相应的 de Bruijn 图［图 9.10（d）］将每一次重复作为边而不是一系列节点的集合，从而导致鉴定最优路径的有效解决方法。

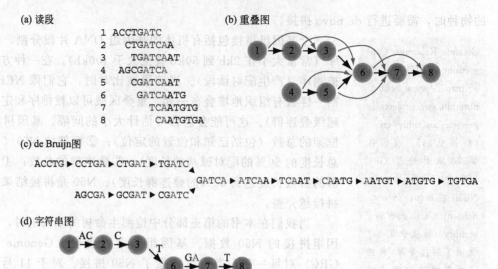

图 9.9 短读段基因组拼接的方法。（a）8 个对齐的读段样本（注意第 4 和第 5 只有部分匹配到 1~3 读段）。有颜色的核苷酸用于识别所有对齐的序列。（b）重叠图代表了拼接的一种解决方案。（c）de Bruijn 图将读段打断成由 5 个核苷酸单元的集合（本例中 k-mers 的 k=5）。彩色的核苷酸是（a）中匹配到的。［改编自 Henson 等（2012），已获得 Future Medicine 的许可］

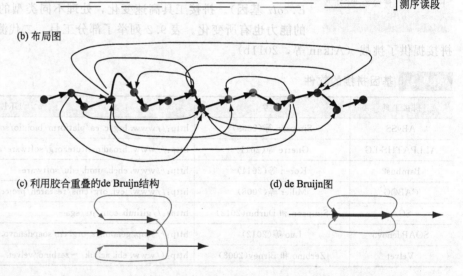

图 9.10 利用 de Bruijn 图的重复 DNA 区域的有效拼接。（a）一个有 4 个不同片段和三个重复组成的基因组 DNA 片段。（b）布局图代表这些重复区域是可能路径的复杂集合。（c）de Bruijn 图由 gluing 重复区构建。（d）de Bruijn 图用边来代表重复区域而不是布局图中的定点的集合
［来源：Pevzner 等（2001），已获得 National Academy of Sciences 的许可］

测序读段长度增加有利于基因拼接。图 9.11 展示了 4.2MB 的 *E. coli* 基因组拼接的三个 de Bruijn 图。这是一个环状的细菌基因组。k=50 时，该图结构复杂；k=1000 时，该图就变得十分简单；当 k=5000 时，该图被完全转变为一个包含全基因组的单独叠连群。太平洋生物科学技术的长读段测序使得如此大的 k 值成为可能。当应用于 Illumina 平台（错误率较低）的合并时，使得细菌基因组的超高精度拼接成为可能（Koren 等，2013）。

基因拼接性能的比赛和关键评估

Assemblathon 比赛指的是对拼接器的性能进行比较。在 Assemblathon 2 中，21 个队伍提交了 43 个由三个脊椎动物基因组的拼接结果（Melopsittacus undulatus 鸟，Maylandia zebra 鱼，Boa constrictor constrictor 蛇；Bradnam 等，2013）。因为本研究的这些基因组在先前没有测序，有助于用来比较拼接软件。主要结论是不同的拼接工具会产生截然不同的结果，在拼接工具中缺乏一致性。作者提出了评估拼接工具性能的 10 种度量方法，包括覆盖范围（比如参考基因组的哪个部分被拼接）、多重性（重接区域是否下降）、测量 458 个真核基因中有多少核集被定位。将拼接与光学图谱数据关联，作为定义精确度的一种方法。

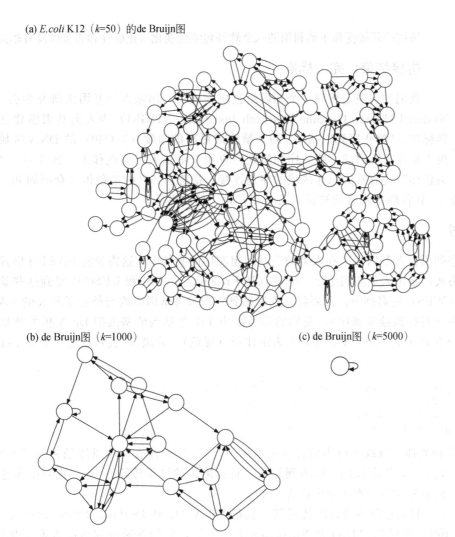

(a) *E.coli* K12 （*k*=50） 的 de Bruijn 图

(b) de Bruijn 图 （*k*=1000）　　　　(c) de Bruijn 图 （*k*=5000）

图 9.11　*序列长度增加时拼接的提高。Escherichia coli* K12 MG1655 （有 464 万碱基的环状基因组） 被拼接。每一个节点是一个叠连群，边代表由于重复而产生二义性的关系。(a) *k*=50 时的 de Bruijn 图 （在复杂图案中有几百个叠连群）；(b) *k*=1000 （图极大地被简化）；(c) *k*=5000 （图完全被解决）

［来源：Koren 等 （2013）。获得 Creative Commons Attribution License 2.0 许可］

你可以在在线文档 9.5 中查看 101 个人类基因列表，在在线文档 9.6 中查看参考序列。如果你想下载一个人类基因组参考序列，访问 UCSC bioinformatics site＞Downloads ＞ Genome Data ＞ Human ＞ chromosomes （http://hgdownload. cse. ucsc. edu/downloads. html，链接 9.29）。这些文件同时也在合并在一个文件中（染色体 1-22，X，Y，线粒体 NC_012920），见 ftp://ftp-trace. ncbi. nih. gov/1000genomes/ftp/technical/reference/human_g1k_v37. fasta. gz （链接 9.30）。该压缩文件大约 850MB。grep 代表 g/re/p（全局搜索正则表达式和打印）。

为了严格评估拼接方法，Salzberg 等 （2012） 提出了一个基因组拼接评估的黄金标准 （GAGE）。他们选择了八个领先的软件工具，将他们应用于四个短读段的数据集 （全部涉及 Illumina 平台）：两个先前完成的细菌基因组，大黄蜂 *Bombus impatients* （该物种的正确拼接在先前没有报道） 和人类第 14 号染色体。他们主要度量的是叠连群和框架 N50 的大小。他们的结果和结论如下所示：

许多已报道的基因组序列，包括人类 （Lander 等，2001）、老鼠 （Mouse Genome Sequencing Consortium 等，2002） 和熊猫 （Li 等，2010） 的基因组，甚至 Assemblathon 项目，也没有包含拼接的工作流程，因此这是不可再生的。GAGE （Salzberg 等，2012） 包含了他们测试的八个拼接工具的具体说明。

测序数据的错误修正是拼接过程中重要的一步。错误样本的 *k*-mers 只在数据集 （这类似于碱基识别错误） 和未剪切的接头序列中只发生一次或两次。通过数据清理，在一次拼接中的 N50 叠连群的大小增长了 30 倍。

如果两个叠连群被错误连接，当拼接错误时，N50 叠连群的大小会显著增加。因此，发现和矫正这

Assemblathon 网站是 http://assemblathon. org/（链接 9.27）。Bradnam 等 （2013） 列出了 91 个作者。我们描述的 458 基因是第 15 章中 Core Eukaryotic Genes Mapping Approach（CEGMA）的一部分。

种错误十分重要。

NHGRI 人类基因组序列质量标准 http://www. genome. gov/10000923（链接 9.28）在线查看。我们在第 20 章调查了所有已完成的人类染色体基因组。

拼接的邻接度和正确利用的八个软件包继续变化（正确性和邻接度没有相关性）。

拼接结束：完成标准

我们如何决定何时一个基因组被拼接成功？国家人类基因组研究学会（The National Human Genome Research Institute，NHGRI）为人类基因组建立了一套标准。"终止序列"指 99.99％精度或更高的精度（>Q40）的 DNA 区域，理想上是没有间隙的。终止序列特别地应用于细菌人工染色体上（BACs）。"终止染色体"应有常染色体区域的序列连接，横跨>95％的染色体（众所周知，在异染色质区的测序十分困难）。任何间隙都必须被说明大小和方向，且被注释。

主题 4：序列比对

我们的目标是比对序列到参考基因组。在人类的全基因组测序的案例中，这需要将 FASTQ 格式的序列读段比对到 FASTA 格式的参考人类基因组上。你可以从 Ensembl、NCBI 和 UCSC 中得到这些参考基因组。在全外显子测序（WES）的案例中，需要将序列回贴到整个参考基因组或与外显子相关的 FASTA 文件中。在我们的例子中（目标孤独症测序），我们的参考组由 101 个基因的基因组 DNA 相关外显子组成。我们可以在 Linux 中查看这个 FASTA 文件，♯表示注释（绿色）。后缀.fa 表示这是一个 FASTA 格式的文件。

```
$ head targeted101genes.fa # displays the beginning of the file
$ tail targeted101genes.fa # displays the end of the file
$ grep ">" targeted101genes.fa | less
$ grep ">" targeted101genes.fa | wc
```

grep 命令抓取出含有感兴趣字符或字符串的行（在本例中，">"出现在每个基因条目的开头），然后将传输（利用"|"）到 less，从而我们可以看到结果。将抓取出的结果传输到 wc，我们调用这个计数程序来显示含有">"的有多少行（本例中应该为 101）。

你可以从 http://bowtie-bio. sourceforge. net/bowtie2/index. shtml（链接 9.31）获取 Bowtie2。

目前有许多流行的比对器，包括 BWA（Li 和 Durbin，2009，2010）、Bowtie2、SOAP、MAQ 和 Novoalign（表 9.3），它们在速度和精度方面变化迅速。两个主要的比对方法包括哈希表和 Burrows - Wheeler 压缩（第 5 章）。遇到的挑战是，序列读段常常很短（小于 100~400 碱基对，由技术决定），它们可能会匹配到不同的基因组位置。常常有重复的区域，包括重复片段，通常包含感兴趣的基因，每一个比对器必须采取一种策略来分配基因组的位置。每一种技术都会有一些错误率搅乱精确的比对。

我们将用 Bowtie2，这是一种命令行程序（Langmead 和 Salzberg，2012）。我们需要首先建立一个索引数据库，指定进行索引的文件和输出的文件名。一个小的序列集费时几秒，若是一整个基因组将会需要几个小时。这种方法需要高性能的计算环境（例如，Linux 系统至少 8GB 得内存和几万亿字节的存储）。首先，我们得到一个 FASTA 格式的参考基因组（我们用的是一个小文件为 targeted101genes. fa），然后生成一个索引数据库（此处称为 targeted101genes. fa. fai）。

表 9.3 生成 SAM 文件的比对程序

程序	描述	URL
BFAST	Illumina 和 SOLiD 读段的 Blat-like Fast Accurate Search Tool	https://secure. genome. ucla. edu/index. php/BFAST
Bowtie	高效的短读段比对器。最近的版本支持 SAM 输出。SAMtools-C 也提供了一个转化器。	http://bowtie-bio. sourceforge. net/bowtie2/index. shtml
BWA	处理短和长读段的 Burrows - Wheeler Aligner	http://bio-bwa. sourceforge. net/

续表

程序	描述	URL
LASTZ	处理短和长读段的比对器	http://www.bx.psu.edu/miller_lab/
Novoalign	处理 Illumina 短读段间隙比对精确比对器。学术自由二进制。Samtoos 也提供转化。	http://novocraft.com/
SNP-o-matic		http://snpomatic.sourceforge.net/
SSAHA2	处理短和长读段的经典比对器	http://www.sanger.ac.uk/Software/analysis/SSAHA2/

注：来源于 SAMtools。

```
$ bowtie2-build targeted101genes.fa targeted101genes.fa.fai
```

这种索引有利于后续处理的参考，在全基因组比对中尤其重要。作为替代，我们可以从 NCBI 上下载一个人类参考基因组（用 wget），然后建立全人类基因组的索引（染色体 1~22 和 X）：

```
$ wget ftp://ftp-trace.ncbi.nih.gov/1000genomes/ftp/technical/reference/
human_g1k_v37.fasta.gz
$ bowtie2-build human_g1k_v37.fasta human_g1k_v37indexed
```

根据处理器的不同，这一步会需要一个小时。

接下来，我们准备将 FASTQ 文件比对到索引数据库中。

```
$ bowtie2 -x indexed_autism101 -1 mysample1_R1.fastq -2 mysample1_R2.fastq
-S sample1.sam
```

命令-x indexed database 提供了索引文件的前缀。-1 sample1/B1 _ S1 _ L001 _ R1 _ 001.fastq 代表双末端读段的一个集合，-2 sample1/B1 _ S1 _ L001 _ R2 _ 001.fastq 代表双末端读段的其他匹配集合。sample2.sam 指定了输出文件的名字。这个输出文件包含了 SAM 文件（下一个主题）和匹配到参考组上的读段的比例信息。为了将这些相同的 FASTQ 文件比对到人类参考基因组上，我们调用：

```
$ bowtie2 -x human_g1k_v37indexed -1 mysample1_R1.fastq -2 mysample1_
R2.fastq -S mysample1g1k.sam
```

注意：你可以在 NCBI 获得 Bowtie2 中用到的预索引的人类和老鼠基因组的拷贝。许多物种的预索引的基因组在 igenomes（http://support.illumina.com/sequencing/sequencing_software/igenome.html，链接 9.32）中可以获得。你需要时可检查这类资源的上传频率。

此处输出的 SAM 文件大概 1.4GB（有 360 万行），无论是比对到一个外显子的小集合还是整个人类基因组上。通过利用一个完整的人类外显子集合，你可以评估这些读段是否定位到 101 个基因的旁系同源上，还是其他基因组的重复元素上。在这个例子中，比对的返回结果是 99.04％的比对覆盖率；大约 180 万的读段是成对的，其中 160 万（88％）的读段只精确匹配一次。当我们继续分析时，我们将会看到为什么有些读段没有配对。

重复 DNA 的比对

重复 DNA 对于拼接来说是一个挑战。考虑到人类基因组一半由重复 DNA 组成，其他基因组的占比更大；在玉米基因组中转座子占 80％。除了拼接，这对序列比对也是一个巨大的挑战：如何将匹配到重复元素的读段进行比对？Todd Treangen 和 Steven Salzberg（2011）讨论了重复如何导致拼接和比对的二义性，有时会产生偏差和错误。他们展示了两个几乎完全相同的重复段不能被定位，而串联的重复段（或者其他重复元素）在他们的相似度下降时可以更加准确地定位［图 9.12（a）］。在另一个方案中，给定一个短读段可能匹配到一个基因组位置造成错配，然而它可以在另一个潜在缺失的位置同样很好地匹配。选择错配还是缺失的权重会决定读段定位，可能导致整个序列的错位。

Genome Analysis Toolkit 基因组分析工具包（GATK）工作流程：BWA 序列比对

二代测序分析的一个广泛使用的工作流程是 Genome Analysis Toolkit（GATK；McKenna 等，2010；DePristo 等，2011；Van der Auwera 等，2013）。GATK 采用 BWA 代替 Bowtie2 和其他比对工具。BWA

图 9.12 重复读段定位的二义性。(a) 当两个拷贝的 DNA 重复下降，读段的置信度上升。图中展示了三个连续的重复：一对有 100% 的核苷酸一致（蓝色的 X1，X2），一对有 98% 的核苷酸一致（红色的 Y1，Y2），一对有 70% 的核苷酸一致（绿色的 Z1，Z2）。左侧：缩小到单个读段（虚线引导到一个框），此读段定位到 X1 和 X2 上的情况相同，因此定位的置信度低。中间：一个偶尔的错配有助于增加置信度使得读段匹配到 Y1 而不是 Y2。右侧：在 Z2 中有许多错配使得读段准确定位在 Z1 上。(b) 一个 13 个碱基对的读段定位到两个位置。左侧的位置有一个错配，右边的比对有一个缺失。需要确定不同的比对和拼接算法来确定错配和插入缺失的权重，否则可能导致错误［改编自 Treangen 和 Salzberg (2011)，已获得 Macmillan Publishers Ltd. 的许可］

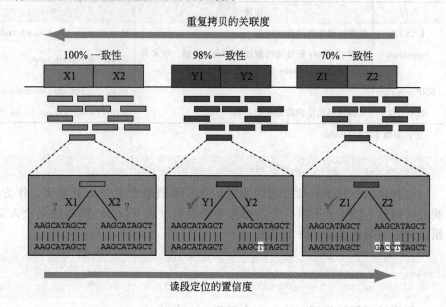

(a) 读段定位的置信度随着重复关联的下降而提高

重复拷贝的关联度

100% 一致性　　98% 一致性　　70% 一致性

读段定位的置信度

(b) 定位的二义性：错位 vs 缺失

位置1（错配）　　　　　位置2（缺失）

...TTAGAATGAGCCGAGTTCGCGCGCGGGTAGAAT-AGCCGAGTT...　基因组DNA

AGAATTAGCCGAG　　　　　　AGAATTAGCCGAG

BWA 可从 http://biobwa.sourceforge.net/（链接 9.33）获得。Picard 是一个 Java 编写的用来处理 SAM 文件的程序，可从 http://broadinstitute.github.io/picard/（链接 9.34）获得。SAM 文件规范见 http://samtools.sourceforge.net/SAM v1.pdf（链接 9.35）。

有关所有这些字段包括 CIGAR 格式的更多信息，请访问 SAMtools 网站 http://samtools.sourceforge.net/（链接 9.36）。SAMtools 由 Heng Li 及其同事开发。

的工作流程与 Bowtie 类似，需要 FASTQ 序列文件和一个 FASTA 格式的参考基因组。参考基因组需要具备索引，而 Picard 包利用序列文件生成一个序列字典。在比对之前，GATK 需要整进一步读取由实验元数据（meta-data）组成的读段群组信息：每一个 DNA 样本的名字；测序平台；DNA 从哪个文库被测序；所使用的玻璃测序芯片（贯流分析池）的特定通道（流通槽）。读段组信息在 SAM 的说明部分（位于文件头部）提供。包含元数据对于 GATK 识别高敏感度和特殊性的变异（将在后面提及）十分重要。每当你处理 SAM/BAM 文件时，都应当保存头信息。

主题 5： SAM/BAM 的格式与 SAMtools

在我们的工作流程中，我们使用 Bowtie2 或 BWA 将 FASTQ 读段与参考序列进行比对，以创建 SAM 文件。SAM（Sequence Alignment/Map，序列比对/回贴）格式通常被用于存储来自二代测序的序列在比对后的结果。SAM 文件可以简便地转换为 BAM（Binary Alignment/Map，二进制比对/回贴）格式。BAM 是 SAM 的二进制表示格式，由 BGZF 程序库压缩，并包含与 SAM 文件相同的信息。因为它们可以容易地互换，我们可以并称二者为 SAM/BAM 格式。这种格式非常普遍，在不同的存储库中可以获得许多该格式的数据集（如 NCBI 千人基因组计划与 Cancer Genome Atlas 中的序列读段存档）。

SAM 格式包括标题部分（具有以字符 @ 开头的行）和比对结果部分。该文件以制表符作为分隔符，并且有 11 个必填字段（表 9.4），各个字段可在我们的自闭症基因组中查看（图 9.13）。我们使用 samtools view 命令行来显示超过一百万行的 SAM 文件中的第一行（每行对应一个已与参考基因组完成匹配的读段）。图 9.13 中显示了 12 个字段，包括序列（以 AATCT…开头）、与后面相应的质量分数。CIGAR 字符串是表示突变的符号系统。这里，字符串 "148M2S" 显示 148 个匹配和 2 个软剪切（未对齐）碱基。标准 CIGAR 操作符包括 M（匹配)、I（插入）和 D（删除）。扩展 CIGAR 选项为 N（参考基因组上被跳过的碱基）、S（软剪切），H（硬剪切）和 P（填充）。

SAMtools 是一个软件库（Li 等，2009）。我们可以使用它来分析 SAM/BAM 输入文件中的比对结果，以完成以下任务：

- 从其他比对格式转换至 SAM/BAM 格式，或 SAM 和 BAM 格式相互转换；
- 比对结果的排序与合并；
- 对比对结果添加索引（一旦完成排序，BAM 文件可以建立索引以生成可用于下游分析的 BAI 文件）；
- 以堆积格式查看比对（如下图 samtools view 命令行所示）；
- 删除 PCR 产生的重复（此过程称为"标记重复"或"去重复"，删除冗余的读段）；
- 识别两类突变，即单核苷酸多态性（SNP）和短插入删除。

表 9.4　SAM 格式必填字段。可能有附加的可选字段

编号	名字	描述
1	QNAME	读段或读段对的查询名
2	FLAG	按位标记（配对,单链,双链等）
3	RNAME	参考序列名
4	POS	基于 1 的最左边的裁剪对齐位置
5	MAPQ	回贴质量（Phred-scaled）
6	CIGAR	扩大 CIGAR 串（操作：MIDNSHP）
7	MRNM	配对参考名（如果和 RNAME 一样则'='）
8	MPOS	基于 1 的最左边配对位置
9	ISIZE	推断插入大小
10	SEQ	参考序列上相同链的查询序列
11	QUAL	查询质量（ASCII-33＝基础质量）

注：资料来源于 Li 等，(2009)，经牛津大学出版社许可重制。

(1) 读段的查询名已给定（M01121…）

(2) 标记值为163（等于1+2+32+128）

(3) 参考序列名，chrM 代表线粒体基因组

(4) 480 位置是该读段的最左坐标位置

(5) Phred-scaled 的回帖质量是 60（错误率是 10^6 分之 1）

(6) CIGAR 串（148M2S）说明了 148 个匹配和 2 个滑动（未匹配）碱基

```
home/bioinformatics$ samtools view 030c_S7.bam | less
M01121:5:000000000-A2DTN:1:2111:20172:15571        163      chrM
480     60      148M2S  =       524     195     AATCTCATCAAT
ACAACCCTCGCCCATCCTACCCAGCACACACACCGCTGCTAACCCCATACCCCGAACC
AACCAAACCCCAAAGACACCCCCCACAGTTTATGTAGCTTACCTCCTCAAAGCAATAACC
TGAAAATGTTTAGACGGG  BBBBBFFB5@FFGGGFGEGGGEGAAACGHFHFEGGAGFFH
AEFDGG?E?EGGGFGHFGHF?FFCHFH00E@EGFGGEEE1FFEEEHBGEFFFGGGG@</0
1BG212222>F21@F11FGFG1@1?GC<G11?1?FGDGGF=GHFFFHC.-
RG:Z:Sample7    XC:i:148        XT:A:U  NM:i:3  SM:i:37
AM:i:37 X0:i:1  X1:i:0  XM:i:3  XO:i:0  XG:i:0  MD:Z:19C109C0A17
```

图 9.13　SAM 文件的解析。在 Linux 中使用 samtools view 命令行查看 BAM 文件，| less 命令每次将输出单个屏幕的数据（一个典型的 SAM/BAM 文件具有数百万行）。如图所示为输出结果的单条记录，显示了上文所述的 12 个字段（资料来源：SAMtools）

(7) "="符号表明配对参考序列匹配了参考序列名

(8) 基于1的最左位置是524

(9) 插入大小是195碱基

(10) 序列从 AATCT 开始，从 ACGGC 结束（长度为150碱基）

(11) 每个碱基都有一个质量分数（从 BBBBB 开始，到 FHC 结束）

(12) 该读段伴随 MiSeq 分析有附加的可选内容

接下来，让我们将 SAM 文件转换为 BAM 文件。

```
$ samtools view -bS sample1_bowtie2.sam > sample1_bowtie2.bam
$ samtools sort sample1_bowtie2.bam sample1_bowtie2_sorted
$ samtools faidx targeted101genes.fa
$ samtools index sample1_bowtie2_sorted.bam
```

SAMtools view命令调用输入的 SAM 文件，在这里，Linux 中的＞符号指定输出结果发送到名为 sample1_bowtie2.bam 的文件。然后我们对 BAM 文件排序并建立索引。要查看内容，请按如下所示调用samtools tview命令。

```
$ samtools tview mysample1.bam
```

在该程序中，键入?来获取帮助菜单；键入g转到某个染色体位置。我们转到 chrX：153296000，这样可以切换到 *MECP2* 基因内的一个外显子（一个 X 连锁基因，突变时将导致 Rett 综合征；见第 21 章）。我们可以从 BAM 文件查看匹配的读段，显示碱基质量分数［图 9.14（a）］或回贴质量分数［图 9.14（b）］。之后在我们识别突变时，这将是能够快速读取该基因座的读段深度、碱基质量分数、回贴质量分数和其他特征的一个方便的办法。

GATK 工作流程中，在识别突变之前，BAM 文件会被 Picard（而不是 Samtools）进行重复标记。

你可以访问 Genome in a Bottle 项目网站 http://genomeinabottle.org（链接 9.37）。该项目最初由 NIST 发起。NA12878 指的是一个来自犹他州的女人的 DNA，其有北部欧洲血统，这是多态性中心 Humain（CEPH）项目的一部分。这份 DNA 可从位于新泽西州 Camden 的 Coriell Institute for Medical Research（科利尔医学研究院）获得（https://catalog.coriell.org）。GM12878 对应用于提取 DNA 的淋巴母细胞样细胞系（LCL）；成千上万的 DNA 样本和 LCL 也可从科利尔医学研究院获得。

(a) SAMTools `tview`命令使BAM文件中读段可视化（碱基质量视图）

(b) SAMTools `tview`（回贴质量视图）

图 9.14 使用 SAMtools 在感兴趣的基因组坐标下查看 BAM 文件中的序列读段。通过使用 samtools tview 命令，你可以以全基因组视角查看读段。通过使用帮助菜单了解相关的命令，你可以查看同一读段以（a）碱基质量或（b）回贴质量不同颜色显示。读段深度较左侧相对较低。按照质量得分被标记为蓝色（0～9）、绿色（10～19）、黄色（20～29）或白色（≥30）。下划线表示次要读段或孤读段。此查看器可用于快速评估感兴趣的基因组座的质量，例如具有单核苷酸变异的位置（参见彩色插图）

（资料来源：SAMTools）

GATK 还会执行短插入/删除的局部重新比对。这是一个重要的步骤，因为插入/删除的两侧通常会存在因回贴缺陷造成的错配，但这种错位常常看起来像真正的单核苷酸变异。

一旦你的样品的 FASTQ 文件已经与参考基因组比对完，则可认为突变（单核苷酸变异和插入/删除）可以通过检查比对与列出差异的方式被识别出来。这个方法的问题在于测序和进行比对的过程中会发生许多（不同）来源的错误：因为制备和扩增文库的方式不同，可能发生不同的偏差；测序技术存在一定的错误率；回贴也具有一定的错误率（如图 9.12 所示）。我们提到过 GATK 会在短插入/删除周围进行局部比对。GATK 进一步重新校准碱基质量得分；这是因为甚至在 FASTQ 文件中每个碱基对的质量得分都存在不同类型的错误。GATK 使用基于经验的误差模型并调整碱基质量分数。你可以比较在给定基因组位置上调整前后的碱基质量得分，并查看对特定碱基对做出的改变。DePristo 等人（2011）为 GATK 流程的效果给出了一个戏剧性的例子：他们对样品 NA12878（一份来自千人基因组计划成员的特征明显的 DNA）进行测序，并用 BWA 进行比对。他们发现纯合删除范围内的读段中有 15% 未对齐。GATK 对这些读段中的很大一部分进行了重新比对校正（在 950000 个区域中的 660 万个读段，跨度 21Mb）。

在我们评估软件时，有一个由真阳性结果组成的数据集来代表"黄金标准"是至关重要的。为了开发一套 DNA 测序标准，Genome in a Bottle Consortium 计划被启动。它提供诸如 FASTQ 文件（约 300× 序列覆盖率）的数据集，和来自 NA12878 和几个母亲/父亲/孩子三元组的高质量突变搜索结果。

计算读段深度

读段深度（或覆盖深度）是设计文库时需要考虑的基本因素。如果对文库进行更频繁的测序（例如，在流动池的多个通道上分析它），测序深度和统计效力都会增加，进而检测变异能够更加有效。同时，覆盖度的提升也对应相对更贵的价格。对于使用 Illumina 技术产生的 150 个核苷酸配对末端读段的典型全基因组测序，要获得 30× 至 50× 的覆盖度，意味着基因组中任何给定碱基平均被 30～50 个独立测序读段覆盖。对于全外显子组测序（常跨越大约 5000 万碱基或 1%～2% 的基因组区域），覆盖深度通常要求为 100× 或以上。对于靶向测序（如对自闭症基因专门测序），测序深度范围从 30× 到 300× 不等，这取决于同时测定的样本数等多个因素。当我们对等位基因频率较低（1%～18%）的疾病相关突变进行靶向测序时，我们需要使用覆盖深度的中位数为 13000 倍（Shirley 等，2013）。

Lander 和 Waterman（1988）考虑将读段组装成叠连群（连续序列）。覆盖的冗余度 c 是关于读段数 N、每个读段的平均长度 L，以及待测序区域（例如，基因组 G）长度的函数（Lander 和 Waterman，1988；Li 等，2012 年综述）：

$$c = \frac{LN}{G} \tag{9.4}$$

30× 基因组覆盖度意味着基因组的任何单个碱基平均被 30 个读段覆盖。当然，整个基因组读段覆盖的分布存在多变性，一些碱基将被更多或更少的读段覆盖。在搜寻杂合突变和其他突变时，更高的覆盖度能提升统计效力。

一定数量的叠连群测序完成后才能达到一定的测序深度，这一数量取决于包括读段长度 L、测序深度 c、基因组大小 G，以及读段之间重叠的最小长度 T 在内的参数。一个碱基不被测序的概率是由 Lander 和 Waterman（1988）推导出的，由下式给出：

$$P_0 = e^{-} \tag{9.5}$$

从中可以估计 DNA 测序所需的覆盖深度（表 9.5）。二代测序技术使用相对较短的读段。Li 等人（2012）指出，读段长度为 50 个碱基对时 30 倍覆盖深度与读段长度为 500 个碱基对时 10 倍覆盖深度在基因组拼接的效果相当。

我们可以使用 SAMtools 从已排序的 BAM 文件计算读段深度。`samtools depth` 命令能够逐行输出每个位置的深度。我们可以使用管道命令（用 `|`）把结果传到 awk 程序并指定它计算平均读段深度，而不用查看大量的输出。

SRA 网站：http://www. ncbi. nlm. nih. gov/sra/（链接 9.38）。以 BAM 格式存储的千人基因组比对文件可在 http://www.1000genomes. org/data（链接 9.39）上获得。

IGV 软件可从 https:// www. broadinstitute. org /igv/（链接 9.41）获得（注册时）。

```
$ samtools depth sample1_bowtie2_sorted.bam | awk '{sum+=$3} END
{ print "Average = ",sum/NR}'
Average = 105.838
```

查找和浏览 BAM/SAM 文件

有两个主要的途径获取 BAM/SAM 文件。第一，在 NCBI 的 SRA 工具包提供了 BAM 文件，SRA Toolkit 软件开发工具包（SDK）也提供对 BAM 文件的编程式访问。第二，千人基因组计划存储根据全基因组和全外显子组序列的 BAM 文件，为该项目的当前目标提供超过 2000 个个体的数据。

表 9.5　根据公式（9.5）对碱基进行测序的概率

覆盖倍数	P_0	未测序百分比	测序百分比	覆盖倍数	P_0	未测序百分比	测序百分比
0.25	$e^{-0.25}=0.78$	78	22	5	$e^{-5}=0.0067$	0.6	99.4
0.5	$e^{-0.5}=0.61$	61	39	6	$e^{-6}=0.0025$	0.25	99.75
0.75	$e^{-0.75}=0.47$	47	53	7	$e^{-7}=0.0009$	0.09	99.91
1	$e^{-1}=0.37$	37	63	8	$e^{-8}=0.0003$	0.03	99.97
2	$e^{-2}=0.135$	13.5	87.5	9	$e^{-9}=0.0001$	0.01	99.99
3	$e^{-3}=0.05$	5	95	10	$e^{-10}=0.000045$	0.005	99.995
4	$e^{-4}=0.018$	1.8	98.2				

注：资料来源于 Lander 和 Waterman（1988），经 Elsevier 许可转载。

我已经在课本网站上放置了一个小 BAM 文件（基于 101 个自闭症相关基因的外显子测序），以及相应的 SAM 文件，可以在文本编辑器中查看。

> 要访问自闭症 SAM 和 BAM 文件，请参阅在线文档 9.7，网址为 http://bioinfbook.org（链接 9.40）。

接下来，我们可以使用整体基因组浏览器（Integrative Genomics Viewer，IGV）软件查看 BAM 文件数据（Robinson 等，2011；Thorvaldsdóttir 等，2012）。一旦你安装了 IGV，就能上传一个 BAM 文件，并查看感兴趣的基因组区域。对于自闭症靶向测序的例子，我们可以再次搜索 *MECP2* 基因 [图 9.15(a)]。然后我们将查询修改为 chrX：153295000～153299000，查看一个包含 4000 碱基对信息的窗口。在图 9.15（a）底部显示了 *MECP2* 基因结构，外显子显示为深蓝色矩形；图中可见两个外显子。我们在两个分辨率级别显示 BAM 文件中的比对结果。对于每一个分辨率，灰色的摆动曲线显示了以外显子为中心的覆盖峰，达到最大值约 1000 倍的覆盖深度（这个覆盖度对于比对和突变识别已经很好了）。图 9.15（a）显示读段（根据正向或反向链加阴影）。图 9.15（b）显示了分辨率为 1 个碱基对下的单核苷酸变异。IGV 软件是很灵活的，使用 "data tiling" 可在多个分辨率尺度下实现预先计算数据。这有助于在全基因组视图和单碱基视图之间缩放。IGV 允许同时查看多个 BAM 文件（或其他文件类型，如 VCF；见下文）。它支持个性化调节，例如，带有所有 101 个自闭症关联基因的基因符号的文本文件可被上传，并被用于专门显示来自这些感兴趣位点的数据。

压缩后的比对文件：CRAM 文件格式

由于其巨大的体积，压缩原始序列文件十分重要。由 European Nucleotide Archive（EMBL-EBI）开发的 CRAM 文件格式，代表一种类似 BAM 文件压缩后的格式，提供比 BAM 更好的无损压缩，并与 BAM 完全兼容（Hsi-Yang Fritz 等，2011）。基于 JAVA 的 cramtools 包（可从 github 或从 EMBL-EBI 的 ENA 网站获得）可实现 BAM 和 CRAM 文件相互转换，也可使用 Picard 阅读 CRAM 文件 [参见上述 "Genome Analysis Toolkit（GATK）工作流程" 部分]。

主题 6：变异识别：单核苷酸变异和插入/缺失

我们已经预处理了我们的 BAM 文件，现在可以进行变异识别（Nielsen 等的综述，2011）。可识别的

(a) 在IGV中显示*MECP*2基因区域的BAM文件（两个分辨率）和VCF文件

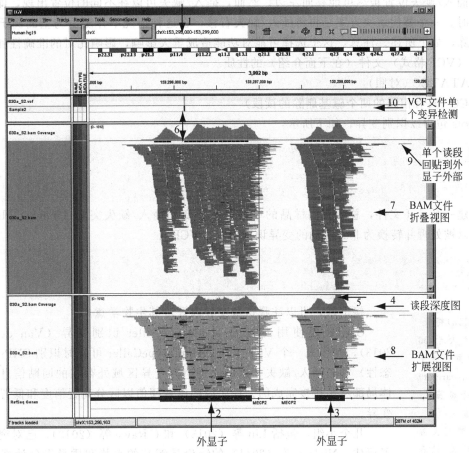

(b) 在IGV中显示碱基对分辨率变异

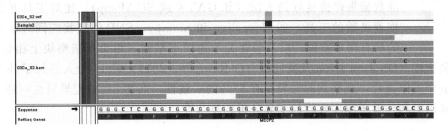

图 9.15　综合基因组学查看器（Integrative Genomics Viewer，IGV）。（a）加载数据文件后，可以查询基因组的基因座或输入基因符号（箭头 1）。这里显示了位于 X 染色体 q28 区域的 *MECP*2 基因的两个外显子，如图所示（箭头 2、3）。一个 BAM 文件被上传了 2 次。图中显示了覆盖范围（箭头 4），在该范围下包括了读段深度约为 1000 的峰值（通过在该位置上滑动可获得精确值）。一些区域具有极低的覆盖深度（例如，箭头 6 所示区域）。两次上传 BAM 文件以显示不同视图：一次为展示所有读段的折叠视图（箭头 7），另一次为需要滚动才能看到所有读段的扩展视图（箭头 8）。IGV 能够辅助一些读段的研究，例如回贴在外显子外的单个读段（箭头 9）。一个变异识别格式（VCF）文件被上传到 IGV 后（箭头 10），IGV 指示在该区域中识别到的单个突变（箭头 6）。该变异被 IGV 认为是不可信的突变，这是因为该突变所处的链存在一个缺陷（链偏差），并且突变发生在极低读段深度的位置。（b）可以放大碱基对分辨率，在更详细的视图下地评估识别变异

［图片由 Integrative Genomics Viewer（IGV）提供］

变异包括单核苷酸变异（SNV；也称为单核苷酸多态性或 SNP）和插入/缺失（indel）。注意：按照惯例，插入/缺失在各种比对器和软件（如 SAMtools 和 GATK）中尽可能左对齐排列（变异被记录在左侧），例如对两个碱基对缺失的识别：

> GGATATATCC（对照/参考）

GATK LeftAlignIndels 工具把 BAM 文件内的插入/删除突变按左对齐排列。

GG--ATATCC（具有两个碱基删除的读段）

因此，插入/缺失位置被尽可能移向左边。然而，插入/缺失可以在不同的位置出现，即使是在表示相同的单倍型时。一个替代解决方案是再将插入/缺失右移，在这种情况下伴随着与上面例子相同的核苷酸（AT）被删除，如下所述。注意：这个选择可能对功能造成重大影响，影响比对的准确性和代表变异的变异识别格式（VCF 格式）文件（在下面介绍）的性质。

GGATATATCC（对照）

GGATAT--CC（具有相同的两个碱基删除的读段）

SAMtools 包可以识别变异，如下所示：

```
$ samtools mpileup -S -f targeted101genes.fa -g
sample1_bowtie2_sorted.bam > sample1_bowtie2.bcf
$ samtools mpileup -S -f targeted101genes.fa -g
sample2_bowtie2_sorted.bam > sample2_bowtie2.bcf
```

我们创建一个 .bcf 文件，总结我们样品的单核苷酸突变和插入/缺失突变（indels）。bcf 文件是二进制格式，可以被处理并转换为非二进制的变异识别格式（VCF）。

```
$ bcftools view -bvcg sample1_bowtie2.bcf >
sample1_bowtie2raw.bcf
$ bcftools view sample1_bowtie2raw.bcf > sample1variants.vcf
```

接下来，可以注释这些变异以评价其生物学意义。

GATK 还使用内置的 HaplotypeCaller 识别变异（Van der Auwera 等，2013），并生成一个 VCF 文件。HaplotypeCaller 可同时识别 SNPs（单核苷酸多态性）和短插入/缺失，这是通过遗弃变异区域处存在的回贴信息，并执行单倍体局部从头拼接完成的。程序内部设置阈值以区分高置信度和低置信度的已识别变异。

> Alkan 等（2011a）将 indel 定义为不大于 50 个碱基对，拷贝数突变（copy number variant）定义为 >50 个碱基对。在前几年，插入，缺失和倒位通常被定义为大于 1000 碱基，但是二代测序的更高分辨率导致了该定义的修订。

几个小组，包括 Liu 等（2013）和 O'Rawe 等（2013），已对突变的查找进行了评估。Nielsen 等（2011）的结论是碱基的查找和质量得分计算应该使用被标准数据集评价良好的方法（如 GATK 或 SOAPsnp）。比对工具非常关键，他们推荐灵敏的工具，如 Novoalign 和 Stampy。SNP 的查找应同时使用来自样品中的所有样本数据，以及包含关于连锁不平衡（单个单倍型块上相邻突变的关系）

信息的方法以提高精度。Gholson Lyon 及其同事（O'Rawe 等，2013）对 15 个人进行了外显子测序，比较了突变查找的五个工作流程，观察到的变异只有 57% 的一致性，高达 5% 的变异只在一种工作流程中被找到。这突出了基因组和外显子测序实验的变异分析的复杂性。

主题 7：突变查找：结构突变

在第 8 章中，我们介绍了几种结构变异类型。二代测序数据可以被分析，以识别各种结构变异（Medvedev 等，2009；Alkan 等，2011a；Koboldt 等，2012）。图 9.16 显示了四种结构变异检测方法，包括序列拼接、配对读段分析、读段深度（即覆盖深度）分析、读段分离（其中只有一个配对的读段被回贴到参考基因组）。使用这些方法，可以评估以下六类结构变异（Alkan 等，2011a；尽管可能发生另外的复杂突变；参见 Medvedevet 等，2009）。

> BreakDancer 可从 http://gmt.genome.wustl.edu/breakdancer/current/（链接 9.43）获得。我们在第 8 章中提到了 Tandem Repeats Finder。

① 删除。末端配对读段（Paired-end reads）可用于识别缺失（以及插入），因为这样的读段有相对固定的预期距离（取决于文库插入的大小）和方向。如果两个读段比对上的位置比预期更近，这样的两个读段可能对应着删除。尽管配对末端读段方法很强大，但是将其应用到重复 DNA 的区域还是存在很大的挑战。读段深度也是鉴定删除的有用方法，因为回贴到基因组的读段的数目应该服从泊松分布并且将与拷贝数成比例。一些分析软件能够处理基因组内部读段深度的差异（例如在 GC 含量非常高或非常低的区域中深度降低）。读段深度分析的局限

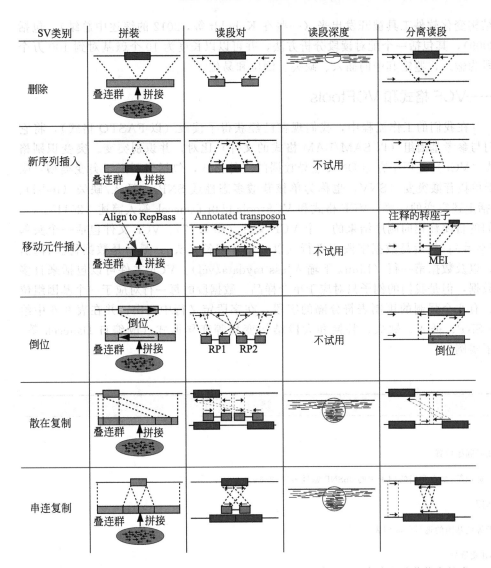

Pindel 主页是 http//gmt. genome. wustl. edu/packages/pindel/(链接 9.42)。

图 9.16 展示了四种确定结构变异体的方法（列）以及被用于鉴定的六种结构变异类型（行）。有关详细信息，请参阅说明文本。在每个图中，上面的行对应于参考基因组序列，下面的行是叠连群或支架（用于拼接）或比对的读段

红色箭头表示断点；MEI 表示移动元件插入

[资料来源：Alkan 等 (2011)，经 Macmillan Publishers Ltd. 许可转载]

性在于，其断点分辨率不如读段配对和读段分离方法精确。当两个配对读段比对上不同基因组位点时，读段的末端即发生分裂；Pindel 是一种识别分裂末端读段这种结构异常的软件（Ye 等，2009）。

② 新序列插入。分离读段分析对于新发现的序列（当一对读段相互匹配时）特别有用。配对读段分析策略的限制在于，文库的插入长度遵循某种分布，因而插入长度不完全相同。

③ 移动元件插入。配对读段分析方法可以用于检测移动元件插入，特别是当读段长度足够长时（即，比 300~400 个碱基对的典型 *Alu* 元件更长）。另外，读段分离在识别这些插入时也是有用的。

④ 倒位。当配对的读段意外回贴到同一条链上时，可以识别倒位。倒位断点处可能有复杂的变化，通常不能通过读段深度分析检测出来（尽管许多在断裂点处倒位涉及短小而复杂的重排，这些断点可通过拷贝数变化检测）。

⑤ 散在重复。在基因组区域的读段深度增加表明插入的发生。它表示绝对拷贝数增加，但不能提供关于该插入的位置信息。因此，读段深度方法可以识别散在重复，但不能区分散在重复和串联重复。

⑥ 串联重复。末端配对读段分析以及读段分离都可以识别串联重复，一些情况下需要放大断点至单碱基对分辨率水平。随着测序技术不断发展并提供更长的读段长度，这样的变异将变得更容易识别。

已经有许多用于检测结构变化软件工具被开发出来（一些在 Koboldt 等，2012 的综述中总结），包括 BreakDancer（Chen 等，2009），其包括一个配对读段分析方法，并可以以长度为 10 个碱基对到 100 万个碱基对之间甚至更多的读段为输入，鉴定其中的插入、缺失、倒位和易位。

主题 8：总结变异——VCF 格式和 VCFtools

在我们的工作流程中，我们现在已经获得了读段（以 FASTQ 格式），将它们与参考基因组（以 SAM/BAM 格式的文件）比对，并识别突变。突变识别格式（VCF）是用于存储 DNA 变异数据的文件格式，包括但不限于突变类型：限于单核苷酸突变（SNV，也称为单核苷酸多态性或 SNP）、插入/缺失（indel）、结构突变。VCF 文件还包括上述突变的注释。VCF 格式和 VCFtools 已由 Danecek 等人简述（2011）。

我们可以观察来自我们的自闭症靶向测序结果的一个 VCF 文件（图 9.17）。VCF 文件包括一个头部（每行标记有两个哈希字符 ♯♯）；然后是数据字段定义行（以一个 ♯ 字符开头）；最后是数据行。首先，我们查看数据字段定义行，以及数据第一行（Linux 下输入 less mydata.vcf）。VCF 文件可以包括来自多个样本（例如多个人）的数据，但是我们的例子只对应于单个样品。数据段的每一行对应于一个基因组位置（或区域）的一个突变。有八个强制的用制表符分隔的字段，在字段定义行中列出，并在表 9.6 中给出。VCF 格式允许表示如 SNP、插入、缺失、替换和大段结构变异等变异形式（改编自 Danecek 等，2011）。在图 9.17 中给出了实例。

表 9.6　VCF 文件的列

列	是否强制	描　　述
CHROM	是	染色体
POS	是	基于 1 的变异起始位置
ID	是	变异的唯一标识符；如在我们的例子中的 dbSNP 编号 rs1413368
REF	是	参考等位基因
ALT	是	替代非参考等位基因的逗号分隔列表
QUAL	是	Phred-scaled 质量分
FILTER	是	位点过滤信息；在我们的例子中是 PASS
INFO	是	用分号分隔的附加信息列表；包括基因标识符 GI（此处基因是 NEGR1）；转录标识符（此处是 NM_173808）和功能结果 FC（此处是同义变换，T296T）
FORMAT	否	定义后续基因型列中的信息；冒号分隔。例如，我们例子中的 GT:AD:DP:GQ:PL:VF:GQX 代表基因型（GT），参考和替代等位基因的等位基因深度排序列表（AD），近似读段深度（MQ=255 的读段或者差的配对被过滤）（DP），基因型质量（GQ），标准化，VCF 规范中定义的基因型 Phred-scaled 可能性（PL），变异频率，变异识别深度之和与总深度的比值（VF），(基因型质量假设变异位点，基因型质量假设非变异位点）的最小值（GXQ）
Sample	否	样本标识符定义了 VCF 文件中的样本

VCFtools 是一个命令行工具（基于 Unix 系统）。对于基本操作，你可以在指令中包括 --vcf ＜文件名＞或 --gzvcf ＜文件名＞以指定是否分析未压缩或 gzip 压缩的文件。VCFtools 中的一些命令需要你在压缩的 VCF 文件上操作。给定文件 mydata.vcf，我们可以使用 gzip 压缩（和使用 gunzip 解压缩）：

```
$ gzip test.vcf # this creates test.vcf.gz
```

通过使用 vcf-stats 命令，我们可以汇总一些统计信息，如每种类型的 SNP（A 变为 C，记作 A＞C；A＞G；A＞T 等）的数目，插入缺失数以及杂合和纯合突变的数目。通过调用

```
$ vcftools --gzvcf mydata.vcf.gz --depth
```

我们可以获得 VCF 中每个个体的平均覆盖深度。命令可以显示每个突变位点的读段深度、基因型数

据和转换/颠换的统计。其他 VCFtools 命令允许你合并、查询、重新排序、注释并比较 VCF 文件，如在线 VCFtools 手册中所述。在 11 号染色体 β 球蛋白区域上发生了什么突变？我们可以看到有 7 个变异位点（这些可单独列出）：

```
$ vcftools --vcf -/data/sample1.vcf --chr 11 --from-bp 5200000 --to-bp
5300000
VCFtools - v0.1.12
(C) Adam Auton and Anthony Marcketta 2009
Parameters as interpreted:
--vcf /Users/pevsner/data/sample1.vcf
--chr 11
--to-bp 5300000
--from-bp 5200000
After filtering, kept 1 out of 1 Individuals
After filtering, kept 7 out of a possible 79824 Sites
Run Time = 0.00 seconds
```

(a) VCF头
```
##fileformat=VCFv4.1
##FORMAT=<ID=AD,Number=.,Type=Integer,Description="Allelic depths...
##FORMAT=<ID=DP,Number=1,Type=Integer,Description="Approximate read depth...
##FORMAT=<ID=GQ,Number=1,Type=Float,Description="Genotype Quality">
##FORMAT=<ID=GT,Number=1,Type=String,Description="Genotype">
##FORMAT=<ID=VF,Number=1,Type=Float,Description="Variant Frequency...
##INFO=<ID=TI,Number=.,Type=String,Description="Transcript ID">
##INFO=<ID=GI,Number=.,Type=String,Description="Gene ID">
##INFO=<ID=FC,Number=.,Type=String,Description="Functional Consequence">
##INFO=<ID=AC,Number=A,Type=Integer,Description="Allele count...
##INFO=<ID=DP,Number=1,Type=Integer,Description="Approximate read depth...
##INFO=<ID=SB,Number=1,Type=Float,Description="Strand Bias">
##FILTER=<ID=R8,Description="IndelRepeatLength is greater than 8">
##FILTER=<ID=SB,Description="Strand bias (SB) is greater than than -10">
##UnifiedGenotyper="analysis_type=UnifiedGenotyper input_file=...
##contig=<ID=chr1,length=249250621>
##contig=<ID=chr10,length=135534747>
```

(b) VCF #定义行和整体的第一行
```
#CHROM POS       ID          REF    ALT     QUAL    FILTER  INFO     FORMAT  Sample7
chr1   72058552  rs1413368   G      A       7398.69 PASS
AC=2;AF=1.00;AN=2;DP=250;DS;Dels=0.00;FS=0.000;HRun=1;HaplotypeScore=3.8533;
MQ=50.89;MQ0=0;QD=29.59;SB=-4337.33;TI=NM_173808;GI=NEGR1;FC=Synonymous_
T296T     GT:AD:DP:GQ:PL:VF:GQX    1/1:0,250:250:99:7399,536,0:1.000:99
```

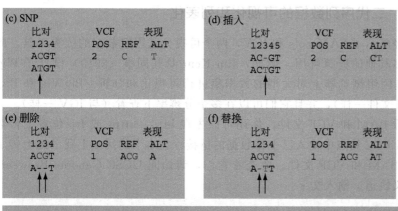

(g) 大片段结构变异
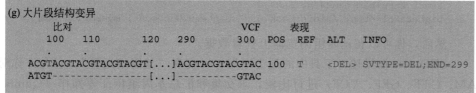

图 9.17 突变识别格式（VCF）文件的说明。这样的文件包含定义突变的位置和性质的行。除了强制字段，它们可能包括丰富的功能注解。（a）文件头部（展示了其中几行）；（b）示例包括了数据字段定义行和文件正文的一行。在 VCF 中的特定突变的实例包括：（c）单核苷酸多态性；（d）插入；（e）删除；（f）替换；（g）大片段结构突变〔摘自 Danecek 等（2011 年），已获得牛津大学出版社和 P. Danecek 的许可〕

两个个体的 VCF 文件包含的突变有什么区别？我们可以指定两个感兴趣的 VCF 文件，并将不同部分输出到名为 diffs 的文件。

```
$ vcftools --vcf ~/data/sample1.vcf --diff ~/data/sample2.vcf --out diffs
```

要在 NCBI 查看人类 VCF 文件集合的一个例子，请访问 ftp://ftp.ncbi.nih.gov/snp/organisms/human_9606/VCF/（链接 9.45）。对于人类 VCF 的说明，参见 http://www.ncbi.nlm.nih.gov/variation/docs/human_variation_vcf/（链接 9.46）。该页列出了 dbSNP、ClinVar（第 21 章中描述的临床变异资源），常见变异和其他类别的 VCF 文件。对于千人基因组计划的 VCF 查看，请访问 http://www.1000genomes.org/data（链接 9.47）。

有关创建 BigBed 文件的说明，请访问 http://genome.ucsc.edu/goldenPath/help/bigBed.html（链接 9.48）。BigWig 文件在 http://genome.ucsc.edu/goldenPath/help/bigWig.html（链接 9.49）被描述。

BEDtools 主页位于 https://github.com/arq5x/bedtools2（链接 9.51），说明文件位于 http://bedtools.readthedocs.org/en/latest/（链接 9.52）。它是由 Aaron Quinlan 设计的。

给定一个 BAM 文件，选择不同的突变识别策略可以产生非常不同的 VCF 文件。GATK 的原理包括用 HaplotypeCaller 在非常宽松的阈值识别突变，以获得非常高的灵敏度（即不遗漏突变，但可能需要付出识别出假阳性突变的代价）。接下来的一步是，GATK 对校准突变质量分数重新校准，计算出每个突变被识别的概率（涉及一个训练模型，其中突变为真阳性对突变为假阳性的对数概率比被评估）。然后它过滤原始识别结果，以达到良好的特异性和灵敏度并提高突变识别的质量。

对于训练集，在 HapMap 和千人基因组计划中出现的突变被认为可能是真实的（关于这些项目的描述，请参见第 20 章）。在 dbSNP 中的突变，其中许多未经验证，不包括在训练集中。用于改进突变识别的进一步注释包括覆盖深度、突变质量（是关于覆盖深度的函数）、存在的链偏差（其通常暗示假阳性结果）以及突变与读段末端的距离（其中假阳性在读段末端处更多）。对 SNP 和插入/缺失进行重新校准后，生成新的 VCF 文件。GATK 网站和 Van der Auwera 等（2013）提供了关于这些方法的更多细节。

查找和浏览 VCF 文件

我们可以在 ENA 网站查找 VCF 文件。例如，"1000 genomes" 的文本搜索包括链接到 VCF 文件的分析结果（例如，分析索引号 ERZ015345），可以下载或发送到 Galaxy。NCBI 在其 FTP 站点提供 VCF 文件，千人基因组计划同样提供 VCF 文件。千人基因组计划和 Ensembl 都提供数据切片器工具，允许你从特定的 HapMap 个体或群体输出 VCF（第 20 章）；它也可以限定染色体位置。如果需要进一步研究，VCF 可以下载到本地。

早些时候我们在 IGV 中查看 BAM 文件（图 9.15）。该图还包括相应的 VCF。你也可以在 UCSC Genome Browser 中查看 VCF 数据，正如上文对 BAM 文件描述的那样。

主题 9：二代序列数据的可视化和列表化

我们已经展示了 SAMtools 和 IGV，两个可视化基因组数据的优秀工具。此外，还有许多其他的资源可用。例如，Jim Kent 及其同事（2010）设计了 BigWig 和 BigBed 格式，可以在 UCSC 基因组浏览器上对大型的数据集进行可视化和分析。BigWig 和 BigBed 是压缩二进制索引文件（与 BAM 文件一样），并且它们可以在多个分辨率下查看（与 IGV 一样）。

为了查看 BAM 和 VCF 文件，你还可以先在 http、https 或 ftp 位置上传数据，然后在 UCSC 站点中输入已上传数据的链接。在本书的网站上我已经上传了完成索引的 BAM 和 VCF 文件。要查看它们，请访问 UCSC Genome Browser，并创建自定义轨道。输入文字：

```
track type=bam name="My BAM"
bigDataUrl=http://bioinfbook.org/chapter9/WebDoc9-1/mysample1.bam
```

然后，你可以在基因组浏览器上查看数据。

BEDtools 被描述为工具中的瑞士军刀，以实现"基因组运算"。它允许你对各种常见格式（BED、BAM、GTF、GFF、VCF）进行比较、求交集和汇总基因组特征等操作（Quinlan 和 Hall，2010）。BEDtools 需要输入 BED、BAM 或其他文件格式，并允许你确定信息或执行以下任务：

● 使用bedtools intersect命令，找到一组序列比对之间的共有碱基对，以及你感兴趣的如基因、重复、微小 RNA 等的特征

● 使用bedtools bamtobed命令，将 BAM 比对格式转换为 BED 格式；该命令也可以从 BED 到 BAM 的转换。

● 使用bedtools window命令，找到基因上游或下游一些距离内的所有基因、CNV 或其他感兴趣的特征。

● 使用bedtools closest命令，找到你的 BED 文件中的每个基因中最接近的 *Alu* 序列（或任何其他感兴趣的特征）。

许多文件格式在 UCSC 网站 http://genome. ucsc. edu/FAQ/FAQ-format. html （链接 9.50)上有定义。我们在第 2 章中描述了 BED 格式。

● 使用bedtools subtract命令，删除一些特征，如 BED 文件指定的内含子。

● 使用bedtools coverage命令，计算不同基因组窗口大小相应的读段深度；这个工具还可以创建一个BEDGraph，可以在 UCSC 中查看。

● 使用bedtools shuffle命令，随机地将所有发现的突变放在基因组中（具有避免将它们放置在诸如间隙或重复的位置中的选项）。

● 使用bedtools slop命令，掩盖基因组中除感兴趣的区域（例如有关自闭症的 101 个基因的外显子）外的所有区域。

要了解 BEDtools，请完成以下步骤：①下载并安装；②获取 BED 文件以供学习；③求交集；④找到最近特征；⑤合并多个文件；⑥计算基因组覆盖；⑦分析基因组窗口。对以下示例中我们将使用 BED 文件，但 BED 文件的方法和用 BAM、GTF/GFF、VCF 及其他文件分析也很相关。

① 下载并安装 BEDtools。

```
$ mkdir bedtools # Working on a Mac laptop, let's start by making a
# directory called bedtools
$ mv ~/Downloads/bedtools2-2.19.1/ ~/bedtools/ # we'll move the
# downloaded directory from Downloads
$ cd bedtools/ # navigate into the directory called bedtools
$ ls # Look inside our directory; it has the bedtools directory we just
# downloaded and copied
bedtools2-2.19.1
$ cd bedtools2-2.19.1/
$ ls # Here are the files
LICENSE README.md
bin docs genomes scripts test
Makefile RELEASE_HISTORY data genome obj src
$ make # this command compiles the software
```

我们可以使用sudo命令，以管理员的身份从当前文件夹的bin/子目录复制二进制文件到/usr/local/bin目录。这将允许我们调用 BEDtools 命令，而无需为二进制文件另安排一个目录。

```
$ sudo cp bin/* /usr/local/bin/
```

② BEDtools 可以操作多种文件类型，包括 BED、GFF、BAM 和 VCF。在这个例子里，我们将只使用从 UCSC Table Browser 获取的 BED 文件。我们要下载浏览器上的每一个 BED 文件，然后将这些 BED 文件复制到你的bedtools/data目录下。

```
$ pwd # "Print working directory" shows current location
/Users/pevsner/bedtools/bedtools2-2.19.1/data
$ cp ~/Downloads/chr11* . # We copy into the current directory
$ ls # We list files in the current directory
chr11_hg19_UCSC_codingexons.bed
chr11_hg19_RefSeqCodingExons.bed
chr11_hg19_hg38diff.bed
chr11_hg19_RepeatMasker.bed
chr11_hg19_SegmentalDups.bed
```

③ 接下来，我们使用 BEDtools intersect 功能取交集。一般格式为：

```
$ bedtools intersect -a reads.bed -b genes.bed
```

在我们的例子中，我们将寻找①与②的重叠部分，①与②分别是：①11 号染色体上所有参考序列的编码外显子；②列出 GRCh37（一种常用的人类基因组版本，有时称为 hg19）和 GRCh38（有时称为 hg38，于 2013 年 12 月发布）之间差异的文件。

```
$ bedtools intersect -a chr11_hg19_RefSeqCodingExons.bed -b
chr11_hg19_hg38diff.bed | head -5
chr11 369803 369954 NM_178537_cds_0_0_chr11_369804_f 0 +
chr11 372108 372212 NM_178537_cds_1_0_chr11_372109_f 0 +
chr11 372661 372754 NM_178537_cds_2_0_chr11_372662_f 0 +
chr11 372851 372947 NM_178537_cds_3_0_chr11_372852_f 0 +
chr11 373025 373116 NM_178537_cds_4_0_chr11_373026_f 0 +
$ bedtools intersect -a chr11_hg19_RefSeqCodingExons.bed -b
chr11_hg19_hg38diff.bed | wc -l # This shows the number of exons
# having differences
 9586
$ wc -l chr11_hg19_* # We can list the number of entries in various BED
# files
 21352 chr11_hg19_RefSeqCodingExons.bed
 239924 chr11_hg19_RepeatMasker.bed
 1933 chr11_hg19_SegmentalDups.bed
 31523 chr11_hg19_UCSC_codingexons.bed
 366 chr11_hg19_hg38diff.bed
```

UCSC Genes 比更保守的 RefSeq 包括更多的基因模型。我们已经从每个来源下载了所有编码外显子的 BED 文件。我们现在报告出现在 UCSC 中但与 RefSeq 编码外显子没有重叠的那些条目。

你可以从 http://www.ncbi.nlm.nih.gov/tools/gbench/（链接 9.53）访问 Genome Workbench。在这个例子中，我们下载了文件 NA19240. chrom11. SLX. maq. SRP000032. 2009_07. bam（一个 BAM 文件，其包含 Illumina 测序的编号为 NA19240 的志愿者的 11 号染色体的比对读段）。此 BAM 文件为 7.6GB，其关联的 BAI（BAM 索引）文件大约为 400kB。这两个文件都可以从 http://bioinfbook. org 上的在线文档 9.8 获得。它们也可以从 ftp:// ftp. 1000genomes. ebi. ac. uk/vol1/ftp/pilot_data/data/NA19240/alignment/（链接 9.54）下载。

```
$ bedtools intersect -a chr11_hg19_UCSC_codingexons.bed -b
chr11_hg19_RefSeqCodingExons.bed -v | head
chr11 130206 131373 uc009ybr.3_cds_0_0_chr11_130207_r 0 -
chr11 131466 131469 uc009ybr.3_cds_1_0_chr11_131467_r 0 -
chr11 130206 131373 uc001lnw.3_cds_0_0_chr11_130207_r 0 -
chr11 131466 131469 uc001lnw.3_cds_1_0_chr11_131467_r 0 -
chr11 130206 131087 uc001lnx.4_cds_0_0_chr11_130207_r 0 -
$ bedtools intersect -a chr11_hg19_UCSC_codingexons.bed -b
chr11_hg19_RefSeqCodingExons.bed -v | wc -l
 421
```

因此，21 号染色体有 421 个编码外显子属于 UCSC 但不属于 RefSeq。

④ 使用closest程序。对于 RefSeq 内的每个编码外显子，我们在染色体上找到与它最接近的空位。整个 BED 的空位文件看起来像：

```
chr11 0 10000
chr11 10000 60000
chr11 1162759 1212759
chr11 50783853 50833853
chr11 50833853 51040853
chr11 51040853 51090853
chr11 51594205 51644205
chr11 51644205 54644205
chr11 54644205 54694205
chr11 69089801 69139801
chr11 69724695 69774695
chr11 87688378 87738378
chr11 96287584 96437584
chr11 134946516 134996516
chr11 134996516 135006516
```

这里是最前面的条目，显示每个 RefSeq 编码外显子最接近的空位。

```
$ bedtools closest -a chr11_hg19_RefSeqCodingExons.bed -b
chr11_hg19_gaps.bed
chr11 193099 193154 NM_001097610_cds_0_0_chr11_193100_f 0 +
chr11 10000 60000 # this ends the first record
```

```
chr11 193711 193911 NM_001097610_cds_1_0_chr11_193712_f 0 +
chr11 10000 60000 # end of second record
chr11 194417 194450 NM_001097610_cds_2_0_chr11_194418_f 0 +
chr11 10000 60000
chr11 193099 193154 NM_145651_cds_0_0_chr11_193100_f 0 +
chr11 10000 60000
chr11 193711 193911 NM_145651_cds_1_0_chr11_193712_f 0 +
chr11 10000 60000
chr11 194417 194450 NM_145651_cds_2_0_chr11_194418_f 0 +
chr11 10000 60000
```

⑤ BEDtools 中的 merge 命令被广泛使用。我们的 RepeatMasker BED 文件中有许多重叠条目,可以按如下方式合并,并返回合并的条目数量。

```
$ bedtools merge -i chr11_hg19_RepeatMasker.bed -n | head
chr11 60904 61254 1
chr11 61314 61346 1
chr11 61405 61671 1
chr11 61674 61908 1
chr11 62074 62151 1
chr11 62157 62320 1
chr11 62346 62931 1
chr11 62966 64003 2
chr11 64053 64794 1
chr11 64828 67807 4
```

⑥ Genome Coverage 可以让我们提出问题,如 "11 号染色体中空位占多大的长度?" 我们使用 -g 参数指定我们正在使用的人类基因组版本 (有几个包含在 bedtools 下载版的 genomes 目录中)。

```
$ bedtools genomecov -i chr11_hg19_gaps.bed -g ../genomes/human.hg19.
genome
chr11 0 131129516 135006516 0.971283
chr11 1 3877000 135006516 0.0287171
genome 0 3133284264 3137161264 0.998764
genome 1 3877000 3137161264 0.00123583
```

答案是空位长度占染色体的 2.87%、基因组的 0.1%。Genome Coverage 输出包括五列:①染色体序号或整个基因组;②输入文件中该特征的覆盖深度,即本例中的 0 或 1;③与②中覆盖深度相等的染色体(或整个基因组)上的碱基数量;④染色体(或整个基因组)含有的碱基对总数,即对于 11 号染色体约为 135Mb,或对于整个基因组为 3137Mb;⑤深度如第②所列的碱基在染色体(或整个基因组)上的比例。

11 号染色体有多大的比例不包括 RefSeq 编码的外显子? 我们现在使用外显子的 BED 文件。答案是 98.5%,正如我们从这个命令输出的第一行看到的:

```
$ bedtools genomecov -i chr11_hg19_RefSeqCodingExons.bed -g ../genomes/
human.hg19.genome
chr11 0 133031219 135006516 0.985369
```

⑦ 使用 BEDtools 窗口,我们可以确定有多少 RefSeq 编码外显子位于 11 号染色体空位的 40000 个碱基对内。

```
$ bedtools window -a chr11_hg19_RefSeqCodingExons.bed -b
chr11_hg19_gaps.bed -w 40000 | wc -l
 16
```

答案是 16 个。我们可以看到它们中的前三个:

```
$ bedtools window -a chr11_hg19_RefSeqCodingExons.bed -b chr11_hg19_
gaps.bed -w 40000 | head -3
chr11 1244353 1244423 NM_002458_cds_0_0_chr11_1244354_f 0 +
chr11 1162759 1212759
chr11 1246910 1246967 NM_002458_cds_1_0_chr11_1246911_f 0 +
chr11 1162759 1212759
chr11 1247434 1247506 NM_002458_cds_2_0_chr11_1247435_f 0 +
chr11 1162759 1212759
```

 NCBI 的 Genome Workbench 提供了可视化二代测序数据的另一种方法。我们已在第 2 章中介绍过。你可以获取 BAM 文件及其相关的 BAM 索引文件（BAI），然后使用 File＞Open 下拉菜单将它们加载到 Genome Workbench［图 9.18（a）］（加载 BAM 文件的另一种方法是在 Project Tree 视图下单击 BAM 选项）。这将生成一个覆盖图［图 9.18（b）］，其有数百个数据轨选项。图 9.18（b）显示了包含 *HBB* 基因的两个外显子区域、相关变异的轨道、该基因的 RefSeq 序列号、转录生成的 mRNA、编码的蛋白质、显示覆盖深度的柱状图，以及匹配的读段。底端部分显示 Agilent、NimbleGen、Illumina 和千人基因组计划工作流程捕获区域的数据轨（注意它们的差异）。这个例子突出了 Genome Workbench 的丰富功能和易使用性，并（指导）如何使用任一带有索引的 BAM 文件工作，以探究和分析任何感兴趣的基因组区域。

（a）基因组工作台：BAM文件导入的项目树视图

图 9.18 NCBI 的 Ge-nome Workbench 可用于查看和分析 BAM 文件。（a）BAM 文件可以通过 File＞Open 或单击 BAM 链接（箭头 1）上传。（b）通过使用底部菜单（箭头 2）或每个轨道的右上方的（未示出）菜单可以调用大量由使用者选中的数据轨。这个 BAM 文件包括在志愿者 NA19240 中整个 11 号染色体的比对。该视图包括该区域的六个阅读框（箭头 3）、SNP（箭头 4）、临床相关变异（箭头 5）、有相关的 RefSeq 标识符的 *HBB* 基因的两个外显子（箭头 6）、读段深度的直方图（箭头 7）、压缩读段视图（箭头 8）和来自几种测序技术的外显子区域注释。还有数百条其他可用的注释轨（资料来源：Genome Workbench，NCBI）

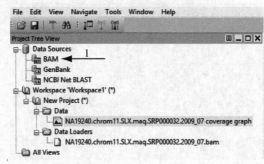

（b）基因组工作台：比对视图（在*HBB*区域）

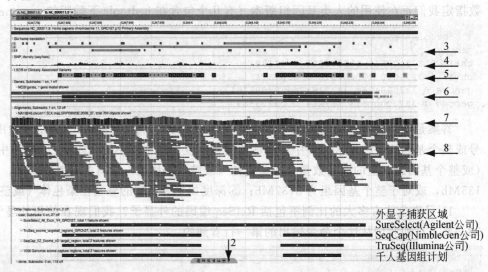

外显子捕获区域
SureSelect(Agilent公司)
SeqCap(NimbleGen公司)
TruSeq(Illumina公司)
千人基因组计划

主题 10：解释突变的生物学意义

 典型的人类基因组含有约 350 万个单核苷酸变异，60 万个插入缺失和各种其他变异。其中哪些是中性的（不影响表型），哪些是有害的（可能致病）？已经制定出几个主要的策略，它们与我们在本书第一部分所涵盖的主题密切相关：评分矩阵、成对和多重序列比对以及序列保守度。

 一种发现疾病相关变异的方法是重点关注非同义变异（改变特定氨基酸的那些），而不是同义变异（编码区中氨基酸没有特定变化的变异）。一个主要的前提是同义突变是中性的，尽管这样的变化存在潜在危害（例如，它们可以影响剪接准确性、mRNA 结构、翻译以及蛋白质折叠；Sauna 和 Kimchi-Sarfaty，2011）。根据预测，约 25%～30% 的非同义 SNP 会破坏蛋白质功能；因此，那些非同义 SNP 倾向于被纯化选择消除，因而在人群中是罕见的（Ng 和 Henikoff，2006）。主要的人类疾病数据库包括孟德尔人类遗传在线（Online Mendelian Inheritance in Man，OMIM）、专有人类基因突变数据库（Human Gene Mutation Database，HGMD）（见第 21 章）；在这些数据库中的疾病相关变异约有一半是非同义的。此外，疾病相关的氨基酸取代优先发生在进化上保守的氨基酸位点（Miller 和 Kumar，2001）。

由 Kai Wang 开发的 ANNOVAR 可以从 http://www. openbi-oinformatics. org/ann-ovar/（链接 9.55）访问。Ensembl 的 VEP 可从 http://www.en-sembl. org/Homo _ sa-piens/Tools/VEP（链接 9.56）获得，NCBI Variation Reporter 在 http://www.ncbi. nlm. nih. gov/variation/to-ols/reporte（链接 9.57）和来自 Wellcome Trust Sanger 研究所的 Exomiser 位于 http://www. sanger. ac. uk/re-sources/databases/exom-iser/（链接 9.58）。除了 VCF,这些工具有时接受 BED,GVF,HGVS(人类 基因组变异团体)或其 他格式。

我们将从介绍两个在二代测序时代之前开发的突出的软件工具开始：从可容忍突变找到不可容忍突变（Sorting tolerant from intolerant，SIFT）和多态性表型-2（Polymorphism Phenotyping-2，PolyPhen）（Flanagan 等，2010）。虽然它们仍然很受欢迎，并在生物信息学分析中发挥重要作用，但是我们可以看到比它们更新的工具在灵敏度和特异性上要好很多。

SIFT 在 2001 年首次被引入，其提供了一个网络服务器（Kumar 等，2009；Sim 等，2012）。给定一个蛋白质查询，SIFT 将对此执行 PSI-BLAST 搜索（第 5 章），建立多重序列比对，并计算每个位点上不同氨基酸出现的归一化概率。归一化概率低于阈值的位置（通常为 0.05）被预测是有害的；$\geqslant 0.05$ 的值被视为可容忍的。当在给定位置观察到仅有一个氨基酸无需替换时，SIFT 将会计算保守值，范围从 0（在某一位置观察到全部 20 个氨基酸）到 $\log_2(20)=4.32$。

PolyPhen（Ramensky 等，2002）具有类似的方法并结合结构信息，使用来自经验的规则来预测非同义变异是否可能（possibly）或概率上可能（probably）有害（注意：这是两个不同的预测类别）。PolyPhen-2 为了扩展预测方法，使用八个基于序列的预测特征和三个基于结构的特征（Adzhubei 等，2010，2013）。它报告"某个变异是有害的"的朴素贝叶斯后验概率，并报告真阳性和假阳性率。

我们可以在 Ensembl 基因组浏览器查看 SIFT 和 PolyPhen 结果。对于人类 *HBB* 基因，目前有约 6800 个已注释突变（可使用变异表查看），包括超过 700 种错义突变（图 9.19）。这突出了 Ensembl 上突变注释结果的可访问性，以及 SIFT 和 PolyPhen 给分之间经常有巨大的差异。一个研究引入了一个涉及似然比测试的第三方软件工具，发现只有 5% 的预测被三种工具共享，而 76% 的预测是其中一种工具所独有的（Chun 和 Fay，2009）。

MutationTaster 在 ht-tp://www. mutation-taster. org/（链接 9.60）上提供了一个 Web 服务器。它使用贝叶斯分类器以分配关于改变是疾病突变还是中性多态性的概率。其训练集包括来自 HGMD 的 > 390,000 个疾病突变和来自千人基因组计划的 > 680 万个中性 SNP 和插入缺失。

ID	Chr: bp	Alleles	Source	AA	AA coord ▲	SIFT	PolyPhen
rs121909815	11:5248247	A/G	dbSNP	V/A	2	0	0.119
rs121909830	11:5248247	A/C	dbSNP	V/G	2	0.01	0.007
rs33958358	11:5248248	C/T/A	dbSNP	V/L	2	0.01	0.001
rs33958358	11:5248248	C/T/A	dbSNP	V/M	2	0.01	0.271
rs35906307	11:5248245	G/A	dbSNP	H/Y	3	0.02	0.135
rs35906307	11:5248245	G/A	dbSNP	H/Y	3	0.02	0.135
rs63750720	11:5248241	A/T/G	dbSNP	L/Q	4	0	0.802
rs63750720	11:5248241	A/T/G	dbSNP	L/P	4	0	0.931
HbVar 2753	11:5248241	A/G	PhenCode	L/P	4	0	0.931
rs34126315	11:5248242	G/C/T	dbSNP	L/M	4	0.04	0.127
rs34126315	11:5248242	G/C/T	dbSNP	L/V	4	0.03	0.007
HbVar 2683	11:5248242	G/T	PhenCode	L/M	4	0.04	0.127
rs63750605	11:5248238	G/T	dbSNP	T/N	5	0	0.064
rs281864509	11:5248239	T/G	dbSNP_ClinVar	T/P	5	0	0.185
HbVar 2682	11:5248239	T/G	PhenCode	T/P	5	0	0.185
rs63750605	11:5248238	G/T	dbSNP	T/N	5	0	0.064
rs281864509	11:5248239	T/G	dbSNP_ClinVar	T/P	5	0	0.185
HbVar 2682	11:5248239	T/G	PhenCode	T/P	5	0	0.185
rs34769005	11:5248235	G/C/A	dbSNP	P/L	6	0.29	0.069
rs34769005	11:5248235	G/C/A	dbSNP	P/R	6	0.5	0.108
rs33912272	11:5248236	G/A/C	dbSNP	P/S	6	0.72	0.001
rs33912272	11:5248236	G/A/C	dbSNP	P/A	6	0.94	0
rs77121243	11:5248232	T/A/C	dbSNP	E/V	7	0.06	0.213
rs77121243	11:5248232	T/A/C	dbSNP	E/G	7	0.1	0.076

图 9.19　在 Ensembl Genome Browser 的 Variant Table（变异表）中提供 SIFT 和 PolyPhen 得分。图中显示了人 β 球蛋白（*HBB*）的部分条目。每行代表一个变异；列对应 dbSNP（或其他）标识符、变异位于的染色体和位置、参考和候选等位点、数据库来源、β 球蛋白中的氨基酸位置以及 SIFT 和 PolyPhen 预测结果。为了清晰起见，已经去除了若干行，还有一些附加信息列可以通过网站添加。注意：SIFT 与 PolyPhen 的预测缺乏一致性。如一个众所周知的致镰状细胞性贫血（见第 21 章）突变（蓝色矩形所示），其从 20 世纪 60 年代以来被称为 E6V（6 号位置的谷氨酸被缬氨酸取代），它的正确叫法为 E7V，但注意它被 SIFT 和 PolyPhen 列为中性

［来源：Ensembl Release 73，Flicek 等（2014 年）。经 Ensembl 许可转载］

　　许多软件工具接受基因组突变（通常来自 VCF 文件）并提供功能注释。ANNOVAR 是其中一个表现突出的程序包（Chang 和 Wang，2012），其包括基于基因和基于区域的注释功能。Ensembl 提供了突变效应预测器（VEP），其报告突变（例如，编码外显子、内含子）的位置和变异后果的预测。NCBI 的变异报告器也可接受 VCF 文件输入。Exomiser 则是一个使用 ANNOVAR 代码和 UCSC KnownGene 转录本定义的 Java 程序，其便利地输出包括小鼠模型的信息。每一个预测变异效应的程序包都有其在线版或命令行版可用。

　　作为一个具体的例子，我使用 NCBI 变异报告器分析了一个来自整个外显子组测序实验的 VCF 文件。共有约 80000 个突变等位片段，包括约 1100 个在已知位置上新发现的等位片段和在新的位置上发现的约 4700 个新的等位片段。共有约 1900 个变异等位片段具有临床信息（如 Online Mendelian Inheritance in Man（OMIM）或 OMIM allelic variant；参见第 21 章）。整个数据文件（约 355000 行和 30 列）可在在线文档 9.9 获得。这一类的文件在 UNIX 操作系统上最容易研究，因为 UNIX 操作系统上的工具，如 grep 命令可以用于提取感兴趣的信息。

访问 Mark Yandell 小组的 VAAST 主页，其位于 http://www.yandell-lab.org/software/vaast.html（链接 9.59）。

　　目前至少有 40 个软件包可以找出中性突变及有害突变（Tchernitchko 等，2004；Hicks 等，2011；Jaffe 等，2011；Thusberg 等，2011；Lopes 等，2012；Liu 和 Kumar，2013；Shihab 等，2013）。我们如何决定哪一个软件是最好的？与任何生物信息学软件一样，关键是评估错误率。如果该突变衍生自 OMIM 或 HGMD（可能构成一个真正的阳性结果），我们可以考察软件工具是否判断突变为有害；如果突变来自千人基因组计划，dbSNP 或源自其他正常个体（及数据库），我们可以考察程序是否可以判断突变为中性；当软件工具判断中性突变为有害突变时，会出现假阳性结果（已经注意到 dbSNP 混合有未知的中性和有害突变，甚至在千人基因组计划中被定义为身体正常的参与者，也具有一些数量的有害突变）。对于 PolyPhen-2，假阳性率为 20%（例如，每 10 个有害突变中有 2 个实际上是中性的），真阳性预测率为 92%（Adzhubeiet 等，2010）。

　　这涉及包括来自 UniProt 的 > 3100 个突变的数据集（第 2 章）的分析，注释为导致孟德尔疾病。在另一个数据集中 PolyPhen-2 具有 73% 真阳性预测率，该数据集包括所有约 13000 个 UniProt 注释为致病性突变，以及约 9000 个未注释为致病性的突变。

　　我们转向 VAAST，一个可极大提高灵敏度和特异性的软件包（Yandell 等，2011；Hu 等，2013）。开始分析需要四个文件：包含目标（病例）突变和背景（对照）突变的 VCF（或相关的 GVF 格式）；包含待评分的基因或其他特征的 GFF 格式（例如，称为 genes.gff3 的文件）；FASTA 形式的参考基因组（例如，mygenome.fasta）。使用 VAAST 有三个步骤。

　　① 突变注释工具（VAT）基于功能效果，如引入错义突变或剪接位点突变来注释突变。这些注释是被包含在输出文件中新的一列（例如，patientvariants.vat.gvf）。典型的 VAT 命令如下：

```
$ VAT -f genes.gff3 -a mygenome.fasta patientvariants.gvf >
patientvariants.vat.gvf
```

　　② 然后，以突变选择工具（VST）为目标和背景集生成"冷凝器"文件（.cdr 扩展名）。cdr 文件类似于一个 BLAST 搜索的查询。VST 可以执行操作，例如找到所有突变的并集，或在一系列 .vat.gvf 文件中的基因组突变的交集或互补。例如，我们可以产生包含存在于三个文件中的突变基因座的并集的输出结果：

```
$ VST -ops 'U(0..2)' patientvariants.vat.gvf file2.vat.gvf
file3.vat.gvf > my_vst_output.cdr
```

　　目标和背景集需要使用不同的 .vat.gvf 文件。Perl 脚本允许质量检查以确认等位片段频率在这两者之间没有显著差异。如果他们确实不同，分析可能会失效，因为许多差异是由两组的基础遗传差异引起的。

　　③ 接下来，用 VAAST 进行突变分析。例如，我们可以运行：

```
$ VAAST -mode lrt -outfile myoutput genes.gff3 background.cdr
my_vst_output.cdr
```

这里，选项--mode lrt 指定复合似然比测试。这个评分特征根据目标和背景基因组中突变的频率差异得出。零模型假设、突变的频率是在感兴趣的对照群体和病例群体（例如，患者或患者组的基因组）中相同，备择假设则认为这些频率不同。VAAST 进一步考虑核苷酸替换突变未致病的可能性（通过使用中性氨基酸置换数据，例如 BLOSUM62）；另一方面，它也通过结合来自 OMIM 的疾病相关变化的模型去评估有害氨基酸置换的可能性。

在线文档 9.10 中展示了六种方法的受试者特征曲线（ROC），表明 VAAST 的性能更好。在给定假阳性率为 5％时，VAAST 2.0（和 VAAST 1.0；Hu 等，2013）的真阳性率远远优于 MutationTaster（Schwarz 等，2010）、SIFT 和 PolyPhen-2。

因为 VAAST 使用复合似然比测试，其准确性得到提升。VAAST 能够在编码区和非编码区域中对突变评分，与 SIFT 和 PolyPhen-2（二者限于已被比对的系统发生学上保守的氨基酸区域）相比，它可以在任何编码或非编码位置对突变进行评分（SIFT 对基因组的蛋白质编码部分的 60％评分，PolyPhen-2 对其 81％评分而 VAAST 本质上对其所有进行评分）。当前版本的 VAAST 包括以 PhastCons 评分形式衡量的系统发育保守度（第 6 章），保守度对氨基酸变化是有害的或中性的进行权重评估。VAAST 的输出包括一个按最低概率值排序的突变列表。

> 在线文档 9.10 中的 ROC 曲线显示了 HG-MD 和千人基因组计划的一组常见和罕见突变的结果；对于稀有突变（具有远小于 1％ 的次要等位基因频率），ROC 曲线通过 VAAST 显示甚至更好的性能。

主题 11：将数据存储在存储库中

二代测序实验一天内可以产生长度为数千亿碱基的 DNA 序列。这可以相当于数 TB 的图像数据。对于很多测序中心，存储 PB 规模的数据已经成为日常需求。

对于存储大型数据集，主要有四种处理选项：

① 从核心设备（通常是外部驱动器）接收数据的调查员可以在本地服务器上维护数据。

② 原始数据可以存储在存储库中，与基因表达数据集通常存储在 ArrayExpress（在 EBI）或 Gene Expression Omnibus（GEO 在 NCBI）等存储库类似。National Institutes of Health introduced the Sequence Read Archive（SRA）对这个功能推出了序列读段档案库。在许多情况下，数据由研究者以排序的 BAM 文件形式（如果需要，可以转换回 FASTQ 文件）提交。在一些情况下可用 FASTQ 文件提交。其他人类突变的大规模资源包括 Cancer Genome Atlas（TCGA）、千人基因组计划、National Heart、Lung 和 Blood Institute（NHLBI）Exome Sequencing Project（ESP）以及 Exome Aggregation Consortium（ExAC）。

> TCGA 网站是 http://cancergenome.nih.gov/（链接 9.61）。NHLBI ESP 网站是 http://evs.gs.washington.edu/EVS/（链接 9.62）。位于 http://exac.broadinstiute.org/（链接 9.63）的 ExAC 浏览器目前提供来自 >63,000 个外显子的变异数据。

③ 云计算可用于提供对数据的访问。云计算指的是付费使用由公司拥有的服务器（如亚马逊或谷歌）。

④ 原始数据可以丢弃。有人认为大量数据存储在计算机服务器上的大笔费用比可能需要的保存 DNA 和重新进行测序实验的费用更昂贵。根据这个模型，处理后的数据（例如，BAM 文件）被决定是否保存。

9.4　二代测序的特定应用

存储库中的二代测序数据提供了宝贵的信息。例如，许多外显子组和靶向测序实验偶然地捕获高丰度线粒体 DNA。MitoSeek 软件（Guo 等，2013）允许你轻易地提取线粒体序列。它还报告线粒体拷贝数、异质性（在个体内存在不同的线粒体基因组）、体细胞突变和结构突变的情况。

还有许多其他方法可以从存档的 DNA 序列数据中提取有用的信息（在 Samuels 等 2013 的综述中）。一些致病真核生物有内共生菌，如专性内生杆菌 *Wolbachia*（一种 α-变形杆菌，栖息在寄生鞭毛线虫以及蜘蛛、昆虫和螨虫体内）。这些细菌内共生体通常是无法体外培养的，因此难以研究。Salzberget 等（2005）在 NCBI 数据库中搜索了果蝇基因组 DNA，发现了三个 *Wolbachia* 菌株，并将一个基因组装配到 95％。

除了 DNA 测序，二代测序的几十个新应用已经出现（Shendure 和 Lieberman Aiden，2012）。这些包括：

我们在第 20 章讨论人类线粒体基因组。MitoSeek 可以从 https://github.com/riverlee/MitoSeek（链接 9.64）获得。在第 21 章我们在线粒体疾病的背景下描述它。

- RNA 测序（RNA-seq）允许测量稳态 RNA 水平，如第 10 章和第 11 章所述。
- 染色质免疫共沉淀测序（ChIP-Seq）用于测量蛋白-DNA 相互作用（Park，2009）。与基因组 DNA 结合的蛋白质被甲醛交联。游离在外的 DNA 被剪切；随后蛋白质-DNA 复合物（例如，DNA 结合转录因子）用特异性结合目标蛋白质靶标的抗血清进行免疫沉淀。最后，基因组 DNA 片段被分离、测序，并被回贴到参考基因组。
- 微小 RNA（miRNA，在第 10 章中介绍）是长度短小的非编码 RNA，是各种通路中必需的调节因子（超过一半的人类转录组被认为由 miRNA 调节）。鉴定被 miRNAs 靶向调节的内源信使 RNA，近期的方法是与二代测序结合的紫外线交联和免疫沉淀（CLIP-seq；Chi 等，2009）。
- 真核基因组中的许多胞嘧啶残基被甲基化，特别是在 CpG 二核苷酸区域。甲基化测序（methyl-seq）已被应用来表征在全基因组的这些变化（Huss，2010；Ku 等，2011）。当用亚硫酸氢盐处理样品时，胞嘧啶残基脱氨基化为尿嘧啶。通过比较具有和没有亚硫酸氢盐处理的样品的序列，可以推断甲基化状态。存在许多相关方法，例如用甲基化敏感的限制酶处理基因组 DNA，或对其他表观遗传标记物（例如，5-羟甲基胞嘧啶）的研究（Branco 等，2011）。
- DNA 酶测序（DNase-seq）结合甲醛辅助的调节元件分离（FAIRE-seq）允许核小体缺失的基因组区域的测序，然后用于绘制染色质的调节区域（Song 等，2011）。

9.5　展望

二代测序（NGS）技术正在使生物学革新。我们现在能以前所未有的深度对遗传变异进行归类整理。现在人类疾病的研究通常包括数百个谱系，在某些情况下能有数千个。如千人基因组计划整理了横跨全球地理范围的人口变异条目。二代测序被用于测量横跨整个生命树的基因组，使得我们对无数生物学法则的理解更加深入。

在本章中，我们大致介绍了序列分析中的 11 个主题。对于那些之前从来没有执行过这些分析的读者，现在应该能够直接获取主流的数据格式（FASTQ、BAM/SAM、VCF）的文件并探索它们。特别地，在 Linux 操作系统中工作有助于这些研究的进行，尤其是对于详细分析至关重要。对于那些不熟悉 Linux 的研究者，仍然可以使用基于 Web 的工具（如 Galaxy、UCSC）或 Ensembl 和 NCBI 的资源进行研究（例如，Genome Workbench 可操作和显示 BAM 文件）。

在未来，测序速度很可能将进一步提高，因为可用基因组、外显子或靶向区域测序解决的有关生物学法则的各种问题是没有止境的。技术突破即将发生，很有可能以更低的成本实现更长的读段长度测序。这将有利于测序跨越重复 DNA 区域，提高检测结构变异的能力，并继续扩大基因组已分析的物种和个体数量。人们常说生物信息学分析是应用这项技术最大的瓶颈。尽管每年引入的数百个软件工具中还没有一个作为"最佳实践"用于数据分析，对于学生而言这个迷人的领域还有待挖掘的巨大潜力。

9.6　常见问题

二代测序技术有许多应用。比如一种研究兴趣是鉴定个体中的罕见突变，并进一步确定其中哪些会引起疾病。我们在本章概述的步骤（包括基本质量评估、序列读段与参考基因组比对、找出突变，并解释它们的意义）非常复杂，并且方法是灵活可变的。各种软件包（如比对工具）基于的假设差异巨大，这些假设关于质量评分阈值的问题，以及重复序列回贴到基因组的方式等一系列问题。参考基因组不是简单唯一的，并且当你对一个基因组（或外显子或感兴趣的目标区域）进行测序后，有很多流程可以应用于你的数据处理。如果你从相同的原始 FASTQ 数据开始处理，应用两种主流的工作流程，你获得的最终突变列表很可能将大不相同。总而言之，应仔细完善你的工作流程并对你的结果进行批判性分析。

9.7 给学生的建议

以我的经验，许多有生物学背景的研究生（或其他学生）设计的实验是基于二代测序的，无论是否涉及 DNA 测序、ChiP-seq、RNA-seq 或相关的高通量技术。在我看来，有必要咨询生物统计学家关于实验设计的一些问题。你是否有合适的样本量？你的实验设计是否包括平衡和随机化处理，以帮助减少你的实验批次带来的效应？通常，数据由核心实验室或公司生成；在某些情况下，也需要你亲自进行数据分析。一旦拿到数据，许多新接触生物信息学的生物学家更喜欢接受一个感兴趣的结果列表。我觉得对于你而言，了解整个数据分析流程至关重要。即使你还不是这些分析的专家，你通过这一章的学习也应该得到足够的知识，来了解数据被如何处理，其中做了什么假设（假设有人为你完成了主要的分析），以及如何解释结果，取得项目的主导权。这包括阅读原始文献，这些文献几乎总是包括一些标准数据集以供参照，这些基准可以解释某些工具相对于其他现有工具的性能。如果数据已经在核心实验室中，甚至是由你实验室中的其他人生成，你就拿这些原始 FASTQ 文件、BAM 文件和 VCF 文件做研究。Galaxy 提供了一个优秀的在线环境以了解二代序列分析工具，它可以是帮助你在 Linux 中命令行环境中进行工作的一块敲门砖。

如果你目前没有获取此类型的数据集，请访问 1000 Genomes 网站。在那里你可以下载所有这些各种类型的文件以及大量的文档。你需要先明确一个问题或一组问题（例如，"β 球蛋白基因组的变异程度是多少？"），然后获得处理数据的实际经验。记住：你可以去很多地方寻求帮助（参见本章的网络资源）。

9.8 网络资源

几个论坛致力于讨论与二代测序相关的问题。这些包括 Biostars（https://www.biostars.org/，链接 9.65）和 Seqanswers（http://www.seqanswers.com，链接 9.66）。在 Biostars 一定要探索各个部分，如 CHiP-seq 和 Assembly 以及各种二代测序主题的教程。对于受欢迎的资源，如 UCSC、Ensembl、NCBI 和 Galaxy，以及各种软件工具，你可以加入用户组以共享信息、问题和答案。这可以帮助你的学习情况与目前的研究进展保持一致。超过 4000 个软件工具，包括许多专用于下一代序列的分析工具，都列在 http://omictools.com（链接 9.22；Henry 等，2014）上。

讨论题

[9-1] 有人在 2013 年认为世界信息的 90％是在过去两年中积累的。假设这是正确的，特别是考虑二代测序的情况，未来几年在速率方面很可能发生什么变化？

[9-2] 什么类别的错误与测序实验相关？GATK 有什么方法处理错误？GATK 在灵敏度和特异性之间做出什么折中的选择？假设你执行了 10 个家谱的受影响个体和他们的家庭成员的外显子测序研究。如果你进行简化的序列分析工作流程而没有进行各种 GATK 校正，你认为后果是什么？

[9-3] 未来，公共存储库将有 10 万乃至 100 万人的人类基因组序列。这些资源对变异和疾病的研究会有什么影响？是否会有一个"人类敲除库"描述每个特定基因纯合缺失的患者表型？

问题/计算机上机实验

[9-1] 本练习重点在于 Mac、Windows 或 Linux 平台上的 FASTQ 文件。从存储库获取一组 FASTQ 文件。①访问 NCBI 的 Sequence Read Archive（SRA）网站（http://www.ncbi.nlm.nih.gov/sra/，链接 9.18）。②单击"Browse samples（浏览样品）"搜索查询"1000genomes"，目前有 400 多个样品。要选定一个，选择 NA19240（http://www.ncbi.nlm.nih.gov/biosample/SRS000214，链接 9.67）；③在命令行或在 Galaxy 处使用 FASTQC 检查这些 FASTQ 文件的质量统计。请注意，Galaxy 的"工具"面板包括从 Get Data ＞ "Upload file from your computer（从计算机上传文件）"上传 FASTQ 文件的选项。正如本章中提到的，你也可以从 European Nucleotide Archive（ENA）下载 FASTQ 文件。④使用 Bowtie 或 BWA 将 FASTQ 文件与参考基因组比对。

[9-2] 使用 IGV 分析 BAM 文件。以较低的分辨率浏览查看染色体（例如，β 球蛋白区域），然后放大到单碱基对分辨率。探索给读段标记不同颜色的选项。选择列表的任何五个基因标志，将其作为自定义

列表上传以同时查看这五个区域的读段。

[9-3] 相对于 *HLA* 基因座，*HBB* 基因中突变的频率是多少？在 chr6：29570005～33377699（从 *GABBR1* 到 *KIFC1*）和 chr11：5240001～5300000（包括 *HBB*）位置考虑使用 UCSC Genome/Table Browser（基因组/列表浏览器）GRCh37 版。对于更多关于 MHC 单倍型项目的信息请访问 http://www.ucl.ac.uk/cancer/medical-genomics/mhc（链接 9.68）。

[9-4] 我们列举了一系列有关 BEDtools 的例子。获取你自己的 BED 文件（例如，从 UCSC Table Browser）并进一步探索 Bedtools 中的工具。BEDtools 网站也提供关于创造性探索基因组的许多其他建议。

[9-5] 使用 SIFT 和 PolyPhen-2 进行变异注释（你也可以使用 VAAST；尽管因为许可限制，VAAST 不可作为公共工具使用，但供学术使用的 VAAST 许可是免费提供的）。选择已知在 *HBB* 基因中发生的突变，或选择另一个感兴趣的基因。在可公开获得的个人基因组序列中，哪一个人具有预测为有害的 *HBB* 突变？一种方法是使用 UCSC 基因组浏览器访问感兴趣区域，选择 Variant Annotation Integrator。这提供来自 SIFT、PolyPhen-2、Mutation Taster、GERP 和其他资源的数据。

[9-6] 探索 Ensembl 的注释资源。在 Linux 系统下，使用 Variant Effect Predictor（突变效应预测器）来预测突变的后果。利用 Data Slicer（数据切片器），从不同个人和/或种族人口创建 VCF 文件。

自测题

[9-1] 焦磷酸测序的一个显著的局限性在于

(a) 其读段长度往往较短；

(b) 其均聚物的错误率较高；

(c) 其嘧啶错误率可能较高；

(d) 完成运行需要极长的时间

[9-2] 大多数测序技术以什么格式产生原始数据？

(a) FASTA；

(b) FASTG；

(c) FASTQ；

(d) FASTX

[9-3] FASTQ 文件包括以下的质量信息内容

(a) 每次运行；

(b) 每个阅读组；

(c) 每个碱基；

(d) 每个比对

[9-4] 随着基因组组装方式的改进

(a) 拼接生成的脚手架发生翻转；

(b) FASTQ 碱基质量分数增加；

(c) 叠连群 N50 减小；

(d) 叠连群 N50 增大

[9-5] 如果它们（　　），两个重复序列可以更精确地比对到基因组上

(a) 互为倒置；

(b) 有点类似；

(c) 极为相似；

(d) 富含 GC

[9-6] SAM/BAM 文件存储

(a) FASTA 记录；

(b) 序列比对结果；

(c) 序列拼接；

（d） VCF 数据

[9-7] BEDtools 被设计用于

（a）"基因组算法"，例如比较两个基因组区域；

（b）寻找变异；

（c）对突变排序；

（d）回贴序列到参考基因组

[9-8] IGV

（a）找出单核苷酸突变和插入缺失；

（b）查看 SAM 文件，但不查看 VCF；

（c）查看 BAM 文件和 VCF 文件；

（d）查看 FASTQ 文件和 BCF 文件

[9-9] 一个 VCF 文件

（a）仅储存单核苷酸突变（SNV）；

（b）存储 SNV 和插入/删除（indels）；

（c）储存 SNV，indels 和结构突变（SV）；

（d）存储 SNV，indels，SV 和倒置链单态性

推荐读物

Lincoln Stein（2011）简要概述了二代测序工作流程，而 Paul Flicek 和 Ewan Birney（2009）为比对和组装给出了一个精彩的评价。Koboldt 等人（2010）描述了人类基因组的二代测序，包括质量评估和出现问题时的情况。Pabinger 等人（2014）在质量评估、比对、突变的识别、突变注释和可视化方面考查了 205 个工具。

参 考 文 献

Adzhubei, I.A., Schmidt, S., Peshkin, L. *et al.* 2010. A method and server for predicting damaging missense mutations. *Nature Methods* **7**(4), 248–249. PMID: 20354512.

Adzhubei, I., Jordan, D.M., Sunyaev, S.R. 2013. Predicting functional effect of human missense mutations using PolyPhen-2. *Current Protocols in Human Genetics* **Chapter 7**, Unit 7.20. PMID: 23315928.

Alkan, C., Coe, B.P., Eichler, E.E. 2011a. Genome structural variation discovery and genotyping. *Nature Reviews Genetics* **12**(5), 363–376. PMID: 21358748.

Alkan, C., Sajjadian, S., Eichler, E.E. 2011b. Limitations of next-generation genome sequence assembly. *Nature Methods* **8**(1), 61–65. PMID: 21102452.

Bentley, D.R., Balasubramanian, S., Swerdlow, H.P. *et al.* 2008. Accurate whole human genome sequencing using reversible terminator chemistry. *Nature* **456**(7218), 53–59. PMID: 18987734.

Bradnam, K.R., Fass, J.N., Alexandrov, A. *et al.* 2013. Assemblathon 2: evaluating de novo methods of genome assembly in three vertebrate species. *Gigascience* **2**(1), 10. PMID: 23870653.

Branco, M.R., Ficz, G., Reik, W. 2011. Uncovering the role of 5-hydroxymethylcytosine in the epigenome. *Nature Reviews Genetics* **13**(1), 7–13. PMID: 22083101.

Carpenter, W.B. 1876. *Principles of Human Physiology*. Henry C. Lea, Philadelphia.

Chang, X., Wang, K. 2012. wANNOVAR: annotating genetic variants for personal genomes via the web. *Journal of Medical Genetics* **49**(7), 433–436. PMID: 22717648.

Chen, K., Wallis, J.W., McLellan, M.D. *et al.* 2009. BreakDancer: an algorithm for high-resolution mapping of genomic structural variation. *Nature Methods* **6**(9), 677–681. PMID: 19668202.

Chi, S.W., Zang, J.B., Mele, A., Darnell, R.B. 2009. Argonaute HITS-CLIP decodes microRNA-mRNA interaction maps. *Nature* **460**(7254), 479–486. PMID: 19536157.

Chun, S., Fay, J.C. 2009. Identification of deleterious mutations within three human genomes. *Genome Research* **19**(9), 1553–1561. PMID: 19602639.

Clark, M.J., Chen, R., Lam, H.Y. *et al.* 2011. Performance comparison of exome DNA sequencing technologies. *Nature Biotechnology* **29**(10), 908–914. PMID: 21947028.

Cock, P.J., Fields, C.J., Goto, N., Heuer, M.L., Rice, P.M. 2010. The Sanger FASTQ file format for sequences with quality scores, and the Solexa/Illumina FASTQ variants. *Nucleic Acids Research* **38**(6), 1767–1771. PMID: 20015970.

Danecek, P., Auton, A., Abecasis, G. *et al.* 2011. The variant call format and VCFtools. *Bioinformatics* **27**(15), 2156–2158. PMID: 21653522.

DePristo, M.A., Banks, E., Poplin, R. *et al.* 2011. A framework for variation discovery and genotyping using next-generation DNA sequencing data. *Nature Genetics* **43**(5), 491–498. PMID: 21478889.

Drmanac, R., Sparks, A.B., Callow, M.J. *et al.* 2010. Human genome sequencing using unchained base reads on self-assembling DNA nanoarrays. *Science* **327**(5961), 78–81. PMID: 19892942.

Edwards, R.A., Rodriguez-Brito, B., Wegley, L. *et al.* 2006. Using pyrosequencing to shed light on deep mine microbial ecology. *BMC Genomics* **7**, 57. PMID: 16549033.

Eid, J., Fehr, A., Gray, J. *et al.* 2009. Real-time DNA sequencing from single polymerase molecules. *Science* **323**(5910), 133–138. PMID: 19023044.

Flanagan, S.E., Patch, A.M., Ellard, S. 2010. Using SIFT and PolyPhen to predict loss-of-function and gain-of-function mutations. *Genetic Testing and Molecular Biomarkers* **14**(4), 533–537. PMID: 20642364.

Flicek, P., Birney, E. 2009. Sense from sequence reads: methods for alignment and assembly. *Nature Methods* **6**(11 Suppl), S6–S12. PMID: 19844229.

Flicek, P., Amode, M.R., Barrell, D. *et al.* 2014. Ensembl 2014. *Nucleic Acids Research* **42**(1), D749–755. PMID: 24316576.

Gnerre, S., Maccallum, I., Przybylski, D. *et al.* 2011. High-quality draft assemblies of mammalian genomes from massively parallel sequence data. *Proceedings of the National Academy of Science, USA* **108**(4), 1513–1518. PMID: 21187386.

Guo, Y., Li, J., Li, C.I., Shyr, Y., Samuels, D.C. 2013. MitoSeek: extracting mitochondria information and performing high-throughput mitochondria sequencing analysis. *Bioinformatics* **29**(9), 1210–1211. PMID: 23471301.

Henry, V.J., Bandrowski, A.E., Pepin, A.S., Gonzalez, B.J., Desfeux, A. 2014. OMICtools: an informative directory for multi-omic data analysis. *Database (Oxford)* **2014**, pii: bau069. PMID: 25024350.

Henson, J., Tischler, G., Ning, Z. 2012. Next-generation sequencing and large genome assemblies. *Pharmacogenomics* **13**(8), 901–915. PMID: 22676195.

Hicks, S., Wheeler, D.A., Plon, S.E., Kimmel, M. 2011. Prediction of missense mutation functionality depends on both the algorithm and sequence alignment employed. *Human Mutations* **32**(6), 661–668. PMID: 21480434.

Holley, R.W., Apgar, J., Everett, G.A. *et al.* 1965. Structure of a ribonucleic acid. *Science* **147**(3664), 1462–1465. PMID: 14263761.

Hoppe-Seyler, F. 1877. *Traité d'Analyse Chimique Appliqué à la Physiologie et à la Pathologie*. Librairie F. Savy, Paris.

Hsi-Yang Fritz, M., Leinonen, R., Cochrane, G., Birney, E. 2011. Efficient storage of high throughput DNA sequencing data using reference-based compression. *Genome Research* **21**(5), 734–740. PMID: 21245279.

Hu, H., Huff, C.D., Moore, B. *et al.* 2013. VAAST 2.0: improved variant classification and disease-gene identification using a conservation-controlled amino acid substitution matrix. *Genetic Epidemiology* **37**(6), 622–634. PMID: 23836555.

Huse, S.M., Huber, J.A., Morrison, H.G., Sogin, M.L., Welch, D.M. 2007. Accuracy and quality of massively parallel DNA pyrosequencing. *Genome Biology* **8**(7), R143. PMID: 17659080.

Huss, M. 2010. Introduction into the analysis of high-throughput-sequencing based epigenome data. *Briefings in Bioinformatics* **11**(5), 512–523. PMID: 20457755.

Hyman, E.D. 1988. A new method of sequencing DNA. *Analytical Biochemistry* **174**(2), 423–436. PMID: 2853582.

Jaffe, A., Wojcik, G., Chu, A. *et al.* 2011. Identification of functional genetic variation in exome sequence analysis. *BMC Proceedings 5*, Supplement 9, S13. PMID: 22373437.

Kent, W.J., Zweig, A.S., Barber, G., Hinrichs, A.S., Karolchik, D. 2010. BigWig and BigBed: enabling browsing of large distributed datasets. *Bioinformatics* **26**(17), 2204–2207. PMID: 20639541.

Koboldt, D.C., Ding, L., Mardis, E.R., Wilson, R.K. 2010. Challenges of sequencing human genomes. *Briefings in Bioinformatics* **11**(5), 484–498. PMID: 20519329.

Koboldt, D.C., Larson, D.E., Chen, K., Ding, L., Wilson, R.K. 2012. Massively parallel sequencing approaches for characterization of structural variation. *Methods in Molecular Biology* **838**, 369–384. PMID: 22228022.

Koren, S., Treangen, T.J., Pop, M. 2011. Bambus 2: scaffolding metagenomes. *Bioinformatics* **27**(21), 2964–2971. PMID: 21926123.

Koren, S., Harhay, G.P., Smith, T.P. *et al.* 2013. Reducing assembly complexity of microbial genomes with single-molecule sequencing. *Genome Biology* **14**(9), R101. PMID: 24034426.

Ku, C.S., Naidoo, N., Wu, M., Soong, R. 2011. Studying the epigenome using next generation sequencing. *Journal of Medical Genetics* **48**(11), 721–730. PMID: 21825079.

Kumar, P., Henikoff, S., Ng, P.C. 2009. Predicting the effects of coding non-synonymous variants on protein function using the SIFT algorithm. *Nature Protocols* **4**(7), 1073–1081. PMID: 19561590.

Lander, E.S., Waterman, M.S. 1988. Genomic mapping by fingerprinting random clones: a mathematical analysis. *Genomics* **2**(3), 231–239. PMID: 3294162.

Lander, E.S., Linton, L.M., Birren, B. *et al.* 2001. Initial sequencing and analysis of the human genome. *Nature* **409**(6822), 860–921. PMID: 11237011.

Langmead, B., Salzberg, S.L. 2012. Fast gapped-read alignment with Bowtie 2. *Nature Methods* **9**(4), 357–359. PMID: 22388286.

Ledergerber, C., Dessimoz, C. 2011. Base-calling for next-generation sequencing platforms. *Briefings in Bioinformatics* **12**(5), 489–497. PMID: 21245079.

Levy, S., Sutton, G., Ng, P.C. *et al.* 2007. The diploid genome sequence of an individual human. *PLoS Biology* **5**, e254. PMID: 17803354.

Li, H., Durbin, R. 2009. Fast and accurate short read alignment with Burrows-Wheeler transform. *Bioinformatics* **25**(14), 1754–1760. PMID: 19451168.

Li, H., Durbin, R. 2010. Fast and accurate long-read alignment with Burrows-Wheeler transform. *Bioinformatics* **26**(5), 589–595. PMID: 20080505.

Li, H., Ruan, J., Durbin, R. 2008. Mapping short DNA sequencing reads and calling variants using mapping quality scores. *Genome Research* **18**(11), 1851–1858. PMID: 18714091.

Li, H., Handsaker, B., Wysoker, A. *et al.* 2009. The Sequence alignment/map (SAM) format and SAMtools. *Bioinformatics* **25**, 2078–2079. PMID: 19505943.

Li, R., Fan, W., Tian, G. *et al.* 2010. The sequence and de novo assembly of the giant panda genome. *Nature* **463**(7279), 311–317. PMID: 20010809.

Li, Z., Chen, Y., Mu, D. *et al.* 2012. Comparison of the two major classes of assembly algorithms: overlap-layout-consensus and de-bruijn-graph. *Briefings in Functional Genomics* **11**(1), 25–37. PMID: 22184334 .

Liu, L., Kumar, S. 2013. Evolutionary balancing is critical for correctly forecasting disease-associated amino acid variants. *Molecular Biology and Evolution* **30**(6), 1252–1257. PMID: 23462317.

Liu, X., Han, S., Wang, Z., Gelernter, J., Yang, B.Z. 2013. Variant Callers for Next-Generation Sequencing Data: A Comparison Study. *PLoS One* **8**(9), e75619. PMID: 24086590 .

Lopes, M.C., Joyce, C., Ritchie, G.R. *et al.* 2012. A combined functional annotation score for non-synonymous variants. *Human Heredity* **73**(1), 47–51. PMID: 22261837.

Luo, R., Liu, B., Xie, Y. *et al.* 2012. SOAPdenovo2: an empirically improved memory-efficient short-read de novo assembler. *Gigascience* **1**(1), 18. PMID: 23587118.

Margulies, M., Egholm, M., Altman, W.E. *et al.* 2005. Genome sequencing in microfabricated high-density picolitre reactors. *Nature* **437**(7057), 376–380. PMID: 16056220.

McKenna, A., Hanna, M., Banks, E. *et al.* 2010. The Genome Analysis Toolkit: a MapReduce framework for analyzing next-generation DNA sequencing data. *Genome Research* **20**(9), 1297–1303. PMID: 20644199.

Medvedev, P., Stanciu, M., Brudno, M. 2009. Computational methods for discovering structural variation with next-generation sequencing. *Nature Methods* **6**(11 Suppl), S13–20. PMID: 19844226.

Metzker, M.L. 2005. Emerging technologies in DNA sequencing. *Genome Research* **15**, 1767–1776. PMID: 16339375.

Miller, J.R., Delcher, A.L., Koren, S. *et al.* 2008. Aggressive assembly of pyrosequencing reads with mates. *Bioinformatics* **24**(24), 2818–2824. PMID: 18952627.

Miller, J.R., Koren, S., Sutton, G. 2010. Assembly algorithms for next-generation sequencing data. *Genomics* **95**(6), 315–327. PMID: 20211242.

Miller, M.P., Kumar, S. 2001. Understanding human disease mutations through the use of interspecific genetic variation. *Human Molecular Genetics* **10**(21), 2319–2328. PMID: 11689479.

Mouse Genome Sequencing Consortium, Waterston, R.H., Lindblad-Toh, K. *et al.* 2002. Initial sequencing and comparative analysis of the mouse genome. *Nature* **420**(6915), 520–562. PMID: 12466850.

Nagarajan, N., Pop, M. 2013. Sequence assembly demystified. *Nature Reviews Genetics* **14**(3), 157–167. PMID: 23358380.

Ng, P.C., Henikoff, S. 2006. Predicting the effects of amino acid substitutions on protein function. *Annual Review of Genomics and Human Genetics* **7**, 61–80. PMID: 16824020.

Nielsen, R., Paul, J.S., Albrechtsen, A., Song, Y.S. 2011. Genotype and SNP calling from next-generation sequencing data. *Nature Reviews Genetics* **12**(6), 443–451. PMID: 21587300.

O'Rawe, J., Jiang, T., Sun, G. *et al.* 2013. Low concordance of multiple variant-calling pipelines: practical implications for exome and genome sequencing. *Genome Medicine* **5**(3), 28. PMID: 23537139.

Pabinger, S., Dander, A., Fischer, M. *et al.* 2014. A survey of tools for variant analysis of next-generation genome sequencing data. *Briefings in Bioinformatics* **15**(2), 256–278. PMID: 23341494.

Park, P.J. 2009. ChIP-seq: advantages and challenges of a maturing technology. *Nature Reviews Genetics* **10**, 669–680. PMID: 19736561.

Paszkiewicz, K., Studholme, D.J. 2010. De novo assembly of short sequence reads. *Briefings in Bioinformatics* **11**(5), 457–472. PMID: 20724458.

Peters, B.A., Kermani, B.G., Sparks, A.B. *et al.* 2012. Accurate whole-genome sequencing and haplotyping from 10 to 20 human cells. *Nature* **487**(7406), 190–195. PMID: 22785314.

Pevzner, P.A., Tang, H., Waterman, M.S. 2001. An Eulerian path approach to DNA fragment assembly. *Proceedings of National Academy of Science, USA* **98**(17), 9748–9753. PMID: 11504945.

Quinlan, A.R., Hall, I.M. 2010. BEDTools: a flexible suite of utilities for comparing genomic features. *Bioinformatics* **26**(6), 841–842. PMID: 20110278.

Ramensky, V., Bork, P., Sunyaev, S. 2002. Human non-synonymous SNPs: server and survey. *Nucleic Acids Research* **30**(17), 3894–3900. PMID: 12202775.

Robinson, J.T., Thorvaldsdóttir, H., Winckler, W. *et al.* 2011. Integrative genomics viewer. *Nature Biotechnology* **29**(1), 24–26. PMID: 21221095.

Rothberg, J.M., Leamon, J.H. 2008. The development and impact of 454 sequencing. *Nature Biotechnology* **26**(10), 1117–1124. PMID: 18846085.

Rothberg, J.M., Hinz, W., Rearick, T.M. *et al.* 2011. An integrated semiconductor device enabling non-optical genome sequencing. *Nature* **475**(7356), 348–352. PMID: 21776081.

Salzberg, S.L., Dunning Hotopp, J.C., Delcher, A.L. *et al.* 2005. Serendipitous discovery of Wolbachia genomes in multiple *Drosophila* species. *Genome Biology* **6**(3), R23. PMID: 15774024.

Salzberg, S.L., Phillippy, A.M., Zimin, A. *et al.* 2012. GAGE: A critical evaluation of genome assemblies and assembly algorithms. *Genome Research* **22**(3), 557–567. PMID: 22147368.

Samuels, D.C., Han, L., Li, J. *et al.* 2013. Finding the lost treasures in exome sequencing data. *Trends in Genetics* **29**(10), 593–599. PMID: 23972387.

Sanger, F., Nicklen, S., Coulson, A.R. 1977. DNA sequencing with chain-terminating inhibitors. *Proceedings of the National Academy of Science, USA* **74**, 5463–5467. PMID: 271968.

Sauna, Z.E., Kimchi-Sarfaty, C. 2011. Understanding the contribution of synonymous mutations to human disease. *Nature Reviews Genetics* **12**(10), 683–691. PMID: 21878961.

Schwarz, J.M., Rödelsperger, C., Schuelke, M., Seelow, D. 2010. MutationTaster evaluates disease-causing potential of sequence alterations. *Nature Methods* **7**(8), 575–576. PMID: 20676075.

Shendure, J., Lieberman Aiden, E. 2012. The expanding scope of DNA sequencing. *Nature Biotechnology* **30**(11), 1084–1094. PMID: 23138308.

Shihab, H.A., Gough, J., Cooper, D.N. *et al.* 2013. Predicting the functional, molecular, and phenotypic consequences of amino acid substitutions using hidden Markov models. *Human Mutations* **34**(1), 57–65. PMID: 23033316.

Shirley, M.D., Tang, H., Gallione, C.J. *et al.* 2013. Sturge-Weber syndrome and port-wine stains caused by somatic mutation in *GNAQ*. *New England Journal of Medicine* **368**(21), 1971–1979. PMID: 23656586.

Sim, N.L., Kumar, P., Hu, J. *et al.* 2012. SIFT web server: predicting effects of amino acid substitutions on proteins. *Nucleic Acids Research* **40**(Web Server issue), W452–457. PMID: 22689647.

Simpson, J.T., Durbin, R. 2012. Efficient de novo assembly of large genomes using compressed data structures. *Genome Research* **22**(3), 549–556. PMID: 22156294.

Simpson, J.T., Wong, K., Jackman, S.D. *et al.* 2009. ABySS: a parallel assembler for short read sequence data. *Genome Research* **19**(6), 1117–1123. PMID: 19251739.

Song, L., Zhang, Z., Grasfeder, L.L. *et al.* 2011. Open chromatin defined by DNaseI and FAIRE identifies regulatory elements that shape cell-type identity. *Genome Research* **21**(10), 1757–1767. PMID: 21750106.

Stein, L.D. 2011. An introduction to the informatics of "next-generation" sequencing. *Current Protocols in Bioinformatics* **Chapter 11**, Unit 11.1. PMID: 22161566.

Tchernitchko, D., Goossens, M., Wajcman, H. 2004. In silico prediction of the deleterious effect of a mutation: proceed with caution in clinical genetics. *Clinical Chemistry* **50**(11), 1974–1978. PMID: 15502081.

Thorvaldsdóttir, H., Robinson, J.T., Mesirov, J.P. 2012. Integrative Genomics Viewer (IGV): high-performance genomics data visualization and exploration. *Briefings in Bioinformatics* **14**(2), 178–192. PMID: 2251747.

Thusberg, J., Olatubosun, A., Vihinen, M. 2011. Performance of mutation pathogenicity prediction methods on missense variants. *Human Mutations* **32**(4), 358–368. PMID: 21412949.

Treangen, T.J., Salzberg, S.L. 2011. Repetitive DNA and next-generation sequencing: computational challenges and solutions. *Nature Reviews Genetics* **13**(1), 36–46. PMID: 22124482.

Van der Auwera, G.A., Carneiro, M.O., Hartl, C. *et al.* 2013. From FastQ data to high-confidence variant calls: the Genome Analysis Toolkit best practices pipeline. *Current Protocols in Bioinformatics* **11**, 11.10.1–11.10.33.

Vaughan, V.C., Novy, F.G. 1891. *Ptomaines, Leucomaines, and Bacterial Proteids; Or, The Chemical Factors in the Causation of Disease.* Lea Brothers & Co., Philadelphia.

Whiteford, N., Skelly, T., Curtis, C. *et al.* 2009. Swift: primary data analysis for the Illumina Solexa sequencing platform. *Bioinformatics* **25**(17), 2194–2199. PMID: 19549630.

Wu, R. 1970. Nucleotide sequence analysis of DNA. I. Partial sequence of the cohesive ends of bacteriophage lambda and 186 DNA. *Journal of Molecular Biology* **51**, 501–521. PMID: 4321727.

Wu, R., Taylor, E. 1971. Nucleotide sequence analysis of DNA. II. Complete nucleotide sequence of the cohesive ends of bacteriophage lambda DNA. *Journal of Molecular Biology* **57**, 491–511. PMID: 4931680.

Yandell, M., Huff, C., Hu, H. *et al.* 2011. A probabilistic disease-gene finder for personal genomes. *Genome Research* **21**(9), 1529–1542. PMID: 21700766.

Ye, K., Schulz, M.H., Long, Q., Apweiler, R., Ning, Z. 2009. Pindel: a pattern growth approach to detect break points of large deletions and medium sized insertions from paired-end short reads. *Bioinformatics* **25**(21), 2865–2871. PMID: 19561018.

Zerbino, D.R., Birney, E. 2008. Velvet: algorithms for de novo short read assembly using de Bruijn graphs. *Genome Research* **18**(5), 821–829. PMID: 18349386.

## 第 10 章

处理核糖核酸（RNA）的生物信息学工具

当进化学家处理分子序列的时候，他们感到（从各种繁琐的数据中）解放出来，他不再局限于更高形式的世界。从分子数据的优点出发，她现在凝视着寒武纪"墙"，这堵墙阻碍了他从时空角度看待这一问题。现在他可以看到整个地球 40 亿年的进化史。由于生理和分子呈现的系统发育意义，以前对于进化意义的单一视角现在变得丰富多彩了。行星演化和栖息在其上的生物进化之间相互作用，这种长期有趣的作用使得生物学和地质学之间本就静态和相对微弱的古生物联系变得更加微弱了。通过一种分子——核糖体RNA（rRNA）的序列特征，我们的进化知识迅速扩充，并且带来很多其他的改变。

——Gary Olsen 和 Carl Woese（1993），第 113 页

 学习目标

通过本章的学习，你应该能够：

- 描述编码和非编码 RNA 的主要类型；
- 比较和对照用于检测稳定状态下 RNA 水平的技术；
- 比较和对照用于检测 mRNA 水平的微阵列技术和 RNA-seq 技术。

10.1 引言

"基因"这词语首次由 Johannsen 于 1909 年提出，它是指决定生物如何遗传的本质。由 Beadle 和 Tatum（1941）对于脉孢真菌（*Neurospora*）的经典研究表明，基因以 1：1 的比例指导酶的合成。同样早在 1944 年，Oswald T. Avery 就表示脱氧核糖核酸（DNA）是遗传物质。Avery 等（1944）发现，高致病性细菌的菌株能够将低致病性细菌转化成高致病性。Frederick Griffith、Avery、McLeod、McCarthy、Hotchkiss 和 Hershey 进一步做了细菌的转化的实验，证明 DNA 是遗传物质。

James Watson 和 Francis Crick（1953）于 1953 年提出了天然 DNA 双螺旋结构（图 10.1）。不久之后，Crick 于 1958 年定制出分子生物学的中心法则，即 DNA 转录为 RNA，然后 RNA 翻译成蛋白质。Crick（1958）这样描述中心法则：

"信息"一旦被传递到蛋白质，该状态就不能再出去。更详细地说，信息的传递可能从核酸到核酸，也可能从核酸到蛋白质，但不可能从蛋白质到蛋白质，也不可能从蛋白质到核酸。这里的信息是指精准确定的序列，既可以是核酸的碱基，也可以是蛋白质的氨基酸残基。

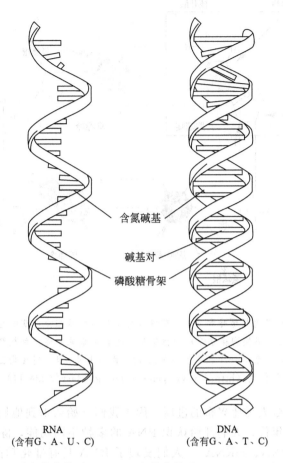

含氮碱基

碱基对

磷酸糖骨架

RNA
(含有G、A、U、C)

DNA
(含有G、A、T、C)

图 10.1 脱氧核糖核酸（DNA）和核糖核酸（RNA）。DNA 通常是双螺旋构象，RNA 倾向是单链。如在本章中所描述，一个值得注意的例外是众多非编码 RNA 的双链碱基配对会形成茎环结构
［改编自美国国家人类基因组研究所（http://www.genome.gov/glossary/）］

你可以通过阅读关于他们的诺贝尔奖（成果）来了解关于核糖核酸的最初发现。Albrecht Kossel 由于描述核糖核酸的特征而在 1910 年获得诺贝尔奖（http://nobelprize.org/nobel _ prizes/medicine/laureates/1910/，链接 10.1）。Beadle 和 Tatum 因为他们的"一个基因一个酶"假说而在 1958 年获得诺贝尔奖（见 http://nobelprize. org/nobel _ prizes/medicine/laureates/1958/，链接 10.2）。Severo Ochoa 和 Arthur Kornberg 由于发现了 RNA 和 DNA 的生物合成机理而共享了 1959 年的诺贝尔奖（http://nobelprize. org/nobel prizes/medicine/laureates /1959/，链接 10.3）。虽然 Oswald 是第一个指出 DNA 是遗传物质，但是他并没有获得诺贝尔奖。

在这篇文章，Crick 进一步假设了存在一种转接分子，它可以将信息从 RNA 的密码子形式转变成蛋白质的氨基酸，不久之后，转运 RNA（tRNA）被证明确实存在。

20 世纪 60 年代，人们揭秘了遗传密码子（如 Nirenberg，1965），表明了信使 RNA 密码子和氨基酸之间的特异性。这完成了遗传信息从 DNA 到 RNA 再到蛋白质传递的详细模型。然而，即使在 20 世纪 50 年代，该模型还因为 RNA 的性质受到质疑。为什么杂交实验显示只有一小部分 RNA 和基因的 DNA 互补？RNA 可从 DNA 和蛋白质中纯化出来，在沉降系数为 23S、16S、4S 的密度梯度中显示出离散的条带。23S 和 16S RNA 发现定位在核糖体，并且在细菌的 RNA 中占 85%，转运 RNA 约占 15%。令人惊奇的是，mRNA 只占总 RNA 的一小部分（1%～4%）。

1962 年，Francis Crick，James Watson 和 Maurice Wilkins 因对 DNA 的分子结构以及其对生物信息传递的重要性发现，而共同荣获了诺贝尔生理学或医学奖。见 http://nobelprize. org/nobel _ prizes/medicine/laureates /1962/（链接 10.4）。

DNA 由 4 种核苷酸构成，即腺嘌呤、鸟嘌呤、胞嘧啶、胸腺嘧啶（A、G、C、T）。它能被转录成核糖核酸（RNA），RNA 由核苷酸 A、G、C、U（尿嘧啶，图 10.2）组成。RNA 的骨架是五碳核糖，嘌呤或嘧啶碱基连接每个糖基。磷酸基团连接在核苷上形成核苷酸。

DNA 转录过程会形成两大类 RNA 分子。第一类是编码 RNA，当 DNA 转录成信使 RNA（mRNA）时形成。随后 mRNA 在核糖体表面被翻译成蛋白质，这一过程由转运 RNA（tRNA）、核糖体 RNA（rRNA）和蛋白质介导处理。第二类是非编码 RNA，这类 RNA 的产物是从 DNA 转录而来，但并不进一步翻译成蛋白质。接下来，我们从生物信息学角度讨论编码 RNA 和非编码 RNA。我们对各种 RNA 的认

Robert Holley、Har Khorana 和 Marshall Nirenberg 因解读了遗传密码及其在蛋白质合成方面的机能而获得了 1968 年的诺贝尔生理学或医学奖。http://nobelprize. org/nobel _ prizes/medicine/laureates/1968/(链接 10.5)。

嘌呤包括腺嘌呤和鸟嘌呤,嘧啶包括胞嘧啶、胸腺嘧啶和尿嘧啶。你可以访问 NCBI 的网站来了解它们的结构,在 Entrez 检索器中输入它们的名字,然后在 PubChem 数据库中查看结果。

SidneyAltman 和 Thomas Cech 因发现 RNA 的催化性能而分享了 1989 年的诺贝尔化学奖[http://nobelprize. org/nobel _ prizes/chemistry/laureates/1989/(链接 10.6)]. Altman 鉴定了大肠杆菌中的 RNA 酶(核酶),而 Cech 研究了四膜虫中的核酶。人具有酶活性的非编码 RNA 的一个例子是线粒体 RNA 加工核糖核酸内切酶 RNA 组件(RMRP, NR _ 003051.3,位于线粒体 9p21-p12)。

除了 RFAM 和 miRBase 数据库,还有很多其他优秀的非编码 RNA 数据库如 RNAdb(Pang 等,2007)。[http://research. imb. uq. edu. AU /rnadb/(链接 10.7]。参见 Washietl 和 Hofacker(2010)对数据库的综述。

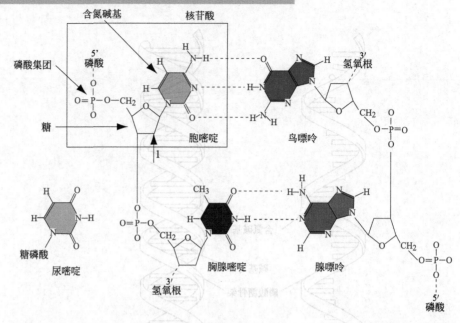

图 10.2 核苷酸碱基包括嘌呤和嘧啶。嘌呤包含鸟嘌呤和腺嘌呤,嘧啶包括胸腺嘧啶、尿嘧啶(RNA 中替换胸腺嘧啶)和胞嘧啶。这些含氮碱基连接到核糖和三磷酸基团。在 DNA 中,核糖少一个侧氧基(箭头 1),而在 RNA 有。遗传词汇由国家人类基因组研究所重绘修改(http://www. genome. gov/glossary/? id=143)

识和理解,最近有许多令人无比兴奋的进展,因为我们开始认识到他们不同的功能特性。到 20 世纪 80 年代,人们开始认识 RNA 的多种不同功能,除了三种主要的 RNA(rRNA、tRNA、mRNA),人们发现了 RNA 具有催化功能。此前,人们认为核酸就是遗传的分子,而蛋白质作为酶或参与细胞过程的其他调节功能(参见第 12 章)。核酶的发现与地球生命的早期进化中的模型一致,在这个模型中,RNA 是第一个遗传物质,早于 DNA 的出现。另一个含义是,RNA 不只是作为 DNA 和蛋白质之间的媒介,其在细胞中也发挥许多潜在的功能,例如,rRNA 在翻译过程中催化肽键的形成。

在本章中,我们以人类 21 号染色体为例说明不同 RNA 的性质。这是最小的人类染色体(约 48 万个碱基对)之一,还是五个具有核糖体 DNA 簇的人类染色体之一,核糖体 DNA 簇能够产生 rRNA。我们也以球蛋白为例。

10.2 非编码 RNA

tRNA 和 rRNA 是主要的非编码 RNA,在给定的真核细胞中一共约占所有 RNA 的 95%。下面章节将会讨论其他类型的非编码 RNA,包括小核 RNA(snRNA)、小核仁 RNA(snoRNA)、microRNA(miRNA)和短干扰 RNA(siRNA)。除了 tRNA 和 rRNA,较少的非编码 RNA 有明确的功能。在功能性典型的非编码 RNA 中,一个突出的例子是由 *XIST* 基因编码的 *Xist*[X(失活)-特异性转录本]。此 RNA 位于 X 染色体的 X 失活中心,并在 X 染色体失活过程中行使功能。男性有一个 X 染色体(有 XY 性染色体)拷贝,女性有两个拷贝,其中一个在哺乳动物和一些其他物种的二倍体细胞中处于失活状态。*Xist* 由失活 X 染色体表达并结合到其染色质,这促进了染色体失活(Borsani 等,1991)。另一个功能性非编码 RNA 是 *Air*,它在 *Igf2R* 基因座上行使功能(Sleutels 等,2002)。一些存在两个拷贝的基因具有印迹效应,也就是说,基因选择性地表达一个亲本的等位基因。在小鼠中,非编码 *Air* RNA 对于抑制来自父系染色体的三个基因（*Igf2r*、*Slc22a2*、*Slc22a3*）的表达是必不可少的。值得注意的是，许多非编码RNA在物种之间的保守性很差，我们在本章结尾的问题部分（10.1）对 *XIST* 和 *Air* 探讨这个问题。

丰富而典型的非编码 RNA（tRNA、rRNA 和 mRNA）在翻译中发挥着核心作用。我们认为一些更小、相对了解更少的非编码 RNA 在调控基因表达、发育以及各种生理、病理过程中具有各种各样的功能。在接下来的部分，我们介绍几个用以收集有关非编码 RNA 信息的著名数据库，包括 Rfam（在下一节讨论）、MirBase 数据库（Kozomara 和 Griffiths-Jones，2011）和 RNACentral（Bateman 等，2011）。我们还介绍了两种主要用于预测非编码 RNA 结构的方法：基于 RNA 的多重序列比对的比较方法，与寻求结构最小自由能的热力学方法（Hofacker 和 Lorenz，2014）。非编码 RNA 的分析是由 Washietl（2010）、Washietl 等（2012）与 Nawrocki 和 Eddy（2013）进行综述的。

Rfam 数据库中的非编码 RNA

在第 6 章中我们介绍了针对蛋白质家族的一个重要生物信息资源——Rfam 数据库。Rfam 数据库在描述 RNA 家族方面具有同等的作用（Nawrocki 等，2015）。Rfam 包括 RNA 的比对、共有的二级结构和协方差模型（在下文讨论）。每个 Rfam 家族都有一个协方差模型，该模型是描述该家族的序列和结构的统计学模型。

Rfam 可以用以查询目前所有已知的非编码 RNA（图 10.3）。这些非编码 RNA 包括几种被深入研究的横跨所有 3 个生命域的 RNA 家族：tRNA、rRNA、SRP RNA（负责蛋白输出）和 RNaseP（对 tRNA 的成熟必不可少）。表 10.1 列出了一些在所有物种中最丰富的 Rfam 家族。

当你在 Rfam 数据库中搜索一条序列时，得到的结果包含常见 log-odds 比率格式的比特分数：

$$比特分数 = \log_2\left(\frac{P_{CM}}{P_{null}}\right) \tag{10.1}$$

即，一个阳性的比特分数意味着一个显著的匹配。给定协方差模型的查询序列比给定空模型的查询序列更容易得到显著的匹配。

人类 *Xist* 的 RefSeq 编号是 NR_001564.2，包含 19296 个碱基对。鼠类 17 号染色体上的反义 RNA lgf2r（*Air*）是 NR_002853.2(1176 碱基对)。

您可以通过 http://WWW. sanger. ac. uk/resources/database/（链接 10.8）或 http://rfam. janelia. org/（链接 10.9）访问 RFAM 数据库。12. 0 版本(2014 年7 月)具有＞2400 个非编码 RNA 基因家族和超过 1900 万个区域。

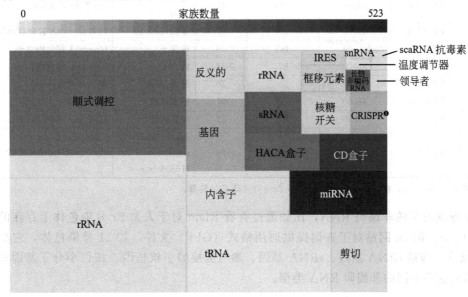

(a) Rfam序列空间和家族数量

图 10.3

---
❶ CRISPR：成簇的、规律间隔的、短回文重复序列。

(b) Rfam 分组

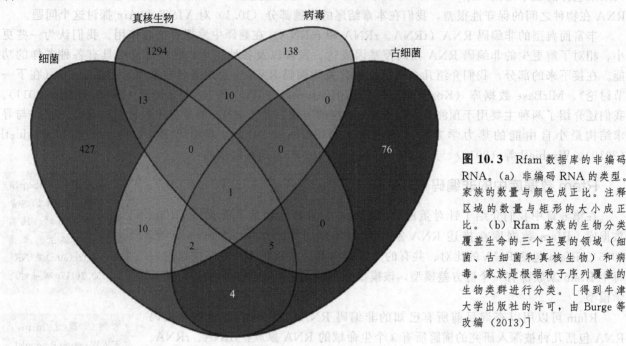

图 10.3　Rfam 数据库的非编码 RNA。（a）非编码 RNA 的类型。家族的数量与颜色成正比。注释区域的数量与矩形的大小成正比。（b）Rfam 家族的生物分类覆盖生命的三个主要的领域（细菌、古细菌和真核生物）和病毒。家族是根据种子序列覆盖的生物类群进行分类。[得到牛津大学出版社的许可，由 Burge 等改编（2013）]

表 10.1　13 个有最多成员的 Rfam 家族的列表。成员总数为该 Rfam 家族的成员（全面数据集，而不是代表成员的种子排列）数量，四舍五入到最接近的千位；ID 为全序列的平均百分比

名称	编号	数目	平均长度	编号	类型	描述
5_8S_rRNA	RF00002	376000	152	69	基因，rRNA	5.8S 核糖体 RNA
tRNA	RF00005	298000	73	46	基因，tRNA	tRNA
5S_rRNA	RF00001	229000	116	60	基因，rRNA	5S 核糖体 RNA
UnaL2	RF00436	101000	54	78	顺式调控	UnaL2 LINE 3′ 元件
HIV_POL-1_SL	RF01418	83000	113	77	顺式调控	HIV pol-1 茎环
U6	RF00026	72000	105	77	基因，snRNA，剪切	U6 剪切酶 RNA
mtDNA ssA	RF01853	62000	104	67	基因，反义链	线粒体 DNA 控制区域二级结构 A
Intron_gpI	RF00028	60000	365	36	内含子	Group I 催化内含子
Intron_gpII	RF00029	51000	87	54	内含子	Group II 催化内含子
Hammerhead_1	RF00163	49000	59	70	基因，核酶	锤头核酶（type I）
RRE	RF00036	44000	337	97	顺式调控	HIV Rev 反应元件
HIV_GSL3	RF00376	39000	84	82	顺式调控	HIV gag 茎环 3（GSL3）
SNORA7	RF00409	26000	140	79	基因，snRNA，snoRNA，HACA-box	核仁小 RNA SNORA7

注：资料来源于 Rfam 11.0，根据 Creative Commons Zero 许可证 CC0 转载。

　　我们可以查询典型的非编码 RNA，比如通过查看 Rfam 对于人类 21 号染色体上存在的非编码 RNA 的总结（图 10.4）。Rfam 网站对于查询提供通用格式（GFF）文件，如 21 号染色体，它在 65 个区域有 22 个不同的家族，包括 tRNA 基因、rRNA 基因、参与剪接的小核基因、核仁小分子基因和小 RNA。我们下一步将研究这些不同的非编码 RNA 类型。

转运 RNA

蛋白质合成过程中，携带一个特定氨基酸的转运 RNA 和 mRNA 上相应的密码子进行匹配。tRNA

染色体 21P(21 号染色体短臂）约有 12 万个碱基对，并含有 rDNA 簇（下面描述）和 GRCh37 中三个 RefSeq 编码基因（TEKT4P2、TPTE 和 BAGE）。染色体 21q(长臂）约 35 万个碱基对，并具有 553 个 RefSeq 基因。http://bioinfbook.org 的在线文档 10.1 显示了在 Ensembl 使用 BioMart，对 21 号染色体 Rfam 条目的搜索结果。在线文档 10.2 显示了一个从 Janelia Farm 的 Rfam 网站下载的 GFF 文件，该文件更具包容性。GFF 文件也延用于用 BEDTools 和相关软件分析（第 9 章）。

tRNAscan-SE 服务器 http://lowelab.ucsc.edu/tRNAscan-SE/（链接 10.11),http://selab.janelia.org/tRNAscan-SE/（链接 10.12）或 http://mobyle.pasteur.fr/cgi-bin/portal.py? ♯forms::trnascan（链接 10.13）。你也可以访问 Todd Lowe 的网站下载 tR-NAscan-SE,然后本地运行。在线文档 10.3 给出了人类 21 号染色体的 tRNA,http://www.bioinfbook.ORG/chaper 10.（这 71 对碱基序列也匹配 AP001670.1 的核苷酸序列 84511 到 84581)。在第 3 章我们介绍了用于比对的 Dotlet。尝试以人类的 tRNA 为查询条目使用它（http://myhits.isb-sib.ch/cgi-bin/dotlet,链接 10.14),在小窗口寻找内部匹配的茎环结构。

Family	Start	End	Bits score
tRNA	9,734,391	9,734,325	31.22
RSV_RNA	9,990,192	9,989,909	36.74
RSV_RNA	10,142,311	10,142,595	36.83
Metazoa_SRP	10,380,661	10,380,378	122.56
SNORA70	10,385,953	10,386,047	42.25
tRNA	10,492,972	10,492,907	26.05
tRNA	10,493,037	10,492,973	37.46
mir-548	11,052,015	11,051,932	82.85
U6	14,419,904	14,420,010	66.41
U6	14,993,898	14,994,004	76.41
U6	15,340,916	15,340,810	63.69
5S_rRNA	15,443,192	15,443,307	42.69
pRNA	15,448,359	15,448,271	68.52
U6	16,986,602	16,986,708	75.19
U6	17,407,829	17,407,733	41.70

Family	Start	End	Bits score
SNORD74	17,657,089	17,657,017	59.88
mir-10	17,911,414	17,911,485	69.08
let-7	17,912,152	17,912,227	62.65
lin-4	17,962,567	17,962,636	76.22
U1	18,091,317	18,091,476	91.09
U6	18,803,865	18,803,965	62.92
tRNA	18,827,177	18,827,107	63.87
Metazoa_SRP	18,878,771	18,879,046	64.51
Y_RNA	18,899,565	18,899,458	41.00
Y_RNA	18,949,116	18,949,224	40.22
RSV_RNA	19,938,102	19,937,818	72.79
U1	20,717,465	20,717,629	93.53
U6	21,728,164	21,728,060	49.35
7SK	21,728,965	21,729,208	75.15
mir-492	21,798,181	21,798,066	40.04
U4	23,577,511	23,577,651	73.90
U2	24,654,231	24,654,058	62.66

图 10.4　Rfam 数据库中的位于人类 21 号染色体的非编码 RNA 家族，只显示部分
[来源：Rfam (http://www.sanger.ac.uk/Software/Rfam/index.shtml),
转载经基因组研究有限公司许可]

对应于遗传密码中特定的 20 个氨基酸。tRNA 是由约 70～90 个核苷酸折叠成的特异三叶草结构。这种结构的主要特征是包含一个 D 环、一个反密码子环，负责识别信使 RNA 密码子，一个 T 环和一个氨酰 tRNA 合成酶 3' 末端，负责每个 tRNA 连接相应的特定氨基酸。

我们展示了一个鉴别 tRNA 的计算方法，通过网络服务器（Schattner 等，2005）使用 tRNA-scan-SE 程序（Lowe 和 Eddy，1997）。我们使用已知位于人 21 号染色体的一个 tRNA 作为输入，输出内容包括反密码子数量 [图 10.5(a)]，已确定 20 种氨基酸、终止密码子以及被修饰的硒代半胱氨酸的反密码子列表。在这个例子中，同种型是 GCC，表明这是一个甘氨酸 tRNA（遗传密码中甘氨酸由 GGG、GGA、GGT 或 GGC 编码；反密码子 GCC 和密码子 GGC 匹配）。其他输出信息展示了被预测的 tRNA 的二级结构 [图 10.5 (b)]以及它的结构模型 [图 10.5 (c)]。

随机 DNA 序列的每一百五十亿个核苷酸，tRNAcan-SE 只产生一个假阳性。通过结合三种独立的鉴别 tRNA 方法，它实现高灵敏度和特异性（Lowe 和 Eddy，1997）。有三个阶段。首先，它运行两个程序发现 DNA （或 RNA）序列的 tRNA。其中一个程序用来识别在原型 tRNA 发现的保守基因内启动子序列，并且要求 tRNA 的茎环"三叶草"结构的碱基配对（Fichant 和 Burks，1991）。另一程序搜索真核 RNA 聚合酶 III 启动子和终止信号（Pavesi 等，2004）。将两个程序的结果合并。在第二阶段中，tRNAcan-SE 使用协方差模型或随机上下文无关法来分析序列（SCFG；Eddy 和 Durbin，1994）。协方差模型或 SCFG 是一个 RNA 二级结构和序列一致化的概率模型，允许插入、删除和错配（框 10.1）。协方差模型包括一个基于以前 1000 个已知特点 tRNA 的训练阶段。在第三阶段 tR-NAcan-SE 进行二级结构预测，并识别 tRNA 的反密码子。含有内含子的 tRNA 和编码 tRNA 的假基因被进一步的鉴定。

tRNAcan-SE 所采取的办法包括多个 RNA 序列比对，基于一级序列和二级结构的两个相互关联的属性推测每个家族的一个共同结构。这是因为非编码 RNA 随时间变化，它保留每个分子碱基对的结构，但只保存同源 RNA 之间有限的序列相似性。

您可以使用 CMCompare Web 服务器从 Rfam 了解协方差模型的性质（Eggenhofer 等，2013）。

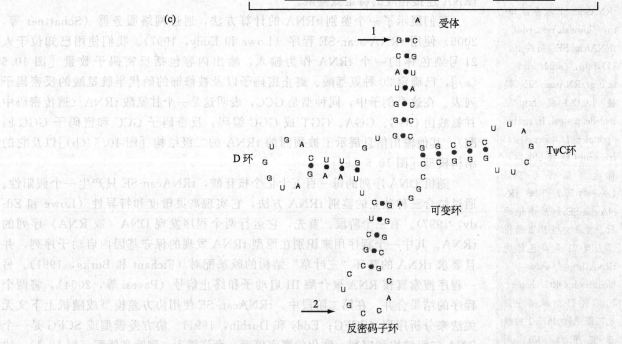

(a) 同形体/反密码子数

```
Ala   : 0       AGC:        GGC:        CGC:        TGC:
Gly   : 1       ACC:        GCC: 1      CCC:        TCC:
Pro   : 0       AGG:        GGG:        CGG:        TGG:
Thr   : 0       AGT:        GGT:        CGT:        TGT:
Val   : 0       AAC:        GAC:        CAC:        TAC:
Ser   : 0       AGA:        GGA:        CGA:        TGA:        ACT:        GCT:
Arg   : 0       ACG:        GCG:        CCG:        TCG:        CCT:        TCT:
Leu   : 0       AAG:        GAG:        CAG:        TAG:        CAA:        TAA:
Phe   : 0       AAA:        GAA:
Asn   : 0       ATT:        GTT:
Lys   : 0                               CTT:        TTT:
Asp   : 0       ATC:        GTC:
Glu   : 0                               CTC:        TTC:
His   : 0       ATG:        GTG:
Gln   : 0                               CTG:        TTG:
Ile   : 0       AAT:        GAT:        TAT:
Met   : 0                   CAT:
Tyr   : 0       ATA:        GTA:
Supres: 0                               CTA:        TTA:
Cys   : 0       ACA:        GCA:
Trp   : 0                   CCA:
SelCys: 0                               TCA:
```

(b)

```
Your-seq.trna1 (1-71)     Length: 71 bp
Type: Gly       Anticodon: GCC at 33-35 (33-35) Score: 71.03
          *         *       *        *        *        *         *        *       *
Seq: GCATGGGTGGTTCAGTGGTAGAATTCTCGCCTGCCACGCGGGAGGCCCGGGTTCGATTCCCGGCCCATGCA
Str: >>>>>>>..>>>>........<<<<.>>>>>.......<<<<<.>>>>>.......<<<<<<<<<<<.
```

(c)

图 10.5　使用 tRNAcan-SE 服务器鉴别 tRNA。人 21 号染色体已知的 tRNA 71 个 DNA 碱基对作为输入。(a) 反密码子数。这说明输入序列包括一个具有与甘氨酸密码子 GGC 配对的反密码的单 tRNA。(b) 预测的 tRNA 的二级结构。(c) 预测的二级结构图形显示了 tRNA 的三叶草特点。需要注意的是 RNA 核苷酸用的是（A、G、C、U），而在图 (b) DNA 的核苷酸用了（A、G、C、T）。第一核苷酸被（箭头 1）标记，（箭头 2）是反密码子 GCC

［来源：tRNAcan-SE 服务器（http://lowelab.ucsc.edu/tRNAcan-SE/），Lowe 实验室提供］

框 10.1　随机上下文无关文法，或协方差模型

隐马尔可夫模型（HMM）是概率模型，在生物信息学许多领域的特征识别都很有用，比如定义特定蛋白家族的保守残基（第 5 章），或构成基因结构的核苷酸残基。随机上下文无关文法（SCFG；Sakakibara 等，1994）或协方差模型（Eddy 和 Durbin，1994）构成了另一类概率模型，用来解释在 RNA 序列上的碱基的远程相关性，这些相关性的发生是由非编码 RNA 序列要形成如茎环般的二级结构时所必需的碱基配对造成的。Eddy 和 Durbin（1994）引入了协方差模型，其中的 RNA 序列被描述为一个有序的树，其中有状态 M（包括匹配状态、插入状态、删除状态）、符号发射概率（这些根据 16 个可能的配对核苷酸组合或四个未配对核苷酸被分配给特定的碱基），以及状态转移概率（分配给改变状态的分数如进入插入状态）。他们发现，tRNA 分子的二级结构的信息内容和主序列的信息内容是可比的。

SCFGs 可媲美协方差模型。一个 SCFG 的输入是非编码 RNA 的多重序列比对（如 tRNA 的；Sakakibara 等，1994）。SCFG 模型解决如何基于一组"生产规则"推导观察序列、生产规则及其相关概率定义语法。SCFG 的优点是，它的参数是从已知的 RNA 序列和结构衍生的，以及它的概率框架产生可信的预测。SCFGs（如 HMM 模型）从语言处理（语音识别）的领域产生。

通过称为 Infernal 软件生成的 Rfam 协方差模型不提供预期（*E*）值，但他们提供比特分数。该比特分数来自于序列与协方差模型匹配的概率除以由随机模型生成的概率的对数优势比。

<table>
<tr><td>

Todd Lowe 实验室的基因组 tRNA 数据库（G~tRNA~db）包含了使用 tRNAscan- SE 鉴别的许多基因组 tRNA，见 http://lowelab.ucsc.edu/GtRNAdb/（链接 10.16）。TFAM 对于不寻常的具有修饰 tRNAs 分类特别有用，见 http://tfam.ucmerced.edu（链接 10.17）。另一个非常有用的数据库是 Mathias Sprinzl and Konstantin Vassilenko tRNA 数据库，见 http://trnadb.bioinf.unileipzig.de/（链接 10.18）。

Vienna RNA 包可从 http://www.tbi.univie.ac.at/RNA/（链接 10.15）获得。

</td><td>

一个确定 RNA 结构的显著办法是估算折叠最小自由能。这个热力学方法由 Zuker 和 Stiegler（1981）提出。它在各种程序中被应用，包括 Vienna RNA 包（Hofacker，2003；Lorenz 等，2011），它结合了许多折叠算法。图 10.6 显示了以 21 号染色体的 tRNA 序列输入为例，Vienna RNA 网络服务器的输出。

在测序完全的基因组中，鉴定所有的 tRNA 基因是令人感兴趣的，这些 tRNA 基因经常跻身于最大的基因家族中。在人类基因组中，有超过 600 个 tRNA 基因。之所以有这么多基因是因为在贯穿生命的所有细胞中，大量的 tRNA 确保蛋白质顺利合成很有必要。两个主要的数据库资源是基因组 tRNA 数据库（Genomic tRNA Database，GtRNAdb；Chan 和 Lowe，2009）和 TFAM（Tåquist 等，2007）。表 10.2 总结了选定的生物体的 tRNA 基因的数量。

</td></tr>
</table>

(a) 最小自由能预测（颜色标记碱基配对的可能性），用 Vienna 2.0 分析 tRNA

```
1  GCAUGGGUGGUUCAGUGGUAGAAUUCUCGCCUGCCACGGGGAGGCCCGGGUUCGAUUCCCGGCCCAUGCA
1  ((((((((..((((.........)))).(((((.......))))).....(((((.......))))))))))))).
```

(b) 最小自由能的二级结构

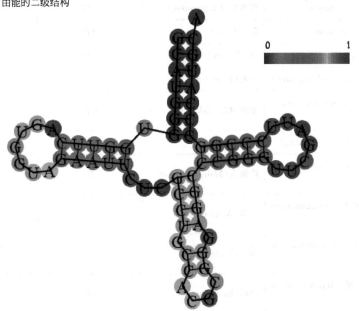

图 10.6

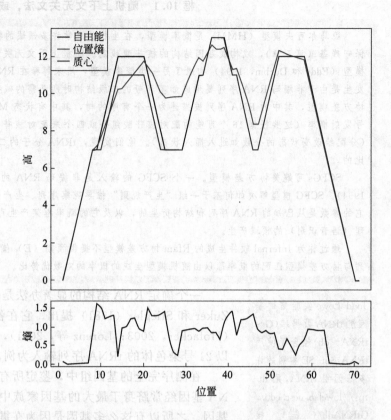

(c) 峰图

图 10.6 基于最小折叠自由能预测 RNA 结构。用 Vienna RNA 网络服务器分析已知 21 号染色体序列编码的 tRNA（参见图 10.5 和网络文档 10.3）。(a) 用括号标记预测的最佳 RNA 结构。圆点代表非配对核苷酸，一对圆括号代表碱基配对的核苷酸。最小自由能是 $-35.96\ \text{kcal/mol}$。(b) RNA 预测结构，包括主干（碱基配对的双链区域）和环（单链区域）。(c) 最小自由能（mfe）图和对应于输入 DNA 序列核苷酸位置的位熵图
（来源：Vienna RNA 网络服务器，2014. 由 I. Hofacker 许可）

表 10.2 一些生物体内 tRNA 基因数目总结。其他种类是指硒代半胱氨酸 tRNA（TCA），抑制性 tRNA（CTA、TTA）或者不确定或未知同型的 tRNA。另外，一些生物体的 tRNA 含有内含子（例如：人，32；恶性疟原虫，1；拟南芥，83）

物种	统称	解码 20 种氨基酸的 tRNA 数目	预测的假基因	其他	总共
智人（*Homo sapiens*）	人（Human）	506	110	9	625
黑猩猩（*Pan troglodytes*）	黑猩猩（Chimpanzee）	456	0	3	459
小家鼠（*Mus musculus*）	鼠（Mouse）	432	0	3	435
家犬（*Canis familiaris*）	狗（Canfam1）	898	0	8	906
果蝇（*Drosophila melanogaster*）	果蝇（Fruit fly）	298	4	2	304
酿酒酵母（*Saccharomyces cerevisiae*）	酿酒酵母（Baker's yeast）	286	6	3	295
拟南芥（*Arabidopsis thaliana*）	植物（Plant）	630	8	1	639
疟原虫（*Plasmodium falciparum*）	疟原虫（Malaria parasite）	35	0	0	35
詹氏甲烷球菌（*Methanococcus jannaschii*）	古菌（Archaeon）	36	0	1	37
大肠杆菌 K12（*Escherichia coli K12*）	细菌（Bacterium）	86	1	1	88
麻风分枝杆菌（*Mycobacterium leprae*）	细菌（Bacterium）	45	0	0	45

注：来源于 http://genome.ucsc.edu，由 UCSC 许可。

核糖体 RNA

核糖体 RNA 构成了核糖体的结构和功能，亚细胞负责合成蛋白质。rRNA 占一个细胞总 RNA 大约 80％～85％。真核细胞在核仁合成 rRNA，核仁是位于细胞核内的特殊结构。纯化的核糖体包括通过梯度离心产生具有不同沉降系数的颗粒（表 10.3）。在细菌中，这些颗粒包括 70S 核糖体核蛋白，由 30S 和 50S 亚基组成，这些又由三种主要的 rRNA 形成（16S、23S 和 5S），真核生物的 80S 核糖体核蛋白由 40S 和 60S 核糖体 RNA 亚基组成，这些亚基进一步加工生成 18S、28S 和 5.8S 亚基。

> 我们在第 8 章讨论了染色体的结构，包括整个染色体位点，保守序列一致性的机制，如协同进化和基因转换。五个近端染色体的着丝粒位于染色体端部，而不是在中间。

rRNA 由多拷贝的核糖体 DNA（rDNA）基因家族转录。人类中这些家族位于五个近着丝粒端染色体（13、14、15、21 和 22；Henderson 等，1972）的 p 臂（即短臂）。rDNA 位点包含一个重复单元，大约 43kb，其中 13kb 被转录，剩余的是非转录区域（图 10.7）。rDNA 基因被鉴定为 *RNR1*（12S RNA 编码的线粒体）、*RNR2*（16S RNA 编码的线粒体）、*RNR3*、*RNR4* 和 *RNR5*。在人的基因组中，rDNA 约 400 个拷贝。这些位点具有高度的序列保守性，在均质化过程中涉及通过重组的协同进化和基因转换。

表 10.3　细菌和真核生物钟 rRNA 的主要形式。S 为沉降系数；MW 为分子量。大肠杆菌和人 rRNA 的编号。改编自 NCBI 和 Dayho 等（1972）

域	RN	MW	核糖体亚基	rRNA 种类	功能	编号	碱基对	RFAM 编号
细菌	70S	2.6×10^6	30S（小）	16S	结合 mRNA	M25588.1	1504	RF00177
			50S（大）	23S	形成肽键	M25458.1	542	RF02541
				5S		M24300.1	120	RF00001
真核生物	80S	4.3×10^6	40S（小）	18S	结合 mRNA	NR_003286.2	1869	RF01960
			60S（大）	28S	形成肽键	NR_003287.2	5070	RF02543
				5.8S		NR_003285.2	156	RF00002

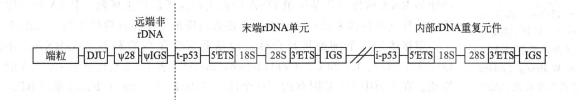

图 10.7　真核生物核糖体 DNA 重复单元的结构。图中显示的是一个染色体近着丝粒的区域，从端粒（左侧，由染色体一端表示）到远端非 rDNA 的区域（含有序列 DJU 和两个假基因区域），然后是远端结合区（垂直虚线）。这个远端结合区的右侧（3′端）是一个末端 rDNA 单元；此单元在内部被重复多次，每个单元共享相同或几乎相同的 DNA 序列。这个区域在 GenBank 的查询号是 U67616（8353 个碱基对，包括各种重复 DNA 元件和 28S rDNA 的假基因）和 U13369（42999 个碱基对，包括转录间隔区域，编码 18S、5.8S 和 28S rRNA 的 DNA，以及各种重复 DNA 元件）。IGS 表示基因间隔（也称为非转录间隔）；ITS 表示内部转录间隔区域［由 Gonzalez 和 Sylvester（2001）改编，Elsevier 授权］

核糖体 RNA 基因具有复杂的重复结构，在不同的染色体基因座之间保守性很强，而且在不同个体之间其大小具有极大的可变性。因此它们目前并没有被列入在 NCBI、UCSC 或 Ensembl 的参考人类基因组。请按照下列步骤从 GenBank 中识别人 rRNA 的 RefSeq 序列。①从 NCBI 的主页，浏览到 NCBI Nucleotide，搜索人类。②目前（2015 年 5 月），有近 11 万个条目。在 "molecule types" 过滤器下点击

"rRNA"。③现在有 30RefSeq 条目对应于 5.8S rRNA（例如 NR _ 003285，156 个碱基对）、28S rRNA（NR _ 003287，5070 个碱基对）、18S rRNA 基因 （NR _ 003286，1869 个碱基对）和 45S rRNA 基因（NR _ 046235，13357 个碱基对）。每一个都位于染色体的近端着丝粒的 p-臂。

RefSeq 编号格式为 NR _ 123456，由非编码转录组成，包括结构 RNA 和转录假基因。rRNA 的四个 RefSeq 编号和其来源的 43 千碱基序列由在线文档 10.4 给出，见 http://WWW. bioinfbook. org/charpter10。

rDNA 序列对于生命形式 （细菌、古细菌和真核生物） 的系统发育分析特别重要。它们具有独特的价值，因为它们是紧密充分保守的，因此进行多序列比对分析会十分可信，而且每个物种的 rDNA 足够特别，这允许使用 rDNA 精确分类。此外，可以从环境样品获得 rDNA 并进行测序，如土壤或水，其中存在许多物种但不能进行培养（参见第 15 章）。此外，rDNA 的基因一般不受横向基因转移影响（详见第 17 章）；横向基因转移是指基因在物种间水平地转移，而不是在物种内世代遗传，因此它可以混淆系统发育分析。

目前，在 GenBank 中有超过 15 万个 16S rRNA 序列 （见 Schloss 和 Hanelsman，2004）。rRNA 序列有几个主要的数据库，包括核糖体数据库项目 （RDB；Cole 等，2007）。RDP 包括百万可比对的并且经过注释的 rRNA 序列，三分之一来自培养的细菌菌株，三分之二来自环境样品。比对是使用 Sakakibara 等描述的随机上下文无关文法 （专题 10.1） 针对细菌 rRNA 的比对模型进行的 （1994）。

RDP 在线网址为 http://RDP. cme. msu. edu/index. jsp （链接 10.19）。第 11 版 （2014 年 9 月）包含了超过 300 万个 16S rRNA 序列。例如你可以输入人基因组 DNA 序列，搜索 Rfam 或 RDP 寻找 rRNA 家族，见在线文档 10.5，http://WWW. bioinfbook. org/chapter10。

ARB 项目是 RNA 研究的又一重大资源 （Ludwig 等，2004）。它包括一个基于 UNIX 的程序图形界面，提供了软件工具来分析大量的 rRNA 数据库 （如从 RDP 导入数据）。相关 SILVA 数据库包括来自细菌，古细菌和真核生物的小亚基 （16S、18S） 和大亚基 （23S、28S） rRNA。序列可以从浏览器以 FASTA 或其他格式下载。

您可以在 http://www. arb-home. de/（链接 10.20）访问 ARB 项目，它由慕尼黑技术大学的 Wolfgang Ludwig 和他的同事开发。ARB 是指乔木（拉丁语为树），而 SILVA 在拉丁语中是森林，其网站（包括浏览器）http://silva. mpi-bremen. de/（链接 10.21）。

RNAmmer 是一个鉴别 rRNA 基因的隐马尔科夫模型的方法，特别是在新测序的基因 （Lagesen 等，2007）。它用于搜索大量 DNA （例如，高达 2000 万个核苷酸） 从而鉴别 rRNA 基因的基因组位点。

小核 RNA

小核 RNA （snRNA） 位于细胞核内，由具有功能的 RNA 家族组成，这些功能如 RNA 剪接 （从基因组 DNA 中除去内含子以产生成熟 mRNA 转录体） 和维持端粒 （染色体末端）。snRNA 连接蛋白质形成小核核糖核蛋白 （snRNPs）。

剪接体是一个细胞核复合体，包括数百个蛋白质和五个 snRNA，分别为 U1、U2、U4、U5 和 U6 （Valadkhan，2005）。表 10.4 给出这些 snRNA 的一些性质。在人类中 U4 基因有约 100 个拷贝 （Bark 等，1986；Rfam 家族 RF00015） 和 U6 snRNA 有约 1200 个，包括许多假基因 （非功能性的基因，Rfam 家族 RF00026）。检测编码蛋白质基因的假基因相对简单，因为一个中断的开放读框可以被识别 （参见第 8 章）。而非功能性非编码 RNA 的识别具有很大的挑战，因为没有如开放阅读框之类的标志，而且功能性非编码 RNA 通常含有不连续的序列。

小核仁 RNA

在真核生物中，核糖体在核仁中合成。这个过程是由小核仁 RNA （snoRNA） 促进合成，snoRNA 是一组非编码 RNA，能加工和修饰 rRNA 和小核剪接体 RNA。snoRNA 主要有两类，一类是 C/D 框 RNA，在 rRNA 上的 2′-O-核糖位置甲基化，另一类是 H/ACA 框 RNA，rRNA 的尿苷转化成假尿苷。表 10.5 介绍了几个在线 snoRNA 数据库。

您可以在 http://www. cbs. dtu. dk/services/RNAmmer/访问 RNAmm（链接 10.22）。

表 10.4 人类非编码 RNA 剪接的例子

名称	编号	染色体	长度/碱基对
RNU2-1	NR_002716.3	17 q12~q21	188
RNU4-1	NR_003925.1	12q24.31	144
RNU5F-1	NR_002753.5	1p34.1	116
RNU6-2	NR_002752.2	10p13	107

表 10.5 小核仁 RNA（snoRNA）资源

数据库	要点	链接
植物 snoRNA 数据库	拟南芥的 siRNA	http://bioinf.scri.sari.ac.uk/cgi-bin/plant_snorna/home
酵母 snoRNA 数据库	snoRNA 的 H/ACA 和 C/D 盒	http://people.biochem.umass.edu/fournierlab/snornadb/main.php
SnoRNABase	人 snoRNA 的 H/ACA 和 C/D 盒	https://www-snorna.biotoul.fr/

计算方法促进了 snoRNA 的发现。例如，酿酒酵母的基因组被完全测序之后（见第 18 章）仍难以确定 snoRNA。Lowe 和 Eddy（1999）使用协方差模型识别了 22 个 snoRNA，随后证实其功能是 rRNA 的甲基化。

> 目前酿酒酵母的 77 个 snoRNAs 已被注释（酵母基因组数据库，http://www.yeastgenome.org，链接 10.23）。

小 RNA（MicroRNA）

小 RNA（miRNA）是在动物和植物中发现的约 22 个核苷酸的非编码 RNA 分子。自从 20 世纪 90 年代发现以来，由于其潜在的调控基因表达功能（Pasquinelli，2012），已经引起了人们极大的兴趣。最早是在秀丽隐杆线虫（Pasquinelli 和 Ruvkun，2002）中发现的 *lin*-4 和 *let*-7 的基因产物。这些基因是以正向遗传学策略通过定位克隆确定：具有缺陷细胞谱系的突变体被鉴定，并在 *lin*-4RNA 的突变能证明表型（Lee 等，1993）。随后，通过克隆已经经过大小筛选的 RNA 样品的互补 DNA（cDNA）确定了许多其他 miRNA。最近，二代测序的 miRNA 测序也得到应用（用于分析工具的例子见 Cho 等，2013；Humphreys 和 Suter，2013）。小 RNA 的主要功能似乎是通过抑制从 mRNA 到蛋白的翻译或促进 mRNA 的降解从而下调蛋白的表达。

我们可以通过访问 miRBase 数据库检索一个典型的小分子 RNA，miRBase 数据库是一个 miRNA 的数据存储库（Kozomara 和 Griffiths-Jones，2011）。它可以根据物种浏览，找到一组人 21 号染色体的小 RNA，目前，这些包括 hsa-let-7c、hsa-mir-99a、hsa-mir-125b-2、hsa-mir-155 和 hsa-mir-802。has-let-7c 的条目包括所预测的茎环结构、二代测序的结果（包括每百万的读数，在进行超过 70 次实验的情况下）、21 号染色体上的基因组坐标、相邻的小 RNA 说明（例如，hsa-mir-99a 是在小于 10 千碱基的距离之内）和数据库链接（例如，欧洲分子生物学实验室、Rfam 和人类基因组组织官方命名系统）。

miRBase 数据库还提供了每个小 RNA 的预测靶标的链接。这些靶标是被给定的小 RNA 潜在调控的 RNA 转录本（Rajewsky，2006；Ritchie 等，2013）。预测靶标的主要方法包括：

- 基于序列匹配的方法，miRNA 约 8 个核苷酸种子区和潜在目标 3′端非翻译区之间的互补性。由于这种潜在目标包括缺口、错配和 G/U 的碱基配对，预测的靶标数目可能非常大。

- 不同物种之间 3′UTR 靶点的序列保守性。

- 分析 miRNA 与信使 RNA（mRNA）的表达数据。在多数情况下，miRNA 的表达增加与其靶 mRNA 表达降低有关。

miRBase 可在 http://www.mirbase.org/（链接 10.24）访问。第 21 版本（2014 年 6 月）包括 ＞ 200 个物种的 29000 个前体条目。21 号染色体的小 RNA 在在线文档 10.6 获得，http://www.bioinfbook.org/chapter10。我们可以从 ftp://mirbase.org/pub/miRBase/CURRENT/genomes/（链接 10.25）下载人类所有的 miRNA（或者其他 200 多个物种的 miRNA）的 GFF3 格式的文件。目前包括＞24000 个发夹 miRNA 前体，其有 ＞ 30000 个成熟 miRNA 产物。对于 miRNA 靶基因的预测，数据库包括 MiRand（miRBase 数据库的一部分）、TargetScan，http://www.targetscan.ORG（链接 10.26）；Pictar，http://pictar.mdc-berlin.de/（链接 10.27）；DIANA，http://diana.pcbi.upenn.edu/cgi-bin/micro_t.cgi（10.28 链接）；还有 RNAHybrid，http://bibiserv.techfak.unibielefeld.de/rnahybrid/（链接 10.29）。

我们在"cDNA 文库基因表达分析"描述了 cDNA 文库。

RefSeq 中人的 Dicer 蛋白编号是 NP_085124.2。

• 分析小 RNA 的热力学稳定性：mRNA 双体（duplex）。

miRBase 数据库预测靶基因链接到 6 个数据库：Diana（预测了 has-let-7c 的约 1000 个靶基因，Paraskevopoulou 等，2013）、小 RNA（预测了约 5400 个靶基因；Betel 等，2008），MiRanda（210 个；Wang，2008）、RNA22（超过 15000 个预测，MiRanda 等，2006）、TargetScan（超过 1000 个预测；Friedman 等，2009）和 Pictar（预测约 600 个靶基因；Krek 等，2005）。虽然大部分没有被实验证实，但是这些预测可以作为寻找潜在靶基因的有用指南。

从其他非编码（或编码）RNA 中区分真正的小 RNA 是具有挑战性的。Ambros 等（2003）基于两个表达标准提出了一系列小 RNA 的定义：

① 小 RNA 由约 22 个核苷酸的 RNA 转录体组成，并且基于大小分级的 RNA 转录体的杂交。通常是指 Northern 杂交、总 RNA 从样品（诸如细胞系）中纯化、在琼脂糖凝胶上电泳，然后转移到膜，并与候选 miRNA 的放射性标记探针进行杂交来检测。该实验显示了 RNA 的大小和丰度，以及探针是否会和样品中的多种 RNA 种类杂交。

② 根据大小分级的 RNA 制备的 cDNA 文库中应该存在约 22 个核苷酸。

Ambros 等（2003）基于 miRNA 的形成提出了三个附加条件：

a. miRNA 应具有前体结构（在动物中通常为 60～80 个核苷酸），这个前体潜在地折叠成一个颈环（或发夹），形成具有约 22 个核苷酸的成熟 miRNA，成熟 miRNA 位于发夹的一个臂。这样的结构可以由 RNA 折叠程序（如 MFOLD 程序）预测（Mathews 等，1999）。

b. 无论是约 22 个核苷酸 miRNA 序列还是其预测的反折叠前体的二级结构，必须系统发育保守。

c. Dicer 是核糖核酸酶，参与加工小非编码 RNA。具有降低 Dicer 功能的生物体中应该存在前体积累增加的现象。

理想的情况下，假定的 miRNA 应该符合所有的五个条件，但是现实情况下发现满足一部分条件（例如，1 和 4）是足够的。

小干扰 RNA

在 1998 年 Andrew Fire、Craig Mello 和同事报道了将双链 RNA 引入线虫 *Caenhorhabditis elegans* 能够抑制基因的活性（Fire 等，1988），这个过程被称为 RNA 干扰（RNAi）。他们发现，当他们注入经过退火处理的双链 RNA 后会发生基因沉默，但单独的有义或反义 RNA 不能有这样的作用。对于他们研究每个靶基因（例如 *unc-22*）而言，沉默是特异性的，并且依赖于对应外显子（而不是内含子或启动子序列）的双链 RNA 的注入。RNAi 靶向信使 RNA 使其在翻译之前降解，双链 RNA 以催化方式靶向同源的 mRNA。这个过程依赖于一种 RNA 诱导的沉默复合物（RISC），其中包括内切核酸酶（切割 mRNA）和将长的双链 RNA 前体转换为短干扰 RNA 的核酸酶（Dicer 酶）。

现在已经认识到 RNA 干扰对真核细胞有许多功能性的影响。RNA 干扰可以保护植物和动物细胞免受单链 RNA 病毒感染。RNAi 还可以进一步保护细胞免受内源性转座子的有害作用。这些移动遗传元件包含人类和其他基因组的部分。RNAi 机制还提供了一个实验方法，用来系统地抑制哺乳动物系统中基因的功能；我们在第 14 章（功能基因组学）考虑这一方法。

长非编码 RNA（lncRNA）

在过去十年的过程中，长非编码 RNA（lncRNA）作为沉默或激活靶基因，是哺乳动物基因组中转录物的热门研究方向（Lee，2012；Kornienko 等，2013）。如上所述，*Xist* 和 *Air* 是突出的例子。ENCODE 项目委员会将了解 lncRNA 的特征作为 GENCODE 计划成就的一部分（Djebali 等，2012），Derrien 等（2012）根据相对于编码蛋白质的基因的位置定义它们：

- 反义 RNA 包括在其相对的链外显子重叠的转录本。
- 长基因间非编码 RNA（lincRNA）有超过 200 个碱基对。
- 有义重叠转录物包含一个编码基因，该基因的内含子在同一链。
- 有义内含子的转录本位于内含子中（但和外显子不相交）。
- 加工后的转录本不含有开放阅读框（ORF）。

Derrien 等的 ENCODE 结果（2012）包括如下内容：

- 大多数人的 lncRNA 的转录物是基因间（因此对应 lincRNA）。
- 大多数 lncRNA 缺乏编码潜力（如预期）。
- 98% 的 lncRNA 被剪接，其中 42% 有两个外显子。内含子往往比编码蛋白质的基因长（中位数分别是 2.3 和 1.6 千碱基）。
- lncRNA 正在适度地净化选择（比中性进化祖先重复更大，但小于编码蛋白质的基因）。
- lncRNA 基因具有转录起始位点的组蛋白，这和那些编码蛋白质的基因类似。它们的表达往往具有高度的细胞类型特异性。

其他非编码 RNA

非编码 RNA 根据长度（例如 lncRNA、小 RNA）、细胞定位（rRNA、snRNA、snoRNA）、功能（mRNA 和 tRNA）或位置和方向（反义 RNA）进行命名（Guenzl 和 Barlow，2012）。PIWI 互作 RNA（piRNA）代表另一类非编码 RNA，在这种情况下，它们是通过相互作用的对象来命名。这些非编码 RNA 介导编码 PIWI 蛋白质的基因沉默（Luteijn 和 Ketting，2013）。在果蝇的研究中显著表明，一个蛋白编码基因可被转化成一个 piRNA 加工位点，这个位点转录成 piRNA，从而使该基因沉默。这种效果可被保持几代以上，并且可能涉及改变染色质结构和/或 piRNA 加工所需的蛋白质复合体的募集。

UCSC Genome 和 Table Browser 中的非编码 RNA

随着人类基因组以及其他脊椎动物基因组被深度测序和分析，Ensembl 和 UCSC Genome Browser 已经出现可视化基因组数据（第 2 章中介绍）的基本工具。对于非编码 RNA，我们可以看到人类 21 号染色体和显示一系列可供用户选择的注释数据轨。Distal non-rDNA—远端 rDNA；terminal rDNA unit—末端 rDNA 单元；internal rDNA repeat—内部 rDNA 重复元件（48 万个碱基对，图 10.8）：

- tRNAcan-SE 轨道道显示了我们在前文"转运 RNA"中讨论过的两个 21 号染色体的 tRNA。
- miRBase 数据库和 snoRNABase 的数据轨表明：①小 RNA 的前体形式（pre-miRNA）；②小核仁 RNA 的 C/ D 框（C/ D 框 snoRNA）；③snoRNA 的 H/ACA 框；④小卡哈尔体特异 RNA（small Cajal body-specific RNA，scaRNA）（Lestrade 和 Weber，2006）。此染色体上有 11 个这样的非编码 RNA 基因，包括 10 个 pre-miRNA 和一个的 snoRNA（ACA67）。
- Evofold（Pedersen 等，2006）展示出基于系统发生随机上下文无关文法预测的 RNA 二级结构。

• 一个 lincRNA 轨道展示了来自 22 个组织的 RNA-seq 数据，包含超过 450 个注释 lincRNA（Cabili 等，2011）。可以显示表达的丰度、lincRNA 存在和潜在的不确定的编码转录本（TUCP）。

• TargetScanS miRNARegulatory Sites 轨道展示了 RefSeq 基因的 3′非翻译区域推定的 miRNA 结合位点。这些位点是由 TargetScanS 预测的（Lewis 等，2005）。

• H-邀请基因数据库（H-Invitational Gene Database）展示了非编码基因预测。

• 我们还显示了表达的编码基因的数据（下文讨论）。

正如我们所看到的，UCSC Table Browser 是对 Genome Browser 的补充。假设我们想知道 21 号染色体 EvoFold 条目的精确数量。从 21 号染色体的完整视图顶部栏上，单击 "Table Browser" 链接。选择感兴趣的表（例如，EvoFold），然后单击 "summary/statistics" 就可以看到有 306 个 EvoFold 条目。对于 sno/miRNA 有 11 项，通过点击 "get output"，你可以得到他们的基因组座标位置。21 号染色体上，这些 Evofold 区域有多少和 RefSeq 基因重叠？要回答这个问题，只要单击 "intersection" 按钮，并从 Genes 和 Gene Prediction Tracks 组选择 RefSeq 基因；在编写本书的时候（2015 年 2 月），使用 GRCh37/hg19 基因组得到的答案是 133。

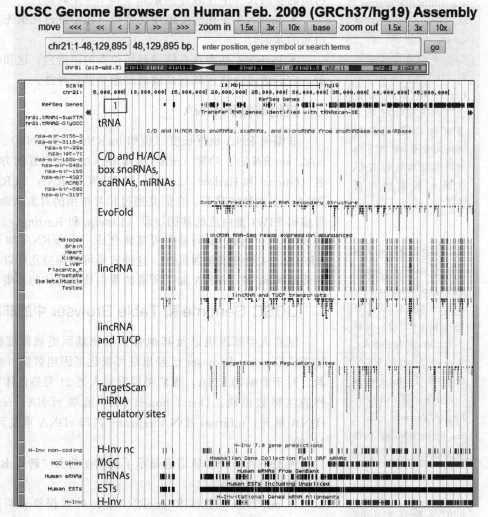

图 10.8 人 21 号染色体上的非编码 RNA 基因组视图。要重新创建此显示，请访问 http://genome. ucsc. edu，选择 Genome Browser。设置进化分支为脊椎动物，基因组为人类，组装为 GRCh37/hg19（不同的组装有不同的可用注解轨道），位置为 chr21，并点击提交。所有的 21 号染色体会被显示（约 4810 万个碱基对）。您可以使用一系列下拉菜单中选择指定注释数据轨；在 Genes 和 Gene Prediction 的数据轨类别下可选择项有 Refeq 基因、tRNA Gen、EvoFold、sno/ miRNA、lincRNA、H-Inv 和哺乳动物的基因收集（Mammalian Gene Collection，MGC）基因。其他轨道是来自 mRNA 和 EST Tracks 组，即人的 mRNA、人类表达序列标签（ESTs）和 H-Inv。TargetScan 的 miRNA 位点轨道是 Regulation 组类别下的。（来源：http://genome. ucsc. edu，加州大学圣克鲁兹分校的提供者）

10.3 信使 RNA 介绍

当 DNA 被转录成 RNA 时发生基因表达。真核细胞的细胞核含有 2000～60000 个蛋白质编码基因，这数量取决于物种的不同。但是在任何特定时间，细胞只表达部分基因，即转录 mRNA。从基因组中表达出的整组基因有时候称为转录组。自从 Beadle 和 Tatum 提出"一个基因，一种酶"假说以来并且通过分子生物学建立起中心法则后，又出现一个传统的观点是，基因对应于不连续的位置，并转录成 mRNA，从而表达蛋白质产物。我们现在知道，这种情况由于非编码 RNA 的存在变得更加复杂，基因由于内含子中断、存在选择性剪接，产生不同的 mRNA，进而产生独特的蛋白质以及基因组中存在大多数核苷酸碱基都普遍发生转录。我们将在下面讨论这些话题。此外，虽然人、黑猩猩、小鼠都具有非常密切相关的基因组，一组约 20000 个蛋白质编码基因，但是区别每个物种的表型依赖于纷繁复杂的基因表达调控。基因表达通常是由以下几个基本的方法调控：

- 按组织区域（例如，脑对比肾）；
- 在发育过程（例如，胎儿对比成人组织）；
- 对环境信号的动态响应（例如，由药物活化的早期反应基因）；
- 在疾病状态；
- 通过基因活性（例如，突变对比野生型细菌）。

比较各种各样生物体的基因表达谱已被用来解决各种生物学问题。对病毒和细菌，研究集中在病毒和细菌两者的基因表达，还有宿主对病源入侵的响应。在真核生物中，基因表达研究，特别是微阵列，已经用来解决一些基本问题，如鉴定细胞周期或整个发展过程中的激活基因。在多细胞动物中，已经对细胞特异性的基因表达进行研究，以及对在啮齿动物和灵长类动物中疾病对基因表达的影响进行了研究。近年来，基因表达谱对基因组 DNA 序列的注释十分重要。当某一生物的基因组被测序出来，最根本的问题之一是确定其编码的基因（第 15-19 章）。对表达基因的大规模测序，如对那些从 cDNA 文库中分离出来的序列（在下文"cDNA 文库的基因表达分析"中描述）的测序，对帮助确定基因组的 DNA 序列是非常宝贵的。

mRNA：基因表达研究的主体

考虑到基因表达研究中测量的生物质，在大多数情况下，从感兴趣的细胞中分离总 RNA（有时聚腺苷酸化 RNA 被分离）。这种 RNA 用 RNA 离液剂可以容易地与 DNA、蛋白质、脂质和细胞的其他组分迅速区分出来。这种方式可以得到稳定状态的 RNA 转录物，反映基因的活性。对于一系列复杂的基因表达的调控可分为四个水平：转录、RNA 加工、mRNA 输出和 RNA 监控（Maniatis 和 Reed，2002）（图 10.9）。

① 转录。基因组 DNA 是在一组高度调控的步骤中转录成 RNA。在 20 世纪 70 年代，基因组 DNA 的序列分析表明，该 DNA 的一部分（称为外显子）与对应 mRNA 的连续的开放阅读框匹配，而基因组 DNA 的其他区域（内含子）不存在于成熟 mRNA 的中间序列。

② RNA 加工。剪接体对 mRNA 前体的内含子进行剪切，剪接体是由五个稳定小核 RNA（snRNA）和超过 70 个的蛋白质组成的复合体。选择性剪切的发生是剪切体包含或排除特定的外显子（Modrek 和 Lee，2002）。前体 mRNA 同样在 5′末端加帽（真核 mRNA 5′末端含有倒置的鸟苷称为帽子）。成熟 mRNA 具有到 3′端连续一长串腺嘌呤残基。通常聚腺苷酸化信号 AAUAAA 或 AUUAAA 位于多聚腺苷酸上游的 10-35 核苷酸处。从实验的角度来看，mRNA 的聚腺苷酸化是极为方便的，因为单核苷酸［连接到一个固体支持物的单胸苷残基（dT）树脂］可以被用于快速分离高纯度的 mRNA。在某些情况下，用总 RNA 来研究基因表达，而许多人用 mRNA。

③ RNA 输出。剪接发生后，RNA 从细胞核转移到细胞质进行翻译。需要

对于真核生物基因组的基因含量范围见第 18-20 章。

除了查看动态调节的基因表达过程，我们还可以查看每一个细胞的蛋白质和代谢物的动态调节。参见第 12 章。

因"分裂基因"的发现，Richard J. Roberts 和 Phillip A. Sharp 获得了 1993 年诺贝尔生理学或医学奖，参看 http://www.nobel.SE/medicine/laureates/1993/（链接 10.36）。

果蝇的分子提供了选择性剪接的一个特别的例子。唐氏综合征细胞黏附分子（DSCAM）基因产物可能存在 38000 多个不同的亚型（Schmucker 等，2000；Celotto 和 Graveley，2001）。该基因含有 95 个外显子（例如，NM_001273835.1）。DSCAM 多蛋白质可以赋予果蝇特定的神经连接功能。

注意的是，术语"基因表达谱"通常用于描述细胞质中的稳态 RNA 转录体的检测，但可能不是特别正确。"RNA 转录水平谱"被用于分析，基因的实际表达是不能直接测量的。

④ RNA 监控。广泛的 RNA 监控过程使真核细胞监测前体 mRNA 和 mRNA 分子无义突变（不适当的终止密码子）或移码突变（Maquat，2002）。这个无义介导的损坏机制对于维护功能 mRNA 分子十分重要。其他机制控制 mRNA 的半衰期、控制它们的降解，因而调节它们的可用性。

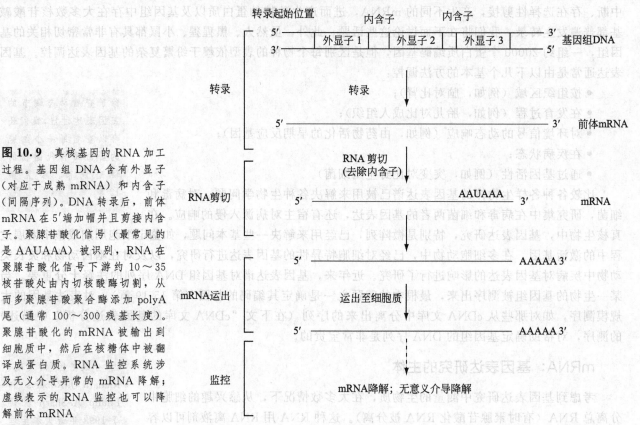

图 10.9 真核基因的 RNA 加工过程。基因组 DNA 含有外显子（对应于成熟 mRNA）和内含子（间隔序列）。DNA 转录后，前体 mRNA 在 5′端加帽并且剪接内含子。聚腺苷酸化信号（最常见的是 AAUAAA）被识别，RNA 在聚腺苷酸化信号下游约 10～35 核苷酸处由内切核酸酶切割，从而多聚腺苷酸聚合酶添加 polyA 尾（通常 100～300 残基长度）。聚腺苷酸化的 mRNA 被输出到细胞质中，然后在核糖体中被翻译成蛋白质。RNA 监控系统涉及无义介导异常的 mRNA 降解；虚线表示的 RNA 监控也可以降解前体 mRNA

RNA 衍生序列和相应的基因组 DNA 比对存在错配现象。这些差异可能反映了与 DNA 或 cDNA 序列有关的多态性或错误。决定哪个序列错误的方法是寻找一致性。如果多个独立的基因组 DNA 克隆或表达序列标签在感兴趣的区域中具有相同的核苷酸序列，则可以相信序列是正确的。参见第 15 章的深入讨论。

我们以人的 α2 球蛋白的 mRNA 作为转录本的例子。球蛋白基因的功能已经详细描述。两个 α 球蛋白基因 *HBA1* 和 *HBA2*，编码的蛋白质具有 100% 相同的氨基酸序列。然而，HBA2 的 mRNA 转录本和蛋白质的表达水平比 *HBA1* 基因的 mRNA 和蛋白质大约高三倍（Liebhaber 等，1986）。我们可以使用 UCSC Genome Browser 查看 *HBA2* 基因，有三个外显子，[如图 10.10 （a）]所示。外显子被内含子中断；为了查看这个，可以尝试执行 BLASTN 搜索 *HBA2* 的 Ref-Seq DNA 序列的和基因组 DNA 的相应区域 [图 10.10 （b）]（我们还可以通过 HBA2 蛋白质作为 BLAT 查询来看到这一点）。成对比对明显能够匹配到外显子，但内含子（不存在于成熟的 mRNA，因此不是 NM_000517 条目的一部分）无法匹配到基因组的参考序列。把 HBA2 的第一个外显子放大显示，我们可以看到，它是沿着顶链转录 [在 16 号染色体的短臂从左至右开始；图 10.10 （c）]。RefSeq 轨道显示第一个部分外显子是在 5′非翻译末端（左侧）的，外显子的编码部分已用粗线指示 [图 10.10 （c）]。这里的第三或底部阅读框开始于甲硫氨酸，继续以对应于由 HBA2 编码的蛋白质序列。

HBA2 基因位置包括对应的编码区以及 5′和 3′非翻译区（UTR）的部分。这些非编码区通常包含调节信号（如起始子甲硫氨酸附近的核糖体结合位点）和在 3′端非编码区的一个聚腺苷酸化（通常是 AATAAA）。在 α-2 球蛋白的情况下，3′UTR 包含三个富含胞嘧啶（C 丰富的）段，这对维持 mRNA 的稳定性至关重要（Waggoner 和 Liebhaber，2003）。特定的 RNA 结合蛋白与 3′非

编码区采用茎环结构相互作用。破坏这一区域的突变可导致 α 球蛋白 mRNA 的不稳定，形成 α 地中海贫血（第 21 章）。

(a) 人11号染色体的*HBA1* 和 *HBA2* 基因区域

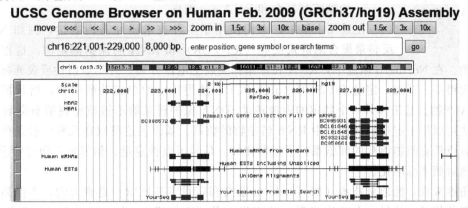

(b) HBA2编码序列对应于基因组序列的MegaBLAST揭示内含子区域

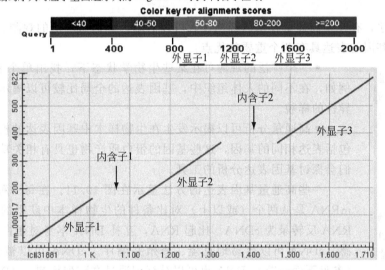

(c) HBA2的外显子1（包括编码蛋白质氨基末端的核苷酸）

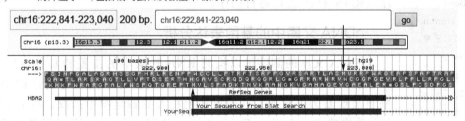

图 10.10 HBA2 对应基因组 DNA 的 mRNA。（a）UCSC Genome Table 显示了人 16 号染色体上 *HBA2* 和 *HBA1* 基因的相邻处。表意文字（染色体图）显示放大的区域是 16 号染色体在 p 臂的端粒区域。窗口显示尺度为 8000 个碱基对。RefSeq Genes 轨道显示 *HBA2* 的三个外显子。其他的数据轨显示人类的 mRNA 和表达序列标签（ESTs），和用 α 球蛋白（NP ＿000508.1）作为 BLAST 查询搜索结果。（b）为了比较 *HBA2* 的 mRNA 序列及其相应的基因组 DNA 序列，可使用 NCBI 的 MegaBLAST（第 5 章）。序列为 NM ＿000517.4 和 16 号染色体基因组叠连群（RefSeq 条目 NT ＿010393.16，核苷酸 162，000-164，000），其跨越了 *HBA2* 基因位置。注意图中显示的三个外显子被空位分开，这些空位对应内含子。类似地，点图显示了 100％ 相同的三个外显子和内含子空位。（c）*HBA2* 第一个外显子的详细视图，其中包括起始的编码蛋白质序列（在底部三个阅读框中，起始甲硫氨酸用箭头标示，并且与 BLAT 蛋白质序列开始相匹配）

［来源：（a），（c）来源于 http://genome.ucsc.edu，加州大学圣克鲁兹分校和加州大学董事会，（b）Mega-BLAST，NCBI］

逆转录酶存在于反转录病毒，是一种依赖 RNA 的 DNA 聚合酶（即将以 RNA 为模板合成 DNA）。

低通量与高通量技术研究 mRNA

我们关注三个研究 mRNA 的技术：互补 DNA（cDNA）文库，使用 Affymetrix 的微阵列平台和 RNA-seq 测序。

在近几十年中，人们使用了多种技术研究基因表达，例如 Northern 印迹、反转录聚合酶链式反应（RT-PCR）和 RNA 酶保护测定法。这些方法每一个研究一个转录物。在 Northern 印迹中，RNA 在琼脂糖凝胶上电泳分离，并用放射性或荧光标记的 cDNA 探测出，从而取得单一基因。定量 RT-PCR（qRT-PCR）使用特定的单核苷酸引物，指数扩增特定的转录物成为 cDNA 产物。基于体外一个特定的内源转录 cDNA 保护转录物不被核糖核酸酶降解的能力，RNA 酶保护测定法可以用于定量检测样本中 RNA 转录物的数目。基因表达可以在几种实验条件（如正常对比病变组织、有或没有药物治疗的细胞系）下进行比较。信号可以被定量。信号可以通过管家基因或表达水平不变的其他对照来标准化。

从一个角度来看，低通量技术（如 Northern 杂交和定量 RT-PCR）是费力的，不像高通量技术能够提供尽可能多的信息。从另一个角度来看，他们仍然是"金标准"，为高通量实验结果提供值得信赖的验证。

相对于这些方法，有几个高通量技术已经出现，可以对基因表达做广泛的观测。和单个基因的表达研究相比，研究所有基因的表达具有两个重要的优点：

还有许多其他研究基因表达的技术，如基因表达系列分析（见在线文档 10.7）。

- 一个广泛的观测可在某些生物学状态下，找出单个表达剧烈变化的基因。例如，在不同的人体组织中，基因表达的全局比较可以揭示单个转录本在区域特异性的样貌。
- 高通量分析可以揭示发生在生物样本中基因表达的模式或基因标记。这也包括表达相同的基因，这些基因的蛋白质产物也具有相关功能。在第十一章中我们会探讨基因表达分析的工具。

一些高通量基因表达的方法显示在图 10.11。在每一种情况下，总 RNA 或 mRNA 是从两个（或以上）对比条件的生物样本中获得的。通常用逆转录酶将 RNA 反转录为 cDNA。比起 RNA，互补 DNA 本身对蛋白水解或化学降解不敏感，cDNA 可以容易地克隆、繁殖并测序。cDNA 可以被包装成库并进行研究（参见下面一节）。RNA 也可以被标记通过微阵列检测，cDNA 文库可通过二代测序（RNA-seq）方法进行测序。

在线文档 10.8 提供了如何构建 cDNA 文库的图示。GenBank 中 EST 序列的数目总结可在 http://www.ncbi.nlm.nih.gov/GenBank/dbEST/dbest_summary/（链接 10.37）查看。通过 http://www.ncbi.nlm.nih.gov/unigene/（链接 10.38）访问 UniGene。

cDNA 文库中的基因表达分析

cDNA 文库的测序可以检测 RNA 转录本的位置和其表达量。RNA 是从某一位置的一个区域转录成。RNA 可以从植物不同发育阶段的根、茎、叶或者来自被诊断为正常死亡或因疾病死亡人的脑组织中提取。将 RNA 逆转录为 cDNA 并构建成一个库。cDNA 的插入片段称为表达序列标签（ESTs），然后进行测序。dbEST 是 NCBI 的 EST 数据库；目前，它包含了多种生物的数以千万计的 EST。UniGene 数据库进一步将这些 EST 序列对应的表达基因分成非冗余基因簇（Sayers 等，2012）。

每个簇都有几个相关的序列，数目从一个（单个）到近 5 万（表 10.6）。表 10.6 列出了 13 万个簇，其中一半是单一的，表明这些基因可能表达很少，它们只被观测到一次。这些单 EST 簇可能代表基因组中部分没有功能的基因转录本（参见下文中"转录本的天然普遍性"）。其他基因（如肌动蛋白和微管蛋白）。

表达水平非常高。即使一些 EST 簇与已知基因并不对应，注释的基因多数是有代表性的。表 10.7 和表 10.8 分别列出了 UniGene 中人类和非人生物体最大的 EST 簇。

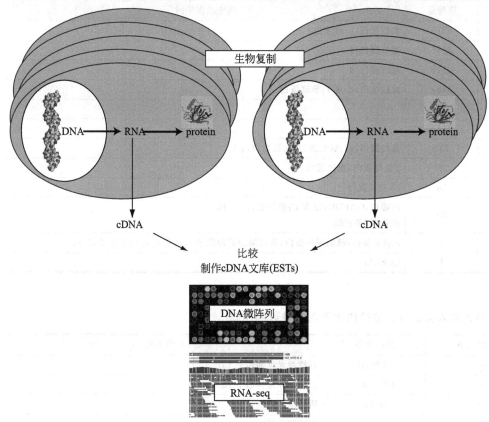

条件A（例如，来自正常人脑组织的细胞）　　　条件B（例如，来自患病人脑组织的细胞）

图 10.11　基因表达可以通过各种高通量技术来测量。在大多数情况下，对两个生物样本进行比较，例如用或不用药物治疗的细胞系，细胞用或不用病毒感染，或大鼠老化和新生的脑部。RNA 可被转化为 cDNA，能够更广泛地检测细胞中的转录本。在这一章和下一章中，我们研究几种基因表达检测方法。cDNA 文库可以构建，产生表达序列标签（ESTs）。这些都可以在 UniGene 进行电子比较。复合的 cDNA 混合物可以用荧光分子进行标记并杂交于 DNA 微阵列，其含有 cDNA 或对应于数千个基因的单核苷酸片段。高通量测序的 cDNA 文库（RNA-seq）代表一个功能强大的方法，用于比较两个样本中转录本

在 UniGene 中，点击统计、*Homo sapiens*，然后点击"library browser"查看在典型文库中测序的克隆范围。目前（2015 年 2 月），UniGene 有约 8700 个人 cDNA 文库，至少有 1000 个序列和约 8000 个小型文库。

在线文档 10.9 提供了关于 cDNA 文库和的 UniGene 的更详细的背景，包括用来提取 UniGene 中文库的工具。举一个例子，我们可以使用 UniGene 的数字差异显示（Digital Differential Display，DDD）工具比较身体不同组织区域或不同的条件下的 cDNA 文库。如图 10.12 所示的例子，该图展现了来自人脑 13 个文库的选择性表达转录本，如髓鞘碱性蛋白和胶质纤维酸性蛋白（胶质蛋白不该在心脏中表达），而心脏倾向表达白蛋白。使用 Fisher 精确检验得到与每个转录本有关的概率值（框 10.2）。此测试并不需要被比较的克隆数目是相同的。

cDNA 文库表达数据分析存在以下一些缺陷：

- 研究员需要选择构建哪个文库，更有可能的是偏向常见的组织（如脑、肝），不偏向于不常见的组织。大鼠的鼻子含有超过 12 个分泌腺，几乎所有的功能都是未知的，但对于大多数这些腺体，cDNA 文库从未被构建。

- 文库的测序深度影响其原细胞或组织中含有内容的能力。一个 cDNA 文库的克隆频率应该忠实地反映原材料中的转录物丰度。通过仅仅测序 500 个克隆，当进行整个文库的内容分析时，许多低丰度转录物不太可能被表示。

表 10.6　UniGene 中人类基因集的条目大小（Build236，智人）。GAPDH：甘油醛-3-磷酸脱氢酶

簇的大小	簇数量	簇中基因举例
1	64371	
2	12760	
3～4	10859	转录基因,十分类似 NP_032247.1 血红蛋白亚基 ε-Y2[小鼠]
5～8	10637	转录基因,十分类似 NP_001077424.1α 血红蛋白成熟链 2[小鼠]
9～16	7177	血红蛋白,θ1;血红蛋白,β假基因 1

续表

簇的大小	簇数量	簇中基因举例
17～32	4815	血红蛋白,μ;红蛋白
33～64	4557	血红蛋白,ζ
65～128	4117	血红蛋白,δ
129～256	3889	血红蛋白,小量 1;胞红蛋白
257～512	3858	
513～1024	1982	
1025～2048	729	血红蛋白,α1;肌红蛋白;血红蛋白,γA
2049～4096	224	β 血红蛋白;血红蛋白,γG
4097～8192	56	α2 血红蛋白
8193～16384	20	白蛋白,GAPDH;泛素 C;微管蛋白,α-1B; 铁蛋白,多轻肽
16385～32768	4	β 肌动蛋白;髓鞘碱性蛋白;真核翻译延伸因子 1α1;未鉴定 LOC100507412
32769～65536	1	EEF1A1

注：来源于 NCBI、UniGene。

表 10.7　UniGene 中十个最大的人类条目。值被四舍五入到最近的 1000

UniGene 编号	簇的大小	基因符号	基因名称
Hs. 586423	48000	EEF1A1	真核翻译延伸因子 1α1
Hs. 535192	27000	EEF1A1	真核翻译延伸因子 1α1
Hs. 520640	26000	ACTB	肌动蛋白,β
Hs. 551713	21000	MBP	髓鞘碱性蛋白
Hs. 426704	20000	LOC100507412	未鉴定 LOC100507412
Hs. 520348	16000	UBC	泛素 C 白蛋白
Hs. 418167	16000	ALB	白蛋白
Hs. 524390	16000	TUBA1B	微管蛋白,α-1B
Hs. 510635	16000	IGHG1	免疫球蛋白重恒 γ1(G1M 标记)
Hs. 544577	15000	GAPDH	甘油醛-3-磷酸脱氢酶
Hs. 180414	15000	HSPA8	热休克 70kμ 蛋白 8
Hs. 370247	15000	APLP2	淀粉样蛋白 β(A4)前体样蛋白 2

注：来源于 NCBI、UniGene。

表 10.8　在 UniGene 中针对非人类的十个最大簇的大小。簇的大小是四舍五入至最接近的千序列的数目

UniGene 编号	物种	簇的大小	基因名称
Cin. 19067	玻璃海鞘(Ciona intestinalis)	48000	克隆:citb001e24,全插入序列
Bfl. 2106	文昌鱼(Branchiostoma floridae)	31000	转录基因,十分类似 NP_007768.1 NADH 脱氢酶亚基 1
Bt. 107724	牛(牛)(Bos taurus)	22000	糜蛋白酶原 B1 类
At. 46639	拟南芥(Arabidopsis thaliana)	16000	磷酸核酮糖二磷酸羧化酶小链 1A
Cin. 30513	玻璃海鞘(Ciona intestinalis)	15000	ATP 结合盒子家庭 D 成员 2 类
Dr. 31797	斑马鱼(Danio rerio)	13000	真核翻译延伸因子 1α1,1 类
Dr. 75552	斑马鱼(Danio rerio)	13000	肌动蛋白,α,心肌 1b
Rn. 202968	褐家鼠(Rattus norvegicus)	13000	白蛋白
Ta. 11048	小麦(Triticum aestivum)	13000	小亚基
Ssc. 6512	野猪(Sus scrofa)	12000	线粒体 ATP 酶 6 mRNA,L 转录,部分序列

注：来源于 NCBI、UniGene [使用 11700：65536（序列计数）搜索而不是 txid9606（物种）]。

在实践中，cDNA 文库测序具有不同的深度。RNA-seq 的一个优点是可以潜在进行高深度的覆盖。

• 在文库构建中另一个偏差来源于文库构建。许多文库进行标准化，这个过程中，虽然罕见的转录更常见，但丰富的转录变得相对不足。文库标准化的目标是尽量减少高表达基因的冗余测序，并以此发现稀有的转录本（Bonaldo 等，1996）。使用工具如 UniGene 的差异显示直接比较标准化和未标准化的文库是不恰当的。对于 RNA-seq 和微阵列，在相同条件下准备 RNA 用于来源比较也很必要。

• EST 通常只测序一条链，而不是全部测序顶部和底部链。因此，比起已发现完成的序列，有更高的错误率（我们在第 9 章中讨论过测序错误率）。

• 嵌合序列可污染 cDNA 文库。例如，在文库构建过程中，两个不相关的插入物被偶然克隆到载体。

Digital Differential Display (DDD)

DDD is a tool for comparing EST profiles in order to identify genes with significantly different expression levels (More about DDD).

Species: *Homo sapiens* (human)		Start Over
Pool A: brain	13 libraries, 70610 ESTs	Edit Pool
Pool B: heart	8 libraries, 29064 ESTs	Edit Pool
		New Pool

Differential Display Results

The following genes (UniGene entries) display statistically significant differences in EST counts by the Fisher Exact Test.

A brain	B heart	UniGene Entry
0.0000	0.0360	Hs.418167 Albumin (ALB)
0.0195	0.0000	Hs.551713 Myelin basic protein (MBP)
0.0024	0.0213	Hs.298280 ATP synthase, H+ transporting, mitochondrial F1 complex, alpha subunit 1, cardiac muscle (ATP5A1)
0.0001	0.0182	Hs.435369 Four and a half LIM domains 1 (FHL1)
0.0125	0.0002	Hs.654422 Tubulin, alpha 1a (TUBA1A)
0.0100	0.0210	Hs.586423 Eukaryotic translation elongation factor 1 alpha 1 (EEF1A1)
0.0000	0.0087	Hs.657271 LIM domain binding 3 (LDB3)
0.0080	0.0001	Hs.1787 Proteolipid protein 1 (PLP1)
0.0078	0.0000	Hs.514227 Glial fibrillary acidic protein (GFAP)

图 10.12 数字差异显示（DDD）用于比较 UniGene 中 cDNA 文库的表达序列标签（ESTs）的含量。已从组织来源（如胰腺、心脏或脑）分离 RNA，合成 cDNA，构建 cDNA 文库，并且对于每个文库的多达几千个 cDNA 克隆（EST 序列）进行测序，从而建立数千个文库。文库（或组织文库）的每个克隆可以使用 DDD 进行比较。这个网站是从 NCBI 的 UniGene 网站访问；选择 *Homo sapiens*，然后选择 Library digital differential display。在这个网站上，单击文库或一组文库相应的框，然后选择第二个库（或第二组库）进行比较。使用 UniGene 的 DDD 工具的 cDNA 文库的电子比较结果。结果显示了在一个或其他组织文库中优先表达的基因列表（UniGene 序列号）。这里，显示了心脏中优先表达的转录本（例如白蛋白和心肌 ATP 合成酶）。其他转录（例如那些编码神经胶质蛋白髓鞘碱性蛋白和胶质纤维酸性蛋白）在脑源性文库中表达更高

（来源：UniGene，NCBI）

表 10.9　Fisher2×2 精确检验用来检验零假设，即给定基因（基因1）在两个组织中没受到差异性的调控。由 Claverie（1999）改编

项目	基因 1	其他所有基因	总计
A 组（例如，脑）	分配给基因 1 的序列数（$g1_A$）	该组中不属于基因 1 的序列数（N_A-g1_A）	N_A
B 组（例如，胰腺）	分配给基因 1 的序列数（$g1_B$）	该组中不属于基因 1 的序列数（N_B-g1_B）	N_B
总计	$C=g1_A+g1_B$	$C=(N_A-g1_A)+(N_B-g1_B)$	

框 10.2　Fisher 精确检验

Fisher 精确检验用来检验零假设，即对于两个不同组织，任何给定的基因序列的数目（例如，胰腺和脑中的胰岛素）在另一组织（表 10.9）是相同的。

对于 Fisher 精确检验的 P 值由下式给出

$$P=\frac{N_A!\ N_Bc!\ C!}{(N_A+N_B)!\ g1_B!\ (N_A-g1_A)!\ (N_B-g1_B)!} \tag{10.2}$$

当概率值 p 小于 $0.05/G$，零假设（即基因 1 在大脑和肌肉之间的调节没有差异）被拒绝，其中 0.05 是用于声明显著性的阈值，G 是分析的 UniGene 簇的数目（G 是保守的 Bonferroni 校正，参见第 11 章）。

虽然 NCBI 网站采用 Fisher 精确检验，但对 cDNA 文库比较的其他统计方法也已经被描述。特别是，Stekel 等（2000）开发了一种对数似然过程来评估在两个或甚至多个 cDNA 文库中观察到的基因表达差异的概率，这种差异是由于真正的转录差异，而不是取样误差。

我们在第 11 章使用统计 R 包的 fisher. test 函数在 R 中执行 Fisher 精确检验。

您可以在 http://FNTOM.gsc.nken.go.jp/（链接 10.39）访问 FANTOM 项目。

H-invitational 数据库可在 http://www.H-invitational.jp（链接 10.40）访问。由日本生物信息研究中心（JBIRC）主办，这个网站是一个内容丰富的 Genome Browser。

哺乳动物基因收集（MGC）的网站是 http://mgc.nci.nih.gov/（链接 10.41）。它包括人的约 30000 个克隆（对应约 17500 非冗余基因）。截至 2015 年 2 月，IMAGE 网站（HTTP://www.imageconsortium.org/链接10.42）可以查询来自多个物种的克隆。

全长 cDNA 计划

虽然 UniGene 是结合了 EST 和蛋白质编码基因信息的数据库的一个例子，但是对于编目、鉴定及 cDNA 的有效收集也是很有意义的。有两种主要的 cDNA 形式：具有全长蛋白质编码序列（典型的包括 5′ 和 3′ 非翻译区域的一部分）和表达克隆，其中 cDNA 的编码部分被克隆为载体，允许蛋白质在适当的细胞类型中表达（Temple 等，2006）。有许多重要的资源用于获得克隆的、高质量的、全长的 cDNA。我们接下来将介绍四种可用的 cDNA 资源。

① 鼠功能注释（FANTOM）项目提供了哺乳动物转录组的功能性注释（Maeda 等，2006）。目前，超过 10 万的全长的鼠 cDNA 已经被注释，包括蛋白编码和非蛋白编码的转录本。已使用了 BLAT、BLASTN 和其他搜索工具将转录本回贴到基因组位点上。注释类别包括人工产物（例如来自其他物种或嵌合 mRNA 的污染物）和编码序列（完整的转录本，5′ 或 3′ 截短的转录本，仅 5′ 或 3′ 非翻译区的转录本，不成熟的转录本，带有或不带有插入/删除错误的转录本，含有终止密码子的转录本，编码硒蛋白的转录本，或线粒体转录本）。在分析转录启动和终止位点时，超过 18 万个转录本的 5′ 和 3′ 的界限被确定（Carninci 等，2005）。这项研究导致超过 5000 个以前没有被识别确定的鼠蛋白质现在被识别出来。该 FANTOM 项目的另一个惊人结论是反义转录，其中聚集在一条链上的 cDNA 序列至少部分地匹配相反链，发生在 72% 的所有基因组映射的转录单元上（Katayama 等，2005）。

② H-Invitational 数据库提供人类基因一个综合的注释，包括基因的结构。可变剪接类型、编码以及非编码 RNA、单核苷酸多态性（第 8 章），以及与小鼠的比较结果（Takeda 等，2013）。总共对 21037 个人的候选基因进行了分析，对应于 41118 个全长 cDNA。图 10.8 显示了 H-Invitational 在 UCSC 上的数据轨。

③ 哺乳动物基因收集（MGC）是 NIH 项目，最初的目的是收集所有人类和小鼠基因的全长 cDNA 克隆，但后来扩大到了包括鼠、牛、青蛙、斑马鱼（MGC 项目团队等，2009）。它的网站可以通过 BLAST 进行搜索，它的数据库内容可以在 UCSC 上（图 10.8）进行查看。MGC 克隆基因组通过整合的基因组分子分析和表达联盟（IMAGE）发布。

④ 另一个重要的 cDNA 资源是 Kazusa（哺乳动物）cDNA 基因组，称为"KIAA"基因（Nagase 等，2006）。该项目的重点是表征编码特别大的基因的全长 cDNA。克隆通过 HUGE 数据库被描述和分布（Kikuno 等，2004）。

HUGE 数据库在 http://www.kazusa.or.jp/huge/（链接 10.43）。您可以在数据库看到 Northern 杂交的例子（例如，HTTP://www.kazusa.or.jp/huge/gfimage/northern/html/KIAA0012.html，链接 10.44）。

BodyMap2 与 GTEx：测定全身各处的基因表达

已经出现了两个突出的项目，它们是关于研究整个人体的组织特定的基因表达。基因型-组织表达（GTEx）项目侧重于研究基因的表达与调控，包括遗传变异信息（允许表达数量性状位点或 e-QTL 的测量，参见下面"e-QTLs"）。BodyMap2.0 项目是 Illumina 公司通过 RNA-seq 对 16 个组织的基因表达进行了检测。您可以从 NCBI Gene entry 开始查看任何感兴趣的人类基因的表达。例如，对于 *HBB* 基因，进入导航到该网页上的基因组浏览器，选择"Configure Tracks"选项，选择表达类别，然后从数十种 BodyMap2 显示选项中进行选择。

10.4 微阵列和 RNA-seq：全基因组层面的基因表达量测定

到 2000 年，DNA 微阵列已经成为一个强大的技术来测量 mRNA 转录（基因表达）。相比任何其他技术，它们已被更常用于评估不同生物样品中的 mRNA 丰度差异。因为有 Patrick Brown 及其在斯坦福大学的同事、Jeffrey Trent 及其在美国国立卫生研究院的同事，以及其他人（De Risi 等，1996）的开创性工作，微阵列技术的利用迅速增加。

到 2010 年，RNA-seq 已经成为了一个更强大的技术（McGettigan，2013；MUTZ 等，2013）。许多人认为它可能很快取代微阵列作为基因表达谱的检测方法。因为他们将检测生物样品中确定的、稳定的 mRNA 水平作为共同的主要目的，我们在这里一起介绍它们，并在第 11 章解释如何分析微阵列和 RNA 测序数据。

微阵列由一块固体支持物（如显微镜载玻片或尼龙膜）和附着其上以规则的网格形式排列的已知的 DNA 序列组成。DNA 一般是 cDNA 或寡核苷酸，有时是其他材料（如基因组 DNA 克隆，见第 8 章）。被固定在微阵列表面的 DNA 数量一般是几纳克。RNA 从感兴趣的生物来源中抽提出来，如从经过或未经过药物处理的细胞系、某物种的野生型和突变型样本，以及在不同时间点上被研究的同一样本中。RNA（或 mRNA）常常被转换成 cDNA（或 cRNA，在 Affymetrix 平台流行的情况下），做荧光或放射性标记后在阵列上进行杂交。在杂交过程中，cDNA 或是由来自生物样本中的 RNA 分子转换得到的，cDNA 将被选择性地和微阵列表面上相应的核酸进行杂交。微阵列经洗涤后，经过图像和数据分析对探测到的信号进行量化。通过这个过程，微阵列技术实现了对阵列上数以千计的基因表达水平的同时测量。

您可以通过 http://www.gtexportal.org/（链接 10.45）访问 GTEx 门户网站。它的数据通过 NCBI 的 dbGaP（例如，phs000424.v4.p1）公布。Human Body Map 2.0 的数据可以通过 http://www.ebi.ac.uk/arrayexpress/experiments/E-MTAB-513/（链接 10.46）访问，或从 NCBI 的基因表达集合中的 GSE30611 系列（http://www.ncbi.nlm.nih.gov/geo/query/acc.cgi?acc=GSE30611 链接 10.47）访问。

我们将在第 9 章描述二代测序技术应用于从组织来源得到的感兴趣的 RNA 的 cDNA。所得的读取结果被回贴到转录组上（例如，一组的外显子）。两个主要测量对象是样品中每个存在的转录物的量和推断选择性剪接的外显子的量。相比于微阵列，RNA 测序提供了额外的功能（Ozsolak 和 Milos，2011；Costa 等人，2013）：

• 虽然微阵列依赖于事先选择的转录本的 RNA 水平测量，RNA-seq 没有对检测样品的 RNA 分子做任何预先的假定。因此，RNA-seq 可以检测新的转录物。

- RNA-seq 提供了更广泛的动态范围，跨越了聚腺苷酸化 mRNA 的六个数量级（和非聚腺苷酸化 RNA 的四个数量级；Djebali 等，2012）。
- RNA 测序实验具有可扩展性：更深的测序覆盖度提高检测变异（如突变）和低水平表达的转录物的能力。
- RNA-Seq 被用于在碱基对的分辨率上回贴到转录起始位点（TSSs）。
- RNA-Seq 可以确定选择性剪接的模式，包括以前没有注释的表达转录物之间的融合，以及特定外显子的表达差异的定量评估。
- RNA-seq 适于表征小的非编码 RNA（通过尺寸选择分析小 RNA）。
- 它可能会从宿主和病原体分离 RNA，以同时鉴别两者中的 RNA 变化（称为"双 RNA-seq"，Westermann 等，2012）。

微阵列和 RNA-seq 都具有特定的缺点。两者都是昂贵的，以至于许多生物学家只能分析太少的重复（见下文第 1 阶段）。两者都受人为操作影响从而破坏实验的有用性。例如，星期一从一组对照样品提取 RNA，星期二从一组实验样品中提取 RNA，那么任何观察到的差异可能归因于条件（实验与对照）或日期。这种情况被称为完美的混淆因素。另一个值得关注的是，基因表达的最终产物是蛋白（编码基因），因而在 RNA 水平上的小变化可能具有显著的生物意义；我们下面讨论"DNA、mRNA 和蛋白水平的关系"，即 RNA 和蛋白质水平之间的相关性相对较差。

图 10.13 为微阵列和 RNA-seq 实验的过程概述图，分为五个阶段。在接下来的部分我们讨论每个阶段。

第 1 阶段：微阵列与 RNA-seq 的实验设计

在第一步中，将总 RNA 或 mRNA 从样本中分离出来。值得注意的是，用作实验对象的物种范围已经十分广泛，如病毒、细菌、真菌和人类。初始材料的标准数量为数百毫克（湿重）或数烧瓶（flask）的细胞。对许多目前使用的微阵列，总 RNA 需要 1～3 微克。如果考虑对 RNA 或 cDNA 产物进行扩增，初始材料的数量可以少很多。但是扩增后的产物不一定真正反映了初始 RNA 群体的情况。

> 对于 Affymetrix 微阵列 RNA 被逆转录为 cDNA 和转录成生物素标记的互补 RNA(cRNA)。

> 我们在第 11 章进一步讨论实验设计。

微阵列实验的实验设计包括生物学重复、技术复制和阵列设计（Churchill, 2002），每部分都可以有不同的变异来源。

① 第一，选出生物样本以供比较，如经过或未经药物处理的细胞系。如果使用多个生物学样本，则称为"生物学重复"（biological replicates），在选择实验对象进行处理时，合适的做法是对其随机分组。具有足够的生物重复是至关重要的，如 $n = 3～5$ 个实验组样品和类似数目的对照组。许多实验都只有一个生物学重复。Hansen 等（2011）强调了 RNA-seq 研究中生物学重复的必要性，并指出微阵列产生的数据集的变化和 RNA-seq 差不多。对于这两种技术，太少重复结果容易导致具有不可重复性，而且研究的条件不能推广。

② 第二，将 RNA 提取出来并作放射性或荧光标记（一般以互补 DNA 为对象）。如果从同一个生物样本中得到两份 RNA 抽提物并杂交到微阵列上，则称为"技术重复"（technical replicates）。一些研究者对单个样品进行多个 RNA 离（例如，从单一的培养的细胞系或单个大鼠心脏分离三个独立 RNA）。这些不被视为生物学重复，因为它们不捕获独立样本之间的表达水平的可变性。

> 在线文档 10.10 描述了微阵列竞争杂交。

③ 第三，微阵列实验设计的第三步是玻片上阵列元素的排列。理想状态下，阵列元素在玻片上随机排列。某些情况下，阵列元素被点样 2 次（见图 10.14）。由于阵列元素排列方式的影响或微阵列表面未被均匀清洗（或干燥），都可能造成人为差异。

第 2 阶段：RNA 与探针的准备

可以用诸如 TRIzol（Invitrogen 产品）的这类试剂较容易地将 RNA 从细胞或组织中提纯出来。对某些微阵列的使用，需要将 RNA 进一步纯化为 mRNA［poly（A）＋ RNA］（纯化试剂盒通常除去＞95％

的核糖体 RNA，这对 RNA-seq 检测低丰度 mRNA 转录物或其他非编码 RNA 转录是必需的）。如果要比较两个样本（如经过和未经药物处理的细胞），纯化 RNA 的过程中保持相似的条件是十分关键的。例如细胞的培养，需要对诸如在培养物中的时间和聚集百分比（percent confluence）等加以控制。

RNA 的纯度和质量应通过分光光度计（测量 A_{260}/A_{280} 值）和凝胶电泳加以评估。可用荧光染料如 RiboGreen（分子探针）定量测量产物。RNA 的纯度还可以通过 RNA 印迹或 PCR 检验。含有杂质（如基因组 DNA、rRNA、线粒体 DNA、糖类或其他大分子）的 RNA 制备，可能是产生高背景的不纯探针或其他人为影响的原因。

对于微阵列，RNA 被转化成 cDNA 或互补 RNA，然后用放射性或荧光染料进行标记，从而可对其进行探测。

外部的 RNA 控制联盟（the External RNA Controls Consortium）已经建立了一个 RNA 转录本的"金标准"。其目标包括提供克隆、协议和生物信息学工具的获取（Baker 等，2005）。

对于 RNA-seq，RNA 被转化为 cDNA 并包装成库。对于实验方案示例，请参阅 Nagalakshmi 等。（2010）。

你可以在 http://www.nist.gov（链接 10.48）阅读有关外部 RNA 控制协会。

光刻技术具有许多应用，包括微电子工业，物质被放在固体载体上。在微阵列技术中，通过标准的寡核苷酸合成方案，结合光不稳定的核苷酸，寡核苷酸可以在硅表面上原位合成，使得数千个特定寡核苷酸被固定于芯片表面。

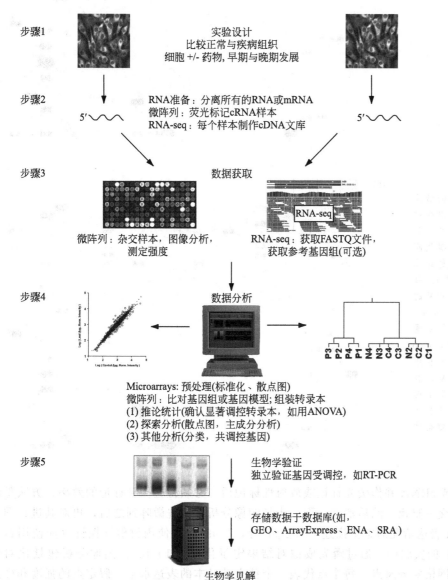

图 10.13　用微阵列或 RNA-seq 产生高通量基因表达数据的流程图。第一阶段，选择用于基因表达比较的生物样本。第二阶段，对于微阵列，分离 RNA、逆转录，并标记，一般使用荧光染料。对于 RNA-seq，RNA 被逆转录为 cDNA 并构建文库。第三阶段，数据采集。对于微阵列，这些样本被杂交到含有互补 DNA 或引物的固体支持物的微阵列上。对于 RNA-seq，进行二代测序。第四阶段，数据分析。对于微阵列，分析微阵列表达数据识别差异表达调节基因［例如，使用 ANOVA（见第 11 章）和散点图；第 4 阶段，左］或基因和/或样品的聚类（右）。对于 RNA-seq，原始读段回贴到一个参考转录本（或基因组）并组装；在一些工作流程中，先进行组装然后再比对。读段数目用来推断外显子和/或转录物的表达水平。在这些微阵列和 RNA-seq 发现的基础上，进行独立的验证（第五阶段）。数据（例如，Affymetrix 公司 cel 文件或 RNA-seq 的 FASTQ 和 BAM 文件）被压缩在一个数据库中，以便数据可以共享，并且可以进行进一步的大型分析

第 3 阶段：数据获取

标记样本与微阵列的杂交

微阵列上固定的 DNA 有时是由约 5 微克、成行成列排成的 cDNA（长度 100～2000bp）组成。其他情况下使用的是寡核苷酸（Lipshutz 等，1999）而非 cDNA，这已由 Affymetrix 公司用改进后的光刻技术（Fodor 等，1991）实现。随着用来固定 DNA 的固体支持物的性质不同，微阵列常被称为印迹（blot）、膜（membrane）、芯片（chip）或玻片（slide）。微阵列上的 DNA 被称为"目标 DNA"。在一个典型的微阵列实验中，对两个样本中的基因表达模式进行比较。每个样本中的 RNA 被荧光或放射性标记，形成"探针"。

(a)

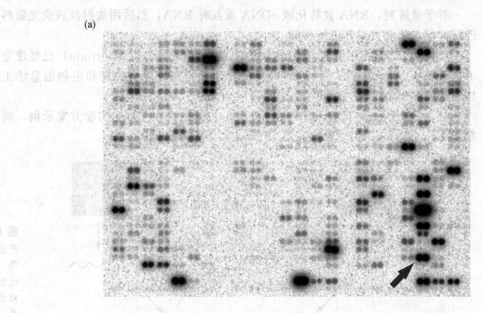

(b)

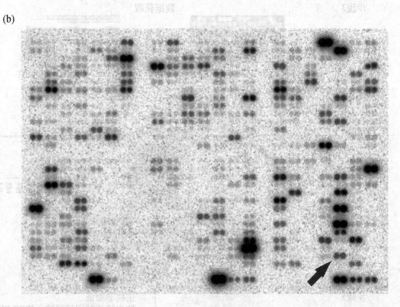

图 10.14 使用放射性探针标记的微阵列实验的例子。虽然今天放射性很少被用到，这幅图说明了微阵列的本质，其中能观察到 RNA 转录丰度的范围从高（暗点）到低到没有（对于在特定身体组织和/或发育阶段不表达的基因）。每个阵列上共有 588 个基因，并在相邻的配对中被发现。滤膜进行杂交、洗涤，并暴露于磷光下 6 小时。输出包括定量的信号（以像素为单位）。(a) Clontech公司阿特拉斯神经生物学微阵列来自患有 Rett 综合征女孩大脑的 cDNA；和 (b) 相匹配的对照表达谱。箭头指向 RNA 转录本（β 晶状体蛋白），它在疾病中上调。需要注意的是两个大脑整体的 RNA 转录谱是相似的

将 RNA 转换成 cDNA 或 cRNA 并作荧光标记或放射性标记后，必须检验探针标记的效率，方法是使探针在滤片或玻片上持续杂交一整夜，然后清洗。下一步是图像分析。清洗微阵列之后，再对其进行图像分析以获得样本中各 mRNA 表达情况的定量描述（Duggan 等，1999）。在使用放射性探针（如使用典型的 [^{33}P] 或 [^{32}P] 同位素）的实验中，通过磷光成像对结果定量化（图 10.14）。图像分析包括比对像素到网格上，并且手动调整网格对齐斑点。每个点代表一个独立转录本的表达水平。假定点的强度和样品

中 mRNA 的量相关，然而，可能出现许多人为的误差。如，点可能不具有均匀的形状；一个强烈的信号可能会"溢出"到相邻的位置，增加信号强度；像素强度接近背景水平可能会导致假性的高比例。例如，如果一个控制值是背景水平的 100 单位以上，实验值是 200 单位，则实验上调了两倍。然而，如果像素值分别是 50100 与 50200，则不能说明受到了调控。

基于荧光的实验中，阵列通过激光激发，然后测量荧光强度。依次测得 Cy5 和 Cy3 通道的数据并得出基因表达水平的比值，或一个单一的染料可以用在 Affymetrix 公司的技术中。

RNA-seq 数据的获取

RNA 测序研究产生了文库，有时还包括条形码样本，然后如第 9 章所述将进行测序过程。

第 4 阶段：数据分析

对微阵列数据的分析可以鉴别出被差异调控的基因，也可以鉴别基因表达的显著模式。某些实验组中的基因被共调控，显示出功能相关性。样本（而不是基因）被分析并分类。微阵列数据的分析将在第 11 章中介绍。

在微阵列数据分析标准化的尝试中，Alvis Brazma 等（2001）来自 17 个科研机构的人员提议建立一个微阵列数据的储存和共享系统。微阵列实验最低限度信息计划（minimum information about a microarray experiment，MIAME）给研究人员提供了一个框架，记录了 6 个方面的信息：实验设计、微阵列设计、样本（及其制备过程）、杂交过程、图像分析、为标准化做的调节。值得注意的是用于 RNA-seq 实验的元数据和那些用于微阵列实验中的数据非常相似，此外 MINSEQE（高通量核苷酸测序实验最少信息）也被提出。这些努力能够促进提高研究数据的质量、合理的注释和有用的数据交换。

第 5 阶段：生物学确认

微阵列实验的结果是数千个基因表达值的定量测量，数据分析往往显示出数十到数百个基因被显著调节，结果依赖于特定的实验模式和统计分析方法。调控转录本的列表中可能包括真阳性（那些真正被调控的）以及假阳性（转录被报告显著调控，即使它们是被偶然发现）。所以至少对调控最显著的基因中的一部分进行独立的实验验证是很重要的。

微阵列与 RNAseq 数据库

原始的以及处理过的微阵列数据发表后通常被存放在公共数据库。主要的公共数据库有 ArrayExpress、European Bioinformatics Institute（EBI）的 European Nucleotide Archive（ENA）、NCBI 的 Gene Expression Omnibus（GEO Barrett 等，2013）和 Sequence Read Archive（SRA）。我们将在第 11 章描述如何获得这些数据库中的数据。

尽管已经建立了基因表达的数据库，将其与 DNA 数据库对比是重要的。一个 DNA 数据库，如 GenBank，包含了 DNA 片段的序列信息，大小从小克隆到整个染色体或整个基因组不等。基因组 DNA 测序的错误率可以被检测出（第 9 章），独立实验室可以进一步检测 DNA 序列数据的质量。通常，DNA 序列对于单个生物体在不同时间或不同身体部位上不会变化。与此相反，基因表达是基于上下文的。一个基因表达数据库包含一些特定基因表达水平的定量测定。如果两个实验室试图描述来自某细胞系的 β 球蛋白的表达水平，测量结果可能因为许多变量不同而不同，变量有细胞系（例如肝或肾）的来源、细胞培养条件（例如细胞生长至亚汇合或汇合水平）、细胞环境（例如生长培养基的选择）、细胞年龄、研究的 RNA 类型（总 RNA 相对于 mRNA，具有不同的污染生物材料量）、测量技术和统计分析方法。虽然已经可以创建一个项目，如 RefSeq 或 VEGA 来识别基因的高

许多研究人员将微阵列上的 DNA 作为探针，生物样品的 DNA 作为目标。因此有关于探针和目标相反的定义，研究界还没有达成共识。我们将来自 RNA 或 mRNA 的标记材料称之为"探针"。对于芯片表面的寡核苷酸浓度图像，见在线文档 10.11。

MIAME 项目在微阵列基因表达数据库组网站被描述，其与功能基因组学数据协会合并（FGED 协会；http://www.fged.ORG/，链接 10.49）。

ArrayExpre 在 http://www.ebi.ac.uk/arrayexpress/（链接 10.50），而 GEO 在 http://www.ncbi.nlm.nih.gov/geo/（链接 10.51）。

质量代表 DNA 序列，但任何类似尝试描述一个标准基因表达谱必须考虑诸多与其转录发生相关的变数。

深入分析

最终，可能所有的微阵列和 RNA-seq 实验都会采用统一的标准（由 Functional Genomics Data Society 推动）。这些研究中最大的变量可能是各研究者分离的 RNA 质量和用于产生数据的微阵列性能或者短读序列比对。生物信息学领域当前的一个趋势是大量数据库的整合与相互参照，就像已经在分子序列数据库和蛋白质结构域数据库发生的情况那样。在基因表达方面，由于缺乏可接受的标准，可能限制从综合角度观察基因表达的程度。尽管如此，很可能的是将每个物种的每个基因都编入索引，从而除了分子序列和染色体位置等"稳定"的数据，每个基因对应的 mRNA 的"动态"信息也被编入。这些信息将包含各转录产物的丰度水平、基因表达的时间和区域位置以及不同状态下基因表达的行为等其他信息。

10.5 RNA 分析的解读

我们从描述非编码 RNA 开始这一章，然后描述了编码（信使）RNA。我们总结了与 RNA 性质和解释有关的几个问题，包括对大规模 RNA-seq 项目的见解。

DNA、 mRNA 与蛋白质水平之间的关系

许多人类疾病都与染色体数量的变化有关（称为非整倍体）；最知名的这类疾病是唐氏综合征，与 21 号染色体的第三拷贝有关。许多疾病因为小染色体区域（例如数百万碱基对）的重复或缺失造成，而拷贝数变化通常与癌症相关。多种证据表明，拷贝数（即基因组 DNA）的增加与 mRNA 转录水平的增加相关。我的实验室（Mao 等；2003，2005）和其他人已经表明唐氏综合征患者的大脑和心脏中的存在这一现象，类似的发现已在癌症患者中报道。

一旦 mRNA 水平升高或降低，那么相应的蛋白质是否会表现出类似的差异？或许令人惊奇，mRNA 和蛋白质水平之间似乎仅有微弱的正相关。目前，高通量蛋白质分析比转录研究在技术上更难执行（尤其是蛋白质阵列）。我们在第 12 章中讨论一些高通量蛋白质鉴定和定量方法（例如，质谱法）。

> 相关系数 r 的范围从 +1（完全正相关）到 —1（负相关），其中 $r=0$，表明两个变量是不相关的。

一些研究组已经报道了在酿酒酵母和其他系统中，mRNA 水平和相应蛋白质水平之间存在微弱的正相关关系（Futcher 等，1999；Greenbaum 等，2002）。Greenbaum 等（2002）对基因表达和蛋白丰度的数据集进行了元分析（meta-analysis），提出在 mRNA 和蛋白表达水平之间存在广泛一致。Waters 等（2006）综述了八份研究，表明高丰度蛋白的相关系数相对较高（例如，在两个研究中一个 $r=0.935$，另一个 $r=0.86$），但无高丰度蛋白时，相关系数较低（如 $r=0.36$、$r=0.49$、$r=0.21$、$r=0.18$）。Maier 等（2009）综述了检测 mRNA 和蛋白水平的方法。他们讨论了可能导致相关性很差的不同机制，包括 RNA 结构的影响、监管非编码 RNA、密码子偏差、不同的蛋白质半衰期，以及实验误差等。

从这些研究中得出的一个结论是，以实验确定观察到的 RNA 变化是否对应于相应的蛋白水平变化可能是适当的。目前，科学文献普遍认为 RNA 转录物的变化是由于编码一类蛋白质的基因导致的，诸如参与糖酵解的基因，有证据表明糖酵解在所研究的系统中已经改变。这种发现表明假说可以通过实验来验证。

转录的普遍性

在近几十年中，DNA 转录成 mRNA 已经具有相对简单的概念化模型，其中蛋白质编码基因被转录成 mRNA 前体，然后进行剪接（除去内含子）和加工（方便出核）为成熟的 mRNA。假定不同的 mRNA 转录物的数目近似等于蛋白质编码基因的数量，据估计外显子占据人类基因组少于 3%。最近，令人信服的证据已经出现，大多数基因组 DNA（包括基因组）被转录。

转录普遍性的有力证据来自于 ENCODE 计划（ENCODE 联盟，2007；Djebali 等，2012）。一系列技

术可以测定转录活性。

① 总 RNA 或 poly (A) RNA 杂交到平铺微阵列。平铺阵列包含对应于每个染色体位置的寡核苷酸或 PCR 产物，以极短的间隔规则如 5 或 30 个碱基对规则地间隔开。与此相反，常规表达阵列定位到以前注释的外显子。基因组平铺微阵列不依赖于之前的基因组注释，并且具有良好的灵敏度。

② Cap-selected RNA 是在 5′ 或 5′/3′ 接头端进行标记的测序。5′ 帽分析基因表达 (CAGE) 是通过用 oligo-dT 引物 (以捕获多聚腺苷酸化转录物的 3′ 端) 或随机引物使得第一链 cDNA 合成来富集全长 cDNA 的方法，以及 "捕获" 通常出现在 mRNA5′ 端的帽。

③ 用计算、人工和实验方法注释 EST 和 cDNA 序列。

④ 依赖于 RNA-seq 的近期研究 (Djebali 等，2012)。

> 您可以在 FANTOM 网站了解更多关于 CAGE 的信息 (http://fan-tom3.gsc.riken.jp/链接 10.52)，包括 CAGE 数据库。

最新的 ENCODE 结论包括以下内容：

- 加工过的或初级转录物分别占人类基因组的 62.1% 和 74.7%；
- 每个细胞系表达 10～12 个基因亚型；
- 编码 RNA 转录趋向于胞质，而非编码转录物定位于细胞核；
- 约 6% 的注释编码和非编码转录本重叠部分是小的非编码 RNA。

从 ENCODE 计划与其他研究中得到的一个明确结论是，许多基因组被转录。这种转录中的一些是与生物学相关的，而在其他情况下，它很可能是代表转录中水平中低相关的生物 "噪声"。我们将在第 14 章讨论功能的定义和功能元件的意义。在第 8 章中，我们讨论由 ENCODE 计划提出的基因的一种新定义。Gerstein 等 (2007) 提出了一个新的基因，定义为 "编码一套连贯并且重叠功能产物的基因组序列联合体"，而 Djebali 等 (2012) 提出基因不是 "遗传的原子单位"，而转录是。

eQTLs：通过结合 RNA-seq 和 DNA-seq 理解基因表达的遗传变异基础

生物学的一个突出问题是基因型和表型之间的关系 (参见第 14 章)。人们普遍认为在 mRNA (或其他 RNA) 水平的变异可能对疾病易感性具有关键影响。在有机体的给定细胞类型和生理状态下，可以给出 mRNA 的数量性状。此外，基因组 DNA 的变异可能会影响 mRNA 的表达。表达数量性状位点 (eQTLs) 是控制表达水平的基因座位点 (Cookson 等，2009；Majewski 和 Pastinen，2011；Wright 等，2012)。对酵母、植物和人类的相关研究已经研究了 eQTLs。最初，这些方法依赖于 SNP 阵列来测量 DNA 变异和微阵列来测量基因表达，随后的功能分析用于确定 eQTLs 是否与人类疾病相关 (图 10.15)。发现了两种主要类型的控制区域：① 顺式 eQTLs 是基因座，可以影响一定距离 (例如 1 Mb 或更少) 内相邻基因表达的转录物的表达，并且可经历等位特异性基因表达；② 反式 eQTLs 作用于较远或在其他染色体上基因的转录表达。eQTLs 可以直接或间接地影响转录，例如通过改变在近端或远端控制基因表达的转录因子结合位点的序列。

> 我们在第 20 章讨论了 HapMap 和 1000 基因组项目。健康和疾病中的欧洲遗传变异 (GEUVADIS) 的主页是 http://WWW.ge-uvadis.org (链接 10.53)。t Hoen 等 (2013) 描述了在这个项目中用于 RNA 测序的质量控制方法。

一些研究使用 RNA-seq 分析了 eQTLs (例如 Pickrell 等，2010)，使用 HapMap 计划的基因型和淋巴母细胞系的表达数据 (LCLS，淋巴细胞的永生细胞系)。由 GEUVADIS 小组牵头的大型项目中，研究人员检测了五个群体 (Lappalainen 等，2013) 462 个人的 mRNA 和小 RNA 转录水平。几乎所有人都是全外显子组和/或全基因组测序，作为千人基因组计划的一部分。这项工作具有重大意义，因为它的规模浩大和 DNA、RNA 测序结果的整合。他们报道 eQTLs 影响约 3700 个基因的表达、约 7800 个 eQTL 基因影响基因表达和剪接变异和 5700 个基因之外对于重复元素 (反转录座子衍生元素) 的顺 eQTLs。对于最显著的 eQTLs，调节变体自身趋于富集插入缺失，而不是单核苷酸变异，并经常发生在转录因子基因座、增强子和 DNA 酶 I 的超敏位点。Lappalainen 等进一步评估了一个个体的两个单倍型之间的表达差异，被称为等位基因特异性表达。他们报告说，遗传调控变异是等位基因特异表达的主要决定因素。

这些研究将变异分为表达变异和基因组相关的变异。了解基因编码区之外所发生的变异对解释全基因组关联分析的结果将是至关重要的（GWAS，第 21 章）。这是因为绝大多数疾病相关的变异回贴定位于基因间隔区。乳糖不耐症是深入研究这种类型的遗传变异的最佳范例之一。乳糖酶根皮苷水解酶（LPH）的降低表达与乳糖酶非持续性（和乳糖不耐症）有关。处于 LCT 基因上游约 14000 个碱基对的一个变异能够结合转录因子 *Oct-1*，并负责调节该基因的表达（Lewinsky 等，2005）。

图 10.15 表达数量性状基因座（eQTLs）。基因表达和基因型（包括 DNA 测序）数据从多个个体收集。个体的 DNA 变异与表达水平的关系被确定用来推断 eQTLs。其他形式的变异，如表观遗传修饰（例如，CpG 甲基化或组蛋白修饰）也可以进行映射。随后的网络分析探索转录本之间的联系（如参与同一个通路的编码蛋白）。eQTLs 可用于鉴定影响表达的变异，特别是那些由全基因组关联分析得到的发生在非编码区域的变异（GWAS，第 21 章）。非遗传效应也影响疾病易感性

[来源：Cookson 等（2009）。转载经过 Macmillan Publishers 许可]

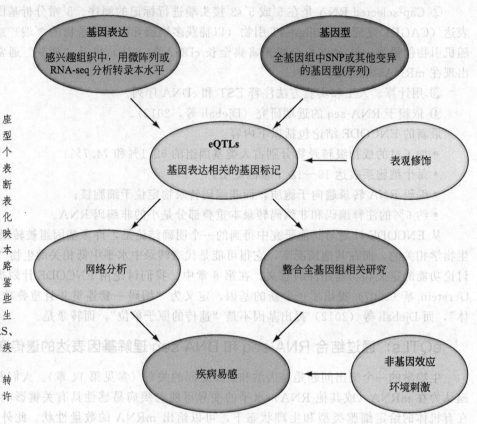

10.6　展望

所有生物中的基因在各种发育、环境或生理条件下表达。功能基因组领域包含基因表达的高通量研究。这一新方法出现之前，通常研究仅限于单个基因在某一时刻的表达。功能基因组可能会揭示整个基因组的转录过程，从而实现在细胞功能全局视角研究基因转录。

最近几年，我们对于基因及其表达的认识发生了三个重大转变。首先，互补 DNA 微阵列和寡核苷酸微阵列出现于 20 世纪 90 年代中期，已经成为一个强有力并被广泛应用的工具，用于各种生物系统中基因表达的快速定量分析。现在 RNA-seq 已经成为微阵列的补充，从而实现了更多新的应用。第二，最近的研究（包括那些 ENCODE 计划的研究）表明，大部分基因组被转录，尽管这在生物学上的意义尚未明确。第三，自从 20 世纪 90 年代许多小型非编码 RNA（如小 RNA）已经被确定并开始在功能上分类。总之，这些发现和技术进步使得人们对于 RNA 巨大的结构和功能多样性有了新认识。

10.7　常见问题

最近发现的转录的普遍性质，导致有多少 mRNA 转录物具有功能性作用的问题。对于小非编码 RNA，我们才刚刚开始探究可能的生物功能范围。非编码 RNA 鉴定的计算挑战是巨大的，可能会有更多的被鉴定出来。

对于应用 EST 分析、微阵列或 RNA-seq 这类技术的基因表达研究，有许多基本注意事项。mRNA

分子并没有被直接测量，而是先被转换成 cDNA，然后对 cDNA 进行序列分析，或经荧光或放射性标记物可视化后进行分析。被测量的物质的量是否对应于生物样本中 mRNA 的量，是需要考虑的一个重要问题。

- 当 RNA（或 mRNA）被分离时，对于细胞中的 mRNA 分子整体是否有代表性？
- 如果是两个状态下的比较，RNA 是否在完全相同的条件下被分离？实验方案的不同可能导致人为的差别。
- 任何样本中是否发生了 RNA 的降解？
- 对于微阵列，大多数研究人员也无法确认被固定在微阵列表面的分子。对于 RNA-seq 存在着巨大的数据分析挑战。

面对关于微阵列和 RNA-seq 的这一系列问题，一个回答是通过适当的实验设计才能得到可信的结果，在通过数据分析（第 11 章）鉴别出被显著调节的基因后，独立的生化检验（如 RT-PCR）对于结果的确认十分关键。

10.8　给学生的建议

我们已经将 RNA 描述为依赖上下文的方式表达（在一定的时间和地点及生理状态）。尝试通过浏览 UniGene（或其他数据库）来获取已创建和测序的文库的多样性找找感觉。发现用微阵列和/或 RNA-seq 表征的生物样品实例（例如，HapMap 或 1000 个基因组细胞系），并决定如何在复制和实验室之间可重复 RNA 转录检测。

10.9　网络资源

RNA World 网站（http://www.rna.uni-jena.de/rna.php，链接 10.54）组织相关的 RNA 链接，是一个很好的起点。RNA 中心（http://rnacentral.org/，链接 10.55）是一个有关 RNA 序列的新的重要门户。请访问 RNA-seq 博客（http://www.rna-seqblog.com/，链接 10.56）获得各种有用的资源。

问题讨论

[10-1] 对植物、动物和其他基因组，小非编码 RNA 的研究兴趣飞快增长。为什么在几十年前这些小 RNA 没有被确定并研究？

[10-2] 如果你有一个人类细胞系，你想测量药物诱导下基因表达的变化，用微阵列和 RNA-seq 的优势和劣势是什么？如果要研究的是像寄生物这样研究不多的生物的基因表达，答案有何不同？

[10-3] 当你使用一个微阵列时，怎样评估被沉积在阵列表面的物质？怎样知道 DNA 的长度及组成与制造商所制定的一致？假设你的同事正在对四个对照样品和四个实验样本进行实验，并告诉你两个 RNA 样品（一个对照，一个实验）因为事故可能混在一起。你是否可以使用微阵列或 RNA-seq 数据检测发生了混淆？

习题/计算机实验

[10-1] 我们介绍了非编码 RNA *Xist* 和 *Air*。我们也讨论了很多非编码 RNA 是保守性差的。执行一系列 BLAST 搜索，试图发现 *Xist* 和 *Air* 在人类、鼠和其他同系物中。试着搜索 RefSeq、非冗余或其他核苷酸数据库。

[10-2] 选择一个人的 rRNA 序列，然后对人类基因组 DNA 数据库执行 BLASTN 搜索。你能找到多少匹配，rDNA 序列分配给哪一条染色体？

[10-3] 人 β 球蛋白基因的附近有多少非编码 RNA？为了评估这一问题，去生物信息学 UCSC 网站（http://genome.ucsc.edu），选择 Genome Browser，选择生物为人类，并选择一个特定的基因组构建；

然后输入搜索词 hbb，找到位于 11 号染色体的基因。然后显示与非编码 RNA 相关的注释数据轨，并设置围绕 *HBB* 基因为 10 万个碱基对的视图。

[10-4] 端粒酶是一种核糖聚合酶，人类通过增加重复序列 TTAGGG 的许多拷贝，维持染色体尾端端粒的活性。酶（蛋白质）包括用于作为端粒重复模板的 RNA 成分。这个非编码 RNA 基因分配到什么染色体？一种方法是在 NCBI 的 Entrez Nucleotide 中找到条目。另一种方法是用关键字端粒酶在 Rfam 中搜索。

[10-5] 执行以下数字差别显示：
- 进入 UniGene 网站 http://www.ncbi.nlm.nih.gov/UniGene；
- 选择 "Homo sapiens"；
- 点击 "library differential display"；
- 点击某个（或某些）脑文库（brain library），然后点击 "Accept changes"；
- 选择另一组文库进行比较。

自测题

[10-1] 最丰富的 RNA 种类是下面哪些？
(a) rRNA 和 tRNA；
(b) rRNA 和 mRNA；
(c) tRNA 和 mRNA；
(d) mRNA 和小 RNA

[10-2] 以下哪些性质可以将小 RNA 与其他 RNA 区分出来：
(a) 位于核仁；
(b) 每个小 RNA 调控少数同源目标信使 RNA；
(c) 它们是编码 RNA，每一个调控大量同源信使 RNA；
(d) 它们具有约 22 个核苷酸的长度，从一个较大的前体衍生而来，并具有调控信使 RNA 的功能

[10-3] mRNA 加工阶段不包括以下哪个步骤？
(a) 剪切；
(b) 出核；
(c) 甲基化；
(d) 监控

[10-4] 数字差别显示（DDD）被用来比较 UniGene 的 cDNA 文库中的表达序列标记（EST）。EST 还出现在微阵列中，对 EST 最好的描述是以下哪一项？
(a) 一簇非冗余序列（长约 500bp）；
(b) 一段在基因组中多次重复的 DNA 序列；
(c) 对应于通过对 cDNA 测序获得的表达基因的序列；
(d) cDNA 的一个"标签"（如一个 DNA 片段），对应于尚未被鉴别的转录产物

[10-5] UniGene 中的簇大小范围从很小（如 1）到相当大（如 >10000）。簇大小为 1 代表什么情况？
(a) 已鉴别出的一条序列，具有与其相关的大量 EST 转录产物（如超过 10000）；
(b) 已鉴别出的一条序列，对应于某个阶段表达的基因；
(c) 已鉴别出的一条序列（假定是一个 EST）和另一个已知序列相匹配（从而作为一个 UniGene 簇被鉴别）；
(d) 已鉴别出的一条序列（假定是一个 EST）被认为对应于一个已知基因，但在 UniGene 中没有任何匹配序列（也就是和任何 EST 都不匹配）

[10-6] 分析 cDNA 文库时需要注意的是：
(a) 文库可能来源于不同组织；
(b) 文库可能包含数千个序列；

（c）文库有不同的标准化；

（d）文库可能包含大量很少被表达的转录产物

[10-7] 微阵列有一块固体支持物，被固定在上面的一般是：

（a）DNA；

（b）RNA；

（c）基因；

（d）转录产物

[10-8] M1AME 计划的目标是为什么提供一个统一的系统？

（a）描述微阵列的制造；

（b）描述微阵列实验，从设计到杂交乃至图像分析；

（c）描述微阵列探针的制备，包括荧光和放射性标记；

（d）微阵列数据库，包括数据存储、分析和显示标准

[10-9] 比起 DNA 微阵列 RNA-seq 有几个优势。以下哪项不是 RNA-seq 的优势？

（a）动态范围优良；

（b）重复性好，所以需要更少的生物学重复；

（c）可以用来表征以前没有注释的转录；

（d）可用于表征许多非编码 RNA

推荐读物

Alex Bateman 和 29 位同事介绍了 RNAcentral，这是一个相对较新的 RNA 数据库，集中了多个数据库来源。在文章中，Bateman 等（2011）对 RNA 数据库和 RNA 与许多学科的相关性进行了简要精彩的概述。Washietl 等（2012）、Nawrocki 和 Eddy（2013）描述了识别功能为非编码 RNA 分子的方法，它们清楚地评论了结合的结构和序列信息的好处。Washietl 等的文章进一步解释了如何使用 RNA-seq 来识别非编码 RNA 和新的转录本。对于结构、功能、进化和 miRNA 的系统发育分布有一个很好的说明，请参阅 Berezikov（2011）。

cDNA 的二代测序来源于 RNA（RNA-seq），已经对我们表征非编码 RNA 和编码 RNA 的能力有许多影响。Morozova 等（2009）和 Wang 等（2009）综述了该技术的影响。

参 考 文 献

Ambros, V., Bartel, B., Bartel, D.P. *et al.* 2003. A uniform system for microRNA annotation. *RNA* **9**, 277–279. PMID: 12592000.

Avery, O.T., MacLeod, C.M., McCarty, M. 1944. Studies on the chemical nature of the substance inducing transformation of Pneumococcal types. *Journal of Experimental Medicine* **79**, 137–158.

Baker, S.C., Bauer, S.R., Beyer, R.P. *et al.* 2005. The External RNA Controls Consortium: a progress report. *Nature Methods* **2**, 731–734. PMID: 16179916.

Bark, C., Weller, P., Zabielski, J., Pettersson, U. 1986. Genes for human U4 small nuclear RNA. *Gene* **50**, 333–344.

Barrett, T., Wilhite, S.E., Ledoux, P. *et al.* 2013. NCBI GEO: archive for functional genomics data sets: update. *Nucleic Acids Research* **41**(Database issue), D991–995. PMID: 23193258.

Bateman, A., Agrawal, S., Birney, E. *et al.* 2011. RNAcentral: A vision for an international database of RNA sequences. *RNA* **17**(11), 1941–1946. PMID: 21940779.

Beadle, G.W., Tatum, E.L. 1941. Genetic Control of Biochemical Reactions in Neurospora. *Proceedings of the National Academy of Science USA* **27**(11), 499–506. PMID: 16588492.

Berezikov, E. 2011. Evolution of microRNA diversity and regulation in animals. *Nature Reviews Genetics* **12**(12), 846–860. PMID: 22094948.

Betel, D., Wilson, M., Gabow, A., Marks, D.S., Sander, C. 2008. The microRNA.org resource: targets and expression. *Nucleic Acids Research* **36**(Database issue), D149–153. PMID: 18158296.

Bhartiya, D., Pal, K., Ghosh, S. *et al.* 2013. lncRNome: a comprehensive knowledgebase of human long noncoding RNAs. *Database* (Oxford) **2013**, bat034. PMID: 23846593.

Bonaldo, M. F., Lennon, G., Soares, M. B. 1996. Normalization and subtraction: Two approaches to facilitate gene discovery. *Genome Research* **6**, 791–806.

Borsani, G., Tonlorenzi, R., Simmler, M.C. *et al.* 1991. Characterization of a murine gene expressed from the inactive X chromosome. *Nature* **351**, 325–329. PMID: 2034278.

Brazma, A., Hingamp, P., Quackenbush, J. *et al.* 2001. Minimum information about a microarray experiment (MIAME)–toward standards for microarray data. *Nature Genetics* **29**, 365–371. PMID: 11726920.

Burge, S.W., Daub, J., Eberhardt, R. *et al.* 2013. Rfam 11.0: 10 years of RNA families. *Nucleic Acids Research* **41**(Database issue), D226–232. PMID: 23125362.

Cabili, M.N., Trapnell, C., Goff, L. *et al.* 2011. Integrative annotation of human large intergenic noncoding RNAs reveals global properties and specific subclasses. *Genes and Development* **25**(18), 1915–1927. PMID: 21890647.

Carninci, P., Kasukawa, T., Katayama, S. *et al.* 2005. The transcriptional landscape of the mammalian genome. *Science* **309**, 1559–1563. PMID: 16141072.

Celotto, A. M., Graveley, B. R. 2001. Alternative splicing of the *Drosophila* Dscam pre-mRNA is both temporally and spatially regulated. *Genetics* **159**, 599–608.

Chan, P.P., Lowe, T.M. 2009. GtRNAdb: a database of transfer RNA genes detected in genomic sequence. *Nucleic Acids Research* **37**(Database issue), D93–97. PMID: 18984615.

Cho, S., Jang, I., Jun, Y. *et al.* 2013. MiRGator v3.0: a microRNA portal for deep sequencing, expression profiling and mRNA targeting. *Nucleic Acids Research* **41**(Database issue), D252–257. PMID: 23193297.

Churchill, G. A. 2002. Fundamentals of experimental design for cDNA microarrays. *Nature Genetics* **32**, 490–495.

Claverie, J.M. 1999. Computational methods for the identification of differential and coordinated gene expression. *Human Molecular Genetics* **8**(10), 1821–1832. PMID: 10469833.

Cole, J.R., Chai, B., Farris, R.J. *et al.* 2007. The ribosomal database project (RDP–II): introducing myRDP space and quality controlled public data. *Nucleic Acids Research* **35**, D169–172. PMID: 17090583.

Cookson, W., Liang, L., Abecasis, G., Moffatt, M., Lathrop, M. 2009. Mapping complex disease traits with global gene expression. *Nature Reviews Genetics* **10**(3), 184–194. PMID: 19223927.

Costa, V., Aprile, M., Esposito, R., Ciccodicola, A. 2013. RNA-Seq and human complex diseases: recent accomplishments and future perspectives. *European Journal of Human Genetics* **21**(2), 134–142. PMID: 22739340.

Crick, F.H. 1958. On protein synthesis. *Symposia of the Society for Experimental Biology* **12**, 138–163. PMID: 13580867.

Dayhoff, M.O., Hunt, L.T., McLaughlin, P.J., Jones, D.D. 1972. Gene duplications in evolution: the globins. In: *Atlas of Protein Sequence and Structure* (ed. Dayhoff, M.O.), Vol. 5. National Biomedical Research Foundation, Washington, DC.

DeRisi, J., Penland, L., Brown, P.O. *et al.* 1996. Use of a cDNA microarray to analyse gene expression patterns in human cancer. *Nature Genetics* **14**, 457–460. PMID: 8944026.

Derrien, T., Johnson, R., Bussotti, G. *et al.* 2012. The GENCODE v7 catalog of human long noncoding RNAs: analysis of their gene structure, evolution, and expression. *Genome Research* **22**(9), 1775–1789. PMID: 22955988.

Djebali, S., Davis, C.A., Merkel. A. *et al.* 2012. Landscape of transcription in human cells. *Nature* **489**(7414), 101–108. PMID: 22955620.

Duggan, D. J., Bittner, M., Chen, Y., Meltzer, P., Trent, J. M. 1999. Expression profiling using cDNA microarrays. *Nature Genetics* **21**, 10–14.

Eddy, S.R., Durbin, R. 1994. RNA sequence analysis using covariance models. *Nucleic Acids Research* **22**, 2079–2088.

Eggenhofer, F., Hofacker, I.L., Höner Zu Siederdissen, C. 2013. CMCompare webserver: comparing RNA families via covariance models. *Nucleic Acids Research* **41**(Web Server issue), W499–503. PMID: 23640335.

ENCODE Project Consortium *et al.* 2007. Identification and analysis of functional elements in 1% of the human genome by the ENCODE pilot project. *Nature* **447**, 799–816.

Fichant, G.A., Burks, C. 1991. Identifying potential tRNA genes in genomic DNA sequences. *Journal of Molecular Biology* **220**, 659–671.

Fire A., Xu S., Montgomery M.K., Kostas S.A., Driver S.E., Mello, C.C. 1998. Potent and specific genetic interference by double-stranded RNA in *Caenorhabditis elegans*. *Nature* **391**, 806–811.

Fodor, S. P., Read, J.L., Pirrung, M.C. *et al.* 1991. Light–directed, spatially addressable parallel chemical synthesis. *Science* **251**, 767–773. PMID: 1990438.

Friedman, R.C., Farh, K.K., Burge, C.B., Bartel, D.P. 2009. Most mammalian mRNAs are conserved targets of microRNAs. *Genome Research* **19**(1), 92–105. PMID: 18955434.

Futcher, B., Latter, G. I., Monardo, P., McLaughlin, C. S., Garrels, J. I. 1999. A sampling of the yeast proteome. *Molecular and Cellular Biology* **19**, 7357–7368.

Gerstein, M.B., Bruce, C., Rozowsky, J.S. *et al.* 2007. What is a gene, post-ENCODE? History and updated definition. *Genome Research* **17**(6), 669–681. PMID: 17567988.

Gonzalez, I.L., Sylvester, J.E. 2001. Human rDNA: evolutionary patterns within the genes and tandem arrays derived from multiple chromosomes. *Genomics* **73**(3), 255–263. PMID: 11350117.

Greenbaum, D., Jansen, R., Gerstein, M. 2002. Analysis of mRNA expression and protein abundance data: An approach for the comparison of the enrichment of features in the cellular population of proteins and transcripts. *Bioinformatics* **18**, 585–596.

Guenzl, P.M., Barlow, D.P. 2012. Macro lncRNAs: a new layer of cis-regulatory information in the mammalian genome. *RNA Biology* **9**(6), 731–741. PMID: 22617879.

Hansen, K.D., Wu, Z., Irizarry, R.A., Leek, J.T. 2011. Sequencing technology does not eliminate biological variability. *Nature Biotechnology* **29**(7), 572–573. PMID: 21747377.

Henderson, A.S., Warburton, D., Atwood, K.C. 1972. Location of ribosomal DNA in the human chromosome complement. *Proceedings of the National Academy of Science, USA* **69**, 3394–3398.

Hofacker, I.L. 2003. Vienna RNA secondary structure server. *Nucleic Acids Research* **31**, 3429–3431.

Hofacker, I.L., Lorenz, R. 2014. Predicting RNA structure: advances and limitations. *Methods in Molecular Biology* **1086**, 1–19. PMID: 24136595.

Humphreys, D.T., Suter, C.M. 2013. miRspring: a compact standalone research tool for analyzing miRNA-seq data. *Nucleic Acids Research* **41**(15), e147. PMID: 23775795.

Katayama, S., Tomaru, Y., Kasukawa, T. *et al.* 2005. Antisense transcription in the mammalian transcriptome. *Science* **309**, 1564–1566. PMID: 16141073.

Kikuno, R., Nagase, T., Nakayama, M. *et al.* 2004. HUGE: a database for human KIAA proteins, a 2004 update integrating HUGEppi and ROUGE. *Nucleic Acids Research* **32**, D502–504.

Kornienko, A.E., Guenzl, P.M., Barlow, D.P., Pauler, F.M. 2013. Gene regulation by the act of long noncoding RNA transcription. *BMC Biology* **11**, 59. PMID: 23721193.

Kozomara, A., Griffiths-Jones, S. 2011. miRBase: integrating microRNA annotation and deep-sequencing data. *Nucleic Acids Research* **39**(Database issue), D152–157. PMID: 21037258.

Krek, A., Grün, D., Poy, M.N. *et al.* 2005. Combinatorial microRNA target predictions. *Nature Genetics* **37**(5), 495–500. PMID: 15806104.

Lagesen, K., Hallin, P., Rodland, E.A. *et al.* 2007. RNAmmer: consistent and rapid annotation of ribosomal RNA genes. *Nucleic Acids Research* **35**, 3100–3108. PMID: 17452365.

Lappalainen, T., Sammeth, M., Friedländer, M.R. *et al.* 2013. Transcriptome and genome sequencing uncovers functional variation in humans. *Nature* **501**(7468), 506–511. PMID: 24037378.

Lee, J.T. 2012. Epigenetic regulation by long noncoding RNAs. *Science* **338**(6113), 1435–1439. PMID: 23239728.

Lee, R.C., Feinbaum, R.L., Ambros, V. 1993. The *C. elegans* heterochronic gene lin-4 encodes small RNAs with antisense complementarity to lin-14. *Cell* **75**, 843–854.

Lestrade, L., Weber, M.J. 2006. snoRNA-LBME-db, a comprehensive database of human H/ACA and C/D box snoRNAs. *Nucleic Acids Research* **34**(Database issue), D158–162.

Lewinsky, R.H., Jensen, T.G., Møller J. *et al.* 2005. T-13910 DNA variant associated with lactase persistence interacts with Oct-1 and stimulates lactase promoter activity in vitro. *Human Molecular Genetics* **14**(24), 3945–3953. PMID:16301215.

Lewis, B.P., Burge, C.B., Bartel, D.P. 2005. Conserved seed pairing, often flanked by adenosines, indicates that thousands of human genes are microRNA targets. *Cell* **120**, 15–20.

Liebhaber, S.A., Cash, F.E., Ballas, S.K. 1986. Human alpha-globin gene expression. The dominant role of the alpha 2-locus in mRNA and protein synthesis. *Journal of Biological Chemistry* **261**, 15327–15333.

Lipshutz, R. J., Fodor, S. P., Gingeras, T. R., Lockhart, D. J. 1999. High density synthetic oligonucleotide arrays. *Nature Genetics* **21**, 20–24.

Lorenz, R., Bernhart, S.H., Höner Zu Siederdissen, C. *et al.* 2011. ViennaRNA Package 2.0. *Algorithms for Molecular Biology* **6**, 26. PMID: 22115189.

Lowe, T.M., Eddy, S.R. 1997. tRNAscan-SE: A program for improved detection of transfer RNA genes in genomic sequence. *Nucleic Acids Research* **25**, 955–964.

Lowe, T.M., Eddy, S.R. 1999. A computational screen for methylation guide snoRNAs in yeast. *Science* **283**, 1168–1171.

Ludwig, W., Strunk, O., Westram, R. *et al.* 2004. ARB: a software environment for sequence data. *Nucleic Acids Research* **32**, 1363–1371. PMID: 14985472.

Luteijn, M.J., Ketting, R.F. 2013. PIWI-interacting RNAs: from generation to transgenerational epigenetics. *Nature Reviews Genetics* **14**(8), 523–534. PMID: 23797853.

Maeda, N., Kasukawa, T., Oyama, R. *et al.* 2006. Transcript annotation in FANTOM3: mouse gene catalog based on physical cDNAs. *PLoS Genetics* **2**, e62. PMID: 16683036.

Maier, T., Güell, M., Serrano, L. 2009. Correlation of mRNA and protein in complex biological samples. *FEBS Letters* **583**(24), 3966–3973. PMID: 19850042.

Majewski, J., Pastinen, T. 2011. The study of eQTL variations by RNA-seq: from SNPs to phenotypes. *Trends in Genetics* **27**(2), 72–79. PMID: 21122937.

Maniatis, T., Reed, R. 2002. An extensive network of coupling among gene expression machines. *Nature* **416**, 499–506.

Mao, R., Zielke, C.L., Zielke, H.R., Pevsner, J. 2003. Global up-regulation of chromosome 21 gene expression in the developing Down syndrome brain. *Genomics* **81**(5), 457–467. PMID: 12706104.

Mao, R., Wang, X., Spitznagel, E.L. Jr. *et al.* 2005. Primary and secondary transcriptional effects in the developing human Down syndrome brain and heart. *Genome Biology* **6**(13), R107. PMID: 16420667.

Maquat, L. E. 2002. Molecular biology. Skiing toward nonstop mRNA decay. *Science* **295**, 2221–2222.

Mathews, D.H., Sabina, J., Zuker, M., Turner, D.H. 1999. Expanded sequence dependence of thermodynamic parameters improves prediction of RNA secondary structure. *Journal of Molecular Biology* **288**, 911–940.

McGettigan, P.A. 2013. Transcriptomics in the RNA-seq era. *Current Opinion in Chemical Biology* **17**(1), 4–11. PMID: 23290152.

MGC Project Team, Temple, G., Gerhard, D.S. *et al.* 2009. The completion of the Mammalian Gene Collection (MGC). *Genome Research* **19**(12), 2324–2333. PMID: 19767417.

Miller, O. L., Hamkalo, B. A., Thomas, C. A. 1970. Visualization of bacterial genes in action. *Science* **169**, 392–395.

Miranda, K.C., Huynh, T., Tay, Y. *et al.* 2006. A pattern-based method for the identification of MicroRNA binding sites and their corresponding heteroduplexes. *Cell* **126**(6), 1203–1217. PMID: 16990141.

Modrek, B., Lee, C. 2002. A genomic view of alternative splicing. *Nature Genetics* **30**, 13–19.

Morozova, O., Hirst, M., Marra, M.A. 2009. Applications of new sequencing technologies for transcriptome analysis. *Annual Reviews in Genomics and Human Genetics* **10**, 135–151. PMID: 19715439.

Mutz, K.O., Heilkenbrinker, A., Lönne, M., Walter, J.G., Stahl, F. 2013. Transcriptome analysis using next–generation sequencing. *Current Opinion in Biotechnology* **24**(1), 22–30. PMID: 23020966.

Nagalakshmi, U., Waern, K., Snyder, M. 2010. RNA-Seq: a method for comprehensive transcriptome analysis. *Current Protocols in Molecular Biology* **Chapter** 4, Unit 4.11.1–13. PMID: 20069539.

Nagase, T., Koga, H., Ohara, O. 2006. Kazusa mammalian cDNA resources: towards functional characterization of KIAA gene products. *Briefings in Functional Genomic Proteomics* **5**, 4–7. PMID: 16769670.

Nawrocki, E.P., Eddy, S.R. 2013. Computational identification of functional RNA homologs in metagenomic data. *RNA Biology* **10**(7), 1170–1179. PMID: 23722291.

Nawrocki, E.P., Burge, S.W., Bateman, A. *et al.* 2015. Rfam 12.0: updates to the RNA families database. *Nucleic Acids Research* **43**(Database issue), D130–137. PMID: 25392425.

Nirenberg, M. 1965. Protein synthesis and the RNA code. *Harvey Lectures* **59**, 155–185.

Olsen, G.J., Woese, C.R. 1993. Ribosomal RNA: a key to phylogeny. *FASEB Journal* **7**(1), 113–23. PMID: 8422957.

Ozsolak, F., Milos, P.M. 2011. RNA sequencing: advances, challenges and opportunities. *Nature Reviews Genetics* **12**(2), 87–98. PMID: 21191423.

Pang, K.C., Stephen, S., Dinger, M.E. *et al.* 2007. RNAdb 2.0: an expanded database of mammalian non-coding RNAs. *Nucleic Acids Research* **35**(Database issue), D178–182. PMID: 17145715.

Paraskevopoulou, M.D., Georgakilas, G., Kostoulas, N. *et al.* 2013. DIANA-microT web server v5.0: service integration into miRNA functional analysis workflows. *Nucleic Acids Research* **41**(Web Server issue), W169–173. PMID: 23680784.

Pasquinelli, A.E. 2012. MicroRNAs and their targets: recognition, regulation and an emerging reciprocal relationship. *Nature Reviews Genetics* **13**(4), 271–282. PMID: 22411466.

Pasquinelli, A.E., Ruvkun, G. 2002. Control of developmental timing by micrornas and their targets. *Annual Reviews in Cell Development and Biology* **18**, 495–513.

Pavesi, A., Conterio, F., Bolchi, A., Dieci, G., Ottonello, S. 1994. Identification of new eukaryotic tRNA genes in genomic DNA databases by a multistep weight matrix analysis of trnascriptional control regions. *Nucleic Acids Research* **22**, 1247–1256.

Pedersen, J.S., Bejerano, G., Siepel, A. *et al.* 2006. Identification and classification of conserved RNA secondary structures in the human genome. *PLoS Computational Biology* **2**, e33. PMID: 16628248.

Pickrell, J.K., Marioni, J.C., Pai, A.A. *et al.* 2010. Understanding mechanisms underlying human gene expression variation with RNA sequencing. *Nature* **464**(7289), 768–772. PMID: 20220758.

Rajewsky, N. 2006. microRNA target predictions in animals. *Nature Genetics* **38**, Suppl: S8–13.

Ritchie, W., Rasko, J.E., Flamant, S. 2013. MicroRNA target prediction and validation. *Advances in Experimental Medicine and Biology* **774**, 39–53. PMID: 23377967.

Sakakibara, Y., Brown, M., Hughey, R. *et al.* 1994. Stochastic context-free grammars for tRNA modeling. *Nucleic Acids Research* **22**, 5112–5120. PMID: 7800507.

Sayers, E.W., Barrett, T., Benson, D.A. *et al.* 2012. Database resources of the National Center for Biotechnology Information. *Nucleic Acids Research* **40**(Database issue), D13–25. PMID: 22140104.

Schattner, P., Brooks, A.N., Lowe, T.M. 2005. The tRNAscan-SE, snoscan and snoGPS web servers for the detection of tRNAs and snoRNAs. *Nucleic Acids Research* **33**(Web Server issue), W686–689. PMID: 15980563.

Schloss, P.D., Handelsman, J. 2004. Status of the microbial census. *Microbiology and Molecular Biology Reviews* **68**, 686–691. PMID: 15590780.

Schmucker, D., Clemens, J.C., Shu, H. *et al.* 2000. *Drosophila* Dscam is an axon guidance receptor exhibiting extraordinary molecular diversity. *Cell* **101**, 671–684. PMID: 10892653.

Sleutels, F., Zwart, R., Barlow, D.P. 2002. The non-coding Air RNA is required for silencing autosomal imprinted genes. *Nature* **415**, 810–813.

Stekel, D.J., Git, Y., Falciani, F. 2000. The comparison of gene expression from multiple cDNA libraries. *Genome Research* **10**(12), 2055–2061. PMID: 11116099.

't Hoen, P.A., Friedländer, M.R., Almlöf, J. *et al.* 2013. Reproducibility of high-throughput mRNA and small RNA sequencing across laboratories. *Nature Biotechnology* **31**, 1015–1022. PMID: 24037425.

Takeda, J., Yamasaki, C., Murakami, K. *et al.* 2013. H-InvDB in 2013: an omics study platform for human functional gene and transcript discovery. *Nucleic Acids Research* **41**(Database issue), D915–919. PMID: 23197657.

Tåquist, H., Cui, Y., Ardell, D.H. 2007. TFAM 1.0: an online tRNA function classifier. *Nucleic Acids Research* **35**(Web Server issue), W350–353.

Temple, G., Lamesch, P., Milstein, S. *et al.* 2006. From genome to proteome: developing expression clone resources for the human genome. *Human Molecular Genetics* **15**, R31–43. PMID: 16651367.

Valadkhan, S. 2005. snRNAs as the catalysts of pre-mRNA splicing. *Current Opinion in Chemical Biology* **9**, 603–608.

Waggoner, S.A., Liebhaber, S.A. 2003. Regulation of alpha-globin mRNA stability. *Experimental Biology and Medicine (Maywood)* **228**, 387–395.

Wang, X. 2008. miRDB: a microRNA target prediction and functional annotation database with a wiki interface. *RNA* **14**(6), 1012–1017. PMID: 18426918.

Wang, Z., Gerstein, M., Snyder, M. 2009. RNA-Seq: a revolutionary tool for transcriptomics. *Nature Reviews Genetics* **10**(1), 57–63. PMID: 19015660.

Washietl, S. 2010. Sequence and structure analysis of noncoding RNAs. *Methods in Molecular Biology* **609**, 285–306. PMID: 20221926.

Washietl, S., Hofacker, I.L. 2010. Nucleic acid sequence and structure databases. *Methods in Molecular Biology* **609**, 3–15. PMID: 20221910.

Washietl, S., Will, S., Hendrix, D.A. *et al.* 2012. Computational analysis of noncoding RNAs. *Wiley Interdisciplinary Reviews: RNA* **3**(6), 759–778. PMID: 22991327.

Waters, K.M., Pounds, J.G., Thrall, B.D. 2006. Data merging for integrated microarray and proteomic analysis. *Briefings in Functional Genomic and Proteomics* **5**, 261–272.

Watson, J.D., Crick, F.H. 1953. Molecular structure of nucleic acids; a structure for deoxyribose nucleic acid. *Nature* **171**(4356), 737–738. PMID: 13054692.

Westermann, A.J., Gorski, S.A., Vogel, J. 2012. Dual RNA-seq of pathogen and host. *Nature Reviews Microbiology* **10**(9), 618–630. PMID: 22890146.

Wright, F.A., Shabalin, A.A., Rusyn, I. 2012. Computational tools for discovery and interpretation of expression quantitative trait loci. *Pharmacogenomics* **13**(3), 343–352. PMID: 22304583.

Zuker, M., Stiegler, P. 1981. Optimal computer folding of large RNA sequences using thermodynamics and auxiliary information. *Nucleic Acids Research* **9**, 133–148.

第11章

基因表达：芯片和 RNA-seq 数据分析

一点点的机遇等于大量的学习

——阿拉伯谚语

学习目标

通过阅读本章你应该能够：

• 解释什么是预处理，以及如何完成芯片数据的归一化？

• 定义 t 检验值和概率值；

• 描述不同类型的探索性统计方法（如聚类、主成分分析等），并可以解释这些方法是如何被用来查看基因表达数据；

• 分析芯片及 RNA-seq 数据集。

11.1 引言

针对基因表达（mRNA 转录本水平）的大规模数据分析，现在主要有两种有力的实验方法：芯片和基于二代测序的转录组分析（RNA-seq）。芯片在 2000 年之后被普遍应用，而 RNA-seq 则在 10 年之后成为主流。无论哪一种方法，首先都需要从某个感兴趣的组织（如人胚脑）提取 RNA 样本，然后进行一些比较（例如：在发育的不同阶段、脑的不同区域、整倍体和三倍体样本之间等不同状态下有哪些 RNA 转录本发生了改变）。对于芯片来说，RNA 样本首先被转换成互补 DNA 或互补 RNA（如我们会重点关注的 Affymetrix 平台）等稳定的形式，然后被荧光染料标记，最后会与包含数千（乃至数百万）个预先选定的 DNA 片段的芯片表面进行杂交。对于 RNA-seq 来说，RNA 首先被转换为 cDNA，然后被包装进测序文库中，最后通过二代测序技术来获取数百万个短的核酸序列。

芯片和 RNA-seq 这两种技术的主要目的都是要鉴定有哪些基因发生了显著上调或下调（所以需要测定差异表达）。RNA-seq 技术的优点是待分析的转录本没有被预先选定，相反的是测序技术可以（以一个相对无偏的方式）测定在每个样本中存在的所有 RNA 转录本。

此外，RNA-seq 在以下几个方面相对于芯片技术具有明显优势：

• 转录本丰度的测定；

• 识别转录本以改进对于基因的注释；

• RNA 转录本的从头组装。

测定 RNA 的实验流程是从实验设计开始的（图 11.1 中紫色阴影部分）。对于生物学家来说最好在刚

图 11.1　评估 RNA 表达量变化（基因表达分析）的方法概述。紫色方框：首先，提出一个生物学问题并设计一个实验；在 RNA 被分离之后，我们可以考虑两种技术：芯片和 RNA-seq。在芯片流程中（桃色方框），将样本转化成一组荧光标记的分子，其与固体表面结合，之后洗去未结合的样本分子，并检测荧光信号从而得到信号图像。图像分析可以得到包含了大于 20000 个 RNA 转录本表达量的原始数据。预处理包括归一化和异常值的去除。对于 Affymetrix 产生的芯片，一个额外的步骤是汇总整理，一个给定基因的表达值（RNA 转录本）是基于一系列寡核苷酸杂交结果汇总得到的。对于 RNA-seq（棕色方框），RNA 将先被逆转录为 cDNA，包装到反转录文库中，再被测序，测序结果将被回帖到基因组上（或一个与转录本相关的 DNA 区域）以量化我们待测基因的所有可变剪接转录本的表达水平。对于芯片和 RNA-seq 进行假设检验包括 t 检验、ANOVA 以及其他统计学检验（蓝色方框）以确定哪些转录本的表达量显著上调或下调。探索性（定性）统计分析则如基因（或样本）聚类也可以应用在这里。对于有监督的方法，样本（或基因）与来自预先存在的分类（例如正常与病变组织）标记相关联，并且使用基因表达测量来预测哪些未知样本是患病的。最终，在芯片或 RNA-seq 数据分析完成后，可以进行生物学验证性实验（绿色方框）。这可能带来对生物学过程的认识或与疾病相关的研究结果，例如发现诊断标记或治疗干预的策略。
[部分改编自 Brazma 和 Vilo（2000）]

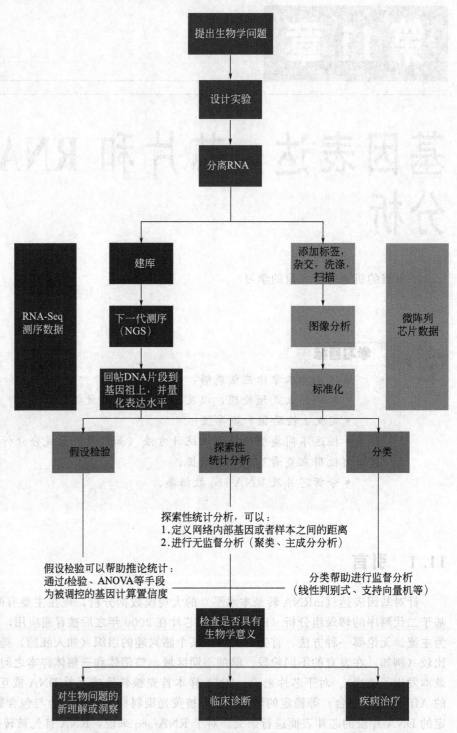

开始时就与生物统计学家进行合作，这是基于以下两方面的理由：在实验设计时保证有足够多的生物学样本以使得可以从发生显著调控的转录本中得出有意义的结论；减少一些不可避免的干扰因素对实验的影响。RNA 的提取可以在生物实验室或一个核心实验室中进行。由于 RNA 的特性（如不稳定，表达可被许多因素影响等），在 RNA 测定中经常会出现批次效应：即 RNA 的变化是来自一些无关的随机变量（如提取 RNA 的时间、方法，在纯化 RNA 过程中的实验者的人数，以及 RNA 样本是否在相同条件下进行处理等）。2010 年，Jeff Leek 及其同事对芯片、DNA 甲基化阵列及千人基因组计划中的 DNA 测序等高通量数据集中的批次效应进行了综述。他们认为合理的实验设计可以帮助解决以上提到的无关变量问题，使得后续分析可以识别和修正来自不同来源的偏差，并帮助把关注点聚焦在由生物学原因导致的 RNA 转录本水平上的改变，而这正是研究人员所更感兴趣的事情。

这两种技术的数据分析有很大不同。这一章我们将讲解芯片数据的三种分析流程和 RNA-seq 数据的一种分析流程。当转录水平被测定和归一化之后，可以进行几种主流分析（图 11.1，蓝色阴影方框）。探索性统计方法可以让我们确定是否有一些样本是异常的（表明这些样本可能需要被舍弃）。聚类、主成分分析等技术可被用于挖掘数据中存在的一些规律性模式。假设检验帮助确定受到差异调控的转录本的统计学显著性：对于在两组或多组样本之间受到差异调控的转录本，在随机情况下会有多大可能观察到这些差异？对样本的分类可以被用来确定某些特定集合转录本的表达模式的有效性，从而来帮助预测未知样本到底是属于疾病组还是对照组。

芯片和 RNA-seq 实验会对每个样本中成千上万个基因的表达水平进行测定，但通常都只会涉及较少的生物学样本。由于成本相对较高，芯片实验一般都没有技术性重复（即用独立芯片对同一实验材料进行基因表达的测定）。而相对于转录本的数量（成千上万）而言，生物学重复（对于每一个都进行了实验或对照处理的多个细胞系的基因表达进行测定）的数量也是较少的。对生物学家的挑战是选用适当的统计学方法来确定哪些变化是生物学相关的。无论是芯片还是 RNA-seq 的数据分析都不可能有一个唯一且最优的分析方法，而同时，数据分析流程所使用的工具也在快速改进中。

我们将从对基于 Affymetrix 平台（一个领先的芯片平台）的一套 21 三体（唐氏综合征）芯片数据集的分析讲起。在整倍性细胞中，每一个常染色体有分别来自父母双方的两个副本。但在 21 三体综合征患者中，21 号染色体有三个副本（其中有 90% 以上的情况是多余的一个副本来源于母亲）。我们可以考查 21 三体综合征患者的 21 号染色体上的 RNA 转录本与正常人相比是否有较高的表达水平。我实验室的 Mao 等人（2003，2005）发表的文章结果表明确实是这样。

本章的安排如下。我们首先将会使用三种方法来分析芯片数据：

① NCBI 上基于网页版的 GEO2R 工具：尽管其性能有限，但可以在数分钟之内输出分析结果。我们将通过该工具来介绍概率值、t 检验、芯片数据的归一化、准确度和精确度等基本概念。由于 GEO2R 使用 R 脚本，所以我们也会对这些脚本进行介绍，尽管 GEO2R 的主要目的是对这些复杂的 R 脚本用基于网页的简单形式来实现。

② 我们使用商用的 Partek 基因组套装软件分析包来进行分析，并展示这一软件在某些方面的多用途分析和绘图的特点。在这部分中，我们将会介绍散点图、火山图以及 ANOVA。

③ 我们使用 affy 和 limma 这两个在生物统计学和生物信息学领域常用的开源免费的 R 包进行分析。尽管要掌握这两个 R 包可能需要投入大量的精力，但对有些研究人员来说，这两个 R 包及其他一些 R 包是从芯片到蛋白质组学、甲基化研究和二代测序等数据分析的必需工具。

> GSE1397 相关信息可以在 http://www.ncbi.nlm.nih.gov/gds/?term=GSE1397（链接 11.1）中查看。在下面的分析中，我们将不使用三组 3 三体综合征数据集以及它们的对照组。本研究主要是由 Rong Mao 在 Pevsner lab 攻读研究生期间完成的。

接着，我们将会介绍对芯片数据的探索性统计学分析（描述性统计），包括层级聚类和主成分分析（PCA）等。

之后，我们会转到 RNA-seq 数据，在 Linux 操作系统上使用 TopHat、Cufflinks、以及 R 软件包 cummeRbund 等工具来分析一套果蝇 RNA-seq 数据集。在这一章的结尾，我们将对表达数据的功能注释进行一个简短的讨论。

11.2 芯片分析方法 1：NCBI 的 GEO2R 工具

我们现在使用一个简单的基于网页的工作流程来分析一套基因表达数据集。该工作流程调用了多种工具（包括 R 脚本）和数据库。首先，从 GEO 数据库中选择一个基因数据集。这里，我们选用了一组人类 21 三体综合征（TS21，与唐氏综合征紧密关联）与对照整倍体（染色体拷贝数目正常）的心脏、脑、星状细胞样本的表达数据。该套数据的访问号为 GSE139。在 NCBI 主页的搜索框输入这一访问号后，会得到一个到 BioProjects 的链接，点击该链接可链接到对应的 GEO 数据集（也可以根据 Entrez 搜索引擎的结果直接进入到对应的 GEO 网页）。然后，选择"Analyze with GEO2R"（使用 GEO2R 工具分析）选项。

GEO2R 执行一系列的 R 脚本

GEO2R 使用 Biobase、GEOquery、limma 等知名的 R 库（库包含大量的 R 脚本）来完成分析，并提供对应的 R 包。其输出结果包含一系列图表。要使用 GEO2R，第一步我们要选择 "define group"（确定数据组）来确定 TS21（*n*=11）和整倍体（*n*=11）两个样本组 [图 11.2（a）]。

选择 "top 250" 选项可以使我们方便、快速地查看有哪些转录本在实验中被显著调控。在我们点击该选项之前，让我们先一起看 GEO2R 提供的对应 R 脚本。对于那些仅仅想快速得到答案的使用者来说，搞懂这个 R 脚本并不是必要的。但对那些对 R 语言不熟悉却又很想学习 R 的工作原理的生物学家来说，这个脚本提供了一个关于 R 语言的优点（如 R 是一个软件工具，以一种精确、灵活、可验证的流程通过提供库和命令的方式来达到对高级软件包的使用）和缺点（如这些命令并不直观，而且使用 R 的学习曲线可能会相当长）的非常棒的介绍。在下面脚本中，命令行为蓝色，注释行为绿色。注释行首字符为一个 ♯ 号的为 NCBI 的官方注释（为与 NCBI 注释区分，我们添加的注释使用了三个 ♯ 号）。

```
# Version info: R 2.14.1, Biobase 2.15.3, GEOquery 2.23.2, limma 3.10.1
# R scripts generated Thu Apr 3 13:47:04 EDT 2014

################################################################
# Differential expression analysis with limma
library(Biobase)
library(GEOquery)
library(limma)
### To load a library in R you will need to first install it, e.g.:
### > source("http://bioconductor.org/biocLite.R")
### > biocLite("Biobase")
### > library(Biobase)
### > biocLite("limma")
```

```
### > library(limma)
### You can then get information about various functions in these
### packages, e.g., > limmaUsersGuide()
# load series and platform data from GEO
### Note that the getGEO command of the GEOquery library is useful to
### extract GEO datasets

gset <- getGEO("GSE1397", GSEMatrix =TRUE)
if (length(gset) > 1) idx <- grep("GPL96", attr(gset, "names")) else idx
<- 1
gset <- gset[[idx]]

# make proper column names to match toptable
fvarLabels(gset) <- make.names(fvarLabels(gset))

# group names for all samples
### Here the object sml will concatenate (abbreviated c) the samples.
### The trisomy 13 samples and controls (n=6) are marked "X".
sml <- c("G0","G0","G0","G0","G1","G1","G1","G1","G1","G1","G1","G0","G0",
"G0","G1","G1","G0","G0","G1","G1","G0","G0","X","X","X","X","X","X");

# eliminate samples marked as "X"
sel <- which(sml != "X")
sml <- sml[sel]
gset <- gset[ ,sel]

# log2 transform
### We will discuss the rationale for log2 transformation below
ex <- exprs(gset)
qx <- as.numeric(quantile(ex, c(0., 0.25, 0.5, 0.75, 0.99, 1.0), na.rm=T))
LogC <- (qx[5] > 100)
 (qx[6]-qx[1] > 50 && qx[2] > 0)
 (qx[2] > 0 && qx[2] < 1 && qx[4] > 1 && qx[4] < 2)
if (LogC) { ex[which(ex <= 0)] <- NaN
 exprs(gset) <- log2(ex) }
```

```
# set up the data and proceed with analysis
fl <- as.factor(sml)
gset$description <- fl
design <- model.matrix(~ description + 0, gset)
### model.matrix (from the stats package) creates a design matrix as
### specified.
colnames(design) <- levels(fl)
fit <- lmFit(gset, design)
### we will discuss lmFit when we perform analyses with limma (below).
### lmFit (from the limma package) fits a linear model to the log-
### transformed expression values for each probe in a series of
### arrays.
cont.matrix <- makeContrasts(G1-G0, levels=design)
### makeContrasts determines fold change between groups of samples
fit2 <- contrasts.fit(fit, cont.matrix)
fit2 <- eBayes(fit2, 0.01)
### eBayes (from the limma package) uses empirical Bayes statistics to
### determine differential expression. For usage, details, references, and
### examples use > ?eBayes
tT <- topTable(fit2, adjust="fdr", sort.by="B", number=250)
### topTable (from the limma package) extracts a table of the top-
### ranked genes from a linear model fit that has been processed by
### eBayes.

# load NCBI platform annotation
gpl <- annotation(gset)
platf <- getGEO(gpl, AnnotGPL=TRUE)
ncbifd <- data.frame(attr(dataTable(platf), "table"))

# replace original platform annotation
tT <- tT[setdiff(colnames(tT), setdiff(fvarLabels(gset), "ID"))]
tT <- merge(tT, ncbifd, by="ID")
```

```
tT <- tT[order(tT$P.Value), ] # restore correct order

tT <- subset(tT, select=c("ID","adj.P.Val","P.Value","t","B","logFC","Gene.
symbol","Gene.title","Chromosome.location"))
write.table(tT, file=stdout(), row.names=F, sep="\t")
```

点击"top 250"按钮。将输出那些受调控程度最大的转录本。这些转录本按照 p 值从小到大排列［图 11.2（b）］。默认情况下，表达水平差异值为 $\log_2$ 转换值。

除了通过点击"top 250"来方便查看受到调控影响最大的转录本，我们还可以选择下载所有的数据。本次实验一共有 22283 个转录本（在线文档 11.1）。其中包含 68 个以"AFFX"为起始名的探针，这些转录本作为对照可被去除。总共有 37 个转录本的基因名包含"*SEPT2*"等符号，从而被 Microsoft Excel 和 Microsoft Word 错误且不可逆地转化为日期（因此，使用一个文本编辑器而不是 Excel 和 Word 非常关键）。另外，和其他许多芯片平台一样，有 1207 个转录本既没有基因号也没有基因名称，尽管它们包含有探针标识号。

使用 GEO2R 来鉴定受调控的转录本在染色体上的位置

受调控的转录本中有哪些来自 21 号染色体上的基因？我们可以在"select column"选项中添加染色体位置，然后可以看到在 15 个排名最靠前的有唯一基因号的转录本中，有 10 个都来自 21 号染色体上的基因［图 11.2（b），箭头所示］。这一显著富集现象可以通过 21 号染色体多了一份拷贝（有三个拷贝而不是正常情况下的两个）这一原因来解释。多拷贝使得 21 号染色体上 RNA 转录本的表达水平相对于整倍体对照有显著升高（Mao 等，2005）。

GEO2R 工具给我们提供了显示转录本对应染色体位置的选项。除 GEO2R 以外，另一个可达到同样目的的方法是将感兴趣的基因列表导出到一文件，然后把该文件上传到 BioMart 网站（或使用 R 包 biomaRt），从而来确定受调控转录本在染色体上的对应位置。

(a) GEO2R：确定待分析的数据组

NCBI » GEO » GEO2R » GSE1397

Use GEO2R to compare two or more groups of Samples in order to identify genes that are differentially expressed across experimental conditions. Results are presented as a table of genes ordered by significance.　Full instructions　YouTube

GEO accession　　GSE1397　　　Set　　Trisomy 21 and TS13

▾ Samples		▾ Define groups				Selected **22** out of **28** samples	
		Enter a group name:　List				Columns	▾ Set
Group	Accession	✖ Cancel selection			Source name		⬍
TS21	GSM22509	☑ TS21 (11 samples)	☒	m)	fetal cerebrum (18 to 19 weeks gestation)		
TS21	GSM22510	☐ euploid (11 samples)	☒	m)	fetal cerebrum (18 to 19 weeks gestation)		
TS21	GSM22511	Trisomy 21 sample 3 (cerebrum)			fetal cerebrum (18 to 19 weeks gestation)		
TS21	GSM22512	Trisomy 21 sample 4 (cerebrum)			fetal cerebrum (18 to 19 weeks gestation)		
euploid	GSM22523	Euploid sample 1 (cerebrum)			fetal cerebrum (18 weeks gestation)		
euploid	GSM22524	Euploid sample 2 (cerebrum)			fetal cerebrum (18 weeks gestation)		
euploid	GSM22526	Euploid sample 3 (cerebrum)			fetal cerebrum (18 weeks gestation)		
euploid	GSM22527	Euploid sample 4 (cerebrum)			fetal cerebrum (18 weeks gestation)		
euploid	GSM22583	Euploid sample 1 (cerebellum)			fetal cerebellum (18-19 weeks gestation)		
euploid	GSM22584	Euploid sample 2 (cerebellum)			fatal cerebellum (18-19 weeks gestation)		

(b) GEO2R：limma 包得出的表达差异的转录本结果（21 号染色体用箭头 ◀── 标示）

ID	adj.P.Val	P.Value	B	logFC	Gene.symbol	Gene.title	Chromosome.loc...
▸ 206777_s_at	0.0304	0.00000136	-1.54	2.223	CRYBB2P1///CRYBB2	crystallin, beta B2 p...	22q11.2-q12.1///22q...
▸ 201123_s_at	0.0402	0.00000454	-1.76	1.845	EIF5A	eukaryotic translatio...	17p13-p12
▸ 201122_x_at	0.0402	0.00000542	-1.79	0.902	EIF5A	eukaryotic translatio...	17p13-p12
▸ 65588_at	0.3157	0.00005667	-2.29	0.721	SNHG17	small nucleolar RNA...	20q11.23
▸ 200642_at	0.3545	0.00008342	-2.37	-0.746	SOD1	superoxide dismuta...	21q22.11 ◀──
▸ 212269_s_at	0.3545	0.00011133	-2.44	-1.147	MCM3AP	minichromosome m...	21q22.3 ◀──
▸ 212292_at	0.3545	0.00011234	-2.44	1.2	SLC7A1	solute carrier family ...	13q12.3
▸ 202325_s_at	0.3545	0.00012727	-2.47	-0.731	ATP5J	ATP synthase, H+ tr...	21q21.1 ◀──
▸ 218386_x_at	0.3577	0.00014739	-2.51	-0.711	USP16	ubiquitin specific pe...	21q22.11 ◀──
▸ 202671_s_at	0.3577	0.00016052	-2.53	-1.032	PDXK	pyridoxal (pyridoxin...	21q22.3 ◀──
▸ 200818_at	0.62	0.00033579	-2.71	-0.666	ATP5O	ATP synthase, H+ tr...	21q22.11 ◀──
▸ 210667_s_at	0.62	0.00035394	-2.72	-0.644	C21orf33	chromosome 21 op...	21q22.3 ◀──
▸ 203635_at	0.62	0.00040089	-2.75	-0.8	DSCR3	Down syndrome criti...	21q22.2 ◀──
▸ 202937_x_at	0.62	0.00040754	-2.76	-1.849	RRP7A	ribosomal RNA proc...	22q13.2
▸ 202217_at	0.62	0.00044204	-2.78	-0.619	C21orf33	chromosome 21 op...	21q22.3 ◀──
▸ 216954_x_at	0.62	0.00049116	-2.8	-0.838	ATP5O	ATP synthase, H+ tr...	21q22.11 ◀──
▸ 200740_s_at	0.62	0.0005004	-2.81	-0.649	SUMO3	small ubiquitin-like ...	21q22.3 ◀──

图 11.2　NCBI 网站上的 GEO2R 工具。GEO 数据库可以使用 GEO2R 这个在线工具进行分析。（a）图中两个或两个以上的数据组被选定，每一行对应一个数据组。我们选择了 TS21（含 11 个 21 三体样本）和整倍体（样本数 $n=11$）数据组。（b）GEO2R 工具通过调用 R 包 limma 来产生一个显著差异化表达的转录本列表。箭头指出了 21 号染色体上受调控的基因转录本。ID 为 Affymetrix 探针集合内特定探针的标识号；adj. P. Val 为校正后的概率值［见文本，即 log2（p）］；P. Value 为 p 值，即概率值；B 为 B-统计量，指优势对数比，用来描述转录本的差异表达；logFC 为两个实验条件之间表达量倍数变化（fold change）的以 2 为底对数。

（图片由 GEO2R 网站提供）

在 15 个转录本中发现 10 个都来自 21 号染色体的情况在统计学意义上是否显著呢？我们可以在 2 * 2 矩阵上进行 Fisher 精确检验。在调控最显著的转录本中，来自 21 号和非 21 号染色体的转录本分别为 10 和 5（总基因数为 15）。而在调控不显著的转录本中，根据 GRCh38 版本，来自 21 号和非 21 号染色体的转录本分别为 671 和 53834。使用 R 的 stats 包中的 fisher. test 程序可以评估在调控最显著的转录本中出现 10 个来自 21 号染色体的转录本的概率是否比随机值高。

p 值非常小（2×10^{-16}），表明我们可以拒绝零假设。如果在调控最显著的 15 个转录本中只有 2 个

```
> mychr21data <- matrix(c(10,5,671,53834),2,2)
> mychr21data
        [,1]    [,2]
[1,]     10     671
[2,]      5   53834
> fisher.test(mychr21data, alternative = "two.sided")
 Fisher's Exact Test for Count Data
data: mychr21data
p-value = 2.458e-16
alternative hypothesis: true odds ratio is not equal to 1
95 percent confidence interval:
 49.72036 589.80298
sample estimates:
odds ratio
 159.9635
```

（而不是前面的 10 个）是来自 21 号染色体的，那么结果是否依然显著呢？

```
> mychr21data2 <- matrix(c(2,13,671,53834),2,2)
> fisher.test(mychr21data2, alternative = "two.sided")
 Fisher's Exact Test for Count Data
data: mychr21data2
p-value = 0.01436
alternative hypothesis: true odds ratio is not equal to 1
95 percent confidence interval:
 1.349511 54.636938
sample estimates:
odds ratio
 12.34114
```

答案是依然显著，因为 p 值为 0.01。我们进行的检验是双边检验：我们虽然是要寻找差异，但并没有指明差异的方向。当然，由于 21 三体综合征样本已知多了一条染色体，采用单边检验也是合理的，以提高检验的统计功效。

使用 GEO2R 对数据进行归一化

我们可以使用箱线图的形式来查看表达值的分布 [图 11.3 (a)]，其 X 轴代表样本，Y 轴代表表达值的分布。可从该图中的样本表达值的中位值看到这些样本的数据大体上被归一化了，表明它们可以被用于进行组间的比较（当我们直接使用 R 包时，我们将在下面的 "reading CEL Files and Normalizing with RMA" 部分 看到归一化前后的箱线图）。R 脚本框显示了 R 中用于生成箱线图的命令：

(a) GEO2R：三体(n=11)和双体(n=11)样本归一化后的表达数据箱线图

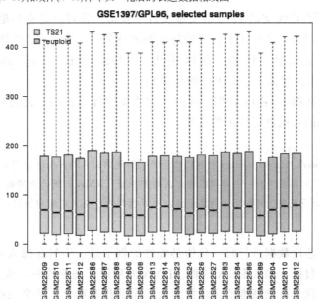

图 11.3　GEO2R 运行结果。(a) GEO2R 调用 R 脚本生成的箱线图，这里显示被归一化的样本（X 轴），可比较的样本强度值（Y 轴）。箱线图具有上、下边界（在第一和第三个四分位数）和虚线（对应于异常数据点）。(b) SOD1 基因被选择。GEO2R 显示 21 三体患者和正常样本的探针组的表达量。相对正常样本，21 三体患者 SOD1 mRNA 的表达量升高
（图像来自 GEO2R 网站）

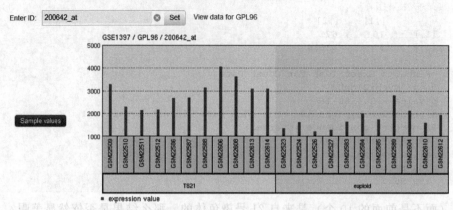

(b) GEO2R：包含22个样本的关于SOD1转录本的归一化表达数据一览

```
# Boxplot for selected GEO samples
library(Biobase)
library(GEOquery)
# load series and platform data from GEO
gset <- getGEO("GSE1397", GSEMatrix =TRUE)
if (length(gset) > 1) idx <- grep("GPL96", attr(gset, "names")) else idx <- 1
gset <- gset[[idx]]
# group names for all samples in a series
sml <- c("G0","G0","G0","G0","G1","G1","G1","G1","G1","G1","G1","G0","G0",
"G0","G1","G1","G0","G0","G1","G1","G0","G0","X","X","X","X","X","X")
# eliminate samples marked as "X"
sel <- which(sml != "X")
sml <- sml[sel]
gset <- gset[ ,sel]
# order samples by group
ex <- exprs(gset)[ , order(sml)]
sml <- sml[order(sml)]
fl <- as.factor(sml)
labels <- c("TS21","euploid")
# set parameters and draw the plot
palette(c("#dfeaf4","#f4dfdf", "#AABBCC"))
dev.new(width=4+dim(gset)[[2]]/5, height=6)
par(mar=c(2+round(max(nchar(sampleNames(gset)))/2),4,2,1))
title <- paste ("GSE1397", '/', annotation(gset), " selected samples", sep
='')
boxplot(ex, boxwex=0.6, notch=T, main=title, outline=FALSE, las=2, col=fl)
legend("topleft", labels, fill=palette(), bty="n")
```

　　这些 R 命令可在在线文档 11.2 的文本文件中获得。你可以将它们键入 R 中，还可以进行修改来以改变箱线图的特征（例如，哪些样本需要进行绘制或使用什么颜色）。此外，你还可以获取关于程序包和可以使用命令的相关信息。例如，在你使用 ＞ library(GEOquery) 载入 GEOquery 库后，可以输入 ＞？ getGEO命令来获取关于 getGEO 的相关信息。

　　当我们说表达数据被 GEO2R 归一化时，这意味着什么？归一化是指在比较两组或多组数据的基因表达值之前，对它们的数据进行校正的过程。

> RMA 是由 Terry Speed、Rafael Irizarry 和他们的同僚们引进的。Affymetrix 公司用于估计背景噪声的芯片有两种：完美匹配的寡核苷酸探针，以及包含一个单碱基错配的错配探针。RMA 只统计完美的匹配值，因为在最大一个芯片面积 1/3 的区域中可能出现如下现象：错配探针的信号值、噪声值均大于完美匹配的探针。

　　一个可说明对芯片数据进行归一化的必要性的例子是：染料在掺入 cDNA（或 cRNA）时的效率是不同的。其他因素还包括：输入 RNA 的量、DNA 的质量，洗涤效率，或信号检测结果等都可能出现偏差。没有归一化处理，就不可能精确地评估样本表达量的相对高低。两个表达水平实际相近的基因的表达量的

比值有可能远离 1（未经对数处理）或 0（对数处理；见下文）。对于来自不同芯片实验之间的基因表达量的比较，归一化是必需的。因此，单通道芯片实验平台（如一个样本使用一块 Affymetrix 芯片的实验平台）产生的数据必须进行归一化。双通道芯片通常用 Cy3（绿色）和 Cy5（红色）两种颜料来分别标记样本，之后再把样本与芯片进行共杂交，也需要归一化。

归一化有多种方法。一个简单的归一化办法是先测定背景信号的强度，然后从每个探针集合（或一个芯片表面的其他基元）的信号强度中减去背景信号。背景信号可能在整个芯片表面都保持恒定，但也有可能在芯片表面不同区域有较大差异。另一个归一化办法是对原始数据信号进行全局归一化，使得归一化后的基因表达的平均比值为 1。其基本假设是：大多数基因的表达水平在被测试的不同生物样本之间没有变化。全局归一化可以被用于双通道数据集（如 Cy3 和 Cy5 标记的样本），也适用于单通道的数据集（如 Affymetrix 芯片的数据）。例如，在双通道芯片数据集中，如果绿色通道样本的基因平均表达量是 10000 个某假定单位，而红色通道样本的基因表达量均值为 5000，那么红色通道的每个基因的表达值将乘以 2。这样，如果表达数据没有进行对数转换，则比值均值为 1。在对数转换后，则平均比值为 0。

RMA 分析可以通过 Bioconductor 开发的 R 程序包 affy 来完成，RMA 分析的相关插件也被整合到了各种商业化的芯片数据分析软件包中。GCRMA 由 Zhi-jin Wu 和 Rafael Irizarry 开发。

另一种归一化方法是将所有基因的表达值以芯片中具有代表性的一些"看家基因"的表达量为基准来进行归一化。看家基因包括 β 肌动蛋白和 3-磷酸甘油醛脱氢酶（GAPDH）和数十个其他基因。每个基因的表达值除以看家基因的平均表达值得到归一化的表达值。这种归一化方法的基本假设是：看家基因的表达值即使在两个不同的条件下，也通常不改变。但该假设在很多情况下不成立。

Affymetrix 推出的 MAS5 归一化法对每个芯片独立进行归一化。完美匹配（Perfect Match）探针集合包括了当特定探针对应的转录本表达时，芯片上可结合荧光标记样本的寡核苷酸序列探针。不完美匹配的探针集合（MM）是有意针对错配设计的探针，可被用来定义背景信号强度。MAS5 通过计算 PM-MM 的差值来获得一个稳健的平均值，代表了来自一个基因的探针集合的信号强度。

鲁棒性多阵列分析（Robust multiarray analysis，RMA）方法，可对从 Affymetrix 平台生成的 .CEL 文件中提取的探针水平的特征信号强度进行背景信号去除、归一化及进行平均（Irizarry 等 2003）。它包括背景信号校正、跨多阵列的分位归一化、对跨芯片的探针集合在探针水平上进行模型拟合，以及质量评估的流程。

有时，在不同的芯片元件信号强度下，基因表达数据中的方差是不恒定的。事实上，此类不围绕绝对信号强度均一分布的种种误差和方差可以通过全局或局部归一化来纠正。许多软件包可以纠正这种差异。这其中就包括了由 Carlo Colantuoni 在 Pevsner 实验室攻读研究生时编写的 SNOMAD（Standardization and Normalization of Microarray Data，芯片数据的归一化和正常化）。SNOMAD 是一个基于网络的工具，使用 R 语言写成。SNOMAD 可以在 http://pevsnerlab.kennedykrieger.org（链接 11.2）找到；关于 SNOMAD 的原理和技术细节详见 Colantuoni 等人在 2002 年发布的两篇文章。

分位数归一化是一种非参数方法，可使在一次实验中获得的所有阵列得到相同的整体分布（Bolstad 等，2003）。参数检验适用于从一个从正态（高斯）分布总体中抽样生成的数据集；常见的参数检验包括 t 检验、ANOVA 方差分析（在下文"利用'Partek'进行方差分析"部分有所讨论）。非参数检验不对总体分布进行假设，通过对输出变量（这里指基因表达测量值）从高到低排序，对排序进行分析。在分位数归一化过程中，每个阵列中的每个信号强度值都对应一个分位点。然后，对每一个探针，我们考虑一个来自所有芯片上该探针的信号的混合分布：该探针的平均信号强度是该探针在所有样本上的信号均值。每个芯片都进行归一化，即把芯片上的每一探针集合的信号值对应到相应的分位值。

RMA 背景校正步骤包括一个卷积模型，该模型把每个探针集合的观测信号分解为真实信号和噪声两个部分。GCRMA 进一步引入了对非特异性杂交所产生的信号的校正，在（相对 RMA 方法）提升准确度的同时也保持了（相对其他处理方法）在精确度上的大幅提高。你可以使用我们将在"芯片分析方法（三）"部分介绍的 Bioconductor 的 affy 包来调用 RMA 和 GCRMA 方法对 21 三体综合征的数据集进行分析。

GEO2R 使用 RMA 归一化方法以保证准确度和精确度

RMA 的准确度与 MAS 5.0 分析软件［Affymetrix；图 11.4(a)］相当，而其精确度远优于 MAS5.0［图 11.4(b)］。准确度和精确度的定义见下文。

(a) 准确度

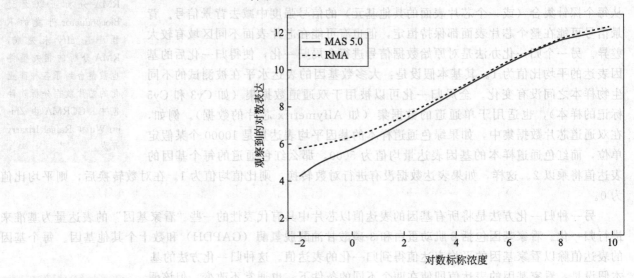

(b) 精确度

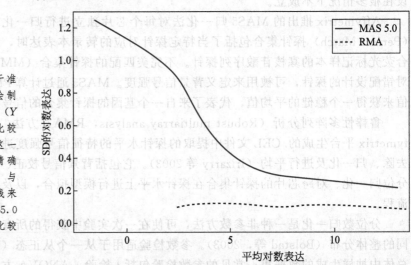

图 11.4 RMA（相比 MAS 5 软件）关于准确度和精确度的改进。(a) 准确度通过绘制 RNA 标准值（X 轴）与 RNA 浓度观测值（Y 轴）的关系曲线来测量。这两种方法是可比较的。RMA 在低 RNA 浓度下表现略差，这一缺点通过 GCRMA 算法得到改进。(b) 精确度通过绘制平均表达量的对数值（X 轴）与表达量标准差的对数值（Y 轴）的关系曲线来测量。对于表达水平较低的转录本，MAS5.0 的精确度表现好；而 RMA 在信号强度变化较大时具有显著提高的表现

数据扭曲有时是由实验失误导致的。如：一个 mRNA 实验样本中受到了 rRNA 或基因组 DNA 的污染（这些核酸污染物能与芯片上的一些元件结合）。另一个实验失误则是不同批次的阵列中（或阵列内部的不同区域）使用了数量不同的荧光探针。

设计预处理步骤是为了通过降低偏差来提高准确度，降低方差来提高精确度。准确度通过两种方法估计：在样本中加入已知浓度的 RNA，或使用已知浓度的 RNA 稀释液。这些方法保证了对真实浓度的一个客观估计。归一化方法越准确，得到的结果也越接近"黄金标准"。精确度的估计来自对同一样本的重复测量。精确度越高的样本数据偏差越小。

我们可以通过箭头命中靶标来理解准确度和精确度：准确度指的是箭头有多接近靶心；而精确度指的是箭头有多稳定地击中靶上同一点（如图 11.5 所示；Cope 等，2004）。Irizarry 等（2006）开展了一个针对 Affymetrix 探针集合的基准研究，比较了 31 种算法。他们的结论是背景校正对算法性能有很大的影响，倾向于提高准确度而降低精确度。RMA 和 GCRMA 算法在准确度和精确度两个方面都有较一致的良好表现，已成为对 Affymetrix 芯片平台表达数据进行预处理的领先方法。GEO2R 工具中调用了 RMA 算法。

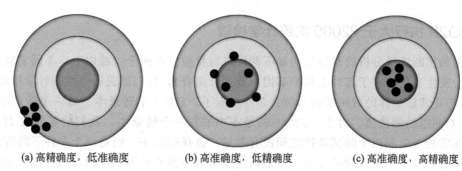

(a) 高精确度，低准确度   (b) 高准确度，低精确度   (c) 高准确度，高精确度

图 11.5 准确度和精确度。（a）良好的精确度的重要标志是结果的可重复性。它通过重复测量样本（技术性重复样本）进行评估。（b）良好的准确度重要标志在于多次独立测量都能较接近地对应已知的结果。它可以通过测量实验中已知（标记样本）的 RNA 浓度，或通过测量已知浓度的 RNA 稀释液评估。（c）预处理算法的目标是兼顾准确度和精确度

倍数变化（表达比）

让我们回到 GEO2R 的结果。前 250 名的结果通过概率值排序。倍数变化也会被输出，反映了正常样本和三倍体样本组的 RNA 转录水平平均值之间的差异程度。我们可以点击前 250 名的结果中的任意一个基因，就能看到一个显示两组所有 22 个样本的该基因表达水平的条形图。对 SOD1 转录本来说，总体来看 21 号染色体三体样本比正常整倍体样本有明显高的表达水平 [图 11.2(b)，图 11.3(b)]。

一些研究者对变化显著的转录本人为设定一个最小的倍数，如 1.5 倍或 2 倍等。它的好处是可以让你专注于最显著的变化（就级量级而言）。从生物学角度来看，这种处理方式也可以使我们避免把注意力集中在那些虽然统计学显著但表达变化不大（例如 1.1 倍左右）的基因上去。请记住，p 值是定义统计学显著性的常用办法，但倍数变化不是。两组之间很大的表达水平倍数变化（甚至 10 倍）不一定在统计学意义上显著（取决于测量偏差的变化幅度；见下文 "GEO2R 执行 ＞22000 次统计检验" 部分；图 11.6）。而一个基因的表达差异在统计学上显著时，其倍数变化可以是从大到小的任意数量级。

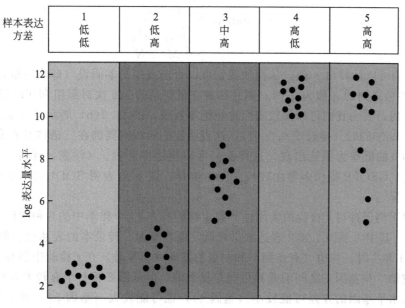

样本表达方差	1 低 低	2 低 高	3 中 高	4 高 低	5 高 高

图 11.6 转录本特异性差异由 t 检验来证明。图中包含五个经过对数转换后的转录本表达量（Y 轴）。转录本 1 具有低的绝对表达水平和在生物学重复样本之间测量较低的方差；而转录本 2 具有低的表达水平和相对高的方差。转录本 3 表达水平适中，而转录本 4 和 5 表达水平高。转录本 3 低方差；转录本 4 高方差。每个 RNA 转录本表达水平都具有一定特征（尽管这一特征可能会在不同的身体区域、发育阶段、实验条件下有所差异）。当我们比较两个转录本的表达水平时，t 检验可以找到两个转录本平均表达量的差异，也可以分析表达水平的变化

使用 GEO2R 执行大于 22000 次统计学检验

对芯片数据的推断统计分析的目的是对如下假设进行检验：在两个（或以上）不同实验条件下，有一些基因的表达会发生变化。对于芯片上每个基因（或探针集合），我们要进行一次统计学检验。

以 21 三体与正常整倍体的对照试验为例。芯片对应了＞22000 个转录本。每一个转录本分别有 11 个实验组和 11 个对照组的测量值。对于＞22000 转录本中的每一个转录本，我们的零假设 H_0 都是该转录本的信号强度在实验与对照两个测试条件之间没有差异。备择假设 H_1 则是两个条件下的转录水平是有差异的。我们定义并计算了一个检验统计值，该值描述了所观察到的基因表达值，根据该值我们将选择接受或拒绝零假设。当零假设成立而我们拒绝零假设的概率被定义为显著水平 α，一般该概率 p 被设定为＜0.05 时我们可以否定零假设（此时备择假设成立，即差异是显著的）。在零假设下，对于一组基因在两种实验条件下的表达强度值，其数据服从均值 μ 为 0，标准偏差 σ 为 1 的正态分布。标准偏差 σ 可以用样本标准差 S 估计。

芯片上每个基因表达量的平均值和标准偏差可以通过计算得到。t 检验可以被用来对零假设——即基因表达水平没有变化，每次针对一个基因在两个实验条件下进行检验。该方法计算每个基因在对照组（x_1）和实验组（x_2）条件下的平均表达量，并计算二者差异的绝对值，作为分子代表了表达量变化的幅度；我们还需要估计方差（σ），作为分母代表了测量时的噪声幅度。单个实验条件下每个基因表达量的平均值（例如 $\overline{x_1}$）可由如下公式计算：

$$\overline{x_1} = \frac{1}{M}\sum_{i=1}^{M} x_i \tag{11.1}$$

x_1 的方差（即标准差的平方，s_{x1}^2）可用下式计算：

$$s_{x1}^2 = \frac{1}{M-1}\sum_{i=1}^{M}(x_i - \overline{x})^2 \tag{11.2}$$

t 检验主要测量实验中的信噪比，把信号（不同实验组之间的差异）除以噪声（从两组数据估计的偏差）。t 统计量的计算公式如下：

$$t - \text{statistic} = \frac{\overline{x_1} = \overline{x_2}}{\sqrt{\dfrac{s_{x1}^2}{M} + \dfrac{s_{x2}^2}{N}}} \tag{11.3}$$

根据 t 统计量，我们可以计算出 p 值，从而使我们可以否定或接受零假设（即表达量在对照和实验组无显著差异）。如果 t 检验得到的 p 值为 0.01，则意味着在观察到的 100 次对照组和实验组之间的差异中，仅有 1 次是随机发生的，表明我们可以比较安全地拒绝零假设。图 11.2(b) 展示了 p 值最小的结果。例如，SOD1 的 p 值为 0.00008342（接近于 0.0001），这表明我们所观察到的在三倍体及正常样本之间的 SOD1 的差异只有 1/10000 的概率为偶然出现。这样我们可以拒绝零假设。（注意，还有一个调整后的 p 值为 0.3545，将在下文 "GEO2R 提供多重比较校正" 中解释，该 p 值表明 SOD1 表达水平在 21 三体及正常组之间没有显著差异。）

我们将通过以下例子探讨 t 检验的实用性。假定我们有在 11 个样本中的 5 种假设 RNA 转录本的基因表达值（图 11.6）。其中，基因 1 和 2 表达水平较低，而且基因 2 转录本的表达值的测定有较大噪声（波动）。在比较基因 1 和 2 时，均值（有差别）和测量的波动（有重叠）在 t 检验中都有所反映。基因 3（表达水平高，中等波动）和基因 1 之间的差异可能是显著的，但基因 3 相对于有较大方差的基因 2 可能未必差异显著。高表达水平基因的方差可能较小（基因 4），也可能较大（基因 5）。对于方差大的任何样本，为使得 t 检验有足够统计功效来拒绝零假设，我们需要相对较大的样本量。下面是我们使用 R 包 stats 中的 t.test 程序进行的三次 t 检验。第一次 t 检验比较了均值分别为 10 和 20 的两组数据，得到的 p 值很小：

```
> t.test(c(8,12,9,11), y = c(18,22,19,21))
        Welch Two Sample t-test
data: c(8, 12, 9, 11) and c(18, 22, 19, 21)# use c to concatenate
# several numbers
t = -7.746, df = 6, p-value = 0.0002433
alternative hypothesis: true difference in means is not equal to 0
95 percent confidence interval:
 -13.15895 -6.84105
sample estimates:
mean of x mean of y
 10 20
```

第二次 t 检验所比较的第二组的均值为 12，但由于第一组的方差较大，p 值不显著。

```
> t.test(c(8,12,9,11), y = c(12,12,12))
# Note that we selected n=4 in one group and n=3 in the other
        Welch Two Sample t-test
data: c(8, 12, 9, 11) and c(12, 12, 12)
t = -2.1909, df = 3, p-value = 0.1162
alternative hypothesis: true difference in means is not equal to 0
95 percent confidence interval:
 -4.9051627 0.9051627
sample estimates:
mean of x mean of y
 10 12
```

在最后一次 t 检验中，两组的均值分别为 10 和 14，得到的 p 值是显著的。

```
> t.test(c(8,12,9,11), y = c(14,14,14))
        Welch Two Sample t-test
data: c(8, 12, 9, 11) and c(14, 14, 14)
t = -4.3818, df = 3, p-value = 0.02201
alternative hypothesis: true difference in means is not equal to 0
95 percent confidence interval:
 -6.905163 -1.094837
sample estimates:
mean of x mean of y
 10 14
```

统计检验的功效定义为在全部测定为阳性（拒绝零假设）的事件中真阳性事件的比例。功效在 0 和 1 之间，定义为 $1-\beta$；β 是当备择假设正确时，我们接受两组均值无明显差异（接受零假设）的概率（β 就是发生第二类错误的概率）。样本容量越大，统计功效越强。与 R 包 stats 中的 power.t.test 函数一样，R 的 pwr 包可对芯片（或其他）实验的功效进行估计。将一个参数设置为空值，统计功效将由其他输入参数确定。假定每组的样本容量为 11，均值差值为 1，在显著性水平为 0.05 时，t 检验的功效是多少？

```
> power.t.test(n = 11, delta = 1 , sig.level = 0.05)
 Two-sample t test power calculation
 n = 11 # note that n is the number in each group
 delta = 1
 sd = 1
 sig.level = 0.05
 power = 0.6070844
 alternative = two.sided
```

在其他条件不变时，要让 t 检验功效达到 0.9，每组需要多少样本？答案是 22。

```
> power.t.test(power = .90, delta = 1)
 Two-sample t test power calculation
 n = 22.0211
 delta = 1
 sd = 1
 sig.level = 0.05
 power = 0.9
 alternative = two.sided
```

t 检验等参数检验方法都假定基因表达量服从正态分布。如果假设成立，t-统计量服从的 t 分布可以帮助我们来计算 p 值（另一种替代的假设是：在有大量重复样本时，t-统计量服从均值为 0，标准差为 1 的正态分布，从而使我们可以计算 p 值。但在实践中，芯片研究很少有大样本量的重复）。

非参数检验对输出变量进行排序，不需要假定样本服从正态分布。这些检验包括 Mann-Whitney 检验、Wilcoxon 检验等，通常受极端值的影响较小，但不经常用于芯片数据的分析。如方差的贝叶斯分析（Ishwaran 等，2006；参见"芯片分析方法 3"中有关 R 包limma的讲解）等其他方法在芯片分析中有所应用。

统计检验方法的选择取决于实验的设计。图 11.7 展示了一些实验设计的例子。在组间设计中［图 11.7(a)］有两组。在这类实验设计中，控制混淆变量（如两组个体之间在年龄、性别、或体重上的差异）是必要的。对于一个组内设计［图 11.7(b)］，配对 t 检验可被用于检验两组配对样本的测量值之间的平均值的差异。一个典型案例是癌细胞活检样本在药物治疗前后的基因表达水平的比较。在这个案例中，如年龄和性别等协变量（"干扰变量"）通过样本配对被控制。生物统计学家可以在实验进行前帮助生物学家选择合适的实验设计。统计学家 Ronald Fisher（1890—1962）曾表示："如果在实验完成后再咨询生物统计学家，就像要求他对实验结果进行尸检。生物统计学家也许可以谈谈这个实验是因何而死。"

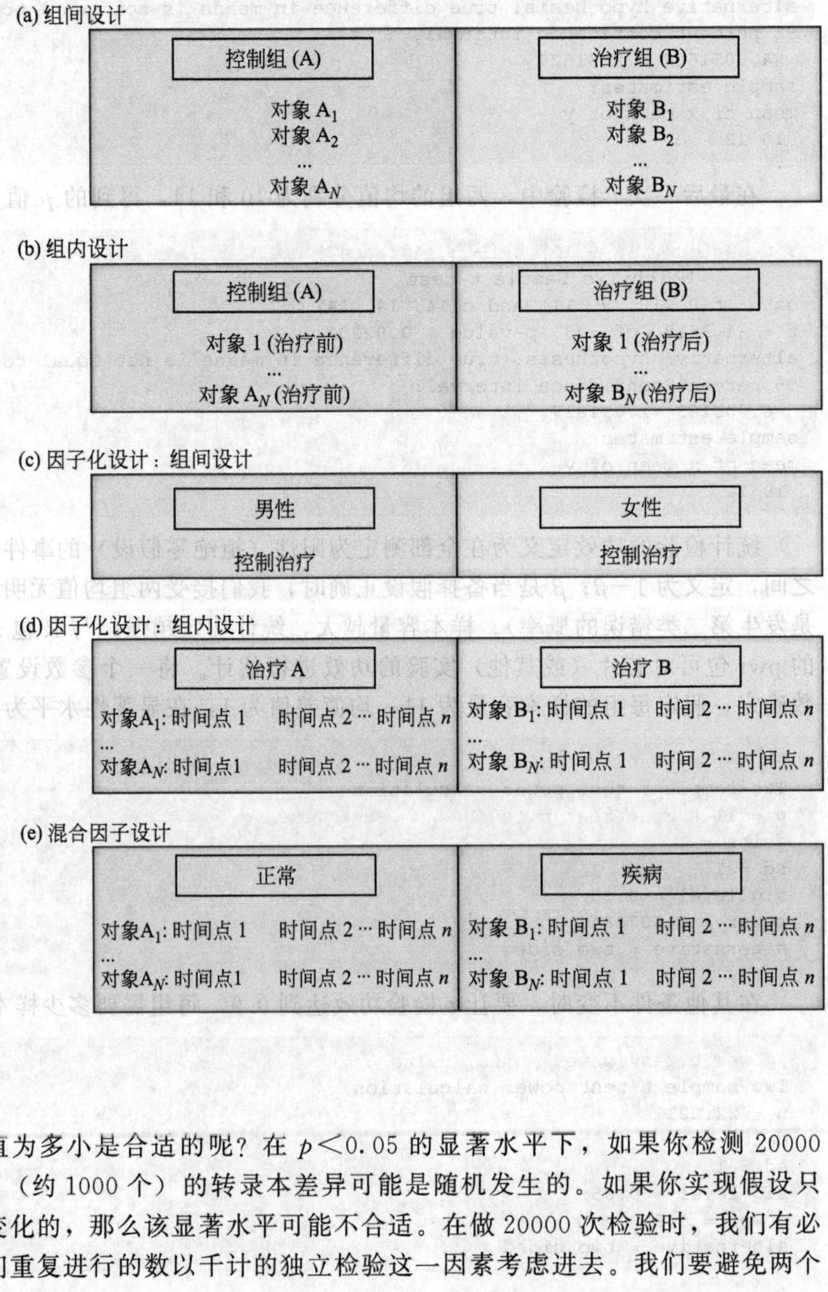

图 11.7 芯片实验设计实例（包含基因表达图谱的构建与分析）。大多数这样的芯片实验的目的是测试如下假设：在不同功能因子间基因表达存在显著差异，功能因子可以是：组织类别（正常 v.s. 疾病或者大脑 v.s. 肝脏）、时间、或者药物处理。(a) 组间实验设计需要控制无关变量（混淆性因素）如年龄、性别、体重等。(b) 组内实验设计需要去除遗传变异的影响，之后经过一系列处理，可以用于基因表达的分析。(c) 一个双变量组间实验设计允许评估实验组和对照组（和其他因子，比如性别）的差别。(d) 组内因子化实验设计可以根据时间的变化用于研究两种处理方式。(e) 混合因子化实验设计：既有组间设计（如，正常 v.s. 疾病组织）又有组内设计（如，随着时间的变化的基因表达量）

GEO2R 提供多重检验校正

确定统计学显著性时，p 值阈值为多小是合适的呢？在 $p < 0.05$ 的显著水平下，如果你检测 20000 个转录本的表达值，你会期望有 5%（约 1000 个）的转录本差异可能是随机发生的。如果你实现假设只有一个特定基因的表达是发生显著变化的，那么该显著水平可能不合适。在做 20000 次检验时，我们有必要采取一些保守的校正方式来把我们重复进行的数以千计的独立检验这一因素考虑进去。我们要避免两个

错误。Ⅰ型错误（假阳性）是那些我们认为差异表达但实际上不是的情况，也即我们在零假设对的情况下，错误地拒绝了零假设。Ⅱ型错误（假阴性）意味着我们未能发现那些真实地被显著调控的转录本，也即在零假设实际上是错的情况下，我们没有拒绝零假设。p 值被定义为当我们观察到的统计值被认为是显著时所对应的最小的假阳性率。

有几种方法可以帮助解决多重检验的问题。一种极端的方法是保守的 Bonferroni 校正：统计显著水平 α 除以检验的次数（如 $p < 0.05/20000$ 作为统计显著水平）。这种校正方式被认为过于严苛。一种应用更广的多重检验校正的方法是以错误发现率（FDR）来进行校正。FDR 的定义是：

$$FDR = \frac{\#\,false\_positives}{\#\,called\_significant} \tag{11.4}$$

FDR 代表了在所有被认为发生了显著调控的基因中实际是错误的比例。例如 FDR＝0.05 意味着显著的转录本中有 5% 是假阳性。在 FDR 是 8% 的水平下，当我们发现有 100 个基因发生显著变化时，我们会期望其中有 8 个假阳性结果。

GEO2R 提供多种多重检验校正的方法。Benjamini 和 Hochberg（1995）FDR 校正法是默认的方法：它是最常用的校正方法，在发现真阳性的同时减少假阳性数量。除 FDR 外，GEO2R 还提供包括 Bonferroni 校正在内的另五种多重检验校正法。Bonferroni 校正把显著性水平 α 除以总的检验次数 K；对于一个需要进行 10000 次检验的芯片实验，α 会被从 0.05 校正为小于 5×10^{-6}。Bonferroni 校正与把 BLAST 期望值 E 值与 BLAST 分数进行关联（见第 4 章）的过程类似：用 E 值除以 $m * n$（搜索序列大小乘以数据库大小，可以对应为检验次数）可以得到 BLAST 分数。

注意，在进行统计检验（如 ANOVA 方差分析等）前利用倍数变化来筛选转录本是不合适的。这样的过滤可能会降低对多重检验的校正幅度，但同时也会引入偏向性偏差（van Iterson 等，2010）。但如果采用倍数变化来给基因排序并同时适当放宽 p 值的阈值，研究人员发现在不同实验室之间获得的差异基因列表的重现性有显著提高。这是 Shi 等（2008）在芯片质量控制（MAQC，在下文中会介绍）这一项目研究中发现的。

11.3　芯片分析方法 2：Partek 软件

作为分析芯片数据的第二个方法，这里我们介绍一个商业软件 Partek Genomics Suite（Partek 基因组学分析套装）。该软件需要每年进行注册，功能与在本章中描述的一些 R 包功能类似。但一些研究人员更喜欢使用像 R 这样的免费开源软件。像 Partek 这种软件通常是由精通生物信息学和生物统计学的专家编写的。Partek 具有以下一些优点：

① 学习曲线短（对大多数科学家而言，R 的学习曲线非常陡峭）；

② 把一整套分析工具包装在一个用户友好的图形用户界面（GUI）内，包括专门针对各种分析任务（如芯片分析）的有指导的工作流程；

③ 提供非常专业的客户支持服务（对于 R 的使用来说，一般 R 包的作者对该软件的使用者的问题有比较好的反馈，同时也有一些用户论坛提供软件使用支持）。

下面以唐氏综合征数据集为例，我们从 Partek Genomics Suite 选择一个基因表达分析工作流程。该工作流程从导入数据、进行质量控制，然后进行一系列的分析等多个步骤提供了相近的指导信息（图 11.8，1 号箭头）。

> 本章使用的 CEL 文件可从 http://bioinfbook.org/chapter11 获取。当 NCBI 的 GEO 数据库包含该样本的 CEL 时，你可以直接使用 NCBI 的 GEO 下载选项来导入 CEL 文件。CEL 文件包含一系列探针集表达水平测定值，其中每个表达水平对应一个基因或基因片段。此外，CEL 文件也包含这些基因（片段）在染色体上的位置。

> Partek 软件（包括我们即将介绍的 Partek Genomics Suite（Partek 基因组分析套件），以及 Partek Flow for NGS data（Partek NGS 数据处理流程）可从 http://www.partek.com（链接 11.3）下载。其他著名的商业软件包包括 Nexus Expression and ImaGene from BioDiscovery（http://www.biodiscovery.com，链接 11.4），GeneSpring（http://www.chem.agilent.com/，链接 11.5），GeneTraffic（http://www.iobion.com/，链接 11.6），以及 Avadis from Strand Life Sciences（http://www.avadis-ngs.com/Avadis 链，链接 11.7）。

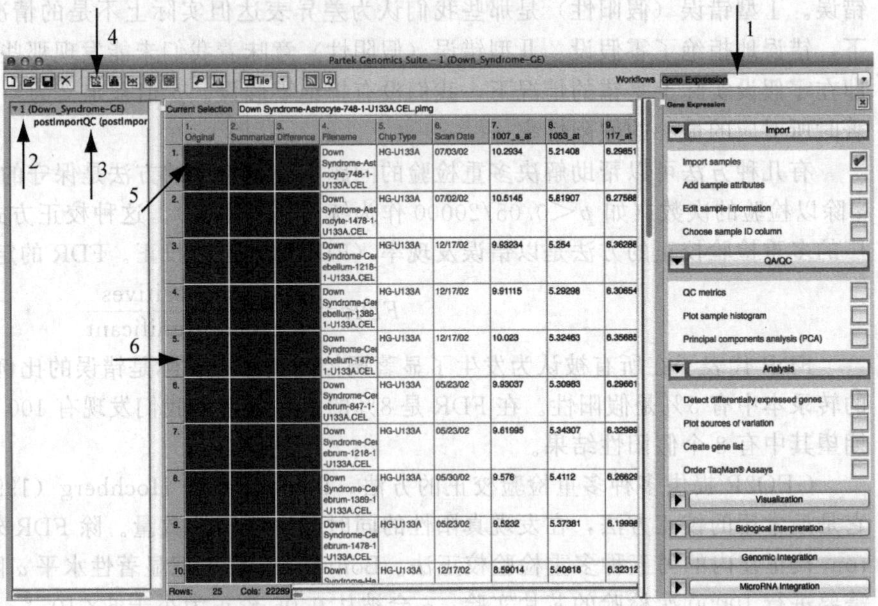

图 11.8 一个完整的 Partek 电子表格由行（这里有 25 行，每一行对应一种样本的数据）和列（第一列包含每个样本的信息，之后跟着＞22000 列信息，每一列对应着芯片探针集合）组成。在这个电子表格内的每一个单元格包含某一特定样本中特定转录本的 $\log_2$（表达值）。其与检测到的信号强度有关，意义为该转录本在该样本中的表达水平。基因表达分析的工作流程图见箭头 1 所示。我们可以选择显示主表格（箭头 2）或其他的子表格，如质量控制数据表格（箭头 3）。此外，我们还可以按下（箭头 4）所示的按钮以显示主成分分析图（图 11.10）。芯片表面的图片可通过点击放大［箭头 5；放大结果见图 11.9(b)］。通过单击行或列标题（如箭头 5），我们还可以使用其他附加功能；如为行或列元素作图或注释
（由 Partek 公司供图）

导入数据

Partek Genomics Suite 可接受十几个数据格式的输入，包括文本文件、Excel 电子表格以及 GEO 数据（例如，GSE 系列文件或 GSM 样本文件）。它还支持二代测序数据如 BAM 文件等。这里，为了做基因表达分析，我们导入一组 Affymetrix CEL 文件。

我们找到一个包含 CEL 文件的文件夹，选择要分析的 CEL 文件，之后通过 RMA 或 GCRMA 归一化方式（在前文已介绍）把 CEL 文件导入程序。芯片平台注释信息的库文件也是必需的。Partek 会自动识别该库文件是否存在于特定的库文件夹中，并会在缺失时，自动从互联网下载并存储所需的库文件。

质量控制

当 CEL 文件导入后，会生成一个 postImportQC 电子表格，该表格提供了各种质量控制信息［图 11.9(a)］，包括一系列与图 11.3(a) 相似的箱线图。质量控制数据都包含在一个子表格中（图 11.8，箭头 3 所示）。主数据表包括 25 行（每一行代表一个样本）和 22289 列（前 6 列对应样本信息，其后的 22283 列代表对数转换的基因表达值）。第一到第三列为从 .CEL 文件读取的静态芯片图像。双击其中一个，图像将被放大展示该样本的芯片表面［图 11.9(b)］。这可以帮助我们在做质量控制时发现异常点，并有可能识别有缺陷的区域（如划痕或者杂交错误）。

添加样本信息

当我们用 GEO2R 分析样本时，需要指定样本是正常整倍体还是三倍体。同样的，我们在 Partek 也进行相同操作。Partek 还可以把包含样本关键信息的电子表格与包含基因表达值信息的电子表格进行整合。在基因表达工作流程中，我们选择 "Add sample attributes"（添加样本信息），并指定类型（21 三体或正常整倍体）、组织（星形胶质细胞、小脑、大脑、心脏），以及研究对象（个体）。每列都有一个可被点击的标题，点击之后我们可以设置该列的属性（图 11.8）。我们可以把研究对象当做一种随机效应（也即特定的研究对象是从 21 三体或整倍体群体中随机抽取的）。但相对地，类型和组织都是固定的（对应的类型和组织在研究中是不变的）。

样本直方图

样本的直方图描绘了探针结合信号强度（X 轴）与探针信号强度频数［Y 轴；图 11.9(c)］之间的关

(a) 质量控制图

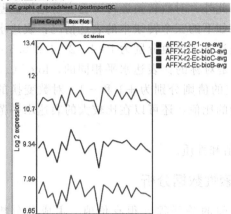

(b) CEL芯片伪影像

(c) 强度值直方图

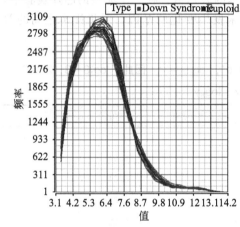

(d) MA图

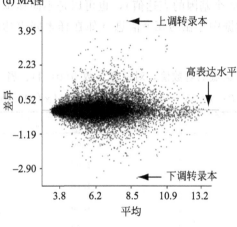

图 11.9　Partek 软件生成的质量控制数据可视化图像。(a) 质量控制图的 Y 轴表示 $\log_2$（表达值），X 轴表示样本，以 spike-in 校正样本 RNA 的杂交水平 (b) 来自 .CEL 文件的芯片表面静态图像。通过图像可能捕捉到人为污染信息（扁压迹象），必要时我们需要弃置这一组样本数据。(c) 强度值的直方图也能反映异常。(d) MA 图表示经 $\log_2$ 对数转换归一化后的强度值的均值（X 轴）与表达水平差异（Y 轴）的关系（图片来自 Partek 公司）

系，可以使我们直观地确认样本是否已进行了适当的归一化处理（如存在异常值，则可能归一化有问题）。稍后，我们将用 R 包为芯片数据（见下文"读取 CEL 文件和利用 RMA 进行归一化"）或 RNA-seq 数据绘制直方图（见下文"使用 R 包 CummRbund 来可视化查看 RNA-seq 结果"）。

散点图和 MA 图

散点图是一种处理芯片数据的常用可视化方法，可以直观地帮助比较基因在两个样本的表达值。通常，大多数基因都会落在倾斜角为 45°的直线上，但那些发生了上调或下调的基因将偏离该直线。散点图可以展示出在实验中有哪些基因发生了非常明显的差异表达。

MA 图也是一种散点图，显示了两个样本中所有基因的表达值。X 轴对应的是 $\log_2$ 转换后的每个基因表达值的均值——A 值 [图 11.9(d)]，从左到右代表低表达到高表达基因。Y 轴对应的是 $\log_2$ 转换后的每个基因表达值的差值——M 值。M 值为零表示该基因在两样本的表达水平没有变化，而上调和下调的基因分别落在 Y 轴上方和下方。

公式如下：

$$M = \log_2(I_1) - \log_2(I_2) \tag{11.5}$$

$$A = \frac{1}{2}\left[\log_2(I_1) + \log_2(I_2)\right] \tag{11.6}$$

处理经过 $\log_2$ 转换的芯片数据

对基因表达数据，使用以 2 为底的对数转换是处理芯片数据的一个常规手段，如在 GEO2R、Partek

主成分分析（PCA）也被称为奇异值分解（Alter 等，2000）。它是一个线性投影方法：这意味着你开始处理的数据矩阵已经被"投影"或映射到了低维空间。与主成分分析相关的投影方法包括独立成分分析、因子分析、多维尺度分析和对应分析。

等工具中看到的那样。对于散点图，对数转换可以导致一个更为集中的分布，使得我们可以更容易地分析数据集的属性。此外，对数转换还可以更容易地描述基因调控前后表达量的倍数变化情况。考虑如下的三个转录本的表达情况：表达水平不变、上调两倍、下调两倍。对应的表达水平比值分别为 1：1、2：1 和 0.5：1。在 $\log_2$ 空间中，这三个比值相对于 0 是对称的：表达水平相同的，$\log_2 (x/x) = 0$，而上下调各两倍的转录本的对应的值则分别为 +1 和 -1。对数变换的另一个特点是：除了对称地表示出表达量的比值，还可以在比较大的表达水平范围内稳定方差。

在表 11.1 中总结了对数的一些基本值和性质。

通过主成分分析（PCA）进行探索性数据分析

探索性分析对于直观地查看样本之间的关联程度很有价值。主成分分析（PCA）是一种把高维数据降维到二维或三维并进行查看的技术（Ma 和 Dai，2011）。PCA 背后的核心思想是把数量很多的变量转换为数量很少的几个不相关变量（也即主成分）。PCA 处理的变量可以是不同基因的表达值（例如 20000 个基因的表达值），也可以是不同样本的基因表达值。在一个典型的芯片实验中，PCA 可以发现并删除数据中存在的冗余信息（如在样本间表达值未发生变化的基因，对于样本之间的差别没有意义）。

表 11.1　常见以 2 或 10 为底的对数值。对任意正数 $b(b \neq 1)$，当 $y = b^x$，$\log_b y = x$。因此，$\log_2 8 = 3$，$2^3 = 8$。注意，$\log_b b = 1$；$\log_b 1 = 0$；$\log_b xy = \log_b x + \log_b y$；$\log_b (x/y) = \log_b x - \log_b y$

值	Log_{10}	Log_2
1000	3.00	9.97
100	2.00	6.64
50	1.70	5.64
10	1.00	3.32
5	0.70	2.32
2	0.30	1.00
1	0.00	0.00
0.5	-0.30	-1.00
0.2	-0.70	-2.32
0.1	-1.00	-3.32
0.02	-1.70	-5.64
0.01	-2.00	-6.64
0.001	-3.00	-9.97

我们创建了一个 PCA 图，注意到 25 个小球（每个小球对应一个样本）以若干簇的形式呈现在图中 [图 11.10(a)]。小球颜色对应样本类型（红色代表唐氏综合征；蓝色代表正常整倍体）。如预期那样，唐氏综合征样本和整倍体样本之间没有明显区别。该 PCA 可以解释 25 个样本的 56.9% 的变异。其中，主成分（PC）♯1 轴（X 轴）解释了 24.0% 的变异；而 PC♯2 轴（Y 轴）和 PC♯3 轴（Z 轴）分别解释了 22% 和 11% 的变异（根据定义，X 轴、Y 轴、Z 轴所能解释的变异应该是相继递减的）。我们已知基因表达在不同组织中会有变化。按照组织类型标注样本后 [图 11.10(b)]，我们发现可以很好地解释数据点在 PCA 图中的位置：星形胶质细胞样本聚在左下，心脏样本数据聚在右下，脑组织（大脑和小脑）呈现出两个独立且相邻的簇。图 11.10(a)、图 11.10(b) 两幅 PCA 图中的数据点位置是相同的，不同的只是它们所对应的标注。在图 11.10(b) 中，我们以每种组织的中心点绘制了从中心点延伸到两倍标准差的椭圆曲线。

(a) PCA中25个类型注释样本

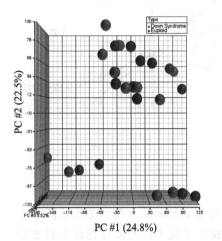

(b) PCA组织和类型注释

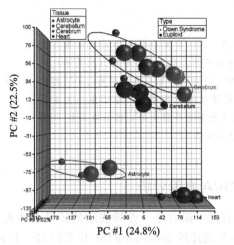

(c) PCA中22000个转录水平值

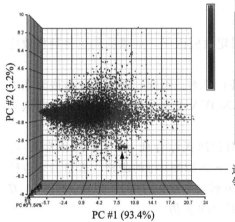

选择任何
邻近数据点

(d) 跨越25个样本中三个转录谱

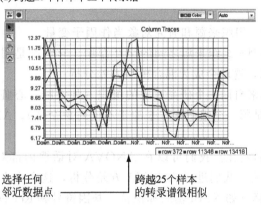

跨越25个样本
的转录谱很相似

图 11.10　主成分分析（PCA）图。（a）每个点代表包含了＞20000 个基因表达值的样本。这属于无监督方法，25 个数据点（每一个表示一个样本）处于通过转换原始数据矩阵生成的 PCA 空间中。不同表现型之间没有明显的分离（21 三体与正常）。（b）与（a）代表相同的主成分分析（PCA）图，前者添加了对心脏、星形胶质细胞、两个脑区的组织注释信息。（c）数据矩阵（25 个样本，＞22000 个转录本表达量）转置后生成的 PCA 图，由表征探针信息的 22283 个数据点构成，表示基因表达水平的 PC#1 能够解释 93.4％ 的变异。我们选择三个任意相邻的数据点（箭头所示）。（d）图（c）中选取的三个探针对应的表达数据（Y 轴）对 25 个不同的组织样本（X 轴）绘图。三者轮廓十分相似。这说明，在原始数据矩阵中有相似性质的对象对应的点会在 PCA 空间中紧邻（数据分析采用 Partek 软件，Partek 公司供图）

　　PCA 中数据点的相对位置反映了研究对象（样本）之间在基础数据矩阵中的关联关系。为了说明这个概念，我们可以返回数据矩阵，并选择 "Transform＞Create transposed spreadsheet" 生成一个新表格包含 26 列（第一列为探针集，之后是 25 个样本）和 22283 行。该数据的 PCA 显示了 22283 个点，每个点对应一个探针集。在图中，我们可以随便选三个紧邻的数据点［图 11.10(c)，箭头处］。在主表格中，我们可以点击这三个点对应的行号，绘制他们在 25 个样本中的表达变化的轮廓图（参考图 11.8，箭头 6）。可以看到，所选出的三个点在 25 个样本中的表达变化的轮廓图非常相似［图 11.10(d)］，而正是因为这个原因，PCA［图 11.10(c)］才将它们聚在一起。

　　PCA 由 m 个观测值（基因表达值）和 n 个变量（实验条件）构成的一个矩阵开始，目标是通过找到 r 个新的变量（$r<n$）来减少矩阵的维数。这 r 个变量需要尽可能多的解释原始数据矩阵的变异信息。PCA 算法的第一步是创建一个新的 $n×n$ 矩阵，它可以是一个协方差矩阵或相关系数矩阵。（在一个有 25 个样本和＞22000 个基因的研究中，我们会得到一个 25×25 的协方差矩阵）。主成分（也即特征向量）被选择来描述最大的变异（也称特征值）。在本例中，这样处理对我们的实际意义就是，在不同样本中表达值不发生变化的基因不会对主成分有贡献。

　　第一主成分轴是如何与我们的原始数据关联的？基于原始数据绘制的三维图像，重新绘制 X、Y、Z 轴，使它们的交点（原点）位于所有数据点的中心（图 11.11）。找到与数据拟合度最高的直线，并把其作为第一个主成分轴，然后通过旋转变换，使其可以成为图 11.10 中的 X 轴。第二主成分轴也必须通过图 11.11 中的原点且与第一轴正交，这样它与第一主成分互相独立。每个轴所能解释的数据的变异随轴序数增加而递减。

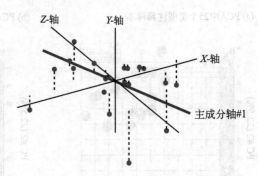

图 11.11　主成分分析坐标系示意图。第一主成分轴是通过数据集几何中心的最优拟合直线，能解释大部分的变异。第二主成分轴（未显示）也经过原点，与第一主成分轴正交。所有的主成分轴一共能解释 100% 的变异，但每一个轴所能解释的部分随轴序数增加而递减。由于第一主成分（有时还包括第二主成分）解释了较大比例的数据变异，因此在分析 PCA 图时，应重点关注数据在这两个轴上的分布

利用 Partek 进行 ANOVA 方差分析

我们可以通过方差分析来获得一组发生了差异表达的转录本列表。注意，Partek（与"芯片分析方法 3"小节描述的 Bioconductor 开发的包一样）提供了比 GEO2R 等在线工具更有灵活性和深度的分析方法。

> ANOVA 方差分析在 Stat 下拉菜单中可见。

通常我们需要通过 PCA 或其他可视化方法来帮助确定方差分析模型中的因子变量［图 11.12(a)］。

① 我们将样本类型、组织来源和研究对象当作因子变量。

② 我们选择样本类型 * 组织来源之间的交互作用。它们都是固定效应因子。如果我们也将随机效应（如研究对象）考虑进来，这就会成为混合模型方差分析。

③ Partek 能够识别来自同一个研究对象的组织（如大脑、心脏）样本。因此，研究对象被嵌套在组织类型中（与之相对的是每一个组织样本来源于不同对象个体）。ANOVA 方差分析模型可以自动对嵌套关系校正。

倍数变化的计算叫做对比。我们可以在 ANOVA 对话框内部对比唐氏综合征（1 组）与正常人（2 组）［图 11.12(a)］。然后，我们进行 ANOVA 方差分析，这会产生一个 22283 行的表格。表格的列包括探针集合的序列号、注释（如 NCBI 基因标识符、基因符号和 Refseq 转录本标识符等），以及 ANOVA 方差分析中所设定的样本类型、组织来源及交互项或其他选择的因子对应的 p 值。

有几种变异来源可以导致 RNA 转录本水平的变化。我们可以通过图的方式来查看这些变异来源［图 11.12(b)］。该分析可以帮助我们确立到底应该使用何种 ANOVA 模型。添加一些因子变量或因子的交互作用的好处是 ANOVA 可能更容易发现我们感兴趣的变化，但可能会导致统计功效的降低。

方差分析（ANOVA）结果包括按照概率值大小排序的转录本列表。我们常常会通过设定最小表达倍数变化阈值（如＜−1.5 或＞1.5 倍）等条件来筛选转录本。这样做的考虑是倍数变化微小的基因即使统计学上显著，但生物学的意义可能不大。在 Partek 内，我们可以使用一个列表管理器来创建这种已过滤的基因列表。

火山图呈现信息的变化倍数（在 X 轴）与 p 值（Y 轴）之间的关系［图 11.12(c)］。左上角和右上角的转录本有特别低的 p 值和大的变化倍数，也是研究者最感兴趣的数据。在 Partek 软件中，图中任何区域的数据点，都可以突出显示，并被放入一个单独的表格或图像中。

对于火山图或方差分析，如何恰当地设定 p 值阈值？你可以确定一个或多个假阳性率。例如，在我们的方差分析中（见上文），我们可以选择三个假阳性率（FDR）。当 FDR＝0.01 时（标准相当严格），可以筛选出 2 个显著调节的转录本（即 p 值低于阈值 8.9×10^{-7}），上述结果只有 1/100 的可能是假阳性。在 FDR＝0.05 时，我们预计 1/20 的显著性结果是假阳性。此时，有 10 个转录本 p 值低于阈值（$p < 2.2 \times 10^{-5}$）。FDR＝0.1 时，有 26 个转录本显著，但其中可能会有 2～3 个为假阳性。从上面的分析我们看到，研究者必须决定哪些 FDR 是可取的：你是选择看到更多的结果，其中有些是误报；还是更少的结果，但大部分是可信的呢？

(a) ANOVA 输入

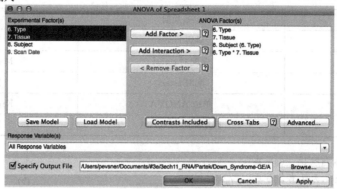

(b) ANOVA 变异来源　　　　(c) 火山图

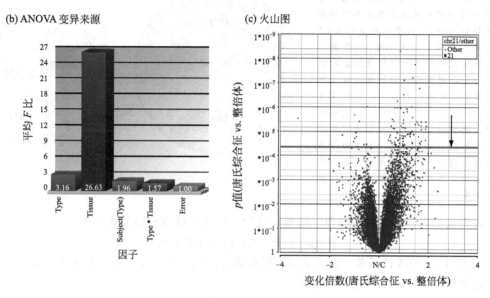

图 11.12　识别显著调节基因。(a) 选择方差分析中的实验因子和交互项。您还可以选择"对比"来报告表达量的变化倍数。方差分析一经执行，即对＞22000 个转录本进行检验：对芯片上的每一个探针我们会比较其在 21 三体和正常整倍体之间的信号均值，并且会考虑数据测度过程中的噪声。方差分析结果包含了按概率值排序生成的一个＞22000 个基因的表格。(b) 一旦进行方差分析，我们会估计变异来源。所有因子（X 轴）会有对应的基于 ANOVA 的平均 F 比（Y 轴）的信噪比值。本实验中，主导因素是组织类型（例如，心脏与大脑）。与组织类型相比，表现型（如：21 三体或正常）有相对较小的效应值。（该结果是符合预期的，因为在一般情况下实验条件并不会导致 RNA 转录水平的大幅变化）。(c) 火山图描绘了变化倍数（X 轴）与 p 值（Y 轴）之间的关系。图中箭头指示的条带对应的纵坐标的值是 p 值阈值，p 值高于绿色条带表示转录本受到显著调控；低于绿色条带表示调控不显著。这里的错误发现率（FDR）采用 0.05，即 20 个变异显著的结果里有 1 个是假阳性。你可以选择不同的 FDR 阈值；阈值越大会接受更多的结果为阳性，但是假阳性比率会增大

（数据分析采用 Partek 软件，Partek 公司供图）

从 t-检验到方差分析

　　各种测试数据可用于芯片数据的处理（例如：Olshen 和 Jain，2002）；一些分析案例如表 11.2 所示。这些测试都是用来获得 p 值，以辅助评估特定基因受到调控的可能性。当两个以上的条件需要被分析时（例如，分析多个时间点或测量几种药物对基因表达的影响），应该选择方差分析（ANOVA）而不是 t 检验（t 检验只能分析 1～2 个变量）。为了识别差异表达的基因，方差分析需要分析发生在群体内与群体间的方差（Zolman，1993；Ayroles 和 Gibson，2006）。当一个芯片实验中有多个不同处理的实验组（例如，对照样本要与两种不同的疾病表现型或五个不同的时间点进行比较）或每个实验组包含多个变量（例如，性别、年龄、RNA 提取日期、杂交批次）时，方差分析就特别合适了（图 11.13）。

表 11.2 芯片数据的检验统计量。改编自 Motulsky（1995）（已获得牛津大学出版社授权）

问题示例	参数检验	非参数检验
比较一组样本假设值	单边 t-test	Wilcoxon test
比较两组非配对样本	非配对 t-test	Mann-Whitney test
比较两组配对样本	配对 t-test	Wilcoxon test
比较多组非配对样本	单边 ANOVA	Kruskal-Wallis test
比较多组配对样本	重复测量 ANOVA	Friedman test

图 11.13 t 检验和方差分析的信噪比。（a）在 t 检验中，芯片实验的值可以被认为既有信号成分（即强度测量值，反映比较中的两组均值的差异），也有噪声成分（信号强度差异中不可归因于两组均值差异的部分）。如果对照组的 RNA 样本在星期一纯化而实验组的 RNA 在星期二纯化，那么处理时间和处理方法带来的差异将无法分辨。实验组与对照组之间的差异将几乎都由操作时间而不是处理方法引入。（b）在方差分析中，我们既可以处理固定效应，也可以处理随机效应。源于日期、性别等因子的变异可以被分析，我们感兴趣的变量（对照组与实验组不同的处理条件）带来的主要影响也可以被分析。方差分析通过将信号分割成多个主要成分，提高了信噪比

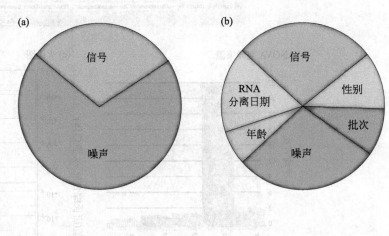

方差分析是被称为"广义线性模型"的统计模型。广义线性模型的公式如下：

$$Y = \mu + \beta_1 x_1 + \beta_2 x_2 + \cdots \beta_j x_j + \varepsilon$$

其中 Y 是关于 X 的线性函数，斜率为 β，截距为 μ，x_1、$x_2 \cdots x_j$ 是一系列独立变量；ε 是误差项。对于基因表达数据，一个常用的统计模型是：

$$Y_{ijk} = \theta_i + \varphi_{ij} + \varepsilon_{ijk}$$

此处，Y_{ijk} 对应的转录本 i 在芯片平台 j 上经过预处理的第 k 次测量的探针强度值（经过 $\log_2$ 标准化）；如果芯片平台对应 20000 个转录本，那么就有 20000 个 Y_{ijk} 值。φ 和 θ 分别是与表达测量和探针效应相关的独立变量。θ_i 是经过 $\log_2$ 转换的基因绝对表达量，φ_{ij} 是平台特异的探针效应，ε_{ijk} 则表征测量误差（残差，无法解释的变异）。Irizarry 等（2005）指出，较大的探针效应值 φ_{ij}（方差也会变得较大）会放大那些曾经被报道过的在比较同一平台内的基因表达关系时所发现的相关性，同时会减弱具有不同探针效应的两个芯片平台之间的相关性。一个解决方案是在一种芯片平台内部比较相对（而不是绝对）表达量，这样可以消去 φ_{ij} 带来的影响。

Bioconductor 网站为：http://bioconductor.org/（链接 11.8）。其中有许多优秀的书籍，R 语言及 Bioconducto 程序包的在线使用指南，包括 Gentleman 等（2005）和 Zuur 等（2009）。Sean 和 Meltzer（2007）描述了导入和分析 GEO 数据库文件的 R 语言工具包 GEOquery。

固定和随机因子都是包含在线性模型中的独立变量。固定因子包括那些经实验者系统挑选的（如性别、年龄）并可在重复试验中重复的处理效应。固定因子考虑了那些研究者所感兴趣的一些主要状况，例如信号强度的变化是由于样本来自于 21 三体样本而不是对照组产生的。随机因子提供了从总体中随机或者非系统性选择的独立变量的模型。比如生物重复便是随机因子，当我们选择了 11 个 21 三体的样本时，我们从 21 三体综合征人群中无偏抽取的。类似地，芯片效应也是随机因子，因为每个芯片是从所有可用的芯片中随机选取的。

方差分析的思想在于基因表达的差异可能来自主效应（例如：正常与患病的样本），同时其他变异来源（例如，性别或年龄）可以被发现并解释。与 t 检验中的 t 统计量类似，方差分析中的 F 统计量也包含了信噪比的信息（图 11.13）。但方差分析包括了更详细地对变异来源的估计。通过分离可解释数据里的固定效应和随机效应的信号，方差分析提高了数据的信噪比，可更有效地发现受调控的转录本。

11.4 芯片分析方法 3：利用 R 分析 GEO 数据库

BioConductor 项目已经集成了超过 1000 个基于 R 的生物信息学软件包。R 和 BioConductor 项目已经受到广泛认可，尤其是在生物统计学领域。

创建分析

让我们从创建一个目录（在 PC，Mac 或 Linux 环境下）并把 25 个我们之前使用的 CEL 文件放置到该目录下开始。你应该已经安装了 R 和交互更友好的 RStudio（非必要）。

CEL 文件可在 http:// bioinfbook. org/ 找到。你可以从 http://www. r-project. org/ 下载 R（链接 11.9）和从 https:// www. rstudio. com/ 获取 RStudio（链接 11.10）。

启动 R。然后使用下拉菜单来浏览你的工作目录，或通过 setwd () 命令来设置工作目录。与 Linux（或 UNIX）语言中"$"美元符号作为命令行提示符不同，R 中命令行提示符是"＞"。

```
> getwd()
[1] "/Users/pevsner/Documents/#3e/3ech11_RNA/ch11_R"
> source("http://bioconductor.org/biocLite.R")
> biocLite("affy")
> biocLite("limma")
# Next we load the affy and limma libraries.
> library(affy)
> library (limma)
```

下面，我们将介绍 affy 和 limma 这两个 R 包。要得到关于这两个（或任何其他）R 包的帮助信息，可以考虑以下办法：

- 可以查阅 BioConductor 网站上众多的说明文档。它们通常包括一些插图和 R 代码。
- 订阅 BioConductor 的邮件推送。
- 导入任意程序包后，要获取程序包内部函数（如 limma 里的 lmFit 函数）的帮助信息，在 R 中键入 ＞? lmFit 或 ＞help（"lmFit"）。
- Biostars 网站包括来自生物信息学领域的各种问题和解答。

联系 bioconductor@ stat. math. ethz. ch 以加入 Bioconductor 的收件人列表。

加载 affy 包时会自动下载所必须的 CEL 定义文件（CDF）。我们需要导入表型数据，以指定每个文件对应的类型（21 三体或整倍体）和组织来源（大脑、小脑、心、或星状胶质细胞等）。本例中，这些信息写入已用制表符分隔的文本文件。如果利用 Microsoft Excel 或 Word 来新建此类文件，需要注意这些程序可能会修改数据文件的格式而引入错误。其他可以选择的文字编辑器包括 NotePad、Crimson Editor（PC）或 TextEdit（MAC）。

Biostars 的官方网站是：www. biostars. org （链接 11.11）。

```
> phenoData <- read.AnnotatedDataFrame("pheno.txt", header=TRUE, sep="\t")
```

我们利用函数 read. AnnotatedDataFrame 来创建一个对象：phenoData。这一操作会读取文本文件 pheno. txt，并新建一个对象类别为 AnnotatedDataFrame 的对象。这里，我们指明该文件包括标题行，并以 \ t（即制表符 tab）为分隔符。＜- 符号指向我们将创建的对象；例如，我们可以创建变量 x 记录 2+2 的运算结果，然后键入 x 输出结果。

表型数据可在在线文档 11.3 中 pheno. txt 找到。

```
> x <- 2 + 2
> x
[1] 4
> show(x) # Equivalent way to display x
[1] 4
> 3*x
[1] 12
```

现在我们浏览一下 phenoData 的信息。

```
> phenoData
An object of class 'AnnotatedDataFrame'
    rowNames: Down Syndrome-Astrocyte-1478-1-U133A.CEL Down
            Syndrome-Astrocyte-748-1-U133A.CEL …
            Normal-Heart-1411-1-U133A.CEL (25 total)
 varLabels: diagnosis tissue
 varMetadata: labelDescription
> dim(phenoData) # report the dimensions of the file
    rowNames columnNames
        25         2
> summary(phenoData)
    Length    Class              Mode
      1       AnnotatedDataFrame  S4
```

这确认该数据有 25 行（每一行对应一个样本）和 2 列（第 1 列对应诊断结果；第 2 列对应组织来源）。

利用 RMA 工具读取 CEL 文件并完成归一化

注意，可以用 justR-MA 对上述流程进行简便替代，命令为：
＞eset<-justRMA(phenoData＝phenoData)
详情请在 Bioconductor 网站 affy 包的说明文件中查看。

表达数据可以被表示为一个矩阵，矩阵中行对应探针，列对应来自不同芯片的样本。affy 包（Gautier 等，2004）包括一个名为 justRMA 的函数，该函数可读入 CEL 文件，执行 RMA 分析，并计算表达量。该函数的输入参数包括 phenoData。有一些辅助组件可以用来帮助数据输入，但我们的工作流程中没有使用这些辅助组件，而是从工作目录中直接读取 CEL 文件。如要了解该函数的更多信息，可在 R 互动界面中输入＞? justRMA，就可以打开一个帮助页面，其中描述了该函数的参数及其使用细节。

我们使用 affy 包中的 ReadAffy 函数来读取工作目录下的 CEL 文件和 phenoData［ReadAffy 还可以阅读 MIAME 数据（见第 10 章），并可以读取经 ZIP、GZIP 压缩的 CEL 文件］为查询详情，输入：

```
> ?read.affybatch
> MyBioinfData <- ReadAffy()
```

MyBioinfData 对象中包含有什么信息？

```
> MyBioinfData
AffyBatch object
size of arrays=712x712 features (28 kb)
cdf=HG-U133A (22283 affyids)
number of samples=25
number of genes=22283
annotation=hgu133a
notes=</p><p>> rownames(MyBioinfData)[1:10]
 [1] "1007_s_at" "1053_at" "117_at" "121_at" "1255_g_at"
 [6] "1294_at" "1316_at" "1320_at" "1405_i_at" "1431_at"</p><p>>
colnames(MyBioinfData)[1:5]
[1] "Down Syndrome-Astrocyte-1478-1-U133A.CEL"
[2] "Down Syndrome-Astrocyte-748-1-U133A.CEL"
[3] "Down Syndrome-Cerebellum-1218-1-U133A.CEL"
[4] "Down Syndrome-Cerebellum-1389-1-U133A.CEL"
[5] "Down Syndrome-Cerebellum-1478-1-U133A.CEL"
> summary(MyBioinfData)
    Length    Class       Mode
      25      AffyBatch   S4
```

键入 MyBioinfData 后，可以看到其包含了 22283 个基因、25 个样本和 Affymetrix U133A 芯片的注释这三大类信息。我们还可看到前几行和前几列的信息。要了解更多的信息，可以使用 dim(MyBioinfData)（显示行列的维度）和 str(MyBioinfData)来检查文件结构。

我们接下来调用 rma 命令。rma 是一个将 AffyBatch 对象转换为 ExpressionSet 对象的函数。

```
> eset <- rma(MyBioinfData)
Background correcting
Normalizing
Calculating Expression
```

　　rma 函数整合了 RMA 的如下功能：①对完美匹配探针进行探针特异性校正；②对完美匹配探针通过分位数归一法进行归一化（Bolstad 等，2003）；③利用中位数平滑法计算表达数据。我们可以使用三种图来查看这三个步骤在归一化前后的效果（图 11.14）。

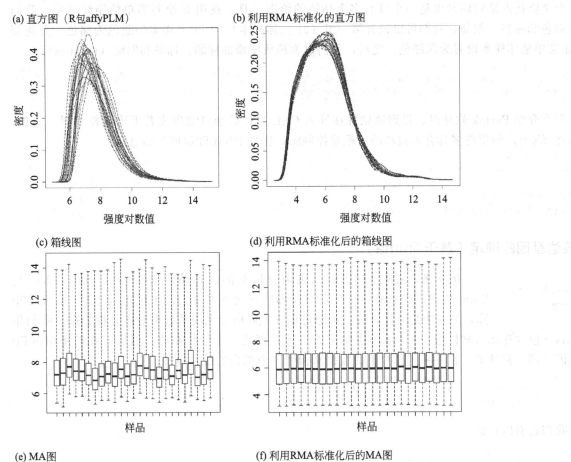

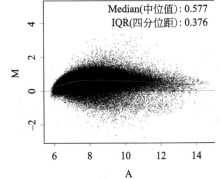

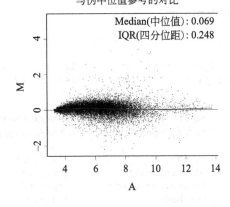

图 11.14　在 R 中绘图分析芯片数据。R 包 affy 和 limma 可用于对 Affymetrix CEL 文件进行导入、预处理及分析操作。子图（a）（b）、（c）（d）、（e）（f）分别对应标准化前后的直方图、箱线图、MA 图

（来源：R）

```
> hist(MyBioinfData)
> hist(eset)
> boxplot(MyBioinfData)
> boxplot(eset)
> MAplot(MyBioinfData)
> MAplot(eset)
> MAplot(Dilution,pairs=TRUE,plot.method="smoothScatter")
```

凹痕可以绘制在箱线图的两边。它们的长度为±1.58 * 四分位间距/sqrt（N）。详见Graphics软件包中的boxplot，或使用？boxplot命令获取帮助。

　　R 的一个重要优点是它同时也是一个具有多个功能的绘图工具。在用 R 绘制简单的箱线图后，我们还可以添加颜色和标签。例如，我们可以设置第一组（21 三体样本）的 11 个样本的颜色为赭色，并将剩余的 14 个正常整倍体样本设置为深绿色。之后，我们再为箱线图添加标题、标签和凹痕（notches）：

```
> colors = c(rep("sienna",11),rep("darkgreen",14))
> boxplot(eset, ylab = "log2 intensities", col=colors)
```

　　前面我们在介绍 Partek 软件时，提到该软件在导入 CEL 文件后会自动生成若干质量控制图。这里，我们也可以在affy包内创建许多具有类似功能的质量控制图，比如 RNA 降解度等信息。

```
> deg <- AffyRNAdeg(MyBioinfData)
> names(deg)
> summaryAffyRNAdeg(deg)
> mean(mm(MyBioinfData)>pm(MyBioinfData))
```

差异表达基因的确定（基于 limma）

> R 程序包limma由Gor-
> don Smyth 开发。

　　接下来，我们使用limma包来分析基因表达情况（Smyth，2004，2005）。limma需要两个矩阵，一个是对应那些固定在芯片表面上的不同 RNA 的设计矩阵，另一个是对比矩阵，可通过设计矩阵所定义的系数来对比分析数据。我们用model. matrix（包含在stats软件包中）从eset中给定的描述来创建一个设计矩阵。然后，我们使用lmFit来为每个基因（即，探针集）在一系列芯片上的数据来构建一个拟合的线性模型。

```
> design <- model.matrix(~diagnosis, phenoData(eset))
> fit <- lmFit(eset, design) # fit each probeset to model
```

　　接下来我们查看fit对象。

```
> dim(fit) # dim shows us dimensions in rows and columns
[1] 22283 2
> colnames(fit)
[1] "(Intercept)" "diagnosisEuploid"
# We next look at the first 10 rows of fit.
# Without this limit all 22,283 rows would be printed.
> rownames(fit)[1:10]
 [1] "1007_s_at"      "1053_at"      "117_at"      "121_at"      "1255_g_at"
 [6] "1294_at"        "1316_at"      "1320_at"     "1405_i_at""1431_at"
# We can use tail to display the last rows of the file.
> tail(rownames(fit))
[1] "AFFX-ThrX-3_at"        "AFFX-ThrX-5_at"      "AFFX-ThrX-M_at"
[4] "AFFX-TrpnX-3_at"       "AFFX-TrpnX-5_at"     "AFFX-TrpnX-M_at"
> names(fit)
 [1] "coefficients"         "rank"                "assign"
 [4] "qr"                   "df.residual"         "sigma"
 [7] "cov.coefficients"     "stdev.unscaled"      "pivot"
[10] "Amean"                "method"              "design"
> summary(fit)
                    Length       Class        Mode
```

```
coefficients       44566      -none-      numeric
rank                   1      -none-      numeric
assign                 2      -none-      numeric
qr                     5      qr          list
df.residual        22283      -none-      numeric
sigma              22283      -none-      numeric
cov.coefficients       4      -none-      numeric
stdev.unscaled     44566      -none-      numeric
pivot                  2      -none-      numeric
Amean              22283      -none-      numeric
method                 1      -none-      character
design                50      -none-      numeric
```

我们接下来调用limma包的eBayes函数进行经验贝叶斯校正。给定一个拟合的线性模型，eBayes将计算平滑 t 统计量。在产生一系列一般性 t 值后，贝叶斯模型被用来缩小所有基因表达数据的标准误。

```
> efit <- eBayes(fit) # empirical Bayes adjustment
> tt <-topTable(efit, coef=2)
> fix(tt)
```

topTable会生成一个包含差异表达探针集合的表格。通过fix命令调用数据框编辑器（表 11.3）可以查看结果。我们也可以导出或注释这些结果，以作进一步分析。

表 11.3　topTable运行结果（使用limma包进行基因差异表达分析）。log（FC）为 $\log_2$（表达量变化倍数）；ave. expr 为平均表达量；t 为平滑 t-统计量（定义两组样本时有意义）；P. value 为原始 p 值；adj. p. value 为多重检验校正后的 p 值；B 为B-统计量或 $\log_2$（基因的差异表达概率比）

Row names	log(FC)	Ave. expr	t	Rvalue	Adj. P. Value	B
200818_at	−0.71	10.16	−6.95	2.85×10^{-7}	0.0063	5.95
206777_s_at	0.81	6.42	6.60	2.85×10^{-7}	0.0073	5.29
200642_at	−0.84	10.12	−6.23	2.85×10^{-7}	0.0080	4.57
201123_s_at	1.80	7.06	6.22	2.85×10^{-7}	0.0080	4.54
202217_at	−0.60	8.63	−6.20	2.85×10^{-7}	0.0080	4.50
221677_s_at	−0.60	4.90	−6.02	2.85×10^{-7}	0.0103	4.15
201086_x_at	−0.45	9.01	−5.84	2.85×10^{-7}	0.0135	3.79
202325_s_at	−0.86	9.02	−5.80	2.85×10^{-7}	0.0135	3.70
203635_at	−0.35	6.17	−5.69	2.85×10^{-7}	0.0142	3.47
216954_x_at	−0.41	7.46	−5.68	2.85×10^{-7}	0.0142	3.45

排名前 10 的转录本对应的基因符号和染色体位置是什么？让我们用biomaRt找出。

```
> source("http://bioconductor.org/biocLite.R")
> biocLite("biomaRt")
> library("annotate")
> library("biomaRt")
> ensembl=useMart("ensembl")
> ensembl = useDataset("hsapiens_gene_ensembl",mart=ensembl)
```

我们已经安装了biomaRt，并且指定了我们要用的mart集合及数据集。接下来我们定义对象affyids指向表 11.3 上列出的头 10 个 Affymetrix 标识符。

我们已经在第八章介绍了biomaRt程序包。

前 10 个表达受到调控的基因中有 7 个被定位到 21 号染色体（在biomaRt输出中，编号为201123_s_at的探针集合被定位到位于 2 条染色体上的 3 个不同位置的 EIF5A 相关基因。这里，我们把它们当做一个基因计入在输出列表的那 10 个基因里）。大多数探针集也可在 GEO2R 生成列表的前 12 名找到（这是应该的，因为两者都使用了 limma，只是设置参数不同）。

```
> affyids = c("200818_at","206777_s_at","200642_at","201123_s_at","202217_
at","221677_s_at","201086_x_at","202325_s_at","203635_a","216954_x_at")
> getBM(attributes=c('affy_hg_u133_plus_2', 'hgnc_symbol', 'chromosome_
name','start_position','end_position', 'band'), filters = 'affy_hg_u133_
plus_2', values = affyids, mart = ensembl)
affy_hg_u133_plus_2 hgnc_symbol chromosome_name start_position end_position
band
1      202325_s_at    ATP5J      21    27088815    27107984    q21.3
2      200642_at      SOD1       21    33031935    33041244    q22.11
3      206777_s_at    CRYBB2     22    25615489    25627836    q11.23
4      206777_s_at    CRYBB2P1   22    25844072    25916821    q11.23
5      201086_x_at    SON        21    34914924    34949812    q22.11
6      221677_s_at    DONSON     21    34931848    34961014    q22.11
7      200818_at                 21    34956993    35284635    q22.11
8      201123_s_at    EIF5AP4    10    82006975    82007439    q23.1
9      201123_s_at    EIF5AL1    10    81272357    81276188    q22.3
10     200818_at      ATP5O      21    35275757    35288284    q22.11
11     202217_at      C21orf33   21    45553487    45565605    q22.3
12     201123_s_at    EIF5A      17    7210318     7215774     p13.1
```

Partek 软件可生成火山图 [图 11.12 (c)]。这里，你也可以用 R 的 ＞volcanoplot(fit)命令来画一张这样的图。

芯片分析与结果的可重复性

芯片数据的分析包括了从归一化到方差分析等一系列的步骤，在这些步骤中使用不同的方法可能会得到不同的结果，有时甚至会从同一套芯片数据得出完全不同的结果。所以，同一个基本实验（如确定在精神分裂症患者与正常人的解剖大脑中发生差异调控的转录本）的结果可能在不同实验室之间会有显著差异。Tan 等（2003）在三个不同的商业平台（Affymetrix、Agilent 和 Amersham）上测定同一份 RNA 样本的表达量并比较了结果。在比较中，他们考虑了生物学重复和技术重复。他们发现，三个不同平台得到的结果只有部分相同，测定结果的 Pearson 相关系数 r 均值只有 0.53（见框 11.1）。其他研究人员也对芯片数据的可重复性提出了疑问，并针对数据分析提出了更广泛层面上的问题（Draghici 等，2006；Miron 和 Nadon，2006；Shields，2006），相应的回应可见 Quackenbush 和 Irizarry 的论文（2006）。

框 11.1 Pearson 相关系数 r

当两个变量有同样的变化趋势的时候，他们被认为是相关的。Pearson 相关系数 r 的取值范围从－1（完全负相关）到 0（无关）再到 1（完全正相关）。我们可以声明零假设为两个变量无关；备择假设为二者相关。由此，可以计算得出一个 p 概率值来检验二者的相关性是否显著。Pearson 相关系数可能是最常用来衡量基因表达数据点间相似性的度量标准。相关系数可用在生成树的程序（如 Cluster 等）中。对于任意的两个数列 $X=\{X_1,X_2\cdots X_n\}$ 和 $Y=\{Y_1,Y_2\cdots Y_N\}$：

$$r=\frac{\sum_{i=1}^{N}\left[\frac{(X_i-\overline{X})}{\sigma(x)}\times\frac{(Y_i-\overline{Y})}{\sigma(y)}\right]}{N-1} \tag{11.7}$$

其中 $\overline{X}$ 是数列 X 的均值，$\sigma(X)$ 是数列的标准差。对散点图而言，相关系数 r 刻画了某条曲线的拟合程度。Pearson 相关系数取值总是介于 1（两组数完全正相关）和－1（两组数完全负相关）之间。

相关系数的平方 r^2，取值在 0 和 1 之间。另外，它小于等于 r 的绝对值（$r^2 \leqslant |r|$）。对于相关系数 $r=0.9$ 的两个变量（如相同的 RNA 试样在不同的实验室测量所生成的两个芯片数据集），它们的 r^2 为 0.81。$r^2=0.81$ 的意义是：两个测量数据变化趋势的 81% 可由两组数据之间的对应关系解释；剩余的 19% 则由其他因素（如误差）解释。

Bland 和 Altman（1986，1999）指出相关系数存在很多误用的情况。相关系数 r 可以测量两个变量之间的关联程度，但它并不能测量这些变量的一致性。绘制一个散点图，衡量两组测量数据的相关程度。如果一组点落在任意直线上，那么这组数据是完全相关的；但只有当点落在 45°线上时，数据点才具有完全一致性。详见 Bland 和 Altman（1986，1999）关于解读相关系数 r 值的附加说明。

来自：Motulsky（1995）。

芯片质量协会（MAQC，2006）提供了一个比较乐观的评估结果。该协会建立了一个质量评估项目，其目的是通过使用相同的 RNA 样本来评估一系列芯片测序平台和相关数据分析技术的性能。利用 12000 个在人类肿瘤细胞系或大脑组织中表达的 RNA 转录本，该项目总共评估了 20 种芯片平台和 3 种技术的性能。在发现受调控（差异表达）的转录本的方面，该项目发现不同测序平台和测序中心之间有比较良好的一致性；测量方法之间的一致性在 60% 到 90% 之间，且基于表达数据对数比的相关系数的中位数为 0.87。对芯片分析结果利用聚合酶链式反应（PCR）方法进行验证也证明了不同测量方法之间的高度一致性（Canales 等，2006）。现在，MAQC 项目也被延伸到评估分类结果一致性的问题（Shi 等，2010）和 RNA 测序技术的质量问题（Mane 等，2009）。

> MAQC 项目有超过 100 名研究人员和 50 个以上的机构参与。项目网址：http://www.fda.gov/ScienceResearch/BioinformaticsTools/MicroarrayQualityControlProject/（链接 11.12）。

尽管学术界有许多研究人员认可芯片实验经过验证的可重复性，但仍然有很多因素可能会影响实验结果。这些因素包括：合理的实验设计方案（例如，避免混杂因素）、通过杂交方法制备 RNA 的一致性、合理的图像分析手段（确定哪些像素与转录相关）、数据的预处理（包括全局和局部背景信号校正）、对批次效应的识别和去除、确定差异表达转录本的合理方法、多重检验校正的应用，及其他下游分析手段等。

11.5 芯片数据分析：描述性统计学方法

芯片实验的最基本的特征之一是会产生大量数据。样本一般情况下，测量的基因表达值的个数远远大于样本的个数。那么，从几十个样本中得到的 20000 个基因的表达值该如何评估呢？我们可以把每个基因的表达值定义为在 20000 维度空间的某一个点。由于大脑不具备可视化高维空间的能力，我们需要应用数学技术来降低数据的维数。

数学家称那些涉及极多个变量的研究为"维数灾难"。在高维的空间中，任意两点之间的距离非常大，可以认为近似相等。描述性统计学对探索此类数据非常有用。由于这些数学方法不适用于假设检验，它们通常不会产生统计学上的显著结果。但它们可对数据进行探索性分析，并从中找到具有生物学意义的数据规律。我们之前已经了解，主成分分析可以展示基因（或样本）是如何分组的。接下来，我们将介绍其他一些描述性分析技术。这些技术可以在 R 或 Partek 等软件中实现。在每一个例子中，我们都从一个包含基因（对应不同的行）和样本（对应不同的列）的矩阵入手。然后，使用合理的全局或局部归一化方法对数据进行处理。之后，定义一些公式来描述所有数据点之间的相似性（或者距离）。

描述性统计学方法是无监督的，即：不做任何关于基因和/或样本的先验假设，通过对数据的探索来发现具有相似基因表达行为的数据组。可以选择许多不同的距离函数来进行聚类、主成分、多维尺度缩放等分析及其他可视化分析。使用不同的距离函数可能会导致不同的输出结果。如果你想报告你的发现，你需要清楚地描述你所选择的函数。如果这些方法是不常用的，你还需要证明方法的合理性。

芯片数据的层级聚类分析

聚类是对象间距离度量的表示（Kaufman 和 Rousseeuw，1990）。它是发现芯片实验中的基因表达模式的常用方法（Gollub 和 Sherlock，2006；Thalamuthu 等，2006）。聚类树可能由基因、样本，或两者共同组成。通常使用散点图或树状图表示簇，如那些用于系统发生分析（见第 7 章）或芯片数据分析的簇。聚类的主要目标是通过度量对象之间的相似性（或距离）来表征它们。簇内的数据点相比簇间的数据点具有更高的相似性。通常使用基于欧几里德距离的距离矩阵来进行聚类。

聚类技术有若干种。芯片分析最常用的方法是层级聚类，通过识别一系列嵌套分区从而生成树状图（树）。层级聚类可以使用聚合法或分裂法进行（图 11.15）。不论哪种方法，结果都是一个描述对象（基因、样本或两者兼有）之间关系的树。分裂型层级聚类的算法从步骤 1 开始，所有的数据都在一个簇中（$k=1$）。在后续每一步中，单个簇被分裂，直到分成 n 个单元簇。聚合型层级聚类中，所有对象一开始是分开的，每个对象形成一个独立的簇。步骤 0 中的 n 个对象分别处于不同的簇中。在后续的每一个步骤中，两个簇被合并，直到只剩下一个簇。

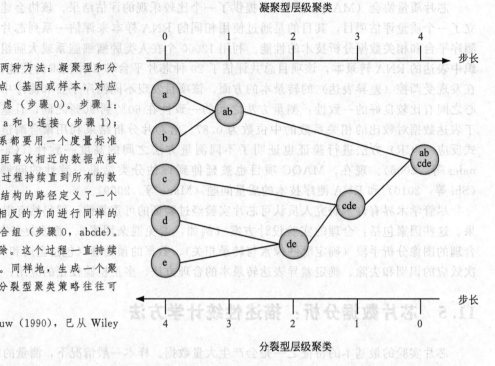

凝聚型层级聚类

分裂型层级聚类

图 11.15 层级聚类主要有两种方法：凝聚型和分裂型。凝聚型聚类中，数据点（基因或样本，对应图中字母 a～e）被独立地考虑（步骤 0）。步骤 1：将两个相关性最强的数据点 a 和 b 连接（步骤 1）；所有的数据点之间的距离关系都要用一个度量标准（如欧氏距离）来衡量；两个距离次相近的数据点被识别（步骤 2，d 和 e）；上述过程持续直到所有的数据被合并（凝聚）。实现这种结构的路径定义了一个聚类树。分裂型层级聚类从相反的方向进行同样的过程。数据点被视为一个联合组（步骤 0，abcde）。把最不相似的对象从簇中删除。这个过程一直持续到所有的对象都被分开为止。同样地，生成一个聚类树。在实践中，凝聚型和分裂型聚类策略往往可以生成类似的聚类树

［改编自 Kaufman 和 Rousseeuw（1990），已从 Wiley 获得许可］

> 聚合型层级聚类优势被称作 "bottom up"（由下到上），分裂型层级聚类被称作 "top down"（由上到下）。

尽管在数据呈现上存在较大差异，聚合型和分裂型层级聚类技术通常会产生相似的结果。聚合型聚类往往在树的底部更为精确；而分裂型聚类在树的顶端精确度更好，可能更适合于发现数目较少但较大的簇。聚类树的另一个特征是，它可能对基因（或样本）的包含与否高度敏感。

框 11.2　Euclidean 距离（欧氏距离）

> 欧氏距离被定义为：三维空间中坐标为 (x_1, y_1, z_1) 和 (x_2, y_2, z_2) 的两点之间的距离 d_{12}，公式如下：
>
> $$d_{12} = \sqrt{(x_1 - x_2)^2 + (y_1 - y_2)^2 + (z_1 - z_2)^2} \qquad (11.8)$$
>
> 由上式得出，欧氏距离用两点坐标分量差值的平方和开平方求得。推广到 n 维空间后，两点间欧氏距离可由下式求得：
>
> $$d = \sqrt{\sum_{i=1}^{n} (x_i - y_i)^2} \qquad (11.9)$$

在 R 中，Canberra 距离度量值通过下式计算：

$$\sum \left(\frac{|x_i - y_i|}{|x_i + y_i|} \right)$$

分子或分母为零的数据将从综合中忽略，并视为缺失值。

聚类需要两个基本操作：一是创建距离矩阵（某些情况下可用相似性矩阵代替）。两个最常用于定义基因表达数据点之间距离的度量是 Euclidean 距离（框 11.2）和 Pearson 相关系数（框 11.1）。许多分析芯片数据的软件包，还允许我们选择其他度量方法（如 Manhattan、Canberra、binary 或 Minkowski 距离）以描述基因表达值之间的相关性。在 R 环境下，你可以使用 stats 包内的 hclust 命令进行分析。在 Partek 软件中你可以按照图 11.16(a) 的方式选择欧氏距离进行度量。数据集包括我们之前研究过的 25 个 21 三体和正常整倍体的样本，通过染色体的注释仅选择 21 号染色体上的基因。聚类是针对基因（X 轴）和样本（Y 轴）两个维度的双向层级聚类。与 PCA 结果一致：星形胶质细胞和心脏组织样本形成了不同的簇；而来自大脑的两个区域的样本形成了一个簇。我们仅展示利用其他三种距离度量方法 [Canberra、Pearson's 差异性和 City Block 法；见图 11.16(b)～(d)] 生成的样本树状图。这些不同的度量会极大地改变树的拓扑结构。

行方法（Row methods）包括平均连接法（average linkage）、单连接法（single linkage）、全连接法（complete linkage）、质心法（centroid）和 Ward's 法。

　　给定一个距离度量后，第二个操作是建树。我们可以选择各种方法来计算单个对象和包含多个对象的组之间的距离（或者计算两个组之间的距离）。在 Partek 中，我们使用默认的平均连接法（average linkage）进行聚类 [图 11.16(a)~(d)]。簇之间的距离用一个簇中的所有点与另一个簇中所有点的平均距离来定义。非加权组平均法（UPGMA）常用于构建系统发生树（见第 7 章）。

(a) 欧几里德不相似性；平均连接方法

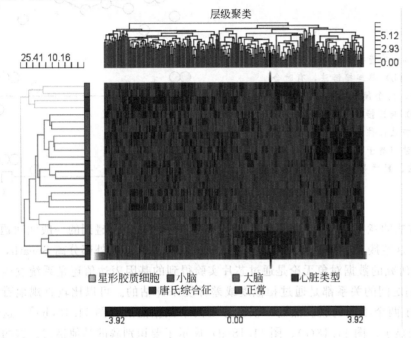

　　□ 星形胶质细胞　□ 小脑　　■ 大脑　　■ 心脏类型
　　■ 唐氏综合征　■ 正常

　　-3.92　　　　　　0.00　　　　　　3.92

(b) 堪培拉差异　(c) 泊松差异　(d) 街区　(e) 欧几里德，质心差异　(f) 欧几里德，全连接

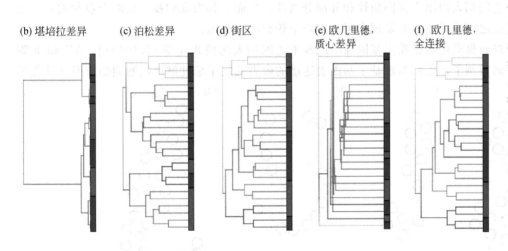

图 11.16 使用 Partek 对分别来自 25 个样本的 250 个 21 号染色体转录本进行聚类。(a) 对行（样本）和列（转录本）用默认欧氏距离差异度的芯片数据层级聚类。颜色对应于表达强度值。(b)~(f) 是使用不同距离度量的重复聚类，其中只展示了 25 个样本的树状图。这些图分别对应的距离度量为 (b) Canberra、(c) Pearson 差异性，以及 (d) 街区 (city block) 法。不同子图的聚类方法分别为 (a)~(d) 平均连接法、(e) 质心连接法，以及 (f) 全连接法

（Partek 公司供图）

　　在单连接法聚类（single linkage clustering）中，一个能够被放置到簇中的候选对象具有相似性，这一相似性定义为其与簇中关联最紧密对象的关联度 [图 11.17(a)]。这种方法也被称为最小法或最近邻法。其缺点是易发生链式反应，形成如图 11.17(b) 所示的"长条状的簇"（Sneath 和 Sokal，1973，第 218 页）。这可能会阻碍离散的簇的产生。在完全连接法聚类（complete linkage clustering）中，两个组内距离最远的 OTU（操作分类单元）会被连接到一起 [图 11.17(c)]，这样得到的聚类易生成簇内紧密而簇间离散的簇，而且这些簇一般很少与其他簇有连接。在质心法聚类中，组的中心点或中位点被选择来进行连接 [图 11.17(d)]。以上这些方法经常会产生不同的聚类结果。除这些方法外，还有许多其他聚类的策略（见 Sneath 和 Sokal，1973）。

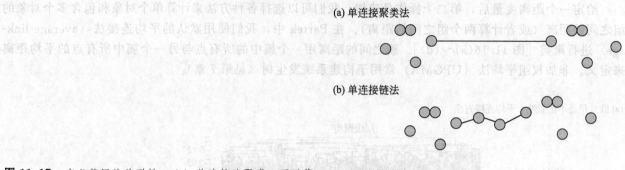

(a) 单连接聚类法

(b) 单连接链法

(c) 全连接聚类法

(d) 质心连接法

图 11.17 定义簇间的关联性。(a) 单连接法聚类，可以找出两个簇内部的相距最近的对象。(b) 单连接链法，有时会受制于成链的假象。在这种情况下，两个簇应当被认作独立，却被连接或融合在一个簇中了。(c) 全连接法聚类，可以找出每个簇内部相距最远的对象。这种方法往往会产生相隔较远且内部紧密的多个簇，并产生一些无法归类于簇的对象。(d) 质心（每一个簇的几何中心）连接法，聚类是一种折中的聚类方法

以上这些构建聚类树的方法的意义是什么？我们可以考虑在定义一个簇时会碰到的一般性问题。数据对象通过聚类形成一个个簇，这些簇具有同质性（内部连接紧密）与分离性（与外部分离 Sneath，Sokal，1973；Everitt 等，2001）。被研究的数据对象无论是通过芯片实验得到的基因表达值还是系统发生树中的操作分类单元（OTUs），它们之间的关系都是通过相似度或差异度来评估的。可以比较直观地看到在图 11.18(a) 中的数据对象形成了两个不同的簇。然而，仅仅移动两个数据点后 [图 11.18(b)]，这些数据对象是否分为两个簇就不再明显了。图 11.18(c)、图 11.18(d) 展示了要识别簇的其他挑战。这两个图都展示了两个明显的簇，它们都表现出内部同质性和外部分离性。然而，如果我们找到这两个簇的质心，然后计算质心与簇内最远点之间的距离，会发现在距离上两个簇会产生交集。

对基因与样本进行双向聚类可帮助确定基因在不同样本之间的表达模式 [图 11.16(a)]。Alizadeh 等人（2000）提供了一个典型例子，他们通过基于基因表达谱的聚类确定了恶性淋巴细胞瘤的亚型（见在线

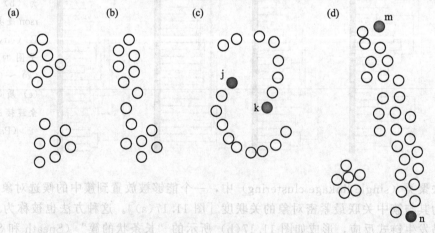

(a) (b) (c) (d)

图 11.18 使用实例分析聚类和聚类方法的性质。(a) 14 个数据点（圆圈）非常直观地分为两个簇。好的簇的特点是内部的聚集度高，簇之间分离度高。(b) 相对于 (a) 移动了两个数据点，这使得两个簇之间的划分变得困难。(c) 通过考察图中数据点，可以清晰地划分两个簇（两个"C"形）。但在这种情形下，簇之间的分离不稳定。例如，虽然点 J 属于下面的 C 形，但是点 J 比属于上部 C 形的点 K 更接近上部簇的中心。(d) 数据点再次明显地划分为两个簇。长簇较长的距离（例如，点 M 到 N）给簇判定标准带来了一个难题：如何将右侧簇距离较大的点归入同一类，而不是误归入到左侧簇中。这样的挑战促进着算法的发展以更好地定义对象和簇之间的距离

[(a)、(c) 改编自 Gordon(1980)]

文档 11.4）。

关于层级聚类，我们可以得出以下几个的结论：

① 尽管层级聚类是芯片数据分析中的常用手段，但对同一基础数据集进行聚类也可能产生截然不同的结果。基因表达数据集一般包含少量样本（通常为 4～20）和大量的转录本（通常是 5000～30000），会占用高维空间。不同的聚类方法总结了基于所选择的距离度量的基因和/或样本之间的关系，也总结了生成树的策略。

② 聚类是一种探索性工具，可用于发现基因和/或样本之间的关联关系。但聚类不能进行推理性的应用。

③ 聚类并不是一个分类方法（见下面的内容"基因或样本分类"）。聚类是无监督的，也即关于类别的信息（如 21 三体患者与对照组对照）没有被用于生成聚类树。

聚类划分方法：k-means 聚类

有时，我们事先会知道我们的数据应该分为多少个簇。例如，我们可能已知有几个不同的处理条件，或已知不同的时间点。除层级聚类外，另一种无监督聚类算法是构建 k 个簇的分割方法（Tavazoie 等，1999）。其步骤如下：①选择需要分析的样本和（或）基因。②选择一个距离度量，如欧氏距离。③选择 k 值，即用户指定的簇的个数。每个簇必须至少包含一个数据对象（如基因表达值），而每个数据对象必须只能属于一个簇。（总的数据对象个数为 n，在所有情况下，$k \leqslant n$）任两个不同簇都不能有共同的数据对象，而 k 个簇合在一起构成完整的数据对象集合。④进行聚类。⑤评估簇拟合的程度。

如何选择 k 值呢？对于一个包含两个不同病例样本和一个对照组样本的芯片实验，样本你可能会选择 $k=3$。k 也可由计算机程序在评估许多可能的 k 值后来自动生成。k-means 聚类不输出树状图，是因为数据虽然被划分到不同的簇中，但没有一个层级结构。

k-means 聚类是迭代算法。首先，它把每个数据对象随机分配（例如基因）到一个簇中。然后，它（使用特定的距离度量）计算每个簇的中心（"质心"）。其他簇的中心是通过离已选择的中心最远的数据点来确定的。之后，每个数据点会再被分配到距离最近的簇。在下一步迭代中，通过最小化簇内部所有对象到中心的距离平方和，数据对象会被重新分配到簇中。经过一系列迭代后，每个簇内都包含了具有相似表达谱的基因。Tavazoie 等（1999）描述了利用 k-means 聚类发现酵母转录调控网络的工作。

使用 k-means 聚类需要注意的是，簇结构可能不稳定，易受离群值的影响。有一系列方法可用于评估簇的优度，如在数据集中随机加入噪声，评估其对结果的影响。

我们可以在软件 Partek 中使用欧氏距离函数和 k-means 聚类法来进行分区聚类（partition clustering）。你可以给定簇的数目（如心脏、星形胶质细胞、脑组织对应 3 个簇划分）或尝试一系列可能的簇数取值（如从 2 到 10）。对每个簇绘制其 Davies-Bouldin 指数图［如图 11.19(a)］，结果表明划分为 3 个簇是合理的。当把数据点进行 PCA 绘图时，可发现形成三个簇，数据点（黑色球体）聚集到每个簇的中心［图 11.19(b)］。

比较多维尺度变换（Multidimensional Scaling， MDS）与主成分分析

我们已经看到，主成分分析（PCA）是一种探索性技术，可用于从芯片实验中寻找基因表达数据的规律和模式。它涉及从高维空间到二维或三维数据的一个线性投影过程。

多维尺度变换（MDS）是一种采用非线性投影方法的降维技术。MDS 图以一种类似 PCA 的方式来表示相似行矩阵（或差异行矩阵）内部对象之间的关系。下面，我们将对比这两种技术：

① 二者都降低数据集的维度以便于更简单地绘制出更易理解的图像。

② 两个方法都用无监督的方式来呈现数据对象（如样本）之间的关联性。因此，我们必须基于对所研究数据集的了解来解释（基于组织、基因表达量、其他属性的）样本分离的意义。

③ PCA 基于每一个主成分轴所解释的方差百分比的形式来显示信息量，而 MDS 不这样做。

④ MDS 可以更准确地反映样本间的微小差异。

我们可以通过调用 R 中的 cmdscale（在 stats 包中），plotMDS（在 limma 包中），或者 plotMDS.DGEList（针对 RNA-seq 数据的 edgeR 包）来使用 MDS。使用 Partek 软件对来自 25 个样本的 250 个基因进行

(a) 划分聚类

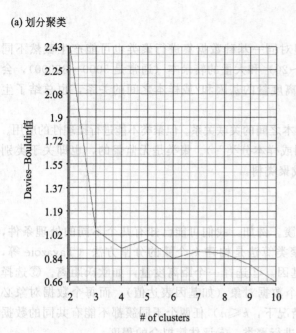

(b) k-means聚类

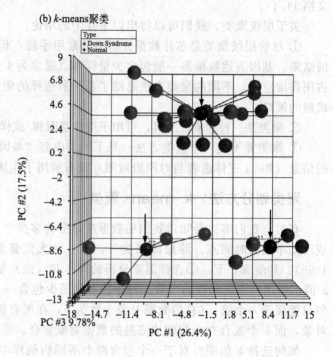

(c) 多维尺度变换

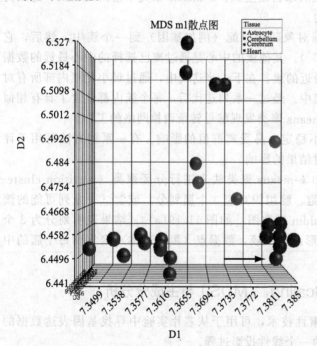

(d) 自组织映射

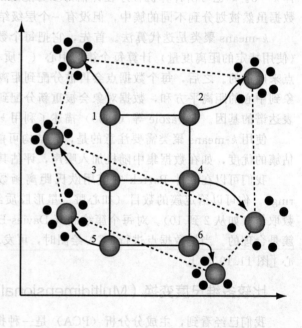

图 11.19 数据可视化方法。(a) 划分聚类，可以基于 Davies-Bouldin 指标选择最佳簇数。对于来自 25 个样本的 250 个 21 三体转录本而言，Davies-Bouldin 在簇数为 3 时达到了平台期，表明分为 3 个簇是合适的。(b)k-means 聚类，和 PCA 输出基本类似，但每个簇内部增加了表示簇中心的球（箭头所指示的球）。(c) 多维尺度变换（MDS）聚类，生成模式类似于主成分分析（PCA），但不包括每一个维度所能解释的方差百分比。尽管如此，MDS 相比 PCA 可以更准确地描述对象的关系。注意：本图中大脑和小脑的样本分成了两个簇（箭头所示的大脑样本除外）。(d) 自组织映射（SOM），允许构建簇结构的一部分。这与 k-means 的聚类一开始就限定了簇数目不同。初始状态下，一组中心节点（编号为 1～6）形成一个规则矩形网格。随着自组织映射算法迭代的进行，中心节点按照箭头轨迹迁移到新的位置以更好地拟合数据。小黑点代表数据点

MDS 分析，结果显示 25 个样本被分成了 4 个簇 [图 11.19(c)]。

聚类策略：自组织映射

自组织映射（SOM）聚类算法与 k-means 聚类法一样，都把数据划分为二维矩阵。对于 SOM 和其他结构化聚类技术，可通过估计期望簇的个数（如实验条件的数量等）来确定初始聚类的簇数。

SOM 芯片数据分析已经得到了 Todd Golub、Eric Lander 和来自 Whitehead 研究所科研人员的支持。

SOM 与非结构化的 k-means 聚类法不同的地方是，其对簇强加了局部的结构化（Tamayo 等，1999）。此外，SOM 聚类法中相邻的簇会影响彼此的结构。SOM 的原理如下 [图 11.19(d)]。首先，需要确定骨干节点个数（类似于 k 值）及骨干节点之间的几何结构，例如一个 3×2 的矩形网格 [如图 11.19(d) 中连接节点的实线]。对簇的计算与 k-means 类似，也通过迭代完成，但相邻簇的信息也会被带入簇的计算。在连续迭代过程中，骨干节点会发生迁移以拟合实际数据。最终得到的结果是一个聚类树，与分层聚类生成的树外观相似。

基因及样本的分类

基因表达值之间的距离和相似性可以使用无监督和有监督两种类型的分析方式进行描述。我们之前所介绍的一些无监督方法在发现大型数据集中的模式和规律时十分有用。在进行有监督分析时，实验者对基因和样本可能具有一些先验知识。例如，对正常和癌变的细胞及活检标本进行的转录谱分析（如 Alizadeh 等，2000 及 Perou 等，1999 进行的早期研究）。在某些情况下，肿瘤样本还被进一步细分为相对恶性或相对良性的肿瘤。这些研究中的部分研究采用了无监督的分析方法。

监督性芯片数据分析算法的目标是制定一个可把基因（或条件）分配到不同组别的规则。在每个实验中，我们从已知组别（例如正常与癌变）的基因表达数据开始，然后"训练"算法来学习分类规则。对算法进行训练时，要使用阳性和阴性实例。然后，利用经过训练的算法来对未知样本进行分类，并对其预测和分类的准确性进行评估。这里面关键的是，训练算法的数据要与评估算法预测精度的数据完全不同。

最常用的有监督的数据分析算法包括支持向量机、有监督的机器学习、人工神经网络和线性判别分析。作为一个有监督方法的实例，Brown 等（2000）利用支持向量机算法对酵母基因按照功能分为六类：三羧酸循环、细胞呼吸、细胞质核糖体、蛋白酶体、组蛋白，以及螺旋-折叠-螺旋蛋白基因。他们使用三重交叉验证方法：首先，将数据集划分成三个子集（编号为 1、2、3），其中子集 1 和 2 训练支持向量机，子集 3 作为"未知数据"测试集。第二步，用子集 1 和 3 训练，子集 2 测试。最后，用子集 2 和 3 训练，子集 1 测试。他们计算了三次测试的假阳性率，发现支持向量机的表现要优于无监督聚类和其他一些监督聚类方法。

Dupuy 和 Simon（2007）描述了正确使用监督分析的多个策略，并列举了许多在数据分析过程中常见的错误。例如，不正确的交叉验证可能会导致预测精度过于乐观。此外，保证足够的训练样本量和较大的预测集合也是必要的。

Luigi Marchionni、Jeff Leek 等（2013）强调了可重复性测试在利用基因表达来区分正常和癌症样本等临床应用中的重要性。现在，已有几十万的患者接受了一些领先的临床试验。Marchionni 等还开发了一个基于训练数据的预测器，并使用独立测试数据对其进行了评估。

我们可以使用 Partek 进行分类，比如从表达数据对组织来源进行分类（心、星形胶质细胞、大脑、小脑）。这里，我们采用了 10 倍留一法（Leave-one-out）利用内部数据集进行交叉验证。内部数据集被分为 10 个随机子集 [图 11.20(a)]。在每次验证中，九个子集的数据用于训练，剩余的一个子集留作测试。接下来，我们可决定建立一个分类器，或研究一组分类器 [采用双层嵌套的交叉验证，图 11.20(b)]。我们可采用方差分析或其他方法进行变量筛选，以提高分类的准确性 [图 11.20(c)]。我们可以通过 k-近邻法或数十种不同距离度量（例如上文所讲述的 Euclidean、Canberra、Pearson 距离等）的方式等其他方法进行分类。在运行选定的模型后，我们可以利用各种指标来评估其精度。利用一个混淆矩阵，我们可展示某样本的真实组织来源与预测来源的符合情况（表 11.4）。一个完美的分类器所得混淆矩阵中，所有数字都应处于表格中的对角线上。在我们的例子中，17 个样本被正确分类，而 8 个样本被错误分类（例如，4 个大脑样本被错误地归类到小脑）。

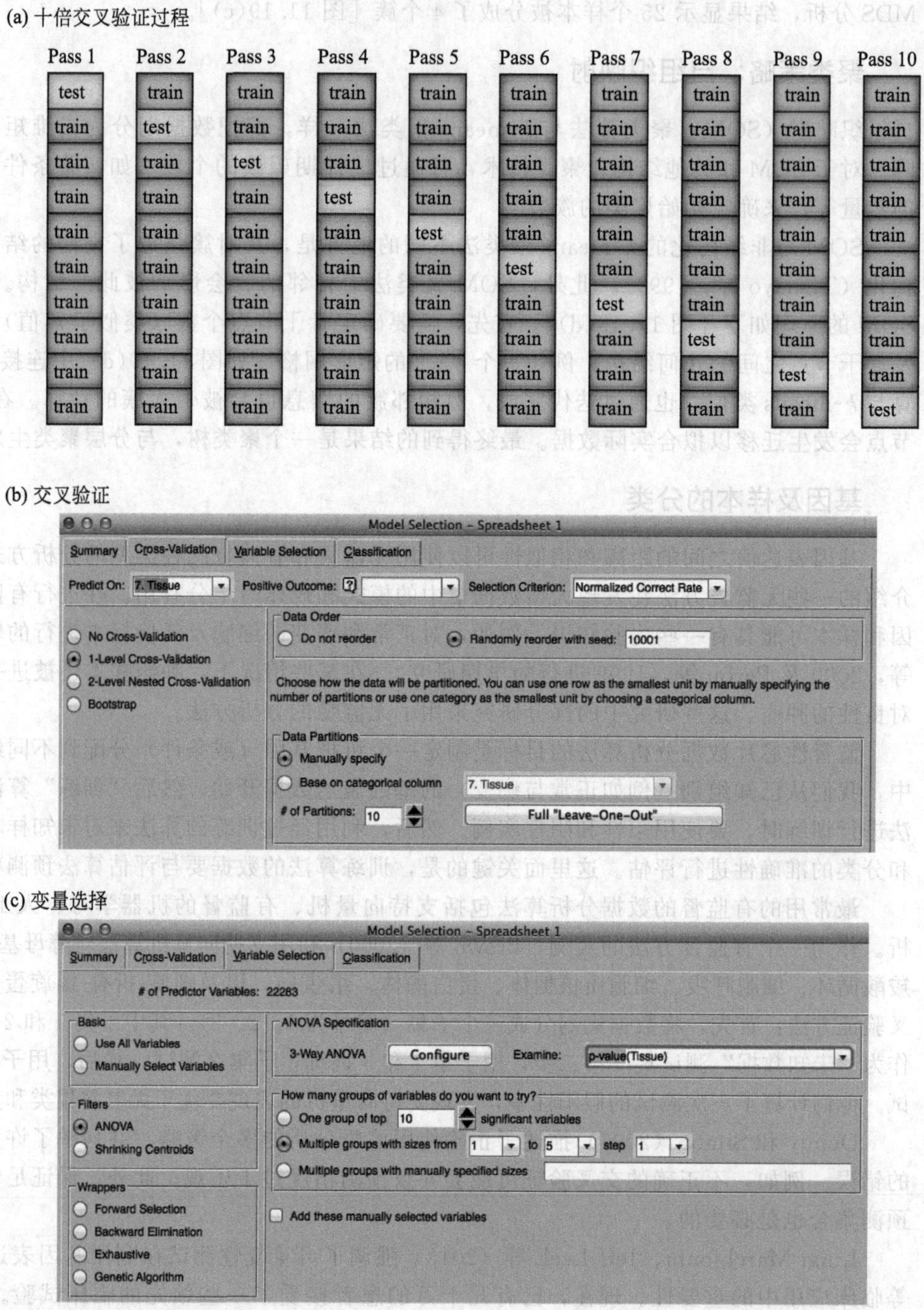

(a) 十倍交叉验证过程

(b) 交叉验证

图 11.20 芯片数据的分类。(a) 留一法交叉验证将一个数据集分为多个随机选择的子集 (此处 $n = 10$)。对每一个建立的分类器，一个子集被保留为后续测试。这提供了对使用外部独立数据集的分类验证方法的替代。(b) 软件中的交叉验证选项包括一级及二级嵌套的交叉验证方法，其目的是对并行的多个分类标准进行检验。(c) 变量筛选可用方差分析等方法。例如在正向选择中，每一个指标 (如基因表达量) 被独立评估，并与其他变量进行配对分析，检验分类标准是否最优 (Partek 公司供图)

(c) 变量选择

表 11.4 芯片数据根据组织类型分类得到的混淆矩阵。基因表达数据利用 K-近邻 Partek 欧氏距离测度进行分析。样本数量为 25

真实值/预测值	小脑	心脏	大脑	星状细胞
小脑	3	0	2	1
心脏	0	4	0	0
大脑	4	0	7	0
星状细胞	0	0	1	3

11.6　RNA-seq

　　RNA-seq 与芯片有着共同的目标，即对 RNA 的转录水平进行量化测定。但相比于芯片，RNA-seq

是一项革命性的突破，这是因为：①它允许测量几乎所有的 RNA 转录本（而不限于芯片表面上所预设的转录本）；②它测定的转录表达水平有一个更广泛的动态范围；③它可发现未报道的转录本和可变剪接转录本；④它能够对选择性剪接事件进行定量。对 RNA-seq 分析方法的相关综述可见 Wang 等（2009）、Nagalakshmi 等（2010）、Garber 等（2011）和 Ozsolak 和 Milos（2011）等。

由 RNA-seq 技术延伸出来的数据分析存在巨大挑战。有些研究者认为 RNA-seq 数据分析要比芯片数据分析甚至 DNA 的二代测序数据分析都远为困难。Soneson 和 Delorenzi（2013）比较了 11 种 RNA-seq 数据分析方法，在同一个数据集中发现了从 200 到 3200 个差异表达的基因，而且找到的差异表达基因在不同方法之间的重叠部分有很大的波动。为什么会发生这样的情况？这是因为没有一种方法是最优的，而且不同的方法受离群值的影响程度不同，不同方法为达到足够的统计功效所需要的样本大小不同，不同方法也具有不同的准确度。此外，测序读段（read）在基因组中不同表达区域的覆盖率之间的波动对所有的方法都有影响。

我们可以参考一个典型的 RNA-seq 实验流程（图 11.21；Oshlack 等，2010）。实验设计（步骤 1）时需要保证有足够的重复样本，以准确测算出样本之间的生物学变异（Hansen 等，2011）。Hansen 等提出，芯片技术和 RNA-seq 技术测定的 RNA 转录水平的波动是相似的，而转录本的生物学变异在不同的转

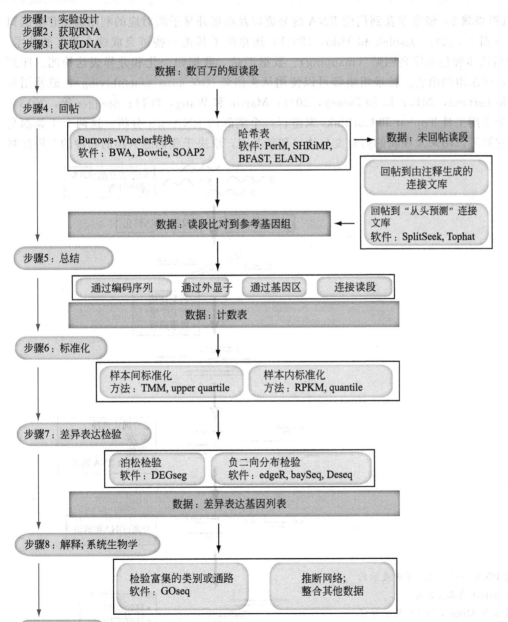

图 11.21　RNA-seq 数据分析流程。椭圆形表示流程步骤；矩形表示数据集；框表示分析方法［来源：Oshlack 等（2010）。已通过知识共享署名许可协议（Creative Commons Attribution License）4.0 授权］

录本之间有很大差异。通常，生物学家在设计 RNA-seq 实验时，每个实验组只包含一个或两个样本，但为了得到有意义的结论往往每组需要更多的样本。

我们可以使用 R 来对 RNA-seq 数据进行统计功效计算。我们可以加载**RNAseqPower**包，设置读段深度为 20，统计功效为 0.9，检验四个不同效应值（从 1.25 到 2）所对应的结果，之后再设置读段深度为 200 再次计算。

```
> source("http://bioconductor.org/biocLite.R")
> biocLite("RNASeqPower")
> library(RNASeqPower)
> rnapower(depth=20, cv=.4, effect=c(1.25, 1.5, 1.75, 2),
+ alpha= .05, power=.9)
     1.25       1.5      1.75         2
 88.629200 26.843463 14.091771  9.185326
> rnapower(depth=200, cv=.4, effect=c(1.25, 1.5, 1.75, 2),
+ alpha= .05, power=.9)
     1.25       1.5      1.75         2
 69.637228 21.091292 11.072106  7.217042
```

RNA 的获得（流程步骤 2）经常涉及到信使 RNA 的分离以及根据外显子所对应的利用寡核苷酸诱饵序列对 cDNA 的富集（图 11.22）。Ozsolak 和 Milos（2011）还总结了其他一些可完成这个工作的技术。RNA-seq 工作流程的后续步骤包括序列回帖（mapping）、数据汇总、数据归一化和差异表达检测。序列回帖的一个关键方面是转录组的组装。转录组组装可以使用从头组装（*de novo* assemblying），或使用参考基因组辅助组装（Robertson，2010；Li 和 Dewey，2011；Martin 和 Wang，2011；Steijger 等，2013）。

接下来我们将使用常用工具 Tophat 和 Cufflinks 来进行一个实际的 RNA-seq 分析。这两个工具都是免费的开源软件包，它们可以用来发现新的剪接变异体（和新基因，取决于我们感兴趣的物种的基因注释

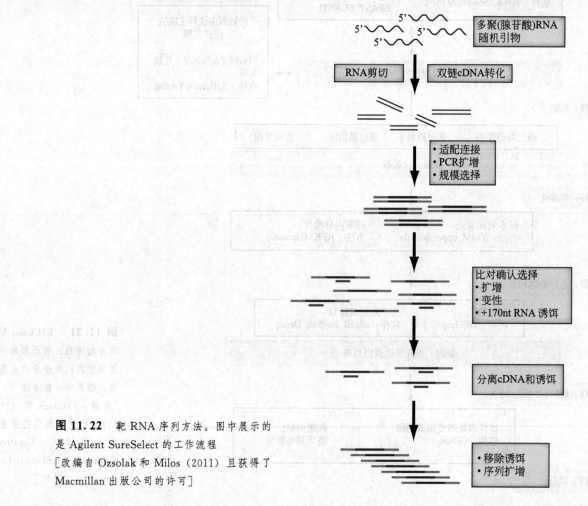

多聚(腺苷酸)RNA
随机引物

RNA剪切　双链cDNA转化

• 适配连接
• PCR扩增
• 规模选择

比对确认选择
• 扩增
• 变性
• +170nt RNA 诱饵

分离cDNA和诱饵

• 移除诱饵
• 序列扩增

图 11.22 靶 RNA 序列方法。图中展示的是 Agilent SureSelect 的工作流程
[改编自 Ozsolak 和 Milos（2011）且获得了 Macmillan 出版公司的许可]

情况），检测 RNA 转录本的差异表达。除这两个工具外，还有许多其他 RNA-seq 软件包［Oshlack 等（2010）在文章中列出］可进行相似分析。Guo 等（2013）；Kvam 等（2013）；Soneson 和 Delorenzi（2013）等评估了一系列最新的 RNA 序列分析软件包，评估项目包括软件的计算时间和准确性等。Gordon Smyth 和他的同事们基于 limma 的经验贝叶斯分析流程开发了一个新的 RNA 序列分析方法——Voom（Law 等，2014）。

建立基于 TopHat 和 CuffLinks 的样本分析规范

Cole Trapnell，Lior Pachter 和同事们提供了关于 TopHat 和 CuffLinks 软件的详细介绍及一个使用这两个工具进行差异表达分析的详细流程规范（Trapnell 等，2012）。这里，我们使用 Linux 服务器，按照该流程来进行分析（实际分析时建议计算机内存大于 4GB）；如果要了解其他细节，可参考他们的论文。我们执行以下设置任务：①组织我们的数据分析目录；②下载果蝇的参考基因组；和③下载 FASTQ 格式的 RNA-seq 数据。之后，我们按照 Tophat->CuffLinks->CuffMerge 的顺序进行分析，并下载每个步骤所需的软件包。最后，我们使用 R 包 cummeRbund 对结果绘图。

> GTF 格式在 http://mblab. wustl. edu/GTF2. html（链接 11. 16）中有详细描述。

我们从组织目录开始。首先，打开终端，使用 cd~ 命令移动到主目录下，然后为本教程和数据文件（可选）创建目录。

```
$ mkdir rnaseq_tutorial
$ mkdir data
```

我们需要果蝇（*Drosophila*）的参考基因组。该参考基因组名为 genes. gtf 的文件，可从 iGenome 网站或 Ensembl 平台（可选）上获得。在下载该基因组数据后，把经 tar 压缩的该基因组文件拷贝到数据目录下，并解压缩：

```
$ cd ~/data # cd is the command to change directory.
# ~/data refers to a directory called data under the home directory.
$ cp ~/Downloads/Drosophila_melanogaster_Ensembl_BDGP5.25.tar ~/data/
$ tar xopf Drosophila_melanogaster_Ensembl_BDGP5.25.tar
```

> CuffLinks 工具的官方网站（http://cole-trapnell-lab. github. io/cufflinks/，链接 11. 13）包括多个基因组的链接以供下载和学习。我们将要使用的基因组对应链接是：ftp://igenome: G3nom3s4u@ussd-ftp. illumina. com/Drosophila melanogaster/Ensembl/BDGP5. 25/Drosophila melanogaster Ensembl BDGP5. 25. tar. gz（链接 11. 14）。记录多个不同物种 GTF 格式参考基因组文件也可从 Ensembl 网站链接 http://www. ensembl. org/info/data/ftp/（链接 11.15）获取。

当使用命令 cd 切换工作目录到有果蝇基因组信息的目录下后，可看到其包含三个子目录：Annotation，GenomeStudio，和 Sequence。Annotation 目录下有一个 Genes 文件夹，包含基因组文件 genes. gtf。输入 head 命令，我们可以查看 GTF 文件的前两行，再使用 wc -l 命令，我们可以看到它大约有 270000 行。然后（需要切换工作目录至 rnaseq_tutorial），我们可以创建存在于其他目录下的 Bowtie 索引文件所对应的一个符号链接（使用 ln -s 命令）。这个链接允许我们之后有链接的工作目录下直接调用存在于其他目录的对应文件。命令中的 "." 表示将符号链接文件放置在当前目录中。代码如下：

```
$ ln -s ~/data/Drosophila_melanogaster/Ensembl/BDGP5.25/Sequence/
Bowtie2Index/genome* . # the * specifies all files in that directory
# beginning with genome
$ ln -s ~/data/Drosophila_melanogaster/Ensembl/BDGP5.25/Annotation/Genes/
genes.gtf .
$ head -2 genes.gtf
2L    protein_coding    exon 75298116    . + .        exon_number "1";
gene_id "FBgn0031208"; gene_name "CG11023"; p_id "P9062"; transcript_id
"FBtr0300689"; transcript_name "CG11023-RB"; tss_id "TSS8382";
2L    protein_coding    exon 75298116    . + .        exon_number "1";
gene_id "FBgn0031208"; gene_name "CG11023"; p_id "P8862"; transcript_id
"FBtr0300690"; transcript_name "CG11023-RC"; tss_id "TSS8382";
```

在 Linux 命令行环境下，键入 $ tar — zxvf myfile. tar. gz 可以对压缩文件 myfile. tar. gz 解压缩。

下一个任务是下载 RNA-seq 数据。我们使用来自 GEO 数据库的 GSE32038 数据集。把该数据集文件存储在名为data的文件夹，并使用cp命令将解压后的 FASTQ 文件拷贝到rnaseq_tutorial文件夹，然后缩短它们的名字（若要重命名一个文件可以使用mv命令：mv old. txt new. txt）。他们被命名为 C1 和 C2（条件 1 和 2）；R1、R2、R3（三次生物学重复）；1. fq 或 2. fq（对应双末端测序的正向和反向读段）。这样，我们总共重命名了 12 个文件，每个文件大小为 1. 8GB，并有 1160 万个片段（利用 $ grep — c '@' GSM794483_c1_r1_1. fq）。

GIF 格式描述于 http://mblab. wustl. edu/GTF. html（链接//. lb）

使用 TopHat 将测序读段回帖到参考基因组上

TopHat 是一个剪接位点快速回帖的 RNA-seq 工具（Kim 等，2013）。它使用 Bowtie（Langmead 和 Salzberg，2012）将测序读段匹配到参考基因组上。我们需要将 TopHat 和 Bowtie 一并下载、解压、安装。

要使用 TopHat，我们首先把每个样本的读段都回帖到参考基因组上。

```
$ tophat -p 8 -G genes.gtf -o C1_R1_thout genome C1_R1_1.fq C1_R1_2.fq
$ tophat -p 8 -G genes.gtf -o C1_R2_thout genome C1_R2_1.fq C1_R2_2.fq
$ tophat -p 8 -G genes.gtf -o C1_R3_thout genome C1_R3_1.fq C1_R3_2.fq
$ tophat -p 8 -G genes.gtf -o C2_R1_thout genome C2_R1_1.fq C2_R1_2.fq
$ tophat -p 8 -G genes.gtf -o C2_R2_thout genome C2_R2_1.fq C2_R2_2.fq
$ tophat -p 8 -G genes.gtf -o C2_R3_thout genome C2_R3_1.fq C2_R3_2.fq
```

每一次运行后，会产生一个文件夹（例如：-o C1_R1_thout对应的是存放实验条件 1 的第 1 次生物学重复的输出文件夹）。输出文件包括 BAM 文件（accepted_hits. bam 和 unmapped. bam）、BED 文件及一组日志文件。可使用 SAMtools 工具对回帖质量进行评估（这一步不在 Trapnell 等的标准流程中）。

```
$ samtools flagstat accepted_hits.bam
```

输出信息包括回帖到参考基因组上的测序读段所占的百分比。还包括有多少测序读段序列匹配到多个染色体上。

GEO 网址 http://www. ncbi. nlm. nih. gov/geo/（链接 11.17）。包含一个指导链接：①如何下载数据②辨别数据是原始 GEO 记录，还是扩充的数据和配置文件。为了找到我们需要的 GSE32038 数据集，我们可以访问 NCBI 主页，然后搜索项切换到 GEO Datasets；我们也可以直接访问 http://www. ncbi. nlm. nih. gov/geo/download/? acc=GSE32038（链接 11.18）。

用于拼装转录本的 Cufflinks 工具

Cufflinks 从 BAM 文件，即已回帖到人类基因组上的 RNA 序列读段，来获取回帖读段的长度分布。对每个样本，它会组装转录本，并估计转录本丰度。在下面的命令中，我们调用CuffLinks，指定使用 8 个处理器内核（你可以使用更多或者更少），定义输出文件名，并指定此前 TopHat 运行时创建的 TopHat 输出文件夹中的 accepted_hits. bam 文件作为 CuffLinks 输入。

```
$ cufflinks -p 8 -o C1_R1_clout C1_R1_thout/accepted_hits.bam
$ cufflinks -p 8 -o C1_R2_clout C1_R2_thout/accepted_hits.bam
$ cufflinks -p 8 -o C1_R3_clout C1_R3_thout/accepted_hits.bam
$ cufflinks -p 8 -o C2_R1_clout C2_R1_thout/accepted_hits.bam
$ cufflinks -p 8 -o C2_R2_clout C2_R2_thout/accepted_hits.bam
$ cufflinks -p 8 -o C2_R3_clout C2_R3_thout/accepted_hits.bam
```

Cufflinks 结果输出到一个文件夹中，该文件夹包含一系列基因、转录本和亚型的基因组位点和长度的列表文本文件。

接下来，创建一个名为 assemblies. txt 的文本文件。该文件中列出了每个样本所对应的组装文件。

```
$ nano assemblies.txt
$ less assemblies.txt
./C1_R1_clout/transcripts.gtf
./C1_R1_clout/transcripts.gtf
./C1_R1_clout/transcripts.gtf
./C1_R1_clout/transcripts.gtf
./C1_R1_clout/transcripts.gtf
./C1_R1_clout/transcripts.gtf
```

下一步，我们使用 Cuffmerge 对所有的组装输出文件进行整合。这将产生一个整合的转录组注释文件。—s选项指定了参考 DNA 序列，而—g genes. gtf作为一个可选的参考 GTF 文件。

```
$ cuffmerge -g genes.gtf -s genome.fa -p 8 assemblies.txt
```

输出是一个整合的转录组注释文件（在一个名为 merged _ asm 的文件中，放置在一个新的子文件夹）。键入计数命令（wc -l），可以得知它有 143569 行。

> TopHat 网站为：http://ccb. jhu. edu/software/tophat/index. shtml. 以下的案例中，我们使用的是 TopHat 的二进制版本，并安装于～/bin 目录。以下的分析案例中，-p 参数是指为单个任务分配的进程数，设置时需要符合计算机实际配置。—G 后跟 GTF 文件名。Bowtie 网站 http://bowtie-bio. sourceforge. net/index. shtml.

> 请注意，在 Trapnell 等的论文中，标准流程错误地将 FASTQ 文件标注在了 C2 组。请参阅在线文档 11.5 以获取正确的标准流程。在调用多个内核的情况下，每个 TopHat 任务大约需要运行半个小时。

使用 Cuffdiff 检测差异表达

Cuffdiff 被用于发现差异表达的基因和转录本。我们使用整合的转录组组装文件和 TopHat 生成的 BAM 文件。在下面的命令中，字母参数对应的含义分别为：—o 指定输出目录；—b 偏差校正；—p 任务占用内核数；—L 表示一个逗号分隔的条件状态标识（本例中为 C1、C2，对应条件 1 和 2）；—u 是读段校正方法。输入 $ cuffdiff后会列举所有选项。

```
$ cuffdiff -o diff_out -b genome.fa -p 8 -L C1,C2 -u merged_asm/merged.
gtf ./C1_R1_thout/accepted_hits.bam,./C1_R2_thout/accepted_hits.bam,./C1_
R3_thout/accepted_hits.bam ./C2_R1_thout/accepted_hits.bam,./C2_R3_thout/
accepted_hits.bam,./C2_R2_thout/accepted_hits.bam
```

输出文件在diff _ out文件夹中，共有 18 个文件。我们将在下面的小节使用 R 对这些输出文件进行探索性分析。

使用 CummeRbund 对 RNA-seq 结果进行可视化分析

使用 R 包CummeRbund来对结果进行可视化分析。我们可以通过命令行使用 R，也可以在 PC 或 MAC 中的 RStudio 环境下使用 R。首先需要加载CummeRbund包。在 R 环境下命令提示符是＞符号（而不是 Unix 中的 $ 符号）。

```
$ R
> source("http://bioconductor.org/biocLite.R")
> biocLite("cummeRbund")
> library(cummeRbund)
```

然后，把CuffDiff 的输出作为CummeRbund的输入，创建一个名为cuff _ data的CummeRbund数据库。在作图之前，我们可以浏览该数据库，并根据 p 值和基于表达量变化倍数找出受调控程度最大的转录本。

```
> cuff_data <- readCufflinks('diff_out')
> ?cuff_data # you can get more details about usage here
> cuff_data
CuffSet instance with:
    2 samples
    14410 genes
    25077 isoforms
```

```
    17360 TSS # these are transcription start sites
    18175 CDS # these are coding sequences
    14410 promoters
    17360 splicing
    13270 relCDS
```

使用 diffData 函数创建 gene_diff_data 文件，再从中选择调控最显著的转录本子集。我们可以看到该子集的行数（271）、维度（271×11 列）和开头若干行若干列的值。

```
> gene_diff_data <- diffData(genes(cuff_data))
> sig_gene_data <- subset(gene_diff_data, (significant == 'yes'))
> nrow(sig_gene_data)
[1] 271
> dim(sig_gene_data)
[1] 271 11
> head(sig_gene_data)
    gene_id      sample_1 sample_2  status  value_1  value_2  log2_fold_
change
3   XLOC_000003 C1        C2         OK      48.4754  82.4077  0.765526
59  XLOC_000059 C1        C2         OK      65.3518  113.1420 0.791835
133 XLOC_000133 C1        C2         OK      84.3472  148.3190 0.814293
180 XLOC_000180 C1        C2         OK      39.4686  59.3858  0.589412
241 XLOC_000241 C1        C2         OK      19.9367  35.7757  0.843553
249 XLOC_000249 C1        C2         OK      24.4575  44.6019  0.866825
    test_stat    p_value    q_value     significant
3   3.91602      5e-05      0.00160278  yes
59  4.81631      5e-05      0.00160278  yes
133 3.94607      5e-05      0.00160278  yes
180 3.59121      5e-05      0.00160278  yes
241 4.48772      5e-05      0.00160278  yes
249 4.08778      5e-05      0.00160278  yes
```

调控最显著的转录本及对应的基因标识符是 3（从上表中的第一个条目往下数）。你可以在 biomaRt 中找到它的详细信息，或进入基于网页的 NCBI Entrez 搜索引擎中输入：3 AND "Drosophila melanogaster" [porgn：_txid7227]。如果搜索 5752 AND "Drosophila melanogaster" [porgn：_txid7227]，可得到该基因的官方符号为 *Msp*-300。

如何找到上调最显著的转录本呢？我们可以使用 sig_gene_data 表格，并根据 log2_fold_change 来排序。

```
> attach(sig_gene_data)
> sig_fc <- sig_gene_data[order(-log2_fold_change),]
> head(sig_fc)
     gene_id      sample_1 sample_2 status value_1  value_2  log2_fold_
change
5752 XLOC_005752 C1        C2       OK     398.219  1060.680 1.41335
1272 XLOC_001272 C1        C2       OK     411.755  1064.820 1.37075
2660 XLOC_002660 C1        C2       OK     513.880  1308.490 1.34840
4677 XLOC_004677 C1        C2       OK     1527.160 3881.330 1.34570
678  XLOC_000678 C1        C2       OK     244.958  621.402  1.34299
4609 XLOC_004609 C1        C2       OK     122.289  306.945  1.32768
     test_stat    p_value    q_value    significant
5752 9.62010      5e-05      0.00160278 yes
1272 9.07087      5e-05      0.00160278 yes
2660 8.61505      5e-05      0.00160278 yes
4677 9.61730      5e-05      0.00160278 yes
678  8.77837      5e-05      0.00160278 yes
4609 8.00396      5e-05      0.00160278 yes
```

可以看出，XLOC_005752 上调最显著，转录本表达量变为原来的 1.41 倍。下一步我们用上述数据绘图。

```
> csDensity(genes(cuff_data))
> csScatter(genes(cuff_data), 'C1', 'C2')
> csVolcano(genes(cuff_data), 'C1', 'C2')
```

绘制的图像在图 11.23(a)～(c) 中。接下来，我们要考查一个特定的基因—果蝇球蛋白基因 glob1：

```
> globin <- getGene(cuff_data, 'glob1')
> expressionBarplot(globin)
```

(a) cummeRbund图: 强度值的分布图

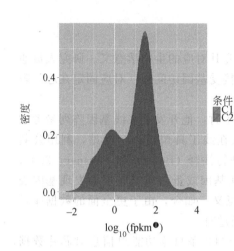

(b) 散点图（cummeRbund）

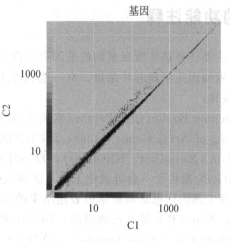

(c) 火山图

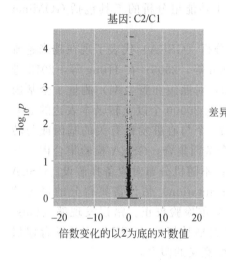

(d) 基因表达值的条形图

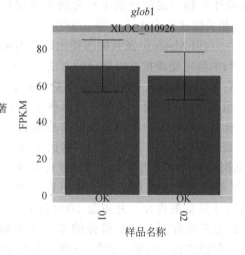

图 11.23　使用 R 包 cummeRbund 可视化 RNA-seq 数据：(a) 强度值的分布；(b) 散点图；(c) 火山图；(d) 单个基因的表达值条形图（果蝇的 Glob1 基因）（来源：R）

这将生成一个展示两个实验组表达水平的柱状图 [图 11.23(d)]。Trapnell 等人给出的标准流程 (2012) 还可以进行一些额外的分析，包括分析特定亚型及在 IGV 中绘制测序覆盖范围图（第 9 章）。

RNA 序列基因组注释评估计划（RNA-seq Genome Annotation Assessment Project，RGASP）

RGASP 计划设立的目的旨在评估计算方法从 RNA-seq 数据预测和量化表达转录本的性能。14 家软件开发人员被邀请分析 RNA-seq 数据，以评估各自方法在外显子鉴定、转录本重构和表达水平定量方面的性能（Steijger 等，2013）。评估结果表明，对人类数据的分析性能不如果蝇和线虫数据。评估也发现 RNA-seq 数据分析存在许多计算上的挑战。例如，没有方法可识别所有的外显子，只有 41％ 的人类基因可完成从外显子到转录本异构体的可靠组装。此外，对同一基因位点的表达水平估计在不同方法之间也有很大的差异。

在另一个 RGASP 项目中，Engström 等（2013）描述了 26 个标准流程（涉及 11 个程序）在回帖转

---

❶ fpkm：每 100 万个匹配到基因组上的片段中，匹配到外显子的每 1 千个碱基的片段的个数。

录本到参考基因组时的表现性能。不同流程在多个衡量指标上都有明显的差异，包括回帖比对成功率（在68%~95%之间变动）、双向测序的一致性、错配数量和位置、单位碱基准确度，序列插入缺失的频率和准确度，以及剪接比对（包括从单一读段鉴定的剪接位点和基因组上的剪接位点）。

诸如 RGASP 这样的评估对于比较各种软件性能及确定改进方法具有重要意义。

11.7 芯片数据的功能注释

芯片用户面临的一个主要任务是从所观察到的基因表达模式来探究其对应的生物学意义。研究人员通常依靠手工文献检索和专家知识来解释芯片结果。有一些软件工具可接受基因访问号（对应固定在芯片表面的基因），并提供基因注释。

早在 2000 年，Christopher Bouton 还在 Pevsner 实验室攻读研究生时，他开发了在线基因阵列参考数据库（Database Referencing of Array Genes Online，DRAGON）。该在线工具包括一个网站，利用公共数据库（如 UniGene、Pfam、SwissProt、KEGG 等），对芯片数据进行注释（Bouton 和 Pevsner，2000；Bouton 等，2003）。DRAGON 提供了一套可视化工具，能够让用户在基因或蛋白质家族层面发现基因表达变化。DRAGON 等注释工具的目标是解析基因表达结果的生物学意义。如今，由于更全面的数据库及如 BioMart（或 biomaRt，见第 8 章）等平台的出现，DRAGON 已经过时。

一个活跃的研究领域是基于诸如 Gene Ontology（在第 12 章有介绍）条目等功能组信息对芯片数据的注释。其基于的一个前提是：除考虑发现受显著调控的转录本外，也可能发现一组功能相关的转录本（如编码激酶或功能的线粒体生物合成的转录本）受到显著调控。基于功能组分析的工具包括 GOMiner（Zeeberg 等，2005）等，相关综述见 Osborne 等（2007）。

GSEA 软件可从 Broad 研究所网站 http://www. broadinstitute. org /gsea/index. jsp（链接 11.21）获取。

Jill Mesirov 及其同事提出的基因集富集分析（GSEA）代表了现在越来越流行的鉴定受调控基因集合的方法（Subramanian 等，2005；在 Hung 等，2012 进行了相关综述）。假设你在两类样本中（例如：对照组和野生型）测量了全基因组层面的表达量，得到了在这些条件下的样本的 20000 个以上转录本表达的 $\log_2$ 比值。GSEA 检验预先设定的基因集合，如 75 个与心脏发育有关的基因或与转录调控相关的 750 个基因的基因集合。对每个基因集合，GSEA 检验集合内的基因是否在所有 20000 个基因表达值中随机分布：随机分布对应零假设；不随机分布对应备择假设。GSEA 的分析流程如下：①计算基因集的富集得分；②使用置换检验（permutation）估计富集得分的显著性（类标签被随机置换，然后计算富集得分，并重复 1000 次）；③执行多重检验校正。错误发现率（False Discovery Rate，FDR）的定义是有某个富集得分的基因集为假阳性的估计概率。GSEA 的开发者建议 FDR 处于 25% 可被接受，但用户必须确定合适的 FDR 以提出有生物学意义的假设。

在使用这些注释程序时，我们需要牢记 mRNA 的产物是蛋白质。发现在某个特定细胞通路内一组编码蛋白的 mRNA 表达水平发生改变，并不必然意味着蛋白质本身表达水平的改变，也不必然意味着通路的功能被干扰。这样的结论只能从在细胞水平上进行的蛋白质和细胞通路的实验中得出。

11.8 展望

DNA 芯片技术让实验者能够快速定量检测生物样本中成千上万个基因的表达水平。DNA 芯片技术作为一个研究不同的生物问题的工具发明于 20 世纪 90 年代末。芯片实验会产生成千上万个数据，因此芯片数据的分析使用了已在其他大数据分析学科中建立起来的数学工具，包括聚类分析、主成分分析以及其他把高维数据降低成可分析形式的工具等。芯片数据分析可以用于回答如下的问题：

（1）比较两个不同条件下（例如药物处理和未经药物处理的细胞株），哪些基因被大幅且显著地调控？

（2）比较多个条件下（例如分析从正常和患病个体中培养的 100 个细胞系的基因表达），哪些基因受到持续且显著的调控？

（3）是否可以用样本或基因作为划分标准进行数据聚类？

RNA-seq 已成为测定稳态 RNA 水平的一个替代方法。目前的挑战是如何将这些实验的发现转化为对生物学机制的理解。

最后一点，虽然 DNA 芯片分析和 RNA-seq 主要被用于测量生物样本中的基因表达，但他们也有其他的用途。芯片技术也被用来检测基因组 DNA（例如检测多态性、获取 DNA 序列、发现调控 DNA 序列、发现删除和重复序列、检测 DNA 甲基化等）。RNA-seq 也被应用于非编码小 RNA（sncRNA）和变异检测（互补 DNA 序列研究）。在不久的将来，可能还会扩展出更多不同的应用。

11.9　常见问题

John Ioannidis 等人开展的一个关键研究（2009）发现，在《*Nature Genetics*》中发表的 20 篇基因表达芯片有关论文中，只有 2 篇的结果可被重复；6 篇虽然可重复，但存在一定偏差；10 篇的结果不能被重复。出现的问题包括：原始数据可获取的缺乏、需求软件的不可获取，或分析方法的表述不清晰。Roger Peng（2011）描述了开展可重复性研究的途径，包括原始数据、分析软件的代码及所有可完整重复研究结果的所有要素的可获得性。

Dupuy 和 Simon（2007）对 90 篇癌症相关基因表达谱的论文进行了综述。他们发现，在一半的研究中都有以下三个缺陷中的至少一种：

① 多重检验校正未正确描述或执行。

② 在分类发现研究中所声称的基因簇与临床结果的相关性是假象，这是因为差异表达的基因先被识别，然后再用这些基因来确定类别。

③ 不正确的交叉验证流程导致有监督预测的准确度估计是有偏的。

Dupuy 和 Simon（2007）提供了 40 条芯片实验统计分析有关的实用指导，涵盖了从数据采集、识别差异表达的基因、分类识别以及分类预测等诸多主题。

RNA-seq 研究中的一个主要问题是，大量的实验没有重复（replicates）或者只有同一样本的重复（duplicates），因而会出现生物学变异无法被评估的问题。从少数样本中推广出一般规律是不可能的；相反，我们能知道的只是在每个条件下有哪些 RNA 在被研究的一个或两个样本中发生了变化。

误差可以在芯片实验和 RNA-seq 实验的许多阶段产生：

① 在芯片实验中，实验设计是一个关键但往往被忽视的环节。选取足够数量实验组和对照组的样本是必要的；也必须进行适当数量的重复。虽然对重复次数没有达成共识，但仅仅进行一到三个生物学重复是不足以达到统计学效力的。

② 把实验中得到基因表达的强度值与 mRNA 转录本在一个细胞中的实际拷贝数关联是很困难的。总 RNA 提取、荧光探针杂交及图像分析等每一个步骤的实验操作中都会一定程度上导致物质/信号损失，并存在一定的偏差和波动性。一些研究团队已经提出了几种 RNA 分子分析的通用标准，但这些标准都还没有被广泛接受。

③ 数据分析需要进行适当的全局和局部背景校正。使用标准数据集的研究表明：尽管已有一些表现优秀的方法（如 GCRMA），但使用不同的归一化流程仍会生成不同的结果（如得到不同的受调控转录本列表）。

④ 对于探索性分析而言，选择不同距离度量方法，如 Pearson 相关系数等，会对样本聚类结果产生巨大的影响。

⑤ 每一种数据分析方法都具有其优势和局限性。流行的无监督方法（如聚类分析）牺牲了样本的分类信息（如来自不同类型的癌症病人的细胞系的信息）。而有监督方法对类别的假设也可能是错误的。

⑥ 通过仔细的数据分析可以发现实验中的失误。所研究的生物样本的污染可能会导致散点图的趋势变得扭曲。聚类分析可能会发现一些一致的差异性，但该差异性并不一定是对照组和实验组之间，而是在不同时间或不同实验者所完成的实验组之间。

11.10　对学生的建议

在使用 RNA-seq 以及任何高通量测序技术时，编者认为生物学家需要与生物统计学家在有关的实验设计和数据分析上积极合作。当你要开始分析 RNA-seq 数据时，这里有几点建议。

①　努力学习在 Linux 的环境下进行工作。在这一章中我们使用了 Trapnell 等（2012）的标准流程开展实验和分析，你可以自己尝试一下。

②　在你学会了某一个工作流程后，你可以通过阅读软件包中的帮助文件和代码加深对流程的理解；阅读使用该流程的文献；多次运行流程以了解改变各种参数的影响。

Biostars 官方网站为 http://www.biostars.org（链接 11.22）。使用 Bioconductor 分析芯片数据相关教程可以从 https://www.biostars.org/p/53870/获取。

③　许多人开始使用 Galaxy（一个在线生物信息分析平台）分析 RNA 序列。它是一个用户友好的平台，提供了优秀的教程和说明文档。一些研究者完全依赖 Galaxy，而对于很多其他用户，Galaxy 让他们能够接触、了解各种 RNA 序列分析工具，也可作为在 Linux 系统中使用这些工具的敲门砖。

④　试着从 RNA-seq 的数据分析找到感觉。你可以阅读本章引用的一些综述；注意一些关键步骤中的主要难题，包括回帖工具的选择、序列组装的难点等。新的分析工具层出不穷，因此你应该积极地学习有关文献。在阅读过程中，你需要记录工具开发者是如何评估软件的性能；如何进行基准测试，并根据基准测试结果找到在哪些情形下表现比同类软件好。

⑤　尝试加入一些生物学社区，如 Biostars，SEQanswers 等，并跟进社区中的最新进展。

讨论题

讨论

[11-1] 芯片数据集可以使用不同的聚类方法进行聚类，并得到不同的结果。你如何判断哪些聚类结果是"正确的"（最有生物学意义的）？在芯片数据的归一化中，我们介绍了精确性和准确性的概念。这两个概念是否也适用于聚类？

[11-2] 什么是判定一个基因表达受到显著调控的最佳标准？如果以表达倍数变化作为标准，有没有倍数变化统计学意义显著但生物学意义不显著的情况？如果使用了一个保守性的校正方法后，发现在一个芯片实验结果中不存在表达量发生显著变化的基因，那么这是一个生物学意义上合理的结果吗？

[11-3] 在这一章中我们对 21 三体综合征样本与正常样本进行了芯片数据集比较，并观察到 21 号染色体上基因的转录水平有所增加。还能找到哪些芯片数据集涉及的实验使你可以提前假设所可能发现的差异？考虑癌症研究（肿瘤/正常）、野生型与基因敲除型、药物治疗（例如细胞±药物）或关于生理状态的研究等。

问题/计算机实验

[11-1] 本章中我们描述了 GEO2R。请访问 NCBI 的 GEO 数据库并选择一个 GEO 数据集，然后使用 GEO2R 进行分析（例如，在 GEO DataSet 中，输入 encode 或 "1000 Genomes"，并选择一个具有 GEO2R 链接的数据集）。检查 R 代码，并把该代码复制到一个文本编辑器，然后打开 R（或 RStudio）逐行执行命令。

[11-2]（1）从 NCBI GEO 数据库中获取一套 CEL 文件。你可以从网站把 CEL 文件下载到你的工作目录，或使用（GEOquery 包的）getGEO 函数直接导入该文件。

```
> source("http://bioconductor.org/biocLite.R")
> biocLite("GEOquery")
```

（2）对你下载的数据集使用本章所述的 affy 和 limma 进行分析。

[11-3] 使用 R 进行层级聚类。从 http://www.bioinfbook.org/chapter11 的链接获取在线文档 11.6，

并得到一个 8（基因数）＊14（样本数目）矩阵。将矩阵以文本文件的形式复制到 R 工作目录下，然后调用下面的命令（♯表示注释行）：

```
> dir()
#view the contents of your directory; this
should include the file myarraydata.txt
> z=read.delim("myarraydata.txt")
#read.delim is a principal way of reading a
table of data into R. This creates a new file
called z with 8 rows (genes) columns including
gene name, chromosomal locus, and 14 samples.
> z
#view the data matrix z consisting of 8 genes
and 14 samples
> row.names(z)=z[,1]
> clust=hclust(dist(z[,3:16]),method="complete")
#create a distance matrix using columns 3 to
16; perform hierarchical clustering using the
complete linkage agglomeration method
```

```
> plot(clust)
#generate a plot of the clustering tree, such as
a figure shown in this chapter
#Note that you can repeat this using a variety
of different methods (e.g., method="single" or
method="median". Type ?hclust for more options.
> z.back=z[,-c(1,2)]
#create a version of matrix z called z.back in
which two columns containing the gene names and
chromosomal loci are removed.
> z.back
#view this matrix
> w=t(z.back)
#create a new file called w by transposing z.back.
> w
#view matrix w. There are now 4 rows (samples)
and 8 columns (genes).
> clust=hclust(dist(w[,1:8]),method="complete")
> plot(clust)
#perform clustering. The cluster dendrogram now
shows 14 samples (rather than 8 genes).
> clust=hclust(dist(z[,3:16],method="euclidean")
,method="complete")
> plot(clust)
> clust=hclust(dist(z[,3:16],method="manhattan"),
method="complete")
> plot(clust)
> clust=hclust(dist(z[,3:16],method="minkowski"),
method="complete")
> plot(clust)
> clust=hclust(dist(z[,3:16],method="binary"),
method="complete")
> plot(clust)
> clust=hclust(dist(z[,3:16],method="maximum"),
method="complete")
> plot(clust)
> clust=hclust(dist(z[,3:16],method="canberra"),
method="complete")
> plot(clust)
#You can vary the metric by which you create a
distance matrix (e.g., Euclidean, manhattan,
minkowski, binary, maximum, canberra) as well as
varying the clustering method ("ward", "single",
"complete", "average", "mcquitty", "median" or
"centroid").
```

自测题

[11-1] 芯片数据必须归一化是因为

(a) 基因表达值不服从正态分布；

(b) 一些实验使用荧光标记的 cDNA 探针，而另一些使用放射性探针标记；

(c) 荧光染料的整合效率对不同样本有所不同；

(d) 管家基因（如 β-肌动蛋白基因 *ACTB*）在不同样本中表达量不同

[11-2] 我们可以绘制散点图对芯片数据可视化处理。下列哪一类信息无法从散点图得到

(a) 一个基因是否在一个相对高或低的水平上表达；

(b) 一个基因表达是否被上调或下调；

(c) 一个基因是否在表明其是倾斜数据的特定区域表达；

(d) 一个基因是否在实验中受到统计学显著的调控

[11-3] 我们常使用基因表达值的 $\log_2$ 比值而不是原始比值是因为

(a) 在两倍上调和两倍下调情形下，$\log_2$ 比值的绝对值相同；

(b) 在两倍上调和两倍下调情形下，$\log$ 比值的相对值相同；

(c) $\log_2$ 比值的比例相对于原始比值经过了超几何的压缩；

(d) 对数处理压缩后会减少离群值的个数

[11-4] 推理统计可以对表达数据集进行假设检验：

(a) 在进行两样本比较时，评估任一转录本受到调控的概率；

(b) 在进行两个（以上）样本比较时，评估任一转录本受到调控的概率；

(c) 利用芯片数据聚类分析进行假设检验；

(d) 利用有监督或无监督分析进行假设检验

[11-5] 以下哪一个命题是假的？

(a) 对表达数据聚类处理将产生一个类似系统发生树的结构树；

(b) 在表达数据分类过程中，我们可以对基因和组织样本进行分类；

(c) 表达数据聚类包括分裂法（如 k-均值）和层级聚类（如聚合法、分裂法聚类）；

(d) 对表达数据进行聚类分析总是需要使用主成分分析

[11-6] 聚类技术依赖距离度量来

(a) 描述一个聚类树是聚合型还是分裂型聚类树；

(b) 降低高维数据集的维度；

(c) 在一个包含基因表达值与样本信息的矩阵中确定基因表达量的绝对值；

(d) 从一个包含基因表达值与样本信息的矩阵中定义基因表达值的关联性

[11-7] 一个自组织映射

(a) 对簇的生成时加入了一些结构信息；

(b) 是非结构化的，与 k-means 聚类相似；

(c) 用相邻节点代表不同的类组；

(d) 不能被呈现为聚类树

[11-8] 主成分分析（PCA）可以

(a) 在肉眼观察基因和蛋白质之间的关系时减少混乱度；

(b) 可被应用于芯片基因表达数据分析，但不能应用到蛋白质分析；

(c) 可以通过聚合性或分裂性策略完成；

(d) 对高维数据进行降维以呈现基因或样本之间的关系

[11-9] 有监督和无监督分析之间的主要区别是

(a) 有监督分析需要一些关于基因和样本性质的先验知识，而非监督分析不需要；

(b) 有监督分析事先固定类别数目，而无监督分析不需要；

（c）有监督分析可以对基因和/或样本进行分类，而无监督分析只能对基因分类；

（d）有监督分析使用包括支持向量机、决策树等算法，而无监督分析使用聚类算法

11.11 推荐读物

Miron 和 Nadon（2006）对芯片数据分析中的关键概念进行了综述。Leek 等人（2010）对批次效应撰写了概述，关于 RNA 测序方法的综述可见 Garber 等（2011）的文章。

有很多对 R 语言的介绍，包括 Verzani（2005）对使用 R 语言进行统计学分析的介绍，以及 Gentleman 等（2005）撰写的关于 R 及 Bioconductor 在生物信息学中应用的书。

Ma 和 Dai（2011）撰写了 PCA 的综述。关于芯片数据的聚类分析，Gollub 和 Sherlock（2006）提供了一个很好的概述。Michael Eisen 及同事（1998）描述了以时间为函数对 8600 个人类基因的聚类。这个经典的论文很好地描述了用于定义基因表达值关系的度量方法，也讨论了聚类分析用于定义基因的功能关联性的作用。

参 考 文 献

Alizadeh, A.A., Eisen, M.B., Davis, R.E. *et al.* 2000. Distinct types of diffuse large B–cell lymphoma identified by gene expression profiling. *Nature* **403**, 503–511. PMID: 10676951.

Alter, O., Brown, P. O., Botstein, D. 2000. Singular value decomposition for genome–wide expression data processing and modeling. *Proceedings of the National Academy of Science USA* **97**, 10101–10106.

Ayroles, J.F., Gibson, G. 2006. Analysis of variance of microarray data. *Methods in Enzymology* **411**, 214–33.

Bassel, A., Hayashi, M., Spiegelman, S. 1964. The enzymatic synthesis of a circular DNA–RNA hybrid. *Proceedings of the National Academy of Science USA* **52**, 796–804.

Benjamini, Y., Hochberg, Y. 1995. Controlling the false discovery rate: a practical and powerful approach to multiple testing. *Journal of Royal Statistical Society Series B* **57**, 289–300.

Bland, J.M., Altman, D.G. 1986. Statistical methods for assessing agreement between two methods of clinical measurement. *Lancet* **1**, 307–310.

Bland, J.M., Altman, D.G. 1999. Measuring agreement in method comparison studies. *Statistical Methods in Medical Research* **8**, 135–160.

Bolstad, B.M., Irizarry, R.A., Astrand, M., Speed, T.P. 2003. A comparison of normalization methods for high density oligonucleotide array data based on variance and bias. *Bioinformatics* **19**(2), 185–193. PMID: 12538238.

Bouton, C. M., Pevsner, J. 2000. DRAGON: Database Referencing of Array Genes Online. *Bioinformatics* **16**, 1038–1039).

Bouton, C. M., Henry, G., Colantuoni, C., Pevsner, J. 2003. DRAGON and DRAGON view: methods for the annotation, analysis, and visualization of large-scale gene expression data. In: *The Analysis of Gene Expression Data: Methods and Software* (eds G.Parmigiani, E. S.Garrett, R. A.Irizarry, S. L.Zeger). Springer, New York, pp. 185–209.

Brazma, A., Vilo, J. 2000. Gene expression data analysis. *FEBS Letters* **480**, 17–24.

Brown, M.P., Grundy, W.N., Lin, D. *et al.* 2000. Knowledge-based analysis of microarray gene expression data by using support vector machines. *Proceedings of the National Academy of Science USA* **97**, 262–267. PMID: 10618406.

Canales, R.D., Luo, Y., Willey, J.C. *et al.* 2006. Evaluation of DNA microarray results with quantitative gene expression platforms. *Nature Biotechnology* **24**, 1115–1122.

Colantuoni, C., Henry, G., Zeger, S., Pevsner, J. 2002a. SNOMAD (Standardization and NOrmalization of MicroArray Data): Web-accessible gene expression data analysis. *Bioinformatics* **18**, 1540–1541.

Colantuoni, C., Henry, G., Zeger, S., Pevsner, J. 2002b. Local mean normalization of microarray element signal intensities across an array surface: Quality control and correction of spatially systematic artifacts. *Biotechniques* **32**, 1316–1320.

Cope, L.M., Irizarry, R.A., Jaffee, H.A., Wu, Z., Speed, T.P. 2004. A benchmark for Affymetrix GeneChip expression measures. *Bioinformatics* **20**, 323–331. PMID: 14960458.

Draghici, S., Khatri, P., Eklund, A.C., Szallasi, Z. 2006. Reliability and reproducibility issues in DNA microarray measurements. *Trends in Genetics* **22**, 101–109.

Dupuy, A., Simon, R.M. 2007. Critical review of published microarray studies for cancer outcome and guidelines on statistical analysis and reporting. *Journal of National Cancer Institute* **99**, 147–157.

Eisen, M. B., Spellman, P. T., Brown, P. O., Botstein, D. 1998. Cluster analysis and display of genome-wide expression patterns. *Proceedings of the National Academy of Science USA* **95**, 14863–14868.

Engström, P.G., Steijger, T., Sipos, B. *et al.* 2013. Systematic evaluation of spliced alignment programs for RNA-seq data. *Nature Methods* **10**(12), 1185–1191. PMID: 24185836.

Everitt, B.S., Landau, S., Leese, M. 2001. *Cluster Analysis*. Fourth edition. Arnold, London.

Garber, M., Grabherr, M.G., Guttman, M., Trapnell, C. 2011. Computational methods for transcriptome annotation and quantification using RNA-seq. *Nature Methods* **8**(6), 469–477. PMID: 21623353.

Gautier, L., Cope, L., Bolstad, B.M., Irizarry, R.A. 2004. Affy: analysis of Affymetrix GeneChip data at the probe level. *Bioinformatics* **20**(3), 307–315. PMID: 14960456.

Gentleman, R., Carey, V., Huber, W., Irizarry, R., Sandrine Dudoit, S. (eds.) 2005. *Bioinformatics and Computational Biology Solutions Using R and Bioconductor*. Springer, New York.

Gollub, J., Sherlock, G. 2006. Clustering microarray data. *Methods in Enzymology* **411**, 194–213.

Gordon, A.D. 1980. *Classification*. Chapman & Hall CRC, London.

Guo, Y., Li, C.I., Ye, F., Shyr, Y. 2013. Evaluation of read count based RNAseq analysis methods. *BMC Genomics* **14** Suppl 8, S2. PMID: 24564449.

Hansen, K.D., Wu, Z., Irizarry, R.A., Leek, J.T. 2011. Sequencing technology does not eliminate biological variability. *Nature Biotechnology* **29**(7), 572–573. PMID: 21747377.

Hung, J.H., Yang, T.H., Hu, Z., Weng, Z., DeLisi, C. 2012. Gene set enrichment analysis: performance evaluation and usage guidelines. *Briefings in Bioinformatics* **13**(3), 281–291. PMID: 21900207.

Ioannidis, J.P., Allison, D.B., Ball, C.A. *et al.* 2009. Repeatability of published microarray gene expression analyses. *Nature Genetics* **41**(2), 149–155. PMID: 19174838.

Irizarry, R.A., Bolstad, B.M., Collin, F. *et al.* 2003. Summaries of Affymetrix GeneChip probe level data. *Nucleic Acids Research* **31**(4), e15. PMID: 12582260.

Irizarry, R.A., Warren, D., Spencer, F. *et al.* 2005. Multiple-laboratory comparison of microarray platforms. *Nature Methods* **2**, 345–350.

Irizarry, R.A., Wu, Z., Jaffee, H.A. 2006. Comparison of Affymetrix GeneChip expression measures. *Bioinformatics* **22**, 789–794.

Ishwaran, H., Rao, J.S., Kogalur, U.B. 2006. BAMarray: Java software for Bayesian analysis of variance for microarray data. *BMC Bioinformatics* **7**, 59.

Kaufman, L., Rousseeuw, P. J. 1990. *Finding groups in data. An Introduction to Cluster Analysis*, Wiley, New York.

Kim, D., Pertea, G., Trapnell, C. *et al.* 2013. TopHat2: accurate alignment of transcriptomes in the presence of insertions, deletions and gene fusions. *Genome Biology* **14**(4), R36. PMID: 23618408.

Kvam, V.M., Liu, P., Si, Y. 2013. A comparison of statistical methods for detecting differentially expressed genes from RNA-seq data. *American Journal of Botany* **99**(2), 248–256. PMID: 22268221.

Langmead, B., Salzberg, S.L. 2012. Fast gapped-read alignment with Bowtie 2. *Nature Methods* **9**(4), 357–359. PMID: 22388286.

Law, C.W., Chen, Y., Shi, W., Smyth, G.K. 2014. Voom: precision weights unlock linear model analysis tools for RNA-seq read counts. *Genome Biology* **15**(2), R29. PMID: 24485249.

Leek, J.T., Scharpf, R.B., Bravo, H.C. *et al.* 2010. Tackling the widespread and critical impact of batch effects in high-throughput data. *Nature Reviews Genetics* **11**(10), 733–739. PMID: 20838408.

Li, B., Dewey, C.N. 2011. RSEM: accurate transcript quantification from RNA-Seq data with or without a reference genome. *BMC Bioinformatics* **12**, 323. PMID: 21816040.

Ma, S., Dai, Y. 2011. Principal component analysis based methods in bioinformatics studies. *Briefings in*

Bioinformatcis **12**(6), 714–722. PMID: 21242203.

Mane, S.P., Evans, C., Cooper, K.L. *et al.* 2009. Transcriptome sequencing of the Microarray Quality Control (MAQC) RNA reference samples using next generation sequencing. *BMC Genomics* **10**, 264). PMID: 19523228.

Mao, R., Zielke, C.L., Zielke, H.R., Pevsner, J. 2003. Global up-regulation of chromosome 21 gene expression in the developing Down syndrome brain. *Genomics* **81**(5), 457–467. PMID: 12706104.

Mao, R., Wang, X., Spitznagel, E.L. Jr. *et al.* 2005. Primary and secondary transcriptional effects in the developing human Down syndrome brain and heart. *Genome Biology* **6**(13), R107. PMID: 16420667.

MAQC Consortium, Shi, L., Reid, L.H. *et al.* 2006. The MicroArray Quality Control (MAQC) project shows inter- and intraplatform reproducibility of gene expression measurements. *Nature Biotechnology* **24**, 1151–1161. PMID: 16964229.

Marchionni, L., Afsari, B., Geman, D., Leek, J.T. 2013. A simple and reproducible breast cancer prognostic test. *BMC Genomics* **14**, 336. PMID: 23682826.

Martin, J.A., Wang, Z. 2011. Next-generation transcriptome assembly. *Nature Reviews Genetics* **12**(10), 671–682. PMID: 21897427.

Miron, M., Nadon, R. 2006. Inferential literacy for experimental high-throughput biology. *Trends in Genetics* **22**, 84–89.

Motulsky, H. 1995. *Intuitive Biostatistics*. Oxford University Press, New York.

Nagalakshmi, U., Waern, K., Snyder, M. 2010. RNA-Seq: a method for comprehensive transcriptome analysis. *Current Protocols in Molecular Biology* **Chapter 4**, Unit 4.11.1–13. PMID: 20069539.

Olshen, A. B., Jain, A. N. 2002. Deriving quantitative conclusions from microarray expression data. *Bioinformatics* **18**, 961–970.

Osborne, J.D., Zhu, L.J., Lin, S.M., Kibbe, W.A. 2007. Interpreting microarray results with gene ontology and MeSH. *Methods in Molecular Biology* **377**, 223–242.

Oshlack, A., Robinson, M.D., Young, M.D. 2010. From RNA-seq reads to differential expression results. *Genome Biology* **11**(12), 220. PMID: 21176179.

Ozsolak, F., Milos, P.M. 2011. RNA sequencing: advances, challenges and opportunities. *Nature Reviews Genetics* **12**(2), 87–98. PMID: 21191423.

Peng, R.D. 2011. Reproducible research in computational science. *Science* **334**(6060), 1226–1227). PMID: 22144613.

Perou, C.M., Jeffrey, S.S., van de Rijn, M. *et al.* 1999. Distinctive gene expression patterns in human mammary epithelial cells and breast cancers. *Proceedings of the National Academy of Science USA* **96**, 9212–9217. PMID: 10430922.

Quackenbush, J., Irizarry, R.A. 2006. Response to Shields: 'MIAME, we have a problem'. *Trends in Genetics* **22**, 471–472.

Robertson, G., Schein, J., Chiu, R. *et al.* 2010. De novo assembly and analysis of RNA-seq data. *Nature Methods* **7**(11), 909–912. PMID: 20935650.

Sean, D., Meltzer, P.S. 2007. GEOquery: a bridge between the Gene Expression Omnibus (GEO) and BioConductor. *Bioinformatics* **23**, 1846–1847.

Shi, L., Jones, W.D., Jensen, R.V. *et al.* 2008. The balance of reproducibility, sensitivity, and specificity of lists of differentially expressed genes in microarray studies. *BMC Bioinformatics* **9** Suppl 9, S10. PMID: 18793455.

Shi, L., Campbell, G., Jones, W.D. *et al.* 2010. The MicroArray Quality Control (MAQC)-II study of common practices for the development and validation of microarray-based predictive models. *Nature Biotechnology* **28**(8), 827–838. PMID: 20676074.

Shields, R. 2006. MIAME, we have a problem. *Trends in Genetics* **22**, 65–66.

Smyth, G. K. 2004. Linear models and empirical Bayes methods for assessing differential expression in microarray experiments. *Statistical Applications in Genetics and Molecular Biology* **3**(1), Article 3.

Smyth, G. K. 2005. Limma: linear models for microarray data. In: *Bioinformatics and Computational Biology Solutions using R and Bioconductor* (eds R.Gentleman, V.Carey, S.Dudoit, R.Irizarry, W.Huber), Springer, New York, pp. 397–420.

Sneath, P.H.A., Sokal, R.R. 1973. *Numerical Taxonomy*. W.H. Freeman and Co., San Francisco.

Soneson, C., Delorenzi, M. 2013. A comparison of methods for differential expression analysis of RNA-seq data. *BMC Bioinformatics* **14**, 91). PMID: 23497356.

Steijger, T., Abril, J.F., Engström, P.G. *et al.* 2013. Assessment of transcript reconstruction methods for RNA-seq. *Nature Methods* **10**(12), 1177–1184. PMID: 24185837.

Subramanian, A., Tamayo, P., Mootha, V.K. *et al.* 2005. Gene set enrichment analysis: a knowledge–based approach for interpreting genome-wide expression profiles. *Proceedings of the National Academy of Science USA* **102**, 15545–15550.

Tamayo, P., Slonim, D., Mesirov, J. *et al.* 1999. Interpreting patterns of gene expression with self-organizing maps: Methods and application to hematopoietic differentiation. *Proceedings of the National Academy of Science USA* **96**, 2907–2912. PMID: 10077610.

Tan, P.K., Downey, T.J., Spitznagel, E.L. Jr. *et al.* 2003. Evaluation of gene expression measurements from commercial microarray platforms. *Nucleic Acids Research* **31**, 5676–5684.

Tavazoie, S., Hughes, J. D., Campbell, M. J., Cho, R. J., Church, G. M. 1999. Systematic determination of genetic network architecture. *Nature Genetics* **22**, 281–285.

Thalamuthu, A., Mukhopadhyay, I., Zheng, X., Tseng, G.C. 2006. Evaluation and comparison of gene clustering methods in microarray analysis. *Bioinformatics* **22**, 2405–2412.

Trapnell, C., Roberts, A., Goff, L. *et al.* 2012. Differential gene and transcript expression analysis of RNA-seq experiments with TopHat and Cufflinks. *Nature Protocols* **7**(3), 562–578. PMID: 22383036.

van Iterson, M., Boer, J.M., Menezes, R.X. 2010. Filtering, FDR and power. *BMC Bioinformatics* **11**, 450. PMID: 20822518.

Verzani, J. 2005. *Using R for Introductory Statistics*. Chapman and Hall, New York.

Wang, Z., Gerstein, M., Snyder, M. 2009. RNA-Seq: a revolutionary tool for transcriptomics. *Nature Reviews Genetics* **10**(1), 57–63. PMID: 19015660.

Zeeberg, B.R., Qin, H., Narasimhan, S. *et al.* 2005. High-throughput GoMiner, an 'industrial-strength' integrative gene ontology tool for interpretation of multiple-microarray experiments, with application to studies of Common Variable Immune Deficiency (CVID). *BMC Bioinformatics* **6**, 168.

Zolman, J. F. 1993. *Biostatistics*. Oxford University Press, New York.

Zuur, A.F., Ieno, E.N., Meesters, E.H.W.G. 2009. *A Beginner's Guide to R*. Springer, New York.

第 12 章

蛋白质分析和蛋白质组学

与蛋白类似的物体（白蛋白）占据了我生命的很大一部分。各种困难都要被克服，包括那些可能出现在其他个体的现在没有碰到的困难；无论对于它已经说过什么，有一点是肯定的，我第一个表明（在1838年）肉存在于面包、奶酪及青草中；表明整个有机王国都被赋予同样的一组物体，这组物体从植物转移到动物，从一个动物转移到另一个动物；这一组物体是第一且最为重要的物体，我因而希望称之为蛋白质，这个词源于 Berzelius 向我建议的一个希腊语单词 πρπτοζ［第一名］。

—— *G. J. Mulder，Levensschets van G. J. Mulder door Hemzelven geschreven en door drie zijner vrienden uitgegeven（1881）. Translation by Westerbrink（1966）p.154*

定量蛋白质组学是一个广泛的术语，但它始于一个特定的含义，该含义应该被坚持下去。它是基于质谱（MS）技术的应用，质谱技术的目的是检测、识别和定量蛋白质的变化及其在生物系统内的翻译后修饰。关键的手段是质谱：质谱是一个有高灵敏度、精确和准确的技术手段，可测量非常少量的分子，如蛋白质和肽等。重要的是，定量蛋白质组学是用于进行生物学发现的一个主要工具。

——*Michael Washburn*（2011）第 170 页

学习目标

通过阅读本章你应该能够：

- 描述识别蛋白质的技术，包括 Edman 降解和质谱等；
- 定义蛋白质的结构域、模体、特征信号和模式；
- 从生物信息学角度描述蛋白质的物理性质；
- 描述如何利用生物信息学工具捕获蛋白质位置信息；
- 提供蛋白质功能的定义。

12.1 引言

生命体主要由五种物质组成，分别是蛋白质、核酸、脂类、水和碳水化合物。在这些重要的物质中，蛋白质是最决定细胞特征的物质。DNA 经常被比喻为建造房屋时所需的蓝图，决定了应使用何种材料来建造房屋。蛋白质就是这种材料，它们具有极为广泛的生物学功能，包括结构作用（如肌动蛋白组成了细胞骨架）、酶功能（酶是催化生物化学反应的蛋白质，通常可以使反应速度增快几个数量级），以及在细胞内或细胞间转运物质的功能。如果把 DNA 当成一个房屋的蓝图，那么蛋白质不仅是构成房屋的墙和地板的主要材料，也是房屋的管道系统、电力产生和传输系统以及垃圾回收系统的主要组成材料。

蛋白质是由氨基酸线性排列组成的多肽聚合物。纯化蛋白并鉴定其氨基酸组成的尝试有着悠久的历史。到 1850 年时，已有一系列的蛋白质被发现（白蛋白、血红蛋白、酪蛋白、胃蛋白酶、纤维蛋白、晶体）并被部分纯化。但直到 20 世纪 50 年代，人们才测定了几个小分子蛋白质的完整氨基酸序列。今天，我们已经得到了 8500 万个蛋白质的序列信息。

在前面的章节中，我们学习了如何从数据库获取蛋白质（第 2 章），我们对蛋白质进行了序列比对并进行了蛋白质的数据库搜索（第 3～6 章），我们可视化了多序列比对构成的进化树（第 7 章）。在本章中，我们将讨论鉴别蛋白质的一些技术（直接测序、凝胶电泳和质谱）。然后，我们将展示蛋白质个体的四个不同层次的视角：结构域（domain）和模体（motif）、物理性质、细胞定位和生物功能。我们将在第 13 章中讨论蛋白质结构，在第 14 章中讨论功能基因组学和全基因组范围基因功能的评估。功能基因组学包含了在正常条件下和在遗传或环境因素受到扰动下的大规模蛋白功能研究。

> 蛋白质相关研究的历史在在线文档 12.1 中简要讨论。UniProtKB 在 2014 年 10 月发布的 2014_09 版本中有约 55 万条序列信息，包含约 2 亿个氨基酸（http://web.expasy.org/docs/relnotes/relstat.html，链接 12.1）。此外 TrEMBL 收录了 8400 万条自动注释的序列信息（未经人工校正）。

蛋白质数据库

蛋白质序列信息最初是从纯化蛋白质中直接获得的（从 20 世纪 50 年代开始），但绝大多数新近发现的蛋白都是由基因组 DNA 序列预测所得。GenBank/DDBJ/ EMBL 数据库、全基因组鸟枪法（WGS）分支数据库、短序列读段档案库（Short Read Archive）和欧洲核苷酸档案库（European Nucleotide Archive）涵盖了极其大量的核苷酸序列数据（见第 2 章）。对于蛋白质来说，一个主要的资源是 NCBI 非冗余蛋白质数据库。也许最重要的蛋白质数据库是 UniProt，它包括了一系列的数据库（UniProt 协会，2013 年）：

> UniProt 的网址是 http://www.uniprot.org（链接 12.2）。这是由欧洲生物信息学研究所（EMBL-EBI，European Bioinformatics Institute）、瑞士生物信息学研究所（SIB，Swiss Institute of Bioinformatics）和蛋白质信息资源（PIR，Protein Information Resource）三家机构合作的产物。

① UniProtKB 是一个蛋白质知识库，包括了 UniProtKB/SWISS-PROT（含约 50 万个经专家审核并人工注释的蛋白质）和 UniProtKB/TrEMBL（含约 8400 万条未审核的序列，其中绝大部分都是从 DNA 测序项目预测所得）。

② UniRef 提供隐藏冗余序列的序列聚类集合。在 UniRef100 中，完全一样的序列（以及 >11 个残基的亚片段）被合并成一条 UniRef 条目，同样可以获得 UniRef90 和 UniRef50 数据集。

③ UniMES 包括宏基因组学和环境序列。同时该数据库也提供合并 100% 或 90% 相似蛋白质序列的 UniMES 序列聚类集合。

④ UniParc 是 UniProt 的一个文档。

UniProt 或其他蛋白质数据库可通过网站查询访问，也可通过如 Ensembl 中的 BioMart 工具来访问。我们还可以利用 R 包 biomaRt 完成多种任务（参见第 8 章，我们利用 biomaRt 执行了其他任务）。运行 R（或 RStudio），设置工作目录为某个方便的目录，然后安装 biomaRt。

例 1：有一个基因符号列表。对于这些基因所编码的蛋白质，我们想知道它们在 InterPro 数据库中的标识符和描述是什么？

```
> getwd() # Confirm which directory you are working in
> source("http://bioconductor.org/biocLite.R")
> biocLite("biomaRt") # the package is now installed
> library("biomaRt") # load the package
> listMarts() # This displays >60 available databases
  biomart
1 ensembl
2 snp
3 functional_genomics
4 vega
# additional Marts from this list of 60 are truncated.
> ensembl = useMart("ensembl")
```

```
> listDatasets(ensembl)
        dataset                         description
1       oanatinus_gene_ensembl          Ornithorhynchus anatinus genes (OANA5)
2       cporcellus_gene_ensembl         Cavia porcellus genes (cavPor3)
# This list is truncated.
> ensembl = useDataset("hsapiens_gene_ensembl", mart=ensembl)
> filters = listFilters(ensembl)
> filters
> attributes = listAttributes(ensembl)
> attributes
# Browse the attributes to find protein-related topics!
# Let's select a small set of globin gene symbols
> globinsymbols <- c(HBB,HBA2,HBE,HBF)
# Next let's do the search, sending the results to a file
# called myinterpro:
> myinterpro <-
getBM(attributes=c("interpro","interpro_description"),
filters="hgnc_symbol",values=globinsymbols, mart=ensembl)
> myinterpro # we print the results
        interpro        interpro_description
1       IPR000971       Globin
2       IPR002338       Haemoglobin, alpha
3       IPR002339       Haemoglobin, pi
4       IPR009050       Globin-like
5       IPR002337       Haemoglobin, beta
```

例 2：给定一段基因组区域（如 11 号染色体上的 10 万个碱基对），在该区域上有哪些基因？对于其中的蛋白质编码基因，哪些有预测的跨膜区域？

> GOS 项目在 NCBI 中的序号是 AACY000000000。需要注意的是 GOS 项目中很多预测的蛋白质不是全长的，也就是说它们不是从一段包括启动子和终止子的 DNA 片段中得到的。

```
> getBM(c("hgnc_symbol","transmembrane_domain"),
filters=c("chromosome_name","start","end"),
values=list(11,5200000,5300000), mart=ensembl)
        hgnc_symbol     transmembrane_domain
1       OR52A1          Tmhmm
2       OR51V1          Tmhmm
3       HBB
4       HBD
5       HBD             Tmhmm
6       HBG1
7       HBG2
8       HBE1
```

除了以上方式，也可以使用命令行方式，利用 NCBI 的 EDirect 工具获取序列的 FASTA 文件（第 2 章）。

宏基因组学（在第 15 章中介绍）已经在发现基因组序列和推断蛋白质序列等领域起到了重要作用。例如，Craig Venter 等人已在全球海洋取样（Global Ocean Sampling，GOS）项目及更早的 Sargasso Sea 项目中组装了 770 万条基因组 DNA 序列读段（Venter 等，2004；Yooseph 等，2007）。他们对海水中的微生物包括细菌、古细菌和病毒的 DNA 随机取样，并用鸟枪法进行测序。他们从中推测了大约 610 万种蛋白质；这是来自一篇论文所推测的个数，而这已是当时已知蛋白质数量的两倍。我们将在第 15~17 章讨论其他宏基因组学项目，其中的微生物是从对环境样品的测序所得。这类项目旨在探索微生物群落与它们所处的生态系统之间的关系，并会继续丰富已知蛋白质的数量。

除了对蛋白质序列进行分类外，各种数据库还提供了对蛋白质组学数据的注释，包括蛋白质-蛋白质相互作用、亚细胞定位、蛋白质的翻译后修饰及区域性表达等信息。人类蛋白质参考数据库（Human Protein Reference Database，HPRD）提供了经专家校正过的数千种蛋白质（Mishra

HPRD 的网址是 www. hprd. org（链接 12.3），截至 2015 年 2 月 HPRD 共收录约 3 万条蛋白质条目。Human Proteinpedia 的网址是 www. humanproteinpedia. org（链接 12.4），截至目前共收录约 25 个实验室贡献的 1.5 万条蛋白质条目。

可控词汇是指用于注释的数据是提前预设的。

等，2006；Goel 等，2011）。Human Proteinpedia 是 Akhilesh Pandey 等人建立的另一个广泛、精心管理（expertly curated）的蛋白质组学资源（Muthusamy 等，2013），为共享、注释和集成蛋白质组学数据提供了一个社区门户。

蛋白质组学研究的行业标准

生物信息学的各个领域都在尝试标准化生物模型的构建、实验数据的生成和描述。人类蛋白质组组织（Human Proteome Organization，HUPO）提出了蛋白质组学标准的倡议（Proteomics Standards Initiative，PSI），其目标是规范蛋白白质组学数据展示的标准，以便于数据的比较、交换和验证（Martens 等，2007）。HUPO-PSI 目前在三个领域成立了工作组，分别制定行业指南、数据格式、和受控（controlled）词汇。这三个领域分别是：

要了解 PSICQUIC 的信息，请访问网址 http://code.google.com/p/psicquic/（链接 12.5），要使用 PSICQUIC 基于 Web 的工具，请访问欧洲生物信息学研究所的 PSICQUIC view：http://www.ebi.ac.uk/Tools/webservices/psicquic/view/（链接 12.6）。GNAQ 中可以看到几个数据库中逾 1100 个相互作用。

① 质谱和蛋白质组学信息学。已经发布了关于质谱相关主题的指南［例如，定义了能描述一个蛋白质组学实验、鉴定和定量的最少信息（Taylor 等，2007；Martinez - Bartolome 等，2013，2014；Mayer 等，2013）］。举个例子来说，质谱可以使用质谱标记语言（Mass Spectrometry Markup Language，mzML）进行存储和数据交换（Turewicz 和 Deutsch，2011）。

② 蛋白质分离指南包括了凝胶电泳、凝胶信息学、列指引色谱、毛细管电泳和磷酸化蛋白质组学等多种分离手段。

③ 分子相互作用。指南包括一个分子相互作用实验所需的最少信息量（Minimum Information about a Molecular Interaction eXperiment，MIMIX）、关于生物活性实体的信息（MIABE）和蛋白亲和试剂的标准格式（MIAPAR）。一个实际的例子是 PSI 通用查询界面（PSI Common Query InterfaCe，PSICQUIC），它允许利用一条序列信息同时查询访问多个分子相互作用数据库（Orchard，2012；del-Toro 等，2013）（图 14.21）。

HUPO Proteomics Standards Initiative 的网址是 http://www.psidev.info/（链接 12.7）。

这些针对数据报告、数据交换格式和可控词汇的行业指南虽然需要研究人员的付出，但是对于指导可重复实验提供了非常大的帮助（Orchard 和 Hermjakob，2011；Orchard 等，2012；Gonzalez-Galarza 等，2014；Orchard，2014）。研究界在这一方向已投入了大量的人力物力为下一个研究阶段做了准备，使大型数据集的获取和分类能以最大限度发挥其效用的方式来进行。

先进性评估——ABRF 分析比赛

ABRF 的网址是 http://www.abrf.org/（链接 12.8）。

生物分子资源设施协会（Association of Biomolecular Resource Facilities，ABRF）是一家专业研究学会，协会的 600 名成员通常在核心设施组织团体实验，来开展蛋白质组学、基因组学和其他领域的研究。ABRF 研究团队向参与协会的实验室分发（或请求得到）试验样品，并要求他们完成一些任务，如测定一个蛋白质混合物的成分或鉴定一个磷酸肽的磷酸化位点等。这些参与协会的实验室在该实验中所取得的成功与失败的结果会给业界提供当前状况下进行此类实验所能达到的准确度、精密度和效率等信息。这种业界内自我评估的过程可以展现当前的最高水平，从而从样本分离到数据分析的各个方面以帮助确定最佳的解决方案。在本章中，我们会涉及几项 ABRF 研究。

12.2 蛋白质鉴定技术

这里，我们将介绍三种基础蛋白质鉴定技术：直接蛋白质测序、凝胶电泳和质谱。

直接蛋白质测序

第一个蛋白质测序是由 Frederick Sanger 和 Hans Tuppy 在 1951 年完成，他们利用酸来水解胰岛素，然后利用纸层析法来分离水解产生的肽，再利用二硝基苯基（dinitrophenyl，DNP）对这些肽进行标记，并进而鉴定氨基酸残基。Sanger 和 Tuppy 的方法很费力，在短时间内由 Pehr Edman 首创（1949 年）的另一种方法被人们接受。Edman 从氨基末端残基（被衍生、切割和鉴定）开始逐渐朝向羧基末端，来系统地降解蛋白质。

　　Edman 降解法需要把一个蛋白质纯化到相对均匀的状态。纯化可使用常规生化方法，如离子交换、尺寸排阻、纯化柱、电泳等。将蛋白质转移到一个特制的聚偏氟化物（PVDF）膜后，使用顺序 Edman 降解进行微测序可得到蛋白质氨基酸的部分序列（图 12.1）。大约 60％～85％的情况下，酵母和其他真核蛋白的氨基末端是被阻塞的（如因乙酰化而无法使用 Edman 降解）。因而标准程序是水解（例如用胰蛋白酶）蛋白质，然后使用反相高效液相色谱法（high-performance liquid chromatography，HPLC）纯化水解片段，在确认片段纯度后，使用 Edman 降解法。

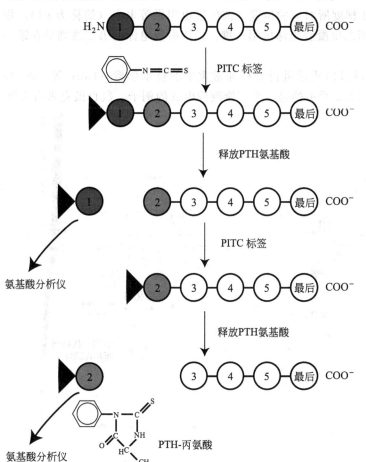

图 12.1　Edman 降解法进行蛋白质测序。图中通过一个有 6 个氨基酸残基的蛋白片段为例来说明 Edman 降解的过程。第一个氨基酸通过其氨基末端与异硫氰酸苯酯（PITC）发生化学反应。在酸性条件下，携带 PTH 的该氨基酸残基会被切掉并能被氨基酸分析仪所识别。该肽现有 5 个氨基酸，以上循环会在下一个氨基酸上重复进行。作为一个例子，图中展示了 PTH 丙氨酸的结构。一个典型的结果是 10～20 个氨基酸的输出。对应的蛋白质或基因序列可以通过 BLAST 搜索来进行评估（第 4 章）

　　Shively 在 2000 年对 Edman 降解法进行了综述。Edman 降解法目前仍然是蛋白质鉴定的一个基础方法，可有效鉴定一个蛋白质的 1～10 皮摩尔的序列。它可以鉴定一个完整蛋白的氨基末端（末端裸露时），而质谱技术则只能分析肽片段；它还可用于羧基末端测序（Nakazawa 等，2008）。但 Edman 降解法也有一些局限之处：

　　① 这种方法比较耗费人力，不适用高通量分析；

　　② 虽然这种方法也敏感，但质谱技术可比它更敏感 10～100 倍；

　　③ 直接序列不能用于对翻译后修饰的分析，除非与二维凝胶电泳和质谱结合。

　　ABRF 开展了关于 Edman 降解法的 19 项研究，其中一个研究由 Brune 等人（2007）完成并检验了之前的研究。三种合成肽被合成，其中一种包含一个经修饰的残基（乙酰赖氨酸）。对上述合成肽的氨基酸序列的鉴定是高度精确的，但对乙酰化肽的定量不准确（两种肽的比例为 1.49：1，而实际比例是 1：1），这可能是由于许多修饰肽缺乏商业化 PTH 标准。

凝胶电泳

聚丙烯酰胺凝胶电泳是分析蛋白质分子量最主要的手段（最新进展参见 Curreem 等，2012；Righetti，2013）。蛋白质（或核酸）因为带电荷，所以在电场中会发生迁移。蛋白质通过变性后，经电泳在惰化（不与蛋白质结合）和多空化（这样蛋白质才能通过）处理的丙烯酰胺凝胶网格中迁移，其迁移速率和它的大小近似成反比关系。因此，通过一次电泳实验就可以将混合液中的多种蛋白质组分分离。为了让蛋白质变性，电泳环境中需加入变性剂十二烷基硫酸钠（SDS），所以该技术通常被简称为 SDS-PAGE。

O'Farrell（1975）把蛋白质首先按照所带电荷不同进行分离，然后再进行凝胶电泳，极大地扩展了凝胶电泳技术的应用性。在第一步，蛋白质根据等电聚焦进行分离。产生的凝胶基质包含覆盖一个连续 pH 梯度（通常范围为 3~11）的电解质。每一个蛋白质都是两性的（既有阳性也有阴性离子），在电泳时，会迁移到使自身的净电荷为 0 的特定 pH 梯度所对应的位置，该位置也叫做等电点（简称为 pI）。蛋白质混合物可基于该原理进行首次分离，也即二维凝胶电泳的第一维。二维凝胶电泳的第二维则是在第一维的基础上利用 SDS-PAGE 再进行分离。

现在，二维凝胶电泳已经发展成为一个对蛋白质组进行分析非常重要的技术手段（Görg 等，2004；Carrette 等，2006；Curreem 等，2012）。图 12.2 所示的是一个二维凝胶电泳的例子。数百微克来自人淋

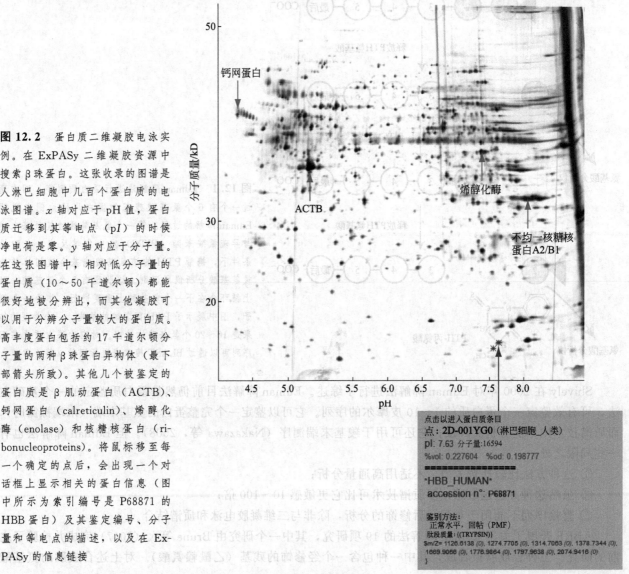

图 12.2 蛋白质二维凝胶电泳实例。在 ExPASy 二维凝胶资源中搜索 β 珠蛋白。这张收录的图谱是人淋巴细胞中几百个蛋白质的电泳图谱。x 轴对应于 pH 值，蛋白质迁移到其等电点（pI）的时候净电荷是零。y 轴对应于分子量。在这张图谱中，相对低分子量的蛋白质（10~50 千道尔顿）都能很好地被分辨出，而其他凝胶可以用于分辨分子量较大的蛋白质。高丰度蛋白包括约 17 千道尔顿分子量的两种 β 珠蛋白异构体（最下部箭头所致）。其他几个被鉴定的蛋白质是 β 肌动蛋白（ACTB）、钙网蛋白（calreticulin）、烯醇化酶（enolase）和核糖核蛋白（ribonucleoproteins）。将鼠标移至每一个确定的点后，会出现一个对话框上显示相关的蛋白信息（图中所示为索引编号是 P68871 的 HBB 蛋白）及其鉴定编号、分子量和等电点的描述，以及在 ExPASy 的信息链接

点击以进入蛋白质条目
点：**2D-001YG0** (淋巴细胞_人类)
pI: 7.63 分子量:16594
%vol: 0.227604 %od: 0.198777
==============
"HBB_HUMAN"
accession n°: P68871

鉴别方法：
正常水平，回帖（PMF）
肽段质量：{(TRYPSIN)
m/Z= 1126.6138 (O), 1274.7705 (O), 1314.7063 (O), 1378.7344 (O),
1669.9068 (O), 1776.9864 (O), 1797.9638 (O), 2074.9416 (O).
}

巴细胞的蛋白质首先基于 pH（x 轴）使用等电点聚焦进行分离，再按分子量（y 轴）由 SDS-PAGE 进行分离。利用蛋白质结合染料例如硝酸银或考马斯亮蓝等可直接观察到数千种蛋白质（Panfoli 等，2012）。在图中可注意到有一些蛋白质具有很高的丰度，包括 α 和 β 珠蛋白以及肌动蛋白和血影蛋白等结构蛋白。很多蛋白质具有在第一维上有特征性的点分布模式。该特征性分布也叫做"电荷火车（charge train）"，代表了一个蛋白携带不同电荷基团如共价结合的磷酸基团的一系列变异体。

ExPASy 网址是 http://www.expasy.ch/（链接 12.9）。我们这一章讲到的许多工具都在瑞士生物信息学研究所（Swiss Institute of Bioinformatics）的 ExPASy 获取。

蛋白质组学的一个核心网站是 Expert Protein Analysis System（ExPASy；Artimo 等，2012；见图 12.3）。ExPASy 包括了二维凝胶电泳实验结果的主要公共数据库（Hoogland 等，2004）。其包含的二维凝胶电泳信息来自许多物种和许多实验条件，如图 12.2 所示的例子。这些凝胶图谱可以通过不同索引标准（如关键字）来进行搜索。

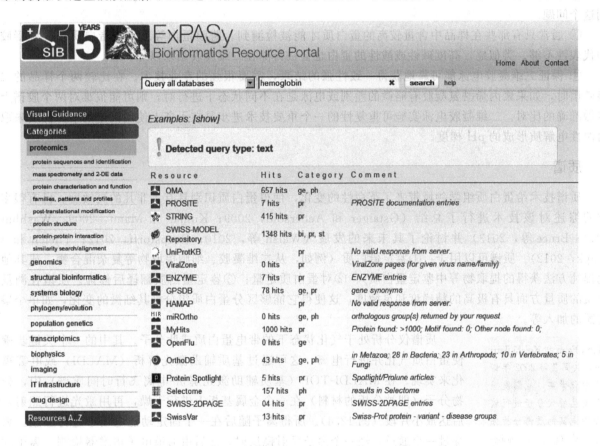

图 12.3　ExPASy 提供了关于蛋白质分析、基因组学、影像学及其他分析的功能强大的在线服务器（http://www.expasy.ch/）。用户可输入一个查询条目（如图中所示的血红蛋白）。该网站提供关于这个蛋白各种资源的汇总信息，包括二维凝胶图谱、相关大型数据库和一系列蛋白质分析软件的链接等

　　二维凝胶电泳一个重要的性质就是可通过直接蛋白质微测序或灵敏的质谱技术（见下文）来鉴定其中的蛋白。ExPASy Swiss-2DPAGE 网站收录了几种物种的参考图谱，包括人、小鼠、植物拟南芥、黏菌盘基网柄菌和几种细菌等。二维 SDS-PAGE 已经应用于很多方面的研究，涵盖了各种不同物种、不同细胞类型和不同生理状态的研究。例如对人和小鼠大脑组织中数百个表达蛋白的研究（Langen 等，1999），啤酒中蛋白质组的表征性状研究（Iimure 等，2014），阴道、鼻或其他分泌物的研究，及癌症或细菌的细胞周期的特征性变化的研究。

　　二维凝胶电泳技术已进行了很多改良。Jonathan Minden 和他的同事们开发了差异凝胶电泳（DIGE）技术。该技术对两个（或三个）样本进行胺活性荧光染料标记（Viswanathan 等，2006；Minden，

2012）。样品被混合后进行电泳，然后利用荧光成像来确定许多蛋白质的相对丰度。DIGE 已被用于检测 $5×10^{-16}$ 摩尔的蛋白（一个 10 千道尔顿的蛋白质相当于 5 pg）。

我们可把二维凝胶电泳的优点总结如下：

① 它可以同时描述一个完整的蛋白质等电点和分子质量信息，而质谱方法只能基于肽片段鉴定分子质量，并不能提供 pI 信息。

② 它可分离数千个蛋白质，并可用合适的染色剂来进行直接观察。

③ 它可以检测和定量每一个凝胶点上小于 1 纳克的蛋白。有许多不同敏感性的染料可用于检测蛋白质。

④ 质谱通常与二维凝胶电泳相结合来鉴定蛋白，这点我们将在后面讨论。

二维凝胶电泳也存在以下几点局限性：

① 它不能对多个样本平行进行高通量处理。

② 样品准备环节是其中的关键步骤，经常需要进行大量的优化，但所有的蛋白质组学方法也都会遇到这个问题。

③ 通常只有那些在样品中含量较高的蛋白质才能被检测到。跨膜蛋白等疏水性蛋白质在二维凝胶中的代表性不够。类似地，高度碱性或酸性的蛋白也会被排除在二维凝胶结果以外。

④ 保证二维凝胶电泳能可靠地获得一致性强的结果，需要很强的专业技术。在比较两个样品的二维凝胶谱时，如果聚丙烯酰氨凝胶有略微的差别或电泳是在不同状态下进行时，则可能很难对两个胶谱上的点做准确的比对。二维凝胶电泳实验可重复性的一个重要技术进步是在干条上使用固定的 pH 梯度来取代由两性电解质形成的 pH 梯度。

质谱

质谱技术给蛋白质组学领域带来了革命性的变化，使得蛋白质识别具有了非凡的灵敏度。已有很多优秀的综述对该技术进行了总结（Gstaiger 和 Aebersold，2009；Kumar 和 Mann，2009；Washburn，2011；Bruce 等，2013）并讨论了其未来的发展（Walsh 等，2010；Roepstorff，2012；Thelen 和 Miernyk，2012）。质谱可以用于：①鉴定蛋白质（例如，从二维凝胶、细胞提取物等复杂混合物，或其他生化提纯方法获得的提取物等中鉴定蛋白质）；②对蛋白质定量；③鉴定蛋白质翻译后修饰。质谱在测量蛋白质的质量方面具有极高的精确度和灵敏度，这使得它能够区分蛋白质组极其细微的变化，如单个磷酸基团的加入等。

John Fenn 和 Koichi Tanaka 共同获得 2002 年诺贝尔化学奖，他们发明了对生物大分子进行软脱附电离的质谱分析方法。见（http://nobelprize.org/nobel_prizes/chemistry/laureates/2002/，链接 12.10）

质谱仪分析处于气化状态下的带电蛋白质或肽分子。其中的一个关键步骤是使蛋白质气化并进行电离，这可通过基质辅助激光解析（MALDI）或电雾离子化来实现。在 MALDI-TOF（基质辅助激光解析-电离飞行时间质谱）中，分析物分子（即被分析的材料）在一个金属基板上进行干燥，再用激光进行照射，然后达成小片段（图 12.4）。所得离子随后在一个固定动能电场中进行加速。离子穿过一个通道，经一个离子反射镜反射，然后由通道电子倍增器检测。离子的质荷比（m/z）决定它到达探测器所需的时间；较轻的离子（较小的分析物）有较高的速度，所以会首先被检测到。时间飞行频谱会被记录下来，并用于推断一个 10^{-15} 摩尔肽的氨基酸组成。

质谱一般有两个常见的应用（见图 12.5；Doerr，2013）。首先，致力于发现新蛋白质的蛋白质组学研究往往涉及从某个感兴趣的样品（如某个细胞系、某个细胞器、二维凝胶的某个区域或其他生物样本等）中提取蛋白。提取的蛋白用蛋白酶（如胰蛋白酶等）进行分解以产生许多肽段。然后，再使用电雾离子化的液相色谱等技术对样品进行分馏，以降低样品的复杂性。之后，质谱仪就可鉴定每个肽离子的 m/z 比例。该实验得出的质谱可与已知的肽质谱库进行比较来识别样品中的肽，并进而鉴定其在样品中对应的蛋白。对质谱获得的肽进行搜索的数据库通常包含 RefSeq、NCBI 的 dbEST、UniProt 和质谱蛋白质序列数据库（MSDB）。MALDI-TOF 具有很高的分辨率（约 0.1～0.2 道尔顿），可用于鉴定蛋白，尤其是当多个肽对应相同的蛋白质时。

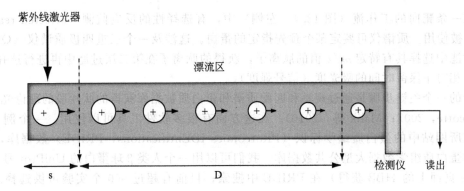

图 12.4 基质辅助激光解析-电离飞行时间质谱（matrix-assisted laser de-sorption/ionization time-of-flight spectros-copy，简称 MALDI-TOF）。质谱是一个确定蛋白质或其他大分子分子量的技术。样品被置于一种可以吸收紫外线的基质中。激光在源区中可击中样品，使得样品在基质的环境中被离子化。在此过程中，部分样品会挥发。电离在电场存在的情况下发生，而该电场会使离子加速进入一个长的漂流区（D）。每个蛋白质片段的加速程度与其离子的质量成正比。检测仪可记录下离子的飞行时间谱。对该时间谱的分析可推测蛋白质片段的质量。蛋白质片段可在蛋白质数据库中进行搜索从而鉴定相对应的蛋白

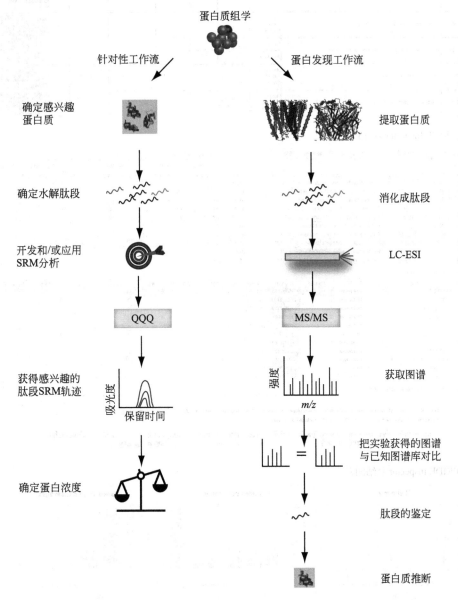

图 12.5 使用质谱分析蛋白质组学的两种应用：针对性工作流和蛋白发现工作流。蛋白发现工作流（图中右侧）的目的是发现尽可能多的蛋白质。在一个典型的蛋白发现工作流中，一组蛋白从样本中提取到后，经过富集，被蛋白酶酶解成许多肽段。这些肽段可被液相色谱-电喷雾离子化（liquid chromatography-electrospray ionization，LC-ESI）和串联质谱仪（tandem mass spectrometry，MS/MS）等技术和设备分离。通过把获得的图谱与数据库中的已知图谱进行比对，可以鉴定许多肽段，并进而可推断在原始样本中提取的蛋白类。有些蛋白发现工作流具有很高的灵敏度，可在一个样本中识别上千个蛋白。针对性工作流（图中左侧）的目的是识别和定量某些感兴趣的蛋白质。这里，质谱可被设定来检测来自目的蛋白的特定肽离子。在使用三重四极质谱仪（triple quadrupole mass spectrometer，QQQ）的工作流中，质量过滤器被用于筛选（根据 m/z 的比值）特定肽离子从而进行定量

其次，在一条靶向的工作流（图 12.4，左侧）中，有选择性的反应监测（selected reaction monitoring，SRM）被使用。质谱仪可鉴定某个预先指定的蛋白。这涉及一个三重四极质谱仪（QQQ），该质谱仪在第一层过滤中选择具有特定 m/z 值的肽离子，获得的肽离子在第二层过滤中再进行选择，其 SRM 轨迹展示了了其相对于保留时间的吸光度（信号强度）。

质谱实验的一个关键步骤是通过观察和匹配质谱和蛋白质数据库获得的肽片段的理论光谱图从而鉴定蛋白质（Marcotte，2007；Malik 等，2010）。在这方面有很多软件工具可以使用。一个例子就是欧洲生物信息学研究所网站中的蛋白质组学标识（PRoteomics IDEntifications，PRIDE）数据库，PRIDE 是一个基于质谱的蛋白质组学数据大型公共数据库。我们可以用一个人类 β 球蛋白的 UniProt 号（P68871，从 NCBI 的 Gene 页面上的 HBB 获得）在 PRIDE 中搜索；目前有超过 900 个实验可供选择。其中一个是 Martins-de-Souza 等人研究的一项 HUPO 脑蛋白质组计划［2012；图 12.6（a）］，我们可以利用 PRIDE Inspector 软件（下载为 Java 应用程序）检查结果。结果展示了元数据（包括实验、仪器、物种、作者、参考文献）和识别出的多肽和蛋白质列表［图 12.6（b）］，这里显示有 22 个肽段与 β 球蛋白有重叠。总结图则描述了该实验的质量［图 12.6（c）］，MS 质谱图也可见。

(a) 在PRIDE中搜索P68871（β珠蛋白）得到的质谱数据集

Accession	Title	Species	Tissue	Cell Type	GO Term	Disease	Protein Count	Peptide Count	Spectra Count	Retrieve Details (View in web browser or download as XML file)
193	Plasma Proteome (GPM10100000689)	Homo sapiens (Human)					1	4	0	Web View / PRIDE Inspector / Download
8959	Human Hep3B cells, untreated, cytoplasmic fraction	Homo sapiens (Human)	HEP-3B cell, liver	hepatocyte	cytoplasm		1	1	1	Web View / PRIDE Inspector / Download
19112	Human Occipital Lobe (BA17)	Homo sapiens (Human)					1	26	22	Web View / PRIDE Inspector / Download
26907	The proteome of mononuclear cells from human blood 2	Homo sapiens (Human)	mononuclear cell, blood				1	10	10	Web View / PRIDE Inspector / Download

图 12.6　EBI 的 the PRoteomics IDEntifications 数据库（PRIDE）是一个大规模基于质谱的蛋白质组学的核心数据库。（a）对 β 球蛋白的一次搜索会产生超过 900 行结果，图中显示其中几行。结果中包含一个 PRIDE Inspector 软件的链接。（b）图中显示的是一些肽段和它们与蛋白质序列的重叠情况（绿色方框，黄色区域为用户选择的）。每一个图谱中的 m/z 值也能够看到。（c）该数据库也可以显示包括很多总结分析的统计图。这里选取的三个图分别是 Delta m/z 图（一种质量控制的指标，应该是以 0 为中心对称的）、每个蛋白质所含的肽个数（50% 的识别出的蛋白质有超过五个匹配上的肽，说明高可信度）、胰蛋白酶位点漏切情况

(b) PRIDE Inspector 软件1.3.2界面

Overview | Protein (222) | Peptide (2664) | Spectrum (66965) | Quantification | Summary Charts (8)

Protein　Type: Gel Free　　Obtain Protein Details　Decoy Filter　Shared Peptides Disclaimer

# ▲	Submitted	Mapped	Protein Name	Status	Coverage	Score	Threshold	# Peptides	# Distinct Peptides	# PTMs	More
5	P04406	P04406	Glyceraldehyde-3-phosphate dehydr...	ACTIVE	75.2%	0.0	0.0	37	35	0	
6	P68371	P68371	Tubulin beta-4B chain (Tubulin beta-...	ACTIVE	46.5%	0.0	0.0	56	50	0	
7	P06576	P06576	ATP synthase subunit beta, mitocho...	ACTIVE	68.1%	0.0	0.0	42	35	0	
8	P07437	P07437	Tubulin beta chain (Tubulin beta-5 c...	ACTIVE	46.8%	0.0	0.0	56	49	0	
9	Q13885	Q13885	Tubulin beta-2A chain (Tubulin beta...	ACTIVE	49.9%	0.0	0.0	53	48	0	
10	P30086	P30086	Phosphatidylethanolamine-binding ...	ACTIVE	64.7%	0.0	0.0	18	16	0	
11	Q16555	Q16555	Dihydropyrimidinase-related protein ...	ACTIVE	48.3%	0.0	0.0	41	37	0	
12	P68871	P68871	Hemoglobin subunit beta (Beta-glob...	ACTIVE	67.3%	0.0	0.0	26	24	0	
13	P02042	P02042	Hemoglobin subunit delta (Delta-glo...	ACTIVE	39.5%	0.0	0.0	22	20	0	
14	P69892	P69892	Hemoglobin subunit gamma-2 (Ga...	ACTIVE	15.6%	0.0	0.0	5	4	0	

Peptide [P68871]　PTM: NONE

#	Peptide	Fit	Charge	Delta m/z	Precursor m/z	# PTMs	PTM List	# Ions	Length	Start	Stop	More
1	VHLTPEEK	Unknown	1	259.0914	1211.6			6	8	2	9	
2	HLTPEEK	Unknown	1	2608.1764	3461.62			7	7	3	9	
3	SAVTALWGK	Unknown	1	1615.7406	2548.26			5	9	10	18	
4	VNVDEVGGEALGR	Unknown	1	158.0462	1472.74			1	13	19	31	
5	LLV	Unknown	1	2025.0735	2468.4			2	3	32	35	
6	LLVWYPWTQR	Unknown	1	480.1745	1754.9			15	10	32	41	
7	LLVWYPWTQR	Unknown	1	-691.4181	583.31			8	10	32	41	
8	WYPWTQR	Unknown	1	-141.12	907.44			6	8	34	41	
9	FFESFGDLSTPDAVMGNPK	Unknown	1	493.515	2552.46			7	19	42	60	
10	PDAVMGNPK	Unknown	1	2135.9619	3064.42			2	9	52	60	
11	...			272.0637	2925.04			17		67		

Spectrum | Fragmentation Table | Sequence

Selected　PTM　Fit　Fuzzy Fit　Overlap

Accession: P68871, Name: Hemoglobin subunit beta (Beta-globin) (Hemoglobin beta chain) [Cleaved into: LVV-hemorphin-7; Spinorphin]
26 peptides (26 matched, 24 distinct), 99/147 amino acids (67.3% coverage)

MVHLTPEEKS　AVTALWGKVN　VDEVGGEALG　RLLVVYPWTQ　FFESFGDLS　TPDAVMGNPK　VKAHGKKVLG　AFSDGLAHLD　　80
HLKGTFATLS　ELHCDKLHVD　PENFRLLGNV　LVCVLAHHFG　KEFTPPVQAA　YQKVVAGVAN　ALAHKYH　　　　　　　　147

(c) PRIDE Inspector 总结图表

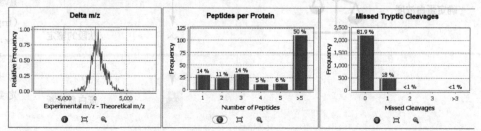

其中最常用的软件是 MASCOT® (Perkins 等，1999)。和其他工具一样，它提供了一个打分算法来评估假阳性率，以及一个 E 值，该 E 值与 BLAST 中使用的相似 (第 4 章)。MASCOT® 的主要优势在于其整合了三种不同的搜索方法：肽段质量指纹图谱 (获得肽段质量的值)、序列查询 (将肽段质量数据与氨基酸序列数据和组分信息相结合)、从肽段获得的 MS/MS 数据。其他主要的软件包括 ProteinPilot 和 Sequest。

我们如何通过质谱评价蛋白质识别的准确性？生物分子资源设施协会 (The Association of Biomolecular Resource Facilities，ABRF) 曾多次进行研究以解决这个问题。Falick 等人 (2011) 将不同的、定比的 12 种已知蛋白质加入大肠杆菌裂解液的几种复杂的混合物中。有 43 个研究人员参与本次实验，每个人使用质谱来识别蛋白，绝大多数使用 iTRAQ 用于定量。结果表明这个测试是多么具有挑战性：在参与实验的人中只有三分之一能够识别和检测出五个被添加最多的蛋白质之间的差异。实验操作人员的经验是一个关键因素，这一发现也出现在基因表达微阵列的实验操作中。

在早期 ABRF 的一项研究中，Arnott 等人 (2002 年) 准备了 2 皮摩尔或 2×10^{-13} 摩尔两种量的 5 个纯化的蛋白质：牛蛋白质二硫键异构酶 (PDI)、血清白蛋白 (BSA)、超氧化物歧化酶、大肠杆菌 GroEL 和日本血吸虫的谷胱甘肽-S-转移酶 (GST)。他们用胰蛋白酶消化样品后将它们混合，送给不知答案的 41 个参与的实验室共进行 55 组质谱分析。这些实验室倾向于使用 MALDI-TOF 或微量液相色谱与纳流电喷雾电离 (μLC-NSI)。当样品量为 2 皮摩尔时，96% (53/55) 的分析正确鉴定了 PDI，而 80% 正确鉴定 GST。当样品量为 2×10^{-13} 摩尔时，44% 识别出了 GroEL，27% 识别出了 BSA，而只有 11% 识别出了 SOD。从某种角度看，这是一个相对于早期质谱表现巨大的改进；从另一个角度看，这表明当蛋白质的量低于 1 或者 2 皮摩尔时，许多实验室在检测蛋白质方面具有困难。

质谱还有很多重要的应用，当我们在描述将功能基因组学应用到蛋白质-蛋白质相互作用时，我们会在本章和第 14 章讨论一些应用。

12.3 蛋白质的四个方面

我们下面将描述蛋白质的四个不同方面 (总结见图 12.7)：①蛋白质家族 (结构域和模体)；②蛋白质的物理性质；③蛋白质的定位；④蛋白质的功能。

我们考虑的第一个方面是蛋白质家族。我们会定义诸如家族 (family)、结构域 (domain)、模体 (motif) 等术语。接着，我们再讨论蛋白质的物理性质和评估蛋白质物理性质的方法。这些性质包括分子质量、等电点和翻译后修饰等 (其中数百个性质已经被描述出来)。

第三个和第四个方面，即蛋白质的定位和功能，完整了我们研究蛋白质的方法。这些观点与由基因本体 (GO) 协会提供的概念性框架有些相关。我们因此也会对 GO 进行介绍，包括其描述蛋白质 (细胞组分、生物过程和分子功能) 的组织原则。

方面 1：蛋白质结构域和模体：蛋白质的模块性质

让我们从考虑蛋白质的几种类型开始讨论。在最简单的一种情况中，一个蛋白质 (或基因) 在可用的数据库中与任何其他序列都没有匹配。随着越来越多的基因组被测序，这种情况越来越少见，但是发现大量的预测蛋白质没有可识别的同源序列的情况也是常见的 (如第 15~17 章)。即使没有已知的同源序列，它的其他性质，如跨膜区的结构域、磷酸化位点、预测出的二级结构 (见下文和第 13 章) 也会给我们了解该蛋白质的结构或功能提供一些线索。

对于确实有直系同源或旁系同源序列的蛋白质，在至少两个蛋白质 (或 DNA 序列) 之间具有显著氨

PRIDE 的网址是 http://www.ebi.ac.uk/pride/，包括该方法的文档、工具和支持。非常惊讶的是这个大脑蛋白质组学的项目涵盖很多血红蛋白，不过伴随大脑分离的过程总会有血液出现。

InterPro 的网址是 http://www.ebi.ac.uk/interpro/ (链接 12.15)。其中涵盖 11 个数据库：PROSITE (在蛋白质模式中提到过)、PRINTS、ProDom、HAMAP、CATH-Gene 3D、Panther、Pfam、PIRSF、SMART、SUPERFAMILY 和 TIGRFAMs。InterPro 也提供其他资源的链接，如 UniProt。

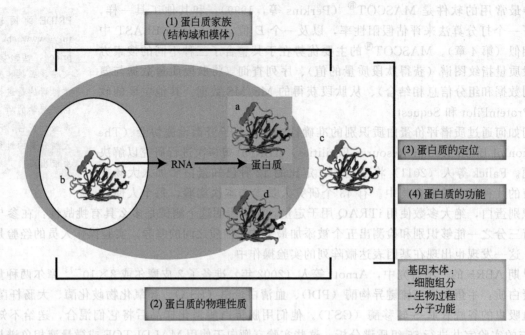

图 12.7 蛋白质的概览。一个蛋白质是由一系列氨基酸残基组成的，这一组氨基酸残基的顺序是由一个特定的基因决定的。蛋白质可根据不同标准分为很多类，包括家族、定位、物理性质和功能。(1) 蛋白质家族是根据一个蛋白质与其他蛋白质的同源性来定义的；蛋白质可能在部分区域是同源的。一些蛋白质家族和模体数据库（在第 12 章讨论）允许成百上千的蛋白质根据可能的功能相关性分类成组。(2) 可以对蛋白质的物理性质进行描述，例如大小（分子量）、形状（如斯托克斯半径和摩擦系数）、电荷（等电点），以及对翻译后的修饰（见正文部分），或是由于蛋白质水解加工或 mRNA 的选择性剪切造成的蛋白质异构产物的描述。(3) 蛋白质被描述在几个可能的位置：它可能溶解在细胞质中 (a)，在一个胞内细胞器如细胞核中 (b)，或作为分泌蛋白出现在胞外 (c)。一个蛋白质可能在细胞表面上 (d) 或在胞内细胞器（未展示）上结合细胞膜；膜的定位可能通过跨膜域或外部附着完成。(4) 蛋白质可以根据功能分类。基因本体（Gene Ontology, GO）协会根据细胞组分（也就是定位）、生物过程（如转录或内吞）和分子功能（例如酶或转运蛋白）将蛋白质进行分类。一个蛋白质可能属于这些分组的任意多个类别。GO 系统提供了一组动态而又可控的词汇，它们可以应用于所有的真核蛋白

基酸一致性的区域。这些共享显著结构特征和/或显著序列一致性的蛋白质的区域有各种名称：特征信号（signature）、结构域（domain）、模块（module）、模块元件（modular element）、折叠子（fold）、模体（motif）、模式（pattern）或重复（repeat）。这些术语的定义虽然有所不同，但都涉及了多个蛋白质共享的紧密相关的氨基酸序列的观点（Bork 和 Gibson，1996；Bork 和 Koonin，1996）。这样的区域也可以根据蛋白质的结构和/或功能来考量（Copley 等，2002）。我们将主要采用 InterPro 协会提供的定义（Hunter 等，2012）。InterPro 是一个整合了蛋白质家族、结构域和功能位点数据库的文档资源。

特征信号（signatures）的概念很宽广，它确定一个蛋白质分类，可能指一个结构域（domain）或家族（family）或模体（motif）。当你仅考虑单独的一个蛋白质时，你仅能推断有限的一部分关于其结构和功能的信息。然而，当你比对了相关序列，一条一致序列可能被识别。特征信号主要可以分为两类，每一类都可以用各自的方法确定。

① 结构域是蛋白质中能折叠成特定三维结构的一段区域（Doolittle，1995）。结构域也能被称为模块（Sonnhammer 和 Kahn，1994；Henikoff 等，1997）。在描述蛋白质的三维结构时，还经常用折叠子（fold）这个术语（Jones，2001）。总之，一组享有一个结构域的蛋白被称为蛋白质家族。许多蛋白质结构域被进一步分类，基于结构域的亚细胞定位（如出现在胞质中的结构域被称为胞内结构域，定位在细胞外的结构域被称为胞外结构域）或基于结构域的空间结构（如结合二价锌离子的锌指结构域）。

已有很多有关蛋白质家族的数据库，如 Pfam 和 SMART，有关蛋白质家族数据库的内容我们已在第 6 章中详细介绍。表 12.1 和表 12.2 列出了 InterPro 和 SMART 数据库对家族（family）、结构域（domain)、重复（repeat）以及相关术语的定义。

> Wong 等人。(2010) 指出大多数蛋白质共有的跨膜区域或信号肽是不同源的，这也导致在数据库如 Pfam 和 iProClass 中出现非常多的假阳性（第六章）。

表 12.1　InterPro 数据库对蛋白质家族及相关术语的定义

术语	定义
家族（family）	一个蛋白家族是指一组共享一个共同的进化起源的蛋白质，反映在它们的相关功能、序列的相似性，或相似的一级、二级或三级结构。匹配上 InterPro 该类型的条目即代表是某一个蛋白家族的成员
结构域（domain）	结构域是可能存在的不同的生物背景下具有独特的功能、结构或序列单元。匹配上 InterPro 该类型的条目即代表一个结构域的存在
重复（repeat）	匹配上 InterPro 该类型的条目代表是一段在一个蛋白质中重复出现的短序列
位点（site）	匹配上 InterPro 该类型的条目代表是一段包含一个或多个保守氨基酸残基的短序列。被 InterPro 包括的位点类型有活性位点、结合位点、翻译后修饰位点和保守位点

注：来源于 http://www.ebi.ac.uk/interpro/。

表 12.2　来自 SMART 数据库的蛋白质结构域和模体的定义（一个允许对用户提供的蛋白质中的结构域进行自动识别和注释的工具；见第 6 章）。摘自 http://smart.embl-heidelberg.de/help/ smart _ glossary. shtml（2013 年 11 月登陆）；Gribskov 等（1987）；Lüthy 等（1994）；Higgins 等（1996）

术语	定义
结构域（domain）	保守的结构单元，包含独特的二级结构组合和疏水内核。在小的富含二硫键和 Zn^{2+} 或 Ca^{2+} 结合的结构域中，疏水内核可以分别由胱氨酸和金属离子提供。具有共同功能的同源结构域往往具有序列上的相似性
结构域组成（domain composition）	具有相同结构域组成的蛋白质含有查询结构域的每个结构域的至少一份拷贝
结构域组织形式（domain organization）	蛋白质含有的结构域与我们提交的查询结构域顺序一致（可以包含其他结构域）
模体（motif）	序列模体是指短的保守的多肽段。含有相同模体的蛋白质并不一定是同源的
谱（profile）	一个谱就是一张位置特异性打分和空位罚分的表，它代表一个同源家族，可以用来搜索序列数据库（Gribskov 等，1987；Lüthy 等，1994；Gribskov 和 Veretnik，1996）。在 CLUSTAL-W 中得到的谱会赋予相关性较远的序列更高的权重（Thompson 等，1994a，1994b；Higgins 等，1996）。基于谱进行数据库搜索的问题在 Bork 和 Gibson(1996)发表的文章中讨论

② 模体（motif，或称指纹，fingerprint）是蛋白质中短的、保守的区域（在"蛋白质模式"中讨论）。模体通常由按一定模式排列的可别识别为一个蛋白质家族的氨基酸组成（Bork 和 Gibson，1996）。一个定义好的模体的大小一般是 10～20 个连续的氨基酸残基，尽管实际中的模体有可能更小或更大。一些简单而常见的模体，如一些形成一个跨膜区域或一个磷酸化一致位点的氨基酸，当它们在一组蛋白质中被发现时，并不表明这些蛋白质是同源的。而另一些情况中，一个小的模体可能提供了一个蛋白质家族的特征性标识。

为了介绍有关结构域更具体的例子，表 12.3 列出了人类基因组中编码的蛋白质中最常见的 10 个结构域。第 16～19 章也给出了类似的列表，其中有编码在其他物种基因组中的更为丰富的蛋白质结构域的信息。在许多情况下，共享一个结构域的两个蛋白质也共享一个共同的功能。例如，免疫球蛋白样结构域（InterPro 索引号 IPR007110 有超过 1000 个成员）是由人类基因组编码的最常见的结构域之一。拥有这个结构域的很多蛋白质在细胞外信号转导中有作用（图 12.8）。再例如，在人中有数百个小三磷酸鸟苷-（guanosine triphosphate-，GTP-）结合蛋白（InterPro 索引号 IPR005225）。其中许多被认为是通过与 GTP 的结合与解离的循环调节胞内转运膜泡的对接和融合（Geppert 等，1997）。另一些分子量相对较小的 GTP-结合蛋白则在细胞周期调控和细胞骨架形成时起作用（Takai 等，2001）。这个蛋白质超家族被组织成相关的亚家族，同一个亚家族中的蛋白质通常被认为拥有相同的功能。

表 12.3 人类中最常见的结构域

InterPro ID	蛋白质匹配	结构域名字
IPR027417	1022	含有三磷酸核苷水解酶的 P-环
IPR007110	1015	免疫球蛋白样结构域
IPR007087	806	锌指;C2H2 类型
IPR015880	801	锌指;类 C2H2 类型
IPR017452	796	GPCR;类视紫红质;7TM
IPR000276	789	G 蛋白偶联受体;类视紫红质
IPR003599	623	免疫球蛋白亚型
IPR013106	619	免疫珠蛋白 V 型
IPR011009	560	类蛋白激酶结构域
IPR000719	513	蛋白激酶;催化结构域

注：来自 Ensembl Release 73；Flicek 等 (2014)，经许可重制。

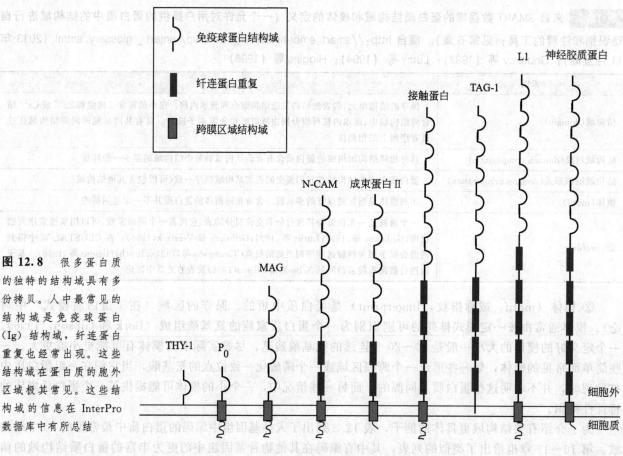

图 12.8 很多蛋白质的独特的结构域具有多份拷贝。人中最常见的结构域是免疫球蛋白 (Ig) 结构域，纤连蛋白重复也经常出现。这些结构域在蛋白质的胞外区域极其常见。这些结构域的信息在 InterPro 数据库中有所总结

让我们把注意力集中到单个结构域上来，蛋白质之间共享一个结构域的方式可以有多种。整个蛋白质可以仅仅由一个结构域组成，例如脂质运载蛋白结构域或球蛋白结构域 [图 12.9(a)]。还有很多其他小的球蛋白也是由单个结构域构成的。

另一种更为常见的情况是一个结构域形成蛋白质的一个亚基。对两个蛋白质的比较经常显示结构域占据在每个蛋白质的不同区域 [图 12.9(b)]。一组 6 种蛋白质包含一个可以赋予每种蛋白质结合甲基化 DNA 的能力的结构域。其中一个蛋白质，甲基化-CpG-结合蛋白 2 (MeCP2)，是一个转录抑制因子，可以结合在很多基因的调控区 (MECP2 基因的突变会导致 Rett 综合征，一种影响女孩的神经逻辑错乱症，它还是引起女性智力障碍的最常见原因之一，见框 21.2)。我们可以用 MeCP2 蛋白序列进行 BLASTP 搜

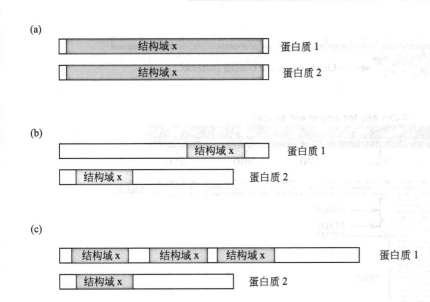

图 12.9　蛋白质可以通过多种方式共享一个结构域。（a）一个结构域可能占据了一条蛋白质的整条序列，如脂质运载蛋白家族的蛋白质。（b）结构域可能是一组高度相关的氨基酸序列，但它们只充当整条蛋白质序列一个亚基。与甲基化的 DNA 结合的转录因子家族就是一个这样的例子。（c）结构域也可能在一个蛋白质中重复很多次（有时有很多拷贝数）。这样的结构域在同源蛋白质中可能出现任意次。一个例子就是含有类纤连蛋白Ⅲ（fibronectin Ⅲ-like）重复的蛋白质家族

索来展示蛋白质结构域的概念。BLAST 格式化页面显示甲基化-CpG-结合结构域（MBD）在几个蛋白质结构域的数据库中呈现 [图 12.10（a）]。BLAST 的搜索结果显示 MeCP2 蛋白只有一部分与其他 4 个 MBD 蛋白序列匹配 [图 12.10（b）]。进一步分析 MeCP2/MBD 家族，结果显示这些蛋白质具有不同的大小，只有 MBD 结构域是共同的 [图 12.10（c）]。

蛋白质家族的定义是什么？是否一组仅共有一个结构域的同源蛋白质就可以被称为一个蛋白质家族呢？MBD 结构域显然是同源的（来自于同一祖先），定义这一组蛋白质为一个蛋白质家族；然而 MBD 结构域之外的区域就不具有显著的氨基酸一致性。一个蛋白质家族就是一组进化上相关的蛋白质，这些蛋白质共享一个或多个同源区域。

第三种情况是蛋白质包含单个可能重复多次的结构域 [图 12.9（c）]。人类中两个最常见的蛋白质结构域就是免疫球蛋白结构域（immunoglobulin domains，表 12.3）和纤连蛋白重复序列（fibronectin repeats）。这两个结构域经常出现在有胞外区的蛋白中（图 12.8）。值得注意的是，这些及其他的胞外结构域在人类或多细胞线虫（如秀丽线虫，*Caenorhabditis elegans*）中大量存在，但在单细胞真核生物酵母（*Saccharomyces cerevisiae*）中却几乎不存在（Copley 等，1999）。比较各种生物基因组中编码的蛋白质家族可以为我们了解不同生物的生命过程提供一些有用的线索（见第 16～20 章）。

多结构域蛋白增加的复杂性

多结构域蛋白质是一种比单结构域蛋白质更加常见、更加复杂的情况。HIV-1 的 gag-pol 就是一个这样的例子（Frankel 和 Young，1998）。*Gag-pol* 基因编码了一条很长的多肽链，这条多肽链被切成几个独立的具有不同生物化学活性的蛋白质，包括天冬氨酸蛋白酶（aspartyl protease）、反转录酶（依赖 RNA 的 DNA 聚合酶）和整合酶（integrase）。注意其他的多结构域蛋白，如图 12.8 描绘的免疫球蛋白结构域蛋白，在一条成熟的多肽链中保留了单独的结构域，并没有被切成单独的蛋白质。

为了检验 gag-pol 蛋白的序列，我们首先到 NCBI Gene 网页。条目显示该蛋白质的索引号是 NP_057849.4（对应于一个长度为 1435 个氨基酸残基的蛋白质），与至少 6 个成熟蛋白质关联，每一个都有 RefSeq 识别号。指向保守结构域数据库（Conserved Domain Database）的链接显示图表展示的各种结构域 [图 12.11（a）]。这些结构域包括指向权威 Pfam 数据库的链接。我们在下面部分也会讨论多种模体。

蛋白质模式：模体或蛋白质的指纹特征

一个结构域的内部或外部可能会有少数特有的氨基酸残基持续出现。它们被叫做模体（或指纹）。有一些已经在保守结构域数据库中的 Gag-pol 蛋白的示意图中展现，例如锌指节（也就是一个 CX2CX4HX4C

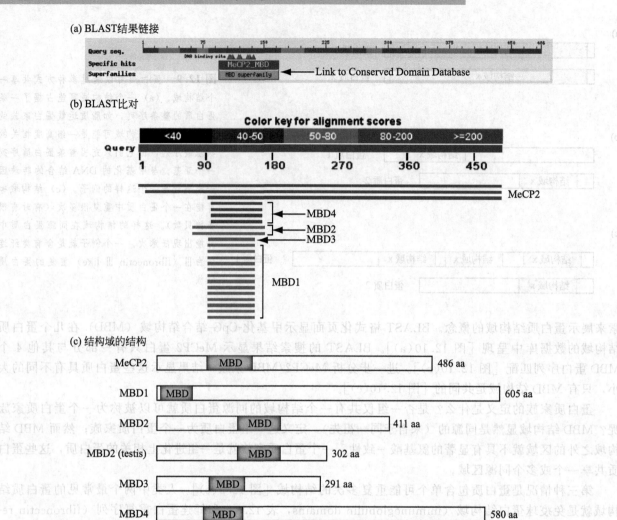

(a) BLAST结果链接

(b) BLAST比对

(c) 结构域的结构

图 12.10　甲基结合结构域 (methy-binding domain) 在很多人类蛋白中都存在。为了展示结构域的概念，甲基化-CpG-结合蛋白 2 (meth-yl-CpG-binding protein 2，MeCP2；NP＿004983.1) 被用来在 BLASTP 搜索中作为查询序列，搜索范围限制为人类 RefSeq 蛋白质。(a) BLAST 的格式化网页显示该蛋白具有一个在保守结构域数据库 (Conserved Domain Database) 中存在的结构域。(b) BLAST 搜索显示有单独的 MeCP2 序列与查询序列相匹配 (顶端的比对)。此外，MeCP2 中还有一个含有大约 80 个氨基酸残基的区域与其他类型的甲基化-CpG-结合蛋白匹配，它们分别是 MBD1 (NP.056671)、MBD2 (NP.003918)、一个睾丸特异的 MBD2 的异构体 (NP.056647)、MBD3 (NP.003917) 和 MBD4 (NP.003916)。(c) 这些蛋白质具有不同的大小。并且结合甲基化 DNA 的结构域也出现在蛋白质的不同位置上。进一步的 BLAST 搜索确认这六个蛋白质除了甲基化结合结构域以外在任何区域都没有显著的氨基酸一致性

PROSITE 网址是 http://www.expasy.org/prosite/(链接 12.16)。在 PROSITE 中，轮廓 (profile) 是指定量描述模体的一种语法，模式 (pattern) 是指定性描述模体的一种语法，模体 (motif) 是指轮廓或模式描述的一个生物对象。

模体)，逆转录酶结构域之内的活性位点 [图 12.11(a)]。PROSITE 是一个蛋白质模体的词典 (Sigrist 等，2002，2013)。点击 ExPASy 的链接 (图 12.3) 或直接搜索该网站，我们可以将 gag-pol 蛋白的 FASTA 格式数据粘贴在搜索框中并找到多个模体 [图 12.11(b)、(c)]。锌指谱是许多蛋白质拥有的特征，但是它的出现并不意味着同源性。同样也存在对应潜在的 N-豆蔻酰化位点 70 种模式 (在下文中定义)，虽然这些位点没有一个是一定在体内修饰的。模体的另一个例子是一个酶的活性位点上发现的可靠的氨基酸。在 HIV-1 的 pol 蛋白上的天冬氨酸蛋白酶域，天冬氨酸残基对蛋白水解反应至关重要。模体由 12 个氨基酸残基的字符串定义：[LIVMFGAC]-[LIVMT ADN]-[LIVFSA]-D-[ST]-G-[STAV]-[STAPDENQJ]-x-[LIVMFSTNC]-x-[LIVMFGTA]。这种格式和 PHI-BLAST (见第 5 章) 所用的格式相同。

（a）Gag-pol 在保守结构域数据库

模式（模体）：在反转录酶结构域的几个氨基酸
（活性位点，DNA 结合位点，dNTP 结合位点）

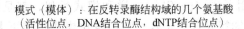
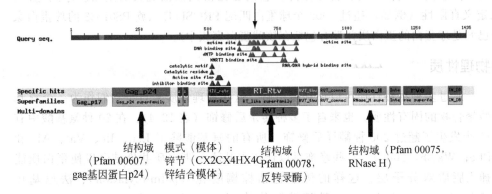

结构域　　模式（模体）：　　结构域（　　　　结构域（Pfam 00075,
（Pfam 00607,　锌节（CX2CX4HX4C　Pfam 00078,　　RNase H）
gag 基因蛋白 p24）　锌结合模体）　　反转录酶）

（b）PROSITEscan 应用于 Gag-pol（锌指 CCHC-type 谱）

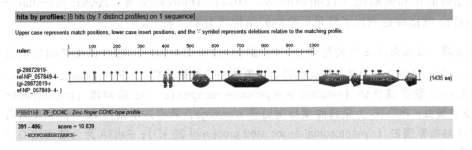

（c）PROSITEscan 应用于 Gag-pol（*N*-myristoylation 位点）

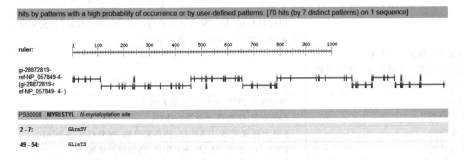

图 12. 11　对一个多结构域蛋白质的搜索。（a）NCBI 对于 HIV-1-gag-pol 基因的条目提供相应前体蛋白的 RefSeq 索引号（NP_057849.4，长度为 1435 个氨基酸）以及预测的六个成熟蛋白质产物。蛋白质包括结构域（粗箭头所指）和模式（细箭头所指）的信息。（b）在 PROSITEscan 里面使用 gag-pol 蛋白的 FASTA 格式进行搜索，会得到很多谱，例如锌指谱，以及（c）模式，例如 *N*-豆蔻酰化位点。虽然一个模式或模体不能适用于一个已知的三维结构构象，但是可能包含作为蛋白质家族特征的一段氨基酸序列
（来源：NCBI Gene，NCBI）

模体通常是蛋白质结构域的子集。在几乎所有的 lipocalins 中都可以找到的一个短模体是 GXW。PROSITE 数据库定义的 lipocalins 的一致性模式（文档 PDOCOOI87）在 GXW 氨基酸残基周围并入了一些其他残基。其模体是 [DENG]-x-[DENQGSTARK]-$x(0,2)$-[DENQARK]-[LIVFY]-{CP}-G-{C}-W-[FYWLRH]-x-[LIVMTA]。GxW 序列在上面的模体中是用 G-{C}-W 表示的，大括号表示除了 C 以外其他的氨基酸残基都可能出现在这个位置上。一些模体非常短也非常常见，例如一个丝氨酸（serine）或苏氨酸（threonine）附近的序列，它是许多激酶的底物。这样的模体并不一定是一个蛋白质家族所特有的，而且它们在多个蛋白质中的存在并不能反映同源性。在 PROSITE 搜索"kinase"，会出现多于 170 个条目，包括激酶和激酶底物的特征信号。其中一个条目是蛋白激酶 C（PKC）磷酸化一致性位点：[ST]-x-[RK]（S 或 T 是磷酸化位点，x 表示任意氨基酸残基；PROSITE 文档 PDOC00005）。这个简单的模体在蛋白质中出现过的次数达到千余次。

PROSITE 数据库中一个调控表达（或模式）的很重要的方面是它们是定性（即匹配或不匹配）而不是定量的（即我们并不识别对一个模式的部分匹配）。当然模式（patterns）还可以有更复杂的定义，如在一个给定位置上拥有几个不同的氨基酸残基中的一个，当将一个蛋白质序列与一个模式比较时错配是不

你可以使用 ScanProsite 来搜索 PROSITE 里面的模式，使用 PRATT 从未比对的序列输入信息得到一个模式。PRATT 的网址是 http://web.expasy.org/pratt/（链接 12.17）。见计算机实验室练习（12.1）。

> 蛋白质模体分析相关工具在"网络资源"中。

被允许的。与这样严格的模式相比，许多数据库如 Pfam、ProDom、SMART（第 6 章介绍）使用了谱（profiles）。谱和模式类似，都是以多序列比对为基础的，但它们采用未知特异打分矩阵。它们也比模式扫描更大的蛋白质序列范围。

对于模式和谱，我们可以定义真阳性（例如，超过 1000 个球蛋白匹配 PROSITE 家族 PS01033 的珠蛋白家族谱）以及假阴性（10 个已知是球蛋白的蛋白质并没有包括在该球蛋白家族中）。

方面 2：蛋白质的物理性质

> COILS 网址是 http://www.ch.embnet.org/software/COILS_form.html（链接 12.18）。

通过多种物理性质可以识别蛋白质，这些物理性质来自于它们作为一个氨基酸聚合物的固有性质，也来自于多种转录后修饰（表 12.4）。在 20 种氨基酸中有 15 个发生了超过 200 种翻译后修饰（所有的氨基酸除了 Leu、Ile、Val、Ala 和 Phe；Walsh，2006）。有些修饰可以让疏水基团与蛋白质共价结合以使蛋白质能插入脂质双分子层。这样的例子包括棕榈酰化（palmitoylation）、法尼基化（farnesylation）、豆蔻酰基化（myristoylation）和肌醇糖脂修饰（inositol glycolipid attachment）（图 12.12）。其他主要的修饰包括磷酸化和糖基化（Temporini 等，2008；Amoresano 等，2009；Eisenhaber 和 Eisenhaber，2010）。InterPro 数据库也列出了转录后修饰的结构域类别（表 12.5）。

表 12.4　蛋白质的一些物理性质。G 蛋白为三磷酸鸟苷（GTP）结合蛋白；GAP-43 为 43kD 的生长相关蛋白（growth-associated protein of 43 kD）；MARCKS 为丝氨酸化的富含丙氨酸的 C 激酶底物（myristoylated alanine-rich C-kinase substrate）；nAChR 为 N-乙酰胆碱受体（nicotinic acetylcholine receptor）；pDZ 结构域（post-synaptic density protein）为突触后膜致密蛋白；PSD-95 为果蝇肿瘤抑制因子 dicslarge，紧密连接蛋白 ZO-1；PKA 为蛋白激酶 A；SNAP-25 为 25 kD 突触维系蛋白（synaptosomal-associated protein of 25 kD）；Rab3A 为大鼠大脑 GTP 结合蛋白 3A；thy-1 为胸腺细胞-1

性质	经典方法	例子
氨基酸模体	—	PDZ 结构域（如一氧化氮合成酶）、螺旋卷曲结构域（如血凝素、突触融合蛋白、SNAP-25、肌球蛋白）
等电点(p*I*)	通过等电聚焦实验得到	—
分子量	通过斯托克斯半径和沉降系数得到	—
翻译后修饰；磷酸化	酶分析	突触蛋白
翻译后修饰；糖基化	酶分析	神经生长因子，神经细胞附着因子
翻译后修饰；异戊二烯化	生化分析	Lamin B，G 蛋白 γ 亚基，rab3A
翻译后修饰；棕榈酰化	生化分析	β 肾上腺素受体，GAP-43，胰岛素受体，视紫红质，nAChR
翻译后修饰；豆蔻酰化	生化分析	PKA，$G_{i\alpha}$ 亚基，MARCKS 蛋白，钙调神经磷酸酶
翻译后修饰；GPI 锚定蛋白	酶分析	碱性磷酸酶，thy-1，阮蛋白，5′核苷酸酶，尿调理素
沉降系数	通过蔗糖梯度离心实验得到	—
斯托克斯半径	通过凝胶电泳实验得到	—
跨膜区结构域	通过亚细胞成分分离实验得到	—

表 12.5　InterPro 中的翻译后修饰

索引号	翻译后修饰位点	索引号	翻译后修饰位点
IPR000152	EGF 型天门冬氨酸/天冬酰胺羟化位点	IPR018051	表面活性相关多肽，棕榈酰化位点
IPR001020	转移酶系统，HPr 组氨酸磷酸化位点	IPR018070	神经介素 U 酰胺化位点
IPR002114	转移酶系统，HPr 丝氨酸磷酸化位点	IPR018243	神经调素棕榈酰化/磷酸化位点
IPR002332	氮调节蛋白 P‐II，尿苷化位点	IPR018303	P 型 ATP 酶磷酸化位点
IPR004091	趋化甲基基团接受受体，甲基基团接受位点		
IPR006141	蛋白质内含子剪切位点	IPR019736	突触蛋白磷酸化位点
IPR006162	巯基乙胺附着位点	IPR019769	翻译延伸因子，IF5A 癸酸化位点
IPR012902	原核 N 端甲基化位点	IPR021020	黏附素 Dr 家族信号肽

来源：InterPro，http://www.ebi.ac.uk/interpro/。

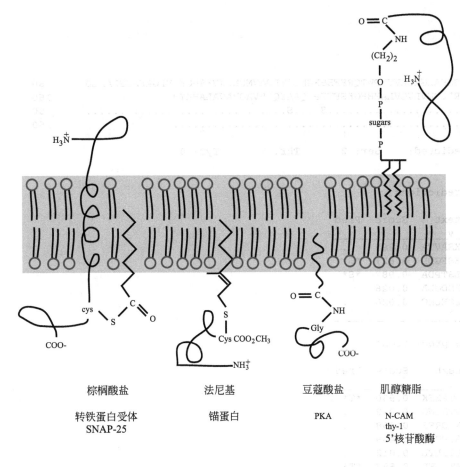

图 12.12 蛋白质中添加了许多翻译后修饰。例如有棕榈酰化（palmitoylation）（如加到运铁蛋白受体和 SNAP-25）、法尼基化（farnesylation）（如加到锚蛋白）、豆蔻酰基化（myristoylation）（如加到蛋白激酶 A）和在膜上添加肌醇糖酯修饰（inositol glycolipid attachment）（如神经细胞支持分子，thy-1 和 5′核苷酸酶）。尽管这些共价修饰可以通过牛化方法进行研究，但仍旧有很多网站提供了蛋白质共价酸修饰位点的预测

［源自 Austen 和 Westwood（1991），经牛津大学出版社授权］

棕榈酸盐
转铁蛋白受体
SNAP-25

法尼基
锚蛋白

豆蔻酸盐
PKA

肌醇糖脂
N-CAM
thy-1
5'核苷酸酶

目前有一系列基于网页的服务可用于预测和评价蛋白质的物理性质（Blom 等，2004；Trost 和 Kusalik，2011）。这些资源可以输入单个蛋白质序列并预测其物理性质，如分子量（mass）和等电点（pI；见图 12.13，也可见"网络资源"）；氨基酸组成成分；糖基化位点（见"网络资源"）；磷酸化位点，其中激酶可逆地向单个丝氨酸添加磷酸基团、苏氨酸或酪氨酸残基（图 12.14），以及酪氨酸硫化位置。有很多程序可以预测蛋白质二级结构特征（见第 13 章）。其中有一种特征被称为螺旋卷曲结构（coiled-coil regions），这种结构通常与蛋白质-蛋白质相互作用结构域关联（Lupas 等，1991；Lupas，1997；图 12.15）。

Compute pI/Mw

Compute pI/Mw

Theoretical pI/Mw (average) for the user-entered sequence:

```
        10         20         30         40         50         60
MVHLTPEEKS AVTALWGKVN VDEVGGEALG RLLVVYPWTQ RFFESFGDLS TPDAVMGNPK

        70         80         90        100        110        120
VKAHGKKVLG AFSDGLAHLD NLKGTFATLS ELHCDKLHVD PENFRLLGNV LVCVLAHHFG

       130        140
KEFTPPVQAA YQKVVAGVAN ALAHKYH
```

Theoretical pI/Mw: 6.74 / 15998.41

图 12.13 ExPASy 网站提供的计算 pI/Mw 服务器，可以计算输入蛋白质的预测分子量和等电点。此处，计算了 β 球蛋白的值。ExPASy 的程序不能接受 RefSeq 登录号作为输入（如 β 球蛋白的 NP_000509），但是可以接受原始序列或者 UniProt 编号（如 P68871）（来源：ExPASy，经 SIB Swiss Institute of Bioinformatics 授权许可）

```
147 Sequence
MVHLTPEEKSAVTALWGKVNVDEVGGEALGRLLVVYPWTQRFFESFGDLSTPDAVMGNPKVKAHGKKVLGAFSDGLAHLD          80
NLKGTFATLSELHCDKLHVDPENFRLLGNVLVCVLAHHFGKEFTPPVQAAYQKVVAGVANALAHKYH                      160
....T..........................................................S....S.................          80
.......T..............................................................................          160
```

Phosphorylation sites predicted: Ser: 2   Thr: 2   Tyr: 0

Serine predictions

Name	Pos	Context	Score	Pred
		v		
Sequence	10	PEEKSAVTA	0.389	.
Sequence	45	RFFESFGDL	0.621	*S*
Sequence	50	FGDLSTPDA	0.987	*S*
Sequence	73	LGAFSDGLA	0.026	.
Sequence	90	FATLSELHC	0.020	.
		^		

Threonine predictions

Name	Pos	Context	Score	Pred
		v		
Sequence	5	MVHLTPEEK	0.930	*T*
Sequence	13	KSAVTALWG	0.022	.
Sequence	39	VYPWTQRFF	0.398	.
Sequence	51	GDLSTPDAV	0.489	.
Sequence	85	NLKGTFATL	0.012	.
Sequence	88	GTFATLSEL	0.587	*T*
Sequence	124	GKEFTPPVQ	0.393	.
		^		

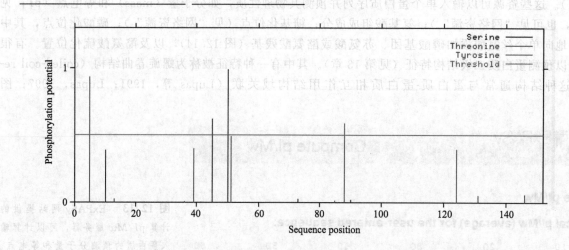

图 12.14 ExPaSy 网页服务器提供了很多蛋白质分析工具，例如用于预测磷酸化位点的 NetPhos 服务（http://www.cbs.dtu.dk/services/NetPhos/）。当 β 球蛋白作为输入后可以得到两个丝氨酸磷酸化的可能位点，两个在苏氨酸上，没有酪氨酸因为得分超过阈值 0.5。硫酸化、磷酸化、糖基化或其他翻译后修饰的这些信息在设计实验检验蛋白质功能可能是很重要的

（来源：NetPhos，http://www.cbs.dtu.dk/services/NetPhos/ ExPASy，经 SIB Swiss Institute of Bioinformatics 授权）

(a) SNAP-25的COILS程序的输出结果

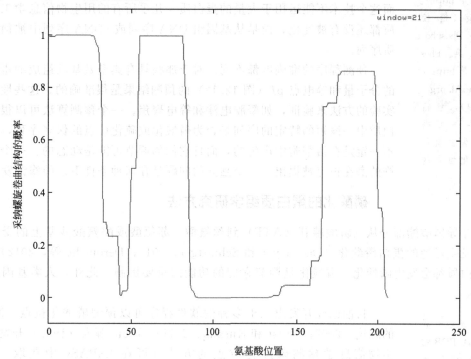

(b)从保守结构域数据库（Conserved Domain Database, NCBI）获得的结构域

图 12.15　Lupas 等人（1999）开发的 COILS 程序可以确定一条蛋白质序列是否形成螺旋卷曲结构。（a）使用人类 SNAP-25 蛋白（NP_003072.2）的 COILS 程序输出作为输入。结果描述的是蛋白质在整个序列长度内（x 轴）形成螺旋卷曲结构的概率（y 轴）。螺旋卷曲结构经常出现在蛋白质相互作用结构域中。在这个例子中，SNAP-25 的螺旋卷曲结构，是一个与质膜外表面结合的蛋白质，使它能够紧密地与其他两个蛋白［乳糖蛋白和囊泡相关膜蛋白（突触体蛋白）］结合来调整神经突触前膜上突触囊泡的对接和神经递质的释放。（b）通过 NCBI 的 CDD 数据库发现 SNAP-25 含有两个 t-SNARE 结构域可以结合突触融合蛋白。这两个结构域和预测的螺旋卷曲结构有部分的重叠

（来源：ExPASy 的 COILS 软件，经 SIB Swiss Institute of Bioinformatics 授权）

对于翻译后修饰的实验研究，质谱因它的精度、广泛动态范围和灵敏度在实验中发挥着一个重要的作用（Choudhary 和 Mann，2010；Sabidó 等，2012）。与此同时，质谱也有一定的局限性：想要获得高质量的结果需要相当的专业知识，并且当检测到如磷酸化的氨基酸残基修饰时，我们不一定能够确定哪些激酶负责该活性。大多数翻译后修饰需要高度特异的酶来识别大约 10 个氨基酸的跨度，包括物理性质被改变的残基。这类修饰的预测算法一般基于一级序列数据（三级结构数据得到的首要数据）和补充的实验方法。

> 在"网络资源"中我们还收录一些出现特殊氨基酸的蛋白质，这些蛋白质的物理性质（如等电点）可能非常难预测。

预测程序的准确性

对每个不同的预测程序，评价其准确性很重要。通常通过建立一个"金标准"即已知具有特定的修饰蛋白质，然后衡量一个程序在预测这个数据时候的灵敏度和特异性。近些年，蛋白质的物理性质主要还只能通过实验的方式来评价，这种方式每次只能处理一种蛋白质（Cooper，1977）。蛋白质的分子量可以通过凝胶过滤色谱或聚丙烯酰胺凝胶电泳（PAGE）的方法来估计。它们的形状可以通过摩擦系数推测出来，

HPRD 的网址是 http://www.hprd.org（链接 12.3），包括 Phospho-Motif Finder 工具。Phospho3D 的网址是 http://www.phospho3d.org/（链接 12.19），包括 P3Dscan 工具——根据 PDB 格式的蛋白质信息得到磷酸化位点的 3D 区域。

而摩擦系数则可以通过凝胶过滤和蔗糖梯度离心两个实验的结合来计算得到。然而这个技术不能运用于大量的蛋白质。几乎所有的用生物信息学工具研究的蛋白质都还没有被纯化，而是从基因组 DNA 序列或 cDNA 序列中被预测出来的蛋白质序列。

预测程序的准确度都不同。对于那些具有典型氨基酸组成的蛋白质，对它们的分子量和等电点 pI（图 12.13）的预测结果是很准确的。这些性质也可以通过实验的方法来验证，如凝胶电泳和等电聚焦。一个预测算法可以很准确地确定蛋白质中一段短的特定的序列是否为磷酸化或硫化位点的保守序列，但这些修饰并不一定是在活细胞中产生的，而且它们的调节可能是动态的。一个蛋白是否有修饰的潜在位点被提出，一个独立的问题是在何种条件下这种修饰发生。

磷酸化的蛋白质组学研究方法

当激酶介导磷酸酯部分从三磷酸腺苷（ATP）到丝氨酸、苏氨酸或酪氨酸残基上的受体位点的共价连接时，会发生可逆的蛋白磷酸化（Dissmeyer 和 Schnittger，2011；Derouiche 等，2012）。据估计，三分之一的蛋白质都会发生磷酸化，磷酸化是调节它们的功能的重要机制。此外，人类基因组还会编码近 1000 种激酶。

PDBTM 数据库收录具有跨膜区域的 PDB 结构，网址是 http://pdbtm.enzim.hu/（链接 12.20），这里面的含跨膜区域的蛋白质是利用 TMDET 软件预测的（网址 http://tmdet.enzim.hu/（链接 12.21））。Orientations of Proteins in Membranes（OPM）数据库收录超过 2200 个膜蛋白，网址是 http://opm.phar.umich.edu/（链接 12.22）（Lomize 等 2011）。

目前已经开发出三十多种的软件程序可以预测磷酸化位点（Miller 和 Blom 的综述，2009；Trost 和 Kusalik，2011）。Blom 等人（1999）开发出第一个基于生物信息学预测磷酸化位点的方法（可在 ExPASy 中获取）NetPhos（图 12.14）。作者基于已知的底物蛋白受体的残基分析了大量氨基酸序列。他们采用人工神经网络在训练集中寻找序列模式，然后在测试集进行检验。这使他们能够判定方法的灵敏度（预测位点为真阳性的比例）和特异性（真阴性的比例）。他们面临的一个问题是部分真实的磷酸化位点在序列数据库中并没有准确标注（如他们的方法假阳性率异常地高）。Blom 等人还测试了其他一些方法，发现丝氨酸磷酸化的预测可以超过 95% 的灵敏度和特异性，而苏氨酸或酪氨酸的预测精度较差。

人们已经应用很多机器学习的方法来预测磷酸化位点。有些软件包（如 Scansite）使用位置特异性打分矩阵（position-specific scoring matrix，PSSM），如我们在第 5 章中描述的方法类似。对于磷酸化位点预测，这些 PSSM 方法可以给出围绕一个磷酸化位点附近位置上的氨基酸的频率。PSSM 这类方法的主要局限性在于，它们不能识别共存氨基酸残基的模式。其他软件如 NetPhos 利用人工神经网络或支持向量机，能够对更加复杂的残基进行建模。除了用于预测磷酸化位点的基本算法之外，不同预测方法之间也存在各不相同的地方，包括以下（Trost 和 Kusalik，2011）：

① 检测磷酸化残基两侧残基的数目；

② 周围残基的性质，如疏水性；

③ 是否加入蛋白质二级和三级结构的信息，以及包含蛋白质内无序的信息（在第 13 章有描述）；

④ 不同磷酸化特定的激酶的种类；

⑤ 使用的真阳性和真阴性训练数据的种类。

质谱是可以用来测定磷酸化的实验方法。ABRF 曾经举办一次竞赛来评估 54 个实验室检测磷酸化位点的能力（Arnott 等，2003）。他们制备的样品中含有牛蛋白质二硫键异构酶（PDI，5 皮摩尔）、两个对应的 PDI 的磷酸肽（长度为 8 和 17 个氨基酸，均为 1 皮摩尔）和牛血清白蛋白（BSA，200 毫皮摩尔）。在用胰蛋白酶蛋白水解消化后，样本被随机送往 54 个实验室，得出了 67 组分析报告。96% 的实验室可以鉴定 PDI，但只有 10% 能够检测出 BSA。磷酸肽和磷酸化位点检测的成功率出乎意料地低，54 个实验室只有 3 个实验室成功。这项研究显示出蛋白质分析实验所面临的巨大挑战，大多数实验室采用 MALDI-TOF 或 LC-MS。

　　除了考虑单个蛋白质的磷酸化，许多研究者也已经开始研究生物样品中磷酸化位点的总集合（简称为"磷酸化蛋白质组"；Kalume 等，2003；Ptacek 和 Snyder，2006）。目前已经有能力可以利用质谱在复杂混合物富集出磷酸化蛋白（例如，Ptacek 等，2005）。

　　很多数据库也提供蛋白质翻译后修饰的注释。人类蛋白参考数据库（HPRD）和 Proteinpedia 依托专家人工校正上千种蛋白质注释信息，包括磷酸化信息（Mishra 等，2006；Goel 等，2011）。Phospho3D 特别侧重于磷酸化位点的三维结构（Zanzoni 等，2011）。

跨膜区域的蛋白质组学研究方法

　　细胞和细胞内室外侧包裹着磷脂双分子层。这种双层结构包括面向细胞内室的亲水极性头部和面向一个约 3nm 疏水内部脂质核心的极性尾部。所有蛋白质中约 25%（包括跨膜区域）能够跨越该膜，能够最小化极性氨基酸残基与疏水核心之间的作用力。跨膜区蛋白质的二级结构特征包括跨膜 α 螺旋（通常为 20～25 个残基长度）或跨膜 β 链形成的 β 片（通常为 9～11 个残基长度）。我们将在第 13 章深入讨论蛋白质二级结构并介绍 Protein Data Bank（PDB），作为蛋白质结构数据的重要数据库。目前 PDB 中收录超过 100000 个三维蛋白质结构。跨膜蛋白的结晶和结构解析是极其困难的。目前，在 PDB 中只有约 2000 个包含跨膜蛋白结构。

> TMHMM 网址是 http://www.cbs.dtu.dk/services/TMHMM/（链接 12.23）。Phobius 网址是 http://phobius.sbc.su.se/（链接 12.24）。SignalP（Eman uelsson 等，2007）网址是 http://www.cbs.dtu.dk/services/SignalP/（链接 12.25）。

　　算法可以预测蛋白质中跨膜的数量，及其边界和它们相对于膜的取向（Punta 等，2007；Tusnády 和 Simon，2010；Nugent 和 Jones，2012）。一个简单的方法是设计滑动窗口测量疏水性。20 世纪 80 年代和 90 年代主要利用 Kyte 和 Doolittle 提出的疏水指数（1982）方法，von Heijne 的 "positive-inside" 规则（1992）指出带正电荷的氨基酸倾向定位在细菌细胞膜面对细胞质的一侧。最近这一理论也被应用在机器学习算法（如神经网络），支持向量机或隐藏马尔可夫模型来预测跨膜区域。

　　TMHMM，是一个杰出的预测跨膜结构域的程序，其利用了隐藏马尔可夫模型，模型状态包括跨膜区域（一个跨膜螺旋的核心以及细胞质和非细胞质的帽结构）、球状区域、膜的细胞质和非细胞质侧的螺旋（Krogh 等，2001）。运用这个算法预测 160 个蛋白质拓扑结构的准确率约为 78%。整合信号肽预测和跨膜跨度信息能进一步提高预测能力（Käll 等，2007）。在各种真核细胞、细菌和古细菌基因组分析中，大约 5%～10% 的蛋白质预测的跨膜区域与预测的信号肽有重叠（由预测软件如 SignalP 预测）。Phobius 服务器利用上述结论从而也提高了其准确性。

　　预测跨膜区域拓扑结构的程序的准确性能达到何种程度？使用搜索工具查找预测的结果很容易，大规模预测是非常有价值的。然而，从根本上这是一个细胞生物学问题，所以需要细胞生物学实验技术来得到一个明确的答案。许多蛋白质上有连续 10～25 个疏水氨基酸残基组成的跨膜区。最严格的评估跨膜区域真实长度的实验方法是免疫细胞化学法。特异性抗血清可以在兔、小鼠或其他物种体内产生，并用于检测固定在显微镜载玻片上的样品中的抗原（例如一段氨基酸）。在非透性化细胞中，抗血清可以可视化细胞外的蛋白质区域。然而，当细胞用洗涤剂透化时，抗血清可以进入胞质溶胶从而可视化细胞内区域（细胞质）。类似以上这些的细胞生物学分析手段已被用于确定有多少个跨膜区域；在一些情况下，这些实验结果与亲水性预测相矛盾（如 Ratnam 等，1986）。正如 Punta 等人（2007 年）以及 Nugent 和 Jones（2012 年）综述的那样，最新的高清晰度 X-射线晶体结构揭示了复杂拓扑结构，如下：

　　① 有一些 α 螺旋是可重新进入的，它们可以从同一侧膜进入和离开。

　　② 在膜-水界面会富集 α 螺旋，这些螺旋可以有类似门控通道的功能。

　　③ 有些跨膜螺旋具有扭结和线圈，往往是脯氨酸造成的；半数已知 PDB 结构的这些螺旋具有扭结、3_{10} 螺旋或 π 螺旋转角（见第 13 章），这样的变化可能导致螺旋骨干偏离。

　　④ 许多跨膜螺旋有一个倾斜的方向，其他螺旋含有意想不到的极性残基，可能参与配体结合或通道门控。

　　因此，生物自身的复杂性为生物信息学预测跨膜区域增加了许多挑战。

视角 3 和视角 4 的介绍：基因本体协会（Gene Ontology Consortium）

Gene Ontology 协会的网址是 http://www.geneontology.org/（链接 12.26）。

本体（ontology）是一个描述性的概念。Gene Ontology（GO）协会致力于这样一项工程：编辑一组动态而又可控的词汇来描述基因和基因产物（主要是蛋白质）不同方面的性质（Thomas 等，2007；Gene Ontology Consortium，2010）。这种词汇的突出用途是注释和解释微阵列实验中 RNA 转录本结果（Beissbarth，2006；Whetzel 等，2006），尽管许多其他种类的高通量测定也使用 GO 来注释。该协会是由参与 3 个模式生物数据库建设的科学家发起的，这三个模式生物数据库分别是芽殖酵母基因组数据库（Saccharomyces Genome Database，SGD）、果蝇基因组数据库（Drosophila genome database，FlyBase）和小鼠基因组信息数据库（Mouse Genome Informatics databases，MGD/GXD）（Ashburner 等，2000；Gene Ontology Consortium，2001）。紧接着，其他物种相关的数据库也陆续加入了 GO 协会（表 12.6）。GO 数据库不是以其自身为中心而是依靠外部数据库（例如小鼠数据库），这些外部数据库中收录的基因及其产物都将用 GO 定义的词汇进行注释，因此 GO 代表了与时俱进和相互

表 12.6 加入了 Gene Ontology 协会的数据库和组织

数据库或组织	物种学名	物种常用名	数据库 URL
Berkeley Bioinformatics Opensource Projects（伯克利生物信息开源计划）	多种物种	—	http://www.berkeleybop.org/
DictyBase	黏菌（*Dictyostelium discoideum*）	黏菌（Slime mold）	http://dictybase.org/
EcoliWiki	大肠杆菌（*Escherichia coli*）	*E. coli*	http://ecoliwiki.net/colipedia/
European Bioinformatics Institute（欧洲生物信息学研究所，EBI）	多种物种	—	http://www.ebi.ac.uk/GOA/
FlyBase	果蝇（*D. melanogaster*）	果蝇（Fly）	http://flybase.org/
GeneDB（Wellcome Trust Sanger Institute）	原生动物（protozoans），真菌（fungi）		http://www.genedb.org/
Gramene	水稻（*Oryza sativa*）；其他谷物和单子叶植物	水稻（Rice）	http://www.gramene.org/
Institute of Genome Sciences，马里兰大学	多种物种		http://igs.umaryland.edu/
InterPro	多种物种	—	http://www.ebi.ac.uk/interpro/
J. Craig Venter Institute	多种物种	—	http://www.jcvi.org/cms/home/
Mouse Genome Informatics	小鼠（*Mus musculus*）	小鼠（Mouse）	http://www.informatics.jax.org/
Pombase	裂殖酵母（*Schizosaccharomyces Pombe*）	裂殖酵母（Fission yeast）	http://www.pombase.org/
Rat Genome Database（RGD）	大鼠（*Rattus norvegicus*）	大鼠（Rat）	http://rgd.mcw.edu/
Reactome			http://www.reactome.org/
Saccharomyces Genome Database（SGD）	酿酒酵母（*Saccharomyces cerevisiae*）	面包酵母（Baker's yeast）	http://www.yeastgenome.org/
The Arabidopsis Information Resource（TAIR）	拟南芥（*Arabidopsis thaliana*）	拟南芥（Thale cress）	http://www.arabidopsis.org/
UniProtKB - Gene Ontology Annotation	多种物种	—	http://www.ebi.ac.uk/GOA
WormBase	秀丽线虫（*Caenorhabditis elegans*）	秀丽线虫（Worm）	http://www.wormbase.org/
Zebrafish Information Network	斑马鱼（*Danio rerio*）	斑马鱼（Zebrafish）	http://zfin.org/

注：摘自 Gene Ontology Consortium（2011），由 Creative Commons Attribution 4.0 Unported License、CC-BY-4.0 授权。

合作，以统一基因及其产物注释的方式。目前我们可以登录几个网站（表 12.7）搜索和查询 GO 中定义的术语。此外，EBI、Ensembl 和 NCBI（第 2 章）也包含了 GO 术语。

表 12.7 可以获得 Gene Ontology 数据的主要站点

网站名称	描述	网址 URL
AmiGO	GO 浏览器源自伯克利果蝇基因组计划（Berkeley Drosophila Genome Project）	http://amigo. geneontology. org/
Mouse Genome Informatics（MGI）GO Browser（小鼠基因组信息 GO 浏览器）	Jackson 实验室	http://www. informatics. jax. org/searches/GO _form. shtml
EBI 的"QuickGO"	由欧洲分子生物学实验室（EMBL）和欧洲生物信息研究中心（EBI）开发，整合了 InterPro 数据库（见第 10 章）	http://www. ebi. ac. uk/QuickGO/
Cancer Gene AnatomyProject（癌症基因解剖计划，CGAP）GO 浏览器	来自美国国家癌症研究中心（NIH）开发维护	http://cgap. nci. nih. gov/Genes/AllAboutGO

GO 有 3 个主要的组织原则：①分子功能；②生物过程和③细胞组分。分子功能主要指单个基因产物分子所执行的任务。例如，一个蛋白质可能是一个转录因子或是一个载体蛋白。生物过程是指基因产物（蛋白质）所联系的一个宽泛的生物目标，如有丝分裂或嘌呤代谢。细胞组分是指一个蛋白质的亚细胞定位，实例包括核和溶酶体。任何一个蛋白质都有可能涉及不止一个分子功能、生物过程或细胞组分。

基因和基因产物通过注释的过程被划分到不同的 GO 分类中去。每一个 GO 注释的作者都必须提供给基因加注释的证据（表 12.8）。作为一个 GO 注释的蛋白质的例子，见人体 β 球蛋白（HBB）的 NCBI 基因条目（图 12.16）。NCBI 基因条目有基因功能这一项，包括 OMIM 相关信息部分（第 21 章）、酶委员会（Enzyme Commission）命名（见"视角 4"），和 GO 注释。对于 HBB 的 GO 注释包括血红素结合，氧结合和氧转运蛋白活性（分子功能）；氧的运输（生物过程）和血红蛋白络合物（细胞组分）。

你也可以在 GO 的网页上输入"HBB"或"lipocalin"关键词来搜索关于它们的 GO 注释。在某些情

表 12.8 Gene Ontology 中基因注释证据代码

缩写	证据代码	例子，备注
EXP	有实验证据	IDA、IEP、IGI、IMP、IPI 是 EXP 的子集
IDA	有直接实验证据	如酶活性化验（针对"分子功能"）、免疫荧光显微镜（针对"细胞组分"）
IEP	有表达模式方面的证据	转录水平（如基于 Northern blotting 或微阵列）或蛋白质表达水平（如 Western blots）
IGI	有遗传相互作用方面的证据	抑制基因，遗传致死基因，互补实验，还有某个基因提供关于另一个基因的功能、过程和组分信息的实验
IMP	由突变表型推测得到	基因突变，基因敲除，过表达，反义 RNA 实验
IPI	由物理相互作用推测得到	酵母双杂交实验，共纯化实验，免疫共沉淀实验，结合实验
IGC	由基因组信息推测得到	基因产物相邻基因（如合成）的确认，如操纵子结构、系统发育和其他全基因组分析
IRD	由快速进化推测得到	一种系统发育方面的证据
ISA	由序列比对推测得到	注意没有采用序列比对的量化标准
ISO	由序列同源性分析推测得到	注意同源性的定义比较宽泛，没有量化序列对比
ISS	由序列或结构的相似性推测得到	序列相似性，结构域，被专家确认的 BLAST 软件的搜索结果
RCA	由审核过的计算分析推测得到	从大规模实验（如全基因组双杂交、全基因组互作）得到预测的结果，基于几种大型数据库整合得到的预测结果，文本挖掘
NAS	有报道，但报道信息来源不可知	数据库条目如 SwissProt 记录，没有引用已发表的文献
TAS	有报道，且可知报道信息来源	来自综述或者词典的信息
IC	由专家推测得到	一个蛋白被注释有"转录因子"的功能，那么会被专家注释位于核内的位置
ND	没有相关的生物数据	对应于"unknown"的分子功能、生物过程、细胞组分
IEA	有电子注释	基于像 BLAST 这些搜索软件搜索结果的电子注释（与 ISS 比较，IEA 没有被专家证实）

GeneOntology　　　　　　　　　　　　　　　　　　　　　　　Provided by <u>GOA</u>

Function		Evidence	
<u>heme binding</u>		IEA	
<u>hemoglobin binding</u>		IDA	<u>PubMed</u>
<u>iron ion binding</u>		IEA	
<u>metal ion binding</u>		IEA	
<u>molecular function</u>		ND	
<u>oxygen binding</u>		IDA	<u>PubMed</u>
<u>oxygen binding</u>		IEA	
<u>oxygen transporter activity</u>		IEA	
<u>oxygen transporter activity</u>		NAS	<u>PubMed</u>
<u>selenium binding</u>		IDA	<u>PubMed</u>

Process		Evidence	
<u>biological process</u>		ND	
<u>nitric oxide transport</u>		NAS	<u>PubMed</u>
<u>oxygen transport</u>		IEA	
<u>oxygen transport</u>		NAS	<u>PubMed</u>
<u>oxygen transport</u>		TAS	<u>PubMed</u>
<u>positive regulation of nitric oxide biosynthetic process</u>		NAS	<u>PubMed</u>
<u>transport</u>		IEA	

Component		Evidence	
<u>hemoglobin complex</u>		IEA	
<u>hemoglobin complex</u>		NAS	<u>PubMed</u>
<u>hemoglobin complex</u>		TAS	<u>PubMed</u>

图 12.16　GO 协会提供了一组动态而又可控的词汇描述不同物种的基因和基因产物。这组词汇由三个方面组成，它们分别是分子功能、生物过程和细胞组分。我们可以通过浏览 NCBI Gene 中的条目得到相应的 GO 条目，图中所示是人类 β 球蛋白的 GO 条目。这些 GO 条目是从 European Bioinformatics Institute 的 GOA 数据库得到的
［来源：Gene Ontology Consortium（2001），由 licenced under the Creative Commons Attribution 4.0 Unported License、CC-BY-4.0 授权]

况下，输出包含一个树状图，这个树状图表示不同层次 GO 词汇间的关系。树状图是一个"定向无环图"或一个"网络"。这与层次结构不同，在一个层次结构中，每个子节点最多只能有一个父节点，而在有向无环图中，一个子节点可能有多个父节点。子节点对应的 GO 术语可能是父节点对应的 GO 术语的一个实例。这种情况下图中父节点到子节点的连线被标记上了"isa"；子节点对应的 GO 术语也可能是父节点对应的 GO 术语的一部分。这时父节点到子节点的连线就会标记上"partof"。这使得 GO 的术语结构及其生物和统计学显著性的评估变得很复杂。一些统计检验评估每个 GO 类别可能性对应于真实情况会偶尔出现不足或比例过高。然而，如"线粒体（mitochrondria）"概念在所有三个类别（生物过程、分子功能、细胞组分）中发生并在多个层面出现。

我们下面将要考虑蛋白质的定位和功能。这两方面和 GO 分类中的"细胞组分"和"分子功能"有松散的对应关系。在第 14 章我们还要讨论蛋白质通路（protein pathways），尽管 GO 分类中的"生物过程"并不是专门与蛋白质通路对应的。

视角 3: 蛋白质的定位

蛋白质的细胞定位是其基本性质之一。蛋白质在 mRNA 的核糖体上合成，一些在细胞质中合成。其他蛋白质（主要是一些将要被分泌到胞外或要被定位到质膜上的蛋白）会被插入到内质网膜上（对于真核生物）或插入到质膜上（对于原核生物）。插入的过程可能是在翻译的同时进行的，也可能是在翻译后进行的，它是由一个单的识别颗粒（RNA 多蛋白复合体）介导的（Stroud 和 Walter，1999）。在内质网中，蛋白质可能会通过分泌途径被转移到高尔基体，然后转移到更多的目的地，例如细胞内的各种细胞器中（如内含体或溶酶体）或细胞表面。

> 在真核细胞中，95% 的膜结构是胞内细胞器占据的。

蛋白质还可能被进一步分泌到细胞外的环境中，将蛋白质运送到合适的地方是通过二级囊泡的转运来实现的。这些囊泡的直径通常有 75～100nm，它们将可溶的或是被限制在膜上的"货物"运输到特定的隔室。

我们还可以根据蛋白质与磷脂双分子层的关系将蛋白质分成两类：①可溶的蛋白质，它们存在于胞质、细胞器内腔或胞外环境中；②附着在膜上的蛋白质，它们通常与脂双分子层有联系。那些与膜相关的蛋白可以是整合的膜蛋白（含有 10～25 个疏水氨基酸残基的跨膜段），或者它们可以与膜周边结合（通过一些锚定点附着在膜上，见图 12.12）。

很多蛋白质不能被单一地确定存在于细胞一个固定位置上。例如膜联蛋白（annexins）和小 G 蛋白（low-molecular-weight GTP binding proteins）家族就转移于胞质和膜之间。这种转移运动取决于是否有动态调节的细胞信号存在，例如钙离子和快速磷酸化。

蛋白质通常被靶向到合适的细胞位置，因为内在信号嵌入其初级氨基酸序列中。例如，如果 KDEL（lys-asp-glu-leu，赖氨酸-天冬氨酸-谷氨酸-亮氨酸）序列出现在可溶性蛋白的羧基末端，说明它在内质网中选择性保留。已经鉴定了其他靶向模体（motif），用于线粒体、溶酶体或过氧化物酶体以及用于内吞作用。然而，这些模体并不像 KDEL 模体这样固定不变。

> WoLF PSORT 网址是 http://wolfpsort.org/ （链接 12.27）。

有很多基于网页的程序可以用来预测单个蛋白质序列的细胞定位（Casadio 等，2008；Imai 和 Nakai，2010；见网络资源）。例如，WoLF PSORT 可以准确预测出视黄醇结合蛋白（retinol-binding-protein）氨基末端的信号序列（图 12.17）。该信号肽是进入内质网分泌途径的蛋白质的特征。WoLF PSORT 基于

Normalized Feature Values

id	site	iPSORT -1 25	MxHy1	30	act	alm	dna	gvh	leu	mNt	mip	mit	myr	nuc	rib	rnp	tms	tyr	vac	C	I	K	S	length
queryProtein	extr?	78		75	50	76	44	96	46	49	71	59	49	29	50	50	27	49	48	68	10	51	27	26
CASP_CHICK	extr	78		70	50	82	44	90	46	49	55	80	49	29	50	50	27	49	48	60	26	34	17	36
IL10_HUMAN	extr	64		89	50	93	44	100	46	49	71	61	49	29	50	50	27	49	48	74	35	76	31	23
IL10_MACNE	extr	64		89	50	93	44	100	46	49	84	61	49	29	50	50	27	49	48	74	35	70	41	23
A2HS_HUMAN	extr			75	50	57	44	97	46	49	81	56	49	29	70	50	27	49	48	80	12	32	28	53
IL10_CERTO	extr	64		89	50	93	44	100	46	49	71	61	49	29	50	50	27	49	48	74	35	76	41	23
IL10_MACFA	extr	64		89	50	93	44	100	46	49	84	61	49	29	50	50	27	49	48	74	35	76	41	23
IL10_MACMU	extr	64		89	50	93	44	100	46	49	84	61	49	29	50	50	27	49	48	74	35	76	41	23
IBP2_BRARE	extr	46		80	50	84	44	84	46	49	84	62	49	29	50	50	27	49	48	79	15	56	37	36
PPT1_HUMAN	lyso	64		75	50	52	44	96	46	49	77	63	49	29	50	50	27	49	48	61	61	52	51	40
NDDB_CAVPO	extr	46		74	50	47	44	86	46	49	84	77	49	29	50	50	27	49	48	65	7	48	37	32

图 12.17　WoLF PSORT 服务器提供基于网络的查询形式来预测蛋白质的亚细胞位置。这个程序通过搜索蛋白质的分拣信号和其他特征从而将其定位在细胞中特定组分上。图中所示利用视黄醇结合蛋白（NP_006735）作为输入，输出的结果包括 32 个最近邻居（结果中显示其中的 10 个）。结果中每一列包括用于分析的特征，如位点（准确地说是细胞外查询，参见列标记 site）、iPROST 程序的结果（包括起始 25～30 个氨基酸残基的负电荷和疏水性的计算）、PROST 程序的结果（包括定位在各种亚细胞组分上面出现的典型的模体）。输出结果表明，有很强的证据认为在氨基酸残基 16 和氨基酸残基 17 中间存在一个对应裂解位点的信号肽。这样的信号肽是分泌通路蛋白常见的特征，其中一些在胞外分泌（如 RBP）

（来源：WoLF PSORT. Courtesy of K. Nakai）

分选信号、氨基酸组成和功能模体来分析某一个蛋白质的定位特征（Horton 等，2007），然后利用 k 个最近邻居分类器（k-nearest neighbor classifier）来进行定位的预测。

视角 4：蛋白质功能

我们已经描述了用生物信息学工具来描述蛋白质家族、蛋白质物理性质和蛋白质细胞定位。我们要讨论的第四个方面就是蛋白质的功能（Raes 等，2007）。蛋白质功能的定义是它们在细胞中所起的作用（Jacq，2001）。每种蛋白质都是基因的产物，它们以不同的方式与细胞环境相互作用以促进细胞的生长和行使它们的功能。我们可以从如下几个方面来考虑功能这个概念（图 12.18）。

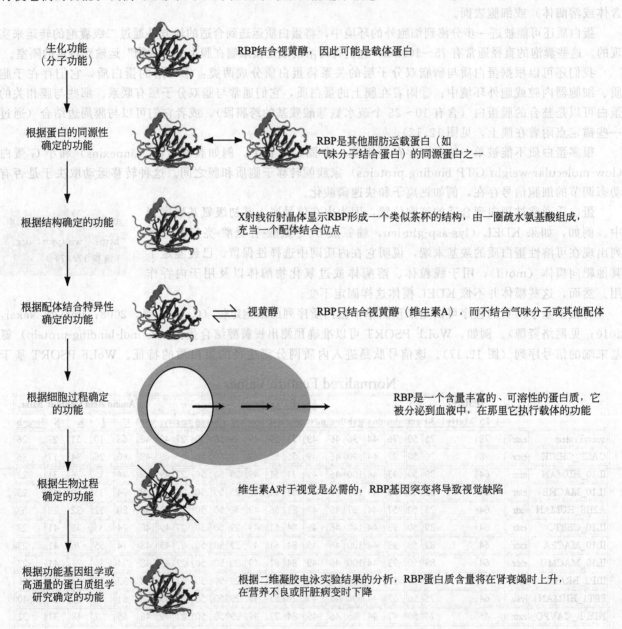

生化功能
（分子功能）　　　　　RBP结合视黄醇，因此可能是载体蛋白

根据蛋白的同源性
确定的功能　　　　　RBP是其他脂肪运载蛋白（如
气味分子结合蛋白）的同源蛋白之一

根据结构确定的功能　　X射线衍射晶体显示RBP形成一个类似茶杯的结构，由一圈疏水氨基酸组成，充当一个配体结合位点

根据配体结合特异性
确定的功能　　　视黄醇　RBP只结合视黄醇（维生素A），而不结合气味分子或其他配体

根据细胞过程确定
的功能　　　　　　　　RBP是一个含量丰富的、可溶性的蛋白质，它被分泌到血液中，在那里它执行载体的功能

根据生物过程
确定的功能　　　　　　维生素A对于视觉是必需的，RBP基因突变将导致视觉缺陷

根据功能基因组学或
高通量的蛋白质组学
研究确定的功能　　　　根据二维凝胶电泳实验结果的分析，RBP蛋白质含量将在肾衰竭时上升，在营养不良或肝脏病变时下降

图 12.18　可以从多个角度去分析蛋白质的功能，以视黄醇结合蛋白（RBP）为例

① 每个蛋白质都有与其分子功能相关的生化功能。对丁酶而言，它的生化功能是催化一种或几种底物转化为产物。对于一个如肌动蛋白或微管蛋白的结构蛋白而言，其生化功能是影响细胞的性状。对于转运蛋白，其生化功能是将配体从一个位置转运到另外一个位置（这种转运的发生甚至可能不需要如 ATP 这样的能量源；通过这种方式，视黄醇结合蛋白通过血浆转运视黄醇，以及血红蛋白运输氧气）。对于被预测为受

基因编码的假定蛋白质，其生化功能是未知、但假设存在的。我们认为，不存在没有生化功能的蛋白质。

② 蛋白质功能一般是基于同源性确定的（Ponting，2001；Lee 等，2007；Emes 等，2008；Mazumder 等，2008）。目前，当一个基因组被测序时，绝大多数被预测的蛋白质都能基于同源性赋予相应的功能。如果一个假定蛋白与一个酶具有同源性，那么该假定蛋白通常被暂时地赋予酶的功能。这被视为一种必须通过实验验证的假设。例如，在细菌、原生生物和真菌中有很多与球蛋白类似（globin-like）的蛋白质，它们的生化功能和脊椎动物球蛋白是不一样的（Poole 和 Hughes，2000）。

③ 蛋白质的功能也可以基于结构来预测（见第 13 章）。如果一个蛋白的三维结构与一个功能已知的蛋白的三维结构采取了相似的折叠方式的话，我们就有一定的根据说它们的功能也类似。但有一点需要注意，结构上的相似并不代表它们是同源的，同源也不一定意味着功能相同。

④ 所有蛋白质都是在其他蛋白质或分子存在的环境下行使功能的，因此，一个蛋白质功能的定义应该包括它们的配体（如果该蛋白是一个受体蛋白）、底物（如果该蛋白是一个酶）和它接触的脂质（如果该蛋白与膜有联系的话）或是其他与该蛋白有接触的分子。气味分子结合蛋白（odorant-binding protein，OBP）是载脂蛋白（lipocalin）家族中的一个成员，可以在鼻腔黏液中结合很多种类的气味分子，这说明这种蛋白和其他物质结合的性质是它的中心功能（Pevsner 等，1990）。但是如果只从 OBP 与其他物质结合的性质出发，将无法真正解开 OBP 功能的面纱。事实上，OBP 可以将气味分子转运到嗅觉上皮细胞来促进嗅觉感知，可以将气味分子从嗅觉上皮细胞上清除，还参与气味分子的代谢。

⑤ 很多蛋白质只在一个生化通路的某一步中起作用，例如三羧酸循环（Krebs 循环），这个循环的每步都需要细胞来执行一个非常复杂的任务。其他的例子还有过氧化物酶体中的脂肪酸氧化和蛋白酶体中的蛋白质降解等。

⑥ 很多蛋白质执行功能的过程充当了一个很大的生物过程的一部分。这些生物过程包括细胞分裂、生长和衰老；神经元细胞的轴突要派生出分支，向前伸展，识别目标和形成突触；所有的细胞都需要通过不同的途径向胞外分泌分子等。所有的细胞过程都要求蛋白质有条不紊地按一定顺序来执行它们的功能，单个蛋白质的功能需要在它所参与的整个大的功能的背景上进行定义。基因命名协会（Gene Ontology Consortium；Ashburner 等，2000）将生物过程定义为："基因或基因产物贡献的生物学目标。过程是通过一个或多个有序组件的分子功能来完成的，往往涉及化学或物理转化，在这个意义上，也可以解释成一些东西进入一个生物过程之后会产生不同的东西出来。"

⑦ 我们还可以在整个基因组编码的所有蛋白质，即蛋白质组水平上来考虑一个蛋白质的功能。功能基因组学这个术语是指利用实验或计算手段，对成百上千个表达的基因进行探索性的研究和分析。因为大多数转录的最终产物还是蛋白质，所以功能基因组学这个词语也经常指大规模地对蛋白质功能进行研究。我们在第 14 章介绍了功能基因组学相关主题。

从上文可以看出，对蛋白质的定义有多种方法。很多蛋白质都属于酶类（Alderson 等，2012），酶学委员会（Enzyme Commission，EC）根据一个标准的命名规则给 4000 多个酶进行了命名（表 12.9）。当一个基因组被测序后，那些有可能是编码蛋白质的序列被找了出来。如果这些序列中有与 EC 提供的列表中的酶同源的序列，这些找到了同源酶的潜在基因的功能就有了特定的可验证的假设：我们可以假设它们与同源酶具有相同或相似的功能。

另外一种使用范围更广的确定蛋白质功能的方法则是利用由 Eugene Koonin 等人开发的同源组聚类（Clusters of Orthologous Groups，COG）数据库（Tatusov 等，1997，2003；Kristensen 等，2010），表 12.10 列出了这个数据库系统定义的功能分类。虽然 COG 最初关注的是原核生物基因组，但是基本的分类对所有物种的细胞过程适用。不过，很多真核生物特有的功能（如细胞凋亡和复杂的发育过程）在 COG 中是没有的（Tatusov 等，2003）。Peer Bork 等人开发了基因进化族谱：非监督直系同源组（Evolutionary genealogy of genes：Non-supervised Orthologous Groups，EggNOG）数据库，它扩展了 COG 的内容（尽管没有人工标注）达到 1100 多个物种和 700000 多个同源组。

细胞凋亡指的是细胞程序性死亡，在很多种多细胞生物体内发生，既作为发育的正常进程，也在成熟组织作为稳态机制。细胞凋亡可由外部刺激引发（例如传染性试剂或毒素）或通过内部因素，如引起氧化应激的物质。COG 数据库网址是 http://www.ncbi.nlm.nih.gov/COG/（链接 12.28）。EggNOG 网址是 http://eggnog.embl.de/version_3.0/。（链接 12.29）

表 12.9 根据酶活性对蛋白质功能进行的划分：EC分类系统的一部分列表

EC 号	类别描述	酶的数目	子类的例子
1. —. —. —	氧化还原酶	38216	
1. 1. —. —	—	—	作用于 CH—OH 基团
1. 2. —. —	—	—	作用于醛类或是氧络基团
2. —. —. —	转移酶	89624	
2. 1. —. —	—	—	转移一碳基团
3. —. —. —	水解酶	62574	
4. —. —. —	裂解酶	23427	
5. —. —. —	异构酶	14163	
6. —. —. —	连接酶	30569	

注：来源于 http://www.expasy.org/enzyme/ExPASy。

表 12.10 COG（Cluster of Orthologous Groups）数据库中蛋白质的功能分类

主要分类	功能	直系同源组的数目	结构域
信息存储与处理	翻译,核糖体结构和生物合成	245	10572
	RNA 加工和修饰	25	137
	转录	231	11271
	复制、重组和修复	238	10338
	染色质结构和动态	19	228
细胞过程	细胞周期控制,细胞分裂染色体分配	72	1678
	防御机制	46	2380
	信号传导机制	152	7683
	细胞壁、细胞膜和包膜的生物合成	188	7858
	细胞运动	96	2747
	细胞骨架	12	128
	细胞外结构	1	25
	胞内运输、分泌和小泡运输	159	3743
	翻译后修饰,蛋白质翻转,分子伴侣	203	6206
	能量的生产和转换	223	5584
	碳水化合物的转运和代谢	170	5257
代谢	能量的生产和转换	258	9830
	碳水化合物的转运和代谢	230	10816
	氨基酸的转运和代谢	270	14939
	核酸的转运和代谢	95	3922
	辅酶的转运和代谢	179	6582
	脂类的转运和代谢	94	5201
	无机离子的转运和代谢	212	9232
	二级代谢物的生物合成、转运和分解代谢	88	4055
过少描述信息	仅有普遍的预测功能	702	22721
	未知功能	1346	13883

注：来源于 Clusters of Orthologous Groups Database，NCBI，http://www.ncbi.nlm.nih.gov/COG/。

12.4 展望

在本章我们回顾了针对研究单个蛋白质而开发出的生物信息学方法，而在第13章我们将详细介绍蛋白质的结构，帮助我们更深入地了解蛋白质的性质，包括蛋白质的结构域、物理性质和功能等。在有关功能基因组学的第 14 章我们将探索高通量技术在蛋白质集合（如采用凝胶电泳和质谱技术）、蛋白质-蛋白质相互作用和网络研究中的作用。

在过去的几十年里，我们对蛋白质性质的理解已经发生了翻天覆地的变化，从蛋白质的生化功能层面，到在细胞过程中所起的作用层面皆是如此。仪器制造的进步推动质谱在许多蛋白质组学应用方面处于一个领先的地位。

现在人们可以轻易地获取很多用来评价单个蛋白质生化性质的在线工具，这些工具可以预测发生糖基化、磷酸化或其他修饰位点，这些预测的结果对于实验检测可能发生的翻译后修饰有非常宝贵的指导作用。

高通量的方法已经被用来确定蛋白质组内所有蛋白质的功能。现在，还有很多未知功能的蛋白，因为它们没有已经明确功能的同源序列。将各种高通量实验策略运用在模式生物上（例如大规模的蛋白质定位信息和蛋白质相互作用信息），我们还将继续获得更多更广泛的有关蛋白质功能的描述。

12.5　常见问题

很多用于研究蛋白质功能的实验或计算方法都存在局限性。二维凝胶电泳可以很好地研究那些表达量相对较高的蛋白质的性质，但是数以千计的蛋白质在正常细胞中的表达水平都非常低，二维凝胶电泳对确定这些蛋白质的性质显然无能为力。通过 ABRF 严谨的评估发现，在实际情况下实验方法还是有很大难度的。许多计算方法则会出现高假阳性错误率，也反映出获得足够训练集的难度。

12.6　给学生的建议

以我的经验看，许多学生都在深入研究某一个蛋白质。我的建议是尽可能学到这个蛋白质已知的各种信息（包括本章列举的结构域、物理性质、定位和功能），与此同时，试着去了解关于这个蛋白你要问什么问题，有哪些合适的技术方法。我们已经讲述了一个预测跨膜蛋白的例子：计算预测是很容易的，但是预测可信度可能相对很低。在这种情况下，我们的预测仅可以为生物实验提供一些指导性的意见。我们要让生物信息学服务于生物学，而不是反其道而行之。

12.7　网络资源

我推荐蛋白质组网络资源和工具，其中有蛋白质结构域分析（表 12.11）、蛋白质二级结构分析（表 12.12）、糖基化分析（表 12.13）、翻译后修饰（表 12.14）、含不常见特殊氨基酸蛋白质（表 12.15）、蛋白质定位预测（表 12.16）、跨膜区域预测（表 12.17）。

表 12.11　用于分析蛋白质结构域的工具

程序	注释	链接
多种工具来源	ExPASy	http://www.expasy.org/proteomics
InterProScan	EBI	http://www.ebi.ac.uk/Tools/pfa/iprscan/
PROSITE Scan	EBI	http://www.ebi.ac.uk/Tools/pfa/ps_scan/
PRATT	EBI	http://www.ebi.ac.uk/Tools/pfa/pratt/
Motif Scan	SIB	http://hits.isb-sib.ch/cgi-bin/PFSCAN
多种工具来源	Pôle Bio-Informatique Lyonnais	http://pbil.univ-lyon1.fr/
SMART	EMBL	http://smart.embl-heidelberg.de/
TEIRESIAS	IBM	http://cbcsrv.watson.ibm.com/Tspd.html

表 12.12 用于分析蛋白质一级和二级结构特征的工具

程序	来源、注释	链接
COILS	预测蛋白质复合螺旋区	http://www. ch. embnet. org/software/ COILS_form. html
Compute pI/Mw	来自 ExPASy	http://web. expasy. org/compute_pi/
Helical wheel	绘制一个螺旋圈(比如常规 α 螺旋的轴投影)	http://www-nmr. cabm. rutgers. edu/bioinformatics/Proteomic _ tools/Helical _ wheel/
M. M. , pI, com-position, titrage	Atelier Bio Informatique de Marseille 研发的多种工具	http://sites. univ-provence. fr/wabim/english/logligne. html
Paircoil	预测蛋白质复合螺旋区	http://groups. csail. mit. edu/cb/paircoil/paircoil. html
Peptidemass	来自 ExPASy	http://web. expasy. org/peptide_mass/

注:来源于 ExPASy, http://www. expasy. org/tools/ ExPASy,由瑞士生物信息协会 SIB 同意复制。

表 12.13 描述蛋白质糖基化位点的网络资源

程序	来源、注释	链接
DictyOGlyc 1.1 Prediction Server	在盘基网柄菌(*Dictyostelium*)中,基于神经网络预测蛋白质的乙酰葡萄糖胺 O 型糖基化位点	http://www. cbs. dtu. dk/services/DictyOGlyc/
NetGlycate	在哺乳动物蛋白中,预测 ε 氨基酸组中的赖氨酸糖基化	http://www. cbs. dtu. dk/services/NetGlycate/
NetOGlyc	在哺乳动物蛋白中,预测 O 型糖基化位点	http://www. cbs. dtu. dk/services/NetOGlyc/
YinOYang 1.2	在原核生物蛋白序列中,基于神经网络预测 O-β-Glc-NAc 附连位点	http://www. cbs. dtu. dk/services/YinOYang/

表 12.14 分析翻译后修饰的工具

程序	注释	链接
big-PI Predictor	预测 GPI 修饰位点	http://mendel. imp. ac. at/gpi/gpi_server. html
NetPhos 2.0 Predic-tion Server	在原核生物蛋白中,基于神经网络预测丝氨酸、苏氨酸和酪氨酸磷酸化位点	http://www. cbs. dtu. dk/services/NetPhos/
Sulfinator	预测酪氨酸硫化位点	http://web. expasy. org/sulfinator/

注:来源于 ExPASy, http://www. expasy. org/tools/ ExPASy,由 SIB 同意借鉴。

表 12.15 会高频出现特殊氨基酸的蛋白质例子。跨膜螺旋的疏水残基特征取自 Tanford (1980)。收录于 Ponting (2001),经牛津大学出版社同意

氨基酸	蛋白质
C	富含二硫键蛋白值,金属硫蛋白,锌指蛋白
D,E	酸性蛋白(如 NP_033802.2)
G	胶原蛋白(如 NP_000079)
H	富组亲动蛋白,富含组氨酸糖蛋白(如 XP_629852)
W,L,P,Y,L,V,M,A	跨膜结构域(如 NP_004594,NP_062098)
K,R	核蛋白(核定位信号)
N	盘基网柄菌蛋白
P	胶原蛋白(如 NP_000079.2),菌丝,SH3/WW/EVHI 结合位点
Q	在三联体重复障碍中基因突变产生的蛋白(第 21 章介绍的亨廷顿蛋白,NP_002102.4)
S,R	一些结合 RNA 结合域
S,T	黏蛋白,寡糖附连位点(如 XP_855042)
abcdefg	七肽卷曲螺旋(a 和 b 是疏水残基,如肌球蛋白,NP_005370)

表 12.16 预测蛋白质定位的网页程序

程序	注释	链接
ChloroP	利用蛋白质序列预是否存在叶绿体转运多肽	http://www. cbs. dtu. dk/services/ChloroP/
MITOPROT	计算蛋白质的 N 端区域,支持线粒体的目标序列和切割位点	http://ihg. gsf. de/ihg/mitoprot. html
PSORT	通过 PSORT II、WoLF PSORT 预测蛋白质的分拣信号及细胞定位	http://psort. hgc. jp/
SignalP	在原核生物和真核生物中,预测信号肽是否存在以及切割位点	http://www. cbs. dtu. dk/services/SignalP/
TargetP	预测真核生物蛋白质序列的亚细胞定位	http://www. cbs. dtu. dk/services/TargetP/

表 12.17 用蛋白质序列预测跨膜区域的网上服务器（来自 ExPASy 网上服务器）

程序	注释、来源	链接
DAS server	预测跨膜区域	http://www. sbc. su. se/~miklos/DAS/
APSSP	预测蛋白质二级结构	http://imtech. res. in/raghava/apssp/
HMMTOP	预测跨膜螺旋和蛋白质拓扑结构	http://www. enzim. hu/hmmtop/
Phobius	预测跨膜拓扑结构和信号肽	http://phobius. sbc. su. se/ http://www. ebi. ac. uk/Tools/pfa/phobius/
PredictProtein server	预测跨膜螺旋位置和拓扑结构	https://www. predictprotein. org/
TMpred	预测生成跨膜区域及其方向	http://www. ch. embnet. org/software/TMPRED_form. html http://embnet. vital-it. ch/software/TMPRED_form. html
TopPred2	预测跨膜蛋白的拓扑结构	http://mobyle. pasteur. fr/cgi - bin/ portal. py? #forms::toppred

问题讨论

[12-1] InterPro 数据库是一个很重要的资源，它整理了各个不同的数据库关于蛋白质签名（signature）的信息。如果有多个数据库对同一个蛋白质或同一个签名区有描述，能否从 InterPro 上获取各种不同信息？InterPro 上的这些信息是否冗余？

[12-2] 你会如何定义一个蛋白质的功能？蛋白质的功能、生理状态或者其它状态是否会随着时间发生变化？

问题/计算实验室

[12-1] 使用 biomaRt 包提取以 HGNC 基因名开头的血红蛋白 β（HBB）的蛋白质序列信息。①安装 R 和 Rstudio 并加载 biomaRt 包，②利用下列四行命令提取序列。

```
> library（biomaRt）
> mart <- useMart（biomart=" ensembl",
dataset=" hsapiens _ gene _ ensembl"）
> seq = getSequence（id=" HBB",
type=" hgnc _ symbol", seqType=" peptide",
mart=mart）
> seq
```

[12-2] 我们介绍了 EDirect（详见第 2 章）可以用命令行进入 NCBI Entrez 数据库。首先进行安装（在 Linux、Windows 或 Mac 系统），然后将最大的人类蛋白质信息以 FASTA 格式提取出。可以使用下列命令行，其中 $ 符号是 UNIX 提示符。

```
$ esearch -db protein -query
" 1000000：1500000 [MLWT] 和 human [ORGN] "
```

| efetch -format fasta

这里的 search 程序能够在我们指定的蛋白质数据库中搜索，参数设置为特定的分子量（MLWT）和物种（人类，human）。然后我们使用管道命令（｜）将结果传输给 efetch 从而下载相关的数据。我们指定数据格式是 FASTA 格式，而且你可以将结果直接传输到文本中，取名 myresults. txt。

$ esearch -db protein -query " 1000000：1500000

［MLWT］和 human ［ORGN］ "

| efetch -format fasta ＞ myresults. txt

接下来可以尝试利用不同的参数搜索不同的信息。

［12-3］ 选择一组没有进行序列比对且趋异的球蛋白（http：//www. bioinfbook. org/chapter6 在线文档 6.3）。将它们作为 PRATT 程序的输入（http：//www. expasy. ch/prosite/）从而寻找具有代表性的模式（pattern）。再利用 ScanPROSITE 在 PROSITE 中搜寻这种模式。你是否可以搜索到一些球蛋白呢？是不是结果中存在非球蛋白呢？

［12-4］ InterPro 中有个 BioMart 工具（在 http：//www. ebi. ac. uk/interpro/biomart/martview/）。利用它去查找人类蛋白质中有多少是序列长度大于 20000 个氨基酸的？目前，在 UniProtKB 中收录了五个（编号、名字、长度），分别是①Q8WXI7，MUC16 _ HUMAN，22152；②D3DPF9 _ HUMAN，26926；③C0JYZ2 _ HUMAN，33423；④Q8WZ42，TITIN _ HUMAN，34350；⑤D3DPG0 _ HUMAN，34942。

［12-5］ 大马哈鱼身体的颜色略带粉红色，而一些龙虾的颜色则是蓝色的（火烤时就会变成红色）。这是因为龙虾体内有一种被称为虾青素的物质，它会结合到一种叫做虾青蛋白的载体蛋白上。请从 European lobster Homarus gammarus 上检索出虾青蛋白的序列，并指出这个蛋白有哪些物理性质（如分子量、等电点等）。利用 ExPASy 网站上的工具检测虾青蛋白是否包含有一些功能已知的结构域或模体能够解释它为什么能够与着色团结合？（要想在取更多关于虾青蛋白的性质。可以参考 ExPASy 上的一篇文章：http：//www. expasy. org/spotlight/back _ issues/sptlt026. shtml）。

［12-6］ 利用 ExPASy 站点上的工具评价一下人类突触融合蛋白（syntaxin）的性质。它是否含有螺旋卷曲区域？它有几个被预测出的跨膜结构域？它的功能是什么？先利用 ExPASy 的序列提取系统。

［12-7］ 嗅觉受体与视紫红质类似（rhodopsin-like）的 G 蛋白偶联受体（G-protein coupled receptor，简称 GPCR）蛋白超家族有关。利用 EBI 上的蛋白质组工具（http：//www. ebi. ac. uk/proteome/）。检测一下与这个蛋白质超家族有关的蛋白占小鼠的蛋白组的百分比。它们又占人类蛋白质组的百分比。

［12-8］ 在大肠杆菌 K12 中存在的 15 种最常见的蛋白质结构域，它们是否在人类中也出现？

自测题

［12-1］同一个结构域可能出现在一个蛋白质的氨基末端，也可能出现在另一个蛋白质的羧基末端，是吗？

（a）是；

（b）不是

［12-2］一般说来，蛋白质结构域和模式（也称为模体或指纹）的大小的关系是

（a）它们一样长；

（b）模式比结构域长；

（c）结构域比模式长；

（d）只能对于特定的蛋白质才能进行比较

［12-3］氨基酸序列 ［ST］-X- ［RK］是蛋白激酶 C 底物磷酸化的保守位点附近的序列，这段氨基酸序列是

（a）一个模体，可以确定一组同源蛋白；

（b）一个模体，但不足以确定一组同源蛋白；

（c）一个结构域，可以确定一组同源蛋白；

（d）一个结构域，但不足以确定一组同源蛋白

［12-4］如果用软件预测一个尚不知道功能的蛋白的糖基化位点、硫化位点、磷酸化位点是其他翻译后修饰位点

（a）软件预测的结果多半不可靠；

（b）因为不知道实际情况，所以很难评价；

（c）软件能够预测相关修饰是否存在，但无法预测它们的生物学功能，只有通过实验确定；

（d）软件能够预测相关修饰是否存在，通过实验确定它们的生物学功能的方法也不可行

［12-5］Gene Ontology 的定义有一个潜在的假设，即根据分子功能、生物过程和细胞成分三个方面对基因或基因产物的描述：

（a）对不同的物种都是相同的，不管是植物、蠕虫还是人类；

（b）不同物种之间的差异很大；

（c）不同物种之间的差异可能很大也可能没有差异，对具体的每一个基因都要单独评价；

（d）不同物种之间的差异可能很大也可能没有差异，需要由专家来具体分析每一个基因

［12-6］蛋白质细胞定位的信息主要是在哪个 Gene Ontology 分类中进行描述的？

（a）分子功能；

（b）细胞组分；

（c）细胞定位；

（d）生物过程

［12-7］下面选项中，哪些是预测蛋白质功能的方法？

（a）找到结构同源蛋白；

（b）研究诱饵-猎物相互作用（bait-prey interactions）；

（c）确定蛋白质等电点；

（d）上面的选项都是

［12-8］作为高通量蛋白质分析的一种手段，二维凝胶电泳的主要优势在于

（a）样品准备和二维凝胶电泳的过程是连续的，可以实现自动化；

（b）二维凝胶电泳的结果中包含有数以千计的关于蛋白质等电点和分子大小的信息；

（c）这项技术非常适合于检测那些含量特别低的蛋白质；

（d）这项技术非常适合于检测疏水蛋白质

推荐读物

关于蛋白质组学的综述有以下几篇：Becnel 等（2012），Bruce 等（2013），Ivanov 等（2013）。Bernard Jacq（2001）和 Raes 等（2007）写过关于蛋白质功能的综述，讨论了蛋白质功能的复杂性和研究蛋白质功能的生物信息学方法。Jacq 建议从六个层次上来考虑一个蛋白质的功能，从蛋白质的结构到它在一个生物群体中所起的作用。Raes 等还讨论了基因组学项目在探究蛋白质功能方面的影响。

关于蛋白质组学中质谱的应用的综述有以下几篇：Gstaiger 和 Aebersold（2009）、Kumar 和 Mann（2009）和 Washburn（2011）。Trost 和 Kusalik（2011）曾经写过一篇评价非常好的综述，内容是关于磷酸化位点的计算预测方法。

参　考　文　献

Alderson, R.G., De Ferrari, L., Mavridis, L. et al. 2012. Enzyme informatics. *Current Topics in Medicinal Chemistry* **12**(17), 1911–1912. PMID: 23116471.

Amoresano, A., Carpentieri, A., Giangrande, C. et al. 2009. Technical advances in proteomics mass spectrometry: identification of post–translational modifications. *Clinical Chemistry and Laboratory Medicine* **47**(6), 647–665. PMID: 19426139.

Arnott, D.P., Gawinowicz, M., Grant, R.A. et al. 2002. Proteomics in mixtures: study results of ABRF–PRG02. *Journal of Biomolecular Techniques* **13**, 179–186.

Arnott, D., Gawinowicz, M.A., Grant, R.A. *et al.* 2003. ABRF–PRG03: phosphorylation site determination. *Journal of Biomolecular Techniques* **14**(3), 205–215. PMID: 13678151.

Artimo, P., Jonnalagedda, M., Arnold, K. *et al.* 2012. ExPASy: SIB bioinformatics resource portal. *Nucleic Acids Research* **40**(Web Server issue), W597–603. PMID: 22661580.

Ashburner, M., Ball, C.A., Blake, J.A. *et al.* 2000. Gene ontology: Tool for the unification of biology. The Gene Ontology Consortium. *Nature Genetics* **25**, 25–29. PMID: 10802651.

Austen, B. M., Westwood, O. M. 1991. *Protein Targeting and Secretion*. IRL Press, Oxford.

Becnel, L.B., McKenna, N.J. 2012. Minireview: progress and challenges in proteomics data management, sharing, and integration. *Journal of Molecular Endocrinology* **26**(10), 1660–1674. PMID: 22902541.

Beissbarth, T. 2006. Interpreting experimental results using gene ontologies. *Methods in Enzymology* **411**, 340–352.

Blom, N., Gammeltoft, S., Brunak, S. 1999. Sequence- and structure-based prediction of eukaryotic protein phosphorylation sites. *Journal of Molecular Biology* **294**, 1351–1362.

Blom, N., Sicheritz-Pontén, T., Gupta, R., Gammeltoft, S., Brunak, S. 2004. Prediction of post-translational glycosylation and phosphorylation of proteins from the amino acid sequence. *Proteomics* **4**(6), 1633–1649. PMID: 15174133.

Bork, P., Gibson, T. J. 1996. Applying motif and profile searches. *Methods in Enzymology* **266**, 162–184.

Bork, P., Koonin, E. V. 1996. Protein sequence motifs. *Current Opinion in Structural Biology* **6**, 366–376.

Bruce, C., Stone, K., Gulcicek, E., Williams, K. 2013. Proteomics and the analysis of proteomic data: 2013 overview of current protein-profiling technologies. *Current Protocols in Bioinformatics* **Chapter** 13, Unit 13.21. PMID: 23504934.

Brune, D.C., Hampton, B., Kobayashi, R. *et al.* 2007. ABRF ESRG 2006 study: Edman sequencing as a method for polypeptide quantitation. *Journal of Biomolecular Techniques* **18**(5), 306–320. PMID: 18166674.

Carrette, O., Burkhard, P.R., Sanchez, J.C., Hochstrasser, D.F. 2006. State-of-the-art two-dimensional gel electrophoresis: a key tool of proteomics research. *Nature Protocols* **1**, 812–823. PMID: 17406312.

Casadio, R., Martelli, P.L., Pierleoni, A. 2008. The prediction of protein subcellular localization from sequence: a shortcut to functional genome annotation. *Briefings in Functional Genomics and Proteomics* **7**(1), 63–73. PMID: 18283051.

Choudhary, C., Mann, M. 2010. Decoding signalling networks by mass spectrometry-based proteomics. *Nature Reviews Molecular Cell Biology* **11**(6), 427–439. PMID: 20461098.

Cooper, T. G. 1977. *The Tools of Biochemistry*. Wiley, New York.

Copley, R. R., Schultz, J., Ponting, C. P., Bork, P. 1999. Protein families in multicellular organisms. *Current Opinion in Structural Biology* **9**, 408–415.

Copley, R.R., Doerks, T., Letunic, I., Bork, P. 2002. Protein domain analysis in the era of complete genomes. *FEBS Letters* **513**, 129–134.

Curreem, S.O., Watt, R.M., Lau, S.K., Woo, P.C. 2012. Two-dimensional gel electrophoresis in bacterial proteomics. *Protein and Cell* **3**(5), 346–363. PMID: 22610887.

del-Toro, N., Dumousseau, M., Orchard, S. *et al.* 2013. A new reference implementation of the PSIC-QUIC web service. *Nucleic Acids Research* **41**(Web Server issue), W601–606. PMID: 23671334.

Derouiche, A., Cousin, C., Mijakovic, I. 2012. Protein phosphorylation from the perspective of systems biology. *Current Opinion in Biotechnology* **23**(4), 585–590. PMID: 22119098.

Dissmeyer, N., Schnittger, A. 2011. The age of protein kinases. *Methods in Molecular Biology* **779**, 7–52. PMID: 21837559.

Doerr, A. 2013. Mass spectrometry-based targeted proteomics. *Nature Methods* **10**(1), 23. PMID: 23547294.

Doolittle, R. F. 1995. The multiplicity of domains in proteins. *Annual Reviews of Biochemistry* **64**, 287–314.

Edman, P. 1949. A method for the determination of amino acid sequence in peptides. *Arch. Biochem.* **22**(3), 475. PMID: 18134557.

Eisenhaber, B., Eisenhaber, F. 2010. Prediction of posttranslational modification of proteins from their amino acid sequence. *Methods in Molecular Biology* **609**, 365–384. PMID: 20221930.

Emanuelsson, O., Brunak, S., von Heijne, G., Nielsen, H. 2007. Locating proteins in the cell using TargetP, SignalP and related tools. *Nature Protocols* **2**, 953–971. PMID: 17446895.

Emes, R.D. 2008. Inferring function from homology. *Methods in Molecular Biology* **453**, 149–168. PMID: 18712301.

Falick, A.M., Lane, W.S., Lilley, K.S. *et al.* 2011. ABRF-PRG07: advanced quantitative proteomics study. *Journal of Biomolecular Techniques* **22**(1), 21–26. PMID: 21455478.

Flicek, P., Amode, M.R., Barrell, D. *et al.* 2014. Ensembl 2014. *Nucleic Acids Research* **42**(1), D749–755. PMID: 24316576.

Frankel, A. D., Young, J. A. 1998. HIV-1: Fifteen proteins and an RNA. *Annual Reviews of Biochemistry* **67**, 1–25.

Gene Ontology Consortium. 2001. Creating the gene ontology resource: Design and implementation. *Genome Research* **11**, 1425–1433.

Gene Ontology Consortium. 2010. The Gene Ontology in 2010: extensions and refinements. *Nucleic Acids Research* **38**(Database issue), D331–335. PMID: 19920128.

Geppert, M., Goda, Y., Stevens, C. F., Sudhof, T. C. 1997. The small GTP-binding protein Rab3A regulates a late step in synaptic vesicle fusion. *Nature* **387**, 810–814.

Goel, R., Muthusamy, B., Pandey, A., Prasad, T.S. 2011. Human protein reference database and human proteinpedia as discovery resources for molecular biotechnology. *Molecular Biotechnology* **48**(1), 87–95. PMID: 20927658.

Gonzalez-Galarza, F.F., Qi, D., Fan, J., Bessant, C., Jones, A.R. 2014. A tutorial for software development in quantitative proteomics using PSI standard formats. *Biochimica et Biophysica Acta* **1844**(1 Pt A), 88–97. PMID: 23584085.

Görg, A., Weiss, W., Dunn, M.J. 2004. Current two-dimensional electrophoresis technology for proteomics. *Proteomics* **4**, 3665–3685.

Gstaiger, M., Aebersold, R. 2009. Applying mass spectrometry-based proteomics to genetics, genomics and network biology. *Nature Reviews Genetics* **10**(9), 617–627. PMID: 19687803.

Gribskov, M., Veretnik, S. 1996. Identification of sequence pattern with profile analysis. *Methods in Enzymology* **266**, 198–212. PMID: 8743686.

Gribskov, M., McLachlan, A.D., Eisenberg, D. 1987. Profile analysis: detection of distantly related proteins. *Proceedings of the National Academy of Science, USA* **84**(13), 4355–4358. PMID: 3474607.

Henikoff, S., Greene, E.A., Pietrokovski, S. *et al.* 1997. Gene families: The taxonomy of protein paralogs and chimeras. *Science* **278**, 609–614. PMID: 9381171.

Higgins, D.G., Thompson, J.D., Gibson, T.J. 1996. Using CLUSTAL for multiple sequence alignments. *Methods in Enzymology* **266**, 383–402. PMID: 8743695.

Hoogland, C., Mostaguir, K., Sanchez, J.C., Hochstrasser, D.F., Appel, R.D. 2004. SWISS-2DPAGE, ten years later. *Proteomics* **4**(8):2352–2356. PMID: 15274128.

Horton, P., Park, K.J., Obayashi, T. *et al.* 2007. WoLF PSORT: protein localization predictor. *Nucleic Acids Research* **35**(Web Server issue), W585–587. PMID: 17517783.

Hunter, S., Jones, P., Mitchell, A. *et al.* 2012. InterPro in 2011: new developments in the family and domain prediction database. *Nucleic Acids Research* **40**(Database issue), D306–312. PMID: 22096229.

Iimure, T., Kihara, M., Sato, K. 2014. Beer and wort proteomics. *Methods in Molecular Biology* **1072**, 737–754. PMID: 24136560.

Imai, K., Nakai, K. 2010. Prediction of subcellular locations of proteins: where to proceed? *Proteomics* **10**(22), 3970–3983). PMID: 21080490.

Ivanov, A.R., Colangelo, C.M., Dufresne, C.P. *et al.* 2013. Interlaboratory studies and initiatives developing standards for proteomics. *Proteomics* **13**(6), 904–909. PMID: 23319436.

Jacq, B. 2001. Protein function from the perspective of molecular interactions and genetic networks. *Briefings in Bioinformatics* **2**, 38–50. PMID: 11465061.

Jones, D.T. 2001. Protein structure prediction in genomics. *Briefings in Bioinformatics* **2**, 111–125.

Käll, L., Krogh, A., Sonnhammer, E.L. 2007. Advantages of combined transmembrane topology and signal peptide prediction: the Phobius web server. *Nucleic Acids Research* **35**, W429–432.

Kalume, D.E., Molina, H., Pandey, A. 2003. Tackling the phosphoproteome: tools and strategies. *Current Opinion in Chemical Biology* **7**, 64–69.

Kristensen, D.M., Kannan, L., Coleman, M.K. *et al.* 2010. A low-polynomial algorithm for assembling clusters of orthologous groups from intergenomic symmetric best matches. *Bioinformatics* **26**(12), 1481–1487. PMID: 20439257.

Krogh, A., Larsson, B., von Heijne, G., Sonnhammer, E.L. 2001. Predicting transmembrane protein topology with a hidden Markov model: application to complete genomes. *Journal of Molecular Biology* **305**, 567–580.

Kumar, C., Mann, M. 2009. Bioinformatics analysis of mass spectrometry-based proteomics data sets. *FEBS Letters* **583**(11), 1703–1712. PMID: 19306877.

Kyte, J., Doolittle, R.F. 1982. A simple method for displaying the hydropathic character of a protein. *Journal of Molecular Biology* **157**(1), 105–132. PMID: 7108955.

Langen, H., Berndt, P., Röder, D. *et al.* 1999. Two-dimensional map of human brain proteins. *Electrophoresis* **20**, 907–916. PMID: 10344266.

Lee, D., Redfern, O., Orengo, C. 2007. Predicting protein function from sequence and structure. *Nature Reviews Molecular Cell Biology* **8**(12), 995–1005. PMID: 18037900.

Lomize, A.L., Lomize, A.L., Pogozheva, I.D., Mosberg, H.I. 2011. Anisotropic solvent model of the lipid bilayer. 2. Energetics of insertion of small molecules, peptides, and proteins in membranes. *Journal of Chemical Information and Modeling* **51**(4), 930–946. PMID: 21438606.

Lupas, A. 1997. Predicting coiled-coil regions in proteins. *Current Opinion in Structural Biology* **7**, 388–393.

Lupas, A., Van Dyke, M., Stock, J. 1991. Predicting coiled coils from protein sequences. *Science* **252**, 1162–1164.

Lüthy, R., Xenarios, I., Bucher, P. 1994. Improving the sensitivity of the sequence profile method. *Protein Science* **3**(1), 139–146. PMID: 7511453.

Mann, G. 1906. *The Chemistry of the Proteids*. The Macmillan Company, New York.

Marcotte, E.M. 2007. How do shotgun proteomics algorithms identify proteins? *Nature Biotechnology* **25**, 755–757.

Malik, R., Dulla, K., Nigg, E.A., Körner, R. 2010. From proteome lists to biological impact—tools and strategies for the analysis of large MS data sets. *Proteomics* **10**(6), 1270–1283. PMID: 20077408.

Martens, L., Orchard, S., Apweiler, R., Hermjakob, H. 2007. Human proteome organization proteomics standards initiative: data standardization, a view on developments and policy. *Molecular and Cellular Proteomics* **6**, 1666–1667.

Martínez-Bartolomé, S., Deutsch, E.W., Binz, P.A. *et al.* 2013. Guidelines for reporting quantitative mass spectrometry based experiments in proteomics. *Journal of Proteomics* **95**, 84–88. PMID: 23500130.

Martínez-Bartolomé, S., Binz, P.A., Albar, J.P. 2014. The Minimal Information About a Proteomics Experiment (MIAPE) from the Proteomics Standards Initiative. *Methods in Molecular Biology* **1072**, 765–780. PMID: 24136562.

Martins-de-Souza, D., Guest, P.C., Guest, F.L. *et al.* 2012. Characterization of the human primary visual cortex and cerebellum proteomes using shotgun mass spectrometry–data–independent analyses. *Proteomics* **12**(3), 500–504. PMID: 22162416.

Mayer, G., Montecchi-Palazzi, L., Ovelleiro, D. *et al.* 2013. The HUPO proteomics standards initiative: mass spectrometry controlled vocabulary. *Database* (Oxford) **2013**, bat009. PubMed PMID: 23482073.

Mazumder, R., Vasudevan, S., Nikolskaya, A.N. 2008. Protein functional annotation by homology. *Methods in Molecular Biology* **484**, 465 490. PMID: 18592196.

Miller, M.L., Blom, N. 2009. Kinase-specific prediction of protein phosphorylation sites. *Methods in Molecular Biology* **527**, 299–310. PMID: 19241022.

Minden, J.S. 2012. DIGE: past and future. *Methods in Molecular Biology* **854**, 3–8. PMID: 22311749.

Mishra, G.R., Suresh, M., Kumaran, K. *et al.* 2006. Human protein reference database: 2006 update. *Nucleic Acids Research* **34**(Database issue), D411–414.

Muthusamy, B., Thomas, J.K., Prasad, T.S., Pandey, A. 2013. Access guide to human proteinpedia. *Current Protocols in Bioinformatics* **Chapter 1**, Unit 1.21. PMID: 23504933.

Nakazawa, T., Yamaguchi, M., Okamura, T.A. *et al.* 2008. Terminal proteomics: N– and C–terminal analyses for high–fidelity identification of proteins using MS. *Proteomics* **8**(4), 673–685. PMID: 18214847.

Nugent, T., Jones, D.T. 2012. Membrane protein structural bioinformatics. *Journal of Structural Biology* **179**(3), 327–337. PMID: 22075226.

O'Farrell, P. H. 1975. High resolution two-dimensional electrophoresis of proteins. *Journal of Biological Chemistry* **250**, 4007–4021.

Orchard, S. 2012. Molecular interaction databases. *Proteomics* **12**(10), 1656–1662. PMID: 22611057.

Orchard, S. 2014. Data standardization and sharing: the work of the HUPO-PSI. *Biochimica et Biophysica Acta* **1844**(1 Pt A), 82–87. PMID: 23524294.

Orchard, S., Hermjakob, H. 2011. Data standardization by the HUPO–PSI: how has the community benefitted? *Methods in Molecular Biology* **696**, 149–160. PMID: 21063946.

Orchard, S., Binz, P.A., Borchers, C. *et al.* 2012. Ten years of standardizing proteomic data: a report on the HUPO-PSI Spring Workshop: April 12–14th, 2012, San Diego, USA. *Proteomics* **12**(18), 2767–2772. PMID: 22969026.

Panfoli, I., Calzia, D., Santucci, L. *et al.* 2012. A blue dive: from 'blue fingers' to 'blue silver'. A comparative overview of staining methods for in-gel proteomics. *Expert Review of Proteomics* **9**(6), 627–634. PMID: 23256673.

Perkins, D.N., Pappin, D.J., Creasy, D.M., Cottrell, J.S. 1999. Probability-based protein identification by searching sequence databases using mass spectrometry data. *Electrophoresis* **20**(18), 3551–3567. PMID: 10612281.

Pevsner, J., Hou, V., Snowman, A. M., Snyder, S. H. 1990. Odorant-binding protein. Characterization of ligand binding. *Journal of Biological Chemistry* **265**, 6118–6125. PMID: 2318850

Ponting, C. P. 2001. Issues in predicting protein function from sequence. *Briefings in Bioinformatics* **2**, 19–29. PMID: 11465059.

Poole, R.K., Hughes, M.N. 2000. New functions for the ancient globin family: bacterial responses to nitric oxide and nitrosative stress. *Molecular Microbiology* **36**, 775–783.

Powell, S., Szklarczyk, D., Trachana, K. *et al.* 2012. eggNOG v3.0: orthologous groups covering 1133 organisms at 41 different taxonomic ranges. *Nucleic Acids Research* **40**(Database issue), D284–289. PMID: 22096231.

Ptacek, J., Snyder, M. 2006. Charging it up: global analysis of protein phosphorylation. *Trends Genetics* **22**, 545–554.

Ptacek, J., Devgan, G., Michaud, G. *et al.* 2005. Global analysis of protein phosphorylation in yeast. *Nature* **438**, 679–684. PMID: 16319894.

Punta, M., Forrest, L.R., Bigelow, H. *et al.* 2007. Membrane protein prediction methods. *Methods* **41**(4), 460–474. PMID: 17367718.

Raes, J., Harrington, E.D., Singh, A.H., Bork, P. 2007. Protein function space: viewing the limits or limited by our view? *Current Opinion in Structural Biology* **17**, 362–369.

Ratnam, M., Nguyen, D. L., Rivier, J., Sargent, P. B., Lindstrom, J. 1986. Transmembrane topography of nicotinic acetylcholine receptor: Immunochemical tests contradict theoretical predictions based on hydrophobicity profiles. *Biochemistry* **25**, 2633–2643.

Righetti, P.G. 2013. Bioanalysis: Heri, hodie, cras. *Electrophoresis* **34**(11), 1442–1451. PMID: 23417314.

Roepstorff, P. 2012. Mass spectrometry based proteomics, background, status and future needs. *Protein and Cell* **3**(9), 641–647. PMID: 22926765.

Sabidó, E., Selevsek, N., Aebersold, R. 2012. Mass spectrometry-based proteomics for systems biology. *Current Opinion in Biotechnology* **23**(4), 591–597. PMID: 22169889.

Sanger, F., Tuppy, H. 1951. The amino-acid sequence in the phenylalanyl chain of insulin. I. The identification of lower peptides from partial hydrolysates. *Biochemistry Journal* **49**(4), 463–481. PMID: 14886310.

Shively, J.E. 2000. The chemistry of protein sequence analysis. *EXS* **88**, 99–117.

Sigrist, C. J. *et al.* 2002. PROSITE: A documented database using patterns and profiles as motif descriptors. *Briefings in Bioinformatics* **3**, 265–274.

Sigrist, C.J., de Castro, E., Cerutti, L. *et al.* 2013. New and continuing developments at PROSITE. *Nucleic Acids Research* **41**(Database issue), D344–347. PMID: 23161676.

Sonnhammer, E. L., Kahn, D. 1994. Modular arrangement of proteins as inferred from analysis of homology. *Protein Science* **3**, 482–492.

Stroud, R. M., Walter, P. 1999. Signal sequence recognition and protein targeting. *Current Opinion in Structural Biology* **9**, 754–759.

Takai, Y., Sasaki, T., Matozaki, T. 2001. Small GTP-binding proteins. *Physiology Review* **81**, 153–208.

Tanford, C. 1980. *The Hydrophobic Effect: Formation of Micelles and Biological Membranes.* John Wiley & Sons, New York.

Tatusov, R.L., Koonin, E.V., Lipman, D.J. 1997. A genomic perspective on protein families. *Science* **278**, 631–637.

Tatusov, R.L., Fedorova, N.D., Jackson, J.D. *et al.* 2003. The COG database: an updated version includes eukaryotes. *BMC Bioinformatics* **4**, 41. PMID: 12969510.

Taylor, C.F., Paton, N.W., Lilley, K.S. *et al.* 2007. The minimum information about a proteomics experiment (MIAPE). *Nature Biotechnology* **25**, 887–893. PMID: 17687369.

Temporini, C., Calleri, E., Massolini, G., Caccialanza, G. 2008. Integrated analytical strategies for the study of phosphorylation and glycosylation in proteins. *Mass Spectrometry Review* **27**(3), 207–236. PMID: 18335498.

Thelen, J.J., Miernyk, J.A. 2012. The proteomic future: where mass spectrometry should be taking us. *Biochemistry Journal* **444**(2), 169–181. PMID: 22574775.

Thomas, P.D., Mi, H., Lewis, S. 2007. Ontology annotation: mapping genomic regions to biological function. *Current Opinion in Chemical Biology* **11**, 4–11.

Thompson, J.D., Higgins, D.G., Gibson, T.J. 1994a. Improved sensitivity of profile searches through the use of sequence weights and gap excision. *Computer Applications in the Biosciences* **10**(1), 19–29. PMID: 8193951.

Thompson, J.D., Higgins, D.G., Gibson, T.J. 1994b. CLUSTAL W: improving the sensitivity of progressive multiple sequence alignment through sequence weighting, position-specific gap penalties and weight matrix choice. *Nucleic Acids Research* **22**(22), 4673–4680. PMID: 7984417.

Trost, B., Kusalik, A. 2011. Computational prediction of eukaryotic phosphorylation sites. *Bioinformatics* **27**(21), 2927–2935. PMID: 21926126.

Turewicz, M., Deutsch, E.W. 2011. Spectra, chromatograms, Metadata: mzML—the standard data format for mass spectrometer output. *Methods in Molecular Biology* **696**, 179–203. PMID: 21063948.

Tusnády, G.E., Simon, I. 2010. Topology prediction of helical transmembrane proteins: how far have we reached? *Current Protein and Peptide Science* **11**(7), 550–561. PMID: 20887261.

UniProt Consortium. 2013. Update on activities at the Universal Protein Resource (UniProt) in 2013. *Nucleic Acids Research* **41**(Database issue), D43–47. PMID: 23161681.

Venter, J.C. *et al.* 2004. Environmental genome shotgun sequencing of the Sargasso Sea. *Science* **304**, 66–74.

Viswanathan, S., Unlü, M., Minden, J.S. 2006. Two-dimensional difference gel electrophoresis. *Nature Protocols* **1**, 1351–1358. PMID: 17406422.

Vizcaíno, J.A., Côté, R.G., Csordas, A. *et al.* 2013. The PRoteomics IDEntifications (PRIDE) database and associated tools: status in 2013. *Nucleic Acids Research* **41**(Database issue), D1063–1069. PMID: 23203882.

von Heijne, G. 1992. Membrane protein structure prediction. Hydrophobicity analysis and the positive-inside rule. *Journal of Molecular Biology* **225**(2), 487–494. PMID: 1593632.

Walsh, C.T. 2006. *Posttranslational Modification of Proteins: Expanding Nature's Inventory.* Roberts and Company, Englewood, CO.

Walsh, G.M., Rogalski, J.C., Klockenbusch, C., Kast, J. 2010. Mass spectrometry-based proteomics in biomedical research: emerging technologies and future strategies. *Expert Reviews in Molecular Medicine* **12**, e30. PMID: 20860882.

Washburn, M.P. 2011. Driving biochemical discovery with quantitative proteomics. *Trends in Biochemical Science* **36**(3), 170–177. PMID: 20880711.

Westerbrink, H.G.K. 1966. Biochemistry in Holland. *Clio Medica* **1**(2), 153.

Whetzel, P.L., Parkinson, H., Stoeckert, C.J. Jr. 2006. Using ontologies to annotate microarray experiments. *Methods in Enzymology* **411**, 325–339.

Wong, W.C., Maurer-Stroh, S., Eisenhaber, F. 2010. More than 1,001 problems with protein domain databases: transmembrane regions, signal peptides and the issue of sequence homology. *PLoS Comput. Biol.* **6**(7), e1000867. PMID: 20686689.

Yooseph, S. *et al.* 2007. The Sorcerer II Global Ocean Sampling expedition: expanding the universe of protein families. *PLoS Biology* **5**, e16.

Zanzoni, A., Carbajo, D., Diella, F. *et al.* 2011. Phospho3D 2.0: an enhanced database of three-dimensional structures of phosphorylation sites. *Nucleic Acids Research* **39**(Database issue), D268–271. PMID: 20965970.

von Heijne, G., 1992. Membrane protein structure prediction. Hydrophobicity analysis and the
'positive-inside' rule. Journal of Molecular Biology. 225(2), 487–494. PMID: 1453457.

Wible, G.T., 2006. Pharmaceutical Modification of Proteins: Expanding Nature's Inventory
and Company, Englewood, CO.

Walsh, G.M., Rogalski, J.C., Klockenbusch, C., Kast, J., 2010. Mass spectrometry-based proteomics in
biomedical research: emerging technologies and future strategies. Expert Reviews in Molecular Medi-
cine, 12, e30. PMID: 20858382

Washburn, M.P., 2011. Driving biochemical discovery with quantitative proteomics. Trends in Biochem-
ical Science, 36(3), 170–177. PMID: 20801711.

Wieschhuh, H.U.K., 1960. Biochemistry. In Holland. Clin Med (a), 1(2), 152.

Whitear, P.L., Parkinson, H., Sheehnel, C.J., 2006. Using ontologies to annotate microarray experi-
ments. Methods in Enzymology, 411, 325–339.

Wong, W.C., Maupy-Stroh, S., Eisenhaber, F., 2010. More than 1,001 problems with protein domain
databases: transmembrane regions, signal peptides and the issue of sequence homology. PLoS Comput
Biol, 6(7), e1000867. PMID: 20686682.

第 13 章

蛋白质结构

去佛罗伦萨艺术学院参观的游客可以看到花岗岩经米开朗琪罗之手所呈现出的宏伟的雕塑。类似地，非晶体学家也能够以晶体学家的视角在探索晶体内所隐藏的精妙的结构之前来欣赏一个具有严格构象的晶体。蛋白质结构数据库（Protein Data Bank，PDB）就像是一个拥有各种分子模型的博物馆，展示了可能如生命本身一样古老的各种自然奇迹和复杂形态。在交互式绘图和网络的帮助下，PDB 使得这些分子模型可以以非常方便的方式呈现给大众。随着我们在持续地构建、比较和拓展分子模型的数据库，还有哪些自然奇迹未被发现呢？

——Edgar F. Meyer（1997）

学习目标

通过学习这章你将能够：

- 理解蛋白质一级、二级、三级、四级结构的原理；
- 使用 NCBI 的 CN3D 工具查看蛋白质结构；
- 使用 NCBI 的 VAST 工具比对两个结构；
- 阐述 PDB 的功能，包括它的目的、内容和工具；
- 阐述构建蛋白质结构注释数据库（例如 SCOP，CATH）的意义；
- 了解蛋白质三维结构的建模方法。

Christian Anfinsen 赢得了 1972 年诺贝尔化学奖，"因为他对核糖核酸酶的研究贡献，特别是关于氨基酸序列与生物活性构象之间的联系"。（http://nobelprize.org/nobel_prizes/chemistry/laureates/1972/，链接 13.4）。

13.1　蛋白质结构总结

蛋白质具有极其丰富的构象，可通过多种不同的方式与其所处的细胞环境进行交互作用。蛋白质的主要类型有三种：结构蛋白（如微管蛋白和肌动蛋白）、膜蛋白（如光受体和离子通道）和球蛋白（如球蛋白）。

蛋白质的功能由它的三维结构决定，而蛋白质的三维结构则由它的初级（线性）氨基酸序列所决定。在 20 世纪 50 年代，Christian Anfinsen 等做了一系列精妙的实验。他们从牛胰腺中纯化出了核糖核酸酶并使用尿素使之变性。该酶上存在四个二硫键，由八个巯基形成。当变性后的核糖核酸酶在去除尿素后，其又可重新折叠成与天然核糖核酸酶一样的三维构象。Anfinsen 提出了蛋白质的热力学假说（Anfinsen，1973）。该假说认为在生理条件下，一个天然蛋白质的三维结构为系统吉布斯自由能最低的结构。我们可以绘制出一个蛋白质的所有可能结构的能量全景图，从中可以看到蛋白质倾向于采取自由能最小化的结构。Anfinsen 的工作帮助我们巩固了这样一个概念：蛋白质的三维结构本质上是由其线性的氨基酸序列决定的。

20 世纪 50 年代，研究者利用 X 射线晶体衍射技术解析了血红蛋白、肌红蛋白、核糖核酸酶以及胰岛素的三维结构。1957 年，John Kendrew 和他的同事得到了肌红蛋白的三维结构，分辨率可达 6Å，足以重建蛋白的主要轮廓。不久之后，分辨率提高到了 2Å，这使得人们第一次可以从空间上描述组成一个蛋白质的所有原子组成的信息，也使得蛋白质功能（这里是肌红蛋白作为氧携带者）的结构基础得以阐明。如今，蛋白质结构的核心数据库——PDB（Protein Data Bank，蛋白质数据银行）已经包含了超过 100000 个蛋白质的三维结构信息（详见下文"Protein Data Bank"）。

在本章中，我们将从蛋白质的一级、二级、三级、四级结构四个方面来考察蛋白质结构。我们也会介绍结构基因组学的倡议，基于该倡议目前已鉴定了一系列多种多样的高分辨率蛋白质结构，涉及到的蛋白质来自横跨了生命树中的许多物种，也包括了各种自然界中蛋白质所采取的空间构象。我们将介绍蛋白质结构的主要数据库，the Protein Data Bank (PDB)，以及三个蛋白质结构可视化软件，包括 PDB 的 WebMol、NCBI 的 Cn3D、ExPASy 中的 DeepView。还有很多数据库可提供蛋白质结构信息的分析结果，这里我们将介绍其中的主要三个数据库：CATH、SCOP 和 the Dali Domain Dictionary。最后，我们将讨论蛋白质结构预测，它奠定了结构基因组学这一新兴领域的基础。

> 埃（简称 Å）为 0.1 纳米或 10^{-10} 米；碳-碳键距离约 1.5Å。"基于他们对球形蛋白质结构的研究"，John Kendrew 和 Max Perutz 共同获得 1962 年度诺贝尔化学奖；参见 http://nobelprize.org/nobel_prizes/chemistry/laureates/1962/（链接 13.5）。

蛋白质序列和结构

正如第 12 章所述，关于蛋白质的一个最重要的问题就是其功能。一个蛋白质的功能通常可以基于它与其他蛋白的同源关系来确定，当其他蛋白的功能已知或已通过计算方法等手段被推断出来时，则该功能就会被转移给这个蛋白质（Holm，1998；Domingues 等，2000）。两个拥有相似结构的蛋白质经常被认为功能相似。例如，两个受体蛋白可能拥有相似的结构，即使它们在结合配体和信号传导方面具有不同的能力，它们的基本功能仍然相同。

有很多不同类型的 BLAST 搜索可被用来寻找蛋白质之间的同源信息（第 4 章、第 5 章）。然而，许多蛋白质序列之间只有极为有限的相似性。我们以视黄醇结合蛋白和气味分子结合蛋白为例：它们都是质量为 20kDa 左右的脂质运载蛋白，同时也是含量丰富的分泌载体蛋白。它们都有一个 GXW 基序，这是脂质运载蛋白的特征。然而，通过氨基酸序列很难检测到它们之间的同源性。通过双序列比对，这两条蛋白序列只有 20% 以下的一致性。相比于氨基酸序列，蛋白质的结构和功能在进化上要更为保守。因此，这些蛋白质的三维结构出奇地相似。在将肌红蛋白与 α 球蛋白和 β 球蛋白比较时，我们也已发现了类似的关系（图 3.1）。

我们是否能归纳出蛋白质氨基酸序列与蛋白质结构之间的关系？显然，在某些情况下即便只有一个氨基酸的替换也可能导致蛋白质结构的剧烈改变，例如蛋白质的致病突变（见章末的"蛋白质结构与疾病"部分）。但很多其他的氨基酸替换对蛋白质结构并没有导致可被观察到的效应（Anfinsen 在 1973 年讨论过）。氨基酸序列的改变速率快于三维结构的改变速率是一个普遍的现象，脂质运载蛋白就是一个例子。

> 在大鼠视黄醇结合蛋白（P04916）和大鼠的气味分子结合蛋白（NP_620258）之间很难做双序列比对。对这两个蛋白序列利用 BLASTP 工具做比对没有得到显著结果，即使把参数设置较大的期望值和适合远缘蛋白的评分矩阵，结果也是一样。如果做 DELTA-BLAST 搜索（用大鼠 OBP 作为查询），经过多次迭代最终才会检测出视黄醇结合蛋白。在上机实验（13.4）中，我们将比较两种蛋白质的三维结构，并通过 DaliLite 服务器证明它们是同源的。

结构生物学致力于回答的生物学问题：以球蛋白为例

我们可以用球蛋白来说明结构生物学的一些关键问题：

• 每个蛋白质转运的配体是什么？很多时候答案是未知的。能否通过结构研究发现蛋白质的结合域从而明确配体？要通过序列信息来预测配体，我们还必须知道多少蛋白质结构信息？

• 球蛋白基因的突变会导致一系列疾病，包括地中海贫血和镰状细胞贫血病（第 21 章）。我们能否预测一个特定突变对结构和功能的影响？

我们会在这章的结尾讨论固有无序蛋白（章节："固有无序蛋白质"）。这些蛋白没有一个固定的天然结构。

- 基于系统发生分析和蛋白质在系统进化中的位置，球蛋白可被分为几个亚类。这样的分类能在多大程度上反映蛋白质在结构和功能上的相似性？
- 当一个基因组被测序完成并且一个编码新的球蛋白的基因被发现后，我们能否通过其他有已知结构的球蛋白的信息来预测新球蛋白的结构？

13.2　蛋白质结构原理

蛋白质结构可在几个水平上被定义。一级结构指一个多肽链上氨基酸残基的线性序列，例如人类 β 球蛋白 ［图 13.1(a)］。二级结构指的是由一级结构中的氨基酸序列所排列而成的基序，例如 α 螺旋、β 折叠、无规则卷曲 ［或者环；图 13.1(b)］。三级结构指的是通过把二级结构元素压缩成球状结构域所形成的三维空间排列 ［图 13.1(c)］。最后，四级结构涉及到几个多肽链的相互排列。如图 13.1(d) 描述了两个 α 球蛋白和两个 β 球蛋白结合在一起形成的成熟的血红蛋白，该血红蛋白同时结合了 4 个血红素分子。包括配体结合位点和酶催化活性位点在内的蛋白质重要功能区域的形成都发生在三级和四级结构水平上。接下来，我们将以肌红蛋白和血红蛋白为例介绍蛋白质在不同水平上的结构。

一级结构

自然状态下，每个蛋白质的初级氨基酸序列决定了它的三维结构。蛋白质通过折叠形成天然结构，在折叠过程中有时需要分子伴侣的参与。折叠过程极其迅速，由数秒到几分钟不等。以大肠杆菌为例，其每 20min 会发生一次分裂，这就要求其数以千计的蛋白质都要在这个有限的时间内表达，并（通过折叠）行使功能。蛋白质天然结构的形成也可能要依赖一些翻译后修饰，如添加糖基或形成二硫键。核心的问题，也即蛋白质折叠问题，是每个细胞是如何把初级氨基酸序列翻译成正确的结构信息的。结构生物学家所面临的挑战在于：①如何理解蛋白质折叠的生物学过程；②如何仅根据蛋白质一级序列信息来预测其三维结构。

值得注意的是，在同一天的会议上，（1902 年 9 月 22 日）有两名研究者：Franz Hofmeister 和 Emil Fisher 都宣布发现了肽键。Fisher 获得 1902 年诺贝尔奖，以表彰"他在糖类和嘌呤合成方面所作出的突出贡献"（ http://nobelprize. org/nobel _ prizes/chemistry/laureates/1902/，链接 13.6）。Fisher 在蛋白质研究领域，发现了脯氨酸和羟脯氨酸，合成了长度至多八个氨基酸残基的多肽，并针对（酪蛋白等）蛋白质成分分析设计出新的方法。

蛋白质的合成发生在核糖体内。在核糖体内，氨基酸通过肽键连接成一个多肽链。每一个氨基酸由一个氨基基团、一个中心碳原子 Cα、一个侧链 R 基团还有一个羧基基团构成 ［图 13.2(a)］。肽键是一个氨基酸的羧基和下一个氨基酸的氨基所形成的酰胺键。肽键在形成过程中会脱去一个水分子。一个多肽链的基本重复单元因此由 NH—CαH—CO 及一个从不同氨基酸的 Cα 所延伸出的 R 基团构成。在甘氨酸中，R 基团是一个 H 原子，因此它不具有手性。但其他氨基酸的 R 基团并不是 H，因此中心碳原子 Cα 就连接了四个不同的基团，从而使得大多数氨基酸具有了手性（L-和 D-）。

在本章结尾，我们在"上机实验"部分描述了如何获得 DeepView 软件 (13.3)。人类肌红蛋白 3RGK 的 PDB 文件可在 Web 文档 13.1 http://www.bioinfbook.org/chapter13. 获得。SwissModel 在 http://swissmodel. expasy.org/（链接 13.7）。

多肽链骨架上的氨基酸残基被局限在一个肽键平面上，并被限制只能在一定的键角范围内移动 ［图 13.2(b)，Branden 和 Tooze，1991；Shulz 和 Schirmer，1979］。Phi(φ) 指的是肽键平面围绕 N-Cα 键旋转的角度，psi(ψ) 则是肽键平面围绕 Cα-C' 键旋转的角度。甘氨酸是一种特殊的氨基酸，因为它的 $\varphi\psi$ 角度的组合具有其他氨基酸所不具备的灵活性。大部分氨基酸的 φ 和 ψ 都被限制在一个可容许范围，使得其倾向于形成特定的蛋白质二级结构。

DeepView 是一个流行的查看蛋白质结构和分析单个或多个蛋白质结构特征的软件。该软件还可以与 SwissModel（一个进行自动话比较建模的服务器）结合使用。DeepView 可以在 ExPASy 网站下载（第 12 章）。当我们把一个肌红蛋白的 PDB 格式文件载入该软件后，可以看到在控制栏中有各种对蛋白质结构进行人工操作和分析的选项 ［图 13.2(c)］。使用该控制面板，我们可以选取肌红蛋白的前两个氨基酸（甘氨酸-亮氨酸），并得到对应的键角信息 ［图 13.2(c)、(d)］。检查键角的一个原因是因为它能提供关于蛋白质二级结构的信息。关于这点，我们将在下面详细阐述。

(a) 一级结构

MVHLTPEEKSAVTALWGKVNVDEVGGEALGRLLVVYPWTQRFFESFGDLSTPDAVMGNPKVKAHGKKVLGAFSD
GLAHLDNLKGTFATLSELHCDKLHVDPENFRLLGNVLVCVLAHHFGKEFTPPVQAAYQKVVAGVANALAHKYH

(b) 二级结构

```
                10        20        30        40        50        60        70
                 |         |         |         |         |         |         |
UNK_257900 MVHLTPEEKSAVTALWGKVNVDEVGGEALGRLLVVYPWTQRFFESFGDLSTPDAVMGNPKVKAHGKKVLG
DSC        cccchhhhhhhhhhhhccccchhhhhhhhhhhcccchhhhhhhhcccccccccccchhhhhhhhhhh
MLRC       ccccchhhhhhhhhhccccccccchhhhhheeecccchhhhcccccccccccccccccchhhhh
PHD        ccccchhhhhhhhhhcccchhhcchhhhhheeecccchhhhhhcccchhhheccchhhhhhhhhhhh
Sec.Cons.  ccccchhhhhhhhhhhccccchccchhhhhheeecchhhhhhcccccccccccchhhhhhhhhhh

                80        90       100       110       120       130       140
                 |         |         |         |         |         |         |
UNK_257900 AFSDGLAHLDNLKGTFATLSELHCDKLHVDPENFRLLGNVLVCVLAHHFGKEFTPPVQAAYQKVVAGVAN
DSC        hhhhhhhhhhhhhhhhhhhhhhhhhhccccchhhhhhhhhhhhhhhccccchhhhhhhhhhhhhhhh
MLRC       hhhhhhhhhhhhhhhhhhhhhhhcccccccchhhhhhhhhhhhhhhcccccchhhhhhhhhhhhhhhh
PHD        hhhhhhhhhhhhhhhhhhhhhhhhcccccchhhhhhhhhhhhhhhhcccchhhhhhhhhhhhhhhh
Sec.Cons.  hhhhhhhhhhhhhhhhhhhhhhhhhccccchhhhhhhhhhhhhhhhcccchhhhhhhhhhhhhhhh

UNK_257900 ALAHKYH
DSC        hhhhccc
MLRC       hhhhccc
PHD        hhhhhcc
Sec.Cons.  hhhhccc
```

(c) 三级结构　　　　　(d) 四级结构

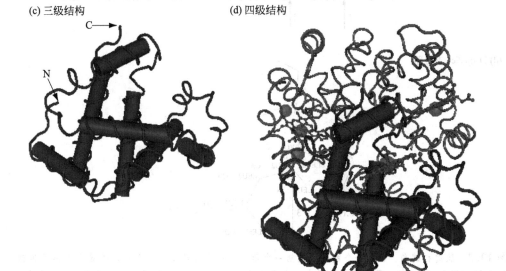

图 13.1　蛋白质层级结构。(a) 蛋白质的一级结构指氨基酸的线性多肽链。这里展示了人类的 β-球蛋白（NP_000539）。(b) 二级结构包括 α 螺旋和 β 折叠等元素。这里，β 球蛋白的序列输入到 POLE 服务器并通过三个预测算法得到了一个一致的二级结构。h 表示 α 螺旋；c 表示无规则卷曲；e 表示延伸链。(c) 三级结构指蛋白质链的三维结构。α 螺旋用加厚圆柱体展示。标注 N 和 C 的箭头分别指向链的氨基端和羧基端。(d) 四级结构包括蛋白质与其他亚基和杂原子的相互作用。这里展示血红蛋白的四个亚基（2 个 α 螺旋 2 个 β 折叠；其中一条 β 球蛋白链被高亮显示）以及四个非共价结合的血红素基团

［来源：子图（b）使用 PBIL 软件生成，http://pbil.univ-lyon1.fr/。图片来自 IBCP-FR 3302。子图（c）、(d) 使用 NCBI 的 Cn3D 软件重新生成］

(a) 肽键

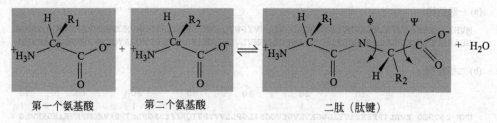

第一个氨基酸　　　　第二个氨基酸　　　　　　　　二肽（肽键）

(b) 多肽的phi和psi角度

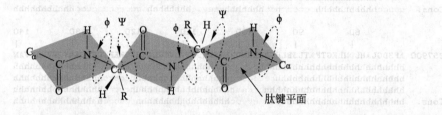

肽键平面

(c) DeepView的操控栏

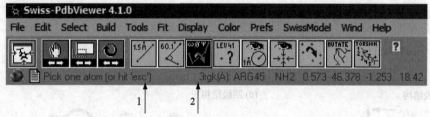

(d) DeepView查看器

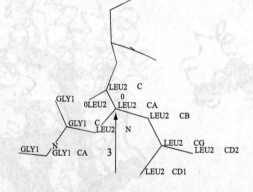

图13.2 肽键和键角。（a）每个氨基酸包括一个氨基、一个α碳原子（Cα）及连接在上面的侧链基团 R 和羧基（含 C′）。两个氨基酸脱去一个水分子缩合形成二肽。肽键（红色高亮）是酰胺键。（b）多肽链可以被认为是从一个 Cα 原子延伸到下一个 Cα 原子，肽键被约束在一个特定的平面内。N-Cα 键称为 phi（φ）；Cα-C′键称为 psi(ψ)。每个肽链围绕 φ 和 ψ 的旋转角度决定了整个主链构象。（c）ExPASy 的 DeepView 软件（名为 Swiss-Pdb Viewer）有一个带按钮的控制条可以操控分子（平移、旋转、缩放）。还有其他工具可以做以下度量（从左到右排列）：两个原子之间的距离（箭头 1）；三个原子形成的键角；二面角（箭头 2；此处工具已被选中，显示 φ、ψ 和 ω 值）；选择距离一个原子特定距离的基团；找到一个分子的中心原子；将一个分子与另一个适配；突变工具；扭力工具。（d）肌红蛋白（3RGK）加载到 DeepView 中，使用控制面板，选择前三个氨基酸残基（Gly-Leu-Ser）。氮用亮红色标明，氧用淡红色标明，Cα 碳（CA）和 C′碳也被标明。通过选择二面角工具并点击亮氨酸 Cα（箭头 1），键值如（b）所示

[来源：（c）、（d）DeepView 来自 ExPASy。已获得瑞士生物信息学院（SIB，Swiss Institute of Bioinformatics）许可]

二级结构

蛋白质的疏水性氨基酸倾向于出现在蛋白质内部，而亲水性残基倾向于暴露在蛋白表面。尽管蛋白质的多肽链骨架具有强极性，但其内部依然能够形成疏水性内核。蛋白质解决这种看似冲突的问题的最常见方式是把其内部的氨基酸残基排列形成包含 α 螺旋和 β 折叠的二级结构。Linus Pauling 和 Robert Corey（1951）通过对血红蛋白、角蛋白以及其他多肽和蛋白的研究描述了这些结构。他们的模型之后被 X 射线晶体衍射技术得以证实。这些二级结构包含了发生相互作用的氨基酸残基所组成的规律性模式。在相互作

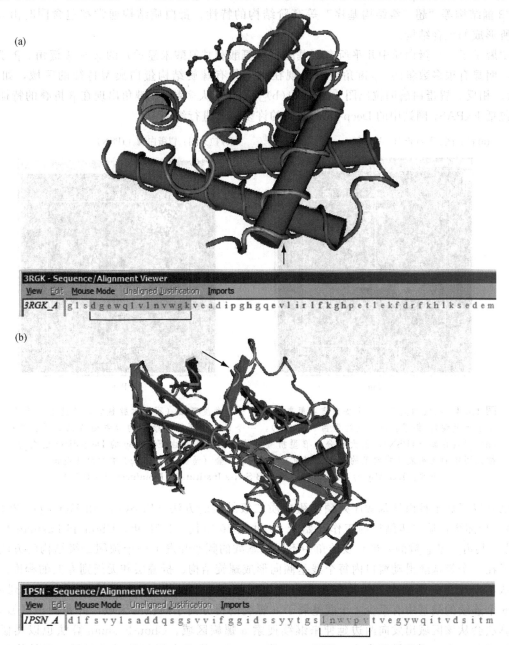

图 13.3　二级结构示例图。（a）肌红蛋白（PDB 索引号：3RGK）是由大量的 α 螺旋区域组成，以丝缠圆桶（strands wrapped around barrel-shaped）表示。在 NCBI 输入肌红蛋白的索引号 3RGK 后，可用 Cn3D 软件展示三维结构。附带的序列查看器显示初级氨基酸序列。通过点击一个颜色区域（被括号括起）所对应的 α 螺旋，该结构将在查看器中高亮显示（箭头）。（b）人类胃蛋白酶（PDB 索引号：1PSN）是一种主要由 β 折叠组成的蛋白质的例子，如大箭头所示。选择氨基酸序列的区域（括号）可以高亮相应的 β 折叠（箭头）

（来源：Cn3D，NCBI）

用的氨基酸残基中主链氨基（NH）和羧基基团（C′O）会形成氢键。有三种类型的螺旋结构：①第一种是 α 螺旋结构，每圈平均有 3.6 个氨基酸，占螺旋结构总数的 97% 左右；②第二种是 3.10 螺旋结构，每圈平均有 3.0 个氨基酸（其结构因此更加紧密），占螺旋结构总数的 3% 左右；③第三种是 π 螺旋结构，非常罕见，每圈平均有 4.4 个氨基酸。肌红蛋白是一个含有 α 螺旋结构的蛋白质例子［图 13.3(a)］；其螺旋结构一般由 4～40 个连续氨基酸残基形成。β 折叠由相邻的约 2～15 个氨基酸残基（典型的是 5～10 个残基）组成的 β 链形成。它们以具有完全不同氢键模式的平行或反向平行的方式来排列。胃蛋白酶（1PSN）是一个含有大量 β 折叠的蛋白质例子［图 13.3(b)］。β 折叠具有可形成桶形、夹心形结构及如 β-α-β 环、α/β 桶结构等"超二级结构基序"等高阶结构的特性。蛋白质结构通常都包含同时由 α 螺旋和 β 折叠结构所形成的组合结构。

拉氏图展示了一个蛋白质中几乎所有氨基酸（脯氨酸和甘氨酸未显示）的 φ 和 ψ 键角。β 球蛋白的拉氏图表明，明显有很多数量的 φψ 键角组合出现在一个具有螺旋结构蛋白典型特征的区域，如［图 13.4 (a)］所示。相反，胃蛋白酶的拉氏图［图 13.4(b)］则显示大多数 φψ 键角出现在 β 折叠的特征区域。拉氏图可用包括 ExPASy 网站中的 DeepView 在内的许多工具进行绘制。

(a) 拉式图：肌红蛋白（3RGK）　　　　　(b) 拉式图：胃蛋白酶（1PSN）

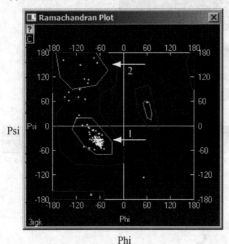 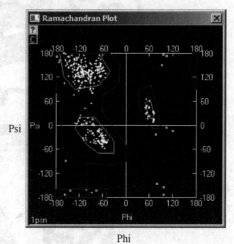

图 13.4　拉式图显示了一个蛋白质各氨基酸的 φ 和 ψ 角度范围（不显示脯氨酸，某些情况下不显示甘氨酸）。例子：(a) 肌红蛋白（3RGK），一个以 α 型螺旋二级结构为主要特征的蛋白质；(b) 胃蛋白酶（1PSN），很大部分由 β 型折叠组成。这个图是由 ExPASy 的 DeepView 生成的。拉式图中的箭头表示在典型的 α 螺旋（箭头 1）和 β 折叠（箭头 2）中，φψ 角的允许范围
（来源：ExPASy 的 DeepView。经 SIB Swiss Institute of Bioinformatics 许可）

目前已开发了数十种由氨基酸序列预测蛋白质二级结构的方法（Pirovano 和 Heringa，2010；Zhang 等，2011）。预测蛋白质二级结构的工作开始于 20 世纪 70 年代。1978 年，Chou 和 Fasman 基于在 α 螺旋、β 折叠（共占残基总数的一半）及转角中不同氨基酸的频率开发了一个预测二级结构的方法。他们的算法计算了在一个氨基酸滑动窗口内每个残基倾向形成螺旋结构、折叠层和无规则卷曲的程度。例如，脯氨酸几乎从不出现在 α 螺旋中，但其在转角中则出现较多。Chou-Fasman 算法对蛋白质序列进行扫描，识别出在 6 个连续的残基中有至少 4 个残基属于 α 螺旋的得分高于阈值的区域，并预测该区域为 α 螺旋。之后，该算法会从该区域出发向两边延伸来继续搜索 α 螺旋区域。Chou-Fasman 算法也以类似的策略来预测折叠和转角。在一项关键研究中，Williams 等（1987）将每个氨基酸形成不同二级结构的偏好性值绘制成了一个表格（表 13.1）。

随后，有很多其他方法也被开发出来，例如 GOR 方法（Garnier 等，1996）。大多数情况下，这些方法都被用来对单个序列进行分析（对于实现该目的仍然有效）。随着多序列比对的数据越来越容易获得，基于多序列比对的二级结构预测方法的准确度也随之提高。PHD 程序（Rost 和 Sander；1993a，1992b）就是一个利用多序列比对预测二级结构算法的例子。

表 13.1 氨基酸的构象偏好性。粗体数字表明特定氨基酸的构象倾向性，包括螺旋、折叠、转角结构。改编自 Williams 等，获得 Elsevier 许可（1987）

氨基酸	偏好性			特 性
	螺旋	折叠	转角	
谷氨酸	**1.59**	0.52	1.01	螺旋偏好性
丙氨酸	**1.41**	0.72	0.82	延伸灵活侧链
亮氨酸	**1.34**	1.22	0.57	
甲氨酸	**1.30**	1.14	0.52	
谷氨酰胺	**1.27**	0.98	0.84	
赖氨酸	**1.23**	0.69	1.07	
精氨酸	**1.21**	0.84	0.90	
组氨酸	**1.05**	0.80	0.81	
缬氨酸	0.90	**1.87**	0.41	折叠偏好性
异亮氨酸	1.09	**1.67**	0.47	庞大的侧链；β 碳有分支
酪氨酸	0.74	**1.45**	0.76	
半胱氨酸	0.66	**1.40**	0.54	
色氨酸	1.02	**1.35**	0.65	
苯丙氨酸	1.16	**1.33**	0.59	
苏氨酸	0.76	**1.17**	0.90	
甘氨酸	0.43	0.58	**1.77**	转角偏好性
天冬酰胺	0.76	0.48	**1.34**	限制构象；侧链-主链互作
脯氨酸	0.34	0.31	**1.32**	
丝氨酸	0.57	0.96	**1.22**	
天冬氨酸	0.99	0.39	**1.24**	

近些年，预测蛋白质二级结构软件的性能在不断提高。这得益于以下几点：多序列比对的应用；越来越多已解析的蛋白质结构；神经网络等机器学习方法的应用。基于神经网络的算法使用多层输入信号（例如：以滑动窗口的形式进行分析的一个蛋白质的多序列比对数据）与多层输出（蛋白质二级结构预测）。机器学习方法的训练集由已知二级结构的蛋白质组成。Zhang 等（2011 年）比较了 12 种预测蛋白质二级结构的方法的预测效果，发现神经网络的方法倾向于有最优表现。

利用已知结构的蛋白质对这些方法的预测精度进行了评估。评估预测精度的标准指标被称为 $Q3$，其定义为所有氨基酸中被正确匹配到螺旋、折叠和卷曲这三种二级结构的氨基酸所占的比例。另一个评估指标是片段重叠度（Sov），该指标没有着重考察单个残基的状态，对二级结构预测结果的微小变化相对不那么敏感（Rost 等，1994）。现有方法的预测精度基于 $Q3$ 值达到了 82%，基于 Sov 达到了 81%（Zhang 等，2011）。表 13.2 中列举了处于领先地位的部分预测方法。相比而言，预测蛋白质二级结构的算法精度在 2001 年左右只有 70%～75%，而与 Chou-Fasman 算法同时代的算法的预测精度则只有 50%～60%。

DSSP 软件可从 http://swift.cmbi.ru.nl/gv/dssp/（网络链接 13.8）获得。PBIL 网址为 http://npsa-pbil.ibcp.fr（链接 13.9）。

1983 年，Wolfgang Kabsch 和 Christian Sander 引入了一个二级结构的字典，其中包含了对二级结构的一个标准编码。它在 DSSP 数据库中被以 8 种不同的状态所采用（表 13.3）。很多网络服务器允许输入初级氨基酸序列来得到采用 DSSP 标准编码的蛋白质二级结构信息。其中一些程序允许输入单个氨基酸序列，而另一些程序可输入一个多序列比对。例如 Pôle Bio-Informatique Lyonnais（PBIL）有一个网络服务器提供对一个查询蛋白质的二级结构预测。我们利用该服务器得到的 β 球蛋白预测结果见图 13.1(b)。该服务器使用九种不同的算法来对蛋白质二级结构进行预测并从中计算出一致的结果。不同算法的预测结果在细节上有所出入，但大体相同。

表 13.2 基于神经网络预测二级结构的在线服务器。来自 Pirovano 和 Heringa（2010）与 Zhang（2011）等。其他网站列在 ExPASy（http://www.expasy.org/tools/#secondary，网络链接 13.38）

程序	来源	URL
APSSP	G. P. S. Raghava 博士，昌迪加尔（Chandigarh），印度	http://imtech.res.in/raghava/apssp/
Jpred	Barton 小组（教授）	http://www.compbio.dundee.ac.uk/~www-jpred/
Porter	都柏林大学	http://distill.ucd.ie/porter/
PHD	Guy Yachdav 和 Burkhard Rost，慕尼黑工业大学	https://www.predictprotein.org/
Proteus	Wishart 研究组	http://wks80920.ccis.ualberta.ca/proteus/
PSIPRED	Bloomsbury 生物信息学中心	http://bioinf.cs.ucl.ac.uk/psipred/
SPINNEX	印第安那大学-普渡大学，印第安纳波利斯	http://sparks.informatics.iupui.edu/SPINE-X/
SSpro	加州大学尔湾分校	http://scratch.proteomics.ics.uci.edu/

表 13.3 DSSP 数据库中的二级结构代号

DSSP 代号	代表的二级结构	DSSP 代号	代表的二级结构
H	α-螺旋	I	5-螺旋（φ 螺旋）
B	β-桥隔离的残基	T	氢键转角
E	参与 β 阶梯的延伸链	S	弯曲
G	3-螺旋（3/10 螺旋）	空白或 C	环或不规则的元件，称为"随机卷曲"或"卷曲"是不正确的

注：来源于 http://swift.cmbi.ru.nl/gv/dssp/（网络链接 13.39），由 G. Vriend 提供。

蛋白质三级结构：蛋白质的折叠问题

蛋白质是如何折叠形成三级结构的？如前文所述，这个折叠过程在自然状态下进行得异常迅速。Cyrus Levinthal（1969）提出一个悖论（稍后被称为 Levinthal 悖论），一个线性氨基酸序列有太多可供选择的构象以致于其不可能通过从能量全景图中进行随机选择来得到其天然结构。通过随机选择来找到最稳定的热力学结构所需要的时间要远远超过宇宙诞生到现在的时间。因此，蛋白质在形成最终的三维构象时一定遵循了某些特殊的折叠路径。Dill 等（2008）、Hartl 和 Hayer-Hartl（2009）、Travaglini-Allocatelli 等（2009）、Dill 和 MacCallum（2012）等都对蛋白质折叠研究所取得的进展进行过综述。蛋白质折叠的发生被认为是沿着一个朝向偏好低自由能天然结构的路径通过渐进移动的方式来实现的。这个过程由多种因素引导，包括氢键（有助于二级结构形成）、范德华力、主链键角偏好、氨基酸侧链的静电相互作用、疏水作用和熵力（entropic forces）等。此外，分子伴侣（chaperones）可稳定核糖体上新合成的多肽链，并帮助其进行正确折叠。

在结构生物学中，测定蛋白质结构主要有两种途径：X 射线衍射技术和核磁共振（NMR）。蛋白质结构也可以通过计算方法预测，本章末将会讲解三种预测蛋白质结构的计算方法（包括同源建模、穿线（threading）和从头预测；详见"蛋白质结构预测"部分）。

X 射线晶体衍射技术是测定蛋白质结构的最严谨可靠的实验技术（框 13.1）。大约 80% 的已知蛋白质结构是通过该方法来测定的。基本流程见图 13.5。蛋白质需要在 高浓度下获得，并在适于结晶的条件下对其进行接种。X 射线经蛋白晶体衍射并被探测器捕捉，从而可根据 X 射线衍射图样推算出晶体结构。由于 X 射线的波长（0.5~1.5Å）适用于探测原子间距，使得该技术可用于追踪蛋白质的氨基酸侧链。

框 13.1　X-射线晶体成像

在高浓度下获得蛋白质并在硫酸铵等溶液中进行结晶。一束 X 射线照射蛋白质晶体后，蛋白质的高度规则排列会使得 X 射线发生衍射（散射）并被捕捉。测量光斑强度并经过傅立叶变换可生成图像。生成的电子密度图对应了组成蛋白质的原子排列。为获取详细结构，通常需要小于 2Å 的分辨率。

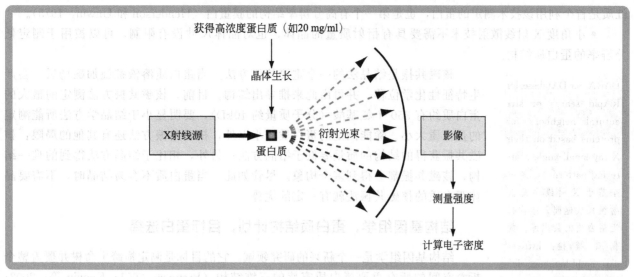

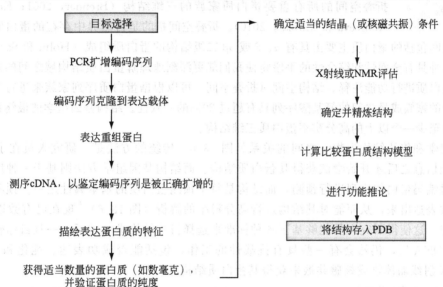

图 13.5 获得高分辨率蛋白三维结构的一般实验流程

人们在不断尝试改进 X 射线相关技术

- diffraction-before-destruction 方法：通过 X 射线自由电子激光器（XFELs）激发高强度、超短波长的 X 射线脉冲（Schlichting 和 Miao，2012；Smith 等，2012）。这些 X 射线脉冲亮度是普通光源的十亿倍。Boutet 等（2012）利用这种方法对溶菌酶的微晶（<1μM × 1μM × 3μM）结构进行了测定。这个技术的重要意义在于可以测定那些难以获得大晶体的蛋白或其他分子的结构。一个重要例子就是 Brian Kobilka 和同事解析了 β2 肾上腺素受体蛋白与异源三聚体 GTP 结合蛋白 α 亚基组成的复合物结构（Rasmussen 等，2011）。β2 肾上腺素受体属于 G 蛋白偶联受体（GPCR）家族成员，该蛋白家族是人类基因编码的最大的蛋白质家族。G 蛋白偶联受体可以结合神经递质、激素及信号分子，如光、气味分子等。XFELs 的应用促进了对膜蛋白的研究（Kang 等，2013）。在另一个应用中，Koop-mann 等（2012）利用氏锥虫体内的蛋白质晶体解析了氏锥虫组织蛋白酶的空间结构。这种晶体可能保持了翻译后修饰，并且也可以用电子显微镜来观测。

- 二维电子晶体成像技术已经被成功应用于生成许多蛋白质的原子模型（Kühlbrandt，2013）。细菌视紫红质是首个利用该技术测定的蛋白，也是第一个有高分辨率结构的膜蛋白（Henderson 和 Unwin，1975）。

• 小角度 X 射线散射技术不需要具有衍射质量的晶体，也对晶体尺寸没有限制，可以被用于测定低分辨率的蛋白质结构。

> DARA（a DAtabase for RApid search of strcutural neighbors for proteins based on their X-ray small-angle scattering patterns），是一个基于 X 射线小角散射模式快速搜索结构相近蛋白质的数据库。数据库链接：http:// dara. embl-hamburg. de（网页链接 13.11）。

核磁共振是结晶法的一个重要替代方法。当蛋白质溶液被施加磁场后，会产生特征性化学位移，并可由此来推导出结构。目前，核磁共振方法测定的最大的蛋白质约有 350 个氨基酸（分子质量约 40kD），要明显小于结晶学方法所能测定的蛋白质大小。除能测定的蛋白质较小以外，核磁共振方法还有其他的局限：核磁共振获得的结构的质量要低于结晶方法；另外，相比于结晶方法得到的唯一结构，核磁共振都会得到多个构象。尽管如此，当蛋白质不容易结晶时，不需要晶体蛋白质的核磁共振法就有一定的优势。

结构基因组学，蛋白质结构计划，目标蛋白选择

结构基因组学是一个新兴的研究领域。它的目标是测定横跨生命树并覆盖整个折叠空间的所有重要蛋白质家族的三维结构（Brenner，2001；Koonin 等，2002；Andreeva 和 Murzin，2010）。折叠空间指的是自然界中存在的蛋白质三维结构的总的种类。折叠空间包括的蛋白质主要由具有 α、β 或 αβ 二级结构的蛋白质组成（Holm 和 Sander，1997）。结构基因组学的这种具有全面性和综合性的手段将使我们能更深刻地理解蛋白质结构域之间的联系，也将使我们能对更多的蛋白质进行功能注释。结构空间（折叠空间）可以根据蛋白质序列家族来进行分类。一个蛋白质序列家族包含的家族成员之间的氨基酸序列具有超过 30％的一致性。结构基因组学的最终目标是每个蛋白质序列家族都有至少一个以上的高分辨率蛋白质三维结构。

结构基因组学和传统结构生物学之间的关系如图 13.6。传统的方法是，研究人员在了解某个蛋白质的一些已知功能信息之后才开始尝试获得其蛋白质结构。而结构基因组学方法则基于一种反向策略：基因组测序计划会对编码蛋白的序列进行预测，而结构是每个预测蛋白质的基本属性之一。预测的蛋白质可以通过表达体系被表达出来，从而能对其结构进行高分辨率的解析（图 13.6）。现在已有数以千万计的新预测蛋白质被鉴定，这使得研究人员能够基于各种标准来选择目标结构进行解析。一旦目标确定并克隆出编码该蛋白质的 cDNA 后，仍然会有一些具有挑战性的工作，包括能否成功表达、纯化和结晶该蛋白质，以及能否基于 X 射线晶体学或核磁共振来获得其蛋白质结构。

图 13.6 经典结构生物学与结构基因组学的比较。（a）在传统的结构生物学的方法里，蛋白质纯化要基于该蛋白质某些已知的功能或活性。经生化纯化后，如果该蛋白质有足够的产量，就可以进行结晶并确定其结构。这样又会帮助对蛋白质生化功能及其作用机制的研究。在获得蛋白质序列后，可以克隆相应的互补 DNA（cDNA），表达重组蛋白并纯化以进行结构解析。（b）结构基因组学领域的研究从基因组 DNA 序列开始。有大量的蛋白质编码基因可以从基因组序列被预测出来，其中通常包含一个人们感兴趣的基因组所编码的全部蛋白编码基因。目标蛋白既可以通过克隆表达进行生化分析，也可以通过计算方法来进行结构预测。蛋白质的 3D 结构可以通过 X 射线晶体成像或核磁共振实验方法来测定。最后，从结构我们可以推断出其生化功能。更多的生化功能可以通过搜索数据库中的已知功能蛋白质序列而推测得到（如 DELTA-BLAST）

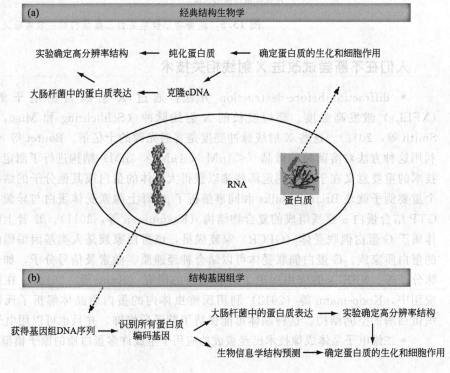

实验获取蛋白质结构数据从选择需要解析的目标结构开始，其一般流程见图 13.5（Brenner，2000）。历史上，像血红蛋白和细胞色素 c 这类蛋白质被选择来进行结构解析是因为它们非常适合作为研究对象：它们具有体积小、易溶、量多易得到的特点，并具有一些有趣的已知生物学功能。现在，我们在决定目标结构的优先级时，还需要考虑其他因素（Carter 等，2008；Marsden 和 Orengo，2008）：

- 覆盖整个生命树的分支（包括真核生物、细菌、古细菌和病毒）。
- 是否应尝试去解析一个物种内的所有蛋白质结构？对于甲烷球菌和结核杆菌，现在已经在做这方面的尝试。细菌结构基因组学计划（Matte 等，2007）就包括了解析大肠杆菌体内大量蛋白质结构的工作。
- 是否应优先选择功能和结构信息未知的蛋白质家族的代表成员？
- 是否应优先选择医学上比较重要的蛋白质，例如药物靶标蛋白？
- 如何解析具有跨膜结构域的蛋白质？这些蛋白质的结构解析在技术上最具有挑战性（Kang 等，2013）。Chang 和 Roth 在 2001 年成功解析出具有多耐药性的大肠杆菌 ABC 转运蛋白。他们对 96000 种蛋白结晶条件进行了筛选，从中筛选出了几种适于 X 射线结构测定的结晶条件。

蛋白质结构计划（PSI）已经对包括目标蛋白选择在内的结构基因组学的发展方向产生了重要影响（Andreeva 和 Murzin，2010；Montelione，2012）。PSI 项目于 2000 年在美国发起，同时在其他一些国家（加拿大、以色列、日本、欧洲国家）也开展了类似的结构基因组学项目。蛋白质结构计划是一个学术界、工业界、联邦研究机构等多方协调合作的项目，致力于开发出在已知 DNA 序列的情况下测定其编码蛋白的三维结构的技术方法。该计划已开展了三期。试点阶段（2000～2005年）涉及了 9 个结构基因组学研究中心，共解析出超过 1100 多个蛋白质的高分辨率三维结构。该计划的一个主要特点是：对那些同源蛋白结构信息已知的蛋白质而言，要解析它们的结构相对简单，但对那些没有相似结构的蛋白质来说，要预测它们的结构则极为困难。在该计划所有 1100 个已测得结构的蛋白质中，超过 700 个属于后一种情况，它们与有结构信息的蛋白质的氨基酸序列的一致性要小于 30％。

PSI 第二阶段（2005～2010 年）的目标是向蛋白质数据库（Protein Data Bank，PDB，我们之后会讲到它）提交 4000 条以上的结构信息。其中大部分是蛋白质的结构，也包括一些蛋白质和配体复合物的结构以及一些成对的三维结构的 X 射线和核磁共振的解析结果。Levitt 在 2007 年的一项分析发现，PDB 每年接收新蛋白质的条目数量从 1995 年开始下降；之后，得益于结构基因组学计划的贡献，这一趋势发生了逆转。Chandonia 和 Brenner（2005）建议应选择 Pfam5000 集合作为目标蛋白进行解析。Pfam5000 集合指的是结构尚未解析的 5000 个最大的 Pfam 蛋白质家族的集合。作为蛋白质结构计划第二阶段的部分成果，具有未知功能域的 Pfam 家族的代表成员的高精度结构已被解析出来。这些 Pfam 家族包括 PF06684（Bakolitsa 等，2010）、PF06938（Han 等，2010）和 PF04016（Miller 等，2010）等。每个 Pfam 家族都有上百个家族成员，对这些家族成员的结构解析表明它们在氨基酸合成、信号转导、重金属螯合等某些方面可能行使功能。

PSI 第二阶段解析出了超过 100 个人类蛋白质的结构。正在进行的第三期，也叫做"PSI：Biology"，其工作重心从解析出尽可能多的蛋白质结构转移到解析那些在生物或医学上具有重要意义的蛋白质（例如 G 蛋白偶联受体，Depietro 等，2013）。此外，学术界也可以建议应对哪些蛋白质进行结构解析。关于第三期的项目进度和项目资源可以在 Structural Biology Knowledgebase（SBKB）网站获得（Gifford 等，2012）。截止到 2015 年 2 月，SBKB 的 Target Track 栏目下收录了约 332000 个目标蛋白质的信息。在这些目标蛋白中，有一部分已被成功克隆和表达，表现出了易溶、可结晶的特性。在这些成功表达的蛋白中，一部分已得到了具备衍射质量的晶体，其中约 10000 个蛋白质的结构已被解析并提交到 PDB 数据库中。

早在 1992 年还没有任何一个生物体的基因组被完整测序时，Cyrus Chothia 就推测出所有蛋白质总共只有约 1500 个完全不同的折叠构象。结构基因组学的研究（例如 PSI）正带领我们越来越接近测定出所

SBKB 网址 http://sbkb. org/（链接 13.12），含有目标选择的数据（http://sbkb. org/tt/）。National Institutes of Health 的 PSI 主页 http://www. nigms. nih. gov/research/speci-ficareas/PSI/ Pages/default. aspx（链接 13.13）。

PDB 数据库是在 1971 年由位于长岛的布鲁克海文国家实验室（Brookhaven National Laboratories）建立的。最初，它包含七个结构。1998 年，它转移到结构生物信息研究实验室（Research Collaboratory for Structural Bioinformatics，RCSB）。PDB 可通过 http://www. rcsb. org/ pdb/或 http://www. pdb. org 访问（链接 13.14）。

有蛋白质折叠构象这一目标。

13.3 PDB 数据库 (Protein Data Bank)

在蛋白质序列被确定后，有一个核心的资源库来收录其所对应的蛋白质结构信息：PDB 数据库 [Rose 等，2013；在 Berman，2012；Berman 等，2013 (a)～(c)；Goodsell 等，2013]。PDB 收录了广泛的基本结构数据，包括原子坐标、辅助因子的化学结构及对晶体结构的描述等。PDB 会通过评估提交模型的质量以及提交模型与实验数据的吻合程度来对提交的结构进行验证。

PDB 网站的主页包括了可获取信息的类别（图 13.7）。PDB 目前已经收录了超过 100000 个结构信息

图 13.7 PDB 是蛋白质和其他大分子三维结构的主要存储数据库。PDB 内的分子结构包含的信息包括不同的类别，如物种、物种分类、实验方法（其中超过 85% 来自 X 射线测定方法）和分辨率（规定低于 1.5Å 为最高结构分辨率）等。PDB 的主页支持 PDB 标识符（例如，3RGK 是肌红蛋白结构的标识符）或分子名称查询 [来源：RCSB PDB (www.rcsb.org)，经 RCSB PDB 同意转载]

条目（表 13.4），这一数字还在迅速增加（图 13.8）。可以在主页中的搜索栏键入一个 PDB 标识符来直接进行查询搜索。PDB 标识符由一个数字加三个字母组成（例如血红蛋白的 PDB 标识符是 4HHB）。PDB 数据库也支持关键词搜索。把血红蛋白作为关键词搜索的结果见图 13.9。在这个例子中，搜索返回了数百条结果，可通过左侧边栏的选项来精炼搜索结果。当输入一个特定血红蛋白的标识符 3RGK 时，会被链接到一个典型的 PDB 条目界面（部分页面见图 13.10），点击页面中 3RGK 图标，就可把对应的 PDB 文件下载到本地计算机，以便使用其他软件工具（如 DeepView）进行进一步分析。3RGK 的结果页面包含实验测定的结构的分辨率（resolution）、空间群（space group）、晶体的晶胞参数（unit cell dimensions of the crystals）等信息。该页面里还提供了一系列蛋白质三维结构可视化工具的链接，例如 Jmol（图 13.10，第二行）。表 13.5 罗列了其他一些可视化软件。Jmol 运行时不需要安装额外软件（只需要安装 Java 即可），而且功能非常全面（图 13.11）。

表 13.4 PDB 覆盖的分子类型

实验技术	蛋白质	核酸	蛋白质核酸复合体	其他	总数
X 射线衍射	88991	1608	4398	4	95001
NMR	9512	1112	224	8	10856
电子显微镜	539	29	172	0	740
杂交	68	3	2	1	74
其他	164	4	6	13	187
总数	99271	2756	4802	26	106858

注：来源于 RCSB PDB（www. rcsb. org），经 RCSB PDB 同意转载。

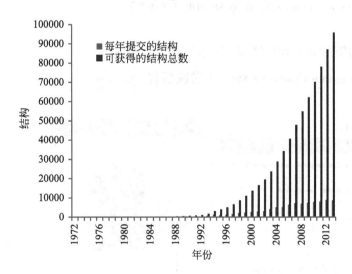

图 13.8 PDB 每年可搜索到的结构数量。在过去的 10 年里数据量剧烈增长。图中显示了每一年新增结构数量和总的结构数量

[来源：RCSB PDB（www. rcsb. org），经 RCSB PDB 同意转载]

PDB 网站有很多高级搜索功能（在主页顶部）。使用 BLAST 或者 FASTA 程序可以方便地获取与查询信息相关的 PDB 结构。其他高级搜索项目支持通过分子属性（如分子量）、PubMed 标识符、医学主题词（Medical Subject Heading，MeSH 条目，第 2 章）、收录时间或实验方法来查询。

PDB 由 WorldWide PDB 成员共同维护，成员包括 the RCSB PDB、the Protein Data Bank in Europe［由欧洲生物信息协会（European Bioinformatics Institute）运作］和 PDB Japan。

欧洲 PDB 数据库（PDB in Europe database，PDBe）网址 http://www. ebi. ac. uk/pdbe/。日本 PDB 数据库 http://pdbj. org（链接 13.16）。

还有一系列数据库提供了 PDB 的补充信息，并且它们提供的信息对应于 PDB 条目，如下（Joosten 等，2011）：

- DSSP　含有二级结构数据

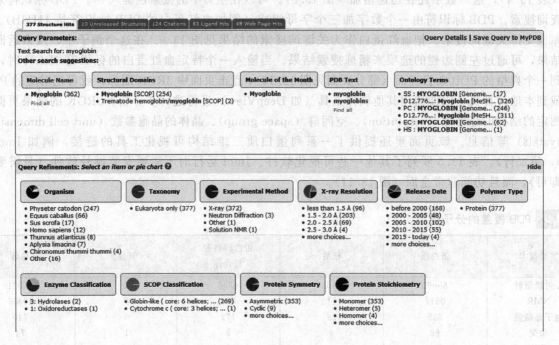

图 13.9 在 PDB 中对"肌红蛋白"进行查询的结果。查询得到了几百个结果，可按照不同的类别进行展示，如 UniProt 基因名称，结构域和本体名称。搜索结果进一步展示了如何以图 13.7 所示的分类方式来探索肌红蛋白

[来源：RCSB PDB（www.rcsb.org），经 RCSB PDB 同意转载]

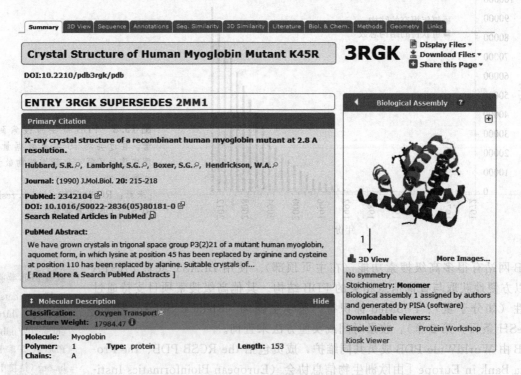

图 13.10 使用肌红蛋白结构的 PDB 标识符（3RGK）的搜索结果。总结信息包括分辨率（2.8Å）、空间群、晶胞参数、配体、外接数据库注释和各种可视化软件链接（包括 Jmol，箭头 1）

[来源：RCSB PDB（www.rcsb.org），经 RCSB PDB 同意转载]

表 13.5 蛋白质结构交互可视化工具。PDB 含有一系列分子制图软件的链接，可从 PDB 主页通过 software tools/molecular viewers 找到。网址 http://www.pdb.org/pdb/static.do? p = software/software _ links/molecular _ graphics.html（链接 13.40）

工具	注释	网址
Cn3D	From NCBI	http://www.ncbi.nlm.nih.gov/Structure/CN3D/cn3d.shtml
JMol	Open-source Java viewer for chemical structures in 3D	http://jmol.sourceforge.net/
Kiosk Viewer	Uses Java Web Start	http://pdb.org/
Mage	Reads Kinemages	http://kinemage.biochem.duke.edu
Protein Workshop Viewer	Uses Java Web Start	http://pdb.org/
RasMol	Molecular graphics visualization tool	http://www.rasmol.org/
RasTop	Molecular visualization software adapted from RasMol	http://www.geneinfinity.org/rastop/
Simple Viewer	Uses Java Web Start	http://pdb.org/
SwissPDB viewer	At ExPASy	http://spdbv.vital-it.ch
VMD	Visual Molecular Dynamics；University of Illinois	http://www.ks.uiuc.edu/Research/vmd/

- PDBREPORT 含有结构质量和错误数据
- PDBFINDER 提供 PDB 内容概要（包括酶的 EC 号等信息）
- PDB _ REDO 含有再精炼（通常有所改进）的结构版本（如肽平面的方向可以被进一步优化）

> PDB 相关数据库 WHAT IF 服务器可从 http://swift.cmbi.ru.nl/servers/html/（链接 13.17）访问。

- WHY _ NOT 解释为什么有些 PDB 文件没有被提供（如最新收录的 PDB 条目可能还没有在附属数据库中有对应的条目，或来自核磁共振的 PDB 条目就没有对应的 PDB _ REDO 条目）。

PDB 数据库在结构生物学中极为重要。有数十个数据库和网页服务器要么有 PDB 的直接链接，要么在其资源里整合了 PDB 数据。我们将在下面探索 NCBI 和其他一些网站资源，这些网站支持对单个蛋白质结构的分析或对多个蛋白质结构的比较。然后，我们将探索一些创建了蛋白质结构综合分类系统或分类学的数据库。

通过 NCBI 获取 PDB 条目

NCBI 数据库提供了三种主要方法来查找一个蛋白质结构：

① 通过文本搜索的方式来获取 PDB 结构。文本搜索信息可以是关键词或 PDB 标识符，搜索可以在结构页面或通过 Entrez 来执行。

在 Entrez structure 页面执行关键词搜索。在键入血红蛋白的关键词后，会搜索到约 1300 个有 PDB 标识符的蛋白质。如果你已知感兴趣蛋白的 PDB 标识符，如肌红蛋白的标识符——3RGK，可以用它直接作为搜索词，就会得到 NCBI Structure 条目，其中包含了许多有用的链接，如 Molecular Modeling Database（图 13.12）、Cn3D 结构查看器、VAST 比较工具（见下文）和 Conserved Domain Database（第五章）。由 Steve Bryant 团队搭建的 Molecular Modeling Database 是一个主要的 NCBI 蛋白质结构数据库（Madej 等，2012）。它包括文献和分类学数据，邻近序列（由 BLAST 所得），邻近结构（由 VAST 所得，下文所示）和图形展示选项。

(a) 使用PDB的Jmol小程序可视化结构

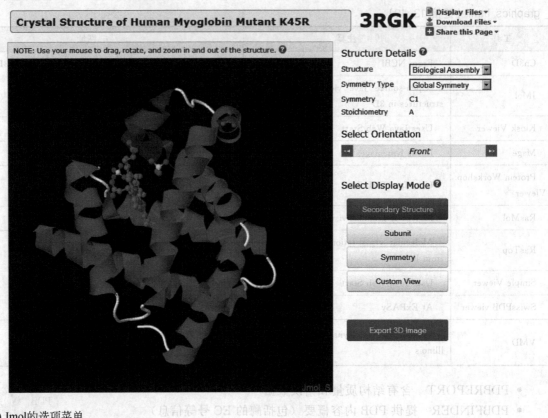

(b) Jmol的选项菜单

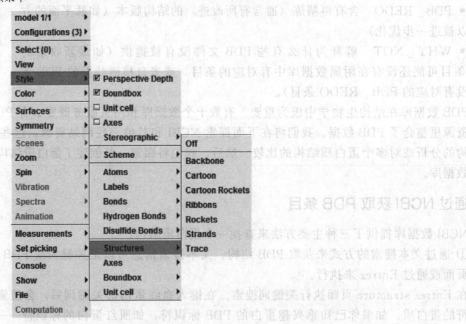

图 13.11 Jmol Applet 软件可以做大分子的结构可视化和分析工作。（a）人类肌红蛋白结构的视图。可以操作可视化界面（例如缩放或旋转），并根据一定的标准（例如二级结构）进行标色、可视化（例如显示范德华半径）和分析（例如测量原子间的距离）。（b）右击（在电脑上）打开 Jmol 菜单查看选项

[来源：RCSB PDB（www.rcsb.org），经 RCSB PDB 同意转载]

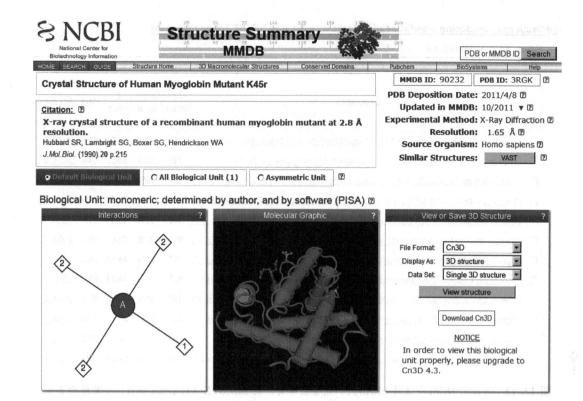

图 13.12　NCBI 的分子模型数据库（MMDB）提供对蛋白（及其他）结构的分析工具。你可以使用 Cn3D 结构查看器（右下）查看结构（或者可以查看与这个条目对应的 PDB 文件，如人类肌红蛋白的 PDB-ID 是 3RGK）。到 VAST 的链接（右上）可以识别其相关结构并进行可视化操作（图 13.14）。该条目搜索结果包括一篇论文引文（左上）以及关于肌红蛋白分子及其相互作用的更多信息（未显示）
［来源：Molecular Modeling DataBase（MMDB），NCBI］

　　② 通过蛋白相似性搜索。在 NCBI Protein 数据库中选择一个感兴趣的蛋白质，然后在其对应的网页里查找 "Related Structures" 链接，就可以得到有相似结构的蛋白质。也可以执行 BLASTP 搜索，并限制只输出来自 PDB 数据库的条目，得到的所有搜索结果在 NCBI Structure 数据库中都有对应的条目（图 13.13 右列）。

> NCBI 结构主页 http://www. ncbi. nlm. nih. gov/structure（链接 13. 18）。

　　③ 还有一种方式就是通过核苷酸序列来进行查询。可以输入一段 DNA 序列，然后用 BLASTX 进行搜索，并限制搜索结果为来自 PDB 数据库的输出。

　　Cn3D 是 NCBI 提供的一个针对结构的可视化软件，我们在上机实验（13.1）中介绍了它的用法，并用该软件生成了图 13.3。Cn3D 启动后，会打开两个窗口：Cn3D Viewer 和 OneD-Viewer（图 13.3）。Cn3D Viewer 支持 7 种展示蛋白

> Cn3D 指的是 "see in 3D"。

结构的格式（如球棍或空间填充模型），也支持旋转蛋白来查看蛋白质结构。OneD-Viewer 展示了蛋白质的氨基酸序列，包括 α 螺旋和 β 折叠。在 Cn3D 或 OneD-Viewer 中高亮任意一个或一组氨基酸残基，另一个 viwer 中该蛋白的相应区域也会被高亮显示。

　　除检视单个蛋白质的结构外，还可以同时比较多个蛋白质的结构。在 MMDB 网站提供的蛋白质如肌红蛋白的结构的概要页面上（图 13.12），点击 "VAST" 可获取一个有 PDB 条目的相关蛋白质列表（图 13.14）。这个列表是向量比对查询工具（Vector Alignment Search Tool，VAST）的部分结果。选择与结构相关的条目或（通过高级特征查询）输入索引号，如血红蛋白的 PDB 标识符 4HHB，就会得到一个包含两个结构的 Cn3D 图像和其对应的比对序列（图 13.15）。VAST 可提供多种类型的结构数据（框 13.2）。

⊟ **Sequences producing significant alignments with E-value BETTER than threshold**

Select: All None　Selected:0

Alignments　Download ∨　GenPept　Graphics　Distance tree of results　Multiple alignment

Description	Max score	Query cover	E value	Ident	Accession
☐ Chain B, Pigeon Hemoglobin (Oxy Form) >pdb|2R80|D Chain D, Pigeon Hemoglobin (Oxy	164	99%	1e-53	69%	2R80_B
☐ Chain B, Crystal Structure Of Parrot Hemoglobin (Psittacula Krameri) At Ph 7.5	160	99%	3e-52	69%	2ZFB_B
☐ Chain B, R-State Form Of Chicken Hemoglobin D >pdb|1HBR|D Chain D, R-State Form O	159	99%	1e-51	69%	1HBR_B
☐ Chain B, Crystal Structure Determination Of Japanese Quail (Coturnix Coturnix Japonica)	159	99%	2e-51	68%	3MJP_B
☐ Chain B, Graylag Goose Hemoglobin (Oxy Form) >pdb|1FAW|D Chain D, Graylag Goose F	158	99%	2e-51	69%	1FAW_B
☐ Chain B, Structure Determination Of Haemoglobin From Turkey(meleagris Gallopavo) At 2	158	99%	3e-51	68%	2QMB_B
☐ Chain B, Crystal Structure Determination Of Duck (Anas Platyrhynchos) Hemoglobin At 2.1	157	99%	4e-51	69%	3EOK_B
☐ Chain B, Bar-Headed Goose Hemoglobin (Oxy Form) >pdb|1C40|B Chain B, Bar-Headed	157	99%	4e-51	69%	1A4F_B
☐ Chain B, Crystal Structure Determination Of Ostrich Hemoglobin At 2.2 Angstrom Resoluti	155	99%	2e-50	68%	3FS4_B
☐ Chain A, R-State Form Of Chicken Hemoglobin D >pdb|1HBR|C Chain C, R-State Form O	144	97%	4e-46	42%	1HBR_A
☐ Chain A, Crystal Structure Of Parrot Hemoglobin (Psittacula Krameri) At Ph 7.5	130	97%	2e-40	38%	2ZFB_A
☐ Chain A, Crystal Structure Determination Of Ostrich Hemoglobin At 2.2 Angstrom Resoluti	125	97%	9e-39	36%	3FS4_A

图 13.13　可以在 NCBI 中通过 BLASTP（用蛋白查询）或 BLASTX（用 DNA 查询）检索结构条目，并限定来自 PDB 数据库的输出。这里，用人类 β-球蛋白（NP_000509.1）进行 DELTA-BLAST 搜索，输出结果被限定成鸟类（鸟纲），得到鸽子、鹦鹉、鸭、鸵鸟、鸡的球蛋白匹配。由于数据库被设置为 PDB，那么所有的条目都基于于已知结构并有对应的 PDB 索引号（最右列）
（来源：BLASTP，BLASTX 和 PDB 数据库，NCBI）

蛋白折叠界域的综合视图

我们已经介绍了如何查看一个蛋白质的结构以及如何比较少量的蛋白结构。Chothia（1992）预测总共有约 1500 种蛋白质折叠构象；现在存在多少种不同的蛋白质折叠构象？有多少个蛋白质结构群？Kolodny 等（2013）认为定义一个结构域存在的困难和蛋白质的序列、结构和功能之间的复杂关系都使得这些问题变得复杂而难以回答。现在，已有多个数据库被建立起来以探索整个蛋白质折叠空间这一宏大的问题（Andreeva 和 Murzin，2010）。这里，我们介绍其中几个数据库：SCOP、CATH 和 Dali 结构域字典（the Dali Domain Dictionary）。这些数据库也支持对单个蛋白质的搜索。Christine Orengo 和他的团队认为，随着 CATH 数据库中（有约 1300 个折叠群）新的折叠数目越来越少，CATH 数据库目前已囊括了结构获取比较容易的大部分折叠构象类群（Sillitoe 等，2013）。

蛋白质结构分类系统：SCOP 数据库

蛋白质结构分类数据库（The Structural Classification of Proteins，SCOP）采用了一个层级分类的策略对蛋白质结构和进化关系做了一个全面和系统的描述（Andreeva 等，2008）。最近，SCOP-扩展（SCOP-extended，SCOPe）数据库维持了 SCOP 的更新；同时，SCOP 还提供了一个全新的 SCOP2 数据库（如下）。SCOP 数据库可通过 SCOP 的分类层级来浏览，也提供了关键词查询、PDB 标识符查询和同源蛋白质序列查询等搜索功能。SCOP 数据库的一个重要特色是它是由包括 Alexey Murzin、John-Marc Chandonia、Steven Brenner、Tim Hubbard 和 Cyrus Chothia 在内的领域内的专家进行人工审核的。鉴于这些专家的权威性和专业性，SCOP 在蛋白质结构分类数据库中享有盛誉，是最为重要和可信度最高的数据库之一。SCOP 数据库现在采取了对结构的自动分类，只有在对特定较难分类的结构才采用人工注释。这样做的部分原因在于蛋白质结构的数量随着结构基因组计划的开展在不断增加。

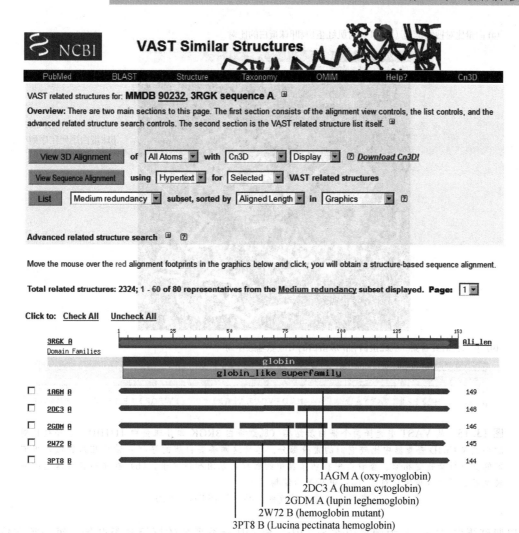

图 13.14 NCBI 的向量比对搜索工具（Vector Alignment Search Tool，VAST）支持两个或更多的蛋白质结构比较。这些可以通过检查框（左下）选项或输入特定 PDB 索引号（高级搜索选项下）实现。该网站还提供了被比较的结构数据链接（见框 13.2）和 NCBI 的保守结构域数据库（Conserved Domain Database）。此例中，在获得肌红蛋白（3RGK）的结构（图 13.12）后，再点击 VAST 的链接。结果中共有＞2300 个相关结构，这里只显示了前五个结果

［来源：向量比对搜索工具（VAST），NCBI］

框 13.2　VAST 信息

对于每个通过 VAST 检测到的相似结构（如图 13.15），列出以下信息。

- 复选框：允许选择单个相似蛋白。
- PDB：邻近结构的 4 字母 PDB-ID。
- PDB 链名称。
- MMDB 结构域标识符。
- VAST 结构相似度分数，基于二级结构元素和叠加质量。
- RMSD：叠加残基的均方根（root-mean-square），以 Å 为单位（整体性描述结构相似度）。
- NRES：两结构之间叠加的等价 Cα 原子对数量（比对长度，也就是计算三维叠加时使用的残基数）。
- %Id：比对的序列区域的相同残基百分比。
- 描述：PDB 数据库中字符串解析。
- 度量（Loop Hausdorff Metric）：描述了两结构之间环（loop）区匹配程度。
- 空位分数：结合 RMSD、比对长度和空位区段数量。

数据来自 VAST、NCBI（http://www.ncbi.nlm.nih.gov/Structure/VAST/vasthelp.html#VASTTable，链接 13.37）。

(a) 向量比对搜索工具（VAST）对肌红蛋白和β球蛋白的比对

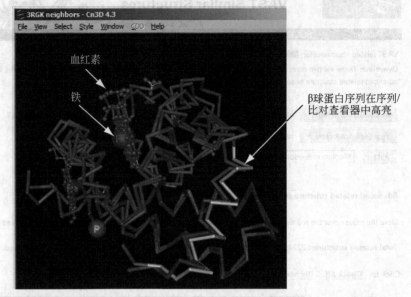

β球蛋白序列在序列/
比对查看器中高亮

(b) 序列/比对查看器：肌红蛋白和β-珠蛋白的对应氨基酸序列

```
3RGK neighbors - Sequence/Alignment Viewer
View  Edit  Mouse Mode  Unaligned  Justification  Imports
3RGK_A  ~GLSDGEWQLVLNVWGKVeaDIPGHGQEVLIRLFKGHPETLEKFDRFKHLKSEDEMK.
4HHB_B  vHLTPEEKSAVTALWGKV~~NVDEVGGEALGRLLVVYPWTQRFFESFGDLSTPDAVMQ
```

图 13.15 从 VAST 中选择两个蛋白质结构（肌红蛋白 3RGK 和 β-球蛋白 4HHB），以序列比对的形式在 Cn3D 查看器中比较它们的重叠部分。尽管这两条蛋白质的序列一致性相对较低，但它们的三维折叠高度相似。查看器中指明了其中的血红素基团和铁原子。(b) 在序列查看器上的一段氨基酸序列（黄色）对应（a）中高亮的结构

[来源：向量比对搜索工具（VAST），NCBI]

我们以肌红蛋白（3rgk）为例来探索 SCOPe。SCOP 分类系统的层级从类开始，每一类在按照折叠、超家族和家族的顺序进行层级分类，最后再到蛋白质结构域和蛋白质的 PDB 结构条目。最高层级有 11 个 SCOPe 类（见表 13.6）。对于肌红蛋白来说，其对应的类是全 α 蛋白（图 13.16）。在折叠这一分类层级中，一个特定的折叠所包含的蛋白质都有某具同样排列方式和拓扑结构的特定的二级结构。肌红蛋白被分类到的折叠是类球蛋白折叠（在肌红蛋白对应的类下面总共有 284 种折叠）。在 SCOPe 中，具有相同折叠的不同蛋白质不一定在进化上是相关的。

表 13.6 SCOPe 数据库发布的说明，版本 2.03。每一个折叠有一个或多个超家族

类别	折叠数目	蛋白质数目
所有 α 蛋白	284	46456
所有 β 蛋白	174	48724
α/β 蛋白（α/β）	147	51349
α+β 蛋白（α+β）	376	53931
多结构域蛋白	66	56572
跨膜和细胞表面蛋白	57	56835
小分子蛋白	90	56992
卷曲蛋白	7	57942
低分辨率蛋白	25	58117
肽链	120	58231
设计蛋白质	44	58788
总数	1390	603937

注：来源于 SCOPe、Fox 等（2014），感谢 SCOPe。

Lineage for Protein: Myoglobin

1. **Root:** SCOPe 2.03
2. Class a: All alpha proteins [46456] (284 folds)
3. Fold a.1: Globin-like [46457] (2 superfamilies)
   core: 6 helices; folded leaf, partly opened
4. Superfamily a.1.1: Globin-like [46458] (5 families) *S*
5. Family a.1.1.2: Globins [46463] (27 protein domains)
   Heme-binding protein
6. Protein Myoglobin [46469] (9 species)

Species:

1. Asian elephant (Elephas maximus) [TaxId:9783] [46476] (1 PDB entry)

   Domain for 1emy:

   Domain d1emya : 1emy A: [15204]
   complexed with cyn, hem

2. Common seal (Phoca vitulina) [TaxId:9720] [46472] (1 PDB entry)

   Domain for 1mbs:

   Domain d1mbsa : 1mbs A: [15156]
   complexed with hem

图 13.16 SCOPe（蛋白质结构分类拓展数据库，The Structural Classification of Proteins-extende）包含的层级名称。图中展示的是肌红蛋白的搜索结果，包括其成员所在类（α蛋白）、折叠、超家族和家族。图中展示了两个肌红蛋白，包括它们的 PDB 索引号、物种及物种分类标识符、结构域和配体复合物
［来源：SCOPe、Fox 等（2014），感谢 SCOPe］

从折叠再往下，就到了超家族层级。属于同一超家族的成员尽管有可能在两两序列比对中表现出相对较低的氨基酸序列一致性，但成员之间在进化上仍然是相关联的。肌红蛋白属于类球蛋白超家族，该超家族有一个有远源进化关系但不同的相关的超家族（α-螺旋铁氧还蛋白）。在类球蛋白超家族之下有 5 个家族，肌红蛋白属于其中的球蛋白家族（其他四个家族包括远源短血红蛋白和神经球蛋白家族；有些蛋白家族的 Pfam 链接会包括在 SCOPe 中）。超家族层级的定义比较清晰，也即有结构、功能和序列的证据证明超家族成员有一共同的祖先蛋白质。相比较而言，SCOPe 家族的分类依据就不是那么清晰，这一点在 Pethica 等（2012）的研究中有所论述。SCOPe 球蛋白家族包含的球蛋白具有 27 种不同的结构域，如来源于不同物种的肌红蛋白、β 球蛋白和 α 球蛋白等。我们可以查看肌红蛋白的结构，目前已有九个物种的肌红蛋白的结构已被测定（图 13.16 展示了来自大象和海豹的肌红蛋白的结构）。

SCOP 将会被经过完全重新设计的数据库——SCOP2 取代。SCOP2 现在正处于原型阶段（Andreeva 等，2014）。SCOP2 不再使用层级结构进行分类，而是采用了一个有向无环图的结构（如 Gene Ontology，第十二章）来进行分类。SCOP2 数据库将记录蛋白质类型（可溶、跨膜、纤维和其他）、进化事件（如结构重排）、结构分类（基于二级结构组成）和蛋白质间关系（如在结构上和进化上的关系）。进行这些改变的目的包括区分那些进化相关但具有不同结构的蛋白质（在原先的 SCOP 分类系统中，这些蛋白质被不合理地划分为属于同一折叠）的需要。

CATH 数据库

CATH 是一个针对所有已知蛋白质结构域的层级分类系统（Cuff 等，2011）。该系统是由 David Jones、Janet Thornton、Christine Orengo 和其他研究

SCOP 最近一次更新是在 2009 年。但 SCOPe（蛋白质结构分类拓展，Structural Classification of Proteins extended），数据库在 2015 年发表 2.05 版本（http://scop.berkeley.edu/，链接 13.19）。在最新发布版本分类中包括 1200 个折叠，2000 个超家族，4500 个家族和超过 200000 个结构域。SCOPe 是由 Naomi Fox，Steven Brenner 和 John-Marc Chandonia 创建并维护。

SCOP2 的网址 http://scop2.mrc-lmb.cam.ac.uk/（链接 13.20）。你可以通过浏览器或基于网络工具的 SCOP2-graph 来访问数据。

CATH 网址 http://www. cathdb. info（链接 13.21）。4.0 版本包括 235000 个结构域和 2700 个超家族，从 > 69000 个注释的 PDB 结构提取（2015 年 2 月）。

者合作开发，并特别关注对结构域边界的定义。CATH 系统中的部分分类是自动化进行的，但有些分类也依赖专家的人工处理，如在分类进化上远缘相关的折叠和同源蛋白时。CATH 将蛋白质聚类成四个主要层级：类（C）、架构（A）、拓扑结构（T）和同源超家族（H）（图 13.17）。在 CATH 中搜索肌红蛋白（或血红蛋白），输出结果会展示不同的层级。球蛋白超家族的输出结果包含了大量关于结构和其相关的功能注释的数据（图 13.18）。功能注释信息包括了功能家族（也叫做 FunFams）的信息。功能家族基于基因本体（Gene Ontology）和酶学委员会（Enzyme Commission）来给结构注释功能信息（Sillitoe 等，2013）。

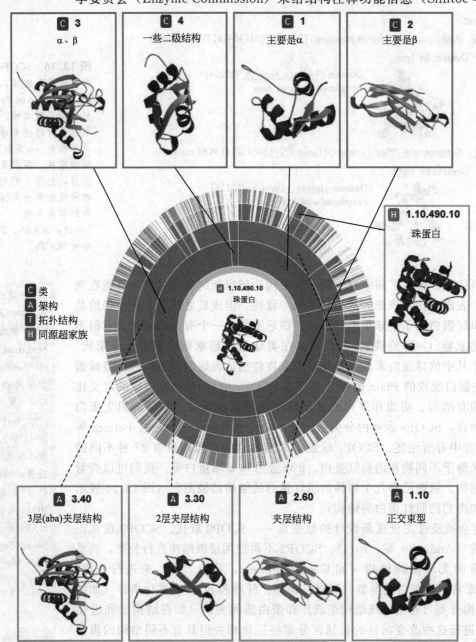

图 13.17　CATH 为蛋白质结构进行了层级分类：包括蛋白类（class）、蛋白架构（architecture）、蛋白拓扑结构（topology）（折叠家族）和蛋白同源超家族（homologous superfamily）（球蛋白被高亮显示）。可以在 CATH 数据库（http://www. cathdb. info）中使用交互滚轮浏览分类层级

（来源：CATH，感谢 I. Sillitoe 博士）

(a) CATH蛋白质超家族

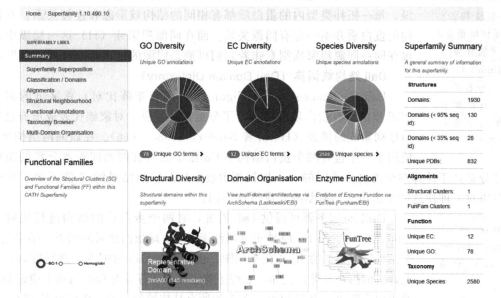

(b) CATH中球蛋白超家族成员的叠加

图 13.18　（a）在 CATH 数据库中使用关键词"肌红蛋白"（myoglobin）［或血红蛋白（hemo-globin）］返回了球蛋白超家族的概览。（b）其中包含了详尽的 GO 和 EC 功能注释，以及一系列链接（左上图），如可访问超家族叠加的链接

（来源：CATH，感谢 I. Sillitoe 博士）

在类（class）这一最高层级，CATH 数据库描述了基于二级结构预测结果的主要的折叠种类，包括 α 为主，α、β 混合，β 为主的折叠类型以及一种具有较少二级结构的折叠类型。蛋白质在这一层级的划分与 SCOP 系统在类级别的划分相似（表 13.6）。CATH 在架构（A）这一层级描述了由二级结构的走向所决定的结构域的不同形态。如 TIM 桶（TIM barrel）（命名来自磷酸丙糖异构酶）和果冻卷（jelly roll）。这些层级的划分来自专家判定而不是自动化的。

SCOP 分类系统把 α 和β 蛋白（α/β，主要包括平行 β 折叠以 β-α-β 单位）和 α＋β 蛋白（主要是反平行的 β 折叠，α 和 β 分离区域）区分。但 CATH 分类系统没有做区分。

SSAP 算法比较两个蛋白质结构，可访问 http://www.cathdb.info/cgi-bin/cath/GetSsapRasmol.p（链接 13.22）。为了比较两种球蛋白，可用 3rgk（肌红蛋白结构）和 4hhbB（β 球蛋白结构）。输出包括 PDB 文件，选择运行 Rasmol，和几个格式比对。

CATH 的拓扑层级（T）描述了折叠家族。利用包括 Taylor 和 Orengo 的 SSAP 算法（1989a，b）在内的多种方法，蛋白质的结构域可被聚类到不同的折叠家族中。属于同一架构（A）类别的蛋白质共有同样的结构元件，但这些结构元件互相之间的连接关系在不同的蛋白质之间可能不同。而在拓扑（T）这一层级，每一拓扑类型内的蛋白质都有相同的结构域形态和连接关系。有相同拓扑结构的蛋白质并不一定有同源关系。而在同源超家族（H）这一层级中，蛋白质被聚在同一同源超家族则意味着它们可能是同源的（意即来自同一祖先）。

Dali 结构域词典（Dali Domain Dictionary）

Dali 是 distance matrix alignment（距离矩阵比对）首字母的缩写。Dali 对 PDB 里的所有蛋白质结构进行了分类，并提供了对家族代表成员有已知结构的蛋白序列家族的描述（Holm 和 Sander，1993，1996）。在做两两结构比对时，Dali 使用了一个包含两个蛋白结构中 Cα 原子的所有两两间距离分数的距离矩阵。结构比对的打分是基于计算两个蛋白分子间的一个加权相似度。Dali 输出结果的 Z 值可用于发现有生物学意义的蛋白质对，即便这两个蛋白质的氨基酸长度可能不同。

Dail 在 http://ekhidna.biocenter.helsinki.fi/dali/start（链接 13.23）。

DaliLite 服务器可提供 Dali 服务，对两个蛋白质的结构进行比对（Holm 等，2006，2008）。图 13.19 展示了肌红蛋白和 β 球蛋白比对的例子。结果包括一个把两个结构进行叠加的 Jmol 交互视图。也可以在 Dali 数据库中进行搜索，并在其中浏览详细的折叠分类。例如，在服务器主机位于芬兰的 Dali 网站上搜索 Dali 定义的折叠索引会生成一个对 PDB90 包含的所有结构域的分类（PDB90 是 PDB 的一个子集，包含了 PDB 中序列一致性小于 90％的所有蛋白质单链的集合）。

(a) DaliLite的查询表格（填写的是肌红蛋白和阿尔法球蛋白的索引号）

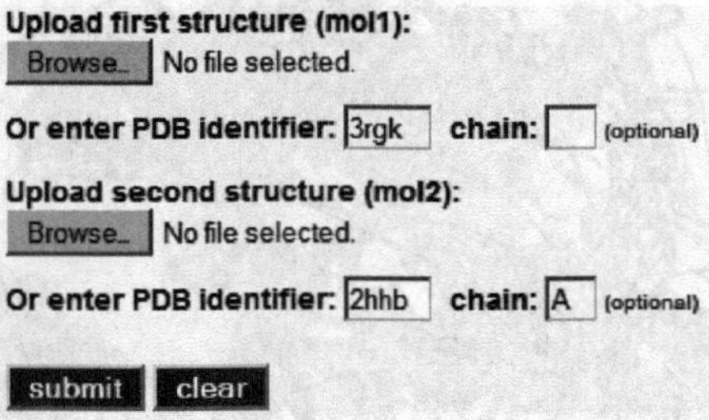

(b) 对比DaliLite与Jmol的结构

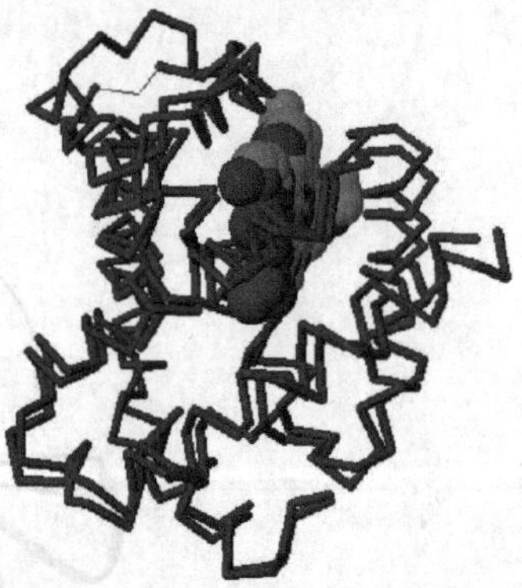

(c) DaliLite结果以及成对结构比对的总结

Summary

```
   No:  Chain   Z    rmsd lali nres  %id PDB  Description
[]  1:  mol2-A 21.4  1.5  140   141   26 PDB  MOLECULE: HEMOGLOBIN (DEOXY) (ALPHA CHAIN

DSSP  LLLHHHHHHHHHHHHHHHHHHHHHHHHHHHHHHHHHHLHHHHHHLHHHLlllhhhHHLLHH
Query GLSDGEWQLVLNVWGKVEADIPGHGQEVLIRLFKGHPETLEKFDRFKhlksedeMKASED   60
ident  ||      |   |||| |     | | | | |   | |   |  |           |
Sbjct VLSPADKTNVKAAWGKVGAHAGEYGAEALERMFLSFPTTKTYFPHFD------lSHGSAQ   54
DSSP  LLLHHHHHHHHHHHHHHHHHHHHHHHHHHHHHHHHHHLHHHHHHLLLLL------lLLLLHH

DSSP  HHHHHHHHHHHHHHHHHLLLLLLHHHHHHHHHHHHHHHLLLLLHHHHHHHHHHHHHHHHHHLL
Query LKKHGATVLTALGGILKKKGHHEAEIKPLAQSHATKHKIPVKYLEFISEAIIQVLQSKHP  120
ident  | ||  |  ||                |   || |           |      |    |
Sbjct VKGHGKKVADALTNAVAHVDDMPNALSALSDLHAHKLRVDPVNFKLLSHCLLVTLAAHLP  114
DSSP  HHHHHHHHHHHHHHHHHLHHHHHHHLHHHHHHHHHHHLLLLLLHHHHHHHHHHHHHHHHHHLL

DSSP  LLLLHHHHHHHHHHHHHHHHHHHHHhl
Query GDFGADAQGAMNKALELFRKDMASNYKel   149
ident   |         | |        | |
Sbjct AEFTPAVHASLDKFLASVSTVLTSKYR--   141
DSSP  LLLLHHHHHHHHHHHHHHHHHHLLLLL--
```

图 13.19 Dali 服务器使用距离矩阵对两个三维结构做比较分析。(a) 输入肌红蛋白和 β-球蛋白的 PDB-ID。(b) 输出包括成对的结构比对。(c) 输出包括一个基于共有二级结构的数量和其分辨率等质量指标的 Z 值（这里有一个非常显著的值 21.4）、均根方偏差（root mean squared deviation，RMSD）、一致性百分比（percent identity）和一个标明二级结构特征的序列比对

［来源：Holm 和 Rosenström（2010），Dali 服务器］

资源之间的比较

我们已经介绍了 SCOP，CATH 和 Dali 结构域词典。也有其他分类和分析蛋白质结构的数据库，其中部分在表 13.7 列出。需要注意的是对于某些蛋白质来说，例如表 13.8 所列出的 4 个蛋白质，SCOP、CATH 和 Dali 这样的权威数据库可能会给出不同的结构域数目（Sillitoe 等于 2013 年对 CATH 与 SCOP 数据库之间的重叠程度进行了综述）。虽然结构生物学领域提供了对蛋白质三维结构的严格测定程序，但对蛋白质结构域的分类仍是一个需要专家评判的复杂问题（Kolodny 等，2013）。蛋白质内的一个特定区段是否能以一个独立的折叠单元的形式而存在可能会有不同的解释（DomainParser 工具的存在就是存在这个问题的一个例子）。相比而言，SCOP 更注重对整个蛋白质的分类，而 CATH 则更注重对结构域的分类。

> DomainParser 网址 http://compbio.ornl.gov/structure/domain-parser/（链接 13.24）。

表 13.7　蛋白质结构数据库的部分列表

数据库	评注	URL
3dee	结构域的定义	http://www.compbio.dundee.ac.uk/3Dee/
Enzyme Structure Database	酶的分类和命名	http://www.ebi.ac.uk/thornton-srv/databases/enzymes/
FATCAT	通过链式比对片段对进行柔性结构比对	http://fatcat.burnham.org/
PDBeFold	用二级结构匹配快速比对蛋白质二维结构	http://www.ebi.ac.uk/msd-srv/ssm/
PDBePISA	蛋白质、界面、结构和组装	http://www.ebi.ac.uk/msd-srv/prot_int/pistart.html
NDB	三维核酸结构数据库	http://ndbserver.rutgers.edu/
PDBSum	蛋白质结构概要信息	http://www.ebi.ac.uk/pdbsum/
SWISS-MODEL Repository	蛋白质三维比较结构模型注释数据库	http://swissmodel.expasy.org/repository/

表 13.8　SCOP、CATH、DALI 注释的蛋白质的结构域数量不同。表里面的值代表每个数据库注释的结构域数量。CATH、SCOP、SALI 的数据来自 PDB（http://www.pdb.org）

名称	PDB 索引号	SCOP	CATH	DALI
糖原磷酸化酶	1gpb	1	2	3
膜联蛋白 V	1avh_A	1	4	4
颌下腺肾素	1smr_A	1	2	1
果糖-1,6-二磷酸酶	5fbp_A	1	2	2

Genome3D 项目的建立是为了促进对蛋白质三维模型预测与主导资源的结构注释之间的比较（Lewis 等，2013）。Genome3D 还有一个建立 SCOP 和 CATH 数据库里条目对应关系的合作项目。

> Genome3D 可访问 http://genome3d.eu/（链接 13.25）。

13.4　蛋白质结构预测

蛋白质结构预测是蛋白质组学的一个主要目标。蛋白质结构预测有三种主要的方法（图 13.20，Cozzetto 和 Tramontano，2008；Pavlopoulou 和 Michalopoulos，2011）。第一，如果一个蛋白质与一个有已知结构的蛋白质有明显的序列相似性，则可以使用同源建模（也称比较建模）的方法来预测其结构。第二，如果一个蛋白质与一个有已知结构的蛋白质具有同样的折叠构象但并不一定同源时，则可以使用穿线法（threading）来预测其结构。那些互相之间具有类似性（analogous）（由趋同进化而非同源导致的结构类似性）的蛋白质可通过这种方法来研究。第三，如果目标蛋白质与已知蛋白质结构没有可识别的同源性或相似性，则要使用从头预测（ab initio）的方法。

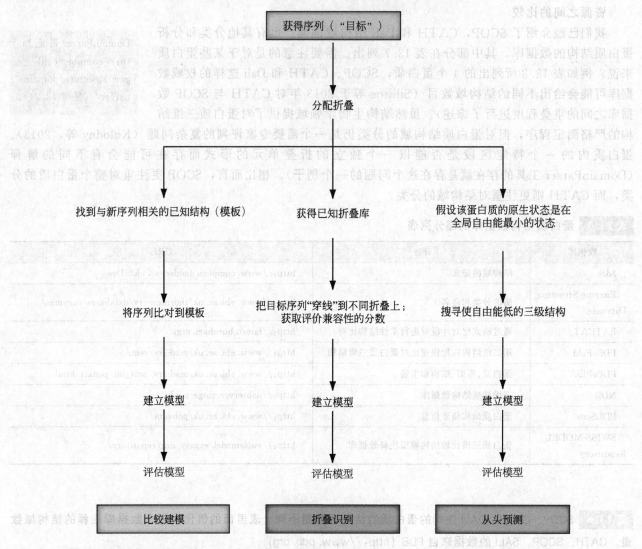

图 13.20　蛋白质结构预测方法（改编自 Baker 和 Sali，2001）。当目标序列有已知结构的同源蛋白质时，比较建模方法最有效的。穿线法是将蛋白质的部分片段比对到数据库中的已知折叠。在没有同源结构的情况下，可使用从头预测来预测蛋白质模型

［改编自 Baker 和 Sali（2001）］

同源建模（比较建模）

　　PDB 数据库已收录了 10 万多个蛋白质结构，而 Swissprot 数据库收录了 50 多万条蛋白序列，TrEM-BL 数据库则收录了 8400 多万条蛋白质序列（第 12 章）。对于绝大多数蛋白质而言，确定它们的结构模型要依赖计算生物学方法而不是实验测定。随着越来越多的蛋白质结构被 X 射线晶体衍射技术和 NMR 光谱法测定，对新结构进行建模和评估的最可靠的方法便是与已知结构进行比对（Baker 和 Sali，2001；Jones，2001）。这就是蛋白质结构的比较建模方法，也称为同源建模。同源建模方法是结构基因组学领域的基础。

　　同源建模有四个步骤（Marti-Renom 等，2000）。

　　① 模板选择和确定折叠构象。可以通过 BLAST 和 DELTA-BLAST 等工具来搜索同源蛋白质的序列或结构。可以在本章中描述的数据库如 PDB、CATII 和 SCOP 中对目标蛋白质进行查询和分析，并识别出结构保守区和结构可变区域。可变区域通常对应蛋白结构中的环或转角，通常都位于蛋白质表面。

　　② 把目标蛋白质与模板蛋白质进行比对。在任意一个比对问题中，远缘蛋白质之间的精确比对都是一个及其困难的问题。如果目标蛋白质和模板蛋白质的序列一致性为 30%，若比对到的序列区域足够长

（如超过 60 个氨基酸），则这两个蛋白质可能有相似的结构。对于这个问题，多重序列比对（第六章）可能会非常有用。

③ 建立结构模型。可以使用多种方法建模，如刚体组装和片段匹配等。

④ 对结构模型评估（参见下文）。

在同源（比较）建模中可能会发生几类基本错误（参见 Marti-Renom 等，2000）：

- 侧链包装的错误
- 正确比对区域内的扭曲
- 与模板缺少匹配的目标蛋白区域内的错误
- 序列比对的错误
- 使用不正确的模板

蛋白质结构预测的精度与目标蛋白质和模板之间的序列一致性有紧密关系（图 13.21）。当两个蛋白质的氨基酸一致性超过 50% 时，模型的质量通常相当高。这时主链原子的均方根差（RMSD）通常会小于 1Å。当比较模型的序列一致性在 30%～50% 时，模型精确度会有所下降。而当序列一致性低于 30% 时，错误率会急剧增高。基于从头预测的模型可以产生低分辨率的结构模型。

很多网络服务器都提供包含质量评估在内的比较建模服务，如 ExPASY 中的 SWISSMODEL、MODELLER 和 PredictProteion 服务器（表 13.9）。模型建立后必须做质量评估。其目的是基于蛋白质结构一般性规律来评估一个特定结构存在的可能性。评估标准可能包括键长和键角是否合适、肽链连接是否共平面、碳骨架构象是否合理（如遵从 Ramachandran 图）、疏水和亲水残基是否处于合适的局部环境，以及可溶性。质量评估工具包括 VERIFY3D、PROCHECK 和 CMBI 的 WHATIF（Netherlands，表 13.9）。

在第三章中，我们讨论了两个蛋白质之间做序列比对时，比对长度在相似度中的重要性。

在线识别折叠，有 3D-PSSM（http://www.sbg.bio.ic.ac.uk/~3dpssm/index2.html，链接 13.26）和其继承 PHYRE（http://www.sbg.bio.ic.ac.uk/~phyre/，链接 13.27），FUGUE（http://tardis.nibio.go.jp/fugue/，链接 13.28）。

序列一致性	模型精确度	分辨率	技术	应用
100%	100%	1.0 Å	X射线晶体成像，NMR	催化机制研究
				配体的设计与改进
				蛋白质伴侣预测
50%	95%	1.5 Å	比较蛋白质结构建模	抗体抗原表位的确定
				支持定点突变
30%	80%	3.5 Å	穿线法	优化NMR结构
				低分辨电子密度拟合
<<20%	80 aa	4~8 Å	从头预测	识别保守的表面残基区域

图 13.21 蛋白质结构预测和精确度。精确度为基于新结构与模板蛋白质之间相关性的函数

［改编自 Baker 和 Sali（2001），aa 为氨基酸，经允许使用］

表 13.9 基于比较建模进行结构预测和质量评估的网站

网页	评注	URL
3D-JIGSAW	Paul Bates 实验室	http://bmm.cancerresearchuk.org/~3djigsaw/
Geno3D	POLE	http://pbil.ibcp.fr/htm/index.php
MODELLER	Andrej Sali 组	http://www.salilab.org/modeller/
PredictProtein	Burkhard Rost 实验室	http://www.predictprotein.org/
SWISS-MODEL	ExPASy	http://swissmodel.expasy.org/
PROCHECK	质量评估	http://www.ebi.ac.uk/thorntonsrv/software/PROCHECK/
VERIFY3D	质量评估	http://nihserver.mbi.ucla.edu/Verify_3D/
WHATIF	质量评估	http://swift.cmbi.ru.nl/whatif/

折叠识别（穿线法）

尽管 PDB 目前已收录了超过 100000 个蛋白质条目，但自然界中可能只有 1000~2000 种不同的折叠。如果目标蛋白缺少可识别的匹配序列但可能与已知结构的蛋白质之间具有共同的折叠，则可以使用折叠识别方法来预测其结构。折叠识别法也叫做穿线法（threading）。目标蛋白质可以因趋同进化的原因而获得与某个特定蛋白质结构相同的折叠，而两个同源但进化关系非常远的蛋白质也具有同样的折叠。在穿线法中，一个输入的目标序列被打断成一个个片段，然后被"穿线（threaded）"到一个已知折叠的模板库上。打分函数会评估目标序列与已知结构之间的相容性。有许多网页服务器都提供穿线预测的自动化服务。

从头预测（不依赖模板建模）

当在已知结构的蛋白质中检测不到同源性时，可以使用从头预测（*ab initio* 或 *de novo*）的方法来预测目标蛋白质的结构。*Ab initio* 指"从头开始"，是结构预测中最难的方法（Osguthorpe，2000；Simons 等，2001；Jothi，2012）。该方法基于两个假设：①氨基酸序列包含了关于一个蛋白质结构的所有信息；②球蛋白会折叠成自由能最低的结构。要找到自由能最低的结构既需要一个打分函数，也需要一个搜索策略。从头预测的方法得到的结构的分辨率一般不高，但该方法对于提供结构模型很有用。

David Baker lab 的 Robetta 服务器在 http://robetta.bakerlab.org/（链接 13.29）。应用了 Rosetta 方法（Kim 等，2004）。

Rosetta 是从头预测策略中最好的方法之一（Simons 等，2001；Rohl 等，2004；Adams 等，2013）。该方法把目标蛋白质分割成一系列包含 9 个氨基酸的序列片段，然后把这些片段与 PDB 中的已知结构进行比对，并由此推断整个肽链的结构。对于一个与已知结构有 60 个以上氨基酸长度的比对片段，Rosetta 生成的结构模型的精度与已知结构之间有 3~6 Å 的均方根偏差（Rohl 等，2004）。Bonneau 等用 Rosetta 方法对所有三维结构未知的 Pfam-A 序列家族（第 6 章）的结构进行了建模。在利用已知结构对他们的方法校准后，他们估计在所有预测的蛋白质中，约 60%（131 个预测蛋白中 80 个）的蛋白质排名前五的模型包含了一个在 6.0Å 均方根偏差范围内被成功预测的结构。

一个评估结构预测进展的竞赛

我们对蛋白质结构的预测效果如何，特别是对于那些具有新型折叠的蛋白质？蛋白质预测的最新技术由蛋白质结构预测技术的严格评估竞赛［Critical Assessment of Techniques for Protein Structure Prediction（CASP；Kryshtafovych 等，2014a）］中的结构基因组委员会来进行评估。1996 年以来，该结构预测实验（比赛）每两年举办一次。CASP1 只有 35 个团队参加，但到 2012 年，有来自数十个国家的超过 200 个预测服务器和人工团队参加了 CASP10。有大约 100 个经实验测定的蛋白质结构被用于评估，同时数万个预测的结构模型被提交给一组评估人员进行评估。目标蛋白质的结构已知但未公开，因此参赛人员以全盲的方式进行预测（Kryshtafovych 等，2014b）。预测者既包括对每个目标蛋白质进行建模的科学家，也包括可在很短的时间内（48 小时）无人工干预产生预测结果的自动化服务器。截止到 2014 年，

CASP11 产生了近 60000 个预测的结构模型。

CASP 的预测目标包括以下需要：①进行同源建模，与已知结构有紧密进化关系的目标蛋白质（如可被 BLAST 检测到进化关系）；②进行同源建模，与已知结构有远缘进化关系的目标蛋白质（如需要 PSI、DELTA-BLAST 或隐马尔可夫模型来检测进化关系）；③穿线法建模；④不依赖模板建模；⑤蛋白质模型优化；⑥对蛋白质分子内残基之间的紧密接触进行评估（Monastyrskyy 等，2014a；Nugent 等，2014；Taylor 等，2014）。Kryshtafovych 等（2014a）回顾了 CASP 的总的进展。在第一个 10 年里（CASP1 到 CASP5），模型质量有显著提高。但在自 CASP10 起的第二个 10 年里，模型质量的提升并不明显，整体精度与 CASP5 相当。这可能有多个原因。每一个目标蛋白质使用一个叠加（superimposed）到目标蛋白质上的已知结构作为指导来进行比较建模。识别最佳模板的能力有所提高（过去十年提高了 10%），部分

(a) CASP10目标T0645-D1:被大多数团队解析

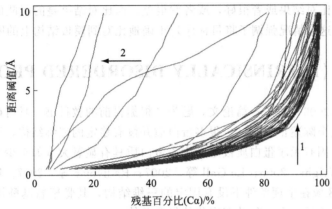

(b) CASP10目标T0658-D1: 没有被任何团队解析

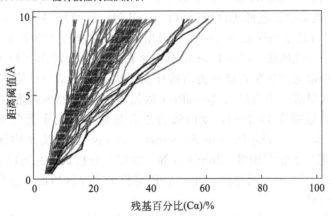

(c) CASP10 目标 T0651-D1: 被很多团队解析，被很多团队错误比对

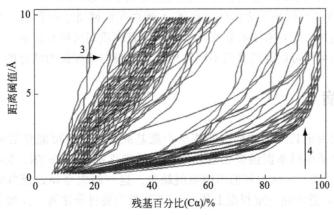

图 13.22 CASP10 比赛结果示例。图中所示为 CA 或 Cα 残基百分比（亦即模型结构占比）（x 轴）与以埃为单位的距离阈值（0～10Å）（y 轴）的散点连线图。每一条线代表了对该蛋白的单个预测情况；不同的线来自不同团队的预测结果。（a）一个目标蛋白质（T 0645）的例子。它的结构被许多参加 CASP 竞赛的团队预测得非常好。请注意，如箭头 1 所示，很高比例的残基（x 轴接近 100%）能被预测到正确结构并且 RMSD 值（距离阈值，y 轴）很小。一小部分团队的预测是错误的（箭头 2），因为即使在大的距离阈值下，他们的预测结果也只能把一小部分残基匹配到真实结构上。（b）一个目标蛋白质（T0658）的例子。在 CASP 比赛中，没有任何团队预测出其正确结构。有几个团队的预测结果（标彩色的 Seok，Jiang 和 Zhang 团队）比其他团队要好。（c）一个目标蛋白质（T0651）的例子。在 CASP 比赛中，许多团队（箭头 3）没能正确预测，但有一些团队（箭头 4）正确预测了其结构。预测精度的这种较大差异通常归因于同源建模中不正确的序列比对（来源：CASP10 结果来自 http://www.predictioncenter.org，经 University of California，Davis 授权）

是由于开发了包含多个模板的方法。但可利用的已知结构在数量上的增加在有些情况下却会（出乎意料地）使最佳模板的识别变得更加困难。主要的挑战包括：需要对比对进行改进；需要有紧密进化关系的模型以达到实验结构测定可获得的精确度；需要改进基于远缘进化关系得到的模型；需要能区分基于不依赖模板方法获得的不同的最佳模型（Moult，2005；Tai 等，2005；Moult 等，2007）。

蛋白质结构预测中心（The Protein Structure Prediction Center）组织 CASP 的信息（http://prediction.center.org/，链接 13.30），含有 CASP 每年的比赛结果。

CASP 网页提供了大赛的详细结果。预测精度的一个评估标准是 GDT_TS 值，它比较了模型中主链 Cα 的位置与其在实验测定结构中位置的差异。图 13.22 展示了 CASP10 的三个例子。一个是比较容易预测的目标蛋白质，大多数团队都解析出了它的结构［图 13.22(a)］，第二个是一个难预测的目标蛋白质［图 13.22(b)］，没有任何一个团队解析出了它的结构。图 13.22(c) 展示了第三个例子，在这个例子中，目标蛋白与模板蛋白的比对呈现出两个极端的情况，很多团队的比对结果或者很好，或者就很差，而比对结果差的团队的结构模型就比较糟糕。这个情况强调了将目标序列正确地比对到模板结构上的困难性。

13.5　固有无序蛋白质（INTRINSICALLY DISORDERED PROTEINS）

Jane Dyson 和 Peter Wright（2006）写了一篇论文，题为"根据目前的教科书，具有确定的三维结构是一个蛋白质行使功能的前提。这个陈述正确吗？"。很多蛋白质并没有稳定的三维结构，而这反而可能是它们能行使正常功能的重要原因。固有无序蛋白质被定义为该蛋白质具有显著大（如至少 30 或 50 个氨基酸）的非结构化区域（Dyson 和 Wright，2005；Le Gall 等，2007；Radivojac 等，2007；Babu 等，2012；Bellay 等，2012）。这些非结构化区域在生理条件下没有固定的三维结构，其骨架氨基酸没有稳定位置而是随时间呈现动态变化，所以其构象是一个各种动态变化的集合总体。

固有无序数据库（Protein Structure Prediction Center）可访问 http://www.disprot.org/（链接 13.31）。截至 2015 年 3 月，有约 700 个蛋白质和超过 1500 个无序区域。

根据 Keith Dunker 及其同事的评估，PDB 数据库中有约 10% 的蛋白质具有超过 30 个氨基酸长度的无序区域（Le Gall 等，2007）。另外，PDB 蛋白质结构中只有约 7% 的蛋白质在 Swiss-Prot 数据库中有对应的全长序列，而只有约 25% 的蛋白质结构能匹配 Swiss-Prot 中对应蛋白序列全长的 95% 以上。在解析结构的蛋白质中缺乏有完整长度的蛋白质反映了固有无序结构可能是一种常见现象。这些研究人员进一步提出在 SwissProt 数据库中超过 25% 的蛋白质有无序区域。无序蛋白质数据库 DisProt，专门致力于收集这一类无序蛋白质的信息（Sickmeier 等，2007）。The Protein Structure Initiative 蛋白质结构计划在进行过程中，在获取蛋白质晶体结构这一步遇到了很多困难。Johnson 等（2012）分析认为之所以会遇到这些困难是因为那些难结晶的蛋白质具有长无序区域。同样地，在 CASP 实验中无序区域的存在也意味着对预测技术的挑战（Monastyrskyy 等，2014b）。

固有无序区域可能有重要的细胞功能（Babu 等，2012）。它们可能在与生物靶标结合后改变构象，而在这一结合过程中蛋白质的折叠和结合会同时进行。许多蛋白质的无序区域呈现高度保守，这与其具有重要功能的特点相符。Dunker 等（2005）讨论了无序区域在蛋白-蛋白互作网络中的作用。在蛋白质互作网络中大多数蛋白质都只有较少的连接，而具有中心作用的"枢纽"蛋白质却可以有很多（数十到数百）的连接。枢纽蛋白质存在的固有无序可以促进其与不同结构类型的蛋白质配体的结合能力。

13.6　蛋白质结构与疾病

一个蛋白质的氨基酸线性序列决定其三维结构。即使单个氨基酸的变化也可能对结构造成巨大的破坏。例如，囊性纤维跨膜调节蛋白质编码基因的突变会导致囊性纤维化疾病（CFTR；Ratjen 和 Döring，2003），而最常见的突变是 ΔF508，即在 508 位置的苯丙氨酸缺失。这一缺失会导致蛋白质内 α 螺旋的含量（Massiah 等，1999）发生改变，进而在一定程度上影响 CFTR 蛋白通过分泌转运到肺上皮细胞质膜上的正常位置的能力。

但与疾病相关的蛋白质序列上的改变并不一定都会引起蛋白质结构的巨大变化。这里我们举一个镰状细胞贫血病（Online Mendelian Inheritance in Man 或 OMIM 号♯603903）的例子。该病是最常见的一种遗传血液病，由位于 11 号染色体上 11p15.4 座位上的 β 球蛋白编码基因的突变引起。成人的血红蛋白是由两个 α 链和两个 β 链组成的四聚体，负责从肺转运血液中的氧气到身体各个部分。β 球蛋白上的一个正常谷氨酸被缬氨酸取代后会在蛋白表面形成疏水段，从而导致血红蛋白分子的聚集，并进而导致镰状细胞贫血病的发生。

你可以在 NCBI Gene 中，找到血红蛋白链的简短定义。你也可以在在线人类孟德尔遗传（Online Mendelian Inheritance in Man，OMIM）找到链接，它提供了关于球蛋白基因突变会造成的临床和分子后果的详细描述。我们在 21 章讨论 OMIM 和镰状细胞贫血病。

很多人类疾病与蛋白质折叠缺陷有关。蛋白质折叠缺陷可能会导致有毒性的获得性功能。阿兹海默症（OMIM♯104300）、帕金森病、亨廷顿病和朊病毒病（Hartl 和 Hayer-Hartl，2009）等疾病的发病机制就被认为与蛋白质折叠缺陷所导致的有毒性的获得性功能有关。表 13.10 列出了包括 CFTR 和 β 球蛋白在内的几个与人类疾病相关的蛋白质的例子。

表 13.10 与疾病相关的蛋白质示例，蛋白质序列的轻微变化导致了结构上的改变。CFTR：囊性纤维化跨膜调节因子（cystic fibrosis transmembrane regulator）。请注意 OMIM 指疾病条目（而不是蛋白质条目），PDB 指示例蛋白结构的索引号，引自 NCBI 蛋白质网站

疾病	OMIM	基因/蛋白质	RefSeq	PDB
阿兹海默症	♯104300	淀粉样前蛋白	NP_000475.1	2M4J
囊性纤维症	♯219700	CFTR	NP_000483.3	2LOB
亨廷顿舞蹈病	♯143100	Huntingtin	NP_002102.4	4FED
库贾氏症	♯123400	朊病毒蛋白	NP_000302.1	2M8T
帕金森病	♯168600	α-突触核蛋白同种型 NACP140	NP_000336.1	2M55
镰状细胞贫血病	♯603903	β 血红蛋白	NP_000509.1	2M6Z

在本章前段我们介绍了一个 G 蛋白偶联受体（GPCR）的高分辨率结构。在所有 21000 种美国食品和药物管理局列出的药物中，超过 1300 多种唯一（不与其他药物相关）的药物只作用于 324 个药物靶标（Pitt 等，2009）。在所有药物中，超过一半靶向四个蛋白家族：G 蛋白偶联受体、核受体、配体门控离子通道和电压门控离子通道。PDB 包含了超过 100 个这些靶标的蛋白结构。

David Baker 和 70 位同事开展了一项计算预测领域的实验，目的是评估计算方法预测序列突变对蛋白-蛋白相互作用效果的影响程度的预测能力（Moretti 等，2013）。他们设计了两种能够结合流感病毒血凝素的蛋白质（第 16 章），然后在这两个短蛋白序列上的每个位置都做了点突变实验（把原来的氨基酸替换为 20 种氨基酸的另外一种，每个位置 19 次点突变），并实验测定得到的突变蛋白与血凝素结合的效果。利用实验测定的结果，就可以评估计算方法预测突变对结合的影响程度的预测能力。结果发现，约三分之一与结合力增加有关的突变可被计算识别（FDR 为 10%）。对预测最准确结果分析发现其中有重要贡献的因素考虑了蛋白质的稳定性、包装、电荷和溶剂等。随着像以上实验的数据集的不断增加，预测方法也预期会不断提升。

以上这些研究对帮助解释人类基因组中单核苷酸变异的临床意义很有意义，因为预期许多此类变异可能会对蛋白质结合造成有害影响，并进而导致疾病。

13.7 展望

结构基因组学的目标是要确定横跨整个蛋白质折叠空间里的所有结构。该计划与人类基因组计划有很多相似之处。两者都在进行雄心勃勃的努力，也都需要国际上许多实验室的协同合作。此外，两者都需要中心资源数据库来存储原始数据，而且资源库中的数据量都在呈指数级增长。

我们可以期望绝大多数的蛋白质折叠在不久的将来都可以被测定。现在，新的折叠在总折叠中所占的比例每一年都在快速下降。在这个过程中，我们已获得了一些经验，包括：

- 蛋白质的折叠形式是有限的；

- 同一种三维折叠可被蛋白质用来行使完全不同的功能；
- 蛋白质也可通过完全不同的折叠来执行相同的功能。

13.8　常见问题

生物学中的一个伟大的奥秘就是线性氨基酸序列是如何迅速折叠出正确的三维构象的。对横跨序列空间的蛋白质三维结构进行实验解析面临着一系列挑战。目前，仍然有数以千计的蛋白质家族的代表性结构还没被解析。蛋白质结构预测也面临着一系列挑战。当有已知的近缘关系的蛋白结构模板时，我们能以很高的精度得到预测结构，但预测全新的蛋白质结构仍然非常困难。从头预测蛋白结构的方法在不断的提高之中，尤其是在预测较小的蛋白质的结构时。

13.9　给学生的建议

选择一个你感兴趣的有已知结构的并有文献报道的蛋白质，然后对它进行深入分析。例如，作为氯离子通道的神经递质受体蛋白质［PDB 结构 3RHW；Hibbs 和 Gouaux，2011；参见如下的上机实验（13.5）］。可按照一级、二级、三级和四级结构的顺序来进行分析。尝试重复出你所选择的文章中的图。把感兴趣的蛋白质的结构与数据库中其他已知结构进行序列比对（如用 BLAST）并进行直接结构比较。在 SCOP 和 CATH 数据库中探索其对应的折叠的结构域和其他特性。

问题讨论

［13-1］PDB 是蛋白质结构数据的中心存储资源库。其他如 SCOP 和 CATH 之类的数据库提供了哪些 PDB 所缺乏的信息？

［13-2］一个普遍规律是：蛋白质结构比初级氨基酸序列进化速度慢，因此两个蛋白质虽然可能只有有限的氨基酸序列一致性，但它们还可能具有高度类似的结构（一个很好的例子是，脂质运载蛋白、视黄醇结合蛋白、气味结合蛋白和 β-乳球蛋白虽然同源性低但结构极为相似）。这样的一般规律会有例外吗？

问题/计算机实验

［13-1］在 NCBI 中使用 Cn3D 来查看蛋白质结构。

（1）从 NCBI Structure 站点上下载 Cn3D（http://www.ncbi.nlm.nih.gov/Structure/CN3D/cn3d.shtml，链接 13.32）。

（2）打开 NCBI Entrez Structures 页面，然后选择脂质运载蛋白（lipocalin）。你可以通过 NCBI 主页导航到"structure"来到达这个网页。或者，你也可以在 Entrez 中输入查询，然后选择"limits"并限制输出结果来自 PDB。如果你选择"气味结合蛋白"（odorant-binding protein），会得到来自几个不同物种的气味结合蛋白的条目。牛的气味结合蛋白来自几个不同研究团队独立上传的条目（例如 PDB 标识符 1OBP，1PBO）。

（3）在 MMDB 网页选择"View 3D Structure"，仔细研究这个页面内的所有链接。点击"View/Save Structure"。

（4）会有两个窗口打开：Cn3D viewer 和 the 1D-viewer。点击每一个窗口，会发现这两个窗口之间的联系。改变 Cn3D viewer 的"style"选项。确定该蛋白质的 α 螺旋和 β 折叠区域。

［13-2］使用 PDB 的 Jmol 来查看蛋白质结构。

（1）访问 http://www.pdb.org（链接 13.33），在网页的搜索框中输入 4HHB（血红蛋白）。注意这个页面标题为"1.74 Å 分辨率下的人类脱氧血红蛋白晶体结构"。在页面的顶部有可以下载 PDB 文件到桌面的选项图标；下载后，可便于把 4HHB 文件载入到其他程序中去。接着，在"display options"标题下点击 Jmol。

（2）Jmol（运行 Java）不需要在本地上安装就可使用。在血红蛋白的 Jmol 图像的侧面和底部有下拉式菜单和命令输入卡，还有帮助文档。探索 Jmol 的包括查看选项在内的数十个功能。

[13-3] 使用 ExPASy 的 DeepView 来查看蛋白质结构。

（1）访问 DeepView 的网址，Swiss PDB Viewer，http://expasy.org/spdbv/（链接 13.34），选择下载并本地安装软件。

（2）打开 3RGK（肌红蛋白）PDB 文件。可以访问 PDB（http://www.pdb.org）并查询 3GRK，然后下载 PDB 文件到桌面上。有一个主工具栏 [见图 13.2(b)]，在其中使用 File→Open command。

（3）在窗口的下拉菜单，打开控制面板。单击标题列 "show" 来选择取消所有的氨基酸残基，然后点击前两个氨基酸来只查看这两个氨基酸。在主工具栏点击 ω、φ、ψ 按钮 [见图 13.2(b)] 来查看键角信息。

（4）使用 NCBI 的 VAST 来比较两个脂质运载蛋白的结构。

• 回到 1PBO 的 MMDB 页面选择 "Structure neighbors"（可以通过鼠标悬停在蛋白图形上访问）。你现在看到的是 NCBI 的 VAST（矢量对齐搜索工具）网页。会得到一个与 OBP 相关的蛋白质的列表。通过点击左边的框选一或两种其他蛋白质，如 β-乳球蛋白或视黄醇结合蛋白。然后查看并保存比对结果。

• 注意会有两个窗口打开：Cn3D 和 DDV（二维查看器）。再次探索两个可视化工具之间的关系。你正在比对的两个蛋白质的相似性是什么？它们有什么区别？在序列比对查看器和图形查看器中高亮保守氨基酸区域。完全保守的 GXW 残基位于哪个区域？

[13-4] 在 http://ekhidna.biocenter.helsinki.fi/dali/start（网页链接 13.35）使用 Dali 工具比较两个同源蛋白的结构。尝试用 1PBO（气味结合蛋白）和 1RBP（视黄醇结合蛋白）的结构。它们的结构是否显著相关？基于什么标准？序列是否相似？基于什么标准？

[13-5] 本问题涉及到寻找到一个与你感兴趣的蛋白质相关的已知结构，然后使用该结构来对你感兴趣的蛋白质进行结构建模。一位儿童患有癫痫和智力障碍。为了尝试找出该儿童的遗传突变，你对该儿童和其父母进行了全外显子序列测序，并在编码 GABA 受体 β 亚基的 *GABRB* 基因中发现一个从头（de novo）突变（M79nn）。

（1）在 NCBI 上找到 GABRB 蛋白序列，执行输出限定为 PDB 的 BLASTP 搜索，然后找到与其相关的结构。或者，你可以访问 PDB 数据库，并在 PDB 数据库中进行搜索。

（2）（通过 ExPASy）访问 SWISS-MODELLER。在完成注册后，转到 SwissModel 自动建模模式（SwissModel Automatic Modelling Mode）。在那里，粘贴 GABRB 蛋白质的 FASTA 格式的序列，并指定与其最相关的已知结构（例如 3rhw 链 A）的 PDB 索引号。

[13-6] 肌联蛋白是最大的人类蛋白质（超过 34000 个氨基酸）。关于它的结构（包括结构域），有哪些信息是已知的？尝试下面的数据库：

• NCBI structure 页面；

• PDB（见 http://www.rcsb.org/pdb/101/motm.do?momID=185）；

• CATH 或 SCOP；

• 在 NCBI 上用 BLASTP 搜索 PDB 数据库

[13-7] 镰状细胞贫血病是由 HBB 蛋白中的 E7V 特异性突变（第 7 位的谷氨酸残基被替换为缬氨酸）所引起的。该突变导致血红蛋白四聚体被聚集在一起，使得整个红细胞发生镰刀型的形变。PDB 标识符 4HBB 代表野生型血红蛋白，而 2HBS 代表突变型血红蛋白。利用 NCBI 的 VAST 工具来比较这两个结构。第 7 位的谷氨酸位于蛋白质的表面还是内部？它突变成缬氨酸后是否会导致蛋白质的二级和三级结构上的变化？

[13-8] 要获得一组蛋白质结构的标识符的一个途径是使用 Perl 脚本来查询 NCBI 数据库。NCBI 给没有 Perl 脚本编写经验的用户提供了一个叫做 EBot 的交互网页工具。使用该工具可构建一个 E-utility 工作流程。

（1）访问 EBot（http://www.ncbi.nlm.nih.gov/Class/PowerTools/eutils/ebot/ebot.cgi，网页链接 13.36）；

（2）输入你的邮箱地址（注意，你可以通过在数十个数据库进行选择开始）；

（3）输入一个 PubMed 文本查询条目：Perutz M［Au］，这会限制只输出 Max Perutz 作为论文作者的结果，点击 "Add Step to Pipeline"；

（4）选择 "Link the entire dataset to one set of related records（elink）" 和 "Build Step"；

（5）向下滚动选择 "Structure Links"，然后选择 "Add Step to Pipeline"；

（6）选择 "Stop here 和 download the UIDs"，然后 "Build Step"；

（7）提供一个输出文件名（ebot_globins），然后结束流程（"End Pipeline"）；

（8）选择一个文件名（如 ebot.pl）来生成 Perl 脚本；

（9）把该脚本保存在你的电脑上，并在 Windows（使用命令提示符）、MAC OS/X（使用终端机）或 Linux（使用 shell）中通过键入 perl 来执行脚本。该 Perl 脚本的一个拷贝见网页文件 13.2 中的文本文件。

自测题

［13-1］当比较两个远缘同源蛋白质时，以下哪个阐述是正确的？

（a）它们倾向于有更多共同的三维结构特征，而不是氨基酸序列一致性百分比（percent amino acid identity）；

（b）它们倾向于有更高的氨基酸序列一致性百分比，而不是三维结构特征；

（c）它们的序列一致性百分比和三维结构特征相似性的水平相当；

（d）不能归纳出它们之间的序列和三维结构的相似度

［13-2］蛋白质二维结构预测算法一般会计算一个蛋白质形成以下什么的可能性

（a）α 螺旋；

（b）β 折叠；

（c）α 螺旋、β 折叠和卷曲；

（d）α 螺旋、β 折叠、卷曲和多聚体

［13-3］相对于核磁共振谱，X 射线晶体衍射技术测定蛋白质的优点在于，使用 X 射线晶体衍射技术时更容易：

（a）解析跨膜结构域蛋白质的结构；

（b）生长晶体比准备 NMR 样本容易；

（c）解释衍射数据；

（d）测定大的蛋白质结构

［13-4］蛋白质数据库（PDB）

（a）作为大分子二级结构的主要的全球数据库；

（b）包含的蛋白质结构的数目与 SwissProt/TrEMBL 数据库中的蛋白质序列的数目相当；

（c）包括了蛋白质、蛋白质-核酸复合物和糖类大分子的数据；

（d）由 NCBI 和 EBI 共同管理和运行

［13-5］NCBI 的 VAST 算法

（a）是一个通过穿线法（threading）查看相关蛋白质结构的浏览器工具；

（b）是一个可视化工具，允许最多可同时比较两个蛋白质的结构；

（c）允许使用有已知结构的查询信息（如具有 PDB 索引号）来对所有 NCBI 的结构数据库进行搜索，但是该工具不能用于分析未知结构的蛋白质；

（d）允许对 NCBI 所有的结构数据库条目彼此进行搜索，并会给每个查询都提供一个"邻近结构"（structure neighbors）的列表

［13-6］Cn3D 是 NCBI 的一个分子结构查看器，其特点是

（a）一个连接到自动同源建模的菜单驱动程序；

（b）一个可用于多种结构分析的命令行界面；

（c）一个伴有序列查看器的结构查看器；

（d）一个可以观察立体化结构图像的结构查看器

［13-7］CATH 数据库对蛋白质结构进行了层级分类，前三个层次：类（class，C）、构架（architecture，A）和拓扑（topology，T）都描述了

（a）蛋白质三级结构（例如三级结构的组成、包装、形状、定位方向和连接关系）；

（b）蛋白质二级结构（例如二级结构的组成、包装、形状、定位方向和连接关系）；

（c）蛋白质结构域的结构；

（d）根据同源结构域划分的蛋白质超家族

［13-8］同源建模方法可在以下方面与从头预测方法区分

（a）同源建模需要一个要建立的模型；

（b）同源建模需要将目标与模板进行比对；

（c）同源建模适用于所有蛋白质序列；

（d）同源建模的准确度不依赖目标与模板序列间的相似度

［13-9］你想快速预测一个感兴趣的蛋白质的结构。当对目标序列进行 BLAST 和 DELTA-BLAST 搜索后，你发现你感兴趣蛋白质序列与其相似度最高的蛋白质之间只有 15% 的氨基酸一致性，而且它的 E 值也不显著。那么最好选择以下哪种？

（a）X 射线晶体衍射技术；

（b）核磁共振技术；

（c）将序列提交到蛋白质结构预测服务器进行同源建模；

（d）将序列提交到蛋白质结构预测服务器进行从头预测

13.10　推荐读物

有很多关于结构基因组学和蛋白质预测的优秀综述。关于蛋白质折叠的综述，参见 Dill 等（2008）、Fersht（2008）和 Hartl 和 Hayer-Hartl（2009）。Berman 等［2013（a）］对核心结构资源库 PDB 进行了综述。结构基因组学计划的综述和分析见 Andreeva 和 Murzin（2010）、Marsden 等（2007）、Chandonia 和 Brenner（2006）、Levitt（2007）及上述提到的其他文章。Michael Levitt 和其同事（Kolodny 等，2013）对包括根据结构域来对蛋白结构进行分类的问题等在内的诸多蛋白质折叠的普遍性做了清晰且引人深思的综述。Holm 和 Sander（1996，1997）发表的综述尽管较早，但却十分有用。

Jenny Gu 和 Philip Bourne 编辑了一本相当优秀的教材——*Structural Bioinformatics*（2009）。

参 考 文 献

Adams, P.D., Baker, D., Brunger, A.T. *et al.* 2013. Advances, interactions, and future developments in the CNS, Phenix, and Rosetta structural biology software systems. *Annual Review of Biophysics* **42**, 265–287. PMID: 23451892.

Andreeva A., Murzin, A.G. 2010. Structural classification of proteins and structural genomics: new insights into protein folding and evolution. *Acta Crystallographica Section F Structural Biology and Crystallization Communications* **66**(Pt 10), 1190–1197. PMID: 20944210.

Andreeva, A., Howorth, D., Chandonia, J.M. *et al.* 2008. Data growth and its impact on the SCOP database: new developments. *Nucleic Acids Research* **36**(Database issue), D419–425.

Andreeva, A., Howorth, D., Chothia, C., Kulesha, E., Murzin, A.G. 2014. SCOP2 prototype: a new approach to protein structure mining. *Nucleic Acids Research* **42**(Database issue), D310. PMID: 24293656.

Anfinsen, C.B. 1973. Principles that govern the folding of protein chains. *Science* **181**, 223–230.

Babu, M.M., Kriwacki, R.W., Pappu, R.V. 2012. Structural biology. Versatility from protein disorder. *Science* **337**(6101), 1460–1461. PMID: 22997313.

Baker, D., Sali, A. 2001. Protein structure prediction and structural genomics. *Science* **294**, 93–96.

Bakolitsa, C., Kumar, A., Jin, K.K. *et al.* 2010. Structures of the first representatives of Pfam family PF06684 (DUF1185) reveal a novel variant of the Bacillus chorismate mutase fold and suggest a role in amino-acid metabolism. *Acta Crystallographica Section F: Structural Biology and Crystallization Communications* **66**(Pt 10), 1182–1189. PMID: 20944209.

Bellay, J., Michaut, M., Kim, T. *et al.* 2012. An omics perspective of protein disorder. *Molecular Biosystems* **8**(1), 185–193. PMID: 22101230.

Berman, H.M. 2012. Creating a community resource for protein science. *Protein Science* **21**(11), 1587–1596. PMID: 22969036.

Berman, H.M., Coimbatore Narayanan, B., Di Costanzo, L. *et al.* 2013a. Trendspotting in the Protein Data Bank. *FEBS Letters* **587**(8), 1036–1045. PMID: 23337870.

Berman, H.M., Kleywegt, G.J., Nakamura, H., Markley, J.L. 2013b. How community has shaped the Protein Data Bank. *Structure* **21**(9), 1485–1491. PMID: 24010707.

Berman, H.M., Kleywegt, G.J., Nakamura, H., Markley, J.L. 2013c. The future of the protein data bank. *Biopolymers* **99**(3), 218–222. PMID: 23023942.

Bonneau R., Strauss C. E., Rohl C. A. *et al.* 2002. De novo prediction of three-dimensional structures for major protein families. *Journal of Molecular Biology* **322**, 65–78.

Boutet, S., Lomb, L., Williams, G.J. *et al.* 2012. High-resolution protein structure determination by serial femtosecond crystallography. *Science* **337**(6092), 362–364. PMID: 22653729.

Branden, C., Tooze, J. 1991. *Introduction to Protein Structure*. Garland Publishing, New York.

Brenner, S. E. 2000. Target selection for structural genomics. *Nature Structural Biology* **7** (Suppl.), 967–969.

Brenner, S.E. 2001. A tour of structural genomics. *Nature Reviews Genetics* **2**, 801–809.

Carter, P., Lee, D., Orengo, C. 2008. Target selection in structural genomics projects to increase knowledge of protein structure and function space. *Advances in Protein Chemistry and Structural Biology* **75**, 1–52. PMID: 20731988.

Chandonia, J.M., Brenner, S.E. 2005. Implications of structural genomics target selection strategies: Pfam5000, whole genome, and random approaches. *Proteins* **58**, 166–179.

Chandonia, J.M., Brenner, S.E. 2006. The impact of structural genomics: expectations and outcomes. *Science* **311**, 347–351.

Chang, G., Roth, C. B. 2001. Structure of MsbA from *E. coli*: A homolog of the multidrug resistance ATP binding cassette (ABC) transporters. *Science* **293**, 1793–800.

Chothia, C. 1992. Proteins. One thousand families for the molecular biologist. *Nature* **357**, 543–544.

Chou, P. Y., Fasman, G. D. 1978. Prediction of the secondary structure of proteins from their amino acid sequence. *Advances in Enzymology and Related Areas of Molecular Biology* **47**, 45–148 (1978).

Cozzetto, D., Tramontano, A. 2008. Advances and pitfalls in protein structure prediction. *Current Protein and Peptide Science* **9**(6), 567–577 (2008). PMID: 19075747.

Cuff, A.L., Sillitoe, I., Lewis, T. *et al.* 2011. Extending CATH: increasing coverage of the protein structure universe and linking structure with function. *Nucleic Acids Research* **39**(Database issue), D420–426. PMID: 21097779.

Depietro, P.J., Julfayev, E.S., McLaughlin, W.A. 2013. Quantification of the impact of PSI: Biology according to the annotations of the determined structures. *BMC Structural Biology* **13**(1), 24. PMID: 24139526.

Dill, K.A., MacCallum, J.L. 2012. The protein-folding problem, 50 years on. *Science* **338**(6110), 1042–1046. PMID: 23180855.

Dill, K.A., Ozkan, S.B., Shell, M.S., Weikl, T.R. 2008. The protein folding problem. *Annual Review of Biophysics* **37**, 289–316. PMID: 18573083.

Domingues, F. S., Koppensteiner, W. A., Sippl, M. J. 2000. The role of protein structure in genomics. *FEBS Letters* **476**, 98–102.

Dunker, A.K., Cortese, M.S., Romero, P., Iakoucheva, L.M., Uversky, V.N. 2005. Flexible nets. The roles of intrinsic disorder in protein interaction networks. *FEBS Journal* **272**, 5129–5148.

Dyson, H.J., Wright, P.E. 2005. Intrinsically unstructured proteins and their functions. *Nature Reviews Molecular Cell Biology* **6**, 197–208.

Dyson, H.J., Wright, P.E. 2006. According to current textbooks, a well-defined three-dimensional structure is a prerequisite for the function of a protein. Is this correct? *IUBMB Life* **58**, 107–109.

Fersht, A.R. 2008. From the first protein structures to our current knowledge of protein folding: delights and scepticisms. *Nature Reviews Molecular Cell Biology* **9**(8), 650–654. PMID: 18578032.

Fox, N.K., Brenner, S.E., Chandonia, J.M. 2014. SCOPe: Structural Classification of Proteins: extended, integrating SCOP and ASTRAL data and classification of new structures. *Nucleic Acids Research* **42**(Database issue), D304–309, PMID: 24304899.

Garnier, J., Gibrat, J. F., Robson, B. 1996. GOR method for predicting protein secondary structure from amino acid sequence. *Methods in Enzymology* **266**, 540–553.

Gifford, L.K., Carter, L.G., Gabanyi, M.J., Berman, H.M., Adams, P.D. 2012. The Protein Structure Initiative Structural Biology Knowledgebase Technology Portal: a structural biology web resource. *Journal of Structural and Functional Genomics* **13**(2), 57–62. PMID: 22527514.

Goodsell, D.S., Burley, S.K., Berman, H.M. 2013. Revealing structural views of biology. *Biopolymers* **99**(11), 817–824. PMID: 23821527.

Gu, J., Bourne, P.E. (eds.) 2009. *Structural Bioinformatics*. Second edition. Hoboken, NJ, Wiley-Blackwell.

Han, G.W., Bakolitsa, C., Miller, M.D. *et al.* 2010. Structures of the first representatives of Pfam family PF06938 (DUF1285) reveal a new fold with repeated structural motifs and possible involvement in signal transduction. *Acta Crystallography Section F: Structural Biology and Crystallization Communications* **66**(Pt 10), 1218–1225. PMID: 20944214.

Hartl, F.U., Hayer-Hartl, M. 2009. Converging concepts of protein folding in vitro and in vivo. *Nature Structural and Molecular Biology* **16**(6), 574–581. PMID: 19491934.

Henderson, R., Unwin, P.N. 1975. Three-dimensional model of purple membrane obtained by electron microscopy. *Nature* **257**(5521), 28–32. PMID: 1161000.

Hibbs, R.E., Gouaux, E. 2011. Principles of activation and permeation in an anion-selective Cys-loop receptor. *Nature* **474**(7349), 54–60. PMID: 21572436.

Holm, L. 1998. Unification of protein families. *Current Opinion in Structural Biology* **8**, 372–379.

Holm, L., Sander, C. 1993. Protein structure comparison by alignment of distance matrices. *Journal of Molecular Biology* **233**, 123–138.

Holm, L., Sander, C. 1996. Mapping the protein universe. *Science* **273**, 595–603.

Holm, L., Sander, C. 1997. New structure: novel fold? *Structure* **5**, 165–171.

Holm, L., Rosenström, P. 2010. Dali server: conservation mapping in 3D. *Nucleic Acids Research* **38**(Web Server issue), W545–549. PMID: 20457744.

Holm, L., Kääriäinen, S., Wilton, C., Plewczynski, D., Wilton, C. 2006. Using Dali for structural comparison of proteins. *Current Protocol in Bioinformatics* **Chapter 5**, Unit 5.5. PMID: 18428766.

Holm, L., Kääriäinen, S., Rosenström, P., Schenkel, A. 2008. Searching protein structure databases with DaliLite v.3. *Bioinformatics* **24**(23), 2780–2781. PMID: 18818215.

Johnson, D.E., Xue, B., Sickmeier, M.D. *et al.* 2012. High-throughput characterization of intrinsic disorder in proteins from the Protein Structure Initiative. *Journal of Structural Biology* **180**(1), 201–215. PMID: 22651963.

Jones, D. T. 2001. Protein structure prediction in genomics. *Briefings in Bioinformatics* **2**, 111–125.

Joosten, R.P., te Beek, T.A., Krieger, E. *et al.* 2011. A series of PDB related databases for everyday needs. *Nucleic Acids Research* **39**(Database issue), D411–419. PMID: 21071423.

Jothi, A. 2012. Principles, challenges and advances in ab initio protein structure prediction. *Protein and Peptide Letters* **19**(11), 1194–1204. PMID: 22587787.

Kabsch, W., Sander, C. 1983. Dictionary of protein secondary structure: pattern recognition of hydrogen-bonded and geometrical features. *Biopolymers* **22**, 2577–2637.

Kang, H.J., Lee, C., Drew, D. 2013. Breaking the barriers in membrane protein crystallography. *International Journal of Biochemistry and Cell Biology* **45**(3), 636–644. PMID: 23291355.

Kim, D.E., Chivian, D., Baker, D. 2004. Protein structure prediction and analysis using the Robetta server. *Nucleic Acids Research* **32**(Web Server issue),W526–W531.

Kolodny, R., Pereyaslavets, L., Samson, A.O., Levitt, M. 2013. On the universe of protein folds. *Annual Review of Biophysics* **42**, 559–582. PMID: 23527781.

Koonin, E. V., Wolf, Y. I., Karev, G. P. 2002. The structure of the protein universe and genome evolution. *Nature* **420**, 218–223.

Koopmann, R., Cupelli, K., Redecke, L. *et al.* 2012. In vivo protein crystallization opens new routes in structural biology. *Nature Methods* **9**(3), 259–262. PMID: 22286384.

Kryshtafovych, A., Fidelis, K., Moult, J. 2014a. CASP10 results compared to those of previous CASP experiments. *Proteins* **82**(2), 164–174. PMID: 24150928.

Kryshtafovych, A., Monastyrskyy, B., Fidelis, K. 2014b. CASP prediction center infrastructure and evaluation measures in CASP10 and CASP ROLL. *Proteins* **82**(2), 7–13. PMID: 24038551.

Kühlbrandt, W. 2013. Introduction to electron crystallography. *Methods in Molecular Biology* **955**, 1–16. PMID: 23132052.

Le Gall, T., Romero, P.R., Cortese, M.S., Uversky, V.N., Dunker, A.K. 2007. Intrinsic disorder in the Protein Data Bank. *Journal of Biomolecular Structure and Dynamics* **24**, 325–342.

Levinthal, C. 1969. How to fold graciously. In *Mossbauer Spectroscopy in Biological Systems* (eds P.Debrunner, J.C.M.Tsibris, E.Munck), pp. 22–24. University of Illinois, Urbana IL.

Levitt, M. 2007. Growth of novel protein structural data. *Proceedings of the National Academy of Science, USA* **104**(9), 3183–3188. PMID: 17360626.

Lewis, T.E., Sillitoe, I., Andreeva, A. *et al.* 2013. Genome3D: a UK collaborative project to annotate genomic sequences with predicted 3D structures based on SCOP and CATH domains. *Nucleic Acids Research* **41**(Database issue), D499–507. PMID: 23203986.

Madej, T., Addess, K.J., Fong, J.H. *et al.* 2012. MMDB: 3D structures and macromolecular interactions. *Nucleic Acids Research* **40**(Database issue), D461–464. PMID: 22135289.

Marsden, R.L., Orengo, C.A. 2008. Target selection for structural genomics: an overview. *Methods in Molecular Biology* **426**, 3–25. PMID: 18542854.

Marsden, R.L., Lewis, T.A., Orengo, C.A. 2007. Towards a comprehensive structural coverage of completed genomes: a structural genomics viewpoint. *BMC Bioinformatics* **8**, 86. PMID: 17349043.

Marti-Renom, M. A., Stuart, A. C., Fiser, A. *et al.* 2000. Comparative protein structure modeling of genes and genomes. *Annual Review of Biophysics and Biomolecular Structure* **29**, 291–325. PMID: 10940251.

Massiah, M. A., Ko, Y. H., Pedersen, P. L., Mildvan, A. S. 1999. Cystic fibrosis transmembrane conductance regulator: Solution structures of peptides based on the Phe508 region, the most common site of disease-causing DeltaF508 mutation. *Biochemistry* **38**, 7453–7461.

Matte, A., Jia, Z., Sunita, S., Sivaraman, J., Cygler, M. 2007. Insights into the biology of Escherichia coli through structural proteomics. *Journal of Structural and Functional Genomics* **8**(2–3), 45–55. PMID: 17668295.

Meyer, E.F. 1997. The first years of the Protein Data Bank. *Protein Science* **6**, 1591–1597.

Miller, M.D., Aravind, L., Bakolitsa, C. *et al.* 2010. Structure of the first representative of Pfam family PF04016 (DUF364) reveals enolase and Rossmann-like folds that combine to form a unique active site with a possible role in heavy-metal chelation. *Acta Crystallographica Section F: Structural Biology and Crystallization Communications* **66**(Pt 10), 1167–1173. PMID: 20944207.

Monastyrskyy, B., D'Andrea, D., Fidelis, K., Tramontano, A., Kryshtafovych, A. 2014a. Evaluation of residue–residue contact prediction in CASP10. *Proteins* **82**(2), 138–153. PMID: 23760879.

Monastyrskyy, B., Kryshtafovych, A., Moult, J., Tramontano, A., Fidelis, K. 2014b. Assessment of protein disorder region predictions in CASP10. *Proteins* **82**(2), 127–137. PMID: 23946100.

Montelione, G.T. 2012. The Protein Structure Initiative: achievements and visions for the future. *F1000 Biology Reports* **4**, 7. PMID: 22500193.

Moretti, R., Fleishman, S.J., Agius, R. *et al.* 2013. Community-wide evaluation of methods for predicting the effect of mutations on protein–protein interactions. *Proteins* **81**(11), 1980–1987. PMID: 23843247.

Moult, J. 2005. A decade of CASP: progress, bottlenecks and prognosis in protein structure prediction. *Current Opinion in Structural Biology* **15**, 285–289.

Moult, J., Fidelis, K., Kryshtafovych, A., Rost, B., Hubbard, T., Tramontano, A. 2007. Critical assessment of methods of protein structure prediction–Round VII. *Proteins* **69**, 3–9.

Nugent, T., Cozzetto, D., Jones, D.T. 2014. Evaluation of predictions in the CASP10 model refinement category. *Proteins* **82**(2), 98–111. PMID: 23900810.

Osguthorpe, D. J. 2000. Ab initio protein folding. *Current Opinion in Structural Biology* **10**, 146–152.

Pauling, L., Corey, R.B. 1951. Configurations of polypeptide chains with favored orientations around single bonds: two new pleated sheets. *Proceedings of the National Academy of Science, USA* **37**, 729–740.

Pavlopoulou, A., Michalopoulos, I. 2011. State-of-the-art bioinformatics protein structure prediction tools (Review). *International Journal of Molecular Medicine* **28**(3), 295–310. PMID: 21617841.

Perry, J.J., Tainer, J.A. 2013. Developing advanced X-ray scattering methods combined with crystallography and computation. *Methods* **59**(3), 363–371. PMID: 23376408.

Pethica, R.B., Levitt, M., Gough, J. 2012. Evolutionarily consistent families in SCOP: sequence, structure and function. *BMC Structural Biology* **12**, 27. PMID: 23078280.

Pirovano, W., Heringa, J. 2010. Protein secondary structure prediction. *Methods in Molecular Biology* **609**, 327–348. PMID: 20221928.

Pitt, W.R., Higueruelo, A.P., Groom, C.R. 2009. Structural bioinformatics in drug discovery. In: *Structural Bioinformatics*, second edition (eds Gu, J., Bourne, P.E.), pp. 809–845. Hoboken, NJ, Wiley-Blackwell.

Radivojac, P., Iakoucheva, L.M., Oldfield, C.J., Obradovic, Z., Uversky, V.N., Dunker, A.K. 2007. Intrinsic disorder and functional proteomics. *Biophysics Journal* **92**, 1439–1456.

Rasmussen, S.G., DeVree, B.T., Zou, Y. *et al.* 2011. Crystal structure of the *β*2 adrenergic receptor-Gs protein complex. *Nature* **477**(7366), 549–555. PMID: 21772288.

Ratjen, F., Döring, G. 2003. Cystic fibrosis. *Lancet* **361**, 681–689.

Rohl, C.A., Strauss, C.E., Misura, K.M., Baker, D. 2004. Protein structure prediction using Rosetta. *Methods in Enzymology* **383**, 66–93.

Rose, P.W., Bi, C., Bluhm, W.F. *et al.* 2013. The RCSB Protein Data Bank: new resources for research and education. *Nucleic Acids Research* **41**(Database issue), D475–482. PMID: 23193259.

Rost, B., Sander, C. 1993a. Prediction of protein secondary structure at better than 70% accuracy. *Journal of Molecular Biology* **232**, 584–599.

Rost, B., Sander, C. 1993b. Improved prediction of protein secondary structure by use of sequence profiles and neural networks. *Proceedings of the National Academy of Science USA* **90**, 7558–7562.

Rost, B., Sander, C., Schneider, R. 1994. Redefining the goals of protein secondary structure prediction. *Journal of Molecular Biology* **235**, 13–26.

Schlichting, I., Miao, J. 2012. Emerging opportunities in structural biology with X-ray free-electron lasers. *Current Opinion in Structural Biology* **22**(5), 613–626. PMID: 22922042.

Shulz, G.E., Schirmer, R.H. 1979. *Principles of Protein Structure*. Springer-Verlag, New York.

Sickmeier, M., Hamilton, J.A., LeGall, T. *et al.* 2007. DisProt: the Database of Disordered Proteins. *Nucleic Acids Research* **35**(Database issue), D786–D793.

Sillitoe, I., Cuff, A.L., Dessailly, B.H. *et al.* 2013. New functional families (FunFams) in CATH to improve the mapping of conserved functional sites to 3D structures. *Nucleic Acids Research* **41**(Database issue), D490–498. PMID: 23203873.

Simons, K. T., Strauss, C., Baker, D. 2001. Prospects for ab initio protein structural genomics. *Journal of Molecular Biology* **306**, 1191–1199.

Smith, J.L., Fischetti, R.F., Yamamoto, M. 2012. Micro-crystallography comes of age. *Current Opinion in Structural Biology* **22**(5), 602–612. PMID: 23021872.

Tai, C.H., Lee, W.J., Vincent, J.J., Lee, B. 2005. Evaluation of domain prediction in CASP6. *Proteins* **61** Suppl 7, 183–192.

Taylor, T.J., Tai, C.H., Huang, Y.J. *et al.* 2014. Definition and classification of evaluation units for CASP10. *Proteins* **82**(2), 14–25. (2013). PMID: 24123179.

Taylor, W. R., Orengo, C. A. 1989a. Protein structure alignment. *Journal of Molecular Biology* **208**, 1–22.

Taylor, W. R., Orengo, C. A. 1989b. A holistic approach to protein structure alignment. *Protein Engineering* **2**, 505–519.

Travaglini-Allocatelli, C., Ivarsson, Y., Jemth, P., Gianni, S. 2009. Folding and stability of globular proteins and implications for function. *Current Opinion in Structural Biology* **19**(1), 3–7. PMID: 19157852.

Williams, R.W., Chang, A., Juretic, D., Loughran, S. 1987. Secondary structure predictions and medium range interactions. *Biochimica et Biophysica Acta* **916**, 200–204.

Zhang, H., Zhang, T., Chen, K. *et al.* 2011. Critical assessment of high-throughput standalone methods for secondary structure prediction. *Briefings in Bioinformatcis* **12**(6), 672–688. PMID: 21252072.

第14章

功能基因组学

事实上，身体上没有哪个器官是因为我们要用到它而出现的，而是在它出现后，便有了用处。

——卢克莱修（约公前 100 年～前 55 年），《物性论》（De Rerum Natura），

(1772 年版，第 160 页)

一个人类造就的世界不是也不可能依然是初生的那个世界（也就是无论人类如何发展自然总是不可复制的）。

——E. E. Cummings（1954，第 397 页）

 学习目标

通过阅读本章，你应该能够：

- 定义功能基因组学；
- 描述八种模式生物的关键特征；
- 解释正向和反向遗传学的技术；
- 讨论中心法则与功能基因组学之间的关系；
- 描述基于蛋白质组学的功能基因组学方法。

14.1 功能基因组学介绍

基因组是生物体所含 DNA 的集合。功能基因组学是对 DNA（包括基因和非基因元件）、核酸以及由 DNA 编码的蛋白质产物的功能进行的全基因组范围的研究。我们可以通过近年来被研究的一些例子来进一步思考功能基因组学这一术语的含义。

- 功能基因组学可以被应用于一个生物体内的所有 DNA（基因组）、RNA（转录组）或蛋白质（蛋白质组）组成的完整集合。功能基因组学研究的一个例子就是对不同发育时期或不同身体区域表达的 RNA 转录本的所进行的调查。

- 功能基因组学意味着使用高通量筛选技术，这与传统生物学方法在实验中对一个基因或蛋白质进行深入研究有所不同。这些传统方法通常可以作为高通量方法的补充。例如，在开展酵母双杂交筛查实验来鉴定某个模式生物中数千个互作的蛋白对之后，就要对选出的蛋白对做进一步实验验证。

- 功能基因组学通常涉及到研究某个基因功能受到扰乱后，其给基因组中其他基因所带来的影响。例如，在酿酒酵母中，每个基因都被单基因敲除并同时进行了条形码编码，这点我们在下面会讨论到。

- 现代生物学中最有挑战性也是最基础的问题之一就是了解基因型和表型之间的关系（在下一节讨

论）。将两者连接起来是功能基因组学的一个基本组成。

　　我们在图 14.1 中用一个细胞的简图提供了关于功能基因组学的一个概述。我们可以考虑基因组 DNA（包括基因）、RNA（包括编码和非编码 RNA，第 10 章）和蛋白质（第 12 章和 13 章）这三种细胞成分。其他成分，如脂质和各种代谢物，虽然也值得考虑，但它们不像上面提到的三种聚合物那样具有"信息性"。功能基因组学的研究范围包括两个水平。

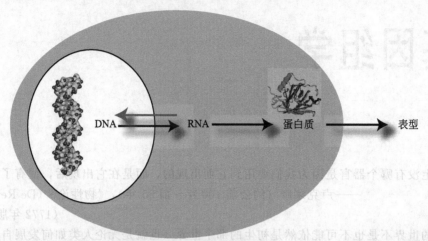

	DNA	RNA	蛋白质
自然变异 --跨发育阶段 --跨身体区域 --跨种系	SNPs；表观基因组学	转录组分析 (RNA-seq)	蛋白质定位； 蛋白质-蛋白质互作； 通路
功能扰乱 --实验性	敲除集合 转基因动物	RNA干扰；小干扰RNA	化学修饰
--自然界	威廉姆斯综合征 唐氏综合征 癌 染色体变化	无义介导的RNA衰变	重症肌无力

　　图 14.1　高通量蛋白质分析的功能基因组学方法。从左到右，我们可以考虑一个细胞的几个层面：与 DNA、RNA 和蛋白质相关的功能及更高层面上的功能，如蛋白质互作、生化通路、细胞代谢，最终直至到细胞和生物的表型。我们还可以在自然变异和功能失常这两大类下来考虑功能基因组学的手段。自然变异包括在不同生理条件下、或（对多细胞生物）在不同细胞类型和身体区域，对 DNA、RNA、蛋白质或其他细胞成分随时间发生的变化进行的比较。功能失常可以在自然界中发生（例如染色体异常）；威廉姆斯综合征是一个微缺失综合征的例子，该微缺失导致了 7 号染色体上发生了数十个基因的半合子（单拷贝）丢失；唐氏综合征是由 21 号染色体多了额外一份拷贝所导致的。本章我们将讨论用高通量实验的方法去使基因功能失常。这样的研究可帮助阐明基因在正常情况下的功能。

　　① 自然变异。基因、RNA 转录本和蛋白质是如何在不同的身体区域或发育阶段发生改变的？就基因组 DNA 而言，我们在第 18 章中会看到许多近缘相关的酵母物种的基因组已经被测序，在第 19 章中我们会描述最近对 12 个果蝇物种和 15 个小鼠谱系的测序。在第 20 章中，我们还讨论了人类基因组序列的变异。变异还包括其他层面上的变化，如表观遗传学上（关于 DNA 序列没有发生变化但基因功能发生了可遗传变化的研究，正如当 DNA 被可逆地甲基化修饰时所发生的情况）。就 RNA 转录本而言，诸如 RNA-seq（第 10 章）等技术可被用于确定 RNA 转录本的区域特异性和时间特异性特征。

　　② 功能失常。在自然界会发生并可在实验中被研究。它们包括缺失、插入、倒位和易位。对其研究的尺度可包括整个基因组（我们将在第 19 章讨论鱼、植物和草履虫的基因组倍增）、整个染色体（可能是非整倍体，例如具有异常拷贝数）、某个染色体片段或单个核苷酸。自然发生的缺失的例子包括许多微缺

失综合征，在这些综合征中基因组会有染色体物质的半合缺失，缺失范围通常涉及横跨数百万个碱基对的几十个基因的单拷贝丢失。对于 RNA 损失（例如无义介导的 mRNA 降解）和蛋白质损失（例如在一种重症肌无力中，自身免疫反应会破坏处于机体神经肌肉接头处的部分烟碱乙酰胆碱受体，并进而导致肌肉无力；Drachman，1994），我们可以发现很多相关的例子。

在本章中，我们将介绍许多删除基因和有目的降低蛋白水平从而来检测其功能的实验方法。扩增效应在自然界也经常发生。唐氏综合征就是一个熟知的例子，其 21 号常染色体出现的三个拷贝（而不是通常的两个）与 mRNA 表达水平的增加及可能被 21 号染色体编码的蛋白质表达水平的增加存在关联，并进而导致了一系列表型的出现。实验方面，转基因方法或其他手段可以备用于过表达 DNA、RNA 或蛋白质。

本章重点可以被总结为对自然变异和细胞功能失常的考察。我们将探讨使基因、基因表达或蛋白质功能发生失常，以及这些失常所导致的后果。

基因型与表型间的关系

个体的基因型由生物体包含的 DNA 组成。表型是大小、形状、运动特征和生理学特征等特征的外在表现。我们可以考虑一个细胞的表型（例如，一个前体细胞可能会发展成脑细胞或肝细胞）或一个生物体的表型（例如，一个人可能有疾病表型，如镰状细胞性贫血）。定义基因型和表型的历史可以被追溯到 19 世纪末的 August Weismann（网络文档 14.1）。

生物学的一大挑战就是了解基因型和表型之间的关系（Ryan 等，2013）。我们可以分别收集基因型或表型的相关信息。对于基因型来说，我们现在已经对成千上万的基因组进行了测序（包括病毒和细胞器基因组），并定义了许多的编码和非编码基因。我们也可以对 DNA 被转录为编码和非编码 RNA 做进一步描述。蛋白质产物也已经有了深入地研究，这些研究不仅包括了对蛋白质个体的研究，也包括了对相互作用的蛋白及在通路和网络水平上对蛋白质的研究。

对于表型来说，我们可以描述从自然变异到疾病的各种类型的表型（如头发颜色或其他数量性状）。模式生物已经进行了详尽的表型分析。影响人类、其他动物、植物或其他生物的疾病代表了表型的另一个层面。我们将在第 21 章讨论收录人类疾病的主要数据库（OMIM）。Rett 综合征是一个疾病表型的例子，该病主要影响女孩，会导致手扭绞、丧失有目的手部运动及其他自闭症类似特征。20 世纪 80 年代，在奥地利的一个聚集了不少具有类似表型的患者的会议上，该综合征被确认（并命名）。之后，Huda Zhogbi 及其同事发现 X 染色体连锁的 *MECP2* 基因上的突变导致了 Rett 综合征（Amir 等，1999）。*MECP2* 编码一个调控基因表达的转录因子。这个案例是理解基因型（一个编码转录抑制因子的特定基因上的突变）和表型（具有独特特征的综合征）之间关系的一个典型的例子。现在有成千上万的患者被诊断为从智力残疾到学习障碍的各种疾病；从疾病表型开始，我们如何找到遗传性疾病的基因型？对于如 Rett 综合征这类基因型和表型已知的疾病，我们又如何把基因型和表型给连接起来？通过对细胞表型的了解，我们有可能可以合理地制定治疗策略来纠正由突变基因所导致的异常表型。

功能基因组学的研究领域涉及到在细胞、组织和生物体水平上阐明与表型相关的 DNA 和染色体的功能的实验和计算策略。在理解基因型和表型如何关联上，我们还有很多空白。由于这些理解上的空白，对于许多疾病来说，即便我们知道了导致该疾病的最重要的遗传突变（或损伤），也并没有找到有效的治疗或治愈方法。如我们知道唐氏综合征是由 21 号染色体额外的拷贝所引起的，但我们却不明白为什么唐氏综合征病人的特征症状有的是智力残疾，有的是面部特征异常，而有的是常见的心脏问题，我们也不知道为什么有人病情轻微，而有的却又极端严重（例如，严重的智力残疾和自我伤害行为）。

本章的下面内容被组织到三个部分。首先，我们介绍在功能基因组学研究中具有重要作用的八种模式生物。然后，我们介绍在基因功能的遗传学研究中的两种基本手段：反向遗传学和正向遗传学。最后，由于分子生物学与系统生物学的交叉性，我们将探索与蛋白质组学、网络和通路相关的功能基因组。

Leonelli 和 Ankeny (2012) 提出了模式生物概念的由来和关于这些生物的集中资源对研究社群的影响。物种分歧时间的评估见 http://www. timetree. org（链接 14.1；Hedges 等，2006）。

14.2 用于功能基因组学研究的八种模式生物

生命树有三大域：细菌、古细菌和真核生物，此外还有由病毒组成的单独的物种群。生命树上成千上万种物种正在被深入地研究，其中 8 种生物在功能基因组学研究领域中发挥着特别重要的作用。虽然这 8 种生物并不代表所有的模式生物，但是它们可帮助我们确定不同实验系统的优点和局限性以及利用它们所能解决的问题的类型。在第 15 章（基因组概述）、17 章（大肠杆菌）、18 章（酿酒酵母）、19 章（各种真核基因组）、20 章和 21 章（人类基因组）中，我们将对这 8 种模式生物基因组的性质进行更细致的描述。这些模式生物与人类拥有共同祖先的最后时间大约是：大肠杆菌是 25 亿年前（BYA），拟南芥和酿酒酵母是 15 亿年前，秀丽隐杆线虫和果蝇是 9 亿年（900MYA）前，斑马鱼是 4.5 亿年（450MYA）前，小鼠是 9000 万年（90MYA）前。

Wellcome Trust Sanger 研究所的模式生物站点在 http://www. sanger. ac. uk/research/areas/mouseandzebrafish/（链接 14.2）。美国国立卫生研究院 提供了一个模式生物的生物医学研究网站：http://www. nih. gov/scientific/models/，链接 14.3）。美国国家人类基因组研究所功能分析项目可从 http://www. genome. gov/10000612 获得，链接 14.4。UCSC 的 DNA 百科全书项目网站是 http://genome. ucsc. edu/ENCODE/（链接 14.5）。

生物信息学和基因组学领域的领先组织已经发起了一系列广泛的基于模式生物的相关功能基因组学项目。这些领先的机构包括 Wellcome Trust Sanger 研究所（Wellcome Trust Sanger Institute），美国国立卫生研究院（National Institutes of Health，NIH）和美国国家人类基因组研究所（National Human Genome Resaerch Institute，NHGRI）。聚焦于对人类基因组中的功能元件进行深入研究的 "DNA 百科全书"（Encyclopedia of DNA Elements，ENCODE）项目（第 8 章）也包括了对这些元件在模式生物中的功能的评估。

1. 大肠杆菌（*Escherichia coli*）

大肠杆菌如果不能说是研究得最透彻的活体生物，也是研究得最透彻的细菌生物。在几十年中，大肠杆菌都是细菌遗传学和分子生物学研究的首选模式生物。其 4.6Mb 大小的基因组由 Blattner 等于 1997 年完成了测序；我们将在第 17 章中进一步描述其基因组。在初始基因组测序完成后，大肠杆菌基因组中 62% 的基因的一些功能可被注释。大肠杆菌研究的主要网站是 EcoCyc（大肠杆菌 K-12 基因和代谢的百科全书）（Keseler 等，2013）。目前，EcoCyc 对被注释的 4501 个大肠杆菌基因中超过 75% 的基因进行了功能注释。注释的功能包括酶、转运蛋白、转录因子和一系列的调控关系。PortEco 是 EcoCyc 的补充，它包括了来自 RNA 表达研究、单基因敲除和染色质免疫共沉淀等技术所产生的高通量数据（Hu 等，2014）。EcoCyc 还链接到了包含约 3000 个通路和物种的数据集的 BioCyc 数据库（Latendresse 等，2012）。

作为对使用 EcoCyc 数据库的介绍，对球蛋白（globin）的查询可被链接到一氧化氮双加氧酶（一种黄素血红蛋白）。输出结果包括了指向蛋白质序列、来自基因本体（Gene Ontolog）计划（第 12 章）和 Multifun［类似于第 12 章中描述的直系同源群组（COGs）的分类方案］的功能注释的链接。EcoCyc 包含了对数千个大肠杆菌基因的详尽注释。

所有重要的生物都有基因组数据库。Lourenço 等（2011）强调了在对来自不同水平（基因、蛋白质和复合物）的 *E. coli* 信息进行整合时所存在的挑战。例如，标准命名系统的缺乏（即使简单如水分子在不同的化学数据库中也有不同的命名）。由于许多基因共享一个同义词，EcoCyc 和 KEGG（参见下面的 "通路，网络和整合"）列出了两个不同的基因（argA 和 argD），而这两个基因都可对应到蛋白变异体 Arg1。

Reed 等（2006）描述了既包括实验也包括计算手段在内的对基因组注释的四个维度。

① 一维注释是指识别基因并注释对其预测的功能。大肠杆菌的一维注释已经达到了很高的程度。对很多真核生物（第 18～20 章）来说，由于在基因组 DNA 中识别基因有一定困难，要获得可信并精确的

基因目录极具挑战性。但随着越来越多的基因组测序完成，比较基因组学方法促进了基因的发现，这项工作比之前要更容易一些。

② 二维注释是要明确细胞组成成分并鉴定它们之间的相互关系，这也是我们在下面讨论"蛋白质组学方法到功能基因组学"这个部分的主题。例如，对于大肠杆菌来说，通过 RegulonDB 数据库（Gama-Castro 等，2008）中对其转录调节网络的描述和 Bacteriome. org（Su 等，2008）中对其蛋白质相互作用关系的描述，该项工作已在很大程度上得以实现。截至 2014 年，MetaCyc 数据库（Caspi 等，2008）收集了来自约 2500 种生物的超过 2000 个代谢通路。

③ 三维注释是指对染色体及细胞组分在细胞内的排列方式的描述。

④ 四维注释指的是对基因组在进化过程中发生的变化的描述。这是我们研究细菌、古细菌、病毒和真核生物染色体的一个主要主题，在这些研究里比较基因组学手段使得我们可从整个基因组和染色体水平到受到正或负选择的 DNA 片段水平上来研究进化（第 7 章）。

EcoCyc 在线网址：http:// ecocyc. org/（链接 14.6），PortEco 在线网址：http://porteco. org/（链接 14.7），BioCyc 在线网址：http://biocyc. org/（链接 14.8）。其他相关资源——Regulon：http://regulondb. ccg. unam. mx/（链接 14.9）以及 EcoGene：http://ecogene. org/（链接 14.10）。

2. 酿酒酵母（*Saccharomyces cerevisiae*）

芽殖酿酒酵母是真核细胞中研究得最透彻的生物。该单细胞真菌是第一个完成基因组测序的真核生物（见第 15 章和 18 章）。其 13 兆碱基基因组编码了约 6000 个蛋白质。酿酒酵母基因组数据库（*Saccharomyces* Genome Database，SGD）为我们提供了对基因组许多层面上非常深刻的认识。我们可从中获取数百个功能基因组学的实验结果（Cherry 等，2012；Engel 和 Cherry，2013）。酵母基因组中目前注释约有 6600 个开放阅读框（ORFs，对应于基因），其中约 5000 个已被实验验证，750 个属于未描述的（基于物种之间的保守性，可能有功能，但还没有被实验验证），不到 800 个属于可疑的（ORFs 既没有高的保守性也没有被验证）。大约 4200 个基因产物的功能被注释到了基因本体的根节点功能词条（分子功能、生物学过程、细胞成分，见第 12 章）。

SGD 在线网址 http:// www. yeastgenome. org/（链接 14.12）。基因组统计信息可从 Genome Snapshot 获得（Hirschman et al.，2006），网址为 http://www. yeastgenome. org/cache/genomeSnapshot. html（链接 14.13）。

这里我们通过使用 SEC1 作为查询条目进行搜索来介绍 SGD（图 14.2 和图 14.3）。*SEC1* 基因编码一个参与囊泡运输过程的蛋白——Sep1P［图 14.4(a)］。*SEC1* 是在通过遗传筛查（在下文"运用正向与反向遗传学的基因组学"部分介绍）来筛选不能正常分泌转化酶的突变时所发现的。随后的实验表明 Sec1p 与 *SSO1* 基因（被命名为"*SEC1* 抑制因子"）有关，并发现 Sec1p 和

MetaCyc 可从 http:// metacyc. org/（链接 14.11）获得。

Sso1p 蛋白会结合在一起促进酵母中囊泡介导的分泌。Sso1p 定位于细胞膜表面，被称为 SNARE 蛋白（α-可溶的 NSF 附加蛋白受体），并可与囊泡 SNARE 蛋白 Snc1p 互相结合。Sec1p、Sso1p 和 Snc1p 因而都是参与真核细胞中把囊泡及其内容物运输到一个合适的细胞器这一过程的蛋白；在这种情况下，囊泡将蛋白运输到细胞膜，然后这些蛋白会被分泌到胞外。并且这些酵母运输蛋白在哺乳类动物中都能找到对应的蛋白［在图 14.4(b) 中展示］。在 SGD 数据库的 *SEC1* 条目下包含了许多信息，包括对其在囊泡运输中的作用的描述，以及对零（null 或基因敲除）表现型之所以不能生存且会积累分泌小泡的解释（该现象与其在运输过程中必不可少的作用是一致的；图 14.2）。SGD 网页还提供了数十种资源，包括到一个基因组浏览器、文献、相互作用数据库及物理和遗传互作信息的链接（图 14.3）。

在我们介绍继续功能基因组学的研究方法时，我们会以 *SEC1* 为例。1 亿多年前，酵母的整个基因组发生了复制，并在之后发生了复制基因大量丢失的事件。我们将在第 18 章中对此进行讨论，并会使用 *SSO1* 及其旁系同源基因 *SSO2* 作为例子来讨论全基因组复制的证据和复制基因的可能命运。

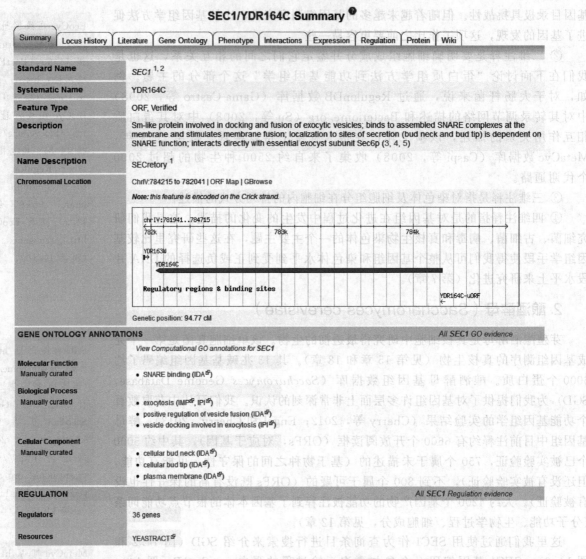

图 14.2 酵母基因组数据库（SGD）提供了丰富的功能基因组学信息。图中展示了对一个典型基因 *SEC1* 搜索结果的上半页，包括了其染色体位置，基因本体注释和调控它的蛋白

[来源：酵母基因数据库（SGD），经斯坦福大学许可转载]

TAIR 网址是 http://www. arabidopsis. org/（链接 14.15）。

线虫数据库（worm-base）http://www. wormbase. org（链接 14.16）。Thetrans-NI-HC. elegans initiative 网址 http://www. nih. gov/science/models/c_elegans/（链接 14.17）。

在这一章里，我们介绍了酵母中的各种功能基因组分析。酵母之所以能作为一个有吸引力的实验系统的一个原因是我们可以利用同源重组的方法在酵母基因组中引入几乎任何我们想要的基因组变化。此外，酵母生长迅速，菌落可被染色，而且我们可以方便地利用"报告基因"来构建酵母菌株（该报告基因是我们可以筛选具有感兴趣性状的突变，即使该突变非常罕见）。有许多可供选择的菌落颜色标记如 *MET15* 或 *ADE2* 等，在其中突变体可以通过在特定培养基上的生长利用颜色被筛选得到。通过这样的方式，我们可以很方便地测定遗传操作的表型效应。SGD 中可获取丰富的突变表型数据（Engel 等，2010）。

3. 拟南芥（*Arabidopsis thaliana*）

拟南芥是第一个进行基因组测序的植物（也是第三个完成测序的真核基因组）。它已被作为真核功能基因组学项目的一个模型（引自 Borevitz 和 Ecker，2004；Koornneef 和 Meinke，2010）。其主网站是拟南芥信息资源（Arabidopsis Information Resource，TAIR）。TAIR 集中了关于其基因组的海量信息（Lamesch 等，2012）。图 14.5 显示了可从其主页下拉菜单中获取的多种信息中的部分。在浏览菜单中，一个指向 "2010 projects" 的链接描述了几十个旨在实现一个美国国家科学基金目标的项目，该目标是到 2010 年对所有拟南芥基因进行功能注释。作为一个在 TAIR 中进行基因搜索的例子，查询拟南芥 SEC1A（参考序列访问号 NP ＿ 563643；基因座标签 At1g02010）会显示其染色体位置和可获得的突变体的信息。

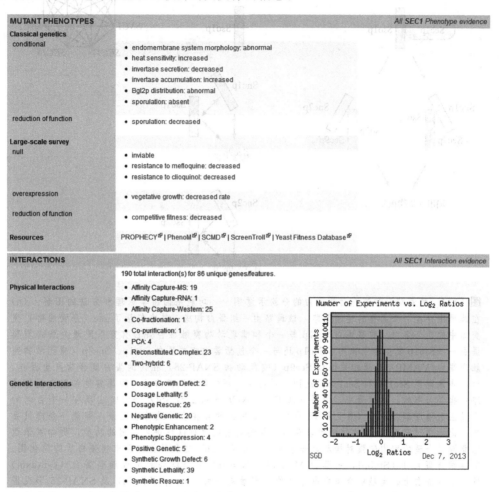

图 14.3　在 SGD 中对 *SEC1* 基因搜索得到的结果的下半页（见图 14.2）。其提供了关于该基因突变从经典遗传学、高通量技术及物理和遗传互作中得到的关于该基因突变表型的信息。在内图中显示了表达实验的一个可点击的总结（基于 Serial Pattern of Expression Levels Locator 或 SPELL 工具），其中包括包括 *SEC1* 转录本发生上下调的实验

［来源：酵母基因组数据库（SGD），经斯坦福大学许可转载］

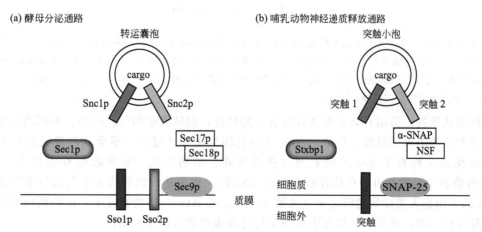

图 14.4

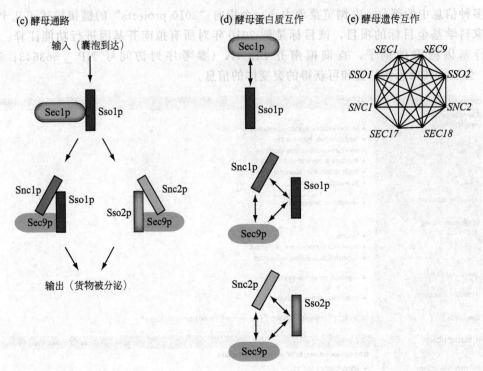

图 14.4　酿酒酵母和哺乳动物蛋白的分泌示意图——功能基因组学原理和方法的图解。（a）在酵母中存在一个固有的运输通路，该通路由一组蛋白构成，其中包括了 sec（分泌通路）突变体中的几个蛋白。胞浆蛋白 Sec1p 与一个和哺乳动物突触融合蛋白有直系同源关系的质膜蛋白——Sso1p 发生相互作用。Sso1p 还与一个包括囊泡相关蛋白 Snc1p、Snc2p（哺乳动物突触泡蛋白/VAMP）和膜相关蛋白 Sec9p（哺乳动物 SNAP-25）在内的蛋白复合物发生互作。这一步骤需要 Sec17p 和 Sec18p；这两个蛋白在从高尔基体到液泡的运输等其他细胞内运输通路中也是必需的。在酵母中，旁系同源基因 *SNC1/SNC2* 和 *SSO1/SSO2* 出现在一个古老的全基因组倍增事件之后（参见第 18 章）。两个拷贝的存在会导致功能冗余，即使一个拷贝丢失（比如通过突变），生物体仍可以存活。复制的基因也可以获得可区别的功能，例如赋予运输囊泡与合适的胞内靶膜对接及融合事件以特异性。（b）哺乳动物神经末梢蛋白质的简化图。突触结合蛋白 1（Stxbp1，也称为 Munc18-1/N-sec1）紧密结合到突触融合蛋白（syntaxin）这一质膜蛋白上。突触融合蛋白也可另外与突触泡蛋白（synaptobrevin）及 SNAP-25 形成蛋白复合物，NSF 和 α-SNAP 随后会进一步结合。通过这个通路，突触囊泡会与质膜融合并通过胞吐释放其神经递质内含物。（c）假设的通路图展示了使用平行通路在酵母中完成分泌任务的两组蛋白。（d）生化研究可以发现两两互作的蛋白互作，也可以发现包含多种蛋白质的复合物。然而，物理相互作用不能揭示属于同一通路但不直接发生相互作用的蛋白之间的关系（例如 Sec1p 和 Sec9p）。（e）遗传互作图谱可揭示功能相关的基因，包括那些处于平行通路及那些没有物理互作的基因

［摘自 Ooi 等（2006），经 Elsevier 许可］

2013 年诺贝尔生理学或医学奖授予 James E. Rothman，Randy W. Schekman 和 Thomas C. Südhof，"表彰他们发现囊泡运输调节机器，细胞中的主要运输系统"。Schekman 的工作包括酵母分泌（SEC）突变体识别；Rothman 专注于高尔基扁平囊泡之间的囊泡运输；Südhof 研究了哺乳动物神经末梢中的囊泡功能。见 http://www.nobelprize.org/nobel_prizes/medicine/laureates/2013/（链接 14.14）。

　　作为一种模式植物，拟南芥具有很多有吸引力的特性，包括较短的传代时间、丰硕的种子产出、紧凑的基因组大小和遗传的可操纵性。例如，Atwell 等利用拟南芥开展了一项全基因组关联研究（GWAS），在近 200 个近交系中检查了 100 多种表型（涉及开花、植物防御、元素浓度和发育等广泛的性状）。GWAS 技术可将数千至数百万的单核苷酸多态性（SNPs）作为基因型的代表来与表型进行关联研究。大多数 GWAS 都应用在人类疾病的研究中（见第 21 章）。在 Atwell 等的研究中，他们成功发现了许多具有主效应的常见等位基因，并在一些情况中发现了与特定表型相关的单个基因。

Search	Tools	ABRC Stocks
Search Overview	Tools Overview	Stocks Overview
DNA/Clones	GBrowse	ABRC Home
Ecotypes	Synteny Viewer	Browse ABRC Catalog
Genes	Seqviewer	Supplement to ABRC Catalog
Gene Ontology Annotations	Mapviewer	Search ABRC DNA/Clone Stocks
Plant Ontology Annotations	AraCyc Metabolic Pathways	Search ABRC Seed/Germplasm Stocks
Keywords	N-Browse	ABRC Stock Order History
Locus History	Integrated Genome Browser	ABRC Fee Structure
Markers	BLAST	Place ABRC Order
Microarray Element	WU-BLAST	Search My ABRC Orders
Microarray Experiment	FASTA	Search ABRC Invoices
Microarray Expression	Patmatch	How to Make Payments to ABRC
People/Labs	Motif Analysis	ABRC Stock Donation
Polymorphisms/Alleles	VxInsight	
Proteins	Java Tree View	
Protocols	Bulk Data Retrieval	Download
Publication	Chromosome Map Tool	Download Overview
Seed/Germplasm	Gene Symbol Registry	ABRC Documents
Textpresso Full Text	Textpresso Full Text	Genes
		GO and PO Annotations
Browse	Portals	Maps
Browse Overview	Portals Overview	Metabolic Pathways
ABRC Catalog	Clones/DNA Resources	Polymorphisms
2010 Projects	Education and Outreach	Proteins
Monsanto SNP and Ler Collections	Gene Expression Resources	Protocols
Gene Families	Genome Annotation	Microarray Data
Transposon Families	MASC/Functional Genomics	Sequences
Gene Class Symbols	Mutant and Mapping Resources	Software
Ontologies/Keywords	Nomenclature	User Requests
Archived e-Journals	Proteomics Resources	Bulk Data Retrieval
The Arabidopsis Book (TAB)	Metabolomics Resources	

图 14.5 拟南芥信息资源（Arabidopsis Information Resource，TAIR）是拟南芥基因组的主数据库。屏幕截图显示了一些菜单选项，包括搜索策略、分析工具、可用库存种子、功能分类和到一些功能基因组学研究计划的访问链接

［来源：拟南芥信息资源（TAIR），由 Phoenix Bioinformatics 提供］

4. 秀丽隐杆线虫（*Caenorhabditis elegans*）

在后生动物中，生活在土壤中的秀丽隐杆线虫是一个重要的模式生物。它也是第一个进行了全基因组测序的多细胞动物。这种线虫与果蝇和人类一样都具有复杂的行为，但它的身体组成相对简单，其身体中所有 959 个体细胞在发育过程中的谱系都已被识别。Wormbase 是其主在线信息库（Harris 等，2014）。

C. elegans 基因组中有约 20400 个蛋白质编码基因，与人类基因组中的编码基因的数目几乎相同。与在其他模式生物中所做的努力一样，线虫基因组中有约 7000 个基因都已被敲除（C. elegans Deletion Mutant Consortium，2012）。在百万突变计划中，对约 2000 种经诱变发生突变的线虫进行了测序，并从中鉴定出 >800000 个独特的 SNV（单核苷酸变异）（每个基

Flybase 网址 http://www.flybase.org（链接 14.18）。果蝇遗传参考（The Drosophila Genetic Reference Panel）网站是 http://dgrp.gnets.ncsu.edu（链接 14.19）。

因平均有 8 个非同义变化）及 16000 个 indels（插入或缺失）（Thompson 等，2013）。该计划还涉及了对 40 个野生株线虫的测序，从中获得了相当数量的 SNV 和 indels。

两位遗传学巨擘，其研究方向集中于果蝇：ThomasHunt Morgan 和 HermannJ. Muller. Morgan 被授予 1933 年的诺贝尔奖，表彰他发现染色体在遗传中所起作用，（http://nobelprize.org/nobel_prizes/medicine/laureates/1933/，链接14.20）。他和他同时代的研究人员 A. H. Sturtevant，C. B. Bridges 和 Muller 发现了大量基因和染色体的性质。他们描述了包括染色体不分离，平衡致死，染色体重复（三体），单体和易位在内的染色体缺陷。Muller 获得了 1946 年诺贝尔奖，他发现通过 X 光照射可以产生突变。他发现的位置效应为现代表观遗传学研究奠定了基础。1995 年诺贝尔生理学或医学奖授予了 Edward B. Lewis，Christiane Nüsslein-Volhard 和 Eric F. Wieschaus "由于他们对胚胎早期发育的遗传控制的发现"。这些研究也是在果蝇中进行的。（http://nobelprize.org/nobel_prizes/medicine/laureates/1995/，网络链接14.21）。

与人类 ENCODE 计划平行的 modENCODE 计划对线虫转录组、转录因子结合位点及染色质组织进行了深入研究（Gerstein 等，2010）。从中，我们获得了更完整、准确的基因模型及与 microR-NA 相关的转录因子结合位点模型。

5. 黑腹果蝇（*Drosophila melanogaster*）

黑腹果蝇是另一种后生无脊椎动物，长期以来都被作为模型进行遗传学研究。早期对果蝇的研究产生了对基因的本质以及对连锁和重组的描述，并由此得以在 1 个世纪前就绘制出基因图谱。最近对 12 个果蝇基因组（Drosophila 12 Genomes Consortium 等，2007）及 192 个近交系果蝇属（Drosophila Genetic Reference Panel；第 19 章）的测序已经在为基因组的进化机制提供了前所未有的认识（Russell，2012）。果蝇中心数据库 FlyBase 中包含了有关果蝇的分子和遗传数据（McQuilton 等，2012；St Pierre 等，2014）。

果蝇作为模式生物的一大优点是基因组上从单核苷酸变化到染色体大片段的删除、重复、倒位及其他改变等变化都可以被极其精确地获得。同时，它是一个多细胞动物，具有复杂的组织结构。在其所有约 14000 个蛋白质编码基因中，都已引入了导致功能缺失的突变，而其中一半以上具有可识别的表型。许多人类疾病基因突变都已在果蝇中进行了建模，以进一步了解其发病机制（Chen 和 Crowther，2012）。对于 *C. elegans* 来说，modENCODE 联盟已经非常彻底地对其转录本、组蛋白修饰和其他生化特征进行了比对，这使得其基因组中被注释的序列的比例要三倍于果蝇基因组中同样序列的比例（modENCODE Consortium 等，2010）。

6. 斑马鱼（*Danio rerio*）

Vega 数据库在线网址为 http://vega.sanger.ac.uk/（WebLink 14.22）。

斑马鱼信息网络在线网址：http://www.zfin.org（链接 14.23）。trans-NIH zebrafish Initiative 网址：http://www.nih.gov/science/models/zebrafish/（链接14.24）。

进化出现代鱼和人类的谱系在大约 4.5 亿年前分歧。但是现代鱼和人类都是脊椎动物，并且它们大多数的蛋白质编码基因仍然具有可识别的直系同源性（直系同源的蛋白之间平均具有约 80% 的氨基酸一致性）。红鳍东方鲀（*Takifugu rubripes*）、绿河豚（*Tetraodon nigroviridis*）、青鳉（*Oryzias latipes*）和斑马鱼（*Danio rerio*）（第 19 章）是四个首先进行基因组测序的鱼类。其中，斑马鱼现在已经成为功能基因组学研究的一个重要模式生物（Henken 等，2004）。斑马鱼是一种小的热带淡水鱼，其基因组大小为 18 Gb，有 25 条染色体。斑马鱼基因组中有 26000 多个蛋白质编码基因，比人类略多（Howe 等，2013b）。斑马鱼在功能基因组学研究中已经被作为理解正常和异常发育的重要模型。在斑马鱼中，我们已获得大量人类疾病基因的直系同源基因的突变并进行了深入研究。同时，正向和反向遗传学手段都被应用于对斑马鱼的遗传筛选（例如 Kettleborough 等，2013；Varshney 等，2013）（在下文的"正反向遗传学研究功能基因学"中将介绍）。斑马鱼作为模式生物，具有如下优点：

- 它的世代时间短，特别是对于脊椎动物而言。
- 它会生产大量子代。
- 发育中的斑马鱼胚胎是透明的。这样，在插入一个带有可驱动绿色荧光蛋白表达（GFP）的启动子的转基因后，就可从其体外观察该基因表达。

● 它是脊椎动物，因而是研究人类疾病的一个很好的模型。

● 它的基因组已经有很好的注释。Sanger 研究所的脊椎动物基因组注释数据库（Vega）专注于高质量的人工注释，并特别聚焦如人、小鼠和斑马鱼等基因组的注释（Wilming 等，2008）。

斑马鱼主网站是斑马鱼信息网络（Zebrafish Information Network，ZFIN；Howe 等，2011，2013a）。

7. 小鼠（*Mus musculus*）

啮齿动物类与灵长类动物的分化时间相对较晚（9000 万年前），因而其基因组中的基因与人类基因组几乎相同。由于小鼠和人类的基因组的结构和功能具有非常相近的关系且小鼠繁殖后代所需要的时间相对较短，小鼠现在是用于研究人类基因功能最重要的模式生物之一。现在已有许多强大的工具被开发出来。用于对小鼠基因组的主网站是小鼠基因组信息学（MGI）网站（Blake 等，2014）。与其他领先的物种特异性网站资源一样，MGI 作为小鼠特异资源门户，可提供序列数据、网络浏览器、可用的突变品系、基因表达研究数据和文献数据 ［图 14.6(a)］。

(a) 小鼠基因组信息学（MGI）网站主页

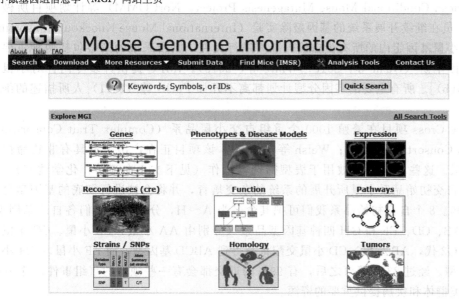

(b) 针对小鼠功能基因组学的自定义BioMarts

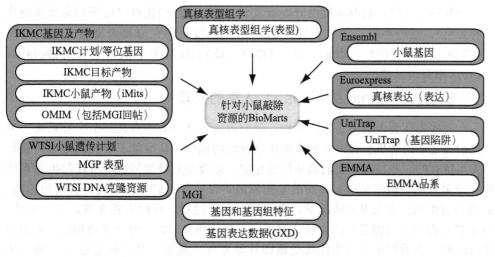

图 14.6　小鼠基因组信息学（Mouse Genome Informatics，MGI）数据库是提供小鼠基因组信息的主网站。(a) 主页提供了大量的资源门类。(b) 有许多特制的 BioMarts 专注于小鼠功能基因组学，包括 MGI、提供基因组环境的 Ensembl、用于基因陷阱（gene trapping）的 UniTrap、国际小鼠基因敲除联盟（Inernational Mouse Knockout Consortium，IMKC）资源、Wellcome Trust Sanger Institute（WTSI）和 European Mutant Mouse Archive（EMMA）

［资源：原型来自 MGD、Blake 等（2014），经 MGI 许可转载］

Trans-NIH Mouse Initatives 主页是：http://www.nih.gov/science/models/mouse/（链接 14.25）。

小鼠基因组信息学（MGI）网址：http://www.informatics.jax.org/（链接 14.26）。

国际小鼠表型研究联盟（IMPC）网址 https：//www.mousephenotype.org/（链接 14.27）。Mouse-centered BioMart 可 MGI（http：//biomart.informatics.jax.org/，链接 14.28）；IKMC（http://www.i-dcc.org/，链接 14.29）；UniTrap（http://biomart.helmholtz-muenchen.de/，链接 14.30）；Europhenome 小鼠表型资源（http://www.europhenome.org/biomart/martview/，链接 14.31）；和 WTSI（http://www.sanger.ac.uk/htgt/biomart/martview，链接 14.32）处获得。此外，著名的 Ensembl BioMart 包含了 Ensembl 发布的小鼠基因（http://www.ensembl.org/biomart/martview/，链接 14.33）。

已有大约 10000 个小鼠基因被敲除（Koscielny 等，2014）。国际小鼠表型研究联盟（International Mouse Phenotyping Consortium，IMPC）提供了突变体小鼠和相关研究数据的获取途径，其中包括了与 MGI 和 Ensembl 数据库之间的协作。如之前的基因敲除小鼠计划（Knockout Mouse Project，KOMP）、欧洲条件突变小鼠计划（European Conditional Mouse Mutagenesis Program，EUCOMM）和北美条件突变小鼠计划（North American Conditional Mouse Mutagenesis Project，NorCOMM）等计划项目所做的努力一样，IMPC 的研究人员在继续开展系统的基因敲除实验（International Mouse Knockout Consortium 等，2007）。IMPC 旨在对小鼠基因组内的所有蛋白编码基因进行突变，其所采取的策略包括两种主要的敲除手段：基因靶向和基因陷阱（Guan 等，2010；White 等，2013）。IMPC 提供许多专门针对小鼠的 BioMarts 的链接 [图 14.6(b)]。所有主要的基因分型计划都离不开如 Fuchs 等（2011）人所描述的细致的表型分型工作流。

一个名为 Collaborative Cross 项目在繁殖 1000 个重组自交小鼠品系（Complex Trait Consortium，2004；Collaborative Cross Consortium，2012；Welsh 等，2012）。该项目正在产出大量具有非致命性表型多样性的遗传相关的小鼠。这些小鼠也可被用于表型筛选等操作（见下文正向遗传：化学诱变）。这 1000 个品系来自于对 8 个自交初始品系小鼠所开展的系统的杂交培育，并将会被进行彻底的基因型分型以用于模拟人类群体和疾病。8 个自交初始品系我们可把其命名为 A～H，分别对应它们各自的基因型。在 G1 代，我们将会得到 AB、CD、EF 和 GH 四种基因型品系（分别由 AA 小鼠×BB 小鼠、CC 小鼠×DD 小鼠等交配得到）。在 G2 代，AB 小鼠×CD 小鼠交配将会得到 ABCD 基因型，而 EF 小鼠×GH 小鼠交配则会得到 EFGH 基因型。经过 23 代繁育之后，有 99% 的近交都会有一些独特的重组事件。这 1000 个小鼠品系将会为模拟人类群体和疾病提供重要的资源。

Collaborative Cross 网址包括 http://churchill.jax.org/research/cc.shtml（链接 14.34）。

多样性远亲杂交（Diversity Outbred，DO）群体给小鼠遗传学手段提供了一个互补的途径，具有可提供野生型水平上的杂合性的优点（可缓冲突变所造成的影响）。这些小鼠在等位基因上的多样性使得它们在分离表型时有很大帮助（Churchill 等，2012；Logan 等，2013）。最初的 DO 小鼠来自 Collaborative Cross 项目所繁殖的品系。

非整倍体指染色体拷贝数发生变化。一个整倍体个体有一套染色体的两个正常拷贝。

8. 智人（Homo sapiens）：人类的变异

一些人认为人类不是模式生物。我们也并不认为人本身是一个实验系统。但我们有足够的动机去探索人的表型所表现出的范围，从而能了解我们是如何获得人类特有的一些特征、我们是如何进化的，以及我们是如何适应所在的生态系统的。我们研究人类的其中一个最强的动机就是理解疾病的发病原因，以使得我们可以发现更有效的诊断、预防和治疗的方法，并最终治愈疾病。在大多数情况下，我们都不会通过侵入性的方式在自己身上实验，但大自然却已经在人类身上进行着功能基因组学的实验。例如，与其他哺乳动物和脊椎动物相比，人类的繁殖能力要非常低（见第 21 章）。在看似正常的孕体从受精卵开始发育一周后，其中有超过 80% 都不能存活。这是由并不罕见的染色体非整倍性事件所导致的：许多染色体会出现三体、单体，甚至四体（四拷贝）或零体（零拷贝）等现象。功能基因组学是一门通过对系统的扰乱来评估基因的功能的实验科学。基因可以被选择性地删除或复制，然后我们可以通过度量其功能效应来推断该基因的功能。大自然通过发生在生物体上的各种形式的变异来开展相同效应的功能基因组学实验。从实验手段来说，二代测序技术的出现给人类遗传变异的研究带来了深远的影响（Kilpinen 和 Barrett，2013）。

14.3　使用反向和正向遗传学的功能基因组学

鉴定一个基因的功能可以有很多不同的基础方法。我们可以使用生物化学的手段，来一次研究一个基因或基因产物。这种手段是研究基因功能的最严谨的方法，也一直是过去一个世纪以来的主要研究方法。例如，为了解一个球蛋白基因的功能，我们可以纯化其蛋白产物并研究其物理性质（如分子量、等电点、与氧和血红素结合能力以及翻译后修饰等；第 12 章）、该蛋白与其他蛋白的互作、该蛋白在细胞通路中的角色，以及在引入基因突变后的功能效应等。我们在图 12.18 中描述了蛋白质功能的 8 个不同层面。虽然对单个基因及其产物的分析非常值得，但其耗时耗力；因此，我们引入了各种互补的高通量实验策略。这些策略能产生数千个突变等位基因，而这些突变的存在可以促进关注任何特定基因的科学家的研究。

通过高通量手段评估基因功能的一种方法是使用 RNA-seq 技术在不同条件和状态下（在第 10 章和第 11 章描述过）来检测 m RNA 的水平，或是去测量蛋白质的表达水平（第 12 章）。但这些研究通常只给出关于基因功能的间接信息。例如，如果用抑制线粒体中血红素生物合成的药物处理红细胞，红细胞会应答以一系列的复杂响应程序来调控亚铁血红素结合蛋白（如球蛋白）的表达。球蛋白 mRNA 和蛋白质水平会因此剧烈减少，但我们不能由此推断该药物是直接作用在球蛋白的基因、m RNA 或蛋白质之上。类似地，当我们在来源于某个疾病的病人的组织或细胞系中测量 RNA 转录水平时，我们发现的某个转录本被显著调节的现象有可能仅是机体在疾病基因突变等主要干扰因素下所做出的适应性变化。我们观察到的变化也有可能是由下游效应导致的：某个基因缺陷扰乱了一个通路，导致脑部某区域的退化，而作为下游应答，其他细胞如神经胶质会发生增殖现象。尽管这样的实验可以发现从本质上来说也属于突变的分子表型的突变次级效应，它们一般不太可能可以直接揭示基因突变。

通过高通量手段鉴定基因功能的遗传筛查方式主要有两大类：反向和正向遗传学（见 Schulze 和 McMahon 于 2004 年，Ross-Macdonald 于 2005 年，Alonso 和 Ecker 于 2006 年，Caspary 和 Anderson 于 2006 年的综述）。这两种方法如图 14.7 所示。在反向遗传筛查中，大量的基因（或基因产物）被系统性地逐个抑制。这可以用多种手段实现，如通过同源重组和基因陷阱等方式来删除基因或选择性地减少 mRNA 丰度等。然后，我们会测定一个或多个感兴趣的表型。

反向遗传筛查的主要挑战是，对于某些生物来说，我们很难通过系统性的方式来抑制大量的基因（数以万计）。有时，辨别被抑制的基因的表型也具有挑战性。作为反向遗传学的一个例子，Thomas Südhoff 及其同事靶向一个编码神经末端蛋白（Verhage 等，2000）的小鼠突触融合蛋白 1 基因（Stxb1；也称为 Munc18-1 或 N-sec1），并进行了删除。由于神经元不能分泌神经递质，该基因删除的小鼠表型是在出生时致命。但值得注意的是，大脑发育在死亡之前看起来是正常的。这种靶向删除使得我们能够剖析该基因的功能作用。图 14.4(b) 描述了它的功能。

正向遗传筛查是从某个给定的感兴趣的表型出发，例如植物在某个药物存在下的生长能力，神经元把轴突准确延伸到哺乳动物神经系统中的某个目标的能力，或者真核细胞运输物质的能力。我们可以通过对细胞（或生物体）施用化学诱变剂或辐射处理等方式来进行实验性干预。实验干预会导致突变的产生。在突变体大规模集合中，感兴趣的表型仅会在其中的少量突变体中被观察到。如果需要对每个个体都去测定表型（作为筛查的一个环节），则这个过程可能非常费力。假如我们能事先确定一个仅让感兴趣的突变体生长的筛选条件，则这个过程就会被极大促进。正向遗传学的第二个挑战是通过定位和测序策略来鉴定效应基因。

> 酿酒酵母 Sec1p 的登记号是 NP_010448。一种同源物，人类突触融合蛋白结合蛋白1a 的登记号是 NP_003156。

作为正向遗传学的一个例子，Peter Novick、Randy Schekman 和同事们分析了能积累分泌囊泡的温度敏感性酵母突变体（Novick 和 Schekman，1979 年；Novick 等，1980 年）。这些分泌（*sec*）突变体出

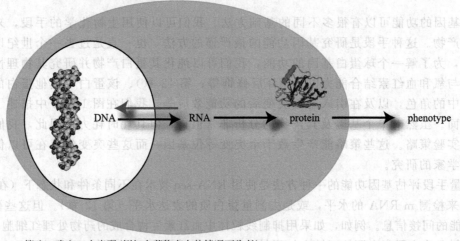

反向遗传学(突变基因然后检查表型)

策略：系统地抑制基因组中每个基因的功能
　　方法1：通过同源重组进行基因靶向
　　方法2：基因陷阱诱变
　　方法3：利用RNA干扰抑制基因表达
测量基因破坏对表型的影响

DNA　→　RNA　→　protein　→　phenotype

策略：确定一个表型(例如在药物存在的情况下生长)
突变基因组DNA(例如通过化学诱变)
识别表型改变的个体
识别突变的基因
确认这些基因在影响基因型方面有因果关系

正向遗传学("表型驱动"筛选)

图 14.7　反向和正向遗传学。在反向遗传学中，基因通过同源重组等途径被靶向缺失。当产生基因敲除动物后，利用表型的研究辨别基因的功能。因为它开始于基因的定向缺失或破坏，这被称为"基因驱动"方法。在正向遗传学中，起点是一个感兴趣的表现型。基因组经历了一个突变过程（通常是用化学物质如 ENU 或外源性 DNA 转座子）。对突变体进行收集和筛选，以便显示出表型发生改变的。接下来，改变表型的基因被比对和识别。这被称为"表型驱动"方法，因为起点是一个改变的表型，而不是特定的基因被破坏

现在一系列的互补组中（互补组指的是同一基因上携带不同突变位点的一组酵母菌株）。之后，他们鉴定了所有 *sec* 突变基因，包括编码 Sec1p 蛋白的 *SEC1* 基因，该蛋白在细胞表面的囊泡对接中起作用。Sec1p 是哺乳动物突触融合蛋白结合蛋白 1（syntaxin-binding protein 1）在酵母中的直系同源蛋白。图 14.4(b) 显示了 Sec1p 和其他三个 sec 蛋白在囊泡转运中的作用。

反向遗传学：小鼠基因敲除及 β-球蛋白基因

2007 年诺贝尔生理学或医学奖授予 Mario Capecchi，Sir Martin Evans，和 Oliver Smithies "表彰他们通过利用胚胎干细胞发现了在小鼠体内引入特异性基因修饰的原理"，见 http://nobelprize. org/nobel _ prizes/ medicine/ laureates/ 2007/（链接 14.35）。

　　敲除一个基因是指构建该基因的纯合子缺失的动物模型，即该基因存在零个拷贝（表示为（−/−）并称为无效等位基因），而野生型二倍体生物则存在两个拷贝（＋/＋）。在半合子缺失中，一个拷贝被删除，另一个被保留（＋/−）。
　　我们可以以 β-球蛋白基因的例子来说明敲除的使用。在正常成人中，血红蛋白主要是由两个 α-球蛋白亚基和两个 β-球蛋白亚基（$\alpha_2\beta_2$）组成的四聚体，但也存在少量（约 2%～3%）组成是 $\alpha_2\delta_2$ 的四聚体。β 和 δ 基因是 11 号染色体上的 β-like 基因簇中的一部分 [图 14.8(a)]。在小鼠的 7 号染色体上也有类似的排列 [图 14.8(b)]。球蛋白基因在不同发育阶段和不同细胞类型中的表达都被精密调控。β-球蛋白簇中 ε-球蛋白在卵黄囊的血岛中表达。到妊娠 6～8 周时，ε-球蛋白表达被沉默，而 γ 球蛋白基因被激活。δ-球蛋白和 β-球蛋白基因表达水平在出生

时开始增减，而 γ 球蛋白则表达下降，并在大约 1 岁时沉默。这个过程被称为血红蛋白转换，其发生的原因被认为是球蛋白基因和其上游基因座控制区域之间相互作用的结果（Li 等的综述，2006）。许多蛋白复合物都与其基因座控制区域发生互作（Mahajan 和 Wissman，2006）。如图 14.8（a）所示，检测染色质暴露区域的 DNA 酶 I 超敏分析技术帮助发现了特异性调节位点。

(a) 人类β球蛋白簇区

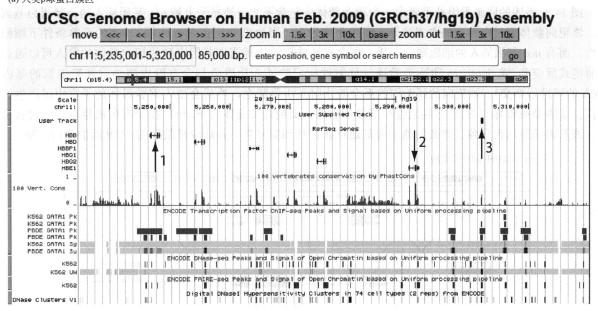

(b) 小鼠β球蛋白簇区

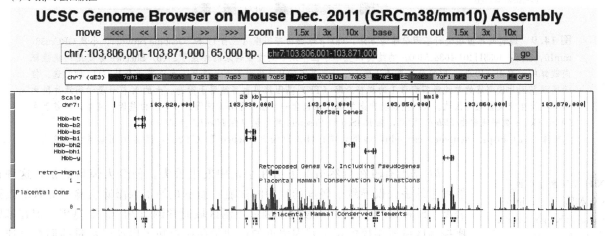

图 14.8　β 球蛋白基因座位于（a）人类 11 号染色体（85000 碱基对位于 11 chr11：5235001-5320000，GRCh37/hg19 版本）和（b）小鼠 7 号染色体（65000 碱基位于 chr7：103806001-103871000，GRCm38/mm10 版本）。在（a）中，该区域包括六个球蛋白 RefSeq 基因（包括假基因），范围从 HBB（箭头 1）到 HBE（箭头 2）。HBE 上游基因间区显示存在基因座控制区域（箭头 3）。来自 ENCODE 项目的 UCSC Genome Browser 的注释轨（"hub track"）显示 GATA1 存在 ChIP-seq 峰。其他数据轨显示了 DNAase I 超敏感性，表明基因组位点可能具有调节功能，因为它们处于易被 DNA 酶切割的构象。其他注释数据轨显示了一些可比的模式。可创建一个对应 β 球蛋白基因座控制区序列的 BED 文件（索引号 AY195961）。我们可以注意到，在上游调节区中存在突出的 GATA1 峰，其中一些基于 PhastCons 比对显示具有保守性。基因调控区域在不同细胞类型（例如，红细胞和造血前体 K562 细胞具有非常丰富的超敏感位点）以及不同发育阶段（例如，胎儿红细胞和成人红细胞）都有所不同。（b）显示了小鼠球蛋白基因中的保守数据轨，显示了外显子存在的多物种保守性以及对应非编码区域的一些保守序列（对应顺式调节元件）

（来源：http://genome.ucsc.edu，由 UCSC 提供）

　　多种疾病都与球蛋白功能的扰乱相关（在第 21 章关于人类疾病部分讨论）。镰状细胞性贫血是由发生在 β-球蛋白基因的一个拷贝上的突变所引起的。地中海贫血是遗传性贫血，是由 α 和 β 链一对一的比例失衡所导致的。为构建地中海贫血动物模型来进一步了解 β 球蛋白基因的功能，Oliver Smithies 和同事们在胚胎干细胞中使用同源重组技术来破坏成年小鼠的主要 β-球蛋白基因 b1（Shehee 等，1993）。在同源重组中，导入细胞的重组 DNA 与内源的同源序列发生重组（Capecchi，1989）。

　　图 14.9 描述的同源重组技术要求一个靶向载体中包含第 2 个外显子上被 neo 基因插入的 β-球蛋白基因序列。该靶向载体通过电穿孔的方式被导入胚胎干细胞中。野生型细胞在含有药物 G418 的培养条件下细胞会死亡，而有 neo 基因插入的细胞则会存活。包含有被破坏的 β-球蛋白基因序列的靶向载体的导入可以通过聚合酶链式反应和/或 Southern 印迹来验证（放射性标记的插入片段会与含有野生型细胞和靶细胞的基因组 DNA 的膜进行杂交）。被靶向的胚胎细胞系会被注射入小鼠胚泡，然后会植入寄养母体的子宫中以产生嵌合后代。基因型被破坏（＋/－）的杂合小鼠显示正常，而纯合突变体（－/－）在子宫内或接近出生时就会死亡。该基因敲除因而导致了致命的地中海贫血症状：红细胞异常，并缺少被敲除的 b1 基因的蛋白产物。

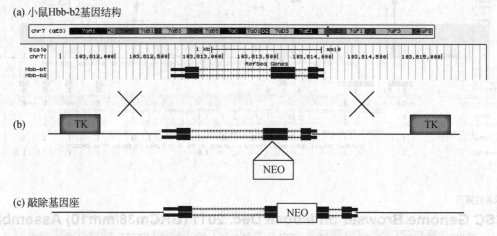

图 14.9　通过同源重组进行基因敲除的方法。(a) β 球蛋白基因座（来自 UCSC Genome Browser，小鼠 GRCm38/mm10，chr7：103811401-103815400）的结构，显示了三个从右到左被转录的外显子。(b) Sheehee 等使用的线性靶向载体的示意图（1993）。它包括外显子 2 插入了 neo 基因的 β 球蛋白基因，该插入允许基于药物 G418 的筛选。位于同源基因片段侧翼的单纯疱疹病毒 1 的胸苷激酶（TK）基因拷贝也可被用于筛选。大的 X 符号表示同源片段之间可能发生交叉重组的区域。(c) 被成功靶向的基因座包含一个插入了 neo 基因的 β 球蛋白基因。注意，该基因在 UCSC Genes 数据轨中由 Hbb-b1 标记，在 RefSeq 和 Ensembl 数据轨中由 Hbb-b2 标记

［来源：(a) http://genome.ucsc.edu，加州大学；(b) 改编自 Shehee 等（1993），经美国国家科学院许可］

NIH 基因敲除小鼠项目（KOMP）网址：http://www.nih.gov/science/models/mouse/knockout/（链接 14.36）及 http://www.genome.gov/17515708（链接 14.37）。数据合作网址 IMPC：https://www.mouse-phenotype.org/（链接 14.38）。目前，已经构建了约 4500 只小鼠，700 多只被用于繁殖和表型研究，约 10000 种胚胎干细胞已被克隆出（2015 年 2 月）。

　　b1 基因有时在自然情况下会在小鼠中发生丢失。但令人惊讶的是，这种自然发生的丢失仅导致了轻度的地中海贫血，而不是如基因敲除实验所导致的致死表型。Shehee 等（1993）假设基因座控制区域通常调节 b1 和 b2 基因，但在基因座控制区域所调控的每个基因邻近的启动子存在着基于启动子数量的调控限速情况。在 b1 基因因自然丢失所引起的非致死性地中海贫血中，基因座控制区域只会与 b2 基因发生互作（并介导 b2 衍生的球蛋白的补偿性增加）。然而，在靶向敲除突变体中，基因座控制区不仅可调控 b2，还可与另外两个启动子互作：驱动 neo 基因的插入启动子 tk 和丢失 b1 基因的启动子。这三个启动子会与基因座控制区有关的因子发生竞争性结合，从而产生相对较少量的有功能 b2 mRNA，进而导致表型致死而不是轻度患病。

　　以上的例子突出了用插入载体构建一个无效等位基因的复杂性。现在也出现了很多其他策略（van der Weyden 等的综述，2002），包括一系列正选择和负选择标记，以及用替代载体来取代没有留下可选择标记的插入载体（并因此减少了对内源性过程的干扰）。条件基因敲除允许在体内激活（"功能的获得"）或沉默（"功能的丢失"）某种基因，并可通过使用组织特异的启动子来使基因失活在任

一发育过程或机体组织中得以特异实现。而且，条件敲除可在研究基因扰乱的同时避免胚胎致死。

英国 Sange 研究所、美国国立卫生研究院及其他机构所启动的相关小鼠基因组计划正在开展大规模协调工作，来协同收集基因敲除小鼠（Austin 等，2004；White 等，2013）。最终的目标是用几种方法来系统地敲除所有小鼠基因。计划是构建无效等位基因，包括对每个基因都构建包含报告基因的无效等位基因（例如 β-半乳糖苷酶或者绿色荧光蛋白等报告基因）。报告基因可帮助确定表达该基因的细胞类型。计划进一步采用基因靶向、基因陷阱或者 RNA 干扰（在下文"反向遗传学：RNA 干涉介导的基因沉默"中讨论）等技术来构建突变等位基因。在这些工作中，小鼠 C57BL/6 品系被广泛应用，该品系也是第一个完成基因组测序的小鼠品系。为之努力的贡献者包括"基因敲除小鼠项目（Knockout Mouse Project，KOMP）"，"欧洲条件小鼠突变计划（European Conditional Mouse Mutagenesis Program，EU-COMM）"和"北美条件小鼠突变计划（North American Conditional Mouse Mutagenesis Project，Nor-COMM）"以及一系列在欧洲发起的计划（Ayadi 等，2012；国际小鼠基因敲除联盟等，2007）。

小鼠基因组信息学主网站 MGI（Mouse Genome Informatics，MGI）（图 14.6）提供了浏览现有基因敲除资源的门户。这些资源包括 Deltagen 和 Lexicon 基因敲除小鼠（Delta and Lexicon Knockout Mice）以及基因敲除小鼠项目（KOMP）资源中的基因。在 MGI 要查询某个特定基因，我们可以以球蛋白为例，在该网站搜索框输入"globin"，然后点击 *Hbb-b1*（在成人 7 号染色体上的 β 球蛋白主链；图 14.10）的链接。打开的网页包含了该基因的信息以及表型等位基因的链接（图 14.11）。表型链接中提供了详细的信息，包括突变小鼠体重以及突变对造血系统的影响等。

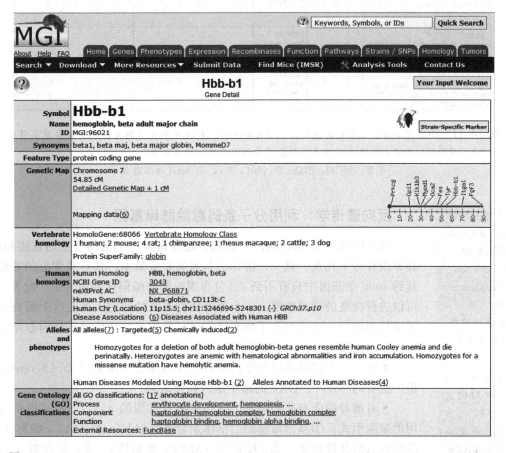

图 14.10 小鼠基因组信息学网站（MGI）关于主要 β 球蛋白基因（*Hbb-b1*）的条目概括了关于该基因的分子数据，并包括一个表型类别，该类别说明了有 7 个突变等位基因被编入索引（其中五个被靶向诱导和两个被化学诱导）。还列出了其余等位基因对应血红蛋白 β 链复合物的更广泛的查询（未示出）

［来源：MGD，Blake 等（2014 年），经 MGI 许可改编］

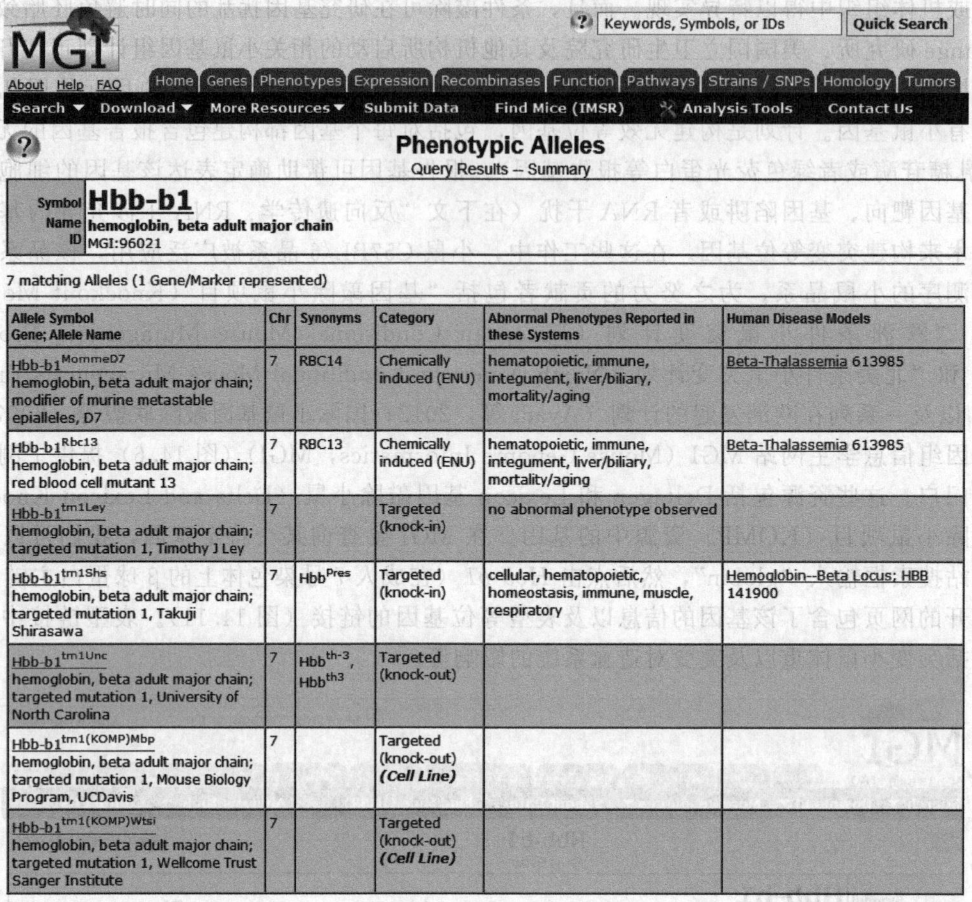

Allele Symbol Gene; Allele Name	Chr	Synonyms	Category	Abnormal Phenotypes Reported in these Systems	Human Disease Models
Hbb-b1^{MommeD7} hemoglobin, beta adult major chain; modifier of murine metastable epialleles, D7	7	RBC14	Chemically induced (ENU)	hematopoietic, immune, integument, liver/biliary, mortality/aging	Beta-Thalassemia 613985
Hbb-b1^{Rbc13} hemoglobin, beta adult major chain; red blood cell mutant 13	7	RBC13	Chemically induced (ENU)	hematopoietic, immune, integument, liver/biliary, mortality/aging	Beta-Thalassemia 613985
Hbb-b1^{tm1Ley} hemoglobin, beta adult major chain; targeted mutation 1, Timothy J Ley	7		Targeted (knock-in)	no abnormal phenotype observed	
Hbb-b1^{tm1Shs} hemoglobin, beta adult major chain; targeted mutation 1, Takuji Shirasawa	7	Hbb^{Pres}	Targeted (knock-in)	cellular, hematopoietic, homeostasis, immune, muscle, respiratory	Hemoglobin--Beta Locus; HBB 141900
Hbb-b1^{tm1Unc} hemoglobin, beta adult major chain; targeted mutation 1, University of North Carolina	7	Hbb^{th-3}, Hbb^{th3}	Targeted (knock-out)		
Hbb-b1$^{tm1(KOMP)Mbp}$ hemoglobin, beta adult major chain; targeted mutation 1, Mouse Biology Program, UCDavis	7		Targeted (knock-out) ***(Cell Line)***		
Hbb-b1$^{tm1(KOMP)Wtsi}$ hemoglobin, beta adult major chain; targeted mutation 1, Wellcome Trust Sanger Institute	7		Targeted (knock-out) ***(Cell Line)***		

图 14.11 MGI 对 β 球蛋白突变体的描述包括表型数据，如突变类型（例如，靶向敲除或条件性插入），观察到的表型，人类疾病相关性以及等位基因组成（遗传背景）

［来源：MGD，Blake 等（2014 年），经 MGI 许可改编］

酵母基因组敲除项目网址 http://www-sequence.stanford.edu/group/yeast_deletion_project/deletions3.html（链接 14.39）。该站点列出了可用敲除菌株、研究方法以及数据集。

出芽酵母有两种接合型：*MAT*a 和 *MAT*α。单倍体 *MAT*a 和 *MAT*α 细胞能彼此结合形成二倍体 *MAT*a/α 细胞。单倍体和二倍体在其生命周期中均通过有丝分裂生长。

反向遗传学：利用分子条码敲除酵母基因

酿酒酵母（*S. cerevisiae*）的基因敲除研究比小鼠的要更加直接和更加精细，其原因有以下几点。其一，酵母的基因组非常紧凑，具有非常短的非编码区，在其约 6000 个基因中只有不到 7% 包含很短的非编码区和内含子。此外，在酵母中可以进行高效的同源重组。一个酵母研究联盟的研究人员在这个研究方向已取得了卓越的成就，已经对几乎所有已知酵母基因都成功构建了靶向删除的酵母细胞株（Giaever 等，2002）。该联盟的目标如下。

• 建立一个酵母基因敲除的集合，在该集合中酿酒酵母（*S. cerevisiae*）基因组中所有约 6000 个 ORF 的每个基因都被敲除。

• 对酵母的所有非必需基因（约占所有基因的 85%），都可提供以下四种有用的敲除形式：①基因敲除的二倍体杂合子（*MAT*a 和 *MAT*α 细胞株）；②基因敲除的二倍体纯合子；③a 接合型（*MAT*a 单倍体）；④α 接合型（*MAT*α 单倍体）；必需基因敲除的菌株只能以二倍体杂合子形式的存活。

• 提供所有必需基因（占所有基因的 15%）的二倍体杂合子形式的基因敲除酵母。

根据 30 多篇文献的报道，在该项目启动基因敲除之后的 5 年时间里，已经有超过 5000 多个基因被关联到了某个表型（见 Scherens 和 Goffeau 的综述，2004）。依靠酵母的高同源重组率，该项目对基因敲除采取的策略是用 PCR 进行基因替换 ［图 14.12(a)］。对应每个基因的开放阅读框上游和下游区域的 DNA 短序列（约 50bp）被置于一个筛选标记基因的末端。此外，每个基因敲除/替换酵母菌株中都包含两个独特的 20bp 寡核苷酸序列"分子条码"（UPTAG 和 DOWNTAG）。该分子条码可唯一识别该菌株。

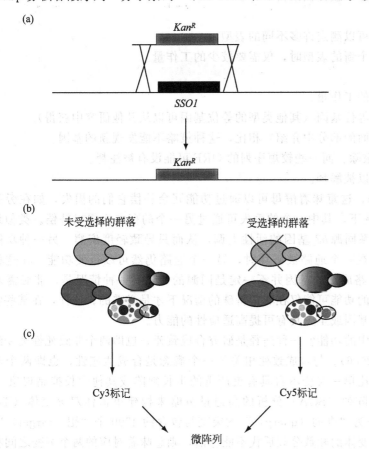

图 14.12　对几乎所有的酿酒酵母（*S. cerevisiae*）基因进行的靶向删除。(a) 靶向删除策略是利用同源重组来进行基因置换。每个基因（例如 *SSO1*）被删除的同时被一个标记基因——*KanR* 基因取代，而且基因两端具有唯一的 UPTAG 和 DOWNTAG 引物序列。(b) 有多种选择方式可被用于筛选。(c) 在每个选择条件下，基因组 DNA 被提取后，会被 *Cy3* 或 *Cy5* 标记并被杂交到芯片上。通过这种方式，我们可以鉴定在每个生长条件下有功能的基因

基因敲除具有分子条码的特点使得我们可以把数千种缺陷型菌株混合，并在许多生长条件下对它们进行平行分析。分子条码的策略具有非常强大的功能。数千个基因敲除酵母菌株的集合可在常规培养基生长 ［图 14.12(b)，没有施加选择条件的群体］，或在有药物存在、温度变化及其他实验条件下生长（施加了选择条件的群体）。在施加了选择条件的群体里，有一些菌株可能生长缓慢（或死亡），而有一些则可能生长良好。在生长一定时间后，我们可提取基因组 DNA，对 TAGs（或分子条形码）进行 PCR 扩增，再用 Cy3 或 Cy5 染料标记，然后把标记的 DNA 与固定有 12000 个分子条码（20-mers）的芯片进行杂交 ［图 14.12(c)］。杂交后，我们就可根据芯片上固定位置的 Cy3/Cy5 值来鉴定出相对于对照群体（没有施加选择条件）生长浓度高或低的酵母菌株。

Giaever 等（2002）使用基因敲除酵母菌株集合鉴定了在高盐、山梨糖醇、半乳糖、pH 8、基本培养基、抗真菌药物制霉菌素处理这六种条件下要达到最优生长所必需的基因。他们的研究发现：

- 在富含葡萄糖的培养基上生长条件下，有大约 19% 的酵母基因（1105）是必需的。这些基因中只有大约一半在以前被认为是必需的。在其他生长条件下，还可能有其他基因也是必需的。

- 非必需的 ORF 更可能会编码酵母特异的蛋白。

- 相比于非必需基因，必需基因在其他生物中更可能发现同源蛋白。

- 在酵母基因组中，仅有少数必需基因发生了复制现象（只有 1% 的必需基因在酵母基因组中有旁系同源基因，而在非必需基因中则有 8.5% 有这种现象）。这支持了复制基因可能具有重要的冗余功能的假说（见第 18 章）。

系统性的基因删除的方法具有许多重要的优点：

- 酵母基因组中的所有已知基因都可被分析。

- 每个突变都具有一个确定且统一的结构。
- 突变保证都是可致"无效"的。
- 突变体敲除菌株被回收、储存并可被提供给科学界。
- 可促进对多基因家族的研究。
- 允许进行平行表型分析，并且可以测定许多不同的表型。
- 在获得菌株后，如果要评估一个新的表型时，仅需要较少的工作量。

这种方法也有一些局限性：

- 构建这些敲除需要投入非常大的工作量。
- 对于每个基因，仅产生了无效等位基因（其他类型的等位基因可以从其他研究中获得）。
- 与随机转座子插入方法（在下面的部分中介绍）相比，这种策略不能发现新的基因。
- 所有未注释的 ORF 都不会被敲除。而一些较短序列的 ORF 可能没有被注释。
- 有重叠的基因上的删除可能难以被解释。

超过 80% 的酵母基因是非必需的，这意味着酵母可以通过功能冗余补偿它们的损失，如在旁系同源蛋白存在（如 SSO1 和 SSO2）的情况下，其中一个的丢失可通过另一个的存在而得以补偿。类似地，在小鼠中删除 b1β 球蛋白基因会导致旁系同源 b2 基因的活性上调，从而只导致轻度疾病。另一种功能冗余可能是通过平行通路的存在，这使得在一个通路被破坏时，另一个通路仍然可以行使功能。在这种情况下，如图 14.4(c) 所示，编码每个通路成员的基因并不一定是同源的。还有一种情况是，非必需基因并没有功能冗余或代偿的通路，但它们的功能可能仅在非常特殊的情况下才是必需的；这样，在某些实验条件下，这些基因可能会被发现是必需基因或至少具有可提高适应性的能力。

我们如何确定非必需基因在酵母中的功能？一种途径是研究合成致死，也即两个非致死性突变组合在一起后致死的现象（Ooi 等的综述，2006）。与合成致死相关的一个概念是合成适应性，也即两个非致死性突变组合在一起后虽不致死，但却比单一突变本身具有更严重的生长缺陷或其他生长抑制现象。Tong 等（2001）设计了一种称为合成遗传阵列（SGA）分析的高通量策略来构建单倍体双突变体（Tong 和 Boone 的综述，2006）。他们把一个作为"查询（query）"的突变与包含约 4700 个"靶（target）"突变体的阵列进行交配，如果获得的双突变体的减数分裂后代不能存活，则意味着对应的两个突变之间在功能上是相关的。利用这种策略，Tong 等（2004）从 132 种不同的查询基因突变体出发，鉴定了遗传相互作用网络，该网络包含约 1000 个基因和约 4000 关于基因的遗传互作关系。在查询基因，既有非必需基因，也包括了一些必需基因的条件性等位基因。获得的遗传互作网络与"小世界网络（small world network）"的性质相似，也即一个基因的邻居基因之间倾向于发生相互作用。在一个与之类似的基于 TAG 阵列的研究中，Jef Boeke 和其同事确定了一个负责维持 DNA 完整性的基因功能相关网络（细胞通过维持 DNA 完整性来保护自身免受染色体损伤）（Pan 等，2006）。该项工作鉴定了约 5000 个遗传互作关系，涉及了 74 个查询基因。这项工作给我们说明了如何通过遗传筛查来鉴定相互作用的蛋白模块，并进而推断功能通路的过程。

另一种基于酵母基因敲除集合来推断基因功能的方法是通过芯片分析（dSLAM）来检测杂合二倍体的合成致死性（Ooi 等，2006；Pan 等，2007）。在 dSLAM 中，"查询（query）"突变体被引入包括约 6000 个杂合二倍体酵母"靶（target）"突变体的群体中。获得的双杂合子菌株库会通过孢子形成得到单倍体，然后可以对单倍体进行分析。对照菌株库由单靶突变菌株组成，而实验库则由双突变（查询基因和靶基因）菌株组成。这两个库的 TAG 可在芯片上进行标记和分析，以鉴定差异生长的性质。dSLAM 的优点是其可使用分子条码在芯片上来量化合成致死关系，而且杂合子二倍体细胞所积累的会混淆分析结果的抑制突变数量较少。但所有的遗传互作方法都存在有诸多因素可能会影响假阳性和假阴性错误率的问题，如查询基因的本身的特性可能会导致不同查询基因具有不同假阳性和假阴性错误率。

寻找酵母基因之间遗传关系的一个实用方法就是使用 SGD 数据库。对于图 14.3 中的 SEC1 基因，在多个遗传筛查的研究中观察到了与其相关的 5 种不同类型的遗传互作关系。这 5 种类型分别如下：①5 个剂量致死性互作。这些互作涉及到了 SEC1、SEC4、SEC8 和 SEC15 基因。额外 SEC 基因的发现表明这些基因可能在同一通路中起作用。在剂量致死实验中，一个基因的过表达导致另一个基因突变或缺失的菌株致死。

②13 个剂量拯救互作。一个基因的过表达拯救了由另一个基因缺失所引起的有害表型（致死或生长缺陷）。这些互作涉及 SEC3、SEC5、SEC10 和 SEC15。③5 个表型抑制互作。一个基因的突变（或过表达）抑制了由另一基因的突变或过表达引起的表型（除致死或生长缺陷之外）。这些互作基因包括 SEC 基因（SEC6、SEC14、SEC18）和 SNC1（图 14.4）。④一个合成生长缺陷互作。单个基因突变在某些实验条件下仅表现出轻微表型，而包含两个突变的菌株则表现出生长缓慢的表型。SEC1 和 SRO7 之间是这种关系。⑤38 个合成致死性互作。这些互作关系中涉及一系列基因，既有来自 SEC 家族的基因，也有其他基因。

反向遗传学：随机插入诱变（基因陷阱）

我们已经讨论了在小鼠和酵母中的靶向基因敲除。现在还有许多其他的反向遗传学技术（概括在表 14.1 中）。另一种破坏基因功能的高通量方法为基因陷阱。在把该技术应用于小鼠时，插入突变会在胚胎干细胞内被引入基因组（参见 Stanford 等，2006；Abuin 等，2007；Lee 等，2007；Ullrich 和 Schuh，2009）。在开展基因陷阱时，载体会被插入基因组 DNA，在基因组中留下含报告基因的序列标签。通过这种方式，可以实现对一个基因的诱变，并可以观察到突变基因的基因表达模式。随机插入突变技术被应用于拟南芥时，通常会使用根癌农杆菌（Agrobacterium tumefaciens）作为载体来引入 DNA（在 Alonso 和 Ecker，2006 综述）。

表 14.1　反向遗传学技术。摘自 Alonso 和 Ecker（2006），获得 Macmillan Publishers Ltd. 的许可

方法	优点	缺点
同源重组（例如，基因敲除）	靶基因可以被精确地替代、删除或改变；产生稳定的突变；具有特异性（无脱靶效应）	通量低；效率低
基因沉默（如 RNAi）	可以高通量；可被用来产生一个等位基因系列；可以限定在特定组织或发育阶段的应用	基因沉默程度不可预测；表型不稳定；有产生脱靶效应的可能
插入诱变	高通量；可用于功能缺失及功能获得的研究；导致稳定的突变	随机或转座子介导的插入仅靶向部分基因组；对串联重复基因的效率较低；对必需基因的作用有限
异位表达	与基因沉默类似	与基因沉默类似

基因陷阱载体一般被转染到小鼠胚胎干细胞中，并在转染后表达对抗生素有抗性的筛选标记基因。图 14.13 展示了在小鼠中使用基因陷阱的三种策略。每个基因陷阱载体中都缺乏一个必需的转录组件。一个增强子陷阱包括了一个启动子、新霉素抗性（neo）基因和多腺苷酸化（polyA）信号 [图 14.13（a）]。neo 基因 mRNA 的表达需要有一个内源性增强子来驱动。一个启动子陷阱缺少了一个启动子（但包括了一个剪接受体和一个选择性标记基因），其表达要依靠一个内源启动子来驱动 [图 14.13（b）]。一个 PolyA 陷阱虽然包括了驱动 neo 表达的启动子，但要依赖外部的 polyA 信号的帮助来使其具有对药物的抗性 [图 14.13（c）]。由于这些载体有自己的启动子，无需依赖内源性启动子，它们对于捕获未转录的基因很有用。

基因陷阱是一种随机诱变的方法，不能用于靶向特定的基因或基因座。该方法的一个优点是一个载体可以被用于数千个基因的突变和识别。该技术还具有捕捉先前未被定位的基因的潜力。这些特点与需要基因序列的先验知识的靶向方法形成明显对比。但这类方法的局限性在于其不能靶向某个感兴趣的特定基因。另外，插入位点在基因组中并不完全随机，即使大规模的随机诱变实验也有可能捕捉不到有些基因（Hansen 等，2003）。

> 国际基因陷阱联盟网址 http://www.genetrap.org（链接 14.40）。

现在已开展了几个大规模插入诱变的项目。国际基因陷阱联盟（International Gene Trap Consortium，IGTC）负责管理约 45000 个基因陷阱小鼠胚胎干细胞系，这些细胞系中捕捉的基因约占已知小鼠基因的 45%（Skarnes 等，2004；Nord 等，2006）。诱变插入和染色体工程资源（the Mutagenic Insertion and Chromosome Engineering Resource，MICER）已经构建了约 120000 个插入靶向构建体，这些构建体具有较高的靶向效率（28%；Adams 等，2004）可被用于使特定基因失活。在 UCSC Genome Browser 中，我们可以查看 IGTC 基因陷阱构建体。另外，MICER 和 IGTC 资源均可在 Ensembl 小鼠基因组浏览器中作为注释数据轨（annotation tracks）（图 14.14）。

图 14.13 基因陷阱诱变技术的几种策略。(a) 增强子陷阱的载体包括一个启动子、提供抗生素抗性的 *neo* 基因（因而允许挑选成功整合入基因组的细胞）和一个多聚腺苷酸化信号 (polyA) 几个组件组成。该构建体由内源性增强子激活，并破坏内源基因的功能。在示例原理图中，内源基因由自身启动子、起始密码子 (ATG)、三个外显子、一个终止密码子和一个 polyA 信号组成。(b) 启动子陷阱缺少外源启动子，依赖于内源性增强子和启动子来启动 *neo* 基因的表达。它包括一个剪切受体 (SA)、*neo* 盒和 polyA 位点。该载体的整合可扰乱内源基因的表达。(c) polyA 陷阱载体包含一个自身的启动子和 *neo* 盒，但需要一个内源性的 polyA 信号才能成功表达
[来源：Abuin 等 (2007)，转载经 Springer Science 和 Business Media 许可]

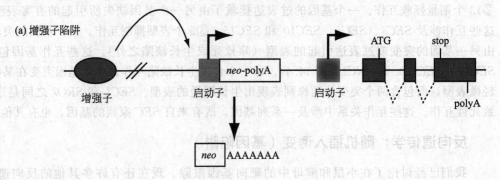

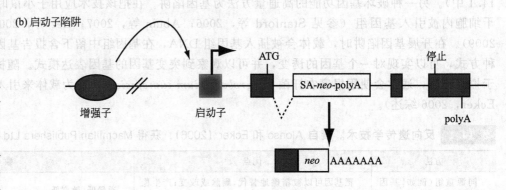

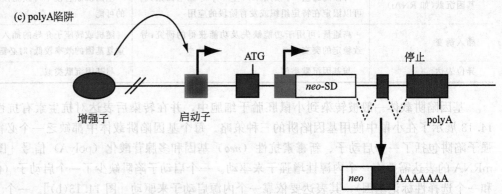

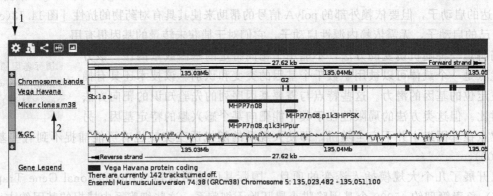

图 14.14 在 Ensembl 小鼠基因组浏览器中获取被基因陷阱捕捉的基因的信息入口。在 Ensembl 主页，选择小鼠突触融合蛋白 1a (Stx1a)，然后在配置菜单（箭头 1）中选择 MICER 数据（箭头 2）和 International GeneTrap Consortium（图中未显示）。图中显示了几个 MICER 构建体；这些构建体载体可被用于生成基因敲除小鼠和染色体设计
[来源：Ensembl Release 73；Flicek 等 (2014)，经 Ensembl 许可转载]

反向遗传学：在酵母中的插入诱变

我们将描述除同源重组外，在酵母中破坏基因的两种强效方法：①使用转座子的遗传足迹法；②利用外源性转座子。

转座子是从基因组中的一个位置物理移动到另一个位置的 DNA 元件（第 8 章）。反转录转座子的物理移动需要一个 RNA 中间体介导，而 DNA 转座子则不需要。*Ty1* 元件是一个酵母反转录转座子，可随机插入基因组。Patrick Brown，David Botstein 和同事开发了一种策略，在该策略下酵母菌群在几种不同的条件下生长（例如，丰富培养基与基本培养基），并进行 *Ty1* 转座子介导的诱变（Smith 等，1995，1996；图 14.15）。在 *Ty1* 转座子插入后，可使用针对基因和 *Ty1* 元件的引物来进行聚合酶链式反应（PCR）。这样可产生一系列不同分子量的 DNA 产物。该方法的前提是某个基因（例如 SSO1）在某些条件下可能对于生长是重要（或必需）的。在这种情况下，该基因被 *Ty1* 元件插入的菌株就不会生长，从而会导致对应的 PCR 产物（"遗传足迹"）的丢失，也进而表明该基因在特定条件下对酵母生长的重要性。

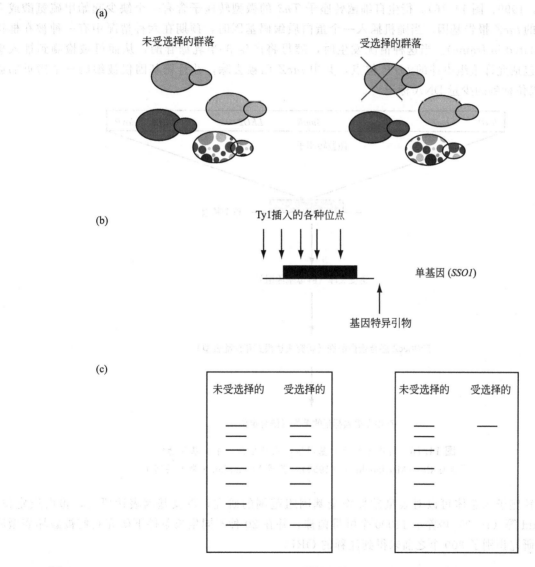

图 14.15 遗传足迹法。（a）选定一个酵母群体（例如，通过改变培养基或者施加药物）；一些基因将不会受选择过程的影响。（b）转座子的随机插入允许进行基因特异性 PCR，以及（c）可在电泳胶上查看 DNA 产物。一些基因在选择过程中没有受影响（图左）。被转座子标记的其他基因将与适应性降低有关。在（c）图中将观察到更少的 PCR 产物，表明在该选择条件下这个基因对于酵母生长是必需的

这种方法有以下一些优点：

- 可以测定任何感兴趣的基因，也可以随机选择基因。
- 可以测定任何给定基因的多个突变。
- 可以在群体中平行进行表型分析。
- 可以选择许多不同的表型用于分析。
- 该方法甚至对于互相重叠基因也可以成功。

该方法也有一些局限性：

- 突变株不能回收。
- 产生多个突变（等位基因），但它们都是插入突变（而不是敲除或其他类型的突变）。
- 该方法是劳动密集型的，并且需要逐个基因地分析。
- 具有重叠功能的复制基因其作用可能被忽略。

另一种诱变方法涉及使用细菌或酵母转座子将报告基因和插入标签随机插入基因内（Ross-Macdonald 等，1999；图 14.16）。衍生自细菌转座子 *Tn3* 的微型转座子含有一个缺少起始甲硫氨酸或上游启动子序列的 *lacZ* 报告基因。当随机插入一个蛋白质编码基因时，预期在六种情况中有一种被在框构内翻译（translated in-frame）。当这种情况发生时，酵母将产生 β-半乳糖苷酶，从而可被检测到插入事件。该构建体包括允许重组事件的 *loxP* 位点，其中 *lacZ* 已被去除，并且靶基因仅被编码三个拷贝的血凝素（HA）表位标签的少量 DNA 标记。

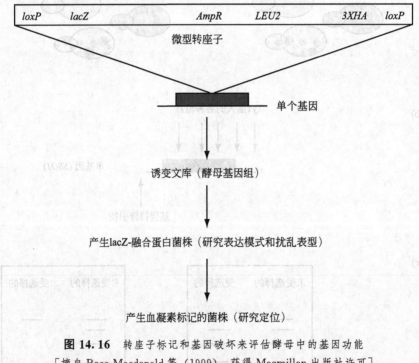

图 14.16 转座子标记和基因破坏来评估酵母中的基因功能
［摘自 Ross-Macdonald 等（1999），获得 Macmillan 出版社许可］

这种微型转座子构建体可以对表型破坏作全基因组范围的研究，以及基因表达研究，蛋白质定位。Ross-Macdonald 等（1999）培养了 11000 个酵母菌株，并在 20 种不同生长条件下研究它们被破坏表型后的特征。这些研究识别了 300 个之前未得到注释的 ORF。

反向遗传学：通过破坏 RNA 进行基因沉默

我们已经讨论了通过同源重组删除基因的反向遗传学方法。识别基因功能的另一种方法是破坏信使 RNA 而不是基因组 DNA。RNA 干扰（RNAi）是一种强大、通用且相对新颖的技术，可使基因被双链 RNA 沉默（参见 Lehner 等，2004；Sachidanandam，2004；Martin 和 Caplen，2007）。在动植物中，小

> HA 特异性抗体可以在细胞内定位 HA 标记蛋白。

RNA（21~23 个核苷酸）调节靶基因的表达。与通过基因敲除产生的无效等位基因相比，RNAi 抑制基因功能的程度会有不同变化。机制上，RNAi 是一种转录后基因沉默的形式，由双链 RNA 介导。它可以作为宿主防御系统来抵御病毒，并且 RNAi 也可以用于调节内源基因表达。当双链 RNA 被引入果蝇、线虫、植物或人类细胞时，它们被内切核糖核酸酶 Dicer 加工形成小干扰 RNA（siRNAs）。这些 siRNA 通过由蛋白质（如 Argonaute 蛋白）和 RNA 组成的 RNA 诱导沉默复合物（RNA-induced silencing complex，RISC）来切割靶信使 RNA。内源性 RNAi 过程似乎涉及小 RNA（在第 10 章中描述），而不是双链 RNA。

　　RNAi 已被用于全基因组范围的筛选，来系统地调查几乎所有基因被破坏之后的表型后果。利用该技术，Boutros 等（2004）可对果蝇（Drosophila）所有基因中的 91% 描述其可能的功能，并且报道了 438 个能够抑制必需基因功能的双链 RNA。在果蝇中建立的一个转基因 RNAi 库对 RNAi 方法进行了进一步的延伸。该转基因库使得我们可在几乎任何发育阶段和几乎任何类型的细胞中对基因进行靶向和条件失活。Dietzl 等（2007）创建了一个 RNAi 文库，靶向了超过 13000 个基因（约占 97% 的果蝇基因组中所预测的蛋白质编码基因）。通过与经典遗传学研究预期会发生的已知表型所组成的阳性对照集的比较，人们发现了许多假阴性的结果。这种情况是可能发生的，这是因为该文库是由转基因随机插入到果蝇基因组所构建的，同时并不是所有转基因都有足够高的表达水平（基于文库的假阴性率约为 40%，基于基因的约为 35%）。除假阴性外，也存在假阳性结果，其中部分可能是由于因靶标基因的侧翼基因表达水平的变化而导致的脱靶效应。为展示这种方法的有效性，Dietzl 等描述了通过神经元启动子来筛选神经元基因 14.4），Snap（SEC17/αSNAP 同源物）和 Syx5（SSO1/突触融合蛋白同源物）。

　　尽管人们已经知道会出现假阳性结果时，Ma 等（2006）进一步强调了该问题存在的广泛性。当 RNAi 构建体抑制内源基因表达而不是其靶向基因的表达时，会导致脱靶效应。当基因序列与小 RNA 调节物互相之间在 19 个或更多核苷酸长度的区域上具有较高的保守性时，该基因通常会被靶向。在果蝇 RNAi 研究中，Ma 等注意到脱靶效应由双链 RNA 的短串序列所介导。这些假阳性的基因通常含有串联的三核苷酸重复（CAN，其中 N 表示四个核苷酸中的任一个，在 CAA 和 CAG 重复中观察到尤其强的效应）。这些基因在已发表的各种 RNAi 筛选的结果中有明显的富集现象。Ma 等建议在设计文库时应避免出现在多个基因中的短序列，此外，他们建议在鉴定表型效应时，应针对每个候选物使用一个以上的不重叠的双链 RNA 来进行独立验证。

　　在其他生物中如秀丽隐杆线虫（C. elegans）（例如，Kamath 等，2003；Kim 等，2005；Sönnichsen 等，2005）等也开展了 RNAi 筛选。值得注意的是，秀丽隐杆线虫可以通过饲喂表达双链 RNA 的细菌来抑制基因功能（Fraser 等，2000）。Kamath 等进行了全基因组 RNAi 筛选，描述了约 1500 个基因的突变表型，其中约三分之二之前还没有给定表型。在超过 900 个品系中，他们观察到的最常见的 RNAi 表型为胚胎致死性。在人类细胞系中，Berns 等（2004）利用编码超过 23000 个短发夹 RNA 的逆转录病毒载体靶向了约 7900 个基因，发现了依赖于 p53 的增殖抑制的一系列新调节子（p53 是一个关键的肿瘤抑制基因和细胞周期调节基因）。Brass 等（2008）使用 RNAi 技术，在转染短干扰 RNA 的 HeLa 细胞系中对抑制人类基因功能开展了系统性的研究。他们鉴定了人类免疫缺陷病毒（HIV）在人类细胞中进行感染和复制所必需的 273 个信使 RNA。这些鉴定的人类基因和基因产物是抗病毒药物的潜在靶标。与其他抗逆转录病毒药物不同，靶向这些关键人类宿主蛋白的潜在药物将不会受到艾滋病毒基因型的多样性的影响（即使在一个感染个体内，也可能会存在有 100 万个有变异的 HIV 基因组）。

　　RNAi 有几个重要的数据库资源。①Genome-RNAi 数据库，该数据库把 RNAi 的序列数据与来自 RNAi 筛选的表型数据进行整合，其数据主要来源于培养的果蝇细胞（Horn 等，2007）。通过查询 rop（酵母 SEC1 的果蝇同源物）来搜索 GenomeRNAi 数据库得到了几种 RNAi 探针（包括其表型、特异性、

GenomeRNAi 数据库（Schmidt 等人，2013）网址 http://www.genomernai.de/GenomeRNAi /（链接 14.42）。目前其包含了关于 > 140000 个果蝇 RNAi 构建体以及 > 320000 条用于人类研究的 RNAi 试剂的信息（2015 年 2 月）。FLIGHT 网址 http://flight.icr.ac.uk/（链接 14.43）。RNAi 数据库网址 http://rnai.org/（链接 14.44），其聚焦线虫 RNAi 资源。

艾滋病互作数据库可在 http://www.ncbi.nlm.nih.gov/RefSeq/HIVInteractions /（链接 14.41）中获取。目前列有约 7000 种 HIV-1 蛋白质互作，涉及 3500 种不同的蛋白质。我们将在第 16 章中讨论艾滋病毒。

吗啡啉数据（Morpholino Database，MODB）网址：http://www. morpholinodatabase. org/（链接 14.45），目前其包含了超过 1000 个吗啡啉。

脱靶效应的发生和效率等）及到 FlyBase 基因入口的链接。②FLIGHT 数据库也提供了关于高通量 RNAi 筛选的数据（Sims 等，2006）。其范围和使命与 Geno-meRNAi 数据库类似。这两个数据库都包括一 BLAST 服务器，同时 FLIGHT 还包含了其他的分析工具。③RNAi Database 是一个专门针对秀丽隐杆线虫（*C. elegans*）的数据库（Gunsalus 等，2004）。在该数据库搜索 *UNC-18*（*SEC1/rop* 突触融合蛋白 1 在秀丽隐杆线虫中的同源蛋白）可得到该基因在 RNAi 筛选实验中的表型列表。例如，针对 *UNC-18* 的 RNAi 导致了对乙酰胆碱酯酶抑制剂涕灭威（aldicarb）的抗性，该药物可通过防止神经递质乙酰胆碱的正常分解来诱导麻痹。该结果与 unc-18 可调节神经肌肉接头处突触前末端囊泡释放乙酰胆碱的功能作用一致。

除 RNAi 外，另一种干扰 RNA 的方法是使用吗啡啉敲低基因表达（Angerer 和 Angerer，2004；Pickart 等，2004）。吗啡啉是一种反义寡核苷酸，由带有吗啉环的一个核酸碱基和残基之间的氨基磷酸酯键组成。它们可特异性结合信使 RNA（和小 RNA），并已被应用于下调转录物。该技术被广泛用于斑马鱼实验。ZFIN 数据库包括了使用吗啡啉的实验结果。MOrpholino DataBase 列出了吗啡啉及其靶标，以及相关的表型数据（Knowlton 等，2008）。

ZiFiT Targeter 网址 http://zifit. partners. org/ZiFiT /（链接 14.46）。你还可以在 http://crispr. mit. edu（链接 14.47）上进行 CRISPR 搜索和分析。

几种新近研发的方法为通过选择性修改感兴趣的核苷酸来工程改造基因组提供了令人兴奋的可能性。①锌指核酸酶是能够靶向结合目标基因组 DNA 的工程改造蛋白。锌指核酸酶的靶向特异性由 DNA 结合锌指蛋白的氨基酸序列、锌指数目及核酸酶与靶 DNA 的互作特异性来决定。锌指蛋白已被应用于包括大鼠（Geurts 和 Moreno，2010）和斑马鱼等模式生物。②类转录激活因子效应核酸酶（TALEN）已经在一系列生物中被广泛地应用于序列的靶向修改（Joung 和 Sander，2013）。TALEN 可与一个核酸酶结合。该核酸酶通过一个可靶向结合任意感兴趣的 DNA 序列的 DNA 结合结构域来剪切基因组 DNA。③化脓链球菌（*Streptococcus pyogenes*）和其他细菌及古细菌使用一种叫成簇规律间隔短回文重复序列（CRISPR）/Cas 的系统来防御病毒和其他外来核酸。RNA 分子可引导核酸酶（Cas9）到发生剪切的特异性 DNA 位点（Barrangou，2013）。CRISPR /Cas 系统已经被应用于在人类细胞和其他细胞中靶向破坏一个或多个基因（Le Cong 等，2013；Mali 等，2013）以及激活转录（Perez-Pinera 等，2013）。

锌指协会（Zinc Finger Consortium）制作了一个软件包（ZiFiT Targeter）来帮助设计锌指目标位点以及 TALENs（Sander 等，2010）。其网站最近也囊括了 CRISPR/Cas 资源。George Church 小组（Mali 等，2013）提供了一个向导 RNA 资源库，该资源库包含了约 190000 个特异向导 RNA，可靶向约 41% 的人类基因组。

锌指核酸酶、TALEN 和 CRISPR/Cas 技术并不具有完美的特异性，可能会发生潜在的脱靶或附带剪切现象。Cradick 等（2013）在靶向 β 球蛋白（*HBB*）基因时，发现了对近源相关的 δ 球蛋白（*HBD*）基因的附带剪切，并发现有时使用仅一个碱基错配的引导链都有可能发生附带剪切。他们还报告了一系列的插入、缺失和点突变。对于任何基因组编辑技术来说，我们都必须控制这样的影响以使得我们可正确地解释研究发现。随着这些技术开始用于临床应用，这点尤为重要。

正向遗传学：化学诱变

正向遗传学方法有时被称为表型驱动筛选。这些方法通常使用被用于改变雄性种系的强大化学诱变剂 N-乙基-N-亚硝基脲（ENU）来实现诱变（O'Brien 和 Frankel，2004；Clark 等，2004；Probst 和 Justice，2010；Stottmann 和 Beier，2010；Horner 和 Caspary，2011）。与 X 射线照射、γ 照射或其他化学诱变剂相比，ENU 在从小鼠到果蝇到植物的一系列生物中都可更高效地诱导点突变（Russell 等，1979）。一般来说，每个基因座的平均自发突变率约为 $(5\sim10)\times10^{-6}$，但 ENU 通常会导致每个基因座约 1×10^{-3} 的突变频率。这些突变倾向于单碱基替换，有时也有错义、剪接或无义突变。将 ENU 施用于小鼠或其他生物体后，我们可能会观察到一个感兴趣的表型（例如神经元无法迁移到脊髓中适当的位置）。通过近交得到重组动物，并证明该表型可遗传之后，我们可通过位置克隆对突变基因进行定位，并通过对定位区间中的基因进行测序来鉴定突变基因。在小鼠中，ENU 一般被用于诱变精原细胞或胚胎干细胞。O'Brien 和 Frankel（2004）对小鼠中化学诱变的使用进行了综述，指出表型分型急需更多专家和更大的工作量。

Arnold 等（2012）总结了他们所发现的与 129 个基因相关的 185 个表型，并总结了被预测会影响 390 个基因的 402 个随机突变（由 Gunn 综述，2012）。这些发现被存档在 Mutagenetix 数据库中。

ENU 方法的一个主要局限性是，在需要鉴定因点突变而发生表型变异的基因时，ENU 方法没有在基因组中引入可帮助识别的标签。定位克隆在过去是一个艰苦的工作。现在，全基因组序列和基于多态标记的密集图谱的存在使得我们能够相对快速地鉴定出感兴趣的基因。Michael Zwick 及其同事已经应用二代测序技术来快速识别因果性变异（Sun 等，2012）。他们应用多重染色体特异外显子捕获技术来平行评估来自突变体、亲本和背景菌株的变异。

> Mutagenetix 网址：http://mutagenetix.utsouthwestern.edu/（链接 14.48）。它目前包括 >300 个链接到表型的基因，以及在 >20000 基因上识别到的约 200000 个偶发突变。

平衡染色体的使用也促进了 ENU 方法的发展（Hentges 和 Justice，2004）。在一个平衡染色体中，一个带表型标记的染色体片段被倒置；这种倒置可促进对突变的定位，并促进在杂合状态下维持突变。平衡染色体效应最初由 Hermann Muller（1918）所报道。Monica Justice 及其同事使用平衡染色体策略鉴定了小鼠 11 号染色体上数十个新的隐性致死突变（Kile 等，2003）。组成该平衡染色体的小鼠 11 号染色体包含有一个有大的倒置片段（34 兆碱基）。用 ENU 处理的雄性小鼠与具有平衡染色体的雌性小鼠交配，再通过连续杂交，可鉴定出具有纯合致死突变的小鼠，继而可较容易得到定位相关基因。

反向遗传学和正向遗传学的比较

反向和正向遗传学研究方法都非常有用，我们可以比较它们的几个特点。

- 两种方法所提的问题不同。反向遗传学在问："这个突变会引起什么表型？"而正向遗传学则在问："这个表型是由什么突变引起的？"
- 反向遗传学方法将产生无效等位基因作为一个主要策略（多数情况下是条件等位基因）。正向遗传学策略如化学诱变等是"盲目的"，因为可产生能影响一个表型的多个突变等位基因（Guenet，2005）。这些等位基因包括亚等位基因（具有衰减功能）、超等位基因（具有增强功能）和新突变基因（具有新功能）以及无效等位基因。
- 我们介绍了反向遗传学研究方法中诸如插入诱变（见上文）等技术。但插入诱变也可被用于正向遗传学筛选。不管是基于什么目的，它们都试图通过干扰基因的表达以产生表型性质来推断一个基因集合的功能。

14.4　功能基因组和中心法则

我们已经讨论了探索基因功能的反向和正向遗传学手段。我们也可以通过考虑中心法则，即 DNA 被转录成 RNA 然后翻译为蛋白质，来描述功能基因组学领域的研究范畴。国家人类基因组研究所（NHGRI）和其他组织所开展的各种功能基因组项目的组织形式反映了这些不同水平上的分析。

> 关于国家人类基因组研究所功能基因组计划的描述见 http://www.genome.gov/10000612（链接 14.49）。

研究功能的方法和关于功能的定义

功能（Function）指的是一种用途或活性。在生物信息学和基因组学的范畴下，功能并没有一个唯一的定义。相反，我们通常会把功能放在像心脏发育或者氨基酸代谢这样的生物学过程下来加以考虑。我们在前面的章节中已经遇到了关于功能的问题。在第八章中，我们讨论了 ENCODE 计划联盟关于人基因组功能的论断，该论断认为超过 80％ 的人类基因组序列是有功能的，因为它们可转录 RNA 并和/或与参与调控基因表达的蛋白相结合。

有必要把研究功能的三种途径与功能的三种定义相区分（图 14.17）。当我们在解释基因组 DNA 的功

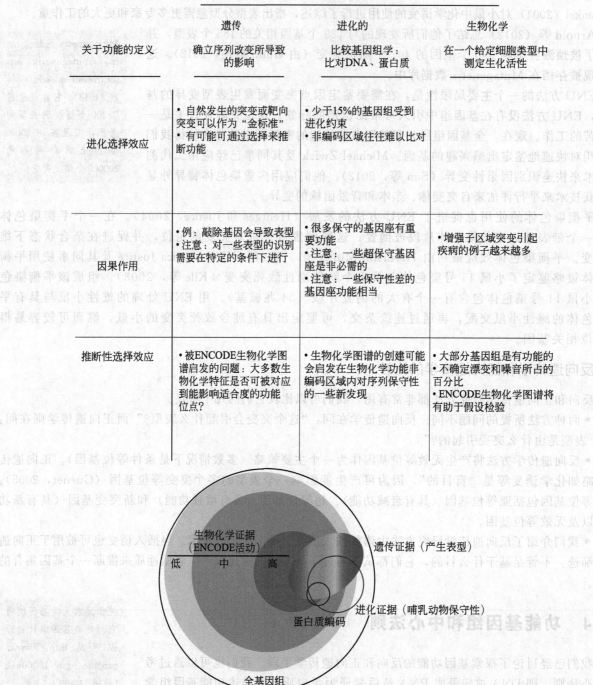

关于功能的定义	研究功能的方法		
	遗传 确立序列改变所导致的影响	进化的 比较基因组学： 比对DNA、蛋白质	生物化学 在一个给定细胞类型中测定生化活性
进化选择效应	• 自然发生的突变或靶向突变可以作为"金标准" • 有可能可通过选择来推断功能	• 少于15%的基因组受到进化约束 • 非编码区域往往难以比对	
因果作用	• 例：敲除基因会导致表型 • 注意：对一些表型的识别需要在特定的条件下进行	• 很多保守的基因座有重要功能 • 注意：一些超保守基因座是非必需的 • 注意：一些保守性差的基因座功能相当	• 增强子区域突变引起疾病的例子越来越多
推断性选择效应	• 被ENCODE生物化学图谱启发的问题：大多数生物化学特征是否可被对应到能影响适合度的功能位点？	• 生物化学图谱的创建可能会启发在生物化学功能非编码区域内对序列保守性的一些新发现	• 大部分基因组是有功能的 • 不确定漂变和噪音所占的百分比 • ENCODE生物化学图谱将有助于假设检验

图 14.17 辨别研究功能的不同方法（列）与关于功能的不同定义（行）。对这些定义和方法的思考可帮助我们更清楚从像 ENCODE 这样对大多数基因组 DNA 进行功能注释的项目中所得到的结论。底部的图展示了三个圆圈，对应了 ENCODE 计划所发现的功能的数量级

[底部的图由 Kellis 等（2014）重新绘制，已获得 PNAS 许可]

能时，我们可以运用遗传学方法（例如，通过在小鼠中敲除一个基因来确立序列改变所带来的影响，或在病人中研究染色体微缺失综合征所造成的影响）。第二种方法是使用进化学的手段：我们可以比对同源DNA 和/或蛋白质。在第十三章中我们介绍了一些结构基因组学倡议，其中许多都利用同源超家族的推测来确定预测的蛋白质功能。第三种是生物化学方法：我们可以在一个给定的细胞类型和生理条件下来测定生化活性。ENCODE 生物化学图谱描述了许多生化事件，这些生化事件有助于促进假说检验，如检验敲

除长非编码 RNA 基因后所造成的效应等实验。

　　研究功能的方法与对功能的定义是紧密联系的。对功能的第一个定义是功能过程是受到进化选择的。自从进化中性理论（Kimura 1968，1983；第 7 章）提出以来，大多数的 DNA 变异被假设是中性或者近中性的。根据该定义，功能元件则会受到正向自然选择，并且我们可以通过识别受到进化约束的基因座来识别功能元件，并可以通过研究自然发生的突变或如本章所述的靶向突变所造成的影响来确定功能元件。

　　对功能的第二个定义体现在因果作用上：在遗传学上，敲除一个基因会导致一种表型，从而使我们可推断该基因在正常情况下的功能。从进化的视角来看，该功能定义意味着通过比较基因组学手段所发现的保守序列是有功能的。这里有许多值得注意的地方：一些超保守序列似乎是非必需的（这也强调了我们需要进行适当的表型分析，从而可发现某些变异会造成有害影响的一些特定条件）。对这种功能定义的质疑在于，识别到的因果关系可能在生物学上是无关紧要的。比如，心脏引发了心跳的声音，但并不意味着心脏的重要功能就是发声。一段 DNA 片段可能会被转录成 RNA，但其是否有生物学意义还有待进一步明确。

　　对功能的第三个定义体现在推断性的选择效应上。比如，我们相信每个被鉴定的受体都应该结合某些内源性配体，因为这被认为是受体的固有功能。然而，有一些受体我们还没有发现其内源性配体。这种对功能的定义认为功能应能从生物学过程的背景噪声中被分离出来。

> BioSystems 和 FLink 网址：http://www.ncbi.nlm.nih.gov/biosystems/（链接 14.50）

功能基因组学和 DNA：信息整合

　　功能基因组学的一个目标是提供一个对 DNA、RNA、蛋白质和通路的集成图。许多资源（例如来自 Ensembl、EBI 和 NCBI 资源库）都提供了这种集成图。比如，NCBI 生物系统（BioSystems）数据库描述了在某些生物系统中发生相互作用的分子集合（Geer 等，2010）。BioSystems 可作为存储通路和其他数据的资源库，它也是访问 Entrez 系统的界面（第 2 章）。频率加权链接（Frequency weighted links，FLink）工具允许输入一个基因（或蛋白质或小分子）列表，返回一个有排序的相关生物系统的列表。首先选择数据库［我们选择 BioSystems；图 14.18(a)］，然后输入感兴趣的数据（我们通过 Entrez 搜索来选择图 14.18(b) 中的球蛋白，但也可以上传一个基因标识符列表）。输出结果包括了来自一系列不同物种在 KEGG、REACTOME 和 GO 数据库中对应的条目［图 14.18(c)］。每个条目都有一个 BioSystems 标识符（BSID），通常都会被链接到一个通路图。LinkTo 选项进一步提供了到其他 NCBI 数据库中相关数据的链接。在本例中，它提供了到数千个球蛋白结构［图 14.18(d)］的链接。

> Cortellis Data Fusion 网址：http://thomsonreuters.com/cortellis-data-fusion/（链接 14.51）。目前 DRAGON 不能再使用，其已被其他工具取代，如 BioMart。但是他在网站 http://pevsnerlab.kennedykrieger.org/（链接 14.52）仍然开放。

　　生物信息学工具通常都使用关系数据库来把各种信息链接起来。Ensembl 的 BioMart 是一个典型的例子。Christopher Bouton 在 2000 年推出了 DRAGON，这是最早的关系数据库之一（Bouton 和 Pevsner，2000）。DRAGON 自动下载 UniGene、SwissProt、KEGG（参见下面的"路径，网络和整合"）和 Pfam 等数据库，并把这些数据库中的信息按照关系相互链接。Bouton 最近推出了 Cortellis™ Data Fusion，这是一个整合了多个数据源的分析平台，通常被用于制药和生物技术工业。

　　ENCODE 项目的立意就是内在集成的。其主要目标就是对人类基因组的功能元件的一个"零件列表"从基因组 DNA 元件水平上来对其功能进行分类，这些 DNA 元件包括控制基因活性的调控元件等，而对其进行分类的依据是其在 RNA 和蛋白质水平上所起的作用。

　　基因组变异的表型效应是什么？基因组解释严格评估（Critical Assessment of Genome Interpretation，CAGI）是一个基于研究社群的项目，在这个项目中，遗传变异信息被提供给研究团队，然后研究团队来预测其所导致的分子、细胞或个体表型。CAGI 是模仿蛋白质结构预测严格评估（Critical Assessment of Structure Prediction，CASP；第 13 章）竞赛建立的。2013 年 CAGI 实验包括了来自于 33 个不同研究团队所给出的 <200 个预测结果。预测变异表型的例子包括在个人基因组中鉴定哮喘或其他疾病相关变异位点，或预测哪个 BRCA1 突变会增加患乳腺癌的风险。

(a) 按使用频率排列的链接：选择数据库 　　　　(b) FLink：输入标识符或搜索词

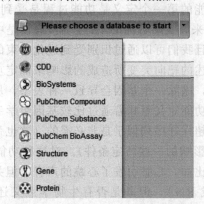

(c) FLink："globin" 搜索词条的结果表格

	BSID	Source	Name	Type	Organism
☐	437	KEGG	Two-component system	conserved biosystem	
☐	438	KEGG	Bacterial chemotaxis	conserved biosystem	
☐	451	KEGG	Base excision repair	conserved biosystem	
☐	83043	KEGG	Base excision repair	organism-specific biosystem	Homo sapiens
☐	83240	KEGG	Base excision repair	organism-specific biosystem	Mus musculus
☐	105837	REACTOME	DNA Repair	organism-specific biosystem	Homo sapiens
☐	105838	REACTOME	Base Excision Repair	organism-specific biosystem	Homo sapiens
☐	105839	REACTOME	Base-Excision Repair, AP Site Formation	organism-specific biosystem	Homo sapiens
☐	105840	REACTOME	Depurination	organism-specific biosystem	Homo sapiens
☐	105841	REACTOME	Recognition and association of DNA glycosylase with site containing an affected purine	organism-specific biosystem	Homo sapiens

(d) FLink的LinkTo选项

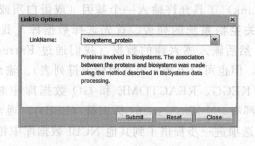

biosystems_biosystems_similar
biosystems_biosystems_specific
biosystems_biosystems_sub
biosystems_biosystems_super
biosystems_cdd_specific
biosystems_gene
biosystems_pcassay_active
biosystems_pcassay_target
biosystems_pccompound
biosystems_pcsubstance
biosystems_protein
biosystems_pubmed
biosystems_structure
biosystems_taxonomy

图 14.18　NCBI 提供的 FLink 资源可帮助发现一个输入的蛋白质、基因或其他分子的列表与相关数据库条目之间的关系。(a) 用户首先选择一个数据库，(b) 输入搜索词条，然后 (c) 获得来自相关数据库的排序结果表格。注意 "LinkTo" 选项；(d) 显示可用链接，每个链接进一步将结果与其他数据库条目联系起来

（来源：FLink，NCBI）

功能基因组学和 RNA

对跨不同区域（多细胞生物）和不同发育时期的 RNA 转录水平的研究，提供了关于生物体基因表达程序的基本信息（虽然基因表达分析这个说法很常用，但准确地说我们测定的是处于稳定状态的 mRNA 水平，而不是基因表达的过程）。许多研究已经考察了生物体不同发育阶段或身体不同区域的 RNA 转录本水平的变化。微阵列（芯片）已被用于测定成千上万个果蝇基因在许多个发育阶段的表达模式（Arbeitman 等，2002）。对蚊子（Koutsos 等，2007）、秀丽隐杆线虫（Kim 等，2001）和其他物种也已开展了类似的研究。由于 RNAseq 所能测定的基因表达水平范围更广，对转录组的覆盖度也更大，芯片技术已逐步被 RNAseq 所替代。

酵母基因组数据库（SGD）提供了许多描述酵母中基因表达的资源。SGD 对每个基因都提供了一个关于基因表达的总结信息图，该图的 x 轴对应该基因表达值的 $\log_2$ 比率，y 轴则是该基因表达值对应的不同实验的次数（图 14.3 右下）。该图是可点击的，因此我们可以快速地找到 SEC1 RNA 有显著上调或下调的具体实验。

> UCSC 基因组生物信息学站点的 ENCODE 网址：http://genome.ucsc.edu/ENCODE/（链接 14.53），NHGRI 上的 ENCODE 主页为 http://www.genome.gov/10005107（链接 14.54）。

RNA 研究也可以把 DNA 和蛋白质水平上的信息整合进来。例如，Low 等（2013）研究了两个基因组序列已知的大鼠谱系（其中之一是高血压）。他们对两种谱系大鼠个体的肝脏进行了 RNA 测序（有超过 18000 个已知基因表达）和质谱分析（发现约 26000 个肽链证据）。这个包含丰富信息的数据集使得 Low 等识别出了非同义变异，找到了 RNA 编辑的证据（基因组 DNA 决定了要翻译的特定密码子，但 RNA 水平上的编辑将导致密码子的改变，从而翻译出不同的蛋白质序列），并研究了翻译后修饰现象。利用该数据，他们研究了 RNA 和蛋白质之间的相关性（r 约为 0.42）。最后，他们在其中一个大鼠谱系中鉴定了高血压候选基因 *Cyp17a1* 上的一个变异。

功能基因组学和蛋白质

> CAGI 的网址 https://genomeinterpretation.org/（链接 14.55）。

研究蛋白质功能的经典生物化学方法涉及到对蛋白质功能（例如对应的酶活性或其对某个细胞过程的影响的生物检测）的检测。该检测可以作为蛋白质纯化方案的基础。这种研究蛋白功能的手段已经被用于对数千种蛋白质个体的研究。每一种蛋白质都有其自身的生物化学性质上的特性以及与基于尺寸、带电性、或疏水性来分离蛋白质的不同树脂发生互作的倾向性。我们在第 12 章中介绍了研究蛋白质的几种技术，包括二维凝胶电泳和质谱。

14.5 用蛋白质组学的方法研究功能基因组学

在这章的剩余部分，我们会介绍用蛋白质组学的方法来研究功能基因组学。我们将介绍一个蛋白质功能预测实验、蛋白蛋白相互作用，并在最后介绍一个关于蛋白质通路的研究。大多数蛋白质的功能都是未知的。虽然大肠杆菌和酿酒酵母都是已经被研究得非常充分的模式生物，但其基因组中也只有约 2/3 的蛋白质被赋予了某些功能。对于小鼠和人类来说，其基因组中还有很多蛋白质的功能是未知的。高通量蛋白质组学项目尝试用大规模的方式来给蛋白质赋予功能，包括鉴定蛋白的存在（尤其是生理条件）或鉴定蛋白质-蛋白质互作对。

蛋白质的基本特征包括其序列、结构、同源关系、翻译后修饰、细胞定位和功能等。除对单个蛋白质进行研究外，我们现在可以对上千种蛋白质来进行高通量分析（Molloy 和 Witzmann，2002）。这里，我们介绍三种高通量方法：①使用酵母双杂交系统来鉴定蛋白质之间的二元互作；②使用亲和层析加质谱的方法来鉴定由两个或多个蛋白质形成的蛋白质复合物。③分析蛋白质通路。在很多模式生物中已开展了深入的蛋白质研究，但在酿酒酵母中的研究要尤为领先。

我们在前面介绍了利用正向遗传学和反向遗传学方法研究基因功能的工作。类似的框架也可以被应用于蛋白质组学的研究（Palcy 和 Chevet，2006）。正向蛋白质组学方法可以与蛋白质研究的经典方法相对应［图 14.19(a)］。我们首先选择一个生物系统，如来自疾病或无疾病的人的细胞。然后，我们利用质谱等技术来对蛋白质进行比较，从中识别出差异蛋白，并进一步推测和研究差异蛋白的可能功能及其在疾病状态下的作用。在反向蛋白质组学中，我们的起点是基因组序列。从基因组序列，我们可推断其对应的基因、RNA 转录物和蛋白质产物［图 14.19(b)］。我们可在不同的系统中表达这些 cDNA 的克隆产物，然后利用蛋白质互作或其他行为（细胞表型）实验来评估它们的功能。

我们可以应用正向和反向蛋白质组学的手段来探究蛋白质的功能。这两者都可能涉及到高通量技术的应用，包括对很大数量样本和/或蛋白质的分析。例如，"相对和绝对定量的同位素标记"（iTRAQ；Aggarwal 等，2006）的正向蛋白质组学方法可对 8 种或更多感兴趣的样本的每个样本都高精度地测量其中 1000 个蛋白质的种类和相对含量。与 DNA 芯片类似，蛋白质芯片是将亲和剂（例如特异性抗体）连接到固体支持物上而构建的（Sutandy 等，2013）。由于被固定的蛋白质的结构（和功能）难以维持，该技术的实施具有一定的挑战性。尽管如此，该方法已经被应用于许多领域的研究，包括从研究酶活性到检测翻译后修饰、评估抗体特异性，及检测蛋白质-蛋白质互作等。

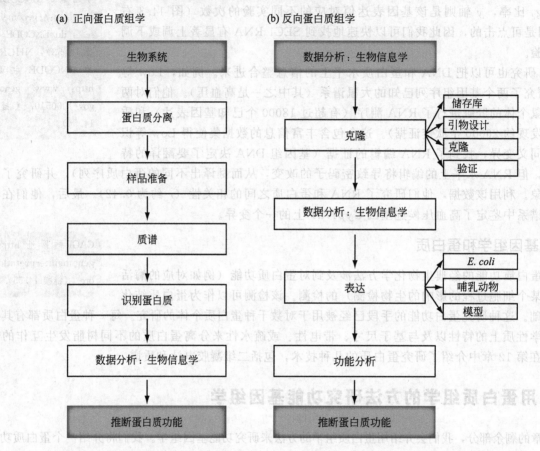

图 14.19 正向蛋白质组学和反向蛋白质组学。(a) 正向蛋白质组学。首先，选定一个实验系统（例如对两个发育阶段进行比较，或对正常和患病组织进行比较）。蛋白质提取方式与需要探索的生物学问题有关（例如，选择膜蛋白或者是亚细胞器）。样品制备可能会包括使用诸如聚丙烯酰胺凝胶电泳或色谱柱等步骤来分离复杂蛋白混合物，以减少被比较的样本成分的复杂性。蛋白质可以用荧光染料或各种其他标签来标记，然后被分离，并利用质谱技术等来进行分析（第 12 章）。质谱在被分析后，受到差异调控的蛋白可被鉴定。这些差异蛋白可以通过与原始样本比较，反映出其功能差异。(b) 反向蛋白质组学。分析起点是一段感兴趣的基因组序列，其对应的基因、转录本和蛋白质可通过一系列计算和实验证据的结合（在第 8 章讨论真核生物）来预测。利用资源库里收录的开放阅读框信息和适当的引物设计策略，可克隆互补DNA（cDNA）。cDNA 可通过序列分析被验证，然后在诸如大肠杆菌（用于生产重组蛋白）、哺乳动物细胞或其他模式生物的系统中进行表达。之后，会进行功能分析实验以评估其功能；实验包括酵母双杂交或其他蛋白质互作测定法

［改编自 Palcy 和 Chevet（2006），获得 John Wiley&Sons 的许可］

功能基因组学和蛋白质：蛋白质功能注释的严格评估

蛋白质功能注释的严格评估（CAFA）实验也是基于 CASP 的模式建立的。超过 48000 个蛋白质序列被提供给 30 个参与评估的团队来预测基因本体（Gene Ontology，GO；第 12 章）注释。组织者利用 866 个有已知"金标准"GO 注释的蛋白质作为一个集合，来评估不同算法的预测性能。CAFA 涉及到了许多

与蛋白质功能的一些本质问题上的挑战（Radivojac 等，2013）：

- 蛋白质功能可以在多个水平上被定义，包括蛋白质自身的作用及其在其通路、细胞、组织和生物体层面上的作用。
- 蛋白质功能与其所处的背景有关（例如，许多蛋白质在钙离子或结合伴侣存在时，会改变其功能）。
- 蛋白质通常是多样化的。
- 蛋白质功能的注释通常并不完整，也有可能并不准确。
- 蛋白质功能通常会被注释到其对应的基因名上，但一个基因可能会对应多个异构体，而每个异构体可能具有不同的功能。

Radivojac 等对 2013 年 CAFA 评估的结果进行了总结，认为参与评估的算法有许多要优于 BLAST 算法。Gillis 和 Pavlidis（2013）在一篇独立的分析研究中指出，几乎所有算法都基于 BLAST 的序列比对。Burkardt Rost 和同事（Hamp 等，2013）比较了几个基于同源比较的蛋白质功能预测算法，发现它们都表现良好。他们还发现，对这些算法的细微改变可能会导致截然不同的预测结果。

Gillis 和 Pavlidis（2013）指出，蛋白质功能预测的一个主要瓶颈是功能注释数据库对基于实验的蛋白质功能注释的纳入。Dessimov 等（2013）特别分析了假阳性错误发生的情况。例如，GO 数据库可能对一个蛋白质注释有"受体结合"的功能，而其他数据库例如 InterProScan 则可能会注释有"碳水化合物结合"功能，以反映该蛋白的真实生物活性。如果 InterProScan 的功能注释没有被转移到其他数据库（如 SwissProt）及 GO 功能注释数据库中，那么"碳水化合物结合"的预测结果就会被归类为假阳性。

未来的 CAFA 实验可能会在设计和性能评估方面不断演化。与其他竞争性评估实验一样，CAFA 将推动蛋白功能预测领域向开发和评估更好的功能预测方法的方向发展。

蛋白质-蛋白质互作

蛋白质有着从酶蛋白到结构蛋白等多种多样令人眩目的功能。大多数蛋白质都在与其他蛋白质、生物分子等所形成的网络内来行使其功能。对蛋白质之间的两两互作的鉴定可作为了解蛋白质功能的一个基本手段（Williamson 和 Sutcliffe，2010；Velasco-García 和 Vargas-Martínez，2012）。蛋白质通常与其配体发生高亲和力的互作（任何一个结合作用都包含两个主要参数，即由解离常数 K_D 衡量的亲和力和最大结合位点数 Bmax）。两个纯化蛋白之间的互作情况可以用以下多种手段检测。

- 免疫共沉淀法：利用特异性抗体直接与目标蛋白结合，从而使蛋白质及其相结合的配体共同沉降到试管底部。
- 亲和层析方法：设计一个把感兴趣的蛋白质的编码序列与谷胱甘肽 S-转移酶（GST）或其他比如多聚组氨酸标签融合在一起的 cDNA。将谷胱甘肽共价结合的树脂与 GST 融合蛋白一起温育，该融合蛋白及与其结合的任何配体蛋白都会被结合在树脂上。不相关的蛋白先被洗脱出来，随后特异性结合的复合物被洗脱，并对其蛋白质组分进行检测。
- 化学物质或紫外辐射交联法：一个蛋白质与其配体相互结合后，先利用交联技术来把两个蛋白交联，再识别发生互作的蛋白质。
- 表面等离子体共振（利用 GE Healthcare 的 BIAcore 技术）：一个蛋白质被固定在表面上后，然后检测蛋白互作的动力学结合性质。
- 平衡透析和过滤结合测定：一个自由结合的配体（一个蛋白可以与配体结合也可以不结合）可以被分离并被定量。
- 荧光共振能量转移（FRET）：两个标记蛋白在物理互作密切时会产生一个共振能量的特征变化。

我们可以通过如图 14.4 中所示的运输蛋白的例子来了解与蛋白蛋白互作有关的一般性问题。有些互作以二元的方式呈现，例如哺乳动物突触融合蛋白结合到突触融合蛋白结合蛋白 1 上形成二元复合物 [图 14.4(d)]。突触融合蛋白也是其他几个不包含突出融合蛋白结合蛋白的复合物中的一个组成蛋白；例如，突触融合蛋白 1a、突触泡蛋白-2 / VAMP-2 和 SNAP-25 结合在一起形成的复合物 [图 14.4(b)]，由于这些蛋白在复合物内结合十分紧密，即使在可使大多数蛋白质变性的聚丙烯酰胺凝胶电泳的苛刻条件下，它们仍能够以三聚体的形式移动。如果把纯化的突触融合蛋白固定在分离柱上，然后与大鼠脑提取物混合，就有可能形成两种或更多不同的复合物，如图 14.4(d) 所示的 Sso1p 和其他酵母同源蛋白。这种情况下，推断突触融合蛋白和突触泡蛋白或 SNAP-25 之间有直接的相互作用很有可能是不正确的。但我们有理由认为所有这些蛋白质可能是作为一个共同通路中的一部分来行使其功能。发现遗传互作可给我们提供关于基因的更多信息，比如它们的蛋白产物可能在同一个通路或者平行的相关通路中发挥作用［图 14.4(c)、(e)］。虽然遗传互作数据不能告诉我们这些蛋白是否有直接互作或它们之间是否形成复合物，但从蛋白通路成员的角度来说，它比仅研究蛋白质配体和蛋白复合物能提供更多的信息。

酵母双杂交系统

酵母双杂交系统是一种鉴定蛋白互作的高通量方法（Fields 和 Song，1989；Fields，2009）。该系统非常灵活，已经被用来在许多物种中鉴定蛋白结合配体。该系统是基于这样一个基本现象：酵母的 GAL4 转录激活子由两个相互独立的激活和结合结构域构成（框 14.1）。编码感兴趣的蛋白的 cDNA（"诱饵"）被融合到 GAL4 的 DNA 结合域。许多 cDNA（由编码不同"猎物"蛋白组成的 cDNA 文库）被克隆到包含有 *GAL4* 激活区域的载体上。*GAL4* DNA 结合域单独不会被激活转录。然而，当诱饵蛋白与 cDNA 文库中表达的一个猎物融合蛋白结合时，就会激活 *GAL4* 报告基因的转录。"双杂交系统"的命名是基于该系统使用了会发生互作的两个重组蛋白质。

框 14.1 酵母双杂交系统

酵母双杂交系统可以识别蛋白结合配体。用一个编码感兴趣的蛋白的基因（如 huntingtin 蛋白，亨廷顿病中突变的蛋白）作为"诱饵"来识别编码人脑表达蛋白 cDNA 文库中的互作蛋白（"猎物"）。一个含 huntingtin 的 cDNA 与一个编码 DNA 结合域（BD）的 cDNA 融合，并被导入酵母细胞。BD 与酵母 GAL1 上游激活序列（UAS）互作，但是由于缺少激活结构域（AD），*LacZ* 基因不会被激活（图 a）。创建含有数千条 cDNA 的文库，每条 cDNA 都与一个激活序列融合，但它们单独也不能激活报告基因［图(b)］。当文库中的一个克隆（融合 AD 的猎物 1）结合到含有 BD 的诱饵/DNA 后，激活域能够激活 *LacZ* 报告基因的转录。报告基因的表达可帮助识别这些酵母细胞中的质粒 DNA，然后可对猎物 1 的 cDNA 进行测序。从一个酵母双杂交文库中可能会鉴定到许多不同的结合蛋白。在这项技术的一个应用中，Li 等（1995）鉴定出亨廷顿相关蛋白（HAP-1），它在大脑中富集，并可能会影响亨廷顿病中扩增的多聚谷氨酰胺重复序列的选择性神经病理学。

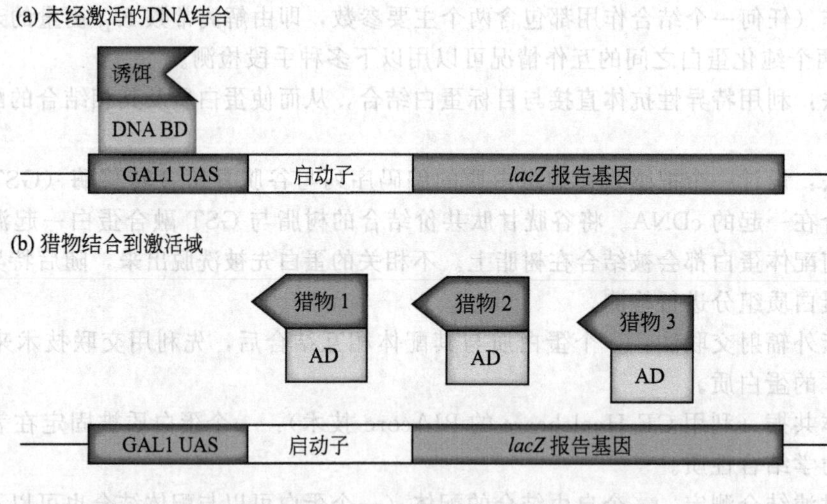

(a) 未经激活的DNA结合

(b) 猎物结合到激活域

(c) 猎物与诱饵结合时的转录激活

　　除了使用诱饵蛋白策略来筛选文库外，酵母双杂交系统还可用于检测一个已知诱饵蛋白与单克隆猎物蛋白之间的互作。使用这种方式，我们可以对一个包含各种蛋白-蛋白组合的集合内的每个组合进行检测。与筛选文库的策略相比，这种策略的优势在于能够对给定的蛋白对之间进行系统地检测；但它的缺点是不能像筛选文库那样发现新的互作对。

　　酵母双杂交系统技术已被应用于对酿酒酵母中几乎所有可能的蛋白质对的组合进行两两互作的分析。Uetz 等（2000）描述了涉及 1004 种酵母蛋白的 957 个互作关系，而 Ito 等（2001）则在 3278 个蛋白质之间鉴定了 4549 个互作关系。这些蛋白-蛋白互作数据集对于确定互作蛋白的可能通路很有帮助。但令人惊讶的是，这两个数据集中只有约 20% 重叠。这些数据集之间一致性的缺乏可能是由于不同研究所使用的生理条件上的差异，或不同的假阳性和假阴性错误来源（后面会讨论）。其他高通量酵母双杂交测定法也已被应用于果蝇和其他生物体（Giot 等，2003）中。

　　这种实验策略涉及到许多前提假设，包括造成假阳性结果（生物学上无意义的互作）和假阴性结果（未检测出的生物互作；Schächter，2002）的原因。假阴性结果可能由如下原因导致：

　　• 引入酵母细胞的诱饵必须定位于细胞核。如果诱饵靶向其原生位置，就不会发生互作，这可以解释为什么一些已知的互作没有被观察到。

　　• 融合蛋白构建体必须不能干扰诱饵蛋白的功能。

　　• 蛋白瞬时互作可能被漏检。

　　• 一些蛋白复合物需要在高度特异的生理条件下才会形成，也因此可能会被漏检。而一些互作则可能不会在酵母细胞核内这一特定的环境中发生。

　　• 该方法可能对疏水蛋白和低分子量蛋白存在一定偏差。

　　假阳性结果也可能由各种原因造成。一些蛋白质本质上可能容易发生非特异性互作（即它们是"黏性的"，可激活许多诱饵蛋白）。变性的蛋白质也可以发生非特异性的结合。另外，诱饵蛋白也有可能自动激活报告基因。通过鉴定混杂结合蛋白等手段，我们可对双杂交结果进行仔细分析，以帮助减少假阳性和假阴性结果。

　　酵母双杂交数据的信息可在几个数据库获得。酵母基因组数据库（SGD）提供了对包括来自双杂交筛选等物理互作数据的链接（图 14.3，左上）。在 SGD 搜索 Sec1p，可发现几个互作的蛋白质，包括 Sso2p 和 Mso1p（当 Mso1p 作为诱饵时，也会发现其与 Sec1p 结合）。

　　酵母双杂交系统已经被延伸到许多其他的应用，包括 RNA-蛋白互作（Martin，2012）和小分子筛选（Rezwan 和 Auerbach，2012）。Stynen 等（2012）提供了对许多相关应用的深度综述。

蛋白质复合物：亲和层析和质谱

　　亲和层析技术中一个配体如蛋白质可通过化学方法被固定在层析柱上。酵母双杂交法和亲和层析法之间的主要区别是，酵母双杂交是用来检测蛋白质之间的二元相互作用，而亲和层析方法则可用于对包含多个蛋白的复合物进行分离和鉴定。

　　许多研究组都采用了一种可在酿酒酵母及其他生物体中鉴定数千种蛋白复合物的策略（如：Gavin 等，2002，2006；Ho 等，2002；Krogan 等，2006）。每个研究组选定大数量的含有特定的标签的"诱饵"蛋白，其上的标签可允许诱饵蛋白被引入酵母，并形成天然蛋白质复合物。蛋白质复合物在合适的生理条件下形成后，诱饵蛋白被提取出来，使得我们可共纯化与之相连的蛋白。这些蛋白质复合物通过一维聚丙烯酰胺凝胶电泳技术得以分离。数千个蛋白质凝胶带（来自许多不同诱饵蛋白的实验）个体被切离后，通过胰酶对其消化，以形成相对较小的蛋白质片段，然后通过（MALDI-TOF）质谱来进行鉴定（第 12 章）。

　　利用这种策略，Gavin 等（2002）获得了 1167 个表达标签蛋白的酵母菌株，并从中纯化了 589 个标签蛋白，然后鉴定出 232 个蛋白复合物。Ho 等（2002）选择了 725 个诱饵蛋白，然后检测到了数千个蛋白互作。这两个研究所发现的蛋白质复合物中有许多都包含了功能未知的蛋白，展示了这些大规模方法的优势。Gavin 产生了大约 2000 个 TAP-融合蛋白。其中 88% 的蛋白与至少一个蛋白发生了互作，而所获得的配体蛋白的丰度大约在每个细胞 32～500000 个拷贝范围。Gavin 等开发了一种"社会亲和力"指数（"socio-affinity" index），该指数计算了两个蛋白质被观察到的互作次数与基于现有数据库所估计的期望互作频率之间的比值的对数概率（log-odds）。Krogan（2006）也使用 TAP-MS 技术报告了超过 7000 个蛋白-蛋白互作关系，这些互作关系涉及约 2700 种蛋白质。他们利用聚类算法定义了大约 550 个蛋白复合物，每个复合物平均有 4.9 个亚基。大多数蛋白复合物都只有少数亚基（2～4 个蛋白质），而少数蛋白复合物则有很多个亚基。以上每个这些不同的研究都报道了许多未被 MIPS 数据库录入的新的蛋白复合物，也发现了许多已知复合物的新成员。Krogan 等报告了覆盖率和准确性的提高，这主要是基于以下技术上的改进，例如：①避免了与蛋白过表达有关的干扰；②系统地标记和纯化两个互作的蛋白；③使用了两种样品制备方法和两种质谱方法；④为蛋白质互作的预测分配置信值。

> IntAct 数据库可在欧洲生物信息所获得（http://ebi.ac.uk/intact）（链接 14.56）。目前，其包含了约 87000 种蛋白质，大于 520000 个蛋白相互作用，以及大于 13000 篇文献（2015 年，2 月）。IntAct 覆盖到的主要物种有酿酒酵母、人类、果蝇、大肠杆菌 K12 菌株、秀丽隐杆线虫、小鼠，以及拟南芥。

来自于 Gavin 等（2006）和许多其他互作实验的数据都可从 IntAct 数据库中获得。搜索 sec1 显示有 16 个相关结果（但没有使用酵母双杂交方法筛选获得的 Sso1p 同源蛋白）。

Gavin 等（2006）和许多其他蛋白互作的实验数据可在 IntAct 数据库获得。在该数据库搜索 sec1 会显示有 16 个互作蛋白（但没有通过酵母双杂交方法获得的 Sso1p 同源蛋白）。

关于蛋白复合物的一些基本问题包括：化学计量数（不同亚基的数目）、亚基间的互作和亚基的组织形式。常规的生化技术可被用来回答所有这些问题。在一些情况下，电子显微镜也可被用来揭示复合物的结构组织。Hernandez 等（2006）将 TAP-MS 应用于几种被研究得比较透彻的蛋白复合物，包括清道夫脱帽蛋白复合物和核帽结合复合物及含有 10 种不同亚基的外泌体复合物。他们可以区分二聚体和三聚体，并发现利用酵母双杂交系统无法明显揭示的亚基之间的互作。

与酵母双杂交筛选存在的问题类似，这种方法也会产生假阳性和假阴性结果。尽管在一个给定的实验中许多蛋白复合物会被重复鉴定，也即表明已经达到饱和状态，但这并不意味着那些复合物在生物学上是真实存在的。此外，当一个蛋白被通过质谱鉴定时，通常会被给予一定的置信分数。被重复鉴定的多肽会被给予一个高的置信分数，而单次运行且被一个肽所检测到"一次命中奇迹"一般会被认为丰度较低，并很可能是假的或错误的鉴定。

蛋白质-蛋白质互作数据库

许多重要数据库都包括了蛋白质-蛋白质互作以及蛋白质复合物的信息，表 14.2 中列出了其中几个数据库。例如，互作数据集的生物通用存储库（Biological General Repository for Interation Datasets，BioGRID）包含了超过 500000 个人工注释的蛋白相互作用（Chatr-aryamontri 等，2013）。BIOGRID 上人类的突触融合蛋白（STX1A）对应的条目上显示了与其互作的蛋白，如突触融合蛋白结合蛋白 STXBP1（图 14.20）。Mathivanan 等（2006）比较了八个主要数据库中的蛋白互作信息，这些数据库中都包含了人的蛋白质-蛋白质互作信息。他们指出这些数据库在所包含互作信息上存在一些显著差异，包括蛋白互作的数量、蛋白质的总数、数据收集的策略，及检测蛋白质-蛋白质互作的方法等。Ooi 等（2010）也对一些主要的互作的数据库进行了综述，描述了它们在包含信息的广度上的巨大差异以及数据库之间在互作信息上的有限重叠（表 14.3）。

表 14.2　蛋白质互作数据库

数据库	说明	网址
BioGrid	互作数据集存储库	http://www.thebiogrid.org/
生物分子对象网络数据库（Biomolecular Object Network Database，BOND）	需要登录，以前是 BIND	http://bond.unleashedinformatics.com/
综合酵母基因组数据库（Comprehensive Yeast Genome Database，CYGD）	来自慕尼黑蛋白质序列信息中心（Munich Information Center for Protein Sequence，MIPS）	http://mips.helmholtz-muenchen.de/genre/proj/yeast/
相互作用蛋白质数据库（Database of Interacting Proteins，DIP）	来自加州大学洛杉矶分校（UCLA）	http://dip.doe-mbi.ucla.edu
人类蛋白质参考数据库（Human Protein Reference Database，HPRD）	来自约翰·霍普金斯的 Akhilesh Pandey 的课题组	http://www.hprd.org/
IntAct	欧洲生物信息学研究所	http://www.ebi.ac.uk/intact/
分子互作（Molecular Interactions，MINT）数据库	罗马	http://mint.bio.uniroma2.it/mint/

续表

数据库	说明	网址
PDZBase	PDZ 结构域的数据库	http://abc. med. cornell. edu/pdzbase
反应体(Reactome)	核心的人类通路和反应的整合资源	http://reactome. org/
基因/蛋白质互作检索工具(Search Tools for the Retrieveal of Interacting Genns/Proteins,STRING)	已知的和预测的蛋白质相互作用的数据库	http://string. embl. de/

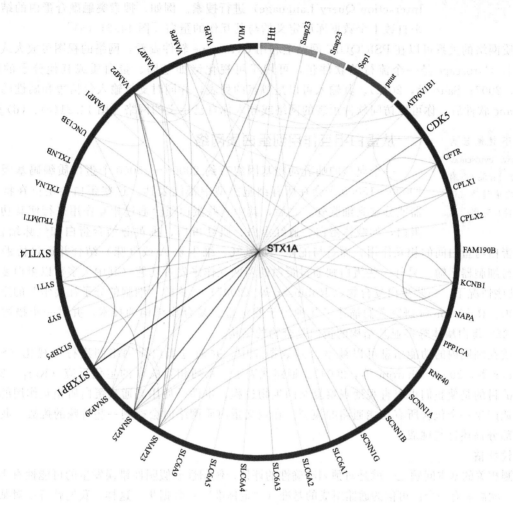

图 14. 20　人类突触融合蛋白及其结合伴侣的 BioGrid 网络图

(来源：BioGrid。感谢 M. Tyers，TyersLab)

表 14.3　互作数据库之间的重叠。互作的数目四舍五入到最接近的千位，百分比也经过四舍五入

项目	INTACT	MINT	BIOGRID	DIP	HPRD	MPACT	GNP	MPPI
INTACT[①]	83000							
MINT[②]	54%	68000						
BIOGRID[③]	16%	23%	138000					
DIP[④]	46%	61%	61%	50000				
HPRD[⑤]	22%	19%	15%	2%	37000			
MPACT[⑥]	42%	46%	57%	49%	0%	12000		
GNP[⑦]	1%	2%	1%	1%	5%	0%	1000	
MPPI[⑧]	10%	13%	8%	4%	36%	0%	0%	1000

①http://www. ebi. ac. uk/intact；②http://mint. bio. uniroma2. it/mint/Welcome. do；③http://thebiogrid. org/；④http://dip. doembi. ucla. edu/dip/Main. cgi；⑤http://www. hprd. org/；⑥Currently unavailable；⑦http://genomenetwork. nig. ac. jp/public/sys/gnppub/portal. do；⑧http://mips. helmholtz-muenchen. de/proj. ppi/

注：来源于 Ooi 等 (2010)，经 Springer Science ＋ Bussiness Media 授权改编。

我们在第 12 章中叙述了人类蛋白质组织蛋白质组学标准倡议（Human Proteome Organization Proteomics Standards Initiative，HUPO-PSI）所做的一些努力：包括引入一个标准格式来描述蛋白分子的相互作用（Kerrien 等，2007）和使用 PSI 通用查询界面系统（PSI Common QUery InterfaCe）（PSICQUIC；Orchard，2012）来统一来自多个数据库的搜索结果。目前已包含了一亿五千万条二元蛋白互作，这些互作可通过自由文本格式或者分子互作查询语言（Molecular Interaction Query Language）进行搜索。例如，搜索突触融合蛋白的结果显示了来自数十个数据库所定义的与其互作的蛋白［图 14.21（a）］。

蛋白质网络的关系可以在 PSICQUIC 网站上利用 Cytoscape 软件查看，网络的视图可放大或缩小［图 14.21(b)］。Cytoscape 是一个流行的软件包，可用于可视化诸如基因、蛋白质或其他分子的网络结构（Cline 等，2007；Saito 等，2012）。其输入可以是节点的列表，并同时支持输入包括边和属性的列表。下载 Cytoscape 软件后，你可以访问软件预装的网络或导入你自己定义的网络［图 14.21(c)、(d)］。

从蛋白相互作用到蛋白质网络

一个典型的哺乳动物基因组有约 20000～25000 个蛋白质编码基因，其中约 10000～15000 个会在所有细胞类型中都能表达。这些蛋白会定位在特定的细胞器或分泌到细胞外。之后，其中一些蛋白质会通过相互作用来行使其功能。一些蛋白，如载体蛋白、血红蛋白、肌红蛋白、视黄醇结合蛋白和气味结合蛋白等，并不依赖蛋白与蛋白间的相互作用，而是与配体（如氧气、维生素 A 或气味）结合并通过协助扩散的方式将配体跨细胞器运输。另外一些蛋白则通过蛋白的两两互作来发挥功能（其中大多数以蛋白复合物的形式）。在某些情况下，一些蛋白复合物以 Robinson 等（2007）所称的"细胞的分子社会学"的空间排列方式进行组织。Robinson 等研究者们描述了几种用于鉴定蛋白复合物结构的技术，并进一步描述了如核孔复合物和 26S 蛋白酶体等多亚基结构的蛋白复合物的结构。

蛋白质在细胞内的功能信息可以被整合到数据库中，并通过蛋白质网络图进行可视化（Schächter，2002；Bader 等，2003；Sharom 等，2004）。通路代表了一系列相互关联的生化反应（Karp，2001）。制作通路图的目的是使我们可以直观地观察复杂的生物过程，也即是使用高通量蛋白质相互作用的数据来尽可能完整地产生一个包含所有功能通路的模型。在定义蛋白质网络时会碰到一些特殊的挑战。我们将在接下来几个部分描述这些挑战。

准确性评估

与预测相关的基本问题之一就是对预测准确性的评估。假阳性或假阴性错误发生的可能性有多大？要评估这一点，就需要有一个由可信的通路组成的基准（"金标准"）数据集。这样，我们就可以对某个预测或重建通路的方法进行评估，以确定该方法的特异性和灵敏性。遗憾的是，目前只有少数互作网络被深入研究过，还没有可与诸如序列比对和结构生物学等领域的基准数据集相媲美的基准数据集。另外，分别由 MIPS、GO 数据库和 KEGG 数据库建立的蛋白互作基准数据集之间的一致性也较低（参见下面的"通路、网络和集成"；Bork 等，2004）。近年来也出现了一些改进的验证方法（Braun，2012），包括使用基准数据集作为阳性对照、随机数据集作为阴性对照，来评估技术假阳性（预测有阳性互作信号，但实际并不发生物理上的相互作用）和识别生物学假阳性（在体外可相互作用，但在体内该相互作用实际并不发生）。

数据的选择

数据选择是一个重要的问题。有许多研究人员都在尝试把基因组序列、RNA 转录表达水平和蛋白质测量数据进行整合。由于 RNA 和蛋白质的表达水平经常显示出较弱的相关性，进行这样的整合具有很大的挑战性。另外，正如我们已经发现的是，所有高通量技术可能会有很高的假阳性和假阴性错误率，如蛋白相互作用数据（例如酵母双杂交系统数据）。尽管存在很多挑战，现在已有不少项目已经在着手整合目前可获得的最大数据集，包含那些数百万预测的蛋白质相互作用数据集以及成千上万的文献报道的蛋白相互作用等。要注意的是，不管是什么研究，我们都有必要仔细评估错误的来源，并评估所预测通路的灵敏度和特异性。

(a) PSICQUIC蛋白质相互作用数据库

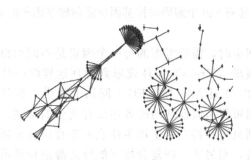

🔍⚫☑APID🔗	🔍⚫☑BAR🔗	🔍⚫☐bhf-ucl🔗	🔍⚫☑BIND🔗
🔍⚫☑BindingDB🔗	🔍⚫☑BioGrid🔗	🔍⚫☐ChEMBL🔗	🔍⚫☑DIP🔗
🔍⚫☐DrugBank🔗	🔍⚫☑GeneMANIA🔗	🔍⚫☑HPIDb🔗	🔍⚫☐I2D🔗
🔍⚫☑I2D-IMEx🔗	🔍⚫☐InnateDB🔗	🔍⚫☑InnateDB-IMEx🔗	🔍⚫☐IntAct🔗
🔍⚫☑Interoporc🔗	🔍⚫☐iRefIndex🔗	🔍⚫☑MatrixDB🔗	🔍⚫☑MBInfo🔗
🔍⚫☑mentha🔗	🔍⚫☑MINT🔗	🔍⚫☑MolCon🔗	🔍⚫☑MPIDB🔗
🔍⚫☑Reactome🔗	🔍⚫☑Reactome-Fls🔗	🔍⚫☑Spike🔗	🔍⚫☐STRING🔗
🔍⚫☐TopFind🔗	🔍⚫☑UniProt🔗	🔍⚫☐VirHostNet🔗	

(b)PSICQUIC显示突出融合蛋白的Cytoscape网络　　(c) Cytoscape数据导入

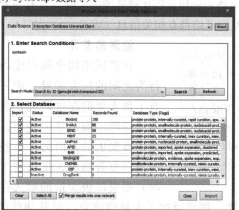

(d) 放大显示syntaxin结合伴侣的Cytoscape图

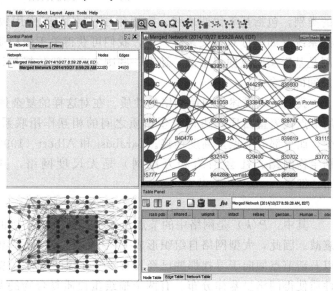

图 14.21 蛋白质互作网络（a）PSICQUIC 可用于从众多资源中检索超过 15000 万个蛋白相互作用关系。（b）搜索突触融合蛋白可得到＞1600 个与其相互作用的蛋白，搜索结果展示在一个表格中并可以在 PSICQUIC EBI 网页上利用 Cytoscape 进行可视化。（c）Cytoscape 软件可以在本地安装。在一个新的会话窗口中，数据可从在软件中预装的大规模的人类蛋白质网络来导入。（d）展示了一个关于突触融合蛋白网格状的完整网络结构（底部左边）和一个局部放大区域（右上方，包括突触融合蛋白的同源基因和与其相互作用的蛋白，如 SNAP-25）的例子。PSICQUIC 版本 1.4.5 从 EBI 网站上获得。其中的 Cytoscape 为版本 3.0.2

（来源：PSIQUIC）

实验生物

实验生物的选择也很重要。在所有真核生物中，酿酒酵母是研究得最透彻的生物：它的基因组编码的基因数目相对较少；关于它的基因以及基因编码产物的相关信息非常丰富；并且作为一个单细胞真菌，它要比多细胞后生动物更加简单。在考虑选择不同物种的数据来模拟通路时需要注意的是，即使某个特定通路内的直系同源蛋白可被发现，但同源蛋白的功能在不同物种之间并不一定保守（当一个蛋白在某个物种的功能被确定后，我们通常也会认为它在其他物种的直系同源也具有同样的功能，也即所谓功能的传递性。如果该直系同源蛋白实际并没有该功能时，这种传递性就会出现所谓的"传递灾难"）。Mike 和 Rost（2006 年）分析了人类、果蝇、线虫和酵母的高通量数据。他们提出了两种度量公式：一个是用于描述 IncAct 数据库中在一个物种内的两套数据集合之间基于一致性的重复程度的方法，另一个是比较来自两个物种的数据集之间基于同源性的相似程度的方法。他们惊奇地发现，在几乎所有序列相似性水平上，基于蛋白同源性来推测蛋白互作的精确度在物种内的结果都要好于其在物种间的结果。该发现的重要之处在于，如果两种蛋白在酵母中互作，它们的直系同源蛋白不一定也会在动物中发生互作。Mike 和 Rost 提供了一个例子：果蝇的两个互作蛋白在酵母中的直系同源蛋白各有不同的互作蛋白。

线虫是另外一种研究得比较透彻的生物。它有 959 个体细胞和约 20500 个蛋白编码基因，这些基因编码的蛋白在蛋白互作网络都有相关信息（Walhout，2011）。它还有 940 个编码调控基因功能的转录因子的基因。

通路的差异

在尝试重构全局尺度的网络时，需要考虑的另一个因素是不同通路的组成和行为之间巨大差异。像三羧酸（Krebs）循环或尿素循环这样的一些通路已经有了数十年的深度研究；例如，ExPASy 和 KEGG 网站上提供了极其详尽的代谢通路图。而另外一些通路则可能是假设性的或者还没有充分的描述。一些通路是固有发生的，而另外一些则只是在特定的生理条件或者发育阶段短暂形成。一些蛋白复合物的含量极为丰富，而另外一些复合物（如外泌囊泡栓系因子泡复合物）则只以极少量的形式存在。而对于其他像如穹窿复合体（van Zon 等，2003）

ExPASy 网站（第 12 章）包括关于代谢通路、细胞和分子过程的详细图谱（http://www.expasy.org/cgi-bin/search-biochem-index，链接 14.59）。

这样的复合物，即便经过了大量的研究，对其功能的认知仍然是模糊的。

图谱的类别

网络或通路图有不同的类别，包括基于代谢通路、物理和/或遗传相互作用数据、科学文献总结或信号通路的图谱。从某些筛选系统（如酵母双杂交系统）中，我们可获得关于蛋白质内负责相互作用的特定结构域的信息。一些通路图是基于实验数据得来的，还有一些则来自实验数据与计算结果（例如由直系同源物网络进行信息转换）之间的结合。

PathGuide 网址：http://www.pathguide.org/（链接 14.60）。BioGRID 网址：http://www.thebiogrid.org（链接 14.61）。SGD 网址：http://www.yeastgenome.org（链接 14.62）。BioPAX 网址：http://www.biopax.org/（链接 14.63）。

我们可以描述蛋白质网络的性质。在对这样的复杂体系进行图表示时，通常用节点代表蛋白质，边代表蛋白质之间的相互作用联系。大多数节点连接数稀少，而少部分节点呈高度连接。Barabási 和 Albert（1999）认为大多数网络（包括生物网络、社会网络和万维网）是无尺度网络，其节点的度遵循幂律分布，即：

$$P(k) \sim k^{-\gamma} \tag{14.1}$$

其中，$P(k)$ 是网络中的节点与 k 个其他节点连接的概率，$P(k)$ 随常量 γ 衰减。因此，大型网络自组织形成无尺度的状态。该模型认为，网络的持续生长以及新节点倾向于寻找那些已经具有较好连接的位置（节点，这里指蛋白质）的性质使得网络呈幂律分布。有两个描绘蛋白质复合物的基本模型。"辐轴"模型认为，一个蛋白像车轮的辐条一样，作为诱饵与多个蛋白相互作用；而"矩阵"模型则认为，所有的蛋白质之间都是相互连接的（Bader 和 Hogue，2002）。两种模型都可以具有无尺度的性质，但 Bader 和 Hogue 的分析认为辐轴模型更为准确。在评估人类蛋白质相互作用的八个数据库时，Mathivanan 等（2006）注意到人类蛋白质参考数据库（Human Protein Reference Database，HPRD）和 Reactome 数据库包括大量枢纽蛋白，这些枢纽蛋白与许多蛋白质有二元（直接）互作。（Reactome 数据库假设的矩阵模型里面所有蛋白质相互连接形成复合体）在酵母系统中也有类似的发现；正如在上文"蛋白复合物"中所讨论过的，Krogan 等（2006）描述了约 550 种蛋白复合物，其中约二十个复合物拥有超过 10 个成员，而大多数蛋白质复合物的组成蛋白为 2～4 个。拥有枢纽蛋白的网络的一个性质是，该网络对针对单个节点的随机干扰（如突变）具有较好的抵抗稳定性，而在那些具有高度连接性的节点处网络系统则表现脆弱（2000）。

网络的许多属性都被进行了进一步的研究，例如采用不同策略来给网络中特定边（相互作用；Suthram 等，2006）的置信分数进行分配和评估的优劣。分配置信分数需要一个基准（例如，STRING 依赖于 KEGG，下文会作描述），虽然定义合适的基准是具有挑战性的。蛋白质网络研究的另一方面聚焦在枢纽蛋白具有哪些特性上。Haynes 等（2006）的研究表明在线虫、果蝇和人类系统中，枢纽蛋白（定义为具有≥10 个互作蛋白的蛋白）相较于终点蛋白（只有一个互作蛋白）更具有内在无序性。我们在第 13 章中已经描述过内在无序性。网络的另一个特征是具有模块化（Sharon 等，2004）。一个例子是发生在动物神经末梢上的囊泡介导的神经递质释放的胞吐 [图 14.4（b）]。神经递质释放所需的组分在胞体远端自主发挥作用，并通过释放神经递质来局部响应传导过来的动作电位（电信号）。该信号系统具有模块化的性质。Li 等（2006）对酵母、秀丽隐杆线虫和果蝇中蛋白质互作网络的模块化程度以及聚类指数 γ 进行了估计，并报道这三种网络均具有无尺度的性质以及不同程度的模块化。

通路、网络和整合：生物信息学资源

全局互作网络有许多数据库资源。PathGuide 是一个列出了 240 种生物学通路资源的网站（Bader 等，2006）。这些通路被组织成不同类别，如蛋白质-蛋白质相互作用、代谢通路、信号通路、通路图和遗传相互作用网络。对于酿酒酵母来说，BioGRID 数据库（Reguly 等，2006）对描述物理和遗传相互作用的约32000 份酵母研究论文作了人工整理。这些资源可以从其网站上在线获取或者通过 SGD 数据库（见图 14.2，右下侧）来获得。为了统一不同数据库项目所呈现信息的方式，生物通路交换联盟（Biological Pathway Exchange，BioPAX）提供了一个数据交换本体，可被用于生物通路的整合。

一些网络服务器可提供通路图。MetaCyc 是一个有关代谢通路的数据库（Caspi 等，2008）。它包含了实验验证的酶和通路信息，并提供从通路到基因、蛋白质、生化反应和代谢产物的链接。SGD 提供了在酵母中的类似的代谢通路图，其中也包括来自 MetaCyc 的数据。

京都基因与基因组百科全书（KEGG；Kanehisa 等，2008；图 14.22）提供了一个主要的通路数据库。KEGG 图集包含一个基于 120 种代谢通路的详细的代谢图谱，并提供了针对不同生物的链接。KEGG 通路汇集了以下六个领域的经人工绘制的图谱：代谢、遗传信息过程、环境信息过程、细胞过程、人类疾病和药物发展。一个关于通路图的例子是膜泡运输的通路图（图 14.23）；从物种菜单中选择酿酒酵母，然后点击突触融合蛋白的方框，就可链接到一个酵母 Sso1p 的条目。对于所有的这些通路图，从生化研究获得的信息都要比其他手段要远为丰富和精确，这包括基因及基因产物的识别、它们的亚细胞分布以及与其他蛋白相互作用细节方面等。

作为另一个 KEGG 通路的示例，在选择人类神经退行性疾病后，我们可找到关于肌萎缩侧索硬化症（ALS，葛雷克氏症）的一个通路描述（图 14.24）。超氧化物歧化酶基因 *SOD1* 的突变是造成这种衰竭性疾病的一个常见原因。SOD1 是一种酶，通常可将有毒的氧代谢物超氧化物（O_2^-）转化为过氧化氢和水。如 KEGG 通路图中所展示的一样，SOD1 可与不同的蛋白质发生直接或间接相互作用，这些蛋白包括参与细胞凋亡（细胞程序性死亡）的蛋白等。点击 SOD1，我们可以看到描述蛋白质和核苷酸序列的条目以及其他一些外部链接，如 Pfam、Prosite、人类蛋白质参考数据库（Human Protein Reference Database）和人类孟德尔遗传在线数据库（Online Mendelian Inheritance in Man，OMIM；第 21 章）。

SOD1 的例子突出了 KEGG 的一个优点：它非常全面地覆盖了一系列蛋白质和细胞过程。从该例子我们还可看到，有些 KEGG 通路可能是物种特异的。KEGG 通路的主要来源是基于从细菌基因组产生的数据，但细菌的通路并不总能被用来对应到真核生物上。

KEGG 网址：http://www.genome.ad.jp/kegg/（链接 14.65）。目前为止（2015.02）其包含来自高质量基因组（约 300 种真核生物，＞3100 种细菌和约 180 种古细菌）的约 16000000 个基因，来自宏基因组的＞130000000 个基因，以及＞350000 条通路。

MetaCyc 网址：http://metacyc. org/（链接 14.64）。目前数据库中有超过 2200 条通路、5500 多种生物体数据库和 49000 多篇引文（2015.02）。

KEGG: Kyoto Encyclopedia of Genes and Genomes

KEGG is a database resource for understanding high-level functions and utilities of the biological system, such as the cell, the organism and the ecosystem, from molecular-level information, especially large-scale molecular datasets generated by genome sequencing and other high-throughput experimental technologies (See Release notes for new and updated features).

🔵 **Main entry point to the KEGG web service**

KEGG2	KEGG Table of Contents	Update notes

🔵 **Data-oriented entry points**

KEGG PATHWAY	KEGG pathway maps	[Pathway list]
KEGG BRITE	BRITE functional hierarchies	[Brite list]
KEGG MODULE	KEGG modules	[Module list]
KEGG DISEASE	Human diseases	[Cancer | Infectious disease]
KEGG DRUG	Drugs	[ATC drug classification]
KEGG ORTHOLOGY	Ortholog groups	[KO system]
KEGG GENOME	Genomes	[KEGG organisms]
KEGG GENES	Genes and proteins	Release history
KEGG COMPOUND	Small molecules	[Compound classification]
KEGG REACTION	Biochemical reactions	[Reaction modules]

🔵 **Entry point for wider society**

KEGG MEDICUS	Health-related information resource

🔵 **Organism-specific entry points**

KEGG Organisms Enter org code(s) [＿＿＿] **Go** hsa hsa eco

🔵 **Analysis tools**

KEGG Mapper	KEGG PATHWAY/BRITE/MODULE mapping tools
KEGG Atlas	Navigation tool to explore KEGG global maps
KAAS	KEGG automatic annotation server
BLAST/FASTA	Sequence similarity search
SIMCOMP	Chemical structure similarity search
PathPred	Biodegradation/biosynthesis pathway prediction

图 14.22 KEGG 数据库，包括来自丰富多样的物种的通路图和数据，以及各种分析工具

（来源：KEGG，感谢 Kanehisa Laboratories）

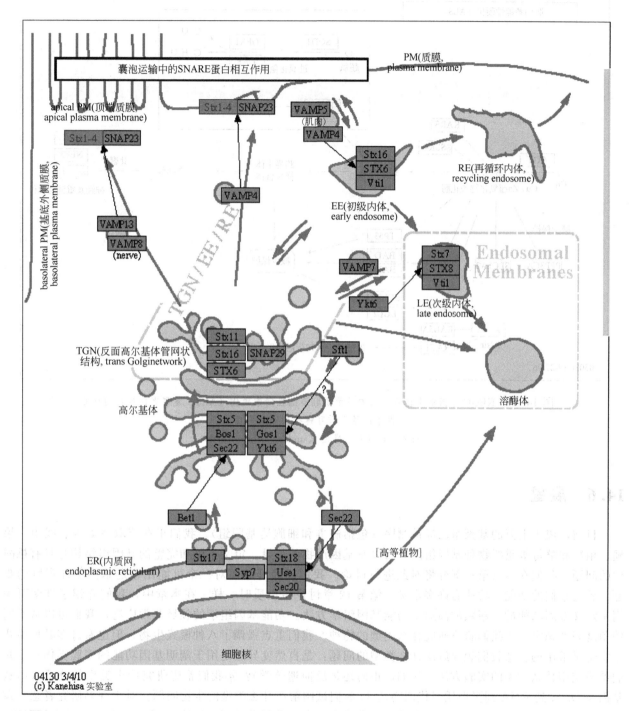

图 14.23　KEGG 数据库包括多个物种的通路图和数据。该通路显示了 SNARE 的功能（可溶性 *N*-乙基马来酰亚胺敏感因子受体，包括图 14.4 中描述的突触融合蛋白和其他蛋白质）。突触融合蛋白在另外的 KEGG 通路图中有展示

（来源：KEGG，感谢 Kanehisa Laboratories）

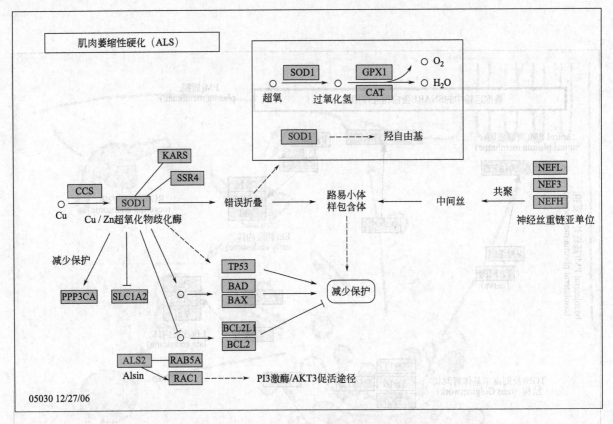

图 14.24 KEGG 包括疾病通路。图中显示了肌萎缩性侧索硬化（ALS，葛雷克氏症）的通路。
框中的蛋白质可链接到详细条目
（来源：KEGG，感谢 Kanehisa Laboratories）

14.6 展望

目前，成千上万的基因组已经被测序（包括病毒和细胞器基因组）。我们正在获取诸如人、线虫、果蝇、植物和酵母等重要物种基因组的基因以及基因产物的目录。定义基因和完整的基因组结构是具有挑战性的问题，我们在本书第三部分将对此进行讨论。我们已经开始面对一个可能比鉴定基因更加艰巨的难题：鉴定它们的功能。功能有许多定义，像第 12 章讨论蛋白质时一样。在本章中，我们介绍了许多可被用来定义基因功能的、新颖的高通量功能基因组学方法。功能基因组学的领域非常广泛，我们可以从不同的角度来考虑它。①我们希望研究什么类型的物种？我们重点强调了八种模式生物，但也有许多其他模式生物也是常用的。②我们想要解决什么类型的问题：是自然变异还是用于阐明基因功能的实验操作？③我们希望应用什么类型的实验方法（例如，正向还是反向遗传学）？④我们希望研究什么类型的分子（即从基因组 DNA 到 RNA 到蛋白质或代谢物）？⑤我们试图解决什么类型的生物问题？对于许多研究者感兴趣的人类疾病或人类基因的功能，这些基因在酵母中都有直系同源基因（见第 18 和 21 章）。在这种情况下，遗传筛选则可被用来发现许多其潜在的互作配体，这些配体可以帮助我们来阐明对应的人类基因的功能。

14.7 常见问题

我们已经描述了评估基因功能的一系列手段，包括在基因水平（例如，产生无效等位基因或干扰基因功能）、RNA 水平和蛋白质水平的分析。需要注意以下事项：

- 每种方法都会产生假阴性和假阳性。对它们的估计十分重要，但获取可信的（"金标准"）数据集来计算敏感性和特异性可能十分困难。

　•许多方法似乎对已知基因有较好的效果，而对未知基因的效果就差很多。原因可能包括功能冗余、复合物、功能多样或者在实验条件下功能不明显等。

　•组合的信息手段需要赋值权重以帮助评估基因之间的"连接"强度。此外，任何一组基因"连接"都是不完整的。

　•要在功能预测中取得更高的成功率，就需要少一些低质量的"连接"，多一些高质量的"连接"。

14.8　给学生的建议

　　功能基因组领域在飞速发展。有很多全基因组范围的功能分析方法已被开发出来，并已在不同的物种中得以应用。如果你有感兴趣的蛋白质或基因，检索现有的功能基因组数据库会是一个好主意。如果这是一个人类基因，那它在模式生物中有进行过敲除或其他功能分析吗？

网络资源

　　NCBI 的 Probe Database 提供了可用于功能基因组研究的试剂信息，它可以被当做核酸试剂的资源库。

在 http://www. ncbi. nlm. nih. gov/probe （链接 14.66）访问 Probe 数据库。其词汇表见 http://www. ncbi. nlm. nih. gov/projects/genome/probe/doc/Glossary. shtml （链接 14.67）。

问题讨论

　　[14-1] 定义一个功能基因组问题。例如，对于目前缺乏功能注释的基因，我们该如何预测其基因功能？对实验生物的选择又会如何影响你可能来回答这个问题的手段？一个严格的评估竞赛如何帮助我们确定预测的准确性？

　　[14-2] 考虑一种人类疾病，并假定我们已知某个基因可能与该病有关（例如与镰状细胞贫血病中有关的 β-珠蛋白基因），并且我们也有相应的动物模型。我们如何使用正向遗传学的方法来研究该疾病？又如何使用反向遗传学的方法？这两种途径所提供的信息有哪些不同？

问题/计算机实验

　　[14-1] 假设你不知道任何关于血红蛋白功能的信息，但想使用生物信息学资源了解它在小鼠和斑马鱼中的作用。你能找到什么信息？

　　[14-2] 选择一个酵母基因如 *SEC1*，它是一个必需基因吗？根据物理（生化）或遗传分析，它可能与什么蛋白质有相互作用？在酵母中观察到的这些相互作用关系是否也会在哺乳动物系统中被发现？

　　[14-3] 列出在小鼠中有等位基因被靶向敲除的所有人类基因。可使用 MGI BioMart 来完成（可选择等位基因类型过滤）。

自测题

　　[14-1] "功能基因组学"可以有很多种定义方式，其中最好的是

　　(a) 主要通过微阵列或 SAGE 等技术所获得的全基因组基因表达数据来给基因分配功能；

　　(b) 主要通过对蛋白互作以及蛋白网络的综合考察来给基因分配功能；

　　(c) 结合遗传学、生物化学和细胞生物学方法来研究一个特定基因、其 mRNA 产物以及对应的蛋白产物的功能；

　　(d) 通过全基因组规模的筛选和分析来给基因和蛋白分配功能

　　[14-2] 反向遗传学的方法包括

　　(a) 系统地抑制一个或多个基因（或基因产物）的功能，并准确评估其对表型的影响；

　　(b) 测定某个目的表型（如细胞增长），应用某种干预机制（如辐射暴露）来产生大量突变位点，并

鉴别感兴趣表型的变化；

(c) 使用某种化学诱变剂或者其他手段来诱导突变，观察目的表型，并鉴定对目的表型的改变；

(d) 以上全部

[14-3] "YKO" 项目致力于系统地敲除所有酵母 ORF。这种方法存在的一个潜在局限性是

(a) 分子条码有时对酵母基因是有害的；

(b) 这种方法聚焦在已知基因上，不适用于发现新基因；

(c) 敲除突变菌株不能被保存以供其他研究人员进一步研究；

(d) 突变可能是无效的

[14-4] 使用转座子进行遗传印迹法研究的一个主要优势是

(a) 这种方法在技术上相对容易，并且可被放大到对多个基因功能的研究中；

(b) 等位基因的插入和敲除都能被研究；

(c) 使用这种方法可以对任何已知的目的基因进行研究；

(d) 突变菌株能够被存储以用于其他研究者的后续实验

[14-5] 正向遗传学筛选方法变得越来越强大。然而，它存在的一个主要限制在于

(a) 通过诱变剂或辐射引起的突变不能在基因组 DNA 中留下分子"标签"或条码，这给我们识别导致特定表型的 DNA 突变带来了挑战；

(b) 突变等位基因通常无效，而不导致多样化的表型；

(c) 这类筛选通常会用到吗啉代，但这类化合物仅在一些生物体内有用；

(d) 现在还没有一个普遍适用的方法能系统地抑制基因组中每个基因的功能

[14-6] 酵母双杂交系统和亲和纯化实验等高通量筛选存在假阳性结果的原因为

(a) 一些蛋白质本质上存在黏性；

(b) 引入细胞中的一些诱饵蛋白出现了定位错误；

(c) 一些蛋白质复合物只会在瞬时存在；

(d) 亲和标签或表位标签会干扰蛋白互作；

(e) 以上全部

[14-7] 在确定蛋白质网络时会遇到的问题不包括

(a) 可被用来评估假阳性和假阴性结果的基准数据集很少；

(b) 假阳性错误率和假阴性错误率非常高；

(c) 蛋白复合物的类型存在巨大的异质性；

(d) 只有细菌和单细胞真核生物如酵母（*S. Cerevisiae*）有实验数据，而果蝇和人类等生物中还没有高通量实验数据

[14-8] 枢纽蛋白是

(a) 在蛋白质网络内具有高度连接的节点；

(b) 在蛋白质网络内高度连接的边；

(c) 在蛋白质网络内稀疏连接的节点；

(d) 在蛋白质网络内稀疏连接的边

[14-9] 以下哪一条最好地描述了在评估大规模细胞通路图时所遇到的主要问题？

(a) 生化通路的方向性通常是未知的；

(b) 通路图没有使用基因本体（GO）命名系统；

(c) 通路图通常都依赖于对直系同源蛋白的正确识别，而这些识别可能存在问题；

(d) 通路图大多都源自细菌和古细菌，而真核生物只能提供有限的信息

14.9 推荐读物

研究小鼠（van der Weyden 等，2002；Guénet，2005）、植物（Borevitz 和 Ecker，2004；Alonso 和

Ecker，2006）及酵母（Abuin 等，2007）的功能基因组学方法有一些优秀的综述论文。Abuin 等（2007）对基因捕获诱变技术进行了详细综述。

参 考 文 献

Abuin, A., Hansen, G. M., Zambrowicz, B. 2007. Gene trap mutagenesis. *Handbook of Experimental Pharmacology* **178**, 129–147.

Adams, D. J., Biggs, P. J., Cox, T. *et al.* 2004. Mutagenic insertion and chromosome engineering resource (MICER). *Nature Genetics* **36**, 867–871. PMID: 15235602.

Aggarwal, K., Choe, L. H., Lee, K. H. 2006. Shotgun proteomics using the iTRAQ isobaric tags. *Briefings in Functional Genomics and Proteomics* **5**, 112–120.

Albert, R., Jeong, H., Barabasi, A. L. 2000. Error and attack tolerance of complex networks. *Nature* **406**, 378–382.

Alonso, J. M., Ecker, J. R. 2006. Moving forward in reverse: genetic technologies to enable genome-wide phenomic screens in *Arabidopsis*. *Nature Reviews Genetics* **7**, 524–536.

Amir, R.E., Van den Veyver, I.B., Wan, M. *et al.* 1999. Rett syndrome is caused by mutations in X–linked MECP2, encoding methyl-CpG-binding protein 2. *Nature Genetics* **23**(2), 185–188. PMID: 10508514.

Angerer, L. M., Angerer, R. C. 2004. Disruption of gene function using antisense morpholinos. *Methods in Cellular Biology* **74**, 699–711.

Arbeitman, M. N., Furlong, E. E., Imam, F. *et al.* 2002. Gene expression during the life cycle of *Drosophila melanogaster*. *Science* **297**, 2270–2275.

Arnold, C.N., Barnes, M.J., Berger, M. *et al.* 2012. ENU-induced phenovariance in mice: inferences from 587 mutations. *BMC Research Notes* **5**, 577. PMID: 23095377.

Atwell, S., Huang, Y.S., Vilhjálmsson, B.J. *et al.* 2010. Genome-wide association study of 107 phenotypes in *Arabidopsis thaliana* inbred lines. *Nature* **465**(7298), 627–631. PMID: 20336072.

Austin, C. P., Battey, J. F., Bradley, A. *et al.* 2004. The knockout mouse project. *Nature Genetics* **36**, 921–924. PMID: 15340423.

Ayadi, A., Birling, M.C., Bottomley, J. *et al.* 2012. Mouse large-scale phenotyping initiatives: overview of the European Mouse Disease Clinic (EUMODIC) and of the Wellcome Trust Sanger Institute Mouse Genetics Project. *Mammalian Genome* **23**(9–10), 600–610. PMID: 22961258.

Bader, G. D., Hogue, C. W. 2002. Analyzing yeast protein–protein interaction data obtained from different sources. *Nature Biotechnology* **20**, 991–997.

Bader, G. D., Heilbut, A., Andrews, B. *et al.* 2003. Functional genomics and proteomics: charting a multidimensional map of the yeast cell. *Trends in Cell Biology* **13**, 344–356.

Bader, G. D., Cary, M. P, Sander, C. 2006. Pathguide: a pathway resource list. *Nucleic Acids Research* **34**, D504–506.

Barabási, A. L., Albert, R. 1999. Emergence of scaling in random networks. *Science* **286**, 509–512.

Barrangou, R. 2013. CRISPR-Cas systems and RNA-guided interference. *Wiley Interdisciplinary Reviews RNA* **4**(3), 267–278. PMID: 23520078.

Berns, K., Hijmans, E. M., Mullenders, J. *et al.* 2004. A large-scale RNAi screen in human cells identifies new components of the p53 pathway. *Nature* **428**, 431–437.

Blake, J.A., Bult, C.J., Eppig, J.T. *et al.* 2014. The Mouse Genome Database: integration of and access to knowledge about the laboratory mouse. *Nucleic Acids Research* **42**, D810–817. PMID: 24285300.

Blattner, F.R., Plunkett, G. 3rd, Bloch, C.A. *et al.* 1997. The complete genome sequence of *Escherichia coli* K–12. *Science* **277**(5331), 1453–1462. PMID: 9278503.

Borevitz, J. O., Ecker, J. R. 2004. Plant genomics: the third wave. *Annual Review of Genomics and Human Genetics* **5**, 443–477 (2004). PMID: 15485356.

Bork, P., Jensen, L. J., von Mering, C. *et al.* 2004. Protein interaction networks from yeast to human. *Current Opinion in Structural Biology* **14**, 292–299.

Bouton, C.M., Pevsner, J. 2000. DRAGON: Database Referencing of Array Genes Online. *Bioinformatics* **16**(11), 1038–1039. PMID: 11159315.

Boutros, M., Kiger, A. A., Armknecht, S. *et al.* 2004. Genome-wide RNAi analysis of growth and viability in *Drosophila* cells. *Science* **303**, 832–835.

Brass, A. L., Dykxhoorn, D. M., Benita, Y. *et al.* 2008. Identification of host proteins required for HIV infection through a functional genomic screen. *Science* **319**(5865), 921–926. PMID: 18187620.

Braun, P. 2012. Interactome mapping for analysis of complex phenotypes: insights from benchmarking binary interaction assays. *Proteomics* **12**(10), 1499–1518. PMID: 22589225.

C. elegans Deletion Mutant Consortium. 2012. Large-scale screening for targeted knockouts in the Caenorhabditis elegans genome. *G3 (Bethesda)* **2**(11), 1415–1425. PMID: 23173093.

Capecchi, M. R. 1989. Altering the genome by homologous recombination. *Science* **244**, 1288–1292.

Caspary, T., Anderson, K.V. 2006. Uncovering the uncharacterized and unexpected: unbiased phenotype-driven screens in the mouse. *Developmental Dynamics* **235**, 2412–2423.

Caspi, R., Foerster, H., Fulcher, C.A. *et al.* 2008. The MetaCyc Database of metabolic pathways and enzymes and the BioCyc collection of Pathway/Genome Databases. *Nucleic Acids Research* **36**(Database issue), D623–631. PMID: 17965431.

Chatr-Aryamontri, A., Breitkreutz, B.J., Heinicke, S. *et al.* 2013. The BioGRID interaction database: 2013 update. *Nucleic Acids Research* **41**(Database issue), D816–823. PMID: 23203989.

Chen, K.F., Crowther, D.C. 2012. Functional genomics in Drosophila models of human disease. *Briefings in Functional Genomics* **11**(5), 405–415. PMID: 22914042.

Cherry, J.M., Hong, E.L., Amundsen, C. *et al.* 2012. Saccharomyces Genome Database: the genomics resource of budding yeast. *Nucleic Acids Research* **40**(Database issue), D700–705. PMID: 22110037.

Churchill, G.A., Gatti, D.M., Munger, S.C., Svenson, K.L. 2012. The Diversity Outbred mouse population. *Mammalian Genome* **23**(9–10), 713–718. PMID: 22892839.

Clark, A. T., Goldowitz, D., Takahashi, J. S. *et al.* 2004. Implementing large-scale ENU mutagenesis screens in North America. *Genetica* **122**, 51–64.

Cline, M.S., Smoot, M., Cerami, E. *et al.* 2007. Integration of biological networks and gene expression data using Cytoscape. *Nature Protocols* **2**(10), 2366–2382. PMID: 17947979.

Collaborative Cross Consortium. 2012. The genome architecture of the Collaborative Cross mouse genetic reference population. *Genetics* **190**(2), 389–401. PMID: 22345608.

Complex Trait Consortium. 2004. The Collaborative Cross, a community resource for the genetic analysis of complex traits. *Nature Genetics* **36**, 1133–1137.

Cradick, T.J., Fine, E.J., Antico, C.J., Bao, G. 2013. CRISPR/Cas9 systems targeting *β*–globin and *CCR5* genes have substantial off-target activity. *Nucleic Acids Research* **41**(20), 9584–9592. PMID: 23939622.

Cummings, E. E. 1954. Pity this busy monster manunkind. In *Poems*, 1923–1954. Harcourt, Brace, New York.

Dessimoz, C., Škunca, N., Thomas, P.D. 2013. CAFA and the open world of protein function predictions. *Trends in Genetics* **29**(11), 609–610. PMID: 24138813.

Dietzl, G., Chen, D., Schnorrer, F. *et al.* 2007. A genome-wide transgenic RNAi library for conditional gene inactivation in *Drosophila*. *Nature* **448**, 151–156. PMID: 17625558.

Drachman, D. B. 1994. Myasthenia gravis. *New England Journal of Medicine* **330**, 1797–1810.

Drosophila 12 Genomes Consortium, Clark, A.G., Eisen, M.B. *et al.* 2007. Evolution of genes and genomes on the Drosophila phylogeny. *Nature* **450**(7167), 203–218. PMID: 17994087.

Engel, S.R., Cherry, J.M. 2013. The new modern era of yeast genomics: community sequencing and the resulting annotation of multiple Saccharomyces cerevisiae strains at the Saccharomyces Genome Database. *Database (Oxford)* **2013**, bat012. PMID: 23487186.

Engel, S.R., Balakrishnan, R., Binkley, G. *et al.* 2010. Saccharomyces Genome Database provides mutant phenotype data. *Nucleic Acids Research* **38**(Database issue), D433–436. PMID: 19906697.

Fields, S. 2009. Interactive learning: lessons from two hybrids over two decades. *Proteomics* **9**(23), 5209–5213. PMID: 19834904.

Fields, S., Song, O. 1989. A novel genetic system to detect protein–protein interactions. *Nature* **340**, 245–246.

Flicek, P., Amode, M.R., Barrell, D. *et al.* 2014. Ensembl 2014. *Nucleic Acids Research* **42**(1), D749–755. PMID: 24316576.

Fraser, A. G., Kamath, R. S., Zipperlen, P. *et al.* 2000. Functional genomic analysis of *C. elegans* chromosome I by systematic RNA interference. *Nature* **408**, 325–330.

Fuchs, H., Gailus-Durner, V., Adler, T. *et al.* 2011. Mouse phenotyping. *Methods* **53**(2), 120–135. PMID: 20708688.

Gama-Castro, S., Jiménez-Jacinto, V., Peralta-Gil, M. *et al.* 2008. RegulonDB (version 6.0): gene regulation model of *Escherichia coli* K-12 beyond transcription, active (experimental) annotated promoters and Textpresso navigation. *Nucleic Acids Research* **36**, D120–124. PMID: 18158297.

Gavin, A. C., Bösche, M., Krause, R. *et al.* 2002. Functional organization of the yeast proteome by systematic analysis of protein complexes. *Nature* **415**, 141–147. PMID: 11805826.

Gavin, A. C. Aloy, P., Grandi, P. *et al.* 2006. Proteome survey reveals modularity of the yeast cell machinery. *Nature* **440**, 631–636. PMID: 16429126.

Geer, L.Y., Marchler-Bauer, A., Geer, R.C. *et al.* 2010. he NCBI BioSystems database. *Nucleic Acids Research* **38**(Database issue), D492–496. PMID: 19854944.

Gerstein, M.B., Lu, Z.J., Van Nostrand, E.L. *et al.* 2010. Integrative analysis of the Caenorhabditis elegans genome by the modENCODE project. *Science* **330**(6012), 1775–1787. PMID: 21177976.

Geurts, A.M., Moreno, C. 2010. Zinc-finger nucleases: new strategies to target the rat genome. *Clinical Science (London)* **119**(8), 303–311. PMID: 20615201.

Giaever, G., Chu, A.M., Ni, L. *et al.* 2002. Functional profiling of the Saccharomyces cerevisiae genome. *Nature* **418**(6896), 387–391). PMID: 12140549.

Gillis, J., Pavlidis, P. 2013. Characterizing the state of the art in the computational assignment of gene function: lessons from the first critical assessment of functional annotation (CAFA). *BMC Bioinformatics* **14** Suppl 3, S15. PMID: 23630983.

Giot, L., Bader, J.S., Brouwer, C. *et al.* 2003. A protein interaction map of *Drosophila melanogaster*. *Science* **302**, 1727–1736. PMID: 14605208.

Guan, C., Ye, C., Yang, X., Gao, J. 2010. A review of current large-scale mouse knockout efforts. *Genesis* **48**(2), 73–85. PMID: 20095055.

Guénet, J. L. 2005. The mouse genome. *Genome Research* **15**, 1729–1740.

Gunn, T.M. 2012. Functional annotation and ENU. *BMC Research Notes* **5**, 580. PMID: 23095518.

Gunsalus, K. C., Yueh, W. C., MacMenamin, P., Piano, F. 2004. RNAiDB and PhenoBlast: web tools for genome-wide phenotypic mapping projects. *Nucleic Acids Research* **32**, D406–410.

Hamp, T., Kassner, R., Seemayer, S. *et al.* 2013. Homology-based inference sets the bar high for protein function prediction. *BMC Bioinformatics* **14** Suppl 3, S7. PMID: 23514582.

Hansen, J., Floss, T., Van Sloun, P. *et al.* 2003. A large-scale, gene-driven mutagenesis approach for the functional analysis of the mouse genome. *Proceedings of the National Academy of Science, USA* **100**, 9918–9922.

Harris, T.W., Baran, J., Bieri, T. *et al.* 2014. WormBase 2014: new views of curated biology. *Nucleic Acids Research* **42**, D789–793. PMID: 24194605.

Haynes, C., Oldfield, C.J., Ji, F., Klitgord, N. *et al.* 2006. Intrinsic disorder is a common feature of hub proteins from four eukaryotic interactomes. *PLoS Computational Biology* **2**, e100.

Hedges, S.B., Dudley, J., Kumar, S. 2006. TimeTree: a public knowledge–base of divergence times among organisms. *Bioinformatics* **22**(23), 2971–2972. PMID: 17021158.

Henken, D. B., Rasooly, R. S., Javois, L., Hewitt, A. T. 2004. National Institutes of Health Trans-NIH Zebrafish Coordinating Committee. The National Institutes of Health and the Growth of the Zebrafish as an Experimental Model Organism. *Zebrafish* **1**, 105–110.

Hentges, K. E., Justice, M. J. 2004. Checks and balancers: balancer chromosomes to facilitate genome annotation. *Trends in Genetics* **20**, 252–259.

Hernández, H., Dziembowski, A., Taverner, T., Séraphin, B., Robinson, C. V. 2006. Subunit architecture of multimeric complexes isolated directly from cells. *EMBO Reports* **7**, 605–610.

Hirschman, J.E., Balakrishnan, R., Christie, K.R. *et al.* 2006. Genome Snapshot: a new resource at the *Saccharomyces* Genome Database (SGD) presenting an overview of the *Saccharomyces cerevisiae* genome. *Nucleic Acids Research* **34**(Database issue), D442–445. PMID: 16381907.

Ho, Y., Gruhler, A., Heilbut, A. *et al.* 2002. Systematic identification of protein complexes in Saccharomyces cerevisiae by mass spectrometry. *Nature* **415**(6868), 180–183. PMID: 11805837.

Horn, T., Arziman, Z., Berger, J., Boutros, M. 2007. GenomeRNAi: a database for cell-based RNAi phenotypes. *Nucleic Acids Research* **35**, D492–497.

Horner, V.L., Caspary, T. 2011. Creating a "hopeful monster": mouse forward genetic screens. *Methods in Molecular Biology* **770**, 313–336. PMID: 21805270.

Howe, D.G., Frazer, K., Fashena, D. *et al.* 2011. Data extraction, transformation, and dissemination through ZFIN. *Methods in Cell Biology* **104**, 311–325. PMID: 21924170.

Howe, D.G., Bradford, Y.M., Conlin, T. *et al.* 2013a. ZFIN, the Zebrafish Model Organism Database: increased support for mutants and transgenics. *Nucleic Acids Research* **41**(Database issue), D854–860. PMID: 23074187.

Howe, K., Clark, M.D., Torroja, C.F. *et al.* 2013b. The zebrafish reference genome sequence and its relationship to the human genome. *Nature* **496**(7446), 498–503. PMID: 23594743.

Hu, J.C., Sherlock, G., Siegele, D.A. *et al.* 2014. PortEco: a resource for exploring bacterial biology through high-throughput data and analysis tools. *Nucleic Acids Research* **42**(Database issue), D677–684. PMID: 24285306.

International Mouse Knockout Consortium, Collins, F. S., Rossant, J., Wurst, W. 2007. A mouse for all reasons. *Cell* **128**, 9–13.

Ito, T., Chiba, T., Ozawa, R. *et al.* 2001. A comprehensive two-hybrid analysis to explore the yeast protein interactome. *Proceedings of the National Academy of Science, USA* **98**(8), 4569–4574. PMID: 11283351.

Joung, J.K., Sander, J.D. 2013. TALENs: a widely applicable technology for targeted genome editing. *Nature Reviews Molecular Cell Biology* **14**(1), 49–55. PMID: 23169466.

Kamath, R.S., Fraser, A.G., Dong, Y. *et al.* 2003. Systematic functional analysis of the *Caenorhabditis elegans* genome using RNAi. *Nature* **421**, 231–237. PMID: 12529635.

Kanehisa, M., Araki, M., Goto, S. *et al.* 2008. KEGG for linking genomes to life and the environment. *Nucleic Acids Research* **36**, D480–484.

Karp, P.D. 2001. Pathway databases: a case study in computational symbolic theories. *Science* **293**(5537), 2040–2044. PMID: 11557880.

Kellis, M., Wold, B., Snyder, M.P *et al.* 2014. Defining functional DNA elements in the human genome. *Proceedings of the National Academy of Science, USA* **111**(17), 6131–6138. PMID: 24753594.

Kerrien, S., Orchard, S., Montecchi-Palazzi, L. *et al.* 2007. Broadening the horizon: level 2.5 of the HUPO-PSI format for molecular interactions. *BMC Biology* **5**, 44. PMID: 17925023.

Kerrien, S., Aranda, B., Breuza, L. *et al.* 2012. The IntAct molecular interaction database in 2012. *Nucleic Acids Research* **40**, D841–846. PMID: 22121220.

Keseler, I.M., Mackie, A., Peralta-Gil, M. *et al.* 2013. EcoCyc: fusing model organism databases with systems biology. *Nucleic Acids Research* **41**(Database issue), D605–612. PMID: 23143106.

Kettleborough, R.N., Busch-Nentwich, E.M., Harvey, S.A. *et al.* 2013. A systematic genome-wide analysis of zebrafish protein-coding gene function. *Nature* **496**(7446), 494–497. PMID: 23594742.

Kile, B.T., Hentges, K.E., Clark, A.T. *et al.* 2003. Functional genetic analysis of mouse chromosome 11. *Nature* **425**, 81–86. PMID: 12955145.

Kilpinen, H., Barrett, J.C. 2013. How next-generation sequencing is transforming complex disease genetics. *Trends in Genetics* **29**(1), 23–30. PMID: 23103023.

Kim, J.K., Gabel, H.W., Kamath, R.S. *et al.* 2005. Functional genomic analysis of RNA interference in *C. elegans*. *Science* **308**, 1164–1167. PMID: 15790806.

Kim, S. K., Lund, J., Kiraly, M. *et al.* 2001. A gene expression map for *Caenorhabditis elegans*. *Science* **293**, 2087–2092. PMID: 11557892.

Kimura, M. 1968. Evolutionary rate at the molecular level. *Nature* **217**, 624–626.

Kimura, M. 1983. *The Neutral Theory of Molecular Evolution*. Cambridge University Press, Cambridge.

Knowlton, M.N., Li, T., Ren, Y. C. *et al.* 2008. A PATO-compliant zebrafish screening database (MODB): management of morpholino knockdown screen information. *BMC Bioinformatics* **9**, 7.

Koornneef, M., Meinke, D. 2010. The development of Arabidopsis as a model plant. *Plant Journal* **61**(6), 909–921. PMID: 20409266.

Koscielny, G., Yaikhom, G., Iyer, V. *et al.* 2014. The International Mouse Phenotyping Consortium Web Portal, a unified point of access for knockout mice and related phenotyping data. *Nucleic Acids Research* **42**(Database issue), D802–809. PMID: 24194600.

Koutsos, A. C., Blass, C., Meister, S. *et al.* 2007. Life cycle transcriptome of the malaria mosquito *Anopheles gambiae* and comparison with the fruitfly *Drosophila melanogaster*. *Proceedings of the National Academy of Science, USA* **104**, 11304–11309.

Krogan, N. J. *et al.* 2006. Global landscape of protein complexes in the yeast Saccharomyces cerevisiae. *Nature* **440**, 637–643.

Lamesch, P., Berardini, T.Z., Li, D. *et al.* 2012. The Arabidopsis Information Resource (TAIR): improved gene annotation and new tools. *Nucleic Acids Research* **40**(Database issue), D1202–1210. PMID: 22140109.

Latendresse, M., Paley, S., Karp, P.D. 2012. Browsing metabolic and regulatory networks with BioCyc. *Methods in Molecular Biology* **804**, 197–216. PMID: 22144155.

Le Cong, F., Ran, F.A., Cox, D. *et al.* 2013. Multiplex genome engineering using CRISPR/Cas systems. *Science* **339**(6121), 819–823. PMID: 23287718.

Lee, T., Shah, C., Xu, E.Y. 2007. Gene trap mutagenesis: a functional genomics approach towards reproductive research. *Molecular Human Reproduction* **13**(11), 771–779. PMID: 17890780.

Lehner, B., Fraser, A. G., Sanderson, C. M. 2004. Technique review: how to use RNA interference. *Briefings in Functional Genomics and Proteomics* **3**, 68–83.

Leonelli, S., Ankeny, R.A. 2012. Re-thinking organisms: The impact of databases on model organism biology. *Studies in History and Philosophy of Biological and Biomedical Science* **43**(1), 29–36. PMID: 22326070.

Li, D., Li, J., Ouyang, S. *et al.* 2006. Protein interaction networks of *Saccharomyces cerevisiae*, *Caenorhabditis elegans* and *Drosophila melanogaster*: large-scale organization and robustness. *Proteomics* **6**(2), 456–461. PMID: 16317777.

Li, X.J., Li, S.H., Sharp, A.H. *et al.* 1995. A huntingtin-associated protein enriched in brain with implications for pathology. *Nature* **378**(6555), 398–402. PMID: 7477378.

Logan, R.W., Robledo, R.F., Recla, J.M. *et al.* 2013. High-precision genetic mapping of behavioral traits in the diversity outbred mouse population. *Genes, Brain and Behavior* **12**(4), 424–437. PMID: 23433259.

Lourenço, A., Carneiro, S., Rocha, M., Ferreira, E.C., Rocha, I. 2011. Challenges in integrating Escherichia coli molecular biology data. *Briefings in Bioinformatics* **12**(2), 91–103. PMID: 21059604.

Low, T.Y., van Heesch, S., van den Toorn, H. *et al.* 2013. Quantitative and qualitative proteome characteristics extracted from in-depth integrated genomics and proteomics analysis. *Cell Reports* **5**(5), 1469–1478. PMID: 24290761.

Lucretius. 1772. *De Rerum Natura Libri Sex*. John Baskerville, Birmingham.

Ma, Y., Creanga, A., Lum, L., Beachy, P. A. 2006. Prevalence of off-target effects in *Drosophila* RNA interference screens. *Nature* **443**, 359–363.

Mahajan, M. C., Weissman, S. M. 2006. Multi-protein complexes at the beta-globin locus. *Briefings in Functional Genomics and Proteomics* **5**, 62–65.

Mali, P., Yang, L., Esvelt, K.M. *et al.* 2013. RNA-guided human genome engineering via Cas9. *Science* **339**(6121), 823–826. PMID: 23287722.

Martin, F. 2012. Fifteen years of the yeast three-hybrid system: RNA-protein interactions under investigation. *Methods* **58**(4), 367–375. PMID: 22841566.

Martin, S. E., Caplen, N. J. 2007. Applications of RNA interference in mammalian systems. *Annual Review of Genomics and Human Genetics* **8**, 81–108.

Mathivanan, S., Periaswamy, B., Gandhi, T. K. *et al.* 2006. An evaluation of human protein–protein interaction data in the public domain. *BMC Bioinformatics* **7** Suppl 5, S19.

McQuilton, P., St. Pierre, S.E., Thurmond, J. 2012. FlyBase Consortium. FlyBase 101: the basics of navigating FlyBase. *Nucleic Acids Research* **40**(Database issue), D706–714. PMID: 22127867.

Mika, S., Rost, B. 2006. Protein-protein interactions more conserved within species than across species. *PLoS Computational Biology* **2**, e79.

modENCODE Consortium, Roy, S., Ernst, J. *et al.* 2010. Identification of functional elements and regulatory circuits by Drosophila modENCODE. *Science* **330**(6012), 1787–1797. PMID: 21177974.

Molloy, M. P., Witzmann, F. A. 2002. Proteomics: Technologies and applications. *Briefings in Functional Genomics and Proteomics* **1**, 23–39.

Muller, H. J. 1918. Genetic variability, twin hybrids and constant hybrids, in a case of balanced lethal factors. *Genetics* **3**, 422–499.

Nord, A. S., Chang, P. J., Conklin, B. R. *et al.* 2006. The International Gene Trap Consortium Website: a portal to all publicly available gene trap cell lines in mouse. *Nucleic Acids Research* **34**, D642–648. PMID: 16381950.

Novick, P., Schekman, R. 1979. Secretion and cell-surface growth are blocked in a temperature-sensitive mutant of Saccharomyces cerevisiae. *Proceedings of the National Academy of Science, USA* **76**, 1858–1862.

Novick, P., Field, C., Schekman, R. 1980. Identification of 23 complementation groups required for post-translational events in the yeast secretory pathway. *Cell* **21**, 205–215.

O'Brien, T. P., Frankel, W. N. 2004. Moving forward with chemical mutagenesis in the mouse. *Journal of Physiology* **554**, 13–21.

Ooi, H.S., Schneider, G., Chan *et al.* 2010. Databases of protein–protein interactions and complexes. *Methods in Molecular Biology* **609**, 145–159. PMID: 20221918.

Ooi, S. L., Pan, X., Peyser, B. D. *et al.* 2006. Global synthetic-lethality analysis and yeast functional profiling. *Trends in Genetics* **22**, 56–63.

Orchard, S. 2012. Molecular interaction databases. *Proteomics* **12**(10), 1656–1662. PMID: 22611057.

Palcy, S., Chevet, E. 2006. Integrating forward and reverse proteomics to unravel protein function. *Proteomics* **6**, 5467–5480.

Pan, X., Ye, P., Yuan, D. S. *et al.* 2006. A DNA integrity network in the yeast *Saccharomyces cerevisiae*. *Cell* **124**, 1069–1081. PMID: 16487579.

Pan, X., Yuan, D. S., Ooi, S. L. *et al.* 2007. dSLAM analysis of genome-wide genetic interactions in *Saccharomyces cerevisiae*. *Methods* **41**, 206–221.

Perez-Pinera, P., Kocak, D.D., Vockley, C.M. *et al.* 2013. RNA-guided gene activation by CRISPR-Cas9-based transcription factors. *Nature Methods* **10**(10), 973–976. PMID: 23892895.

Pickart, M. A., Sivasubbu, S., Nielsen, A. L. *et al.* 2004. Functional genomics tools for the analysis of zebrafish pigment. *Pigment Cell Research* **17**, 461–470.

Probst, F.J., Justice, M.J. 2010. Mouse mutagenesis with the chemical supermutagen ENU. *Methods in Enzymology* **477**, 297–312. PMID: 20699147.

Radivojac, P., Clark, W.T., Oron, T.R. *et al.* 2013. A large-scale evaluation of computational protein function prediction. *Nature Methods* **10**(3), 221–227. PMID: 23353650.

Reed, J. L., Famili, I., Thiele, I., Palsson, B. O. 2006. Towards multidimensional genome annotation. *Nature Reviews Genetics* **7**, 130–141.

Reguly, T., Breitkreutz, A., Boucher, L. *et al.* 2006. Comprehensive curation and analysis of global inter-action networks in *Saccharomyces cerevisiae. Journal of Biology* **5**, 11. PMID: 16762047.

Rezwan, M., Auerbach, D. 2012. Yeast "N"-hybrid systems for protein–protein and drug–protein inter-action discovery. *Methods* **57**(4), 423–429. PMID: 22728036.

Riley, H.P. 1948. *Introduction to Genetics and Cytogenetics.* John Wiley & Sons, New York.

Robinson, C. V., Sali, A., Baumeister, W. 2007. The molecular sociology of the cell. *Nature* **450**, 973–982.

Ross-Macdonald, P. 2005. Forward in reverse: how reverse genetics complements chemical genetics. *Pharmacogenomics* **6**, 429–434.

Ross-Macdonald, P. *et al.* 1999. Large-scale analysis of the yeast genome by transposon tagging and gene disruption. *Nature* **402**, 413–418.

Russell, S. 2012. From sequence to function: the impact of the genome sequence on Drosophila biology. *Briefings in Functional Genomics* **11**(5), 333–335. PMID: 23023662.

Russell, W. L., Kelly, E. M., Hunsicker, P. R. *et al.* 1979. Specific-locus test shows ethylnitrosourea to be the most potent mutagen in the mouse. *Proceedings of the National Academy of Science USA* **76**, 5818–5819.

Ryan, C.J., Cimerman☒i☒, P., Szpiech, Z.A. *et al.* 2013. High-resolution network biology: connecting sequence with function. *Nature Reviews Genetics* **14**(12), 865–879. PMID: 24197012.

Sachidanandam, R. 2004. RNAi: design and analysis. *Current Protocols in Bioinformatics* **12**, 12.3.1–12.3.10.

Saito, R., Smoot, M.E., Ono, K. *et al.* 2012. A travel guide to Cytoscape plugins. *Nature Methods* **9**(11), 1069–1076. PMID: 23132118.

Sander, J.D., Maeder, M.L., Reyon, D. *et al.* 2010. ZiFiT (Zinc Finger Targeter): an updated zinc finger engineering tool. *Nucleic Acids Research* **38**(Web Server issue), W462–468. PMID: 20435679.

Schächter, V. 2002. Bioinformatics of large-scale protein interaction networks. *Computational Proteom-ics supplement* **32**, 16–27 (2002).

Scherens, B., Goffeau, A. 2004. The uses of genome-wide yeast mutant collections. *Genome Biology* **5**, 229.

Schmidt, E.E., Pelz, O., Buhlmann, S. *et al.* 2013. GenomeRNAi: a database for cell-based and in vivo RNAi phenotypes, 2013 update. *Nucleic Acids Research* **41**(Database issue), D1021–1026. PMID: 23193271.

Schulze, T.G., McMahon, F.J. 2004. Defining the phenotype in human genetic studies: forward genetics and reverse phenotyping. *Human Heredity* **58**, 131–138.

Sharom, J. R., Bellows, D. S., Tyers, M. 2004. From large networks to small molecules. *Current Opinion in Chemical Biology* **8**, 81–90.

Shehee, W. R., Oliver, P., Smithies, O. 1993. Lethal thalassemia after insertional disruption of the mouse major adult β-globin gene. *Proceedings of the National Academy of Science USA* **90**, 3177–3181.

Sims, D., Bursteinas, B., Gao, Q., Zvelebil, M., Baum, B. 2006. FLIGHT: database and tools for the integration and cross-correlation of large-scale RNAi phenotypic datasets. *Nucleic Acids Research* **34**, D479–483.

Skarnes, W.C., von Melchner, H., Wurst, W. *et al.* 2004. A public gene trap resource for mouse func-tional genomics. *Nature Genetics* **36**, 543–544. PMID: 15167922.

Smith, V., Botstein, D., Brown, P. O. 1995. Genetic footprinting: A genomic strategy for determining a gene's function given its sequence. *Proceedings of the National Academy of Science USA* **92**, 6479–6483.

Smith, V., Chou, K. N., Lashkari, D., Botstein, D., Brown, P. O. 1996. Functional analysis of the genes of yeast chromosome V by genetic footprinting. *Science* **274**, 2069–2074.

Sönnichsen, B., Koski, L.B., Walsh, A. *et al.* 2005. Full-genome RNAi profiling of early embryogenesis in *Caenorhabditis elegans. Nature* **434**, 462–469. PMID: 15791247.

St Pierre, S.E., Ponting, L., Stefancsik, R., McQuilton, P., The FlyBase Consortium. 2014. FlyBase 102:

advanced approaches to interrogating FlyBase. *Nucleic Acids Research* **42**(Database issue), D780–788. PMID: 24234449.

Stanford, W.L., Epp, T., Reid, T., Rossant, J. 2006. Gene trapping in embryonic stem cells. *Methods in Enzymology* **420**, 136–162.

Stottmann, R.W., Beier, D.R. 2010. Using ENU mutagenesis for phenotype-driven analysis of the mouse. *Methods in Enzymology* **477**, 329–348. PMID: 20699149.

Stynen, B., Tournu, H., Tavernier, J., Van Dijck, P. 2012. Diversity in genetic in vivo methods for protein–protein interaction studies: from the yeast two-hybrid system to the mammalian split-luciferase system. *Microbiology and Molecular Biology Review* **76**(2), 331–382. PMID: 22688816.

Su, C., Peregrin-Alvarez, J. M., Butland, G. *et al.* 2008. Bacteriome.org: an integrated protein interaction database for *E. coli. Nucleic Acids Research* **36**, D632–636.

Sun, M., Mondal, K., Patel, V. *et al.* 2012. Multiplex chromosomal exome sequencing accelerates identification of ENU-induced mutations in the mouse. *G3 (Bethesda)* **2**(1), 143–150. PMID: 22384391.

Sutandy, F.X., Qian, J., Chen, C.S., Zhu, H. 2013. Overview of protein microarrays. *Current Protocol in Protein Science* **Chapter** 27, Unit 27.1. PMID: 23546620.

Suthram, S., Shlomi, T., Ruppin, E., Sharan, R., Ideker, T. 2006. A direct comparison of protein interaction confidence assignment schemes. *BMC Bioinformatics* **7**, 360.

Thompson, O., Edgley, M., Strasbourger, P. *et al.* 2013. The million mutation project: a new approach to genetics in Caenorhabditis elegans. *Genome Research* **23**(10), 1749–1762). PMID: 23800452.

Tong, A. H., Boone, C. 2006. Synthetic genetic array analysis in *Saccharomyces cerevisiae. Methods in Molecular Biology* **313**, 171–192.

Tong, A. H., Evangelista, M., Parsons, A. B. *et al.* 2001. Systematic genetic analysis with ordered arrays of yeast deletion mutants. *Science* **294**, 2364–2368. PMID: 11743205.

Tong, A. H., Lesage, G., Bader, G. D. *et al.* 2004. Global mapping of the yeast genetic interaction network. *Science* **303**, 808–813. PMID: 14764870.

Uetz, P., Giot, L., Cagney, G. *et al.* 2000. A comprehensive analysis of protein-protein interactions in *Saccharomyces cerevisiae. Nature* **403**(6770), 623–627. PMID: 10688190.

Ullrich, M., Schuh, K. 2009. Gene trap: knockout on the fast lane. *Methods in Molecular Biology* **561**, 145–159. PMID: 19504070.

van der Weyden L, Adams, D. J., Bradley, A. 2002. Tools for targeted manipulation of the mouse genome. *Physiological Genomics* **11**, 133–164.

van Zon, A., Mossink, M. H., Scheper, R. J., Sonneveld, P., Wiemer, E. A. 2003. The vault complex. *Cellular and Molecular Life Sciences* **60**, 1828–1837.

Varshney, G.K., Huang, H., Zhang, S. *et al.* 2013. The Zebrafish Insertion Collection (ZInC): a web based, searchable collection of zebrafish mutations generated by DNA insertion. *Nucleic Acids Research* **41**(Database issue), D861–864. PMID: 23180778.

Velasco-García, R., Vargas-Martínez, R. 2012. The study of protein–protein interactions in bacteria. *Canadian Journal of Microbiology* **58**(11), 1241–1257. PMID: 23145822.

Verhage, M., Maia, A.S., Plomp, J.J. *et al.* 2000. Synaptic assembly of the brain in the absence of neurotransmitter secretion. *Science* **287**, 864–869. PMID: 10657302.

Walhout, A.J. 2011. Gene-centered regulatory network mapping. *Methods in Cell Biology* **106**, 271–288. PMID: 22118281.

Welsh, C.E., Miller, D.R., Manly, K.F. *et al.* 2012. Status and access to the Collaborative Cross population. *Mammalian Genome* **23**(9–10), 706–712. PMID: 22847377.

White, J.K., Gerdin, A.K., Karp, N.A. *et al.* 2013. Genome-wide generation and systematic phenotyping of knockout mice reveals new roles for many genes. *Cell* **154**(2), 452–464. PMID: 23870131.

Williamson, M.P., Sutcliffe, M.J. 2010. Protein–protein interactions. *Biochemistry Society Transactions* **38**(4), 875–878. PMID: 20658969.

Wilming, L. G., Gilbert, J. G., Howe, K. *et al.* 2008. The vertebrate genome annotation (Vega) database. *Nucleic Acids Research* **36**, D753–760.

第 3 部分

基因组分析

第15章

生命树上的基因组

属于同一纲的所有生物之间的亲缘关系有时用一棵很大的生命树来表示。我相信这个比喻在很大程度上反映了真实的情况。那些绿色刚发芽的细枝可以代表现存的物种；而那些每年不断长出的枝条代表了已灭绝物种的连续不断的后代。树的主枝分叉出较大的分枝，这些分枝又继续分叉出越来越小的分枝，而这些大的分枝在树还小的时候也曾经是刚发芽的细枝。新旧芽之间通过枝条分叉连接在一起的这种形式可以很好地表示了类群隶属下的所有已灭绝的和现存的物种之间的分类关系。从树的最初的生长开始，很多主枝和分枝就已经开始衰败并脱落，这些大小不等已经消失了的枝条代表了那些已经不存在的只能通过化石了解的目、科和属等。当树芽通过新芽的发生而生长时，如果芽的生命力足够旺盛，它们会长出枝条并凌驾于那些较弱的枝条之上。我相信生命树的成长也与此类似，经过无数代的生长，地壳里充满了那些已经死去或者断裂的枝条，而地球表面则被那些还在不停分叉的美丽的分枝覆盖着。

——查尔斯·达尔文《物种起源》（1859）

考虑这样一个场景，未来有一个类似星际迷航分析仪这样的手持设备可在几秒钟之内产生全基因组信息，利用这个设备可以获得一种新的大肠杆菌的全基因组序列。该基因组序列虽然可能与公共数据库中已有的菌株只有很小的差异，与这个小错误关联的元数据（*metadata*）却是独特且至关重要的。大肠杆菌是在什么时间和什么地点被分离的？它是否是作为一种食源性病原体而被传播的？分离出大肠杆菌的病人是否因大肠杆菌而住院治疗？它是否是更大规模传染病暴发的部分原因？关于病原体是从患病人群还是从健康人群中分离的知识对于从计算机可读取数据中设计干预策略具有很好地辅助作用。

——道恩·菲尔德等（2011），为支持基因标准协会而作

学习目标

通过阅读本章你应该能够：
- 比较和对比构建生命树的方法；
- 简要描述基因组测序计划的年表；
- 描述基因组测序的流程；
- 描述基因组注释。

15.1 引言

基因组是组成一个生物体全部 DNA 的集合。每个个体生物的基因组包含了基因和其他 DNA 元件，

这些一起最终决定了个体的特征。基因组的大小范围从只编码少于 10 个基因的最小病毒，到包含数十亿个碱基对、编码数万个基因的真核生物（如人类）。

最近对包括病毒、细菌、古细菌、真菌、线虫、植物和人类基因组等所有进化分支生物的测序工作使我们进入了生物学发展历史中一个非凡时期。可与之类比的是 19 世纪元素周期表完成的时期。当人们发现元素周期表可以按行列的形式排列，使得对化学元素特性的预测成为了可能。尽管已经出现了解释化学元素特性的逻辑，但人们仍然花了一个世纪的时间才真正了解了化学元素的重要性及化学元素周期表的内在组织结构的潜在应用。

如今我们已经对成千上万的基因组进行了 DNA 测序，现在我们正在寻找能够解释它们的组织结构和功能的一套逻辑。这个过程可能要花费数十年。为此，我们必须要使用包括生物信息学、生物化学、遗传学和细胞生物学在内的各种学科的技术和工具。

本章将介绍生命树和全基因组的测序。共分为七小节：①在第一小节的剩余部分，我们将介绍关于基因组学、生命树及分类学的各种观点；②主要的网络资源；③基因组测序计划的年表；④基因组分析计划；⑤测序数据及存储方式；⑥基因组的组装和⑦基因组注释。

本章之后，我们将介绍各种基因组计划的进展。包括病毒（第 16 章）、原核生物（包括细菌和古细菌）（第 17 章）、真菌（包括酵母 *Saccharomyces cerevisiae*）（第 18 章）、从寄生虫到灵长类的一系列真核生物（第 19 章）的基因组。最后是人类基因组（第 20 和第 21 章）。

关于系统发生树一些关键术语的定义请参见表 15.1。

表 15.1　生命树的相关术语介绍。名字指的是本书中所采用的名字。来自 Woese 等（1990）

名字	同义字	定义
Archaea（古细菌，单数形式 archae-on）	Archaebacterial（古细菌）	生命形式的三个"原界（urkingdoms）"或"界（domain）"之一
Bacteria（细菌）	Eubacteria；Monera（旧称）	生命形式的三个"原界（urkingdoms）"之一；单细胞生物，主要特征是无核膜
Eukaryotes（真核生物）	Eucarya（真核生物）	生命形式的三个"原界（urkingdoms）"之一；具有以核膜为主要特征的细胞
Microbe（微生物，细菌）	—	指能导致人类疾病的微生物（microorganism）；包括细菌和真核生物如原生动物和真菌
Microorganism（微生物，微小动植物）	—	显微尺度的单细胞生命形式，包括细菌、古细菌和一些真核生物
Progenote（始祖生命）	最近的共同祖先	远古的单细胞生命形式，三界生命的祖先
Prokayotes（原核生物）	Procayotes；以前是细菌的同义词	缺少核膜的生物；细菌和古细菌

基因组学的五个视角

在我的基因组学的课堂上，我们从以下五个视角来讨论生命树上的基因组。每位同学可以选择任意一个自己感兴趣的基因组，并按照这些视角来撰写一份描述这个基因组的报告。同学们可以选择一个未解决的研究问题，然后描述如何使用基因组学方法来帮助解决该问题。另一个相关的项目是选择一个感兴趣的基因，然后也从这五个方面来对其进行深入分析。

视角 1：基因组信息分类

每个基因组的基本特征是什么？这些特征包括基因组大小、染色体数目、GC 含量、等值区的出现（在第 20 章中描述）、基因数目（包括编码基因与非编码基因）、重复 DNA；及每个基因组的独特特征。用来回答这些问题的技术包括基因组测序（第 19 章）、基因组组装和包含基因预测在内的基因组注释。基因组浏览器是可以获取基因组信息分类的一个重要资源，其中基因组信息按照多个类别组织，如底层 DNA 的原始数据、基因模型、调控元件和基因组层面上的其他一些特征。

在线文档 15.1 (http://www.bioinfbook.org/chapter15) 介绍了关于基因组学的这五个视角的表格, 在线文档 15.2 概述了从基因组学的角度深入分析一个基因的项目的详细信息。

视角 2: 比较基因组信息分类

对任一基因组而言, 可以通过把它与相关基因组进行比较来显著提高我们对它的理解 (Miller 等, 2004)。一个给定的物种是何时与它的近缘物种分离的? 哪些基因或哪些其他 DNA 元件是直系同源的, 或者是共线性保守的 (第 8 章)? 每个基因组上发生了何种程度的水平基因转移 (第 17 章)? 用以回答这些问题的比较基因组学技术包括使用如 Ensembl Genomes (Kersey 等, 2013) 和 UCSC Genome Browser (Karolchik 等, 2014) 等数据库进行的全基因组比对和分析。比较基因组学手段也包括系统发生树的重建 (第 7 章)。

视角 3: 生物学法则

对于每个基因组来说, 一个有机体具有哪些功能 (如发育、新陈代谢与生物学行为等), 而基因组又是如何服务于这些功能的? 基因组进化的机制是什么? 例如基因组的大小是如何被调控的, 基因组是否经历了多倍化 (polyploidization)(第 18、第 19 章), 基因的诞生和死亡是如何发生的, 当基因处于正选择、负选择或中性进化时, DNA 受到哪些进化压力? 哪些进化压力导致了物种形成? 表观遗传在进化中扮演了什么角色? 有许多方法可以用于回答这些问题, 包括分子系统发生学、BLAST 及相关工具等。

视角 4: 与人类疾病的关系

病毒或原生生物病原体在人类或植物体内引发疾病的机制是什么? 生物有哪些基因组应答与防御方式来预防或适应性避免对疾病的易感性? 有许多方法可用于回答这些问题, 包括对单核苷酸多态性 (SNPs, 第 8、第 20 章) 的研究及连锁与关联分析 (第 21 章)。

视角 5: 生物信息学方面

每个基因组有哪些相关的关键数据库及网站? 有哪些基于命令行或基于网页的软件程序可帮助数据的分析及可视化? 基因组浏览器的功能在近年来有了显著的提高, 给我们提供了一个可以存储、分析和解释数百个不同类别的基因组数据的系统。

分类学简史

物种指的是一组相似的生物的集合, 正常情况下只会相互杂交。

自有文字记载的历史以来, 哲学家和科学家们就一直在争论关于地球上生命形式多样性的问题 (Mayr 于 1982 年提出)。亚里士多德 (Aristotle, 公元前 384—前 322 年) 是一位积极的生物学家, 他在其有关动物学的著作中描述了 500 多个物种。他虽然没有给生命形式建立一种普适的分类方案, 但是在其 "Historia animalium"(《动物史》) 著作中, 他的确是将动物描述为 "有血" 或者 "无血" 的两类 [拉马克 (Lamarck, 1744—1829) 把这两类重命名为 "脊椎" 和 "无脊椎"]。亚里士多德把动物按照属和种来分类的方式是我们今天所使用的分类学系统的原型。

把每个生物按属和种进行命名的双命名体系的最伟大的提倡者是瑞典博物学家林奈 (Carl Linnaeus, 1707—1778)。林奈还提出了动物界、植物界和矿物界三界的概念: 他的分级系统所采用的四个等级分别是纲、目、属和种。海克尔 (Ernst Haeckel, 1834—1919) 进一步扩大了这个系统, 并描述了将近四千多个新物种。他将生命形式描述为从纯粹的复合分子到植物和动物的连续统一体, 而将原核生物 (Moner) 描述为无定形的生命簇。原核生物 (monera) 后来被命名为细菌 (bacteria)。1937 年, 查顿 (Edouard Chatton) 提出了原核生物 (无细胞核的细菌) 和真核生物 (由有核细胞构成的生物体) 之间的区别。到了 20 世纪 60 年代末, 海克尔 (1879)、科普兰 (Copeland) 和魏泰克 (Whittaker)(1969) 以及许多其他研究者的工作产生了标准的五界生命系统: 动物界、植物界、单细胞原生生物界、真菌界和原核生物界。魏泰克 1969 年的分类系统中, 生命树的最底端是以原核生物界为代表的原核生物, 然后是以原生生物界植物界、真菌界、动物界为代表的真核生物 (包括单细胞生物与多细胞生物)。本章首页的插图展示了来自 1879 年海克尔的书中的生命树。

在 20 世纪 70 年代和 80 年代, 伍斯 (Carl Woese) 和他的同事们 (Fox 等, 1980; Woese, 1998; Woese 等, 1990) 重新构建了生命树。他们研究了一组原核生物, 这些原核生物是缺少细胞核的单细胞生命形态, 因而被认为可能是细菌。研究人员对小亚基核糖体 RNA (SSU rRNA) 进行了测序和系统发生分析, 发现古细菌与细菌和真核生物的进化距离相当。对在所有已知生命形式中都存在的小亚基核糖体

RNA（SSU rRNA）序列的系统发生分析呈现了生命树的一种版本（图15.1）。图中共有三个主要的进化分支。尽管进化树的确切根节点未知，但分支最深的细菌和古细菌都属于嗜温性生物，表明生命形式可能起源于一个高温的环境。

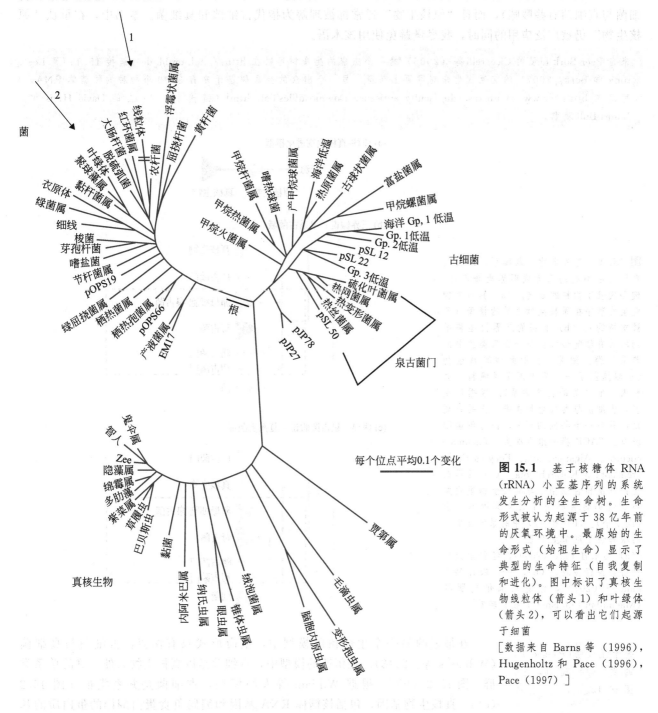

图 15.1 基于核糖体 RNA（rRNA）小亚基序列的系统发生分析的全生命树。生命形式被认为起源于 38 亿年前的厌氧环境中。最原始的生命形式（始祖生命）显示了典型的生命特征（自我复制和进化）。图中标识了真核生物线粒体（箭头 1）和叶绿体（箭头 2），可以看出它们起源于细菌

[数据来自 Barns 等（1996），Hugenholtz 和 Pace（1996），Pace（1997）]

每个位点平均0.1个变化

很多人使用"原核生物"（"prokaryotes"或"procaryotes"）来表示非真核生物的单细胞生命体。Norman Pace（2009）主张"原核生物"这个术语应该被淘汰。他从以下观点进行了说明。①原核生物是依据"不是什么"来进行定义的（如：不是真核生物）。②在现在已被淘汰的早期使用的关于生命历史的模型中，原核生物要早于更为复杂的真核生物［图15.2（a）］。现在的三界生命树［图15.2（b）］中没有包含一组从系统发生上来讲具有一致性的原核生物。这三个主要的界没有哪一个源自于另一个，每个界都有相同古老的历史。③代表了生命起源的生命树的根节点把细菌和古细菌分开（在第17章我们将会了解到古细菌与真核生物共有一些明显的特征，如依赖组蛋白来包裹 DNA；古细菌与真细菌也有共同之处；

在某些方面，古细菌则有自己特征，如它们的细胞膜的构造依赖于醚键连接的脂（ether-linked lip-ids）而非酯键连接的脂（ester-linked lipids））。④因此，"原核生物"这个术语意味着一个不正确的进化模型。Pace 的观点尚没有被采纳，这主要是因为学术界的其他学者们喜欢该术语的简明性（重复地指明古细菌与真细菌有些啰嗦），而且"原核生物"通常都被理解为指代古细菌和真细菌。本书中，在承认"原核生物"仍被广泛应用的同时，我尽量避免使用该术语。

来自 Peer Bork 团队的 Ciccarelli 等（2006）的一个杰出的生命树可以在 http://itol. embl. de（链接 15.1；见 Letunic 和 Bork，2007）的交互式生命树网页上获得。另一个出众的生命树基于来自 3000 个物种的核糖体 RNA，可以在 http://www. zo. utexas. edu/faculty/antisense/DownloadfilesToL. html（链接 15.2）上的 David Hillis 和 James Bull 获取。

图 15.2　真核生物起源模型，涉及到真核宿主细胞的三界或两界生命起源。楔形代表了物种的分支。（a）真核生物发生的顺序在原核生物之后的模型（不被支持的）。（b）有根的三界模型将早期的具有细胞形式生命分成三类主要的单系类群：细菌、古细菌和真核生物（也即捕获了一个后来演变成线粒体的胞内共生细菌的宿主谱系）。根据该模型，古细菌与真核生物在进化上关系更近，并有一个共同的祖先，而与细菌则没有。TACK 指一组古细菌：Thaumarcheotoa、Aigarachaeota、Eocytes/Crenarchaeota 和 Korarchaeota。（c）两界模型：细菌和古细菌。与真核生物进化关系最近的是古细菌 TACK 群中的一个（或多个）。（b）和（c）中的系统发生树的根都位于细菌主干上
[（a）图来自 Pace（2009），经美国微生物协会授权转载；（b）、（c）来自 William 等（2013），经麦克米伦出版社（Macmillan Publishers）授权转载]

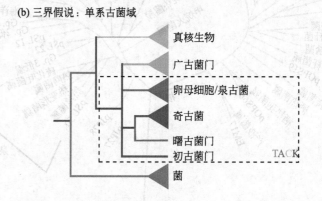

(a) 原核-真核生物进化模型

(b) 三界假说：单系古菌域

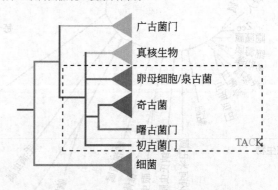

(c) 两界，泉古菌假说：复系古菌域

关于泛大陆（Pangaea）的另一个观点，见图 16.12。

多细胞生物多次独立进化。数十亿年前，多种多细胞细菌发生了进化，使得它们在捕食和躲避捕食者时具有选择性优势（Kaiser，2001；第 17 章）。

在最近的另一个生命树的模型中，生命形式只有两界：古细菌与真细菌（Williams 等，2013）。在伍斯的模型中，古细菌是以真核生物为外类群的单系类群［图 15.2（b）］。根据 William 等人的模型，古细菌是并系类群［图 15.2（c）］。真核生物基因，包括核糖体 RNA 基因和编码负责蛋白翻译的蛋白质的基因等，被系统发生学分析归类为起源于泉古菌门（Crenarchaeota）、奇古菌门（Thaumarchaeota）、曙古菌门（Aigarchaeota）和（或）初古菌门（Korarchaeota）的古细菌内。真核生物出现于古细菌的一个分支，并作为胞内共生细菌的宿主，而该共生细菌在去除掉许多的基因后就演化成为了现在的线粒体。

已经有很多研究小组利用大量的分类群和（或）大量的蛋白质拼接（或 DNA、RNA）序列（如 Driskell 等，2004；Ciccarelli 等，2006）来重构生命树。尽管生命树提供一个形象的比喻，但也有其他关于生命形式整体的描述方式，

如灌木或网状树（Doolittle，1999）或生命之环（Rivera 和 Lake，2004）。William Martin、Eugene Koonin 和其他的学者都强调，一些基本的进化过程并不像树一样，包括古细菌与细菌之间的基因的横向转移（第17章）；真核生物内基因从细胞器到细胞核的内共生转移；古老基因组的融合（Dagan 和 Martin，2006；Martin，2011；O' Malley 和 Koonin，2011；Koonin，2012）等。

病毒不满足活的生物体的定义，因此被排除在绝大多数生命树外。虽然病毒也可以复制和进化，但它们只能通过寄生在活生物体的细胞而生存（详见第16章）。

(a) 盘古大陆（泛大陆）

(b) 劳亚古大陆（现代亚洲和北美洲）和冈瓦那大陆（现代非洲和南美洲）

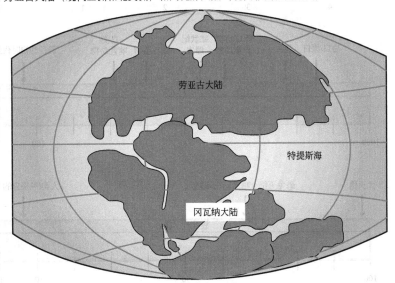

图 15.3 （a）2.25 亿年前地球的地理史。那时，地球只有一个超级大洲，即盘古大陆（Pangaea）。到了 1.65 亿年前，盘古大陆（Pangaea）分裂成为劳亚古大陆（Laurasia，现代的亚洲和北美洲）和冈瓦纳大陆（Gondwana，现代的非洲和南美洲）。（b）在三叠纪末期左右（约 2 亿年前），劳亚古大陆和冈瓦纳大陆各自开始分离，形成了现在的七大洲的格局

地球上的生命史

我们最近的关于生命树（图 15.1）的认识伴随着对地球上生命演化历史的新的理解。所有的生命形式都有一个共同的起源，并且都是生命树的一个部分。物种的平均半衰期为 100 万至 1000 万年（Graur 和 Li，2000），99％以上曾经生存在地球上的物种现在都已经灭绝了（Wilson，1992）。原则上只有唯一一个可以精确描述物种进化的生命树。系统发生学的目标就是推测关于物种及关于基因和蛋白同源家族的正确的进化树。系统发生学的另一个目标则是推断物种之间从最近的共有祖先起开始分化的时间。

最初的生命迹象始于大约 40 亿年前，即地球形成仅 0.5 亿年之后。最初的生命形式集中在 RNA（而不是 DNA 或蛋白质；Jayce，2002）上。地球的大气环境在早期的进化过程中是厌氧的，而这个最初的生命形式可能是一种单细胞的菌体或一种类似于细菌的有机体。生命最早的化石证据被追溯到距今 35 亿到 38 亿年前（Allwood 等，2006）。在现代细菌与古细菌之前的最近的生命共同祖先可能是嗜高温的。这是从生命树（图 15.1）中最底层分支上的物种，如超耐热菌和嗜高温的古细菌（第 17 章）推测而来。真核生物出现在距今大约 20 亿～30 亿年前，并在 10 亿年前之前都保持着单细胞的形式。植物和动物在大约 15 亿年前从产生了后生动物（动物；见图 19.12）的谱系中发生了分歧，真菌也是。最近的 10 亿年间相继出现了大量的多细胞生物的进化。距今 5.5 亿年前所谓的寒武纪爆发见证了动物生命形式多样性的惊人增长。在过去的 2.5 亿年中，陆地聚合成了泛大陆（Pangaea）(图 15.3)。当泛大陆分裂成南北两个大洲（劳亚古大陆和冈瓦那大陆）时，给生命繁殖设立了自然障碍并影响了随后的生命进化。恐龙在大约距今 6000 万年前灭绝，并由此开始了哺乳动物的统治。

现代人类、黑猩猩和倭黑猩猩的进化树大概在 500 万年前发生了分歧（第 19 章）。如下面的年表所述，现在这三种灵长类动物的基因组已经进行了测序。人类最早的祖先包括早期的南猿（*Australepithecus*）"露西"和使用石器工具超过 200 万年的原始人。来自尼安德特人（the Neandertals）和丹尼索瓦人（the Denisovans）这两种现已灭绝的原始人类的基因组已经被测序（详见下面的"古 DNA 项目"）。生命形式的生物发展史如图 15.4 所示。

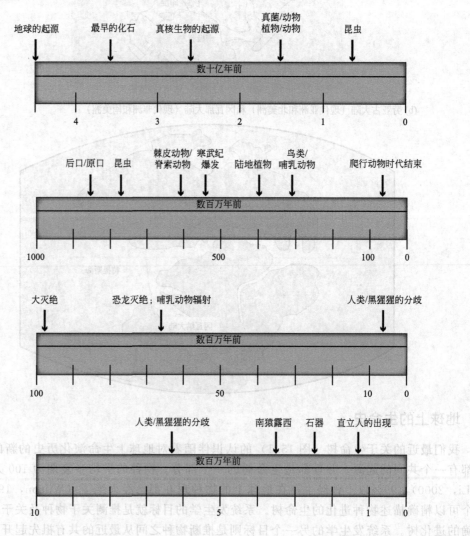

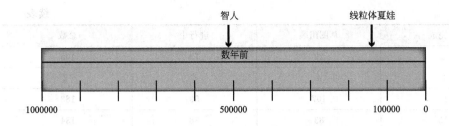

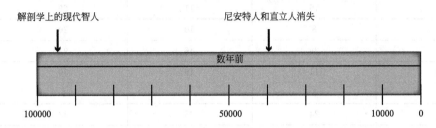

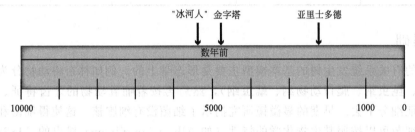

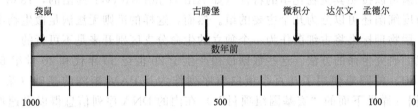

图 15.4 地球上的生命史
〔数据部分来自 Kumar 和 Hedges (1998)、Hedges 等 (2001) 和 Benton 和 Ayala (2003)〕

表 15.2 当前已经测序的基因组 (不包括病毒和细胞器基因组)

物种	已完成	草图组装	进行中	总数
原核生物	1117	966	595	1278
古细菌	100	5	48	153
细菌	1017	961	547	2525
真核生物	36	319	294	649
动物	6	137	106	249
哺乳动物	3	41	25	69
鸟		3	13	16
鱼		16	16	32
昆虫	2	38	17	57
扁形虫		3	3	6
蛔虫	1	16	11	28
两栖动物		1		1
爬行动物		2		2
其他动物		20	24	44
植物	5	33	80	118

续表

物种	已完成	草图组装	进行中	总数
陆生植物	3	29	73	105
绿藻	2	4	6	12
真菌	17	107	59	183
子囊菌	13	83	38	134
担子菌	2	16	11	29
其他真菌	2	8	10	20
原生生物	8	39	46	93
顶复虫类	3	11	16	30
动质体	4	3	2	9
其他原生生物	1	24	28	53
总数	1153	1285	889	3327

分子序列作为生命树的基础

在过去的几个世纪里，提出的有关系统发生树的基本模型主要是形态学上的。例如林奈将动物分为六个纲（哺乳动物纲、鸟纲、鱼纲、昆虫纲、爬行动物纲、蠕虫纲），然后再按着哺乳动物的牙齿特征、鱼类的鳍类型以及昆虫的翅膀等特征细分下去。早期的显微镜研究揭示了细菌没有细胞核，这使得细菌和其他四个界得以根本地区分开来。细菌可以按照其生物化学的特性（如 Albert Jan Kluyver 提出的，1888—1956）进行分类，而且从形态学角度细菌还可以分为几个主要的组。然而，这样的准则无法满足微生物纷繁复杂的物种多样性需求。因此，用物理标准将古细菌作为一个独立的生命分支区别开来是不可行的。

分子序列数据的出现改变了我们研究生命的方法。这些数据最初产生于 20 世纪 50 年代和 20 世纪 60 年代，到 1978 年，戴霍夫（Dayhoff）的图集使用了几百个蛋白质序列作为其 PAM 矩阵的基础（第 3 章）。最近几年，包括宏基因组数据（详见下面的"宏基因组项目"）在内的 DNA 序列信息得以飞速增长，基于表型特征和基于基因序列的系统发生分析现在都已经成为可能。使用最广泛的序列是小亚基核糖体 RNA（SSU rRNA）分子，它几乎存在于所有现存的生命形式中。小亚基核糖体 RNA 缓慢的进化速度以及合适的大小使得它们非常适合于系统发生的分析。全基因组测序正在改变进化领域的研究，它将为系统发生树提供数以千计的 DNA 和蛋白质序列。重要的资源有核糖体数据库项目（Cole 等，2014）、SILVA（Pruesse 等，2012；Quast 等，2013）和一些侧重于 rRNA 测序的大规模基因组学计划（Jumpstart Consortium Human Microbiome Project Data Generation Working Group，2012；Yarza 等，2013）。

您可以访问 GSC 网站 http://gensc.org（链接 15.5）。

已有超过 1100 个细菌和 100 个古细菌的基因组被测序（表 15.2）。现在我们已经开始关注基因的水平转移（第 17 章）。基因的水平转移指的是一个物种的基因并不是来自于其祖先，而是来自于横向（或侧向）的其他无关物种。因此，基因可以在物种之间发生交换（Eisen，2000；Sousa 和 Hey，2013）。其结果是，在分子系统发生中，使用不同的个体基因常常会导致完全不同树的拓扑结构。正是因为生物界存在着基因的水平转移以及基因丢失的现象，所以想要构建出反映地球生命进化过程的系统发生树也许永远都不太可能（Wolf 等，2002）。

基因组标准联盟（Genomics Standards Consortium）已经建立，目的是为基因组研究提供一个委员会驱动的标准（Field 等，2008）。当研究诸如 rRNA 或其他基因等分子时，研究人员应该提供最少的信息来描述实验中发现的细节以及相关的方法（Yilmaz 等，2011）。

生物信息学在系统分类学中的角色

生物信息学的研究领域主要涉及使用计算机算法和计算机数据库来阐述生物学的原理。生物信息学领域包括研究生命树中生物体的基因、蛋白质和细胞。有人提倡建立一个基于互联网的分类系统，对大量的生物学数据进行分类（Blackmore, 2002）。有若干个项目试图建立一个生命树（见侧边栏）。也有人提出虽然基于互联网的设想不错，但是目前的发生系统已经足够：动物、植物或者其他生物样本都已经在国际公约制定的方针下进行了采集、命名和研究（Knapp 等, 2002）。

诸如生命的目录（Catalogue of Life）数据库列出了已命名的物种的数量，Mora 等（2011）已经估计了真核生物的总数为约 870 万±130 万（标准差）种。最近还有其他人估计总数高达 1 亿种，至于细菌与古细菌的估计则更不确定。

15.2 优秀的互联网资源

在本章及接下来的章节，我们将介绍一些关于基因组研究的主要互联网资源。

Ensembl 基因组

欧洲生物信息研究所（European Bioinformatics Institute）（EBI）/Ensembl 提供了多种多样的基因组资源。我们发现 Ensembl 网站着重于脊椎动物（如第2、第8章）。Ensembl 基因组也为五组非脊椎动物（细菌、原生生物、真菌、植物和无脊椎后生动物）提供了一组补充的网络接口（Kersey 等, 2014）。

NCBI 基因组

国家生物技术信息中心（National Center for Biotechnology Information, NCBI）的基因组部分的组成特性是可以利用额外的专门的基因组资源搜索真核生物、细菌、古细菌和病毒。目前 NCBI 上具有包括超过 3300 个真核、细菌和古细菌的基因组，其中约 1200 个已经被完全测序（表 15.2）。另外，有约 5000 个细胞器的基因组也已经被完全测序（详见下面的"1981：第一个真核生物细胞器基因组"）。

DOE JGI 的基因组门户网站（Genome Portal of DOE JGI）和综合微生物基因组（Integrated Microbial Genomes）

美国能源部联合基因组研究所（The US Department of Energy Joint Genome Institute, DOE JGI）在支持人类基因组计划（Human Genome Project）和对来自植物、真菌、微生物和宏基因组的基因测序具有重要的作用。它的基因组门户网站提供对 4000 个项目的访问（Grigoriev 等, 2012）。

在 DOE JGI 中，综合微生物基因组（IMG）系统支持微生物基因组和宏基因组的存储、分析和分布（Markowitz 等, 2014b）（Markowitz 等, 2014a）。它对人类微生物组项目（Human Microbiome Project）等提供支持（Markowitz 等, 2012），我们将在第 17 章对其进行探讨。

基因组在线数据库（Genomes On Line Database, GOLD）

GOLD 数据库对基因组和宏基因组测序项目提供监测。它是由 DOE JGI 的 Nikos Kyrpides 和他的同事领导的一个权威的知识库。除了具有传统的搜索特征之外，它还提供了基因组计划的基因组图谱（Genome Map）和地球基因组（Genome Earth）想法。

UCSC

加利福尼亚大学圣克鲁斯分校（UCSC）的基因组浏览器特别强调了脊椎动物基因组（第18、19章）。它还具有相关的微生物和古细菌基因组以及表格浏览器。

生命的目录（The Catalogue of Life, http://www.catalogueoflife.org, 链接 15.6）列出了超过 150 万个物种的且超过 140 个有贡献的数据库。地球微生物计划（The Microbial Earth Project）列出了约 11000 株古细菌和细菌, 其中的数千种都有基因组计划, 见 http://www.microbialearth.org（链接 15.7）。地球微生物组计划（The Earth Microbiome Project）强调宏基因组计划（http://www.earthmicrobiome.org, 链接 15.8）。NCBI 分类法（https://www.ncbi.nlm.nih.gov/taxonomy, 链接 15.9）包含 300000 个物种。生物多样性公约（https://www.cbd.in, 链接 15.10）是一个解决全球生物多样性问题的组织。生命树计划位于 http://www.panspermia.org/tree.htm（链接 15.11）, 生命树在线计划位于 http://tolweb.org/tree/phylogeny.html（链接 15.12）。

15.3 基因组测序计划：年表

后生动物是动物。脊椎类后生动物包括马和鱼。非脊椎类后生动物包括蠕虫和昆虫。

20世纪70年代DNA测序（DNA-sequencing）技术的出现，包括桑格（Frederick Sanger）的双脱氧核苷酸方法，使得大规模的测序计划得以实施。本章将详细介绍基因组测序计划的简要历史，包括1995年首个独立生活的物种——流感嗜血杆菌（*Haemophilus influenzae*）的基因组序列测序的完成。到2001年，有两个小组报告了人类基因组的草图。目前全基因组测序方面最为引人注目的成果就是每年所收集序列数据的急剧增长（图2.3）。对>10^{17}个核苷酸的基因组DNA测序的能力，给科学界带来了前所未有的机遇和挑战。

Ensembl基因组可以在http://ensemblgenomes.org（链接15.13）上获取。Ensembl Bacteria目前有超过20000个细菌基因组，并且有独立的网站http://bacteria.ensembl.org（链接15.14）。

近几年出现的主题：

• 产生的测序数据量保持持续剧烈的增长。

• 许多基因组，即使是那些未完成的基因组序列数据——即基因组中可能含有许多空位和测序错误的序列——都可以立即被获取并被科学界所使用。完成的序列（定义见下文"基因组装的四种方法"）比未完成的序列提供了更好的基因组特征的描述。

• 低覆盖率的基因组也同样有用。在对猩猩的基因组测序的报告中，Locke等（2011）还提供了10个不相关的猩猩个体的序列分析。

• 注释对序列数据的使用有很大影响（Klimkeetal等，2011）。

• 比较基因组分析目前用于解决诸如识别人类和小鼠的蛋白质编码基因或病原体菌株的有毒或无毒的差异之类的问题（Miller等，2004）。通过保守DNA元件的分析，比较基因组分析还可用于划定基因的调控区域以及研究物种的进化历史。

• 多倍体如六倍体的小麦（17GB）和火炬松（一种松柏科植物，其基因组达23.2GB；Neale等，2014）的基因组序列已被测定。

基因组测序计划的简要年表

完成数百个基因组测序项目的进程很快，我们期待在未来其速度会有进一步的提升。接下来我们将按照时间顺序为这些事件提供一个框架。当1995年第一个细菌基因组的测序完成时，只有相对较少的相关基因组序列可用于比较。现在随着成千上万的完整基因组（包括细胞器基因组）序列被测定，我们能够更好地注释和说明这些基因组序列的生物学意义。

噬菌体MS2基因组的RefSeq编号为NC_001417.2，SV40的RefSeq编号为NC_001669.1。

1976—1978：第一个噬菌体和病毒的基因组

噬菌体是感染细菌的病毒。Fiers等在1976年报道了第一个噬菌体MS2的基因组。这个基因组含有3569个碱基对，只编码4个基因。Fiers等在1978年报道了第二个完整的病毒基因组Simian Virus 40（SV40），这个基因组包含5224个碱基对，编码8个基因（其中7个基因编码蛋白质）。

你可以通过https://www.ncbi.nlm.nih.gov/genome（链接15.15）或者通过NCBI的主页访问NCBI的基因组页面。选择所有数据库，然后选择基因组。

桑格和他的同事们也对噬菌体φX174基因组进行了测序（Sanger等，1977a），他们发明了一些DNA测序的方法，如双脱氧核苷酸链终止法（Sanger等，1977b）等。噬菌体φX174含有5386个碱基对，编码11个基因（见GenBank序号NC_001422.1）。该病毒基因组的NCBI Nucleotide和Genome条目的描述见图15.5。在当时，最令人惊讶的是以不同阅读框转录出的重叠基因的存在是之前没有被预料到的。

1981：第一个真核生物细胞器基因组

人类线粒体是第一个被测序的细胞器全基因组（Anderson等，1981）。该基

(a) NCBI 核苷酸图形视图

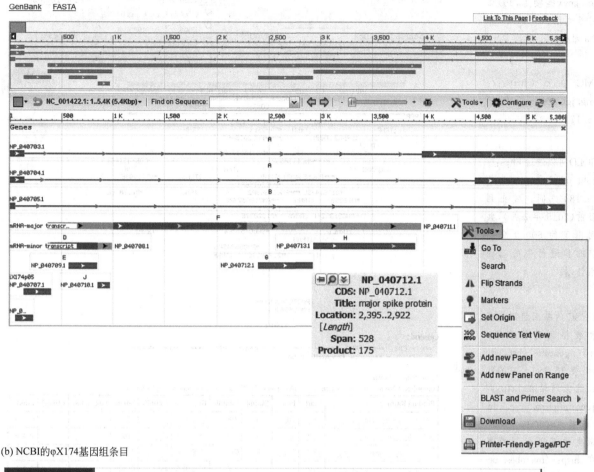

(b) NCBI的φX174基因组条目

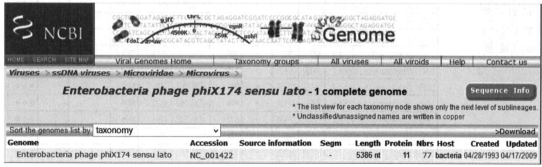

图 15.5　NCBI 上噬菌体 φX174 数据。（a）这个核苷酸记录以图形方式显示，索引号为 NC_001422.1。提供了预测的开放阅读框（ORF）的总览。鼠标移动到条目处，可以显示主要 spike 蛋白的信息。同时也展示了工具菜单的不同选择。（b）NCBI 基因组记录包括编号、长度、蛋白质数量（11）、相邻序列（$n=77$）和宿主物种

因组的特征是含有极少量的非编码 DNA。绝大多数的后生动物（也就是多细胞动物）的线粒体基因组为 15～20kb（千碱基）的环状基因组。人类线粒体基因组拥有 16595 个碱基对，编码了 13 种蛋白质、2 种核糖体 RNA（rRNA）和 22 种转运 RNA（tRNA）。人类线粒体基因组相关信息可通过 NCBI Genome 站点获得（图 15.6）。所有的线粒体基因的 DNA 及对应的蛋白质序列可通过图或表格形式获取。

我们会在第 20 章和 21 章讨论人类线粒体基因组。它的登记号为 NC_012920.1（剑桥参考序列修正版）。

通过 http://genome.jgi.doe.gov（链接 15.16）访问基因组入口（Genome Portal）。

IMG 在线（https://img.jgi.doe.gov，链接 15.17）

GOLD 可以通过 https://gold.jgi.doe.gov（链接 15.18）访问。截止到目前（2015 年 2 月），共列出了约 60000 个完整的和进行中的基因组计划。

UCSC 的基因组浏览器和表格浏览器在 http://genome.ucsc.edu（链接 15.19）。它的欧洲镜像网站在 http://genome-euro.ucsc.edu（链接 15.20）。UCSC 微生物基因组浏览器在 http://microbes.ucsc.edu（链接 15.21），古细菌基因组在 http://archaea.ucsc.edu（链接 15.22）。

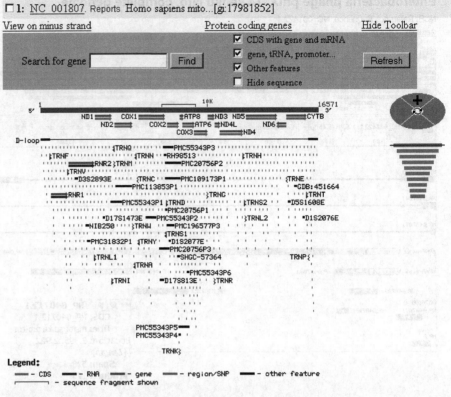

图 15.6 NCBI 基因组包括含线粒体基因组在内的，完整的细胞器基因组入口。线粒体基因组通常含 13 或 14 个蛋白质编码基因。可以获得 FASTA 格式的蛋白质序列，作为多重序列比对或蛋白质簇。在这里列出了人类参考线粒体基因组（rCRS/Mitomap 序列 NC_012920.1；16569bp 的环状基因组）

[来源：NCBI Genome, NCBI]

目前已有近 5000 个线粒体全基因组序列。表 15.3 列出了其中一些，包括一些异常大的个例。拟南芥的线粒体基因组很大（367kb），而其他一些植物的线粒体基因组只是接近或超过了百万碱基。由此可见，线粒体基因组表现出巨大的多样性（Lang 等，1999）。分子系统发生方法表明线粒体来源于一种内共生 α-变形菌。

表 15.3 按大小排列的线粒体基因组。到 2015 年 3 月，约 5000 个多细胞（多细胞动物）细胞器基因组被测序，约 180 个真菌和约 125 种植物。请注意，人类线粒体基因组 NC_001807.4 已经被一个新的 rCRS/Mitomap 线粒体参考基因组 NC_012920.1 取代。对 Cambridge 参考序列的再分析见 http://www.mitomap.org/MITO-MAP/CambridgeReanalysis

界	物种	编号	大小/bp
真核生物	恶性疟原虫（疟原虫）	NC_002375.1	5967
后生动物（两侧对称动物）	秀丽隐杆线虫（线虫）	NC_001328.1	13794
植物（绿藻门）	莱茵衣藻（绿藻）	NC_001638.1	15758
后生动物（两侧对称动物）	小鼠	NC_005089.1	16299
后生动物（两侧对称动物）	黑猩猩（黑猩猩属）	NC-001643.1	16554
后生动物（两侧对称动物）	人	NC_012920.1	16569
后生动物（刺细胞动物）	绣球海葵（海葵）	NC_000933.1	17443
后生动物（两侧对称动物）	黑腹果蝇	NC_001709.1	19517
真菌（子囊菌门）	粟酒裂殖酵母	NC_001326.1	19431
真菌	白色念珠菌	NC_002653.1	40420
真核生物（不等鞭毛类）	*Pylaiella littoralis*（褐藻）	NC_003055.1	58507
真菌（壶菌门）	根生壶菌属 sp.136	NC_003053.1	68834
真核生物	*Reclinomonas americana*（原生生物）	NC_001823.1	69034
真菌（子囊菌门）	酿酒酵母	NC_001224.1	85779
植物（链形植物）	拟南芥	NC-001284.2	366924
植物（链形植物）	玉米（corn）	NC_008332.1	680603
植物（链形植物）	鸭茅状摩擦禾	NC_008362.1	704100
植物（链形植物）	西葫芦	NC_014050.1	982833

来源：NCBI 基因组，NCBI（http://www.ncbi.nlm.nih.gov/Genomes/）

1986：第一个叶绿体基因组

第一个被报道的叶绿体基因组是烟草 *Nicotiana tabacum*（Shinozaki 等，1986），之后是苔类植物地钱 *Marchantia polymorpha*（Ohyama 等，1988）。大多数植物的叶绿体基因组大小为 60000～200000bp。Kua 等（2012）比较了 174 个叶绿体基因组，描述了发生在反向重复区域的复制事件，这一现象出现在大量的海藻叶绿体中，甚至在高度精简的寄生兰基因组也会出现。

> 在 https://www.ncbi.nlm.nih.gov/genomes/ORGANELLES/organelles.html（链接 15.23）上可以获取细胞器基因组相关信息。

> 为了与病毒基因组或细胞器基因组相区分，我们将细菌基因组描述为"自由的活体"的衍生物。病毒（16 章）处于对生命的定义的边界上，细胞器基因组衍生于失去独立生活能力的细菌。

真核生物中还有其他类似叶绿体的细胞器。顶复门的单细胞原生动物寄生虫，如弓形虫 *Toxoplasma gondii*（表 15.4），有较小的质体基因组，目前 NCBI 列出了其中超过 400 个。

表 15.4 叶绿体基因组选集

物种	常用名	编号	大小/bp
拟南芥	拟南芥	NC-000932.1	154487
蓝隐藻	红藻	NC-000926.1	121524
地钱	地钱/苔藓	NC-001319.1	121024
烟草	烟草	NC-001879.2	155943
水稻	水稻	NC-001320.1	134525
紫菜	红藻	NC-000925.1	191028
弓形虫	顶复门原虫	NC-001799.1	34996
玉米	玉米	NC-001666.2	140384

我们会在第 19 章的植物部分讨论叶绿体和其他质体。

1992: 第一个真核生物染色体

第一个真核染色体在 1992 年被测序：亦即出芽酵母酿酒酵母 *S. cerevisiae*（Oliver 等，1992）的 3 号染色体。测出来 DNA 序列大小为 315kb，预测了 182 个开放阅读框（对应于超过 100 个氨基酸的蛋白质）。在这鉴定出的 182 个开放阅读框中，只有 37 个对应到先前已知的基因，29 个表现出与已知基因的相似性。我们会在第 18 章研究该基因组。

生殖道支原体 *M. genitalium* 的登记号为 NC_000908.2，基因组大小为 580076bp。

1995: 自由活体的全基因组

流感嗜血杆菌 RD *Haemophilus influenzae* Rd（Fleischmann 等，1995；NC_000907.1）是第一个完成基因组测序的自由活体。其基因组大小为 1830138bp（亦即 1.8Mb 或 1.8 百万碱基对）。基因组研究所采用全基因组散弹测序技术以及序列组装策略（见下文"基因组装的四种方法"）完成了该生物体的测序。

在 NCBI 中研究该基因时，进入 Genome 页面并且点击"browse by organism"。输入该细菌的名称将会生成相关链接，如谱系、相关细菌的树状图、相关的"BioProjects"，以及出版物。

1995 年底，人们获得了第二个细菌的全基因组 DNA 序列，即生殖道支原体 *Mycoplasma genitalium*（Fraser 等，1995）。值得注意的是，这是已知的自由活体基因组中最小的一个（我们会在第 17 章介绍几个较小的基因组）。

1996: 第一个真核生物基因组

第一个真核生物酿酒酵母（一种酵母；见第 18 章；Goffeau 等，1996）的全基因组在 1996 年完成测序，这项工作由来自欧洲、北美和日本的 100 个实验室的超过 600 个研究人员合作完成。

在 1996 年，基因组研究所（The Institute of Genomic Research，TIGR）的研究人员报道了第一个古细菌 *Methanococcus jannaschii*（Bult 等，1996）全基因组序列。首次为比较三界生命系统提供了机会，包括细菌、古细菌和真核生物的总体代谢能力。在线文档 15.3 列出了 1996 年完成的其他基因组测序。

1997: 大肠杆菌（*Escherichia coli*）

1997 年，两个古细菌的全基因组序列被报道（Klenk 等，1997；Smith 等，1997；在线文档 15.3）。在已报道的 5 个细菌基因组中，最为人熟知的是大肠杆菌（Blattner 等，1997；Koonin，1997），数十年来它都作为细菌学研究的模式生物。其 4.6Mb 大小的基因组编码了超过 4200 种蛋白质，其中有 38% 在当时功能未知。我们将在第 17 章对此做进一步探索。

1998: 第一个多细胞生物基因组

线虫 *Caenorhabditis elegans* 是第一个完成基因组测序的多细胞生物——尽管从技术上来讲，其测序工作仍未完成（因为关于存在 DNA 重复元件的问题很难被解决）。线虫的基因组序列为 97Mb，被预测编码了超过 20000 个基因（线虫基因测序协会，1998）。

到 1998 年，完成测序工作的古细菌基因组又增加了 2 个，总共达到了 4 个（在线文档 15.3）。同年，又有 6 个细菌基因组完成测序。在 20 世纪导致数千万人死于斑疹伤寒的 α-变形菌 *Rickettsia prowazekii* 的基因组序列与真核生物线粒体基因组十分接近（Andersson 等，1998）。

1999: 人类染色体

1999 年，人类第 22 号染色体常染色质部分的序列被报道（在线文档 15.3；Dunham 等，1999）。这是第一条大体上被完整测序的人类染色体。我们会在第 20 章讨论人类的每一条染色体。

我们在第 19 章讨论这些和其他真核生物基因组。

2000：果蝇、植物和人类 21 号染色体

2000 年，黑腹果蝇 *Drosophila melanogaster* 和拟南芥 *A. thaliana* 的全基因组序列被报道，至此，真核生物基因组数量增加到 4 个（另外两个是酵母和线虫；在线文档 15.3）。果蝇的序列由来自 Celera Genomics 以及伯克利果蝇基因组计划（Berkeley Drosophila Genome Project，BDGP；Adams 等，2000）的科学家测得，其拥有接近 14000 个蛋白质编码基因（根据当前的 Ensembl 注释）。拟南芥 *Arabidopsis* 是十字花科中的一种塔勒水芹。其紧凑的基因组是研究植物基因组的模型（Arabidopsis Genome Initiative，2000）。

同样在 2000 年，第二条人类染色体序列被报道，亦即人类第 21 号染色体（Hattori 等，2000）。这是人类常染色体中最小的一条，该染色体的一个额外拷贝会造成唐氏综合征，这是有关智力缺陷最常见的遗传原因。

与此同时，细菌基因组的测序工作持续进行，并且被发现了很多令人惊讶的性质。细菌性脑膜炎的致病菌——脑脊髓膜炎双球菌 *Neisseria meningitidis* 的基因组包含了数百个重复元件（Parkhill 等，2000；Tettelin 等，2000）。这种重复现象在真核生物中更加典型。铜绿假单胞菌（*Pseudomonas aeruginosa*）的基因组大小为 6.3Mb，是当时已测序的最大的细菌基因组（Stover 等，2000）。

我们在第 17 章讨论水平基因转移。

古细菌中的嗜酸热支原体 *Thermoplasma acidophilum* 的基因组完成了测序（Ruepp 等，2000）。这种生物在 59℃ 及 pH2 的环境中最为活跃。值得注意的是，它和硫黄矿硫化叶菌 *Sulfolobus solfataricus* 之间发生了广泛的水平基因转移，后者是也是一种古细菌，它们在系统发生关系上远源相关，但是在煤堆这个生存环境中占据了相同的生态位。

2001：人类基因组序列草图

有两个组织公布了已完成的人类基因组草图，即国际人类基因组测序联盟（International Human Genome Sequencing Consortium)(2001) 以及由 Celera Genomics 领导的一个组织（在线文档 15.3；Venter 等，2001）。这两份报告得出相同的结论，即基因组中包含了 30000~40000 个蛋白质编码基因——一个出人意料的小的数字。后来，人类基因数目被估计在 20000~25000 个（国际人类基因组测序联盟，2004），目前，Ensembl 的估计结果为约 20300 个。人类基因组序列分析对人类生物学研究的各个方面都有重要意义。

我们持续不断地从完成测序的细菌基因组上发现了有趣的特征。肺支原体 *Mycoplasma pulmonis* 的鸟嘌呤-胞嘧啶（GC）含量是描述过的最小 GC 含量之一，亦即 26.6 %（Chambaud 等，2001）。麻风病的致病菌——麻风分枝杆菌 *Mycobacteriumleprae* 的基因组经历了大规模的基因衰减，编码基因只占基因组的一半（Cole 等，2001）。出血性巴斯德杆菌 *Pasterurella multocida* 基因组分析表明，变形菌门 γ 分支的演化辐射发生在大约 6.8 亿年前，形成了流感细菌 *H. influenzae*、大肠杆菌 *E. coli* 以及其他致病性革兰氏阴性菌（May 等，2001）。苜蓿中华根瘤菌 *Sinorhizobium meliloti* 的基因组包含一个环状染色体以及两个额外的巨型质粒（Galibert 等，2001）。这三个元件加起来共 6.7Mb，丰富了我们对细菌基因组结构多样性的认知。

隐藻是一种藻类，其拥有一个嵌套结构，亦即一个真核细胞（具有细胞核的红藻）嵌套在另外一个细胞中（见图 19.9）。这种独特的结构源于发生在两个生物体之间的演化融合事件。红藻的细胞核称为类核体，是目前已知的真核基因组中基因最为密集的。其基因组被测序（Douglas 等，2001）并被发现具有存在极短的非编码区域的密集结构（每 977bp 有一个基因）。

2002：基因组测序地不断完成

2002 年，又有数十个微生物基因组完成测序。在真核生物中（在线文档 15.3），发现裂殖酵母 *Schizosaccharomyces pombe* 拥有最少的蛋白质编码基因（4824 个基因；Wood 等，2002）。疟疾寄生虫恶

性疟原虫 *Plasmodium falciparum* 及其宿主冈比亚按蚊 *Anopheles gambiae* 的基因组被报道（Holt 等，2002）。另外，啮齿疟疾寄生虫约氏疟原虫 *Plasmodium yoelii* 的基因组被测定出来，并与恶性疟原虫 *P. falciparum* 的基因组作了比较（Carlton 等，2002）。

2003： HapMap

人类基因组计划完成于 2003 年，正值 1953 年 Watson、Crick 报道 DNA 双螺旋结构 50 周年之际。这一年，国际人类基因组单体型图计划（International HapMap Consortium）发起了一个项目，欲对人类基因组中常见的 DNA 序列变异模式进行分类。我们会在第 20 章中描述这一项目丰富的成果。从某种程度上来讲，它很有意义，因为我们的研究重点从人类在生命树上的位置（相较于小鼠、线虫和植物等物种）转移到了出现在人类这个物种内部的遗传和基因组的差异。

2004： 鸡、大鼠和已完成测序的人类基因组

红原鸡 *Gallus gallus*，更常被称为鸡，在约 3.1 亿年前与人类享有最近共祖，并且是恐龙的后代。红原鸡的基因组测序结果（International Chicken Genome Sequencing Consortium，2004）揭示了其和人类基因组序列间很多惊人的相似之处（如与人之间长的保守共线区，以及两个物种间高度保守的编码区及非编码区），以及值得关注的基因组差异（如，逆转座假基因的含量相对较少）。大鼠的基因组同样提供了丰富的信息，尤其是使得我们能够对大鼠、小鼠、人类的基因组做三方比较（Rat Genome Sequencing Project Consortium，2004）。

国际人类基因组测序联盟（2004）报道了人类基因组常染色质部分的序列草图。其包含了 341 个空位和 1/100000bp 的小的误差率。这个组装序列对应于 GRCh35，后续版本有 GRCh36（2006）、GRCh37（2009）和 GRCh38（2013）。

2005： 黑猩猩、狗、国际人类基因组单体型单体型图计划第一阶段

黑猩猩 *Pan troglodytes* 的基因组被报道（Chimpanzee Sequencing and Analysis Consortium，2005），这些猿类属于同人类亲缘关系最近的物种，两者基因组序列之间相对极小的差异使我们得以瞥见人类的形成。同年，Lindblad-Toh 等人报道了狗的基因组序列，其大小为 4.4Gb，由 38 对常染色体和 2 条性染色体组成。很多品种的狗对一些影响人类的疾病易感，而基因组测序促进了相关的比较研究。

国际人类基因组单体型图计划（2005）公布了其第一阶段发现，亦即描绘了分布在数个地理人群中的一百多万个单核苷酸多态位点 SNPs，并且包括了对应的等位基因频率分布。

2006： 海胆、蜜蜂、 dbGap

这一年的工作亮点包括对蜜蜂基因组（Honeybee Genome Sequencing Consortium，2006）和海胆（Sea Urchin Genome Sequencing Consortium 等，2006）的分析。国家卫生研究所（National Institutes of Health，NIH）开发了基因型与表型数据库（dbGaP；Mailman 等，2007）。dbGap 已成为主要的单核苷酸多态性（SNP）与序列数据资源库。

2007： 恒河猴、第一个个人基因组、 DNA 元件百科全书试验阶段

公共组织（以 NIH 为主导）在对人类基因组进行测序时同时利用了多个匿名捐赠者的 DNA 序列，私立机构 Celera genomics 则是主要依赖于来自 J. CraigVenter 个人的 DNA。2007 年，Venter 的基因组成为第一个完成测序的个人基因组（Levy 等，2007）。尽管当时已经有了二代测序技术，该研究还是基于 Sanger 测序技术得到的更长的读段。同年，恒河猴的基因组完成测序（Rhesus Macaque Genome Sequencing and Analysis Consortium 等，2007），DNA 元件百科全书（ENCODE）计划联盟等（2007）公布了其关于人类基因组 1% 的发现（第 8 章）。

2008： 鸭嘴兽、第一个癌基因组、第一个基于二代测序技术的个人基因组

2008 年，James Watson（Wheeler 等，2008）的基因组报告、一个亚洲人的基因组报告（Wang 等，

2008）以及一个癌基因组报告（Warren 等，2008）开启了基于二代测序技术的个人基因组测序时代。鸭嘴兽的基因组被报道（Warren 等，2008），值得注意的是，其兼具了爬行动物（如产卵）与哺乳动物（如雌性哺乳期）的特征。这些基因组序列为哺乳动物的比较分析提供了重要资源。

2009: 牛、第一个人类甲基化图谱

对牛基因组进行测序有利于从遗传水平上提高肉和奶的产量（牛基因组测序分析联盟，Bovine Genome Sequencing and Analysis Consortium 等，2009）。人类甲基化图谱在 2009 年被描绘出来（Lister 等，2009）。DNA 甲基化是一种可遗传的表观修饰现象，通常发生在 CpG 二联核苷酸上，异常的甲基化模式与疾病相关联。

2010: 千人基因组试验阶段、尼安德特人（Neandertal）

于 30000 年前灭绝的尼安德特人是与人类亲缘关系最近的原始人类。Green 等（2010）报道了尼安德特人的序列草图。令人惊讶的是，欧洲人与亚洲人的祖先与尼安德特人共享了高达 3% 的基因组变异，而非洲人的祖先却没有。发生在尼安德特人与由非洲往北迁的早期人类之间的杂交繁殖也许可以解释这一现象。

国际人类基因组单体型图计划第 3 期联盟等（2010）将研究范围扩大到横跨世界的 11 个地理种群，对来自这些群体的超过 1100 个个体的基因组 SNPs 进行了描绘。同年，千人基因组计划联盟等（2010）报道了基于二代测序技术发现的常见变异，包括约 1500 万个 SNP、100 万个短的插入缺失以及 20000 个结构变异。我们会在第 20、第 21 章对他们的研究发现进行讨论。

2011: 未来基因组愿景

Eric Green（美国人类基因组研究所主管）及其同事对基因组研究的五个领域进行了展望（Green 和 Guyer，2011）。分别是：①认识基因组结构，1990～2003 年人类基因组研究计划已完成大部分工作。②认识基因组生物学，2004～2010 年期间已开展了大量研究。③认识疾病生物学，计划到 2020 年或更长的时间完成。④促进医学研究。⑤提高医疗保健效率。

2012: 丹尼索瓦人基因组、倭黑猩猩、千人基因组计划

与人类亲缘关系最近的两个灵长类物种是黑猩猩（*Pan troglodytes*）和倭黑猩猩（*Pan paniscus*）。Prüfer 等（2012）报道了倭黑猩猩的基因组，他们发现人类基因组的某些部分与这两种灵长类密切相关。除了尼安德特人，人类与已灭绝的丹尼索瓦人在亲缘关系上也相近。Meyer 等（2012）报道了第一个丹尼索瓦人基因组。千人基因组联盟（2012）报道了来自 14 个种群的 1092 个人类基因组的遗传变异。

2013: 最简单的动物和一匹 70 万年前的马

栉水母动物门是最简单的动物，包括栉水母、海核桃和海醋栗。Baxevanis 和他的同事们描述了梳状栉水母（*Mnemiopsis leidyi*）的基因组，发现其谱系在早期与其他动物分支发生分歧（Ryan 等，2013）。Orlando 等（2013）对一个迄今为止最古老的基因组进行了测序。这个基因组来自于一匹马的足骨（可以追溯到 56 万～78 万年前的中更新世）。

2014: 小鼠 DNA 元件百科全书、灵长类、植物和古代原始人类

2014 年，小鼠 DNA 元件百科全书联盟报道了其对小鼠基因组内的 DNA 元件的研究（Yue 等，2014），对人类 DNA 元件百科全书计划做了补充说明。Carbone 等（2014）报道了长臂猿的基因组。Dohm 等（2014）描述了甜菜（一种双子叶植物）的基因组，Myburg 等（2014）报道了阔叶桉树的基因组。

古代原始人类的基因组序列陆续被测定，这包括一个来自蒙大拿州的晚更新世的人类（Rasmussen 等，2014），一个来自西伯利亚人的 4.5 万年前的人类（Fu 等，2014）和一个上旧石器时代的西伯利亚人（Raghavan 等，2014），一个尼安德特女性的基因组（她的父母有可能是半手足，Prüfer 等，2014）。

2015: 非洲的多样性

人类大量的遗传多样性由非洲个体贡献。非洲基因组变异计划（The African Genome Variation Project）报道了来自 1481 个非洲人的基因型以及来自非洲撒哈拉沙漠以南的 320 个个体的全基因组序列（Gurdasani 等，2015）。

一项全基因组关联研究（GWAS，第 21 章会做介绍）对约 33.9 万个体进行了肥胖研究（Locke 等，2015），另外一篇姐妹文献研究了与体脂分布相关的遗传位点（Shungin 等，2015）。这两篇文献都涉及了超过 400 位作者和数以千计的合作者。

Neafsey 等（2015）对来自 3 个大陆的 16 只疟蚊的基因组和转录组进行了测序与组装，这些序列信息反映了 100 年的演化历史，并且表现出与果蝇不同的基因组变异速率。

上述都是目前已经开展了的数以千计的基因组计划中的某些例子，接下来，我们将介绍不同类型的计划以及在其研究过程中基因组序列是如何被组装并注释的。

15.4 基因组分析计划：介绍

我们按时间先后顺序回顾了已完成的基因组计划。关于基因组测序我们主要考虑三个方面：序列生成、组装（利用所有的读段生成一个横跨染色体的 DNA 序列模型）、注释（识别 DNA 特征序列，如基因、调控区域、重复元件）。

通过 http://www.jgi.doe.gov/programs/GEBA（链接 15.25）访问 GEBA。

首先，关于基因组测序有很多要考虑的问题。对哪些基因组进行测序？这些基因组有多大？执行哪一种测序策略？随着我们从问什么样的问题以及利用哪些工具来解决这些问题中不断学习，序列分析的目的也在不断演变。表 15.5 大致列出了四个主要的基因组分析计划。

表 15.5 基因组测序的应用

用途	模版	例子
重头测序	基因组测序	对超过 1000 个流感病毒基因组测序
	古 DNA	已灭绝的尼安德特人基因组
	宏基因组	人类肠道
重测序	全基因组	个人基因组
	基因组区域	基因组重排或疾病关联区域的评估
	体细胞突变	测定癌细胞内突变
转录组	全长转录本	定义调控信使 RNA 转录本
	非编码 RNAs	识别与定量样本内的 microRNA
表观遗传学	甲基化水平变化	测定癌细胞内甲基化水平的变化

① 重头测序涉及测定一个个体的 DNA 序列，上面按时间先后顺序描述的部分正是重头测序。越来越多的基因组重头测序计划实施起来，而两类专门的测序计划最近也发展起来，分别是古 DNA 测序（通常来自已灭绝生物体）和宏基因组学（对一个特定环境内的多个生物体基因组进行采样分析，如人类肠道或者海洋区域）。

② 对一个基因组进行重测序使不同个体间的变异得以评估。例如，James Watson（DNA 双螺旋发现者之一）和 J. Craig Venter（基因组测序先驱）的基因组序列在 2008 年完成测定。当前（2015 年早期）大概有超过 10 万个外显子组已被测序，并且一个重要的测序中心（在 Broad Institute，见下面的"基因组测序中心"）每 30min 可以完成一个完整的人类基因组测序。重测序的应用包括评估疾病相关的基因组变异区域，对多个人的全外显子进行测序，或对与癌症相关的大型基因集合进行测序。

③ RNA-seq（第 11 章）利用二代测序技术测量 mRNA 转录本水平或其他类型的 RNA。

④ 表观遗传学指 DNA 序列每一个位点上除四个碱基变化以外的可遗传性改变。表观遗传变化包括 DNA 或染色质的甲基化修饰（在 CpG 二核苷酸的胞嘧啶残基上额外添加甲基团）并且/或者组蛋白的翻译后修饰。高通量测序可以用来评估一个基因组的甲基化水平。

HMP 网址：http://www.hmpdacc.org（链接15.24），我们会在第17章对其进行深入探讨。

大规模的基因组学计划

随着人类基因组计划的完成，二代测序技术也快速发展。多个大规模的基因组计划因此出现。

• 以人为中心的基因组计划包括千人基因组计划、人类单体型图计划、DNA 元件百科全书（见第 8 章和第 20 章）以及疾病导向的基因组计划（表 15.6）。

表 15.6　大规模人类基因组测序计划（进行中的提名的）

项目	网址	目标
千人基因组计划	http://www.1000genomes.org/	寻找人群中频率大于 1% 的遗传变异
国际癌症基因组联盟（ICGC）	http://www.icgc.org/	给 50 种癌症类型的肿瘤突变分类
英国万人基因组计划	http://www.sanger.ac.uk/about/press/2010/100624-uk10k.html	测序 10000 个英国个人基因组
100,000 基因组计划	http://www.genomicsengland.co.uk/	测序 10 万个英国个体基因组
自闭症基因组万人计划	http://autismgenome10k.org/	测序 1 万个自闭症患者基因组
个人基因组计划	http://www.personalgenomes.org/	测序 10 万个个人基因组

• 人类微生物组计划（Human Microbiome Project）研究寄生在人体内的细菌及古细菌（人类微生物组计划联盟；2012a，b）。

• 细菌和古细菌基因组百科全书（Genomic Encyclopedia of Bacteria and Archaea，GEBA）研究这两个域里面的生命的多样性。

• 对于非人类物种，已经开展了对大量株系、近交系和相关生物体的测序计划（表 15.7）。百万突变计划（Million Mutation Project）对 2000 个秀丽线虫（C. elegans）诱变株系进行测序，获得了近百万个单核苷酸变异和小片段插入缺失（Thompson 等，2013）。

表 15.7　大规模的模式生物测序计划（正在进行中的计划和提案）

项目	网址	目标
1001 基因组计划	http://www.1001genomes.org/	寻找 1001 个拟南芥株系中的全基因组序列变异
基因组 10K 计划	https://genome10k.soe.ucsc.edu/	对 1 万种脊椎动物基因组进行序列组装
果蝇遗传参考	http://dgrp2.gnets.ncsu.edu/	对果蝇的 192 个近交系进行基因组测序
1000 真菌基因组计划	http://1000.fungalgenomes.org/home/	对 1000 个真菌基因组进行测序
小鼠基因组计划	http://www.sanger.ac.uk/resources/mouse/genomes/	对 17 个小鼠品系的基因组进行测序
百万突变计划	http://genome.sfu.ca/mmp/	秀丽隐杆线虫

进行测序的基因组的选择标准

选择对哪个基因组进行测序取决于几个主要因素。技术进步带来测序成本的下降，基因组测序中心在新的尝试中不断累积经验，这些都使得基因组的选择标准随着时间而发生改变。美国国家卫生研究院的 NHGRI 研究所提供了一套标准，这些标准涵盖的项目包括研究比较基因组进化、调查人类基因组结构变异、注释人类基因组以及开展医学测序等。测序对象的选择程序包括提交研究计划（"白皮书"，可通过 NHGRI 网站获得）以及研究团队，后者能帮助确定优先级。

国家人类基因组研究所大规模基因组测序项目描述见 http://www.genome.gov/10001691（链接 15.26），白皮书列表以及测序对象可以从 http://www.genome.gov/10002154（链接 15.27）获得。

基因组大小

对于一个微生物基因组来说，通常其基因组大小为数百万碱基（也就是几百万碱基对）。目前，一个独立的实验室就拥有资源来完成整个项目。譬如，一个小型的 MiSeq（Illumina 公司）台式测序仪在一次运行中便可以产生数十亿的碱基对（千兆碱基对）。对于大的基因组来说（通常针对真核生物），经常需要国际合作来共同努力完成。

图 15.7 对不同基因组大小作了一个图形概览。病毒的基因组大小变化范围在 1 到令人震惊的 250 万碱基（第 16 章）。对于单倍体生物，如细菌（第 17 章），基因组大小（或者 C 值）是基因组总的 DNA 含量。大多数细菌基因组大小范围在 50 万碱基对（生殖支原体 *M. genitalium*，我们会在第 17 章讨论一些更小的细菌基因组）到约 15Mb（当前已测序的最大细菌基因组纤维素堆囊菌 *Sorangium cellulosum*，大小为 14.8Mb）。

访问 http://www.ge-nome.gov/10000368（链接 15.28）阅读 NH-GRI 基因组技术方案(the NHGRI Genome Technology Program）的相关内容。

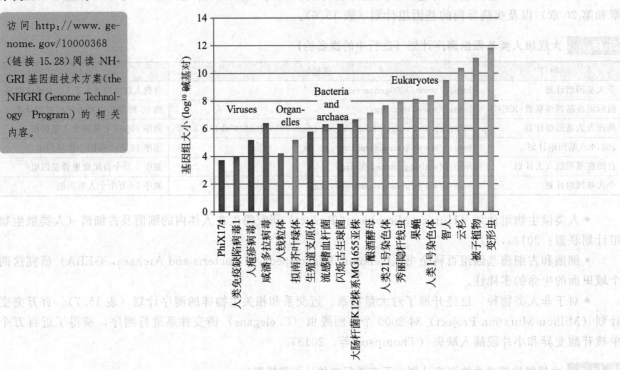

图 15.7 比较不同基因组大小。病毒基因组大小变化范围在小于 10000bp 到大于 2.5Mb。相比于现今的细菌，源自古代的细菌内共生体的细胞器基因组大小减小了。细菌和古细菌基因组大小通常为 2～5Mb，而这里面小的基因组只有 580000bp（生殖道支原体 *M. genitalium*，拥有 470 个蛋白质编码基因）或更小；大的细菌基因组（如蓝藻）则超过了 13Mb。对于真核生物基因组，其大小变化范围从 8Mb 的真菌到 686Gb 的变形虫。这被称为 C 值悖论（见第 8 章）。C 值是基因组内 DNA 含量总和，而悖论指真核生物的复杂性和其基因组 DNA 含量的关系

对于二倍体或多倍体生物，基因组大小为未加倍的单倍体基因组（如精细胞核基因组）的 DNA 含量。在真核生物中，基因组大小跨度可高达约 75000 倍，如一些真菌的基因组大小为 8Mb，一些变形虫的基因组大小为 686Gb（千兆碱基对）。所谓的 C 值悖论指一些具有极大 C 值的生物在形态学上简单，并且有可能蛋白质编码基因的数量也只是处于中等水平。我们会在第 18 章讨论这个 C 值悖论。

成本

近年来，测序成本急剧下降（图 9.3）。国际合作组织在绘制人类基因组序列草图时，全球总的花费约为 3 亿美元（把开发成本包含在内则为 300 亿美元）。然而，在 2006 年，完成另一个灵长目动物恒河猴的基因组序列草图的成本为 2200 万美元。到了 2008 年，基于 Sanger 测序技术对一个人类基因组进行测序的成本为 100 万～1000 万美元，尽管对 Venter 的基因组测序花费了约 7 千万美元。国家人类基因组研究所（NHGRI）的明确目标是促进测序技术的发展以降低个人基因组的测序成本至 1000 美元。目前，全外显子组测序成本已经接近于此。在 2014 年，Illumina 公司研发了一款测序仪器（the HiSeq X Ten），一些大型的测序中心能够以超过 1 千万美元的价格购买并运行，当这台仪器满负荷运行时，每产生一个人类

基因组序列的成本低于 1000 美元。

与人类疾病的相关性

所有的基因组项目都会产生关于一个生物体如何发生疾病和（或）对疾病的易感情况等信息。例如，通过对黑猩猩进行测序，我们可以了解到为什么这些动物对一些影响人类的疾病并没有表现出易感性，如疟疾和艾滋病。我们会在第 21 章讨论人类疾病基因组相关内容，在第 16～19 章研究系统发生树上所有生命体的疾病相关性。

与基础生物学问题的相关性

每一个基因组都是独特的，对基因组进行分析使得我们能够回答关于进化和基因组结构的一些基础问题。例如，鸡提供了一个非哺乳脊椎动物系统，是在发育研究中被广泛应用的生命系统。对原生动物基因组的分析能够阐释真核生物的进化历史。

与农业的相关性

对鸡、牛、蜜蜂的基因组序列分析有望以多种方式使农业受益，如帮助制定保护这些生物免遭疾病的策略。到 2050 年，世界上有 90％的人口将生活在发展中国家，在这些地方，农业是最主要的生产活动。面对这样的现实，Raven 等（2006）建议基因组研究计划应该向有利于资源匮乏的农民的方向倾斜。

对一个物种内的一个还是多个个体测序

为了确定变异并将基因型与表型关联起来，测定一个物种内多个个体的全基因组序列是很重要的。以人为例（第 20 章），国际人类单体型图计划与千人基因组计划对来自多个地理（种族）背景的男性、女性个体的基因组 DNA 进行了测序和基因分型。多个真核生物基因组计划都对其中一个个体进行了深度测序，而其他个体基因组的覆盖度则较低。

病毒会快速产生大量的 DNA 变异，如人类免疫缺陷病毒（HIV-1 和 HIV-2），因此，对数以千计的独立的病毒分离株系进行测序是必要的（第 16 章）。这是可以实现的，因为病毒的基因组非常小（<10kb）。在很多情况下，对不同细菌株系的比较分析揭示了为什么其中一种对人类无害而另一种却有高致病性。对通常寄生在人肠道内的大肠杆菌无害株系和其他能引起严重疾病甚至致死的株系已经有了类似研究（第 17 章）。

比较基因组学的应用

比较基因组学涉及到对来自多个物种或某些情况下一个物种的多个个体的基因组序列进行比较分析。Miller 等（2004）对这一学科进行了综述并描述了基因组比较分析是如何帮助基因组注释（下文"基因组分析计划：注释"中有讨论）的，尤其是对基因及保守调控元件的预测。他们也讨论了比较基因组学对进化分析及功能的影响：通过对基因组的比较分析，我们可以确定那些处于正选择或者负选择的 DNA 片段（第 7 章）。

在不同进化距离上进行全基因组比较分析为多种基因组分析方法提供了强有力的技术支持（图 15.8，改编自 Miller 等，2004；Alföldi 和 Lindblad-Toh，2013）。进化足迹（Phylogenetic footprinting）是指对远缘相关的生物体进行基因组序列比较，如人与鱼、鸡、狗和啮齿类动物的比较。这种方法对于鉴定保守元件（经历负选择）尤其有用，同时强调了一个事实，也就是即便物种分歧了几万年，如人和鱼，其基因组仍然共享相对稀有的编码和非编码 DNA 片段。系统发生遮蔽法（Phylogenetic shadowing）是指对亲缘关系更近的物种进行比较，如在 600 万年前分歧的人与黑猩猩。近缘物种之间的比较使得我们能够识别出两个物种基因组之间有差异的区域，如经历正选择的基因。种群遮蔽法（Population shadowing）指从同一个物种内采取多个基因组以进行比较分析（如上文讨论过的对多个人类个体基因组进行重测序）。我们在第 16～20 章中都会应用比较基因组学方法来探索生命之树。

重测序计划

在研究人类个体间的基因组变异时，一个方法是对人类全基因组进行重测序（Bentley 的综述，2006）。已经有将近 10 万个人完成了全基因组重测序。这样的尝试的目标之一是为了指导医疗决策。而为了权衡成本的有效性，对特别感兴趣的部分基因组进行重测序不失为备选策略，如珠蛋白生成障碍性贫血

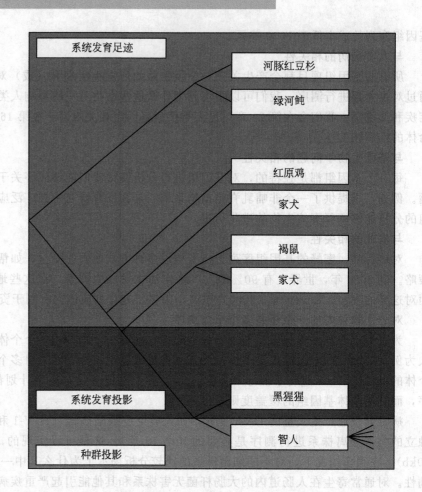

图 15.8 比较基因组学研究允许将一个基因组（如人类）与多种具有不同进化距离的基因组进行比较。在应用进化足迹分析方法时，基因组来自于发生分歧的时间相对久远的一些生物体，如鱼（东方鲀，*Tetraodon nigo-viridis*，在 4 亿年以前就与人类谱系发生分歧）、鸡（原鸡，*Gallus gallus*）、狗（家犬，*Canis familiaris*）、大鼠和小鼠（褐鼠，*Rattus norvegicus*；小鼠，*Mus musculus*）在 0.9 亿～1 亿年前与人类发生分歧。在应用系统发生遮蔽方法时，用来比较的基因组的亲缘关系更为接近。在应用种群遮蔽方法时，比较的多个基因组来自于同一个物种，这使得我们可以进行基因型-表型关联分析

[图像改编自 Miller 等（2004），经 Annual Reviews 授权转载]

病人的球蛋白基因座。另一个方法是对人类全外显子进行测序，也就是关注蛋白质编码区域，而不是占基因组 98％ 的非编码区域（包括内含子，基因间区和大段的重复 DNA）。

古 DNA 计划

访问 Taxonomy 主页（https://www.ncbi.nlm.nih.gov/taxonomy，链接 15.30），点击灭绝生物链接，可以查看关于灭绝生物体的 DNA 条目。到目前为止（2014 年 10 月）已经收录了 67 种哺乳动物、47 种鸟类、各种植物、蜥蜴、昆虫、两栖动物和两种恐龙（加拿大短冠龙 *Brachylophosaurus canadensis* 和雷克斯霸王龙 *Tyrannosaurus rex*.）的 DNA（或蛋白质）数据。

对古 DNA 的研究就让我们得以瞥见地球上的生命史。目前，从博物馆标本、化石以及其他来源的已灭绝生物体标本中分离基因组和（或）线粒体 DNA 是可能的。Svante Pääbo 是该领域的先驱，研究人员在这一领域必须应对一些特别的挑战（Pääbo 等，2004；Willerslev 和 Cooper，2005；Dabney 等，2013；Shapiro 和 Hofreiter，2014）：

• 古 DNA 通常会被核酸酶降解。因此，古 DNA 片段通常很小（100～500bp）。并且，核苷酸通常由于链断裂（由微生物或内源性核酸酶引起）、氧化[导致碱基碎片化和（或）产生脱氧核糖基团]、核苷酸交联或脱氨作用而发生损伤。已有很多策略被用来解决这些问题，包括对古 DNA 提取物进行多次独立的 PCR 和测序反应。古 DNA 偏好发生 C 到 T 和 G 到 A 的替换，在一个对 11 个欧洲洞熊的研究中表明了这一点（Hofreiter 等，2001）。

• 从古样本中分离出来的 DNA 来自无关的生物体，如在生物死后入侵其标本的细菌。

• 从古样本中分离出的 DNA 容易被现代人的 DNA 污染，应当采取一些特殊措施来最小化实验室或其他来源的人为污染。

• 必须采取大量标准来论证古 DNA 样本的真实性，包括采用合适的控制组提取物和阴性对照组；从每个标本中多次独立地分离提取物并分析；量化扩增的分子数量；鉴于古 DNA 碎片化的特征，期望出现扩增效率与扩增长度呈负相关关系。

尽管技术上存在挑战，古 DNA 分析领域仍然取得了巨大的进步。尼安德特人便是一个例子，该人种在 40 万至 3 万年前繁荣，并且是已知的与现代人亲缘关系最近的物种。已经从超过十二个尼安德特人化石中提取出线粒体 DNA 并进行测序。格林等（2006，2008）从一个发现于克罗地亚的具有 3.8 万年历史的尼安德特人骨骸化石中分离出基因组 DNA。他们重构了一个尼安德特人线粒体全基因组 DNA 序列，并追溯到尼安德特人与现代人谱系在 66 万±14 万年前分歧。

2010 年，Pääbo 和他的同事报道了一个尼安德特人的基因组序列草图（Green 等，2010），其他人（Prüfer 等，2014）也有相继报道。令人惊讶的是，与现代人进行比较的结果表明，欧洲人与亚洲人（不是非洲人）祖先与尼安德特人共享约 3% 的基因组信息，这可能是因为尼安德特人与从非洲迁出的欧亚人之间的杂交繁殖造成的。丹尼索瓦人（根据西伯利亚南部一个洞穴命名）是尼安德特人的一个已灭绝的近缘物种，它们与人类祖先发生了谱系混合形成现代人类（Meyer 等，2012）。现在的美拉尼西亚人 4%～6% 的基因组 DNA 来源于丹尼索瓦人（Reich 等，2010）。其他的古 DNA 计划包括对恐鸟（一种来自新西兰的不能飞的鸟，Cooper 等，2001）、猛犸象（Krause 等，2006）以及西伯利亚猛犸象 *Mammuthus primigenius* 毛干（Gilbert 等，2007）的线粒体基因组进行测序。对于所有的这些项目，一个现存的近缘基因组在很大程度上可以促进对已灭绝生物体的基因组的组装和注释（图 15.9）。NCBI Taxonomy 网站提供了能够从已灭绝生物获得的 DNA 序列的列表。尽管古 DNA 可以被提取，但古 RNA 和古蛋白质还没有被提取出来过。值得注意的一个例外是，Schweitzer 等（2007）基于免疫组化技术（利用制备的抗鸟胶原蛋白抗血清）和大规模质谱技术在雷克斯霸王龙（*Tyrannosaurus rex.*）化石中发现了细胞外基质中的胶原蛋白的印记。

UCSC 提供了尼安德特人基因组数据轨以及丹尼索瓦人数据轨。见 http://genome.ucsc.edu/Neandertal（链接 15.29）。

NCBI 提供了基因组测序中心列表（https://www.ncbi.nlm.nih.gov/genomes/static/lcenters.html，链接 15.33）。最大的测序中心网址包括 http://genome.jgi.doe.gov（JGI，链接 15.34）、http://www.jcvi.org（J. Craig Venter Institute，链接 15.35）和 http://www.broad.mit.edu（the Broad Institute，链接 15.36）。

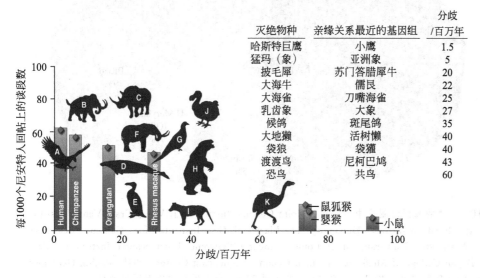

灭绝物种	亲缘关系最近的基因组	分歧/百万年
哈斯特巨鹰	小鹰	1.5
猛玛（象）	亚洲象	5
披毛犀	苏门答腊犀牛	20
大海牛	儒艮	22
大海雀	刀嘴海雀	25
乳齿象	大象	27
候鸽	斑尾鸽	35
大地獭	活树懒	40
袋狼	袋獾	40
渡渡鸟	尼柯巴鸠	43
恐鸟	共鸟	60

图 15.9　现存物种作为灭绝生物体基因组组装的参考序列的可利用性与它们的进化距离之间的关系。图中画出了 11 个灭绝生物体的基因组，每一个都可以测序（基于可取得的样本）。图中给出了与每一个已经灭绝的物种亲缘关系最近的现存基因组，同时列出分歧时间。以分歧时间（MYA）为 x 轴，回帖上的读段数目为 y 轴。随着进化距离的减少，回帖到参考基因组的短序列数目增加（蓝色柱状）[图片改编自 Shapiro 和 Hofreiter（2014），经许可转载]

宏基因组计划

地球上绝大多数的生物体是细菌和病毒。这些各种各样的生物体中，绝大多数（可能超过 99%）是不可培养的，这让对它们的研究变得异常困难。宏基因组学是对一个环境样本内的微生物进行基于序列的功能分析（Riesenfeld 等，2004；Hunter 等，2012）。关于各种环境样本都已经开展了基因组测序工作。我们会在第 16 章讨论病毒，第 17 章讨论细菌和古细菌，包括寄生在人体内的微生物组（人类微生物组计划联盟；2012a，b）。

宏基因组计划可以被分成两大类：基于环境的（也称生态）和基于生物体

可以访问 NCBI 的 BioProject 网址 https://www.ncbi.nlm.nih.gov/bioproject/（链接 15.31），按照项目属性浏览，项目数据类型选择宏基因组来浏览上面的宏基因组计划。目前有约 900 个项目，通常都可以链接到 GOLD。

的。基于环境的宏基因组计划研究的是一个生态点内的基因组水平的群落，如温泉、海洋、淤泥和土壤。例如，Robert Edwards 和他的同事（2006）从明尼苏达州一个富含铁的矿井的两个相邻位置获得了序列信息。主要基于 16S 核糖体 DNA 序列分析，意外地发现两个样本来自不同的细菌微生物群。

基于生物体的宏基因组计划研究的样本点包括人和小鼠的肠道、排泄物或肺等。例如，据估计，人的肠道包含的微生物的数量级在 $10^{13} \sim 10^{14}$ 个（Gill 等，2006）。

关于宏基因组计划的一个主要信息来源是 NCBI，包括 BioProject（Barrett 等，2012）。BioProject 汇集了数据集信息，对提交给 NCBI、EBI 和 DDBJ 数据库的项目数据进行了组织和分类。与之相关的 BioSample 数据库则存储了对相关生物材料的描述，包括从细胞系到活体组织切片到环境株系的各种类型。

宏基因组的另一个主要信息源是基因组在线数据库（GOLD；Liolios 等，2008），我们会在第 17 章进一步探索。

> GOLD 数据库列出了约 500 个研究和超过 4600 个样本，网址为 http://www.genomesonline.org（链接 15.32）。

15.5 基因组分析项目：测序

基因组测序中心

世界上各个测序中心都在进行大规模的测序项目。在 2001 年，20 个测序中心共同完成了人类基因组草图（见第 20 章）。这些测序中心同时由 NIH 和 EBI 支持。所有的这些测序中心也参与了其他生物体的测序。目前，五个最大的基因组测序中心负责了一半以上的正在进行的项目（图 15.10）。

> Trace Archive 网址 https://www.ncbi.nlm.nih.gov/Traces/（链接 15.37）。可以从该网址或者 NCBI BLAST 主页获得一个专门的 Trace Archive BLAST 服务器。

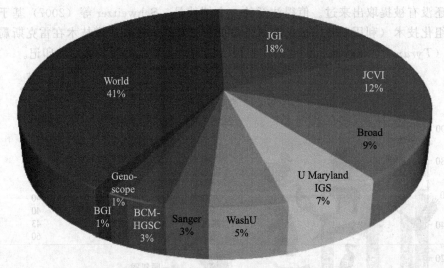

图 15.10 主要的基因组测序中心。JGI—Joint Genome Institute；JCVI—J Craig Venter Institute；Broad—Broad Institute；University of Maryland-IGS—Institute for Genome Sciences；WashU—Washington University in St Louis；Sanger—Wellcome Trust Sanger Institute；BCM-HGSC—Baylor College of Medicine，Human Genome Sequencing Center；BGI—Beijing Genomics Institute。GOLD 数据库（2001）中的数据来自超过 11000 个基因组和宏基因组计划

［来自 Pagani 等（2012），经牛津大学出版社许可转载］

Trace Archive：基因组序列数据资源库

一些生物体的基因组测序计划的原始数据存储在 NCBI 上的 Trace Archive 中。这个资源库中的所有条目都对应了一个 Trace Identifier（Ti）号。可以采用不同的标准对这个资源库进行检索（如以 Ti 号、测序中心、BLAST 进行查询）。

用我们熟悉的人类 β 球蛋白 mRNA 序列（NM_000518.4）对小鼠 Trace Archive 资源库（人类全基因组测序计划分支）进行检索，输出结果包括几个 Ti 匹配（如图 9.2）。点击 Ti 记录的链接，可以获得 FASTA 格式的序列数据，或者追踪用于 DNA 测序的终止子荧光标记测序反应。

　　我们也可以利用一个 Perl 脚本的命令行检索 Trace Archive 数据库。进入到主目录，利用mkdir创建一个新的目录。在那里，利用一个编辑器如vim、emacs或nano，创建一个文本文档。包含如下脚本。

```
#!/usr/bin/perl -w
use strict;
use LWP::UserAgent;
use HTTP::Request::Common 'POST';
```

```
$ENV{'LANG'}='C';
$ENV{'LC_ALL'}='C';

my $query = join ' ', @ARGV;
$query = 'help' if $query =- /^(\-h|\-\-help|\-)$/;
$query = join('', <STDIN>) if ! $query;

my $req = POST 'http://trace.ncbi.nlm.nih.gov/Traces/trace.cgi?cmd=raw',
[query=>$query];
my $res = LWP::UserAgent->new->request($req, sub { print $_[0] });
die "Couldn't connect to TRACE server\n" if ! $res->is_success;
```

　　用ls -lh列出你目录下的文件，用h使它们便于阅读（"human readable"）。代表权限的一个字母可以是表示目录的d、在这个例子里则是-，rwx分别代表用户、组成员或者其他人的可读、可写和可执行权限。

```
$ ls -lh
total 8
-rw-r-r- 1 pevsner 1357801299 642B Apr 5 08:27 query_tracedb
```

　　上述结果说明你作为一个用户有可读和可写的权限，但没有可执行的权限，你可以用chmod命令让该脚本文件变成可执行的。

```
$ chmod +x query_tracedb
$ ls -lh
total 8
-rwxr-xr-x 1 pevsner 1357801299 642B Apr 5 08:27 query_tracedb
```

　　请注意权限如何更改，脚本才是可执行的。想要看帮助文档需要输入下列命令：

```
$ ./query_tracedb usage
```

　　你也可以将可执行的 Perl 脚本复制到你自己的~/bin路径下，这样你便可以在任何路径下调用这个脚本（不需要输入./）。

```
$ cp query_tracedb ~/bin/
```

　　对于一些物种来说，怎样知道有多少个 Trace Archive 记录呢？

```
$ query_tracedb "query count species_code='homo sapiens'"
 273924157
```

　　人类有 274 百万条记录，相似的命令可以得到小鼠有 208 百万条记录、大鼠有 52 百万条记录、黑猩猩有 47 百万条记录、埃及伊蚊有 16 百万条记录。

　　你可以用这个脚本来进行数据检索，例如我们用 Ti 号检索以 FASTA 格式存储的一个 beta 球蛋白的克隆（下面我只截取了记录的前面 783 个碱基）。还提供了其他检索选项，如质量分数、mate-pair 数据，xml 信息以及更多数据。

在 Trace Archive 中检索登记号的示例：搜索 HBB 得到 gnl | ti | 981051509 在 https://www. ncbi. nlm. nih. gov/Traces/trace.cgi? view＝faq(链接 15.38) 可以获取 Perl 查询脚本，也可以通过在线文档 15.4 获取。

在 https://www. ncbi. nlm. nih. gov/genbank/htgs(链接 15.39) 访问 NCBI 的 HTG Sequence 分区。

```
$ query_tracedb "retrieve fasta 981051509"
>gnl|ti|981051509 name:17000177953277
TTTCGAATAATTTAAATACATCATTGCAATGAAAATAAATGTTTTTTATTAGGCAGAATCCAGATGCTCA
AGGCCCTTCATAATATCCCCCAGTTTAGTAGTTGGACTTAGGGAACAAAGGAACCTTTAATAGAAATTGG
```

　　Salzberg 等以一种创新的方式来使用这些原始数据，他研究了来自嗜凤梨果蝇 *Drosophila ananassae*、拟果蝇 *D. simulans*、果蝇 *D. mojavensis* 的基因组 DNA 记录，并且对可能定殖在这些果蝇体内的细菌进行了搜索匹配。他们识别出了三种新的沃尔巴克氏体 *Wolbachia pipientis* 内共生菌，并且能够组装覆出能基本上覆盖基因组的序列。

高通量基因组测序（HTGS）档案：未完成基因组序列数据资源库

我们已经了解到 DNA 序列数据存储在 NCBI 的像 Trace Archive 这样的数据库中。在 NCBI 上，一些未完成的原始 DNA 数据可以从高通量基因组序列（high-throughput genomic sequence，HTGS）分区获取。HTG 数据库包含四个阶段的序列数据，并且为每一个条目分配一个登记号。

> GenBank 上第 1、2、3 阶段序列的示例见 https://www.ncbi.nlm.nih.gov/HTGS/examples.html（链接 15.40）。

阶段 0 的数据通常是指由单个黏粒或细菌人工染色体（BAC）获得的序列。这些序列可能含有测序错误或者大小不明确的空位。然而，即使是这种形式的数据，它们对科学研究依然有着巨大的用处。例如，当你在进行 BLAST 检索，寻找与查询序列同源的新序列时，HTG 分区可能包含有用信息。

阶段 1 的数据可能是由形成叠连群的测序数据组成，这些叠连群来自一个更大的克隆（如一个细菌人工染色体克隆），并且它们的顺序和方向（顶链或底链）均未知。这些序列被定义为未完成序列，内部仍然包含空位。

> NCBI 在 https://www.ncbi.nlm.nih.gov/assembly/basics/（链接 15.41）提供基因组组装序列相关信息，本部分我们以该文件为准。

在已完成阶段（阶段 2），叠连群有了正确的排序和定向，错误率必须小于等于 10^{-4}。最终，阶段 3 的数据从 HTG 转移到一个主要的分区，测序完成，并且不包含空位。

15.6 基因组分析计划：组装

值得我们思考的是，人类基因组每条染色体的大小变化范围在约 50Mb 到约 250Mb，而用于人类基因组或其他基因组测序的二代测序技术通常产生只有几百个核苷酸长度的读段。所谓组装，是指将这些测序读段拼接起来并构建一个关于染色体序列整体模型的过程。

我们在第 9 章关于 DNA 序列分析的部分讨论过基因组组装策略，包括 overlap/layout/consensus 方法和 de Bruijn 图（Flicek 和 Birney，2009）。接下来我们将介绍测序和组装的一般策略。

表 15.8 基因组测序计划的术语。来自 http://www.ncbi.nlm.nih.gov/genome/guide/build.html，http://www.ncbi.nlm.nih.gov/projects/genome/glossary.shtml，和 http://www.ncbi.nlm.nih.gov/projects/genome/assembly/grc/info/definitions.shtml

术语	定义
可变基因座 （Alternate locus）	一个大的单倍体组装序列中关某个基因座的可变序列表示。尽管对这些可变基因座的大小没有硬性规定，但是这些序列不能代表一个完整的染色体序列；目前，它们都是小于 1Mb 的
组装序列 （Assembly）	用来表示一个生物体基因组的染色体，未定位(随机)序列，以及可变基因座集合。目前，即使某些基因座有不止一个表现形式(见可变基因座)，大多数的装配序列描绘的是一个基因组的单倍体。这些组装序列可以是由单个个体(如猩猩和小鼠)或者多个个体(如人类参考装配序列)生成。除非研究的生物体已经被培育成纯合子，通常情况下，单倍体组装序列不代表一个独立的单体型，而是单体型的混合形式。随着测序技术的进步，代表个体基因组的双倍体序列将有望获得
BAC 末端测序 （BAC end sequence）	细菌人工染色体(BAC)末端已被测序并提交给 GenBank；BAC 的内部序列可能无法获取。当获得了同一个 BAC 两端的序列以后，这些信息可以用来对重叠群进行排序生成骨架
叠连群 （contig）	重叠的克隆或序列的集合，并且可以由该序列集生成一个没有冗余的序列。NCBI 的重叠群记录代表由多个克隆序列构建的拼接序列。这些叠连群记录可能是序列草图，或者是高质量的已完成序列，并且，一个克隆内部的序列之间可能有空位，或者该克隆与未测序的克隆之间有空位
序列草图 （Draft sequence）	和人类基因组计划最初所设计的一样，在鸟枪测序阶段，估计至少有 3～4 倍的插入克隆片段的碱基质量值为 Q20。注意，其他基因组计划对草图的精确定义可能有所不同。克隆序列可能被空位分隔成多个序列片段。这些片段真实的排序和定位也许未知
已完成序列 （Finished sequence）	插入克隆片段以 0.01% 错误率的高质量标准被测序，并且序列内通常没有空位

续表

术语	定　义
片段 (Fragment)	克隆内部一段连续的序列,其不包含空位、载体,或者其他污染序列
合并 (Meld)	在整个对齐区域内,两个及以上片段可以重叠,这些片段被合并成一个更长的序列
排序及定向 (Order and orientation)	利用序列重叠信息对一个大的克隆序列内的片段进行排序和定向
骨架 (Scaffold)	染色体上被排序且定向的叠连群集合。骨架内部可能包含空位,但是通常会有关于叠连群排序、定向以及空位大小估计的支持性证据

基因组组装的四种方法

NCBI 上列出了四种主要的基因组组装方法。表 15.8 介绍了一些与基因组测序及组装相关的术语。

① 分层组装(或基于克隆的组装)依赖于对大的插入克隆片段进行定位,如细菌人工染色体(BAC)或福斯质粒(fosmid)。这些克隆的产生过程是消化基因组 DNA,将消化得到的 DNA 片段亚克隆进载体,构建大插入片段(如 100~500kb)的文库,或者制备较小的黏粒文库(插入片段大小在 50kb 左右)或质粒文库(插入片段大小在 2~10kb)。分层策略中的克隆在染色体上位置已知。因此,序列组装关注已知染色体位置上小的基因组区域。每一个大的克隆都会被进一步片段化、测序,并且组装成有重叠的一致性叠连群序列。这些叠连群被排序、定向并且进一步构建骨架。很多大的真核生物基因组测定都采用了这种方法,包括人类基因组计划(国际人类基因组测序联盟,2001)国际合作组织发布的版本。图 15.11 来自该篇文献,描述了其序列组装的过程。有的克隆序列处于未完成阶段,这些序列被存放在 HTGS 上直到完成测序。

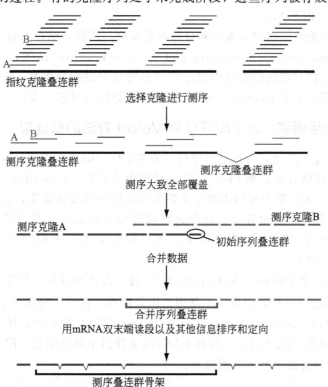

Phred 和 Phrap 可以在 http://www.phrap.org (链接 15.43)上获取,需要在基于 UNIX 的系统上运行。也有许多其他的组装软件,包括 Broad 研究所的 Arachne (http://www.broadinstitute.org/science/programs/genome-biology/computational-rd/computational-research-and-development,链接 15.44)。

图 15.11　分层乌枪测序策略示意图。从感兴趣的生物体内分离基因组 DNA,片段化,插入 BAC 文库。每一个 BAC 克隆大小在 100~500kb,并且被排序(定位)。单个 BAC 克隆进一步片段化为更小的 cDNA 克隆并进行测序。一次测序反应通常测定 300~700 个核苷酸。然后对这些"乌枪序列"进行组装

[改编自 IHGSC(2001,第 863 页),经 Macmillan 出版社许可转载]

全基因鸟枪法（WGS）的叠连群数据存储在 GenBank 上的 WGS 分区（https://www. nc-bi. nlm. nih. gov/gen-bank/wgs/，链接15.42）。异染色质区域含有DNA高度重复的大片段（第8章），并且在一些情况下，其不能通过WGS或分层测序方法进行有效测序。Ska-letsky 等（2003）应用了另外一种迭代定位和测序技术测定了人类Y染色体上的高度重复序列。

② 全基因组组装（Whole-genome assembly，WGA）是如今最常用的策略。值得注意的是，这种方法中克隆没有被定位；相反，基因组 DNA 被片段化，打包进克隆文库，然后进行测序和组装。Frederick Sanger 对噬菌体 φX174 进行测序时第一个采用了这种方法：随机选择基因组 DNA 片段，分离，测序，然后将这些序列片段组装成完整的序列。约翰霍普金斯大学的 Hamilton O. Smith 和 J Craig Venter 研究所的 J Craig Venter 是将这一技术应用到整个生物体基因组的先驱，他们在对流感嗜血杆菌 H. influenzae 测序时使用了该策略（Fleischmann 等，1995）。

全基因组组装策略最初应用于大多数的小基因组（亦即病毒、细菌、古细菌以及缺少大段重复 DNA 的真核生物基因组）。从生物体分离得到基因组 DNA 并进行物理剪切（或用限制酶消化），对这些片段进行亚克隆，构建小的插入片段文库（如 2kb 的片段）以及大的插入片段文库（如 10~20kb）。对文库里的克隆从两端开始测序（也就是同时测定顶链和底链），然后组装序列。一个典型的测序反应产生的序列在 500~800bp。这些小的序列被组装成叠连群，然后进一步构建全基因组图谱。

无论这些叠连群来自染色体的哪个位置，全基因组组装策略在对其进行装配时都面临着计算困难。有人认为这种方法不能被实际应用于大的真核生物基因组。但是，结合分层组装策略，它已经被成功应用到 120Mb 的果蝇 D. melanogaster 基因组（Adams 等，2000）以及人类基因组（Weber 和 Myers，1997；Venter 等，2001）上。WGS 数据由 GenBank 处理，但是并不在 GenBank 上发布。然而，从 2002 年的 GenBank 129 版本开始，GenBank 便提供基于项目的 WGS 条目（并且可以通过 BLAST 搜索）。版本 206（2015 年 2 月）包含约 8700 亿个碱基对（8.7×10^{11} bp），超过了对应的传统 GenBank 版本的 1870 亿个碱基对（图 2.3）。

③ 混合基因组组装方法结合了全基因组组装策略和分层组装策略。例如，结合 BAC 与全基因组鸟枪测序法对牛基因组进行测序（Bovine Genome Sequencing and Analysis Consortium 等，2009）。

④ 比较组装方法利用亲缘关系相对较近的物种的测序完成参考基因组指导组装。基于这种策略的组装软件利用 alignment-consensus 算法而非 overlap-layout-consensus 算法（见第 9 章）。

基因组组装：从 FASTQ 到 Velvet 算法的叠连群

ENA 网址：http://www. ebi. ac. uk/ena（链接 15. 45）。FASTQ 文件也有对应的在线文档 15.5 和 15.6（每个文档 250MB，分别对应正向读段序列和反向读段序列）。

组装过程涉及到收集单个序列，关闭空位和降低错误率。有很多软件包可以用来执行这些过程，如 Phrap（和它的图形查看器，Consed）、Assembler 和 Sequencher。无论是全基因组测序组装策略还是分层组装策略，完成鸟枪测序阶段的下一步都是组装叠连群。这个过程被称作 Finishing。其目的在于识别并关闭 tile path 中的空位。理想情况下，该过程会生成一个横跨所有叠连群的单个 DNA 拼接序列。

我们按照 Edwards 和 Holt（2013）的一份优秀教程，使用 Velvet 软件对一个病原性大肠杆菌菌株的测序数据进行分析，以此说明基因组组装过程。首先，获取用于组装的大肠杆菌序列。我们从欧洲核苷酸数据库（the European Nucleotide Archive，ENA）获取大肠杆菌 O14：H4 菌株的 TY-2482 序列读段。输入查询词条 SRR292770，保存 FASTQ 文件到本地电脑上。ENA 条目还提供额外信息，如测序仪器（Illumina HiSeq 2000）和实验细节。

访问 Babraham 研究所的 FastQC 主页，http://www. bioinformatics. babraham. ac. uk/projects/download. html（链接 15. 46）。FastQC 是一个 JAVA 程序，需要 JAVA 运行环境（JRE）。检查你的计算机是否已经安装 JRE，在命令提示中输入 $ java-version。

在 Unix、Mac 和 PC 操作系统上都可以执行这一操作，这里我们在 Mac 终端上进行。进入主目录，创建一个名为 assemblytutorial 的新文件夹。

```
$ cd ~ # This navigates to the home directory
$ mkdir assemblytutorial # This creates a new directory
# Next, the mv utility moves our downloaded FASTQ files into the newly
# created directory
$ mv ~/Downloads/SRR292770_1.fastq ~/assemblytutorial/
$ mv ~/Downloads/SRR292770_2.fastq ~/assemblytutorial/
$ head -4 SRR292770_1.fastq # We display the first four rows
@SRR292770.1 FCB067LABXX:4:1101:1155:2103/1
GGAGTCATCATACGGCGCTGATCGAGACCGCAACGACTTTAAGGTCGCA
+
FFFFCFGDCGGGFCGBGFFFAEGFG;B7A@GEFBFGGFFGFGEFCFFFB
```

文件里一共有多少项呢？我们可以用wc命令统计，发现每一个文件约有 2 千万行；但是 FASTQ 文件有 4 行。然而，如果我们用grep命令提取出包含@SRR字符（这个数据集里面每一个 FASTQ 记录项里都有）的行，我们可以得到约 510 万个结果。利用-c的修饰符会对文件里的提取行进行计数。通过grep-c搜索并统计包含@字符的条目（不是@SRR），得到超过 680 万项。这一数目是 FASTQ 文件里总的项数加上以@符号表示碱基质量得分的示例；该表达式并不是我们想要用来计数 fastq 文件里的项数的。

```
$ wc -l SRR*
 20408164 SRR292770_1.fastq # Forward reads
 20408164 SRR292770_2.fastq # Reverse reads
 40816328 total
$ grep -c '@SRR' SRR292770_1.fastq
5102041
$ grep -c '@' SRR292770_1.fastq
6886214
```

接下来我们用 FastQC 检测读段的质量。我们在第 9 章介绍过 FastQC 软件，其作为评估 FASTQ 文件质量的工具，可以在 Galaxy 上应用，也可以以命令行形式使用。Linux、Windows 和 Mac 平台都可以下载 FastQC 软件。打开 FastQC 软件，选择一个 FASTQ 文件然后得到质量报告。

你可以从 ftp://ftp. ncbi. nlm. nih. gov/genomes/（链接 15.49）下载 FASTA 格式的大肠杆菌的序列。浏览"Bacteria"，然后选择感兴趣的基因组。我们这里选择大肠杆菌 K12 的亚株 MG1655（NC_000913. fna，获取 FASTA 格式数据）和 Shigella flexneri 2a 301（NC_004337. fna；其被 Mauve 用户指南选来作为示例）。见 ftp://ftp. ncbi. nlm. nih. gov/genomes/Bacteria/Escherichia_coli_55989_uid59383/ NC_011748. fna（链接 15.50）。

下一步是将读段组装成叠连群。我们使用 Velvet 软件（Zerbino 和 Birney，2008；Zerbino，2010）执行这一过程，并且参照 Edwards 和 Holt（2013）的教程，但有所简化。下载 Velvet 并将它移到assemblytutorial目录下面，用make命令编译，将它添加到~/bin 目录下，这样便可在任何路径下调用。

Mauve 主页：http://gel. ahabs. wisc. edu/mauve/（链接 15.48）。PC、Mac 或 Unix 平台都可以使用。为了实现 Mauve 的功能，你可能也需要安装 JAVA 运行环境（JRE）。

首先，我们使用velveth命令指定，对成对的 FASTQ 文件中的读段创建哈希表，k-mer 长度为 29。结果会储存在一个叫作out_data_29的文件夹中。

```
$ velveth out_data_29 29 -fastq -shortPaired -separate SRR292770_1.fastq
SRR292770_2.fastq
```

velveth的输出文件包括一个 Roadmap 文件和velvetg程序需要的 Sequences 文件，velvetg 程序会创建并处理 de Bruijn 图（第 9 章）。

```
$ velvetg out_data_29 -clean yes -exp_cov 21 -cov_cutoff 2.81 -min_contig_
lgth 200
```

这里，-exp_cov指特定区域的期望覆盖度；可用于从组装序列中排除高覆盖度的测序读段（如大量的线粒体序列）。clean命令删除不需要的中间文件。min_contig_lgth用于指定输出到contigs. fa文件中的最短叠连群长度；默认值是哈希长度×2，但是这里我们设定为 200 个核苷酸。

Velvet 的主要输出是组装好的叠连群集合。让我们来查看 FASTA 格式文件contigs. fa的前五行；其包含长度超过 2k（k 是velveth中使用的字符长度单位）的叠连群序列。构成骨架的叠连群之间可能存在

N 个残基长度的空位，不过下面的例子没有出现 N。

```
$ head -5 contigs.fa
>NODE_1_length_17146_cov_33.514290
ATAAGACGCGCAAGCGTCGCATCAGGCAACACCACGTATGGATAGAGATCGTGAGTACAT
TAGAACAAACAATAGGCAATACGCCTCTGGTGAAGTTGCAGCGAATGGGGCCGGATAACG
GCAGTGAAGTGTGGTTAAAACTGGAAGGCAATAACCCGGCAGGTTCGGTGAAAGATCGTG
CGGCACTTTCGATGATCGTCGAGGCGGAAAAGCGCGGGGAAATTAAACCGGGTGATGTCT
```

Velvet 的 主 页 https://
www. ebi. ac. uk/~zerbi-
no/velvet/（链接 15.47），
可以链接到 GitHub 库
进行软件下载。

velvetg命令同时会生成一个stats. txt文件描述组装的节点。

```
$ head -5 stats.txt
ID lgth out in long_cov short1_cov short1_Ocov short2_cov short2_Ocov
long_nb short1_nb short2_nb
1 17146 1 1 0.000000 33.514289 33.507640 0.000000 0.000000 0 15303 0
2 31995 1 1 0.000000 33.554680 33.535396 0.000000 0.000000 0 28629 0
3 7935 1 1 0.000000 32.280403 32.253560 0.000000 0.000000 0 7050 0
4 72906 1 1 0.000000 32.900516 32.889899 0.000000 0.000000 0 64526 0
```

比较基因组组装：将叠连群定位到已知基因组

基因组可以从头开始组装（"重新"，没有其他完整的基因组作为参考）或者将测序读段回帖到参考基因组上。我们依然使用 Edwards 和 Holt（2013）教程中的例子，利用 Mauve 软件（Darling 等，2010，2011）将叠连群回帖到已知基因组上。

Mauve 对多重基因组比对进行计算和可视化。它寻找两个基因组间被称为局部共线区（locally collinear blocks，LCB）的保守片段。采用锚定比对（第 6 章）策略，该策略借鉴了 Ma 等（图 5.13）介绍的 PatternHunter 种子延伸方法，利用不精确、无空位匹配作为比对锚点。ProgressiveMauve 则利用三种不同的种子模式，执行逐步比对。

我们首先用 Mauve 示范关于两个全基因组的比对，选择大肠杆菌株 K12 中的亚株 MG1655 [一个标准的参考菌株，图 15.12（a），上边基因组] 和与之相关的福氏志贺菌 *Shigella flexneri* 基因组 [图 15.12（a），下边的基因组]。局部共线区由彩色方块标出，基因组中心线下方暗示可能是倒位区域 [图 15.12（a），玫红星]。在这个例子中有 42 个 LCB，通过调整 LCB 权重可以改变敏感度（比如，加大权重会减少 LCB 的数量，进而减少真阳性结果，同时减少假的重排数量）。

接下来我们用 FTP 从 NCBI 上下载几千个大肠杆菌叠连群。这些序列来自 2011 年德国大肠杆菌大爆发时期的一个患有溶血性尿毒综合征的患者的粪便。我们将这些未定位的全基因组测序叠连群与另一个已测序的大肠杆菌基因组作比对。打开 Mauve，选择 "Tool" 下面的 "Move Contigs" 选项。选择输出文件夹，选择参考基因组，然后选择 FASTA 格式的叠连群。Mauve 会生成图形输出 [图 15.12（a)] 和一组输出文件，包括对叠连群已经排序并定向的 FASTA 格式的文件。

完成：什么时候一个基因组被充分测序？

基因组覆盖度的冗余是关于读段数、平均读段长度和测序区域长度（如基因组）的函数。我们在第 9 章做过讨论 [见公式（9.4）和公式（9.5）；表 9.5]。

基因组组装：对组装成功的度量

这里有几个量化组装成功的主要方法：
• 覆盖度估计值相对较高。测序技术不同，对覆盖度的要求也不同（如 Sanger 技术产生 750bp 的读段，相应地，要求的覆盖度要低于产生几百个碱基对读段的二代测序技术）。
• N50 值指能够覆盖装配序列一半碱基数目时对应的叠连群长度。N50 值越大，意味着组装越完整。如果一个人类基因的平均长度约为 50kb，这个大小的叠连群 N50 值意味着有一半的叠连群足够覆盖一个基因长度。
• 骨架 N50 值也是对组装完整性的一个度量。

(a) 比较大肠杆菌菌株K12中的亚株 MG1655（上）和福氏志贺菌*Shigella flexneri*（下）

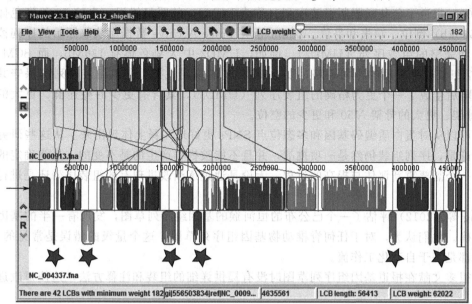

(b) 比对大肠杆菌Ec55989（上）和大肠杆菌O104：H4的一组叠连群（下）

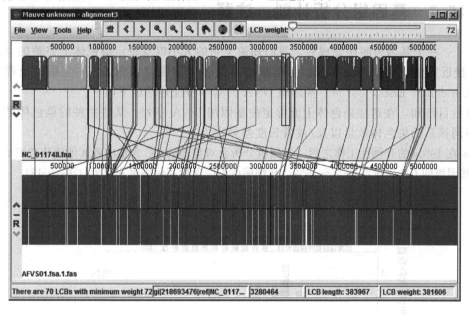

我们利用 Edwards 和 Holt（2013）建议的文件。参考基因组是从 NCBI Genomes FTP 站点获取的大肠杆菌 Ec55989。未排序的叠连群来自大肠杆菌 O104：H4，下载自：https://www.ncbi.nlm.nih.gov/Traces/wgs/？val = AFVS01（链接 15.51）。

图 15.12 用 Mauve 软件进行基因组比较。(a) Mauve 可以进行两个（或多个）基因组比对，可视化保守共线基因座（图中箭头所指示的两行方块）和倒位区域（玫红星附近的方块）。将大肠杆菌菌株 K12 中的亚株 MG1655（上边的部分）和佛氏志贺菌 *Shigella flexneri*（下边的部分）进行比对。 (b) 当基因组序列被组装成叠连群后，这些叠连群可以被回帖到参考的全基因组上。这里，来自大肠杆菌 O104：H 的未排序叠连群被回帖到大肠杆菌 Ec55989 的全基因组上〔来源：基于 Darling 等（2010）对软件的描述（2010）〕

- 随着组装完整性越高，叠连群和骨架的绝对数目越来越小。
- 组装序列有几种注释形式（见下文"基因组分析计划：注释"），通常包括蛋白质编码基因模型类别。一个组装序列横跨 ESTs 和 cDNA 的程度可以用来度量其完整性。
- 在适当的情况下，可以度量基因模型与脊椎动物核心基因集的重叠程度（见下面的"CEGMA"）。

基因组组装：挑战

我们依赖于每一个组装序列来探索基因组全景的各个方面，因而，组装序列中的错误非常重要。我们以牛基因组为例阐述基因组组装中的一些挑战。

牛基因组测序与注释联盟（The Bovine Genome Sequencing and Annotation Consortium）等（2009）报道了牛磺酸牛的基因组序列。牛的谱系与人的谱系在 9700 万年前发生分歧，牛在 6000 万年前作为反刍亚目出现，人类在 8000～10000 年前开始驯养牛。该基因组测序用了细菌人工染色体（BAC）和全基因组鸟枪（WGS）测序法。叠连群 N50 值约为 49kb，骨架 N50 值为 1.9Mb，并且这个联盟提供了详细的基因组注释信息。

同一年 Zimin 等（2009）报道了公共联盟版组装序列（称为 BCM4）的明显错误。牛的 30 条染色体中的 10 条有大的（超过 500kb）倒位、缺失和易位。Zimin 等从 Trace Archive 数据库获取原始的序列读段，生成了一个更为准确和完整的组装序列（UMD2）。例如，UMD2 中 X 染色体有 136Mb，而 BCM4 仅仅只有 83Mb。差异包括组装软件采用的不同策略，以及 UMD2 依赖同人类基因组组装序列的保守共线性。Florea 等（2011）随后生成了一个更为精确的组装序列（UMD3），其含有更少的叠连群、更大的叠连群 $N50$ 值、更少的骨架、更大的骨架 $N50$ 和更少的空位。

改进组装结果的效应可以从对蛋白质编码基因和多态位点 SNPs 更好地注释上体现出来。从这些研究中我们可以得到的一个结论是，序列组装仍然是一项挑战，并且不能被视作产生的是不变的、最终确定的基因组序列。相反，这是一个需要重新评估与提高的过程，无论是通过逐渐改进现有的组装序列还是进行从头组装。

另一个例子是，Zhang 等（2012）评估了一个已公布的恒河猴的基因组序列草图，发现有一半的基因模型错失、不完整或不正确。他们认为，对于任何脊椎动物基因组序列草图，这个量级的错误是常见的，这些序列草图的基因注释都是基于自动化工作流。

让人深切担忧的是，很多文献在报道基因组序列草图时没有提供详细的组装和注释方法，这使得改进这个领域的挑战更加严峻。

> 我们在第 8 章中展示了重复 DNA 的示例，以及识别、隐藏这些重复序列的软件。

15.7　基因组分析计划：注释

一个基因组测序完成后，我们知道了它的大小以及特定染色体上完整的（或接近完整的）核苷酸序列。基因组注释是一个研究基因组 DNA 全景以及描绘 DNA 关键特征的过程（Yandell 和 Ence，2012）。基因组 DNA 的基本特征包括以下内容：

• 很多物种的染色体数目已知，在这些染色体上能够定位基因组 DNA 序列。某些物种的染色体数目未知。对于一些物种，不同株系的染色体数量以及/或者长度差异巨大。

• 自从 Noboru Sueoka 在 1960s 的开创性工作之后，基因组分析会对整体的 GC 含量或者其他核苷酸组成做一个评估。很多真核生物基因组的 GC 含量在 35%～45%，而细菌的 GC 含量变化幅度非常大（图 15.13）。

> Ensembl（http://www.ensembl.org/info/genome/genebuild/assembly.html，链接 15.52）介绍了 e! 62 和 e! 63 人类 GRCh37 组装工作流，也可以查阅在线文档 15.7。文档中包含了每一步预计需要的时间。

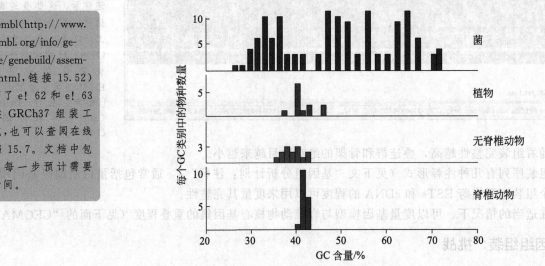

图 15.13　细菌、植物、无脊椎动物和脊椎动物的 GC 含量。注意，大多数真核生物基因组的 GC 含量为 40%～45%，细菌和古细菌的 GC 含量范围变化很大。本图改编自 Bernardi 和 Bernardi（1990）基于 20 世纪 60～80 年代的研究。最近的真核生物基因组测序计划（第 19 章有描述）揭示了不同生物体的 GC 含量，包括 19.4%（恶性疟原虫）、22.2%（盘状细胞黏菌）、34.9%（拟南芥）、36%（秀丽隐杆虫）、38.3%（酿酒酵母）、41.1%（人类）、42%（小鼠）和 43.3%（亚洲栽培稻）。对于已测序的细菌，GC 含量变化范围从 26%（解脲脲原体）到 72%（天蓝色链霉菌）

［改编自 Bernardi 和 Bernardi（1990），经 Springer Science 和 Business Media 授权转载］

● 基因组的重复元件占 DNA 超过了 50%。有一些软件可以用来对这些重复元件进行识别和分类，如 RepeatMasker，其被整合进了很多分析流程和软件工具里面。

● 注释工作主要关注基因识别。

识别蛋白质编码基因的第一种方法是将表达序列标签（EST）比对到基因组上。表达序列标签（ESTs）指将表达的转录本（亦即 RNA 分子）转化为 cDNA，整合进文库然后测序得到的 cDNAs 序列。尽管这些 ESTs 不能内在地揭示对应基因组 DNA 的信息，如内含子序列或染色体基因座，但在鉴定表达基因方面，他们是无价的（见下文"真核生物基因注释：Ensemble 工作流"）。

预测基因结构（外显子和内含子）的第二种方法是内生性的，其通过分析基因组 DNA 来寻找基因特征，如开放阅读框（ORF）、外显子/内含子边界、起始密码子和终止密码子、编码区密码子使用偏好。第三种方法是比较性的方法，将一个生物体的基因定位到与之亲缘关系相近的另一个物种的保守共线性区域，后者的基因组序列已知。

细菌（以及古细菌）和真核生物的基因组 DNA 特征截然不同。我们会在第 17 章（关于细菌和古细菌）和第 18～第 19 章（关于真核生物）具体讨论这个问题。

> 图 15.14 改编自 https://www.ncbi.nlm.nih.gov/genome/annotation_euk/process/（链接 15.53）。NCBI 在线图书（https://www.ncbi.nlm.nih.gov/books/NBK169439/，链接 15.54）也描述了 NCBI 注释工作流。

真核生物基因注释：Ensembl 流程

Ensembl 网站提供了其关于多种生物体的基因注释工作流的描述。（Curwen 等，2004；Potter 等，2004）。对于人类基因注释，分为以下 12 个步骤。

① 在原始计算阶段（需要 3 周），利用 RepeatMasker（第 8 章）、Tandem Repeats Finder 和其他软件筛选基因组序列数据以得到序列模式。

② （7 周）利用 UniProt 和 RefSeq 的蛋白质证据，以及 ENA/GenBank/DDBJ 和 RefSeq 的互补 DNAs 证据生成编码模型。

③ （2 周）基于对 Uniport 数据库中其他哺乳动物（或其他脊椎动物）物种相关条目的搜索来生成额外的编码模型。这里面的分析也涉及到了 EST 和 cDNA 证据。

④ （2～3 周）下载 cDNA 和 EST 序列，从 3′ 末端剪下 poly（A）尾巴，利用 Exonerate 软件将这些序列比对到基因组上。cDNA 的比对要求 98% 的核苷酸一致性（EST 序列需要 97% 的一致性和 90% 的覆盖度，通常后者比 cDNA 更短，更为片段化）。

⑤ （2 周）人工过滤编码模型，去除可疑的蛋白质或 cDNA 匹配。

⑥ （2 周）添加非翻译区域，延长编码模型。

⑦ （4～5 周）丢弃冗余的转录本模型，将转录本模型聚类生成包含多个不同转录本模型的基因（每一个转录本至少拥有一个编码外显子与该基因的其他转录本的一个编码外显子重叠）。

⑧ （3 周）筛选基因集中的假基因和逆转录转座子。利用一个专门的工作流程对免疫球蛋白基因进行注释。

⑨ （10 周）完整的 Ensembl 基因集通过合并来自 Vega 数据库的人工注释结果（在转录本水平）最终确定。注释基因间长非编码 RNA 基因（lincRNAs）。作为质量控制的一个步骤，翻译 Ensembl 中的蛋白质编码转录本，并且与 NCBI RefSeq 和 UniProt/Swiss-Prot 中的蛋白质序列进行比对。

> Splign 作为一个在线工具，可以从 https://www.ncbi.nlm.nih.gov/sutils/splign/splign.cgi（链接 15.55）获取。查询 α 珠蛋白（HBA2，NM_000517.4）mRNA，与人基因组做对比，来查看 Splign 如何将其与最相关的 HBA1 基因座对齐。

⑩ （4 周）添加包括外部数据库交叉参考在内的注释信息，为每一个基因、转录本、外显子和翻译本分配稳定的登记号。

⑪ （1～2 周）注释单体型区域，尤其是对第 6、14、17 号染色体。

⑫ （3～4 周）进行后基因建模过滤，移除证据支持较差的模型。该阶段包括比较基因组分析。

该 Ensembl 注释工作流被用于人类基因组，你也可以找到其他基因组的 Ensembl 注释文件。每一个基因模型都有生物学序列证据支持，并且你在任意基因或者转录本页面的工具栏中找到"Supporting evidence"链接，来查看这些信息。注意 12 个步骤中每一步所需的周数，构建一个完整的组装序列复杂且耗时。因此，并不会频繁地发布每一个生物体的组装序列。

真核生物基因注释：　NCBI 工作流

NCBI 真核生物基因组注释工作流在概念上与 Ensembl 相似。下面的图表展示了对来自核酸数据库和蛋白质数据库的组装序列，以及 SRA 中的二代测序短序列读段的整合（图 15.14）。

你可以在 https://www.ncbi.nlm.nih.gov/genome/guide/gnomon.shtml（链接 15.57）了解更多的 Gnomon 相关内容。

CEGMA 可以从 http://korflab.ucdavis.edu/datasets/cegma/（链接 15.58）下载。

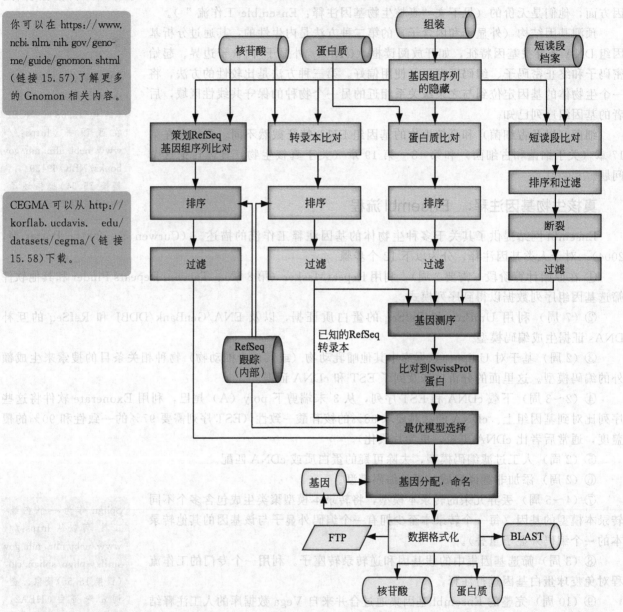

图 15.14　NCBI 的真核基因组注释工作流。隐藏基因组中的重复序列（灰色）。将转录本（蓝色）、蛋白质（绿色）和短读段（橘色）比对到基因组和 RefSeq 基因组序列（可获取，粉色）上。接下来，进行基因模型预测（棕色）。选择模型，命名，分配登记号（紫色）。格式化注释条目，发布数据（黄色）

（来源：改编自 NCBI）

NCBI 工作流程包括将转录本、蛋白质、短序列读段和 RefSeq 基因组序列与组装基因组进行比对。

- RepeatMasker 或 WindowMasker 软件识别并隐藏组装基因组中的重复序列。
- 转录本比对时所使用的转录本可能来自其他生物体、RefSeq 转录本、表达序列标签 ESTs 以及其他来源。利用 Splign 软件将这些转录本回帖到基因组序列上。Kapustin 等（2008）对 Splign 及其他 5 个相关软件做了比较，发现 Splign 的结果较为准确但是不能很好地处理测序错误和多态位点。

- 利用 Splign 将 RNA-Seq 比对到组装序列上。
- 利用 ProSplign 软件将蛋白质序列比对到组装序列上。
- NCBI 应用 Gnomon 进行基因预测, 其结合了同源搜索和从头建模。

不同的注释工作流产生的结果可能有很大差异 (例如, 见水稻注释计划等, 2008, 这项工作比较了 Gnomon 和另外一个注释工作流程)。因此, 多个团队都在努力证实注释数据的可靠性。

核心真核基因定位方法 (Core eukaryotic Genes Mapping approach, CEGMA)

正如 Margaret Dayhoff 和他的同事们第一次所进行的详细分类 (见第 3 章), 真核生物基因组包含了在物种之间高度保守的基因集。Parra 等 (2007)(来自 Ian Korf 团队) 研发了 CEGMA, 用于对已测序真核基因组构建高可信度的基因注释集。他们选择来自 NCBI 的真核直系同源组 (KOG) 计划中的蛋白质家族, 利用 T-COFFEE (见第 6 章) 进行多序列比对, 添加质量控制步骤, 选择出 458 个蛋白质组 ("核心真核基因"指在拟南芥、秀丽隐杆线虫、果蝇、智人、酿酒酵母和粟酒裂殖酵母之间保守的基因)。CEGMA 方法使得编码这些核心蛋白的基因的外显子-内含子结构能够被定位到新的基因组序列上。

CEGMA 在评估基因组草图和已完成基因组的完整性方面很有用, 包括冈比亚按蚊 (*Anopheles gambiae*)、玻璃海鞘 (*Ciona intestinalis*) 和岗地弓形虫 (*Toxoplasma gondii*)。当出现缺少核心基因的情况, 这可能意味着注释工作流产生了假阴性结果。

来自基因组参考联盟的组装序列

基因组参考联盟 (GRC) 提供了人类、小鼠、斑马鱼基因组的组装序列。最初在对这些基因组进行测序和组装时, 聚焦于找到单条 tilling path (有时在人类基因组中称为 "golden path") 来表示基因组。现在, GRC 专注于对具有复杂等位多样性的区域进行表示, 例如人类 6 号染色体上的主要组织相容性复合体 (MHC) 基因座, 或者改进对人类 9 号染色体臂间复杂区的注释。

UCSC, Ensembl 和 NCBI 的组装序列仓库与坐标转换

UCSC Genome Browser 关注脊椎动物基因组, 尽管也支持很多额外的基因组。UCSC 提供了创建并查看组装序列仓库选项, 可以通过在一个标准基因组浏览器页面点击 "track hubs" 实现。

在标准 UCSC Genome Browser 上, 你可以应用数据轨 (来自 Mapping 和 Sequence 小组) 来展示不同组装序列之间的差异 (如 "Hg38 Diff")。你也可以通过 View 中的 "In other genome (convert)" 工具在不同的组装序列之间进行切换。Lifteover 工具可以为不同组装序列进行坐标转换。

相似地, NCBI 和 Ensembl 提供再定位服务, 对不同种生物体我们都可以进行切换组装序列操作。例如, 我们可以打开一个基于人类基因组 GRCh37/hg19 坐标生成的 BED 文件并将其转化成基于 GRCh38/hg38 坐标的版本。

细菌和古细菌的基因注释

细菌和古细菌都包含基因和相对较小的基因间区域。通常, 这些基因组是环形的, 基因组 DNA 上大约每 1kb 有一个基因。对于细菌和古细菌, 鉴定基因最简单的方式是寻找那些长度高于阈值的长开放阅读框 (ORFs), 如 90 个核苷酸 (30 个氨基酸, 一个约 3kD 的蛋白质)。一些程序可以在细菌基因组序列上有效

NCBI 托管的 GRC 由四个小组组成: The Wellcome Trust Sanger Institute(http://www.sanger.ac.uk/science, http://www.sanger.ac.uk/research/areas/bioinformatics/grc, 链接 15.60),华盛顿大学基因组研究所 (The Genome Institute at Washington University, http://genome.wustl.edu,链接 15.61),欧洲生物信息研究所(The European Bioinformatics Institute, http://www.ebi.ac.uk, 链接 15.62),以及国家生物技术信息中心(the National Center for Biotechnology Information,https://www.ncbi.nlm.nih.gov, 链接 15.63)。

UCSC 组装序列仓库相关描述见 http://genomewiki.ucsc.edu/index.php/Assembly_Hubs (链接 15.64)。你可以在 Browser Gatewayx 选择并获取一个组装序列仓库。

UCSC 的 LiftOver 可以从 http://genome.ucsc.edu/cgi-bin/hgLiftOver (链接 15.65)获取。输入的是 BED 文件, LiftOver 也可以下载到 Linux 系统下执行。

地定位基因，如 GLIMMER 和 GenMark（这个我们在第 17 章中会详细讨论），以及 RAST 注释软件。同真核基因组一样，在注释微生物基因组序列草图以及完成序列时会有挑战（Mavromatis 等，2012）。

基因组注释标准

一条存档的基因组记录反映了关于该基因组的测序以及注释的特定状态。为了确保高质量的基因组注释，多个机构的研究人员提出了一系列标准（Klimke 等，2011），这些标准被描述为"环境序列信息最小"（MIENS，Yilmaz 等，2011）。

> 在 https://www.ncbi. nlm. nih. gov/genome/ tools/remap（链接 15.66）访问 NCBI 基因组重回帖服务网站（ NCBI Genome Re-mapping Service）。En-sembl（http://asia. en-sembl. org/Homo _ sa-piens/Tools/Assemb-lyConverter? db = core，链接 15.67）提供了序列拼装转换工具。

① 一个完整的细菌或古细菌基因组应该包含核糖体 RNAs（至少包括 5S、16S 和 32S 中的一种）、tRNA（至少每种氨基酸对应一种）、期望密度的蛋白质编码基因（基于相似基因组的偏好）以及注释有核心基因。

② 基因组注释应当遵循国际核苷酸序列数据库合作（International Nucleo-tide Sequence Database Collaboration，INSDC；第 2 章）的指导。

③ 记录注释方法和标准操作流程。

④ 记录意外（特殊注释，如非典型的 GC 含量），并且提供强有力的证据支持。

⑤ 以通用形式注释假基因。

⑥ 遵循 INSDC 的指导。

⑦ 利用多种数据库、工具和注释资源（由 Klimkt 等提供）。

⑧ 利用最新开发的软件验证检查。

其他大规模测序中心（如 JCVI）也提供基因组注释标准流程（Tanenbaum 等，2010）。另一个例子是由 Liolios 等（2012）开发的 Metadata Coverage Index 作为评估元数据（metadata）可用性和实用性的度量标准。

15.8 展望

1995 年，我们进入了全基因组测序时代。目前已经有了数千个全基因组序列。自从 2003 年人类基因组测序完成，一些人称现在的生物学时期为"后基因组时代"。

近些年来，已完成测序的真核生物、古细菌和细菌基因组数目不断增加，而且目前还有大量的基因组计划处于组装阶段（接近完成）或者正在进行中。不包括数千个正在进行的和已经完成的病毒以及细胞器基因组计划，这样的基因组计划还有成千上万个。多个趋势助力于这一领域的快速发展。①在对感兴趣的基因组进行测序时，可获得的近缘生物体全基因组能够很大程度为组装和注释提供帮助。例如，对黑猩猩基因组的组装很大程度上依赖于使用与之亲缘关系非常近的人参考基因组作为模版（第 19 章）。②测序技术不断改进；使用第 9 章介绍的技术，整个细菌基因组可以在几个小时内完成测序。③在从巨大的生物学资源中选择、获取并准备基因组 DNA 方面取得了进展。这促生了古基因组学、灭绝生物基因组（如尼安德特人和丹尼索瓦人基因组）学，以及宏基因组计划，后者定义生活在海洋和人的肠道这样的环境点内的生物集群为群落。

基因组测序计划的主要影响在于使得分子系统发生研究发生了革命性的变化。目前的系统发生树包含三个主枝（细菌、古细菌和真核生物）。在未来几年，分子数据将有助于阐明关于地球上的生命的一些关键问题：

- 我们的星球上存在多少物种？
- 从四十亿年前到现在，生物发生了怎样的演化？
- 为什么有些生物体具有致病性，而其近缘物种却是无害的？
- 在人和其他生物体内什么突变会导致疾病？

15.9 常见问题

尽管各个研究团队不断产生大量的 DNA 序列数据，但在对这些数据进行解释时存在许多陷阱。每一个基因组序列都对应了一个错误率（对于已完成 DNA 序列，通常小于每 10000 个核苷酸中 1 个错误）。在估计基因组 DNA 序列可能的多态位点或者突变时，对测序数据的质量进行评估是很重要的。即使测序数据是准确的，算法也还无法完全正确地解决一些问题，如寻找真核生物 DNA 中的蛋白质编码基因；有许多基因组测序计划例子（如牛、果蝇、水稻和人类）表明，随着对基因组组装序列的相继修订，预测的外显子和基因模型发生了巨大的改进（对于细菌基因组，其一般缺少内含子，预测成功率高很多）。一旦鉴定出蛋白质编码基因或其他类型的基因，基因组注释结果中会有大量的错误。那么，审慎地评估基因功能注释的基础变得很重要。最终，关于基因功能的问题必须从生物学或者计算标准上给予评估。

15.10 给学生的建议

本书的第一部分和第二部分重点介绍了生物信息学，第三部分以及最后一部分从基因组学的角度探索了生命树。思考生物信息学工具如何应用到基因组学这门学科。试着认识这宏大的生命之树，包括地球上的生命史，哪些物种在 1 亿年前、10 亿年前，甚至更早的时候就已繁盛。

在本章，我们讨论了基因组组装和注释。多个研究已经表明，一些组装序列中有一半的基因模型都不正确。试着通过熟悉组装和（或）注释各个阶段的软件来对此深入了解。阅读已出版的文献和手册，下载并使用软件，尝试去理解为什么组装和注释是如此具有挑战性。

问题讨论

[15.1] 如果把从出现第一个生命到目前为止的所有物种（包括灭绝的和现存的）都放到生命树上，那么这棵树会是什么样子？

[15.2] 如果你可以对任意物种的 100 个个体进行基因组测序，你会选择哪个物种？你会对什么假说进行检验？如何进行数据分析？你需要哪些硬件、软件资源以及合作者？在对人类基因组测序时可能涉及哪些道德问题？

习题/计算机实验

[15.1] 图 15.1 展示了一棵基于 rRNA 序列的进化树。构建一棵基于 3-磷酸甘油醛脱氢酶（glyceraldehyde 3-phosphate dehydrogenase，GAPDH）蛋白质序列的进化树。一种方法是在 Pfam 数据库中识别出这个蛋白质家族，其包含两个不同的 GAPDH 结构域。对于 NAD 结合结构域（PF00044），目前有 112 个种子蛋白（seed proteins）和超过 14000 个全长蛋白（full proteins）。以对齐的格式导出部分或全部序列（或者，使用 MUSCLE 或 Clustal Omega 执行多序列比对；见第 6 章）。使用 MEGA 构建并评估一棵邻接树（第 7 章）。你构建的树与图 15.1 描绘的树之间有多大的相似性？这种差异可以被什么解释？

[15.2] 获取埃希氏大肠杆菌 K12（全基因组的索引号为 NC_000913）的 FASTA 格式的 DNA 序列，包含近 1000 个碱基。将这个序列作为查询序列在 NCBI 的 Trace Archive 中进行 BLASTN 搜索。你是否可以找到一个包含细菌 DNA 的真核生物测序计划？例如，搜索人类全基因组鸟枪法（WGS）序列。在任何给定的 Trace Archive 数据库真核生物条目中，你如何确定细菌 DNA 的总量？

[15.3] 我们已经看到一些线粒体和叶绿体基因组都非常大。Lilly 和 Harvey（2001）描述了一些植物细胞器基因组中的重复 DNA。玉米（*Zea mays*）的叶绿体基因组（NC_001666.2；表 15.4）大小为 140kb。它含有哪些主要的重复片段？使用 MegaBLAST 软件对其进行搜索，然后利用 RepeatMasker 软件注释重复序列。另外，使用 MegaBLAST 检验酿酒酵母（*Saccharomyces cerevisiae*）线粒体基因组（NC_001224.1，表 15.3）的重复片段。你会如何解释酵母细胞器基因组的点阵视图？其中一个重复单元如下：

```
ATTATTATTATAGTAATAATAAAAATATTCTAAATATATTATATATATTAT
TATTTTTTTATTATTAAT
AAAATATTATAATAAATTTAAATAAGTTTATAATTTTTGATAAGTATTGTT
```

```
ATATTTTTTATTTCCAAAT
ATATAAGTCCCGGTTTCTTACGAAACCGGGACCTCGGAGACGTAATAGGGG
GAGGGGGTGGGTGATAAGA
ACCAAACTATTCAATAAATATAGAGCACACATTAGTTAATATTTAATAATA
TAACTAATATATAATAATT
ATAAAATAATTAATTATATAATATAATATAAAGTCCCCGCCCCGGCGGGGA
CCCCAAAGGAGTATTAACA
ATATAATATATTGTATAAAATAAATTATAAATATTAAATAAAAACCAAATA
AATAATATAATAAATGATA
AACAAGAAGATATCCGGGTCCCAATAATAATTATTATTGAAAATAATAATT
GGGACCCCCATCTAAAATA
TATATATAACTAATAATATATTATATATATTAATATATAATAATATTATTA
AAATATAATATTATTAAAA
AAAAAGTATATATAAAATAAGATATATATATATAAATATATATATTCTTAA
TAAATATTATATATAATAA
TAATAAATTATTTCATAATAAATTATTTCTTTTTATTAATAA
```

[15.4] 使用 Splign 工具将一段 mRNA 序列（来自人 α2 球蛋白，HBA2）与人基因组进行比对。HBA2 与 HBA1 相邻且密切相关；这些基因编码的蛋白质具有 100％的氨基酸一致性。HBA2 的 mRNA 如何回帖到人类基因组？

[15.5] RefSeq 数据库中哪一个基因组含有 HBB 基因？使用 E-Direct（第 2 章）。这个问题改编自 http://www.ncbi.nlm.nih.gov/books/NBK179288/。使用如下的代码：

```
$ esearch -db nuccore -query "HBB [GENE] AND
NC_0:NC_999999999 [PACC]" | \
 efetch -format docsum | \
 xtract -pattern DocumentSummary -element TaxId
| \
 sort -n | uniq | \
 epost -db taxonomy | \
 efetch -format docsum | \
 xtract -pattern DocumentSummary -element
ScientificName | \
 sort
Borrelia afzelii HLJ01
Borrelia afzelii PKo
Borrelia burgdorferi B31
Borrelia burgdorferi ZS7
Bos taurus
Callithrix jacchus
Equus caballus
Felis catus
Gallus gallus
Gorilla gorilla gorilla
Homo sapiens
Macaca fascicularis
Macaca mulatta
Nomascus leucogenys
Oryctolagus cuniculus
Pan troglodytes
Papio anubis
Pongo abelii
Rattus norvegicus
Sus scrofa
```

自测题

[15.1] 第一个被测序的全基因组是

(a) 酿酒酵母 *Saccharomyces cerevisiae* 3 号染色体；

(b) 流感病毒 *Haemophilus influenza*；

(c) 噬菌体；

(d) 人类线粒体基因组

[15.2] 一个典型的真核生物线粒体基因组大约编码多少蛋白质（不包括 RNA）？

(a) 5～20；

(b) 50～100；

(c) 500～1000；

(d) 10000

[15.3] 目前已有数以千计的基因组完成全测序，主要包括

(a) 病毒；

(b) 细菌；

(c) 古细菌；

(d) 细胞器（线粒体和质体）；

(e) 真核生物

[15.4] 古 DNA 计划使得可以对历史样本进行测序。一个特别的挑战是

(a) 通常 DNA 片段化；

(b) 通常 DNA 被现代人 DNA 污染；

(c) 通常 DNA 被细菌 DNA 污染；

(d) 以上所有

[15.5] Velvet

(a) 将读段回帖到叠连群；

(b) 将读段组装成叠连群；

(c) 将叠连群合并成读段；

(d) 组装叠连群

[15.6] "全基因组鸟枪测序"指对全基因组进行测序的策略，通过

(a) 打碎 DNA，用覆盖基因组 DNA 的寡核苷酸引物进行测序；

(b) 打碎 DNA 并克隆到文库中，使用已知的染色体位置（叠连群）所对应的寡核苷酸引物进行测序；

(c) 打碎 DNA 并克隆到文库中，对小片段进行杂交，然后将小片段重组装成一个完整的图谱；

(d) 打碎 DNA 并克隆到文库中，对小片段进行测序，然后将小片段重新组装成一个完整的图谱

[15.7] 利用算法预测基因组序列中的蛋白质编码基因的最大问题是

(a) 软件使用困难；

(b) 假阴性率很高，错失很多外显子；

(c) 假阳性率很高，错误地找出很多外显子；

(d) 假阳性率很高，很多外显子没有已知功能

[15.8] 对于一个已完成的 DNA 序列，错误率必须控制在

(a) 0.01 或更少；

(b) 0.001 或更少；

(c) 0.0001 或更少；

(d) 0.00001 或更少

15.11 推荐读物

强烈推荐 Green 和 Guyer（2011）关于基因组学的未来这文章。对古 DNA 的综述见 Shapiro 和 Hofreiter（2014）。

本章我们遵循 David Edwards 和 Kathryn Holt（2013）关于细菌基因组比较分析的指南，包含附带教程。Yandell 和 Ence（2012）提供了真核生物基因组注释的概述。

参 考 文 献

1000 Genomes Project Consortium, Abecasis, G.R., Altshuler, D. *et al.* 2010. A map of human genome variation from population-scale sequencing. *Nature* **467**(7319), 1061–1073. PMID: 20981092.

1000 Genomes Project Consortium, Abecasis, G.R., Auton, A. *et al.* 2012. An integrated map of genetic variation from 1,092 human genomes. *Nature* **491**(7422), 56–65. PMID: 23128226.

Adams, M. D., Celniker, S.E., Holt, R.A. *et al.* 2000. The genome sequence of *Drosophila melanogaster*. *Science* **287**, 2185–2195. PMID: 10731132.

Alföldi, J., Lindblad-Toh, K. 2013. Comparative genomics as a tool to understand evolution and disease. *Genome Research* **23**(7), 1063–1068. PMID: 23817047.

Allwood, A.C., Walter, M.R., Kamber, B.S., Marshall, C.P., Burch, I.W. 2006. Stromatolite reef from the Early Archaean era of Australia. *Nature* **441**, 714–718.

Anderson, S., Bankier, A.T., Barrell, B.G. *et al.* 1981. Sequence and organization of the human mitochondrial genome. *Nature* **290**, 457–465. PMID: 7219534.

Andersson, S. G., Zomorodipour, A., Andersson, J.O. *et al.* 1998. The genome sequence of *Rickettsia prowazekii* and the origin of mitochondria. *Nature* **396**, 133–140. PMID: 9823893.

Arabidopsis Genome Initiative. 2000. Analysis of the genome sequence of the flowering plant *Arabidopsis thaliana*. *Nature* **408**, 796–815.

Barns, S.M., Delwiche, C.F., Palmer, J.D., Pace, N.R. 1996. Perspectives on archaeal diversity, thermophily and monophyly from environmental rRNA sequences. *Proceedings of the National Academy of Science, USA* **93**(17), 9188–9193. PMID: 8799176.

Barrett, T., Clark, K., Gevorgyan, R. *et al.* 2012. BioProject and BioSample databases at NCBI: facilitating capture and organization of metadata. *Nucleic Acids Research* **40**(Database issue), D57–63. PMID: 22139929.

Bentley, D.R. 2006. Whole-genome re-sequencing. *Current Opinion in Genetics and Development* **16**, 545–552.

Benton, M. J., Ayala, F. J. 2003. Dating the tree of life. *Science* **300**, 1698–1700.

Bernardi, G., Bernardi, G. 1990. Compositional transitions in the nuclear genomes of cold–blooded vertebrates. *Journal of Molecular Evolution* **31**, 282–293.

Blackmore, S. 2002. Environment biodiversity update: progress in taxonomy. *Science* **298**, 365.

Blattner, F. R., Plunkett, G. 3rd, Bloch, C.A. *et al.* 1997. The complete genome sequence of *Escherichia coli* K–12. *Science* **277**, 1453–1474. PMID: 9278503.

Bovine Genome Sequencing and Analysis Consortium, Elsik, C.G., Tellam, R.L. *et al.* 2009. The genome sequence of taurine cattle: a window to ruminant biology and evolution. *Science* **324**(5926), 522–528. PMID: 19390049.

Bult, C. J., White, O., Olsen, G.J. *et al.* 1996. Complete genome sequence of the methanogenic archaeon, *Methanococcus jannaschii*. *Science* **273**, 1058–1073. PMID: 8688087.

C. elegans Sequencing Consortium. 1998. Genome sequence of the nematode *C. elegans:* A platform for investigating biology. *Science* **282**, 2012–2018.

Carbone, L., Harris, R.A., Gnerre, S. *et al.* 2014. Gibbon genome and the fast karyotype evolution of small apes. *Nature* **513**(7517), 195–201. PMID: 25209798.

Carlton, J. M., Angiuoli, S.V., Suh, B.B. *et al.* 2002. Genome sequence and comparative analysis of the model rodent malaria parasite *Plasmodium yoelii yoelii*. *Nature* **419**, 512–519. PMID: 12368865.

Chambaud, I., Heilig, R., Ferris, S. *et al.* 2001. The complete genome sequence of the murine respiratory pathogen *Mycoplasma pulmonis*. *Nucleic Acids Research* **29**, 2145–2153. PMID: 11353084.

Chimpanzee Sequencing and Analysis Consortium. 2005. Initial sequence of the chimpanzee genome and comparison with the human genome. *Nature* **437**(7055), 69–87. PMID: 16136131.

Ciccarelli, F.D., Doerks, T., von Mering, C. *et al.* 2006. Toward automatic reconstruction of a highly resolved tree of life. *Science* **311**(5765), 1283–1287. PMID: 16513982.

Cole, J.R., Wang, Q., Fish, J.A. *et al.* 2014. Ribosomal Database Project: data and tools for high throughput rRNA analysis. *Nucleic Acids Research* **42**(Database issue), D633–642. PMID: 24288368.

Cole, S. T., Eiglmeier, K., Parkhill, J. *et al.* 2001. Massive gene decay in the leprosy bacillus. *Nature* **409**, 1007–1011. PMID: 11234002.

Cooper, A., Lalueza-Fox, C., Anderson, S. *et al.* 2001. Complete mitochondrial genome sequences of two extinct moas clarify ratite evolution. *Nature* **409**, 704–707.

Curwen, V., Eyras, E., Andrews, T.D. *et al.* 2004. The Ensembl automatic gene annotation system. *Genome Research* **14**, 942–950.

Dabney, J., Meyer, M., Pääbo, S. 2013. Ancient DNA damage. *Cold Spring Harbor Perspectives in Biology* **5**(7), pii:a012567. PMID: 23729639.

Dagan, T., Martin, W. 2006. The tree of one percent. *Genome Biology* **7**(10), 118. PMID: 17081279.

Darling, A.E., Mau, B., Perna, N.T. 2010. progressiveMauve: multiple genome alignment with gene gain, loss and rearrangement. *PLoS One* **5**(6), e11147. PMID: 20593022.

Darling, A.E., Tritt, A., Eisen, J.A., Facciotti, M.T. 2011. Mauve assembly metrics. *Bioinformatics* **27**(19), 2756–2757. PMID: 21810901.

Darwin, C. 1859. *On the Origin of Species by Means of Natural Selection, or, the Preservation of Favoured Races in the Struggle for Life*. J. Murray, London.

Dohm, J.C., Minoche, A.E., Holtgräwe, D. *et al.* 2014. The genome of the recently domesticated crop plant sugar beet (*Beta vulgaris*). *Nature* **505**(7484), 546–549. PMID: 24352233.

Doolittle, W.F. 1999. Phylogenetic classification and the universal tree. *Science* **284**, 2124–2129.

Douglas, S., Zauner, S., Fraunholz, M. *et al.* 2001. The highly reduced genome of an enslaved algal nucleus. *Nature* **410**, 1091–1096. PMID: 11323671.

Driskell, A.C., Ané, C., Burleigh, J.G. *et al.* 2004. Prospects for building the tree of life from large sequence databases. *Science* **306**, 1172–1174.

Dunham, I., Shimizu, N., Roe, B.A. *et al.* 1999. The DNA sequence of human chromosome 22. *Nature* **402**, 489–495. PMID: 10591208.

Edwards, D.J., Holt, K.E. 2013. Beginner's guide to comparative bacterial genome analysis using next-generation sequence data. *Microbial Informatics and Experimentation* **3**(1), 2. PMID: 23575213.

Edwards, R.A., Rodriguez-Brito, B., Wegley, L. *et al.* 2006. Using pyrosequencing to shed light on deep mine microbial ecology. *BMC Genomics* **7**, 57.

Eisen, J. A. 2000. Horizontal gene transfer among microbial genomes: new insights from complete genome analysis. *Current Opinion in Genetics and Development* **10**, 606–611.

ENCODE Project Consortium, Birney, E., Stamatoyannopoulos, J.A. *et al.* 2007. Identification and analysis of functional elements in 1% of the human genome by the ENCODE pilot project. *Nature* **447**(7146), 799–816. PMID: 17571346.

Field, D., Garrity, G., Gray, T. *et al.* 2008. The minimum information about a genome sequence (MIGS) specification. *Nature Biotechnology* **26**(5), 541–547. PMID: 18464787.

Field, D., Amaral-Zettler, L., Cochrane, G. *et al.* 2011. *The Genomic Standards Consortium. PLoS Biology* **9**(6), e1001088. PMID: 21713030.

Fiers, W., Contreras, R., Duerinck, F. *et al.* 1976. Complete nucleotide sequence of bacteriophage MS2 RNA: primary and secondary structure of the replicase gene. *Nature* **260**, 500–507. PMID: 1264203.

Fiers, W., Contreras, R., Haegemann, G. *et al.* 1978. Complete nucleotide sequence of SV40 DNA.

Nature **273**, 113–120. PMID: 205802.

Fleischmann, R. D., Adams, M. D., White, O. *et al.* 1995. Whole-genome random sequencing and assembly of *Haemophilus influenzae* Rd. *Science* **269**, 496–512. PMID: 7542800.

Flicek, P., Birney, E. 2009. Sense from sequence reads: methods for alignment and assembly. *Nature Methods* **6**(11 Suppl), S6–S12. PMID: 19844229.

Florea, L., Souvorov, A., Kalbfleisch, T.S., Salzberg, S.L. 2011. Genome assembly has a major impact on gene content: a comparison of annotation in two Bos taurus assemblies. *PLoS One* **6**(6), e21400. PMID: 21731731.

Fox, G. E., Stackebrandt, E., Hespell, R.B. *et al.* 1980. The phylogeny of prokaryotes. *Science* **209**, 457–463. PMID: 6771870.

Fraser, C. M., Gocayne, J.D., White, O. *et al.* 1995. The minimal gene complement of *Mycoplasma genitalium*. *Science* **270**, 397–403. PMID: 7569993

Fu, Q., Li, H., Moorjani, P. *et al.* 2014. Genome sequence of a 45,000-year-old modern human from western Siberia. *Nature* **514**(7523), 445–449. PMID: 25341783.

Galibert, F., Finan, T.M., Long, S.R. *et al.* 2001. The composite genome of the legume symbiont *Sinorhizobium meliloti*. *Science* **293**, 668–672. PMID: 11474104.

Gilbert, M.T., Tomsho, L.P., Rendulic, S. *et al.* 2007. Whole-genome shotgun sequencing of mitochondria from ancient hair shafts. *Science* **317**, 1927–1930. PMID: 17901335.

Gill, S.R., Pop, M., Deboy, R.T. *et al.* 2006. Metagenomic analysis of the human distal gut microbiome. *Science* **312**, 1355–1359.

Goffeau, A., Barrell, B.G., Bussey, H. *et al.* 1996. Life with 6000 genes. *Science* **274**, 546, 563–577. PMID: 8849441.

Graur, D., Li, W.-H. 2000. *Fundamentals of Molecular Evolution*. Sinauer Associates, Sunderland, MA.

Green, E.D., Guyer, M.S. 2011. National Human Genome Research Institute. Charting a course for genomic medicine from base pairs to bedside. *Nature* **470**(7333), 204–213. PMID: 21307933.

Green, R.E., Krause, J., Ptak, S.E. *et al.* 2006. Analysis of one million base pairs of Neandertal DNA. *Nature* **444**, 330–336.

Green, R.E., Malaspinas, A.S., Krause, J. *et al.* 2008. A complete Neandertal mitochondrial genome sequence determined by high-throughput sequencing. *Cell* **134**(3), 416–426. PMID: 18692465.

Green, R.E., Krause, J., Briggs, A.W. *et al.* 2010. A draft sequence of the Neandertal genome. *Science* **328**(5979), 710–722. PMID: 20448178.

Grigoriev, I.V., Nordberg, H., Shabalov, I. *et al.* 2012. The genome portal of the Department of Energy Joint Genome Institute. *Nucleic Acids Research* **40**(Database issue), D26–32. PMID: 22110030.

Gurdasani, D., Carstensen, T., Tekola-Ayele, F. *et al.* 2015. The African Genome Variation Project shapes medical genetics in Africa. *Nature* **517**(7534), 327–332. PMID: 25470054.

Haeckel, E. 1879. *The Evolution of Man: A Popular Expositon of the Principal Points of Human Ontogeny and Phylogeny*. D. Appleton and Company, New York.

Hattori, M., Fujiyama, A., Taylor, T.D. *et al.* 2000. The DNA sequence of human chromosome 21. The chromosome 21 mapping and sequencing consortium. *Nature* **405**, 311–319. PMID: 10830953.

Hedges, S. B., Chen, H., Kumar, S. *et al.* 2001. Genomic timescale for the origin of eukaryotes. *BMC Evolutionary Biology* **1**, 1–10. PMID: 11580860.

Hofreiter, M., Jaenicke, V., Serre, D., Haeseler, Av A., Pääbo, S. 2001. DNA sequences from multiple amplifications reveal artifacts induced by cytosine deamination in ancient DNA. *Nucleic Acids Research* **29**, 4793–4799.

Holt, R. A., Subramanian, G.M., Halpern, A. *et al.* 2002. The genome sequence of the malaria mosquito *Anopheles gambiae*. *Science* **298**, 129–149. PMID: 12364791.

Honeybee Genome Sequencing Consortium. 2006. Insights into social insects from the genome of the honeybee Apis mellifera. *Nature* **443**(7114), 931–949. PMID: 17073008.

Hugenholtz, P., Pace, N.R. 1996. Identifying microbial diversity in the natural environment: a molecular phylogenetic approach. *Trends in Biotechnology* **14**, 190–197.

Human Microbiome Project Consortium. 2012a. A framework for human microbiome research. *Nature* **486**(7402), 215–221. PMID: 22699610.

Human Microbiome Project Consortium. 2012b. Structure, function and diversity of the healthy human microbiome. *Nature* **486**(7402), 207–214. PMID: 22699609.

Hunter, C.I., Mitchell, A., Jones, P. *et al.* 2012. Metagenomic analysis: the challenge of the data bonanza. *Briefings in Bioinformatics* **13**(6), 743–746. PMID: 22962339.

International Chicken Genome Sequencing Consortium. 2004. Sequence and comparative analysis of the chicken genome provide unique perspectives on vertebrate evolution. *Nature* **432**(7018), 695–716. PMID: 15592404.

International HapMap Consortium. 2003. The International HapMap Project. *Nature* **426**(6968), 789–796. PMID: 14685227.

International HapMap Consortium. 2005. A haplotype map of the human genome. *Nature* **437**(7063), 1299–1320. PMID: 16255080.

International HapMap 3 Consortium, Altshuler, D.M., Gibbs, R.A. *et al.* 2010. Integrating common and rare genetic variation in diverse human populations. *Nature* **467**(7311), 52–58. PMID: 20811451.

International Human Genome Sequence Consortium. 2001. Initial sequencing and analysis of the human genome. *Nature* **409**, 860–921.

International Human Genome Sequencing Consortium. 2004. Finishing the euchromatic sequence of the human genome. *Nature* **431**, 931–945. PMID: 15496913.

Joyce, G. F. 2002. The antiquity of RNA-based evolution. *Nature* **418**, 214–221.

Jumpstart Consortium Human Microbiome Project Data Generation Working Group. 2012. Evaluation of 16S rDNA-based community profiling for human microbiome research. *PLoS One* **7**(6):e39315. PMID: 22720093.

Kaiser, D. 2001. Building a multicellular organism. *Annual Review of Genetics* **35**, 103–123.

Kapustin, Y., Souvorov, A., Tatusova, T., Lipman, D. 2008. Splign: algorithms for computing spliced alignments with identification of paralogs. *Biology Direct* **3**, 20. PMID: 18495041.

Karolchik, D., Barber, G.P., Casper, J. *et al.* 2014. The UCSC Genome Browser database: 2014 update. *Nucleic Acids Research* **42**, D764–770. PMID: 24270787.

Kersey, P.J., Allen, J.E., Christensen, M. *et al.* 2014. Ensembl Genomes 2013: scaling up access to genome-wide data. *Nucleic Acids Research* **42**, D546–552. PMID: 24163254.

Klenk, H. P., Clayton, R.A., Tomb, J.F. *et al.* 1997. The complete genome sequence of the hyper-thermophilic, sulphate-reducing archaeon *Archaeoglobus fulgidus*. *Nature* **390**, 364–370. PMID: 9389475.

Klimke, W., O'Donovan, C., White, O. *et al.* 2011. Solving the problem: genome annotation standards before the data deluge. *Standards in Genomic Science* **5**(1), 168–193. PMID: 22180819.

Knapp, S., Bateman, R.M., Chalmers, N.R. *et al.* 2002. Taxonomy needs evolution, not revolution. *Nature* **419**, 559. PMID: 12374947.

Koonin, E. V. 1997. Genome sequences: Genome sequence of a model prokaryote. *Curent Biology* **7**, R656–659.

Koonin, E.V. 2012. *The Logic of Chance: The Nature and Origin of Biological Evolution.* FT Press, Upper Saddle River, New Jersey.

Krause, J., Dear, P.H., Pollack, J.L. *et al.* 2006. Multiplex amplification of the mammoth mitochondrial genome and the evolution of Elephantidae. *Nature* **439**, 724–727.

Kua, C.S., Ruan, J., Harting, J. *et al.* 2012. Reference-free comparative genomics of 174 chloroplasts. *PLoS One* **7**(11), e48995. PMID: 23185288.

Kumar, S., Hedges, S. B. 1998. A molecular timescale for vertebrate evolution. *Nature* **392**, 917–920.

Lang, B. F., Gray, M. W., Burger, G. 1999. Mitochondrial genome evolution and the origin of eukaryotes. *Annual Review of Genetics* **33**, 351–397.

Letunic, I., Bork, P. 2007. Interactive Tree Of Life (iTOL): an online tool for phylogenetic tree display and annotation. *Bioinformatics* **23**, 127–128.

Levy, S., Sutton, G., Ng, P.C. *et al.* 2007. The diploid genome sequence of an individual human. *PLoS Biology* **5**(10), e254 (2007). PMID: 17803354

Ley, T.J., Mardis, E.R., Ding, L. *et al.* 2008. DNA sequencing of a cytogenetically normal acute myeloid leukaemia genome. *Nature* **456**(7218), 66–72. PMID: 18987736.

Lindblad-Toh, K., Wade, C.M., Mikkelsen, T.S. *et al.* 2005. Genome sequence, comparative analysis and haplotype structure of the domestic dog. *Nature* **438**(7069), 803–819. PMID: 16341006.

Liolios, K., Mavromatis, K., Tavernarakis, N., Kyrpides, N.C. 2008. The Genomes On Line Database (GOLD) in 2007: status of genomic and metagenomic projects and their associated metadata. *Nucleic Acids Research* **36**(Database issue), D475–479.

Liolios, K., Schriml, L., Hirschman, L. *et al.* 2012. The Metadata Coverage Index (MCI): A standardized metric for quantifying database metadata richness. *Standards in Genomic Science* **6**(3), 438–447. PMID: 23409217.

Lister, R., Pelizzola, M., Dowen, R.H. *et al.* 2009. Human DNA methylomes at base resolution show widespread epigenomic differences. *Nature* **462**(7271), 315–322. PMID: 19829295.

Locke, A.E., Kahali, B., Berndt, S.I. *et al.* 2015. Genetic studies of body mass index yield new insights for obesity biology. *Nature* **518**(7538), 197–206. PMID: 25673413.

Locke, D.P., Hillier, L.W., Warren, W.C. *et al.* 2011. Comparative and demographic analysis of orangutan genomes. *Nature* **469**(7331), 529–533. PMID: 21270892.

Mailman, M.D., Feolo, M., Jin, Y. *et al.* 2007. The NCBI dbGaP database of genotypes and phenotypes. *Nature Genetics* **39**(10), 1181–1186. PMID: 17898773.

Markowitz, V.M., Chen, I.M., Chu, K. *et al.* 2012. IMG/M-HMP: a metagenome comparative analysis system for the Human Microbiome Project. *PLoS One* **7**(7), e40151. PMID: 22792232.

Markowitz, V.M., Chen, I.M., Chu, K. *et al.* 2014a. IMG/M 4 version of the integrated metagenome comparative analysis system. *Nucleic Acids Research* **42**(Database issue), D568–573. PMID: 24136997.

Markowitz, V.M., Chen, I.M., Palaniappan, K. *et al.* 2014b. IMG 4 version of the integrated microbial genomes comparative analysis system. *Nucleic Acids Research* **42**(Database issue), D560–567. PMID: 24165883.

Martin, W.F. 2011. Early evolution without a tree of life. *Biology Direct* **6**, 36. PMID: 21714942.

Mavromatis, K., Land, M.L., Brettin, T.S. *et al.* 2012. The fast changing landscape of sequencing technologies and their impact on microbial genome assemblies and annotation. *PLoS One* **7**(12), e48837. PMID: 23251337.

May, B. J. *et al.* 2001. Complete genomic sequence of *Pasteurella multocida*, Pm70. *Proceedings of the National Academy of Science USA* **98**, 3460–3465.

Mayr, E. 1982. *The Growth of Biological Thought: Diversity, Evolution, and Inheritance.* Belknap Harvard, Cambridge, MA.

Meyer, M., Kircher, M., Gansauge, M.T. *et al.* 2012. A high-coverage genome sequence from an archaic Denisovan individual. *Science* **338**(6104), 222–226. PMID: 22936568.

Miller, W., Makova, K.D., Nekrutenko, A., Hardison, R.C. 2004. Comparative genomics. *Annual Review of Genomics and Human Genetics* **5**, 15–56.

Mora, C., Tittensor, D.P., Adl, S., Simpson, A.G., Worm, B. 2011. How many species are there on Earth and in the ocean? *PLoS Biology* **9**(8), e1001127. PMID: 21886479.

Myburg, A.A., Grattapaglia, D., Tuskan, G.A. *et al.* 2014. The genome of *Eucalyptus grandis*. *Nature* **510**(7505), 356–362. PMID: 24919147.

Neafsey, D.E., Waterhouse, R.M., Abai, M.R. *et al.* 2015. Mosquito genomics. Highly evolvable malaria vectors: the genomes of 16 *Anopheles* mosquitoes. *Science* **347**(6217), 1258522. PMID: 25554792.

Neale, D.B., Wegrzyn, J.L., Stevens, K.A. *et al.* 2014. Decoding the massive genome of loblolly pine using haploid DNA and novel assembly strategies. *Genome Biology* **15**(3), R59. PMID: 24647006.

Ohyama, K., Fukuzawa, H., Kohchi, T. *et al.* 1988. Structure and organization of *Marchantia polymorpha* chloroplast genome. I. Cloning and gene identification. *Journal of Molecular Biology* **203**(2), 281–298. PMID: 2462054.

Oliver, S.G., van der Aart, Q.J., Agostoni-Carbone M.L. *et al.* 1992. The complete DNA sequence of yeast chromosome III. *Nature* **357**, 38–46. PMID: 1574125.

O'Malley, M.A., Koonin, E.V. 2011. How stands the Tree of Life a century and a half after The Origin? *Biology Direct* **6**, 32. PMID: 21714936.

Orlando, L., Ginolhac, A., Zhang, G. *et al.* 2013. Recalibrating Equus evolution using the genome sequence of an early Middle Pleistocene horse. *Nature* **499**(7456), 74–78. PMID: 23803765.

Pääbo, S., Poinar, H., Serre, D. *et al.* 2004. Genetic analyses from ancient DNA. *Annual Review of Genetics* **38**, 645–679.

Pace, N. R. 1997. A molecular view of microbial diversity and the biosphere. *Science* **276**, 734–740.

Pace, N.R. 2009. Problems with "prokaryote". *Journal of Bacteriology* **191**(7), 2008–2010. PMID: 19168605.

Pagani, I., Liolios, K., Jansson, J. *et al.* 2012. The Genomes OnLine Database (GOLD) v.4: status of genomic and metagenomic projects and their associated metadata. *Nucleic Acids Research* **40**(Database issue), D571–579. PMID: 22135293.

Parkhill, J., Achtman, M., James, K.D. *et al.* 2000. Complete DNA sequence of a serogroup A strain of *Neisseria meningitidis* Z2491. *Nature* **404**, 502–506. PMID: 10761919.

Parra, G., Bradnam, K., Korf, I. 2007. CEGMA: a pipeline to accurately annotate core genes in eukaryotic genomes. *Bioinformatics* **23**(9), 1061–1067. PMID: 17332020.

Potter, S.C., Clarke, L., Curwen, V. *et al.* 2004. The Ensembl analysis pipeline. *Genome Research* **14**, 934–941.

Pruesse, E., Peplies, J., Glöckner, F.O. 2012. SINA: accurate high-throughput multiple sequence alignment of ribosomal RNA genes. *Bioinformatics* **28**, 1823–1829.

Prüfer, K., Munch, K., Hellmann, I. *et al.* 2012. The bonobo genome compared with the chimpanzee and human genomes. *Nature* **486**(7404), 527–531. PMID: 22722832.

Prüfer, K., Racimo, F., Patterson, N. *et al.* 2014. The complete genome sequence of a Neandertal from the Altai Mountains. *Nature* **505**(7481), 43–49. PMID: 24352235.

Quast, C., Pruesse, E., Yilmaz, P. *et al.* 2013. The SILVA ribosomal RNA gene database project: improved data processing and web-based tools. *Nucleic Acids Research* **41** (D1), D590–D596. PMID: 23193283.

Raghavan, M., Skoglund, P., Graf, K.E. *et al.* 2014. Upper Palaeolithic Siberian genome reveals dual ancestry of Native Americans. *Nature* **505**(7481), 87–91. PMID: 24256729.

Rasmussen, M., Anzick, S.L., Waters, M.R. *et al.* 2014. The genome of a Late Pleistocene human from a Clovis burial site in western Montana. *Nature* **506**(7487), 225–229. PMID: 24522598.

Rat Genome Sequencing Project Consortium. 2004. Genome sequence of the Brown Norway rat yields insights into mammalian evolution. *Nature* **428**, 493–521. PMID: 15057822.

Raven, P., Fauquet, C., Swaminathan, M.S., Borlaug, N., Samper, C. 2006. Where next for genome sequencing? *Science* **311**, 468.

Reich, D., Green, R.E., Kircher, M. *et al.* 2010. Genetic history of an archaic hominin group from Denisova Cave in Siberia. *Nature* **468**(7327), 1053–1060. PMID: 21179161.

Rhesus Macaque Genome Sequencing and Analysis Consortium, Gibbs, R.A., Rogers, J. *et al.* 2007. Evolutionary and biomedical insights from the rhesus macaque genome. *Science* **316**(5822), 222–234). PMID: 17431167.

Rice Annotation Project, Tanaka, T., Antonio, B.A. *et al.* 2008. The Rice Annotation Project Database (RAP-DB): 2008 update. *Nucleic Acids Research* **36**(Database issue), D1028–1033. PMID: 18089549

Riesenfeld, C.S., Schloss, P.D., Handelsman, J. 2004. Metagenomics: genomic analysis of microbial communities. *Annual Review of Genetics* **38**, 525–552.

Rivera, M.C., Lake, J.A. 2004. The ring of life provides evidence for a genome fusion origin of eukaryotes. *Nature* **431**, 152–155.

Ruepp, A., Graml, W., Santos-Martinez, M.L. *et al.* 2000. The genome sequence of the thermoacidophilic scavenger *Thermoplasma acidophilum*. *Nature* **407**, 508–513. PMID: 11029001.

Ryan, J.F., Pang, K., Schnitzler, C.E. *et al.* 2013. The genome of the ctenophore *Mnemiopsis leidyi* and its implications for cell type evolution. *Science* **342**(6164), 1242592. PMID: 24337300.

Salzberg, S.L., Hotopp, J.C., Delcher, A.L. *et al.* 2005. Serendipitous discovery of *Wolbachia* genomes in multiple *Drosophila* species. *Genome Biology* **6**, R23.

Sanger, F., Air, G.M., Barrell, B.G. *et al.* 1977a. Nucleotide sequence of bacteriophage phi X174 DNA. *Nature* **265**, 687–895. PMID: 870828.

Sanger, F., Nicklen, S., Coulson, A.R. 1977b. DNA sequencing with chain-terminating inhibitors. *Proceedings of the National Academy of Science, USA* **74**, 5463–5467.

Schweitzer, M.H., Suo, Z., Avci, R. *et al.* 2007. Analyses of soft tissue from *Tyrannosaurus rex* suggest the presence of protein. *Science* **316**, 277–280.

Sea Urchin Genome Sequencing Consortium, Sodergren, E., Weinstock, G.M. *et al.* 2006. The genome of the sea urchin Strongylocentrotus purpuratus. *Science* **314**(5801), 941–952. PMID: 17095691.

Shapiro, B., Hofreiter, M. 2014. A paleogenomic perspective on evolution and gene function: new insights from ancient DNA. *Science* **343**(6169), 1236573. PMID: 24458647.

Shinozaki, K. M., Ohme, M., Tanaka, M. *et al.* 1986. The complete nucleotide sequence of the tobacco chloroplast genome: its gene organization and expression. *EMBO Journal* **5**, 2043–2049. PMID: 16453699.

Shungin, D., Winkler, T.W., Croteau-Chonka, D.C. *et al.* 2015. New genetic loci link adipose and insulin biology to body fat distribution. *Nature* **518**(7538), 187–196. PMID: 25673412.

Skaletsky, H., Kuroda-Kawaguchi, T., Minx, P.J. *et al.* 2003. The male-specific region of the human Y chromosome is a mosaic of discrete sequence classes. *Nature* **423**, 825–837. PMID: 12815422.

Smith, D. R., Doucette-Stamm, L.A., Deloughery, C. *et al.* 1997. Complete genome sequence of *Methanobacterium thermoautotrophicum* deltaH: Functional analysis and comparative genomics. *Journal of Bacteriology* **179**, 7135–7155. PMID: 9371463.

Sousa, V., Hey, J. 2013. Understanding the origin of species with genome-scale data: modelling gene flow. *Nature Reviews Genetics* **14**(6), 404–414. PMID: 23657479.

Stover, C. K., Pham, X.Q., Erwin, A.L. *et al.* 2000. Complete genome sequence of *Pseudomonas aeruginosa* PA01, an opportunistic pathogen. *Nature* **406**, 959–964. PMID: 10984043.

Tanenbaum, D.M., Goll, J., Murphy, S. *et al.* 2010. The JCVI standard operating procedure for annotating prokaryotic metagenomic shotgun sequencing data. *Standards in Genomic Science* **2**(2), 229–237. PMID: 21304707.

Tettelin, H., Saunders, N.J., Heidelberg, J. *et al.* 2000. Complete genome sequence of *Neisseria meningitidis* serogroup B strain MC58. *Science* **287**, 1809–1815. PMID: 10710307.

Thompson, O., Edgley, M., Strasbourger, P. *et al.* 2013. The million mutation project: a new approach to genetics in *Caenorhabditis elegans*. *Genome Research* **23**(10), 1749–1762. PMID: 23800452.

Venter, J. C., Adams, M.D., Myers, E.W. *et al.* 2001. The sequence of the human genome. *Science* **291**, 1304–1351. PMID: 11181995.

Wang, J., Wang, W., Li, R. *et al.* 2008. The diploid genome sequence of an Asian individual. *Nature* **456**(7218), 60–65. PMID: 18987735.

Warren, W.C., Hillier, L.W., Marshall Graves, J.A. *et al.* 2008. Genome analysis of the platypus reveals unique signatures of evolution. *Nature* **453**(7192), 175–183. PMID: 18464734.

Watson, J.D., Crick, F.H. 1953. Molecular structure of nucleic acids; a structure for deoxyribose nucleic acid. *Nature* **171**(4356), 737–738. PMID: 13054692.

Weber, J. L., Myers, E. W. 1997. Human whole-genome shotgun sequencing. *Genome Research* **7**, 401–409.

Wheeler, D.A., Srinivasan, M., Egholm, M. *et al.* 2008. The complete genome of an individual by massively parallel DNA sequencing. *Nature* **452**(7189), 872–876. PMID: 18421352.

Whittaker, R.H. 1969. New concepts of kingdoms or organisms. Evolutionary relations are better represented by new classifications than by the traditional two kingdoms. *Science* **163**, 150–160.

Willerslev, E., Cooper, A. 2005. Ancient DNA. *Proceedings of the Royal Society B: Biological Science*

272, 3–16.

Williams, T.A., Foster, P.G., Cox, C.J., Embley, T.M. 2013. An archaeal origin of eukaryotes supports only two primary domains of life. *Nature* **504**(7479), 231–236. PMID: 24336283.

Wilson, E. O. 1992. *The Diversity Of Life*. W. W. Norton, New York.

Woese, C. R. 1998. Default taxonomy: Ernst Mayr's view of the microbial world. *Proceedings of the National Academy of Science, USA* **95**, 11043–11046.

Woese, C. R., Kandler, O., Wheelis, M. L. 1990. Towards a natural system of organisms: Proposal for the domains Archaea, Bacteria, and Eucarya. *Proceedings of the National Academy of Science USA* **87**, 4576–4579.

Wolf, Y. I., Rogozin, I. B., Grishin, N. V., Koonin, E. V. 2002. Genome trees and the tree of life. *Trends in Genetics* **18**, 472–479.

Wood, V., Gwilliam, R., Rajandream, M.A. *et al.* 2002. The genome sequence of *Schizosaccharomyces pombe*. *Nature* **415**, 871–880. PMID: 11859360.

Yandell, M., Ence, D. 2012. A beginner's guide to eukaryotic genome annotation. *Nature Reviews Genetics* **13**(5), 329–342.

Yarza, P., Spröer, C., Swiderski, J. *et al.* 2013. Sequencing orphan species initiative (SOS): Filling the gaps in the 16S rRNA gene sequence database for all species with validly published names. *Systematic and Applied Microbiology* **36**(1), 69–73. PMID: 23410935.

Yilmaz, P., Kottmann, R., Field, D. *et al.* 2011. Minimum information about a marker gene sequence (MIMARKS) and minimum information about any (x) sequence (MIxS) specifications. *Nature Biotechnology* **29**(5), 415–420. PMID: 21552244.

Yue, F., Cheng, Y., Breschi, A. *et al.* 2014. A comparative encyclopedia of DNA elements in the mouse genome. *Nature* **515**(7527), 355–364. PMID: 25409824.

Zerbino, D.R. 2010. Using the Velvet de novo assembler for short-read sequencing technologies. *Current Protocol in Bioinformatics* **Chapter 11**, Unit 11.5. PMID: 20836074.

Zerbino, D.R., Birney, E. 2008. Velvet: algorithms for de novo short read assembly using de Bruijn graphs. *Genome Research* **18**(5), 821–829. PMID: 18349386.

Zhang, X., Goodsell, J., Norgren, R.B. Jr. 2012. Limitations of the rhesus macaque draft genome assembly and annotation. *BMC Genomics* **13**, 206. PMID: 22646658.

Zimin, A.V., Delcher, A.L., Florea, L. *et al.* 2009. A whole-genome assembly of the domestic cow, *Bos taurus*. *Genome Biology* **10**(4), R42. PMID: 19393038.

第16章

已完成测序的基因组：病毒基因组

每一个无足轻重的个体可能在寄生微生物的进化过程中起到了重要的作用。几个流感病毒颗粒可能会在易感人群中首先引发一个个体的感染，最终结果却会导致波及数千人的疫情。从病毒的角度来看，种群数目一步步累积增加，紧接着是灾难性的破坏。在每一个遭到感染的个体体内的病毒数最多时可达 10^{10} 个，但其中只有不到十个能进行继续扩增。当一个人口密集区中产生疫情时，我们可以认为大约有 10^{17} 个处于活跃状态的病毒颗粒。而几周之后，无论在这个环境中发生了什么，这一区域中都可能不再存在任何活跃颗粒。

——*Sir MacFarlane Burnet*，1953（第 385 页）

学习目标

通过阅读本章你应该能够：

- 给出病毒的定义；
- 描述艾滋病毒、流感病毒、麻疹病毒、埃博拉病毒和疱疹病毒的基因情况；
- 描述确认病毒基因和蛋白质的功能的生物信息学方法；
- 描述病毒研究中的主要生物信息学资源；
- 比较并对比 DNA 和 RNA 病毒。

16.1 引言

在本章中我们将会考察如何运用生物信息学方法对病毒进行研究。病毒是体积很小、具有感染性、必须在细胞内生存的寄生生物。它们依赖宿主细胞进行复制。病毒体（病毒颗粒）由一个核酸基因组以及封装这个基因组的蛋白质外壳（衣壳体）构成，其外侧还可能布满病毒糖蛋白的脂双层包被（该脂双层来源于宿主细胞）。与其他生物的基因组不同，从组分上来看，病毒的基因组可能是 DNA，也可能是 RNA。此外，从结构上来看，病毒基因组可能是单链、双链或部分双链的；从形态上来看，可能是环形、线形或分为多段的（不同的基因分布在不同的核酸片段上）。

病毒缺乏维持独立存活所必需的生化机制。这是病毒和营独立生活的生物体之间的基本差异。尽管病毒能够自我复制并进化，但一直以来它们处于"生物"这个定义的边缘位置。最大的病毒（*Pandoravirus salinus*，"潘多拉病毒"，见下文巨型病毒）的基因组碱基对数目可达 2.5 兆，其他大型病毒（如 pox viruses 痘病毒和 Mimivirus 巨病毒）的基因组碱基对数目也可达数十万至百万，其中一些甚至比最小的古细菌或细菌还要大（例如生殖支原体，第 17 章）。细菌基因组来源于更小、有感染性、专营细胞内生存的生物（例如病毒）这件事并不仅仅是巧合而已。最大的潘多拉病毒基因组甚至超过了真核生物（例如脑炎微孢子虫，18 章）的基因组大小。值得注意的是，许多这些基因组非常小的细菌正在将它们的基因转移到一些宿主基因组，同时放弃了它们的独立生存的能力。

相比于种类数量有几十万至几百万种的细菌及古细菌，目前已知的病毒只有几千种。这种数量上的巨大差异可能反映了它们在入侵宿主过程中的不同需求。最近的宏基因组项目（在"宏基因组学和病毒的多样性"一节中有具体描述）也表明，我们对病毒物种的数量和病毒基因以及基因组的多样性的了解是极其有限的。病毒能够感染所有形式的生命，包括细菌、古细菌（Prangishvili 等，2006）和多种真核生物，包括植物、人类、真菌等。目前甚至有研究发现病毒能够感染另一种病毒（见"巨病毒"一节）。尽管目前只有较少种类的病毒被加以编目，病毒仍然是地球上最丰富的生物实体（Edwards 和 Rohwer，2005）。

在本章中，我们将先对病毒的分类系统进行讨论，之后会根据形态、核酸构成、基因组大小和疾病相关性等多种分类标准对病毒进行分类。我们将对病毒的多样性和包含宏基因组在内的进化进行描述。在完成对于利用生物信息学方法研究病毒学问题的方式进行介绍之后，我们将按照从小到大的顺序介绍特定的病毒，包括流行性感冒病毒、人类免疫缺陷病毒（HIV）、埃博拉病毒、麻疹病毒、疱疹病毒和巨病毒。每种病毒都将对我们进行病毒基因组学的研究提供一些认识。我们还会介绍一系列生物信息学工具来研究病毒。

国际病毒分类委员会（ICTV）与病毒种类

ICTV 成立于 1971 年，是国际联合微生物学会下属的委员会之一，其主要的目标就是将病毒按照分类标准进行分类（King 等，2011），该分类遵循林奈系统下的目、科、亚科、属、种。该数据库（发布于 2012 年）将病毒细分为 7 目、96 科、420 属和超过 2600 种。图 16.1 给出了一个当前分类方案的示例（注意，在每个目下属包含 2～5 科，另有 71 科不属于任何目）。以单纯疱疹病毒属为例，属中的人疱疹病毒 I 被用黄色星号标明，作为该属中的模式生物。

> ICTV 网站地址为 http://ictvonline.org/（参见链接 16.1）

根据 ICTV1991 年的定义，"病毒的一个物种是指一群多性状的、能够构成一个复制谱系、占据一个特定的小生态环境的病毒"（Van Regenmortgel 等，2013；他们将"多型"的定义扩充为"拥有一些共同特征，但不一定是仅共享一个共同特征的一个群体"）。ICTV 最近在定义病毒种类的方式中做出了一些改变，一个物种是指"由 ICTV 批准的层次结构中的最低分类级别。一个物种就是一种单性状的病毒组，其特征能从多种标准与其他物种进行区分"（Adams 等，2013）。这些条件可能包括自然环境下与实验环境下的宿主范围、致病性、抗原性、载体特异性、细胞与组织嗜性，以及基因组或基因的相关程度。由于来源于同一祖先，因此一个物种内的个体都是单系的；所以，物种是离散的，无重叠的组，在识别一个新物种时必须进行系统发育分析。

Gibbs（2013）指出，ICTV 定义的种和属层次由共享了大部分基因的病毒群体组成，但在更大的范围，如科和目的层次上，病毒群体就不那么离散，一些基因会在多个科和目的病毒中存在。Van Regenmortgel 等（2013）强烈批判了单系分类病毒的思路，更多关于病毒命名规则的详细提案正在被积极制定中（Kuhn 等，2013）。

ICTV 最近也改变了病毒的命名方式（Adams 等，2013）。病毒物种名需使用斜体，第一个字母应当大写（例如，*Rabbit hemorrhagic disease virus*，兔出血病病毒）。与病毒物种名不同的是，病毒名则不需要斜体，但应当小写（例如，rabbit hemorrhagic disease virus，可使用其缩写 RHDV）。Kuhn 和 Jahrling（2010）、Van Regenmortgel 等（2010）讨论了病毒物种与病毒之间的区别。

美国国家生物技术信息中心（NCBI）举办了一场研讨会来指导病毒基因组注释标准（包括由 ICTV 提出命名问题）未来的发展，Tatiana Tatusova 及其同事强调了一致的、全面的病毒注释的重要性，尤其是在下一代测序技术完成了成千上万个病毒基因组序列测定的情况下（Brister 等，2010）。

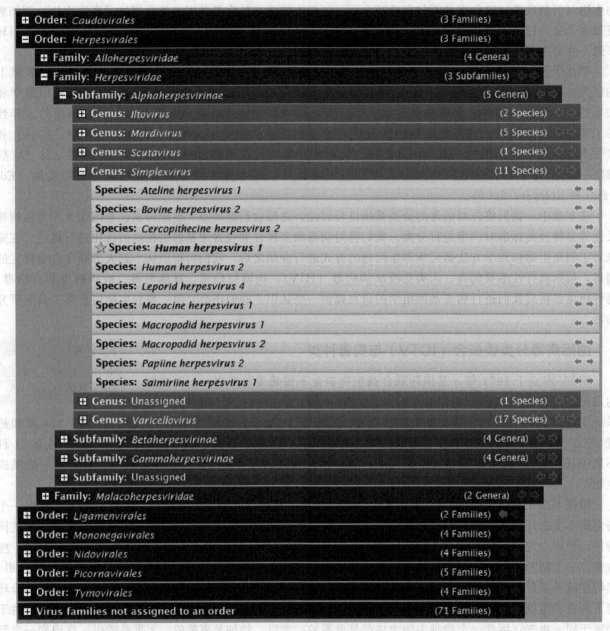

图 16.1 ICTV 网站的病毒分类（2012 版）。图中菜单打开以显示人类疱疹病毒物种

[资料来源：ICTV。经国际病毒分类学委员会（ICTV）许可转载]

16.2 病毒的分类

我们提出了四种方法来分类病毒，分别基于形态学、核酸构成、基因组大小与疾病相关性四个方面。

基于形态学的病毒分类

在测序时代来临之前，形态差异是病毒分类的主要标准。自 1959 年以来，已有 5500 种噬菌体（即以细菌为宿主的病毒，Ackermann，2007）和其他以植物或动物为宿主的病毒采用电子显微镜绘制了形状。96% 的噬菌体都是带尾的病毒，剩余的则是线形、二十面体形或多形状的。目前网上有许多公开的病毒电镜图片，其中部分在图 16.2 中展示。

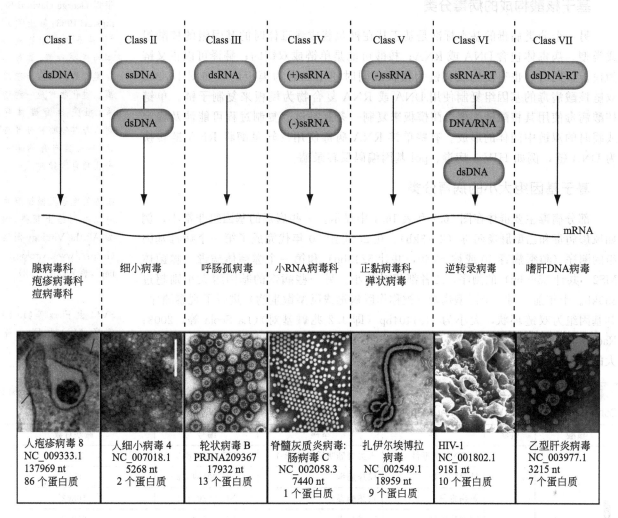

图 16.2 病毒分类。根据 David Baltimore 的分类系统，按照核酸（DNA 或 RNA）、链状（单链或双链）、有义链（＋或-链）和复制方法为标准，有七个不同的组。Ⅰ类病毒（例如，腺病毒科、疱疹病毒科和痘病毒科）具有由双链 DNA 组成的基因组。人疱疹病毒-8（HHV-8）的透射电子显微镜（TEM）图像显示病毒体侵入人眼细胞中，具有如箭头所示的突起。Ⅱ型病毒基因组具有变成双链的单链 DNA，如细小病毒科。纯化的人类细小病毒-4 样颗粒的 TEM 图像的比例尺为 200nm。Ⅲ类病毒具有双链 RNA，包括家禽病毒科。轮状病毒属于该家族的成员。这种 TEM 图像在 455882× 放大下显示轮状病毒的二十面体蛋白衣壳颗粒。Ⅳ类病毒在＋（有义）链上具有单链 RNA，包括小核糖核酸病毒科和披膜病毒科。一个典型的例子是肠道病毒，它是脊髓灰质炎的成因。Ⅴ类病毒具有负链单链 RNA，例如家族正黏病毒科（包括流感病毒）和弹状病毒科，我们展示的图片中是埃博拉病毒。Ⅵ类为使用具有逆转录（RT）的单链 RNA 基因组以形成 DNA 或 RNA 中间体的逆转录病毒，我们展示的图片中是人免疫缺陷病毒-1（HIV-1）在培养的淋巴细胞表面上的病毒粒子的扫描电子显微照片（SEM）。Ⅶ类病毒为使用逆转录的双链 DNA 基因组，包括嗜肝 DNA 病毒科，包括肝炎病毒，我们展示的图片中是乙型肝炎的 TEM，该病毒在全世界范围内感染了 3 亿人，每年造成 100 万人死亡

〔资料来源：图片上半部分从维基百科的病毒文章（http://en. wikipedia. org/wiki/Virus）改编而来。图片来源：HHV8，来自 NIH（http://openi. nlm. nih. gov/detailedresult. php? img＝3312246_CDI2012-651691. 002＆req＝4）；人细小病毒-4，来自 NIH（http://openi. nlm. nih. gov/detailedresult. php＝3204632_10-0750-F1＆query＝parvovirus＆it＝xg＆req＝4＆npos＝15）；轮状病毒，来自 1978 年疾病控制中心（CDC）的 Erskine L. Palmer 博士（http://phil. cdc. gov/phil/details. asp）；肠道病毒，来自 CDC（http://www2c. cdc. gov/podcasts/rssiframe. asp? c＝303）；埃博拉病毒，通过 NIH 来自 CDC（http://www. niaid. nih. gov/news/newsreleases/2010/Pages/EbolaImage. aspx）；HIV，来自 CDC（http://www2c. cdc. gov/podcasts/rssiframe. asp? c＝303）；乙型肝炎病毒，来自 CDC（http://www. cdc. gov/nchhstp/newsroom/DiseaseAgents. htm）。根据知识共享 CC-BY-SA-3. 0 许可的条款，从 Thomas Splettstoesser（www. scistyle. com）改编。图片来自 NLM，NIH 和 CDC〕

基于核酸构成的病毒分类

另一个分类病毒的基本标准是基于其在被包装成病毒体时的基因组的核酸组成类型。病毒体包含 DNA 或 RNA；核酸可能是单链或双链的；翻译可以正义链为模板，同时，也有使用反义链为模板或同时使用二者为模板的（如图 16.2）。双链核酸病毒的基因组复制使用 DNA 或 RNA 复合物为模板来复制子链。单链核酸病毒使用其核酸链为聚合酶模板来复制一条互补链。复制过程可能涉及稳定或瞬时的双链中间体的形成。有些单链 RNA 病毒使用反转录酶将 RNA 链转换为 DNA 链，例如 HIV-1 病毒、pol 基因编码反转录酶。

基于基因组大小的病毒分类

部分病毒主要群体在图 16.2 和表 16.1 中显示。一些病毒的基因组非常小，例如风疹病毒和乙型肝炎病毒（2~3kb）。在 20 世纪 70 年代完成了第一个病毒基因组的测序（猿猴病毒 40 或称 SV40，共计 5243bp）和第一个噬菌体病毒（噬菌体 MS2，共计 3569bp）的测序，二者都相对较小。另一些病毒的基因组大小则超过 350kb。十年前，对一个巨型病毒（被称作巨病毒或巨型微生物）进行了观察测序，其基因组为双链环状，大小为 1181404bp（即 1.2 兆碱基对）（La Scola 等，2003；Raoult 等，2004）。之后发现了该组更大的相关病毒，现被称为巨病毒属。其中最大的基因组规模可达 2.4Mb（一种潘多拉病毒，见"巨病毒"一节）。

根据 George Gaylord Simpson（1963，第七页），"物种是指实际的或潜在的近交种群，其与其他类似群体间有生殖隔离。进化物种是一种谱系（祖先-后裔群体序列），与其他物种分开进化，具有其自身的单一进化角色和倾向。"

病毒的电子显微镜照片可以在网络上获得，例如 All the Virology 网站（http://www.virology.net/，参见链接 16.2）。

SV40 由 Fiers 等（1978）测序，MS2 由 Fiers 等（1976）测序。

表 16.1 基于核酸组成的病毒分类。请注意，NCBI BioProject 编号以 PRJNA 起始，通常包括几个片段。摘自 Schaechter 等（1999），经 Wolters Kluwer 允许使用，并包括了 NCBI 的数据

核酸	链状	科	举例	编号	碱基对数
RNA	单链	小 RNA 病毒科	人类脊髓灰质炎病毒-1	NC_002058.3	7440
		披膜病毒科	风疹病毒	NC_001545.2	9762
		黄病毒科	黄热病毒	NC_002031.1	10862
		冠状病毒科	冠状病毒	NC_002645.1	27317
		弹状病毒科	狂犬病毒	NC_001542.1	11932
		副黏病毒科	麻疹病毒	NC_001498.1	15894
		正黏病毒科	甲型流感病毒	PRJNA14892	13498
		本扬病毒科	图拉病毒（汉坦病毒）	PRJNA14936	12066
		沙粒病毒科	拉萨热病毒	PRJNA14864	10681
		逆转录病毒科	艾滋病毒	NC_001802.1	9181
	双链	呼肠弧病毒科	丙型轮状病毒	PRJNA16140	17910
DNA	单链	细小病毒科	细小病毒 H1	NC_001358.1	5176
	混合	嗜肝 DNA 病毒科	乙型肝炎病毒	NC_003977.1	3215
	双链	乳头状病毒科	JC 病毒	NC_001699.1	5130
		腺病毒科	人腺病毒,17 型	AC_000006.1	35100
		疱疹病毒	人类疱疹病毒-1	NC_001806.1	152261
		痘病毒科	牛痘	NC_006998.1	194711

尽管病毒是相对简单的个体，它们仍然比另外两种病原体更加复杂：类病毒和朊病毒。类病毒是一类小的，由 200~400bp 核酸构成的环状 RNA 分子，可在植物中引起疾病（Flores，2001；Daroòs 等，2006；Ding，2010）。这个小基因组不编码任何蛋白，但本身具有酶活性。Gago 等（2009）测量到了锤头类病毒中的极高突变率（如图 16.3）。我们将在如下"病毒的多元性与进化"章节中讨论其他病毒的突变率。

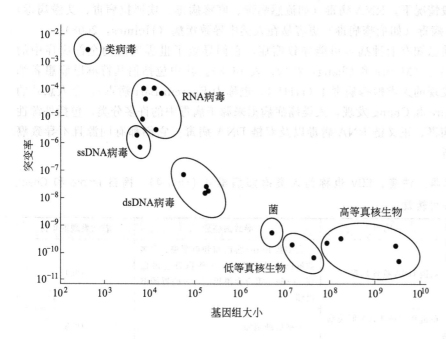

图 16.3　每个位点的突变率关于基因组大小的函数。具有极高突变率的小病毒是锤头状病毒 CChMVd。RNA 病毒包括烟草花叶病毒、人鼻病毒、脊髓灰质炎病毒、水泡性口炎病毒、噬菌体 Φ6 和麻疹病毒。单链 DNA 病毒包括噬菌体 ΦX174 和噬菌体 m13。双链 DNA 病毒包括噬菌体 λ、单纯疱疹病毒、噬菌体 T2 和噬菌体 T4。细菌是大肠杆菌。低等真核生物是酿酒酵母（*Saccharomyces cerevisiae*）和粗糙脉孢菌（*Neurospora crassa*）。高等真核生物是秀丽隐杆线虫（*Caenorhabditis elegans*）、黑腹果蝇（*Drosophila melanogaster*）、小家鼠（*Mus musculus*）和人（*Homo sapiens*）〔据 Gago 等（2009）的图重绘。经 AAAS 许可转载〕

朊病毒是传染性的蛋白分子（Prusiner，1998；DeArmond 和 Prusiner，2003）。Cruetzfeld-Jakob 氏病是人类中最常见的朊病毒疾病（Johnson 和 Gibbs，1998）。它在全世界范围内的发病率为百万分之一，通常表现为痴呆。绵羊中的痒病和牛类中的海绵状脑部疾病（BSE，通常称为"疯牛病"）是动物中最常见的朊病毒疾病。

NCBI 目前列出了 44 个 RNA 病毒基因组的参考序列编号，几乎所有都＜400 个核苷酸。想要看到这些信息，请访问 NCBI Genomes（http://www.ncbi.nlm.nih.gov/genome，链接 16.3），并遵循指向病毒和类病毒的链接。

基于疾病相关性的病毒分类

另一种分类病毒的方法是找到那些导致人类疾病的病毒。许多传染性病毒可以通过接种疫苗而被阻止（表 16.2）。其他一些病毒则因为可能被生物恐怖分子利用而得到了高度关注，例如天花（Cieslak 等，2002）。天花由天花病毒引起，它在 1977 年被彻底根除，在美国则从 1972 年开始停止接种。

表 16.2　疫苗可以预防的病毒疾病。数据来源：http://www.cdc.gov/vaccines/vpd-vac/default.htm（参见链接 16.26）

疾病	病毒	附注
甲型肝炎	甲型肝炎病毒	导致肝脏疾病
乙型肝炎	乙型肝炎病毒	导致肝脏疾病
流感	甲型/乙型流感病毒	导致美国每年 20000 起死亡
麻疹	麻疹病毒	参见下文
腮腺炎	腮腺炎病毒	淋巴结疾病
脊髓灰质炎	脊髓灰质炎（三种血清型）	脊髓灰质的混合，破坏神经元
轮状病毒	轮状病毒	儿童腹泻的最常见原因；全世界每年导致 60 万儿童死亡
风疹	腮腺炎属	也称为德国麻疹
天花	天花病毒	1977 年根除
水痘	水痘带状疱疹病毒	约 75% 的儿童在 15 岁前接触水痘

Stanley Prusiner "因发现朊病毒一种新的感染方式"获得 1997 年诺贝尔生理学或医学奖,参见 http://nobel-prize. org/nobel_ prizes/medicine/laureates/1997/(链接 16.4)。

一般情况下,RNA 病毒(如流感病毒、麻疹病毒、埃博拉病毒、艾滋病毒)比 DNA 病毒(如疱疹病毒)更容易在人类中导致疾病(Holmes,2008)。

目前已知有七种病毒可能导致癌症,它们导致了世界范围内全部癌症中的 10%~15%(Moore 和 Chang,2010;表 16.3)。其中包括伯基特淋巴瘤患者细胞系中发现的人类疱疹病毒 4(HHV4,也称为 Epstein-Barr 病毒)。令人意外的是,Moore 和 Chang 发现,人类癌症病毒来源于病毒中的许多分类,包括外源性逆转录病毒、正义链 RNA 病毒以及双链 DNA 病毒。它们都有同源且不导致癌症的病毒。

表 16.3 七种导致人类癌症的病毒。注意,EBV 也称为人类疱疹病毒 4(HHV-4)。摘自 Moore 和 Chang (2010),获得 Macmillan 出版社的许可转载

病毒	基因组	导致的癌症	首次发现的年份
爱泼斯坦-巴尔病毒(EBV)	双链 DNA 疱疹病毒	大多数 Buritt 淋巴瘤和鼻咽癌;大多数淋巴增殖性疾病;一些霍奇金淋巴瘤;一些非霍奇金淋巴瘤;一些胃肠淋巴瘤	1964
乙型肝炎病毒(HBV)	单链和双链 DNA 肝炎病毒	一些肝细胞癌	1965
人类嗜淋巴细胞病毒-I(HTLV-1)	正链,单链 RNA 逆转录病毒	成人 T 细胞白血病	1980
高风险人乳头瘤病毒(HPV)16 和 HPV 18(一些其他 α-HPV 类型也是致癌物)	双链 DNA 乳头瘤病毒	大多数宫颈癌、阴茎癌和一些其他肛门生殖器和头颈部癌症	1983—1984
丙型肝炎病毒(HCV)	正链,单链 RNA 黄病毒	一些肝细胞癌和一些淋巴瘤	1989
卡波西氏肉瘤疱疹病毒[KSHV;也称为人疱疹病毒 8(HHV-8)]	双链 DNA 疱疹病毒	卡波西肉瘤,原发性渗出性淋巴瘤和一些多中心的卡斯曼病	1994
默克尔细胞多瘤病毒(MCV)	双链 DNA 多瘤病毒	大多数默克尔细胞癌	2008

NIH(美国卫生研究院)下属的美国过敏及传染病研究所(NIAID)在 http://www. niaid. nih. gov/topics/Pages/default. aspx(参见链接 16.5)提供关于病毒及其他疾病的信息。

病毒可能感染植物并传播疾病,造成巨大的经济损失。一些植物病毒的经济影响并不大,但在科学上具有重要的意义,它们可以用来研究病毒、植物和它们之间交互的生物学本质。Scholthof 等(2011)调研了整个病毒学群体,并提出来一个包含最重要植物病毒的清单:①烟草花叶病毒,于 1898 年被发现成为一个有传染性的实体,是一种重要的模式生物,是首个完成测序的植物病毒 RNA;②番茄斑枯病毒,每年导致大于 10 亿美元的作物损失;③番茄黄叶卷曲病毒,由白蛾 *Bemisia tabaci* 传播,能导致一种快速出现的番茄疾病;④黄瓜花叶病毒,在超过 100 个科中感染超过 1200 种植物,包括番茄、烟草和胡椒;⑤马铃薯病毒,通过超过 40 种蚜虫传播,感染包括马铃薯在内的茄科植物。列出这些病毒有助于确定研究重点;参考 Scholthof 等以获取有关这些特定作用剂的更多信息。

病毒的多样性与进化

了解已知病毒的多样性的一种实用方法是访问 NCBI 网站。我们在第 15 章中介绍了 NCBI 的基因组资源。该网站包括用于病毒的通用资源(图 16.4)以及用于流感病毒、逆转录病毒、SARS、埃博拉病毒的专用网站以及到 ICTV 数据库的链接。

截至 2014 年 10 月,NCBI 基因组站点上展示了约 4200 个病毒基因组和更多的噬菌体基因组。NCBI 基因组主页地址为 http://www. ncbi. nlm. nih. gov/genome/(链接 16.3),该页面上有指向病毒基因组的链接。

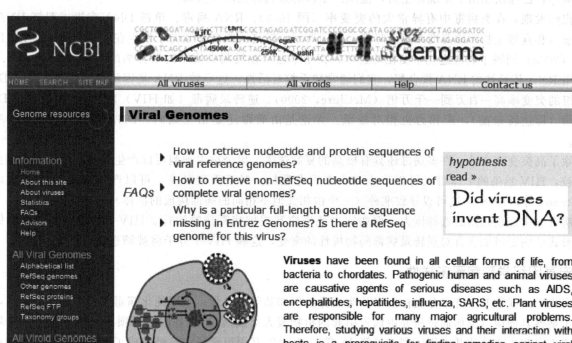

图 16.4　NCBI 的病毒基因组页面为病毒研究提供了信息和资源。有链接可以指向工具（例如 PASC，用于比较病毒基因组）和逆转录病毒、SARS 和流感病毒的 NCBI 专用站点
（资料来源：病毒基因组页面，NCBI）

　　分类学的前提是它应该代表系统发育。病毒独特的、难以捉摸的，有时脆弱的性质使得我们难以用古细菌、细菌和真核生物常用的全面的方式追踪它们的进化。与活生物体一样，病毒也会经历突变（遗传多样性）和选择。然而，病毒基因组在进化研究方面有特殊的困难：

> HyPhy（系统发育假设检验）软件在 http://hyphy.org/（链接 16.6）可以获取。MEGA 中也包含了一些 Hyphy 分析（参见第 7 章）。

　　● 病毒往往不能在考古学或历史样品中存活。根据人类骨骼遗骸、历史记录和其他历史文物，有相当多的证据表明 10000 多年前病毒就已经存在。然而，古老病毒的 DNA 或 RNA 尚未能被回收。如在"流感病毒"一节中所讨论的，来自 1918 年大流行病的致命流感病毒已经被分离、测序和进行功能分析。我们还描述了从 30000 多年前的冻土中回收的巨病毒。

　　● 病毒基因组的巨大多样性阻止我们基于跨越整套病毒的分子序列数据绘制综合的系统发生树。这反映形成病毒基因组过程中复杂的分子进化事件（McClure，2000）。

　　● 许多病毒基因组是分段的。这使得在后代中可以切割区段，产生多样性的病毒亚型（参见下文的流感病毒和 HIV 部分）。Pond 等（2012）讨论了重组、检测重组和选择行为的 HyPhy 软件。

　　对于许多病毒家族，已经绘制出了对应的系统发生树。这些系统发生树在建立病毒物种的进化、宿主特异性、毒力和其他生物学特性中是不可或缺的。我们研究了疱疹病毒和艾滋病毒的系统发育重建。对于其他病毒，已经绘制出了系统发生树，范围广至从麻疹病毒到肝炎病毒。

我们发现，在类病毒中有异常大的突变率（图 16.3）。RNA 病毒、单链 DNA 病毒、双链 DNA 病毒、细菌和真核生物中的突变率逐渐降低。如图所示，较高的突变率倾向于发生在较小的基因组中。Duffy 等（2008）回顾了病毒进化中变化的速率。突变率也与在复制中使用的聚合酶的亲和力相关。RNA 病毒使用 RNA 依赖性的 RNA 聚合酶，它们通常缺乏校对活性。这导致 RNA 基因组的突变率可能比 DNA 基因组的突变率高一百万到一千万倍（McClure，2000）。逆转录病毒（如 HIV）使用 RNA 依赖性 DNA 聚合酶（即逆转录酶），亲和力也相对较低。无论是由病毒还是宿主编码，DNA 病毒均使用 DNA 聚合酶。

除了高突变率之外，许多病毒还具有极高的复制速率。单个宿主细胞可以产生 10000 个脊髓灰质炎病毒颗粒，HIV 感染的个体每天可以产生 10^9 个病毒颗粒。对于丙型肝炎，可以产生每天 10^{12} 个病毒体（Neumann 等，1998）。这可以导致准种（一个由相关但不相同的病毒构成的群体）的形成。

病毒通常经受强烈的选择压力，例如宿主免疫应答或抗病毒药物治疗。HIV-1 的快速突变率确保了一些形式的病毒可能含有对逆转录病毒药物抗性的突变，这些 HIV-1 分子将被筛选。

宏基因组学和病毒多样性

历史上，我们基于许多分类标准来分类病毒：例如基于形态学，基于纯化病毒颗粒中核酸的性质，或是基于观察其效应（例如通过研究由病毒引起的植物或人类疾病）。宏基因组学项目调查了大量来自环境样品或来自宿主生物的基因组序列（见第 15 章）。几个宏基因组学研究已经完成了大量病毒基因组的鉴定（Edwards 和 Rohwer，2005；Mokili 等，2012；Willner 和 Hugen-holtz，2013）。Rosario 和 Breitbart（2011）总结了 24 个已发表的病毒宏基因组，发现其中一半的序列以前是未知的。在其他新的病毒基因组序列中意外地发现了在细胞生物体中发现的代谢基因。

主要的宏基因组学方法是特征化环境样品中的 DNA 序列。J. Craig Venter 和同事在一次全球海洋采样探险中调查了海洋浮游生物群落（Rusch 等，2007）。在 8000km 的范围内收集到了 41 个样品，获得 770 万个测序读长。结合他们的结果与以前的 Sargasso 海洋调查（Venter 等，2004），他们报告了 610 万个蛋白质的鉴定结果。其中，有大量新的蛋白质序列分配给病毒基因组，这与我们的采样还不足以覆盖病毒的多样性的观点一致。Venter 集团将他们的研究扩展到印度洋，采集不同大小，类别的病毒组分，并鉴定假定的宿主属，例如子囊菌属和 Acanthochlois（Williamson 等，2012）。Culley 等（2006）也报道了海水中的一组以前未知的 RNA 病毒。

另一种宏基因组方法是从各个器官中采集基因组 DNA。特别是有数百至上千种微生物菌种定居的人类肠道，其中包括细菌和古细菌。这些细菌和古细菌物种中有许多都被病毒感染（Reyes 等，2012）。一个目标是鉴定患者的病毒性病原体（Bibby，2013）。这可以用于临床诊断、检测并治疗病毒病原体暴发或发现新的病毒。例如，急性腹泻每年导致儿童死亡约 180 万（见图 21.3），在约 60% 的病例中已知原因。对于其余 40% 的病例，病因尚未确定，可能涉及未知病毒。基于此，有许多团队已经从健康或腹泻的人的粪便中进行了病毒颗粒的测序（Breitbart 等，2003；Zhang 等，2006；Finkbeiner 等，2008）。

相关性并不意味着因果关系：患者粪便中存在新病毒并不意味着它必然导致腹泻。根据 Koch 的假设，欲建立微生物和疾病之间的因果关系需满足如下几个条件。Jakob Henle 和他的学生 Robert Koch 十九世纪后期在炭疽和结核病的研究中制定了这些规则，该规则之后也被应用于病毒。该规则［引用自 Evans（1976）］是：

① 该寄生物在所述存疑疾病的每种情况下均发生，并可用于解释疾病的病理变化和临床病程；

② 它不作为偶然和非致病性寄生物在其他疾病中发生；

③ 从身体中完全分离并在纯培养基中反复传代后，它可以再次诱导疾病。

第三条假设通常是难以实现的，因为许多细菌不能在培养基中生长，并且疾病通常不能在动物模型中复制。对于病毒来说，由于其需要宿主以进行繁殖，Henle-Koch 假定甚至更难以实现。在 20 世纪 50 年代后期，Robert Huebner 提出了确认病毒作为人类疾病病因的规则，包括以下内容（摘自 Evans，1976）：

① 该病毒必须是通过在动物或组织培养物中传代建立的"真实"实体；

② 该病毒必须来源于人体标本（而不是来源于实验动物，实验细胞或其生长的培养基中的病毒污染物）；

③ 有效感染应能产生抗体反应；

④ 一种新病毒应当被充分研究并要与其他病毒进行比较（例如，比较病毒感染的宿主和宿主细胞的范围，病毒的病性损伤部位）；

⑤ 该病毒必须与一种特定疾病持续相关；

⑥ 在双盲研究中接种新识别病毒的人类志愿者应该再现该病毒感染的临床症状（但是这种研究现在可能以伦理理由被禁止）；

⑦ 流行病学研究应确定疾病感染的模式和流行规律；

⑧ 该病毒制备的特定疫苗应能预防该疾病，以此确定该病毒为该疾病发作的原因。

现在，宏基因组学研究可以识别患有疾病的病人体内的病毒（Tang 和 Chiu，2010）。Huebner 指南可能有助于评估病毒与临床表型的相关性。

16.3　解决病毒学问题的生物信息学方法

生物信息学的工具非常适合解决病毒学中的一些突出问题：

• 为什么一种病毒，如 HIV-1，选择性地感染一种物种（人类），而一种密切相关的病毒（猴类免疫缺陷病毒）感染猴子而不是人类？分析病毒的序列以及宿主细胞受体可以解决这个问题。

• 为什么有些病毒会改变他们的自然宿主？在 1997 年，鸡流感病毒感染了 18 人，杀死了其中 6 人。是否在病毒、宿主或两者的基因组中有变化，从而促进了跨物种特异性的变化？

• 为什么一些病毒株比其他病毒更致命？我们可以探索在 1918 年杀死多达 5000 万人的流感病毒的属性。

• 病毒逃避宿主免疫系统的机制是什么？我们将在下面讨论（见"疱疹病毒"）一些疱疹病毒如何获得人类免疫系统分子的病毒同源物，从而干扰人类抗病毒机制。

• 病毒来自哪里？目前有几种理论（Holmes，2011）。它们的起源可能十分古老，甚至早于最近普遍共同祖先（通常缩写为 LUCA）。大型病毒如 mimivirus（见"巨病毒"）的发现可以支持病毒起源可能早于 LUCA 理论。病毒也可能起源于相对较近的时间，从更复杂的细胞内寄生物衍生，消除了许多非必需特征。它们还可以源自正在自主复制的正常细胞组分。系统发育分析可以帮助判断这些理论是否正确。Edward Holmes（2008）回顾了 DNA 和 RNA 病毒的进化史。

• 哪些疫苗最可能有效？有两种主要的方法可用于开发针对有大量分子序列多样性的病毒的疫苗。一种方法是基于区域普遍性选择特定亚型的分离物，第二种方法是筛选祖先序列或共有序列用作疫苗开发中的抗原（Gaschen 等，2002）。这些方法均依赖于分子系统发育。

在本章的剩余部分，我们将探讨六个感兴趣的特定病毒，按照从最小到最大基因组大小的顺序排列。①人类免疫缺陷病毒（HIV）：与获得性免疫缺陷综合征（AIDS）相关的逆转录病毒。②流感病毒：每年导致人类疾病和死亡，具有可能引起巨大流行病的持续威胁，例如在一个世纪前导致数千万人死亡。③麻疹病毒：每年导致多达 50 万儿童的死亡，作为抗原性变化很慢的病毒的例子。④我们将介绍埃博拉病毒，这是一种最近出现的危险病毒。⑤我们将探索疱疹病毒，并引入 PASC 方法用于病毒的成对比较。⑥我们将探索熊蟾病毒：该病毒具有相当大的基因组并在生物学中扮演神秘角色，我们将使用 MUMmer 软件来比较两个大的基因组序列。

关于 AIDS 的信息可在 NIH http://www.niaid.nih.gov/topics/HIV-AIDS/Pages/Default.aspx（参见链接 16.7）网站获取，有关患病率的信息来自疾病控制和预防中心（http://www.cdc.gov/hiv/library/factsheets/，链接 16.8）、UNAIDS，以及世界卫生组织（http://www.unaids.org/，链接 16.9）。我们将在第 21 章中讨论 DALYS。

16.4　人类免疫缺陷病毒（HIV）

人类免疫缺陷病毒是艾滋病的病原体（由 Meissner 和 Coffin 提出，1999）。自其 20 世纪 80 年代突然出现以来，HIV 一直是致命的。艾滋病的大多数症状都不是由病毒直接引起的，而是病毒对宿主免疫系统能力损害的结果。HIV 感染也因此会导致由随机生物体引发的疾病。

目前，全世界有 3400 万人感染了艾滋病毒，2011 年出现了 250 万新病例。自 20 世纪 80 年代以来，有近 3000 万人死于艾滋病，这是南撒哈拉-非洲地区最大的死亡原因。艾滋病的爆发率以每年 3% 的速度上升。虽然死亡率一直在下降，但艾滋病毒/艾滋病仍然是 2010 年全球因疾病缩短生命年限（DALYS）的最主要原因中的第五名（Ortblad 等，2013）。目前，已经有许多试图战胜 HIV/AIDS 的跨国研究，包含从预防到治疗各个方面（Piot 等，2004）。关于艾滋病毒政策和研究状况的广泛调查，请参阅 Science 和 Nature 中文献的纲要（Mandavilli，2010；Roberts，2012）。Barré-Sinoussi 等（2013）和 Ciuf 和 Telenti（2013）做了艾滋病毒研究各方面的综述。

HIV-1 和 HIV-2 是慢病毒家族中的逆转录病毒。这些病毒可能源自撒哈拉以南的非洲，那里的病毒株型多样性最高，感染率也最高（Sharp 等，2001）。灵长类中的慢病毒出现在五个主要谱系中，如基于全长 pol 蛋白序列的系统发生树所示［图 16.5（a）；参见箭头 1-5；Hahn 等，2000；另见 Rambaut 等，2004；Heeney 等，2006 和 Castro-Nallar 等，2012 的综述］。这五个谱系是如下。

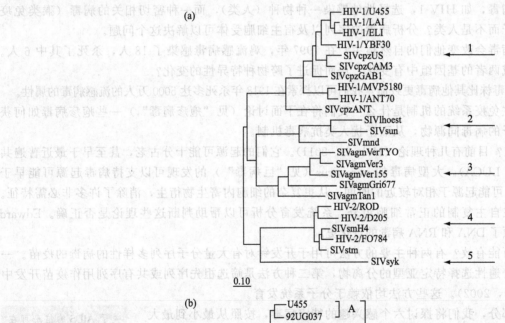

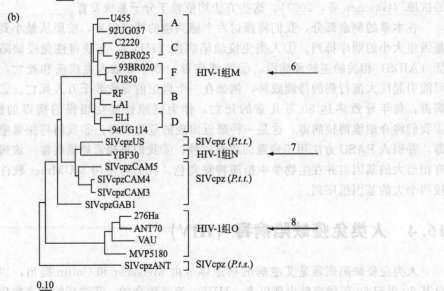

图 16.5 灵长类慢病毒的进化关系。（a）比对全长 Pol 蛋白序列，并使用最大似然法产生树。有五个主要谱系（箭头 1～5）。比例尺表示在校正多次命中后每个位点有 0.1 个氨基酸置换。（b）基于使用 Env 蛋白序列的最大似然树显示 HIV-1/SIVcpz 谱系。注意，区分了 HIV-1 的三个主要组（M，N，O；箭头 6～8）。比例尺与（a）中的相同［来自 Hahn 等（2000）］

① SIVcpz：来源于黑猩猩（学名 *Pan troglodyte*）的猿类免疫缺陷病毒（SIV），与 HIV-1 一致。

② SIVsm：来源于乌白眉猴（学名 *Cerecocebus atys*）的 SIV，与 HIV-2 一致。SIVmac：来源于猕猴属（学名 *Macaca* 属）的 SIV。

③ SIVagm：来源于非洲绿猴属（学名 *Chlorocebus* 属）的 SIV。

④ SIVsyk：来源于青猴（学名 *Cercopithecus albogularis*）的 SIV。

⑤ SIVlhoest：来源于 L'Hoest 猴（学名 *Cercopithecus lhoesti*）的 SIV。SIVsun：来源于 suntailed 猴（学名 *Cercopithecus solatus*）的 SIV。SIVmnd：来源于山魈（学名 *Mandrillus sphinx*）。

如图 16.5（a）中的系统发生分析可以得出一个重要结论，就是病毒似乎以宿主依赖的方式进化，我们将在下面的"疱疹病毒"一节中讨论。相比于感染其他物种的病毒，感染非人灵长类动物的 HIV 之间更加互相相关。对于 HIV-2，有 5 条证据表明其由黑猿猴传播而来（Hahn 等，2000）：

① HIV-2 和 SIVsm 的基因组结构中的相似性；

② HIV-2 和 SIVsm 的系统发生相关性（参见图 16.5，箭头 4）；

③ SIVsm 在自然宿主中的流行；

④ 受到传染的宿主与自然宿主的地理重合；

⑤ 存在可能的传播途径，例如人类在市场上可能暴露于黑猩猩血液。

类似的观点已被应用于 HIV-1，它可能在 1930—1940 年由于 SIVcpz 的跨物种污染而出现在非洲。HIV-1 在三个主要亚型中发生，分别称作 M、N 和 O。这与 SIVcpz 向人类的三种单独传播路径的发生是一致的：M 是 HIV-1 病毒的主要群体；O 是一个独立的群体；N 也不同于 M 和 O。三种主要的 HIV-1 亚型在从全长 Env 蛋白序列产生的系统发生树中是明显的［见图 16.5（b），箭头 6~8；Hahn 等，2000］。

SIV 的历史之长出人意料。Worobey 等（2010）在一个赤道几内亚岛上的原住民中发现了 SIV，这个岛屿在 12000 年前因海平面上升而被孤立。他们的系统发育分析表明 SIV 已在灵长类动物中存在了约 32000 年。因此，人类可能在过去曾数次遭遇 SIV。

我们在第 2 章（"HIV-1 pol"）中讨论了 HIV-1 的 NCBI 条目；基因组包含 9181 个碱基，并含有编码蛋白质的 9 个开放阅读框。这些蛋白质的结构和功能已被表征（Briggs 和 Kräusslich，2011；Engelman 和 Cherepanov，2012）。尽管 HIV-1 基因组很小，基因产物很少，GenBank 目前仍有约 600000 个核苷酸序列记录和约 700000 个蛋白质记录。数据量如此之大的原因是 HIV-1 的突变频率极高，产生 M、N 和 O 亚型的许多变体。因此，研究者经常对 HIV 变异体进行测序。病毒学家的一个主要挑战是学习如何使用这么大量的数据，以及如何使用这些数据来寻找治疗或治愈艾滋病的有效方法。如图 16.3 所示，其他 RNA 病毒的突变率甚至更高。这突出了来源于免疫逃逸的重组和自然选择的重要作用（Holmes，2009）。

尽管 HIV-1 在全世界和每个受感染个体的层面上都表现出极大的多样性，但仍可以使用第二代测序技术来表征它们的基因组。Gall 等人（2012）开发了扩增、测序和拼装任意序列或亚型的 HIV-1 基因组的方法。这种方法还揭示了临床样本中与耐药性相关的突变。

我们接下来描述用于研究 HIV 分子序列数据的两种生物信息学资源库：NCBI 和 LANL。

NCBI 和 LANL 上关于 HIV-1 的资源

NCBI 网站提供了几种方法来研究逆转录病毒，包括艾滋病毒。您可以通过 NCBI 的基因组（genome）网页获得关于 HIV-1 的信息，我们之后在流感病毒、HHV-8 和巨型病毒的相关章节中也有描述。

NCBI 还提供了用于研究逆转录病毒的专用资源（见图 16.6）。此网站包括以下内容：

NCBI 基因组站点（http://www.ncbi.nlm.nih.gov/genome，链接 16.3）有一个病毒链接以及一个到 HIV-1（NC_001802）的链接。点击病毒名称提供了一个指向 NCBI 分类标准网页的链接，其中包括有关 HIV-1（病毒；类病毒；逆转录病毒科；慢病毒；灵长类慢病毒组）谱系的信息和几十个 HIV-1 变体。从 Genome 页面，通过点击登录号 NC_001802，提供了到 HIV-1 的核苷酸（GenBank）条目的链接。

要查看 HIV-1 的 NCBI 核苷酸记录，请访问分类标准网页并输入 HIV-1。如果在搜索 Entrez 核苷酸数据库到 RefSeq 条目时限制输出，则只有一个输出条目：完整的 HIV-1 基因组（NC_001802.1）。

Retroviruses

Information about retroviruses and specialized tools for the analysis of retroviral proteins and genomes

Using the Resource

About

Help

Questions

External Retrovirus Resources

Los Alamos National Laboratory HIV Databases

Stanford HIV Drug Resistance Mutation Database

HIV Drug Resistance Program

NIH AIDS Reagent Program

HIV BioAfrica

Retrovirus Tools

HIV-1, Human Interaction Database

Retrovirus genotyping tool

Retrovirus nucleotide Blast

Retrovirus protein Blast

Healthcare and Education

Centers for Disease Control

National Institute of Allergy and Infectious Disease

Retroviruses Textbook

PubMed Retrovirus Articles

Retrovirus Genomes and Taxonomy

Reference retrovirus genomes

Browse retrovirus genomes by species

Retrovirus taxonomy browser

Other NCBI Virus Resources

Viral Genomes Resource

Virus Variation Resource

Influenza Virus Resource

图 16.6　逆转录病毒资源

[资料来源：逆转录病毒页面，NCBI（http://www.ncbi.nlm.nih.gov/retroviruses/）]

- 基于 BLAST 搜索的基因分型工具；
- 逆转录病毒序列专用的多序列比对工具；
- 逆转录病毒基因组的标准参照组；
- 包含研究 HIV-1、HIV-2、SIV、Ⅰ型人类 T 淋巴细胞病毒（HTLV）和 STLV 的工具的特定页面；
- 前一周关于逆转录病毒的出版物的列表；
- 前一周 GenBank 上发布的新条目（每周储存数百个 HIV-1 的新序列），以及到外部逆转录病毒资源网站的链接。

<table>
<tr><td>

"逆转录病毒资源"可在 http://www.ncbi.nlm.nih.gov/retroviruses/（链接 16.10）获得。NCBI 还提供一个关于 HIV 和人类蛋白质之间互相作用的数据库(http://www.ncbi.nlm.nih.gov/projects/RefSeq/HIVInteractions/，链接16.11)。

</td><td>

　　一种研究几种类型病毒（包括 HIV）的基本资源是 Los Alamos 国家实验室（LANL），该实验室常规运营一组 HIV 数据库。该实验室的 HIV 序列数据库是一个重要的、全面的 HIV 序列数据库。它支持通过通用名、编号、PubMed 标识符、每个病例被采样的国家和可能发生感染的国家来搜索序列。序列可以作为对齐或未对齐的多序列比对的一部分来检索，并且可以检索来自某个个体患者的序列组。该网站包括各种专业工具：

- HIV BLAST 服务器；
- SNAP（同义/非同义分析程序），一个计算同义和非同义突变率的软件；
- 重组识别程序（RIP），一种识别可能通过重组产生的花叶病毒序列的程序；
- MPAlign 的多重比对程序（Gaschen 等，2001）；

</td></tr>
</table>

- HMMER 软件（第 6 章）；
- PCoord（主坐标分析），对于基于距离分数的序列数据执行类似于主成分分析（第 11 章）的程序；和

一个显示总 HIV 感染水平（全世界或各大洲水平）以及 HIV 亚型分布的地理工具［图 16.7（a）、(b)］。

LANL HIV 数据库在 http://hiv-web. lanl. gov/（链接 16.12）可以获取。该站点提供三个数据库：序列，免疫学信息，疫苗试验。在 HIV 序列数据库中你可以通过选择"Tools"之后选择"Geography"找到地理工具。

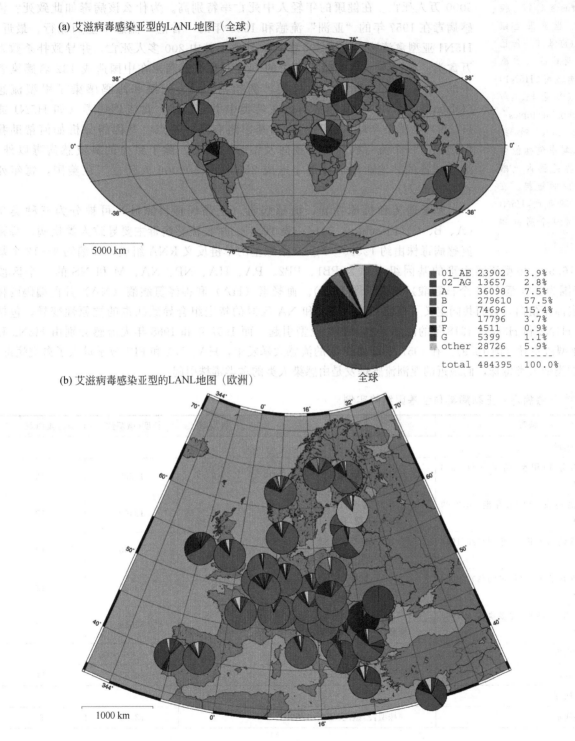

(a) 艾滋病毒感染亚型的LANL地图（全球）

	01_AE	23902	3.9%
C	02_AG	13657	2.8%
	A	36098	7.5%
	B	279610	57.5%
	C	74696	15.4%
	D	17796	3.7%
	F	4511	0.9%
	G	5399	1.1%
	other	28726	5.9%
	------	-----	
	total	484395	100.0%

全球

(b) 艾滋病毒感染亚型的LANL地图（欧洲）

5000 km

1000 km

图 16.7　LANL 上的地理工具允许您查看 HIV 感染亚型，（a）在全球范围或（b）在各个大陆（图示为欧洲）。在（a）中，显示了总的 HIV 和主要的亚型感染水平。子类型分布使用饼图显示

［资料来源：Los Alamos 国家安全有限责任公司，美国能源部（http://www.hiv.lanl.gov/）］

想要获取关于流感病毒的信息，请访问疾病控制中心网站 http://www.cdc.gov/u/a-bout/viruses/（链接16.13）。世界卫生组织（WHO）保有一份已经获得确认的人类感染甲型禽流感（H5N1）的名单（参见 http://www.who.int/topics/influenza/en/，链接16.14），其中包括能够更新世界范围内流感病例地图的链接。在2003—2009 年间，H5N1 导致了 489 个病例和 289 起死亡。

16.5 流感病毒

1918—1919 年的"西班牙"流感大暴发感染了数亿人口，据估计造成了 5000 万人死亡。在健康的年轻人中死亡率特别高。为什么该病毒如此致死？流感病毒在 1957 年的"亚洲"流感和 1968 年的"香港"流感中重归流行。最近，H5N1 亚型禽流感感染了 300 多人，导致了其中 200 多人死亡，并导致扑杀数百万禽类。2013 年，禽流感病毒中的 H7N9 禽流感病毒在中国造成 132 名感染者中的 37 人死亡。许多野生鸟类，例如鸭、鹅、天鹅和海鸥感染了甲型流感（Olsen 等，2006），其通常不会在鸟类中引起症状。禽流感病毒（如 H5N1 或 H7N9）会感染全球人类吗？流感基因组有哪些特点？基因组分析如何帮助我们预测下一个流行病并制定预防及治疗的策略？除了致命的禽流感病毒以外，流感病毒的其他亚型估计每年造成 250000～500000 人死亡（在美国，每年死亡 36000 人）。

基于遗传和抗原差异，流感病毒（正黏病毒科家族）可被分为三种类型（A、B、C）(Pleschka, 2013; 表 16.4)。甲型流感病毒主要导致人类疾病。每种流感病毒株由约 12500～14500 个碱基的单链反义 RNA 组成，并编码 9～12 个基因（表 16.5）。甲型流感病毒的基因组由称为 PB1、PB2、PA、HA、NP、NA、M 和 NS 的 8 个区段（长度范围为 890 至 2341 个核苷酸）组成（图 16.8）。血凝素（HA）和神经氨酸酶（NA）片段编码两种关键的表面糖蛋白，它们共同定义了病毒亚型。HA 和 NA 区段的特定组合导致病毒的抗原性变异，包括 H1N1、H1N2 和 H3N2。1918 年的流感是由 H1N1 亚型引起，而 1957 年和 1968 年大流感分别由 H2N2 和 H3N2 亚型占主导（图 16.9）。在 1957 年和 1968 年的流感大暴发中，HA、NA 和 PB1 分子进入了禽类病毒，使之更加类似人类毒株，而最近的亚洲流感爆发是由感染人类的禽类毒株引起。

表 16.4 流感病毒：正黏病毒科全基因组的实例

病毒	来源信息	区段数	长度（碱基数）	蛋白数
甲型流感病毒				
甲型流感病毒（甲型/鹅/广东/1/1996(H5N1))	株型:甲型/鹅/广东/1/1996(H5N1)	8	13590	12
甲型流感病毒（甲型/香港/1073/99(H9N2))	亚型:H9N2 株型:甲型/香港/1073/99	8	13460	12
甲型流感病毒（甲型/韩国/426/1968(H2N2))	亚型:H2N2 株型:甲型/韩国/426/1968	8	13460	12
甲型流感病毒（甲型/纽约/392/2004(H3N2))	亚型:H3N2 株型:甲型/纽约/392/2004	8	13627	12
甲型流感病毒（甲型/波多黎各/8/1934(H1N1))	亚型:H1N1 株型:甲型/波多黎各/8/1934	8	13588	12
乙型流感病毒				
乙型流感病毒	株型:乙型/Lee/40	8	14452	11
丙型流感病毒				
丙型流感病毒	株型:乙型/安娜堡/1/50	7	12555	9
伊沙病毒				
传染性鲑鱼贫血病毒	分离种:CCBB	8	12716	10
戈托病毒				
戈托病毒	株型:SiAr 126	6	10461	7

表 16.5　一个代表性流感病毒全基因组（甲型/波多黎各/8/34（H1N1））中的基因，分类标示 211044

基因	区段数	蛋白编号	长度（氨基酸）	名称
PB2	1	NP_040987	759	RNA 依赖性 RNA 聚合酶亚基 PB2
PB1	2	NP_040985	757	RNA 依赖性 RNA 聚合酶亚基 PB1
PB1-F2	2	YP_418248	87	PB1-F2 蛋白
PA	3	NP_040986	716	RNA 依赖性 RNA 聚合酶亚基 PA
PA-X	3	YP_006495785	252	RNA 依赖性 RNA 聚合酶亚基 PA-X
HA	4	NP_040980	566	血凝素
NP	5	NP_040982	498	核衣壳蛋白
NA	6	NP_040981	454	神经氨酸酶
M2	7	NP_040979	97	基质蛋白 2
M1	7	NP_040978	252	基质蛋白 1
NS1	8	NP_040984	230	非结构蛋白 NS1
NS2	8	NP_040983	121	非结构蛋白 NS2

注：来源于 NCBI 基因组，NCBI（http://www. ncbi. nlm. nih. gov/genome/proteins/10290? project_id=15521）。

NIH 下属的美国国家过敏与传染病机构（NIAID）主办了流感基因组测序计划（http://www. niaid. nih. gov/labsandresources/resources/dmid/gsc/influenza/Pages/default. aspx，链接 16.15）。流感病毒基因组序列现已储存在 Genbank 中，可用过 NCBI 流感病毒资源访问（http://www. ncbi. nlm. nih. gov/genomes/FLU/FLU. html，链接 16.16），目前已包括 300000 条流感记录。该 NCBI 资源包括能够校准流感病毒基因组序列的工具，并可用于构建进化树。

Genome	Genome ▾			Search
	Limits　Advanced			Help

Organism Overview ; Genome Project Report ; Genome Annotation Report

Influenza A virus (A/Hong Kong/1073/99(H9N2))

Feature counts are from RefSeq where it is available
See Protein Details

Influenza A virus (A/Hong Kong/1073/99(H9N2))
NCBI
Influenza A virus (A/Hong Kong/1073/99(H9N2)) RefSeq Genome

Type	Name	RefSeq	INSDC	Size (Kb)	GC%	Protein	Gene
Segment	6	NC_004909.1	AJ404629.1	1.42	42.6	NA 1	1
Segment	1	NC_004910.1	AJ404630.1	2.34	43.2	PB2 1	1
Segment	3	NC_004912.1	AJ404637.1	2.23	44.0	PA 2 PA-X	2
Segment	8	NC_004906.1	AJ278649.1	0.89	43.3	NS2 2 NS1	2
Segment	7	NC_004907.1	AJ278646.1	1.03	47.8	M2 2 M1	2
Segment	5	NC_004905.2	AJ289871.1	1.56	47.3	NP 1	1
Segment	2	NC_004911.1	AJ404634.1	2.33	43.5	PB1 2 PB1-F2	2
Segment	4	NC_004908.1	AJ404626.1	1.71	42.5	HA 1	1

图 16.8　典型的甲型流感病毒的 8 区段示意图（来自 NCBI）。"protein details" 链接提供每个基因组的蛋白质含量的表格和图形概述。基因名称及其相应的产物分别是：NA（神经氨酸酶）、PB2（聚合酶 Pb2）、PA（聚合酶 PA）、PA-X（PA-X 蛋白）、NS2（非结构蛋白 2）、M2（基质蛋白 1）、NP（核蛋白）、PB1（聚合酶 Pb1）和 HA（血凝素）

（资料来源：NCBI）

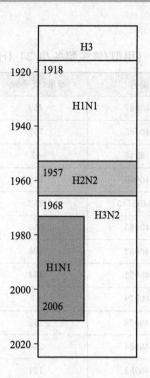

图 16.9 甲型流感病毒 (Influenza A) 毒株的概述。对存档样本的分析表明，H3 菌株在 1918 年之前占主导地位，而 1918 年的大流感是 H1N1 亚型导致的。随后的大爆发与 H2N2 和 H3N2 亚型相关，而 H1N1 亚型在最近几十年中活跃程度增加 [摘自 Enserink (2006)，经许可使用]

对于流感病毒结构的进一步了解有助于解释其病毒转录和复制的机制 (Ruigrok 等，2010)。Moeller 等 (2012) 进行低温电子显微镜观察以确定核糖核蛋白复合物的结构 (包括病毒基因组、聚合酶和核蛋白 NP)。

NIH 流感基因组测序项目 (IGSP) 测序了约 14000 个流感病毒的全基因组 (到 2015 年初为止)，这是基因组学中的一个非凡成就。所有的序列数据可通过 GenBank 获得 (Bao 等，2008)。该项目提供了解决关于流感病毒的一系列基本问题的机会 (Holmes，2009；也可参见 Janies 等，2010)，总结如下：

① 病毒片段的重新排列是常见的。通常这会改变抗原性，使得疫苗失效。在早期的研究中，Ghedin 等 (2005) 测序了在几年期间 (1998—2004 年) 从同一个地理位置 (纽约州) 提取的 209 个甲型人类流感病毒基因组。他们绘制了 207 种病毒的氨基酸序列的位置关于年份的函数，并提供了病毒之间的片段交换的证据。Holmes 等报道了最近的 H3N2 毒株之间的重组 (2005)。基因组测序的大规模监测使得估计突变和节段交换的频率 (包括人类流感病毒株型和人禽共患株型) 成为可能。

② 相同亚型毒株的多个不同谱系经常在人群中循环，相对孤立的群落和主要城市具有相似的病毒多样性。

③ 在全球范围内，东亚和东南亚可能是人类甲型流感病毒的重要来源之一。确定这些来源可以改进疫苗设计。

④ 耐药性可以遵循复杂的模式。例如，对一类抗病毒药物 (金刚烷胺) 的抗性是由编码离子通道的病毒 M2 蛋白中的 31 位由丝氨酸替换天冬酰胺替换导致的。然而这种突变可能与病毒的基因组中其他地方的另一突变相关，从而导致在很少使用这些药物的区域也出现相同的耐药性。

⑤ 将病毒基因组序列数据 (即基因型) 与临床表现 (即表型) 相关联是另一个令人感兴趣的点，其临床表现严重程度包括亚临床级到严重级。在流感基因组中的连续测序可以促进基因型-表型关联研究。

对禽类流感病毒分离株基因组的分析得出了关于甲型流感病毒基因进化的重要信息。Obenauer 等 (2006) 分析了 169 个完整的禽流感病毒基因组，并报道了对 PB1 基因一种可变剪接转录本的强阳性选择 (非同义与同义替代率的比率 dN/dS 超过 9；参见第 7 章)。除了进行系统发育分析以区分新出现的病毒分支，Obenauer 等描述了 "蛋白质分型"，其可用于确定病毒蛋白的特征氨基酸。流感病毒的反向遗传学研究方法包括将定向突变引入基因组 (Engelhardt 在 2013 年综述)。在了解 1918 年流感病毒性质的突破性研究中，Jeffery Taubenberger、Terrence Tumpey 及他们的同事分离了该病毒株并测定了其全基因组序列。病毒的核酸是从历史样品中纯化来的，包括几名死于 1918 年大流感的阿拉斯加妇女和士兵。Taubenberger 等 (2005) 提出 1918 年的流感病毒完全来源于禽类 (与此相对，1957 年和 1968 年的病毒则是重组病毒）。Tumpey 等（2005）制造了具有完整的 8 个病毒编码序列片段的 1918 年流感病毒株。

他们将 1918 年的流感病毒引入小鼠，其引起的细胞滴度比当代低毒性株系感染高出 125～39000 倍。致死率相比于普通株系高 100 倍，所有小鼠在感染后 6 天内死亡（但低毒性的株型没有导致任何死亡）。这项工作具有相当大的风险，但使得分析导致毒性的突变成为可能。例如，在从最近涉及 H7N7 亚型禽流感的致命病例分离的病毒中，也发现了聚合酶基因 *PB2* 的突变（von Bubnoff，2005）。这样的分析可能有助于我们为下一次流感大暴发进行监测（Taubenberger 等，2007）。

16.6　麻疹病毒

麻疹病毒是人类历史上最致命的病毒之一。直到今天，它仍然是许多国家儿童死亡的主要原因。2008 年，世界卫生组织（WHO）的全部成员国达成共识，要在接下来的十年中将麻疹死亡率降低 90%。根据 Simons 等（2012）的报告，已从 2000 年的 535300 例死亡（95% 置信区间为 347200～976400）降低到 2010 年的 139300 例死亡（71200～447800）。Liu 等（2012 年）做出了类似的估计，2010 年全球由麻疹造成的死亡病例约为 114000 例（92000～176000）。

疫苗有助于降低死亡率和发病率，但是不成熟的免疫系统和母体抗体的存在阻止了 9 个月龄之前的新生儿的免疫系统发挥作用。病毒通过呼吸道飞沫传播，感染呼吸道中的上皮细胞。这种疾病被认为是儿童可通过疫苗接种预防的主要死亡原因之一（Moss 和 Griffin，2006）。

麻疹病毒属于副黏病毒科麻疹病毒属，包括腮腺炎病毒和呼吸道合胞体病毒。Rota 和 Bellini（2003）总结了 14 种不同麻疹病毒基因型的世界分布情况。您可以通过 NCBI 基因组资源（编号 NC_001498.1）访问参考基因组。麻疹病毒包含了非分段的反义 RNA 基因组，其被包膜和衣壳保护。基因组包含 15894 个碱基、6 个基因，编码 8 个蛋白。这些序列可以从 NCBI 数据库中访问（图 16.10）。六个基因称为 N（核衣壳）、P（磷蛋白）、M（基质）、F（融合）、H（血凝素）和 L（大聚合酶）。P 基因被预测为编码如下蛋白：①约 70kDa 分子量，参与转录的磷蛋白；②约 20kDa 蛋白（非结构 C 蛋白），起始于一个不同的阅读框的替代起始位点；以及③约 46kDa 蛋白质，由 P 的氨基末端区域和另一个富含半胱氨酸的羧基末端组成。第三个蛋白质通过编辑麻疹基因组来产生，以添加由基因组指定的 1～3 个 G 残基（Cattaneo 等，1989）。

在麻疹疫苗在美国投入使用之前，每年有 450000 起病例（其中 450 例死亡）。参见 http://www.cdc.gov/nchs/fastats/measles.htm（链接 16.17）。

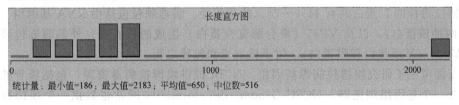

麻疹病毒的蛋白质详细信息

长度直方图

统计量：最小值=186；最大值=2183；平均值=650；中位数=516

按基因座、基因座标签或蛋白质名称搜索

名字	登记号	起始	终止	Strand	基因ID	基因座	基因座标签	蛋白产物	长度	蛋白名字
	NC_001498.1	108	1685	+	1489804	N	MeVgp1	NP_056918.1	525	核壳体蛋白
	NC_001498.1	1807	2705	+	1489805	P/V/C	MeVgp2	YP_003873249.2	299	V蛋白
	NC_001498.1	1807	3330	+	1489805	P/V/C	MeVgp2	NP_056919.1	507	磷蛋白
	NC_001498.1	1829	2389	+	1489805	P/V/C	MeVgp2	NP_056920.1	186	C蛋白
	NC_001498.1	3438	4445	+	1489803	M	MeVgp3	NP_056921.1	335	矩阵蛋白
	NC_001498.1	5458	7110	+	1489800	F	MeVgp4	NP_056922.1	550	融合蛋白
	NC_001498.1	7271	9124	+	1489801	H	MeVgp5	NP_056923.1	617	血细胞凝集素蛋白
	NC_001498.1	9234	15785	+	1489802	L	MeVgp6	NP_056924.1	2183	大型聚合酶蛋白

图 16.10　由麻疹病毒基因组的六个基因编码的八种蛋白质

（来源：Genome Annotation Report，NCBI Genome，NCBI）

麻疹病毒蛋白的功能已经确定：N 结合基因组 RNA 并包围它；P 和 L 形成复合物参与 RNA 合成；L 负责复制以及转录；M 将核糖核蛋白连接到嵌入包膜的糖蛋白 H 和 F；H 结合病毒上辅助入侵宿主的细胞表面受体；F 是促进病毒插入宿主细胞膜的融合蛋白。Rima 和 Duprex（2009）描述了这些蛋白质在麻疹病毒复制循环和转录中的作用。在我们讨论蛋白质结构的章节（第 13 章）中，我们描述了内部无序的蛋白质缺乏固定的三维形状。Ferron 等（2006）和 Bourhis 等（2006）指出 N 和 P 都有长达 50~230 个残基的内部无序区域，有助于它们实现多功能化。

这些蛋白各自的功能也可以通过 BLAST 搜索来推断。对于非结构 C 蛋白，DELTA-BLAST 非冗余（nonredundant，nr）搜索揭示了与由牛瘟病毒、犬/海豹瘟热病毒，以及海豚麻疹病毒的基因组编码的蛋白质的同源性。DELTA-BLAST 非冗余检索显示，麻疹病毒血凝素为 Pfam 家族的成员（pfam00423，血凝素-神经氨酸酶），并且有数百个片段与麻疹病毒血凝素匹配。用 Entrez 设置限制为 "hemagglutinin NOT measles virus [Organism]"，重复搜索，结果变成了来源于同源麻疹病毒的血细胞凝集素，而不是麻疹。DELTA-BLAST 检索鉴定数百种来自其他病毒的血凝素，例如人类副流感病毒、腮腺炎病毒和火鸡鼻气管炎病毒等的血凝素。

NCBI 埃博拉病毒资源位于 http://www.ncbi.nlm.nih.gov/genome/viruses/variation/ebola/（链接 16.18）。访问 UCSC 埃博拉病毒页面请前往 http://genome.ucsc.edu/ebolaPortal/（链接 16.19）。ExPASy（参见第 12 章）提供关于埃博拉病毒的分子生物学描述，位于 http://viralzone.expasy.org/all _ by _ species/207.html（链接 16.20）。

副黏病毒科的另一个成员是牛瘟病毒。该病毒导致牛瘟疫，一种古老的发生于牛和其他数十种家养或野生偶蹄类物种的瘟疫（Barrett 和 Rossiter，1999）。这种病毒具有毁灭性的影响，杀死大量反刍动物，导致人类饥荒。2011 年 5 月牛瘟已被宣布根除，使其成为自天花以来第二种被彻底根除的疾病（Morens 等，2011；Mariner 等，2012）。您可以通过核苷酸编号 NC _ 006296.2 或 BioProject 编号 PRJNA15050 研究牛瘟病毒基因组。

16.7　埃博拉病毒

埃博拉病毒是一种通过人体接触传播的丝状病毒。第一次有记录的爆发发生在 1976 年。最大的一次爆发始于 2014 年，最初集中在西非，引起了全世界对致命流行病蔓延的关注。病毒导致出血热，通常是致命的。埃博拉病毒属于丝状病毒科，为有包膜的单链反义 RNA 病毒。扎伊尔·埃博拉病毒参考基因组长度为 18959 个碱基（索引编号 NC _ 002549.1），具有 7 个基因，共编码 9 个蛋白质。这些蛋白中最长的命名为 L（编号 NP _ 066251.1），是一种 RNA 依赖性 RNA 聚合酶，与来自其他埃博拉毒株的 L 蛋白共有 44%~73% 的相似性。病毒颗粒包括由 RNA 基因组、病毒蛋白 L、NP 和 VP30（两种核蛋白），以及 VP35（聚合酶复合蛋白）组成的核衣壳。外部病毒包膜包括病毒糖蛋白、VP40 和 VP24（基质蛋白和膜蛋白），位于核衣壳和包膜之间。

有一些生物信息学资源可用于研究埃博拉病毒基因组。NCBI 提供埃博拉病毒资源，包括核苷酸和蛋白质序列的数据库，以及一个基因组浏览器。UCSC Genome Bioinformatics 网站也提供一个埃博拉病毒基因组浏览器。这包括 160 种埃博拉病毒株以及密切相关的马尔堡病毒的 Multiz 多重序列比对。其他信息包括关于突变体、免疫抗原表位数据，以及到三维蛋白质结构的链接。对构成该病毒的少数基因和蛋白质的结构和功能的了解可以有助于加快疫苗和抗病毒药物的开发。

16.8　疱疹病毒：从生殖细胞到基因表达

RNA 病毒（如流感病毒、HIV-1）倾向于具有较小的基因组和较高的进化速率（见图 16.3）。其感染往往是急性的，毒力可能非常高，会在物种间频繁传播（见 Holmes，2008 年综述）。而 DNA 病毒，如下一节将提到的疱疹病毒，可以拥有更大的基因组。它们趋向于具有较低的进化速率（例如每个位点每年发生核苷酸取代的可能性约为 10^{-9} 至 10^{-7}），感染往往持续而非急性；因为长期的进化，不同物种内部寄生的病毒亚型已经有很大的不同；它们的毒性相对 RNA 病毒更低。

疱疹病毒是多种线性双链 DNA 病毒的集合，包括单纯疱疹病毒、巨细胞病毒以及爱泼斯坦-巴尔病毒（McGeoch 等，2006）。疱疹病毒在形态上与其他病毒不同，其基因组（125～290kb）被包装在二十面体衣壳中，并进一步被被膜（一种由蛋白质组成的基质）和脂质包膜包围。

ICTV 最近对疱疹病毒进行了重新分类（Davison 等，2009；Davison，2010）。疱疹病毒科包括三个家族：疱疹病毒科（包括哺乳动物病毒、鸟类病毒和爬行动物病毒），鱼类疱疹病毒科（鱼病毒和两栖类病毒）和贝类疱疹病毒科（仅含有一种感染无脊椎动物双壳类的病毒）。下属 3 个亚科、17 个属和 90 个物种。

McGeoch 等（2006）分析了保守性较好的基因，以推断疱疹病毒的系统发育史。他们的系统发育重建结果包括三个亚家族：α-疱疹病毒（学名为 Alpha-herpesvirinae）β-疱疹病毒（Beta-herpesviraeae）和 γ-疱疹病毒（Gamma-herpesvirinae）。该研究和其他类似分析（Davison，2002；McGeoch 等，1995）提供了对疱疹病毒的起源、多样性和功能的深入了解。每种疱疹病毒与单一宿主物种相关（尽管某些宿主被多种疱疹病毒感染，如人类）。这种特异性表明疱疹病毒已与他们的宿主共同进化了数百万年之久。三个亚家族的任意一个都显示出各种疱疹病毒亚型出现的分支顺序与相应宿主物种的出现相对应（图 16.11）。这表明病毒和宿主谱系的共同进化。图 16.11（a）显示了主要的真兽亚纲（胎盘哺乳动物）谱系出现的时间尺度。图 16.11（b）～（d）显示了具有分子时钟的三个疱疹病毒亚家族。注意，如在图 16.11（b）中，存在一种属于水痘病毒属（感染宿主包括偶蹄目、奇蹄目和食肉目）的疱疹病毒的进化分枝（粗红

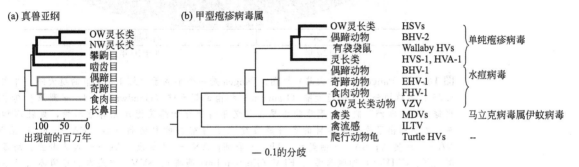

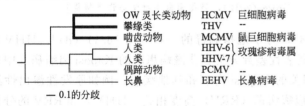

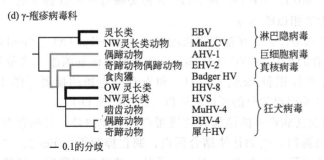

图 16.11　疱疹病毒的系统发育和与宿主基因组的进化比较。（a）8 个 *Eutheria*（胎盘哺乳动物）目的系统发育树，这些都是疱疹病毒的宿主。3 个深层进化分枝分别表示为粗红色线段、细红色线段和灰色线段。（b）Alpha 型、（c）Beta 型和（d）Gamma 型病毒，相应地列出了宿主和感染该宿主的一种病毒。图中显示了发散程度（以每个位点的替代率为单位）。NW 指新大陆（指美洲）；OW 指旧大陆。对于病毒缩写，请参阅本图片来源

［资料来源：McGeoch 等（2006），经 Elsevier 许可转载］

线）。疱疹病毒的这种进化分枝结构与在图 16.11（a）中宿主生物的进化有对应关系。McGeoch 等（2006）估计，图 16.11 所示的疱疹病毒在约 4 亿年前就出现了。Grose（2012）描述了这种宿主与病毒的共进化过程，特别强调了水痘带状疱疹病毒及其在非洲的出现（图 16.12）。跨大洲的盘古大陆（Pangaea）在约 1.75 亿年前分为 Laurasia（北部）和 Gondwana（南部）。当南部大陆进一步分离形成非洲和其他现代大陆时，有假设认为祖先 α 疱疹病毒和灵长类动物共同进化，随后演变成特异性适应某种灵长类动物宿主的不同病毒类型。

Kaposi 肉瘤是最常见的艾滋相关肿瘤。它是一种通常首先在表皮出现的恶性血管肿瘤。

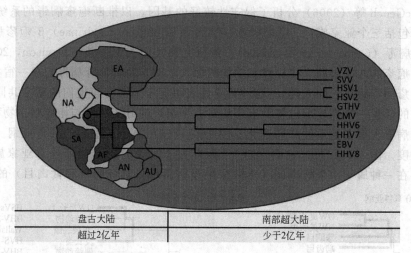

图 16.12　Pangea（盘古大陆）地图。Pangea 是一个形成于大约 4 亿年前的超大陆，并在约 1.75 亿年前划分为北部超大陆（Laurasia）和南部超大陆（Gondwanaland，非洲源其中）。根据"走出非洲"假说，疱疹病毒早在 5 亿年前就开始感染海洋无脊椎动物，如牡蛎和鲍鱼，右侧列出了疱疹病毒科的各种成员建立了对宿主物种的特异性。EA——欧洲/亚洲；NA——北美洲；SA——南美洲；AF——非洲；AN——南极洲；AU——澳大利亚。病毒缩写包括：CMV（巨细胞病毒）、EBV（Epstein-Barr 病毒）、SVV（猪塞内加谷病毒）、HSV1（1 型单纯疱疹病毒）、HSV2（2 型单纯疱疹病毒）、HHV-8（人疱疹病毒 8）和 VZV（水痘带状疱疹病毒）

[资料来源：Grose（2012），经美国微生物学会许可转载]

　　我们接下来将考察人类疱疹病毒 8（HHV-8），为 γ-疱疹病毒的一种 [图 16.11（d）]。HHV-8 也被称为 Kaposi 肉瘤相关疱疹病毒，它最初是通过代表性差异分析在艾滋病患者的 Kaposi 肉瘤病变中鉴定分离的（Chang 等，1994）。HHV-8 引起 AIDS 相关的 Kaposi 肉瘤和其他疾病，例如原发性渗出性淋巴瘤和多中心的 Castleman 氏病。HHV-8 与恒河猴疱疹病毒（RRV）高度相关。HHV-8 和 RRV 的分化节点可能与人和恒河猴的分化恰巧相符（Davison，2002）。HHV-8 和 HHV-8 相关病毒在黑猩猩中的存在暗示：可能可以在人类中鉴定分离出另一种与 RRV 相似的病毒。

　　HHV-8 的潜伏周期和裂解性感染的分子基础是什么？其基因组长度约为 140000bp（NC_009333.1）并编码超过 80 种蛋白质（Russo 等，1996）。我们可以在 NCBI Genome 页面搜索该基因组（参见第 15 章）。从基因组主页，您可以浏览 HHV-8（分类标识符 txid：37296）和查看该生物的摘要 [图 16.13（a）]。您可以以图形或表格形式进一步查看由其基因组编码的开放阅读框 [图 16.13（b）]。

关于 DELTA-BLAST 的介绍，参见第 5 章。

　　HHV-8 病毒蛋白包括病毒中的结构和代谢蛋白。有趣的是，它还含有人类宿主蛋白的多种病毒同源物，例如补体结合蛋白、凋亡抑制蛋白 Bcl-2、二氢叶酸还原酶、干扰素调节因子、白介素 8（IL-8）受体、神经细胞黏附分子样黏附素和 D 型细胞周期蛋白。

　　病毒基因组如何从宿主生物体获得模体甚至整个基因？该行为可以通过多种机制发生，包括重组、转座、剪接、易位和倒位（McClure，2000）。我们接下来将讨论 IL-8 受体，编码该蛋白的真核基因在细胞生长和存活过程中起作用。该受体是 G 蛋白偶联受体家族的成员，包括视紫红质（响应光）、β-肾上腺素受体（结合肾上腺素）和各种神经递质受体。使用"HHV-8 ORF74"作为查询条件的 DELTA-BLAST

(a) HHV8基因组总览（NCBI）

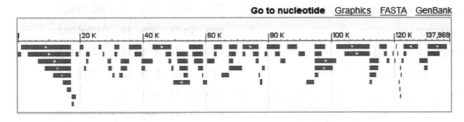

Organism Overview ; Genome Project Report ; Genome Annotation Report

Human herpesvirus 8
Human herpesvirus 8 RefSeq Genome

Lineage: Viruses[3875]; dsDNA viruses, no RNA stage[1663]; Herpesvirales[66]; Herpesviridae[58]; Gammaherpesvirinae[14]; Rhadinovirus[7]; Human herpesvirus 8[2]

Genome Sequencing Projects

● Chromosomes [1]　Scaffolds or contigs [0]　SRA or Traces [0]

Organism	BioProject	Status	Chrs	Size (Kb)	GC%	Gene	Protein	Nbrs
Human herpesvirus 8	PRJNA14158	●	1	137.97	53.8	96	86	4

Genome Region

Go to nucleotide　Graphics　FASTA　GenBank

(b) HHV8蛋白质（图形和表格总结）

Genome	Genome ▾		Search
	Limits　Advanced		Help

Return to Genome Overview

Protein Details for Human herpesvirus 8

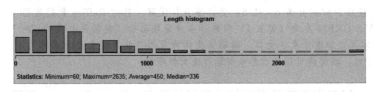

Length histogram

Statistics: Minimum=60; Maximum=2635; Average=450; Median=336

Search by locus, locus tag or protein name

Search　Clear

Name	Accession	Start	Stop	Strand	GeneID	Locus	Locus tag	Protein product	Length	Protein clusters	Protein name
	NC_009333.1	105	944	+	4961511	K1	HHV8GK18_gp01	YP_001129350.1	279	-	K1
	NC_009333.1	1112	2764	+	4961488	ORF4	HHV8GK18_gp02	YP_001129351.1	550	-	KCP
	NC_009333.1	3179	6577	+	4961521	ORF6	HHV8GK18_gp03	YP_001129352.1	1132	PHA3367	ORF6
	NC_009333.1	6594	8681	+	4961505	ORF7	HHV8GK18_gp04	YP_001129353.1	695	CLSP2509650	ORF7
	NC_009333.1	8685	11202	+	4961501	ORF8	HHV8GK18_gp05	YP_001129354.1	845	PHA3231	ORF8
	NC_009333.1	11329	14367	+	4961513	ORF9	HHV8GK18_gp06	YP_001129355.1	1012	CLSP2509652	ORF9

图 16.13 NCBI 的 HHV-8 数据。（a）HHV-8 的生物概述包括：HHV-8 在 BioProject 的链接及其 96 个基因的图示。（b）蛋白质细节（链接自 Genome Annotation Report）包括可点击的蛋白质直方图以及表格（图中显示 86 种蛋白质中的 6 种）

（资料来源：NCBI）

搜索显示，该蛋白质的同源物存在于许多脊椎动物中（图 16.14）。我们再单独进行一次限于病毒的 DELTA-BLAST 搜索，结果则是该受体的病毒同源物，包括来自鼠 γ 疱疹病毒的 IL-8 受体同源物。据推测，当病毒感染哺乳动物细胞时，该病毒 IL-8 受体被表达并产生对病毒有利的细胞生长和存活条件（Wakeling 等，2001；Montaner 等，2013）。

　　已有两种补充方法用于进一步研究病毒基因（如 v-IL-8 受体）的功能以及 HHV-8 感染的机制。Paulose-Murphy 等（2001）合成了体现 88 个 HHV-8 开放阅读框的微阵列，并且测量人细胞中 HHV-8 的裂解复制循环期被激活的病毒基因的转录反应。他们在诱导裂解性感染后测量了一段时间序列中的基因表达，并描述共表达的基因簇。这些基因可能在功能上相互关联。在早期时间点共表达的一组基因包括几个涉及激活裂解性病毒循环的基因；另一组基因编码在病毒体装配中起作用的蛋白质。人类蛋白的病毒同源蛋白在整个诱导裂解周期中表达。Gatherer 等（2011）、Marcinowski 等（2012）和 Stern-Ginossar

	Description	Query cover	E value	Ident	Accession	
☐	ORF74 [Human herpesvirus 8] >sp|Q98146.1|VGPCR_HHV8P RecName: Full=viral G	100%	4e-95	100%	YP_001129433.1	←——1
☐	PREDICTED: c-X-C chemokine receptor type 1 [Otolemur garnettii] primate	82%	3e-74	31%	XP_003785131.1	←——2
☐	PREDICTED: c-X-C chemokine receptor type 2-like [Otolemur garnettii]	93%	4e-74	30%	XP_003785015.1	
☐	PREDICTED: c-X-C chemokine receptor type 2-like [Bos mutus] wild yak	91%	6e-74	28%	XP_005889704.1	
☐	PREDICTED: c-X-C chemokine receptor type 2-like [Ailuropoda melanoleuca]	79%	3e-73	31%	XP_002913751.1	
☐	PREDICTED: c-X-C chemokine receptor type 1 isoform 1 [Papio anubis] >ref|XP_0039	78%	6e-73	30%	XP_003907987.1	
☐	PREDICTED: c-X-C chemokine receptor type 2 isoform X2 [Equus caballus] horse	79%	1e-72	29%	XP_005610662.1	
☐	PREDICTED: c-X-C chemokine receptor type 2 isoform X1 [Ictidomys tridecemlineatus]	77%	2e-72	30%	XP_005330510.1	
☐	interleukin 8 receptor alpha [Bos taurus] domestic cow	91%	2e-72	28%	NP_001098508.1	
☐	C-X-C chemokine receptor type 1 [Macaca mulatta] rhesus monkey	78%	2e-72	30%	NP_001035510.1	
☐	C-X-C chemokine receptor type 1 [Oryctolagus cuniculus] rabbit	79%	2e-72	30%	NP_001164553.1	
☐	PREDICTED: c-X-C chemokine receptor type 1 isoform X1 [Macaca fascicularis] >ref|X	78%	2e-72	30%	XP_005574304.1	
☐	PREDICTED: c-X-C chemokine receptor type 1 [Dasypus novemcinctus]	84%	3e-72	29%	XP_004469648.1	
☐	PREDICTED: c-X-C chemokine receptor type 2-like [Ovis aries] sheep	86%	3e-72	30%	XP_004004968.1	
☐	PREDICTED: c-X-C chemokine receptor type 2 [Jaculus jaculus]	81%	4e-72	31%	XP_004662901.1	
☐	PREDICTED: c-X-C chemokine receptor type 2-like [Sorex araneus]	80%	5e-72	31%	XP_004617206.1	
☐	PREDICTED: c-X-C chemokine receptor type 2-like [Capra hircus] goat	86%	5e-72	30%	XP_005676587.1	

图 16.14 病毒蛋白［HHV-8 开放阅读框 74（ORF74），RefSeq 索引编号 YP_001129433.1］是 G 蛋白偶联受体，其与哺乳动物 G 蛋白偶联受体超家族［包括白细胞介素 8（IL-8）受体蛋白］同源。针对 RefSeq 数据库的 DELTA-BLAST 搜索的数据库匹配包括 HHV-8 ORF74 本身（箭头 1）和来自各种脊椎动物（包括灵长类 *Otolemur garnettii*，箭头 2）的 c-X-C 化学因子受体及白细胞介素 8 受体。编码该受体的基因可能是哺乳动物来源的，并被整合到几种病毒的基因组中。在病毒感染时，该受体可以促进感染细胞的生长和存活

等（2012）使用微阵列和 RNA-seq 对人类巨细胞病毒转录谱进行了类似的研究。Stern-Ginossar 等通过加入 RNA-seq 技术，对上述研究方法进行扩展，这使得他们能够识别数百个新型的巨细胞病毒转录本，他们还使用了蛋白质组学技术（如质谱和瞬时表达测定）来定位新发现的蛋白质。

在识别 RNA 转录本的第二种方法中，Poole 等（2002）描述了宿主细胞对感染行为的反应。他们用 HHV-8 感染人真皮微血管内皮细胞，并测量在病毒感染的潜伏期和溶解期时人细胞的相应转录行为。HHV-8 将内皮细胞从鹅卵石形转变成特征性的纺锤形。Kaposi 肉瘤还伴随着许多其他病理特征，包括血管的生成和免疫调节。受到 HHV-8 感染行为调节的内皮基因还包括：参与免疫功能的干扰素应答基因，以及编码在细胞骨架功能、凋亡和血管生成中起作用的蛋白质的基因。这类研究可能有助于确定细胞对病毒感染的反应。

> 细胞凋亡是一种细胞主动进行自杀的程序性死亡过程。宿主细胞的凋亡可以破坏感染细胞，是防止病原体扩散到整个身体的机制。然而，病毒已经适应于操纵细胞死亡途径。血管发生指的是血管的重新生成。传染病毒（和癌性肿瘤）的存在需要足够的血液供应，因此有时需要促进血管的生成。

双序列比较（PASC）工具

NCBI 提供了成对序列比较（PASC）工具来帮助分类范围广泛的科或属内的病毒（Bao 等，2012）。对于一系列完整的病毒基因组，它使用两种方法来计算病毒之间的相关性：使用 BLAST 的局部比对；使用 Needleman-Wunsch 算法（第 3 章）的全局比对。

我们可以疱疹病毒科和巨细胞病毒属为例来证明 PASC 的用途。基因组成员包括相同属相同种 ［图 16.15（a）中的绿色阴影］或相同属但不同种的成员（黄色阴影；箭头 1 突出了两个基因组之间的比较）。点击该条目显示这两个基因组的相似性为 91% ［图 16.15（b）］，也可以显示双序列比对结果 ［图 16.15（c）］。在这种情况下，认定相似性这么高的这两个基因组属于同一物种可能是合适的。PASC 工具可以用于探索这种关系。值得注意的是，全局成对比对的一致性百分比结果往往会偏高（部分原因是因为具有相同长度的两个随机序列由于在数学期望上就共享 25% 的核苷酸一致性）。因此，在图 16.15（a）中，全局比对相对于局部比对的分数趋向于右移（增大）。

PASC 可在 NCBI Genome 页面获取：http://www.ncbi.nlm.nih.gov/genome（链接 16.21）。

(a) NCBI的PASC工具用于比较病毒基因组

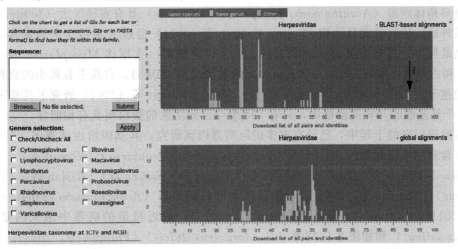

(b) 对基因组报告（箭头1）

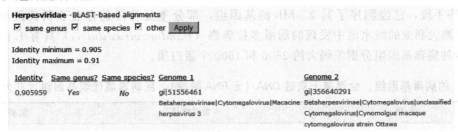

(c) 来自不同物种的两种巨细胞病毒基因组的斑点图和比对结果

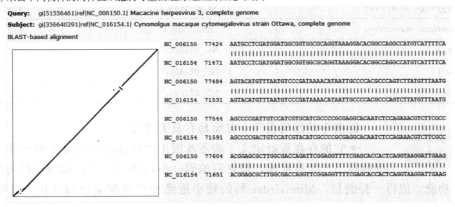

图 16.15 NCBI PASC 工具可以用于比较不同家族的完整病毒基因组。（a）疱疹病毒科巨细胞病毒属的数据。图中显示了基于 BLAST（上图）或 Needleman-Wunsch 全局比对（下图）的关系。x 轴显示比对的一致性百分比。绿色条带代表划分为相同物种的基因组对（BLAST 比对中有 87%～93% 相似性）。黄色条带代表归类为同属不同种的基因组对（17%～59% 相似性，箭头 1 指示了 91% 相似性这个异常值）。（b）可以点击该异常值，提供注释数据。（c）由箭头 1 指示的两个基因组的成对比对，包括显示它们相关性的点状图

（资料来源：PASC，NCBI）

Mimivirus 在 GenBank 的索引编号是 NC_014 649.1。

16.9 巨病毒

历史上，从 19 世纪末病毒的第一个特征被发现到分子生物学的现代为止，我们都认为病毒是极小的实体。这种观点已被最近描述的一组巨型病毒改变了。它们的病毒颗粒在尺寸方面（通常直径为 750 纳米）与众不同，使得它们成为常规光学显微镜下唯一可见的病毒。它们的基因组大小也十分特殊，通常趋向于大于 1 兆碱基（参见表 16.6）。Colson 等（2013a）提出引入新的病毒属，即 *Megavirales*（巨病毒属）。此前，这些病毒被称为核质大 DNA 病毒（NCLDV）。第一个发现的病毒因为 "类似微生物" 而被命名为 Mimivirus。这种巨大的病毒感染吞噬原生物，如变形虫 *Acanthamoeba polyphaga*。

棘球绦虫多角体病毒（*Acanthamoeba polyphaga* Mimivirus）具有直径巨大（400nm）的成熟颗粒和致密的原纤维外层，使其总直径达到 750nm。Seibert 等（2011）通过 X 射线衍射确定其结构，虽然病毒属于一种非结晶样本。其基因组大小为 1.2Mb，大于许多细菌（支原体 *Mycoplasma genitalium* 的基因组为 580kb）和古细菌（*Nanoarchaeum equitans* 的基因组为 490kb），它几乎有最小的真核基因组大小的一半（脑膜隐孢子虫 *Encephalitozoon cuniculi*，2.5Mb）。Raoult 等（2004）研究了其基因组。在其 1262 个长度≥100 个氨基酸的开放阅读框中，只有 194 个与已知功能的蛋白质具有相似性。

自该病毒发现以来的十年中，已经有更多的巨病毒得到研究，其基因组也被测序（参见表 16.6）。这些病毒包括多食棘阿粑鼠病毒（*Acanthamoeba polyphaga moumouvirus*）（Yoosuf 等，2012）、马赛病毒（*Marseillesvirus*）（Boyer 等，2009）、鸡巨病毒（*Megavirus chiliensis*）（Arslan 等，2011）、洛桑病毒（*Lausannevirus*）（Thomas 等，2011）、卡氏棘阿米巴妈妈病毒（*Acanthamoeba castellanii mamavirus*）（Colson 等，2011）和 Courdo11 病毒（Yoosuf 等，2014）。最近报道的病毒中最大的是咸潘多拉病毒（*Pandoravirus salinus*）和甜潘多拉病毒（*Pandoravirus dulcis*）（Philippe 等，2013）。*P. salinus* 在智利中部的海岸发现，它感染卡氏棘阿米巴 *Acanthamoeba castellanii*。使用 Illumina、454 和 Pacific Biosciences 二代测序手段，已经测序了其 2.5Mb 的基因组，部分重复片段的存在表明其最小基因组大小为 2.8Mb。而在澳大利亚的淡水池中发现的甜潘多拉病毒（*Pandoravirus dulcis*）具有 1.9Mb 的基因组大小。预测这两种病毒基因组分别编码大约 2500 和 1500 个蛋白质。

表 16.6 最大的病毒基因组，全部属于双链 DNA（无 RNA 阶段）。巨病毒属代表基因组尺寸大于 1Mb 的病毒

属，种	索引编号	碱基对数
Acanthamoeba polyphaga moumouvirus	NC_020104.1	1021348
Acanthamoeba polyphaga mimivirus	NC_014649.1	1181549
Acanthamoeba castellanii mamavirus	JF801956.1	1191693
Megavirus chiliensis	NC_016072.1	1259197
Pandoravirus dulcis	NC_021858.1	1908524
Pandoravirus salinus	NC_022098.1	2473870

P. sibericum 的索引编号是 NC_023423.1。

巨病毒的发现在几个方面具有显著意义。

- 它的存在重新定义了病毒基因组大小和基因含量方面的性质。虽然这些大型病毒不产生核糖体，但它们编码一些氨酰 tRNA 合成酶和相关蛋白，这些超出了病毒通常的功能。值得一提的是，Mimivirdae 科的较小近缘种已被鉴定出与其较大近缘种共享基因家族（Yutin 等，2013）。

- 产生了关于这些病毒的起源问题。一些巨病毒基因（约 15%）已证实通过侧向基因转移获得（参见第 17 章）。其他基因可能从宿主（例如变形虫）基因组获得，但这似乎不占据主要来源（<1%）。因此，Jean-Michel Claverie 及其同事建议，微生物病毒和相关病毒可能来源于生命的单独分支中的单独细胞生物体。我们可以假设那种生物体失去了大部分的基因（Legendre 等，2012，综述；Pennisi，2013）。剩下的基因与真核生物、细菌、古细菌甚至其他病毒均未检测到同源性。

●除了感染变形虫的巨型病毒外，已经鉴定出一种名为 BABL1（登录号 GQ495224.1）的致病性 δ-变形菌，它同样可以感染变形虫（Slimani 等，2013）。还有另外一种小病毒可以感染在阿米巴体内的 *Acanthamoeba polyphaga Mimivirus*。这种病毒被称为噬菌体（感染另一种病毒的病毒；Slimani 等，2013）。

●当我们在全球范围内发现更多的病毒时，很可能同时也会发现它们感染的其他真核生物。Colson 等（2013b）提供了巨型病毒在人粪便中存在的证据和宏基因组样本。

Jean-Michel Claverie 及其同事在西伯利亚永久冻土一个超过 30000 年历史的地区搜索巨病毒。使用 *Acanthamoeba castellanii* 作为诱饵，它们鉴定了一种称为 *Pithovirus sibericum* 的病毒，其颗粒长度为 1.5μm（1500nm），具有 610033 个碱基对、富含 AT（64％）的双链 DNA 基因组（Legendre 等，2014）。这扩展了巨型病毒生活的地理位置的可能性，并且表明来自远古的病毒可以重新获得活性，其对当今的易感人类和其他生物体的健康带来的影响是未知的。

使用 MUMmer 比较基因组

在比对基因组（无论是病毒、细菌、古细菌还是真核生物）中的主要挑战是使用动态规划来执行数百万碱基对比对所需的时间过多（参见第 3 章）。我们在第 5 章中介绍了几种快速算法，如 BLAT。然而，想要完成大规模的基因组比对，仍然需要额外的工具。MUMmer 是一个软件包，提供快速、准确的微生物基因组比对（Delcher 等，1999）。它现在已经兼容真核序列的校准（Delcher 等，2002；Kurtz 等，2004）。

MUMmer 接受两个序列作为输入。该算法识别所有比指定的最小长度 *k* 更长并且完全匹配的子序列。由定义可知，这些匹配是最佳的，因为在任一方向上的进一步扩展将导致不匹配。该算法使用后缀树搜索结构，用于识别成对比对中所有最长特异性匹配序列（MUM）。MUM 按大小排序后，该算法通过鉴定大插入、重复、小突变区和单核苷酸多态性（SNP）来关闭空位。

MUMmer 的输出结果由显示具有最小比对长度（例如 15bp 或 100bp）的两个基因组序列的比对的点阵图组成。可以获得的结果类型包括：

① SNP；

② 序列发散超过 SNP 的区域；

③ 大的插入（例如通过转座、序列反转或侧向基因转移）；

④ 重复（例如在同一基因组中的重复）；

⑤ 串联重复（拷贝数不同）。

让我们先使用 MUMmer 对 *Acanthamoeba polyphaga mimivirus*（约 1.2 Mb）与 *Acanthamoeba castellanii mamavirus* 进行比较，然后与 *Acanthamoeba polyphaga moumouvirus* 进行比较。首先，在 Linux 或 Mac OS/X 计算机上安装 MUMmer。

接下来，我们获得包含 mimivirus、mamavirus 和 moumouvirus DNA 序列的 FASTA 格式文件。您可以使用表 16.6 中给出的编号，也可以通过 FTP 从 NCBI 下载序列，或者利用 NCBI 核苷酸页面提供的一个 "send to" 选项，将序列的 FASTA 格式发送到一个文件，然后将该文件传输到 Linux 路径。我们将它们放在同一个文件夹内将数据命名为 "mimivirus. fasta" "mamavirus. fasta" 和 "moumouvirus. fasta"。

然后我们使用 MUMmer 比较两个病毒序列。要查看基本命令，请查看帮助文档：

$ mummer -h

要比较第一对序列，键入：

$ mummer -mum-b -c～/data/mimivirus. fasta～/data/mamavirus. fasta ＞～/data/mi mi mama. mums

这里，-mum 命令计算在两个序列中的最大特异性匹配序列，-b 命令计算正向和反向补码匹配，-c

> 如果你在 Mac OS/X 上进行工作，在完成下载后你还需要使用 "make" 程序和其他依赖程序（在 MUMmer 帮助文档中有列出；链接 16.7）。这些程序目前还没有在 Mac OS/X 中装载，如想获得 make 和其他程序，你需要首先安装 Xcode 软件。

> MUMmer 由 Steven Salzberg 及其同事编写。你可以在 http://mummer. sourceforge. net/（链接 16.22）下载该软件。

命令报告相对于原始查询序列的反向补码的查询位置，＞符号后面的文件名表示我们指定的输出文件的名称。输出包括点阵图，显示这两个病毒基因组大部分是共线的，即存在具有正斜率的 MUM 红色阴影，表示良好对齐的片段［图 16.16（a）］。这与 Colson 等的分析一致。（2011），他们报告这些比对基因组之间约 99% 的核苷酸匹配。

我们可以重复 mimivirus 与 moumouvirus 的基因组比较：

```
$ mummer-mum-b-c ~/data/mimivirus. fasta ~/data/moumouvirus. fasta ＞ ~/data/mi mi mou-
mou. mums
```

这里，输出显示有限的共线性（红色线段）和显著的反向性［蓝色阴影，参见图 16.16（b）］。另外，从主对角线偏移的前段（红色）线段表示易位（箭头 1）。Yoosuf 等（2012）也报道了一个相似的结果，该结果基于 BLASTP 搜索得到的直系同源蛋白，揭示了相同的倒置和共线性的总体程度。

MUMmer 软件也可用于多种类型的基因组比较，我们将在第 17 章和第 19 章再次提到它。

(a) 使用MUMmer对米米病毒和妈妈病毒进行比对

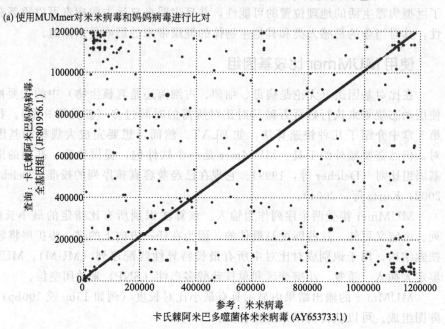

查询：卡氏棘阿米巴多噬菌体妈妈病毒，全基因组 (JF801956.1)

参考：米米病毒
卡氏棘阿米巴多噬菌体米米病毒 (AY653733.1)

图 16.16 使用 MUMmer 软件进行 Mb 级别的病毒基因组序列的比较。(a) *Acanthamoeba polyphaga* Mimivirus（编号，*x* 轴）与 *Acanthamoeba castellanii mamavirus* 查询号（*y* 轴）的比较。注意，两个基因组在很大程度上是共线的。(b) *Acanthamoeba polyphaga* Mimivirus（编号）与 *Acanthamoeba polyphaga moumouvirus*（查询号）的比较。正向 MUM 用红色表示，反向 MUM 用蓝色表示。在两个基因组的正中间附近有明显的倒置以及易位（箭头 1）（参见彩色插图）

（本图使用 MUMmer 创建）

(b) 对米米病毒和穆沃克病毒进行比对

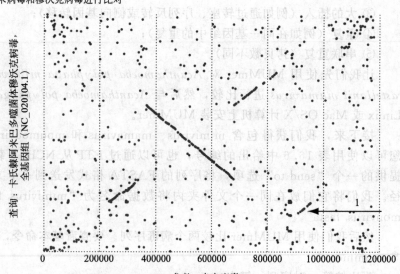

查询：卡氏棘阿米巴多噬菌体穆沃克病毒，全基因组 (NC_020104.1)

参考：米米病毒
卡氏棘阿米巴多噬菌体米米病毒 (AY653733.1)

16.10　展望

目前已知的病毒有数千种。相比之下，细菌和古细菌则可能有数十万至数亿种（参见第 15 章），真核物种也许有数千万种（第 18～20 章）。病毒种类相对较少，可能是因为它们在宿主细胞中复制需要比较特殊的条件。

基本上，应用于真核或细菌蛋白和核酸序列的所有生物信息学工具也都适用于病毒研究（Kellam，2001）。

- BLAST、DELTA-BLAST 和其他数据库检索可用于确定病毒序列与其他分子的同源性。
- 微阵列已经用于检测病毒基因，现在 RNA-seq 也允许在病毒生命周期的不同阶段评估病毒基因的转录程度。
- 在另外的方法中，宿主细胞对病毒感染的转录反应也已经可以初步表征。
- 病毒的结构基因组学方法可以用于病毒蛋白三维结构的识别。一些结构在药理学抑制剂的帮助下已经能获得。NCBI 的 Entrez 蛋白质部分目前囊括了超过 6700 个病毒结构记录。

对于一些病毒（如 HIV），分子研究促进了对系统发育的详细研究，并使对病毒生命周期和发病机制的知识作出补充成为可能。但同时，基因组学还没有对成功制造出新疫苗做出贡献。

16.11　常见问题

病毒的进化非常迅速，在很大程度上是因为一些 RNA 病毒聚合酶保真度低。正是由于这个原因，感染艾滋病毒的人可能体内实际有数百万种不同形式的病毒，每种都有自己独特的 RNA 序列。因此，对于一些病毒，可能难以定义单个规范序列。这使得研究病毒和基因功能的进展或开发疫苗的尝试更加复杂。

虽然生命树已经使用 rRNA 或其他序列（第 15 章）模拟，病毒也很难见于这棵树上。这是因为所有病毒与其他生命形式几乎不共享任何基因或蛋白质。

16.12　给学生的建议

病毒影响我们所有人的生活，更确切地说，它们也时刻威胁着我们的生活。就在一个世纪前，一次流感的爆发导致死亡了数千万人。如本章所讨论的，麻疹等病毒性疾病仍然在给人们带来巨大的痛苦并造成死亡。想要在这方面作出研究，请选择一个最感兴趣的病毒基因组，并尝试以下内容。①阅读关于其基因组的主要文献。我们推荐 Rima 和 Duprex 对麻疹病毒复制周期的综述（2009）；虽然相比于生物信息学，该文的重点更多放在生物化学和病毒学方面，但仍然阐述了小麻疹病毒的独特属性和研究面临的挑战。②深入探索其基因组。对于麻疹使用 NCBI 数据库；对于艾滋病毒，LANL 网站提供了广泛的资源。使用我们在第一部分中学到的工具（如数据库搜索），预测目前研究较少的基因的功能。

另一个练习是将您的病毒研究与二代生物测序整合。下载 FASTA 格式的所有病毒 DNA 序列的集合。选择一个或多个人类全基因组序列，并将短的读段与您的病毒参考数据库比对，你发现了什么？

16.13　网络资源

我们之前已经讨论过 ICTVdb、NCBI 和 LANL 工具。已有许多专门用于研究病毒的数据库，包括表 16.7 中列出的。例如，病毒生物信息学资源中心提供软件工具，其中包括病毒基因组织器，可以用于病毒序列的图形显示（Upton 等，2000）。这个网站还包含病毒基因组数据库（VGDB），可以用于病毒基因组的性质（如 GC 含量）的分析。斯坦福 HIV 逆转录酶和蛋白酶序列数据库提供了一个可以输入病毒 DNA 序列来进行查询的算法（Rhee 等，2003）。该输出描述了病毒基因中可能的突变和该蛋白对药物抗性的可能解释。

表 16.7　Web 上可用的病毒资源

资源	描述	URL
ICTVdb	国际病毒数据库	http://ictvonline.org/
All the Virology on the WWW（万维网上所有的病毒学）	提供多种病毒学链接和资源	http://www.virology.net/

续表

资源	描述	URL
The Big Picture Book of Viruses（病毒大全）	一般病毒的资源	http://www.virology.net/Big_Virology/BVHomePage.html
VIrus Particle ExploreER（VIPER）（病毒颗粒探索者（VIPER））	蛋白质数据库（PDB）中高分辨率的病毒结构	http://viperdb.scripps.edu/
Viral Bioinformatics Resource Center（病毒生物信息学资源中心）	用于分析病毒的数据库和软件	http://athena.bioc.uvic.ca/
Virusworld（病毒世界）	一家位于威斯康星大学麦迪逊分校的研究机构	http://www.virology.wisc.edu/virusworld/virus-list.php
Stanford HIV Drug Resistance Database（斯坦福艾滋病病毒药物药物抗性数据库）	有关药物目标的信息精选数据库	http://hivdb.stanford.edu/

讨论题

[16-1] 不存在包含所有病毒在内的综合分子系统进化树。为什么？

[16-2] 如果你想要使用 GenBank 中提供的 DNA、RNA 或蛋白质序列生成尽可能全面的系统发生树，你会选择哪个分子？你会在哪个数据库中进行搜索？

[16-3] Cox-Foster 等（2007）在其宏基因组研究中发现了与群落崩溃异常相关的 DNA 序列，其最近的一种表现就是蜂群的崩溃。该异常影响了美国约四分之一的养蜂业务。分别从受影响和未受影响的蜂巢收集 RNA 样品，并进行焦磷酸测序，除了细菌和真菌序列之外，还鉴定出了一组 RNA 病毒，其中有一种可能是与群落崩溃异常相关（以色列急性麻痹病毒）。你将使用什么标准来判断这种病毒是否在该病症中有因果作用？

问题/计算机实验

[16-1] 我们在之前的讨论题中提到了群落崩溃现象。以色列急性麻痹病毒的序列号是 NC_009025，它是一种小核斑病毒。这个基因组编码了多少蛋白质？它们的功能是什么？

[16-2] NCBI 在站点 http://www.ncbi.nlm.nih.gov/popset（链接 16.23）上提供 PopSet 资源。PopSet 收集 DNA 序列进行种群的进化分析。在 NCBI 的主页中输入巨病毒查询，并链接到一组（22 个）和巨病毒相关的聚合酶序列（"DsDNA 病毒，无 RNA 阶段的 B 家族 DNA 聚合酶基因，完整 cds"）。选择"Send to"选项以下载 FASTA 格式的序列，并将其输入到 MEGA（见第 7 章）。在 MEGA 中与 MUSCLE 进行多重序列比对，并对该基因家族进行遗传分析。

[16-3] 这个问题需要你找出有多少与给定病毒相关的蛋白质。

（1）NCBI 蛋白质资源中有多少种 HIV-1 蛋白质？

（2）鉴于 HIV-1 巨大的异质性，每种蛋白质可能有数千种变异形式。其中有多少蛋白有实际分配的 RefSeq 编号？

（3）有多少麻疹病毒 RefSeq 蛋白？

（4）使用搜索项"measles"查询 NCBI 基因组站点，并查看基因组注释报告。其中有一个链接"查看蛋白详细信息"。最小和最大的麻疹蛋白的尺寸分别是多少？

[16-4] 在 NCBI 蛋白中找到一个带有 RefSeq 标签的 HIV-1 蛋白（例如 Vif 蛋白，NP_057851；你可以选择你自己的例子）。使用 BLASTP 搜索，并使用分类报告检视检索结果。接下来重复搜索，从输出结果中排除 HIV。你选择的基因或蛋白在病毒中的分布有多广泛？你是否能发现一些基因是 HIV 特有的，而其他基因被在病毒范围内广泛共享？

[16-5] 使用 NCBI 流感病毒资源站点（http://www.ncbi.nlm.nih.gov/genomes/FLU/FLU.html，链接 16.24）分析一组流感病毒。

（1）单击树开始选择序列，选择病毒种类（甲型流感病毒）、宿主（人类）、国家/地区（例如欧洲）和区段（HA），仅选择全长序列的选项，并删除相同的序列，单击"Get Sequences"。

（2）构建多序列比对和系统发生树，使用相邻联接。在 HA 的例子中，树是否在 H1N1、H3N2 和 H7N7 亚型对应的位置形成分支？可选任务：导出 FASTA 格式的序列，使用 MAFFT 或 MUSCLE（第 6 章）执行您自己的多序列比对，然后将比对结果导入 MEGA（或其他软件），然后自己来进行系统发育分析。

［16-6］在 HIV 序列数据库中（http://www.hiv.lanl.gov/，链接 16.25）分析 HIV 序列。选择搜索界面，然后选择具有 Vif 编码序列（VifCDS）的基因组区域。将输出限制为 10 个序列。选择这些序列，然后单击"生成树（Make Tree）"。注意将参考序列 HXB2 包含在内。选择一个距离模型（默认模型是 Felsenstein 1984）、相同位点比率或伽马分布，你观察到多少分支？这些分支代表什么？请注意，您可以下载用于生成树的多序列比对，用以进一步系统发育分析。

［16-7］选择一种病毒和一种经过重配的菌株的参考序列，如本章所述，使用 MUMmer 比对基因组序列。

自测题

［16-1］已知的病毒有几千种，而细菌、古细菌和真核生物则有数百万种。病毒数量如此之小，最可能的解释是
（a）我们还没有学会如何发现大多数病毒；
（b）我们还没有学会怎么对大多数病毒测序；
（c）病毒很少，因为它们的生存方式是高度特化的；
（d）病毒使用另一套遗传密码子

［16-2］与 DNA 病毒相比，RNA 病毒倾向于
（a）毒性较小；
（b）比较不持久；
（c）不易突变；
（d）具有更大的基因组大小

［16-3］HIV 基因组含有 9 个蛋白质编码基因，这 9 个基因的 GenBank 核苷酸索引号的数目约为：
（a）9；
（b）900；
（c）9000；
（d）＞600000

［16-4］对于病毒的功能基因组学分析，可以测量如下哪些基因的表达：
（a）在病毒感染的人类组织中的病毒基因；
（b）在病毒感染的人类组织中的人类基因；
（c）在病毒感染的人类组织中的病毒基因和人类基因

［16-5］疱疹病毒可能出现于
（a）5 亿年前；
（b）500 万年前；
（c）50000 年前；
（d）500 年前

［16-6］目前形式的 HIV-1 可能出现于
（a）7000 万年前；
（b）700 万年前；
（c）70 万年前；
（d）70 年前

［16-7］HIV 病毒亚型的系统发育
（a）确定了艾滋病毒来源于牛病毒；
（b）可用于开发针对祖先蛋白质序列的疫苗；
（c）确定哪些人体组织最易感染

［16-8］诸如 Oak Ridge 国家实验室的专门病毒数据库提供了在 NCBI 或 EBI 没有的用于研究 HIV 的资源，例如
（a）每种 HIV 基因的数千种变体形式的列表；
（b）最近一周的文献和引文列表；
（c）基因组的图形显示；

(d) 世界各地出现的 HIV 变异描述

推荐读物

Gibbs（2013）讨论了对病毒物种命名新的 ICTV 变化。Duffy 等（2008）提供了一篇关于病毒进化，包括突变和替代率的杰出综述。Jeffrey Gordon 和同事（Reyes 等，2012）提供了关于人体微生物组的病毒宏基因组学的精彩综述。对于病毒宏基因组学方法，参见 Willner 和 Hugenholtz（2013）的一篇文章。Edward Holmes（2008）回顾了人类病毒的进化史和系统发育，着重讨论了 RNA 病毒和 DNA 病毒之间的差异。对于 HIV（特别是从分子系统发育角度）的概述，可见于 Castro-Nallar 等（2012）。

参 考 文 献

Ackermann, H.W. 2007. 5500 Phages examined in the electron microscope. *Archive of Virology* **152**, 227–243. PMID: 17051420.

Adams, M.J., Lefkowitz, E.J., King, A.M., Carstens, E.B. 2013. Recently agreed changes to the International Code of Virus Classification and Nomenclature. *Archive of Virology* **158**(12), 2633–2639. PMID: 23836393.

Arslan, D., Legendre, M., Seltzer, V., Abergel, C., Claverie, J.M. 2011. Distant Mimivirus relative with a larger genome highlights the fundamental features of Megaviridae. *Proceedings of the National Academy of Science, USA* **108**(42), 17486–17491. PMID: 21987820.

Bao, Y., Bolotov, P., Dernovoy, D. *et al.* 2008. The influenza virus resource at the National Center for Biotechnology Information. *Journal of Virology* **82**(2), 596–601. PMID: 17942553.

Bao, Y., Chetvernin, V., Tatusova, T. 2012. Pairwise Sequence Comparison (PASC) and its application in the classification of filoviruses. *Viruses* **4**(8), 1318–1327. PMID: 23012628.

Barré-Sinoussi, F., Ross, A.L., Delfraissy, J.F. 2013. Past, present and future: 30 years of HIV research. *Nature Reviews Microbiology* **11**(12), 877–883. PMID: 24162027.

Barrett, T., Rossiter, P. B. 1999. Rinderpest: The disease and its impact on humans and animals. *Advances in Virus Research* **53**, 89–110. PMID: 10582096.

Bernal, J. D., Fankuchen, I. 1941. X-ray and crystallographic studies of plant virus preparations. *Journal of General Physiology* **25**, 111–146. PMID: 19873255.

Bibby, K. 2013. Metagenomic identification of viral pathogens. *Trends in Biotechnology* **31**(5), 275–279. PMID: 23415279.

Bourhis, J.M., Canard, B., Longhi, S. 2006. Structural disorder within the replicative complex of measles virus: functional implications. *Virology* **344**(1), 94–110. PMID: 16364741.

Boyer, M., Yutin, N., Pagnier, I. *et al.* 2009. Giant Marseillevirus highlights the role of amoebae as a melting pot in emergence of chimeric microorganisms. *Proceedings of the National Academy of Science, USA* **106**(51), 21848–21853. PMID: 20007369.

Breitbart, M., Hewson, I., Felts, B. *et al.* 2003. Metagenomic analyses of an uncultured viral community from human feces. *Journal of Bacteriology* **185**, 6220–6223. PMID: 14526037.

Briggs, J.A., Kräusslich, H.G. 2011. The molecular architecture of HIV. *Journal of Molecular Biology* **410**(4), 491–500. PMID: 21762795.

Brister, J.R., Bao, Y., Kuiken, C. *et al.* 2010. Towards Viral Genome Annotation Standards, Report from the 2010 NCBI Annotation Workshop. *Viruses* **2**(10), 2258–2268. PMID: 21994619.

Burnet, M. 1953. Virus classification and nomenclature. *Annals of the New York Academy of Sciences* **56**(3), 383–390. PMID: 13139240.

Castro-Nallar, E., Pérez-Losada, M., Burton, G.F., Crandall, K.A. 2012. The evolution of HIV: inferences using phylogenetics. *Molecular Phylogenetics and Evolution* **62**(2), 777–792. PMID: 22138161.

Cattaneo, R., Kaelin, K., Baczko, K., Billeter, M.A. 1989. Measles virus editing provides an additional cysteine-rich protein. *Cell* **56**(5), 759–764. PMID: 2924348.

Chang, Y., Cesarman, E., Pessin, M.S. *et al.* 1994. Identification of herpesvirus-like DNA sequences in AIDS-associated Kaposi's sarcoma. *Science* **266**, 1865–1869. PMID: 7997879.

Cieslak, T. J., Christopher, G. W., Ottolini, M. G. 2002. Biological warfare and the skin II: Viruses. *Clinical Dermatology* **20**, 355–364. PMID: 12208623.

Ciuffi, A., Telenti, A. 2013. State of genomics and epigenomics research in the perspective of HIV cure. *Current Opinion in HIV and AIDS* **8**(3), 176–181. PMID: 23426238.

Colson, P., Yutin, N., Shabalina, S.A. *et al.* 2011. Viruses with more than 1,000 genes: Mamavirus, a new *Acanthamoeba polyphaga mimivirus* strain, and reannotation of Mimivirus genes. *Genome Biology and Evolution* **3**, 737–742. PMID: 21705471.

Colson, P., De Lamballerie, X., Yutin, N. *et al.* 2013a. "Megavirales", a proposed new order for eukaryotic nucleocytoplasmic large DNA viruses. *Archive of Virology* **158**(12), 2517–2521. PMID: 23812617.

Colson, P., Fancello, L., Gimenez, G. *et al.* 2013b. Evidence of the megavirome in humans. *Journal of Clinical Virology* **57**(3), 191–200. PMID: 23664726.

Cox-Foster, D.L., Conlan, S., Holmes, E.C. *et al.* 2007. A metagenomic survey of microbes in honey bee colony collapse disorder. *Science* **318**, 283–287. PMID: 17823314.

Culley, A.I., Lang, A.S., Suttle, C.A. 2006. Metagenomic analysis of coastal RNA virus communities. *Science* **312**, 1795–1798.

Daròs, J.A., Elena, S.F., Flores, R. 2006. Viroids: an Ariadne's thread into the RNA labyrinth. *EMBO Reports* **7**, 593–598.

Davison, A. J. 2002. Evolution of the herpesviruses. *Vetinary Microbiology* **86**, 69–88.

Davison, A.J. 2010. Herpesvirus systematics. *Vetinary Microbiology* **143**(1), 52–69. PMID: 20346601.

Davison, A.J., Eberle, R., Ehlers, B. *et al.* 2009. The order *Herpesvirales*. *Archive of Virology* **154**(1), 171–177. PMID: 19066710.

DeArmond, S.J., Prusiner, S.B. 2003. Perspectives on prion biology, prion disease pathogenesis, and pharmacologic approaches to treatment. *Clinics in Laboratory Medicine* **23**, 1–41.

Delcher, A.L., Kasif, S., Fleischmann, R.D. *et al.* 1999. Alignment of whole genomes. *Nucleic Acids Research* **27**, 2369–2376. PMID: 10325427.

Delcher, A. L., Phillippy, A., Carlton, J., Salzberg, S. L. 2002. Fast algorithms for large-scale genome alignment and comparison. *Nucleic Acids Research* **30**, 2478–2483.

Ding, B. 2010. Viroids: self-replicating, mobile, and fast-evolving noncoding regulatory RNAs. *Wiley Interdisciplinary Reviews: RNA* **1**(3), 362–375. PMID: 21956936.

Duffy, S., Shackelton, L.A., Holmes, E.C. 2008. Rates of evolutionary change in viruses: patterns and determinants. *Nature Reviews Genetics* **9**(4), 267–276. PMID: 18319742.

Edwards, R.A., Rohwer, F. 2005. Viral metagenomics. *Nature Reviews Microbiology* **3**, 504–510.

Engelhardt, O.G. 2013. Many ways to make an influenza virus: review of influenza virus reverse genetics methods. *Influenza Other Respir. Viruses* **7**(3), 249–256. PMID: 22712782.

Engelman, A., Cherepanov, P. 2012. The structural biology of HIV-1: mechanistic and therapeutic insights. *Nature Reviews Microbiology* **10**(4), 279–290. PMID: 22421880.

Enserink, M. 2006. Influenza. What came before 1918? Archaeovirologist offers a first glimpse. *Science* **312**, 1725.

Evans, A.S. 1976. Causation and disease: the Henle-Koch postulates revisited. *Yale Journal of Biology and Medicine* **49**(2), 175–195. PMID: 782050.

Ferron, F., Longhi, S., Canard, B., Karlin, D. 2006. A practical overview of protein disorder prediction methods. *Proteins* **65**(1), 1–14. PMID: 16856179.

Fiers, W., Contreras, R., Duerinck, F. *et al.* 1976. Complete nucleotide sequence of bacteriophage MS2 RNA: primary and secondary structure of the replicase gene. *Nature* **260**, 500–507. PMID: 1264203.

Fiers,W., Contreras, R., Haegemann, G. *et al.* 1978. Complete nucleotide sequence of SV40 DNA. *Nature* **273**, 113–120. PMID: 205802.

Finkbeiner, S.R., Allred, A.F., Tarr, P.I. *et al.* 2008. Metagenomic analysis of human diarrhea: viral detection and discovery. *PLoS Pathogens* **4**(2), e1000011. PMID: 18398449.

Flores, R. 2001. A naked plant-specific RNA ten-fold smaller than the smallest known viral RNA: The viroid. *Comptes Rendus de l'Academie des Sciences III* **324**, 943–952.

Gago, S., Elena, S.F., Flores, R., Sanjuán, R. 2009. Extremely high mutation rate of a hammerhead viroid. *Science* **323**(5919), 1308. PMID: 19265013.

Gall, A., Ferns, B., Morris, C. *et al.* 2012. Universal amplification, next-generation sequencing, and assembly of HIV-1 genomes. *Journal of Clinical Microbiology* **50**(12), 3838–3844. PMID: 22993180.

Gaschen, B., Kuiken, C., Korber, B., Foley, B. 2001. Retrieval and on-the-fly alignment of sequence fragments from the HIV database. *Bioinformatics* **17**, 415–418.

Gaschen, B., Taylor, J., Yusim, K. *et al.* 2002. Diversity considerations in HIV-1 vaccine selection. *Science* **296**, 2354–2360. PMID: 12089434.

Gatherer, D., Seirafian, S., Cunningham, C. *et al.* 2011. High-resolution human cytomegalovirus transcriptome. *Proceedings of the National Academy of Science, USA* **108**(49), 19755–19760. PMID: 22109557.

Ghedin, E., Sengamalay, N.A., Shumway, M. *et al.* 2005. Large-scale sequencing of human influenza reveals the dynamic nature of viral genome evolution. *Nature* **437**, 1162–1166. PMID: 16208317.

Gibbs, A.J. 2013. Viral taxonomy needs a spring clean; its exploration era is over. *Virology Journal* **10**, 254. PMID: 23938184.

Grose, C. 2012. Pangaea and the Out-of-Africa Model of Varicella-Zoster virus evolution and phylogeography. *Journal of Virology* **86**(18), 9558–9565. PMID: 22761371.

Hahn, B.H., Shaw, G.M., De Cock, K.M., Sharp, P. M. 2000. AIDS as a zoonosis: Scientific and public health implications. *Science* **287**, 607–614.

Heeney, J.L., Dalgleish, A.G., Weiss, R.A. 2006. Origins of HIV and the evolution of resistance to AIDS. *Science* **313**, 462–466.

Holmes, E.C. 2008. Evolutionary history and phylogeography of human viruses. *Annual Review of Microbiology* **62**, 307–328. PMID: 18785840.

Holmes, E.C. 2009. RNA virus genomics: a world of possibilities. *Journal of Clinical Investigation* **119**(9), 2488–2495. PMID: 19729846.

Holmes, E.C. 2011. What does virus evolution tell us about virus origins? *Journal of Virology* **85**(11), 5247–5251. PMID: 21450811.

Holmes, E.C., Ghedin, E., Miller, N. *et al.* 2005. Whole-genome analysis of human influenza A virus reveals multiple persistent lineages and reassortment among recent H3N2 viruses. *PLoS Biology* **3**(9), e300. PMID: 16026181.

Janies, D.A., Voronkin, I.O., Das, M. *et al.* 2010. Genome informatics of influenza A: from data sharing to shared analytical capabilities. *Animal Health Research Reviews* **11**(1), 73–79. PMID: 20591214.

Johnson, R. T., Gibbs, C. J., Jr. 1998. Creutzfeldt-Jakob disease and related transmissible spongiform encephalopathies. *New England Journal of Medicine* **339**, 1994–2004.

Kellam, P. 2001. Post-genomic virology: The impact of bioinformatics, microarrays and proteomics on investigating host and pathogen interactions. *Reviews in Medical Virology* **11**, 313–329.

King, A.M.Q., Lefkowitz, E., Adams, M.J., Carstens, E.B. (eds) 2011. *Virus Taxonomy: Ninth Report of the International Committee on Taxonomy of Viruses.* Elsevier, San Diego, CA.

Kruger, D. H., Schneck, P., Gelderblom, H. R. 2000. Helmut Ruska and the visualisation of viruses. *Lancet* **355**, 1713–1717.

Kuhn, J.H., Jahrling, P.B. 2010. Clarification and guidance on the proper usage of virus and virus species names. *Archive of Virology* **155**(4), 445–453. PMID: 20204430.

Kuhn, J.H., Radoshitzky, S.R., Bavari, S., Jahrling, P.B. 2013. The International Code of Virus Classification and Nomenclature (ICVCN): proposal for text changes for improved differentiation of viral taxa and viruses. *Archive of Virology* **158**(7), 1621–1629. PMID: 23417351.

Kurtz, S., Phillippy, A., Delcher, A.L. *et al.* 2004. Versatile and open software for comparing large genomes. *Genome Biology* **5**, R12.

La Scola, B., Audic, S., Robert, C. *et al.* 2003. A giant virus in Amoebae. *Science* **299**, 2033. PMID: 12663918.

Legendre, M., Arslan, D., Abergel, C., Claverie, J.M. 2012. Genomics of Megavirus and the elusive fourth domain of Life. *Communicative and Integrative Biology* **5**(1), 102–106. PMID: 22482024.

Legendre, M., Bartoli, J., Shmakova, L. *et al.* 2014. Thirty-thousand-year-old distant relative of giant icosahedral DNA viruses with a pandoravirus morphology. *Proceedings of the National Academy of Science, USA* **111**(11), 4274–4279. PMID: 24591590.

Liu, L., Johnson, H.L., Cousens, S. *et al.* 2012. Global, regional, and national causes of child mortality: an updated systematic analysis for 2010 with time trends since 2000. *Lancet* **379**(9832), 2151–2161.

PMID: 22579125.

Mandavilli, A. 2010. HIV/AIDS. *Nature* **466**(7304), S1. PMID: 20631695.

Marcinowski, L., Lidschreiber, M., Windhager, L. *et al.* 2012. Real-time transcriptional profiling of cellular and viral gene expression during lytic cytomegalovirus infection. *PLoS Pathogens* **8**(9), e1002908. PMID: 22969428.

Mariner, J.C., House, J.A., Mebus, C.A. *et al.* 2012. Rinderpest eradication: appropriate technology and social innovations. *Science* **337**(6100), 1309–1312. PMID: 22984063.

McClure, M. A. 2000. The complexities of genome analysis, the Retroid agent perspective. *Bioinformatics* **16**, 79–95.

McGeoch, D. J., Cook, S., Dolan, A., Jamieson, F. E., Telford, E. A. 1995. Molecular phylogeny and evolutionary timescale for the family of mammalian herpesviruses. *Journal of Molecular Biology* **247**, 443–458.

McGeoch, D.J., Rixon, F.J., Davison, A.J. 2006. Topics in herpesvirus genomics and evolution. *Virus Research* **117**, 90–104.

Meissner, C., Coffin, J. M. 1999. The human retroviruses: AIDS and other diseases. In *Mechanisms of Microbial Disease* (eds M.Schaechter, N. C.Engleberg, B. I.Eisenstein, G.Medoff), Lippincott Williams & Wilkins, Baltimore, MD, Chapter 38.

Moeller, A., Kirchdoerfer, R.N., Potter, C.S., Carragher, B., Wilson, I.A. 2012. Organization of the influenza virus replication machinery. *Science* **338**(6114), 1631–1634. PMID: 23180774.

Mokili, J.L., Rohwer, F., Dutilh, B.E. 2012. Metagenomics and future perspectives in virus discovery. *Current Opinion in Virology* **2**(1), 63–77. PMID: 22440968.

Montaner, S., Kufareva, I., Abagyan, R., Gutkind, J.S. 2013. Molecular mechanisms deployed by virally encoded G protein-coupled receptors in human diseases. *Annual Review of Pharmacology and Toxicology* **53**, 331–354 (2013). PMID: 23092247.

Moore, P.S., Chang, Y. 2010. Why do viruses cause cancer? Highlights of the first century of human tumour virology. *Nature Reviews Cancer* **10**(12), 878–889. PMID: 21102637.

Morens, D.M., Holmes, E.C., Davis, A.S., Taubenberger, J.K. 2011. Global rinderpest eradication: lessons learned and why humans should celebrate too. *Journal of Infectious Diseases* **204**(4), 502–505. PMID: 21653230.

Moss, W.J., Griffin, D.E. 2006. Global measles elimination. *Nature Reviews Microbiology* **4**, 900–908.

Neumann, A.U., Lam, N.P., Dahari, H. *et al.* 1998. Hepatitis C viral dynamics in vivo and the antiviral efficacy of interferon-alpha therapy. *Science* **282**, 103–107.

Obenauer, J.C., Denson, J., Mehta, P.K. *et al.* 2006. Large-scale sequence analysis of avian influenza isolates. *Science* **311**, 1576–1580.

Olsen, B., Munster, V.J., Wallensten, A., Waldenström, J., Osterhaus, A.D., Fouchier, R.A. 2006. Global patterns of influenza a virus in wild birds. *Science* **312**, 384–388.

Ortblad, K.F., Lozano, R., Murray, C.J. 2013. The burden of HIV: insights from the GBD 2010. *AIDS* **27**(13), 2003–2017. PMID: 23660576.

Paulose-Murphy, M., Ha, N.K., Xiang, C. *et al.* 2001. Transcription program of human herpesvirus 8 (kaposi's sarcoma-associated herpesvirus). *Journal of Virology* **75**, 4843–4853. PMID: 11312356.

Pennisi, E. 2013. Microbiology. Ever-bigger viruses shake tree of life. *Science* **341**(6143), 226–227. PMID: 23868995.

Philippe, N., Legendre, M., Doutre, G. *et al.* 2013. Pandoraviruses: amoeba viruses with genomes up to 2.5 Mb reaching that of parasitic eukaryotes. *Science* **341**(6143), 281–286. PMID: 23869018.

Piot, P., Feachem, R.G., Lee, J.W., Wolfensohn, J.D. 2004. Public health. A global response to AIDS: lessons learned, next steps. *Science* **304**, 1909–1910.

Pleschka, S. 2013. Overview of influenza viruses. *Current Topics in Microbiology and Immunology* **370**, 1–20. PMID: 23124938.

Pond, S.L., Murrell, B., Poon, A.F. 2012. Evolution of viral genomes: interplay between selection, recombination, and other forces. *Methods in Molecular Biology* **856**, 239–272. PMID: 22399462.

Poole, L. J., Yu, Y., Kim, P.S. *et al.* 2002. Altered patterns of cellular gene expression in dermal microvascular endothelial cells infected with Kaposi's sarcoma-associated herpesvirus. *Journal of Virology* **76**, 3395–3420. PMID: 11884566.

Prangishvili, D., Garrett, R.A., Koonin, E.V. 2006. Evolutionary genomics of archaeal viruses: unique viral genomes in the third domain of life. *Virus Research* **117**, 52–67.

Prusiner, S. B. 1998. Prions. *Proceedings of the National Academy of Science, USA* **95**, 13363–13383.

Rambaut, A., Posada, D., Crandall, K.A., Holmes, E.C. 2004. The causes and consequences of HIV evolution. *Nature Reviews Genetics* **5**, 52–61.

Raoult, D., Audic, S., Robert, C. *et al.* 2004. The 1.2-megabase genome sequence of Mimivirus. *Science* **306**, 1344–1350.

Reyes, A., Semenkovich, N.P., Whiteson, K., Rohwer, F., Gordon, J.I. 2012. Going viral: next-generation sequencing applied to phage populations in the human gut. *Nature Reviews Microbiology* **10**(9), 607–617. PMID: 22864264.

Rhee, S. Y., Gonzales, M. J., Kantor, R. *et al.* 2003. Human immunodeficiency virus reverse transcriptase and protease sequence database. *Nucleic Acids Research* **31**, 298–303.

Rima, B.K., Duprex, W.P. 2009. The measles virus replication cycle. *Current Topics in Microbiology and Immunology* **329**, 77–102. PMID: 19198563.

Roberts, L. 2012. HIV/AIDS in America. Introduction. *Science* **337**(6091), 167. PMID: 22798592.

Rosario, K., Breitbart, M. 2011. Exploring the viral world through metagenomics. *Current Opinion in Virology* **1**(4), 289–297. PMID: 22440785.

Rota, P.A., Bellini, W.J. 2003. Update on the global distribution of genotypes of wild type measles viruses. *Journal of Infectious Diseases* **187**, S270–276.

Ruigrok, R.W., Crépin, T., Hart, D.J., Cusack, S. 2010. Towards an atomic resolution understanding of the influenza virus replication machinery. *Current Opinion in Structural Biology* **20**(1), 104–113. PMID: 20061134.

Rusch, D.B., Halpern, A.L., Sutton, G. *et al.* 2007. The Sorcerer II Global Ocean Sampling expedition: northwest Atlantic through eastern tropical Pacific. *PLoS Biology* **5**, e77. PMID: 17355176.

Russo, J.J., Bohenzky, R.A., Chien, M.C. *et al.* 1996. Nucleotide sequence of the Kaposi sarcoma-associated herpesvirus (HHV8). *Proceedings of the National Academy of Science USA* **93**, 14862–14867. PMID: 8962146.

Schaechter, M., Engleberg, N. C., Eisenstein, B. I., Medoff, G. 1999. *Mechanisms of Microbial Disease.* Lippincott Williams & Wilkins, Baltimore, MD.

Scholthof, K.B., Adkins, S., Czosnek, H. *et al.* 2011. Top 10 plant viruses in molecular plant pathology. *Molecular Plant Pathology* **12**(9), 938–954. PMID: 22017770.

Seibert, M.M., Ekeberg, T., Maia, F.R. *et al.* 2011. Single mimivirus particles intercepted and imaged with an X–ray laser. *Nature* **470**(7332), 78–81. PMID: 21293374.

Sharp, P.M., Bailes, E., Chaudhuri, R.R. *et al.* 2001. The origins of acquired immune deficiency syndrome viruses: Where and when? *Philosophical Transactions of the Royal Society of London: B Biological Sciences* **356**, 867–876. PMID: 11405934.

Simons, E., Ferrari, M., Fricks, J. *et al.* 2012. Assessment of the 2010 global measles mortality reduction goal: results from a model of surveillance data. *Lancet* **379**(9832), 2173–2178. PMID: 22534001.

Simpson, G. G. 1963. The meaning of taxonomic statements. In *Classification and Human Evolution* (ed. S. L.Washburn). Aldine Publishing Co., Chicago, pp. 1–31.

Slimani, M., Pagnier, I., Raoult, D., La Scola, B. 2013. Amoebae as battlefields for bacteria, giant viruses, and virophages. *Journal of Virology* **87**(8), 4783–4785. PMID: 23388714.

Stern-Ginossar, N., Weisburd, B., Michalski, A. *et al.* 2012. Decoding human cytomegalovirus. *Science* **338**(6110), 1088–1093. PMID: 23180859.

Tang, P., Chiu, C. 2010. Metagenomics for the discovery of novel human viruses. *Future Microbiology* **5**(2), 177–189. PMID: 20143943.

Taubenberger, J.K., Reid, A.H., Lourens, R.M. *et al.* 2005. Characterization of the 1918 influenza virus polymerase genes. *Nature* **437**, 889–893.

Taubenberger, J.K., Morens, D.M., Fauci, A.S. 2007. The next influenza pandemic: can it be predicted?

JAMA **297**, 2025–2027.

Thomas, V., Bertelli, C., Collyn, F. *et al.* 2011. Lausannevirus, a giant amoebal virus encoding histone doublets. *Environmental Microbiology* **13**(6), 1454–1466. PMID: 21392201.

Tumpey, T.M., Basler, C.F., Aguilar, P.V. *et al.* 2005. Characterization of the reconstructed 1918 Spanish influenza pandemic virus. *Science* **310**, 77–80.

Upton, C., Hogg, D., Perrin, D., Boone, M., Harris, N. L. 2000. Viral genome organizer: A system for analyzing complete viral genomes. *Virus Research* **70**, 55–64.

Van Regenmortel, M.H., Burke, D.S., Calisher, C.H. *et al.* 2010. A proposal to change existing virus species names to non–Latinized binomials. *Archive of Virology* **155**(11), 1909–1919). PMID: 20953644.

Van Regenmortel, M.H., Ackermann, H.W., Calisher, C.H. *et al.* 2013. Virus species polemics: 14 senior virologists oppose a proposed change to the ICTV definition of virus species. *Archive of Virology* **158**(5), 1115–1119. PMID: 23269443.

Venter, J.C., Remington, K., Heidelberg, J.F. *et al.* 2004. Environmental genome shotgun sequencing of the Sargasso Sea. *Science* **304**, 66–74. PMID: 15001713.

von Bubnoff, A. 2005. The 1918 flu virus is resurrected. *Nature* **437**, 794–795.

Wakeling, M.N., Roy, D.J., Nash, A.A., Stewart, J.P. 2001. Characterization of the murine gammaherpesvirus 68 ORF74 product: A novel oncogenic G protein-coupled receptor. *Journal of General Virology* **82**, 1187–1197.

Williamson, S.J., Allen, L.Z., Lorenzi, H.A. *et al.* 2012. Metagenomic exploration of viruses throughout the Indian Ocean. *PLoS One* **7**(10), e42047. PMID: 23082107.

Willner, D., Hugenholtz, P. 2013. From deep sequencing to viral tagging: recent advances in viral metagenomics. *Bioessays* **35**(5), 436–442. PMID: 23450659.

Worobey, M., Telfer, P., Souquière, S. *et al.* 2010. Island biogeography reveals the deep history of SIV. *Science* **329**(5998), 1487. PMID: 20847261.

Yoosuf, N., Yutin, N., Colson, P. *et al.* 2012. Related giant viruses in distant locations and different habitats: Acanthamoeba polyphaga moumouvirus represents a third lineage of the Mimiviridae that is close to the megavirus lineage. *Genome Biology and Evolution* **4**(12), 1324–1330. PMID: 23221609.

Yoosuf, N., Pagnier, I., Fournous, G. *et al.* 2014. Complete genome sequence of Courdo11 virus, a member of the family Mimiviridae. *Virus Genes* **48**(2), 218–223. PMID: 24293219.

Yutin, N., Colson, P., Raoult, D., Koonin, E.V. 2013. Mimiviridae: clusters of orthologous genes, reconstruction of gene repertoire evolution and proposed expansion of the giant virus family. *Virology Journal* **10**, 106. PMID: 23557328.

Zhang, T., Breitbart, M., Lee, W.H. *et al.* 2006. RNA viral community in human feces: prevalence of plant pathogenic viruses. *PLoS Biology* **4**, e3.

第 17 章

已完成测序的基因组：细菌和古细菌

现在你会想问：对于那些微小到无法用肉眼观察并且如果没有强大的显微镜我们根本无从了解的生物，我们对其结构要探究到什么程度？这些显然是无足轻重的微生物究竟有什么作用，使得我们会对其组织结构产生兴趣？或者说我们花费时间和精力去了解它，能带给我们什么好处？我会尽量简单地回答这些问题。以多胃纤毛虫（*Polygastric Infusoria*）为例，尽管它们相当微小，但仍然分担了很多维护自然生态的重要职责，而我们的健康或多或少都会直接依赖它。

想一想，它们有庞大的数目，广泛的分布和永不满足的胃口；并且生来就会吞食和消化腐烂的植物和动物尸体残渣。

很肯定地说，我们必须在某种程度上感激这些一直活跃在我们视线之外的食腐生物为我们提供了有利于我们健康的环境。不仅如此，它们还起了一个更大的作用，就是防止地球上现存有机物质总量的逐渐减少。因为在有机物质以粉碎和腐烂的状态溶解或悬浮在水中并最终降解为单质气体，从而从有机界返回无机界的过程中，这些不知疲倦的自然界中看不见的"警察"时刻"抓捕"着那些四处"逃散"的有机颗粒，并将它们送回动物生命循环的上升流中。

——Richard Owen（1843，第 27 页）

 学习目标

在学习完本章之后，你将掌握：
- 定义细菌和古细菌；
- 解释它们分类的基础；
- 描述大肠杆菌和其他细菌的基因组；
- 描述鉴定及表征细菌和古细菌基因和蛋白质的生物信息学方法；
- 比较细菌基因组。

17.1　引言

在本章中我们将会把生物信息学方法运用到生物的三个主要分支中的两个分支：细菌和古细菌。将细菌和古细菌合在一章是因为它们都是没有细胞核的单细胞生物（在大多数环境中）。细菌和古细菌也被称为微生物。病原微生物（microbe）是指那些对人类产生疾病的微生物，除了一些细菌和古细菌之外，还包括很多真核生物比如真菌和原生动物（第 18 章和第 19 章）。在第 15 章中，我们

William Martin 和 Eugene Kooni（2006）简要讨论了原核生物的定义。我们在第 8 章将真核生物与细菌和古细菌进行了对比。

讨论了 Norman Pace（2009）提出的观点："原核生物"（prokaryote，或 procaryote）这种说法应该被废除，因为它隐含了错误的进化模型。虽然大众仍然继续使用这个说法（其本意指代细菌和古细菌），但在本书中我们将支持 Pace 的观点，不再使用"原核生物"一词。

据估计细菌占地球生物总量的 60%。细菌遍布了这个星球上每一个能够想到的角落，可能有 $10^7 \sim$ 10^9 个不同种类的细菌（Fraser 等，2000），尽管也有人认为没有这么多的种类（Schloss 和 Handelsman，2004）。绝大多数细菌和古细菌（>99%）都没有被人工培育和描述过（DeLong 和 Pace，2001）。研究细菌的一个重要原因就是它们中很多都会导致人类或其他动物的疾病。

> 据估计现存 10^{30} 数量级的细菌，占有了这个星球上生物总量的大部分（Sherratt，2001）。

这一章中，我们简述了研究细菌和古细菌的生物信息学方法。我们回顾了一些细菌和古细菌生物学的特性，例如基因组大小、复杂度，以及分析和比较这些基因组的工具。受到二代测序技术的推动，对于全基因组的研究很大程度上帮助我们了解细菌和古细菌（来自 Bentley 和 Parkhill，2004；Fraser-Liggett，2005；Ward 和 Fraser，2005；Binnewies 等，2006；Medini 等，2008；Fournier 和 Raoult，2011；Loman 等，2012；Mavromatis 等，2012；Stepanauskas，2012）。一些主要问题有：①通过基因组序列分析以获得更好的生物多样性样本，以及更完善的系统发生学和分类学；②对塑造微生物基因组的驱动力达到更好的理解。这里所说的驱动力包括以下内容：

- 基因的缺失和基因组大小的缩减，尤其是那些依靠宿主生存的物种，比如专性细胞内寄生虫；
- 基因组的扩增，尤其是独立存活的物种可能需要更多的基因组资源来对抗环境变化；
- 水平基因转移，基因在同处一个生态位下的生物间发生横向转移，而不是纵向地由祖先传给后代；
- 染色体重组，比如在相关物种或株系间经常出现的倒位。

在这一章中，我们将会讨论这些问题并利用已有的生物信息学工具研究这些问题。

> 致病性是生物体引起疾病的能力。毒力是致病性的程度。

17.2　细菌和古细菌的分类

在第 15 章中，我们从 1995 年的流感嗜血杆菌开始，按照时间顺序介绍了很多细菌和古细菌的基因组测序项目。现在，我们通过考虑六个不同的标准对细菌和古细菌进行分类。①形态学；②基因组大小；③生活习性；④与人类疾病的相关性；⑤基于 rRNA 的分子系统发生；⑥基于其他分子的分子系统发生。还有许多其他的方法可以用来进行细菌和古细菌的分类（框 17.1）。

我们使用生物信息学工具分析单个微生物基因组或进行两个或更多的基因组比较。正是通过比较基因组学，我们开始意识到一些微生物学的重要原则，如细菌和古细菌对高度特异的生态位的适应、生物体间水平基因转移、基因组扩增和缩减，以及致病性的分子基础（Bentley 和 Parkhill，2004；Binnewies 等，2006）。

框 17.1　细菌和古细菌的分类

虽然我们选择六种基本方法进行细菌和古细菌的分类，但是还有很多其他的分类方法。包括能量来源（呼吸作用、发酵、光合作用）、它们的特殊产物（例如酸）、免疫标记物如蛋白质或脂多糖、生态位（与生活习性相关）以及营养生长需求等。按照生长需求分类，包括专性和/或兼性需氧菌（需要氧气）或厌氧菌（在无氧环境中生长），化能生物（分解蛋白质、脂肪和碳水化合物这样的有机分子获得能量）或自养生物（利用外部能量源和诸如二氧化碳和硝酸盐的无机化合物合成有机分子）。自养生物（来自希腊语"自我供给"，"self feeder"）包括光合自养（通过光合作用获取能量，需要二氧化碳并释放氧气）或化能自养（通过无机化合物和二氧化碳中的碳元素获得能量）。异养生物与自养生物不同，必须以其他生物为食获取能量。

一些网站资源提供了有关细菌和古细菌基因组最新进展的多种信息。

- 美国国家生物技术信息中心（The National Center for Biotechnology Information，NCBI）基因组资源目前罗列了 >2600 个完整的细菌基因组和 168 个古细菌基因组（NCBI Resource Coordinators，2014）。NCBI 描述了细菌（表 17.1）以及古细菌的（表 17.2）主要类别。在我们开始以不同的标准对这些生物体进行分类时，这些表格给我们提供了一个概览。

表 17.1 细菌的分类。细菌被描述为一个界，其次是"中间等级"（门，纲）

中间等级 1	中间等级 2	属、种、株（例子）	基因组大小/Mb	GenBank 索引编号
Actinobacteria	Actinobacteridae	*Mycobacterium tuberculosis* CDC1551	4.4	NC_002755
Aquifcae	Aquifcales	*Aquifex aeolicus* VF5	1.5	NC_000918
Bacteroidetes	Bacteroides	*Porphyromonas gingivalis* W83	2.3	NC_002950.2
Chlamydiae	Chlamydiales	*Chlamydia trachomatis* serovar D	1.0	NC_000117
Chlorobi	Chlorobia	*Chlorobium tepidum* TLS	2.1	NC_002932
Cyanobacteria	Chroococcales	*Synechocystis* sp. PCC6803	3.5	NC_000911
	Nostoc	*Nostoc* sp. PCC 7120	6.4	NC_003272
Deinococcus－Thermus	Deinococci	*Deinococcus radiodurans* R1	2.6	NC_001263
Firmicutes	Bacillales	*Bacillus subtilis* 168	4.2	NC_000964
	Clostridium	*Clostridium perfringens* 13	3.0	NC_003366
	Streptococcus	*Streptococcus pneumoniae* R6	2.0	NC_003098
	Mycoplasma	*Mycoplasma genitalium* G-37	0.58	NC_000908
Fusobacteria	Fusobacteria	*Fusobacterium nucleatum* ATCC 25586	2.1	NC_003454
Proteobacteria	Alphaproteobacteria	*Rickettsia prowazekii* Madrid E	1.1	NC_000963
	Neisseria	*Neisseria meningitidis* MC58	2.2	NC_003112
	subdivision	*Helicobacter pylori* J99	1.6	NC_000921
	subdivision	*Escherichia coli* K-12-MG1655	4.6	NC_000913
	cocci	*Magnetococcus* sp. MC-1	NA	NC_008576
Spirochaetales	Spirochaetaceae	*Borrelia burgdorferi* B31	0.91	NC_001318
Thermotogales	Thermotoga	*Thermotoga maritima* MSB8	1.8	NC_000853

注：来自 NCBI(http://www.ncbi.nlm.nih.gov)。

NCBI 微生物资源网址 http://www.ncbi.nlm.nih.gov/genomes/MICROBES/microbial_taxtree.html（链接 17.1）。基因组在线数据库网址 http://genomesonline.org/（链接 17.2）。EnsemblBacteria 在线网址 http://bacteria.ensembl.org/（链接 17.3）。PATRIC 网址 http://patricbrc.vbi.vt.edu/（链接 17.4）。IMG 主页 http://img.jgi.doe.gov/（链接 17.5）。另一个细菌、古细菌和真核基因组的主要资源是在慕尼黑信息蛋白质序列中心的 PEDANT（Munich Information Center for Protein Sequences，MIPS；http://pedant.gsf.de/，链接 17.6）。

表 17.2 古细菌的分类。古细菌被描述为一个界，其次是"中间等级"（门，纲）

中间等级 1	中间等级 2	属、种、株（例子）	基因组大小/Mb	GenBank 索引编号
Crenarchaeota	Thermoprotei	*Aeropyrum pernix* K1	1.6	NC_000854
Euryarchaeota	Archaeoglobi	*Archaeoglobus fulgidus* DSM4304	2.2	NC_000917
	Halobacteria	*Halobacterium* sp. NRC-1	2.0	NC_002607
	Methanobacteria	*Methanobacterium thermoautotrophicum* delta H	1.7	NC_000916
	Methanococci	*Methanococcus jannaschii* DSM2661	1.6	NC_000909
	Methanopyri	*Methanopyrus kandleri* AV19	1.6	NC_003551
	Thermococci	*Pyrococcus abyssi* GE5	1.7	NC_000868
	Thermoplasmata	*Thermoplasma volcanium* GSS1	1.5	NC_002689

注：来自 NCBI(http://www.ncbi.nlm.nih.gov)。

• 基因组在线数据库（The Genomes Online Database，GOLD）包括＞2600 个完整并公布了的细菌基因组项目，以及＞9000 个永久性项目草案和＞19000 个未完成的项目（Pagani 等，2012）。

• EnsemblBacteria 包括＞9000 个来自细菌和古细菌的基因组序列（Kersey 等，2014）。

• The Pathosystems Resource Integration Center（PATRIC）目前列出＞4200 个细菌基因组（Gillespie 等，2011），还包括一套分析工具。

• 整合的微生物基因组（The Integrated Microbial Genomes，IMG）系统包括一系列基因组和宏基因组分析工具（Markowitz 等，2014）。

基于形态学标准的细菌分类

大部分细菌被归入四个主要类别中：革兰氏阳性或革兰氏阴性的球菌或杆菌（参考 Schaechter，1999）。表 17.3 中展示了一部分这些不同类型的细菌例子。大约有一半的细菌适合用革兰氏染色分类，染色的结果可以反映它们细胞壁的蛋白质和肽聚糖组成。很多其他细菌无法用革兰氏阳性或革兰氏阴性球菌或杆菌的标准分类，因为它们的形态和染色特征比较特殊。举个例子：螺旋体如莱姆病的病原体伯式疏螺旋体（*Borrelia burgdorferi*）具有一个特别的外膜鞘、原生质细胞柱和周质鞭毛（Charon 和 Goldstein，2002）。

下文"基于核糖体 RNA 序列的细菌和古细菌的分类"中所描述的基于分子系统发生学的微生物分类则相对更加全面。分子差异可以揭示微生物的多样性程度，包括种间（表现的是生命树中细菌分枝的宽度）及种内（比如表现致病菌株和与其密切相关的非致病菌株之间的分子差异）的差异。然而除了分子的标准之外还有很多其他基于显微或生理的方式来分类细菌，比如对那些能够进行光合作用的（如蓝藻）和产生甲烷的微生物分类。

表 17.3　基于形态学标准的细菌主要类别（相关疾病在括号内）

类型	例　子
革兰氏阳性球菌	*Streptococcus pyogenes*，*Staphylococcus aureus*
革兰氏阳性杆菌	*Corynebacterium diphtheriae*，*Bacillus anthracis*（anthrax），*Clostriduium botulinum*
革兰氏阴性球菌	*Neisseria*，*Gonococcus*
革兰氏阴性杆菌	*Escherichia coli*，*Vibrio cholerae*，*Helicobacter pylori*
其他	Mycobacterium leprae（麻风杆菌），Borrelia burgdorferi（莱姆病），Chlamydia trachomatis（性病），Mycoplasma pneumoniae

M. xanthus DK 1622 的完整环形基因组（长度为 9139763 个核苷酸）的索引编号为 NC_008095.1。注意，通过在 NCBI 主页的 Entriz 搜索引擎输入此编号，可以跳转到基因组计划页面，查看该生物的概述。

黏液菌 *Dictyostelium discoideum* 是一种真核生物，也可以在单细胞和多细胞的生活方式之间交替（第 19 章）。

细菌的生命形式具有高度的形态多样性。我们接下来展示两个细菌捕食其他细菌的例子，这两个例子都旨在强调细菌的形态多样性以及基因组序列分析对解释结构变化机制的作用。

① 黏菌（Myxobacteria）是一种非常成功的单细胞 δ-变形菌，在每克耕作土壤中存在上百万个细胞。在营养匮乏的条件下，多达 10 万个黏菌（*Myxococcus xanthus*）结合在一起形成子实体，这种子实体本质上是一个球形的多细胞生命体，可以抵抗各种环境压力。在较好的营养条件下，子实体内的单个孢子萌发，上千个黏菌个体聚集在一起。这样的黏菌群可以包围、裂解并消化其他"猎物"细菌。Goldman 等（2006）报道了黏菌的完整基因组序列，并且深入分析了编码马达蛋白，以及使其滑动、使用可收缩菌毛和分泌黏液的基因。此外，黏菌基因组（9.1Mb）要比其他相关的 δ-变形菌的基因组（3.7~5.0Mb）大很多。Goldman 等人描述了黏菌基因组扩增的特性以及它们的特异行为和形态之间可能存在的关系（Kaiser，2013）。

② 蛭弧菌（*Bdellovibrio bacteriovorus*）为我们提供了第二个细菌具有特殊形态的例子。蛭弧菌也是一种捕食革兰氏阴性菌的 δ-变形菌。它的基因组大小约为 3.8Mb，据预测编码了超过 3500 种蛋白质（Rendulic 等，2004）。蛭弧菌向猎物发起攻击（通过高速游向它们），不可逆地黏附在猎物上并且在猎物的外膜和肽层上打开一个洞，然后它进入猎物的周质并开始复制。蛭弧菌接着形成一个叫做蛭弧菌噬菌体（bdelloplast）的结构，杆状的猎物会变圆而蛭弧菌则会由于消耗猎物的营养成分长到正常状态的几倍大小。之后，作为捕食者的蛭弧菌离开蛭弧菌噬菌体。对其基因组的研究使得 Rendulic 等人发现了与其生活方式相关的编码分解代谢酶的基因（例如蛋白酶、核酸酶、聚糖酶和脂肪酶），以及一个宿主关联位点，上面包含了与菌毛和黏附作用相关的基因。

基于基因组大小和几何形状的细菌和古细菌分类

在如细菌和古细菌这类单倍体生物中，基因组大小（或者称 C 值）就是基因组中 DNA 的总量。细菌和古细菌基因组大小可以从 500000bp（0.5Mb）到接近 15Mb 的范围内变化（表 17.4）（Casjens，1998）。图 17.1 列出了已经命名的 23 个主要细菌门和它们的亚门的基因组大小。从图中可以看出，尽管有一些细菌的基因组是线性的，但大多数细菌的基因组是环状的；一些细菌的基因组由多个环状染色体组成。在大多数细菌门中能发现质粒（小的游离在染色体外的环状元件），而线性的质粒非常少。

蛭弧菌的索引编号是 NC_005363.1，它的生活史在 NCBI 基因组计划的相关页面中也有描述。

表 17.4 细菌和古细菌的基因组大小范围。改编自 Graur 和 Li（2000），经 Sinauer Associates 许可

类群	基因组大小范围/Mb	比率（最高/最低）
细菌 Bacteria	0.16-13.2	83
柔膜细菌 Mollicutes	0.58-2.2	4
革兰氏阴性菌 Gram negative	0.16-9.5	59
革兰氏阳性菌 Gram positive	1.6-11.6	7
蓝细菌 Cyanobacteria	3.1-13.2	4
古细菌 Archaea	0.49-5.75	12

在二倍体或多倍体生物中，基因组大小是在未复制的单倍体基因组（如精子细胞核）中 DNA 的总量。我们将在第 18～19 章讨论真生物基因组的大小。

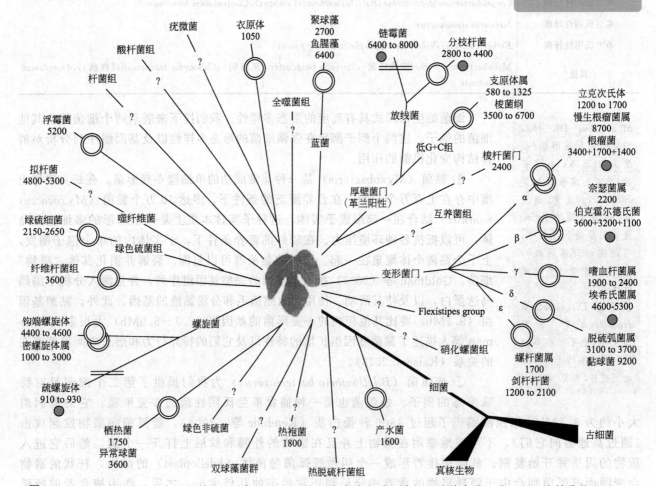

图 17.1 细菌染色体大小和几何形状。图中展示了 23 个已命名的主要细菌门以及其中的一些亚门。该树是基于 rRNA 序列构建的无根树。分支长度不代表系统发生距离，图中心的无花果叶表示不确定的分支模式。染色体几何形状（圆形或线形，在某些情况下有多个染色体）在每个分支的末端展示。图中给出了代表性属的染色体大小（以千碱基计）。在硼菌和放线菌中常见的游离在染色体外的线性元件也被展示

[改编自 Casjens（1998），经 Annual Reviews 许可]

某些细菌基因组的大小与真核基因组相当甚至更大。真菌脑炎微孢子虫（*Encephalitozoon cuniculi*）的基因组仅有 2.5Mb，编码 2000 个蛋白质（见第 18 章），而基于目前的测序结果，至少有十几个真核基因组大小在 10 Mb 以下。两株被测序的黏菌（*Sorangium cellulosum*）的基因组是目前已测序的细菌里最大的基因组。其中一个大于 13Mb，包括 9700 个基因（Schneiker 等，2007），另一个约 14.8Mb，并包括 10500 多个基因（Han 等，2013，表 17.5）。蓝藻 *Mastigocoleus testarum* BC008 基因组大小为 15.9 Mb。一般来说，那些拥有特别大的基因组的细菌往往具有高级的行为或复杂的表型，能参与复杂的社会行为（如多细胞相互作用）或诸如分化的过程。

表 17.5 一些具有相对较大或较小基因组的细菌和古细菌的基因组大小。（A）为古细菌；（B）为细菌。改编自 http://www.sanger.ac.uk/Projects/Microbes/，经 Bateman 博士许可并改编自 NCBI 网站（PubMed, NCBI Genome）

种类	基因组大小/Mb	编码区域	GC 含量	参考文献
Sorangium cellulosum So0157-2（B）	14.8	10400	72.1	Han 等，2013
Sorangium cellulosum So ce56（B）	13.0	9380	71.4	Schneiker 等，2007
Solibacter usitatus（B）	10	7888	61.9	Unpublished；accession NC_008536
Myxococcus xanthus DK 1622（B）	9.1	7388	68.9	Goldman 等，2006
Streptomyces coelicolor（B）	8.67	7825	72	Bentley 等，2002
Methanosarcina acetivorans C2A（A）	5.75	4524	42.7	Galagan 等，2002
Ureaplasma urealyticum parvum biovar serovar 3（B）	0.752	623	26	Glass 等，2000
Mycoplasma pneumoniae M129（B）	0.816	677	40	Himmelreich 等，1996
Mycoplasma genitalium G-37（B）	0.58	470	32	Fraser 等，1995
Nanarchaeum equitans（A）	0.49	552	31.6	Huber 等，2002；Waters 等，2003
Buchnera aphidicola（B）	0.42	362	20	Pérez-Brocal 等，2006
Carsonella ruddii（B）	0.16	182	16.5	Nakabachi 等，2006

总体而言，细菌基因组中基因的数目从极少的 182 个到 10000 个以上的例外情况都有。这个范围和 C 值的范围相当。对于大部分基因组完全测序的细菌来说，编码蛋白质的基因占全基因组的 85%～90%。因此，基因间区和非基因部分比较少。一个例外是导致麻风病的麻风分枝杆菌（*Mycobacterium leprae*）。它的基因组有大量的基因失活，编码蛋白质的基因仅占基因组的 49.5%（Cole 等，2001；Singh 和 Cole，2011）。另一个例外是下文会介绍的寄生虫立克次氏体（*Rickettsia prowazekii*），它有 24% 的非编码 DNA。蚜虫共生体沙雷氏菌（*Serratia symbiotica*）编码基因占约 61%，拥有 550 个假基因（Burke 和 Moran，2011）。

微生物基因组中，基因的密度大约保持在每一千个碱基对有一个基因。举个例子，大肠杆菌（*Escherichia coli*）K12 substr.MG1655（索引编号 NC_000913.3）的基因组大小为 4.64Mb，包含 4497 个基因（一个基因有 1032 个碱基对）。即使在非常小的基因组中，如生殖支原体（*Mycoplasma genitalium*），基因的平均大小和密度也不会改变（Fraser 等，1995）。一些基因组大小不同的细菌或古细菌的基因组大小参见表 17.5。

对数百个细菌和古细菌的基因组大小与基因数目相关性的研究，我们发现它们呈线性关系（图 17.2），该图（改编自 Giovannoni 等，2005）进一步区分了独立存活、依赖宿主，以及专性共生的生物。最小的基因组存在于细胞内寄生菌或对宿主专性共生的细菌。一般说来，基因组很小的细菌或古细菌都生活在极度稳定的环境中，宿主为其提供可靠的资源（如营养）和稳定的环境（如恒定的 pH）。小基因组的生物体由大基因组的祖先进化而来。独立存活的生物中已被测序的基因组最小的细菌之一是生殖支原体（*Mycoplasma genitalium*），一种泌尿生殖系统的病原体。生殖支原体基因组长 580070bp，具有 470 个蛋白质编码基因、3 个 rRNA 基因和 33 个 tRNA 基因（Fraser 等，1995）。支原体是柔膜菌纲的细菌。此纲细菌的特点是缺乏细胞壁且 CG 含量低（32%）。

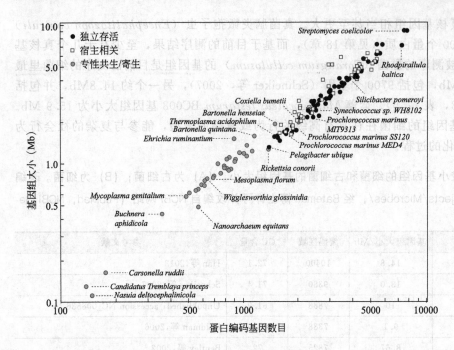

图 17.2 246 个完整公布的细菌和古细菌基因组大小与被预测的蛋白质编码基因数量的对比。Giovannoni 等（2005）报道了 *P. ubique* 是目前实验室研究的可以独立存活生物中基因数目最小的（1354 个开放阅读框）。最小的细菌基因组的最新数据包含其中

［改编自 Giovannoni 等（2005），经 AAAS 和 S. Giovannoni 许可］

　　在基因组最小的细菌中，蚜虫内共生菌巴克纳氏菌（*Buchnera aphidicola*）的基因组全长仅 422434bp，有 362 个蛋白编码基因（Pérez-Brocal 等，2006）。基因组存在于环型染色体上，另外有一个 6kb 的质粒可以进行亮氨酸合成。在巴克纳氏菌和雪松蚜虫 *Cinara cedr* 之间存在着专性共生关系。该细菌已经失去了大部分的代谢功能，代谢功能依赖宿主为其提供，而作为回报，它也为宿主提供代谢产物（蚜虫的食物局限在植物汁液，因此需要获得必须氨基酸和一些其他营养成分）。我们认为这种宿主和细菌之间的关系是在超过 2 亿年前建立起来的，伴随着细菌基因组的不断缩小，它不再具有合成自身细胞壁的能力。

> 蚜虫属于昆虫纲的后生动物（动物）。*B. aphidicola* 的索引号为 NC_008513.1。

　　另一个基因组非常小的细菌也是内共生细菌。*Carsonella ruddii*（如图 17.2 所示）具有单一环型染色体，基因组共 159662bp，只有 182 个开放阅读框（Nakabachi 等，2006）。这么小的基因组和较低的鸟嘌呤加胞嘧啶含量（GC 含量 16.5%）非常特别。其有一半的开放阅读框所编码的蛋白质与翻译及氨基酸代谢相关。与巴克纳氏菌相似，*C. ruddii* 必须寄生在 *Pachypsylla venusta*（一种吸食植物汁液的昆虫）体内。

　　最近两个更小基因组已被发现，它们仍是寄生于植食性昆虫体内的细菌。*Candidatus Tremblaya princeps* 的基因组不超过 139000bp，有 121 个蛋白质编码基因（见 NC_015736.1；Bennett 和 Moran，2013）。*Nasuia deltocephalinicola* 基因组有 112000bp，其中有 137 个蛋白质编码基因。*Tremblaya* 是一种寄生在粉蚧（*Planococcus citri*）内的 β-变形菌纲细菌。值得注意的是，一种 γ-变形菌 *Candidatus Moranella endobia* 在 *Tremblaya* 体内生活。McCutcheon 和 von Dohlen（2011）描述了这种神奇的嵌套共生的例子。

　　在古细菌中，拥有最小基因组的是一种超嗜热生物，即 *Nanoarchaeum equitans*，从海底热泉中培育得到（Huber 等，2002）。这种古细菌似乎依附于另一种古细菌 *Ignicoccus* 生长。由于它的基因组和细胞都非常小，Huber 等建议将 *N. equitans* 作为最小生命体（如生殖支原体 *M. genitalium*）和大病毒（如痘病毒）之间的过渡。然而即使是细胞内寄生的细菌和古细菌也起源于独立存活的生命体，因此与病毒的归属是不同的。

> 见 Andersson（2006）对 *B. aphidicola* 和 *C. ruddii* 基因组的概述。

　　通过比较小的细菌和古细菌基因组，可以估计维持生命所需基因的最小数目（框 17.2）。巴克纳氏菌和 *C. ruddii* 的基因组不编码任何用于运输的蛋白，这表明它们的代谢物可能会自由扩散到宿主体内。许多必需的基因可能已被转移到其宿主的核基因组。这样的过程已经发生在线粒体中（线粒体需要依赖许多

真核细胞核基因组编码的蛋白质）。

基于生活习性的细菌和古细菌分类

除了通过形态学和基因组大小，我们还可以通过它们的生活方式对细菌（和古细菌）进行分类。用这种方式分类的好处在于，它很容易显现出与三种生活习性（生活在极端环境、细胞内及细胞表面的细菌和古细菌）相关的基因组急剧缩小的原理。

框 17.2　较小基因组，最小基因组和必需基因

最小的生物体，即最小的可独立自我复制生物体的基因组中需要多少基因？一种探索的方法是找到自然界中最小的基因组。*C. ruddii*、*N. deltocephalinicola* 和 *Candidatus Tremblaya* 最初的基因组分别编码仅 182 个、137 个和 121 个蛋白质。然而，它们仅能在特定的维持它们生命的昆虫细胞中生活。支原体（*Mycoplasma*）属的细菌倾向于拥有小体型和小的基因组，因而被作为最小的基因组的研究对象。目前该属的 46 个物种的基因组已被测序。*M. genitalium* 的基因组编码 523～548 个基因（数目与菌株有关），是自主复制的细菌中最小的。推动小的基因组进化的动力包括了来自更大的祖先基因组的基因组缩减过程，该过程可能会提升生物体的适应性。在考虑最小基因组的大小时，我们也必须考虑该生物所处的生态位，这会很大程度上影响缩减式进化的机制，以及内共生体的特定基因。

第二种方法涉及比较基因组学，其方法是寻找几种微生物之间共有的直系同源基因。在全基因组测序的早期，Mushegian 和 Koonin（1996）找到了 239 个大肠杆菌（*Escherichia coli*）、流感嗜血杆菌（*H. influenzae*）和生殖支原体（*M. genitalium*）的共有基因。这被认为是对最小基因组大小的一种估计。这 239 个基因的功能包括以下几个基本方面：翻译、DNA 复制、重组、DNA 修复、转录、无氧代谢、脂质和辅助因子的生物合成和跨膜转运。Huang 等（2013）描述了生殖支原体 517 个基因与革兰氏阴性和革兰氏阳性菌的保守核心基因集的共有基因，报道了 151 个共同的细菌核心基因（其中 39 个基因编码 30S 和 50S 核糖体亚基）。必需基因数据库（A Database of Essential Genes，http://www.essentialgene.org）列出了这些基因（Luo 等，2014）。

第三种确定生物所需最少基因的方法是进行实验。Itaya（1995）在枯草芽孢杆菌（*Bacillus subtilis*）中随机敲除蛋白质编码基因。79 个位点中，仅 6 个基因的变异使菌株无法生长，即这 6 个基因是必需的。外推到整个枯草芽孢杆菌的基因组中，约 250 个基因是生命必需的。人们正在尝试利用一组特定基因来创造生命。来自 Frederick Blattner 研究组的 Pósfai 等（2006）通过实验减少大肠杆菌 K12 的基因组大小（减少 20% 至大约 4Mb），靶向去除了介导结构变化（如倒位，复制和缺失）的重复序列，以及插入序列元件和其他 DNA 移动元件。Mizoguchi 等（2007）进一步将基因组大小减少至 3.6Mb。对于结核分枝杆菌（*M. tuberculosis*），随机转座子诱变的方法被用来寻找必需基因（Lamichhane 等，2003）。该方法及其相关的方法能为哪些基因和基因产物可以作为最有效的药物靶点提供信息（Lamichhane 和 Bishai，2007）。

D'Elia 等（2009）和 Acevedo-Rocha 等（2013）都注意到定义必需基因时环境的重要性。许多必需基因编码的蛋白质没有确切的功能，细菌在不同生理条件很可能影响这些基因发挥作用的环境。

已经有许多团队研究了生命所需的核心基因组，包括 Koonin（2003）和 Gil 等（2004）。Koonin 列出了 63 个在当时已测序的约 100 个基因组中都出现的基因。这些基因的功能包括翻译（例如，核糖体蛋白与氨酰转移 RNA 合成酶和翻译因子）、转录（RNA 多聚酶亚基）以及复制和修复（DNA 多聚酶亚基、核酸外切酶和拓扑异构酶）。

- 极端微生物是生活在极端环境下的微生物（Canganella 和 Wiegel，2011）。古细菌已在高盐条件下（嗜盐古菌）、地热区的热泉（超嗜热古菌）和缺氧环境（产甲烷菌）下发现（DeLong 和 Pace，2001）。其中最不寻常的极端微生物是 *Deinoccocus radiodurans*，它可以在干燥和大剂量的电离辐射环境中生存（它可以生长于核废料中）。它通过一种全新的修复机制重组破碎的染色体，从而生长于这样的环境中（Zahradka 等，2006）。
- 胞内细菌侵入真核细胞；一个众所周知的例子是 α-变形菌被认为曾经侵入真核细胞，并演变成现今的线粒体。
- 细胞表面的细菌（和古细菌）是与宿主直接接触，但不生活在宿主细胞内。

我们可以将细菌和古细菌按照六种基本的生活习性分类（表 17.6）。

在世界范围内，三分之一的人口感染过结核病（在最近的一年内有 900 万人得病）（见 http://www.cdc.gov/tb/，链接 17.7）。结核分枝杆菌基因组被 Cole 等测序（1998 年）。

表 17.6 基于生态位的细菌和古细菌分类，改编自 http://www.chlamydiae.com

生活方式	细菌	基因组大小/Mb	参考文献
胞外	*Escherichia coli*	4.6	Blattner 等,1997
	Vibrio cholerae	4.0	Heidelberg 等,2000
	Pseudomonas aeruginosa	6.3	Stover 等,2000
	Bacillus subtilis	4.2	Kunst 等,1997
	Clostridium acetobutylicum	4.0	Nolling 等,2001
	Deinococcus radiodurans	3.3	White 等,1999
兼性胞内	*Salmonella enterica*	4.8	Parkhill 等,2001a
	Yersinia pestis	4.7	Parkhill 等,2001b
	Legionella pneumophila	3.9	Bender 等,1990
	Mycobacterium tuberculosis	4.4	Cole 等,1998
	Listeria monocytogenes	2.9	Glaser 等,2001
极端生物	*Aeropyrum pernix*	1.7	Kawarabayasi 等,1999
	Methanococcus janneschi	1.7	Bult 等,1996
	Archeoglobus fulgidus	2.2	Klenk 等,1997
	Thermotoga maritima	1.9	Nelson 等,1999
	Aquifex aeolius	1.6	Deckert 等,1998
细胞表面	*Neisseria meningitidis*	2.2	Tettelin 等,2000
	Haemophilus influenzae	1.8	Fleischmann 等,1995
	Mycoplasma genitalium	0.6	Fraser 等,1995
	Mycoplasma pneumoniae	0.8	Himmelreich 等,1996
	Ureaplasma urealyticum	0.8	Glass 等,2000
	Mycoplasma pulmonis	1.0	Chambaud 等,2001
	Borrelia burgdorferi	0.9	Fraser 等,1997；Casjens 等,2000
	Treponema pallidum	1.1	Fraser 等,1998
	Helicobacter pylori	1.7	Tomb 等,1997；Alm 等,1999
	Pasteurella multocida	2.3	May 等,2001
胞内专性,共生	*Buchnera* sp.	0.6	Shigenobu 等,2000
	Wolbachia spp	1.1	Sun 等,2001
	Wigglesworthia glossinidia	0.7	Akman 等,2002
	Sodalis glossinidius	2.0	Akman 等,2001
胞内专性,寄生	*Rickettsia prowazekii*	1.1	Andersson 等,1998
	Rickettsia conorii	1.3	Ogata 等,2001
	Ehrlichia chaffeensis	1.2	Hotopp 等,2006
	Cowdria ruminantium	1.6	de Villiers 等,2000
	Chlamydia trachomatis	1.1	Stephens 等,1998；Read 等,2000
	Chlamydophila pneumoniae	1.3	Kalman 等,1999；Read 等,2000；Shirai 等,2000

① 细胞外。例如，大肠杆菌一般生活在人的肠道中，但不进入人体细胞。许多可独立存活的细菌拥有相对较大的基因组（如图 17.2 所示），例如上文提到过的 δ-变形菌黄色黏球菌（*Myxococcus xanthus*）。具有较大的基因组可以使细菌在面对环境改变时有更多的基因资源可以利用。另一个例子是栖息在人类皮肤上并可以导致痤疮的革兰氏阳性细菌痤疮丙酸杆菌（*Propionibacterium acnes*），其 2.5Mb 基因组允许

疱疱丙酸杆菌在需氧或厌氧条件下都能生长，并利用各种来自皮肤细胞的底物 (Bruggemann 等，2004)。

② 兼性细胞内细菌。可以进入宿主细胞，但它们的行为取决于环境条件。结核分枝杆菌 (*Mycobacterium tuberculosis*)——结核病的元凶，可以在受感染的巨噬细胞内处于休眠状态，而几十年以后才激活并引起发病。

③ 极端微生物。最初，古细菌都是在极端环境下发现的。有些古细菌被发现可以在温度高达 113℃，pH 为 0，并且氯化钠浓度高达 5mol/L 的条件下生活。*Methanocaldococcus jannaschii* 是第一个完全测序的古细菌 (Bult 等，1996)，它可以在超过 200 个大气压、最适温度将近 85℃ 的条件下生长。随后，在不那么极端的环境中也有古菌被发现，包括在森林土壤和海水中 (DeLong，1998；Robertson 等，2005)。

④ 细胞表面细菌和古细菌。生长在它们的宿主体外，但与它们保持关联。肺炎支原体 (*Mycoplasma pneumoniae*) 是一种基因组大小为 816000bp 的细菌，是引起呼吸道感染的一个主要原因。这种细菌是一种表面寄生菌，依附在其宿主的呼吸道上皮表面。它的基因组被测序 (Himmelreich 等，1996) 并被 Peer Bork 及其同事重新注释 (Dandekar 等，2000)。

⑤ 专性胞内共生菌。Tamas 等 (2002) 比较了两种细菌的全部基因组序列：*Buchnera aphidicola* (Sg) 和 *Buchnera aphidicola* (Ap)。它们是蚜虫 *Schizaphis graminum* (Sg) 和 *Acyrthosiphon pisum* (Ap) 的内共生菌。这两种细菌的基因组都很小，约 640000bp。它们各有 564 个和 545 个基因，并且大部分 (526 个) 基因相同。值得注意的是，这两种细菌虽然在 500 万年前就从同一进化分枝上分开，但它们却共有完全保守的基因组结构。自两种细菌发生分歧后，它们的基因组中都没有出现倒位、易位、重复和基因获得的事件 (Tamas 等，2002)。这是一个基因组停滞 (genomic stasis) 的极好例子。虽然这样的共有基因组保守现象在专性细胞内细菌中非常罕见，但是在拥有小基因组的内共生体中是常见的。这可能反映了这些细菌从宿主中获取营养的依赖性。

⑥ 专性细胞内寄生菌。*Rickettsia prowazekii* 是引起流行性斑疹伤寒的病原菌，它的基因组相对较小，为 1.1Mb (Andersson 等，1998)。像其他立克次体 (*Rickettsia*) 一样，它是选择性地感染真核细胞的 α-变形菌。另一个有趣的地方是它与线粒体的基因组密切相关。还有一个密切相关的物种 *Rickettsia conorii*，是一种专性细胞内寄生菌，是导致人类地中海斑疹热的病原菌，其基因组由 Ogata 等测序 (2001)。类似于 *Buchnera aphidicola* 亚种，这两种立克次氏体寄生菌的基因组结构都高度保守。

为什么有些细菌的基因组急剧缩减？细胞内寄生生物受到有害的突变和替代导致基因丢失，使得基因组缩减 (Andersson 和 Kurland，1998；McCutcheon 和 Moran，2011)。一种原始的 α-变形菌演变成现在的线粒体时发生了类似的过程，其只保留了一个极小的线粒体基因组的大小 (第 15 章)。

您可以在美国疾病控制和预防的网站了解各种细菌性疾病。(http://www.cdc.gov/DataStatistics/链接 17.8)

基于与人类疾病相关性的细菌分类

细菌和真核生物已经相互"交战"几百万年了，细菌为了繁殖需要占据人体的营养环境。典型的细菌"殖民地"包括皮肤、呼吸道、消化道 (口腔、大肠)、尿道和生殖系统 (Eisenstein 和 Schaechter，1999)。据估计每个人身上的细菌数目超过了自身的细胞数目。大多数情况下，这些细菌对人类是无害的。然而，有些细菌能够导致感染，甚至带来灾难性的后果。

PATRIC 网址 http://patricbrc.vbi.vt.edu/ (链接 17.4)。

最近几年，抗生素的广泛使用导致细菌耐药性情况的增多。因此，找到细菌毒力因子并制定疫苗接种策略势在必行 (Bush 等，2011)。解决该问题的一个办法就是比较细菌的致病株和非致病株 (见下文"细菌基因组的比较")。表 17.7 列出了一些通过接种疫苗已经得到控制的细菌性疾病。细菌引起的全球疾病负担是巨大的。例如，全世界每年报道有 69 万麻风病新发病例，它的病原体是麻风分枝杆菌 (*Mycobacterium leprae*)。每年还有数以百万计因沙门氏菌引起的沙门氏菌病病例。在美国每年有 75000 人感染大肠杆菌 (O157：H7) 的致病菌株，引起出血性结肠炎。还有上文所提到的，结核分枝杆菌 (*M. tuberculosis*) 感染了十亿人并造成数以百万计的人死亡。

表 17.7 疫苗可预防的细菌性疾病。改编自 CDC-DPDx，http://www.cdc.gov/vaccines/vpd-vac/vpd-list.htm 和 http://www.cdc.gov/DiseasesConditions/

疾病	物种
Anthrax	*Bacillus anthracis*
Diarrheal disease(cholera)	*Vibrio cholerae*
Diphtheria	*Corynebacterium diphtheriae*
Community acquired pneumonia	*Haemophilus influenzae* type B, *Streptococcus pneumoniae*
Lyme disease	*Borrelia burgdorferi*
Meningitis	*Haemophilus influenzae* type B(HIB), *Streptococcus pneumoniae*, *Neisseria meningitidis*
Pertussis	*Bordetella pertussis*
Tetanus	*Clostridium tetani*
Tuberculosis	*Mycobacterium tuberculosis*
Typhoid	*Salmonella typhi*

PATRIC 是一个细菌的生物信息资源中心（Gillespie 等，2011）。它集中了大量致病菌株的信息，还包括对这些生物代谢途径的人工校对和分析。注释使用子系统技术进行快速注释（Rapid Annotation using Subsystem Technology，RAST；Overbeek 等，2014；见下文的"基因注释"部分）。

细菌和古细菌生物学的一个新兴主题是除了变异之外，菌群的重组也会导致遗传多样性（Fraser 等，2007）。物种可以被定义为遗传相关菌株的集群，而通过同源重组后的 DNA 交换或其他过程会使物种定义变得复杂。Joyce 等（2002）以诸如幽门螺杆菌（*Helicobacter pylori*）（胃溃疡的主要致病因子）、肺炎链球菌（*Slreptococcus pneumomae*）和肠沙门氏菌（*Salmonella enterica*）这样的病原菌为背景，对重组现象进行了综述。真核生物是通过有性生殖实现基因多样性，而细菌和古细菌通过重组和水平基因转移也可实现基因的高度多样性（见"水平基因转移"部分下文）。

我们可以考虑感染人类的细菌。此外，还有很多植物致病菌可以通过对作物的破坏对人类造成损失。Mansfield 等（2012）报道了对最具有经济及科研价值的植物病原体的研究调查的结果，其中包括排在首位的一组丁香假单胞菌（*Pseudomonas syringae*）致病变种和三种黄单胞菌（*Xanthomonas*）菌种。

基于核糖体 RNA 序列的细菌和古细菌分类

描述微生物多样性的一条主要途径就是分子系统发生分析。根据 16S rRNA 和不同物种的其他小 rRNA 的多序列比对，我们能画出系统发生树。作为系统发生分析分子，核糖体 RNA 具有杰出的特性：它在整个细胞中都有分布，高度保守却又有足够的多变性来显示有意义的差异，并且它很少在物种间发生转移。图 17.1 是一个基于 rRNA 构建的系统发生树的例子，我们在图 15.1 上也能看到相似的发生树的重建。通过 rRNA 和其他基于基因组的发生树，细菌和古细菌基因组学正在对微生物系统学产生重大影响（Klenk 和 Göker，2010；Zhi 等，2012）。

Carl Woese 和他的同事们（Woese 和 Fox，1977；Fox 等，1980）最早对 rRNA 研究的主要结论就是细菌和古细菌属于不同的类别。发生树上最长的分支类群是超嗜热微生物，这一点与生命的共同祖先生活在高温下这个假设相一致（Achenbach-Richter 等，1987）。

我们认识微生物多样性的一个很大的收获就是意识到绝大部分细菌和古细菌都是不能人工培育的（Hugenholtz 等，1998）。我们很容易从自然界中获得一些微生物，然后让它们在不同的培养基中生长。然而对于大多数其他微生物，也许 >99%，其生长条件目前并不为人所知。但我们可以对未培育的（或者不能培育

Reysenbach and Shock（2002）描述了基于 16S rRNA 序列的极端微生物的系统发生树。他们使用了一个专为 rRNA 研究设计的软件包，叫做 ARB（第 10 章）。您可以在 http://www.arbhome.de/（链接 17.9）获得这个软件。

联合基因组研究所（the Joint Genomics Institue，JGI）提供了 GEBA 的网址：http://genome.jgi.doe.gov/programs/bacteria-archaea/GEBA.jsf（链接 17.10）。

的）微生物从它们的自然栖息地中抽取核酸来进行取样（DeLong 和 Pace，2001）。Norman Pace 和他的同事率先通过分析 rRNA 从而鉴定了不能培养的物种。

由于对可培育微生物有取样偏差，只有四种细菌门被最完整地鉴定出来：变形菌门（Proteobacteria）、厚壁菌门（Firmicutes）、放线菌门（Actinobacteria）和拟杆菌门（Bacteroidetes）（Hugenholtz，2002）。这些主要的细菌组群覆盖了超过 90% 的已知细菌（Gupta 和 Griffiths 的讨论，2002）。然而，目前已知的分类到门的种系的细菌和古细菌已经有 35 种和 18 种（Hugenholtz，2002）。对未经培育的微生物的分析能够开阔我们对细菌和古细菌多样性的眼界。

在一种可以被称为多样性驱动的系统基因组学的方法中，Jonathan Eisen 和同事发起了细菌和古细菌的基因组百科全书（the Genomic Encyclopedia of Bacteria and Archaea，GEBA）项目（Wu 等，2009）。它的目标是基于系统发生进化的多样性构建并分析完整的基因组序列。他们找到了未被完全测序的但具有最高多样性的种系，并选择其中可培育的代表种系进行研究。第一份报告包含约 56 个完整基因组，约 16800 个蛋白质家族，其中约 1700 个与任何已知的蛋白质均没有显著的序列相似度。

联合基因组研究所（JGI）提供 GEBA 网站：http://genome.jgi.doe.gov/programs/bacteria-archaea/GEBA.jsf（链接 17.10）。

有多少细菌和古细菌的多样性已经被鉴定出来？GEBA 项目使用小亚基 rRNA 基因序列作为生物多样性的度量（图 17.3，y 轴；Wu 等，2009）。他们估计，通过基于系统发生多样性的标准对约 1500 个独立样本进行测序，可以获得半数已知且可培育的细菌和古细菌的遗传多样性。未培育种的多样性程度则要大上很多（由 rRNA 序列的分析推测）。作者估计对约 9200 个未被培育的古细菌和细菌基因组的测序将覆盖多样性的另外 50% 的部分（图 17.3）。

图 17.3　基于小亚基核糖体 RNA（SSU rRNA）基因的细菌和古细菌系统发生多样性的估计。该图是基于独特的 SSU rRNA 序列的系统发生树的分析。系统发生多样性（基于 SSU rRNA 序列）从以下方面估计：①在 GEBA 之前的基因组序列（蓝色）；②GEBA 项目提供的 56 个完整基因组（红色）；③所有培育的生物（灰色）；④所有可用的 SSU rRNA 基因（浅灰色）
[来源：Wu 等（2009）。经过 Macmillan Publishers 许可转载]

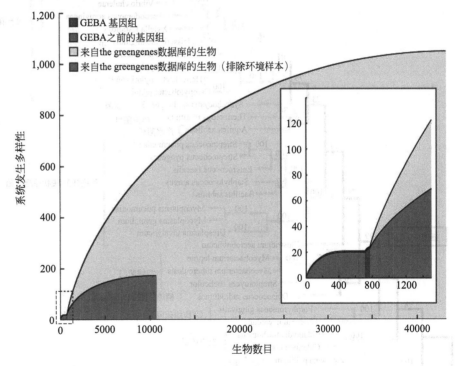

在另一个由多样性驱动的系统基因组学的例子中，Shih 等（2013）对 54 株蓝藻的基因组进行了测序。这项研究只关注一个门，因为受到流传更广的 GEBA 方法的启发，命名为 CyanoGEBA 数据库。发现的约 21000 种蛋白质（总共约 193000 种蛋白质）与已知蛋白质没有任何可测得的同源性。蓝藻是产氧光合生物，该基因组序列为我们了解来自蓝细菌的植物质体（具有光合作用的细胞器）的起源提供了见解。

基于其他分子序列的细菌和古细菌分类

除了核糖体 RNA，许多其他 DNA、RNA 或者蛋白质序列都能用来进行分子系统发生研究。做这样研究的动力是 16S rRNA 序列分析有时会产生矛盾的结果。例如 α-变形菌 *Hyphomonas neptunium* 根据

16S rRNA 被归在红细菌目（*Rhodobacterales*）下，但是根据 23S rRNA 和核糖体蛋白 HSP70 以及 EF-Tu 被归在柄杆菌目（*Caulobacterales*）下（Badger 等，2005）。这些矛盾通常是由于水平基因转移造成的（此话题的下文可见）。在另一些例子中，16S rRNA 的特殊组成也被人们发现（Baker 等，2006）。因为担心 16S rRNA 的一些特性会影响系统发生分析，Teeling 和 Gloeckner（2006）开发了 Rib-Align，一个核糖体蛋白序列的数据库。HOGENOM 数据库是另一个有用的系统发生研究资源，它包括生命树中的大量蛋白质家族。

　　利用单个蛋白质（或基因）产生的系统发生树的拓扑结构经常相互矛盾，或者和用 rRNA 获得的拓扑结构相矛盾。这些矛盾通常是由于水平基因转移造成的（见下文），这会导致系统发生树构建的混乱。或者，由于基因或蛋白质序列的替代达到饱和水平而导致系统发生信号丢失。为了避免这个问题，可采用的方法之一就是使用组合的基因或蛋白质集合。Brown 等（2001）比对了在 45 个物种中保守的 23 个直系同源蛋白。他们得到的系统发生树支持了嗜热菌是最早进化出的细菌分支这一观点（图 17.4）。级联、保守的蛋白质矩阵比对常用于系统基因组学研究。Shih 等（2013）对蓝藻的研究（见上文），依赖于对 31 种保守蛋白质进行系统发生重建。

RibAlign 的网址 http://www.megx.net/rib-align（链接 17.11），其使用 MAFFT 进行核糖体蛋白质的多重序列的比对（第 6 章）。同源序列完整的基因组数据库（HOGENOM）网址 http://pbil.univ-lyon1.fr/databases/hogenom/home.php（链接 17.12）。

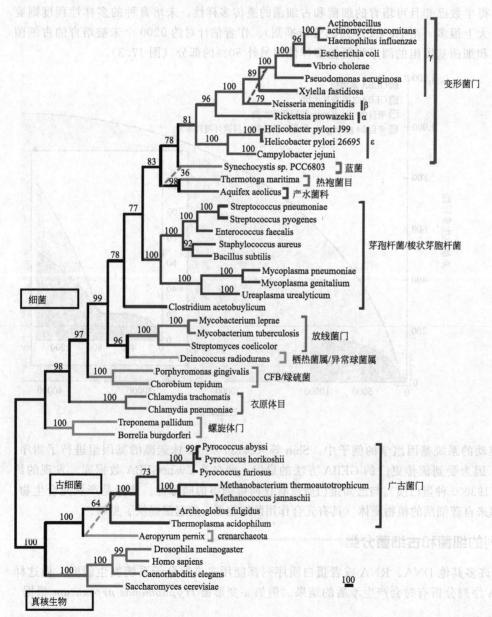

图 17.4　根据对 23 个蛋白质（包含 6591 个氨基酸残基）的比对，Brown 等（2001）重绘了一棵无根生命树。在 45 个物种中，这些蛋白质是保守的，其中包括 tRNA 合成酶、延伸因子和 DNA 聚合酶 III 亚基。通过结合这些蛋白质的信息，可以得到许多系统发生信息位点。这棵树包括三个主要的单系分支（如第 15 章所述）。该树用 PAUP 中的最大简约法生成（第 7 章中已描述）。树枝上的数字表示在 1000 次自展重复下得到该点的比率。比例尺对应 100 个氨基酸的替代
[改编自 Brown 等（2001）]

我们从利用一个组合的蛋白数据库构建的树的角度来研究真核生物（图 19.1）。

还有很多其他的方法来进行细菌系统发生分析，其中之一就是找出一大组蛋白质中保守的插入和删除。这种"特征序列"能够区分出细菌种属并形成发生树的根基（见网络文档 17.1；Gupta 和 Griffiths，2002）。这种发生树从全基因组上显示了菌种的相对分支顺序。在一个早期研究中，Eugene Koonin 和他的同事们（Wolf 等，2001）用 5 种独立的方法对 30 个完整测序的细菌基因组和 10 个测序的古细菌基因组构建了系统发生树。他们的方法包括：①评估是否存在各类功能注释的基因；②评估基因组中局部基因顺序的保守性（即相邻的基因对）；③计算两个可能同源的基因之间一致率的分布；④将 32 个核糖体蛋白质放在一起进行多序列比对，一共有 4821 列（字符），然后用最大似然法构建一棵系统发生树；⑤对从一系列蛋白质比对中得到的多棵发生树进行比较。这些方法可以为系统发生重建提供补充信息。

17.3　人类微生物组

我们大多数人认为身体主要是由人体细胞组成的，只在口腔和肠道中有少数的细菌。但是据早先的资料估计，我们身体中细菌的数量是人体细胞的十倍多。Savage（1977）估计一个人拥有 10^{13} 个动物细胞和 10^{14} 个细菌细胞。这些细菌以及一些古细菌、病毒和真核生物，总共含有的基因个数比人类基因组的基因个数高两个数量级（Gill 等，2006）。这些外来的基因组总称为人类微生物组。这些细菌大多数是共生共存，帮助我们消化食物和促进新陈代谢；有些则是致病的。人类肠道中的细菌大约重 1.5 千克。

HMP 的网站是 http://commonfund. nih. gov/hmp/index（链接 17.13）由美国国立卫生研究院资助，花费 1.7 亿美元。MetaHIT 协会由欧洲委员会资助（2120 万欧元），它的网址是 http://www. metahit. eu/（链接 17.14）

有两个大规模项目鉴定了我们的微生物组：人类微生物组计划（HMP）和人类肠道宏基因组（MetaHIT）。HMP 分析了 242 个健康成人的微生物组，在 15 或 18 个身体部位采样多达 3 次（Human Microbiome Project Consortium，2012a）。他们的目标是用 16S rRNA 测序、全基因组鸟枪法（WGS）测序或宏基因组测序建立病毒、细菌和真核的参考基因组。采样位置覆盖了五个身体区域，比如口腔（从唾液到喉咙）、鼻孔、皮肤标本（每个耳后折痕和手肘内侧）、粪便，以及女性阴道的三个位置（Human Microbiome Project Consortium，2012a）。MetaHIT 通过分析 124 个欧洲人的粪便样本研究了肠道微生物组（Qin 等，2010）。

如下，我们可以总结出这些研究团体的一些重要发现（Pennisi，2012；Morgan 等，2013；以及 Dave 等，2012）。以下六点对该领域的发现和发展趋势做了一个概述（Blaser 等，2013）。

IMG 的网址 http://img. jgi. doe. gov/（链接 17.5）。

①　与这种类型相关的研究项目面临巨大的生物信息学挑战，其中 HMP 至 2012 年已经收集了超过 3.5 万亿个碱基的 DNA 序列（Human Microbiome Project Consortium，2012a）。Weinstock（2012）、Teeling 和 Gölckner（2012）以及 Rob Knight 和他的同事（Kuczynski 等，2012）总结了进行这个研究所需的一些生物信息学工具。例如 IMG/M 是一套用于宏基因组分析的软件工具之一（Markowitz 等，2014）。

②　微生物组中多数是细菌，MetaHIT 协会报告了 0.14% 的读段是人类细胞的污染（通过标准的方法去移除人类序列），以及来自其他生物的序列，如真核生物（读段占 0.5%）、古细菌（0.8%）和病毒（多达 5.8%）（Arumugam 等，2011）。

③　因为微生物组中的物种在个体内和个体间存在极大的多样性，没有单一的参考微生物组（Morgan 等，2013）。

④　每个人的每个身体部位都有一些特有的细菌种类，这些细菌在个体之间是相似的。尽管有很高的多样性，但细菌种类并不随机分布。HMP 的一个关于 7 个身体部位的细菌门类分布图显示一些细菌门是占主导的。对于任何指定的某一身体部位，通常只有一个主要的分类到门的菌种（有时常常是一个属），

尽管门的种类在个体间会有差异。在粪便中，拟杆菌（*Bacteriodes*）是含量最丰富的且最多变的物种，这些细菌以及 *Prevotella* 和 *Ruminococcus* 的数量，定义了微生物组的三个集群或肠道生态系统（Arumugam 等，2011）。

⑤ 虽然细菌的门和属在身体各个区域的差别很大，HMP 惊人地发现多数新陈代谢途径在各个身体部位和个体之间均匀地分布并发挥作用［Human Microbiome Project Consortium，2012a；图 17.5（b）］。因此今后为了提升健康状况而调整微生物群可以在了解功能通路的状态并按其需要改进上多做努力，而不是尝试增多或消灭某个特定的物种。

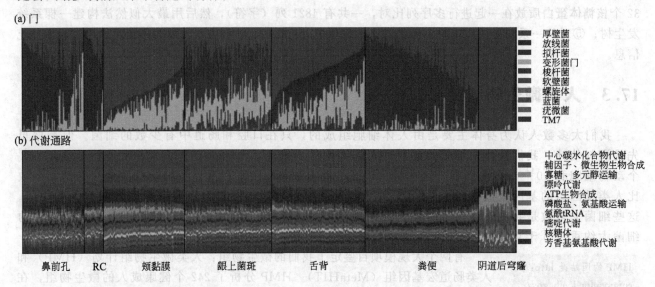

图 17.5 人类微生物组中细菌分类图。（a）在身体不同部位的微生物类群差别很大，这些身体部位包括耳后（耳朵后面的皮肤）和阴道后穹窿。（b）菌种基于功能特征定性的 10 个代谢模块。与图中展示的细菌的特定门相比，大多数代谢通路在身体各部位和个体之间是保守的

［资料来源：Human Microbiome Project Consortium（2012b）。经 Macmillan Publishers 许可转载］

⑥ 微生物组在人类疾病如肥胖、银屑病、哮喘和肠炎中可能扮演的作用一直引起我们极大的兴趣（Cho 和 Blaser，2012；Zhao，2013）。Turnbaugh 等（2009）通过同卵和异卵女性双胞胎的粪便样本研究了消瘦或肥胖的关系。他们发现，肠道菌群在家庭成员中是共享的，而肥胖个体中的微生物多样性较低。MetaHIT 协会报道的发现与之一致（Le Chatelier 等，2013），提出甚至只需要少部分细菌种类就可以分辨消瘦和肥胖个体（也可以分辨细菌丰富度的高低）。

17.4 细菌和古细菌的基因组分析

细菌和古细菌基因组的一些主要特性有基因组的大小、核苷酸组成、基因容量、水平基因转移的程度和功能注释。我们可以通过最具特征性的细菌大肠杆菌（*Escherichia coli*）来研究这个问题。

EcoCyc 的网址 http://ecocyc.org/（链接 17.15），Regulon 的网址 http://regulondb.ccg.unam.mx/（链接 17.16），以及 EcoGene 的网址 http://ecogene.org/（链接 17.17）。对于每个数据库尝试输入查询条目基因 BLC，你会看到各种各样的数据，包括其基因组背景，到结构基因组学项目的链接和 BLAST 链接。JulioCollado-Vides 和同事专业地校对了大肠杆菌的转录起始位点和操纵子结构，重点在阐明其调控网络。

让我们从系统发生的角度开始（Chaudhuri 和 Henderson，2012）。Blattner 等（1997）最初研究的基因组序列是人肠杆菌 K-12 菌株 MG1655，然后它继续被注释并被用作参考基因组（Riley 等，2006）。注释过程包括修正序列错误、更新基因和转录的边界（例如基于相关细菌的基因结构模型）和对所有基因赋予功能描述（见第 14 章）。有些在线资源汇总了这些信息，比如 EcoCyc（Keseler 等，2013）、RegulonDB（Salgado 等，2006）和 EcoGene（Rudd，2000）。

　　下一个被测序的大肠杆菌基因组是致病的 EHEC O157：H7 Sakai（RIMD 0509952）菌株和 EDL933 菌株（图 17.6，B 分枝）。大肠杆菌 EHEC O157：H7 菌株会出现在被污染的食物中，会引起出血性肠炎之类的疾病。这个菌株在大约 450 万年前从大肠杆菌 K-12 MG1655 分化出来（Reid 等，2000）。两个基因组都经过测序并进行了比较（Blattner 等，1997；Hayashi 等，2001；Perna 等，2001；Eisen，2001）。大肠杆菌 O157：H7 比大肠杆菌 K-12 长大约 859000 bp。两种细菌有一个大约 4.1 Mb 的共同骨架，而大肠杆菌 O157：H7 有额外的 1.4 Mb 序列，主要来源于水平基因转移。

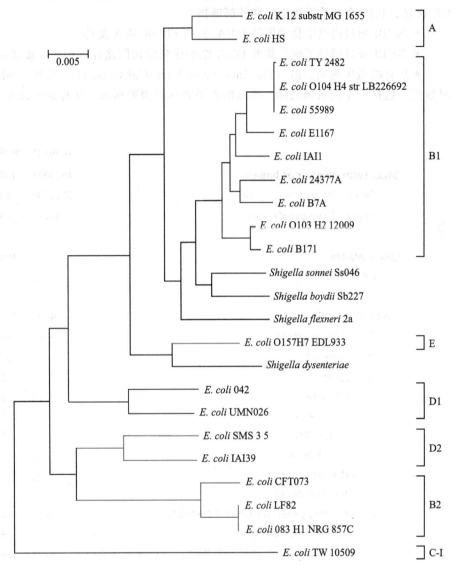

图 17.6　大肠杆菌菌株的系统发生关系。通过比对完整的基因组草图序列生成进化树，长约 2.78 Mb（不包括空位位置），然后使用最大似然建树方法。自展重复次数（未展示）均为 100。注意 B1 组包括导致 2011 年德国出血性尿毒综合征爆发的两个菌株（TY 2482 和 O104 H4 str LB226692），与肠聚集型大肠杆菌（EAEC）的致病变型菌株 55989 密切相关〔基于 Chaudhuri 和 Henderson 重新绘制（2012），经 Elsevier 许可转载〕

　　下一个被测序的大肠杆菌基因组是 CFT073 菌株（B2 分枝）。令人意外的是，在与 MG 1655 相关的 CFT073 特异性基因中，只有 10% 的基因也在 O157：H7 基因组中出现。Chaudhuri 和 Henderson（2012）继续对其他的大肠杆菌基因组进行注释。在十九世纪末期被发现的志贺氏菌（*Shigella*），因为其表型差异而被认为属于一个不同的细菌属（比如它相比大肠杆菌是不移动的，并且不能发酵乳糖）。但是，系统发生分析清楚地将志贺氏菌 *Shigella* spp. 和大肠杆菌放在同一个种里，见图 17.6。

　　2011 年 5 月爆发的志贺（Shiga）毒素，由 *E. coli* O104：H4 产生，导致了 4000 人发病，50 人死亡；症状包括腹泻和溶血性尿毒症综合征。一些研究组，包括 Rasko 等（2011）即刻测序了在德国爆发的菌株（见 B1 分枝）和 12 个其他的 *E. coli* 基因组。他们发现了 O104：H4 与其他肠集聚型 O104：H4 分离株之间的结构差异。导致这次疾病暴发的菌株含有两个类 λ 噬菌体元素，其中一个含有志贺毒素的基因。他们的结论是这个菌株的毒性是通过水平转移获得的（见下文"水平基因转移"）。这里人们主要关注的是新兴的快速识别疾病相关病原体的二代测序方法；据作者报道，一个独立分离菌株的测序时间需要 5 个小时。

现在我们关注大肠杆菌 K-12 MG1655 菌株，我们可以从一系列极为丰富的资源中进行选择。

• 在基因组在线数据库（Genomes Online Database，GOLD）中搜索 "*Escherichia coli*"，可以显示一个有关大肠杆菌菌株的分离地点的交互式世界地图，并且列出了超过 2400 个项目（62 个已经完成并发表的基因组、约 1200 个永久草案以及许多尚未完成的项目）。从 *Escherichia coli* K-12 MG1655（Gold-stamp Gc00008）的链接中，我们可以找到丰富的基因组信息，包括 DNA 分子的概要（4640 kbp、51% GC 含量、4497 个开放阅读框）和外部链接。

• NCBI 项目提供生物的原始 DNA 序列（比如 SRA 文件）。

• NCBI 项目提供了该生物的 DNA 原始序列的访问途径（例如，提供可用的 SRA 文件）。

• 整合的微生物基因组（The Integrated Microbial Genomes，IMG）网站包含了如图 17.7 所示基因组数据，包括一个网页浏览器、预测的水平转移基因的列表、注释数据以及基因系统发生分布的分析。

	Number	% of Total
DNA, total number of bases	4639675	100.00%
DNA coding number of bases	3992744	86.06%
DNA G+C number of bases	2356477	50.79% [1]
DNA scaffolds	1	100.00%
CRISPR Count	2	
Genes total number	4497	100.00%
Protein coding genes	4321	96.09%
Pseudo Genes	178	3.96% [2]
RNA genes	176	3.91%
rRNA genes	22	0.49%
5S rRNA	8	0.18%
16S rRNA	7	0.16%
23S rRNA	7	0.16%
tRNA genes	89	1.98%
Other RNA genes	65	1.45%
Protein coding genes with function prediction	3906	86.86%
without function prediction	415	9.23%
Protein coding genes connected to SwissProt Protein Product	4264	94.82%
not connected to SwissProt Protein Product	57	1.27%
Protein coding genes with enzymes	1385	30.80%
Protein coding genes connected to Transporter Classification	739	16.43%
Protein coding genes connected to KEGG pathways [3]	1463	32.53%
not connected to KEGG pathways	2858	63.55%
Protein coding genes connected to KEGG Orthology (KO)	2933	65.22%
not connected to KEGG Orthology (KO)	1388	30.87%
Protein coding genes connected to MetaCyc pathways	1343	29.86%
not connected to MetaCyc pathways	2978	66.22%

图 17.7 整合的微生物基因组（The Integrated Microbial Genomes，IMG）网站提供细菌基因组数据，如大肠杆菌 K-12 MG1655。IMG 还提供大量的宏基因组分析工具

（资料来源：IMG）

- EcoCyc 是有关大肠杆菌的一个主要资源（Keseler 等，2013）。EcoCyc 是 BioCyc 的一部分，Bio-Cyc 包含约 3000 个通路和生物体的数据库（Latendresse 等，2012）。
- EnsemblBacteria 含有大量的大肠杆菌菌株。对于 MG1655，该网站有序列数据获取路径（FASTA 格式或者来自 European Nucleotide Archive）、比较基因组工具如基因树，以及基因组构建（genome build）上的数据。
- UCSC Genome Browser 包括一个微生物浏览器，还有一个可用于比较几十个大肠杆菌菌株基因组特征的注释节点。图 17.8 显示了一个与 K-12 MG1655 和 O157：H7 比较的例子。

> EnsemblBacteria 的网址为 http://bacteria.ensembl.org（链接 17.3）。

- Galaxy 中有 UCSC 古细菌表浏览器（Archaea Table Browser），以及链接到 BoMart、UCSC 和 EBI 的资源。

选择哪种资源取决于你的偏好和研究项目的性质（比如 IMG 能提供特别丰富的宏基因组学数据）。热门的生物信息学资源 Ensembl、UCSC 和 EBI，对于那些习惯使用的人更有帮助。

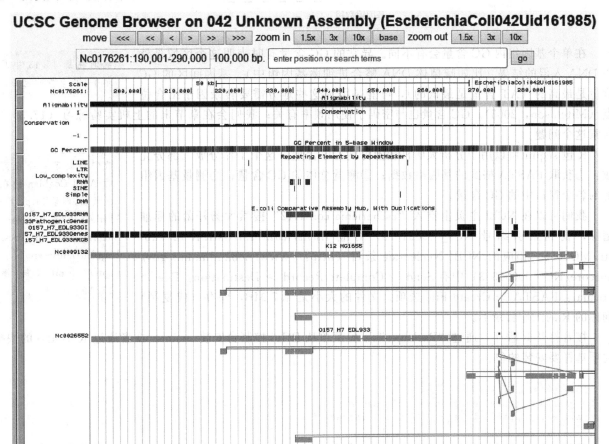

图 17.8　UCSC Genome Browser 基因组浏览器提供了一个大肠杆菌数据节点，目前可以获得 72 个大肠杆菌基因组。其特征包括可比对性、保守性、窗口中的 GC 百分比、RepeatMasker 中的重复元件（图中显示了其中几个）和比较拼接数据（图中是与 K-12 MG1655 和 O157：H7 EDL933 的比较）。UCSC 也提供一个微生物浏览器
（资料来源：http://genome.ucsc.edu，由 UCSC 提供）

核苷酸组成

在全基因组的分析中，核苷酸组成具有特征属性。GC 含量是指鸟嘌呤和胞嘧啶的平均含量，根据 Noboru Sueoka（1961）的首次报道，在细菌中 GC 含量大多介于 25%～75%（图 17.9）。与细菌相比，真核生物的基因组通常更大、更多变，但是 GC 含量非常一致（40%～45%）。每一个物种内，核苷酸的组成都倾向于保持一致。

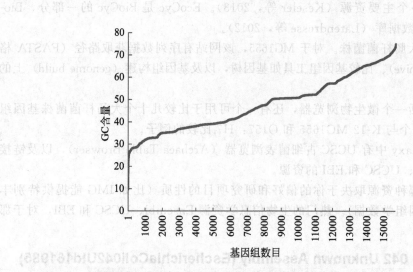

确定 GC 含量的 Emboss 程序 GEECEE 网址 http://mobyle. pasteur. fr/cgibin/portal. py？＃ forms：：geecee，链接 17.18）以及其他程序如 GLIMMER（见下文）。

图 17.9 约 15000 个细菌和古细菌基因组的 GC 含量
（数据来自 NCBI 基因组）

在单个基因组内 GC 含量会有不同。异常的 GC 含量有时表明这个区域是外源 DNA 入侵的结果（比如噬菌体 DNA 整合进细菌基因组中）。基因间区的 GC 含量是最高的（AT 含量是最低的），可能是因为这些地方需要转录因子结合位点（Mitchison，2005）。GC 含量也与密码子使用频率有关；我们会在章节末的上机实验练习（17.3）中探索这个问题。

我们在图 15.13 中展示了 GC 含量的范围。

R 包 seqinr 可以用于分析大肠杆菌菌株的 GC 含量。这个工作分成三部分完成：①获取 FASTA 格式的基因组数据；②测量总体的 GC 含量；③测量基因组上的各个窗口中的 GC 含量。

我们可以在 NCBI 主页上键入 "escherichia coli K12" 搜索大肠杆菌的标准菌株，找到索引编号 NC _ 000913.3，对应 *Escherichia coli* str. K-12 substr. MG1655。相应的 NCBI Nucleotide 条目（http://www. ncbi. nlm. nih. gov/nuccore/NC _ 000913.3）中有 Send ＞ Complete Record ＞ Destination：File ＞ Format：FASTA ＞ Create File 选项。文件的大小是 4.7 MB，保存（或复制）到你的 R 的工作目录下。

我们修改了一个很好的 Avril Coghlan 的在线教程，网址 http://a-littlebook-of-r-for-bioinformatics. readthedocs. org/en/latest/src/chapter2. html（链接 17.19）。

接着打开 R 程序，通过 "Packages" 下拉菜单从 RGui 控制台安装 seqinr，或者通过 RStuidio 的快捷选项选择要安装的包。

```
> library("seqinr")
> ?seqinr # Explore features of this package
> ecoli <-read.fasta(file = "NC_000913.fasta")
```

我们已经创建了包含序列的对象 ecoli。命令 str（ecoli）显示它的长度为 460 万。然后我们把序列放到一个叫做 ecoliseq 的向量中。通过 length 命令可以看到它的长度，我们也可以计算 GC 含量：

```
> ecoliseq <- ecoli[[1]] # This puts the sequence in a vector
> ecoliseq[1:10] # This displays the first 10 nucleotides
 [1] "a" "g" "c" "t" "t" "t" "t" "c" "a" "t"
> length(ecoliseq)
[1] 4641652
> GC(ecoliseq)
[1] 0.5079071
```

由此可知该大肠杆菌的 GC 含量约是 50.8％。我们也可以按照一个固定大小的窗口估计 GC 含量，我们从 20000 bp 开始。

GC 含量图如图 17.10 所示。注意这些窗口之间是不交叠的（有些时候交叠的窗口也是有用的）。

```
> starts <- seq(1, length(ecoliseq)-20000, by = 20000)
> n <- length(starts) # n is the length of the vector.
> n
[1] 232
> chunkGCs <- numeric(n)
# This creates a vector of the same length as starts.
> for (i in 1:n) {
chunk <- ecoliseq[starts[i]:(starts[i]+1999)]
chunkGC <- GC(chunk)
print(chunkGC)
chunkGCs[i] <- chunkGC
}
# This "for loop" iteratively determines the GC content in each window
> plot(starts,chunkGCs,type="b",xlab="start position",ylab="GC
percent",col=forestgreen) # the type "b" specifies a plot with the data
# points connected by lines. col specifies the color.
```

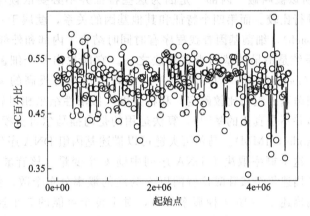

图 17.10　大肠杆菌菌株 K-12 的 GC 含量。从 NCBI 下载大肠杆菌菌株的序列，输入到 R 程序 seqinr，一个 for 循环用于计算窗口长度为 20000bp 中的 GC 含量，并绘制数据（详见文字）

查找基因

细菌和古细菌的特征是高基因密度（大约每 1000 个碱基 1 个基因），无内含子，以及很少有重复 DNA。所以相比真核生物 DNA，在细菌和古细菌中查找基因比较简单。表 17.8 中列举了一些寻找微生物基因的程序。

表 17.8　细菌和古细菌基因组中基因检测程序

程序	描述	网址
EasyGene	来自 Anders Krogh 及其同事的网站	http://www.cbs.dtu.dk/services/EasyGene/
FrameD	定位基因和移码突变；优化了富含 GC 的基因组	http://bioinfo.genopole-toulouse.prd.fr/apps/FrameD/FrameD.html
GeneMarkP,GeneMarkS	使用马尔可夫模型	http://exon.gatech.edu/GeneMark/
GLIMMER	来自约翰霍普金斯大学	http://ccb.jhu.edu/software.shtml

基因组 DNA 的四个主要特征有助于我们对基因的识别（Baytaluk 等，2002）。这些特征在细菌和真核生物基因查找中都可以应用到：

① 开放阅读框（ORF）长度。一个 ORF 不一定是一个基因；比如许多短 ORF 并不是真正的基因的一部分（之后会进一步讨论）。ORF 是由一个起始密码子（比如 ATG 编码的甲硫氨酸）和一个终止密码子（TAA、TAG、TGA）确定的。但在细菌中，诸如 GTG 或 TTG 也可以充当起始密码子，而几乎没有可替代的终止密码子。

② 在起始密码子附近有结合核糖体保守序列的存在。某些情况下，可以找到两个框内 ATG 密码子，其中任意一个都有可能表示起始密码子。识别核糖体的结合位点能表明哪一个是可能的起始位点。对于细菌，核糖体的结合位点叫做 SD 序列（Shine-Dalgarno sequence）。这是一段富含嘌呤的核苷酸链，是

16S rRNA 的 3′端的互补序列，从－20 位置（即 5′端到起始密码子）延伸到＋13 位置（即 3′方向下游 13 个核苷酸）。基于密码子的使用偏好性（见下文）、密码子类型、功能基因分类和起始密码子类型，Samuel Karlin 和他的同事（Ma 等，2002）研究了 30 个原核生物基因组和 SD 序列的相关特征以及基因表达水平。结果显示强信号的 SD 序列的存在和高水平基因表达呈正相关。

③ 存在和基因一致的密码子使用模式。隐马尔科夫模型（第 6 章和下文）在确定可能的编码蛋白质的 DNA 序列时相当有用。

④ 预测基因和其他已知基因的同源性。基因组 DNA 序列，包括预测的基因，可以在蛋白质数据库中用 BLASTX（见第 4 章）搜索。这种方法对在寻找真核生物中的基因时特别有用。比如，外显子能和表达序列标签相匹配（第 8 章）。

对前三个特征的研究是寻找基因的内在特征（内部方法，intrinsic approach）。它们之所以被叫做"内部"是因为这些特征并不必要依赖与来自其他生物的基因序列进行比较。而第四个特征和其他基因的关系，就属于一种外部方法（extrinsic aproach）。细菌基因查找程序有时同时结合了内部和外部方法。

GLIMMER 系统是最早的基因查找算法之一。它能找出一个细菌基因组中超过 99％的基因（Delcher 等，1999，2007）。最新的版本有极高的灵敏度（由与高质量注释的细菌基因组相比较确定）和特异度（假阳性结果相对较少，假阳性指预测出的基因并不是真正的基因）。算法运用的是内插马尔可夫模型（Interpolated Markov model，IMM）。马尔可夫链可以描述基因组 DNA 序列中每个核苷酸的概率分布。这个概率取决于 DNA 序列中前 k 个变量（核苷酸）。固定阶数马尔可夫链可以描述每个核苷酸位置的以 k 为底的概率分布个数；例如，5 阶马尔可夫链模型能描述 $4^5 = 1024$ 种概率分布，对于每个可能的 5 个连续的核苷酸（5-mer）均存在这么多种概率分布。GLIMMER 使用 5 阶马尔可夫链，因为这对应两个连续的密码子（占六个核苷酸的位置）。k 个连续核苷酸（k-mers）训练集用来训练算法寻找一定的规律，给出与这段特定的基因组序列最可能相关的概率分布。k 值越大蕴含越多信息，但是因为它们出现的频率变低，抽样足够的数据作为训练集对序列中下个碱基的概率建模就更加困难。IMMs 是马尔可夫模型的一种特殊形式，忽略了罕见的 k-mers 并增加了对常见 k-mers 的权重。

GLIMMER 从一个训练集建立 IMM，然后扫描基因组 DNA 序列来预测基因。基因查找的标准包括起始密码子的存在以及对于一个开放阅读框的一些特定的最小长度。然后 GLIMMER 通过 BLAST 搜索和 HMM 搜索给预测的基因赋予功能，它也会寻找非编码 RNA（比如用 tRNAscan；第 10 章）、旁系同源物和 PROSITE 模体（第 12 章）。

NCBI 网站上有 GLIMMER 的简化版本。我们可以输入 *E. coli* str. K-12 substr. MG1655 的索引编号（一个著名菌株的全基因组），下载 FASTA 格式的全基因组序列（4641652 bp），存储为文本文件［图 17.11（a）］。访问 NCBI GLIMMER 网站，我们可以上传文本文件并分析 DNA 中的开放阅读框［图 17.11（b）］。

GLIMMER 设计上是在 Linux（或者类似的）操作系统中通过命令行操作的。从网站上下载 GLIMMER，放入一个叫做 glimmer 的文件夹中。

GLIMMER 是由 Owen White，Steven Salzberg 和同事在 The Institute for Genomic Reseach 时开发的。GLIMMER 是 Gene Locator and Interpolated Markov Modeler 的缩写。

内部（intrinsic）方法有时也称为从头开始（*ab initio*）方法。

GLIMMER 在 NCBI 上的网址是：访问基因组网页 http://www.ncbi.nlm.nih.gov/genome（链接 17.20），接着进入到微生物的链接。

GLIMMER 的网址为 http://ccb.jhu.edu/software/glimmer/index.shtml（链接 17.21）。

```
$ mkdir glimmer # this makes a new directory called glimmer
$ cd Downloads/ # change directory to the Downloads directory
$ cp glimmer302b.tar ~/glimmer/ # copy the downloaded glimmer program to
# the glimmer directory
$ cp sequence-6.fasta ~/glimmer/ # transfer (copy) the fasta file to the
# glimmer directory
$ mv sequence-6.fasta ecoliK12MG1655.fasta # we rename the downloaded
# sequence
$ tar xzf glimmer302b.tar.gz # uncompress the distribution file
```

(a) Obtaining the *E.coli* genome sequence in the FASTA format

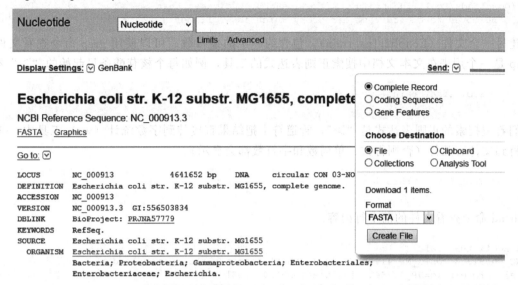

(b) Output of the GLIMMER gene-finding program(web-based, NCBI)

```
GLIMMER (ver. 3.02; iterated) predictions:
 orfID        start      end  frame  score
--------      -----     -----  --    -----
>gi|556503834|ref|NC_000913.3| Escherichia coli str. K-12 substr. MG1655
orf00001       337       2799   +1    12.01
orf00002      2801       3733   +2    11.36
orf00004      3734       5020   +2    14.41
orf00006      5537       5310   -3     2.45
orf00008      6459       5683   -1    12.91
orf00009      7911       6529   -1     7.93
orf00010      8238       9191   +3    13.60
```

图 17.11 在 NCBI 使用基于网页的 GLIMMER3 程序寻找大肠杆菌基因。（a）从大肠杆菌菌株（NC_000913.3）索引编号开始，选择"send to"选项以下载具有 FASTA 格式的核苷酸序列的文本文件。（b）图中显示前十个开放阅读框的预测（共 4482 个）

（资料来源：GLIMMER3，NCBI）

现在已经创建了一个名为 glimmer3.02 的新目录，然后编译这个程序。

```
$ cd src/
$ make # the program is compiled. (If make command fails, see the
# documentation for help.)
```

我们现在分两步运行 GLIMMER，方法如下。

内插背景模型（*Interpolated Context Model*，*ICM*）

首先建立一个内插背景模型（ICM），它是编码序列的一个概率模型。我们选择一组 FASTA 格式的大肠杆菌核苷酸序列来训练模型。我们现在演示 GLIMMER3 是如何工作的。总的来说，如果要对一个新的基因组注释基因，有几种选择：可以通过 BLAST 搜索找到一组已知的基因；可以通过一个相关的物种选择已知的基因；或者用 GLIMMER3 中的 long-orfs 程序寻找代表候选基因的长开放阅读框。要查看帮助文档，输入：

```
$ ./glimmer3.02/bin/long-orfs -h # Once you copy the executable to your
# home/bin directory you can invoke glimmer without needing the ./ prefix
# that specifies the location of the executable
```

在 NCBI Nucleotide 的大肠杆菌 str. K-12 substr. MG1655 页面（http://www.ncbi.nlm.nih.gov/nuccore/556503834? report=fasta，NC_000913.3），选择"Send"把编码序列发送到我们在上文描述的文件中。该文件可以通过文本编辑器查看，重命名为 Ecoli.fna.train（其中 fna 表示一组 FASTA 核苷酸序列），然后移动到当前目录：

```
$ cp ~/Downloads/Ecoli.fna.train . # the . symbol indicates that the file
# should be moved to the current directory which is ~/glimmer
```

创建另一个文件（Echoli2. fna. train），包含约一半的条目数。可以使用 grep 命令查看文件中的条目数。grep 是一个用来在文本文档中搜索正则表达式的工具，例如每个核苷酸条目起始的"＞"符号。

```
$ grep ">" Ecoli.fna.train | wc -l
 4141
```

我们希望搜索的正则表达式是"＞"，管道符丨把结果直接传到字数统计（wc）工具中，-1 选项表示我们想得到文件有几行（否则行数、单词数和字符数都会显示）。

```
$ grep ">" Ecoli2.fna.train | wc -l
 2051
```

用 head 命令查看文件的前十行内容：

```
$ head Ecoli.fna.train
>lcl|NC_000913.3_cdsid_NP_414542.1 [gene=thrL] [protein=thr operon leader
peptide] [protein_id=NP_414542.1] [location=190..255]
ATGAAACGCATTAGCACCACCATTACCACCACCATCACCATTACCACAGGTAACGGTGCGGGCTGA
>lcl|NC_000913.3_cdsid_NP_414543.1 [gene=thrA] [protein=fused
aspartokinase I and homoserine dehydrogenase I] [protein_id=NP_414543.1]
[location=337..2799]
ATGCGAGTGTTGAAGTTCGGCGGTACATCAGTGGCAAATGCAGAACGTTTTCTGCGTGTTGCCGATATTC
TGGAAAGCAATGCCAGGCAGGGGCAGGTGGCCACCGTCCTCTCTGCCCCCGCCAAAATCACCAACCACCT
GGTGGCGATGATTGAAAAAACCATTAGCGGCCAGGATGCTTTACCCAATATCAGCGATGCCGAACGTATT
TTTGCCGAACTTTTGACGGGACTCGCCGCCGCCCAGCCGGGGTTCCCGCTGGCGCAATTGAAAACTTTCG
TCGATCAGGAATTTGCCCAAATAAAACATGTCCTGCATGGCATTAGTTTGTTGGGGCAGTGCCCGGATAG
CATCAACGCTGCGCTGATTTGCCGTGGCGAGAAAATGTCGATCGCCATTATGGCCGGCGTATTAGAAGCG
CGCGGTCACAACGTTACTGTTATCGATCCGGTCGAAAAACTGCTGGCAGTGGGGCATTACCTCGAATCTA
```

然后建立内插背景模型（ICM）。

```
$ glimmer3.02/bin/build-icm --text my_icm.txt < Ecoli2.fna.train
```

运行这个程序只需要数秒。我们用--text 选项产生一个我们可以查看的基于文本的版本（不使用--text 选项可以创建可供 GLIMMER3 使用的 ICM）。用 head 和 tail 查看文件的开始和结尾部分。

```
$ head my_icm.txt
ver = 2.00 len = 12 depth = 7 periodicity = 3 nodes = 21845
0      ——|——|——|-*?    0.0519    0.183    0.265    0.288    0.263
1      ——|——|——|*a?    0.0994    0.315    0.212    0.195    0.278
2      ——|——|——|*c?    0.0350    0.193    0.280    0.353    0.174
3      ——|——|——|*g?    0.0828    0.081    0.403    0.185    0.331
4      ——|——|——|*t?    0.0803    0.111    0.222    0.390    0.277
5      ——|——|--*|aa?    0.0093    0.407    0.258    0.118    0.217
6      ——|——|--*|ca?    0.0297    0.235    0.139    0.430    0.196
7      ——|——|--*|ga?    0.0115    0.366    0.173    0.162    0.299
8      ——|——|--*|ta?    0.0103    0.067    0.385    0.007    0.541
$ tail my_icm.txt
21835  -|--*|cgt|ttt|t?    0.1115    0.259    0.308    0.132    0.301
21836  -|--*|ctt|ttt|t?    0.1780    0.247    0.327    0.126    0.300
21837  a|-*-|g-t|ttt|t?    0.1728    0.301    0.281    0.107    0.312
21838  c|--*|g-t|ttt|t?    0.1276    0.303    0.297    0.093    0.307
21839  g|-*-|g-t|ttt|t?    0.0833    0.289    0.293    0.108    0.310
21840  t|--*|g-t|ttt|t?    0.1093    0.273    0.288    0.114    0.325
21841  *|——|tat|ttt|t?    0.1656    0.254    0.302    0.152    0.291
21842  -|*--|tct|ttt|t?    0.3216    0.251    0.300    0.152    0.296
21843  -|*--|tgt|ttt|t?    0.6490    0.256    0.298    0.153    0.293
21844  *|——|ttt|ttt|t?    0.2363    0.260    0.304    0.161    0.275
```

文件一共有七列：第一列是 ID 号；第二列是背景模式，从一个单独的碱基开始，最终包含不同模式排列的六个碱基。竖线将密码子区分开。问号对应要预测的核苷酸，星号表示与预测位置有最大互信息的位置；第三列显示互信息；第四至第七列显示 A、C、G 和 T 的概率。

GLIMMER 3

现在我们运行 GLIMMER3。

```
$ glimmer3.02/bin/glimmer3 ecoliK12MG1655.fasta my_icm myoutput
```

myoutput是你可选择的作为输出文件名称的一个标签的例子。程序在几秒内可运行完成。程序还包括许多选项（比如，直链基因组或者环状基因组、指定核糖体结合位点、起始和终止密码子、最短基因长度、最大重叠区域和 GC 含量）。相较于 NCBI 的网页简化版本 GLIMMER（没有提供选项），这些选项突出了命令行软件有用性。这里有两个输出文件，第一个是myoutput. detail。

```
$ less myoutput.detail
Command: glimmer3.02/bin/glimmer3 ecoliK12MG1655.fasta my_icm myoutput
Sequence file = ecoliK12MG1655.fasta
Number of sequences = 1
ICM model file = my_icm
Excluded regions file = none
List of orfs file = none
Input is NOT separate orfs
Independent (noncoding) scores are used
Circular genome = true
Truncated orfs = false
Minimum gene length = 100 bp
Maximum overlap bases = 30
Threshold score = 30
Use first start codon = false
Start codons = atg,gtg,ttg
Start probs = 0.600,0.300,0.100
Stop codons = taa,tag,tga
GC percentage = 50.8%
Ignore score on orfs longer than 750
>gi|556503834|ref|NC_000913.3| Escherichia coli str.
K-12 substr. MG1655, complete genome
Sequence length = 4641652
 -- Start --- - Length ------ ------------ Scores ------------
ID Frame of Orf of Gene Stop of Orf of Gene  Raw  InFrm F1 F2 F3 R1 R2 R3 NC
   +2 4641564 4641606   76    162     120  -7.17    0   -  0  0  -  -  - 99
   -2    463    334    230    231     102  -4.25    1   -  -  -  0  1  0 98
   +2    350    374    487    135     111  -3.57    2   0  2  0  -  -  0 97
   -1    516    474    364    150     108 -16.90    0   -  0  1  0  0  0 98
   -3    620    236    108    510     126  -8.51    0   -  -  -  0  0  0 99
   -1    747    654    517    228     135 -11.06    0   -  -  -  0  0  0 99
   -3    761    734    621    138     111 -11.40    0   0  -  -  0  0  0 99
```

它显示了用于运行 GLIMMER3 的命令、程序使用的参数列表和输入文件的 FASTA 头部信息。它之后显示了一张表，包含以下几列：ID（基因编号），框（＋表示正链，－表示反链），ORF（开放阅读框）和基因的起始和终止位置，ORF 和基因的长度（不包括终止密码子中的碱基），为六个可能阅读框打的一系列分数以及 NC（一个标准化的独立模型得分）。

第二个输出文件是myoutput. predict。这里展示了前几行：

```
$ less myoutput.predict
>gi|556503834|ref|NC_000913.3| Escherichia coli str. K-12 substr. MG1655,
complete genome
orf00001    337   2799   +1   2.98
orf00002   2801   3733   +2   2.95
orf00004   3734   5020   +2   2.96
orf00005   6459   5683   -1   2.93
orf00006   7959   6529   -1   2.96
orf00007   8175   9191   +3   2.88
orf00010  12163  14079   +1   2.97
orf00012  14138  15298   +2   2.90
orf00013  15445  16557   +1   2.95
orf00014  17489  18655   +2   2.90
```

这个文件包含了最终预测的基因。几列分别是：①基因的标识（和.detail文件中的相匹配），②基因的开始位置和③终止位置，④阅读框，⑤基因的单碱基原始分数。

细菌和古细菌基因预测的难点

对细菌和古细菌基因预测时有几个易错点：

• 可能有多个基因是被一个基因组 DNA 片段编码的，这个 DNA 片段位于相同链或相对链上的可变阅读框中。GLIMMER 有应对这个情况的功能。

• 很难评估一个短的 ORF 是否真正被转录。根据 Skovgaard 等的研究（2001），在多个基因组中存在太多被注释的短基因。对于大肠杆菌，他们认为只有 3800 个真正编码蛋白的基因，而不是已经注释的 4300 个基因。因为终止密码子（TAA、TAG、TAG）富含 AT，富含 GC 的基因组倾向于拥有更少的终止密码子以及更多的被预测的长 ORF。对于基因组中所有被预测出的蛋白，假想蛋白（被定义为未被实验验证但被预测出的蛋白质）的比例随序列长度的缩短而大幅度增加。

• 有可能发生移码突变，则预测的基因组 DNA 在一种阅读框下所编码的基因带有终止密码子，在另一种阅读框下在同一条链上会继续编码下去。移码突变可能由测序错误或者某个突变导致，进而产生假基因（无功能的基因）。GLIMMER 会在预测出的基因位点的上下游多查找几百个碱基对，以寻找已知蛋白的同源序列，因此可以检测出可能的移码突变。

• 有些基因是操纵子的一部分，这些操纵子在细菌（或古细菌）中通常有相关的功能。操纵子含有启动子和终止子的序列模体，但是没有被很好地注释。Steven Salzberg 和同事（Ermolaeva 等，2001）分析了 7600 对在 34 种细菌和古细菌基因组中可能属于同一操纵子的基因。

• 侧向基因转移（Lateral gene transfer），也被叫做水平基因转移（horizontal gene transfer），通常发生在细菌和古细菌中。我们会在之后的相关章节中讨论。

> RAST 注释服务器网址 http://rast.nmpdr.org（链接 17.22）。到 2014 年初＞超过 12000 用户已使用 RAST 注释了超过 60000 个基因组。SEED 项目是基础的注释数据库，网址为 http://pubseed.the-seed.org（链接 17.23）。

> 操纵子是一个连续基因簇，从一个启动子处转录，产生一个多顺反子 mRNA。

基因注释

基因注释用于对基因赋予功能，有时会重建代谢通路或者赋予其他更高水平的基因功能。基因注释流程追求准确性、一致性和完整性的最大化。图 17.12 是通过 EcoCyc 数据库对大肠杆菌基因赋予的功能群的例子。

利用子系统快速注释（the Rapid Annotations using Subsystems，RAST）服务器提供细菌和古细菌基因组的自动注释（Aziz 等，2008，2012；Overbeek 等，2014）。RAST 注释包括以下 16 个步骤。输入是 FASTA 格式的一组叠连群。①RAST 识别硒蛋白和其他特殊的蛋白。②RAST 用 GLIMMER3 估计出 30 个最近的近邻蛋白。③它寻找 tRNA 基因（用 tRNAscan-SE，见第 10 章）和 rRNA 基因（用 BLASTN 对照一个 rRNA 数据库）。④～⑦候选蛋白被进一步评估，包括 GLIMMER3 的迭代训练。⑧评估并处理发生移码突变的候选基因。⑨＞1500 碱基对但未被注释基因的位点用 BLASTX 评估，利用 BLASTX 与 30 个最近的相邻序列比较。⑩～⑬用 BLASTP 和其他方法评估基因功能。⑭进行代谢重构。⑮与其他注释方式相比较。⑯将基因组注释输出为 GenBank、GFF3、GTF 等格式。

我们可将大肠杆菌基因组保存为之前描述过的 FASTA 格式，之后上传到 RAST 服务器。输出文件包括注释表格以及一个代谢模型（图 17.13）。

自动注释流程会受到很多类型的人为干扰。Richardson 和 Watson（2012）举出下列例子。

• 流程在很人程度上依赖于近邻物种的同源性。然而，新基因组之所以要测序就是因为它和关系最近的参考基因组在遗传和功能上存在差别。这种差别可能对应于先前缺失的位点，因而在新菌株中也无法被注释。尽管主要的注释流程是自动的，手动干预仍然是必要的，而且不同的流程直接比较会得出不同的结果（Kisand 和 Lettieri，2013）。

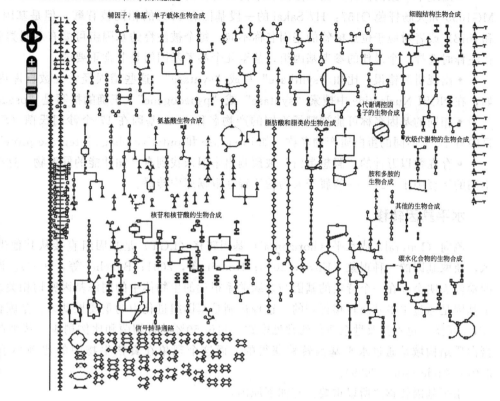

Escherichia coli K-12 substr. MG1655 (EcoCyc)的细胞概述

辅因子,辅基,单子载体生物合成

细胞结构生物合成

氨基酸生物合成

脂肪酸和脂类的生物合成

代谢调控因子的生物合成

次级代谢物的生物合成

胺和多胺的生物合成

核苷和核苷酸的生物合成

其他的生物合成

碳水化合物的生物合成

信号转导通路

图 17.12　EcoCyc 数据库包括大肠杆菌 K-12 MG1655 的细胞概况。这个网站根据功能对大肠杆菌蛋白进行整理。可以根据生物化学通路、反应、基因、酶或化合物来探索数据

[资料来源：改编自 SRI International（http://eco-cyc.org/）]

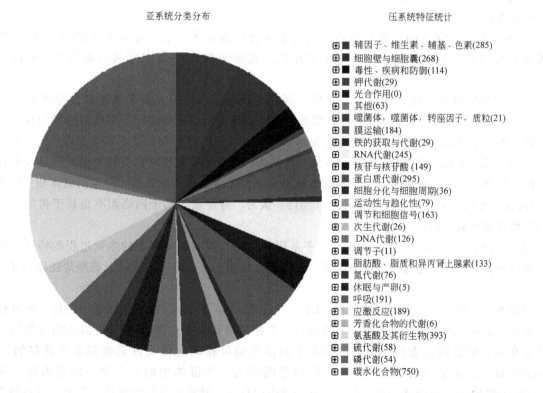

亚系统分类分布

压系统特征统计

- ⊞ ■ 辅因子、维生素、辅基、色素(285)
- ⊞ ■ 细胞壁与细胞囊(268)
- ⊞ ■ 毒性、疾病和防御(114)
- ⊞ ■ 钾代谢(29)
- ⊞ ■ 光合作用(0)
- ⊞ ■ 其他(63)
- ⊞ ■ 噬菌体,噬菌体,转座因子,质粒(21)
- ⊞ ■ 膜运输(184)
- ⊞ ■ 铁的获取与代谢(29)
- ⊞ ■ RNA代谢(245)
- ⊞ ■ 核苷与核苷酸 (149)
- ⊞ ■ 蛋白质代谢(295)
- ⊞ ■ 细胞分化与细胞周期(36)
- ⊞ ■ 运动性与趋化性(79)
- ⊞ ■ 调节和细胞信号(163)
- ⊞ ■ 次生代谢(26)
- ⊞ ■ DNA代谢(126)
- ⊞ ■ 调节子(11)
- ⊞ ■ 脂肪酸、脂质和异丙肾上腺素(133)
- ⊞ ■ 氮代谢(76)
- ⊞ ■ 休眠与产卵(5)
- ⊞ ■ 呼吸(191)
- ⊞ ■ 应激反应(189)
- ⊞ ■ 芳香化合物的代谢(6)
- ⊞ ■ 氨基酸及其衍生物(393)
- ⊞ ■ 硫代谢(58)
- ⊞ ■ 磷代谢(54)
- ⊞ ■ 碳水化合物(750)

图 17.13　服务器如 RAST 服务器执行的细菌和古细菌基因组的自动注释。原始的核苷酸序列作为输入，输出包括功能注释（如此处所示）以及被赋予的功能的表格描述（参见彩色插图）

[资料来源：SEED/RAST，基因组解释团体以及阿贡国家实验室（The Fellowship for the Interpretation of Genomes 和 Argonne National Laboratory）]

● 出现不一致的注释，比如基因和结构域的分离或融合。Richardson 和 Watson 注意到大肠杆菌 K-12 MG1655 和大肠杆菌 O157：H7 Sakai 的一段基因有 97％的相同核苷酸，但是基因名称不同（比如 tbpA 和 thiB）或者对应于位点标签的基因名称不同。每个被注释的基因组可能有不同类型和数量的信息。因此在注释时选择一个最佳的参考基因组，甚至几个参考基因组是非常重要的。

● 出现拼写错误，比如"synthase"写成"syntase"。这些错误经常在数据库内和数据库间传播。比如，在 NCBI Nucleotide 中搜索"syntase"或"psuedogene"（正确的拼写是"pseudogene"）。

● 相同的基因名称可能被赋予不同的产物名称。*int* 基因在 17 个沙门氏菌（*Salmonella*）RefSeq 条目中有 12 个不同的蛋白质产物名称（如 integrase 和 putative phage integrase protein）。

● 存在数以万计的"假想蛋白"被预测出来但未找到有已知功能的同源物。这些蛋白的命名和描述在不同的注释中不一致。一些属于人为的注释在数据库中传播。

水平基因转移

侧向（Lateral）或水平（horizontal）基因转移（LGT）是基因组直接从其他生物体，而不是通过继承，获取基因的一种现象（Eisen，2000；Koonin 等，2001；Boucher 等，2003）。许多情况下，对基因组的检验表明会存在一个特定的基因与亲缘关系很远的生物体中的同源基因密切相关。最简单的解释就是这个基因是通过水平基因转移得到的。这种机制是基因组进化中的重要推动力。基因转移是单向的，不涉及 DNA 互换，也不涉及世系遗传的常见模式。超过 50％的古细菌和比例稍少一些细菌中含有的一个或多个蛋白质结构域是通过水平基因转移获得的，而这个现象在真核生物中的比例小于 10％（Choi 和 Kim，2007；Andersson，2009）。

水平基因转移之所以重要，有如下原因：

① 这种机制大大不同于将基因从亲代传给后代的正常继承模式。因此水平基因转移代表了我们进化观点的重大改变。

② 这种机制是很常见的，并且在真核生物中也有很多例子。它在生命树上的三个主要枝干之内和枝干之间都有被观察到，但是与真核生物相比，在细菌和古细菌中尤其普遍得多（Choi 和 Kim，2007）。

③ 水平基因转移可以极大地混淆系统发生研究（Dagan，2011）。如果被选来进行系统发生分析的 DNA、RNA 或蛋白经历过水平基因转移，那么树状结构将不能准确地表示所考虑的物种的自然历史。水平基因转移的一个极端的解释是，如果它是足够普遍的，那么原则上我们是不可能获得任何一棵正确的生命树。Daubin 等（2003）和 Choi 和 Kim（2007）认为，尽管水平基因转移是常见的，但是没有普遍到极大地干扰生物进化研究。水平基因转移可在系统发生研究中帮助推断单系群，并阐明供体和受体物种的进化史（Huang 和 Gogarten，2006）。Dagan（2011）认为，需要重建基于网络而不是基于树的系统发生模型，反映垂直和横向进化。

④ 在 Boucher 等（2003）的综述中，水平基因转移可以深刻影响基本的生物过程的特性。他们描述了水平基因转移在各种生物过程中的重要性，诸如光合作用、有氧呼吸、固氮、硫酸盐还原和异戊二烯生物合成。

基因的水平转移是一个多步骤的过程（图 17.14；Eisen，2000）。在一个支系中进化（通过传统的达尔文过程纵向继承）的某一个基因可能转移到另一个物种的支系中。DNA 转移可以由病毒载体或通过某种机制来介导，例如同源重组。拥有转移和重组活性的可移动遗传元件是实现水平转移的关键机制（Toussaint 和 Chandler，2012）。一旦一个新的基因掺入一个群体中的某个个体的基因组（例如，图 17.14 中所示物种 3），正向选择可以保持它在个体中的存在。转移的基因要维持、扩散，并在整个新的物种中传播，很可能必须为那个新的种类提供益处。新的基因经过一个叫做"改良"的过程最终会适应那个新的支系（Eisen，2000；图 17.14，箭头 6）。

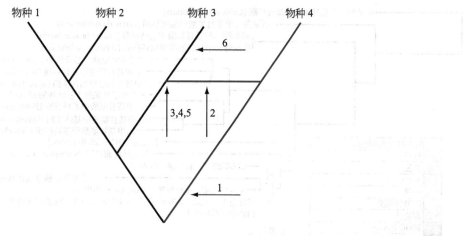

Carl Woese（2002）认为，在进化的早期基因的水平转移占主导，以至于原始的细胞进化是一个共有的过程，直到后来才有了纵向的（达尔文式的）进化。

图 17.14　水平基因转移分阶段进行。在这个假设情境下，4 个物种从一个共同的祖先进化而来。每个物种内的基因随着时间以纵向方式向下传递（箭头 1）。在某个时间点，一个基因从物种 4 的支系横向转移到物种 3 的谱系（箭头 2）。转移的基因必须在一些个体的基因组中固定（箭头 3），在强的正选择下保留（箭头 4），并在物种 3 的种群中扩散（箭头 5）。水平转移的基因作为新基因组整体的一部分继续进化（箭头 6）。这个基因因为拥有一些来自物种 4 的核酸组成或密码子使用方式而与物种 3 的其他基因区分开来

［改编自 Eisen（2000），经 Elsevier 许可］

如何识别水平基因转移？主要的标准是：一个基因具有不同寻常的核苷酸组成、密码子使用方式、系统发生位置，或在基因组中与大部分其他基因有不同的内含子特征。有三个推断水平基因转移的主要方法：

① 比较不同基因的系统发生树。这是一种使用较多的方法（Eisen，2000；Beiko 和 Ragan，2008）。如果基于某个基因（或蛋白）的系统发生树与通过核糖体 RNA 构建的树有不同的拓扑结构，这种差异可能被解释为水平基因转移。

见本章最后上机实验练习（17.4）的有关水平基因转移的另一个例子。

② 利用基因组内每个基因的最优匹配模式。一个基因可能具有一个高度异常的核苷酸组成或高度异常的密码子使用频率，这种异常与一个远缘基因组的基因起源相一致。

③ 评估物种间的基因分布模式来搜寻发生了水平转移的基因。如果一个基因存在于泉古菌门和一群植物中，而不存在于其他古细菌、细菌或真核生物中，这可能成为从泉古菌门到植物的水平基因转移机制的证据。

给物种赋予水平基因转移的机制需要谨慎，有几点原因。我们考虑一下这种情况，如果一个在人类基因组中被观测到的基因在细菌中广泛存在。

• 如果细菌基因的同源基因在一种昆虫（比如果蝇）或植物中出现，则细菌基因水平转移到人类的论点将相当无力。水平基因转移假设一直存在一个问题，有可能候选基因在整个生命树中都存在，但是我们没有充足的序列数据在其他物种中发现它；最近大量的测序数据也许可以解决这个问题。随着时间的推移评估基因的进化关系会越来越简单。

• 也有可能是研究的基因发生了快速的突变，导致系统发生信号的丢失。如果基因发生丢失或快速突变，而不是水平基因转移，则这种机制可能会导致人为的结果（假阳性）。

真核藻类 *Galdieria sulphuraria* 提供了水平基因转移的一个生动例子。这种单细胞红藻生活在高热和强酸的极端环境下（56℃，pH0～4），如火山热硫黄泉中。Schönknecht 等（2013）对其 13.7Mb 的基因组进行了测序，并发现了其来自于细菌和古细菌的 75 个独立的水平基因转移事件。这些转移的基因含有较少的内含子（与 2.1 相比其平均值 0.8）、更高的 GC 含量（与 39.9% 相比其为 40.6%）和不同的二核苷酸的使用方式。水平转移的基因包括那些赋予细胞耐受高盐、高热或者有毒金属能力的基因。举个例子，藻类从嗜盐蓝藻（即那些生活在高盐浓度环境下的蓝藻）中获得肌氨酸二甲基甲基转移酶基因。使用一个 *G. sulphuraria* 的蛋白进行 BLASTP 搜索时，结果显而易见（图 17.15）；有很多种细菌（和古细菌）与之相近，但是没有其他的真核生物与之类似。

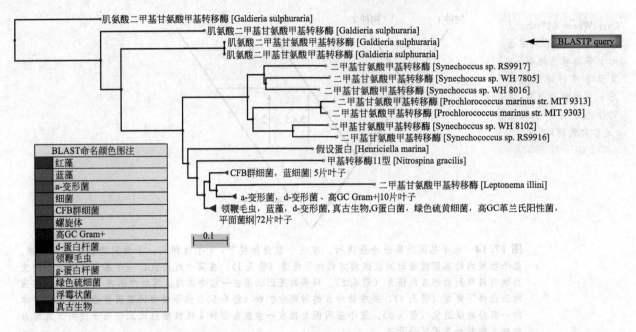

图 17.15 编码肌氨酸二甲基甘氨酸甲基转移酶的基因发生了水平转移，从蓝细菌转移到真核生物 *G. sulphuraria* 中。用 *G. sulphuraria* 蛋白（Gasu_07590；XP_005708533.1）作为 BLASTP 的查询序列，在 NCBI 网站的 RefSeq 数据库中搜索。得到的结果以 Kimura 蛋白质距离用邻接树展示出来（重绘了 BLASP 的结果）。比例尺代表每个位点 0.1 长度的变化。Schönknecht 等（2013）报道了类似的系统发生树，其中包括更多的来自真核生物的远亲同源。这个特定基因编码的是 S-腺苷甲硫氨酸依赖的甲基转移酶（SAM）家族的一个酶
（来源：BLASTP，NCBI）

17.5 细菌基因组比较

在全基因组测序过程中最重要的收获之一就是比较性的分析能够极大地帮助我们更好地理解基因组。对来自近缘物种或远缘物种的基因组的比较对我们很有帮助。表 17.9 显示的是一些基因组已经完成测序的近缘菌株。比较这些基因组很有意义，有以下几个原因：

> 在美国，10%的肺炎病例和 5%的支气管炎病例是由肺炎衣原体感染引起的。

表 17.9 至少两个近缘菌株的基因组已经被确定的细菌和古细菌

生物体	索引编号	基因组大小/bp
Chlamydophila pneumoniae AR39	NC-002179	1229858
C. pneumoniae CWL029	NC-000922	1230230
C. pneumoniae J138	NC-002491	1226565
Escherichia coli K-12	NC-000913	4639221
E. coli O157：H7	NC-002695	5498450
E. coli O157：H7 EDL933	NC-002655	5528445
Helicobacter pylori 26695	NC-000915	1667867
H. pylori J99	NC-000921	1643831
Mycobacterium tuberculosis CDC1551	NC-002755	4403836
M. tuberculosis H37Rv	NC-000962	4411529
Netsseria meningitidis MC58	NC-003112	2272351
N. meningitidis Z2491	NC-003116	2184406
Staphylococcus aureus aureus MW2	NC-003923	2820462

续表

生物体	索引编号	基因组大小/bp
S. aureus aureus Mu50	NC-002758	2878040
S. aureus aureus N315	NC-002745	2813641
Streptococcus agalactiae 2603V/R	NC-004116	2160267
S. agalactiae NEM316	NC-004368	2211485
S. pneumoniae R6	NC-003098	2038615
S. pneumoniae TIGR4	NC-003028	2160837
S. pyogenes M1 GAS	NC-002737	1852441
S. pyogenes MGAS315	NC-004070	1900521
S. pyogenes MGAS8232	NC-003485	1895017

① 我们能够发现为什么有些菌株是致病的；

② 最终，我们能够根据病原体的基因型来预测感染后的临床结果；

③ 我们可以开发一些接种疫苗的方法。

举个比较细菌基因组（和蛋白质组）的例子，我们可以考虑衣原体（*Chlamydiae*）。衣原体是专性细胞内寄生菌，其系统发生与其他细菌种类不同。肺炎衣原体（*Chlamydia pneumoniae*）感染人类，引起肺炎和支气管炎。沙眼衣原体（*Chlamydia trachomatis*）引起沙眼（可导致失明的眼部疾病）和性传播疾病。这些近缘细菌为什么会影响到不同的身体部位，并造成如此不同的致病机理？它们的基因组已经被测序并比较（Stephens 等，1998；卡尔曼等，1999；Read 等，2000）。每个细菌中都存在数百个独特的基因，包括一个可能对组织嗜性很重要的外膜蛋白质家族（Kalman 等，1999 年）。

> 有几种方法可以访问 TaxPlot，包括从工具链接在左边栏的 NCBI 主页以及从 http://www. ncbi. nlm. nih. gov/Genome（链接 17.24）访问。

TaxPlot

NCBI 提供了一款强大且很容易使用的基因组比较工具。从 NCBI 的 Genome 页面上，选择 TaxPlot，你可以将两个蛋白质组（如沙眼衣原体 *C. trachomatis* A/HAR-13 和肺炎衣原体 *C. pneumoniae* AR39）与参考蛋白质组（在图 17.16 的例子中，炭疽菌 *B. anthracis*）进行比较。在该图中，每个点代表参考基因组中的一个蛋白质。x 坐标和 y 坐标展示了每个参考蛋白与用于比较的两个衣原体蛋白质组的最佳匹配的 BLAST 得分。大多数蛋白质都在对角线上，这表明它们在参考蛋白和这两个衣原体蛋白中任意一个蛋白的比较中得到的分数相等（或大致相等）。但是，也有显著的异常值，它们可能代表在这两个生物中对各自独特行为起重要作用的基因。这些点是可点击的（见图 17.16 的圆圈数据点，箭头 2），所选择的数据点被突出显示（图 17.16，箭头 3）。该蛋白被识别为在炭疽菌和沙眼衣原体中存在的精氨酸/鸟氨酸转运蛋白，并作为肺炎衣原体的氨基酸通透酶。结果还包括进一步的成对 BLAST 比较的链接（未显示）。

TaxPlot 的另一个强大的应用是选择同一个基因组作为参考序列和其中一条查询序列，然后选择另一个基因组作为第二条查询序列。在图 17.17 中展示了一个沙眼衣原体菌株与肺炎衣原体的比较结果。所有数据点落在对角线（表明它们在两个物种之间具有一致性）或在左上部分。没有数据点落在右下部分，因为与自身的蛋白质序列相比，沙眼衣原体的蛋白质不可能更接近肺炎衣原体蛋白质序列。那些箭头 1~4 所示的异常值是我们特别感兴趣的，因为它们在两个物种之间是高度趋异的，两者的 BLASTP 分数一个高一个低。四个箭头指向的都是多态性外膜蛋白。其他几个异常数据点对应于被注释为假定蛋白（因此功能尚未明确）的蛋白质。这些都对区分这两个物种之间的功能差异有潜在的重要性。

> 你可以在 IMG 上使用 MUMmer。

因此 TaxPlot 是一个用来寻找在两个感兴趣的微生物基因组中存在差异的蛋白质的简单方法。该工具也已扩展到在真核生物使用。

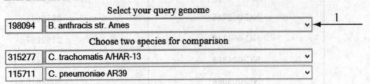

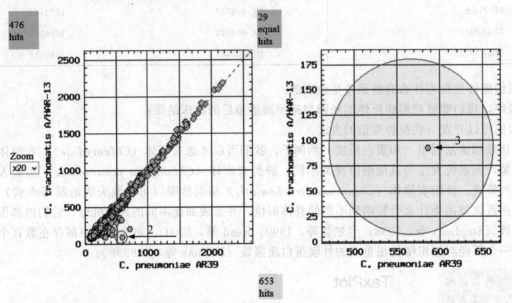

图 17.16 NCBI 的 TaxPlot 工具允许两种细菌（沙眼衣原体 A/HAR-13 和肺炎衣原体 AR39）与参考基因组的比较（在此例子中是 *B. anthracis* 菌株 Ames；Read 等，2002）。该图显示相对于参考蛋白质组，各细菌蛋白质的 BLASTP 分数的分布。29 个匹配结果是相同的，而 476 个匹配结果至少稍微与沙眼衣原体更相近，653 个与肺炎衣原体更相近。用于查询的基因组（箭头 1）和两个用于比较的物种用下拉菜单来选择。大多数数据点在单元对角线上，说明相对于所查询的（炭疽菌）蛋白质组产生的 BLASP 的分数相等。对于一个感兴趣的蛋白质组的匹配结果，它相对于另一个被比较的序列有更高的双序列比对 BLASTP 得分（箭头 2），可以点击它放大（箭头 3）。突出显示的蛋白在所有的 3 个物种中（未显示）都能被找到，并提供到 BLAST 中双序列比对的链接（第 3 章）。识别异常数据点（如由箭头 2 所示）的意义是该蛋白质在一个比较物种中相对于另一个差异很大，表明存在功能差异的可能性

(来源：Tax Plot，Entrez，NCBI)

MUMmer

我们在第 16 章介绍的 MUMmer 是用来比较两个 DNA 片段的命令行工具，如细菌基因组的两个 DNA 片段，也有一些基于网页的 MUMmer 应用程序。

在图 17.18 的例子中，用大肠杆菌的两种菌株进行比较：无害大肠杆菌 K-12 菌株和大肠杆菌 O157：H7。MUMmer 的输出结果可以用于寻找两个基因组共享的区域，以及其中方向发生倒转的区域。Eisen 等（2000）利用这种分析描述了在近缘物种中（包括肺炎衣原体和沙眼衣原体的比较）复制起点附近对称的染色体倒位现象。

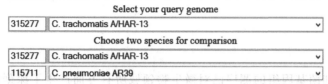

Protein homologs in Complete Microbial / Eukaryotic genomes

To compare the similarity of the query genome proteins to different species choose two organisms by Taxonomy id or select them from the menu

Select your query genome

| 315277 | C. trachomatis A/HAR-13 | ∨ |

Choose two species for comparison

| 315277 | C. trachomatis A/HAR-13 | ∨ |
| 115711 | C. pneumoniae AR39 | ∨ |

Distribution of *C. trachomatis A/HAR-13* homologs

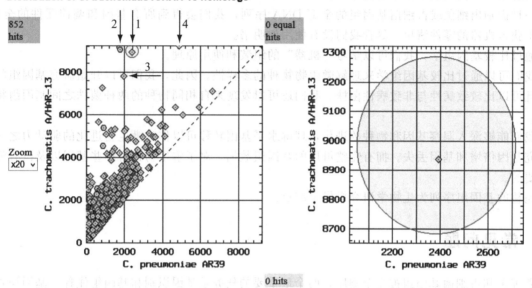

919 query proteins produced **852 hits**, from which 1 is selected.

图 17.17　TaxPlot（NCBI）可用一种蛋白质组同时作为参考序列和第一条查询序列（本例中是沙眼衣原体 A/HAR-13），而另一个蛋白质组为第二条查询序列（本例中为肺炎衣原体 AR39）。不在对角线上的点（例如，箭头 1～4）在一个蛋白质组中的 BLASTP 分数高，但在另一个蛋白质组中的得分相对低，这表明它们的保守性相对较差。这样的蛋白质在一个菌株或物种中解释其特定的生理或行为时有很大意义

（来源：TaxPlot，Entrez，NCBI）

图 17.18　MUMmer 程序允许你选择两个感兴趣的微生物基因组做点图进行比较。最小比对长度可以调整。MUMmer 的输出显示为两个基因组之间的最大特异匹配子序列（MUMs）的点图。此工具可以快速描述两个基因组之间的关系，包括对基因组 DNA 的相对方向信息和插入或缺失的存在。这里大肠杆菌 K-12 MG1655 表示在 x 轴上，而致病菌株大肠杆菌 0157：H7 EDL933 是在 y 轴上。图中有一条 45°主线，表示两个近缘基因组一致的部分。中心附近的一条线段呈 90°角。这表示在两种菌株中的一个基因组区段的方向相对于另一个是反转的

（图用 MUMmer 创建）

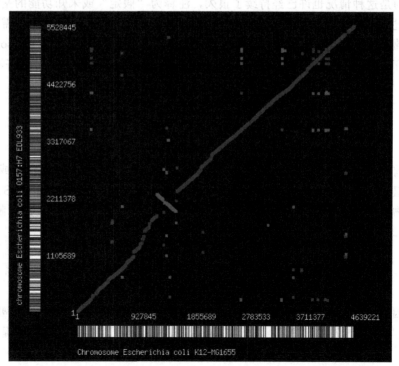

MUMmer 有另外两个扩展应用。NUCmer（NUCleotide MUMmer）允许多条参考和查询序列进行对比。其中一个应用是比对一组叠连群。PROtein MUMmer（PROmer）类似于 NUCmer，但使用的是每条核苷酸序列的六个阅读框的翻译序列，在比对远缘相关序列时有更优异的灵敏度。

17.6　展望

近期以及正在进行的大量的细菌和古细菌基因组的测序已对微生物领域所有方面产生了深刻的影响。我们可以总结一下微生物全基因组测序的意义，如下：

• 一旦识别出细菌或古细菌基因组的全部 DNA 序列，我们会得到所有基因和调控元件的全面数据。这类似于获得机器的零件清单，尽管我们没有使用说明书。

• 通过比较基因组学，我们可以学习"机器"的组装和使用原理。

• 我们可以通过比较基因组学来理解微生物物种的多样性。因此，我们可以开始研究基因组的组成原则，并且可以比较致病性与非致病性菌株。我们还可以发现来自相同物种的两种菌株之间基因组特性的巨大差异。

• 我们能够深入洞察基因和物种的进化，理解水平基因转移可以作为微生物进化的驱动力之一。我们可以研究基因倍增和基因丢失。拥有完整可用的基因组数据，对了解生物拥有哪些基因以及没有哪些基因是很重要的。

• 完整的基因组序列为生物学研究提供了起点。

17.7　常见问题

随着细菌和古细菌基因组被完全测序，两个最重要的任务是基因识别和基因组注释。基因识别已经是一种常规分析，但由于一些原因会导致基因识别变得困难。难以评估短的 ORF 是否对应于有转录活性的转录本。例如，相比真核生物，细菌和古细菌并不总是使用 AUG 作为起始密码子。

基因组注释是对预测的蛋白质进行功能注释的重要步骤。在 20 世纪 90 年代人们首次获得基因组序列时，一半的预测蛋白质都没有已知的同源蛋白而且它们的功能是完全不清楚的，这在当时是很常见的。令人惊讶的是这种情况也许已经持续了很久，注释为"假定"或未知功能的基因非常多。

通过计算的方式得到的基因注释应始终被看作产生的一种假说，需要被实验验证。这种方法存在几种常见的错误（Brenner，1999；Peri 等 2001；Richardson 和 Watson，2013）。包括传递性的错误（基于同源性将已知功能基因的功能不恰当地赋予另一种基因）和将不转录的小 ORF 误认为是真基因。

17.8　给学生的建议

与前一章的建议相似，选择一个细菌种类（无论是大肠杆菌、鼠疫菌或任何其他菌种）：①阅读主要的基因组学文献；②下载其基因组序列，并进行深入分析。尝试使用 RAST 注释它的基因，然后用不同的参考物种重复进行注释。选择由水平基因转移获得的几个基因（根据文献），然后通过确定它们的 GC 含量、二核苷酸的频率或系统发生位置评估其水平转移的证据。

17.9　网络资源

基因组在线数据库（GOLD）为微生物基因组的所有研究都提供了重要的帮助（http://genomeson-line.org/，链接 17.2）。IMG（http://img.jgi.doe.gov/，链接 17.5）则提供了有用的分析工具。

讨论问题

［17-1］炭疽病菌株的致病性不尽相同。你可以使用哪些生物信息学方法去理解导致这个差异的原因？哪些特定的蛋白质被认为与致病性相关？

［17-2］你如何评估细菌基因是否通过水平基因转移进入人类基因组？有什么可能的解释可以说明在没有其他真核直系同源物的情况下，出现了一个与一组细菌蛋白质最密切相关的人类蛋白质？

［17-3］考虑大肠杆菌 K-12 和大肠杆菌 O157：H7 以及其他近缘细菌对的差异。它们经历不同程度的水平基因转移，它们具有独特的致病性模式，并且这两种菌株在基因组大小上的差异甚至超过 100 万碱基对。一个物种的定义是什么？大肠杆菌是一个物种吗？

问题和上机实验

［17-1］大肠杆菌 K-12 有多少个区域与病毒是同源的？访问 UCSC 微生物浏览器（http：//microbes. ucsc. edu），选择 "Table Browser"，选择 "Bacteria-Proteobacteria-Gamma" 和 "*Escherichia coli* K-12"，设置组为 "Comparative Genomics"、数据轨为 "BlastP Viruses"。输出选项包括纯文本、浏览器可扩展数据（BED）或超链接到基因组浏览器。

［17-2］深入分析大肠杆菌基因。首先，找一个已知在真核生物中具有同源物的大肠杆菌基因（例如，利用 DELTA-BLAST 在限于人肠杆菌 RefSeq 数据库搜索人 β 球蛋白）。使用本章描述的资源来描述其旁系同源物、直系同源物和功能。

［17-3］探索细菌的 GC 含量和密码子使用方式。搜索鼠疫耶尔森氏菌 *Yersinia pestis* 的基因组，然后选择 "*Y. pestis* CO92"。它包含多少染色体和质粒？使用本章描述的 R 工具（见图 17.10），比较主要染色体和质粒 pPCP1 的 GC 百分比的范围。哪一个 GC 含量较高？尝试使用几种窗口大小。

［17-4］细菌 *Wolbachia pipientis* 是内共生菌，生活在昆虫和线虫宿主内。其大部分基因组转移到一些宿主的核基因组中（Hotopp 等，2007）。选择一个 *Wolbachia* 蛋白质（例如 NP_965857.1），并提供直系同源物已被水平转移到果蝇的证据。可选的一个策略是：首先执行 BLASTP，以蛋白质作为查询输入，输出限制为细菌然后限制输出为真核生物。尝试执行 TBLASTN 去搜索 trace archives（NCBI blast 主页上提供一个链接）。尝试用 TBLASTN 搜索限制为昆虫的全基因组鸟枪读段数据库。

［17-5］比较两个完整的基因组。从 NCBI Genome 开始，选择细菌，然后选择一种生物，如立克次体 *Rickettsia prowazekii*，使用 TaxPlot 执行三种方法的基因组比较。用 MUMmer 和 IMG 的 Artemis 重复你的分析。根据 TaxPlot 分析来识别有异常值的染色体片段。

［17-6］我们注意到了 *Candidatus Carsonella ruddii* 基因组非常小（参见编号 NC_008512.1）。首先注意基于 NCBI 的 Entrez 数据库注释了多少基因。接下来，获得序列（159662 个核苷酸）以 FASTA 格式输入到 GLIMMER 程序，用于基因预测（通过命令行或通过 NCBI 基因组网站）。相对于 NCBI 注释，GLIMMER 程序注释了多少个基因？

自测题

［17-1］一个典型的细菌基因组大概由多少 DNA 碱基对组成？

（a）20000 碱基对；

（b）200000 碱基对；

（c）2000000 碱基对（2 Mb）；

（d）20000000 碱基对（20 Mb）

［17-2］与其他变形菌相比，黄色黏球菌（*Myxococcus xanthus*）具有较大的基因组。对于这个大小一个理由可能是

（a）黄色黏球菌有重复 DNA 序列；

（b）黄色黏球菌是一种直径尺寸相对较大的细菌；

(c) 黄色黏球菌具有复杂的社会生活方式，需要大量基因；

(d) 黄色黏球菌有大量的质粒

[17-3] 大肠杆菌基因组编码约 4300 个蛋白质编码基因。大肠杆菌内含子的总数约为

(a) 10；

(b) 430；

(c) 4300；

(d) 43000

[17-4] 最小的细菌基因组往往是哪些？

(a) 极端微生物；

(b) 病毒；

(c) 细胞内物种；

(d) 杆菌

[17-5] 以下哪一项构成最强的证据证明：基因组通过水平基因转移将基因并入大肠杆菌中？

(a) 与其他大肠杆菌基因相比，这个基因的 GC 含量有很大差异；

(b) 相对于其他大肠杆菌基因，基因的密码子利用频率各不相同；

(c) 系统发生分析显示与大肠杆菌近缘的变形菌缺乏该基因；

(d) 上述任何一项

[17-6] 致病菌大肠杆菌 O157：H7 EDL933 的基因组显著大于大肠杆菌 K-12 substr. MG1655。通过使用 TaxPlot、MUMmer 或 NCBI 基因组，多出的基因数量近似值可以确定为

(a) 1000；

(b) 2000；

(c) 3000；

(d) 8000

推荐读物

关于细菌基因组有大量的文献可供阅读。Fraser-Liggett（2005）、Ward 和 Fraser（2005），以及 Bentley 和 Parkhill（2004）都撰写过重要的综述。Casjens（1998）的文章提供了一个极好的介绍，Bentley 和 Parkhill 更新并扩展了比较基因组学的内容。Susannah Tringe 和 Edward Rubin（2005）以及 Riesenfeld 等（2004）提供了宏基因组学的介绍。人类微生物领域的五位带头人（Martin Blaser、Peer Bork、Claire Fraser、Rob Knight 和 Jun Wang）在文章中提供了他们的主要调查结果和对研究趋势的看法（Blaser 等，2013）。

David Edwards 和 Kathryn Holt（2013）提供了利用第二代测序数据进行比较细菌基因组分析的极好指导。他们整理讨论了基因组拼接、重叠群构建、注释以及比较基因组分析。他们论文的附件提供了详细的教程，以介绍大量的生物信息软件工具，这一部分有极高的认可度。

参 考 文 献

Acevedo-Rocha, C.G., Fang, G., Schmidt, M., Ussery, D.W., Danchin, A. 2013. From essential to persistent genes: a functional approach to constructing synthetic life. *Trends in Genetics* 29(5), 273–279. PMID: 23219343.

Achenbach-Richter, L., Gupta, R., Stetter, K.O., Woese, C.R. 1987. Were the original eubacteria thermophiles? *Systematic and Applied Microbiology* 9, 34–39.

Akman, L., Rio, R.V., Beard, C.B., Aksoy, S. 2001. Genome size determination and coding capacity of *Sodalis glossinidius,* an enteric symbiont of tsetse flies, as revealed by hybridization to *Escherichia coli* gene arrays. *Journal of Bacteriology* 183, 4517–4525.

Akman, L., Yamashita, A., Watanabe, H., Oshima, K., Shiba, T., Hattori, M., Aksoy, S. 2002. Genome sequence of the endocellular obligate symbiont of tsetse flies, *Wigglesworthia glossinidia. Nature Genetics* 32, 402–407.

Alm, R.A., Ling, L.S., Moir, D.T. *et al.* 1999. Genomic-sequence comparison of two unrelated isolates of the human gastric pathogen *Helicobacter pylori. Nature* **397**, 176–180. PMID: 9923682.

Andersson, J.O. 2009. Gene transfer and diversification of microbial eukaryotes. *Annual Review of Microbiology* **63**, 177–193. PMID: 19575565.

Andersson, S.G. 2006. The bacterial world gets smaller. *Science* **314**, 259–260.

Andersson, S.G., Kurland, C.G. 1998. Reductive evolution of resident genomes. *Trends in Microbiology* **6**, 263–268.

Andersson, S.G., Zomorodipour, A., Andersson, J.O. *et al.* 1998. The genome sequence of *Rickettsia prowazekii* and the origin of mitochondria. *Nature* **396**, 133–140 (1998). PMID: 9823893.

Arumugam, M., Raes, J., Pelletier, E. *et al.* 2011. Enterotypes of the human gut microbiome. *Nature* **473**(7346), 174–180. PMID: 21508958.

Aziz, R.K., Bartels, D., Best, A.A. *et al.* 2008. The RAST Server: rapid annotations using subsystems technology. *BMC Genomics* **9**, 75. PMID: 18261238.

Aziz, R.K., Devoid, S., Disz, T. *et al.* 2012. SEED servers: high-performance access to the SEED genomes, annotations, and metabolic models. *PLoS One* **7**(10), e48053. PMID: 23110173.

Badger, J.H., Eisen, J.A., Ward, N.L. 2005. Genomic analysis of *Hyphomonas neptunium* contradicts 16S rRNA gene-based phylogenetic analysis: implications for the taxonomy of the orders 'Rhodobac-terales' and *Caulobacterales. International Journal of Systematic and Evolutionary Microbiology* **55**, 1021–1026.

Baker, B.J., Tyson, G.W., Webb, R.I., Flanagan, J., Hugenholtz, P., Allen, E.E., Banfield, J.F. 2006. Lin-eages of acidophilic archaea revealed by community genomic analysis. *Science* **314**, 1933–1935.

Baytaluk, M. V., Gelfand, M. S., Mironov, A. A. 2002. Exact mapping of prokaryotic gene starts. *Brief-ings in Bioinformatics* **3**, 181–194.

Beiko, R.G., Ragan, M.A. 2008. Detecting lateral genetic transfer : a phylogenetic approach. *Methods in Molecular Biology* **452**, 457–469. PMID: 18566777.

Bender, L., Ott, M., Marre, R., Hacker, J. 1990. Genome analysis of *Legionella* ssp. by orthogonal field alternation gel electrophoresis (OFAGE). *FEMS Microbiology Letters* **60**, 253–257.

Bennett, G.M., Moran, N.A. 2013. Small, smaller, smallest: the origins and evolution of ancient dual symbioses in a phloem-feeding insect. *Genome Biology and Evolution*, doi: 10.1093/gbe/evt118. PMID: 23918810.

Bentley, S.D., Parkhill, J. 2004. Comparative genomic structure of prokaryotes. *Annual Review of Genet-ics* **38**, 771–792.

Bentley, S. D., Chater, K. F., Cerdeño-Tárraga, A. M. *et al.* 2002. Complete genome sequence of the model actinomycete *Streptomyces coelicolor* A3(2). *Nature* **417**, 141–147. PMID: 12000953.

Binnewies, T.T., Motro, Y., Hallin, P.F. *et al.* 2006. Ten years of bacterial genome sequencing: compara-tive-genomics-based discoveries. *Functional and Integrative Genomics* **6**, 165–185.

Blaser, M., Bork, P., Fraser, C., Knight, R., Wang, J. 2013. The microbiome explored: recent insights and future challenges. *Nature Reviews Microbiology* **11**(3), 213–217. PMID: 23377500.

Blattner, F. R., Plunkett, G. 3rd, Bloch, C. A. *et al.* 1997. The complete genome sequence of *Escherichia coli* K-12. *Science* **277**, 1453–1474. PMID: 9278503.

Boucher, Y., Douady, C.J., Papke, R.T. *et al.* 2003. Lateral gene transfer and the origins of prokaryotic groups. *Annual Review of Genetics* **37**, 283–328.

Brenner, S. E. 1999. Errors in genome annotation. *Trends in Genetics* **15**, 132–133.

Brown, J. R., Douady, C. J., Italia, M. J., Marshall, W. E., Stanhope, M. J. 2001. Universal trees based on large combined protein sequence data sets. *Nature Genetics* **28**, 281–285.

Brüggemann, H., Henne, A., Hoster, F. *et al.* 2004. The complete genome sequence of *Propionibacte-rium acnes*, a commensal of human skin. *Science* **305**, 671–673.

Bult, C. J., White, O., Olsen, G. J. *et al.* 1996. Complete genome sequence of the methanogenic archaeon, *Methanococcus jannaschii. Science* **273**, 1058–1073. PMID: 8688087.

Burke G.R., Moran, N.A. 2011. Massive genomic decay in Serratia symbiotica, a recently evolved sym-biont of aphids. *Genome Biology and Evolution* **3**, 195–208. PMID: 21266540.

Bush, K., Courvalin, P., Dantas, G. *et al.* 2011. Tackling antibiotic resistance. *Nature Reviews Microbiology* **9**(12), 894–896. PMID: 22048738.

Canganella, F., Wiegel, J. 2011. Extremophiles: from abyssal to terrestrial ecosystems and possibly beyond. *Naturwissenschaften* **98**(4), 253–279. PMID: 21394529.

Casjens, S. 1998. The diverse and dynamic structure of bacterial genomes. *Annual Review of Genetics* **32**, 339–377.

Casjens, S., Palmer, N., van Vugt, R. *et al.* 2000. A bacterial genome in flux: The twelve linear and nine circular extrachromosomal DNAs in an infectious isolate of the Lyme disease spirochete *Borrelia burgdorferi*. *Molecular Microbiology* **35**, 490–516. PMID: 10672174.

Chambaud, I., Heilig, R., Ferris, S. *et al.* 2001. The complete genome sequence of the murine respiratory pathogen *Mycoplasma pulmonis*. *Nucleic Acids Research* **29**, 2145–2153. PMID: 11353084.

Charon, N. W., Goldstein, S. F. 2002. Genetics of motility and chemotaxis of a fascinating group of bacteria: The Spirochetes. *Annual Review of Genetics* **36**, 47–73.

Chaudhuri, R.R., Henderson, I.R. 2012. The evolution of the *Escherichia coli* phylogeny. *Infection, Genetics and Evolution* **12**(2), 214–226. PMID: 22266241.

Cho, I., Blaser, M.J. 2012. The human microbiome: at the interface of health and disease. *Nature Reviews Genetics* **13**(4), 260–270. PMID: 22411464.

Choi, I.G., Kim, S.H. 2007. Global extent of horizontal gene transfer. *Proceedings of the National Academy of Sciences, USA* **104**, 4489–4494.

Cole, S. T., Brosch, R., Parkhill, J. *et al.* 1998. Deciphering the biology of *Mycobacterium tuberculosis* from the complete genome sequence. *Nature* **393**, 537–544. PMID: 9634230.

Cole, S. T., Eiglmeier, K., Parkhill, J. *et al.* 2001. Massive gene decay in the leprosy bacillus. *Nature* **409**, 1007–1011. PMID: 11234002.

D'Elia, M.A., Pereira, M.P., Brown, E.D. 2009. Are essential genes really essential? *Trends in Microbiology* **17**(10), 433–438. PMID: 19765999.

Dagan, T. 2011. Phylogenomic networks. *Trends in Microbiology* **19**(10), 483–491. PMID: 21820313.

Dandekar, T., Huynen, M., Regula, J. T. *et al.* 2000. Re-annotating the *Mycoplasma pneumoniae* genome sequence: Adding value, function and reading frames. *Nucleic Acids Research* **28**, 3278–3288. PMID: 10954595.

Daubin, V., Moran, N.A., Ochman, H. 2003. Phylogenetics and the cohesion of bacterial genomes. *Science* **301**, 829–832.

Dave, M., Higgins, P.D., Middha, S., Rioux, K.P. 2012. The human gut microbiome: current knowledge, challenges, and future directions. *Translational Research* **160**(4), 246–257. PMID: 22683238.

Deckert, G., Warren, P.V., Gaasterland, T. *et al.* 1998. The complete genome of the hyperthermophilic bacterium *Aquifex aeolicus*. *Nature* **392**, 353–358. PMID: 9537320.

Delcher, A. L., Harmon, D., Kasif, S., White, O., Salzberg, S. L. 1999. Improved microbial gene identification with GLIMMER. *Nucleic Acids Research* **27**, 4636–4641.

Delcher, A.L., Bratke, K.A., Powers, E.C., Salzberg, S.L. 2007. Identifying bacterial genes and endosymbiont DNA with Glimmer. *Bioinformatics* **23**, 673–679.

DeLong, E. F. 1998. Everything in moderation: Archaea as "non-extremophiles." *Current Opinion in Genetics and Development* **8**, 649–654 (1998).

DeLong, E. F., Pace, N. R. 2001. Environmental diversity of bacteria and archaea. *Systematic Biology* **50**, 470–478.

de Villiers, E. P., Brayton, K. A., Zweygarth, E., Allsopp, B. A. 2000. Genome size and genetic map of *Cowdria ruminantium*. *Microbiology* **146**, 2627–2634.

Dobell, C. 1932. *Antony van Leeuwenhoek and his "little animals"*. Harcourt, Brace and Company, New York.

Edwards, D.J., Holt, K.E. 2013. Beginner's guide to comparative bacterial genome analysis using next-generation sequence data. *Microbial Informatics and Experimentation* **3**(1), 2. PMID: 23575213.

Eisen, J. A. 2000. Horizontal gene transfer among microbial genomes: New insights from complete genome analysis. *Current Opinion in Genetics and Development* **10**, 606–611.

Eisen, J. A. 2001. Gastrogenomics. *Nature* **409**, 463, 465–466.

Eisen, J.A., Heidelberg, J.F., White, O., Salzberg, S.L. 2000. Evidence for symmetric chromosomal inversions around the replication origin in bacteria. *Genome Biology* **1**, RESEARCH0011.

Eisenstein, B. I., Schaechter, M. 1999. Normal microbial flora. In *Mechanisms of Microbial Disease* (eds M.Schaechter, N. C.Engleberg, B. I.Eisenstein, G.Medoff). Lippincott Williams and Wilkins, Baltimore, MD, Chapter 20.

Ermolaeva, M. D., White, O., Salzberg, S. L. 2001. Prediction of operons in microbial genomes. *Nucleic Acids Research* **29**, 1216–1221.

Fleischmann, R. D., Adams, M. D., White, O. *et al.* 1995. Whole-genome random sequencing and assembly of *Haemophilus influenzae* Rd. *Science* **269**, 496–512. PMID: 7542800.

Fournier, P.E., Raoult, D. 2011. Prospects for the future using genomics and proteomics in clinical microbiology. *Annual Review of Microbiology* **65**, 169–188. PMID: 21639792.

Fox, G. E., Stackebrandt, E., Hespell, R. B. *et al.* 1980. The phylogeny of prokaryotes. *Science* **209**, 457–463. PMID: 6771870.

Fraser, C., Hanage, W.P., Spratt, B.G. 2007. Recombination and the nature of bacterial speciation. *Science* **315**, 476–480.

Fraser, C. M., Gocayne, J. D., White, O. *et al.* 1995. The minimal gene complement of *Mycoplasma genitalium*. *Science* **270**, 397–403. PMID: 7569993.

Fraser, C. M., Casjens, S., Huang, W. M. *et al.* 1997. Genomic sequence of a Lyme disease spirochaete, *Borrelia burgdorferi*. *Nature* **390**, 580–586. PMID: 9403685.

Fraser, C. M., Norris, S. J., Weinstock, G. M. *et al.* 1998. Complete genome sequence of *Treponema pallidum*, the syphilis spirochete. *Science* **281**, 375–388. PMID: 9665876.

Fraser, C. M., Eisen, J. A., Salzberg, S. L. 2000. Microbial genome sequencing. *Nature* **406**, 799–803.

Fraser-Liggett, C.M. 2005. Insights on biology and evolution from microbial genome sequencing. *Genome Research* **15**, 1603–1610.

Galagan, J. E., Nusbaum, C., Roy, A. *et al.* 2002. The genome of *M. acetivorans* reveals extensive metabolic and physiological diversity. *Genome Research* **12**, 532–542. PMID: 11932238.

Gil, R., Silva, F.J., Pereto, J., Moya, A. 2004. Determination of the core of a minimal bacterial gene set. *Microbiology and Molecular Biology Review* **68**, 518–537.

Gill, S.R., Pop, M., Deboy, R.T. *et al.* 2006. Metagenomic analysis of the human distal gut microbiome. *Science* **312**, 1355–1359.

Gillespie, J.J., Wattam, A.R., Cammer, S.A. *et al.* 2011. PATRIC: the comprehensive bacterial bioinformatics resource with a focus on human pathogenic species. *Infection and Immunity* **79**(11), 4286–4298. PMID: 21896772.

Giovannoni, S.J., Tripp, H.J., Givan, S. *et al.* 2005. Genome streamlining in a cosmopolitan oceanic bacterium. *Science* **309**, 1242–1245.

Glaser, P., Frangeul, L., Buchrieser, C. *et al.* 2001. Comparative genomics of *Listeria* species. *Science* **294**, 849–852. PMID: 11679669.

Glass, J. I., Lefkowitz, E. J., Glass, J. S. *et al.* 2000. The complete sequence of the mucosal pathogen *Ureaplasma urealyticum*. *Nature* **407**, 757–762. PMID: 11048724.

Goldman, B. S., Nierman, W. C., Kaiser, D. *et al.* 2006. Evolution of sensory complexity recorded in a myxobacterial genome. *Proceedings of the National Academy of Sciences, USA* **103**, 15200–15205. PMID: 17015832.

Graur, D., Li, W.-H. 2000. *Fundamentals of Molecular Evolution*. Sinauer Associates, Sunderland, MA, 2000.

Gupta, R. S., Griffiths, E. 2002. Critical issues in bacterial phylogeny. *Theoretical Population Biology* **61**, 423–434.

Han, K., Li, Z.F., Peng, R. *et al.* 2013. Extraordinary expansion of a *Sorangium cellulosum* genome from an alkaline milieu. *Scientific Reports* **3**, 2101. PMID: 23812535.

Hayashi, T., Makino, K., Ohnishi, M. *et al.* 2001. Complete genome sequence of enterohemorrhagic *Escherichia coli* O157:H7 and genomic comparison with a laboratory strain K-12. *DNA Research* **8**, 11–22. PMID: 11258796.

Heidelberg, J. F., Eisen, J. A., Nelson, W. C. *et al.* 2000. DNA sequence of both chromosomes of the cholera pathogen *Vibrio cholerae*. *Nature* **406**, 477–483. PMID: 10952301.

Himmelreich, R., Hilbert, H., Plagens, H. *et al.* 1996. Complete sequence analysis of the genome of the bacterium *Mycoplasma pneumoniae*. *Nucleic Acids Research* **24**, 4420–4449. PMID: 8948633.

Hotopp, J.C., Lin, M., Madupu, R. *et al.* 2006. Comparative genomics of emerging human ehrlichiosis agents. *PLoS Genetics* **2**, e21. PMID: 16482227.

Hotopp, J.C., Clark, M.E., Oliveira, D.C. *et al.* 2007. Widespread lateral gene transfer from intracellular bacteria to multicellular eukaryotes. *Science* **317**, 1753–1756.

Huang, C.H., Hsiang, T., Trevors, J.T. 2013. Comparative bacterial genomics: defining the minimal core genome. *Antonie Van Leeuwenhoek* **103**(2), 385–398. PMID: 23011009.

Huang, J., Gogarten, J.P. 2006. Ancient horizontal gene transfer can benefit phylogenetic reconstruction. *Trends in Genetics* **22**, 361–366.

Huber, H., Hohn, M.J., Rachel, R. *et al.* 2002. A new phylum of *Archaea* represented by a nanosized hyperthermophilic symbiont. *Nature* **417**, 63–67. PMID: 11986665.

Hugenholtz, P. 2002. Exploring prokaryotic diversity in the genomic era. *Genome Biology* **3**(2), doi: 10.1186/gb-2002-3-2-reviews0003.

Hugenholtz, P., Goebel, B. M., Pace, N. R. 1998. Impact of culture-independent studies on the emerging phylogenetic view of bacterial diversity. *Journal of Bacteriology* **180**, 4765–4774.

Human Microbiome Project Consortium. 2012a. A framework for human microbiome research. *Nature* **486**(7402), 215–221. PMID: 22699610.

Human Microbiome Project Consortium. 2012b. Structure, function and diversity of the healthy human microbiome. *Nature* **486**(7402), 207–214. PMID: 22699609.

Itaya, M. 1995. An estimation of minimal genome size required for life. *FEBS Letters* **362**, 257–260.

Joyce, E. A., Chan, K., Salama, N. R., Falkow, S. 2002. Redefining bacterial populations: A post-genomic reformation. *Nature Reviews Genetics* **3**, 462–473.

Kaiser, D. 2013. Are Myxobacteria intelligent? *Frontiers in Microbiology* **4**, 335. PMID: 24273536.

Kalman, S., Mitchell, W., Marathe, R. *et al.* 1999. Comparative genomes of *Chlamydia pneumoniae* and *C. trachomatis*. *Nature Genetics* **21**, 385–389. PMID: 10192388.

Kawarabayasi, Y., Hino, Y., Horikawa, H. *et al.* 1999. Complete genome sequence of an aerobic hyperthermophilic crenarchaeon, *Aeropyrum pernix* K1. *DNA Research* **6**, 83–101, 145–152. PMID: 10382966.

Kersey, P.J., Allen, J.E., Christensen, M. *et al.* 2014. Ensembl Genomes 2013: scaling up access to genome-wide data. *Nucleic Acids Research* **42**(1), D546–552. PMID: 24163254.

Keseler, I.M., Mackie, A., Peralta-Gil, M. *et al.* 2013. EcoCyc: fusing model organism databases with systems biology. *Nucleic Acids Research* **41**(Database issue), D605–612. PMID: 23143106.

Kisand, V., Lettieri, T. 2013. Genome sequencing of bacteria: sequencing, de novo assembly and rapid analysis using open source tools. *BMC Genomics* **14**, 211. PMID: 23547799.

Klenk, H. P., Clayton, R. A., Tomb, J. F. *et al.* 1997. The complete genome sequence of the hyperthermophilic, sulphate-reducing archaeon *Archaeoglobus fulgidus*. *Nature* **390**, 364–370. PMID: 9389475.

Klenk, H.P., Göker, M. 2010. En route to a genome-based classification of Archaea and Bacteria? *Systematic and Applied Microbiology* **33**(4), 175–182. PMID: 20409658.

Koonin, E.V. 2003. Comparative genomics, minimal gene-sets and the last universal common ancestor. *Nature Reviews Microbiology* **1**, 127–136.

Koonin, E. V., Makarova, K. S., Aravind, L. 2001. Horizontal gene transfer in prokaryotes: Quantification and classification. *Annual Review of Microbiology* **55**, 709–742.

Kuczynski, J., Lauber, C.L., Walters, W.A. *et al.* 2012. Experimental and analytical tools for studying the human microbiome. *Nature Reviews Genetics* **13**(1), 47–58. PMID: 22179717.

Kunst, F., Ogasawara, N., Moszer, I. *et al.* 1997. The complete genome sequence of the gram-positive bacterium *Bacillus subtilis*. *Nature* **390**, 249–256. PMID: 9384377.

Lamichhane, G., Bishai, W. 2007. Defining the 'survivasome' of *Mycobacterium tuberculosis*. *Nature Medicine* **13**, 280–282.

Lamichhane, G., Zignol, M., Blades, N.J. *et al.* 2003. A postgenomic method for predicting essential genes at subsaturation levels of mutagenesis: application to *Mycobacterium tuberculosis. Proceedings of the National Academy of Sciences, USA* **100**(12), 7213–7218. PMID: 12775759.

Latendresse, M., Paley, S., Karp, P.D. 2012. Browsing metabolic and regulatory networks with BioCyc. *Methods in Molecular Biology* **804**, 197–216. PMID: 22144155.

Le Chatelier, E., Nielsen, T., Qin, J. *et al.* 2013. Richness of human gut microbiome correlates with metabolic markers. *Nature* **500**(7464), 541–546. PMID: 23985870.

Loman, N.J., Constantinidou, C., Chan, J.Z. *et al.* 2012. High-throughput bacterial genome sequencing: an embarrassment of choice, a world of opportunity. *Nature Reviews Microbiology* **10**(9), 599–606. PMID: 22864262.

Luo, H., Lin, Y., Gao, F., Zhang, C.T., Zhang, R. 2014. DEG 10, an update of the database of essential genes that includes both protein-coding genes and noncoding genomic elements. *Nucleic Acids Research* **42**(1), D574–580. PMID: 24243843.

Ma, J., Campbell, A., Karlin, S. 2002. Correlations between Shine-Dalgarno sequences and gene features such as predicted expression levels and operon structures. *Journal of Bacteriology* **184**, 5733–5745.

Mansfield, J., Genin, S., Magori, S. *et al.* 2012. Top 10 plant pathogenic bacteria in molecular plant pathology. *Molecular Plant Pathology* **13**(6), 614–629. PMID: 22672649.

Markowitz, V.M., Chen, I.M., Chu, K. *et al.* 2014. IMG/M 4 version of the integrated metagenome comparative analysis system. *Nucleic Acids Research* **42**(1), D568–573. PMID: 24136997.

Martin, W., Koonin, E.V. 2006. A positive definition of prokaryotes. *Nature* **442**, 868.

Mavromatis, K., Land, M.L., Brettin, T.S. *et al.* 2012. The fast changing landscape of sequencing technologies and their impact on microbial genome assemblies and annotation. *PLoS One* **7**(12), e48837. PMID: 23251337.

May, B. J., Zhang, Q., Li, L. L. *et al.* 2001. Complete genomic sequence of *Pasteurella multocida*, Pm70. *Proceedings of the National Academy of Sciences USA* **98**, 3460–3465. PMID: 11248100.

McCutcheon, J.P., Moran, N.A. 2011. Extreme genome reduction in symbiotic bacteria. *Nature Reviews Microbiology* **10**(1), 13–26. PMID: 22064560.

McCutcheon, J.P., von Dohlen, C.D. 2011. An interdependent metabolic patchwork in the nested symbiosis of mealybugs. *Current Biology* **21**(16), 1366–1372. PMID: 21835622.

Medini, D., Serruto, D., Parkhill, J. *et al.* 2008. Microbiology in the post-genomic era. *Nature Reviews Microbiology* **6**(6), 419–430. PMID: 18475305.

Mitchison, G. 2005. The regional rule for bacterial base composition. *Trends in Genetics* **21**, 440–443.

Mizoguchi, H., Mori, H., Fujio, T. 2007. *Escherichia coli* minimum genome factory. *Biotechnology and Applied Biochemistry* **46**(Pt 3), 157–167. PMID: 17300222.

Morgan, X.C., Segata, N., Huttenhower, C. 2013. Biodiversity and functional genomics in the human microbiome. *Trends in Genetics* **29**(1), 51–58. PMID: 23140990.

Mushegian, A. R., Koonin, E. V. 1996. A minimal gene set for cellular life derived by comparison of complete bacterial genomes. *Proceedings of the National Academy of Sciences USA* **93**, 10268–10273.

Nakabachi, A., Yamashita, A., Toh, H. *et al.* 2006. The 160-kilobase genome of the bacterial endosymbiont *Carsonella. Science* **314**, 267.

NCBI Resource Coordinators. 2014. Database resources of the National Center for Biotechnology Information. *Nucleic Acids Research* **42**(1), D7–D17. PMID: 24259429.

Nelson, K. E., Clayton, R. A., Gill, S. R. *et al.* 1999. Evidence for lateral gene transfer between *Archaea* and bacteria from genome sequence of *Thermotoga maritima. Nature* **399**, 323–329. PMID: 10360571.

Nolling, J., Breton, G., Omelchenko, M. V. *et al.* 2001. Genome sequence and comparative analysis of the solvent-producing bacterium *Clostridium acetobutylicum. Journal of Bacteriology* **183**, 4823–4838. PMID: 11466286.

Ogata, H., Audic, S., Renesto-Audiffren, P. *et al.* 2001. Mechanisms of evolution in *Rickettsia conorii* and *R. prowazekii. Science* **293**, 2093–2098. PMID: 11557893.

Overbeek, R., Olson, R., Pusch, G.D. *et al.* 2014. The SEED and the Rapid Annotation of microbial genomes using Subsystems Technology (RAST). *Nucleic Acids Research* **42**(1), D206–214 PMID: 24293654.

Owen, R. 1843. *Lectures on the Comparative Anatomy and Physiology of the Invertebrate Animals*. Longman, Brown, Green, and Longmans, London.

Pace, N.R. 2009. Problems with "prokaryote". *Journal of Bacteriology* **191**(7), 2008–2010. PMID: 19168605.

Pagani, I., Liolios, K., Jansson, J. *et al.* 2012. The Genomes OnLine Database (GOLD) v.4: status of genomic and metagenomic projects and their associated metadata. *Nucleic Acids Research* **40**(Database issue), D571–579. PMID: 22135293.

Parkhill, J., Dougan, G., James, K.D. *et al.* 2001a. Complete genome sequence of a multiple drug resistant *Salmonella enterica* serovar *typhi* CT18. *Nature* **413**, 848–852. PMID: 11677608.

Parkhill, J., Wren, B.W., Thomson, N.R. *et al.* 2001b. Genome sequence of *Yersinia pestis,* the causative agent of plague. *Nature* **413**, 523–527. PMID: 11586360.

Pennisi, E. 2012. Microbiology. Microbial survey of human body reveals extensive variation. *Science* **336**(6087), 1369–1371. PMID: 22700898.

Pérez-Brocal, V., Gil, R., Ramos, S. *et al.* 2006. A small microbial genome: the end of a long symbiotic relationship? *Science* **314**, 312–313.

Peri, S., Ibarrola, N., Blagoev, B., Mann, M., Pandey, A. 2001. Common pitfalls in bioinformatics-based analyses: Look before you leap. *Trends in Genetics* **17**, 541–545.

Perna, N. T., Plunkett, G. 3rd, Burland, V. *et al.* 2001. Genome sequence of enterohaemorrhagic *Escherichia coli* O157:H7. *Nature* **409**, 529–533. PMID: 11206551.

Pósfai, G., Plunkett, G. 3rd, Fehér, T. *et al.* 2006. Emergent properties of reduced-genome *Escherichia coli*. *Science* **312**, 1044–1046.

Qin, J., Li, R., Raes, J. *et al.* 2010. A human gut microbial gene catalogue established by metagenomic sequencing. *Nature* **464**(7285), 59–65. PMID: 20203603.

Rasko, D.A., Webster, D.R., Sahl, J.W. *et al.* 2011. Origins of the *E. coli* strain causing an outbreak of hemolytic–uremic syndrome in Germany. *New England Journal of Medicine* **365**(8), 709–717. PMID: 21793740.

Read, T.D., Brunham, R.C., Shen, C. *et al.* 2000. Genome sequences of *Chlamydia trachomatis* MoPn and *Chlamydia pneumoniae* AR39. *Nucleic Acids Research* **28**, 1397–1406. PMID: 10684935.

Read, T. D., Salzberg, S. L., Pop, M. *et al.* 2002. Comparative genome sequencing for discovery of novel polymorphisms in *Bacillus anthracis*. *Science* **296**, 2028–2033. PMID: 12004073.

Reid, S. D., Herbelin, C. J., Bumbaugh, A. C., Selander, R. K., Whittam, T. S. 2000. Parallel evolution of virulence in pathogenic *Escherichia coli*. *Nature* **406**, 64–67.

Rendulic, S., Jagtap, P., Rosinus, A. *et al.* 2004. A predator unmasked: life cycle of *Bdellovibrio bacteriovorus* from a genomic perspective. *Science* **303**, 689–692.

Reysenbach, A. L., Shock, E. 2002. Merging genomes with geochemistry in hydrothermal ecosystems. *Science* **296**, 1077–1082.

Richardson, E.J., Watson, M. 2013. The automatic annotation of bacterial genomes. *Briefings in Bioinformatics* **14**(1), 1–12. PMID: 22408191.

Riesenfeld, C.S., Schloss, P.D., Handelsman, J. 2004. Metagenomics: genomic analysis of microbial communities. *Annual Review of Genetics* **38**, 525–552.

Riley, M., Abe, T., Arnaud, M. B. *et al.* 2006. *Escherichia coli* K-12: a cooperatively developed annotation snapshot: 2005. *Nucleic Acids Research* **34**, 1–9. PMID: 16397293.

Robertson, C.E., Harris, J.K., Spear, J.R., Pace, N.R. 2005. Phylogenetic diversity and ecology of environmental Archaea. *Current Opinioin in Microbiology* **8**, 638–642.

Rudd, K.E. 2000. EcoGene: a genome sequence database for *Escherichia coli* K-12. *Nucleic Acids Research* **28**, 60–64.

Salgado, H., Santos-Zavaleta, A., Gama-Castro, S. *et al.* 2006. The comprehensive updated regulatory network of *Escherichia coli* K-12. *BMC Bioinformatics* **7**, 5.

Savage, D.C. 1977. Microbial ecology of the gastrointestinal tract. *Annual Review of Microbiology* **31**, 107–133. PMID: 334036.

Schaechter, M. 1999. Introduction to the pathogenic bacteria. In *Mechanisms of Microbial Disease* (eds M.Schaechter, N. C.Engleberg, B. I.Eisenstein, G.Medoff). Lippincott Williams and Wilkins, Baltimore, MD, Chapter 10.

Schloss, P.D., Handelsman, J. 2004. Status of the microbial census. *Microbiology and Molecular Biology Reviews* **68**, 686–691.

Schneiker, S., Perlova, O., Kaiser, O. *et al.* 2007. Complete genome sequence of the myxobacterium *Sorangium cellulosum. Nature Biotechnology* **25**(11), 1281–1289. PMID: 17965706.

Schönknecht, G., Chen, W.H., Ternes, C.M. *et al.* 2013. Gene transfer from bacteria and archaea facilitated evolution of an extremophilic eukaryote. *Science* **339**(6124), 1207–1210. PMID: 23471408.

Sherratt, D. 2001. Divide and rule: The bacterial chromosome. *Trends in Genetics* **17**, 312–313.

Shigenobu, S., Watanabe, H., Hattori, M., Sakaki, Y., Ishikawa, H. 2000. Genome sequence of the endocellular bacterial symbiont of aphids *Buchnera* sp. APS. *Nature* **407**, 81–86.

Shih, P.M., Wu, D., Latifi, A. *et al.* 2013. Improving the coverage of the cyanobacterial phylum using diversity-driven genome sequencing. *Proceedings of the National Academy of Sciences, USA* **110**(3),1053–1058. PMID: 23277585.

Shirai, M., Hirakawa, H., Kimoto, M. *et al.* 2000. Comparison of whole genome sequences of *Chlamydia pneumoniae* J138 from Japan and CWL029 from USA. *Nucleic Acids Research* **28**, 2311–2314. PMID: 10871362.

Singh, P., Cole, S.T. 2011. *Mycobacterium leprae*: genes, pseudogenes and genetic diversity. *Future Microbiology* **6**(1), 57–71. PMID: 21162636.

Skovgaard, M., Jensen, L. J., Brunak, S., Ussery, D., Krogh, A. 2001. On the total number of genes and their length distribution in complete microbial genomes. *Trends in Genetics* **17**, 425–428.

Stepanauskas, R. 2012. Single cell genomics: an individual look at microbes. *Current Opinion in Microbiology* **15**(5), 613–620. PMID: 23026140.

Stephens, R. S., Kalman, S., Lammel, C. *et al.* 1998. Genome sequence of an obligate intracellular pathogen of humans: *Chlamydia trachomatis. Science* **282**, 754–759. PMID: 9784136.

Stover, C.K., Pham, X.Q., Erwin, A.L. *et al.* 2000. Complete genome sequence of *Pseudomonas aeruginosa* PA01, an opportunistic pathogen. *Nature* **406**, 959–964. PMID: 10984043.

Sueoka, N. 1961. Correlation between base composition of deoxyribonucleic acid and amino acid composition of protein. *Proceedings of the National Academy of Sciences, USA* **47**, 1141–1149. PMID: 16590864.

Sun, L.V., Foster, J.M., Tzertzinis, G. *et al.* 2001. Determination of *Wolbachia* genome size by pulsed-field gel electrophoresis. *Journal of Bacteriology* **183**, 2219–2225. PMID: 11244060.

Tamas, I., Klasson, L., Canbäck, B. *et al.* 2002. 50 million years of genomic stasis in endosymbiotic bacteria. *Science* **296**, 2376–2379. PMID: 12089438.

Teeling, H., Gloeckner, F.O. 2006. RibAlign: a software tool and database for eubacterial phylogeny based on concatenated ribosomal protein subunits. *BMC Bioinformatics* **7**, 66.

Teeling, H., Glöckner, F.O. 2012. Current opportunities and challenges in microbial metagenome analysis: a bioinformatic perspective. *Briefings in Bioinformatics* **13**(6), 728–742. PMID: 22966151.

Tettelin, H., Saunders, N.J., Heidelberg, J. *et al.* 2000. Complete genome sequence of *Neisseria meningitidis* serogroup B strain MC58. *Science* **287**, 1809–1815. PMID: 10710307.

Tomb, J.F., White, O., Kerlavage, A.R. *et al.* 1997. The complete genome sequence of the gastric pathogen *Helicobacter pylori. Nature* **388**, 539–547. PMID: 9252185.

Toussaint, A., Chandler, M. 2012. Prokaryote genome fluidity: toward a system approach of the mobilome. *Methods in Molecular Biology* **804**, 57–80. PMID: 22144148.

Tringe, S.G., Rubin, E.M. 2005. Metagenomics: DNA sequencing of environmental samples. *Nature Reviews Genetics* **6**, 805–814.

Turnbaugh, P.J., Hamady, M., Yatsunenko, T. *et al.* 2009. A core gut microbiome in obese and lean twins. *Nature* **457**(7228), 480–484. PMID: 19043404.

Ward, N., Fraser, C.M. 2005. How genomics has affected the concept of microbiology. *Current Opinion in Microbiology* **8**, 564–571.

Waters, E., Hohn, M.J., Ahel, I. *et al.* 2003. The genome of *Nanoarchaeum equitans*: insights into early archaeal evolution and derived parasitism. *Proceedings of the National Academy of Sciences, USA* **100**, 12984–12988. PMID: 14566062.

Weinstock, G.M. 2012. Genomic approaches to studying the human microbiota. *Nature* **489**(7415), 250–256. PMID: 22972298.

White, O., Eisen, J.A., Heidelberg, J.F. *et al.* 1999. Genome sequence of the radioresistant bacterium *Deinococcus radiodurans* R1. *Science* **286**, 1571–1577. PMID: 10567266.

Woese, C.R. 2002. On the evolution of cells. *Proceedings of the National Academy of Sciences, USA* **99**, 8742–8747.

Woese, C.R., Fox, G.E. 1977. The concept of cellular evolution. *Journal of Molecular Evolution* **10**, 1–6.

Wolf, Y. I., Rogozin, I. B., Grishin, N. V., Tatusov, R. L., Koonin, E. V. 2001. Genome trees constructed using five different approaches suggest new major bacterial clades. *BMC Evolutionary Biology* **1**, 8.

Wu, D., Hugenholtz, P., Mavromatis, K. *et al.* 2009. A phylogeny-driven genomic encyclopaedia of Bacteria and Archaea. *Nature* **462**(7276), 1056–1060. PMID: 20033048.

Zahradka, K., Slade, D., Bailone, A., Sommer, S., Averbeck, D., Petranovic, M., Lindner, A.B., Radman, M. 2006. Reassembly of shattered chromosomes in *Deinococcus radiodurans*. *Nature* **443**, 569–573.

Zhao, L. 2013. The gut microbiota and obesity: from correlation to causality. *Nature Reviews Microbiology* **11**(9), 639–647. PMID: 23912213.

Zhi, X.Y., Zhao, W., Li, W.J., Zhao, G.P. 2012. Prokaryotic systematics in the genomics era. *Antonie Van Leeuwenhoek* **101**(1), 21–34. PMID: 22116211.

第18章

真核生物基因组：真菌

三号染色体上已有 145 个新的蛋白编码基因被揭示了，并且对这些基因的功能分析也已经开始。迄今为止的研究结果表明酵母遗传学的很多领域都被我们完全忽视了，对分子遗传学与生理学研究协同发展的需求是非常重要的。这些数据同时也要求我们彻底地重新审视酵母遗传图谱。序列的可利用性使得染色体上的不同基因能够被清晰地定位。因此，对遗传图谱的研究重点发生了变化；它更多地成为了用于研究重组和染色体进化动态的工具。基于当前的技术可以实现对整个酵母基因组测序的目标，并且测得的序列将被证明其对于未来真核分子生物学发展的重要性不会亚于过去经典的酿酒酵母遗传图谱。酵母全基因组序列将为分子遗传学开辟新的研究领域，为解释更高等生物的序列数据打下基础。

——Stephen Oliver 等（1992）报道酿酒酵母三号
染色体的完整序列，第一个被测序的真核生物染色体

 学习目标

阅读本章节之后你应该能够：
- 概述真菌是如何被分类的；
- 描述酿酒酵母基因组特征；
- 讨论酿酒酵母中的基因组复制；
- 描述酵母属的比较基因组学；
- 描述其他真菌门的比较基因组学。

18.1 引言

根据 Whittaker 的分类系统（1996），生命分为五界：无核生物（原核生物）、原生生物、动物、真菌和植物。我们已经在第 17 章讨论过细菌和古细菌，并且在第 8 章介绍了真核生物的染色体。在这一章我们将通过学习真菌开始对真核生物进行探索。这个多样而有趣的生物类群在 15 亿年前与植物和动物享有一个最近的共同祖先（Wang 等，1999，在第 19 章有讨论）。有些人认为真菌这种生物就像蘑菇一样，应该由植物学家来研究。然而令人惊讶的是，真菌与动物的亲缘关系远比与植物近。在第 19 章，我们将拓展我们的学习内容至整个真核生物界，包括动物、植物和各类原生生物。然后再讨论人类（第 20 章）。

真菌学（mycology 来源于希腊语 $\mu v'\kappa\eta\varsigma$，意思是真菌，fungus）是对真菌的研究。真菌病 mycosis 是一种由真菌引起的疾病。后缀 -mycota 指的是真菌；真菌界也被叫做 Eumycota（真正的真菌）。

形态学上,真菌的特点是拥有可以生长并可能分支的菌丝(细丝)。在加州大学伯克利分校的古生物学博物馆中,有一个关于真菌的介绍,包括许多物种的照片,见 http://www. ucmp. berkeley. edu/fungi/fungi. html(链接 18.1)。

第一个被完全测序的真核生物基因组是一个具有 1300 万个碱基对的真菌基因组,这种真菌是一种名为酿酒酵母(*Saccharomyces cerevisiae*)的出芽酵母。与人类相比(30 亿碱基对,或 Gb),它的基因组非常小,并且只比一个典型的细菌基因组大几倍。基于酿酒酵母生长迅速,能轻易地被遗传修饰,并且与后生动物及其他真核生物享有很多保守性的细胞功能,一直以来其都是遗传学研究的模式真核生物。最近,它更是成为了功能基因组学研究的一种模式生物(第 14 章)。其近 6000 个基因中的每一个都经敲除、过表达,然后基于多种试验来进行功能表征。

如今,随着全基因组测序已成为常规手段,对酵母和其他真菌的测序也在加速发展。虽然真菌作为真核生物与后生动物(动物)享有很多共性,但是大多数真菌的基因组大小相对较小。通过比较分析,我们正在获得关于基因组结构和进化的很多基本性质的新见解,包括全基因组倍增和倍增基因的命运(Dujon,2006)。

这一章将首先对真菌进行概述。然后我们将介绍分析酿酒酵母基因组的生物信息学方法。最后,我们会对其他真菌基因组的测序和真菌比较基因组学的早期经验进行描述。

18.2 真菌的描述和分类

我们将在第 19 章详细地讨论这个进化树(图 19.1)。

生长于食物产品如卡芒贝尔奶酪和布里干酪的真菌能提供独特的口感。真菌被用于生产酱油和许多其他食品和药品。

真菌是丝状(如霉菌)或单细胞(如酵母中的酿酒酵母)真核生物。真菌分类标准主要是基于形态(例如超微结构)、生化性质(例如生长性质或者细胞壁组成)以及分子序列数据(DNA、RNA 及蛋白质序列)。大多数真菌是需氧的,所有的真菌都是异养生物,需要摄入食物。通常真菌有较强的耐受性,会形成由几丁质构成的孢子。它们在生态系统中具有降解有机废物的作用。真菌是人类、其他动物和植物的重要致病媒介(van de Wouw 和 Howlett,2011)。同时,真菌在发酵过程中也有关键作用;黑根霉(*Rhizopus nigricans*)这种霉菌被用于类固醇的工业生产,如生产可的松;而产黄青霉(*Penicillium chrysogenum*)则能生产抗生素青霉素。

生命树上多个物种之间的关系已经被基于小亚基核糖体 RNA 的系统发生分析所描绘(图 15.1)。在另一个补充性方法里,W. F. Doolittle 和他的同事则基于 4 个蛋白质的连续氨基酸序列来定义真核生物的系统发生关系:这些蛋白分别是延长因子-1α、肌动蛋白、α-微管蛋白和 β-微管蛋白(Baldauf 等,2000)。一部分系统发生树显示真菌形成了作为动物(后生动物;图 18.1)姐妹群的单系分枝。真菌和动物这样近的亲缘关系多少有些令人惊讶,毕竟有很

关于论述真菌分类的网络资源,请访问真菌索引(Index Fungorum)(http://www. indexfungorum. org,链接 18.2),MycoBank(http://www. mycobank. org,链接 18.3)、全球生物多样性信息组织(Global Biodiversity Information Facility)(http://www. gbif. org,链接 18.4)。

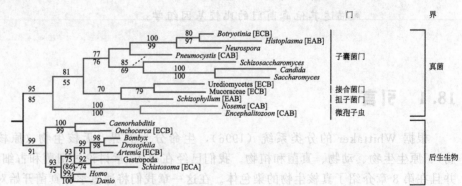

图 18.1 真菌系统发生分析表明它们与后生动物(动物)形成了姐妹群关系。该树是 Baldauf 等人(2000)对真核生物的大范围分析的一个局部细节图。其通过利用四个连续的蛋白序列进行多序列比对生成,这 4 个蛋白质分别为延长因子 1α(EF-1α)(在发生树中简写为 E)、肌动蛋白(C)、α 微管蛋白(A)和 β 微管蛋白。微孢子虫曾经被划分为长枝真核生物,但是现在被归到真菌这个类群。此系统发生树没有显示壶菌门

[来源:Baldauf 等(2000),经 AAAS 允许转载.]

多真菌具有很明显的简单、单细胞特性。但是，真菌和动物有许多相似之处。几丁质是真菌细胞壁的主要成分，它同样是节肢动物外骨骼的组成之一（植物细胞壁采用纤维素）。许多基础生物过程在酵母和哺乳动物细胞之间高度保守，比如细胞周期调控、DNA 修复以及胞内囊泡运输。

　　基因组学的进展为分类学的持续进步提供了可能，这其中包括基于序列的系统发生研究（Casaregola

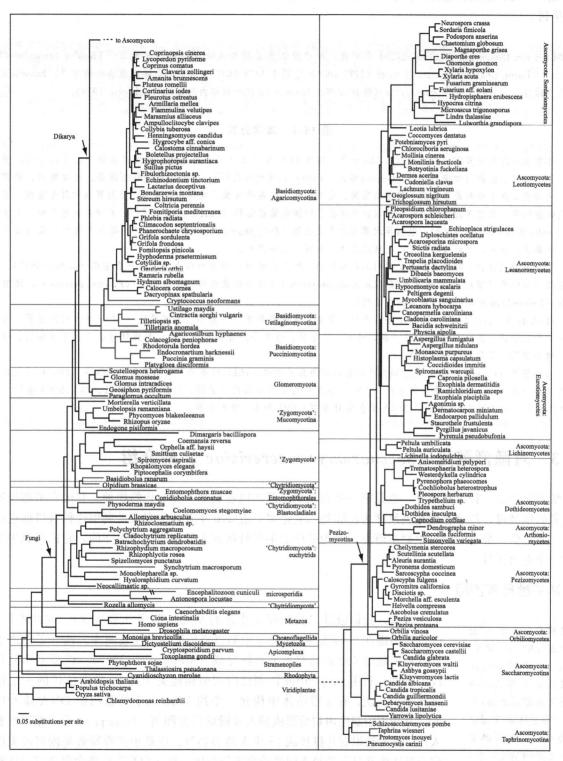

图 18.2 真菌的系统发生关系。采集了近 200 个真菌物种，并基于它们的 6 个分子进行分析（见框 18.1）。已知的真菌物种主要来自双核亚界的子囊菌门和担子菌门

［改编自 James 等（2006）。经 Macmillan 出版社许可使用］

等，2011）。根据 Hibbett 等（2007）的系统发生分类结果，真菌界有 7 个门（见框 18.1 对真菌分类的讨论）。其中，双核亚界包含了子囊菌门（*Ascomycota*，包含了酿酒酵母）和担子菌门（*Basidiomycota*）。Hibbett 等人的分类结果与 James 等人（2006）基于近 200 个真菌物种样本得到的真菌界主要进化枝的组成的结果一致。系统发生分析依赖 6 个基因（框 18.1）。图 18.2 则描绘了一个基于 James 等人研究的系统发生树。

在 Anton van Leeuwenhoek（1632-1723）的时代，酵母被认为是没有生命活性的化学物质。Theodor Schwann（1810-1882）和 Baron Charles Cagniard-Latour（1777-1859）分别于 1836-1837 年独立发现酵母由活细胞组成。Schwann 研究的是发酵酵母，并将之称为 *Zuckerpilz*（糖菌），*Saccharomyces* 这个词即由此而来（Bulloch，1938）。

框 18.1　真菌分类

　　尽管估计的总的真菌物种数至少有 150 万个，但在 1995 年只有 7 万个被描述。这些真菌被分成了四个门：子囊菌门、担子菌门、壶菌门和接合菌门 [Guarro 等人（1999）有描述和说明]。①子囊菌门包括酵母、蓝绿霉菌、块菌和地衣；大约有 3 万个物种是已知的，包括曲霉属、念球菌属、隐孢子虫属、组织胞浆菌属、脉胞霉属和酵母菌属。②担子菌门包括锈菌、黑穗病菌和蘑菇；它们以被称作担子的棒状繁殖结构而被区分。③壶菌门，有时也被划分到原生生物界（Margulis 和 Schwartz，1998），包括异水霉属和多主壶属（*Polyphagus*）。④接合菌门，一类没有菌丝隔膜（交叉细胞壁）的真菌，通常以腐烂植物为食，包括球菌属、白霉菌属和酒曲菌属。

　　子囊菌门因包含了酵母而引起了我们的研究兴趣。这个门被进一步分为四个纲：半子囊菌纲（如酿酒酵母）、真子囊菌纲（如红面包菌）、小腔子囊菌纲（*Loculoascomycetae*）[例如痂囊腔菌变形杆菌属（*Elsinoe proteae*）]，还有虫囊菌纲（Laboulbeniomycetae）（昆虫的寄生物）。

　　Hibbett 等（2007）在一篇有 67 个作者的文章中，重新将真菌分类为界（真菌界）、一个亚界（双核亚界，包含了子囊菌和担子菌分支）、7 个门、35 个纲，还有 129 个目。这 7 个门分别是壶菌门、新丽鞭毛菌门、芽枝霉门、微孢子虫、球囊菌门、子囊菌门和担子菌门。

　　双核亚界（Dikarya）包含了约 98% 的所有已知的真菌物种。Hibbett 等的分类结果和 James 等（2006）得到的系统发生关系一致，James 等人的研究分析了 199 个分类群的 6 个基因序列数据：18S rRNA 基因、28S rRNA 基因、5.8S rRNA 基因、延伸因子 1-α 和两个 RNA 聚合酶 II 亚基 RPB1 和 RPB2 的基因。

18.3　对酿酒酵母（*Saccharomyces cerevisiae*）的介绍

　　酿酒酵母是一种出芽酵母，也是第一个在至少 1 万年以前就被人类驯化的物种。它经常被称作啤酒酵母或者面包酵母，能够将葡萄糖发酵为乙醇和二氧化碳。近 200 年来，研究人员利用这种有机体进行生物化学、遗传学、分子和细胞生物学研究。因为酵母的很多特征在人类细胞中是保守的，它已经成为基础研究的一个有力工具。

测序酵母基因组

酿酒酵母也被称为"出芽酵母"，与"裂殖酵母"相区分。粟酒裂殖酵母基因组是第二个被测序的真菌基因组（见下文"裂殖酵母-粟酒裂殖酵母"）。酿酒酵母是一个单细胞生物体，通常在复制的过程中"出芽"。

　　目前，我们通过二代测序技术进行基因组测序（第 9 章）。与此不同的是，酵母基因组在 20 世纪 90 年代早中期以染色体为单位被测序。这一工作由来自世界各地的超过 600 名研究人员共同完成（Mewes 等，1997）。该项工作分几个阶段：首先，利用 rare-cutter 限制性内切酶构建关于其 16 条染色体的一个粗略物理图谱。其次，在 λ 噬菌体中构建一个约 10kb 大小的基因组 DNA 插入片段文库，并使用限制性内切酶形成插入片段的酶解图谱（fingerprinted）。相互重叠的插入片段克隆被识别并拼接成 16 个大的叠连群。以最小重叠覆盖基因组的克隆片段集合被选出并且分发给不同实验室进行测序、拼接和基于标准命名法进行注释（最终的错误率是每 1 万个碱基低于 3 个错误碱基，或者 0.03%；Mewes 等，1997）。今天，这种方法会被认为繁杂、低效并且昂贵，但是整个合作过程却极其成功。

出芽酵母基因组的特点

酿酒酵母基因组由 16 条染色体的 13Mb DNA 组成。有了对基因组的完整测序后，物理图谱（直接由 DNA 测序决定）就和整个遗传图谱［通过四分体分析（tetrad analysis）来获得基因间遗传距离；Cherry 等，1997］统一了起来。最终的序列由 30 万个独立的序列读段拼接得到（Mewes 等，1997）。表 18.1 中列出一些酿酒酵母的序列特征，这些特征信息是基于对基因组的初始注释（Goffeau 等，1996）及最近的更新结果得到的。

在序列分析开始后的近 20 年间，随着基因模型被校正，注释信息经常被更新，并且添加新的信息（如基于同其他真菌基因组的比较分析）使得对基因组特征的估计更加精确。在 2010 年，对一个主要的菌株——酿酒酵母 S288C 的参考基因组序列进行了更新（被称为 S288C 2010；Engel 等，2013）。

表 18.1 酿酒酵母的基因组特征。ORF 为开放阅读框；snoRNA 为小核仁 RNA；tRNA 为转运 RNA；Ty 为逆转录转座子；UTR 为非编码区

特征	数量	特征	数量
测序长度[1]	12157bp	UTRs 区域的内含子	15 个内含子
重复序列长度	1321kb	假基因[1]	19 个假基因
总长度	13389kb	自主复制序列	337 个序列
总的开放阅读框 ORFs[1]	6607ORF	完整的 Ty 元件[1]	50 个元件
已证实的开放阅读框 ORFs[1]	5072ORF	tRNA 基因[1]	299 个基因
未表征的开放阅读框 ORFs[1]	748ORF	snRNA 基因[1]	6 个基因
可疑的 ORFs[1]	787ORF	snoRNA 基因[1]	77 个基因
ORFs 区域的内含子	220 个内含子	非编码 RNA[1]	9 个基因

[1] Saccharomyces 基因组数据库，2014。

注：改编自 Goffea 等（1996）。(http://www.yeastgenome.org)。

酵母基因组的一个显著特征是基因密度高（大约每 2000 个碱基对就有一个基因）。细菌的基因密度约每 1000 个碱基对一个基因，但大多数高等真核生物的基因密度远小于此。最开始注释基因组序列时，6275 个开放阅读框（ORFs）被预测出来。开放阅读框被定义为长度超过 100 个密码子（300 个核苷酸）的序列，因此使得一个蛋白质的分子量至少为 11500Da。鉴于有些开放阅读框比较短而不太可能编码蛋白质，表 18.1 中列出 390 个存在问题的开放阅读框。（Dujon 等，1994）。根据"密码子适应指数"<0.11，这些存在问题的开放阅读框表现出不太可能出现的密码子使用偏好。

> 按照定义，所有的 ORF 都以起始密码子（通常是 AUG 编码甲硫氨酸）开始，以终止密码子（UAG，UAA 或 UGA）结束。

短的开放阅读框能否编码真正的蛋白质呢？该问题对我们理解任何一个真核基因组都很重要。对酵母基因组的注释存在假阳性（辨识出的开放阅读框并不编码真的蛋白质）和假阴性（拥有短的开放阅读框的真基因未被注释出来）。酿酒酵母基因组数据库（下文中介绍）列出了几类开放阅读框，包括已证实的开放阅读框、未表征的开放阅读框和可疑的开放阅读框。有 40000 个开放阅读框超过了 20 个密码子长度（Mackiewiza 等，2002）。任意选取 100 个密码子作为一个分界值，低于该值的很多开放阅读框满足密码子适应指数大于 0.11 的标准，并且这些开放阅读框没有和更长的开放阅读框重叠（Harrison 等，2002）。决定一个开放阅读框是否为蛋白编码基因的主要标准有：①在其他生物中体现保守性；并且/或者②具有基因表达的实验证据，并且/或者通过质谱法检测到有相应的蛋白质表达。

NCBI Genome 网站关于酿酒酵母 S288c 列出了 5906 种蛋白质，这些蛋白质的氨基酸残基个数范围在 16～4910（残基均值 494，中位值 405；图 18.3）。其中有 69 个蛋白质长度在 16～50 个氨基酸残基之间。这些真的是蛋白质吗？其中有两个是核糖体 60S 亚基蛋白质，剩下的大部分为假定蛋白（hypothetical proteins）。例如，YJR151W-A（NP_878108.1）是被 NCBI 注释为假定蛋白的一个有 16 个氨基酸的多

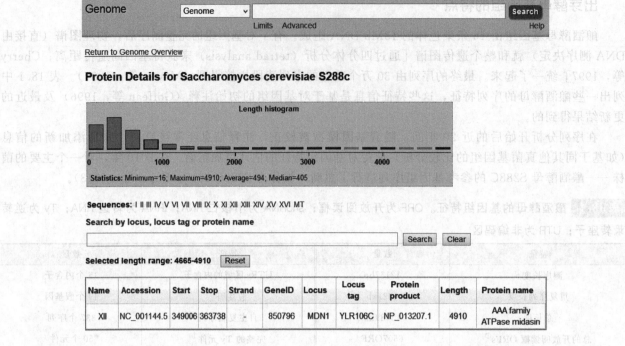

图 18.3 酿酒酵母 288c 中的蛋白质。NCBI Genome 网站关于此酵母物种包括了一个基因组注释信息，提供了基于蛋白质大小的柱状图。点击柱状图的最右边部分，长度最大的蛋白质条目就可以被展示出来（4910 个残基长度的 AAA 家族的 ATP 酶 midasin）。对于预测的小蛋白质（如<100 个密码子），确认基因在体内被转录和翻译且不代表一个没有生物学意义的偶然的开放阅读框是很重要的

（来源：NCBI Genome，NCBI）

肽；它是根据真菌同源性和 RT-PCR 将其识别出来；基于"连坐法（guilt by association′analysis）"分析预测其参与转录。由此看来，这些极小开放阅读框的生物相关性也可以得到有力的证据支持。

表 18.2 InterPro 列出的酿酒酵母中十个最常见的蛋白质结构域

ID	InterPro name	Number of genes	Number of Ensembl hits
IPR011009	Protein Kinase-like domain	130	131
IPR000719	Protein Kinase,catalytic domain	117	236
IPR011046	WD40 repeat-like-containing domain	110	116
IPR008271	Serine/threonine-protein kinase,active site	108	108
IPR016024	Armadillo-type fold	104	119
IPR001680	WD40 repeat	100	1038
IPR017441	Protein kinase,ATP binding site	87	87
IPR003593	ATPase,AAA+type,core	86	120
IPR016196	Major facilitator superfamily domain,general substrate transporter	85	89
IPR017986	WD40-repeat-containing domain	81	89

注：来源于 Ensembl 75；Flicek 等（2014），经 Ensembl 允许转载。

酿酒酵母基因组中最大的一个基因，*YLR106c*，被定位到 12 号染色体上。该基因编码一个具有 4910 个氨基酸的蛋白质（Mdn1p；索引号 NP_013207.1、Garbarino 和 Gibbons，2002）。一个人类的直系同源蛋白质——Midasin，长度为 5596 个氨基酸（超过 60 万道尔顿；RefSeq 索引号 NP_055426.1）。

表 18.2 列出了酿酒酵母中最常见的蛋白质家族。

内含子是几乎所有真核生物的蛋白编码基因都具有的一个基本特征。在人类基因组中每个基因约有 8

个内含子。酿酒酵母却是一个例外，它仅有 4% 的基因内有内含子。在粟酒裂殖酵母（*S. pombe*，后文介绍）中则有 40% 的基因含有内含子。内含子的缺乏使得酿酒酵母成为从 DNA 基因组中识别基因的理想模式生物。Neuvéglise 等（2011）描述了 13 个半子囊菌酵母基因组中内含子含量的特征。他们发现进化速度越快的物种更倾向于丢失其内含子（图 18.4）。Kelkar 和 Ochman（2012）用内含子频率分析了遗传漂变问题：一般来说，真菌基因组的扩增与基因密度的减小和内含子频率的增加有关。

Cécile Neuvéglise 介绍了 Génosplicing，这是一个介绍半子囊酵母的剪接内含子的网站（http：//genome. jouy. inra. fr/genos-splicing/，链接 18.5）。根据 the SacCer＿Apr2011-Primary assembly，有 279 个 RefSeq 编码内含子和 60 个 RefSeq 非编码内含子（https：//www. ncbi. nlm. nih. gov/mapview/stats/BuildStats. cgi? taxid=4932&build=3&ver=1，链接 18.6）。

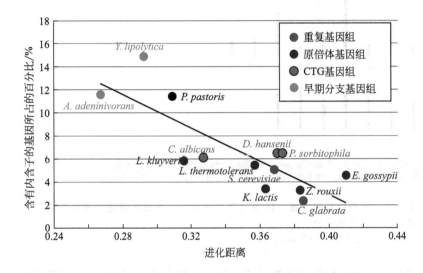

图 18.4　酿酒酵母的内含子极少。以 13 种酵母基因组中含有内含子的基因的百分比为 y 轴，以基于 84 个蛋白的比对作系统发生分析得到的进化距离为 x 轴作图。基因中的内含子含量最少的基因组倾向于有最大的进化距离（相关系数 $r^2 = 0.662$）　〔改编自 Neuvéglise 等（2011），经 Elsevier 和 C. Neuvéglise 许可使用〕

除了蛋白质编码基因以外，还有许多基因被转录，这些基因编码功能性 RNA 分子但并不进一步翻译成蛋白质。除了表格 18.1 所展示的 299 个 tRNA 基因，还有 140 个串联重复 rRNA 基因拷贝以及核仁小分子 RNA（snoRNA 核仁小 RNA；Lowe 和 Eddy，1999）和其他种类的 RNA。同人、鼠、线虫的基因组一样，它们在酵母基因组中普遍地被转录，可能会控制基因的表达和/或染色质结构域的形成（Tisseur 等，2011；Wu 等，2012）。

酿酒酵母基因组编码 50 个完整的逆转录转座子（*Ty1*、*Ty2*、*Ty3*、*Ty4* 和 *Ty5*）。它们是介导转座（即在基因组中的一个新位置处插入；Roth，2000）的内生性类逆转录病毒元件。这些逆转录转座子位于长末端重复序列（LTRs）两侧，后者在整合逆转录转座子到新的基因组位点的过程中发挥作用。逆转录转座子形成了所有真核生物的基因组全貌（genomic landscape）。

人类基因组几乎半数由转座元件构成,我们在第 20 章对其进行深入探讨。

我们在之前就介绍了水平基因转移（第 17 章）。基因从细菌、植物以及其他真菌转移到真菌基因组中的水平基因转移现象广泛存在（Fitzpatrick，2012）。这其中包括生物素合成途径相关基因转入酿酒酵母。

有关真菌的 NCBI Genome 资源见 https：//www. ncbi. nlm. nih. gov/genome? term＝saccharomyces％20cerevisiae（链接 18.7）。

探究典型酵母染色体

我们选择了第 12 号染色体（Johnston 等，1997）来探索一个典型的酵母染色体的特征。

分析染色体的网络资源

你可以从多个网站上获得酿酒酵母的任意染色体 DNA 序列以及各种注释信息。下面介绍这些网站。

• NCBI 通过 Genome 页面或 "Map Viewer" 提供数据。我们选择 12 号染色体（或者 16 条染色体中的任一条；图 18.5）。新生成的页面会展示该染色体（同时包括的一个列出了在其 1.08Mb 长度上注释的 564 个基因的列表）。关于该染色体的 NCBI 页面提供了各种注释数据轨。NCBI 提供了额外的真菌基因组专用资源，由 Robbertse 和 Tatusova 描述（2011）。

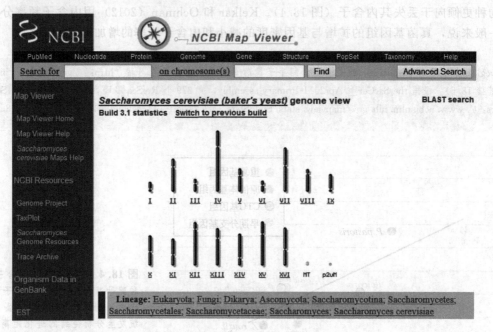

图 18.5　NCBI Map Viewer 网站包含了关于酿酒酵母的页面。16 条染色体中的每一条都可以进行单独研究。左侧边栏包含了一些关于酿酒酵母和其他真菌的资源链接
（来源：NCBIMap Viewer，NCBI）

　　NCBI Genome Workbench 提供了获得基因组数据的便捷通道。我们可以浏览 12 号染色体（图 18.6）或者放大查看这条染色体上的一个典型基因，如编码 Vps33p 的 *VPS33/YLR396C*（图 18.7）（关于酿酒酵母基因和蛋白质的命名系统见框 18.2）。这里还提供了相关工具链接，如 BLAST、MUSCLE、基因比对器（genomic aligners）和系统发生分析工具（phylogenetics tools）。

　　• 酵母基因组数据库（*Saccharomyces* Genome Database，SGD）（Engel 和 Cherry，2013）是优秀的模式生物数据库之一，并且可以说是有关酿酒酵母相关信息的最集中的资源（更多信息见第 14 章）。

(a) Genome Workbench搜索视图：查询 *Saccharomyces cerevisiae*

(b) 12号染色体上基因的Genome Workbench视图

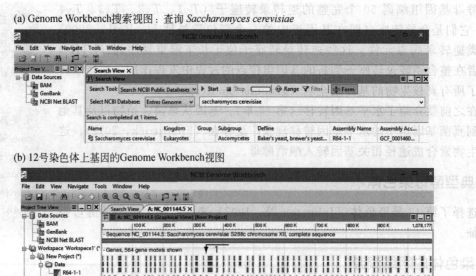

(c) 在图形视图可获取更多数据轨

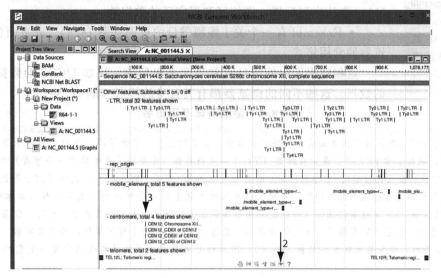

图 18.6　NCBI Genome Workbench 可被用来分析感兴趣的序列。（a）在搜索页面中选择 "Entrez Genome"，并且键入 "saccharomyces cerevisiae"（不包含引号），按下回车键将该基因组加载到左侧边栏 Data 子文件夹中。（b）数据集会被赋予一个组装名称（R64-1-1）。（在电脑上）右击左侧边栏的 R64-1-1 并选择 "open new view（打开新视图）"，选择 "graphical view（图形视图）"，可以看到一个包含 16 条染色体以及线粒体染色体的列表；选择第 12 号染色体（NC_001144.5）。染色体的全局视图如图所示；绿色、蓝色、红色条带分别对应基因、mRNA 和蛋白数据。显而易见，最大的酵母蛋白 midasin 排在基因模型的第一行，拥有约 350000 个碱基对（箭头 1）。（c）其他数据轨可以通过菜单栏显示（箭头 2），包括长末端重复序列、复制起始点、移动元件、着丝粒元件（箭头 3）和端粒（参见彩色插图）

（来源：Genome Workbench，NCBI）

> SGD 的内容见 http://www.yeastgenome.org（链接 18.8）。

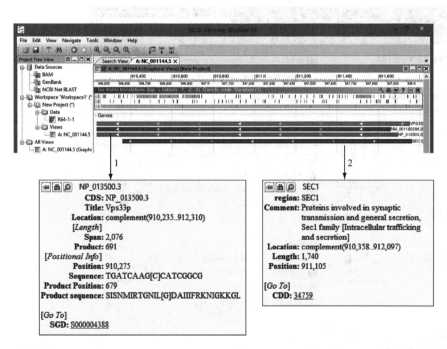

图 18.7　Genome Workbench 显示了 12 号染色体上的一个基因（*VPS33/YLR396C*）。基因、mRNA 和蛋白质数据轨都可获得。将鼠标移到蛋白质数据轨，则会显示包括酵母基因组数据库（Saccharomyces Genome Database）入口链接在内的相关信息（箭头 1）。与之相关的基因 *SEC1* 也被显示出来（箭头 2），将鼠标移至其上则会显示包括保守结构域数据库（Conserved Domain Database）链接在内的相关信息

（来源：Genome Workbench，NCBI）

<table>
<tr><td>我们可以访问 Ensembl（http://www.ensembl.org/index.html，链接 18.9），然后浏览酿酒酵母的相关信息。</td><td>
• UCSC Genome Browser 包括一个酿酒酵母浏览器。其中包括基因、mR-NA、表达序列标签、调控区和保守区的数据轨。
• Ensembl 有一个关于酿酒酵母的页面（图 18.8）。此页面包含 Ensembl 浏览器的常用格式。
这些数据库中的信息常常是交叉引用的，比如 UCSC 的数据轨会包含 SGD 的数据。这些不同的浏览器都有其自身的特点（框 18.3）。</td></tr>
</table>

框 18.2　酿酒酵母基因命名

所有≥100 个密码子的开放阅读框都有一个独特的名称，该名称由三个字母紧接一个数字和一个下标描述其在基因组中位置。例如，基因名称 *YKL159c* 表示在酵母（Y）十一号染色体（K 是字母表中第十一个字母）左臂（L）上的第 159 号开放阅读框（从着丝粒数起）。名称最后的 c 或者 w（"Crick"或者"Watson"）反映了这个基因在染色体上的方向。一旦一个基因被研究并被赋予某种功能，研究人员可以赋予该基因一个反映功能的新名称（如本例中 *RCN1* 表示"钙调磷酸酶的调控子"）。显性等位基因（一般是野生型等位基因）用三个大写字母表示，隐性等位基因（一般是敲除突变或者失去功能的等位基因）则用三个小写字母表示。基因的蛋白质产物名称不斜体，并且只有第一个字母大写，末尾添加"p"表示蛋白。很多基因有多个名称（同义），因为研究者是在不同的功能筛选中发现它们的。一些命名示例如下。

野生型等位基因	蛋白质产物	突变等位基因
CNA1	Cna1p	cna1Δ 8136 A 6 3 5
RCN	Rcn1p	rcn1,rcn1::URA3
YKL159c	Ykl159cp	ykl159c

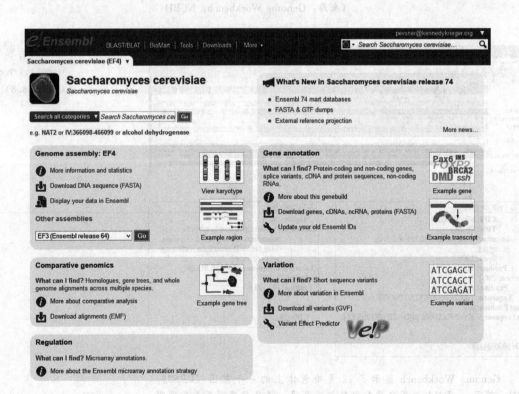

图 18.8　Ensembl 包括酿酒酵母（和其他许多生物）的资源，包括基因组拼接数据、比较基因组学、调控、注释和变异信息

［来源：Ensembl Release 73；Flicek 等（2014），经 Ensembl 许可改编］

框 18.3　多个酵母基因组浏览器

　　著名的酵母基因组浏览器包括 NCBI、MIPS、SGD 和 UCSC。每个都有不同的优势，不存在最好的资源一说。SGD 可以说是酵母基因组学领域最重要的网络资源。NCBI 的优势在于其在生物信息学领域中的重要角色。在脊椎动物基因组的可视化、注释和分析方面，UCSC Genome Browser 的资源越来越重要，尽管目前其在真菌方面的应用还很有限。MIPS 提供了人工校正信息。值得注意的是，它的网络浏览器是基于通用模式生物数据库项目（Generic Model Organism Database project，GMOD；http://www.gmod.org/，O'Connor 等，2008）搭建的。GMOD 是一组相互关联的应用程序和数据库，包括 Generic Genome Browser（GBrowse）。有关各种生物的研究团体都为 GMOD 做出了贡献（包括 SGD 和第 19 章中介绍的模式生物计划，比如 FlyBase、WormBase 和 TAIR）。最近开发的工具包促进了模式生物网站的发展，包括启用 Drupal 内容管理系统（Papanicolaou 和 Heckel，2010；Ficklin 等，2011；Sanderson 等，2013）。

使用命令行工具探索染色体上的变异

　　现在，我们对 Ensembl 的资源进行更深入的探索。我们可以使用基因组浏览器来探索酿酒酵母 12 号染色体上的基因组变异。或者，我们可以在命令行环境下探索其变异。点击链接来 "Download all variants（GVF）"。在 Unix 系统中，我们可以复制链接地址并使用 wget 工具。在 Macintosh 系统中，我们可以点击发送变异文件到一个下载目录下，然后用 mkdir 命令创建一个名为 yeast 的目录，并用 cp 工具将下载的变异文件复制到该目录。还有一个 README 文件，我们可以使用 cat README 查看，它告诉我们所下载的文件包括 Ensembl 当前版本的所有生殖细胞变异。文件格式为 Genome Variation Format（GVF）（Reese 等，2010）。

关于 GVF 格式的描述见 http://www.sequenceontology.org/gvf.html（链接 18.10）。我们在第 9 章提到过它，因为它（与 VCF 文件一起）可作为 VAAST 的输入。

　　由于变异文件被压缩了，我们需要解压它们：

```
$ gunzip Saccharomyces_cerevisiae.gvf.gz
```

　　这里的 gunzip 是一个解压缩文件的工具。我们进而可以查看文件：

```
$ wc -l Saccharomyces_cerevisiae.gvf
 263033 Saccharomyces_cerevisiae.gvf
$ less Saccharomyces_cerevisiae.gvf
##gff-version 3
##gvf-version 1.07
##file-date 2013-12-01
##genome-build ensembl EF4
##species http://www.ncbi.nlm.nih.gov/Taxonomy/Browser/wwwtax.cgi?id=4932
##feature-ontology http://song.cvs.sourceforge.net/viewvc/song/ontology/
so.obo?revision=1.283
##data-source Source=ensembl;version=74;url=http://e74.ensembl.org/
Saccharomyces_cerevisiae
##file-version 74
##sequence-region I 1 230218
##sequence-region II 1 813184
… # these dots indicate that we omit a series of additional comment lines
I SGRP SNV 84 84 . + . ID=1;Variant_seq=A;Dbxref=SGRP:s01-84;Reference_seq=G
I SGRP SNV 109 109 . + . ID=2;Variant_seq=C;Dbxref=SGRP:s01-109;Reference_seq=G
I SGRP SNV 111 111 . + . ID=3;Variant_seq=T;Dbxref=SGRP:s01-111;Reference_seq=C
I SGRP SNV 114 114 . + . ID=4;Variant_seq=C;Dbxref=SGRP:s01-114;Reference_seq=T
I SGRP SNV 115 115 . + . ID=5;Variant_seq=G;Dbxref=SGRP:s01-115;Reference_seq=C
```

　　wc -l 的结果告诉我们，这个文件有约 263000 行。less 命令显示了文件的开头，这里每一行的起始都是一系列的标题行（都以＃＃符号开头）。然后我们可以看见列出的基因组单核苷酸变异（SNV）条目。例如，第一个被描述的变异是位于 1 号染色体 84 位的 A，其对应的参考核苷酸为 G。

　　那么有哪些变异发生在第 12 号染色体上呢？我们可以使用 grep 命令选择包含表达式 "Ⅻ" 的行。但是，这样在选中Ⅻ染色体时也会选中Ⅻ染色体，所以我们可以使用 grep -v 命令行来选择性排除Ⅻ。要学习怎样使用像 grep 这样的命令，最简单的办法就是尝试网络浏览器搜索引擎，这样你可以找到相似的问题以及专家的解答。在 Linux 平台上，记得输入 man grep 来阅读说明文档。

```
$ grep "XII" Saccharomyces_cerevisiae.gvf | grep -v "XIII" | wc -l
 22336
```

<table>
<tr>
<td>

yeast_chrXII_SNVs.gvf 这个文件见在线文档 18.1 （ http://bioinf- book.org,链接 18.11）。 要查看其内容可以使用 文本编辑器，如 Note-Pad（PC）或 TextEdit （Mac）或 vim, emacs 或 nano(Linux)。

</td>
<td>

因此，可以看到在第 12 号染色体上约有 22000 个变异，并且加入限定命令 grep-v "SNV"以确保这些都是单核苷酸变异。我们可以用＞结束之前的命令，将 输出发送到一个文本文件::

```
$ grep "XII" Saccharomyces_cerevisiae.gvf | grep -v "XIII"
> yeast_chrXII_SNVs.gvf
```

</td>
</tr>
</table>

GVF 格式的文件可以应用于很多方面，包括：你可以将 GVF 文件作为自定 义的数据轨上传到 UCSC Genome Browser；在第 9 章我们介绍了 BEDtools，它 可以用于分析核苷酸变异和各种其他特征的关系；你也可以上传一个 GVF 文件 到 Galaxy。

使用命令行工具查找染色体上的基因

作为使用命令行工具的另外一个例子，我们返回 Ensembl 的酿酒酵母页面并 选择 "Download Genes、cDNAs、ncRNA、proteins（FASTA）"。这个选项会提供列出了 cDNA、多肽、 编码序列（CDS）、DNA 或非编码 DNA 的文件。一旦下载好文件，你就可以把它传输到你（使用mkdir 命令）创建的目录下（比如 yeast）并将其解压（例如，gunzip文件）。这里我们关注一个包含非编码 RNA（ncrna）条目的 FASTA 格式（注意拓展名为.fa）的文件。

```
$ wc -l Saccharomyces_cerevisiae.EF4.74.ncrna.fa
 1977 Saccharomyces_cerevisiae.EF4.74.ncrna.fa
```

这告诉我们这个文件共有 1977 行。但是它一共有多少条目呢？每个条目以符号＞开头，所以可以使 用grep命令。

```
$ grep ">" Saccharomyces_cerevisiae.EF4.74.ncrna.fa | wc -l
 413
```

因此一共有 413 个条目。我们可以查看文件内容，使用less命令每次查看一页：

```
$ less Saccharomyces_cerevisiae.EF4.74.ncrna.fa
```

结果显示了几种不同类型的非编码 RNA（rRNA、tRNA、snRNA、snoRNA；关于它们的描述见第 10 章）。我们可以确定文件中每一种类型有多少。例如：

```
$ grep "biotype:snRNA" Saccharomyces_cerevisiae.EF4.74.ncrna.fa | wc -l
 6
$ grep "biotype:tRNA" Saccharomyces_cerevisiae.EF4.74.ncrna.fa | wc -l
 299
$ grep "biotype:rRNA" Saccharomyces_cerevisiae.EF4.74.ncrna.fa | wc -l
 16
$ grep "biotype:ncRNA" Saccharomyces_cerevisiae.EF4.74.ncrna.fa | wc -l
 15
```

我们可以进一步将输出限定为来自第 12 号染色体的条目，对其计数并输出到文件，使用less查看， 或者只查看前几行（如下所示）。

```
$ grep "snRNA" Saccharomyces_cerevisiae.EF4.74.ncrna.fa | grep "XII" |
grep -v "XIII" | less
>snR6 sgd:snRNA chromosome:EF4:XII:366235:366346:1 gene:snR6 gene_
biotype:snRNA transcript_biotype:snRNA
$ grep "snoRNA" Saccharomyces_cerevisiae.EF4.74.ncrna.fa | grep "XII" |
grep -v "XIII" | head -3
>snR30 sgd:snoRNA chromosome:EF4:XII:198784:199389:1 gene:snR30 gene_
biotype:snoRNA transcript_biotype:snoRNA
>snR34 sgd:snoRNA chromosome:EF4:XII:899180:899382:1 gene:snR34 gene_
biotype:snoRNA transcript_biotype:snoRNA
>snR44 sgd:snoRNA chromosome:EF4:XII:856710:856920:1 gene:snR44 gene_
biotype:snoRNA transcript_biotype:snoRNA
```

```
$ grep "tRNA" Saccharomyces_cerevisiae.EF4.74.ncrna.fa | grep "XII" | grep
-v "XIII" | head -3
>tR(ACG)L sgd:tRNA chromosome:EF4:XII:374355:374427:1 gene:tR(ACG)L gene_
biotype:tRNA transcript_biotype:tRNA
>tL(UAA)L sgd:tRNA chromosome:EF4:XII:962972:963055:-1 gene:tL(UAA)L gene_
biotype:tRNA transcript_biotype:tRNA
>tP(UGG)L sgd:tRNA chromosome:EF4:XII:92548:92650:1 gene:tP(UGG)L gene_
biotype:tRNA transcript_biotype:tRNA
$ grep "rRNA" Saccharomyces_cerevisiae.EF4.74.ncrna.fa | grep "XII" | grep
-v "XIII" | head -3
>RDN25-1 sgd:rRNA chromosome:EF4:XII:451786:455181:-1 gene:RDN25-1 gene_
biotype:rRNA transcript_biotype:rRNA
>RDN18-2 sgd:rRNA chromosome:EF4:XII:465070:466869:-1 gene:RDN18-2 gene_
biotype:rRNA transcript_biotype:rRNA
>RDN5-4 sgd:rRNA chromosome:EF4:XII:482045:482163:1 gene:RDN5-4 gene_
biotype:rRNA transcript_biotype:rRNA
```

像这样的命令行查询灵活又强大，并且允许你在执行查询时联合使用很多其他命令行工具。

酵母第 12 号染色体的特征

我们现在来探究酵母第 12 号染色体的一些性质。

- 第十二号染色体总的 GC 含量为 38%。在蛋白质编码基因密集的局部区域，GC 含量趋于达到最高。有三个地方的 GC 含量尤其低（低于 37%）；其中之一对应着着丝粒。这是所有真核生物着丝粒的典型特征。特别地，酵母着丝粒含有用于装配的被叫做 CDEI、CDEII 和 CDEIII 的结构元件，它们在图 18.6（c）（箭头 3）中第 12 号染色体的图形视图里非常明显，大约位于第 150000 位核苷酸处。

- 总体来讲，整个酿酒酵母基因组中重复 DNA 很少。所有的 rDNA 重复序列都在第 12 号染色体上（编码 rRNA）。第 12 号染色体上的这段区域的 GC 含量也是最高的（大约为 42%）。另外，酿酒酵母染色体有端粒和亚端粒重复 DNA 元件。这基本是所有真核生物染色体的典型特征。

- 剪接体内含子的数量很少（大约共 235 个）。这可能是由于剪接后的 mRNA 逆转录产生的 cDNA 发生了同源重组。在第 12 号染色体上，17 个开放阅读框（占总数的 3.2%）含有内含子；其中一半基因编码核糖体蛋白质。内含子的极端缺乏与其他真菌的情况相反，比如新型隐球菌（*Cryptococcus neoformans*，见下文的"新型隐球菌"），其被预测的 6572 个蛋白编码基因平均每个有 6.3 个外显子和 5.3 个内含子（Loftus 等，2005）。

- 在第 12 号染色体上有 6 个转座元件（*Ty* 元件）。另外还有数百个转座元件片段。

- 开放阅读框的密度极高。第 12 号染色体 72% 的区域包含蛋白质编码基因，该比例也是其他酵母染色体的典型特征。第 12 号染色体有 534 个开放阅读框的密码子数≥100 个，平均密码子数为 485 个。

> 12 号染色体（索引号 NC_001144.5）有 1078177bp。

> 着丝粒是染色体在有丝分裂或减数分裂过程中与纺锤体结合的位点。在酵母中，着丝粒将染色体分成左臂和右臂；在人类中，着丝粒将每条染色体分成短臂（p）或长臂（q）。

> 端粒是每条染色体的末端部位（见第 8 章）。这些端粒在维持染色体结构方面非常重要。它们与衰老、智力障碍等过程均有关系。

18.4　酿酒酵母的基因倍增和基因组倍增

在分析酿酒酵母的基因组序列时，越发明显的是，很多 DNA 序列的倍增涉及开放阅读框和较大的基因组区域。在很多情况下，倍增区域间的基因顺序和方向（正链或负链）是保守的。倍增在单个染色体内或染色体之间都会发生。

遗传物质的这些变化是解释酵母或其他任何生命分支中物种演化的基础。我们将看见，在人类和其他各种真核生物的基因组中，多达 25% 的基因是发生了扩增的（见第 19 和第 20 章）。目前有两个引人注目的问题（Conant 和 Wolfe，2008）：倍增通过怎样的机制发生，自然选择如何优化新产生的倍增基因？我们先处理关于新的倍增基因起源的问题。这里有两种主要机制。

① 基因组的片段可以倍增。我们将在第 20 章讨论人类基因组片段倍增；它有时被定义为，长度为 1000bp 及以上的两个基因座共享不低于 90% 的序列一致性。人类基因组约 5% 是片段倍增的。

② 整个基因组可以倍增，这个过程被称为多倍体化（图 18.9；Hufton 和 Panpoulou，2009）。在酿酒酵母这个例子中，发生了四倍体化。如果这是源于同一个物种的两个基因组的结合，则称为同源多倍性；如果是两个不同物种的融合则称为异源多倍性。

(a) 假设有两对染色体的二倍体基因组

二倍体(2N)

(b) 同源多倍性: 一个物种的基因组倍增

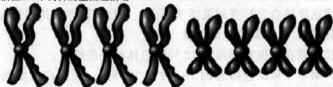

同源四倍体(4N)

图 18.9 全基因组倍增。（a）假设一个二倍体基因组有两对染色体（一大一小）。（b）生物体内的基因组倍增产生一个同源四倍体。（c）两个近缘物种杂交产生一个异源四倍体，保留了两个亲本的全部基因组信息
［改编自 Hufton 和 Panopoulou（2009），经 Elsevier 许可］

(c) 异源多倍性: 近缘物种杂交

同源的　异源的

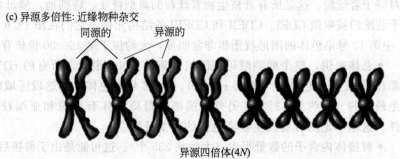

异源四倍体(4N)

四倍体指在细胞核中存在四个单倍体染色体组。

产生新基因的其他机制可能是重要的，但不太常见，因而不太相关。新基因可以通过基因转换产生。在这一过程中，基因由基因组的一个区域单向转移到另一区域（这种情况发生于人类 Y 染色体的倍增区域之间；Rozen 等，2003）。如上文所述，基因可以通过侧向（水平）基因转移而被引入到另一个基因组中（Fitzpatrick，2002）。我们还会介绍关于兔脑炎微孢子虫（*Encephalitozoon*）的水平基因转移（见下文"非典型真菌：兔脑炎微孢子虫"）。发生在真核生物中的水平基因转移可能会引入一些具有重要功能的基因，但这个过程不能解释大量新基因的产生。

1970 年，Susumu Ohno 出版了一部杰出的著作《基因倍增造成的进化》（*Evolution by Gene Duplication*）。他提出脊椎动物基因组通过两轮全基因组倍增而进化。根据这一假说，这些倍增事件发生在脊椎动物进化早期并且使得各种细胞功能得以发展。Ohno（1970）写道：

Wolfe 和 Shields（1997）利用 BLASTP 而不是 BLASTN 来研究染色体的倍增区域。因为在检测亲缘关系较远的序列时蛋白质序列数据比 DNA 更有效。见第 3 章。

"如果演化完全依赖于自然选择，那么从一种细菌出发只能出现不同种类的细菌而已。而由单细胞生物演化成后生生物、脊椎动物以及最后的哺乳动物是完全不可能的，毕竟在演化过程中如此大的跨越需要具有全新功能的新基因座的产生。只有冗余的顺反子能够避开自然选择的无情压力，使其能够累积不被自然选择允许的突变以形成新的基因座。"

酿酒酵母可能采用了哪种基因倍增机制？Smith（1987）研究了组蛋白基因（组蛋白 H3-H4 和 H2A-H2B）的倍增，认为其在早期可能发生了全基因组倍增事件。在酿酒酵母的全基因组序列被测序后不久，Wolfe 和 Shields（1997）为 Ohno 的全基因组倍增假说提供了有力支持。他们系统性地对所有酵母蛋白两两之间进行了 BLASTP 检索，并将匹配结果画在点阵图上来估计酵母基因组的倍增区域。图中的对角线上可以观察到倍增的区域，

例如来自第 10 号和第 11 号染色体的蛋白质比较中的三个倍增区域（图 18.10）。在整个基因组中，他们识别出了 55 个倍增区域和 376 对同源基因。在随后的研究中，他们使用更加灵敏的 Smith-Waterman 算法又找到了一些新的倍增区域（Seoighe 和 Wolfe，1999）。基于这些结果，他们提出酿酒酵母基因组在近 1 亿年前发生了一次古老的倍增事件（Wolfe 和 Seoighe，1997）。在这个倍增事件之后，许多倍增基因被删除。而其他的一些基因则通过染色体相互易位被重排。

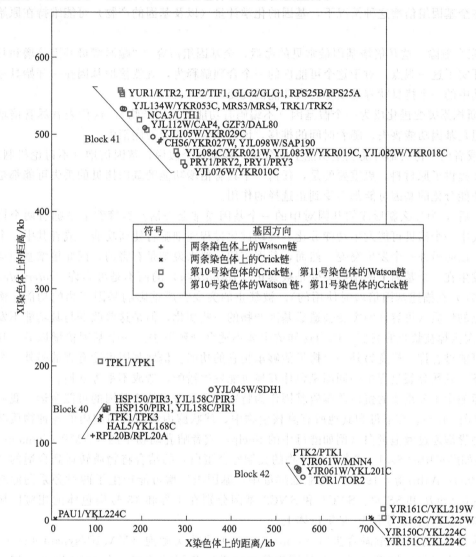

图 18.10　Wolfe 和 Shields（1997）对酵母蛋白进行 BLASTP 检索，发现了 55 个倍增区域块，有力地证明了全基因组经历了一次历史久远的倍增事件。这张图（改编自原图）描绘了第 10、第 11 号染色体基因编码的蛋白质的 BLAST 检索结果。图中列出了分数大于 200 的匹配结果，分布在几个基因群中
[改编自 Wolfe 和 Shields（1997），经 Macmillan 出版社许可]

对于如此多的倍增区域存在两种主要的解释。一种解释是可能发生了全基因组倍增事件（四倍体化），然后发生染色体易位和基因丢失；另外一种解释认为可能发生了一系列独立的倍增事件。Wolfe 和 Shields（1997）更推崇四倍体化模型。主要原因有两个：

① 在 55 个倍增区域中有 50 个区域的整个基因群方向与着丝粒一致。如果每个倍增区域都是独立产生的，那么我们看到的方向应该是随机的。

② 如果 55 个倍增区域相继独立发生，那么应该会导致有约 7 个三次倍增区域，但是我们没有观察到（或者可能只有 1 个）这种三次倍增区域。

总之，酿酒酵母以及其他真菌都表现出了多倍性（Dujon，2010；Kelkar 和 Ochman，2012；Albertin 和 Marullo，2012）。全基因组倍增也发生在许多真核生物中，如植物、鱼类、原生生物等（第 19 章）。

基因倍增之后的命运如何？通常基因的多余拷贝对于一个生物来说是有害

人的 21 号染色体多出一个拷贝（即 21 三体）会引起唐氏综合征。出现 13 三体和 18 三体有时也可存活，但是其他常染色体三体均不行。即使是基因组的有限区域的倍增也会引起智力障碍和其他疾病（见第 21 章人类疾病）。这就突出了个体生物水平基因发生倍增的有害本质。

的。在 Wolfe 和他的同事的模型中，古酵母的基因组加倍后（从大约 5000 个基因的二倍体到 10000 个左右基因的四倍体）失去了大部分倍增基因，产生了目前的基因数目——大约 6200 个开放阅读框。总的来说。50%～92% 的倍增基因最终都丢失了（Wagner. 2001）。对于真核生物，倍增基因的半衰期只有几百万年（Lynch 初 Conery. 2000），可能发生以下 4 种主要情况：

① 两个拷贝都能保留下来并且维持原始基因的功能。在局部倍增这种情况下，由于额外的基因拷贝而存在基因剂量效应。在全基因组倍增这种情况下，基因的化学计量（以及基因的产物）可能维持在原始状态。

② 一个拷贝可能被完全删除。这是倍增基因最常见的命运，全基因组研究（"酿酒酵母基因倍增和基因组倍增"中有描述）证实了这一观点。对于这个可能性的一个合理解释为，既然倍增基因在一开始具有完全相同的功能，那么其中的一个拷贝就容易发生丢失功能的突变。

③ 其中一个拷贝不断积累突变进化成为一个假基因（不编码有功能的基因产物）。这代表着尽管倍增的拷贝没有完全丢失，但是基因功能丧失。随着时间的推移，该假基因可能会彻底消失。

④ 基因的一个拷贝或者两个拷贝都可能发生功能上的分化。根据这个假说，基因倍增（不讨论机制）为生物功能多样性的扩展提供了原材料。更重要的是，任何一个具有倍增功能的基因拷贝的丢失可能都是被禁止的。因此发生了功能分化的基因可能都会受到正选择的作用。

一个基因发生倍增以后，为什么新形成的基因对中的一个基因通常会失活？尽管看上去拥有两个拷贝似乎极为有利，因为其中一个拷贝可能发生功能分化（推动进化过程使细胞行使新功能）或者其中一个以额外的拷贝形式存在，以防另外一个发生突变。然而，基因倍增一般来说却是有害的，因此倍增基因会丢失。这里面的原理是发生在一个基因上的某些突变是被禁止（*forbidden*）的而不是可容许（*tolerable*）的（这些词是 Ohno（1970）在描述基因倍增时使用的）。被禁止的突变会严重影响基因产物的功能，例如改变一个酶的活性位点的性质（可容许的突变会造成基因产物的一些变化，但是这些改变与其功能不发生冲突。自然选择能够淘汰掉被禁止的突变。因为这样的个体不适合繁殖下去。一个基因倍增以后，其中一个拷贝的有害突变可能被容许，毕竟另外一个拷贝能够承担它的功能。倍增基因可能有害的另外一个原因是，在它们的存在下，减数分裂过程中的同源染色体互换可能发生错配，造成不平等互换。

我们以一个在囊泡运输中十分重要的蛋白质编码基因作为特定例子来考虑倍增基因的可能命运。我们在第 14 章介绍了 SS01（图 14.4）。在酵母和其他所有真核生物中，球状胞内囊泡将细胞内的各种物质转运到它们的目的地。这种囊泡通过囊泡蛋白（例如酵母中的 Snclp，或者哺乳动物中的 VAMP / synaptobrevin）与靶膜蛋白（例如酵母中的 Sso1p 或者哺乳动物的突触融合蛋白）的结合将物质转运到合适的靶膜上（Protopopov 等，1993；Aalto 等，1993）。在酿酒酵母中，基因组倍增可能产生了两对旁系同源基因：*SNC1* 和 *SNC2*，还有 *SSO1* 和 *SSO2*。*SNC1* 和 *SNC2* 基因分别在 1 号和 15 号染色体的相应区域上，而 *SSO1* 和 *SSO2* 基因分别在 16 号和 13 号染色体上。

基因组倍增的影响是什么？类突触融合蛋白（syntaxin-like）和类突触泡（VAMP/synaptobrevin-like）两对酵母蛋白可能维持了与原始蛋白质（在基因组倍增之前）相同的功能。在 SGD 网站上搜索 *SSO1* 的结果显示该基因是非必需的（无效突变体是可存活的），但是对该基因双敲除后是致死的（见图 14.4）。因此，很可能这些旁系同源基因为生物提供了冗余的功能；当一个基因丢失时（如发生突变），这个生物能够依赖另一个基因的存在而存活下来。同样地，*SNC1* 无效突变体是可存活的，但是对 *SNC1* 和 *SNC2* 双敲除后会导致分泌缺陷。

另外一种对于这些基因发生倍增的解释是全基因组倍增为胞内分泌机制的多样化提供了新的遗传物质。类突触融合蛋白和类突触泡蛋白在胞内运输的多个步骤中起作用，这些基因家族在真核生物演化过程中逐渐变得多样化（Dack 和 Doolittle，2002）。这些蛋白质之间的互相特定组合使得囊泡转运事件具有特异性（Pevsner 和 Scheller，1994）。

关于基因倍增产生的影响有很多模型。Andreas Wagner（2000）回答了关于酿酒酵母如何通过下面两种机制中的一种来保护自己免受突变的影响这样一个问题：①依靠有重叠功能的基因（如维持了相关功能的旁系同源基因）；或者②通过调控网络中非同源基因的相互作用。他发现如果一些基因在丢失其功能后对适应能力造成的影响轻微而非严重，那么这些基因并不倾向于拥有密切相关的旁系同源基因。这与基因倍增不会为个体提供抵抗突变的稳健性的模型相一致。

　　由全基因组倍增和小规模倍增产生的倍增基因的命运有可能不同（Conant 和 Wolfe，2008）。Fares 等人（2013）提出了一个模型，用于刻画全基因组倍增和小规模倍增两种情况下新功能的形成情况（图 18.11）。全基因组倍增后，倍增基因处于剂量平衡状态并且倾向于维持它们的功能。最终的结果可能会是基因亚功能化，即两个基因拷贝都只有祖先基因（倍增前）的部分功能。因此两个基因受到的选择压力相当。相对地，小规模倍增（涉及一个或很少的基因）可产生遗传稳定性，这意味着选择压力会同时保留两个拷贝，并且其中一个拷贝可能会分化以获得新的功能（功能异化）。

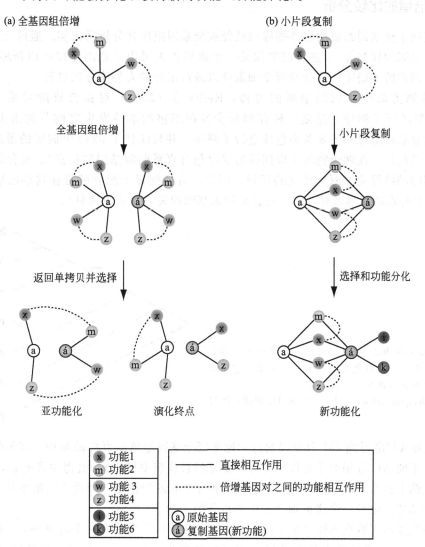

图 18.11　基因倍增后的进化模型 。（a）全基因组倍增（WGD）或（b）小规模倍增。全基因组倍增后，基因产物的化学计量保持不变，倍增基因维持了它们的遗传学相互作用和功能，相互作用对（实线）保持不变，倍增基因对在功能上发生相互作用（虚线）。这里对倍增基因的选择压力比较弱，所以可能有一个拷贝发生丢失

　　　　［重绘自 Fares 等（2013），经 the Creative Commons Attribution License 3.0 许可］

18.5　半子囊菌类的比较分析

　　对酿酒酵母的分析阐明了很多关于基因组结构、功能和进化的基本原理。对系统发生相关的基因组进行比较分析开拓了基因组分析的全新维度。最初被选择的一些基因组是在系统发生关系中与酿酒酵母相近

的半子囊菌类，如光滑念珠菌 (*Candida glabrata*)、乳酸克鲁维酵母 (*Kluyveromyces lactis*)、汉逊德巴利酵母 (*Debaryomyces hansenii*) 和脂耶氏酵母 (*Yarrowia lipolytica*) (Dujon 等，2004；Souciet，2011)。总的来说，目前有数以百计的真菌基因组正被测序，这促进了比较基因组学的发展。同时，群体基因组学研究使得度量种内如酿酒酵母 (*S. cerevisiae*) 和奇异酵母 (*S. paradoxus*) 的遗传多样性成为可能 (Liti 和 Schacherer，2011) 或者属内如酵母属 (*Saccharomyces*) 的遗传多样性成为可能 (Dequin 和 Casaregola，2011；Hittinger，2013)。

全基因组倍增的比较分析

关于酵母经历了全基因组倍增事件的假说已经被全基因组序列分析所证实。通过变成多倍体，生物的染色体组加倍 (基因同样如此)。这看起来像是一个能够扩大可用的基因库以适应新环境的机制。然而，多倍体会导致基因组的不稳定，部分原因是细胞难以进行正确的染色体分离过程。

为了了解酿酒酵母全基因组倍增的过程，Kellis 等 (2003) 对克鲁雄酵母菌 (*Kluyverocmyces waltii*) 的基因组进行了测序，这是一种在酵母全基因组倍增事件发生之前分化出去的一种酵母 (图 18.12)。他们对克鲁雄酵母菌的 8 条染色体进行了测序，并且注释了 5230 个假定的蛋白质编码基因。他们识别出了保守共线区 (在两个物种中以同样的顺序包含直系同源基因的位点)。克鲁雄酵母菌中的大部分区域能回帖到酿酒酵母菌中两个独立的区域。但是，有证据显示酿酒酵母在这些区域有大量基因丢失 (仅保留了 12% 的旁系同源基因对，88% 的旁系同源基因缺失仅留下单拷贝)。

图 18.12 Kurtzman 和 Robnett (2003) 的研究发表之后的一些酵母的系统发生关系。黑色的圆表示一次全基因组倍增事件 (WGD) 可能的发生时间
(来自 http://wolfe.gen.tcd.ie/ygob/，经 K. H. Wolfe 许可使用)

Kellis 等认为酿酒酵母的 457 对基因的进化速率因全基因组倍增事件而加快。76% 的基因对表现出加速进化现象 (基于酿酒酵母相对于克鲁雄酵母的氨基酸替代速率得出)。值得注意的是，加速进化有 95% 的可能仅发生在两个旁系同源基因中的一个。这支持了 Ohno 的推论，即发生倍增事件之后，基因的一个拷贝保持原来的功能，而另一个拷贝则分化以获得新的功能。

随着新的基因组测序数据不断产生，Scannell 等 (2006) 认为共有 6 个酵母种：3 种都可以溯源到一个被认为经历了全基因组倍增事件的共同祖先 [酿酒酵母 (*S. cerevisiae*)、芽殖酵母 (*Saccharomyces castellii*) 和光滑念珠菌 (*Candida glabrata*)]，另外 3 种酵母在全基因组倍增事件发生之前分化 [克鲁雄酵母 (*Kluyveromyces waltii*)、乳酸克鲁维酵母 (*Kluyveromyces lactis*) 和棉病囊菌 (*Ashbya gossypii*)]。他们使用酵母基因序列浏览器 (Yeast Gene Order Browser) 来比较这 6 个物种。这个浏览器可在线使用 (Byrne 和 Wolfe，2005，2006)。在图 18.13 中显示的是对 *SSO1* 和 6 个相邻的上下游基因查询的一个例子。在本例中一共出现 7 个水平数据轨。中间 3 个展示了在酵母全基因组倍增事件发生之前便已分化的参考物种的基因 (克鲁雄酵母、乳酸克鲁维酵母和棉病囊菌)。对于酿酒酵母和光滑念珠菌，有成对的数据轨同时出现在参考物种的上方和下方。对于像 *SSO1*、*YPL230W* 和 *WPL228W* 这样的基因 (图 18.13，箭头 2~4)，在酿酒酵母和光滑念珠菌中有两个拷贝，但是在参考基因组里面只有一个拷贝。这两个拷贝出现在不同染色体的邻近位置。

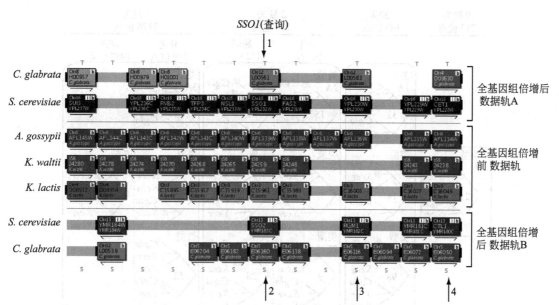

图 18.13　Kevin Byrne（来自 Kenneth Wolfe 团队）的酵母基因顺序浏览器（Yeast Gene Order Browser）提供了支持全基因组倍增事件的证据。输入查询条目（*SSO1*；上方箭头），选择要展示的物种，查询条目和多个邻近基因被显示出来。每一个小框代表一个基因，框的颜色与染色体对应。实心长条连接紧邻的基因。在这里，第 1 个和第 7 个长条对应的是光滑念珠菌（*C. glabrata*），第 2 个和第 6 个长条对应酿酒酵母（*S. cerevisiae*）（第 16 号染色体，含 *SSO1* 基因，在第 2 个长条上；第 13 号染色体，含旁系同源基因 *SSO2*，在第 6 个长条上）。由此可以看出，全基因组倍增事件导致了光滑念珠菌和酿酒酵母中的 3 个基因出现双拷贝。对于被假定为没有经历全基因组倍增事件的酵母谱系（棉病囊菌、克鲁雄酵母和乳酸克鲁维酵母），它们倾向于只有这些基因的一个拷贝。对于所有的物种来说，偶然的基因丢失现象显而易见（如克鲁雄酵母，箭头 3 所指的基因）。酵母基因序列浏览器包含一些附加应用，如原始序列链接和针对每个基因家族的系统发生重建的链接

（来自 http://wolfe.gen.tcd.ie/ygob/，经 K. H. Wolfe 许可使用）

> 酵母基因组序列浏览器 Yeast Gene Order Browser 可以在 Kenneth Wolfe 网站查看，http://wolfe.gen.tcd.ie/ygob/（链接 18.12）。

存在多种基因缺失模式。Scannell 等（2006）描述了 14 种可能的基因缺失模式（在图 18.14 概述）。在正确比对的 2723 个祖先基因位点中，经历过基因组倍增的 3 个物种只有 210 个位点没有发生基因缺失。大部分情况下（1957 例，占总数的 72%），3 个物种都丢失了倍增基因 2 个拷贝中的 1 个，并且通常 3 个物种丢失的是基因的同一个拷贝。涉及高度保守的生物学过程的基因，例如核糖体功能相关基因，其遭遇基因缺失的可能性也很大。

Wolfe 和他的同事拓展了 YGOB 以发现多种酵母中之前未被注释的基因（óhéigeartaigh 等，2011）。他们也开发了一个依赖 YGOB 的酵母基因组注释自动分析流程（Yeast Genome Annotation Pipeline）（Proux-Wéra 等，2012）。

功能元件识别

仅从基因组序列数据来识别基因和基因调控区域（如启动子）是极为困难的。将表达序列标签（ESTs；第 10 章）匹配到基因组 DNA 序列上是定义蛋白质编码基因的有效方法之一。基因组序列间的比较分析也为识别重要的功能元件提供了一个十分有效的方法。

> 酿酒酵母可以在厌氧环境下生存，然而乳酸克鲁维酵母（*K. lactis*）不能。也许酿酒酵母基因组倍增导致生理上的变化，因而使这种生命体获得了一个新的生长表型（Piskur，2001）。

> 酿酒酵母和贝酵母（*S. bayanus*）在保守区域有 62% 的核酸序列一致性，相对而言，人类和小鼠在保守区域有 66% 的核酸序列一致性。

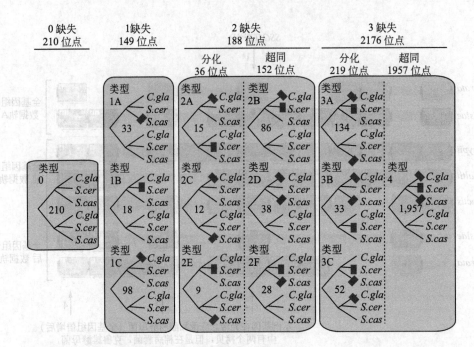

图 18.14 全基因组倍增后三个物种的基因缺失模式。对于三个经历了全基因组倍增的物种 [光滑念珠菌（*C. glabrata*）、酿酒酵母（*S. cerevisiae*）、芽殖酵母（*S. castellii*）]，有14种可能的命运，包括无基因缺失（类型0）、丢失来自三个谱系中的任意一个基因（类型1A、类型1B、类型1C），丢失2个基因（类型2）、丢失来自不同位点的三个基因（类型3），或者以超同的方式丢失3个基因（类型4；倍增的直系同源基因缺失）。类型4代表了倍增基因最常见的命运

[由 Scannell 等（2006）重绘，经 Macmillan 出版社许可再版]

Kellis 等（2003）获取了 500 万至 2000 万年前从酿酒酵母中分化出来的奇异酵母（*Saccharomyces paradoxus*）、粟酒裂殖酵母（*S. mikatae*）和贝酵母（*S. bayanus*）的草图序列。基本上 SGD 对酿酒酵母注释的所有 6235 个开放阅读框（ORFs）在其他三个物种中都有明确的直系同源匹配。但值得注意的一个例外是，所有 32 个端粒（也就是 16 条染色体的双端）的直系同源匹配通常是模糊的。分配到亚端粒区域的基因通常呈现出数量、顺序、方向的差异，并且这些区域经历了多重染色体相互易位。Kellis 等将端粒区域的改变看作"基因组扰动"。对于 4 个酵母基因组的所有开放阅读框，Kellis 等引入了一个阅读框保守性测试来对每一个开放阅读框属于真正的开放阅读框（如果保守）还是假的开放阅读框（如果不保守）进行区分。作为分析的一个结果，Kellis 等提出将整个酿酒酵母基因目录修订为 5538 个超过 100 个氨基酸的开放阅读框。他们的分析进一步修订了内含子的数量（在原来预测的 240 个内含子外又预测了 58 个新的内含子）。

亚端粒区域基因组的剧烈变化在疟疾寄生虫恶性疟原虫（*Plasmodium falciparum*）中也被观察到（见第 19 章），在人类中，亚端粒的缺失是引起智力问题的重要原因。

另一方面，对 4 个酵母基因组序列的比较使得对调控元件的识别成为可能。Gal4 是被描述得最清晰的转录因子之一。它能调控半乳糖代谢相关基因，包括 *GAL1* 和 *GAL10* 基因。这两个基因可在 UCSC Genome Browser 中查看（图 18.15）。它们转录自一个短的基因间区，此区域包含了 *Gal4* 结合模体 $CGGn_{(11)}CCG$，$n_{(11)}$ 指代任何 11 个核苷酸。通过点击保守性数据轨，你能看到在对来自四个酵母物种的 DNA 作多重序列比对时关于此模体的多个拷贝。Kellis 等（2003，2004）研究了已知的和预测的模体，并且预测了 52 个新的模体。其他研究团队如 Cliften 等（2003）和 Harbison 等（2004）也通过比较基因组学识别出酵母的功能元件。

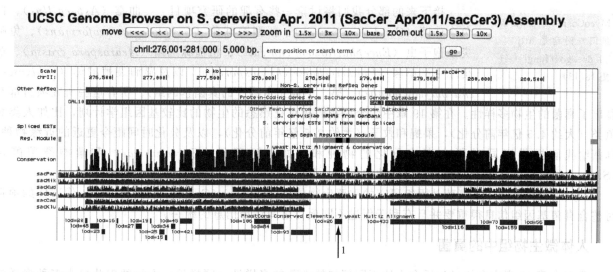

图 18.15 位于酿酒酵母基因 *GAL 1* 和 *GAL 10* 间的转录因子 *Gal4* 结合位点区域视图。图中显示了酵母第 2 号染色体上一段 5000bp 的区域（在 UCSC Genome Browser 上坐标为 chrII：276001～281000）。短的基因间区（箭头 1）包含被多个数据库定义为具有调控性质的区域（见注释数据轨）。保守性数据轨表明，一些基因间区在这 4 个酵母中高度保守，并且包含 *Gal4* 的结合位点

（来源：http：//genome. ucsc. edu）

18.6 真菌基因组分析

　　除了酿酒酵母，许多其他真菌的基因组也正在被测序，包括子囊菌（*Ascomycetes*）（表 18.3）、担子菌（*Basidiomycetes*）（表 18.4），还有其他真菌（表 18.5）。

表 18.3 真菌基因组计划：子囊菌的代表性示例。ID 指 NCBI Genome Project 标识符；在 NCBI 主页的搜索框中输入 ID，你可以查询到该基因组计划的相关信息

生物	染色体	基因组大小/Mb	说明	ID	GC/%
Ajellomyces capsulatus G186AR	7	30.5	引起组织胞浆菌病，一种肺部的感染	12635	44.5
Aspergillus fumigatus Af293	8	29.4	世界范围内最常见的真菌感染	131	49.8
Candida albicans SC5314	8	27.6	二倍体真菌病原体	10701	33.4
Coccidioides immitis RS	4	29.0	引起球孢子菌病（裂谷热）	12883	46
Kluyveromyces lactis NRRL Y-1140	6	10.7	与酿酒酵母有关	13835	38.7
Magnaporthe grisea 70-15	7	41.0	稻瘟病菌	13840	51.6
Pneumocystis carinii	15	7.7	条件致病菌，引起大鼠肺炎	125	31.1
Saccharomyces cerevisiae S288c	16	12.2	面包酵母	13838	38.2
Schizosaccharomyces pombe 972h-	3	12.6	裂殖酵母	13836	36
Yarrowia lipolytica CLIB122	6	20.6	非致病性酵母，与其他酵母进化距离较远	13837	49

　　注：来源于 NCBI Genome，NCBI。

表 18.4 真菌基因组计划：担子菌的代表性示例

生物体	染色体	基因组大小/Mb	说明	ID	GC/%
*Coprinopsis cinerea okayama*7♯130	13	37.5	多细胞担子菌，经历完整的生殖周期	1447	51.6
Cryptococcus neoformans var. neoformans JEC21	14	19.1	病原真菌，引起隐球菌病	13856	48.5
Lentinula edodes L-54	8	33	食用香菇	17581	30.7
Phanerochaete chrysosporium RP-78	10	30	朽木白腐菌	135	57
Puccinia graminis f. sp. tritici CRL 75-36-700-3	18	88.7	病原真菌，引起谷类作物茎锈病	18535	43.3
Ustilago maydis 521	23	19.8	引起谷类黑粉病	1446	53.7

　　注：来源于 NCBI Genome，NCBI。

MycoCosm 真菌基因组门户网站是 http://jgi.doe.gov/fungi（链接 18.13）。

接下来的部分我们将讨论一些有趣的研究项目——曲霉（*Aspergillus*）、白色念珠菌（*Candida albicans*）、新型隐球菌（*Cryptococcus neoformans*）、兔脑炎微孢子虫（*Encephalitozoon cuniculi*）、粗糙脉孢菌（*Neurospora crassa*）、黄孢原毛平革菌（*Phanerochaete chrysosporium*）以及粟酒裂殖酵母（*Schizosaccharomyces pombe*）（第二个被完全测序的真菌基因组）。所有这些研究项目都凸显出了真菌的生物多样性。在第 19 章中会介绍我们相对更熟悉的生物的比较基因组学计划，比如人类和鱼类（大约 4.5 亿年前分化）、果蝇和蚊子（大约 2.5 亿年前分化），以及分化时间距今更近的近缘物种。真菌给我们提供了同时研究高度分化的物种和［如酿酒酵母（*S. cerevisieae*）和粟酒裂殖酵母（*S. pombe*），约 4 亿年前分化］近缘物种的机会。

MycoCosm portal 是真菌基因组研究的重要生物信息资源之一（Grigoriev 等，2014）。像这样的项目对整合真菌基因组信息很重要并且有利于促进不同项目之间注释信息的统一。

人体微生物组中的真菌

我们在第 17 章中介绍过生活在人体不同部位的细菌的多样性。同样地，人类的皮肤也为多种多样的真菌提供了理想生境。Findley 等（2013）培养了从 10 个健康人体上 14 个不同部位采集的真菌，并且对它们的 18S rRNA 进行测序。他们在 11 个身体和手臂部位都识别出了子囊菌和担子菌［尤其是马拉色菌属（*Malassezia*）］。足部的真菌多样性最高，包括足底（属的丰度中位值约为 80）趾间和趾甲。像这样的研究揭示了皮肤生态系统的复杂性并帮助我们更好地了解真菌在健康和疾病中的作用。

表 18.5 真菌基因组计划：子囊菌和担子菌以外的真菌示例。ND 表示尚未确定

生物体	染色体	基因组大小/Mb	说明	ID	GC/%
Allomyces macrogynus	ND	57.1	丝状壶菌	20563	61.6
Antonospora locustae	ND	2.5	胞内微孢子寄生虫	186881	—
Batrachochytrium dendrobatidis JEL423	20	23.9	水生壶菌，能杀死两栖动物	13653	39.3
Encephalitozoon cuniculi GB-M1	11	2.5	胞内寄生虫，感染哺乳动物	13833	47.3
Rhizopus oryzae RA 99-880	ND	46.2	条件致病菌，引起毛霉菌病	13066	35.6

注：来源于 NCBI Genome，NCBI。

曲霉属真菌

曲霉属真菌的基因组数据库在 http://www.aspgd.org（链接 18.14）。

曲霉属（*Aspergillus*）由丝状子囊菌构成。在曲霉属的 250 个已知物种中，超过 24 种为人类病原菌。已有 14 个基因组被测序，还有数十个正在进行。所有已被测序的曲霉属真菌基因组包含 8 条染色体，基因组大小范围在 28～40Mb，但是这些物种的序列多样性和脊椎动物门的物种差不多（Gibbons 和 Rokas，2013）。这些真菌的相关信息被整合在曲霉真菌基因组数据库（*Aspergillus* Genome Database）中（Cerqueira，2014）。该资源促进了注释信息的统一，并且提供了获取相关数据（包括 RNA-seq）和工具的途径。

我们对三个重要的物种进行介绍。①长期以来，构巢曲霉（*Aspergillus nidulans*）在遗传学研究中一直是一种重要的模式生物；它的基因组由 Galagan 等（2005）测序。②烟曲霉（*Aspergillus fumigatus*）是世界范围内最常见的引起感染的霉菌。这是一种条件致病菌，免疫功能低下的个体尤其易感。Nierman 等（2005）对其基因组进行了测序，并且找到了候选致病基因以及促成其独特生活习性（例如在高达 70℃ 的温度下生长旺盛）的基因。该基因组的众多特征之一是能表达烟曲霉特有蛋白，这种蛋白与之前仅在细菌中见到过的砷酸还原酶密切相关。③米曲霉（*Aspergillus oryzae*）是一种可用于制作米酒、味精和酱油的真菌。就像构巢曲霉和烟曲霉一样，它也拥有 8 条染色体，但是总的基因组大小为 700 万～900 万对碱基（29%～34%，Machida 等，2005）。这是由于序列群分散在整个米曲霉基因组中造成的。

比较分析揭示了保守非编码 DNA 元件的存在（Galagan 等，2005），这与前面所述的对酵母属的研究类似。在 3 种曲霉中，烟曲霉和米曲霉通过有丝分裂孢子进行无性繁殖，而构巢曲霉则拥有有性繁殖周期。对这三个基因组的比较分析得到了令人惊讶的结论，烟曲霉和米曲霉具有有性繁殖周期的必需基因（见 Scazzochio 的综述，2006）。另外一个令人意外的结论是，相比酵母，曲霉属的过氧化物酶体（负责进行脂肪酸 β 氧化的细胞器）与哺乳动物细胞更为相似：①β 氧化在过氧化物酶体和线粒体中都会发生，并且曲霉和哺乳动物都具有完成这个过程的两套必需基因；并且②曲霉和哺乳动物基因组都编码过氧化物酶体内的酰基-CoA 脱氢酶。这种酵母已经作为重要的模式系统用于研究人类过氧化物酶体疾病，如肾上腺脑白质营养不良。

二代测序改变了比较基因组学的研究模式。除了在物种之间作比较，对不同菌株基因组进行测序也逐渐流行起来。Umemura 等（2012）对米曲霉工业型菌株的基因组进行了测序，并与 2005 年描述的野生型菌株的序列进行了比较，他们在米曲霉、烟曲霉和构巢曲霉缺乏保守共线性的位点发现了频繁突变。

在 NCBI 中使用 Taxplot 对构巢曲霉和烟曲霉进行比较分析（第 17 章），以酿酒酵母作为参考序列，结果表明很多蛋白质在这 3 个物种中都是保守的（图 18.16）。其中 midasin 蛋白（被圈出）是个例外，它是酿酒酵母 12 号染色体上的巨型蛋白。

白色念珠菌

白色念珠菌（*Candida albicans*）是一种经常在人体内造成条件性感染的二倍体有性繁殖真菌（Kim 和 Sudbery，2011）。皮肤、指甲和黏膜表面都是它的典型靶标，深层的组织也可以被感染。它的基因组大小约为 14.8Mb（多数真菌的常见大小）但是其染色体排列很不常见：基因组中含有 8 对染色体，其中 7 对大小不变，另外一对可变（变化范围在 3～4Mb）。还有一个不常见的特征是，它不存在任何已知的单倍体状态；因此只能对其二倍体基因组进行测序（Jones 等，2004；Odds 等，2004）。而由于很多等位基

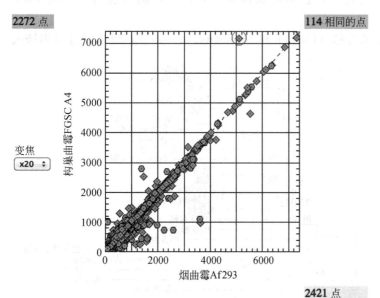

图 **18.16**　利用 NCBI 上的 TaxPlot 工具展示了与酿酒酵母参考蛋白质组相关的来自构巢曲霉和烟曲霉的蛋白。TaxPlot 能够帮助我们识别物种特异的新突变，这些突变可能解释曲霉生理机能的差异。曲霉中与酿酒酵母亲缘关系更近的 midasin 蛋白同源物用圆圈标出

（来源：TaxPlot，Entrez，NCBI）

因都具有杂合性，这使得将一个序列对应到一个杂合位点而不是两个独立的位点具有挑战性。平均每 237 个碱基就有一个碱基呈现出多态性，比起人类，这是一个相当高的频率（第 20 章）。

CandidaDB 数据库整合了念珠菌基因组信息（Rossignol 等，2008）。尽管最初的参考基因组包含了 7677 个开放阅读框 ORFs（大小为 100 个氨基酸及以上），但和通常任何一个基因组计划一样，注释过程会持续进行。大约有一半的预测蛋白能匹配到人类、酿酒酵母和裂殖酵母，只有 22% 的开放阅读框 ORFs 不与这三个基因组中的任意一个匹配。

白色念珠菌的一个特有特征 [与汉逊德巴利酵母（*Debaryomyces hansenii*）共有；Dujon 等，2004] 是 CUG 密码子被翻译为丝氨酸，而不是通常的亮氨酸。Bezerra 等（2013）改造出以不同水平在 CUG 位点错误插入亮氨酸的白色念珠菌菌株。他们认为白色念珠菌利用遗传密码的歧义来实现基因进化，增加表型变异。

新型隐球酵母：模式病原真菌

新型隐球酵母（*C. neoformans*）是一种能引起隐球酵母病的土壤真菌，这种病是对艾滋病人生命威胁最为严重的感染性疾病之一。它的基因组包含 2000 万个碱基（20Mb），由 14 条染色体以及一个线粒体基因组组成。Loftus 等（2005）曾对两个不同的菌株进行测序。转座子占据了 5% 的基因组，并且散布在 14 条染色体上。与酿酒酵母不同的是，没有证据证明它曾经历全基因组倍增事件。这两种真菌的另一个差异是，新型隐球酵母的基因结构更为复杂。其被预测的 5672 个蛋白编码基因由内含子（基因平均长度为 67 个碱基对，每个基因平均有 5.3 个内含子）、可变剪接转录本、内源性反义转录本表征。

非典型真菌：兔脑炎微孢子虫（*Encephalitozoon cuniculi*）

微孢子虫是缺少线粒体和过氧化物酶体的单细胞真核生物。它们作为专性胞内寄生虫会感染动物（包括人类）。兔脑炎微孢子虫（*E. cuniculi*）的全基因组由法国的几个研究小组测定（Katinka 等，2001）。它的基因组相当紧凑，在 2.9Mb 基因组上包含约 2000 个蛋白质编码基因。与寄生细菌（第 17 章）相似的是，这些病原体经历过基因组规模缩减。利用多个兔脑炎微孢子虫的蛋白质进行系统发生分析，结果发现这些寄生生物是非典型的真菌，它们的线粒体一旦产生，随后便丢失（图 18.17）（Katinka 等，2001）。

许多其他微孢子虫也出现了基因组缩减现象（Corradi 和 Slamovits，2011）。这可以通过基因缺失，

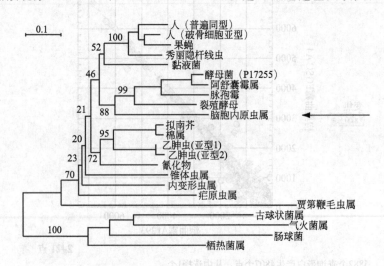

图 18.17 动物、植物、真菌、原生生物、细菌和古细菌的液泡 ATP 酶 A 亚基的系统发生分析证明：微孢子类寄生虫——兔脑炎原虫（*Encephalitozoon cuniculi*）（箭头）来源于真菌。这个系统发生树通过邻接法生成，值为自展百分比（见第 7 章）
[重绘自 Katinka 等（2001），经 Macmillan 出版社许可使用]

基因间区规模减小，蛋白质和内含子长度缩短来实现（图 18.18）。在某些情况下，微孢子虫通过水平基因转移获得基因。海伦脑炎微孢子虫（*Encephalitozoon hellem*）和微孢子虫（*E.romaleae*）的基因组大小都为 2~3Mb，它们通过水平基因转移从不同的真核生物和细菌供体获得了负责叶酸和嘌呤代谢的基因（Pombert 等，2012）。在海伦脑炎微孢子虫（*E.hellem*）中，这些转移来的基因可以发挥功能，然而在微孢子虫中，由于多重移码突变形成了参与一个特定的功能通路（叶酸从头合成途径）的假基因。Pombert 等人推测了这种特定基因缺失的机制和原因，认为可能和每个个体的宿主所提供的代谢环境有关。

粗糙脉孢菌（*Neurospora crassa*）

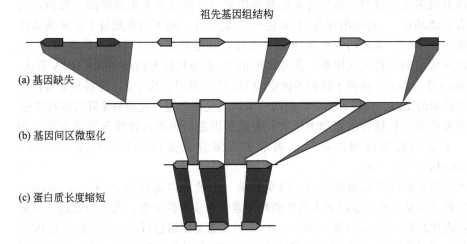

祖先基因组结构

(a) 基因缺失

(b) 基因间区微型化

(c) 蛋白质长度缩短

图 18.18 微孢子虫基因组规模缩减机制。图示祖先基因组拥有 7 个基因（蓝色，红色）以及大的基因间区（黑线）。（a）基因缺失（橘色阴影，导致红色基因的丢失）缩减了基因组规模。（b）基因间区规模减小导致基因密度增加。（c）缩短蛋白质编码基因区域减小基因组规模。这三种类型的事件可能以任意顺序发生
［改编自 Corradi 和 Slamovits（2011），经牛津大学出版社许可使用］

粗糙脉孢菌基因组数据库网站在 Broad 研究所（http://www.broadinstitute.org/annotation/genome/neurospora/MultiHome.html，链接 18.16）和 MIPS（http://mips.helmholtzmuenchen.de/genre/proj/ncrassa/，链接 18.17）。Ensembl 也提供粗糙脉孢菌的资源（http://fungi.ensembl.org/Neurospora_crassa/Info/Index，链接 18.18）。

自从 Beadle 和 Tatum 在 20 世纪 40 年代利用橙色面包霉建立了"一个基因一个酶"模型后，橙色面包霉脉孢菌（*Neurospora*）就一直是遗传学和生物化学研究的简单理想的模式生物。脉孢菌是丝状真菌中被研究得最为清晰的，丝状真菌对于农业、医药和环境都极其重要（Perkins 和 Davis，2000）。脉孢菌发育的复杂度与其他单细胞酵母不同（Casselton 和 Zolan，2002）。脉孢菌在自然界中广泛存在，而且和果蝇（*Drosophila*）一样，非常适合作为群体研究的对象。

和酿酒酵母一样，脉孢菌作为一种子囊菌也具有属于这类生物的优势，可以产生完整的四分体用于遗传分析。但是在很多重要的方面，比起酵母脉孢菌更像哺乳动物。比如，与酵母不同但是类似哺乳动物的是，脉孢菌的呼吸链中包含有复合体 I，有明显的昼夜节律，通过 DNA 甲基化来调控基因表达。70 年来对脉孢菌在遗传学、生物化学和细胞生物学方面的深入研究建立起该种生物作为生物学知识重要来源的地位。

Galagan 等（2003）报道了脉孢菌的全基因组序列。它们测序了其 7 条染色体上的约 39Mb DNA，并且识别出 10082 个蛋白质编码基因（其中 9200 个编码长度大于 100 个氨基酸）。在这些蛋白质中，41% 与已知序列不具有相似性，57% 在酿酒酵母（*S.cerevisiae*）或裂殖酵母（*S.pombe*）中没有可识别的直系同源基因。

脉孢菌基因组的倍增 DNA 序列只占 10%，包括约 185 个 rDNA 基因拷贝（Krumlauf 和 Marzluf，1980）。其他倍增 DNA 都是分散的并且都比较短和/或者分化了，这大概是 "RIP"（倍增诱导的点突变，repeat-induced point mutation）导致的。RIP 是一种在特定减数分裂前细胞的单倍体核中扫描搜索基因组的倍增序列的机制。基于 RIP 机制能够有效地找到倍增序列并且通过大量 GC 到 AT 的突变使这些倍增序列变得杂乱（Selker，1990）。很明显，RIP 是脉孢菌的一种基因组防

George Beadle 和 Edward Tatum 共享 1958 年的诺贝尔奖（和 Joshua Lederberg 一起），"因为他们发现了基因通过调节特定的化学事件起作用"（http://www.nobel.se/medicine/laureates/1958/，链接 18.19）。他们用 X 射线照射粗糙脉孢菌来研究基因的功能。

白腐真菌基因组测序计划由美国能源部实施(http://genome. jgi-psf. org/Phchr1/Phchr1. info. html，链接18.20)。

关于裂殖酵母基因组序列的更多序列信息，参见 PomBase(http://www.pombase.org，链接18.21)。

Leland Hartwell，Timothy Hunt 和 Sir Paul Nurse 因其在细胞周期调控方面的工作获得2001 年诺贝尔生理医学奖。Nurse 的研究采用裂殖酵母，而 Hartwell 研究的是酿酒酵母，Hunt 研究的是海胆和其他生物体，见 http://www.nobel.se/medicine/laureates/2001/(链接18.22)。

御系统，其能够使转座子失活并防止基因组扩张（Kinsey 等，1994）。Galagan 等（2003）发现，很少的脉孢菌的基因属于多基因家族，并且只有 8 对倍增基因编码超过 100 个氨基酸的蛋白质。此外，81% 的倍增 DNA 序列通过 RIP 发生了突变。因此，RIP 抑制了脉胞菌中通过倍增导致的新基因的产生（Perkins 等，2001；Galagan 等，2003）。

第一个担子菌: 黄孢白腐真菌（*Phanerochaete chrysosporium*）

黄孢白腐真菌是担子菌门中第一个被完整测序的真菌。这是一种白腐真菌，能够降解很多生物材料，包括污染物和木质素（一种赋予木头强度的多聚物，另外还有其他功能）。真菌出现在约 10 亿～15 亿年前，担子菌在超过 5 亿年前从研究得更为清晰的子囊菌门中分化出来。因此，其近缘生物的可用测序数据很少，对它的基因组的注释尤其困难。其基因组由 10 条染色体上的约 30Mb DNA 组成。xMartinez 等（2004）预测了该担子菌中的 11777 个基因，其中 3/4 能够显著地匹配到先前已知的蛋白。白腐真菌可以利用一系列氧化酶和过氧化物酶来降解植物细胞壁的主要成分，包括纤维素和木质素。它的基因组编码数百种能分解碳水化合物的酶。更新后的基因组注释信息揭示了更多分泌蛋白的基因模型（vanden Wymelenberg 等，2006）。

木头具有很强的抗腐蚀能力。白腐真菌（如黄孢白腐真菌 *P. chrysosporium*）和一些褐腐菌是仅有的能降解木头中的纤维素和木质素的生物。为了探究这一分解过程的进化起源，Floudas 等（2012）对 31 种真菌基因组进行了比较分析（包括 12 种由他们完成测序的），识别出与腐蚀木材过程相关的氧化还原酶、碳水化合物活性酶和过氧化物酶。他们的系统发生分析表明，白腐菌的木材腐蚀能力大概在 2.95 亿年前出现。尽管黄孢白腐真菌（*P. chrysosporium*）降解纤维素和木质素，它的近缘生物虫拟蜡菌（*Ceriporiopsis subvermispora*）只能降解木质素而不能降解纤维素。Fernandez-Fueyo 等（2012）对虫拟蜡菌（*C. subvermispora*）基因组进行了测序，并且对其编码过氧化物酶和其他酶的基因库进行了比较。这些研究重点说明了基因组学对生理过程研究的迅速影响。

粟酒裂殖酵母（*Schizosaccharomyces pombe*）

粟酒裂殖酵母（*S. pombe*）的基因组大小为 13.8Mb。一个大的欧洲研究组织报道了它的完整序列（Wood 等，2002）。粟酒裂殖酵母的基因组由 3 条染色体组成（表 18.6）。

表 18.6 粟酒裂殖酵母基因组特征

染色体编号	长度/Mb	基因数目	平均基因长度/bp	编码/%
1	5.599	2255	1446	58.6
2	4.398	1790	1411	57.5
3	2.466	884	1407	54.5
全基因组	12.462	4929	1426	57.5

注：来源于 Wood 等（2002），经 Macmillan Publishing Ltd 许可再版。

值得注意的是，粟酒裂殖酵母一共有 4940 个被预测的蛋白质编码基因（包括 11 个线粒体基因）和 33 个假基因。这明显小于酿酒酵母的基因数量，并且是真核生物的蛋白质编码基因数量中最少的。一些细菌基因组能编码更多的蛋白质，如百脉根中生根瘤菌（*Mesorhizobium loti*，预测有 6752 个基因）和天蓝色链霉菌（*Streptomyces coelicolor*，预测有 7825 个基因）。

粟酒裂殖酵母的基因密度大概为每 2400 个碱基对一个基因，略低于在酿酒酵母基因组中观察到的基因密度。其基因间区更长,并且预测有大概4730个内含子。在酿酒酵母中,只有4%的基因含有内含子。

粟酒裂殖酵母和酿酒酵母在3.3亿~4.2亿年前发生分化,如同真菌与脊椎动物(如人类)的直系同源物一样,这两个真菌的一些基因和蛋白序列是同等分化的。可以使用NCBI Genome网站上的TaxPlot工具来识别这些基因。比较分析可以阐明这些真菌在生物学上遗传基础的差异,比如粟酒裂殖酵母倾向于二分裂,并且拥有相对较少的转座元件。

其他真菌基因组

除了本章已经描述的以外,还有很多其他真菌基因组已被测序并描述。包括镰刀菌(*Fusarium*)(Ma等,2010)、毕赤酵母(*Pichia pastoris*)(用于蛋白质和代谢产物的工业生产;Gonçalves等,2013)、铜绿假单胞菌(*Pseudomonas*)(包括植物、昆虫和人类病原体;Silby等,2011)、木霉菌(*Trichoderma*)(*Druzhinina*等,2011)、黑孢块菌(*Tuber melanosporum*)(即Périgord黑松露菌;Martin等,2010)和解脂耶氏酵母(*Yarrowia lipolytica*)(Nicaud等,2012)。

十大植物真菌病原体

专家的一项调查指出了在科研和经济方面具有重要意义十大真菌病原体(Dean等,2012):①稻瘟病菌(*Magnaporthe oryzae*)是一种丝状子囊菌,可感染水稻和小麦;②灰葡萄孢菌(*Botrytis cinerea*)或灰霉可以感染200种植物;③柄锈菌(*Puccinia* spp.);④禾谷镰刀菌(*Fusarium graminearum*);⑤尖孢镰刀菌(*Fusarium oxysporum*);⑥白粉病菌(*Blumeria graminis*);⑦禾生球腔菌(*Mycosphaerella graminicola*);⑧炭疽菌(*Colletotrichum* spp.);⑨玉米黑粉菌(*Ustilago maydis*)和⑩亚麻锈菌(*Melampsora lini*)。

> 病毒类似的研究结果见第16章,细菌见第17章。

18.7 展望

酿酒酵母是生物学中最重要的生物之一,主要有如下原因:
- 它是第一个被测序的真核生物基因组。因为其紧凑的基因组大小和结构而被选中。
- 作为单细胞真核生物,其生命机理相对于人类和其他后生动物来说相对简单。
- 生物学界对于酵母的遗传学已经有了深刻了解,并且搜集了大量能够用于阐明酵母基因功能的分子工具。基于基因功能的全基因组分析,功能基因组学方法已经被应用(见第14章)。例如,酿酒酵母超过6000个基因中的每一个都被敲除并且打上分子条形码标签,从而可以对基因功能进行大规模平行研究。

许多其他真菌基因组现在也正在被测序。对于生物学的每一个分支,我们渐渐认识到比较基因组学分析在以下方面至关重要:帮助识别蛋白质编码基因(通过同源搜索),研究非编码DNA上的功能元件,像基因组倍增分析这样的进化研究帮助我们发现促使细胞得以存活的生化通路。

我们可以思考基因组的本质以及塑造它们的动力(Conant和Wolde,2008)。①基因组部分扩增或精简的机制是什么?真菌提供了许多关于全基因组倍增和片段倍增的例子,当然在有些情况下能够通过水平基因转移机制给基因组引入新的遗传材料。像脑炎微孢子虫这样的真菌则提供了关于基因组缩减的例子。②新出现的基因组特征是如何通过自然选择和其他修饰基因组结构与功能的外力发挥作用的?真菌界为我们提供了一些重要生物来研究这些问题。

18.8 常见问题

尽管酿酒酵母可以作为一种重要的模式生物,我们必须意识到我们认知的有限。进行了单基因敲除的基因型是如何产生特定的表型的呢?对于导致人类疾病的基因突变,我们迫切地需要回答这个问题,但即便是在像酵母这样的简单模式生物中,我们不了解蛋白质-蛋白质相互作用的全部内容,而这是细胞发挥功能的基础。如果我们把基因组看作一台机器的蓝图,我们现在拥有以基因产物列表形式呈现的部件清单。接下来我们必须弄明白如何组装这些部件以让机器在不同的环境下运转起来。像SGD这样的酵母基因注释数据库，其包含了广泛的功能基因组学筛选的结果，为我们进行功能分析提供了一个很好的起点。

18.9 给学生的建议

有人认为，酿酒酵母即使不是整个生命树上被理解得最为清晰的生物，也是被研究得最为透彻的真核生物。你可以利用生物信息资源来深入探究。选择一个蛋白质，详细地探索它的性质，从它的结合物到染色体背景信息到旁系同源物再到基因表达变化。选择一个生物过程，探究对酵母的研究如何使我们能够理解一些基本原理。对分泌的研究（Randy Scheckman 因此获得了诺贝尔奖；见图 14.4）便提供了一个很好的例子：功能筛选使得我们发现了数十种分泌（*sec*）突变体，研究表明这些突变基因的产物在涉及囊泡运输的生化通路中相互作用。该研究进一步与所有人类细胞的功能联系起来。考虑到人类和真菌的分化时间相隔很远（在 15 亿年前有最近共祖），这些事实突出说明了该特定通路的显著保守性。

18.10 网络资源

SGD（http://www.yeastgenome.org/，链接 18.9）列出了一系列酵母资源。另一个有用的门户则是 SGD Wiki（http://wiki.yeastgenome.org/，链接 18.23）。联合基因组研究所的真菌基因组计划（Fungal Genomics Program of the Joint Genome Institute）为多种不同真菌的分析提供了一个有利起点。（http://genome.jgi.doe.gov/programs/fungi/，链接 18.24）。

问题讨论

[18-1] 酿酒酵母由于自身为单细胞有时被描述为一种简单生物，它的基因组编码了数量相对较少的基因（大约 6000 个），并且是遗传学研究的模式生物。然而，目前我们只知道它一半基因的功能。目前有许多功能基因组学工具可用，例如搜集全部酵母基因敲除菌株（即每一个基因的无效等位基因）的工具。你要怎样利用这些功能基因组工具来理解更多的有关酵母基因功能的知识？

[18-2] 真菌是后生动物（动物）的一个姐妹群（图 19.1）。你认为通过真菌研究所阐明的关于基因组进化、基因功能、比较基因组学相关知识能密切应用于像人类、线虫和果蝇这样的后生动物吗？例如，我们讨论了某些真菌的全基因组倍增。你要如何检验人类基因组也经历了相似的倍增事件这样一个假说呢？从比较基因组学的角度来看，你认为真菌之间生物性质的相似性远远大于后生动物之间的相似性吗？

[18-3] 对于白色念珠菌，CUG 密码子有时被翻译为丝氨酸（而不是通常情况下的亮氨酸）。这也许对蛋白质组的多样化有正效应。但它也可能会产生有害影响。如果在人体中也出现这种现象，那么多大的频率会致死呢？

问题/上机实验

[18-1] 这个问题主要是利用 UCSC Genome Browser 和 Yeast Genome Order Browser（酵母基因组顺序浏览器，YGOB）来研究酵母。访问 UCSC Genome Browser，并找到酿酒酵母的基因组。输入我们在这一章介绍过的 12 号染色体。设置 PhastCons 保守元件数据轨为 full，并且限制分数不低于 900。结果显示一簇高度保守的邻近基因。在这个练习中，我们将进行更深入的探索。一共有多少个保守基因？如果你调高或者降低 PhastCons 得分阈值的话将发生什么？高度保守的基因是否也共享功能特性？下一步，在 YGOB 中探索它们的保守性。基因拥有旁系同源物是因为全基因组倍增吗？这些是不是必需的基因？你可以在酵母基因组数据库中（SGD）确定它们是否是必需基因。

[18-2] 每条酿酒酵母染色体上有多少个基因？使用 EDirect。本问题改编自 http://www.ncbi.nlm.nih.gov/books/NBK179288/。我们可以使用以下代码（宋体字部分，你可以从 EDirect 网站上复制并粘贴相关代码）。比较你的结果与下面给出的结果（楷体字部分）。

```
for chr in I II III IV V VI VII VIII IX X XI XII
XIII XIV XV XVI MT
 do
 esearch -db gene -query " Saccharomyces
cerevisiae [ORGN] 和 $chr [CHR]" |
 efilter -query "alive [PROP] 和 genetype
protein coding [PROP]" |
 efetch -format docsum |
 xtract -pattern DocumentSummary -NAME Name \
 -block GenomicInfoType -match "ChrLoc:$chr" \
 -tab "\n" -element ChrLoc,"&NAME" |
 grep '.' | sort | uniq | cut -f 1 |
 sort-uniq-count-rank
 done
 94 I
 408 II
 161 III
 755 IV
 280 V
 127 VI
 530 VII
 282 VIII
 211 IX
 359 X
 313 XI
 508 XII
 461 XIII
 398 XIV
 537 XV
 464 XVI
 19 MT
```

［18-3］在 NCBI Genome 资源中探索酿酒酵母。可以访问 http://www.ncbi.nlm.nih.gov/genome/15（链接 18.25）。根据基因组计划（Genome Projects）的报告，有多少菌株已经完成测序？它们的基因组大小与 GC 含量范围分别是多少？

［18-4］使用酿酒酵母基因组数据库：

• 访问 SGD 网站（http://www.yeastgenome.org/）

• 选择一个未被描述的开放阅读框 ORF。使用 Gene/Seq Resources（SGD 的一个分析工具），选择一条染色体（例如，12 号染色体），然后选择 Chromosomal Features Table（染色体特征表格）。列出的第一个假定开放阅读框 ORF 是 *YLL067C*。

• 探索 *YLL067C* 可能的功能。对于一些未描述的开放阅读框，可用的信息相对很少。而对于其他的开放阅读框，你能够找到很多信息。在 "Chromosomal Fatures Table" 中点击 "Info" 以浏览一个类似于在第 14 章中展示过的页面。

• *YLL067C* 所编码的蛋白质的物理性质是什么（比如分子量、等电点）？

• 该蛋白具有已知结构域吗？

• 有关于该蛋白质和其他蛋白相互作用的研究吗？

• 该基因是否在不同的生理状态下被诱导或者抑制，例如在压力应答或者孢子形成的过程中？

• 这些基因还会存在于其他哪些生物中？通过比较探索 SGD 与探索 YGOD 以及执行 BLAST 搜索三者的有效性来回答这个问题。哪一种方法最佳？

［18-5］通过 SGD > Analyze > Gene Lists 访问方式进入 YeastMine（或者访问 http://yeastmine.yeastgenome.org）。探索这里提供的众多资源，例如着丝粒列表（还有相关描述）、一系列查询项（如特征类型），以及关于这些查询项的分析（尝试用 Ssolp）。

［18-6］ABC 转运蛋白组成了一个大的跨膜蛋白家族，该家族的蛋白水解 ATP 驱动像氯化物跨膜这样的配体转运。酵母中有多少 ABC 转座子？

［18-7］使用 18S 核糖体 RNA 序列构建真菌的系统发生树。利用 MEGA 或者相关软件对他们进行比

对并且构建树（第 7 章）。生成的系统发生树与这一章所展示的一致吗？如果不是，为什么？

自测题

[18-1] 酿酒酵母基因组具有下列特征，除了

(a) 非常大的基因密度（每 2000 碱基对就有一个基因）；

(b) 非常少的内含子数；

(c) 高度多态性；

(d) 16 条染色体

[18-2] 基于很多因素，酿酒酵母是一种理想的模式生物。下面哪一个不属于酵母的有用特征？

(a) 基因组规模相对较小；

(b) 可以通过同源重组做基因敲除；

(c) 大段 DNA 倍增序列是研究高等真核生物很好的模型；

(d) 开放阅读框（ORF）密度大

[18-3] 酿酒酵母的基因组很小（编码约 6000 个基因）。我们认为，大约 1 亿年前酵母基因组发生了

(a) 整个基因组倍增，随后四倍体化；

(b) 基因组经历了很多片段倍增，随后基因缺失；

(c) 整个基因组倍增，后来部分基因缺失；

(d) 整个基因组倍增，随后基因转换

[18-4] 发生基因倍增事件后，最常见的一个结果便是倍增基因的丢失。对此一个合理的解释是由于第二份拷贝

(a) 是多余的；

(b) 可能获得对生物体适应能力有害的被禁止的突变；

(c) 经历强烈的负选择；

(d) 是非等位同源重组的原料

[18-5] 对酿酒酵母和两个近缘物种（*S. castelli*、*C. glabrata*）的比较分析使得我们能够描述全基因组倍增事件后，多个生物体内的基因保留和基因丢失的模式。对于经历过基因组倍增的 3 个基因组中的数千个基因座，会出现下面哪种情况？

(a) 对于大约 3/4 的基因座，3 个物种都会丢失倍增基因的 2 个拷贝中的 1 个；

(b) 对于大约一半的基因座，没有发生基因缺失；

(c) 对于大约一半的基因座，倍增基因的 2 个拷贝都发生了部分缺失；

(d) 对于大约 3/4 的基因座，3 个物种都丢失了倍增基因的两个拷贝

[18-6] 白色念珠菌的基因组特征包括

(a) 1 个附属的质粒；

(b) 它的某一条长度高度可变的染色体；

(c) 它的 DNA 的特征是具有极高的多态性；

(d) 在大多数生物体中编码亮氨酸的 CTG 密码子在白色念珠菌中编码丝氨酸

[18-7] 丝状菌（*Neurospora crassa*）只有极少量的倍增 DNA（占其 39Mb 基因组的 10%）。这是因为它

(a) 染色质会减少；

(b) 倍增 DNA 发生了倒位；

(c) 发生了重复序列诱导的点突变，一种倍增片段失活的现象；

(d) 重复序列诱导的同步化使得倍增元件失活

[18-8] 粟酒裂殖酵母基因组的最显著的特征之一是

(a) 被预测能够编码蛋白质的基因少于 5000 个，因而它的基因组（和蛋白质组）甚至小于一些细菌基因组；

（b）预测的内含子的数目大约与预测的开放阅读框 ORF 数目相同；

（c）它与细菌同源的基因数目约等于与酿酒酵母同源的基因数；

（d）其基因组大小接近酿酒酵母，尽管这两个物种在数亿年前就发生了分化

［18-9］酵母是唯一一种由美国食品和药物管理局（FDA）批准的可用于人类食用的重要研究生物

（a）正确；

（b）错误

推荐读物

Guarro 等人对真菌分类学进行了出色的概述（1999），而 Hibbett 等人（2007）和 James 等人（2006）的论文也十分重要。Bernard Dujon（2010）的文章综述了酵母基因组学与真核基因组进化的关系。至于全基因组倍增和影响酵母基因组大小的因素，可以参考 Kelkar 和 Ochman（2012）的文章。关于基因倍增这个主题，可以参考 Conant 和 Wolfe（2008）的文章。我还强烈推荐 Susumu Ohno 于 1970 年编写的《基因倍增造成的进化》（*Evolution by Gene Duplication*）这本书。Gibbons 和 Rokas（2013）的文章则对曲霉基因组做了出色的概述。

参 考 文 献

Aalto, M.K., Ronne, H., Keranen, S. 1993. Yeast syntaxins Sso1p and Sso2p belong to a family of related membrane proteins that function in vesicular transport. *EMBO Journal* **12**, 4095–4104.

Ainsworth, G.C. 1993. Fungus infections (mycoses). In *The Cambridge World History of Human Disease* (ed. K. F.Kiple). Cambridge University Press, New York, pp. 730–736.

Albertin, W., Marullo, P. 2012. Polyploidy in fungi: evolution after whole-genome duplication. *Proceedings of the Royal Society B: Biological Sciences* **279**(1738), 2497–2509. PMID: 22492065.

Baldauf, S.L., Roger, A. J., Wenk-Siefert, I., Doolittle, W. F. 2000. A kingdom-level phylogeny of eukaryotes based on combined protein data. *Science* **290**, 972–977.

Bezerra, A.R., Simões, J., Lee, W. *et al.* 2013. Reversion of a fungal genetic code alteration links proteome instability with genomic and phenotypic diversification. *Proceedings of the National Academy of Sciences, USA* **110**(27), 11079–11084. PMID: 23776239.

Bulloch, W. 1938. *The History of Bacteriology*. Oxford University Press, New York.

Byrne, K.P., Wolfe, K.H. 2005. The Yeast Gene Order Browser: combining curated homology and syntenic context reveals gene fate in polyploid species. *Genome Research* **15**, 1456–1461.

Byrne, K.P., Wolfe, K.H. 2006. Visualizing syntenic relationships among the hemiascomycetes with the Yeast Gene Order Browser. *Nucleic Acids Research* **34**, D452–455.

Casaregola, S., Weiss, S., Morel, G. 2011. New perspectives in hemiascomycetous yeast taxonomy. *Comptes Rendus Biologies* **334**(8–9), 590–598. PMID: 21819939.

Casselton, L., Zolan, M. 2002. The art and design of genetic screens: Filamentous fungi. *Nature Reviews Genetics* **3**, 683–697.

Cerqueira, G.C., Arnaud, M.B., Inglis, D.O. *et al.* 2014. The *Aspergillus* Genome Database: multispecies curation and incorporation of RNA-Seq data to improve structural gene annotations. *Nucleic Acids Research* **42**(1), D705–710. PMID: 24194595.

Cherry, J. M., Ball, C., Weng, S. *et al.* 1997. Genetic and physical maps of *Saccharomyces cerevisiae*. *Nature* **387**, 67–73. PMID: 9169866.

Cliften, P., Sudarsanam, P., Desikan, A. *et al.* 2003. Finding functional features in *Saccharomyces* genomes by phylogenetic footprinting. *Science* **301**, 71–76.

Conant, G.C., Wolfe, K.H. 2008. Turning a hobby into a job: how duplicated genes find new functions. *Nature Reviews Genetics* **9**(12), 938–950. PMID: 19015656.

Corradi, N., Slamovits, C.H. 2011. The intriguing nature of microsporidian genomes. *Briefings in Functional Genomics* **10**(3), 115–124. PMID: 21177329.

Dacks, J. B., Doolittle, W. F. 2002. Novel syntaxin gene sequences from *Giardia, Trypanosoma* and algae: implications for the ancient evolution of the eukaryotic endomembrane system. *Journal of Cell Science* **115**, 1635–1642.

Dean, R., Van Kan, J.A., Pretorius, Z.A. *et al.* 2012. The Top 10 fungal pathogens in molecular plant pathology. *Molecular Plant Pathology* **13**(4), 414–430. PMID: 22471698.

Dequin, S., Casaregola, S. 2011. The genomes of fermentative *Saccharomyces*. *Comptes Rendus Biologies* **334**(8–9), 687–693. PMID: 21819951.

Druzhinina, I.S., Seidl-Seiboth, V., Herrera-Estrella, A. *et al.* 2011. *Trichoderma*: the genomics of opportunistic success. *Nature Reviews Microbiology* **9**(10), 749–759. PMID: 21921934.

Dujon, B. 2006. Yeasts illustrate the molecular mechanisms of eukaryotic genome evolution. *Trends in Genetics* **22**, 375–387.

Dujon, B. 2010. Yeast evolutionary genomics. *Nature Reviews Genetics* **11**(7), 512–524. PMID: 20559329.

Dujon, B., Alexandraki, D., André, B. *et al.* 1994. Complete DNA sequence of yeast chromosome XI. *Nature* **369**, 371–378. PMID: 8196765.

Dujon, B., Sherman, D., Fischer, G. *et al.* 2004. Genome evolution in yeasts. *Nature* **430**, 35–44. PMID: 15229592.

Engel, S.R., Cherry, J.M. 2013. The new modern era of yeast genomics: community sequencing and the resulting annotation of multiple Saccharomyces cerevisiae strains at the *Saccharomyces* Genome Database. *Database* (Oxford) **2013**, bat012. PMID: 23487186.

Engel, S.R., Dietrich, F.S., Fisk, D.G. *et al.* 2013. The Reference Genome Sequence of *Saccharomyces cerevisiae*: Then and Now. *G3* (Bethesda) **pii**, g3.113.008995v1. PMID: 24374639.

Fares, M.A., Keane, O.M., Toft, C., Carretero-Paulet, L., Jones, G.W. 2013. The roles of whole-genome and small-scale duplications in the functional specialization of *Saccharomyces cerevisiae* genes. *PLoS Genetics* **9**(1), e1003176. PMID: 23300483.

Fernandez-Fueyo, E., Ruiz-Dueñas, F.J., Ferreira, P. *et al.* 2012. Comparative genomics of *Ceriporiopsis subvermispora* and *Phanerochaete chrysosporium* provide insight into selective ligninolysis. *Proceedings of the National Academy of Sciences, USA* **109**(14), 5458–5463. PMID: 22434909.

Ficklin, S.P., Sanderson, L.A., Cheng, C.H. *et al.* 2011. Tripal: a construction toolkit for online genome databases. *Database* (Oxford) **2011**, bar044. PMID: 21959868.

Findley, K., Oh, J., Yang, J. *et al.* 2013. Topographic diversity of fungal and bacterial communities in human skin. *Nature* **498**(7454), 367–370. PMID: 23698366.

Fitzpatrick, D.A. 2012. Horizontal gene transfer in fungi. *FEMS Microbiology Letters* **329**(1), 1–8. PMID: 22112233.

Flicek, P., Amode, M.R., Barrell, D. *et al.* 2014. Ensembl 2014. *Nucleic Acids Research* **42**(1), D749–755. PMID: 24316576.

Floudas, D., Binder, M., Riley, R. *et al.* 2012. The Paleozoic origin of enzymatic lignin decomposition reconstructed from 31 fungal genomes. *Science* **336**(6089), 1715–1719. PMID: 22745431.

Galagan, J.E., Calvo, S.E., Borkovich, K.A. *et al.* 2003. The genome sequence of the filamentous fungus *Neurospora crassa*. *Nature* **422**(6934), 859–868 3). PMID: 12712197.

Galagan, J.E., Calvo, S.E., Cuomo, C. *et al.* 2005. Sequencing of *Aspergillus nidulans* and comparative analysis with *A. fumigatus* and *A. oryzae*. *Nature* **438**(7071), 1105–1115. PMID: 16372000.

Garbarino, J. E., Gibbons, I. R. 2002. Expression and genomic analysis of midasin, a novel and highly conserved AAA protein distantly related to dynein. *BMC Genomics* **3**, 18.

Gibbons, J.G., Rokas, A. 2013. The function and evolution of the *Aspergillus* genome. *Trends in Microbiology* **21**(1), 14–22. PMID: 23084572.

Goffeau, A., Barrell, B.G., Bussey, H. *et al.* 1996. Life with 6000 genes. *Science* **274**, 546, 563–567. PMID: 8849441.

Gonçalves, A.M., Pedro, A.Q., Maia, C. *et al.* 2013. *Pichia pastoris*: a recombinant microfactory for antibodies and human membrane proteins. *Journal of Microbiology and Biotechnology* **23**(5), 587–601. PMID: 23648847.

Grigoriev, I.V., Nikitin, R., Haridas, S. *et al.* 2014. MycoCosm portal: gearing up for 1000 fungal genomes. *Nucleic Acids Research* **42**(1), D699–704. PMID: 24297253.

Guarro, J., Gene J., Stchigel, A. M. 1999. Developments in fungal taxonomy. *Clinical Microbiology Reviews* **12**, 454–500.

Harbison, C.T., Gordon, D.B., Lee, T.I. *et al.* 2004. Transcriptional regulatory code of a eukaryotic genome. *Nature* **431**, 99–104. PMID: 15343339.

Harrison, P. M., Kumar, A., Lang, N., Snyder, M., Gerstein, M. 2002. A question of size: The eukaryotic proteome and the problems in defining it. *Nucleic Acids Research* **30**, 1083–1090.

Hibbett, D.S., Binder, M., Bischoff, J.F. *et al.* 2007. A higher-level phylogenetic classification of the *Fungi*. *Mycological Research* **111**, 509–547. PMID: 17572334.

Hittinger, C.T. 2013. *Saccharomyces* diversity and evolution: a budding model genus. *Trends in Genetics* **29**(5), 309–317. PMID: 23395329.

Hufton, A.L., Panopoulou, G. 2009. Polyploidy and genome restructuring: a variety of outcomes. *Current Opinion in Genetics and Development* **19**(6), 600–606. PMID: 19900800.

James, T.Y., Kauff, F., Schoch, C.L. *et al.* 2006. Reconstructing the early evolution of Fungi using a six-gene phylogeny. *Nature* **443**, 818–822. PMID: 17051209.

Johnston, M., Hillier, L., Riles, L. *et al.* 1997. The nucleotide sequence of *Saccharomyces cerevisiae* chromosome XII. *Nature* **387**, 87–90. PMID: 9169871.

Jones, T., Federspiel, N.A., Chibana, H. *et al.* 2004. The diploid genome sequence of *Candida albicans*. *Proceedings of the National Academy of Sciences, USA* **101**, 7329–7334.

Katinka, M. D., Duprat, S., Cornillot, E. *et al.* 2001. Genome sequence and gene compaction of the eukaryote parasite *Encephalitozoon cuniculi*. *Nature* **414**, 450–453. PMID: 11719806.

Kelkar, Y.D., Ochman, H. 2012. Causes and consequences of genome expansion in fungi. *Genome Biology and Evolution* **4**(1), 13–23. PMID: 22117086.

Kellis, M., Patterson, N., Endrizzi, M., Birren, B., Lander, E.S. 2003. Sequencing and comparison of yeast species to identify genes and regulatory elements. *Nature* **423**, 241–254.

Kellis, M., Birren, B.W., Lander, E.S. 2004. Proof and evolutionary analysis of ancient genome duplication in the yeast *Saccharomyces cerevisiae*. *Nature* **428**, 617–624.

Kim, J., Sudbery, P. 2011. *Candida albicans*, a major human fungal pathogen. *Journal of Microbiology* **49**(2), 171–177. PMID: 21538235.

Kinsey, J. A., Garrett-Engele, P. W., Cambareri, E. B., Selker, E. U. 1994. The *Neurospora* transposon Tad is sensitive to repeat-induced point mutation (RIP). *Genetics* **138**, 657–664.

Krumlauf, R., Marzluf, G. A. 1980. Genome organization and characterization of the repetitive and inverted repeat DNA sequences in *Neurospora crassa*. *Journal of Biological Chemistry* **255**, 1138–1145.

Kuchenmeister, F. 1857. *On Animal and Vegetable Parasites of the Human Body, a Manual of their Natural History, Diagnosis, and Treatment*. Sydenham Society, London.

Kurtzman, C.P., Robnett, C.J. 2003. Phylogenetic relationships among yeasts of the 'Saccharomyces complex' determined from multigene sequence analyses. *FEMS Yeast Research* **3**, 417–432.

Liti, G., Schacherer, J. 2011. The rise of yeast population genomics. *Comptes Rendus Biologies* **334**(8–9), 612–619. PMID: 21819942.

Loftus, B.J., Fung, E., Roncaglia, P. *et al.* 2005. The genome of the basidiomycetous yeast and human pathogen *Cryptococcus neoformans*. *Science* **307**, 1321–1324. PMID: 15653466.

Lowe, T. M., Eddy, S. R. 1999. A computational screen for methylation guide snoRNAs in yeast. *Science* **283**, 1168–1171.

Lynch, M., Conery, J. S. 2000. The evolutionary fate and consequences of duplicate genes. *Science* **290**, 1151–1155.

Ma, L.J., van der Does, H.C., Borkovich, K.A. *et al.* 2010. Comparative genomics reveals mobile pathogenicity chromosomes in *Fusarium*. *Nature* **464**(7287), 367–373. PMID: 20237561.

Machida, M., Asai, K., Sano, M. *et al.* 2005. Genome sequencing and analysis of *Aspergillus oryzae*. *Nature* **438**, 1157–1161. PMID: 16372010.

Mackiewicz, P., Kowalczuk, M., Mackiewicz, D. *et al.* 2002. How many protein-coding genes are there in the *Saccharomyces cerevisiae* genome? *Yeast* **19**, 619–629. PMID: 11967832.

Margulis, L., Schwartz, K. V. 1998. *Five Kingdoms. An Illustrated Guide to the Phyla of Life on Earth.* W. H. Freeman and Company, New York.

Martin, F., Kohler, A., Murat, C. *et al.* 2010. Périgord black truffle genome uncovers evolutionary origins and mechanisms of symbiosis. *Nature* **464**(7291), 1033–1038. PMID: 20348908.

Martinez, D., Larrondo, L.F., Putnam, N. *et al.* 2004. Genome sequence of the lignocellulose degrading fungus *Phanerochaete chrysosporium* strain RP78. *Nature Biotechnology* **22**, 695–700. PMID: 15122302.

Mewes, H. W., Albermann, K., Bähr, M. *et al.* 1997. Overview of the yeast genome. *Nature* **387**, 7–65. PMID: 9169865.

Neuvéglise, C., Marck, C., Gaillardin, C. 2011. The intronome of budding yeasts. *Comptes Rendus Biologies* **334**(8–9), 662–670. PMID: 21819948.

Nicaud, J.M. 2012. *Yarrowia lipolytica. Yeast* **29**(10), 409–418. PMID: 23038056.

Nierman, W.C., Pain, A., Anderson, M.J. *et al.* 2005. Genomic sequence of the pathogenic and allergenic filamentous fungus *Aspergillus fumigatus. Nature* **438**, 1151–1156. PMID: 16372009.

O'Connor, B.D., Day, A., Cain, S. *et al.* 2008. GMODWeb: a web framework for the Generic Model Organism Database. *Genome Biology* **9**(6), R102. PMID: 18570664.

Odds, F.C., Brown, A.J., Gow, N.A. 2004. *Candida albicans* genome sequence: a platform for genomics in the absence of genetics. *Genome Biology* **5**, 230.

ÓhÉigeartaigh, S.S., Armisén, D., Byrne, K.P., Wolfe, K.H. 2011. Systematic discovery of unannotated genes in 11 yeast species using a database of orthologous genomic segments. *BMC Genomics* **12**, 377. PMID: 21791067.

Ohno, S. 1970. *Evolution by Gene Duplication.* Springer Verlag, Berlin.

Oliver, S.G., van der Aart, Q.J., Agostoni-Carbone, M.L. *et al.* 1992. The complete DNA sequence of yeast chromosome III. *Nature* **357**(6373), 38–46. PMID: 1574125.

Papanicolaou, A., Heckel, D.G. 2010. The GMOD Drupal bioinformatic server framework. *Bioinformatics* **26**(24), 3119–3124. PMID: 20971988.

Perkins, D.D., Davis, R.H. 2000. *Neurospora* at the millennium. *Fungal Genetics and Biology* **31**(3), 153–167. PMID: 11273678.

Perkins, D. D., Radford, A., Sachs, M. S. 2001. *The Neurospora Compendium: Chromosomal loci.* Academic Press, San Diego, CA.

Pevsner, J., Scheller, R.H. 1994. Mechanisms of vesicle docking and fusion: insights from the nervous system. *Current Opinion in Cell Biology* **6**(4), 555–560. PMID: 7986533.

Piskur, J. 2001. Origin of the duplicated regions in the yeast genomes. *Trends in Genetics* **17**, 302–303.

Pombert, J.F., Selman, M., Burki, F. *et al.* 2012. Gain and loss of multiple functionally related, horizontally transferred genes in the reduced genomes of two microsporidian parasites. *Proceedings of the National Academy of Sciences, USA* **109**(31), 12638–12643. PMID: 22802648.

Protopopov, V., Govindan, B., Novick, P., Gerst, J. E. 1993. Homologs of the synaptobrevin/VAMP family of synaptic vesicle proteins function on the late secretory pathway in *S. cerevisiae. Cell* **74**, 855–861.

Proux-Wéra, E., Armisén, D., Byrne, K.P., Wolfe, K.H. 2012. A pipeline for automated annotation of yeast genome sequences by a conserved-synteny approach. *BMC Bioinformatics* **13**, 237. PMID: 22984983.

Reese, M.G., Moore, B., Batchelor, C. *et al.* 2010. A standard variation file format for human genome sequences. *Genome Biology* **11**(8), R88. PMID: 20796305.

Robbertse, B., Tatusova, T. 2011. Fungal genome resources at NCBI. *Mycology* **2**(3), 142–160. PMID: 22737589.

Rossignol, T., Lechat, P., Cuomo, C. *et al.* 2008. CandidaDB: a multi-genome database for *Candida* species and related *Saccharomycotina. Nucleic Acids Research* **36**(Database issue), D557–561. PMID: 18039716.

Roth, J. F. 2000. The yeast Ty virus-like particles. *Yeast* **16**, 785–795.

Rozen, S., Skaletsky, H., Marszalek, J.D. *et al.* 2003. Abundant gene conversion between arms of palindromes in human and ape Y chromosomes. *Nature* **423**, 873–876. PMID: 12815433.

Sanderson, L.A., Ficklin, S.P., Cheng, C.H. *et al.* 2013. Tripal v1.1: a standards-based toolkit for construction of online genetic and genomic databases. *Database* (Oxford) **2013**, bat075. PMID: 24163125.

Scannell, D.R., Byrne, K.P., Gordon, J.L., Wong, S., Wolfe, K.H. 2006. Multiple rounds of speciation associated with reciprocal gene loss in polyploid yeasts. *Nature* **440**, 341–345.

Scazzocchio, C. 2006. *Aspergillus* genomes: secret sex and the secrets of sex. *Trends in Genetics* **22**, 521–525.

Selker, E. U. 1990. Premeiotic instability of repeated sequences in *Neurospora crassa*. *Annual Review of Genetics* **24**, 579–613.

Silby, M.W., Winstanley, C., Godfrey, S.A., Levy, S.B., Jackson, R.W. 2011. *Pseudomonas* genomes: diverse and adaptable. *FEMS Microbiology Review* **35**(4), 652–680. PMID: 21361996.

Seoighe, C., Wolfe, K. H. 1999. Updated map of duplicated regions in the yeast genome. *Gene* **238**, 253–261.

Smith, M. M. 1987. Molecular evolution of the *Saccharomyces cerevisiae* histone gene loci. *Journal of Molecular Evolution* **24**(3), 252–259. PMID: 3106640.

Souciet, J.L. 2011. Génolevures Consortium GDR CNRS 2354. Ten years of the Génolevures Consortium: a brief history. *Comptes Rendus Biologies* **334**(8 9), 580 584. PMID: 21819937.

Tisseur, M., Kwapisz, M., Morillon, A. 2011. Pervasive transcription: Lessons from yeast. *Biochimie* **93**(11), 1889–1896. PMID: 21771634.

Umemura, M., Koike, H., Yamane, N. *et al.* 2012. Comparative genome analysis between *Aspergillus oryzae* strains reveals close relationship between sites of mutation localization and regions of highly divergent genes among *Aspergillus* species. *DNA Research* **19**(5), 375–382. PMID: 22912434.

van de Wouw, A.P., Howlett, B.J. 2011. Fungal pathogenicity genes in the age of 'omics'. *Molecular Plant Pathology* **12**(5), 507–514. PMID: 21535355.

vanden Wymelenberg, A., Minges, P., Sabat, G. *et al.* 2006. Computational analysis of the *Phanerochaete chrysosporium* v2.0 genome database and mass spectrometry identification of peptides in ligninolytic cultures reveal complex mixtures of secreted proteins. *Fungal Genetics and Biology* **43**(5), 343–356. PMID: 16524749.

Wagner, A. 2000. Robustness against mutations in genetic networks of yeast. *Nature Genetics* **24**, 355–361.

Wagner, A. 2001. Birth and death of duplicated genes in completely sequenced eukaryotes. *Trends in Genetics* **17**, 237–239.

Wang, D. Y., Kumar, S., Hedges, S. B. 1999. Divergence time estimates for the early history of animal phyla and the origin of plants, animals and fungi. *Proceedings of the Royal Society of London, B: Biological Sciences* **266**, 163–171.

Whittaker, R.H. 1969. New concepts of kingdoms or organisms. Evolutionary relations are better represented by new classifications than by the traditional two kingdoms. *Science* **163**, 150–160.

Wolfe, K.H., Shields, D. C. 1997. Molecular evidence for an ancient duplication of the entire yeast genome. *Nature* **387**, 708–713.

Wood, V., Gwilliam, R., Rajandream, M.A. *et al.* 2002. The genome sequence of *Schizosaccharomyces pombe*. *Nature* **415**, 871–880. PMID: 11859360.

Wu, J., Delneri, D., O'Keefe, R.T. 2012. Non-coding RNAs in *Saccharomyces cerevisiae*: what is the function? *Biochemical Society Transactions* **40**(4), 907–911. PMID: 22817757.

第 19 章

真核基因组：从寄生生物到灵长类

自中新世中期——一个在整个欧亚大陆和非洲的猿类丰富多样的时代——以来，猿类进化的主要模式不是碎片化就是走向灭绝。现存的类人猿是该过程遗留下来的种群，这些类人猿濒危且分散成多个小亚群，赤道森林是它们的避难所。就算是现在分散在世界各地并占领了之前任何灵长类都无法企及的栖息地的人类，也承受着过去种群危机的所带来的后果。人属（*Homo*）的其他分支都已灭绝了。我们可以在猩猩、大猩猩和黑猩猩等类人猿的身上能看到十万年前人类祖先的影子，而且这种现象在数百万年间可能发生过许多次。值得注意的是，该属中至少有三个物种在经历长期隔离之后仍然继续着遗传物质的交换，而这种交换可能有助于它们在数量减少的情况下生存。除了帮助我们理解人类进化外，对类人猿的研究也将我们与我们曾经生存更加脆弱的时代联系在一起，同时这些研究也突出了保护和保存这些迷人的物种的重要性。

—Scally 等（2012，第 174 页）

学习目标

通过阅读本章你应该能够：

- 列出真核生物的主要类群；
- 描述本章中提到的真核生物的关键基因组特征，包括基因组的大小和基因的数量；
- 举例描述真核生物的全基因组倍增（duplication），并讨论其重要性；
- 提供一个人类与从昆虫到灵长类等一系列动物的最近共祖的大体时间线。

19.1 引言

在本章中，我们将探索从寄生生物到灵长类的真核生物基因组。我们参考了 Baldauf 等人所构造的真核生物系统发生树（2000；图 19.1）。这个系统发生树是通过对四个串联蛋白序列的简约分析所构造的，这四个蛋白分别是延伸因子 1a（EF-1α）、肌动蛋白、α-微管蛋白和 β-微管蛋白。我们在第 18 章中讨论了真菌基因组，它们代表了一个接近后生动物（动物）的群体。我们从下到上检视了这棵树上的代表性生物。这些生物包括双滴虫属的 *Giardia lamblia* 和其他原生动物，例如疟原虫、恶性疟原虫（*Plasmodium falciparum*）；以及植物，包括了最早基因组测序植物拟南芥（*Arabidopsis thaliana*）和大米（*Oryza sativa*）；还有后生动物，从蠕虫和昆虫到鱼类和哺乳动物。我们将在第 20 章中介绍人类基因组。

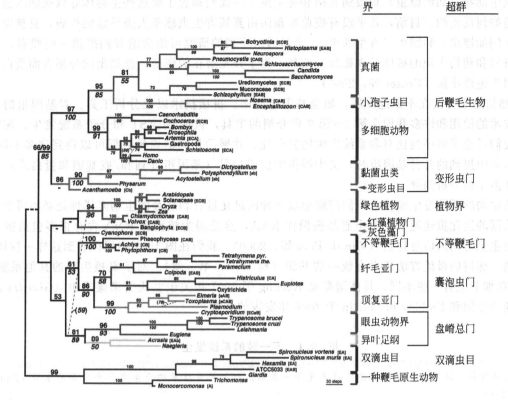

图 19.1 串联蛋白序列的简约分析所构造的系统发生树。用于分析的四个蛋白分别是 EF-1α（树中缩写为 E）、肌动蛋白（C）、α-微管蛋白（A）、β-微管蛋白（B）。这个系统发生树可以与基于小亚基核糖体 RNA 序列构建的生命树（图 15.1）的真核生物部分相比较。在这棵树中，标记了 14 个生物界和 7 个超群。其中一个超群，即后鞭毛生物，包含了真菌和微孢子目（第 18 章）以及后生动物（脊椎动物和无脊椎动物）。这棵树的构建是基于最大简约分析法（自展值在水平分支上显示）和第二密码子位置核苷酸的最大似然分析。对于有缺失数据的分类群，序列被加了方括号，例如〔EAB〕

〔本图改编自 Baldauf 等（2000），经 AAAS 和 S. Baldauf 的许可使用〕

根据第 15 章提到的大纲，我们将探讨各个基因组的五个方面。

① 编目信息包含了描述每条染色体的完整序列、注释 DNA 来识别和表征非编码 DNA，以及识别蛋白编码基因和其他非编码基因。我们研究了染色体的数量和结构（比如重复或缺失的区域）。本章提供了大量有关基因组大小的信息。在许多情况下，百万碱基（Mb）级别的基因组精确的大小或精确的基因数目是未知的；在某些情况下，甚至染色体的数目也是未知的。本章的一个目标是对真核生物基因组目前已知的信息进行概括，使读者对基因组大小的规模有一个认知。

② 比较基因组学是任何基因组分析的一个重要部分。对近缘物种的基因组序列草图（或是已完成的图谱）的绘制完成使得一系列有关近期进化的问题得以解决，如基因家族的谱系特异性扩增或缩减。对远缘物种（例如鱼类和人类最近的共同祖先生活在距今 4 亿年前）基因组序列的绘制完成也使各种问题得以解决，如是否存在保守的基因结构和调控元件。

③ 生物学原理可以通过基因组序列进行探究。例如，一种生活在水下的海胆的基因组出乎意料地编码一种在其他动物中促进听觉和化学感应的受体，表明这些动物具有未知的感觉能力。通常，我们利用基因组序列分析来试图将基因组序列和生物体的表型联系起来。这种表型包括生物体适应环境的对策、进化、代谢、生长、发育、内稳态的维持和繁殖。

④ 基因组序列分析提供了有关人类疾病（和困扰其他生物的疾病）的独特视角。对于很多真核生

Protozoan（原生动物）这个词源自希腊语 proto（"早"）和 zoion（"动物"）。与此相对的词 metazoan（后生动物）源自希腊语 meta（"后"，在发育的后期阶段）和 zoion。

物——从原生动物（如疟原虫）到致病真菌和寄生虫——我们都想了解这些生物体导致疾病的遗传学基础以及我们是如何反击的。目前，几乎没有疫苗来预防由真核寄生虫感染人类导致的疾病，真核寄生虫包括原生动物（例如锥虫）和线虫（寄生线虫）。全基因组序列的研究可能会给我们提供一些线索，来找到能作为疫苗研制和药物干预的抗原潜在靶标。例如，为了开发潜在的疫苗，预测出的分泌表面蛋白可在细菌中表达并用于免疫小鼠（Fraser 等，2000）。

　　⑤ 生物信息学方法在不断地发展，如全基因组测序、拼接技术以及分析工具。对基因组的分析包括二代测序技术的使用和许多我们在第 2~第 7 章介绍的工具，包括 BLAST 和分子系统发生。在本书的第一部分，我们讨论了多序列比对和系统发生的复杂性，并展示相同的原始数据可以得到许多不同的结果。当你读到本章中提到的各种基因组时，文中提供的索引编号（基因组计划和/或基因和蛋白质）可以让你独立分析许多序列分析问题。

　　对真核生物的系统发生描述对我们理解形成物种的进化过程和现今的生物多样性是必不可少的。基于分子序列数据的进化重建通常使用小亚基核糖体 RNA，这是因为核糖体 RNA 含有很多包括所有生命形式在系统发生上有用的信息位点（Van de Peer 等，2000）。我们在图 15.1 中可以看到这样一棵树的例子。然而，构建一棵树的最优方法还没有统一的共识（框 19.1；第 7 章）。对于真核生物的其他系统发生树，与图 19.1 在细节上有一些不同，具体请参见 Keeling 于 2007 年关于兰氏贾第鞭毛虫（*Giardia lamblia*）基因组计划的介绍和 Embley 和 Martin 于 2006 年发表的文章。

框 19.1　不一致的系统发生

　　值得注意的是，许多系统发生重建的结果是不一致的。相互矛盾结果的产生有三个主要的来源（Philippe and Laurent，1998）：

　　① 基因倍增与之后的随机基因丢失会导致树重构中出现人为误差。这发生在酵母（第 18 章）和其他如植物和鱼类的真核生物的全基因组水平上。

　　② 水平基因转移会混淆系统发生的解释（第 17 章）。

　　③ 长枝链吸引导致的技术误差会扰乱系统发生的分析。这是一种忽略树真实的拓扑结构，树的最长分枝被归类到一起的现象（图 7.27）。分子内位点间的替代速率差异是必须考虑的重点。Reyes 等（2000）在构造啮齿目系统发生关系时考虑到了这个问题。

　　研究者经常将多个蛋白质（或核酸）序列连接在一起克服这些潜在的问题。例如，图 19.1 的树是基于四个串联蛋白质构建的。随着全基因组测序时代的到来，识别多个物种中的上千个 1∶1 同源物来用于系统发生分析已变得很普遍。

19.2　位于树底层的原生动物缺乏线粒体

微孢子目（microsporidia）例如脑炎微孢子虫属（*Encephalitozoon*）曾被划分到真核生物的深支上。随后的关于完整的 E. 脑炎微孢子虫（*E. cuniculi*）基因组的分析表明这种微孢子寄生虫与真菌近缘，如第 18 章中所述。

　　真核生物包括来自副基体纲（*parabasala*）[例如，毛滴虫（*Trichomonas*）]、双滴虫目（*diplomonadida*）[如贾第虫（*Giardia*）]、盘嵴总门（*discicristata*）[例如，眼虫（*Euglena*）、利什曼原虫（*Leishmania*）和锥虫（*Trypanosoma*）]、囊泡虫总门（*alveolata*）[例如，弓形虫（*Toxoplasma*）和疟原虫（*Plasmodium*）]和不等鞭毛门（*heterokonta*）（图 19.1）等深层分支的原生动物物种。我们从图 19.1 树的底层开始，描述毛滴虫和贾第虫。

　　强有力的证据表明：存在于大多数真核生物内的线粒体基因源自于一种 α-变形菌（参见第 15 章）。此前，有人推测像贾第虫和毛滴虫这样的深层分支生物缺乏线粒体。它们被认为在 α-变形菌的共生入侵之前就从其他真核生物进化而来了。然而，对贾第虫和毛滴虫的分析显示了线粒体基因的存在（Embley 和 Hirt，1998；Lloyd 和 Harris，2002；Williams 等，2002）。有些原生动物（包括毛滴虫和纤毛虫）缺乏典型的线粒体，但存在一个衍生的细胞器叫做氧化酶体。这个双链结构通过发酵产生三磷酸腺苷（ATP）和分子氢。

毛滴虫（*Trichomonas*）

毛滴虫基因组学资源（*Trichomonas* Genomics Resource）在线的网址是 http://trichdb.org/trichdb/（链接 19.1）。

阴道毛滴虫（*Trichomonas vaginalis*）是一种有鞭毛的原生生物，属于一群被称为 parabasilids 的群体，也是一种性传播病原体（图 19.2）。世界卫生组织（World Health Organization）估计，全世界每年大约有 1.7 亿人因毛滴虫而患病。毛滴虫是一种驻留在泌尿生殖道的单细胞生物，在这里它会吞噬阴道上皮细胞、红细胞和细菌。其基因组大小约 176Mb，有以下显著的特点（Carlton 等，2007；Conrad 等的综述，2013）：62％的基因组由重复的 DNA 序列组成，这增加了表征其基因组结构的困难；这些重复元件许多起源于病毒、转座子或者逆转录转座子。毛滴虫有 60000 个预测的蛋白质编码基因，这是所有生命形式中数量最多的生物之一。几个基因家族已经经历了大规模扩增，如蛋白激酶（$n=927$）、*BspA-like* 基因家族（$n=658$）和小 GTP 酶（$n=328$）。BspA-like 蛋白是参与宿主细胞黏附和聚集的表面抗原。阴道毛滴虫显然已经通过水平基因转移从肠道菌群的细菌中获得了 152 个基因，这些基因中的大多数编码代谢酶。

Carlton 等人关于基因组序列的分析阐明了阴道毛滴虫获取能量的机制，及其作为寄生生物附着并侵入宿主细胞并降解蛋白质的功能（通过一个复杂的降解组；Carlton 等，2007；Hirt 等，2011 年）。分析这个基因组的工具可以从毛滴虫基因组学资源（*Trichomonas* Genomics Resource）、TrichDB（Aurrecoechea 等，2009a）获得。

属，种：阴道毛滴虫	
谱系：真核生物域；副基总目；毛滴虫纲 毛滴虫目；毛滴虫科；毛滴虫亚科 毛滴虫属；阴道毛滴虫G3	

单倍体基因组大小：约176Mb GC含量：32.8% 染色体数目：6 蛋白编码基因数目：约5700

疾病相关：毛滴虫引起性传播感染毛滴虫病（每年全球约有1.7亿） 关键基因组特征：共有65个毛滴虫基因含有内含子。65%的基因组由重复DNA组成 NCBI 基因组项目：16084 RefSeq 索引编号 NZ_AAHC00000000 关键网站：TrichDB (http://trichdb.org/trichdb/)

图 19.2　Parabasala（见图 19.1）是包括阴道毛滴虫在内的原生动物。疾病控制中心（Centers for Disease Control，CDC）寄生生物图像库（http://www.dpd.cdc.gov/dpdx/HTML/Image_Library.htm）中的照片显示体外培养得到的两个营养体（trophozoite）
（转载经 CDC-DPDx 许可）

贾第虫是第一个由 Antony van Leeuwenhoek（于 1681 年）用显微镜观察到的人类寄生原生动物。双滴虫目也称作双滴虫。这一目包括六鞭毛科（Hexamitidae）家族，进一步细分包括了贾第虫属。关于贾第虫的信息可以在美国 FDA（http://www.fda.gov/Food/FoodborneIllnessContaminants/CausesOfIllnessBadBugBook/ucm070716.htm，链接 19.2）和 CDC 的网站（http://www.cdc.gov/healthywater/swimming/rwi/illnesses/giardia.html，链接 19.3）中查到。

缺少过氧化物酶体的生物可以使我们深入了解脂肪酸代谢或者其他代谢的过程。这反过来也有助于我们理解影响这种细胞器的人类疾病。影响过氧化物酶体的最常见人类遗传病是肾上腺脑白质营养不良（adrenoleukodystrophy），由 *ABCD1* 基因突变引起（RefSeq 数据库索引编号 NM_000033.3）。那么贾第虫有这种基因的同源物吗？

贾第虫基因组计划的网址是 http://www.giardiadb.org/giardiadb/（链接 19.4）另外请参见 Aurrecoechea 等（2009a）。

贾第鞭毛虫（*Giardia lamblia*）：人体肠道寄生虫

贾第鞭毛虫［也称作肠贾第虫（*Giardia intestinalis*）］是一种原生动物、水生寄生虫，生活在哺乳动物和鸟类的肠道中（Adam，2001）。像其他单细胞原生动物一样，贾第虫不仅缺少线粒体，也缺少过氧化物酶（负责脂肪酸氧化）和核仁。贾第虫的基因组因此可以反映导致真核细胞早期出现的适应性改变。

采采蝇（tsetse flies）靠吸取脊椎动物的血为生。除了血液之外，为了获得更多的营养，采采蝇携带两种专性细胞内细菌：*Wigglesworthia glossinidia* 和 *Sodalis glossinidius*。*W. glossinidia* 的基因组（RefSeq 数据库索引编号 NC_004344.2）较小，仅具有 70 万个碱基对（Akman 等，2002 年）。有关昏睡病，包括布氏锥虫（*T. brucei*）生命周期的信息，请参见 CDC 的网站 http://www.cdc.gov/parasites/sleeping-sickness/（链接 19.5）。Oswaldu Cruz 研究所一项克氏锥虫基因组计划（*Trypanosoma cruzi* Genome Initiative Information Server），可参见 http://www.dbbm.fiocruz.br/TcruziDB（链接 19.6）。威康信托基金会桑格研究所锥虫网站是 http://www.sanger.ac.uk/resources/downloads/protozoa/trypanosoma-brucei.html（链接 19.7）。

贾第虫单倍体的基因组约为 11.7 Mb（Morrison 等，2007；Upcroft 等，2010；图 19.3）。每个细胞有两个形态相同的核，每个核有五个大小从 0.7Mb 到超过 3Mb 的染色体。一共有 6470 个开放阅读框（ORF）被识别出来，横跨了 77％的基因组，并且有 1800 个重叠的基因和另外 1500 个开放阅读框，相邻开放阅读框之间的间隔不超过 100 个核苷酸。

当我们考虑各种真核生物的基因组时，一个共同的主题是：转座子是极其丰富的，占据了整个人类基因组的一半（第 20 章），并导致了大规模的基因组重排。为了了解它们的起源和功能，研究缺乏这些元件的真核生物就变成了一件很有趣的事情。贾第虫就提供了这样的一个例子。Arkhipova 和 Meselson（2000）研究了 24 种真核生物中主要的两类转座元件（逆转录转座子逆转录酶和 DNA 转座子）的存在与否。他们发现，除了一种无性繁殖动物——蛭形轮虫（bdelloid rotifers）外，所有物种中都有这两种转座子。有害的转座元件在有性繁殖物种中活跃，但他们不太可能在无性繁殖物种中遗传，因为较强的选择压力阻止了物种拥有活跃的转座子。Arkhipova 和 Meselson（2001）进一步检测了无性繁殖的贾第虫，发现只有三个逆转录转座子家族。其中有一个是不活跃的，另外两个处于端粒区。这个位置可以为蛋白编码基因和端粒之间提供一个缓冲，并且这些元件有助于贾第虫在环境压力下应激改变其染色体的长度，例如，1 号染色体可以由 1.1 Mb 增长到 1.9Mb（Pardue 等，2001）。

有关真核基因组的另一个基本问题是内含子的起源。内含子的剪接普遍发生在真核生物的"冠群"（动物界、植物界、真菌）中。然而，最早的原生动物分支中内含子的出现一直存在争议（Johnson，2002），并且内含子一直没有在例如毛滴虫的 parabasalids 生物体内发现。Nixon 等（2002）发现了在编码推测的 [2Fe-2S] 铁氧化还原蛋白的基因中有一个 35bp 的内含子，Morrison 等（2007）对基因组序列草图的分析还发现了另外三个内含子。Simpson 等（2002）还发现了 *Carpediemonas membranifera* 中的几个内含子，而 *Carpediemonas membranifera* 被认为是贾第虫的近亲。这些研究结果表明，如果内含子是真核生物的一种适应性改变，它们在进化中很早就出现，并且可能存在于真核生物最后一个共同的祖先中。

我们将在下面介绍类核体基因组（nucleomorph genomes）（见"类核体"部分）；它们是有功能的、几种真核生物谱系中藻类内共生体的残核。最先被测序的四个类核体基因组分别有 0、2、17、24 个内含子，在规模上都经历了严重缩减，大小减少到兆碱基以下（Moore 等，2012）。

图 19.3 双滴虫目（Diplomonadida）（见图 19.1）是包含贾第虫在内的一类原生动物。如图可见由吉姆萨染色的三种营养体（图片来自 CDC 寄生生物图像库，http://www.dpd.cdc.gov/dpdx/HTML/Image_Library.htm）。每个原生生物有两个显著的核（转载经 CDC-DPDx 许可）

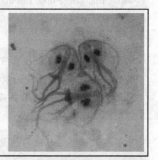

属，种：贾第鞭毛虫

谱系：真核生物域；双滴虫目；六鞭毛科；贾第虫亚科；贾第虫属；贾第鞭毛虫 ATCC 50803

单倍体基因组大小：12Mb
GC含量：49%
染色体数目：5
编码蛋白基因数目：6470
每千碱基基因数目：0.58

疾病相关：贾第虫每年引起约 1 亿人感染，是美国最普遍的寄生原生动物
关键基因组特征：贾第虫缺少线粒体，氢化酶体和过氧化酶体。其有两个相似的、活跃的二倍体核。基因组编码简单的用于 DNA 复制，转录和 RNA 加工的基因。没有柠檬酸循环蛋白质，编码参与氨基酸代谢的蛋白的基因很少
NCBI Genome Project: 1439
项目索引编号：AACB02000000
关键网站：GiardiaDB (http://www.giardiadb.org)

19.3　单细胞病原体的基因组：锥虫和利什曼原虫

锥虫（Trypanosomes）

原生动物锥虫属（*Trypanosoma*）约有 20 种（Donelson 综述，1996）。其中两种对人类是有致病性的（Cox，2002）。布氏锥虫（*Trypanosoma brucei*）的亚种会引起几种形式的昏睡病，这是一种不治之症，感染了非洲成千上万的人（图 19.4）。克氏锥虫（*Trypanosoma cruzi*）引起的南美锥虫病（Chagas' disease），在南美洲和中美洲较为普遍。这些锥虫的害处还不仅于此，因为它们也困扰着牲畜。采采蝇或者其他昆虫能将锥虫传递给人类。

属，种：布氏锥虫
　　　　克氏锥虫
　　　　硕大利士曼原虫（佛利德林菌株）

谱系：真核生物域；眼虫门；动质体目（目）；锥虫科（科）；锥虫属

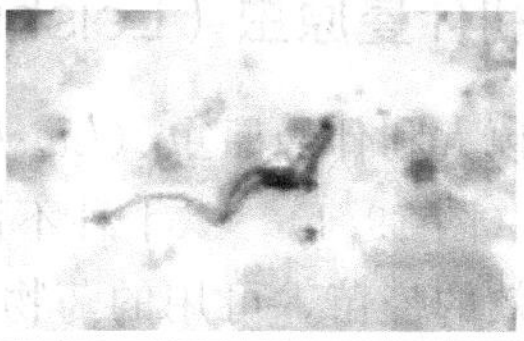

	T. brucei	T. cruzi	L. major
单倍体基因组大小：	35 Mb	60 Mb	32.8 Mb
GC含量	46.4%	51%	59.7%
染色体数目：	11*	约28 (variable)	36
基因数目（包括假基因）	9068	约12000	8311

*包含约100个小的或中等大小的染色体

疾病相关：布氏锥虫导致布氏锥虫病（昏睡病）。每年发病率是30万到50万病例。克氏锥虫导致人患南美锥虫病。每年1600万到1800万人被感染，其中21000人死亡。利什曼病是传染性疾病，每年200万新增病例，3.5亿处于危险中。20种利士曼原虫感染人类。没有疫苗并且可用的药物很少。
关键基因组特征：这三个种有一个保守的核心蛋白质组，有约6200条蛋白质
NCBI Genome项目编号：11756（布氏锥虫），11755（克氏锥虫），10724（利士曼原虫）
关键网站：http://www.genedb.org/Homepage/Tbruceibrucei927
http://www.sanger.ac.uk/resources/downloads/protozoa/trypanosoma-brucei.html

图 19.4　眼虫门（Euglenozoa）（见图 19.1）包括动基体寄生原虫中的布氏锥虫（*Trypanosoma brucei*）、克氏锥虫（*T. cruzi*）和硕大利什曼原虫（*Leishmania major*）。图像（来自 CDC 寄生生物图像库）显示了一只处于锥鞭体阶段的布氏锥虫的血涂片。可以观察到一个位于中央的细胞核，位于后端的小动基体（右上角）和位于前端的离开身体的带鞭毛的波状膜。体长在 14～33μm 之间

（转载经 CDC-DPDx 许可）

一个典型的布什锥虫 VSG 蛋白索引编号是 XP_822273.1。尝试用它作为查询序列在 DELTA-BLAST 中进行搜索。

Berriman 等（2005）报告了布氏锥虫的基因组序列。布氏锥虫的基因组有 26Mb，但在不同菌株（isolates）中，它的大小变化高达 25%（El-Sayed 等的综述，2000）。布氏锥虫至少有 11 对大的二倍体核染色体（约 1Mb 到＞6Mb 大小不等）。此外，还有一些数量不定的中间染色体（200～900 kb）和约 100 个线性微染色体 DNA 分子（50～150 kb）。一些微染色体上含有 177 个碱基对的重复序列，组成了全部序列的 90% 以上（El-Sayed 等，2000）。其基因组包括 9068 个预测的基因，其中 900 个是假基因，约 1700 个出现在特定的布氏锥虫中。

锥虫的另一个显著特征是存在大规模的环形线粒体 DNA 网络，称作动基体 DNA（kinetoplast DNA）。上千个环形的动基体 DNA 互锁形成类似中世纪使用的铠甲的形状（Shapiro 和 Englund，1995）。动基体 DNA 以大环（出现在几十份拷贝中）和小环（出现在上千份拷贝中）的形式出现。这些动基体 DNA 包括了作为复制起点的 12 个核苷酸的通用小环序列（Morris 等，2001）。

作为锥虫生命周期中重要的一部分，它们在宿主的血液中繁衍。它们通过体表密集排布的可变表面糖蛋白（VSG）二聚体来逃避免疫系统的攻击。超过 1000 个 VSG 基因和假基因在布什锥虫的基因组中被编码，而同一时间只有一个基因被表达（Berriman 等，2005；Taylo 和 Rudenko

布氏锥虫的 GeneDB（*Trypanosoma brucei* GeneDB）可在 http://www.genedb.org/Homepage/Tbruceibrucei927（链接 19.8）获得。它是 GeneDB 病原体数据库的一部分，这个数据库包括了锥虫、利什曼原虫、顶复虫、线虫和寄生虫载体的资源（Logan-Klumpler 等，2012）。

关于锥虫通用小环结合蛋白的练习参见问题 (19.3)。关于大环序列及其编码基因的一个示例参见 GenBank 索引编号 M94286.1。

的综述，2006）。值得注意的是，这些基因中只有不超过 7% 的基因编码有功能的蛋白，66% 的基因编码全长的假基因，其余的是基因片段或其他非典型的基因。大多数 VSG 基因定位在有 3～250 拷贝的亚端粒阵列区域。Taylor 和 Rudenko 认为血液慢性感染的过程中，假基因对于形成抗原的多样性是有利的。可以利用的完整 VSG 基因的数量是有限的，而假基因的片段化基因转换可以产生新的、完整的、嵌合的 VSG 基因。

克氏锥虫感染了 1600 万～1800 万人。它是每年 2.1 万人死于南美锥虫病的罪魁祸首。El-Sayed 等（2005b）报告了两种不同单体型的二倍体基因组序列，拥有平均 5.4% 序列多样性。二倍体基因组的大小在 106～111 Mb，预计包含了 22570 个基因，而单倍体基因组大概包含 12000 个基因。有一个值得注意的基因大家族，包含黏蛋白相关性表面蛋白（*masp*）基因的 1377 份拷贝，其可能与锥虫逃避免疫系统有关。

世界卫生组织（World Health Organization）提供了利什曼原虫的信息，请参见 http://www.who.int/mediacentre/factsheets/fs375/en/（链接 19.9）。桑格研究所（Wellcome Trust Sanger Institute）的硕大利什曼原虫 Friedlin 基因组计划可在 http://www.sanger.ac.uk/resources/downloads/protozoa/leishmania-major.html（链接 19.10）获得。

利什曼原虫（Leishmania）

硕大利什曼原虫（*Leishmania major*）是眼虫门的另一种致命的原生动物寄生虫（图 19.1）。二十种不同的利什曼原虫都能导致利什曼病，对于这种疾病没有有效的疫苗，可用的药物干预手段也非常有限。在宿主与病原体十分复杂的接触中，大约有 1.5 亿人感染上这种疾病（Kaye 和 Scott，2011）。不同的利什曼原虫拥有 34～36 条染色体（Myler 等，2000）。旧大陆群（Old World group）的硕大利什曼原虫和杜氏利什曼原虫（*L. donovani*）有 36 对染色体（0.28～2.8 Mb），新大陆群（New World group）的墨西哥利什曼原虫（*L. mexicana*）和巴西利什曼原虫（*L. braziliensis*）经历了染色体融合（第 8 章），拥有 34 对或 35 对染色体。

硕大利什曼原虫的基因组约为 34Mb，有 36 条染色体（0.3～2.5Mb）。1 号染色体（最小的染色体）的核苷酸序列被测序并被发现有不寻常的基因组的组织结构（genomic organization）（Myler 等，1999）。前 29 个基因（从左端粒开始）都从同一条 DNA 链转录而来，而剩下的 50 个基因都从相反的链转录而来。这种极性是真核生物前所未有的，却与类细菌的操纵子非常相像。它具有一个长 257kb 的区域，包含 79 个蛋白编码基因（1 个基因约 3200 碱基对）。Ivens 等（2005）报道了硕大利什曼原虫的基因组序列（图 19.4）。其含有 8272 个预测的蛋白编码基因，其中包括约 3000 个可以聚类成 662 个不同的旁系同源家族的基因。这些家族主要通过串联基因倍增产生。硕大利什曼原虫的基因组编码了相对较少与转录调控相关的蛋白，而基因倍增可能是其增加表达水平的一个机制。

顶复（Apicomplexa）这个名称来自于微管特有的顶端复合物。了解更多顶复虫的信息请参见 http://www.ucmp.berkeley.edu/protista/apicomplexa.html（链接 19.11）或 http://www.tulane.edu/~wiser/protozoology/notes/api.html（链接 19.12）。有关疟疾的信息请参见 http://malaria.wellcome.ac.uk/（链接 19.13）和 http://www.who.int/mediacentre/factsheets/fs094/en/（链接 19.14）。

除了硕大利什曼原虫（32.8Mb），Peacock 等（2007）对婴儿利什曼原虫（*Leishmania infantum*）（32.0Mb）和巴西利什曼原虫（*L. braziliensis*）（32.0 Mb）的基因组进行了测序。这三个基因组拥有差不多的 GC 百分比和预测的基因数目。硕大利什曼原虫和巴西利什曼原虫大约在两千万到一亿年前发生分化；这么大的时间跨度反映了利什曼原虫属的物种形成的不确定性，即利什曼原虫属的物种形成是由于迁徙事件还是超级大陆冈瓦纳古陆（Gondwanda）（图 15.3）的解体。巴西利什曼原虫拥有 35 条染色体而不是 36 条，这是因为其 20 号染色体和 34 号染色体发生了融合。上面提到的三个基因组有超过 99% 的基因都是保守共线性的（conserved synteny），并且它们的平均核苷酸和氨基酸相似度也很高（硕大利什曼原虫和婴儿利什曼原虫具有 92% 的氨基酸一致性）。虽然许多致病的原生动物都在亚端粒区域拥有庞大的参与免疫逃避的基因家族，但在利什曼原虫的物种中却没有发现这样的证据。Peacock 等仅仅识别出了 5 个硕大利什曼原虫特有的基因、26 个婴儿利什曼原虫特有的基因和 47 个巴西利什曼原虫特有的基因。

随着对墨西哥利什曼原虫和杜氏利什曼原虫的进一步测序，比较基因组学也在继续迅速地发展。五种被测序的利什曼原虫中基因组都有相似的基因组大小（34～36 条染色体，30～33Mb，>8000 蛋白编码基因）。这些基因组序列的获得可以校正基因模型，并发现之前未被注释的基因（见 Nirujogi 等，2014）。比较三种锥虫——硕大利什曼原虫、布氏锥虫和克氏锥虫的基因组，我们发现 6200 个共同的核心基因（El-Sayed 等，2005a）。有些蛋白质的结构域只属于某一个特定的种群，如在布氏锥虫中可变表面糖蛋白（VSG）表达相关位点结构域（Pfam 家族 PF03238 和 PF00913）。有些结构域似乎会选择性地扩增或缩减，并且发生插入、缺失和替代。然而，值得注意是，三个物种总体上具有高度的基因保守性。

19.4　囊泡藻类（Chromalveolates）

囊泡藻类是单细胞真核生物的一个超群，这与古虫界（Excavates）不同（例如贾第虫）。它们中的很多种都有潜在线粒体（例如，含有氢化酶体而不是传统的线粒体）。囊泡藻界包括了六个类群或者门（Keeling，2007）：①顶复门（*Apicomplexa*）包括了使用专门的顶端复合体侵入宿主细胞的原生动物病原体〔它们通常由苍蝇或者蚊子等无脊椎动物携带者传播，而且此门包括疟原虫（*P. falciparum*）和弓形虫（*Toxoplasma gondii*）等寄生虫〕；②鞭毛藻类（dinoflagellates）包括亚历山大藻（*Alexandrium*），其是麻痹性贝类中毒的原因；③纤毛虫类（ciliates）包括草履虫（*Paramecium*）和四膜虫（*Tetrahymena thermophila*）；④不等鞭毛类（heterokonts）；⑤定鞭藻门（haptophytes）；和⑥隐藻门（cryptomonads）。在图 19.1 的树中，这些类群属于顶复门（Apicomplexa）、纤毛虫门（Ciliophora）和不等鞭毛门（Heterokonta）。在本章的下面部分，我们将转向绿色植物亚界（Virdiplantae，植物）、黏菌虫类（Mycetozoa）和后生动物（Metazoa，动物）。

疟疾寄生虫恶性疟原虫（*Plasmodium falciparum*）

全世界每年因疟疾死亡的人数超过 100 万（主要是非洲儿童），每年新发感染上疟疾的人数大概有 5 亿人。1980 年全世界有 99.5 万人因疟疾死亡，到 2004 年是 181.7 万人，到 2010 年是 123.8 万人（Murray 等，2012）。疟疾是由顶复门的寄生虫恶性疟原虫引起的。虽然疟原虫有 120 种之多，但只有四种能感染人类，它们分别是：恶性疟原虫（*P. falciparum*，最容易致死）、间日疟原虫（*P. vivax*）（与发病率最相关）、卵形疟原虫（*P. ovale*）和三日疟原虫（*P. malariae*）。在非洲，疟原虫主要的传病媒介是一种蚊子，即冈比亚按蚊（*Anopheles gambiae*）。

恶性疟原虫有复杂的生活方式，这给疫苗的研发带来了挑战（Cowman 和 Crabb，2002；Long 和 Hoffman，2002；Winzeler，2008）。疟原虫存在于冈比亚按蚊（*A. gambiae*）的唾液腺和肠道中。当按蚊叮咬人类时，它将孢子形式的寄生虫传染给人类，并感染人类的肝脏。疟原虫发育成裂殖体（merozoite）的形式，通过宿主细胞受体黏附并侵入人体红细胞。在红细胞中，滋养体（trophozoites）形成。有些裂殖体转化为配子体（gametocytes），当按蚊以受感染的人血为食时，配子体得以传播。对恶性疟原虫基因组测序的一个目标是找到在寄生虫生命周期的选择性阶段起作用的基因产物，从而为药物治疗或疫苗研发提供靶点。

历史上，在 20 世纪的大部分时间里，疟疾是用廉价药物氯喹和乙胺嘧啶-磺胺治疗的。疟原虫已经变得大范围耐药，而青蒿素是目前唯一有效的抗疟药。Gamo 等（2010）曾测试了 200 万种化合物来寻找抑制恶性疟原虫的药物，并找到了几千个新的候选药物。结合基因组信息我们可以了解这些药物的作用机制，这就为完整的基因组测序提供了动机。另外，我们也可以将化学筛选与全基因组关联研究（GWAS；第 21 章）相结合。例如，Yuan 等（2011）使用了高通量化学筛选技术来寻找候选药物，并通过 GWAS 来寻找特定的基因突变，这些突变与疟原虫对药物的反应性有关。这一方法也让 Cheeseman 等（2012）识别了抗青蒿素的基因位点。

Charles Louis Alphonse Laveran 于 1907 年凭借其在引起疟疾的寄生虫方面的工作获得诺贝尔奖（http://nobelprize.org/nobel_prizes/medicine/laureates/1907/，链接 19.15）。此前，Ronald Ross 凭借对疟疾的研究获得诺贝尔奖（http://nobelprize.org/nobel_prizes/medicine/laureates/1902/，链接 19.16）。

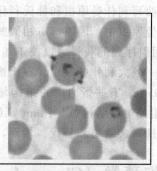

属种：恶性疟原虫

选择的谱系：真核生物域；囊泡虫门；顶复门；孢子虫纲；
血孢子虫目；疟原虫属；疟原虫属（疟原虫）；恶性疟原虫

真核生物域；囊泡冲门；顶复门；孢子虫纲；梨形虫目；目；
泰勒科；泰勒属；环状泰累尔梨浆虫

真核生物域；囊泡冲门；顶复门；球形亚纲；真球形目；
艾美耳亚目；肉孢子虫科；弓形虫；刚地弓形虫RH

	单倍体基因组大小	GC含量	染色体数目	基因数目	NCBI基因组 ID
恶性疟原虫3D7	22.8 Mb	19.4%	14	5268	13173
约氏疟原虫	23.1 Mb	22.6%	14	5878	1436
牛焦虫	8.2 Mb	41.8%	4	3671	18731
人隐孢子虫	9.2 Mb	31.7%	8	3956	13200
微小隐孢子虫	9.1 Mb	30.3%	8	3886	144
环形泰勒虫	8.4 Mb	32.5%	4	3792	153
小泰累尔氏梨浆虫	8.3 Mb	34.1%	4	4035	16138
刚地弓形虫	65 Mb	52.3%	9	8032	16727

选择分歧的日期：顶复门起源于不到10亿年前
疾病相关：这些顶复虫类每一个都是可使哺乳动物致病的寄生虫。*B. babesi*引起巴贝西虫病，
　　一种由蜱传播的疾病，威胁到全球一半的牛类。恶性疟原虫引起疟疾。刚地弓形虫引起
　　弓形虫病
关键基因组特征：泰勒寄生虫是唯一的可改变淋巴细胞的真核生物（因此引起淋巴瘤）
关键网站：顶复虫类的网站ApiDB(http://www.apidb.org/apidb/)。疟原虫的网站PlasmodDB
(http://plasmodb.org)

图 19.5　顶复门（见图 19.1）包括疟疾寄生虫恶性疟原虫（*Plasmodium falciparum*）
[此图显示了薄血涂片中被多次感染的红细胞（来自 CDC 寄生生物图像库），转载经 CDC-DPDx 许可]

恶性疟原虫（*P. falciparum*）基因组由多个机构联合测序完成，包括威康信托基金会桑格研究所（Wellcome Trust Sanger Institute），基因组研究所（Institute for Genomic Research），美国海军医学研究中心（马里兰州）（US Naval Medical Research Center（Maryland）和斯坦福大学（Stanford University）。黏菌（*Dictyostelium discoideum*）的基因组也有很高的 AT 含量（见后文"社会黏液菌 *Dictyostelium discoideum*"）。

质体包括任何可以进行光合作用的细胞器。最有名的质体是叶绿体，在绿藻和陆生植物中存在（Gilson 和 McFadden，2001）。参见下面的"植物基因组"部分。

PlasmoDB 参见 http://www.plasmodb.org/（链接 19.17）。GeneDB 中恶性疟原虫的资源参见 http://www.genedb.org/Homepage/Pfalciparum（链接 19.18）。ProtozoaDB 请参见 http://protozoadb.biowebdb.org/（链接 19.19）。

恶性疟原虫完整的基因组序列是由国际组织联合报告的（Gardner 等，2002；图 19.5）。由于 AT（腺嘌呤和胸腺嘧啶）整体的含量在基因组中达到了 80.6%，是所有真核基因组中的含量最高的，这使得测序工作变得非常具有挑战性。在基因间区和内含子中，某些情况下 AT 的含量甚至达到了 90% 以上。一种全染色体组（而不是全基因组）的鸟枪法测序技术得到了应用。用这种方法，染色体在脉冲场凝胶电泳中分离，从而提取出了 DNA，构建了含 1~3kb DNA 的鸟枪文库并进行测序。恶性疟原虫基因组大小为 22.8 Mb，包含了 14 条 0.6~3.3 Mb 的染色体。

Gardner 等（2002）识别了恶性疟原虫中 5268 个编码蛋白基因。这与粟酒裂殖酵母（*Schizosaccharomyces pombe*）（第 18 章）中的基因数相同，但其基因组的大小是裂殖酵母的两倍。总的来说每 4300 个碱基对大概会出现一个基因。基因本体协会（Gene Ontology Consortium）条目注释（第 12 章）了大约 40% 的基因产物（约 2100 个）。然而，60% 被预测的蛋白

质都没有发现与其他真核生物蛋白具有同源性。这些蛋白质是药物治疗的潜在靶点。例如，有些是顶质体正常功能所必需的蛋白。顶质体是一种质体，为顶复门所独有，与叶绿体同源，在脂肪酸和异戊二烯生物合成中起到作用。

PlasmoDB（Aurrecoechea 等，2009b）是恶性疟原虫基因组数据最重要的资源。还有很多的补充资源，如 ProtozoaDB（Dávila 等，2008）。

除了最初的恶性疟原虫基因组计划，截至 2014 年，9 种疟原虫物种超过 30 个菌株已被测序。Carlton 等（2002）测序了约氏疟原虫（*Plasmodium yoelii*），一种啮齿动物疟原虫的基因组。Hall 等（2005）测序了啮齿动物疟原虫伯氏疟原虫（*Plasmodium berghei*）和夏氏疟原虫（*P. chabaudi*）的基因组。接着，在一个研究间日疟原虫的项目（Carlton 等，2008a）中，猿类和人寄生虫诺氏疟原虫（*P. knowlesi*）（Pain 等，2008）和黑猩猩寄生虫里氏疟原虫（*P. reichenowi*）（Jeffares 等，2007）的基因组被测序。

那么对这些其他的疟原虫的基因组进行测序有什么意义呢？对约氏疟原虫、伯氏疟原虫和夏氏疟原虫的测序是极其重大的成就，这是因为恶性疟原虫的整个生命周期不能在体外维持，而啮齿动物疟原虫可以。约氏疟原虫的基因组大小为 23.1 Mb，和恶性疟原虫一样具有 14 条染色体，AT 含量也相对较高（77.4%）。基因组也被预测编码了相当数量的基因。恶性疟原虫基因组编码了 5268 个预测的蛋白，而约氏疟原虫基因组编码了 5878 个预测的蛋白，将二者通过 BLASTP 搜索（E value 阈值 10^{-15}），发现了 3310 个直系同源蛋白。它们包含了受染人群中已知能够产生免疫应答的疫苗抗原候选物（Carlton 等，2002）。

在得到恶性疟原虫和其他几种啮齿动物疟原虫的基因组序列后，如何利用生物信息学和基因组学的手段理解这些生物的基础生物学知识呢？我们已经获得上千个之前不曾了解的基因数据，为防治疟疾提供了许多新的潜在策略（Hoffman 等，2002；Florent 等，2010）。

- 通过比较基因组学可以推断出正选择的位点（Carlton 等，2008b）。这些位点可能参与宿主-寄生虫间的相互作用。进一步的比较研究已经发现间日疟原虫的遗传多样性要比恶性疟原虫高得多，这可能会影响研究治疗的干预策略（Neafsey 等，2012）。

> 对质体目标序列的预测（PATS）数据库请参见 http://gecco.org.chemie.unifrankfurt.de/pats/pats-index.php（链接 19.20）。

- 顶质体是个潜在的药物靶点。Zuegge 等（2001）分析了 84 个靶向顶质体和 102 个非顶质体（例如细胞质、分泌腺和线粒体）序列的蛋白质氨基端序列。他们用主成分分析、神经网络和自组织映射（第 11 章）来建立顶质体靶向信号的预测模型。

- 比较基因组学方法很好地帮助我们了解近缘物种的基因组结构、基因含量和其他基因组特征（Carlton 等，2008b）。Carlton 等（2001）比较了恶性疟原虫、间日疟原虫和伯氏疟原虫的表达序列标签和基因组测序序列（见第 2 章）。作为该分析的一部分，他们识别出表达量最高的基因，如与抗原性变异相关的恶性疟原虫 *rif* 基因家族。

- Hall 等（2005）比较了恶性疟原虫和三种啮齿动物疟原虫的基因同义和非同义替代率。他们度量了基因表达，并将转录本分成四类：管家（基因）；宿主相关（基因）；入侵、复制和发育相关基因；阶段特异性基因。

> 我们在第 5 章曾经遇到过 vir［问题（5.2）］，当时我们用 BLASTP 和 DELTA-BLAST 来评估该家族。

- 约氏疟原虫和恶性疟原虫的保守共线性区域图谱整体上覆盖了 16Mb 的基因组，为研究这些寄生虫的进化提供了视角。Carlton 等（2002）使用 MUMmer 程序（第 16 和第 17 章）来比对蛋白编码区域。保守的共线性图谱揭示了保守基因顺序的区域，使我们可以进行染色体断点分析，并证实了某些基因的缺失（如约氏疟原虫的 *var* 和 *rif*）。

- 在抗原性变异和免疫系统逃避中起作用的基因可以被研究。在间日疟原虫中，有多达 1000 个 *vir* 的拷贝，*vir* 是一个定位在亚端粒区域的基因家族。约氏疟原虫有另一个相关的基因的 838 个拷贝——*yir*。

- 有人使用蛋白质组学方法来分析恶性疟原虫生命周期的四个阶段：孢子体，裂殖体，滋养体和配子体的蛋白质。Florens 等（2002）识别了 2415 个表达蛋白，其中约一半的蛋白质的注释与原假设一致。一个意想不到的发现是，*var* 和 *rif* 基因是与免疫逃避相关的，却在孢子体阶段大量出现。总之，这些研究描述了蛋白质的阶段特异性表达，解释了蛋白质可能的功能。蛋白质组学的方法还可验证来自基因组

DNA 的基因查找方法。Lasonder 等（2002）通过质谱法识别了某些蛋白质序列，而这些序列在分析基因组 DNA 的过程中，并没有被基因查找算法预测出来。

> 异戊二烯是五碳的化学分子，其结合形成上千种天然化合物，包括类固醇、视黄醇和气味物质。（RBP 和 OBP 是运输类异戊二烯的脂质运输蛋白）。

• 识别疟原虫的代谢途径并将其作为治疗靶标是可行的（Gardner 等，2002；Hoffman 等，2002）。迄今研究的所有生物都是用异戊二磷酸作为构建模块合成异戊二烯的。而一些植物和细菌采用非典型的通路合成，涉及到 1-脱氧-D-木酮糖 5-磷酸（DOXP）。这种 DOXP 通路在哺乳动物中是不存在的。Jomaa 等（1999）使用 TBLASTN（在疟原虫基因组 DNA 数据库中查询细菌 DOXP 还原异构酶蛋白的序列），并发现了直系同源的疟原虫基因。他们发现这种蛋白质可能定位在顶质体，而且恶性疟原虫的存活对该酶的两种低浓度抑制剂敏感。他们进一步发现这些药物对于感染了文氏疟原虫（*Plasmodium vinckei*）的小鼠有抗疟活性。这种基于生物信息学的方法对寻找其他抗疟药物有极大的帮助。

更多的顶复虫类（Apicomplexans）

在顶复门（phylum Apicomplexa）中包含 5000 个物种，可以引起大范围的疾病，通过基因组序列分析，这些物种的致病机制正在被逐渐的阐明（Roos 综述，2005）。已经被测序的其他顶复虫类基因组包括如下（总结在图 19.5 中）：

• 牛巴贝斯虫（*Babesia bovis*）是牛蜱热病（tick fever）的病因，已经威胁到了全球的牲畜。Brayton 等（2007）报告了其 8.2Mb 的基因组序列。它的代谢潜力极其有限，缺乏编码糖异生、尿素循环、脂肪酸氧化以及血红素、核苷酸和氨基酸生物合成所需蛋白的基因。因此它十分依赖于宿主提供的营养，并且牛巴贝斯虫基因组编码了很多转运蛋白。类似于恶性疟原虫，它的基因组编码了多态可变体红细胞表面抗原蛋白（ves1 基因）的约 150 份拷贝。

• 环形泰勒焦虫（*Theileria annulata*）和小泰勒虫（*T. parva*）是蜱传播的寄生虫，它们分别能引起牛的热带泰勒虫病（theilorisosis）和东海岸热（East Coast fever）。Pain 等（2005）和 Gardner 等（2005）报告了它们 8.4 Mb 的基因组序列。小泰勒虫可逆地、恶性地转化它的宿主细胞，即牛淋巴细胞，从而引起淋巴瘤；环形泰勒焦虫转化的是巨噬细胞。小泰勒虫比恶性疟原虫少编码了约 20% 的基因，但它的基因密度更高。

• 人隐孢子虫（*Cryptosporidium hominis*）会引发腹泻和急性肠胃炎。不同于其他顶复虫经一个无脊椎动物宿主的传播，人隐孢子虫则是通过摄取水中的卵母细胞而传播。Xu 等（2004）测序得到了 8.8Mb 的人隐孢子虫基因组，Abrahamsen 等（2004）测序得到了 9.1Mb 的微小隐孢子虫（*C. parvum*）的基因组。微小隐孢子虫同样能够感染人类和其他哺乳动物。与牛巴贝斯虫以及许多其他的寄生虫一样，这些基因组的代谢能力非常有限，并依赖于宿主细胞提供的营养物质。

> 弓形虫（*T. gondii*）的数据库 ToxoDB 请参见 http://toxodb.org/toxo/（链接 19.21）（Gajria 等，2008）。

• 弓形虫（*Toxoplasma gondii*）会引起弓形虫病。疾病控制中心（Centers for Disease Control，CDC）估计，在美国有 6000 万人被弓形虫感染，但大部分没有症状发生。感染后，卵囊和组织囊体转化为速殖子，并传播到神经和肌肉组织中。弓形虫的三种株型的完整基因组数据已存入到 NCBI 基因组数据库中，每个基因组约为 63~65Mb，包含约 8000 个基因，GC 含量约为 52%。Yang 等（2013）识别了可能构成这些菌株间表型差异的候选突变。

• 哈蒙球虫（*Hammondia hammondi*）是一种无致病力的顶复虫，与弓形虫的亲缘关系较近，并与其有超过 95% 的保守共线性。Walzer 等（2013）对哈蒙球虫的基因组进行了测序并使用比较分析法表明了其毒力因子与弓形虫关系最为密切。

惊人的纤毛虫门（Ciliophora）：草履虫（*Paramecium*）与四膜虫（*Tetrahymena*）

纤毛虫是单细胞真核生物，它属于包括顶复虫类的单系蜂窝状分支（monophyletic alveolate clade）的一部分（见图 19.1）。纤毛虫有两个重要的特性：它们用振动的纤毛来运动并采集食物；它们有两个核，这两个核具有独立的生殖和机体功能（核二态性）。其中一个核是二倍体的微胚核，进行减数分裂并且负责给后代传递遗传信息（其他时候沉默）。另一个核是多倍体的大核，负责基因的表达。大核在每一代中都会丢失一部分，并通过减数分裂和小核谱系的发育被补充。这些原生生物在每一个有性生殖世代中分裂并重组它们的体细胞基因组的原因是为了消除寄生转座子或其他移动元件（Coyne 等，2012）。

草履虫（*Paramecium tetraurelia*）是生活在淡水环境中的纤毛虫。它曾长期作为真核生物学许多研究方面的模式生物。草履虫的微核染色体数目依然未知（>50；图 19.6）。随着大核染色体的发展，它被扩增到约 800 个拷贝，并通过DNA 消除过程进行大规模的重排。上万个独特的复制元件被移除，在另一个单

> 染色体缩小也出现在线虫中（第 8 章）。

独的过程中，转座子和其他重复元件也被删除。这导致了一组片段化的约 200 个无着丝粒的染色体的出现，大小从约 50kb 到 981kb 不等。Aury 等（2006）测序了草履虫的大核基因组，尽管已经片段化，它们仍在遗传上具有同源性，这是由于它在生长过程中自体受精的有性繁殖过程引起的。测序的总覆盖度为72Mb，其中 188 个最大支架序列的大部分可能代表了大核染色体，因为它们包含了端粒重复。

履虫两个核同时存在以及 DNA 重排和消除的过程是不同寻常的，而另一个惊人的发现是，草履虫有约 40000 个蛋白编码基因（远多于动物和真菌）。基因组的测序过程产生了几百个支架序列。正如我们在支架 1 中看到的：在脉冲场凝胶电泳中观察到的最长的染色体中，我们可以看到基因组编码部分的紧凑性（图19.7）。在整个基因组中，78％的核苷酸含有基因和平均长度 352 个碱基的基因间区。

> 草履虫基因组计划的网站，包括 ParameciumDB 基因组浏览器，请参见 http://paramecium. cgm. cnrs-gif. fr/（链接 19.22）。

另一个惊人的发现是由 Aury 等人（2006）推断的三次全基因组倍增事件（图 19.8）。使用 Smith-Waterman 算法（第 3 章），所有的蛋白都被相互搜索。三分之二的预测蛋白质出现在旁系同源对中，并在染色体大部分区域维持保守的共线性。其余三分之一的蛋白质可能在全基因组倍增之后丢失了它们的拷贝。这种情况和真菌（第 18 章）、植物和鱼类（参见"拟南芥基因组"和"4.5 亿年前：鱼的脊椎动物基因组"）形成了巨大的反差，因为前者在全基因组倍增事件之后是快速的基因丢失和大规模的染色体重排。通过推断祖先区块，然后迭代地重复蛋白质组内的序列比对，可以寻找保守性逐渐降低的共同保守区块，Aury 等由此推断了三次全基因组倍增事件的发生（图 19.8）。关于作图软件的讨论，请参见框 19.2。

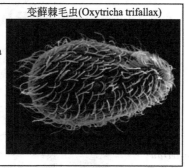

属，种：第四双小核草履虫，嗜热四膜虫，变薢棘毛虫 （也称为 *Oxytricha trifallax*）
谱系：真核生物域，囊泡虫门，纤毛亚门，Intramacronucleata 亚门，寡膜纲，膜口目，草履虫科，草履虫，第四双小核草履虫
谱系：真核生物，囊泡虫门，纤毛亚门，Intramacronucleata 亚门；寡膜纲；膜口目；四膜虫亚目；四膜虫科；四膜虫；嗜热四膜虫

变薢棘毛虫(Oxytricha trifallax)

	单倍体基因组大小	GC含量	染色体数目	基因数目	NCBI基因组编号
第四双小核草履虫 （大核基因组）	约72 Mb	28%	约200	39642	18363
嗜热四膜虫 （大核基因组）	约104 Mb	22%	约225	27424	12564
·变薢棘毛虫 （大核基因组）	约50 Mb	无数据	约24500	约26800	12857

选择的分化时间：纤毛虫纲在约10亿年前与其他真核生物发生分化
关键基因组特征：草履虫有一个大核（具有机体功能）和一个二倍体小核（具有生殖功能）。
　　基因含量非常高，并且基因组至少经历了三次全基因组倍增事件
关键网站：http://www.ciliate.org；http://paramecium.cgm.cnrs-gif.fr/

图 19.6　纤毛虫门（见图 19.1）包含草履虫（*Paramecium*）和四膜虫（*Tetrahymena*）。在一些分类中，顶复门和纤毛虫门被归类在一起，形成囊泡虫总门（来源：http://www.k12-summerinstitute.org/workshops/asset.html. 感谢 A. Bell）

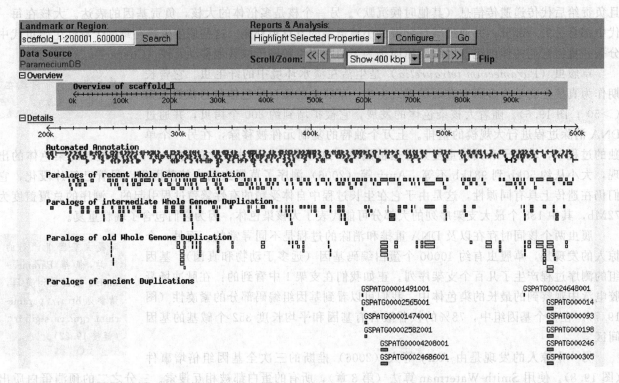

图 19.7 草履虫的基因组至少发生过三次全基因组倍增事件。ParameciumDB 的基因组浏览器中展示了最长的染色体（基因组拼接的支架序列 1）。同时显示了 40 万个碱基对的区域，并且注释轨显示了许多旁系同源基因的保守性，反映了近期、中期和很久以前的全基因组倍增现象

（来源：http://paramecium. cgm. cnrs-gif. fr. ）

图 19.8 草履虫（*Paramecium tetrau-relia*）全基因组倍增是由对旁系同源蛋白质的分析推断的。外环显示基因组测序计划中的所有染色体大小的支架。实线将"最佳相互匹配（best reciprocal hit）"的基因成对连接在一起。三个内侧环显示了重建的祖先序列，这些序列是通过结合之前每一步得到的配对序列所获得。内侧环是逐渐变小的，反映了拥有较小平均相似度的越来越少的保守基因

[来源：Aury 等（2006）。经 Macmillan 出版社许可再版]

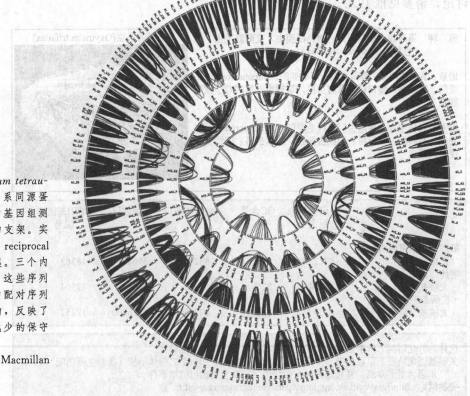

框 19.2　图形表示全基因组倍增

我们在第 8 章中引入了表意文字（ideogram）作为核型的表示。传统上，线性真核生物染色体被描述为直棒形（straight bars）。然而，当描述多条染色体上基因（或蛋白质和其它元件）之间的关系时，关系的模式可能会变得很复杂，以至于可视表示会令人困惑。环形图提供了一种观察染色体元件之间关系的简明方法。图 19.8 显示了 Aury 等（2006）使用 Martin Krzywinski 开发的 Circos 软件（免费软件，参见 http://circos.ca/? home）做的草履虫的一个例子。这个网站同样提供了教程和具有视觉效果极佳的示例库。

Chromowheel 是一个相关的工具，由 Ekdahl 和 Sonnhammer（2004）开发，并作为网络服务可在 Karolinska 研究所获得（http://chromowheel. sbc. su. se/）。用户可以提交一个通用的数据格式文件，之后会被转换成一个可缩放矢量图形（SVG）格式的图像。其他的软件［比如环形基因组浏览器 CGView（Circular Genome Viewer CGView）；Stothard 和 Wishart，2005］还可以展示环状的基因组（比如细菌或线粒体）。

嗜热四膜虫（*Tetrahymena thermophile*）是另一个纤毛虫的代表，曾长期作为生物学研究的一个模式生物（Collins 和 Gorovsky，2005）。通过对四膜虫的研究，我们发现了催化性的 RNA、端粒重复序列、端粒酶和组蛋白乙酰化的功能。Eisen 等（2006）报道了其大核基因组序列为 104Mb，由大约 225 条染色体组成，约为 45 倍性（ploidy）。与草履虫形成鲜明对比的是，他们没有找到任何片段化或全基因组倍增的证据。其相对较高的基因数量可以用基因的大规模串联重复来解释。大核基因组的序列的获得将有利于未来对小核基因组的测序，小核基因组含有更多的重复 DNA。这样的研究可以阐明纤毛虫大核染色体和小核染色体间有趣的关系。这反过来可能揭示全基因组重排发生的基本机制。其他品种的四膜虫的大核基因组也正在被测序（*T. malaccensis*、*T. elliotti* 和 *T. borealis*）。

一个主要的四膜虫基因组数据库是 http://www. ciliate. org/（链接 19.23），四膜虫基因组测序网站是 http://lifesci. ucsb. edu/~genome/Tetrahymena/（链接 19.24）。四膜虫功能基因组学数据库是 http://tfgd. ihb. ac. cn（链接 19.25；Xiong 等,2013）。

第三个纤毛虫基因组是变薄棘毛虫（*Sterkiella histriomuscorum*），它曾经被称作 *Oxytricha trifallax* 并在图 19.1 中作为 *Oxytrichida* 类群的一员。变薄棘毛虫属于旋毛纲（Spirotrichea）。其大核基因组片段化成令人惊叹的约 24500 条微染色体［称作纳染色体（nanochromosomes）］。Doak 等（2003）描述了其基因组计划，包括每个大核基因组有约 1000 倍性的证据。Swart 等（2013）测序了超过 16000 个纳染色体。它们的平均长度只有 3200 个碱基对，一般一个只编码一个基因。这种生物用这种系统解决了什么生物学问题？我们人类的约 20300 个蛋白质编码基因能被封装到类似数目的染色体中吗？

类核体（Nucleomorphs）

叶绿体是一种在植物中包含绿色色素—叶绿素的质体（光合细胞器）。叶绿体将光能转化为能量。关于其起源的一个主要假说是植物在与动物及真菌刚刚从进化树上分开后不久，一个真核细胞获得了一个蓝藻（参见下面的"植物基因组"）。但是，一种完全不同的机制也是可能的。一个真核生物可以摄取已含有叶绿体的藻类（即另一种真核生物）（Gilson 和 McFadden，2002；Archibald 和 Lane，2009；Moore 和 Archibald，2009）。这个过程叫做内共生，可能至少在七个独立的真核类群中独立发生，这七个类群包括顶复类（如上所述）、绿藻类（chlorarachniophytes）、隐藻类（cryptomonads）、甲藻类（dino agellates）、裸藻类（euglenophytes）、不等鞭毛类（heterokonts）和定鞭藻类（haptophytes）（Gilson 和 McFadden 综述，2002）。

在大多数含叶绿体的植物和一些藻类中，每个细胞都包含三部分基因组：核基因组，线粒体基因组和叶绿体基因组。在隐藻类（如蓝隐藻 *Guillardia theta*）和 chlorarachniophytes（如 *Bigelowiella natans*）中，还有一个不同的第四基因组：被吞噬的藻类的残留核基因组。这第二个核被称为类核体。连续的内共生过程如图 19.9 所示。

同胞内细菌的基因组发生大量缩减一样，类核体的基因组也极其小。Douglas 等（2001）对 *G. theta* 类核体中仅有的 551264 个碱基对进行了测序。其基因密度非常高，每 977 个碱基对就有一个基因。非编码

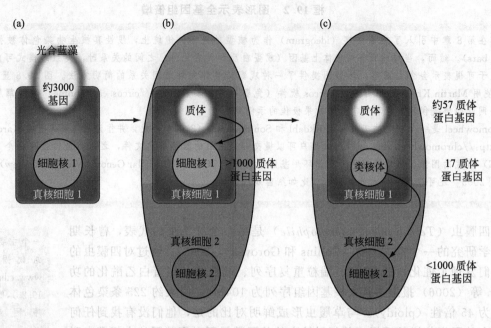

图 19.9 连续的内共生过程产生了具有四个基因组的真核生物。(a) 在第一次内共生事件中，真核宿主（真核生物 1）获得一个光合细菌，比如蓝藻。(b) 随着时间的推移，真核生物 1 的核基因组获得了 1000 多个质体的蛋白编码基因。质体是被吞噬的细菌的基因组，即叶绿体。当其他非光合生物（真核生物 2）吞噬并保留真核生物 1 从而获得光合能力时，第二次内共生就发生了。(c) 随着时间的推移，质体蛋白基因转移到生物 2 的核基因组中，导致类核体基因组严重缩减。图中基因的数目来自 chlorarachniophyte *Bigelowiella natans*，它的类核体基因组是所有已知真核生物中最小的一个

［改编自 Gilson 等（2006），经 National Academy of Sciences 许可］

蓝隐藻（*G. theta*）的谱系属于真核生物，为隐藻门、隐鞭藻科、Guillardia 属；*B. natans* 的谱系是真核生物，为丝足虫门、绿藻科、Bigelowiella 属。

区极短，而且只存在一个假基因。其他一些必需基因是不存在的，比如编码 DNA 聚合酶的基因。基因产物必须穿过四层独立的膜进入到质体中。

另一较小的类核体基因组来自于 Chlorarachniophyte *Bigelowiella natans*。它的大小为 373000 个碱基对，包含 3 条染色体上的 331 个基因（Gilson 等，2006）。它本质上显然是真核生物，包含了 852 个内含子，虽然这些"侏儒内含子"（pygmy introns）是已知最小的内含子，长度仅有 18～21 个核苷酸。尽管 *G. theta* 和 *B. natans* 在系统发生上完全不同，Patron 等（2006）仍比较了两者高度缩减的类核体基因组以及相应的核基因组和质体基因组。他们得出结论，*B. natans* 的类核体基因组以高速率进化，而 *G. theta* 的类核体基因组已趋于稳定。其他被测序的类核体基因组也有非常相似的性质（Tanifuji 等，2011；Moore 等，2012）。被测序的生物体有 *Chroomonas mesostigmatica*、*Cryptomonas paramecium* 和 *Hemiselmis andersenii*。

有关类核体基因组的一般规律如下（Moore 和 Archibald，2009）。

• 已知类核体基因组的大小在 380 kb 到 845 kb 之间，含有约 500 个编码蛋白质的基因（以及 0～24 个剪接体内含子）。因此它们都是基因组极端缩减的模式生物（图 19.9）。一个关于趋同进化的意想不到的例子是，cryptophyte 和 chloroarachniophyte 藻类的类核体基因组有三条染色体和亚端粒 rRNA 操纵子。

• 类核体基因组的规模减小，因为其中很多基因转移到了宿主的核基因组中。

• 这些小基因组往往 GC 含量非常低（约 25%）。

• 这些基因组保持着非常高的转录水平。Tanifuji 等（2014）进行了 RNA 测序，并且对四个类核体基因组中的每一个的 99% 以上的区域进行了表达数据的映射。每个基因组大约有 10%～12% 是非编码的，这说明甚至非编码区域也被转录了（参见第 8 章和第 10 章描述的 ENCODE 项目，该项目表明

＞80％的人类基因组至少偶然会被转录）。这表明所有的类核体基因都被转录，而且 mRNA 合成水平也比核基因组高。

G. theta 的环形质体 DNA 也很紧凑。Douglas 和 Penny（1999）对其 121524 碱基对的基因组进行了测序，发现 90％的 DNA 都是可编码的，没有假基因或者内含子（与此相反，大米质体基因组只有 68％是可编码的）。你可以在 NCBI 探索 *G. theta* 质体基因组（索引编号 NC＿000926.1），并将其与红藻 *Pophyra purea*（一种红藻门植物，索引编号 NC＿000925.1）质体基因组相比较。这两个基因组表现出高度的保守同线性。你还可以将 *G. theta* 的质体基因组与硅藻 *Odontella sinensis* 的质体基因组相比较（索引号 NC＿001713.1）。这也是一个通过两次内共生获得质体的相关藻类，但它缺乏一个类核体。

核基因组是什么？*G. theta* 和 *B. natans* 的基因组都编码了 21000 多个蛋白（Curtis 等，2012）。线粒体基因持续转移到细胞核中，但是质体和类核体的基因并没有。基于蛋白质的系统发生分析表明，每个核基因组中的核基因约 6％～7％具有一个藻类内共生的起源。

管毛生物（Stramenopila）界

管毛生物界包括很多有趣的生物，比如卵菌纲 oömycetes（例如疫霉属植物病原体）和光合藻类（例如硅藻，海带之类的褐藻、金褐藻）。管毛生物在图 19.1 中属于不等鞭毛类（Heterokonta），我们在图 19.10 和图 19.11 中汇总了它们的几个基因组。

关于 *Thalassiosira pseudonana* 的一个主要网站是 http://genome. jgipsf. org/Thaps3/Thaps3. home. html（链接 19.26，来自 Joint Genome Insitute）。

硅藻是一种遍布广袤海洋的单细胞藻类，它们负责全球固碳总量的约 20％（Bowler 等，2010）。它们具有图案复杂的硅化（玻璃样的）细胞壁，我们称之为硅藻细胞壁（frustle），如图 19.10 中显示的漂亮且具有物种特异性的图案。Armbrust 等（2004）确定了假微型海链藻（*Thalassiosira pseudonana*）的三个基因组序列：一个 34.5Mb 的二倍体核基因组，具有 24 对染色体；一个大约在 13 亿年前通过第二次内共生获得的质体基因组；一个线粒体基因组。当一个非光合的真核硅藻祖先吞噬了一个光合的真核生物（可能是一个红藻内共生细体），它就获得了质体，这一不同寻常的过程如上文所述（图 19.9）。

第二个测序的硅藻基因组是三角褐指藻（*Phaeodactylum tricornutum*，Bowler 等，2008；图 19.10）。这些生物最近的共同祖先距今 9000 万年（大约是小鼠和人类有最近共同祖先的时间），但它们只共享约 60％的基因。人类和鱼类的共同祖先距今约 4.5 亿年，蛋白质的同源性平均有 61.4％的相似度，但 *P. tricornutum* 和 *T. pseudonana* 同源性平均只有 54.9％（Bowler 等，2010）。因此，硅藻的基因组经历了快速的多样化过程，包括谱系特异的基因家族扩张和上百次从细菌处通过水平转移获得基因。

卵菌（Oömycetes，也称水霉）是管毛生物界的一员，但和硅藻亲缘关系较远。它包括大豆的病原体大豆疫霉菌（*Phytophthora sojae*）和橡树猝死病病原体 *Phytophthora ramorum*。已知的疫霉属（*Phytophthora*）有 59 种，由于它们对玉米等植物的破坏，每年会造成数百亿美元的损失。Tyler 等（2006）报道了这两种植物病原体的基因组序列草图（在图 19.11 中概括）。这两个基因组编码的基因数目相近，其中包括 9700 对直系同源基因（这些直系同源基因具有广泛的共线性，每对长度为数百万个碱基对）。虽然两种生物都不能进行光合作用，但它们都包含来自红藻或蓝藻的上百个基因，这表明了一种能进行光合作用的祖先的存在。

能源联合基因组研究部（The Department of Energy Joint Genome Institute，DOE JGI）关于 *P. ramorum* 的网站为 http://genome. jgipsf. org/Phyra1_1/Phyra1_1. home. html（链接 19.27）。

其他卵菌基因组也已经被测序（Jiang 等，2013）。越发明显的是，不同的致病卵菌具有独特的与宿主之间相互作用的方式，这导致了各自独特的基因缺失和基因扩增的模式。举个例子，Jiang 等发现鱼类病原体寄生水霉（*Saprolegnia parasitica*）基因组编码了 270 个蛋白酶和 543 个激酶，而其中许多是由感染诱导产生的。

这类研究可能让我们对这些生物的进化有更深的理解，并有可能找到办法减少它们对全世界鱼类、昆虫类、两栖类和甲壳类动物的巨大伤害。

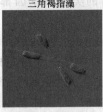

三角褐指藻　　　　　　　　假微型海链藻

谱系：真核生物域，不等鞭毛类，硅藻门，中心硅藻纲，海链藻亚纲，海链藻目；海链藻科，海链藻属，假微型海链藻 *CCMP1335* (硅藻)

谱系：真核生物域，不等鞭毛类；硅藻门；硅藻纲；硅藻亚纲；舟形藻目；褐指科；褐指藻属；三角褐指藻

	单倍体基因组大小	GC 含量	染色体数目	基因数目	NCBI 基因组编号
假微型海链藻	34.5 Mb	47%	24	11,242	191
质体基因组	128813 bp	31%	1	144	
线粒体基因组	43827 bp	30.5%	1	40	
三角褐指藻	27.4 Mb	48.8%	33	10402	418

分化发生的时间：假微型海链藻和三角褐指藻在9000万年前具有共同祖先
关键的基因组特征：
　　–假微型海链藻和三角褐指藻有大量的基因组重排和分化
　　–5%的三角褐指藻基因有细菌起源
关键网站：http://genome.jgi-psf.org/Thaps3/Thaps3.home.html

图 19.10 不等鞭毛类 (见图 19.1) 包括硅藻

[照片来自 NCBI Genomes 网站 (假微型海链藻由 DOE-Genomes to Life、US Department of Energy Genomic Science 项目完成) 和 Kiene (2008), 经 Macmillan Publishers 授权改编]

大豆疫霉菌　　　　　　　　橡树猝死病菌

谱系：真核生物域，不等鞭毛类，卵菌纲；霜霉目；疫霉属；大豆疫霉菌
真核生物，不等鞭毛类，卵菌纲；霜霉目；疫霉属；橡树猝死病菌

	单倍体基因组大小	GC含量	基因密度/(kb/基因)	基因数目	重复百分比
大豆疫霉菌	95 Mb	54%	4.6	16,998	39%
橡树猝死病菌	65 Mb	54%	3.7	14,451	28%
致病疫霉菌	240 Mb	51%	10.7	17,797	74%
寄生水霉	63 Mb	58%	2.6	17,065	40%

关键的基因组特征：
　　–橡树猝死病菌是异宗配合的 (远系繁殖)；约13600个SNPs被鉴定出
　　–大豆疫霉菌是同宗配合的 (同系繁殖)；仅499个SNPs被鉴定出
　　–这些是仅有的没有鉴定出编码磷酸酯酶C的基因的真核生物基因组，其对应于PLC的
　　　疫霉属表达序列标签也没被找到
疾病相关：大豆疫霉菌 (马铃薯粉腐剂) 是大豆病原菌
　　　　　　橡树猝死病菌引起橡树猝死
　　　　　　寄生水霉是鱼类 (例如三文鱼、鲑鱼、鲶鱼) 病原菌
　　　　　　*P.ramorum*引起马铃薯枯萎病
关键网站：http://oomycetes.genomeprojectsolutions-databases.com/

图 19.11 不等鞭毛类 (见图 19.1) 包括卵菌，如疫霉属 *Phytophthora*

[图片来自 NCBI Genomes 网站 (*Phytophthora sojae* 来自爱荷华州立大学的 Edward Braun, *Phytophthora ramorum* 来自 Lewis & Clark College 的 Edwin R. Florance)]

褐藻（Phaeophyceae）代表了管毛生物的另一类。它们属于海藻，并且属于五个独立进化的多细胞真核生物谱系之一（另外四个谱系包括后生动物（动物）、真菌和两个植物类群：红藻和绿藻/植物）。Cock 等（2010）对 214Mb 的长囊水云海藻（*Ectocarpus siliculosus*）的基因组进行了测序。值得注意的是，他们发现了可能参与生物体复杂光合系统的基因，这些基因使生物得以适应苛刻的潮汐环境中多变的光线条件。

19.5　植物基因组

概述

成千上万种植物存在于这个星球上。分子系统发生学告诉我们，植物是真核生物中的一个独特分支［见植物界（Viridiplantae），图 19.1］，包括藻类和我们所熟悉的绿色植物。所有的植物（除了藻类）都是多细胞的，因为它们从胚胎发育而来，胚胎是母体组织中的多细胞结构（Margulis 和 Schwartz，1998）。大多数植物具有进行光合作用的能力，但也有一些例外（比如山毛榉寄生 *Epifagus*）。

对于植物基因组的分析，使我们能够得到有关植物不同于动物的特征的分子遗传学基础，比如特异的细胞壁、液泡、质体和细胞骨架的存在。植物是固着的，依靠光合作用生存。对植物基因组的测序可能会有助于我们对这些基本特征进行解释。

当今植物的谱系是何时与动物、真菌和其他生物分开的呢？生命最早的证据距今约 38 亿年，真核生物的化石可追溯到 27 亿年前。这些事件在图 19.12 的树中有所示意，该图基于 Meyerowitz（2002）和 Wang 等（1999）的独立研究。现存没有早于 7.5 亿年前植物的化石，因此很难估计物种产生分化的时间。不同的研究者使用了基于蛋白质、DNA（细胞核中的或线粒体中的）或者 RNA 数据的分子钟。Wang 等（1999）通过对 75 个核基因进行综合分析来估计植物、真菌和几种动物类群分化的时间。他们根据鸟类和哺乳类约 3.1 亿年前产生分化的化石记录来校准模型，发现动物和植物大约在 15.47 亿年前发生分化，与动物和真菌发生分化的时间（15.38 亿年前，图 19.12）几乎一致。

山毛榉寄生（*Epifagus virginiana*）的叶绿体基因组已经被测序（NC_001568.1；Wolfe 等，1992）。山毛榉寄生在山毛榉树的根部。其叶绿体基因组原本的主要功能——光合作用已经退化了。它缺少在能进行光合作用的植物的叶绿体基因组中表达的六个核糖体蛋白和 13 个 tRNA 的基因（Wolfe 等，1992）。

植物和动物的基因种类有很大不同。例如，植物缺乏中间纤维和编码中间纤维的基因，如编码细胞角蛋白和波形蛋白的基因。

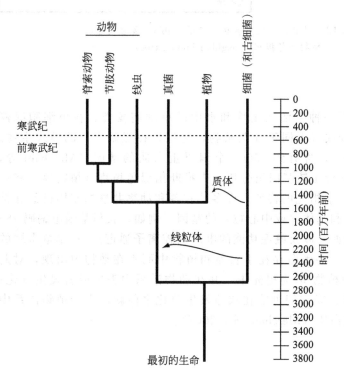

图 19.12　植物、动物和真菌的进化。根据系统发生学研究（改编自 Wang 等，1999），植物、真菌和动物发生分化的时间在 15 亿年前。在此次分化事件之前，一个单细胞真核生物获得了一个 α-变形菌（现代的线粒体，如今存在于动物、植物和真菌中）。在约 15 亿年前，与动物和真菌分歧之后，植物谱系获得了一个质体（叶绿体）。根据这一模型，后生动物分化的时间比根据化石记录预测的早了 4 亿年。线虫（如秀丽隐杆线虫 *C. elegans*）分化的时间早于脊索动物（如脊椎动物）和节肢动物（如昆虫）。改编自 Wang 等（1999）并经 Royal Society 的许可。其他数据来自 Meyerowitz（2002）

对于 18S RNA 的分析揭示了动物-真菌进化枝（图 19.1），与图 19.12 一致。

已知的最早的植物化石数据来自志留纪（4.3 亿年前～4.08 亿年前；Margulis 和 Schwartz，1998）。

Rubisco 是核酮糖-1,5-二磷酸羧化酶。它是光合作用植物的叶绿体中第一步固碳过程中的酶。加氧酶催化核酮糖二磷酸和二氧化碳不可逆地转化成两个 3-磷酸甘油酸分子。加氧酶的基因名称是 *rbcL*。一个典型的例子请参照大米蛋白（RefSeq 索引编号 NP_039391.1）。

植物、动物和真菌的早期出现可能随着一个单细胞祖先的分化发生。因此，关于植物和动物的比较让我们看到了植物和动物是如何独立地进化成多细胞形式的（Meyerowitz，2002；Niklas 和 Newman，2013）。植物和动物的线粒体基因是同源的，这说明它们的共同祖先被一种 α-变形菌入侵（图 19.12）。在它们发生分化后，在另一个内共生事件中蓝藻占有了植物细胞，并最终形成了叶绿体。这个事件独立地发生了几次，但是确定这些事件发生的时间是很难的。在大量化石记录中，大多数动物门首次出现在约 5.3 亿年前，即"寒武纪大爆发"。

我们通过探索植物在真核生物中的地位（图 19.1）和基于一个关键的植物酶——rubisco（图 19.13）的序列构建的系统发生树开始对植物的生物信息学和基因组学探究。植物界的两大类是绿藻门（*Chlorophyta*）[绿藻，比如 generum 衣藻（*Chlamydomonas*）]和链形植物（*Streptophyta*）（Ruhfel 等，2014）。链形植物被进一步细分成藓类、苔类和被子植物（开花植物），其中包括大家熟悉的单子叶植物和真双子叶植物。我们先从绿藻讲起，再谈开花植物。

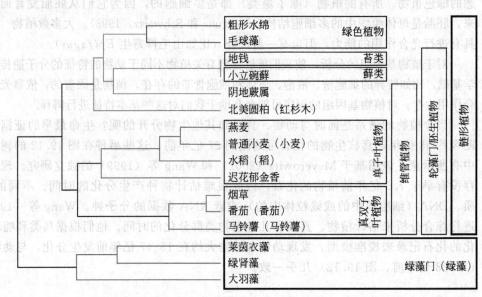

图 19.13 植物的系统发生树。使用 Rubisco 蛋白构建的植物的邻接树（neighbor-joining tree）

绿藻（绿藻门）(*Chlorophyta*)

莱茵衣藻（*Chlamydomonas reinhardtii*）是一种生活在土壤和水中的单细胞藻类。在单细胞绿藻中，衣藻曾作为研究光合作用和叶绿体生物合成（不同于开花植物，它生长在黑暗中）的模式生物。它的基因组有 121Mb，GC 含量非常高（64%），含有约 15000 个编码蛋白质的基因（Merchant 等，2007；图 19.14）。我们可以对衣藻的基因组进行比较基因组分析，来推断出绿色植物（植物界）和后鞭毛生物 [动物，真菌（第 18 章）和领鞭毛虫] 祖先的特征。许多被衣藻和动物共享的基因已经在被子植物中丢失，比如那些编码鞭毛（或纤毛）和基体（或中心粒）的基因。例如，衣藻基因组编码 486 个膜转运蛋白，其中许多和动物中的相同（例如，涉及鞭毛功能的电压门控离子通道）。在本章末尾的上机实验（19.6）中我们将讨论更多的例子。一些蛋白存在于衣藻和植物中而不在动物中出现，对此有几种可能的解释：①它们可能存在于共有的植物-动物祖先中，并在动物谱系中丢失或者发生分化；②它们可能在植物和衣藻之间发生了水平转移；③它们可能在衣藻发生分化之前就产生于植物谱系中了。这些蛋白质包括许多涉及叶绿体功能的蛋白质（Merchant 等，2007）。

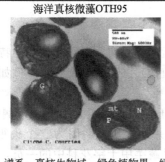 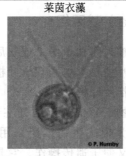 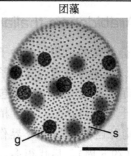

| | 海洋真核微藻OTH95 | 莱茵衣藻 | 团藻 |

谱系：真核生物域，绿色植物界，绿藻门，绿藻纲，团藻目，衣藻科，衣藻属，
莱茵衣藻（绿藻）

谱系：真核生物域，绿色植物界，绿藻门，绿枝藻纲，Mamiellales，Mamiellaceae，
Ostreococcus，海洋真核微藻（绿藻）

谱系：真核生物域，绿色植物界，绿藻门，绿藻纲，团藻目，团藻科，团藻

	单倍体基因组大小	GC含量	染色体数目	基因数目	NCBI基因组编号
莱茵衣藻	118 Mb	64%	17	15143	12260
海洋真核微藻OTH95	12.6 Mb	58%	20	8166	12912
团藻	138 Mb	56%	14	14437	413

基因组特征：与拟南芥相比，衣藻和团藻每千碱基有0.125个基因。与此相反，海洋真核微藻
每千碱基有0.648个基因。团藻是最小的自由生活的真核生物
关键网站：http://www.chlamy.org/; http://genome.jgi-psf.org/Chlre3/Chlre3.home.html

图 19.14　植物（绿色植物）的一个主要组成部分是绿藻，包括衣藻（见图 19.1）
照片来自 NCBI Genome 网站（*Ostreococcus tauri* 来自于 O. O. Banyuls-CNRS Courties
（http://www.cs.us.es/~ fran/students/julian/organisms/organisms.html）；*Chlamydomonas reinhardtii* 来自于纽布伦斯威克大学的 Durnford 博士。*Volvox carteri* 照片来自
Prochnik 等（2010）。s——体细胞（约 2000 个）；g——无性生殖细胞（有大约 16 个
这种大型生殖细胞）

被子植物系统发生网站（Angiosperm Phylogeny website）网址为 http://www.mobot.org/MOBOT/Research/APweb/
welcome.html（链接 19.28）。它包括几十个系统发生树，附有文字，植物图片和翔实参考。与被子植物相反，裸子植
物的种子在球果中成长。真双子叶植物（如拟南芥）在 2 亿年前与单子叶植物（如水稻）发生分化。在真双子叶植物
中，蔷薇类和菊类在 1 亿～1.5 亿年前发生分化（Allen，2002）。蔷薇类植物包括拟南芥，大豆（*Glycine max*）和
Medicago trunculata。菊类植物包括番茄（*Lycopersicon esculentum*）。

多细胞绿藻 *Volvox carteri* 具有类似大小和复杂程度的基因组（Prochnik 等，2010）。对这些基因组
进行比较可能会给多细胞的起源问题带来一些线索。团藻 *Volvox* 有两种类型的细胞，如图 19.14：约
2000 个小的双鞭毛的体细胞和约 16 个无性生殖细胞（大的生殖细胞）。

另一个单细胞绿藻海洋真核微藻（*Ostreococcus tauri*）被认为是最小的自由生活的真核生物（图
19.14）。海洋真核微藻呈现了一个简单的、裸露的、无鞭毛的细胞，具有一个细胞核、一个线粒体和一个
叶绿体。它在整个海洋中都有分布，并于 1994 年首次被确认是海洋浮游生物的组成之一。Derelle 等
（2006）对其 12.6Mb 的基因组进行了测序，检测了其 20 条染色体。它包含 8166 个编码蛋白质的基因，
基因密度为每 1300 个碱基对一个基因，比迄今为止任何真核生物的序列都大。因此，其基因组高度压缩，
间隔区非常短，发生了许多基因融合事件和基因家族规模的缩减。这个基因组另一个显著却原因不明的特
点是有两条染色体（2 号的大部分和 19 号的全部）的 GC 含量和其他染色体不同（52%～54%而不是其他染
色体中的 59%），而且这两条染色体的基因座包含了基因组中大多数的转座元件（417 个中的 321 个）。2 号

染色体使用密码子的频率也有所不同，并且内含子更小（40～65 个碱基对，区别于其他内含子平均 187 个碱基对的长度）。导致这些不同差异的来源尚未可知，但这些数据提示了来自另一生物的水平转移。

拟南芥（*Arabidopsis thaliana*）基因组

被子植物是会开花的植物，其种子被封闭在子房中成熟后形成果实。单子叶植物的特点是胚芽是单子叶的，例如水稻、小麦和燕麦。真双子叶植物（也叫双子叶植物）胚芽有两个子叶，例如番茄和土豆。真双子叶植物包括了大多数花木（但不包括针叶树）。

拟南芥属于十字花科，是双子叶植物，它的突出之处在于它的基因组是第一个被测序的植物基因组（图 19.15）。拟南芥已被植物研究界作为模式生物广泛采用并加以研究，因为它个头很小（约 12 英寸高），世代很短（约 5 周），后代很多，又便于遗传操作。它是蔬菜中十字花科中的一员，十字花科包括山葵、西兰花、菜花和萝卜。它是 250000 种开花植物之一，而开花植物出现在约 2 亿年前（Walbot，2000）。比较基因组学分析使我们能够比较拟南芥和其他开花植物的基因组，以便更多地了解开花植物（Hall 等，2002）。

模式植物基因组计划可通过在线数据库查询，例如蒺藜苜蓿的 MtDB（Lamblin 等，2003；http://www. medicago. org/，链接 19.29）和玉米的 MaizeGDB（http://www. maizegdb. org/，链接 19.30）。更全面的植物基因组数据库包括 Unitéde Recherche Génomique Info（URGI）(http://urgi. versailles. inra. fr/，链接 19.31）和 Turku（Åbo）的 Sputnik（Rudd 等，2003；http://sputnik. btk. fi/，链接 19.32）。一个关于小麦、大麦、黑麦和燕麦的数据库 GrainGenes 可在 http://wheat. pw. usda. gov/GG2/index. shtml（链接 19.33；Matthews 等，2003）获得。

欧洲大叶杨（黑棉白杨）

酿酒葡萄（酿酒葡萄）

拟南芥（拟南芥）

蒺藜苜蓿（蒺藜状苜蓿）
水稻（水稻）
小立碗藓（苔藓）

选择的谱系：真核生物域，绿色植物界，链形植物，有胚植物，维管植物，种植植物门，被子植物门，真双子叶植物，核心真双子叶植物，蔷薇类植物，Ⅱ类真蔷薇植物，十字花目，十字花科，拟南芥属，拟南芥

真核生物域，绿色植物界，链形植物，有胚植物，维管植物，种子植物，被子植物，真双子叶植物，核心真双子叶植物，葡萄目，葡萄科，葡萄属，酿酒葡萄

	单倍体基因组大小	GC含量	染色体数目	基因数目	NCBI基因组编号
拟南芥	125 Mb	34.9%	5	约25498	13190
大豆	974 Mb	35%	20	10337	5
番茄	782 Mb	34.9%	12	27398	7
蒺藜苜蓿	314 Mb	35.9%	8	约19000	10791
水稻	389 Mb	43.3%	12	37544	13139, 13174
小立碗藓	480 Mb	34%	27	35938	13064
欧洲大叶杨	485 Mb	37.4%	19	45555	10772
酿酒葡萄	487 Mb	35%	19	30434	18357, 18785
玉米	2,067 Mb	46.8%	10	38999	12

关键日期：2亿年前开花植物出现。拟南芥和小立碗藓在4.5亿年前分歧。拟南芥和杨树在1.2亿年前分歧
疾病相关：全球超过30%的农作物因病原体而损失。植物基因组测序计划可以揭示抗病机制
基因组特征：拟南芥的基因组~93%是常染色质。杨树的基因组~70%是常染色质。尽管杨树与酿酒葡萄基因组大小相似，但是杨树基因更多
关键网站：http://www.medicago.org (*Medicago*)

图 19.15 所选植物基因组的概述
[照片来自于 NCBI Genome 网站，毛果杨 *P. trichocarpa* 来自 J. S. Peterson，USDA-NRCS PLANTS Database；酿酒葡萄 *V. vinifera* 来自 Kurt Stueber，Max Planck Institute for Plant Breeding Research，科隆；拟南芥 *A. thaliana* 来自 Luca Comai，University of Washington，西雅图，华盛顿州]

　　拟南芥基因组大约有 125Mb，因此，其基因组相对于小麦和大麦等重要农作物来说，是非常小的（参见下文"巨大和微小的植物基因组"），这使得将它作为第一个被测序的植物基因组成为一个较好的选择。拟南芥基因组计划（*Arabidopsis* Genome Initiative，2000）报道了其基因组绝大部分（115 Mb）的测序结果。它有五条染色体，最初预测含有 25498 个编码蛋白质的基因。拟南芥基因组的平均基因密度是每 4.5kb 一个基因。

　　在重新对基因组进行注释之后，从拟南芥中预测的基因数目略微增加到约 27400 个（Crowe 等，2003；TAIR 数据库；见第 14 章）。拟南芥比果蝇（约 14000 个编码蛋白质的基因）和秀丽隐杆线虫（约 20500 个编码蛋白质的基因）多了许多基因。植物基因的巨大数量可以通过基因串联重复和片段重复的程度非常大来解释。大约有 11600 个不同的核心蛋白，其余的基因都是旁系同源基因［拟南芥基因组计划（*Arabidopsis* Genome Initiative），2000］。

　　许多植物都发生了全基因组倍增，这种现象我们可以在草履虫和很多其他的真核生物以及真菌中看到（第 18 章）。关于植物倍性的概述见框 19.3。

框 19.3　植物的倍数性

　　许多植物是多倍体，即核基因组多于二倍体。这包括同源多倍体，例如 *Saccharum* spp.（甘蔗）和 *Medicago sativa*（苜蓿）。这些物种通常不可以近亲繁殖（见 Paterson，2006）。异源多倍体包括小麦和棉花。在许多天然存在的异源四倍体中（例如四倍体 *Arabidopsis suecica*），其花朵与二倍体亲本的花朵（*Cardaminopsis* 和 *Arabidopsis*）明显不同。多倍体植物通常比二倍体植株更大，长势更好。多倍体物种的例子包括香蕉和苹果（三倍体），土豆、棉花、烟草和花生（都是四倍体），小麦和燕麦（六倍体），以及甘蔗和草莓（八倍体）。

　　植物基因组测序计划以允许对旁系同源物的识别。全基因组倍增事件已被推断出，包括在拟南芥（*Arabidopsis*）和白杨（*Populus*）中发生的两次或三次倍增事件，以及水稻基因组中的一次或两次倍增事件。

　　包括多倍体数据在内的有关植物 DNA C 值的数据库，参见 http://data.kew.org/cvalues/（Bennett 和 Leitch，2011）。

　　主要有两种方法来确定全基因组倍增（Paterson 等，2010；图 19.16）。第一种方法是自下而上，通过检测基因组中 DNA 或蛋白质序列来寻找倍增的证据。我们在第 18 章描述了这种方法用于酿酒酵母（*S. cerevisiae*）的研究，它也可以用于草履虫（*Paramecium*）和拟南芥（*Arabidopsis*）的研究。拟南芥基因组中有 24 个大的、100kb 以上的倍增片段，覆盖了基因组的 58%［拟南芥基因组计划（*Arabidopsis* Genome Initiative），2000］。第二种方法被称为自上而下的方法，通过将感兴趣的基因组和参考基因组对比［图 19.16（b）］。番茄基因组 DNA 与拟南芥的比较显示了四个不同的拟南芥染色体中保守的基因含量和基因排列顺序（Ku 等，2000）。二倍化和三倍化基因组区域的存在表明，拟南芥的基因组曾经发生过两次（或更多）大规模的基因组倍增事件。其中一次事件非常久远，而另一次发生在约 1.12 亿年前。随着全基因组的倍增，基因丢失也在频繁地发生。这降低了我们今天观察到的基因共线性的数量，也使我们研究过去发生的多倍体事件的性质和时间变得困难（Simillion 等，2002）。基因组倍增后基因丢失的模式在真菌（第 18 章）和鱼类（见下文"450 万年前：鱼的脊椎动物基因组"）中很常见，但在草履虫中不常见。

　　二代测序技术的出现驱动了 1001 基因组计划（1001 Genomes Project），该计划旨在对多个基因组进行测序。数百个拟南芥基因组已经完成测序，通常还通过 RNA-seq 研究进行了补充（Cao 等，2011；Gan 等，2011）。参考基因组（Col-0）和 18 个已测序的基因组的交互系被用于产生 700 株被称为多亲本高世代交互系（Multiparent Advanced Generation Inter-Cross，MAGIC）的集合。类似于协同杂交（Collaborative Cross）小鼠，这些植株将同时拥有详细的表型特征和全基因组序列，这将促进植株性状的遗传基础研究，包括种子类型、疾病易感性、环境适应以及生长特性等。相应的 1001 蛋白质组的数据正在被收集（Joshi 等，2012）。

　　1001 基因组（1001 Genomes）的网站是 http://1001genomes.org/（链接 19.34）。1001 蛋白质组（1001 Proteomes）的门户网站是 http://1001proteomes.mascproteomics.org/（链接 19.35）。它是一个非同义 SNP 浏览器。

自下而上法
(拟南芥自身比较)

(a) 前α片段重建

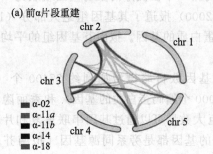

■ α-02
■ α-11a
■ α-11b
■ α-14
■ α-18

(b) 前β片段重建

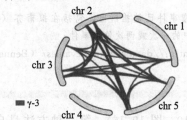

■ β-4a
■ β-4b
■ β-5

(c) 前γ片段重建

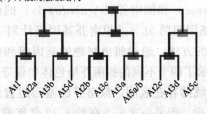

■ γ-3

(d) 片段的层级结构

自上而下法
(拟南芥与水稻的比较)

(e) 列举出保守共线性的片段

拟南芥

水稻

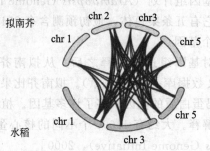

(f) 聚类相关片段

点图的网格

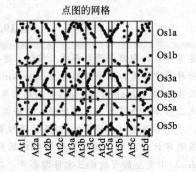

(g) 逐步比对共线锚点

共线性轨道

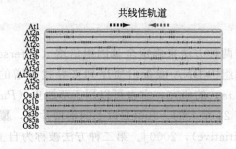

图 19.16 两种检测过去全基因组倍增事件的策略。在自下而上的方法中，(a) 倍增区域被识别以推断最近的基因组倍增事件，然后 (b)、(c) 更古老的倍增事件被依次发现。(d) 之后基因组倍增事件的一个分级解析被重建。在自上而下的方法中。(e) 两个基因组间的保守共线区域被识别出来。(f) 这些源自共同祖先的片段接着被聚类。(g) 共享片段的逐步比对可通过 MCscan 等软件创建多重序列比对

[重绘自 Paterson 等 (2010)。经 Annual Reviews 许可转载]

禾本科包括水稻，小麦，玉米，高粱，大麦，甘蔗，小米，燕麦和黑麦。禾本科植物超过了 10000 种（Bennetzen 和 Freeling, 1997）。谷类是禾本科 (Gramineae, 也被称作 Poaceae) 开花植物的种子，这些禾本科植物因其谷粒的食用价值被培育。禾本科植物是单子叶植物，物种范围包括从小的，扭曲的，直立的或匍匐的一年生植物到多年生植物。

拟南芥信息资源（The Arabidopsis Information Resource，TAIR）的网址为 http://www.arabidopsis.org/（链接 19.36）。MIPS plantsDB 数据库组的网址为 http://mips.helmholtz-muenchen.de/plant/genomes.jsp（链接 19.37）。描述拟南芥生长发育的必需基因的 SeedGenes 数据库的网址为 http://www.seedgenes.org（链接 19.38）。

最全面的拟南芥基因组资源是 TAIR，其服务范围广泛（Lamesch 等，2012）。这个网站包括了一个基因组浏览器，它关于基因组 DNA 序列提供了一系列信息，从最广泛的染色体水平的图示到对单核苷酸多态性的描述（图 14.5）。这个网站的格式，GBrowse，由多个基因组计划共享（框 19.4；表 19.1）。其他数据库包括 SeedGenes，它描述了拟南芥受到突变干扰时赋予种子表型的关键基因（Tzafrir 等，2003）。

框 19.4　真核生物基因组的数据库

TAIR 是主要的拟南芥数据库，它与其他大型测序计划（表 19.1）使用相同的数据库模板。我们已经在第 14 章中探讨了 EcoCyc，而且在第 14 和第 18 章中探讨了酵母数据库 SGD。这些数据库提供了关于基因组样貌的详细而又极为广泛的展示。Genomics Unified Schema（GUS）是另一个常用的平台。许多数据库使用分布式注释系统（DAS）来允许计算机服务器从许多外部计算机系统中整合基因组数据。DAS 由 Lincoln Stein 和 Robin Dowell 编写，在 http://www.biodas.org/有描述。WormBase、FlyBase、Ensembl 和 JCVI 等都采用了 DAS。

表 19.1　在 GNU Free Documentation License 1.2 条款下，许多数据库采用了通用模式生物工程（GMOD，http://www.gmod.org/）的模板

数据库	注释	URL
EcoCyc	大肠杆菌基因和代谢的百科全书	http://EcoCyc.org/
FlyBase	果蝇网站	http://www.flybase.org/
Mouse Genome Informatics	主要的小鼠资源	http://www.informatics.jax.org/
Rat Genome Database（RGD）	大鼠资源	http://rgd.mcw.edu/
SGD	见第 18 章	http://www.yeastgenome.org/
TAIR	拟南芥信息资源	http://www.arabidopsis.org/
Wormbase	秀丽线虫网站	http://www.wormbase.org/

第二个植物基因组：水稻

据估计，水稻（*O. sativa*）是一半人口的主食。水稻基因组是第二个被测序的植物基因组（图 19.15）。其大小约为 389Mb，大约是人类基因组的八分之一。然而它是禾本科植物中最小的基因组之一，因而水稻作为单子叶植物的模式生物被科学家研究。

稻属（*Oryza*）包括 23 个种，科学家正在努力将所有这些种测序（Jacquemin 等，2013）。栽培种为 *O. glaberrima*（在非洲）和具有三个栽培品系（粳稻 japonica，籼稻 indica 和爪哇稻 javanica）的 *O. sativa*。这四类水稻产生了水稻基因组草图。华大基因牵头的一个组织绘制了水稻基因组序列草图（*O. sativa* L. ssp. *Indica*；Yu 等，2002）。另一些研究组织报道了 *O. sativa* L. ssp. *Japonica* 的基因组序列草图（Goff 等，2002），孟山都（Monsanto）生成了另一个基因组序列草图。

Yu 等（2005）和国际水稻基因组测序计划（International Rice Genome Sequencing Project）（2005）分别报道了对一个单系近交品种 *O. sativa* L. ssp. *japonica* cv. Nipponbare 测序的优质结果。Yu 等（2005）报道说，相对于其 2002 年的初版文章，他们实现了更低的错误率，并在读长方面得到了 1000 倍的改善。N50 序列（新发现的序列占序列数据集总长的一半）提高到 8.3Mb，大约改善了 1000 倍，覆盖率从 4.2× 提升到了 6.3×。注释是一个持续的过程。

> 水稻注释计划数据库（Rice Annotation Project Database，RAP-DB）网址为 http://rapdb.dna.affrc.go.jp/（链接 19.39）。

目前的水稻注释计划数据库（Rice Annotation Project Database）是基于二代测序数据、RNA-seq 和 150 个单子叶植物测序数据的比较（Sakai 等，2013）。

水稻基因组（籼稻亚种）在 GC 含量梯度方面显示了一个不寻常的特征。平均 GC 含量为 43.3%，比拟南芥（34.9%）或人（41.1%）的都要高（Yu 等，2002）。在关于长 500bp 的序列的数量（y 轴）和 GC 含量百分比（x 轴）的曲线图上显示了包括许多富含 GC 序列的拖尾。这些富含 GC 的区域在水稻外显子（而不是内含子）中选择性地出现，并且几乎在每一个水稻基因中都有至少一个 GC 含量极高的外显子（Yu 等，2002）。每个基因 5′端的 GC 含量普遍比 3′端高 25%。水稻基因组的这些独特之处给从头开

始（*ab initio*）寻找基因的软件的使用带来了另一项巨大挑战。

栽培稻起源自哪里呢？Huang 等（2012）测序了 446 个不同地区的 *Oryza rufipogon*（一种野生稻）和 1083 种栽培籼稻和粳稻，确定中国南方某地区是几千年前最先栽培水稻的区域。Huang 等对这些基因组进行了 1× 至 2× 覆盖度的测序（其中有很多是在各个独立研究中测序的），并且鉴定了用于系统发生和群体遗传学研究的单核苷酸多态性（SNP）位点。

第三个植物：杨树

黑三角叶杨欧洲大叶杨（*Populus trichocarpa*）是第三个被测序的植物基因组（图 19.15）。杨树被选择做测序是因为它的单倍体核基因组相对较小（480 Mb），相对于其他树种生长快（约 5 年），并且作为木材和纸制品的来源在经济上十分重要。

基因组分析表明，杨树在约 6500 万年前经历了一次相对较较近的全基因组倍增，并且经历了串联重复和染色体重排（Tuskan 等，2006）。与拟南芥不同，杨树主要是雌雄异株（雌性和雄性生殖结构位于不同植株中），因此它必须进行异型杂交，并实现高水平的杂合。Tuskan 等（2006）发现了 120 万个插入/缺失的 SNP 位点，估计每千碱基对有 2.6 个多态性。这些有助于我们进行进一步的遗传学和种群生物学研究。随着二代测序引发的革命，Tuskan 及其同事接着测序了来自 10 个亚群 120 棵树的 16 个 *P. trichocarpa* 的基因组和基因型（Slavov 等，2012）。他们报道了广泛存在的连锁不平衡（比先前小规模研究的预期大了许多），表明在未驯化树种间进行全基因组关联分析是可行的。

第四个植物：葡萄藤

葡萄藤是高度杂合的，等位基因间存在多达 13% 的序列差异。法国-意大利葡萄基因组鉴定公共协会（French-Italian Public Consortium for Grapevine Genome Characterization）（Jaillon 等，2007）从培养黑比诺 Pinot Noir 开始，逐渐培育出高度纯合的葡萄品种，然后确定了其基因组序列（图 19.15）。为了方便拼接过程，使用近交品种是必要的。预测有约 30000 个编码蛋白质的基因，比杨树的基因少，尽管两个物种的基因组大小相似。基因在拟南芥和水稻基因组中均匀分布，而在酿酒葡萄和杨树中存在基因丰富及基因缺少的区域，在基因缺少的区域，转座元件（如 SINE）占据补充了这些位置。

V. vinifera 基因组的一个显著特征是它编码的萜烯合成蛋白是其他被测序植物的两倍多。自然界中有上万种萜烯类物质，它们一般含有 2~4 个异戊二烯单位，大多气味浓郁。

对于单倍体葡萄基因组的分析表明，大部分基因组区域具有两个不同的旁系同源区域，因此形成了同源的三联体，这表明现有的基因组来自于三个祖先基因组（Jaillon 等，2007）。也许发生了三个连续的全基因组倍增或者一个六倍化事件。为了解决这个问题，他们比较了葡萄、杨树（它的近亲）、拟南芥（更远亲的双子叶植物）和水稻（单子叶植物，最远亲）的基因。葡萄与两个杨树的片段比对，与杨树最近一次全基因组倍增（见前文）相符合。此外，葡萄的同源三联体与杨树的不同片段对比对在一起，这表明在葡萄和杨树的共同祖先中，古老的六倍体起源已经存在。

大型和微小的植物基因组

植物基因组在大小方面的差异很大。一个极端的例子是衣笠草（*Paris japonica*），这是一种白色的小花，基因组为 150Gb（比人类大 50 倍；Pellicer 等，2010）。特别是被子植物，也表现出很高的倍性。尽管大多植物是二倍体或三倍体，更大倍数的基因组也是有的（Bennett 和 Leitch，2011；框 19.3）。

就基因组大小而言，已测序得到的最大的基因组是火炬松（*Picea glauca*）的基因组（Neale 等，2014；Wegrzyn 等，2014）。这个针叶树的基因组有 23564Mb（约 23.6Gb），我们需要使用新的方法对其基因组序列进行拼接（Birol 等，2013）。面包小麦（*Triticum aestivum*）的六倍体基因组也有 17Gb 那么大。其基因组被 Brenchley 等（2012）进行了测序和拼接。

在另一个极端的例子中，被子植物的一个食虫植物家族的基因组可以小到 63Mb（Greilhuber 等，2006）。Ibarra-Laclette 等（2013）报道了一种该类植物，丝叶狸藻（*Utricularia gibba*），它的基因组只有 82Mb。其具有典型的基因数量（$n=28500$），但基因间隔区减少了。

上百种陆生植物基因组

随着上百种植物的基因组被测序，每一个都为了解作物生产、基因组进化、疾病易感性以及植物生物学的其他诸多方面提供了便捷的途径。你可以在 NCBI Genome 中浏览到这些。最近测序的基因组包括：豆科植物 *Glycine max*（大豆；Schmutz 等，2010）和苜蓿（Young 等，2011；豆科植物基因组综述参见 Young 和 Bharti，2012），林地草莓（Shulaev 等，2011），四倍体马铃薯 *Solanum tuberosum* L.［土豆基因组测序委员会（Potato Genome Sequencing Consortium）等，2011］，玉米（Schnable 等，2009）和番茄［番茄基因组协会（Tomato Genome Consortium），2012］。

苔藓

苔藓类植物涵盖了苔藓、角苔类和苔类，它们在大约 4.5 亿年前与有胚植物（陆生植物）分开（与鱼和人类谱系分开的时间相近）。Rensing 等（2008）测序了苔藓植物小立碗藓 *Physcomitrella patens* 的基因组。通过与水生植物基因组的比较，他们提出植物从水生到陆生的过程涉及以下几点：①与水生环境相关的基因的丢失，例如涉及鞭毛功能的基因的丢失；②介导转运的动力蛋白的丢失（如上所属，衣藻和动物共有动力蛋白）；③涉及信号功能的基因的获得，例如编码生长素的基因在许多衣藻和 *O. tauri* 基因组中缺失；④适应干旱、辐射和极端温度条件的能力；⑤转运能力的获得；以及⑥基因家族复杂性的获得，表现为藻类和其他植物基因组中较大基因数量。

19.6 后生动物底层附近的黏菌与子实体

当我们观察图 19.1 真核生物进化树的上半部分时，我们看到有三大分支：粘菌虫类、后生动物（动物）和真菌（第 18 章）。我们对后生动物，即动物比较熟悉，它包括线虫、昆虫、鱼类和哺乳动物。黏菌虫类形成了一个姐妹分支。黏液菌盘状细胞黏菌（*Dictyostelium discoideum*）是一种社会性的阿米巴虫，作为后生动物的一个外群引起了研究者极大的兴趣。

群居黏菌盘状细胞黏菌 *Dictyostelium discoideum*

生物学家因为网炳菌属（*Dictyostelium*）不寻常的生命周期对其进行了研究。在正常情况下它是在土壤中占据一席之地的单细胞生物。在饥饿条件下，它会释放环磷酸腺苷（cAMP），促进大量变形虫的聚集。这导致具有一些多细胞真核生物特性的生物体形成了：它分化成多种细胞类型，对热和光产生反应，并经历了发育的过程。

网炳菌属（*Dictyostelium*）的基因组有 34Mb，位于六条染色体上（图 19.17），由 Eichinger 等（2005）测序

苔类基因组（The Moss Genome）网址为 http://www.cosmoss.org（链接19.40）。关于小立碗藓 *P. patens* 的一个联合基因组计划（Joint Genomes Initiative）的网址是 http://genome.jgi-psf.org/Phypal_1/Phypal_1.home.html（链接19.41）。

关于网炳菌属（*Dictyostelium*）信息的一个主要网站是 http://www.dictybase.org/（链接19.42）。也请参见 http://amoebadb.org/amoeba/（链接 19.43；Aurrecoechea 等,2011）。这种真核生物的社会性的多细胞生活方式令我们想起变形菌黄色黏球菌（*Myxococcus xanthus*）也有类似的行为（第 17 章）。

在某些野生型植株中，2号染色体存在一个反向的 1.51Mb 的倍增区域。

谱系：真核生物域，黏菌虫类，网星目，网柄菌属，盘状细胞黏菌AX4（群居阿米巴虫，黏菌）

	单倍体基因组大小	GC含量	染色体数目	基因数目	NCBI基因组编号
盘基网柄菌	34 Mb	22.4%	6	约12500	201

相关疾病：盘状细胞黏菌具有数百个人类疾病基因的直系同源物，可以揭示这些基因进化的原理
基因组特征：GC含量特别低，影响基因组的许多特征

图 19.17 黏液菌盘状细胞黏菌 *D. discoideium* 与后生动物密切相关，如图 19.1。此摘要包括来自 NHGRI 的照片（http://www.genome.gov/1751-6871）

（来源：National Human Genome Research Institute 和 Jonatha Gott 博士）

得到。除了六条染色体（和 55kb 的标准线粒体基因组）之外，还存在一个 88kb 的回文结构的染色体外因子，其在每个细胞核中约有 100 个拷贝并且包含核糖体 RNA 基因。

由于其基因组的 AT 含量达到了 78%——与恶性疟原虫（*P. falciparum*）相似——而且其基因组包含许多重复 DNA 序列，再加上大规模插入的细菌克隆是不稳定的，因此采用全基因组的鸟枪法对其进行研究。其基因组相当紧凑：基因密度很高（有约 12500 个基因，每 2.6kb 就有一个基因，占基因组总大小的 62%），有相对很少的内含子（每个基因有 1.2 个），内含子和基因间区都很短。内含子的 AT 含量高达 87%，而外显子的 AT 含量为 72%。这种组成成分上的差异可能会揭示内含子剪切的一种机制（Glockner 等，2002）。其基因组 AT 含量丰富的一个表现为密码子 NNT 或者 NNA 相较于同义密码子 NNG 或者 NNC 被优先使用。由前两个位置为 A 或 T 且第三个位置是任一核苷酸的密码子所编码的氨基酸（天冬酰胺、赖氨酸、异亮氨酸、酪氨酸和苯丙氨酸）在网柄菌属（*Dictyostelium*）的蛋白质中所占比例比人类的蛋白质多得多。

其基因组的一个不寻常的特点是，基因组的 11% 由简单重复序列（第 8 章）组成，比其他任何已测序的基因组都多。重复单元存在 3～6 个碱基对的偏差。非编码的简单重复序列和其同聚物片段的 AT 含量为 99.2%。

19.7 后生动物

后生动物介绍

2002 年诺贝尔生理医学奖被授予三名研究人员 Sydney Brenner, H. Robert Horvitz, and John E. Sulston，他们在利用 C. elegans 作为模式生物的研究中做出了突出贡献。详见 http://www.nobelprize.org/nobel_prizes/medicine/laureates/2002/（链接 19.45）。

后生动物包含了很多我们熟悉的动物，尤其是两侧对称的动物（图 19.18）。两侧对称动物被进一步分为两个主要的组别。①原口动物，包括蜕皮动物 Ecdysozoa（节肢动物和线虫），以及冠轮动物 Lophotrochozoa（环节动物和软体动物）。我们将研究基因组被首次测序的一些原口动物，如昆虫类的果蝇（*D. melanogaster*）、冈比亚按蚊（*A. gambiae*），以及线虫类的秀丽隐杆线虫（*C. elegans*）。②后口动物形成了一个超分枝，由棘皮动物门［例如海胆类的紫海胆（*Strongylocentrotus purpuratus*）］、半索动物门（例如囊舌虫）以及脊索动物门（包括无脊椎动物中的头索动物和尾索动物，以及脊椎动物）组成。这三类后口动物起源于大约 5.5 亿年前的一个共同祖先，那正是寒武纪大爆发的时间。我们将讨论后口动物中较为原始的成员（海胆类的紫海胆 *S. purpuratus*）以及脊索动物中较为原始的成员（尾索动物海鞘类的玻璃海鞘 *Ciona intestinalis*），同时我们也会探索脊椎动物诸如鱼、小鼠和黑猩猩的基因组。

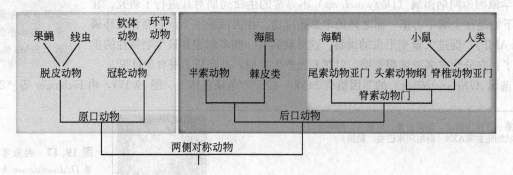

图 19.18 两侧对称动物的系统发生关系，这种动物具有两侧对称的身体器官。原口动物包括节肢动物或昆虫，如果蝇（*Drosophila melanogaster*），线虫如秀丽隐杆线虫（*Caenorhabditis elegans*），以及软体动物和环节动物。后口动物包括半索动物门 Hemichordata 和棘皮动物门 Echinodermata（包括海胆 *Strongylocentrotus purpuratus*）以及脊索动物。脊索动物被进一步分为包括脊椎动物在内的三个类群
［该图来源于海胆基因组测序委员会（Sea Urchin Genome Sequencing Consortium）等（2006）并被重新绘制，经允可使用］

图 19.18 的系统发育生树与图 19.1 和图 19.12 一致，但是该树的不同处在于把线虫放在了外群的位置。有关两侧对称动物的系统发生讨论参见 Lartillot 和 Philippe（2008）。关于其他的分类系统参见 Cavalier-Smith（1998）和 Margulis 和 Schwartz（1998）。Karl Leuckart（1822-1898）首次将后生动物分为六个门。有关描述后生动物（动物）界总门和门的表格，见在线文档 19.1：http：//www.bioinfbook.org/chapter19。有关描述两侧对称动物门的表格，包括体腔动物（具有体腔的动物），无体腔动物（缺少体腔的动物，如扁形虫）以及假体腔动物（如蛔虫 C.elegans），见在线文档 19.2。

在我们试着了解人类基因组，并尝试从基因组角度回答什么使得我们成为一个独特的物种这样的问题时，其中一种解释认为相对大量的基因使我们拥有复杂且高级的生物特征。现在已经很明确这种说法是不正确的；我们的基因数量与真核域的其他物种的基因数量相当。另一种解释是，人类以及大部分的脊椎动物拥有大量独特的基因，这些基因在无脊椎动物中是不存在的。这种说法在一定程度上正确，但是也受到了质疑。随着后生动物基因组逐渐被测序，我们发现了脊椎动物中有许多与其他相对低等的动物相近的遗传特征（从昆虫到无脊椎动物海胆，再到简单的脊索动物海鞘）。

> 时间树 Time Tree 参见 http://www.timetree.org（链接 19.44）。

下一部分的标题的开头是"9 亿年前"，指的是人类谱系的最近共祖出现的大致时间；本章的剩余部分我们将继续追溯与人类相关的每个物种。人类与每个物种的最近共祖出现时间来源于时间树计划（Time Tree project）的原始文献（Hedges 等，2006）。

Thomas Hunt Morgan 因其对染色体在遗传中作用的发现而获得 1933 年的诺贝尔奖。详见 http://www.nobelprize.org/nobel_prizes/medicine/laureates/1933/（链接 19.48）。1995 年，Edward B. Lewis，Christiane Nüsslein-Volhard，和 Eric F. Wieschaus 因其在早期胚胎发育的遗传调控中的发现而共同获得诺贝尔奖。这些研究均与果蝇的发育相关（http://www.nobelprize.org/nobel_prizes/medicine/laureates/1995/，链接 19.49）。目前已研究了 100 万种节肢动物，但是据估计节肢动物有 300 万～3000 万的种类（Blaxter，2003）。

9 亿年前：简单的动物秀丽隐杆线虫 *Caenorhabditis elegans*

秀丽隐杆线虫是一种在土壤中自由生活的线虫。它作为模式生物有以下几点原因：体型小（长约 1mm）、易繁殖（生命周期为 3 天），具有被充分研究且稳定的细胞系并适合进行多种遗传操作的特点。此外，它还具备许多更高等的后口动物如脊椎动物的生理特征，比如高等中枢神经系统。许多线虫属于寄生生物，对秀丽隐杆线虫的生物学了解将有助于我们治疗多种人类疾病。

> 一只成年的雌雄同体线虫由 959 个细胞组成，其中中枢神经系统有 302 个细胞。大约有 300 种寄生虫会感染人类（Cox，2002）。尽管我们已经研究了 20000 种线虫，然而线虫的种类数被认为有 100 万种（Blaxter，1998，2003）。

研究秀丽隐杆线虫的另一个优点是，其基因组相对较小，只有约 100Mb（图 19.19）。该基因组是动物中首次被测序的多细胞生物基因组（*C.elegans* Sequencing Consortium，1998）。基因组测序基于五条常染色体和单条 X 染色体的物理图谱。GC 含量正常，为 36%。我们预测其有 19099 个蛋白质编码基因，基因组中有 27% 为外显子（目前 Ensembl 上显示有 20400 个）。

秀丽隐杆线虫的蛋白质组被预测包含了大量的七次跨膜域受体（7TM），均属于化学感应器家族和视网膜色素家族的成员。这种现象进一步阐释了新的蛋白质功能来源于基因倍增的机理（Sonnhammer 和 Durbin，1997）。值得注意的是也有许多线虫的蛋白质在非后口动物（植物和真菌）中并不存在。

> WormBase 网址为 http://www.wormbase.org（链接 19.46）。

秀丽隐杆线虫相关信息的主要网络资源是 WormBase，这是一个综合性数据库（Harris 等，2014）。WormBase 以包含多种数据为特征，这些数据包括基因组序列数据、遗传标记和遗传图谱数据、基因表达数据以及文献资源。

在秀丽隐杆线虫之后双桅隐杆线虫（*Caenorhabditis briggsae*）的基因组也被测序（Stein 等，2003；综述见 Gupta 和 Sternberg，2003）。值得注意的是，尽管这些物种均在一亿年前形成，但我们用肉眼不能将它们区别开来。每个基因组大小约 100Mb 并编码数量相当的基因。土壤线虫测序的完成使得秀丽隐杆线虫基因组的注

> Million Mutation Project 网址见 http://genome.sfu.ca/mmp/（链接 19.47）。

属，种：马来丝虫，
　　　　线虫，
　　　　秀丽隐杆线虫

选择谱系：真核生物域，后生动物亚界，线虫
动物门，色矛纲，旋尾目，丝虫目，盘尾科，
布鲁线虫属，马来丝虫

谱系：真核生物域，后生动物亚界，线虫动物们，
色矛纲，小杆目，小杆总科，小杆线虫科，小杆
线虫亚科，隐杆线虫属，双椭隐杆线虫

真核生物域，后生动物亚界，线虫动物门，色矛纲，小杆目，小杆总科，小杆线虫科，
小杆线虫亚科，隐杆线虫属，秀丽隐杆线虫

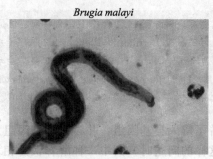
Brugia malayi

	单倍体基因组大小	GC含量	染色体数目	基因数目	NCBI基因组编号
马来丝虫	90~95 Mb	30.5%	6	11508	10729
双椭隐杆线虫	约104 Mb	37.4%	6	19500	10731
秀丽隐杆线虫	100 Mb	35.4%	6	18808	13758

分歧日期：线虫与节肢动物在8亿~10亿年前分歧。秀丽隐杆线虫与双椭隐杆线虫在8000万约
1.1亿年前分歧
疾病相关：马来丝虫是感染1.2亿人的淋巴丝虫病的病原体
关键网站：http://www.wormbase.org

图 19.19 蛔虫基因组概览。经 Giemsa 染色的马来丝虫幼丝虫前端的厚血涂片图像
［来自 CDC（http://phil.cdc.gov/phil/home.Asp；Mae Melvin 提供内容）］

释更加完整，同时也促使我们发现了秀丽隐杆线虫中约 1300 个新基因。这些基因组拥有广泛的共线性。

马来丝虫（*Brugia malayi*）是第一个基因组被测序的寄生线虫（Ghedin 等，2007）。这种寄生虫会导致淋巴丝虫病，这是一种死亡率较低但会导致人体虚弱的慢性疾病。马来丝虫的基因组所包含的基因比秀丽隐杆线虫少（约 11500 和约 18500），主要是由于秀丽隐杆线虫发生了特异性的谱系扩增。丝虫病亟需药物进行治疗，为此 Ghedin 等找到了多个基因产物，可用作治疗性干预的潜在靶点。例如，马来丝虫缺少嘌呤从头生物合成、亚铁血红素生物合成，以及核黄素从头合成所需要的大部分酶，所以很可能从其宿主或内共生体沃尔巴克氏体（*Wolbachia*）中获得这些化合物。能够干预这些合成通路的药物就可以作为潜在的靶标。

几十个线虫的基因组现已完成测序，UCSC Genome Browser 目前包括 6 个线虫的基因组信息（*C. elegans*、*C. briggsae*、*C. brenneri*、*C. japonica*、*C. remanei*、*Pristionchus pacificus*）。这些线虫以及人类蛋白质保守的注释信息均在网站上列出。Million Mutation Project 列出了超过 2000 个突变株，在约 20000 个基因中超过 180000 个非同义突变。

九亿年前：黑腹果蝇 *Drosophila melanogaster*（第一个被测序的昆虫基因组）

就物种的数量而言，节肢动物可能是这个星球上真核生物中最为成功的一类生物。节肢动物包括了螯肢动物亚门 Chelicerates——例如蝎子、蜘蛛和螨虫；有颚亚门 Mandibulata，这是一类具有改良的附肢（上颌）的动物，例如昆虫（表 19.2；图 19.20）。尽管昆虫被发现的最早的化石记录是在 3.5 亿年前，但它们的谱系被认为早在 9 亿年前就已经出现。

表 19.2 节肢动物（节肢动物门）在 NCBI 上的分类（http://www.ncbi.nlm.nih.gov/taxonomy/）。节肢动物是无脊椎的原口动物（见图 19.18）。泛甲壳动物被进一步分为两个总纲：甲壳总纲 Crustacea（甲壳动物）和六足总纲 Hexapoda（昆虫）。昆虫纲包括黑腹果蝇和冈比亚按蚊

亚门	纲	亚门	纲
螯肢动物亚门	蛛形纲（螨，虱，蜘蛛）	有颚亚门	多足纲（蜈蚣）
	肢口纲（鲎）		泛甲壳纲（甲壳动物，昆虫）
	海蜘蛛纲（海蜘蛛）		

来源：NCBI 分类浏览器，NCBI。

一个世纪以来，黑腹果蝇（*D. melanogaster*）在生物学领域一直是非常重要的模式生物（Rubin 和 Lewis，2000）。果蝇作为遗传学中理想的研究对象，具有世代短（两周）、表型多样（从眼睛颜色的变化到行为、发育或者形态的变化），具有较大的多线染色体、显微镜下容易观察的优点。

对果蝇基因组的测序很大程度上是基于全基因组乌枪测序策略（Adams 等，2000）。在此之前，全基因组乌枪法只应用在非常小的基因组上；因此这次成功测序标志着一个重要的突破。180Mb 的基因组由一条 X 染色体（1 号染色体）、两条主要的常染色体（2 号和 3 号）、一条非常小的常染色体（4 号，长度大约为 1Mb）以及一条 Y 染色体构成。基因组中大约三分之一为异染色质（主要包括转座元件，rRNA 基因的串联排列和简单的重复序列）。异染色质在着丝粒的周围和 Y 染色体长度方向均有分布。异染色质与常染色质的过渡区域包含了许多之前未知的蛋白质编码基因。

对果蝇基因组的测序由多个实验室合作完成，包括 Celera 基因组，伯克利果蝇基因组计划（BDGP；http://www.fruity.org，链接 19.50），以及欧洲果蝇基因组计划（EDGP）（Adams 等，2000）。

有 24 个果蝇相关的基因组被测序（图 19.20）。在黑腹果蝇（*D. melanogaster*）和拟暗果蝇（*D. pseudoobscura*）的测序工作完成之后（Richards 等，2005），一个

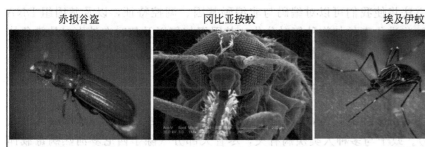

赤拟谷盗　　　　　　　冈比亚按蚊　　　　　　埃及伊蚊

选择的谱系：真核生物域，后生动物亚界，节肢动物门，六足亚门，昆虫纲，有翅亚纲，新翅目，内生翅类，双翅目，长角亚目，蚊总科，蚊科，按蚊亚科，按蚊，冈比亚按蚊str.PEST（非洲疟疾蚊）

真核生物域，后生动物亚界，节肢动物门，六足亚门，昆虫纲，有翅亚纲，新翅目，内生翅类，双翅目，短角亚目，家蝇下目，水蝇总科，果蝇科，果蝇属，黑腹果蝇（果蝇）

真核生物域，后生动物亚界，节肢动物门，六足亚门，昆虫纲，有翅亚纲，新翅目，内生翅类，鞘翅目，多食亚目，扁虫下目，拟步甲科，拟谷盗属，赤拟谷盗（赤拟谷盗）

	单倍体基因组大小	GC含量	染色体数目	基因数目	NCBI基因组编号
冈比亚按蚊	278 Mb	44%	3	13683	1438
西洋蜂DH4	262 Mb	33%	16	15314	10625
家蚕（蚕）	481 Mb	39%	28	18510	12259, 13125
黑脉金斑蝶（蝴蝶）	273 Mb	32%	29~30	16866	11702
蚤状蚤（水蚤）	197 Mb	41%	12	30613	288
嗜凤梨果蝇	217 Mb	42%	4	22551	12651
果蝇	135 Mb	42%	4	16880	12661, 12662
果蝇	231 Mb	38%	4	16901	12678, 12679
黑腹果蝇	200 Mb	42%	4	13733	13812
果蝇	130 Mb	40%	4	17738	12682, 12685
果蝇	193 Mb	45%	4	23029	12705, 12708
拟暗果蝇	193 Mb	45%	5	17328	10626
果蝇	171 Mb	42%	4	21332	12711, 12712
果蝇	162 Mb	41%	4	17049	12464
拟果蝇	364 Mb	40%	4	17679	12688
果蝇	222 Mb	37%	4	20211	12664
果蝇	190 Mb	42%	4	18816	12366
小菜蛾（蛾）	393 Mb	38%	31	18071	11570
赤拟谷盗	210 Mb	38%	10	10132	12540

选择的分化日期：昆虫与人类在9亿年前发生分化，膜翅目（如蜜蜂意大利蜜蜂）在3亿年前与鳞翅目（如蚕*B.mori*）和双翅目发生分化。蚕和果蝇在2.8亿~3.5亿年前分开
疾病相关：蚊子是包括登革热和黄热病在内的许多疾病的载体
特定生物的网页资源：http://www.ybase.org; http://www.anobase.org.

图 19.20　昆虫基因组概览。蚊子（*Aedes*）的照片以及冈比亚按蚊（*Anopheles gambiae*）的电子扫描显微照片
[来自 CDC 图库（http://phil.cdc.gov/phil/details.asp）由 CDC/Paul I. Howell，MPH 和 Frank Hadley Collins 提供。*Tribolium* 的照片来自 NHGRI（http://www.genome.gov/17516871）]

250 名研究者组成的团队对十多个基因组进行了测序（*Drosophila* 12 Genomes Consortium，2007）。其中，7 个基因组的测序具有较高的覆盖深度[（8.4～11.0）×]，其他的基因组只有中等或低覆盖度。测序的果蝇包括几个关系较近的物种（例如 *D. yakuba* 和 *D. erecta*，或者 *D. pseudoobscura* 和 *D. persimilis*），以及一些亲缘关系较远的物种（例如 *D. grimshawi*，夏威夷独有的物种）。基因组在 12 个物种中的大小变化小于三倍，基因含量从约 14000 到约 17000 不等。基于蛋白质编码基因的对比注释，Stark 等（2007）识别出将近 1200 个新的蛋白质编码外显子，导致黑腹果蝇中有 10% 的蛋白质编码基因注释被修正。

大量关于基因组的测序结果使得我们对于进化的许多领域有了更深层次的了解，包括基因组重排、转座元件的获得，以及蛋白质进化。多数基因在它们大部分位点上受到了进化约束，因此非同义突变与同义突变的比值 ω（d_N/d_S）比较低。在黑腹果蝇的所有蛋白质中，大部分（77%）蛋白在所有的 12 个物种中较为保守。非编码 RNA 基因的数量也非常保守，从约 600 到约 900 不等。

对多个果蝇的基因组的测序和分析（关于真菌基因组详见 18 章）代表了真核生物比较基因组学极其重要且具有前沿性的成就。这样的方法将使我们可以对编码与非编码基因、调控特征，以及基因组 DNA 的功能区域进行更加明确的分类。一些进化事件如物种何时分化，基因组如何以及何时在外力（从染色体改变到转座元件的水平转移）下形成，都可以通过这些技术使得我们对之理解得更为清晰。

九亿年前：冈比亚按蚊 Anopheles gambiae（第二个昆虫基因组）

冈比亚按蚊（*A. gambiae*）是知名的疟疾载体，携带原生动物恶性疟原虫 *P. falciparum*（以及 *P. vivax*、*P. malariae* 和 *P. ovale*）。蚊子与多种人类疾病有关，尽管大部分（除了西尼罗河热病毒载体 West Nile vector）只出现在热带地区（表 19.3）。

Holt 等（2002）报道了利用全基因组测序法测得的一例冈比亚按蚊的基因组序列。该基因组长 278Mb，包括一条 X 染色体（1 号染色体）和两条常染色体（2 号和 3 号）。该基因组测序过程中面临的挑战是基因组的高度遗传变异性，主要表现在"单核苷酸差异"上。因此，其存在丰度大致相等的两个单倍型的嵌合基因组结构。相反，黑腹果蝇 *D. melanogaster* 和小鼠 *M. musculus* 的基因组相对纯合。

表 19.3 蚊子引起的人类疾病。西尼罗河热病毒病的数据是 2012 年在美国发生的疾病数据（疾病预防控制中心，http://www.cdc.gov）。摘自 Budiansky（2002）和 Holt 等（2002）

疾病	蚊子种类	病例数
疟疾	*Anopheles gambiae*	5 亿
登革热	*Aedes aegypti*	每年 5 千万
淋巴丝虫病	*Culex quinquefasciatus*, *Anopheles gambiae*	1.2 亿
黄热病	*Aedes aegypti*	每年 20 万
西尼罗河热病毒病	*Culex tarsalis*, *Culex pipiens*, 其他	每年 5600

我们在第 10 章描述了果蝇的唐氏综合征细胞粘连分子（DSCAM），这个基因通过可变剪接可以潜在编码多达 38000 个不同的蛋白质（NP_523649.5）。冈比亚按蚊 *A. gambiae* 的直系同源基因似乎也共享了大量可变剪接的潜力（Zdobnov 等，2002）。详见 GenBank 蛋白质索引编号 XP_309810.4。

之后黄热蚊 *Aedes aegypti* 和南方库蚊 *Culex quinquefasciatus*（西尼罗河病毒的一种载体）基因组序列的草图也被绘制出来（Arensburger 等，2010；见 Severson 和 Behura 的综述，2012）。另外一些按蚊 *Anopheles* 谱系也被测序（例如 Marinotti 等，2013）。

冈比亚按蚊的基因组是果蝇基因组大小的两倍。差异主要在 DNA 间隔区，同时相对于按蚊，果蝇似乎正在经历基因组缩减的过程（Holt 等，2002）。冈比亚按蚊和黑腹果蝇在约 2.5 亿年前发生分化（Zdobonv 等，2002）。它们的基因组中几乎一半的基因同源，氨基酸序列平均相似度为 56%。相比之下，现代人类与河豚的谱系在 4.5 亿年前发生分化，但是这两个物种的蛋白质序列相似度（61%）竟然比较高。因此，昆虫蛋白质的分化速率高于脊椎动物的蛋白质。一个值得研究的问题是了解按蚊选择性摄取人血的能力并找到治疗靶点。为此，对节肢动物特异性以及按蚊特异性基因的识别显得非常重要 (Zdobnov 等，2002)。

严格来说，另一个关于严格意义上的冈比亚按蚊的有趣现象是其现在仍处在物种形成的阶段，该阶段包括两种分子形式 (M 和 S) 的分化。它们从形态学上不可区分，共同栖息在西非和中非地区。Lawniczak 等 (2010) 对二者的基因组都进行了测序，观察到了整个基因组上的固定差异 (包括但不仅仅是着丝粒区域，着丝粒区域也叫作"物种形成岛")。

AnoBase 是按蚊物种的主要资源网站 (Topalis 等，2005；http://anobase.vectorbase.org，链接 19.51)。VectorBase 包括 *A. aegypti* 和 *C. quinquefasciatus* 的资源 (https://www.vectorbase.org/，链接 19.52)。Ensemble 基因组浏览器有关蚊子的网址为 http://www.ensembl.org/Anopheles_gambiae/ (链接 19.53)。

9 亿年前：桑蚕和蝴蝶

家养桑蚕 *Bombyx mori* 的茧是丝纤维的来源。Xia 等 (2004) 对其基因组进行了测序，其基因组序列为 429Mb，是果蝇基因组的 3.6 倍，是蚊子基因组的 1.5 倍；较大的基因组主要是因为有着更多的基因 (18510，而黑腹果蝇是约 13700) 以及基因本身也较大。转座元件也是基因组的一部分，占到基因组的 21%。在这部分中，有一半的转座元件是在 500 万年前作为单个 *gypsy-Ty3-like* 反转录转座子的插入而出现的。对家养桑蚕基因组的分析有助于我们解释丝腺 (一种特化的唾液腺) 的功能，尽管桑蚕没有飞行能力也没有艳丽的翅色，其基因组中却存在翅膀发育与图案形成的同源基因。

一种叫做 *Plutella xylostella* 的小菜蛾是破坏力很强的害虫，其对粮食作物的破坏使得每年损失高达 40 亿～50 亿美元。You 等 (2013) 研究了小菜蛾的基因组并与 11 个其他的昆虫基因组进行了比较。*Bombyx mori* 与之相对较近 (在 1.25 亿年前有最近共祖)。他们认为植食性昆虫与它们的单子叶和双子叶植物宿主在约 3 亿年前共同进化。

一些蝴蝶的基因组也完成了测序，包括 273Mb 大小的迁徙帝王蝶黑斑金脉蝶 (*Danaus plexippus*) 的基因组 (Zhan 等，2011)。每到秋天，数百万只帝王蝶向南飞行数千英里到达墨西哥中部，直到下一个春天它们开始繁殖，飞回北方，将卵产在乳草植物上。我们使用基因组分析对这种非凡的生活方式进行了解释，例如小 RNA 在夏季的选择性表达以及昼夜节律时钟都对于迁徙至关重要。

蝴蝶中紧密相关的性状会在物种中发生转移，袖蝶属基因组委员会 (*Heliconius* Genome Consortium) 于 2012 年对一系列蝴蝶种群的研究后发现了这个现象，被研究的蝴蝶中的各个属都在发生快速扩散。他们对红带袖蝶 (*Heliconius melpomene*) 的基因组进行了测序并注意到物种间保护性颜色图案的基因普遍发生着交换现象。

九亿年前：蜜蜂

西洋蜂 (*Apis mellifera*) 由于其高度的社会行为引起了人们的研究兴趣。蜂巢中由一只蜂后和她的工蜂们组成，这些工蜂在蜂巢内完成着诸如护理及蜂巢维护工作，在蜂巢外完成着诸如觅食及防御的工作。蜂后的寿命是工蜂十倍，每天可以产至多 2000 枚卵。工蜂的大脑虽然只有 100 万个神经元，却可以指导其进行高度复杂的行为。最终所有这些已分化的表型均来自最基本的单个基因组的指导。蜜蜂基因组测序委员会 (Honeybee Genome Sequencing Consortium，2006) 对西洋蜂进行了测序。其具有 15 条近端着丝粒染色体以及一条大的中央着丝粒染色体 1 号，就像人的 2 号染色体一样 (第 20 章；Fan 等，2002)，中央着丝粒染色体被认为是两条近端着丝粒染色体融合的结果。相较于其他昆虫的基因组，蜜蜂基因组的 GC 含量较低，所预测的蛋白质编码基因也较少。

Elsik 等 (2014) 报道了一份反复修正后的蜜蜂基因组拼接与注释结果，结果显示有约 15300 个基因，而不是最初估计的约 10100 个。这为基因组拼接与注释所存在的挑战提供了一个很好的研究案例，并且告诉我们需要在这些领域对许多基因组做出相应的努力 (见第 15 章)。

九亿年前：大量的昆虫基因组

NCBI 基因组数据库现在列出了将近 100 个完整的昆虫基因组，而且还有很多测序计划正在进行中。i5K Initiative 计划用于对 5000 种节肢动物进行测序分析 (i5K 委员会 i5K Consortium，2013)。下面列出众多知名的测序计划：

• 对来自博物馆收藏的植物、真菌以及昆虫的标本进行测序。Staats 等（2013）讨论了这种方法的可能性与挑战。

• 对切叶蚁及红农蚁物种的基因组进行测序（Nygaard 等，2011；Smith 等，2011）。Bonasio 等（2010）比较了两种不同社会行为的蚂蚁种类，即印度跳蚁（*Harpegnathos saltator*）（蚁后和工蚁具有有限的二态性）和佛罗里达弓背蚁（*Camponotus floridanus*）（蚁后与工蚁间具有极其明显的二态性）。

• Werren 等（2010）对寄生蜂进行了测序（丽蝇蛹集金小蜂 *Nasonia vitripennis*、金小蜂 *N. giraulti* 和 *N. longicornis*）。

• J. B. S Haldane 曾说过造物主"对甲虫具有特别的喜爱"，因为其物种数量众多。被测序的基因组包括山松甲虫（*Dendroctonus ponderosae*）（Keeling 等，2013）和赤拟谷盗（*Tribolium castaneum*）（赤拟谷盗基因组测序委员会 Tribolium Genome Sequencing Consortium 等，2008）。

• 蚤状溞（*Daphnia pulex*）是一种常见的水蚤，是生活在浅水池塘中的甲壳动物（因此是一种非昆虫节肢动物）。Colburne 等（2011）对其 197Mb 的基因组进行了测序，包括超过 30000 个基因，更有估计高达 34000 个。如此大量的基因数量可能反映了其有性生殖或自我复制进行无性繁殖的能力。

8.4 亿年前：通向脊索动物之路上的海胆

关于如何通过观察一棵系统发生树来解释不同物种间的相关性的一个简短有用的概述参见 Baum 等（2005）。

在我们从后生动物中的原口动物（包括昆虫、线虫、软体动物，以及环节动物）介绍到后口动物（图 19.18）时，我们首次开始介绍姊妹门半索动物与棘皮动物。紫色球海胆（*Strongylocentrotus purpuratus*）是一种棘皮动物，在细胞生物学（包括胚胎学和基因调控）和进化研究中被作为一种模式生物。海胆作为脊索动物的外群。这种生物是一种海洋无脊椎动物，成熟个体身体平面呈放射状（见图 19.21 的照片），也没有明显的大脑结构，尽管其具有神经元和大脑功能。一个海胆个体的寿命可超过一个世纪。令人惊讶的是这种生物由于它们具有完整的大脑和复杂的行为而比线虫或果蝇更接近于人类。

海胆基因组数据库可从 http://spbase.org（链接 19.54）获得；也可见 Cameron 等（2009）。

	玻璃海鞘	紫色球海胆
	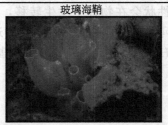	

属，种：
玻璃海鞘（海鞘）
萨氏海鞘（太平洋透明海鞘）
异体住囊虫（尾索动物亚门）
紫色球海胆（紫海胆）

选择的谱系：真核生物域，后生动物亚界，脊索动物门，尾索动物亚门，海鞘纲，肠生殖腺目，扁鳃亚目，海鞘科，海鞘，玻璃海鞘

真核生物域，后生动物亚界，棘皮动物门，游在亚门，海胆亚门，海胆纲，真海胆亚纲，海胆亚目，球海胆目，球海胆科，球海胆属，紫色球海胆

	单倍体基因组大小	GC含量	染色体数目	基因数目	NCBI基因组编号
Ciona intestinalis	~160 Mb	35%	14	15,852	49
Oikopleura dioica	72 Mb	40%	4	~17,212	368
S. purpuratus	814 Mb	37%	~40	23,300	10736

关键日期：在8亿年前海鞘与人类分歧
基因组特征：海鞘的平均基因密度是每7.5Kb一个基因，果蝇是每9Kb一个基因，人类是每100Kb一个基因。一些玻璃海鞘和海胆的基因组特征在原口动物与脊椎动物间起中间媒介作用（果蝇属每个基因有5个外显子，海鞘有6.8个，人类有8.8个）
网站：Sea Urchin Genome Project (http://sugp.caltech.edu/resources/annotation.php)

图 19.21 简单的（无脊椎）后口动物基因组概况
[紫海胆照片来自 NCBI 基因组网站（来自 Andy Cameron）]

拼接好的紫色球海胆（*S. purpuratus*）的基因组大小为 814Mb（见海胆基因组测序委员会 Sea Urchin Genome Sequencing Consortium，2006）。尽管连锁与细胞遗传学图谱还未获得，我们估计其染色体数量有约 40 条。在基因组测序中有几个突出的技术问题（综述见 Sodergren 等，2006）。一个问题是海胆基因组具有极高的杂合度，不同个体间的单拷贝 DNA 的核苷酸差异可以达到 4%～5%（这包括了 SNP 和插入/缺失，与之比较人的杂合度仅有约 0.5%）。对单个雄性海胆的测序表明两个单倍型间具有极高的杂合度，这使得区分是测序错误还是单倍型多态性或片段化倍增区域具有一定的挑战性。解决该问题的一个方法是对约 150000 bp 的细菌人工染色体（BAC）克隆进行测序，每个 BAC 对应一个单倍型。基于最小镶嵌路径方法将 BAC 覆盖基因组，并以较低的覆盖度（2×）测序。我们可以将这种方法作为深度全基因组鸟枪法拼接的补充。这种结合方法从大鼠基因组测序中被引用，并逐渐成为基因组测序中的常见策略。

海胆基因组测序委员会（2006）预测 *S. purpuratus* 中约有 23300 个基因。一些 InterPro 和 Pfam 结构域（第 12 章）在基因组中相对于小鼠、果蝇、线虫和海鞘来说尤其多。最引人注目的是三个受体蛋白质家族，其功能与自身免疫应答相关（toll 样受体、NACHT 和富亮氨酸的重复序列蛋白，以及清道夫受体富半胱氨酸结构域蛋白）。这些基因中的每一个都有超过 200 份拷贝，而其他的一些动物，从人到果蝇以及线虫一般只有 0～20 个拷贝。另一个令人惊讶的发现是其基因组中除了与感光有关的基因，管足上还有超过 600 个基因编码 G 蛋白耦联的化学感受器。

8 亿年前：通向脊椎动物之路上的玻璃海鞘 *Ciona intestinalis*

脊椎动物包括鱼类，两栖动物，爬行动物，鸟类以及哺乳动物。所有的这些生物都有分节的脊柱。脊椎动物是从哪里起源的呢？脊椎动物是脊索动物（体内有一条脊索的动物）的一支（图 19.18）。玻璃海鞘（*C. intestinalis*）是一种尾索动物（也叫被囊类动物），属于脊索动物亚门，而不是脊椎动物。海鞘 *Ciona* 是一种雌雄同体的非脊椎动物，它给我们提供了一个观察非脊椎动物到脊椎动物转变过程的视角（Holland，2002）。

Dehal 等（2002）用全基因组鸟枪法获得玻璃海鞘的基因组序列草图。其基因组大小为 160Mb，大约是一般真菌基因组的 12 倍，但是仅为人基因组的 1/20。海鞘的 14 条染色体上有 15852 个预测基因，大部分预测基因均有表达序列标签数据的支持。

海鞘的基因组数据使我们可以将原口动物和其他的后口动物进行比较，结果支持其进化位置与祖先脊索动物相关的说法（Dehal 等，2002）。将近 60% 的海鞘基因具有原口动物同源基因；据推测这些基因代表的是古老的两侧对称基因。海鞘还有几百个基因是非脊椎动物的同源基因，而不是脊椎动物的，例如氧载体血蓝蛋白。这些比较研究随着对另一些相关的尾索动物萨氏海鞘（*Ciona savignyi*）和异体住囊虫（*Oikopleura dioica*）的基因组测序完成而进一步深入。异体住囊虫 *O. dioca* 的基因组是脊索动物中最小的基因组之一（大约 72Mb；Seo 等，2001；Denoeud 等，2010），而且是一种引人注目的实验生物，因为它的生命周期为两到四天，易于培养保存，同时雌性比较多产。萨氏海鞘 *C savignyi*，一种海鞘，具有高度的杂合度，基因组上的杂合度不尽相同。Eric Lander 及其同事（Vinson 等，2005）介绍了一种从二倍体基因组中进行基因组序列拼接的算法。该方法对两个单倍型分开拼接，因此测序时需要两倍于其他全基因组测序方法的测序深度。其结果在序列质量和连接度上得到实质性提高。这种方法将在更多远缘基因组被测序时起到越来越大的作用。

刺胞动物门是两侧对称动物的一支外群，在约 6 亿～7.5 亿年前发生分化。成员包括海葵、水螅、珊瑚和水母。CnidBase 对不同的刺胞动物的基因组及其他信息进行了整理（http://cnidbase.bu.edu，链接 19.55）。也可见 Ryan 和 Finnerty(2003)。

Broad 研究所提供了 Ciona savignyi 数据库，网址为 http://www.broadinstitute.org/annotation/ciona/（链接 19.58）。

美国能源部联合基因组研究所负责运营 *C. intestinalis* 基因组主页（http://genome.jgi-psf.org/Cioin2/Cioin2.home.html，链接 19.56）。基因组的 GenBank 索引编号为 AABS00000000.1，并且你可以通过真核细胞项目的 NCBI 基因组页面找到玻璃海鞘的 BLAST 在线工具。Ghost 数据库是一个包含 BLAST 工具与基因表达数据的玻璃海鞘 EST 项目，网址为 http://ghost.zool.kyotou.ac.jp/cgi-bin/gb2/gbrowse/kh/（链接 19.57）。

2570 个玻璃海鞘基因（大约占总数的 1/6）具有脊椎动物直系同源基因，却没有原口动物的同源基因；这些基因是在后口动物谱系分化成为脊椎动物，头索动物和尾索动物之前出现的（如 Ciona）。有 3399 个海鞘基因（大约占总数的 1/5）既没有脊椎动物同源基因也没有非脊椎动物同源基因，因此可能是在尾索动物谱系分化之后开始进化的被囊类动物特有基因。

海鞘含有各种基因，它们在一些生物过程如细胞死亡（程序性细胞死亡）、甲状腺功能、神经功能和肌肉活动中发挥重要作用。这给我们用比较基因组学研究脊索动物中重要的基础基因提供了一个机会。例如，神经通过从突触前神经末梢释放含有神经递质乙酰胆碱的突触小泡与肌肉联系。神经递质在突触（细胞间隙）中扩散，然后结合到突触后神经末梢的受体上。海鞘具有在神经传递中行使功能的蛋白质的编码基因，包括合成乙酰胆碱的转移酶，将神经递质转运至突触小泡的乙酰胆碱转运酶，突触小泡蛋白和神经递质受体。相似的基因在海胆中也存在，如突触后乙酰胆碱受体聚集蛋白。

4.5 亿年前：脊椎动物鱼的基因组

硬骨鱼（或辐鳍鱼，Actinopterygii）是脊椎动物中最大的一个类群，有约 24000 个已知物种（超过脊椎动物总数目的一半）。辐鳍鱼起源于约 4.5 亿年前的肉鳍鱼（Sarcopyery-gii）。二者的关系在图 19.22（a）的系统发生树中展现。硬骨鱼在图 19.22（b）中进一步展现，包括四个首次测序的鱼类基因组：河豚红鳍东方鲀（Takifugu rubripes）、青斑河豚（Tetraodon nigroviridis）、青鳉（Oryzias latipes）和斑马鱼（Danio rerio）。几十种鱼类的基因组已被测序，所选择的谱系与基因组特征见图 19.23。

第二个脊椎动物基因组测序计划（人类基因组测序计划之后）的对象是日本河豚（T.rubripes），部分原因是其基因组相当紧凑。这种硬骨鱼基因组大小为 365Mb，约是人基因组大小的九分之一（Aparicio 等，2002）。然而，东方鲀（Takifugu）和人基因组所预测的蛋白编码基因的数量大致相当。

东方鲀（Takifugu）基因组相对紧凑的原因大致有如下几点（Aparicio 等，2002）：

- 基于 RepeatMasker 的分析，东方鲀的基因组中只有 2.7％由间隔重复片段组成。这与人的基因组中有 45％为间隔重复片段的特点形成对比（第 20 章）。尽管如此，真核生物转座元件的每种已知类型在东方鲀的基因组中仍然都能找到。东方鲀基因组中最常见的重复片段是 LINE-类似元件 Maui（6400 个拷贝），然而人的基因组中最为常见的重复片段 Alu 有 100 万份拷贝。
- 内含子相对较短。东方鲀中 75％的内含子其长度小于 425bp，而人中 75％的内含子长度小于 2609bp。在东方鲀中，有大约 500 个内含子长度超过 10kb，而人中超过 10kb 的内含子有 12000 个。
- 基因座占总常染色质 DNA（320Mb）中的 108Mb。这大约是基因组的三分之一，相对于小鼠或人具有相当高的含量。

在东方鲀的基因组完成测序之后，Jaillon 等（2004）报道了对另一种河豚[青斑河豚（Tetraodon nigroviridis）]的基因组序列进行测序。这就使得东方鲀与人之间的比较分析成为可能（最终预测出约 900 个新的人基因）。基因组分析的一个主要关注点是硬骨鱼是一种经历了历史久远的全基因组倍增事件后的物种。这是根据其基因组存在大规模的基因缺失推测的，与真菌中所描述的独立的全基因组倍增事件相似（第 18 章）。Jaillon 等进一步推断祖先脊椎动物的基因组有 12 条染色体。

研究祖先核型的组成是一个新兴的领域。Yuji Kohara 及其同事（Kasahara 等，2007）绘制了青鳉的序列草图（综述见 Takeda 和 Shimada，2010）。在将四种已知鱼的基因组与人的基因组进行比较时，他们提出了一种基因组进化模型，认为鱼/人的祖先有 13 条染色体。祖先核型还有一些其他的模型。然而，一致的观点是，在硬骨鱼谱系发生了几次全基因组的倍增事件（例如 Van de Peer，2004；Christoffels 等，2004；Postlethwait，2007）。一旦基因组内部或基因组之间（例如鱼和人之间）的倍增基因被识别出，倍增事件的发生时间可以通过系统发生树（例如邻接树，假设一个恒定的分子钟）估算出来。东方鲀中大约三分之一的倍增基因似乎来源于发生在约 3.2 亿年前的一次全基因组倍增事件，该结论由 Ohno（1970）得出。大约有 1000 对复制基因（旁系同源）在青斑河豚和东方鲀中被识别出，并且基于 K_s 频率，75% 的复制基因来源于古老的倍增事件并发生在青斑河豚和东方鲀谱系分化事件之前。另外两次全基因组倍增事件的发生时间更早（无鄂和有鄂脊椎动物的分化时间，约 5 亿年前）以及更近一些的 5000 万年前的鲑科谱系（综述见 Postlehwait，2007）。

其他测序的鱼类基因组如下：

- 斑马鱼一直是研究脊椎动物基因功能的一种关键生物。Howe 等（2013）报道了最新的参考基因组序列。
- 腔棘鱼是一种存在于化石记录中的肉鳍鱼类，被认为在 7000 万年前灭绝；因此当人们于 1938 年发现一只存活的腔棘鱼样本时非常惊讶。Amemiya 等（2013）报道了非洲腔棘鱼西印度洋矛尾鱼（*Latimeria chalumnae*）的基因组。这条鱼同肺鱼一样，是与四足动物最相近的现存鱼类，因此可以观察陆地动物的早期进化过程。
- 太平洋蓝鳍金枪鱼（*Thunnus orientalis*）是一种肉食性鱼类，依靠色觉感知它的猎物。Nakamura 等（2013）对其基因组进行了测序并识别出视觉色素（视蛋白）基因上具有选择性的突变。
- 人和其他哺乳动物中，性染色体在雌性中为 XX，雄性中为 XY。在鱼类和鸟类中，雄性为 ZZ，雌性为 ZW（也就是说，雌性是异形配子）。对 Y 染色体进行测序具有极大的挑战性（见第 20 章）。Chen 等（2014）选择了比目鱼（半滑舌鳎，*Cynoglossus semilaevis*）进行基因组测序。这是因为比目鱼 W 染色体在所有的鱼类中进化时间上距今较近，比鸟类中发现的 W 染色体退化程度低一些。他们发现重组抑制驱动了性染色体的进化。鲽鱼的 W 染色体缺失了其原始蛋白编码基因含量的 2/3，类似于哺乳动物中 Y 染色体的基因丢失过程。
- 姥鲨（米氏叶吻银鲛，*Callorhinchus milii*）的基因组经过浅度测序（Venkatesh 等，2007），表示其属于一种软骨鱼，可以作为硬骨鱼的一个外群 [图 19.22 (a)]。

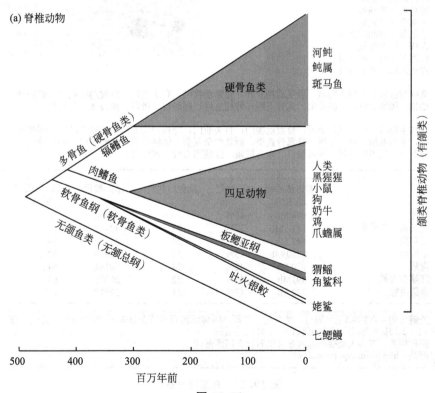

图 19.22

访问 Zfin，一个主要的斑马鱼网络资源的网址是 http://zfin.org/（链接 19.60）。

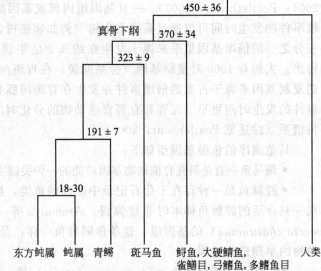

(b) 硬骨鱼类

450 ± 36

真骨下纲 370 ± 34

323 ± 9

191 ± 7

18-30

东方鲀属　鲀属　青鳉　斑马鱼　鲟鱼，大硬鳍鱼，雀鳝目，弓鳍鱼，多鳍鱼目　　人类

图 19.22　（a）脊椎动物的系统发生树。纵轴表示每种类群现存物种的数量并给出代表物种名称。肉鳍鱼总纲（鳞翅鱼）包括腔棘鱼、肺鱼、四足动物（两栖类、鸟类、爬行类、哺乳类）；四足动物更为精细的系统发生树在下面的图 19.24 和图 19.26 中展示。X 轴表示基于化石记录的分化时间，与通过分子序列分析估算的结果有些出入。来自于 Venkatesh 等（2007）的重新绘制。经过 Creative Commons Attribution License 2.5 许可。（b）硬骨鱼的系统发生树展示了首次完成测序的四种鱼类基因组的关系
[摘自 Kasahara 等（2007），经 Macmillan Publishers 许可]

属，种（常用名）
叶吻银鲛（姥鲨）
斑马鱼（斑马鱼）
三刺鱼（三刺鱼）
矛尾鱼（非洲腔棘鱼）
青鳉（日本青鳉）
红鳍东方鲀（河豚鱼）
青斑河豚（淡水河豚）

斑马鱼

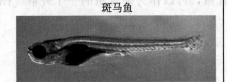

选择的谱系：真核生物域，后生动物亚界，脊索动物门，有头亚门，脊椎动物亚门，真硬骨动物，辐鳍鱼纲，新鳍亚纲，真骨下纲，骨鳔总目，鲤形目，鲤科，鱼丹属，斑马鱼

真核生物域，后生动物亚界，脊索动物门，有头亚门，脊椎动物亚门，真硬骨动物，辐鳍鱼纲，新鳍亚纲，真骨下纲，真真骨鱼类，新真骨鱼亚群，辐鳍鱼纲，棘鳍总目，鲈形总目，鲀形目，四齿鲀总科，四齿鲀科，东方鲀属，红鳍东方鲀（河豚鱼）

	单倍体基因组大小	GC含量	染色体数目	基因数目	NCBI基因组编号
姥鲨	974 Mb	42%	—	33094	689
斑马鱼（斑马鱼）	1412 Mb	37%	25	42422	50
三刺鱼	447 Mb	45%	24	20787	146
矛尾鱼	2860 Mb	43%	24	22979	3262
青鳉	870 Mb	42%	24	20141	542
红鳍东方鲀	391Mb	46%	22	20796	63
青斑河豚	342 Mb	47%	21	27918	191

关键日期：在约4.5亿年前与人类分化。青斑河豚与红鳍东方鲀在1800万~3000万年前分化。在3.25亿年前斑马鱼与河豚有一个共同的祖先
疾病相关：许多人类疾病基因在鱼类有直系同源基因
网站：http://zfin.org/（zebrafish）

图 19.23　鱼基因组概览
[*D. rerio* 图像来自 NHGRI 和 Shawn Burgess（http://www.genome.gov/17516871）]

3.5 亿年前：青蛙

两栖类在约 3.5 亿年前从其他脊椎动物中分化出来（图 19.24）。非洲爪蟾（*Xenopus laevis*）很久之前便被当作模式生物，尤其用在胚胎学研究中。然而因为其基因组是四倍体，所以选择二倍体的热带爪蛙（*Xenopus tropicalis*）进行测序。其基因组据估计有 18 条染色体，共 3.1Gb。Hellsten 等（2010）绘制了它的序列草图，注释了约 20000 个基因。

3.2 亿年前：爬行动物（鸟类，蛇类，龟类，鳄类）

羊膜动物是一些生活在陆地上的脊椎动物，包括哺乳动物、鸟类，以及蜥蜴。其中一些（例如鲸类）已经返回到了海中生活。这个庞大的群体在 3.2 亿年前分成了现代的哺乳动物和爬行动物两个大支。被测序的第一个爬行动物的基因组有助于我们深入了解鸟类、鳄鱼和短吻鳄、龟类、蜥蜴，以及蛇类。图 19.24 展示了爬行动物与哺乳动物关系的系统发生树。

首个被表征的动物是一只鸟。当鸡的基因组被国际鸡基因组测序委员会［International Chicken Genome Sequencing Consortium（2004）］测序后，其为人的基因组提供了独特的视角，因为鸡的基因组远比鱼更接近人，但是没有啮齿类（约 9000 万年前分化）那么近。因此这就为找到高度保守功能元件提供了极佳的进化距离（第 8 章）。该基因组有 1200Mb，由 38 条常染色体和一对性染色体组成（ZW 是异形配子的雌性，ZZ 是雄性；染色体 W 非常小）。因此其染色体组型为 $2n=78$。常染色体包括许多微型染色体，特别是具有较高的 GC 含量、较高的基因含量，以及非常高的重组率（中位值为 6.4cM/Mb；相比较而言，人和小鼠的基因组在 1～2cM/Mb 和 0.5～1.0cM/Mb 的范围）。

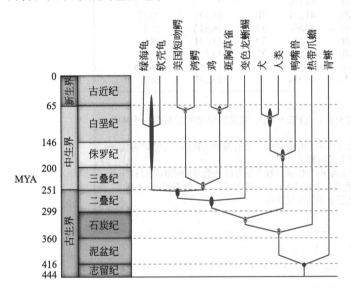

图 19.24　爬行动物和其他脊椎动物的系统发生关系。图中的系统发生树用 1113 个单拷贝蛋白编码基因密码子的前两位构建。树的拓扑结构得到 100% 自展值（bootstrap values）支持（大部分分枝；图中未显示）。节点处的紫色椭圆表示分化时间的后验概率分布的 95% 置信区间。红色圆圈（带黄色轮廓）指的是化石校正时间

［摘自 Wang 等（2013）并重绘。经 Macmilan Publishers 许可］

鸡的基因组小于人的基因组有三个原因。因为其具有相对较少的重复元件。以转座元件形式呈现的散在重复序列逐渐衰退。在过去的 5000 万年没有证据表明存在具有活性的短散在重复序列（short interspersed line elements，SINEs），相对地，它们在人类基因组中仍然具有活性。蛋白编码基因家族的扩增与缩减均在发生；例如，一种禽类特异的角蛋白家族与爪子、鳞片和羽毛的发生相关。一个令人惊讶的扩增现象是：一个包含 218 个基因的家族被预测编码嗅觉受体，并且是两个人类基因（OR5U1 和 OR5BF1）的直系同源基因。

> 基因组已被测序的红原鸡是家养鸡的祖先。

其他鸟类基因组已经被表征，包括鸭（*Anas platyrhynchos*；Huang 等，2013）；家养火鸡（*Meleagris gallopavo*；Dalloul 等，2010）和斑胸草雀（*Taeniopygia guttata*；Warren 等，2010）（图 19.25）。The Assemblathon 2（一种装配策略的评估方法；Chapter 9）特征化了鸟类虎皮鹦鹉、鱼类斑马宫丽鱼和蛇类红尾蚺（Bradnam 等，2013）。

龟类种系在大约 2.5 亿年前的三叠纪开始时期从鸟类/鳄鱼种群中分离开（图 19.24）。西部彩龟基因组表现出很慢的进化速率（*Chrysemys picta*；Shaffer 等，2013）。它在大约 1.5 亿～2 亿年前失去了形成牙

齿的能力（鸟类在大约8000万到1亿年前失去了这个能力），而且和牙齿形成关联的基因成为了假基因。基因组分析可能会帮助分析乌龟令人吃惊的长寿和低温与低氧耐受性。Wang等（2013）测了两种不同龟类的基因组，确认了龟类相对于蜥蜴和蛇类，和鸟类与鳄鱼关系更近。

鸟类的姊妹群鳄鱼，包括了三大主要种群（短吻鳄科、鳄科和长吻鳄科）的23个种属。Wan等（2013）检测了扬子鳄的基因组，注释了22000个基因。这些短吻鳄可以一次潜水约12分钟（有报道达1～2h），或者在交配或杀死猎物时进行更短、更有活力的潜水。Wan等（2013）确定了四个鳄鱼特异性血红蛋白基因（一个α亚基HBA1和β亚基HBB2、β亚基HBB4和β亚基HBB5）。这些基因中的一些序列突变成一种促进氧气结合的形式，可能帮助这些生物屏住呼吸。

谱系：真核生物；后生动物；脊索动物；有头动物；脊椎动物；硬骨脊椎动物；祖龙；恐龙；蜥蜴目；兽脚亚目；腔棘鱼；鸟纲；新颚目；鸡形目；雉科；雉亚科；鸡形目；鸡形；鸡形（红丛林鸡）

真核生物；后生动物；脊索动物；有头动物；脊椎动物；硬骨脊椎动物；肉翅目；双齿形目；四足目；羊膜目；蜥脚目；蜥蜴目；龟甲目+大龙目；龟甲目；

隐甲目；鳖总科；鳖科；中华鳖（*Pelodiscus sinensis*）
真核生物；有头动物；肉翅目；双齿龙形目；四足目；羊膜目；蜥脚目；蜥蜴目；龟甲目+大龙目；主龙目；鳄脚目；短吻鳄科；短吻鳄科；短吻鳄科

	单倍体基因组大小	GC含量	染色体数目	基因数目	NCBI基因组ID
扬子鳄（中国短吻鳄）	2271 Mb	44.6%			
绿头鸭（绿头鸭）	1105 Mb	41.2%	10	16,376	2793
变色龙（绿变色蜥）	1799 Mb	40.8%	13	16,822	708
原鸡（鸡）	1047 Mb	41.9%	39	21,211	111
普通火鸡（火鸡）	1063 Mb	41.6%	32	13,282	112
中华鳖（龟）	2202 Mb	44.5%	-	21,252	14578
斑胸草雀（斑胸草雀）	1232 Mb	41.3%	32	15,287	367

关键日期：在约3.2亿年前，鸡与人类发生分化。在约2.5年前，龟最后与鸟/鳄类拥有一个共同的祖先
疾病相关：鸡是研究胚胎发育、病毒感染（第一个肿瘤病毒，劳斯肉瘤病和第一个致癌基因*src*都是在鸡内鉴定的）的有脊椎的重要非哺乳模式生物
基因组特征：鸡基因组比其他哺乳动物基因组小三倍并且散在重复序列含量的比例相对较小。大约70Mb的序列与人类可比对。哺乳动物表现出XY型性别决定，而鸟类表现出ZW型；非禽类爬行动物表现出XY、ZW或温度依赖的性别决定
关键网站：http://aviangenomes.org/

图19.25 爬虫类基因组概述
[图片来自于NHGRI（国家基因组研究所）and Bill Payne（http://www.genome.gov/17516871]

1.8亿年前：鸭嘴兽和负鼠基因组

哺乳动物有三个主要的类群：①真兽亚纲（有胎盘的哺乳动物，如人）；②后兽亚纲（有袋类哺乳动物）如负鼠、考拉以及袋鼠；③原兽亚纲如鸭嘴兽（图19.26，也可见图19.24）。让我们来看一下不太常见的鸭嘴兽和负鼠的基因组草图（总结见图19.27）。

鸭嘴兽（*Ornithorhynchus anatinus*）具有介于哺乳动物和爬行动物之间的特征：雄性具有类似于爬行动物的毒液，雌性像哺乳动物一样分泌乳汁却像爬行动物一样产卵。雄性鸭嘴兽有5条X染色体和5条Y染色体（精子具有5X5Y），多条性染色体与鸟类的Z染色体具有有限的同源性；性染色体的剂量补偿机制以及性别决定机制至今尚未弄清。Warren等人（2008）绘制了鸭嘴兽的基因组序列草图。其基因组中具有正常数量的蛋白编码基因和非编码基因，以及小核仁RNA（snoRNAs）的扩增。微卫星的含量与爬行动物相当，而散在重复序列是典型的哺乳动物。总GC含量（45.7%）远高于大部分哺乳动物基因组中所观察到的含量（约41%）。

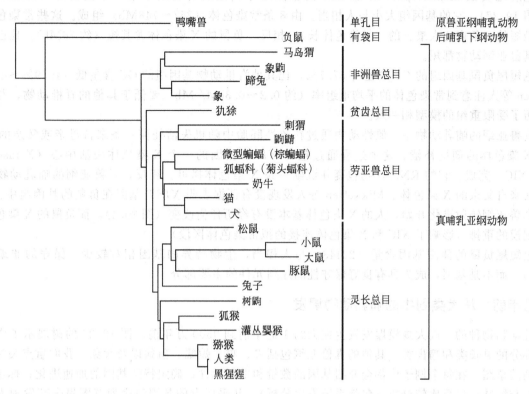

图 19.26　描绘哺乳动物基因组的系统发生树。树中许多生物的基因组已经被测序。值得注意的是大鼠和小鼠谱系的枝长相对于包含人在内的分枝中的其他成员（灵长总目）来说长很多，反映了较快的进化速率

[数据来自 http://www. nisc. nih. gov/data/和 Margulies 等（2015）]

谱系：真核生物域，后鞭毛动物，后生动物亚界，真后生动物，两侧对称动物，后口动物总门，脊索动物门，有头动物，脊椎动物亚门，有颌下门，真口鱼类，肉鳍鱼类，肺鱼四足下纲，四足动物总纲，羊膜动物，哺乳动物纲，原兽亚纲，单孔目，鸭嘴兽科，鸭嘴兽（鸭嘴兽）

真核动物，后生动物，脊索动物，有头动物，脊椎动物门，真硬骨动物，哺乳类，后兽亚纲，负鼠目，负鼠科，短尾负鼠属，灰短尾负鼠（灰色短尾负鼠）

鸭嘴兽　　　　　　灰色短尾负鼠

	单倍体 基因组大小	GC含量	染色体 数目	基因数目	NCBI基因组 编号
灰色短尾负鼠	3600 Mb	37.7%	9	18-20,000	220
鸭嘴兽	1996 Mb	45.7%	52	19,365	110

选择的分化日期：在约1.8亿年前，鸭嘴兽与人类发生分化，然而有袋目在约1.6亿年前发生分化
基因组特征：负鼠的常染色体是极其大的（最小的是257Mb，比人1号染色体更大）
疾病相关：灰色短尾负鼠可以作为放射诱导的恶性黑色素瘤的模型。新生负鼠恢复完全横断的脊髓的能力是独一无二的。
生物特定网络资源：http://www.broad.mit.edu/mammals/opossum

图 19.27　有袋类动物短尾负鼠（*Monodelphis domestica*）基因组概览

[照片来自 NHGRI（http://www. genome. gov/17516871）]

灰色短尾负鼠 *Monodelphis domestica* 的基因组序列是后兽亚纲中第一个测得的（Mikkelsen 等，2007；图 19.27）。它的基因组大小与人相当，由 8 条常染色体（257～748Mb）组成。这些常染色体非常巨大（最短的一条也比人最长的一号染色体长）。相反，负鼠的 X 染色体尤其短（约 76Mb），比已知的任何一种真兽亚纲动物都短。

灰色短尾负鼠基因组的 GC 含量为 37.7%，比其他脊椎动物基因组的 GC 含量低（40.9%～41.8%）。Mikkelsen 等人注意到常染色体的平均重组率（约 0.2～0.3cM/ Mb）要低于其他的脊椎动物，与负鼠基因组经历了受限重组的模型相一致。

在真兽亚纲的哺乳动物中，雌性动物通过在雌性胚胎中随机失活任何一条来自母亲或父亲的 X 染色体实现 X 染色体的剂量补偿。这个过程通过包含 *XIST* 基因的一个 X 染色体失活中心（X inactivation center，XIC）完成。它的 RNA 产物包裹并沉默一条 X 染色体拷贝。相反，后兽亚纲的哺乳动物例如负鼠会失活来自父亲的 X 染色体。Mikkelsen 等人发现没有证据表明 *XIST* 基因在负鼠的基因组中。自从 1 亿年前真兽亚纲辐射进化开始，人的 X 染色体基本没有经历任何改变（图 20.4），而负鼠的 X 染色体却发生了大规模的重排（影响了 XIC 和 X 染色体连接的拟常染色体区段）。

灰色短尾负鼠的预测基因含量（22443）与人相当，生物特异的基因相对较少。保守的非编码元件（第 8 章），而不是基因，成为具有良好保守性的序列元件的主要部分。

1 亿年前：从犬类到牛的哺乳动物爆发

哺乳动物物种的一次大规模爆发发生在大约 1 亿年前到 9500 万年前。图 19.26 的树展示了作为灵长总目一部分的灵长类和啮齿类。其他的真兽亚纲包括犬、猫、蝙蝠、犰狳以及大象。我们重点关注几个基因组序列的草图。在每个例子中都会介绍基因的数量和重复元件；确定特殊基因的加速进化；标注基因家族的扩增与缩减；进行比较分析（包括系统发生分析）。几乎所有的基因组序列草图报告都发现大部分基因在人中有相似的基因；人们通常用 CEGMA（第 15 章）的核心真核基因方法确认注释是否完全。我们对图 19.28 的发现进行总结：

真核生物域，后鞭毛生物，后生动物亚界，真后生动物，两侧对称动物，后口动物，脊索动物门，脊椎动物门，脊椎动物亚门，有颌下门，真口鱼类，真硬骨动物，肉鳍鱼类，肺鱼四足下纲，四组动物总纲，羊膜动物，哺乳动物纲，兽亚纲，真兽亚纲，劳亚兽总目，食肉目，犬形亚目，犬科，犬属，家犬（犬）

真核生物域，后鞭毛生物，后生动物亚界，真后生动物，两侧对称动物，后口动物，脊索动物门，脊椎动物门，脊椎动物亚门，有颌下门，真口鱼类，真硬骨动物，肉鳍鱼类，肺鱼四足下纲，四组动物总纲，羊膜动物，哺乳动物纲，兽亚纲，真兽亚纲，劳亚兽总目，鲸偶蹄目，反刍亚目，有角下目，牛科，羊亚科，山羊（山羊）

	单倍体 基因组大小	GC含量	染色体 数目	基因数目	NCBI基因组 编号
原牛（牛）	2670 Mb	41.9%	31	32,607	82
家犬（犬）	2500 Mb	41%	39	28,995	85
山羊（山羊）	2636 Mb	42.2%	31	25,789	10731
鼠耳蝠（蝙蝠）	2060 Mb	42.7%	--	15,630	14635
狐蝠（蝙蝠）	1986 Mb	39.9%	--	19,677	12056
野猪（猪）	2809 Mb	42.5%	20	35,252	84

选择的分化时间：犬科（犬）包括34个近缘物种，在过去的约1000万年前发生分化。狗与猫在约
　　6000万年前有一个共同的祖先，与马的在约9000万年前
基因组特征：约5.3%的人和狗中含有功能元件，这些功能元件已经被纯化约束。这几乎也都保留
　　在小鼠中
关键网站：Key website: http://www.ensembl.org

图 19.28 犬基因组概览。照片是被测序的拳狮犬的基因组（Tasha）

［照片来自 NHGRI 网站和 Paul Samollow（http://www.genome.gov/17516871）］

• 蝙蝠因其是哺乳动物中唯一保持飞翔能力以及是高致病性病毒的携带者而引人注目。Zhang 等 (2013) 对果蝠 *Pteropus alecto* 和食虫蝙蝠 *Myotis davidii* 进行了测序。

• 在 Craig Venter 及其同事对犬基因组进行了 1.5× 覆盖度的测序之后 (Kirkness 等，2003)，Lind-blad-Toh 等人 (2005) 报道了一个高质量的基因组序列草图。犬类包含了约 400 个现代犬类品种，其中许多由于品种本身原因而导致对于某种疾病具有较高的患病率。选择拳师犬进行测序的原因是这种品种的纯合度相对较高。

• 世界上有＞8.3 亿只山羊，有＞1000 个山羊品种。Dong 等 (2013) 对黑山羊基因组的分析，辅之以来自毛囊的 RNA-seq，揭示了角蛋白基因的一个大家族有助于山羊绒的生产。

• 猪的驯化始于约一万多年前。基因组序列草图的分析（包括对另外 10 种无关野猪的进一步测序）为中更新世亚洲和欧洲谱系的分化提供了证据（160 万～80 万年前）。

• 我们在第 15 章讨论了与基因组拼接和注释相关的挑战，并以 *taurine cattle*（奶牛）为重要例子。牛基因组测序与分析委员会等 (2009) 报道了一份基因组序列草图，其中包括有五个代谢基因相对于人的同源基因发生了删除或分化的证据。PLA2G4C、FAAH2、IDI2、GSTT2 和 TYMP 的改变反映了脂肪酸代谢的适应。

有关多种哺乳动物的基因组测序和构树（图 19.26）的方法的讨论，见链接 19.3。

9000 万年前：小鼠和大鼠

对小鼠基因组的测序和分析代表了生物历史上里程碑式的意义。小鼠是在人之后第二种完成基因组测序的哺乳动物。两个团队，即小鼠基因组测序委员会 (Mouse Genome Sequencing Consortium)［小鼠基因组测序委员会 (Mouse Genome Sequencing Consortium) 等，2002］以及 Cerela 基因组公司 (Celera Genomics) 各自独立对小鼠的基因组进行了测序。随后小鼠基因组测序委员会 (Mouse Genome Sequencing Consortium) 产生了一份高质量的完整组装 (Church 等，2009)。一共定义了 20210 个蛋白质编码基因，连接上 175000 个基因间隔，增加了 139Mb 的新序列，并更正了许多拼接错误。

小鼠是用于了解人类生物学非常合适的模型（图 19.29）：

• 百分之四十的哺乳动物种类为啮齿类动物(Churakov 等,2010)，显示了它们的重要性。

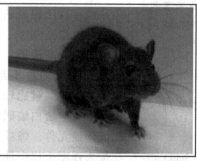

谱系：真核生物域；后生动物亚界；脊索动物门；有头动物亚门；脊椎动物亚门；真硬骨动物；哺乳动物纲；真兽下纲；灵长总目；啮型类；啮齿目；松鼠亚目；鼠总科；鼠科；鼠亚科；小鼠属；小鼠

真核生物域；后生动物亚界；脊索动物门；有头动物亚门；脊椎动物亚门；真硬骨动物；哺乳纲；真兽；灵长总目；啮型类；啮齿目；松鼠亚目；鼠总科；鼠科；鼠亚科；大家鼠属；褐家鼠（见图片）

	单倍体基因组大小	GC含量	染色体数目	基因数目	NCBI基因组编号
小鼠	2600 Mb	42%	20	23,049	13183
褐家鼠	2750 Mb	~42%	21	20,973	10629

选择的分化时间：小鼠和大鼠的最近共祖在1200万~2400万年前。啮齿类谱系与人类在约9000万年前发生分化

疾病相关性：有超过450个近交的小鼠品系，其中许多用来作为疾病模型。小鼠基因的敲除和其他操作可以研究人类疾病。大鼠（像小鼠一样）是许多病原体的宿主，携带超过79种人类疾病

网络资源：小鼠基因组信息学 (Mouse Genome Informatics　http://www.informatics.jax.org/)；大鼠基因组数据库 (http://rgd.mcw.edu/wg/)

图 19.29 啮齿类动物基因组概览

［大鼠的照片来自 NHGRI 网站 (http://www.genome.gov/17516871)］

访问小鼠基因组可通过三个主要的网站：http://www.ensembl.org/Mus_musculus/（链接19.61），http://genome.ucsc.edu/（链接19.62），以及http://www.ncbi.nlm.nih.gov（链接19.63）。2002计划的GenBank索引编号为CAAA01000000.1。

• 值得注意的是，尽管这两种生物在约9000万年前发生分化，小鼠基因组中大部分注释的基因在人基因组中都有直系同源基因。Church等利用简单的1∶1直系同源关系检测到人和小鼠的15187个基因。这些基因的平均核苷酸和氨基酸相似度分别是85.3%和88.2%。

• 除了有上千个同源蛋白质编码基因，小鼠和人基因组中有大量同源的非蛋白质编码DNA序列。这些保守序列为探索基因组或非编码基因的调控区域提供了一定的视角（Hardison等，1997；Dermitzakie等，2002）。

• 小鼠和人共有许多生理特征。小鼠因此为上百种人类疾病提供了重要的模型，这些疾病从传染性疾病到复杂的综合征都有。

• 目前有超过450个小鼠的近交品系，超过1000种小鼠品系带有自发突变。突变可以通过随机诱变方法（如化学诱变或辐射处理）引入小鼠中（第14章）。突变及其他遗传修饰也可以通过直接的方法（如转基因、敲除以及嵌入技术）引入到小鼠中去。

小鼠基因组测序委员会（Mouse Genome Sequencing Consortium）等（2002）描述了小鼠基因组测序工程的11个主要结论：

① 小鼠基因组的常染色质总长是2.5Gb，比人基因组（2.9Gb）小了约14%。与其他我们讨论过的更加紧凑的基因组相比，小鼠（与人基因组类似）的基因组DNA上平均大约每100000bp一个基因。GC含量相似，平均值为42%（小鼠）和41%（人）。小鼠基因组中有15500个CpG岛，大约是人基因组中观测数量的一半（见第20章）。

小鼠测序委员会（小鼠基因组测序委员会等，2002，第526页）定义共线片段为"一系列标志以相同的顺序出现在两个物种单条染色体上的最大区域。"他们在小鼠拼接基因组中找到558000个直系同源和高度保守的标志基因，占总体的7.5%。

② 超过90%的小鼠和人基因组可以被比对回保守共线区域。小鼠和人在约9000万年前发生分化后，染色体DNA在每个物种中被打乱。然而，DNA的大块区域明显一致。为了直观展示这种情况，Ensembl提供了一个人/小鼠保守共线性查看器（例如图20.14）。

③ 大约40%的人基因组可以在核苷酸水平被比对到小鼠的基因组上。这表明大部分同源序列在人和小鼠的基因组中都存在。对于12845对同源基因，70.1%的对应的氨基酸残基是一致的。

④ 每个基因组的中性替代率可以通过将上千个重复DNA元件与推断出的祖先一致序列比较而估计出来。人基因组的每个位点的平均替代率是0.17，小鼠的每个位点是0.34。小鼠的基因组也显示小片段（小于50bp）的插入和缺失的发生率比人高两倍。

2011年12月GRCm38小鼠build包括约16000个CpG岛和41.7%的GC含量。2013年12月人GRCh38 build有30477个CpG岛。

⑤ 哺乳动物基因组中小片段（50～100bp）受到纯化选择的比例约为5%。这个数值是通过比较基因组中的中性速率与序列保守度估计得到的。既然5%大于基因组中蛋白编码基因的比例，不编码基因的基因组区域肯定也受到了选择，比如调控元件。像控制肝特异性和肌肉特异性表达的这类调控区段在小鼠和人中在很大程度上比中性DNA区段更加保守，尽管保守度不如蛋白编码区段。

⑥ 哺乳动物基因组的进化不是一成不变的，其基因组上序列的分化速率在不断发生变化。所有的染色体的中性替代率都有所不同（X染色体的中性替代率最低），较高的替代率与GC含量的极端值有关。

⑦ 小鼠和人基因组分别包含了约30000个蛋白编码基因（注意这些于2002年作出的估计随着不断注释和比较基因组分析受到修订，详情见图19.29的总结）。约80%的小鼠基因在人中可以找到一个确定的同源基因。人的基因中少于1%的基因在小鼠中没有确定的同源基因，在小鼠中也同样。测序结果揭示小鼠基因组中存在9000个之前未知的基因，人类中有1200个新基因。

⑧ 小鼠基因组中发生了几十个局部基因家族的扩增，例如嗅觉受体基因家族。小鼠的该家族大约20%为假基因，暗示了一种基因扩增和基因缺失之间的动态互动过程。脂质运载蛋白也经历了小鼠谱系特异扩增。例如，小鼠的X染色体包含了一类人体中缺失的与气味结合蛋白质相关的基因簇。这种扩增的部分原因可能是灵长类与啮齿类在生殖过程方面生理上存在差异。

⑨ 特殊蛋白质在哺乳动物中具有很快的进化速率。例如，参与免疫应答的基因似乎受到了正选择，从而推动了它们的进化。

⑩ 相似种类的重复 DNA 序列在人和小鼠中都有发现（我们将在第 20 章讨论人类的重复序列）。

⑪公共的研究组织描述了 80000 个单核苷酸多态性（SNPs）。我们在第 8 章介绍了 SNPs，并将在第 20 章进一步讨论。GRCm38 目前列出了超过 800 万个共同的 SNPs。

一个根本的问题是了解不同小鼠品系表型差异的遗传变异。Frazer 等（2007）对 15 个小鼠亚种或品种进行了重测序。这些小鼠里包括了四个野生来源品系（*M. m. musculus*、*M. m. castaneus*、*M. m. domesticus* 和 *M. m. molossinus*）。他们也对 11 个遗传上更加纯种的野生来源品种进行了测序，更加纯种的原因是因为它们已经被培育成纯合子。Frazer 等重新测序了这些基因组中几乎 15 亿碱基对（58%），通过与参考品系 C57BL/6J 进行比较，他们发现了 830 万个 SNPs（发现的假阳性率为 2%，基因型发现的准确度超过 99%，发现的假阴性率经评估为大约一半）。他们发布了一份小鼠基因组的单倍型图谱，定义了祖先断裂点（breakpoints），在这个点上成对的比较指出向（或从）高 SNP 密度的转变。全基因组的 SNP 草图包括超过 40000 个片段，平均长度为 58kb，长度范围在 1kb 到 3Mb。这项工程的重要性在于它描述了这 15 个小鼠品种的遗传基础，每个品种都具有的特征，比如行为或疾病的易感性。C57BL/6J 和 C57BL/6N 小鼠品系表现了显著的表型差异。Simon 等人（2013）报道了可以区分它们的 34 个 SNPs 以及两个插入缺失。

最综合的小鼠资源库是小鼠基因组信息学（Mouse Genome Informatics, MGI）数据库和它的相关站点（见第 14 章；Blake 等，2013）。

大鼠和小鼠的最后一个共有祖先大约出现在 1200 万～2400 万年前。大鼠基因组测序工程委员会（Rat Genome Sequencing Project Consortium）（2004）描述了挪威鼠的高质量基因组序列草图，使得大鼠、小鼠和人基因组之间的比较成为可能。所有的基因组具有相似的大小（26 亿～29 亿个碱基）并编码相似数量的基因（见图 19.29）。仍然有一些性质不同：片段重复在人基因组上占据 5%（第 8 章和第 20 章），但是在大鼠基因组仅占 3%，小鼠的基因组仅占 1%～2%。常染色质大鼠基因组中大约 40%（或约 10 亿个碱基）可以比对到小鼠和人的同源区段上，包含大部分外显子和已知的调控元件。该比对上的序列所占的比例，大约是每个基因组的 5%，受到了选择约束（负选择），而剩下的序列以中性速率进化。另外 30% 的大鼠基因组只与小鼠而非人的基因组可以比对，大部分都是啮齿类特异性的重复区段。

MGI 网址为 http://www.informatics.jax.org（链接 19.64），由 Jackson 实验室运营。MGI 包含多个内容，包括小鼠基因组数据库（MGD），基因表达数据库（GDX），小鼠基因组测序（MGS）计划，以及小鼠肿瘤生物（MTB）数据库。

啮齿类这一谱系的进化速率要快于人的谱系，这可以从啮齿类更长的枝长看出（图 19.26）。啮齿类的中性进化 DNA 的核苷酸替代速率比人高 3 倍，这是基于人和啮齿类最近的共同祖先的重复元件分析得到。

啮齿类被分为三个主要的类群：鼠相关的分支；Ctenohystrica，包括几内亚猪（*Cavia porcellus*）；松鼠分枝（Churakov 等，2010）。你可以在 UCSC Genome and Table Browser 站点查看 7 种啮齿类（大鼠、长鼻袋鼠、裸鼹鼠、几内亚猪、松鼠、兔、鼠兔）的基因组，与小鼠的基因组进行比较。

5000 万～500 万年前：灵长动物的基因组

人类是如何从其他灵长动物进化而来的？人类基因组中什么样的特性决定了我们独有的性状，如语言和高级认知能力？比较几种灵长类动物的基因组将帮助我们理解特有性状的分子基础，或者取决于不同的观点，将告诉我们在遗传水平上我们与类人猿的亲缘关系。

为了对灵长类进行纵观，我们从系统发生分析开始讨论。从图 19.26 中的树我们可以看到灵长类作为啮齿类相关物种的一个旁系群。我们可以通过溶菌酶蛋白质序列构建的系统发生树来关注灵长类动物（图 19.30）。黑猩猩（*Pan troglodytes*）和倭黑猩猩（pygmy chimpanzee, *Pan paniscus*）是与人类亲缘关系最近的两个物种。根据对 36 个核基因的分析，这三个物种从（540±110）万年前的共有祖先发生分化（Stauffer 等，2001）。其次同我们关系最近的是大猩猩，大约在（640±150）万年前（或根据 timetree.org 的 880 万年前）分化。依照分支顺序下一个是红猩猩 *Pongo pygmaeus* ［（1130±130）万年前］

和长臂猿 [（1490±200）万年前]（Stauffer 等，2001）。人科动物从旧大陆的猴类（Old World monkeys）（例如，恒河猴和狒狒）分化而来，狭鼻类动物（Catarrhini）作为它们的共同祖先。这次分化发生在 3000 万～2300 万年前，与现存最早的人科动物化石形成时间相近。而新大陆猴类（New World monkeys）（如绢毛猴）与人的亲缘关系则更远。

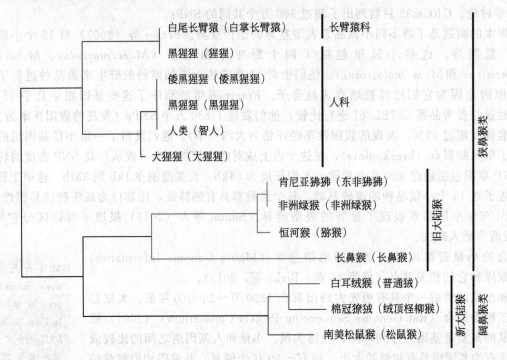

图 19.30 灵长类动物的系统发生关系。基于溶菌酶蛋白序列的灵长动物系统发生邻接树。使用 ClustalW 对序列进行比对，以邻接树形式呈现。索引编号如下：长臂猿（P79180）、红猩猩（P79180）、倭黑猩猩（AAB41214）、黑猩猩（AAB41209）、人（P00695）、大猩猩（P79179）、肯尼亚狒狒（P00696）、非洲绿猴（P00696）、恒河猴（P30201）、长鼻猴（P79811）、狨猴（P79158）、绢毛猴（P79268）和南美松鼠猴（P79294）

（序列见在线文档 19.5：http://www.bioinfbook.org/chapter19）

值得注意的是，利用单个蛋白质序列构建系统发生树，相比于利用多个多位点序列的超矩阵方法或多种方法结合来说过于简单，后者是指将群体中一个基因的所有等位基因归为单个祖先等位基因的方法（Ting 和 Sterner，2013）。尽管如此，图 19.30 的树与其他研究报道的灵长类动物的系统发生树（例如 Perelman 等人 2011 年出色的研究）一致。对灵长类动物基因组特征的概览显示出它们具有相似的大小，GC 含量，以及染色体数量上的一些变异（图 19.31）。

继人类之后，接下来两个被测序的基因组是黑猩猩和恒河猴（图 19.30）。黑猩猩测序与分析委员会（Chimpanzee Sequencing and Analysis Consortium）（2005）描述了人工圈养出生的雄性 Clint 的基因组序列。通过将人的参考序列与黑猩猩个体进行比较，分析重点关注那些可以被发现的相对较少的差异（相反，在比较人基因组和鱼类或鸡时，主要关注可以被检测到的相对较少的相似点，例如超保守区段或编码序列）。最新研究结果表明了来自于二倍体个体的两个单倍型的一致性（任意选择杂合位点上的一个等位位点作为拼接序列）；这种情形与第一个二倍体人个体基因组的序列相似（第 20 章）。

核苷酸分化的平均速率大约是 1.23%，包括 3500 万个被分类的 SNPs（包括额外的 7 只黑猩猩的测序部分得到的约 170 万个高质量的 SNPs）。大部分的这种差异是由随机遗传漂变，而不是正或负选择压力决定。1.23% 的核苷酸分化速率包括人和黑猩猩之间的固有分化（约 1.06%）以及每个物种内的多态性位点。核苷酸替换率的多变性在端粒区域尤其明显。在所有观察到的替代中，CpG 二核苷酸位点最为常见。把染色体分开考虑，人/黑猩猩的分化在 Y 染色体上最多（1.9%，也许在雄性中会反映更高的突变率）而在非常保守的 X 染色体上分化最少（0.94% 的分化）。

婆罗洲猩猩（猩猩）

谱系：真核生物域；后生动物亚界；脊索动物门；脊椎动物门；脊椎动物亚门；真硬骨动物；哺乳动物纲；真兽；灵长总目；灵长类；干鼻猴亚目；狭鼻猿子目；人形科；大猩猩属；大猩猩

普通狨（绒猴）
食蟹猴
白颊长臂猿（长臂猿）
倭黑猩猩（倭黑猩猩）

	单倍体基因组大小	GC含量	染色体数目	基因数目	NCBI Genome ID
普通狨（绒猴）	2915 Mb	41.3%	24	30,292	442
绿猴（青猴）	2790 Mb	40.9%	31	35,027	13136
大猩猩（西部大猩猩）	3036 Mb	41.2%	24	31,334	2156
智人	3209 Mb	41.3%	24	41,507	51 (GRCh38)
食蟹猴	2947 Mb	41.3%	21	35,895	776
恒河猴（猕猴）	3097 Mb	41.5%	21	30,556	215
白颊长臂猿（长臂猿）	2962 Mb	41.4%	26	28,405	480
倭黑猩猩（倭黑猩猩）	2869 Mb	41.2%	24	29,392	10729
黑猩猩（黑猩猩）	3323 Mb	41.9%	25	31,114	202
东非狒狒（东非狒狒）	2948 Mb	41.1%	21	30,956	394
苏门答腊猩猩（苏门答腊猩猩）	3441 Mb	41.6%	24	30,998	325
眼镜猴（非律宾眼镜猴）	3454 Mb	41%	41	—	766

选择的分化时间：恒河猴和人类谱系在约2500万年前发生分化；黑猩猩和人类谱系在约600万年前发生分化，与倭黑猩猩也在相同的时候分化
基因组特征：在比对区域，黑猩猩与人的DNA有约98%的一致性，猕猴与人93.5%的一致性。高置信度的猕猴-人的直系同源物有平均97.5%的一致性
疾病相关：猕猴是广泛使用的人类疾病模型，因为它们与人类发生分化的时间最近（2500万年前，相比之下，啮齿类与人的分化发生在9000万年前）、相似的解剖学、生理学、对人类病原体相关的感染因子的易感性
网络资源：见Enswmbl数据库，http://www.ensembl.org

图 19.31 灵长类动物基因组概览

[红猩猩的照片来自 NHGRI 网站和 Yerkes 国家灵长类研究中心（http://www.genome.gov/17516871）]

尽管替代数量很大（3500万），插入/缺失（indel）事件却显得较少（约500万），但是却跨越了基因组上很大部分（物种特异性常染色质DNA有40～45Mb，总共约90Mb并且对应到人和黑猩猩基因组的约3%的差异）。

人的一套单倍型为23条染色体，相反，黑猩猩比人多一条，反映了所对应的黑猩猩的2a和2b的两条染色体的融合。此外，有九处臂间倒位（第8章）。许多其他特征也被发现；在重复元件当中，SINEs的活性是人的3倍，同时几个新的反转录元件（PtERV1，PtERV2）选择性侵入到黑猩猩的基因组中。大部分的蛋白质编码基因高度保守，其中约29%是一致的。然而，13454对黑猩猩-人的同源基因对中有585对的 K_N/K_S 值大于1，表明了正选择的作用。包括血型糖蛋白C，这是一种调节人的红细胞中恶性疟原虫（*P. falciparum*）入侵通路的蛋白，以及颗粒溶素，其参与防卫如结合分支杆菌的病原体（*Mycobacterium tuberculosis*）（第17章）。

对人和黑猩猩序列的比较并没有找出哪些基因或其他元件进化更快。为了推断导致现今我们可以观察到的序列所发生的谱系特异性变异，重建系统发生树显得非常必要。这就是对第二个非人灵长类动物，恒河猴 *Macaca mulatta* 测序如此重要一个原因。恒河猴是一种旧大陆（Old World）猴类（猴总科，猴科），在约2300万～3000万年前从人/黑猩猩谱系分化出来。与人相比它的DNA平均核苷酸相似度为约93%，相比之下人和黑猩猩的相似度是约99%。恒河猴基因组

血型糖蛋白C索引编号为 NM_002101.4，NP_002092.1（人）和 XM_001135559.3，XP_001135559.1（黑猩猩）。

测序和分析委员会（Rhesus Macaque Genome Sequencing and Analysis Consortium）等（2007）用全基因组鸟枪法进行了基因组测序。他们预测了约20000个基因，其中高置信度的同源序列在DNA和蛋白质层

面与人的序列有 97.5% 的相似度。将恒河猴作为外群，使得分析人和黑猩猩基因组的许多特征成为可能。例如，在发生的 9 次臂间倒位中，7 次被认为属于黑猩猩谱系，2 次属于人类（在染色体 1 号和 18 号上）。

测序委员会详细分析了恒河猴基因组的多个特征，包括 66.7Mb（2.3%）的序列由片段重复组成，同时还存在许多谱系特异的基因家族的扩增和缩减。最后，与本章所描述的其他基因组测序计划一样，这些分析使得我们可以分析这种灵长类动物独特的生物特征背后的细胞过程。

其他的基因组测序计划还有红猩猩（Locke 等，2011），大猩猩（Scally 等，2012），另外两种恒河猴（Yan 等，2011），以及倭黑猩猩（Prüfer 等，2012）。倭黑猩猩和黑猩猩的祖先与人的谱系在约 600 万年前分化出来（倭黑猩猩和黑猩猩在约 200 万年前分化）。Prüfer 等展示超过 3% 的人基因组与任意这两种猿类更为相近，超过了这两种猿类之间的相似程度。Prado-Martinez 等人（2013）对 79 个类人猿基因组进行了测序［来自人类、大猩猩（*Gorilla*）、黑猩猩（*Pan*）和类人猿（*Pongo*）］，报道了约 8900 万的 SNPs，并表征了这些种群中的近亲繁殖和共能丢失变异。所有的这些研究强调了我们与灵长类动物的相关性，以及通过了解遗传多样性来支持保护濒临灭绝物种的必要性。

19.8 展望

生物学的一个广泛目标是理解每种生命的本质：发育、代谢、内稳态、繁殖和行为的机制是什么？测定基因组序列并不能直接回答这些问题。相反，我们必须首先尝试对基因组进行注释，以便估计其包含的内容，然后我们试图在各种各样的生理过程中理解这些部分的功能。

现在所有主要真核生物的代表生物的基因组都已经被测序。这对于真核生物的各个方面都具有深远的影响。对于那些致病性物种，我们希望基因组序列可以帮助我们理解它们毒性的细胞机制，它们逃避宿主免疫系统的机制，以及它们对于药物治疗的药理反应。对于进化研究来说，我们将更深入理解形成基因组进化的动力：突变和选择。对祖先染色体核型的重建是一门新兴的学科。

当全基因组序列被测定的时候，我们了解了非编码和编码 DNA 的特性。真核生物基因组的大部分都被重复 DNA 所占据，包括那些转座子元件。编码蛋白质的基因数目从某些真菌的大约 2000 个到植物和哺乳动物的上万个。在每个物种中许多基因都是旁系同源的，因此对于许多真核生物来说，蛋白质组的核心部分大约是 10000 个基因数量级。在进化中，新的基因通过基因家族的扩增或对编码蛋白质结构域的 DNA 序列重组产生。

完整的基因组序列和拼接使得我们可以窥见每个生物的生物学本质，以及物种之间的系统发生关系、群体研究以及地球上生命的历史。

19.9 常见问题

目前基因组研究的一个迫切需求是继续开发能在基因组中找寻蛋白质编码基因、非编码 RNA、重复序列、基因组内部的倍增区块序列、保守共线性区段等的算法。然后我们将在不同的发育阶段、不同的器官组织和不同的生理状态下描绘基因的功能。通过这些方法，我们可以获得真核生物关于功能、进化和生物学适应等方面的假说并加以检验。这样我们才能够获得关于基因组数据的真正意义。

我们目前处于基因组学领域的最初阶段，许多新的课题不断涌现：

• 基因组序列的草图版本是非常有用的资源，但是当测序完成后，其基因注释将不断得到完善。

• 在基因组 DNA 中从头预测蛋白质编码基因异常困难。使用有关基因表达的补充实验数据非常重要，比如表达序列标签信息。利用比较基因组学比对同源序列已经成为常态。

• 我们仍然对非编码 RNA 分子的本质知之甚少，但是比较基因组学研究已经证实了它们在数亿年的进化中的保守性（例如负鼠和人之间）。

• 真核生物基因组中的大部分都是重复 DNA 元件。

• 比较基因组学在定义每个真核生物基因组的特性时非常有用。

许多描述真核生物、细菌及古菌基因组的文献把从远古共同祖先的同一个基因分化出的后代基因当做直系同源基因。通常用 BLAST（E 值的阈值为 10^{-4}）对预测出来的蛋白质与其他生物的已知蛋白质组进行比对搜索。然而，两个直系同源蛋白在不同的物种中可能有不同的功能。

19.10　给学生的建议

本章对于真核生物基因组灿烂多彩的世界进行了概述。在深入的讨论中，我们主要关注了哪些基因组已经被测序以及它们基本的特征，诸如染色体条数，基因个数，每个基因组独特的特点，以及将基因组结构与物种表型相关联的规则。学习本章的一个有用的方法是选择一个你感兴趣的基因组，然后从本章开头我们提供的 5 个方面入手。NCBI 的每个生物的 Genome 页面提供了 Sequence Read Archive 的链接；使用我们已经讨论过的 SRA Toolkit、BEDtools、GenomeWorkbench、MUMmer、RepeatMasker 以及其他的方法可以进一步探索这些基因组。

19.11　网络资源

我们在文中给出了许多真核生物和它们基因组测序的网站资源。一个特别突出的例子是 Ensembl，http://www.ensembl.org/（链接 19.65），目前它包括了小鼠、大鼠、斑马鱼、河豚、蚊子和其他基因组的访问途径。能源部联合基因组研究所（Department of Energy Joint Genome Institute，DOE JGI）拥有本章讨论的许多生物的网络资源，见 http://genome.jgi-psf.org/euk_home.html（链接 19.66）。

问题讨论

[19-1] 如果所有物种中都不存在重复 DNA，那么如何从基因组大小、基因含量、基因顺序、核苷酸组成，或其他方面来比较不同真核生物（人、小鼠、植物、寄生生物）的基因组？

[19-2] 在线文档 19.4（http://www.bioinfbook.org/chapter19）提供了一个文本文档，文档为一个真核生物 256157bp 基因组的 FASTA 文件。你如何识别这是哪个物种的基因组？假设你无法用 BLAST 直接找出这个物种。该物种的索引编号已经给出以便于你之后查询，但是首先假设你不能使用这个信息。区分原生动物寄生生物与昆虫，或区分植物与人，或不同鱼类之间基因组 DNA 序列的特征是什么？

问题/上机实验

[19-1] 梨形鞭毛虫（*Giardia*）含有少量内含子。在 GenBank（DNA 索引编号 XM_001705479.1）上研究一下梨形鞭毛虫的铁氧还原基因。为了找到内含子，尝试用 BLAST 将蛋白质（或 DNA 编码蛋白）与基因组 DNA 进行比较。注意该生物的项目索引号（图 19.3 中给出；AACB02000000）指的是一套全基因组鸟枪法序列读段（编号 AACB02000001-AACB02000306）。为了进行 BLAST 搜索，进入 BLASTN，用 XM_001705479.1 作为查询序列，数据库设置为 WGS，包含 Entrez Query AACB02000001：AACB02000306 [PACC]。将数据库设为参考基因组序列（限制 *Giardia lamblia*，taxid：5741）。

[19-2] Circos 软件用于把基因组画为环形（Krzywinski 等，2009）。访问 Circos 网站（http://circos.ca/?home）（链接 19.67）。下载并安装软件（在 PC、Mac 或 Linux 上），并参照软件附带指导创建基因组图。

[19-3] 通用微环结合蛋白（GenBank 索引号 Q23698）被研究人员从感染昆虫 *Crithidia fasciculata* 的锥体虫中纯化出来。DELTA-BALST 搜索揭示了植物，真菌，及后生动物（例如线虫 *Caenorhabditis elegans*）中存在同源蛋白。该蛋白在不同生物中是如何命名的？它的推测功能是什么？在保守结构域数据库中它的结构域叫什么？

[19-4] *Leishmania major* 具有重复 DNA 元件（例如，索引编号 AF421497）。你如何确定它是否常见以及它位于哪个区域（例如，某条特定的染色体或染色体区段）？

[19-5] 大豆病原体 *Phytophthora sojae* 和栎树猝死病病原体 *Phytophthora ramorum* 属于卵菌纲

(oömycetes) 的细胞病原体，具有不同的宿主范围。Tyler 等人（2006）寻找其编码分泌蛋白的基因。在两种生物中预测的超过 1000 个分泌蛋白里，很多都表明关于序列保守性的快速多样化和多基因家族的进化。这些蛋白包括与尸养生长相关的分泌蛋白酶，尸养的意思是侵染活体植物组织后以死去植物为食。特别值得注意的是，含有 350 个成员的 Avh（非病原同源）基因家族的每个基因组都有产物可以抑制植物防御反应。对这个基因家族进行探索。物种内与物种间的成员有怎样的关系？以 *P. sojae* 的 Avh 蛋白为例，见 AAR05402.1。以这个蛋白为查询序列在 DELTA-BLAST 中搜索。尽管一般建议进行一次迭代（见第 5 章），本例中尝试一下 5～10 次迭代，手动添加超过或低于阈值的所有适当命名的序列。

[19-6] 绿藻（如 Chlamydomonas 和 Ostreococcus）属于植物界，有一些与动物共有但在被子植物中没有的基因。用 NCBI 的 TaxPlot（在主页上，选择左侧边栏的 Tools）。查询基因组设为 *Ostreococcus lucimarinus*，然后比较基因组设为 *Homo sapiens* 和 *Arabidopsis thaliana*（作为动物和植物的代表）。一些蛋白在人或拟南芥中严重缺失。它们是哪些蛋白？功能是什么？

[19-7] 秀丽隐杆线虫 *C. elegans* 和双桅隐杆线虫 *C. briggsae* 基因组共享广泛的共线性；用 http://www.wormbase.org 对其进行研究。在双桅隐杆线虫 I 号染色体 200000～300000 位置上，尝试找到一个包含一个球蛋白基因的 100000bp 区段。

[19-8] 该练习使用"系统发生隐蔽性"方法（图 15.8）来估计受到选择的基因组 DNA 区域。Boffelli（2008）写了一篇有关利用 VISTA 网页（http://genome.lbl.gov/vista/index.shtml，链接 19.68）比较灵长类基因组 DNA 序列的指导文章。在写这篇文章时（2008），可用的基因组测序数据还很少。按照这篇指导文章的概述，对 α 球蛋白序列进行比对并使用 RankVISTA 来确定 10kb 片段处于中性进化或受到选择的可能性。

自测题

[19-1] 蓝氏贾第鞭毛虫 *Giardia lamblia* 基因组不寻常之处在于

（a）几乎没有转座元件或内含子；

（b）环状；

（c）包含极少的非重复 DNA 元件；

（d）AT 含量将近 80%

[19-2] 锥体虫 *T. brucei* 的基因组

（a）具有复杂的基因组 DNA 圆环状网络；

（b）几乎完全缺失内含子；

（c）几乎完全缺失假基因；

（d）不同分离株的大小差异达到 25%

[19-3] 疟原虫 *Plasmodium falciparum* 的基因组因为 AT 含量达 80.6% 而著名。下面那些氨基酸在其编码的蛋白质中过表达？

（a）F，L，I，Y，N，K；

（b）F，L，I，Y，V，M；

（c）A，P，C，G，T，R；

（d）N，S，Y，I，M，H

[19-4] 草履虫 *Paramecium tetraurelia* 基因组具有下面特征，除了

（a）约有 800 条巨核染色体；

（b）有两个细胞核，每个核的功能不同；

（c）基因组编码的蛋白质是人基因组的两倍；

（d）经历了全基因组倍增和大量基因丢失

[19-5] 植物基因组如拟南芥（125Mb）和黑杨树 Populus trichocarpa（480Mb）被选择研究是因为它们较小。尽管如此，它们的基因组都被发现含有大量的重复 DNA，而且每个全基因组都复制了超过一次

(a) 正确；

(b) 错误

[19-6] 下面哪对生物的分化时间最早？

(a) *Caenorhabditis elegans*（秀丽隐杆线虫）和 *Caenorhabditis briggsae*（双桅隐杆线虫）；

(b) *Drosophila melanogaster*（果蝇）和 *Anopheles gambiae*（蚊子）；

(c) *Homo sapiens*（人）和 *Canis familiaris*（犬）；

(d) *Arabidopsis thaliana*（拟南芥）和 *Oryza sativa*（大米）

[19-7] *Takifugu rubripes*（河豚）与 *Gallus gallus*（鸡）的基因组有什么共同点可以与人基因组区分开？

(a) 基因组大小比人小 3～10 倍，但是基因数量相当；

(b) 整体基因组偏小但是染色体条数多；

(c) 基因组偏小且大约只有人蛋白编码基因的一半；

(d) 具有一些不同大小的微染色体

[19-8] 小鼠和人基因组有哪些不同？

(a) 小鼠基因组 GC 含量低；

(b) 小鼠基因组含有更多的蛋白编码基因；

(c) 小鼠基因组编码特殊蛋白家族如嗅觉受体的基因经历了特殊的扩增；

(d) 小鼠基因组每条染色体的平均端粒重复更少

[19-9] 区分黑猩猩和人基因组的许多特征如下，除了

(a) 黑猩猩染色体更多；

(b) 约 3500 万个核苷酸替代被描述；

(c) 有数百个臂间倒位；

(d) 超过 500 个黑猩猩-人直系同源对受到正选择

推荐读物

我推荐最近由 Eugene Koonin 撰写的书（*The Logic of Chance：The Nature and Origin of Biological Evolution*，2012）以及 Michael Lynch 的书（*The Origins of Genome Architecture*，2007）。

我们呈现的系统发生树来自 Baldauf 等（2000）。对于真核生物进化的进化分析，包括真核起源模型的讨论以及线粒体的角色，见 Embley 和 Martin（2006）。对于顶复门基因组计划重要性的简短综述，见 Winzeler（2008）。Paterson（2006）对于植物的基因组提供了很好的综述。Church 等（2009）呈现了小鼠的已完成的基因组拼接结果，展现了不断对基因组拼接和注释所做的努力的重要性。

参 考 文 献

Abrahamsen, M.S., Templeton, T.J., Enomoto, S. *et al.* 2004. Complete genome sequence of the apicomplexan, *Cryptosporidium parvum. Science* **304**, 441–445. PMID: 15044751.

Adam, R.D. 2001. Biology of *Giardia lamblia. Clinical Microbiology Reviews* **14**, 447–475.

Adams, M.D., Celniker, S.E., Holt, R.A. *et al.* 2000. The genome sequence of *Drosophila melanogaster. Science* **287**, 2185–2195. PMID: 10731132.

Akman, L., Yamashita, A., Watanabe, H. *et al.* 2002. Genome sequence of the endocellular obligate symbiont of tsetse flies, *Wigglesworthia glossinidia. Nature Genetics* **32**, 402–407. PMID: 12219091.

Allen, K.D. 2002. Assaying gene content in *Arabidopsis. Proceedings of the National Academy of Sciences, USA* **99**, 9568–9572.

Amemiya, C.T., Alföldi, J., Lee, A.P. *et al.* 2013. The African coelacanth genome provides insights into tetrapod evolution. *Nature* **496**(7445), 311–316. PMID: 23598338.

Aparicio, S., Chapman, J., Stupka, E. *et al.* 2002. Whole-genome shotgun assembly and analysis of the genome of *Fugu rubripes*. *Science* **297**, 1301–1310. PMID: 12142439.

Arabidopsis Genome Initiative. 2000. Analysis of the genome sequence of the flowering plant *Arabidopsis thaliana*. *Nature* **408**, 796–815.

Archibald, J.M., Lane, C.E. 2009. Going, going, not quite gone: nucleomorphs as a case study in nuclear genome reduction. *Journal of Heredity* **100**(5), 582–590. PMID: 19617523.

Arensburger, P., Megy, K., Waterhouse, R.M. *et al.* 2010. Sequencing of *Culex quinquefasciatus* establishes a platform for mosquito comparative genomics. *Science* **330**(6000), 86–88. PMID: 20929810.

Arkhipova, I., Meselson, M. 2000. Transposable elements in sexual and ancient asexual taxa. *Proceedings of the National Academy of Sciences, USA* **97**, 14473–14477.

Arkhipova, I.R., Morrison, H. G. 2001. Three retrotransposon families in the genome of *Giardia lamblia*: Two telomeric, one dead. *Proceedings of the National Academy of Sciences, USA* **98**, 14497–14502.

Armbrust, E.V., Berges, J.A., Bowler, C. *et al.* 2004. The genome of the diatom *Thalassiosira pseudonana*: ecology, evolution, and metabolism. *Science* **306**, 79–86. PMID: 15459382.

Aurrecoechea, C., Brestelli, J., Brunk, B.P. *et al.* 2009a. GiardiaDB and TrichDB: integrated genomic resources for the eukaryotic protist pathogens *Giardia lamblia* and *Trichomonas vaginalis*. *Nucleic Acids Research* **37**(Database issue), D526–530. PMID: 18824479.

Aurrecoechea, C., Brestelli, J., Brunk, B.P. *et al.* 2009b. PlasmoDB: a functional genomic database for malaria parasites. *Nucleic Acids Research* **37**(Database issue), D539–543. PMID: 18957442.

Aurrecoechea, C., Barreto, A., Brestelli, J. *et al.* 2011. AmoebaDB and MicrosporidiaDB: functional genomic resources for Amoebozoa and Microsporidia species. *Nucleic Acids Research* **39**(Database issue), D612–619. PMID: 20974635.

Aury, J.M., Jaillon, O., Duret, L. *et al.* 2006. Global trends of whole-genome duplications revealed by the ciliate *Paramecium tetraurelia*. *Nature* **444**, 171–178. PMID: 17086204.

Baldauf, S.L., Roger, A. J., Wenk-Siefert, I., Doolittle, W. F. 2000. A kingdom-level phylogeny of eukaryotes based on combined protein data. *Science* **290**, 972–977.

Baum, D.A., Smith, S.D., Donovan, S.S. 2005. Evolution. The tree-thinking challenge. *Science* **310**, 979–980.

Bennett, M.D., Leitch, I.J. 2011. Nuclear DNA amounts in angiosperms: targets, trends and tomorrow. *Annals of Botany* **107**(3), 467–590. PMID: 21257716.

Bennetzen, J.L., Freeling, M. 1997. The unified grass genome: Synergy in synteny. *Genome Research* **7**, 301–306.

Berriman, M., Ghedin, E., Hertz-Fowler, C. *et al.* 2005. The genome of the African trypanosome *Trypanosoma brucei*. *Science* **309**, 416–422. PMID: 16020726.

Birol, I., Raymond, A., Jackman, S.D. *et al.* 2013. Assembling the 20 Gb white spruce (*Picea glauca*) genome from whole-genome shotgun sequencing data. *Bioinformatics* **29**(12), 1492–1497. PMID: 23698863.

Blake, J.A., Bult, C.J., Eppig, J.T. *et al.* 2014. The Mouse Genome Database: integration of and access to knowledge about the laboratory mouse. *Nucleic Acids Research* **42**, D810–817. PMID: 24285300.

Blaxter, M. 1998. *Caenorhabditis elegans* is a nematode. *Science* **282**, 2041–2046.

Blaxter, M. 2003. Molecular systematics: Counting angels with DNA. *Nature* **421**, 122–124.

Boffelli, D. 2008. Phylogenetic shadowing: sequence comparisons of multiple primate species. *Methods in Molecular Biology* **453**, 217–231. PMID: 18712305.

Bonasio, R., Zhang, G., Ye, C. *et al.* 2010. Genomic comparison of the ants *Camponotus floridanus* and *Harpegnathos saltator*. *Science* **329**(5995), 1068–1071. PMID: 20798317.

Bovine Genome Sequencing and Analysis Consortium, Elsik, C.G., Tellam, R.L. *et al.* 2009. The genome sequence of taurine cattle: a window to ruminant biology and evolution. *Science* **324**(5926), 522–528. PMID: 19390049.

Bowler, C., Allen, A.E., Badger, J.H. *et al.* 2008. The *Phaeodactylum* genome reveals the evolutionary history of diatom genomes. *Nature* **456**(7219), 239–244. PMID: 18923393.

Bowler, C., Vardi, A., Allen, A.E. 2010. Oceanographic and biogeochemical insights from diatom genomes. *Annual Review of Marine Science* **2**, 333–365. PMID: 21141668.

Bradnam, K.R., Fass, J.N., Alexandrov, A. *et al.* 2013. Assemblathon 2: evaluating de novo methods of genome assembly in three vertebrate species. *Gigascience* **2**(1), 10. PMID: 23870653.

Brayton, K.A., Lau, A.O., Herndon, D.R. *et al.* 2007. Genome sequence of *Babesia bovis* and comparative analysis of apicomplexan hemoprotozoa. *PLoS Pathogens* **3**, 1401–1413. PMID: 17953480.

Brenchley, R., Spannagl, M., Pfeifer, M. *et al.* 2012. Analysis of the bread wheat genome using whole-genome shotgun sequencing. *Nature* **491**(7426), 705–710. PMID: 23192148.

Budiansky, S. 2002. Creatures of our own making. *Science* **298**, 80–86.

C. elegans Sequencing Consortium. 1998. Genome sequence of the nematode *C. elegans:* A platform for investigating biology. *Science* **282**, 2012–2018.

Cameron, R.A., Samanta, M., Yuan, A., He, D., Davidson, E. 2009. SpBase: the sea urchin genome database and web site. *Nucleic Acids Research* **37**(Database issue), D750–754. PMID: 19010966.

Cao, J., Schneeberger, K., Ossowski, S. *et al.* 2011. Whole-genome sequencing of multiple *Arabidopsis thaliana* populations. *Nature Genetics* **43**(10), 956–963. PMID: 21874002.

Carlton, J.M., Hirt, R.P., Silva, J.C. *et al.* 2001. Profiling the malaria genome: A gene survey of three species of malaria parasite with comparison to other apicomplexan species. *Molecular and Biochemical Parasitology* **118**, 201–210. PMID: 17218520.

Carlton, J.M., Muller, R., Yowell, C.A. *et al.* 2002. Genome sequence and comparative analysis of the model rodent malaria parasite *Plasmodium yoelii yoelii*. *Nature* **419**, 512–519. PMID: 11738710.

Carlton, J.M., Hirt, R.P., Silva, J.C. *et al.* 2007. Draft genome sequence of the sexually transmitted pathogen *Trichomonas vaginalis*. *Science* **315**, 207–212. PMID: 17218520.

Carlton, J.M., Adams, J.H., Silva, J.C. *et al.* 2008a. Comparative genomics of the neglected human malaria parasite *Plasmodium vivax*. *Nature* **455**(7214), 757–763. PMID: 18843361.

Carlton, J.M., Escalante, A.A., Neafsey, D., Volkman, S.K. 2008b. Comparative evolutionary genomics of human malaria parasites. *Trends in Parasitology* **24**(12), 545–550. PMID: 18938107.

Cavalier-Smith, T. 1998. A revised six-kingdom system of life. *Biological Reviews of the Cambridge Philosophical Society* **73**, 203–266.

Cheeseman, I.H., Miller, B.A., Nair, S. *et al.* 2012. A major genome region underlying artemisinin resistance in malaria. *Science* **336**(6077), 79–82. PMID: 22491853.

Chen, S., Zhang, G., Shao, C. *et al.* 2014. Whole-genome sequence of a flatfish provides insights into ZW sex chromosome evolution and adaptation to a benthic lifestyle. *Nature Genetics* **46**, 253–260. PMID: 24487278.

Chimpanzee Sequencing and Analysis Consortium. 2005. Initial sequence of the chimpanzee genome and comparison with the human genome. *Nature* **437**, 69–87.

Christoffels, A., Koh, E.G., Chia, J.M., Brenner, S., Aparicio, S., Venkatesh, B. 2004. *Fugu* genome analysis provides evidence for a whole-genome duplication early during the evolution of ray–finned fishes. *Molecular Biology and Evolution* **21**, 1146–11451.

Churakov, G., Sadasivuni, M.K., Rosenbloom, K.R. *et al.* 2010. Rodent evolution: back to the root. *Molecular Biology and Evolution* **27**(6), 1315–1326. PMID: 20100942.

Church, D.M., Goodstadt, L., Hillier, L.W. *et al.* 2009. Lineage-specific biology revealed by a finished genome assembly of the mouse. *PLoS Biology* **7**(5), e1000112. PMID: 19468303.

Cock, J.M., Sterck, L., Rouzé, P. *et al.* 2010. The *Ectocarpus* genome and the independent evolution of multicellularity in brown algae. *Nature* **465**(7298), 617–621. PMID: 20520714.

Colbourne, J.K., Pfrender, M.E., Gilbert, D. *et al.* 2011. The ecoresponsive genome of Daphnia pulex. *Science* **331**(6017), 555–561. PMID: 21292972.

Collins, K., Gorovsky, M.A. 2005. *Tetrahymena thermophila*. *Current Biology* **15**, R317–318.

Conrad, M.D., Bradic, M., Warring, S.D., Gorman, A.W., Carlton, J.M. 2013. Getting trichy: tools and approaches to interrogating *Trichomonas vaginalis* in a post-genome world. *Trends in Parasitology* **29**(1), 17–25. PMID: 23219217.

Cowman, A.F., Crabb, B. S. 2002. The *Plasmodium falciparum* genome: a blueprint for erythrocyte invasion. *Science* **298**, 126–128.

Cox, F. E. 2002. History of human parasitology. *Clinical Microbiology Reviews* **15**, 595–612.

Coyne, R.S., Lhuillier-Akakpo, M., Duharcourt, S. 2012. RNA-guided DNA rearrangements in ciliates: is the best genome defence a good offence? *Biology of the Cell* **104**(6), 309–325. PMID: 22352444.

Crowe, M.L., Serizet, C., Thareau, V. *et al.* 2003. CATMA: a complete *Arabidopsis* GST database. *Nucleic Acids Research* **31**, 156–158.

Curtis, B.A., Tanifuji, G., Burki, F. *et al.* 2012. Algal genomes reveal evolutionary mosaicism and the fate of nucleomorphs. *Nature* **492**(7427), 59–65. PMID: 23201678.

Dalloul, R.A., Long, J.A., Zimin, A.V. *et al.* 2010. Multi-platform next-generation sequencing of the domestic turkey (*Meleagris gallopavo*): genome assembly and analysis. *PLoS Biology* **8**(9), pii: e1000475. PMID: 20838655.

Dávila, A.M., Mended, P. N., Wagner, G. *et al.* 2008. ProtozoaDB: dynamic visualization and exploration of protozoan genomes. *Nucleic Acids Research* **36**(Database issue), D547–552. PMID: 17981844.

Dehal, P., Satou, Y., Campbell, R.K. *et al.* 2002. The draft genome of *Ciona intestinalis:* Insights into chordate and vertebrate origins. *Science* **298**, 2157–2167. PMID: 12481130.

Denoeud, F., Henriet, S., Mungpakdee, S. *et al.* 2010. Plasticity of animal genome architecture unmasked by rapid evolution of a pelagic tunicate. *Science* **330**(6009), 1381–1385. PMID: 21097902.

Derelle, E., Ferraz, C., Rombauts, S. *et al.* 2006. Genome analysis of the smallest free-living eukaryote *Ostreococcus tauri* unveils many unique features. *Proceedings of the National Academy of Sciences, USA* **103**, 11647–11652. PMID: 16868079.

Dermitzakis, E.T., Reymond, A., Lyle, R. *et al.* 2002. Numerous potentially functional but non-genic conserved sequences on human chromosome 21. *Nature* **420**, 578–582. PMID: 12466853.

Doak, T.G., Cavalcanti, A.R., Stover, N.A., Dunn, D.M., Weiss, R., Herrick, G., Landweber, L.F. 2003. Sequencing the *Oxytricha trifallax* macronuclear genome: a pilot project. *Trends in Genetics* **19**, 603–607.

Donelson, J.E. 1996. Genome research and evolution in trypanosomes. *Current Opinion in Genetics and Development* **6**, 699–703.

Dong, Y., Xie, M., Jiang, Y. *et al.* 2013. Sequencing and automated whole-genome optical mapping of the genome of a domestic goat (*Capra hircus*). *Nature Biotechnology* **31**(2), 135–141. PMID: 23263233.

Douglas, S.E., Penny, S. L. 1999. The plastid genome of the cryptophyte alga, *Guillardia theta:* Complete sequence and conserved synteny groups confirm its common ancestry with red algae. *Journal of Molecular Evolution* **48**, 236–244.

Douglas, S., Zauner, S., Fraunholz, M. *et al.* 2001. The highly reduced genome of an enslaved algal nucleus. *Nature* **410**, 1091–1096. PMID: 11323671.

Drosophila 12 Genomes Consortium. 2007. Evolution of genes and genomes on the *Drosophila* phylogeny. *Nature* **450**, 203–218.

Eichinger, L., Pachebat, J.A., Glöckner, G. *et al.* 2005. The genome of the social amoeba *Dictyostelium discoideum*. *Nature* **435**, 43–57. PMID: 15875012.

Eisen, J.A., Coyne, R.S., Wu, M. *et al.* 2006. Macronuclear genome sequence of the ciliate *Tetrahymena thermophila*, a model eukaryote. *PLoS Biology* **4**, e286. PMID: 16933976.

Ekdahl, S., Sonnhammer, E.L. 2004. ChromoWheel: a new spin on eukaryotic chromosome visualization. *Bioinformatics* **20**, 576–577.

El-Sayed, N. M., Hegde, P., Quackenbush, J., Melville, S. E., Donelson, J. E. 2000. The African trypanosome genome. *International Journal of Parasitology* **30**, 329–345.

El-Sayed, N.M., Myler, P.J., Blandin, G. *et al.* 2005a. Comparative genomics of trypanosomatid parasitic protozoa. *Science* **309**, 404–409. PMID: 16020724.

El-Sayed, N.M., Myler, P.J., Bartholomeu, D.C. *et al.* 2005b. The genome sequence of *Trypanosoma cruzi*, etiologic agent of Chagas disease. *Science* **309**, 409–415. PMID: 16020725.

Elsik, C.G., Worley, K.C., Bennett, A.K. *et al.* 2014. Finding the missing honey bee genes: lessons learned from a genome upgrade. *BMC Genomics* **15**(1), 86. PMID: 24479613.

Embley, T.M., Hirt, R. P. 1998. Early branching eukaryotes? *Current Opinion in Genetics and Development* **8**, 624–629.

Embley, T.M., Martin, W. 2006. Eukaryotic evolution, changes and challenges. *Nature* **440**, 623–630.

Fan, Y., Linardopoulou, E., Friedman, C., Williams, E., Trask, B.J. 2002. Genomic structure and evolution of the ancestral chromosome fusion site in 2q13–2q14.1 and paralogous regions on other human chromosomes. *Genome Research* **12**, 1651–1662.

Florens, L., Washburn, M.P., Raine, J.D. *et al.* 2002. A proteomic view of the *Plasmodium falciparum* life cycle. *Nature* **419**, 520–526. PMID: 12368866.

Florent, I., Maréchal, E., Gascuel, O., Bréhélin, L. 2010. Bioinformatic strategies to provide functional clues to the unknown genes in *Plasmodium falciparum* genome. *Parasite* **17**(4), 273–283. PMID: 21275233.

Fraser, C.M., Eisen, J. A., Salzberg, S. L. 2000. Microbial genome sequencing. *Nature* **406**, 799–803.

Frazer, K.A. *et al.* 2007. A sequence-based variation map of 8.27 million SNPs in inbred mouse strains. *Nature* **448**, 1050–1053.

Gajria, B., Bahl, A., Brestelli, J. *et al.* 2008. ToxoDB: an integrated *Toxoplasma gondii* database resource. *Nucleic Acids Research* **36**(Database issue), D553–556.

Gamo, F.J., Sanz, L.M., Vidal, J. *et al.* 2010. Thousands of chemical starting points for antimalarial lead identification. *Nature* **465**(7296), 305–310. PMID: 20485427.

Gan, X., Stegle, O., Behr, J. *et al.* 2011. Multiple reference genomes and transcriptomes for *Arabidopsis thaliana*. *Nature* **477**(7365), 419–423. PMID: 21874022.

Gardner, M.J., Hall, N., Fung, E. *et al.* 2002. Genome sequence of the human malaria parasite *Plasmodium falciparum*. *Nature* **419**, 498–511.

Gardner, M.J., Bishop, R., Shah, T. *et al.* 2005. Genome sequence of *Theileria parva*, a bovine pathogen that transforms lymphocytes. *Science* **309**, 134–137. PMID: 15994558.

Ghedin, E., Wang, S., Spiro, D. *et al.* 2007. Draft genome of the filarial nematode parasite *Brugia malayi*. *Science* **317**, 1756–1760. PMID: 17885136.

Gilson, P. R., McFadden, G. I. 2001. A grin without a cat. *Nature* **410**, 1040–1041.

Gilson, P. R., McFadden, G. I. 2002. Jam packed genomes: a preliminary, comparative analysis of nucleomorphs. *Genetica* **115**, 13–28.

Gilson, P.R., Su, V., Slamovits, C.H. *et al.* 2006. Complete nucleotide sequence of the chlorarachniophyte nucleomorph: nature's smallest nucleus. *Proceedings of the National Academy of Sciences, USA* **103**, 9566–9571.

Glockner, G., Eichinger, L., Szafranski, K. *et al.* 2002. Sequence and analysis of chromosome 2 of *Dictyostelium discoideum*. *Nature* **418**, 79–85. PMID: 12097910.

Goff, S.A., Ricke, D., Lan, T.H. *et al.* 2002. A draft sequence of the rice genome (*Oryza sativa* L. ssp. *japonica*). *Science* **296**, 92–100. PMID: 11935018.

Greilhuber, J., Borsch, T., Müller, K. *et al.* 2006. Smallest angiosperm genomes found in lentibulariaceae, with chromosomes of bacterial size. *Plant Biology (Stuttgart)* **8**(6), 770–777. PMID: 17203433.

Gupta, B.P., Sternberg, P.W. 2003. The draft genome sequence of the nematode *Caenorhabditis briggsae*, a companion to *C. elegans*. *Genome Biology* **4**, 238.

Hall, A. E., Fiebig, A., Preuss, D. 2002. Beyond the *Arabidopsis* genome: Opportunities for comparative genomics. *Plant Physiology* **129**, 1439–1447.

Hall, N., Karras, M., Raine, J.D. *et al.* 2005. A comprehensive survey of the *Plasmodium* life cycle by genomic, transcriptomic, and proteomic analyses. *Science* **307**, 82–86. PMID: 15637271.

Hardison, R.C., Oeltjen, J., Miller, W. 1997. Long human-mouse sequence alignments reveal novel regulatory elements: A reason to sequence the mouse genome. *Genome Research* **7**, 959–966.

Harris, T.W., Baran, J., Bieri, T. *et al.* 2014. WormBase 2014: new views of curated biology. *Nucleic Acids Research* **42**: D789–793. PMID: 24194605.

Hedges, S.B., Dudley, J., Kumar, S. 2006. TimeTree: a public knowledge-base of divergence times among organisms. *Bioinformatics* **22**(23), 2971–2972. PMID: 17021158.

Heliconius Genome Consortium. 2012. Butterfly genome reveals promiscuous exchange of mimicry adaptations among species. *Nature* **487**(7405), 94–98. PMID: 22722851.

Hellsten, U., Harland, R.M., Gilchrist, M.J. *et al.* 2010. The genome of the Western clawed frog *Xenopus tropicalis*. *Science* **328**(5978), 633–636. PMID: 20431018.

Hirt, R.P., de Miguel, N., Nakjang, S. *et al.* 2011. *Trichomonas vaginalis* pathobiology new insights from the genome sequence. *Advances in Parasitology* **77**, 87–140. PMID: 22137583.

Hoffman, S.L., Subramanian, G. M., Collins, F. H., Venter, J. C. 2002. *Plasmodium,* human and *Anopheles* genomics and malaria. *Nature* **415**, 702–709.

Holland, P.W. 2002. Ciona. *Current Biology* **12**, R609.

Holt, R.A., Subramanian, G.M., Halpern, A. *et al.* 2002. The genome sequence of the malaria mosquito *Anopheles gambiae*. *Science* **298**, 129–149. PMID: 12364791.

Honeybee Genome Sequencing Consortium. 2006. Insights into social insects from the genome of the honeybee *Apis mellifera*. *Nature* **443**, 931–949.

Howe, K., Clark, M.D., Torroja, C.F. *et al.* 2013. The zebrafish reference genome sequence and its relationship to the human genome. *Nature* **496**(7446), 498–503. PMID: 23594743.

Huang, X., Kurata, N., Wei, X. *et al.* 2012. A map of rice genome variation reveals the origin of cultivated rice. *Nature* **490**(7421), 497–501. PMID: 23034647.

Huang, Y., Li, Y., Burt, D.W. *et al.* 2013. The duck genome and transcriptome provide insight into an avian influenza virus reservoir species. *Nature Genetics* **45**(7), 776–783. PMID: 23749191.

i5K Consortium. 2013. The i5K Initiative: advancing arthropod genomics for knowledge, human health, agriculture, and the environment. *Journal of Heredity* **104**(5), 595–600. PMID: 23940263.

Ibarra-Laclette, E., Lyons, E., Hernández-Guzmán, G. *et al.* 2013. Architecture and evolution of a minute plant genome. *Nature* **498**(7452), 94–98. PMID: 23665961.

International Chicken Genome Sequencing Consortium. 2004. Sequence and comparative analysis of the chicken genome provide unique perspectives on vertebrate evolution. *Nature* **432**, 695–716.

International Rice Genome Sequencing Project. 2005. The map-based sequence of the rice genome. *Nature* **436**, 793–800.

Ivens, A.C., Peacock, C.S., Worthey, E.A. *et al.* 2005. The genome of the kinetoplastid parasite, *Leishmania major*. *Science* **309**, 436–442. PMID: 16020728.

Jacquemin, J., Bhatia, D., Singh, K., Wing, R.A. 2013. The International Oryza Map Alignment Project: development of a genus-wide comparative genomics platform to help solve the 9 billion-people question. *Current Opinion in Plant Biology* **16**(2), 147–156. PMID: 23518283.

Jaillon, O., Aury, J.M., Brunet, F. *et al.* 2004. Genome duplication in the teleost fish *Tetraodon nigroviridis* reveals the early vertebrate proto-karyotype. *Nature* **431**, 946–957. PMID: 15496914.

Jaillon, O. *et al.* 2007. The grapevine genome sequence suggests ancestral hexaploidization in major angiosperm phyla. *Nature* **449**, 463–467.

Jeffares, D.C., Pain, A., Berry, A. *et al.* 2007. Genome variation and evolution of the malaria parasite *Plasmodium falciparum*. *Nature Genetics* **39**, 120–125. PMID: 17159978.

Jiang, R.H., de Bruijn, I., Haas, B.J. *et al.* 2013. Distinctive expansion of potential virulence genes in the genome of the oomycete fish pathogen Saprolegnia parasitica. *PLoS Genetics* **9**(6), e1003272. PMID: 23785293.

Johnson, P.J. 2002. Spliceosomal introns in a deep-branching eukaryote: The splice of life. *Proceedings of the National Academy of Sciences USA* **99**, 3359–3361.

Jomaa, H., Wiesner, J., Sanderbrand, S. *et al.* 1999. Inhibitors of the nonmevalonate pathway of isoprenoid biosynthesis as antimalarial drugs. *Science* **285**, 1573–1576. PMID: 10477522.

Joshi, H.J., Christiansen, K.M., Fitz, J. *et al.* 2012. 1001 Proteomes: a functional proteomics portal for the analysis of *Arabidopsis thaliana* accessions. *Bioinformatics* **28**(10), 1303–1306. PMID: 22451271.

Kasahara, M., Naruse, K., Sasaki, S. *et al.* 2007. The medaka draft genome and insights into vertebrate genome evolution. *Nature* **447**, 714–719. PMID: 17554307.

Kaye, P., Scott, P. 2011. Leishmaniasis: complexity at the host-pathogen interface. *Nature Reviews Microbiology* **9**(8), 604–615. PMID: 21747391.

Keeling, C.I., Yuen, M.M., Liao, N.Y. *et al.* 2013. Draft genome of the mountain pine beetle, *Dendroctonus ponderosae* Hopkins, a major forest pest. *Genome Biology* **14**(3), R27. PMID: 23537049.

Keeling, P.J. 2007. Genomics. Deep questions in the tree of life. *Science* **317**, 1875–1876.

Kiene, R.P. 2008. Marine biology: Genes in the glass house. *Nature* **456**(7219), 179–181. PMID: 19005540.

Kirkness, E.F., Bafna, V., Halpern, A.L. *et al.* 2003. The dog genome: survey sequencing and comparative analysis. *Science* **301**, 1898–1903.

Koonin, E.V. 2012. *The Logic of Chance: The Nature and Origin of Biological Evolution*. FT Press, New Jersey.

Krzywinski, M., Schein, J., Birol, I. *et al.* 2009. Circos: an information aesthetic for comparative genomics. *Genome Research* **19**(9), 1639–1645. PMID: 19541911.

Ku, H. M., Vision, T., Liu, J., Tanksley, S. D. 2000. Comparing sequenced segments of the tomato and *Arabidopsis* genomes: Large-scale duplication followed by selective gene loss creates a network of synteny. *Proceedings of the National Academy of Sciences USA* **97**, 9121–9126.

Lamblin, A. F., Crow, J.A., Johnson, J.E. *et al.* 2003. MtDB: A database for personalized data mining of the model legume *Medicago truncatula* transcriptome. *Nucleic Acids Research* **31**, 196–201. PMID: 12519981.

Lamesch, P., Berardini, T.Z., Li, D. *et al.* 2012. The Arabidopsis Information Resource (TAIR): improved gene annotation and new tools. *Nucleic Acids Research* **40**(Database issue), D1202–1210. PMID: 22140109.

Lartillot, N., Philippe, H. 2008. Improvement of molecular phylogenetic inference and the phylogeny of Bilateria. *Philosophical Transactions of the Royal Society of London, B: Biological Sciences*, doi: 10.1098/rstb.2007.2236.

Lasonder, E., Ishihama, Y., Andersen, J.S. *et al.* 2002. Analysis of the *Plasmodium falciparum* proteome by high-accuracy mass spectrometry. *Nature* **419**, 537–542. PMID: 12368870.

Lawniczak, M.K., Emrich, S.J., Holloway, A.K. *et al.* 2010. Widespread divergence between incipient *Anopheles gambiae* species revealed by whole genome sequences. *Science* **330**(6003), 512–514. PMID: 20966253.

Lindblad-Toh, K., Wade, C.M., Mikkelsen, T.S. *et al.* 2005. Genome sequence, comparative analysis and haplotype structure of the domestic dog. *Nature* **438**, 803–819. PMID: 16341006.

Lloyd, D., Harris, J. C. 2002. *Giardia:* Highly evolved parasite or early branching eukaryote? *Trends in Microbiology* **10**, 122–127.

Locke, D.P., Hillier, L.W., Warren, W.C. *et al.* 2011. Comparative and demographic analysis of orang-utan genomes. *Nature* **469**(7331), 529–533. PMID: 21270892.

Logan-Klumpler, F.J., De Silva, N., Boehme, U. *et al.* 2012. GeneDB: an annotation database for pathogens. *Nucleic Acids Research* **40**(Database issue), D98–108. PMID: 22116062.

Long, C. A., Hoffman, S. L. 2002. Malaria: from infants to genomics to vaccines. *Science* **297**, 345–347.

Lynch, M. 2007. *The Origins of Genome Architecture*. Sinauer Associates, Sunderland, MA.

Margulies, E.H., Vinson, J.P., NISC Comparative Sequencing Program *et al.* 2005. An initial strategy for the systematic identification of functional elements in the human genome by low-redundancy comparative sequencing. *Proceedings of the National Academy of Sciences, USA* **102**, 4795–4800.

Margulis, L., Schwartz, K. V. 1998. *Five Kingdoms. An Illustrated Guide to the Phyla of Life on Earth*. W. H. Freeman, New York.

Marinotti, O., Cerqueira, G.C., de Almeida, L.G. *et al.* 2013. The genome of *Anopheles darlingi*, the main neotropical malaria vector. *Nucleic Acids Research* **41**(15), 7387–7400. PMID: 23761445.

Matthews, D. E., Carollo, V. L., Lazo, G. R., Anderson, O. D. 2003. GrainGenes, the genome database for small-grain crops. *Nucleic Acids Research* **31**, 183–186.

Merchant, S.S., Prochnik, S.E., Vallon, O. *et al.* 2007. The *Chlamydomonas* genome reveals the evolution of key animal and plant functions. *Science* **318**, 245–250. PMID: 17932292.

Meyerowitz, E. M. 2002. Plants compared to animals: The broadest comparative study of development. *Science* **295**, 1482–1485.

Mikkelsen, T.S., Wakefield, M.J., Aken, B. *et al.* 2007. Genome of the marsupial *Monodelphis domestica* reveals innovation in non-coding sequences. *Nature* **447**, 167–177. PMID: 17495919.

Moore, C.E., Archibald, J.M. 2009. Nucleomorph genomes. *Annual Review of Genetics* **43**, 251–264. PMID: 19686079.

Moore, C.E., Curtis, B., Mills, T., Tanifuji, G., Archibald, J.M. 2012. Nucleomorph genome sequence of the cryptophyte alga *Chroomonas mesostigmatica* CCMP1168 reveals lineage-specific gene loss and genome complexity. *Genome Biology and Evolution* **4**(11), 1162–1175. PMID: 23042551.

Morris, J.C., Drew, M.E., Klingbeil, M.M. *et al.* 2001. Replication of kinetoplast DNA: An update for the new millennium. *International Journal of Parasitology* **31**, 453–458. PMID: 11334929.

Morrison, H.G., McArthur, A.G., Gillin, F.D. *et al.* 2007. Genomic minimalism in the early diverging intestinal parasite *Giardia lamblia*. *Science* **317**, 1921–1926. PMID: 17901334.

Mouse Genome Sequencing Consortium, Waterston, R.H., Lindblad-Toh, K. *et al.* 2002. Initial sequencing and comparative analysis of the mouse genome. *Nature* **420**, 520–562. PMID: 12466850.

Murray, C.J., Rosenfeld, L.C., Lim, S.S. *et al.* 2012. Global malaria mortality between 1980 and 2010: a systematic analysis. *Lancet* **379**(9814), 413–431 (2012). PMID: 22305225

Myler, P.J., Audleman, L., deVos, T. *et al.* 1999. *Leishmania major* Friedlin chromosome 1 has an unusual distribution of protein-coding genes. *Proceedings of the National Academy of Sciences, USA* **96**, 2902–2906. PMID: 10077609.

Myler, P.J., Sisk, E., McDonagh, P.D. *et al.* 2000. Genomic organization and gene function in *Leishmania*. *Biochemistry Society Transactions* **28**, 527–531. PMID: 11044368.

Nakamura, Y., Mori, K., Saitoh, K. *et al.* 2013. Evolutionary changes of multiple visual pigment genes in the complete genome of Pacific bluefin tuna. *Proceedings of the National Academy of Sciences, USA* **110**(27), 11061–11066. PMID: 23781100.

Neafsey, D.E., Galinsky, K., Jiang, R.H. *et al.* 2012. The malaria parasite *Plasmodium vivax* exhibits greater genetic diversity than *Plasmodium falciparum*. *Nature Genetics* **44**(9), 1046–1050. PMID: 22863733.

Neale, D.B., Wegrzyn, J.L., Stevens, K.A. *et al.* 2014. Decoding the massive genome of loblolly pine using haploid DNA and novel assembly strategies. *Genome Biology* **15**(3), R59. PMID: 24647006.

Niklas, K.J., Newman, S.A. 2013. The origins of multicellular organisms. *Evolution and Development* **15**(1), 41–52. PMID: 23331916.

Nirujogi, R.S., Pawar, H., Renuse, S. *et al.* 2014. Moving from unsequenced to sequenced genome: Reanalysis of the proteome of Leishmania donovani. *Journal of Proteomics* **97**, 48–61. PMID: 23665000.

Nixon, J.E., Wang, A., Morrison, H.G. *et al.* 2002. A spliceosomal intron in *Giardia lamblia*. *Proceedings of the National Academy of Sciences, USA* **99**, 3701–3705. PMID: 11854456.

Nygaard, S., Zhang, G., Schiøtt, M. *et al.* 2011. The genome of the leaf-cutting ant *Acromyrmex echinatior* suggests key adaptations to advanced social life and fungus farming. *Genome Research* **21**(8), 1339–1348. PMID: 21719571.

Ohno, S. 1970. *Evolution by Gene Duplication*. SpringerVerlag, Berlin.

Pain, A., Renauld, H., Berriman, M. *et al.* 2005. Genome of the host-cell transforming parasite *Theileria annulata* compared with *T. parva*. *Science* **309**, 131–133. PMID: 15994557.

Pain, A., Böhme, U., Berry, A.E. *et al.* 2008. The genome of the simian and human malaria parasite *Plasmodium knowlesi*. *Nature* **455**(7214), 799–803. PMID: 18843368.

Pardue, M.L., DeBaryshe, P. G., Lowenhaupt, K. 2001. Another protozoan contributes to understanding telomeres and transposable elements. *Proceedings of the National Academy of Sciences, USA* **98**, 14195–14197.

Paterson, A.H. 2006. Leafing through the genomes of our major crop plants: strategies for capturing unique information. *Nature Reviews Genetics* **7**, 174–184.

Paterson, A.H., Freeling, M., Tang, H., Wang, X. 2010. Insights from the comparison of plant genome sequences. *Annual Review of Plant Biology* **61**, 349–372. PMID: 20441528.

Patron, N.J., Rogers, M.B., Keeling, P.J. 2006. Comparative rates of evolution in endosymbiotic nuclear genomes. *BMC Evolutionary Biology* **6**, 46.

Peacock, C.S., Seeger, K., Harris, D. *et al.* 2007. Comparative genomic analysis of three *Leishmania* species that cause diverse human disease. *Nature Genetics* **39**, 839–847. PMID: 17572675.

Pellicer, J., Fay, M.F., Leitch, I.J. 2010. The largest eukaryotic genome of them all? *Botanical Journal of the Linnean Society* **164**, 10–15.

Perelman, P., Johnson, W.E., Roos, C. *et al.* 2011. A molecular phylogeny of living primates. *PLoS Genetics* **7**(3), e1001342. PMID: 21436896.

Philippe, H., Laurent, J. 1998. How good are deep phylogenetic trees? *Current Opinion in Genetics and Development* **8**, 616–623.

Postlethwait, J.H. 2007. The zebrafish genome in context: ohnologs gone missing. *Journal of Experimental Zoology Part B: Molecular and Developmental Evolution* **308**, 563–577.

Potato Genome Sequencing Consortium, Xu, X., Pan, S. *et al.* 2011. Genome sequence and analysis of the tuber crop potato. *Nature* **475**(7355), 189–195. PMID: 21743474.

Prado-Martinez, J., Sudmant, P.H., Kidd, J.M. *et al.* 2013. Great ape genetic diversity and population history. *Nature* **499**(7459), 471–475. PMID: 23823723.

Prochnik, S.E., Umen, J., Nedelcu, A.M. *et al.* 2010. Genomic analysis of organismal complexity in the multicellular green alga *Volvox carteri*. *Science* **329**(5988), 223–226. PMID: 20616280.

Prüfer, K., Munch, K., Hellmann, I. *et al.* 2012. The bonobo genome compared with the chimpanzee and human genomes. *Nature* **486**(7404), 527–531. PMID: 22722832.

Rat Genome Sequencing Project Consortium. 2004. Genome sequence of the Brown Norway rat yields insights into mammalian evolution. *Nature* **428**, 493–521. PMID: 15057822.

Rensing, S.A., Lang, D., Zimmer, A.D. *et al.* 2008. The *Physcomitrella* genome reveals evolutionary insights into the conquest of land by plants. *Science* **319**, 64–69. PMID: 18079367.

Reyes, A., Pesole, G., Saccone, C. 2000. Long-branch attraction phenomenon and the impact of among-site rate variation on rodent phylogeny. *Gene* **259**, 177–187.

Rhesus Macaque Genome Sequencing and Analysis Consortium *et al.* 2007. Evolutionary and biomedical insights from the rhesus macaque genome. *Science* **316**, 222–234.

Richards, S., Liu, Y., Bettencourt, B.R. *et al.* 2005. Comparative genome sequencing of *Drosophila pseudoobscura*: chromosomal, gene, and cis-element evolution. *Genome Research* **15**, 1–18. PMID: 15632085.

Roos, D.S. 2005. Themes and variations in apicomplexan parasite biology. *Science* **309**, 72–73.

Rubin, G.M., Lewis, E. B. 2000. A brief history of *Drosophila*'s contributions to genome research. *Science* **287**, 2216–2218.

Rudd, S., Mewes, H.W., Mayer, K. F. 2003. Sputnik: A database platform for comparative plant genomics. *Nucleic Acids Research* **31**, 128–132.

Ruhfel, B.R., Gitzendanner, M.A., Soltis, P.S., Soltis, D.E., Burleigh, J.G. 2014. From algae to angiosperms–inferring the phylogeny of green plants (*Viridiplantae*) from 360 plastid genomes. *BMC Evolutionary Biology* **14**(1), 23. PMID: 24533922.

Ryan, J.F., Finnerty, J. R. 2003. CnidBase: The Cnidarian Evolutionary Genomics Database. *Nucleic Acids Research* **31**, 159–163.

Sakai, H., Lee, S.S., Tanaka, T. *et al.* 2013. Rice Annotation Project Database (RAP–DB): an integrative and interactive database for rice genomics. *Plant Cell Physiology* **54**(2), e6. PMID: 23299411.

Scally, A., Dutheil, J.Y., Hillier, L.W. *et al.* 2012. Insights into hominid evolution from the gorilla genome sequence. *Nature* **483**(7388), 169–175. PMID: 22398555.

Schmutz, J., Cannon, S.B., Schlueter, J. *et al.* 2010. Genome sequence of the palaeopolyploid soybean. *Nature* **463**(7278), 178–183. PMID: 20075913.

Schnable, P.S., Ware, D., Fulton, R.S. *et al.* 2009. The B73 maize genome: complexity, diversity, and dynamics. *Science* **326**(5956), 1112–1115. PMID: 19965430.

Sea Urchin Genome Sequencing Consortium *et al.* 2006. The genome of the sea urchin *Strongylocentrotus purpuratus*. *Science* **314**, 941–952.

Seo, H.C., Kube, M., Edvardsen, R.B. *et al.* 2001. Miniature genome in the marine chordate *Oikopleura dioica*. *Science* **294**, 2506. PMID: 11752568.

Severson, D.W., Behura, S.K. 2012. Mosquito genomics: progress and challenges. *Annual Review of Entomology* **57**, 143–166. PMID: 21942845.

Shaffer, H.B., Minx, P., Warren, D.E. *et al.* 2013. The western painted turtle genome, a model for the evolution of extreme physiological adaptations in a slowly evolving lineage. *Genome Biology* **14**(3), R28. PMID: 23537068.

Shapiro, T. A., Englund, P. T. 1995. The structure and replication of kinetoplast DNA. *Annual Review of Microbiology* **49**, 117–143.

Shulaev, V., Sargent, D.J., Crowhurst, R.N. *et al.* 2011. The genome of woodland strawberry (*Fragaria vesca*). *Nature Genetics* **43**(2), 109–116. PMID: 21186353.

Simillion, C., Vandepoele, K., Van Montagu, M. C., Zabeau, M., Van de Peer, Y. 2002. The hidden duplication past of *Arabidopsis thaliana*. *Proceedings of the National Academy of Sciences USA* **99**, 13627–13632.

Simon, M.M., Greenaway, S., White, J.K. *et al.* 2013. A comparative phenotypic and genomic analysis of C57BL/6J and C57BL/6N mouse strains. *Genome Biology* **14**(7), R82. PMID: 23902802.

Simpson, A. G., MacQuarrie, E. K., Roger, A. J. 2002. Eukaryotic evolution: Early origin of canonical introns. *Nature* **419**, 270.

Slavov, G.T., DiFazio, S.P., Martin, J. *et al.* 2012. Genome resequencing reveals multiscale geographic structure and extensive linkage disequilibrium in the forest tree Populus trichocarpa. *New Phytology* **196**(3), 713–725. PMID: 22861491.

Smith, C.R., Smith, C.D., Robertson, H.M. *et al.* 2011. Draft genome of the red harvester ant *Pogonomyrmex barbatus*. *Proceedings of the National Academy of Sciences, USA* **108**(14), 5667–5672. PMID: 21282651.

Sodergren, E., Shen, Y., Song, X. *et al.* 2006. Shedding genomic light on Aristotle's lantern. *Developmental Biology* **300**, 2–8.

Sonnhammer, E.L., Durbin, R. 1997. Analysis of protein domain families in *Caenorhabditis elegans*. *Genomics* **46**, 200–216.

Staats, M., Erkens, R.H., van de Vossenberg, B. *et al.* 2013. Genomic treasure troves: complete genome sequencing of herbarium and insect museum specimens. *PLoS One* **8**(7), e69189. PMID: 23922691.

Stark, A., Lin, M.F., Kheradpour, P. *et al.* 2007. Discovery of functional elements in 12 *Drosophila* genomes using evolutionary signatures. *Nature* **450**, 219–232. PMID: 17994088.

Stauffer, R.L., Walker, A., Ryder, O. A., Lyons-Weiler, M., Hedges, S. B. 2001. Human and ape molecular clocks and constraints on paleontological hypotheses. *Journal of Heredity* **92**, 469–474.

Stein, L.D., Bao, Z., Blasiar, D. *et al.* 2003. The genome sequence of *Caenorhabditis briggsae*: a platform for comparative genomics. *PLoS Biology* **1**, E45. PMID: 14624247.

Stothard, P., Wishart, D.S. 2005. Circular genome visualization and exploration using CGView. *Bioinformatics* **21**, 537–539.

Swart, E.C., Bracht, J.R., Magrini, V. *et al.* 2013. The Oxytricha trifallax macronuclear genome: a complex eukaryotic genome with 16,000 tiny chromosomes. *PLoS Biology* **11**(1), e1001473. PMID: 23382650.

Takeda, H., Shimada, A. 2010. The art of medaka genetics and genomics: what makes them so unique? *Annual Review of Genetics* **44**, 217–241. PMID: 20731603.

Tanifuji, G., Onodera, N.T., Wheeler, T.J. *et al.* 2011. Complete nucleomorph genome sequence of the nonphotosynthetic alga *Cryptomonas paramecium* reveals a core nucleomorph gene set. *Genome Biology and Evolution* **3**, 44–54. PMID: 21147880.

Tanifuji, G., Onodera, N.T., Moore, C.E., Archibald, J.M. 2014. Reduced nuclear genomes maintain high gene transcription levels. *Molecular Biology and Evolution* **31**, 625–635. PMID: 24336878.

Taylor, J.E., Rudenko, G. 2006. Switching trypanosome coats: what's in the wardrobe? *Trends in Genetics* **22**, 614–620.

Tekle, Y.I., Parfrey, L.W., Katz, L.A. 2009. Molecular data are transforming hypotheses on the origin and diversification of eukaryotes. *Bioscience* **59**(6), 471–481. PMID: 20842214.

Ting, N., Sterner, K.N. 2013. Primate molecular phylogenetics in a genomic era. *Molecular Phylogenetics and Evolution* **66**(2), 565–568. PMID: 22960143.

Tomato Genome Consortium. 2012. The tomato genome sequence provides insights into fleshy fruit evolution. *Nature* **485**(7400), 635–641. PMID: 22660326.

Topalis, P., Koutsos, A., Dialynas, E. *et al.* 2005. AnoBase: a genetic and biological database of anophelines. *Insect Molecular Biology* **14**, 591–597.

Tribolium Genome Sequencing Consortium, Richards, S., Gibbs, R.A. *et al.* 2008. The genome of the model beetle and pest *Tribolium castaneum*. *Nature* **452**(7190), 949–955. PMID: 18362917.

Tuskan G.A., Difazio, S., Jansson, S. *et al.* 2006. The genome of black cottonwood, *Populus trichocarpa* (Torr. & Gray). *Science* **313**, 1596–1604. PMID: 16973872.

Tyler, B.M., Tripathy, S., Zhang, X. *et al.* 2006. *Phytophthora* genome sequences uncover evolutionary origins and mechanisms of pathogenesis. *Science* **313**, 1261–1266. PMID: 16946064.

Tzafrir, I., Dickerman, A., Brazhnik, O. *et al.* 2003. The *Arabidopsis* SeedGenes Project. *Nucleic Acids Research* **31**, 90–93. PMID: 12519955.

Upcroft, J.A., Krauer, K.G., Upcroft, P. 2010. Chromosome sequence maps of the Giardia lamblia assemblage A isolate WB. *Trends in Parasitology* **26**(10), 484–491. PMID: 20739222.

Van de Peer, Y. 2004. *Tetraodon* genome confirms *Takifugu* findings: most fish are ancient polyploids. *Genome Biology* **5**, 250.

Van de Peer, Y., Baldauf, S. L., Doolittle, W. F., Meyer, A. 2000. An updated and comprehensive rRNA phylogeny of (crown) eukaryotes based on rate-calibrated evolutionary distances. *Journal of Molecular Evolution* **51**, 565–576.

Venkatesh, B., Kirkness, E.F., Loh, Y.H. *et al.* 2007. Survey sequencing and comparative analysis of the elephant shark (*Callorhinchus milii*) genome. *PLoS Biology* **5**, e101. PMID: 17407382.

Vinson, J.P., Jaffe, D.B., O'Neill, K. *et al.* 2005. Assembly of polymorphic genomes: algorithms and application to *Ciona savignyi*. *Genome Research* **15**, 1127–1135. PMID: 16077012.

Walbot, V. 2000. *Arabidopsis thaliana* genome. A green chapter in the book of life. *Nature* **408**, 794–795.

Walzer, K.A., Adomako-Ankomah, Y., Dam, R.A. *et al.* 2013. *Hammondia hammondi*, an avirulent relative of *Toxoplasma gondii*, has functional orthologs of known *T. gondii* virulence genes. *Proceedings of the National Academy of Sciences, USA* **110**(18), 7446–7451. PMID: 23589877.

Wan, Q.H., Pan, S.K., Hu, L. *et al.* 2013. Genome analysis and signature discovery for diving and sensory properties of the endangered Chinese alligator. *Cell Research* **23**(9), 1091–1105. PMID: 23917531.

Wang, D. Y., Kumar, S., Hedges, S. B. 1999. Divergence time estimates for the early history of animal phyla and the origin of plants, animals and fungi. *Proceedings of the Royal Society of London B: Biological Sciences* **266**, 163–171.

Wang, Z., Pascual-Anaya, J., Zadissa, A. *et al.* 2013. The draft genomes of soft-shell turtle and green sea turtle yield insights into the development and evolution of the turtle-specific body plan. *Nature Genetics* **45**(6), 701–706. PMID: 23624526.

Warren, W.C., Hillier, L.W., Marshall Graves, J.A. *et al.* 2008. Genome analysis of the platypus reveals unique signatures of evolution. *Nature* **453**(7192), 175–183. PMID: 18464734.

Warren, W.C., Clayton, D.F., Ellegren, H. *et al.* 2010. The genome of a songbird. *Nature* **464**(7289), 757–762. PMID: 20360741.

Wegrzyn, J.L., Liechty, J.D., Stevens, K.A. *et al.* 2014. Unique Features of the Loblolly Pine (*Pinus taeda* L.) Megagenome Revealed Through Sequence Annotation. *Genetics* **196**(3), 891–909. PMID: 24653211.

Werren, J.H., Richards, S., Desjardins, C.A. *et al.* 2010. Functional and evolutionary insights from the genomes of three parasitoid Nasonia species. *Science* **327**(5963), 343–348. PMID: 20075255.

Williams, B. A., Hirt, R. P., Lucocq, J. M., Embley, T. M. 2002. A mitochondrial remnant in the microsporidian *Trachipleistophora hominis*. *Nature* **418**, 865–869.

Winzeler, E.A. 2008. Malaria research in the post-genomic era. *Nature* **455**(7214), 751–756. PMID: 18843360.

Wolfe, K. H., Morden, C. W., Palmer, J. D. 1992. Function and evolution of a minimal plastid genome from a nonphotosynthetic parasitic plant. *Proceedings of the National Academy of Sciences USA* **89**, 10648–10652.

Xia, Q., Zhou, Z., Lu, C. *et al.* 2004. A draft sequence for the genome of the domesticated silkworm (*Bombyx mori*). *Science* **306**, 1937–1940. PMID: 15591204.

Xiong, J., Lu, Y., Feng, J. *et al.* 2013. *Tetrahymena* functional genomics database (TetraFGD): an integrated resource for *Tetrahymena* functional genomics. *Database* (Oxford) **2013**, bat008. PMID: 23482072.

Xu, P., Widmer, G., Wang, Y. *et al.* 2004. The genome of *Cryptosporidium hominis*. *Nature* **431**, 1107–1112. PMID: 15510150.

Yan, G., Zhang, G., Fang, X. *et al.* 2011. Genome sequencing and comparison of two nonhuman primate animal models, the cynomolgus and Chinese rhesus macaques. *Nature Biotechnology* **29**(11), 1019–1023. PMID: 22002653.

Yang, N., Farrell, A., Niedelman, W. *et al.* 2013. Genetic basis for phenotypic differences between different *Toxoplasma gondii* type I strains. *BMC Genomics* **14**, 467. PMID: 23837824.

You, M., Yue, Z., He, W. *et al.* 2013. A heterozygous moth genome provides insights into herbivory and detoxification. *Nature Genetics* **45**(2), 220–225. PMID: 23313953.

Young, N.D., Bharti, A.K. 2012. Genome-enabled insights into legume biology. *Annual Review of Plant Biology* **63**, 283–305. PMID: 22404476.

Young, N.D., Debellé, F., Oldroyd, G.E. *et al.* 2011. The Medicago genome provides insight into the evolution of rhizobial symbioses. *Nature* **480**(7378), 520–524. PMID: 22089132.

Yu, J., Hu, S., Wang, J. *et al.* 2002. A draft sequence of the rice genome (*Oryza sativa* L. ssp. *indica*). *Science* **296**, 79–92. PMID: 11935017.

Yu, J., Wang, J., Lin, W. *et al.* 2005. The genomes of *Oryza sativa*: a history of duplications. *PLoS Biology* **3**, e38. PMID: 15685292.

Yuan, J., Cheng, K.C., Johnson, R.L. *et al.* 2011. Chemical genomic profiling for antimalarial therapies, response signatures, and molecular targets. *Science* **333**(6043), 724–729. PMID: 21817045.

Zdobnov, E.M., von Mering, C., Letunic, I. *et al.* 2002. Comparative genome and proteome analysis of *Anopheles gambiae* and *Drosophila melanogaster*. *Science* **298**, 149–159. PMID: 12364792.

Zhan, S., Merlin, C., Boore, J.L., Reppert, S.M. 2011. The monarch butterfly genome yields insights into long-distance migration. *Cell* **147**(5), 1171–1185. PMID: 22118469.

Zhang, G., Cowled, C., Shi, Z. *et al.* 2013. Comparative analysis of bat genomes provides insight into the evolution of flight and immunity. *Science* **339**(6118), 456–460). PMID: 23258410.

Zuegge, J., Ralph, S., Schmuker, M., McFadden, G. I., Schneider, G. 2001. Deciphering apicoplast targeting signals: feature extraction from nuclear-encoded precursors of *Plasmodium falciparum* apicoplast proteins. *Gene* **280**, 19–26.

第 20 章

人类基因组

这个项目将使我们更好地了解人体生物学，在很多人类疾病的诊断和最终的控制上取得快速的进展。通过可视化，也将促进大范围内新的 DNA 技术的发展，产生很多可以在实验上可利用的生物体的基因序列和基因图谱，作为促进我们对其他所有生物体的了解的核心信息。

—— National Research Council（1988，第 11 页）

 学习目标

通过阅读本章你应该能够：

● 描述人类基因组的主要特征；

● 提供全部人类染色体的概观，对染色体大小，基因数目和染色体的主要特征进行一个整体的描述；

● 阐明一些重要的人类基因组项目如人类单倍体型计划和千人基因组计划的目标和主要结论。

20.1 引言

人类基因组是智人（*Homo sapiens*）DNA 的完整集合。这些 DNA 编码了蛋白质和其他的产物，决定了我们的细胞，并最终决定了作为生物实体的我们的存在。通过基因组 DNA，蛋白质编码基因得以表达，我们身体数万亿个细胞形成体系结构。而人与人之间的不同，从身体特征、个性人格到患病状况，也全都来源于基因组的差异。

2003 年最初的人类基因组测序是科学史上的巨大成功。这个计划的完成恰好发生在 Crick 和 Watson（1953）发表 DNA 双螺旋结构的 50 年之后。测序依赖于数百名科学家参与的国际协作（公众基金资助的国际人类基因组测序联盟，IHGSC，下文的"人类基因组计划"对其进行了描述）。如果没有新兴的生物信息学和基因组学领域的基础性进步，测序计划也将难以进行。

在本章中，我们首先总结了人类基因组计划的主要发现。其次，从三个方面回顾了人类基因组研究的链接：美国国立生物技术信息中心（the National Center for Biotechnology Information，NCBI）；Ensembl 软件系统（the Ensembl project）以及加州大学圣塔克鲁分校（UCSC）的基因组研究中心。

2001 年，IHGSC（2001）和 Celera Genomics（Venter 等，2001）报道了人类基因组草图的序列与分析。本章接下来的部分将依据国际人类基因组测序联盟发表的 62 页的人类基因组测序及分析草图文章的脉络，从生物信息学的角度来讲述人类基因组。我们也描述了常染色体测序的完成（IHGSC，2004）及关于 22 条常染色体和 2 条性染色体（包括线粒体基因组）的特征方面的后续发现。最后，描述了人类基因组的差异，包括人类单倍体型图计划（the HapMap Project），千人基因组计划（the 1000 Genomes Project）和个体基因组分析。

这些研究结果是从不同的资源中总结得出，包括 IHGSC（2001）、Venter 等（2001）和 Wellcome Trust Sanger 研究所（http://www.sanger.ac.uk/about/history/hgp/，链接 20.1）。

20.2　人类基因组计划的主要结论

作为人类基因组计划的介绍，我们首先对其主要发现进行总结。这些发现来自于 IHGSC（2001）的文献，另外还有近些年的发现作为补充。

① 据报道，人类基因组内有约 30000～40000 个预测的蛋白质编码基因。然而，最初的测序与注释是不完整的，在随后的几年随着更多脊椎动物的基因组被测序，开发了各种各样新的工具（第 8、第 9 章）和比较方法。一个修正的估计表明约有 20300 个蛋白质编码基因（IHGSC，2004，Ensembl.org）。这是个令人惊讶的估计，因为我们的基因数与拟南芥（*Arabidopsis thaliana*，根据 TAIR 约有 27000 个蛋白质编码基因）和河豚（puffer fish，根据 Ensembl 约有 18500 个蛋白质编码基因）这些更简单的生物的基因数大致相同。在很多线虫和昆虫的基因组内发现了更多的基因。

Ensembl 的关于基因数目的估计（和许多其他人类基因组统计数据）在 http://www.ensembl.org/Homo_sapiens/Info/Annotation（链接 20.2）。第 79 版列出了 20300 个人类蛋白质编码基因。

② 人类蛋白质组比无脊椎动物基因组所编码的蛋白质集复杂得多。脊椎动物具有更为复杂的蛋白质域结构的组合。另外，在 mRNA 转录本加工过程中，人类基因组通过可变剪切表现出了更大的复杂性。

③ 据最初的报导，数以百计的人类基因都是从细菌中通过基因的横向转移而来（IHGSC，2001；Porting，2001）。随后，Salzberg 等（2001）提出一个修正后的估计，约有 40 个基因经历了水平转移。这些基因与细菌的序列同源，但与其他脊椎动物与非脊椎动物没有同源性。近些年的研究重点已经从通过横向转移获取的基因（第 17 章）转到大量的寄居在人体内的细菌、古细菌和病毒的基因，被称为人体微生物学。我们在第 17 章讨论过这一计划。

我们在第 8 章介绍了不同类型的重复元件，在下文的"人基因组重复内容（Repeat Content of Human Genome）"中对它们进行进一步的定义。

④ 超过 98% 的人类基因组不含编码蛋白质的外显子。这些非编码的基因组区域大部分被重复的 DNA 元件所占据，如长散在序列（LINEs；20%）、短散在序列（SINEs，13%）、长末端重复（LTR）反转录转座子（8%）和 DNA 转座子（3%）。因此，人类基因组的一半来源于可转座元件。尽管如此，在人类谱系中这些元件的活性已有所下降。近年来 DNA 元件百科全书计划（ENCODE）已经建立了一个人类基因组功能元件深度富集的目录（第 8 章；ENCODE 联盟，2012）。这个计划定义了编码基因与非编码基因组结构，对普遍性转录活动进行分类，定义了诸如染色质修饰等不同的生化信号。

⑤ 片段扩增在人类基因组中是频繁发生的事件，尤其在中心体周围（pericentromeric）和端粒下区（subtelomeric）。人类基因组上的片段扩增比酵母、果蝇或是线虫基因组更为普遍。人类基因组上基因扩增的发生有三种主要的方式（Green 和 Chakravarti，2001）。一是罕见的串联扩增（局部区域内一段序列的多次复制）；二是由处理后的 mRNA 通过逆转录转座引起扩增，在一个或多个位点产生无内含子的旁系同源基因；三是最普遍的，染色体的大片段向另一位点转移时发生的片段扩增。我们在第 8 章讨论了这些概念。

目前 NCBI 的 SNP 数据库列出了约 1.13 亿个有 rs 标识符的 RefSNP 簇，其中超过 8800 万已经得到验证（dbSNP build 142，2015 年 3 月，https://www.ncbi.nlm.nih.gov/SNP/，链接 20.3）。

⑥ 人类基因组中有数十万个 *Alu* 重复，曾被认为是偶然杂乱复制的典型元件。但是，这些元件的分布并不是随机的：它们保留在 GC 含量高的区域。因此，可能对人类基因组有某些益处。

⑦ 男性减数分裂的突变率大约是女性的 2 倍，这暗示大部分突变是在男性中发生的。近来对各家族成员的全基因组测序表明每代的基因突变率约为每个碱

基对 1.2×10^{-8}（Scally 和 Durbin 综述，2012）。

⑧ 超过 140 万的单核苷酸多态性（SNP）已被鉴定。SNP 是单个核苷酸的变异，约每 100～300bp 会发生一次。国际单倍体型图计划协作组（2007）发表了 310 万个 SNP 的单倍体型图。目前，利用微阵列技术可以检查出单个样本 100 万个 SNP 的基因型和拷贝数，这对于人类基因组变异的研究具有深远的影响。

20.3　获得人类基因组数据的门户网站

获得人类基因组信息的方法有很多，包括三个主要的网站：NCBI、Ensembl 和 UCSC。

NCBI

NCBI 提供几种主要的途径获得人类基因组。可以从 NCBI 的 Genome 主页上选择人类基因组资源 "human genome resources"，这个选项提供了到各个染色体的和一系列网络资源的链接。另外，也可以选择 "the Map Viewer"（图 20.1）。在这个页面中单击一条染色体或输入查询文本可以搜索需要的信息。Map Viewer 页面整合了来自细胞遗传图谱、遗传连锁图谱、辐射杂种细胞图谱以及酵母人工染色体的人类序列和数据。

一个人类基因组资源页面见 https://www.ncbi.nlm.nih.gov/genome/guide/human/（链接 20.4）。图谱浏览器见 https://www.ncbi.nlm.nih.gov/projects/mapview/（链接 20.5）。

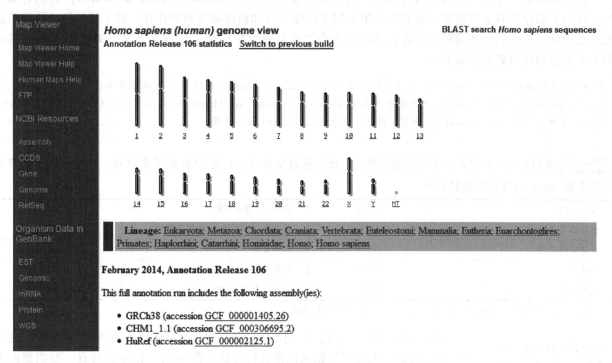

图 20.1　在 NCBI 上可获取人类基因组图谱浏览器（The Human Map Viewer）。该资源显示了人类基因组序列的细胞学、遗传学、物理学和辐射杂交图谱。一个搜索框（图中未显示）允许你输入查询条目，如 "hbb" 来获得 11 号染色体上的 β-球蛋白的图形视图

（来源：人类基因组图谱浏览器，NCBI）

通过访问 NCBI 基因页面查询一个基因，如 β-球蛋白（*HBB*），你可以使用另一个序列浏览器（图 20.2）。我们之前在基因组工作台（Genome Workbench）展示了这一浏览器。这一浏览器提供额外的数据轨，诸如支持这一基因模型的 RNA-seq 数据。在 NCBI 的 Gene 页面可以查询许多 NCBI 的其他特征，包括到 UniGene 条目的链接和人-小鼠-大鼠同源序列图谱。

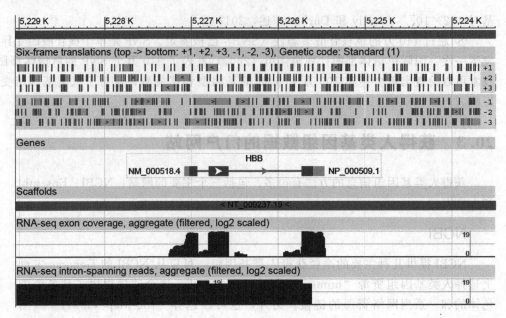

图 20.2 来自 NCBI 基因的序列浏览器展示了包含 β-球蛋白基因的 11 号染色体的区域。可以添加多种数据轨。这里列出了六帧的翻译、框架和 RNA-seq 数据（来源：NCBI 基因，NCBI）

Ensembl

Ensembl 是一个有关人类基因组和若干其他物种基因组的全面资源（Flicek 等，2014）。它能有效地与广泛的基因组工具进行链接，这些工具集中用于已知基因和新预测基因的注释。除了使基因的注释信息更易获得外，Ensembl 还提供了对各种基因预测模型的基础数据的获取，详见下文。关于 Ensembl 目前的人类信息的统计数据见表 20.1。

> Ensembl 是欧洲分子生物学实验室的欧洲生物信息研究所（EMBL EBI）和桑格研究所联合举办的项目，见 http://www.ensembl.org/（链接 20.6）。人类数据库见 http://asia.ensembl.org/Homo_sapiens/（链接 20.7）。我们在第 19 章讨论了关于大鼠、小鼠、斑马鱼、河豚、蚊子和其他生物体的 Ensembl 计划。

表 20.1 来自 Ensembl 的人类基因组统计资料。请注意碱基对（bp）指 DNA 表长度总和。Golden Path 长度指非冗余的 top-level 序列区域的总和

编码基因	20364	Genscan 基因预测	50117
小非编码基因	9673	短变异（SNP，插入，体细胞突变）	65897584
长非编码基因	14817	结构变异	4168103
假基因	14415	碱基对	3381944086
基因转录本	196345	Golden Path 长度	3096649726

注：来源于 Ensembl75 版；Flicek 等（2014），经 Ensembl 授权使用。

图 5.1 和图 5.2 展示了 Ensembl BLAST 服务器的一个示例。

UCSC 基因组生物信息学网站由 David Haussler 团队（Karolchik 等，2014）开发，见 http://genome.ucsc.edu（链接 20.8）。

Ensembl 主页上可以输入检索文本（如输入 HBB 查询人 β-球蛋白）进行 BLAST 检索，也可以根据染色体进行浏览（图 8.2）。该主页具有一些主要的入口访问 Ensembl 数据库。请注意在检索结果页面的顶部导航栏有 3 个标签，关于人类基因组、位置和基因，每一个都提供不同的浏览与分析选项。

① 我们介绍了染色体视图（chromosome view），其提供了一条完整染色体的概要信息 [图 8.2(a)]。

② 我们也提供了一个区域概述 [通过 Location 标签访问，图 8.2(b)]。这个使用了基于 JavaScript 的可滚动可缩放的浏览器，称为 Genoverse。

③ 查看 "region in detail"，提供了一个染色体区域的具体试图 [比如一个基因，如图 20.3(a) 展示的 HBB]。左侧边栏包括 "configure this page" 选项，允许你选择几百条轨道显示 [图 20.3(b)]。

(a) *HBB*的Ensembl位点视图

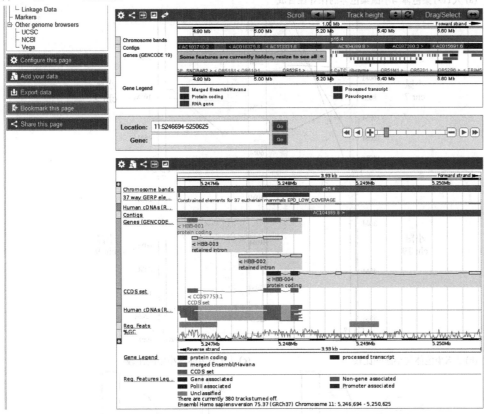

(b) Ensembl的配置选项

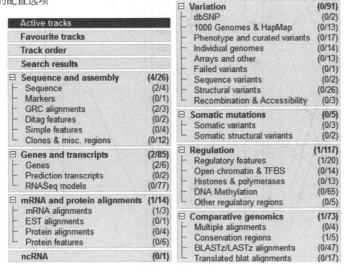

图 **20.3** Ensembl 人类基因组浏览器提供了丰富的资源。开始检索一个位点的直接方法是输入检索条目，如 HBB（顶部）来查询 β-球蛋白。（a）一个"Gene"标签提供了"region in detail"的链接。（b）左边栏包括到配置页面的链接。在浏览器内可以选择并展示数百条数据轨

［来源：Ensembl 75 版；Flicek 等（2014）。经 Ensembl 许可使用］

④ Genetic Variation 链接（在左侧边栏）包括含有每个基因不同种变异的列表的表格，包括了 SNP、SIFT 和 PolyPhen-2 分数信息（在第 9 章描述）。

⑤ 一个从位置标签得到的同线性视图显示了其他生物中染色体相应区域的某基因如 HBB 的定位（图 20.4）。这个图显示了四个与人类 11 号染色体对应的老鼠的染色体区域。为了对比，这个图也展示了最高保守的染色体（X 染色体）和最低保守的染色体（Y 染色体）。

关于人基因组计划的 NHGRI 介绍见 http://www.genome.gov/10001772（链接 20.9）。一个描述 NHGRI2003 版关于基因组未来的研究的文件可以在 http://www.genome.gov/11007524（链接 20.10，Collins 等，2003）查看。Eric Green 等的 2011 版见 http://www.genome.gov/pages/about/planning/2011nhgristrategicplan.pdf（链接 20.11）。我们在第 15 章的开头讨论这篇文章。

(a) 人11号染色体与小鼠染色体的保守性合成

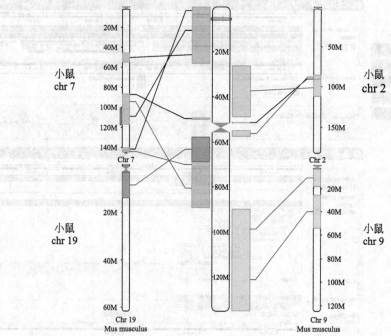

图 **20.4** Ensembl 位置标签可以链接到包括人/鼠在内的保守同线性图谱。（a）图的中心，人 11 号染色体（包括 *HBB* 基因，红色框）作为表意文字展示出来。这与小鼠第 7、第 2、第 19 和第 9 号染色体相对应。尽管现代人与小鼠约 9 千万年前发生了谱系分歧，鉴定保守同线性区域依然很简单。（b）人 X 染色体（在表意文字的右侧）与小鼠的 X 染色体在亲缘关系上非常接近。（c）人 Y 染色体（在表意文字的中心）与小鼠极端不保守

[来源：Ensembl 75 版；Flicek 等 （2014），经 Ensembl 许可使用]

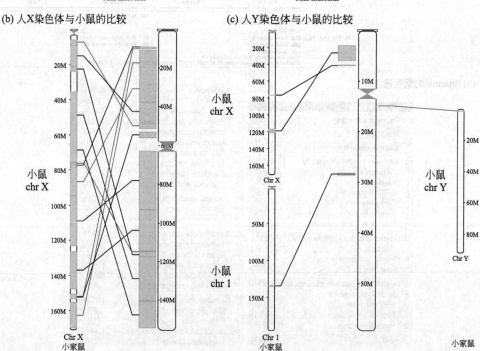

(b) 人X染色体与小鼠的比较

(c) 人Y染色体与小鼠的比较

Wellcome Trust Sanger 研究所的人类遗传学网站见 http://www.sanger.ac.uk/research/areas/ humangenetics/，http://www.sanger.ac.uk/science(链接 20.12)。人类基因组计划的门户网站是 http://www.sanger.ac.uk/about/history/hgp/（链接 20.13)。

⑥ 细胞视图 （Cyto view） 显示基因、BAC 末端克隆、重复元件和基因组 DNA 区域的覆瓦式路径 "tiling path"。

UCSC 人类基因组浏览器

在 UCSC （University of California at Santa Cruz） 中，人类基因组序列被注释为黄金路径 （Golden

Path）。除了 Ensembl 和 NCBI 以外，UCSC 人类基因组浏览器也是获取人类和其他脊椎动物基因信息的三大主要链接之一。UCSC 已经成为生物信息学与基因组学领域的基本资源，本书中我们主要依赖于这一网站。

NHGRI

美国国家人类基因组研究所（The National Human Genome Research Institute）在基因组测序、中间规模与大规模测序工作的协调、科技发展、政策发展方面起着主导作用。

Wellcome Trust Sanger Institute 研究所

Wellcome Trust Sanger 研究所是生物信息学和基因组学领域关键的代表性研究所。

> 虽然异染色质区域也有一定的基因，但是常染色质区域包含了基因组的大部分基因。

20.4　人类基因组计划

关于人类基因组计划的两篇文章发表于 2001 年 2 月，阐述了对人类基因组的初步了解（IHGSC，2001；Venter 等，2001）。本章余下的部分，我们根据国际测序联盟文章（IHGSC，2001）的纲要来叙述。但我们不会列举所有的发现，而是集中于一些选定的主题。2001 年报道的序列占人类基因组的 90%。

人类基因组计划的完成包括产生完整的图谱（利用跨越常染色体基因座的大片段插入克隆的连续且精确的比对）和完整的克隆（完全精确测序的）。其他的文章对人类所有 25 条染色体（22 条常染色体，2 条性染色体和 1 条线粒体基因组）进行了更详细的描述。我们在下文对这些研究发现进行了概括。IHGSC（2004）报道了人类基因组染色体测序的完成，尽管在这一阶段仍有 341 个空位，仅覆盖了染色体基因组的 1%。此外，较难测序的异染色质区域包含许多基因和其他感兴趣的元件。尽管人类基因组已经被测序，但是测序完成及序列注释仍在进行中。

> 美国国家人类基因组研究中心在 http：//www. genome. gov/10000923（链接 20.14）描述了处理程序。

人类基因组计划的背景

人类基因组计划最早由美国国家研究委员会（the US National Research Council）提出（1988），旨在建立人类基因组的遗传、物理和序列图谱。与此同时，其他模式生物［如细菌、酵母（*Saccharomyces cerevisiae*）、线虫（*Caenorhabditis elegans*）、果蝇（*Drosophila melanogaster*）和小鼠（*Mus musculus*）］的测序工作也得到了广泛的支持。

人类基因组计划的主要目标见表 20.2。其中一部分是 ELSI 研究，即研究人类基因组计划的实施引起的伦理（Ethical）、法律（Legal）和社会各方面的广泛问题（Social Issues）。美国能源部和国立卫生研究院每年把人类基因组计划预算的 3%～5% 用于 ELSI 研究，使其成为世界上最大的生命伦理学计划。

> 美国国家科学院出版社（The National Academy Press，http：//www. nap. edu，链接 20.15）免费提供这本书的 1988 版，见 https：//www. nap. edu/catalog. php？record_id＝1097（链接 20.16）。

ELSI 研究的问题包括：

- 谁拥有基因信息？
- 谁有权获得基因信息？
- 基因组信息对少数群体有什么影响？
- 新的生殖技术会产生什么样的社会问题？
- 应该如何管理遗传检查，如何判断其合法性和可靠性？
- 多大程度上基因可以决定行为？
- 转基因食品是否对人类健康有潜在的危险？

> 你可以在 http：//www. genome. gov/10001618（链接 20.17）或 http：//web. ornl. gov/sci/techresources/Human_Genome/elsi/index. shtml（链接 20.18）查阅关于 ELSI 的信息。

随着我们可以获得成千上万个体的接近完整的基因组 DNA 序列信息，上述这些问题变得越来越重要（见下文"变异：个体基因组测序"）。在第 21 章我们提出了由全基因组测序和全外显子组测序引起的其他

表 20.2　人类基因组计划的 8 个目标（1998-2013）。来自 http://www.ornl.gov/sci/techresources/Human_Genome/hg5yp/goal.shtml

人类基因组序列	• 在 2003 年底完成完整的人基因组测序
	• 在 2001 年底实现覆盖基于图谱克隆的工作草图的基因组的 90%
	• 使这些序列完全免费获取
测序技术	• 继续增加产量，降低当前测序技术的成本。
	• 增大对能显著改善当前测序技术的新奇的技术研究的支持
	• 开发新测序技术的有效发展与说明
人类基因组序列变异	• 开发实时的大规模的方法对单核苷酸多态性和其他 DNA 序列变异进行鉴定和/或打分
	• 鉴定近五年的时间内识别出的大多数基因的编码区域的常见变异
	• 建立一个至少有 100000 个标记的 SNP 图谱
	• 建立一个 DNA 样本和细胞系的公用资源
功能基因组技术	• 建立一个全长 cDNA 克隆和代表人类和其他模式生物基因的集合
	• 支持非蛋白质编码序列的功能研究
	• 开发基因表达的综合分析的技术
	• 改善全基因组范围内突变发生的研究方法
	• 开发大规模蛋白质分析的方法
比较基因组学	• 完成秀丽隐杆线虫和果蝇的基因组测序
	• 开发小鼠完整的物理图谱和遗传图谱，生成小鼠额外的 cDNA 资源库，到 2008 年完成小鼠的基因组测序
伦理、法律和社会问题	• 检查关于完成人基因组 DNA 测序和遗传变异研究的问题
	• 检查由于基因技术和信息整合引起的关于卫生保健与公共卫生活动的问题
	• 检查由于在非临床环境下基因组与基因和环境相互作用的知识的整合引起的问题
	• 探索新的基因技术通过何种途径影响了哲学、神学与伦理学的观点
	• 探索种族、民族和社会经济如何影响了基因信息的使用、理解和解释，以及遗传学服务的使用和政策的发展
生物信息学和计算生物学	• 提高数据库的内容和效用
	• 开发更好的工具用来生成、捕获和注释数据
	• 开发、改善综合功能研究的工具和数据库
	• 开发、改善工具用来体现并分析序列的相似性和变异
	• 建立一种机制来支持一个行之有效的方法，以保证可以生成稳定的，有输出功能且可以广泛共享的软件
训练和人力资源	• 培养精通基因组学研究的科学家
	• 鼓励基因组学科学家建立学术职业道路
	• 增加同时精通基因组学和遗传学，以及道德法律和社会科学的学者的数目

问题。如何处理"偶然"的发现，比如对某一个体进行基因组测序来确定基因突变时，发现了另一个完全不相关的突变使这个个体具有患癌倾向？

人基因组 2001 草图版本是基于总长度为 42.6 亿 bp(Gb) 的超过 29000 个 BAC 克隆的测序和组装，有 23Gb 的原始的鸟枪法序列数据。

GenBank 关于叠连群的信息见 https://www.ncbi.nlm.nih.gov/genbank/wgs/（链接 20.19）。

测序策略：用分级鸟枪法得到序列草图

公共联盟的测序方法是分级鸟枪法（Hierarchical Shotgun），其理论基础如下：

• 鸟枪法测序可以应用于不同大小的 DNA 分子，包括质粒（几 kb）、黏粒克隆（40kb）、酵母以及 BAC（1～2Mb）。

• 人类基因组含有大量的重复 DNA（约占基因组的 50%，见下文"人类基因组重复序列"）。公共联盟没有采用 Celera 公司的全外显子组鸟枪法，因为重复 DNA 片段的组装有很大的困难。公共联盟采取测定来自特定染色体的大段插入片段（通常 100～200kb）的克隆序列的方法进行测序。

• 将测序项目减少到特定染色体，使得国际联盟队伍将测序项目减少，并分配到一系列测序中心。链接 20.1 列出了这些测序中心。

在人类基因组计划的早期，原以为 DNA 测序技术的突破性进展已经能够胜任如此大规模的工程，然而事实并非如此。相反，随着计划的进行，Sanger 双脱氧测序法的基本原则也被不断改善（第 9 章）。Sanger 测序法（Green，2001）的主要进步包括基于毛细血管电泳的测序仪用来自动检测 DNA 分子、热稳定性聚合酶的改进、双脱氧核苷酸的末端荧光标记。

人类基因组组装

人基因组被组装成染色体，其大小从 50 到 250 百万碱基不等。大多数测序技术产生低于 1000bp 的读段，在某些情况下，接近 100bp。基因组组装是将基因组的所有片段组装到一起来展示基因组的序列。测序的读段有重叠的部分，生成一个多重序列比对，其中的一致区域被称为叠连群（contig）[由于测序二义性，可能含有 N 个（未知）碱基，但不含空位]。随着每个连续基因组的构建，全部叠连群中的小（小于 5Mb）片段减少（表 20.3）。叠连群框架（scaffold）定义为已排序的定向的叠连群；这些叠连群包含数量与长度已被估计的空位。我们在第 9 章讨论了基因组组装策略。

> NCBI 组装过程的描述见 https://www.ncbi.nlm.nih.gov/assembly/（链接 20.20，见组装基础和组装数据模型），注释的过程见 https://www.ncbi.nlm.nih.gov/genome/annotation_euk/process/（链接 20.21）。

表 20.3　按大小分类的叠连群。见 Build 37 统计（链接：http://www.ncbi.nlm.nih.gov/genome/guide/human/release_notes.html）

排列/kb	数目	长度/bp	占总数的百分比/%
<300	37	5818180	0.2
300～1000	39	23660700	0.82
1000～5000	32	79778700	2.78
>5000	82	2757100000	96.18

公共联盟获得基因组草图的过程是先挑选 BAC 克隆，然后测出其原始序列，再对各个克隆的序列进行组装。大部分基因文库都包含 BAC 克隆或 P1 人工克隆（PAC）。这些文库从匿名捐赠者的 DNA 中准备而来。挑选克隆也是鸟枪测序的一部分。通过连接 BAC 等大片段克隆的测序结果，序列数据被组装成整体的序列草图。图 15.11 是该过程的一个例子。

在 2000 年果蝇基因组测序和人基因组测序的最初过程中，Celera 公司极力推崇的全基因组鸟枪组装法被证明是成功的（Venter 等，2001）。从此以后，全基因组鸟枪法被广泛应用于数以千计的细菌、古细菌和真核生物基因组的测序计划中。Evan Eichler 和他的同事们曾警告，全基因组鸟枪测序和组装在组装重复 DNA 元件，如占人基因组超 5% 的片段重复时，表现很差（She 等，2004）。他们将全基因组鸟枪测序组装法与基于按顺序排列的克隆的组装法进行了比较，发现 3820 万碱基（38.2Mb）的着丝粒 DNA（约占一条小的常染色体的 80%）既没有被组装，也没有被分配或错分配。此外，She 等还表明 40% 的重复序列可能被错误组装。正确的解决这些问题需要一个靶向的方法以支持全基因组鸟枪测序与组装。

> GRCh38 在 2013 年 12 月份公布。GRC 的网站是 https://www.ncbi.nlm.nih.gov/projects/genome/assembly/grc/#（链接 20.22）。GRC 需要 EMBL-EBI、韦尔科姆基金会桑格研究所、华盛顿大学的基因组研究所和 NCBI 的共同合作。

基因组参考序列联盟（The Genome Reference Consortium，GRC）负责协调人、小鼠和斑马鱼基因组的新的组装工作。每几年就会发布一个新的基因组组装。当前的组装是 Genome Reference Consortium Human Build 38（缩写是 GRCh38）。GRCh38 强调下列问题（图 20.5），其中的一些来自人类基因组计划的分散特征和人类基因组不充分的复杂模型。

- 单倍体组装是指单倍型的混合。人类是二倍体，这些序列需要被表示出来。在一个二倍体生物组装中，一条染色体组装对来自个体的染色体集都可用。

- 组装存在错误。在新公布的版本中会对这些错误进行修正，GRC 偶尔也会发布"补丁"对叠连群框架内的信息进行更新。GRCh38 中修正的错误例子包括丢失的序列（如参考组装序列中缺失的 TAS2R45 基因）和转录本序列与基因组序列间的错配。

- 一些基因座展示了等位基因的复杂性。单一路径不能代表代替单倍型。GRC 创建了替代基因座的

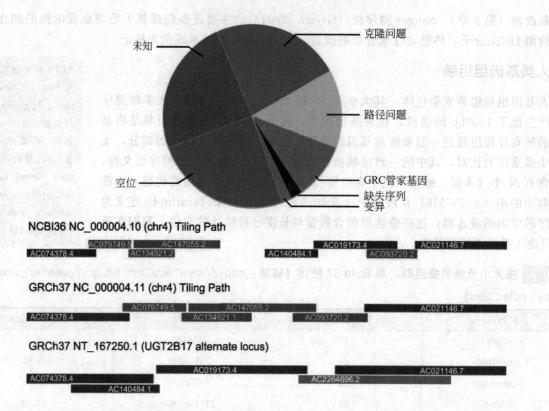

图 20.5 在 GRCh38 之前的版本中基因组参考序列委员会（GRC）解决的问题（2013 年 12 月）。顶部：问题类别。克隆问题：单克隆有单一的核苷酸差异或错误组装。路径问题：覆瓦式路径是不正确的，必须进行更新。GRC 管家基因：必须对覆瓦式路径进行调控。丢失序列：所有的序列都应该放置在组装上。变异：另一个等位基因也需要被表示出来。空位：需要对空位进行填充。底部：路径问题的示例。NCBI 的表示是一个混合单倍型，如覆瓦式路径所示。对于 GRCh37，覆瓦式路径还包括另外的位点。蓝色的克隆是被锚定的（包括所有的三条通路）。GRCh37 中红色的克隆对应一个插入的路径；深灰色的克隆在一段缺失的路径里（在底部）。一个浅灰色的克隆，没使用 NCBI36，来自于 GRCh37 交替基因座的一部分（参见彩色插图）

[来源：Church 等（2011）]

定义。举例来说，在 6 号染色体上检索主要组织相容性复合体（MHC）。

- 一些区域（如着丝粒）有着复杂的结构，现在经过改进后显示出来。

> 你可以利用"图谱和测序"部分的数据轨在 UCSC 基因组浏览器上查看 GRC 图谱叠连群、GRC 事件数据库、补丁和单倍型，见 http://genome.ucsc.edu（链接 20.23）。例如，查看 6 号染色体上一段 6.5Mb 的区域（GRCh37 的 6 号染色体：27500001～34000000）。允许访问 MHC 区域的 DNA 序列的替代基因座。

表 20.4 列出了 GRCh38 的一些全局统计。序列总长度约 32 亿 bp，仍有 160Mb 的空位（尤其是完全测序比较困难的高度重复序列）。

测序的关键方面是测序片段的连续程度。一个克隆或叠连群的平均长度并不足以衡量基因组被测序和

表 20.4 人 build38 的总体统计。25 条染色体包括 1～22、X、Y 和线粒体染色体

有额外的基因座或片段的区域的数目	207	框架 N50	67794873
序列总长度	3209286105	叠连群的数目	1385
组装空位的总长度	159970007		
框架间的空位	349	叠连群 N50	56413054
框架的数目	735	染色体中数目	25

注：来源于 http://www.ncbi.nlm.nih.gov/assembly/GCF_000001405.26/。

组装的程度。取而代之，N50 长度表示最大长度 L，即所有核苷酸中的 50％ 被包含在尺寸至少为 L 的叠连群或拼接转录本中。对于人类基因组序列草图来说，所有核苷酸的半数存在于一个长度至少为 8.4Mb 的指纹克隆叠连群。在 GRCh36 基因组组装中 N50 的长度上升到 38.5Mb，当前，叠连群和叠连群框架的 N50 值分别为大于 56Mb 和约 68Mb（表 20.4）。

人类基因组广泛概貌

基于每条染色体的测序项目，我们在下文详细讨论 25 条人类染色体（见"25 条人类染色体"）。常染色体基本上按大小排列。最大的染色体（1 号染色体）的长度约为 249Mb，最小的染色体（21 号染色体）的长度为 48Mb。

对人类基因组核酸序列有了近乎完全的了解后，我们可以探索它的主要特点，包括以下方面：

- GC 含量分布
- CpG 岛和重组率
- 重复序列含量
- 基因含量

下面我们将逐一介绍这四个特征。使用 UCSC、Ensembl 和 NCBI 的资源，我们可以对基因组概貌进行从单个核苷酸到整个染色体各个水平的研究。

> 你可以在 NCBI、Ensembl 或 UCSC 基因组浏览器上查看任意染色体的 GC 含量。例如，在 Ensembl 基因组浏览器上点击"configure"以添加一个 GC 含量层。在 UCSC 的表格浏览器中，你可以按照染色体来总结，将 GC 含量输出成一个 BED 文件。

GC 含量的长程变化

人类基因组的平均 GC 含量是 41％，但是存在一些相对富含 GC 和缺乏 GC 的区域。总体 GC 含量直方图（20kb 窗口）显示向右连续下降的总体图谱（图 20.6）。58％的窗口 GC 含量低于平均值，42％高于平均值，包含一个高 GC 区域的长尾区。

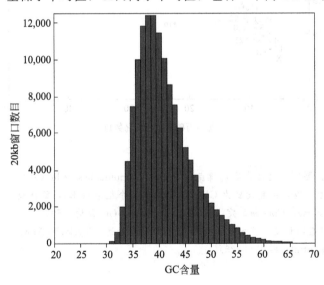

图 20.6 对 20kb 窗口基因组草图序列 GC 含量直方图。注意分布向右连续下降，平均 GC 含量为 41％
［来源：IHGSC(2001)。经 Macmillan 出版社许可使用］

Giorgio Bernardi 和他的同事们提出哺乳动物基因组是由一些大的 DNA 片段（如＞300kb）镶嵌而成。这些片段被称为"等容线"，它们组分均一，可以分为低 GC 家族（L1、L2）和高 GC 家族（H1，H2，H3）。然而 IHGSC（2001）报告未鉴别出严格意义上的等容线，Haring 和 Kypr（2001）在人类 21 号、22 号染色体上也未发现等容线。但 Bernardi 和他的同事们随后的分析（Bernardi，2001；Costantini and Bernardi，2008；Arhondakis 等，2011）仍支持人类基因组是由不同 GC 含量的片段镶嵌组成。造成这一分歧的部分原因是分析时选定的基因组 DNA 窗口的大小不同。

> 等容线的名称 L（轻）和 H（重）指在氯化铯梯度基因组 DNA 的沉降行为。基因组 DNA 片段根据它们的 GC 含量迁移到不同的位置。

基因沉默是指转录抑制现象。我们在第12章简要描述了MeCP2蛋白通过与甲基化的CpG岛结合引起的基因沉默（图12.9，图12.10）。MeCP2进一步招募蛋白，诸如组蛋白脱乙酰基酶，改变染色质的结构进而抑制转录。*MECP2*基因是一个X连锁基因，编码MeCP2蛋白，当其发生突变，会引起雷特综合征（Rett sydrome，Amir等，1999）。这种疾病在女孩中会导致不同的神经系统症状，包括有目的的手部运动缺失，癫痫发作和自闭症样行为（第21章）。X染色体失活是一个剂量补偿机制，女性体细胞选择性地沉默母系或父系来源的X染色体的基因的表达（Avner和Heard，2001）。

CpG岛

二核苷酸CpG岛在基因组DNA中的含量非常低，出现率仅为预计值的1/5（我们在第8章讨论这一主题）。许多CpG二核苷酸的胞嘧啶被甲基化，随后脱去氨基形成胸腺嘧啶。然而在基因组中仍有许多"CpG岛"，它们常常与管家基因的启动子和外显子区相联系（Gardiner-Garden和Frommer，1987）。这些CpG岛参与基因沉默、基因组印记以及X染色体失活等过程（Tycko和Morison，2002；Jones，2012；Smith和Meissner，2013）。

在NCBI、Ensembl和UCSC基因组浏览器网站上都可以显示预测的CpG岛。根据IHGSC（2001），人类基因组有50267个预测的CpG岛。用RepeatMasker去除重复DNA序列后，还有28890个CpG岛，与GRCh37的UCSC Table Browser上列出的数目符合（数量的下降反映了Alu重复元件的高GC值）。大部分染色体上每百万碱基对的DNA序列就有5~15个CpG岛，在19号染色体（基因密度最大的染色体）上，每百万碱基对有43个CpG岛（图20.7）。

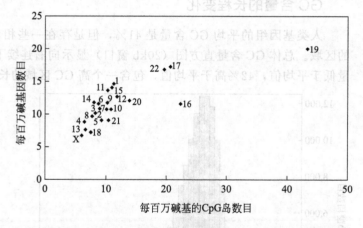

图20.7　每个染色体每百万碱基对序列中CpG岛的数目和针对每百万碱基对序列的基因数目。注意基因最丰富的19号染色体上每百万碱基对有最多的CpG岛数目

[来源：IHGSC(2001)。经Macmillan出版社许可使用]

UCSC的表格浏览器列出了人类基因组的28691个CpG岛。要查阅这些内容，请点击http://genome.ucsc.edu（链接20.24）。将进化支（clade）设置为脊椎动物，基因组设置为人类，组装设置为GRCh37（或另一个组装版本），群体设置为常规，轨迹为CpG岛，点击汇总统计（summary statistics）。CpG岛的定义为在这段序列中，GC含量≥50%，长度>200bp，观察到的CG二核苷酸数量比预期>0.6。基因组印记是母系和父系等位基因的差异表达。Tycko和Morison提供印记基因的数据库（http://igc.otago.ac.nz/home.html，链接20.25）。

遗传距离与物理距离的比较

可以通过比较染色体的遗传图和物理图来估计每个核苷酸的重组率（Yu等，2001）。遗传图即连锁图，是基于减数分裂重组的染色体图。在减数分裂中细胞内两个拷贝的染色体分配到两个细胞中，减少为一份拷贝。在这个过程中父母同源染色体发生了同源重组（交换DNA）。遗传图用基因的重组率来描述DNA序列（基因）的相对距离，以厘摩（centimorgan，cM）为单位。1cM相当于1%的重组率。

在NCBI，Ensembl和UCSC上都可以查看物理图谱和遗传图谱。

与遗传图谱不同，物理图谱描述的是核苷酸序列在染色体上的物理位置。人类基因组测序完成使遗传图谱与物理图谱的比较成为可能。

图20.8显示了人类12号染色体序列的遗传距离（y轴，单位cM）和物理距离（x轴，单位Mb）（IHGSC，2001）。有两个主要的结论：第一，染色体着

丝粒附近的重组受到限制（图 20.8 箭头 1 指向的平坡），而靠近端粒部分重组率显著增加。这一现象在男性中尤其明显。第二，长染色体臂倾向于 1cM/Mb 的平均重组率，而短臂具有高得多的重组率（＞2cM/Mb）。整个基因组的重组率分布为 0～9cM/Mb（Yu 等，2001）。研究还发现了 19 个重组"沙漠"（长度超过 5Mb，平均重组率低于 0.3cM/Mb）和 12 个重组"丛林"（长度超过 6Mb，平均重组率高于 3.0cM/Mb）。在本章最后的计算机实验练习中，我们列出 UCSC Genome Browser 上的高（或低）重组率区域。

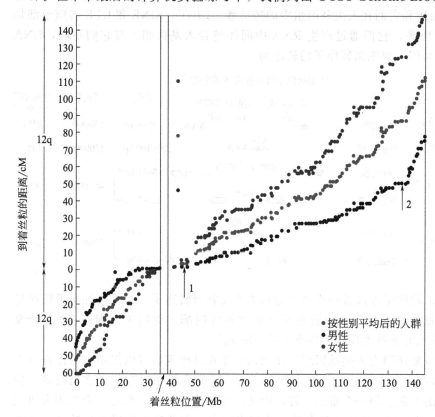

图 20.8　人类 12 号染色体的物理距离（单位 Mb，x 轴）与遗传距离（单位 cM，y 轴）的比较。注意，着丝粒附近重组率较低（箭头 1），而端粒附近（各染色体的末梢部分）重组率较高。重组率在男性减数分裂图上尤其高（箭头 2）

［来源：IHGSC（2001）。经 Macmillan 出版社许可使用］

人基因组重复序列的含量

重复 DNA 序列约占人类基因组的 50% 以上，这些重复序列的来源和它们的功能是研究者很感兴趣的问题。有几种不同的重复序列？它们在何时何处产生？它们为什么混杂在我们的基因组中不断生长？它们的复制是没有目的性的吗？人类基因组计划的成果之一就是让我们开始了解我们基因组中重复序列含量的多少及其性质。

正如第 8 章讨论的那样，在人类基因组中有五类主要的重复 DNA 序列（Jurka，1998；IHGSC，2001）。

① 散在插入重复（转座子引起的重复）。

② 处理过的假基因：蛋白质编码基因的失活、部分反转录拷贝。

③ 简单序列重复：微卫星和小卫星，包括类似 $(A)_n$、$(CA)_n$ 或 $(CGG)_n$ 的短序列。

④ 片段性重复，包括大约 10～300kb 的片段，这些片段从基因组的一个区域拷贝到另一个区域。

⑤ 串联重复序列片段，例如着丝粒、端粒和核糖体的基因簇。

在下面的章节中，我们将逐一概述上述各类重复序列。

转座子来源的重复序列

令人惊奇的是，45% 或更多的人基因组是由转座子来源的重复序列构成。它们也被叫做散在重复序列。许多转座子来源的重复序列在久远的过去（数亿年前）就在人类基因组上复制增殖；由于序列分化存在差异，所以 45% 可能是一

散在重复序列的数量使用 RepeatMasker 搜索 repbase 来进行估计（见第 8 章）。

个保守的估计。转座子来源的重复序列可分为四类 (Jurka，1998；Ostertag 和 Kazazian，2001)：

- 占人类基因组 21% 的长散在元件 LINE；
- 占人类基因组 13% 的短散在元件 SINE；
- 占人类基因组 8% 的 LTR 转座子；
- 约占人类基因组 3% 的 DNA 转座子。

图 20.9 显示这些重复序列的结构和它们在人类基因组中的拷贝数。LINE、SINE 和 LTR 转座子都是具有编码反转录酶活性的反转录转座子，它们通过产生 RNA 中间体整合入基因组。与它们不同，DNA 转座子具有反向末端重复序列，并编码类似细菌转座子的转座酶。

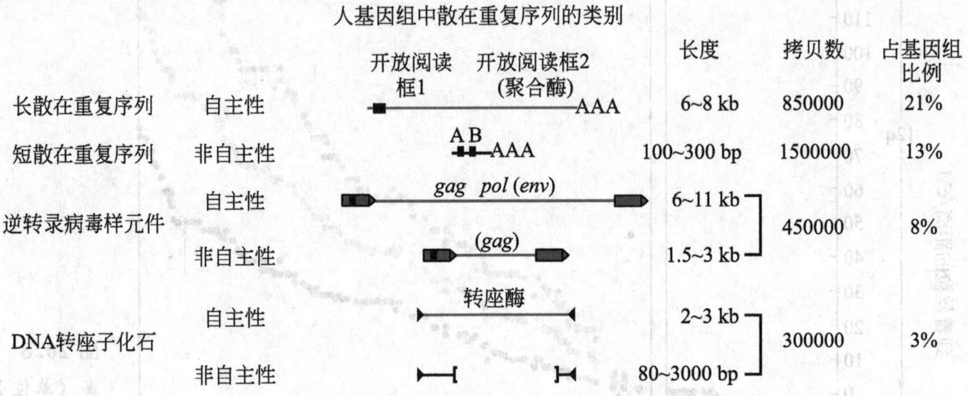

图 20.9 人类基因组中有四种可转座元件：LINE、SINE、LTR 转座子和 DNA 转座子 [来源：IHGSC(2001)。经 Macmillan 出版社许可使用]

人基因组中散在重复序列的类别		开放阅读框1 / 开放阅读框2（聚合酶）	长度	拷贝数	占基因组比例
长散在重复序列	自主性	████—AAA	6~8 kb	850000	21%
短散在重复序列	非自主性	A B —AAA	100~300 bp	1500000	13%
逆转录病毒样元件	自主性	gag pol (env)	6~11 kb	450000	8%
	非自主性	(gag)	1.5~3 kb		
DNA转座子化石	自主性	转座酶	2~3 kb	300000	3%
	非自主性		80~3000 bp		

> **ALU 元件的命名是由于限制性内切酶 ALU 1 在这段序列中有酶切位点。在小鼠中，这些元件称为 B1 元件。**

反转录转座子可以进一步细分为自主的反转录转座子（编码活性对于转座是必需的）和非自主的反转录转座子（依靠外源的酶，如宿主细胞的 DNA 修复酶）。最常见的非自主反转录转座子是 Alu 元件。

散在重复序列占人类基因组的比例远大于在其他真核基因组中占的比例（表 20.5）。散在重复序列的总数估计为 300 万，这些重复序列为分子进化的研究提供了有力的工具。每一个重复元件，即使已经功能性失活，都是一个可用来研究物种内与物种间基因组演化的"化石记录"。转座子随机独立地积累突变，因此我们可以通过转座子间的多序列比对来计算序列差异度。转座子的进化可以看作是一个分子钟，其校准可基于已知的物种分化时间，如人和古猿（2300 万年前）。基于这些系统发生学的分析结果，已经得到一些结论（IHGSC，2001；图 20.10）：

- 人类基因组中大部分散在重复序列是很古老的，在 1 亿年前哺乳亚纲出现的年代之前就已产生。这些元件仅是缓慢地从基因组中移除。
- SINE 和 LINE 在很久以前就已经存在，有些可以回溯到 1.5 亿年前。
- 在过去的 5000 万年中，没有证据显示人类基因组中有 DNA 转座子活动，因此，它们已经是绝种的化石。

表 20.5 四种真核基因组中的散在重复序列。"碱基"指占基因组碱基数的百分比，"家族"指基因组中家族的近似值。来源于 IHGSC (2001)，经 Macmillan 出版社许可使用

项目	人		果蝇		线虫		拟南芥	
	碱基/%	家族	碱基/%	家族	碱基/%	家族	碱基/%	家族
LINE/SINE	33.4	6	0.7	20	0.4	10	0.5	10
LTR	8.1	100	1.5	50	0	4	4.8	70
DNA	2.8	60	0.7	20	5.3	80	5.1	80
总计	44.4	170	3.1	90	6.5	90	10.5	160

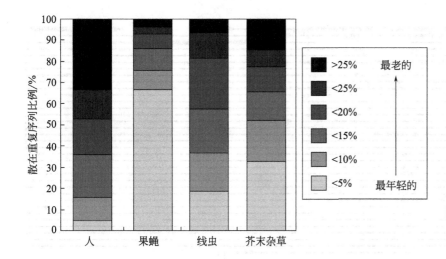

图 20.10　四种真核基因组中散在重复序列的年龄比较。年代较近的重复序列在人类中只有很小的比例

[来源：IHGSC（2001）。经 Macmillan 出版社许可使用]

简单序列重复

简单序列重复是完美的（或略不完美的）的 k-mer（k 个碱基）的串联重复构成的重复 DNA 元件。其中具有短的重复单位（k 约为 1～12bp）的简单序列重复被称为微卫星，而具有较长重复单位的（约 13～500bp）的简单序列重复被称为小卫星（Toth 等，2000）。

微卫星和小卫星约占人类基因组的 3％（IHGSC，2001）。最普遍的重复长度见表 20.6。最常见的重复单位是二核苷酸 AC、AT 和 AG。例子可见 RepeatMasker 程序介绍（图 8.8）。

表 20.6　人基因组中的简单序列重复（微卫星），SSR：简单序列重复

重复序列长度	每百万碱基的平均碱基数	每百万碱基的 SSR 的平均数目	重复序列长度	每百万碱基的平均碱基数	每百万碱基的 SSR 的平均数目
1	1660	33.7	7	906	8.4
2	5046	43.1	8	1139	11.1
3	1013	11.8	9	900	8.6
4	3383	32.5	10	1576	8.6
5	2686	17.6	11	770	8.7
6	1376	15.2			

注：来源于 IHGSC（2001），经 Macmillan 出版社许可使用。

片段性重复

片段性重复约占人类基因组的 5.7％。当基因组包含 1～200kb（典型的长度为 10～50kb）的序列重复区段，出现片段性重复（Bailey 等，2001）。许多这种重复是在较近的时间发生的，因为内含子和编码区都有较高的保守性（对于古老的复制事件，重复片段的内含子区域保守性会较低）。片段性重复可以在同一条染色体内，也可以在染色体间发生。着丝粒包含了大量的染色体间片段性重复，在一个 1.5Mb 区域内约 90％的序列含有这些重复（图 20.11）。较小范围的片段性重复也发生在接近端粒的区域。

人类基因组的基因含量

由于基因在人类生物学中的重要地位，研究人类基因组的基因含量成为人们关注的焦点。然而，辨别基因是在人类基因组序列识别中最难的部分（第 8 章），是项具有挑战性的工作，原因如下：

- 平均每个外显子只有 50 个密码子（150 个核苷酸），这样小的元件难以明确地被识别为外显子。
- 外显子被内含子隔开，有些间隔达数万碱基对。极端的例子如人类抗肌萎缩蛋白（dystrophin）基因全长超过 2.4Mb，这相当于传统细菌基因组的整个基因组长度。因此 DNA 测序与 RNA 测序相互补充使用仍是识别基因的重要手段。

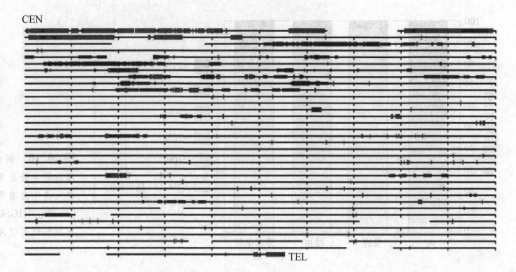

图 20.11　染色体的着丝粒包含大量的染色体间片段性重复。图上显示染色体内（黑色）和染色体间（红色）片段性重复的大小和位置。每条水平线代表了 22 号染色体长臂的 1Mb，每个标记表示 100kb 的间隔。着丝粒在左上，端粒在右下。摘自 IHGSC (2001)，经 Macmillan 出版社许可使用

- 有许多假基因，难以与有功能的蛋白质编码基因相区别。
- 我们对非编码基因的本质还很不了解（见第 10 章和下文）。

非编码 RNA

人类基因组中有许多不编码蛋白质的基因类型。非编码 RNA 在基因组 DNA 中难以识别，因为它们缺少开放阅读框、长度较短以及没有 polyA（因此，难以用纯化 mRNA 的寡聚 dT 捕获技术来富集）。非编码 RNA 使用基因识别算法难以检测，也不存在于 cDNA 文库中。这类非编码 RNA 包括：

> 我们在第 10 章讨论 cDNA 计划。

- 转运 RNA（tRNA），作为将 mRNA 翻译成蛋白质的氨基酸序列的接头；
- 核糖体 RNA（rRNA），用于 mRNA 的翻译；
- 小核仁 RNA（snoRNA），是核仁中 RNA 加工过程所必需的；
- 小核 RNA（snRNA），是剪接体行使功能所必需的。

在人类基因组草图中数百个非编码 RNA 已被识别（表 20.7）。其中 tRNA 基因最多，有 497 个，并有 324 个 tRNA 来源的假基因。tRNA 基因所对应的人类遗传密码已被破译。新版本的遗传密码图包含了各个氨基酸密码子的使用频率和对应 tRNA 基因的数目。得到的人类 tRNA 基因的总量还可以和其他真核生物的作比较（表 10.2）。

表 20.7　人基因组内的非编码基因。来自 IHGSC(2001)，经 Macmillan 出版社许可使用

RNA 基因	非编码基因数	相关基因数目	功能
tRNA	497	324	蛋白质合成
SSU(18S)RNA	0	40	蛋白质合成
5.8S rRNA	1	11	蛋白质合成
LSU(28S)rRNA	0	181	蛋白质合成
5S RNA	4	520	蛋白质合成
U1	16	134	剪接体组成
U2	6	94	剪接体组成
U4	4	87	剪接体组成
U4atac	1	20	小(U11/U12)剪接体组成
U5	1	31	剪接体组成
U6	44	1135	剪接体组成
U6atac	4	32	小(U11/U12)剪接体组成

RNA 基因	非编码基因数	相关基因数目	功能
U7	1	3	组蛋白 mRNA 3 加工
U11	0	6	小(U11/U12)剪接体组成
U12	1	0	小(U11/U12)剪接体组成
SPR(7SL)RNA	3	773	信号识别颗粒组成
RNAse P	1	2	tRNA5′末端加工
RNAse MRP	1	6	rRNA 加工
端粒酶 RNA	1	4	用于添加端粒的模板
hY1	1	353	Ro RNP 的组成,功能未知
hY3	25	414	Ro RNP 的组成,功能未知
hY4	3	115	Ro RNP 的组成,功能未知
hY5(4.5S RNA)	1	9	Ro RNP 的组成,功能未知
穹窿体 RNA	3	1	13Mda 穹窿体 RNA 的组成
7SK	1	330	未知
H19	1	2	未知
Xist	1	0	起始 X 染色体的失活
已知 C/D snoRNA	69	558	前 rRNA 加工或 rRNA 位点特异性的甲基化
已知 H/ACA snoRNA	15	87	前 rRNA 加工或 rRNA 位点特异性的甲基化

　　19 号染色体的 GC 含量最为富集,基因密度也最大 (26.8 每百万碱基)。整个基因组的基因平均密度预测为 11.1 每百万碱基。Y 染色体基因密度最小,预计约 6.4 每百万碱基。

蛋白质编码基因

　　蛋白质编码基因具有外显子、内含子和调控元件,表 20.8 总结了这些基本特征。人类基因平均编码序列长度为 1340bp(IHGSC,2001),与线虫 (1311bp) 和果蝇 (1497bp) 的蛋白质编码序列的平均长度相差无几。这三个物种的大部分内部外显子长约 50～200bp [图 20.12(a)],尽管线虫和果蝇的长外显子比例更大 [图 20.12 (a) 曲线的尾部]。然而,人类内含子长度的变化要大得多 [图 20.12(b),图 20.12 (c)],因而人类基因长度比线虫和果蝇有更大的变化范围。

　　最长的编码序列是肌联蛋白 (104,301bp;NM_001256850.1)。肌联蛋白的基因位于染色体 2q24.3,有 178 个外显子,编码有 34350 个氨基酸的肌肉蛋白 (约 380 万 Da)。相反,一个典型的由一段 1340bp 的 mRNA 转录的蛋白质约 50000Da。

表 20.8 人类基因的特征。aa 为氨基酸;bp 为碱基对;kb 为千碱基对。来自 IHGSC (2001),经 Macmillan 出版社许可使用

特征	大小(中位值)	大小(平均)
外显子	122bp	145bp
外显子数目	7	8.8
内含子	1023bp	3365bp
3′非编码区	400bp	770bp
5′非编码区	240bp	300bp
编码序列	1100bp	1340bp
编码序列	367aa	447aa
基因长度	14kb	27kb

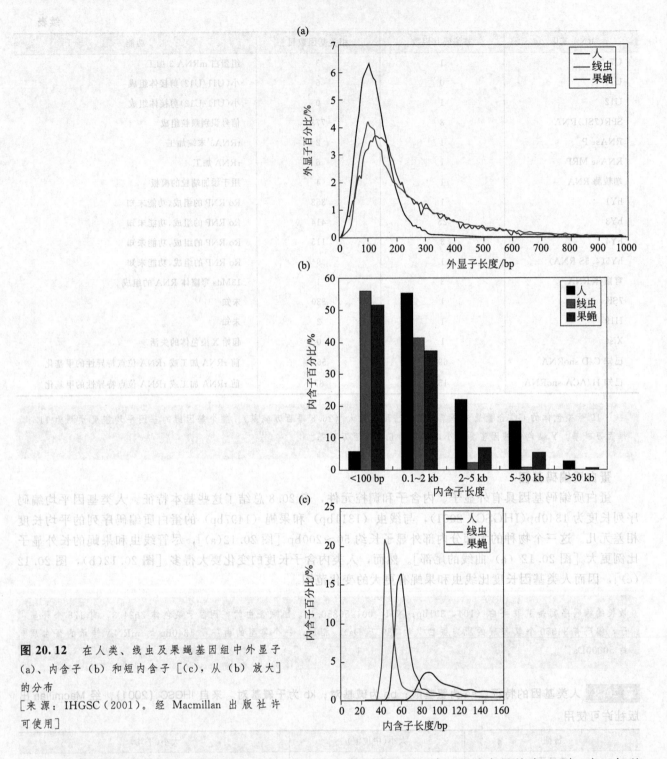

图 20. 12 在人类、线虫及果蝇基因组中外显子 (a)、内含子 (b) 和短内含子 [(c)，从 (b) 放大] 的分布
[来源：IHGSC（2001）。经 Macmillan 出版社许可使用]

蛋白质编码基因与高 GC 含量相关（图 20.13）。尽管人类基因组中 GC 总含量约为 41%，在已知基因（有 RefSeq 索引号）中 GC 含量要更高一点 [图 20.13（a）]。当 GC 含量从 30% 增加到 50% 时，基因密度增加了 10 倍 [图 20.13（b）]。

当前 Ensembl 列出了 20300 个蛋白质编码基因（表 20.1）。在 InterPro 中 10 个最普遍的蛋白质编码基因包括免疫球蛋白结构域和蛋白激酶（表 20.9）。

比较蛋白质组分析

比较分析的重要性使之成为基因组学的基本原则。IHGSC（2001）基于 InterPro 和 Gene Ontology（GO）

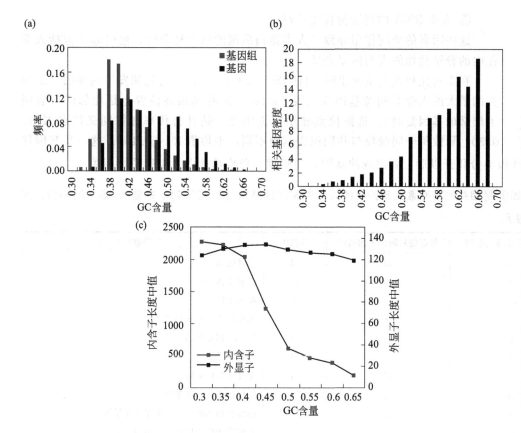

图 **20.13**　（a）基因组和基因中 GC 含量的分布说明蛋白质编码基因和高 GC 含量相关。（b）基因密度作为 GC 含量的函数［基因密度通过（a）中数据的比例得到］，随着 GC 含量的上升，其迅速增加。（c）平均外显子长度不受 GC 含量的影响，但内含子随 GC 含量上升而迅速变短

［来源：IHGSC（2001）。经 Macmillan 出版社许可使用］

表 20.9　智人的十个最常见的 InterPro 匹配

InterPro	InterPro 名称	基因数	InterPro	InterPro 名称	基因数
IPR007110	免疫球蛋白样结构域	7199	IPR000719	蛋白激酶结构域	2283
IPR027417	含三磷酸核苷水解酶的 P 环	3901	IPR003599	免疫球蛋白亚型	1654
IPR011009	蛋白激酶样结构域	2543	IPR017452	GPCR，类视紫红质，7TM	1631
IPR015880	锌指，C2H2 样	2500	IPR000276	G 蛋白偶联受体，视紫红质样	1567
IPR007087	锌指，C2H2	2414	IPR001909	Krueppel-associated box	1519

注：来源于 Ensembl 75 版；Flicek 等（2014），经 Ensembl 授权使用。

分类法对这些蛋白质的功能组进行分析。据预测人类在细胞骨架、转录/翻译、防卫和免疫等功能方面具有更多的蛋白质编码基因。

使用 BLASTP 在非冗余数据库中检索每一个预测基因，可以对人类蛋白质组进一步研究。总体上看，74% 的蛋白质明显与其他已知蛋白相关。相信随着数据库中序列的增多，人类蛋白质和其他真核生物（细菌、古细菌）的蛋白质的匹配数会继续增加。

> 我们在第 12 章讨论 GO Consortium 和 InterPro。

人类蛋白质组的复杂性

人类蛋白质编码基因的数量和其他的多细胞动物、植物相差不多，仅比单细胞真菌大 3 倍。但是人类蛋白质组可能要复杂得多，原因如下（IHGSC，2001）：

① 相对来说，人类比其他生物有更多的结构域和蛋白家族；

② 人类基因组含有较多旁系同源基因，有产生更多样功能的潜力；

③ 有更多的具有复合功能的多域蛋白；

④ 人类蛋白质组的结构域体系更复杂；

人染色体索引编号列表
见 ftp://ftp.ncbi.nlm.
nih.gov/genomes/H_
sapiens/Assembled_ch
romosomes/chr_NC_
gi（链接 20.26）。

⑤ 人类 RNA 的可变剪接更广泛。

这些因素的协同作用导致了人类蛋白质组的巨大复杂性，也引起了包括人类在内的脊椎动物的表型的复杂性。

在重新注释人类基因组时，IHGSC（2004）指出了与近期发生的基因复制相关的最大的人旁系同源基因簇（表 20.10）；这些基因在位置上是相邻的（表明了局部的基因复制）。选择位点显示接近中性（估计替代率在每同义位点 $Ks<0.30$，导致每个同源物与共同祖先基因不同，平均值 $Ks<0.15$）。这一类基因代表了人类谱系中（与啮齿类分化开以后）新出现的基因，与嗅觉、免疫功能以及生殖系统相关。

表 20.10 与近期的基因复制相关的具有最大基因簇的人类旁系同源基因（$K_s \leqslant 0.3$）。来自 IHGSC（2001），经 Macmillan 出版社许可使用

基因簇大小	祖先基因组的最小值	与近期复制相关的基因	染色体	基因家族
64	50	23	11	嗅觉受体
59	54	10	11	嗅觉受体
34	25	13	1	嗅觉受体
30	8	26	2	免疫球蛋白 K 链的 V 区
23	5	19	19	KRAB 锌指蛋白
23	19	6	11	嗅觉感受器
21	9	15	14	免疫球蛋白重链
20	11	12	22	免疫球蛋白 λ 链 V 区
18	9	13	19	白细胞和 NK 细胞的免疫球样受体
18	14	6	19	促性腺激素诱导转录 抑制-2 样
16	4	13	9	干扰素 α
16	10	7	19	FDZF2 样的 KRAB 锌指蛋白
14	8	7	12	味觉受体，2 型
13	3	11	1	PRAME/MAPE 家族（癌症/种系抗原）
13	9	8	17	嗅觉受体
11	2	11	16	免疫球蛋白重链
10		10	19	妊娠特异性 β-1-糖蛋白

20.5 25 条人类染色体

每一条人类染色体都由一个专门的研究小组完成（或接近完成）。对于每一条染色体来说，Nature（或 Science）期刊上都有一份出版物。根据形态学特征将这些染色体（不包含线粒体染色体）分成 A～F 七类（表 20.11）。我们按照这种组织原则，简要总结了每条染色体的主要部分（表 20.12～表 20.18）。

表 20.11 人染色体组

组	染色体	描述
A	1～3	最大的染色体；1、3 是中间着丝粒染色体；2 是亚中间着丝粒染色体
B	4、5	比较大的染色体；亚中间着丝粒染色体
C	6～12、X	中等大小的染色体；亚中间着丝粒染色体
D	13～15	中等大小的染色体；近端着丝粒具有卫星结构
E	16～18	较小；16 是中间着丝粒染色体；17、18 是亚中间着丝粒染色体
F	19、20	较小，中间着丝粒染色体
G	21、22、Y	最小的染色体；端着丝粒染色体；21 和 22 上有卫星结构

表 20.12 A 组染色体。长度来源于 NCBI build37；空位大小来自于 RGCh37；染色体长度来自 NCBI。来自 Hillier 等（2005）、Gregory 等（2006）、Muzny 等（2006）、NCBI build37（2014 年 2 月）、GRCh37。见 http://www.ncbi.nlm.nih.gov/assembly/GCF_000001405.26/#/st

染色体	长度/Mb	#基因	#假基因	空位大小/Mb	索引编号
1	249	3141	991	24.0	NC_000001.10
2	243	1346	1239	5.0	NC_000002.11
3	198	1463	122	3.2	NC_000003.11

表 20.13 B 组染色体。来自 Schmutz 等（2004）、Hillier 等（2005）。长度来自 NCBI build 37，空位大小来自 GRCh 37

染色体	长度/Mb	#基因	#假基因	空位大小/Mb	索引编号
4	191	796	778	3.5	NC_000004.11
5	181	923	577	3.2	NC_000005.9

表 20.14 C 组染色体。来自 Hillier 等（2003）、Mungall 等（2003）、Deloukas 等（2004）、Humphray 等（2004）、Ross 等（2005）、Nusbaum 等（2006）、Tylor 等（2006）。长度来自 NCBI build 37，空位大小来自 GRCh 37

染色体	长度/Mb	#基因	#假基因	空位大小/Mb	索引编号
6	171	1557	633	3.7	NC_000006.11
7	159	1150	941	3.8	NC_000007.13
8	146	793	301	3.5	NC_000008.10
9	141	1149	426	21.1	NC_000009.11
10	136	816	430	4.2	NC_000010.10
11	135	1524	765	3.9	NC_000011.9
12	134	1342	93	3.4	NC_000012.11
X	155	1098	700	4.1	NC_000023.10

表 20.15 D 组染色体，来自 Heilig 等（2003）、Dunham 等（2004）、Zody 等（2006b）。长度来自 NCBI build 37，空位大小来自 GRCh 37

染色体	长度/Mb	#基因	#假基因	空位大小/Mb	索引编号
13	115	633	296	19.6	NC_000013.10
14	107	1050	393	19.1	NC_000014.8
15	103	695	250	20.8	NC_000015.9

表 20.16 E 组染色体。来自 Martin 等（2004）、Nusbaum 等（2005）、Zody 等（2006a）。长度来自 NCBI build 37，空位大小来自 GRCh 37

染色体	长度/Mb	#基因	#假基因	空位大小/Mb	索引编号
16	90	796	778	11.5	NC_000016.9
17	81	1266	274	3.4	NC_000017.10
18	78	337	171	3.4	NC_000018.9

表 20.17 F 组染色体。来自 Deloukas 等（2001）、Grimwood 等（2004）。长度来自 NCBI build 37，空位大小来自 GRCh 37

染色体	长度/Mb	#基因	#假基因	空位大小/Mb	索引编号
19	59	1461	321	3.3	NC_000019.9
20	63	727	168	3.5	NC_000020.10

表 20.18 G 组染色体。来自 Dunham 等 (1999)、Hattori 等 (2000)、Skaletsky 等 (2003)。长度来自 NCBI build 37，空位大小来自 GRCh 37

染色体	长度/Mb	#基因	#假基因	空位大小/Mb	索引编号
21	48	796	778	13.0	NC_000021.8
22	51	545	134	16.4	NC_000022.10
Y	59	78	n/a	33.7	NC_000024.9

基因的具体数目还不知道（几乎所有基因都被注释）。第 8 章描述的 EGASP 竞赛强调了在高敏感度和高特异性下正确鉴别基因方面遇到的计算挑战。表 20.12～表 20.18 列出的空位长度的值通常随着时间而减少。几乎在每种情况下，尽管已经获得了覆盖染色体 100 倍的克隆群，但由于这些潜在的 DNA 序列的高度重复，它们都是较难克隆和测序的区域。总的来说，人类基因组中已完成的常染色质部分包含跨度 25Mb 的 250 个空位，而异染色质部分在大的跨度（200Mb；IHGSC，2004）中有着更少的空位（只有 33 个）。到 2015 年，空位总长度（对于 GRCh38.p2）为 160Mb。

A 组（1~3 号染色体）

1 号染色体是最大的染色体，有 3141 个基因和 991 个假基因（Gregory 等，2006；表 20.12）。它的基因密度（每百万碱基 14.2 个基因）是基因组平均密度（每百万碱基 7.8 个基因）的 2 倍。对于典型的染色体测序项目来说，序列的整合度和完整性通过三个方面进行评估：①对于所有定位到染色体上的 RefSeq 基因是否都进行了解释；②将数百个染色体标记的顺序与 DeCode 遗传图谱进行比较，寻找差异；③将超过 32000 对福斯质粒（fosmid）末端序列比对到染色体序列的特定位置。这样做识别出了由低拷贝重复引起的一些错误组装。一些情况下，自发的多态性也会引起分析的混淆。例如，50% 的个体缺少 GSTM1 基因。

2 号染色体是第二大染色体，由于其对应于两个中等长度的祖先近端着丝粒染色体的末端融合而引起人们注意。在其他灵长类体内，这些染色体仍是分开的状态，如黑猩猩的染色体 2A 和 2B（图 20.14）。在已完成的测序中，融合位点在 2q13～2q14.1（Hillier 等，2005）。两个着丝粒中的一个（位于 2q21）发生失活，含有 α-卫星残余。

尽管 3 号染色体也很大，但是它含有基因组最低的片段性重复率（只有 1.7%，相对而言，基因组平均核苷酸片段性重复率为 5.3%；Muzny 等，2006）。3 号染色体和 21 号染色体由一条大的祖先染色体分离得来。它还包含一段大的臂间倒位［在黑猩猩和大猩猩间也可见，但是红毛猩猩（orang-utan）与旧大陆猴内没有］。

B 组（4 号、5 号染色体）

4 号染色体的 GC 含量异常低，为 38.2%，可以与全基因组平均 GC 含量 41% 相比较（Hillier 等，2005；表 20.13）。这条染色体有超过 19% 的区域 GC 含量低于 35%。然而，染色体也有些部分 GC 含量大于 70%。你可以利用 UCSC 基因组浏览器的 GC 含量注释数据轨或表格浏览器来进行查询。

5 号染色体有着非常低的基因密度和非常高的染色体内复制率（Schmutz 等，2004），包含 923 个基因和 577 个假基因。有很多基因含量非常低的位点高度保守，因此被认为在功能上是受限制的。

C 组（6~12 号、X 染色体）

最大的转运 RNA 基因集中位于 6p 染色体，全基因组共有 616 个 tRNA 基因，6 号染色体上有 157 个（Mungall 等，2003）。6 号染色体（表 20.14）上也有 HLA-B 基因，这是人类基因组中最具多态性的基因。我们在本章最后的计算机实验练习（20.6）部分进一步探索这种多态性。

7 号染色体由公共联盟（public consortium）（Hillier 等，2003）和 Scherer 等（2003）负责测序，为 Celera 全基因组框架和国际人类基因组测序联盟的数据混合。着丝粒的多态性范围从一个位点的 1.5～3.8Mb（D7Z1 标记）到另一个位点的 100～500kb（D7Z2）。7 号染色体上有着异常多的片段性重复（8.2%），由片

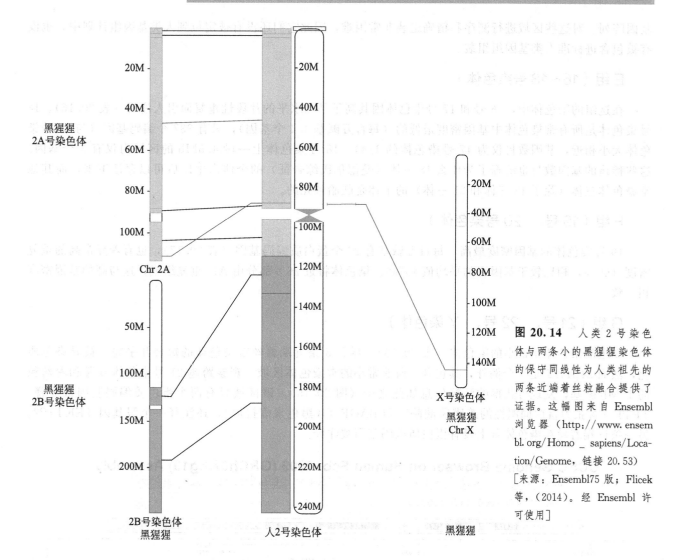

图 20.14　人类 2 号染色体与两条小的黑猩猩染色体的保守同线性为人类祖先的两条近端着丝粒融合提供了证据。这幅图来自 Ensembl 浏览器（http://www.ensembl.org/Homo_sapiens/Location/Genome，链接 20.53）［来源：Ensembl75 版；Flicek 等，（2014）。经 Ensembl 许可使用］

段重复带来的影响的一个例子是染色体 7q11.23 区域，大约包含 17 个基因，当半合子缺失 150 万碱基的片段之后导致了威廉姆综合征（Williams-Beuren syndrome）。单链重复介导了减数分裂过程中不平等的基因重组（图 8.19），或者一些情况下是半合子的染色体倒位（Osborne 等，2001）。

C 组的另外几个染色体是 8 号（Nusbaum 等，2006）、9 号（Humphray 等，2004）、10 号（Deloukas 等，2004）、11 号（Taylor 等，2006）、12 号（Scherer 等，2006）和 X（Ross 等，2005）染色体。9 号染色体包含最大的位于常染色体上的异染色质区域。11 号染色体因有 β-球蛋白基因簇和胰岛素基因而引人注目。

X 染色体因其大小而被归入 C 组。它在许多方面都与众不同。哺乳动物被分成三组，其中所有的雄性都含有 X 和 Y 染色体：真哺乳亚纲（胎盘哺乳动物）；后哺乳动物亚纲（有袋类动物）和原哺乳动物亚纲（卵生哺乳动物）。雌性在发育早期经历了 X 染色体失活（XCI），即一个拷贝发生沉默。与常染色体不同，雄性的 X 染色体在减数分裂过程中不发生基因重组，除了末端短的拟常染色体区域（Xp 的 PAR1 和 Xq 的 PAR2）与对应的 Y 染色体发生重组。雄性只有一个拷贝的 X 染色体（因此是半合子），会表现出隐性表型。从血友病到 X 连锁的智力障碍综合征，许多与 X 连锁的疾病都被描述出来。X 和 Y 染色体来自一对祖先常染色体对，在 3 亿年前分化成性染色体。对 X（和 Y）染色体进行测序发现了两者之间的进化保守性的踪迹［Ross 等，2005；见下文"G 组（21 号、22 号染色体）"］。

D 组（13~15 号染色体）

5 条人近端着丝粒染色体为 13 号、14 号、15 号和 21 号、22 号。对于每条染色体来说，p 臂几乎都被异染色质化。这些区域都有着高度重复的结构，如图 10.7 所示，所有的 5 条染色体都包含核糖体 DNA

基因阵列。对这些区域进行测序和精确组装非常困难，因此它们还没有被定位到人类基因组计划中，也没有被包含进标准人类基因组组装。

E 组（16 ~ 18 号染色体）

在这组的染色体中，16 号和 17 号染色体因其高于平均水平的片段性重复而引人注目（表 20.16）。18 号染色体是所有常染色体中基因密度最低的（每百万碱基 4.4 个基因），只有 337 个编码基因（与 17 号染色体大小相近，基因数目仅为 17 号染色体的 1/4）。18 号染色体上一段 4.5Mb 的区域内仅有 3 个基因。这些稀疏的基因数目也解释了为什么 18 三体（爱德华氏综合征）的个体出生以后可以存活下来，而其他常染色体三体（除了 13 三体和 21 三体）的个体是胚胎致死的。

F 组（19 号、 20 号染色体）

19 号染色体的基因密度最高，每百万碱基有 26 个蛋白质编码基因（表 20.17），也有着异常高的重复密度（55%，相比较于基因组的平均值 45%）。染色体将近 26% 部分由 Alu 重复组成，这与高的基因密度相一致。

G 组（21 号、 22 号、 Y 染色体）

G 组的染色体是最小的染色体（表 20.18）。尽管 5 条近端着丝粒染色体的短臂几乎完全被异染色质化，然而 21p11.2 是一个例外，其包含一段非常小的常染色体区域。观察跨越 21 号染色体 p 臂和着丝粒的 14Mb 碱基，发现可获得的注释信息如此之少（图 20.15）。该区域只有两个蛋白质编码基因被注释：TPTE（含张力蛋白同源性的跨膜磷酸酶）和 BAGE（B 黑色素瘤抗原），还注释一个假基因 TEKT4P2。另一条近端着丝粒染色体臂上没有蛋白质编码基因被注释。

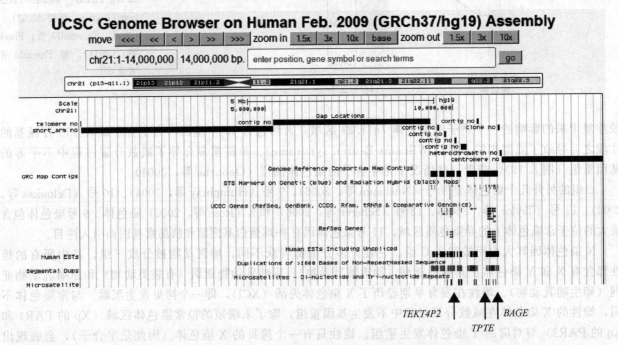

图 20.15 21 号近端着丝粒染色体的 p 臂视图。图中列出了 1400 万碱基的区域，延伸跨越了着丝粒。值得注意的是，这里基本上没有注释出任何特征，不同于小的常染色质区域，包含 2 个蛋白质编码基因（TPTE 和 BAGE）、一个假基因（TEKT4P2）和 2 个 microRNA。P 臂填满了核糖体 DNA，但是很难对其进行测序，在近端着丝粒区域和相邻基因簇之间相似度很高（详见第 10 章）。请注意 21 号染色体 p 臂在多种数据轨的数据缺失，如叠连群、序列标签位点（STS）标记、UCSC 和 RefSeq 基因、表达序列标签（EST）、重复和微卫星。与之相反，在大多数染色体臂上，空位的位置通常被指定

（来源：http://genome.ucsc.edu, courtesy of UCSC）

　　Y 染色体因其异常高度重复的性质而在技术上最难被测序（Skaletsky 等，2003）。在末端有短的拟常染色体区域，可以与 X 染色体发生重组。有一段大的中心区域，覆盖 Y 染色体长度的 95％，叫做雄性性别决定区域（MSY）。包括 Yp 上的 8Mb 和 Yq 上的 14.5Mb 在内，一共有 23Mb 的常染色体片段。Y 染色体上有三个主要的异染色质区域：①长度约 1Mb 的着丝粒区域；②长臂上约 40Mb 的区域；③含有超过 3000 份 125bp 串联重复的 400kb 小岛。156 个转录单元中，其中约半数编码蛋白质。Skaletsky 等定义了三类主要的常染色质序列：

　　① 由 X 转移的序列总长 3.4Mb，与 Xq21 生物 DNA 序列的 99％相一致。在 300 万～400 万年前，在人类与黑猩猩分化之后，X 染色体的序列大规模转移到 Y 染色体，随后发生 Y 染色体序列的倒位，将这些序列分散在 Y 染色体上。

　　② X 染色体退化的序列与 X 染色体上 27 个不同的基因有 60％～90％的一致性，也代表了 X 和 Y 染色体进化来源的祖先常染色体的遗迹。

　　③ 长度超过 10Mb 的扩增序列组成序列块，在几十到几百 kb 上共享几乎 99.9％的氨基酸一致性。扩增子是 Y 染色体上基因密度最大的区域，有低含量的散在重复。扩增子区域有 8 个巨大的回文序列，总跨度为 5.7Mb，每一个都有两个长臂被一个独特的中心间隔区打断。

　　高度保守的回文序列臂是由于基因转换，由一个双螺旋 DNA 到另一个的单向转移（Rozen 等，2003；Skaletsky 等，2003）。

线粒体基因组

　　除 22 条常染色体和 2 条性染色体外，人类还含有线粒体基因组。线粒体基因组有一些特征使其在系统发生分析中发挥重要的作用（Pakendorf 和 Stoneking 的综述，2005）。它们呈现出高拷贝，一般每个细胞中有几百甚至几千个基因组。线粒体是母系遗传；所有（或近乎所有）的父系来源的线粒体在受精卵时期都被靶向破坏，结果之一是线粒体的系统发生研究遵循母系的历史，因此可以追溯到"线粒体夏娃"或最早的人类女性的祖先。母系遗传的另一个结果是线粒体 DNA 不经历重组。线粒体 DNA 比核 DNA 的突变率高，为分子进化研究提供有用的信号。除 D 环外（在人类谱系中没有以恒定的速率进化），Ingman 等（2000）估计线粒体突变率为每个位点每年 1.70×10^{-8} 个替换（尽管超变区的突变率要高得多）。

　　尽管线粒体基因组不发生重组，它也具有多态性。已知有 18 个线粒体单倍群或谱系。对于 HapMap 计划，不同地理起源的被试者被归入这些已知的 15 组（表 20.19）。

表 20.19　mtDNA 单倍群。YRI——在尼日利亚的伊巴丹的约鲁巴人；CEU——祖先来自欧洲北部和西部的犹他居民；CHB——中国北京的汉族人；JPT——日本东京的日本人

MtDNA 单倍群	DNA 样本(染色体数目)			
	YRI(60)	CEU(60)	CHB(45)	JPT(44)
L1	0.22	—	—	—
L2	0.35	—	—	—
L3	0.43	—	—	—
A	—	—	0.13	0.04
B	—	—	0.03	0.30
C	—	—	0.09	0.07
D	—	—	0.22	0.34
M/E	—	—	0.22	0.25
H	—	0.45	—	—
V	—	0.07	—	—
J	—	0.08	—	—
T	—	0.12	—	—
K	—	0.03	—	—
U	—	0.23	—	—
W	—	0.02	—	—

注：来源于国际单倍体型计划委员会（2005），经 Macmillan 出版社许可使用。

线粒体参考基因组被称为修正的剑桥参考序列，是从一个约鲁巴个体（来自 Ibadan, Nigeria）获得的长 16569bp 的环状基因组。其 GC 含量为 44.5%，高于其他人类染色体。基因组包含 37 个已注释的基因，跨越基因组的 68%。其包含了 13 个蛋白质编码基因（编码与氧化磷酸化相关的蛋白）和 24 个结构 RNA 基因（2 个核糖体 RNA 和 22 个转运 RNA；见第 10 章）。长约 1100bp 的被称为控制区域的区域有调控功能。

Behar 等（2012）分析了 >18000 个人类线粒体序列，并进行了系统发生分析。他们提出使用一个新的重构的现代人种的参考序列（Reconstructed Sapiens Reference Sequence），其中包含尼安德特人以及相对于一个祖先参考序列的分类改变的参考序列。

20.6 人类基因组变异

我们以人类基因组变异的几个方面作为本章的结束：单核苷酸多态性（SNP）和国际 HapMap 计划，千人基因组计划，以及人类基因组个体测序。人类基因组计划的一个目标是确定一条一致的人类基因组序列，着重于我们共享的 ≥99% 一致的核苷酸序列。HapMap 计划和千人基因组计划的一个目标是与人类基因组计划互补的，即寻找并确定具有每一个我们个体基因组特征的 ≤1% 的差异，包括常见和罕见变异。

SNP、单倍型和 HapMap

SNP 是人群中变异的一种基本形式。国际人类 HapMap 计划开始于 2002 年，报道了四个地理分离的群体中 130 万个 SNP 基因型（国际人类 HapMap 联盟，2003，2005）：①来自尼日利亚的伊巴丹的约鲁巴部落（缩写 YRI）的 30 个三人组（由父亲、母亲和一个成年下一代组成）；②住在犹他州的北欧与西欧血统的 30 个三人组，从 the Centre d'Etude du Polymorphisme Humain（CEPJH）（缩写 CEU）获得；③中国北京的 45 个无血缘关系的汉族人（CHB）；④日本东京的 45 个没有血缘关系的日本人（JPT）。在一些研究中，来自中国群体与日本群体的数据被合并到一起变成 3 组 90 个个体（YRI、CEU、CHB+JPT）。第二代 HapMap 图谱识别的 SNP 数目上升到 310 万个（国际 HapMap 联盟等，2007）。第三代 HapMap 将基因型延伸到来自全球 11 个群体的更多个体（1184 个参考个体），同时对这些个体中的将近 700 个个体进行了一系列 100kb 区域的测序（国际 HapMap 3 联盟等，2010）。

全基因组测序确定了每个人有约 350 万个或更多的 SNP。每一个 SNP 对应的特定的核苷酸位点有两个等位基因（在有两个 SNP 的情况下，有些 SNP 是三个甚至四个等位基因）。图 20.16(a) 展示了一个 DNA 区域含有三个双等位基因 SNP（箭头所指），这些 SNP 随着个体的染色体（行）的多种重组而发生。对于每一个 SNP，我们可以定义至少三个特性：

- 我们可以定义它的序列（例如，第一个 SNP 是 C 等位基因或 T 等位基因）。
- 在一个给定的群体内，我们可以计算主要等位基因频率和次要等位基因频率（缩写为 MAF）。通常 SNP 的 MAF>5%。
- SNP 的拷贝数可以被确定，来评估基因缺失（拷贝数<2）或扩增（拷贝数>2）。

SNP 的另一个关键方面是我们可以确定它们与相邻 SNP 的关系。图 20.16(b) 展示了一段长 6000bp 的 DNA 片段中出现的 20 个变异位点（SNP）（这些变异位点中有很多在个体间是不变的，反映了所有人类中共有的核苷酸序列的高度一致性）。单倍型是发生在相邻 SNP 中的等位基因的特定组合。HapMap 计划旨在构建发生在人类群体中的单倍体型图谱。SNP 相互紧密连锁并形成区块，其中一个 SNP 的行为可以作为相邻 SNP 的基因型的替代。这些相关区块存在连锁不平衡（LD），即一个群体中共遗传的等位基因的关联性。通常使用的 LD 测量值包括 D'、r^2 和 LOD。不发生历史性重组时 D' 值为 1，当发生重组或有频发突变时 <1。r^2 是两个 SNP 相关系数的

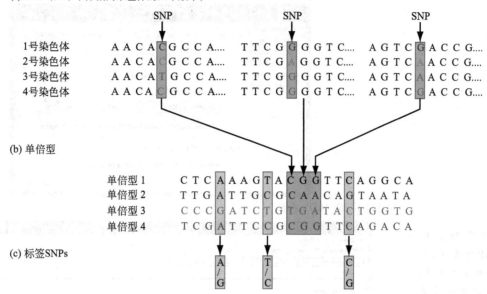

(a) SNP（四个个体相同染色体的四个版本）

(b) 单倍型

(c) 标签SNPs

图 20.16　单核苷酸多态性（SNP）、单倍型和标签 SNP。(a) 一个 SNP 指在基因组 DNA 中发生在染色体间的一个特定的位点上的差异。图中列出了同一条染色体四个不同的版本（来自不同的个体），标出了三个 SNP（箭头所指）。每一个 SNP 都有两个等位位点（假设是双等位位点）；第一个 SNP 的等位位点是 C 和 T。(b) 一个单倍型由相邻 SNP 的一种特定组合构成。所观察到的基因型显示有 20 个 SNP，所有这些都是在一个 6000 个碱基的 DNA 区域内形成的不同碱基。每一行对应一个不同的单倍型。(c) 图中标明了三个标签 SNP。鉴定这三个 SNP 的基因型而不是所有的 20 个 SNP 的基因型或对这段 DNA 的 6000bp 核苷酸进行测序，就有可能独特地鉴定出这段区域的四个单倍型。使用标签 SNP 是可行的，因为 SNP 等位位点是共遗传的，引出了被称为连锁不平衡（LD）的关联关系

（来自国际 HapMap 联盟，2003。经 Macmillan 出版社许可使用）

Integrative Genomics Viewer（2.3 版）见 http://www.broadinstitute.org/software/igv/（链接 20.31，描述见第 9 章）。注册之后，可以作为 Java 应用程序访问。HapMap VCF 文件可以从 NCBI 上获取；访问 ftp://ftp.ncbi.nih.gov/snp/organisms/human_9606/VCF/（链接 20.32）可以获得一个目录。我们特别使用了 ftp://ftp.ncbi.nih.gov/snp/organisms/human_9606/VCF/clinvar_20140211.vcf.gz（链接 20.33）和它的索引文件 ftp://ftp.ncbi.nih.gov/snp/organisms/human_9606/VCF/clinvar_20140211.vcf.gz.tbi（链接 20.34）。再 NCBI FTP 站点的另一个文件包括按照染色体组织的 VCF 文件；我们下载了来自 CHB、MKK 和 CEU 这三个群体 11 号染色体的 VCF 文件和它的索引文件。

平方，当两个 SNP 进化上有共同的单倍型并且不被重组打乱时，其值为 1。*LOD* 指优势值（odds score）的对数。

　　SNP 的一个子集被称为"tagSNPs"，可以独特地确定更大的单倍型区块［图 20.16(c)］。这些 tagSNPs 可以在可能的单倍型间进行区分。这在实际中非常有用，因为只对一段区域内的 SNP 子集进行基因型鉴定是节约成本的。

观察分析 SNP 和单倍型

　　HapMap 数据可以从 Ensembl、NCBI、UCSC 和 HapMap 网站上浏览、下载和分析。许多软件工具可以用来分析 SNP。我们在下文介绍六种方法。

HaploView

　　HaploView 软件提供连锁不平衡的统计，展示来自原始基因型数据的单倍型数据（Barrett 等，2005）。它也可被用于如图 20.17 所示的输入 HapMap 数据，该数据是 11 号染色体上的球蛋白基因座的两个 HapMap 群体。在一个三角图中［图 20.17(b)］，每对 SNP 的 *LD* 值被绘制成一条与水平线成 45°的斜线。这里，红色对应高 *LD* 值。

HapMap 的网站是 http://www.hapmap.org（链接 20.29）。这个网站的特点在于它的浏览器和数据下载的几个选项。HapMap 样本如 DNA 样品或细胞系可以从 Coriell 细胞库（http://ccr.coriell.org，链接 20.23）获取。以 NA 开头的识别号是指基因组 DNA 样本，GM 索引编号指细胞系。

(a) HaploView数据输入

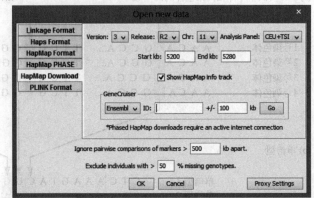

(b) 连锁不平衡 (LD) 点图

图 20.17 利用 HaploView 软件对 SNP 和连锁不平衡区块进行分析和可视化。
(a) 这个例子的数据来自 HapMap 的 CEU+TSI 群体的 β-球蛋白基因座 (11号染色体的 5200~5800kp)。
(b) 一个 LD 点包括 SNP 间表示相关度的平方值, 基于 D' (方框内值) 或 r^2 值 (未显示)。右击方框可获取 LD 统计量 (这样一个有关两个 SNP 的方框被打开展示其数据)。这个视图是选取的 60kb 区域的一部分。
(c) 可以显示单倍型区块的定义。群体频率在每个区块的右边显示。线段展示了区块间最常见的交叉 (线段越粗交叉越常见)。线段下的值 (0.17、0.97、0.91) 是多基因座 D' 值, 用来衡量两个区块间的 LD(区块间的值越接近 0, 有越多的历史性重组)
[来源: HaploView。Barrett 等 (2005)]

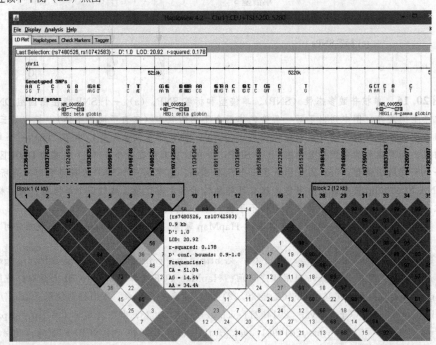

(c) 球蛋白基因座中的LD区块

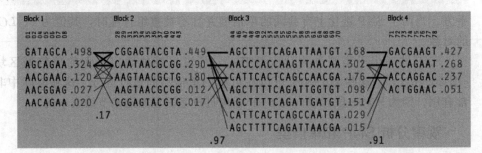

HapMap 浏览器

　　HapMap 计划包括一个网站, 在这个浏览器上可以下载所有的 SNP 数据, 或在浏览器上浏览 (Thorisson 等, 2005)。可以绘制重组率 (以 cM/Mb 为单位), 也可以确定重组热点。这个浏览器也可以链接到 HaploView 来获得最佳视图和分析。

综合基因组学浏览器 (IGV)

　　HapMap 数据可以从 NCBI 上下载, 利用 Integrative Genomics Viewer (IGV) 软件进行可视化。我们以 *HBB* 基因区域上的与临床相关的 SNP 为例。首先, 下载一个 VCF 文件和 NCBI 上相对应的索引文件。然后启动 IGV 软件, 加载人类 hg19, 选择 File > Load from file 来上传 VCF。在 *HBB* 基因外显子附近有数百个 SNP[图 20.18(a)]。下一步，我们查看从 HapMap 个体中选择的一部分 SNP。由于这些参与者都属于明显正常个体，因此没有 SNP 与临床相关的 SNP 重叠，相反，这些变异都出现在基因间区[图 20.18(b)]。其中一些变异只出现在 HapMap 的一个地理（人种）群体的子集中。

(a) 展示*HBB*基因座中与临床相关的单核苷酸多态性（SNP）

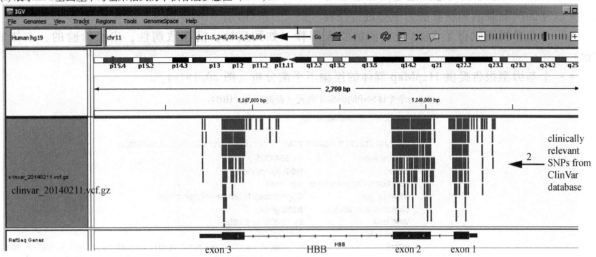

(b) 展示来自不同地理种群的个体的HBB基因座中的HapMap SNP

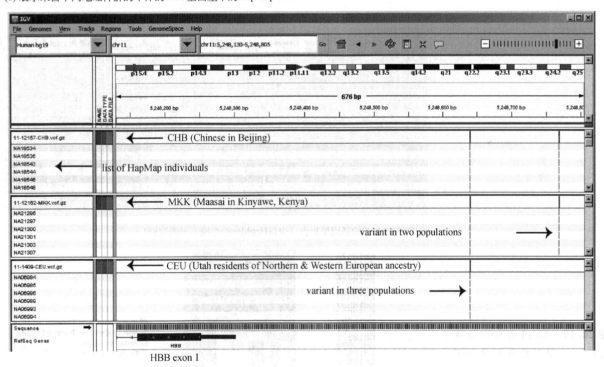

图 20.18　利用综合基因组浏览器（IGV）对来自 Variant Call Format(VCF) 文件的 SNP 数据的可视化展示。(a) 一个包含临床相关 SNP 的 VCF 文件可以从 NCBI 上下载，并上传到 IGV。可以输入一个搜索条目如 HBB（或感兴趣的基因组坐标，箭头 1）来查看 β 球蛋白基因座。这里大约展示了 2800bp。这里也列出了来自 ClinVar 数据库的 SNP（箭头 2）。其中大部分与 HBB 的三个外显子重叠，代表了有害变异。(b)从 NCBI 上下载了包含来自 11 号染色体的 HapMap SNP 的三个 VCF 文件，并上传到 IGV。这些群体为 CHB(来自中国)、MKK(来自非洲) 和 CEU(欧洲祖先)。许多个体的数据都可以展示出来（列了每组 6 个个体的数据，标识符以 NA 开始）。图中表示出所有三个群体的一个变异（箭头），也表示出在 CHB 和 MKK 中出现，但在 CEU 群体中没有出现的一个 SNP。请注意对于 HapMap SNP 来说（来自明显正常的个体），HBB 外显子没有变异，内含子的变异被认为是中性的，而非有害的

NCBI dbSNP

在 NCBI dbSNP 资源中搜索 HBB 会产生几种形式的数据。

- 一个 SNP 个体列表［带标识符如 rs334；图 20.19(a)］。
- GeneView 展示出与感兴趣基因相重叠的 SNP，组织成功能组别（如错义突变、同义突变和移码突变）并以基因的氨基酸和核苷酸为坐标进行注释［图 20.19(b)］。
- 一个变异视图报道了 SNP 及它们的临床解释（如致病性、潜在致病性、未经检验的、未知的及其他）。
- 一个基因型报告提供 HapMap 群体的连锁不平衡分析［图 20.19(c)］。

(a) 一个个体SNP的dbSNP列表（查询序列：HBB）

rs1135071 [*Homo sapiens*]

TATTGGTCTATTTTCCCACCCTTAG[C/G/T]CTGCTGGTGGTCTACCCTTGGACCC

Chromosome:	11:5248029
Gene:	**HBB** (GeneView)
Functional Consequence:	missense
Allele Origin:	G(germline)/T(germline)/C(germline)
Clinical significance:	pathogenic
Validated:	by 1000G,by cluster
Global MAF:	A=0.0005/1
HGVS:	NC_000011.9:g.5248029C>A, NC_000011.9:g.5248029C>G, NG_000007.3:g.70817G>C, NG_000007.3:g.70817G>T, NM_000518.4:c.93G>C, NM_000518.4:c.93G>T, NP_000509.1:p.Arg31Ser, NT_009237.18:g.5188029C>A, NT_009237.18:g.5188029C>G

PubMed　Varview　Protein3D

(b) HBB的NCBI GeneView报告

Region	Chr. position	mRNA pos	dbSNP rs# cluster id	Hetero-zygosity	Validation	MAF	Allele origin	3D	Linkout	Function	dbSNP allele	Protein residue	Codon pos	Amino acid pos
	5246883	439	rs369582912	N.D.				Yes		frame shift	CC	Leu [L]	2	131
										frame shift	AC	[DL]	2	130
										frame shift	AA	[EL]	2	130
	5247855	317	rs11549405	N.D.				Yes	⇗	synonymous	C	Leu [L]	3	89
									⇗	contig reference	G	Leu [L]	3	89
	5247870	294	rs11549406	0.005	H			Yes		missense	G	Val [V]	1	82
										contig reference	C	Leu [L]	1	82

(c) HBB的dbSNP的基因型报告（来自HapMap的连锁不平衡数据）

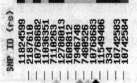

■ Honozygote - Common Allele
■ Honozygote - Rare Allele
■ Heterozygote
■ Undetermined

LD (R^2):
0 .1 .2 .3 .4 .5 .6 .7 .8 .9 1

图 20.19　NCBI 的 SNP 资源包括（a）dbSNP 的个体 SNP 列表，这里列出其中的一个；（b）一个 dbSNP Gene 视图，列出了 SNP 和它们的功能结果；以及（c）一个基因型报告，列出了在 HapMap 群体和它们的连锁不平衡模式下的个体和 SNP

（来源：SNP 资源，NCBI）

请注意，除 NCBI 网站外，Genomen Workbench 也提供大量的资源来分析 SNP 数据。

PLINK

PLINK 软件是一个命令行程序，是全基因组相关分析中通用的开源工具（Purcell 等，2007）。可以输入 PED 文件和 MAP 文件，例如可以从 HapMap 网站上下载的这种格式的文件。PED 文件包括家系标识符，个体标识符，父系、母系标识符，性别和表型编码。MAP 文件由若干行四列组成，描述染色体、SNP 标识符（rs♯）、遗传距离（摩尔根）和碱基对位置。PLINK 执行的分析包括下列类型：概要统计，质量控制步骤，病例/对照和基于家系的联合检验，置换检验，连锁不平衡计算，基因型归责和拷贝数变异分析。

PLINK 网址是 http：//pngu. mgh. harvard. edu/～purcell/plink/（链接 20. 38）。

当你下载 PLINK 时，会提供测试的 MAP 文件和 PED 文件。我们可以用 less 查看他们的内容：

```
$ less test.map # this test set has just two SNPs
1 snp1 0 1
1 snp2 0 2
$ less test.ped # this PED file lists six individuals
# Three are affected, and three are unaffected.
1 1 0 0 1 1 A A G T
2 1 0 0 1 1 A C T G
3 1 0 0 1 1 C C G G
4 1 0 0 1 2 A C T T
5 1 0 0 1 2 C C G T
6 1 0 0 1 2 C C T T
```

我们可以用如下方法测量 SNP 的等位基因频率：

```
$ ./plink --file test -freq
CHR    SNP    A1    A2    MAF       NCHROBS
1      snp1.  A     C     0.3333    12
1      snp2   G     T     0.4167    12
```

随后，我们可以进行联合测试：

```
$ ./plink --file test -assoc
```

从 PED 文件中读到六个个体（三个不受影响的，三个受影响）。结果输出到一个文件中。

```
$ less plink.assoc
CHR    SNP    BP    A1    F_A       F_U       A2    CHISQ    P          OR
1      snp1   1     A     0.1667    0.5       C     1.5      0.2207     0.2
1      snp2   2     G     0.1667    0.6667    T     3.086    0.07898    0.1
```

这里 CHR 是指染色体，SNP 是指 SNP 标识符，A1 是次要等位基因名，F_A 是这个等位基因的频率，F_U 是控制频率，A2 是主要等位基因名，CHISQ 是主要等位基因的卡方，*P* 是概率值，*OR* 是估计的 A1 比值比（以 A2 为参考）。通过这种方法，PLINK 可以提供一个包括一百万个 SNP 和几千个体的 GWAS。它的输出可以在 HaploView，R 包以及基于 Java 的被称为 gPLINK 的软件包中整合。

SNPduo

尽管已经有几十个（甚至上百个）非常好的分析软件，我还是想提一下由我们实验室开发的分析 SNP 数据的软件。SNPduo 执行 SNP 数据库中的成对比较（Roberson 和 Pevsner，2009；图 20.20）。

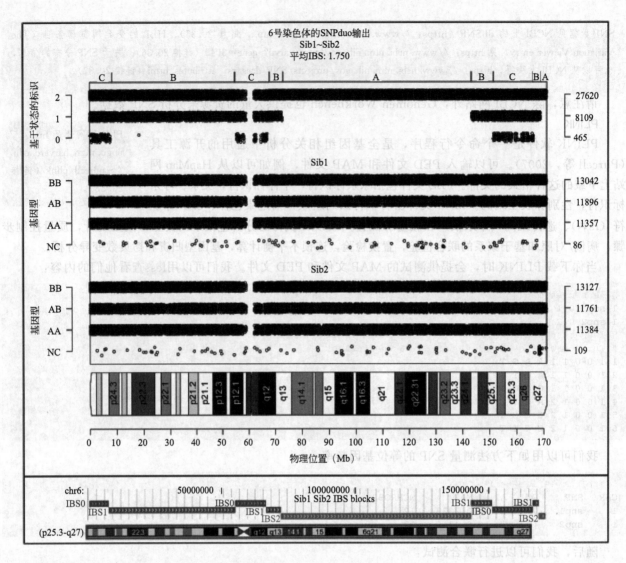

图 20. 20 SNP 软件显示了染色体上的基因型和以状态为标识的数据。这里分析了来自两个兄弟姐妹（sibling）的 6 号染色体的基因型。对于 Sib1 和 Sib2 来说，有纯合子（AA 或 BB）和杂合子（AB）的基因型识别，以及一些无识别 no call（NC）。顶栏表明基于状态的标识，为 IBS2（在 2 个 Sib 里 AA 配 AA 或 BB/BB）或 IBS1（AA/AB，BB/AB，AB/AA 或 AB/BB）或 IBS0（AA 配 BB 或 BB/AA）。在 IBS2 位置（A 标记在上边一行），这两个兄弟姐妹从他们的父母处继承了相同的两个等位基因。在 IBS1 位置（B 标记），有一个共享的等位基因，在 IBS0 位置（C 标记）没有共享的等位基因。这些遗传模式反映了减数分裂重组事件。6 号染色体的一个表意符号被展示出来。输出包括一个 BED 文件，这个文件可以上传到 UCSC（或 Ensembl）基因组浏览器，如下边一栏展示的那样

［来自 Roberson 和 Pevsner(2009)。经 Creative Commons Attribution License2. 5 授权使用］

SNPduo 可以通过命令行执行（以 PED 和 MAP 文件为输入），也可以基于网站的应用执行。Kcoeff 使用窗口化的全基因组方法来估计国家身份和血统身份（Steven 等，2011）。我们使用它来分析所有 HapMap 个体中的关联性，识别许多被误解的家系。triPOD 以极高的灵敏度和特异性识别了母亲/父亲/孩子三重数据集的马赛克异常（Baugher 等，2013）。

你可以在 NHGRI 网站了解更多关于国际单倍型图计划的信息，http://www. genome. gov/page. cfm? pageID = 10001688（链接20.42）。

HapMap 计划的主要结论

HapMap 计划的三个阶段为了解人类遗传变异提供了基础知识。观察结果和

结论如下（McVean 等，2005；国际 HapMap 联盟，2005，2007；国际 HapMap 3 联盟，2010）：

① 非洲后裔个体内证实有很多变异。在人类历史上亚洲和欧洲人群最近出现，他们的遗传多样性在很大程度上代表了非洲人遗传多样性的一个子集。

② 连锁不平衡呈块状结构显示。有的区域有着高 D' 值，它们被重组的区域间隔开。因此任何给定的 SNP 通常都与相邻的 SNP 紧密关联。一个典型的区块长度约 $30\sim50$kb（约 0.1cM）。低频突变比普通突变年轻，它们也倾向于有更长的单倍型区块。

③ LD 区块可能跨越数个重组热点。HapMap 第 2 阶段详细地表征了近期共享的基因区域。一些近期的基因共享是因为基因的同接合性（autozygosity）（一个群体内部近亲交配）。

④ 有些区域被认为在扩展的单倍型结构中缺乏重组。这支持了着丝粒区域的高连锁不平衡现象（图 20.8）。

⑤ SNP 在全基因组关联分析中起很大的作用（GWAS；见 21 章）。每个个体的一个大的 SNP 集合（>100 万）可以以较低的成本进行基因型分析。比较两个群体（感染人群与对照组）可以揭示随着疾病表型相分离的含有突变的基因组区域。这有助于发现很多疾病风险因子和/或致病基因。

⑥ 自然选择可以去除有害突变，保留（修护）有利突变。HapMap 数据揭示了在近期经历了适应性进化的基因。Sabeti 等（2007），包括 HapMap 联盟的成员以三个标准鉴定了经历强阳性选择的 SNP：与灵长类外群相比它们是新出现（产生）的等位基因；由于近期的阳性选择有可能反映了局部环境变化，因此人类群体内的 SNP 是高度不一致的；他们的重点在非同义替换的编码 SNP 和进化上序列相对保守的 SNP，因为这些 SNP 有可能有生物学效应。Sabeti 描述了 300 个候选区域。一些情况下，他们发现有相关功能的、在相同的群体中都经历了阳性选择的成对基因（如 YRI 群体内的 *LARGE* 和 *DMD* 基因，他们都编码与拉沙热病毒结合和感染相关的蛋白质）。另一个例子是编码乳糖分解酵素的 *HBB* 和 *LCT* 基因（促进断奶后分解来自其他哺乳动物的牛奶的能力）、人 6 号染色体上的人类白细胞抗原（HLA）基因和 17 号染色体上的一段倒位（在欧洲血统的个体中跨度为 900kb）。

> 根据基因组变异数据库（http://dgv.tcag.ca/dgv/app/home，链接 20.43，MacDonald 等，2014），拷贝数变异覆盖 2.2×10^9 个核苷酸或跨越 $>71\%$ 的人基因组（2014 年 3 月）。

⑦ 可以通过 SNP 分析来衡量结构变异的普遍性。图 8.23 列出了一个半合子缺失的例子。我们可以在 UCSC（图 8.10，图 21.15）、Ensembl 或 NCBI 浏览器上看到 SNP 和关于结构变异（删除、扩增、倒位和复合突变）的总结。HapMap 第 3 阶段报道了约 1600 个基因组片段，其拷贝数不同，次要等位基因频率至少为 1%。每拷贝数多态性长度的中位值为 7.2kb，每个个体的累计序列长度为 3.5Mb（约占基因组的 0.1%）。总数的 92% 为缺失，8% 为复制，1/3 与 RefSeq 基因重叠（国际 HapMap 3 联盟，2010）。

千人基因组计划

千人基因组计划的主要目标是生成人类遗传变异的综合资源。作为第一个可以公开获取的群体规模的全基因组数据库，这是非常有意义的。一个明确的目标是鉴定出所研究的群体中基因频率超过 1% 的大部分（$>95\%$）遗传突变。在试验阶段采取了三个方法（千人基因组计划联盟等，2010）：①两个三人组（父亲/母亲/女儿）的基因组被高覆盖度测序（平均图谱覆盖度为每个个体 42 倍）；②对 179 个个体（来自 4 个种群）进行全基因组测序，其图谱覆盖度为每个体

> 千人基因组计划的网站是 http://www.1000genomes.org（链接 20.44）。

3.6 倍；③对 697 个个体进行外显子靶向测序。在项目网站上可以获得这些数据（包括千人基因组计划联盟报道的 4.9TB 的序列数据，2010）。

每个个体在一个常染色体位点有两个单倍型（如上文所述）。千人基因组计划采用的三个方法提供了关于单倍型的不同信息。三人组测序可以对单倍型分期，因此可以推断出子代的两个单倍型序列［图 20.21(a)］。低覆盖度的全基因组测序比全基因组测序成本低得多，通常用来鉴定常见的单倍型［图 20.21(b)］。全基因组测序提供基因组有限部分的序列数据（通常是 60Mb 而非 3000Mb），没有足够的覆盖宽度以对单倍型分期［图 20.21(c)］。

千人基因组的主要结论如下（千人基因组计划联盟等，2010，2012）：

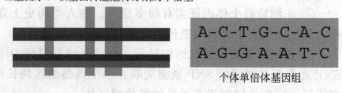

(a) 三重测序：以基因传递进行分期的单倍型

个体单倍体基因组

图 20.21 千人基因组计划中的单倍型分期。每个个体在每个常染色体基因座上都有两个单倍型；在同一个群体内，他们通常与其他个体共享。不同的方法重建这些单倍型的能力有很大的不同。彩色（左边）表明了在个体基因组中不同的单倍型。线条的宽度表明了覆盖的深度（而不是规模）。阴影区域（右）表明了示例的基因型数据，这些可以采用三种策略从相同的样本中观察到或推断出来。(a) 三重测序可以准确地发现突变，对大多数基因组的单倍型进行分期。(b)低覆盖度测序可以鉴别出常见的单倍型中共享的突变（红色和蓝色柱状），但是在检测稀有单倍型（如浅绿色）和关联突变（见圆点，表明缺失的等位基因）方面效果甚微。一些不准确的基因型也会发生（红色的等位基因被错误的分配成 G，应该是 A）。(c)外显子测序有着低的基因组覆盖度。可以检测出基因组靶向部分的常见的、稀有的、低频的突变。单倍型无法进行分期

[来自千人基因组计划委员会，(2010)。经 Macmillan 出版社许可使用]

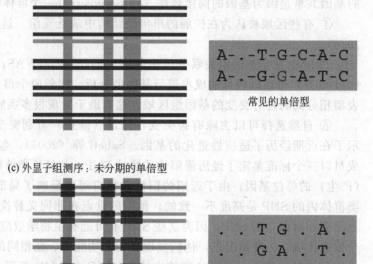

(b) 低覆盖度的全基因组测序：单倍型的统计分期

常见的单倍型

(c) 外显子组测序：未分期的单倍型

外显子变异

对于一个选定的个体的 HBB VCF 文件的网址是 ftp://ftp.1000genomes.ebi.ac.uk/vol1/ftp/phase1/analysis_results/integrated_call_sets/ALL.chr11.integrated_phase1_v3.20101123.snps_indels_svs.genotypes.vcf.gz。这个文件见链接 20.2。

---

① 在 HLA 和亚端粒区域倾向于发生高频突变。3p21 附近一段长 5Mb 的基因密集区域突变率最低。

② 千人基因组计划的数据在全基因组相关分析中 SNP 归责方面起着重要作用。

③ 变异数目在变异的不同功能分类中进行描述。特别地，保守位点的变异尤其被重点强调，其基因组进化速率评测（genomic evolution-ary rate profiling，GERP）＞2。原理是这些变异倾向于与功能相关，这些变异总结在表 20.20。每个个体在保守位点有约 2500 个非同义突变（其中大部分为常见突变，等位基因频率＞5%），但是一个典型的个体内有＞10000 个非同义突变。千人基因组计划中的每个人，也就是我们每个人，在保守位点都有 20～40 个突变被认为是有害的；10～20 个功能缺失突变；2～5 个有害突变；1～2 个已从癌症基因组中确定的突变（基因组计划联盟等，2012）。联盟的另一项分析表明每个个体都含有以

在线千人基因组浏览器见 http://browser.1000genomes.org（链接 20.45）。NCBI 也提供千人基因组浏览器，https://www.ncbi.nlm.nih.gov/variation/tools/1000genomes/（链接 20.46）。

下特点（Xue 等，2012）：

- 40～85 个错义突变被预测为有害的；
- 40～110 个突变被人基因突变数据库（HGMD，21 章）认为是致病的；
- 0～8 个突变预测为高危害的；
- 0～1 个突变在纯合状态下。

要使用千人基因组数据，你可以访问项目的网站或使用它的浏览器，这与 Ensembl 基因组浏览器相似。输入 HBB，就可以查看变异。点击个体的 SNP 可以查看它的等位基因、群体数据（如群体范围内的等位基因频率）和表型数据（临床数据）。点击左侧边栏的链接可以得到 "Get VCF data"。这里提供了

表 20.20 来自千人基因组计划的保守位点的每个个体的变异负载。DAF——跨样本衍生等位基因频率

变异类型	每个个体的衍生变异位点数目			特别稀有的有害变异	频率特别低的有害变异
	<0.5% DAF	0.5%~5% DAF	>5% DAF		
所有位点	30000~150000	120000~680000	3.6M~3.9M	ND	ND
同义突变	29~120	82~420	1300~1400	ND	ND
非同义突变	130~400	240~910	2300~2700	76~190	77~130
终止子获得突变	3.9~10	5.3~19	24~28	3.4~7.5	3.8~11
终止子丢失突变	1.0~1.2	1.0~1.9	2.1~2.8	0.8~1.1	0.80~1.0
HGMD-DM	2.5~5.1	4.8~17	11~18	1.6~4.7	3.8~12
COSMIC	1.3~2.0	1.8~5.1	5.2~10	0.93~1.6	1.3~2.0
插入缺失移码突变	1.0~1.3	11~24	60~66	ND	3.2~11
插入缺失非移码突变	2.1~2.3	9.5~24	67~71	ND	0~0.73

注: 来源于千人基因组计划委员会（2012；表格中并没有列出所有的行）。经 Macmillan 出版社许可使用。

Data Slicer，这是一个可以上传 BAM 和 VCF 文件的工具（第 9 章）。默认情况下可以分析选定的区域（HBB；在这种情况下是 11：5246694-5250625）。根据 Data Slicer 的步骤，可以选择所有的 1000 个基因组或根据群体或个体来筛选，获得一个可下载的 VCF 文件。可以利用 VCFtool、IGV（如上文所述）、Ensembl、NCBI 或 UCSC 浏览器分析 VCF，或利用 VAAST 或其他软件对变异进行注释（第 9 章）。

用 Data Slicer 输出 HBB 区域的例子如下，展示了 VCF 的标题和头两行变异。

```
##fileformat=VCFv4.1
##INFO=<ID=LDAF,Number=1,Type=Float,Description="MLE Allele Frequency
Accounting for LD">
```

```
##INFO=<ID=AVGPOST,Number=1,Type=Float,Description="Average posterior
probability from MaCH/Thunder">
##INFO=<ID=RSQ,Number=1,Type=Float,Description="Genotype imputation
quality from MaCH/Thunder">
##INFO=<ID=ERATE,Number=1,Type=Float,Description="Per-marker Mutation rate
from MaCH/Thunder">
##INFO=<ID=THETA,Number=1,Type=Float,Description="Per-marker Transition
rate from MaCH/Thunder">
##INFO=<ID=CIEND,Number=2,Type=Integer,Description="Confidence interval
around END for imprecise variants">
##INFO=<ID=CIPOS,Number=2,Type=Integer,Description="Confidence interval
around POS for imprecise variants">
##INFO=<ID=END,Number=1,Type=Integer,Description="End position of the
variant described in this record">
##INFO=<ID=HOMLEN,Number=.,Type=Integer,Description="Length of base pair
identical micro-homology at event breakpoints">
##INFO=<ID=HOMSEQ,Number=.,Type=String,Description="Sequence of base pair
identical micro-homology at event breakpoints">
##INFO=<ID=SVLEN,Number=1,Type=Integer,Description="Difference in length
between REF and ALT alleles">
##INFO=<ID=SVTYPE,Number=1,Type=String,Description="Type of structural
variant">
##INFO=<ID=AC,Number=.,Type=Integer,Description="Alternate Allele Count">
##INFO=<ID=AN,Number=.,Type=Integer,Description="Total Allele Count">
##ALT=<ID=DEL,Description="Deletion">
##FORMAT=<ID=GT,Number=1,Type=String,Description="Genotype">
##FORMAT=<ID=DS,Number=1,Type=Float,Description="Genotype dosage from
MaCH/Thunder">
##FORMAT=<ID=GL,Number=.,Type=Float,Description="Genotype Likelihoods">
##INFO=<ID=AA,Number=1,Type=String,Description="Ancestral Allele,
ftp://ftp.1000genomes.ebi.ac.uk/vol1/ftp/pilot_data/technical/reference/
ancestral_alignments/README">
##INFO=<ID=AF,Number=1,Type=Float,Description="Global Allele Frequency
based on AC/AN">
##INFO=<ID=AMR_AF,Number=1,Type=Float,Description="Allele Frequency for
```

```
samples from AMR based on AC/AN">
##INFO=<ID=ASN_AF,Number=1,Type=Float,Description="Allele Frequency for
samples from ASN based on AC/AN">
##INFO=<ID=AFR_AF,Number=1,Type=Float,Description="Allele Frequency for
samples from AFR based on AC/AN">
##INFO=<ID=EUR_AF,Number=1,Type=Float,Description="Allele Frequency for
samples from EUR based on AC/AN">
##INFO=<ID=VT,Number=1,Type=String,Description="indicates what type of
variant the line represents">
```

```
##INFO=<ID=SNPSOURCE,Number=.,Type=String,Description="indicates if a snp
was called when analysing the low coverage or exome alignment data">
##reference=GRCh37
##source_20140302.1=/nfs/public/rw/ensembl/vcftools/bin/vcf-subset -c
NA18912 /net/isilonP/public/rw/ensembl/1000genomes/release-14/tmp/
slicer/11.5246694-5250625.ALL.chr11.integrated_phase1_v3.20101123.snps_
indels_svs.genotypes.vcf.gz
#CHROM  POS    ID       REF   ALT   QUAL    FILTER   INFO    FORMAT    NA18912

11      5246794 rs200399660  C     T       100      PASS
        AA=c;AC=0;AF=0.0005;AN=2;ASN_AF=0.0017;AVGPOST=1.0000;
ERATE=0.0003; LDAF=0.0005;RSQ=1.0000;SNPSOURCE=EXOME; THETA=0.0003;
VT=SNP GT:DS:GL 0|0:0.000:0.00,-5.00,-5.00
11      5246840 rs36020563   G     A       100      PASS
        AA=g;AC=0; AF=0.0005;AFR_AF=0.0020;AN=2;AVGPOST=1.0000;
ERATE=0.0003;LDAF=0.0005;
RSQ=1.0000;SNPSOURCE=LOWCOV,EXOME;THETA=0.0006;VT=SNP          GT:DS:GL
0|0:0.000:0.00,-5.00,-5.00
```

　　这个例子表明，获取并分析千人基因组数据非常简单。标题对每个变异携带的特定信息提供了指导。检查每个变异是否与人工误差相关至关重要（如链偏向性或低读段深度）。变异信息包含不同群体中等位基因频率和实验类型（低覆盖度相对于外显子靶向测序）。在这个例子中，我们只选择了一个个体（NA18912）来进行分析，然而单个 VCF 文件可以包含多个个体的变异。

> NHGRI 基因组技术项目网站是 http://www.genome.gov/10000368（链接 20.47）。关于测序成本降低的描述见图 9.3。

变异：个体基因组测序

　　尽管对人类基因组进行测序是一个巨大的工程，量级上相当于一个人在月球上着陆，而对个体基因组进行重测序相对简单。NHGRI 的美国国立卫生研究院启动了一个项目来降低个体基因组测序的成本，从先前的花费（20 世纪晚期的数千万元）到当前的花费（将近 1000 美元）到最终将低于 1000 美元。

　　个体基因组测序的意义在于促进个体化医学时代的启动，可以确定与疾病状况相关的 DNA 变化。如第 21 章讨论的那样，很多疾病都与基因与环境因素的相互作用相关。即使是看上去只由环境因素引起的疾病，从外伤性脑损伤到营养不良到传染性疾病，个体的基因组成都有可能对这些疾病的过程产生很大的影响。个体基因组测序的另一个有意义的方面是有助于阐明基因的多样性和物种的历史。

> 在下文的计算机实验练习（20.1），我们执行一个针对 Venter 基因组的 BLAST 检索。

　　2007 年发布了最初的两个人类个体的基因组序列：J. Craig Venter（Levy 等，2007）和 James Watson。两人是诺贝尔奖得主，共同发现了 DNA 双螺旋结构（Wheeler 等，2008）。Venter 的基因组以二倍体的形式报道。相反，Celera 人类基因组序列（Venter 等，2001）基于来自 5 个个体的 DNA 序列一致性。国际人类基因组测序联盟（IHGSC，2001）也基于来自多个个体的基因组。这些共同努力产生的序列数据对产生 23 对染色体信息至关重要。他们不对个体内来自父系或母系的变异进行评估。令人惊讶的是，Levy 等发现了在亲本的染色体间有 400 万个突变，超过预期的 5 倍。直到 2004—2006 年，拷贝数变异的多样性，小的插入缺失和 SNP 才引起了足够的重视（如，Iafrate 等，2004；Sebat 等，2004；Redon 等，2006；Pinto 等，2007；Scherer 等，2007）。

　　Levy 等（2001）采用对基因组进行了测序，组装和分析的策略包含了 7 个步骤：①取得知情同意书来收集 DNA 样本；②基因组测序；③基因组组装；④将个体基因组与 NCBI 的参考基因组做比对；⑤DNA 变异的检测与筛选；⑥单倍型组装；⑦数据注释与说明。

Venter 的基因组组装基于 3200 万个序列读段，产生 7.5 倍深度覆盖的 200 亿 bp 的 DNA 序列。采用了 Sanger 双脱氧核苷酸测序法，因为产生的读段比当前 454 技术（Waston 基因组测序采用的技术）或 Illumina 技术（见第 9 章）可利用的要长。基因组组装包括 2782357138 碱基的 DNA。与 NCBI 的参考基因组的比较揭示了 410 万个变异，包括 320 万个 SNP（每 1000 碱基对稍大于 1）、超过 5 万个区块替换（长度为 2～206bp）、将近 30 万个长为 1～571bp 的插入/缺失（插入缺失）、约 56 万个半合子插入缺失（范围可达 8 万 bp）、90 个倒位和许多拷贝数变异。与人类参考基因组相关的大部分是 SNP，插入和缺失占变异事件的一小部分（22%），然而，因为它们倾向于与基因的大部分区域相关，它们占 NCBI 基因组参考序列变异核苷酸的 74%。在鉴定基因组变异谱的过程中，Pang 等（2010）利用额外的序列和微阵列平台的数据对 Venter 基因组进行了再注释。他们报道了数千个新的变异，尤其是单纯依靠测序难以检出的结构变异。

关于 UK10K 计划的描述见 http://www.sanger.ac.uk/about/press/2010/100624-uk10k.html（链接 20.48）。自闭症基因组 10K 计划的网址是 http://autismgenome10k.org（链接 20.49），个人基因组计划的网址是 http://www.personalgenomes.org（链接 20.50）。

近些年对数千个个体的基因组进行了测序。早期的例子包括亚洲个体的基因组，YH（Wang 等，2008）；James D.Watson 的基因组（Wheeler 等，2008）；韩国个体 SJK（Ahn 等，2009）和 AK1（Kim 等，2009）；约鲁巴男性个体，样本号 NA18597 的基因组（Bentley 等，2008）；四个纳米比亚土著猎人的基因组（KB1、NB1、TK1 和 MD8）和一个图图大主教的班图人（Schuster 等，2010）。这些早期研究的重点在于开发用来处理 6Gb 深度测序的二倍体人类基因组序列的科技；确认 SNP，包括在 dbSNP 列出的 SNP；识别结构变异；运用比较基因组学来确定哪些变异是共享的；预测哪些变异与疾病相关。

Gonzaga-Jauregui 等（2012）分析了 10 个全基因组的变异（图 20.22）。这 10 个基因组累计包含 1460 万个非冗余 SNP。正如预测的那样，数目最大的独特的 SNP 来自于非洲人的后代。

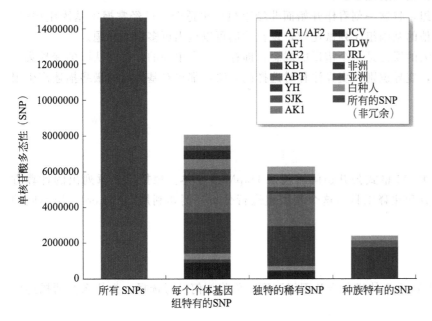

图 20.22　10 个个体基因组的单核苷酸多态性（SNP）比较。每一个基因组内的所有 SNP 都与其它 9 组进行比较。第一柱：有 14608404 个非冗余 SNP（第一个柱）。第二柱：每个基因组中特有的 SNP。第三柱：每一个个体内独特的稀有 SNP。第四柱：同一个种族群体中共享的 SNP。缩写词：AF1——NA18507；AF2——NA18507；KB1——Khoisan genome；ABT——Archbishop Desmond Tutu；YH——Chinese genome；SJK——Korean genome 1；AK1——Korean genome 2；JCV——J. Craig Venter；JDW——James D. Watson；JRL——James R. Lupski［来自 Gonzaga-Jauregui 等（2012）。经许可使用］

测序的基因组（或外显子组）数目有可能很快达到 10 万或更多（尽管这些数据的大部分正在被收集和分析）。除千人基因组以外的大规模工程的例子是 UK10K 计划（目标是测定 UK 的 10000 个个体的基因组）、自闭症基因组 10K 计划、个人基因组计划（测 100000 个人类基因组序列）和一些癌症提案。

20.7　展望

人类基因组测序是科学历史上的一个重要的成就。这一成就是国际间数十年合作的积累。两个主要的科技进步使人类基因组测序成为可能：①20 世纪 80 年代自动化 DNA 测序仪的发明使核苷酸数据可以被大规模收集；②生物学家与计算机学家发明的计算生物学工具对测序数据的分析必不可少。

据估计，到 2015 年已经测序的人类基因组数目将达到 10 万个。2003 年当人类基因组计划结束时，极少有人期望在二代测序中会引入新的技术。在接下来的几年，我们可以期待 DNA 测序的速度继续上升。将基因型与表型相关联，使对很多个体的完整的基因组进行比较成为可能。从基因组序列可以分析序列变异，如 SNP 和拷贝数变异；致病突变；进化动力；基因组特征如重组、复制和基因功能调控。尽管在过去我们主要依赖于小鼠和其他的模式生物来模拟基因功能，但建立一个"人类基因敲除集合"成为了可能，在这个集合里，大量携带一个特定纯合基敲除、拷贝数变异或者其他基因谱的个体的基因型被探索。

20.8　常见问题

随着每条染色体测序的完成，依然有很多与测序深度、组装（尤其使含有高度重复 DNA 的区域）和注释有关的问题需要解决。基因发现算法的结果有所不同（如 ENCODE 计划所示，第 8 章），不同的数据库也经常不一样。拷贝数变异尤其难以确认与组装，因为它们常常与重复 DNA 元件相关，利用全基因组鸟枪法组装也难以解决片段性重复的问题。

有几个突出的问题亟待解决：

- 我们如何精确确定蛋白质编码基因的数目？
- 我们如何确定非编码基因的数目？
- 我们如何确定基因和蛋白质的功能？
- 我们人类的进化史是怎样的？
- 不同个体间在核苷酸水平的异质程度是多少？

由于我们刚开始研究人类基因组，将这一刻看作开始而非结束也许更适合。已经掌握了基因组序列，也可以将人类基因组序列与许多其他的基因组序列做比较，现在我们可以提出更多新的问题。

关于个体人类基因组，也许最大的误区是一个错误的观念，即存在一个单一的、普遍认可的变异集合与基因组相关。与已知序列作比对，变异识别和变异注释时选择的方法，都将对基因组的最终描述产生很大的影响。

20.9　给学生的建议

许多个体的基因组数据都可以 BAM 格式公开访问，包括 HapMap 个体。根据第 9 章列出的计算方法，用不同的比对工具、变异识工具和注释工具对这个基因组进行分析，例如利用 SAMtool，用不同的参数进行比对来观察结果。

问题讨论

[20-1] 如果你有资源和设备对 50 个个体进行全基因组测序，你将如何进行选择？为什么？请描述你将如何进行数据分析。

[20-2] 正如 BLAST 所示，酿酒酵母（*Saccharomyces cerevisiae*）基因组在 1 亿年前开始倍增（第 18 章），我们讨论了在鱼、草履虫和植物中的全基因组重复（第 19 章）。为什么不能同样直接地鉴定人基因组中的大段重复？是因为它们没有发生，还是因为人类的进化史掩盖了这些事件，或者因为我们缺乏检测大规模基因组变化的工具？

问题/计算机实验

[20-1] 确定 Craig Venter 基因组 β 珠蛋白的序列。首先，确定 β 珠蛋白的索引编号（NM_000518）。然后，确定基因组的索引编号；Levy 等（2007）将其列为 ABBA00000000。通过查阅记录，你会发现

ABBA00000000 自身并没有直接指向 DNA 序列，相反，列出的索引编号为 ABBA01000001 - AB-BA01255300，这些包含了全基因组鸟枪的序列数据。在 NCBI 上执行一个 BLAST 检索，用 β 球蛋白查询 NM_000518，将数据库设置成全基因组鸟枪读取（WGS）。在输入查询框输入 ABBA01000001：AB-BA01255300 [PACC] 以限制检索范围为 Venter 基因组序列（你可以访问 Entrez 帮助链接以学习限制条件的相应格式）。附加问题：ABCC11 基因（ATP 结合盒，C 亚家族，11 号；NM_032583）编码的蛋白在 Venter 体内是突变的形式，使其形成湿性耳聍，而非干性耳聍。请确定突变的核苷酸和/或氨基酸。

[20-2] 进入 NCBI Gene 页面，选择一个感兴趣的人类基因，如 α2 球蛋白。在 Ensembl、NCBI、UCSC 等网站上检查其特征（如外显子/内含子结构、与表达基因相对性的 EST 数目、基因中鉴别出的多态性和邻近基因）。在三个数据库中是否存在差异？通过使用这些数据库进行搜索和比较，你也可以对比这些数据的内容差异。

[20-3] 在每一条人类染色体上各有多少个蛋白质编码基因？利用 EDirect（介绍见第 2 章）。这个问题来自 https：//www.ncbi.nlm.nih.gov/books/NBK179288/。使用如下的代码（蓝色部分），并将你的答案与下图中的计算结果作比较。请注意含有少量基因的第 18 号、第 21 号、Y 染色体和含有大量基因的19 号染色体。

```
for chr in {1..22} X Y MT
do
esearch -db gene -query "Homo sapiens [ORGN]
AND $chr [CHR]" |
efilter -query "alive [PROP] AND genetype
protein coding [PROP]" |
efetch -format docsum |
xtract -pattern DocumentSummary -NAME Name \
-block GenomicInfoType -match "ChrLoc:$chr" \
-tab "\n" -element ChrLoc,"&NAME" |
grep '.' | sort | uniq | cut -f 1 |
sort-uniq-count-rank
done
2063 1
1268 2
1081 3
766 4
871 5
1035 6
932 7
683 8
801 9
751 10
1292 11
1034 12
334 13
612 14
609 15
843 16
1195 17
275 18
1409 19
550 20
245 21
455 22
849 X
74 Y
13 MT
```

[20-4] 靠近端粒的部分重组率升高（见图 20.8）。利用 UCSC Table Browser 鉴定具有高重组率的区域。①访问 http://genme.ucsc.edu（链接 20.51），选择 Table Browser。选择人类基因组、比对和测序组、Recomb Rate 轨道。点击汇总统计按钮，显示有 2822 个条目（每百万碱基）。②选择过滤器，设置 decodeAvg（解码遗传图谱平均值）＞5。试着使用其他遗传图谱设置过滤器。③在提交时，汇总统计表明现在只有 12 个条目（在第 4、第 9、第 10、第 12、第 14、第 17、第 19、第 20 号和 X 号染色体上）。你

也可以将输出设置为指向基因组浏览器的超链接，表明这些区域的绝大部分确实是亚端粒。④利用相似的策略确定基因组中重组率最低的位点。⑤确定与最高（最低）重组率相关的 *RefSeq* 基因。使用 UCSC 表格浏览器网站上的交叉工具（the intersection tool）。

[20-5] 比较人类和猕猴（*Macaca mulatta*）在 1 号染色体（人类最大的染色体）、21 号染色体（人类最小的染色体）、X 和 Y 染色体上的保守同线性程度。哪一条最保守？人类和猕猴的 Y 染色体上有哪些特定的基因具有保守性？为什么这条染色体上的保守程度这么低？完成这个练习的方法之一是访问 En-sembl 人类基因组浏览器（http://www.ensembl.org/Homo_sapiens，链接 20.52），点击一条染色体（如 Y），然后使用左侧的下拉菜单 "View Chr Y Synteny"。

[20-6] HLA-B 是人基因组中最具多态性的基因。①将 UCSC 基因组浏览器（如 GRCh38 assembly）坐标设置为 chr6：31 353 872-31 357 212，查看 SNP。你可以看到数量惊人的多态性。②查看 100 万 bp 区域（chr6：31 000 001-32 000 000）的 SNP 将得到一个更广阔的视角。③使用 UCSC 表格浏览器和它的交互特征来寻找整个人类基因组中最具多态性的五个基因。

[20-7] 人线粒体 DNA（RefSeq 索引编号为 NC_012920.1），来源于细菌。①执行一个非冗余数据库（nr）据库的 BLAST 检索，将输出限制为细菌。人的序列与哪种细菌关系最近？（你可以查看 Taxonomy Report 以方便总结）。②人的序列与哪个基因关系最近？你可以检查你的序列比对结果。③只有一种细菌蛋白质与人线粒体基因组编码的蛋白质相关，是什么？你可以检查你的序列比对结果，或特定寻找人类线粒体 DNA 编码的蛋白质，用 nc_012920.1 作为限制细菌的同源搜索查询。④UCSC 基因组浏览器包含一个称为 "NumtS Sequenc" 的变异部分的轨迹。这是指核线粒体序列，即从内共生的细菌转移到人类核基因组的序列。有多少条目（利用表格浏览器来查找，选择汇总统计）？它们是否在基因组特定位点成簇存在？你可以选择工具（tool）＞基因图（Genome Graphs）展示那些（或其他）轨迹（图 20.23）。

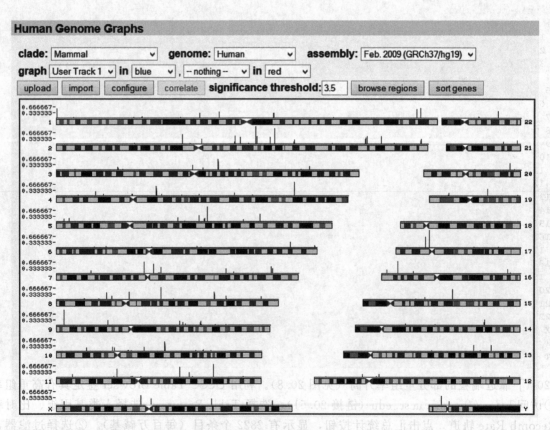

图 20.23 可以利用 UCSC 基因组图形工具在 idegram 上 plot UCSC 或自定义 track。图中列出了 NumtS 基因的分布，也就是说线粒体起源于核基因

自测题

[20-1] 人基因组近似多大？

(a) 3Mb；

(b) 300Mb；

(c) 3000Mb；

(d) 30000Mb

[20-2] 人基因组大约含有多大比例的不同类型的重复元件？

(a) 5%；

(b) 25%；

(c) 50%；

(d) 85%

[20-3] 人基因组有多少与蛋白质编码相关？

(a) 1%～5%；

(b) 5%～10%；

(c) 10%～20%；

(d) 20%～40%

[20-4] 人类基因组中含有很多转座子来源的重复序列，被描述为

(a) 死化石；

(b) 年轻的活跃的元件；

(c) 人类特有的元件；

(d) 反向重复序列

[20-5] 人类基因组中有多少区域发生片段性重复？

(a) <1%；

(b) 5%；

(c) 20%～30%；

(d) 50%

[20-6] 人类基因组 GC 含量高的区域

(a) 基因密度低；

(b) 基因密度高；

(c) 基因密度高度变化；

(d) 基因含有更少的内含子

[20-7] 与其他后生动物基因组（如线虫、昆虫和老鼠）相比

(a) 人类基因组包含相当多的蛋白质编码基因；

(b) 人类基因组含有相当多的缺少同源基因的独特的基因；

(c) 人类基因组 GC 含量更高；

(d) 人类基因组有更多的多结构域蛋白质和可变剪接

[20-8] 在 2001—2004 年完成人基因组计划时，基因组中有多少由于含有重复序列或其他技术难题而不能被测序？

(a) 基本没有；

(b) 约 2Mb；

(c) 约 25Mb；

(d) 约 225Mb

[20-9] 单核苷酸多态性（SNP）在表征人类基因组各个方面都非常有用，除了

(a) 疾病相关；

（b）微复制；

（c）逆向选择；

（d）人口迁移

20.10　推荐读物

本章我们讨论了公共委员会版本的人类基因组计划（IHGSC，2001）和基因组常染色质部分的完成（IHGSC，2004）。我们对于 Celera 文章（Venter 等，2001）与 *Science* 和 *Nature* 上相关的文章也非常感兴趣。我们也讨论了个体基因组，重点在于各种类型的变异。

对于 22 条常染色体和 2 条性染色体来说，*Nature* 上有一篇文章详细地对其进行了描述，链接如下：http://www.bioinfbook.org/chapter20。这些重要的文件描述了已经完成（或接近完成）测序的染色体的深度分析。他们强调需要完整的测序，以执行更准确的注释和比较分析。

参 考 文 献

1000 Genomes Project Consortium, Abecasis, G.R., Altshuler, D. *et al.* 2010. A map of human genome variation from population-scale sequencing. *Nature* **467**(7319), 1061–1073. PMID: 20981092.

1000 Genomes Project Consortium, Abecasis, G.R., Auton, A. *et al.* 2012. An integrated map of genetic variation from 1,092 human genomes. *Nature* **491**(7422), 56–65. PMID: 23128226.

Ahn, S.M., Kim, T.H., Lee, S. *et al.* 2009. The first Korean genome sequence and analysis: full genome sequencing for a socio-ethnic group. *Genome Research* **19**(9), 1622–1629. PMID: 19470904.

Amir, R.E., Van den Veyver, I.B., Wan, M. *et al.* 1999. Rett syndrome is caused by mutations in X-linked *MECP2,* encoding methyl-CpG-binding protein 2. *Nature Genetics* **23**, 185–188. PMID: 10508514.

Arhondakis, S., Auletta, F., Bernardi, G. 2011. Isochores and the regulation of gene expression in the human genome. *Genome Biology and Evolution* **3**, 1080–1089. PMID: 21979159.

Avner, P., Heard, E. 2001. X-chromosome inactivation: Counting, choice and initiation. *Nature Reviews Genetics* **2**, 59–67.

Bailey, J. A., Yavor, A. M., Massa, H. F., Trask, B. J., Eichler, E. E. 2001. Segmental duplications: Organization and impact within the current human genome project assembly. *Genome Research* **11**, 1005–1017.

Barrett, J.C., Fry, B., Maller, J., Daly, M.J. 2005. Haploview: analysis and visualization of LD and haplotype maps. *Bioinformatics* **21**(2), 263–265. PMID: 15297300.

Baugher, J.D., Baugher, B.D., Shirley, M.D., Pevsner, J. 2013. Sensitive and specific detection of mosaic chromosomal abnormalities using the Parent-of-Origin-based Detection (POD) method. *BMC Genomics* **14**, 367. PMID: 23724825.

Behar, D.M., van Oven, M., Rosset, S. *et al.* 2012. A "Copernican" reassessment of the human mitochondrial DNA tree from its root. *American Journal of Human Genetics* **90**(4), 675–684. PMID: 22482806.

Bentley, D.R., Balasubramanian, S., Swerdlow, H.P. *et al.* 2008. Accurate whole human genome sequencing using reversible terminator chemistry. *Nature* **456**(7218), 53–59. PMID: 18987734.

Bernardi, G. 2001. Misunderstandings about isochores. Part 1. *Gene* **276**, 3–13. PMID: 11591466.

Church, D.M., Schneider, V.A., Graves, T. *et al.* 2011. Modernizing reference genome assemblies. *PLoS Biology* **9**(7), e1001091. PMID: 21750661.

Collins, F.S., Green, E.D., Guttmacher, A.E., Guyer, M.S. 2003. US National Human Genome Research Institute. A vision for the future of genomics research. *Nature* **422**, 835–847.

Costantini, M., Bernardi, G. 2008. The short-sequence designs of isochores from the human genome. *Proceedings of the National Academy of Sciences, USA* **105**(37), 13971–13976. PMID: 18780784.

Crick, F. H., Watson, J. D. 1953. Molecular structure of nucleic acids. A structure for deoxyribose nucleic acid. *Nature* **171**, 737–738.

Cuvier, G. 1849. *The Animal Kingdom, Arranged According to Its Organization.* William S. Orr & Co, London.

Deloukas, P., Matthews, L.H., Ashurst, J. *et al.* 2001. The DNA sequence and comparative analysis of human chromosome 20. *Nature* **414**, 865–871. PMID: 11780052.

Deloukas, P., Earthrowl, M.E., Grafham, D.V. *et al.* 2004. The DNA sequence and comparative analysis of human chromosome 10. *Nature* **429**, 375–382. PMID: 15164054.

Dunham, I., Shimizu, N., Roe, B.A. *et al.* 1999. The DNA sequence of human chromosome 22. *Nature* **402**, 489–495. PMID: 10591208.

Dunham, A., Matthews, L.H., Burton, J. *et al.* 2004. The DNA sequence and analysis of human chromosome 13. *Nature* **428**, 522–528. PMID: 15057823.

ENCODE Project Consortium, Bernstein, B.E., Birney, E. *et al.* 2012. An integrated encyclopedia of DNA elements in the human genome. *Nature* **489**(7414), 57–74. PMID: 22955616.

Flicek, P., Amode, M.R., Barrell, D. *et al.* 2014. Ensembl 2014. *Nucleic Acids Research* **42**(1), D749–755. PMID: 24316576.

Gardiner-Garden, M., Frommer, M. 1987. CpG islands in vertebrate genomes. *Journal of Molecular Biology* **196**, 261–282.

Gonzaga-Jauregui, C., Lupski, J.R., Gibbs, R.A. 2012. Human genome sequencing in health and disease. *Annual Review of Medicine* **63**, 35–61. PMID: 22248320.

Green, E.D. 2001. Strategies for the systematic sequencing of complex genomes. *Nature Reviews Genetics* **2**, 573–583.

Green, E.D., Chakravarti, A. 2001. The human genome sequence expedition: Views from the "base camp." *Genome Research* **11**, 645–651.

Green, E.D., Guyer, M.S., National Human Genome Research Institute. 2001. Charting a course for genomic medicine from base pairs to bedside. *Nature* **470**(7333), 204–213. PMID: 21307933.

Gregory, S.G., Barlow, K.F., McLay, K.E. *et al.* 2006. The DNA sequence and biological annotation of human chromosome 1. *Nature* **441**, 315–321. PMID: 16710414.

Grimwood, J., Gordon, L.A., Olsen, A. *et al.* 2004. The DNA sequence and biology of human chromosome 19. *Nature* **428**(6982), 529–535. PMID: 15057824.

Haring, D., Kypr, J. 2001. Mosaic structure of the DNA molecules of the human chromosomes 21 and 22. *Molecular Biology Reports* **28**, 9–17.

Hattori, M., Fujiyama, A., Taylor, T.D. *et al.* 2000. The DNA sequence of human chromosome 21. *Nature* **405**, 311–319. PMID: 10830953.

Heilig, R., Eckenberg, R., Petit, J.L. *et al.* 2003. The DNA sequence and analysis of human chromosome 14. *Nature* **421**, 601–607. PMID: 12508121.

Hillier, L.W., Fulton, R.S., Fulton, L.A. *et al.* 2003. The DNA sequence of human chromosome 7. *Nature* **424**, 157–164. PMID: 12853948.

Hillier, L.W., Graves, T.A., Fulton, R.S. *et al.* 2005. Generation and annotation of the DNA sequences of human chromosomes 2 and 4. *Nature* **434**, 724–731. PMID: 15815621.

Humphray, S.J., Oliver, K., Hunt, A.R. *et al.* 2004. DNA sequence and analysis of human chromosome 9. *Nature* **429**, 369–375. PMID: 15164053.

Iafrate, A.J., Feuk, L., Rivera, M.N. *et al.* 2004. Detection of large-scale variation in the human genome. *Nature Genetics* **36**, 949–951.

Ingman, M., Kaessmann, H., Pääbo, S., Gyllensten, U. 2000. Mitochondrial genome variation and the origin of modern humans. *Nature* **408**, 708–713.

International HapMap Consortium. 2003. The International HapMap Project. *Nature* **426**(6968), 789–967. PubMed PMID: 14685227.

International HapMap Consortium. 2005. A haplotype map of the human genome. *Nature* **437**(7063), 1299–1320. PubMed PMID: 16255080.

International HapMap Consortium, Frazer, K.A., Ballinger, D.G. *et al.* 2007. A second generation human haplotype map of over 3.1 million SNPs. *Nature* **449**(7164), 851–861. PMID: 17943122.

International HapMap 3 Consortium, Altshuler, D.M., Gibbs, R.A. *et al.* 2010. Integrating common and rare genetic variation in diverse human populations. *Nature* **467**(7311), 52–58. PMID: 20811451.

International Human Genome Sequencing Consortium. 2001. Initial sequencing and analysis of the human genome. *Nature* **409**, 860–921.

International Human Genome Sequencing Consortium. 2004. Finishing the euchromatic sequence of the human genome. *Nature* **431**, 931–945.

Jones, P.A. 2012. Functions of DNA methylation: islands, start sites, gene bodies and beyond. *Nature Reviews Genetics* **13**(7), 484–492. PMID: 22641018.

Jurka, J. 1998. Repeats in genomic DNA: Mining and meaning. *Current Opinion in Structural Biology* **8**, 333–337.

Karolchik, D., Barber, G.P., Casper, J. *et al.* 2014. The UCSC Genome Browser database: 2014 update. *Nucleic Acids Research* **42**(1), D764–70. PMID: 24270787.

Kim, J.I., Ju, Y.S., Park, H. *et al.* 2009. A highly annotated whole-genome sequence of a Korean individual. *Nature* **460**(7258), 1011–1015. PMID: 19587683.

Levy, S., Sutton, G., Ng, P.C. *et al.* 2007. The diploid genome sequence of an individual human. *PLoS Biology* **5**, e254. PMID: 17803354.

MacDonald, J.R., Ziman, R., Yuen, R.K., Feuk, L., Scherer, S.W. 2014. The Database of Genomic Variants: a curated collection of structural variation in the human genome. *Nucleic Acids Research* **42**(Database issue), D986–992. PMID: 24174537.

Martin, J., Han, C., Gordon, L.A. *et al.* 2004. The sequence and analysis of duplication-rich human chromosome 16. *Nature* **432**, 988–994. PMID: 15616553.

McVean, G., Spencer, C.C., Chaix, R. 2005. Perspectives on human genetic variation from the HapMap Project. *PLoS Genetics* **1**, e54.

Mungall, A.J., Palmer, S.A., Sims, S.K. *et al.* 2003. The DNA sequence and analysis of human chromosome 6. *Nature* **425**, 805–811. PMID: 14574404.

Muzny, D.M., Scherer, S.E., Kaul, R. *et al.* 2006. The DNA sequence, annotation and analysis of human chromosome 3. *Nature* **440**, 1194–1198. PMID: 16641997.

National Research Council. 1988. *Mapping and Sequencing the Human Genome.* National Academy Press, Washington, DC.

Nusbaum, C., Mikkelsen, T.S., Zody, M.C. *et al.* 2006. DNA sequence and analysis of human chromosome 8. *Nature* **439**, 331–335. PMID: 16421571.

Osborne, L.R., Li, M., Pober, B. *et al.* 2001. A 1.5 million-base pair inversion polymorphism in families with Williams–Beuren syndrome. *Nature Genetics* **29**, 321–325.

Ostertag, E. M., Kazazian, H. H., Jr. 2001. Twin priming: A proposed mechanism for the creation of inversions in L1 retrotransposition. *Genome Research* **11**, 2059–2065.

Pakendorf, B., Stoneking, M. 2005. Mitochondrial DNA and human evolution. *Annual Review of Genomics and Human Genetics* **6**, 165–183.

Pang, A.W., MacDonald, J.R., Pinto, D. *et al.* 2010. Towards a comprehensive structural variation map of an individual human genome. *Genome Biology* **11**(5), R52. PMID: 20482838.

Pinto, D., Marshall, C., Feuk, L., Scherer, S.W. 2007. Copy-number variation in control population cohorts. *Human Molecular Genetics* **16**, R168–R173.

Ponting, C. P. 2001. Plagiarized bacterial genes in the human book of life. *Trends in Genetics* **17**, 235–237.

Purcell, S., Neale, B., Todd-Brown, K. *et al.* 2007. PLINK: a tool set for whole-genome association and population-based linkage analyses. *American Journal of Human Genetics* **81**(3), 559–575. PMID: 17701901.

Redon, R., Ishikawa, S., Fitch, K.R. *et al.* 2006. Global variation in copy number in the human genome. *Nature* **444**, 444–454. PMID: 17122850.

Roberson, E.D., Pevsner, J. 2009. Visualization of shared genomic regions and meiotic recombination in high-density SNP data. *PLoS One* **4**(8), e6711. PMID: 19696932.

Ross, M.T., Grafham, D.V., Coffey, A.J. *et al.* 2005. The DNA sequence of the human X chromosome. *Nature* **434**, 325–337. PMID: 15772651.

Rozen, S., Skaletsky, H., Marszalek, J.D. *et al.* 2003. Abundant gene conversion between arms of palindromes in human and ape Y chromosomes. *Nature* **423**, 873–876. PMID: 12815433.

Sabeti, P.C, Varilly, P., Fry, B. *et al.* 2007. Genome-wide detection and characterization of positive selection in human populations. *Nature* **449**(7164), 913–918. PMID: 17943131.

Salzberg, S. L., White, O., Peterson, J., Eisen, J. A. 2001. Microbial genes in the human genome: Lateral transfer or gene loss? *Science* **292**, 1903–1906.

Scally, A., Durbin, R. 2012. Revising the human mutation rate: implications for understanding human evolution. *Nature Reviews Genetics* **13**(10), 745–753. PMID: 22965354.

Scherer, S. E., Muzny, D.M., Buhay, C.J. *et al.* 2006. The finished DNA sequence of human chromosome 12. *Nature* **440**, 346–351. PMID: 16541075.

Scherer, S.W., Cheung, J., MacDonald, J.R. *et al.* 2003. Human chromosome 7: DNA sequence and biology. *Science* **300**(5620), 767–772. PMID: 12690205.

Scherer, S.W., Lee, C., Birney, E. *et al.* 2007. Challenges and standards in integrating surveys of structural variation. *Nature Genetics* **39**, S7–S15.

Schmutz, J., Martin, J., Terry, A. *et al.* 2004. The DNA sequence and comparative analysis of human chromosome 5. *Nature* **431**, 268–274. PMID: 15372022.

Schuster, S.C., Miller, W., Ratan, A. *et al.* 2010. Complete Khoisan and Bantu genomes from southern Africa. *Nature* **463**(7283), 943–947. PMID: 20164927.

Sebat, J., Lakshmi, B., Troge, J. *et al.* 2004. Large-scale copy number polymorphism in the human genome. *Science* **305**, 525–528.

She, X., Horvath, J.E., Jiang, Z. *et al.* 2004. The structure and evolution of centromeric transition regions within the human genome. *Nature* **430**, 857–864.

Skaletsky, H., Kuroda-Kawaguchi, T., Minx, P.J. *et al.* 2003. The male-specific region of the human Y chromosome is a mosaic of discrete sequence classes. *Nature* **423**, 825–837. PMID: 12815422.

Smith, Z.D., Meissner, A. 2013. DNA methylation: roles in mammalian development. *Nature Reviews Genetics* **14**(3), 204–220. PMID: 23400093.

Stevens, E.L., Heckenberg, G., Roberson, E.D. *et al.* 2011. Inference of relationships in population data using identity-by-descent and identity-by-state. *PLoS Genetics* **7**(9), e1002287. PMID: 21966277.

Taylor, T.D., Noguchi, H., Totoki, Y. *et al.* 2006. Human chromosome 11 DNA sequence and analysis including novel gene identification. *Nature* **440**, 497–500. PMID: 16554811.

Thorisson, G.A., Smith, A.V., Krishnan, L., Stein, L.D. 2005. The International HapMap Project web site. *Genome Research* **15**, 1592–1593.

Toth, G., Gaspari, Z., Jurka, J. 2000. Microsatellites in different eukaryotic genomes: Survey and analysis. *Genome Research* **10**, 967–981.

Tycko, B., Morison, I. M. 2002. Physiological functions of imprinted genes. *Journal of Cellular Physiology* **192**, 245–258.

Venter, J.C., Adams, M.D., Myers, E.W. *et al.* 2001. The sequence of the human genome. *Science* **291**, 1304–1351. PMID: 11181995.

Wang, J., Wang, W., Li, R. *et al.* 2008. The diploid genome sequence of an Asian individual. *Nature* **456**(7218), 60–65. PMID: 18987735.

Wheeler, D.A., Srinivasan, M., Egholm, M. *et al.* 2008. The complete genome of an individual by massively parallel DNA sequencing. *Nature* **452**(7189), 872–876. PMID: 18421352.

Xue, Y., Chen, Y., Ayub, Q. *et al.* 2012. Deleterious- and disease-allele prevalence in healthy individuals: insights from current predictions, mutation databases, and population-scale resequencing. *American Journal of Human Genetics* **91**(6), 1022–1032. PMID: 23217326.

Yu, A., Zhao, C., Fan, Y. *et al.* 2001. Comparison of human genetic and sequence-based physical maps. *Nature* **409**, 951–953. PMID: 11237020.

Zody, M.C., Garber, M., Adams, D.J. *et al.* 2006a. DNA sequence of human chromosome 17 and analysis of rearrangement in the human lineage. *Nature* **440**, 1045–1049. PMID: 16625196.

Zody, M.C., Garber, M., Sharpe, T. *et al.* 2006b. Analysis of the DNA sequence and duplication history of human chromosome 15. *Nature* **440**, 671–675. PMID: 16572171.

第 21 章

人类疾病

生命是一种分子间的联系，而不是任何单个分子的性质。因此对生命构成危害的疾病也是如此。虽然有分子疾病，但没有患病的分子。在分子水平上，我们只发现了结构和物理化学性质的变化。同样地，在分子水平我们几乎找不到任何准则，能借此在进化的尺度上把一个给定的分子放得"更高"或者"更低"。人血红蛋白虽然在某种程度上不同于马的血红蛋白，但没有表现出更高的组织性。分子疾病和进化是生物体高级水平的表现。它们联系紧密，没有明显分界。分子疾病的机制代表着进化机制的一部分。甚至主观地说，进化和疾病这两种现象有时会导致相同的结果。善恶观念的出现，被认为是从伊甸园中偷食善恶果的结果，但它也可能是进化所致的一种分子疾病。主观地说，进化应该总是意味着罹患某种疾病，而这种疾病当然是分子的。

——Emile Zuckerkandl 和 Linus Pauling（1962，第 189～第 190 页）

学习目标

学习完这章后，应该掌握：
- 描述人类疾病的主要类别；
- 解释鉴定与疾病相关的基因的不同方法；
- 比较和对比主要的疾病数据库；
- 描述模式生物研究如何阐明疾病相关的变异。

21.1 人类遗传疾病：DNA 变异的结果

> 突变是 DNA 序列的改变，可能由于 DNA 复制或修复、化学诱变剂的影响或辐射引起。尽管突变有着消极的含义，但是突变与固定是生物进化的重要动力。

DNA 序列的变异是地球上生命的一个确定特征。对每一个物种而言，遗传变异是基于进化的适应性变化。进化是物种适应其环境的过程。当 DNA 的变化提高了物种的适应性时，其群体便能更好地繁衍。当这种变化不利于适应环境时，该物种可能会灭绝。对于一个物种的某个个体而言，一些突变提高了它的适应性，大部分突变对适应性没有影响，还有一些则降低了适应性（相对于正常个体）。疾病可以定义为一个种群中对个体有害的不利于适应的改变，也可以定义为生理功能受损的异常状况。我们将从 DNA、RNA 和蛋白质水平关注这些生理缺陷的分子基础。

从医学角度来看，疾病是"生物体的一种病理状态，表现出一系列特别的临床迹象、表征和实验发现，这些表现将其作为异常实体，以区分于正常状态或其它病理状态"（Thomas，1997，第 552 页）。紊乱是一种"精神或者身体的一种病理状态"(Thomas，1997，第 559 页)。综合征是"一组在解剖、生理或生化特性方面相互联系的功能紊乱的症状和体征。这个定义不包括致病的确切原因，但提供了一个研究它的参考框架"(Thomas，1997，第 1185 页)。Costa 等 (1985) 遵循世界卫生组织对疾病的定义：疾病是通过（病理）过程表现病症的原因。

人类疾病在本质上有着极大的多样性，这是如下一些原因造成的：

• 突变会影响人类基因组的每个部分。有无限的机会会产生不良的突变，并且存在许多突变致病的机制（概述见表 21.1 中）。这些包括点突变改变氨基酸残基的一致性，进而破坏基因功能；DNA 的缺失或插入，范围从单个核苷酸到超过一亿个（100Mb）碱基对的整个染色体不等；或 DNA 片段方向的逆转。许多情况下，影响同一基因的不同类型的突变会导致不同的表型。

表 21.1　遗传突变的机制。AG/GT 表示内含子的前两个和最后两个典型碱基对的突变。外 AG／GT 表示发生在不典型序列的突变。摘自 Beaudet 等 (2001，第 9 页)。经 McGraw Hill 授权

机制	通常的效果	举例
大范围突变		
删除	—	Duchenne 型肌营养不良症
插入	—	血友病 A/LINE
复制	—，基因破缺	Duchenne 型肌营养不良症
复制	剂量，基因完好	腓骨肌萎缩症
反转	—	血友病 A
扩展三联体	—	X 染色体易碎症
扩展三联体	功能增益	亨廷顿舞蹈症
点突变		
沉默	无	囊性纤维化病
错义或框内删除	一次形态，功能改变，良性	球蛋白
无意义	—	囊性纤维化病
框移动	—	囊性纤维化病
剪切（AG/GT）	—	球蛋白
剪切（外 AG/GT）	次形态	球蛋白
调控（TATA，其他）	次形态	球蛋白
调控（poly A 位点）	次形态	球蛋白

• 蛋白质编码基因通过产生蛋白质作为基因产物而行使功能。基因的一个致病突变会使之无法产生有正常功能的基因产物。这对于基因产物通常在其中表达并行使功能的细胞的能力有着深刻影响。

• 个体与其所处环境的相互作用对于疾病表型有重要影响。基因相同的一对双胞胎可能会有完全不同的表现型。这些差异来自于环境的影响或者表观遗传效应。同卵双生子在某一临床表型上的一致率表征着遗传和环境效应影响疾病的相对程度。就算对于严重的遗传疾病，例如孤独症（参见下文"复杂疾病"）和精神分裂症，这种一致率也决不会达到 100%。

人类疾病的生物信息学展望

在第 1 章里，我们把生物信息学定义为使用计算机数据库和计算机算法来分析蛋白质、基因和基因组的一门学科。我们研究人类疾病的方法是还原论性质的，我们借此尝试描述那些导致疾病的基因和基因产物。然而，对疾病的分子基础的认识可能是和揭示整个人类的疾病的逻辑体系结合在一起的（Childs 和 Valle，2000）。当我们寻找生物信息学方法来研究人类疾病时，我们就会面临如何处理整个复杂生物系统的问题。即使找到了突变致病的基因，我们依然面临把基因型和表型联系起来的挑战。我们现在根据各方面的综合信息能够做到的仅仅是确定每个基因的功能，以及每个基因产物对细胞功能的影响（Childs 和

Valle，2000；Dipple 等，2001）。

生物信息学领域提供了研究人类疾病的方法，以帮助我们理解关于基因和环境对疾病过程各个方面的影响的基本问题。这个领域中一些影响我们对疾病认识的方法的例子将始终是本章的重点，包括以下内容：

- 就疾病的遗传基础是 DNA 序列变异的一种作用而言，DNA 数据库为我们提供了 DNA 序列比对所需的基本材料。这些数据库包括主要的、常见的 DNA 序列存储库如 GenBank、EBML、DDBJ 和 SRA（第 2 章），常见的资源如人类孟德尔遗传在线（OMIM）以及提供单个基因位点的序列变异数据的位点特异性数据库。

- 那些通过遗传连锁研究、关联研究或其他试验（下文会描述"识别疾病相关基因和基因座的方法"）来寻找致病基因的遗传学家，依靠物理和遗传图谱来尽力寻找突变的基因。

- 当一个编码蛋白质的基因突变时，它会导致这个基因蛋白质产物的三维结构发生变化。第 13 章中介绍的生物信息学工具可以帮助我们预测蛋白质变异的结构，通过分析，推断其功能上的变化。

<table>
<tr><td>黑尿症的 OMIM 登录号是♯20355，符号♯的定义在下文"OMIM：人类疾病的生物信息中心资源"部分。HGD 的 RefSeq 识别号是 NP_000178，基因定位在染色体 3q21-q23。你可以阅读在线文件 21.1，查看 Garrod 的 1902 年关于黑尿症的文献，ht-tp://www.bioinfbook.org/chapter21</td></tr>
</table>

- 一旦突变的基因被确定下来，我们就想知道这种突变怎样影响细胞功能。在第 12～14 章中，已经介绍了多种了解蛋白质功能的方法。在对酿酒酵母的讨论中，我们讨论了了解真核生物蛋白功能的高通量方法（第 14 章）。基因表达分析（第 10 章和第 11 章）被用于研究疾病状态的转录响应。

- 我们可以通过在更简单的物种中鉴定直系同源基因来深入了解人类特定基因的功能。我们将讨论在各种模式生物中找到的人类疾病基因的直系同源基因。

本章由 6 个部分组成。①介绍人类疾病的概况，包括疾病分类的方法。我们将从多个层面考虑人类疾病这个主题（如图 21.1 所示）。②介绍疾病类型（单基因病、复杂疾病、基因组疾病以及环境疾病、体细胞疾病和癌症）。③介绍疾病数据库，例如人类孟德尔遗传在线（OMIM，一个重要的疾病数据库）、HGMD 和 ClinVar。还有几千个位点特异的突变数据库也是我们将要讨论的。④介绍鉴定与疾病相关的基因的方法，例如遗传连锁研究、全基因组关联分析以及人类基因组测序。⑤人类疾病已在多种模式生物中进行研究，我们将介绍这些项目。⑥最后，介绍疾病基因的功能分类。

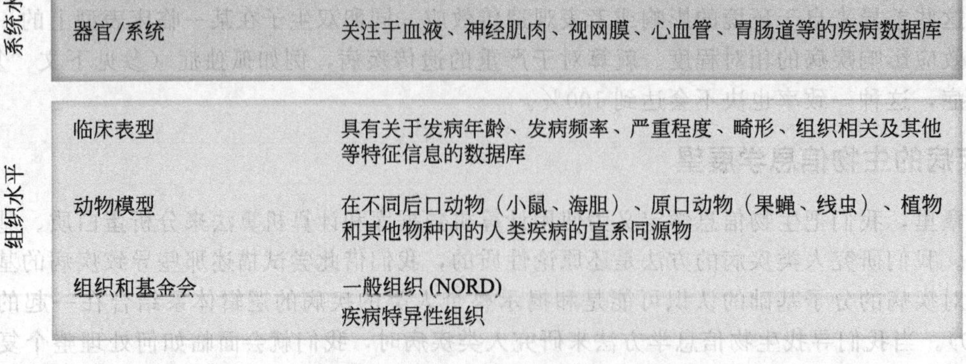

	level	生物信息资源
分子水平	DNA	常用资源: OMIM 位点特异性突变数据库
	RNA	基因表达数据库
	蛋白质	UniProt；突变蛋白数据库
系统水平	细胞器	过氧化物酶体、线粒体、溶酶体疾病数据库
	器官/系统	关注于血液、神经肌肉、视网膜、心血管、胃肠道等的疾病数据库
组织水平	临床表型	具有关于发病年龄、发病频率、严重程度、畸形、组织相关及其他等特征信息的数据库
	动物模型	在不同后口动物（小鼠、海胆）、原口动物（果蝇、线虫）、植物和其他物种内的人类疾病的直系同源物
	组织和基金会	一般组织 (NORD) 疾病特异性组织

图 21.1 研究人类疾病的生物信息学资源在多个水平上被加以组织

Garrod 关于疾病的观点

Sir Archibald Garrod（1857—1936）对理解人类疾病的本质做出过重要贡献。在 1902 年的一篇论文中，Garrod 描述了其对尿黑酸尿症的研究，这是一种罕见的遗传疾病。在尿黑酸尿症中，尿黑酸-1，2-加双氧酶（HGD）失活或者缺失。结果导致苯丙氨酸和酪氨酸不能正常代谢，而一种代谢物（尿黑酸）累积。这种代谢物在尿中被氧化后变成黑色。Garrod 从进化的角度考虑这种表型，注意到自然选择在化学过程中的影响。个体间代谢过程的变化可能包括那些致病的变化。

> 性状是个体的特征或属性，是一个或多个基因作用的结果。

Garrod 洞察到在每个他所研究的罕见疾病中，病理表征反映出个体的化学特征。他进一步发现这种特征是遗传的——他提出尿黑酸尿症以孟德尔隐性遗传方式传代。

那时，人们认为大多数疾病都是由诸如细菌感染这样的外界因素引起的。在对于该病以及相关的隐性疾病（如胱氨酸尿症和白化病）的研究中，他提出这些疾病的表征是由于一个遗传性酶的失活或者生化差错导致的（Scriver 和 Childs，1989）。他在他的第一本书——《先天的代谢缺陷》（1909）中描述了这种观点。Garrod 在 1923 年写道（摘自 Scriver 和 Childs，1989，第 7 页）：

> 如果物种中的某些个体在化学结构和化学行为上与这个物种中的正常个体不同，那么这样的变体或者突变就显然具有被自然选择后保存下来的能力。现在不少生物学家把化学结构和功能指定为物种进化上的最重要的部分……极少数个体表现出与正常代谢明显的背道而驰（就像卟啉尿症和胱氨酸尿症）。但是我强烈地猜测那些被忽略的少数背离是普遍的。另外，如何解释疾病中由于遗传方面的原因引起的部分呢？有一些疾病是从上一代传到下一代的……并倾向于在孩童后期和成人早期发生……我们很难逃避这样一个结论：虽然这些疾病并不是先天的，但是它们具有潜在的先天特性。

Garrod 于是提出了一个关于先天因素怎样导致疾病的新观点，Garrod 的工作在 Beadle 和 Tatum 提出一个基因编码一个蛋白质的假说之前，并且他从来没使用过"基因"这个词。我们现在知道他所描述的"先天特性"就是突变的基因。他的研究的一个主要结论是：由于遗传差异造成的化学特性是人类健康和疾病的主要决定性因素。虽然"化学特性"这个词现在不常用，但这个概念在基因药理学领域有重要意义。不是每一个接触传染源的人都会生病，我们必须了解为什么会这样。每个人服药后的反应也不尽相同。

Garrod 在第二本书——《疾病中的先天因素》（1931）中进一步发展了这些观点。在书中他提出了这样的问题：为什么某些个体容易受疾病影响——无论这种疾病是明显带有遗传性的，或者是由于其他原因（如环境媒介）导致的。他认为是化学特性使我们易受疾病感染。每个疾病的过程都受内在和外在因素的影响：遗传互补以及我们所处的环境因素。在某些条件下，如先天代谢缺陷，遗传因素起到更重要的显著作用。在其他情况，如多因素疾病中，疾病是由多基因突变导致的。在传染性疾病中，基因在决定个体的易感性以及机体对传染性媒质的响应方面也起重要作用。接下来我们将继续讨论各种各样的疾病。

> 全球疾病负担调查结果综述见 http://www.thelancet.com/themed/global-burden-of-disease(链接 21.2)。DALYs are calculated by adding the years of life lost through all deaths in a year plus the years of life expected to be lived with a disability for all cases beginning in that year. DALY 矩阵的介绍见 1990 年全球疾病负担研究（Murray 和 Lopez，1996）。

疾病的种类

我们将介绍以下几种疾病的一般类别，如单基因疾病、复杂疾病、染色体疾病和环境疾病。从生物信息学的观点看，我们感兴趣的是了解基因组 DNA、基因及其基因产物相关的疾病机制。我们更感兴趣的是，在整个进化中突变对细胞功能产生的后果和致病基因的比较基因组学。这个角度是对临床医生或流行病学家的角度的补充，但与他们并不相同。

对于任何疾病研究，分类系统都是有用的，并且有许多方法可实现疾病分类。一种是对死亡率统计。这些数据（基于 2010 年美国的死亡证明）包括死亡原因的排序（表 21.2）。这些信息有助于确定最常见的疾病，并对未来做出最常见的死亡原因分析（图 21.2）。根据世界卫生组织，2030 年全球四大死亡原因预计是局部缺血性心脏病、中风、艾滋病和慢性阻塞性肺病（Mathers 和 Loncar，2006 年）。预计 2015 年，烟草致死的人数将比艾滋病致死人数多 50％，占总死亡数的 10％。

表 21.2 2010 年美国死亡主要原因，根据国际疾病分类（the International Classification of Diseases）第 10 版，1992，进行分类

排名	死亡原因	死亡人数/人	占总死亡数的百分比/%
一	所有原因	2468435	100.0
1	心脏疾病	597689	24.2
2	恶性肿瘤	574743	23.3
3	慢性减弱呼吸疾病	138080	5.6
4	脑血管疾病	129476	5.2
5	意外伤害（非故意伤害）	120859	4.9
6	阿尔兹海默症	83494	3.4
7	糖尿病	69071	2.8
8	肾炎、肾病综合征、肾病	50476	2.0
9	流感和肺炎	50097	2.0
10	故意自我伤害（自杀）	38364	1.6

注：资料来源于美国国家统计报告，62（6）（http://www.cdc.gov/nchs/data/nvsr/nvsr62/nvsr62_06.pdf）。

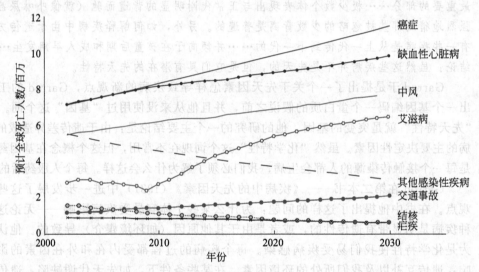

图 21.2 2002—2030 年全球死亡原因及预测的部分数据。引自世界卫生组织（World Health Statistics，2007，http://www.who.int/whosis/whostat2007.pdf）（经世界卫生组织许可转载）

表 21.2 的数据见国家卫生统计中心（http://www.cdc.gov/nchs/nvss.htm，链接 21.2）。

WHO ICD 的网址是 http://www.who.int/classifications/icd/en/（链接 21.3）。这个资源于 1893 年作为国际死亡原因列表提出。

划分人类疾病的另一种方法，是根据患病人群的百分比或伤残调整生命年（DALYs；Murray 等，2012）来衡量全球疾病方面的负担。DALY 是人口健康的综合指标，包括由于过早死亡和伤残而损失的健康生命年数。DALY 的成因在整个寿命期间发生着变化（图 21.3），在不同地理位置存在显著差异。DALY 的成因随时间而变化。1990 年至 2010 年期间，一些疾病的排序急剧升高（例如 HIV/AIDS、重性抑郁障碍、糖尿病、腰背痛），然而其他疾病（例如麻疹、脑膜炎、蛋白质-热量营养不良症、结核病）排序有所降低。

国际疾病与有关健康问题统计分类组织（International Statistical Classification of Disease and Related Health Problems，ICD）提供了更详尽的发病率数据列表。这一资源由世界卫生组织（WHO）发布，用于疾病分类（表 21.3）。它为大多数医院的患者分类提供了标准。

死亡率统计表列出了最常见的疾病。我们关注的是疾病全谱，包括罕见疾病。罕见疾病定义为患病人数少于 20 万人的疾病。在美国，估计有 2500 万人（几乎占总人口的 10%）患有 7000 种罕见疾病中的一种或多种。

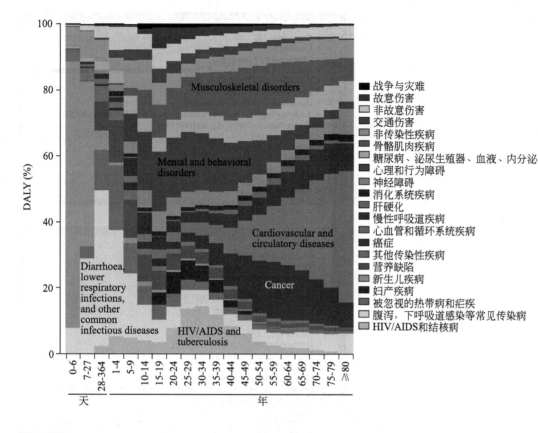

图 21.3 2010 年全球残疾调整生命年（DALY）各因素所占百分比。所示为女性数据，男性数据（未示出）结果相似〔引自 Murray 等（2012），经 Elsevier 许可转载〕

表 21.3 ICD 分类系统（2015 年，第 10 版）

1	确定传染病和寄生虫病	12	皮肤和皮下组织疾病
2	肿瘤	13	肌肉骨骼系统和结缔组织疾病
3	血液病、造血器官疾病和确定免疫系统疾病	14	泌尿生殖系统疾病
4	内分泌、营养和代谢性疾病	15	妊娠、分娩和产后期并发症
5	精神和行为障碍	16	源于产期的特定疾病
6	神经系统疾病	17	先天畸形、残疾和染色体异常
7	眼部疾病	18	症状、症候以及诊断不明疾病，以及实验室发现，未被分类
8	耳部疾病和乳突疾病	19	创伤、中毒和其他外部原因造成的疾病
9	循环系统疾病	20	发病及死亡的外在因素
10	呼吸系统疾病	21	影响健康状况和与卫生服务联系的因素
11	消化系统疾病	22	其他特殊目的的法规

注：数据来源于 http://apps. who. int/classifications/icd10/browse/2015/en。

NIH 疾病分类： MeSH 术语

美国国家医学图书馆（NLM）开发了医学主题标题（Medical Subjects Heading，MeSH）术语作为生物医学文献数据库搜索的统一语言。目前 MeSH 术语系统包括 23 个疾病类别（图 21.4）。NCBI（美国国立生物技术信息中心）的 PubMed 数据库也使用这种分类系统索引文章。

MeSH 术语是用于索引 MEDLINE（以及基于 MEDLINE 的 PubMed）的受控词汇表。搜索术语"Sturge-Weber syndrome"，将出现对该综合征的描述及其 MeSH 子标题列表。选择如"genetics"可以用 PubMed Search Builder 创建一个 PubMed 检索"Sturge-Weber Syndrome/genetics"〔MeSH〕。这条 PubMed 检索由所选择的 MeSH 术语

> 美国国立卫生研究院的罕见病办公室（NIH）的网站是获取罕见疾病信息的门户网站（http://rarediseases.info.nih.gov，链接 21.4）。

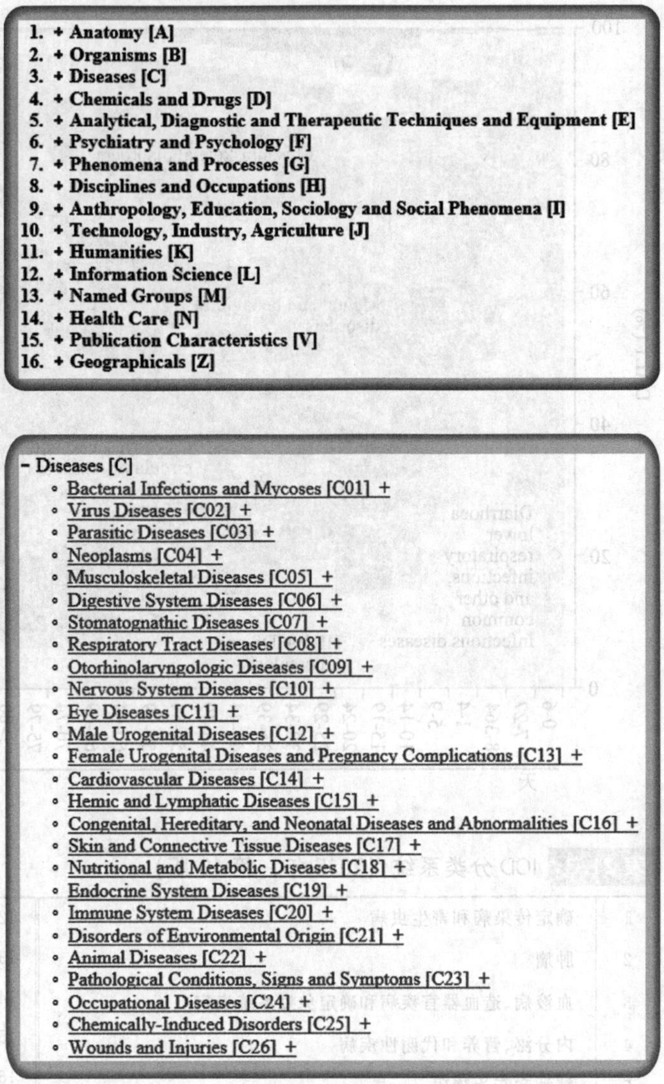

1. + **Anatomy [A]**
2. + **Organisms [B]**
3. + **Diseases [C]**
4. + **Chemicals and Drugs [D]**
5. + **Analytical, Diagnostic and Therapeutic Techniques and Equipment [E]**
6. + **Psychiatry and Psychology [F]**
7. + **Phenomena and Processes [G]**
8. + **Disciplines and Occupations [H]**
9. + **Anthropology, Education, Sociology and Social Phenomena [I]**
10. + **Technology, Industry, Agriculture [J]**
11. + **Humanities [K]**
12. + **Information Science [L]**
13. + **Named Groups [M]**
14. + **Health Care [N]**
15. + **Publication Characteristics [V]**
16. + **Geographicals [Z]**

– Diseases [C]
- Bacterial Infections and Mycoses [C01] +
- Virus Diseases [C02] +
- Parasitic Diseases [C03] +
- Neoplasms [C04] +
- Musculoskeletal Diseases [C05] +
- Digestive System Diseases [C06] +
- Stomatognathic Diseases [C07] +
- Respiratory Tract Diseases [C08] +
- Otorhinolaryngologic Diseases [C09] +
- Nervous System Diseases [C10] +
- Eye Diseases [C11] +
- Male Urogenital Diseases [C12] +
- Female Urogenital Diseases and Pregnancy Complications [C13] +
- Cardiovascular Diseases [C14] +
- Hemic and Lymphatic Diseases [C15] +
- Congenital, Hereditary, and Neonatal Diseases and Abnormalities [C16] +
- Skin and Connective Tissue Diseases [C17] +
- Nutritional and Metabolic Diseases [C18] +
- Endocrine System Diseases [C19] +
- Immune System Diseases [C20] +
- Disorders of Environmental Origin [C21] +
- Animal Diseases [C22] +
- Pathological Conditions, Signs and Symptoms [C23] +
- Occupational Diseases [C24] +
- Chemically-Induced Disorders [C25] +
- Wounds and Injuries [C26] +

图 21.4 在美国国家医学图书馆的医学主题标题
(The Medical Subject Heading, MeSH) 条目系统包括
16 个主要类别（2015 版，上部分）。在下部分疾病类别
包括 26 个标题
［资料来源：NLM 医学主题词表（MeSH），http://
www.nlm.nih.gov/mesh/］

指引。MeSH 站点还将显示与 Sturge-Weber syndrome 相关的 MeSH 术语的层级树状结构。

你可以在 NLM 或 NCBI（从 PubMed 选择 MeSH 项，然后输入查询，如"疾病"）来访问 Mesh 系统（http://www.nlm.nih.gov/mesh/MBrowser.html，链接 21.5）。

我们已经使用过 EDirect 在命令行查询 NCBI 的 Entrez 数据库（第 2 章），我们也可以用这种方法探索 MeSH。要获取有关 MeSH 的信息，例如其包含的记录数量和可以检索的范围，请尝试以下操作：

```
$ einfo -db mesh
```

你可以开始使用常规检索词构建查询，如疾病：

```
$ esearch -db mesh -query "disease"
```

接下来以我实验室的一篇文章 Shirley 等（2013）为例，这篇文章报道了一种导致罕见疾病（Sturge-Weber 综合征）和普通葡萄酒色痣胎记的突变。其 PubMed 标识符（见本章末尾参考列表）为 23656586。MeSH 数据库的限定词有［MESH］（对于所有 MeSH 术语）、［MAJR］（对于 MeSH 主题）和［SUBH］（对于 MeSH 子标题）。Shirley 等人文章的 MeSH 标题和副标题是什么呢？主要步骤包括用 efetch 下载 XML 格式的 PubMed 记录，用 xtract 将 XML 转换为值表，用 -block 语句检索该 PubMed 条目 XML 文件中的每个 MeSH 标题，使用 UNIX 流编辑器调称 sed 实现格式化输出并向每个主标题添加星号。你可以在 Mac 操作系统上使用其终端（或在 PC 上的 Cygwin）执行此查询。可以使用 Linux 操作系统类型输入

$ man 来了解更多关于诸如 sed 的应用（例如，输入 mansed）。

```
$ efetch -db pubmed -id 23656586 -format xml | xtract -pattern
PubmedArticle -tab " " -element MedlineCitation/PMID -block
MeshHeading -pfx "\n|" -sep "|" -tab " " -element DescriptorName@
MajorTopicYN,DescriptorName -subset QualifierName -pfx "/|" -sep "|"
-tab " " -element "@MajorTopicYN,QualifierName" | sed -e 's/|N//g' -e
's/|Y|/*/g'
23656586 # the start of the output lists the PubMed ID
Brain /pathology
Female
GTP-Binding Protein alpha Subunits /*genetics
Humans
Infant, Newborn
Magnetic Resonance Imaging
Male
*Mutation
Port-Wine Stain /*genetics
Sequence Analysis, DNA
Sturge-Weber Syndrome /*genetics
```

text 格式的脚本见在线文件 21.2。这个例子来自 EDirect 在线文件（https：//www. ncbi. nlm. nih. gov/books/NBK 179288/，链接 21.6）。你也可以利用 EDirect 来计算 MeSH 疾病条目的数量，代码如下：$ esearch -db pubmed -query "isease [MESH]" 这个结果与基于 Web 的 PubMed 疾病搜索相匹配。

主要 MeSH 类型包括遗传和突变。

21.2 疾病的种类

是什么疾病使人痛苦？我们可以把疾病分为 4 大类：单基因疾病、复杂疾病、基因组病和环境疾病（图 21.5）。此外，还有体细胞疾病（如癌症）和线粒体疾病。这些类别在许多方面相互关联，我们下面将讨论到。与 Garrod 的观点一致，任何疾病在病理生理学方面可以被认为是多基因的。暴露于相同的致病刺激（无论是病毒、铅涂料还是突变基因）的两个个体可能具有完全不同的反应。可能一个患病，而另一个不患病。对引起疾病的环境的反应也含有很大的遗传因素。

> 病理学研究疾病的本质和病因。病理生理学是研究疾病如何改变正常生理过程的研究。

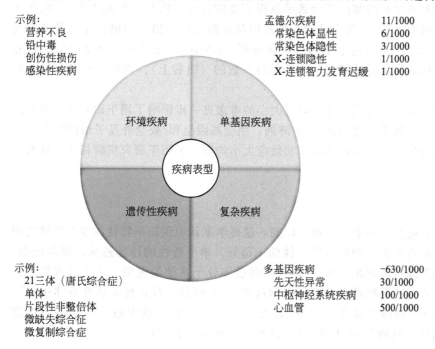

示例：
营养不良
铅中毒
创伤性损伤
感染性疾病

孟德尔疾病 11/1000
   常染色体显性 6/1000
   常染色体隐性 3/1000
   X-连锁隐性 1/1000
   X-连锁智力发育迟缓 1/1000

示例：
21 三体（唐氏综合症）
单体
片段性非整倍体
微缺失综合征
微复制综合症

多基因疾病 -630/1000
先天性异常 30/1000
中枢神经系统疾病 100/1000
心血管 500/1000

图 21.5 人类疾病可以根据病因分类。它们包括单基因疾病（主要由单个基因突变致病，如包括苯丙酮尿症和镰状细胞性贫血）、复杂疾病（两个或多个基因突变，如癌症和精神分裂症）、基因组疾病（如涉及染色体异常的唐氏综合征）和环境疾病（包括传染病）。这些疾病发病率的值只是近似估计，圆的四个象限与发病率无关。总的来说，复杂疾病比单基因疾病更常见。然而，导致单基因疾病的遗传缺陷更容易发现。对于所有类型的疾病，病理生理学（即因疾病改变了的生理过程）取决于许多遗传和环境因素的影响

等位基因频率和效应大小

当我们开始考虑疾病时，我们可以考虑疾病等位基因的两个属性，这在 Manolio 等人（2009）基于 McCarthy 等人（2008）的图表绘制的新版本（图 21.6）中示出。第一个属性是等位基因频率，表示在 x 轴上。其范围从常见［通常定义为≥5％最小等位基因频率（MAF）］到低频率（＜5％MAF）、罕见（＜0.5％MAF）或非常罕见（＜0.1％MAF）。HapMap 计划和千人基因组计划已编目了数百万的变异，并报告了其每个等位基因的频率。多种基于单核苷酸的多态性（SNP）和基于测序的方法（见下文"鉴定疾病相关基因及位点的方法"）已经显示这些变异中哪些可能是致病的，哪些可能是无害的。

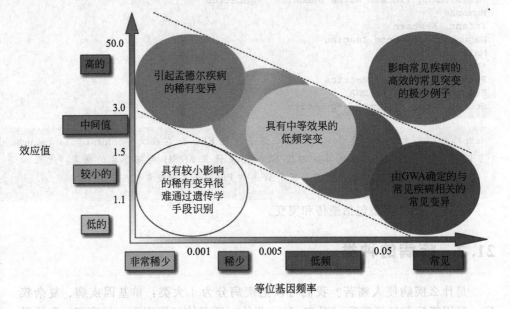

图 21.6　风险等位基因频率（x 轴）和遗传效应大小（优势比，y 轴）决定了鉴定疾病相关遗传变异的可行性。重点关注虚线内的区域
［引自 Manolio 等（2009），经 Macmillan 出版社许可转载］

疾病相关变异的第二个属性是效应大小（y 轴）。这可被定量表示为优势比（odds ratio，OR；Szumilas，2010）。OR 值是暴露（这里我们考虑的是遗传变异）和结果（表现疾病）之间的关联的度量。OR 值为 1 意味着该变异的出现不影响疾病的发生；OR 值＞1 意味着该变异是疾病发生的危险因素。

人类遗传学和基因组学的一个主要目标是鉴定引起疾病（或提高疾病风险）的变异。如图 21.6 虚线内的区域所示，具有高效应值的稀有等位基因倾向于导致单基因突变的孟德尔疾病（见左上图）。低频等位基因的效应值倾向于小一些（见图中央）。一些常见的等位基因具有低的效应值，但仍会导致常见疾病的发生（图右下）。这些常见等位基因已经通过全基因组关联分析（GWAS；见下文"全基因组关联分析"）而获得。常见变异对常见疾病的发生影响很大的例子是极少数的（图右上）。效应较小的罕见变异极难识别（图左下）。

接下来我们介绍几种疾病类型。对等位基因频率和效应大小的考虑进一步影响了用于研究疾病成因的实验方法的选择。例如，比起用靶向常见等位基因的 SNP 阵列，用全基因组和/或全外显子组测序方法可以更有效地研究罕见和非常罕见的变异。等位基因的频率和效应大小均影响了用于研究疾病相关变异所需具有统计意义的样本大小。

孟德尔疾病

我们对疾病的分子性质的认识在近几十年有所发展。以前，遗传学家认识到简单特性和复杂特性之间的两面性。最近认识到所有的特性都可视为一个连续统一体的一部分。单个特性的传递遵从孟德尔法则。人类孟德尔遗传在线（OMIM）数据库目前列出了超过 5000 多种已知分子基础的表型（这里的表型是指单基因孟德尔病症、性状、对复杂疾病的易感性和一些体细胞病症。）虽然每一种孟德尔病在群体中较罕见，但是这些病症累积影响了至少 1％的活产婴儿（Costa 等人，1985）。这些疾病中超过 90％在青春期表现出来。在美国，单基因疾病估计影响到 2500 万到 3000 万人（Cutting，2014）。

我们在第 13 章研究了 β-球蛋白（HBB）的正常结构和最常见的突变形式（HBS）。E7V 取代（第 7 位的谷氨酸被缬氨酸取代）给蛋白质增加了一片疏水区域，促进球蛋白分子的聚集与镰状红细胞的形成。镰状细胞贫血是一种常见的单基因疾病。这也许是因为这样赋予了暴露在疟疾中的杂合子一种保护（框 21.1）。

　　表 21.4 列出了几种单基因疾病。作为单基因疾病的一个实例，我们考查镰刀型红细胞贫血症（框 21.1）。1949 年 Linus Pauling 和他的同事们描述了镰刀型细胞血红蛋白的异常电泳行为（Pauling 等，1949）。随后发现是一个氨基酸的替代导致了镰刀型红细胞的异常行为，这也是镰刀型红细胞贫血症的基础。这是一种以常染色体隐性方式遗传的单基因疾病。单基因疾病在一般人群中往往是罕见的。注意，镰状细胞病是具有特定变异的血红蛋白导致的。虽然镰状细胞病有共同的特征（例如镰刀状的红色血细胞），但这些不是单基因疾病表型。这种多效性表型是由其他基因的影响造成的。

表 21.4　单基因疾病的例子，摘自 Beaudet 等（2001），经 McGraw Hill 授权使用

机制	疾病	发生频率
常染色体显性	BRCA1 乳腺癌及 BRCA2 乳腺癌	1/1000（犹太人为 1/100）
	亨廷顿舞蹈症	1/2500
	I 型神经纤维瘤	1/3000
	结节性脑硬化	1/15000
常染色体隐性	白化病	1/10000
	镰刀型红细胞贫血症	1/655（非裔美国人）
	囊性纤维化	1/2500（欧洲人）
	苯丙酮尿症	1/12000
X 染色体连锁	A 型血友病	1/10000（男性）
	葡萄糖-6-磷酸脱氢酶失活	可变（男性可到 1/10）
	X 染色体易碎综合征	1/1250（男性）
	色盲	1/12（男性）
	蕾特症	1/20000（女性）
	大脑白质硬化症	1/17000

　　蕾特症（Rett syndrome）是单基因疾病的另一个例子（Katz 等，2012；框 21.2）。这种疾病几乎都发生在女孩中。患有特蕾症的女孩虽然出生时表面上看是健康的，但出生后 6～18 个月就会出现一系列症状。她们失去了有目的地移动手的能力，通常表现出手部扭曲的行为。她们所掌握的任何语言能力都消失了，可能会表现出类似孤独症的行为。蕾特症由编码 MeCP2（一种结合到甲基化的 CpG 岛上的转录阻遏蛋白）的基因的突变引起（Amir 等人，1999）。现在还不知道为什么一个在整个身体中行使功能的转录阻遏蛋白的突变会导致一种主要的神经系统疾病。

　　虽然特蕾症是由单个基因的突变所引起的，但它例证了人类疾病，甚至是单基因疾病的异常复杂性：

　　• 该疾病主要发生在女性身上。我们认为这可以通过 X 染色体上 *MECP2* 基因的位置来解释：该基因的突变可能对胚胎时期的男性是致死的（仅有一条 X 染色体），而女性具有疾病表型是因为她们的基因中有一个正常拷贝和一个突变拷贝。相反，更可能的解释是大多数突变发生在父亲身上。父亲是健康的，但新的生殖细胞突变出现并传给女儿。因此，所有的儿子（XY）从父亲那里获得一条正常的 Y 染色体，而女儿从父亲获得一条突变的 X 染色体。

　　• 在发现 *MECP2* 的突变会引起特蕾症后，又发现一些智力障碍的男性在该基因中也有突变（Hammer 等，2002；Zeev 等，2002）。然而，男性突变的表型明显不同于女性，通常出现严重的新生儿脑病。男性只有一条 X 染色体，突变基因会对身体中的每个细胞都产生不利影响。相反，女性遭受随机

阅读 Pauling 等（1949）的文章，在 http：//profiles. nlm. nih. gov/MM/B/B/R/L/（链接 21.7）。美国国家医学图书馆（NLM）通过其在科学网站（Science）的简介提供了一些杰出的生物学家的全部出版文献的在线链接（http：//profiles. nlm. nih. gov，链接 21.8）。这些科学家包括 Linus Pauling 和其他一些诺贝尔奖得主，如 Barbara McClintock，Julius Axelrod 和 Oswald Avery。

的 X 染色体失活。每个细胞具有两条 X 染色体，但仅表达其中一条（或者母亲的，或者父亲的，在发育早期随机选择）。因此，女性的 X 染色体等位基因在表达方面是一个嵌合体，特蕾症女性患者身体中平均有 50% 的正常细胞。

- MECP2 重复综合征在男性中有 100% 外显率，会引起包括婴儿性低血压、严重的智力残疾、孤独症以及语言能力发育差等症状（Ramocki 等，2010）。

- 虽然特蕾症是由一个编码转录阻遏蛋白的基因的突变引起的，但是几乎可以肯定该突变的后果涉及对许多其他基因表达的后续影响。像其他单基因疾病一样，许多其他基因受到关联并可能影响疾病的表征。

- 在 *MECP2* 上具有相同突变的两个女性可能具有完全不同的表型（就疾病的严重程度而言）。对于这种现象有两种主要的解释，这些解释也用于其他许多单基因疾病中。①调节基因可能会影响疾病过程（Dipple 和 McCabe，2000）。已经在镰刀型红细胞性贫血症、肾上腺脑白质营养不良症、囊性纤维化病以及巨结肠病的患者体内发现了调节基因。显然，大多数（如果不是全部）单基因疾病是复杂的。②多种表观影响因素可能显著影响临床表征。例如，基因组 DNA 的甲基化状态决定了 *MECP2* 突变的分子结果。X 染色体失活有时是扭曲的，这样病症会更加严重（如果 *MECP2* 突变的 X 染色体拷贝被优先表达）或者更轻（如果正常的 X 染色体被选择性表达）。

- 虽然疾病发生在神经发育时，但成年后引入一个删除该蛋白突变会再现这种敲除表型（McGraw 等，2011）。单基因疾病发展过程中的影响通常很复杂。

框 21.1　镰刀型红细胞贫血症

　　我们的细胞依靠氧气生存，血液将氧气运输到全身。然而，氧气是一种不溶于水的分子，需要载体蛋白——血红蛋白在血液中运输（肌肉细胞中传递氧气的同源蛋白是肌红蛋白）。成熟的血红蛋白由两条 α 链和两条 β 链组成。其他 α 链和 β 链用于不同的发育阶段，如胎儿血红蛋白中的 α2/γ2 和胚胎血红蛋白中的 α2/ε2。染色体 11p15.5 的 β 链（NM_000518 和 NP_000509）中的突变引起镰刀型红细胞贫血症（OMIM 603903）。患者的红细胞呈弯曲的"镰刀状"，其在低氧水平时会聚集。

　　镰刀型红细胞贫血症是美国最常见的遗传性血液疾病，500 名非裔美国人中就有 1 例。它是一种常染色体隐性遗传疾病。杂合子（具有一个正常血红蛋白 β 基因拷贝和一个突变基因拷贝的个体；HBS 突变）具有一些抵抗疟原虫（*Plasmodium falciparum*）的能力。这可能是因为正常红细胞感染疟原虫后被破坏的缘故。因此，选择性进化压力保留了有罹患疟疾风险的群体中的 HBS 突变。

　　红细胞精致地调节着产生的 α 和 β 蛋白的比例，以及插入球蛋白四聚体中以形成血红蛋白的血红素部分。β 链的缺失会导致重型 β 地中海贫血，而 β 球蛋白产生量的减少会导致中间型 β 地中海贫血。α 球蛋白水平的降低会导致 α 地中海贫血。地中海贫血可引起血红蛋白水平低而造成严重贫血。

　　用于镰刀型红细胞贫血症的网络资源包括 NIH 概况表（http://www.nhlbi.nih.gov/health/health-topics/topics/sca/）、NCBI 的 Genes 和 Disease（http://www.ncbi.nlm.nih.gov/books/NBK22183/），以及美国镰状细胞病协会（the Sickle Cell Disease Assocation of America，http://www.sicklecelldisease.org/）。

框 21.2　蕾特症

　　蕾特综合征（RTT；OMIM＃312750）是主要发生在女性中的发育性神经综合征（Hagberg 等，1983）。患病女性在围产期及之前表面上发育正常，之后会出现发育停滞。这伴随着大脑生长迟缓、丧失语言和交际能力、严重的智力迟钝、躯体运动失调以及特征性的手部扭曲动作。显著的神经病理特征包括多处脑皮质皮层厚度减少、神经元胞体减小、树突分支显著减少（Bauman 等，1995）。

　　Xq28 中的甲基化 CpG 结合蛋白 2（MECP2）基因的突变在大多数 RTT 病例中被发现（Amir 等，1999，2000）。*MeCP2* 在整个基因组中结合甲基化的 CpG 二核苷酸，并通过辅助抑制物 mSin3A 和染色质重构组蛋白去乙酰基酶 HDAC1 和 HDAC2 参与基因表达的甲基化依赖性抑制。*MeCP2* 的 mRNA 在多种组织中的表达情况以及它在多条染色体上和 DNA 转录调控元件中的作用表明，*MeCP2* 是一个全局基因表达抑制物（Nan 等，1997）。DNA 甲基化依赖的基因表达抑制与遗传印记、X 染色体失活、致癌作用和组织特异性的基因表达相关。

　　为什么有些组织能不受 *MECP2* 突变的影响？这可能是由于组织特异性的基因功能冗余，或其他补偿机制。这为生物信息学工具如何用来研究人类疾病的许多不同方面提供了一个例子。

复杂疾病

复杂疾病（如阿尔茨海默症和心血管疾病）是由多个基因的缺陷引起的。这些疾病也称为多因素疾病，这反映出它们既受遗传因素也受环境因素的影响。与单基因疾病相比，复杂疾病往往更加普遍的（Todd，2001）。这些特点并不背离简单、离散的孟德尔方式。复杂疾病的例子有哮喘、孤独症（框 21.3）、抑郁症、糖尿病、高血压、肥胖症和骨质疏松症。在美国，慢性疾病如心脏病、老年痴呆、癌症和糖尿病是导致死亡和残疾的主要原因。而这些疾病都有一定程度的遗传基础。

> 数量性状位点（QTL）是一个能引起多因素疾病的等位基因。

复杂疾病表现出以下特征：

• 涉及多个基因。多个基因突变的组合导致了疾病的产生。在单基因疾病中，即使存在位点修饰，单个基因对疾病表型也具有显著影响。

• 复杂疾病涉及多个基因的联合作用，但环境因素和个人行为也可导致疾病的发生，其中个人因素会提高疾病发生的风险。

> 外显率是个人的遗传状况表现的频率。有疾病的遗传型不意味着疾病的表型一定会发生，尤其是当表型的表达需要多个基因共同修饰的时候。

• 复杂疾病是非孟德尔类的：它们表现出家族凝聚而不是分离。例如，孤独症是一种高度可遗传疾病（如果同卵双生子中的一个患病，则另一个也会有很高的患病概率）。

• 易感性等位基因具有高的种群频率，即复杂疾病通常比单基因疾病更常见。镰刀型红细胞贫血症是单基因疾病，但在非裔美国人群中出现得异常频繁，是因为杂合状态赋予了一种自然选择上的优势（框 21.1）。

• 易感性等位基因具有低外显。外显率是显性或纯合隐性基因在群体中表现其特征表型的频率。极端情况下，这是一种全或无的现象：基因型表现或不表现。在复杂疾病中，表型的不完全外显是常见的。

框 21.3 孤独症：未知病因的复杂疾病

孤独症（OMIM ％209850）是一种终生的神经系统疾病，在三岁之前发病（Kanner，1943；综述于 Rapin，1997）。它有三个特征缺陷：①患病个体失去正常社交的能力；②语言或沟通能力减弱；③有限而固定的兴趣和活动。孤独症儿童的行为从婴儿期开始异常，明显缺乏想象力。约 30％ 的孤独症儿童看起来发育正常，但随后在 18～24 个月龄时会经历一段时间的语言技能退化，此外，认知功能可能受损。75％ 的孤独症患者智力残疾，大约 10％ 的孤独症个体在诸如数学计算、记忆力或音乐表演等领域具有专家般的优秀能力。孤独症伴有癫痫发作，到成人期为止，约 1/3 的孤独症患者至少有两次无缘无故的癫痫（Olsson 等，1988；Volkmar 和 Nelson，1990；Rossi 等，1995）。

在 20 世纪 90 年代，孤独症的患病率估计为每 1000 人中有 0.2～2 人（Smalley 等，1988；Rapin 和 Katzman，1998；Fombonne，1999；Gillberg 和 Wing，1999）。近年来，估计患病率约为 1：68。然而，近年来孤独症的定义已经显著扩大，大量的患者以前被定义为具有智力障碍，而现在被诊断为患有孤独症或孤独症谱系障碍。男性的患病率大约是女性的 3～4 倍（Fombonne，1999）。

对孤独症的病因还不清楚，但有强有力的证据表明该疾病是遗传性的（Smalley 等，1988；Szatmari 等，1998；Turner 等，2000）。同卵双生子之间的一致性约为 60％，如果共同患病的双生子确定为典型的孤独症或者更一般的在社交、语言和认知方面的损伤，那么这种一致性就大于 90％（Bailey 等，1995）。孤独症比大多数其他常见的精神疾病如精神分裂症或抑郁症具有更强的遗传基础。连锁分析、GWAS 和外显子组测序研究表明存在极端的基因座异质性：少量的渗透性变异对表型有很大影响。

基因组病

人体内大范围的染色体异常通常会导致疾病的发生。Lupski（1998）将基因组病定义为染色体结构的改变导致疾病的发生。这些大范围的异常包括染色体的非整倍性，例如三体和单体，以及罕见的多体性和缺体性。13 号染色体三体[帕陶综合征（Patau syndrome）]、18 号染色体三体[爱德华综合征（Edwards syndrome）]和 21 号染色体三体[唐氏综合征（Down syndrome）]属于常染色

> 非整倍体是染色体数目异常的情况。节段性非整倍体影响染色体的一部分。

体三体，患病个体可存活（表 21.5）。其中，13 号染色体三体和 18 号染色体三体的个体在出生后第一年通常会死亡。很多 X 染色体非整倍性不致死。

表 21.5　活产婴儿染色体非整倍体的频率

异常染色体	疾病	频率
常染色体	Patau 综合征	1/15000
	Edwards 综合征	1/5000
	唐氏综合征	1/600
性染色体	Klinefelter 综合征(47 条染色体 XXY)	1/700(男性)
	XYY 综合征(47 条染色体 XYY)	1/800(男性)
	三 X 染色体综合征(47 条染色体 XXX)	1/1000(女性)
	特纳综合征(45,X 或 45X/46XX 或 45X/46,XY 或异染色体 Xq)	1/1500(女性)

染色体不平衡和使用 Ensembl 数据库资源的人类表型（DECIPHER）是基因组疾病主要的数据库资源，见 http://decipher.sanger.ac.uk（链接 21.9）。

许多发育异常都涉及染色体的变化。一些变化在细胞遗传学上可以检测，并且涉及几百万个碱基对。细胞遗传学上不可见的微小变化（例如，小于 3Mb 的碱基变化）通常被称为隐蔽变化（cryptic changes）。微缺失综合征的实例包括猫叫综合征（Cri-du-chat syndrome）、安格尔曼综合征（Angelman syndrome）、普瑞德-威利氏症候群（Prader Willi syndrome）、史密斯-马吉利综合征（Smith-Magenis syndrome）以及由于染色体获得（微重复）或缺失（微缺失）导致的各种形式的智力残疾。表 21.6 列出了以孟德尔方式遗传并且仅涉及一个或几个基因的基因组病（Stankiewicz 和 Lupski，2002）。表 21.7 列举了与疾病相关的常见的染色体结构变异，该表与人类基因组结构变异研究组的报道相近（the Human Genome Structural Variation Working Group 等，2007）。该研究组率先利用 fosmid 文库表征了表型正常的个体的染色体结构变化。

我们考虑了非等位基因同源重组引起染色体片段缺失或重复的几种机制（图 8.19）。图 21.7 显示了这种重组可能造成的 6 种后果，例如正常基因功能丧失，基因融合或隐性等位基因暴露。

表 21.6　孟德尔基因组病症的实例。OMIM——孟德尔遗传在线；方向 D——正向；方向 I——反向；XL——X 染色体连锁；G——基因；ψ——假基因；S——基因组片段

疾病	OMIM 号	遗传模式	染色体位置	基因	重排		重组底物			
					类型	大小/kb	重复大小/kb	一致率/%	方向	类型
Ⅲ型 Bartter 综合征	601678	常显	1p36	CLCNKA/B	删除	11		91	D	G/ψ
戈谢病	230800	常隐	1q21	GBA	删除	16	14		D	G/ψ
脊髓性肌萎缩	253300	常隐	5q13.2	SMN	反转/复制	500			I	
β-地中海贫血	141900	常隐	11p15.5	β-球蛋白	删除	4(7?)			D	G
α-地中海贫血	141800	常隐	16p13.3	α-球蛋白	删除	3.7 或 4.2	4		D	S
多囊肾病1	601313	常显	16p13.3	PKD1			50	95		
腓骨肌萎缩(CMT1A)	118220	常显	17p12	PMP22	复制	1400	24	98.7		S
1 型神经纤维瘤病	162200	常显	17q11.2	NF1	删除	1500				G
亨特综合征（Ⅱ型粘多糖贮积病）	309900	X 连锁	Xq28	IDS	反转/删除	20	3	>88		G/ψ
血友病 A	306700	X 连锁	Xq28	FB	反转	300~500	9.5	99.9		I

表 21.7 常见的结构多态性和疾病。VNTR：可变数目串联重复。

基因	类型	位点	大小/kb	表型	拷贝数变异
UGT2B17	删除	4q13	150	睾酮水平变化,前列腺癌	0～2
DEFB4	VNTR	8p23.1	20	结肠克罗恩病	2～10
FCGR3	删除	1q23.3	＞5	肾小球肾炎,系统性红斑狼疮	0～14
OPN1LW/OPN1MW	VNTR	Xq28	13-15	红/绿色盲	0～4/0～7
LPA	VNTR	6q25.3	5.5	冠心病	2～38
CCL3L1/CCL4L1	VNTR	17q12	未知	减少艾滋病毒感染,降低艾滋病易感性	0～14
RHD	删除	1p36.11	60	RH 血型敏感	0～2
CYP2A6	删除	19q13.2	7	尼古丁代谢改变	2～3

注：资料来源于 Human Genome Structural Variation Working Group（2007），经 Macmillan 出版社许可转载。

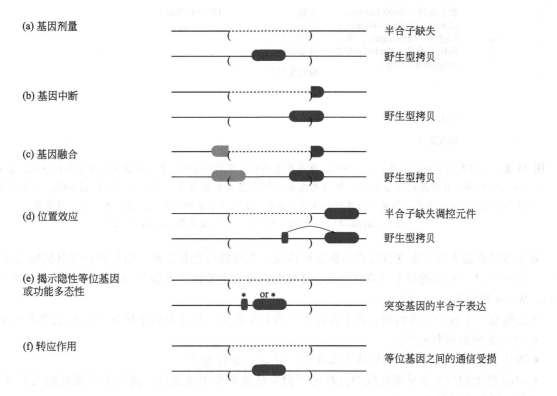

图 21.7 基因组疾病的分子机制模型。每幅图在括号中画出了杂合缺失（例如丢失等位基因两个正常拷贝之一），并且两个染色体同源物用水平线表示。注意，基因重复也可能导致疾病。纯合缺失（造成基因零拷贝）通常比杂合缺失更严重。(a) 删除两个拷贝之一的剂量效应。基因的剂量敏感性不同。(b) 基因中断。断点重排中断基因。(c) 基因融合，两个基因和/或调控元件（例如增强子或启动子）在拷贝删除后融合。(d) 位置效应：断裂点附近基因的表达或功能由于失去调节元件被破坏。(e) 隐性等位基因表达。拷贝删除导致基因或调节序列中隐性突变（星号）的杂合表达。(f) 转应作用，拷贝删除损害了两个等位基因之间的通信。红色（或灰色）椭圆表示基因，较小的椭圆表示调节序列。摘自 Lupski 和 Stankiewicz（2005），已获 J. R. Lupski 许可

　　就像我们对等位基因频率（图 21.6）的观点一样，染色体改变带来的影响有大有小——也许没什么不利影响，也许会导致死亡（图 21.8）。拷贝数变异（在第 8 章和第 20 章有描述）可能对表型没有影响，这时被认为是染色体改变（chromosomal alterations），以区别于染色体异常（chromosomal abnormalities）。有的拷贝数变异会增加疾病易感性，导致常见的复杂疾病（多基因疾病）。一些常见的相对良性的性状（如色盲）可以归因于拷贝数变异。严重时，染色体的变化可以引起或促成多种基因组病，例如非整倍体性、微缺失综合征和微重复综合征。基因组病在癌症中也很常见，并且伴随着基因座的扩增和缺失。我们将在下文"癌症：体细胞嵌合疾病"中详细讨论癌症。

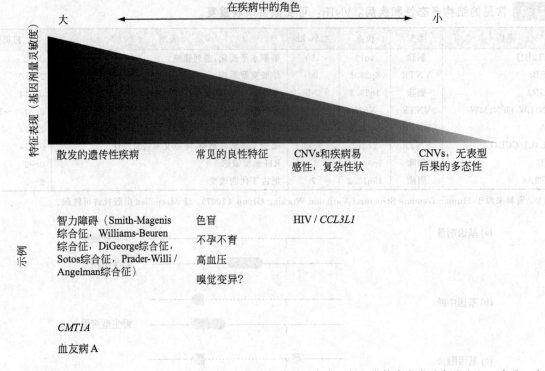

图 21.8 拷贝数变异的影响谱。在一个端，拷贝数变异引起基因组疾病，例如微缺失和微重复综合征。在另一个端，拷贝数变异没有明显的表型效应，并且发生在表面上正常的群体中。例如，270 个 HapMap 个体中有许多（这些个体被定义为正常的，尽管他们都对一些疾病敏感）具有杂合和纯合缺失以及扩展的纯合性条带

[摘自 Lupski 和 Stankiewicz（2005），已获 J. R. Lupski 许可]

染色体异常是人类正常发育过程中的常见特征。人类繁殖力非常低，即便相较于其他哺乳动物也是如此——大约 50%～80% 的妊娠以流产告终。这种低繁殖力主要由于普遍的染色体异常所致（Voullaire 等，2000；Wells 和 Delhanty，2000）：

- 已经有一个孩子（因而确定有生育能力）的妇女在每一月经周期中只有 25% 的机会会怀孕。
- 52% 的孕妇早期流产。
- 体外受精后，妊娠前两周确认为阳性的，有 30% 选择流产。
- 60% 以上的发生在早期妊娠的自然流产由染色体非整倍性造成，这表明早期妊娠失败可能是由于发生了致死性染色体异常。

在美国，据疾病预防控制中心，大约有 8% 的儿童血液水平被定义为"危险"，见 http://www.cdc.gov/nceh/lead/（链接 21.10）。

环境导致的疾病

环境疾病极为常见，我们将讨论其中的两种类型。

① 传染病（*infectious diseases*）由病原体（例如病毒、细菌、原生动物、真菌或线虫）引起。从出生到老年，传染病是全球人口死亡的主要原因。我们已在第 16 章（表 16.2）和第 17 章（表 17.7）介绍了由病毒和细菌引起的常见的、疫苗可预防的疾病，以及在第 18 章和第 19 章讨论了真菌病原体和各种原生动物病原体。

② 许多疾病或病症不是由传染源引起的，例如营养不良（产妇、胎儿以及独立个体的营养不良）、有毒物质（如铅或汞）或负伤引起的疾病和症状。

GIDEON（全球传染病和流行病学网络）是商业化的传染病数据库，见 http://www.gideononline.com（链接 21.11）。

全基因组关联研究（GWAS，见下文）已用于比较相对于对照而言易感染传染病的大量个体的基因型（综述于 Chapman 和 Hill，2012）。能够可靠证明关联性的标记物已在诸如艾滋病、乙型肝炎、丙型肝炎、登革热、疟疾、结核病和麻风病等疾病中得到鉴定。在许多情况下，患病风险仅小有增加，并且变异（通常

发生在基因位点）的生物相关性并不确定。有时，变异损害了病原体受体的功能并产生抗性，例如 HIV-2 的 *CCR5* 基因、诺如病毒 （Norovirus） 的 *FUT2* 基因以及间日疟原虫 （*Plasmodium vivax*，一种疟疾病原体） 的 *DARC* 基因。

疾病和遗传背景

虽然我们给出的是四种疾病类别（单基因疾病、复杂疾病、基因组疾病和环境疾病），这些类别仍是相互关联的。如果对由于铅中毒而具有相同高血铅水平的四个孩子进行检查，可能会发现他们有完全不同的反应。可能一个暴躁，一个有智力障碍，一个多动，而另一个不受影响。暴露于相同病原体的四个个体可能具有不同的反应。正如 GWAS 提出的，遗传背景在对环境干扰的反应中很可能具有关键作用。类似地，在 *ABCD1* 基因的同一对碱基发生突变的四个孩子，其肾上腺脑白质营养不良的严重程度可能不同，或者，在 *MECP2* 基因上的相同突变导致了不同形式的蕾特综合征。调节基因可能参与了这一过程（注意，单基因疾病主要由单个基因的功能异常引起，但其过程可能会涉及多个基因），而环境因素肯定在遗传疾病中有重要作用。

还有其他基本疾病类型的分类方法。例如，特定种族群体或其他分散群体对一些遗传疾病具有高度易感性。举例如下：

- Tay-Sachs 病在德裔犹太人（Ashkenazi Jews）中很普遍。
- 约 8% 的非裔美国人是 *HBB* 突变基因的携带者。
- 男性比女性更易患家族性出血性肾炎（Alport disease）、男性型秃发和前列腺癌。
- 在美国，囊性纤维化感染者约 30000 人，携带者约 1200 万人，是最常见的致命性遗传性疾病。虽然它对所有群体都有影响，但对北欧血统的白种人影响尤大。

线粒体疾病

疾病分类的另一依据是组织器官系统，或亚细胞器。真核细胞可以划分出各种细胞器，例如细胞核、内质网、高尔基体、过氧化物酶体、溶酶体、核内体和线粒体。每个细胞器都执行各自专业化的功能，如收集特定的蛋白产物以进行酶促反应供细胞存活、代谢以及隔离有害产物。我们已从基因和基因产物的角度认识了人类疾病，接下来我们将在细胞器和代谢通路这一更高的组织水平下进一步认识疾病。

> 多数（大约 1500）种线粒体蛋白是核基因的产物，多数线粒体疾病是由于核基因突变引起的。通常所有的线粒体基因组是一样的，即所谓的趋同性。致病性的突变可能是异质性的（正常和突变的基因组混合）。我们在第 15 章介绍了查看人类线粒体基因组的 NCBI 工具。

考虑一下线粒体。这种细胞器在 20 世纪 40 年代被描述为呼吸的部位，Nass 和 Nass 首次报道线粒体 DNA （1963 年）。然而，直到 1988 年，第一个位于线粒体的致病突变才被描述出来（Holt 等，1988；Wallace 等，1988a，b）。如今，100 多种致病点突变已被报道（综述于 DiMauro 和 Schon，2001；DiMauro 等，2013）。线粒体基因组编码 37 个基因，其中的任何一个都与疾病相关。图 21.9 显示了人线粒体基因组的发病图谱。

线粒体遗传特性与孟德尔遗传法则主要有三个区别（DiMauro 和 Schon，2001；DiMauro 等，2013）：

① 线粒体 DNA 是母系遗传的。在胚胎中，线粒体主要来源于卵子，而精子的线粒体在进入受精卵前就被分解掉。因此，线粒体 DNA 突变的女性可以将其遗传给她的孩子，但是只有她的女儿才能把这种突变传递给下一代。

② 细胞核基因存在两个等位点（一个来自母本，一个来自父本），而线粒体基因在一个细胞中存在成百上千个拷贝（一个典型的线粒体含有大约十个线粒体基因组的拷贝）。任何一个个体可能有多种正常和突变线粒体基因组的比值。我们需要判断导致某些疾病发生的线粒体基因组突变的临界极限。相较核 DNA 而言，线粒体 DNA 可能拥有致病的体突变（Schon 等，2012）。

> 嵌合性（Mosaicism）"奇美拉"（chimerism）有区别。对于"奇美拉"而言，具有遗传差异的细胞来自于不同的祖先，当卵子由两个不同的精子受精时，可能会发生这种情况。

③ 在细胞分裂时，含有突变基因组的线粒体的比例可能改变，从而影响线粒体疾病的表型表达。临床

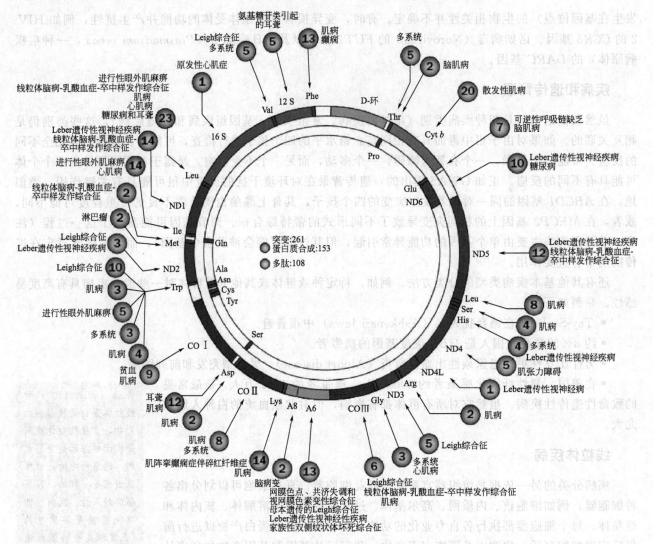

图 21.9　人类线粒体基因组发病图谱。彩色片段代表编码蛋白质的基因。这里显示了 7 个复合体 I 的亚基（ND；粉红色部分），1 个复合体 III 的亚基（cyt b；淡蓝色部分），3 个细胞色素 c 氧化酶的亚基（CO；紫色部分），2 个 ATP 合成酶的亚基（A6 和 A8；黄色部分），12S 和 16S 核糖体 RNA（绿色部分），还有 22 个用三个字符标识的密码子表示的转运 RNA（蓝色部分）。蓝色圆圈表示由于影响蛋白合成的基因发生突变引起的疾病。粉红色圆圈表示由于编码呼吸链蛋白的基因突变引起的疾病。圆圈中的数字表示该位点的突变数。Cyt b 为细胞色素 b；FBSN 为家族性双侧纹状体坏死；LHON 为 Leber 遗传性视神经病；LS 为 Leigh 综合征；MELAS 为线粒体脑病-乳酸血症-卒中样发作综合征；MERRF 为肌阵挛癫痫症和纤维粗糙发红症；MILS 为母本遗传异体综合征；NARP 为视网膜色点、运动失调神经病患者；ND 为 NADH-脱氢酶（复合物 I）；PEO 为进行性眼外肌麻痹。

［资料来源：DiMauro 等（2013 年），经 Macmillan 出版社许可转载］

表明，线粒体疾病可以发生在不同时间和机体内的不同部位。有很大一部分疾病与线粒体 DNA 的突变相关。

MITOMAP 是很有用的线粒体基因组数据库（Ruiz-Pesini 等，2007）。该数据库中列出了各种各样的关于线粒体基因组的突变和多态现象，涉及所有已知遗传机制（倒位、插入、缺失等）。

> MITOMAP 在 http: // www. mitomap. org（链接 21.12）。

二代测序已用于表征线粒体基因组和与线粒体功能相关的核基因的变异（Vasta 等，2009），尽管 Sanger 测序仍在使用（例如，Tang 等，2013）。

在全外显子组序列（whole-exome sequence，WES）数据中很容易分析线粒体 DNA 变异。这可能令人惊讶，因为 WES 基于使用长的寡核苷酸选择性捕获或富集核编码的外显子。然而，线粒体 DNA 拷贝非常多，其测序是用常规方法随机进行的。Guo 等（2013）开发了 MitoSeek，一个可通过 BAM 文件从

WES 或全基因组序列数据提取线粒体序列、组装基因组、执行质量控制（例如，读段深度、碱基对覆盖率，以及碱基质量打分）的包（package）。我们可以使用以下命令调用 MitoSeek：

```
$ perl mitoSeek.pl -i /home/data/fshd216.bam -t 1 -d 5
```

我们调用 perl 脚本，使用-i 指定输入 BAM 文件的位置，使用-t 来定义 BAM 文件的类型（1 表示全外显子组，2 是全基因组数据，3 是 RNA-seq 数据，4 是线粒体 DNA 数据），并指定-d 为检测异质所需的最小深度。之后，MitoSeek 会报告异质性、体细胞突变（比较配对的肿瘤/正常样品之间的等位基因计数）、相对拷贝数变异以及大的结构变异。

MitoSeek 见 https：//github. com/riverlee/MitoSeek（链接 21.13），需要 Circos 使用的 Perl 脚本（框 19.2）。

体细胞嵌合病（Somatic Mosaic Disease）

嵌合发生在生物体内遗传上不同的细胞群之间（Youssoufian 和 Pyeritz，2002；Lupski，2013；Poduri 等，2013）。遗传变化可能涉及皮肤或肝脏这样的体细胞（体细胞嵌合），或者涉及生殖细胞（生殖细胞嵌合体，也称为性腺嵌合体）。据估计，人体约有 10^{14} 个细胞（Erickson，2010），再加上由于复制和细胞分裂期间错误频繁发生，体细胞突变也频繁发生。因此，我们都是嵌合体。在许多情况下，体细胞嵌合与疾病相关。这一观点由 Macfarlane Burnet（1959）提出，他指出了体细胞突变的两个例子（在羊毛和血型中），并用嵌合体对自身免疫性疾病进行了解释。

体细胞变异包括单核苷酸和拷贝数的变化（Dumanski 和 Piotrowski，2012）。Pham 等（2014）采用高分辨率阵列杂交技术评价 10300 例病人。他们发现 57 例由于合子后突变引起的体细胞染色体嵌合体（占全部的 0.55%）。

体细胞嵌合涉及皮肤，无论是在羊毛或人类皮肤病症中，都是显而易见的。Rudolf Happle（1987）猜测，一些含有皮肤缺陷嵌合的疾病（例如 McCune-Albright 综合征，Sturge-Weber 综合征和 Proteus 综合征）都是由早期发育中遗传得到的胚胎致死的基因突变引起的。并且是体细胞变异导致了这些情况。

事实上，McCune-Albright 综合征（GNAS 基因突变；Weinstein 等，1991）、Proteus 综合征（AKT 基因突变；Lindhurst 等，2011）以及其他疾病的体细胞嵌合突变已经确定。我的实验室有报道，编码 G 蛋白 α 亚基的 GNAQ 基因中的突变会引起神经皮肤的 Sturge-Weber 综合征和常见的非异型葡萄酒色痣胎记（Shirley 等，2013）。我们的方法是取身体受影响的区域（例如葡萄酒色痣胎记）和可能不受影响的区域（例如血液），然后对配对样品（来自三个个体）进行全基因组测序。在与参考基因组比对以及突变识别（variant calling）之后，使用体细胞突变识别工具比较基因型。当时在我实验室的研究生 Matt Shirley 使用了 Strelka 这一变体（Saunders 等，2012），其他常用的体细胞识别变体包括 VarScan 2（Koboldt 等，2012）和 MuTect（Cibulskis 等，2013）。通过认识其中的分子缺陷——与七个跨膜受体偶联的 G 蛋白 α 亚基被持续激活——我们希望可以通过调节受影响的信号通路来为患者提供治疗。

Wellcome Trust Sanger 研究所的癌症基因组计划网址是 http：//www. sanger. ac. uk/research/projects/cancergenome/（链接 21.14），可以链接到许多疾病资源。COSMIC 在 http：//cancer. sanger. ac. uk/cancergenome/projects/census/（链接 21.15）。关于 COSMIC BioMart，请访问 http：// www. sanger. ac. uk/genetics/CGP/cosmic/biomart/martview/（链接 21.16）。

我们之前提到，GNAQ 基因的突变会导致 Sturge-Weber 综合征和葡萄酒色痣胎记。这些涉及到 R183Q 突变（一个精氨酸被一个谷氨酰胺取代）。相同基因的体细胞突变导致相同的 R183Q 突变，这也是葡萄膜黑色素瘤和称为蓝痣的色素沉着病症的原因（Van Raamsdonk 等，2009）。在儿童疾病中，体细胞突变发生在出生前，在不确定的细胞类型（可能是内皮细胞）中发生。在葡萄膜黑色素瘤中，体细胞突变发生在成年期，在黑素细胞中发生。如果是在另一种细胞中发生这种突变，可能不会有临床表型。问题的关键在于，突变发生在体内何处，发生在生长的哪一个阶段。

癌症：体细胞嵌合病

癌症是一种体细胞嵌合病，由具有体细胞突变的克隆产生，并且导致恶性转化（Chin 等，2011；

TCGA 的网址是 http://cancergenome.nih.gov（链接 21.17）。这是一个 NHGRI 实施的开始于 2006 年的花费 3 亿 7500 万美元的测序计划。美国国立卫生研究院网站上的国家癌症研究所（NCI）是 http://www.cancer.gov（链接 21.18）。TCGA 的数据存储在 UCSC 上的癌症基因组学中心（CGHub）https://cghub.ucsc.edu（链接 21.19）。目前这个网站存有大约 1420900GB（gigabyte）对的数据（1.4PB，petabyte），分成三十多种癌症类型来管理。ICGC 的网址是 http://www.icgc.org（链接 21.20），它的数据门户是 http://dcc.icgc.org（链接 21.21）。到目前（2015 年 3 月）列出了跨越 18 个癌症的 1300 万个体细胞突变位点。

Watson 等，2013）。当 DNA 突变赋予增殖的细胞选择性优势时，就会发生癌症，这种情况通常是不可控制的（Varmus，2006）。Knudson（1971）提出了二次突变假说，认为显性遗传的视网膜母细胞瘤的两个突变，一个来源于生殖细胞遗传，一个来源于体细胞突变。对于非遗传形式的癌症，发生的是两个体细胞突变。癌症的 6 个特性体现在（Hanahan 和 Weinberg，2011）：增殖信号强，受生长抑制因子影响小，抵抗细胞死亡，无限复制，可以诱导血管生成，以及灭活侵袭和转移。

已发现超过 200 种类型的癌症和许多疾病机制，确定下来的关键的肿瘤抑制基因和其他致癌基因也越来越多。在人类基因组计划完成和测序能力改进的基础上，已经启动了人类癌症基因组计划来编目各种癌症基因组的 DNA 序列（Stratton，2011）。

例如，COSMIC（catalogue of somatic mutations in cancer，癌症体细胞突变目录；Forbes 等，2011）。它含有近 100 万个癌症样品、160 多万个突变以及各种类型突变（融合体，基因组重排和拷贝数变异）的信息。它还提供了大量的文献注释和 BioMart 检索（Shepherd 等人，2011）。要检索 *GNAQ*，可以执行以下操作：

- 访问 COSMIC 主页，并获得信息，如基因突变的列表。
- 在 COSMIC 中查看基因。
- 使用 COSMIC BioMart 检索相关特征。
- 访问 Ensembl，选择 BioMart，将数据集设置为 Homo sapiens Somatic Short Variation（SNPs 和 indels）。Filters 选择 COSMIC，并选择 Ensembl 基因的 ID（ENSG00000156052，在 COSMIC 或 Ensembl 站点列出）。然后，可以选择感兴趣的属性，以了解有关基因和相关突变的更多信息。
- 在 Ensembl 的人类主页可以搜索 *GNAQ* 并选择变体表，以访问与该基因相关的 COSMIC 变异数据库。

癌症和肿瘤基因图谱计划（the Cancer Genome Atlas，TCGA）和国际癌症基因组联盟（the International Cancer Genome Consortium，ICGC）是其他主要发起者。他们的目标是分析成千上万的肿瘤样本的突变，以表征遗传变化和转录组以及表观基因组的变化。

UCSC 癌症基因组浏览器提供了丰富的癌症数据，包括来自 TCGA 的数据（Cline 等，2013；Goldman 等，2013）。用它可以获得包括癌症亚型、染色体位置、临床特征、感兴趣的基因和通路等大数据集。基因组热图可以显示缺失和扩增的区域，而临床热图可以显示样品（y 轴）与特征，例如肿瘤等级、组织类型和存活统计（x 轴）的关系。Kaplan-Meier 图可以显示存活率与存活时间的关系，显示内容由用户分组，例如选择接受不同治疗的患者。

UCSC 的癌症基因组浏览器是 https://genome-cancer.ucsc.edu（链接 21.22）。

癌症包括两种类型的突变（Greenman 等，2007；Wood 等，2007；Vogelstein 等，2013）。"驱动"突变（driver mutations）赋予细胞选择性生长优势，与导致肿瘤的进程有牵连，在肿瘤发生过程中被正选择。"乘客"突变（passenger mutations）是偶然保留的，没有选择优势且不参与肿瘤形成的突变。所面临的挑战是，鉴定癌细胞基因组中的驱动突变，并将其与乘客突变区分开。高频率发生的驱动突变被比作周围散布有许多丘陵（对应于以较低频率发生的驱动突变）的山脉。大量的突变不频繁的"丘陵"与"山脉"一样重要，它们代表着每种癌症的相关突变（例如，Wood 等，2007）。其目标是将癌症的这种分子谱与适当的治疗相关联，以根除癌症。

二代测序的出现使许多癌症类型得以详细编目。Bert Vogelstein 及其同事总结了所选人类癌症中体细胞突变的数量 [图 21.10（a）]。他们还描述了普遍受影响的信号通路。得到结论如下（Vogelstein 等，2013）：

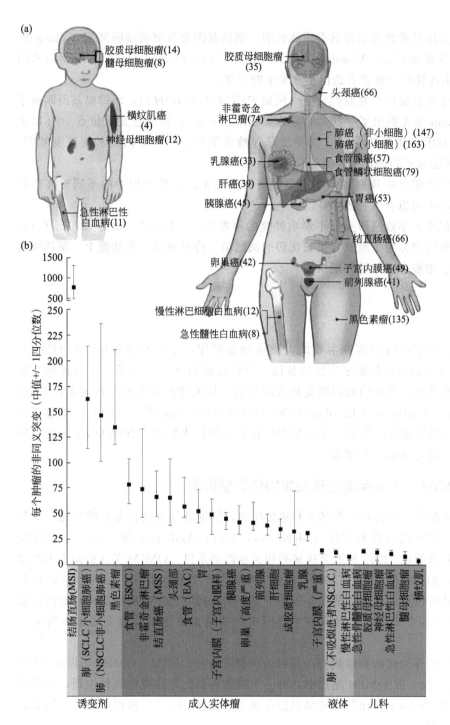

图 21.10 人类典型癌症中的体细胞突变（基于全基因组测序研究）。(a)成人(右)和儿童(左)的癌症基因组如图。括号中的数字是每个肿瘤的错义突变的中位数。引自 Vogelstein 等（2013年），经 AAAS 许可转载。(b)每个肿瘤的错义置换的中位数。水平线表示 25% 和 75% 四分点。MSI 为微卫星不稳定；SCLC 为小细胞肺癌；NSCLC 为非小细胞肺癌；ESCC 为食管鳞状细胞癌；MSS 为微卫星稳定；EAC 为食管腺癌

- 非同义突变（导致氨基酸改变的核苷酸变异）的比例差异很大。损害 DNA 修复功能的癌症可导致每个肿瘤数以千计的非同义突变［图 21.10(b)］。由诱变剂（如烟草和紫外线）引起的癌症每个肿瘤引起约 100～200 个非同义突变。因此，吸烟者肺癌的体细胞突变可能是非吸烟者肺癌的 10 倍。

- 有的癌症具有较少突变，例如儿童肿瘤和白血病（每个肿瘤约 10 个突变）。原因之一是，一些肿瘤需要随着时间推移获得突变（特别是在自我更新组织中的肿瘤）。

- 转移性癌症的发生需要积累几十年的体细胞突变。此外，转移性肿瘤中的突变已经存在于原发性肿瘤中的许多细胞中。

- 非整倍体在癌细胞中是常见的，包括全染色体或染色体段拷贝数变化、倒位和易位。易位通常导致两种基因的融合，产生癌基因（如 *BCR-ABL*）。染色体缺失是癌症中非整倍体最常见的形式，通常缺失

的是肿瘤抑制基因。

• 确定体细胞突变是驱动突变还是乘客突变是具有挑战性的。驱动基因包含驱动基因突变（Thiagalingam 等，1996），但它也可能包含乘客突变。Vogelstein 等人提出用 "mut-driver genes" 表示驱动基因突变，用 "epi-driver genes" 表示在肿瘤中异常表达但不常发生的突变。

• 癌基因倾向于在一个或几个氨基酸位点复发性突变（例如 *PIK3CA* 和 *IDH*1），而抑癌基因倾向于沿其长度发生截断突变。Vogelstein 等人提出了 "20/20 规则"（20/20 rule）：如果在复发位点 20% 以上的突变是错义的，则该基因是癌基因。如果 20% 以上的突变是导致失活的，则该基因是肿瘤抑制基因。有时一个基因（如 *NOTCH*1）可能在不同癌症中具有不同的作用。

• 癌基因突变的异质性可在以下情形中观察到：①单个肿瘤的细胞中；②单个患者的不同转移病灶中；③单个转移病灶的细胞中；④不同患者的肿瘤中。

• 虽然癌基因组异常复杂，但绝大多数遗传变异不影响肿瘤的乘客突变。Vogelstein 等人列出了 138 个重要的驱动基因，并将其功能效应划分为少量具有生长优势的细胞信号传导通路。在功能上，驱动突变影响着三种细胞过程：细胞命运、细胞存活和基因组维持。

21.3 疾病数据库

人类孟德尔遗传学于 1966 年，由 Victor A. McKusick 创立。OMIM 在线版本于 1995 年与 NCBI 融合，https://www.ncbi.nlm.nih.gov/omim/（链接 21.23）或 http://www.omim.org（链接 21.24）。OMIM 的科学主任是来自霍普金斯医疗机构的 Ada Hamosh。

我们接下来描述两种主要的人类疾病数据库：①中央数据库，如 OMIM、HGMD 和 ClinVar 提供了丰富的数以千计的疾病数据；②数千个位点特异性突变数据库提供了丰富的基因突变相关的报道，其关注点在于某一特定基因和/或某一疾病。Patrinos 和 Brookes（2005）以及 Thorisson 等人（2009）综述了这两种类型的数据库，强调了联系基因型和表型的巨大挑战（即将 DNA 突变与临床表型相关的数据联系起来）。

OMIM：人类疾病的重要生物信息学资源

OMIM®一个针对人类基因和遗传疾病，特别是具有遗传基础的罕见（常为单基因）疾病的综合数据库（McKusick，2007；Amberger 等，2011）。OMIM 数据库包含超过 22000 种人类疾病和相关基因的条目。OMIM 关注的是先天性遗传疾病。如其名称所示，OMIM 数据库与孟德尔遗传学相关。这是世代间信息传递的遗传特点。在这个数据库中关于复杂疾病和染色体疾病中遗传突变的信息相对较少。其重点是对单基因疾病的全面考察，具有对单基因疾病的详细描述以及许多数据库资源的链接。

我们用镰状细胞性贫血和 *HBB* 作为疾病和疾病相关基因的实例来查询 OMIM。OMIM 可以从 NCBI 站点搜索到，并通过 NCBI Gene 连接。在 OMIM 站点中，有一个搜索页面允许你查询各种主题，包括染色体、图谱位置或临床信息。搜索 "beta globin" 的结果包括相关基因（图 21.11）和相关疾病（例如镰状细胞性贫血和地中海贫血）的信息。

接下来可以查看 β 球蛋白的条目（图 21.12），其 OMIM 标识符为＋141900。OMIM 中的每个条目都与编号系统相关联。有一个 6 位代码，其中第一个数字表示所涉及基因的遗传模式（表 21.8）。β 球蛋白条目前面的加号表示该条目包含已知序列和表型的基因的描述。第一个数字（1）表示该基因具有常染色体位点（该条目是 1994 年创建的）。该条目包括目录数据，例如关于球蛋白病的动物模型的使用信息。OMIM 链接到一个基因图谱上，它提供了一个有关疾病位点的细胞遗传位置列表。该基因图进一步连接到 NCBI 的 Map Viewer 和鼠类同源基因的资源。OMIM 病理图谱也提供了细胞遗传位点，但它是按字母顺序组织的。

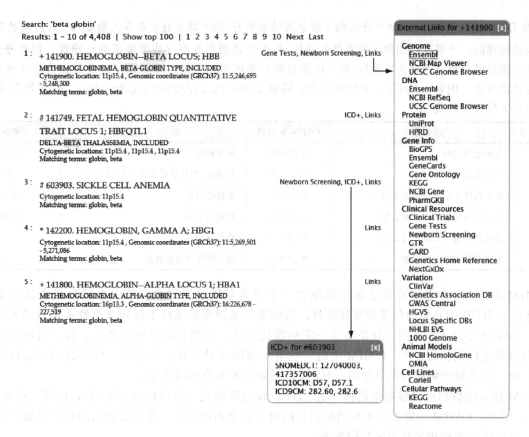

Search: 'beta globin'
Results: 1 – 10 of 4,408 | Show top 100 | 1 2 3 4 5 6 7 8 9 10 Next Last

1 : + 141900. HEMOGLOBIN—BETA LOCUS; HBB
METHEMOGLOBINEMIA, BETA-GLOBIN TYPE, INCLUDED
Cytogenetic location: 11p15.4 , Genomic coordinates (GRCh37): 11:5,246,695 - 5,248,300
Matching terms: globin, beta

Gene Tests, Newborn Screening, Links

2 : # 141749. FETAL HEMOGLOBIN QUANTITATIVE TRAIT LOCUS 1; HBFQTL1
DELTA-BETA THALASSEMIA, INCLUDED
Cytogenetic locations: 11p15.4 , 11p15.4 , 11p15.4
Matching terms: globin, beta

ICD+, Links

3 : # 603903. SICKLE CELL ANEMIA
Cytogenetic location: 11p15.4
Matching terms: globin, beta

Newborn Screening, ICD+, Links

4 : * 142200. HEMOGLOBIN, GAMMA A; HBG1
Cytogenetic location: 11p15.4 , Genomic coordinates (GRCh37): 11:5,269,501 - 5,271,086
Matching terms: globin, beta

Links

5 : + 141800. HEMOGLOBIN—ALPHA LOCUS 1; HBA1
METHEMOGLOBINEMIA, ALPHA-GLOBIN TYPE, INCLUDED
Cytogenetic location: 16p13.3 , Genomic coordinates (GRCh37): 16:226,678 - 227,519
Matching terms: globin, beta

Links

External Links for +141900 [x]
Genome
　Ensembl
　NCBI Map Viewer
　UCSC Genome Browser
DNA
　Ensembl
　NCBI RefSeq
　UCSC Genome Browser
Protein
　UniProt
　HPRD
Gene Info
　BioGPS
　Ensembl
　GeneCards
　Gene Ontology
　KEGG
　NCBI Gene
　PharmGKB
Clinical Resources
　Clinical Trials
　Gene Tests
　Newborn Screening
　GTR
　GARD
　Genetics Home Reference
　NextGxDx
Variation
　ClinVar
　Genetics Association DB
　GWAS Central
　HGVS
　Locus Specific DBs
　NHLBI EVS
　1000 Genome
Animal Models
　NCBI HomoloGene
　OMIA
Cell Lines
　Coriell
Cellular Pathways
　KEGG
　Reactome

ICD+ for #603903 [x]
SNOMEDCT: 127040003, 417357006
ICD10CM: D57, D57.1
ICD9CM: 282.60, 282.6

图 21.11　可通过 NCBI 网站访问孟德尔遗传在线（OMIM），它允许按照作者、基因标识符或染色体等标准进行文本搜索。搜索"beta globin"，会产生包括该基因、相关球蛋白基因和相关疾病（诸如地中海贫血和镰状细胞性贫血）的条目。图中显示了与外部资源和 ICD 临床诊断分类的链接

［资料来源：OMIM（http://omim.org/）］

HGNC Approved Gene Symbol: HBB

Cytogenetic location: 11p15.4　Genomic coordinates (GRCh37): 11:5,246,695 – 5,248,300 (from NCBI)

Gene-Phenotype Relationships

Location	Phenotype	Phenotype MIM number
11p15.4	Delta-beta thalassemia	141749
	Erythremias, beta-	
	Heinz body anemias, beta-	140700
	Hereditary persistence of fetal hemoglobin	141749
	Methemoglobinemias, beta-	
	Sickle cell anemia	603903
	Thalassemia-beta, dominant inclusion-body	603902
	Thalassemias, beta-	613985
	[Malaria, resistance to]	611162

Clinical Synopsis

TEXT

Description

The alpha (HBA1, 141800; HBA2, 141850) and beta (HBB) loci determine the structure of the 2 types of polypeptide chains in adult hemoglobin, HbA. Mutant beta globin that sickles causes sickle cell anemia (603903). Absence of beta chain causes beta-zero-thalassemia. Reduced amounts of detectable beta globin causes beta-plus-thalassemia. For clinical purposes, beta-thalassemia (613985) is divided into thalassemia major (transfusion dependent), thalassemia intermedia (of intermediate severity), and thalassemia minor (asymptomatic).

▾ Table of Contents for +141900
Title
Gene–Phenotype Relationships
Text
　Description
　Gene Structure
　Mapping
　Gene Function
　Biochemical Features
　Molecular Genetics
　Animal Model
　History
Allelic Variants
　Table View
Clinical Synopsis
See Also
References
Contributors
Creation Date
Edit History
External Links for Entry:
▸ Genome
▸ DNA
▸ Protein
▸ Gene Info
▸ Clinical Resources
▸ Variation
▸ Animal Models

图 21.12　OMIM 的 β 球蛋白条目包括 OMIM 标识符（＋141900），旁边列有多种信息，例如临床特征、可用动物模型和等位基因变异的介绍

［资料来源：OMIM（http://omim.org/）］

表 21.8 OMIM 编号系统。OMIM 号开始的 1 或 2 意味着它在 1994 年 5 月之前录入数据库，6 意味着它是 1994 年 5 月以后创建的。+ 表示已知序列和表型的基因；% 表示孟德尔表型（或表型位点）确定，但其分子基础未知；♯ 表示描述性条目（通常为表型）；带 * 的条目表示基因序列已知。对于 AUTS1 条目，数字 1 表示这是几个孤独症易感位点（例如，AUTS2）中的第一个。摘自 OMIM（http://omim.org/help/faq, 2014 年 3 月）。经约翰霍普金斯大学许可转载

OMIM 编号	表型	OMIM 标识符	疾病（例子）	染色体
1_	常染色体显性	+143100	亨廷顿病	4p16.3
2_	常染色体隐性	%209850	孤独症,对其具有易感性（AUST1）	7q
3_	X 染色体连锁的位点或表型	♯312750	蕾特综合征	Xq28
4_	Y 染色体连锁的位点或表型	*480000	性别决定区	Yp11.3
5_	线粒体染色体的位点或表型	♯556500	帕金森病	—
6_	常染色体的位点或表型	♯603903	镰刀型红细胞贫血症	—

OMIM 条目的一个重要特征是条目都包含一个等位基因变异列表。其中大部分代表致病突变。图 21.12 显示了 HBB 的几个等位基因变异条目。这些等位基因变异提供了已知含有致病突变的人基因的大致了解。OMIM 中的等位基因变异是基于一定标准选择的，例如首次发现的突变、具有高群体频率的突变或具有特别发病机制的突变。OMIM 中的一些等位基因变异表现了多态性。如果这种多态性与常见疾病呈正相关，这些数据将很有研究价值。HBB 包括数百种等位基因变异。

OMIM 现有的数据可以根据染色体（表 21.9）和遗传模式（常染色体、X- 或 Y- 连锁、线粒体遗传；表 21.10）总结。OMIM 一直是人类基因组信息的重要而全面的资源。许多其他疾病数据库加入了 OMIM 标识符，以提供对疾病相关基因的共同参考。

表 21.9 OMIM 中每条人类染色体的基因大纲。总位点数：14622。摘自 OMIM（http://omim.org/help/faq, 2014 年 3 月）。经约翰霍普金斯大学许可转载

染色体号	基因位点	染色体号	基因位点	染色体号	基因位点
1	1445	9	553	17	838
2	919	10	545	18	212
3	782	11	886	19	912
4	565	12	770	20	371
5	659	13	273	21	154
6	865	14	474	22	355
7	692	15	436	X	807
8	516	16	593	Y	53

表 21.10 OMIM 现有数据情况。摘自 OMIM（http://omim.org/help/faq, 2014 年 3 月）。经约翰霍普金斯大学许可转载

项目	常染色体	X 连锁	Y 连锁	线粒体	总计
* 序列已知的基因	13752	672	48	35	14507
+ 序列和表型已知的基因	100	2	0	2	104
♯ 表型和分子基础已知	3732	282	4	28	4406
% 孟德尔表型或位点、分子基础未知	1577	135	5	0	1717
其他,大多表型疑似孟德尔遗传	1745	115	2	0	1862
总计	20906	1206	59	65	22236

我们介绍过 Genome Workbench，一个查询 Entrez 数据库的 NCBI 工具。选择 NCBI Gene 并输入 globin AND human［ORGN］查询［图 21.13(a)］。（或者直接检索 β 球蛋白访问号 NM＿000518。）HBB 将出现在结果列表中。单击右键将其添加到新项目。选择 SNP 列表视图将获得基因组变异表格列表（带有 db-SNP 标识符），其中包括具有 OMIM 连接的条目［图 21.13(b)］。使用 Genome Workbench 获得来自 NCBI Entrez 的表格输出类似于使用 UCSC 表格浏览器从 UCSC 基因组浏览器获得表格输出。但请注意，（目前）OMIM 的变异数据可以在 UCSC 基因组浏览器中查看，但在 UCSC 表格浏览器中不可以。

> 基因组工作台可以从 https：//www.ncbi.nlm.nih.gov/tools/gbench/（链接 21.25）下载。

(a) 基因组工作台查询人血红蛋白

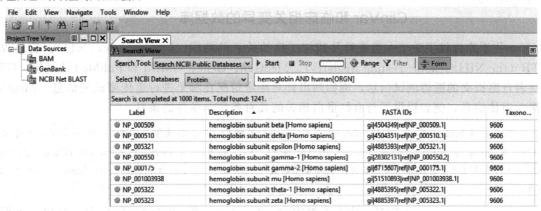

(b) 基因组工作台SNP 表格视图

HGNC Approved Gene Symbol: HBB

Cytogenetic location: 11p15.4　*Genomic coordinates (GRCh37): 11:5,246,695 – 5,248,300* (from NCBI)

Gene-Phenotype Relationships

Location	Phenotype	Phenotype MIM number
11p15.4	Delta-beta thalassemia	141749
	Erythremias, beta-	
	Heinz body anemias, beta-	140700
	Hereditary persistence of fetal hemoglobin	141749
	Methemoglobinemias, beta-	
	Sickle cell anemia	603903
	Thalassemia-beta, dominant inclusion-body	603902
	Thalassemias, beta-	613985
	{Malaria, resistance to}	611162

Clinical Synopsis

TEXT

Description

The alpha (HBA1, 141800; HBA2, 141850) and beta (HBB) loci determine the structure of the 2 types of polypeptide chains in adult hemoglobin, HbA. Mutant beta globin that sickles causes sickle cell anemia (603903). Absence of beta chain causes beta-zero-thalassemia. Reduced amounts of detectable beta globin causes beta-plus-thalassemia. For clinical purposes, beta-thalassemia (613985) is divided into thalassemia major (transfusion dependent), thalassemia intermedia (of intermediate severity), and thalassemia minor (asymptomatic).

图 21.13　使用 NCBI Genome Workbench 访问 OMIM 等位基因变异。(a) 在搜索视图中，输入 hemoglobin AND human［ORGN］进行查询。结果包括人血红蛋白的蛋白质 RefSeq 索引号。通过选择血红蛋白 β 亚基添加一个新项目。(b) 通过单击左侧栏的项目启动相应 mRNA（索引号 NM＿000518.4）的 SNP 列表视图。该表列出了许多信息，包括 RefSNP（RS ID）、等位基因、序列中的位置、变异类别（例如，SNP 或插入缺失）、表型以及在千人基因组数据中每种变异是否被观察到。表型项包括对 OMIM、OMIA（动物孟德尔遗传在线）和位点特异性数据库（LSDB）的超链接

（来源：Genome Workbench，NCBI）

HGMD 是 David Cooper 和卡蒂夫大学的同事共同执行的计划，见 http：//www.hgmd.cf.ac.uk/ac/（链接 21.26），公开发行的有大约 115000 个突变条目，商业版本有大约 164000 个（2015 年 3 月）。

人类基因突变数据库（HGMD）

人类基因突变数据库（the Human Gene Mutation Database，HGMD）是疾病相关突变信息的另一个主要资源（Stenson 等，2012，2014）。部分数据库是商业数据库（需要付费才能完全访问）。George 等（2008）对 OMIM 和 HGMD 进行比较，指出了它们方法上的差异。例如，OMIM 更注重对基因、疾病及临床表型的详细描述，而 HGMD 强调更全面的突变分类。在测序人类基因组和外显子组时，通常基于它们是否先前已与疾病相关对变异进行筛选；HGMD 在许多分析流程中已经成为一种基本资源。

ClinVar 和临床相关变异的数据库

ClinVar 数据库提供了关于人类变异及其与疾病的关系的数据（Landrum 等，2014）。它还提供了到 NIH GTR（the NIH Genetic Testing Registry）、MedGen、Gene、OMIM 和 PubMed 的链接。GTR 集中了由提供者自愿提交的遗传测试信息，例如列出针对特定情况在哪里进行遗传测试的信息。MedGen 组织了人类医学遗传信息，例如提供了与血红蛋白相关的几百条医学条件的条目。

NCBI 上的 ClinVar 在 https：//www.ncbi.nlm.nih.gov/clinvar/（链接 21.27）。目前包括来自 18700 个基因的大约 75000 个变异。GTR 在 https：//www.ncbi.nlm.nih.gov/gtr/（链接 21.28），MedGen 在 https：//www.ncbi.nlm.nih.gov/medgen/（链接 21.29）。要学习关于这些数据库更多的内容与领域，使用 EDirect 命令行，如 $ einfo −db clinvar，−db 指定感兴趣的数据库。

关于 HPO，请访问 http：//www.human-phenotype-ontology.org（链接 21.30）；ACMG 在 https：//www.acmg.net（链接 21.31）。

ClinVar 中有五类内容（Landrum 等，2014）：提交者、变异、表型、解释和证据。①是由组织还是个人提交。②序列上的变异发生在一个位点（单个等位基因）还是多个等位基因（例如，亲本在单个位点传递了不同的等位基因，引起表型改变的杂合子）。变异与 dbSNP 和 dbVar 相互参照。③表型可以代表一个或多个概念，并且由 MeSH 术语（图 21.4）、OMIM 数目、MedGen 标识符或人类表型本体（Human Phenotype Ontology，HPO；Robinson 等，2008）注释。④ClinVar 中的解释是提交者推动的，并且使用美国医学遗传学与基因组学学会（the American College of Medical Genetics and Genomics，ACMG）推荐的术语。⑤证据通常包括观察到的某一突变的个体数目。

你可以用命令行按疾病来检索 ClinVar，如自闭症［dis］。

作为 ClinVar 的使用示例，我们输入 HBB［gene］进行查询。得到的 720 个结果，你可以把这些结果限定在单核苷酸变化（$n=528$）、致病变异（$n=178$）或两者都有（$n=120$）。图 21.14（a）显示了部分结果，图 21.14（b）显示了 E7V 变异的具体内容。这些具体内容包括 HGVS 命名（例如，NM_000518.4：c.20A>T 表示具有编码序列从 A 突变到 T 的 DNA 序列的索引号）、基因组定位和等位基因频率。

GeneCards

GeneCard 是魏茨曼研究所的 Doron Lancethe 他的同事的计划，见 http：//www.genecards.org（链接 21.32）。

GeneCards 是一个人类基因概要，包括大量关于人类疾病基因的信息（Stelzer 等，2011）。GeneCards 与 OMIM 的不同之处在于它收集并整合了来自几十个独立数据库的数据，包括 OMIM、GenBank、UniGene、Ensembl、加利福尼亚大学圣克鲁斯分校（the University of California at Santa Cruz，UCSC）和慕尼黑蛋白质序列信息中心（the Munich Information Center for Protein Sequences，MIPS）。相较于 OMIM，GeneCards 对人类疾病的描述较少，对功能性基因组数据关注较多（George 等，2008）。

在 UCSC 基因组浏览器上整合疾病数据库信息

UCSC 基因组浏览器和表格浏览器为比较和对比疾病数据库内容提供了一个便利的网站。我们可以看

(a) ClinVar结果的表格视图

	Gene	Variation	Freq	Phenotype	Clinical Significance	Review Status	Chr	Location (GRCh37.p10)
See details	**HBB**	c.2T>C (p.Met1Thr)		Beta-thalassemia, lermontov type	Pathogenic	classified by single submitter	11	5248250
See details	**HBB**	c.2T>C (p.Met1Thr)		beta0^ Thalassemia	Pathogenic	classified by single submitter	11	5248250
See details	**HBB**	c.75T>A (p.Gly25=)		beta Thalassemia	Pathogenic	classified by single submitter	11	5248177

(b) HBB E7V突变的ClinVar条目的详细视图

HBB:c.20A>T (p.Glu7Val) AND Hb SS disease

Clinical significance:	Pathogenic (Last evaluated: Mar 14, 2013)
Review status:	★ ☆ ☆ ☆

Based on:	1 submission [Details]
Record status:	current
Accession:	RCV000016574.21

Allele description

Gene:	HBB:hemoglobin, beta [Gene - OMIM]
Variant type:	single nucleotide variant
Genomic location:	Chr11:5248232 (on Assembly GRCh37)
Preferred name:	HBB:c.20A>T (p.Glu7Val)
HGVS:	NC_000011.9:g.5248232T>A NG_000007.3:g.70614A>T NM_000518.4:c.20A>T NP_000509.1:p.Glu7Val
Protein change:	E6V; GLU6VAL
Links:	OMIM: 141900.0039; OMIM: 141900.0040; OMIM: 141900.0243; OMIM: 141900.0244; OMIM: 141900.0245; OMIM: 141900.0246; OMIM: 141900.0247; OMIM: 141900.0521; OMIM: 141900.0523; dbSNP: 334
1000Genome:	rs334
Allele Frequency:	0.0138, GO-ESP
Suspect:	Not available

Condition(s)

Name:	Hb SS disease
Synonyms:	Hb SS disease; Hb SS disease; Hb SS disease
Identifiers:	MedGen: C0002895; OMIM: 603903; Orphanet: 232
Age of onset:	Variable
Prevalence:	1-5 / 10 000 232

图 21.14　用 ClinVar 查询 *HBB* 基因的输出结果。(a) 有 120 种致病性单核苷酸变异，其中三种显示在这里。(b) 变异细节（E7V，其中在氨基酸位置 7 处的野生型谷氨酸被缬氨酸取代）

（来源：ClinVar）

到包含 β 球蛋白基因的 5000 个碱基对区域（图 21.15）。尽管 HGMD 总体上远比 OMIM 和 ClinVar 更全面，但对于一些基因（如 *HBB*），它们记录的等位基因变异是差不多的，并且其中大多数与外显子重叠。下面描述的其他数据库显示了该区域中的等位基因变异和拷贝数变异。

位点特异性突变数据库和 LOVD

　　主要的数据库如 OMIM 和 HGMD 试图全面地描述所有疾病相关基因，而不是编目每个已知的等位基因变异。相比之下，位点特异性突变数据库更彻底地描述单个基因（有时是几个基因）的变异（Samuels 和 Rouleau，2011）。这些数据

在突变数据库种，一个突变定义为一个等位基因的变异（Scriver 等，1999）。等位基因（或特异性位点变化）也许能引起疾病，这种等位基因的发生通常在一个很低的频率。这些等位基因也可能是中性的，对表型没有明显的影响。

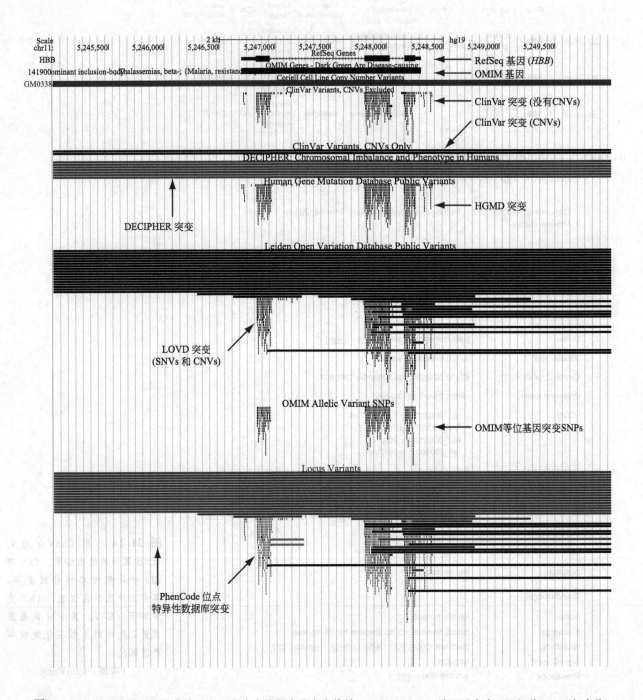

图 21.15 UCSC 基因组浏览器显示了各疾病数据库的查询结果。RefSeq Genes 显示了含有 *HBB* 的 5000 个碱基对 (chr11：5245001～5250000)。深绿色 OMIM 条目表示致病变异。HGMD、ClinVar、OMIM 和 PhenCode 的条目显示得较为紧密，它们具有相似的图谱并且大多数变异与外显子 (RefSeq 数据轨的粗黑色矩形) 重叠。拷贝数变异 (CNV) 在一个单独的 ClinVar 数据轨，在使用 Ensembl 资源的人类染色体不平衡和表型数据库 (DECIPHER)、在显示研究机构可获得的细胞系 (和/或基因组 DNA 样品) 的 Coriell 数据轨以及在包括单核苷酸变异 (SNV) 和 CNV 的莱顿开放变异数据库 (LOVD) 中都有显示

(来源：http://genome.ucsc.edu，由 UCSC 提供)

库的管理者提供了关于特定基因、位点或疾病的遗传方面的专业知识。位点特异性数据库对已知突变的收录率比那些主要数据库中更高（Scriver 等，1999）。因此，这两种类型的数据库是互补的。

位点特异性突变数据库是等位基因变异的储存库。现有数千个这样的数据库。一个位点特异性数据库的基本组分包括以下内容（Scriver 等，1999，2000；Claustres 等，2002；Cotton 等，2008）：

- 每个等位基因的唯一标识符；
- 关于数据来源的信息；
- 等位基因的背景信息；
- 等位基因的信息（例如其名称、类型和核苷酸变异）。

> 要查看 Béroud 等的通用突变数据库模版，请访问 http://www.umd.be(链接 21.33)。

突变数据库在收集突变信息中具有重要作用，但直到现在对它们的建立还没有统一标准。Claustres 等人（2002）调查了包括 262 个位点特异性数据库的 94 个网站。Cotton 等人（2008）调查了超过 700 个此类数据库。这两项研究都指出在数据采集、呈现、链接、命名和更新方式方面存在的巨大差异。Scriver 等（1999，2000）和 Cotton 等（2008）描述了突变数据库的内容、结构和部署方针。

- 目前对等位基因的命名正在逐渐统一（Antonarakis，1998；den Dunnen 和 Antonarakis，2000）。例如，起始子甲硫氨酸密码子 ATG 的 A 标记为核苷酸 +1。许多这样的规则已经明确开始允许对突变进行统一描述。

> HGVS 数据库的获取在 http://www.hgvs.org/content/databases-tools（链接 21.34），Mitelman 数据库在 http://cgap.nci.nih.gov/Chromosomes/Mitelman（链接 21.35），OMIA 网站是 http://omia.angis.org.au（链接 21.36）。

- 对伦理准则进行了描述，例如保留信息保密性的责任（Knoppers 和 Laberge，2000）。Lowrance 和 Collins（2007）对基因组研究中的可鉴别性问题进行了综述。
- 提供了构建和分析位点特异性数据库的通用软件，例如通用突变数据库模板（the Universal Mutation Database template，Béroud 等，2005）。

位点特异性数据库的主要访问点是人类基因组变异协会（the Human Genome Variation Society，HGVS），它提供了对 1600 个位点特异性突变数据库的访问途径。主要类别包括：①由 HUGO 批准的基因符号组织的位点特异性突变数据库；②以疾病为中心的主要突变数据库，如哮喘基因数据库（the Asthma Gene Database）；③中心突变和 SNP 数据库，例如 OMIM、dbSNP、HGMD 和 PharmGKB；④国家和人种突变数据库，如针对芬兰人或土耳其人的疾病数据库；⑤线粒体突变数据库，如 MITOMAP；⑥染色体变异数据库，如关于癌症染色体畸变的 Mitelman 数据库；⑦非人突变数据库，例如 OMIA（Online Mendelian Inheritance in Animal，动物孟德尔遗传在线）；⑧临床数据库，如美国国家罕见疾病组织（the National Organization for Rare Disorders，NORD）数据库。

莱顿开放式变异数据库（the Leiden Open Variation Database，LOVD）是支持数千个位点特异性数据库的平台（Fokkema 等，2011）。该项目提供了建立位点特异性数据库的软件，并根据 HGVS 标准对个体、表型和 DNA 测序变异数据进行整理。LOVD 提供对 Mutalyzer 的访问，该软件包可以确认变异数据并以一定的标准显示出来。

> LOVD 在 http://omia.angis.org.au（链接 21.37），它目前列出了 ＞22000 个基因。

我们借 HbVar 这个例子理解位点特异性数据库（Giardine 等，2014）。它可以从 HGVS 或 LOVD 中搜索访问，链接来自 NCBI Genome Workbench 在图 21.13（b）中的输出结果，你可以在 NCBI Gene 页面底部访问它（以及 LOVD 的球蛋白数据库）。HbVar 数据库是与血红蛋白病相关序列变异的有用资源，可用于理论研究和临床应用。搜索页面包括十几个字段，可以扩展到球蛋白的特定方面，例如物理性质（稳定性、色谱行为、结构变化），或功能性质（例如红细胞镰状细胞与氧的亲和结合力），或流行病学方面（人种背景、频率）。目前有 6900 多个条目，包括涉及血红蛋白变异的条目（约 980 条），涉及地中海贫血的条目（约 400 条），涉及 α1、α2、β、δ、Aγ 和 Gγ 基因的条目以及涉及插入、缺失、置换、基因融合、稳定性或氧结合性质改变的条目。

> HbVar 在 http://globin.cse.psu.edu/hbvar/menu.html（链接 21.38），它是 Penn State 大学的研究学者 INSERM Creteil 与波士顿大学医学中心的合作项目。

PhenCode 计划

PhenCode 的网址是 http://www.bx.psu.edu/phencode（链接 21.29）。

位点特异性突变数据库提供了关于一种基因和/或疾病全面而深入的大量信息。然而，这些数据库中的信息通常与主要的基因组浏览器中包含的丰富的信息独立开来。PhenCode 计划将位点特异性数据库中的数据与来自包括 ENCODE 计划（在第 8 章描述）在内的 UCSC Genome Browser（Giardine 等，2007）的基因组数据连接。在各种位点特异性突变数据库里，选择我们感兴趣的性质（例如突变类型和位置），然后该信息将在 UCSC Genome Browser 上以自定义的数据轨显示（图 21.15 底部）。PhenCode 的意义在于它有助于探索和发现与致病突变相关的基因组特征。例如，基因组全景可以包括与疾病相关的非编码区域（第 8 章）中的超基因元件，或在缺失或重复区域中作为重组底物的重复元件。

疾病数据库的限制：增长的解释空缺（Interpretive Gap）

有些数据库会报告哪些等位基因与人类疾病相关，这些数据库在解释基因组变异的临床意义中具有关键作用。二代测序研究的数据分析流程通常会过滤并排除可能是良性（中性）的变异，因为它们出现在明显正常的个体的数据库中。这些数据库包括 dbSNP（虽然它既包括中性 SNP 又包括致病性 SNP）和千人基因组计划。分析流程通常过滤并留下可能致病的变异，因为它们已被注释为与疾病相关。当疾病数据库包含实际上中性的条目时，会发生许多假阳性结果。例如，Bell 等（2011）进行了一个靶向测序研究，涉及严重的、儿童时期的隐性疾病，其中导致疾病的突变很可能在人群中极其罕见。他们报道称，74% 的与疾病相关的突变位点都是常见的多态性位点，其频率＞ 5%。此外，文献中注释为疾病突变的 113 个突变有 14 个是不正确的。

在评估变异时面临的一些挑战如下（Cutting，2014）：

• 对于单基因疾病，一个与疾病相关的基因中的一些变异发生得相对频繁，并且其致病性已确定。对于其他罕见变异，其临床意义尚未可知。

• 对于多基因疾病，等位基因异质性使得对变异的临床意义进行解释更加困难。

• 随着鉴定的变异数量的增多，对变异的"解释空缺"也越来越大，但这种空缺的影响尚未被评估。位点特异性数据库是很好的对于变异进行收录的数据库，但它们也需要相关的临床或表型数据。

Gen2Phen 的网址是 http://www.gen2phen.org（链接 21.40）。

• 像千人基因组计划这样的数据库记录的变异目前被用于定义中性变异，但是这些变异所述的个体的临床和表型数据无法获得。即使他们被定义为"明显正常"，也都有可能具有疾病易感性。

诸如 Gen2Phen 的工作旨在将人类和模式生物的遗传变异数据库整合到联合网络中。Gen2Phen 正在建立数据收集、存储和共享的标准，目的是促进从基因型到表型的研究（Webb 等，2011）。

人类疾病基因和氨基酸替代

数据库（如 HGMD、OMIM、ClinVar 和 UniProt）中的信息，以及主要的蛋白质序列存储库（如 UniProt）使我们能够探索发生在人类疾病中的氨基酸替代。Peterson 等（2013）在收集整理了这些数据库中的替代数据，并绘制了热图汇总观察到的变异（图 21.16）。三种最常见的替代是亮氨酸变成脯氨酸、甘氨酸变成精氨酸以及精氨酸变成半胱氨酸。在 BLOSUM62 矩阵中，它们的得分分别为 -3、-2 和 0（图 3.17），或者如果考虑涉及紧密相关的蛋白质的 PAM10 矩阵的替代，它们的得分分别为 -10、-13 和 -11（图 3.15）。

这些结果总体上与 Kumar 及其同事使用进化方法得到的研究结果一致（Miller 和 Kumar，2001；Miller

由 Jürg Ott 领导的洛克菲勒大学统计遗传学实验室的网址上列出了数十个用于连锁分析的软件包。Rockefeller 的网址是 http://lab.rockefeller.edu/ott/（链接 21.41）。merlin 是由 Gonçalo Abecasis 和他的同事开发，见 http://www.sph.umich.edu/csg/abecasis/Merlin（链接 21.42），另一个常用的软件是 PLINK，由 Shaun Purcell 和他的同事们开发，见 http://pngu.mgh.harvard.edu/~purcell/plink/（链接 1.43），我们在第 20 章介绍 PLINK。

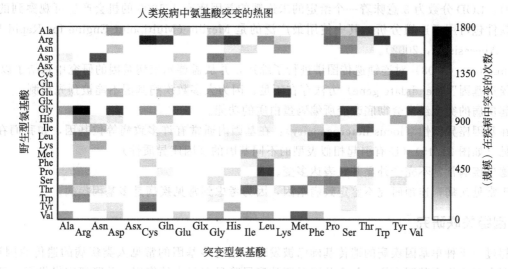

图 21.16 人类疾病中氨基酸变异的热图。显示了观察到的在人类疾病中涉及的野生型位点转换为突变型变异的频率。变异信息来自 OMIM、HGMD、UniProt/Swiss-Prot 和 ClinVar

[引自 Peterson（2013 年），经 Elsevier 授权转载]

等，2003；Subramanian 和 Kumar，2006）。它们将来自位点特异性数据库的数据和后生动物（例如灵长类动物、啮齿动物、鱼、昆虫和线虫）中的直系同源的比对数据结合在一起。他们的结果（在线文档21.3）和 Peterson 等人（2013 年）的结果大体一致。这些分析表明疾病相关变异往往发生在保守的残基上。此外，在人类疾病中发现的氨基酸变异通常不出现在其他物种中。

21.4 鉴定疾病相关基因及其位点的方法

我们如何确定疾病的成因？有许多方法来寻找有致病风险的基因及其位点（Brunham 和 Hayden，2013）。借助这样的基因鉴定，我们可能更合理地开发治疗手段（或者，最终找到治愈的方法）。例如，苯丙酮尿症（PKU；OMIM+261600）是一种会导致智力障碍等症状的遗传代谢疾病。它由苯丙氨酸羟化酶失活引起。知道这一点，就有可能筛选出新生儿中的 PKU 患者，并向他们提供不含苯丙氨酸的饮食。从 PKU 这个例子我们也可以看到疾病的复杂性。苯丙氨酸羟化酶位于肝脏，但智力障碍是神经系统的症状；如果通过研究脑组织寻找病因的话，很难发现任何生化缺陷。而且，虽然突变扰乱苯丙氨酸羟化酶是疾病的主要成因，但它并不是唯一成因。

我们接下来讨论用于鉴定疾病相关基因（或其他遗传元件）的几种方法。一旦一个基因与疾病相关，就需要进一步确定基因的致病风险的易感性如何。

连锁分析

遗传连锁图显示了与基因组中的连锁群（染色体）有关的遗传信息。图距单位是基于多态性标记（如SNP 和微卫星）重组频率的厘摩（centiMorgans）（1 cM 等于 100 次减数分裂中的 1 次重组事件；对人类基因组而言，重组率通常为 1～2 cM/Mb）。

在连锁研究中，遗传标记被用来寻找家系内部染色体区域的共遗传性，即在家系中位于一个致病性位点两侧的随着疾病发生分离的多态性标记。在一条染色体上邻近的两个基因通常在减数分裂期间共分离。通过遵循一个大型谱系中大量标记的传递模式，连锁分析可用于定位疾病基因（基于基因位点与遗传标记位点的连锁关系）。亨廷顿舞蹈症（OMIM♯143100）是一种退行性疾病，也是第一个使用连锁分析来确定疾病位点的常染色体疾病（综述见 Gusella，1989）。

与复杂表型相比，连锁分析通常对于单基因疾病模型更加适用。其也通常涉及大型家系的研究。对于孟德尔疾病，我们使用 LOD 评分方法，对疾病位点的位置提供了一个最大似然估计（Ott，2001；Szumilas，2010）。LOD 分数为 3 意味着一个给定的未连锁的基因座有 1/1000 的机会产生可观察到的共分离数据。许多软件包可用于连锁分析，其中使用最广泛的是 Merlin（Multipoint Engine for Rapid Likelihood Inference；Abecasis 等，2002）。

Altschuler 等（2008）对连锁遗传图谱进行了综述，并从孟德尔疾病基因的研究中总结了以下结论：

- "候选基因"（candidate gene）方法存在不足，因为大多数疾病基因不能被预先预测。
- 引起疾病的突变经常会彻底改变所编码蛋白质的功能。
- 存在基因座异质性（locus heterogeneity）：在基因内通常有许多致病等位基因，如我们在 *HBB* 的实例中所见（如图 21.15）（还有引起相似表型的不同基因的基因座异质性）。
- 孟德尔疾病常常不完全外显并且表达多变。
- 对于常见疾病，连锁研究不鉴定致病基因，因为考虑到常见疾病是多基因疾病。

全基因组关联研究

虽然超过一千种单基因疾病的遗传基础已被发现，鉴定多基因的常见人类疾病的遗传原因还是很难。困难部分源自对于许多基因来说，每个基因对于致病风险只有很小的作用。关联研究提供了一种方法（综述见 Hirschhorn 和 Daly，2005；McCarthy 等，2008；Pearson 和 Manolio，2008）。全基因组关联研究（GWAS）提供了一种有力的方法，可以依赖于 SNP 微阵列技术（第 8 章），其在单个芯片上有几十万到超过一百万个 SNP。在关联研究中使用的实验设计主要有两个（Laird 和 Lange，2006）。在基于家系的设计中，通过测量受影响个体（先证者）和未受影响个体中的遗传标记来确定变异频率的差异（Ott 等，2011）。在基于群体的设计中，研究了大量无关的病例和对照（通常每组中有数百或数千个对象）。更大的样本容量增加了统计功效。

一个成功的 GWAS 案例是，Menzel 等人（2007）在成人体内寻找与高水平表达的胎儿血红蛋白相关的变异。由 α2γ2 四聚体构成的胎儿血红蛋白（HbF）在早期发育中以高水平正常表达，但在成人体内表达水平可以忽略（小于总血红蛋白的 0.6%）。约 10%~15% 的成年人具有较高的 HbF 水平（基于称作 F 细胞的红细胞的量，其包含了可测得的 HbF 的量）。这种升高的 HbF 水平在临床上可能是有益的，因为它们改善了镰状细胞病和 β 地中海贫血的病情。Menzel 等人选择了 179 个 F 细胞水平极高或极低的无关个体，测量了每个个体约 300000 个 SNP 基因型，并鉴定了主要数量性状位点（quantitative trait loci，QTL）。这些工作包括 β 球蛋白基因簇中的预期变异，以及与染色体 2p15 上的与已知致癌基因 *BCL11A* 重叠的两个未预料到的独立 QTL 的变异。这例证了 GWAS 的理想结果：少数受试者被基因分型（genotype），并且有强有力的证据表明，先前未知与球蛋白功能具有任何关系的基因实际上与球蛋白有关。可以进行功能研究以进一步了解 *BCL11A* 与球蛋白相互作用的机制，并且有可能通过控制 *BCL11A* 水平来进行疾病的临床干预。

NHGRI GWAS 目录在 http://www.genome.gov/gwastudies/（链接 21.44），在与欧洲生物信息学协会的共同努力下完成，见 http://www.ebi.ac.uk/fgpt/gwas（链接 21.45）。

通常 GWAS 的效应大小相对适中，有时为了达到一定的统计功效，会采用更大的样本。在一个性二态性研究中，分析了来自 270000 个个体的基因型数据（Randall 等，2013）。在另一项研究中，Rietveld 等人（2013）对 126000 多个个体进行 GWAS 研究，以确定与受教育程度（根据受教育年数）相关的变异。他们报道了三个有关联证据的 SNP，但都只有极小的效应量（其中最大效应量为 0.02%）。

可以识别强关联的 GWAS 经常用于研究离蛋白质编码基因较远的基因间区域。这些位点代表调控区域。

我们可以用 Wellcome Trust Case Control Consortium（2007）的大规模研究来阐释全基因组关联方法，该研究超过 16000 个个体，由来自英国的 50 个研究组参与（综述见 Bowcock，2007）。他们研究了约 2000 名患有 7 种常见家族性疾病（双相性精神障碍、冠状动脉疾病、克罗恩病、高血压、类风湿性关节炎、1 型糖尿病和 2 型糖尿病）之一的个体，并有约 3000 个对照个体。研究中测量了每个个体的约 500,000 个 SNP，并测量了每个 SNP 与表型性状（疾病状态）之间的关系。在 7 种疾病中的 6 种中发现了 24 个强关联信号（图 21.17）。这些信号中的许多对应于先前表征的易感性位点，并且许多新的位点也被鉴定出。

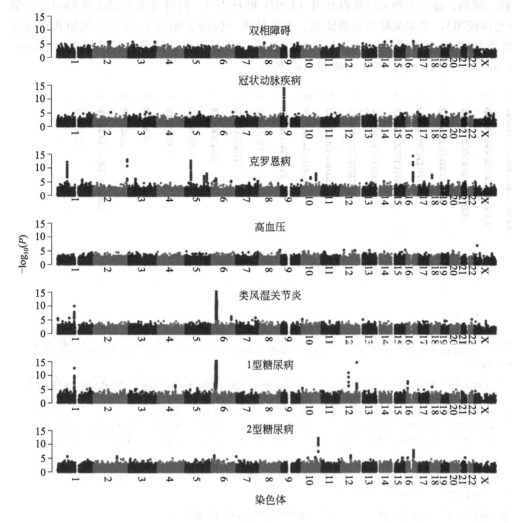

图 **21.17**　使用 16179 个个体来寻找对 7 种常见家族性疾病有影响的基因的全基因组关联研究结果。对于七种疾病中的每一种，y 轴表示质量控制标准中阳性的 SNP 的 $-\log_{10}$ p 值。x 轴表示染色体。p 值 $<1\times10^{-5}$ 以红色高亮。纵轴坐标最大值为 $-\log_{10}$ $p=15$ ［重绘自 Wellcome Trust Case Control Consortium (2007) 的图 4，经 Macmillan 出版社许可转载］

全基因组关联研究的一个关键方面是，需要重复研究以确认阳性信号的可靠性。关联研究中有关重复实验的 NHI-NHGRI 研究工作组（The NCI-NHGRI Working Group on Replication in Association Studies，2007）提出了与重复研究有关的许多问题，强调了消除经常发生的假阳性结果的必要性。适当的实验设计特别重要，要尽量以标准方式评估表型，还需要解释诸如群体分层等偏差。

GWAS 数据有几个存储库。一个是美国国家人类基因组研究所发表的全基因组关联研究目录（the Catalog of Published Genome-Wide Association Studies at the National Human Genome Research Institute，Hindorff 等，2009；Welter 等，2014）。其中包括染色体的交互图，列出了 p 值小于 1×10^{-5} 的 SNP 性状关联。

> dbGaP 在 https://www.ncbi.nlm.nih.gov/gap（链接 21.46）。

美国国家医学图书馆（National Library of Medicine，NLM）提供了基因型和表型数据库（dbGaP），这是一个全基因组关联研究的存档数据库（Mailman 等，2007；Tryka 等，2014）。dbGaP 包含四种数据类型：①研究文档（例如协议和数据收集工具）；②表型数据（个体表型数据及概要）；③遗传数据（基因型、谱系、图谱）；④统计结果（例如连锁分析和关联分析结果）。该数据库提供开放访问，也提供需要委员会许可的对基因型数据相关的谱系或表型数据信息的访问。

如果你有一个感兴趣的基因，并想知道它是否与之前的 GWAS 有关联，一种方法是搜索 NHGRI 目录或 dbGaP。你也可以使用 NCBI 上的 PheGenI 工具（Phenotype-Genotype Integrator）。搜索可以从选择表型、位置、基因或 SNP 开始。你可以通过 p 值和 SNP 功能分类（例如外显子、内含子、邻近基因或非编

> PheGenI 在 https://www.ncbi.nlm.nih.gov/gap/phegeni（链接 21.47）。

码区）进一步限定搜索。例如，输入 δ 和 ε 球蛋白基因（*HBD* 和 *HBE*1）的对应文本 hbd 和 hbe1，会输出 SNP 表意符号（染色体视图），表示关联的显著证据、关联结果（包括 *p* 值为 1×10^{-21} 的胎儿血红蛋白性状）和包括其功能类别的 SNP 列表（图 21.18）。输出还进一步显示表达数量性状基因座（expression quantitative trait locus，eQTL）数据和相关的 dbGaP 研究。

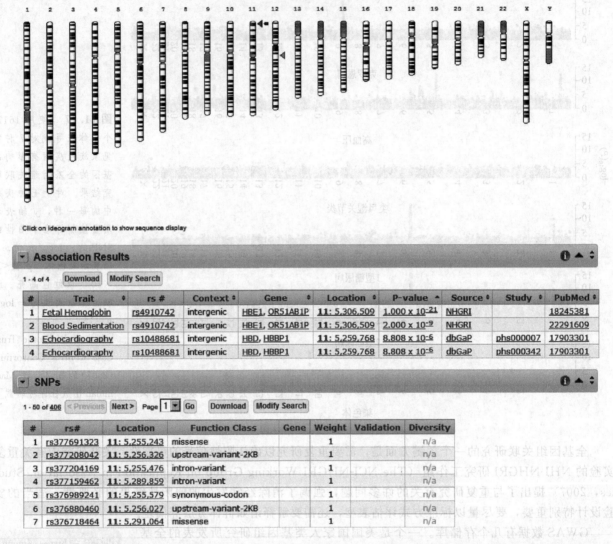

图 21.18 NCBI 的 PheGenI（the Phenotype and Genotype Integrator）显示了来自性状、基因、SNP 或基因组位点查询的 GWAS 数据。此处查询 HBD 和 HBE1 的结果包括表意符号（顶部）、关联结果（包括胎儿血红蛋白和血液沉降）和 SNP 列表

（资料来源：PheGenI、NCBI）

染色体异常的鉴定

NCBI 上 的 SKY/M-FISH & CGH 数据库在 https://www.ncbi.nlm.nih.gov/sky/（链接 21.48）。

早期发育中最常见的染色体畸变包括整条染色体的获得或缺失。这种结构异常可通过标准细胞遗传学方法如核型分析和荧光原位杂交（FISH）检测。这些技术还可以揭示一些常见的现象，例如数百万碱基对的大规模重复、缺失或重排。光谱核型分析/多重 FISH（SKY/M-FISH）增强了 FISH 的功能，这允许每个染色体以不同的颜色描绘以便鉴定异常核型。在第 8 章中，我们介绍了阵列比较基因组杂交（array comparative genomic hybridization，aCGH），一种使用细菌人工染色体（BAC）的基因组微阵列形式，它也是 FISH 技术的扩展。NCBI 提供了 SKY/M-FISH&CGH Database，其中包括查看 SKY/M-FISH 和 aCGH 数据的工具，特别是使用了癌症数据集的表意符号（Knutsen 等，2005）。

基因组微阵列（aCGH）和 SNP 微阵列常用于鉴定疾病相关的染色体异常。SNP 微阵列分辨率更高（目前，SNP 阵列中每个阵列约有 100 万个标记，平均间隔几千个碱基。典型的 aCGH 平台具有密集的寡核苷酸探针）。除了基于荧光强度测量拷贝数之外，SNP 技术还可以估计基因型，提供关于遗传模式和纯合性的信息。aCGH 和 SNP 微阵列都已用于测量癌症、先天性智力残疾和其他疾病中的染色体变异。

> 由 Helen Firth，Nigel Carter 和他的同事们领导的 DECIPHER 在 http://decipher.sanger.ac.uk（链接 21.49）。

基于 Ensembl 的人类染色体不平衡及表型数据库（The Database of Chromosomal Imbalance and Phenotype in Humans Using Ensembl Resources，DECIPHER）是一个基于网络的数据库，也是研究患者拷贝数不平衡的主要资源（Firth 等，2009）。它可以通过综合征或核型进行检索，并且包括了正常人群以及患者体内拷贝数变化的数据。你可以用 Ensembl 或 UCSC 基因组浏览器查看数据（如图 21.15 所示）。

人类基因组测序

我们在第 9 章中介绍了高通量 DNA 测序，并在随后的章节中描述了基因组测序计划。高通量测序的另一个应用是对患者基因组、外显子组或靶向基因组区域进行重排，以便鉴定可能与疾病相关的核苷酸差异。

当我们研究患者的二代测序结果时，要明白数据分析流程还处于早期发展阶段。Gholson Lyon 及其同事比较了多重比对和变异识别流程（BWA-GATK，BWA-SAMtools，BWA-SNVer，GNUMAP 和 SOAP；O'Rawe 等，2013）。跨 15 个外显子的单核苷酸变异一致性约为 57%，每个流程的特有变异为 0.5%～5.1%。对于三个插入缺失分析流程，其一致性仅约 27%。这些发现指出，在解释个体基因组中变异时需要谨慎，并且需要对结果进行验证。

基因组测序鉴定单基因疾病

外显子测序对于鉴定引起单基因疾病的变异特别有用（Bamshad 等，2011）。大多数孟德尔疾病主要由影响基因编码区的突变引起。因此，全外显子组测序的产率很高：尽管集中在基因组的小的子集（通常约 60Mb），外显子组仍富集功能相关的基因座。进行全外显子组测序而不是全基因组测序的主要原因是，全基因组测序的成本近来明显增大了。

靶向二代测序是研究单基因疾病的有力方法。Stephen Kingsmore 及其同事使用靶向测序对 448 种严重的隐性儿童疾病进行孕前筛查（Bell 等，2011）。这种方法靶向来自 437 个靶基因的 7000 多个区域。他们观察到平均每个基因组有 2.8 个严重的隐性替代、插入缺失或结构变体（104 个样品中有 291 个突变，主要来自患有严重隐性疾病的个体）。

基因组测序解决复杂疾病

涉及数千个具有或不具有给定表型的个体的全基因组关联研究已经用于鉴定小效应的常见等位基因（如图 21.6 右下所示）。GWAS 通常涉及单核苷酸多态性阵列，现在全基因组和全外显子组测序正在应用于复杂疾病的研究（Kilpinen 和 Barrett，2013）。虽然 SNP 阵列可以产生几十万（甚至几百万）变异的数据，而外显子和基因组测序则有利于更广泛地发现变异。正如 GWAS 近年来研究了数千个患者样本与非患者样本一样，大量有关复杂疾病（如精神分裂症、双相性精神障碍和自闭症）的样本正进行测序。

最近对自闭症的研究采用了"父亲/母亲/患病儿童"三联体（有两个孩子时是四联体）。这种设计将 de novo 突变与遗传突变区分开（前提是 de novo 突变更可能与疾病表型相关，虽然通常不会评估父母中自闭症或自闭症亚临床特征的存在）。举例来说，O'Roak 等人（2012）对 189 个三联体的外显子进行测序，这些三联体大多数缺少大的 de novo 拷贝数变异。他们报道了 248 个 de novo 突变（225 个单核苷酸突变，17 个插入缺失突变和 6 个拷贝数突变）。严重的 de novo 突变中，120 个中的 33 个（28%）属于截断。只有两个复发突变（即在多种感染中发生在相同基因中的突变），与端点位点特异性（extreme locus heterogeneity）模型一致。

研究、临床测序和偶发结果

全外显子组、全基因组和靶向二代测序可以在研究或临床评价时使用。（这些目的也可以合并。）在美国，调查研究必须经过机构审查委员会（Institutional Review Board，IRB）的批准，以确定适当的程序到位。必须获得研究参与者的知情同意，知情同意文件必须解释研究的风险和益处。例如，外显子组研究的风险包括研究团队可能会丢失序列数据（例如他们的计算机服务器遭到破坏），或者得知家庭成员具有致病突变可能会带来负面影响。

以一项涉及自闭症儿童及其父母的全外显子测序的研究为例。包含父母的外显子是至关重要的，因为它有助于将遗传变异与 de novo 变异区分开。可如果父母或孩子的致癌基因中有突变，该怎么办？这种可能性应作为知情同意过程的一部分加以处理，而 IRB 应审查此程序。

对于临床测序，美国医学遗传学与基因组学学会（the American College of Medical Genetics and Genomics，ACMG）发布了关于报告外显子组和基因组测序中偶然发现的建议（Green 等，2013）。他们将主要发现定义为"与诊断指示相关的一个或与排序顺序相关的基因中的致病突变（例如，女孩的 $MECP2$ 突变会导致发育标志的损失）"。偶然发现指没有预料到的阳性发现，即"搜索致病或潜在致病变异的结果，所述变异与测序测试的诊断指示无明显相关。"他们列出了 56 个（致癌突变等的）基因，并将建议结果反馈（表 21.11）。简言之，ACMG 的建议如下（附加关键细节见 ACMG 文件）：

① 在基因中发现的原发突变（表 21.11）应由实验室报告给提出测序要求的医生。

表 21.11 ACMG 推荐的用于在临床测序中归纳偶然发现的病症、基因和变异。AD 为常染色体显性；SD 为半显性；XL 为 X 连锁；KP 为已知致病；EP 为预期致病（序列变异未曾报道，预期会引起病症）

表型	MIM（疾病）	PMID（GeneReviews）	发病年龄	基因	MIM（基因）	遗传机制	致病性报道
遗传性乳腺癌和卵巢癌	604370	20301425	成人	$BRCA1$	113705	AD	KP,EP
	612555			$BRCA2$	600185		
李弗劳明综合征	175200	20301488	儿童/成人	$TP53$	191170	AD	KP,EP
Peutz-Jeghers 综合征	175200	20301443	儿童/成人	$TK11$	602216	AD	KP,EP
Lynch 综合征	120435	20301390	成人	$MLH1$	120436	AD	KP,EP
				$MSH2$	609309		
				$MSH6$	600678		
				$PMS2$	600259		
家族性腺瘤性息肉病	175100	20301519	儿童	APC	611731	AD	KP,EP
	608456	23035301	成人	$MUTYH$	604933	AR	KP,EP
MYH 相关性息肉病；腺瘤，多发性结肠直肠癌，2 型 FAP；结肠直肠腺瘤性息肉病，常染色体隐性遗传性视网膜瘤	132600						
Von Hippel-Lindau 综合征	193300	20301636	儿童/成人	VHL	608537	AD	KP,EP
1 型多发性内分泌瘤	131100	20301710	儿童/成人	$MEN1$	613733	AD	KP,EP
2 型多发性内分泌瘤	171400	20301434	儿童/成人	RET	164761	AD	KP
	162300						
家族性甲状腺髓样癌	1552401	20301434	儿童/成人	RET	164761	AD	KP
PTEN 错构瘤综合征	153480	20301661	儿童/成人	$PTEN$	601728	AD	KP,EP
视网膜母细胞瘤	180200	20301625	儿童	$RB1$	614041	AD	KP,EP
遗传性副神经节嗜铬细胞瘤综合征	168000(PGL1)	20301715	儿童/成人	$SDHD$	602690	AD	KP,EP
	168000(PGL1)			$SDHAF2$	613019		KP
	605373(PGL3)			$SDHC$	602413		KP,EP
	115310(PGL4)			$SDHB$	185470		
结节性硬化症综合征	191100,613254	20301399	儿童	$TSC1$	605284	AD	KP,EP
				$TSC2$	191092		

续表

表型	MIM(疾病)	PMID (GeneReviews)	发病年龄	基因	MIM (基因)	遗传机制	致病性报道
WT1 相关的 Wilms 肿瘤	194070	20301471	儿童	WT1	607102	AD	KP,EP
2 型神经纤维瘤病	101100	20301380	儿童/成人	NF2	607379	AD	KP,EP
Ehlers-Danlos 综合征,血管型	130050	20301667	儿童/成人	COL3A1	120180	AD	KP,EP
Marfan 综合征,Loeys-Dietz 综合征,家族性胸主动脉瘤-夹层	154700	20301510	儿童/成人	FBN1	134797	AD	KP,EP
	609192	20301312		TGFBR1	190181		
	608967	20301299		TGFBR2	190182		
	610168			SMAD3	603109		
	610380			ACTA2	102620		
	613795			MYLK	600922		
	611788			MYH11	160745		
肥厚性心肌病,扩张型心肌病	115197	20301725	儿童/成人	MYBPC3	600958	AD	KP,EP
	192600			MYH7	160760		KP
	601094			TNNT2	191045		KP,EP
	613690			TNNI3	191044		KP
	115196			TPM1	191010		
	608751			MYL3	160790		
	612098			ACTC1	102540		
	600858			PRKAG2	602743		
	301500			GLA	300644	XL	KP,EP
	608758			MYL2	160781	AD	KP
	115200			LMNA	150330		KP,EP
儿茶酚胺多态性室性心动过速	604772	—	—	RYR2	180902	AD	KP
致心律失常性右室心肌病	609040	20301310	儿童/成人	PKP2	602861	AD	KP,EP
	604400			DSP	125647		
	610476			DSC2	125645		
	607450			TMEM43	612048		KP
	610193			DSG2	125671		KP,EP
1-3 型罗马-沃德长 QT 综合征,Brugada 综合征	192500	20301308	儿童/成人	KCNQ1	607542	AD	KP,EP
	613688			KCNH2	152427		
	603830			SCN5A	600163		
	601144						
家族性高胆固醇血症	143890	无	儿童/成人	LDLR	606945	SD	KP,EP
	603776			APOB	107730	SD	KP
				PCSK9	607786	AD	
恶性高热敏感性	145600	20301325	儿童/成人	RYR1	180901	AD	KP
				CACMA1S	114208		

② 实验室应仅寻找并报告该基因列表中的变异类型。

③ 医生有责任为患者提供测试前和测试后的咨询。

④ 医生给的建议应针对于由点突变和小规模插入缺失引起的疾病,而不是结构变异、重复扩增或拷贝数变异引起的疾病。

⑤ ACMG 等应该经常完善和更新基因列表。

围绕研究和临床测序技术有许多伦理问题。例如,成人发病疾病的预测性测试通过儿童外显子组或基因组测序来进行,而该信息可能会影响到儿童,其兄弟姐妹、父母乃至整个家庭。对于以研究为目的的测序,研究人员通常会研究尽可能多的变异。这些结果有时会与研究参与者共享(取决于知情同意的细节),然而变异的功能性后果总是难以解释的。

表面健康个体的致病变异

健康人中发生了多少疾病相关变异呢?具体来说,在表面健康的人体中有多少破坏蛋白编码基因功能的变异？人们可能期望答案是极少，但实际上每个基因组中可能出现约 100 个这样的变异（MacArthur 和 Tyler-Smith，2010）。

千人基因组计划鉴定了表面正常人群中的变异（第 20 章）。该计划的成员在千人基因组低覆盖率的实验数据中识别出 2600 多个 HGMD 条目（Xue 等，2012）。每个个体有 281～515 个错义突变（其中 40～85 个是纯合的并且预测是有害的）。此外，每个个体有 40～110 个在 HGMD 数据库中被鉴定为致病的变异。在这些变异中，有 3～24 个是纯合的，这意味着染色体的两个拷贝都携带有害变异。对这些发现有两种看法。第一，存在于个体甚至明显正常的个体基因组中的有害等位基因的数量相当高。第二，HGMD 等对有害变异的预测可能包括假阳性条目。Xue 等报道称，在千人基因组中，由 HGMD 分类为致病突变的变异有 577 个，通过他们的分析有 90％以上的变异未被预测为严重损害。因此，需要通过所有相关数据库更新对疾病相关变异的注释。

其他参与千人基因组计划的团队（2010，2012；MacArthur 等，2012）在每个人的功能变异数目（约 100 个）和完全失活的基因数目（约 20 个）方面得出了相似的结论。MacArthur 等注意到健康个体中的功能缺失变异可以分为以下几种：

- 发生在杂合状态的严重隐性等位基因。
- 可能会影响疾病风险和表型的不严重的等位基因。
- 造成功能丧失的良性变异（也许嗅觉受体基因的丧失是一个例子）。
- 不明显破坏基因功能的变异。
- 许多变异是排序和注释的伪像。

MacArthur 等识别、验证和表征了许多功能丧失变异。HapMap 的 NA12878（其基因组已经用多种技术全面测序）有 97 种功能丧失变异，包括 26 个已知的隐性疾病诱发突变（处于杂合状态）和 18 个纯合状态的变异。对于有些变异，功能丧失伴随着 RNA 表达水平的降低。

我们在上文介绍了偶然发现，那么在表面正常的个体中发生着多少临床方面的偶然发现？Dorschner 等（2013）通过分析 1000 个成年个体（一半欧洲血统，一半非洲血统）的外显子序列来解决该问题，给出了 114 个医学上可操作的基因（即变异高度渗透的、病理的、可提供医学建议以改善临床发病率和死亡率的基因）。他们的基因列表包括上述 ACMG 列表 56 个中的 52 个。

- 共发现有 239 个独立变异的 585 个实例被 HGMD 定为有致病性。然而其中大多数是假阳性结果，只有 16 个独立的常染色体显性变异被 Dorshner 等人定义为致病的或可能致病的。
- 致病变异具有较低的等位基因频率（通常<0.1％，16 个变异中有 15 个在 1000 个样本中仅观察到一次）。
- 在非洲血统中发现的致病变异要少一些，这可能是由于非欧洲人群相关遗传学文献的缺乏。

21.5　模式生物中的人类疾病基因

在我们努力了解人类疾病的病理生理学的过程中，通过其他物种研究人类疾病基因及其产物是非常重要的。虽然是基因突变导致了许多疾病，但是异常的蛋白质产物在细胞乃至机体水平发挥功能并产生结果。一旦在模式生物中鉴定出人类疾病基因，通常把这些基因从模式生物中敲除或进行其他处理，就可以得到模式生物某些特定突变的表型。早些时候我们介绍了蕾特综合征。现已开发了十多个小鼠模型（Katz 等，2012），使 Adrian Bird 及其同事能够证明成年小鼠中症状的表型逆转（Guy 等，2007）。在果蝇 *Drosophila* 模型中的补充研究证实了解剖和行为上的异常（Cukier 等，2008）。这项工作促进了 *MECP2* 相关遗传修饰的鉴定。

无脊椎动物中的人类疾病直系同源物

一个基本方法是鉴定哪些已知的人类疾病基因在模式生物中具有直系同源物。这很有意义，虽然该直系同源物突变原因可能不同。果蝇 *Drosophila* 模型已经建立，并用于过表达人类疾病基因的直系同源基因的功能增益性有害突变（Chen 和 Crowther，2012）。

哪些人类疾病基因在无脊椎动物中有直系同源基因？在早期的比较基因组学研究中，Rubin 等（2000）分析了刚完成测序的果蝇 *Drosophila melanogaster* 基因组、秀丽隐杆线虫 *Caenorhabditis elegans* 基因组和酿酒酵母 *Saccharomyces cerevisiae* 基因组。他们鉴定了 289 个在人类疾病中突变、改变、扩增或缺失的基因。在这些基因中，177 个（61%）在果蝇中具有直系同源物。在线文档 21.4 显示了这些数据。数据显示，人类疾病基因在蝇、蠕虫和酵母中有直系同源物存在，这些疾病在功能上可分为癌症、神经系统疾病、心血管疾病、内分泌疾病和其他类型。Reiter 等（2001）将该研究扩展到 OMIM 中的 929 个人类疾病基因，发现其中 714 个（77%）与 548 个果蝇蛋白质序列相匹配（在线文档 21.5）。

在线虫基因组测序的同时，约有 65% 的人类疾病基因被鉴定出与线虫具有明显的同源基因（Ahringer，1997）。

在模式生物中对人类疾病基因的编目非常重要，我们可以根据目录为这些基因创建功能分析。除了在酿酒酵母 *S. cerevisiae*、黑腹果蝇 *D. melanogaster* 和秀丽隐杆线虫 *C. elegans* 中获得了结果，在其他真核生物，如裂殖酵母 *Schizosaccharomyces pombe*（Wood，2002）、拟南芥 *Arabidopsis*（Arabidopsis Genome Initiative，2000）和变形虫盘基网柄菌 *Dictyostelium discoideum*（Eichinger 等，2005）中也有重大突破。对裂殖酵母 *S. pombe* 进行分析，从它的基因组中鉴别出了和人类疾病基因同源的癌症基因（表 21.12）和各种精神疾病、代谢疾病和其他疾病相关的基因（表 21.13）。盘基网柄菌 *Dictyostelium* 的复杂度介于真菌和多细胞动物之间，许多人类疾病直系同源物在该菌中被鉴定，包括 9 个在裂殖酵母 *S. pombe* 和/或酿酒酵母 *S. cerevisiae* 中没找到直系同源物的基因。

表 21.12　与人类癌症基因相关的裂殖酵母 *Schizosaccharomyces pombe* 基因。分数来自 BLAST 的 *E* 值；<1×10^{-40} 是指分数在 1×10^{-40} 和 1×10^{-100} 之间。摘自 Wood 等（2002），经 Macmillan Publishers 许可

人类癌症基因	分数	裂殖酵母基因/产物	体系名称
色素性燥皮症 D；*XPD*	<1×10^{-100}	rad15,rhp3	SPAC1D4.12
色素性燥皮症 B；*ERCC3*	<1×10^{-100}	rad25	SPAC17A5.06
遗传性非息肉性结肠直肠癌（HNPCC）；*MSH2*	<1×10^{-100}	rad16,rad10,rad20,swi9	SPBC24C6.12C
色素性燥皮症 F；*XPF*	<1×10^{-100}	cdc17	SPCC970.01
遗传性非息肉性结肠直肠癌；*PMS2*	<1×10^{-100}	pms1	SPAC57A10.13C
遗传性非息肉性结肠直肠癌；*MSH6*	<1×10^{-100}	msh6	SPAC19G12.02C
遗传性非息肉性结肠直肠癌；*MSH3*	<1×10^{-100}	swi4	SPCC285.16C
遗传性非息肉性结肠直肠癌；*MLH1*	<1×10^{-100}	mlh1	SPAC8F11.03
血液 Chediak-Higashi 综合征；*CHS1*	<1×10^{-100}	—	SPBC1703.4
Darier-White 疾病；*SERCA*	<1×10^{-100}	Pgak	SPBC28E12.06C
Bloom 综合征；*BLM*	<1×10^{-100}	Hus2,rqh1,rad12	SPBC31E1.02C
共济失调微血管扩张症候群；*ATM*	<1×10^{-100}	Tel1	SPAC2G11.12
色素性燥皮症 G；*XPG*	<1×10^{-40}	rad13	SPBC3E7.08C
结节性硬化症 2；*TSC2*	<1×10^{-40}	—	SPAC630.13C
免疫裸淋巴细胞；*ABCB3*	<1×10^{-40}	—	SPBC9B6.09C
腺瘤下调；*DRA*	<1×10^{-40}	—	SPAC869.05C
黑钻石贫血；*RPS19*	<1×10^{-40}	rps19	SPBC649.02
可凯因症；*CKN1*	<1×10^{-40}	—	SPBC577.09
RAS	<1×10^{-40}	Ste5,ras1	SPAC17H9.09C
细胞周期蛋白酶 4；*CDK4*	<1×10^{-40}	Cdc2	SPBC11B10.09
CDK2 蛋白酶	<1×10^{-40}	Cds1	SPCC18B5.11C
AKT2	<1×10^{-40}	Pck2,sts6,pkc1	SPBC12D12.04C

表 21.13 与人类疾病基因相关的粟酒裂殖酵母 *Schizosaccharomyces pombe* 基因。分数是 BLAST 的 *E* 值。GNP：鸟嘌呤核苷酸结合。摘自 Wood 等（2002），经 Macmillan Publishers 许可

人类癌症基因	疾病类型	分数	裂殖酵母基因/产物
威尔逊病；*ATP7B*	新陈代谢方面	$<1\times10^{-100}$	P 型铜 ATP 酶
非胰岛素依赖性糖尿病；*PCSK*1	新陈代谢方面	$<1\times10^{-100}$	Krpl，驱动蛋白相关
胰岛功能亢进；*ABCC*8	新陈代谢方面	$<1\times10^{-100}$	ABC 转运子
G6PD 缺乏；*G6PD*	新陈代谢方面	$<1\times10^{-100}$	Zwf1 GP6 脱氢酶
瓜氨酸血 I 型；*ASS*	新陈代谢方面	$<1\times10^{-100}$	精氨琥珀酸盐合成酶
Wernicke-Korsakoff 综合征；*TKT*	新陈代谢方面	$<1\times10^{-40}$	转羟乙醛酶
Variegate pophyria；*PPOX*	新陈代谢方面	$<1\times10^{-40}$	原卟啉氧化酶
青年发病的成年型糖尿病（MYOD2）；*GCK*	新陈代谢方面	$<1\times10^{-40}$	Hxk1，己糖激酶
吉尔曼综合征；*SLC12A3*	新陈代谢方面	$<1\times10^{-40}$	CCC Na-K-Cl 转运子
胱氨酸尿 I 型；*SLC3A1*	新陈代谢方面	$<1\times10^{-40}$	α-葡糖苷酶
胆囊纤维化；*ABCC*7	新陈代谢方面	$<1\times10^{-40}$	ABC 转运子
Bartter 综合征；*SLC12A1*	新陈代谢方面	$<1\times10^{-40}$	CCC Na-K-Cl 转运子
Menkes 综合征；*ATP7A*	神经方面	$<1\times10^{-100}$	P 型铜 ATP 酶
遗传性耳聋；*MYO*15	神经方面	$<1\times10^{-100}$	Myo51 V 类肌浆球蛋白
Zellweger 综合征；*PEX*1	神经方面	$<1\times10^{-40}$	AAA 家族 ATP 酶
Thomsen 疾病；*CLCN*1	神经方面	$<1\times10^{-40}$	CIC 氯化物通道蛋白
脊髓小脑共济性失调 6 型（SCA6）*CACNA1A*	神经方面	$<1\times10^{-40}$	VIC 钠通道蛋白
肌强直性肌萎症；*DM*1	神经方面	$<1\times10^{-40}$	Orb6 丝氨酸/苏氨酸蛋白激酶
McCune-Albright 综合征；*GNAS*1	神经方面	$<1\times10^{-40}$	Gpa1 GNP
Lowe 眼脑肾综合征；*OCRL*	神经方面	$<1\times10^{-40}$	PIP 磷酸化酶
Dents；*CLCN*5	神经方面	$<1\times10^{-40}$	ClC 氯化物通道蛋白
Coffin-Lowry 综合征；*RPS6KA*3	神经方面	$<1\times10^{-40}$	丝氨酸/苏氨酸蛋白激酶
Angelman 综合征；*UBE3A*	神经方面	$<1\times10^{-40}$	泛素蛋白 lgase
肌萎性脊髓侧索硬化症；*SOD*1	神经方面	$<1\times10^{-40}$	Sod1，氧化物歧化酶
Oguschi 2 型；*RHKIN*	神经方面	$<1\times10^{-40}$	丝氨酸/苏氨酸蛋白激酶
家族心脏疾病；*MYH*7	心脏方面	$<1\times10^{-100}$	Myo2，Ⅱ型肌浆球蛋白
肾小管酸中毒；*ATP6B*1	肾脏方面	$<1\times10^{-100}$	V 型 ATP 酶

我们发现与人类癌症有关的基因也存在于真菌中，例如编码修复 DNA 损伤以及控制细胞周期的蛋白质的基因。也许我们会惊讶于关于神经系统疾病的基因也存在于单细胞真菌中。然而，其解释可能为神经元特别容易受到影响，并且具有独特的代谢需求。例如，大多数溶酶体疾病通常由控制溶酶体功能或溶酶体胞内运输酶的缺失引起。多器官系统通常受损，但神经学方面如智力残疾的表现是这些疾病的常见后果。溶酶体是细胞中分解代谢的主要部位。液泡在真菌中执行类似的功能，并且已经鉴定了许多真菌液泡蛋白的人类同源物。

啮齿类动物中的人类疾病直系同源物

小鼠基因组由小鼠基因组测序联盟（Mouse Genome Sequencing Consortium，2002）等发布，提供了或许是人类疾病最重要的动物模型。有几个主要资源可用：

- FANTOM 数据库是 RIKEN 小鼠基因百科全书计划（RIKEN Mouse Gene Encyclopedia Project）的一部分，包含小鼠 cDNA 克隆全长的信息（Kawaji 等，2011）。
- Jackson Laboratory 的网站提供了一系列小鼠/人类基因同源物，并提供了研究人类疾病的小鼠模型。
- 高效诱变剂如 N-乙基-N-亚硝基脲（ENU）或辐射已经应用于小鼠以产生人类疾病模型（第 14 章）（Probst 和 Justice，2010；Stottmann 和 Beier，2010）。
- Whole Mouse Catalog 介绍了人类疾病的小鼠模型。

你可以在 http：//www. rodentia. com/wmc/ domain _ genome. html # transgenics （链接 21.50）和 http：// wmc. rodentia. com/ domain _ mouse. html （链接 21.51）获取关于这只小鼠的更多信息。

小鼠基因组的测序是由 Celera Genomics 和一个公共联盟共同完成的（第 19 章）。Celera 测序了几种小鼠品系的基因组 DNA，并注意到它们对传染病（表 21.14）和复杂遗传疾病（表 21.15）的易感性差异。比较基因组数据可能有助于解释为什么一些小鼠品系的疾病易感性不同。

表 21.14 传染疾病对受损老鼠的感染性

传染疾病	近交老鼠株系		传染疾病	近交老鼠株系	
	A/J	C57BL/6J		A/J	C57BL/6J
军团肺炎	易感染	不易感染	病毒性肝炎	不易感染	易感染
疟疾	易感染	不易感染	鼠科艾滋病	不易感染	易感染

表 21.15 普通复杂疾病对老鼠的感染性

传染疾病	近交老鼠株系		传染疾病	近交老鼠株系	
	A/J	C57BL/6J		A/J	C57BL/6J
关节炎	易感染	不易感染	高血压	不易感染	易感染
Colon 癌	易感染	不易感染	Ⅱ型糖尿病	不易感染	易感染
肺癌	易感染	不易感染	骨质疏松症	易感染	不易感染
哮喘	易感染	不易感染	肥胖症	不易感染	易感染
动脉硬化症	不易感染	易感染			

对小鼠基因组进行测序的公共组织报道称，有 687 个人类疾病基因在小鼠中具有明确的直系同源物（Mouse Genome Sequencing Consortium 等，2002）。令人惊讶的是，有几十个野生型小鼠的基因序列与人类疾病基因的序列相同。这些基因列于表 21.16。这表明，小鼠可能不会患这些疾病，所以使用这些疾病的小鼠模型必须谨慎。不难想到，小鼠的一些调节基因（或旁系同源基因）并不存在于人类中。同样，近交系的实验室小鼠暴露在与野生鼠不同的环境压力下，它们的疾病易感性可能会变化。

挪威大鼠基因组的测序（第 19 章；Rat Genome Sequencing Project Consortium，2004）使得人、小鼠和大鼠的疾病基因可以进行详细比较。在来自 HGMD 的 1112 个表征良好的人类疾病基因（如上所述）中，有 76% 在大鼠中具有直系同源物。这个数字比大鼠所有基因占人所有基因的比例还高（其中有 46% 具有 1∶1 的直系同源匹配）。只有 6 个人类疾病基因没有发现其大鼠直系同源物。公共组织得出结论，一般来说，人类疾病基因在大鼠中相对保守，这可以通过 KN/KS 值的测量来证明。

灵长类动物中的人类疾病直系同源物

虽然黑猩猩的基因组和人类基因组密切相关（Chimpanzee Sequencing and Analysis Consortium，2005；第 19 章），但令人惊奇的是，许多常见的人类疾病变异基因对应于黑猩猩的野生型等位基因。表 21.17 列出了 16 个例子。在大猩猩中，有几个基因还具有对应于人类疾病等位基因（*GRN*，*TCAP* 和球蛋白 *HBA*1；Scally 等，2012）的野生型序列。

表 21.16 与人类疾病相关基因序列变体完全匹配的小鼠序列。摘自 Mouse Genome Sequencing Consortium 等 (2002)，经 Macmillan Publishers 许可

疾病	OMIM	突变	疾病	OMIM	突变
赫氏病	142623	E251K	非霍奇金淋巴瘤	605027	A25T,P183L
消除白质的白血病	603896	R113H	免疫缺失疾病	102700	R142Q
IVA 型黏多糖(储积)病	253000	R376Q	2D 型肌萎缩性疾病	254110	P30L
乳腺癌	113705	L892S	长链酰基辅酶 A 脱氢酶丧失	201460	Q333K
	600185	V211A,Q2421H	1B 型尤塞综合征	276902	G955S
帕金森病	601508	A53T	慢性非球形红细胞溶血性贫血	206400	A295V
结节性脑硬化	605284	Q654E	Mantle 细胞淋巴瘤	208900	N750K
6 型巴比二氏综合征	209900	T57A	轻型肌营养不良症	300377	H2921R
间皮瘤	156240	N93S	激素完全不敏感综合征	300068	G491S
长 QT 综合征 5	176261	V109I	前列腺癌	176807	P269S,S647N
胆囊纤维化	602421	F87L,V754M			
卟啉多元化	176200	Q127H	节段性回肠炎	266600	W157R

表 21.17 匹配野生型黑猩猩等位基因的人类疾病变异。关于变异列出了良性变异、密码子数、疾病/黑猩猩变异等内容。通过灵长类外类群推断祖先变异。频率是人类疾病等位基因的频率。PON1（Q192R）在黑猩猩中是多态性的

基因	变异	疾病关联	来源	频率
AIRE	P252L	自身免疫综合征	未解决	0
MKKS	R518H	Bardet-Biedl 综合征	野生型	0
MLH1	A441T	结肠直肠癌	野生型	0
MYOC	Q48H	青光眼	野生型	0
OTC	T125M	高氨血症	野生型	0
PRSS1	N29T	胰腺炎	疾病	0
ABCA1	I883M	冠状动脉疾病	未解决	0.136
APOE	C130R	冠状动脉疾病和阿尔茨海默病	疾病	0.15
DIO2	T92A	胰岛素抵抗	疾病	0.35
ENPP1	K121Q	胰岛素抵抗	疾病	0.17
GSTP1	I105V	口腔癌	疾病	0.348
PON1	I102V	前列腺癌	野生型	0.016
PON1	Q192R	冠状动脉疾病	疾病	0.3
PPARG	A12P	II 型糖尿病	疾病	0.85
SLC2A2	T110I	II 型糖尿病	疾病	0.12
UCP1	A64T	腰臀比	疾病	0.12

注：资料来源于 Chimpanzee Sequencing and Analysis Consortium (2005)，经 Macmillan 出版社许可转载。

这些突变中可能并非所有都是真阳性的人类疾病相关等位基因。当在黑猩猩、大猩猩和猕猴中出现特定的序列时，表明它是祖先等位基因。可以想象，在过去几百万年中，人类环境所发生的变化使得这种祖先序列成为了致病性的，人类的序列改变是一种自适应现象。其他补偿突变在解释研究结果时也可能很重要。类似的结果由猕猴基因组测序与分析联盟（the Rhesus Macaque Genome Sequencing and Analysis Consortium，2007）报道，结果包括 229 个氨基酸替换，包括人编码蛋白的基因对应于猕猴、黑猩猩和/或重建的祖先基因组中的野生型等位基因的突变。

21.6　疾病基因的功能分类

我们对人类疾病的研究包括研究疾病原理。人类疾病的种类非常广泛，生物信息学可以帮助我们了解疾病的逻辑关系。Jimenez-Sanchez 等（2001）分析了 923 个与人类疾病相关的人类基因。这些基因主要引起单基因疾病。他们根据这些基因的蛋白质产物的功能对其进行分类 [图 21.19(a)]。其中酶是最大的功能类，在该类中有 31％ 的基因产物与疾病相关。相比之下，只有 15％ 的位点克隆疾病基因编码酶蛋白。因此，认为是酶缺失而导致疾病的基因突变的认识可能存在偏见。

Jimenez-Sanchez 等进一步分析了基因产物的功能与疾病发病年龄之间的相关性 [图 20.19(b)～(f)]。编码酶和转录因子的基因可能与子宫内疾病的发生有很大关系，这表明了转录因子在早期发育中的重要性。酶参与的从婴儿时期直到青春期的部分疾病见图 20.19(b)～(d)。发育中的胎儿和其母亲的代谢系统相连，因此即使它有基因缺陷也是可以存活的。但出生后，这种疾病就会显现出来。如果疾病基因编码的酶在疾病中作用不明显，那么这种疾病就会晚发作 [图 21.19(e)]。

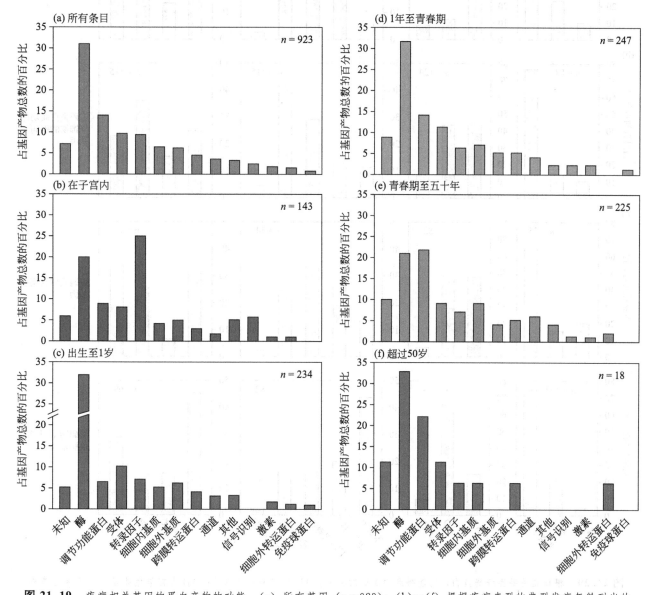

图 21.19　疾病相关基因的蛋白产物的功能：（a）所有基因（$n=923$）；（b）～（f）根据疾病表型的典型发病年龄列出的疾病基因。资料来源：Jimenez-Sanchez 等（2001）。经 Macmillan 出版社许可转载

当分析疾病的四个功能类（发病频率、遗传模式、发病年龄和预期寿命减少，图 21.20，最左栏）时，发现该样本中的所有常见疾病的发生频率都很低。这种非常低的频率表明目前疾病基因的群体（尤指单基因疾病基因）可用于研究。遗传模式倾向于常染色体隐性遗传，特别是编码酶的基因。如图 21.19 所示，发病年龄和胚胎内的转录因子有关，编码酶的基因涉及的疾病发病时间为从出生到 1 岁，对于受体基因涉及的疾病来说发病年龄为从 1 岁到青春期，对于具有调控功能的蛋白（如稳定、激活或折叠其他蛋白的蛋白）涉及的疾病发病时间一般为青年期。疾病的严重程度反映在预期寿命的减少中，同一功能类的疾病基因病没有很统一的模式。

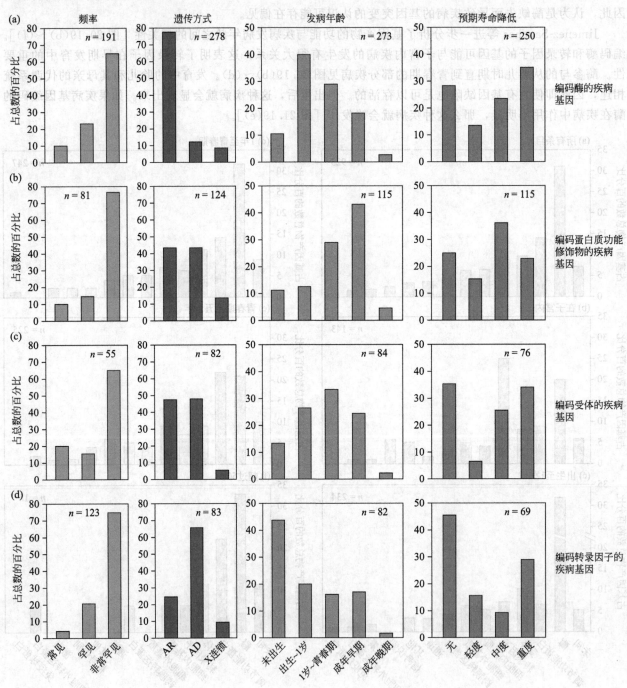

图 21.20 根据相关基因编码蛋白的功能得到的疾病的特征。AR 为常染色体隐性；AD 为常染色体显性；青年为青春期到 50 岁；老年为大于 50 岁

［资料来源：Jimenez-Sanchez 等（2001），经 Macmillan 出版社许可转载］

这些研究代表了研究疾病逻辑的早期尝试。当我们在复杂疾病的遗传基础方面获得更多信息时，这种基因组水平的研究将得到助力。早期全外显子组和全基因组的测序研究表明，一些复杂疾病存在明显的位点特异性，包括个体内或个体间的许多基因。功能分析需要结合使用生物信息学和基因组学工具，以阐明基因型和疾病表型之间的关系。

21.7　展望

有几种生物信息学方法可以应用到人类疾病的研究中：

- 人类疾病是 DNA 序列变异的结果。这些变异可以在分子序列数据库（如 GenBank、SRA 和 ENA）中找到。
- 人类疾病数据库的一个主要任务即整理有关疾病相关基因的信息。这些数据库包括中心数据库（其中 OMIM、ClinVar 和 HGMD 很值得关注）以及位点特异性突变的数据库。
- 功能基因组扫描为研究相关基因和疾病过程之间的机制提供了依据。

21.8　常见问题

我们需要理解，突变基因的基因型是如何与疾病表型相关的。我们可以从两个方向研究疾病。从疾病表型研究开始，我们要了解什么基因、何时突变可能会导致这种疾病？从基因研究开始，我们关心的是当该基因突变时会导致什么疾病？然而，目前从疾病研究基因和从基因研究疾病都难以实现。对于大多数的疾病，疾病相关基因的发现并不能带来新的治疗方案或治疗手段的发展，也不能使人们了解该疾病的病理生理基础。我们希望通过生物信息学和功能基因组学的方法弄明白分子水平上疾病发生的生化途径。上述问题也许可以通过研究模式生物中致病基因的功能，或通过高通量技术（如用 RNA-seq 揭示敏感细胞对基因变异的转录响应）来解决。

疾病数据库的发展对该领域提出了挑战。通过二代测序快速发现了数千万的单核苷酸变异，我们如何知道哪些是中性变异，哪些又是致病的？许多疾病有等位基因异质性，许多存在致病突变的基因也含有良性突变，还有许多假阳性（例如最初定义为致病性的变异，随后发现是中性变异）和假阴性的存在需要我们考虑。

21.9　给学生的建议

选择一种疾病，了解其遗传方式、临床表型（可以参考其 OMIM 条目）和相关基因。在 NCBI 的资源（如 phegeni 和 ClinVar）、位点特异性数据库（如果有的话）以及 HGMD 研究其变异情况。对于疾病相关基因，检测其旁系同源基因和直系同源基因（可使用 HomoloGene）。小鼠、斑马鱼、蠕虫、苍蝇或酵母基因敲除的表型是否说明该基因与人类疾病相关？对于有等位基因的变异的基因，系统地收集这些变异（从 OMIM、HGMD 或者位点特异性数据库）。它们中是否有较高频率的等位基因存在，如果有，这是否表明它们是假阳性？

问题讨论

[21-1] 许多神经系统疾病（如蕾特综合征、白质消融综合征和亨廷顿舞蹈症）对脑功能有破坏性。对于这些疾病中的一部分来说，它们对应的疾病基因在单细胞生物（例如真菌）中具有同源物。为什么会这样？

[21-2] 如何使用微阵列和二代测序来研究人类疾病？给出一些已经取得进展的具体例子。

问题/计算机实验

[21-1] 有多少遗传性疾病具有与它们相关的已知序列？访问 OMIM 并搜索具有等位基因变异的基因的数量。使用 EDirect 搜索答案。

[21-2] 已知 *MECP2* 突变引起蕾特综合征。①在 OMIM 中检索该基因和疾病。这种疾病的表型是什么？*MECP2* 位于哪一条染色体？有多少等位基因变异记录？其鼠类模型是否可用？②在位点特异性突变数据库 RettBase 上检索 *MECP2*。将获取的信息与从 OMIM 获取的进行比较。③在 dbSNP 检索 *MECP2*。是否有任何 SNP 对应于疾病相关的替换？SNP 改变了氨基酸序列吗？④在 UCSC Genome Browser 中浏览 *MECP2*。将从此资源获取的信息与从 OMIM 获取的进行比较。⑤使用 EDirect 生成已鉴定的 *MECP2* 非同义突变的列表。

[21-3] 在 Ensembl 使用 BioMart 分析单个癌症基因（如 *GNAQ*）。同时可以查看该基因的 Variation Table，以查看其在 dbSNP 和 COSMIC 数据库中的变异。可以查看每种变异的 SIFT 和 PolyPhen 得分（在 Variation Table 中，它们被标为红色或绿色来表示恶性或良性）。我们期待出现 dbSNP 条目预测为中性（良性）替换，而 COSMIC 的 SIFT 和 PolyPhen 条目预测为恶性替换这种情况。列出条目以确定是否有这种情况。或者，使用 R 程序包的 biomaRt 代替 BioMart 网页服务。

[21-4] 关于以下疾病和状况的出版物的记录是什么？使用 EDirect 并选择躁狂、百日咳、白喉、精神分裂症、艾滋病、SARS 和埃博拉。也可以选择其他疾病和时间段。可以使用以下代码（在 NCBI EDirect 网站上也可找到）。

```
$ for disease in mania pertussis diphtheria
schizophrenia AIDS SARS ebola
 do
 citations=`esearch -db pubmed -query "$disease
[TITL]"`
 current=`for (( yr = 2010; yr = 1860; yr -= 10 ))
 do
  echo "$citations" |
  efilter -mindate "$yr" -maxdate "$((yr+9))"
-datetype PDAT |
  xtract -pattern ENTREZ_DIRECT -lbl "$((yr))s"
-element Count
 done`
 heading=`echo -e "${disease:0:4}" | tr [a-z]
[A-Z]`
 current=`echo -e "YEARS\t$heading\n---\t--\
n$current"`
 if [ -n "$result" ]
 then
 result=`join -t $'\t' <(echo "$result") <(echo
"$current")`
 else
 result=$current
 fi
 done
 echo "$result"
$ echo "$result"
YEARS    MANI   PERT   DIPH   SCHI    AIDS    SARS   EBOL
----     ----   ----   ----   ----    ----    ----   ----
2010s    558    1154   405    12637   5800    375    587
2000s    1000   1966   890    17275   14117   2778   509
1990s    684    2660   1149   8113    23554   22     230
1980s    520    1746   780    4148    12351   5      46
1970s    194    698    749    3019    943     16     25
1960s    76     635    1152   2283    602     1      0
1950s    26     491    1224   1493    560     1      0
1940s    6      172    452    140     184     0      0
1930s    1      26     157    23      16      0      0
1920s    0      5      128    3       27      0      0
1910s    2      7      83     0       5       1      0
1900s    3      3      93     0       0       0      0
1890s    0      0      142    0       4       0      0
1880s    3      0      29     0       2       0      0
1870s    4      2      29     0       0       0      0
1860s    1      1      0      0       0       0      0
```

自测题

[21-1] 在人类中，遗传造成的异常基因符合孟德尔遗传定律的占人类总疾病基因的百分数为

（a）1%；（b）10%；（c）50%；（d）无法确定

[21-2] 在很大程度上，对多种感染性疾病的易感性是由个体基因变异决定的：

（a）正确；（b）错误

[21-3] 下面关于单基因疾病的描述哪个最恰当？

（a）单基因疾病由单个基因突变造成。它和复杂疾病一样是疾病的基本分类；

（b）单基因疾病主要由单个基因突变造成，但是疾病的发生总伴随着多个基因的共同作用，因此它和复杂疾病属于同一疾病类型；

（c）单基因疾病主要由单个基因突变造成，并且发生的突变总是同义替换；

（d）单基因疾病主要由单个基因突变造成，并且发生的突变总是反义替换

[21-4] 美国人口约 3.2 亿，多少人患有罕见病？

（a）200000；（b）2 百万；（c）2500 万；（d）1 亿

[21-5] 单基因疾病倾向于

（a）在普通人群中比较少见，发病时间较早；

（b）在普通人群中比较常见，发病时间较早；

（c）在普通人群中比较少见，发病时间较晚；

（d）在普通人群中比较常见，发病时间较晚

[21-6] 人类孟德尔遗传在线（OMIM）主要关注

（a）特定疾病；

（b）特定基因；

（c）基因或疾病；

（d）复杂的染色体疾病

[21-7] 位点特异性数据库有数千个，它们提供的信息在中心数据库（如 OMIM 和 GeneCards）中没有的是

（a）综合描述基因在疾病中的作用；

（b）全面列出和疾病相关的突变；

（c）链接众多基金会和一些组织的网站；

（d）链接染色体图谱显示导致疾病的基因

[21-8] 要查看一组基因（10 个）的全基因组关联研究（GWAS）结果摘要。以下哪项资源最有用？

（a）HGMD；（b）NCBI GWAS；（c）OMIM；（d）PheGenI

[21-9] 人类疾病基因和许多物种的基因都有直系同源物，这些物种包括蠕虫、昆虫和真菌。许多人类蛋白都和疾病相关，现在已经可以对同源蛋白进行多序列比对。这些表明人类蛋白质中氨基酸位点和疾病相关，这些和疾病相关的残基

（a）在其他物种中非常保守；

（b）在其他物种有有些保守；

（c）在其他物种中保守性很弱；

（d）仅有时能与同源序列比对

21.10 推荐读物

W. Gregory Feero、Alan Guttmacher 和 Francis Collins 提供了一个关于基因组医学的极好的入门读物（Feero 等，2010）。研究人类疾病的基本资料有 *The Metabolic and Molecular Basis of Inherited Disease*（Scriver 等，2001），该书有四卷（含数百章），并从各种角度介绍疾病（例如孟德尔疾病、复杂疾

病、疾病的逻辑问题、突变机制和动物模型）。另外推荐 Barton Childs 和 David Valle（2000）介绍疾病的文章。

有关癌症基因组学的综述，参见 Vogelstein 等人（2013）以及 Chin 等人（2011）和 Watson 等人（2013）的综述。Thorisson 等人（2009）对疾病数据库的介绍重点放在了基因型-表型的相关性上。Garry Cutting（2014）研究了注释基因组 DNA 变异的挑战性，并讨论了"解释差距"（interpretive gap）的问题。David Altshuler、Mark Daly 和 Eric Lander（2008）综述了人类疾病的遗传图谱，包括连锁和关联的方法。有关 GWAS 的概述，请参阅 Thomas Pearson 和 Teri Manolio（2008）的文章。Manolio 等人（2009）提供了"Finding the missing heritability of complex diseases"这一重要综述（图 21.6）。Lupski 等人（2011）发表了关于不同频率的等位基因变异在人类疾病中的作用的相关文章。关于线粒体疾病的概述，参见 DiMauro 等人的文章（2013）。

参 考 文 献

1000 Genomes Project Consortium, Abecasis, G.R., Altshuler, D. *et al.* 2010. A map of human genome variation from population-scale sequencing. *Nature* **467**(7319), 1061–1073. PMID: 20981092.

1000 Genomes Project Consortium, Abecasis, G.R., Auton, A. *et al.* 2012. An integrated map of genetic variation from 1,092 human genomes. *Nature* **491**(7422), 56–65. PMID: 23128226.

Abecasis, G.R., Cherny, S.S., Cookson, W.O., Cardon, LR. 2002. Merlin: rapid analysis of dense genetic maps using sparse gene flow trees. *Nature Genetics* **30**, 97–101.

Ahringer, J. 1997. Turn to the worm! *Current Opinion in Genetics and Development* **7**, 410–415.

Altshuler, D., Daly, M.J., Lander, E.S. 2008. Genetic mapping in human disease. *Science* **322**(5903), 881–888. PMID: 18988837.

Amberger, J., Bocchini, C., Hamosh, A. 2011. A new face and new challenges for Online Mendelian Inheritance in Man (OMIM®). *Human Mutation* **32**(5), 564–567. PMID: 21472891.

Amir, R. E., Van den Veyver, I.B., Wan, M. *et al.* 1999. Rett syndrome is caused by mutations in X–linked *MECP2,* encoding methyl-CpG-binding protein 2. *Nature Genetics* **23**, 185–188. PMID: 10508514.

Amir, R.E., Zoghbi, H.Y. 2000. Rett syndrome: Methyl-CpG-binding protein 2 mutations and phenotype–genotype correlations. *American Journal of Medical Genetics* **97**, 147–152.

Antonarakis, S.E. 1998. Recommendations for a nomenclature system for human gene mutations. Nomenclature Working Group. *Human Mutation* **11**, 1–3.

Arabidopsis Genome Initiative. 2000. Analysis of the genome sequence of the flowering plant *Arabidopsis thaliana. Nature* **408**, 796–815.

Bailey, A., Le Couteur, A., Gottesman, I. *et al.* 1995. Autism as a strongly genetic disorder: Evidence from a British twin study. *Psychological Medicine* **25**, 63–77. PMID: 7792363.

Bamshad, M.J., Ng, S.B., Bigham, A.W. *et al.* 2011. Exome sequencing as a tool for Mendelian disease gene discovery. *Nature Reviews Genetics* **12**(11), 745–755. PMID: 21946919.

Bauman, M.L., Kemper, T. L., Arin, D. M. 1995. Microscopic observations of the brain in Rett syndrome. *Neuropediatrics* **26**, 105–108.

Beaudet, A.L., Scriver, C.R., Sly, W. S., Valle, D. 2001. Genetics, biochemistry, and molecular bases of variant human phenotypes. In *The Metabolic & Molecular Bases of Inherited Disease* (eds Scriver *et al.*), McGraw-Hill, New York, vol. 1, pp. 3–45.

Bell, C.J., Dinwiddie, D.L., Miller, N.A. *et al.* 2011. Carrier testing for severe childhood recessive diseases by next-generation sequencing. *Science Translational Medicine* **3**(65), 65ra4. PMID: 21228398.

Béroud, C., Hamroun, D., Collod-Béroud, G. *et al.* 2005. UMD (Universal Mutation Database): 2005 update. *Human Mutation* **26**(3), 184–191. PMID: 16086365.

Bowcock, A.M. 2007. Guilt by association. *Nature* **447**, 645–646.

Brunham, L.R., Hayden, M.R. 2013. Hunting human disease genes: lessons from the past, challenges for the future. *Human Genetics* **132**(6), 603–617. PMID: 23504071.

Burnet, M. 1959. Auto-immune disease. II. Pathology of the immune response. *British Medical Journal* **2**(5154), 720–725. PMID: 13806211.

Chapman, S.J., Hill, A.V. 2012. Human genetic susceptibility to infectious disease. *Nature Reviews Genetics* **13**(3), 175–188. PMID: 22310894.

Chen, K.F., Crowther, D.C. 2012. Functional genomics in *Drosophila* models of human disease. *Briefings in Functional Genomics* **11**(5), 405–415. PMID: 22914042.

Childs, B., Valle, D. 2000. *Genetics, Biology and Disease*. Annual Reviews, Palo Alto, CA, pp. 1–19.

Chimpanzee Sequencing and Analysis Consortium. 2005. Initial sequence of the chimpanzee genome and comparison with the human genome. *Nature* **437**, 69–87.

Chin, L., Hahn, W.C., Getz, G., Meyerson, M. 2011. Making sense of cancer genomic data. *Genes and Development* **25**(6), 534–555. PMID: 21406553.

Cibulskis, K., Lawrence, M.S., Carter, S.L. *et al.* 2013. Sensitive detection of somatic point mutations in impure and heterogeneous cancer samples. *Nature Biotechnology* **31**(3), 213–219. PMID: 23396013.

Claustres, M., Horaitis, O., Vanevski, M., Cotton, R. G. 2002. Time for a unified system of mutation description and reporting: A review of locus-specific mutation databases. *Genome Research* **12**, 680–688.

Cline, M.S., Craft, B., Swatloski, T. *et al.* 2013. Exploring TCGA Pan-Cancer data at the UCSC Cancer Genomics Browser.*Science Reports* **3**, 2652. PMID: 24084870.

Costa, T., Scriver, C.R., Childs, B. 1985. The effect of Mendelian disease on human health: a measurement. *American Journal of Medical Genetics* **21**(2), 231–242. PMID: 4014310.

Cotton, R.G., Auerbach, A.D., Beckmann, J.S. *et al.* 2008. Recommendations for locus-specific databases and their curation. *Human Mutation* **29**, 2–5. PMID: 18157828.

Cukier, H.N., Perez, A.M., Collins, A.L. *et al.* 2008. Genetic modifiers of MeCP2 function in *Drosophila*. *PLoS Genetics* **4**(9), e1000179. PMID: 18773074.

Cutting, G.R. 2014. Annotating DNA variants is the next major goal for human genetics. *American Journal of Human Genetics* **94**(1), 5–10. PMID: 24387988.

den Dunnen, J.T., Antonarakis, S. E. 2000. Mutation nomenclature extensions and suggestions to describe complex mutations: A discussion. *Human Mutation* **15**, 7–12.

Denis, P.-S. 1842. *Études Chimiques, Physiologiques, et Médicales, Faites de 1835 à 1840, sur les Matières Albumineuses*. Imprimerie C.-F. Denis, Commercy.

DiMauro, S., Schon, E. A. 2001. Mitochondrial DNA mutations in human disease. *American Journal of Medical Genetics* **106**, 18–26. PMID: 11579421.

DiMauro, S., Schon, E.A., Carelli, V., Hirano, M. 2013. The clinical maze of mitochondrial neurology. *Nature Reviews Neurology* **9**(8), 429–444. PMID: 23835535.

Dipple, K.M., McCabe, E. R. 2000. Modifier genes convert "simple" Mendelian disorders to complex traits. *Molecular Genetics and Metabolism* **71**, 43–50.

Dipple, K. M., Phelan, J. K., McCabe, E. R. 2001. Consequences of complexity within biological networks: Robustness and health, or vulnerability and disease. *Molecular Genetics and Metabolism* **74**, 45–50.

Dorschner, M.O., Amendola, L.M., Turner, E.H. *et al.* 2013. Actionable, pathogenic incidental findings in 1,000 participants' exomes. *American Journal of Human Genetics* **93**(4), 631–640. PMID: 24055113.

Dumanski, J.P., Piotrowski, A. 2012. Structural genetic variation in the context of somatic mosaicism. *Methods in Molecular Biology* **838**, 249–272. PMID: 22228016.

Eichinger, L., Pachebat, J.A., Glöckner, G. *et al.* 2005. The genome of the social amoeba *Dictyostelium discoideum*. *Nature* **435**, 43–57. PMID: 15875012.

Erickson, R.P. 2010. Somatic gene mutation and human disease other than cancer: an update. *Mutation Research* **705**(2), 96–106. PMID: 20399892.

Feero, W.G., Guttmacher, A.E., Collins, F.S. 2010. Genomic medicine: an updated primer. *New England Journal of Medicine* **362**(21), 2001–2011. PMID: 20505179.

Firth, H.V., Richards, S.M., Bevan, A.P. *et al.* 2009. DECIPHER: Database of Chromosomal Imbalance and Phenotype in Humans Using Ensembl Resources. *American Journal of Human Genetics* **84**(4), 524–533. PMID: 19344873.

Fokkema, I.F., Taschner, P.E., Schaafsma, G.C. *et al.* 2011. LOVD v.2.0: the next generation in gene variant databases. *Human Mutation* **32**(5), 557–563. PMID: 21520333.

Fombonne, E. 1999. The epidemiology of autism: A review. *Psychological Medicine* **29**, 769–786.

Forbes, S.A., Bindal, N., Bamford, S. *et al.* 2011. COSMIC: mining complete cancer genomes in the Catalogue of Somatic Mutations in Cancer. *Nucleic Acids Research* **39**(Database issue), D945–950. PMID: 20952405.

Garrod, A. E. 1902. The incidence of alkaptonuria: A study in chemical individuality. *Lancet* **ii**, 1616–1620.

Garrod, A.E. 1909. *Inborn errors of metabolism: The Croonian Lectures delivered before the Royal College of Physicians of London, in June, 1908*. Frowde, Hodder and Stoughton, London.

Garrod, A.E. 1931. *Inborn factors in disease: An essay*. Clarendon Press, Oxford.

George, R.A., Smith, T.D., Callaghan, S. *et al.* 2008. General mutation databases: analysis and review. *Journal of Medical Genetics* **45**(2), 65–70.

Giardine, B., Riemer, C., Hefferon, T. *et al.* 2007. PhenCode: connecting ENCODE data with mutations and phenotype. *Human Mutation* **28**, 554–562. PMID: 17326095.

Giardine, B., Borg, J., Viennas, E. *et al.* 2014. Updates of the HbVar database of human hemoglobin variants and thalassemia mutations. *Nucleic Acids Research* **42**(Database issue), D1063–1069. PMID: 24137000.

Gillberg, C., Wing, L. 1999. Autism: not an extremely rare disorder. *Acta psychiatrica Scandinavica* **99**(6), 399–406. PMID: 10408260.

Goldman, M., Craft, B., Swatloski, T. *et al.* 2013. The UCSC Cancer Genomics Browser: update 2013. *Nucleic Acids Research* **41**(Database issue), D949–954. PMID: 23109555.

Green, R.C., Berg, J.S., Grody, W.W. *et al.* 2013. ACMG recommendations for reporting of incidental findings in clinical exome and genome sequencing. *Genetics in Medicine* **15**(7), 565–574. PMID: 23788249.

Greenman, C., Stephens, P., Smith, R. *et al.* 2007. Patterns of somatic mutation in human cancer genomes. *Nature* **446**, 153–158. PMID: 17344846.

Guo, Y., Li, J., Li, C.I., Shyr, Y., Samuels, D.C. 2013. MitoSeek: extracting mitochondria information and performing high-throughput mitochondria sequencing analysis. *Bioinformatics* **29**(9), 1210–1211. PMID: 23471301.

Gusella, J.F. 1989. Location cloning strategy for characterizing genetic defects in Huntington's disease and Alzheimer's disease. *FASEB Journal* **3**, 2036–2041.

Guy, J., Gan, J., Selfridge, J., Cobb, S., Bird, A. 2007. Reversal of neurological defects in a mouse model of Rett syndrome. *Science* **315**(5815), 1143–1147. PMID: 17289941.

Hagberg, B., Aicardi, J., Dias, K., Ramos, O. 1983. A progressive syndrome of autism, dementia, ataxia, and loss of purposeful hand use in girls: Rett's syndrome: report of 35 cases. *Annals of Neurology* **14**, 471–479.

Hammer, S., Dorrani, N., Dragich, J., Kudo, S., Schanen, C. 2002. The phenotypic consequences of *MECP2* mutations extend beyond Rett syndrome. *Mental Retardation and Developmental Disabilities Research Reviews* **8**, 94–98.

Hanahan, D., Weinberg, R.A. 2011. Hallmarks of cancer: The next generation. *Cell* **144**, 646–674.

Happle, R. 1987. Lethal genes surviving by mosaicism: a possible explanation for sporadic birth defects involving the skin. *Journal of the American Academy of Dermatology* **16**(4), 899–906. PMID: 3033033.

Hindorff, L.A., Sethupathy, P., Junkins, H.A. *et al.* 2009. Potential etiologic and functional implications of genome–wide association loci for human diseases and traits. *Proceedings of the National Academy of Sciences, USA* **106**(23), 9362–9367. PMID: 19474294.

Hirschhorn, J. N., Daly, M. J. 2005. Genome-wide association studies for common diseases and complex traits. *Nature Reviews Genetics* **6**, 95–108.

Holt, I. J., Harding, A. E., Morgan-Hughes, J. A. 1988. Deletions of muscle mitochondrial DNA in patients with mitochondrial myopathies. *Nature* **331**, 717–719.

Human Genome Structural Variation Working Group *et al.* 2007. Completing the map of human genetic variation. *Nature* **447**, 161–165.

Jimenez-Sanchez, G., Childs, B., Valle, D. 2001. Human disease genes. *Nature* **409**, 853–855.

Kanner, L. 1943. Autistic disturbances of affective contact. *The Nervous Child* **2**, 217–250.

Katz, D.M., Berger-Sweeney, J.E., Eubanks, J.H. *et al.* 2012. Preclinical research in Rett syndrome: setting the foundation for translational success. *Disease Models and Mechanisms* **5**(6), 733–745. PMID: 23115203.

Kawaji, H., Severin, J., Lizio, M. *et al.* 2011. Update of the FANTOM web resource: from mammalian transcriptional landscape to its dynamic regulation. *Nucleic Acids Research* **39**(Database issue), D856–860. PMID: 21075797.

Kilpinen, H., Barrett, J.C. 2013. How next-generation sequencing is transforming complex disease genetics. *Trends in Genetics* **29**(1), 23–30. PMID: 23103023.

Knoppers, B. M., Laberge, C. M. 2000. Ethical guideposts for allelic variation databases. *Human Mutation* **15**, 30–35.

Knudson, A.G. Jr. 1971. Mutation and cancer: statistical study of retinoblastoma. *Proceedings of the National Academy of Sciences, USA* **68**, 820–823.

Knutsen, T., Gobu, V., Knaus, R. *et al.* 2005. The interactive online SKY/M-FISH & CGH database and the Entrez cancer chromosomes search database: linkage of chromosomal aberrations with the genome sequence. *Genes Chromosomes Cancer* **44**, 52–64.

Koboldt, D.C., Zhang, Q., Larson, D.E. *et al.* 2012. VarScan 2: somatic mutation and copy number alteration discovery in cancer by exome sequencing. *Genome Research* **22**(3), 568–576. PMID: 22300766.

Laird, N. M., Lange, C. 2006. Family-based designs in the age of large-scale gene-association studies. *Nature Reviews Genetics* **7**, 385–394.

Landrum, M.J., Lee, J.M., Riley, G.R. *et al.* 2014. ClinVar: public archive of relationships among sequence variation and human phenotype. *Nucleic Acids Research* **42**(Database issue), D980–985. PMID: 24234437.

Lindhurst, M.J., Sapp, J.C., Teer, J.K. *et al.* 2011. A mosaic activating mutation in *AKT1* associated with the Proteus syndrome. *New England Journal of Medicine* **365**(7), 611–619. PMID: 21793738.

Lowrance, W.W., Collins, F.S. 2007. Identifiability in genomic research. *Science* **317**, 600–602.

Lupski, J. R. 1998. Genomic disorders: Structural features of the genome can lead to DNA rearrangements and human disease traits. *Trends in Genetics* **14**, 417–422.

Lupski, J.R. 2013. Genetics. Genome mosaicism: one human, multiple genomes. *Science* **341**(6144), 358–359. PMID: 23888031.

Lupski, J. R., Stankiewicz, P. 2005. Genomic disorders: molecular mechanisms for rearrangements and conveyed phenotypes. *PLoS Genetics* **1**, e49.

Lupski, J.R., Belmont, J.W., Boerwinkle, E., Gibbs, R.A. 2011. Clan genomics and the complex architecture of human disease. *Cell* **147**(1), 32–43. PMID: 21962505.

MacArthur, D.G., Tyler-Smith, C. 2010. Loss-of-function variants in the genomes of healthy humans. *Human Molecular Genetics* **19**(R2), R125–130. PMID: 20805107.

MacArthur, D.G., Balasubramanian, S., Frankish, A. *et al.* 2012. A systematic survey of loss-of-function variants in human protein-coding genes. *Science* **335**(6070), 823–828. PMID: 22344438.

Mailman, M. D., Feolo, M., Jin, Y. *et al.* 2007. The NCBI dbGaP database of genotypes and phenotypes. *Nature Genetics* **39**, 1181–1186.

Manolio, T.A., Collins, F.S., Cox, N.J. *et al.* 2009. Finding the missing heritability of complex diseases. *Nature* **461**(7265), 747–753. PMID: 19812666.

Mathers, C.D., Loncar, D. 2006. Projections of global mortality and burden of disease from 2002 to 2030. *PLoS Medicine* **3**, e442.

McCarthy, M.I., Abecasis, G.R., Cardon, L.R. *et al.* 2008. Genome-wide association studies for complex traits: consensus, uncertainty and challenges. *Nature Reviews Genetics* **9**(5), 356–369. PMID: 18398418.

McGraw, C.M., Samaco, R.C., Zoghbi, H.Y. 2011. Adult neural function requires MeCP2. *Science* **333**(6039), 186. PMID: 21636743.

McKusick, V.A. 2007. Mendelian Inheritance in Man and its online version, OMIM. *American Journal of Human Genetics* **80**, 588–604.

Menzel, S., Garner, C., Gut, I. *et al.* 2007. A QTL influencing F cell production maps to a gene encoding a zinc-finger protein on chromosome 2p15. *Nature Genetics* **39**(10), 1197–1199. PMID: 17767159.

Miller, M. P., Kumar, S. 2001. Understanding human disease mutations through the use of interspecific genetic variation. *Human Molecular Genetics* **10**, 2319–2328.

Miller, M.P., Parker, J.D., Rissing, S.W., Kumar, S. 2003. Quantifying the intragenic distribution of human disease mutations. *Annals of Human Genetics* **67**, 567–579.

Mouse Genome Sequencing Consortium, Waterston, R.H., Lindblad-Toh, K. *et al.* 2002. Initial sequencing and comparative analysis of the mouse genome. *Nature* **420**, 520–562. PMID: 12466850.

Murray, C. J. L., Lopez, A. D. (eds) 1996. *The Global Burden of Disease.* Harvard University Press, Cambridge.

Murray, C.J., Vos, T., Lozano, R. *et al.* 2012. Disability-adjusted life years (DALYs) for 291 diseases and injuries in 21 regions, 1990–2010: a systematic analysis for the Global Burden of Disease Study 2010. *Lancet* **380**(9859), 2197–2223. PMID: 23245608.

Nan, X., Campoy, F. J., Bird, A. 1997. MeCP2 is a transcriptional repressor with abundant binding sites in genomic chromatin. *Cell* **88**, 471–481.

Nass, S., Nass, M. M. K. 1963. Intramitochondrial fibers with DNA characteristics. *Journal of Cell Biology* **19**, 613–629.

NCI-NHGRI Working Group on Replication in Association Studies *et al.* 2007. Replicating genotype–phenotype associations. *Nature* **447**, 655–660.

Olsson, I., Steffenburg, S., Gillberg, C. 1988. Epilepsy in autism and autisticlike conditions. A population-based study. *Archives of Neurology* **45**, 666–668.

O'Rawe, J., Jiang, T., Sun, G. *et al.* 2013. Low concordance of multiple variant-calling pipelines: practical implications for exome and genome sequencing. *Genome Medicine* **5**(3), 28. PMID: 23537139.

O'Roak, B.J., Vives, L., Girirajan, S. *et al.* 2012. Sporadic autism exomes reveal a highly interconnected protein network of de novo mutations. *Nature* **485**(7397), 246–250. PMID: 22495309.

Ott, J. 2001. Major strengths and weaknesses of the lod score method. *Advances in Genetics* **42**, 125–132.

Ott, J., Kamatani, Y., Lathrop, M. 2011. Family-based designs for genome-wide association studies. *Nature Reviews Genetics* **12**(7), 465–474. PMID: 21629274.

Patrinos, G.P., Brookes, A.J. 2005. DNA, diseases and databases: disastrously deficient. *Trends in Genetics* **21**, 333–338.

Pauling, L., Itano, H. A., Singer, S. J., Wells, I. C. 1949. Sickle cell anemia, a molecular disease. *Science* **110**, 543–548.

Pearson, T.A., Manolio, T.A. 2008. How to interpret a genome-wide association study. *JAMA* **299**(11), 1335–1344. PMID: 18349094.

Peterson, T.A., Doughty, E., Kann, M.G. 2013. Towards precision medicine: advances in computational approaches for the analysis of human variants. *Journal of Molecular Biology* **425**(21), 4047–4063. PMID: 23962656.

Pham, J., Shaw, C., Pursley, A. *et al.* 2014. Somatic mosaicism detected by exon-targeted, high-resolution aCGH in 10,362 consecutive cases.*European Journal of Human Genetics* **22**(8), 969–978. PMID: 24398791.

Poduri, A., Evrony, G.D., Cai, X., Walsh, C.A. 2013. Somatic mutation, genomic variation, and neurological disease. *Science* **341**(6141), 1237758. PMID: 23828942.

Probst, F.J., Justice, M.J. 2010. Mouse mutagenesis with the chemical supermutagen ENU. *Methods in Enzymology* **477**, 297–312. PMID: 20699147.

Purcell, S., Neale, B., Todd-Brown, K. *et al.* 2007. PLINK: a tool set for whole-genome association and population-based linkage analyses. *American Journal of Human Genetics* **81**(3), 559–575. PMID: 17701901.

Ramocki, M.B., Tavyev, Y.J., Peters, S.U. 2010. The *MECP2* duplication syndrome. *American Journal of Medical Genetics A* **152A**(5), 1079–1088. PMID: 20425814.

Randall, J.C., Winkler, T.W., Kutalik, Z. *et al.* 2013. Sex-stratified genome-wide association studies including 270,000 individuals show sexual dimorphism in genetic loci for anthropometric traits. *PLoS Genetics* **9**(6), e1003500. PMID: 23754948.

Rapin, I. 1997. Autism. *New England Journal of Medicine* **337**, 97–104.

Rapin, I., Katzman, R. 1998. Neurobiology of autism. *Annals of Neurology* **43**(1), 7–14. PMID: 9450763.

Rat Genome Sequencing Project Consortium. 2004. Genome sequence of the Brown Norway rat yields insights into mammalian evolution. *Nature* **428**, 493–521.

Reiter, L. T., Potocki, L., Chien, S., Gribskov, M., Bier, E. 2001. A systematic analysis of human disease-associated gene sequences in *Drosophila melanogaster*. *Genome Research* **11**, 1114–1125.

Rhesus Macaque Genome Sequencing and Analysis Consortium *et al.* 2007. Evolutionary and biomedical insights from the rhesus macaque genome. *Science* **316**, 222–234.

Rietveld, C.A., Medland, S.E., Derringer, J. *et al.* 2013. GWAS of 126,559 individuals identifies genetic variants associated with educational attainment. *Science* **340**(6139), 1467–1471. PMID: 23722424.

Robinson, P.N., Köhler, S., Bauer, S. *et al.* 2008. The Human Phenotype Ontology: a tool for annotating and analyzing human hereditary disease. *American Journal of Human Genetics* **83**(5), 610–615. PMID: 18950739.

Rossi, P. G., Parmeggiani, A., Bach, V., Santucci, M., Visconti, P. 1995. EEG features and epilepsy in patients with autism. *Brain Development* **17**, 169–174.

Rubin, G.M., Yandell, M.D., Wortman, J.R. *et al.* 2000. Comparative genomics of the eukaryotes. *Science* **287**, 2204–2215.

Ruiz-Pesini, E., Lott, M.T., Procaccio, V. *et al.* 2007. An enhanced MITOMAP with a global mtDNA mutational phylogeny. *Nucleic Acids Research* **35**, D823–828.

Samuels, M.E., Rouleau, G.A. 2011. The case for locus-specific databases. *Nature Reviews Genetics* **12**(6), 378–379. PMID: 21540879.

Saunders, C.T., Wong, W.S., Swamy, S. *et al.* 2012. Strelka: accurate somatic small-variant calling from sequenced tumor-normal sample pairs. *Bioinformatics* **28**(14), 1811–1817. PMID: 22581179.

Scally, A., Dutheil, J.Y., Hillier, L.W. *et al.* 2012. Insights into hominid evolution from the gorilla genome sequence. *Nature* **483**(7388), 169–175. PMID: 22398555.

Schon, E.A., DiMauro, S., Hirano, M. 2012. Human mitochondrial DNA: roles of inherited and somatic mutations. *Nature Reviews Genetics* **13**(12), 878–890. PMID: 23154810.

Scriver, C.R., Childs, B. 1989. *Garrod's Inborn Factors in Disease*. New York, Oxford University Press.

Scriver, C.R., Nowacki, P. M., Lehvaslaiho, H. 1999. Guidelines and recommendations for content, structure, and deployment of mutation databases. *Human Mutation* **13**, 344–350.

Scriver, C.R., Nowacki, P. M., Lehvaslaiho, H. 2000. Guidelines and recommendations for content, structure, and deployment of mutation databases: II. Journey in progress. *Human Mutation* **15**, 13–15.

Scriver, C.R., Beaudet, A., Sly, W., Valle, D. (eds). 2001. *The Metabolic and Molecular Basis of Inherited Disease*. McGraw-Hill, New York.

Shepherd, R., Forbes, S.A., Beare, D. *et al.* 2011. Data mining using the Catalogue of Somatic Mutations in Cancer BioMart. *Database (Oxford)* **2011**, bar018. PMID: 21609966.

Shirley, M.D., Tang, H., Gallione, C.J. *et al.* 2013. Sturge-Weber syndrome and port-wine stains caused by somatic mutation in *GNAQ*. *New England Journal of Medicine* **368**(21), 1971–1979. PMID: 23656586.

Smalley, S.L., Asarnow, R. F., Spence, M. A. 1988. Autism and genetics. A decade of research. *Archives of General Psychiatry* **45**, 953–961.

Stankiewicz, P., Lupski, J. R. 2002. Genome architecture, rearrangements and genomic disorders. *Trends in Genetics* **18**, 74–82.

Stelzer, G., Dalah, I., Stein, T.I. *et al.* 2011. In-silico human genomics with GeneCards. *Human Genomics* **5**(6), 709–717. PMID: 22155609.

Stenson, P.D., Ball, E.V., Mort, M. *et al.* 2012. The Human Gene Mutation Database (HGMD) and its exploitation in the fields of personalized genomics and molecular evolution. *Current Protocols in Bioinformatics* Chapter 1, Unit1.13. PMID: 22948725.

Stenson, P.D., Mort, M., Ball, E.V. *et al.* 2014. The Human Gene Mutation Database: building a comprehensive mutation repository for clinical and molecular genetics, diagnostic testing and personalized genomic medicine. *Human Genetics* **133**(1), 1–9. PMID: 24077912.

Stottmann, R.W., Beier, D.R. 2010. Using ENU mutagenesis for phenotype-driven analysis of the mouse. *Methods in Enzymology* **477**, 329–348. PMID: 20699149.

Stratton, M.R. 2011. Exploring the genomes of cancer cells: progress and promise. *Science* **331**(6024), 1553–1558. PMID: 21436442.

Subramanian, S., Kumar, S. 2006. Evolutionary anatomies of positions and types of disease–associated and neutral amino acid mutations in the human genome. *BMC Genomics* **7**, 306.

Szatmari, P., Jones, M. B., Zwaigenbaum, L., MacLean, J. E. 1998. Genetics of autism: Overview and new directions. *Journal of Autism and Development Disorders* **28**, 351–368.

Szumilas, M. 2010. Explaining odds ratios. *Journal of the Canadian Academy of Child and Adolescent Psychiatry* **19**(3), 227–229. PMID: 20842279.

Tang, S., Wang, J., Zhang, V.W. *et al.* 2013. Transition to next generation analysis of the whole mitochondrial genome: a summary of molecular defects. *Human Mutation* **34**(6), 882–893. PMID: 23463613.

Thiagalingam, S., Lengauer, C., Leach, F.S. *et al.* 1996. Evaluation of candidate tumour suppressor genes on chromosome 18 in colorectal cancers. *Nature Genetics* **13**(3), 343–346. PMID: 8673134.

Thomas, C.L. (ed.) 1997. *Taber's Cyclopedic Medical Dictionary*. F. A. Davis Company, Philadelphia.

Thorisson, G.A., Muilu, J., Brookes, A.J. 2009. Genotype–phenotype databases: challenges and solutions for the post-genomic era. *Nature Reviews Genetics* **10**(1), 9–18. PMID: 19065136.

Todd, J.A. 2001. Multifactorial diseases: Ancient gene polymorphism at quantitative trait loci and a legacy of survival during our evolution. In *The Metabolic & Molecular Bases of Inherited Disease* (eds C.Scrivner *et al.*), McGraw-Hill, New York, vol. 1, pp. 193–201.

Tryka, K.A., Hao, L., Sturcke, A. *et al.* 2014. NCBI's Database of Genotypes and Phenotypes: dbGaP. *Nucleic Acids Research* **42**(Database issue), D975–979. PMID: 24297256.

Turner, M., Barnby, G., Bailey, A. 2000. Genetic clues to the biological basis of autism. *Molecular Medicine Today* **6**, 238–244.

van Echten-Arends, J., Mastenbroek, S., Sikkema-Raddatz, B. *et al.* 2011. Chromosomal mosaicism in human preimplantation embryos: a systematic review. *Human Reproduction Update* **17**(5), 620–627. PMID: 21531753.

Van Raamsdonk, C.D., Bezrookove, V., Green, G. *et al.* 2009. Frequent somatic mutations of *GNAQ* in uveal melanoma and blue naevi. *Nature* **457**(7229), 599–602. PMID: 19078957.

Varmus, H. 2006. The new era in cancer research. *Science* **312**, 1162–1165.

Vasta, V., Ng, S.B., Turner, E.H., Shendure, J., Hahn, S.H. 2009. Next generation sequence analysis for mitochondrial disorders. *Genome Medicine* **1**(10), 100. PMID: 19852779.

Vogelstein, B., Papadopoulos, N., Velculescu, V.E. *et al.* 2013. Cancer genome landscapes. *Science* **339**(6127), 1546–1558. PMID: 23539594

Volkmar, F. 1998. Recently diagnosed with autism, autism or not. *Journal of Autism and Development Disorders* **28**, 269–270.

Volkmar, F. R., Nelson, D. S. 1990. Seizure disorders in autism. *Journal of the American Academy of Child and Adolescent Psychiatry* **29**, 127–129.

Voullaire, L., Slater, H., Williamson, R., Wilton, L. 2000. Chromosome analysis of blastomeres from human embryos by using comparative genomic hybridization. *Human Genetics* **106**, 210–217.

Wallace, D.C., Singh, G., Lott, M. T. *et al.* 1988a. Mitochondrial DNA mutation associated with Leber's hereditary optic neuropathy. *Science* **242**, 1427–1430.

Wallace, D.C., Zheng, X. X., Lott, M. T. *et al.* 1988b. Familial mitochondrial encephalomyopathy (MERRF): genetic, pathophysiological, and biochemical characterization of a mitochondrial DNA disease: *Cell* **55**, 601–610.

Watson, I.R., Takahashi, K., Futreal, P.A., Chin, L. 2013. Emerging patterns of somatic mutations in cancer. *Nature Reviews Genetics* **14**(10), 703–718. PMID: 24022702.

Webb, A.J., Thorisson, G.A., Brookes, A.J. 2011. GEN2PHEN Consortium. An informatics project and online "Knowledge Centre" supporting modern genotype-to-phenotype research. *Human Mutation* **32**(5), 543–550. PMID: 21438073.

Weinstein, L.S., Shenker, A., Gejman, P.V. *et al.* 1991. Activating mutations of the stimulatory G protein in the McCune-Albright syndrome. *New England Journal of Medicine* **325**(24), 1688–1695. PMID: 1944469.

Wellcome Trust Case Control Consortium. 2007. Genome-wide association study of 14,000 cases of seven common diseases and 3,000 shared controls. *Nature* **447**, 661–678.

Wells, D., Delhanty, J. D. 2000. Comprehensive chromosomal analysis of human preimplantation embryos using whole genome amplification and single cell comparative genomic hybridization. *Molecular Human Reproduction* **6**, 1055–1062.

Welter, D., Macarthur, J., Morales, J. *et al.* 2014. The NHGRI GWAS Catalog, a curated resource of SNP-trait associations. *Nucleic Acids Research* **42**, D1001–1006. PMID: 24316577.

Wood, L.D., Parsons, D.W., Jones, S. *et al.* 2007. The genomic landscapes of human breast and colorectal cancers. *Science* **318**, 1108–1113. PMID: 17932254.

Wood, V., Gwilliam, R., Rajandream, M.A. *et al.* 2002. The genome sequence of *Schizosaccharomyces pombe*. *Nature* **415**, 871–880. PMID: 11859360.

Xue, Y., Chen, Y., Ayub, Q. *et al.* 2012. Deleterious- and disease-allele prevalence in healthy individuals: insights from current predictions, mutation databases, and population-scale resequencing. *American Journal of Human Genetics* **91**(6), 1022–1032. PMID: 23217326.

Youssoufian, H., Pyeritz, R.E. 2002. Mechanisms and consequences of somatic mosaicism in humans. *Nature Reviews Genetics* **3**(10), 748–758. PMID: 12360233.

Zeev, B. B., Yaron, Y., Schancn, N. C. *et al.* 2002. Rett syndrome: Clinical manifestations in males with *MECP2* mutations. *Journal of Child Neurology* **17**, 20–24.

Zuckerlandl, E., Pauling, L. 1962. Molecular disease, evolution, and genic heterogeneity. In *Horizons in Biochemistry* (eds M.Kasha and B.Pullman), Albert Szent-Gyorgyi Dedicatory Volume, Academic Press, New York.

附　录

词汇表

本词汇表结合了六个基于网络的词汇表，且每个条目都进行了相应的标注：（1）（National Center for Biotechnology Information）NCBI BLAST；（2）NCBI 基因组；（3）ORNL（Oak Ridge National Laboratory，国立橡树岭实验室）；（4）NHGRI（National Human Genome Research Institute）的词汇表；（5）SMART 数据库；（6）SCOP（Structural Classification of Proteins website）的蛋白折叠词汇表（这些条目已经过修改）。这些词汇表都可以在线获取。

A

Accession number：索引编号，是指序列被提交到任意一个 DNA 数据库（GenBank、EMBL 或 DDBJ）时给定的唯一标识符。一个序列记录的初始存储被称为版本 1，如果该序列被更新，则版本号会被递增，但索引编号将保持不变。

Additive genetic effect：加性遗传效应，是指当在不同位点的等位基因的组合效果等同于它们各自作用的加和（ORNL）。

Adenine(A)：腺嘌呤，是一个含氮基的、AT 碱基对（腺嘌呤-胸腺嘧啶）中的一员。见：碱基对（ORNL）。

AGP：一个描述基础序列如何组装为非冗余的连续的序列文件。被组装的序列可以是一个叠连群（contig）或一条染色体。此文件描述了各组分序列在重叠群中被使用的比例，以及各组分序列在叠连群内的位置（NCBI）。

Algorithm：算法，是指呈现在一个计算机程序中的固定方法（NCBI BLAST）。

Alignment：比对，（a）一种方法，将两个或多个序列对齐，来达到最高程度的一致性（或保守性——以氨基酸序列为例），以用于评估相似度和同源的可能性（NCBI BLAST）。（b）一种在三维中有重叠三级结构的同源物中，氨基酸预测的表示。通过 SMART 进行的比对大多是基于已发表的证据（详情见"结构域注释"），但进行手动更新和编辑（SMART）。

All alpha：一种蛋白结构，是指在结构域或共同核心中的二级结构数目可以被描述为 3-、4-、5-、6-或多螺旋（SCOP）。

All beta：一种蛋白结构，主要包含两大折叠类别：三明治型和桶型。三明治型折叠由两个 β 折叠构成，通常这两个 β 折叠发生扭曲和包裹，以使得其两条氨基酸链可以对齐。桶型折叠由单个 β 折叠构成，通过对其自身的扭曲和盘绕，使得在大多数情况下该 β 折叠第一链可与最后一链形成氢键。在一个桶型折叠的两个相对面的链的方向大致正交。正交包裹的折叠也可见于少数特殊的三明治型折叠中（SCOP）。

Allele：**等位基因**，（a）一个遗传位点的可选择性的形式即等位基因；任一位点的一个等位基因是从父母中的一方继承来的（例如，编码眼睛颜色的位点，可能形成蓝色或棕色的眼睛；ORNL）。（b）在染色体特定位点或位置的一个基因的一个变化形式。不同的等位基因会产生不同的可遗传特性变异，例如头发颜色或血型。在一个个体中，一种等位基因（显性形式）可能表达的比另一种（隐性形式；NHGRI）更多。

Allelic series：等位基因系，影响单个基因座的一系列不同突变的集合。通常，这些不同的突变会产生不同的表型，从而为解析基因功能提供了一个有力的遗传工具。

Allogeneic：同种异体，是指相同物种的个体中的等位基因中的变异体（ORNL）。

Alternative splicing：可变剪接，基因外显子以不同方式组合形成完整蛋白质的变异体（ORNL）。

Amino acid：氨基酸，一组二十种分子中的任何一个，可组合以形成生物体中的蛋白质。蛋白质的氨基酸序列，乃至蛋白质功能是由遗传密码决定的（ORNL）。

Amplification：扩增，增加特定 DNA 片段的拷贝数目；可在体内或体外。见：克隆（ORNL）。

Animal model：动物模型，见：模式生物（ORNL）。

Annotation：注释，（a）将相关信息，例如所编码基因、氨基酸序列，或其他评注添加到 DNA 碱基原始序列的数据库条目中。见：生物信息（ORNL）。（b）给基因组序列添加生物学信息。这是一个非常复杂的任务，达到此目的的方法正在迅速发展。一些课题组在对数个基因组进行自动化的计算注释。注释给基因组的特征通常包括基因模型、SNPs（单核苷酸多态性）和 STSs（NCBI）。

Anticipation：预期，后代的每一代中某种遗传性疾病的严重程度的增加；例如，一个孙子比父母一代可能会更早出现症状，并有更严重的症状，而父母一代则比祖父母一代更早出现症状。见：加性遗传效应，复杂性状（ORNL）。

Antisense：反义核酸，与体内 mRNA 分子正好互补配对的核酸序列；可与该 mRNA 分子相结合，从而阻止其翻译蛋白质。见：转录（ORNL）。

Apoptosis：凋亡，是指细胞程序性死亡，身体清除损坏的、无用的或不需要的细胞的正常方法（ORNL）。

Array(of hairpins)：（发夹结构的）阵列，不能被描述为一个束或折叠叶的 α 螺旋结构的集合（SCOP）。

Array comparative genome hybridization(aCGH)：阵列比较基因组杂交（aCGH），一种技术，将"测试"和"参考"DNA 探针与固定在阵列上的靶基因组（或 cDNA 克隆）竞争性杂交。aCGH 最常用于检测拷贝数变异（CNV），还可应用于基因注释和诊断（NCBI）。

Arrayed library：阵列库，放置在微量滴定皿中二维阵列中的个体初级重组克隆（处在噬菌体、黏粒、YAC 或其他载体中）。每个初级克隆可以通过皿以及该克隆在该皿中的位置（行和列）进行识别。克隆阵列库可用于许多方面，包括筛选特定基因或感兴趣的基因组区域。见：库，基因组库，基因芯片技术（ORNL）。

Assembly：拼装，把测完序的 DNA 片段放到正确的染色体位置上（ORNL）。

Autoradiaography：放射自显影，一种技术，使用 X 射线胶片将放射性标记过的分子或分子片段进行可视化；用于分析通过凝胶电泳分离之后的 DNA 片段的长度和数目（ORNL）。

Autosomal dominant：常染色体显性，是指处于非性染色体上的，总是表达的基因，即便只存在一个拷贝。每次怀孕将此基因遗传给后代的概率为 50%。见：常染色体，显性，基因（ORNL）。

Autosome：常染色体，不涉及性别决定的染色体。二倍体人类基因组由 46 条染色体组成：22 对常染色体和 1 对性染色体（X 和 Y 染色体）。见：性染色体（ORNL）。

B

Backcross：回交，是指一种配种方式，其中一个动物是两个亲本的子一代，另一个动物来自两亲本之一。也用于描述一种远交后回交的育种方式。见：模式生物（ORNL）。

Bacterial artificial chromosome(BAC)：细菌人工染色体，(a) 一种用于在大肠杆菌细胞中克隆 DNA 片段（100～300 kb 的插入大小；平均为 150 kb）的载体。基于在大肠杆菌中发现的天然存的 F-因子质粒。见：克隆载体（ORNL）。(b) 从其他物种克隆至细菌中的大片段 DNA，100～200 kb。一旦外源 DNA 被克隆到宿主菌中，将产生许多拷贝（NHGRI）。

BAC end sequence：BAC 末端序列，对 BAC 的末端进行测序，然后保留克隆关联信息。以这种方式，不具有插入序列的 BAC 克隆可以与其他 BAC 克隆进行整合，或者与 WGS 拼装序列进行整合（NCBI）。

Bacteriophage：噬菌体，见：噬菌体（ORNL）。

Barrel：桶结构，通常由 β 折叠的第一个和最后一个链之间的主链氢键来封闭。在这种情况下，它由两个整数限定：β 折叠中的链的数目 n，以及对折叠中链的交错程度的度量，即 sheer 数 S（SCOP）。

Base：碱基，形成 DNA 和 RNA 分子的一种分子。见：核苷酸，碱基对，碱基序列（ORNL）。

Base pair (bp)：碱基对，两个含氮碱基（腺嘌呤与胸腺嘧啶，或鸟嘌呤与胞嘧啶）通过弱键连接在一起。DNA 的两条链由碱基对之间的键相连形成双螺旋性状（ORNL）。

Base sequence：碱基序列，DNA 分子中的核苷酸碱基的顺序；确定该 DNA 编码的蛋白质的结构（ORNL）。

Base sequence analysis：碱基序列分析，确定碱基序列的一种方法，有时是自动的（ORNL）。

Behavioral genetics：行为遗传学，对可能影响行为的基因的研究（ORNL）。

Beta (β) sheet：β 折叠，可以是反平行的（即，任何两个相邻链的方向是反平行的）、平行的（所有链彼此平行），及混合的（有至少一条链与其两个相邻链之一平行，而与另一个反平行）(SCOP)。

Bioinformatics：生物信息学，(a) 生物技术和信息技术融合的学科，目标是揭示生物学中新的见解和原则（NCBI BLAST）。(b) 使用先进的计算技术管理和分析生物学数据的学科。在分析基因组学研究数据中尤其重要（ORNL）。

Bioremediation：生物修复，使用生物有机体，如植物或微生物，来帮助一个区域除去有害物质（ORNL）。

Biotechnology：生物技术，一套通过基础研究开发的生物学技术，目前应用于研究和产品开发。生物技术尤其是指工业中，对重组 DNA、细胞融合和新的生物处理技术的使用（ORNL）。

Birth defect：出生缺陷，指任何出生时呈现的有害的性状，无论是物理的或生化的，是由遗传突变或其他一些非遗传因素造成的。见：先天，基因，突变，综合征（ORNL）。

Bit score：比特得分，(a) 值 S' 是从原始比对分值 S 而得，其中所使用的打分系统的统计属性已被考虑。因为比特得分已按照该评分系统标准化，它们可以被用来比较来自不同搜索的比对得分（NCBI BLAST）。(b) HMMer 和 BLAST 使用比特得分作为比对分值。将查询序列是数据库序列的真正同源物的可能性，与该序列是由一个"随机"模型产生的可能性进行比较。这个可能性比值的对数（2 为底）给出了比特得分（SMART）。

BLAST：(a) 基本局部比对搜索工具，一种速度经优化的，用来搜索序列数据库的最优局部比对的序列比较算法。对字符长度为 W 的、使用替代矩阵与其比较、得分至少为 T 的序列进行初始搜索。然后将匹配的字符向任一方向延伸，以试图产生一个得分超过阈值 S 的比对结果。参数 T 决定了搜索的速度和灵敏度。关于详细信息，请见 BLAST 教程（Query 或 BLAST）或 BLAST 的叙述指南（NCBI BLAST）。(b) 用于识别不同生物（如人类、果蝇或线虫）的同源（相似）基因的计算机程序（ORNL）。

BLAT：由 Jim Kent 开发的哈希算法，实现了大量基因组序列的快速检索。哈希算法将数据库分为提前指定大小的字符串（通常 12～14 个碱基）。这些字符串的位置存储在内存中。扫描查询序列以寻找与存储在内存中字符串的完全匹配序列。这类的算法往往对紧密相关的序列非常快速有效，但序列越分化则效果越不佳。除了核苷酸 BLAT 算法，翻译 BLAT 算法实现了蛋白质序列之间的比较。该序列比对方法还可以通过查看剪切位点信息来精确比对转录序列（NCBI）。

BLOSUM：块替换矩阵，是指一种替换矩阵，在其中每个位置的分值由相关蛋白质中局部比对块的替换频率的观测值而得出。每个矩阵是针对一个特定的进化距离。例如在 BLOSUM62 矩阵中，分数衍生自相似度不超过 62% 的序列所产生的比对。相似度超过 62% 的序列在比对中由单独一个序列所代表，以避免过高评估密切相关的蛋白家族成员（NCBI BLAST）。

Bundle：束，是指方向大致沿着相同的（束）轴的一组 α 螺旋。它可以扭曲，如果每个螺旋与束轴成正角度则为左旋，如果每个螺旋与束轴成负角度则为右旋（SCOP）。

C

Cancer：癌症，细胞分裂异常和生长不受限制的疾病。癌症可以从原位扩散到身体的其他部位，可以是致命的。见：遗传性癌症，散发性癌症（ORNL）。

Candidate gene：候选基因，是指在染色体区域上一个可能与疾病有关的基因。见：定位克隆，蛋白质（ORNL）。

Capillary array：毛细管阵列，是指用于为 DNA 测序分离片段的凝胶填充石英毛细管。毛细管的小直径允许更高电场的使用，提供了比传统平板凝胶更快的高速、高通量分离效果（ORNL）。

Carcinogen：致癌物质，是指通过改变细胞中的 DNA 而引起癌症的某种物质。见诱变剂（mutagen）（ORNL）。

Carrier：载体，一个具有未表达的、隐性性状的个体（ORNL）。

cDNA library：cDNA 文库，是一个编码基因的 DNA 序列的集合。在实验室中这些序列由 mRNA 序列产生。见：信使mRNA（messenger RNA）（ORNL）。

CDS：编码序列，是 mRNA 或基因组序列的一部分，编码一个蛋白质的序列。

Cell：细胞，是生命体进行生命活动的基本单元。见：基因组（genome）、细胞核（nucleus）（ORNL）。

Centimorgan(cM)：厘摩，是一种度量重组概率的单位。在生殖细胞形成的减数分裂过程中，同源染色体之间常常会发生交叉现象，如果两个标记之间发生交叉的概率为 1%，那么它们之间的距离就定义为 1cM。对人类来说，1cM 大致相当于 1Mb。见：百万碱基（megabase）（ORNL）。

Centromere：着丝粒，是指染色体上一段特殊区域，在细胞分裂过程中纺锤丝主要附着其上。

Chimera(plural chimaera)：嵌合体，是一种含有不同基因型细胞或组织的生物体。这可能是宿主生物体的突变细胞或来自不同生物体或物种的细胞（ORNL）。

ChIP/chip：染色质免疫共沉淀-芯片，是将 ChIP 纯化的 DNA 与含有基因组 DNA 序列的微阵列杂交，以实现蛋白质-DNA 相互作用的全基因组鉴定（NCBI）。

ChIP/seq：染色质免疫共沉淀测序，是一种涉及尺寸选择、高通量测序（通常利用二代测序技术，在一个循环中可以产生数百万个读段）和将 ChIP 纯化 DNA 回帖到参照基因组上的技术，以实现蛋白质-DNA 相互作用的全基因组鉴定（NCBI）。

Chloroplast chromosome：叶绿体染色体，是指在植物光合作用的器官（叶绿体）而不是细胞核中所发现的环状 DNA，含有大部分的遗传物质（ORNL）。

Chromatin immunoprecipitation：染色质免疫共沉淀，鉴定蛋白质-DNA 相互作用的一种方法。将基因组 DNA 和相结合的蛋白进行交联和剪切，与能识别特异性 DNA 蛋白质的抗体进行免疫共沉淀。通过各种技术检测纯化的 DNA 片段，来鉴定特定的序列与感兴趣的蛋白质之间的结合（NCBI）。

Chromosomal deletion：染色体缺失，是指染色体上的 DNA 的部分丢失（ORNL）。

Chromosomal inversion：染色体倒位，是指染色体片段发生了 180° 的转动。该片段的基因序列相对于染色体的其余部分是相反的（ORNL）。

Chromosome：染色体，细胞中自我复制的遗传结构，含有细胞 DNA，其核苷酸序列中包含基因的线性排列。在原核生物中，染色体 DNA 呈环形，整个基因组都在一条染色体上。真核生物包含多条染色体，其上的 DNA 与不同种类的蛋白质相关（ORNL）。

Chromosome painting：染色体作图，用荧光染料来标记染色体的部位。常用于特定疾病的诊断，如白血病（ORNL）。

Chromosome region p：p 染色体区域，是指染色体短臂部分（ORNL）。

Chromosome region q：q 染色体区域，是指染色体长臂部分（ORNL）。

Clone：克隆，是由生物材料诸如一段 DNA 片段（例如，一个基因或其他区域）、一个完整的细胞或一个完整的生物体制成的精确拷贝（ORNL）。

Clone bank：克隆库，见：基因组文库（ORNL）。

Cloning：克隆，使用特定的 DNA 技术来产生大量的单个基因或 DNA 的其他片段的精确拷贝，为进一步的研究提供足够的材料。人类基因组计划中的研究人员使用的这一过程也称为克隆 DNA。得到的 DNA 分子的克隆（复制）集合称为克隆文库。第二种类型的克隆利用细胞分裂的自然过程来生成整个细胞的许多拷贝。这些克隆细胞（被称为细胞系）的遗传构成与原始细胞相同。第三种类型的克隆产生完整的、遗传上相同的动物，如著名的 Scottish 羊，Dolly。见：克隆载体（cloning vector）（ORNL）。

Cloning vector：克隆载体，源自病毒、质粒或更高生物体细胞的 DNA 分子，其中可以整合合适大小的另一个 DNA 片段，而不损失载体的自我复制能力。载体将外源 DNA 引入宿主细胞，在宿主细胞中，这些 DNA 可以大量繁殖。常见的载体有质粒、黏粒和酵母人工染色体；载体通常始包含不同来源 DNA 序列的重组分子（ORNL）。

Closed，Partly Opened，and Opened：关闭构型、部分开放构型和开放构型，对于全 α 型结构，指疏水核心被组成该结构的 α 螺旋所遮蔽的程度。开放构型指在疏水核心上可以轻易增加至少一个螺旋的空间（SCOP）。

Code：编码，见：遗传密码（genetic code）（ORNL）。

Codominance：共显性，一个遗传性状的两个不同的等位基因都表达的现象。见常染色体显性（autosomal dominant）、隐性基因（recessive gene）（ORNL）。

Codon：密码子。见：遗传密码（genetic code）（ORNL）。

Coisogenic 或 congeni：同源系，与某一生物体近乎相同的品系，只在单个基因座上不同。

Comparative genomics：比较基因组学，是指将人基因组与模式生物如小鼠、果蝇和大肠杆菌等进行比较的研究（ORNL）。

Complementary DNA（cDNA）：互补 DNA，以文库中的信使 RNA 为模版合成的 DNA。

Complementarysequence：互补序列，可以与另一 DNA 片段遵循碱基互补配对原则（A 与 T 配对，C 与 G 配对）形成双链结构的核苷酸碱基序列。例如 GTAC 的互补序列是 CATG（ORNL）。

Complex trait：复杂性状，遗传组分没有严格遵循孟德尔遗传定律的性状。可能涉及两个或多个基因的相互作用或基因和环境之间的相互作用。见：孟德尔遗传（Mendelian inheritance），加性遗传效应（additive genetic effects）（ORNL）。

Computational biology：计算生物学，见：生物信息学（bioinformatics）（ORNL）。

Confidentiality：保密性，是指遗传学上，如果没有提供者的允许，不能获取其遗传材料和这些材料经测验得到的信息（ORNL）。

Congenital：先天的，是指出生时由于遗传因素或非遗传因素表现出的性状。见：出生缺陷（birth defect）（ORNL）。

Conservation：保守，在氨基酸或（不常见的）DNA 序列上的特定位点发生改变，但是保留了原始氨基酸残基的物理化学性质（NCBI BLAST）。

Conserved sequence：保守序列，DNA 分子中的碱基序列（或蛋白质中的氨基酸序列），在进化过程中基本保持不变（ORNL）。

Contig：叠连群，(a) 代表一个特定染色体重叠区域的克隆（复制）DNA 片段的集合（ORNL）；(b) 连续序列（contiguous sequence）的简称。当两个序列在末端重叠（称为鸠尾，dove-tail），这些序列可以被整合成一个单链的、非冗余的序列（NCBI）。

Contig map：叠连群图谱，描述由代表一条完整的染色体片段的重叠克隆组成的连锁库的相对顺序的图谱。

Copy number variation：拷贝数变异，在个体与个体间 DNA 的大规模结构变异，因个体而异。包括插入、缺失、重复和复杂的多位点变异，涉及数千碱基到数百万碱基的长度。CNV 影响基因表达、表型变异和基因剂量。在一些情况下，可能与发育疾病有关，引起疾病或赋予复杂疾病性状易感

性（NCBI）。

Cosmid：黏粒，包含噬菌体 λ 的 *cos* 基因的一种人工构造的克隆载体。黏粒可以包装进噬菌体 λ 颗粒中感染大肠杆菌。这样允许比质粒载体所能携带的更长的 DNA 片段克隆（长达 45kb）引入宿主细菌中（ORNL）。

Crossing over：交换，减数分裂过程中母体染色体与父体染色体的断裂、DNA 对应片段的交换和染色体的重新连接。这一过程导致两条同源染色体上等位基因的交换。见：重组（recombination）（ORNL）。

Cross-over：交叉，在结构核心的相反方向链接二级结构的连接，并穿过结构域表面的连接（SCOP）。

Cytogenetics：细胞遗传学，染色体物理性质的研究。见：核型（karyotype）（ORNL）。

Cytological band：细胞带，染色体上与周边区域不同的区域。见：细胞图谱（cytological map）（ORNL）。

cytological map：细胞图谱，一种基于由染色体突变而来的细胞学发现而进行基因定位的染色体图谱（ORNL）。

Cytoplasmic trait：细胞质的遗传特性，基因在细胞核外的线粒体或叶绿体上被发现的一种遗传特性。其结果是后代只继承单个亲本的遗传物质（ORNL）。

Cytoplasmic（uniparental）inheritance：细胞质遗传（单亲遗传），见：细胞质的遗传特性（cytoplasmic trait）（ORNL）。

Cytosine（C）：胞嘧啶，一种含氮碱基，DNA 中 GC 碱基对（鸟嘌呤和胞嘧啶）的一个成员。见：碱基对（base pair）、核苷酸（nucleotide）（ORNL）。

D

Data warehouse：数据仓库，一种数据库、数据表格以及面向单个种类数据机制的集合（ORNL）。

Deletion：缺失，染色体上部分 DNA 丢失的现象；会导致疾病或畸形。见：染色体（chromosome）、突变（mutation）（ORNL）。

Deletion map：缺失图谱，对一条特定染色体的描述，使用定义的突变（基因组特定缺失的区域）作为特定区域的"生物化学路标"或标记（ORNL）。

Deoxyribonucleotide：脱氧核苷酸，见：核苷酸（nucleotide）（ORNL）。

Deoxyribose：脱氧核糖，是组成 DNA（脱氧核糖核酸）组分之一的糖的一种（ORNL）。

Diploid：二倍体，一套完整的遗传物质，由成对的染色体组成，每条染色体来自不同的亲本。除了配子以外的大多数动物细胞具有二倍体染色体组。二倍体人基因组含有 46 条染色体。见：单倍体（haploid）（ORNL）。

Directed evolution：定向进化，用于分离的分子或微生物的一种实验过程来引发突变，并鉴定对新环境的后续适应性（ORNL）。

Directed mutagenesis：定点诱变，在 DNA 的特定位点发生突变，将其重新插入生物体来研究突变的任何影响（ORNL）。

Directed sequencing：定向测序，对邻近染色体上的 DNA 进

行连续的测序（ORNL）。

Disease-associated genes：与疾病相关的基因，指携带与疾病相关的特定 DNA 序列的等位基因（ORNL）。

DNA(deoxyribonucleic acid)：DNA（脱氧核糖核酸），编码遗传信息的分子。DNA 是一种双链结构分子，两条链通过碱基对之间的弱键相连接在一起。DNA 中包含的四种碱基是腺嘌呤（A）、鸟嘌呤（G）、胞嘧啶（C）和胸腺嘧啶（T）。在自然界中，只有 A 与 T 之间、C 与 G 之间才能形成碱基对；因此我们能够通过一条链的顺序推断出另一条链的顺序（ORNL）。

DNA bank：基因库，一种用以存储从血液或其他组织中提取的 DNA 的服务（ORNL）。

DNA probe：DNA 探针，见：探针（probe）(ORNL)。

DNA repair genes：DNA 修复基因，即编码的蛋白可以修复 DNA 序列中的错误的基因（ORNL）。

DNA replication：DNA 复制，利用现有的一条 DNA 链为模板，生成一条新链的过程。在人类和其他真核生物中，复制发生在细胞核中（ORNL）。

DNA sequence：DNA 序列，在 DNA 片段、基因、染色体或整个基因组中的碱基排列顺序。见：碱基序列分析（base sequence analysis）(ORNL)。

Domain：结构域，(a) 蛋白质中假定在折叠时与其他部分相对独立的不连续部分，有自己独特的功能（NCBI BLAST）。(b) 蛋白质中有特定功能的不连续部分。单个蛋白结构域的结合决定了这个蛋白的整体功能（ORNL）。(c) 有特定二级结构和疏水内核的保守的结构实体。在富含二硫化物或结合 Zn^{2+} 或 Ca^{2+} 的结构域中，其疏水内核可能分别由胱氨酸和金属离子来提供。有相同功能的同源结构域通常在序列上有相似性（SMART）。

Domain composition：结构域组成，有相同结构域的蛋白质对于待检验的每个结构域至少有一个拷贝（SMART）。

Domain organization：结构域组织，含有相同检测序列的所有结构域的蛋白质（附加的结构域也包含在内）(SMART)。

Dominant：显性的，即使只有一个拷贝存在的情况下也总是表达的等位基因。见：基因（gene）、基因组（genome）(ORNL)。

Double helix：双螺旋，DNA 的两条链互相缠绕在一起，形成一种双螺旋式的阶梯结构；两条链上的互补核苷酸以氢键连接在一起（ORNL）。

Draft sequence：草图序列，(a) 由人类基因组测序计划产生的、并未完成的序列，提供了所有人类基因约 95% 的草图。草图序列数据几乎都是长约 10,000bp 大小的片段，它们在染色体上的大概位置是已知的。见：测序（sequencing）、测序完成的 DNA 序列（finished DNA sequence）、测序中的 DNA 草图序列（working draft DNA sequence）(ORNL)。(b) 这个术语有几个定义，但通常指一段测序尚未完成但质量较高的序列。在基于克隆的项目中，草图序列是指一个项目，其中大于 90% 的碱基都是高质量的。这意味着一个克隆项目有几个由 Ns 连接的片段组成。通常，这些片段的排列顺序和定位是未知的。然而，这些序列与其他数据相结合，是基因组组装与注释的有用基础条件（NCBI）。

DUST：从氨基酸序列中过滤低复杂度的一种程序（NCBI BLAST）。

E

E value：E 值。(a) 期望值，不同比对的个数，其打分值大于或等于 S（在数据库中随机搜索的分值）。E 值越低，表明该打分值的显著性越好（NCBI BLAST）。(b) E 值表示的是所期望的随机打分值大于或等于 X 的序列的个数。用户提供的序列与数据库中的序列比对，通过任何算法都会产生一个打分值 X，E 值与这个打分值 X 相关，并且反映了从一个相同规模的随机序列数据库中搜索到的打分值相近或大于 X 的比对的个数。从 2.0 版本起，E 值都是用隐马尔可夫模型计算得到的，这与以前的算法相比，正确性有很大提高（SAMRT）。

Electrophoresis：电泳，从混杂的相似分子中分离大分子（如 DNA 片段或蛋白质）的一种方法。在包含混合物的介质中加电压，由于其电荷和大小的不同，每种分子在介质中以不同速率移动。琼脂糖和聚丙烯酰胺通常是蛋白质和核酸的电泳介质（ORNL）。

Electroporation：电穿孔技术，它利用高压电脉冲引起细胞膜双分子层产生通透性，以引入新的 DNA 分子；通常用于重组 DNA 技术。见：转染（transfection）(ORNL)。

Embryonic stem(ES) cells：胚胎干细胞，一种能无限复制的胚胎细胞，它能转化成其他类型的细胞，并且可以持续不断地产生新细胞（ORNL）。

Endonuclease：核酸内切酶，见限制性内切酶（restriction enzyme）(ORNL)。

Enzyme：酶，一种用作催化剂的蛋白质，可以提高生化反应的速度，但是不改变反应的方向或反应的性质（ORNL）。

Epistasis：上位性，一个基因干扰或阻止了位于不同基因座上另一个基因的表达的效应（ORNL）。

Escherichia coli：大肠杆菌，一种常见的细菌。遗传学家对大肠杆菌研究得比较透彻，因为大肠杆菌基因组比较小，没有致病性，易于在实验室培养（ORNL）。

Eugenics：优生学，通过人工选择来改善一个物种的研究；通常指人的选择性育种（ORNL）。

Eukaryote：真核生物，细胞或生物自身有细胞膜包被，有结构独立的细胞核和发育完全的亚细胞室。真核生物包括除病毒、细菌和蓝藻绿藻外的所有生物体。见：原核生物（prokaryote）、染色体（chromosome）(ORNL)。

Evolutionarily conserved：保守进化的，见：保守性序列（conserved sequence）(ORNL)。

Exogenous DNA：外源 DNA，被引入某种生物体的、来源于该生物体外的 DNA（ORNL）。

Exon：外显子，基因中编码蛋白质的 DNA 序列。见：内含子（intron）(ORNL)。

Exonuclease：外切核酸酶。一种从线性核酸底物的自由末端连续切割核苷酸的酶（ORNL）。

Expressed gene：表达基因，见：基因表达（gene expression)（ORNL）。

Expressed sequence tag（EST）：表达序列标签。（a）一种短的DNA片段，是 cDNA 分子的一部分，可以用来鉴定基因，通常用于基因定位和基因图谱。见：互补 DNA（cDNA）、序列标签位点（sequence-tagged site）（ORNL）。（b）指单向测序的 cDNA 克隆。EST 序列数据库是高度冗余的，但是对于基因的鉴定特别有用。对 EST 序列进行聚类以消除冗余的、低质量的序列，仍有许多工作要做（NCBI）。

F

FASTA：（a）FASTA 是第一个被广泛使用的数据库相似性搜索的算法。这个程序通过扫描序列中"字段（word）"的小配对，从而寻找最优局部比对。首先计算有多个字段片段的分值（记为"init1"）；接着这些分值加在一起产生"initn"值；最后输出包含空位的最佳比对，记为"opt"。搜索的敏感性和速度由"字段"的长度——"k-tup"变量所控制，并且二者负相关（NCBI BLAST）。（b）核酸或蛋白质序列的一种输出格式。

Filial generation（F1，F2）：杂交后代，在繁殖过程中每个世代所产生的后代，依次记为 F_1，F_2 等（ORNL）。

Filtering：过滤，也叫遮盖（masking）。指对那些经常产生虚假高分的（核酸或氨基酸）序列区域进行隐藏的过程。见：SEG 和 DUST（NCBI BLAST）。

Fingerprinting：指纹识别，（a）在遗传学上，对一个人的DNA 上多个特定的等位基因进行鉴定，以产生这个人的唯一标识。见法医鉴定（forensics）（ORNL）。（b）对一个克隆用特定的限制性内切酶如 *HindIII* 进行酶切产生的带型。相关的克隆有共同的指纹带。带型的一致性越多，重叠的程度越大（NCBI）。

Finished DNA sequence：测序完成的 DNA 序列，高质量、低错误率、无空位的人基因组序列。要达到 2003 年人基因组测序计划（HGP）的最终目标，需要额外的测序来消除空位，减少模糊度，并且每 1000 个碱基只允许出现一个误差，这是 HGP 完成测序的执行标准。见测序（sequencing）、草图序列（draft sequence）。

Flow cytometry：流式细胞术，一种生物材料的分析法，其主要原理是通过物质对激光的吸收特性或其荧光特性来检测该物质。当细胞或亚细胞的片段（如染色体）通过一个窄孔时，给予一束激光，会产生光吸收谱或荧光谱。用于分离样品的自动分拣装置依据每份样品的荧光发射特点将由连续液滴所构成的样品分选成不同的部分（ORNL）。

Flow karyotyping：流式核型分析，利用流式细胞仪，根据染色体 DNA 含量对染色体进行分析和分离（ORNL）。

Fluorescence *in situ* hybridization（FISH）：荧光标记原位杂交，一种物理图谱绘制方法。使用荧光素标记的探针，检测探针与分裂中期的染色体或与分裂间期浓缩程度较低的染色质的杂交（ORNL）。

Folded leaf：折叠叶，围绕单个疏水核形成的一层 α 螺旋，但不是简单的束状结构（ORNL）。

Forensics：法医鉴定，使用 DNA 来进行鉴定。使用 DNA的例子用在子女抚养案件中确定亲子关系，在犯罪现场确定嫌疑人身份以及确定事故受害者的身份等（ORNL）。

Fosmid：福斯质粒，基于大肠杆菌 F 因子的克隆系统。这些克隆有平均 40kb 的插入片段，具有非常小的标准差（NCBI）。

Fraternal twin：异卵双生，由于两个精子分别对两个卵子进行受精而同时出生的兄弟姐妹。像其他同胞一样，他们有相同的遗传关系。见同卵双生（identical twin）（ORNL）。

Full gene sequence：全基因序列，一个基因中碱基的完整的排序。这个顺序决定了这个基因所编码的蛋白质（ORNL）。

Functional genomics：功能基因组学，一门研究基因、基因所编码的蛋白和蛋白质在身体生化过程中所起的作用的学科（ORNL）。

G

Gamete：配子，成熟的雄性或雌性生殖细胞（精子或卵子），是单倍体染色体组（对于人类来说是 23 条）（ORNL）。

Gap：空位，（a）在序列比对的过程中引入空位来补偿一条序列相对于另一条序列的插入或缺失。为了避免在比对中积累太多的空位，空位的引入会使得比对的打分值减去一个固定值（空位值）。在多余的核苷酸或氨基酸周围引入空位时，也要对比对的打分值进行罚分（NCBI BLAST）。（b）在序列比对中，表示一条序列相对于另一条序列的缺失的位置。为了减少大量的连续空位区域的形成，需要在比对算法中加入空位罚分。空位也代表比对时蛋白质结构中发生在环凸或 β 突起中的插入（SMART）。

GC-rich area：GC 富含区域，许多 DNA 序列含有长的 GC重复片段，这些片段通常是富含基因的区域（ORNL）。

Gel electrophoresis：凝胶电泳，见：电泳（electrophoresis）（ORNL）。

Gene：基因，遗传的基本结构和功能单元。基因是特定染色体上特定位置的一段核苷酸片段，能够编码具有特定功能的产物（如蛋白质或 RNA 分子）。见：基因表达（gene expression）（ORNL）。

Gene amplification：基因扩增，一段 DNA 的重复复制；肿瘤细胞的一个特性。见：基因（gene）、原癌基因（oncogene）（ORNL）。

Gene chip technology：基因芯片技术，从大量的基因中形成cDNA 微阵列的技术；用于监控和检测芯片上每个基因表达量的变化（ORNL）。

Gene expression：基因表达，基因编码信息转化为细胞结构并在细胞中行使功能的过程。表达的基因包括转录成 mRNA，接着翻译成蛋白质的基因以及转录成 RNA 但是不翻译成蛋白质（如 tRNA 和 rRNA）的基因（ORNL）。

Gene family：基因家族，一组产生相似产物的、紧密相关的基因（ORNL）。

Gene library：基因文库，见：基因组文库（genomic library）（ORNL）。

Gene mapping：基因定位，鉴定 DNA 分子（染色体或质粒）中基因的相对位置和在连锁单元或物理单元中的基因距离（ORNL）。

Gene pool：基因库，一个物种内基因的所有变体。见：等位基因（allele）、基因（gene）、多态性（polymorphism）（ORNL）。

Gene prediction：基因预测，基于一段 DNA 序列与已知基因序列的匹配程度，利用计算机程序对可能的基因所作的预测（ORNL）。

Gene product：基因产物，来源于基因表达，可以是 RNA 或蛋白质的生化物质。基因产物的数量用来评估基因的活性；异常的产物数量可能与引起疾病的等位基因有关（ORNL）。

Gene targeting：基因靶向，靶向特定基因的特定类型的转基因。如果一个基因的突变拷贝用电穿孔法引入细胞，它会发现细胞内它的内源性拷贝，并以一定的频率（1%～25%）与之发生重组。如果这一事件发生在胚胎干细胞中，携带新的基因拷贝的细胞产生的胚胎可以用来评估这个突变的表型影响（NCBI）。

Gene testing：基因测试，见：遗传测试（genetic testing）、遗传筛选（genetic screening）（ORNL）。

Gene therapy：基因治疗，一种致力于用健康基因替换、操纵或补足无功能或功能错误的基因的实验手段。见：基因，继承，体细胞基因治疗，生殖细胞基因治疗（ORNL）。

Gene trapping：基因捕获，这种策略使用转基因导入 DNA，该 DNA 携带两侧有各种基因组信号（剪接供体或受体位点、启动子等）的报告基因（lacZ 或 GFP）。报告基因的表达表明该 DNA 已整合到含有基因的基因组区域。已被捕获的基因可以使用与报告物相关的 DNA 序列来恢复。通常，基因捕获载体的导入会导致其导入到的基因失活（NCBI）。

Genetic code：遗传密码，沿着 mRNA 的三联密码子核苷酸序列，决定了在蛋白质合成中的氨基酸序列。基因的 DNA 序列可以用来预测其 mRNA 序列，且遗传密码可以用于预测氨基酸序列（ORNL）。

Genetic counseling：遗传咨询，为患者和他们的家庭提供关于遗传相关情况的教育和信息，以帮助他们做出明智的决定（ORNL）。

Genetic discrimination：遗传歧视，对那些罹患或可能罹患遗传疾病的人的偏见（ORNL）。

Genetic engineering：遗传工程，改变细胞或生物体的遗传物质，使它们能够产生新的物质或具有新的功能（ORNL）。

Genetic engineering technology：遗传工程技术，见：重组 DNA 技术（ORNL）。

Genetic illness：遗传疾病，由于遗传了一种或多种有害等位基因引起的疾病、身体残疾或其他疾病（ORNL）。

Genetic informatics：遗传信息学，见：生物信息学（ORNL）。

Genetic map：遗传图谱，见：连锁图谱（ORNL）。

Genetic marker：遗传标记，遗传可跟踪的基因或 DNA 的其他可识别部分。见：染色体，DNA，基因，遗传（ORNL）。

Genetic material：遗传物质，见：基因组（ORNL）。

Genetic mosaic：遗传嵌合体，不同细胞中含有不同遗传序列的生物体。这可以由发育阶段突变或早期发育阶段胚胎的融合所产生（ORNL）。

Genetic polymorphism：遗传多态性，个人、团体或群体中 DNA 序列上的差异（例如，控制蓝色眼睛或棕色眼睛的基因）（ORNL）。

Genetic predisposition：遗传易感性，对一种遗传疾病的易感性。可能导致该疾病的实际发生，也可能不导致该疾病的实际发生（ORNL）。

Genetic screening：遗传筛查，对一组人进行检测，以发现对某特定遗传病具有高患病风险或高传递风险的个体（ORNL）。

Genetic testing：遗传检测，分析个体的遗传物质来确定易感性或一种特定的健康状况，或用来确认遗传疾病的诊断（ORNL）。

Genetics：遗传学，对特定性状的遗传模式的研究（ORNL）。

Gene transfer：基因转移，将新 DNA 导入生物体的细胞中，通常是通过一个载体如修改过的病毒。用于基因治疗。见：突变，基因治疗，载体（ORNL）。

Genome：基因组，特定生物体的染色体中的所有遗传物质；其大小通常用碱基对总数来表示（ORNL）。

Genome project：基因组计划，旨在对人类和某些模式生物的基因组进行测绘和测序的研究和技术开发工作。见：人类基因组计划（ORNL）。

Genomic library：基因组文库，用能够代表一个生物体的整个基因组的随机产生的互相重叠的 DNA 片段形成的克隆的集合。见：文库，阵列库（ORNL）。

Genomics：基因组学，对基因及其功能的研究的学科（ORNL）。

Genomic sequence：基因组序列，见：DNA（ORNL）。

Genotype：基因型，一个生物体的遗传构成，与它的外表（其表型）是两个概念（ORNL）。

Germ cell：生殖细胞，精子和卵子细胞及它们的前体细胞。生殖细胞是单倍体，只有一组染色体（共 23 条），而所有其他细胞都具有两个拷贝的染色体（共 46 条）（ORNL）。

Germ line：种系，一组遗传信息从一代到下一代的持续。见：遗传（ORNL）。

Germ line gene therapy：种系基因治疗，一种将基因插入到生殖细胞或受精卵中以造成可以遗传给后代的遗传变化的实验过程。可用于减轻与某一遗传疾病相关的症状。见：基因组学，体细胞基因治疗（ORNL）。

Germ line genetic mutation：种系遗传突变，见：突变（ORNL）。

Global alignment：全局比对，对两个核酸或蛋白质序列的全长进行的比对（NCBI BLAST）。

Greek key：少数 β 折叠链中，一些链间连接跨桶底形成的拓扑结构，或指三明治折叠中的 β 折叠之间连接形成的拓扑结构（SCOP）。

Guanine（G）：鸟嘌呤，DNA 中含氮的碱基，是碱基对 GC 中的一个成员（鸟嘌呤和胞嘧啶）。见：碱基对，核苷酸（ORNL）。

H

H：*H* 是目标残基频率和背景残基频率的相对信息商，*H* 可以被认为是一种度量，是每个可观测位点平均信息量（单位为比特）的一种度量，这种度量可将一个比对与随机情况区分开。当 *H* 值很高时，短链比对可以与随机事件区分开，而在低 *H* 值时则需要更长片段的比对（NCBI BLAST）。

Haploid：单倍体，存在于动物的卵子和精子细胞、植物的卵细胞和花粉细胞中的单组染色体（全套遗传物质的一半）。人类在生殖细胞中有 23 条染色体。见：二倍体（ORNL）。

Haplotype：单倍型，(a) 表示一条染色体上一系列紧密相连位点的基因型集合的一种方式（ORNL）。(b) 一条染色体上一组往往被共同遗传的紧密相连的遗传标记。一个单倍型也可以指一条染色单体上的一组统计上彼此关联的单核苷酸多态性（SNPs）（NCBI）。

Hemizygous：半合子，指仅有特定基因的一个拷贝。例如，在人类中，对于 Y 染色体上发现的基因，男性呈半合子（ORNL）。

Herediatary cancer：遗传性癌症，家族中由于遗传一个改变了的基因而发生的癌症。见：散发性癌症（ORNL）。

Heterozygosity：杂合性，同源染色体上一个或多个位点上不同等位基因的存在（ORNL）。

Heterozygote：杂合子，见：杂合性（ORNL）。

Highly conserved sequence：高度保守序列，在几个不同类型的生物体中非常相似的 DNA 序列。见：基因，突变（ORNL）。

High-throughput sequencing：高通量测序，确定 DNA 碱基顺序的一种快捷方法。见：测序（ORNL）。

Homeobox：同源框，核苷酸中的一小段，其碱基序列在所有包含它的基因中几乎相同。同源框已在从果蝇到人类的许多生物体中被发现。在果蝇中，同源框似乎可用于确定发育中特定基因群体表达的时间（ORNL）。

Homolog：同源体，二倍体生物中一对染色体中的一个，或在两个或更多种物种中具有相同起源和功能的基因（ORNL）。

Homologous chromosome：同源染色体，与另一条染色体含有相同线性基因序列的染色体，每条来自父母的一方（ORNL）。

Homologous recombination：同源重组，成对染色体之间的 DNA 片段的交换（ORNL）。

Homology：同源性，(a) 归因于一个共同祖先的相似度（NCBI BLAST）。(b) 相同物种或不同物种的个体之间的 DNA 或蛋白质序列的相似度（ORNL）。(c) 来自共同祖先的由基因复制而来的进化后代（SMART）。

Homozygote：纯合子，含有一个基因的两个相同等位基因的生物体。见：杂合子（ORNL）。

Homozygous：纯合子的，见：纯合子（ORNL）。

HSP 高得分片段对（High-scoring segment pair），在一个给定的搜索中，得到最高比对分值之一的没有空位的局部比对结果（NCBI BLAST）。

Human gene therapy：人类基因治疗，见：基因治疗（ORNL）。

Human Genome Initiative：人类基因组倡议，由美国能源署（DOE）于 1986 年开始的几个项目的集体名称，用于从已知的染色体位置创建一组有序的 DNA 片段、为分析遗传图谱和 DNA 序列数据开发新计算方法，以及开发用于检测和分析 DNA 的新技术和仪器。能源部的这一倡议现在被称为人类基因组项目。这一由能源部和卫生部领导的全国联合工作，被称为人类基因组计划（ORNL）。

Human Genome Project（HGP）：人类基因组计划，原名为人类基因组倡议。见：人类基因组倡议（ORNL）。

Hybrid：杂交种，由携带不同遗传信息的父母产生的后代。见：杂合子（ORNL）。

Hybridization：杂交，将 DNA 的两条互补链或 DNA 和 RNA 各一条相结合以形成双链分子的方法（ORNL）。

I

Identical twin：完全相同的双胞胎，由一个受精卵分裂产生的双胞胎，具有相同的基因型。见：异卵双胞胎（ORNL）。

Identity：同一性，两序列（核苷酸或氨基酸）相似的程度（NCBI BLAST）。

Immunotherapy：免疫疗法，使用免疫系统来治疗疾病，例如疫苗的开发。也可指对免疫系统所造成的疾病的治疗。见：癌症（ORNL）。

Imprinting：印迹，一种现象，指疾病表型取决于父母哪一方传递了该致病基因。例如，Prader-Willi 和 Angelman 综合征都是由于遗传了 15 号染色体相同部分的缺失。当父本的 15 号染色体缺失，孩子会有 Prader-Willi 综合征，但当来自母亲的 15 号染色体有该缺失时，孩子会有 Angelman 综合征（ORNL）。

Independent assortment：独立分配，在减数分裂中，独立于其他基因的分配，一个基因的两个拷贝被分配到生殖细胞中。见：连锁（ORNL）。

Informatics：信息学，见：生物信息学（ORNL）。

Informed consent：知情同意书，在被告知风险和益处后，个人心甘情愿地同意参与一个活动。见：隐私（ORNL）。

Inherit：遗传，遗传学中，通过生物学过程获得父母的遗传物质（ORNL）。

Inherited：遗传的，见：遗传（ORNL）。

Insertion：插入，一种染色体异常形式，一段 DNA 插入到一个基因中，从而破坏了该基因的正常功能。见：染色体，DNA，基因，突变（ORNL）。

Insertional mutation：插入突变，见：插入（ORNL）。

In situ **hybridization**：原位杂交，使用一个 DNA 或 RNA 探针，在克隆的细菌或培养的真核细胞中检测其互补 DNA 序列是否存在的过程（ORNL）。

Intellectual property rights：知识产权，专利、版权和商标。见：专利（ORNL）。

Interference：干扰，一个交叉事件降低另一个交叉事件的机会的现象。又称正干扰。负干扰则会增加第二个交叉事件的机会。见：交叉（ORNL）。

Interphase：间期，细胞周期中 DNA 在细胞核中复制的时间段；之后进行有丝分裂（ORNL）。

Intracellular domains：细胞内结构域，蛋白质中最普遍存在于细胞质中的结构域家族（SMART）。

Intron：内含子，阻断基因中蛋白质编码序列的 DNA 序列；内含子会被转录进入 RNA，但在被翻译成蛋白质前就会被从信使 mRNA 中切掉。见：外显子（ORNL）。

In vitro：体外研究，在活的生物体外进行的研究，例如在实验室中进行（ORNL）。

In vivo：体内研究，在活的生物体中进行的研究（ORNL）。

Isoenzyme：同工酶，一种酶与另一种酶执行相同的功能，但具有不一样的氨基酸序列。该两种酶可能以不同的速度起作用（ORNL）。

J

Jelly roll Greek key：拓扑结构的一种变体，其中一个三明治或桶折叠的两端都由两个链间连接进行交叉。见：Greek key（SCOP）。

Junk DNA：垃圾 DNA，不编码基因的 DNA；基因组的大部分由所谓的垃圾 DNA 组成，这些 DNA 可能具有调控和其他功能，也称为非编码 DNA（ORNL）。

K

K：计算 BLAST 分值时使用的一种统计参数，可被认为是针对搜索空间大小的天然的比例尺。K 值用于将原始分值（S）转换为比特得分（S'）（NCBI BLAST）。

Karyotype　核型，人染色体标准格式排列的显微照片，展示每种染色体类型的数目、大小和形状；用于低分辨率物理映射，将总染色体异常与特定疾病的特性进行关联（ORNL）。

Kilobases(Kb)：千碱基，DNA 片段长度单位，等于 1000 个核苷酸（ORNL）。

Knockout：敲除，使特定基因失活；用于实验生物中以研究基因功能。见：基因，位点，模式生物（ORNL）。

L

Lambda (λ)：一种用于计算 BLAST 分值的统计参数，可被认为是打分系统的天然的比例尺。λ 值被用于将原始分值（S）转化为比特分值（S'）（NCBI BLAST）。

Library：文库，一系列无序的克隆片段（即从特定生物体中克隆的 DNA）集合，其彼此之间的关系可由物理图谱来确定。见：基因组文库，阵列文库（ORNL）。

Linkage：连锁，一条染色体上的彼此接近的两个或更多个标记（例如，基因、限制性酶切片段长度多态性标记）；标记之间越近，它们在 DNA 修复或复制过程（原核生物中的二分裂、真核生物中的有丝分裂或减数分裂）中被分开的概率越低，因而具有更大的共同遗传的可能性（ORNL）。

Linkage disequilibrium：连锁不平衡，两个等位基因同时发生的概率大于随机的位置。表明两个等位基因在 DNA 链上

物理距离接近。见：孟德尔遗传（ORNL）。

Linkage map：连锁图谱，遗传位点在染色体上的相对位置的图谱，基于位点共同遗传的频率而决定。距离的度量是厘摩（cM）（ORNL）。

Local alignment：局部比对，将两个核酸序列或蛋白质序列的一些部分进行比对（NCBI BLAST）。

Localization：局部化，被 SWISSPROT 注释认为是存在于不同的细胞区域（细胞质、细胞外空间、核及膜相关）的一些结构域，这些信息显示于注释页面中（SMART）。

Localize：定位，对一个基因或其他标记在染色体上的原始位置的确定（ORNL）。

Locus (plural loci)：基因座（复数为 loci），染色体上基因或其他染色体标记物的位置；也指该位置处的 DNA。这个词有时仅指表达的 DNA 区域。见：基因表达（ORNL）。

Long-range restriction mapping：远距离限制性酶切图谱，限制性内切酶是指可在精确位置切断 DNA 的蛋白质。酶切图谱描绘了限制性内切酶在染色体上的切割位点。它们被用作生化"路标"或染色体上的特定区域的标记。图谱详细标注了 DNA 分子被特定限制性内切酶切割的位置（ORNL）。

Low-complexity region(LCR)：低复杂度区域，具有成分偏好性的区域，这些区域组成包括同聚物、短周期重复和更细微的一个或几个残基的富集。SEG 程序是用于在氨基酸查询序列中屏蔽或过滤 LCR。DUST 程序是用于屏蔽或过滤核酸查询序列中的 LCR（NCBI BLAST）。

M

Macrorestriction map：酶切图谱，描绘限制性内切酶切割染色体的位点的顺序和位点之间的距离的图谱（ORNL）。

Mapping：映射，见：基因映射，连锁图谱，物理图谱（ORNL）。

Mapping population：作图群体，构建遗传图谱中使用的相关生物群（ORNL）。

Marker：标记，见：遗传标记（ORNL）。

Masking：遮盖，又称过滤。为了提高序列相似性搜索中的灵敏度，从序列中去掉重复的或低复杂度的区域（NCBI BLAST）

Mass spectrometer：质谱仪，使用物质的质量和电荷以确定物质中化学物质的仪器（ORNL）。

Mate pair：配对，来自特定克隆两端的序列被称为配对序列。已知两个序列从同一克隆中得到，可使得这些序列被链接，即使不知道该克隆的完整插入序列。这对于 WGS 装配很关键（NCBI）。

Meander：β 折叠中的一种简单拓扑结构，其中任何两个连续的链相邻且反向平行（SCOP）。

Megabase(Mb)：兆碱基，DNA 片段的长度，等于 100 万个核苷酸，约等于 1cM 的。见：厘摩（cM）（ORNL）。

Meiosis：减数分裂，在生殖细胞的二倍体前体细胞中发生的两个连续的细胞分裂过程。减数分裂产生四个而不是两个子代细胞，每个单倍细胞具有一套单倍染色体组。见：有丝分裂（ORNL）。

Mendelian inheritance：孟德尔遗传，遗传性状从父母传递给后代的一种方式。以 George Mendel 命名，他首先研究并发现了基因的存在和这种遗传方式。见：常染色体显性，隐性基因，性连锁（ORNL）。

Messenger RNA（mRNA）：信使 RNA，为蛋白质合成提供模板的 RNA。见：遗传密码（ORNL）。

Metaphase：中期，有丝分裂或减数分裂的一个阶段，在此阶段染色体沿着细胞的赤道板排列对齐（ORNL）。

Microarray：微阵列，微型化学反应区域的集合，也可用于检测 DNA 片段、抗体或蛋白质（ORNL）。

Microbial genetics：微生物遗传学，对细菌、古细菌、其他微生物的基因和基因功能研究的学科，通常应用于生物修复、替代能源和疾病预防这些研究领域。见：模式生物，生物技术，生物修复（ORNL）。

Microinjection：显微注射，使用微毛细管吸管将 DNA 溶液导入到细胞中的技术（ORNL）。

Mitochondrial DNA：线粒体 DNA，在为细胞产生能量的细胞器——线粒体中发现的遗传物质。与细胞核 DNA 遗传的方式不一样。见：细胞，DNA，基因组，细胞核（ORNL）。

Mitosis：有丝分裂，细胞核分裂产生子代细胞的过程，并且子代细胞在遗传上彼此相同且与亲本细胞相同。见：减数分裂（ORNL）。

Modeling：建模，采用统计分析、计算分析或模式生物来预测研究结果（ORNL）。

Model organism：模式生物，对生物学研究很有用的实验动物或其他生物体（ORNL）。

Molecular biology：分子生物学，对重要生物学分子的结构、功能和组成进行研究的学科（ORNL）。

Molecular farming：分子农业，研发转基因动物以生产医疗用途的人类蛋白质（ORNL）。

Molecular genetics：分子遗传学，对在生物遗传上具有重要作用的大分子进行研究的学科（ORNL）。

Molecular medicine：分子医学，在分子水平上对损伤或疾病的治疗。实例包括基于 DNA 的诊断检测的使用，或来源于 DNA 序列信息的药物的使用（ORNL）。

Monogenic disorder：单基因病，由单个基因突变引起的疾病。见：突变，多基因疾病（ORNL）。

Monogenic inheritance：单基因遗传 见：单基因疾病（ORNL）。

Monosomy：单倍性，具有特定染色体的一个拷贝，而不是正常的两个拷贝。见：细胞，染色体，基因表达，三体（ORNL）。

Morbid map：致病图，显示与疾病相关的基因的染色体位置的图表（ORNL）。

Motif：模体，（a）蛋白质序列中的短的保守区。模体常常是结构域中的高度保守部分（NCBI BLAST）。（b）序列模体是指多肽中的短保守区域。序列模体之间不一定具有同源性（SMART）。

Mouse model：小鼠模型。见：模式生物（ORNL）。

Multifactorial or multigenic disorder：多因素或多基因疾病。见：多基因疾病（ORNL）。

Multiple sequence alighment：多序列比对，三个或更多个序列的比对，在序列中插入空位，使得比对结果中具有相同结构位置的残基、和/或祖先残基排列在同一列中。ClustalW 是最广泛使用的多序列比对程序之一（NCBI BLAST）。

Multiplexing：并行，并行（同时）执行多组反应的一种实验室方法；大大提高了速度和通量（ORNL）。

Murine：鼠，*Mus* 属的生物。指大鼠或小鼠（ORNL）。

Mutagen：诱变剂，导致细胞中发生永久性遗传改变的试剂。不包括正常的基因重组中发生的改变（ORNL）。

Mutagenicity：诱变性，一种化学或物理试剂的可造成永久性遗传改变的能力。见：体细胞基因突变（ORNL）。

Mutation：突变，（a）DNA 序列中的任何可遗传的变化。见：多态性（ORNL）。（b）与参考序列或"野生型"序列不同的序列变异。该变化可以是 SNP、序列的插入或序列的缺失。群体中个体之间可以存在大量的序列变异。例如，不同的人中每 1000bp 可能就会有 1bp 有差异。实际上，突变与变异有所不同，因为它们有不同的表型后果。*Pax6* 基因中导致该基因功能丧失的突变，会导致果蝇的无眼突变、小鼠中的小眼突变和人类中的无虹膜突变（NCBI）。

N

N50：指在一个给定的装配区域中的半数碱基所在的重叠群/支架的长度。这提供了连续性的度量。例如，N50 为 15Mb 的支架，意味着在装配中至少一半的碱基是在一个至少 15 MB 的重叠群中（NCBI）。

Nitrogenous base：含氮碱基，具有碱基化学性质的含氮分子。DNA 含有含氮碱基腺嘌呤（A）、鸟嘌呤（G）、胞嘧啶（C）和胸腺嘧啶（T）。见：DNA(ORNL)。

Northern blot：RNA 印迹，在凝胶中对与用作探针的 DNA 片段互补的 mRNA 序列进行定位的基于凝胶的实验手段。见：DNA，图书馆（ORNL）。

Nuclear transfer：核移植，一种实验手段，将一细胞的细胞核取出并将该细胞核放置到已去掉自身细胞核的卵母细胞中，使得供体细胞核的遗传信息得以控制该结果细胞。这样的细胞可被诱导形成胚胎。该方法被用来产生克隆羊多利。见：克隆（ORNL）。

Nucleic acid：核酸，由核苷酸亚基组成的大分子。见：DNA（ORNL）。

Nucleolar organizing region：核仁组织区，携带 rRNA 编码基因的染色体区段。（ORNL）。

Nucleotide：核苷酸，DNA 或 RNA 的亚基，由一个含氮碱基（DNA 中为腺嘌呤、鸟嘌呤、胸腺嘧啶或胞嘧啶；RNA 中为腺嘌呤、鸟嘌呤、尿嘧啶或胞嘧啶）、一个磷酸分子和一个糖分子（DNA 中为脱氧核糖，RNA 中为核糖）组成。数千个核苷酸连接形成一个 DNA 或 RNA 分子。见：DNA，碱基对，RNA（ORNL）。

Nucleus：细胞核，真核生物中的细胞器，包含大部分的遗传物质（ORNL）。

O

Oligo：寡核苷酸。见：寡核苷酸（ORNL）。

Oligogenic：寡基因的，一种由两个或更多个基因共同产生的表型性状。见：多基因疾病（ORNL）。

Oligonucleotide：寡核苷酸，通常由 25 个或更少的核苷酸组成的分子；用作 DNA 合成引物。见：核苷酸（ORNL）。

Oncogene：致癌基因，一个或多个形式与癌症有关。许多致癌基因直接或间接地参与控制细胞生长的速率（ORNL）。

Open reading frame（ORF）：开放阅读框，位于起始密码子和终止密码子之间的 DNA 或 RNA 序列（ORNL）。

Operon：操纵子，在一个操纵基因控制下表达的一系列基因（ORNL）。

Optimal alignment：最佳比对，两个序列比对得分最高的比对（NCBI BLAST）。

ORF 见：开放阅读框（open reading frame）（SMART）。

Orthologous：直系同源，不同物种中在物种形成时，从一个共同的祖先基因产生的同源序列；可能负责相似的功能，也可能不负责相似的功能（NCBI BLAST）。

Overlapping clones：重叠克隆，见：基因组文库（genomic library）（ORNL）。

P

p value：p 值，比对得到指定的分值或更好得分所发生的概率。p 值是由将比对观察值 S 与高得分片段对分值的分布进行关联而计算，这些高得分片段对分值由与对数据库的查询序列相同长度及组成的随机序列之间的比较而得。显著性最高的 p 值接近 0。P 值和 E 值是代表比对显著性的不同方式（NCBI BLAST）。

P1-derived artificial chromosome（PAC）：P1 衍生人工染色体，大肠杆菌中一种用于克隆 DNA 片段（插入大小 100～300kb，平均 150kb）的载体。基于噬菌体（一种病毒）P1 的基因组。见：克隆载体（cloning vector）（ORNL）。

PAM：可接受点突变，一种用于衡量蛋白质序列进化改变量的单位。1.0PAM 的进化单位表示蛋白质序列中平均 1% 的氨基酸发生进化改变量。PAM（x）的替代矩阵是一个查询表，其中每个氨基酸替代的分值是基于进化趋异程度为 x 的紧密相关蛋白的替换频率而计算的（NCBI BLAST）。

Paralogous：旁系同源，同一个物种中由基因复制而产生的同源序列（NCBI BLAST）。

Patent：专利，遗传学中，是指对基因、基因变异或个人或组织测序的遗传材料中可确认的部分授予权利或权益。见：基因（ORNL）。

Pedigree：谱系，家族树谱图，可以展示某种特定的遗传性状或疾病如何被遗传。见：遗传（inherit）（ORNL）。

Penetrance：外显率，一个基因或遗传性状被表达的概率。"全"外显指某性状的基因在具有这些基因的整个人群中都表达。"不全"外显率意味着该遗传性状只在部分人群中表达。外显百分比也可能随着人口的年龄范围变化而变化（ORNL）。

Peptide：肽，两个或多个氨基酸通过称为"肽键"的键连接形成。见：多肽（polypeptide）（ORNL）。

Phage：噬菌体，一种病毒，其天然宿主是细菌细胞（ORNL）。

Pharmacogenomics：药物基因组学，对人的基因组成与药物响应之间的相互作用的研究（ORNL）。

Phenocopy：拟表型，一个性状不是由基因遗传引起的，但看起来与遗传性状相同（ORNL）。

Phenotype：表型，(a) 一个生物体的物理特性，或表现出疾病，可能为遗传或非遗传。见：基因型（genotype）（ORNL）。(b) 一个生物体显示出可观察到的特性。这些特性可能由基因、环境或两者共同来控制。这些特性可能可以直接观察到，例如棕色眼睛表型。在一些情况下，表型是可以测量的，例如高血压表型（NCBI）。

Physical map：物理图谱，DNA 上可识别标志的位置图谱（例如，限制性酶切位点、基因），不论这些标志是否可遗传。以碱基对为距离度量。对于人类基因组，分辨率最低的物理图谱是 24 种不同染色体上的条带模式；分辨率最高的图谱是染色体的全部核苷酸序列（ORNL）。

Plasmid：质粒，自主复制的染色体外环状 DNA 分子，与正常的细菌基因组不同，在没有选择压力的情况下对于细胞的存活并非必要。一些质粒能够整合进宿主基因组。许多人工构建的质粒被用作克隆载体（ORNL）。

Pleiotropy：基因多效性，一个基因导致许多不同物理性状，如多种疾病症状（ORNL）。

Pluripotency：多能性，细胞基于环境可发育为不止一种类型的成熟细胞的潜能（ORNL）。

Polygenic disorder：多基因病，多个基因的等位基因联合作用产生的遗传疾病（例如，心脏疾病、糖尿病和某些癌症）。虽然这种疾病是可遗传的，但它们依赖于数个等位基因的同时存在；因此，与单基因疾病相比其遗传模式通常更复杂。见：单基因疾病（single-gene disorder）（ORNL）。

Polymerase chain reaction（PCR）：聚合酶链式反应，一种扩增 DNA 序列的方法，使用热稳定聚合酶以及两条 20 个碱基的引物，其中一个引物与用于扩增的序列一端的（＋）链互补，另一个引物与该序列的另一端的（－）链互补。由于新合成的 DNA 链可以使用相同的引物序列，接着被用作新增的扩增模板，这样，接连不断的引物退火、链延伸和分离过程，可产生所需序列的快速而高度特异的扩增。PCR 也可以用于检测一个 DNA 样品中是否存在某个特定的序列（ORNL）。

Polymerase, DNA or RNA：DNA 或 RNA 聚合酶，在已存在的核酸模板上催化合成核酸的酶，可催化核糖核苷酸拼装成 RNA 或脱氧核糖核苷酸拼装成 DNA（ORNL）。

Polymorphism：多态性，引起个体间健康差异的个体间 DNA 序列的不同。在群体中出现频率超过 1% 的遗传变异被认为在遗传连锁分析中是有用的多态性信息。见：突变（mutation）（ORNL）。

Polypeptide：多肽，由肽键连接的氨基酸链组成的蛋白或蛋白的一部分（ORNL）。

Population genetics：群体遗传学，对一群人中遗传变异研究的学科（ORNL）。

Positional cloning：定位克隆，一种基于基因在染色体上的位置来鉴定基因的技术，通常用于那些与疾病相关的基因（ORNL）。

Primer：引物，短的预先存在的多核苷酸链，新的脱氧核糖核苷酸可通过 DNA 聚合酶加入到该链（ORNL）。

Privacy：隐私，在遗传学上，人们具有的限制对其遗传信息的使用的权利（ORNL）。

Probe：探针，具有特异性碱基序列的单链 DNA 或 RNA 分子，经放射或免疫标记过，通过序列杂交来检测互补碱基序列（ORNL）。

Profile：谱 (a) 列出蛋白质序列中，每个位置每个氨基酸的频率表格。频率根据含有感兴趣结构域的多重序列比对结果来计算。见：PSSM（NCBI BLAST）。(b) 反映一个同源蛋白家族的位置特异性得分和空位罚分表格，可以被用于检索序列数据库。在 ClustalW 产生的资料中，关系更远而相关的序列具有较高的权重（SMART）。

Prokaryote：原核生物，不具有膜包裹分离的细胞核和其他亚细胞结构的细胞或生物体。细菌是个例子。见：染色体（chromosome），真核生物（eukaryote）（ORNL）。

Promoter：启动子，指一种 DNA 位点，RNA 聚合酶可结合在该位点并启动转录（ORNL）。

Pronucleus：生殖核，受精前的精子或卵子的核。见：核（nuclear），转基因（transgenic）（ORNL）。

Protein：蛋白质，由一个或多个特定顺序氨基酸链组成的大分子；氨基酸顺序由编码此蛋白质的基因的核苷酸碱基序列来决定。蛋白质对于身体的细胞、组织和器官的结构、功能与调节来说是必需的；每个蛋白质具有独特的功能。例如激素、酶和抗体（ORNL）。

Proteome：蛋白质组，细胞或器官在特定时间和特定条件下表达的一系列蛋白质（ORNL）。

Proteomics：蛋白质组学，对正常或疾病组织的蛋白质表达的系统分析，涉及对一个生物体中所有蛋白质的分离、鉴定和描述。

Pseudogene：假基因，一个与基因序列相似但没有功能的 DNA 序列；可能是曾有功能的基因经累积突变后的残余物（ORNL）。

PSI-BLAST：位置特异的迭代 BLAST 方法，指使用 BLAST 算法进行的迭代搜索。经初始搜索取得一个信息表，此信息表将在随后的搜索中被使用。如果需要，该过程可以重复，每一个循环中发现的新序列可用于改进该信息表（NCBI BLAST）。

PSSM：特异性位置打分矩阵，PSSM 为在目标序列中找出特定的匹配氨基酸给出对数概率评分。见：谱（profile）（NCBI BLAST）。

Purine：嘌呤，一种存在于核酸中，含氮的、双环的基础化合物。DNA 和 RNA 中的嘌呤是腺嘌呤和鸟嘌呤。见：碱基对（base pair）（ORNL）。

Pyrimidine：嘧啶，一种存在于核酸中，含氮的、单环的基本化合物。DNA 中的嘧啶是胞嘧啶和胸腺嘧啶；在 RNA 中，则是胞嘧啶和尿嘧啶。见：碱基对（base pair）（ORNL）。

Q

Query：查询条目，输入的序列（或其他类型的搜索条目），数据库中所有的条目将被与之进行比较（NCBI BLAST）。

R

Radiation hybrid：放射性杂交，其杂交细胞含受辐射的人类染色体片段。人类、大鼠、小鼠及其他基因组的放射位点图可以提供重要的标记物，从而允许构建对于研究多因素疾病必不可少的非常精确的序列标记位点图谱。见：序列标记位点（sequence-tagged site）（ORNL）。

Rare-cutter enzyme：稀有位点酶，见：限制性酶酶切位点（restriction enzyme cutting site）（ORNL）。

Raw score：原始分值，比对结果 S 的分值，由替代和空位分值的总和而得。替代分值是由查表给出。空位分数通常是空位开放罚分 G 和空位延伸罚分 L 的总和。对于长度为 n 的空位，空位分数是 $G+Ln$。空位分数 G 和 L 的选择是经验性的，但通常习惯为选择较高的 G 值（10～15）和较低的 L（1～2）。见：PAM，BLOSUM（NCBI BLAST）。

Recessive gene：隐性基因，当有两个拷贝相同时才会表达的基因，如果在男性 X 染色体上则仅一个拷贝就可以表达（ORNL）。

Reciprocal translocation：相互易位，一对染色体交换长度和区域完全相同的 DNA。得到了重排后的基因（ORNL）。

Recombinant clone：重组克隆，含有重组 DNA 分子的克隆。见：重组 DNA 技术（ORNL）。

Recombinant DNA moleculars：重组 DNA 分子，利用重组 DNA 技术结合来自不同来源的 DNA 分子的组合（ORNL）。

Recombinant DNA technology：重组 DNA 技术，在非细胞系统（细胞或生物体以外的环境）中将 DNA 区段连接在一起的技术。在适当的条件下，一个重组 DNA 分子可进入细胞，并在其中或是自发的或是在整合进入细胞基因组之后进行复制（ORNL）。

Recombination：重组，后代得到与父母任一方都不同的基因组合的过程。在高等生物中，这可以通过交换发生。见：交换（crossing over），突变（mutation）（ORNL）。

RefSeq(Reference Sequence)：RefSeq（参考序列），RefSeq 项目的目标是为中心法则（DNA，RNA，蛋白质）中涉及的所有天然存在的分子提供参考序列（NCBI）。

Regulatory region or sequence：调节区域或序列，控制基因表达的 DNA 碱基序列（ORNL）。

Repetitive DNA：DNA 重复序列，基因组中具有多拷贝不同长度的序列；代表了大部分的人类基因组（ORNL）。

Reporter gene：报告基因。见：标记（marker）（ORNL）。

Resolution：分辨率，DNA 物理图谱上观察分子细节的程度，从低到高（ORNL）。

Restriction enzyme cutting site：限制性酶切位点，一段特定的 DNA 核苷酸序列，在该位置上一个特定的限制性酶切断

DNA。有些位点在 DNA 中较常见（例如，每几百个碱基对中即出现）；其他位点则罕见得多（罕见切割酶；例如，每10000 bp 出现一次）（ORNL）。

Restriction enzyme, endonuclease：限制性内切酶，核酸内切酶，这类蛋白识别特定的短核苷酸序列，并在这些位点切割DNA。细菌具有超过 400 个这样的酶，可以识别和切割超过100 种不同的 DNA 序列。见：限制性酶切位点（ORNL）。

Restriction fragment length polymorphism（RFLP）：限制性片段长度多态性，个体之间的特定限制性酶切片段长度之间的不同；形成 RFLP 的多态性序列被用作物理图谱和遗传连锁图谱的标记。RFLP 通常由位于切割位点的突变造成。见：标记，多态性（ORNL）。

Retroviral infection：逆转录病毒感染，存在逆转录病毒载体（如某些病毒）使用其重组 DNA 来将其遗传物质插入宿主的细胞的染色体中。然后可以通过宿主细胞繁殖（ORNL）。

Reverse transcriptase：逆转录酶，逆转录病毒所使用的酶，用来形成与病毒 RNA 互补的 DNA 序列（cDNA）。然后得到的 DNA 插入到宿主细胞的染色体中（ORNL）。

Ribonucleotide：核糖核苷酸。见：核苷酸（ORNL）。

Ribose：核糖，作为 RNA 的一个组成部分的五碳糖。见：核糖核酸，脱氧核糖（ORNL）。

Ribosomal RNA(rRNA)：核糖体 RNA，一类在细胞的核糖体中发现的 RNA（ORNL）。

Ribosomes：核糖体，细胞质中含有特定核糖体 RNA 和相关蛋白质的细胞器，是合成蛋白质的场所。见：RNA(ORNL)。

Risk communication：风险交流，指遗传学中，遗传咨询师或其他专业医疗人员对患者及后代解释基因检测结果，并为他们提供关于后果的建议的过程（ORNL）。

RNA（Ribonucleic acid）：RNA（核糖核酸），发现于细胞核和细胞质中的化学物质；在蛋白质合成和细胞的其他化学活动中起重要作用。RNA 的结构与 DNA 相似。RNA 分数类，包括信使 RNA、转运 RNA、核糖体 RNA 和其他小RNA，每种具有不同的功能（ORNL）。

S

Sanger sequencing：Sange 测序，用于确定 DNA 碱基顺序的一种广泛使用的方法。见：测序，鸟枪法测序（ORNL）。

Satellite：随体，一种染色体区段，从其余染色体上分离而出，但仍然由纤细的丝或柄与染色体其余部分相连（ORNL）。

Scaffold：支架，指基因组作图中，位于同一个连续的延伸序列中的一系列顺序正确但不一定彼此相连的叠连群（ORNL）。

Seed alignment：种子比对，比对中只包含每对同源序列中的一个，这些同源序列在 ClustalW 所衍生出的进化树中由距离小于 0.2 的分支相连（SMART）。

SEG：一种用于过滤氨基酸序列中低复杂区域的程序，比对中被遮盖的氨基酸残基会显示为"X"。在 BLAST 2.0 的blastp 子程序中，默认执行 SEG 过滤（NCBI BLAST）。

Segmental duplication：片段重复，可在基因组中不止一处发现的长度在 1~400kb 的 DNA 区段。片段重复之间的序列相似度常常＞90%。见拷贝数变异（Copy Number Variation，CNV）（NCBI）。

Segregation：分离，一种正常的生物学过程，此过程中一对染色体的两条姐妹染色单体在减数分裂中分开并随机进入生殖细胞中（ORNL）。

Sequence：序列。见：碱基序列（ORNL）。

Sequence assembly：序列拼接，一种确定多个已测序的 DNA片段顺序的方法（ORNL）。

Sequence-tagged site（STS）：序列标签位点，一段短的 DNA序列（200~500bp），在人类基因组中仅出现一次，其位置和碱基序列已知。STS 可通过聚合酶链式反应检出，其可以用于对来自多个不同实验室报道的回帖和测序数据进行定位和定向，并作为正在绘制的人类基因组物理图谱上的标记。表达序列标签（Expressed sequence tags，ESTs）是指来自 cDNA 的 STSs（ORNL）。

Sequencing：测序，确定 DNA 或 RNA 分子的核苷酸（碱基序列）顺序，或确定蛋白质中氨基酸的顺序（ORNL）。

Sequencing technology：测序技术，用于确定 DNA 中核苷酸的顺序的仪器和方法（ORNL）。

Sex chromosome：性染色体，人类的 X 或 Y 染色体可以确定一个人的性别。女性在二倍体细胞中有两条 X 染色体；男性则有一条 X 和一条 Y 染色体。性染色体组成了一个染色体组型中的第 23 对染色体。见：常染色体（ORNL）。

Sex linked：性染色体连锁，与 X 或 Y 染色体关联的性状或疾病；通常见于男性。见：基因，突变，性染色体（ORNL）。

Shotgun method：鸟枪法测序方法，在不知道基因组的克隆片段来自何处的情况下，对片段进行随机测序的方法。这可以与"定向"策略相对比。定向策略是对来自已知染色体位置的 DNA 片段进行测序。这两种策略各有优势，研究人员将随机（鸟枪）及定向策略相结合来进行人类基因组测序。见：文库，基因组文库（ORNL）。

Similarity：相似度，核苷酸或蛋白质序列相关的程度。两个序列之间相似的程度可以基于序列相同的百分比和/或保守性。在 BLAST 中，相似度是指一个正矩阵分值（NCBI BLAST）。

Single-gene disorder：单基因疾病，由单个基因的一个等位基因突变引起的遗传性疾病（例如，杜氏肌营养不良症，视网膜母细胞瘤，镰状细胞病）。见：多基因遗传病（ORNL）。

Single-nucleotide polymorphism(SNP)：单核苷酸多态性，(a) 基因组序列中的单核苷酸（A、T、C 或 G）被改变时出现的 DNA 序列变异。见：突变，多态性，单基因疾病（ORNL）。(b) 比较两个不同个体的同一 DNA 序列时发现的单个碱基差异（NCBI）。

Somatic cell：体细胞，体内除了配子及其前体的任何细胞。见：配子（ORNL）。

Somatic cell gene therapy：体细胞基因疗法，出于治疗目的将新的遗传物质导入细胞。这些新的遗传物质不能被传递给后代。见：基因治疗（ORNL）。

Somatic cell genetic mutation：体细胞基因突变，遗传结构中发生的既不是继承的、也不会传给后代的变化。也被称为获得性突变。见：生殖细胞基因突变（ORNL）。

Southern blotting：Southern 印迹，将吸收的分离自凝胶电泳的 DNA 片段转移到过滤膜，以放射性互补探针来检测特定碱基序列（ORNL）。

Spectral karyotype (SKY)：光谱核型分析，一个生物体中所有染色体的图形，每个以不同的颜色标注。用于识别染色体异常。见：染色体（ORNL）。

Splice site：剪接位点，DNA 序列上的位置，在这些位置上 RNA 去掉了非编码区域以形成用于翻译为蛋白质的连续基因转录本（ORNL）。

Sporadic cancer：散发性癌症，随机发生而非从父母那里继承的癌症。由细胞中 DNA 变化所造成，该细胞生长和分裂，可蔓延至整个身体。见：遗传性癌症（ORNL）。

SSAHA：一种哈希算法，用于快速检索大量的基因组序列。这个程序类似于 BLAT，但不使用剪接信息来比对 mRNA 序列，也不能进行翻译后检索（NCBI）。

Stem cell：干细胞，骨髓中未分化的原始细胞，既具有繁殖也具有分化成特定血细胞的能力（ORNL）。

Structral genomics：结构基因组学，使用实验技术及计算机模拟以确定大量蛋白质的三维结构的学科（ORNL）。

STS (sequence tag site)：序列标签位点，在一般情况下，短序列（200～500 碱基）可由全基因组各处产生。使用寡核苷酸引物将该序列用 PCR 进行扩增，在电泳分析中会产生离散的带。STS 标记可以是多态的或单态的。它们对于整合不基于测序的图谱（如遗传或放射杂交）很关键。

Substitution：替代，(a) 比对中一个指定位点上存在一个不相同的氨基酸。如果比对好的残基具有相似的物理化学性质，则该替换被称为是"保守的"（NCBI BLAST）。(b) 遗传学中，由 DNA 序列上一个核苷酸被另一个取代、或蛋白质序列中一个氨基酸被另一个置换所形成的一类突变。见：突变（ORNL）。

Substitution matrix：替换矩阵，替换矩阵中的值与氨基酸对中第 i 个氨基酸变为第 j 个氨基酸的概率成比例。这样的矩阵是由大量不同样本的已被证实的两两氨基酸比对结果组装构成。如果样本量足够大、可以在统计学上显著，所得的矩阵应当可反映出一段时间的演变中所发生的突变的真实概率（NCBI BLAST）。

Supercontig (scaffold)：超级叠连群，当两个不存在序列重叠的叠连群之间可以建立关联时，则形成一个超级重叠群。这通常由质粒末端配对而得到。例如，一个 BAC 克隆两端均被测序时，可以推断，这两个序列相隔大约 150～200 kb（基于 BAC 的平均尺寸）。如果在一个特定序列叠连群中发现其中一端的序列，且在另一个不同的序列叠连群中可发现另一端的序列，则可以说这两个序列叠连群是连锁的。在一般情况下，若有来自不止一个克隆的末端序列提供的连锁证据，则更为有用（NCBI）。

Suppressor gene：抑制基因，能够抑制另一个基因的活性的基因（ORNL）。

Syndrome：综合征，一组症状或有可识别模式的症状或异常，暗示了一种特定的性状或疾病（ORNL）。

Syngeneic：同系的，同一物种中遗传上相同的成员（ORNL）。

Synteny：同线性，在不同物种染色体中按同一顺序排列的基因。见：连锁，保守序列（ORNL）。

T

Tandem repeat sequence：串联重复序列，染色体上相同碱基序列的多个拷贝；用作物理图谱的标记。见：物理图谱（ORNL）。

Targeted mutagenesis：定点诱变，在染色体特定位点上对遗传结构的人为改变。用于确定目标区域功能的研究。见：突变，多态性（ORNL）。

Technology transfer：技术转移，将科学发现从科研实验室转移到商业部门的过程（ORNL）。

Telomerase：端粒酶，指导端粒复制的酶（ORNL）。

Telomere：端粒，染色体的末端。这一特殊结构与线性 DNA 分子的复制与稳定性有关。见：DNA 复制（ORNL）。

Teratogenic：致畸物，导致胚胎异常发育的化学物质或辐射物。见：mutatgen（ORNL）。

Thymine (T)：胸腺嘧啶，含氮的碱基，碱基对 AT（腺嘌呤-胸腺嘧啶）中的一个。见：碱基对，核苷酸（ORNL）。

Toxicogenomics：毒理基因组学，研究基因组如何应对环境压力或毒物的学科。使用生物信息学整合全基因组 mRNA 表达谱与蛋白表达模式，以了解基因-环境相互关系在疾病和功能障碍中的作用（ORNL）。

Transcription：转录，从一个 DNA 序列（基因）中合成一个 RNA 拷贝；基因表达的第一步。见：翻译（ORNL）。

Transcription factor：转录因子，结合到调控区域、帮助控制基因表达的蛋白质（ORNL）。

Transcriptome：转录组，指特定时间特定组织上所有被激活的基因、mRNA 或转录物的总和。

Transfection：转染，将外源 DNA 导入宿主细胞。见：克隆载体，基因治疗（ORNL）。

Transfer RNA (tRNA)：转运 RNA，指一类 RNA，具有可与 mRNA 上的三联核苷酸序列互补的三联核苷酸序列结构。在蛋白质合成中，tRNA 的作用是与氨基酸结合并将它们转运到核糖体。在核糖体中，根据 mRNA 所携带的遗传密码，组装蛋白质（ORNL）。

Transformation：转化，通过外源 DNA 进入其基因组，改变个体细胞携带的遗传物质的过程（ORNL）。

Transgenic：转基因，通过向生物体的生殖细胞中人工导入 DNA 而产生的实验生物体。见：细胞，DNA，基因，核，生殖细胞（ORNL）。

Translation：翻译，mRNA 所携带的遗传密码指导氨基酸合成蛋白质的过程。见：转录（ORNL）。

Translocation：易位，一种突变，一条染色体的大片段从原染色体断裂并连接到另一条染色体上的过程。见：突变（ORNL）。

Transposable element：转座因子，一类可以从一个染色体位点移动到另一个位点的 DNA 序列（ORNL）。

Trisomy：三体性，一条特定染色体具有三个拷贝，而不是正常的两个拷贝。见：细胞，基因，基因表达，染色体（ORNL）。

U

Unitary matrix：酉矩阵，也被称为单位矩阵。是指一种评分系统，此系统中只有字符相同时才能得到正分值（NCBI BLAST）。

Up and down：上下结构，螺旋束或折叠叶最简单的拓扑结构，其中连续的螺旋都彼此相邻且呈反平行；大致相当于一个 β 折叠的曲折拓扑结构（SCOP）。

Uracil：尿嘧啶，通常在 RNA 而非 DNA 中出现的含氮碱基；它可以与腺嘌呤形成碱基对。见：碱基对，核苷酸（ORNL）。

V

Vector：载体。见：克隆载体（ORNL）。

Virus：病毒，一种只能在宿主细胞中复制的非细胞生物体。病毒是由蛋白外壳和核酸构成；一些动物病毒也由膜所包围。在受感染的细胞里，病毒使用宿主的合成能力来产生子代病毒。见：克隆载体（ORNL）。

W

Western blot：免疫印迹，基于蛋白质结合至特定抗体的能力，识别和定位蛋白质的技术。见：DNA，RNA 印迹，蛋白质，RNA，Southern 印迹（ORNL）。

Whole-genome shotgun sequencing（WGS）：全基因组鸟枪法

测序，一种测序方法，将整个基因组切成尺寸为不同离散值的片段（通常为 2、10、50 和 150kb），并将这些片段克隆至合适的载体中。对这些克隆的末端进行测序。同一克隆的两端被称为伴侣对。如果文库大小是已知的，则可以推断两个伴侣对之间的距离，这些距离应具有一个较小的方差（NCBI）。

Wildtype：野生型，自然界中某种生物体最常见的形式（ORNL）。

Working draft DNA sequence：正在进行的草图 DNA 序列，见：DNA 序列草图（ORNL）。

X

X chromosome：X 染色体，两条性染色体（X 和 Y 染色体）中的一条。见：Y 染色体，性染色体（ORNL）。

Xenograft：异种移植物，将一个物种中一个个体的组织或器官移植或嫁接到另一个物种、属或科的生物体上。一个常见的例子是在人体中使用猪的心脏瓣膜（ORNL）。

Y

Y chromosome：Y 染色体，两条染色体（X 和 Y 染色体）中的一条。见：X 染色体，性染色体（ORNL）。

Yeast artificial chromosome（YAC）：酵母人工染色体，由酵母 DNA 构建，是用于克隆较大 DNA 片段的载体。见：克隆载体，黏粒（ORNL）。

Z

Zinc-finger protein：锌指蛋白，某些含有一个锌原子的蛋白质的一种二级结构；一种 DNA 结合蛋白（ORNL）。

自我检测题答案

[2-1] e

[2-2] e

[2-3] c

[2-4] a

[2-5] a

[2-6] a

[2-7] c

[2-8] d

[2-9] c

[3-1] asparagine N

　　glutamine Q

　　tryptophan W

　　tyrosine Y

　　phenylalanine F

[3-2] a

[3-3] d

[3-4] c

[3-5] d

[3-6] a

[3-7] c

[3-8] false

[3-9] c

[3-10] d

[4-1] d

[4-2] c

[4-3] a

[4-4] BLASTP d

　　BLASTN a

　　BLASTX c

　　TBLASTN b

　　TBLASTX e

[4-5] c

[4-6] a

[4-7] a

[4-8] b

[4-9] b

[4-10] c

[5-1] b

[5-2] b

[5-3] c

[5-4] b

[5-5] a

[5-6] a

[5-7] a

[5-8] b

[5-9] d

[6-1] b

[6-2] b

[6-3] c

[6-4] d

[6-5] d

[6-6] a

[6-7] a

[6-8] c

[7-1] d

[7-2] b

[7-3] c

[7-4] a

[7-5] b

[7-6] a

[7-7] b

[7-8] a

[7-9] c

[8-1] c

[8-2] c

[8-3] b

[8-4] c

[8-5] d

[8-6] d

[8-7] a

[8-8] d

[8-9] a

[8-10] c

[9-1] b

[9-2] c

[9-3] c

[9-4] d

[9-5] b

[9-6] b

[9-7] a

[9-8] d

[9-9] c

[10-1] a

[10-2] d

[10-3] c

[10-4] c

[10-5] d

[10-6] c

[10-7] a

[10-8] b

[10-9] c

[11-1] c

[11-2] d

[11-3] a

[11-4] b

[11-5] d

[11-6] d

[11-7] a

[11-8] d

[11-9] a

[12-1] a

[12-2] c

[12-3] b

[12-4] c

[12-5] c

[12-6] b

[12-7] d

[12-8] b

[13-1] a

[13-2] c

[13-3] d

[13-4] c

[13-5] d

[13-6] c

[13-7] a

[13-8] b

[13-9] d

[14-1] d

[14-2] a

[14-3] b

[14-4] c

[14-5] a

[14-6] e

[14-7] d

[14-8] a

[14-9] c

[15-1] c

[15-2] a

[15-3] d

[15-4] d

[15-5] b

[15-6] d

[15-7] c

[15-8] c

[16-1] c

[16-2] b

[16-3] d

[16-4] c

[16-5] a

[16-6] d

[16-7] b

[16-8] d

[17-1] c

[17-2] c

[17-3] a

[17-4] c

[17-5] d

[17-6] a

[18-1] c

[18-2] c

[18-3] c

[18-4] b

[18-5] a

[18-6] a

[18-7] c

[18-8] b

[18-9] a

[19-1] a

[19-2] d

[19-3] a

[19-4] d

[19-5] a

[19-6] b

[19-7] a

[19-8] c

[19-9] c

[20-1] c

[20-2] c

[20-3] a

[20-4] a

[20-5] b

[20-6] b

[20-7] d

[20-8] d

[20-9] d

[21-1] a

[21-2] a

[21-3] b

[21-4] c

[21-5] a

[21-6] c

[21-7] b

[21-8] d

[21-9] a